ボッシュ自動車
ハンドブック
日本語
第4版

ボッシュ
自動車ハンドブック

日本語
第4版

この見開きページは英語第10版のImprintです

Imprint

PPublished by:
© Robert Bosch GmbH, 2018
Postfach 410960,
D-76225 Karlsruhe.
Business Division
Automotive Aftermarket.

Scientific advisor and editor
Prof. Dr.-Ing. Konrad Reif,
Duale Hochschule Baden-Württemberg,
Ravensburg, Campus Friedrichshafen,
Academic Program Director
Automotive Electronics and
Mechatronic Systems.

Editorial staff
Dipl.-Ing. Karl-Heinz Dietsche;
Technischer Redakteur (FH)
 Matthias Thiess.

Type setting
Dipl.-Ing. Karl-Heinz Dietsche.

Translation
STAR Deutschland GmbH
Member of STAR Group.

10th Edition, revised and extended,
February 2018.

All rights reserved.

Printed in Germany.
Imprimé en Allemagne

Bibliographic information published by the
Deutsche Nationalbibliothek
The Deutsche Nationalbibliothek lists
this publication in the Deutsche Natio-
nalbibliografie; detailed bibliographic data are
available in the Internet at http://dnb.d-nb.de.

Authors
Dipl.-Ing. Karl-Heinz Dietsche,
Prof. Dr.-Ing. Konrad Reif and
approx. 200 authors from industry
and the university and college sector.

Technical graphics
Bauer & Partner, Gesellschaft für
technische Grafik mbH, Stuttgart;
Schwarz Technische Grafik, Leonberg.

Reproduction, duplication and translation of
this publication, including excerpts therefrom, is
only to ensue with our prior written consent and
with particulars of source. Figures, descriptions,
schematic diagrams, and other data are for
explanatory purposes and illustration of the text
only. They cannot be used as the basis for the
design, installation, or specification of products.

The comments reflect solely the personal views
of the respective authors. Comments relating to
legal standards make no claims of being complete
and correct. The contents of the Handbook do not
make any statement as to whether vehicles and
vehicle component parts are approvable in an
individual case and whether they comply with the
applicable legal requirements in each case.
Subject to alteration and amendment.

The brand names given in the contents are only
examples and do not represent the classification
or preference for a particular manufacturer.
Trademarks are not identified as such.

The following companies kindly placed text and picture matter and diagrams at our disposal:

Automotive Lighting Reutlingen GmbH.

BASF Ludwigshafen.

Bosch Engineering GmbH, Abstatt.

Brose Schließsysteme GmbH & Co. KG, Wuppertal.

Daimler AG, Stuttgart.

Daimler AG, Sindelfingen.

Dr. Ing. h.c. F. Porsche AG, Weissach.

Eberspächer Climate Control Systems GmbH & Co. KG, Esslingen.

ETAS GmbH, Stuttgart.

Gates GmbH, Aachen.

IAV GmbH, Berlin.

iwis motorsysteme GmbH & Co. KG, München.

J. Eberspächer GmbH & Co. KG, Esslingen.

Johnson Controls Autobatterie GmbH & Co. KGaA, Hannover.

Knorr-Bremse Systeme für Nutzfahrzeuge GmbH, Schwieberdingen.

MAHLE Behr GmbH & Co. KG, Stuttgart.

MAN Nutzfahrzeuge Gruppe.

MANN + HUMMEL GmbH, Ludwigsburg.

Michelin Reifenwerke AG & Co. KGaA, Karlsruhe.

Robert Bosch Automotive Steering GmbH Schwäbisch Gmünd.

Robert Bosch Battery Systems GmbH, Stuttgart.

Robert Bosch Starter Motors Generators GmbH, Schwieberdingen.

Saint-Gobain Sekurit International, Herzogenrath.

Trelleborg Sealing Solutions Germany GmbH, Stuttgart.

Volkswagen AG, Wolfsburg.

ZF Friedrichshafen AG, Friedrichshafen.

Duale Hochschule Baden-Württemberg, Ravensburg, Campus Friedrichshafen.

fka Forschungsgesellschaft Kraftfahrwesen mbH Aachen.

Friedrich-Alexander-Universität Erlangen-Nürnberg.

Hochschule Esslingen.

Hochschule Karlsruhe – Technik und Wirtschaft.

Hochschule München.

Karlsruher Institut für Technoligie (KIT).

Reinhold-Würth-Hochschule, Künzelsau.

Rheinisch-Westfälische Technische Hochschule (RWTH) Aachen.

日本語版読者の皆様へ

「ボッシュ自動車ハンドブック」日本語第 4 版は英語第 10 版およびドイツ語第 29 版を翻訳したものです。

内容に関するお問い合わせは下記まで。
株式会社シュタール ジャパン
〒 105-0014 東京都港区芝 3-14-13
e-mail: postbox@starjapan.co.jp

英語第10版への序文

　自動車技術は過去数十年、そしてここ数年の間に大きく進歩し、非常に複雑で高度な専門分野に発展しました。その全容を俯瞰的に把握し、自動車技術にとって重要な、専門領域の最新動向に常時精通していることはますます困難となっています。自動車技術に関連した新しいテーマを詳説した専門書も数多く刊行されるようになりましたが、包括的でなかったり難解であったりで、初心者が、与えられた時間内に読みこなすには無理があります。

　そこで「ボッシュ自動車ハンドブック」です。本書は、新たな学習テーマに挑戦しようとする読者も配慮して構成されています。自動車技術に関係するとりわけ重要なテーマを、コンパクトにわかりやすく、かつ実務に役立つようにまとめてあります。そのための執筆を、それぞれの専門分野に精通したボッシュ社の社員や自動車メーカー、部品メーカーのエキスパートにお願いしました。

　この英語第10版には、今回初めて掲載されたテーマも数多くあり、全面改訂されたテーマや拡充されたテーマも含まれています。初めて掲載されたテーマのなかには、ハイブリッドドライブに関するテーマも含まれており、なかでもドライブトレインは全面改訂され大幅に拡充されました。その他の数多くの箇所で、読者の皆様にさらに分かりやすい内容とすべく、このハンドブック自体も改訂、拡充、更新されました。この最新版には200ページ以上が新たに追加されました。また、多くの方々に執筆を分担していただいた中で、文体と文章の体裁、用語についてはできるかぎり統一を図りました。

　このハンドブックのそれぞれの章は、執筆者からの原稿受領後、徐々に制作されました。画像はできる限り本文と同じページまたは見開きページに収めて、読者が本文と画像を一目で見れるように注意して編集しました。編集の後の段階でページ繰りが1頁ずれてしまうと、この本文と画像の関連が崩れてしまいます。これを避けるために、白ページを挿入した箇所があります。

　この最新版は多くの方々の絶大なサポートがあったからこそ完成できたものです。とりわけ、細心な注意力と忍耐心をもって個々の原稿を取りまとめ、広範にわたり、しかも難度の高い内容の原稿を期日までに仕上げてくださった、各章の編者の方々に深く感謝致します。さらに、旧版の誤記誤植をご指摘いただき、本書の内容の精度向上に寄与してくださった多くの読者の方々に感謝の意を表します。

フリードリッヒハーフェンおよびカールスルーエ、2018年1月

科学諮問委員会および編集チーム

目次

物理学の基礎

量と単位	24
SI単位	24
法定単位	26
その他の単位	33
物理定数	36
数学記号	37
ギリシャ文字	37
力学の基本原理	38
直線運動と回転運動	38
静力学	41
強度の計算	43
摩擦	45
振動	48
定義	48
運動方程式	50
振動の低減	51
モード解析	52
音響学	54
一般用語	54
排出騒音の測定値	57
侵入騒音測定値	58
主観的な音の評価	59
光学技術	62
電磁放射	62
幾何光学	62
波動光学	65
照明量	67
レーザー技術	70
光ファイバーと導波管	71
流体力学	74
流体静力学	74
流体力学	75
熱力学	78
基本原理	78
熱力学の法則	80
状態方程式	81
状態変化	83
サイクルおよび技術的応用	83
伝熱	88
電気工学	94
電磁界	94
電界	94
直流電流および直流電圧	96
時間依存性の電流	99
磁界	100

磁界と電流	104
電磁波の伝播	108
金属導体の電気効果	111
電子工学	118
半導体技術の基礎	118
半導体素子	121
モノリシック集積回路	137
化学	138
元素	138
化学結合	144
物質	148
物質の濃度	150
物質の反応	151
電気化学	158
電解質電導と電気分解	158
応用例	159

数学（方法）

数学	164
数	164
関数	164
平面三角形の方程式	170
複素数	170
座標系	171
ベクトル	173
微分および積分	175
線形微分方程式	178
ラプラス変換	179
フーリエ変換	180
行列解析	182
技術統計	186
記述統計学	186
確率計算	188
品質保証と品質管理における特性値	192
有限要素法	194
用途	194
FEMの例	197
制御工学	202
用語と定義	202
制御工学関連の伝達要素	203
制御タスクの設計	204
適応制御	206

材料

材料	208
材料特性値	208
工業材料の分類	220
金属材料	221

目次 **9**

金属材料関連の EN 規格	236
磁性体	240
非金属無機材料	253
複合材料	253
プラスチック	256
金属材料の熱処理	278
硬度	278
熱処理プロセス	281
熱化学的処理	287
腐食および腐食防止	290
腐食のプロセス	290
腐食の種類	291
腐食試験	292
腐食防止	294
被覆とコーティング	298
被覆	298
コーティング	303

燃料・潤滑剤・作動液

潤滑剤	304
用語と定義	304
エンジンオイル（エンジン潤滑油）	310
トランスミッションオイル（ギヤオイル）	314
潤滑油	315
グリース	315
内燃機関（IC エンジン）の冷却液	319
要求事項	319
冷却液の成分	319
ラジエーター保護剤のタイプ	320
ブレーキフルード	322
要求事項	322
特性	323
化学成分	324
燃料	326
概要	326
特性	327
ガソリン	328
ディーゼル燃料（軽油）	333
天然ガス	341
液化石油ガス（LPG）	342
水素	343
e-フューエル	343
エーテル	344
尿素水溶液	348
エアコンディショニングシステムの冷媒	349
今日までの開発	349
その他の可能性	350

機械要素

公差	352
形状偏差	352
製品の幾何特性仕様	352
アクスルおよびシャフト	357
機能と用途	357
寸法決定	357
設計	359
ばね	360
基本原理	360
金属製ばね	362
摩擦軸受	368
特長	368
流体静圧摩擦軸受	368
流体動圧摩擦軸受	369
金属製の自己潤滑式軸受	372
プラスチック製の自己潤滑式軸受	374
転がり軸受	376
用途	376
概要	376
転がり軸受の選定	377
荷重容量の計算	380
シール	382
シール技術	382
O リング	384
成形シール	391
平面シール	393
ラジアルシャフトシール	396
空圧系のシール	404
二成分のシール	406
ロッドおよびピストンシーリングシステム	409
エラストマー素材	413

結合技術

分離可能な結合	424
形状密着結合	424
摩擦結合	428
ねじ結合部品	435
プラスチック部品のスナップ結合	445
分離できない結合	448
溶接技術	448
はんだ付け技術	452
接着技術	453
リベット接合技術	455
打抜きクリンチング工程	457

内燃機関 (IC エンジン)

内燃機関 (IC エンジン)	460
熱機関	460
混合気形成、燃焼、排気	464
ガソリンエンジン	464
ディーゼルエンジン	475
融合型および代替作動システム	480
ガス交換サイクルと過給	482
ガス交換サイクル	482
可変バルブタイミング	485
過給プロセス	489
排気ガス再循環 (EGR)	492
往復動機関	494
コンポーネント	494
往復動機関の種類	508
クランクシャフトの設計	509
トライボロジーと摩擦	517
計算用実験値およびデータ	521
排気ガス	534
対策の歴史	534
エンジンからの排出ガスの成分	534
排気ガスの触媒処理の基本原理	536
排気ガス処理の触媒プロセス	537
ベルト駆動装置	538
摩擦ベルト駆動装置	538
歯付きベルト駆動装置	543
チェーンドライブ	548
概要	548
タイミングチェーン	548
スプロケット	552
チェーンテンショナーとチェーンガイド	552
エンジン冷却システム	554
空冷式	554
水冷式	555
インタークーラー (過給気の冷却)	561
排気ガスの冷却	562
オイルと燃料の冷却	563
モジュール化	565
インテリジェントな熱管理	567
エンジンの潤滑	568
圧送潤滑方式	568
コンポーネント	569
熱管理	571
吸気システムおよびインテークマニホールド	572
概要	572
乗用車の吸気システム	573
乗用車のインテークマニホールド	581

モーターサイクルのインテーク	
マニホールド	586
商用車の吸気システム	586
商用車のインテークマニホールド	589
ターボチャージャーとスーパーチャージャー	590
スーパーチャージャー (機械式過給機)	590
圧力波スーパーチャージャー	592
排気ガスターボチャージャー	
(排気タービン過給機)	593
複雑な過給システム	601
排気装置	606
目的と設計	606
エキゾーストマニホールド	608
触媒コンバーター	608
微粒子フィルター	609
マフラー	610
接続エレメント	612
その他の消音装置	613
商用車の排気装置	614

火花点火機関 (SI エンジン) の制御

火花点火機関 (SI エンジン) の制御	616
エンジン制御システムの説明	616
システムの概要	617
乗用車用モトロニックバージョン	621
モーターサイクル用モトロニックバージョン	625
シリンダーへの充填	628
構成成分	628
シリンダーへの充填の制御	629
空気充填の確認	631
シリンダーシャットオフ	633
燃料供給	636
吸気マニホールド噴射による	
燃料供給と燃料配分	636
ガソリン直接噴射による燃料供給と	
燃料配分	637
燃料蒸発ガス処理装置	639
ガソリンフィルター	641
電動フューエルポンプ	643
ガソリン直接噴射用高圧ポンプ	646
フューエルレール	649
フューエルプレッシャーレギュレーター	651
フューエルプレッシャーアッテネーター	
(燃料圧力減衰器)	652
混合気の形成	654
基本原理	654
混合気形成システム	656
吸気マニホールド噴射	657

ガソリン直接噴射	659	時間制御式シングルシリンダーポンプシステム	754
フューエルインジェクター	662	乗用車用ユニットインジェクターシステム	754
イグニッション	670	商用車用ユニットインジェクターシステム	756
基本原理	670	商用車用ユニットポンプシステム	757
点火時期	671	電子制御	757
イグニッションシステム	676	分配型噴射ポンプ (VE)	758
イグニッションコイル	678	アキシャルプランジャー分配型ポンプ	758
スパークプラグ	681	ラジアルプランジャー分配型ポンプ	761
排出ガスの触媒処理	690	燃料噴射装置	763
触媒コンバーター	690	ディーゼルエンジン用補助始動装置	764
λ制御	695	乗用車および軽商用車用予熱システム	764
ガソリンエンジン用微粒子フィルター	697	商用車のディーゼルエンジン用火炎始動装置	768
モータースポーツ	698	商用車ディーゼルエンジン用グリッドヒーター	771
要件	698	排気ガス処理	772
コンポーネント	698	触媒酸化	772
ECU	700	粒状排出物の濾過	773
モータースポーツ専用の開発品	700	窒素含有フュームの触媒還元	775
		車載診断システム (OBD)	779
代替燃料火花点火機関			
LPG駆動	702	**ドライブトレイン**	
使用状況	702	従来のドライブトレイン	780
構造	703	ドライブトレインの構成要素	780
LPGシステム	705	機能	780
コンポーネント	707	エンジンの配置	783
天然ガス駆動のエンジン	710	振動の絶縁	784
適用範囲	710	連結装置	786
構造	712	シングルクラッチ	786
コンポーネント	713	デュアルクラッチ	787
アルコール駆動のエンジン	716	乾式クラッチと湿式クラッチ	788
使用状況	716	流体トルクコンバーター	788
代替燃料としてのエタノール	717	トランスミッション	791
各市場向けのフレックスフューエル		変速ギアユニット	791
コンセプト	719	ギアシフトエレメント	793
フレックスフューエル用コンポーネント	720	マニュアルトランスミッション	795
		自動マニュアルトランスミッション (AMT)	797
		デュアルクラッチトランスミッション	798
ディーゼルエンジンの制御		オートマチックプラネタリートランスミッション	799
ディーゼルエンジンの制御	722	無段変速トランスミッション	800
エンジン制御システムの説明	722	電子式トランスミッション制御	804
電子ディーゼル制御 (EDC)	723	ディファレンシャル	808
低圧燃料供給	726	ファイナルドライブディファレンシャル	808
燃料供給	726	ハイブリッドドライブを装備した	
ディーゼルフィルター	732	ドライブトレイン	812
コモンレール噴射システム	734	特徴	812
システムの概要	734	ハイブリッドドライブの機能	812
インジェクター	739	電動力の比率に基づく分類	814
高圧ポンプ	747	ドライブの構造に基づく分類	815
レール	753		

ホイールの材料	1040
製造プロセス	1042
ホイールの仕様	1045
ホイールの応力と試験	1047
タイヤ	1050
機能と要求事項	1050
タイヤの構造	1051
タイヤ空気圧	1053
タイヤのトレッド	1054
力の伝達	1056
タイヤのグリップ	1057
転がり抵抗	1060
タイヤの呼び（識別コード）	1062
EUタイヤラベル	1065
冬季用タイヤ	1066
開発の目的	1067
タイヤテスト	1067
タイヤ空気圧検出システム	1068
タイヤ空気圧制御用ロータリーシール	1070
ステアリング	1072
自動車のステアリングシステムの目的	1072
ステアリングシステムに関する要求事項	1073
ステアリングギヤボックスのタイプ	1075
乗用車用パワーアシスト付きステアリングシステム	1076
商用車用パワーアシスト付きステアリングシステム	1083
ブレーキシステム	1086
定義と原理	1086
法規	1091
ブレーキシステムの構造と構成	1094
乗用車および小型商用車向けブレーキシステム	1096
乗用車ブレーキシステムの下位分類	1096
乗用車ブレーキシステムのコンポーネント	1097
電気油圧式ブレーキ	1104
商用車向けブレーキシステム	1106
システムの概要	1106
商用車向けブレーキシステムのコンポーネント	1109
電子制御式ブレーキシステム	1118
補助ブレーキ	1122
ホイールブレーキ	1126
乗用車用ディスクブレーキ	1126
商用車用ディスクブレーキ	1131
ドラムブレーキ	1132

シャーシ制御とアクティブセーフティ

ホイールスリップ制御システム	1136
機能と要求事項	1136
制御システム	1137
乗用車用 ABS/TCS システム	1141
商用車用 ABS/TCS システム	1145
走行ダイナミクス制御システム	1148
機能	1148
要件	1149
作動原理	1150
典型的な運転操作	1150
システム全体の構成	1151
システムコンポーネント	1160
商用車用特殊走行ダイナミクス制御システム	1163
自動ブレーキシステム機能	1168
走行ダイナミクス統合制御システム	1172
概要	1172
機能	1172
システム構成	1175

パッシブセーフティ

パッシブセーフティ	1178
車の安全性の段階	1178
システム構成、パッシブセーフティ	1180
法規および消費者テスト	1181
乗員保護システム	1182
機能	1182
拘束システムとアクチュエーター	1184
乗員検知	1188
統合安全システム	1190
概要	1190
解決へのアプローチ	1191
展望	1195

車両のボディ

車両のボディ（乗用車）	1196
主要諸元	1196
ボディの設計	1198
ボディ	1199
安全性	1203
車両のボディ（商用車）	1208
商用車両の分類	1208
ライトバン	1209
中型および大型トラックとトラクター	1209
バス	1214
商用車のアクティブおよびパッシブセーフティ	1216

照明装置	1218
機能	1218
法令と車両の照明装置	1219
光源	1220
ヘッドランプの機能	1221
欧州のヘッドランプシステム	1224
米国のヘッドライトシステム	1227
定義と用語	1229
ヘッドランプのさまざまな技術仕様	1230
合図灯の取付けと法規	1243
ランプのさまざまな技術仕様	1247
ヘッドランプレンジ調整	1251
ヘッドランプ調整	1252
自動車の窓ガラス	1258
ガラスの材料特性	1258
自動車用ウィンドウガラス	1259
多機能ガラス	1260
ウインドシールド、リアウィンドウ、ヘッドランプの	
ワイパー／ウォッシャー装置	1264
ウインドシールドのワイパー装置	1264
リアウィンドウのワイパー装置	1270
ウインドシールドおよびリアウィンドウの	
ウォッシャー装置	1271
ヘッドランプのウォッシャー装置	1271

車両のセキュリティーシステム

ロックシステム	1272
役目と構造	1272
アクセス許可	1273
ロック構造	1274
要件	1276
ロックレイアウト	1276
安全機能	1280
開発の歴史	1281
盗難防止システム	1284
電子式車両イモビライザー	1284
盗難防止装置	1288

車両の電気システム

従来の車両の電気システム	1290
車両への電力供給	1290
電気システムの構成	1296
電気システムのパラメーター	1297
電気エネルギー管理	1300
ハイブリッドおよび電気自動車の電気システム	1304
マイルドハイブリッドおよび	
フルハイブリッド車の電気システム	1304

プラグインハイブリッドおよび	
電気自動車の車両電気システム	1307
充電方法	1308
スターター用バッテリー	1310
バッテリーに求められるもの	1310
バッテリーの構造	1312
充放電	1314
バッテリーの特性	1315
バッテリーのタイプ	1316
バッテリーの使用	1319
駆動用バッテリー	1322
要件	1322
貯蔵テクノロジー	1323
バッテリーシステムの基本構造	1324
リチウムイオン蓄電池システムの	
コンポーネント	1325
熱管理	1329
電動機	1330
エネルギーの変換	1330
回転電動機の系統的分類	1331
幾何学量の定義	1331
直流機	1332
非同期電動機	1338
同期電動機	1340
スイッチトリラクタンスモーター	1345
電子モーター	1348
エネルギー効率等級	1349
三相電流システム	1350
オルタネーター	1354
電気エネルギーの生成	1354
電圧制御	1359
オルタネーターの特性値	1361
作動条件	1362
動力伝達効率	1363
オルタネーターの仕様	1364
始動装置	1368
スターター	1368
スターターの制御	1375
始動／停止システム	1376
ワイヤーハーネスおよび	
プラグインコネクター	1378
ワイヤーハーネス	1378
プラグインコネクター	1380
電磁両立性（EMC）	1384
要件	1384
干渉放射と耐干渉性	1385
EMC指向開発	

執筆者

特に記載のない場合は、ロバート・ボッシュ GmbH の社員が執筆しています。

物理学の基礎
量と単位
Prof. Dr. rer. nat. Susanne Schandl,
Duale Hochschule Baden-Württemberg,
Ravensburg, Campus Friedrichshafen.

力学の基本原理
Prof. Dr.-Ing. Horst Haberhauer,
Hochschule Esslingen.

振動
Dipl.-Ing. Sebastian Loos,
Rheinisch-Westfälische Technische Hochschule
(RWTH) Aachen.

音響学
Dipl.-Ing. Hans-Martin Gerhard,
Dr. Ing. h.c. F. Porsche AG, Weissach.

光学技術
Dipl.-Phys. Stefanie Mayer.

流体力学
Prof. Dr.-Ing. Horst Haberhauer,
Hochschule Esslingen.

熱力学
Dr.-Ing. Ingo Stotz.

電気工学
Dr.-Ing. Hans Roßmanith,
Friedrich-Alexander-Universität
Erlangen-Nuremberg;
Prof. Dr.-Ing. Klemens Gintner,
Hochschule Karlsruhe – Technik und Wirtschaft.

電子工学
Prof. Dr.-Ing. Klemens Gintner,
Hochschule Karlsruhe –
Technik und Wirtschaft;
Dr. rer. nat. Ulrich Schaefer.

化学
Dr. rer. nat. Jörg Ullmann.
自動車
　基本事
　位置センサー

電気化学
Prof. Dr.-Ing. Matthias E. Rebhan,
Hochschule München.

数学と方法
数学、技術統計
Prof. Dr.-Ing. Matthias E. Rebhan,
Hochschule München.

有限要素法
Prof. Dipl.-Ing. Peter Groth,
Hochschule Esslingen.

制御工学
Dr.-Ing. Wolf-Dieter Gruhle,
ZF Friedrichshafen AG, Friedrichshafen.

材料
工業材料
Dr.-Ing. Hagen Kuckert;
Dr. rer. nat. Jörg Ullmann;
Dr. rer. nat. Witold Pieper;
Dr. rer. nat. Waldemar Draxler;
Dipl.-Ing. Angelika Schubert;
Dipl.-Ing. Gert Lindemann;
Dr.-Ing. Carsten Tüchert;
Dr.-Ing. Sven Robert Raisch;
Dr.-Ing. Reiner Lützeler;
Dr. rer. nat. Jörg Bettenhausen;
Dr.-Ing. Gerrit Hülder;
Dipl.-Ing. Cornelius Gaida;
Dipl.-Phys. Klaus-Volker Schütt.

金属材料の熱処理
Dr.-Ing. Thomas Waldenmaier;
Dr.-Ing. Jochen Schwarzer.

腐食および腐食防止
Dipl.-Ing. (FH) Thomas Jäger.

被覆とコーティング
Dr. Helmut Schmidt;
Dipl.-Ing. (FH) Hellmut Schmid;
Dipl.-Ing. (FH) Susanne Lucas.

燃料・潤滑剤・作動液

潤滑剤
Dr. rer. nat. Gerd Dornhöfer.

内燃機関（ICエンジン）用クーラント
Dr. rer. nat. Oliver Mamber,
MAHLE Behr GmbH & Co. KG, Stuttgart.

ブレーキフルード
Dr. rer. nat. Michael Hilden;
Dr. rer. nat. Harald A. Dietl,
BASF Ludwigshafen.

燃料
Dr. rer. nat. Jörg Ullmann.

尿素水溶液
Thilo Schulz, M. Sc.;
Dipl.-Ing. (FH) Manfred Fritz.

エアコンシステム用冷媒
Prof. Dr.-Ing. Stephan Engelking,
Duale Hochschule Baden-Württemberg,
Ravensburg, Campus Friedrichshafen.

機械要素
公差、アクスルおよびシャフト、ばね、摩擦軸受
Prof. Dr.-Ing. Horst Haberhauer,
Hochschule Esslingen.

転がり軸受
Dr.-Ing. Zhenhuan Wu.

シール
Dipl.-Ing. (FH) Ulrich Schmid;
Dipl.-Ing. Sascha Bürkle;
Thorsten Nitze, M. Eng.;
Claudius Göller, MBE (DHBW);
Dipl.-Ing. Wolfgang Böhler;
Frank Kleemann;
Sergio Amorim, M. Sc.;
Felix Schädler.
　「シール」の章の執筆者は全員、Trelleborg Sealing Solutions Germany GmbH、シュトゥットガルトの従業員です。

結合技術
分離可能な結合
Prof. Dr.-Ing. Horst Haberhauer,
Hochschule Esslingen;
Dipl.-Ing. Rolf Bald;
Dr.-Ing. Sven Robert Raisch.

分離できない結合
Dr.-Ing. Knud Nörenberg,
Volkswagen AG, Wolfsburg;
Dr. rer. nat. Patrick Stihler.

内燃機関（ICエンジン）
内燃機関、混合気形成、ガス交換サイクルと過給、往復動機関
Prof. Dr. sc. techn. Thomas Koch,
Karlsruher Institut für Technologie (KIT);
Tobias Michler, M. Sc.,
Karlsruher Institut für Technologie (KIT);
Dipl.-Ing. Heijo Oelschlegel,
Daimler AG, Stuttgart;
Dr.-Ing. Otmar Scharrer,
MAHLE Behr GmbH & Co. KG, Stuttgart.

排出ガス量
Dr. rer. nat. Christoph Osemann;
Dr.-Ing. Hartmut Lüders.

ベルト駆動装置
Dipl.-Ing. (FH) Mario Backhaus,
Gates GmbH, Aachen.

チェーンドライブ
Dr.-Ing. Thomas Fink,
iwis motorsysteme GmbH & Co. KG,
Munich;
Dr.-Ing. Peter Bauer,
iwis motorsysteme GmbH & Co. KG,
Munich.

エンジン冷却システム
Dipl.-Ing. (FH) Ralf-Holger Schink,
MAHLE Behr GmbH & Co. KG, Stuttgart;
Dr.-Ing. Otmar Scharrer,
MAHLE Behr GmbH & Co. KG, Stuttgart.

エンジンの潤滑
Dipl.-Ing. Markus Kolczyk,
MANN+HUMMEL GmbH, Ludwigsburg;
Dr.-Ing. Harald Banzhaf,
MANN+HUMMEL GmbH, Ludwigsburg.

吸気系と吸気マニホールド
Dipl.-Ing. Andreas Weber,
MANN+HUMMEL GmbH, Ludwigsburg;
Dipl.-Ing. Andreas Pelz,
MANN+HUMMEL GmbH, Ludwigsburg;
Dipl.-Ing. Markus Kolczyk,
MANN+HUMMEL GmbH, Ludwigsburg;
Dipl. Ing. (FH) Alexander Korn,
MANN+HUMMEL GmbH, Ludwigsburg;
Dipl. Ing. (FH) Matthias Alex,
MANN+HUMMEL GmbH, Ludwigsburg;
Dr.-Ing. Matthias Teschner,
MANN+HUMMEL GmbH, Ludwigsburg;
Dipl. Ing. (FH) Mario Rieger,
MANN+HUMMEL GmbH, Ludwigsburg;
Dipl. Ing. Christof Mangold,
MANN+HUMMEL GmbH, Ludwigsburg;
Dipl.-Ing. Hedwig Schick,
MANN+HUMMEL GmbH, Ludwigsburg.

ターボチャージャーとスーパーチャージャー
Dipl.-Ing. Philipp Schäfer.

排気装置
Dr. rer. nat. Rolf Jebasinski,
J. Eberspächer GmbH & Co. KG,
Esslingen.

ガソリンエンジンの制御
ガソリンエンジンの制御
Dipl.-Ing. Armin Hassdenteufel;
Dr.-Ing. Henning Heikes.

シリンダーへの充填
Dr.-Ing. Martin Brandt;
Dr.-Ing. Henning Heikes.
Dipl.-(FH) Thomas Kortwittenborg;
Dipl.-Ing. Frank Walter.

燃料供給システム
Dipl.-Ing. Timm Hollmann;
Dipl.-Ing. Thomas Herges;
Dipl.-Ing. Johannes Högl;
Dipl.-Ing. Karsten Scholz;
Dipl.-Ing. Michael Kuehn;
Dipl.-Ing. Zdenek Liner;
Dr.-Ing. Thomas Kaiser;
Dipl.-Ing. Serdar Derikesen;
Dipl.-Ing. Uwe Müller;
Dipl.-Ing. (FH) Horst Kirschner.

混合気の形成
Dipl.-Ing. Andreas Binder;
Dipl.-Ing. Anja Melsheimer;
Dipl.-Ing. Markus Gesk;
Dipl.-Ing. Andreas Glaser;
Dr.-Ing. Tilo Landenfeld.

イグニッション
Dr.-Ing. Martin Brandt;
Dipl.-Ing. Walter Gollin;
Dipl.-Ing. Werner Häming;
Dipl.-Ing. Tim Skowronek;
Dr.-Ing. Grit Vogt;
Dr.-Ing. Matthias Budde.

排出ガスの触媒処理
Dipl.-Ing. Klaus Winkler;
Dipl.-Ing. Detlef Heinrich;
Dr.-Ing. Frank Meier.

モータースポーツ
Dipl.-Red. Ulrich Michelt,
Bosch Engineering GmbH, Abstatt.

代替燃料火花点火機関
LPG駆動
Dipl.-Ing. Iraklis Avramopoulos,
IAV GmbH, Berlin.

天然ガス駆動のエンジン
Dipl.-Ing. (FH) Thorsten Allgeier.

アルコール燃料エンジン
Dipl.-Ing. Andreas Posselt.

ディーゼルエンジンの制御
ディーゼルエンジンの制御
Dipl.-Ing. Felix Landhäußer.

低圧燃料供給
Dipl.-Ing. (FH) Stefan Kieferle;
Dr.-Ing. Thomas Kaiser;
Dipl.-Ing. Serdar Derikesen.

コモンレール噴射システム
Dipl.-Ing. Felix Landhäußer;
Dipl.-Ing. (FH) Andreas Rettich;
Dipl.-Ing. Thilo Klam;
Dr.-Ing. Holger Rapp;
Anees Haider Bukhari, B. Eng, MBA.;
Dipl.-Ing. (FH) Herbert Strahberger.

20 執筆者

時間制御式シングルシリンダーポンプシステム
Dipl.-Ing. (BA) Jürgen Crepin,
ETAS GmbH, Stuttgart.

分配型噴射ポンプ
Dipl.-Ing. (BA) Jürgen Crepin,
ETAS GmbH, Stuttgart.

補助始動装置
Dipl.-Ing. (FH) Steffen Peischl;
Dipl.-Ing. Friedrich Schmid,
Daimler AG, Stuttgart.

排気ガス処理
Dr.rer.nat. Christoph Osemann;
Dr.-Ing. Hartmut Lüders.

ドライブトレイン
従来のドライブトレイン、
連結装置
Dipl.-Ing. Jürgen Wafzig, M. Sc.,
ZF Friedrichshafen AG, Friedrichshafen.

マニュアルトランスミッション
Dipl.-Ing. Jürgen Wafzig, M. Sc.,
ZF Friedrichshafen AG, Friedrichshafen;
Dipl.-Ing. (FH) Thomas Müller.

ディファレンシャル、ハイブリッドドライブのドライブ
トレイン、電動ドライブのドライブトレイン
Dipl.-Ing. Jürgen Wafzig, M. Sc.,
ZF Friedrichshafen AG, Friedrichshafen.

代替駆動装置
ハイブリッドドライブ
Dipl.-Ing. Thomas Huber.

電圧回復システム 48 V
Dr.-Ing. Marc Uhl,
Robert Bosch Starter Motors
Generators GmbH.

ドライブとしての電動機
Dr.-Ing. Marcus Alexander;
Dr.-Ing. Arndt Kelleter;
Dr.-Ing. Stephan Usbeck
Dipl.-Ing Uwe Knappenberger.

燃料電池
Dr.-Ing. Gunter Wiedemann;
Dr. rer. nat. Ulrich Gottwick;
Dipl.-Ing. (FH) Jan-Michael Grähn;
Dipl.-Ing. Dipl.-Wirt.-Ing. Nils Kaiser.

排出ガスと診断に関する法規定
排出ガス規制
Dr.-Ing. Matthias Tappe;
Dipl.-Ing. Michael Bender.

排出ガス測定方法
Dipl.-Phys. Martin-Andreas Drühe;
Felix Reinke, B. Sc;
Dipl.-Ing. Andreas Weiß,
Dipl.-Ing. (BA) Marc Rottner;
Dipl.-Ing. Andreas Kreh;
Dipl.-Ing. Bernd Hinner;
Dr. rer. nat. Matthias Tappe.

診断
Dr.-Ing. Markus Willimowski;
Dr. Richard Holberg,
Dr. rer. nat. Hauke Wendt;
Dipl.-Ing. Sani Dzeko.

自動車の物理学
自動車技術の基本用語
Prof. Dr. rer. nat. Ludger Dragon,
Daimler AG, Sindelfingen.

自動車の力学
Dipl.-Ing. Marc Birk,
Daimler AG, Stuttgart;
Prof. Dr. rer. nat. Ludger Dragon,
Daimler AG, Sindelfingen;
Dr.-Ing. Rupert Niethammer,
Daimler AG, Stuttgart;
Dipl.-Ing. Imre Boros,
Daimler AG, Stuttgart;
Dipl.-Ing. Klaus Wüst,
Daimler AG, Stuttgart.

空力学
Dipl.-Ing. Michael Preiß,
Dr. Ing. h.c. F. Porsche AG, Weissach.

自動車の音響学
Dipl.-Ing. Hans-Martin Gerhard,
Dr. Ing. h.c. F. Porsche AG, Weissach.

シャーシ
シャーシ、スプリング
Dipl.-Ing. Maciej Foltanski,
Rheinisch-Westfälische
Technische Hochschule (RWTH) Aachen.

執筆者 **21**

防振機構、ホイールサスペンション
Dipl.-Ing. Jörn Lützow,
fka Forschungsgesellschaft Kraftfahrwesen mbH
Aachen.

ホイール
Dipl.-Ing. Martin Lauer,
Daimler AG, Sindelfingen;
Dipl.-Ing. Werner Hann,
Daimler AG, Sindelfingen;
Dipl.-Hdl. Martin Bauknecht,
MAN Nutzfahrzeuge Group.

タイヤ
Dipl.-Ing. Dirk Vincken,
Agentur für Text&Bild, Eurasburg;
Dipl.-Ing. Reimund Müller,
Michelin Reifenwerke AG & Co.KGaA
Karlsruhe;
Thilo Balcke,
Michelin Reifenwerke AG & Co.KGaA
Karlsruhe;
Dipl.-Ing. Norbert Polzin;
Frank Kleemann,
Trelleborg Sealing Solutions.

ステアリング
Dipl.-Ing. Peter Brenner,
Robert Bosch Automotive Steering GmbH
Schwäbisch Gmünd.

ブレーキシステム
Dr. rer. nat. Jürgen Bräuninger;
Werner Schneider.

乗用車向けブレーキシステム
Werner Schneider;
Dipl.-Ing. Isabell Maier;
Dipl.-Ing. Andreas Burg;
Dipl.-Ing. Andreas Mayer.
Dipl.-Ing. Hubertus Wienken,
Dipl.-Ing. Frank Bährle-Miller;
Dipl.-Ing. Bernhard Kant.

商用車向けブレーキシステム
Werner Schneider;
Dr.-Ing. Falk Hecker,
Knorr-Bremse SfN, Schwieberdingen;
Dipl.-Ing. Frank Schwab,
Knorr-Bremse SfN, Schwieberdingen;
Dr.-Ing. Dirk Huhn,
ZF Friedrichshafen AG, Friedrichshafen.

ホイールブレーキ
Werner Schneider;
Dipl.-Ing. Andreas Burg;
Dipl.-Ing. Andreas Mayer;
Dr. Christof Gente;
Dr.-Ing. Falk Hecker,
Knorr-Bremse SfN, Schwieberdingen.

シャーシ制御とアクティブセーフティ
ホイールスリップ制御システム
Dr.-Ing. Falk Hecker,
Knorr-Bremse SfN, Schwieberdingen;
Dipl.-Ing. Frank Schwab,
Knorr-Bremse SfN, Schwieberdingen.

走行ダイナミクス制御システム
Dr.-Ing. Gero Nenninger;
Dipl.-Ing. (FH) Jochen Wagner;
Dr.-Ing. Falk Hecker,
Knorr-Bremse SfN, Schwieberdingen.

走行ダイナミクス統合制御システム
Dr.-Ing. Michael Knoop.

パッシブセーフティ
乗員保護システム
Dipl.-Ing. Robert Krott.

統合安全システム
Dr.-Ing. Dagobert Masur.

車両のボディ
車両のボディ、乗用車
Dipl.-Ing. Dieter Scheunert,
Daimler AG, Sindelfingen.

車両のボディ、商用車
Dipl.-Ing. Georg Stefan Hagemann,
Daimler AG, Stuttgart.

照明装置
Dipl.-Ing. Doris Boebel,
Automotive Lighting Reutlingen GmbH;
Dipl.-Ing. Gert Langhammer,
Automotive Lighting Reutlingen GmbH;
Dr.-Ing. Michael Hamm,
Audi AG, Ingoldstadt.

自動車の窓ガラス
Dipl.-Kauffr. (FH) Britta Müller,
Saint-Gobain Sekurit International,
Herzogenrath.

ウインドシールド、リアウィンドウ、ヘッドランプの
ワイパー／ウォッシャー装置
Dr.-Ing. Mario Hüsges;
Dipl.-Ing. Florian Hauser.

車両のセキュリティーシステム
ロックシステム
Dr.-Ing. Ulrich Nass,
Brose Schließsysteme GmbH & Co. KG,
Wuppertal.

電子式車両イモビライザー
Dipl.-Ing. (FH) Manuel Wurm,
ZF Friedrichshafen AG, Friedrichshafen.

盗難防止装置
Dipl.-Ing. (FH) U. Götz.

自動車の電気システム
従来の自動車の電気システム
Dipl.-Ing. Clemens Schmucker;
Dipl.-Ing. Eberhard Schoch;
Dipl.-Ing. Markus Beck.

車両への電力供給、ハイブリッドドライブ用
Dr.-Ing. Jochen Faßnacht.

スターター用バッテリー
Dr. rer. nat. Eberhard Meißner,
Johnson Controls Autobatterie
GmbH & Co.KGaA, Hannover.

駆動用バッテリー
Dr.-Ing. Stefan Benz,
Robert Bosch Battery Systems GmbH, Stuttgart;
Dr.-Ing. Christian Pankiewitz,
Robert Bosch Battery Systems GmbH, Stuttgart;
Dr.-Ing. Holger Fink,
Robert Bosch Battery Systems GmbH, Stuttgart.

電動機
Prof. Dr.-Ing. Jürgen Ulm,
Reinhold-Würth-Hochschule,
Künzelsau;
Reinhardt Erli, M. Sc.,
Reinhold-Würth-Hochschule, Künzelsau.

オルタネーター
Dipl.-Ing. Andreas Schröder.

始動装置
Dipl.-Ing. Andreas Schröder.

ワイヤーハーネスおよびプラグイン接続
Dr.-Ing. Eckhardt Philipp.

電磁両立性（EMC）
Dr.-Ing. Wolfgang Pfaff.

シンボル（記号）および回路図
Editorial staff.

車両の電子システム
コントロールユニット（ECU）
Dipl.-Ing. Martin Kaiser;
Dipl.-Ing. Axel Aue.

自動車におけるソフトウェアエンジニアリング
Dipl.-Ing. (BA) Jürgen Crepin,
ETAS GmbH, Stuttgart;
Dr. rer. nat. Kai Pinnow,
ETAS GmbH, Stuttgart;
Dipl.-Ing. Jörg Schäuffele,
ETAS GmbH, Stuttgart.

自動車内のネットワーク／バスシステム
Dr. rer. nat. Harald Weiler;
Dr.-Ing. Tobias Lorenz;
Dipl.-Ing. Oliver Prelle,
Dipl.-Ing. Dieter Thoss.

電子システムのアーキテクチャー
Dr.-Ing. Ralf Machauer,
Bosch Engineering GmbH, Abstatt;
Andreas Hörtling, M. Sc.,
Bosch Engineering GmbH, Abstatt;
Andreas Ehrhart, M. Sc.,
Bosch Engineering GmbH, Abstatt.

センサー
Dr.-Ing. Erich Zabler;
Dipl.-Ökon. Frauke Ludmann;
Dr. rer. nat. Peter Spoden;
Dipl.-Ing. (FH) Cyrille Caillié;
Dr.-Ing. Uwe Konzelmann;
Dr.-Ing. Tilmann Schmidt-Sandte;
Dr.-Ing. Reinhard Neul;
Dr. Berndt Cramer;
Dipl.-Ing. Dipl.-Wirt.-Ing. Nils Kaiser;
Prof. Dr.-Ing. Peter Knoll;
Dipl.-Ing. Joachim Selinger,
M. Sc. (University of Colorado);
Dr.-Ing. Jan Sparbert.

メカトロニクス
Dipl.-Ing. Hans-Martin Heinkel;
Dr.-Ing. Klaus-Georg Bürger.

快適性と操作性向上のための装置
車内空調制御
Dipl.-Ing. Peter Kroner,
MAHLE Behr GmbH & Co. KG,
Stuttgart;
Dipl.-Ing. (FH) Thomas Feith,
MAHLE Behr GmbH & Co. KG,
Stuttgart;
Dipl.-Ing. Günter Eberspach,
Eberspächer Climate Control Systems GmbH & Co.
KG, Esslingen;
Ulrich Karl Weber,
Eberspächer Climate Control Systems GmbH & Co.
KG, Esslingen;
Dipl.-Betriebsw. Marcel Bonnet.

ドアとルーフ部分の快適性と操作性向上のための装置
Dipl.-Ing. (FH) Walter Haußecker;
Dipl.-Ing. (FH) Siegfried Reichmann.

車室内の快適性と操作性に関する機能
Mattias Hallor, M. Sc.

ユーザーインターフェース、テレマチック、マルチメディア
表示と操作
Prof. Dr. -Ing. Peter Knoll.

自動車でのラジオおよびテレビ放送の受信
Dr.-Ing. Jens Passoke.

交通テレマチック
Dr.-Ing. Michael Weilkes.

運転者支援システム
運転者支援システム
Dr.-Ing. Thomas Michalke;
Dr.-Ing. Frank Niewels;
Dipl.-Math. (FH) Thomas Lich;
Dr.-Ing. Thomas Maurer.

コンピュータービジョン
Dr.-Ing. Wolfgang Niehsen.

自動車のナビゲーション
Dipl.-Ing. Ernst Peter Neukirchner.

ナイトビジョンシステム
Prof. Dr.-Ing. Peter Knoll.

駐車および操縦システム
Prof. Dr.-Ing. Peter Knoll.

アダプティブクルーズコントロール
Dipl.-Ing. Gernot Schröder;
Prof. Dr.-Ing. Peter Knoll.

車線アシストおよび車線変更アシスト
Dr.-Ing. Thomas Michalke;
Dr. rer. nat. Lutz Bürkle.

非常ブレーキシステム
Dr.-Ing. Thomas Gussner;
Dr.-Ing. Steffen Knoop;
Dr.-Ing. Falk Hecker,
Knorr-Bremse SfN, Schwieberdingen.

交差点アシスト
Dr. rer. nat. Wolfgang Branz;
Dr.-Ing. Rüdiger Jordan.

アクティブ歩行者保護
Dr.-Ing. Thomas Gussner;
Dr.-Ing. Steffen Knoop.

ハイビームアシスト
Dipl.-Ing. Doris Boebel,
Automotive Lighting Reutlingen GmbH;
Dipl.-Ing. (FH) Bernd Dreier,
Automotive Lighting Reutlingen GmbH.

自動運転の未来
Dr.-Ing. Frank Niewels;
Dr.-Ing. Rüdiger Jordan.

量と単位

物理量を表すためには、それぞれの測定の尺度として基礎となる単位系が必要である。物理量の値は、数値と単位で構成される。そうした単位系のひとつがSI単位であり、このSI単位系は1960年の第11回国際度量衡総会（CGPM）において決定された。それ以来、SI単位系は50ヶ国以上で採用されている。

ドイツでは、国立の度量衡学研究所である連邦物理工学研究所（PTB、本拠地はブラウンシュヴァイク）の規定に基づいて単位が管理されている。国際的な責任は、パリ近郊セーブルの国際度量衡局（BIPM）が負っている。

今日よく用いられているその他の単位（リットル、メートル法のトン、時間、摂氏度など）もドイツでは法律で許可されており、そうした単位についてもここで言及する。

その他の国において許可されている単位（インチ、オンス、華氏など）、あるいは使用されなくなった単位は、それに関する独立した章において取り扱うこととする。

表1：SI基本単位

量と記号		SI基本単位	
		名称	記号
長さ	l	メートル	m
質量	m	キログラム	kg
時間	t	秒	s
電流	I	アンペア	A
熱力学的温度	T	ケルビン	K
物質量	n	モル	mol
光度	I	カンデラ	cd

SI単位

SIとは国際単位系のことである。この単位系はISO 80000 [1]（ISO：国際標準化機構）において、またドイツではDIN 1301 [2]（DIN：ドイツ規格統一協会）において規定されている。

表1は、7つのSI基本単位を列挙したものである。

SI基本単位の定義

SI基本単位の一時的な定義は、フランス語でなされている。以下では、フランス語のオリジナルテキストの翻訳はイタリックで表記されている（[3]を参照）。

1. 長さ

1メートルとは、光が真空中を1/299,792,458秒間に進む距離として定義される（1983年の第17回CGPM）。

したがって、メートルは真空中の光の速度（$c = 299{,}792{,}458$ m/s）から定義されるのであって、現在はクリプトン[86]原子の遷移に対応する光波の真空中における波長によって定義されているわけではない。メートルはもともと子午線の長さの4,000万分の1として定義されていた（パリのメートル原器、1875年）。

2. 質量

キログラムは質量の単位である。1キログラムは、国際キログラム原器の質量である（1889年の第1回CGPMおよび1901年の第3回CGPM）。

この白金・イリジウム合金の原器は、国際度量衡局（BIPM）に保管されている。ドイツ国内の原器は、ブラウンシュヴァイクの連邦物理工学研究所（PTB）に保管されている。

3. 時間

1秒は、セシウム[133]原子の基底状態における2つの超微細構造準位間の遷移に対応する放射の91億9,263万1,770周期の時間として定義される（1967年の第13回CGPM）。

この定義は、温度0Kで静止状態にあるセシウム原子に対するものである。この定義は、かつての1日および1年の長さに基づく天文学的な定義よりもはるかに正確に再現可能である。

4. 電流

1アンペアは、真空中に1メートルの間隔で平行に置かれた、無視できるほど小さい円形断面積を有する無限に長い2本の直線導体中を流れ、導体の長さ1メートル当たり $2 \cdot 10^{-7}$ ニュートンの力を生ずる電流として定義される（1948年の第9回CGPM）。

これにより、磁界定数は $\mu_0 = 4\pi \cdot 10^{-7}$ H/mと規定される。

5. 温度

ケルビンは熱力学温度の単位であり、1ケルビンは、水の三重点の熱力学温度の1/273.16として定義される（1954年の第10回CGPMおよび1967年の第13回CGPM）。

ケルビン目盛の零度は、絶対零度である。蒸留水の三重点は温度273.16 Kかつ圧力611.657 Paの状態で達成され、このときすべての3つの物理的状態（個体、液体、気体）が平衡に達する。

6. 物質量

6.1. 1モルは、0.012 kgの炭素^{12}に含まれる原子の数と等しい数の要素を含んだ系の物質量として定義され、記号は「mol」である。

6.2. モルを使用するときは要素を指定しなければならない。要素は、原子、分子、イオン、電子、その他の粒子でもよいし、これら粒子の集合体であってもよい（1971年の第14回CGPM）。

モルの定義では、炭素12原子が結合しておらず、静止状態にあり、基底状態にあることが前提となっている。

7. 光度

1カンデラは、周波数が $540 \cdot 10^{12}$ ヘルツの単色放射光源の、1/683ワット毎ステラジアンである方向における光度として定義される（1979年第16回CGPM）。

「カンデラ」（Candela）（ラテン語で「ろうそく」の意味）は、白金の溶解温度における黒体放射によって定義される「新燭」に代わって採用された。

SI単位の10の整数乗倍

SI単位（SI基本単位およびSI派生単位）の10の整数乗倍は、その単位名の接頭語（ミリグラムなど）、またはその単位記号の接頭記号（mgなど）によって表記される（表2）。この接頭記号は、単位記号の前にスペースを入れずに付けて、独立した単位となる。

角度の単位（度、分、秒）、時間の単位（分、時）、温度の単位（摂氏度）には、接頭記号は使用されない。

表2：測定単位の接頭語
（DIN 1301 [2]による）

接頭語	接頭記号	倍数	倍数の名称
ヨクト	y	10^{-24}	一秭分の1
ゼプト	z	10^{-21}	十垓分の1
アト	a	10^{-18}	百京分の1
フェムト	f	10^{-15}	千兆分の1
ピコ	p	10^{-12}	一兆分の1
ナノ	n	10^{-9}	十億分の1
マイクロ	μ	10^{-6}	百万分の1
ミリ	m	10^{-3}	千分の1
センチ	c	10^{-2}	百分の1
デシ	d	10^{-1}	十分の1
デカ	da	10^{1}	十
ヘクト	h	10^{2}	百
キロ	k	10^{3}	千
メガ	M	10^{6}	百万
ギガ	G	10^{9}	十億[1]
テラ	T	10^{12}	兆[1]
ペタ	P	10^{15}	千兆
エクサ	E	10^{18}	百京
ゼタ	Z	10^{21}	十垓
ヨタ	Y	10^{24}	一秭

---

[1]米国では、10^9 = 1 billion（ビリオン）、10^{12} = 1 trillion（トリリオン）と表記する。

SI派生単位

SI単位は、これら7つのSI基本単位と、これらの基本単位から導き出されるすべての単位、すなわち、基本単位の累乗の積として表される単位である。たとえば、力の単位は、ニュートンの法則（$F = ma$）から以下のように得られる。

$$1 \text{ kg} \frac{\text{m}}{\text{s}^2} = 1 \text{ N （ニュートン）}$$

累乗の積において係数が1となる場合、これを一貫性を持って導かれる単位という。一貫性を持って導かれる単位は全部で22あり、これらはニュートンのように独自の名称をもっている（表3）。

法定単位

1985年2月22日制定の度量衡の単位に関する法律（2001年10月29日改訂）や、1985年12月13日制定の施行規則（2013年現在の最終改訂は2008年7月12日）は、ドイツにおける商取引や公共業務に際して「法定単位」の使用を規定している。法定単位とは、以下の3つを指す。

- SI単位
- SI単位の10の整数乗倍
- その他の許可されている単位（以降のページの一覧表および[4]を参照）

以下の表は、DIN 1301 [2] による一覧である。

表3：SI派生単位と特別な名称

量	単位	単位の記号	他のSI単位での表現
平面角度	ラジアン	rad	1
立体角度	ステラジアン	sr	1
周波数	ヘルツ	Hz	1 Hz = 1/s
力	ニュートン	N	1 N = 1 kg m/s^2 = 1 J/m
圧力	パスカル	Pa	1 Pa = 1 N/m^2
エネルギー、仕事、熱量	ジュール	J	1 J = 1 Nm = 1 Ws
出力	ワット	W	1 W = 1 J/s = 1 VA
摂氏温度	摂氏度	°C	
電圧	ボルト	V	1 V = 1 W/A
電気伝導率	ジーメンス	S	1 S = 1 A/V = 1/α
電気抵抗率	オーム	Ω	1 Ω = 1 V/A
電荷	クーロン	C	1 C = 1 As
静電容量	ファラド	F	1 F = 1 C/V
インダクタンス	ヘンリー	H	1 H = 1 Wb/A
磁束	ウェーバ	Wb	1 Wb = 1 Vs
磁束密度、磁気誘導	テスラ	T	1 T = 1 Wb/m^2
光束	ルーメン	lm	1 lm = 1 cd sr
照度	ルクス	lx	1 lx = 1 lm/m^2
放射能	ベクレル	Bq	1 Bq = 1/s
吸収線量	グレイ	Gy	1 Gy = 1 J/kg
線量当量	シーベルト	Sv	1 Sv = 1 J/kg
触媒活性	カタール	kat	1 kat = 1 mol/s

表4：法定単位

量と記号		法定単位 SI	他の単位	名称	関係式	備考、使用すべきでない単位と その換算式

1. 長さ、面積、体積

量と記号		SI	他の単位	名称	関係式	備考
長さ	l	m		メートル		
面積	A	m^2		平方メートル		
			a	アール	$1\,a = 100\,m^2$	
			ha	ヘクタール	$1\,ha = 100\,a = 10^4\,m^2$	
体積	V	m^3		立方メートル		
			l, L	リットル	$1\,l = 1\,L = 1\,dm^3$	

2. 角度

量と記号		SI	他の単位	名称	関係式	備考
(平面) 角度[1]	α, β 他	rad		ラジアン	$1\,rad = \dfrac{1\,m\,arc}{1\,m\,radius}$	1^g （百分法の度） $= 1\,gon$ 1^c （百分法の分） $= 10^{-2}\,gon$ 1^{cc} （百分法の秒） $= 10^{-4}\,gon$
			°	度	$1° = \dfrac{\pi}{180}\,rad$	
			′	分		
			″	秒	$1° = 60′ = 3{,}600″$	
			gon	ゴン	$1\,gon = \dfrac{\pi}{200}\,rad$	
立体角度[1]	Ω	sr		ステラジアン	$1\,sr = \dfrac{1\,m^2\,(球の表面積)}{1\,m^2\,(球の半径の2乗)}$	

---

[1] 単位 rad および sr は、計算時に1として計算する。

28 物理学 (基礎)

量と記号		法定単位			関係式	備考、使用すべきでない単位と
		SI	他の単位	名称		その換算式

3. 質量

量と記号		法定単位 SI	他の単位	名称	関係式	備考、使用すべきでない単位とその換算式
質量 (重さ) [1]	m	kg		キログラム		
			g	グラム	$1\,g = 10^{-3}\,kg$	
			t	トン	$1\,t = 10^{3}\,kg$	
密度	ρ	kg/m³				単位体積あたりの重さ γ (kp/dm³ または p/cm³) $\gamma = \rho \cdot g$
慣性 モーメント (質量の二次 モーメント)	J	kg·m²			$J = m \cdot r^2$ r = 回転半径	フライホイール効果 $G \cdot D^2$ (単位：kp·m²) $D = 2r,\ G = m \cdot g$ $G \cdot D^2 = 4J \cdot g$

4. 時間

量と記号		法定単位 SI	他の単位	名称	関係式	備考、使用すべきでない単位とその換算式
時間 期間 間隔 [2]	t	s		秒		エネルギー管理分野では、1年 = 8,760時間
			min	分	$1\,min = 60\,s$	
			h	時	$1\,h = 60\,min$	
			d	日	$1\,d = 24\,h$	
			a	年		
周波数	f	Hz		ヘルツ	$1\,Hz = 1/s$	
回転数 (回転周波数)	n	s⁻¹			$1\,s^{-1} = 1/s$	回転数の単位として、rpmや r/min（1分間あたりの回転数） を使用できるが、min⁻¹を使用 するほうが好ましい。 (1 rpm = 1 r/min = 1 min⁻¹)
			min⁻¹ 1/min		$1\,min^{-1}$ $= 1/min = (1/60)\,s^{-1}$	
角周波数	ω	s⁻¹			$\omega = 2\pi f$	
速度	v	m/s	km/h		$1\,km/h = (1/3.6)\,m/s$	
加速度 [4]	a	m/s²			自由落下加速度 $g \approx 9.80665\,m/s^2$	
角速度 [3]	ω	rad/s				
角加速度 [3]	α	rad/s²				

---

[1]　「重さ」という用語は曖昧に用いられており、質量を示す場合と、重量を示す場合とがある (DIN 1305 [5])。
[2]　時刻の表示の際は、h (時)、min (分)、s (秒) を使用することがある 例：$3^h\,25^m\,6^s$
[3]　単位 rad は、計算時に1として計算する。
[4]　加速度は、m/s² の代わりに自由落下加速度 g の倍数で示されることがある。

量と単位 **29**

量と記号	法定単位 SI	他の単位	名称	関係式	備考、使用すべきでない単位とその換算式

5. 力、エネルギー、仕事率

量と記号	法定単位 SI	他の単位	名称	関係式	備考、使用すべきでない単位とその換算式
力 F 重力 G	N N		ニュートン	$1\,N = 1\,kg \cdot m/s^2$	$1\,kp$(キロポンド) $\approx 9.80665\,N$
力積 p	Ns			$1\,Ns = 1\,kg \cdot m/s$	
圧力、一般 p	Pa		パスカル	$1\,Pa = 1\,N/m^2$	$1\,at$(工業気圧) $= 1\,kp/cm^2$ $\approx 0.980665\,bar$ $p \approx 1.01325\,bar$ $\approx 1{,}013.25\,hPa$ (標準大気圧)
		bar	バール	$1\,bar = 10^5\,Pa$	
機械的応力 σ, τ	N/m²			$1\,N/m^2 = 1\,Pa$	$1\,kp/m^2 \approx 9.80665\,N/m^2$
		N/mm²		$1\,N/mm^2 = 1\,MPa$	
硬度	ブリネル硬度やビッカース硬度では、kp/mm²を使用しない。kp/mm²の代わりに、硬度スケールの略称を単位として記述する(必要に応じて、試験荷重値なども記述する)				例: 旧表示　　　　　現在 HB = 350 kp/mm²　350 HB HV30 = 720 kp/mm²　720 HV30 HRC = 60　　　　60 HRC
エネルギー E 仕事 W 熱、 熱量[1] Q	J		ジュール	$1\,J = 1\,Nm = 1\,Ws$ $= 1\,kg \cdot m^2/s^2$	$1\,kcal$(キロカロリー) $= 4.1868\,kJ$
		Ws	ワット秒	$1\,Ws = 1\,J$	
		kWh	キロワット時	$1\,kWh = 3.6\,MJ$	
		eV	エレクトロンボルト	$1\,eV \approx 1.60219 \cdot 10^{-19}\,J$	
トルク(モーメント) M	Nm		ニュートンメートル		$1\,kp \cdot m$(キロポンドメートル) $\approx 9.80665\,Nm$
仕事率 P 熱流 $\dot{Q}$ 放射出力 Φ	W		ワット	$1\,W = 1\,J/s = 1\,Nm/s$	$1\,kp \cdot m/s \approx 9.80665\,W$ $1\,PS$(馬力) $\approx 0.7355\,kW$
皮相出力 P_s	VA		ボルトアンペア	$1\,VA = 1\,W$	
無効電力 P_q	var		バール	$1\,var = 1\,W$	

---
[1]　熱量はジュールで示される。

30 物理学 (基礎)

量と記号		法定単位			関係式	備考、使用すべきでない単位と
		SI	他の単位	名称		その換算式

6. 粘度

量と記号		法定単位 SI	他の単位	名称	関係式	備考、使用すべきでない単位とその換算式
粘度	η	Pa·s		パスカル秒	$1\,Pa\cdot s = 1\,Ns/m^2$ $= 1\,kg/(s\cdot m)$	1 P (ポアズ) = 0.1 Pa·s
動粘度	ν	m²/s			$1\,m^2/s$ $= 1\,Pa\cdot s/(kg/m^3)$	1 St (ストークス) $= 10^{-4}\,m^2/s$

7. 温度および熱

量と記号		法定単位 SI	他の単位	名称	関係式	備考、使用すべきでない単位とその換算式
温度	T	K		ケルビン	$\vartheta = (T - 273.15\,K)\dfrac{°C}{K}$	
	ϑ		°C	摂氏度		
温度差	ΔT	K		ケルビン	$1\,K = 1\,°C$	複合単位の場合、温度差はK で表す。
	$\Delta \vartheta$		°C	摂氏度		

熱と熱流の数値については、5を参照

量と記号		法定単位 SI	他の単位	名称	関係式	備考、使用すべきでない単位とその換算式
比熱容量 (比熱)	c	J/(kg·K)				1 kcal/(kg·K) = 4.1868 kJ/(kg·K)
モル熱容量	C	J/(mol·K)				
熱伝導率	λ	W/(m·K)				1 kcal/(m·h·K) = 1.163 W/(m·K)

8. 電気量

量と記号		法定単位 SI	他の単位	名称	関係式	備考、使用すべきでない単位とその換算式
電流	I	A		アンペア		
電圧	U	V		ボルト	$1\,V = 1\,W/A$	
電気伝導率： コンダクタンス サセプタンス アドミタンス	G B Y	S		ジーメンス	$1\,S = 1\,A/V = 1/\Omega$	
電気抵抗： 抵抗 (レジスタンス) リアクタンス インピーダンス	R X Z	Ω		オーム	$1\,\Omega = 1/S = 1\,V/A$	
電気量、 電荷	Q	C		クーロン	$1\,C = 1\,As$	
			Ah	アンペア時	$1\,Ah = 3{,}600\,C$	
静電容量	C	F		ファラド	$1\,F = 1\,C/V$	
電束密度、 電気変位	D	C/m²			$1\,C/m^2 = 1\,As/m^2$	
電界強度	E	V/m			$1\,V/m = 1\,W/(Am)$	

量と記号	法定単位 SI	他の単位	名称	関係式	備考、使用すべきでない単位とその換算式

9. 磁気量

量と記号	法定単位 SI	他の単位	名称	関係式	備考、使用すべきでない単位とその換算式
インダクタンス L	H		ヘンリー	1 H = 1 Wb/A	
磁束 Φ	Wb		ウェーバ	1 Wb = 1 V s	1 M（マクスウェル）= 10^{-8} Wb
磁束密度、磁気誘導 B	T		テスラ	1 T = 1 Wb/m^2	1 G（ガウス）= 10^{-4} T
磁場の強さ H	A/m			1 A/m = 1 N/Wb	1 Oe（エルステッド）= $\dfrac{10^3}{(4\pi)}\dfrac{A}{m}$

10. 照明工学で使用される量

量と記号	法定単位 SI	他の単位	名称	関係式	備考、使用すべきでない単位とその換算式
光度 I	Cd		カンデラ		
輝度 L	cd/m^2				1 sb（スチルブ）= 10^4 cd/m^2 1 asb（アポスチルブ） = 1/π cd/m^2
光束 Φ	lm		ルーメン	1 lm = 1 cd sr (sr = ステラジアン)	
照度 E	lx		ルクス	1 lx = 1 lm/m^2	

11. 音響学で使用される量

量と記号	法定単位 SI	他の単位	名称	関係式	備考、使用すべきでない単位とその換算式
音圧 p	Pa		パスカル		
音響強度（音の強さ）I	W/m^2				
音圧レベル L_p	Np		ネーパ	1 Np = 1（無次元の量）	$L_p = \ln(p_1/p_2)$ Np = $L_I = 0.5\ln(I_1/I_2)$ Np
音響強度レベル L_I		dB	デシベル	1 dB = $\dfrac{1}{20}\ln 10$ Np ≈ 0.1151 Np	$L_p = 20\lg(p_1/p_2)$ dB = $L_I = 10\lg(I_1/I_2)$ dB f = 1,000 Hz の場合、 （生理学的）音の大きさの
		B	ベル	1 B = 10 dB ≈ 1.151 Np	「ホン」：1 phon = 1 dB であり、 音の大きさ「ソーン」： 1 ソーン = 40 ホン
音圧レベル L_{pA} 音響強度レベル A特性 L_{WA}		dB (A)			20 〜 40 ホンでの、人間の耳に合わせた周波数依存性の評価

32 物理学 (基礎)

量と記号		法定単位 SI	他の単位	名称	関係式	備考、使用すべきでない単位とその換算式

12. 核物理学などに使用される量

量と記号		SI	他の単位	名称	関係式	備考、使用すべきでない単位とその換算式
エネルギー	W		eV	エレクトロンボルト	$1\,eV \approx 1.60219 \cdot 10^{-19}\,J$ $1\,MeV = 10^6\,eV$	
放射性物質の放射能	A	Bq		ベクレル	$1\,Bq = 1\,s^{-1}$	$1\,Ci$ (キュリー) $= 3.7 \cdot 10^{10}\,Bq$
吸収線量	D	Gy		グレイ	$1\,Gy = 1\,J/kg$	$1\,rd$ (ラド) $= 10^{-2}\,Gy$
線量当量	D_q	Sv		シーベルト	$1\,Sv = 1\,J/kg$	$1\,rem$ (レム) $= 10^{-2}\,Sv$
吸収線量率	$\dot{D}$				$1\,Gy/s = 1\,W/kg$	$1\,rd/s = 10^{-2}\,Gy/s$
照射線量	J	C/kg				$1\,R$ (レントゲン) $= 258 \cdot 10^{-6}\,C/kg$
放射線量率	$\dot{J}$	A/kg				
物質量	n	mol		モル		
触媒活性		kat		カタール	$1\,kat = 1\,mol/s$	

量と単位 **33**

その他の単位

表5：単位換算

長さの単位

名称	単位換算
ミクロン	1 μ = 1 μm
印刷用ポイント	1 p = 0.37607 mm
インチ	1 in = 25.4 mm
フィート	1 ft = 12 in = 0.3048 m
ヤード	1 yd = 3 ft = 0.9144 m
マイル	1 mile = 1,760 yd = 1.6093 km
海里（国際海里）	1 NM = 1 sm = 1.852 km （≈ 1′赤道上で経度1分に相当 する距離）

英米での長さの単位

名称	単位換算
マイクロインチ	1 μin = 0.0254 μm
ミリインチ	1 mil = 0.0254 mm
リンク	1 link = 201.17 mm
ロッド	1 rod = 1 pole = 1 perch = 5.5 yd = 5.0292 m
ファゾム	1 fathom = 2 yd = 1.8288 m
チェーン	1 chain = 22 yd = 20.1168 m
ファーロング	1 furlong = 220 yd = 201.168 m

面積の単位

名称	単位換算
平方インチ（sq in）	$1\ in^2 = 6.4516\ cm^2$
平方フィート（sq ft）	$1\ ft^2 = 144\ in^2$ $= 0.0929\ m^2$
平方ヤード（sq yd）	$1\ yd^2 = 9\ ft^2 = 0.8361\ m^2$
エーカー（acre）	$1\ ac = 4,840\ yd^2$ $= 4,046.9\ m^2$
平方マイル（sq mile）	$1\ mile^2 = 640\ acre$ $= 2.59\ km^2$
バーン	$1\ b = 10^{-28}\ m^2$

体積の単位

名称	単位換算
立方インチ（cu in）	$1\ in^3 = 16.3871\ cm^3$
立方フィート（cu ft）	$1\ ft^3 = 1,728\ in^3$ $= 0.02832\ m^3$
立方ヤード（cu yd）	$1\ yd^3 = 27\ ft^3$ $= 0.76456\ m^3$

英国（UK）でのその他の単位

名称	単位換算
液量オンス （フルードオンス）	1 fl oz = 0.028413 *l*
パイント	1 pt = 0.56826 *l*
クォート	1 qt = 2 pt = 1.13652 *l*
ガロン	1 gal = 4 qt = 4.5461 *l*
バレル（原油）	1 bbl = 35 gal = 159.1 *l*
バレル （その他の液体）	1 bbl = 36 gal = 163.6 *l*

米国（US）でのその他の単位

名称	単位換算
液量オンス （フルードオンス）	1 fl oz = 0.029574 *l*
液量パイント	1 liq pt = 0.47318 *l*
液量クォート	1 liq qt = 2 liq pt = 0.94635 *l*
ガロン	1 gal = 4 liq qt = 3.7854 *l*
液量バレル	1 liq bbl = 31.5 gal = 119.24 *l*
石油バレル	1 石油バレル（barrel petroleum） = 42 gal = 158.99 *l* （原油の計量単位）

速度

名称	単位換算
キロメートル毎時	1 km/h = (1/3.6) m/s ≈ 0.2778 m/s
マイル毎時	1 mile/h = 1.6093 km/h
ノット	1 kn = 1 NM/h = 1 sm/h = 1.852 km/h = 0.5144 m/s
マッハ数（Ma）	マッハ数Maは、速度と音速との比

34　物理学（基礎）

質量の単位

名称	単位換算
ポンド	1 Pfund = 0.5 kg
ツェントナー	1 Ztr = 50 kg
ドッペルツェントナー	1 dz = 100 kg
ガンマ	$1\,\gamma = 1\,\mu g$
メートル法カラット （宝石類のみに使用）	1 Kt = 0.2 g
統一原子質量単位 (u)	$1\,u = 1.6606 \cdot 10^{-27}$ kg
グレイン	1 gr = 64.79891 mg
ペニーウェイト	1 dwt = 24 gr = 1.5552 g
ドラム	1 dr = 1.77184 g
オンス	1 oz = 16 dram = 28.3495 g
トロイオンス	1 oz tr (US) = 1 oz tr (UK) = 31.1035 g
ポンド	1 lb = 16 oz = 453.592 g
ストーン（英国）	1 st = 14 lb = 6.35 kg
クォーター（英国）	1 qr = 28 lb = 12.7 kg
スラグ （1 lbfの力によって 1 ft/s^{2}加速される 質量）	1 slug = 14.4939 kg
ハンドレッドウェイト （米国）	1 cwt = 1 cwt sh 　（ショートハンドレッド 　ウェイト） = 1 quintal（キンタル）= 100 lb = 45.3592 kg
ハンドレッドウェイト （英国）	1 cwt = 1 cwt l（ロングハンドレッド ウェイト） = 112 lb = 50.8023 kg
米トン	1 ton (US) = 1 tn sh 　　　　　　（ショートトン） = 0.90718 t
英トン	1 ton (UK) = 1 tn l 　　　　　　（ロングトン） = 1 ton dw 　（載貨重量トン数） = 1.01605 t
－	1 t dw = 1 t

密度

名称	単位換算
	1 lb/ft^3 = 16.018 kg/m^3
	1 lb/gal (UK) = 99.776 kg/m^3
	1 lb/gal (US) = 119.83 kg/m^3

nは、15 ℃における水の密度に対する液体の密度 ρ を示す比重計の目盛り。

$n = 144.3\,(\rho - 1\,\text{kg}/l)/\rho\,$°Bé（ボーメ度）

$n = (141.5\,\text{kg}/l - 131.5 \cdot \rho)/\rho\,$°API
　　（API：米国石油協会）

力の単位

名称	単位換算
ポンド	$1\,p \approx 9.80665$ mN
キロポンド	$1\,kp \approx 9.80665$ N
ダイン	$1\,dyn = 10^{-5}$ N
ステーヌ （フランスの単位）	1 sn = 1 kN
重量ポンド	1 lbf = 4.44822 N
パウンダル （質量1 lbの物体を 1 ft/s^{2}加速させる力）	1 pdl = 0.138255 N

圧力および応力の単位

名称	単位換算
マイクロバール	$1\,\mu\text{bar} = 0.1$ Pa
ミリバール	1 mbar = 1 hPa = 100 Pa
バール (bar)	$1\,\text{bar} = 10^5$ Pa
－	1 kp/mm^2 $\approx 9.80665 \cdot 10^6$ Pa
工学気圧	1 at = 1 kp/cm^2 $\approx 9.80665 \cdot 10^4$ Pa
標準気圧	$1\,\text{atm} = 1.01325 \cdot 10^5$ Pa
トール	1 torr = 1 mm Hg （水銀柱） = 133.322 Pa
－	1 mm 水柱 = 1 kp/m^2 ≈ 9.80665 Pa

工学気圧から以下の単位が導き出される。
p_{abs}（絶対圧）：1 ata
p_{amb}（大気圧）
$p_e = p_{abs} - p_{amb}$
　　（正圧）：
　　　1 atpaa（$p_{abs} > p_{amb}$ の場合）
$p_e = p_{amb} - p_{abs}$
　　（負圧）：
　　　1 atpba（$p_{abs} < p_{amb}$ の場合）

量と単位 **35**

英米の単位およびその他の国の単位

平方インチ当たり 重量ポンド	1 lbf/in^2 = 1 psi = 6894.76 Pa
平方フィート当たり 重量ポンド	1 lbf/ft^2 = 1 psf = 47.8803 Pa
平方インチ当たり 重量トン（英国）	1 tonf/in^2 = 1.54443·10^7 Pa
平方フィート当たり ポンダル	1 pdl/ft^2 = 1.48816 Pa
バーリー（フランス）	1 barye = 0.1 Pa
ピエス（フランス）	1 pz = 1 sn/m^2 （ステーヌ/m^2） = 1,000 Pa

エネルギーの単位

名称	単位換算
エルグ	1 erg = 10^{-7} J
カロリー[1]	1 cal = 4.1868 J
	1 kp·m = 9.80665 J
	1 HP·h = 2.6478·10^6 J
サーム	1 therm = 105.50·10^6 J

英米の単位およびその他の国の単位

インチ重量オンス	1 in ozf = 7.062 mJ
フィートポンダル	1 ft pdl = 0.04214 J
インチ重量ポンド	1 in lbf = 0.11299 J
フィート重量ポンド	1 ft lbf = 1.35582 J
英国の熱量単位[2]	1 Btu = 1,055.06 J
サーム	1 therm = 10^5 Btu
馬力時	1 hp·h = 2.685·10^6 J
テルミ（フランス）	1 thermie = 1,000 frigories = 1,000 kcal = 41.868 MJ
石炭等価キログラム	1 kg CE = 29.3076 MJ （石炭の発熱量 H_u = 7,000 kcal/kg に対して）
石炭等価トン	1 t CE = 1,000 kg CE

仕事率の単位

名称	単位換算
キロカロリー毎時	1 kcal/h = 1.163 W
カロリー毎秒	1 cal/s = 4.1868 W
–	1 kp·m/s = 9.80665 W
仏馬力、シュヴァル ヴァプール （フランスの単位）	1 HP = 1 ch = 735.499 W

英米の単位

–	1 ft·lbf/s = 1.35582 W
英馬力	1 hp = 745.70 W
	1 Btu/s = 1,055.06 W

燃費

名称	単位換算
–	1 g/(HP·h) = 1.3596 g/(kWh)
–	1 lb/(hp·h) = 608.277 g/(kWh)
–	1 liq pt/(hp·h) = 634.545 cm^3/(kWh)

$$x \text{ mile/gal (米)} \triangleq \frac{235.21}{x} l/100 \text{ km}$$

$$x \text{ mile/gal (英)} \triangleq \frac{282.48}{x} l/100 \text{ km}$$

$$y \text{ } l/100 \text{ km} \triangleq \frac{235.21}{y} \text{mile/gal (米)}$$

$$y \text{ } l/100 \text{ km} \triangleq \frac{282.48}{y} \text{mile/gal (英)}$$

---

[1] 1 g の水を 15℃ から 16℃ に加熱するのに必要な熱量
[2] 1 lb の水を 63 °F から 64 °F に加熱するのに必要な熱量

36 物理学（基礎）

温度の単位

名称	単位換算
K（ケルビン）	
°C（摂氏度）	$\vartheta/°C = T/K - 273.15$ この目盛は、水の融点 0 °C と沸点 100 °C（それぞれ標準圧）を基礎としている。
°F（華氏度）	$T_F/°F = 1.8 \cdot T/K - 459.67$ 水の氷点は 32 °F、人間の体温は 96 °F としている。
°Ra（ランキン度）	$T_{Ra}/°Ra = 1.8 \cdot T/K$ この目盛は絶対温度零度 0 K で始まり、華氏と同じ温度目盛りを使用する。
°Re（列氏度）	$T_{Re}/°Re$ $= 0.8 \cdot (T/K - 273.15)$ 水の融点を 0 °Re、沸点を 80 °Re とする。
温度の差異	1 K ≙ 1 °C ≙ 1.8 °F ≙ 1.8 °Ra ≙ 0.8 °Re

粘性の単位（動粘度）

名称	単位換算
	1 ft^2/s = 0.092903 m^2/s 測定は、規格 DIN EN ISO 2431 [6] に準拠する粘度計によって行われる。
A秒	流量コップによる流出時間
エングラー度	エングラー装置による相対流出時間： 1 °E ≈ 7.6 mm^2/s
RI秒	レッドウッド 1 号型粘度計による流出時間（英）： 1 R″ ≈ 4.06 mm^2/s
SU秒	セイボルトユニバーサル粘度計による流出時間（米）： 1 S″ ≈ 4.63 mm^2/s

物理定数

現在、物理的限界は世界中どこでも等しく適用されると見なされている。物理的限界によって説明される物理定数は、物理量（真空での光の速度、素粒子の質量など）を含み、それらの間の関連を示す（重力、電気、磁気の磁界定数など）。これらの数値は、単位系によって異なり、実験的に決定される必要がある。

表5は、最も重要な物理定数をまとめたものである（出典：[4]）。（ ）内の数字は最後の2桁の数字が不正確であることを示す。

表5：物理定数

アボガドロ定数 N_A	$6.0221415(10) \cdot 10^{23}\,\text{mol}^{-1}$
ファラデー定数 F	$F = e\,N_A$ $\approx 96485.3365(21)\,\dfrac{C}{\text{mol}}$
ロシュミット数 N_L	$N_L = \dfrac{N_A}{V_{m0}}$ $\approx 2.6867805(24) \cdot 10^{25}\,\text{m}^{-3}$ V_{m0}：通常条件下での理想気体のモル体積
ボルツマン定数 k	$1.3806505(24) \cdot 10^{-23}\,\dfrac{J}{K}$
電気素量 e	$1.60217653(14) \cdot 10^{-19}\,C$
電界定数 ε_0	$\dfrac{1}{\mu_0 \cdot c^2}$ $\approx 8.854187817 62 \cdot 10^{-12}\,\dfrac{F}{m}$
磁界定数 μ_0	$4\pi \cdot 10^{-7}\,\dfrac{Vs}{Am}$ $\approx 12.566370614 \cdot 10^{-7}\,\dfrac{H}{m}$
万有引力定数 G	$6.6742(10) \cdot 10^{-11}\,\dfrac{m^3}{kg \cdot s^2}$
光速 c （真空中）	$2.99792458 \cdot 10^8\,\dfrac{m}{s}$
統一原子質量単位 u	$1.66053886(28) \cdot 10^{-27}\,kg$
プランク定数 h	$6.6260693(11) \cdot 10^{-34}\,Js$
電子の静止質量 m_e	$9.1093826(16) \cdot 10^{-31}\,kg$
陽子の静止質量 m_p	$1.67262171(29) \cdot 10^{-27}\,kg$
シュテファン- ボルツマン定数 σ	$5.670400(40) \cdot 10^{-8}\,\dfrac{W}{m^2 \cdot K^4}$
一般ガス定数 R	$8.314472(15)\,\dfrac{J}{\text{mol} \cdot K}$

量と単位 **37**

参考文献

[1] ISO 80000: Quantities and units (2013).

[2] DIN 1301: Units – Part 1: Unit names, unit symbols (2010).

[3] 8th Edition of the SI Brochure, printed in the PTB Reports, 117th year, Volume 2, June 2007, Braunschweig and Berlin.

[4] PTB leaflet "The legal units in Germany" (2004), Braunschweig.

[5] DIN 1305: Mass, as weighed value, force, weight force, weight, load; concepts. (1988).

[6] DIN EN ISO 2431: Paints and varnishes – Determination of flow time by use of flow cups (ISO 2431:2011); German version EN ISO 2431:2011.

数学記号

$+$	足す（加法）
$-$	引く（減法）
$\cdot$ または $\times$	掛ける（乗法）
$:$ または $/$	割る（除法）
$=$	等しい
$\approx$	ほぼ等しい
$\neq$	等しくない
$<$	より小さい
$>$	より大きい
$\leq$	より小さい、または等しい
$\geq$	より大きい、または等しい
$\sim$ または $\propto$	比例
$\Sigma\, a_i$	a_i の総和
$\Pi\, a_i$	a_i の積
$n!$	n の階乗（$1 \cdot 2 \cdot 3 \cdots n$）
Δ	差、またはラプラス演算子
$\sqrt{\ }$	平方根
$\parallel$	に平行な
$\perp$	に垂直な
$\rightarrow$	接近
∞	無限大
d/dx	x の微分
$\partial/\partial x$	x の偏微分
$\int f(x)\, dx$	$f(x)$ の積分

ギリシア文字

A	α	アルファ
B	β	ベータ
Γ	γ	ガンマ
Δ	δ	デルタ
E	ε, ϵ	イプシロン
Z	ζ	ジータ（ゼータ）
H	η	イータ（エータ）
Θ	θ, ϑ	シータ（テータ）
I	ι	イオタ
K	$\kappa, \varkappa$	カッパ
Λ	λ	ラムダ
M	μ	ミュー
N	ν	ニュー
Ξ	ξ	グザイ（クシー）
O	o	オミクロン
Π	π, ϖ	パイ
P	ρ, ϱ	ロー
Σ	σ, ς	シグマ
T	τ	タウ
Y, Υ	υ	ウプシロン
Φ	ϕ, φ	ファイ
X	χ	カイ
Ψ	ψ	プサイ
Ω	ω	オメガ

38 物理学（基礎）

力学の基本原理

直線運動と回転運動

　質量を伴う物体を動かすには、力、モーメント、エネルギーが必要となる。どれだけの数の運動も、直線運動（移動）と回転運動（回転）で構成される。こうした運動の主要な基本方程式をまとめたのが表2である。使用される記号をまとめたのが表1である。

質量と慣性モーメント

　質量mは物質の特性の一つであり、直線運動の場合、速度の変化（加速度）に対して抵抗を生じさせる慣性の原因となる。回転運動の場合、慣性モーメントJ（質量慣性モーメントまたは回転質量とも呼ばれる）が抵抗の原因となる（表3）。

距離、速度、加速度

　距離sは限られた長さであり、速度vは一定時間t内に移動する距離のことである。回転運動の場合、角速度ωは一定時間に移動する角度φによって得られる。等速運動は、速度vまたは回転速度n（または角速度ω）が一定である場合に成り立つ。この場合、加速度（aまたはα）はゼロである。

　速度の変化がある場合、物体は加速する。加速度が一定の場合、運動は均一に加速される。加速度が負の場合、その運動は減速されているか、または制動されている。

力とモーメント

　力は、物体を加速させるか、または変形させる。古典物理学では、これは線形運動量pの時間変化率と呼ばれる。ある回転軸のまわりを、中心からの距離r、角速度ωで質量mが回転している場合、遠心力F_Zが

表1：記号と単位

記号		単位
A	面積	m^2
E	弾性係数	N/mm^2
E_k	運動エネルギー	$J = Nm$
E_p	ポテンシャルエネルギー	$J = Nm$
E_{rot}	回転エネルギー	$J = Nm$
F	力	N
F_G	重量	N
F_m	衝撃時の平均の力	N
F_R	摩擦力	N
F_U	外周力	N
F_Z	遠心力	N
H	回転の衝撃	$Nm \cdot s = kg \cdot m^2/s$
I	力の衝撃	$Ns = kg \cdot m/s$
J	慣性モーメント	$kg \cdot m^2$
L	角運動量	$Nm \cdot s$
M_t	トルク	Nm
$M_{t,m}$	衝撃時の平均トルク	Nm
P	出力（仕事率）	$W = Nm/s$
R_e	降伏点	N/mm^2
R_m	引張強度	N/mm^2
V	体積	m^3
W	仕事、エネルギー	$J = Nm$
a	加速度	m/s^2

記号		単位
a_Z	遠心加速度	m/s^2
d	直径	m
e	自然対数の底（$e \approx 2.781$）	–
g	自由落下加速度（$g \approx 9.81$）	m/s^2
h	高さ	m
i	回転半径	m
l	長さ	m
m	質量	kg
n	回転速度	$1/s$
p	線形運動量	Ns
p	面圧	N/mm^2
r	半径	m
s	距離	m
t	時間	s
v	速度	m/s
α	角加速度	rad/s^2
β	巻上げ角度	°
γ	くさび角度	°
ε	伸長	%
μ	摩擦係数	–
ν	横収縮	–
ρ	密度	kg/m^3
φ	回転角度	rad
ω	角速度	$1/s$

発生し、これは半径方向に中心から外側に作用する。回転の中心から距離rで力が加えられると、モーメントが発生する。回転質量Jで回転運動を加速させると、加速または制動トルクの形でモーメントが生じる。

仕事とエネルギー

　ある物体を力Fが距離sだけ移動させる場合、仕事Wが行われ、仕事はエネルギーとしてこの物体に蓄えられる。それゆえ、物理学では、エネルギーは蓄えられた仕事として定義される。逆にいうと、エネルギー

は仕事を行うことができる。力学では、運動エネルギーとポテンシャルエネルギーは区別される。運動エネルギーとは、質量mまたは回転質量Jの物体を、速度vまたは角速度ωまで加速するのに費やされる仕事のことである。ポテンシャルエネルギーとは、ある物体を高さhまで持ち上げるのに費やされる仕事のことである。ばねに張力を加えると、ポテンシャルエネルギーが蓄えられ、ばねが開放されるときに、このエネルギーは仕事を行うことができる。

表2：直線運動と回転運動

直線運動 (移動)		回転運動 (回転)	
質量 $m = V\rho$		**慣性モーメント** (表3) $J = m i^2$	
距離 $s = \int v(t)\,dt$		**角度** $\varphi = \int \omega(t)\,dt$	
$s = v t$	[$v = $ 一定]	$\varphi = \omega t = 2\pi n$	[$n = $ 一定]
$s = {}^1\!/_2 a t^2$	[$a = $ 一定]	$\varphi = {}^1\!/_2 a t^2$	[$\alpha = $ 一定]
速度 $v = ds(t)/dt$		**角速度** $\omega = d\varphi(t)/dt$	
$v = s/t$	[$v = $ 一定]	$\omega = \varphi/t = 2\pi n$	[$n = $ 一定]
$v = a t = \sqrt{2 a s}$	[$a = $ 一定]	$\omega = \alpha t = \sqrt{2 \alpha \varphi}$	[$\alpha = $ 一定]
		周速度 $v = r \omega$	
加速度 $a = dv(t)/dt$		**角加速度** $\alpha = d\omega(t)/dt$	
$a = (v_2 - v_1)/t$	[$a = $ 一定]	$\alpha = (\omega_2 - \omega_1)/t$	[$\alpha = $ 一定]
		遠心加速度 $a_Z = r \omega^2$	
力 $F = m a$		**トルク** $M_{\mathrm{t}} = F r = J \alpha$	
		遠心力 $F_Z = m r \omega^2$	
仕事 $W = F s$		**回転の仕事** $W = M_{\mathrm{t}} \varphi$	
運動エネルギー $E_{\mathrm{k}} = {}^1\!/_2 m v^2$		**回転エネルギー** $E_{\mathrm{rot}} = {}^1\!/_2 J \omega^2$	
ポテンシャルエネルギー $E_{\mathrm{p}} = F_{\mathrm{G}} h$			
出力 (仕事率) $P = dW/dt = F v$		**出力 (仕事率)** $P = dW/dt = M_{\mathrm{t}} \omega = M_{\mathrm{t}} \cdot 2\pi n$	
線形運動量 $p = m v$		**角運動量** $L = J \omega = J \cdot 2\pi n$	
力の衝撃 $I = \Delta p = F_{\mathrm{m}}(t_2 - t_1)$		**回転の衝撃** $H = M_{\mathrm{t,\,m}}(t_2 - t_1)$	

40 物理学（基礎）

表3：慣性モーメント

固体の形状	慣性モーメント （x軸[1]周りをJ_x、y軸[1]周りをJ_yとする）
直方体 直六面体 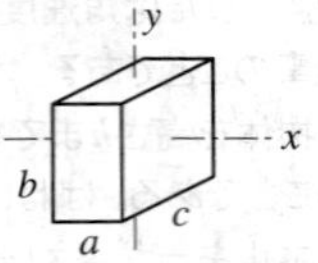	$J_x = m\dfrac{b^2+c^2}{12}$ $J_y = m\dfrac{a^2+c^2}{12}$ $J_x = J_y = m\dfrac{a^2}{6}$（1辺が$a$の立法体）
円柱 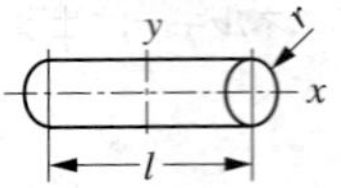	$J_x = m\dfrac{r^2}{2}$ $J_y = m\dfrac{r^2+l^2}{12}$
中空の円柱（円筒） 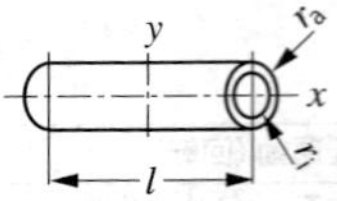	$J_x = m\dfrac{r_a^2+r_i^2}{2}$ $J_y = m\dfrac{r_a^2+r_i^2+\frac{l^2}{3}}{4}$
円錐 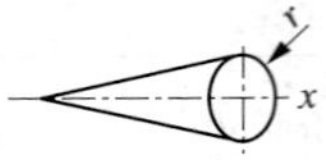	$J_x = m\dfrac{3r^2}{10}$ $J_x = m\dfrac{r^2}{2}$ 　　表面（底面を除く）
円錐台 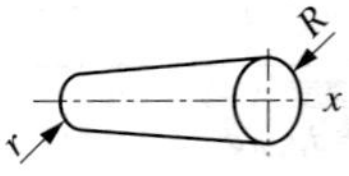	$J_x = m\dfrac{3(R^5-r^5)}{10(R^3-r^3)}$ $J_x = m\dfrac{(R^2+r^2)}{2}$ 　　表面（底面を除く）
球と半球 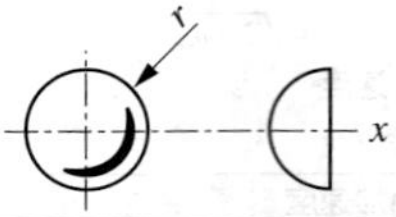	$J_x = m\dfrac{2r^2}{5}$ $J_x = m\dfrac{2r^2}{3}$ 　　球の表面
中空の球 　　r_a 球の外半径 　　r_i 球の内半径	$J_x = m\dfrac{2\,(r_a^5-r_i^5)}{5\,(r_a^3-r_i^3)}$
トーラス 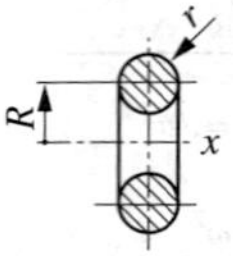	$J_x = m\left(R^2+\dfrac{3}{4}r^2\right)$

---

[1] x軸またはy軸と平行で距離aだけ離れた軸の慣性モーメントは、
$J_A = J_x + ma^2$ または $J_A = J_y + ma^2$ である。

エネルギー保存

エネルギー保存の法則は、閉じた系の中での合計エネルギーが一定であることを示している。エネルギーは、創造することも破壊することもできず、異なる形態のエネルギーの間で（たとえば運動エネルギーから熱エネルギーへ）変換されるか、またはある物体から他の物体に伝達される。

仕事率

仕事率とは、一定の時間内に行われる仕事のことである。どの仕事率の伝達にも損失が伴うので、出力は常に入力よりも小さくなる。それゆえ、入力に対する出力の比率である効率 η は、常に1未満となる。

$$\eta = \frac{P_{\text{out}}}{P_{\text{in}}}$$

線形運動量と衝撃

線形運動量 p は、質量を伴う物体の運動を表わすもので、動く質量 m と速度 v との積として計算される。衝撃プロセスでは、どの移動中の物体も、他の物体に線形運動量を伝達することができる。たとえば、これは2台の車両が衝突する場合に起こる。ある物体に作用する力は、線形運動量の変化を引き起こすが、これは力の衝撃 I と呼ばれる。

回転運動中は、回転質量 J と角速度 ω との積によって角運動量 L が得られる。回転の衝撃 H は、たとえば2枚の円盤がぎこちなく連結されるときに生まれる。

運動量保存

運動量保存の法則は、閉じた系の中での合計運動量が一定であることを示している。従って、衝撃の前後の合計運動量は等しいことになる。

静力学

静力学は、剛体における平衡の学問である。物体は、静止状態にある場合、または均一に移動もしくは直線上を移動している場合に、平衡となる。平衡状態となるのは、全方向において適用される力とモーメントの合計がゼロに等しい場合である。

力の平面系

力は、サイズと方向によって決まるベクトルである。力は、幾何学的に（ベクトル的に）追加される。

$$\vec{F}_{\text{res}} = \vec{F}_1 + \vec{F}_2$$

2つの力は、力の平行四辺形または力の三角形で構成される（図1a）。複数の力が存在する場合、合成力 F_{res} は力の多角形によって決定される（図1b）。力の多角形が閉じている場合、力の系は平衡状態にある。

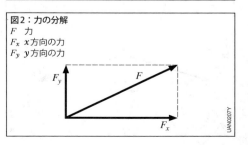

図1：力の合成
a 力の平行四辺形と力の三角形
b 閉じた力の多角形（系は均衡状態）
F 力
F_{res} 合成力

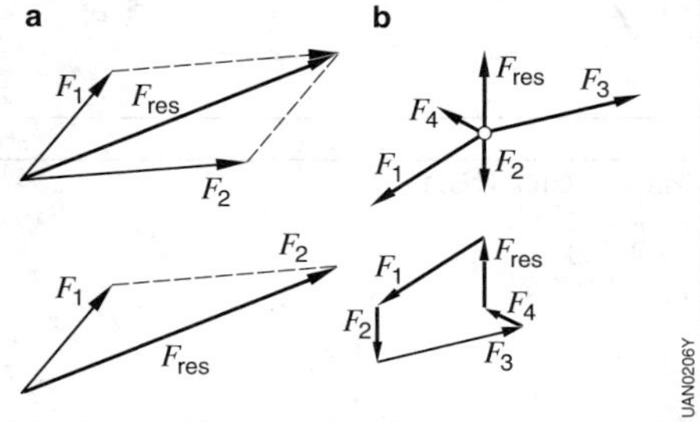

図2：力の分解
F 力
F_x x方向の力
F_y y方向の力

力は成分に分解することもできる。直交成分に分解するとよい（図2）。

力の伝達

力の伝達に関する力学的機械は、「てこ」と「くさび」の原理に還元することができる。

てこ

てこの原理は、「モーメントの合計がゼロに等しい」という平衡状態から導き出すことができる。摩擦を無視すると、図3の系は以下の条件のときに平衡状態となる。

$$M_{t1} = M_{t2} \quad \text{または} \quad F_1 r_1 = F_2 r_2$$

てこの原理は、単純なプライヤー、天秤、レンチから、歯車やベルト駆動装置、ピストンエンジンのコンロッドに至るまで、幅広く利用されている。

くさび

くさびの原理では、くさび角度γに応じて、小さな力（挿入力F）を大きな垂直力F_Nに変換することができる（図4）。摩擦を考慮しない場合、以下が成立する。

$$F_N = \frac{F}{2 \sin \frac{\gamma}{2}}$$

くさびを用いることにより、最小のスペースに非常に大きな作動力を加えることができる。その例として、トルクを伝達するシャフト／ハブ接続およびテーパー接続におけるくさびがある。しかしながらボルトやカムもまた、古典的なくさびの原理に基づいて作用する。

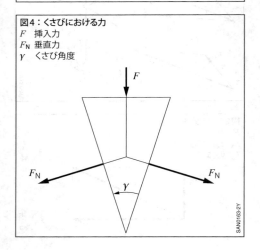

図3：てこの原理
F 力　r 半径

図4：くさびにおける力
F 挿入力
F_N 垂直力
γ くさび角度

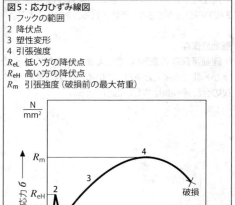

図5：応力ひずみ線図
1 フックの範囲
2 降伏点
3 塑性変形
4 引張強度
R_{eL} 低い方の降伏点
R_{eH} 高い方の降伏点
R_m 引張強度（破損前の最大荷重）

強度の計算

フックの法則

外部荷重に応じて物体は変形し、材料の内部に応力が生成される（図5）。降伏点に到達するまで、金属は線形弾性挙動を示す。言い換えると、このフックの範囲では、荷重が小さくなるとコンポーネントは再び元の長さに戻る。降伏点 R_e は、弾性変形と塑性変形の境界となる。降伏点を超えると、材料は「クリープ」し始め、ついで永久に変形したままとなる。引張強度 R_m は、コンポーネントに亀裂が入ったり破壊したりする前の最大荷重を示す。

延性材料の場合、寸法記入時には常に明白な降伏点 R_e を限界として指定する。明白な降伏点を持たない脆性材料（ねずみ鋳鉄など）の場合のみ、寸法記入で引張強度を使用する。

直線部分はフックの直線と呼ばれ、ここでは応力 σ とひずみ（伸長）ε の比率は一定となる。一軸応力状態でのフックの法則は次のようになる。なお、E は比例定数である（いわゆる弾性係数）。

$$\sigma = E\varepsilon$$

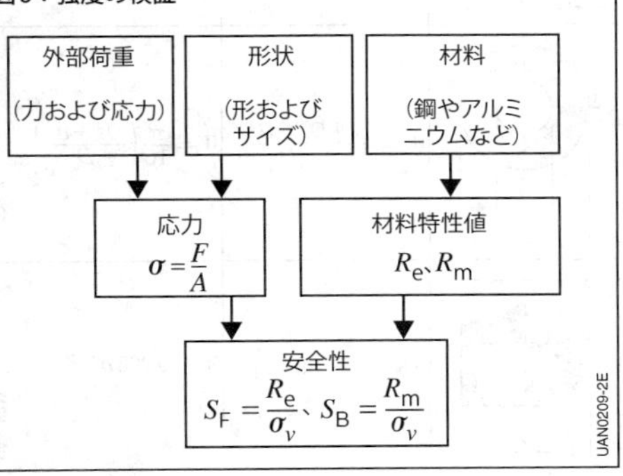

強度の検証

強度の検証の目的は、コンポーネントの寸法を安全で、使用する材料に応じた適切な形状とすることである。図6に応じた強度の検証は、以下の4段階で行われる。

1. 外部荷重の決定（力および応力）
2. 存在する応力の計算
3. 材料特性値の選択
4. 存在する応力と材料特性値との比較

外部の力と応力がわかる場合、コンポーネント内の応力は、表4により計算することができる。引張応力、圧縮応力、曲げ応力（垂直応力）は一平面または同一方向に作用するので、これらは累積的に付け加えることができる。せん断応力とねじり応力も追加することができる。ただし、1つのコンポーネント内に垂直応力とせん断応力が同時に生じる場合、強度の仮説では応力を小さくする必要がある。なぜなら、材料特性値は一軸引張試験と振動疲労試験から計算されたものだからである。

材料挙動（延性または脆性）に応じて、異なる仮説が存在する。延性材料（多くの金属）の場合、変形エネルギーの仮説が用いられる。一軸応力状態（棒状の材料）の場合、表4に基づき、応力は小さめに計算される。

面圧

面圧は圧縮応力である。これは、ある固形物から他の固形物に力 F が伝達される場合に生じる。有効表面積について、圧力 p は、力 F の接触面 A に対する比率に等しい。

穴端面での圧力

ジャーナルとボアまたはシャフトと摩擦軸受が組み合わされる場合は、通常、計算には穴端面での圧力が使用される。この場合、荷重は投影面積 A_{proj} に投射される（図7）。

$$p = \frac{F}{A_{proj}} = \frac{F}{d\,l} \leq p_{perm}$$

図6：強度の検証

表4：強度の計算の基本方程式

負荷		応力
引張応力		$\sigma_z = \dfrac{F}{A}$
圧縮応力		$\sigma_d = \dfrac{F}{A}$
曲げ応力		$\sigma_b = \dfrac{M_b}{W_b}$ W_b （表5より）
せん断応力		$\tau_s = \dfrac{F}{A}$
ねじり応力		$\tau_t = \dfrac{M_t}{W_t}$ W_t （表5より）
緩和応力		$\sigma_v = \sqrt{\sigma^2 + 3\tau^2}$

ヘルツ応力

しかし、実際には、表面がカーブしている箇所での最大応力はこれよりも大きい。これはヘルツの理論によって計算することができる。ヘルツ最大応力は、接触面の変形（扁平）によって異なる（図8）。この変形は、半径、弾性係数 E、横収縮 ν によって異なる。「球－球」および「円柱－円柱」の場合の方程式を表6に示す。「球－平面」および「円柱－平面」の特殊な場合、半径 $r_2 \to \infty$ または $r = r_1$ となる。

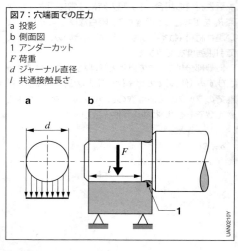

図7：穴端面での圧力
a 投影
b 側面図
1 アンダーカット
F 荷重
d ジャーナル直径
l 共通接触長さ

表5：断面係数

断面図	曲げ	ねじり
円（直径 d）	$W_b = \dfrac{\pi}{32} d^3$	$W_t = \dfrac{\pi}{16} d^3$
中空円（外径 D、内径 d）	$W_b = \dfrac{\pi}{32}\left(\dfrac{D^4 - d^4}{D}\right)$	$W_t = \dfrac{\pi}{16}\left(\dfrac{D^4 - d^4}{D}\right)$
正方形（辺 a）	$W_b = \dfrac{a^3}{6}$	$W_t = 0.208\, a^3$

摩擦

クーロン摩擦

接触している物体同士が相対的に動いている場合、摩擦は機械的抵抗として速度vで運動方向と反対方向に作用する（図9）。抵抗力、すなわち摩擦力F_Rは垂直力F_Nに比例している。外部の力が摩擦力よりも小さく、物体が静止したままである場合は、静摩擦が存在する。静摩擦が破られて物体が動くと、その摩擦力に対しては以下のクーロンのすべり摩擦の法則が成立する。

$$F_R = \mu F_N$$

摩擦係数

摩擦係数μは、系の特性を表すものであり、素材固有の特性を表すものではない。摩擦係数は、特に素材の組み合わせ（表7を参照）、温度、表面の状態、すべり速度、周囲媒体（たとえば水や二酸化炭素などの、表面から吸収される媒体）、あるいは中間物質（たと

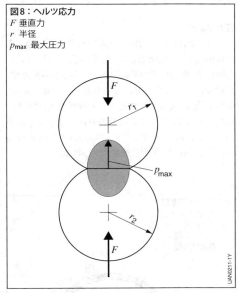

図8：ヘルツ応力
F 垂直力
r 半径
p_{max} 最大圧力

表6：ヘルツ応力

球 – 球 （局部的な接触） $p_{max} = \dfrac{1}{\pi}\sqrt[3]{\dfrac{1.5FE^2}{r^2(1-\nu^2)^2}}$	平均E係数： $E = 2 \cdot \dfrac{E_1 E_2}{E_1 + E_2}$
円柱 – 円柱 （線接触） $p_{max} = \sqrt{\dfrac{FE}{2\pi r l(1-\nu^2)}}$	半径については、 $\dfrac{1}{r} = \dfrac{1}{r_1} + \dfrac{1}{r_2} \rightarrow r = \dfrac{r_1 r_2}{r_1 + r_2}$ l 接触長さ、円柱 ν 横収縮

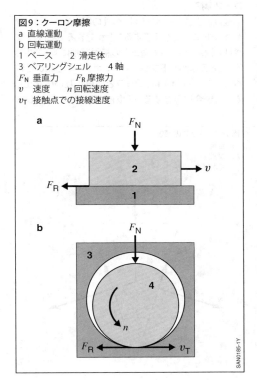

図9：クーロン摩擦
a 直線運動
b 回転運動
1 ベース　　2 滑走体
3 ベアリングシェル　　4 軸
F_N 垂直力　　F_R 摩擦力
v 速度　　n 回転速度
v_T 接触点での接線速度

えば潤滑剤）の影響を受ける。この理由から、摩擦係数は限界値の間で常に変動しており、必要に応じて実験的に算出しなければならない。静摩擦係数は通常、すべり摩擦係数より大きい。ただし、特殊なケースでは、摩擦係数が1を超えることがある（たとえば、凝集力のほうが勝るような非常に滑らかな表面のもの、あるいは粘着効果や吸着効果のある競技用タイヤなど）。

くさびでの摩擦

摩擦を考慮すると、挿入力は以下のようになる（図10）。

$$F = 2\left(F_N \sin\frac{\gamma}{2} + F_R \cos\frac{\gamma}{2}\right)$$

これにより、垂直力は以下のようになる。

$$F_N = \frac{F}{2\left(\sin\frac{\gamma}{2} + \mu\cos\frac{\gamma}{2}\right)}$$

ロープ摩擦

運動およびモーメントは、弾性のある柔軟なロープやベルトによって伝達することができる（図11）。すべり摩擦は、ロープと滑車との相対運動によって生じる（たとえばベルトブレーキや、ボラードと動いているロープ）。静摩擦は、ロープと滑車が互いに静止している場合に存在する（ベルトドライブ、拘束ブレーキとしてのベルトブレーキ、ボラードと静止しているロープなど）。これに応じて、すべり摩擦係数μまたは静摩擦係数μ_Hを適用しなければならない。

オイラーのロープ摩擦の公式により、引っ張る側のベルト（張り側ベルト）の張力は以下のようになる。

$$F_1 = F_2 e^{\mu\beta}$$

外周力F_Uないし摩擦力F_Rは以下の計算式で求められる。

$$F_U = F_R = F_1 - F_2$$

伝達される摩擦トルクは次のようになる。

$$M_R = F_R r$$

転がり摩擦

転がり摩擦は、ボール、キャスター、車輪が軌道上または道路上を転がるときに生じる。典型例としては、ころ軸受や、鉄道における輪縁とレールの組み合わせ、自動車におけるタイヤと道路の組み合わせがある。転がる間に、転がる物体とベースの両方が弾性変形にさらされる。これにより、非対称圧力が生成される（図12）。乾燥状態（すなわち潤滑なし）での摩擦力F_Rを計算するには、平衡状態が用いられる。

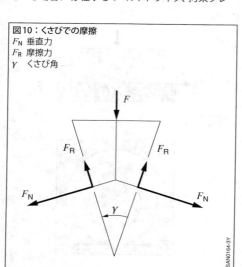

図10：くさびでの摩擦
F_N 垂直力
F_R 摩擦力
γ くさび角

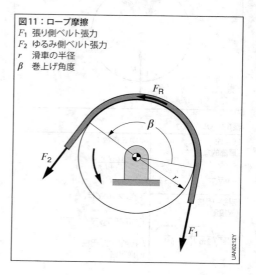

図11：ロープ摩擦
F_1 張り側ベルト張力
F_2 ゆるみ側ベルト張力
r 滑車の半径
β 巻上げ角度

$$F_R = \frac{x}{R} F_N = \mu_R F_N$$

比率 x/R は、摩擦抵抗または転がり摩擦係数 μ_R として計算することができる。ここから、転がる物体は、小さいよりも大きいほうが転がりやすいことがわかる。硬い表面（ころ軸受や鉄道）は変形が小さいので、摩擦係数が非常に小さくなる。これに対し、柔らかい表面（タイヤと道路の組み合わせなど）では摩擦係数が大きくなる。玉軸受では摩擦抵抗 $\mu_R = 0.0015$ が可能だが、アスファルトでの自動車のタイヤの摩擦係数は $\mu_R = 0.015$ となる。

参考文献
[1] A. Böge: Technische Mechanik. 30th Ed., Verlag Springer Vieweg, 2013.
[2] R.C. Hibbeler: Technische Mechanik 1, 2 und 3, Pearson Studium.
[3] K.-H. Grote, J. Feldhusen: Dubbel – Taschenbuch für den Maschinenbau. 23rd Ed.; Springer-Verlag 2011.

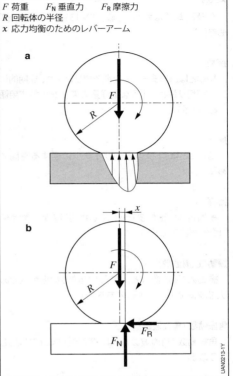

図12：転がり摩擦
a 非対称圧力分布
b 計算モデルのための合成力
F 荷重　　F_N 垂直力　　F_R 摩擦力
R 回転体の半径
x 応力均衡のためのレバーアーム

表7：静摩擦係数とすべり摩擦係数の参照値

素材の組合せ	静摩擦係数 μ_H		すべり摩擦係数 μ	
	乾燥	潤滑	乾燥	潤滑
鋼 – 鋼	0.15 〜 0.20	0.10	0.10 〜 0.15	0.05 〜 0.10
鋼 – 鋳鉄	0.18 〜 0.25	0.10	0.15 〜 0.20	0.10
鋼 – 焼結青銅	0.20 〜 0.40	0.08 〜 0.13	0.18 〜 0.30	0.06 〜 0.09
鋼 – ブレーキパッド	–[1]	–[1]	0.50 〜 0.60	0.20 〜 0.50
鋼 – ポリアミド	0.60	0.20	0.32 〜 0.45	0.10
鋼 – 氷	0.027	–[1]	0.014	–[1]
鋳鉄 – 鋳鉄	0.18 〜 0.25	0.10	0.15 〜 0.20	0.10
アルミニウム – アルミニウム	0.50 〜 1.00	–[1]	0.50 〜 1.00	–[1]
木材 – 木材	0.40 〜 0.60	0.20	0.20 〜 0.40	0.10
木材 – 金属	0.60 〜 0.70	0.10	0.40 〜 0.50	0.10
レザー – 金属	0.50 〜 0.60	0.20 〜 0.25	0.20 〜 0.25	0.12
車のタイヤ（乾燥したアスファルト）	0.50 〜 0.60	–[1]	–[1]	–[1]
車のタイヤ（濡れたアスファルト）	0.20 〜 0.30	–[1]	–[1]	–[1]
車のタイヤ（凍結したアスファルト）	0.10	–[1]	–[1]	–[1]

[1] 実用的でない。

振動

定義

（記号と単位は表1に記載、DIN 1311、[1] および [2] も参照）

振動

振動とは、ほぼ一定の周期で繰り返され、周期的に方向が切り替わるような物理量の変化を表わす用語である（図1）。

周期

周期 T とは、1つの振動サイクルに要する時間である。

振幅

振幅 $\hat{y}$ とは、正弦波で変化する物理量の最大瞬時値（ピーク値）である。

振動数（周波数）

振動数（周波数）f とは、1秒間あたりの振動数であり、振動の周期 T の逆数である。

角振動数（角周波数）

角振動数（角周波数）ω は、振動数 f を 2π 倍したものである。

粒子速度

粒子速度 v とは、絶えず変化する速度で振動運動をしている粒子の、振動方向の瞬間速度である。この速度と伝搬波の伝搬速度（たとえば音速）とを混同しないこと。

表1：記号と単位

記号		単位
a	保存係数	
b	減衰係数	
c	保存係数	
c	バネ定数	N/m
c_α	ねじり剛性	Nm/rad
C	静電容量	F
f	振動数	Hz
f_g	共振振動数	Hz
Δf	半値幅	Hz
F	力	N
F_Q	励起関数	
I	電流	A
J	慣性モーメント	kg·m^2
L	インダクタンス	H
m	質量	kg
M	トルク	Nm
n	回転数	1/min
Q	電荷	C
Q	共振の鋭さ	
r	減衰係数	Ns/m
r_α	ねじり減衰係数	Ns·m
R	電気抵抗	Ω
t	時間	s
T	周期	s
U	電圧	V
v	粒子速度	m/s
x	変位	m
y	瞬時値	
$\hat{y}$	振幅	
$\dot{y}(\ddot{y})$	時間に関しての一次（二次）微分	
y_{rec}	整流値	
y_{eff}	有効値（実効値）	
α	角度	rad
δ	単位時間の減衰率	1/s
Λ	対数減衰率	
ω	角速度	rad/s
ω	角振動数	1/s
Ω	励起回路振動数	1/s
D	減衰比	
D_{opt}	最適減衰比	
	補記号：	
0	減衰なし	
d	減衰を伴う	
T	吸振器	
U	基礎支持台	
G	機器	

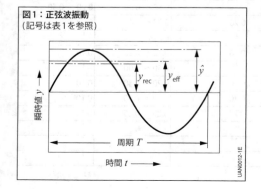

図1：正弦波振動
（記号は表1を参照）

フーリエ級数

単調かつ平滑な周期関数は、正弦波の調和振動成分の和として表すことができる。

うなり（ビート）

振動数がほとんど等しい2つの正弦波振動（$f_1 \approx f_2$）を重ね合わせると、うなりが発生する。うなりは周期的に発生する。うなりの基本振動数は、重ね合わさられる2つの正弦波の振動数の差に等しい。

固有振動数

固有振動数は、振動する系が1回の励起の後に自由に振動（固有振動）できる振動数 f である。固有振動数は、振動系の特性にのみ依存する。

減衰

減衰とは、振動系において、エネルギーがある形態から別の形態に変換されるときに生じるエネルギー損失の程度である。その結果、振動は次第に弱まる（図2）。

減衰比

減衰比 D は、減衰の程度を示す尺度である。

対数減衰率

対数減衰率 Λ とは、減衰する固有振動波形の互いに1周期だけ離れている2つの極値（ピーク）間の関係を自然対数で示したものである。

強制振動

強制振動は、外部から加えられた物理的な力の影響（励起）によって生じるもので、その系の特性そのものを変化させることはない。強制振動の振動数は、励起振動数によって決まる。

伝達関数

伝達関数とは、励起振幅（入力）に対する被観測現象ないし出力変数振幅の割合であり、励起振動数 f または励起回路の振動数 ω をパラメーターとしてプロットしたものである。

共振（共鳴）

励起振動数が固有振動数に近づくと伝達関数が最大値に達し、共振が生ずる。

共振振動数（共鳴振動数）

共振（共鳴）振動数とは、振動子の振幅が最大値に達したときの励起振動数である。減衰を無視すれば、共振振動数は固有振動数に等しい。

半値幅

半値幅とは、観測される振幅の値が最大値の $1/\sqrt{2} \approx 0.707$ の振幅まで低下したときの2つの振動数の差である。

共振の鋭さ

共振の鋭さ Q（Q値ともいう）とは、伝達関数の最大値である。

結合

2つの振動系が、質量または弾性によって機械的に、あるいはインダクタンスまたは静電容量によって電気的に組み合わされる（結合）と、両系の間で周期的にエネルギーが交換される。

波動（波）

波動とは、連続体の状態が空間的かつ時間的に変化することであり、特定状態の位置が時間と共に移動する現象として表される。その空間内にある物体は、必ずしも共に移動するとは限らない。

横波（ロープや水面に生じる波など）と縦波（空気中の音波など）とがある。

干渉

干渉とは、複数の波が乱れることなく重なり合う現象のことである。空間内の任意の点において、ある瞬間の干渉波の振幅は、もとの波のその瞬間における振幅の和に等しい。

平面波

平面波とは、同じ位相（最大値、波面など）の面が平面をなす波、すなわち直線的に伝播する波である。平面波の波面は伝播方向に対して垂直である。

定常波（定在波）

定常波は、振動数、波長、振幅が等しく、互いに反対方向に進行している2つの波の干渉により発生する。伝播する波とは対照的に、定常波の振幅はすべての点で一定であり、節（振幅ゼロ）と腹（振幅最大）が生ずる。一例として、平面波がその進行方向に垂直な平面の壁で反射されると定常波が生ずる。

整流値

整流値 y_{rec} とは、時間的に周期変動する信号の算術平均値であり、次式で表される。

$$y_{rec} = \frac{1}{T}\int_0^T |y|\,dt$$

正弦波曲線に対しては、

$$y_{rec} = \frac{2\hat{y}}{\pi} \approx 0.637\,\hat{y}$$

有効値（実効値）

実効値 y_{eff} とは、周期変動する信号の2乗平均値である。RMS（根平均二乗）値ともいう。

$$y_{eff} = \sqrt{\frac{1}{T}\int_0^T y^2\,dt}$$

正弦波曲線に対しては、

$$y_{eff} = \frac{\hat{y}}{\sqrt{2}} \approx 0.707\,\hat{y}$$

波形率

波形率は、y_{eff} と y_{rec} との比である。正弦波曲線の波形率は、$y_{eff}/y_{rec} \approx 1.111$ となる。

波高率

正弦波曲線の波高率は、$\hat{y}/y_{eff} = \sqrt{2} \approx 1.414$ となる。

運動方程式

以下の運動方程式は、単振動子（図2）に適用される。ただし、式中の一般的記号で表記されている変数は、各振動系の固有の物理量に置き換える必要がある。

表2：単振動系

	機械振動系		電気振動系
	直進振動系	ねじり振動系	
記号	物理変数		
y	x	α	Q
$\dot{y}$	$\dot{x}=v$	$\dot{\alpha}=\omega$	$\dot{Q}=I$
$\ddot{y}$	$\ddot{x}=\dot{v}$	$\ddot{\alpha}=\dot{\omega}$	$\ddot{Q}=\dot{I}$
F_Q	F	M	U
a	m	J	L
b	r	r_α	R
c	c	c_α	$1/C$

微分方程式

$$a\ddot{y} + b\dot{y} + cy = F_Q(t) = \hat{F}_Q \sin\Omega t$$

周期 $T = 1/f$

角振動数 $\omega = 2\pi f$

正弦波振動：$y = \hat{y}\sin\omega t$

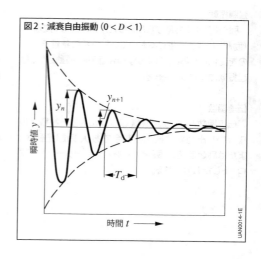

図2：減衰自由振動 $(0 < D < 1)$

自由振動 ($F_Q = 0$)

対数減衰率（図2）：

$$\Lambda = \ln\left(\frac{y_n}{y_{n+1}}\right) = \frac{\pi b}{\sqrt{ca - \frac{b^2}{4}}}$$

単位時間の減衰率 $\delta = \dfrac{b}{2a}$

減衰率 $D = \dfrac{\delta}{\omega_0} = \dfrac{b}{2\sqrt{ca}}$

$D = \dfrac{\Lambda}{\sqrt{\Lambda^2 + 4\pi^2}} \approx \dfrac{\Lambda}{2\pi}$ （小さな減衰）

減衰のない振動の角振動数

$(D = 0): \omega_0 = \sqrt{c/a}$

減衰振動の角振動数

$(0 < D < 1)\ \sqrt{1 - D^2}$

$D \geq 1$ ならば振動は起こらず、クリープが生ずる。

強制振動

伝達関数：

$$\frac{\hat{y}}{\hat{F}_Q} = \frac{1}{\sqrt{(c - a\Omega^2)^2 + (b\Omega)^2}}$$

$$= \frac{1}{c\sqrt{\left(1 - \left(\frac{\Omega}{\omega_0}\right)^2\right)^2 + \left(\frac{2D\Omega}{\omega_0}\right)^2}}$$

共振振動数 $f_g = f_0\sqrt{1 - 2D^2} < f_0$

共振の鋭さ $Q = 1/(2D\sqrt{1 - D^2})$

共振振動数 $f_g \approx f_0$ （$D \leq 0.1$ のとき）

共振の鋭さ $Q \approx \dfrac{1}{(2D)}$

（$D \leq 0.1$ のとき）

半値幅 $\Delta f = 2Df_0 = \dfrac{f_0}{Q}$

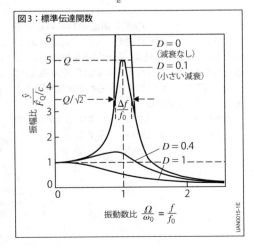

図3：標準伝達関数

振動の低減

振動の減衰

減衰が機器と静止点との間でのみ行われるなら、減衰のレベルは必然的に高くなる（図3）。

振動の絶縁

能動的な振動の絶縁

振動を絶縁すべき機器は、その基礎支持台に伝わる動的な力が小さくなるように据え付ける必要がある。

ひとつの方法は、支持台の振動数を共振振動数より小さく設定する。すなわち、固有振動数を励起源の最小振動数より小さくなるように設定することである。減衰によって絶縁の効果が低下することがある。設定値が小さいと、始動時の共振領域の通過時に、振動が非常に大きくなることがある（図4）。

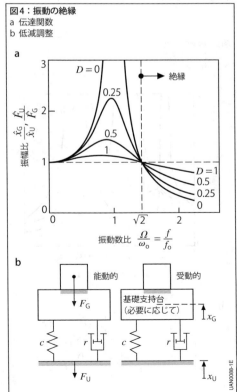

図4：振動の絶縁
a 伝達関数
b 低減調整

受動的な振動の絶縁

振動を絶縁すべき機器は、基礎支持台から機器へ伝わる振動や揺れが小さくなるように据え付ける必要がある。

そのための処置は、能動的振動絶縁の場合と同様である。多くの場合、たわみやすいサスペンションや極端な減衰は実用的ではない。共振の発生を防ぐには、起こり得る最大励振振動数よりも固有振動数が十分高くなるように、機器の取付けを強固にする必要がある（図4）。

振動の吸収

固有振動数を持つ吸振器

弾力的でエネルギー損失のない結合部分を備えた吸振器の固有振動数 f_T を、励起振動数に合わせることにより、機器の振動を完全に吸収することができる（図5）。このとき、吸振器のみが振動を続ける。励起源の振動数が変わると、吸振効果は低下する。減衰

が起きると、振動を完全に吸収することはできなくなる。しかし、吸振器の振動数を適切に調整し、最適な減衰率を設定すれば、励起源の振動数の変化に幅広く対応できる。

可変固有振動数を持つ吸振器

回転速度に比例する励起振動数を持つ回転振動（ICエンジンの平衡配置など）は、その回転速度に比例する可変固有振動数を持つ吸振器（遠心力が作用する場にある振り子）で吸振することができる。これは回転速度の全範囲で吸振効果がある。吸振にはこの他、複数の自由度を持つ吸振器、連続体、あるいは複数の吸振器が使われることもある。

モード解析

振動系の動的挙動（固有振動特性）は、モード解析によって知ることができる。モード解析は特に、振動特性の最適化設計や問題領域の検出、また音響学においては構造伝搬騒音の解析に利用される（[3]）。

振動構造物は、連続体としては無限個の自由度を持つが、明確に定義された方法でこれを有限個の単質量振動子に置き換えることができる。このようにして構築した構造物のモードモデルは、次のモードパラメーターにより記述される。

- 固有振動の形（固有ベクトルまたはモード）
- 固有振動数（固有値も）
- モード減衰値

モデルを作るための重要な前提条件は、構造物が時間的に定常で、線形弾性を持っていることである。構造物のすべての振動は、固有ベクトルと固有値で表現される。しかし振動は、可能な振動方向（自由度）について有限個の点で、かつ定められた振動数間隔においてのみ観測される。

下位構造を結合するプロセスにより、種々の構造のモードモデルを全体モデルに統合する。

図5：振動の吸収
a 機器の伝達関数
b 構造原理

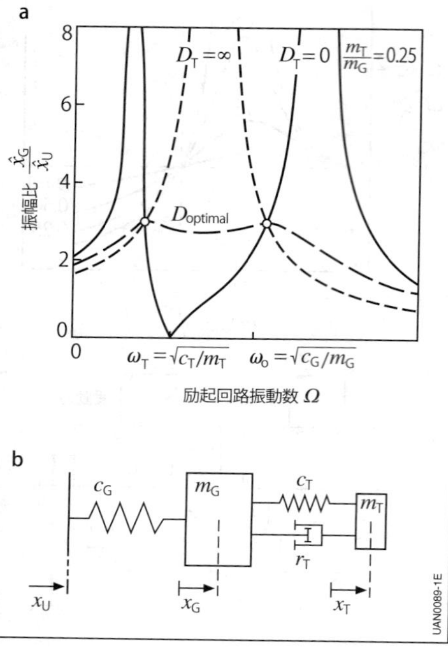

数値的モード解析

幾何学形状、物性データ、境界条件が予めわかっていなければならない。数値的モード解析の基礎は、構造物の多要素体または有限要素モデルである。このモデルについて固有値問題を解き、固有値と固有ベクトルを求める。

数値的モード解析は構造物のプロトタイプを必要とせず、開発の早い段階から使用できる。しかし、多くの場合、構造物の基本的性質（減衰、境界条件）に関する正確な知識がないために、モードモデルは厳密なものではない場合もある。またエラーも特定されていない。対策の１つとして、実験的モード解析の結果によってモデルを修正することが考えられる。

実験的モード解析

実験的モード解析には、構造物のプロトタイプが必要である。この解析は、伝達関数の測定を基礎にしている。このため、構造物の１点を関心のある周波数範囲で励振させ、数箇所の点で振動応答を測定するか、あるいは数箇所の点を順次励振させ、同一点で振動応答を測定する。モードモデルは、伝達関数のマトリックス（応答モデルを記述する）から導かれる。励振の手段としては、衝撃ハンマー、あるいは電動式または油圧式の「シェーカー」を使用する。応答は、加速度センサーまたはレーザー振動計で測定する。

実験的モード解析は、数値解析の検証にも利用する。数値モデルが検証されれば、それを使ってシミュレーション計算を行うことができる。応答計算では、定められた励振動（たとえばテスト台の条件に対応した励振）に対する構造物の応答を計算する。

構造を変化させること（質量、減衰または剛性の変化）により、振動挙動を作動条件が要求するレベルに最適化することができる。この２つの方法で作成したモードモデルを相互に比較すると、数値的モード解析によるモデルは解析の過程における自由度が多いため、実験的モード解析によるモデルよりも正確である。このことは特に、モデルに基づくシミュレーション計算にあてはまる。

モード解析で得られた固有振動の波形は、グラフィックまたは動画で示すことができる（例を図6に示す）。灰色の階調は、投影面に垂直な方向の変位を示す。この変位の結果、円盤に部分的な変形が生ずる。

参考文献

[1] DIN 1311: (Mechanical) vibrations, oscillation and vibration systems – Part 1: Basic concepts, survey.

[2] P. Hagedorn, D. Hochlenert: Technische Schwingungslehre. 2nd Ed., Europa Lehrmittel, 2014.

[3] H.G. Natke: Einführung in Theorie und Praxis der Zeitreihen- und Modalanalyse. 3rd Ed., Vieweg+Teubner Verlag, 2013.

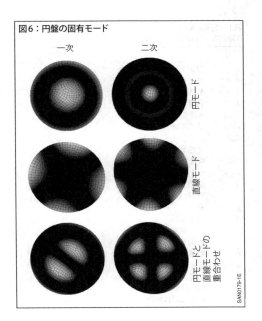

図6：円盤の固有モード

54　物理学 (基礎)

音響学

　音響学 (Acoustics、ギリシャ語の「聞く」から) とは、振動に関する一般科学の一分野で、人間に聞こえる空気粒子の振動に関するものである。この振動の作用により気圧の差が生じ、これを人間が音として感じる。自動車においては、振動はさまざまな励起により発生する。これらの励起には、空気伝播騒音を直接発生させるものと、車体構造を介して伝播したものが空気伝播騒音を発生させるものがある。

一般用語

(記号および単位は表1に記載。DIN 1320 [1] も参照)

音

　音とは、可聴周波数範囲における弾性媒体の機械的振動および波動のことである (16 ~ 20,000 Hz)。

超音波

　人間の可聴範囲より高い周波数の振動は、超音波とされる。

超低周波

　超低周波は、非常に低い範囲の周波数で、人間には聞き取れないが、身体には感じられる。

音圧

　音圧 p とは、音の振動によって媒質中に発生する交番圧力のことである。

粒子速度

　粒子速度 v は、振動する粒子が往復する速度である。自由音場では、

$$v = \frac{p}{Z} \text{ である。}$$

比音響インピーダンス

　比音響インピーダンス Z とは媒質の波動抵抗のことであり、媒質の音波に対する伝達特性を表わすものである。

　自由音場での音圧、粒子速度および音響インピーダンスの関係は、以下の式で表される。

$$Z = \frac{p}{v} = \rho c$$

　例えて言うと、この式は、振動する粒子とその隣の粒子との結合を説明している。この結合は、固体での場合に比べ、気体でははるかに不明瞭である。これは、粒子がより自由に振動できるためである。

表1：記号と単位
(DIN EN ISO 80000-8 [2] も参照)

記号		SI単位
c	音速	m/s
f	周波数	Hz
I	音響インテンシティー	W/m^2
L_I	音響インテンシティーレベル	dB
L_{Aeq}	A特性等価騒音レベル	dB (A)
L_{den}	ノイズ標示	dB (A)
L_{pA}	A特性音圧レベル	dB (A)
L_r	定格音レベル	dB (A)
L_{WA}	A特性音響パワーレベル	dB (A)
L_S	ラウドネスレベル	フォン
S	音の大きさ	ソーン
P	音響パワー	W
p	音圧	Pa
S	表面積	m^2
v	粒子速度	m/s
Z	音響インピーダンス	Pa·s/m
α	吸音率	1
λ	波長	m
ρ	密度	kg/m^3
ω	角周波数 ($2\pi f$)	1/s
SEL	騒音曝露レベル	dB (A)

聴覚ダイナミクス

聴覚ダイナミクスは、知覚限界から苦痛を感じる限界までの音響を認知する人間の知覚能力である。これは、一般に20 µPaと定義される知覚限界と、苦痛を感じる限界（約200パスカル）との圧力差に相当する。したがって、約1:10,000,000という、非常に高い聴覚ダイナミクスが生じる。

デシベル (dB)

デシベルは単位ではなく、基準値に対する測定値の対数である。デシベルを使用すると、広いダイナミクス範囲の取り扱いが容易になる。

音圧レベルは、知覚限界の基準圧力（$p_{ref} = 20$ µPa）に対するdBで表される。

$$L_p = 20\log_{10}\left(\frac{p}{p_{ref}}\right)$$

周波数

周波数fとは1秒当たりの振動数である。単位はヘルツ (Hz) で、以下のように定義される。

$$1\ Hz = 1/s$$

音速

音速cは、媒体中で音波の広がる速度である（表2）。

波長

波長は、2つの波頭間の距離である。波長は、周波数と結びつけられる。

$$\lambda = \frac{c}{f} = \frac{2\pi c}{\omega}$$

音の広がり

音は、一般的に音源から球状に広がる。自由音場では、音圧レベルは音源から距離が2倍離れると（20log2）6 dB 低下する。音を反射する障害物は音場に影響を及ぼし、レベル低下は距離の2倍に応じて減少する。走行中の車両からも球状に音が広がるが、その車両は線音源と見なされる。距離が2倍になることによる音の減衰は大幅に少なく、その減衰の程度は車両と計算モデルに応じて3dB 〜 4.5dBの範囲となる。

音響パワー

音響パワーPは、音源から単位時間当たりに放射される音のエネルギーである。音響パワーは、空間と距離に依存する。

音響インテンシティー

音響インテンシティーI（音の強度）とは、伝搬方向に垂直な面を通過する音響パワーのことで

$$I = \frac{P}{S}\ となる。$$

音場では、

$$I = \frac{p^2}{\rho}c = v^2\,\rho\,c\ となる。$$

ドップラー効果

音源が移動している場合、音源が観測者へと接近していくと、感知される音の高さは実際の音の高さよりも高くなる。逆に音源と観測者との距離が長くなっていくと、感知される音の高さは低くなる。

表2：各種材料中の音速と波長

材料	音速c (m/s)	1,000 Hzにおける波長λ (m)
20℃、1014 hPaの空気	343	0.343
10℃の水	1,440	1.44
ゴム（硬さによって変わる）	60〜1,500	0.06〜1.5
アルミニウム（棒状）	5,100	5.1
鋼鉄（棒状）	5,000	5.0

音のスペクトル

あらゆる音響は、異なる周波数とレベル成分の混合体である。周波数分析により、音圧レベル成分を周波数毎に分けることができる。周波数解析の手法により、スペクトルを互いに区別することができる。

オクターブ帯域スペクトル

音圧レベルは、オクターブの帯域幅によって決定され、それにより表示される。オクターブは、基本振動数に対して1:2の関係 (f_1, f_2) にある。平均オクターブ周波数は以下のようになる。

$$f_m = \sqrt{f_1 f_2}$$

第3オクターブ帯域スペクトル

音圧レベルは、第3オクターブの帯域幅あるいは1/3オクターブの帯域幅によって決定され、表される。第3オクターブは、基本振動数に対して $1:2^{1/3}$ の関係にある。帯域幅は、オクターブ帯域スペクトルの場合と同様、中心周波数に対しては比較的一定している。

周波数は、DIN EN 61260 [3] で定義されている。オクターブと第3オクターブの範囲での周波数解析により、周波数を x 軸、関連するレベルを y 軸とする棒グラフが得られる。

狭帯域スペクトル

上記のスペクトルとは異なり、フーリエ解析 [4] を使用して、一定の周波数帯域幅の周波数成分を解析することができる。これにより、上記のスペクトルと比較して、非常に多くの、より微細な周波数分解能が得られる。これらは折れ線グラフとして表示され、厳密に言うと正確ではないが、さまざまな解析との比較が可能になる。

このような狭帯域の解析は、エンジンの回転速度などのその他の情報に結び付けられることも多く、それによって、それぞれの回転速度の周波数解析が可能となる（エンジン回転数上昇時など）。このような解析は、「階段状グラフ」として3次元形式で表示される。また、今日ではカラースペクトルで表示されることも多く、x 軸が回転速度を、y 軸が周波数を、z 軸が特定の形式のカラーコーディングを表す。

防音

防音は、音源と音の到達点の間に反射（防音）壁（建物の壁など）を挿入して行われる。これにより、音の影響は小さくなる。

音の減衰、騒音の吸収

音の減衰と騒音の吸収の場合、音のエネルギーは媒質の内部に浸透できる。この場合、エネルギーは、境界面での音の反射だけでなく、媒質中での拡散によっても熱に変換される。

最新の遮音バッフルは、音の減衰の原理に基づいて機能する。つまり、音が反射する。ただし、音のエネルギーの一部はバッフルによっても吸収される。

吸音率

吸音率 α とは、入射する音のエネルギーに対する反射されない音のエネルギーの比率である。完全反射では、$\alpha = 0$ であり、完全吸収では $\alpha = 1$ である。

低騒音構造

低騒音構造とは、音響的な観点から特定の音の放射および構造内での音の広がりを最小限にするために最適化された構造である。音響的変動の計算と最適化のためにシミュレーション技術を使用することが多い。

騒音低減

騒音低減とはシステム全体の排出騒音の低減であり、第一に低騒音構造により、次に防音材、防振材、吸音材を用いての音の伝播の低減により実現される。

排出騒音の測定値

通常、音場の大きさは実効値として与えられる。人間は、周波数を異なる大きさとして捕らえるので、測定したレベルを各周波数帯において人間の聴力特性に合わせるために重み付けフィルターを用いることが多い。最もよく用いられる重み付けは、自動車分野などにおける音に対するA特性と、航空機のように明らかに大きな音響に対するC特性である。それぞれの重み付けは、dB（A）のような記号で表示される。

音響パワーレベル

音源の音響パワーは、音響パワーレベルL_wで表される。音響パワーレベルは、計算された音響パワーと基準音響パワー$P_0 = 10^{-12}$ Wとの比の常用対数をとり、それを10倍したものである。

$$L_w = 10 \log \left(\frac{p}{p_0} \right)$$

ここにおいてlogおよびこれ以降において対数とは、10を底とする対数（常用対数）のことである。

音響パワーを直接測定することができない。音響パワーは、音源周辺に形成される音場のパラメーターから計算される。計算には通常、音圧レベルL_pまたは音響インテンシティーレベルL_Iが使用される。

音圧レベル

音圧レベルL_pは、音圧実効値の2乗と基準音圧$p_0 = 20$ μPaの2乗の比の常用対数をとり、それを10倍したものである。

$$L_p = 10 \log \left(\frac{p_{eff}^2}{p_0^2} \right) \quad \text{または}$$

$$L_p = 20 \log \left(\frac{p_{eff}}{p_0} \right)$$

音圧レベルの大きさは、デシベル（db）で表す。周波数固有のA特性音圧レベルL_{pA}は測定距離$d = 1$ mで測定された音圧レベルで、音源の特性を表わすためによく用いられる。

音響インテンシティーレベル

音響インテンシティーレベルL_Iは、音響インテンシティーと基準音響インテンシティー$I_0 = 10^{-12}$ W/m²との比の常用対数をとり、それを10倍したものである。

$$L_I = 10 \log \left(\frac{I}{I_0} \right)$$

音響インテンシティーは、プローブで直接測定することができる。

複数の音源の相互作用

独立した2つの音場が重なった場合には、音響インテンシティーあるいは音圧の2乗を加えなければならない。全体としての音のレベルは、表3に示すようにそれぞれの音のレベルから決定される。

表3：独立した音場を重ね合わせた場合の全体としての音の
　　　レベル

互いに独立した2つの音のレベルの差	全体としての音のレベル ＝大きいほうの音のレベル ＋下記の値
0 dB	3.0 dB
1 dB	2.5 dB
2 dB	2.1 dB
3 dB	1.8 dB
4 dB	1.5 dB
6 dB	1.0 dB
8 dB	0.6 dB
10 dB	0.4 dB

騒音侵入測定値

騒音

騒音とは好ましくない音響パワーを持った音響として分類されるもので、以下の要素に依存する。
- 音響自体、物理的な値として測定できる（たとえば、周波数、音圧レベル、あるいは音響パワー）
- 音響に曝された人間の主観的な立場
- 音響に曝された人間の個人的な感覚
- 音響が発生する具体的な状況

防音、特に環境騒音は環境テーマとしてますます重要になっている。騒音侵入の把握と評価は、効果的な騒音低減の基礎となる。

定格音レベル

人間に与える騒音の影響は、定格音レベル L（DIN 45645-1 [5]も参照、現在ISOで検討中）を用いて評価する。定格音レベルは、評価時間中（たとえば、測定時間8時間）の平均騒音侵入値である。時間的に変動する騒音の場合は、積算可能な測定装置で直接測定するか、あるいは、個々の音圧レベルの測定値と個々の音の影響の時間間隔から計算する（DIN 45641, [6]も参照）。パルス（音響レベルが平均レベルから短時間で急激に変化する）含有、あるいはトーン（1つあるいは複数の離散した周波数が支配的）含有のような作用音響の特性については、レベル補正を用いて考慮することができる。

等価騒音レベル

騒音が時間とともに変動する場合、音圧レベルから影響時間を考慮して求められた平均A特性音圧レベルは、等価騒音レベル L_{Aeq} に等しい（DIN 45641も参照）。

表4に、隣接住居の前方（開いた窓の0.5m前方）で測定した定格音レベル（ドイツではTIノイズ[7]）の基準値を示す。

ノイズ標示

EU指令2002/49/EC [8] は、EU L_{den} および L_{night} に適用されるノイズ標示を、全日騒音（日中、夕方、夜間に対する L_{den}）および夜間騒音（L_{night}）に対する統一記号として上述の L_{Aeq} 同様に定義している。この場合、評価期間は1年間である。L_{Aeq} に比べて L_{den} では、夕方については5 dB、夜間については10 dBを追加している。

$$L_{den} = 10 \log \frac{1}{24}$$
$$\left(12 \cdot 10^{\frac{L_d}{10}} + 4 \cdot 10^{\frac{L_e + 5}{10}} + 8 \cdot 10^{\frac{L_n + 10}{10}}\right)$$

ここで、L_d、L_e、L_n は、それぞれ日中 (day)、夕方 (evening)、夜間 (night) に対する値である。

騒音曝露レベル

騒音曝露レベル SEL (Sound Exposure Level) は、特に防音が重要な分野で過剰な騒音（飛行機の離陸など）を評価する場合に使用される。計算のために、騒音全体の音のエネルギーが記録され、その後、そのエネルギーが1秒間に配分される。したがって、騒音が常に1秒間にわたって発生したとして計算される。この後、これに基づいて騒音レベルが算出される。

表4：TA騒音による許容される騒音負荷の基準値[7]

	日中	夜間
工場のみの地域	70 dB (A)	70 dB (A)
大部分が工場である地域	65 dB (A)	50 dB (A)
工場と住宅が混在している地域	60 dB (A)	45 dB (A)
大部分が住宅である地域	55 dB (A)	40 dB (A)
住宅のみの地域	50 dB (A)	35 dB (A)
保養施設、病院などの地域	45 dB (A)	35 dB (A)

主観的な音の評価

人間の耳は、短時間に急激に変化する音を、音の大きさにして約300段階、周波数段階（音程）にして3,000～4,000段階の精度で聴き分け、複雑なパターンに従って音を評価することができる。ただし、知覚される騒音強度と（音響エネルギーに着目した）技術的に測定された音のレベルの間には、必ずしも直接的な関係はない。修正（A、B、C特性）は、周波数による人間の耳の音の知覚感度の変化を考慮したものである（図1）。

フォンの値と「ソーン」で表されるラウドネスは、主観的に知覚した音の大きさに一番近い測定値である。しかし音の強さの測定だけでは、機械的騒音が引き起こす不快感や迷惑まで記述することはできない。騒々しい環境においてはほとんど聞こえないカチカチという音でさえ、非常に耳障りなものと感じられることもあり得る。

ラウドネスレベル

ラウドネスレベル L_S は主観的な騒音レベルの比較基準となるもので、「フォン」で測定される。音（トーンまたは騒音）のラウドネスレベルは、標準純音との知覚による比較により求められる。標準純音とは、前方から観測者の頭部に向けて放射された1,000 Hzの平面進行波のことである。ラウドネスレベルは、国際的に「ラウドネスレベル」で表される。8～10フォンの差は、音の大きさとしては2倍あるいは半分に聞こえる。

フォン

人間の耳で同じ音量に聞こえる標準純音は、dB単位で表したときに同じ数字をとる。この値は、測定音の大きさを示す尺度として「フォン」の単位が与えられている。人間の感覚は周波数によって感度が異なるために、たとえばトーンに対して、試験音のdB値と標準純音のdB値は一致しない。同じと感じられる音のレベルおよびデシベル単位の音圧の各曲線の関連は常に経験的に決定される。これらの曲線は、1933年にフレッチャーとマンソンによって初めて発表されている。これが、今日使用されているDIN ISO 226 [9]準拠の等音曲線の基礎となっている。図2に、この規格に基づく曲線を示す。

ラウドネス（単位：ソーン）

ラウドネス S は、主観的な騒音レベルを定義するため導入された単位である。ソーンを定義するための出発点は、感知された騒音が他の騒音と比較するときにどれだけ高いか低いかというところにある。以下のような定義がある。L_S = 40 フォンのラウドネスレベルは、ラウドネス S = 1 ソーンに相当する。ラウドネスレベルが2倍、あるいは半分になると、音の大きさの上では、およそ10フォンの違いが生じる。

定常音に関しては、3次レベルのラウドネスを計算するDINにおいて規格化された計算方法がある（ツヴィッカー方式[10]）。この方法では、人間の聴覚が持つ周波数ゲインとマスキング効果が考慮されている。

ピッチと鋭さ

可聴周波数帯域の音は、24個の周波数帯グループ（バルクスケール）に分けられる。バルクスケールは、知覚された音の高さ（ピッチ）の心理的な尺度である。ラウドネスとピッチの分布は、騒音の鋭さ（たとえば、金属的な高調波ひずみ）などのような、音に関する主観的印象を定量化するために使われる。

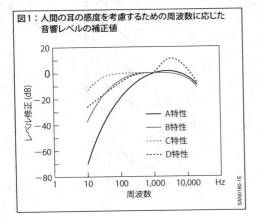

図1：人間の耳の感度を考慮するための周波数に応じた音響レベルの補正値

明瞭度指数

音声認識の基本的な前提条件は、話し手（の口）から聞き手（の耳）に向けられた音声の音波が、あらゆる場所で正しく伝送されることである。明瞭度指数（AI）は、周囲に騒音がある場合の会話の通じやすさを予測するためのコンピューティングモデルを提供する。ここでは、音響信号のさまざまな周波数帯域に音声情報が配分されることが前提になる。各帯域が存在することにより、会話が通じやすくなる。帯域の信号対ノイズ比が15 dBを越える場合は、この帯域の音声成分は通じにくいと評価される。このノイズ比の帯域すべての合計をそれぞれの固有の重み係数で乗算すると、％単位の明瞭度指数（AI）が得られる。

参考文献

[1] DIN 1320: Acoustics – Terminology.

[2] DIN EN ISO 80000-8: Quantities and units – Part 8: Acoustics.

[3] DIN EN 61260: Electroacoustics – Octave-band and fractional-octave-band filters.

[4] B. Lenze: Einführung in die Fourier-Analysis. 3rd Ed., Logos Verlag, Berlin, 2000.

[5] DIN 45645-1: Determination of rating levels from measurement data – Part 1: Noise immission in the neighbourhood.

[6] DIN 45641: Averaging of sound levels.

[7] Sixth General Administrative Regulation on the Federal Immission Protection Law (Technical Instructions on Noise Abatement – TI Noise) of 26 August 1998 (GMBl No. 26/1998 P. 503).

[8] Directive 2002/49/EC of the European Parliament and of the Council of 25 June 2002 relating to the assessment and management of environmental noise.

[9] DIN ISO 226: Acoustics – Normal equal-loudness-level contours.

[10] DIN 45631: Calculation of loudness level and loudness from the sound spectrum – Zwicker method.

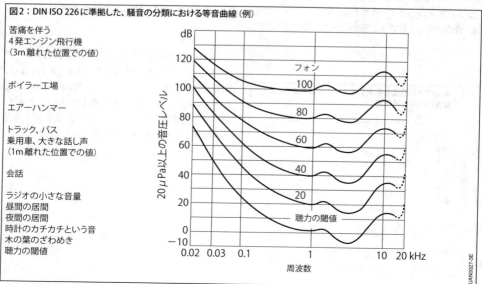

図2：DIN ISO 226に準拠した、騒音の分類における等音曲線（例）

62 物理学（基礎）

光学技術

電磁放射

　電磁放射は、可視光の波動性を示すが、人間の目に見えない放射（例：紫外線、X線、赤外域の放射）の波動性も示す。そのため電磁放射は、その波長 λ に応じて細分される（表2）。

幾何光学

　光学系の記述は、幾何光学と波動光学という2つのモデルに限定することができる。幾何光学（光線モデルとも呼ばれる）は、単純に幾何学的に考察した結像要素によって光の伝搬とその偏向を記述する。しかし、これは、結像要素（例：鏡、レンズ）が光の波長よりもはるかに大きい場合にのみ認められる。

　干渉、回折、および偏光などの効果は、物理学においては波動光学によって記述される。これは、光が波の形で伝搬することに関係している。

幾何光学の基本原理

　光学において使用される大部分の結像系は、幾何光学で記述することができる。放射伝搬は「光線」によって説明され、単純な幾何法則を用いて記述することができる。

表1：量と単位

量		SI単位
A	面積	m^2
	A_1 放射面積	
	A_2 照射面積	
E_e	放射照度	W/m^2
I_e	放射強度	W/sr
L_e	放射輝度	$W/(m^2 sr)$
M_e	放射発散度	W/m^2
P_e	出力	W
Q_e	放射エネルギー	Ws
R	反射係数	$\%$
H_e	照射量	Ws/m^2
$K(\lambda)$	絶対スペクトル感度	lm/W
$V(\lambda)$	比視感度	$-$
Φ_e	放射束	W
r	距離	m
t	時間	s
ε_1	角度、入射光線（面の法線に対して）	$°$
ε_2	角度、屈折光線	$°$
ε_3	角度、反射光線	$°$
$\varepsilon_{1,max}$	角度、全反射	$°$
η	発光効率	lm/W
Ω	立体角	sr
λ	波長	nm
E_{phot}	光子エネルギー	eV
h	プランク定数	Js
c	真空中の光速	m/s
n	屈折率	$-$

表2：電磁放射の範囲

名称	波長
ガンマ線	$0.1 \sim 10$ pm
X線	10 pm ~ 10 nm
紫外線	$10 \sim 380$ nm
可視線	$380 \sim 780$ nm
赤外線	780 nm ~ 1 mm
ミリ波（EHF）	$1 \sim 10$ mm
超高周波（SHF）	$10 \sim 100$ mm
極超短波（UHF）	100 mm ~ 1 m
超短波（VHF）	$1 \sim 10$ m
高周波（HF）	$10 \sim 100$ m
中波（MF）	100 m ~ 1 km
長波（LF）	$1 \sim 10$ km
ミリアメートル波（VLF）	$10 \sim 100$ km

幾何光学の基本公理

フェルマーの原理は、幾何光学の基本原理である。幾何光学の基本公理は、光は常に2点間の最短経路を選ぶという旨のこの原理の基本言明から導くことができる[1]：
- 光線は、均質な媒質中では直線となる。
- 2つの均質な材料の間の境界では、光線は反射の法則および屈折の法則に従い偏向される。
- それぞれの光線の経路は、可逆的である。
- 光線は、お互いに影響を与えることなく交差することができる。

屈折の法則

スネルの屈折の法則[2]は、フェルマーの原理から導くこともできる。この法則は、ある媒質（例：空気）から別の媒質（例：ガラス）への光線の通過を記述する。2つの媒質の境界面では、屈折率の変化のために光が偏向される。入射光線は、屈折光線と反射光線に分かれる（図1）。屈折光線は、屈折の法則に従う。

$$n_1 \sin \varepsilon_1 = n_2 \sin \varepsilon_2$$

真空および誘電体媒質（例：空気、ガラス、プラスチック）では、屈折率 n は実数となる（表3）。屈折率 n の大きい材料は、光学的に密であるといい、屈折率の小さい材料は、光学的に疎であるという。

波長に依存する屈折率の特性は、分散と呼ばれる。ほとんどの場合、波長が長くなると屈折率は小さくなる。

反射の法則

次の公式は、反射光線の方向に適用される（反射の法則）：

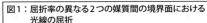

$$\varepsilon_3 = \varepsilon_1$$

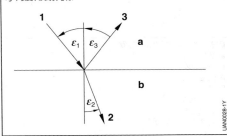

図1：屈折率の異なる2つの媒質間の境界面における光線の屈折
a 屈折率 n_1 の媒質1
b 屈折率 n_2 の媒質2
1 入射光線
2 屈折光線
3 反射光線
ε_1 角度、入射光線
ε_2 角度、屈折光線
ε_3 角度、反射光線

表3：いくつかの媒質の屈折率 n
（波長 $\lambda = 589.3$ nm の黄色光）

真空、空気	1.00
氷（0 °C）	1.31
水（20 °C）	1.33
石英ガラス	1.46
ポリメタクリル酸メチル	1.49
光学用標準ガラス（BK 7）	1.51673
窓ガラス	1.52
ヘッドランプレンズのガラス	1.52
ポリ塩化ビニール	1.54
ポリカーボネート	1.58
ポリスチレン	1.59
エポキシ樹脂	1.60
ガリウム砒素（ドーピングに依存）	およそ 3.5

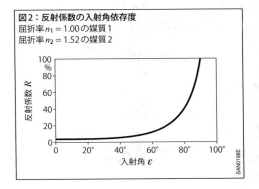

図2：反射係数の入射角依存度
屈折率 $n_1 = 1.00$ の媒質1
屈折率 $n_2 = 1.52$ の媒質2

すなわち、反射角は入射角に等しい。反射放射と入射放射の強度比（反射率、反射係数）は、フレネルの公式[3]によって記述され、入射角ε_1や隣接媒質の屈折率には依存しない（図2）。これによると、空気（$n_1 = 1.00$）からガラス（$n_2 = 1.52$）への移行部において、光線が垂直に入射する場合には（$\varepsilon_1 = 0$）光線のエネルギーの4.3%が反射されることになる。

全反射

光学的に密な媒質から光学的に疎な媒質への移行部において（$n_1 > n_2$）、屈折角ε_2は、特定の入射角ε_1のときにその最大限の角度（90°）に達する。この入射角$\varepsilon_{1,max}$は、全反射の臨界角と呼ばれる。屈折の法則に従うと、全反射において次が得られる：

$$\sin \varepsilon_{1,max} = \sin 90° \frac{n_2}{n_1} = \frac{n_2}{n_1}$$

光学コンポーネント

球面レンズ

レンズの光学効果および結像特性は、境界面の形状およびレンズ材質の屈折率によって決定される[4]。光線の結像特性は、スネルの屈折の法則を用いて決定することができる。

レンズの原理は、その形状に基づいてさらに2つに分割される（図3）。光を焦点に集めるレンズは、収束レンズ（凸レンズ）と呼ばれる。それに対し、並行光線束は、発散レンズ（凹レンズ）によって広げられる。

プリズム

プリズムの場合、屈折率の入射光波長依存性が利用される（分散）。これにより、青色光（$\lambda = 420 \sim 490$ nm）は、赤色光（$\lambda = 650 \sim 750$ nm）とは異なる角度ε_2で屈折する。白色光がプリズムを照らすと、さまざまな構成成分（色成分）に分割される（図4）。

この効果は、虹においても現れる。太陽光のさまざまな色成分は、空気中の水滴で異なって屈折する。

車両のヘッドライトは、リフレクターから来る放射に望ましい影響を及ぼすために、レンズ（円筒形のレンズとプリズムで構成されるエレメント）を使用する。

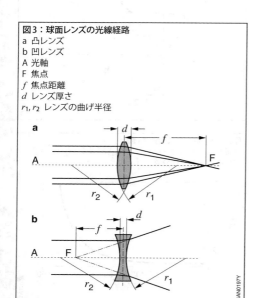

図3：球面レンズの光線経路
a 凸レンズ
b 凹レンズ
A 光軸
F 焦点
f 焦点距離
d レンズ厚さ
r_1, r_2 レンズの曲げ半径

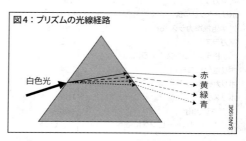

図4：プリズムの光線経路

リフレクター

光学の分野においては、光を特定の方向にそらすためにリフレクター（ミラー）が使用される（図5）。リフレクターは、とりわけヘッドライトに使用され、光を特定の方向に向けて集中させる。

リフレクターの機能は、ヘッドライトバルブからの光を捉えること、できるだけ遠方まで照射すること、および法的要件を満たすように道路への配光に影響を与えることである。ヘッドライトに関しては、デザイン（例：バンパーに取付けられる場合）の点からもさまざまな要件が設定される。

以前は、リフレクターに放物面形状がほぼ独占的に使用されてきたが、今日では、段付きリフレクター、自由形状リフレクター、または新しいヘッドライトコンセプトによってのみ上記の部分的に矛盾した要件を満たすことができる場合がある（「照明装置」を参照）。

一般的に言って、レンズの口径が大きいほど、ヘッドライトの照射距離を長くすることができる。一方、発光効率は、リフレクターに捉えられた立体角の大きさとともに増加する。

カラーフィルター

車両のライトやランプなどの特殊な用途では、特定の目的（ターンシグナルランプ、ストップランプ）に適合するために使用する光の波長に関して厳密な法規がある。ここでは、不要なスペクトル範囲を減衰またはカットするためにカラーフィルターが使用される。

波動光学

これまでの考察では、巨視的体系のみを考慮してきた。すなわち、考察された結像要素が、観測された光線の波長よりも十分に大きかった。波動光学は、光が電磁波として記述される体系に関するものである。放射の色は、波長によって定義される。すなわち、単色光は単波長の光波のみで構成され、一方、白色光はさまざまな波長の光波を含む。

偏光

波動光学の観点から体系を考えるときは、偏光も考慮に入れられる。これは、入射面に対する波または振動の方向を記述する。偏光には、直線偏光、円偏光、および楕円偏光の3種類がある。直線偏光の場合は、伝搬方向が一定のまま電界の振幅が変化する。円偏光の場合は、電界の振幅が一定のまま方向が変化する。楕円偏光は、直線偏光と円偏光の組み合わせを記述する。

直線偏光は、さらにs偏光（入射面に垂直）とp偏光（入射面内）に分けられる。

図6に示すように、s偏光とp偏光を考慮に入れて図2で計算されたフレネルの式の特性は、2つの異なる曲線に分割される。伝搬面に垂直な面は、振動面と呼ばれる。その結果として、電界成分が振動面で振動する波だけが偏光されることになる。そのような波は、横波（光）とも呼ばれる。対照的に、縦波（例：音）は、伝搬方向の中で振動するため、偏光されない。

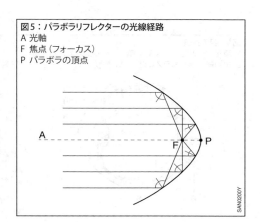

図5：パラボラリフレクターの光線経路
A 光軸
F 焦点（フォーカス）
P パラボラの頂点

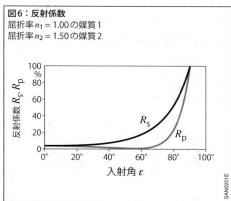

図6：反射係数
屈折率 $n_1 = 1.00$ の媒質1
屈折率 $n_2 = 1.50$ の媒質2

干渉

波長の等しい2つの波の重ね合わせは、干渉を引き起こすことができる。ここでは、重ね合わせの原理に従い、建設的干渉の領域と破壊的干渉の領域が形成され、干渉最大値および干渉最小値を持つ干渉パターンが生成される。この実証例がヤングの二重スリット実験[4]で、これにより光の波動性が初めて証明された。

回折

光波の回折現象は、波動光学を用いて記述することもできる。回折という言葉は、光波が障害物（開口部、単スリットなど）に出会う状況を指して使われる。光波は、障害物において偏向され、ホイヘンスの原理に従って新しい素元波が作られる[4]。これらの波は相互に干渉し合い、干渉効果に応じて回折パターンが生み出される。こうして光は、幾何光学によれば影となるはずの領域に入り込む。

単スリットにおける回折は、干渉効果に応じて図7に示される強度曲線 $I(x)$ を描く。

開口板または円形開口部における回折を考察すると、開口部の後方で生じる電界は、第1種ベッセル関数 $J_1(2\pi r)$ によって記述することができる[5]。

$$E(r) = \frac{E_0}{\pi r} J_1(2\pi r)$$

開口部での回折後の強度分布は、次式により得られる。

$$I(r) \sim E^2(r)$$

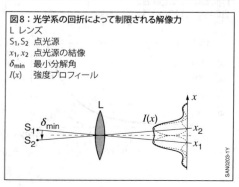

図7：単スリットでの回折の強度曲線 $I(x)$
L レンズ　　B 開口部
D 開口径
x 距離
$I(x)$ 強度プロフィール

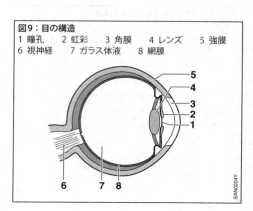

図9：目の構造
1 瞳孔　　2 虹彩　　3 角膜　　4 レンズ　　5 強膜
6 視神経　　7 ガラス体液　　8 網膜

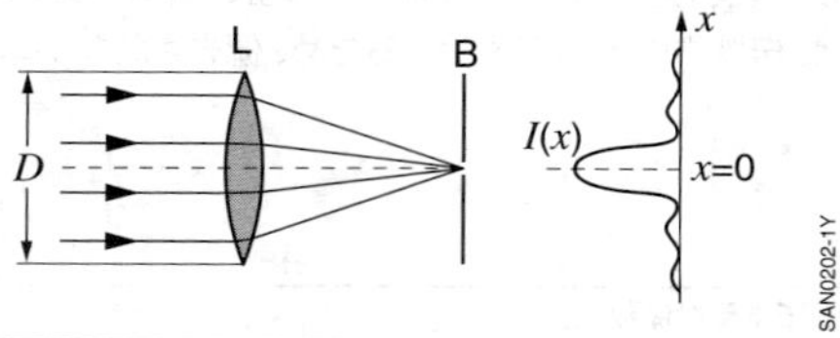

図8：光学系の回折によって制限される解像力
L レンズ
S_1, S_2 点光源
x_1, x_2 点光源の結像
δ_{min} 最小分解角
$I(x)$ 強度プロフィール

円形開口部での回折によって非常に弱い（特に半径）副極大のみが生じると仮定すると、主極大の大きさは、ベッセル関数の0点から決定することができる。これは、$r = 0.6098$のときに得られる。

回折が無視される場合、光学系は、無限の解像度を得ることができる。回折は、あらゆる光学系（レンズ、対象物など）の解像力を大幅に減少させる。解像力Uとは、2つの点光源（S1およびS2）の間の極小ながら知覚可能な距離を示す。

基本的に、光学素子は円形開口部によって制限される。すなわち、いかなる光学系の解像力も、円形開口部の回折パターンの大きさから計算することができる。強度曲線$I(x)$は、各点光源について得られる。スクリーン上の点を別々に知覚できる最小の角度δ_{min}（図8）は、以下の式で記述されるように観察される放射の波長λおよび開口径Dから計算される。

$$\sin \delta_{min} = 1.22 \frac{\lambda}{D}$$

開口部の直径は半径の2倍なので、因子1.22は、ベッセル関数の0点から決定された。系の解像力は、$U = 1/\delta_{min}$におけるδ_{min}から決定することができる。

人間の目も、光学系と見なすことができる。その場合、焦平面は瞳孔であり、点光源の示される強度プロフィール$I(x)$は、網膜上に結像される（図9）。開口径Dは、瞳孔の大きさによって決定される。波長$\lambda = 550$ nm、および瞳孔の大きさが1.5 mm（明所視）の場合、最小角度$\delta_{min} = 0.02°$が得られる。これにより、目から25 cmの距離におけるS1とS2の間の最小解像可能距離は、0.11 mmと計算される。

照明量

光源は、その性質に基づき、様々な強度と波長の光を放射している。光源は、波長スペクトル中の特徴的な波長を指すことで分類される。

光源の強さの変化と人間への光の影響を記述するために、いくつかの物理的特徴量が定着している。ここでは、放射測定の特徴量と照明工学の特徴量は区別される。照明工学では、人間の目は検出器として評価される。これは、紫外線（UV）と可視スペクトルの領域に限定される。放射測定では、検出器で光源を測定して光源の出力を決定する。さらにこの方法は、赤外線と紫外線の領域に加えてガンマ線も測定する。放射測定における照明量（放射量）は、より分かりやすくするために「e」（「e」はエネルギー）を指数として表される。

放射量

放射エネルギー Q_e

放射エネルギー Q_e は、光波の全エネルギーを含む。

放射束 Φ_e

放射束Φ_eは光波によって単位時間dt当たりに運ばれるエネルギー量dQ_eを示し、次式により求められる。

$$\Phi_e = \frac{dQ_e}{dt}$$

放射照度 E_e

単位面積dA当たりに入射する放射束$d\Phi_e$は、放射照度E_eと呼ばれ、次式により求められる。

$$E_e = \frac{d\Phi_e}{dA}$$

放射されたエネルギーのうち、照射単位面積dAに入射したエネルギーの総量が決定される。

放射強度 I_e

　放射強度 I_e は、点波源によって特定の方向（立体角 $d\Omega$）に放たれた放射束 $d\Phi_e$ を示し、次式により求められる。

$$I_e = \frac{d\Phi_e}{d\Omega}$$

放射輝度 L_e

　放射輝度 L_e は垂直な面上の放射強度を示し、次式により求められる。

$$L_e = \frac{dI_e}{dA \cos \varepsilon} = \frac{d^2\Phi_e}{d\Omega \, dA \cos \varepsilon}$$

放射発散度 M_e

　放射発散度 M_e は、半空間に放射される光源の放射束 $d\Phi_{e,H}$ を示し、次式により求められる。

$$M_e = \frac{d\Phi_{e,H}}{dA}$$

照射量 H_e

　照射量 H_e は、時間 dt の間に単位面積 dA 当たりに入射する放射エネルギー dQ を示し、次式により求められる。

$$H_e = \int E_e \, dt$$

照明工学における照明量

比視感度 $V(\lambda)$

　照明工学における照明量の定義では、目の比視感度は一定ではないという事実を考慮に入れない。人間の目に見える放射は、380 nm（青）から780 nm（赤）までの波長範囲である。昼光では、目は、約555 nmの黄緑色の範囲において最も感度が高い。より弱い光条件では、この数値はより低い波長に移る。他の波長で同じ明るさの印象を得るためには、より強い放射エネルギーが必要である。比視感度 $V(\lambda)$ は、555 nmの放射エネルギーと他の波長の放射エネルギーとの比として定義される。

　すべての人間の目は同じではないため、照明の測定と計算のために、人間の目の標準的な比視感度を表す無次元の関数 $V(\lambda)$ が DIN 5031-3 [9] において定義された。これは、明所視と暗所視それぞれの条件における様々な波長範囲について決定された（図10）。

放射の発光効率

　放射の発光効率とも呼ばれる絶対分光効率 $K(\lambda)$ は、生理学的量の光束 Φ を物理量の放射束 Φ_e で割ったものである。明所視（目が光に順応）については、波長 $\lambda = 555$ nm のときに $K(\lambda)$ の最大値 $K_{m,T}$ が得られる。暗所視（目が暗闇に順応）については、波長 $\lambda = 505$ nm のときに最大値 $K_{m,N}$ が得られる。絶対分光効率 $K(\lambda)$ については、以下の関係が得られる。

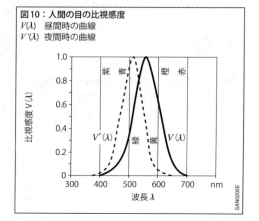

図10：人間の目の比視感度
$V(\lambda)$　昼間時の曲線
$V'(\lambda)$　夜間時の曲線

表4：放射量と測光量の比較

放射量		照明工学で使用される量	
名称	単位	名称	単位
放射エネルギー Q_e	Ws	光量 Q	lm s
放射束 Φ_e	W	光束 Φ	lm
放射強度 I_e	W/sr	光度 I	cd = lm/sr
放射輝度 L_e	W/(m²sr)	輝度 L	cd/m²
放射照度 E_e	W/m²	照度 E	lx = lm/m²
放射発散度 M_e	W/m²	光束発散度 M	lx
照射量 H_e	Ws/m²	露光量 H	lx s

光学技術 **69**

昼間視力：

$$K(\lambda) = K_m \, V(\lambda)$$

$$K_{m,T} = 683 \text{ lm/W}$$

夜間視力

$$K'(\lambda) = K_m \, V'(\lambda)$$

$$K_{m,N} = 1,699 \text{ lm/W}$$

$K(\lambda)$ は、放射量 X_e と測光量 X を結び付けることができる（表4）。次式が成立する。

$$X = K_m \int X_{e\lambda} \, V(\lambda) \, d\lambda$$

$$= \int X_{e\lambda} \, K(\lambda) \, d\lambda$$

ここで $X_{e\lambda} = \dfrac{dX_e}{d\lambda}$

光束 Φ

光束 Φ は、放射測定の放射束 Φ_e を人間の目の波長依存効率曲線 $K(\lambda)$ で重み付けしたものである。光束 Φ は、全立体角に放射される発光出力を決定する。その他のすべての測光量は、光束に関連している。

光量 Q

光量 Q は、放射測定の放射エネルギー Q_e に相当する測光量である。これは、一定の時間 dt について光束 Φ を積分することで計算する。

$$Q = \int \Phi(t) \, dt$$

光度 I

ある立体角 Ω に放射される光束 Φ は、光度 I として定義される。光度は、ある方向に放射される光源の光束発散度の指標を提供し、放射測定の放射強度から計算される。

$$I = \frac{\Phi}{\Omega}$$

照度 E

光度 I とは対照的に、照度 E は、一定面積 A に放射される光源の光束を示す。

$$E = \frac{\Phi}{A}$$

輝度 L

輝度 L は、照射された（または自発光している）面積によって人間の目に引き起こされる明るさの感じ方を定義する。これは、放射強度に関する放射量から得られる。

$$L = \frac{I}{\Omega}$$

光束発散度 M

単位面積 dA 当たりに発生する光束 $d\Phi$ は、光束発散度と呼ばれる。これは、放射測定の放射発散度に相当する測光量であり、次式により求められる。

$$M = \frac{d\Phi}{dA}$$

露光量 H

露光量 H は、一定の時間 dt に面積 dA に入射する照度 E_V から計算される。

$$H = \int E_V(t) \, dt$$

その他の用語

照明量は、以下に説明される一般用語によって補足される。

発光効率 η

発光効率 η は、電源入力 P に対する放射された光束 Φ の比から計算される。

$$\eta = \frac{\Phi}{P}$$

発光効率は、電力 P を光束 Φ に変換する効率の指標である。波長 $\lambda = 555 \text{ nm}$ での放射の発光効率の最大値 $K_m = 683 \text{ lm/W}$ を超えることはできない。

立体角 Ω

立体角 Ω は、放射源と同心の球表面の照射部分とその球の半径の2乗との比を記述する。球の全面積は $4\pi r^2$ であるため、全立体角は

$\Omega = 4\pi$ sr (sr = ステラジアン) となる。

ステラジアンは、立体角を表す無次元量である。

コントラスト

コントラストは、隣接する2つの面の輝度比、または、照射された(または自発光している)面内の光度の最大差を決定する。コントラストは、輝度の比、または、ある画像の明るい部分の照度と同じ画像の暗い部分の照度との比を記述する。規格ISO/IEC 21118 [10]によると、コントラストは、黒と白の市松模様(16個の等しい正方形で構成)の値から決定されねばならない。

交互の黒と白の線での小面積コントラストも決定することができる。これは、スクリーンに細部を鮮明に表示するために光照明装置の仕様の尺度である。この目的のために、縦線と横線の両方が測定される。

レーザー技術

レーザー(Light Amplification by Stimulated Emission of Radiation:励起誘導放射による光増幅)は、他の光源と比べて以下の特性を有する。
- 単色放射、すなわち限定された波長範囲
- 非常に高い放射密度
- 低い光線拡張
- 優れた集光性
- 放射の高い時間コヒーレンスと空間コヒーレンス

原理

レーザーは、気体、固体、または液体のいずれもあり得るレーザー活性媒質を含む(表5)。エネルギーの供給により、活性媒質の原子または分子を励起状態にすることができる(図11)。このプロセスは励起と呼ばれ、電気的(電圧の印加による)または光学的(別の光源を用いる)に生じさせることができる。

一定時間が経過すると、活性媒質の励起粒子は初期状態に戻り、その際に光子(光粒子)の自然放出を通じてエネルギーを放散する。光子のエネルギーは、活性媒質の量子化されたエネルギー状態によって決定され、レーザー光の波長 λ を規定する。

$$E_P = \frac{hc}{\lambda}$$

表5:数種類のレーザーの例

レーザーの種類	波長	用途
He-Neレーザー	632 nm	計量学、ホログラフィー
CO₂レーザー	10.6 µm	材料加工
ND:YAGレーザー	1,064 nm	材料加工
半導体レーザー	例 670 nm	測定技術
	例 1,300 nm	通信技術
イッテルビウムファイバーレーザー	例 1,070 nm	材料加工

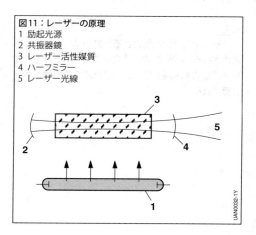

図11:レーザーの原理
1 励起光源
2 共振器鏡
3 レーザー活性媒質
4 ハーフミラー
5 レーザー光線

hはプランク定数、cは真空中の光速。hおよびcには以下の値を適用する。

$h \approx 6.62606957 \cdot 10^{-34}$ Js

$c \approx 300{,}000{,}000$ m/s

共振器は、活性媒質の両端の鏡面で構成され、自然放出された光子を反射して活性媒質の中へ戻す。光子は、活性媒質を通過するときに、等しい波長と同じ位相位置の新たな光子を再び放出させる。これは誘導放出と呼ばれる。

共振器は、放射増幅と望ましい光線特性を実現するためのものである。レーザー光線は、ハーフミラーを通って共振器の一端から出てくる。

レーザーは、活性媒質とレーザーの種類に応じて、連続波放射またはパルス幅1fs（10^{-15}秒）未満のパルスモードで作動させることができる[12, 13]。

適用分野

レーザー測定技術は、超仕上面（燃料インジェクターなど）の製造公差の非接触、非干渉でテストすることを可能にする。干渉法を用いると、ナノメートル範囲の解像度が実現される。

レーザーは、生産工学において高精度で柔軟かつ高速な材料処理／加工を容易にする。たとえば、レーザードリリングを用いると、30 μmの穴径を実現できる。

レーザーのさらなる技術的用途として、ホログラフィー（空間像情報）、自動文字認識（バーコードスキャナー）、情報記録（CD読取り、3D空間測量）、材料処理／加工、マイクロサージェリー、光導波路でのデータ転送用トランスミッターなどがある。

レーザー製品を取り扱うときは、特定の法規を守らなくてはならない。レーザー製品は潜在的危険物に分類されている。詳細については、DIN EN ISO 60825を参照[11]。

光ファイバーと導波管

構造

光ファイバー／導波管は、紫外線（UV）から可視線、さらには赤外線（IR）までのスペクトル範囲の電磁波を制御された条件下で伝送するために使われる。石英ガラス、ガラスまたはポリマーから作られ、通常は被覆（クラッド）より屈折率の大きなコアを持ち、透明な材質の繊維状またはチャンネル状の形態をしている。このためコアに入射された光は、屈折および全反射によってその領域内に保持され、伝送される。

屈折率のプロファイルによって、光ファイバーは下記の4種類に分類される（図12）。

– コアとクラッドの間に明確な境界を持つステップインデックス型光ファイバー
– コアの屈折率が放物線状に変化するグレーデッドインデックス型光ファイバー
– コア径が非常に小さい単一モード光ファイバー
– 中空の細い管を規則的にコア周囲に配置したフォトニック結晶ファイバー配置は、ステップインデックス型または単一モード光ファイバーと一致する。

図12：光ファイバー内の光伝搬
a ファイバーの模式図
b 屈折率の変化状態
1 ステップインデックス型光ファイバー
2 グレーデッドインデックス型光ファイバー
3 単一モード光ファイバー

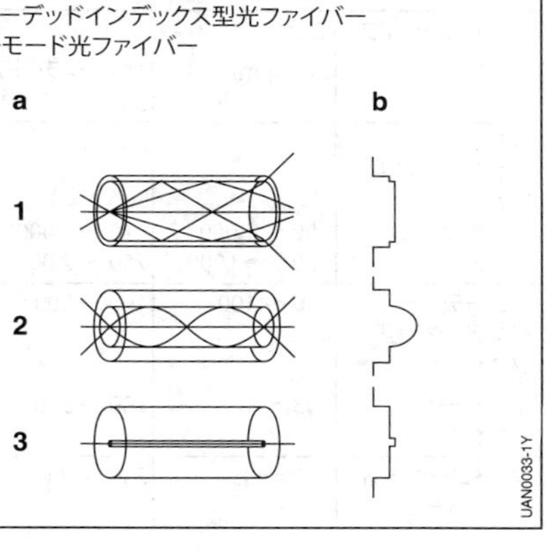

ステップインデックス型およびグレーデッドインデックス型光ファイバーは、マルチモード光ファイバーである。すなわち、さまざまな振動モードの光波をさまざまな速度で伝搬することができる。光波のさまざまな振動モードは、基材の形状と物性に依存する。ポリマー（プラスチック）ファイバーは常にステップインデックス型光ファイバーである。単一モード光ファイバーは、その形状と使用材料によって、光波の基本モードのみを伝搬できるように設計されている。フォトニック結晶ファイバーは、構造形状に応じて1つまたはそれ以上のモードを導く。

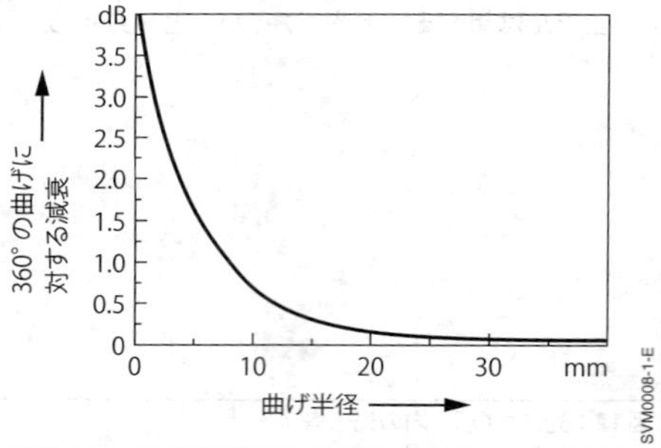

特性

ガラス光ファイバーは、紫外線から赤外線までの範囲で非常に高い透過率を持つ。損失は、主に製造プロセスで使用されるファイバー材料の汚染によって生じる。たとえば、周囲の空気から吸収されるH_2O分子は、光ファイバーのスペクトルに吸収帯を生じさせる。ガラス繊維にH_2O分子が吸収されると、950 nm、1,240 nm、および1,380 nmにおいて光ファイバーの透明度が減少する。光ファイバーのスペクトル分解された吸収を考慮すると、最小値は、850 nm、1,310 nm、および1,550 nmに見られるはずである、すなわち減衰は、850 nm、1,310 nm、および1,550 nmの波長において特に低い。プラスチックファイバーは850 nm以上および450 nm以下の波長を吸収する。

光ファイバーは、限られた角度範囲Θからの光のみを吸収することができる。開口数$A_N = \sin(\Theta/2)$（表6）は、その指標としての役割を果たす。

モードによって拡散と伝播時間に違いがあるため、ファイバーが長いほど光パルスが大きく広がる。このため、帯域幅が限定される。フォトニック結晶ファイバーでは、コア部の微細構造を変えることで、拡散と非線形効果の効率を望み通りに調整することができる。

光ファイバーは、－40 ～ 135 ℃の温度範囲で使用することができる。また、800 ℃まで使用可能な特別仕様もある。

図13：360°曲げたときの減衰と曲げ半径との関係
出典：[14]。

縦軸：360°の曲げに対する減衰（dB）
横軸：曲げ半径（mm）

SVM0008-1-E

表6：光ファイバーと導波管の特性データ

ファイバータイプ	直径		波長	開口数	減衰	帯域幅
	コア [μm]	被覆（クラッド）[μm]	[nm]	(A_N)	[db/km]	[MHz·km]
ステップインデックス型ファイバー						
水晶、ガラス	50 ～ 1,000	70 ～ 1,000	250 ～ 1,550	0.2 ～ 0.87	5 ～ 10	10
ポリマー	200 ～ >1,000	250 ～ 2,000	450 ～ 850	0.2 ～ 0.6	100 ～ 500	<100
グレーデッドインデックス型ファイバー	50 ～ 100	100 ～ 500	450 ～ 1,550	0.2 ～ 0.3	3 ～ 5	200 ～ 10,000
単一モードファイバー	3 ～ 10	100 ～ 500	850 ～ 1,550	0.12 ～ 0.21	0.3 ～ 1	2,500 ～ 10,000
フォトニック結晶ファイバー	1 ～ 35	250 ～ 200	300 ～ 2,000	0.1 ～ 0.8	0.2 ～ 2	≤160,000

適用分野

光ファイバーと導波管の主な適用分野は、データ伝送である。LAN（ローカルエリアネットワーク）分野での使用にはプラスチックファイバーが好まれる。グレーデッドインデックス型光ファイバーは、中距離に最も適している。長距離のデータ伝送には、単一モード光ファイバーのみが使用される。光ファイバーネットワークでは、エルビウム添加ガラス繊維が光増幅器の役割を果たす。ここでは、運ばれる光を、半導体光源を用いた追加の光励起により増幅することができる。

光ファイバーと導波管は、車両においてMOSTバスで使用される。曲げ半径限度の遵守は車両での使用においては極めて重要である。曲げ半径が小さすぎると、減衰が過大になる（図13、[14]）。

光ファイバーは自動車のランプやセンサーに多用される傾向にある。光ファイバーセンサーは拡散フィールドもスパークも発生せず、またそれ自身もこれらの外乱の影響を受けにくい。現在では、潜在的爆発性環境、医学、および高速鉄道（ICE）に用いられている。

エネルギーの伝送は、レーザー光線による材料加工、マイクロサージェリー、および照明工学において重要な位置を占めている。

参考文献

[1] H. Haferkorn: Optik – Physikalisch-technische Grundlagen und Anwendungen. 4th Ed., Wiley-VCH, 2002.

[2] P.A. Tipler, G. Mosca: Physik. 6th Ed.; Springer, 2009.

[3] W. Demtröder: Experimentalphysik 2 – Elektrizität und Optik. 6th Ed.; Springer, 2013.

[4] G. Litfin: Technische Optik in der Praxis. 3rd Ed.; Springer, 2005.

[5] W. Nolting: Grundkurs Theoretische Physik 5/2 – Quantenmechanik – Methoden und Anwendungen (Springer-Lehrbuch), 7th Ed., Springer-Verlag, 2012.

[6] E. Hecht: Optik. 5th Ed., Oldenbourg Wissenschaftsverlag, 2009.

[7] F. Pedrotti, L. Petrotti, W. Bausch: Optik – Eine Einführung. Reihe Prentice Hall, Markt + Technik Verlag, 1996.

[8] F. Pedrotti, L. Petrotti: Introduction to Optics. 3rd Ed., Pearson Education Limited, 2013.

[9] DIN 5031-3: Optical radiation physics and illuminating engineering; quantities, symbols and units of illuminating engineering.

[10] ISO IEC 21118: Information technology – Office equipment – Information to be included in specification sheets – Data projectors.

[11] DIN EN 60825: Safety of laser products.
Part 1: Equipment classification and requirements (2008).
Part 2: Safety of optical fibre communication systems (2011).
Part 4: Laser guards (2011).
Part 12: Safety of free space optical communication systems used for transmission of information (2004).

[12] W. Radloff: Laser in Wissenschaft und Technik. Spektrum Akademischer Verlag, 2011.

[13] F. K. Kneubühl, M. W. Sigrist: Laser. 7th Ed., Vieweg+Teubner, 2008.

[14] A. Grzemba (Editor): MOST – Das Multimedia-Bussystem für den Einsatz im Automobil. 1st Ed., Franzis-Verlag, 2007.

流体力学

流体静力学

密度と圧力

流体はわずかに圧縮できるが、ほとんどの場合、圧縮不可能なものと見なすことができる。さらに、密度は温度依存性が少ないので、多くの用途において一定と見なすことができる。

圧力 $p = dF/dA$ は静止流体内では方向性を持たない。高さの差による圧力成分（測地圧力）が無視できるなら、静止流体の圧力はあらゆる点で一定である（静水圧）。

開放容器内の静止流体

開放容器の場合、流体の圧力は流体の深さにのみ依存する（図1）。燃料タンクやブレーキ液タンクのような圧力補償を行う密閉容器も、開放容器と見なすことができる。次式が成立する。

圧力： $p(h) = \rho g h$
底面に作用する力： $F_B = A_B \rho g h$
側面に作用する力： $F_S = 0.5 A_S \rho g h$

静水圧

たとえば自動車のブレーキや油圧パワーステアリングシステムの出力増幅機能は、静水圧の原理によるものである（図2）。圧力 p とピストンの力 F には次の関係が成立する。

表1：記号と単位

記号		単位
A	断面積	m^2
A_B	底面積	m^2
A_S	側面積	m^2
F	力	N
F_A	浮力	N
F_B	底面に作用する力	N
F_G	重さ	N
F_S	横力	N
F_W	排除された流体の体積	N
L	流れ方向の長さ	m
Q	流量	m^3/s
R_e	レイノルズ数	—
V_F	排除された流体の体積	m^3
c_W	抗力係数	—
d	直径	m
g	自由落下加速度 ($g \approx 9.81\ m/s^2$)	m/s^2
h	流体の深さ	m
m	質量	kg
m_F	排除された流体の質量	kg
$\dot{m}$	質量流量	kg/s
p	圧力	$Pa = N/m^2$
t	厚さ	m
w	流速	m/s
α	収縮係数	—
η	動的粘性率	$Pa \cdot s = Ns/m^2$
μ	吐出係数	—
ν	動粘性	m^2/s
ρ	密度	kg/m^3
φ	速度係数	—
τ	せん断応力	N/m^2

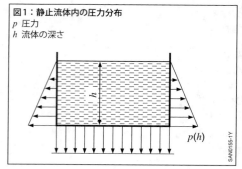

図1：静止流体内の圧力分布
p 圧力
h 流体の深さ

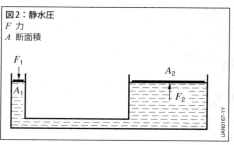

図2：静水圧
F 力
A 断面積

圧力: $$p = \frac{F_1}{A_1} = \frac{F_2}{A_2}$$

ピストンに働く力: $$F_1 = pA_1 = F_2\frac{A_1}{A_2}$$

$$F_2 = pA_2 = F_1\frac{A_2}{A_1}$$

浮力

浮力は重力とは逆の方向に働く力であり、押しのけられた流体の体積部分の重心に作用する。浮力の大きさは、浮かぶ物体によって押しのけられた流体の重量に等しい。

$$F_A = m_F g = V_F \rho g$$

$F_A = F_G$ ならば物体は浮く。

燃料タンク中の残存燃料の量は、浮力を利用したアナログ式センサー（フロート）によって、容易かつ信頼性を持って測定することができる。

流体力学

基本原理

理想的な流体（気体および液体についての総称）は非圧縮性であり、摩擦がない。これは、流体内部にせん断応力が発生せず、流体要素の圧力がすべての方向において一定であることを意味する。しかしながら、実際には流体要素の変位による変形が生じる場合には、液体内の抵抗を克服しなければならない（図3）。発生するせん断応力は、ニュートンの式で示すことができる。

$$\tau = \frac{F}{A} = \eta \frac{w}{h}$$

比例係数 η は動的粘性率と呼ばれ、温度に大きく依存する。しかしながら、一般には動粘度

$$\nu = \frac{\eta}{\rho}$$

が用いられる。動粘度は、毛管粘度計によって非常に容易に測定できる。

主に粘性によって決定され、個々の流体の層がその中を別々に並行して動く乱流を含まない流れは、層流として知られている。流速が限界値を超え、隣接した層に渦が発生し始めると、乱流が引き起こされる。層流と乱流の移行点は、流速に加えてレイノルズ数

$$R_e = \frac{\rho L w}{\eta} = \frac{L w}{\nu}$$

にも依存している。パイプ内部の流れの場合、パイプ（円管）の直径を L として用いる。円管内の流れは、$R_e > 2300$ のときに不安定になり、乱流となる。

低い流速（音速の0.5倍まで）の気体の場合、多くの流れのプロセスにおいて圧縮は無視してよいので、これらの気体もまた非圧縮性流体の法則に従う。

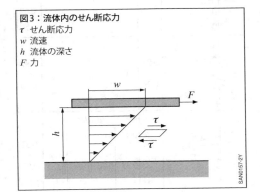

図3：流体内のせん断応力
τ せん断応力
w 流速
h 流体の深さ
F 力

流体力学の基本方程式

流体力学の最も重要な基本方程式は、連続の方程式とベルヌーイの方程式である。これらの方程式は、流れている流体における質量とエネルギーの保存を示している。

連続の方程式

定常状態において、質量保存のためには、流れの中の質量流量が各断面において等しくなければならない (図4)。

$$\dot{m} = \rho A_1 w_1 = \rho A_2 w_2 = 一定$$

非圧縮性流体 ($\rho = 一定$) の場合、流量 (体積流量) も一定でなければならない。

$$Q = A_1 w_1 = A_2 w_2 = 一定$$

ベルヌーイの方程式

連続の方程式によると、$A_1 \sim A_2$の範囲で加速度が生じる。これは、$p_1 > p_2$の圧力低下によって生ずる運動エネルギーの増加をもたらすことになる (図4)。エネルギー保存の法則によると、流れている流体内においては、静的圧力pと動的圧力および測地圧力の合計は一定である。摩擦損失を無視すると、水平状態にない円管内を流れている流体に対して、次式が適用される。

$$p_1 + \frac{1}{2}\rho w_1^2 + \rho g h_1 = p_2 + \frac{1}{2}\rho w_2^2 + \rho g h_2$$

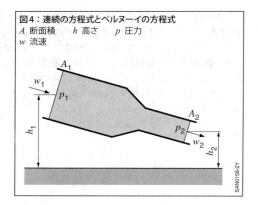

図4：連続の方程式とベルヌーイの方程式
A 断面積　　h 高さ　　p 圧力
w 流速

圧力容器からの吐出

吐出口の断面積が容器の断面積よりもはるかに小さいという前提条件の下では (図5)、連続の方程式により速度w_1は無視できる。ベルヌーイの方程式から導かれるように、吐出速度は次のようになる。

$$w_2 = \varphi \sqrt{\frac{2}{\rho}(p_1 - p_2) + 2gh}$$

速度係数φは、発生する損失を考慮したものである。また、流量あるいは吐出量に対して噴射収縮を考慮する必要がある、この収縮は、収縮係数αに依存する。このため、吐出する流量に対して次式が適用される。

$$Q = \alpha \varphi A_2 \sqrt{\frac{2}{\rho}(p_1 - p_2) + 2gh}$$

速度係数と収縮係数は、しばしば吐出係数$\mu = \alpha \varphi$として合わせて表される (表2)。

表2：吐出開口部

開口部の形状	速度係数 φ	収縮係数 α	吐出係数 μ
	0.97	0.61 ～ 0.64	0.59 ～ 0.62
	0.97 ～ 0.99	1.0	0.97 ～ 0.99
	0.95 ～ 0.97	$(d_2/d_1)^2$: 0.4 / 0.6 / 0.8 / 1.0 — 0.87 / 0.90 / 0.94 / 1.0	0.82 ～ 0.97

流体の流れの中にある物体の抵抗

流体の流れの中にある物体（自動車のボディなど）をはさんで圧力差が発生し、抗力が生ずる。

$$F_W = \frac{1}{2} c_W A \rho w^2$$

ここで、Aは流体が作用する物体の断面積、c_dは流体の流れの中にある物体の形状に依存する定義されていない抵抗係数である。

単純な形状の物体であっても、流れの中の抵抗を正確に計算することは極めて複雑なものであるため、これは普通は実験により求められる。寸法が大きい場合、縮小モデルで測定する。幾何学的相似性と同様に、実際の流体の流れとモデルの流れの中で発生するエネルギー（運動エネルギー、摩擦作用）の形状も相似でなければならない。この相似比は、レイノルズ数R_eで示される。

基本的に、レイノルズ数R_eが同一であるならば、2つの流れは流体力学的に相似である。複雑な形状も単純な基本物体で構成されているため、モデリングの段階で表3により流体の流れにとって都合のよい表面形状を求めることができる。

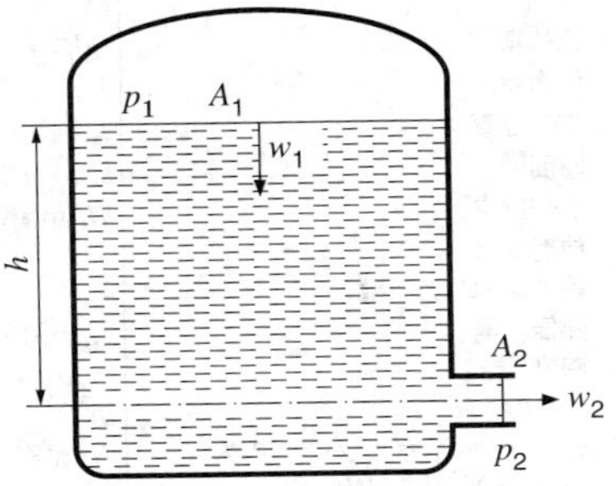

参考文献

[1] A. Böge; W. Böge: Technische Mechanik. 31st Ed., Verlag Springer Vieweg, 2015.

[2] W. Bohl; W. Elmendorf: Technische Strömungslehre. 15th Ed., Vogel-Verlag, 2014.

表3：抗力係数 c_W

物体の形状： L 長さ, t 厚さ, R_e レイノルズ数	c_W
円板 	1.11
おわん形 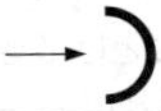	1.33
球 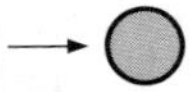　　　$R_e < 200{,}000$　　$R_e > 250{,}000$	0.47 / 0.20
細い回転体（水滴形） $L/t = 6$ 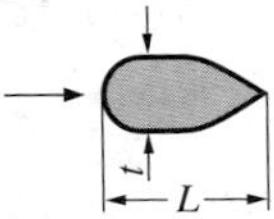	0.05
長い円柱 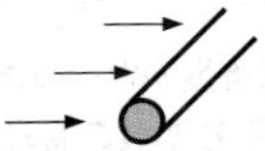　　$R_e < 200{,}000$　　$R_e > 450{,}000$	1.0 / 0.35
長い平板 $L/t = 30$ 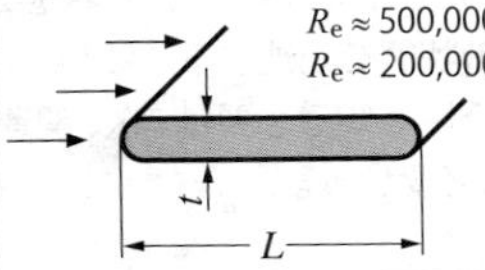　　$R_e \approx 500{,}000$　　$R_e \approx 200{,}000$	0.78 / 0.66
長い翼 $L/t = 18$ $R_e \approx 10^6$ $L/t = 8$ $R_e \approx 10^6$ $L/t = 5$ $R_e \approx 10^6$ $L/t = 2$ $R_e \approx 2 \cdot 10^5$ 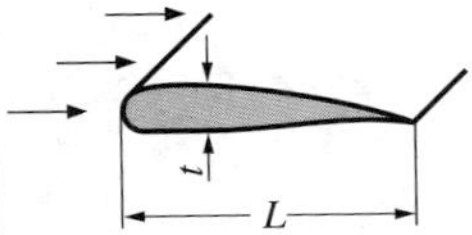	0.2 / 0.1 / 0.08 / 0.2

図5：圧力容器からの吐出
A 断面積　　h 流体の深さ　　p 圧力
w 流速

78 物理学（基礎）

熱力学

基本原理

系

熱力学系は、一般的に3種類に分けられる。すべての系に共通するのは、系が境界の中にあり、その境界によって周囲から区切られているということである。

孤立系

孤立系の境界は、いかなる種類の熱Q、仕事Wおよび質量mも通さない（例：完全に断熱された魔法瓶の内部の媒質）。

閉じた系

閉じた系は、境界を通して周囲と熱や仕事をやりとりすることができるが、質量をやりとりすることはできない（例：動くピストンによって密閉されたシリンダー内の気体）。

開いた系

最後に、開いた系では、境界を通して周囲と熱、仕事および質量をやりとりすることができる（例：蓋のない料理鍋）。

状態変数とプロセス変数

状態変数

熱力学では、系の状態およびプロセス（の変化）は、たとえば温度T、圧力p、体積Vまたは質量mといった状態変数を用いて記述される。これらの変数の変化は、状態変化と呼ばれる。系の状態は、状態変数のみを用いて記述される。したがって、状態1から状態2への状態変化を経る系の状態を記述するには、初期状態と最終状態の間の経路を知る必要はなく、関連する状態変数だけを知る必要がある。

プロセスとプロセス変数

一般的に、状態変化の連なりがプロセスと呼ばれる。状態変数とは対照的に、プロセスを記述するのに必要なプロセス変数は、初期状態と最終状態の間の経路に依存する。すなわち、仕事と熱はプロセス変数であり、仕事入力の種類およびその大きさも、プロセス制御などによって異なる。

表1：記号と単位

記号		SI単位
A	断面積	m^2
a	温度拡散率	m^2/s
c	比熱容量	$J/(kg \cdot K)$
	c_p 定圧比熱（一定圧力比熱）	
	c_v 定容比熱（一定体積比熱）	
E	エネルギー	J
e	比エネルギー	J/kg
H	エンタルピー	J
h	比エンタルピー	J/kg
k	熱貫流率	$W/(m^2 \cdot K)$
m	質量	kg
n	ポリトロープ指数	–
p	圧力	$Pa = N/m^2$
Q	熱量	J
$\dot{Q}$	熱流量 dQ/dt	W
R_m	気体定数	$J/(mol \cdot K)$
	$R_m = 8.3145\ J/(mol \cdot K)$	
R_i	比気体定数	$J/(kg \cdot K)$
	$R_i = R_m/M$（Mモル質量）	
R_λ	熱伝導抵抗	K/W
S	エントロピー	J/K
s	長さ	m
T	熱力学的温度	K
ΔT	温度差	K
	$\Delta T = T_1 - T_2$	
U	内部エネルギー	J
u	比内部エネルギー	J/kg
V	体積	m^3
v	比体積	m^3/kg
W	仕事量	J
W_t	工業仕事	J
t	時間	s
α	熱伝達率	$W/(m^2 \cdot K)$
ε	放射率	–
κ	等エントロピー指数	–
λ	熱伝導率	$W/(m \cdot K)$
ρ	密度	kg/m^3
ν	動粘度	m^2/s
σ	シュテファン-ボルツマン定数	W/m^2K^4
	$\sigma \approx 5.6704 \cdot 10^{-8}\ W/m^2K^4$	

系が一連のプロセスを通じて進行し、再び初期状態で終わるとき、それはサイクルと呼ばれる。サイクルは、多くの技術的応用（例：エンジン、動力装置、エアコンディショナー）を記述するために重要である。

示強性状態変数と示量性状態変数

状態変数は、さらに示強性変数と示量性変数に分けることができる。既存の系を2つに分割する場合、2つの新たな系において値が保存されるすべての変数は、示強性変数と呼ばれる（例：温度、圧力）。値が変化する変数は、示量性変数と呼ばれる（例：体積）。

よく注目されるのが、系の絶対値に依存しない系特性である。したがって、示量性変数を系の質量で割るのが実用的である。こうして、系が分割されるときも値を保つ比状態変数が得られる（例：比体積 $v = V/m$ およびその逆数である密度 $\rho = 1/v$）。

エネルギーの形態

古典力学と同じく、「運動エネルギー」および「ポテンシャルエネルギー」という状態変数が熱力学において定義されている。質量 m の物体が一定速度 c で移動するとき、その物体の持つ運動エネルギーは、

$E_{kin} = \frac{1}{2}mc^2$ により求めることができる。

重力下で自由落下加速度 g を受け、高さ z にある質量 m の物体は、ポテンシャルエネルギーを持ち、その値は

$E_{pot} = mgz$ により求めることができる。

熱力学系では、これらのエネルギーの形態に加え、さらに固有の種類のエネルギーとして内部エネルギー U がある。この種類のエネルギーは、系の運動のみならず、系の内部の変化（例：温度変化によるもの）も考慮に入れる。これにより、系の全エネルギーは次のようになる。

$E_{tot} = U + E_{kin} + E_{pot}$

仕事と熱

仕事 W は、一般に、作用点で系に働く力 F を移動距離 ds（s_1 から s_2 まで）で積分したものとして定義され、以下により求められる。

$$W_{12} = \int_{s_1}^{s_2} F \, ds$$

体積変化仕事の特殊例は、熱力学において極めて重要である。これは次のように定義される。

$$W_{12} = -\int_{V_1}^{V_2} p \, dV$$

体積変化仕事は、pV 線図（図1）において曲線の下の面積（積分）として示され、読み取ることができる。

仕事とは対照的に、熱 Q は、順不同で発生するエネルギーの一形態である。エネルギーが系に供給されるとき（例：電気ヒーターによって）、系の平衡状態の変化は熱によって引き起こされるが、仕事によっては引き起こされない。この例では、仕事は0である。

2つの変数である仕事と熱は、系に供給されるときを正とする。仕事または熱が放出されるとき、それらは負である。これは、系を中心に見た場合である。

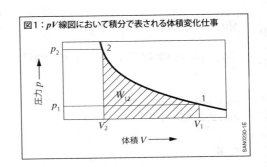

図1：pV 線図において積分で表される体積変化仕事

80 物理学 (基礎)

熱力学の法則

第零法則

第3の系とそれぞれ熱平衡にある2つの系は、それらも互いに熱平衡にある。したがって、すべての系の温度は同じである。

第一法則

熱力学の第一法則によれば、エネルギーは創造することも破壊することもできず、ある形態から別の形態へ (例：熱から仕事へ) 変化させることしかできない。

孤立系では、系の境界を通した質量やエネルギーの移動がなく、すべてのエネルギー変化の総和は0である。

閉じた系では、系の境界を通してエネルギーは移動できるが質量は移動できず、次式が成り立つ。

$$Q_{12} + W_{12} = \Delta U + \Delta E_{kin} + \Delta E_{pot}$$

したがって、系の内部エネルギーの変化 ΔU と運動エネルギーの変化 ΔE_{kin} とポテンシャルエネルギーの変化 ΔE_{pot} の総和は、系に加えられた熱量 Q_{12} と系になされた仕事 W_{12} の総和に等しい (状態1から状態2への変化の場合)。

多くの技術的応用において、媒質は、開いた系を通じて定常的な流動プロセスで流れる。したがって、入力または出力される質量の吸入および排出が仕事 W_t に関係していること、ならびに入力または出力される質量が追加のエネルギー容量を持つことも考慮する必要がある。入力される質量流と出力される質量流が

$\dot{m}_1 = -\dot{m}_2 = \dot{m}$ の定常的な流動プロセスでは、次式が成り立つ。

$$\dot{Q}_{12} + \dot{W}_{t,12} = \dot{m} \left(\Delta h + \Delta e_{kin} + \Delta e_{pot} \right)$$

ここで、新しい状態変数としてエンタルピーを導入する。

$h = u + pv$
e は、比変数を示す。

$e = \dfrac{E}{m}$

第一種永久機関は、「無からエネルギーを」生み出す、すなわち100%以上の (あり得ない) 効率を前提としており、熱力学の第一法則に反する。

第二法則

全エネルギーの保存は第一法則によって説明されるが、熱力学の第二法則は、エネルギーの交換の方向とプロセスの順序を明確に述べる。たとえば、熱は、高温体から低温体へのみ移動し、決して逆方向には移動しない。それを決定づける状態変数がエントロピーである。可逆的な状態変化の場合、系のエントロピー S の変化 dS は、次のように定義される。

$$dS = \dfrac{dQ}{T}$$

言い換えると、移動熱量 dQ を熱交換時の温度 T で割ったものである。したがって、たとえば熱量 dQ が等温的に系に加えられる場合、原子の運動エネルギーの統計的変動が増加し (実際には熱の増加)、そのエントロピーも dS の値だけ増加する。

あらゆる不可逆的な状態変化、すなわち、あらゆる現実の技術的プロセス (損失を伴う) では、エネルギーの散逸の結果、エントロピー生成は正になる。ところが、可逆的プロセスでは、エントロピーは生成されない。ゆえに、まとめると、エントロピー生成率は決して負にならないと言える。すなわち

$$dS \geq 0$$

第二種永久機関は、熱力学の第一法則を完璧に満たすが、第二法則には反する。第二法則は、周囲の温度が一定のままで熱を仕事に変換することはできないと述べている。また、周囲よりも高い温度レベルで存在する熱量を完全に仕事に変換することもできない。

第三法則

第三法則は、絶対零度におけるエントロピーに関するもので、温度 $T = 0$ K では、エントロピーは圧力、温度、体積などには依存しない。すなわち、$S_0 = 0$ J/K である。

またこの法則は、絶対零度には一連のさまざまなプロセスで徐々に近づくことはできるが、決して到達できないことも述べている。

状態方程式

気体の熱的挙動は、圧力 p、温度 T および体積 V の相関性、すなわち、関数 $F(p, V, T) = 0$ を用いて記述される。この関数は、熱的状態方程式と呼ばれる。

熱的挙動の記述に加えて、熱量的挙動を記述するには、内部エネルギー U と熱的状態変数の相関を定める等式が必要である。したがって、熱量的状態方程式は $U = U(V, T)$ と書かれる。この相関は、たとえば一定の熱量が加えられた後で第一法則から温度変化を計算する際に必要になる。

理想気体

理想気体の熱的状態方程式は次のように書かれる。

$$pV = mRT \quad \text{または、単位質量あたりでは}$$
$$pv = RT$$

ここで、R は気体定数 ($R = R_m/M$ は比気体定数)、m は質量である。さらに、次式が成立する。

$$u = u(T) \text{ および } h = h(T)$$

言い換えると、理想気体の内部エネルギー u とエンタルピー h は、温度 T のみに依存する。内部エネルギーとエンタルピーの微分から、$(du/dT)_v = c_v$、$(dh/dT)_p = c_p$ とすると以下のようになる。

$$u(T) = \int_{T_0}^{T} c_v(T)\, dt + u_0$$

$$h(T) = \int_{T_0}^{T} c_p(T)\, dt + h_0$$

この相関は、c_v と c_p が一定、すなわち温度に依存しないと仮定すると、さらに単純化できる。このような気体を完全気体 (理想気体) と呼ぶ。理想気体は、次の相関に支配される。

$$c_p - c_v = R$$

表2は、例としていくつかの気体の c_p の値を示す。

表2：いくつかの気体の定圧比熱容量 c_p
気圧が1 barで温度が293.15 Kのときの値[1]

気体	c_p [kJ/kg·K]
窒素 (N_2)	1.041
酸素 (O_2)	0.9189
ヘリウム	5.251
空気	1.007
二酸化炭素	0.8459
アンモニア (NH_3)	2.160

82 物理学 (基礎)

実在気体

理想気体の式は、たとえば超高圧などの特定の領域では、現実からの大きな逸脱を示す。この挙動をよりよく記述する式が、ファンデルワールス式である。

$$\left(p + \frac{a}{v^2}\right)(v - b) = RT$$

ここで、aとbは物質固有の変数で、分子間力による内部圧力a/v^2の影響と分子の比体積bを考慮に入れている。この式に加え、ほかにも多くの実在気体式がある。それらの式および詳細については、参考文献[2], [3], [4]を参照。

表3：理想気体の最も重要な状態変化とその特性

状態の変化	グラフ	式 W_{12}体積変化仕事 Q_{12}加えられた熱量 （使用した記号については表1を参照）
等容変化 （V = 一定）		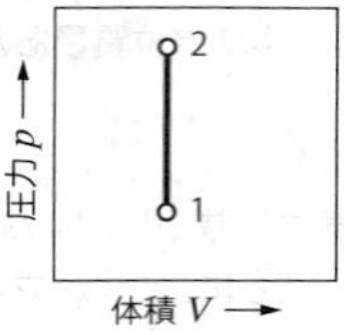 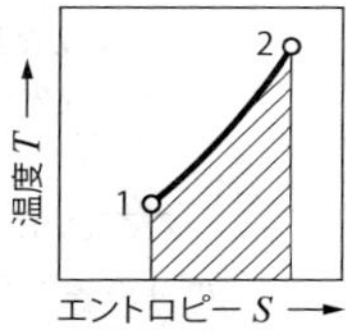 $W_{12} = 0$ $Q_{12} = m c_v (T_2 - T_1)$
等圧変化 （p = 一定）		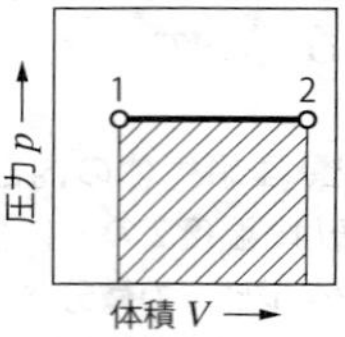 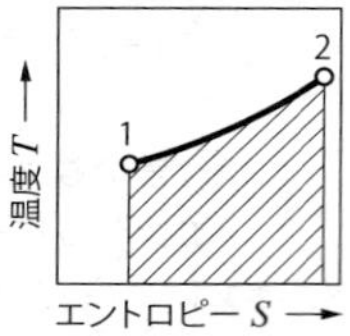 $W_{12} = -p (V_2 - V_1)$ $Q_{12} = m c_p (T_2 - T_1)$
等温変化 （T = 一定）		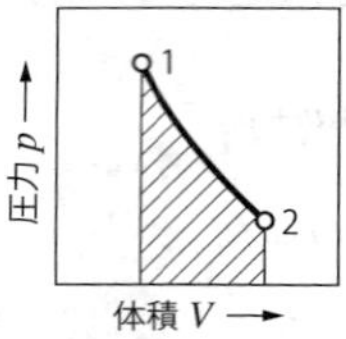 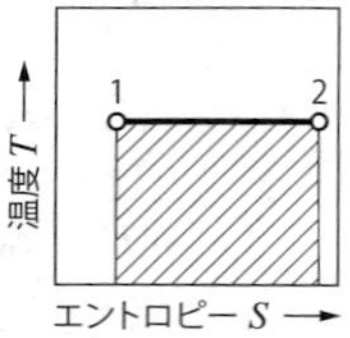 $W_{12} = -p_1 V_1 \ln \frac{p_1}{p_2}$ $Q_{12} = -W_{12}$
断熱可逆変化 （$dS = 0$）		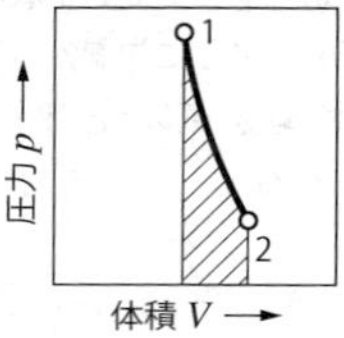 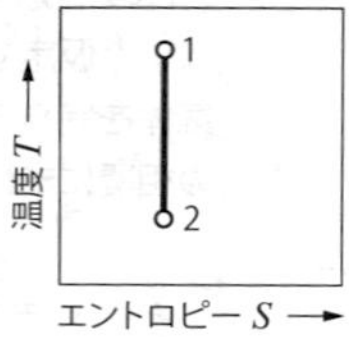 $W_{12} = \frac{p_1 V_1}{\kappa - 1}\left(\left(\frac{V_1}{V_2}\right)^{\kappa-1} - 1\right)$ $Q_{12} = 0$
ポリトロープ曲線 （pv^n = 一定）		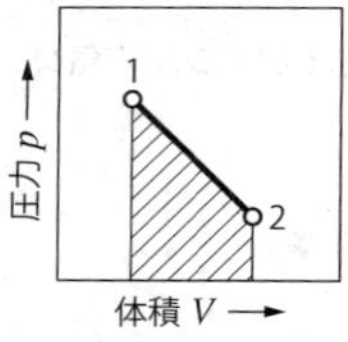 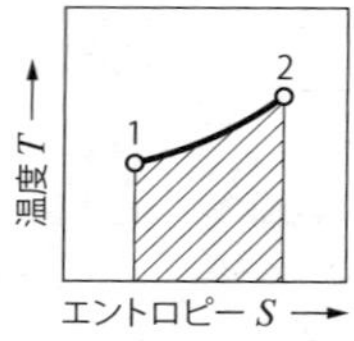 $W_{12} = \frac{p_1 V_1}{n - 1}\left(\left(\frac{V_1}{V_2}\right)^{n-1} - 1\right)$ $Q_{12} = m c_v \frac{n - \kappa}{n - 1} (T_2 - T_1)$

SAN0196-2E

状態変化

多くの技術的プロセスについての実際の気体の状態変化は、単純化され理想化された仮定によって近似することができる。技術的に最も重要な状態変化には、等温的 ($T =$ 一定)、等圧的 ($p =$ 一定)、等容的 ($V =$ 一定)、および断熱可逆的 ($\dot{q} = 0$ または $dS = 0$、熱交換なし) なものがある。このような単純化され理想化された状態変化による記述は、多くの場合、かなりの程度の近似を実現する。これらに加え、理想気体を仮定した場合、形態のポリトロープ状態変化を用いることで多くの技術的プロセスをより高い精度で記述することができる

$$pV^n = 一定$$

指数 n の選択に応じて、さまざまなプロセス経路、すなわち、すでに述べた等温的 ($n = 1$)、等圧的 ($n = 0$)、等容的 ($n \to \infty$)、および断熱可逆的 ($n = \kappa$、κ は等エントロピー指数) な状態変化が再現される。状態変化、関連する変数 p、V、および T の相関、関連する体積変化仕事の式

$$W_{12} = \int_{V_1}^{V_2} p\, dV$$

ならびに、追加または排出される熱量 Q_{12} を表3に示す。さらに、pV 線図と TS 線図に示された面積から仕事と熱を読み取ることができる。

サイクルおよび技術的応用

基本原理

サイクルとは、終了時に最初の状態に戻るような一連のさまざまな熱力学的状態変化 (プロセス) である、すなわち、最初の状態変数と最後の状態変数は同一である。ここでは、一定の質量流が循環している閉じた系 (例: スターリングエンジンまたは冷凍機)、または媒体が出入りする開いた系 (例: 内燃エンジンまたはガスタービン) においてサイクルが生じる。

サイクルは、一般に、仕事が取り出されるか (熱機関の場合)、または仕事を加えられることで熱がより高い温度レベルへ増加するか (冷凍機またはヒートポンプの場合) のいずれかである。これら2つの形態は、pV 線図および TS 線図での状態変化の連続する方向に関して、さらに時計方向の機械 (エンジン) と反時計方向の機械 (冷凍機) に分けられる。ここで、サイクルに囲まれた面積は、pV 線図においては入力された仕事を、TS 線図においては加えられた熱量を示す (図2)。

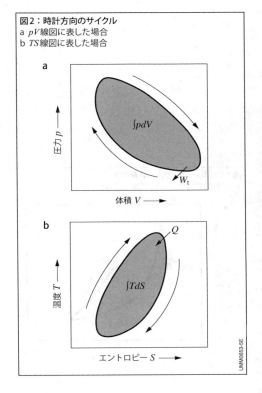

図2: 時計方向のサイクル
a pV 線図に表した場合
b TS 線図に表した場合

ゆえに、図2に示される時計方向のサイクルの状況では、熱が加えられ、最終的に仕事として取り出される。このようなプロセスの効率ηは、通常、利得（仕事出力W_t）と損失（吸熱量Q_{ad}）の比として表される。したがってこの場合では：

$$\eta = \frac{|W_t|}{|Q_{ad}|}$$

技術的応用に関して、実際のシーケンスは比較サイクルによって近似される。ここで、サイクル全体は、可逆的に受け入れられるさまざまなサブサイクルに分割される。これらのサブサイクルは、単純な状態変化（例：等エントロピー的、等温的、等圧的、等容的）を用いて記述することができる。このような理想化された比較サイクルは、単純に記述できるという性質に加えて、それぞれのプロセス制御における最適条件を示しているため、実際の機械を比較するための基準として使うことができる。

カルノーサイクル

カルノーサイクルは、2つの温度レベル（T_{min}およびT_{max}）の間で作動する機械の最大限の効率を示す理想的な比較サイクルを構成する。カルノーサイクルでは、図3に示すように、熱の吸収と排出は等温的に起きる。すなわち、散逸がなく、仕事（圧縮と膨張）は断熱可逆的に行われる。

カルノー効率については、上の定義に従い、第一法則を適用することで、理想気体において以下の等式が得られる。

$$\eta = \frac{|W_t|}{|Q_{ad}|} = 1 - \frac{T_{min}}{T_{max}}$$

カルノーサイクルは、実際には多額の費用をかけても近似的にしか表せないが、それによって利用可能なエネルギー（エクセギー）または利用不可能なエネルギー（アネルギー）の最大量および最大限の効率を達成できるため、特別な意義を持つ。

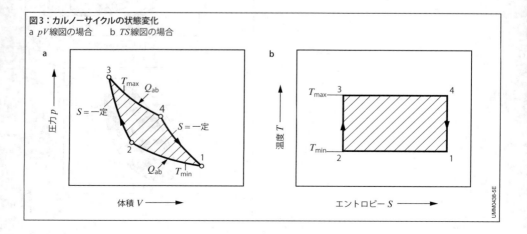

図3：カルノーサイクルの状態変化
a pV線図の場合　　b TS線図の場合

技術的応用の比較サイクル

ザイリガーサイクル

ザイリガーサイクルは、内燃機関におけるシーケンスとプロセスを記述する。さらに、ディーゼルサイクル（定圧サイクル）とオットーサイクル（定容サイクル）を境界サイクルとして表現する。ザイリガーサイクルでは、燃焼を通じて熱排出が起きる。これは、等容的（ピストンが実質的に静止し、容積が一定）または等圧的（ピストンが運動し、シリンダー内圧力が一定）と見なすことができる。これら2つの形態と、それらを組み合わせた形態が、ザイリガーサイクルにおいて描写される。図4の pV 線図および TS 線図では、特徴となる以下の5つのサイクルステップが描かれている。

- 断熱可逆圧縮（1→2）
- 等容熱供給（2→3）
- 等圧熱供給（3→4）
- 断熱可逆膨張（4→5）
- 等容熱排出（5→1）

ザイリガーサイクルの重要な特性値（パラメータ）は、圧縮比 $\varepsilon = V_1/V_2$、圧力増加比 $\psi = p_1/p_2$、および噴射比 $\varphi = V_4/V_3$ である。ザイリガーサイクルの熱効率は、理想気体の場合には以下の式で求められる。

$$\eta_{th} = 1 - \varepsilon^{1-\kappa} \frac{\psi \varphi^{\kappa} - 1}{\psi - 1 + \kappa \psi(\varphi - 1)}$$

図5は、さまざまなプロセス制御について圧縮比と圧力増加比に応じて得られる効率を示す。また、定容サイクルと定圧サイクルの境界条件の値も示す。これら2つの境界条件は、次のオットーサイクルにおいて詳しく説明される。

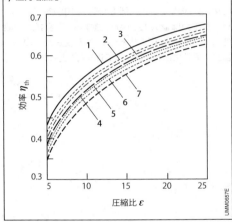

図5：圧縮比に応じた比較サイクルの効率
1 定容サイクル
2 ザイリガー限界圧力サイクル $\varphi=1.5$ $\psi=5.0$
3 ザイリガー限界圧力サイクル $\varphi=1.5$ $\psi=1.5$
4 定圧サイクル $\varphi=1.5$
5 ザイリガー限界圧力サイクル $\varphi=2.0$ $\psi=5.0$
6 ザイリガー限界圧力サイクル $\varphi=2.0$ $\psi=1.5$
7 定圧サイクル $\varphi=2.0$
ε 圧縮比
φ 噴射比
ψ 圧力増加比

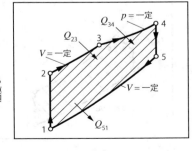

図4：ザイリガーサイクルの状態変化
a pV 線図の場合   b TS 線図の場合

オットーサイクル

オットーサイクル (定容サイクル) は、熱の供給または燃焼が等容的にのみ起きるザイリガーサイクルの境界プロセスを表す。そのため、ザイリガーサイクルと比べて、等圧熱供給のサイクルステップ (3→4) が存在しない。pV線図およびTS線図でのプロセス制御は、図6に示される。定容サイクルの効率について、以下の単純化された記述が得られる。

$$\eta_{th} = 1 - \varepsilon^{1-\kappa}$$

効率は、圧縮比εが大きいほど高くなる。ガソリンエンジンでは、圧縮比はノッキングによって制限される。自然吸気ガソリンエンジンは、圧縮比$\varepsilon = 10 \sim 12$の範囲で作動し、最大圧力は約60 barである。ターボチャージャー付きエンジンは、ノッキング限界のために、より低い圧縮比(例:$\varepsilon = 9 \sim 10$)で作動する。ピーク圧力は最大120 barに達する。直噴式層状給気エンジンでは、圧縮比$\varepsilon > 12$で、可変圧縮比の場合、部分負荷時には$\varepsilon = 14$にまで達することもある。

ディーゼルサイクル

ザイリガーサイクルの2つ目の境界プロセスは、ディーゼルサイクル (定圧サイクル) である。図7に、pV線図およびTS線図でのプロセス制御を示す。このサイクルでは、熱の供給または燃焼が等圧的に起きる。すなわち、等容熱供給のサイクルステップ (2→3) が存在しない。定圧サイクルの効率は次のように得られる。

$$\eta_{th} = 1 - \frac{\varphi^{\kappa} - 1}{\varepsilon^{\kappa-1} \kappa (\varphi - 1)}$$

達成される効率は、同じ圧縮比εであれば定容サイクルの場合よりも低い。しかし、通常はディーゼルエンジンはより高い圧縮比で作動するので、一般にその効率はより高くなる。したがってディーゼルエンジンの開発目標は、ピーク圧力を高めることである。

最大許容ピーク圧力は、乗用車用エンジンで約180 bar、商用車用エンジンで220 bar以上である。現在使用されている直噴プロセスの圧縮比は、$\varepsilon = 16 \sim 19$である。噴射開始時期を遅延させた場合は、最終圧縮圧力が本当のピーク圧力となり、ディーゼルサイクルは$\varphi \approx 9$の定圧サイクルに近いものとなる。

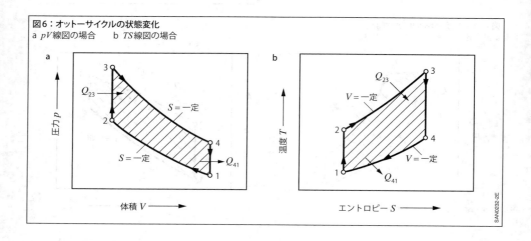

図6:オットーサイクルの状態変化
a pV線図の場合　　b TS線図の場合

ジュールサイクル

ジュールサイクル(またはブレイトンサクル)は、ガスタービンに関する比較サイクルである。内燃機関およびその比較サイクルとは対照的に、ガスタービンは連続流にさらされる。ジュールサイクルは、以下のサイクルステップによって特徴づけられる(図8):
- 断熱可逆圧縮 ($1 \to 2$)
- 等圧熱供給 ($2 \to 3$)
- 断熱可逆膨張 ($3 \to 4$)
- 等圧熱排出 ($4 \to 1$)

ジュールサイクルの重要な特性は、圧力比 $\pi = p_1/p_2$ である。効率は次のようになる:

$$\eta_{th} = 1 - \frac{T_1}{T_2} = 1 - \pi^{\frac{\kappa-1}{\kappa}}$$

クラウジウス-ランキンサイクル

クラウジウス-ランキンサイクルは、通常、蒸気タービンの比較サイクルとして使用される。これは、その内部で作動媒体が特に2つの相変化(蒸発および凝縮)を経る密閉サイクルである。このサイクルは、一般に以下のステップを含む(図9):
- 液相における断熱可逆圧縮 ($1 \to 2$)
- 等圧熱供給 ($2 \to 3$)
- 等圧等温蒸発 ($3 \to 4$)
- 等圧過熱 ($4 \to 5$)
- 断熱可逆膨張 ($5 \to 6$)
- 等圧等温凝縮 ($6 \to 1$)

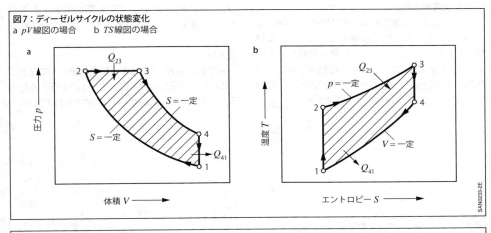

図7:ディーゼルサイクルの状態変化
a pV線図の場合　　b TS線図の場合

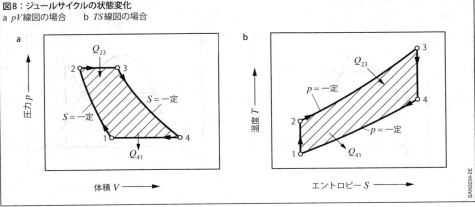

図8:ジュールサイクルの状態変化
a pV線図の場合　　b TS線図の場合

図9の2つの曲線は、相境界線（飽和液体線および飽和蒸気線）に関連している。飽和液体線は、沸騰している液体の範囲を示し、飽和蒸気線は、飽和蒸気の範囲を示す。これら2つの線の下は、湿り蒸気領域、すなわち、液相と気相が共存する領域である。曲線の頂点は、臨界点と呼ばれる。

クラウジウス-ランキンサイクルは、相が変化するために理想気体で記述することができず、実在気体による記述を必要とする。同じ理由から、このサイクルは、利得と損失、すなわちエンタルピーを用いて熱効率を説明する記述を生み出す。熱効率は次のようになる[3]：

$$\eta_{th} = 1 - \frac{h_6 - h_1}{h_5 - h_2}$$

自動車用途において、クラウジウス-ランキンサイクルは、たとえば排熱回収の分野で比較サイクルとして使用されている。エンジンまたは排気ガスの廃熱は、サイクルステップ2→5のために必要な熱を供給する。たとえば、エネルギーを機械的な形で利用可能にするタービンまたはピストンエンジンは、膨張（5→6）のためのエンジンとして使用できる。

伝熱

概念形成

基本的に、熱は次の3種類の方法で伝わる。

熱伝導

熱伝導の場合、熱は分子レベルで伝わる。ここでは温度勾配が与えられた結果として、肉眼で見える物体の移動を伴わずに、固体または静的媒質（液体または気体）によって熱が伝達される。このとき熱力学の第二法則に従い、熱はより温度の低い方へ伝達される。

対流伝熱

対流伝熱の場合、流体媒質（液体または気体）の形でのみ存在する物質の流れが必要である。対流はさらに、自由対流（支配的な温度勾配のために自然な浮力により発生）と強制対流（外部から加えられた流れにより発生）に区別される。

熱放射

熱放射の場合、エネルギーは電磁波の形で伝わる。この伝熱はある物体から別の物体へ熱が伝わる仕組みが物質に関係しないため、真空中でも起こり得る。

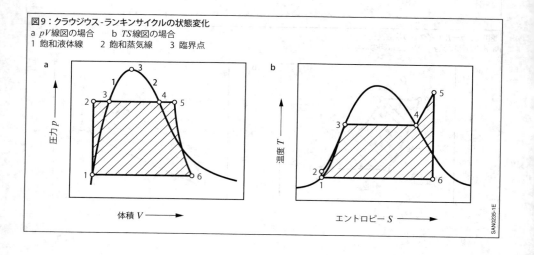

図9：クラウジウス-ランキンサイクルの状態変化
a pV線図の場合　b TS線図の場合
1 飽和液体線　2 飽和蒸気線　3 臨界点

熱伝導

単層平面壁における定常一次元熱伝導

一定断面積Aを持つ均質な物体の中では、一次元の場合、熱流量密度$\dot{q} = \dot{Q}/A$は次式により求められる。

$$\dot{q} = -\lambda \frac{dT}{dx}$$

これは、壁の（物質固有の）熱伝導率をλとするフーリエ熱伝導方程式である。図10に示されるケース（yおよびz方向の膨張が非常に高い）では、壁同士の温度差$T_1 - T_2$について以下が成り立つ。

$$\dot{q} = \frac{\lambda}{d}(T_1 - T_2)$$

および

$$\dot{Q} = \frac{\lambda}{d}(T_1 - T_2)A$$

電気学に準じて、熱伝導抵抗を導入することができる。

$$R_\lambda = \frac{T_1 - T_2}{\dot{Q}} = \frac{d}{\lambda A}$$

表4は、いくつかの物質についてλの値を示す。

多層平面壁における定常一次元熱伝導

壁が、厚さの異なる複数の層状の物質でできている場合、各層の厚さを$d_1 \sim d_n$、熱伝導率を$\lambda_1 \sim \lambda_n$とすると（図11）、通常、層の温度差$T_1 - T_2$により次の熱流量密度が生じる。

$$\dot{q} = \frac{\lambda_R}{d}(T_1 - T_2)$$

ここで、実際の熱伝導率は次のように求める。

$$\lambda_R = \frac{1}{\frac{d_1}{\lambda_1} + \frac{d_2}{\lambda_2} + \cdots + \frac{d_n}{\lambda_n}}$$

また、熱貫流抵抗は次のように求める。

$$R_{\lambda R} = R_{\lambda 1} + R_{\lambda 2} + \cdots R_{\lambda n}$$

表4：293.15 Kにおけるいくつかの物質の熱伝導率λ

材料	λ [W/K·m]
アルミニウム (Al)	237
鉄 (Fe)	81
銅 (Cu)	399
チタン (Ti)	22
ステンレス鋼 (X12CrNi 18.8)	15
ガラス	0.87 ～ 1.40
テフロン (PTFE)	0.23
ポリ塩化ビニール (PVC)	0.15

図10：平面壁を介した定常一次元熱伝導

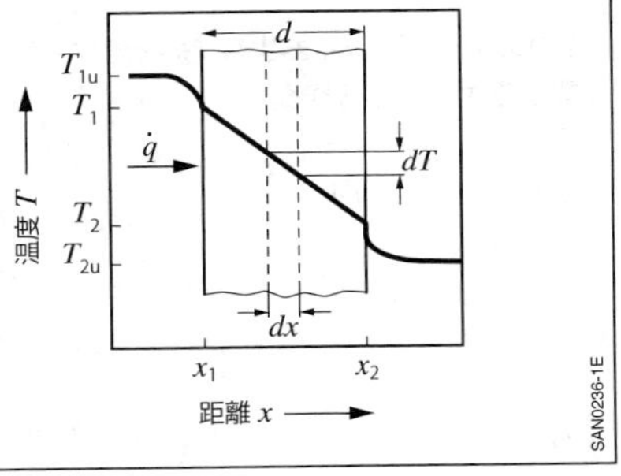

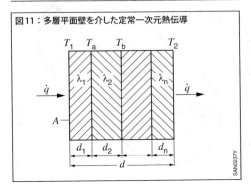

図11：多層平面壁を介した定常一次元熱伝導

このように、熱貫流抵抗は(直列接続と同じように)加算的に作用し、層の順番には無関係である。

温度勾配が板に沿った(長さlにわたった)ものである場合は、次のようになる。

$$\dot{q} = \frac{\lambda_p}{l}(T_1 - T_2)$$

ここで、実際の熱伝導率は次のように求める。

$$\lambda_p = \frac{1}{d}(\lambda_1 d_1 + \lambda_2 d_2 + \cdots + \lambda_n d_n)$$

また、熱伝導抵抗は次のように求める。

$$\frac{1}{R_{\lambda p}} = \frac{1}{R_{\lambda 1}} + \frac{1}{R_{\lambda 2}} + \cdots + \frac{1}{R_{\lambda n}}$$

このように、熱貫流抵抗の合計の逆数は、個々の熱貫流抵抗の逆数を加算したものであり、並列接続と同じように作用する。

円管壁の中の定常一次元熱伝導

壁を介した熱伝導と同じく、図12に示すような一次元の場合(熱伝導は、通常は円筒の軸方向のみ)に長さlの(実際は無限に長い)円筒では以下が得られる。

$$\dot{Q} = 2\pi l \lambda \frac{T_1 - T_2}{\ln\left(\frac{r_2}{r_1}\right)}$$

ここで、T_1は内側の温度、T_2は外側の温度である。

内側と外側の表面積が異なるため、円筒壁の中の温度分布は対数曲線であると仮定する。

定常熱貫流

多くの技術的応用において、固体内部の熱伝導は、対流伝熱との組み合わせで生じる(「対流伝熱」を参照)。図10に示すように、(対流)伝熱は熱伝導と同時に生じ、温度差$(T_{1u} - T_1)$のために壁に向かい、温度差$(T_2 - T_{2u})$のために壁から遠ざかる。当然ながら、熱流量はすべて同じ大きさでなければならない。なぜなら熱は、対流伝熱においても熱伝導においても失われないからである。生じる熱流量は、次式によって規定される。

$$\dot{Q} = \frac{\lambda}{d}(T_1 - T_2)A$$

$$\dot{Q} = \alpha_{1u}(T_{1u} - T_1)A$$

$$\dot{Q} = \alpha_{2u}(T_2 - T_{2u})A$$

ここで、α_{1u}およびα_{2u}は熱伝達率である。こうした状況では、次のようにして求められる熱貫流率kを設けることができる。

$$\frac{1}{k} = \frac{d}{\lambda} + \frac{1}{\alpha_{1u}} + \frac{1}{\alpha_{2u}}$$

2つの流体温度T_{1u}およびT_{2u}を考慮して、熱流量に関する次式が得られる。

$$\dot{Q} = k(T_{1u} - T_{2u})A$$

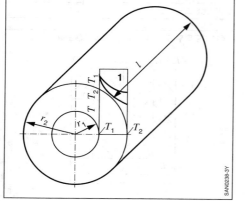

図12:円管壁を介した定常一次元熱伝導
1 管断面の温度特性
r_1 管内径
r_2 管外径
l 管長
T_1 内径温度
T_2 外径温度

対流伝熱

熱伝達率αは、すでに導入されている。これは、たとえば温度、密度、形状、流れの種類(層流または乱流)、速度といったさまざまな影響変数に依存する。これは、(流体の)問題を記述する保存方程式(非線形偏微分方程式)によって決定されるが、例外的なケースでのみ閉じた解析解が存在する。したがって熱伝達率は、多くの場合、数値解に基づいて決定されるか、または実験から直接決定される。熱伝達率の関数従属性は、次元解析および同様の関係に基づく関数従属性から見つけることができる。

導出方法は複雑なので、ここでは省略する。詳細については関連する文献(例:[1])を参照。伝熱に関する最も重要な無次元パラメーターは、ヌセルト数Nuである。

$$Nu = \frac{\alpha L}{\lambda}$$

この数字は、熱伝達率αに加えて、流体の熱伝導率λおよび代表長さLを含む。代表長さとは、たとえば管径または板長である。さらに、以下の機能的相関が、平均された、すなわち物体表面全体について積分され位置に依存しないヌセルト数Nu_∞に適用されることがわかる。

$Nu_\infty = f(Re, Pr)$ は強制対流の場合
$Nu_\infty = f(Gr, Pr)$ は自然対流の場合

したがってヌセルト数、すなわち伝熱は、無次元パラメーターのレイノルズ数Re、プラントル数Prおよびグラスホフ数Grの関数として記述することができる。これらは、いずれの場合も、形状および流れ(ReおよびGr)の関数として、または流体物性(Pr)の関数として計算されなければならない。レイノルズ数は次のように定義される。

$$Re = \frac{cL}{\nu}$$

ここで、cは流速、Lは用途の代表長さ(例:管径)、νは流体の動粘度である。

プラントル数は純粋な物性値であり、次によって与えられる。

$$Pr = \frac{\nu}{a}$$

ここで、aは温度拡散率である。気体の場合、圧力が10 bar以下であれば近似的に$Pr = 0.7$と仮定することができる。

グラスホフ数Grの計算については、関連文献(例:[1])を参照。

以下では、強制対流のあるケースをいくつか選び、相関について詳しく述べる。それぞれのケースにおいては、平均値の相関とともに、その適用範囲も明確にする。熱伝達率は、それらから決定されるヌセルト数およびその定義を用いて計算することができる。

縦流に支配される層流境界層のある平板壁

ヌセルト数との相関:

$$Nu_\infty = 0.664\, Re^{\frac{1}{2}} Pr^{\frac{1}{3}}$$

代表長さ:
　板長L

適用範囲:
　$Re \leq 5 \cdot 10^5$; $0.6 \leq Pr \leq 2{,}000$

縦流に支配される乱流境界層のある平板壁

ヌセルト数との相関:

$$Nu_\infty = 0.037\, Re^{0.8} Pr^{\frac{1}{3}}$$

代表長さ:
　板長L

適用範囲:
　$5 \cdot 10^5 \leq Re \leq 10^7$; $0.6 \leq Pr \leq 60$

乱流管内流

ヌセルト数との相関：

$$Nu_\infty = 0.023\, Re^{0.8}\, Pr^n$$

ここで、$T_W > T_F$の場合は$n = 0.4$
$T_W < T_F$の場合は$n = 0.3$

ここで、T_Wは管壁温度、T_Fは平均流体温度である。管内を入口から出口まで流れる間に平均流体温度が変化するので、それに応じてヌセルト数を評価しなければならない。

代表長さ：
管径D

適用範囲：
$10^4 \leq Re$；$0.7 \leq Pr \leq 120$

管長は、少なくとも管径の10倍でなければならない。

非円形断面の管についても、上記の相関を用いることができる。ここでは、次のようにして得られる等価直径または水力直径d_hが用いられる。

$$d_h = \frac{4A}{U}$$

Aは貫流断面積、Uは周囲長である。

熱放射

熱放射は、放射体の種類および温度にのみ依存する。放射が物体にぶつかると、次の現象が観察される。入射放射の一部は反射され（反射）、一部は吸収され（吸収）、一部は通過する（透過）。エネルギーの保存により、これら3つのエネルギー成分の合計は、入射放射のエネルギー量に等しい。

シュテファン-ボルツマンの法則に従い、面積A、温度Tの物体から放射された熱流量は次式で求められる。

$$\dot{Q} = \varepsilon \sigma A T^4$$

ここで、σはシュテファン-ボルツマン定数で

$$\sigma \approx 5.67 \cdot 10^{-8}\, \frac{W}{m^2 K^4}$$

εは物体の放射率である。放射率は、0（全反射）と1（黒体放射体）の間にあり、とりわけ物体の温度および表面状態に依存する。表5に、例としていくつかの放射率の値を示す。

参考文献

[1] H. D. Baehr, K. Stephan: Wärme- und Stoffübertragung. Springer, 9th Edition, Verlag Springer Vieweg, 2016.
[2] H. D. Baehr, S. Kabelac: Thermodynamik: Grundlagen und technische Anwendungen. 16th Edition, Verlag Springer Vieweg, 2016.
[3] E. Hahne: Technische Thermodynamik: Einführung und Anwendung. 5th Edition, Oldenbourg Wissenschaftsverlag, 2010.
[4] B. Weigand, J. Köhler, J. von Wolfersdorf: Thermodynamik kompakt. 4th Edition, Springer Vieweg, 2016.

表5：いくつかの物質の放射率ε（300 ℃以下における値）

黒体放射体	1.00
アルミニウム、粗面	0.07
アルミニウム、磨面	0.04
鋳鉄、粗面、酸化表面	0.94
鋳鉄、ねじり部	0.44
銅、酸化表面	0.64
銅、磨面	0.05
真鍮、つやなし	0.22
真鍮、磨面	0.05
鋼、つやなし、酸化表面	0.96
鋼、磨面、潤滑油なし	0.06
鋼、磨面、潤滑油あり	0.40

94 物理学（基礎）

電気工学

電磁界

電気工学では、電磁界およびその影響を扱う。電界と磁界は、電荷（どちらの場でも原子の電荷の整数倍）と関わりがある。物理学では、電界と磁界が、原因であるのかまたは結果であるのかについて言及しない。静電荷が電界を作り、移動電荷が磁界を引き起こす。電界と磁界における静電荷と移動電荷との関係は、マクスウェルの方程式で表される[1]。

電界、磁界という場の存在は、他の電荷への影響によって確認される。電界中の点電荷 Q の力は、クーロン力と呼ばれる。これによって、同じ名称の電荷同士の反発力（斥力）が生じる。自由空間中で距離 a に置かれた2つの点電荷 Q_1 および Q_2 に働く力は、以下により求めることができる。

$$F = \frac{Q_1 Q_2}{4\pi \varepsilon_0 a^2}$$

ここで、$\varepsilon_0 \approx 8.854 \cdot 10^{-12}$ F/m は電界定数であり、自由空間の誘電率とも呼ばれる。

磁界中を移動する電荷に働く力は、ローレンツ力で表される。これによって、整流電流 I_1 および I_2 が流れる2つの平行した導体は、互いに引き寄せられることになる。自由空間中において、導体間の距離 a、長さ l の2つの導体間の引力は、次のようになる。

$$F = \frac{\mu_0 I_1 I_2 l}{2\pi a}$$

ここで、$\mu_0 \approx 1.257 \cdot 10^{-6}$ H/m は磁界定数であり、自由空間の絶対誘電率と呼ばれる。

電界

静電荷に作用している力は、電界の効果に起因する。電界は以下の物理量で表される。

電位 φ (P) と電圧 U

P点の電位 φ (P) は、電荷 Q を基準点からP点まで移動させるために必要な仕事である。

$$\varphi(\text{P}) = \frac{W(\text{P})}{Q}$$

電圧 U は、点 P_1 と点 P_2 との間の電位差（両方とも同じ基準点からの電位）である。

$$U = \varphi(P_1) - \varphi(P_2)$$

電界の強さ E

P点の電界の強さ E は、P点の位置とその周囲の電荷の位置関係によって異なる。電界の強さは、P点の最大電位勾配の傾斜を表す。正の電荷 Q_1 からの距離 a における電界の強さは、次の式で表すことができる。電界は電荷 Q_1 から離れる向きにあり、その値は次式で表される。

$$E = \frac{Q_1}{4\pi \varepsilon_0 a^2}$$

P点において正電荷 Q_2 に作用しているのは電界強度方向の力で、その値は次式により求めることができる。

$$F = Q_2 E$$

電界と電界要素

分極（誘電分極）する物質では、電界は電気双極子（距離 a だけ離れた正電荷と負電荷 $\pm Q$、$Q a$ を双極子モーメントという）を生成する。単位体積の双極子モーメントは分極 M と呼ばれる。変位密度 D は単位面積当たりの電束変位密度を表し、次式で示される。

$$D = \varepsilon E = \varepsilon_0 \varepsilon_r E = \varepsilon_0 E + M$$

電気工学 **95**

ここで、$\varepsilon = \varepsilon_0 \varepsilon_r$ は物質の誘電率であり、ε_0 は電界定数（真空の誘電率）、ε_r は 絶対誘電率（比誘電率）を表す。空気中では $\varepsilon_r = 1$ である。

量

$$w_e = \frac{1}{2} ED$$

は電気エネルギーの密度を表している。これに体積をかける（乗算する）と、電磁エネルギー W_e が得られる。

コンデンサー

コンデンサーは、誘電体によって分けられた2枚の金属製導体（電極）から成る。コンデンサーに電圧をかけると、2枚の導体はそれぞれ同じ大きさの正電荷、負電荷を帯びる。コンデンサーに電荷 Q が蓄えられているとき、次の式が成り立つ。

$$Q = CU$$

C はコンデンサーの静電容量であり、導体の形状、導体間の距離、誘電体の誘電率によって決まる。表2にいくつかの組合せとその静電容量を示す。

表1：記号と単位
（文章中の追加記号と単位）

記号		SI単位
A	面積	m^2
a	距離	m
B	磁束密度、磁気誘導	$T = Wb/m^2 = Vs/m^2$
C	静電容量	$F = C/V$
D	電束密度、電気変位	C/m^2
E	電界の強さ	V/m
F	力	N
f	周波数	Hz
G	コンダクタンス	$S = 1/\Omega$
G	アンテナ利得（ゲイン）	dB
H	磁界の強さ	A/m
I	電流	A
J	磁気分極	T
k	電気化学当量	kg/C（通常使われる単位はg/Cである）
L	インダクタンス	$H = Wb/A = Vs/A$
l	長さ	m
M	電気分極	C/m^2
P	電力	$W = VA$
P_s	皮相電力	VA
P_q	無効電力	var = VA
Q	電気量、電荷	$C = As$
q	断面積	m^2
R	電気抵抗	$\Omega = V/A$
T	温度	K
t	時間	s
r	半径	m
r	反射率	–
S	電磁出力密度	W/m^2
s	定常波比	–

記号		SI単位
U	電圧	V
V	磁位	A
W	仕事、エネルギー	$J = Ws$
W_e	電気エネルギー	Ws
W_m	磁気エネルギー	Ws
w_e	電気エネルギー密度	Ws/m^3
w_m	磁気エネルギー密度	Ws/m^3
w	巻数	–
Z	特性インピーダンス	Ω
α	幾何学的角度	°（度）
ε	誘電率	$F/m = C/(Vm)$
ε_0	電界定数（真空の誘電率）$\approx 8.854 \cdot 10^{-12}$ F/m	
ε_r	比誘電率	–
λ	波長	m
Θ	電流連結	A
μ	透磁率	$H/m = Vs/(Am)$
μ_0	磁界定数 $\approx 1.257 \cdot 10^{-6}$ H/m	
μ_r	比透磁率	–
ρ	比抵抗	$\Omega m = 10^6 \, \Omega \, mm^2/m$
σ	導電率（= $1/\rho$）	$1/(\Omega m)$ $= 10^{-6} \, m/(\Omega \, mm^2)$
Φ	磁束	$Wb = Vs$
φ	位相角	°（度）
φ (P)	P点における電位	V
ω	角周波数（= $2\pi f$）	Hz

直列および並列に接続されたコンデンサーの静電容量：

$$\frac{1}{C_{total}} = \frac{1}{C_1} + \frac{1}{C_2}$$

（直列接続、図1a）、

$$C_{total} = C_1 + C_2$$

（並列接続、図1b）

平行板コンデンサー（巻線コンデンサーを含む）の場合は、並列接続された2つのコンデンサーの内板が電極として作用する（図2）。

帯電したコンデンサーのエネルギー（電荷 Q、電圧 U、静電容量 C）は次式で求められる。

$$W = \frac{1}{2}QU = \frac{Q^2}{2C} = \frac{1}{2}CU^2$$

直流および直流電圧

電流 I は電荷の移動によって発生し、単位としてアンペアが使われる。電流の方向、大きさは、時間に関係なく一定である。一方、自動車の電気システムは直流電圧システムである。よって、その電圧は時間に関係なく一定である。通常、自動車用電気システムの電流は、時間に応じて変化する。多くの場合、時間依存性の電流も直流として扱うことができる。

直流の方向と測定

電源の外側を正極から負極へ流れる電流を、正の方向の電流という（このとき電子は負極から正極へ流れる）。電流の測定は、電流の経路に直列に接続した電流計（A）で行い、電圧の測定は並列に接続した電圧計（V）で行う（図3）。

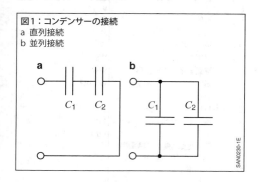

図1：コンデンサーの接続
a 直列接続
b 並列接続

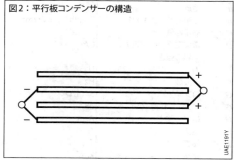

図2：平行板コンデンサーの構造

表2：各種導体の静電容量 C

平板コンデンサー（平板枚数 n）	$C = (n-1)\dfrac{\varepsilon_r \varepsilon_0 A}{a}$	$\varepsilon_r, \varepsilon_0$ n A a	絶対誘電率、電界定数 平板の枚数 平板1枚の表面積 平板間の距離
平行導体（双導体）	$C = \dfrac{\pi \varepsilon_r \varepsilon_0 l}{\ln\left(\dfrac{a+\sqrt{a^2-4r^2}}{2r}\right)}$	l a r	双導体の長さ 導体間の距離 導体の半径
同軸導体（円筒形コンデンサー）	$C = \dfrac{2\pi \varepsilon_r \varepsilon_0 l}{\ln(r_2/r_1)}$	l r_2, r_1	導体の長さ 導体の半径 ここで、$r_2 > r_1$
地面に平行な導体	$C = \dfrac{2\pi \varepsilon_r \varepsilon_0 l}{\ln\left(\dfrac{a+\sqrt{a^2-r^2}}{r}\right)}$	l a r	導体の長さ 導体から地面までの距離 導体の半径
遠く離れた平面と球	$C = 4\pi \varepsilon_r \varepsilon_0 r$	r	球の半径

矢印で示した電圧と電流の測定方向は、原則的には作動状態とは関係なく選択する。したがって、電圧と電流には作動状態に依存する符号がつけられる。正電圧と正電流の場合は、矢印はプラス（＋）からマイナス（－）への向きを示す。

オームの法則

オームの法則は、固体および液体の導体中の電圧Uと電流Iの関係を表す。以下がが成り立つ。

$$U = RI$$

比例定数Rをオーム抵抗といい、単位はオーム（Ω）である。抵抗の逆数をコンダクタンスGと呼び、その値はジーメンス（S）で示す。

$$G = \frac{1}{R}$$

オーム抵抗

オーム抵抗は、物質とその寸法により異なる。中実ワイヤーの場合：

$$R = \frac{\rho l}{q} = \frac{l}{q\sigma}$$

管状導体の場合（内側から外側）：

$$R = \ln\left(\frac{r_2}{r_1}\right)\frac{1}{2\pi l\sigma}$$

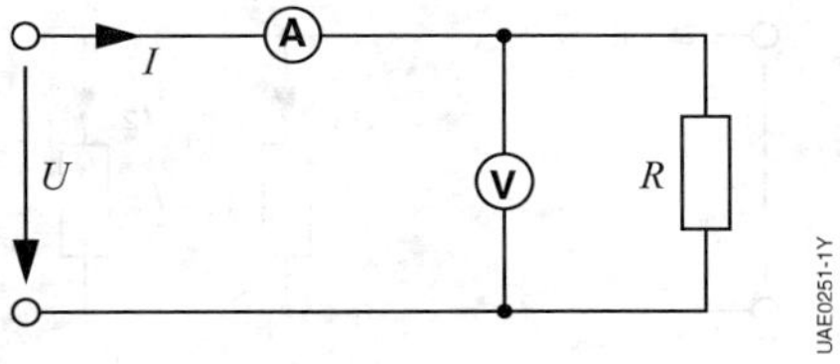

この方程式の各記号の意味は、以下のとおりである。
ρ 比抵抗[$\Omega\,mm^2/m$]
$\sigma = 1/\rho$ 導電率[$m/(\Omega\,mm^2)$]
l ワイヤーの長さ、管状導体の長さ[m]
q ワイヤーの断面積[mm^2]
r_2, r_1 管状導体[m]の内外径、ただし$r_2 > r_1$

金属の場合、抵抗率は温度とともに上昇する。以下が成り立つ。

$$R_T = R_{20}[1 + \alpha(T - 20\,°C)]$$

ここで、
R_T T時の抵抗率
R_{20} 20 °C時の抵抗率
α [1/K]（＝[1/°C]）で表される温度係数
T 温度[°C]

エネルギーと電力

電流が通過する抵抗体において、時間tのうちに熱またはその他の形のエネルギーに変換されるエネルギーは、次の式で表せる（ただし、オーム抵抗R、電圧U、電流I）。

$$W = UIt = RI^2t$$

よって電力は、

$$P = UI = RI^2\text{となる。}$$

キルヒホッフの法則

第一法則（電流則）：

各分岐点（節点）に流入する電流の総和（その計測方向による）は、そこから流出する電流の総和と等しい。

第二法則（電圧則）：

導体網の各閉回路では、各素子（抵抗および電源）において閉回路の方向へと向かう分電圧の総和は、その回路の反対方向へと向かう分電圧の総和に等しい。

図3：電流と電圧の測定
R 負荷
A 直列接続した電流計
V 並列接続した電圧計

直流回路

負荷のある回路
図4に示す回路では、

$$U = (R_a + R_l)I$$

ここで、
R_a 　　負荷のオーム抵抗
R_l 　　線路抵抗

充電回路

$$U - U_0 = (R_v + R_i)I \quad (図5)$$

ここで、
U 　　線間電圧
U_0 　　バッテリーの開回路電圧（起電力）
R_v 　　直列に接続された抵抗
R_i 　　バッテリーの内部抵抗

バッテリーを充電するには、$U > U_0$（バッテリーの開回路電圧以上の電圧をかける必要がある）。

抵抗の直列接続

$$R_{total} = R_1 + R_2 \quad (図6)、$$

$$U = U_1 + U_2$$

各抵抗に流入する電流Iは、すべて等しい（キルヒホッフの電流則）。

抵抗の並列接続

$$\frac{1}{R_{total}} = \frac{1}{R_1} + \frac{1}{R_2} \quad または \quad G_{total} = G_1 + G_2、$$

$$I = I_1 + I_2; \frac{I_1}{I_2} = \frac{R_2}{R_1} \quad (図7)$$

すべての抵抗において、電圧Uは等しい（キルヒホッフの電圧則）。

抵抗の測定
抵抗は、電流と電圧を測定することにより、また直読抵抗計または測定用ブリッジ回路を使用して測定できる。測定用ブリッジ回路は、たとえば圧力センサーのひずみゲージの接続に用いられる。

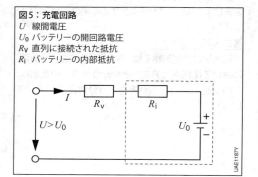

図4：負荷のある回路
U 電圧
I 電流
R_a 負荷抵抗
R_l 線路抵抗

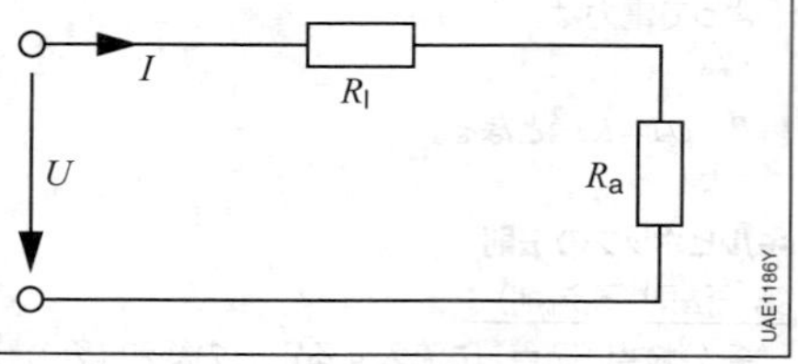

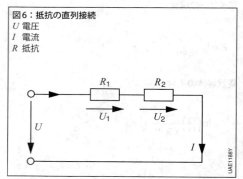

図6：抵抗の直列接続
U 電圧
I 電流
R 抵抗

図5：充電回路
U 線間電圧
U_0 バッテリーの開回路電圧
R_v 直列に接続された抵抗
R_i バッテリーの内部抵抗

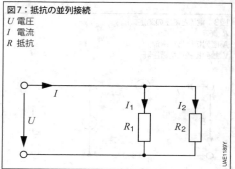

図7：抵抗の並列接続
U 電圧
I 電流
R 抵抗

特に小さな抵抗を測定する方法として広く使用されている測定方法に、四線測定法がある(図8)。測定用接点が二重に構成されているため、接点自身の抵抗が計測されることを防いでいる。非常に小さい測定電流だけが、電圧接点を介して電圧計に流入する。電源からの大きな電流によって電流接点に生じる電圧降下は記録されない。

時間依存性の電流

前述の直流電流と直流電圧の関係は、多少の相違はあるものの、時間依存性の電流と電圧にも適用できる。特にオームの法則とキルヒホッフの法則は、そのまま適用できる。

コンデンサーの充電と放電

電流Iがコンデンサーを流れるとき、その電荷Qが変化する。以下が適用される。

$$I = \frac{dQ}{dt}$$

このようにして、容量Cのコンデンサーにおける電流Iと電圧Uの関係が成立する。

$$I = \frac{d(CU)}{dt}$$

ここで、電流Iが電荷Qのコンデンサーの極板にかかり、これにより電圧Uがコンデンサーで測定される。

例(Cは時間的に一定)
- 直流電圧U:
  → 電流$I = 0$
- 初期電圧U_0、直流電流I:
  → 電圧$U = U_0 + It$
- $U = \hat{u}\sin(\omega t)$の電圧調波(正弦波):
  → $I = \omega C \hat{u} \cos(\omega t) = \omega C \hat{u} \sin(\omega t + \frac{\pi}{2})$の余弦波

$\omega = 2\pi f$の量は周波数fに対する角周波数と呼ばれる。$\hat{u}$は電圧振幅であり、$\hat{i} = \omega C \hat{u}$は電流振幅である。振幅の代わりに実効値$u_{\text{eff}} = \hat{u}/\sqrt{2}$および$i_{\text{eff}} = \hat{i}/\sqrt{2}$も使用される。

よって調波励起の場合、コンデンサーの電流は電圧に対して$\varphi = +\pi/2$の角度で位相変位する(すなわち位相が「進む」)。この特性を位相図(図9)に示す。

コンデンサーが抵抗を介して直流電圧源U_0(図10)から充電されるか、または抵抗を介して放電される場合は、特別なケースとなる。この場合、時定数$\tau = RC$がコンデンサーの充放電を決める要素となる。

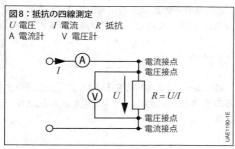

図8:抵抗の四線測定
U 電圧　I 電流　R 抵抗
A 電流計　V 電圧計

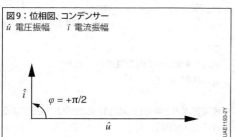

図9:位相図、コンデンサー
$\hat{u}$ 電圧振幅　$\hat{i}$ 電流振幅

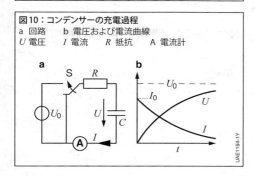

図10:コンデンサーの充電過程
a 回路　b 電圧および電流曲線
U 電圧　I 電流　R 抵抗　A 電流計

充電過程

$$I = \frac{U_0}{R} e^{-\frac{t}{\tau}}$$

$$U = U_0 (1 - e^{-\frac{t}{\tau}})$$

放電

$$I = \frac{U_0}{R} e^{-\frac{t}{\tau}}$$

$$U = U_0 e^{-\frac{t}{\tau}}$$

U_0：充電電圧または放電開始時の電圧
I 　　　充電または放電電流
$I_0 = U_0/R$ 充電開始時の電流
R 　　　充電または放電抵抗
U 　　　コンデンサーの電圧

充電電流と放電電流は、その向きが逆である。

磁界

磁界は、電荷の移動、電流の流れている導体、磁性体、交流電界により発生する。磁界は、移動電荷への作用力（ローレンツ力）、または磁気双極子（同極は相反発し、異なる極は引き合う）の影響により検知される。

磁界の大きさと向きは、磁束密度 B（磁気誘導）のベクトルで表される。電流 I_1 を伝えるまっすぐな導体には、距離 a の周囲に以下の値の磁束密度を発生させる。

$$B = B_1 = \frac{\mu_0 I_1}{2 \pi a}$$

この磁束密度は、同方向に長さ l にわたって電流 I_2 が流れる並列した他の導体に引力を及ぼす。

$$F = B_1 I_2 l$$

導体ループ内の磁界の変化は次式の電圧を誘導するので、電圧の測定により磁束密度を求めることができる。

$$U = \frac{d\Phi}{dt}$$

ここで、
$d\Phi$ は導体ループ内の磁束の変化、
dt は時間の変化

磁束密度 B と場の他の数値との関係は、以下のようになる（q 断面積）。

磁束 $\Phi = B q$

自由空間では、磁界強度 H に次式が適用される。

$$H = \frac{B}{\mu_0}$$

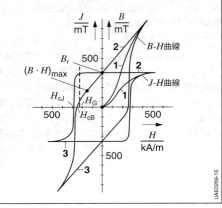

図11：ヒステリシスループ（例：硬質フェライト）
1 上昇曲線　　2, 3 減磁曲線
H 磁界強度　　B 磁束密度　　J 磁気分極
B_r 残留磁気　　H_{cB}, H_{cJ} 保磁力　　H_G 制限磁界強度

電気工学 101

磁界と磁界の成分

物質の磁気誘導 B は、理論的には2成分で構成される。ひとつはその磁界からの誘導 ($\mu_0 H$) で、もうひとつは物質からの誘導 (J) である（「電気変位と電界の強さの関係」も参照）。

$$B = \mu_0 H + J$$

J は磁気分極と呼ばれ、物質の磁束密度への影響を表している。物理学では、J は単位体積当たりの磁気双極モーメントを表わし、一般に、磁界の強さ H の関数である。多くの物質では $J >> \mu_0 H$ となり、H に比例する。よって以下のようになる。

$$B = \mu_r \mu_0 H$$

比透磁率が μ_r である場合、自由空間における値は $\mu_r = 1$ となる。

量

$$w_m = \frac{1}{2} BH$$

は、磁気エネルギー密度と呼ばれる。体積をかける（乗算する）と、磁気エネルギー W_m が得られる。

比透磁率によって、物質を3種類に分けることができる。

反磁性体

μ_r は、磁界強度に関係なく1より小さい。その範囲は、

$$(1 - 10^{-5}) < \mu_r < (1 - 10^{-11})$$

（銀 Ag、金 Au、カドミウム Cd、銅 Cu、水銀 Hg、鉛 Pb、亜鉛 Zn、水、有機物、気体など）

常磁性体

μ_r は、磁界強度とは関係なく1より大きい。その範囲は、

$$(1 + 10^{-8}) < \mu_r < (1 + 10^{-4})$$

（酸素 (O_2)、アルミニウム (Al)、プラチナ (Pt)、チタン (Ti) など）

強磁性体

これらの物質の磁気分極性は極めて高く、その磁界の強さ H の関数としての磁気分極の変化は非線形であり、またヒステリシスを伴う。その一方で、電気工学でよく用いる $B = \mu_r \mu_0 H$ の式において、μ_r は H の関数であり、ヒステリシスを表す。μ_r の範囲は、$10^2 < \mu_r < 5 \cdot 10^5$（鉄 Fe、コバルト Co、ニッケル Ni、フェライトなど）

ヒステリシスループ

B と H の関係、また J と H の関係を表すヒステリシスループ（図11）について、以下に説明する。磁気を帯びていない状態（$B = J = 0$、$H = 0$）の物質に磁界強度 H を加えたとき、物質の磁化は上昇曲線 (1) に沿う。磁界の強さが一定レベルに達すると（物質により異なる）、磁気双極子が整列され、J は飽和分極 J_s（物質により異なる）に到達する。磁界をそれ以上強くしても、J はもはや増加しない。H を低下させると、J は曲線 (2) に従って減少し、$H = 0$ のとき、B 軸あるいは J 軸と残留磁気点 B_r または J_r で交差する（このとき $B_r = J_r$）。磁束密度と磁気分極は、磁界の強さが H_{cB} または H_{cJ} である逆方向の磁界を与えられたときに、初めてゼロになる。この磁界の強さを保磁力という。

さらに磁界の強さを増やすと、逆方向に飽和分極が起こる。再び磁界の強さを弱めて磁界を逆にすると、保磁力は曲線 (2) と対称な曲線 (3) に従うようになる。

下記の項目は、通常強磁性体の最も重要な特性値として表に示される。

- 飽和分極 J_s
- 残留磁気 B_r（$H = 0$ のときの残留磁気誘導）
- 保磁力 H_{cB}（$B = 0$ のときの反磁界の強さ）
- 保磁力 H_{cJ}（$J = 0$ のときの反磁界の強さ。永久磁石の場合にのみ重要となる）
- 制限磁界強度 H_G（永久磁石はこの磁界強度まで安定している）
- 最大小信号透磁率 μ_{max}（上昇曲線の最大傾斜。軟磁性体の場合にのみ重要となる）
- ヒステリシス損失（再磁化サイクル中の物質エネルギーの損失。$B - H$ ヒステリシスループの面積に該当し、軟磁性体の場合にのみ重要となる）

強磁性体

強磁性体は、軟磁性体と永久磁石に分類される。保磁力の値の幅が10^8というきわめて広範にわたる点は注目に値する。

永久磁石

永久磁石の保磁力は非常に高い。範囲は、

$$H_{cJ} > 1\,\frac{\text{kA}}{\text{m}}$$

このようにして、物質の磁気分極を失うことなく、高い反磁界Hが得られる。永久磁石の磁気状態および作用範囲は、ヒステリシスループの第二象限、いわゆる減磁曲線上にある。

実際には、永久磁石の動作点が残留磁気点と一致することはない。これは、内部の永久磁石の磁気分極が常に磁界を作り出し、そのため動作点が第二象限に移るからである。

減磁曲線上のBHの値のピーク$(BH)_{\text{max}}$は、最大空隙エネルギー値の基準を与える。$(BH)_{\text{max}}$は、残留磁気力や保磁力と同様、永久磁石の特性を示す重要なパラメーターである。

現在、工業用永久磁石には、アルニコ磁石（AlNiCo）、フェライト磁石、ネオジム磁石（FeNdB（REFe））およびSeCo磁石がよく使われている。これらの磁石の減磁曲線（図12）は、各磁石の固有な特徴を示している。

軟磁性体

軟磁性体の保磁力は低い。

$$H_{cJ} < 1\,\frac{\text{kA}}{\text{m}}$$

すなわち、ヒステリシスループの面積が狭い。また、軟磁性体は磁界が弱い場合でも、磁束密度が高くなる（μ_r値が高い）。通常の用途では$J \gg \mu_0 H$である。つまり、実際には、$B(H)$曲線と$J(H)$曲線を区別する必要はない。

軟磁性体は、弱い磁界でも磁気誘導が強いため、磁束の導体として使用される。保磁力が低い物質は、磁気損失（ヒステリシス損失）が微小なので、特に交流磁界に適用される。

軟磁性体の特性は、基本的に前処理によって決まる。たとえば切削加工を施すと、ヒステリシスループの面積が広くなり、保磁力が上昇する。それを物質の特性に合わせて高温で焼きなますことによって、保磁

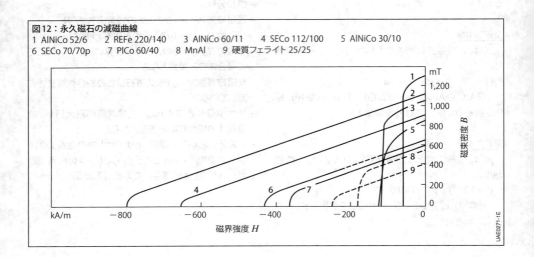

図12：永久磁石の減磁曲線
1 AlNiCo 52/6　2 REFe 220/140　3 AlNiCo 60/11　4 SECo 112/100　5 AlNiCo 30/10
6 SECo 70/70p　7 PlCo 60/40　8 MnAl　9 硬質フェライト 25/25

力を初期値まで下げることができる (磁気最終焼なまし)。主な軟磁性体における B-H の関係を表す磁化曲線を、図 13 に示す。

磁気損失

表 3 の P1、P1.5 は、それぞれ 20 ℃、50 Hz の磁界における 1 あるいは 1.5 テスラの誘導磁気損失を表す。この損失は、ヒステリシス損失と渦電流損失によるものである。渦電流損失は、交流磁界の磁束の変化が軟磁性体回路の構成部に誘起する電界 (誘導の法則) によって生じる。以下の方法で導電率を下げ、渦電流損失を小さくすることができる。
- 鉄心の積層化
- 合金物質の利用 (例：シリコン鉄)
- 高周波部分への絶縁粉末粒子 (粉末鉄心) の使用
- セラミック (フェライト) の使用

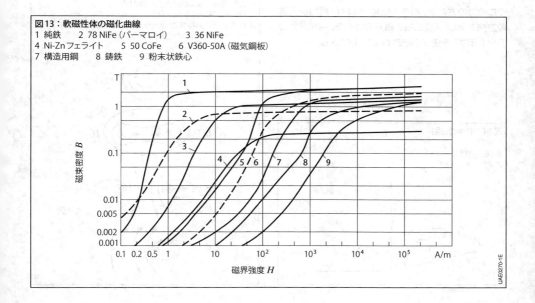

図13：軟磁性体の磁化曲線
1 純鉄　　2 78 NiFe (パーマロイ)　　3 36 NiFe
4 Ni-Zn フェライト　5 50 CoFe　6 V360-50A (磁気鋼板)
7 構造用鋼　　8 鋳鉄　　9 粉末状鉄心

表3：磁気損失

鋼板の種類	公称板厚 mm	磁気損失 W/kg P1	P 1.5	B ($H = 10$ kA/m の場合) T
M 270 – 35 A	0.35	1.1	2.7	1.70
M 330 – 35 A	0.35	1.3	33.3	1.70
M 400 – 50 A	0.5	1.7	4.0	1.71
M 530 – 50 A	0.5	2.3	5.3	1.74
M 800 – 50 A	0.5	3.6	8.1	1.77

磁界と電流

磁界は電荷の移動によって発生し、電流が流れる導体は磁界に囲まれている。正電流の場合の電流が流れる方向（⊗：電流が紙面の向こうに向かって流れることを示す）⊙：電流が紙面から手前の方向に流れることを示す）と磁力線の方向は、右ねじの法則に従う。表4に、いくつかの導体における磁界の強さを示す。

磁束密度Bの磁界においては、電流の流れている導体（電流I、長さl）に力が作用する。導体と磁界との角度が$α$の場合、次式が適用される。

$$F = BIl\sinα$$

この力の方向は、右手の法則（図14）（親指が電流の方向を示し、人差し指が磁界の方向を、中指が力の方向を示す）を使って特定することができる。

電磁誘導の法則

たとえばループの移動や磁界強度の変化によって、導体ループの周囲に存在する磁束$Φ$が変化すると、導体ループの端子に電圧U_iが誘導される。このため、磁界内でv方向に動く（通電していない）導体にも、電圧U_iが誘導される（図16）。

$$U_i = Bvl$$

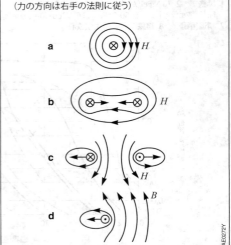

図15：電流の流れている導体と磁力線
a 単体の電流導体が作り出す磁界
b 並列導体、電流が同一方向に流れる
（導体は互いに引き寄せ合う）
c 並列導体、電流が逆方向に流れる
（導体は互いに反発し合う）
d 磁束密度Bの磁界の電流が流れる導体に力を及ぼす
（力の方向は右手の法則に従う）

図14：右手の法則
I 電流
B 磁束密度
F 力

表4：各導体の磁界の強さ

導体	式	記号	説明
円筒状コイル、内部	$H = \dfrac{Iw}{l}$	w I l	巻数 コイルを流れる電流[A] コイルの長さ[m]
空中に置かれた真っすぐなワイヤー、外部	$H = \dfrac{I}{2\pi r}$	r I	ワイヤー軸からの距離[m] コイルを流れる電流[A]
真っすぐなワイヤー、内部	$H = \dfrac{Ir}{2\pi a^2}$	a r I	ワイヤー半径[m] ワイヤー軸からの距離[m] コイルを流れる電流[A]
丸めたワイヤー、円の中心	$H = \dfrac{I}{2a}$	a I	円の半径[m] ワイヤーを流れる電流[A]

ここで、
B 磁束密度
l 導体の長さ
v 速度

直流機では、

$$U_i = 2\frac{fz\Phi}{a}$$

ここで、
U_i 誘導電圧 (V)
Φ 励磁巻線（磁界巻線）により生成される磁束 (Wb)
z 電機子表面の巻線の数
a 並列接続された電機子の分巻線数
周波数 $f = pn/60$
p 対極の数
n 回転数 (rpm)

交流機では、

$$U_i = \frac{\pi fz\Phi}{\sqrt{2}}$$

ここで、
U_i 誘導電圧の実効値 (V)
Φ 励磁巻線または永久励磁により生成される磁束 (Wb)
$f = pn/60$ 交流の周波数 (Hz)
p 対極の数
n 回転数 (rpm)
z 電機子表面の巻線の数

変圧器では、

$$U_1 = 2\pi f w_1 \Phi, \quad U_2 = 2\pi f w_2 \Phi$$

U_1、U_2 誘導電圧の実効値 (V)
Φ 磁束 $\Phi(t)$ の実効値 (Wb)
f 周波数 (Hz)
w_1, w_2 磁束 Φ を取り巻く各コイルの巻数

時間依存の磁束 $\Phi(t)$ は、2つの時間依存電流 $i_1(t)$ と $i_2(t)$ の影響が重ね合わさったものである。

$$\Phi(t) = A_L(w_1 i_1(t) + w_2 i_2(t))$$

A_L は AL 値とよばれ、変圧器がどのように設計されているかに依存する。

端子電圧 U は、巻線内の抵抗による電圧降下（約5%）だけ U_i よりも小さい（オルタネーター）、または大きい（モーター）。

自己誘導

電流が流れている導体（またはコイル）の磁界は、導体電流とともに変化する。電流変化に比例して、電流変化と逆方向に作用する電圧が、導体中に誘導される。以下が適用される。

$$U = \frac{d(LI)}{dt}$$

インダクタンス L は、ほとんどの物質で実質1に等しく、一定である比透磁率 μ_r に依存する。ただし強磁性体は例外である。鉄心コイルの場合、L は動作条件に依存する度合いが高い。表5はいくつかの導体におけるインダクタンス L を示している。

低周波数では、導体のインダクタンスは巻線の内部インダクタンス L_i によってさらに増加する。丸巻線では、このインダクタンスは次のようになる。

$$L_i = \frac{\mu_0 l}{8\pi}$$

2つの丸巻線による双導体の内部インダクタンスは、長さ $lTwin$ における値の倍の値 ($2L_i$) となる。

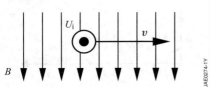

図16：動誘導
B 磁界
v 導体の移動する方向
U_i 正誘導電圧

表5：各導体のインダクタンス

円筒状コイル	$L = w^2 \dfrac{\mu_r \mu_0 q}{l}$	μ_r, μ_0 w q l	比透磁率、磁界定数 コイルの巻数 コイルの断面積[m²] コイルの長さ [m]
平行導体（双導体） 空気中	$L = \dfrac{\mu_0 l}{\pi} \ln \dfrac{a + \sqrt{a^2 - 4r^2}}{2r}$	l a r	双子導体の長さ[m] 導体間の距離[m] 導体の半径[m]
同心線路 （同軸線路）	$L = \dfrac{\mu_r \mu_0 l}{2\pi} \ln \dfrac{r_2}{r_1}$	l r_2 r_1	線路の長さ[m] 外管の内径[m] 中心管の内径[m]
地面に平行な導体 空気中	$L = \dfrac{\mu_0 l}{2\pi} \ln \dfrac{a + \sqrt{a^2 - r^2}}{r}$	l a r	導体の長さ [m] 導体から地面までの距離 [m] 導体の半径[m]

直列および並列接続されたコイルの
インダクタンス：

$$L_{\text{total}} = L_1 + L_2$$

（直列接続、図17a）

$$\frac{1}{L_{\text{total}}} = \frac{1}{L_1} + \frac{1}{L_2}$$

（並列接続、図17b）

インダクタンスLの電流Iが流れるコイルのエネルギー成分は、

$$W = \frac{1}{2} L I^2$$

例（Lは時間的に一定）：
- 直流電流I：
  → 電圧$U = 0$
- 初期電流I_0、直流電圧U：
  → 電流$I = I_0 + U t$

- $I = \hat{\imath} \sin(\omega t)$である正弦波電流：
  → 次の余弦波電圧
  $$U = \omega L \,\hat{\imath} \cos(\omega t)$$
  $$U = \omega L \,\hat{\imath} \sin(\omega t + \pi/2)$$

$\omega = 2\pi\, f$の値は周波数fに対する角周波数と呼ばれる。

$\hat{\imath}$は電流振幅であり、

$\hat{u} = \omega L \hat{\imath}$は電圧振幅である。

ここにおいても、頻繁に実効値$u_{\text{eff}} = \hat{u}/\sqrt{2}$および$i_{\text{eff}} = \hat{\imath}/\sqrt{2}$が用いられる。

よって調波励磁の場合も、コイルの電圧は電流に対して角度$\varphi = +\pi/2$だけ位相変位する（すなわち「進む」）。この特性は、位相図（図18）に示されている。

コイルが抵抗を介して直流電圧源U_0に接続されるか、または抵抗を介して放電される場合は特別なケースとなる。時定数$\tau = L/R$は、コイルのスイッチオンおよびスイッチオフ動作の決定要素である。

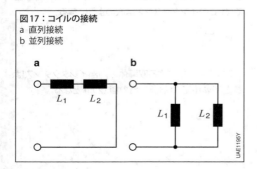

図17：コイルの接続
a 直列接続
b 並列接続

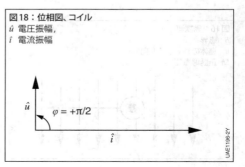

図18：位相図、コイル
$\hat{u}$ 電圧振幅，
$\hat{\imath}$ 電流振幅

スイッチオン動作（図19）：

$$U = U_0\, e^{-\frac{t}{\tau}}$$

$$I = \frac{U_0}{R}\left(1 - e^{-\frac{t}{\tau}}\right)$$

スイッチオフ動作：

$$I = I_0\, e^{-\frac{t}{\tau}}$$

$$U = I_0\, R\, e^{-\frac{t}{\tau}}$$

ここで、
U_0 励磁電圧
I コイル電流
I_0 スイッチオフ動作開始時のコイル電流
R コイルへの直列抵抗
U コイル電圧

スイッチオン動作時のコイル電流は、スイッチオフ動作のときとは逆方向となる。

磁気回路

磁気回路の設計には、物質定数の公式に加え、以下の公式を使う。

<u>1. アンペアの法則（起磁力の式）</u>
磁気閉回路について次式が成り立つ。

$$\sum H_i\, l_i = \sum V_i = I w$$

ただし、磁気回路に囲まれる電流がない場合、$Iw = 0$である。

$Iw = \Theta$ は起磁力（アンペア回数、磁気回路に完全に囲まれる電流）、
$H_i\, l_i = V_i$ は磁位差（$H_i\, l_i H_i$ が一定の回路構成部に対して算出される）。

<u>2. 連続の法則（磁束方程式）</u>
同じ磁束 $\Phi = B A$ が回路の各部分に流れる。

$\Phi =$ はすべての部分で一定であり、A は各部分の断面積である。

磁気回路の一部分で磁束が部分的磁束 Φ_1, Φ_2 ...に別れ、その和は一定の総磁束 Φ となる。

磁気回路の性能を左右するのは、空隙内を流れる磁束の大きさである。この磁束を有効磁束と呼ぶ。総磁束と有効磁束の差である漏れ磁束は、空隙を通過せず、磁気回路の電力には加わらない。漏れ磁束の総磁束（永久磁石または電磁石の磁束）に対する比率は、漏れ磁束係数 σ と呼ばれる（σ の実用値は0.2〜0.9の間である）。

図19：コイルのスイッチオン動作
a 回路
b 電圧および電流曲線

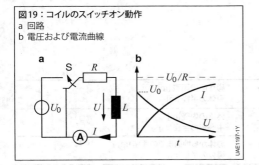

108 物理学（基礎）

電磁波の伝播

導波管

　高い周波数域では、電気接続部の送り方向および戻り方向の導体は一つにまとめられ、導波管または単に線路と呼ばれる。一般的な構造は、並列線路、2芯より線（ツイストペア）、同軸線路、ストリップ線路、マイクロストリップ線路である。

　高周波域では、電流は線路の断面に均一に分布しない。各ワイヤーでは、周波数が高くなるにつれて電流は徐々にワイヤーの端に移動する（皮膚効果）。線路内では、電流はさらに他の導体に移動する（近接効果）。特に損失抵抗が増加し、そのため線路の減衰が増加する。

　線路は、抵抗Zで終端された場合、特性インピーダンスZを持ち、入力インピーダンスと同じインピーダンスZを示す。自動車に使われている線路（TEM線路またはL線路）では、特性インピーダンスZは長さlごとに容量Cに、また長さlごとにインダクタンスLに直接接続される。

$$Z = \sqrt{\frac{L}{C}}$$

　表6に、数種類の線路の特性インピーダンスを示す。

　線路に沿った電界や磁界の振幅も、特性インピーダンスを介して連結される。

$$Z = \frac{\hat{E}}{\hat{H}}$$

　抵抗Rで終端された特性インピーダンスZの線路の端部には、以下で表される反射率がある。

$$r = \frac{R - Z}{R + Z}$$

　反射率の絶対値の二乗は、線路端に送り戻される電力の端数を示す。

$$P_r = |r|^2 \, P_0$$

　しかし終端抵抗に伝えられると、電力は次のようになる。

$$P_t = (1 - |r|^2) \, P_0$$

　$R = Z$であれば、順応が起こり反射率rはゼロになる。この場合、電力は反射されずに、全電力が終端抵抗Rに伝えられる。

　高周波域では、線路を伝わる電圧も電流も一定ではなくなる。一定の瞬間において、双方とも線路に沿って極めて異なる値となる。ここで、線路の長さに渡って、電圧変動の振幅が最大になる点と、最小電圧振幅しか発生しない点とが存在し得る。線路上の最大振幅と最小振幅の比は定常波比と呼ばれ、sで表される。

$$s = \frac{U_{max}}{U_{min}}$$

　線路が一方の端で正弦波時関数のみを与えられ、もう一方の端を抵抗で終端された場合、反射率から定常波比を算出することができる。

$$s = \frac{1 + |r|}{1 - |r|}$$

表6：各種線路の特性インピーダンス

平行導体（双導体）空気中	$Z = \sqrt{\dfrac{\mu_0}{\varepsilon_0}} \dfrac{1}{\pi} \ln \dfrac{a + \sqrt{a^2 - 4r^2}}{2r}$	a　r	導体間の距離 [m]　導体の半径 [m]
同心線路（同軸線路）	$Z = \sqrt{\dfrac{\mu_r \mu_0}{\varepsilon_r \varepsilon_0}} \dfrac{1}{2\pi} \ln \dfrac{r_2}{r_1}$	r_2　r_1	外管の内径 [m]　中心管の半径 [m]
地面に平行な導体空気中	$Z = \sqrt{\dfrac{\mu_0}{\varepsilon_0}} \dfrac{1}{2\pi} \ln \dfrac{a + \sqrt{a^2 - r^2}}{r}$	a　r	導体から地面までの距離 [m]　導体の半径 [m]

適応中は $s = 1$ であり、線路上の電圧の振幅は同じである。

カプラーと変成器

カプラーは変成器と共に、一つの導波管から他の導波管に電磁波を送るために使う。変成器は、一つの特性インピーダンスから他の特性インピーダンスへの変化が発生する場合に反射率を低減する、または対称導波管（例、並列線路）を非対称導波管（例、同軸線路）と結合する。

カプラーと変成器は、通常一方向と他方向に同じように結合を行なうため、通常相互に作用し合う。

自由空間における電磁波の伝播

自由空間も導波路として機能する。自由空間における特性インピーダンス（電界特性インピーダンス Z_0）は、次のようになる。

$$Z_0 = \sqrt{\frac{\mu_0}{\varepsilon_0}} \approx 377 \ \Omega$$

アンテナ構造から遠く離れた場所では、電界の方向、磁界の方向、電磁波の伝播方向が垂直に交互に重なって存在し、電界強度は特性インピーダンス Z_0 を介して磁界強度とリンクしている。送信器から放出された電磁出力密度 S は、電界強度 $\hat{E}$ の振幅と磁界強度 $\hat{H}$ を介して確立される。送信器から遠く離れた自由空間では、電磁出力密度は送信器からの距離の二乗に反比例して減少する。

$$S = \frac{1}{2} \hat{E} \hat{H}$$

$$S(r) = S(r_0) \frac{r_0^2}{r^2}$$

他方、電界と磁界の強度は、送信器からの距離に単純に反比例して減少する。

$$\hat{E}(r) = \hat{E}(r_0) \frac{r_0}{r}$$

$$\hat{H}(r) = \hat{H}(r_0) \frac{r_0}{r}$$

自動車で応用する場合は、受信器が送信器の近くに置かれているため、近傍条件が発生する場合がある。たとえば、無線によるリモートコントロールではコイルに電流が流れて磁界を発生させるが、この磁界の強度は送信器からの距離の三乗に反比例する。

アンテナ

導波管から自由空間へのカプラー（連結器）は、アンテナと呼ばれる。アンテナも、通常は相互作用を行う。そのため、送信アンテナとしても受信アンテナとしても同様に機能する。

自由空間における電磁波は、時間とともに変化する電界と磁界で構成される。これらの電界と磁界は、空間方向性を持っている。送信アンテナから遠く離れている場合、これら2つの界の方向は、電磁波の伝播方向に対して垂直になる。対応する電界の方向が、磁界の分極方向を決定する。多くのアンテナは、単一方向の電界（時としては磁界）強度しか送受信できないように作られている。このため、このようなアンテナは直線偏向波のみを送信し、電磁波の特定分極の1つのみを受信する。

アンテナは、狭帯域アンテナ（たとえば、GPSやGSM、Bluetooth、WLANやVHFにも使われているダイポールアンテナ）と、自動車においてEMC測定の送受信アンテナとして使われる広帯域アンテナに分けられる。狭帯域アンテナの一例として、ロッドまたはワイヤー長さ $l = 0.96 \, \lambda/2$（λ：自由空間における波長）の半波ダイポールアンテナを挙げることができる。最適な長さは、ロッドが太くなればなるほど短くなる。また必要であれば、追加容量の接続により長さをより短くできる。金属表面を拡張することにより、ダイポールの長さは半分から $1\lambda/4$-ダイポールまで短くすることができる。

広帯域アンテナの一例として、対数周期アンテナがある。このアンテナには、二重線路に沿って異なる長さのいくつかの半波ダイポールが並べられている。

110 物理学（基礎）

送信モードですべての方向に均一に送信をするアンテナはない。同様に、受信モードですべての方向から同じように良好に受信をするアンテナはない。指向性は、指向性図（アンテナ指向特性としても知られる）で示される。図20は、半波ダイポールのダイポールアンテナを通過する垂直部分の指向性図を示している。ここで示されているのは、角度に対する放射出力密度である。

関心の対象が指向図全体ではなく、特定方向の最大値だけであることはよくある。指向性は、特定方向において送信モードにおけるアンテナの単位表面積 S_{max} 当たりの放射出力が、特定の方向性をもたない基準アンテナよりどれだけ大きいかを示すものである。

$$D_0 = \frac{S_{max}}{S_0}$$

アンテナ利得（ゲイン）G に対する指向性は、dB値で示される。

$$G = 10 \log D_0$$

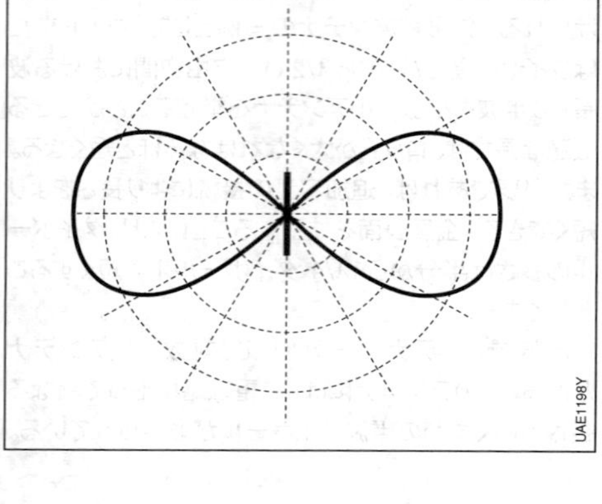

通常、アンテナ損失はアンテナ利得（ゲイン）にも含まれるため、G は理想状態における値よりも小さい。同じ指向性と同じアンテナ利得が、受信モードにも適用される。ここでも指向性とアンテナ利得は、アンテナ電力入力が基準アンテナのそれよりもどれだけ大きいかを示している。

EMC規格においては、アンテナ利得ではなくアンテナ係数 AF を用いて算出する。

$$AF = 20 \log \frac{E}{U}$$

アンテナ係数は、振幅 E（V/mで表す）の電界を受信するとき、アンテナに接続された計測装置の入力抵抗においてどれだけの振幅で電圧 U（Vで表す）が降下するかを示す。同じアンテナ係数は送信モードにも適用され、送信アンテナの入力における電圧振幅 U（Vで表す）を、放出した電磁波の電界の振幅 E（V/mで表す）にリンクさせる。

アンテナ利得とアンテナ係数は、相互に変換することができる。

$$AF = 10 \log \left(\frac{4\pi Z_0}{\lambda^2 R_L} \right) - G$$

ここで、

R_L アンテナ入力の測定装置の入力抵抗（Ωで表す、通常 50 Ω）、

Z_0 自由空間の電界特性インピーダンス（377 Ωと等価）、

λ 波長（mで表す）

図20：半波ダイポールの指向性図
（ダイポールアンテナを通過する垂直部分、出力密度対角度）

金属導体の電気効果

導体間の接触電位差

接触電位差は導体内で生じ、絶縁体（ガラスや硬質ゴムなど）の摩擦帯電や接触起電力に類似する。等温の2種類の金属同士を結合させ、続いて分離すると、その金属間に接触電位差が発生する。この電位差は、電子の仕事関数が異なるために発生する。接触電位差の大きさは、熱電列の元素位置による（表7）。2つ以上の導体を結合したときの接触電位差は、個々の接触電位差値の合計になる。

熱電気および熱電対

ゼーベック効果

導体の両端の温度が異なると、その間に電圧が発生する。導体の温度が上昇するほど電子の運動エネルギーが増加するため、導体の電子密度は低くなる。「熱い」部分の電子はより大きな運動エネルギーを持つため、平均的に見ると「冷たい」部分へと移動する。その結果、「熱い」部分より「冷たい」部分での電子密度が高くなるため、負の電位差が発生する。半導体物理学では、この現象は異なるフェルミ準位とそれによって生じる電位差（熱起電力 U_T）によって表すことができる。その結果、以下の方程式により導体の両端間の熱起電力 U_T が、温度差 ΔT によって算出される。

$$U_T = \alpha \Delta T$$

ここで、

α: ゼーベック係数（μV/K）

ΔT: 温度差（K）

ゼーベック係数 α はほとんど温度に依存せず、材質によって決定される。ゼーベック係数 α は、個々の材質の所定の温度差（K）に対して、μVにおける熱起電力 U_T を決定するために使用できる。第2導体に白金が使用されることが多いため、表8のプラチナのゼーベック係数 α はゼロである。係数として α の代わりに、k が使用されることもある。

技術的に、この効果は均質な材質では使用できない。測定装置を介した電圧測定により2つの測定点が同じ温度になるため、等しい2つの電圧が反対方向に直列で接続される。その結果、2つの測定点の間では電圧が測定されない。このような状況は、異なる材質を使用することで変えることができる（図21）。実際の熱電対は、図21に示す材質1および2でできた2つの導体によって構成される。接続が短すぎる場合があるため、カップリング点で延長されている。このカップリング点は温度 T_K にある。必要に応じて、さらに延長する。これを図21の材質3に示す。これには、たとえば銅製の導体トラックが使用される。最後に、熱起電力 U_T が測定できる。ここでは、電子回路の周囲温度は T_U で示される。

表8：標準温度0℃で白金を基準とする素子のゼーベック係数（出典[6]）

元素名	熱起電力 [μV K^{-1}]
セレン	900
テルル	500
シリコン	440
ゲルマニウム	300
アンチモン	47
ニッケルクロム	25
鉄	19
タングステン	7.5
カドミウム	7.5
銀	6.5
金	6.5
銅	6.5
ロジウム	6
タンタル	4.5
鉛	4
アルミニウム	3.5
炭素	3
水銀	0.6
白金	0
ナトリウム	−2
カリウム	−9
ニッケル	−15
コンスタンタン	−35
ビスマス	−72

表7：温度0℃での熱電列の素子の配列（出典[5]）
（Pbでは熱起電力が任意にゼロに設定される）

元素名	熱起電力 [μV K^{-1}]
アンチモン	+35
鉄	+16
亜鉛	+3
銅	+2.8
銀	+2.7
鉛	0
アルミニウム	−0.5
白金	−3.1
ニッケル	−19
ビスマス	−70

図21の異なる素子の直列接続によって、以下の関係が生じる。

$$U_T = a_3 (T_U - T_K) + a_1 (T_K - T_M) + a_2 (T_M - T_K) + a_3 (T_K - T_U)$$

$$U_T = (a_1 - a_2)(T_K - T_M)$$

熱電対の材質の組み合わせに合わせて、同じ材質製の延長部を調整ラインとして使用できる。

熱電対の利点はそのサイズの小ささにあり、非常に狭いスペースでも使用でき、たとえば、風洞の流量測定のために表面に熱電対を貼り付けることができる。熱起電力は極めて低いが、熱電対の内部抵抗は、外乱が出力信号にほとんど影響しないほど低い。熱電対は、2,000 °Cを超える温度まで効果的に使用できる。ただし、熱電対のマイナス面として、長期的な安定性が低いことがある。

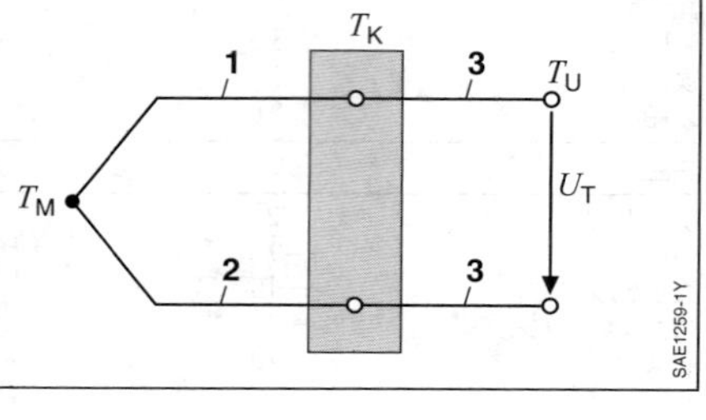

ペルチエ効果

ゼーベック効果の逆の働きをするものに、ペルチエ効果がある。ペルチエ効果では、電気エネルギーにより温度差が生じる（熱ポンプなど）。2つの異なる導体の接合点を流れる電流によって熱エネルギー Q が発生し、それが一方の接点で吸収され、他方の接点で放出される。電流の方向によって、接点に熱が供給または消失する。単位時間 Δt あたりの伝熱 ΔQ は次式で求められる。

$$\frac{\Delta Q}{\Delta t} = \Pi I \ (\mathrm{VA})$$

ここで、
Π: ペルチエ係数 (V)
I: 電流 (A)
Δt: 通電時間 (s)

ペルチエ係数 Π、温度 T と熱起電力 U_T の関係は、以下のとおりである。

$$\Pi = U_T \, T$$

ペルチエ効果を活用するために、テルル化ビスマス（Bi_2Te_3）またはシリコンゲルマニウム（SiGe）などが使用される。これらは、異なるフェルミ準位の領域を得るために n 型または p 型のドーピング処理が施される。熱電対あたり（すなわち n 型および p 型ドーピング処理された領域あたり）の最大電圧は 0.12 V であり、そのため 127 の熱電対を持つペルチエ素子は約 15 V の供給電圧が必要である。

ペルチエ素子を操作する際、電流 I の増加とともに冷却能力が増加するが、（オームの法則に従う）電力損失 $P = R I^2$ のために自己発熱が生じ、冷却能力を抑制することに注意しなければならない。その結果、効率が最大となる動作点を決定するにあたっては、電流量と最大電流量の比率は、温度差と最大到達可能温度差の比率と同じ方法で選択する必要がある。

図21：熱電対の基本構造
1 材質1の導体
2 材質2の導体
3 材質3の導体延長部
T_M 測定点の温度
T_K カップリング点の温度
T_U 周囲温度
U_T 熱起電力

電流磁気効果と熱磁気効果

これらの効果は、磁界の変化に起因する導体内の電気または熱の流れの変化を指す。このカテゴリーには12種類の効果があり、ホール効果、エッティングスハウゼン効果、リーギ・ルデュック効果、ネルンスト効果が最もよく知られている。

ホール効果

特に技術分野では、ホール効果が重要である。適切な導体に電流 I が流れ、同時にこれに対して直角に磁界あるいは磁束密度 B を作用させると、電流の流れと磁界の双方に対して直角に電圧が発生する。この電圧を、ホール電圧 U_H と呼ぶ（図22）。

$$U_H = \frac{R_H I B}{d}$$

ここで、
R_H ホール定数（m^3/As）
I 供給電流（A）
B 磁束密度（Vs/m^2）
d 導体の厚さ（m）

シリコンなどのドーピング処理された材料（すなわち n 型または p 型シリコン）で作られたホール効果センサーの場合は、ホール電圧 U_H の符号と方向は多数を占める材料によって決定される。

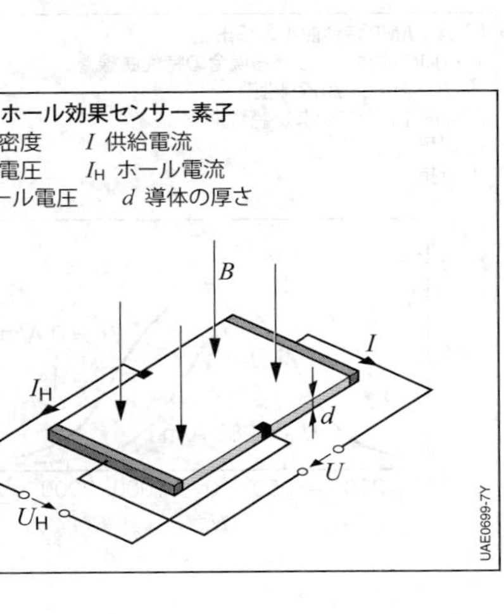

ホール定数 R_H は、以下の使用に関連する。$10^{-4}\,m^3$/A の範囲の最高値は、ヒ化インジウム（InAs）で得られる。シリコンの場合、この値はとりわけドーピングに依存し、はるかに低い。電流 I が既知であれば、磁束密度 B または磁場を推測することができる。ここでの利点は、磁場または磁束密度でのホール電圧の強い一次従属にある。不利な点は、原則として不均一性（結晶欠陥、特に表面上で）および幾何学的影響によるオフセットが無視できないことである。

強磁性体では、ホール電圧は磁界の関数となり、ヒステリシス効果も発生する場合がある。

ホール効果センサーはしばしば回転速度記録に使用され、回転する軟磁性センサーホイールの歯の交代とギャップが検出される。自動車における他の用途には、終点の検出や電流によって生成される磁場を介した電流の無電圧（すなわち非接触）測定が含まれる。

磁気抵抗効果

異方性磁気抵抗効果

異方性磁気抵抗効果（AMR効果）に基づくセンサーは、作用する磁界 H により電気抵抗 R を変化させる。従来のホール効果センサーや磁気抵抗器とも異なり、AMRセンサーは層平面（ここでは図23に示す xy 平面）の磁界に反応する。

AMRセンサー素子は、基本的に厚さわずか約 $20 \sim 50\,nm$ の透磁性が高いパーマロイ（$Ni_{81}Fe_{19}$ 合金）で構成され、強い形状異方性を示す（図23）。このことは、幅 b よりはるかに大きな長さ l によって表される。これは「容易軸」を定義し、それによって図23に示す xy 平面の外部磁界 H がなくても磁化 M が決定される。「困難軸」方向（図23の y 方向）にある磁界 H は、この位置から M を回転させ、それによって最大 3% の電気抵抗 R の相対的変化が生じる。

図22：ホール効果センサー素子

B 磁束密度　　　I 供給電流
U 供給電圧　　　I_H ホール電流
U_H ホール電圧　　d 導体の厚さ

Rは、電流密度Jと磁化Mの間の角度Θ_{JM}に依存する。JとMが平行（$\Theta_{JM}=0$）のとき、電気抵抗$R_{\parallel}$が最大となる。JとMが互いに垂直（$\Theta_{JM}=90°$）のとき、$R_{\perp}$の最小値が得られる。$\sin\Theta_{JM}$という表現は、困難方向に作用する磁界H_yと異方性磁界の強さH_Kの比率によって、小さな角度Θ_{JM}を表すために使用できる。このとき、H_Kは、AMR層の形状（厳密には幅bと厚さdの比率）に依存する。以下の関係がRに適用される（図23b, [7]）。

$$R(\Theta_{JM}) = R_{\parallel} - \Delta R_{max}(\sin\Theta_{JM})^2$$

小さいΘ_{JM}には次が適用される。

$$\sin\Theta_{JM} \approx \frac{H_y}{H_K}$$

$R_{\parallel}$: $\Theta_{JM} = 0°$での抵抗
$R_{\perp}$: $\Theta_{JM} = 90°$での抵抗
$\Delta R_{max} = R_{\parallel} - R_{\perp}$: 達成可能な最大絶対抵抗の変化

この効果は、量子物理学によって物理的に説明される。電気伝導性の変化は、スピン配向に基づいて算出される。

異方性磁界の強さH_Kは、感度$S = dR/dH$のとき重要な役割を果たす。AMR層が広いほど特性曲線が急になり、したがって感度Sも高くなる。

図23bから、小さい磁界H_yでは、感度Sが非常に低いことが見て取れる。このため、動作点を線形動作領域に設定すべきである。この目的では、特に次の2つの方法が知られている。（一定の）磁界H_{y0}（図23aの困難軸の方向）を追加した線形化により、図24の特性曲線を傾斜の急な領域へと左にシフトする。あるいは、図25に示す理髪店回転灯構造がしばしば使用されている。ここでは、電流密度ベクトルJを約45°回転して小さな磁界H_yの直線的な特性曲線が得られる。

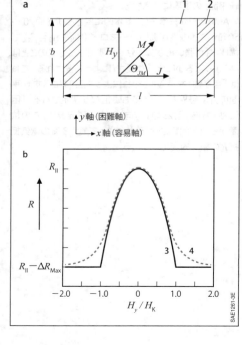

図23：AMRセンサー素子
a 構造
b 特性曲線
1 センサー素子
2 接点層
3 以下の式による分析計算
 $R = R_{\parallel} - \Delta R_{max}(\sin\Theta_{JM})^2$, （$-H_K \leq H_y \leq H_K$の場合）
 $R = R_{\parallel} - \Delta R_{max}$ （この範囲外の場合）
4 実際の特性曲線
l センサー素子の長さ
b センサー素子の幅
H 磁界
M 磁化
J 電流密度
R 抵抗
Θ_{JM} JとMの間の角度

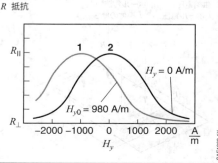

図24：AMR特性曲線の線形化
1 追加の磁界H_{y0}がある場合の特性曲線
 （$H_{y0} = 980$ A/mで測定）
2 線形化されていない特性曲線
H 磁界
R 抵抗

しかしながら図26に示すように、180°の「軸周りの領域の回転」によって$H_y=0$に関して特性曲線がミラーリングされるため（「バタフライ曲線」）、容易軸の方向が変更されない場合があることを知っておく必要がある。これは、原則として「容易方向」に追加された一定の磁界によって駆動されるが（ここでは、x方向）、Rの最大相対変化が常に約3％であるため、感度だけでなく絶対抵抗を低下させ、したがって、絶対抵抗変化も低下する。軸周りに領域を回転させると、一定の磁界H_{y0}を用いる線形化時に特性曲線が変化する。

シリコン製ホール効果センサーより高い磁界感度が得られるため、AMRセンサーの使用が支持されている。マイナス面としては、AMRセンサーは半導体プロセスと互換性がないため、個別に設計しなければならないことが挙げられる。ゼロ前後の特性曲線のミラー対称性のため、AMR角度センサーは180°の角度範囲しか測定できない。

理髪店回転灯構造を持つ4つのAMR素子を図27に示す。2つのAMR素子の電導性が高いストリップがそれぞれ反対方向を向くため、図27bに見られるように区分的に直線的な特性曲線が得られる。

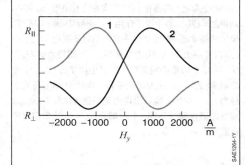

図26：理髪店回転灯構造を持つAMR特性曲線の線形化
1　特性曲線1: 負のx方向の容易軸
2　特性曲線2: 正のx方向の容易軸
H　磁界
R　抵抗

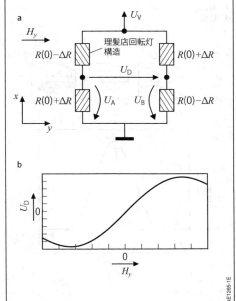

図27：理髪店回転灯構造を持つ4つのAMRセンサー素子を使用したホイートストン・ブリッジ回路
AMR素子の理髪店回転灯構造は横方向が同一
a　構造
b　特性曲線
H　磁界
U_V　供給電圧
U_A　センサー素子Aの電圧
U_B　センサー素子Bの電圧
U_D　ブリッジ電圧
ΔR　抵抗の変化

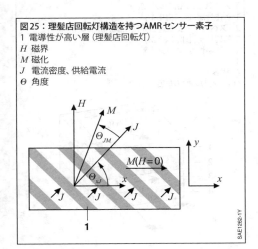

図25：理髪店回転灯構造を持つAMRセンサー素子
1　電導性が高い層（理髪店回転灯）
H　磁界
M　磁化
J　電流密度、供給電流
Θ　角度

巨大磁気抵抗効果

巨大磁気抵抗効果（GMR効果）の場合、電気抵抗Rは、非常に薄い非磁性中間層（クロムなど）によって分離された2つの隣接する強磁性層（図28、鉄またはコバルトなど）の磁化Mの方向を変化させる。AMR効果と同様に、層平面で作用する磁界のみがGMR効果に関係する。磁性層の一方における磁化Mと平行方向でのスピン依存した電子散乱（強磁性カップリング）は、2つの層の電気抵抗を最小にする（R_{min}）。その結果、2つの磁化Mの逆平行方向に（つまり反強磁性カップリング）、電気抵抗の値が最大になる（R_{max}）。複数の磁性層が使用される場合は、約6％の相対抵抗変化が得られる。

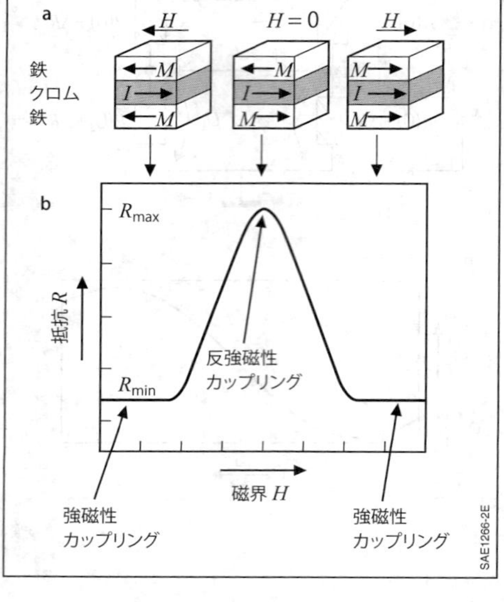

電流Iは、可能であれば磁化Mの層平面（CIP-GMR、Current-in-plane-GMR）にあるGMRセンサーを流れようとする。しかしながら、層平面に垂直な電流の流れ（CPP-GMR、Current-perpendicular-to-plane-GMR）も可能である。図28bは、釣鐘状のR（AMR効果に類似）と作用する磁界Hの関係を示す。

ここで重要な点は、電導性がある非磁性中間層の厚さが極めて小さいことであり（図28のクロムや図29の「スペーサー」、または銅も使用される）、1ナノメートル未満の領域である。

GMRセンサー素子は、しばしば小さな磁界Hで十分かつ最小の区分的線形信号を生成するためにスピンバルブとして使用される。基本構造を図29に示す。ここでは、強磁性層の磁化M_2が（反強磁性カップリングを用いた「固定相」で）保持され、軟磁性層の（「回転」）磁化M_1が外部磁界H_yに追随する。図29のM_xは、外部磁界H_yがなければM_1の方向と一致する。これによって得られる特性曲線を図30に示す。この特性曲線は、小さな磁界H_yでは少なくとも区分的に線形を示すが、それよりも高い磁界H_yではヒステリシスが発生する。GMRスピンバルブセンサーにおけるRの最大相対変化は約4%である。

図28：GMRセンサー素子の特性曲線と基本構造
a 基本構造
b 特性曲線
M 磁化
I 電流
R 抵抗
H 磁界

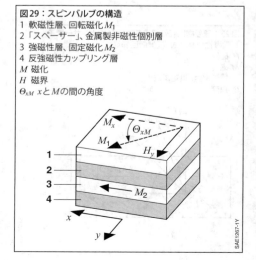

図29：スピンバルブの構造
1 軟磁性層、回転磁化M_1
2 「スペーサー」、金属製非磁性個別層
3 強磁性層、固定磁化M_2
4 反強磁性カップリング層
M 磁化
H 磁界
Θ_{xM} xとMの間の角度

GMRセンサー素子は、しばしばホイートストン・ブリッジ回路、すなわちフルブリッジとして設計される。

AMRセンサーと比較したGMRセンサーの利点は、感度 $S (= dR/dH)$ が高く、スペース要件が小さいため、表面積あたりの信号が多いことである。さらに、GMRセンサー素子のほうが小さいため高い分解能が得られる。これらの事から、角度センサーに小型の磁石を使用し、回転数センサーなどに小型の歯車を使用することが可能になる。

さらに、AMRセンサーでは180°の測定範囲しか得られないのに対して、GMRセンサーでは360°の測定範囲を持つ角度センサーが可能になる。この理由は、GMRセンサーを使用すると固定磁化の方向を個々のGMRセンサー素子に関係なく配置できるためである。

トンネル磁気抵抗効果

GMR効果と同様、トンネル磁気抵抗効果（TMR効果）の場合、電気抵抗 R は、2つの隣接する強磁性層の磁化 M の方向によって変化する。しかしながらTMRセンサーでは、一般的なCIP-GMRセンサーのように電流 I が並列に流れず（ここでは図28と比較）、トンネル効果によって電気的に絶縁された非磁性中間層に対して垂直に流れる。AMRおよびGMR効果と同様に、層平面で作用する磁界のみがTMR効果に対して関係する。

TMR技術を用いると、GMRおよびAMRセンサーに比べてはるかに小さく感度が高いセンサーを設計できる。これは、相対抵抗変化に比べて電気抵抗 R がはるかに高いためである。ここでは、$P = U^2/R$ に従って電力需要が低減される。

参考文献

[1] E. Philippow: Grundlagen der Elektrotechnik. Verlag Technik, Huss-Medien, 10th Ed., 2000.

[2] D. Zastrow: Elektrotechnik – Ein Grundlagenlehrbuch. Verlag Springer Vieweg, 19th Ed., 2014.

[3] M. Albach: Grundlagen der Elektrotechnik 1. Pearson Studium, 3rd Ed., 2011.

[4] M. Albach: Grundlagen der Elektrotechnik 2. Pearson Studium, 2nd Ed., 2011.

[5] D. Meschede: Gerthsen Physik. 25th Ed., Verlag Springer Spektrum, 2015.

[6] http://www.uni-magdeburg.de/exph/messtechnik1/Parameter_Thermoelemente.pdf.

[7] E. Kneller: Ferromagnetismus. 1st Ed., 1962; Reprint 2012, Springer-Verlag.

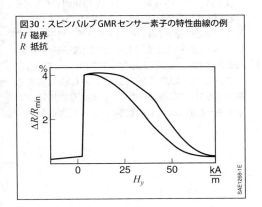

図30：スピンバルブGMRセンサー素子の特性曲線の例

電子工学

半導体技術の基礎

固体の電気伝導率

物質が伝達できる電気量は、その物質の自由電荷担体の数と移動度によって決まる。室温における固体の電気伝導率は物質によりまちまちで、最大10^{24}の広がりがある。これにより、物質は電気的に3種類に分類される。

導体(金属)

全ての固体内には、1立方センチあたりおよそ10^{22}個の原子があり、それら原子は電気力によって互いに結合している。金属には、非常に多くの自由な(結合していない)電荷担体が存在しており(原子1個に対して1〜2個の自由電子)、この自由電荷担体は、適度な移動度を持っている。金属(銀、銅、アルミニウムなど)の電気伝導率は高く、良導体では約10^6ジーメンス/cmになる。

不導体(絶縁体)

絶縁体(酸化アルミニウム、テフロン、石英ガラスなど)には、自由電荷担体がほとんど存在しない。そのため、電気伝導率はほぼゼロに近い。電気伝導率が約10^{-18}ジーメンス/cmという良質の絶縁体もある。

半導体

半導体(ゲルマニウム、シリコンおよびガリウム砒素など)の電気伝導率は、金属と絶縁体の中間に位置する。金属や絶縁体の電気伝導率とは異なり、半導体の伝導率は以下の要因に大きく影響される。
- 圧力は、電荷担体の移動度に影響する。
- 温度は、電荷担体の数および移動度に影響する。
- 光の強さは、電荷担体の数に影響する。
- 添加物の有無は、特に電荷担体の数および種類に影響する。

このような特性のため、半導体は圧力センサー、温度センサー、光センサーなどによく利用される。

半導体のドーピング

ドーピング、すなわち電気的に活性な不純物を制御しながら添加することにより、半導体の電気伝導率を厳密かつ局所的に調整することができる。ドーピングは、半導体素子の基礎である。ドーピングにより繰り返し発現させ、かつ調整可能なシリコンの電気伝導率は、10^4〜10^{-2}ジーメンス/cmである。

半導体の電気伝導率

以下は、シリコン半導体についての説明である。固体状態でのシリコンは、1個のシリコン原子とそれぞれ等間隔で隣接する4個の原子とが結晶格子を形成している。各シリコン原子は4個の価電子を持ち、隣接するシリコン原子は2個の共有電子によって結合されている。この理想状態において、シリコンは自由電荷担体を持たず、導電性がない。適切な添加物やエネルギーを加えると、この状態は大きく変化する。

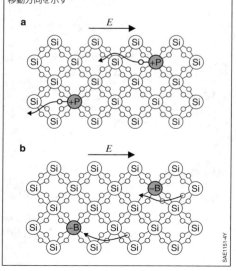

図1:ドーピング処理したシリコン
a nドーピング処理したシリコン
b pドーピング処理したシリコン
o 電子　Si シリコン　P リン　B ホウ素
E 電界
曲がった矢印は、電界Eが印加された場合の電子の移動方向を示す

電子工学 **119**

ここでは具体的な例を用いて、ドーピングについて説明する。しかしながら、この例は全ての効果を説明するものではないことに注意が必要である[2]。

n型ドーピング

シリコン格子の結合に必要な電子は4個なので、価電子数5の不純物（たとえばリン）を加えると自由電子が余る（図1aを参照）。すなわち、リン原子1個を加えると負に帯電した自由電子が1個供給され、正に帯電したリン原子核は残留する。陰電荷（電子）過多のため、シリコンはn型半導体となる（n型シリコン）。外部から電圧を印加すると、電界Eが形成され、自由電荷担体の優先的移動方向が決まる（図1）。

p型ドーピング

価電子数3の不純物（たとえばホウ素）を加えると、ホウ素原子でシリコン格子の結合を完成するには電子が1個不足するため、電子ギャップ（孔）が生じる（図1b）。このギャップは正孔あるいはホールと呼ばれ、欠落した電子を意味する。正孔はシリコン内で移動し、電子で満たされ、電子自体の正孔が残る。正孔は電界内では電子と反対方向に移動する。正孔は、あたかも正の電荷を持った自由担体のようにふるまう。すなわち、添加された1個のホウ素原子は1個の自由な正の電荷を持つ欠落電子（ホール）を供給する。このようなシリコンはp型半導体であり、p型シリコンと呼ばれる。

真性伝導

熱や光を加えた場合にも、ドーピング処理されていないシリコン内で自由電荷担体、すなわち電子／正孔対が生成され、半導体に真性伝導をもたらす。真性伝導の伝導率は、一般にドーピングによる電気伝導率より低い。温度が高くなると、電子／正孔対の数が指数関数的に増加し、ドーピング処理によってできるp領域とn領域間の電気的差異が最終的に消滅する。この現象により、半導体素子の最高作動温度が決まる。ゲルマニウム、シリコンおよびガリウム砒素の最高作動温度は、それぞれ90～100 ℃、150～200 ℃、300～350 ℃である。

n型およびp型半導体には、極性が反対の電荷担体が、少量であるが常に存在する。この少量の電荷担体が、ほとんど全ての半導体素子の特性に大きな影響を与える。

半導体のpn接合

1つの半導体結晶内にあるp領域とn領域間の境界領域を、pn接合という。この領域の特性によって、ほとんどの半導体素子の基本的特性が決まる。

外部電圧がかかっていないpn接合

p領域には非常に多くの正孔が存在するが、n領域は極端に少なく、またn領域には非常に多くの電子が存在するが、p領域は極端に少ない。密度勾配に応じて、移動可能な電荷担体はそれぞれ反対の領域に拡散される（図2b）。

負に帯電した原子芯（つまり、ホウ素原子）はその場に留まるため、正孔がn領域へと拡散することにより、pn接合領域のp領域は負電荷になる。n領域は、電子を失うことにより正電荷になる。そこには正に帯電した原子芯（たとえばリン）が過剰に存在するからである。それにより、p領域とn領域の間に電圧（拡散電圧 U_D）が生じる。この電圧は、電荷担体の移動を打ち消す方向に作用する。それにより、正孔と電子の移動が停止する。拡散の結果生じた電圧 U_D は、外部から直接測定することはできないが、シリコン内では普通0.6 V弱である。

その結果、pn接合に移動電荷担体が欠乏し、導電性の悪い領域が生じる。この領域を、空間電荷領域または空乏層という。この領域では強い電界が発生し、その強度は外部から印加された電圧にも影響される。

外部電圧がかかっているpn接合

pn接合はダイオードの構造と同じ、すなわちpドープシリコンはアノードに、nドープ領域はカソードになるため、ここではダイオードの挙動について説明する。

逆方向に電圧Uを印加すると(p領域が陰極、n領域が陽極)、空間電荷領域が広がる(図2c)。このような条件下では、少量の電荷担体によって維持される微小電流(逆電流)以外の電流Iは流れなくなる。このため空間電荷領域内の電圧Uが低下し、結果としてこの領域では強い電界が生じる。

降伏電圧とは逆方向の電圧のことであり、電圧がわずかに上昇してその値を超過するだけで逆電量が急激に増加する(図3)。この現象は、次のように説明できる。電子が空間電荷領域に達すると、強い電界の力によって急激に加速される。これにより電子間で衝突が起こり、自由電荷担体が生成される。この現象は、衝突電離とも呼ばれる。その結果、電子流がなだれのように急増して電子なだれを引き起こす。この電子なだれの他に、トンネル効果に起因するツェナー降伏も良く知られている。pn接合の場合は降伏が接合を破壊することがあるため、望ましくない。しかしながら、多くの場合は降伏現象は望ましい現象である。電子なだれおよびツェナー降伏は、ダイオードが逆方向に作動するときにのみ発生する。

順方向に電圧Uを印加すると(p領域が陽極、n領域が陰極)、空間電荷領域が減少する(図2d)。空間電荷領域による抵抗が消滅するため、電荷担体がpn接合面に溢れだして大量の電子が順方向(図3)に流れる。作用するものはバルク抵抗、すなわちドーピング層によるオーム抵抗だけである。電流Iは、Uに依存する形で指数関数的に上昇する。しかしながら、注意すべき現象は高温のために半導体が破壊に至ることがある「熱降伏」である。この現象は、たとえば、ダイオードに順方向の許容値以上の電流が流れた場合に発生する。

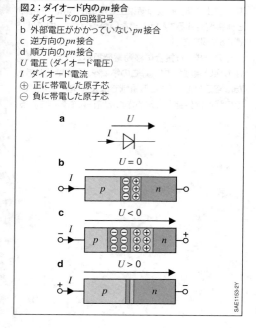

図2：ダイオード内のpn接合
a ダイオードの回路記号
b 外部電圧がかかっていないpn接合
c 逆方向のpn接合
d 順方向のpn接合
U 電圧(ダイオード電圧)
I ダイオード電流
⊕ 正に帯電した原子芯
⊖ 負に帯電した原子芯

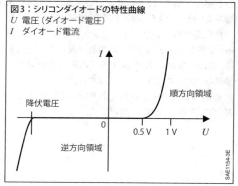

図3：シリコンダイオードの特性曲線
U 電圧(ダイオード電圧)
I ダイオード電流

電子工学 **121**

半導体素子

　pn接合の特性を利用したり、単一の半導体結晶基板（チップ）上の複数のpn接合を組み合わせたりすることで、小型で丈夫、かつ廉価で信頼性の高い半導体素子の開発ならびに多様化の基礎となる。pn接合は、単体ではダイオードを形成し、2つのpn接合の場合はトランジスターを構成する。プレーナー技術を用いてそのような多数の機能素子を1枚のチップに集積することで、重要な集積回路群を作ることができる。通常、数平方ミリメートルのサイズの半導体チップは、規格化されたケース（金属、セラミック、プラスチック）に収められている。

ダイオード

　ダイオードは、単体のpn接合の半導体素子である。ダイオードの特性は、結晶内のドーパント（不純物）の拡散パターンによって決まる。1 A以上の電流が順方向に流れるダイオードは、多くの場合、パワーダイオードと呼ばれる。

整流ダイオード

　整流ダイオードは電流栓として作動するもので、交流の整流に適した素子である。順方向の電流は、逆方向の電流（逆電流）より約10^7倍大きくすることができる（図3）。温度が上昇すると、逆電流は大幅に増加する。

　ダイオードは、電圧接続が誤っている場合に電流を防止するための極性反転防止ダイオードとしても使用できる。また、フリーホイールダイオードとして使用することも一般的である。

高逆電圧整流ダイオード

　整流器の場合、空間電荷領域では電圧が低下する。空間電荷領域の大きさは、通常は数マイクロメーターに過ぎないため、大きな逆電流により、強い電界が生じ、自由電子が急激に加速される。加速された電子は半導体を破壊することがある（なだれ降伏）。この現象を回避するためには、p層とn層の間に真性層（真性伝導層）を組み込むことが有効であることが実証されている。真性層には自由電子が少なく、従って降伏のリスクが回避されるからである。

スイッチングダイオード

　スイッチングダイオードは、主として高インピーダンスから低インピーダンスまたはその逆の高速切換えに使用される。基材に金を追加拡散することによって、切換え時間をさらに短縮することができる（金は電子と正孔の再結合を促進する）。スイッチング中に、それに従って空間電荷領域が再充電される必要がある。遮断状態から導電状態へのスイッチング中には、最初は無電荷の空間電荷領域が電荷で満たされ、順方向回復時間となる。したがって、ダイオードが遮断状態へと遷移すると、空間電荷領域にある（過剰な）電荷担体が除去されなければならない。これに必要な時間は、逆方向回復時間と呼ばれる。したがって、バイポーラトランジスターでは、高速スイッチングが必要な場合に飽和（$U_{CE} < 0.2$ V）が極めて重要となる。貯蔵電荷または最大逆電流も、多くの場合、ここで指定される。

　順方向出力損失（順方向電圧時間電流）とスイッチング出力損失は区別される。数百ヘルツまでの低周波数では順方向出力損失が優勢であるが、より高い周波数では、スイッチング出力損失の方が徐々に優勢となる。

パワーダイオード

　スイッチングダイオードと比較してパワーダイオードは、より高い電流（> 1 A）および高い逆電圧（1 kV以下）向けの構造である。このような需要は、順方向出力損失が小さい方が望ましい場合に、高い電流と高い（逆）電圧が発生するという、パワーエレクトロニクスの状況から生まれる。したがって、パワーダイオードには、（逆電圧が高い場合の整流ダイオードと同様に）しばしば、pドーピング処理領域とnドーピング処理領域の間に、低濃度でドーピング処理された「中間層」が存在する。つまり、ピン構造（pドーピング処理、未ドーピング処理または真性、nドーピング処理）である。空間電荷領域は、低濃度でドーピング処理された領域でさらに拡張可能であり、したがって、p領域とn領域でドーピングを低減することなく、（逆）電圧をさらに高めることができる。

ここでは、純シリコンダイオードの他に、炭化ケイ素（SiC）ベースのショットキーダイオードも使用される。これらのダイオードは、0.8 Vの順方向電圧を示すが、最大逆電圧はわずか2 kVである。さらに、SiCダイオードは、より高温（最大200 ℃）で作動することもできる。

フリーホイールダイオード

誘導電圧はdI/dtに比例するため、インダクタンスによる電流の高速スイッチング中には、高電圧が発生する場合がある。フリーホイール（フライバック）ダイオードは、パワートランジスター（例：MOSFETまたはIGBT）などのコンポーネントへの損傷を防ぐために使用されることが多い。この場合、電流が急に遮断されることはなく、フリーホイールダイオード経由で流れ続けるため、高い誘導電圧が防止される。

ツェナーダイオード

ツェナーダイオードは、逆電圧が上昇して一定の値に達すると、ツェナー降伏またはなだれ降伏により電流を急激に流す性質を持った半導体ダイオードである。この現象は、ツェナー降伏および／または電子なだれの結果である。ツェナーダイオードは、この降伏領域で継続的に作動するように設計されている。また、しばしば、定電圧または標準電圧を供給するために使用される。

可変容量ダイオード（バラクター）

pn接合の空間電荷領域は、コンデンサーのように働く。すなわち、電荷担体を失った半導体物質が誘電体として働く。印加電圧が高くなると空乏層が広がり、容量が減少する。また、電圧を下げると容量は増加する。

ショットキーバリアーダイオード（ショットキーダイオード）

ショットキーダイオードは、金属と半導体の接合を有する。電子はn型シリコンから金属に向かう傾向が逆方向の傾向よりも強いため、半導体内に電子が欠乏した境界層が生じる。これがショットキーバリアーである。電荷は電子だけが運ぶ。少数担体の注入が発生しないため、極めて高速なスイッチングとなる（空間電荷領域内の余剰電荷担体が減少する）。ショットキーダイオードの順方向電圧および電圧降下は約0.3 Vで、シリコンダイオード（約0.6 V）より小さ

い。スイッチングが高速で、損失が比較的小さいため、ショットキーダイオードは、高周波回路からマイクロ波領域にまで使用されている。

太陽電池セル

光発電とは、光エネルギーを電気エネルギーに直接変換することをいう。光発電のコンポーネントは、主として半導体物質で構成される太陽電池である。太陽電池が光を受けると、半導体物質内に自由電荷担体（電子／正孔対）が生成される。半導体にpn接合があると、自由電荷担体は電界で分離し、半導体表面の金属接点へ移動する。半導体物質の種類に応じて、接点間に0.5 〜 1.2 Vの直流電圧（光起電力）が発生する。これは、少なくとも1個の電子／正孔対の生成に必要なエネルギーが光量に含まれる場合にのみ生じる。このエネルギーは周波数に比例し、光の波長に反比例する。結晶シリコン太陽電池の理論的効率レベルは約30 ％である。

フォトダイオード

フォトダイオードは、光起電力効果を利用する。pn接合に逆電圧が印加される。光が入射すると、自由電子と正孔が生成される。その結果、光量に比例した逆電流（光起電力電流）が増加する。このように、フォトダイオードはその原理が太陽電池セルに非常によく似ている。

発光ダイオード

発光ダイオード（LED）は、電界発光素子である。LEDはpn接合の半導体で構成される。順方向に作用しているときは、電荷担体（自由電子と正孔）が再結合する。そのときに放出されるエネルギー量が、電磁放射エネルギーに変換される。

選択された半導体およびドーピングに応じて、発光ダイオードは特定のスペクトル域で発光する。よく使われる半導体材料は、ガリウム砒素（赤外線）、ガリウム砒素リン（赤〜黄色光）、ガリウムリン（緑色光）、窒化インジウムガリウム（青色光）がある。白色光を作るには、3原色の赤、緑、青を組み合わせるか、あるいは青または紫外線放射発光ダイオードで蛍光塗料を刺激する。今日のLEDの最大発光効率は300 lm/Wを超えており、その達成可能な最大値は約350 lm/Wである。ここでは、人間の目が感じられるスペクトル

のみが考慮されている（測光量「光束」の単位はルーメン (lm)）。

OLED

OLEDとは、「Organic Light-Emitting Diode：（有機発光ダイオード）」の略語である。OLEDは、極めて薄い2次元の光源で、その多くは、眩しさのない柔らかい光を発するため、はっきりした影を落とさない。OLEDは、近似的ランベルトエミッターである。つまり、その明るさは、どの角度から見ても常に均一である。形状の寸法が小さいことにも注目すべきである。すなわち、OLEDの厚さは、ガラス基板と封入材を含めても2 mm未満である。もう1つの特殊性は、極度の平面構造が持つ柔軟性により、発色性の高い光の特性に加え、さらに多くの用途が考えられることである。

広域スペクトルを持つ、眩しくない大面積エミッターとしてのOLEDは、車両内部での使用に特に適している。作動方式は定電流動作であるため、時間の経過が原因の劣化、温度、または製造上のばらつきによる光の変化は最小限に抑えられる。OLEDは、パルス幅変調などによって暗くすることができる。

OLEDの製造時には、数多くの薄い有機半導体層が導電基板上に連続して配置される（スタックの形成）。これらの層により、高分子の物質または「小分子の材料」が非晶質層として形成される。

そして、両面の有機層を覆う、導電性の透明な電極が使用される。酸化インジウムスズ (ITO) などの酸化物が、これらの電極の材料として使用される。電気伝導率が理想的ではないため、能動層では外側から内側に向かって電圧が低下し、それに対応して、光の強さが外側から内側に向かって低下する。この問題の対策の1つは、導電性の高い材質を使用した補助構造を使用することである。ただし、光の強さの均一性は多層構造（スタッキング）により改善することができる。

OLEDの最大発光効率は、現在、約100 lm/Wあり、依然としてLEDより大幅に低い。ただし、実用寿命にも留意する必要がある。動作電流が高いと寿命は短くなり、その結果、光出力が増加する。

レーザー LED

新しい照明装置では、半導体ベースのレーザー光源であるレーザー LEDの使用が増加している。これは、非常に高輝度（LEDと比較して約4倍）の小型スポットライトである。ここでは、最初に生成される青いレーザー光線（$\lambda \approx 450$ nm）はヘッドランプから出ることはなく、発光材料（セラミック製高出力材料）によって、色温度が約5,500 Kの可視白色光に変換されることに注意が必要である。このため、極めて広範囲（最大600 m）の光円錐を、非常に小さい光学用レンズで実現することができる。これにより、光出力の高い小型ヘッドランプの製造が可能になる。レーザー LEDの性能は、これらの発光材料とその光学特性に決定的に左右される。現在ではハイブリッド光コンセプトが適用されることが多く、LEDとレーザー LEDがそれぞれ、走行用ランプおよびハイビームランプとして使用される。

バイポーラトランジスター

隣接する2つのpn接合がトランジスター効果をもたらし、電気信号の増幅やスイッチング回路に使われる素子となる。バイポーラトランジスターは、導電率の異なる3つの層（pnpまたはnpn）で構成される。それぞれの領域（およびその端子）をエミッター（E）、ベース（B）およびコレクター（C）という（図4）。

バイポーラトランジスターは用途によって、小信号トランジスター（電力消費が1ワット以下）、パワートランジスター、スイッチングトランジスター、低周波トランジスター、高周波トランジスター、マイクロ波トランジスター、フォトトランジスターなどに分類される。バイポーラトランジスターは、2種類の電荷担体（正孔および電子）を利用することから、こう呼ばれている。

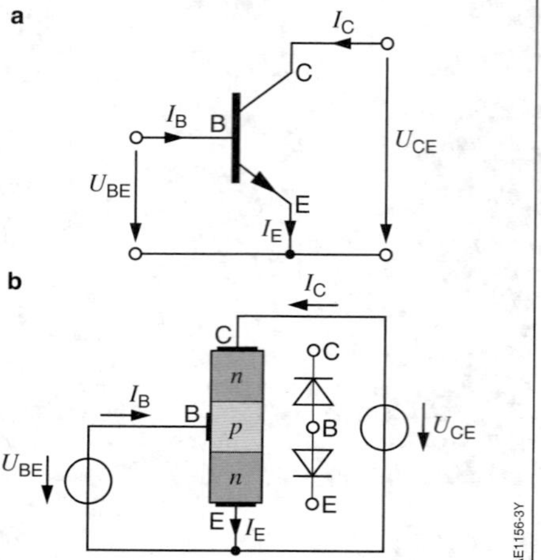

バイポーラトランジスターの作動原理

ここではnpn型トランジスターを例に、バイポーラトランジスターの作動原理を説明する（図5）。pnpトランジスターは、n型とp型のドーピング領域を入れ替えることで同様に作られる。ベースとエミッターの接合は順方向バイアスであり、図4bにベース（B）とエミッター（E）の間のダイオードとして示した。十分な電圧U_{BE}が印加されると、電子がベース領域に注入され、ベース電流が流れる。

ベースとコレクターの接合は逆方向バイアスであり、図4bにベース（B）とコレクター（C）の間のダイオードとして示した。これにより、ベースとコレクターの間のpn接合に強い電界を持つ空間電荷領域が形成される。

ベースとエミッター間のダイオードは順方向バイアスであるため、電子で構成される大量の電流がエミッターからベースへ流れる。しかしながら、ここではそのごく一部が（極めてわずかに）存在する正孔と再結合し、ベース電流I_Bとしてベース端子から流出できるだけなので、図4では電流の方向を技術的に示した（すなわち、正の電荷担体の移動方向を示した）点に注意する必要がある。ベースに注入された電子の大部分はベース領域内で拡散し、ベースとコレクターの接合部に達し、そこからコレクター電流I_Cとしてコレクターへ流れる（図5）。ベース・コレクターダイオードは逆方向に作動し、空間電荷領域が支配的である

図4：npn型トランジスター
a 回路図
b 構造
E エミッター
B ベース
C コレクター
U_{BE} ベース・エミッター電圧
U_{CE} コレクター・エミッター電圧
I_B ベース電流
I_C コレクター電流
I_E エミッター電流

図5：npn型トランジスターの作動原理
E エミッター
B ベース
C コレクター
U_{BE} ベース・エミッター電圧
U_{CE} コレクター・エミッター電圧
I_B ベース電流
I_C コレクター電流
I_E エミッター電流

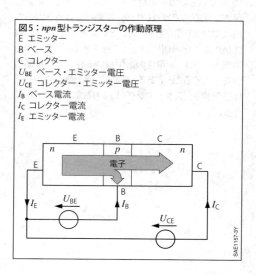

ため、エミッターから流れる電子のほとんど全て（約99 %）は、空間電荷領域の強い電界によりコレクターに「吸引」される。コレクター電流I_Cとベース電流I_Bとの間には、近似的に直線的な関係が存在する。

$$I_C = B \, I_B$$

ここでBは、一般に100 〜 800の範囲にある電流増幅率である。バイポーラトランジスター内では、この関係はエミッター電流I_Eにも該当する（図4および図5を参照）。

$$I_E = I_B + I_C$$

I_Bは、電流増幅率Bに基づきI_Cよりはるかに小さいと仮定すると、以下が得られる。

$$I_E \approx I_C$$

極めて薄い（かつ比較的低濃度でドーピング処理された）ベースは、エミッターからコレクターに流れる電荷担体に対して、ベース・エミッター電圧U_{BE}により調整可能なバリアーとして作用する。U_{BE}およびベース電流I_Bをわずかに変化させると、コレクター電流I_Cおよびコレクター・エミッター電圧U_{CE}をより大きく制御することができる。そのようにして、ベース電流I_Bの小さな変化がエミッター・コレクター電流I_Cの大きな変化を生み出す。npn型トランジスターはバイポーラ電流制御の半導体増幅素子であり、出力を増幅する。

図6にnpn型トランジスターの出力特性曲線を示す。約0.2 VのU_{CE}の飽和電圧以降、コレクター電流I_Cはほぼパラメーターとしてのベース電流I_Bにのみ依存するが、この領域は「活性領域」と呼ばれる。その際、U_{CE}はI_Cに対してほとんど影響を及ぼさず、以下が成り立つ。

$$I_C = B \, I_B$$

飽和電圧を下回る領域は「飽和領域」と呼ばれる。この領域では、I_CはU_{CE}と共に急激に上昇する。

ダーリントントランジスター

電流増幅を高める場合に、2つのバイポーラトランジスターのダーリントン配置がよく使用される。相互接続された2つのトランジスターもダーリントントランジスターと呼ばれる（図7）。トランジスターT_1（エミッターフォロワーとしての）がトランジスターT_2を切り換えることにより、非常に高い合計電流増幅β（最大50,000）が、2つのトランジスターT_1およびT_2の2つの電流増幅の積として実現される（$\beta = \beta_1 \cdot \beta_2$（$\approx I_{C2}/I_{B1}$））。パワーバイポーラトランジスター（$\beta \approx 5 \sim 10$）に比べて電流増幅がはるかに高くなるため、作動電流ははるかに低くなる。

ダーリントントランジスターは、電圧（負荷がかからない）が、可能な限り高い負荷（つまり、電流）をスイッチングする場合に使用される。入力（T_1の底部への作動電流I_{B1}）および出力（T_2内のコレクター電流I_{C2}）の間の位相ずれのために、ダーリントントランジスターが適しているのは、比較的低い周波数のみである。したがってこの回路は、高周波回路では使用されない。その主な理由は、抵抗Rを介してT_2底部の余剰電流を除去することによるT_2の切り換えに必要な時間である。選択したRが小さすぎる場合は、合計電流増幅βが減少する。

図6：npn型トランジスターの出力特性曲線
U_{CE} コレクター・エミッター電圧
I_C コレクター電流
I_B 特性曲線のパラメーターとしてのベース電流

飽和領域
活性領域
コレクター電流 I_C
I_B
コレクター・エミッター電圧 U_{CE}

SAE1160-1E

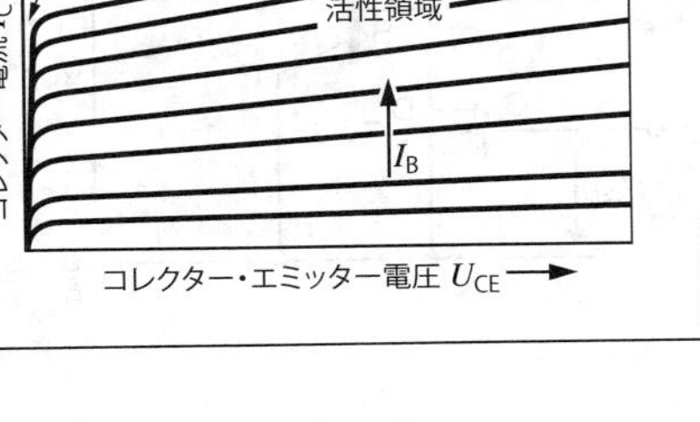

もう1つの難点は、1.2〜1.4 Vの入力電圧である。これは、単純なバイポーラトランジスターの場合の2倍である。T_2での順方向電圧U_{CE2}は、U_{BE2}増加して約0.9 V(単純なバイポーラトランジスター(ここではU_{CE1})の飽和電圧0.2 Vに比べて)、またはパワータイプの場合は約2 Vとなる。その結果、損失が増加する(比例的に$U_{CE2} \cdot I_{C2}$)。

ダイオードD_3は、誘導負荷のフリーホイールダイオードであり、これによって、T_2のエミッターとコレクターの間の高電圧が防止される。

IGBT

絶縁ゲート型バイポーラトランジスター(IGBT)は、電流が3 kA以下および電圧が3 kV以下の中出力領域における重要なスイッチング素子である。IGBTの特徴は、スイッチング出力損失が比較的低く、効率が高いことである。

IGBTは、低電力、電圧制御作動のMOSFET(図8のT_1、電界効果トランジスターを参照)の利点と、出力時の順方向電圧が比較的低いパワーバイポーラトランジスターT_2の利点を併せ持っている。図8では、電圧U_{GE}をMOSトランジスターT_1で使用して、pnpバイポーラトランジスターT_2をオンにしている。これにより、比較的低い順方向電圧U_{CE}の出力電流I_Cが送出される。飽和電圧U_{CESAT}は2〜3 Vの範囲内である。

低濃度のドーピングにより、スイッチオフ時には電流が曲線状に減衰するため、スイッチング周波数は制限され、出力レベルが低い場合は、原則として20 kHzから最大100 kHzまでである。

電界効果トランジスター

電界効果トランジスター(FET)の電流の制御は、主に制御電極(ゲート)に印加された電圧が生成するチャネルの電界によって行われる(図9)。バイポーラトランジスターとは異なり、電界効果トランジスターは1種類の電荷担体(電子または正孔)のみを使用するため、ユニポーラトランジスターとも呼ばれる。電界効果トランジスターは、接合型電界効果トランジスター(ジャンクションFET、JFET)と絶縁ゲート型電界効果トランジスターがあり、特にMOS電界効果トランジスター(MOSFETまたはMOSトランジスター)に分類される。

MOS電界効果トランジスターは、高集積回路に適している。パワー電界効果トランジスター(パワーFET)は、バイポーラパワートランジスターの代替品として需要が伸びている。

バイポーラトランジスターおよび電界効果トランジスターの利点は、抵抗が小さく(低損失の場合)、制御パワーが比較的小さいことであり、パワーエレクトロニクス分野では「絶縁ゲート型バイポーラトランジスター」(IGBT)に利用されている。

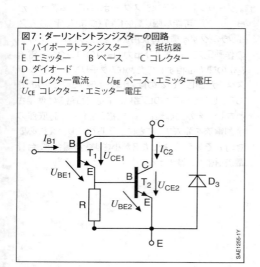

図7:ダーリントントランジスターの回路
T バイポーラトランジスター　　R 抵抗器
E エミッター　　B ベース　　C コレクター
D ダイオード
I_C コレクター電流　　U_{BE} ベース・エミッター電圧
U_{CE} コレクター・エミッター電圧

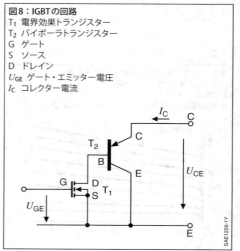

図8:IGBTの回路
T_1 電界効果トランジスター
T_2 バイポーラトランジスター
G ゲート
S ソース
D ドレイン
U_{GE} ゲート・エミッター電圧
I_C コレクター電流

接合型電界効果トランジスターの作動原理

nチャネル型を例に、接合型FETの作動原理を説明する(図9)。電界効果トランジスターの端子は、ゲート(G)、ソース(S)、ドレイン(D)である。

直流電圧U_{DS}をn型結晶の末端にかけると、電子はソースからチャネルを通りドレインに流れる。チャネルの幅は、横に並んだ2つの拡散p型領域と、ゲート・ソース間の負電圧U_{GS}によって決まる。その結果、制御電極(ゲートG)とソース端子の間の電圧U_{GS}は、ソースとドレインの間の電流I_Dを制御する。

電界効果トランジスターの作動には、一方の極性の電荷担体しか必要がなく、電流を制御するための電力は、事実上ゼロである。つまり、接合型FETはユニポーラ電圧制御素子である。U_{GS}が上昇すると、空間電荷領域がチャネル領域まで広がり、そのためにチャネルおよび電流経路が狭くなる(図9の破線部を参照)。制御電極の電圧U_{GS}がゼロになると、2つのp領域間のチャネルが狭くなることはなく、ドレインからソースへと流れる電流I_Dは最大になる。

その伝達特性曲線(すなわち、I_DとU_{GS}の関係)は、図11cに示すノーマリーオン型nチャネルMOSFETの特性曲線に酷似している。

MOSトランジスターの作動原理

ノーマリーオフ型nチャネルMOSFET(エンハンスメント型)を例に、MOSトランジスター(金属酸化膜半導体)の作動原理を説明する(図10)。ゲート電極に電圧がかかっていないときは、pn接合は遮断されており、ソースとドレイン間に電流は流れない。ゲートに正電圧がかかると、このゲート電極下のp領域内における静電誘導により正孔が結晶内部へ入り込み、電子(少数電荷担体としてp型シリコン内に常に存在)は結晶の表面に引き寄せられ、表面下に薄いn層(nチャネル)が形成される。すると、電流は2つのn領域(ソース域とドレイン域)間を流れる。この電流は、電子のみで構成される。ゲート電圧は絶縁酸化物層に印加されるため、ゲートに静電流は流れず、電力がなくても制御が行われる。電力は、ゲート容量を充電するためのオン/オフに限って必要となる。つまり、MOSトランジスターはユニポーラ電圧制御素子である。

図9：n型チャネルを持つ絶縁ゲート型FET
a 回路図
b 構造
ソース端子とドレイン端子周囲の明るい部分はチャネルより強くドーピング処理されている領域
G ゲート   S ソース   D ドレイン
U_{DS} ドレイン・ソース電圧
U_{GS} ゲート・ソース電圧
I_D ドレイン電流

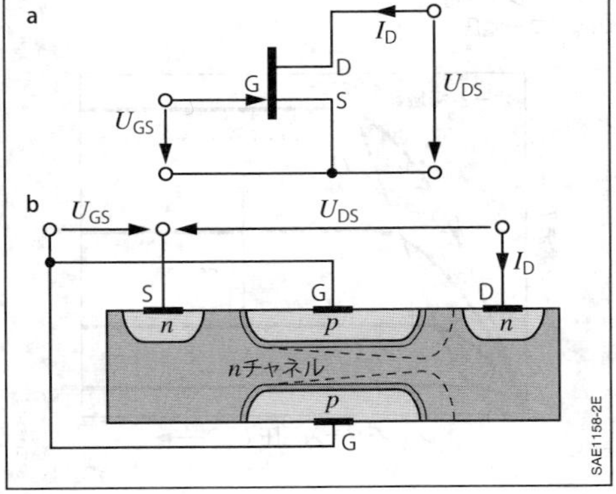

図10：n型チャネルMOSFETの断面図
S ソース   G ゲート   D ドレイン
U_{DS} ドレイン・ソース電圧
U_{GS} ゲート・ソース電圧
I_D ドレイン電流

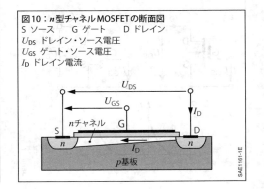

ノーマリーオン型nチャネルMOSFET（デプレッション型、図11a）の場合、ゲート・ソース電圧U_{GS}は負のしきい電圧U_Tと0ボルトの間にある（図11c）。U_{GS}＝0Vのとき、ノーマリーオン型nチャネルMOSFETは、ゲート下に電流を通すためのチャネルを作る。図11cはI_Dと電圧U_{GS}の関係を示しているが、ここでは活性領域に十分かつ一定量のU_{DS}が存在するときに回路が作動する。伝達特性曲線は、放物線となる。これとは逆に、ノーマリーオフ型nチャネルMOSFET（図11b）は、正のしきい電圧U_T^*が＞0Vになって初めて電流を通す（図11cを参照）。ノーマリーオフ型MOSFETは、ノーマリーオン型MOSFETよりはるかに需要が高い。

図12に、ノーマリーオフ型nチャネルMOSFETの出力特性曲線を示す。ニー（knee-point）電圧U_Kを下回る領域、つまり$U_{DS} < U_K$のときは、特性曲線が直線となるため、線形領域またはオーム領域と呼ばれ、この領域では、MOSFETはオーム抵抗のように機能する。ニー電圧U_Kを超過する領域、すなわち$U_{DS} > U_K$のときは、出力電流I_Dはドレイン・ソース電圧U_{DS}の影響をほとんど受けない。この領域を、カットオフ領域と呼ぶ。I_Dの数値には、ゲート・ソース電圧U_{GS}のみが影響する。この関係は、以下の式で表すことができる。

$$I_D = 0.5\,K\,(U_{GS} - U_T)^2$$

ここでKは比例値（特に技術的数値に影響される）、U_Tはしきい電圧を意味する。しきい電圧とは、その値を超えるとトランジスターが通電状態になる、すなわちチャネルが形成される電圧をいう（図11cを参照）。

PMOS、NMOS、CMOSトランジスター

nチャネルMOSFET（NMOSトランジスター）の他に、ドーピングを変えたPMOSトランジスターが存在する。NMOSトランジスターは電子の移動度が高く、製造が容易であるため先に実用化されたPMOSトランジスターより高速に機能する。

PMOSトランジスターとNMOSトランジスターをペアで1枚のシリコンチップに搭載したものは、相補型MOS（CMOS）技術と呼ばれ、このようにして作られたものを相補型MOSトランジスター（CMOSトランジスター、図13）という。CMOSトランジスターの利点は、電力損失が極めて少なく、耐ノイズ性が高いこと、および供給電圧の変化に過敏ではなく、アナログ信号処理および高集積化に適していることである[2]。

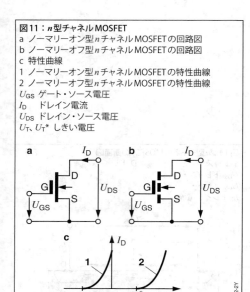

図11：n型チャネルMOSFET
a ノーマリーオン型nチャネルMOSFETの回路図
b ノーマリーオフ型nチャネルMOSFETの回路図
c 特性曲線
1 ノーマリーオン型nチャネルMOSFETの特性曲線
2 ノーマリーオフ型nチャネルMOSFETの特性曲線
U_{GS} ゲート・ソース電圧
I_D ドレイン電流
U_{DS} ドレイン・ソース電圧
U_T, U_T^* しきい電圧

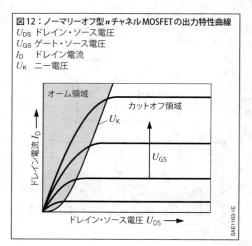

図12：ノーマリーオフ型nチャネルMOSFETの出力特性曲線
U_{DS} ドレイン・ソース電圧
U_{GS} ゲート・ソース電圧
I_D ドレイン電流
U_K ニー電圧

BCDハイブリッド技術

パワーエレクトロニクス分野において、集積構造の重要性が高まっている。集積構造は、単体のシリコンチップ上にバイポーラ素子とMOS素子を搭載したもので、両者の特性を利用することができる。MOSパワー素子 (DMOS) の製造が可能な製造施設ではBCDハイブリッド技術も製造することができ、自動車の電子工学において重要な役割を果たしている。BCDハイブリッド技術は、バイポーラ、CMOS、DMOSの各技術を組み合わせたものである [2]。

オペアンプ (演算増幅器)

オペアンプの用途

「オペアンプ (演算増幅器)」(OPA) という名称は、アナログ演算技術に由来し、(ほぼ) 理想的な増幅器を意味する。オペアンプは、その特性から、特にアナログ演算機で非線形微分方程式を解くために、つまり、加算器、積分器、微分器として利用された。デジタル電子工学の急速な発展に伴い、アナログ演算機は次第に市場から姿を消し、今日ではその役割を完全に失っている。

今日では、マイクロエレクトロニクス回路にアナログ演算機を組み込んだオペアンプが極めて低価格で市場に提供されるようになったため、増幅器の用途が大幅に拡大している。要求される特性を実現するため、集積回路の形態をとるオペアンプにはいくつかの (必要に応じ10〜250個の) トランジスターを搭載しているが、集積化においてトランジスターの数は大きな意味を持たない。

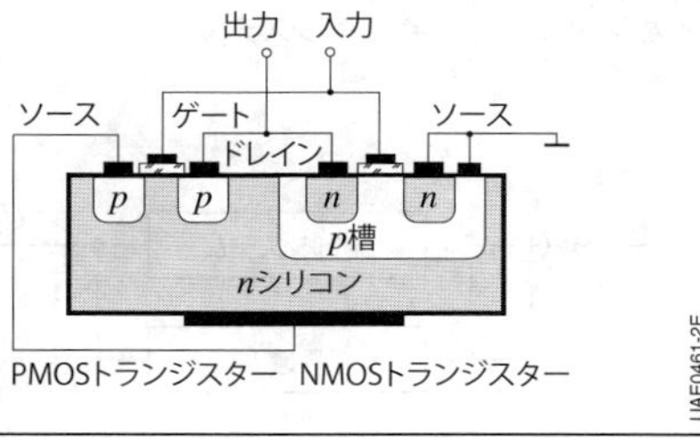

理想オペアンプの作動原理について、まず電圧の入力端子と出力端子を持つ「標準的」なオペアンプ (VVオペアンプ) から説明し、その用途を示すことにする。次に、実際の (非理想的な) 特性について詳しく述べ、実現すべき回路に対するその影響を検討する。

基本原理

理想的な標準オペアンプは、2個の入力端子と (通常は) 1個の出力端子を持つ増幅器である (図14)。入力端子は、非反転入力端子と反転入力端子である。電位差 U_D は増幅され、出力電圧 U_A として出力される。以下の関係が成り立つ。

$$U_A = A_D\, U_D$$

A_D は、開ループ利得である。オペアンプは、グラウンド電位の関係で正と負の電源端子と接続される。ユニポーラ電源の場合は、負の電源端子がグラウンド電位となることがある。通常、回路図に電源電圧は記載されない。しかしながら、電源電圧はオペアンプの電源供給を確保するために必要である。

図13：CMOSインバーター (PMOSおよびNMOS技術を利用)

図14：オペアンプの原理図
＋ 非反転増幅器の入力
− 反転増幅器の入力
U_D 入力電位
U_P と U_N の電位差、以下の関係が成り立つ
$U_D = U_P - U_N$
U_A 出力
U_{CC} 正電源
U_E 負電源

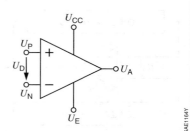

オペアンプの種類としては、以下が一般的である（図15）。
- 電圧入力端子と電圧出力端子を持つ「標準」オペアンプ（VVオペアンプ）。
- 電圧入力端子と電流出力端子を持つトランスコンダクタンス増幅器（VCオペアンプ）。
- 電流入力端子と電圧出力端子を持つトランスインピーダンス増幅器（CVオペアンプ）。
- 電流入力端子と電流出力端子を持つ電流増幅器（CCオペアンプ）。

通常は、以下に説明するVVオペアンプを使用する。オペアンプの機能については回路の配置が重要な意味を持つため、まずそれについて説明する。その際、正帰還（ポジティブフィードバック）と負帰還（ネガティブフィードバック）を区別することが重要である。さらに、相互関係を理解するためには理想オペアンプから説明を始める必要がある。

スイッチング：負帰還と正帰還

負帰還（ネガティブフィードバック）は、原因を抑制するように働く。そのため、オペアンプの場合は出力端子と反転入力端子を接続する（図16）。この接続は、ネットワークによって実現できる。出力電圧 U_A の変化の原因は常に入力端子の電位差 U_D にあるため、負帰還は常に電圧 U_D が極めて小さくなるように、理想的な場合はゼロになるように働く。

正帰還（ポジティブフィードバック）は負帰還とは異なり、出力部における電圧変化の原因を支援する。このため、U_A は正帰還により増幅される。つまり U_D は、U_A の変化とともに増加し、常にゼロとはならない。その結果、出力電圧 U_A は2つの定数、すなわち最大値と最小値しかとらない。

制御技術の観点から考えると、図17のオペアンプとフィードバックから負帰還が導き出される。高い利得 A_D を考慮すると、以下の式が得られる。

図15：オペアンプの種類（原理図）
a 電圧入力と電圧出力を持つ標準オペアンプ（VV）
b 電圧入力と電流出力を持つトランスコンダクタンス増幅器（VC）
c 電流入力と電圧出力を持つトランスインピーダンス増幅器（CV）
d 電流入力と電流出力を持つ電流増幅器（CC）

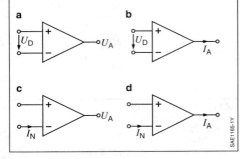

図16：負帰還と正帰還
U_D 電位差
U_A 出力電圧

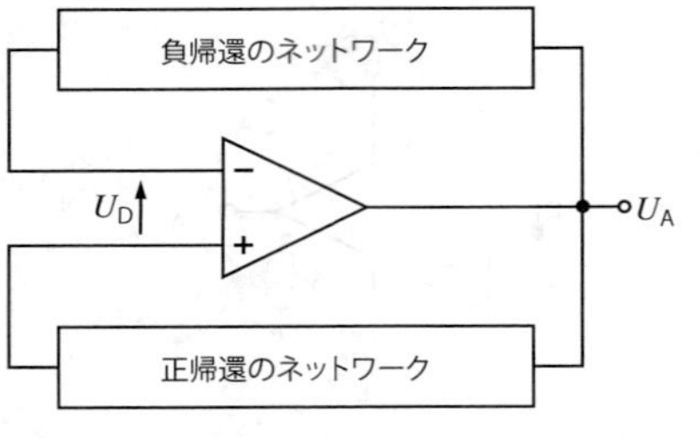

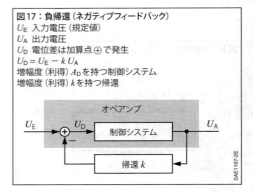

図17：負帰還（ネガティブフィードバック）
U_E 入力電圧（規定値）
U_A 出力電圧
U_D 電位差は加算点 ⊕ で発生
$U_D = U_E - k U_A$
増幅度（利得）A_D を持つ制御システム
増幅度（利得）k を持つ帰還

$U_A = A_D U_D = A_D (U_E - k U_A)$

また総利得については、以下のようになる。

$A = \dfrac{U_A}{U_E} = \dfrac{A_D}{1 + k A_D} \approx \dfrac{1}{k}$

これらから、オペアンプ部の開ループ利得 A_D が極めて高いにもかかわらず、負帰還（ネガティブフィードバック）ネットワークにより最終利得 A が調整できることが明らかになる。これについては、以下の例で詳しく説明する。

理想オペアンプと実際のオペアンプ

最初に、理想オペアンプの概要を図18に示す。詳細については[1]を参照すること。
- 各入力端子とグラウンド間の同相入力抵抗については、以下が成り立つ。
  $r_{GL\_P} = U_P/I_P ; r_{GL\_N} = U_N/I_N$
  一般的には、r_{GL} は無視できる。
- 2つの入力端子間の差動入力抵抗については、以下が成り立つ。
  $r_D = (U_P - U_N)/I_P$
  負帰還により、r_D が増大する。
- 出力抵抗、差動値
  $r_A = dU_A/dI_A$
  r_A は負帰還により低下する。
- オフセット電圧 U_{OS}：2つの入力端子間に短絡が発生しても（つまり $U_D=0$）、出力電圧 U_A がゼロにならないという事実を説明するためのパラメーター。
- 同相信号除去比（CMRR）：これは、入力電圧 U_P と U_N が同時に（周期的入力信号が同相の場合）変化したとき、つまり U_D が一定であるときの出力電圧 U_A の変化を示す。
- 電源電圧変動除去比（PSRR）：電源電圧の変化による出力電圧 U_A の変化のこと。

理想化のための主な条件は、以下の通りである。
- 開ループ利得 A_D が無限大になるとすると、負帰還の場合は以下が成り立つ。$U_D = 0$
- 入力電流 I_N および I_P は、それぞれ限りなくゼロに近づく。
- I_N および I_P がそれぞれ限りなくゼロに近づくと、同相入力抵抗および差動入力抵抗は無限大になる。
- オフセット電圧 U_{OS} は、限りなくゼロに近づく。
- 出力抵抗 R_A は、限りなくゼロに近づく。
- 同相信号除去比（CMRR）が無限大になる。つまり、電圧 U_P と U_N が同じ量だけ同相で変化しても、U_A は変化しない。
- 電源電圧変動除去比（PSRR）は無限大になる。つまり、電源電圧が変化しても、U_A は変化しない。
- この挙動は周波数の影響を受けない。

現実には、上記の理想条件が完全に満たされることはない。
- 開ループ利得 A_D は、$10^4 \sim 10^7$ の範囲にある。
- 入力電流 I_N と I_P は、10 pA ～ 2 µA の範囲にある。
- 同相入力抵抗は $10^6 \sim 10^{12}\,\Omega$ の範囲にあり、差動入力抵抗は最大で $10^{12}\,\Omega$ である。
- 出力抵抗 R_A は、50 Ω ～ 2 kΩ の範囲にある。
- 同相信号除去比（CMRR）は、60 ～ 140 dB の範囲にある。
- 電源電圧変動除去比（PSRR）は、60 ～ 100 dB の範囲にある。
- この挙動は周波数の影響を受ける（低域挙動）。

図18：理想オペアンプ
U_D 入力電位
U_P と U_N の電位差、以下の関係が成り立つ
$U_D = U_P - U_N$
I_P, I_N 入力電流
U_A 出力電圧
I_A 出力電流

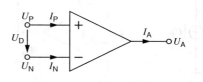

基本回路

オペアンプ外部の回路の配置は、回路全体の挙動を決定する。その際、負帰還（ネガティブフィードバック）が決定的な役割を果たす。つまり、負帰還による抵抗の選択を通じて利得を精密に調整することができる。次に、いくつかの例を使い機能について説明する。

反転増幅器

図19に、反転増幅器の基本回路を示す。反転増幅器という名称は、負の利得に由来する。つまり、周期的な入力電圧の下では、出力電圧 U_A は常に入力電圧 U_1 と180°位相が異なるということである。以下の説明では、負帰還（ネガティブフィードバック）および高い開ループ利得 A_D により、非反転入力と反転入力の電位が等しくなるため、入力の電位差 U_D は常にゼロとなる点に注意が必要である。負帰還により電位差 U_D がゼロに制御されるため、この現象は「仮想短絡（イマジナルショート）」と呼ばれる。また、反転入力端子が能動的にゼロ（つまりグラウンド電位）に保たれるため、「仮想接地（バーチャルグラウンド）」とも呼ばれる。さらに、入力電流は無視される（特に $I_N = 0$ の場合）。よって、以下が成り立つ。

$$I_{R1} = \frac{U_1}{R_1} \text{ および } I_{R2} = -\frac{U_A}{R_2}$$

$I_{R1} = I_{R2}$ のとき、以下となる。

$$U_A = -\frac{R_2}{R_1} U_1$$

つまり、出力電圧 U_A は入力電圧 U_1 および選択された抵抗 R_2 と R_1 の**直接的な影響を受ける**。

非反転増幅器

非反転増幅器は、反転増幅器と同様に取り扱うことができる（図20）。負帰還により、$U_D = 0$ となる。$I_{R1} = I_{R2}$ のとき、ブリーダー（R_1 および R_2 から構成される）に従って電圧を次のように計算できる。

$$U_1 = \frac{R_1}{R_1 + R_2} U_A$$

すなわち、

$$U_A = \frac{R_1 + R_2}{R_1} U_1 = \left(1 + \frac{R_2}{R_1}\right) U_1$$

ここでも出力電圧 U_A は入力電圧 U_1 および選択された抵抗 R_2 と R_1 の直接的な影響を受けるが、増幅度 U_A/U_1 は1以上となる。U_A と U_1 は等しくなる。

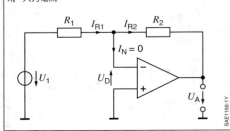

図19：反転増幅器
U_1 入力電圧
U_D 電位差
U_A 出力電圧
R_1、R_2 ネットワーク抵抗
I_{R1}、I_{R2} R_1 および R_2 の電流
I_N 入力電流

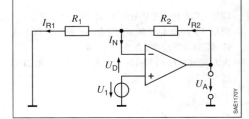

図20：非反転増幅器
U_1 入力電圧
U_D 電位差
U_A 出力電圧
R_1、R_2 ネットワーク抵抗
I_{R1}、I_{R2} R_1 および R_2 の電流
I_N 入力電流

非反転増幅器の特殊な用途としては、絶縁増幅器またはインピーダンスコンバーターがある。R_1 が無限大になり（無負荷運転）、R_2 がゼロになる（短絡）と（図21）、増幅度は1になる（つまり、$U_A = U_1$）。

この回路には、入力電流 I_P が近似的にゼロであるため、入力電圧源 U_1 は内部抵抗 R_E の影響を受けないというメリットがある。その結果、R_E による電圧低下は無視できるほど小さく、かつ $U_D = 0$ であるため、入力電圧 U_1 はオペアンプの出力端子で U_A として出力される。これは特にセンサー信号生成の際に重要となる。その理由は、多くの場合、計測電圧がセンサーエレメントから送られる電流によって無視できない程度に低下する可能性があるため、センサー出力電圧には負荷をかけてはならないからである。

減算増幅器

減算増幅器（図22）は、前述した2種類の回路のバリエーションと見なすことができる。重ね合わせの原理から、出力電圧 U_A と入力電圧 U_1 と U_2 の関係を導き出すことができる。

$$U_A = \frac{R_2}{R_1}(U_2 - U_1)$$

計測増幅器

特にセンサーシステムにおいては、センサー電圧またはブリッジ電圧に許容以上の負荷をかけずにブリッジ回路の電位差を測定し、増幅することが要求されることが多い。これは、ハイインピーダンス電圧測定によって可能になる。そのためには、U_2 と U_1 間の電位差を増幅し、出力電圧 U_A として出力する計測増幅器を使用する。計測増幅器は、以下の2つの部分から構成される。プリアンプおよび後段増幅回路を持つ減算増幅器（図22）である。図23は、計測増幅器のプリアンプの原理的な入力回路を示す。

負帰還（ネガティブフィードバック）の原理により、反転入力端子と非反転入力端子間の電位差はゼロとなる。抵抗 R と R' にはそれぞれ電流 I が流れる。なぜならば、入力電流 I_{N1} と I_{N2} は無視できるからである。次式が成立する。

$$I = \frac{U_1 - U_2}{R'} = \frac{U_{A1} - U_{A2}}{2R + R'} \quad \text{つまり}$$

$$U_{A1} - U_{A2} = (U_1 - U_2)\left(\frac{2R}{R'} + 1\right)$$

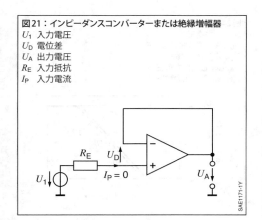

図21：インピーダンスコンバーターまたは絶縁増幅器
U_1 入力電圧
U_D 電位差
U_A 出力電圧
R_E 入力抵抗
I_P 入力電流

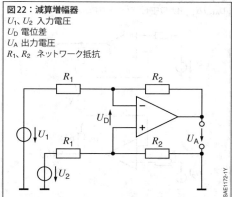

図22：減算増幅器
U_1, U_2 入力電圧
U_D 電位差
U_A 出力電圧
R_1, R_2 ネットワーク抵抗

これにより、2つのオペアンプの2つの出力端子間の電位差U_Dとして、U_1とU_2の増幅された電位差が得られる。この電圧U_Dを、グラウンド電位を基準とした出力電圧U_Aとして出力するために、1個の減算増幅器を後置することができる(図22)。その際、U_1に代えてU_{A1}に、U_2に代えてU_{A2}に電源が供給される。

重要な特性値

さまざまな用途に対応するため、オペアンプは特定の(中には互いに矛盾するものもあるが)特性を持たなければならない。さまざまな特定の用途に合わせて最適化された、多くのオペアンプが存在する。以下のデータは、原則として特定の作動点または作動領域を対象としたものである。

温度範囲

家電製品分野における温度範囲は、通常0℃〜70℃である。産業用分野での温度範囲は、しばしば−20℃〜+70℃になるといわれる。この温度範囲は、特に屋外用機器の場合に要求される。軍用機器の場合は、−55℃〜+125℃の温度範囲が要求される。しかしながら、上記の要求事項は自動車に搭載される機器に対する要求を全てカバーするものではない。たとえば、エンジンルームやブレーキシステム内では、これよりはるかに高い温度が発生する。

オフセット電圧

オフセット電圧U_{OS}とは、2つの入力端子間に短絡が発生した場合(つまり$U_D = 0$)、出力電圧U_Aがゼロにならないという事実を説明するパラメーターである。つまり、オフセット電圧は外部から印加された電圧U_Dのように作用し、印加電圧に追加されるものである。オフセット電圧U_{OS}は、たとえば出力電圧U_Aがゼロになるような電圧を入力端子に印加することにより求めることができる(図24)。オフセット電圧U_{OS}は、特に2つの入力端子の内部回路の配置が非対称であることに由来し、通常は数μV〜数mVの範囲にある。

しかしながらオフセット電圧U_{OS}の値の他に、温度や長期安定性も重要な意味を持っている。外部回路の配置によりオフセット電圧を補償する可能性(内部回路の配置技術に関わる措置によりこの可能性が実現されていない場合)を持つオペアンプもある。この点に関して重要なのは、入力電圧が温度の影響を受けてドリフトし、はんだ付け部が、10〜100μV/Kの電圧のかかったサーモエレメントとなることである。

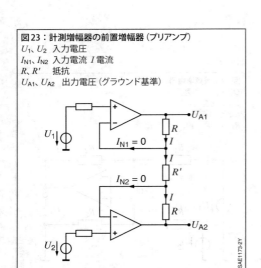

図23:計測増幅器の前置増幅器(プリアンプ)
U_1、U_2 入力電圧
I_{N1}、I_{N2} 入力電流 I 電流
R、R' 抵抗
U_{A1}、U_{A2} 出力電圧(グラウンド基準)

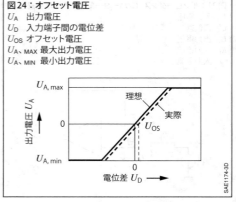

図24:オフセット電圧
U_A 出力電圧
U_D 入力端子間の電位差
U_{OS} オフセット電圧
$U_{A,\,MAX}$ 最大出力電圧
$U_{A,\,MIN}$ 最小出力電圧

入力抵抗と入力電流

入力電流 I_N および I_P は通常極めて微量なため、入力抵抗が非常に大きくなり、ときには高いメガオーム領域にまで達する。ここでは、同相入力抵抗（それぞれの入力端子とグラウンド間の抵抗）と2つの入力端子間の差動入力抵抗とが区別される。

通常のオペアンプの入力端子はトランジスター、つまりそれぞれのベースを制御するバイポーラトランジスターまたはゲートに加える電圧が変化するMOS電界効果トランジスターによって形成される。これにより、入力電流が微量である理由を説明できる。バイポーラトランジスターを使用する場合は、ベース電流が入力電流となり、その電流量はμAの範囲にある。MOSFETを使用する場合は、関与するゲート容量の調整に必要なゲート電流が生成される。後者はスイッチング周波数に比例し、通常pAの範囲にある。

ハイインピーダンス回路の場合には、入力電流（入力バイアス電流）は入力電圧エラーの原因となることがある。両入力端子に同じインピーダンスを接続すると、電圧低下が等しくなり、電位差 U_D がそれに影響されなくなるため、上記の入力電流の補償が可能になる。オフセット電圧と同様に、入力電流も温度および時間の影響によりドリフトすることがある。

出力抵抗

オペアンプの出力は、理想電圧源と抵抗の直列接続によって説明できる。この抵抗は、出力抵抗 R_A となる。この抵抗によって出力電流が制限される。通常、オペアンプは20 mAの出力電流を生成するが、最大10 Aの出力電流を生成するものもある。

スルーレート

スルーレート（SR）とは、出力電圧 U_A の時間当りの最大変化率、つまり dU_A/dt の最大値を意味する。従来のオペアンプのスルーレートは、1 V/μs 未満〜1 V/ns 以上の範囲にある。

雑音

雑音（ノイズ）は、雑音電圧密度または雑音電流密度によって表示される。通常、雑音電圧密度 U_R' は $nV/\sqrt{Hz}$ で表す。

雑音電圧 U_R（これは雑音電流にも該当するが）は、その都度の値に考察する帯域幅 B の根を乗じて求める。

$$U_R = U_R' \sqrt{B}$$

ある増幅器回路の総実効雑音電圧密度は、実効値を2乗した合計の根として得られる。

$$U'_{R,tot} = \sqrt{(U_{R,1})^2 + to\ (U_{R,m})^2}$$

ここで m は雑音項数である。

雑音は、主にオペアンプの入力端子で特定される。JFETまたはMOSFETを使用する場合は、電流雑音は小さいが電圧雑音は相対的に大きくなる。バイポーラトランジスターをベースとしたオペアンプの場合は、逆の挙動が見られる（[1]および[4]を参照）。

プッシュプルドライバー

オペアンプの最大出力電流は、通常、約20 mAである。パワーコンポーネントまたはアクチュエーター（DC電気モーターなど）の作動などのためにより大きい電流が必要な場合は、ドライバーステージを使用すると実現できる。この種類のステージは、プッシュプル回路、プッシュプルステージ、プッシュプルドライバーとも呼ばれる。この点に関して重要なのは、高い電流I_{load}が、負荷（オーム抵抗R_{load}、図25）の中を両方向に流れる場合があることである。この状況は、2つのパワートランジスター（図25では、T_1がnpnトランジスター、T_2がpnpトランジスター）を使用した場合に発生する。バイポーラトランジスターの代わりにMOSFETを使用することもできる。

負帰還のために、出力電圧U_{OUT}は常にU_{IN}（図26）と同じになり、その結果、オーム負荷では出力電流I_{load}は入力電流U_{IN}に従う。

図25の2つのトランジスターT_1およびT_2は、両方に電流が同時には流れないように作動する（プッシュプル動作）。これは、同時に流れると、電源電圧$+U_V$および$-U_V$の短絡が発生するためである。電流I_{LOAD}が負荷抵抗R_{LOAD}を通って逆流した後は、電流が最初に1つのトランジスターに流れ、その直後にもう1つのトランジスターに流れなければならない。これにより、図25に従い、回路内の電圧U_{OPV_out}が図26のように急上昇する（－0.7 Vから＋0.7 Vへ、など）。これにより、動的応答性の高い用途では、問題が発生する場合がある。

プッシュプル回路は、IGBT（絶縁ゲート型バイポーラトランジスター）の駆動回路に使用されることも多い。この場合、正電圧（多くの場合、＋15 V）および負電圧（多くの場合、－15 V）が供給され、IGBTの作動に使用される。原則として、駆動出力ステージには、金属で分離された電圧が絶縁DC/DCコンバーターを介して供給される。さらに、駆動回路は、過電流検出や、場合によっては連動ロジックなどのさまざまな保護機能を備えている。

図25：プッシュ／プルステージ
2つのバイポーラトランジスターを使用した基本構造
T_1　npnバイポーラトランジスター
T_2　npnバイポーラトランジスター
OVP_1　オペアンプ
R_{IN}　入力抵抗
R_{LOAD}　負荷抵抗
U_{IN}　入力電圧
U_{OUT}　出力電圧
I_{LOAD}　負荷電流
$+U_V$　電圧供給（正電位）
$-U_V$　電圧供給（負電位）

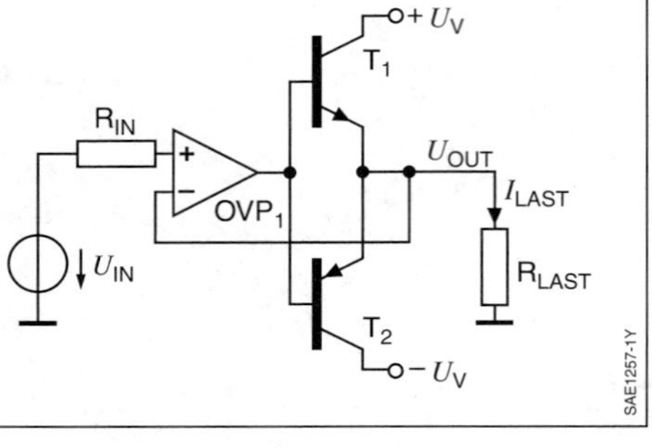

図26：プッシュ／プルステージの特性曲線
1　OVP_1の出力時の電圧
2　出力電圧（$U_{OUT} = U_{IN}$）

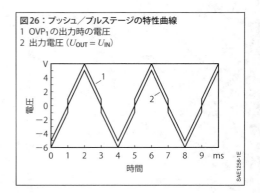

電子工学 **137**

モノリシック集積回路

モノリシック集積

モノリシック集積回路 (IC) では、1枚の単結晶シリコン (基板) 上に各コンポーネントが接合されている。半導体プロセスを使用して、層の作成 (エピタキシーなど) と除去、および材料特性の変更 (ドーピング) が行われる。この技術により、複雑な回路を最小限のスペース内に配置することができる。

プレーナー技術は、シリコン薄板 (ウェーハー) を軽く酸化させ、ドーパントが酸化物へ侵入する速度を、シリコンに侵入する速度より10の数乗倍緩やかにすることに基づいている。つまり、ドーピングは酸化物の層に開放部が存在する箇所に限定される。このIC構造に対応したパターンを、フォトリソグラフィー処理によりウェーハーに焼き付ける。全ての工程 (酸化、転写、ドーピング、切離し) は、順次表面レベルで行われるため、プレーナー技術と呼ばれる。

プレーナー技術により、1つの共通の製造過程で単一シリコン基板 (チップ) 上に1回路の全構成部品 (抵抗、コンデンサー、ダイオード、トランジスターなど) および配線を集積することができる。モノリシック集積回路は、半導体部品で作製される。

この集積回路は、一般的には電子回路の一部を構成するが、次第に、それ自体で機能するシステム (チップオンチップ) として使われるケースが増えている。

パッケージ密度 (集積度) の高度化に伴い、3次元、つまり表面に対して垂直な面を設計に利用するケースが増えてきている。その結果、パワーエレクトロニクスにとっては特に抵抗の小型化、損失の低減、電流密度の向上などのメリットが得られる。

集積度

集積度とは、単一チップ上に集積された機能素子の数に関する尺度である。集積回路は、集積度 (およびチップ表面積) により、以下のように分類される。

- SSI (小規模集積回路)：チップ当りの機能素子数が100個以下で、平均チップ表面積が $1\ mm^2$ 程度のもの。ただし高出力回路ではかなり大きなチップ表面積のものもある (スマートパワートランジスターなど)。
- MSI (中規模集積回路)：チップ当りの機能素子数が100個〜1万個以下で、平均チップ表面積が $8\ mm^2$ 程度のもの。
- LSI (大規模集積回路)：チップ当りの機能素子数が10万個以下で、平均チップ表面積が $20\ mm^2$ 程度のもの。
- VLSI (超大規模集積回路)：チップ当りの機能素子数が100万個以下で、平均チップ表面積が $30\ mm^2$ 程度のもの。
- ULSI (極超大規模集積回路)：チップ当りの機能素子数が100万個以上 (今日のフラッシュメモリーは、チップあたり最大200億個のトランジスターを持つ) で、チップ表面積が最大 $300\ mm^2$、最小構造サイズが30 nm未満のもの。

集積回路の製造には、コンピューター支援によるシミュレーションおよび設計手法 (CAEやCAD) が不可欠である。VLSIやULSIでは、全機能ブロックが使用される。そうしなければ開発に時間がかかり、またエラーのリスクが大きく、開発が不可能になるからである。さらに、発生したエラーを検出するためのシミュレーションプログラムも使用する。

参考文献

[1] U. Tietze, Ch. Schenk, E. Gamm: Halbleiter-Schaltungtechnik. 15th Edition, Verlag Springer Vieweg, 2016.

[2] A. Führer, K. Heidemann, W. Nerreter: Grundgebiete der Elektrotechnik, Volumes 1–2. 9th Ed., Carl Hanser Verlag, 2011.

[3] R. Ose: Elektrotechnik für Ingenieure. 5th Edition, Carl Hanser Verlag, 2013.

[4] R. Müller: Rauschen. 2nd Ed., Springer-Verlag, 2013.

138 物理学（基礎）

化学

元素

元素周期表

元素周期表の構造

元素の原子は正電荷を持つ陽子、電荷を持たない中性子、負の電荷を持つ電子から成る[1]。元素周期表（表1、表2）では元素が陽子の数の昇順－すなわち核の電荷数の昇順に、つまり原子量の昇順に配列されている。原子量は実際上核子の総数、すなわち陽子の数と中性子の数との和で決まる。陽子の数と中性子の数の和は質量数ともいう。陽子の数は原子番号に等しい。中性原子では陽子の数と電子の数は常に等しい。

族と周期

周期表では元素は種々の族（縦列）と周期（横列）に分類されている。族が入れ子構造になっているのは、電子が必ず最も低いエネルギー準位を占めることによる。エネルギー準位は電子軌道とも呼ばれ、核の周りでの電子の存在確率を表すもので、その位置は量子力学により求められる。

量子数

元素周期表の構造は4つの量子数（主量子数、方位量子数、磁気量子数、スピン量子数）によって規定される。記号s、p、d、fで示される4つの電子軌道がこれらの量子数によって計算される。電子をエネルギー準位の低い順にこれらの軌道に配置してゆくことで族が形成され、同じ族に属する元素はすべて類似の反応性を持つ。この反応性には、内殻軌道はほとんど影響せず、重要なのは外殻電子のエネルギーと数である。外殻電子は「価電子」と呼ばれることが多い。

典型元素

Ia族、IIa族およびIIIa ～ VIIIa族の元素を典型元素という。典型元素に属する元素は、水素、アルカリ金属（Ia）、アルカリ土類金属（IIa）、ホウ素（IIIa）、炭素（IVa）、および窒素族（Va）、カルコゲン（VIa）、ハロゲン（VIIa）、希ガス（VIIIa）である。第1周期の典型元素すなわち水素とヘリウムの電子はs軌道にのみ存在する。第2 ～第7周期の典型元素では、電子はIIIa族以降p軌道にも入る。

遷移元素

遷移元素すなわちIb、IIbおよびIIIb ～ VIIIb族の元素はd軌道に電子を持ち、すべて金属性である。銅族がIb族とされるのは、その電子配置がIa族の典型元素に似ているためである。両族の元素は共に1価イオンとの間に塩を作る。IIa族、IIb族も同様である。アルカリ土類金属・亜鉛族（IIb）は2価の金属化合物を形成する。遷移元素のIIIb ～ VIIb族の名称も同じく電子配置に基づくもので、金属イオンの最大原子価を示している。鉄、ニッケル、コバルトおよびその下に配列される同族元素は、化学的性質がよく似ているため、VIIIb族としてまとめられる。

表1：元素周期表

Ia	IIa	IIIb	IVb	Vb	VIb	VIIb	VIIIb			Ib	IIb	IIIa	IVa	Va	VIa	VIIa	VIIIa
1 H 1.008																	2 He 4.003
3 Li 6.941	4 Be 9.012											5 B 10.811	6 C 12.011	7 N 14.007	8 O 15.999	9 F 18.998	10 Ne 20.180
11 Na 22.990	12 Mg 24.305											13 Al 26.982	14 Si 28.086	15 P 30.974	16 S 32.066	17 Cl 35.453	18 Ar 39.948
19 K 39.098	20 Ca 40.078	21 Sc 44.956	22 Ti 47.87	23 V 50.942	24 Cr 51.996	25 Mn 54.938	26 Fe 55.845	27 Co 58.933	28 Ni 58.693	29 Cu 63.546	30 Zn 65.39	31 Ga 69.723	32 Ge 72.61	33 As 74.922	34 Se 78.96	35 Br 79.904	36 Kr 83.80
37 Rb 85.468	38 Sr 87.62	39 Y 88.906	40 Zr 91.224	41 Nb 92.906	42 Mo 95.94	43 Tc (98)	44 Ru 101.07	45 Rh 102.906	46 Pd 106.42	47 Ag 107.868	48 Cd 112.411	49 In 114.818	50 Sn 118.710	51 Sb 121.760	52 Te 127.60	53 I 126.904	54 Xe 131.29
55 Cs 132.905	56 Ba 137.327	57 La* 138.906	72 Hf 178.49	73 Ta 180.948	74 W 183.84	75 Re 186.207	76 Os 190.23	77 Ir 192.217	78 Pt 195.078	79 Au 196.967	80 Hg 200.59	81 Tl 204.383	82 Pb 207.2	83 Bi 208.980	84 Po (209)	85 At (210)	86 Rn (222)
87 Fr (223)	88 Ra (226)	89 Ac** (227)	104 Rf (267)	105 Db (268)	106 Sg (271)	107 Bh (267)	108 Hs (277)	109 Mt (274)	110 Ds (282)	111 Rg (280)	112 Cn (285)	113 Nh (284)	114 Fl (289)	115 Mc (291)	116 Lv (293)	117 Ts (292)	118 Og (294)

*	58 Ce 140.116	59 Pr 140.908	60 Nd 144.24	61 Pm (145)	62 Sm 150.36	63 Eu 151.964	64 Gd 157.25	65 Tb 158.925	66 Dy 162.50	67 Ho 164.930	68 Er 167.26	69 Tm 168.934	70 Yb 173.04	71 Lu 174.967
**	90 Th 232.038	91 Pa 231.036	92 U 238.029	93 Np (237)	94 Pu (244)	95 Am (243)	96 Cm (247)	97 Bk (247)	98 Cf (252)	99 Es (252)	100 Fm (257)	101 Md (258)	102 No (259)	103 Lr (262)

すべての元素は、原子番号（陽子数）順に配列されている。行（横）を周期、列（縦）を族という。原子量は元素記号の下に表示されている。安定同位体を持たない人工放射性同位体の質量数（核子数）は、括弧内に示されている。

140 物理学（基礎）

表2：元素の名称

元素名	記号	原子番号
アクチニウム	Ac	89
アルミニウム	Al	13
アメリシウム[1]	Am	95
アンチモン	Sb	51
アルゴン	Ar	18
砒素	As	33
アスタチン	At	85
バリウム	Ba	56
バークリウム[1]	Bk	97
ベリリウム	Be	4
ビスマス	Bi	83
ボーリウム[1]	Bh	107
ホウ素	B	5
臭素	Br	35
カドミウム	Cd	48
炭素	C	6
セシウム	Cs	55
カルシウム	Ca	20
カリフォルニウム[1]	Cf	98
セリウム	Ce	58
塩素	Cl	17
クロム	Cr	24
コペルニシウム[1]	Cn	112
銅	Cu	29
コバルト	Co	27
キュリウム[1]	Cm	96
ダルムスタチウム[1]	Ds	110
ドブニウム[1]	Db	105
ジスプロシウム	Dy	66
アインスタイニウム[1]	Es	99
エルビウム	Er	68
ユーロピウム	Eu	63
フェルミウム[1]	Fm	100
フッ素	F	9
フレロビウム[1]	Fl	114
フランシウム	Fr	87
ガドリニウム	Gd	64
ガリウム	Ga	31
ゲルマニウム	Ge	32
金	Au	79
ハフニウム	Hf	72
ハッシウム[1]	Hs	108
ヘリウム	He	2
ホルミウム	Ho	67
水素	H	1

元素名	記号	原子番号
インジウム	In	49
ヨウ素	I	53
イリジウム	Ir	77
鉄	Fe	26
クリプトン	Kr	36
ランタン	La	57
ローレンシウム[1]	Lr	103
鉛	Pb	82
リチウム	Li	3
リバモリウム[1]	Lv	116
ルテチウム	Lu	71
マグネシウム	Mg	12
マンガン	Mn	25
マイトネリウム[1]	Mt	109
メンデレビウム[1]	Md	101
水銀	Hg	80
モリブデン	Mo	42
モスコビウム[1]	Mc	115
ネオジム	Nd	60
ネオン	Ne	10
ネプツニウム[1]	Np	93
ニッケル	Ni	28
ニホニウム[1]	Nh	113
ニオブ	Nb	41
窒素	N	7
ノーベリウム[1]	No	102
オガネソン[1]	Og	118
オスミウム	Os	76
酸素	O	8
パラジウム	Pd	46
リン	P	15
白金	Pt	78
プルトニウム[1]	Pu	94
ポロニウム	Po	84
カリウム	K	19
プラセオジム	Pr	59
プロメチウム	Pm	61
プロトアクチニウム	Pa	91

元素名	記号	原子番号
ラジウム	Ra	88
ラドン	Rn	86
レニウム	Re	75
ロジウム	Rh	45
レントゲニウム[1]ル	Rg	111
ビジウム	Rb	37
ルテニウム	Ru	44
ラザホージウム[1]	Rf	104
サマリウム	Sm	62
スカンジウム	Sc	21
シーボルギウム[1]	Sg	106
セレン	Se	34
ケイ素	Si	14
銀	Ag	47
ナトリウム	Na	11
ストロンチウム	Sr	38
硫黄	S	16
タンタル	Ta	73
テクネチウム	Tc	43
テルル	Te	52
テネシン[1]	Ts	117
テルビウム	Tb	65
タリウム	Tl	81
トリウム	Th	90
ツリウム	Tm	69
スズ	Sn	50
チタン	Ti	22
タングステン	W	74
ウラン	U	92
バナジウム	V	23
キセノン	Xe	54
イッテルビウム	Yb	70
イットリウム	Y	39
亜鉛	Zn	30
ジルコニウム	Zr	40

[1] 人工元素、（自然界に存在しない元素）

f軌道を持つ周期

　第6および第7周期では、それぞれIIIb族のランタンおよびアクチニウムに続いて別のエネルギー準位、すなわちf軌道が使用される。f軌道にはランタニド（第6周期）およびアクチニド（第7周期）元素の電子が入る。ランタニド元素はまた「希土類」ともいう。アクチニド元素はすべて放射性である。

　エネルギー（電子軌道の位置）に基づく周期表上の元素の配列は、エネルギー準位図（図1）によって明瞭に理解することができる。s軌道が占有された後の、より高い軌道エネルギーについては、この主量子数に属するp、d、f軌道には電子が自動的に入るのではないことがわかる。たとえばカルシウムに続く、3dの軌道エネルギーを持つスカンジウムから亜鉛までの遷移元素が第4周期に配置される理由も明らかである。しかし、より高い核電荷数に対しては、軌道エネルギー間の差が小さいため、個々の元素に対してはエネルギー準位図に示されている軌道エネルギーの順序が適用できるとは限らない。これらの場合、正確なエネルギー準位は電子が満たしているのが軌道の一部のみか、半分か、または全部であるかに影響される。このことは4f軌道を持つランタニド元素に見られる。これらの元素が配列されるのは第6周期のランタンの後であり、エネルギー準位図から予想されるバリウムの直後ではない。

同位体

　同位体とは、同じ元素の原子で、陽子の数は等しいが質量数の異なるもの、すなわち中性子の数が異なるものをいう。同位体であることを明示するには、元素記号の左上に質量数を、左下に陽子の数を記す。中性子の数は減算によって容易に求めることができる。天然元素の大部分は同位体の混合物である。たとえば炭素は98.89％の$^{12}_{6}C$と1.11％の$^{13}_{6}C$から成っている。$^{14}_{6}C$の比率は極めて少なく10^{-10}％にすぎない。

　$^{14}_{6}C$は$^{12}_{6}C$および$^{13}_{6}C$と異なり、安定同位体ではない。$^{14}_{6}C$の$^{12}_{6}C$に対する比率は、有機物の年齢を決定する放射性炭素年代測定法に利用されている。

核種

　核種という用語は幅広い定義を持っている。核の組成の異なる原子の各々が一つの核種と呼ばれる。したがって核種の数は原子の種類の数であると言ってよい。2012年発行のKarlsruhe Nuclide Chart第8版には、実験的に確認された核種および核異性体3,847種が列挙されている。核異性体とは、質量数が等しい、したがって陽子と中性子の数が等しいが、原子核の内部状態が異なる原子のことである。原子核は基底状態だけでなく励起状態をとることができる。安定な核種は約270種にすぎない。ほとんどの核種は放射性であり、放射性核種と呼ばれる。

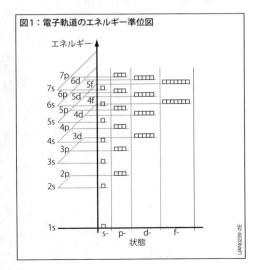

図1：電子軌道のエネルギー準位図

放射性崩壊

α崩壊

自然放射能[2]において、原子核が陽子2個・中性子2個から成り2単位の電荷を持つヘリウム原子核 He²⁺ を放出する現象がα崩壊である。原子核の質量数は4だけ減少し、電荷数は2だけ減少する。これにより別の元素が生成される（図2aの例を参照）。

β崩壊

元素の変換はβ崩壊によっても起こる。β⁻崩壊とは、原子核内の中性子が電子を放出する現象である（図2bの例を参照）。これにより陽子の数は1だけ増加し、次の原子番号の元素が発生する。電子でなく陽電子（正電荷を持つ粒子）が放出される現象はβ⁺崩壊という。β⁺崩壊では陽子が中性子に変化する。したがって、質量数は変化しないが、核の電荷数は1だけ減少し、周期表で1つ前にある元素が発生する（図2cの例を参照）。β崩壊には反ニュートリノ（β⁻崩壊の場合）またはニュートリノ（β⁺崩壊の場合）の放出も伴うが、ここでは詳細を割愛する。

γ崩壊

γ崩壊は、励起状態の原子核が内部エネルギーを放出する現象である。励起状態は大部分の場合α崩壊またはβ崩壊の過程で形成される。γ線が放出されるγ崩壊では、質量数は変化せず、したがって元素は同一にとどまる（図2dの例を参照）。

元素の人工変換

元素に高エネルギー粒子を照射することにより、人工的に他元素に変換することも可能である。この目的のためには、中性子、1単位または2単位の正電荷を持つ水素（H⁺）またはヘリウム（He²⁺）原子核のほか、γ線も適している。粒子はその種類と加速度によって、原子核に吸収されるか（陽子または中性子の放出を伴うこともある）、または核分裂を引き起こす。

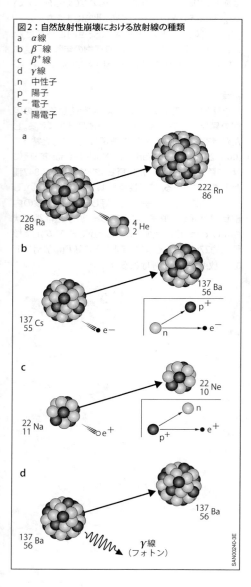

図2：自然放射性崩壊における放射線の種類
a　α線
b　β⁻線
c　β⁺線
d　γ線
n　中性子
p　陽子
e⁻　電子
e⁺　陽電子

半減期

放射線崩壊は単分子反応（一次反応）であり、単位時間あたりの崩壊率は使用できる量に比例する。放射線崩壊が常に生じているため、使用できる量は減少を続けるから、反応速度は次第に低下する。放射線崩壊の速度を量に関係なく記述するために、半減期が用いられる。半減期とは、原子核の半数が崩壊するのに要する時間である。半減期が短いほど比放射能が高い、すなわち単位質量あたりの崩壊の回数が多い。

元素の分光学

元素はすべて原子構造が互いに異なるため、電子スペクトルによって識別でき、混合物中の量を知ることもできる[3]。電子をそのエネルギー準位から引き離すには、結合エネルギーに匹敵するエネルギーを外部のエネルギー源から供給する必要がある。

蛍光X線分析

正電荷を持つ原子核に強く結合している内殻電子を放出させるには、十分なエネルギーを持つX線または電子線を用いなければならない。蛍光X線分析（XRF）は、有利な内殻のエネルギー準位に生じた空きが外殻電子によって埋められる現象に基づいている。この遷移電子は余剰のエネルギーを蛍光放射として放出する。蛍光放射のエネルギーは高低両準位のエネルギー差に等しく、したがって各元素に固有である（図3）。

オージェ電子分光分析

遷移電子が放出するエネルギーは蛍光放射として放出されることもあるが、また他の電子に移動することも考えられる。この移動したエネルギーを持つ電子が原子から放射されることがある。このいわゆるオージェ過程を経た電子のエネルギーは、次のような要因で決まるため、やはり元素に関してきわめて特異的な情報を含んでいる。すなわち、最初に弾き出された電子の軌道エネルギー、遷移する電子が放出するエネルギー、およびオージェ過程によって放出される電子のエネルギーである（図3）。オージェ電子分光法はこのようにして放出された電子のエネルギーを解析する方法である。

発光分光法

結合の弱い外殻の価電子は熱エネルギーのみで励起され、空いているより高いエネルギー準位に入る。元素によっては火炎やガストーチのエネルギーでは価電子を励起できないため、励起にプラズマを用いることもよくある。誘導結合プラズマ発光分光法（ICP-OES）では、価電子が元の準位に戻るときに放出されるエネルギーのうち、可視および紫外域にあるものを記録する。内殻電子と同じく、外殻の占有されている準位と空き準位との差も各元素に固有である。

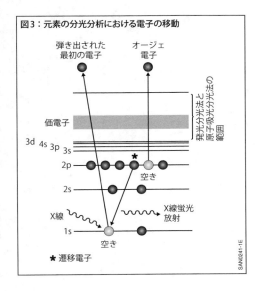

図3：元素の分光分析における電子の移動

原子吸光分光法

放射の放出でなく光の吸収も価電子の励起によって測定することができる。原子吸光分光法（AAS）ではこの目的のために、分析対象元素の放出する光をホローカソードランプから照射する。試料中の元素がホローカソードの元素と一致するならば、試料中の電子の励起によって励起光の強度が低下する。したがって、異なった元素を同定するには広範囲の物質を用いたホローカソードランプを揃えなければならず、また測定は逐一行うほかないため、原子吸光分光法は一般に多元素の分析には用いられない。

X線光電子分光法

X線光電子分光法（XPS）では、高エネルギーX線を用いて原子内のすべてのエネルギー準位にある電子を弾き出す。これらの電子の運動エネルギーから、元素に固有の結合エネルギーを求めることができる。X線の代わりに紫外線を用いる紫外線光電子分光法（UPS）では価電子のみが放出される。価電子の運動エネルギーは極めて正確に求められるので、軌道エネルギーの差から結合の種類を決定することも可能である。

X線回折

固体のX線回折は、名称からもわかるとおり分光法ではない。結晶格子によって回折されたX線を回折角に従って記録する[4]。回折ピークの角度位置、強度および幅から格子構造を解析することで結晶を同定することができる（結晶構造解析）。混合物中の微結晶の寸法、配向（組織）、格子歪を決定することもできる。また構造部品の内部応力の決定にも利用できる。

化学結合

各元素がどの種類の化学結合を形成しやすいかは、核の周りの電子の数と配列（電子配置）で決まる[5]。化学結合の性質は種類によって大きく異なる。イオン結合、共有結合、金属結合が区別される。化学結合を形成しない単独の原子も、希ガスおよびいくつかの元素の気相として天然に存在する。

また分子、すなわち2つ以上の原子から成る粒子の間にも相互作用が働くが、化学結合より遥かに弱い。さまざまな物理的原因によるこの弱い引力のため、イオンだけでなく分子も短距離の規則配列をとり、それは気相においてのみ解消される。

イオン結合

イオン結合は多くの場合、金属元素と非金属元素との間に形成される。このとき電子の移動が起こる。金属原子（電子供与体）は電子を失い、正電荷を持つ陽イオンとなる。非金属原子（電子受容体）は電子を得ることで負電荷を持つ陰イオンとなる。陽イオンは「カチオン」、陰イオンは「アニオン」ともいうが、これは電場内の水溶液中でそれぞれ反対の電荷を持つ電極に向かって移動するためである。すなわちカチオンはカソード（陰極）に、アニオンはアノード（陽極）に向かって移動する。

原子が失う、または得る電子の数は元素の電子配置によって決まる。p軌道、d軌道、f軌道の状態が空、半充填、充填である場合に特にイオン性化合物が生じやすい。

このようにして生じたイオン性化合物を塩という。固体の中ではカチオンとアニオンとがイオン格子として配列されており、その構造はイオン半径の比によって決まる。塩を溶融したり水に溶解したりするためには、イオン間の力に打ち勝たなければならない。したがって融解熱（融解エンタルピー）を供給する必要がある。溶解に必要なエネルギー（溶解熱）は2つの相反する要素で決まる。第1に、結晶格子を解消するためのエネルギー（解離熱）を供給する必要がある。第2に、解離したイオンが溶媒分子と会合するときにエネルギー（溶媒和熱）が放出される。溶媒が水のときはこの熱を水和熱という。解離熱が溶媒和熱より大きければ、溶解によって溶液が冷却される。金属の無水塩を溶解するときは、水がまずイオン格子に侵入し、そのとき水和によって放出される熱が格子力に打ち勝つためのエネルギー消費よりも大きいために、溶液が加熱される場合が少なくない。

共有結合

2つの中性原子の外殻にある不対電子（価電子）によって形成される結合を原子結合という。「共有」という用語は、同一または類似の2つの原子が電子対を共有することで、電子を移動させることなく、したがってイオンの形成に伴う原子価の変化なく、エネルギー的に安定な電子配置を達成することを示している。エネルギー的に安定な電子配置は通常同じ周期に属する希ガスの電子配置に等しい。

メタン分子（CH_4）では、すべての原子が希ガス配置を持っている。炭素はp軌道に2個の価電子と、4つの電子を受け入れる余地を持っており、それらの電子を4個の水素原子から受取っている。こうして炭素はネオンの希ガス配置を達成している。2つの原子は結合のための電子対を共有するので、s軌道に1個の価電子のみを持つ水素原子の各々も、炭素との電子対共有によりヘリウムの希ガス配置を持つことになる。第2周期の典型元素の場合は、空の軌道を希ガス配置になるまで他の原子の価電子で埋めると8個（s軌道に2個、p軌道に6個）の電子が存在することになり、これを八隅子則と呼んでいる。

ある原子と隣の原子との間に複数の共有結合が形成されることがある。エチレン（$H_2C=CH_2$）の炭素間の二重結合や、アセチレン（$H\text{-}C \equiv C\text{-}H$）の三重結合がその例である。

八隅子則では、存在するが結合機能を持たない孤立電子対も考慮される。分子の三次元構造は、原子の総数、結合電子対の種類と数、および孤立電子対の存在によって定まる。たとえばメタン（CH_4）、アンモニア（NH_3）、水（H_2O）の基本構造は四面体である。しかし結合角109.5°の理想的な正四面体となるのはメタンだけである（図4）。孤立電子対は結合電子対よりも大きな空間を占有する。アンモニアには孤立電子対があるため、結合角が減少して107.5°となる。水分子には2つの孤立電子対があり、結合角は更に小さい104.5°である。

146 物理学（基礎）

ここに示した単純化したモデルでは、共有結合を原子軌道からの価電子の対の形成によるものとしている。しかし原子軌道のみの考察では、分子内の複雑な条件を表面的にしか取り扱うことができない。分子内の原子核と電子はすべて相互に影響を及ぼし合っているため、結合状態を記述するには分子軌道を用いるのがより適切である。二重結合、三重結合、芳香族化合物の非極在結合系を記述するには分子軌道を量子力学的に検討しなければならない。この場合は価電子のみを考慮すれば十分である。

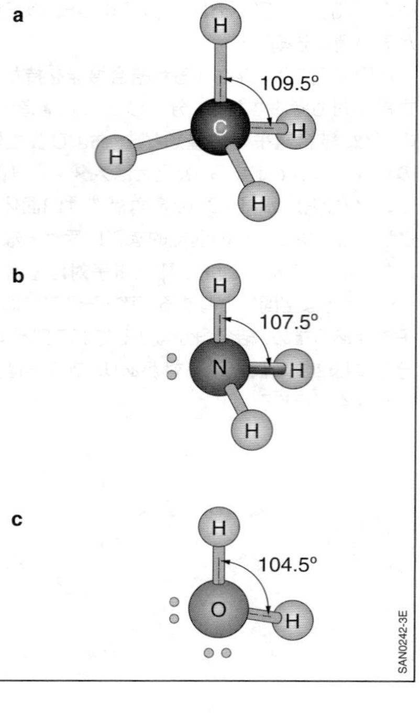

金属結合

金属では原子が三次元格子をなして並び、価電子はその中を自由に運動するため、電子ガスとも呼ばれる。金属が電気と熱をよく伝えるのは、この自由な価電子によるものと解釈できる。熱伝導には原子の格子振動も影響する。 すなわち、各原子が金属格子中のそれぞれの位置で自由に振動し、熱はそれによっても容易に伝達される。金属においても、電気伝導性の複雑さを十分理解するためには分子軌道の量子力学的考察が必要である。それによって、電子がエネルギー準位差の小さい分子軌道から形成されるエネルギー帯の中に存在することが導かれる。エネルギー帯の間には電子の入ることができない領域が存在する。

分子間相互作用
ファンデルワールス力

分子内の正電荷と負電荷の分布の三次元的変動によって生ずる部分的電荷によって電気双極子が誘起される（図5a）。このようにして生じた極性分子の間の相互作用をファンデルワールス力という。分子は大きいほど分極化しやすく、分子間力が大きくなる。

図4：分子構造に対する孤立電子対の影響
a メタン（CH_4）
b アンモニア（NH_3）
c 水（H_2O）

双極子-双極子相互作用

異なった原子から成る分子では、電荷の分布に常に偏りがある（図5b）。価電子対は、原子核および内殻電子の大きさと電荷によって異なる吸引力を受けている。原子が結合電子対を引付ける力を電気陰性度という。電気陰性度の大きい原子はより多くの負電荷を引付ける。それに応じて、電気陰性度の小さい原子は部分的正電荷を受取ることになる。電気陰性度の差から生ずる永久双極子による分子間力はファンデルワールス力よりも遥かに強い。この現象を双極子-双極子相互作用という。

双極子-双極子相互作用は分子の三次元構造によっても影響される。たとえば二酸化炭素（CO_2）は、炭素と酸素の電気陰性度が異なるにもかかわらず、分子が直線構造であるため双極子ではない。これに対して水（H_2O）は、原子数の比は同じ2:1であるが双極子である。これは中央の酸素原子が2つの孤立電子対を持つため分子が折線状の構造をとるからである。

水素結合

水分子は折線状構造のため、別の双極子-双極子相互作用も受けやすい（図5c）。部分的に正電荷を帯びた水素原子は隣接する分子の孤立電子対と相互作用する。液相の水ではこれによる双極子-双極子相互作用のため特別な短距離規則構造が形成される。このことが水の密度が4℃で最大になる理由である。このため湖では表面が凍結しても最大密度の水が湖底付近に集まるので、魚の越冬が可能になる。

分子分光学

分子も原子と同じくエネルギーを吸収して特定のエネルギー状態をとる。価電子は紫外線または可視光により励起され（UV/VIS分光法）、振動や回転は赤外線により励起される（IR分光法）[6]。エネルギー吸収から分子構造に関する情報が得られるので、これらの手法が構造の解明に利用される。ラマン分光法では分子による単色光の非弾性散乱を解析する。たとえば振動の励起による周波数シフトから、構造に関する情報が得られる。

これに対して、質量分析法はエネルギー状態の励起に基づく方法ではない。この方法では分子をイオン化し、得られたイオンを質量／電荷比に従って分離し同定する。

図5：分子間相互作用の種類
a　ファンデルワールス力
b　双極子-双極子相互作用
c　水素結合
δ^+ 部分正電荷
δ^- 部分負電荷
矢印は力の作用方向を示す

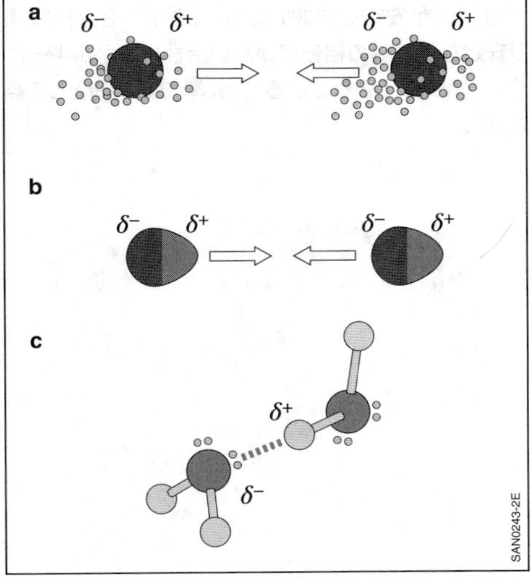

148　物理学（基礎）

物質

化学における物質関連用語

物体の化学的性質を決めるのはその材質であり、大きさや形状ではない。この意味で物体の材質を物質と呼ぶ。物体が細かく分散していても、化学的性質は変わらない。しかしナノ粒子に見られるように、表面積が大きいために反応性が増大することがある。

均一な物質と不均一な物質

均質な構造を持つ物質は、単相または均一であるという。互いに混合されない2つ以上の部分から成る物質を不均一であるという。均一な固体物質の一例は元素状硫黄である。不均一な固体混合物の代表例は花崗岩で、石英・長石・雲母から成っている。

分散系

不均一な混合物はすべて分散系である。分散系は2つ以上の、所与の条件下で相互にほとんど、ないし全く溶解も化学反応もしない2つ以上の異なる物質から成る。分散系は相によって、懸濁液（液相と固相）、乳濁液（液相と液相）、エアロゾル（気相と固相、または気相と液相）に区別される。

懸濁液

たとえば純水（均一な液体）に粘土を加えると、液相と固相の不均一混合物、すなわち懸濁液が得られる。

乳濁液

2種の液体、たとえば水と油の不均一混合物は乳濁液と呼ばれる。

エアロゾル

固体または液体の浮遊粒子と気体との不均一混合物はエアロゾルと呼ばれる。気体と固体とのエアロゾルの一例は、煤の粒子を含む排気ガスである。これに対して白煙を含む排気ガスの場合、白煙は排気ガスの温度がまだ低い始動時に水や硫酸が凝縮して生ずるので、これは気体と液体から成るエアロゾルである。

コロイド

コロイドという用語は、懸濁液・乳濁液・エアロゾルのいずれを問わず、粒子または液滴の大きさが1 nm〜1 μmの範囲の不均一混合物に対して用いられる。

集合状態

古典的な集合状態（相）は固体・液体・気体の3種である。この区別は、粒子が固定した位置にあるか（固体）、移動できるが短距離規則性を保っているか（液体）、互いに遠く離れているか（気体）による。プラズマは非古典的な集合状態であり、自由電子とイオン化した原子から成る。

物質の集合状態は圧力と温度によって変化し、状態図（相図）で表される。状態図は圧力と温度との関係として表され、固相（場合によってはそのさまざまな形態、すなわちいわゆる変態を含めて）が存在し得る条件を示す。変態とは、物質が固相において異なった構造をとる現象である。液相や気相が存在する範囲も状態図から知ることができる。

炭素の状態図

炭素の状態図（図6）には、黒鉛およびダイヤモンドという固相変態があること、またこれらの相の範囲には準安定状態として別の相も存在することが示されている。準安定とは、ある変態の持つエネルギーが高いにもかかわらず小さな状態変化に対して相転移が抑止されている状態である。室温および大気圧のもとでは黒鉛が安定な変態であるが、ダイヤモンドも、より安定な黒鉛への相転移が高い活性化エネルギーによって強く抑止されているため、準安定構造として存在する。

水の状態図

水の状態図の3つの領域は、氷、液相の水、蒸気の存在範囲を示している（図7）。これらの領域ではそれぞれの集合状態のみが存在する。領域間の曲線は、液相と気相との平衡（蒸発曲線）、固相と液相との平衡（融解曲線）、固相と気相との平衡（昇華曲線）である。曲線上の各点は隣接する相の間の平衡状態を示している。3本の曲線が交わる三重点TP（0.01 °C、6.1 mbar）では、水の3つの相すべてが相互に平衡状態にある。温度または圧力が変化したときは、1つの集合状態のみが引き続き存在する。温度と圧力を同時に変化させ、平衡曲線上の新しい点に移動すれば、2つの相が共存することになる。

温度が上昇すると昇華の増大あるいは蒸気圧の上昇により、気相が増加する。圧力が上昇すると反対に水蒸気の凝縮または凝華が進む。蒸気圧曲線から、水の沸点が外部からの圧力によって変わることがわかる。低圧ないし真空のもとでは水は100 °C以下で沸騰する。

特異なのは固相から液相への転移に見られる異常である。すなわち、温度・圧力いずれの増加も氷を液化する方向に働く。氷から液相の水への転移が加圧によって促進されるのは、水の体積が氷よりも小さいためである。

特別の熱力学的状態として臨界点CP（374 °C、220.5 bar）がある。ここでは気相と液相の密度が区別できなくなる。蒸発曲線の終端で、液相と気相の両集合状態が新しい状態、すなわち超臨界相に移行する。超臨界状態の水は、臨界点以下の水よりも密度の低い液体である。

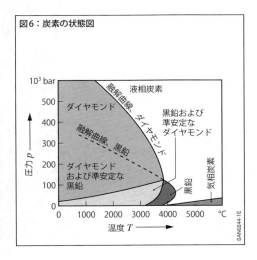

図6：炭素の状態図

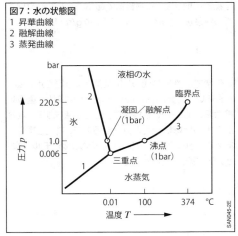

図7：水の状態図
1 昇華曲線
2 融解曲線
3 蒸発曲線

150 物理学（基礎）

物質の濃度

化学反応に関与する物質の定量的比率を記述するためには、反応に関わる粒子の数を示す定量的なデータが必要である。

すべての原子、したがってそれらから作られるすべての分子化合物は、原子核の構造が異なるため異なった質量を持つ。個々の原子または分子の微小な質量を扱うのは実際的ではない。また化学反応に関して常に一定数の粒子を考慮するのが便利である。このため物質量を示す用語「モル」が導入された。

物質量

1モルの物質量nは常に同一数の粒子を含み、そのため古くはモル数と呼ばれた。元素、分子あるいは物質の種類によらず、1モルには約6×10^{23}個の粒子が含まれる。この粒子数は実験的に決定できるもので、「アボガドロ数」ともいう。

モル質量

したがって1モルの物質は常に約6×10^{23}個の粒子を含んでいる。元素の原子については、これらの粒子の合計質量（モル質量M）はその相対原子量に相当する。すなわち炭素1モルの質量は12.011 gである。

化合物のモル質量は、含まれる元素のモル質量から計算できる。二酸化炭素（CO_2）のモル質量は44.01 g/モル（炭素12.011 g/モル、酸素2×15.9994 g/モル）である。

このように物質のモル質量（粒子1モルの質量）は巨視的に取り扱える物質量である。モル質量Mは物質の質量mと量nの比である（単位g/mol）：

$$M = \frac{m}{n}$$

化学では質量の代わりに重量という語を用いることも多い。質量が物質の量を表すのに対し、重量は重力場においてその物体に働く力を意味する。地球上の重力はほぼ一定と見なせるので、質量と重量をあえて区別しない場合が多い。そのため「モル重量」という用語も広く使われている。

モル体積

1モルの物質は常に同数の粒子を含んでいるので、この粒子群の占める体積（モル体積V_M）はすべて等しくなる － ただし粒子が相互に影響を及ぼさないことを前提とする。この極限的な条件が成り立つのは理想気体の場合のみである。すなわち、1モルの理想気体が常圧（$p = 1013.25$ mbar）下で占める体積は、$T = 273.15$ K（0 ℃）において22.414 l、$T = 298.15$ K（25 ℃）において24.789 lである。標準状態については、すべての気体を通じて、モル体積に対する重量基準と体積基準の濃度値を近似的に相互換算することができる。

モル百分率

濃度データはモル百分率で示されることがある。この場合、物質量に基づく定義と体積による定義とを区別しなければならない。物質量に基づくモル百分率濃度xの単位は%（n/n）で、モル分率x_i、すなわち成分iの量n_iの全成分の量の和（100%）に対する比率として定義される：

$$x = \frac{n_i}{\sum\limits_{j=1}^{n} n_j} \cdot 100$$

理想気体では、同一数の粒子が占める体積は常に一定であるから、モル百分率と体積百分率は等しい。

化学 **151**

物質の反応

化学熱力学

化学反応では、出発物質がそれと性質の異なる反応生成物に転換される。化学熱力学はこの転換と、それに伴う内部エネルギーの変化ΔUを記述し、ひいては反応が起こるかどうか、起こるにはどのような条件が必要であるかを示す[7]。反応経路はエネルギーの吸収または放出量によって決まる。

反応熱

大部分の反応は開放容器内で、すなわち一定の大気圧下で観察される。一定圧力のもとでは、化学反応における内部エネルギー変化は反応熱Q_Pと仕事Wの2つの要素から成る。

$$\Delta U = Q_P + W$$

機械的仕事は、たとえば気体が生成する発熱反応では、気体が大気圧あるいは膜やピストンの圧力に抗して膨張することによってなされる。

反応が定容条件下で進行する場合もある。このときエネルギー含有量は反応熱Q_Vによってのみ変化し、仕事Wによる変化はないから、内部エネルギー変化ΔUは反応熱Q_Vに等しく、次式が成立する。

$$\Delta U = Q_V$$

したがって定容反応熱Q_Vは常に定圧反応熱Q_Pよりも大きい。

反応エンタルピー

反応熱Q_PまたはQ_Vの大きさは、反応物と生成物の熱含量の差としても表現することができ、反応エンタルピーΔH_Rと呼ばれる。熱が吸収されれば反応は吸熱的($\Delta H_R > 0$)であり、熱を発生する化学反応($\Delta H_R < 0$)は発熱的である。

関係式

$$\Delta U^0 = \Delta H_R^0 + W^0$$

を熱力学の第一法則という。内部エネルギー変化ΔU、エンタルピーΔH_R、なされる仕事Wはいずれも圧力と温度に依存するので、25 ℃および1,013 mbarを標準状態とし、記号では上付きのゼロで示す(例：ΔU^0)。

活性化エンタルピー

発熱反応では、反応エンタルピーΔH_Rが放出されるにもかかわらず、開始時に外部からのエネルギー供給を必要とすることがある。この活性化エンタルピーΔH_Aは、たとえば反応物の結合を切断して活性錯合体を生成するために必要とされるが、生成物の新しい結合が形成される際に、反応物の結合の切断に要求された値以上のエネルギーが放出されるのである。

反応進行の熱力学支配と反応動力学支配

外部からの熱などにより、物質の転換に必要な活性化エンタルピーが加えられると、反応によって熱力学的に安定な、すなわちエネルギー的に好ましい反応生成物が得られる(図8、経路A)。しかし熱力学的により安定な生成物を得るために必要な活性化エンタルピーΔH^0_{A1}が得られないと、条件によっては別の化学反応が起こることがある。この場合、生成物の形成は反応速度によって支配されることになる。活性化エンタルピーΔH^0_{A2}はこの場合もやはり必要であるが(経路B)、絶対値は小さい。このように反応動力学的条件によって得られた生成物は、比較的高い内部エネルギーを持つことになる。たとえば反応に利用できる熱量を通じて反応条件を選ぶことにより、生成物が熱力学と反応動力学のどちらに支配されるかを制御することが可能である。

触媒は、反応の活性化エンタルピーを低下させることで反応速度を増大させるが、熱力学的平衡を変化させることはできない（経路C）。

エントロピー

反応の進行方向を決める要因は、反応エンタルピー ΔH_R だけではない。エネルギー含有量の分布も一定の役割を演ずる。液体の蒸発は、必要となる蒸発熱が $\Delta HV > 0$ であるにもかかわらず進行するが、これは結果として個々の分子への制約が減少するからである。個々の分子に分配されている運動エネルギーは、規則的で確率の低い分布から、より無秩序で確立の高い状態へ移行する。この秩序の状態の変化はエントロピー S で特徴づけられる[7]。化学反応においては、分子数の増加、温度の上昇、粒子の集合状態の規則性の減少（固体から液体へ、あるいは液体から気体への変化）によってエントロピーが増加する。熱入力が大きく、伝熱が起こる温度 T が低いほどエントロピーの増加 ΔS は大きくなる。

反応動力学

熱力学が物質とエネルギーの転換を表すのに対して、反応動力学は反応の速度を扱う[7]。反応に関与する物質の反応速度は、単位時間内の濃度変化で表される（図9）。反応における出発物質の濃度変化から反応次数が導かれる。

零次反応

零次反応は、たとえば白金不均一触媒の表面でのガスの分解に見られる。触媒表面に吸着されるガスの濃度は反応中に変化せず、反応速度は全反応期間を通じて一定である。

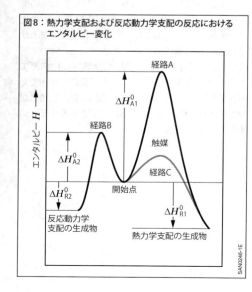

図8：熱力学支配および反応動力学支配の反応におけるエンタルピー変化

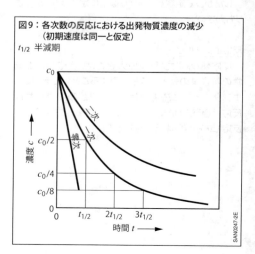

図9：各次数の反応における出発物質濃度の減少（初期速度は同一と仮定）

化学 **153**

一次反応

一次反応では、反応速度は出発物質（の1つ）の濃度のみに依存する。多くの崩壊過程、たとえば放射性崩壊は一次反応に従い、出発物質の濃度が半分になる時間（半減期）が一定であることが特徴である。したがって半減期は初期濃度に依存しない。

二次反応

2つの分子の間の反応で、反応速度が両出発物質の濃度で決まるものは二次反応と呼ばれる。反応物の一方が大過剰に存在するとき、たとえば水が反応物であると同時に溶媒でもある加水分解反応では、反応速度は一次反応と同様になる。このような反応を擬一次反応という。

同じ初期濃度・初期速度であっても、二次反応の進行は必ず一次反応より遅い。反応速度はいずれの場合も出発物質の濃度に依存するが、二次反応の場合は、一次反応と異なって2つの反応物分子が衝突しなければならず、反応を惹き起こさない衝突が存在することが、その理由である。

三次反応

三分子反応、すなわち3種の粒子の同時衝突の起こる確率は小さい。このため、三次反応が生ずることは極めて稀である。

化学平衡

大部分の化学反応は可逆的である。すなわち出発物質と反応生成物との間の平衡が達成される[8]。平衡の位置は反応物質の濃度、反応生成物の除去、温度の選択に影響され、一方から他方へと大きく移動することがある。

2つの気体物質の反応において、物質の転換の結果分子の総数が減少する場合には、圧力を増すことで反応を完結させることができる。圧力を低くすれば転換率は低下する。

液体中では、濃度の変化が気体における圧力の変化と同様に作用する。粒子数の増加を伴う反応は希釈によって促進される。これに対して、前述のように触媒は平衡の位置を変えることはできず、反応の開始速度に影響するだけである。

質量作用の法則

化学平衡は質量作用の法則で表現される[8]。平衡定数Kは逆反応に関与する物質CおよびDの濃度cの積を、順反応に関与する物質AおよびBの濃度cの積で割った値である。質量作用の法則は溶解、化学反応、状態変化のいずれにも適用される。

$$A + B \rightleftharpoons C + D$$

$$K = \frac{c(C) \cdot c(D)}{c(A) \cdot c(B)}$$

塩を溶解すると正および負に帯電したイオン、すなわちカチオンとアニオンが生じ、それらは未溶解の沈澱と溶解度平衡にある。飽和溶液においては、溶解するイオンの数は再沈澱するイオンの数に等しい。塩A_xB_yにおいて、xはカチオンAの数、yはアニオンBの数を表す。溶解過程でx個のカチオンAが溶解し、その正電荷はアニオンBの数yで決まる。同時にy個のアニオンBが溶解し、その負電荷はカチオンAの数に依存する。

$$A_xB_y \rightleftharpoons xA^{y+} + yB^{x-}$$

$$K = \frac{c(A^{y+})^x \cdot c(B^{x-})^y}{c(A_xB_y)}$$

154 物理学（基礎）

しかし、この形での質量作用の法則が成り立つのは、溶解した粒子間に相互作用のない理想溶液においてのみである。難溶性の塩を溶解して得られるきわめて希薄な溶液はこれに近い状態にある。

一般的に言えば、質量作用の法則が溶液に適用できるためには、イオンの濃度cを係数fによって下方修正しなければならない。この係数は溶解した粒子の間の相互作用を考慮するためのもので、濃度に依存し、活動度係数fと呼ばれる。したがって$f \leq 1$である。活動度係数は、溶液中のイオンが電荷の相違によって会合しようとする傾向を反映している。濃度cを活動度係数fで補正した値を活動度aという。したがって

$$a = f \cdot c$$
$$K = \frac{a(A^{y+})^x \cdot a(B^{x-})^y}{a(A_x B_y)}$$

未溶解部分は濃度を定めることができない。この部分は一定とみなし、1の値を与える。この単純化された形の質量作用の法則を溶解度積K_Lという。

$$K_L = a(A^{y+})^x \cdot a(B^{x-})^y$$

溶解度積の単位は溶解によって生ずる粒子の種類によって異なる。塩は溶解度積が小さいほど溶けにくい。分かりやすさのため、溶解度積K_Lの値の常用対数を-1倍した値が一般に使用され、pK_Lと記される。pK_Lの値が大きいほど溶解度は小さい。

溶解した塩の一部はカチオンとアニオンに分かれる。このように電荷の異なったイオンへの分解過程は解離と呼ばれることが多い。塩が溶解すると多数の電荷キャリアが生ずるので、導電性が高くなる。このような現象が起こる水溶液は強電解質と呼ばれる。

実験室での日常的作業においては、濃度cを活動度aの代わりに用いて計算が行われる。以下では、式の中の物理的変数が活動度である場合でも、文中の用語としては「活動度」の代わりに「濃度」を用いる。

水中の酸

酸（HA、Aはacidの頭文字）も水中で解離し、水素イオンH^+を水分子に与えてヒドロキソニウムイオンH_3O^+を生成する（プロトリシス）。この場合も質量作用の法則が成り立つ[8]。

$$HA + H_2O \rightleftharpoons H_3O^+ + A^-$$
$$K = \frac{a(H_3O^+) \cdot a(A^-)}{a(HA) \cdot a(H_2O)}$$
$$K_a = K \cdot a(H_2O) = \frac{a(H_3O^+) \cdot a(A^-)}{a(HA)}$$

水の濃度55.3 mol/lは事実上一定であるので、これを平衡定数に含め、得られた値を酸性度定数またはK_a値という。単位は濃度mol/lである。K_a値が大きいときは平衡は大きく右に寄っている。すなわちヒドロキソニウムイオン（H_3O^+）の濃度が高い。したがってそのような酸は酸強度が大きい。

K_a値は通常pK_a値に変換される。すなわちまずK_a値を標準濃度1 mol/lで割り、その常用対数に-1を掛けてpK_a値を得る。強酸のpK_a値は低く、負になることもある。

水の酸強度

化学的に純粋な水においても、水分子はヒドロキソニウムイオン (H_3O^+) および水酸化物イオン (OH^-) と平衡状態にある。

$$2 H_2O \rightleftharpoons H_3O^+ + OH^-$$

水のイオン積 K_w は常に 10^{-14} mol²/l² である。したがって水の自己解離はごくわずかで、ヒドロキソニウムイオン (H_3O^+) および水酸化物イオン (OH^-) が共に濃度 10^{-7} Mol/l で生じている。

解離によって失われる水の量を無視すれば、水の酸強度 K_a ($a(H_2O)$ = 55.3 mol/l) は

$$K = \frac{a(H_3O^+) \cdot a(OH^-)}{a(H_2O) \cdot a(H_2O)}$$

から

$$K_a = K \cdot a(H_2O) = \frac{a(H_3O^+) \cdot a(OH^-)}{a(H_2O)}$$

したがって

$$-\log K_a = -\log a(H_3O^+) - \log a(OH^-) + \log a(H_2O)$$

$pK_a = 7 + 7 + \log 55.3 = 14 + 1.74 = 15.74$ が得られる。

水中の塩基

一方、水に溶けた塩基は水素イオン (H^+) を吸収する[8]。アンモニア (NH_3) を水に溶解すると、アンモニア分子は水分子から水素イオン (H^+) を受け取る。これによりアンモニウムイオン (NH_4^+) と水酸化物イオン (OH^-) が発生する。

$$NH_3 + H_2O \rightleftharpoons NH_4^+ + OH^-$$

酸性度定数 K_a によって酸の強さを示すのと同様に、塩基の強さを塩基解離定数 K_b で示すことができる。塩基性度または塩基強度は、酸強度と同じ質量作用の法則から導くことができる。より簡単には、水のイオン積 K_w から次式で求められる。

$$K_w = K_a \cdot K_b = 10^{-14} \text{ mol}^2/l^2 \text{、または}$$
$$pK_w = pK_a + pK_b = 14$$

共役酸塩基対

ある酸、たとえば塩酸 (HCl) が解離したとき、塩酸は酸を表し、水素イオンを放出した後の酸と平衡にある酸アニオン (この例では塩化物アニオン (Cl^-)) は塩基を表す。この組を共役酸塩基対という。同様に、塩基、たとえばアンモニア (NH_3) は水中で、共役な酸であるアンモニウムイオン (NH_4^+) と共に酸塩基対をなす。

多数の酸塩基対について pK_a と pK_b の値が実験的に求められている (表3)。水の自己解離については、水は酸としても塩基としても働く。水が酸としても塩基としても働く性質は両性的挙動と呼ばれている。水 (pK_a = 15.74) を酸と見れば、水素イオンを放出した後には水酸化物イオン (OH^-、pK_b = − 1.74) が共役塩基である。水 (pK_b = 15.74) を塩基と見れば、ヒドロキソニウムイオン (H_3O^+、pK_a = − 1.74) が共役酸である。

pH値

pH値 (ラテン語「potentia hydrogenii」から) は、ヒドロキソニウムイオン (H_3O^+) の活動度 $a*$ の常用対数のマイナスとして定義される。無次元量を得るため、対数をとる前に H_3O^+ イオンの活動度 a を標準濃度 1 mol/l で割る。ついで常用対数を − 1 倍して pH 値を得る。

$$a*(H_3O^+) = a(H_3O^+) \text{ [mol/l]} \cdot \frac{1}{\text{[mol/l]}}$$

$$pH = -\log a*(H_3O^+)$$

単純化のため、ヒドロキソニウムイオンの活動度は濃度に等しいとすることが多い。

このようにpH値は酸の濃度の尺度であるが、酸の濃度 (pH値) と酸強度 (pK_a値) とは必ずしも平行しない。濃度 10^{-4} mol/lの希薄塩酸溶液は、酸強度は強いが ($pK_a = -6$)、pH = 4であり、酢酸 (pK_a = 4.75) は濃度が 10^{-1} mol/lと高くなれば前者より酸性側のpH = 2.87となる (図10)。

水の自己解離では、上に述べたように、ヒドロキソニウムイオン (H_3O^+) と水酸化物イオン (OH^-) が同じ濃度 10^{-7} mol/lだけ発生する。したがってpH値は7であり、純水は中性である。

しかし実験室で実際に用いられる純水はわずかに酸性を示すことが多い。これは空気中の CO_2 が水に溶解して炭酸 (H_2CO_3) を生ずるためである。炭酸はわずかに解離してヒドロキソニウムイオン (H_3O^+) と炭酸水素イオン (HCO_3^-) を生ずるので、pH値はわずかに酸性側に寄る。

ヒドロキソニウムイオン (H_3O^+) と水酸化物イオン (OH^-) との比によって、溶液が酸性、中性、塩基性のいずれであるかが決まる (図10)。

酸性：　　$a(H_3O^+) > a(OH^-)$、pH < 7
中性：　　$a(H_3O^+) = a(OH^-)$、pH = 7
塩基性：$a(H_3O^+) < a(OH^-)$、pH > 7

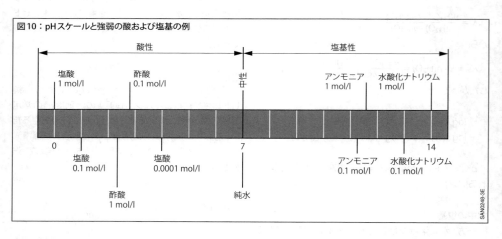

図10：pHスケールと強弱の酸および塩基の例

表3：強酸と弱酸のpK_a値とpK_b値

名称	酸強度 pK_a	共役酸塩基対		塩基強度 pK_b
塩酸	－6	HCl	Cl^-	20
硫酸	－3	H_2SO_4	HSO_4^-	17
ヒドロキソニウムイオン	－1.74	H_3O^+	H_2O	15.74
硝酸	－1.32	HNO_3	NO_3^-	15.32
リン酸	1.96	H_3PO_4	$H_2PO_4^-$	12.04
フッ化水素	3.14	HF	F^-	10.68
酢酸	4.75	CH_3COOH	CH_3COO^-	9.25
炭酸	6.52	H_2CO_3	HCO_3^-	7.48
アンモニウムイオン	9.25	NH_4^+	NH_3	4.75
炭酸水素イオン	10.40	HCO_3^-	CO_3^{2-}	3.60
リン酸水素イオン	12.36	HPO_4^{2-}	PO_4^{3-}	1.64
水	15.74	H_2O	OH^-	－1.74

強酸のpH値

塩化水素のような強酸は水中で完全に解離し、正電荷を持つ水素イオン(H^+)を水分子に与えてヒドロキソニウムイオン(H_3O^+)を形成する。塩酸 0.1 mol（3.65 g）は1リットルの水柱でヒドロキソニウムイオン 0.1 モル、塩化物アニオン(Cl^-）0.1 モルを生ずる。したがって塩酸 10^{-1} モル溶液のpHは1である。

弱酸のpH値

弱酸の場合は、水中でもある程度の量の酸分子が解離せずに残る。しかし弱酸のpH値は解離した酸分子の比率で決まるので、pHの計算はより複雑である。ここでは酢酸の例でこれを説明する。

酢酸水溶液では、水に溶けた酢酸分子（CH_3COOH）のうち、乖離してヒドロキソニウムイオン（H_3O^+）および酢酸イオン（CH_3COO^-）となるのは1%以下である。食塩や塩酸の水溶液と異なり、酢酸水溶液は弱電解質である。解離平衡はこの場合も質量作用の法則によって記述される。

$$CH_3COOH + H_2O \rightleftharpoons H_3O^+ + CH_3COO^-$$

$$K_a = \frac{a(H_3O^+) \cdot a(CH_3COO^-)}{a(CH_3COOH) \cdot a(H_2O)}$$

この場合も水は大過剰に存在するので、濃度は1としてよい。

酢酸の酸強度 K_a は 1.8×10^{-5} mol/l、したがって pK_a は4.75である。解離によって同数のヒドロキソニウムイオン（H_3O^+）と酢酸イオン（CH_3COO^-）が生ずる。解離はわずかであるから、酢酸 CH_3COOH の全濃度に対して解離した部分は無視できる。

$a(H_2O) = 1$、$a(H_3O^+) = a(CH_3COO^-)$ として以下のように計算できる。

$$K_a = \frac{a(H_3O^+)^2}{a(CH_3COOH)}$$

$$a(H_3O^+)^2 = K_a \cdot a(CH_3COOH)$$

$$a(H_3O^+) = \sqrt{K_a \cdot a(CH_3COOH)}$$

$$-\log a(H_3O^+) =$$

$$-\frac{1}{2}(\log K_a + \log a(CH_3COOH)) =$$

$$\frac{1}{2}(-\log K_a - \log a(CH_3COOH))$$

pH値およびpK$_a$値の定義を考慮して次式を得る。

$$pH = \frac{1}{2}(pK_a - \log a(CH_3COOH))$$

したがって濃度 0.1 mol/l の酢酸溶液のpH値は

$$pH = \frac{1}{2}(4.75 - \log 0.1)$$

$$= \frac{1}{2}(4.75 + 1) = 2.87$$

他の弱酸、弱塩基のpH値も同様にして計算することができる。

参考文献

[1] K.-H. Lautenschläger, W. Weber: Taschenbuch der Chemie. Edition Harri Deutsch, 21st Edition, 2013.

[2] M. Borlein: Kerntechnik – Grundlagen. Vogel Buchverlag, 2nd Edition, 2011.

[3] G. Schwedt: Analytische Chemie. Wiley-VCH Verlag, 2nd Edition, 2008.

[4] L. Spieß, G. Teichert, R. Schwarzer, H. Behnken, C. Genzel: Moderne Röntgenbeugung – Röntgendiffraktometrie für Materialwissenschaftler, Physiker und Chemiker. Springer Verlag, 3rd Edition, 2013.

[5] K. Schwister: Taschenbuch der Chemie. Carl Hanser Verlag, 4th Edition, 2010.

[6] M. Hesse, H. Meier, B. Zeeh: Spektroskopische Methoden in der Organischen Chemie. Thieme Verlag Stuttgart, 8th Edition, 2011.

[7] P. W. Atkins, L. Jones: Chemie – einfach alles. Wiley-VCH Verlag, 2nd Edition, 2006.

[8] R. Pfestorf: Chemie – Ein Lehrbuch für Fachhochschulen. Edition Harri Deutsch, 9th Edition, 2013.

158 物理学（基礎）

電気化学

電解質電導と電気分解

塩を水に溶かすと、塩の成分は水の中にイオンとなって存在するようになる。このイオンは電荷を持つので電場をかけると移動し、これにより電流が発生する。この現象を電解質電導という。これに対して、銅や鉄などの導体の中の電流は、電子によって運ばれる。水溶液のほか、溶融塩やある種の固体、たとえば自動車の触媒に使う酸化ジルコニウムも電解質として作用する（[1], [2], [3]）。

負に帯電したイオンは、アノード（陽極）に向かって移動するのでアニオンと呼ばれる。正に帯電したイオンはカチオンと呼ばれ、これはカソード（陰極）に向かって移動する。それぞれの電極では化学反応が起こり、イオンはカソードでは電子と結合し、アノードでは電子を放出する。これらの反応が実際に起こるためには、アノードとカソードが導体で連結され、電子の交換が可能でなければならない。

バッテリーを電源として使用した場合（放電など）、電子は外部の電子回路を経由してアノードからカソードへ移動する。こうしたことから、ユーザーにとってはアノードが陰極でカソードが陽極となる。

金属のイオン化列

このようなイオン反応の進みやすさは、表1に示す金属のイオン化列で表すことができる。ここに示したのは、イオン濃度 1 mol/l に対する標準電位 E^0 である。この「標準」濃度は、右肩に 0 をつけて表す。表中の電圧値は、標準水素電極の電位を 0 V としたときの値である。つまり、

$$E^0(2H^+ + 2e^- \leftrightarrow H_2) = 0 \text{ V}$$

表1の E^0 に付けられた正の符号は電子受容（還元）を、負の符号は電子放出（酸化）を意味する。たとえばリチウムは、電子を放出して（$E^0 < 0$）1 価のリチウムイオン Li^+ へと酸化され、フッ素は電子を取り込んで（$E^0 > 0$）還元される。

酸化： $2\,Li \rightarrow 2\,Li^+ + 2e^-$
$E_{Li} = +3.045$ V

還元： $F_2 + 2e^- \rightarrow 2\,F^-$
$E_F = +2.87$ V

全反応： $2\,Li + F_2 \rightarrow 2\,Li^+ + 2\,F^-$
$E = +5.915$ V

表1：金属のイオン化列（[3]）と関連するイオン反応（25℃における標準電位）

半反応	E^0 [V]
$Li^+ + e^- \leftrightarrow Li$	−3.045
$Na^+ + e^- \leftrightarrow Na$	−2.714
$Mg^{2+} + 2e^- \leftrightarrow Mg$	−2.363
$Al^{3+} + 3e^- \leftrightarrow Al$	−1.662
$2H_2O + 2e^- \leftrightarrow H_2 + 2OH^-$	−0.828
$Zn^{2+} + 2e^- \leftrightarrow Zn$	−0.763
$Cr^{3+} + 3e^- \leftrightarrow Cr$	−0.744
$Fe^{2+} + 2e^- \leftrightarrow Fe$	−0.440
$PbSO_4 + 2e^- \leftrightarrow Pb + SO_4^{2-}$	−0.356
$Ni^{2+} + 2e^- \leftrightarrow Ni$	−0.250
$Pb^{2+} + 2e^- \leftrightarrow Pb$	−0.13
$Sn^{2+} + 2e^- \leftrightarrow Sn$	−0.136
$2H^+ + 2e^- \leftrightarrow H_2$	0
$Cu^{2+} + 2e^- \leftrightarrow Cu$	+0.337
$Cu^+ + e^- \leftrightarrow Cu$	+0.521
$Fe^{3+} + e^- \leftrightarrow Fe^{2+}$	+0.771
$Ag^+ + e^- \leftrightarrow Ag$	+0.799
$Pt^{2+} + 2e^- \leftrightarrow Pt$	+1.118
$4H^+ + O_2 + 4e^- \leftrightarrow 2H_2O$	+1.229
$Cl_2 + 2e^- \leftrightarrow 2Cl^-$	+1.360
$Au^{3+} + 3e^- \leftrightarrow Au$	+1.498
$PbO_2 + 4H^+ + 2e^- \leftrightarrow Pb^{2+} + 2H_2O$	+1.685
$F_2 + 2e^- \leftrightarrow 2F^-$	+2.87

このように、電気化学反応はすべて酸化と還元の2つの部分から成っている。リチウムは電子を放出するので、反応式では電子は右辺に現れるが、これは電気化学列の表（表1）とは反対である。そのため酸化反応の方程式では、電位の符号を反転しなければならない。酸化還元反応の全電圧Eは、各々の値の和となる。全反応においては、電子は反応物の間で交換されるだけであるから、反応式には電子は現れない。

電気化学反応が生じるのは、全電圧が正となる場合だけである。このため酸（H^+イオンなど）は銅や銀、プラチナ、金を分解することができない。このような金属は、貴金属と呼ばれる。これに対して、ナトリウム、元素としての鉄、ニッケル、鉛などの卑金属は酸と反応し、イオンとして溶解する。

このように電気化学反応が起こるためには、少なくとも2種の異なった反応物が必要である。電気化学反応によって現れる全電圧Eは、イオンの濃度に依存する。

ネルンストの式

ネルンストの式は、以下のとおりである。

$$E = E^0 + \frac{RT}{nF} \ln \frac{[\text{Ox}]}{[\text{Red}]}$$

$$= E^0 + \frac{0.0592 \text{ V}}{n} \log_{10} \frac{[\text{Ox}]}{[\text{Red}]} \quad (25\,°\text{Cのとき})$$

ここで、[Ox]は酸化体のイオンの濃度、[Red]は還元体のイオンの濃度、nは反応式中の電子の数、Rは気体定数、Tは絶対温度、Fはファラデー定数である。

これによって、個々のイオンタイプの部分反応に対する電圧を計算できる。電解反応の全電圧は、関与する部分反応すべての電圧の和である。また、Eは温度にも依存する。

応用例

鉛蓄電池

自動車はエンジンを始動させる際にスターター用バッテリーを必要とする。このスターター用バッテリーは、放電と充電を繰り返すことから蓄電池と呼ばれることもある。一方、通常のバッテリーは、放電をするのみで充電をすることはできない。

充電と放電

乗用車に使用されている鉛蓄電池では、以下の電気化学的放電反応が起こる。

アノード：$Pb \rightarrow Pb^{2+} + 2e^-$
カソード：$Pb^{4+} + 2e^- \rightarrow Pb^{2+}$

この反応は硫酸中で進み、カソードでは酸化鉛（PbO_2とPb^{4+}）が硫酸鉛（$PbSO_4$とPb^{2+}）に還元され、アノードでは鉛元素（Pb）が酸化されて同じく硫酸鉛となる。このためSO_4イオン（硫酸イオン）が減少し、酸濃度が低下する。充電過程においては、硫酸鉛が再び鉛と酸化鉛に変換される。

上記の反応式では中核的な反応を明確にするため、硫酸H_2SO_4を省略した。この反応により、約2.0 Vの電圧が得られる（表1を参照）。自動車の走行中の充電過程では、この反応が逆向きに進む。

上記の電気化学反応は進行が極めて遅いので、格子状の電極を用いることで反応面積を大きくしており、この格子上に、多孔質の海綿状のペーストにした鉛と酸化鉛を付着させている。

蓄電池は、満充電になるまで再充電したとき電圧が低下してはならない。また軽量で大きなエネルギーが蓄積できる（大容量である）こと、大電流が取り出せることが求められる。

具体的には、図1に示した各過程が進行する。

図1：鉛蓄電池の充電および放電過程
a 充電前（放電状態）のセル
b 充電過程
c 充電されたセル
d 放電過程

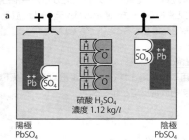
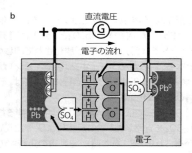
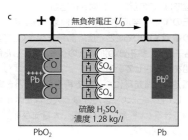
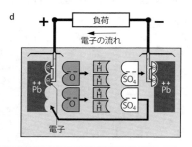

充電前（放電状態）のセル

両電極にPbSO₄が存在する。これは、Pb^{2+}とSO_4^{2-}イオンで構成される（図1a）。先行する電流発生（放電）過程で硫酸イオンが減少しているため、電解質の濃度は低くなっている。

充電

陽極では、Pb^{2+}が電子を放出してPb^{4+}に変化する（図1b）。これが酸素と結合して二酸化鉛PbO_2となる。これに対して負極では、鉛元素が生成する。この両反応によって硫酸イオンSO_4^{2-}が放出され、H^+イオンと共に再び硫酸を形成するので、酸の濃度は増加する。

電解質の比重は、バッテリーの充電状態を表すのに使用することができる（表2を参照）。この関係の正確さは、バッテリーの構造、電解質の層、さらには、修復不可能な硫化が一定のレベルに達していたり、金属プレートが大幅に消耗していたりするといったバッテリーの摩耗状態に依存する。表2に示す電解質の濃度は、温度が20℃のときのものである。電解質の濃度は、温度が14 K上昇するごとに0.01 kg/l低下し、14 K低下するごとに0.01 kg/l上昇する。表2に示す低い値は電解質の利用度が高いときのもので、高い値は利用度が低いときのものである。

充電されたセル

陽極のPbSO₄はPbO₂に、陰極のPbSO₄はPbに変化している（図1c）。これ以上は、充電電圧も酸濃度も増加しない。

満充電状態で更に充電を続けても、水が電気分解されて電解ガス（陽極に酸素、陰極に水素）が生成されるだけである。

表2：自動車用の一般的なスターター用バッテリーにおける希硫酸の電解質値（温度：20℃）

充電状態	電解質の濃度 (kg/l)	凍結しきい値 (°C)
フル充電	1.28	− 68
セミ充電	1.16 〜 1.20	− 17 〜 − 27
放電	1.04 〜 1.12	− 13 〜 − 11

放電

放電の際には、充電の場合と逆向きの電流と電気化学反応が生じ、Pb^{2+}とSO_4^{2-}イオンから再び$PbSO_4$が両極に生ずる(図1d)。

ニッケル水素蓄電池

ニッケル・金属水素化物 (NiMH) のセルには、水素を吸蔵する金属電極を使用する [3]。充電過程では、水素原子が発生する。この水素は金属電極 (M) に吸収されて、金属水素化物 (MH) を形成する。放電の際には、電極内に蓄積されている水素が酸化されて水となる(図2)。放電過程では、以下の反応が進行する。充電過程では逆の反応が起こる。

アノード： $MH + OH^-$
$\rightarrow M + H_2O + e^-$ (0.828 V)
カソード： $NiOOH + H_2O + e^-$
$\rightarrow Ni(OH)_2 + OH^-$ (0.450 V)
酸化還元反応式：
$MH + NiOOH$ (1.278 V)
$\rightarrow Ni(OH)_2 + M$

ニッケル・金属水素化物電池(ニッケル水素蓄電池)は自然放電率が高く、室温で最大1%にも達するので、その用途は耐用時間の短い装置に限られる。この電池は電気自動車やハイブリッド車によく搭載されているが、その理由は大電流が得られること、および軽量で大容量であることである。

リチウムイオン蓄電池

リチウムイオン蓄電池には、ホスト格子内でリチウムイオン (Li^+) を可逆的に吸収・放出する電極(インターカレーション電極[3]) を使用する。アノード材料にはたとえば種々の改質の施されたグラファイト (C)、カソード材料にはリチウム金属酸化物 ($LiCoO_2$, $LiMn_2O_4$など) を使用する(図3)。

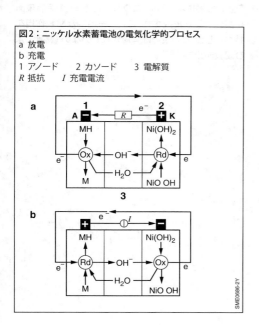

図2：ニッケル水素蓄電池の電気化学的プロセス
a 放電
b 充電
1 アノード　2 カソード　3 電解質
R 抵抗　I 充電電流

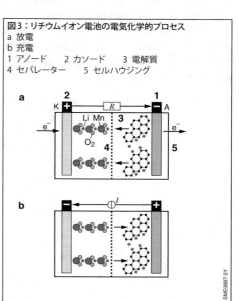

図3：リチウムイオン電池の電気化学的プロセス
a 放電
b 充電
1 アノード　2 カソード　3 電解質
4 セパレーター　5 セルハウジング

アノード： $Li_xC_n \rightarrow nC + xLi^+ + xe^-$

カソード： $Li_{1-x}Mn_2O_4 + xLi^+ + xe^-$
$\rightarrow LiMn_2O_4$

全反応： $Li_{1-x}Mn_2O_4 + Li_xC_n$
$\rightarrow LiMn_2O_4 + nC$

nはカソード材料の種類（黒鉛、煤、コークス質炭素）を示す指数で、これによって吸収されるリチウムの比率xが異なる。電解質は、非水溶媒（ポリフッ化ビニリデンPVDFなど）と導電性塩（たとえば$LiPF_6$）の混合物である。

リチウムイオン蓄電池の特徴としては、エネルギー密度が高いこと、温度安定性に優れていること、最大4.2Vの電圧が得られることが挙げられる。

腐食

腐食においては、液相または気相環境で好ましくない電気化学反応が進行し、部品（たとえばボディ）を損傷し、破損に至ることもある。たとえばボディの鉄原子がイオンとなって溶け出し、そのため板厚が減少する、孔があくなどの現象が発生し、外観が損なわれるだけでなく車両の機械的安定性を損ねることがある。

このため自動車産業においては、鉄鋼製部品の腐食をさまざまな手段で防止することが求められる。この目的のために、金属を亜鉛のような卑金属でコーティングして、鋼に代わってこのコーティングを腐食・溶解させる手法がある。また、酸素の反応を阻害する方法もある。たとえば塗膜によって酸素が鋼の表面へ拡散するのを遅らせることができる。

腐食による損傷

腐食も電気化学反応と同じく、陽極酸化および陰極還元の2つの部分反応から成っている。酸化反応では金属原子が電子を失いイオンとなって溶液に入るか、あるいは他の反応物と反応して表面に沈積する（変色）。このプロセスが腐食反応の中核である。電気化学反応と異なり、腐食は自発的に進行するもので、電源を必要としない。

還元反応では、酸素および水素イオンがアノードにおける金属溶解に対応する反応物となることが多い。中性またはアルカリ性媒質では、酸素は還元されて水酸イオンとなる。

$$O_2 + 2H_2O + 4e^- \rightarrow 4OH^-$$

酸性溶質では、酸の水素イオンが水素ガスとなって逃散する。

$$2H^+ + 2e^- \rightarrow H_2$$

金属のイオン化列（表1）は、どの金属が腐食されやすいか、どのような材料で腐食が防止できるかについての目安にもなる。しかし腐食反応の速度については、この表からは何の情報も得られない。また空気との接触によりアルミニウムを始め多くの金属表面に酸化物層が形成され、これが一時的な防食作用を持つことも、この表では考慮されていない（腐食および腐食防止も参照）。

酸素濃度センサー

酸素濃度センサー（λセンサー）は、排気ガス中の酸素濃度を測定して、空燃比をガソリンエンジンでの燃焼に最適な値に調整するために使用される（$\lambda = 1$ が理論空燃比での燃焼に対応）。ここでは、300℃以上の温度で酸素イオンによる伝導性を示す酸化ジルコニウムセラミック（ZrO）が固体電解質として使用されている（図4）。電極としては、化学的に不活性な白金電極を多孔質の薄い層状にする形で用いられる。電極に発生する電圧 U_λ は、ネルンストの式から求めることができる。[Ox]と[Red]に代えて参照領域（大気）と排ガス領域における酸素分圧 p (O_2) を用いることで、次式が得られる。

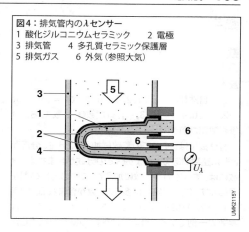

図4：排気管内のλセンサー
1 酸化ジルコニウムセラミック　2 電極
3 排気管　4 多孔質セラミック保護層
5 排気ガス　6 外気（参照大気）

$$U_\lambda = \frac{RT}{4F} \ln \frac{p_R(O_2)}{p_A(O_2)}$$

ここで、p_A (O_2) は排ガス中の酸素分圧、p_R (O_2) は参照領域における酸素分圧、R は気体定数、T は絶対温度、F はファラデー定数である。

$\lambda = 1$ 付近では電圧の変動が極めて大きいので、この値への制御は極めて良好に行うことができる。

参考文献

[1] E. Fluck, R.C. Brasted: Allgemeine und Anorganische Chemie. 6th Ed., UTB No. 53, Quelle & Meyer, Heidelberg, 1987.

[2] C. E. Mortimer, U. Müller: Chemie. 12th Ed.,Thieme, Stuttgart, 2015.

[3] C.H. Hamann, W. Vielstrich: Elektrochemie. 4th Ed., Wiley-VCH, 2005.

数学

数

量

数は自然数$\mathbb{N} = \{0、1、2、3、\cdots\}$、整数$\mathbb{Z} = \{\cdots、-3、-2、-1、0、+1、+2、+3、\cdots\}$、有理数$\mathbb{Q}$、実数$\mathbb{R}$、および複素数$\mathbb{C}$に分けられる。

有理数には、すべての整数に加えて、分子、分母がともに整数であるようなすべての分数が含まれる。実数には、すべての有理数に加えて、二つの分数の間を埋めるすべての (無限に多くの) 数が含まれる。円周率π ($= 3.14159\cdots$) とオイラー数e ($= 2.718281\cdots$) は実数の一例である。複素数は実数の概念を拡張したものである。詳しい説明はこの後の章に譲る (それ以上の詳細については文献[1], [2], [3]を参照)。

記数法

物理的な量や技術的な量は、数値と単位で表される。通常、数値は10進法 (10を基数とする記数法) によって表記される。そのほかの一般的な記数法として、2進法および16進法 (2および16を基数とする記数法) がある。10進法では0、1 〜 9の数字を表記するのに対し、2進法では0と1しか存在しない。16進法では、0、1 〜 9の数字に加えてA、B 〜 Fの文字で10、11 〜 15の数を表す (変換は表1と2を参照)。

2進法と16進法は、主として情報技術 (IT) の分野で使用される。これはコンピューターが「パワー OFF」 ($= 0$) と「パワー ON」 ($= 1$) の2つの状態しか処理できないためである。「0」と「1」の2つの状態が、2進法の基礎となっている。8つ (8ビット) の2進法数字を一つの最小単位 (バイト) に組み合わせることで、0 〜 255までの数を表すことができる。これは、16進法では0 〜 FFで表される。

関数

以下では初歩的な数学関数を取り上げ、それぞれの特に重要な特性、たとえばその定義域と値域、変数xの値が非常に大きい場合と小さい場合の関数の挙動、零点、導関数、そして基本的な算術演算について説明する。

これらの関数は、コンロッドと可動機械部品間の幾何学的相関性 (「内燃機関 (ICエンジン) の項の「クランクシャフトギヤ」を参照)、車内の振動 (「シャーシ」の項の「振動特性の基本原理」を参照)、自車から別の車両または歩行者までの距離の測定 (「運転者支援システム」の項の「パーキングシステム」を参照) など、各種の技術プロセスの説明に使用できるため、膨大な数の関数群から抽出した。

表1：10進法と2進法

10進数	2進数
0	0
1	1
2	10
3	11
4	100
8	1000
9	1001
15	1111
16	10000
32	100000
64	1000000
255	11111111

表2：10進法と16進法

10進数	16進数
0、1 〜 9	0、1 〜 9
10、11 〜 15	A、B 〜 F
16	10
17	11
30	1E
31	1F
32	20
255	FF
4096	1000
65535	FFFF

多項式

n次の多項式は、実係数（または複素係数）a_0、a_1、…、a_nと単項式x^iの積として与えられる$(n+1)$個の被加数より成る。

$$f(x) = a_0 + a_1 x + a_2 x^2 + \cdots + a_n x^n$$

ここで、$a_i \in \mathbb{R}$（または$a_i \in \mathbb{C}$）、
定義域$D_f = \mathbb{R}$（または$D_f = \mathbb{C}$）、値域$W_f = \mathbb{R}$である。

n次の多項式は、最大n個の零点と$(n-1)$個の極値を持ち得る。

直線

直線は、一次$(n=1)$の多項式である。

$$f(x) = a_0 + a_1 x \quad \text{または}$$
$$y = mx + t \qquad \text{（傾きm、切片t）}$$

零点は$x_0 = -\dfrac{t}{m}$で与えられる（ただし、$m \neq 0$）。

放物線

放物線は、二次の多項式である（$n=2$、二次関数）。

$$f(x) = a_0 + a_1 x + a_2 x^2 \quad \text{または}$$
$$y = ax^2 + bx + c$$

零点：$x_{1/2} = \dfrac{1}{2a}\left(-b \pm \sqrt{b^2 - 4ac}\right)$

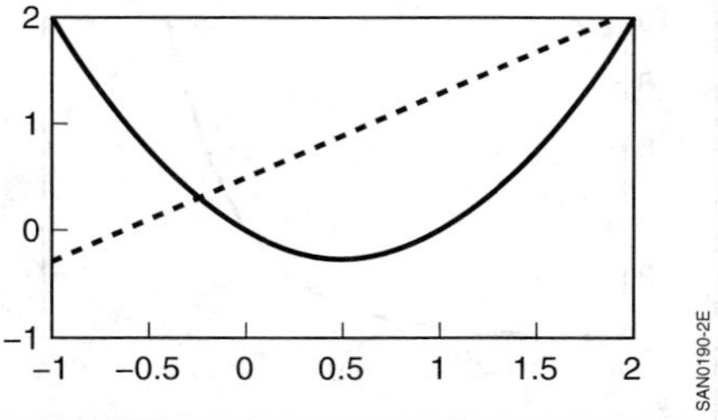

放物線は、0、1つもしくは2つの零点を持ち得る。

例として、表3と図1に直線（一次多項式）および放物線（二次多項式）を示す。

平方根関数

平方根関数$f(x) = \sqrt{x} = x^{1/2}$（表4および図2）は、二次関数$f(x) = x^2$の逆関数である。二次方程式の解を求める場合に必要となる（たとえば、二次多項式の零点を探す場合、「多項式」の項を参照）。

結果には平方根の項が含まれることもある。平方根関数は振動の共振周波数や減衰率の計算に用いられる（「振動」の項を参照）。

同様に、各単項式$f(x) = x^n$、$n \in \mathbb{N}$に対して、極めて単調に増加する逆関数

$$f^{-1}(x) = \sqrt[n]{x} = x^{1/n}$$

が存在する。ただしこれは、$x \geq 0$の場合に限られる。

表3：多項式

定義域D_f 値域W_f
$f(x) = a_0 + a_1 x + a_2 x^2 + \cdots + a_n x^n$
$D_f = \mathbb{R}$, $W_f = \mathbb{R}$（またはサブセット）

図1：一次および二次多項式が描く曲線：直線（破線）と放物線

表4：平方根関数

定義域D_f 値域W_f と挙動	特性
$f(x) = \sqrt{x} = x^{1/2}$ $D_f = \mathbb{R}_0^+$ $W_f = \mathbb{R}_0^+$ $x \to +\infty : f(x) \to +\infty$	$\sqrt{x} \cdot \sqrt{y} = \sqrt{xy}$ $\sqrt{x^n} = (\sqrt{x})^n, n \in \mathbb{N}$

図2：平方根関数の曲線

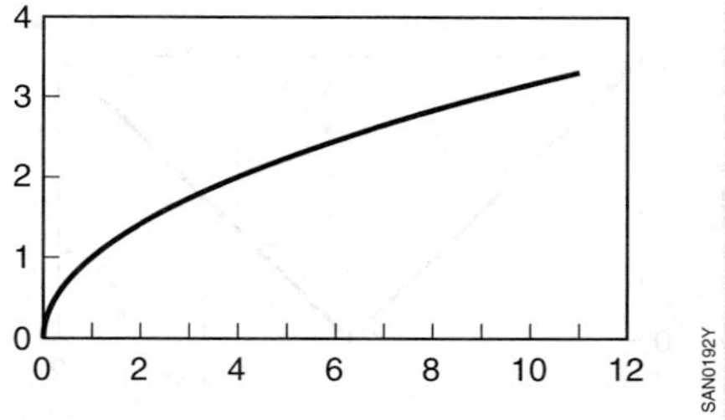

絶対値関数と符号関数

各実数 x は、符号関数（+/−）と絶対値 $|x|$ に分けられる。

$$x = \text{sgn}(x) \cdot |x|$$

たとえば、$\text{sgn}(-3) = -1$ であり、$\text{sgn}(+4) = +1$ である。絶対値は、数 x の原点0からの距離を表す。それゆえ、絶対値関数（表5と図3）は下記を意味する。

$$f(x) = |x| = \begin{cases} x & (x \geq 0 \text{の場合}) \\ -x & (x < 0 \text{の場合}) \end{cases}$$

指数関数

指数関数は数学、物理学、工学の分野で非常に重要な関数であり、導関数が元の関数と同じという、他の関数に見られない性質を持つ。この性質は線形微分方程式の解を求める場合、たとえば振動方程式を解く際に用いられる（「振動」の項を参照）。

正弦関数および余弦関数は複素指数関数に関係している（「複素数」の項を参照）。このことは、指数関数を使って振動を記述できることを意味する。

$$f(t) = e^{-\gamma t + i\omega t} = e^{-\gamma t}(\cos \omega t + i \sin \omega t)$$

ここで、指数の負の実数部 $-\gamma t$ は振動の減衰を表し、指数の虚数部 $i\omega t$ は周期量を表す。このことは、振動を正弦関数と余弦関数で表しうることからも明らかである（「複素数」と「線形微分方程式」の項を参照）。

そのほか、成長則（金利計算、複利計算など）や減衰則（放射能の減衰など）も指数関数を使って記述できる。コンデンサーの充放電プロセスも指数曲線に従う（「コンデンサー」の項を参照）。また、往復動機関の圧縮工程の最終圧力と最終温度、および効率もポリトロープ指数、より正確には断熱指数に関係する（「往復動機関」の項を参照）。

指数関数の定義域と値域、および特性を表6と図4に示す。

表6：指数関数

定義域 D_f と挙動	特性
$f(x) = e^x$, $D_f = \mathbb{R}$ $x \to -\infty : f(x) \to 0$ $x \to +\infty : f(x) \to +\infty$ $f(0) = e^0 = 1$	$e^a \cdot e^b = e^{a+b}$ $(e^a)^b = e^{ab}$ $\dfrac{d}{dx} e^x = e^x$

オイラー数 $e = 2.71828...$

図4：指数関数の曲線

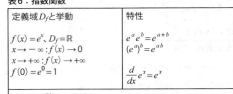

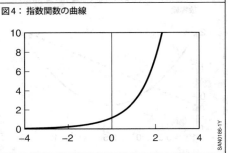

表5：絶対値関数

定義域 D_f、値域 W_f と挙動
$f(x) = \text{sgn}(x)$ $D_f = \mathbb{R}$ $W_f = \mathbb{R}_0^+$ $x \to \pm\infty : f(x) \to +\infty$

図3：絶対値関数の曲線

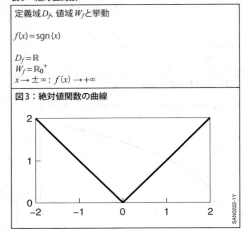

対数関数

対数関数は、指数関数の逆関数である。以下のような方程式の解を求める際に、この関数が必要となる。

$$2^x = 8 \Rightarrow x = \log_2 8 \Rightarrow x = 3$$

対数関数の定義域と値域、および特性を表7と図5に示す。

応用例

対数関数の応用例のひとつにネルンストの式がある。この方程式は、λ制御（「λセンサー」の項を参照）のために、周囲の大気と排気の酸素濃度差を電圧値に変換する際に用いられる。

音響学分野では、音圧の対数を使ってデシベルレベル（dB）を定義する（「音響学」の項の「デシベル」を参照）。そのほか、音響パワーレベルおよび音響インテンシティーレベルの決定にも対数が用いられる。

底の異なる対数間の換算

数 z の、a を底とする対数は、次式により底 b の対数に換算できる（a、b はともに正）。

$$\log_a z = \frac{\log_b z}{\log_b a}$$

ここで常用対数（底が10）の $\lg z = \log_{10} z$、および2進対数（底が2）の $\lb z = \log_2 z$ を利用して、上の式を次のように表すことができる。

$$\log_a z = \frac{\ln z}{\ln a} = \frac{\lb z}{\lb a} = \frac{\lg z}{\lg a}$$

三角関数

角度の測定（ラジアン）

数学では、角度の大きさを表すのに弧度法の単位ラジアンを使うのが普通で、度数法の単位である°（度）を用いることは稀である。たとえば度数法の $\varphi = 360°$ は、弧度法の $x = 2\pi$ ラジアンに等しい。半径1の円の円周の長さがまさにこの値を取る。

このことから、度数法の角度 φ と弧度法の角度 x の間に下記に示す換算式が成立する。

$$\frac{\varphi}{360°} = \frac{x}{2\pi}$$
$$\Rightarrow \varphi = \frac{180°}{\pi} x$$
$$\Rightarrow x = \frac{\pi}{180°} \varphi$$

弧度法で示した角度には、それが角度を表す情報であることを明示するために、「rad」の単位が添えられることも多い。角度 φ と弧度 x の関係を図6に掲げる。図では角度 φ に対応する弧度 x を、円弧上の矢印で示している。

表7：対数関数

定義域 D_f と挙動	特性
$f(x) = \ln x$ $= \log_e x$, $D_f = \mathbb{R}^+$ $x \to 0: f(x) \to -\infty$ $x \to +\infty: f(x) \to \infty$ $f(1) = \ln 1 = 0$	$\ln a + \ln b = \ln ab$ $\ln a - \ln b = \ln \frac{a}{b}$ $c \ln a = \ln a^c$ $\frac{d}{dx} \ln x = \frac{1}{x}$

図5：対数関数の曲線

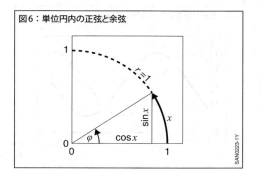

図6：単位円内の正弦と余弦

正弦関数および余弦関数

直角三角形では、角度 φ または弧度 x の正弦は、斜辺に対する対辺の比によって与えられる。余弦は斜辺に対する隣辺の比によって与えられる。

斜辺の長さが $r = 1$ (単位円) の場合、隣辺の長さが余弦に、対辺の長さが正弦に等しくなる (図6)。

振動をはじめ、数多くの周期的プロセスは正弦関数または余弦関数によって説明することができる (表8および図7)。変数 x を

$$x = \frac{2\pi}{T} t \text{ で置き換え、} \omega = \frac{2\pi}{T} \text{とする。}$$

ここで、変数 t は一般に経過時間を、T は振動の周期を表す。周波数 f は周期の逆数によって与えられる。

$$f = \frac{1}{T}$$

角振動数 (角周波数) ω は 2π 要素を含んでいる。すなわち角振動数は単位時間内に掃引する角度の大きさ (ラジアン) を表す。

市街地または郊外の道路を走る際、車両は大小さまざまな路面の起伏に遭遇し、衝撃を受け続ける。したがってシャーシには路面の起伏を吸収ないし補正する機構を持たせる必要がある。さらに、防振機構の振動特性を綿密に設計する必要がある (「シャーシ」の項の「振動特性の基本原理」を参照)。

水面の波動や音波など、多くの状況で振動の重ね合わせが重要となる。そして、電気の分野でも交番電流 (AC) の重ね合わせが問題となる。さらに、波動は一般に正弦関数または余弦関数によって表される。

$$f(t) = A \sin(\omega t + \varphi) \text{ または}$$
$$f(t) = A \cos(\omega t + \varphi)$$

ここで A は (正の) 振幅、φ は位相遅れである。

表8：正弦関数および余弦関数

定義域 D_f、D_g 値域 W_f、W_g と挙動	特性
$f(x) = \sin x$, $D_f = \mathbb{R}$ $g(x) = \cos x$, $D_g = \mathbb{R}$ $W_f = W_g = [-1; +1]$ 周期の長さ：2π	$\sin(x + 2\pi) = \sin x$ $\cos(x + 2\pi) = \cos x$ $\sin(x \pm \frac{\pi}{2}) = \pm \cos x$ $\cos(x \pm \frac{\pi}{2}) = \mp \sin x$ $\sin^2 x + \cos^2 x = 1$

図7：正弦関数および余弦関数の曲線

表9：正接関数および余接関数

定義域 D_f、D_g 値域 W_f、W_g と挙動	特性
$f(x) = \tan(x) = \frac{\sin(x)}{\cos(x)}$ $g(x) = \cot(x) = \frac{\cos(x)}{\sin(x)}$ $D_f = \mathbb{R} \setminus \{\frac{\pi}{2} + k \cdot \pi, k \in \mathbb{Z}\}$ $D_g = \mathbb{R} \setminus \{k \cdot \pi, k \in \mathbb{Z}\}$ $W_f = W_g = \mathbb{R}$ 周期の長さ：π	$\tan(x + \pi) = \tan(x)$ $\cot(x + \pi) = \cot(x)$ $\tan(x + \frac{\pi}{2}) = -\cot(x)$ $\cot(x + \frac{\pi}{2}) = -\tan(x)$ $\cot(x) = \frac{1}{\tan(x)}$

図8：正接関数および余接関数の曲線

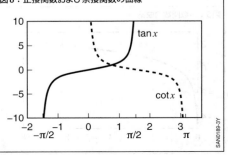

同じ角振動数を持つ複数の振動が重なると、振動はあるいは強められ（増幅干渉）、あるいは弱められ（減衰干渉）、場合によって完全に打ち消し合うこともある。そのどれが起きるかは、関係する振動の位相差と振幅の大小によって決まる。

たとえば、空港の「アンチノイズ」は減衰干渉を利用している。航空機が発するタービン音と同じ周波数の音をスピーカーで発生させる。アンチノイズとノイズは位相が正反対で、音波が打ち消し合うため、空港近くで暮らす住民に騒音の低減効果をもたらすことができる。

正接関数および余接関数

直角三角形では、正接は隣辺に対する対辺の比によって与えられる。したがって次式が成り立つ。

$$\tan x = \frac{\sin x}{\cos x}$$

他方、余接は対辺に対する隣辺の比によって与えられる。したがって次式が成立する。

$$\cot x = \frac{\cos x}{\sin x}$$

表9および図8にこれらの関数の特性と曲線を示す。三角関数の特に重要な特性を表10に掲げる。

逆三角関数

逆三角関数は三角関数の逆関数である。たとえば、逆正弦関数を使用して次の方程式の解を求めることができる。

$$\sin x = 0.5 \quad \text{ここで} x \in [0; \pi/2]$$

$$\Rightarrow x = \arcsin(0.5) = \pi/6$$

同様に、逆余弦、逆正接、逆余接の各関数が存在する。

正弦、余弦、正接、余接関数が、（例外なく）任意の$\mathbb{R}$に対し定義されうるのに引き換え、逆三角関数には場合によっては定義域として有限の区間が存在し、とりわけ原関数の取り得る値の範囲が制限される。そうした特性を表11にまとめて掲げる。逆三角関数に周期性はない。

表10：三角関数の特性、$k \in \mathbb{Z}$

	$\sin(x)$	$\cos(x)$	$\tan(x)$	$\cot(x)$
D_f	$\mathbb{R}$	$\mathbb{R}$	$\mathbb{R}\backslash\{x\,\|\,x=\frac{\pi}{2}+k\pi\}$	$\mathbb{R}\backslash\{x\,\|\,x=k\pi\}$
W_f	$[-1;+1]$	$[-1;+1]$	$\mathbb{R}$	$\mathbb{R}$
周期	2π	2π	Π	Π
対称性	奇関数	偶関数	奇関数	奇関数
零点：	$x_0=k\pi$	$x_0=\frac{\pi}{2}+k\pi$	$x_0=k\pi$	$x_0=\frac{\pi}{2}+k\pi$
最大値	$x_{\max}=\frac{\pi}{2}+k\cdot2\pi$	$x_{\max}=k\cdot2\pi$	–	–
最小値	$x_{\min}=\frac{3}{2}+k\cdot2\pi$	$x_{\min}=\pi+k\cdot2\pi$	–	–
極	–	–	$x_{\text{Pole}}=\frac{\pi}{2}+k\pi$	$x_{\text{Pole}}=k\pi$

表11：逆三角関数の特性

	arcsin(x)	arccos(x)	arctan(x)	arccot(x)
D_f	$[-1; +1]$	$[-1; +1]$	$\mathbb{R}$	$\mathbb{R}$
W_f	$[-\frac{\pi}{2}; \frac{\pi}{2}]$	$[0; \pi]$	$]-\frac{\pi}{2}; \frac{\pi}{2}[$	$]0; \pi[$
対称性	奇関数	点対称 対称中心 $P(0; \frac{\pi}{2})$	奇関数	点対称 対称中心 $P(0; \frac{\pi}{2})$
零点	$x_0 = 0$	$x_0 = 1$	$x_0 = 0$	-
単調性	狭義単調増加	狭義単調減少	狭義単調増加	狭義単調減少
漸近線	-	-	$y = \pm\frac{\pi}{2}$	$y = 0, y = \pi$

平面三角形の方程式

図9に、任意の長さの辺 a、b、c と任意の大きさの内角 α、β、γ を持つ三角形を示す。これらの量の関係は、等式を使って証明できる。

内角の和：
$\alpha + \beta + \gamma = 180°$

正弦定理：
$a : b : c = \sin \alpha : \sin \beta : \sin \gamma$

余弦定理：
$c^2 = a^2 + b^2 - 2ab\cos\gamma$

ピタゴラスの定理：
$c^2 = a^2 + b^2$、ここで $\gamma = 90°$。

三角形の各頂点の角度の関係はコンポーネントの設計において重要な役割を果たす。そのことを示す好例のひとつが、往復動エンジンのギア設計である。この場合、ピストンの行程長とコンロッドの長さが、クランクシャフトの角度位置およびコンロッドのレッグ角度により相互に関係づけられる（「内燃機関（ICエンジン）」の項の「クランクシャフトの設計」を参照）。

複素数

実数においては、所与の正数から必ずその平方根を求めることができるが、このことは負数には該当しない。この制約を取り払うために、実数の概念を拡張する形で導入されたのが複素数の考え方である。その中心的要素は虚数単位 i で、これは以下の条件を満たす。

$i^2 = -1$

複素数 z は実数部（Re）と虚数部（Im）とからなる。虚数部には虚数単位 i が乗じられる。座標 a および b により、z をデカルト形で表すことができる。これは単純な変換により、極座標 r および φ（座標原点からの距離と x 軸を基準とする角度）に変換できる（図10）。

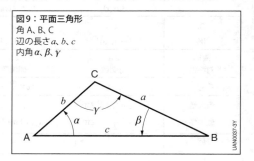

図9：平面三角形
角 A、B、C
辺の長さ a、b、c
内角 α、β、γ

数学 **171**

デカルト形で表わした複素数 z：
$z = a + ib$　ここで $i^2 = -1$
$\text{Re}\, z = a$、$\text{Im}\, z = b$

極座標で表わした複素数 z：
$z = r e^{i\varphi}$

ここで、$r = \sqrt{a^2 + b^2}$、$\tan \varphi = \dfrac{b}{a}$
$a = r \cos \varphi$、$b = r \sin \varphi$

複素指数関数（オイラーの公式）
$e^{i\varphi} = \cos \varphi + i \sin \varphi$

複素数の計算法則
　複素数には、実数と同じ計算法則が適用される。加算はデカルト記法を、積算は極記法を用いるとより容易に計算できる。

加算：
$z_1 + z_2 = (a_1 + a_2) + i(b_1 + b_2)$

乗算：
$z_1 z_2 = (r_1 r_2) e^{i(\varphi_1 + \varphi_2)}$

　多くの場合、複素数は、入り組んだ数学問題を簡単に解くための便法として利用される。実際に必要なのは複素解の実数部だけ、または虚数部だけということも珍しくない。

　たとえば、防振機構の振動／減衰特性や交流電気回路の電流／電圧の大きさなど、多くの振動プロセスが線形微分方程式を使って表される（「微分方程式」の項を参照）。その際、複素指数関数を使用すると、解を素早く得ることができる。最後に指数関数に関するオイラーの公式を使い、複素解を実数解に変換すれば作業は終了する。

座標系

平面座標系

　複素数 z は、x と y の2つの座標値を使って、またその絶対値 $r = |z|$ と x 軸に対する角度 φ を使って表されることを前節で説明した。そして複素数は平面上の1点としてグラフ表示することができる（図10）。

　同様に、平面上のすべての点はデカルト座標で（x と y を用いて）、または極座標で（r と φ を用いて）表すことができ、かつ両座標間で表記を入れ替えることができる。

デカルト座標から極座標への変換：

$r = \sqrt{x^2 + y^2}$、$x, y \in \mathbb{R}$
$\tan \varphi = \dfrac{y}{x}$

極座標からデカルト座標への変換：
$x = r \cos \varphi$、$r \in \mathbb{R}_0^+$、$\varphi \in [0; 2\pi]$、
$y = r \sin \varphi$

　この座標変換では常に一意の値が得られる。すなわち、任意の x-y の組は決まった r-φ の組と対応する。座標原点 (0, 0) だけは例外で、$r = 0$ になる一方、角度 φ は不定となる。ただし、実際上このことが制約となることはない。

　デカルト座標は一般に直線運動に使用される。もちろん、円運動を表すためにデカルト座標を使用することもできる。しかし、極座標に比べると、運動方程式がずっと複雑になる（たとえば、「車両技術の基礎概念」の項の「平行移動」を参照）。

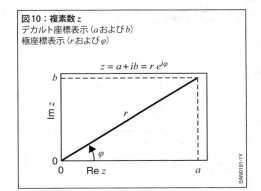

図10：複素数 z
デカルト座標表示（a および b）
極座標表示（r および φ）

3次元座標系

3次元空間の各点は3つのデカルト座標値 $(x、y、z)$ によって表される。記述対象のシステムが直方体の場合、または斜角体の場合に、この座標系が多用される。他方、回転対称ないし球対称システムを扱う場合は、円筒座標または球面座標の使用が推奨される。

図11には、$x、y、z$ の3つの座標軸が描かれている。ここで、r は点 P の原点からの距離、2つの角 θ と φ は、それぞれ z 軸ないし x 軸を基準とする角度である。$r、\theta、\varphi$ は、球面座標値または三次元極座標値と呼ばれる。

原点 $(0, 0, 0)$ を除いて、各点の座標はデカルト座標系と極座標系の両方で明確に定義することができる。両座標系間の座標変換の方法を以下に示す。

デカルト座標から極座標への変換：

$$r = \sqrt{x^2 + y^2 + z^2}、x, y, z \in \mathbb{R}$$

$$\tan \varphi = \frac{y}{x}$$

$$\cos \Theta = \frac{z}{r} = \frac{z}{\sqrt{x^2 + y^2 + z^2}}$$

極座標からデカルト座標への変換：

$$x = r\cos\varphi \sin\Theta、$$
$$r \in \mathbb{R}_0^+, \varphi \in [0; 2\pi]、\Theta \in [0; \pi]$$
$$y = r\sin\varphi \sin\Theta$$
$$z = r\cos\Theta$$

地図作成に当たり、地球の表面は地理座標（経緯度線）によって区切られる。地理経度は球面座標の角度 φ で与えられ、地理緯度は赤道を基準とする相対角度で与えられる（範囲は $-90°\sim +90°$）。これは球面座標において、北極点を起点に測定した角度 θ と等価である。この角度が取る値の範囲は $0°\sim 180°$（弧度法で言うと $0 \sim \pi$）である。

円筒座標

観察対象の物体ないしシステムが回転対称の場合は、円筒座標が好んで使用される（図12）。$x、y$ の座標値は、平面極座標の場合同様、半径 ρ に変換される。円筒座標の z 成分は、デカルト座標の z と同じである。

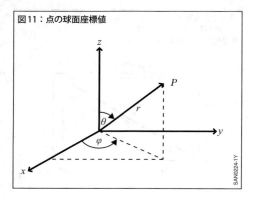

図11：点の球面座標値

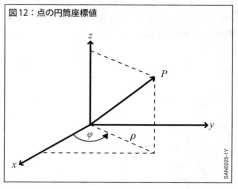

図12：点の円筒座標値

数学 **173**

球面座標の場合同様、座標原点 $(0、0、0)$ を除き、空間のすべての点が円筒座標で一意的に表現される。

デカルト座標から円筒座標への変換：

$\rho = \sqrt{x^2 + y^2}$ 、$x, y, z \in \mathbb{R}$

$\tan \varphi = \dfrac{y}{x}$

$z = z$

円筒座標からデカルト座標への変換：

$x = \rho \cos \varphi$, $\rho \in \mathbb{R}_0^+$, $\varphi \in [0; 2\pi]$、$z \in \mathbb{R}$
$y = \rho \sin \varphi$
$z = z$

円筒座標の座標値は極座標の場合同様の方法で平面座標値を計算し、それに z 軸方向の座標値を追加することで得られる。

円筒座標は回転対称物、たとえばチューブやエンジンのシリンダー、ネジ／ボルト／ナット類、転がり軸受と摩擦軸受などの設計に利用される。

ベクトル

物理学と工学の世界では、スカラー変数とベクトル変数は区別して扱われる。スカラーの例としては、質量、温度、圧力などがある。他方、ベクトルは方向を持つ。速度や力、電界などが代表的なところである。ベクトルの特に重要な算術演算と計算法則を下記に示す。

ベクトルの表記

三次元空間のベクトルには、a_x、a_y、a_z の3個の成分があり、これらはぞれぞれ x 軸方向、y 軸方向、そして z 軸方向の大きさに対応する。数学では、これを次式で表す。

$$\vec{a} = \begin{pmatrix} a_x \\ a_y \\ a_z \end{pmatrix}$$

計算の法則

ベクトルの加算およびベクトルと数の乗算には、数同士の加算、乗算と同じ法則が適用される。

加算

2つのベクトルの加算は次のようにして行う。

$$\vec{a} = \begin{pmatrix} a_x \\ a_y \\ a_z \end{pmatrix}、\vec{c} = \begin{pmatrix} c_x \\ c_y \\ c_z \end{pmatrix}$$

の場合：

$$\vec{a} + \vec{c} = \begin{pmatrix} a_x + c_x \\ a_y + c_y \\ a_z + c_z \end{pmatrix}$$

以下の法則が成立する。
- 閉包性：2つのベクトルの和および差は、やはりベクトルである。
- 交換則：
  $\vec{a} + \vec{c} = \vec{c} + \vec{a}$
- 結合則：
  $\vec{a} + (\vec{c} + \vec{n}) = (\vec{a} + \vec{c}) + \vec{n}$
- 2つのベクトル $\vec{a}$ と $\vec{c}$ がある場合、両者によって定義される別のベクトル $\vec{z}$ が存在し、次式が成立する。
  $\vec{a} + \vec{z} = \vec{c}$ 、変形すると、$\vec{z} = \vec{c} - \vec{a}$

ベクトルとスカラーの乗算

ベクトル $\vec{a}$ にスカラー $\lambda\ (\in \mathbb{R})$ を乗じる場合、次の関係式が成立する。

$$\lambda \vec{a} = \begin{pmatrix} \lambda a_x \\ \lambda a_y \\ \lambda a_z \end{pmatrix}$$

ベクトル $\vec{c}$ において、下記の左の関係が成り立てば、右の関係式が成立する。

$$\vec{c} = \lambda \vec{a} \Rightarrow |\vec{c}| = |\lambda| \cdot |\vec{a}|$$

ベクトル $\vec{a}$ と $\vec{c} \in \mathbb{R}^3$、およびスカラー λ と $\mu \in \mathbb{R}$ の間に、以下の演算法則が成り立つ。
- 閉包性：ベクトルとスカラーの積はやはりベクトルである。
- 結合則：$(\lambda \cdot \mu) \cdot \vec{a} = \lambda \cdot (\mu \cdot \vec{a})$
- 分配則：
  $(\lambda + \mu) \cdot \vec{a} = \lambda \cdot \vec{a} + \mu \cdot \vec{a}$、
  $\lambda \cdot (\vec{a} + \vec{c}) = \lambda \cdot \vec{a} + \lambda \cdot \vec{c}$
- 単位元との乗算：$1 \cdot \vec{a} = \vec{a}$

スカラー積

2つのベクトルを乗じて得られる積として、スカラー積とベクトル積の2つが定義されている。

スカラー積の結果は数（スカラー）である。たとえば、物理学で言う仕事量は、力のベクトル $\vec{F}$ と移動径路のベクトル $\vec{s}$ のスカラー積として定義される（図13）。仕事に寄与するのは、力 $\vec{F}$ の成分のうち、$\vec{s}$ と同一方向を向いている部分だけである。これは、図13の横軸の下に示したものである。この成分の絶対値に関して次式が成り立つ。

$$|\vec{F}_s| = |\vec{F}| \cos \varphi$$

スカラー積は次式によって定義される。

$$\vec{a} \cdot \vec{c} = |\vec{a}| \cdot |\vec{c}| \cdot \cos \varphi$$
$$= a_x c_x + a_y c_y + a_z c_z$$

これが乗算であることを明示するために、両方のベクトルの間に乗算演算子「・」を書き添えるのが普通である。

スカラー積の計算法則は、数の計算法則と同じである。
- 交換則：
  $\vec{a} \cdot \vec{c} = \vec{c} \cdot \vec{a}$
- 分配則：
  $\vec{a} \cdot (\vec{c} + \vec{n}) = \vec{a} \cdot \vec{c} + \vec{a} \cdot \vec{n}$
- スカラーとの乗算、結合則：
  $\lambda (\vec{a} \cdot \vec{c}) = (\lambda \vec{a}) \cdot \vec{c} = \vec{a} \cdot (\lambda \vec{c})$

スカラー積は、たとえばベクトルの絶対値（長さ）の計算に使用する。そのほか、2つのベクトルがなす角度をこの方法で決定することができる。よく行われるのは、2つのベクトルが互いに直交しているかどうかの検証で、その場合、スカラー積はゼロとなる。

クロス積

クロス積（外積）計算では、2つのベクトルから新しいベクトルが導かれる。新しいベクトルは、元の2つのベクトルと直交する（図14）。長さは、元の2つのベクトルが張る平行四辺形の面積に等しくなる。ベクトル $\vec{a}$、$\vec{c}$、および $\vec{m}$ は右手系を構成する。すなわち、右手の親指をベクトル $\vec{a}$、人差し指を $\vec{c}$ の方向

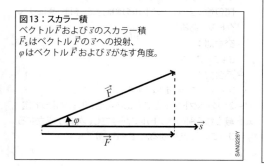

図13：スカラー積
ベクトル $\vec{F}$ および $\vec{s}$ のスカラー積
$\vec{F}_s$ はベクトル $\vec{F}$ の $\vec{s}$ への投射、
φ はベクトル $\vec{F}$ および $\vec{s}$ がなす角度。

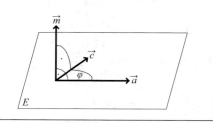

図14：クロス積
ベクトル $\vec{a}$ および $\vec{c}$ が平面 E を張るとする。その場合、$\vec{a}$ および $\vec{c}$ のクロス積は元の両方のベクトルに直交する点を示す。φ は元のベクトル $\vec{a}$、$\vec{c}$ がなす角度である。

にそれぞれ向けると、中指はベクトル$\vec{m}$と同じ向きを示す（右手の法則）。

スカラー積との違いを明確にするため、クロス積では乗算演算子「×」を左右のベクトルの間に挿入する。

クロス積の計算法則を以下にまとめる。

$$\vec{m} = \vec{a} \times \vec{c} \quad \text{ここに、}$$

$$|\vec{m}| = |\vec{a}| \cdot |\vec{c}| \cdot \sin\varphi = \begin{vmatrix} \vec{e}_x & \vec{e}_y & \vec{e}_z \\ a_x & a_y & a_z \\ c_x & c_y & c_z \end{vmatrix} = \begin{bmatrix} a_y c_z - a_z c_y \\ a_z c_x - a_x c_z \\ a_x c_y - a_y c_x \end{bmatrix}$$

$$\vec{m} \perp \vec{a},\ \vec{m} \perp \vec{c}$$

$\vec{a}$、$\vec{c}$、$\vec{m}$ は「右手系」を構成

上式において、$\vec{e}_x$, $\vec{e}_y$, $\vec{e}_z$ は、それぞれx方向、y方向、およびz方向の単位ベクトルを表す。

計算法則の適用に当たって注意が必要なのは、ベクトルを乗じる順序を入れ替えると、符号が反転することである（反可換性）。

- 反可換性：
$$\vec{a} \times \vec{c} = -\vec{c} \times \vec{a}$$
- 分配則：
$$\vec{a} \times (\vec{c} + \vec{n}) = \vec{a} \times \vec{c} + \vec{a} \times \vec{n}$$
- スカラーとの乗算、結合則：
$$\lambda(\vec{a} \times \vec{c}) = (\lambda\vec{a}) \times \vec{c} = \vec{a} \times (\lambda\vec{c})$$

両方のベクトルが同一方向、または逆方向を向いている場合（つまり、共線関係にある場合）、クロス積はゼロとなる。このことを利用して、2つのベクトルが一つの平面を張っているかどうかをクロス積でチェックできる。2つのベクトルが平面を張っている場合、クロス積はゼロとはならない。

同様に、1つのベクトルの、それ自身とのクロス積は必ずゼロになる。

$$\vec{a}, \vec{c} \neq \vec{0}\ \text{かつ}\ \vec{a} \times \vec{c} = \vec{0} \Leftrightarrow \vec{a} \parallel \vec{c}$$
$$\vec{a} \times \vec{a} = \vec{0}$$

微分および積分

関数の微分

一次導関数

$y = f(x)$ の関数形式を用いることで、関数の零点と不連続点、さらには定義域周辺部での挙動までをも決定することができる。関数の傾きがどの程度急か、関数が最大値または最小値を取るのはどこかの確認が必要となることも稀ではない。その際、役に立つのが関数の微分（導関数）である。

関数 $y = f(x)$ の傾き（勾配）は、この関数の接線で与えられる（図15）。関数が最大値、または最小値を取る場合、その点で接線の傾きがゼロとなる。関数 $f(x)$ の傾きを計算するには、その導関数を求める（微分する）必要がある。関数 $f(x)$ の一次導関数には、以下の2種類の記法が存在する。

$$\frac{d}{dx}f(x) = f'(x)$$

初等関数の導関数をいくつか表12に掲げる。

複合関数の導関数は、以下の計算規則を使って求めることができる。

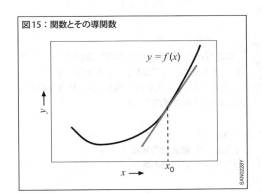

図15：関数とその導関数

総和則：
$$\frac{d}{dx}(f(x) \pm g(x)) = f'(x) \pm g'(x)$$

数 λ との乗算：
$$\frac{d}{dx}(\lambda f(x)) = \lambda f'(x)$$

乗算の法則：
$$\frac{d}{dx}(f(x) \cdot g(x)) = f'(x) \cdot g(x) + f(x) \cdot g'(x)$$

除算の法則：
$$\frac{d}{dx}\left\{\frac{f(x)}{g(x)}\right\} = \frac{f'(x) \cdot g(x) - f(x) \cdot g'(x)}{[g(x)]^2}$$

連鎖律：
$$\frac{d}{dx}(F(g(x))) = F'(g(x)) \cdot g'(x)$$

高次の導関数
一次導関数を再度微分すると二次導関数が得られる。同様にしてより高次の導関数を導出することができる。

二次導関数：
$$\frac{d}{dx}f'(x) = f''(x)、または f''(x) = \frac{d^2}{dx^2}f(x)$$

三次導関数：
$$\frac{d}{dx}f''(x) = f'''(x)、または f'''(x) = \frac{d^3}{dx^3}f(x)$$

n 次導関数（$n > 3$）：
$$\frac{d}{dx}f^{(n-1)}(x) = f^{(n)}(x)、または f^{(n)} = \frac{d^n}{dx^n}f(x)$$

関数の極値
関数 $f(x)$ の一次および二次導関数が分かっている場合、それを利用して関数 $f(x)$ の最大値と最小値（極値）を求めることができる。関数が x_0 で極値を取る場合、以下の2条件が成立する。

– $f'(x_0) = 0$
– $f''(x_0) < 0$、最大値の場合、
  $f''(x_0) > 0$、最小値の場合

変曲点
関数の曲率特性は二次導関数を用いて求めることができる。とりわけ関心の対象となるのは、関数が左湾曲（$f''(x) > 0$、凸状の湾曲）から右湾曲（$f''(x) < 0$、凹状の湾曲）へ、またはその逆方向へと移行する点 x_W である。このような点は変曲点と呼ばれ、次式が成立する。

$$f''(x) = 0$$

関数の積分
（連続）関数 $f(x)$ のグラフを図16に示す。この関数と X 軸の間にあり、かつ区間 [a; b] で区切られた領域 A がグレーで表示されている。その面積は、積分によって求めることができる。

表12：初等関数 $f(x)$ とその導関数 $f'(x)$

$f(x)$	$f'(x)$
$c = $ 定数	0
x^n	nx^{n-1}
$\sqrt{x} = x^{1/2}$	$\frac{1}{2}\frac{1}{\sqrt{x}} = \frac{1}{2}x^{-1/2}$
$\sin(x)$	$\cos(x)$
$\cos(x)$	$-\sin(x)$
$\tan(x)$	$\frac{1}{\cos^2(x)}$
$\cot(x)$	$-\frac{1}{\sin^2(x)}$
e^x	e^x
$a^x = e^{x \ln a}$	$(\ln a)a^x$
$\ln x$	$\frac{1}{x}$
$\log_a x = \frac{\ln x}{\ln a}$	$\frac{1}{\ln a}\frac{1}{x}$

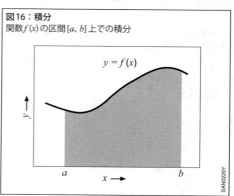

図16：積分
関数 $f(x)$ の区間 $[a, b]$ 上での積分

数学 **177**

未知の面積 A は、関数 $f(x)$ を変数 x で、a から b までの区間にわたり定積分することで与えられる。

$$A = \int_a^b f(x)\,dx$$

不定積分

この問題を解くには、関数 $f(x)$ の不定積分 $F(x)$ を知る必要がある。不定積分の特性は微積分の基礎理論の中で論じられている。

$$F(x) = \int_a^x f(t)\,dt$$

上式を関数 $f(x)$ の不定積分と呼ぶ。

$\frac{d}{dx}F(x) = f(x)$ の関係が成り立つ場合、

$F(x)$ を $f(x)$ の不定積分とすると、未知の面積は次式で与えられる。

$$A = \int_a^b f(x)\,dx = F(b) - F(a)$$

重要な不定積分を表13にまとめて掲げる。各関数 $f(x)$ には、不定積分 $F(x)$ がひとつだけ存在することに留意されたい。不定積分は積分定数 C を除いて一意的に定義される。

表13：初等関数とその不定積分（例）

$f(x)$	$\int f(x)\,dx$
0	$c = $ 定数
$x^n,\ c \neq -1$	$\frac{1}{n+1}x^{n+1} + C$
$\frac{1}{x}$	$\ln|x| + C$
$\sqrt{x} = x^{1/2}$	$\frac{2}{3}x^{3/2} + C$
$\sin x$	$-\cos x + C$
$\cos x$	$\sin x + C$
$\frac{1}{\cos^2 x}$	$\tan x + C$
$\frac{1}{\sin^2 x}$	$-\cot x + C$
e^x	$e^x + C$
$a^x = e^{x\ln a}$	$\frac{a^x}{\ln a} + C$

積分計算法則

積分には以下の計算法則が適用される。

総和則：

$$\int_a^b f(x) + g(x)\,dx = \int_a^b f(x)\,dx + \int_a^b g(x)\,dx$$

数 λ との乗算：

$$\int_a^b \lambda f(x)\,dx = \lambda \int_a^b f(x)\,dx$$

積分区間の上下限の入替え：

$$\int_a^b f(x)\,dx = -\int_b^a f(x)\,dx$$

積分区間の分割 $(a < c < b)$：

$$\int_a^b f(x)\,dx = \int_a^c f(x)\,dx + \int_c^b f(x)\,dx$$

積分区間の上限と下限が等しい：

$$\int_a^a f(x)\,dx = 0$$

部分積分

積分の解を求めるに当たり、不定積分を探す方法とは別に、部分積分および置換積分という2つの便利な解法がある。部分積分は、導関数の乗算の法則の逆手順である。

$$\int_a^b f'(x) \cdot g(x)\,dx = \\ f(x) \cdot g(x) - \int_a^b f(x) \cdot g'(x)\,dx$$

この方法で重要なことは、両方の積の項、すなわち $f'(x)$ と $g(x)$ を積分公式内に正しく当てはめることである。

置換積分

置換積分は連鎖律の逆手順である。置換積分では、置換可能な適切な関数を見つけ出すことが重要なポイントとなる（詳しくは文献 [1], [2], [3] を参照）。

線形微分方程式

多くの技術的問題で、解を記述する関数を探す試みがなされるが、求める関数が直接得られることは少ない。代わりに、目指す関数の曲率特性（二次導関数）や傾き（一次導関数）の情報、ないしこれらの組み合わせ情報が方程式の形で得られることがある。

関数とその導関数を含む方程式は微分方程式と呼ばれる。ここでは次式の形をとる、定数係数のn次線形微分方程式について説明する（[1], [2], [3]を参照）。

$$y^{(n)}(x) + a_{n-1}y^{(n-1)}(x) + \cdots + a_0 y(x) = g(x)$$

この方程式では、関数$y(x)$のn次の導関数が最高次数の導関数となる。各導関数の係数a_0、a_1、$\cdots$、a_{n-1}、a_nはすべて実数であり、$a_n = 1$が選択されている。関数$g(x)$が常に零である場合、この微分方程式を斉次な方程式という。そうでない場合は、非斉次な方程式という。ここでxは、未知の関数$y(x)$の変数である。

上記の微分方程式は線形である。というのも、$y(x)$、$y'(x)$、$\cdots$、$y^{(n)}(x)$の係数はすべて定数であり、$y(x)^2$のような指数形式をしていず、さらに$\sin(y'(x))$のような非線形関数を含んでいないからである。

ここで、
$y(x) = Ae^{\lambda x}$、$A \in \mathbb{R}$、$\lambda \in \mathbb{R}$とすると、指数成分が消え、斉次な微分方程式は単純化されて固有多項式になる。

$$\lambda^n + a_{n-1}\lambda^{n-1} + \cdots + a_2\lambda^2 + a_1\lambda + a_0 = 0$$

こうして、微分方程式を解く作業が、固有多項式の零点探しに還元される。n個の零点（λ_1, λ_2, $\cdots$, λ_n）が確定すれば、微分方程式の斉次解$y_h(x)$が得られる。

$$y_h(x) = A_1 e^{\lambda_1 x} + A_2 e^{\lambda_2 x} + \cdots + A_n e^{\lambda_n x}$$

係数A_1、A_2、$\cdots$、A_nは（任意の）実数で、積分定数と呼ばれる。関数の初期条件ないし周辺条件が与えられれば、それをもとに係数A_1、A_2、$\cdots$、A_nを計算で求めることができる。

斉次な解を得た後に、非斉次な微分方程式の特殊解$y_{ih}(x)$を探す必要があり、これが分かれば、次式で与えられる完全な解が得られる。

$$y(x) = y_h(x) + y_{ih}(x)$$

定数係数の二次線形微分方程式は、すべての振動プロセスの基本であるほか（「振動」の項の「振動特性」を参照）、安全に関係するセンサー類、たとえば加速度センサーと振動センサーの基本でもある（「加速度センサー」の項を参照）。さらに調整および制御工学技術もこの種の微分方程式に基礎を置いている（「制御工学」の項を参照）。

定数係数の線形常微分方程式のほかに、定数係数が関数によって置き換わった線形微分方程式が存在する。その一例を次に示す。

$$\sin(x) \cdot y'(x) + \cos(x) \cdot y(x) = 0$$

さらに、位置座標x、yと時間tを変数とする関数$f(x$、$y)$の二次元振動方程式

$$\frac{\partial^2 f}{\partial x^2} + \frac{\partial^2 f}{\partial y^2} = \frac{1}{c^2}\frac{\partial^2 f}{\partial t^2}, c \in \mathbb{R}$$

は偏微分方程式の一例である。前述の線形微分方程式に比べ、これら2つのタイプの微分方程式では、解を求めるのが格段に難しくなる。これらの微分方程式の詳細な説明と解法の解説については、数多くの文献が出されており、必要に応じてこれらを適宜参照されたい。文献の例として本書の巻末に掲げた[1], [2], [3]のほかに、特殊なタイプの微分方程式を取り上げた専門文献が存在する。

数学　**179**

ラプラス変換

　自動車には、エンジン（ノック制御、λ制御など）、A/C装置、シャーシ内（ヨーレート制御など）をはじめ、数多くの制御ループが存在する。これらの制御ループの機能はしばしば線形微分方程式で表される。その微分方程式を解く方法のひとつが指数アプローチである（「微分方程式」の項を参照）。

　そのほか、微分方程式そのものに加えて、その初期値、たとえば$y(0)$、$y'(0)$などが与えられていれば、ラプラス変換を利用することもできる（[1], [2], [3]）。この手法の利点は、ラプラス変換によって微分方程式が代数方程式に変換されることで、ラプラス変換した関数$Y(s)$は通常容易に解を得ることができる。続いてラプラス逆変換を行うことで、求める関数$y(x)$を知ることができる。

　関数$y(x)$をラプラス変換して得られる関数$\mathscr{L}\{y(x)\}$、または写像関数の$Y(s)$は次式で表される。

$$Y(s) = \mathscr{L}\{y(x)\} = \int_0^\infty e^{-sx}y(x)dx, s \in \mathbb{R}$$

　積分の解が求まるには、関数の絶対値が指数で表される必要があるという制限が付く。sは変換において単なる変数としてのみ作用する[3]。

特性

　導関数$y'(x)$、$y''(x)$のラプラス変換は、微分方程式を解く上で非常に重要な意味を持つ。

$$\mathscr{L}\{y'(x)\} = s\,Y(s) - y(0)$$

$$\mathscr{L}\{y''(x)\} = s^2\,Y(s) - s\,y(0) - y'(0)$$

$$\mathscr{L}\{c_1 y_1(x) + c_2 y_2(x)\}$$
$$= c_1 \mathscr{L}\{y_1(x)\} + c_2 \mathscr{L}\{y_2(x)\} \qquad \text{（線形性）}$$

$$\mathscr{L}\{y(ax)\} = \frac{1}{a}\,Y\!\left(\frac{s}{a}\right)、a > 0$$
$$\text{（相似性の定理）}$$

$$\mathscr{L}\{e^{-ax}y(x)\} = Y(s+a)、a > 0$$
$$\text{（複素推移定理）}$$

　上の例から分かるように、導関数は関数$Y(s)$を含む複数の項に変換される。

　関数のラプラス変換の例をいくつか表14に掲げる。

表14：関数$y(x)$と対応するラプラス変換式$Y(s)$

$y(x)$	$Y(s) = \mathscr{L}\{y(x)\}$
$y(x) = \begin{cases} 0 & x < 0 \\ 1 & x \geq 0 \end{cases}$	$\dfrac{1}{s}$
$y(x) = \begin{cases} 0 & x < 0 \\ x^{n-1} & x \geq 0 \end{cases}$	$\dfrac{(n-1)!}{s^n}\quad n = 1,\,2,\,3$
$y(x) = \begin{cases} 0 & x < 0 \\ \sin(ax) & x \geq 0 \end{cases}$	$\dfrac{a}{s^2 + a^2}$
$y(x) = \begin{cases} 0 & x < 0 \\ \cos(ax) & x \geq 0 \end{cases}$	$\dfrac{s}{s^2 + a^2}$
$y(x) = \begin{cases} 0 & x < 0 \\ e^{-ax} & x \geq 0 \end{cases}$	$\dfrac{1}{s + a}$

フーリエ変換

解析の過程で、時間変数を持つ関数$f(t)$に遭遇することがよくある。解析の関心は、この関数で表される振動の周期であることが多い。たとえば、乗用車のシャーシは路面の起伏を補償し、車体が前後に揺れるのを防止できなければならない。そのためには、路面の起伏プロファイル$h(x)$が必要となる。路上をある速度で疾走する乗用車は、関数$f(t)$で与えられる揺れを起こす。車両の振動を減衰する防振機構を選択し、寸法を設定するには、この関数から固有振動数を求める必要がある（「シャーシ」の項の「路面による励振」、「路面の不整」を参照）。

関数$f(t)$から固有振動数を求めるには、この関数$f(t)$をフーリエ変換し、関数$F(\omega)$にマッピングする。

$$F(\omega) = \mathscr{F}\{f(t)\} = \int_{-\infty}^{\infty} f(t)\,e^{-i\omega t}\,dt$$
ここで $i^2 = -1$

これにより、時間依存関数の$f(t)$が、周波数に依存するスペクトル関数$F(\omega)$に変換される（[1], [2]）。

逆変換も可能で、これは次式による。

$$f(t) = \mathscr{F}^{-1}\{F(\omega)\} = \frac{1}{2\pi}\int_{-\infty}^{\infty} F(\omega)\,e^{i\omega t}\,d\omega$$

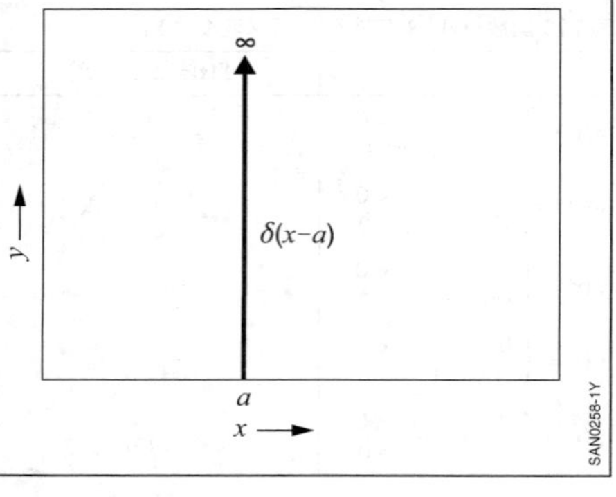

文献には、フーリエ変換の前因子として、1の値（上記の例同様）のほかに、$1/2\pi$ や $1/\sqrt{2\pi}$ が出てくる。この前因子の値によって、逆変換時の因子も変化する。ここで重要なのは、フーリエ変換の前因子と逆変換の前因子の積が$1/2\pi$となることである。

特性

以下、フーリエ変換の特性をいくつか列挙する。

$$\mathscr{F}\{c_1 f_1(t) + c_2 f_2(t)\} = c_1 \mathscr{F}\{f_1(t)\} + c_2 \mathscr{F}\{f_2(t)\}$$
（線形性）

$$\mathscr{F}\{f_1(at)\} = \frac{1}{|a|}F\left(\frac{\omega}{a}\right),\ a \in \mathbb{R},\ a \neq 0$$
（相似性の定理）

$$\mathscr{F}\{f(t - t_0)\} = e^{-i\omega t_0}F(\omega),\ t_0 \in \mathbb{R}$$
（時間領域内の推移の定理）

$$\mathscr{F}\{e^{i\omega_0 t}f(t)\} = F(\omega - \omega_0),\ \omega_0 \in \mathbb{R}$$
（周波数定義域内の推移の定理）

$$\mathscr{F}\left(\int_{-\infty}^{\infty} f(\tau)\,g(t-\tau)\right)d\tau = \mathscr{F}\{f(t)\}\cdot\mathscr{F}\{g(t)\}$$

関係式

$$(f * g)(t) = \int_{-\infty}^{\infty} f(\tau)\,g(t-\tau)\,d\tau$$
$$= \int_{-\infty}^{\infty} f(t-\tau)\,g(t)\,d\tau$$

を利用すると、重畳積分定理は次のように集約される。

$$\mathscr{F}\{(f * g)\} = F(\omega)\,G(\omega)$$

周波数定義域内の変換はディラックのデルタ関数で説明でき、これは次のように定義される[4]。

$$\delta(t) = 0、ただし、ここに t \in \mathbb{R}、t \neq 0、かつ$$

$$\int_{-\infty}^{\infty} \delta(t - t_0)\,f(t)\,dt = f(t_0)\ が成立するものとする。$$

これは次のように書き改めることができる。

$$\delta(t - t_0) = \frac{1}{2\pi}\int_{-\infty}^{\infty} e^{i(t-t_0)\tau}\,d\tau$$

図17：ディラックのデルタ関数の象徴的表記

ディラックのデルタ関数は常に零となる。ただし、その引数が零となる点では関数が無限大になるとされる。その様子を図17に示す。角振動数 ω_0 の複素指数関数または正弦／余弦関数のフーリエ変換から、ω_0 に対するディラックのデルタ関数が得られる。

$$\mathscr{F}\{e^{-i\omega_0 t}\} = 2\pi\,\delta(\omega - \omega_0)\,dx$$

$$\mathscr{F}\{\delta(t - t_0)\} = \frac{1}{2\pi}e^{-i\omega t_0}$$

$$\mathscr{F}\{\sin(\omega_0 t)\} = i\pi\,[\delta(\omega + \omega_0) - \delta(\omega - \omega_0)]$$

$$\mathscr{F}\{\cos(\omega_0 t)\} = \pi\,[\delta(\omega + \omega_0) + \delta(\omega - \omega_0)]$$

フーリエ変換はたとえば、信号の周波数の決定に使用される（例：ピアノの音を構成する個々の音波の周波数）。また、個々の音の振幅を、全体の音量との関係で把握することもできる。それにより、音波を個々の音（周波数）、および振幅（音量）に分解することができる（「シャーシ」の項の「路面による励振」、「音響学」の項の「主観的な音の評価」を参照）。

ラプラス変換とフーリエ変換の類似点と相違点

関数 $y(x)$ をラプラス変換すると、

$$\mathscr{L}\{y(x)\} = \int_0^\infty e^{-sx}y(x)dx,\ s \in \mathbb{R}、\mathbb{C}$$

同じ $y(x)$ をフーリエ変換すると

$$\mathscr{F}\{y(x)\} = \int_{-\infty}^\infty e^{-i\omega x}\,y(x)\,dx、ここで\ i^2 = -1$$

となり、定義上の類似性は明白である。このことは両方の変換処理が類似した特性、または同じ特性を持っていることを意味している。現に、両方の変換には線形性があり、相似性の定理はほぼ同一、ラプラス変換の複素推移定理はフーリエ変換の推移定理と等価である。

しかし、違いもある。その一つは積分区間で、ラプラス積分は $x = 0$ から始まるのに対し、フーリエ積分の始点は $x = -\infty$ である。言い換えると、フーリエ積分では関数 $y(x)$ は $\mathbb{R}$ 全体にわたって定義されるのに対し、ラプラス積分の $y(x)$ の範囲は0以上、$\mathbb{R}^+$ の範囲

内に限定される。さらに、ラプラス積分の指数関数は原則として任意の複素指数 $-sx$ を含みうるのに引き換え、フーリエ積分の複素指数 $-i\omega x$ は通常、まったくの虚数であることが多い。

逆フーリエ変換の計算は普通、フーリエ変換と同様の方法で行うことができる。他方、逆ラプラス変換の計算を複素線積分の手法で行うのは困難を伴うことがしばしばある[1]。ラプラス変換で得られた関数から、元の関数 $y(x)$ を決定するために微分方程式を解く必要がある場合は、表14のような表を利用するのが普通である。

以下、ラプラス変換とフーリエ変換の直接的相対性を数式を使って説明する。関数 $y(x)$ と関数 $g(x)$ があり、以下のように定義されているとする。

$$g(x) = \begin{cases} 0 & x < 0 \\ e^{-\lambda x}y(x) & x \geq 0 \end{cases} \quad \lambda \in \mathbb{C}$$

ここで $g(x)$ にフーリエ変換を施す。

$$\mathscr{F}\{g(x)\} = \int_{-\infty}^\infty e^{-i\omega x}\,g(x)\,dx$$

$$= \int_0^\infty e^{-i\omega x}\,e^{-\lambda x}\,y(x)\,dx$$

$s = \lambda + i\omega$ として置換すると、

$$\mathscr{F}\{g(x)\} = \int_{-\infty}^\infty e^{-i\omega x}g(x)dx = \int_{-\infty}^\infty e^{-sx}y(x)dx$$

$$= \mathscr{L}\{y(x)\}$$

行列解析

ベクトルは、力や速度の大きさと向きを表すのに適している（「ベクトル」の項を参照）。円運動の場合は、動きの初期方向をベクトルで与え、回転を行列で表すと、簡単に数式化できる。

行列はまた、工学分野の問題にたびたび登場する線形方程式を解く上で重要な役割を果たす。たとえば、部品の機械的応力や熱応力を計算する場合に、複雑な非線形微分方程式を数値演算によって解くことができる。その際使用される標準的手法が有限要素法（FEM）である。FEMは（非常に小さな時間枠、空間枠内で）微分方程式を線形方程式に、ひいては行列に変換する。参考までに、行列は車載カメラが捉えた画像の処理にも使われている（「コンピュータービジョン」の項を参照）。

ここでは最初に行列とは何かを説明する。その後に行列の演算処理、たとえば加算や乗算の演算則の定義に話を進める。最後に、線形方程式の3種類の解法を紹介する。

行列の構成

$(m \times n)$ 行列 A は、m 個の行、n 個の列で構成される。i 行目、k 列目の成分（要素、エントリー）を a_{ik} と表記する。行列の要素は実数、または複素数のいずれでもありうる。

$$A = \begin{bmatrix} a_{11} & a_{12} & \dots & a_{1k} & \dots & a_{1n} \\ a_{21} & a_{22} & \dots & a_{2k} & \dots & a_{2n} \\ a_{i1} & a_{i2} & \dots & a_{ik} & \dots & a_{in} \\ a_{m1} & a_{m2} & \dots & a_{mk} & \dots & a_{mn} \end{bmatrix}$$

行列を構成する行と列の数が等しい場合（$m = n$）、これを正方行列と呼ぶ。正方行列の特殊なものに、上三角行列、下三角行列、対角行列、単位行列がある。

上三角行列または下三角行列（A_o または A_u）は、対角線上およびその上方または下方に0以外の要素が入り、対角線よりも下または上の要素はすべて0となる。

$$A_o = \begin{bmatrix} a_{11} & a_{12} & \dots & a_{1n} \\ 0 & a_{22} & \dots & a_{2n} \\ 0 & 0 & \dots & a_{nn} \end{bmatrix}, \quad A_u = \begin{bmatrix} a_{11} & 0 & \dots & 0 \\ a_{21} & a_{22} & \dots & 0 \\ a_{n1} & a_{n2} & \dots & a_{nn} \end{bmatrix}$$

対角行列 D とは対角線上の要素 a_{kk} のみが0以外の行列であり、単位行列 E とは対角要素がすべて1の対角行列をいう。

$$D = \begin{bmatrix} a_{11} & 0 & \dots & 0 \\ 0 & a_{22} & \dots & 0 \\ 0 & 0 & \dots & a_{nn} \end{bmatrix}, \quad E = \begin{bmatrix} 1 & 0 & \dots & 0 \\ 0 & 1 & \dots & 0 \\ 0 & 0 & \dots & 1 \end{bmatrix}$$

行列の計算法則

行列の対応するすべての要素が等しい場合、2つの行列 A と B は等しい。

$$A = B \iff a_{ik} = b_{ik} \text{ がすべての } i, k \text{ について成立。}$$

2つの行列は、その行数と列数がともに等しい場合に限って、行列同士の加減算を行うことができる。その場合、個々の要素ごとに加算（減算）を行う。

$$C = A + B, \, c_{ik} = a_{ik} + b_{ik}$$

行列に実数または複素数 λ を乗じた場合、行列の個々の要素にこのスカラーが乗じられる。

$$B = \lambda A、 b_{ik} = \lambda a_{ik}$$

このことから、行列では以下の計算法則が成り立つ。

$$A + B = B + A$$
$$A + (B + C) = (A + B) + C$$
$$\lambda(\mu A) = (\lambda \mu) A$$
$$(\lambda + \mu) A = \lambda A + \mu A$$
$$\lambda(A + B) = \lambda A + \lambda B$$

n個の要素からなる列ベクトルxを$(m \times n)$行列に右方から乗じた場合の積は、次式で与えられる。

$$A\,x = \begin{bmatrix} a_{11} & a_{12} \dots a_{1n} \\ a_{21} & a_{22} \dots a_{2n} \\ & \vdots \\ a_{m1} & a_{m2} \dots a_{mn} \end{bmatrix} \cdot \begin{bmatrix} x_1 \\ x_2 \\ \vdots \\ x_n \end{bmatrix}$$

$$= \begin{bmatrix} a_{11}x_1 + a_{12}x_2 + \dots + a_{1n}x_n \\ a_{21}x_1 + a_{22}x_2 + \dots + a_{2n}x_n \\ \vdots \\ a_{m1}x_1 + a_{m2}x_2 + \dots + a_{mn}x_n \end{bmatrix}$$

行列Aの個々の行をベクトルとみなした場合、すなわちk番目の行が行ベクトル$a_k = (a_{k1}\ a_{k2}\ a_{k3} \cdots a_{kn})$に対応する場合、この乗算によって、各行ベクトル$a_k$と列ベクトル$x$のスカラー積が得られる。

つまり、$(m \times n)$行列とn行ベクトルの乗算から得られるのは、m行のベクトルである。この乗算は線形であり、行列Aと、2つのベクトルx、y、および2つのスカラーλ、μの間に次式が成立する。

$$A(\lambda x + \mu y) = \lambda A x + \mu A y$$

同様に、行列に左方から行ベクトルを乗じる乗算を定義することができるが、これについてここで論じることはしない。

2つの行列の乗算は、最初の行列Aの列数sが、2番目の行列Bの行数と等しい場合に限って成立する。行列Bの個々の列をベクトルと見なすなら、行列とベクトルの乗算の自然な発展形として行列同士の乗算が成り立つ。

$$C = AB = \begin{bmatrix} a_{11} & a_{12} \dots a_{1s} \\ a_{21} & a_{22} \dots a_{2s} \\ & \vdots \\ a_{i1} & a_{i2} \dots a_{is} \\ a_{m1} & a_{m2} \dots a_{ms} \end{bmatrix} \cdot \begin{bmatrix} b_{11} & b_{12} \dots b_{1j} \dots b_{1n} \\ b_{21} & b_{22} \dots b_{2j} \dots b_{2n} \\ & \vdots \\ b_{s1} & b_{s2} \dots b_{sj} \dots b_{sn} \end{bmatrix}$$

$$= \begin{bmatrix} c_{11} \dots c_{1j} \dots c_{1n} \\ \vdots \\ c_{i1} \dots c_{ij} \dots c_{in} \\ \vdots \\ c_{m1} \dots c_{mj} \dots c_{mn} \end{bmatrix}$$

ここで、
$$c_{ij} = a_{i1}b_{1j} + a_{i2}b_{2j} \cdots a_{is}b_{sj}\ \text{である。}$$

前掲の例同様、新しい要素c_{ij}は、行列Aのi番目の行ベクトル$a_i = (a_{i1}, a_{i2}, a_{i3}, \cdots, a_{is})$と、行列$B$の$j$番目の列ベクトル$b_j = (b_{1j}, b_{2j}, b_{3j}, \cdots, b_{sj})$のスカラー積である。このことから分かるように$(m \times s)$行列と$(s \times n)$行列の積として得られるのは$(m \times n)$行列である。

行列同士の乗算に関して以下の計算法則が成立する。

$$A(BC) = (AB)C$$
$$A(B+C) = AB + AC$$
$$(A+B)C = AC + BC$$
$$AE = EA = A$$

ここで注意を要するのは、2つの行列の乗算では、順序の入替えが原則として許されないということである（交換則の欠如）。

行列式

正方行列を特徴づけるものとして、いわゆる行列式が存在する。行列式の列（または行）をベクトルと見なすなら、行列式の値はこれらベクトルが張る平行六面体の体積を表す。このことから明らかなように、行列式は列ベクトルまたは行ベクトルが線形に独立している場合に限って0以外の値を取る。

行列式の記法

$$\det(A) = |A| = \begin{vmatrix} a_{11} & a_{12} \dots a_{1n} \\ a_{21} & a_{22} \dots a_{2n} \\ \vdots \\ a_{n1} & a_{n2} \dots a_{nn} \end{vmatrix}$$

(2×2)行列および(3×3)行列の場合、サラスの方法（Sarrus' rule）を用いて行列式を計算することができる。その方法だが、左上から右下に向かう対角線上のすべての要素を互いに乗じる。次に、個々の対角線ごとの積を足し合わせる。続いて、右上から左下に向かう対角線上の要素を互いに乗じて、最初の計算値から差し引く。その際、特に(3×3)行列では、最初の2つの列ベクトルを行列式の右隣に書き加えると、計算が簡単になる。

$$\begin{vmatrix} a_{11} & a_{12} \\ a_{21} & a_{22} \end{vmatrix} = a_{11}\,a_{22} - a_{12}\,a_{21}$$

$$\begin{vmatrix} a_{11} & a_{12} & a_{13} \\ a_{21} & a_{22} & a_{23} \\ a_{31} & a_{32} & a_{33} \end{vmatrix} = \begin{array}{l} a_{11}\,a_{22}\,a_{33} + a_{12}\,a_{23}\,a_{31} \\ + a_{13}\,a_{21}\,a_{32} - a_{13}\,a_{22}\,a_{31} \\ - a_{12}\,a_{21}\,a_{33} - a_{11}\,a_{23}\,a_{32} \end{array}$$

4行（4列）以上の行列式は、ラプラース展開を用いて値を計算することができる。

単位行列に関しては、以下が成り立つ。
$$\det(E) = 1$$

2つの正方行列の積に関しては次式が成立する。
$$\det(A\,B) = \det(A) \cdot \det(B)$$

逆行列

$(n \times n)$ 正方行列 B が下記の条件を満たす場合、これを $(n \times n)$ 正方行列 A の逆行列という。
$$A\,B = B\,A = E$$

この特殊ケースでは、乗算式に交換則が成立する。$B = A^{-1}$ と書き表すことができ、上式は次のように変形される。
$$A\,A^{-1} = A^{-1}\,A = E$$

逆行列の行列式に関して次式が成立する。

$\det(A) \neq 0$ の場合、$\det(A^{-1}) = \dfrac{1}{\det(A)}$

線形方程式系

線形方程式系では、数 a_{ij} および b_j（$j = 1、\cdots、m$）は既知の実数（または複素数）として与えられる一方、x_i（$i = 1、\cdots、n$）は未知数であり、次のような連立方程式で書き表される。

$$a_{11}x_1 + a_{12}x_2 + \cdots + a_{1n}x_n = b_1$$
$$a_{21}x_1 + a_{22}x_2 + \cdots + a_{2n}x_n = b_2$$
$$\cdots \qquad \cdots \qquad \qquad \cdots \qquad \cdots$$
$$a_{m1}x_1 + a_{m2}x_2 + \cdots + a_{mn}x_n = b_m$$

これらの連立運動方程式は、$(m \times n)$ 行列 A と2つのベクトル $b、x$ を

$$A = \begin{bmatrix} a_{11} & a_{12} \cdots a_{1n} \\ a_{21} & a_{22} \cdots a_{2n} \\ \vdots & \vdots \\ a_{m1} & a_{m2} \cdots a_{mn} \end{bmatrix} \quad b = \begin{bmatrix} b_1 \\ b_2 \\ \vdots \\ b_m \end{bmatrix} \quad x = \begin{bmatrix} x_1 \\ x_2 \\ \vdots \\ x_n \end{bmatrix}$$

用いて、行列とベクトルを要素とする方程式として簡潔に書き表すことができる。
$$A\,x = b$$

線形方程式系の解法として3つの方法が使用される。以下、それについて説明する。

1）正方で、かつ逆行列が存在する行列 A の場合、次式が成立する。
$$x = A^{-1}\,b$$

2）正方で、かつ逆行列が存在する行列 A の線形方程式系を解く場合は、代わりにクラメル（Cramer）の公式を使用することができる。この場合、解となるベクトル x の要素 x_i は次式で与えられる。

$$x_i = \frac{\det(A_i)}{\det(A)}$$

補助行列式 A_i を計算するには、行列の i 番目の列をベクトル b で置換する。

3）任意の $(m \times n)$ 行列の場合、ガウス・ジョルダン（Gauss-Jordan）のアルゴリズムにより線形方程式系の解を求めることができる。この場合、行演算により行列 A を連続的に上三角行列に変換する。以下の行演算が許される。
– 行へのスカラー（0以外）の乗算、および
– 2つの行の加減算

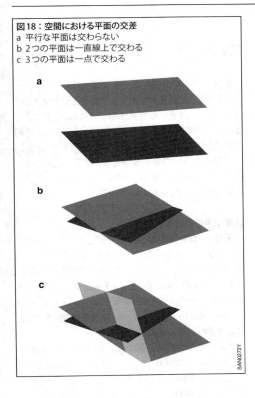

図18：空間における平面の交差
a 平行な平面は交わらない
b 2つの平面は一直線上で交わる
c 3つの平面は一点で交わる

参考文献
[1] T. Arens et al.: Mathematik. 3rd Ed., Verlag Springer Spektrum, 2015.
[2] I. N. Bronstein et al.: Taschenbuch der Mathematik. 10th Ed., Europa Lehrmittel, 2016.
[3] L. Papula: Mathematik für Ingenieure und Naturwissenschaftler, Volumes 1–3. Verlag Springer Vieweg, 2014.
[4] F. W. J. Oliver et al. (Editors): NIST Handbook of Mathematical Functions. 1st Ed., Cambridge University Press, 2010.

線形方程式系の幾何学的解釈

　線形方程式系の個々の行は幾何学における超平面と解釈できる。したがって、その超平面相互の交点を探すことで、線形方程式系の解が得られる。このことを、$\mathbb{R}^3$ に属する2つないし3つの平面の例を用いて図18に示す。平面が互いに平行な場合、交差は起きない。平行でない2つの平面は一直線上で交わり、平行でない3つの平面は一点で交わる。後者がまさに、線形方程式系の解に相当する。

技術統計

自動車を1台作るには数千点からの部品を必要とする。すべての生産工程において（偶発的またはシステムに依存する）ばらつきが避けられないことから、個々の部品ごとに寸法だけでなく、たとえばその許容誤差についても仕様が定められている。

測定プロセスもまたランダムなばらつきの影響を免れることはできず、これは計測の不確実性と呼ばれる（かつては測定誤差という用語で表現されることもあった、これは誤解を招きやすい）。ただ、この計測の不確実性は計測対象部品の許容誤差に比べ格段に小さいことが多く、通常は無視して差し支えない。

計測は生産、そして品質保証において重要な役割を受け持っている。個々の部品で達成が要求される不良品率は非常に低く、ppm（100万個中に1個の不良品）レベルであることも珍しくない。このため多くの場合、全品検査は工程技術上の理由からも、経済的理由からも実施不可能である。代わりに用いられるのが、無作為抽出した標本を検査し、統計的手法によって部品の品質を推論する方法である。以下、この統計的手法について解説する。

生産工程の目的は、正確かつ高い精度での作業である。正確とは、完成品の寸法の平均値が仕様書に記載された値に近いことを言う。精度が高いとは、個々の完成品の寸法の、平均値からの乖離（ばらつき）が小さいことを言う。以下に説明する統計的手法を使って、これらの要件が満たされているかどうかをチェックすることができる。

記述統計学

膨大なデータ資料の概要を把握するために、データを要約し、記述統計学の手法により表やグラフで分かりやすく示すという手法が用いられる。それによって、システムエラーを（そして、タイプミスをも）早期に発見し、解消できることが少なくない。しかし、記述統計学でエラーの発生確率を予測することまではできず、これは推計統計学の統計パラメーターモデルに頼るほかない。

計測結果の絶対出現頻度

出発点は、n個の異なる部品から得られたn個の値、$x_1、x_2、\cdots、x_n$からなるデータセットである（たとえば、測長データ）。この計測結果をその特性を基準に、測長の場合でいえば長さl_iと、その出現数h_i（絶対出現頻度）を手掛かりに集計する（ここに、$i = 1、2、\cdots、k$、$k \leq n$）。測長から得られたデータセットの例を表1と対応する棒グラフ（図1）に示す。

この例では、長さ$l = 198$ mmの出現頻度が最も高い。それに次ぐのが$l = 192$ mmと$l = 193$ mmであり、$l = 202$ mm前後にもいくつか計測値が固まって現れている。$l \geq 204$ mm、および$l \leq 191$ mmの計測結果は、この標本では存在しなかった。

表1：測長結果と計測値ごとの絶対出現頻度

l [mm]	190	191	192	193	194	195
h	0	0	27	23	0	0

l [mm]	196	197	198	199	200	201
h	0	0	34	0	0	2

l [mm]	202	203	204	205	206
h	6	1	0	0	0

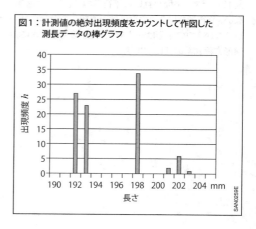

図1：計測値の絶対出現頻度をカウントして作図した測長データの棒グラフ

標本サイズnは計測の回数に、言い換えると絶対出現頻度の総和に等しい。

$$n = h_1 + h_2 + \cdots + h_k = \sum_{i=1}^{k} h_i$$

これより相対出現頻度率が導かれる。

$$f_i = \frac{h_i}{n}, \text{ここに} i = 1、2、…、k$$

相対出現頻度率をすべて足し合わせると1になる。

$$\sum_{i=1}^{k} f_i = 1$$

データセットの特徴を把握し、他のデータセットと比較するために、位置パラメーターや分散パラメーターなどの特性値をデータセットごとに計算で求める。

位置パラメーターと位置測定

メジアンx_{med}は中央値とも呼ばれ、データ群$\{x_1、x_2、…、x_n\}$を大きさ順に整列したときに列の中央に来る数値を指す。換言すると、データの少なくとも半数は中央値x_{med}より小さいか、またはこれに等しく、同時にデータの少なくとも半数は中央値x_{med}より大きいか、またはこれに等しくなる。データの個数が偶数の場合は、列の中央に位置する2つのデータの平均値をもって中央値x_{med}とする。

データの特性指標としてしばしば用いられるものに、データの一定割合がそれ以下（またはそれ以上）の範囲に収まる限度値がある。対応するしきい値x_{pQ} $\in \{x_1、x_2、…、x_n\}$はp分位値、または百分位値と呼ばれ、データの少なくとも$p \cdot 100\,\%$はx_{pQ}より小さいか、これに等しくなる。同時に、データの少なくとも$(1-p)$ $\cdot 100\,\%$はx_{pQ}より大きいか、これと等しくなる。25%分位値は、第1四分位値または下位四分位値と呼ばれ、75%分位値は上位四分位値または第3四分位値と呼ばれる。

算術平均（いわゆる平均値）は次式で定義される。

$$\bar{x} = \frac{1}{n}(x_1 + x_2 + \cdots + x_n) = \frac{1}{n} \sum_{i=1}^{n} x_i$$

また、数の集合x_iが負数を含まない場合、その幾何平均は次式で与えられる。

$$\bar{x}_{geo} = \sqrt[n]{x_1 \cdot x_2 \cdot \cdots \cdot x_n}$$

ここに、$\bar{x}_{geo} \leq \bar{x}$が常に成立する。

算術平均と幾何平均は、特性値l_iとその出現頻度h_iを使って計算することもできる。

$$\bar{x} = \frac{1}{n} \sum_{i=1}^{n} l_i h_i$$

$$\bar{x}_{geo} = \sqrt[n]{l_1^{h_1} \cdot l_2^{h_2} \cdot \cdots \cdot l_k^{h_k}}$$

平均値を表すために、記号のほか、記号μもよく用いられる。

分散パラメーター

データセットが与えられた場合、個々の値の平均値からの乖離を知ることも重要である。それを示すのが、分散パラメーターである。データセットxの分散$\text{Var}(x) = s^2$は次式で与えられる。

$$s^2 = \text{Var}(x) = \frac{1}{n-1} \sum_{i=1}^{n} (x_i - \bar{x})^2$$

$$= \frac{1}{n-1} \sum_{i=1}^{k} h_i (l_i - \bar{x})^2$$

分散の平方根sは標準偏差と呼ばれる。

$$s = \sqrt{s^2} = \sqrt{\text{Var}(x)}$$

標準偏差を表わす記号としては、sのほか、σもよく使われる。

例

前掲の例（図1および表1）の場合、平均値は$\bar{x} = 195.40\,\text{mm}$となる。2つの出現頻度$h_{192\,mm}$と$h_{193\,mm}$を足し合わせると、50となる。これは$n/2 = 46.5$より大きい。よってメジアンは$x_{med} = 193\,\text{mm}$となる。分散は$s^2 = 11.48\,\text{mm}^2$で、標準偏差は$s = 3.38\,\text{mm}$である。

188 数学（方法）

確率計算

生産工程の品質は、無作為抽出した標本の検査（たとえば、一定数の部品についての測長）を手掛かりに推論できる。ただし、そのためには計測値の分布に関する現実的な仮定が存在しなければならない。以下、確率分布の種類をいくつか紹介する。

2項分布、超幾何分布、およびポアソン分布はいずれも離散分布である。この種のデータでは、母集団から一定数の標本を抽出し、対応する確率を計算する。数学的観点からすると、標本サイズも、標本を抽出した母集団の大きさも、ともに自然数である。

他方、ワイブル分布とガウス正規分布は連続分布と呼ばれ、その実数tまたはxを変数として取る。

離散分布

2項分布

1個の標本から得られる値は2つだけ（ベルヌーイ試行）、ひとつは確率p、もうひとつは確率$q = 1-p$である（$p + q = 1 = 100\%$が成り立つため）。この分布の例として、色の異なる2個のボールの入った容器があり、その中からボールをひとつ取り出すゲームを考える。取り出したボールは、色を確認した後、容器に戻すものとする。したがって、どちらのボールを取り出すかの確率は等しくなる。

対応する確率関数$f(x)$は、ボールの取り出しをn回行った場合に、この事象がちょうどx回起きることを示している。

$$f(x) = \binom{n}{x} p^x q^{n-x} = \binom{n}{x} p^x (1-p)^{n-x}$$

ここに$x = 0、1、2、\cdots、n$、$\binom{n}{x} = \dfrac{n!}{x!\,(n-x)!}$

2項分布の場合、平均値は$\mu = np$、分散は$\sigma^2 = npq = np(1-p)$、標準偏差は$\sigma = \sqrt{npq} = \sqrt{np(1-p)}$となる。

超幾何分布

この分布は品質検査および最終検査の際にしばしば用いられる。上記の例同様、容器からボールを取り出すゲームを考える。容器には最初、白いボールがm個、赤いボールが$n-m$個入っている。2項分布の場合と異なり、超幾何分布計算では取り出したボールを容器に戻すことをしない。その意味では、生産工程の標本抽出検査と同じである。したがって、取り出したボールが白である確率は、標本を取り出すごとに変化する。

k個の標本を取り出した後の確率関数$f(x)$は次式で与えられる。

$$f(x) = \frac{\binom{m}{k}\binom{n-m}{k-x}}{\binom{n}{k}}、x = 0、1、2、\cdots、k$$

超幾何分布の平均値は

$$\mu = k\frac{m}{n}、分散は$$

$$\sigma^2 = \frac{km(n-m)(n-k)}{n^2(n-1)}$$

標準偏差は

$$\sigma = \sqrt{\frac{km(n-m)(n-k)}{n^2(n-1)}}$$

でそれぞれ与えられる。

$k < 0.05\,n$が成立する場合、計算の容易な2項分布を用いて超幾何分布を非常によく近似できる。

ポアソン分布

出現確率pが非常に小さな2項分布が存在する場合、これを平均値がμ、分散が$\sigma^2 = \mu$のポアソン分布を用いて書き換えることができる。

$$f(x, \mu) = \frac{\mu^x}{x!} e^{-\mu}、x = 0、1、2、\cdots$$

ポアソン分布の平均値をμとすると、分散は$\sigma^2 = \mu$、標準偏差は$\sigma = \sqrt{\mu}$で与えられる。

下記の2つの条件が満たされる場合、2項分布はポアソン分布でよく近似できる。

$np < 10$
$n > 1500p$

連続分布

ワイブル分布とガウス正規分布は連続分布に属する。つまり、これらは実変数 x の関数ということになる。これを記述するために確率分布密度関数 $f(x)$ と対応する分布関数 $F(x)$ が使用される。ここに $F(x)$ は確率分布密度関数の不定積分である。

$$\frac{d}{dx}F(x) = f(x)$$

$x_1 \sim x_2$ の区間について、確率分布密度関数を積分する。

$$\int_{x_1}^{x_2} f(x)\,dx = F(x_2) - F(x_1)$$

上式の結果は、確率変数 x が $x_1 \sim x_2$ の区間に収まる確率を表す。したがって、分布関数

$$F(x_2) = \int_{-\infty}^{x_2} f(x)\,dx$$

は、$x \leq x_2$ の条件下で事象が起きる確率を表す。
平均値 μ の代わりに、期待値 $E(x)$ という用語がしばしば使われる。

$$\mu = E(x) = \int_{-\infty}^{\infty} x f(x)\,dx$$

分散は次式で定義される。

$$\sigma^2 = \mathrm{Var}(x) = E\big((x-\mu)^2\big) = \int_{-\infty}^{\infty} (x-\mu)^2 f(x)\,dx$$

ワイブル分布

材料の疲労および機械の故障はしばしば、(変数 x に代えて) 時間変数 t を用いたワイブル分布で記述される。材料または機械の耐用寿命を T、経験的パラメーターまたは個別パラメーターを α、β とすると、
耐用寿命が $T \leq t$ となる確率は

$$F(t) = 1 - e^{-\alpha t^\beta}$$

で与えられ、残存確率(信頼性)は次式で求めることができる。

$$R(t) = 1 - F(t) = e^{-\alpha t^\beta}$$

対応する確率分布密度関数 $f(t)$ は $F(t)$ の一次導関数にとして与えられる。

$$f(t) = F'(t) = \alpha \beta t^{\beta-1} e^{-\alpha t^\beta}$$

ただしこれは $t > 0$ が条件で、それ以外の場合は $f(t) = 0$ となる。

以上から、故障率は次式で計算される。

$$\lambda = \frac{f(t)}{R(t)} = \alpha \beta t^{\beta-1}$$

$\alpha = 0.5$、$\beta = 5$ の場合の確率分布密度関数と対応する分布の曲線を図2に示す。故障発生確率がピークを迎えるのは $t = 1.1$ 前後である。この時点を過ぎると、時間の経過とともに故障発生確率は再び下降に転じるものの、ある時点 t までの累積故障率を示す関数 $F(t)$ は必然的に $1 = 100\%$ に漸近する。

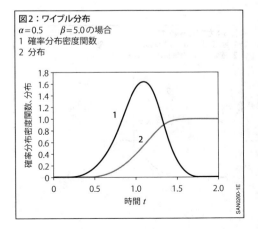

図2:ワイブル分布
$\alpha = 0.5$　$\beta = 5.0$ の場合
1　確率分布密度関数
2　分布

ガウス正規分布

ガウス正規分布によって記述できる自然界のランダムな現象は非常に多く、同様に技術分野でも数多くのプロセスがガウス正規分布に従う。対応する確率分布密度関数は期待値 μ と標準偏差 σ を含んだものとなる。

$$f(x、\mu、\sigma) = \frac{1}{\sqrt{2\pi}\,\sigma} e^{-\frac{(x-\mu)^2}{2\sigma^2}}、 -\infty < x < \infty$$

これに対応するガウス正規分布関数は

$$F(x、\mu、\sigma) = \int_{-\infty}^{x} f(z、\mu、\sigma)dz$$
$$= \frac{1}{\sqrt{2\pi}\,\sigma} \int_{-\infty}^{x} e^{-\frac{(z-\mu)^2}{2\sigma^2}} dz、 -\infty < x < \infty$$

で、これは $f(x、\mu、\sigma)$ の不定積分として与えられる。名前から容易に想像されるように、この関数は正規化されており、次式が成り立つ。

$$\lim_{x\to\infty} F(x、\mu、\sigma) = \frac{1}{\sqrt{2\pi}\,\sigma} \int_{-\infty}^{\infty} e^{-\frac{(z-\mu)^2}{2\sigma^2}} dz = 1$$

ガウス確率分布密度関数とそれに対応するガウス正規分布の例を図3に示す。確率分布密度関数は期待値のところで最大値を取る。幅は標準偏差によって決まる。曲線はまた、$x=\mu$ を挟んで軸対称である。この、いわゆる「ガウスの釣鐘型曲線」は、x が大きく、あるいは小さくなるにつれて急降下し、x 軸に漸近する。

ガウス正規分布の値は 0 ($x \to -\infty$) から 1 ($x \to \infty$) へと増加し、$x=\mu$ で $F(x=\mu)=0.5$ の値を取る。

ガウス正規分布は平均値 μ、分散 σ^2、標準偏差 σ を持つ。

$y = \frac{x-\mu}{\sigma}$ として置換すると、次式で表される標準正規分布が得られる。

$$\varphi(y) = \frac{1}{\sqrt{2\pi}} e^{-\frac{1}{2}y^2}、 -\infty < z < \infty$$

さらにこれから正規分布が得られる。

$$\Phi(y) = \int_{-\infty}^{y} \varphi(z)dz = \frac{1}{\sqrt{2\pi}} \int_{-\infty}^{y} e^{-\frac{1}{2}z^2} dz、 -\infty < y < \infty$$

多くの生産工程はシグマレベルによって評価される（表2）。たとえば3シグマであれば、生産される部品の良品率は93.3％である。

品質管理で重要なことは、シックスシグマ（6σ）の達成である。上記の確率分布密度関数の定義から乖離すると、長期的に平均値のずれが起きる。シックスシグマでは、許容範囲外の部品ができる確率は 3.4 DPMO（Defects Per Million Opportunities ＝ 100万機会当たりの欠陥数）、すなわち 3.4×10^{-6} に下がる。

正規分布に従う、平均値が μ、標準偏差が σ の確率変数 X について、次式で表される確率が得られる。

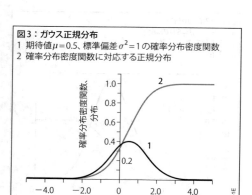

図3：ガウス正規分布
1 期待値 $\mu=0.5$、標準偏差 $\sigma^2=1$ の確率分布密度関数
2 確率分布密度関数に対応する正規分布

表2：シグマ（σ）レベル
値 x が、$\mu-k\sigma < x < \mu+k\sigma$ で表される範囲に収まる確率を中央の列に示す

シグマ（σ）レベル	内側 [%]	外側 [%]
σ	32	68
2σ	69	31
3σ	93.3	6.7
4σ	99.38	0.62
5σ	99.977	0.023
6σ	99.99966	0.00034

$$P(X \le x) = \Phi\left(\frac{x-\mu}{\sigma}\right) = \Phi(y)$$

$$P(X > x) = 1 - P(X \le x) = 1 - \Phi(y)$$

$$P(a \le X \le b) = \Phi\left(\frac{b-\mu}{\sigma}\right) - \Phi\left(\frac{a-\mu}{\sigma}\right)$$

$$P(|X - \mu| \le k\sigma) = P(\mu - k\sigma \le X \le \mu + k\sigma)$$
$$= 2\,\Phi(k) - 1$$

ガウス正規分布におけるパラメーターの推定

統計モデル（分布モデル）を利用して、標本を手掛かりに定量的判断を下すことができる。その目的は、たとえば平均値 μ や標準偏差 σ などの特性値を求めることである。標本数が限られているために、厳密な計算はできないにしても、与えられた標本から平均値と標準偏差の推定値を求め、目指す特性値が所与の確率でその区間内に存在する信頼区間を決定することができる。

そのために、x_1、x_2、$\cdots$、x_n の値を持つ標本サイズ n の標本を無作為抽出する。これらの要素は標本の実現とも呼ばれる。平均値の推定値は次式で与えられる。

$$\bar{x} = \frac{1}{n}(x_1 + x_2 + \cdots + x_n) = \frac{1}{n}\sum_{i=1}^{n} x_i$$

他方、分散の推定値は次式で求められる。

$$s^2 = \frac{1}{n-1}\sum_{i=1}^{n}(x_i - \bar{x})^2$$

続いて、パラメーターの推定値を求める。計算に当たって母集団がガウス正規分布に従っているものと仮定する。事実、非常に数多くの生産工程がガウス正規分布に従うことが知られている。これ以外の分布についてのパラメーターの推定方法の解説は参考文献に譲る（[3], [4], [5]）。

平均値が未知、分散が既知の場合の信頼区間

信頼レベル γ が与えられた場合（通常は 95 ％または 99 ％）に、幅 Δx の信頼区間を、未知の平均値 μ が γ の確率でその区間内に存在するように定義するには、次式から出発する。

$$P(|\bar{x} - \mu| \le \Delta x) = \gamma$$

これから、未知の平均値 μ が存在する区間は次式で与えられる。

$$\bar{x} - \Delta x \le \mu \le \bar{x} + \Delta x$$

ここに確率は $\gamma \cdot 100$ ％である。平均値の推定値は標本から計算される。

標準化確率変数 z を、

$$z = \frac{\bar{x} - \mu}{\frac{\sigma}{\sqrt{n}}}, \text{ かつ } \Delta z = \frac{\Delta x}{\frac{\sigma}{\sqrt{n}}}$$

とすると、上式の確率計算式は次のように書き換えることができる。

$$P(|z| \le \Delta z) = \gamma$$

したがって、
$$P(|z| \le \Delta z) = 2\,\Phi(\Delta z) - 1$$
$$\Rightarrow \Phi(\Delta z) = 0.5\,(\gamma + 1)$$

の書き換えが成立する。右辺式の値は計算でき、続いて Δz をたとえばガウス正規分布関数の表から求め、それを用いて最後に Δx を計算することができる。

平均値が未知、分散も未知の場合の信頼区間

標本からまず平均値の推定値 $\bar{x}$ と標準偏差 s を計算する。前のケース同様、信頼レベル γ が与えられた場合（通常は 95 ％または 99 ％）に、幅 Δx の信頼区間を、未知の平均値 μ が γ の確率でその区間内に存在するように定義するには、次式から出発する。

$$P(|\bar{x} - \mu| \le \Delta x) = \gamma$$

Δx は、前述の手順をそのまま適用して求めることができる。σ を求めるには、このケースでは s を使用する。

確率変数の和と積

複数個の確率変数 $x_1, x_2, \cdots, x_n$ からなるプロセスが確定された場合、確率変数の総和 $z_S = x_1 + x_2 + \cdots + x_n$ と積 $z_P = x_1 \cdot x_2 \cdot \cdots \cdot x_n$ の期待値 E および分散は次式で与えられる。

$$E(z_S) = E(x_1) + E(x_2) + \cdots + E(x_n)$$
$$\text{または } \mu_{zS} = \mu_1 + \mu_2 + \cdots + \mu_n$$
$$E(z_P) = E(x_1) \cdot E(x_2) \cdot \cdots \cdot E(x_n)$$
$$\text{または } \mu_{zP} = \mu_1 \cdot \mu_2 \cdot \cdots \cdot \mu_n$$
$$\text{Var}(z_S) = \text{Var}(x_1) + \text{Var}(x_2) + \cdots + \text{Var}(x_n)$$
$$\text{または } \sigma_{zS}^2 = \sigma_1^2 + \sigma_2^2 + \cdots + \sigma_n^2$$

線形回帰

標本のパラメーター x と測定値 y の間に線形関係の存在が想定される場合、次式が成立する。

$$y = mx + t$$

この標本は、パラメーター x_i に対し、測定値 y_i を返す ($i = 1, 2, \cdots, n$)。これらの値から、測定値 (x_i, y_i) との偏差が極力小さくなる(ガウスの最小偏差)ような傾き m と軸切片 t を持つ直線を決定することができる。切片は

$$t = \frac{\left(\sum_{i=1}^{n} x_i\right) \cdot \left(\sum_{i=1}^{n} x_i y_i\right) - \left(\sum_{i=1}^{n} x_i^2\right) \cdot \left(\sum_{i=1}^{n} y_i\right)}{\left(\sum_{i=1}^{n} x_i\right)^2 - n \sum_{i=1}^{n} x_i^2}$$

で与えられ、傾きは

$$m = \frac{\left(\sum_{i=1}^{n} x_i\right) \cdot \left(\sum_{i=1}^{n} y_i\right) - n \sum_{i=1}^{n} x_i y_i}{\left(\sum_{i=1}^{n} x_i\right)^2 - n \sum_{i=1}^{n} x_i^2}$$

で与えられる。y と x が線形関係にあり、かつ軸切片がない場合 ($y = mx$)、傾き m の計算式は次のように単純化される。

$$m = \frac{\sum_{i=1}^{n} x_i y_i}{\sum_{i=1}^{n} x_i^2}$$

品質保証と品質管理における特性値

統計的プロセス制御(SPC)は、製品の品質を確保するために、生産工程で、また品質管理で使用される。その際、原則として、製品はガウス正規分布に従うとの想定が適用される。

生産工程では、たとえば顧客の要求によって上限(UL)と下限(LL)が決められる。許容範囲 T は、次式で与えられる。

$$T = \text{UL} - \text{LL}$$

平均値 $\bar{x}$ と標準偏差 s は標本から計算で求められる。そのほかに、臨界長さ Z_{crit} が決定される。これは平均値 $\bar{x}$ と UL の差、または平均値 $\bar{x}$ と LL の差のうち、いずれか小さい方をもって Z_{crit} と定義する。

$$Z_{\text{crit}} = \min(|\text{UL} - \bar{x}|, |\text{LL} - \bar{x}|)$$

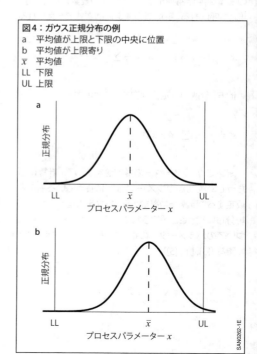

図4:ガウス正規分布の例
a 平均値が上限と下限の中央に位置
b 平均値が上限寄り
$\bar{x}$ 平均値
LL 下限
UL 上限

図4-bの例では、平均値はLLよりもULに近い。よって、

$$Z_{crit} = UL - \bar{x}$$

であり、工程能力c_pは

$$c_p = \frac{T}{6s}$$

工程能力の特性値c_{pk}は

$$c_{pk} = \frac{Z_{crit}}{3s}$$

として得られる。量産工程では、$c_p \geq 1.33$と$c_{pk} \geq 1.33$の値が、品質要求を満たす安定した工程と判定するためのガイド値とされている。

参考文献

[1] T. Arens et al.: Mathematik. 3rd Ed., Verlag Springer Spektrum, 2015.

[2] I.N. Bronstein et al.: Taschenbuch der Mathematik. 10th Ed., Europa Lehrmittel Verlag, 2016.

[3] L. Papula: Mathematik für Ingenieure und Naturwissenschaftler, Volumes 1 to 3. 14th Ed., Verlag Springer Vieweg, 2014

[4] A. Steland: Basiswissen Statistik. 3rd Ed., Verlag Springer Spektrum, 2013.

[5] G. Bamberg, F. Baur, M. Krapp: Statistik. 17th Ed., Oldenbourg Verlag, 2012.

有限要素法

用途

事実上あらゆる技術的処理について、コンピューターを用いた有限要素法 (FEM) によるシミュレーションが可能である (有限要素法という用語は Ray W. Clough によって1960年代初めに導入された[1])。この手法では、任意の物体 (気体、液体、固体いずれでも可) を、単純な形状 (直線、三角形、正方形、四面体、五面体、六面体) のできるだけ小さい要素に分割する。各要素は、その頂点 (節点) において互いに恒久的に結合されている。要素を小さくすることは重要である。なぜなら要素の挙動を近似するのに用いる線形方程式は、厳密には無限小の要素に対してしか成立しないからである。実際には、計算時間を短縮するため有限の要素を使用する。要素が小さいほど、近似の精度は高くなる。

FEMの実際的な応用 (有限要素解析 FEA ともいう) は、1960年代初期に航空宇宙産業で始まり、その後間もなく自動車産業にも採り入れられた。今日、FEM はあらゆる業種で利用されており、エンジンおよびシャーシ部品からボディに関する計算や衝突時の挙動の解析に至る自動車関連分野のほか、たとえば天気予報や医学にも用いられている。

FEMの利用形態は、2つのタイプに分かれる。第1は、事実上完全自動の「ブラックボックス型」FEMで、すべての CAD プログラム (コンピューター支援設計) に内蔵されており、設計技術者が大まかな計算に使用する (バンパーの設計など)。第2は、特定の FEM プログラム (ボディに関する計算、アクスルの開発、運動性能の研究など) で、それぞれの専門家が使用する。

FEM プログラムシステム

FEMシステムのソフトウェアは、プリプロセッサー (前処理)、ポストプロセッサー (後処理)、実際の FEM プログラムで構成されている。ネットワークの構築、つまり要素への分割は主としてプリプロセッサーにより、CAD のジオメトリーに基づいて行われる。CAD のジオメトリーは直接、または IGES (Initial Graphics Exchange Specification)、VDA-FS (Verband der Automobilindustrie – Flächenschnittstelle)、STEP (Standard for the Exchange of Product Model Data) などの中立的な

インターフェースを介して読み込まれる。FEM プログラムは、このように構成されたコンピューティングモデルについての計算を行う。得られた結果は、ポストプロセッサーによりグラフィック表示される (たとえば同系色で表した応力分布、動画で表した歪など)。

応用のための基礎知識

FEM は、すべての数値解析法と同じく近似法である。以下は、FEM の主な応用分野である力学における近似の制約についての説明である。

1段階ずつの小さな動き

通常、物体は高次曲線上を運動する。すべての過程を線形化する原理に従えば、運動は直線運動に限られ、したがって線形方程式で記述できる。要素の頂点 (節点) においても、物体は直線運動をする。したがって、節点の運動は極めて小さい範囲でしか正しく表現されない (節点のねじれは3.5°以下)。このようにして、実際の任意の運動経路、あるいは物質の非線形挙動の解析は、多数の小さい直線的段階について行われることになる。

計算の精度

線形方程式系を作成し、それを解く際には、コンピューターの計算精度の限界内で行われる。一般的に利用される8バイト (= 64ビット) のデータでは、保存される数値の有効数字は13桁である。つまり数値は最初の13桁のみが正確であり、14桁目以降の数値は、乱数である。このため、1つのモデルにおいて、個々のコンポーネントごとに剛性率を変化させることはできない。したがって、たとえばボディの変形を計算する際には、アクスルのスプリングの代わりに固定された支持具を仮定する必要がある。

結果の解釈

初心者が、形式的には正しいコンピューティングモデルを作成し、計算結果が美しいイメージを示したとしても、実はその結果が事実と大幅に異なっている可能性がある。

経験の浅いユーザーでも正しい結果を容易に得られるようにするためには、プログラムには上記のような制約を検出し表示する機能が必要である。

FEMの応用分野

技術用語としての「物理」は、大まかに5つの分野に分けられる。つまり力学 (静力学、運動学: ボディ、アクスルなど)、動力学と音響学 (車両の騒音など)、熱力学 (エンジンの温度分布など)、電磁気学 (イグニッションコイル、センサーなど)、光学 (ヘッドライトなど) である。同様に、FEMについては次の3つを明確に区別しなければならない。

- 応力計算・動的解析のための、変形を未知数とする線形・非線形の静的・動的問題
- ポテンシャル (温度、音圧、電磁気的ポテンシャルなど) を未知数とする定常 (無時間) または非定常 (時間依存) 問題
- 両者の組み合わせ、たとえば温度場とそれによる変形の計算、エンジン始動時の応力や力の線形力学など

FEMの要素

要素の特性は、FEMプログラムの性能データを支配する最も重要な要因である。要素の質は、選択した近似関数によって決まる。たとえば、ここでは、線形近似と二次関数近似を区別しなければならない。両者は中間節点の有無で区別される。したがって、計算モデルの質はメッシュの細かさだけでなく、近似関数によっても大きく左右される。

要素にはバー要素 (梁の要素)、シェル要素 (板の要素)、ソリッド要素 (立体の要素) の3種がある。

バー要素

バー要素 (図1) は、直線または中間に節点を持つ曲線である。断面を記述するには、断面積 A、低減せん断面積 $A_{\text{red-v-w}}$ (せん断面積)、主慣性モーメント (I_v, I_w)、ねじり慣性モーメント (I_t) とねじり断面係数 (W_t)、曲げ力によるねじりに対するセクター慣性モーメント、路面に対する主軸 v および w の位置を示す角 α、および曲げ応力計算のための最大4つの応力点 (S_v, S_w) の数値を指定する。

シェル要素

シェル要素 (図2) は、三角形または四角形 (理想的には正三角形または正方形) で、厚さは通常一定である。辺の中間に節点がなければ、辺は直線である。

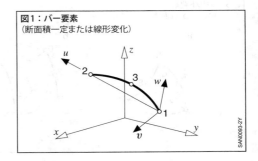

図1：バー要素
(断面積一定または線形変化)

ソリッド要素

ソリッド要素（図3）は、四面体、五面体、六面体があり、稜は中間に節点を持たない直線稜とする。理想的には正四面体または立方体である。現在では、厚さ方向に十分な数（3個以上）の要素があれば、中間節点を持つ要素は不要である。しかしこのことは、複雑な形状（シリンダーヘッドなど）の場合によく利用される四面体要素にはあてはまらない。

モデリングと結果の評価

FEMプログラムを使用する際の最も重要な課題は、プリプロセッサーを使ってコンピューティングモデルとして入力データを作成する、という手間のかかる作業である。使用する要素と節点は、可能な限り少なくするべきである（ちなみに、ボディのコンピューティングモデルは、約300〜400万個の節点が必要）。このためには十分な経験が必要であり、また使用する要素の特性を正確に知ることが重要である（FEMの例を参照）。要素の特性は、FEMプログラムごとにやや異なっていることがある。

モデリングの第一段階は、要素の種類（バー、シェル、ソリッド）を選択し、メッシュの細かさを決める（たとえば要素の辺の平均的な長さを指定する）ことである。次の段階では、性質（材料データ）、たとえばユニット要素の厚さやバー要素の断面積、単位（長さはmm、力はNなど）を決定する。続く段階で、支持条件や負荷を定める。ここでは、モデルの拘束点および負荷点を考慮することが重要である。負荷に関しては、全ての負荷を種類別に、たとえば自重による力と交通負荷に分けることも有効である。

すべてのFEMの結果は、表形式またはポストプロセッサーのデータ形式で得られ、グラフとして表示することができる（FEMの例を参照）。この目的のため、ポストプロセッサーは考えられるあらゆる表示形式を提供する。

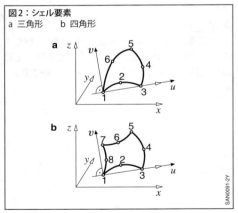

図2：シェル要素
a 三角形　b 四角形

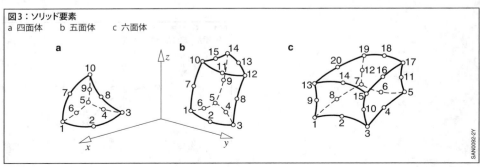

図3：ソリッド要素
a 四面体　b 五面体　c 六面体

FEMの例

例として、CADジオメトリーに基づき、FEMプログラムTP 2000によるモデリングを行う。文献[2]に示したウェブサイトには、モデル入力と結果のカラー画像が掲載されている。

現実には、すべての物体は三次元である。時間と費用を節約するため、シミュレーションでは単純化することが多い。たとえば自動メッシュ生成においては、物体をソリッド要素で表現するよりも、平面をシェル要素で表現する方が遥かに容易である。今日すべてのプリプロセッサーが任意の形状の立体に対する四面体メッシュ生成機能を備えているが、その結果が必ずしも期待に応え得るものであるとは限らない。

自動車製造においてソリッド要素でモデル化する構造部品には、肉厚の立体（エンジン、トランスミッション、アクスル、ホイールなど）もあり、シェル要素やバー要素でモデル化する薄板状の構造部品（乗用車のボディ、トラックの運転台など）もある。

例1は、ソリッド要素による第1グループの肉厚の立体部品のモデル化である。多くの場合に使用するシェル要素（第2グループ）との比較も行う。例2では、自動車製造で多く利用するバー要素の例も含める。

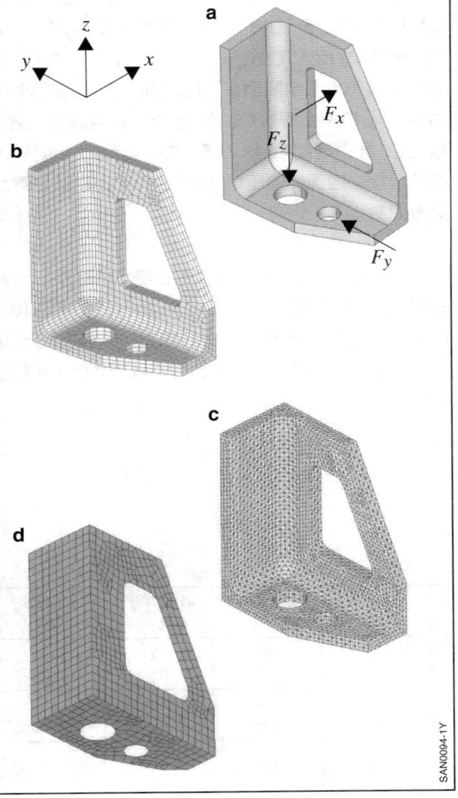

例1：シェル要素およびソリッド要素による鋳鋼製エンジンマウントのモデル（線形静力学）

ここでは、比較的肉厚（3.75 mm）の鋳鋼製エンジンマウント（$50 \times 25 \times 57$ mm^3）の、線形静力学におけるシェル要素とソリッド要素を比較する。ソリッド要素を使ったモデルAとモデルB（それぞれ中間節点なしと中間節点あり）を比較すると、結果の質が大きく異なっている。さらに、シェル要素によるモデルCも考察する（図4）。CADの立体ジオメトリーを使い、プリプロセッサーで自動的にソリッド要素メッシュAおよびB、およびシェル要素によるモデルCを生成する。

物性は以下のとおりである（単位mm、N、kg）。

弾性率：210,000 N/mm^2
ポアソン比：0.3
密度：0.00000785 kg/mm^3

モデルAおよびBでは、要素の特性はソリッド要素の節点の3つの自由度v_x, v_y, v_zによって定義される。モデルCでは、特性はプレート（シェル要素の6つの自由度v_x, v_y, v_z, d_x, d_y, d_z, および一定の厚さ$d = 3.75$ mmによって定義される。

モデルAでのソリッド要素によるメッシュ（ソリッドメッシュ）は六面体を優先し（ジオメトリーをまず基本物体へ分割するなどの必要があるため完全に自動的には実行できない）、モデルBでは自動的に四面体メッシュが生成される。厚さ方向の要素の数は精度に重要な影響を及ぼし、ここでは3個以上とする。

図4：鋳鋼製エンジンマウント
a CADモデル、負荷 F_x, F_y, F_z
b モデルA1（六面体）
c モデルB1（四面体）
d モデルC（シェル）

支持条件

長方形のxz面においては、すべての節点に対して$v_y = 0$が成り立つ。右側長辺のエッジ上の節点はすべて$v_x = 0$により拘束され、下側短辺は$v_z = 0$により拘束される。

負荷

$\Sigma F_x = 900$ N、$\Sigma F_y = 2,006$ N、$\Sigma F_z = -550$ N

すべての負荷は面負荷（「on surface」、シェル要素の場合は「on curve」）として、凹部では$F_x = 600$ N、小さい孔では$F_y = 2006$ N、大きい孔では$F_z = -550$ Nで定義される。

注：「孤立した」負荷はバー要素についてしか許可されない。

結果

結果を表1に示す。図5はモデルAの結果で、応力を灰色の階調で示してある（黒が危険領域）。オリジナルはカラー表示である。

ソリッド要素は、不正確な負荷分布に対して極めて敏感である。したがって、ソリッド要素に対しては必ず面負荷を適用しなければならない。

以下、表1を詳細に検討する。中間節点を用いたモデルA2が、経験に照らして正しい結果を与えている（$v = 0.064$ mm、$\sigma = 195$ MPa）。節点応力の平均値と最大値との差は（節点を共有するすべての要素を考えて）、なるべく小さくしなければならない（15%以下）。モデルA1はこの条件を満たしており、厚さ方向の3つの要素に対して11%である。

モデルB1の厚さ方向の3つの四面体要素では、変形は25%過小であり（$v = 0.048$ mm）、最大応力も同

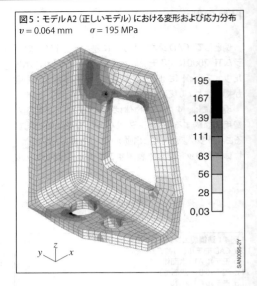

図5：モデルA2（正しいモデル）における変形および応力分布
$v = 0.064$ mm　　$\sigma = 195$ MPa

じく25%過小である。厚さ方向に2つの四面体要素しかなければ、モデルは58%堅すぎることになり、応力もそれに対応して小さく、ほとんど使用に堪えないであろう。しかし中間節点を用いると（B2）、変形も応力もA2と事実上等しくなる。ただし節点数は大きく増加し、計算時間も長くなる。このように、中間節点を持たない四面体の粗いメッシュの使用には注意が必要である。

せん断変形のないシェル要素を使ったモデルC（元来は肉薄構造用）は、明らかに柔らかすぎる（$v = 0.081$ mm、21%過大、せん断変形ありの肉厚モデルに比べれば30%過大）。シェル要素は厚さの大小によ

表1：エンジンマウントのモデルに対する結果
カッコ内の値は中間節点を有する要素に適用

モデル	要素タイプ	節点数	重量 (kg)	最大変形 (mm)	平均応力 (MPa)	最大応力 (MPa)	応力の誤差 最大 (%)	計算時間 (秒)
A1 (A2)	ソリッド、六面体	4,000 (15,000)	0.119	0.061 (0.064)	145 (185)	164 (195)	15 (0)	10 (110)
B1 (B2)	ソリッド、四面体	10,000 (70,000)	0.119	0.048 (0.064)	115 (173)	146 (209)	30 (6)	60 (2,400)
C	長方形シェル	766	0.114	0.081	197	223	14	2

らず、特にこの例のように極めてコンパクトで比較的肉厚の部品に対しては、部分的に利用可能な変形を与えるのみである。しかし、応力が14%以上ならば多くの場合安全側の結果が得られる。

例2：チューブラーボディフレーム

　ここでは、小型のピックアップトラック（実在の車両ではない）を例に、仕切りのない立体フレームのボディに対してFEM分析を行い、併せて重量と剛性率の最適化を行う。以下の物性値を仮定する。

　弾性率：200,000 N/mm²
　ポアソン比：0.3
　密度：0.00000785 kg/mm³

　簡略化のため、断面形状は以下の2種類だけとする（図6）。プリプロセッサーのプロパティで、要素の種類を断面積一定の「バー」として、箱形の断面（90 × 120 × 1.5 mm³）と管の断面（70 x 2 mm²）を直接定義する（始端と終端で断面積の異なる要素は「ビーム」である）。この結果、断面積の値は以下のようになる（単位mm²、またはmm⁴およびmm³）。

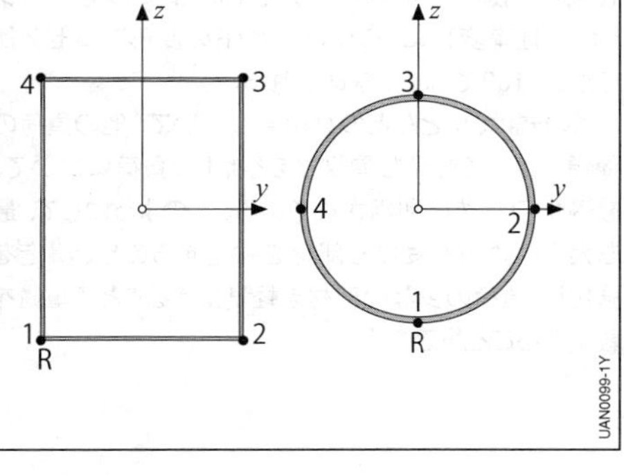

箱形／管（図6）

- 断面積：
  $A = 621/427$
- 低減せん断断面積（せん断面積）：
  $A_{redI} = 325/227$
  $A_{redII} = 219/227$
- 主慣性モーメント：
  $I_I = 1,348,306/247,168$
  $I_{II} = 869,596/247,168$
- ねじり慣性モーメント：
  $I_t = 1,606,083/494,261$
- ねじり断面係数：
  $W_t = 7,334/2,177$
- 路面に対する慣性主軸の位置：
  $\alpha = 0°$
- 4つの最大負荷点：
  $S_x = -45/45/45/-45/0/35/0/-35$
  $S_y = -60/-60/60/60/-35/0/35/0$

　側面図および上面図（図7）によれば、主要寸法は次のとおりである（単位mm）。

$$L_1 = 4,114 \text{（最大）}$$
$$L_2 = 2,650$$
$$W_1 = 1,517 \text{（最大）}$$
$$W2 = 1,147 \text{（前端）}$$
$$W3 = 1,374 \text{（後端）}$$
$$H_1 = 1,402 \text{（最大）}$$
$$H_2 = 1,315$$
$$H_3 = \ \ 469 \text{（ボックス）}$$

ボディ

　チューブラーは18個のコンポーネントで構成されている（図8）。たとえば、

　　2 サイドピラー
　　3 ペダルクロスピラー
　　7 運転席クロスピラー
　　8 フロントサイドピラー
　　10 フロント補助クロスピラー
　　14 ルーフフレーム、側方
　　15 ルーフフレーム、横方向
　　16 リアサブフレーム
　　17 サイドピラー、ボックス
　　19 リアバンパー

図6：チューブラーボディフレームの断面形状
a 箱形　　*b* 管

UAN0099-1Y

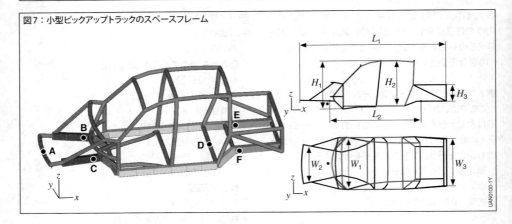

図7：小型ピックアップトラックのスペースフレーム

支持条件
線形静力学、負荷の種類：曲げ
　（図示されていない）
　A $v_y = 0$、(A～Fは図7を参照)
　B、C、E、F $v_z = 0$、D $v_x = 0$、$v_y = 0$

線形静力学、負荷の種類：ねじり
　A、B、C = 自由
　E、F $v_z = 0$
　D $v_x, v_y = 0$、$d_y = 0$、$d_z = 0$

自由／自由力学：
　支持点なし、ボディはばね状に自由振動

負荷
線形静力学、負荷の種類：ねじり
　下記への通常の単位負荷としてのねじりモーメント 3,000,000 Nmm
　フロントアクスルマウントB：$F = -3593.7$ N
　フロントアクスルマウントC：$F = 3593.7$ N

自由／自由力学：
　自重170 kgのみ、追加質量なし

結果
自由／自由力学：
- ボディはばね状に自由振動する。非減衰弾性系の低い方の固有値とモードが昇順に得られる。自由／自由の場合、自然振動数0の数個の剛体振動モード（ここでは1～6）が最初に得られる。

- 第1の固有値（38 Hz）は第1のねじれ振動として、第3の固有値（48 Hz）は第1の曲げ振動として得られる。いずれの場合も、すべての節点における規格化変形x, y, z（ここでは最大0.1 mmに規格化）、すべての要素における規格化応力、および要素あたりおよびコンポーネント1～18あたりの重量最適化に重要な変形エネルギーの棒グラフが示される（線形静力学の場合を図8に示す）。絶対値は励振計算によってのみ求められる。

線形静力学：
- すべての節点における変形 x, y, z
- 拘束節点における反力およびモーメント、すべての要素における応力、要素あたりおよびコンポーネントあたりの変形エネルギー（%）

重量および剛性率の最適化
　重量および剛性率の最適化の計算式は、1960年代から知られている（倍増剛性率に対して最大誤差10％）。構造全体の剛性率変化（%）は、コンポーネントの剛性率変化にコンポーネントの変形プロセス比を乗じ、100で除して求められる。

　この式は、ほとんどの乗用車において、他の負荷の種類と比べても最も重要であるねじり負荷について、最適化のために利用されている。このようにして、最も大きい負荷を受ける部材を強化することで構造を強化し、負荷の少ない部材を軽量化することで重量を軽減することができる。

式の適用

第1コンポーネント（図8を参照）：

コンポーネント15（ルーフフレーム横、G =11.85 kg)、変形エネルギー比14.57％

剛性率（平面慣性モーメント）を2.169倍（116.9％）とすれば、軸間のねじりは(14.57 x 116)/100 = 16.9％変化（増大）する。このため、管の直径を70 mmから90 mmに増やすことにより、重量は3.55 kg増加する。

第2コンポーネント（図8を参照）：

コンポーネント6（縦方向強化材、G = 11.14 kg)、変形エネルギー比2.64％

このコンポーネントの剛性率（慣性モーメント）を係数3.5（250％）で低減すると、軸間のねじりは(2.64 x 250)/100 = 6.6％変化（わずかに減少）する。このため、管の直径を70 mmから50 mmに減らすことにより、重量は3.34 kg減少する。

結果

わずかな重量増加3.55 − 3.34 = 0.21 kgによって、ねじり剛性率を16.9 − 6.6 = 10.3％増加させることができる（断面を変更して計算した結果は9％であり、計算式の誤差が小さいことがわかる）。

他の負荷の応力歪曲線（図示されていない）を検討すると、ねじり振動に対しても同様な結果となり、曲げに対しては重要性がないことが示される。このようにして、過大なコンポーネントの断面積を安全な範囲で減らすことにより、このボディ全体のねじり剛性率および曲げ剛性率を大きく増大させることができる。

参考文献

[1] R.W. Clough: The Finite Element Method In Plane Stress Analysis; Publication, 2nd ASCE Conference on Electronic Computation,1960.
[2] www.IGFgrothTP2000.de.
[3] D. Braess: Finite Elemente: Theorie, Schnelle Löser und Anwendungen in der Elastizitätstheorie. 5th Edition, Springer Spectrum, 2013.

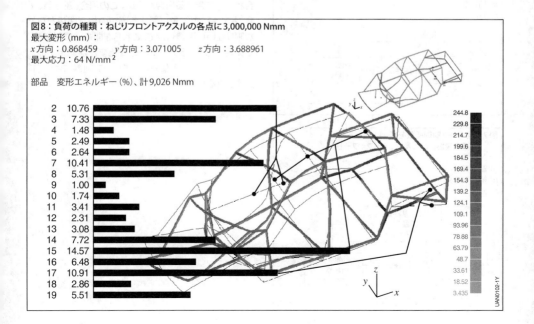

図8：負荷の種類：ねじりフロントアクスルの各点に3,000,000 Nmm
最大変形（mm）：
x方向：0.868459 y方向：3.071005 z方向：3.688961
最大応力：64 N/mm^2

制御工学

用語と定義

(DIN 19226 [1] による)

閉ループ制御

技術的プロセスにおける閉ループ制御の機能は、特定の物理的パラメーター (制御量 y) を指定値にして、その数値を維持することである (電気システムのオルタネーター電圧など)。ここで、制御量を継続的に測定し、指定した数値 (基準量 w、たとえば、バッテリーの充電状態の関数としてのオルタネーター電圧の設定値の入力) と比較する (図1)。偏差が生じた場合、制御量 y が再び仕様に適応するように、補正量 u (例：オルタネーターの励磁電流に影響する変数) によりプロセス (制御対象系) を適切に調整する。このプロセスは、閉制御ループで行われる。偏差は、外乱 z (他の電装品が作動した場合など) が制御対象系に作用し、制御量 y に望ましくない影響を及ぼす場合に発生し得る ([2], [3], [4])。

図1：制御ループの基本構造
y 制御量
w 基準量
u 補正量
z 外乱

閉ループ制御は、自動車のあらゆる場所で行われている。たとえば、冷却水の温度の制御、エアコンディショナーの制御、エンジン (ノッキング制御や λ 制御)、トランスミッション (クラッチ制御)、シャーシ (ヨーレート制御) のさまざまな制御プロセスなどがある。

開ループ制御

閉ループ制御に代えて、開ループ制御を使用することもある。この場合、閉ループ制御系は開ループ制御系に置き換えられ、制御量のフィードバックは行なわない。このプロセスは、制御対象の挙動が完全に把握されており、かつ外乱 z が制御対象に (測定不可能な) 影響を及ぼさない場合のみ可能となる。

開ループ制御が好まれるのは、フィードバックがないことで安定性に関する問題を引き起こす恐れがないためである。しかし、実際にこのような前提条件を満たす状況は稀であるため、多くの場合、閉ループ制御を使用せざるを得ない。

開ループ制御と閉ループ制御の組み合わせ

実際には、両者の制御構造が持つ特有の利点を活用するために、開ループ制御と閉ループ制御を組み合わせて使用する場合が多い。この場合、基準量、外乱、補正量、制御量に関する既知の相互関係を可能な限り互いに関連付けて、これらを開ループ制御として実現する。パラメーターの変化または測定不能な外乱によって起こる偏差は、閉ループ制御によって補正する (図2)。

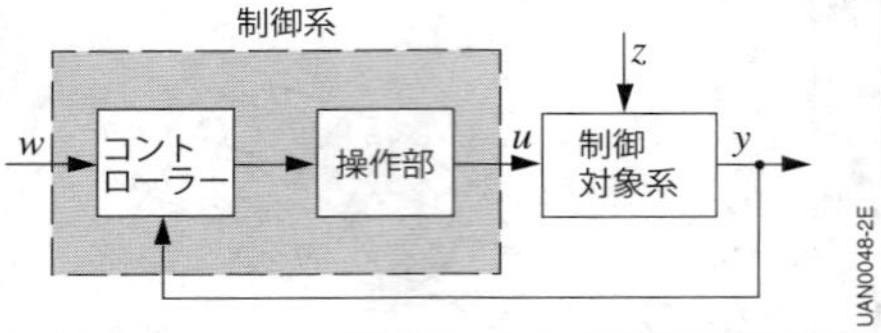

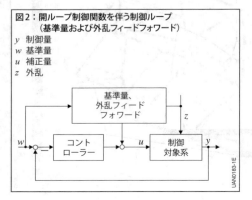

図2：開ループ制御関数を伴う制御ループ
（基準量および外乱フィードフォワード）
y 制御量
w 基準量
u 補正量
z 外乱

カスケード制御

制御対象系が2つ、もしくはそれ以上の部分システムに分割される構造（実際のプロセスへの関与と関連するアクチュエーターへの関与）も多く存在する。このような分割構造の場合、1つもしくはそれ以上の内部コントローラー（コントロールユニット）と1つの外部コントローラーを使用し、それぞれ個別に設計し、調整する。このようなプロセスは、カスケード制御と呼ばれている（図3）。

コントローラー（コントロールユニット）の設計は、制御の目的（タスク）をいくつかの管理可能なサブタスクに分離することで単純化している。これには、内部の制御ループ内に影響を及ぼしている外乱が外部の制御ループに影響を及ぼす前に内部制御ループにおいて補正できるため、即応性の面でも利点がある。これにより、制御動作全体がより迅速になる。また、内部ループの非線形特性曲線を線形化することができる。

カスケード制御は、たとえば電気油圧式アクチュエーターの電流制御や電動アクチュエーターの位置制御など、自動車の多くの制御系に利用されている。

制御工学関連の伝達要素

制御ループは、基本的に4つの性能要件を満たしている必要がある。
- 制御ループが安定していること
- 制御ループは規定の定常精度を有すること
- 基準量のステップ変化に対する応答は十分に減衰されなければならない
- 制御ループが十分に高速であること

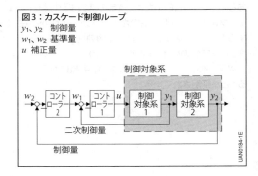

図3：カスケード制御ループ
y_1、y_2　制御量
w_1、w_2　基準量
u　補正量

表1：重要な伝達要素の概要

伝達要素	微分方程式（入力u、出力y）	伝達関数	ステップ応答
P要素	$y = Ku$	K	
I要素	$y = K\int_0^t u(\tau)d\tau$	$K\dfrac{K}{s}$	
D要素	$y = K\dot{u}$	Ks	表面 K
遅れ要素	$y(t) = Ku(t - T_t)$	$Ke^{-T_t s}$	
P-T_1要素	$T\dot{y} + y = Ku$	$\dfrac{K}{1+Ts}$	
P-T_2要素	$T^2\ddot{y} + 2dT\dot{y} + y = Ku$	$\dfrac{K}{1+2dTs+T^2s^2}$	$d<1$, $d>1$

これら部分的に相反する要件を満たすために、制御ループ要素（制御対象とコントローラー）の静的および動的応答性を適切な方法で把握し、制御ループの応答性を分析して、コントローラーを要件に応じて設計できるようにする必要がある。これは、時間（微分方程式を使用するなど）または周波数（伝達関数またはボード線図を使用するなど）によって記述することができる。

多くの制御工学的伝達要素は特定の基本型にさかのぼることができるか、または同じものの結合によって説明できる（表1）。

制御ループの統合作業は、与えられた制御対象系に対して前述の要件を満たす適切なコントローラー（伝達要素の構造とパラメーター）を設計することである。これらの目的のため、特定の関数または設計ステップによって個別に補完された一連の手順が存在する（ボード線図上の動的補正、根軌跡曲線法、極仕様、状態空間のリカッチ制御[4]など）。

以下の体系化されたステップは、実際に有用であることが証明されている。

制御タスクの設計

制御タスク

通常、制御タスクはその目的のために特別に作られているものではなく、特定の技術的プロセスに求められるものの結果として制御タスクとして完成させるべきものである。このためには、制御関数を使って何を達成したいのか、また目的がどの変数を使って述べられているかという点を明らかにするために、系の開ループ制御タスクと閉ループ制御タスクを明確にする必要がある。一例として、オートマチックトランスミッションにおける要求に対応してのシフト制御を挙げることができる。この機能では、パラメーターが変化するような場合（摩擦係数など）も含めたすべての作動条件において、変速時のクラッチ圧が、エンジン回転数の変化に追随してスリップ時間が一定になるように調整される必要がある。

システム図およびブロック図

これらを考慮しながら、電気系、機械系、油圧系、およびすべてのセンサー、アクチュエーターやバスシステムの基本的な相互作用が明瞭に理解できるシステム図を作成することが有用である。このシステム図から、制御工学ブロック図を派生させる。このブロック図により、すべての開ループおよび閉ループで制御される関数と、制御対象系の関数的相互作用を理解することができる（図4）。関数は見出し形式で記述するが、詳細な記述はまだ行わない。

システム図およびブロック図から、既に系の基本的な操作のつながりを理解できるようでなければならない。系（機械系、周辺装置、ハードウェア等）が未だ開発中であれば、この段階で総合的なメカトロニクス

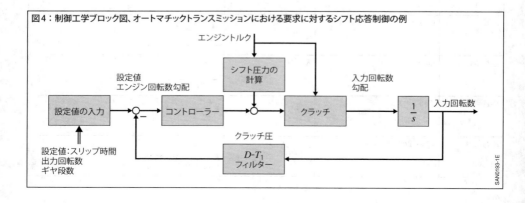

図4：制御工学ブロック図、オートマチックトランスミッションにおける要求に対するシフト応答制御の例

的アプローチにより系の構造設計に影響を及ぼすことができる。油圧式クラッチの充填時の挙動を例として考えてみる。油圧ラインの断面積、油量および密封性に基づいて、可能な限りむだ時間の少ない、再現性のある挙動が行なわれるように設計を行なう必要がある。

制御対象系

続いて、制御対象系を特定する。これは、理論的（モデリングによって）に、または実践的に（たとえばステップ応答や周波数測定により）行なうことができる。両方の方法を取りながら、調整を行なうことが推奨される。タスクによっては、制御対象系の特定は非常に包括的なプロセスになる。制御対象系の基本型と順序を特定するだけで十分な場合もある。

コントローラーの設計

制御対象系を特定すると、結果としてコントローラー（コントロールユニット）が設計できる。これはコントローラーを統合する上での中心となる課題である。最初にシミュレーションを行なって、理論的にコントローラーの設計を行なうべきである。シミュレーションの間に、同時にコントローラーのパラメーターを設定する。このステップを十分に実証したら、テストベンチ上または車上で実際の制御対象系に適用する。通常は、さらなる最適化のためにこの段階で反復的なステップをもう一度行なう。

設計基準

上記の基本シーケンスの他に、下記のような追加項目を指摘することができる。

デジタル（離散時間）制御

自動車の大部分の制御動作は、マイクロコントローラーを通じて行なわれる。この場合、制御対象系の動的応答性に応じてサンプリング時間を適切に規定する必要がある。すべての関数アルゴリズムは、2つのサンプリングの間の利用可能な時間内に確実に算出できる必要がある。

非線形性

実際の制御対象系は、多くの場合、非線形性（レギュレーターの圧力特性やクラッチ特性など）を含んでいるので、上述の単純な線形方法では不十分である。静的な連続した非線形性が含まれるような単純な場合には、伝達要素の逆挙動によって単純な線形性を補うことができる。操作点での小さな信号振幅による制御操作の場合、システム方程式はこの点で線形化することができる。さもなくば、より複雑な手順が求められる。

構造切替え

多くの閉ループ制御動作は、最初は開ループ制御信号によって開始される（たとえば、最初にクラッチ締結、続いてシフト圧力設定、それからにシフト制御の開始）。この場合、開ループ制御から閉ループ制御への切替えが行なわれたときに、その切替えがスムーズに行われること、また記憶装置（I 要素の積分器）が正しく初期化されることを保証する必要がある。

ロバスト性

一般的に、制御は「公称」の制御対象系を使って設計される。しかし実際の制御対象系は、製造公差のために定められた範囲内で公称定義から偏差したものとなっている。加えてパラメーターは、たとえばクラッチの摩耗あるいは第3の変数（温度）によって、製品寿命にわたって変化する。このような場合においても、制御ループに重大な機能障害あるいは不安定性が発生してはならない。このような要件を満たすために、「ロバスト制御」または「適応制御」の分野の様々な手法を利用することができる。

適応制御

動機

制御対象系は、多くの場合、一定の挙動を示すわけではない。多くの場合、時定数や利得（ゲイン）などのパラメーターは変化する。また、系（システム）の構造さえも変化することがある。開ループおよび閉ループによる制御プロセスは、適応（あるいは学習）によりさまざまなシステムの挙動に合わせて調整する。以下に例を挙げる。

製造公差

1つのロット内のすべての製品が、完全に同一であることはない。個別の調整は複雑なため、系は自動的に異なるパラメーターに適応していく必要がある（たとえば、オートマチックトランスミッション用のデータの調整 [5]）。

摩耗

再現性のある摩耗（クラッチストロークの増大など）または不規則な摩耗（ディスクの摩擦係数など）によって、パラメーターは変化する。このように異なる挙動に対して、適応により補償することができる（自動クラッチのクラッチストロークの適応など [6]）。

第3の変数の影響（温度など）

オイルの粘度は、温度により大きく変化する。こうした変動は短い期間（毎日繰り返して）でも発生するため、補償を行なわなければならない（干渉トルク観察装置、ロックアップクラッチ制御など [7], [8]）。

非線形系の操作点への依存

多くの場合、非線形系は操作点で線形化され、その後線形コントローラーにより制御される（小信号挙動）。操作点において異なった挙動は、適応により考慮することができる（オートマチックトランスミッションにおける複数のギアを飛び越したシフトチェンジに対するシフト圧力の適応など [9]）。

開ループ制御のレベルでこの問題を解決するための様々な要件のため、以下に解説、定義する適応系が望まれる。

「適応制御」の定義

制御の挙動は、制御対象系とその信号の変化する特性に適応させられる。そのため、適応手順は基本的に2つのステップに分けられる。
- 特定：系の時間変数値からの系挙動の（システムパラメーター）の特定。
- 適応：系挙動の変化に対する反応としての開ループまたは閉ループ制御法則の適応。

開ループ制御の適応

適応は、開ループ制御、つまり先読み構造によって行なわれる。特性の変化は測定可能な外部信号 z（外乱）により把握することができ、またこれらの信号を利用して制御が行われていると仮定している（図5）。また、コントローラーの設定に対する制御ループの内部信号のフィードバックはない。

図5：開ループ制御の適応系
 y 制御量
 w 基準量
 u 補正量
 z 外乱

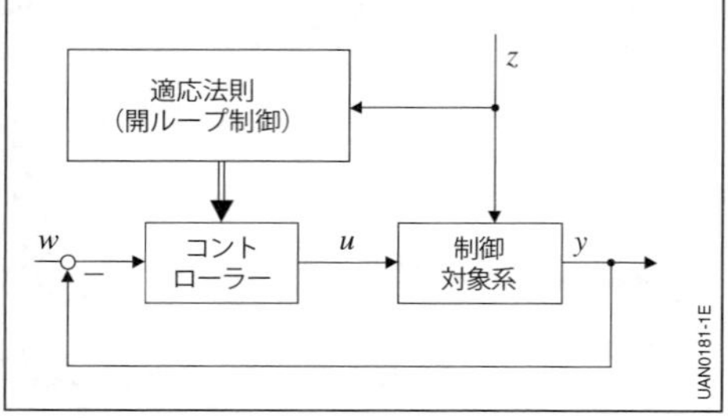

図6：フィードバックを伴う適応系
 y 制御量
 w 基準量
 u 補正量

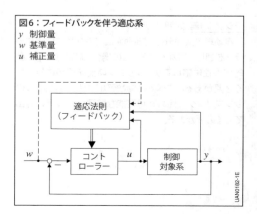

フィードバックを伴う適応

フィードバックを伴う適応の場合は、特性の変化を直接把握することはできず、制御ループの測定可能な信号により特定されなければならない。特定は、単純な測定による場合も、複雑なアルゴリズムで動的プロセスモデルとして見積もる場合もある。基本的な制御ループに加えて、適応法則によって2つ目のフィードバックループが実施される(図6)。

基本的に、まずは開ループ制御の適応が推奨される。つまり、既知の、計量学的に把握可能な相関関係は、開ループ制御の形で利用される。この先読み構造の強みは、閉ループ制御に対する開ループ制御の強みと比べることができる。安定性の問題を引き起こす可能性のあるフィードバックループは省略される。開ループ制御の適応系は、実際の産業用途に広く使用されている。

設計上の注意

適応制御を考慮する際、以下の要件を明確にする必要がある。

- ロバスト設計によってカバーできないどのパラメーターおよび機能を適応させなければならないか?
- どの信号および変数によってこれらのパラメーターや機能が決定できるか?
- これらのパラメーターや機能を決定するために系を特別に励起する必要があるか、あるいは現在の制御動作中に適応を行うことが可能か?
- 適応は開ループ制御によって行われるか、あるいはフィードバックを設ける必要があるか?
- 適応制御の安定性と収束性をどのように試験するか?

「適応制御作動の設計」および「動的プロセスの特定」の対象分野の詳細は、[4]、[10]、[11]を参照のこと。

参考文献

[1] DIN 19226: Control technology; terms and designations.

[2] W. Oppelt: Kleines Handbuch technischer Regelvorgänge. 5th Edition, Verlag Chemie GmbH, 1972.

[3] O. Föllinger: Regelungstechnik. 12th Edition, VDE Verlag GmbH, 2016.

[4] R. Isermann: Digitale Regelsysteme. 2nd Edition, Springer-Verlag, 2008.

[5] DE 102 007 040 485 A1, Abgleichdaten AT-Getriebe.

[6] DE 102 007 027 702 A1, Kupplungsweg-Adaption für automatisierte Kupplungen.

[7] DE 000 019 943 334 A1, Störmomentbeobachter, Wandlerkupplungsregelung.

[8] G. Bauer; C. Schwemer: Entwurf einer Wandlerkupplungsregelung unter Berücksichtigung nichtfunktionaler Anforderungen. AUTOREG 2008, 4th Symposium Baden-Baden, 12 and 13 February 2008, VDI/VDE-Gesellschaft Mess- und Automatisierungstechnik.

[9] DE 102 006 001 899 A1, Adaption Schaltdruck bei verschachtelten Mehrfachschaltungen AT-Getriebe.

[10] R. Isermann: Identifikation dynamischer Systeme 1, 2. 2nd Ed., Springer-Verlag, 2012.

[11] R. Isermann: Mechatronische Systeme. 2nd Edition, Springer-Verlag, 2007.

材料

材料特性値

特定の用途のための材料の選択は、材料特性を示す材料特性値に基づいて行われる。このプロセスでは、たとえば原子構造に由来する物理的な材料特性値と、製造工程による影響を受ける機械・技術的な材料特性値が区別される。

表3～6は、幅広い材料について、いくつかの物理的な材料特性値をまとめたものである。

物理的な材料特性値

密度

密度ρとは、一定量の物質の体積（容積）に対する質量の割合のことである（DIN 1306:1984-06 [1] も参照）。測定単位はkg/m^3である。

融解温度

融解温度とは、ある材料が個体から液体に変化する温度のことである。

沸騰温度

沸騰温度とは、ある材料が液体から気体に変化する温度のことである。

融解熱

固体の融解比熱（融解エンタルピー）とは、ある物質を融解温度で固体から液体に変化させるのに必要な熱量のことである。測定単位はkJ/kgである。

蒸発熱

液体の蒸発比熱（蒸発エンタルピー）とは、一定した沸騰温度で液体を蒸発させるのに必要な熱量のことである。これは、圧力に大きく左右される。測定単位はkJ/kgである。

熱伝導率

熱伝導率とは、温度差により、定義された表面と密度の材料片に流れる熱量のことである。液体および気体の場合、（固体の場合とは反対に）、熱伝導率は温度に大きく左右される。測定単位は$W/(m \cdot K)$である。

電気伝導率

電気伝導率とは、電流を伝導する材料の物理特性である。ウィーデマン・フランツの法則によると、電気伝導率は熱伝導率にほぼ比例する。測定単位はS/m（メートルあたりジーメンス）である。

熱膨張係数

線熱膨張係数α（縦膨脹係数）は、温度変化中の材料長さの相対変化を示すものである。温度変化ΔTに対する線形変位は、$\Delta l = l \, \alpha \, \Delta T$と定義される。測定単位は$K^{-1}$である。

体積熱膨張係数（体積膨張係数）も同様に定義される。気体の体積膨張係数は、およそ$1/273 \ K^{-1}$である。固体の体積膨張係数は、線膨張係数のおよそ3倍である。

比熱容量

比熱容量（比熱）とは、ある物質の温度を上昇させるのに必要な熱量のことである。比熱容量は温度による関数である。

気体の場合は、一定圧力（c_p）における比熱容量と、一定容積（c_v）における比熱容量を区別する。固体と液体の場合は、通常、この相違を無視できる。測定単位は$kJ/(kg \cdot K)$である。

透磁率

透磁率 μ とは、磁束密度 B と磁界強度 H との比率である(「磁界」、「比透磁率」を参照)。

$$B = \mu H$$

透磁率は、磁界定数 μ_0 と、材料によって異なる比透磁率 μ_r ($\mu_0 = 4\pi \cdot 10^{-7}$ As/Vm、真空の場合は $\mu_r = 1$) で構成される。磁性体の用途によって異なるが、およそ15種類の透磁率がある。この透磁率は、負荷(直流または交流電場の負荷)の変調範囲および負荷の種類によって定義される。主要な特性値について以下に記述する。

初期透磁率 μ_a

$H \to 0$ の初期磁化曲線の傾斜(図1、ヒステリシスループも参照)は、初期透磁率 μ_a として示される。多くの場合、この限界値よりも特定フィールド強さ (mA/cm) の傾斜のほうが規定される。たとえば、μ_4 は $H = 4$ mA/cm の初期磁化曲線の傾斜を表すものである。

最大透磁率 μ_{max}

初期磁化曲線の最大傾斜は、最大透磁率 μ_{max} と呼ばれる。

永久透磁率 μ_p

永久透磁率 μ_p(または μ_{rec})とは、退行磁気ヒステリシスループの平均傾斜を表すものである。通常、このループの最下点は消磁曲線上にある。

$$\mu_p = \frac{\Delta B}{\Delta H \mu_0}$$

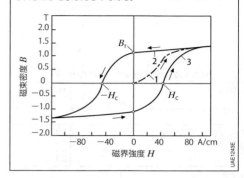

図1:磁気硬化鉄グレードのヒステリシスループ
1 上昇曲線　　2, 3 減磁曲線
H　磁界強度
B　磁束密度
B_r　残留磁束密度
H_c　保磁力
矢印は、磁界強度が変化した場合に、どの磁束密度が設定されるのかを示したものである。

磁気分極温度係数

磁気分極温度係数 $TK(J_s)$ とは、温度に比例して変化する飽和磁気分極の相対変化を表すもので、1 K 当たりの%で表される。

保磁電界強度温度係数

保磁電界強度温度係数 $TK(H_c)$ とは、温度に比例して変化する保磁電界強度の相対変化を表すもので、1 K 当たりの%で表される。

キュリー点

キュリー点(キュリー温度 T_c)とは、強磁性体(フェロ磁性体およびフェリ磁性体)の磁化がゼロになる温度のことで、その温度では、両磁性体が常磁性体に転位する(「磁性材料」を参照)。

機械・技術的な材料特性値

弾性係数

弾性係数（E modulus）とは、弾性変形の範囲で固形物を変形させるときの応力とひずみとの線形関係を示すものである（図2）。測定単位はMPaである。弾性係数の典型例を表1に示す。

ポアソン比

無次元ポアソン比とは、張力または圧縮応力のかかった物体の縦ひずみと、その結果としての横ひずみとの間の比例定数のことである。典型的な数値を表1に示す。

降伏点

降伏強度（降伏点）とは、ある材料が持続的な塑性変形を始める時点における引張応力の量のことである。降伏強度は、引張試験で測定される応力ひずみ曲線（σ-ε曲線）によって判定される（DIN EN ISO 6892-1:2009-12, [2]を参照）。測定単位はMPaである。

0.2％降伏強度

0.2％降伏強度（$R_{p0.2}$）とは、材料中に0.2％の持続的な（塑性）ひずみを発生させる引張応力の量のことである。測定単位はMPaである。

引張強度

引張強度R_mとは、引張試験において標準試験片の結果断面に関して達成された最大牽引力から計算される応力のことである（図2および図3）。測定単位はMPaである。

表1：いくつかの材料の弾性係数とポアソン比

材料	弾性係数 [MPa]	ポアソン比
ゴム	100	0.5
繊維強化プラスチック（PA66など）	2,000	0.37
アルミニウム	70,000	0.34
チタン	110,000	0.28
鋼	200,000	0.3
タングステン	400,000	0.28
セラミック（Al_2O_3など）	400,000	0.23

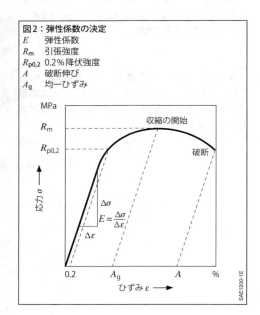

図2：弾性係数の決定
E　弾性係数
R_m　引張強度
$R_{p0.2}$　0.2％降伏強度
A　破断伸び
A_g　均一ひずみ

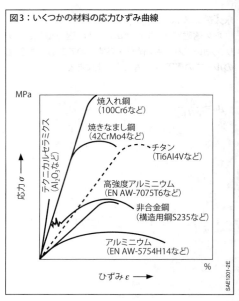

図3：いくつかの材料の応力ひずみ曲線

破断伸び率

破断伸び率 A とは、材料の延性(変形能)の程度のことである。破断伸び率は、初期長さとの関連で、破断後の引張試験片の持続的な伸展を%で表したものである。

断面減少率

断面減少率 Z とは、破断伸びと同様、材料の延性(変形能)の程度のことである。断面減少率は、引張試験片の初期断面との関連で、断面積の変化を%で表したものである。

均一ひずみ

均一ひずみ A_g とは、ネッキングせずに引張試験片が塑性変形するときの長さの変化を%で示したものである。延性材料の場合、均一ひずみ(および引張強度)に達した後は、試験片にネッキング(断面積の縮小)が生じる。

耐振性

周期的な応力のもとでの材料の変形挙動や好ましくない挙動については、耐振性により考察される。耐振性の典型的な数値(疲労限度など)は、時間のかかることの多いヴェーラー試験(アウグスト・ヴェーラーから命名された疲労試験)によって決定する必要がある(図4)。この試験は、通常、電気機械式または電気油圧式の試験機械を使用し、周波数帯域10〜1,000 Hzで実施する。

決定される特性値は、多様な試験パラメーターの影響を受ける(表面品質、試験頻度、試験時間、試験媒体、引張で曲げるか圧力で曲げるか)。ここでは、決定される材料の疲労限度は、構造強度(R_m など)よりも、はるかに小さくなる。FKMガイドライン(Forschungskuratorium Maschinenbau e.V.、表2を参照)を使用することで、簡単な試算は可能である。引張圧縮疲労応力係数は、耐振性の引張強度(引張圧縮疲労応力)に対する比率を示すものである。面心立方結晶格子をもつ金属(オーステナイト鋼やアルミニウムなど)の場合は、応力時間が長くなると耐応力性が減少するので、疲労限度は存在しない。

機械工学における部品やコンポーネントの設計では、耐振性のパラメーターを知ることが必要不可欠である。純粋な静的応力は稀だからである。

両振り曲げ応力に対する疲労強度

両振り曲げ応力に対する疲労強度は、周期的な曲げ応力の間に材料が破断せずに耐えうる応力をMPa単位で示したものである(「耐振性」を参照)。

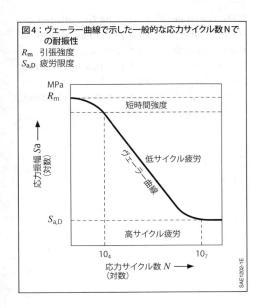

図4：ヴェーラー曲線で示した一般的な応力サイクル数Nでの耐振性
R_m 引張強度
$S_{a,D}$ 疲労限度

表2：耐振性の評価

材料グループ	応力サイクル数 $N = 10^6$ の場合の引張圧縮疲労応力係数
アルミニウム、鍛造および鋳造材料	0.30
片状黒鉛鋳鉄(GJL)	0.30
球状黒鉛鋳鉄(GJS)	0.34
ステンレス鋼	0.40
構造用鋼、熱処理鋼など	0.45

硬度

材料の硬度は、物体の侵入に対する材料の抵抗を示すものである。「金属材料の熱処理」の章では、硬度を特定するための多様な方法がまとめられている。

破壊靭性

破壊靭性とは、材料の亀裂伝播に対する耐性のことである。この特性として、通常、臨界応力拡大係数K_{Ic}が用いられる。K_{Ic}がわかっている場合は、臨界破壊荷重を亀裂長さから判定でき、臨界亀裂長さは、所定の外部応力値から判定することができる。

焼結金属の特性
圧環強度

圧環強度とは、焼結摩擦軸受のために規定された、強度を示すパラメーターのことである。圧環強度は、圧力テスト中における中空円筒の破壊によって判定される。

多孔性

多孔性とは、焼結金属（特に、摩擦軸受）に関する無次元特性である。多孔性は、空洞となっていて、実際の材料によっては埋められていない部品容積の部分を表す。

圧縮降伏点

引張試験における降伏強度と同様、圧力テストでは圧縮降伏点が材料特性の一つとして追加される（測定単位MPa）。これにより、材料に不可逆的な塑性変形が生じ始める応力が特定される。

ばねの特性
曲げ応力

ねじりばねに応力が作用すると、曲げ応力が発生する。この場合、最大曲げ応力は、$0.7\,R_m$を超えてはならない。

せん断応力

圧縮および引張ばねに応力が作用すると、材料にせん断応力が発生する。最大せん断応力（最大応力）は、$0.5\,R_m$を超えてはならない。ここでは、せん断応力は、ばねのコイル径、スプリング力、および線径に左右される。最大応力と最小応力との差は、応力範囲とも呼ばれる。

材料特性値についての参考文献

[1] DIN 1306:1984-06: Density; concepts, presentation of values.

[2] DIN EN ISO 6892-1:2017-02: Metallic materials – Tensile testing – Part 1: Method of test at room temperature (ISO 6892-1:2016); German version EN ISO 6892-1:2016.

[3] D. Radaj, M. Vormwald: Ermüdungsfestigkeit – Grundlagen für Ingenieure [Fatigue strength – Principles for engineers]. 3rd Edition, Springer-Verlag, 2010.

[4] G. Gottstein: Physikalische Grundlagen der Materialkunde [Physical principles of material science]. 3rd Edition, Springer-Verlag, 2007.

[5] J. Schijve: Fatigue of Structures and Materials. 2nd Ed., Springer-Verlag, 2009.

[6] S. Suresh: Fatigue of Materials. 2nd Edition, Cambridge University Press, 1998.

物質 213

表3：固体の特性

物質		密度	融解点[1]	沸点[1]	熱伝導率[2]	平均比熱[3]	融解比熱 ΔH[4]	線膨張係数[3]
		g/cm³	℃	℃	W/(m·K)	kJ/(kg·K)	kJ/kg	×10⁻⁶/K
アルミニウム	Al	2.70	660	2,467	237	0.90	395	23.0
アルミニウム合金		2.60 ～ 2.85	480 ～ 655	–	70 ～ 240	–	–	21 ～ 24
琥珀		1.0 ～ 1.1	<300	分解	–	–	–	–
アンチモン	Sb	6.69	630.8	1,635	24.3	0.21	172	8.5
砒素	As	5.73		613[5]	50.0	0.34	370	4.7
アスベスト		2.1 ～ 2.8	<1,300		–	0.81	–	–
アスファルト		1.1 ～ 1.4	80 ～ 100	<300	0.70	0.92	–	–
バリウム	Ba	3.50	729	1,637	18.4	0.28	55.8	18.1 ～ 21.0
塩化バリウム		3.86	963	1,560	–	0.38	108	–
玄武岩		2.6 ～ 3.3	–	–	1.67	0.86	–	–
牛脂		0.9 ～ 0.97	40 ～ 50	<350	–	0.87	–	–
ベリリウム	Be	1.85	1,278	2,970	200	1.88	1,087	11.5
ビスマス	Bi	9.75	271	1,551	8.1	0.13	59	12.1
ビチューメン		1.05	<90	–	0.17	1.78	–	–
ボイラースケール		<2.5	<1,200	–	0.12 ～ 2.3	0.80	–	–
ホウ砂		1.72	740	–	–	1.00	–	–
ボロン	B	2.34	2,027	3,802	27.0	1.30	2,053	5
真鍮	CuZn37	8.4	900	1,110	113	0.38	167	18.5
レンガ		> 1.9	–	–	1.0	0.9	–	–
ブロンズ	CuSn 6	8.8	910	2,300	64	0.37	–	17.5
カドミウム	Cd	8.65	321.1	765	96.8	0.23	54.4	29.8
カルシウム	Ca	1.54	839	1,492	200	0.62	233	22
塩化カルシウム		2.15	782	>1,600	–	0.69	–	–
セルロースアセテート		1.3	–	–	0.26	1.47	–	100 ～ 160
セメント、硬化後		2 ～ 2.2	–	–	0.9 ～ 1.2	1.13	–	–
チョーク		1.8 ～ 2.6	CaOとCO₂に分解される		0.92	0.84	–	–
シャモット（耐火粘土）		1.7 ～ 2.4	<2,000	–	1.4	0.80	–	–
炭		0.3 ～ 0.5	–	–	0.084	1.0	–	–
クロム	Cr	7.19	1,875	2,482	93.7	0.45	294	6.2
酸化クロム	Cr₂O₃	5.21	2,435	4,000	0.42[6]	0.75	–	–
粘土、乾燥後		1.5 ～ 1.8	<1,600	–	0.9 ～ 1.3	0.88	–	–
コバルト	Co	8.9	1,495	2,956	69.1	0.44	268	12.4
コークス		1.6 ～ 1.9	–	–	0.18	0.83	–	–
食卓塩		2.15	802	1,440	–	0.92	–	–
コンクリート		1.8 ～ 2.2			< 1.0	0.88	–	–
銅	Cu	8.96	1084.9	2,582	401	0.38	205	–
コルク		0.1 ～ 0.3	–	–	0.04 ～ 0.06	1.7 ～ 2.1	–	–
コランダム、焼結		–	–	–	–	–	–	6.5[7]
木綿緩衝材		0.01			0.04	–	–	–

[1] 気圧が 1.013 barのとき　　[2] 温度が 20 ℃のとき 化学元素の ΔHは 27 ℃（300 K）のとき　　[3] 温度が 0 ～ 100 ℃のとき
[4] 気圧が 1.013 barで融解点のとき　　[5] 昇華　　[6] 粉体形状　　[7] 温度が 20 ～ 1,000 ℃のとき

表3：固体の特性（続き）

物質	密度	融解点[1]	沸点[1]	熱伝導率[2]	平均比熱[3]	融解比熱 Δ H[4]	線膨張係数[3]
	g/cm³	°C	°C	W/(m·K)	kJ/(kg·K)	kJ/kg	×10⁻⁶/K
ダイヤモンド　　　C	3.5	3,820	–	–	0.52	–	1.1
熱硬化性樹脂							
充填材（フィラー）を含まない	1.3	–	–	0.2	1.47	–	80
フェノール樹脂	1.8	–	–	0.7	1.25	–	15～30
アスベスト繊維を含むフェノール樹脂							
木粉を含むフェノール樹脂	1.4	–	–	0.35	1.47	–	30～50
ファブリックスレッドを含むフェノール樹脂	1.4	–	–	0.35	1.47	–	15～30
セルロース繊維を含むメラミン樹脂	1.5	–	–	0.35	–	–	<60
スポンジゴム	0.06～0.25	–	–	0.04～0.06	–	–	–
ゲルマニウム　　　Ge	5.32	937	2,830	59.9	0.31	478	5.6
ガラス（石英ガラス）	–	–	–	–	–	–	0.5
ガラス（板ガラス）	2.4～2.7	<700	–	0.81	0.83	–	<8
金　　　　　　　　Au	19.32	1,064	2,967	317	0.13	64.5	14.2
花崗岩	2.7	–	–	3.49	0.83	–	–
純グラファイト　　C	2.24	<3,800	<4,200	168	0.71	–	2.7
ねずみ鋳鉄	7.25	1,200	2,500	58	0.50	125	10.5
硬質炭（無煙炭）	1.35	–	–	0.24	1.02	–	–
超硬合金　　　　　K 20	14.8	>2,000	<4,000	81.4	0.80	–	5～7
硬質ゴム（エボナイト）	1.2～1.5	–	–	0.16	1.42	–	50～90[5]
加熱素子合金　NiCr 8020	8.3	1,400	2,350	14.6	0.50[9]	–	–
硬質プラスチック空気発泡フォーム[8]	0.015～0.06	–	–	0.036～0.06	–	–	–
硬質プラスチックフレオン発泡フォーム	0.015～0.06	–	–	0.02～0.03	–	–	–
氷（0℃）	0.92	0	100	2.33[6]	2.09[6]	333	51[7]
インジウム　　　　In	7.29	156.6	2,006	81.6	0.24	28.4	33
ヨウ素　　　　　　I	4.95	113.5	184	0.45	0.22	120.3	–
イリジウム　　　　Ir	22.55	2,447	4,547	147	0.13	137	6.4
純鉄　　　　　　　Fe	7.87	1,535	2,887	80.2	0.45	267	12.3
鉛　　　　　　　　Pb	11.3	327.5	1,749	35.5	0.13	24.7	29.1
一酸化鉛、リサージ　　　　PbO	9.3	880	1,480	–	0.22	–	–
乾燥なめし革	0.86～1	–	–	0.14～0.16	<1.5	–	–
リノリューム	1.2	–	–	0.19	–	–	–
リチウム　　　　　Li	0.534	180.5	1,317	84.7	3.3	663	56
マグネシウム　　　Mg	1.74	648.8	1,100	156	1.02	372	26.1
マグネシウム合金	<1.8	<630	1,500	46～139	–	–	24.5
マンガン　　　　　Mn	7.47	1,244	2,100	7.82	0.48	362	22
大理石　　　　　CaCO₃	2.6～2.8	CaOとCO₂に分解される		2.8	0.84	–	–
雲母	2.6～2.9	700℃のとき分解		0.35	0.87	–	3
モリブデン　　　　Mo	10.22	2,623	5,560	138	0.28	288	5.4
モネル合金	8.8	1,240～1,330	–	19.7	0.43	–	–
モルタル（セメント）	1.6～1.8	–	–	1.40	–	–	–
モルタル（石灰）	1.6～1.8	–	–	0.87	–	–	–

---

[1] 気圧が1.013 barのとき　　[2] 温度が20℃のとき　　[3] 温度が0～100℃のとき　　[4] 気圧が1.013 barで融解点のとき
[5] 温度が20～50℃のとき　　[6] 温度が–20～0℃のとき　　[7] 温度が–20～–1℃のとき
[8] フェノール樹脂、ポリスチレン、ポリエチレンなどの硬質プラスチック発泡フォーム。　[9] 温度が0～100℃のとき。
　数値は気泡直径と吹込みガスにより異なる

物質 **215**

表3：固体の特性（続き）

物質		密度	融解点[1]	沸点[1]	熱伝導率[2]	平均比熱[3]	融解比熱 ΔH[4]	線膨張係数[3]
		g/cm³	°C	°C	W/(m·K)	kJ/(kg·K)	kJ/kg	× 10⁻⁶/K
ニッケル	Ni	8.90	1,455	2,782	90.7	0.46	300	13.3
洋銀	CuNi12Zn24	8.7	1,020	–	48	0.40	–	18
ニオブ	Nb	8.58	2,477	4,540	53.7	0.26	293	7.1
オスミウム	Os	22.57	3,045	5,027	87.6	0.13	154	4.3 ～ 6.8
パラジウム	Pd	12.0	1,554	2,927	71.8	0.24	162	11.2
紙		0.7 ～ 1.2	–	–	0.14	1.34	–	–
パラフィン		0.9	52	300	0.26	3.27	–	–
ピートダスト、大気乾燥		0.19	–	–	0.081		–	–
リン（白）	P	1.82	44.1	280.4	–	0.79	20	–
ピッチ		1.25	–	–	0.13	–	–	–
石膏		2.3	1,200	–	0.45	1.09	–	–
白金	Pt	21.45	1,769	3,827	71.6	0.13	101	9
プルトニウム	Pu	19.8	640	3,454	6.7	0.14	11	55
ポリアミド		1.1	–	–	0.31		–	70 ～ 150
ポリカーボネート		1.2	–	–	0.20	1.17	–	60 ～ 70
ポリエチレン		0.94	–	–	0.41	2.1	–	200
ポリスチレン		1.05	–	–	0.17	1.3	–	70
ポリ塩化ビニール		1.4	–	–	0.16		–	70 ～ 150
磁器		2.3 ～ 2.5	<1,600		1.6[5]	1.2[5]	–	4 ～ 5
カリウム	K	0.86	63.65	754	102.4	0.74	61.4	83
石英		2.1 ～ 2.5	1,480	2,230	9.9	0.80	–	8[6]/14.6[7]
ラジウム	Ra	5	700	1,630	18.6	0.12	32	20.2
赤色青銅	CuSn5ZnPb	8.8	950	2,300	38	0.67	–	–
鉛丹（光明丹）	Pb₃O₄	8.6 ～ 9.1	PbO生成		0.70	0.092	–	–
ファブリックベースの 積層材料		1.3 ～ 1.4	–	–	0.23	1.47	–	10 ～ 25[8]
抵抗合金	CuNi 44	8.9	1,280	<2,400	22.6	0.41	–	15.2
レニウム	Re	21.02	3,160	5,762	150	0.14	178	8.4
ルーフィングペーパー		1.1	–	–	0.19	–	–	–
ロジン（松やに）		1.08	100 ～ 130	分解	0.32	1.21	–	–
生ゴム		0.92	125	–	0.15	–	–	–
ルビジウム	Rb	1.53	38.9	688	58	0.33	26	90
砂、石英（乾燥）		1.5 ～ 1.7	< 1,500	2,230	0.58	0.80	–	–
砂岩		2 ～ 2.5	< 1,500		2.3	0.71	–	–
セレン	Se	4.8	217	684.9	2.0	0.34	64.6	37
シリコン	Si	2.33	1,410	2,480	148	0.68	1,410	4.2
炭化ケイ素		2.4	3,000 °Cを超えると分解		9[9]	1.05[9]	–	4.0
シリマナイト		2.4	1,820		151	1.0	–	–
銀	Ag	10.5	961.9	2,195	429	0.24	104.7	19.2
スラグ（高炉）		2.5 ～ 3	1,300 ～ 1,400	–	0.14	0.84	–	–
ナトリウム	Na	0.97	97.81	883	141	1.24	115	70.6
ゴム		1.08	–	–	0.14 ～ 0.24	–		

---

[1] 気圧が 1.013 bar のとき　　[2] 温度が 20 °C のとき 化学元素の ΔH は 27 °C（300 K）のとき　　[3] 温度が 0 ～ 100 °C のとき
[4] 気圧が 1.013 bar で融解点のとき　　[5] 温度が 0 ～ 100 °C のとき　　[6] 結晶軸に平行　　[7] 結晶軸に垂直
[8] 温度が 20 ～ 50 °C のとき　　[9] 温度が 1,000 °C

表3：固体の特性（続き）

物質		密度	融解点[1]	沸点[1]	熱伝導率[2]	平均比熱[3]	融解比熱 ΔH[4]	線膨張係数[3]
		g/cm³	°C	°C	W/(m·K)	kJ/(kg·K)	kJ/kg	×10⁻⁶/K
すす		1.7～1.8	–	–	0.07	0.84	–	–
ステアタイト		2.6～2.7	<1,520	–	1.6[6]	0.83	–	8～9[5]
スチール、クロム鋼		–	–	–	–	–	–	11
スチール、電磁鋼板		–	–	–	–	–	–	12
スチール、高速度鋼		–	–	–	–	–	–	11.5
スチール、磁石鋼 AlNiCo12/6		–	–	–	–	–	–	11.5
スチール、36％ニッケル鋼（インバー）		–	–	–	–	–	–	1.5
スチール、焼結鋼		–	–	–	–	–	–	11.5
スチール、ステンレス（18Cr、8Ni）		7.9	1,450	–	14	0.51	–	16
スチール、タングステン鋼（18W）		8.7	1,450	–	26	0.42	–	
スチール、非合金鋼と低合金鋼		7.9	1,460	2,500	48～58	0.49	205	11.5
イオウ (α)	S	2.07	112.8	444.67	0.27	0.73	38	74
イオウ (β)	S	1.96	119.0	–	–	–	–	
タンタル	Ta	16.65	2,996	5,487	57.5	0.14	174	6.6
テルル	Te	6.24	449.5	989.8	2.3	0.20	106	16.7
トリウム	Th	11.72	1,750	4,227	54	0.14	<83	12.5
スズ（白色）	Sn	7.28	231.97	2,270	65.7	0.23	61	21.2
チタン	Ti	4.51	1,660	3,313	21.9	0.52	437	8.3
トンバック	CuZn 20	8.65	1,000	<1,300	159	0.38	–	–
タングステン	W	19.25	3,422	5,727	174	0.13	191	4.6
ウラニウム	U	18.95	1,132.3	3,677	27.6	0.12	65	12.6
バナジウム	V	6.11	1,890	3,000	30.7	0.50	345	8.3
加硫繊維		1.28	–	–	0.21	1.26	–	
ワックス		0.96	60	–	0.084	3.4	–	–
木材[7]	灰分	0.72	–	–	0.16		–	
	バルサ材	0.20	–	–	0.06		–	
	ブナ材	0.72	–	–	0.17		–	
	カバ材	0.63	–	–	0.14		–	繊維方向は 3～4、繊維の主軸は 22～43
	カエデ材	0.62	–	–	0.16	2.1～2.9	–	
	オーク材	0.69	–	–	0.17		–	
	マツ材	0.52	–	–	0.14		–	
	ポプラ材	0.50	–	–	0.12		–	
	スプルース材、モミ	0.45	–	–	0.14		–	
	材、クルミ材	0.65	–	–	0.15		–	
木造住宅用スラブ		0.36～0.57	–	–	0.093	–	–	
亜鉛	Zn	7.14	419.58	907	116	0.38	102	25.0
ジルコニウム	Zr	6.51	1,852	4,377	22.7	0.28	252	5.8

---

[1] 気圧が1.013 barのとき　　[2] 温度が20℃のとき 化学元素のΔHは27℃（300 K）のとき　　[3] 温度が0～100℃のとき　　[4] 気圧が1.013 barで融解点のとき　　[5] 温度が20～1,000℃のとき　　[6] 温度が100～200℃のとき

[7] 乾燥木材の平均値（含水量：約12％）
　　熱伝導率は半径方向からの測定数値。軸方向伝導率の数値は約2倍になる。

表4：液体の特性

物質 217

物質		密度 [2] g/cm³	融解点 [1] °C	沸点 [1] °C	熱伝導率 [2] W/(m·K)	比熱 [2] kJ/(kg K)	融解比熱 ΔH [3] kJ/kg	蒸発比熱 [4] kJ/kg	体積膨張係数 ×10⁻³/K
アセトン	$(CH_3)_2CO$	0.79	−95	56	0.16	2.21	98.0	523	–
不凍液混合溶液									
混合比 (Vol.) 23%		1.03	−12	101	0.53	3.94	–	–	–
混合比 (Vol.) 38%		1.04	−25	103	0.45	3.68	–	–	–
混合比 (Vol.) 54%		1.06	−46	105	0.40	3.43	–	–	1.25
ベンゼン	C_6H_6	0.88	+5.5 [6]	80	0.15	1.70	127	394	–
食塩溶液 (20%)		1.15	−18	109	0.58	3.43	–	–	–
ディーゼル燃料		0.81~0.85	−30	150~360	0.15	2.05	–	–	–
エタノール (エチルアルコール)	C_2H_5OH	0.79	−117	78.5	0.17	2.43	109	904	1.1
エタノール 95% [9]		0.81	−114	78	0.17	2.43	–	–	0.5
塩化エチル	C_2H_5Cl	0.90	−136	12	0.11 [5]	1.54 [5]	69.0	437	–
エチルエーテル	$(C_2H_5)_2O$	0.71	−116	34.5	0.13	2.28	98.1	377	1.6
エチレングリコール	$C_2H_4(OH)_2$	1.11	−12	198	0.25	2.40	–	–	–
燃料オイルEL		<0.83	−10	>175	0.14	2.07	–	–	–
ガソリン／軽油		0.72~0.75	−50~−30	25~210	0.13	2.02	–	828	1.0
グリセリン	$C_3H_5(OH)_3$	1.26	+20	290	0.29	2.37	200	–	0.5
塩酸 10%	HCl	1.05	−14	102	0.50	3.14	–	–	–
灯油		0.76~0.86	−70	>150	0.13	2.16	–	–	1.0
亜麻仁油		0.93	−15	316	0.17	1.88	–	–	–
潤滑油		0.91	−20	>300	0.13	2.09	–	295	0.18
水銀 [8]	Hg	13.55	−38.84	356.6	10	0.14	11.6	1,109	–
メタノール	CH_3OH	0.79	−98	65	0.20	2.51	99.2	406	–
塩化メチル	CH_3Cl	0.99 [7]	−92	−24	0.16	1.38	–	339	–
mキシレン	$C_6H_4(CH_3)_2$	0.86	−48	139	–	–	–	–	–
濃硝酸	HNO_3	1.51	−41	84	0.26	1.72	–	–	–
パラフィン油		–	–	–	–	–	–	–	–
石油エーテル		0.66	−160	>40	0.14	1.76	–	–	0.764
菜種油		0.91	±0	300	0.17	1.97	–	–	–
シリコンオイル		0.76~0.98	–	–	0.13	1.09	–	–	–
濃硫酸	H_2SO_4	1.83	+10.5 [6]	338	0.47	1.42	–	–	0.55

表4：液体の特性（続き）

物質		密度[2]	融解点[1]	沸点[1]	熱伝導率[2]	比熱[2]	融解比熱[3] ΔH	蒸発比熱[4]	体積膨張係数
		g/cm³	℃	℃	W/(m·K)	kJ/(kg·K)	kJ/kg	kJ/kg	×10⁻³/K
タール		1.2	-15	300	0.19	1.56	–	–	–
トルエン	C_7H_8	0.87	-93	111	0.14	1.67	74.4	364	–
トランスフォーマーオイル		0.88	-30	170	0.13	1.88	–	–	–
トリクロロエチレン	C_2HCl_3	1.46	-85	87	0.12	0.93	–	265	1.19
テレビン油		0.86	-10	160	0.11	1.80	–	293	1.0
水		1.00[10]	±0	100	0.60	4.18	332	2,256	0.18[11]

1) 気圧が1.013 barのとき　2) 温度が20℃のとき　3) 気圧が1.013 barで融解点のとき　4) 気圧が1.013 barで沸点のとき　5) 温度が0℃のとき
6) 凝固点が0℃のとき　7) 温度が-24℃のとき　8) トールからパスカルへの変換には、13.5951 g/cm³（温度0℃）を使用　9) 変性エタノール
10) 温度が4℃のとき　11) 凝固時の体積膨張は9%

表5：水蒸気の特性

絶対圧力	沸点	蒸発比熱
bar	℃	kJ/kg
0.1233	50	2,382
0.3855	75	2,321
1.0133	100	2,256
2.3216	125	2,187
4.760	150	2,113
8.925	175	2,031
15.55	200	1,941
25.5	225	1,837
39.78	250	1,716
59.49	275	1,573
85.92	300	1,403
120.5	325	1,189
165.4	350	892
221.1	374.2	0

表6：気体の特性

物質		密度 [1] kg/m³	融解点 [2] °C	沸点 [2] °C	熱伝導率 [3] W/(m·K)	比熱 [3] kJ/(kg·K) c_p	c_v	c_p/c_v	蒸発比熱 [2] kJ/kg
アセチレン	C_2H_2	1.17	−84	−81	0.021	1.64	1.33	1.23	751
空気		1.293	−220	−191	0.026	1.005	0.716	1.40	209
アンモニア	NH_3	0.77	−78	−33	0.024	2.06	1.56	1.32	1,369
アルゴン	Ar	1.78	−189	−186	0.018	0.52	0.31	1.67	163
nブタン	C_4H_{10}	2.70	−138	−0.5	0.016	1.67	1.51	1.10	−
iブタン	C_4H_{10}	2.67	−145	−10.2	0.016	−	−	1.11	−
高炉ガス		1.28	−210	−170	0.024	1.05	0.75	1.40	−
二硫化炭素	CS_2	3.41	−112	−46	0.0073	0.67	0.56	1.19	−
二酸化炭素	CO_2	1.98	−57 [4]	−78	0.016	0.82	0.63	1.30	368
一酸化炭素	CO	1.25	−199	−191	0.025	1.05	0.75	1.40	−
塩素	Cl_2	3.21	−101	−35	0.009	0.48	0.37	1.30	288
都市ガス		0.56〜0.61	−230	−2010	0.064	2.14	1.59	1.35	−
シアン（ジシアン）	$(CN)_2$	2.33	−34	−21	−	1.72	1.35	1.27	−
ジクロルジフルオルメタン（=フレオンF12）	CCl_2F_2	5.51	−140	−30	0.010	0.61	0.54	1.14	−
エタン	C_2H_6	1.36	−183	−89	0.021	1.66	1.36	1.22	522
エタノール蒸気	C_2H_4	2.04	−114	+78	0.015	−	−	1.13	−
エチレン		1.26	−169	−104	0.020	1.47	1.18	1.24	516
フッ素	F_2	1.70	−220	−188	0.025	0.82	0.61	1.35	172
ヘリウム	He	0.18	−270	−269	0.15	5.20	3.15	1.65	20
水素	H_2	0.09	−258	−253	0.181	14.39	10.10	1.42	228
塩化水素	HCl	1.64	−114	−85	0.014	0.81	0.57	1.42	−
硫化水素	H_2S	1.54	−86	−61	0.013 [1]	0.96	0.72	1.34	535
クリプトン	Kr	3.73	−157	−153	0.0095	0.25	0.15	1.67	108
メタン	CH_4	0.72	−183	−164	0.033	2.19	1.68	1.30	557
塩化メチル	CH_3Cl	2.31	−92	−24	−	0.74	0.57	1.29	446
ネオン	Ne	0.90	−249	−246	0.049	1.03	0.62	1.67	86
窒素	N_2	1.24	−210	−196	0.026	1.04	0.74	1.40	199
酸素	O_2	1.43	−218	−183	0.0267	0.92	0.65	1.41	213
オゾン	O_3	2.14	−251	−112	0.019	0.81	0.63	1.29	−
プロパン	C_3H_8	2.00	−182	−42	0.018	1.70	1.50	1.13	−
プロピレン	C_3H_6	1.91	−185	−47	0.017	1.47	1.28	1.15	468
亜硫酸ガス	SO_2	2.93	−73	−10	0.010	0.64	0.46	1.40	402
六フッ化イオウ	SF_6	6.16 [3]	−50.8	−63.9	0.011	0.66	−	−	117 [1]
水蒸気、100℃ [5]		0.60	± 0	+100	0.025	2.01	1.52	1.32	−
キセノン	Xe	5.89	−112	−108	0.0057	0.16	0.096	1.67	96

---

[1] 温度が0℃で、気圧が1.013 barのとき
[2] 気圧が1.013 barのとき
[3] 温度が20℃で、気圧が1.013 barのとき
[4] 気圧が5.3 barのとき
[5] 気圧が1.013 barで飽和点のとき。表5も参照。

220 材料

工業材料の分類

材料の要件

　技術的・経済的に有利な材料を使用するには、材料の要件を導き出すために、用途と稼働時に受ける応力についての知識が必要となる。目標は、部品またはコンポーネントにおいて希望する機能を実現し、計画される使用期間を通じて、その機能を確保することである。ここで重要な負荷となるのは、通常は機械的特性（強度、弾性係数、表1を参照）だが、しばしば腐食、摩耗や温度負荷も補助的役割を果たす。さらに、特定の物理的特性（磁気、導電性など）あるいはそれらの組み合わせも、材料の使用にとって重要になる可能性がある。

工業材料の分類

　現在、技術的用途で使用されている材料を分類するには、多様な方法が存在する。以下の4つの材料グループへの区分はその一例である。
− 金属材料：製錬金属、焼結金属
− 非金属無機材料：セラミック、ガラス
− 非金属有機材料：天然材料、プラスチック
− 複合材料

表1：各種材料の弾性係数（例）

材料グループ	材料のタイプ（選択）	略語例	弾性係数 [GPa]
鋳鉄および可鍛鋳鉄	ラメラ黒鉛鋳鉄	EN-GJL-200	80 〜 140
	球状黒鉛鋳鉄	EN-GJS-400	160 〜 180
	白可鍛鋳鉄	EN-GJMW-450	175 〜 195
	黒可鍛鋳鉄	EN-GJMB-450	175 〜 195
鋳鋼	一般用途向けの鋳鋼	GE300	≈210
鋼	非合金鋼	C60	≈210
	低合金鋼	42CrMoS4	≈210
	オーステナイト鋼	X5CrNi18-10	≥190
	高合金工具鋼	HS 6-5-4	≤230
鍛造銅合金	導電性の高い銅	Cu-ETP	110 〜 130
	真鍮	CuZn30	115
	洋銀	CuNi18Zn20	135
	スズ青銅	CuSn6	100 〜 120
鋳造銅合金	鋳造スズ青銅	CuSn10-C	100
	赤真鍮	CuSn7Zn4Pb7-C	100
アルミニウム合金	鍛造アルミニウム合金	EN AW-AlSi1MgMn	65 〜 75
	鋳造アルミニウム合金	EN AC-AlSi12Cu1	65 〜 80
マグネシウム合金	鍛造マグネシウム合金	MgAl6Zn	40 〜 45
	鋳造マグネシウム合金	EN-MCMgAl9Zn1	40 〜 45
チタン合金	鍛造チタン合金	TiAl6V4	110
スズ合金	複合材料の滑り軸受用の鋳造スズ合金	SnSb12Cu6Pb	30
亜鉛合金	ダイカスト亜鉛合金	GD-ZnAl4Cu1	70

金属材料

金属は通常、結晶構造になっており、金属原子は、規則的な結晶格子の形で配列されている。原子価電子は特定の原子と結合しているわけではなく、金属格子内を自由に移動することができる（金属結合が存在する）。この特殊な金属格子構造は、金属の特性を表している。すなわち、延性があるために成形性が高い、電気伝導率が高い、熱伝導率が良い、光の透過率が低い、光学反射率（金属光沢）が高い、などの特性である。

技術的用途でよく使われる金属材料としては、鉄系材料がある。これには主に鉄基合金が使われる。合金とは、2つ以上の化学元素からなる金属材料であると定義されている。

鉄系材料は、鋼のグループと鋳鉄材料のグループに分類される。2つのグループの主な違いは、炭素含有量である。一般に、炭素含有量は鋼では2%以下で、鋳鉄では2%以上である（詳しくは、金属材料関連のEN規格を参照）。

鋼

鋼の構造組成

大多数の鋼は、主に鉄とそれ以外の特性を決定づける合金元素（クロム、ニッケル、バナジウム、モリブデン、チタンなど）で構成される。最も重要な合金元素は炭素であり、これは鉄格子に拡散され、炭化鉄（Fe_3C）（別名セメンタイト）として存在する。鋼には、炭素含有量、合金元素、熱処理（焼入れ、急冷および延伸など）に応じて、さまざまな相がそれぞれの特性とともに存在する。これらは鉄-炭素状態図に見ることができる（図1）。主要な相について以下に記述する。

フェライト

フェライト組織は、体心立方原子配列となっている。フェライト組織は柔らかく、容易に成形でき、強磁性である（S235など）。非合金鋼の中では、フェライトは非常に低い炭素含有量（<0.02%）においてのみ、個別の相（別名 α 相）として存在している。

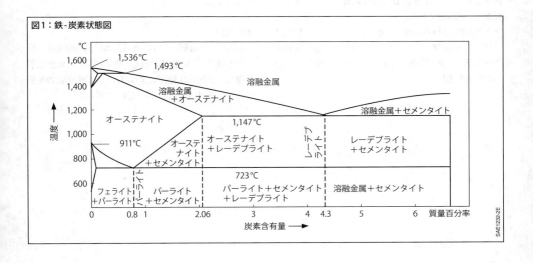

図1：鉄-炭素状態図

パーライト

パーライトは、炭化鉄 (Fe_3C) の領域とフェライトの領域が交互に重なった層状の鉄-炭素組織である。この相は、炭素含有量が0.02％を超える鋼で見られる。炭素含有量が増加するにつれて、存在するパーライト含有量もフェライトとともに増加し、炭素含有量が0.8％になると、組織は完全にパーライトで構成されるようになる（C80など）。パーライト組織は高い強度を示す。

さらに炭素含有量が増加すると、炭化鉄の形成が促進され、粒界において分離しやすくなる。

オーステナイト

鋼を加熱すると（炭素含有量に応じて約750 ℃～1,150 ℃の間）、体心立方鉄格子（α相）は面心立方鉄格子（γ相）に変化する。このオーステナイト組織は、フェライト組織の100倍の炭素を拡散することができる。こうして、長い冷却期間の間に、組織からフェライトとパーライトが形成される。単純な鉄-炭素合金では、この格子構造はこうした高温でのみ存在する。ニッケルやコバルトなどの合金元素を添加すると、室温でも安定的にオーステナイト組織を保存できるようになる。こうしたタイプのオーステナイト合金は、非常に強靭で、容易に成形することができ、耐熱性と耐食性に優れている（X5CrNi1810など）。

マルテンサイト

熱処理（例：水またはオイルでの急冷）中にオーステナイト領域から急激に鋼を冷却すると、格子に拡散された炭素はフェライトとパーライトに変化する十分な時間が得られなくなる。オーステナイト組織は、急にマルテンサイトと呼ばれるゆがんだ格子構造に変形する。マルテンサイト組織は非常に硬く、もろい（100Cr6など）。

鋼のタイプ

多種多様な体系化および標示法と並んで、鋼はしばしば典型的な使用目的や用途、または加工技術に基づいて名づけられる。表2と表3は、特性および代表的な用途の概要を示したものである。

構造用鋼

構造用鋼は単純な鋼で、通常、容易に溶接または加工することができる。構造用鋼は一般的な機械工学や土木工学で大量に使用され、手頃な価格である（S235JRなど）。

快削鋼

快削鋼は一般に硫黄含有量が高く、そのため加工（旋盤、フライス加工）時には短い切屑が形成される。こうした切屑の機械からの除去は容易である。快削鋼は、通常は低～中程度の強さの応力を受ける量産コンポーネントで使用される（11SMn30など）。

工具鋼

これは工具や金型に使用されるタイプの鋼の総称である。用途に応じて、高い引張強度、熱安定性、粘度、または耐食性を持たせることができる。このタイプの鋼は、使用温度に応じて、冷間加工用鋼（最高約200 ℃）または熱間加工用鋼（最高約400 ℃）に分類することができる。高い熱安定性（400 ℃以上）や耐摩耗性を備えた高速度鋼も、特にドリルやフライスなどの加工工具に使用される（90MnCrV8、X40CrMoV5-1、HS 6-5-2など）。

熱処理鋼

このタイプの鋼は、特に急冷および延伸熱処理（焼入れと焼戻し）に最適である。熱処理鋼は、大きな引張強度と傑出した粘度により、しばしば動的応力を受けるシャフトに使用される（42CrMo4など）。

工業材料 **223**

表2：鋼の特性および代表的な用途

材料 グループ	材料例	表面硬度	コア硬度	特性	典型的な用途
表面焼入れ鋼 （表面焼入れ、および 完全焼入れ）	C15	700 ～ 850 HV	200 ～ 450 HV	高い耐摩耗性	中応力の歯車、継手
	16MnCr5	700 ～ 850 HV	300 ～ 450 HV	高い耐摩耗性	ピストンピン、歯車
	18CrNiMo7-6	700 ～ 850 HV	400 ～ 550 HV	高い耐摩耗性、 溶接可能	歯車、駆動部品
窒化処理済み鋼 （急冷、焼き戻し、 窒化処理済み）	31CrMoV9	700 ～ 850 HV	250 ～ 400 HV	高い耐摩耗性	高応力のピストンピン、 スピンドル
玉軸受および 転がり軸受用鋼 （焼入れ、および 完全焼入れ）	100Cr6	60 ～ 64 HRC		高い耐摩耗性、硬度 および強度が高い	玉軸受、転動体、 ニードル軸受
冷間加工用鋼 （非合金、焼入れ、 および完全焼入れ）	C80	60 ～ 64 HRC		表面焼入れ、 強靭なコア	ブレード、チゼル、 打撃工具
冷間加工用鋼 （合金、焼入れ、および 完全焼入れ）	90MnCrV8	60 ～ 64 HRC		寸法安定性が高い、 エッジ保持および 靭性に優れる	リーマー、 木材加工工具、 ねじフライス
	X210Cr12	60 ～ 64 HRC		高い耐摩耗性、 寸法安定性に優れる、 焼入れ特性が良い	切削および 打ち抜き工具、 ブローチ盤、 フランジローラー、 冷間押し出し機械
熱間加工用鋼 （焼入れ、および 完全焼入れ）	X40Cr- MoV5-1	43 ～ 45 HRC		熱関連の耐摩耗性が 高い、靭性と熱伝導率 に優れる	鍛造型、ダイカスト 工具、押出金型
高速度鋼 （焼入れ、および 完全焼入れ）	HS 6-5-2	61 ～ 65 HRC		強度が高い、靭性に 優れる、硬度が高い	ドリル、 皿穴開け工具
ステンレスマルテン サイト鋼 （焼入れ、および 完全焼入れ）	X20Cr13	≈40 HRC		最高 550 ℃まで使用 可能、強磁性、高い 耐摩耗性	ポンプ部品、ピストン ロッド、ニードル弁、 船舶用プロペラ
	X90Cr- MoV18	≥57 HRC		耐化学性、耐摩耗性、 研磨特性が良好	切削工具、玉軸受

224 材料

表3：鋼の特性および代表的な用途

材料グループ	材料例	引張強度 [MPa]	降伏点 [MPa]	破断伸び率、A5 [%]	両振り曲げ応力に対する疲労強度 [MPa]	特性	典型的な用途例
高温亜鉛メッキ帯鋼および薄鋼板	DX53D	≤380	≤260	≥30 (A80)	≥190	深絞り特性が良好、高温亜鉛メッキ、強度が高い	自動車板金部品（エンジンフード、サイドパネルなど）
構造用鋼	S235 JR	340 ～510	≥225	≥26	≥170	溶接性が良好、事前または事後の熱処理が不要	一般的な構造部材、異形材
快削鋼	11SMn30	380 ～570	–	–	≥190	高い硫黄含有量による短い切屑、溶接には不適	中程度の応力を受ける自動車産業の量産コンポーネント（シャフトなど）
	35S20	520 ～680	–	–	≥260	高い硫黄含有量による短い切屑、溶接には不適	量産部品（中程度の応力を受けるネジなど）
熱戻し鋼	C45	700 ～850	≥490	≥14	≥280	強靭、熱処理可能、中～高強度	アクスル、ボルト、ネジ
	42CrMo4	1,100 ～1,300	≥900	≥10	≥440		クランクシャフト、アクスルシャフト
	30CrNiMo8	1,250 ～1,450	≥1,050	≥9	≥500		駆動部品
ステンレスフェライト鋼（焼なまし済み）	X6Cr17	450 ～600	≥270	≥20	≥200	耐食性、深絞り特性、研磨特性が良好、磁性	家庭用機器、医療技術、衛生
ステンレスオーステナイト鋼（固溶化焼なまし済み）	X5CrNi18-10	500 ～700	≥190	≥45	–	最もよく使われる耐食鋼、溶接性が良好、深絞り特性と研磨特性が良好、非磁性	化学装置、工学、建築、家庭用製品
冷間圧延（非合金）	DC05LC	270 ～330	≤180	≥40 (A80)	≥130	深絞り特性が良好	自動車板金部品（エンジンフード、サイドパネルなど）

表4：ばね鋼の特性および代表的な用途

材料	直径と厚さ [mm]	弾性係数 E [MPa]	横弾性係数（せん断弾性係数）G [MPa]	最小引張強度 [MPa]	断面減少率 Z [%]	許容曲げ応力 [MPa]	許容応力範囲. $N \geq 10^7$ の場合 [MPa]	許容最大応力 [MPa]	特性および用途
ばね鋼線 D（パテンティング処理済み、弾性引出し済み）	1	206,000	81,500	2,230	40	1,590	380	1,115	引張ばね、圧縮ばね、ねじりばね、高い静的応力能力と低い動的応力能力
	3			1,840	40	1,280	360	920	
	10			1,350	30	930	320	675	
ステンレスばね鋼線	1	185,000	73,500	2,000	40	1,400	–	1,000	ステンレスばね
	3			1,600	40	1,130	–	800	
オイルテンパー合金弁ばね鋼線 VD SiCr	1	200,000	79,000	2,060	50	–	430	1,030	高強度ばね材料、靭性が高い、例：乗用車バルブスプリング
	3			1,920	50	–	430	960	
板ばね鋼 Ck85	≤2.5	206,000	–	1,470	–	1,270	640	–	高応力板ばね用
ステンレス板ばね鋼	≤1	185,000	–	1,370	–	1,230	590	–	ステンレス鋼製板ばね

表面焼入れ鋼

表面焼入れ鋼は、炭素含有量が低いという特徴がある（C15など）。通常、鋼コンポーネントの辺縁領域を炭素炉雰囲気（約900 ℃）内に入れることで、炭素含有量を最大0.8％まで上昇させる。続いて急冷することで、辺縁領域にマルテンサイトが形成され、それとともに同時に粘性コア（フェライト、パーライト）で高い表面焼入れが形成される。用途としては、歯車やピストンピンなどがある。窒化とは異なり表面硬化法では、マルテンサイト焼入れにより変形が大きくなる。

窒化処理済み鋼

窒化処理済み鋼は、対応する熱処理（約450 〜 600 ℃で窒化）と組み合わせることで、化学成分により、非常に硬く摩耗に強い表面層（約10 μm）が形成される。粘性材料コアはそのまま残されるので、この材料は特に歯車に最適である。表面硬化法と比較して低温なので、コンポーネントの変形が少ない（31CrMoV9など）。

ばね鋼

ばね鋼は、シリコン合金により、高い降伏強度の超微細構造を備えている。ばね鋼は、エンジン生産におけるスプリング（バルブスプリングなど）の製造に最適である。表4に多様なばね鋼の概要を示す。

鋳鉄材料

鋳鉄は、炭素含有量が約2％を超える鉄基合金と定義されている。鋳鉄という名称は、この合金の鋳造性が非常に高いことに由来する。その理由の一つは、鋼と比較して溶融温度が大幅に低いことである（鋼は約1,500 ℃、鋳鉄は約1,150 ℃）。

表5は、各種材料の典型的な特性と用途の概要を示したものである。

表5：鋳鉄の特性および代表的な用途

材料グループ	材料例	引張強度 [MPa]	降伏点 [MPa]	破断伸び率、A5 [%]	両振り曲げ応力に対する疲労強度 [MPa]	特性	典型的な用途例
ラメラ黒鉛鋳鉄（ねずみ鋳鉄）	EN-GJL-200	≧200	–	–	90	鋳造性が良い、振動減衰および比熱容量が高い	ポンプハウジング、シリンダーヘッド、機械ベッド、ブレーキディスク
球状黒鉛鋳鉄	EN-GJS-400-15	≧400	≧250	≧15	200	GJLよりも強度が高く、延性に優れている	クランクシャフト、クランクケース、ハブ
白可鍛鋳鉄	EN-GJMW-400-5	≧400	≧220	≧5 (A3)	–	溶接性が良好、薄い肉厚、鋳造可能	取付け具
黒可鍛鋳鉄	EN-GJMB-350-10	≧350	≧200	≧10 (A3)	–	切削加工性と焼入れ可能性が良好、白可鍛鋳鉄より厚肉に製造可能	取付け具

鋳鉄のタイプ

鋳造中の緩やかな冷却により、炭素が主に黒鉛として、典型的にはフェライト-パーライトマトリックス内に存在することになる。

ねずみ鋳鉄

黒鉛の形成が層状なのか球状なのかに応じて、鋳鉄はラメラ黒鉛ねずみ鋳鉄（GJL）または球状黒鉛ねずみ鋳鉄（GJS）と呼ばれる。黒鉛の球状形成は、カルシウムを添加するなどして溶融金属を処理することで制御できる。GJSはGJLよりも強度が高く、成形性に優れている。バーミキュラ黒鉛ねずみ鋳鉄は、黒鉛形成の点でも特性の点でも、この2タイプの合金の妥協点となる。

可鍛鋳鉄

上記の3タイプに加え、鋳造後の熱処理（可鍛化焼なまし）によって組織に影響を与えることもできる。可鍛鋳鉄の場合、白鋳鉄でできた鋳造コンポーネントに焼なまし処理を加え、ここでマトリックス内に存在する炭化鉄を焼戻炭素に変換する。こうすることで、材料の粘度が増加する。可鍛鋳鉄は、破面の外観に基づき、白可鍛鋳鉄（酸化、脱炭雰囲気中で焼なまし）または黒可鍛鋳鉄（中性雰囲気中で焼なまし）と呼ばれる。

鋳鋼

鋳鋼は、特に大きな応力を受ける、溶接可能な鋳造物に使用される。単純なラメラ黒鉛鋳鉄と比較して、鋳造性は大幅に劣るが、鋳込み温度と収縮は大幅に高い。

非鉄金属

鋼と並んでいくつかの非鉄金属（NF金属）は、技術的に重要な特性（多様な用途で求められる特性など）を備えている。特に、高い導電性によって多くの用途に使われている銅合金（重金属、密度5 g/cm³ 以上）と、加工が容易で軽量の非磁性のアルミニウム材料（軽合金、密度5 g/cm³以下）は重要である。

非鉄金属の分類

非鉄金属（非鉄金属、および鉄の割合が50％ 未満の合金）は、一般に鍛造合金と鋳造合金に分類される。このうち鍛造非鉄合金は可鍛性に優れた延性のある組織を備えており、深絞り、曲げ、フランジ成形、押し出し加工、その他の類似の変形工程により、希望する形状にすることができる。延性が低いので、非鉄鋳造合金では成形は鋳造に限定される。

非鉄金属の特性を材料の要件に応じたものとするため、合金元素を添加することが稀ではない。表6〜9は、各種材料の典型的な特性と用途の概要を示したものである。

アルミニウム合金

アルミニウム合金では、合金元素を添加するのは、主に機械的特性を向上させるためである。たとえば亜鉛または銅を添加すると、熱処理が可能になり、高強度が得られる。

銅合金

亜鉛と銅の合金により真鍮（CuZn30など）が形成され、純粋な銅よりも高い強度が得られる。亜鉛以外の合金元素との銅合金は、青銅と呼ばれる。最も一般的な青銅はスズ青銅（CuSn6など）で、高い強度と低い延性を備えている。銅ニッケル合金（洋銀）は、プラグの接触部によく使用される。

228 材料

表6：鍛造銅合金の特性および代表的な用途

材料グループ	典型的な材料	引張強度 [MPa]	降伏強度 [MPa]	両振り曲げ応力に対する疲労強度（参考値）[MPa]	特性	用途例
導電性の高い銅	Cu-OF R220	220 ～ 260	≤140	70	導電性が高い、はんだ付け可能、溶接可能、変形可能	電子工学、電気工学
真鍮	CuZn30 R350	350 ～ 430	>170	110	強度特性が良好、冷間加工性に優れる、はんだ付け／ろう付けが非常に良好	深絞り部品、締結部品、ネジ、ジッパー
洋銀	CuNi18Zn20 R500	500 ～ 590	>410	–	冷間加工性、非変色性、ばね特性が良好	リレーばね、プラグ
スズ青銅	CuSn6 R470	>470	≈350	190	冷間加工性が良好、強度特性が良好、焼入れ特性が良好、耐摩耗性と耐食性が良好、はんだ付け可能	ばね、金属ホース、一般的な機械および装置工学

表7：鍛造非鉄合金の特性および代表的な用途

材料グループ	典型的な材料	引張強度 [MPa]	降伏強度 [MPa]	両振り曲げ応力に対する疲労強度（参考値）[MPa]	特性	用途
純アルミニウム	EN AW-Al99,5 O	65	20	40	導電性が高い、延性がある、食品グレード	装置およびタンク工学、深絞り部品
自硬性アルミニウム合金	EN AW-AlMg2Mn0,8 H111	190	80	90	耐海水性、容易に溶接可能	自動車および船舶工学
熱処理可能なアルミニウム合金	EN AW-AlSi1MgMn T6	310	260	90	人工時効処理、良好な強度、耐食性の組み合わせ	最もよく使用される熱処理可能なアルミニウム合金、異形材、車両フレーム、自動車トランスバースリンク
耐熱アルミニウム合金	EN AW-AlCu4MgSi (A) T4	390	245	120	切削加工性が非常に良好、温度安定性が高い、熱安定性が良好	油圧システム内のコンポーネント、航空産業
高強度アルミニウム合金	EN AW-AlZn5,5MgCu T6	540	485	140	切削加工性が良好、超高強度	航空産業、機械工学
汎用アルミニウム鋳造合金	EN AC-AlSi7Mg0,3 T6	290	210	80	汎用鋳造合金、機械的特性が良好、耐食性が良好、溶接性と切削加工性が非常に良好	取付け具、モーター製造、建築
共晶鋳造合金	EN AC-AlSi12Cu1 (Fe) DF	240	140	70	金型充填性と鋳造特性に優れる、耐化学性が良好	薄肉鋳造、取付け具
汎用アルミニウムダイカスト合金	EN AC-AlSi9Cu3 (Fe) DF	240	140	70	加工性が良好、低コスト	吸気マニホールド、トランスミッションハウジング

表8：非鉄鋳造合金の特性および代表的な用途

材料グループ	典型的な材料	引張強度 [MPa]	降伏強度 [MPa]	両振り曲げ応力に対する疲労強度（参考値） [MPa]	特性	用途例
高強度鋳造合金	EN AC-AlCu4Ti K T6	330	220	90	強度と靭性が高い	トランスミッションハウジング
マグネシウムダイカスト合金	EN-MCMgAl9Zn1	200	140	50	非常に軽量、耐食性と耐熱性が低い、切屑は可燃	カバー、ハウジング、携帯電話部品
チタン鍛造合金	TiAl6V4	890	820	–	強度と耐食性が高い	インプラント、航空産業

その他の非鉄金属

アルミニウムや銅と並んで、以下の非鉄金属も特に技術的に重要である。

マグネシウム

密度約1.75 g/cm³ のマグネシウムは、アルミニウムよりも大幅に軽い。溶融温度が低いので、特に鋳造に適している。自動車工学での典型的な用途としては、車両ホイールリム、ハウジングユニット、異形材などがある。

チタン

加工が難しいチタン合金は、優れた耐食性と高度な熱安定性を備えている。密度と強度の比率に優れていることから、チタン合金は航空産業（エアコンプレッサータービンブレードなど）に特に適している。生体適合性ゆえに、医療技術（人工股関節などのインプラント）も、もう一つの適用分野となっている。

焼結金属

金属粉末焼結

焼結金属は一般に、金属粉末のニアネットシェイプ圧造によって加工される。これにより、そのまま取り付けることが可能な、またはほんの少ししか仕上げ加工を必要としない複雑な形状を、低コストで焼結金属から製造することができる。金属粉末のニアネットシェイプ圧造後、溶融温度の60〜80％の温度での拡散工程を経ることで、粒子間の結合を永続化する。

金属射出成形

焼結工程の変形であるMIM（金属射出成形）では、射出成形した金属粉末とプラスチック化合物によってコンポーネントが形成される。化学物質または熱を用いて潤滑剤と結合剤を除去した後、金属粉末焼結の場合と同様に成形品は特性を保ち続ける。

焼結金属の特性や実用性は、主として化学成分と気孔率によって決まる（表10と表11を参照）。

工業材料 **231**

表9：その他の合金および鋳造銅合金

材料グループ	典型的な材料	引張強度 [MPa]	降伏強度 [MPa]	両振り曲げ応力に対する疲労強度（参考値）[MPa]	特性	用途例
スズ合金	SnSb12Cu6Pb	–	60	28	硬度が低い、耐食性が良好	すべり軸受
ダイカスト亜鉛	ZP0410	330	250	80	鋳造特性、寸法安定性、表面品質に優れる	薄肉、低応力鋳造
熱伝導合金	NiCr8020	650	–	–	電気抵抗が高い、温度安定性が高い	ヒーターフィラメント
抵抗合金	CuNi44	420	–	–	温度係数が低い、酸化安定性が高い	抵抗器、ポテンショメーター、ヒーターフィラメント
鋳造スズ青銅	CuSn10-C-GS	250	160	90	耐腐食性、耐摩耗性が良好	取付け具、ポンプハウジング
赤真鍮	CuSn7Zn4Pb7-C-GZ	260	150	80	耐海水性、切削加工性が良好、リンプホーム特性	摩擦軸受、ブッシュ

金属材料についての参考文献

[1] DIN 30910-3: Sintered metal materials – Sintered-material specifications – Part 3: Materials for bearings and structural parts with bearing properties.

[2] DIN 30910-4: Sintered metal materials – Sintered-material specifications – Part 4: Materials for structural parts.

表10：軸受向けおよび軸受特性を有する成形部品向けの材料[1]

材料	材料コード	許容範囲				代表例					
	Sint-	密度 ρ g/cm³	化学成分（質量百分率）%	径方向破壊強度 $K^{[2]}$ N/mm²	硬度 HB	密度 ρ g/cm³	化学成分（質量百分率）%	径方向破壊強度 $K^{[2]}$ N/mm²	圧縮 $\delta_{d0.2}$ N/mm²	硬度 HB[2]	熱伝導率 λ W/mK
焼結鉄	A 00	5.6~6.0	<0.3 C, <1.0 Cu, <2 他成分、残りは Fe	>150	>25	5.9	<0.2 他成分、残りは Fe	160	130	30	37
	B 00	6.0~6.4		>180	>30	6.3		190	160	40	43
	C 00	6.4~6.8		>220	>40	6.7		230	180	50	48
焼結鋼 Cuを含む	A 10	5.6~6.0	<0.3 C, 1~5 Cu, <2 他成分、残りは Fe	>160	>35	5.9	2.0 Cu, <0.2 他成分、残りは Fe	170	150	40	36
	B 10	6.0~6.4		>190	>40	6.3		200	170	50	37
	C 10	6.4~6.8		>230	>55	6.7		240	200	65	42
焼結鋼 CuとCを含む	B 11	6.0~6.4	0.4~1.5 C, 1~5 Cu, <2 他成分、残りは Fe	>270	>70	6.3	0.6 C, 2.0 Cu, <0.2 他成分、残りは Fe	280	160	80	28
焼結鋼 Cu含有量が多い	A 20	5.8~6.2	<0.3 C, 15~25 Cu, <2 他成分、残りは Fe	>180	>30	6.0	20 Cu, <0.2 他成分、残りは Fe	200	140	40	41
	B 20	6.2~6.6		>200	>45	6.4		220	160	50	47
焼結鋼 CuとC含有量が多い	A 22	5.5~6.0	0.5~3.0 C, 15~25 Cu, <2 他成分、残りは Fe	>120	>20	5.7	2.0 C[3], 20 Cu, <0.2 他成分、残りは Fe	125	100	25	30
	B 22	6.0~6.5		>140	>25	6.1		145	120	30	37
焼結青銅	A 50	6.4~6.8	<0.2 C, 9~11 Sn, <2 他成分、残りは Cu	>120	>25	6.6	10 Sn, <0.2 他成分、残りは Cu	140	100	30	27
	B 50	6.8~7.2		>170	>30	7.0		180	130	35	32
	C 50	7.2~7.7		>200	>35	7.4		210	160	45	37
焼結青銅 黒鉛[4]	A 51	6.0~6.5	0.5~3.0 C, 9~11 Sn, <2 他成分、残りは Cu	>100	>20	6.3	1.5 C[4], 10 Sn, <0.2 他成分、残りは Cu	120	80	20	20
	B 51	6.5~7.0		>150	>25	6.7		155	100	30	26
	C 51	7.0~7.5		>170	>30	7.1		175	120	35	32

[1] 焼結（PM）材料用材料仕様書（2004年度版 DIN 30910-3 [1]）による。　[2] 較正ベアリング DIN 30910/160·10の測定値。
[3] 遊離黒鉛として主に炭素が存在する。　[4] 遊離黒鉛として炭素が存在する。

表11：成形部品向けの焼結金属[1]

材料	材料コード Sint-	許容範囲 密度 ρ g/cm³	許容範囲 化学成分（質量百分率）%	許容範囲 硬度 HB	代表例 密度 ρ g/cm³	代表例 化学成分（質量百分率）%	代表例 引張強度 R_m N/mm²	代表例 圧縮降伏点 $R_{p0.1}$ N/mm²	代表例 破断伸び A %	代表例 硬度 HB	代表例 弾性係数 $E \cdot 10^3$ N/mm²
焼結鉄	C 00	6.4〜6.8	<0.3 C, <1.0 Cu, <2 他成分、残りは Fe	>35	6.6	<0.5 他成分、残りは Fe	120	60	3	40	100
	D 00	6.8〜7.2		>45	6.9		170	80	8	50	130
	E 00	>7.2		>60	7.3		240	120	14	60	160
焼結鋼 C を含む	C 01	6.4〜6.8	0.3〜0.9 C, <1.0 Cu, <2 他成分、残りは Fe	>70	6.6	0.5 C, <0.5 他成分、残りは Fe	240	170	2	75	100
	D 01	6.8〜7.2		>90	6.9		300	200	2	90	130
焼結鋼 Cu を含む	C 10	6.4〜6.8	<0.3 C, 1〜5 Cu, <2 他成分、残りは Fe	>40	6.6	1.5 Cu, <0.5 他成分、残りは Fe	200	140	2	55	100
	D 10	6.8〜7.2		>50	6.9		250	180	3	80	130
	E 10	>7.2		>80	7.3		340	240	5	110	160
焼結鋼 Cu と C を含む	C 11	6.4〜6.8	0.4〜1.5 C, 1〜5 Cu, <2 他成分、残りは Fe	>80	6.6	0.6 C, 1.5 Cu, <0.5 他成分、残りは Fe	390	290	1	115	100
	D 11	6.8〜7.2		>95	6.9		460	370	2	130	130
	C 21	6.4〜6.8	0.4〜1.5 C, 5〜10 Cu, <2 他成分、残りは Fe	>105	6.6	0.8 C, 6 Cu, <0.5 他成分、残りは Fe	470	360	<1	140	100
焼結鋼 Cu, Ni, Mo を含む	C 30	6.4〜6.8	<0.3 C, 1〜5 Ni, <0.6 Mo, <2 他成分、残りは Fe	>55	6.6	0.3 C, 1.5 Cu, 4.0 Ni, 0.5 Mo, <0.5 他成分、残りは Fe	360	290	2	100	100
	D 30	6.8〜7.2		>60	6.9		460	330	2	125	130
	E 30	>7.2		>90	7.3		570	390	4	160	160
焼結鋼 Cu, Ni, Mo を含む	C 31	6.4〜6.8	<0.3 C, <3.0 Cu, <5.0 Ni, 0.6〜2 Mo, <2 他成分、残りは Fe	>50	6.6	0.2 C, 2.0 Ni, 1.5 Mo, <0.5 他成分、残りは Fe	320	220	1	100	100
	D 31	6.8〜7.2		>60	6.9		380	260	2	120	130
	E 31	>7.2		>90	7.3		460	320	3	150	160
焼結鋼 Mo と C を含む	C 32	6.4〜6.8	0.3〜0.9 C, <3.0 Cu, <5.0 Ni, 0.6〜2 Mo, <2 他成分、残りは Fe	>55	6.6	0.6 C, 2.0 Cu, 1.5 Mo, <0.5 他成分、残りは Fe	400	370	<1	140	100
	D 32	6.8〜7.2		>60	6.9		520	480	1	180	130
焼結鋼 P を含む	C 35	6.4〜6.8	<0.3 C, 0.3〜0.6 P, <2 他成分、残りは Fe	>70	6.6	0.45 P, <0.5 他成分、残りは Fe	290	180	9	80	100
	D 35	6.8〜7.2		>80	6.9		310	210	10	85	130
焼結鋼 Cu と P を含む	C 36	6.4〜6.8	<0.3 C, 1〜5 Cu, 0.3〜0.6 P, <2 他成分、残りは Fe	>80	6.6	2.0 Cu, 0.45 P, <0.5 他成分、残りは Fe	330	270	4	90	100
	D 36	6.8〜7.2		>90	6.9		350	300	5	95	130

表11 (続き): 成形部品向けの焼結金属[1]

材料	材料コード Sint-	許容範囲			代表例						
		密度 ρ g/cm³	化学成分 (質量百分率) %	硬度 HB	密度 ρ g/cm³	化学成分 (質量百分率) %	R_m N/mm²	$R_{p0.1}$ N/mm²	A %	HB	$E \cdot 10^3$ N/mm²
焼結鋼 Cu, Ni, Mo, C を含む	C 39	6.4~6.8	0.3~0.9 C, 1~3 Cu, 1~5 Ni, <0.6 Mo, <2 他成分, 残りは Fe	>90	6.6	0.5 C, 1.5 Cu, 4.0 Ni, 0.5 Mo, <0.5 他成分, 残りは Fe	480	350	1	140	100
	D 39	6.8~7.2		>120	6.9		560	380	2	160	130
ステンレス 焼結鋼 AISI 316	C 40	6.4~6.8	<0.08 C, 10~14 Ni, 2~4 Mo, 16~19 Cr, <2 他成分, 残りは Fe	>95	6.6	0.06 C, 13 Ni, 2.5 Mo, 18 Cr, <0.5 他成分, 残りは Fe	330	250	1	110	100
	D 40	6.8~7.2		>125	6.9		400	320	2	135	130
AISI 430	C 42	6.4~6.8	<0.08 C, 16~19 Cr, <2 他成分, 残りは Fe	>140	6.6	0.06 C, 18 Cr, <0.5 他成分, 残りは Fe	420	330	1	170	100
AISI 410	C 43	6.4~6.8	<0.3 C, 11~13 Cr, <2 他成分, 残りは Fe	>165	6.6	0.2 C, 13 Cr, <0.5 他成分, 残りは Fe	510	370	1	180	100
焼結青銅	C 50	7.2~7.7	9~11 Sn, <2 他成分, 残りは Cu	>35	7.4	10 Sn, <0.5 他成分, 残りは Cu	150	90[4]	4	40	50
	D 50	7.7~8.1		>45	7.9		220	120	6	55	70
焼結アルミニウム AlCuMgSi	E 73	2.55~2.65	4~6 Cu, <1 Mg, <1 Si, <2 他成分, 残りは Al	>55	2.58[2]	4.5 Cu, 0.6 Mg, 0.7 Si, <0.5 他成分, 残りは Al	180	150[4]	1	65	55[5]
					2.58[3]		285	n.c.	<0.5	90	55[5]
AlSiMgCu	F 75	2.60~2.66	2~3 Cu, <1 Mg, 13~16 Si, <2 他成分, 残りは Al	>70	2.63[2]	2.5 Cu, 0.5 Mg, 14 Si, <0.5 他成分, 残りは Al	200	180[4]	<0.5	90	78[5]
					2.63[3]		300	n.c.	<0.5	125	78[5]
AlZnMgCu	F 77	2.74~2.78	1.5~2.0 Cu, 2.2~2.8 Mg, 5.6~6.4 Zn, <2 他成分, 残りは Al	>90	2.78[2]	1.6 Cu, 2.6 Mg, 6.0 Zn, <0.5 他成分, 残りは Al	300	190[4]	3	100	68[5]
					2.78[3]		450	230[4]	1.5	155	68[5]

[1]「焼結(PM)材料用材料仕様書」(2010年版DIN 30910-4 [2]) による。
[2] T1a 焼結状態、5日間以上室温で保管。 [3] T6 溶体化焼きなましおよび人工時効処理。
[4] 降伏強度 $R_{p0.2}$。 [5] 超音波を用いた弾性係数の特定。
n.c. 未計算。

236 材料

金属材料関連のEN規格

鋼の規格化

（DIN EN 10020, [1] による）

　鋼は鉄と通常2%以下の炭素との合金と定義される。炭素含有量が2%を超える鉄系材料は通常鋳鉄に分類される。鋼は「非合金鋼」、「ステンレス鋼」、および「その他の合金鋼」の3種類に分類される。

非合金鋼

　定義された最小合金元素含有量に達しない非合金鋼は、さらに非合金高級鋼と非合金ステンレス鋼に分けられる。非合金高級鋼については、靭性、可鍛性などの定義された要件が適用される。

　非合金ステンレス鋼は高純度が特徴であり、したがって高い降伏強度、焼入れ性、良好な靭性および溶接性などの優れた特性がある。非合金ステンレス鋼は通常、急冷および延伸、表面焼入れを行う。

ステンレス鋼

　ステンレス鋼は、質量百分率で10.5%以上のクロームと1.2%未満の炭素を含有する。ステンレス鋼はさらに、ニッケル含有量（質量百分率で2.5%超または未満）と耐食性、耐熱性、および温度安定性を含む主要特性によって分けられる。

その他の合金鋼

　その他の合金鋼には、靭性、粒子の大きさ、または可鍛性などに関する要求が設定されている鋼が含まれる。その他の合金鋼は、通常は急冷および延伸、表面焼入れを行わない。合金高級鋼と合金ステンレス鋼は区別される。

材質略称による鋼の標示法

（DIN EN 10027-1, [2] による）

　鋼の材質略称は2つのグループに分類される。

– 第1群：用途および機械的または物理的性質に関する情報を示す材質略称。

– 第2群：化学組成に関する情報を示す材質略称。

第1群の略称

　これらの材質略称には、用途および機械的または物理的性質に関する注意事項が含まれる。最初にGがつくのは鋳鋼であることを示す。

S、GS	一般構造物用
P、GP	圧力容器用
L	パイプライン用
E	工業用鋼
B	コンクリート強化用
Y	プレストレス鋼
R	レール用
H	高強度鋼の圧延品、冷間加工用
D	圧延品、冷間加工用
T	包装用鋼板、帯鋼
M	電磁鋼板、帯鋼

例：

S235JR

S	一般構造物用
235	降伏強度（MPa）
JR	ノッチ衝撃値27 J（20 ℃にて）

HC240LA

H	高強度鋼
C	冷間圧延
240	最小降伏強度（MPa）
LA	低合金

第2群の略称

　これらの材質略称は化学組成を示している。最初にGがつくのは鋳鋼であることを示す。

C、GC	非合金鋼（Mn < 1%）
G	非合金鋼（Mn 低合金鋼）
X、GX	高合金鋼
PM	粉末冶金
HS	高速度鋼

例：

C85S

C	非合金鋼（<1% Mn）
85	0.01倍のC含有量（0.85% C）
S	ばね用

42CrMo4

42	低合金鋼（Mn ≥ 1%） 0.01倍のC含有量（0.42% C）
Cr	百分率の4倍のCr含有量（1% Cr）
Mo	合金成分の非特異的割合、Mo（<1%）

X5CrNi18-10

X	高合金鋼
5	0.05% 炭素
18	18% Cr
10	10% Ni

HS 7-4-2-5

HS	高速度鋼 全体における合金成分の割合、タングステン – モリブデン – バナジウム – コバルトの順序
7	7% タングステン
4	4% モリブデン
2	2% バナジウム
5	5% コバルト

さらに、コーティングの種類や処理条件に関する注意事項などの特定の要求条件を定義できる。以下の例は次のことを示している。

+H	焼入れ性
+CU	銅メッキ
+Z	溶融亜鉛メッキ
+ZE	電気亜鉛メッキ
+C	歪み硬化
+M	熱加工成形
+Q	焼入れ
+U	未処理

番号による鋼の標示法
（DIN EN 10027-2, [3] による）

すべての鋼は材質略称と共に、「主要グループ + 鋼グループ + 順序数」の構造に従って材質番号によって定義される。

主材質番号

0	銑鉄、フェロアロイ
1	鋼
2	非鉄重金属
3	軽金属
4～8	非金属材料
9	不使用、内部用

鋼グループ番号（選択）

00	通常の非合金低炭素鋼
01～07	非合金高級鋼
10～18	非合金ステンレス鋼
40～49	化学的に安定な合金鋼
20～29	合金工具鋼

例：

1.4301（材質略称：X5CrNi18-10）

1	鋼
43	ステンレス鋼、Niを2.5%より多く含み、Mo、NbまたはTiを含まない
01	順序数

鋳鉄材料の規格化

炭素（炭化物または黒鉛）の構造および形態は物性に関して重要である。規格では、次の4グループの鋳鉄が区別される。

– ラメラ黒鉛鋳鉄（DIN EN 1561, [4]）
– 可鍛鋳鉄（DIN EN 1562, [5]）
– 球状黒鉛鋳鉄（DIN EN 1563 [6]）
– オースフェライト球状黒鉛鋳鉄（DIN EN 1564, [7]）

鋳鉄の標示法には2つの体系がある。すなわち材質番号によるものと略称である。

238 材料

略称による鋳鉄の標示法
（DIN EN 1560, [8] による）

　標示法には英数字が使用され、最大6つの個別の位置で構成される。最初の位置はEN（欧州規格）となる。次にG（鋳造）とJ（鉄）が続く。黒鉛の構造を示す文字が3番目に続く。

L	ラメラ
S	球状
M	焼戻し炭素
V	バーミキュラ
N	黒鉛なし
	レーデブライトチルド鋳鉄
Y	特殊な構造

　必要に応じて4番目の位置にミクロ構造およびマクロ構造を示す文字を付加することができる（次の例を参照）。

A	オーステナイト
F	フェライト
Q	焼入れ

　5番目の位置には、引張強度、測定温度での衝突エネルギー、または硬度に関する情報が含まれる。あるいは、5番目の位置により化学組成を指定できる。

　最後に、6番目の位置により次のような追加要求件を示す。

| D | 鋳放し |
| H | 熱処理鋳造品 |

例：

EN-GJL-150

EN	欧州規格
GJ	鋳鉄
L	ラメラ黒鉛
150	引張強度（MPa）

EN-GJV-HV400

EN	欧州規格
GJ	鋳鉄
V	バーミキュラ黒鉛
HV400	ビッカース硬度

EN-GJS-SiMo30-8

EN	欧州規格
GJ	鋳鉄
S	球状黒鉛
Si	ケイ素含有3%
Mo	モリブデン含有0.8%.

材質番号による鋳鉄の標示法
（DIN EN 1560, [8] による）

　標示法は合計6つの位置で構成される。第1および第2の位置は「5」で、3番目の位置に黒鉛の構造に関する情報が続く。

1	ラメラ
2	バーミキュラ
3	球状
4	焼戻し炭素

　4番目の位置はマトリックス構造を示す（選択）。

1	フェライト
3	パーライト
5	オーステナイト

　4番目の位置の次に2桁の順序数（00 ～ 99）が続き、個々の材質を識別する。

非鉄金属合金

　EN規格には鉄鋼と同様に非鉄金属（NF）およびその合金についても2種類の標記および識別法を定めている。すなわち、第1の標記法では化学記号（略称）を使用し、第2の標記法は数字標示法である。

　鋼とは異なり、非鉄金属はそれぞれ固有の数字標示法で識別される。このため、たとえばアルミニウム合金、銅合金、亜鉛合金のそれぞれ異なる性質や要求条件がより適切に考慮される。

略称を用いる非鉄金属の標示法

　EN規格では非鉄金属を下記の体系によって示す。

例：

EN AW–Al Si1MgMn T6

| EN | 欧州規格 |

金属を表すコード文字

A	アルミニウム
C	銅
M	マグネシウム

加工を表すコード文字

W　　鍛造（鍛造合金）

C　　鋳造（鋳造合金）

　化学記号を用いた標記法（AlSi1MgMnなど）は、次の例のようになる。

材質の条件の例：T6

　この方法では合金金属を、卑金属から始めて百分率の降順に列挙する。

アルミニウム（Al）およびアルミニウム合金の特殊な数字標示法

　アルミニウム鍛造品（Alおよび鍛造Al合金、DIN EN 573-1, [9]）については4桁の数字で合金を示す（例1）。アルミニウム鋳造合金（DIN EN 1706, [10]）に対しては5桁の数字で合金を示す（例2）。

例1：

EN AW–6082 T6

EN	欧州規格
AW	鍛造アルミニウム合金
6	標識6は合金グループを示す（Al-Mg-Si合金）
0	特殊合金（1、2は改変）
82	およそ1%のSi、0.7%のMnおよび0.9%のMgを含む合金を示す。
T6	材質の条件 T6（溶体化焼なましおよび人工時効処理）

例2：

EN AC -45200

EN	欧州規格
AC	鋳造アルミニウム合金
45	AlSi5Cu合金グループ
200	個別の合金の番号（ここではAl Si5Cu3Mn）

合金グループのコード番号

1	純アルミニウム
2	銅合金
3	マンガン合金
4	ケイ素合金
5	マグネシウム合金
6	マグネシウム・ケイ素合金
7	亜鉛合金
8	その他

材料の条件（選択）：

O	軟化焼なまし
H	歪み硬化
H14	歪み硬化、1/2硬度（シートメタル用）
T6	溶体化焼なましおよび人工時効処理

金属材料関連のEN規格の参考文献

　[1] DIN EN 10020: Definition and classification of grades of steel.

　[2] DIN EN 10027-1: Designation systems for steels – Part 1: Steel names.

　[3] DIN EN 10027-2: Designation systems for steels – Part 2: Numerical system.

　[4] DIN EN 1561: Founding – Grey cast irons.

　[5] DIN EN 1562: Founding – Malleable cast irons.

　[6] DIN EN 1563: Founding – Spheroidal graphite cast irons.

　[7] DIN EN 1564: Founding – Ausferritic spheroidal graphite cast irons.

　[8] DIN EN 1560: Founding – Designation system for cast iron – Material symbols and material numbers.

　[9] DIN EN 573-1: Aluminium and aluminium alloys – Chemical composition and form of wrought products – Part 1: Numerical designation system.

　[10] DIN EN 1706: Aluminium and aluminium alloys – Castings – Chemical composition and mechanical properties.

磁性体

強磁性材料（フェロ磁性特性またはフェリ磁性特性を有する材料）は、磁性体と呼ばれ、金属（鋳造または焼結により製造された金属）または非金属の無機材料のいずれかに属する。複合材料、たとえば軟性複合材料やプラスチック結合永久磁石などの役割もますます重要になっている。磁性体の特徴は、外部に永久磁場を形成する能力があること、あるいは磁束伝導率（軟磁性）が高いことである。

強磁性体（フェロ磁性体およびフェリ磁性体）の他に、反磁性体、常磁性体、反強磁性体もある。これらの磁性体の透磁率 μ または磁化率 κ の温度依存性は、それぞれ異なっている。ある物質の透磁率とは、その物質の磁化と磁場（励磁）の強さとの比である。

$$\mu_r = 1 + \kappa$$

分類

フェロ磁性体およびフェリ磁性体

両者とも、キュリー点（キュリー温度 T_c）で消失する自然磁性を示す。両磁性体は、キュリー点を超える温度では、常磁性体に転位する。磁化率 κ について、$T > T_c$ では下記のキュリー・ワイスの法則が成り立つ。

$$\kappa = \frac{C}{T - T_c}$$

ここで、
C：キュリー定数、
T：温度 [K] である。

フェロ磁性体の飽和誘導がフェリ磁性体より高いのは、磁気モーメントがすべて並列だからである。一方、フェリ磁性体の場合、2つの副格子の磁気モーメントは逆並列である。それにもかかわらず、2つの副格子の磁気モーメントが異なる大きさであるため、両材料には磁気が生じる。

反磁性体

反磁性体の磁化率 κ_{Dia} は温度にに無関係である。

常磁性体

磁化率 κ_{para} は、温度上昇に反比例して低下する。このときキュリーの法則は次のようになる。

$$\kappa_{Para} = \frac{C}{T}$$

反強磁性体

フェリ磁性体の場合のように、隣接した磁気モーメントは相互逆並列されている。この磁気モーメントは同じ大きさであるため、材料の有効磁化はゼロになる。

ネール点（ネール温度 T_N を超える温度では、反強磁性体は常磁性体のような特性を示す。$T > T_N$ における磁化率は次式で示される。

$$\kappa = \frac{C}{T + \Theta}$$

ここで、
Θ：漸近キュリー温度

反強磁性体には、MnO、MnS、$FeCl_2$、FeO、NiO、Cr、V_2O_3、V_2O_4 などがある。

軟磁性体

表 1 に掲げた数値は当該DIN規格（軟磁性金属材料、DIN IEC 60404-8-6, [1]）から引用したものである。この規格で規定されている多くの材料属性は、DIN 17405（DCリレー [2]）およびDIN-IEC 60740-2に記載された物質に適用される（変圧器および反応装置 [3]）。

標示

「コード文字」「1番目の数字」「2番目の数字」－ [3番目の数字」

コード文字は合金の分類を示す。
「A」は純鉄、「C」はケイ素－鉄（SiFe）、「E」はニッケル－鉄（NiFe）、「F」はコバルト－鉄（CoFe）である。
1番目の数字は、主たる合金材の濃度を示す。

工業材料 241

表1：軟磁性金属

マグネットタイプ	合金成分含有率（質量百分率）%	保磁力場の強さ $H_{c(max)}$ (A/m) 深さ:mm		磁気分極：テスラ (T) 磁界の強度 H: A/m									交流 50 Hz テストデータ[1] テストポイント H: A/m	最小帯域幅 透磁率：μ_r シート深さ:mm	
		0.4～1.5	>1.5	20	50	100	300	500	800	1,600	4,000	8,000		0.30～0.38	0.15～0.20
A－240	100 Fe	240	240				1.15	1.30			1.60			交流の用途には不適当	
A－120	100 Fe	120	120				1.15	1.30			1.60				
A－60	100 Fe	60	60				1.25	1.35			1.60				
A－12	100 Fe	12	12			1.15	1.30	1.40			1.60				
C1－48	0～5 Si (一般：2～4.5)	48	48			0.60	1.10	1.20			1.50				
C1－12	0～5 Si (一般：2～4.5)	12	12			1.20	1.30	1.35			1.50				
C21－09	0.4～5 Si (一般：2～4.5)												1.60	900	750
C22－13	0.4～5 Si (一般：2～4.5)												1.60	1,300	–
E11－60	72～83 Ni	2	4	0.50	0.65	0.70		0.73			0.75		0.40	40,000	40,000
E21	54～68 Ni	10	10		0.90	1.10		1.35			1.45			合意の上で	
E31－06	45～50 Ni	この深さには不適当		0.50									0.40	6,000	6,000
E32	45～50 Ni	この深さには不適当									1.18			合意の上で	
E41－03	35～40 Ni	24	24	0.20	0.45	0.70		1.00					1.60	2,900	2,900
F11－240	47～50 Co		240				1.40		1.70	1.90	2.06	2.15		メーカーと販売業者間の合意に基づく	
F11－60	47～50 Co	60					1.80		2.10	2.20	2.25	2.25			
F21	35 Co	300							1.50	1.60	2.00	2.20			
F31	23～27 Co	300									1.85	2.00			

1) データは薄板状リングに対するもの

2番目の数字は、特性曲線の違いを定義する。1は円形ヒステリシスループ、2は矩形ヒステリシスループである。

ハイフンに続く3番目の数字の意味は、個々の合金によって異なる。ニッケル合金の場合は、最小初期透磁率 μ_a/1,000を表す。他の合金の場合は、最大保磁力 (A/m) を表す。これらの材料特性は幾何学的配置に著しく依存し、用途によっても大きく異なる。このため、規格から引用した次の材料データ例は、一般的なものだけを示している。

電磁鋼板および電磁鋼帯

用途と性質

変圧器の鉄心、あるいはモーターのステーターやローターの鉄心には電磁鋼帯が使用され、通常は個々の電磁鋼板を束ねて作られる。電磁鋼帯は多くの場合、長尺の鋼帯 (広幅鋼帯または分割鋼帯) を巻いた形 (コイル) で供給されるが、板状の素材 (電磁鋼板) としても入手可能である。

電磁鋼帯は通常鉄－ケイ素合金である ([4], [5])。微量成分としてアルミニウム、マンガンなどの他元素を含む場合もある。密度は組成によって異なるが、7.65 ～ 7.85 g/cm³の範囲にある。この材料は他の軟磁性体に比べて磁化損失が低く、分極性が高く、透磁率が高いことに特徴がある。AタイプおよびKタイプ (「標示」を参照) の静的保磁力 H_c は典型的には100～300 A/m、最大透磁率 μ_{max} は5,000程度である。SタイプおよびPタイプでは、H_c は1 A/m程度、μ_{max} は約30,000である。

方向性電磁鋼帯

電磁鋼帯には方向性のものと無方向性のものがある。方向性電磁鋼帯は製造工程での圧延と焼鈍によって、結晶構造 (立方晶) を特定の方位に揃えたものである。このため方向性電磁鋼帯は長手方向に優れた磁気特性を持つ。磁気特性は方向によって異なる (磁気的異方性)。方向性電磁鋼帯は、主として特定方向の磁束が特に重要な役割を果たす用途 (変圧器、チョークコイル、コンバーター等) に使用される。

無方向性電磁鋼帯

無方向性電磁鋼帯はこのような構造を持たない。すなわち、結晶粒の結晶方位の配列は事実上ランダムである。磁気的性質は方向に依存しない (磁気的等方性)。このため、無方向性電磁鋼帯は磁束が特定方向に限られない用途 (モーター、オルタネーター等) に使用される[6]。

無方向性電磁鋼帯は通常最終焼鈍済みの状態 (フルプロセス) で供給される。すなわち、磁気特性を最適化するための最終焼鈍が鋼帯メーカーで行われる。最終焼鈍が行われていない電磁鋼帯 (セミプロセス) は、使用前に最終焼鈍を行わなければならない。この処理を必要とする代表的な例は、加工積層鉄心である。

コーティング

鉄心の各層を電気的に絶縁することで、交流磁場での渦電流の発生が防止でき、磁気損失が減少する。

標示

電磁鋼板および電磁鋼帯 (ESS) の標示は、DIN EN 10027-1 [7] に次のとおり定められている。

「1番目のコード文字」「1番目の数字」－「2番目の数字」「2番目のコード文字」(以下の例を参照)。

最初のコード文字は、どの材料に対しても「M」である。1番目の数字は、周波数が50 Hz、磁束密度が1.5 T (AタイプおよびKタイプ) または1.7 T (SタイプおよびPタイプ) のときの最大磁気反転損失の100倍の値 (W/kg) を表す。2番目の数字は、製品の公称深さの100倍の値 (mm) を表す。

工業材料 **243**

表2：電磁鋼板および電磁鋼帯の性質

鋼板の種類		公称深さ	最大磁気反転損失（W/kg）、(50 Hz、および下記で励磁)			交流磁界内における 最小磁気分極（T：テスラ）(磁界の強度 H：A/m)			用途
略称	材料番号	mm	1.0 T	1.5 T	1.7 T	2,500	5,000	10,000	
M270-35A	1.0801	0.35	1.10	2.7	–	1.49	1.60	1.70	
M330-35A	1.0804	0.35	1.30	3.3	–	1.49	1.60	1.70	
M330-50A	1.0809	0.50	1.35	3.3	–	1.49	1.60	1.70	
M530-50A	1.0813	0.50	2.30	5.3	–	1.56	1.65	1.75	
M800-50A	1.0816	0.50	3.60	8.0	–	1.60	1.70	1.78	電動モーター
M400–65A	1.0821	0.65	1.70	4.0	–	1.52	1.62	1.72	
M1000–65A	1.0829	0.65	4.40	10.0	–	1.61	1.71	1.80	
M800–100A	1.0895	1.00	3.60	8.0	–	1.56	1.66	1.75	
M1300–100A	1.0897	1.00	5.80	13.0	–	1.60	1.70	1.78	
M340-50K	1.0841	0.50	1.42	3.4	–	1.54	1.62	1.72	
M560-50K	1.0844	0.50	2.42	5.6	–	1.58	1.66	1.76	工業用および家庭用低出力モーター（洗濯機用モーター、マイクロ波変成器、冷蔵庫用コンプレッサーなど）
M660-50K	1.0361	0.50	2.80	6.6	–	1.62	1.70	1.79	
M1050-50K	1.0363	0.50	4.30	10.5	–	1.57	1.65	1.77	
M390-65K	1.0846	0.65	1.62	3.9	–	1.54	1.62	1.72	
M630-65K	1.0849	0.65	2.72	6.3	–	1.58	1.66	1.76	
M800-65K	1.0364	0.65	3.30	8.0	–	1.62	1.70	1.79	
M1200-65K	1.0366	0.65	5.00	12.0	–	1.57	1.65	1.77	
						磁界の強度 H = 800 A/m			
M140-30s	1.0862	0.30	–	0.92	1.40	1.78			コンバーター、変圧器、チョークコイル
M150-30S	1.0861	0.30	–	0.97	1.50	1.75			
M111-30P	1.0881	0.30	–	–	1.11	1.88			

2番目のコード文字は、材料の形式データを表す。
– 「A」：冷間圧延フルプロセス無方向性電磁鋼板および電磁鋼帯（DIN EN 10106, [8]）
– 「S」：通常の方向性電磁鋼板、またはP：高透磁率方向性電磁鋼帯、いずれもフルプロセス（DIN EN 10107, [9]）。
– 「K」：冷間圧延セミプロセス無方向性非合金または合金電磁鋼板および鋼帯（DIN EN 10341, [10]）

例：電磁鋼帯 M330-35Aは最終焼鈍後の無方向性鋼帯で、50 Hz、1.5 Tにおける磁気反転損失が3.3 W/kg、厚さが0.35 mmである。

244 材料

変圧器および反転装置用材料（DIN-IEC 740-2）

これらの材料には、軟磁性材料用規格（DIN IEC 60404-8-6）の合金分類C21、C22、E11、E31、E41が含まれる。この規格には、原則的に規定のコアシート欄（YEl、YED、YEE、YEL、YUI、YM）用のコアシート透磁率の最小値が含まれている。

DCリレー用材料（DIN 17405）

標示は文字と数字の組み合わせからなる。
  a) コード文字「R」（リレー材料）
  b) 基本合金材料のコード文字
     Fe＝非合金鉄、Si＝ケイ素鋼、
     Ni＝ニッケル鋼板またはニッケル合金
  c) 保磁力を示すコード番号
  d) 製品状態を示すコード文字：
     U：未処理、GB：可鍛予備焼なまし済み、
     GT：深絞り用予備焼なまし済み、
     GF：最終焼なまし済み。

DIN IEC 60404-8-10には、鉄および鋼材ベースの磁気リレー材料用の基本条件が記載されている。上記の規格で規定された標示コードを以下に示す（例：M 80 TH）。
– コード文字「M」
– 保磁力を表す許可最大値（A/m）
– 材料組成を表すコード文字：
  「F」：純鉄、「T」：合金鋼、「U」：非合金鋼
– 製品を表すコード文字：「H」：熱間圧延鋼板、
  「C」：冷間圧延または冷間引抜き鋼

軟磁性部品用焼結金属（DIN IEC 60404-8-9）

標示は文字と数字の組み合わせからなる。
– 焼結材料を示すコード文字「S」。
– 必要に応じて、ハイフンに続けて、主要な合金材を記す。例：P、Si、Ni、Co。
– 最大許容保磁力（A/m）は、2番目のハイフンに続けて記す。

軟磁性フェライトコア（旧DIN 41280, [11]）

軟磁性フェライトコアは、一般的な化学式 $MO \cdot Fe_2O_3$ の焼結金属成形部品である。Mは、複数の二価金属（Cd、Co、Ca、Mg、Mn、Ni、Zn）を表す。

標示は文字と数字の組み合わせからなる：

多種多様な軟磁性フェライトは、定格初期透磁率によってグループに分けられ、大文字で表示される。また、さらに細分化するために、追加番号を使用することもできる。追加番号は材質と無関係である。

軟磁性フェライトの保磁力 H_c の標準範囲は、4～500 A/mである。3,000 A/mの磁界の強さに基づき、磁束密度 B は、350～470 mTの範囲にある。

粉末複合材料

粉末複合材料はまだ標準化されていないが、その重要性は次第に大きくなっている。粉末複合材料は強磁性金属粉（鉄または合金）と、「結合剤」としての有機または無機粒界相からなる。粉末複合材料の製造法は焼結合金とほぼ同様である。製造工程は以下のとおり細分化される。
– 原料（金属粉末と結合剤）の混合
– 射出成型、押出またはプレスによる成型
– 焼結温度以下（< 600℃）での熱処理

成型工程および結合剤の種類と量を選択することにより、飽和分極、透磁率、あるいは抵抗を最大化することが可能である。

粉末複合材料は主として、上記の性質が重要であり、かつ機械的強度や加工性への要求が厳しくない分野に用いられる。そのような分野としては現在、ディーゼル燃料噴射用の高速アクチュエーター、自動車用小型高速モーターなどがある。

表3：変圧器および反応器用材料
合金等級C21、C22、E11、E31およびE41用中心層透磁率（中心層セクションYEI1用）

最小中心層透磁率 μ_{lam} (min)

IEC等級	C21-09 厚み (mm) 0.3～0.38	C21-09 0.15～0.2	C22-13 厚み (mm) 0.3～0.38	E11-60 厚み (mm) 0.3～0.38	E11-60 0.15～0.2	E11-60 0.1	E11-60 0.05
YEI 1							
-10	630	630	1,000	14,000	18,000	20,000	20,000
13	800	630	1,000	18,000	20,000	22,400	20,400
14	800	630	1,000	18,000	22,400	22,400	22,400
16	800	630	1,000	20,000	22,400	25,000	22,400
18	800	630	1,000	22,400	25,000	25,000	22,400
20	800	630	1,120				25,000
22	800	630	1,120				
25	800	630	1,120				

IEC等級	E11-100 厚み (mm) 0.3～0.38	E11-100 0.15～0.2	E11-100 0.1	E11-100 0.05	E31-04 厚み (mm) 0.3～0.38	E31-04 0.15～0.2	E31-04 0.1	E31-04 0.05	E31-06 厚み (mm) 0.3～0.38	E31-06 0.15～0.2	E31-06 0.1	E31-06 0.05
YEI 1												
-10	18,000	25,000	31,500	31,500	2,800	2,800	3,150	3,150	3,550	4,000	4,500	5,000
13	20,000	28,000	35,500	35,500	2,800	3,150	3,150	3,550	4,000	4,500	5,000	5,000
14	22,400	28,000	35,500	35,500	2,800	3,150	3,150	3,550	4,000	4,500	5,000	5,000
16	25,000	31,500	35,500	35,500	2,800	3,150	3,150	3,550	4,500	4,500	5,000	5,000
18	25,000	31,500	40,000	35,500	3,150	3,150	3,550	3,550	4,500	5,000	5,000	5,000
20	28,000	35,500	40,000	40,000	3,150	3,150	3,550	3,550	4,500			5,000

IEC等級	E31-10 厚み (mm) 0.3～0.38	E31-10 0.15～0.2	E31-10 0.1	E31-10 0.05	E41-02 厚み (mm) 0.3～0.38	E41-02 0.15～0.2	E41-02 0.1	E41-02 0.05	E41-03 厚み (mm) 0.3～0.38	E41-03 0.15～0.2	E41-03 0.1	E41-03 0.05
YEI 1												
-10	5,600	6,300	5,600	6,300	1,600	1,800	1,800	2,000	2,000	2,240	2,500	2,240
13	6,300	7,100	6,300	6,300	1,800	1,800	2,000	2,000	2,240	2,240	2,500	2,240
14	6,300	7,100	6,300	7,100	1,800	1,800	2,000	2,000	2,240	2,240	2,500	2,240
16	6,300	7,100	6,300	7,100	1,800	1,800	2,000	2,000	2,240	2,500	2,500	2,240
18	7,100	7,100	6,300	7,100	1,800	1,800	2,000	2,000	2,240	2,500	2,500	2,240
20	7,100	7,100	6,300	7,100	1,800	2,000	2,000	2,000	2,240	2,500	2,500	2,240

表4：DCリレー用材料

略称	材料番号	合金成分[1]（質量百分率）%	密度[1] ρ g/cm³	硬度[1] HV	残留磁気[1] T（テスラ）	透磁率[1] μmax	比電気抵抗[1] Ω·mm²/m	保磁力[1]の強度 A/m 最大値	磁気分極（T（テスラ））（最小値） 磁界の強度 H：A/m								特性・用途
									20	50	100	200	300	500	1,000	4,000	
非合金鋼																	
RFe 160	1.1011	-	7.85	最大値150	-	-	0.15	160	-	-	-	-	1.15	1.30	-	1.60	保磁力の強度が低い
RFe 80	1.1014		7.85	最大値150	1.10	-	0.15	80	-	-	-	1.10	1.20	1.30	1.45	1.60	
RFe 60	1.1015		7.85	最大値150	1.20	-	0.12	60	-	-	-	1.15	1.25	1.35	1.45	1.60	
RFe 20	1.1017		7.85	最大値150	1.20	≈20,000	0.10	20	-	-	1.15	1.25	1.30	1.40	1.45	1.60	
RFe 12	1.1018		7.85	最大値150	1.20	≈20,000	0.10	12	-	-	1.15	1.25	1.30	1.40	1.45	1.60	
ケイ素鋼																	
RSi 48	1.3840	2.5	7.55	130	0.50	≈20,000	0.42	48	-	-	0.60	-	1.10	1.20	-	1.50	直流リレーおよび同様の用途
RSi 24	1.3843	-	-	-	1.00	≈20,000	-	24	-	-	1.20	-	1.30	1.35	-	1.50	
RSi 12	1.3845	4 Si	7.75	200	1.00	≈10,000	0.60	12	-	-	1.20	-	1.30	1.35	-	1.50	
ニッケル鋼およびニッケル合金																	
RNi 24	1.3911	≈36 Ni	8.2	130〜180	0.45	≈5,000	0.75	24	0.20	0.45	0.70	-	0.90	1.0	-	1.18	
RNi 12	1.3926	≈50 Ni	8.3	130〜180	0.60	≈30,000	0.45	12	0.50	0.90	1.10	-	1.25	1.35	-	1.45	
RNi 8	1.3927	≈50 Ni	8.3	130〜180	0.60	30,000〜100,000	0.45	8	0.50	0.90	1.10	-	1.25	1.35	-	1.45	
RNi 5	2.4596	70〜80 Ni	8.7	120〜170	0.30	≈40,000	0.55	5	0.50	0.65	0.70	-	-	-	-	0.75	
RNi 2	2.4595	少量の Cu, Cr, Mo	8.7	120〜170	0.30	≈100,000	0.55	2	0.50	0.65	0.70	-	-	-	-	0.75	

1) 標準値。

工業材料 **247**

表5：軟磁性部品用焼結金属

材料 略称	合金特有物質（鉄を除く）（質量百分率）%	焼結密度 ρ_s	気孔率 p_s	最大保磁力の強度 $H_{c(max)}$	磁気分極：テスラ (T) 磁界の強度 H：A/m				最大透磁率 $\mu_{(max)}$	ビッカース硬度	体積電気抵抗率 ρ
	%	g/cm³	%	A/m	500	5,000	15,000	80,000		HV5	μΩm
S-Fe-175	–	6.6	16	175	0.70	1.10	1.40	1.55	2,000	50	0.15
S-Fe-170	–	7.0	11	170	0.90	1.25	1.45	1.65	2,600	60	0.13
S-Fe-165	–	7.2	9	165	1.10	1.40	1.55	1.75	3,000	70	0.12
S-FeP-150	≈0.45 P	7.0	10	150	1.05	1.30	1.50	1.65	3,400	95	0.20
S-FeP-130	≈0.45 P	7.2	8	130	1.20	1.45	1.60	1.75	4,000	105	0.19
S-FeSi-80	≈3 Si	7.3	4	80	1.35	1.55	1.70	1.85	8,000	170	0.45
S-FeSi-50	≈3 Si	7.5	2	50	1.40	1.65	1.70	1.95	9,500	180	0.45
S-FeNi-20	≈50 Ni	7.7	7	20	1.10	1.25	1.30	1.30	20,000	70	0.50
S-FeNi-15	≈50 Ni	8.0	4	15	1.30	1.50	1.55	1.55	30,000	85	0.45
S-FeCo-100	≈50 Co	7.8	3	100	1.50	2.00	2.10	2.15	2,000	190	0.10
S-FeCo-200	≈50 Co	7.8	3	200	1.55	2.05	2.15	2.20	3,900	240	0.35

表6：軟磁性フェライト

フェライトタイプ	初期透磁率[1] μ_i ±25%	基準損失係数 $\tan\delta/\mu_i$[2] 10^{-6}	MHz	出力損失比[3] mW/g	振幅透磁率[4] μ_a	キュリー温度[5][6] θ_c ℃	0.8·μ_i[6]に対する名周波数 MHz	特性 用途
開磁路において広範に使用されている材料								
C 1/12	12	350	100	–	–	>500	400	初期透磁率。金属磁性体と比較して比抵抗が高いため（100～10^5 Ω·m、金属は10^{-7}～10^{-6} Ω·m）、渦電流損失が低い。通信技術用（コイル、変圧器）
D 1/50	50	120	10	–	–	>400	90	
F 1/250	250	100	3	–	–	>250	22	
G 2/600	600	40	1	–	–	>170	6	
H 1/1,200	1,200	20	0.3	–	–	>150	2	
閉磁路において広範に使用されている材料								
E 2	60～160	80	10	–	–	>400	50	
G 3	400～1,200	25	1	–	–	>180	6	
J 4	1,600～2,500	5	0.1	–	–	>150	1.5	
M 1	3,000～5,000	5	0.03	–	–	>125	0.4	
P 1	5,000～7,000	3	0.01	–	–	>125	0.3	
電力用途用材料								
W 1	1,000～3,000	–	–	45	1,200	>180	–	
W 2	1,000～3,000	–	–	25	1,500	>180	–	

1) 公称値
2) $\tan\delta/\mu_i$ は、低磁束密度（$B<0.1$ mT）における周波数依存材料損失を表す
3) 高磁束密度における損失。なるべく $f=25$ kHz, $B=200$ mT, $\theta=100$℃のときに測定する
4) 正弦波磁界が強いときの透磁率。$f\leq25$ kHz, $B=320$ mT, $\theta=100$℃のときに測定
5) この表のキュリー温度 θ_c は、25℃における初期透磁率 μ_i が10%以下に低下するときの温度である
6) 標準値

永久磁石材料
（DIN 17410 に代わり、DIN IEC 60404-8-1）

　化学記号を材料の略称として使用する際は、材料の主要合金成分を参考にする。材料の略称において「/」の左側の数字は、$(BH)_{max}$ 値（kJ/m³）を表し、「/」の右側の数字は、H_cJ 値（kA/m）の1/10の数値（四捨五入値）である。結合剤入りの永久磁石は、最後にpを付けて表される。

材料の略称またはコード番号による標示
コード番号の構造
（DIN IEC 60404-8-1:2005-8）：
　　コードの文字（群）
　＋ 1桁目（材料の種類）
　＋ 2桁目　0（等方性）または1（異方性）
　＋ 3桁目（品質レベル）

　R – 硬磁性合金、
たとえばR1：アルミニウム・ニッケル・コバルト・鉄・チタン合金（アルニコ）
　S – 硬磁性セラミック材料、
たとえばS1：硬磁性フェライト

　U – 硬磁性材料の組み合わせ、
たとえば
– U1：アルミニウム・ニッケル・コバルト・鉄・チタン（アルニコ）磁石の組み合わせ
– U2：希土類・コバルト（RECo）磁石の組み合わせ
– U3：ネオジム・鉄・ホウ素磁石の組み合わせ
– U4：ハードフェライトの組み合わせ

永久磁石と軟磁石の比較
　広範に使用されているいくつかの結晶性材料の磁気特性値の範囲を図1に示す。軟磁性材料の値が硬磁石（永久磁石）の値と対照されている。

表7永久磁石材料
Bosch 社等級（BTMT）（未規格化）

材料 略称	密度[1] ρ g/cm³	$(BH)_{max}$[2] kJ/m³	残留分[2] B_r mT	保磁力の強度[2]	
				磁束密度の場合 H_{CB} kA/m	分極の場合 H_{CJ} kA/m
RBX HC 370		25	360	270	390
RBX HC 380		28	380	280	370
RBX 380 K		28	380	280	300
RBX 400		30	400	255	260
RBX 400 K	4.7 ～ 4.9	31	400	290	300
RBX HC 400		29	380	285	355
RBX 420		34	420	255	270
RBX 410 K		33	410	305	330
RBX HC 410		30	395	290	340
RBX 420 S		35	425	260	270
RBX HC 400 N		28	380	280	390

[1] 標準値　　[2] 最小値

表8：永久磁石材料

材料 略称	材料番号 DIN	IEC	化学成分[1] % (重量百分率) Al	Co	Cu	Nb	Ni	Ti	Fe	密度 ρ[1] g/cm³	$(BH)_{max}$ kJ/m³	残留分 B_r[2] mT	磁束密度の場合 H_{cB} kA/m	分極の場合 H_{cJ} kA/m	相対永久透磁率[1] μ_p	キュリー温度 T_c K	分極の温度係数 $TK(J_s)$[1,3] %/K	保磁力の温度係数 $TK(H_c)$[1,3] %/K	製造加工処理 用途
金属磁石																			
等方性																			
AlNiCo 9/5	1.3728	R 1-0-3	11~13	0~5	2~4	–	21~28	0~1	残り	6.8	9.0	550	44	47	4.0~5.0	1,030	–0.02	+0.03	製造：鋳造または焼結 パインダー入り磁石はプレス加工または射出成形加工処理：用途：研磨 最高400~500℃
AlNiCo 18/9	1.3756	–	6~8	24~34	3~6	–	13~19	5~9		7.2	18.0	600	80	86	3.0~4.0	~ 1,180		~0.07	
AlNiCo 7/8p	1.3715	R 1-2-3	6~8	24~34	3~6	–	13~19	5~9		5.5	7.0	340	72	84	2.0~3.0				
異方性																			
AlNiCo 35/5	1.3761	–	8~9	23~26	3~4	0~1	13~16	–	残り	7.2	35.0	1,120	47	48	3.0~4.5	1,030	–0.02	+0.03	
AlNiCo 44/5	1.3757	R 1-1-2	8~9	23~26	3~4	0~1	13~16	–		7.2	44.0	1,200	52	53	2.5~4.0	~ 1,180		~0.07	
AlNiCo 52/6	1.3759	–	8~9	23~26	3~4	0~1	13~15	4~6		7.2	52.0	1,250	55	56	1.5~3.0				
AlNiCo 60/11	1.3763	R 1-1-6	6~8	35~39	3~4	0~1	13~15	4~6		7.2	60.0	900	110	112	1.5~3.0				
AlNiCo 30/14	1.3765	–	6~8	38~42	2~4	0~1	13~15	7~9		7.2	30.0	680	136	144	1.5~2.5				
PtCo 60/40	2.5210	R 2-0-1	Pt 77~78	Co 20~23						15.5	60	600	350	400	1.1	800	–0.01 ~0.02	–0.35	
FeCoVc 11/2	2.4570	R 3-1-3	V 8~15	Co 51~54	Cr 0~4	Fe 残り				–	11.0	800	24	24	2.0~8.0	1,000	–0.01	≈0	
FeCoVCr 4/1	2.4571	–	V 3~15	Co 51~54	Cr 0~6					–	4.0	1,000	5	5	9.0~25.0				
RECo₅タイプのRECo磁石																			
RECo 80/80	–	R 5-1-1	一般にMMCo5 (MM=希土類合金)							8.1	80	650	500	800	1.05	1,000	–0.05	–0.3	
RECo 120/96	–	R 5-1-2	一般にSmCo5，一般に(SmPr) Co5							8.1	120	770	590	960	1.05	1,000	–0.05	–0.3	
RECo 160/80	–	R 5-1-3								8.1	160	900	640	800	1.05	1,000	–0.05	–0.3	
RE₂Co₁₇タイプのRECo磁石																			
RECo 165/50	–	R 5-1-11	一般にMMCo5 (MM=希土類合金)							8.2	165	950	440	500	1.1	1,100	0.03	–0.02	
RECo 180/90	–	R 5-1-13	一般にSmCo5，一般に(SmPr) Co5							8.2	180	1,000	680	900	1.1	1,100	0.03	–0.02	
RECo 190/70	–	R 5-1-14								8.2	190	1,050	560	700	1.1	1,100	0.03	–0.02	
RECo 48/60p	–	R 5-1-3								5.2	48	500	360	600	1.05	1,000	–0.05	–0.3	

工業材料

材料 略称	材料番号 DIN	材料番号 IEC	化学成分¹⁾ % (重量百分率) Al	Co	Cu	Nb	Ni	Ti	Fe	密度 ρ¹⁾ g/cm³	$(BH)_{max}$²⁾ kJ/m³	残留分 B_r²⁾ mT	保磁力の強度²⁾ 磁束密度の場合 H_{CB} kA/m	分極の場合 H_{CJ} kA/m	相対永久透磁率¹⁾ μ_p	キュリー温度¹⁾ T_c K	分極の温度係数 $TK(J_s)$¹³⁾ %K	保磁力の温度係数 $TK(H_c)$¹³⁾ %K	製造加工処理 用途
CrFeCo 12/4	–	R 6-0-1	(データなし)							7.6	12	800	40	42	5.5～6.5	1,125	−0.03	−0.04	製造：焼結加工 プラスチック結合 加工処理：研磨
CrFeCo 28/5	–	R 6-1-1								7.6	28	1,000	45	46	3～4	1,125	−0.03	−0.04	
REFe 165/170	–	R 7-1-1	(データなし)							7.4	165	940	700	1,700	1.07	583	−0.1	−0.8	
REFe 220/140	–	R 7-1-6								7.4	220	1,090	800	1,400	1.05	583	−0.1	−0.8	
REFe 240/110	–	R 7-1-7								7.4	240	1,140	850	1,100	1.05	583	−0.1	−0.8	
REFe 260/80	–	R 7-1-8								7.4	260	1,180	750	800	1.05	583	−0.1	−0.8	

材料 略称	材料番号 DIN	材料番号 IEC	密度²⁾ ρ g/cm³	$(BH)_{max}$²⁾ kJ/m³	残留分²⁾ B_r mT	保磁力の強度²⁾ 磁束密度の場合 H_{CB} kA/m	分極の場合 H_{CJ} kA/m	相対永久透磁率¹⁾ μ_p	キュリー温度¹⁾ T_c K	分極の温度係数¹⁾ $TK(J_s)$ %K	保磁力の温度係数¹⁾ $TK(H_c)$ %K	製造 加工処理 用途
等方性												
ハードフェライト7/21	1.3641	S 1-0-1	4.9	6.5	190	125	190	1.2	723	−0.2	0.2～0.5	製造：磁石は、成形、射出成形、圧延および押出成形によって製造される 加工処理：研磨
ハードフェライト3/18p	1.3614	S 1-2-2	3.9	3.2	135	85	175	1.1				
異方性												
ハードフェライト20/19	1.3643	S 1-1-1	4.8	20.0	320	170	190	1.1	723	−0.2	0.2～0.5	
ハードフェライト20/28	1.3645	S 1-1-2	4.6	20.0	320	220	280	1.1				
ハードフェライト24/23	1.3647	S 1-1-3	4.8	24.0	350	215	230	1.1				
ハードフェライト25/22	1.3651	S 1-1-5	4.8	25.0	370	205	220	1.1				
ハードフェライト26/26	–	S 1-1-8	4.7	26.0	370	230	260	1.1				
ハードフェライト32/17	–	S 1-1-10	4.9	32.0	410	160	165	1.1				
ハードフェライト24/35	–	S 1-1-14	4.8	24.0	360	260	350	1.1				
ハードフェライト9/19p	1.3616	S 1-1-3	3.4	9.0	220	145	190	1.1				
ハードフェライト10/22p	–	S 1-2-3	3.5	10.0	230	165	225	1.1				

1) 標準値　　2) 最小値　　3) 273～373 Kの範囲

磁性材料に関する参考文献

[1] DIN IEC 60404-8: Magnetic materials – Part 8: Specifications for individual materials.
8-1: Requirements for individual materials – Hard-magnetic materials (permanent magnets).
8-6: Requirements for individual materials – Soft-magnetic metallic materials.
8-9: Standard requirement for soft magnetic sintered metals.
8-10: Magnetic materials (iron and steel) for relay applications.

[2] DIN 17405: Soft magnetic materials for DC relay; technical terms of delivery.

[3] DIN IEC 60740-2: Laminations for transformers and inductors for use in telecommunication and electronic equipment – Part 2: Specification for the minimum permeabilities of laminations made of soft magnetic metallic materials.

[4] R. Boll: Weichmagnetische Werkstoffe – Einführung in den Magnetismus, VAC Werkstoffe und ihre Anwendungen [Soft magnetic materials – Introduction to magnetism, VAC materials and their applications]. 4th Edition, Publicis Corporate Publishing, 1990.

[5] L. Michalowsky, J. Schneider (ed.): Magnettechnik – Grundlagen, Werkstoffe, Anwendungen [Magnet technology – Foundations, materials, applications]. 3rd Edition, Vulkan-Verlag GmbH, 2006.

[6] Information Sheet 401, "Elektroblech und -band" [Electrical steel sheets and strips], Steel Information Center, Düsseldorf, 2005 edition.

[7] DIN EN 10027-1: Designation systems for steels – Part 1: Steel names.

[8] DIN EN 10106: Cold rolled non-oriented electrical steel sheet and strip delivered in the fully processed state.

[9] DIN EN 10107: Non-oriented electrical steel sheet and strip delivered in the fully processed state.

[10] DIN EN 10341: Cold rolled electrical non-alloy and alloy steel sheet and strip delivered in the semi-processed state.

[11] DIN 41280: Cores of soft magnetic oxides; material properties

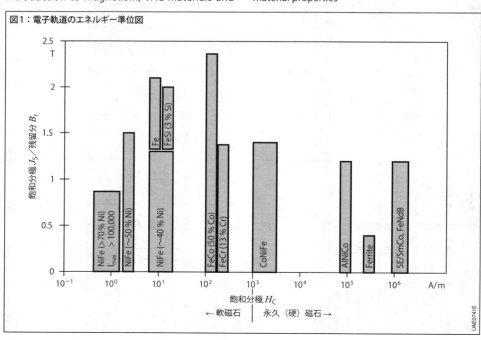

図1：電子軌道のエネルギー準位図

非金属無機材料

非金属無機材料には、イオン結合（セラミックなど）、異極と同極の混合結合（ガラスなど）、または同極結合（カーボンなど）の性質がある。この種の結合によって、数種類の特性が現れる。つまり、一般的に熱伝導率および導電率が低い（導電率は温度に比例して高くなる）、光学反射率が低い、脆性がある、冷間成形には不適当な材料である、などいくつかの特性が現れる。

セラミック

セラミックの結晶質は、最低30％が自然界に存在する。また、ほとんどのセラミック材は、非晶質（アモルファス）成分および微細孔も含んでいる。セラミック製品は、焼結金属製品に似ているが、非金属粉体または混合粉体が使用されている。通常1,000℃を越える温度で焼結させることにより、セラミック材の特性が生まれる。また、セラミック構造部品は、高温または結晶化を伴う溶融工程で製造される場合もある。

表1にセラミックおよびその特性についての概要を示す。

ガラス

ガラスは過飽和凍結液体と見なされている。ガラスの原子は狭い範囲でしか配列されず、ガラスは非晶質と称される。溶融ガラスは、変態点（溶固点）と呼ばれる温度T_gで固体ガラスになる（T_gは、以前の名称である「glass formation temperature」［ガラス化温度］に由来している）。変態点は、種々のパラメーターの影響を受けるため、明確な定義をすることはできない（変態点というより、むしろ変態範囲というほうが正確である）。

複合材料

複合材料は、物理的または化学的に異なる最低2種類の部材から成り、ともに界面で密接に結合していなければならない。これらの条件下で、多くの材料を結合させることができる。結果として生じる複合材料は、元になったいずれの材料にも備わっていない特性を有する。複合材料は次のように分類できる。

- 粒子複合材：粉末混合樹脂、超硬合金、プラスチック結合磁石、サーメットなど。
- 積層複合材：温度調整バイメタル、サンドイッチパネルなど。
- 繊維複合材：ガラス繊維、炭素繊維強化プラスチックなど。

非金属無機材料用参考文献

[1] DIN EN 623: Advanced technical ceramics; monolithic ceramics; general and textural properties; Part 2: determination of density and porosity.

[2] DIN EN 843: Advanced technical ceramics – Mechanical properties of monolithic ceramics at room temperature. Part 1: Determination of flexural strength.

Part 2: Determination of Young's modulus, shear modulus and Poisson's ratio.

[3] DIN EN 993: Methods of test for dense shaped refractory products – Part 5: Determination of cold crushing strength.

[4] DIN EN 821: Advanced technical ceramics – Monolithic ceramics – Thermophysical properties.

Part 1: Determination of thermal expansion.

Part 2: Determination of thermal diffusivity by the laser flash (or heat pulse) method.

Part 3: Determination specific heat capacity.

[5] DIN EN 60672-1: Ceramic and glass insulating materials – Part 1: Terms and classification.

[6] www.keramikverband.de.

[7] www.matweb.com.

表1：セラミック

材料	組成	$\rho^{1)}$ g/cm³	$\sigma_{bB}^{2)}$ MN/m²	$\sigma_{dB}^{3)}$ MN/m²	$E^{4)}$ GN/m²	$\alpha_t^{5)}$ 10^{-6}/K	$\lambda^{6)}$ W/mK	$c^{7)}$ kJ/kg·K	$\rho_D^{8)}$ Ω·cm	$\varepsilon_r^{9)}$	$\tan\rho^{10)}$ 10^{-4}
窒化アルミニウム	AlN > 97%	3.3	250~350	1,100	320~350	5.1	100~220	0.8	$>10^{14}$	8.5~9.0	3~10
酸化アルミニウム	Al_2O_3 > 99%	3.9~4.0	300~400	3,000~4,000	380~400	7.2~8.6	20~40	0.8~0.9	$>10^{11}$	8~10	2
チタン酸塩アルミニウム	$Al_2O_3 \cdot TiO_2$	3.0~3.7	25~40	450~550	10~30	0.5~1.5	<2	0.7	$>10^{11}$	–	–
酸化ベリリウム	BeO > 99%	2.9~3.0	250~320	1,500	300~340	8.5~9.0	240~280	1.0	$>10^{14}$	6.5	3~5
炭化ホウ素	B_4C	2.5	300~500	2,800	450	5.0	30~60	–	$10^{-1}\sim10^{2}$	–	–
コージライト KER 410, 520など[11]	$2MgO \cdot 2Al_2O_3 \cdot 5SiO_2$	1.6~2.3	5~100	300	6~60	2.0~5.0	1.3~2.5	0.8	$>10^{11}$	5.0	70
グラファイト（黒鉛）	C > 99.7%	1.5~1.8	5~30	20~50	5~15	1.6~4.0	100~180	–	10^{-3}	–	–
磁器 KER 110-120など（無軸タイル）	Al_2O_3 30~35% rest SiO_2 + ガラス相	2.2~2.4	20~100	500~550	50	4.0~6.5	1.2~2.6	0.8	10^{11}	6	120
常圧焼結 炭化ケイ素 SSiC	SiC > 98%	3.1~3.2	400~600	>1,200	400	4.0~4.5	90~120	0.8	10^{3}	–	–
ホットプレス炭化ケイ素 HPSiC	SiC > 99%	3.1~3.2	450~800	>1,500	420	4.0~4.5	100~120	0.8	10^{3}	–	–
反応焼結炭化ケイ素 SiSiC	SiC > 90% + Si	3.0~3.1	300~400	>2,200	380	4.2~4.8	100~160	0.8	10~100	–	–
ガス圧焼結窒化ケイ素 GPSN	Si_3N_4 > 90%	3.2	800~1,400	>2,500	300	3.2~3.5	30~45	0.7	10^{12}	–	–
加熱プレス窒化ケイ素 HPSN	Si_3N_4 > 95%	3.2	600~900	>3,000	310	3.2~3.5	30~45	0.7	10^{12}	–	–

材料の	組成	$\rho^{1)}$ g/cm³	$\sigma_{bB}^{2)}$ MN/m²	$\sigma_{dB}^{3)}$ MN/m²	$E^{4)}$ GN/m²	$\alpha_t^{5)}$ 10^{-6}/K	$\lambda^{6)}$ W/mK	$c^{7)}$ kJ/kg·K	$\rho_D^{8)}$ Ω·cm	$\varepsilon_r^{9)}$	$\tan\rho^{10)}$ 10^{-4}
反応焼結窒化ケイ素 RBSN	Si₃N₄ > 99%	2.4~2.6	200~300	<2,000	140~160	2.9~3.0	15~20	0.7	10^{14}	-	-
ステアタイト KER 220, 221 など	SiO₂ 55~65% MgO 25~35% Al₂O₃ 2~6% アルカリ酸化物 <1.5%	2.6~2.9	120~140	850~1,000	80~100	7.0~9.0	2.3~2.8	0.7~0.9	$>10^{11}$	6	10~20
炭化チタン	TiC	4.9	-	-	320	7.4	30	-	$7\cdot10^{-5}$	-	-
窒化チタン	TiN	5.4	-	-	260	9.4	40	-	$3\cdot10^{-5}$	-	-
二酸化チタン	TiO₂	3.5~3.9	90~120	300	-	6.0~8.0	3~4	0.7~0.9	-	40~100	8
部分安定化二酸化ジルコニウム、PSZ	ZrO₂ > 90% その他：Y₂O₃	5.7~6.0	500~1,000	1,800~2,100	140~210	9.0~11.0	2~3	0.4	10^{8}	-	-
テスト手順用規格		DIN EN 623 Part 2 [1]	DIN EN 843 Part 1 [2]	DIN EN 993 Part 5 [3]	DIN EN 843 Part 2 [2]	DIN EN 821 Part 1 [4]	DIN EN 821 Part 2 [4]	DIN EN 821 Part 3 [4]			

各材料の特性値は、素材、構成要素、製造工程によって著しく異なる。材料データは、個々の製造業者によって提供された情報による。
名称「KER」は、corresponds to DIN EN 60-672-1 [5]に該当する。
セラミック材料の詳細、用途等は該当するウェブサイトで参照可能。 例）Informationszentrum Technische Keramik（テクニカルセラミックスに関するインフォメーションセンター）[6]、
または、MatWeb材料特性データ[7]

1) 密度　2) 曲げ強度　3) 冷間圧縮強度　4) 弾性係数　5) 熱膨張係数 RT ~ 1,000 °C
6) 室温20°Cのときの熱伝導率　7) 比熱　8) 室温20°Cのときの比電気抵抗率　9) 相対誘電率
10) 室温25°Cで10MHzのときの誘電損失率　11) 特性はそれぞれの用途で特定される気孔率によって大きく異なる。

プラスチック

プラスチックはまだ比較的「若い」材料グループに属し、その重要性は20世紀の中頃から増し続けている。プラスチック製品は今日の社会のさまざまな分野で大きな役割を担っており、たとえば、サプライ、医療および電気技術などの分野で梱包、家庭用器具、消費財の材料として使用される。

特に自動車産業においては、プラスチックは他の材料グループより使用される割合が増え続けている（図1）。プラスチックに関する技術革新の進展の背後には、自動車産業からの要請があることも稀ではない。

しかしながらプラスチックの使用が「飽和限界」に達するのは、まだかなり先のことである。今後も引き続き、金属などの従来の材料に代わってプラスチックが使用される用途が見い出されることになろう。

プラスチックの使用が増加している主な理由として、他の材料と比べて加工コストが安いこと、この「思いどおりに仕上げられる材料グループ」という有利な特性が挙げられる。さらに、新しい材料と加工の開発は新しい市場を切り開くとともに、新しい革新的なプラスチック製品の計り知れない可能性を提供する。電動化の進展は特に、プラスチックの占める割合の著しい増加が予測される。プラスチック使用の増加の最大の推進力となっているのは、金属材料と比べて軽いことである。

図1：ミドルクラスの自動車における個々の材料グループの平均的な割合 [1]

- 熱可塑性プラスチック 36%（容量パーセント）
- 歪み 10%（容量パーセント）
- 鋼および鉄系材料 24%（容量パーセント）
- 軽金属 9%（容量パーセント）
- その他 1%（容量パーセント）
- プロセスポリマー 2%（容量パーセント）
- 補助資材など 17%（容量パーセント）
- 非鉄重金属 1%（容量パーセント）

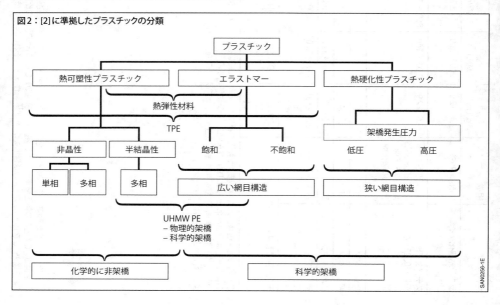

図2：[2]に準拠したプラスチックの分類

プラスチックはポリマー材料の一般的な総称であり、注目すべき特性はその巨大分子構造にある。プラスチックは熱可塑性プラスチック、熱硬化性プラスチック、エラストマー、熱可塑性エラストマーに分類される（図2）。以下、これらについて詳しく説明する。

熱可塑性プラスチック

熱可塑性プラスチックの卓越した特徴は高分子間の非架橋構造である。このため、使用温度を超過する溶融範囲において何度でも可塑または加工を繰り返すことができる。熱可塑性プラスチックのみが溶接可能である。

熱可塑性プラスチックの材料クラスはさらに、非晶性の熱可塑性プラスチックと半結晶性の熱可塑性プラスチックに分けられる[3]。半結晶性熱可塑性プラスチックは、非晶性および半結晶性の高分子構造から成り立っている。このため非晶性熱可塑性プラスチックと異なり、半結晶性熱可塑性プラスチックは多相で存在する。非晶性熱可塑性プラスチックも、合成時に共重合体の構造に変化する場合は多相で存在できる。その相関関係を図3（[2]に準拠）に示す。多相で存在するブロック共重合体は、熱可塑性エラストマーの材料クラスに通じる。

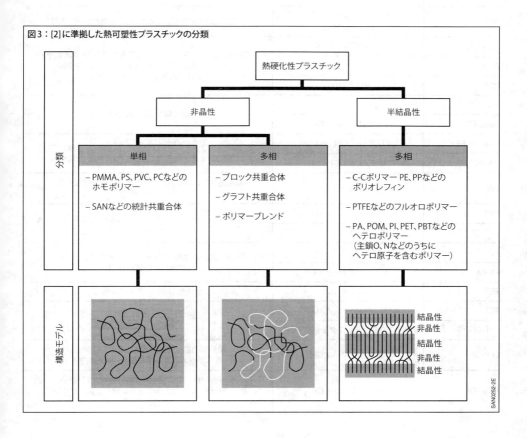

図3：[2]に準拠した熱可塑性プラスチックの分類

熱可塑性プラスチックのメーカーと商品の数は非常に多い。ほとんどのポリマーは、割合が異なるさまざまな種類の充填剤および補強材を含む／含まないものとして提供されている。そのため、市場で入手可能な熱可塑性プラスチックの特性範囲は非常に広い。表1に、広く普及している熱可塑性プラスチックの名称、コード、主な用途の概要を示す。

熱可塑性プラスチックの機械的性質

その他の構成材料と比較して、熱可塑性プラスチックは例外的な粘弾性変形挙動および粘塑性変形挙動を示す。その結果、機械的挙動は温度、負荷時間、負荷率に大きく影響される（図4）。非晶性熱可塑性プラスチックと半結晶性熱可塑性プラスチックの挙動は異なる。これは、せん断弾性係数曲線の推移の違いとそれに関係する転移部分の違いによる。これらはガラ

表1：熱可塑性プラスチックの化学名と特性

略称	化学名	特性の説明、主な用途
ABS	アクリロニトリル・ブタジエン・スチレン樹脂	高光沢、透明のタイプもある、耐衝撃性ハウジング材
PA 11, 12	ポリアミド 11, 12	強靭で硬質。耐摩耗性があり、摩擦係数が低く、音響減衰が良い。優れた強靭性に必要な吸水率は約1〜3%である。PA 11, 12の吸水率はさらに低い
PA6	ポリアミド6	
PA66	ポリアミド66	
PA6-GF	ポリアミド6 + GF	耐衝撃機械ハウジング
PA66-GF	ポリアミド66 + GF	
PA6T/6I/66-GF	ポリアミド6T/6I/66 +GF	硬質機械ハウジングおよび構成部品。温度が上昇しても個体のままである。吸水率はPA規格より低い
PA6/6T-GF	ポリアミド6/6T + GF	
PAI	ポリアミドイミド	機械的または電気的な応力にさらされる構成部品、良好な摩耗特性
PBT	ポリブチレンテレフタレート	耐摩耗性、耐化学薬品性、70℃を超えると加水分解、非常に優れた電気特性
PBT-GF	ポリブチレンテレフタレート + GF	
PC	ポリカーボネート	広い温度範囲にわたって強靭で堅固、剛性の高い構成部品
PC-GF	ポリカーボネート + GF	
PE	ポリエチレン	耐酸性容器、パイプ、フィルム
PET	ポリエチレンテレフタレート	耐摩耗性、耐化学薬品性、70℃を超えると加水分解
PET-GF	ポリエチレンテレフタレート + GF	
LCP-GF	液晶ポリマー + GF	加熱時の高い形状安定性、低溶接線強度、肉厚が極めて薄い構成部品、強い異方性
PESU-GF	ポリスルホン + GF	高い連続使用温度、温度への特性依存度が低い、高温での燃料およびアルコールに対する耐性がない、寸法安定部品

表1（続き）：熱可塑性プラスチックの化学名と特性

略称	化学名	特性の説明、主な用途
PEEK-GF	ポリエーテルエーテルケトン + GF	耐熱性のある高強度部品、優れた耐摩擦性、低摩耗性、非常に高価
PMMA	ポリメタクリル酸メチル	透明で、多くの色に着色でき、耐候性がある
POM	ポリオキシメチレン	酸による誘発応力亀裂が発生しやすい、精密成形用
POM-GF	ポリオキシメチレン + GF	
PPE+SB	ポリフェニレンエーテル + SB	熱水に対する耐性、耐火性
PPS-GF	ポリフェニレン硫化物 + GF	高耐熱性および高耐媒性、本質的に難燃性、エンジンルーム内の部品
PP	ポリプロピレン	家庭用品、バッテリーケース、カバーフード、ファンインペラー（強化タイプ）
PP-GF	ポリプロピレン + GF	
PS	ポリスチレン	透明で、多くの色に着色できる
PSU-GF	ポリスルホン + GF	温度依存特性が低い、燃料およびアルコールへの耐性がない
PVC-P	ポリ塩化ビニル（可塑化）	合成皮革、フレキシブルキャップ、ケーブル絶縁体、管系、シール
PVC-U	ポリ塩化ビニル（無可塑）	耐候性、露出している部品や配管用
SAN	スチレンアクリロニトリル	耐化学薬品性に優れた成形部品、透明
SB	スチレンブタジエン	多くの用途に適した耐衝撃性ハウジング材
SPS-GF	シンジオタクチックポリスチレン	低い反り率、もろい、加工には高い成形温度が必要
PI	ポリイミド	耐熱性、耐放射線性に優れ、圧縮および焼結によってのみ加工可能
PTFE	ポリテトラフルオロエチレン	剛性は温度により大きく変化する、耐熱性、耐久性、耐化学薬品性に優れ、圧縮および焼結によってのみ加工可能

ス転移温度 T_g と溶融範囲と呼ばれる（図5, [2]および[3]に準拠）。熱可塑性プラスチックの場合、負荷と高温の組み合わせにより、粘弾性的および粘塑性的な材料挙動に起因するクリープまたは応力緩和が生じる。

図6は、熱可塑性プラスチックのクリープおよび応力緩和挙動と金属の材料挙動を比較したものである[2]。

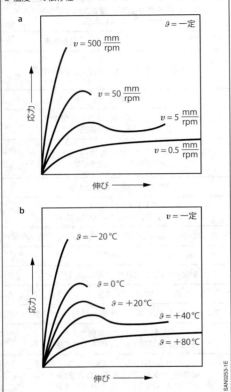

図4：試験速度および温度の違いが熱可塑性プラスチックの応力歪み挙動に及ぼす影響を示した図
a 試験速度への依存性
b 温度への依存性

表2と表3は、非晶性材料と半結晶性材料の機械的性質を示したものである。値は文献（[2]および[4]）からの参照値である。これらの値はメーカーにより、また充填剤あるいは強化材の組成に応じて異なる。

熱可塑性プラスチックの化学的性質

熱可塑性プラスチックの化学的挙動は、プラスチックを形成している高分子の構造によって決まる。有極性プラスチックは極性溶媒と反応し、非極性プラスチックは非極性溶媒と反応する。低分子量の物質は、固体の熱可塑性プラスチックを通って移動することができる（浸透）。

低分子量の物質の浸透は、金属の場合などと同じく応力亀裂の形成を引き起こすことがある（金属の場合には応力腐食割れと呼ばれる）。正しい種類の熱可塑性プラスチック、材料や品目に適した形状、そして最適な生産パラメーターを選択することにより、広範囲の用途に対して適切な熱可塑性プラスチックを選択することができる。表4は、一部の熱可塑性プラスチックの化学的性質を示したものである。値は文献（[2], [4], [6]）からの参照値である。いくつかのケースでは化学的挙動の評価が難しいので、プラスチックメーカーにアドバイスを求めるか、自ら測定を行うことを推奨する。

熱可塑性プラスチックの耐久性と経年劣化

経年劣化には、長い時間にわたる、材料へのすべての不可逆変化が含まれる[7]。経年劣化プロセスは、特定の期間中に熱可塑性プラスチックの性質を変化させる。経年劣化の原因は、内的原因（残留応力、添加剤の混和性の制限など）と外的原因（熱および放射からのエネルギー入力、温度変化、機械的負荷、化学的影響）が区別される。これらの原因が経年劣化プロセスを引き起こして劣化の兆候を示し、熱可塑性プラスチックに対して目に見える影響や測定可能な影響を及ぼす。その例として膨潤、後縮み、変色、さらに脆弱性などの機械的性質の劣化がある。

図5：動的せん断弾性係数の温度依存性
1 非晶性熱可塑性プラスチック
2 半結晶性熱可塑性プラスチック
T_g ガラス転移温度
T_m 溶融または流動温度
T_s 結晶溶融温度

非晶性熱可塑性プラスチック

領域Ⅰ：
ガラス状態、
エネルギー - 弾性挙動、
適用範囲

領域Ⅱa：
エネルギー - 弾性挙動
（粘塑性的）、
熱間加工範囲

領域Ⅲ：
粘流動挙動、
1次成形および溶接領域

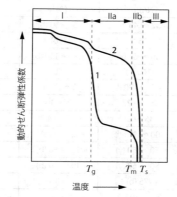

半結晶性熱可塑性プラスチック

領域Ⅰ：
ガラス状態、
エネルギー - 弾性挙動、
氷結非晶領域

領域Ⅱa：
非晶分 熱弾性、
剛直半結晶分、
適用範囲

領域Ⅱb：
晶子の溶融が始まる、
熱間加工範囲

領域Ⅲ：
粘流動挙動、
1次成形および溶接領域

図6：金属と熱可塑性プラスチックの機械的挙動に対する時間影響の比較
T_R 再結晶温度　　T_g ガラス転移温度

| 金属 | 熱可塑性プラスチック |

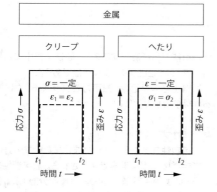

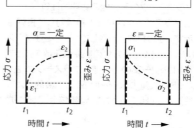

$T < T_R$ の場合は t の影響は比較的小さい

特に $T > T_g$ の場合には t の影響に注意が必要
縦弾性係数が小さいほどクリープ傾向が
大きくなる

表2：非晶性熱可塑性プラスチックの機械的性質

略称	縦弾性係数 [N/mm²]	降伏点の引張ひずみ／破断点の引張応力 [N/mm²]	降伏点での引張ひずみ／破断時伸び率 [%]	ガラス転移温度 [℃]	連続使用温度 [℃]
ABS	1,300 ～ 2,700	32 ～ 45 (y)	15 ～ 30 (b)	80 ～ 110	75 ～ 85
PAI-GF30	10,800	205 (b)	7 (b)	240 ～ 275	260
PC	2,100 ～ 2,400	56 ～ 67 (y)	100 ～ 130 (b)	150	130
PEI-GF30	9,000	160 (y)	3 (b)	215	170
PESU-GF20	5,700 ～ 7,500	105 ～ 130 (b)	2.5 ～ 3.2 (b)	220 ～ 225	160 ～ 200
PMMA	1,600 ～ 3,600	50 ～ 77	2 ～ 10	110	65 ～ 90
PS	3,200 ～ 3,250	45 ～ 65	3 ～ 4	95 ～ 100	60 ～ 80
PSU-GF20	6,200 ～ 7,000	100 ～ 115 (b)	2 ～ 3 (b)	180 ～ 190	160 ～ 180
PVC-E	2,000 ～ 3,000	50 ～ 60 (y)	10 ～ 50 (b)	80	65
PVC-S	2,000 ～ 3,000	50 ～ 60 (y)	10 ～ 20 (b)	85	65
SAN	3,600	75 (b)	5 (b)	110	85
PI	3,000* ～ 3,200*	75 ～ 100 (b)	n/s	250 ～ 270	260

* 曲げ縦弾性係数
y 引張試験時の最初の最大値のときの値
b 試験片の破断時の値
n/s 特定されず

熱可塑性プラスチックのその他の物理的性質

熱可塑性プラスチックは電気と熱に対して良好な絶縁性を示す。他の材料と比較して、熱可塑性プラスチックは非常に大きい、異方性の熱膨張係数を持っている（[2], [4], [5]）。一部の熱可塑性プラスチック、とりわけポリアミドは大量の水分を吸収し、機械的および物理的な性質ならびに部品寸法の変化を引き起こす。

熱可塑性プラスチックの加工

熱可塑性プラスチックは通常、原料生産者によって粒状の袋入り製品として提供され、市販の射出成形機および押出機で加工可能である。熱可塑性プラスチックは変形しやすいので、深絞りまたはプレス加工によっても加工可能である。熱可塑性プラスチックは溶融可能で再び凝固するので、製造工程中に溶接も可能で、ある程度リサイクル可能である。

原料生産者は通常、熱可塑性プラスチックに対する推奨事項を提供している。

熱可塑性プラスチックの使用

熱可塑性プラスチックは、さまざまな産業分野において非常に多様な用途で使用される。熱可塑性プラスチックは、包装産業、建設業、消費財分野（家電製品、玩具、スポーツ用品）、医療技術、航空宇宙技術で使用される。自動車産業では、熱可塑性プラスチックはインテリア、エクステリア、パワートレインの領域に使用され、大きな成功を収めている。

工業材料 263

表3：結晶性熱可塑性プラスチックの機械的性質

略称	縦弾性係数 [N/mm²]	降伏点の引張ひずみ／破断点の引張応力 [N/mm²]	降伏点の引張ひずみ／破断伸び率 [%]	ガラス転移温度 [℃]	連続使用温度 [℃]
PA 11	1,370 (k)	42 (k、y)	5 (k、y)	49 (tr)	70 ～ 80
PA 11-GF30	7,300 (k)	134 (k、b)	6 (k、b)	49 (tr)	70 ～ 80
PA 12	1,600 (tr) / 1,100 (k)	50 (tr、y) / 40 (k、y)	5 (tr、y) / 12 (k、y)	49 (tr)	70 ～ 80
PA 12-GF30	8,000 (tr) / 7,500 (k)	130 (tr、b) / 120 (k、b)	6 (tr、b) / 6 (k、b)	49 (tr)	70 ～ 80
PA 6	3,000 (tr) / 1,000 (k)	85 (tr、y) / 40 (k、y)	4.5 (tr、y) / 20 (k、y)	60 (tr)	80 ～ 100
PA 6-GF30	9,500 (tr) / 6,200 (k)	185 (tr、y) / 115 (k、y)	3.5 (tr、y) / 8 (k、y)	60 (tr)	100 ～ 130
PA 66	3,000 (tr) / 1,100 (k)	85 (tr、y) / 50 (k、y)	4.4 (tr、y) / 20 (k、y)	70 (tr)	80 ～ 120
PA 66-GF30	10,000 (tr) / 7,200 (k)	190 (tr、y) / 130 (k、y)	3 (tr、y) / 5 (k、y)	70 (tr)	100 ～ 130
PAEK-GF30	10,600	168 (b)	2.3 (b)	158	240 ～ 250
PBT	2,500	60 (y)	3.7 (y) / >50 (b)	60	100
PBT-GF30	10,000	135	2.5 (b)	60	150
PE-LD	200 ～ 500	8 ～ 23	300 ～ 1,000	− 30	60 ～ 75
PET	2,800	80 (y)	4 (y) / 12 (b)	98	100
PET-GF35	14,000	150 (b)	1.5 (b)	98	100
PEEK-GF30	9,700	156 (b)	2 (b)	145	240
POM (H)	3,200	67 ～ 72 (y)	25 ～ 70 (b)	− 60	90 ～ 110
POM (CoP)	2,800	65 ～ 70 (y)	25 ～ 70 (b)	− 60	90 ～ 110
PPS-GF	14,700	195 (b)	1.9 (b)	85 ～ 95	200 ～ 240
PP	1,100 ～ 1,300	30 (y)	20 ～ 800 (b)	− 10 ～ 0	100
PTFE	408	25 ～ 36 (y)	350 ～ 550 (b)	127	260

k 条件付
tr 乾燥
y 引張試験時の最初の最大値のときの値
b 試験片の破断時の値

264 材料

表4：熱可塑性プラスチックの化学的性質

略称	耐ガソリン性	耐ベンゼン性	耐ディーゼル燃料性	耐アルコール性	耐鉱油性	耐ブレーキフルード性	耐冷水性／耐熱水性
ABS	+	−	+	+	+	−	+/+
PA 11	+	+	+	+	+	+	+/O
PA 12	+	+	+	+	+	n/s	+/O
PA6	+	+	+	+	+	+/O	+/O
PA6-GF30	+	+	+	+	+	+/O	+/O
PA66	+	+	+	+	+	+/O	+/O
PA66-GF30	+	+	+	+	+	+/O	+/O
PAI-GF	+	n/s	n/s	+	+	n/s	+/−
PBT	+	O	+	+	+	+	+/−
PBT-GF30	+	O	+	+	+	+	+/−
PC	+	−	O	O	+	n/s	+/O
PC-GF	+	−	O	O	+	n/s	+/O
PE	O	O	+	+	+	n/s	+/+
PET	+	+	+	+	+	n/s	+/−
PET-GF30	+	+	+	+	+	n/s	+/−
PESU-GF	+	−	+	O	+	−	+/O
PEEK-GF	+	n/s	n/s	+	n/s	n/s	+
PI	+	O	+	+	+	n/s	+/O
PMMA	+	O	+	−	+	n/s	+/+
POM (H)	+	+	+	+	+	n/s	+/+
POM-GF (H)	+	+	+	+	+	n/s	+/+
POM (CoP)	+	+	+	+	+	+	+
POM-GF (CoP)	+	+	+	+	+	+	+
PPS-GF40	+	+	+	+	+	+	+/+
PP	O	O	+	+	+	n/s	+/+
PP-GF30	O	O	+	+	+	n/s	+/+
PS	−	−	O	+	O	−	+/+
PSU	+	−	+	O	+	−	+/O
PTFE	+	+	+	+	+	n/s	+/+
PVC-P	−	−	O	−	O	n/s	+/O
PVC-U	+	−	+	+	+	n/s	+/O
SAN	−	−	O	+	+	−	+/+

+ 良好な耐性
O 限定的な耐性
− 耐性なし
n/s 特定されず

熱可塑性エラストマー

熱可塑性エラストマー (TPE) は、熱可塑性プラスチックとエラストマーの間で固有のプラスチック材料クラスを形成している。熱可塑性エラストマーは純粋に物理的なプロセスで加工することができ、そのプロセスにおいて高いせん断力、熱効果、その後の冷却が組み合わされる（射出成形や押出成形の場合）。エラストマーの場合のように時間のかかる高温加硫プロセスによる化学的な架橋結合の必要はないが、製造された部品は特殊な分子構造のために実際はゴム弾性性質を持つ。新たに熱およびせん断力を作用させると、材料に溶融と変形をもたらす。しかし同時にこれは、熱可塑性エラストマーが標準のエラストマーより熱負荷および動的負荷に対する耐性が小さいことを意味する。熱可塑性エラストマーは従来のエラストマーの「後継製品」ではなく、むしろ興味深い補完として、熱可塑性プラスチックの加工長所とエラストマーの材料特性を兼ね備えたものである ([2], [5], [8], [9], [10])。

熱可塑性エラストマーの種類

「熱可塑性エラストマー」は一連のさまざまな材料の総称であり、常にブレンド型またはブロック共重合体の構造をしている。

ブレンド型は、プラスチック母材と柔らかいエラストマー材料で製造された合成物である。ブロック共重合体は、冷却時のハードエリアとソフトエリアに集められるさまざまなセグメントの分子鎖である。DIN EN ISO 18064 [11] に基づいて、以下のように細かく分けることができる。

- TPO：オレフィン系の熱可塑性エラストマー、主成分は PP/EPDM、Santoprene (Exxon Mobil) など。
- TPV：オレフィン系の架橋熱可塑性エラストマー、主成分は PP/EPDM、Sarlink (DSM) や Forprene (SoFter) など。
- TPU：ウレタン系熱可塑性エラストマー、Desmopan (Bayer) や Elastollan (BASF) など。
- TPC：熱可塑性コポリエステルエラストマー、Hytrel (DuPont) や Riteflex (Ticona) など。
- TPS：スチレンブロック共重合体 (SBS、SEBS、SEPS、SEEPS、MBS)、熱可塑性プラスチック (Kraiburg TPE) など。
- TPA：熱可塑性コポリアミド、PEBAX (Arkema) など。

熱可塑性エラストマーの特性

市場には特性の異なるさまざまな商品が出回っており、その数は非常に多い。それらは熱可塑性プラスチックと同様に、原料生産者によって粒状の袋入り製品として提供される。

熱可塑性エラストマーは塑性的な溶融状態となるため、射出成形および押出成形による加工に非常に適している。熱可塑性エラストマーは、硬度5（ショア A）〜硬度70超（ショア D）のすべての硬さで製造可能である。硬度と圧縮永久ひずみ (DVR) は、熱可塑性エラストマーをシーラントとして使用する場合の基本特性である。特にその熱安定性は、一般にエラストマーの場合より低い。現在、熱可塑性エラストマーで実現可能な最高連続使用温度は約150 ℃である。

変更を加えることにより、ほぼすべての技術的な熱可塑性プラスチックへの接着が可能となる。その流動性と密度、引っかき抵抗性とその他の特性も、さまざまな充填剤や添加剤を組み合わせることによって調整可能である。

熱可塑性エラストマーの用途

熱可塑性エラストマーはそれぞれの産業における一般的な要求事項を満たすことで、各種産業に幅広い用途を見い出している。自動車産業では、インテリアの制御エレメントやエクステリアのウインドウトリム、さらにエンジン付近のシールに使用される。その他の産業部門における使用例として、工具のハンドルやケーブルジャケットなどを挙げることができる。消費財部門では、熱可塑性エラストマーは玩具、スポーツ用品、包装、個人ケア用品（歯ブラシや髭剃り）に使用されている。また医療用途の高い要求事項を満たす特殊コンパウンドもある。これらは点滴チャンバー、シール、医療用ホースなどに使用される。

エラストマー

エラストマー（またはゴムコンパウンド）は構造的に安定しているが、弾性的に変形可能なプラスチックである。これらの材料の基本的な特徴は、材料の2倍以上の長さまで引き伸ばすことができることである、しかし引張荷重または圧縮荷重が取り除かれると、元の状態に戻る。この特有のリセット能力は、ゴム弾性とも呼ばれる。

エラストマーは、不定形の一次製品の緩くて広い網目構造の3次元的架橋結合から生成される（ゴム）。化学結合によるこの高分子鎖の緩い固定は、ガラス転移温度 T_g を上回ると典型的な弾性挙動を引き起こす。この値は通常0℃を大きく下回るので、ゴムコンパウンドの使用温度より低い。

他方、架橋結合が強固な、狭い網目構造から成る場合、熱硬化性プラスチックになる。架橋エラストマーは（熱硬化性プラスチックと同様）溶融できない。つまり高温では溶融することなく分解する。

エラストマー材料は、天然ゴムまたは合成ゴムから製造される。ゴムは充填剤、可塑剤、化学薬品、劣化防止剤、加工助剤などの様々な添加剤と混合され、温度の影響を受けて架橋状態となる。

架橋結合（加硫）の際に化学反応が進行する。これは通常、成形工程中に温度（150 ～ 210 ℃）と圧力の影響下で生じる。加硫によって、ゴム弾性および必要とされる硬度、引張強度、破断伸びなどの機械的な特性が得られる（[9], [12], [13], [14], [15]）。

エラストマーの分類

エラストマーは材料クラス全体の総称であり、個々の材料の特性は大きく異なることがある。それらは規格DIN ISO 1629 [16] に準拠して分類され、以下のように細かく分けることができる。

- Rクラス：不飽和炭素鎖をもつゴム、NR、NBR、SBRなど。
- Mクラス：飽和炭素鎖をもつゴム、ACM、EPDM、FKMなど。
- Oクラス：高分子鎖に炭素と酸素をもつゴム、ECOなど。
- Uクラス：高分子鎖に炭素、酸素、窒素をもつゴム、ポリウレタンエラストマー AU および EU など。
- Qクラス：高分子鎖にシリコーンと酸素をもつゴム、シリコーンエラストマーVMQなど。

上記のISO名称（天然ゴムのNRなど）は、基本ゴムを示すにすぎないことに注意する必要がある。

エラストマーの特性

熱抵抗や媒体抵抗などの一般的な基本性質は、使用される基本ゴムによってほとんど決まる。これらは特定の（非常に制限された）範囲内でのみ変更可能である。しかしNBRなどのエラストマークラスには、硬度、強度挙動、弾性などの特性が大きく異なる、多種多様の混合物がある。その上、部品サプライヤーは自社材料用に独自の製法を用いることが多く、ゴムコンパウンドは用途の要求に応じた特別な仕様となっていることが多い。熱可塑性プラスチックや熱可塑性エラストマーと異なり、非架橋エラストマー混合物はごくわずかな例を除いては一般市場では入手不可能であり、袋入り商品などとして粒状で提供されることもない。

表5と表6は、最も一般的な種類のエラストマーの名称、主な用途、いくつかの重要な特性を示したものである。注意：表中のデータは大まかな指針値としてのみ用い、個々の事例についてはそれぞれの意図する用途に応じて厳密に確認する必要がある。

エラストマーの使用

エラストマーは大きな変形を可逆的に吸収する特性と、機械的なエネルギーを吸収する特性を持っている。最終的にこれが、この材料クラスに様々な用途を生み出すことになる。たとえば、誤差の解消、様々な構成要素間の動きの許可、静的および動的なシールの構成、振動の減衰、ばねとしての作用を目的とする製品の製造には、ゴムコンパウンドが使用される。

表5：エラストマーの名称と主な用途

略称	名称	主な用途
Mグループ		
ACM	アクリル酸ゴム	オイル回路（Oリング、ラジアルシャフトシールなど）
AEM	エチレンアクリルゴム	オイル回路、ダンパー、アブソーバー
EPDM	エチレンプロピレンジエンゴム	クーラント回路、ブレーキ部品、ボディシール
FFKM	パーフルオロゴム	使用例はわずか（特殊用途）
FKM	フルオロカーボンゴム	標準では燃料用途（ガソリンとディーゼル）
Oグループ		
ECO	エピクロロヒドリンゴム	フューエルホース、ダイヤフラム
Qグループ		
FVMQ	フルオロシリコーンゴム	ダイヤフラム、燃料用途
VMQ	シリコーンゴム	ターボチャージャーホース、エグゾーストマウント、エアバッグコーティング
Rグループ		
CR	クロロプレンゴム	ベローズ、グロメット、ウインドシールドワイパー、Vベルト
HNBR	水素化（アクリロ）ニトリルブタジエンゴム	エンジンルーム内のシール、ホース、駆動ベルト
IIR	イソブテンイソプレンゴム（ブチルゴム）	気密ゴム部品（タイヤの内層）、ダンパー、ダイヤフラム
NBR	（アクリロ）ニトリルブタジエンゴム	シール、ダンパー、アブソーバー、ダイヤフラム、バルブ
NR	天然ゴム	（トラック）タイヤ、エンジンサスペンション、シャシーマウント
SBR	ブタジエンスチレンゴム	乗用車用タイヤ、ブレーキ部品
Uグループ		
AU / EU	ポリウレタンゴム（ポリエステル／ポリエーテル）	ギヤホイール、ワイパー、ダンパーエレメント（発泡材料など）、インテリア

268 材料

表6：エラストマーの特性

略称	硬度範囲 (ショア硬度A)	使用温度 (連続)℃	耐性 天候およびオゾン	耐性 オイル (鉱物油、エンジンオイル)	耐性 ガソリン	耐性 ディーゼル燃料	耐性 水	耐性 ブレーキフルード (グリコール系)
Mグループ								
ACM	50〜90	−25〜+150 [1]	1〜2	1	3〜4	3	4	4
AEM	50〜90	−35〜+150	1	1〜2	3〜4	3	3	4
EPDM	30〜95	−50〜+125 [2] −50〜+150 [3]	1	4	4	4	1	1
FFKM	60〜90	−15〜+260	1	1	1	1	1	1
FKM	55〜90	−20〜+200 [1]	1	1	1	1	2	4
Oグループ								
ECO	50〜90	−40〜+120	1〜2	2	2	2	3	4
Qグループ								
FVMQ	30〜80	−55〜+175	1	1	2	1〜2	1〜2	4
VMQ	20〜80	−60〜+200	1	2〜3	4	3	1〜2	2〜3
Rグループ								
CR	30〜90	−40〜+110	2〜3	2〜3	3〜4	3	2〜3	3
HNBR	40〜90	−30〜+130 [4]	2	1	2	1	1	2
IIR	40〜85	−40〜+120	2〜3	4	4	4	1	1
NBR	35〜95	−30〜+100 [4]	3〜4 [6]	1	2	1	1〜2	3〜4
NR	30〜95	−55〜+80	4	4	4	4	1	1
SBR	30〜95	−50〜+100	4	4	4	4	1	1
Uグループ								
AU / EU	50〜98	−40〜+90 [5]	2	1〜2	3	2〜3	4	4

1 非常に良好な耐性（影響は全くなし／ほとんどなし）
2 良好な耐性（中程度の影響）
3 限定的な耐性（大きな影響）
4 耐性なし（不適切）

[1] 耐寒性が比較的良い特殊材料が可能
[2] 硫黄架橋
[3] 過酸化物架橋
[4] 耐寒性、ポリマー組成による
[5] 耐熱性および耐加水分解性が比較的良い材料が可能
[6] 耐オゾン性が比較的良い材料が可能

代表的な用途として、タイヤ、シール（エラストマー材料、シールも参照）、Vベルト、ホース、フレキシブルカップリング、ケーブルジャケット、ベアリングエレメント、リテーニングエレメント、ショックアブソーバー、ウインドシールドワイパー、コンベヤーベルト、屋根ぶきフォイル、シューズソールがある。さらにエラストマーは、ゴム長靴、消しゴム、輪ゴム、ゴム風船、コンドーム、ゴム手袋、おしゃぶり、ウエットスーツなどの日用品の製造にも用いられる。

熱硬化性プラスチック

熱硬化性プラスチックは、合成方法を用いて工業生産用に製造された最初のプラスチックである。1910年という早い段階で、ホルムアルデヒドとフェノールから成るベークライトが使用されるようになっていた。1920年代および1930年代には、尿素とメラミンを含む成形用樹脂が市場に加わった。ポリエステル樹脂とエポキシ樹脂は、第二次世界大戦の終結後に初めて使用されるようになった[17]。

一般に熱硬化性プラスチックは、互いに密接に架橋結合している狭い網目構造の分子鎖を含むプラスチックである。ここから熱硬化性プラスチックに固有の性質が生じる。

– 高い強度と剛性、同時に低い密度
– 熱に対する高い形状安定性および温度安定性
– 良好な耐化学薬品性
– 高い脆性

自動車産業の広い分野にわたって、様々なタイプの熱硬化性プラスチックが使用されている。構造的な部品（以下に具体例を挙げる）に加え、その用途には塗装および接着システム、シール剤、電子機器を相互に接続するための回路基板が含まれる。

熱硬化性プラスチックの優れた熱特性は、特に熱的な応力がかかる領域での使用に適している。このことは特に、自動車のエンジンルーム内での用途に関係する。熱硬化性プラスチック製の部品の代表的な例として、ウォーターポンプハウジング、ベルトプーリー、インペラーホイールがある[18]。摩擦によって変更を加えられるPF成形コンパウンドの分野における新しい開発はさらに使用の選択肢を広げ、ベアリングエレメント、スライドエレメント、ガイドエレメントなどに使用される[19]。

多数の熱硬化性樹脂系があるため、以下のセクションでは技術的に関連する材料のみを取り上げる（表7）。

不飽和ポリエステル樹脂

不飽和ポリエステル樹脂（UP樹脂）は、熱の影響下にラジカル重合により完全に硬化する。不飽和ポリエステル樹脂はほとんど縮みを生じないで調整可能であり、非常に優れた寸法安定性を実現する。そのため、特に正確さが要求される部品（ヘッドランプリフレクターなど）がこの種の材料で製造される。さらに、UP樹脂製の部品は良好な電気特性を備えているので、早くから自動車のイグニッションシステム（イグニッションディストリビューター）に使用されることが多かった。

エポキシ樹脂

エポキシ樹脂（EP樹脂）は重合反応において硬化するので、フェノールホルムアルデヒド樹脂とは異なり揮発性反応生成物を分離しない。他の熱硬化性材料と比較してEP樹脂は特に粘度が低いので、処理手順が簡単になる。しかし材料価格が高いため、エポキシドの使用例は限られている。EP樹脂は、たとえば電子部品の封入に使用される（これには特に低圧のEPが使用される）。さらにEP樹脂は自動車産業において、連続繊維強化（多くは炭素繊維強化）構造の軽量部品でマトリクス材として使用されることが多くなっている。

表7：熱硬化性プラスチック

熱硬化性プラスチック（新規格）

- 流動性フェノール成形コンパウンド (PF-PMC) DIN EN ISO 14526 [33]
- 流動性メラミンメラミンホルムアルデヒド成形コンパウンド (MF-PMC) DIN EN ISO 14528 [34]
- 流動性メラミン/フェノール性成形コンパウンド (MP-PMC) DIN EN ISO 14529 [35]
- 流動性不飽和ポリエステル成形コンパウンド (UP-PMC) DIN EN ISO 14530 [36]
- 流動性エポキシ樹脂成形コンパウンド (EP-PMC) DIN EN ISO 15252 [37]

タイプ	樹脂タイプ	充填剤	t_G[1] °C	σ_{bB}[2] 最小値 N/mm²	a_n[3] 最小値 kJ/m²	CTI[4] 最低等級	特性、主な用途
(WD30+MD20)~(WD40+MD10) (31および31.5)[7]	フェノールクレゾール[8]	木粉	160/140	70	6	CTI125	高い電気的応力を受けやすい部品用[9]
(LF20+MD25)~(LF30+MD15) (51)[7]		セルロース[5]	160/140	60	5	CTI150	低電圧域で優れた絶縁性のある部品用 タイプ74 耐衝撃性[9]
*SS40~SS50 (74)[7]		綿織物片[5]	160/140	60	12	CTI150	
(LF20+MD25)~(LF40+MD05) (83)[7]		綿繊維[6]	160/140	60	5	CTI150	タイプ31より強靭である[9]
-		短ガラス繊維	220/180	200	12	CTI125	機械的強度が高く、自動車の作動液に対する優れた耐性、低膨張性
-		長ガラス繊維	220/180	230	17	CTI175	
-		炭素繊維	220/180	250	14	-	高剛性、低密度、優れた耐摩耗性、電気的用途（導電性）には適さない
(WD30+MD15)~(WD40+MD05) (150)[7]	メラミン	木粉	160/140	70	6	CTI600	グロー放電熱に対する耐性、非常に優れた電気的特性、高収縮率

表7 (続き)：熱硬化性プラスチック

タイプ	樹脂タイプ	充填剤	t_G[1] °C	σ_{bB}[2] 最小値 N/mm²	a_n[3] 最小値 kJ/m²	CTI[4] 最低等級	特性、主な用途
熱硬化性プラスチック							
LD35 ～ LD45 (181)[7]	メラミンフェノール	セルロース	160/140	80	7	CTI 250	電気的、機械的応力を受けやすい部品
(GF10 + MD60) ～ (GF20 + MD50) (802および804)[7]	ポリエステル	ガラス繊維、無機充填剤	220/170	55	4.5	CTI 600	タイプ801、804：低成形圧力が必要（広範囲の部品に利用可能）タイプ803、804：グロー放電熱に対する耐性
MD65 ～ MD75	エポキシ樹脂	岩粉	200/170	80	5	CTI 600	非常に優れた誘電特性 被覆センサーおよびアクチュエーター
(GF25 + MD45) ～ (GF35 + MD35)		グラスファイバー／無機物	230/190	160	10	CTI 250	
—	エポキシ低圧成形コンパウンド	SiO₂ (球形)	250/200	120	6	–	チップ封入（細いボンドワイヤ）

1) 最高使用温度：短時間（100時間）／長時間（20,000時間）　　2) 曲げ強度　　3) 衝撃強度（シャルピー衝撃試験）

4) DIN IEC 112「比較追跡指数（CTI）」による耐トラッキング性　　5) 他の有機充填剤の追加の有無　　6) および木粉　　7) （ ）内は旧名称

8) タイプ13 ～ 83（有機補填材のみを充填したコンパウンド）を新しい用途に使用してはならない（入手可能性は保証されていない）

9) 新しい用途にはほとんど使用されていない。長期に亘る供給は保証されていない

フェノールホルムアルデヒド樹脂

フェノールホルムアルデヒド樹脂（PF樹脂）は、重縮合を用いてフェノールとホルムアルデヒドから製造される。これらは高い機械的剛性と強度を持ち、高い耐化学薬品性、温度安定性、熱負荷時の構造安定性に特徴がある。さらに、摩擦修正型があるが、炭素繊維が追加されるため、コストは大幅に高くなる。PF樹脂は本質的に難燃性であるので、エンジンルーム内での使用に理想的である。

増量剤

充填剤はDIN EN ISO 1043-2 [20]に準拠して分類される。ここでは、材料（炭素、ガラス、無機物など）、形状、構造（繊維、ボール、粉末など）、特性（難燃性、熱貫流抵抗など）が区別される[4]。技術的に関連する充填剤として、ガラス繊維やガラスボール、無機充填剤を挙げることができる。特に航空宇宙産業では炭素繊維は熱硬化性樹脂の強化材としても使用されているが、自動車産業でもこの用途が増えてきている。

製造方法

熱硬化性成形コンパウンドは、主に圧縮成形または射出成形を用いて製造される。他にも様々な製造方法があり、記載したバリエーションが組み合わされたり、さらに進化したりしている。

圧縮

圧縮の場合、圧力と温度が同時に成形コンパウンドに作用する。所定量の材料が、特定の形状のない状態で、またはタブレット化されて金型に投入される。圧力により材料が希望の形状にされ、同時に温度が材料を架橋結合する。機械に頼る部分が少ないため、圧縮成形は最も低コストの製造方法である。しかしこの方法は、簡素な大型部品の製造にしか使用されない。とりわけ、製造された部品は方向性があまりなく、仕上げに多くの時間がかかる。

射出成形

射出成形では、流れやすい粒状材料と、ポリエステルバルクの成形コンパウンドを区別する必要がある。極めて高い生産性は、流れやすい粒状材料の加工時に達成され、その場合のサイクル時間の長さは部品の厚さに大きく左右される。射出成形中のシリンダー温度は80～100 °Cであり、金型温度の範囲は60～190 °Cである。射出された材料が成形される間に、次のサイクル用の新しい材料がすでにスクリューで可塑化されている。

ポリエステルバルク成形コンパウンド（UP BMC）を加工する場合は、材料をスクリューに送り込むために従来の機械設備に加えてスタッフィングユニットが必要であることに注意しなければならない。続いて材料は、射出シリンダーに均等に送られる。溶融は必要なく、シリンダー温度は通常、およそ25 ～ 35 °Cである。

絶縁材料

電気絶縁は、オルタネーターやエンジン、また自動車に限らない電気機器などの正常な機能と有効寿命にとってきわめて重要なものである。

無充填のポリマーは、最も高い電気絶縁性を持っている。充填剤を追加することで、充填剤とポリマーマトリクス間に接点が形成され、また誘電特性が異なるために過度の応力が生じて、ポリマー材料の誘電強度が低下する。

自動車における電気絶縁には、深刻な影響を及ぼす電気故障を高い信頼性で防止することだけでなく、発生する熱損失の低減、機械的負荷の吸収、自動車に共通して使用される液体への耐性が求められる。一般にこれらの特性を、− 40 ～ +180 °Cの温度範囲で確保する必要がある。そのため、一般に複数の材料が絶縁システムとして使用され、単独の材料が使用されることは稀である。

例として表面絶縁体について説明する。表面絶縁体は通常、多少柔軟性を有した複合絶縁材料として、スターター、オルタネーター、ハイブリッドエンジン、トラクションモーターなどの電動機に使用される。

プラスチックフォイルは柔軟性を有した複合絶縁材料であり、プレスボード、不織布材料、ポリマー製ペーパーに接合される。柔軟な複合絶縁材料は、中間層にプラスチックフォイルを使用した3層仕様が多い。材料の組み合わせに応じて、絶縁材料は様々な連続使用温度、引張強度、破断伸び、誘電強度、剛性、含浸性を示す。

プラスチックフォイルと繊維材料または不織布材料の組み合わせには技術的な長所がある。無充填ポリマー製のプラスチックフォイルは、優れた電気特性を提供する。一方、繊維材料または不織布材料は良好な含浸性を示し、フォイルを機械的負荷および熱負荷から保護する。

ポリエステルまたはポリイミド製フォイルは主に初期成分として、また有機繊維、ポリエステル、アラミド製の繊維材料や不織布材料として使用される。

柔軟性を有する複合絶縁材料はDIN EN 60626-1 ([21]、定義、一般要件)、DIN EN 60626-2 ([21]、試験方法) およびDIN EN 60626-3 ([21], 材料の個別組み合わせの特性) に規格化されている。さらに、その他の表面絶縁体に対する規格もある。

- 絶縁フォイル：DIN EN 60674-1 ([22], 定義, 一般要件)、DIN EN 60674-2 ([22], 試験方法)、DIN EN 60674-3-1 〜 3-8 ([23], [24], 個別材料の特性)。
- パネルおよびローラープレスボード：DIN EN 60641-1 ([25], 定義, 一般要件)、DIN EN 60641-2 ([26], 試験方法)、DIN EN 60641-3-1、3-2 ([26], 個別材料の特性)。
- 積層材料：DIN EN 60893-1 ([27], 定義, 一般要件)、DIN EN 60893-2 ([27], 試験方法)、DIN EN 60893-3-1 〜 3-7 ([27], 特性)。

シール剤

シール剤 (または注型樹脂) は、最終製品用の液体として製造されている反応型合成樹脂であり、最終製品としてまたはその構成部分として固化する。まだ液体の状態の樹脂を再使用可能または使い捨ての金型に注入することにより、自由曲面の純粋な注型樹脂マスターが作られる、またはその他の部分が加えられる ([28], [29], [30], [31], [32])。

融解可能なプラスチック (熱可塑性プラスチック) と異なり、固化は化学的な架橋作用によって発生し、不可逆である (熱硬化性樹脂)。通常、注型樹脂は以下の目的で注入される。

- 覆うことにより、部品を湿気、埃、異物、水などの侵入から防止する
- 部品を相互に所定の位置に固定する
- 機械的な安定性、振動および衝撃耐性を向上する
- 電気的な絶縁を提供する、つまり誘電強度と接点保護を向上する
- 発生する熱損失を低減する

シール剤の用途範囲は広範囲で、多岐にわたっている。そのため機能と要求事項も多面的で、加工や硬化からその後の応用分野の特性にまで及ぶ。選択基準：

- 液体の、まだ硬化しないシール剤として使用する場合：粘度、ポットライフ、使用可能なシステム工学 (手動、測定または成形システム)。
- 後で使用される硬化した成形コンパウンドに対する要求事項、硬度、弾性、伸縮性、柔軟性、成形品の熱負荷、機械的負荷、電気的負荷、化学的負荷など。

274 材料

これらの機械的および電気的特性（表8）のため、シール剤は電気工学および電子工学の分野での使用に最適である。シール剤の代表的な用途：

- 電子技術部品の成形および製造（イグニッションコイル、変圧器、絶縁体、コンデンサー、半導体、組立品など）
- ケーブルおよび配管用の開接点の成形

要求される形状に応じて様々な材料クラスが使用される（使用温度、耐化学薬品性、成形形状など）。電気ポッティングで最もよく使用されるシール剤は、エポキシド、ポリウレタン、およびシリコーンの材料クラスに属する。その他に、使用頻度は低いが、ポリエステル、熱溶融性シール剤（ホットメルト、ホットメルト接着剤）がある。

表8：各種シール剤の特性（例）

特性	関連規格	単位	エポキシ樹脂、未充填	エポキシ樹脂、充填（石英粉末）	不飽和のポリエステル樹脂	ポリウレタン	シリコーン
引張強度	ISO 527-1 [38]	N/mm^2	60〜90	80〜100	30〜80	3〜80	0.3〜10
破断伸び	ISO 527-1 [38]	%	3〜8	0.8〜1.1	2〜4	0.5〜80	50〜700
曲げ強度	ISO 178 [39]	N/mm^2	60〜140	110〜120	60〜140	40〜140	n/a
衝撃強度	ISO 179-1 [40]	kJ/m^2	15〜30	10〜12	8〜15	40	n/a
ガラス転移温度 T_G		℃	+70〜+200	+70〜+200	+70〜+150	−40〜+130	−120
縦弾性係数		N/mm^2	2,000〜4,000	5,000〜8,000	3,500	250〜3,000	0.005〜5
連続温度耐性	DIN EN 60216-1 [41]	℃	110〜200	110〜200	120〜140	90〜140	150〜250
比体積抵抗		Ωcm	10^{14}〜10^{16}	10^{14}〜10^{16}	10^{13}	10^{13}〜10^{16}	10^{15}〜10^{17}
硬化中の発熱量			高い	中程度	非常に高い	非常に低い	非常に低い
熱膨張係数		K^{-1}10^{-6}	80〜100	30〜70	60〜80	50〜150	300
収縮		%	0.5〜2	0.1〜1	3〜9	0.2〜1	0.1〜2

+ 良好な耐性
O 限定的な耐性
− 耐性なし
n/a 特定されず

さらに、シール材をそれぞれの用途固有の要件に適合させるため、様々な化学物質と製法が用いられている。
- 化学物質を変えることにより、様々な樹脂や硬化系を提供
- 製法を変えることにより、充填剤、顔料、促進剤、靭性改良剤、湿潤剤、ガス抜き剤、沈殿防止剤を提供

シール剤の耐化学薬品性は、注型樹脂の成分、架橋密度、架橋度に左右される。経験則では、硬いシール剤は柔らかいシール剤より耐性がある。

硬化シール剤の最終性質は、使用する成分の種類と量（硬化剤、希釈剤、充填剤）および硬化条件に大きく左右される。そのため、物理的な特性について一般的に適用可能な仕様を示すことはできない。

エポキシド系

エポキシドは長年にわたって広く使用されている。エポキシドは一般的に硬く、荷重を支える力があり、硬化中の収縮量は少ないほうである。

その特徴は、優れた機械的特性、良好な温度許容度、さまざまな表面における良好な接着強度、良好な耐化学薬品性である。架橋結合または硬化プロセスは一般的に遅く、少量のみが互いに反応する場合は特に遅くなる。より反応の早い硬化剤の使用は可能であるが、非常に強い発熱反応、部品およびプリント基板に対する応力発生を引き起こすことがある。

充填剤はエポキシ樹脂製法に不可欠な成分であり、コストを抑え、機械的な特性を向上する。同時に、亀裂抵抗や剛性を高めるほか、熱収縮を低減し、内部応力を弱める働きをする。石英粉末は電気的な用途における標準充填剤である。

エポキシド系は使用頻繁が高く、たとえばあらゆる種類のソレノイド用の熱伝導シール剤として使用される。

ポリウレタン系

ポリウレタンシール剤は硬化後でもまだ伸長および収縮が可能であり（たとえごくわずかであっても）、これは敏感な部品（プリント基板のフェライトなど）を成型する場合に特に重要である。

ポリウレタン系の硬化反応では、エポキシドシール剤の場合より発熱が少ない。焼入れ後の収縮量は少なく、広範囲の硬度や弾性が提供される。耐化学薬品性と機械抵抗が良好である。

シリコーン

シリコーン系シール剤は通常、エポキシドまたはポリウレタン系シール剤よりはるかに高価であるが、一般に連続使用温度が180℃を超える場合に使用される。焼入れ中の発熱性は極めて低い。

ポリエステル系

ポリエステル系は広範囲の媒体に対して非常に良好な抵抗を持っているが、焼入れ中に非常に強い発熱性を示し、結果として焼入れ後の収縮性が高くなる。特定の環境では、これは鋳造部品に対する機械的損傷を引き起こし、基板から部品が引き剥がれることもある。

プラスチックに関する参考文献

[1] M. Gehde, S. Englich, G. Hülder, M. Höer: Schlummerndes Potenzial für den Leichtbau [The dormant potential for lightweight construction]. In: Plastverarbeiter (10), p. 80-83, 2012.
http://www.plastverarbeiter.de/36471/schlummerndes-potenzial-fuer-den-leichtbau/

[2] P. Elsner, P. Eyerer, T. Hirth: Domininghaus – Kunststoffe: Eigenschaften und Anwendungen [Plastics: Properties and applications]. 8. Aufl., Springer, 2012.

[3] DIN 7724:1993: Polymere Werkstoffe – Gruppierung polymerer Werkstoffe aufgrund ihres mechanischen Verhaltens [Polymer materials – Grouping polymers by their mechanical characteristics].

[4] W. Hellerich, G. Harsch, S. Haenle: Werkstoff-Führer Kunststoffe – Eigenschaften, Prüfungen, Kennwerte [Plastics material guide – Properties, Testing and Characteristics]. 10. Aufl., Carl Hanser Verlag, 2010.

[5] E. Baur, S. Brinkmann, N. Rudolph, T.A. Osswald, E. Schmachtenberg: Saechtling Kunststoff Taschenbuch [Saechtling plastics pocketbook], 31. Aufl., Carl Hanser Verlag, 2013.

[6] G.W. Ehrenstein, S. Pongratz: Beständigkeit von Kunststoffen [The durability of plastics]. 1. Aufl., Carl Hanser Verlag, 2007.

[7] DIN 50035:2012: Begriffe auf dem Gebiet der Alterung von Materialien – Polymere Werkstoffe [Concepts in the field of material aging – Polymers].

[8] T. Dolansky, M. Gehringer, H. Neumeier: TPE-Fibel – Grundlagen, Spritzguss [TPE primer – Principles, casting]. 1. Aufl., Dr. Gupta Verlag, 2007.

[9] F. Röthemeyer, F. Sommer: Kautschuk Technologie: Werkstoffe – Verarbeitung – Produkte [Rubber technology: Materials – Processing – Products]. 3. Aufl., Carl Hanser Verlag, 2013.

[10] G. Holden, H.R. Kricheldorf, R. Quirk: Thermoplastic Elastomers [Thermoplastic elastomers]. 3. Aufl., Hanser Gardner Publ., 2004.

[11] DIN EN ISO 18064: Thermoplastic elastomers – Nomenclature and abbreviated terms.

[12] K. Nagdi: Gummi-Werkstoffe [Rubber materials]. 3. Aufl., Dr. Gupta Verlag, 2004.

[13] W. Hofmann, H. Gupta: Handbuch der Kautschuk-Technologie [Handbook of rubber technology]. Dr. Gupta Verlag, 2001.

[14] J. Schnetger: Lexikon Kautschuktechnik [Glossary of rubber technology]. 3. Aufl., Beuth, 2004.

[15] G. Abts: Einführung in die Kautschuktechnologie [Introduction to rubber technology]. Carl Hanser Verlag, 2007.

[16] DIN ISO 1629: Rubber and latices – Nomenclature.

[17] G.W. Becker, D. Braun, W. Woebcken (Hrsg.): Kunststoff Handbuch – Band 10: Duroplaste [Handbook of Plastics – Volume 10: Thermosets]. 2. Aufl., Hanser Fachbuch, 1988.

[18] E. Bittmann: Duroplaste kommen ins Rollen [Thermosets get rolling]. In: Kunststoffe 3/2003, A25-A27.
https://www.kunststoffe.de/kunststoffezeitschrift/archiv/artikel/automobilanwendungenduroplaste-kommen-ins-rollen-530048.html.

[19] E. Bittmann: Duroplaste [Thermosets]. In: Kunststoffe 10/2005, 168–172.
https://www.kunststoffe.de/kunststoffezeitschrift/archiv/artikel/hoffnungsvolleauftragslage-duroplaste-und-fvk-537533.html.

[20] DIN EN ISO 1043-2: Plastics – Symbols and abbreviated terms – Part 2: Fillers and reinforcing materials. [21] DIN EN 60626: Combined flexible materials for electrical insulation. Part 1: Definitions and general requirements.
Part 2: Methods of test.
Part 3: Specifications for individual materials.

[22] DIN EN 60674: Plastic films for electrical purposes. Part 1: Definitions and general requirements.
Part 2: Methods of test.

[23] DIN EN 60674-3-1: Plastic films for electrical purposes – Part 3: Specifications for individual materials.
Sheet 1: Biaxially oriented polypropylene (PP) film for capacitors.

[24] DIN EN 60674-3-2: Specification for plastic films for electrical purposes – Part 3: Specifications for individual materials.

Sheet 2: Requirements for balanced biaxially oriented polyethylene terephthalate (PET) films used for electrical insulation.

Sheet 3: Requirements for polycarbonate (PC) films used for electrical insulation.

Sheets 4 to 6: Requirements for polyimide films used for electrical insulation.

Sheet 7: Requirements for fluoroethylene-propylene (FEP) films used for electrical insulation.

Sheet 8: Balanced biaxially oriented polyethylene naphthalate (PEN) films used for electrical insulation.

[25] DIN EN 60641-1: Specification for pressboard and presspaper for electrical purposes.

Part 1: Definitions and general requirements.

[26] DIN EN 60641-2: Pressboard and presspaper for electrical purposes.

Part 2: Methods of test.

Part 3: Specifications for individual materials.

Sheet 1: Requirements for pressboard.

Sheet 2: Requirements for presspaper.

[27] DIN EN 60893-1: Insulating materials – Industrial rigid laminated sheets based on thermosetting resins for electrical purposes.

Part 1: Definitions, designations and general requirements.

Part 2: Methods of test.

Part 3-1: Specifications for individual materials – Types of industrial rigid laminated sheets.

Part 3-2: Specifications for individual materials – Requirements for rigid laminated sheets based on epoxy resins.

Part 3-3: Specifications for individual materials – Requirements for rigid laminated sheets based on melamine resins.

Part 3-4: Specifications for individual materials – Requirements for rigid laminated sheets based on phenol resins.

Part 3-5: Specifications for individual materials – Requirements for rigid laminated sheets based on polyester resins.

Part 3-6: Specifications for individual materials – Requirements for rigid laminated sheets based on silicone resins.

Part 3-7: Specifications for individual materials – Requirements for rigid laminated sheets based on polyimide resins.

[28] R. Stierli: Epoxid-Gieß- und Imprägnierharze für die Elektroindustrie [Expoxide casting and impregnating resins for the electrical industry]. In: Wilbrand Woebcken (Hrsg.): Duroplaste – Kunststoff-Handbuch [Thermosets – The plastics handbook], Band 10. 2. Aufl., Hanser Fachbuch, 1988.

[29] W. Becker, D. Braun, G. Oertel (Hrsg.): Polyurethane – Kunststoff-Handbuch [Polyurethane – The plastics handbook], Band 7. 3. Aufl., Hanser Fachbuch, 1993.

[30] Dr. Werner Hollstein, Huntsman Advanced Materials GmbH: Einführung in die Chemie der Epoxidharze und Formulierungskomponenten [Introduction to the chemistry of epoxide resins and formulation components].

[31] http://www.electrolube.com.

[32] Lackwerke Peters GmbH & Co. KG: Technische Informationen TI 15/2.
https://www.peters.de/de/download-center.

[33] DIN EN ISO 14526-1: Plastics – Phenolic power moulding compounds (PF-PMCs) – Part 1: Designation system and basis for specifications.

[34] DIN EN ISO 14528-1: Plastics – Melamine-formaldehyde powder moulding compounds (MF-PMCs) – Part 1: Designation system and basis for specifications.

[35] DIN EN ISO 14529-1: Plastics – Melamine/phenolic power moulding compounds (MP-PMCs) – Part 1: Designation system and basis for specifications.

[36] DIN EN ISO 14530-1: Plastics – Unsaturated-polyester power moulding compounds (UP-PMCs) – Part 1: Designation system and basis for specifications.

[37] DIN EN ISO 15252-1: Plastics – Epoxy power moulding compounds (EP-PMCs) – Part 1: Designation system and basis for specifications.

[38] ISO 527-1: Plastics – Determination of tensile properties – Part 1: General principles.

[39] ISO 178: Plastics – Determination of flexural properties.

[40] ISO 179-1: Plastics – Determination of Charpy impact properties – Part 1: Non-instrumented impact test.

[41] DIN EN 60216-1: Electrical insulating materials – Thermal endurance properties – Part 1: Ageing procedures and evaluation of test results.

金属材料の熱処理

硬度

硬度とは、より硬い固体による貫通に対する材料抵抗を定義する固体材料の特性のことである。金属材料では、硬度がわかれば、強度や機械加工性、塑性加工性、および耐摩耗性などの機械的特性を推測することができる。DIN EN ISO 18265 [1]には、硬度を引張強度に換算するための式が規定されている。

硬度試験

硬度試験は、材料の機械特性についての情報を比較的短時間で得られる非破壊試験法である。

一般的に硬度は、指定試験用具を規定圧力で作用させた際に発生する変形の大きさ、または深さを基に測定する。硬度試験は、静的試験と動的試験とに分けられる。静的試験は、試験用具が残した圧痕を測定するもので、一般的な試験法としては、ロックウェル法、ビッカース法、ブリネル法などがある。図1は、これらのそれぞれに異なる手法による硬度試験がどのような用途に用いられるかについて示したものである。

動的試験は、試験用具を試験片の表面に押し付けて、その反発力を検査するものである。

表面硬度指数を得るには、硬い試験用具で表面を引っかいて、その溝幅を測定する方法もある。

硬度試験法

ロックウェル硬度 (DIN EN ISO 6508, [2])

この試験法は、金属加工部品を自動的に素早く検査するのに特に適しているが、試験装置内に加工部品を取り付けるのに固有の準備が必要である。加工部品の形状により試験装置内でたわんでしまう (変形してしまう) 製品には適していない (管など)。

この試験法では、規定の大きさと深さ、および材料 (鋼、硬質金属またはダイヤモンド) の試験用具 (圧子) を2段階で試験片に押し込める。この過程では、予備の試験荷重をかけた後で、規定の時間、追加の試験荷重をかける。はじめに、HRA、HRB、HRCおよびHRF試験法用に、残ったくぼみの深さhから係数eが算出される。

$$e = \frac{h}{0.002}$$

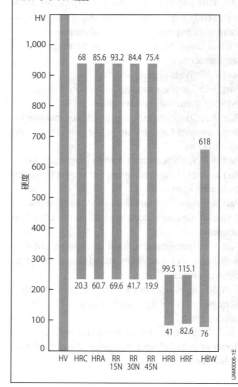

図1：非合金鋼、低合金鋼、鉄鋼の異なる硬度試験法の測定スケールの比較
範囲両端部の数字は、各方法の硬度データを表している。
HV　ビッカース硬度
HR　ロックウェル硬度
HBW　ブリネル硬度

HR..NおよびHR..T試験法では、係数eは、以下の方程式によりくぼみの深さhから算出される。

$$e = \frac{h}{0.001}$$

この係数eを使用して、HRA、HRC、HR..NおよびHR..T試験法用に、ロックウェル硬度 HRを算出することができる。

$$HR = 100 - e$$

HRBおよびHRF試験法を使用すると、ロックウェル硬度HRは以下の方程式により算出される。

$$HR = 130 - e$$

試験片の表面は滑らかで、できる限り凹凸のないものでなければならない。凸状の円柱または球状の表面で試験を行う場合、決定値は硬度に応じて修正する必要がある。

選択した試験法は、硬度を表示する際の数値に略号で付記する（例：65 HRC, 76 HR45N）。コードには、使用する圧子（ダイヤモンドコーンまたは鋼球）の表示、予備の試験荷重および合計試験荷重が付される。使用する圧子と適用する合計試験荷重に応じて、略号がHRA、HRB、HRC、HRD、HRE、HRF、HRG、HRH、HRK、HR15N、HR30N、HR45N、HR15T、HR30Tおよび HR45Tの異なる硬度スケールを使用する。

ロックウェル試験法の長所は、試験片の作成が容易なことと、測定が迅速に行える点である。この試験法は、完全自動化も可能である。試験機の振動、鋼球、ダイヤモンドコーンの位置ずれおよび移動などは、検査エラーになる可能性がある。また、試験片支持面の傾きやダイヤモンドコーンの破損が、測定誤差の原因となることもある。

ブリネル硬度（DIN EN ISO 6506, [3]）

この試験法は、低硬度から中硬度の金属物質に用いられる。試験用具（圧子）は、直径Dの硬質金属球である。これを、試験荷重Fで金属片表面に垂直に押し込める。試験荷重を取り除いた後で、残ったくぼみの直径dからブリネル硬度を算出する。

$$HBW = 0.102 \frac{2F}{\pi D^2 (1 - \sqrt{1 - d^2/D^2})}$$

荷重FNで鋼球の直径Dmm、くぼみ直径$d$mm。

試験荷重範囲は、9.81 N ～ 29,420 Nである。直径の異なる鋼球を使用して得た結果は、試験荷重が同一であっても、条件付きでのみ比較可能である。試験は常に、できるだけ大きな鋼球を使用して行う。また、荷重レベルは、$0.24\,D$ ～ $0.6\,D$のくぼみ直径が得られるように選択する必要がある。表1は、DIN EN ISO 6506-1 [3]に記載された種々の材料に対する適切な荷重強度と鋼球の直径を示している。

ブリネル硬度では、数値に続けて試験法の略号、鋼球の直径（mm）および0.102を掛けた試験荷重（N）が付記される（例：600 HBW 1/30）。

表1：ブリネル硬度試験の適用範囲

材料	ブリネル硬度	荷重強度 $0.102\,F/D^2$
鋼、ニッケル・チタン合金		30
鋳鉄（鋼球の呼び径は 2.5、5または10 mm）	< 140 ≥ 140	10 30
銅、銅合金	<35	5
	35 ～ 200	10
	>200	30
軽金属、軽金属合金	<35	2.5
	35 ～ 80	5 10 15
	> 80	10 15
鉛、錫		1
焼結金属	DIN EN ISO 4498 [4] を参照	

280 材料

試験荷重を大きくすると、比較的広い表面積に変形が広がるため、組織が不均一な材料についても、精度の高い測定データを得ることができる。ブリネル法の長所は、ブリネル硬度係数と鋼の引張強度との相関関係が、比較的高いことである。

事前の準備作業とテスト手順は、ロックウェル試験法よりも、かなり複雑で難度が高くなる。

ビッカース硬度 (DIN EN ISO 6507, [5])

この試験は硬度に関係なく、すべての金属材料に適用でき、特に、小さくて薄い試験片の検査に適している。窒化製品や、窒素ガス中で浸炭した部品、さらに表面硬化処理した部品にも、適用範囲を広げることができる。

圧子は、頂角が136°のダイヤモンド製四角錐である。これを、試験片の表面にそれぞれの規定荷重Fで押し付ける。テスト表面に残ったくぼみの対角線d_1とd_2を、テスト荷重Fを除いたあとに測定する。ビッカース硬度は、2つの対角線の平均値dから求められる。

$$HV = \frac{2F \sin\frac{136}{2}}{d^2} \approx 0.1891 \frac{F}{d^2}$$

試験荷重F (N) と平均値d (対角線の長さd_1とd_2 (mm)) の場合

ビッカース硬度では、計測値の後に、略号のHVとN (ニュートン) 単位で示された荷重 (係数0.102を掛ける) を付記し、スラッシュ (/) に続いて負荷時間 (秒) を表記する (標準15秒以外の場合)。(例：750 HV 10/25)

試験片表面は、滑らかで凸凹のない状態でなければならない。DIN EN ISO 6507 [5] には、表面の歪みによって生じた誤差を、補正係数で修正するようにと規定されている。試験に適用される押込み荷重の程度は、試験片の厚みまたは硬化表面層の厚みによって選択される。

この試験法の主な長所は、試験片の厚さに制限がなく、薄い部品や層状材料の評価を行うことができる点である。荷重レベルをごく小さくして、個々の組織箇所の硬度を判定することができる。ブリネル硬度とビッカース硬度の間には、約350 HVまで相関関係がある。測定値の正確さを期すためには、ある程度の表面の滑らかさが必要である。

ヌープ硬度 (DIN EN ISO 4545, [6])

この試験法はビッカース法と非常に良く似ており、ビッカーズ試験での等辺のダイヤモンド先端部が、ヌープ試験では菱形になっている。圧子は、くぼみが浅い菱形になるように設計されている。試験片表面に残ったくぼみの対角線dを、試験荷重Fを除いたあとに測定する。硬度値HKは以下のように算出する。

$$HK = 1.451 \frac{F}{d^2}$$

試験荷重F (N) と長い対角線の長さd (mm)。

ヌープ硬度では、数値に続いて試験法の略号、係数0.102を掛けた試験荷重 (N)、必要に応じてスラッシュ (/) で分け、さらに試験荷重の負荷時間 (秒) を付記する (例：640 HK 0.1/20)。

くぼみの深さはビッカース試験の約1/3で、薄型部品や薄い層の表面硬度の評価が可能である。しかしこの試験法は、被検体表面に対する要求事項が厳しい。この試験は、磨かれた滑らかで凸凹のない表面で行わなければならない。

ヌープ硬度試験法は、セラミックや焼結合金材などのもろい材料に使われることが多い。

マルテンス硬度 (DIN EN ISO 14577, [7])

この試験法では、ピラミッド形状の試験用具により材料にくぼみの跡が残される。その過程で塑性変形と弾性変形時に荷重と移動距離を測定する。マルテンス硬度は、くぼみの深さhから算出された圧子の表面A_Sへの試験荷重F (N/mm^2) の割合として定義される。

マルテンス硬度は、略号HMに試験荷重 (N)、荷重の負荷時間 (秒)、荷重の保持時間
(例：HM 0.5/20/20 $\triangleq$ 8,700 N/mm^2) で示される。

はね返り硬度

この動的測定方法は、特に、寸法と重量が大きい金属片の測定を目的としている。この方法は、先端にダイヤモンド製または超硬合金製エレメントを持つ鋼製測定子 (ハンマー) のはね返りの高さを測定するものである。この測定子を規定の高さから試験片表面に落下させ、その際の測定子の反発力を硬度判定の基準とする。

この方法はまだ標準化されておらず、他の硬度試験方法との直接的な相関関係はない。

熱処理プロセス

熱処理は、金属部品や工具の技術的な材料特性を関連する要求に適合させるために行う。そのような要求には、製造に適合する処理特性と機能に適合する使用特性がある。

DIN EN 10052 [8] によると、熱処理は「加工部品の全体または一部を時間サイクルと温度サイクルにさらして、構造特性の変化をもたらす。必要に応じて、材料の化学成分を処理時に変化させる」。

熱処理の目的は、結晶構造を変化させて、静的荷重および動的荷重に耐える硬度、強度、延性、耐摩耗性などを得ることにある。主な熱処理方法を表2に示す (用語については、DIN EN 10052, [8] を参照)。

焼入れ

焼入れでは、鋼や鋳鉄などの鉄鋼材料を、極めて高い硬度と強度を持ったマルテンサイトの結晶構造に変質させる。この方法は、オーステナイト化として知られる個々の段階と冷却や焼入れで構成される。

焼入れ処理

処理する加工部品をオーステナイト化または焼入れ温度 (表3) まで加熱し、オーステナイト組織が現れ、さらに十分な量の炭素 (添加した炭化物が分解して生じる。鋳鉄の場合は黒鉛) が材料に溶け込むまで、部品をその温度で維持する。オーステナイト化後、加工部品は焼入れに十分な割合で冷却または焼入れされる。このことは温度差によって生じることもある。マルテンサイト系結晶構造への完全な転換は、可能な限り速やかに完了させなければならない。必要な冷却過程は、化学成分、オーステナイト化の状態、形状や寸法、目的の結晶構造によって決定される。所要の冷却速度の基準値は、該当する鋼の時間−温度変態図より求めること。

282 材料

表2：熱処理方法

焼入れ	オーステンパ	焼戻し	熱化学的処理	焼なまし	析出硬化
断面通し焼入れ 表面焼入れ 浸炭硬化 (肌焼)	ベーナイトへの恒温変態	硬化処理した部品の焼戻し 急冷および延伸のための540 ℃以上での焼戻し	浸炭 浸炭窒化焼入れ 窒素肌焼 窒素浸炭 ホウ素処理法 クロマイジング	応力除去焼なまし 再結晶化焼なまし 軟化焼なまし 球状化焼きなまし 焼ならし 均質化	固溶体化処理と時効

オーステナイト化温度は、材料の成分によって変化する（詳細については、「Technical Requirements for Steels」に関する DIN 規格を参照）。表3に一部鋼材の参考値を示す。工具や部品の焼入れ方法に関する実用データについては、DIN 17 022のパート1およびパート2を参照のこと。工具や構成部品の焼入れについてはDIN 17022 [9]のパート1およびパート2を参照。

あらゆる鋼や鋳鉄が焼入れに適しているわけではない。下記の式は、炭素含有量が0.15 〜 0.60 %の合金鋼および非合金鋼の硬度を表している。この式から、完全なマルテンサイト系結晶構造を持つ鋼の硬度を計算することができる。

表3：オーステナイト化温度の参考値

鋼の種類	品質仕様に関するDIN [10, 11, 12]	オーステナイト化温度 (℃)
非合金と低合金鋼 Cの含有量 < 0.8% Cの含有量 ≥ 0.8%	DIN EN 10083-1 10083-2 10083-3 10085 –	 780 〜 950 750 〜 820
冷間および熱間工具鋼	DIN EN ISO 4957	780 〜 1150
高速度鋼		1150 〜 1300

$$最大硬度 = (35 + 50x \pm 2)\,\text{HRC} \quad (式1)$$

炭素含有量の質量比 (%) は、ここではxは炭素含有量の質量比 (%) である。結晶構造全体がマルテンサイト組織でない場合は、最大硬度は得られない。

炭素量が質量比で0.6 %を超えると、組織にはマルテンサイトの他に、変態しなかったオーステナイト（残留オーステナイト）も含まれると考えなければならない。大量の残留オーストナイトは、達成可能な硬度に悪影響を及ぼして耐摩耗性を弱める。また、残留オーステナイトは準安定状態にある。つまり、室温以下の温度にさらすか、または応力を加えると、マルテンサイトに変態する可能性がある。このため、加工部品の寸法や形状に望ましくない変化が生じる恐れがある。残留オーステナイトの形成が焼入れ過程で避けられない場合、焼入れに続いての迅速なサブゼロ処理または230 ℃以上での焼戻しが効果的である。

冷却と焼入れ時には、加工部品の端部と内部との間に温度差が起こる。大きな断面では、内部の冷却速度が落ちることにより、表面までの距離が増えるので硬化に遅れが生じる可能性がある。つまり、硬度の変化または勾配が現れる。硬化勾配は、オーステナイト化の状態に依存する材料組成と焼入れ性から得られる（試験法についてはDIN EN ISO 642, [13]を参照）。この場合、所定の硬化に関しては十分な焼入れ性を持つ材料を使用する必要がある。焼入れ性に基づく鋼の選択情報については、DIN 17021 [14]を参照。

DIN EN ISO 18265 [15]には、引張強度R_mの評価の基礎として硬度を用いる方法が規定されている。この方法は、表面硬度と内部硬度がほとんど等しいか否かにかかわらず適用できる。

焼入れ時、結晶構造のマルテンサイト状態への変態は体積の増加を伴って発生する。開始時の状態に対して、体積が約1％増加する。これは、長さが約0.3％変化するのに等しい。

冷却時の構造と熱勾配の再変化に伴う体積の変化により応力が生じ、それに対して寸法と形状の変化という形でゆがみが発生する。焼入れ後の加工部品に残る応力は、内部応力という。硬化した加工部品の端部は内部引張応力の影響を、内部は内部圧縮応力の影響を受ける傾向にある。

表面焼入れ

この方法は大量生産方式に特に適しており、生産ラインの工程に組み込むことができる。

加熱と硬化は表面に限られているので、形状および寸法の変化は最小限に抑えることができる。通常、高周波または中波の交流電流（誘導焼入れ）、あるいはガスバーナー（炎焼入れ）によって加熱する。摩擦（摩擦焼入れ）や高エネルギービーム（電子ビームまたはレーザービーム）で処理すれば、オーステナイト化することもできる。表4に、各方法の出力密度を示す。

これらの方法によって、線形、平面状のいずれのものも処理することができる。部品は静止状態でも運動状態でも加熱できる。また、熱源を移動させることもできる。材料を回転させると、同心円状の焼入れが行える。急冷するには、浸漬、または冷却液を吹き付ける方法がとられる。表面焼入れについてはDIN 17022-5 [9]を参照。

極めて急速に加熱しなければならないため、温度は炉で加熱する場合より、50～10℃高めにし、時間を短縮する。通常、この方法は、炭素量が質量比で0.35～0.60％の低合金鋼または非合金鋼に使用される。この他、合金鋼、鋳鉄、軸受鋼も表面焼入れすることがある。熱処理を施すことで、母材本来の強度と大きな表面硬度を持った部品が得られ、高応力下（縮小端部、軸受面、断面変化など）の使用に適するようにする。

通常、表面焼入れを行うと、表面に内部圧縮応力が発生する。このため、特に切欠き部分が振動荷重を受ける場合、耐疲労性が増加する。図2の応力は、曲げ応力に相当する。高い応力許容性は、応力状態（結果としての応力）が曲げ応力と内部応力の重層によって低減されるいうことから得られる。

表4：各熱源の出力密度

熱源	一般的な出力密度 W/cm^2
レーザービーム	$10^3 \sim 10^4$
電子ビーム	$10^3 \sim 10^4$
インダクション（中波または高周波の交流電流または高周波パルス）	$10^3 \sim 10^4$
炎加熱	$1 \cdot 10^3 \sim 6 \cdot 10^3$
プラズマビーム	10^4
融解食塩溶液（対流）	20
空気／ガス（対流）	0.5

表面硬度は、前述の式1によって推測することができる。表面から、焼入れされていない中心部分へ向かうに従って、実際の硬度が低下する。焼入れ深さ *SHD* (ビッカーズ表面硬度の80％に相当する深さ) は、硬度変化曲線から求めることができる (DIN EN 10328, [16] を参照)。

オーステンパ

この処理の目的は、ベーナイトの結晶構造を得ることである。この組織はマルテンサイトほど硬くないが、比体積の変化が小さく、延性が大きくなる。

オーステナイト化 (「焼入れ」の項を参照) の後、まずオーステンパする部品を、所定の速度で200～350℃の温度まで冷却する (冷却温度は材料の成分によって異なる)。この状態で、ベーナイトの結晶構造への変態が完了するまで温度を一定に保つ。変態温度への冷却は、通常、溶融金塩水の中で行われる (標準的な塩は、硝酸カリウムと亜硝酸ナトリウムの混合物である)。結晶構造への変態の後、室温まで冷却する (特別な冷却方法は必要ない)。

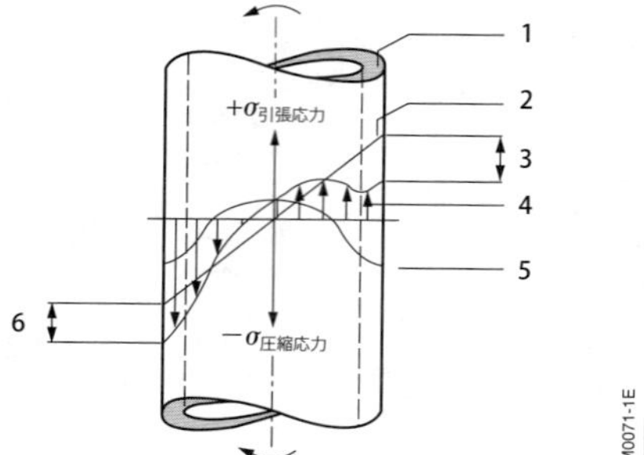

オーステンパは、焼入れ歪みの発生や焼割れを起こしやすい部品、大きな硬度と延性を同時に必要とする部品、あるいは可能なかぎり残留オーステナイトを発生させることなく硬化することが求められる部品にとって、優れた方法である。

用途

高い摩耗と内部圧縮応力に耐えられなければならないコモンレールシステム用の最新ディーゼル高圧ポンプのシリンダーヘッドは、オーステンパされている。

焼戻し

硬化した構成部品と工具の焼戻しは、変形能を増加して亀裂の危険性を減らすために施される。DIN EN 10052 [8] によると、焼戻しには、問題の部品を一回あるいは繰り返して焼戻し温度に加熱すること、部品をこの温度で保持すること、さらにそれを適切に冷却することが含まれる。焼戻しは、室温と Ac_1 温度の間、つまりオーステナイト組織の構成成分が生成される温度で行われる。

非合金鋼および低合金鋼の場合には、すでに180℃の焼戻しで硬度は約1～5 HRC低下する。それ以上の高温においては、材料の種類によって、それぞれ固有の硬度低下を示す。図3は、数種の代表的な鋼の焼戻し曲線を示したものである。この図より、熱間加工や高速度工具鋼などの特殊な炭化物形成元素 (Mo、V、W) で合金された鋼の硬度は、焼入れ硬度より高い400～600℃の温度範囲で焼戻すことで増加することがわかる (二次焼入れ)。

焼戻し温度と、硬度や強度、降伏点、破断歪みおよび破断伸びなどとの相互関係は、種々の鋼の焼戻し図より読み取れる (DIN EN 17021, [17] などを参照)。

一般的に焼戻しは、硬化と強度が弱まり変態能が高まる。内部応力も、焼戻し温度が300℃を超えると緩和できる。

図2：表面焼入れによる応力変化曲線
+σ 引張応力　　−σ 圧縮応力
1 焼入れ硬化層　　2 曲げ応力
3 引張応力の減少
4 引張応力　　5 本来の応力
6 圧縮応力の増加

UAM0071-1E

残留オーステナイトのない組織が焼戻しされると、比体積が減少する。しかし、組織に残留オーステナイトが含まれる場合は、残留オーステナイトからマルテンサイトへの変態時に体積の増加が生じる。硬度が増加して変態能が低下し、新たに内部応力が発生する。亀裂の可能性も増加する。

マンガン、クロムとニッケル、あるいはこれらの成分の化合物との合金鋼は、350 〜 500 ℃の温度で焼戻しを行うともろくなるので、焼戻しをしてはならない。この種の材料を550 ℃以上の焼戻し温度から冷却する際には、この臨界温度域における冷却を、できる限り速やかに行わなければならない（追加情報については、DIN 17022 パート1およびパート2 [9]を参照）。この焼戻しの感度は、合金化によりモリブデンあるいはタングステンを追加することで回避できる。

急冷および延伸

急冷および延伸には、通常540 ℃ 〜 680 ℃の温度での焼入れと焼戻しの併用を含む。目的は、強度と延性の両立を実現させることである。この方法は、極端な延性または可鍛性が求められる場合に用いられる。

急冷延伸処理では、脆化を避けるための配慮が必要である（前項を参照）。

焼なまし

焼なましにより、部品の加工性と実際の使用時の特性を最適化することができる。この方法では、部品を所定の温度に加熱し、十分な時間そのままの状態を維持した後、所望の特性を実現するのに必要な速度で室温まで冷却する。技術的に最も重要な焼なましの工程を、以下に説明する。

応力除去焼なまし

材料の組成によって異なるが、応力除去の作業は450 〜 650 ℃の温度範囲で行われる。目的は、部品や工具、および鋳物の内部応力を、取り除くことである。

再結晶化焼なまし

再結晶焼なましは、冷間形成した部品に用いられる。目的は、加工によって生じた硬化を抑制し、結晶粒を再配列することである。その結果、以降の加工作業が容易になる。

温度条件は材料の組成と変形量によって異なる。鋼の場合は550 〜 730 ℃である。

軟化焼なまし、球状化焼なまし

軟化焼なましの目的は、切断や冷間形成が困難な材料の機械加工性を高めることにある。これは、問題の材料を600 ℃を超える温度に加熱、関連する鋼にはAc₁温度以上で可能な限り短時間、この温度を維持、つぎに徐々に室温まで冷却という過程を経る。

温度条件は材料の組成によって決定される。鋼の場合は650 〜 850 ℃であり、非鉄金属の場合はそれより低温になる。

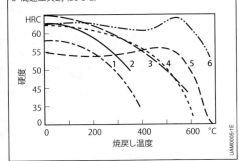

図3：種々の鋼の焼戻し温度と硬度の関係
1 非合金焼戻し鋼 (C45)
2 非合金冷間工具鋼 (C80W2)
3 低合金冷間工具鋼 (105WCr6)
4 合金冷間工具鋼 (X165CrV12)
5 熱間工具鋼 (X40CrMoV51)
6 高速工具鋼 (S6-5-2)

セメンタイトの球状化焼なましは、粉界に炭化物を成長させる結晶構造の場合に用いられる。焼なまし温度の結果としてセメンタイトの強度が弱まり、できるだけ表面が少ない1つの構造体（球）に収束し続けることができる。最初の組織がマルテンサイトまたはベーナイトの場合、この処理によって、炭化物の分布を極めて均質にすることができる。

焼ならし

焼ならしでは、部品をオーステナイト化温度に加熱し、その後、室温まで徐冷する。低合金鋼や非合金鋼の場合は、フェライトとパーライトで構成される組織になる。焼ならしは本来、粒子サイズを小さくし、変形の少ない部品の粗粒子の形成を低減させ、フェライトとパーライトの分布を最大限均質にするために行われる。

析出硬化

この方法は、固溶体化処理と周囲温度での時効処理を組み合わせたものである。材料を加熱し、高温で維持することにより、析出した構成成分を固溶体に移動させる。次に、室温まで急冷して、過飽和固溶体を形成させる。時効処理は数回のサイクルで行われ、材料は加熱された後、雰囲気温度以上で維持される（ホットエージング）。その結果、一種類あるいは複数の相（成分金属同士の金属結合）が、マトリックス状に形成され、析出される。

析出粒子は、金属結晶組織の硬度と強度を向上させる。実際の特性は、相互に対立する条件である時効処理の温度と処理時間によって決定される。ある限度を超えると、結晶組織の強度と硬度は、低下するのが普通である。

析出硬化は主に非鉄合金に用いられるが、処理可能な鋼もある（マルエージング鋼）。

用途

析出硬化可能な鋼は、コモンレールシステムのレール圧センサーなどに使用されている。

金属材料の熱処理 **287**

熱化学的処理

熱化学的処理とは、物質を適切な作用物質と交換することにより基材の化学成分の変化に影響を与えることをいう。この機能特性は、特定の元素が表面層に拡散して適用可能になる。この方法で特に必要なものは、炭素、窒素およびホウ素である。

浸炭焼入れ法、浸炭窒化焼入れ法、表面硬化法

浸炭焼入れ法では、表層の炭素量が増加し、浸炭窒化焼入れ法では、窒素と炭素の両方が増加する。通常、この方法は、750 〜 1,050 ℃の温度範囲のガス中で行われ、プラズマの中で励起か熱による崩壊の結果として炭素または窒素を放出する。冷却で分類すると、浸炭または浸炭窒化温度から直接急冷する直接焼入れ、部品を室温まで徐冷する単純焼入れ、さらには部品を適切な中間温度（恒温変態後の焼入れで620 ℃）に徐冷した後、焼入れ温度まで再加熱する方法などがある。こうした方法によって、マルテンサイト表層が生成される。中心部のマルテンサイト度は、焼入れ温度、焼入れ性、および材料の断面に依存する。

焼入れ温度は、表層の炭素分を多くするか（ケースリファイニング）、非浸炭コア（コアリファイニング）を所望するかにより、適切なレベルを選択する（DIN 17022 パート3 [9]を参照）。浸炭および浸炭窒化法では、表面炭素濃度が高くなり、表面からの距離に比例して、内部の炭素が減少する（炭素曲線）。炭素含有量が0.35 ％になる点と表面との距離は、通常、浸炭深さとして規定される。

浸炭方法または浸炭窒化方法の浸炭時間は、所定の浸炭硬化層深さや温度、雰囲気の炭素拡散特性によって異なる。

表面硬化時の標準表面炭素含有量は、十分な表面硬度を達成するために、質量0.5 〜 0.85の範囲である。炭素濃度により、基本的に表面硬度が決定される。

ただし、炭素濃度が高すぎると、残留オーステナイトが発生したり、炭化物が拡散したりして、実際に部品を使用する際の性能に悪影響を及ぼす可能性がある。そのため、雰囲気中の炭素量と部品の最終炭素含有量の管理が、非常に重要となる。

現在使用されている最も一般的な浸炭焼入れ法は、ガス浸炭焼入れ法と真空浸炭焼入れ法である。ガス浸炭焼入れ法の場合、炉内雰囲気の炭素含有量は、加工部品の表面層が確実に所定の炭素含有量であるように調節する。平衡状態は、取り巻く炉内雰囲気によって確立される。一方、真空浸炭焼入れ法の場合は、炭素含有量を調節することはできない。ここでは、規定の表面炭素含有量は、多段式浸炭焼入れ法によって調整する。第1段階では、浸炭焼入れは、飽和状態の高濃度の炭素含有量で行われる。次の段階では、この高濃度炭素含有量は拡散することで規定量に低下する。実際、真空浸炭焼入れ法では、浸炭と拡散の段階を数回連続して行う。

硬度と深さの関係を定義する勾配は、炭素濃度曲線に対応する。表面硬化深さCHDは、これから得られる。DIN EN ISO 2639 [18]により、これは、550 HV 1のビッカース硬度を持つ層に対する表面への垂直距離と規定されている。

表面硬化処理を行った部品では、通常、表面に圧縮応力が働き、中心部には引張応力が作用する。表面硬化材料では、この内部応力分布パターンによって、耐振動性を向上させることができる。

浸炭窒化法では、窒素も吸収される。窒素は、材料の焼戻し特性を改善し、耐久性および耐摩耗性を向上させる。浸炭窒化法は、特に非合金鋼に好影響を与えると言われている。

表面硬化処理に関する詳細については、DIN 17022 パート3 [9]と、スチールインフォメーションセンター（デュッセルドルフ）のMerkblatt 452 [19]を参照。

用途

摩耗と内部圧縮応力に高耐性でなければならないBosch製コモンレールシステム用の摩耗を受ける噴射ノズルは、真空浸炭焼入れ法により焼入れされる。

窒化および窒素浸炭

窒化とは、窒素を使用して表面層を硬化させる熱処理方法の一種（温度範囲：400 ～ 600 ℃）であり、ほとんどすべての鉄鋼材に用いることができる。窒素浸炭の場合は、一定量の炭素を同時に材料に拡散浸透させる。

この気体窒素の温度範囲にそのまま存在する窒素分子は、金属材料中に拡散することはできない。従って、適切なドナー媒体を介して拡散可能な窒素を提供する必要がある。実際の適用では、窒化方法と窒化浸炭方法は、アンモニアを含んだガス雰囲気の中、窒素を含んだプラズマの中、あるいはシアン塩酸を含んだ融解食塩溶液の中でも行われる。アンモニアガスが熱崩壊時に拡散性窒素を放出している間、窒素は、プラズマの中で分子を分裂するためにイオン化して、窒素原子の拡散を促進する。

表面層の窒素が濃縮することにより窒化物の沈殿が生じ、それに応じて表面層が硬化する。最終的に、これにより耐摩耗性と耐腐食性に優れ、さらに疲労強度が向上する結果が得られる。

窒化は比較的低温で行われるため、体積変化を伴うような結晶組織の変化は生じない。寸法および形状変化はわずかである。

窒化領域は深さ数ミクロン程度の表面層に形成され、どの部分でも700 ～ 1,200 HVの硬度（材料の組成に依る）を示す。その下には、厚さ数百ミクロンのいくぶん柔らかい拡散層があり、表面から距離が大きくなるにしたがって、窒素含有量が減少する。各層の厚みは、熱処理法の温度と処理時間によって決まる。材料の断面深さの方向に硬度の勾配が生じ（表面硬化法と同様）、この変化は窒化硬化層深さNHDを決定する際の基本になる。DIN 50190パート3 [20] では、これを表面から硬度が規定限界に対応するポイントまでの垂直距離として規定している。この限界硬度は、通常、実際の内部硬度が + 50 HV 0.5である。

材料の耐摩耗性は、窒素含有率が10％以下の表面層の厚さによって決まる。窒化硬化深さと表面硬度により、交互繰返し応力に対する材料の耐性が決定する（詳細については、DIN 17022パート4, [9]と、スチールインフォメーションセンター（デュッセルドルフ）のMerkblatt 447, [21]を参照）。

窒化または窒素浸炭による加工部品の耐腐食性は、水蒸気またはその他の適切なガス、あるいは融解食塩溶液の後酸化により350 ～ 550 ℃の温度範囲で著しく向上させることができる。

用途

極度の使用温度に耐えられるBosch製コモンレールシステムなどに使用される噴射ノズルは、ガス窒化処理されている。

耐腐食性と耐摩耗性を高めるために、フロントガラスとリヤウィンドウのワイパーシステムの構成部品には窒素浸炭焼入れと後酸化が施される。これにより、構成部品は標準の黒色状態が得られる。

ホウ素処理法

ホウ素処理法は、ホウ素を使用して鉄鋼材の表面層の硬化を行う。処理時間と温度（通常850 ～ 1,000 ℃）によって異なるが、深さが30 µm ～ 0.2 mmで硬度が2,000 ～ 2,500 HVの表面層が生成される。これは鉄ホウ素でできている。

金属材料の熱処理 **289**

ホウ素処理は、特に研磨摩耗を防ぐ手段として効果がある。しかし、処理温度が比較的高いため、形状および寸法変化が相対的に大きくなる。そのため、ホウ素処理は、許容誤差の大きな用途にしか適さない。

用途

部分的にホウ素処理された高摩耗耐性の工具ホルダーがBosch製ハンマードリルに使用されている。

参考文献

[1] DIN EN ISO 18265: Metallic materials – Conversion of hardness values.

[2] DIN EN ISO 6508: Metallic materials – Rockwell hardness test.

[3] DIN EN ISO 6506: Metallic materials – Brinell hardness test.

[4] DIN EN ISO 4498: Sintered metal materials, excluding hardmetals – Determination of apparent hardness and microhardness.

[5] DIN EN ISO 6507: Metallic materials – Vickers hardness test.

[6] DIN EN ISO 4545: Metallic materials – Knoop hardness test.

[7] DIN EN ISO 14577: Metallic materials – Instrumented indentation test for hardness and materials parameters.

[8] DIN EN 10052: Vocabulary of heat treatment terms for ferrous products.

[9] DIN 17022: Heat treatment of ferrous materials – Methods of heat treatment.

Part 1: Hardening, austempering, annealing, quenching, tempering of components.

Part 2: Hardening and tempering of tools.

Part 3: Case hardening.

Part 4: Nitriding and nitrocarburizing.

Part 5: Surface hardening.

[10] DIN EN 10083: Steels for quenching and tempering. Part 1: General technical delivery conditions.

Part 2: Technical delivery conditions for non-alloy steels.

Part 3: Technical delivery conditions for alloy steels.

[11] DIN EN 10085: Nitriding steels – Technical delivery conditions.

[12] DIN EN ISO 4957: Tool steels.

[13] DIN EN ISO 642: Steel – Hardenability test by end quenching (Jominy test).

[14] DIN 17021: Heat treatment of ferrous materials.

[15] DIN EN ISO 18265: Metallic materials – Conversion of hardness values.

[16] DIN EN 10328: Iron and steel – Determination of the conventional depth of hardening after surface hardening.

[17] DIN 17021-1: Heat treatment of ferrous materials; material selection, steel selection according to hardenability.

[18] DIN EN ISO 2639: Steels – Determination and verification of the depth of carburized and hardened cases.

[19] Information Sheet 452 of the Steel Information Center, Düsseldorf: "Einsatzhärten", Edition 2008.

[20] DIN 50190-3: Hardness depth of heat-treated parts; determination of the effective depth after nitriding.

[21] Information Sheet 447 of the Steel Information Center, Düsseldorf: "Wärmebehandlung von Stahl – Nitrieren und Nitrocarburieren", Edition 2005.

腐食および腐食防止

腐食のプロセス

腐食とは、周囲の物質との反応により、金属表面が損傷することである。腐食のプロセスには常に、相境界上の反応が含まれる。この種の例としては、高温ガス中で金属を酸化させたときに生じる被膜が挙げられる。腐食過程で、金属表面から金属原子が放出され、非金属状態に移行する。このプロセスは、熱力学的には、秩序のある高位エネルギー状態から秩序のない低位エネルギー状態、すなわち安定した状態へのエントロピー変化である。このプロセスは自然に発生するものである。

ここでは、金属と水（電解液）の相境界で発生する腐食、つまり、一般に電気化学的腐食と呼ばれる現象のみ記述する。

腐食作用

陽極反応

電気化学的腐食においては、2つの基本的に異なる反応が起こる。陽極反応は視覚的に確認できる腐食のプロセスで、反応式

$$Me \rightarrow Me^{n+} + n e^-$$

で説明されるように、原子価に等しい数の電子を放出して（図1）金属が酸化状態に移行する。生成した金属イオンは、電解液中に溶解するか、あるいは、腐食媒体内の成分と反応して腐食物質（錆など）として金属表面に析出する[1]。

陰極還元反応

陽極で発生する電子がもう1つのプロセス陰極反応で消費される場合のみ、反応は継続する。この2番目の反応は、陰極反応である。中性またはアルカリ性溶液では、

$$O_2 + 2 H_2O + 4 e^- \rightarrow 4 OH^-$$

の式に従って、酸素は還元されて水酸イオンとなり、これが金属イオンと反応する。酸性溶液では、水素イオンは遊離水素の生成を通して還元され、

$$2 H^+ + 2 e^- \rightarrow H_2$$

の式に従ってガスとして逃散する。

金属のイオン化傾向列

金属を標準電位の値が大きい順に並べると、「イオン化傾向列」ができる（「電気化学」も参照）。標準電位の値が高い金属を「貴金属」と呼び、この値が低いものを「卑金属」と呼ぶ。

イオン化傾向に関する上記の議論は、熱力学的観点に限ったもので、金属表面の保護被覆の形成が酸化反応に及ぼす影響などは、まったく考慮されていない。ただし、ほとんどの耐食構造材は、耐腐食性に重要な保護被膜を形成している。よって、アルミニウム、亜鉛およびチタンなどは卑金属であっても、保護皮膜が形成されるため高い耐食性を備えている。保護被膜の形成は、電気化学的腐食防止に利用される。

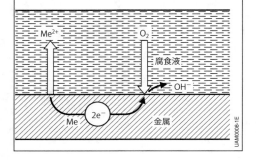

図1：金属／腐食媒体の界面での自然腐食
腐食性の強い媒質（中性またはアルカリ性）では、腐食金属で酸素が還元される。それと同時に腐食生成物が形成される。

腐食の種類

通常の表面腐食

通常の表面腐食は、金属と腐食媒体の接触面全体にわたって均一に起きる金属の侵食である。よく起きるタイプの腐食であり、腐食電流を基にして、単位時間当たりの侵食率を計算することができる。

孔食

孔食は、腐食媒体による局部的腐食で、腐食して穴やくぼみを形成する。通常、穴やくぼみの深さは直径より大きい。穴やくぼみ以外の箇所では、金属は除去されない。ほとんどの場合、孔食は塩化物イオン（例：食卓塩）によって発生する。

接触腐食

同一媒体で湿らせた2つの異種金属が電気的に接触状態にあると、貴金属側で陰極反応が起こり、卑金属で陽極反応が進む。これを接触腐食という。

割目腐食

割目腐食は、腐食媒体中の濃度差が原因で、酸素が拡散する経路が長くなるような狭い割目で多発する。この腐食によって、割目の両端で電位差が生じ、通気が悪い側で腐食が激しくなる。

応力腐食割れ

この腐食は、腐食媒体と引張応力が同時に重なって生じる腐食のことである（金属内部応力によっても発生する）。結晶粒内破壊や結晶粒界破壊によってクラックが生じるが、多くの場合、肉眼で確認できるような腐食生成物が発生することはない。

振動腐食割れ

振動腐食割れは、腐食媒体と機械的疲労応力の同時作用、たとえば振動によって発生する腐食である。結晶粒内破壊によりクラックが生じるが、変形はほとんどない。

結晶粒界腐食および結晶粒内腐食

これは、結晶粒界に沿っての腐食、または粒子内部に歪み方向とほぼ平行に発生する腐食である。

脱亜鉛

真鍮から亜鉛が選択的に溶出され、銅の多孔組織を形成する。

腐食試験

電気化学的試験

電気化学的腐食試験で主に使用するツールは、定電位電解装置である。この装置は、種々の腐食媒体中での金属またはその他の伝導性材料を分析するために使用する。図2に3極の一般的なセットアップを示す。このセットアップは、主に腐食電流(および腐食材料の腐食電位)を特定するために使用する。表面腐食が均一である場合、腐食対電流パラメータは侵食される質量と単位時間当たりの除去深度を定義するために使われる。

電気化学的試験によって腐食の仕組みを理解できるため、これは非電気化学的手法を補完する重要な試験である。必要となる腐食媒体の量が少ないことに加えて、電気化学的腐食試験法は、非電気化学的試験方法に比べて、腐食率の量的データが得られることに利点がある。

定電位電解装置を使って、分析対象の材料の電位を変化させ、その際に流れる電流を測定する。この評価によって反応の仕組みと、特に、腐食電流密度を特定できる。

分極抵抗測定

自然腐食の場合、腐食電流は分極抵抗から特定する(積算電流密度/電位曲線)。これを測定するためには、対象となる金属を最低限の交流の陽極および陰極パルスにさらす。

インピーダンス分光

電気化学的インピーダンス分光(EIS)は腐食のメカニズムを調べるために使われる。この交流電流を使った測定技術によって、電気化学的試験対象の交流抵抗(インピーダンス)を、周波数の関数として定める。低振幅の正弦交流電圧を動作電極の電位に重畳して、電流応答を測定する。これを解釈するため、系は等価回路により近似される。例として、図3に金属、皮膜、媒体系の等価回路を示す。

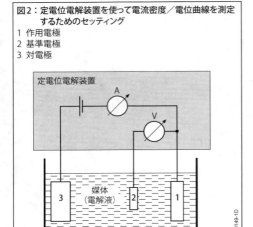

図2:定電位電解装置を使って電流密度/電位曲線を測定するためのセッティング
1 作用電極
2 基準電極
3 対電極

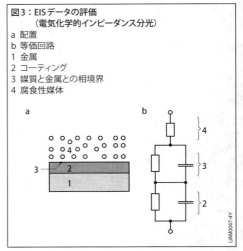

図3:EISデータの評価
　　　(電気化学的インピーダンス分光)
a 配置
b 等価回路
1 金属
2 コーティング
3 媒質と金属との相境界
4 腐食性媒体

相境界に順（例：電子移動順）に、インピーダンスの要素（抵抗、静電容量、インダクタンス）を割り当てる。図3の単純な例では、コーティング（金属と腐食媒体との境界と同じと考えることができる）をコンデンサーおよび抵抗器として説明している。

等価回路およびインピーダンス要素から、保護皮膜の腐食防止作用、多孔性、厚さと吸水性、インヒビターの作用、金属母材の腐食速度などさまざまな特性データを直接得ることができる。

接触腐食電流測定

接触腐食を測定する場合、影響を受ける2つの金属を同じ腐食媒体に浸漬する。測定中、それらを直接接触させるのではなく、定電位電解装置を介して接続する。この場合、2つの金属間の接触腐食の電位および接触腐食電流を直接測定し、測定時間にわたってその変化をプロットする。

非電気化学的腐食の試験方法

非電気化学的試験は基本的に、試験片を腐食環境に暴露し（暴露試験）、試験片の変化を評価する。

品質を試験する、または腐食防止対策／材料を比較する目的で単純な標準試験（例：中性塩噴霧試験による腐食負荷）を実施する。この試験では、腐食防止対策の弱点を明らかにし、異なる品質を説明することに重点が置かれる。

腐食負荷が完了したら、DIN EN ISO 4628-3 [2]に準拠して画像を比較し、錆で覆われた部分の面積および孔食を受けた部分の広さで定義される錆レベル（錆の度合い）を割り当てることができる（表1）。

表1：錆レベルおよび錆表面（DIN EN ISO 4628-3）

錆レベル	錆レベル錆の面積（%）
R_i0	0
R_i1	0.05
R_i2	0.5
R_i3	1
R_i4	8
R_i5	40 〜 50

有効寿命を評価するための試験方法が進化して、特定の要件（たとえば自動車の試験）を反映させることができるようになった。これらの試験方法では、塩の噴霧、乾燥および湿潤フェーズの腐食荷重を周期的に繰り返す。これらの試験方法によって、非常に厳しい条件下に試料を短時間さらすことによって、現実世界における長期間に渡るストレスのシミュレーションを行い、通常動作時における寿命を予測するための信頼性の高い指針を得ることができる（Bosch規格N42AP 226「気候試験 – 厳格寿命 – 腐食試験」に準拠した試験など）。

その他の腐食負荷の実製品への応用は、厳格化された条件で行われる（異なるメーカーの自動車の車両試験など）。

腐食負荷に加え、寿命試験では製品の機能の評価に焦点が当てられる。

腐食防止

腐食の出現の仕方とメカニズムにはさまざまな種類があるため、金属の腐食を防止するためには、同様にさまざまな方法が必要となる。腐食防止とは、部品の寿命を延ばすために、腐食過程に干渉を行ない腐食率を低減することを指す。

次の4つの基本対策により、腐食を防止する。
- 計画および設計段階における措置：適切な材料を選択し、部品の構造を適切に設計する。
- 電気化学的方法により腐食過程に干渉する措置。
- 保護層や保護皮膜を用いて腐食媒体から金属を隔離する措置。
- 腐食媒体に影響を及ぼす措置。たとえば、媒体に抑制剤を添加する。

適切な構造設計による腐食防止

材料の選択

想定される条件下で腐食に対する適切な耐性を持つ材料を選択することにより、腐食による損傷を効果的に防止することができる。車両を長期間保有する費用に、メンテナンスや修理にかかる費用を前もって考慮した場合、より高価な材料を使用することは、しばしば費用対効果の向上につながることがある。

構造

また、設計も大切な要素である。設計には多大な技術と専門知識が必要となる。同一の材料または異なる材料で構成される部品をつなぐ場合は特に必要である。

部品の角や縁は保護しにくいため、腐食が起こりやすい。設置位置によっても腐食を回避することができる（図4を参照）。

玉縁やふち飾りには埃や湿気が溜まりやすい。表面の形状を適切なものにしたり、排水用の穴をつけることによってこの問題を回避できる（図5を参照）。

溶接では、たいていの場合構造が悪影響を受ける。割目腐食を避けるためには、溶接面は滑らかであり割れ目があってはならない（図6を参照）。

接触腐食は、同一または同種の金属をつなげるか、あるいはワッシャーやスペーサー、スリーブを取り付けて確実に両方の金属を電気的に絶縁することにより、回避することができる（図7を参照）。

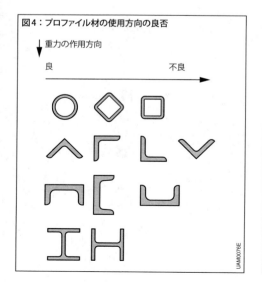

図4：プロファイル材の使用方向の良否

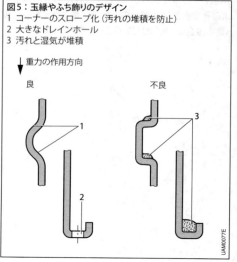

図5：玉縁やふち飾りのデザイン
1 コーナーのスロープ化（汚れの堆積を防止）
2 大きなドレインホール
3 汚れと湿気が堆積

電気化学的プロセス

不動態化被膜（ステンレス鋼の酸化被膜など）に適した金属の電流密度／電位曲線の図は、これらのプロセスがどのように働くかを示している（図8）。この図のy軸上で上昇する電流密度は、下記の式で示される腐食反応に対応する陽極電流を示している。

$$Me \rightarrow Me^{n+} + n e^{-}$$

他方、降下する電流密度値は、陰極電流を示す。

図からわかるように、腐食は電位 $E_a \leq E \leq E_p$ および $E \geq E_d$ の場合のみ発生する。よって、外部電圧を印加することで腐食を防止できる。これは、基本的には次の2つの方法で行なう。

陰極防食

陰極防食のためには、陽極電流が流れず、$E < E_a$ となるように電位を左側に変更する。外部電源から電圧を印加する代わりに、卑金属を「犠牲」反応陽極として動作するように接触させて電位を変更することもできる。

陽極防食

もう1つの方法は、外部電圧を印加して、腐食に侵されそうな電極の電位を不動態範囲、すなわち E_p と E_d の間の範囲に変更することである。これを陽極防食と呼ぶ。不動態範囲で流れる陽極電流は、金属と腐食媒体の種類によって、3から6の間の指数累乗分

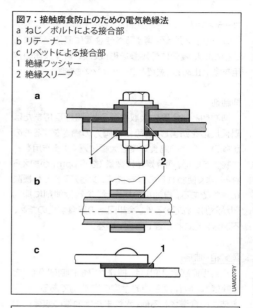

図7：接触腐食防止のための電気絶縁法
a ねじ／ボルトによる接合部
b リテーナー
c リベットによる接合部
1 絶縁ワッシャー
2 絶縁スリーブ

図6：構造設計に起因する溶接継ぎ目のギャップとその解消法
良（完全に溶接）　不良（ギャップが発生）

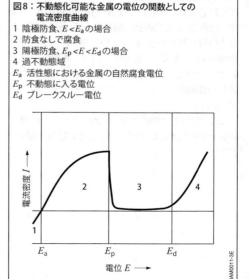

図8：不動態化可能な金属の電位の関数としての電流密度曲線
1 陰極防食、$E < E_a$ の場合
2 防食なしで腐食
3 陽極防食、$E_p < E < E_d$ の場合
4 過不動態域
E_a 活性態における金属の自然腐食電位
E_p 不動態に入る電位
E_d ブレークスルー電位

だけ活性態範囲の電流より低くなる。このため、金属の腐食防止に優れている。

しかし、不動態範囲を超える範囲では酸素が発生する場合があり、酸化率が高くなる可能性があるため、電位はE_dを超えてはならない。これらの効果は両方とも電流増加の原因となる。

コーティング

コーティングは保護するべき金属に直接適用することにより、表面に保護膜を形成して、腐食媒体の作用を食い止める（被覆とコーティングも参照）。

抑制剤

抑制剤とは金属に吸収させると、陰極反応または陽極反応を妨害し（実際には両方の働きをするものが多い）、金属の腐食速度を大幅に遅くする作用を持つ物質をいい、腐食媒体に微量（数百ppm）が加えられる。よく使われるのは有機アミンとアミドの有機酸化合物である。自動車の場合は、燃料添加剤に抑制剤が添加されている他、冷却回路の腐食防止のため、不凍液にもこれが混ぜられている。

蒸気相抑制剤

蒸気相抑制剤（VPI）は、揮発性腐食抑制剤（VCI）とも呼ばれ、実体は平均的温度の有機物である。特殊包装材に含浸される他、水性または油性の媒体に溶解した状態でも提供される。作用物質は徐々に蒸発または昇華し、金属表面に吸着されて、分子1個分の厚さの層を形成する。それにより、腐食に付きものの陽極反応、陰極反応、またはその両者を効果的に抑制する（つまり、遅らせる、または止める）。代表的な蒸気相抑制剤として、ジシクロヘキシルアミンニトライトがある。

この抑制剤を効果的に使うためのポイントは、対象物をできるだけ広く、隙間のないように被覆で覆うことである。

市販の蒸気相抑制剤は、複数の成分を含有しており、複数の金属または合金を同時に保護する働きをする。ただし、カドミウム、鉛、タングステン、マグネシウムには使えない。

蒸気相抑制剤は、保管および輸送に際して、金属製品を一時的に保護する目的で使われる。抑制剤は、塗布および除去が容易に行える物質でなければならない。蒸気相抑制剤の欠点は、健康に害を及ぼすおそれがあることである。

参考文献

[1] DIN 50919:2016-02: Corrosion of metals – Corrosion investigations of bimetallic corrosion in electrolytic solutions.

[2] DIN EN ISO 4628-3:2016-07: Paints and varnishes – Evaluation of degradation of coatings – Designation of quantity and size of defects, and of intensity of uniform changes in appearance.
Part 3: Assessment of degree of rusting (ISO 4628-3:2016); German version EN ISO 4628-3:2016.

被覆とコーティング

被覆とコーティングはコンポーネントの表面物性を特定の要求条件に適合させるために使用される (「表面処理」、表1)。たとえば安価な高強度材料の表面を硬化させ耐摩耗性を持たせることができる。コーティングの主な用途として下記が挙げられる。
- 腐食防止 (同時に機能維持、装飾を目的とすることも多い)
- 摩耗防止
- 結合技術 (差込、溶接、蝋接、接着、圧着による接合部)

コーティングの種類として次の3種が区別される。
- 被覆：1層を付着させる。
- 化成処理：基材の化学的または電気化学的変化によって機能性コーティング層を形成する。
- 拡散浸透処理：原子またはイオンの基材中への拡散によって機能性コーティング層を形成する。

被覆

電着

電着層は外部電源を用いて形成される。電着させる金属イオンを含む電解質溶液に、被覆する加工部品を浸漬する (図1)。電着の過程で消費される金属イオンは、陽極溶液から補給されるか、または (不活性陽極を用いる場合は) 外部から添加される。電気力線の形状や分布がコーティング層の厚さの分布に影響する。陽極とスクリーンの配置を最適化することで、均一な厚さのコーティング層が得られる。

電着法は腐食防止、摩耗防止、電気接点のために広く利用されている。被覆の主な例を以下に挙げる。

亜鉛および亜鉛合金

電着による亜鉛コーティングは鋼製コンポーネントの腐食防止に広く利用され、また陰極防食にも使用される (犠牲電極)。亜鉛コーティング層の防食機能を強化するため、六価クロムを含まない溶液を用いた不働態化処理が行われる。亜鉛合金には防食性が更に優れたものがある (たとえば約15%のNiを含むもの)。

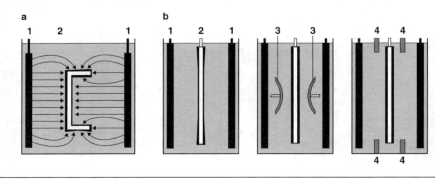

図1：電着
a 陽極と陰極の間の電気力線の形状と密度による厚さ不均一の発生
b 補助手段を用いない場合、補助陽極使用の場合、スクリーンを用いた場合の被覆厚さ分布の比較 (模式図)
1 陽極   2 陰極   3 補助陽極   4 スクリーン

被覆とコーティング **299**

ニッケル

電着によるニッケルコーティングは、腐食防止機能は限られているが、外観は魅力的である。自動車での使用例として、スパークプラグシェルのニッケルメッキがある。

クロム

クロム被覆には、硬質クロムと光沢クロムの2種がある。光沢クロムはニッケルまたは銅/ニッケルの中間層を挟んだ厚さ約0.3 μmの被覆層である。かつてはバンパーやモールディングに装飾目的で光沢クロムが使用されていた。装飾目的のクロム被膜は、車両設計における重要な要素となってきている。

硬質クロム被覆は厚さ > 2 μmのクロム被覆である。電着クロム層は硬度が大きく、耐摩耗性コーティングとして理想的である。かつては厚い硬質クロム層を形成したのち機械加工を行っていた。その後の技術進歩により、注文に従って厚さ5 〜 10 μmの層を形成し、機械加工なしに使用することが増えている(たとえば燃料インジェクターのコンポーネント)。

スズ

電着スズコーティングは主に差込接点・スイッチ接点の接触面、およびはんだ接触面に使用される。差込接点用としては厚さ2 〜 3 μmの層が最適である。はんだ付け用としては、長期間保存後もはんだ濡れ性を確保するため、より厚いコーティング層が要求される。

金

金被覆は通常、要求条件の厳しい接点に用いられる。その特徴は、電気伝導率が高く、接触抵抗が小さく、腐食や汚染ガスへの耐性に優れていることである。このため接点の安定性が確保される。硬質金被覆(合金元素(主としてコバルト)約0.5%を含む)は純金被覆よりも硬度および擦れ摩耗耐性が高く、機械的負荷を受ける接点に適している。

化学的被覆 (外部電流不使用)

化学的被覆は電着と異なり、コーティング浴における被覆形成時に外部電場が作用しないので、被覆層の厚さの分布がより均一になる。しかし被覆形成速度が低く、コーティング浴に用いる薬品が高価であるため、コストは電着に比べて高くなる。工業的には下記のものが普及している。

表1:コーティングの応用分野

コーティングシステム	コーティング材料	主な用途
電着	Zn、ZnNi、Ni Cr Sn、Ag、Au	腐食防止 摩耗防止 装飾 電気接点
化学的被覆	NiP、NiP 分散液 Cu、Sn、Pd、Au	摩耗防止、腐食防止 電子的応用分野
高温浸漬被覆	Zn、Al Sn	腐食防止 電気接点
塗装 (水性塗料、粉体塗料)	有機ポリマー 顔料 (着色粒子)	(装飾的) 腐食防止 摩耗低減 電気絶縁
PVD およびCVDコーティング (プラズマ技術)	TiN、TiCN、TiAlN DLC i-C(WC)、a-C:H	工具の摩耗防止 コンポーネントの摩擦・摩耗低減

300 材料

– 無電解ニッケル（ニッケル／リン、NiP）：腐食および摩耗に対する保護被膜、電動フューエルポンプあるいはガソリン直接噴射用高圧ポンプなどに使用
– 無電解銅および無電解スズ：プリント基板用

高温浸漬被覆

　高温浸漬法は、基材を熔融金属浴に浸漬することによって被覆層を形成する方法である。低合金鋼の腐食防止には、高温浸漬法による流電陰極が使用される。金属としては亜鉛、亜鉛・アルミニウム合金、アルミニウムが用いられる。シートやストリップなどの基材を被覆することが安価であり、広く行われている。しかしこの場合、打ち抜き端面は露出したままになる。

　スズおよびスズ合金の高温浸漬被覆は主としてプラグコネクターの表面、あるいははんだ付け面に用いられる。

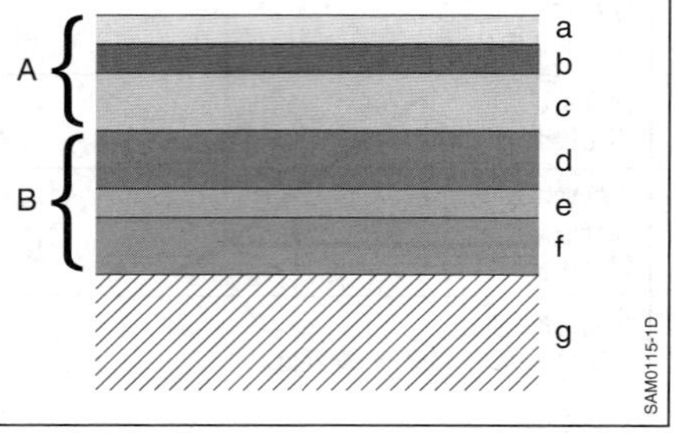

亜鉛ラメラ被覆

　亜鉛ラメラ被覆は、無機バインダー内の亜鉛およびアルミニウムのラメラをベースとしたコーティングである。被覆層は遠心浸漬または静電塗装と熱処理によって形成される。亜鉛ラメラ被覆は量産される鋼製部品（ねじ、ボルトなど）に安価な防食被覆として用いられている。

塗装

　塗料は基礎となる化学品も塗装方法も多様であるため極めて種類が多い（刷毛塗り、噴霧、浸漬、電流を用いる方法（陰極析出））。

　また塗装はさまざまな機能を果たすことができる。自動車においては、塗装の第一の機能は腐食防止と装飾であるが、摩耗防止、防音、電気絶縁などの目的でも利用されている。

　複雑で精巧な層構造を持つ塗膜が、車両の全耐用年数にわたって課せられる厳しい腐食防止および外観に関する要件を確実に満たす（図2および表2）。これに対してエンジンコンパートメント内のアセンブリーには通常2〜3層の塗装が施されるのみである。これはこの場合、装飾機能が二義的であることによる。

　自動車工業では、ほとんど常に低溶媒システム、特に水性塗料が使用される。可能な部位には、溶媒を全く用いない粉末塗料や紫外線硬化塗料が使用される。

図2：自動車ボディ上の塗膜の構造
A 外観
B 防食
a トップコート、透明
b トップコート、有色
c 増量剤
d 陰極析出（CD）
e リン酸塩被膜
f 亜鉛電着
g 鋼板

塗装構造（塗膜、表2を参照）：
ソリッド：　　1、2、3a、3b、4、5
メタリック：1、2、3c、3d、4、5

被覆とコーティング **301**

表2：ソリッドカラー塗膜およびメタリックカラー塗膜の構造

塗膜	塗膜厚み (μm)	構造	結合剤	溶剤	顔料	増量剤	添加剤とSC	適用
1	20～25	陰極析出	エポキシ樹脂、ポリウレタン	水、少量の水溶性有機溶剤	無機質（有機質）	無機質増量剤	表面活性物質、へこみ防止剤。20％のSC	電気泳動被覆
2a	およそ35～50	増量剤	ポリエステル、メラミン、尿素、エポキシ樹脂	芳香族化合物、アルコール	無機質および有機質	無機質固体	例：湿潤剤、表面活性物質 55～>70％のSC	PS / ESTA-HR
2b	およそ35～50	水性下塗り塗料	水溶性ポリエステル、ポリウレタン、メラミン樹脂	水、少量の水溶性有機溶剤			43～50％のSC	PS / ESTA-HR
3a	40～50	ソリッドカラートップコート	アルキド樹脂、メラミン樹脂	エステル、芳香族化合物、アルコール		-	例：均染剤、湿潤剤 50～60％のSC	PS / ESTA-HR
3b	10～35（色によって異なる）	水性ソリッドカラー、ベースコート	水溶性ポリエステル、ポリウレタン、ポリアクリラート、メラミン樹脂	少量の水溶性溶剤		-	湿潤剤 20～40％のSC	PS / ESTA-HR
3c	10～15	メタリック、ベースコート	CABポリエステル、メラミン樹脂	エステル、芳香族化合物	アルミニウムおよびマイカ粒子	-	15～30％のSC	PS / ESTA-HR
3d	10～15	水性メタリック、ベースコート	水溶性ポリエステル、ポリウレタン、ポリアクリラート、メラミン樹脂	少量の水溶性溶剤	アルミニウムマイカ粒子、有機質および無機質顔料	-	湿潤剤 18～25％のSC	PS / ESTA-HR
4a	40～50	従来型クリアコート	アクリル樹脂、メラミン樹脂	芳香族化合物、アルコール、エステル	-	-	例：均染剤および光安定剤 45％のSC	PS / ESTA-HR
4b	40～50	2C-HS	HSアクリル酸樹脂、ポリイソシアネート	エステル、芳香族化合物	-	-	例：均染剤および光安定剤 58％のSC	PS / ESTA-HR
4c	40～50	パウダースラリークリアコート	ウレタンモディファイ エポキシ/カルボキシシステム	-	-	-	例：光安定剤、38％のSC	ESTA / PS
4d	40～50	パウダークリアコート	アクリル酸樹脂	-	-	-	100％	ESTA / PS

略号：ESTA-HR 静電高回転。 SC 固形分. PS 空圧スプレー。 SC 固形分。 2C-HS 二液性高固体（不揮発成分を多く含む）

PVDおよびCVDコーティング

PVDおよびCVDコーティングでは、真空中でプラズマまたは熱処理を用いてコンポーネントやツールに被覆層を形成する（図3）。両者の区別は、被覆物質が固体に由来するか（PVD, physical vapor deposition）気体に由来するか（CVD, chemical vapor deposition）にある。現在では多くの場合、この2つの方法が組み合わされて用いられる。

硬質材料のコーティング

工具には長寿命化および性能向上のため超硬材料のコーティングが行われる。工具へのコーティングの代表的な例は、広く普及している金色窒化チタン（TiN）である。これはチタンを陰極スパッタリング、アーク蒸発などで窒素と反応させることにより形成される。最近では高速切削あるいは潤滑冷却剤を使用しない切削のために、炭窒化チタン（TiCN）あるいは窒化チタンアルミニウム（TiAlN）のコーティングも利用されている。

ダイヤモンドのような超硬物質を炭化物工具にコーティングすることも増えている。

DLCコーティング

コンポーネントの摩耗防止には特有の条件が課せられる。すなわち、コーティングは接触し相対運動するコンポーネント間の摩擦係数を小さくして、アセンブリ全体の摩耗を減少させる必要がある。DLC（diamond-like carbon）コーティングは、被覆されたコンポーネントのみでなく、それと接触する無被覆の物体をも保護することができる。DLCと鋼との間の摩擦係数は、乾燥状態でも液中でも0.1～0.2と極めて小さい。DLC層は液体に対して強く、防食効果がある。このような利点のため、DLCコーティングはコンポーネント被覆の非常に重要な手段となっている。しかしながら、水素を含むコーティングは酸化性雰囲気中での温度350℃以上では劣化することに注意しなければならない。TiNなどの硬質コーティングはこれよりかなり高い温度にも耐えることができ、同じくコンポーネントの被覆に利用される。

コーティングの組成や工程を変化させることで、さまざまな摩耗負荷、あるいは擦れ・振動・滑り・焼付き・接着などの摩耗態様の組み合わせに対処することができる。したがってDLCという用語は層についてのものではなく、種々の特性を有する多種のコーティングバリエーションとメーカーごとに異なる命名法のある材料分類についての用語である。

DLCコーティングはプラズマ補助によるPVDおよびCVDにより、処理中にコンポーネントの焼戻し温度を超えないように行われる。このため基材の鋼の硬度が低下することがない。

金属炭化物む含む低摩擦炭素コーティングi-C（WC）は電気伝導性で、弾性率150～200 GPaにおいて微小硬度約1800 HVを有する。

これに対して金属を含まない炭素コーティング（a-C:H）は硬度が約3500 HVと高く、耐摩耗性も大幅に向上しているが、同時に脆性も増大する。このコーティングは電気的には絶縁体である。

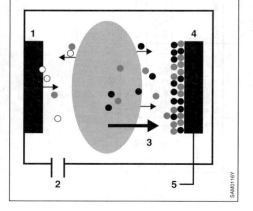

図3：真空チャンバー内でのプラズマ補助 PVD/CVD コーティングの模式図
1 陰極とスパッタリングターゲット
2 ガス入口
3 高強度イオン衝撃
4 基材
5 基材への印加電圧

○ アルゴン
● 金属／炭素
● 窒素／水素

DLCコーティングにおいては、現在のところ金属と水素を含まないta-C（テトラヘドラルアモルファスカーボン）が最も高いコーティング硬度と耐摩耗性を発揮する。内部の圧縮応力が高いため、すべてのDLCコーティングにおいて基材との確実な結合を確保することが重要であり、これは多くの場合金属系の接着剤コーティングにより実現される。

厚さ2～4μmのダイヤモンド状炭素コーティングは摩耗防止に極めて有効であり、大きな機械的負荷を受ける精密部品に特に適している。コーティング後の再加工は不要である。

熱溶射コーティング

熱溶射においては金属または合金が高温またはプラズマ火炎により溶かされ、コーティング対象物の表面に噴き付けられる。熱溶射にはさまざまな手法があり、セラミック表面を生成させるものや金属コーティングを生成させるものもある。適切な手法を選択することで、たとえば摩耗あるいは腐食防止のための、または多孔質透過性コーティングシステムのための密閉性の高いコーティングを実現することができる。

コーティング

拡散浸透処理

拡散プロセスを利用して表面処理と表面焼入れを選択的に組み合わせ、熱化学的に炭化、炭窒化、クロメート処理、ホウ素処理、バナジウム処理などを行うことができる（「金属材料の熱処理」、「熱化学的処理」を参照）。焼入れを行わず金属の酸化、窒化、硫化を行うこともできる。

化成処理

化成処理では他物質の付着のみによるのではなく、部分的に基材の化学的または電気化学的転換によって被覆層を形成する。

褐色コーティング

褐色コーティングは、亜硝酸塩を含むアルカリ性水溶液中で100℃を超過する温度で鋼中の鉄を酸化し、薄い酸化鉄層（主にFe_3O_4）を形成させることで得られる。これに油を塗布することで低合金鋼に対する一時的な防食効果が得られる。

リン酸塩被覆

リン酸塩被覆は、鋼、亜鉛メッキ鋼、アルミニウム上に、リン酸を含む溶液の浸漬または噴霧によって形成される。リン酸亜鉛被覆は主に塗装用のプライマーとして、あるいは腐食防止オイルとともに使用される。リン酸マンガン被覆は、焼付き防止機能を持つ耐摩耗性コーティングとして、あるいは耐摩擦性コーティングのプライマーとして用いられる。

陽極酸化被覆

陽極酸化被覆は電解質水溶液中で、金属表面を酸化物に転換することで形成される。アルミニウム、マグネシウム、チタンの陽極酸化が可能である。アルミニウム系材料の陽極酸化被覆は腐食防止・摩耗防止のために広く用いられている。

304 燃料・潤滑剤・作動液

潤滑剤

用語と定義

潤滑剤

潤滑剤とは、複数の部品が相対運動の状態にあるときに、部品を相互に隔離するために用いる物質のことである。潤滑剤には、部品同士の直接接触を避け、摩耗を低減し、摩擦を最小化する役割りがある。潤滑剤は、冷却剤、摩擦面の封入剤、腐食防止剤として使用することができ、また、作動中の騒音を低減する働きもある。潤滑剤には、固体、液体、気体がある。設計特性、化合物質、作動環境、および摩擦面で発生する応力係数に応じて、特定の潤滑剤を選択する（[1]、[2]、[3]）。

添加剤

添加剤とは、特定の性質を改善するために、潤滑剤に混合される物質のことである。この物質によって、潤滑剤の物理的特性（粘度指数向上剤、流動点降下剤など）、または化学的特性（酸化防止剤、腐食防止剤など）のどちらかが変更される。また、摩擦緩和剤、摩耗防止剤、または焼き付き防止添加剤（高圧添加剤）を使用することによって、摩擦面自体の特性を変更することができる。添加剤を選択する際は、添加剤同士、または添加剤と基準潤滑剤との間で拮抗作用が発生しないよう、十分に注意しなければならない。

ATF

ATF（オートマチックトランスミッションフルード）とは、オートマチックトランスミッション内部での作動に必要な厳しい条件を満たすよう、特別に調整された専用潤滑剤のことである。

灰分

酸化物と硫酸塩の焼却後に残った鉱物の燃え殻のことである（DIN 51575, [4]）。

ブリーディング

基油（潤滑油）とグリース中の増稠剤（増粘剤）との分離のこと（油分離、DIN 51817 [5]）。このプロセス中に潤滑油は潤滑対象部位へと供給される。

ビンガム流体

ビンガム流体とは、ニュートン流体と異なる流動特性を備えた物質のことである（「レオロジー（流動学）」、「ニュートン流体」を参照）。

燃焼点／引火点

ガス状の鉱物製品が初めに引火するとき（引火点）の最低温度のこと（気圧が1,013 hPaのとき）。燃焼点は、最低5秒間燃焼し続けるときの温度のこと（DIN EN ISO 2592 [6]）。

曇り点

パラフィン結晶が形成されるため、またはその他の固体が沈殿するため、鉱油が不透明になる温度のこと（DIN ISO 23015 [7]）。

清浄剤

熱を持った物質（ピストンなど）上のペイント状およびカーボン状の堆積物を防ぐ添加剤のこと。これは、界面活性剤のように親水性および疎水性の両方の部分がある洗剤として作用する。

分散剤

分散剤は、特に低温時のスラッジおよび沈降物を防ぐ（固体の物質は細かく分布して液中を漂う）。

EP 潤滑剤

次ページの「高圧潤滑剤」を参照のこと（EP、Extreme Pressure = 極圧）。

流れ圧力

均質の潤滑剤を標準試験ノズルから押し出す際に必要な圧力のことである（ケステルニッヒ法、DIN 51805 [8]）。流れ圧力は、特に低温における潤滑剤の初期流動特性を示す指標である。

潤滑剤 **305**

降伏点

物質が流動し始めるせん断応力のこと。降伏点を超えると、可塑性物質の流動学的特性は、液体の流動学的特性と同じになる（DIN 1342-3 [9]）。

摩擦緩和剤

混合摩擦域（「混合摩擦」を参照）での摩擦を低減する極性潤滑添加剤のことであり、金属表面に吸着した後、支持力を向上させる。また、固着滑り作用を抑制する。

ゲル状グリース

無機系のゲル化剤（ベントナイト、シリカゲルなど）を含んだ潤滑剤のこと。

アンチフリクションコーティング

アンチフリクションコーティング（AFC）は、結合剤によって摩擦面に付着させる複合固形潤滑剤のことである。

グラファイト（黒鉛）

層状格子構造を持った固形潤滑剤。グラファイトは、水分がある状態（空気の湿度が高いときなど）や、炭酸ガス雰囲気中、または油分がある状態で優れた潤滑性能を発揮する。真空状態では、摩擦を抑制しない。

ポンピング限界温度

ポンピング限界温度は、冷間始動時のエンジンにおけるオイル流の限界温度である。ポンピング限界温度を下回った場合、オイルはひとりでにオイルポンプへと流れていくことができなくなるため、十分なオイル供給を保証できない。

高圧潤滑剤

高圧潤滑剤（EP、Extreme Pressure = 極圧）には、荷重支持能力を向上させ、摩耗およびかき傷を低減するための添加剤が含まれている（一般的には、スチール同士およびスチールとセラミックに使用する場合に優れた性能を発揮する）。

水素化分解油

より高い粘度指数（VI 130 〜 140）を持つよう精製した鉱物油のこと。これは、鉱油を水素化して生産されるため熱的により安定しており、粘度／温度特性に優れる。

誘導期

潤滑剤の物性変化が発生するまでの期間のこと（酸化防止剤入りのオイルの経年変化など）。

防止剤

システムを保護するための活性成分のことで、（酸化などによる）潤滑剤の化学的分解速度を減速させ、また、腐食を防止する（腐食防止剤）。

低温スラッジ

低エンジン負荷時の不完全燃焼や水分の凝縮によって、エンジンクランクケース内に形成されるオイル劣化生成物のこと。この低温スラッジによって摩耗が増大し、エンジンの損傷を引き起こす場合がある。最新の高品質エンジンオイルは、スラッジの形成を抑制する。

冷間始動時の信頼性

冷間始動時の信頼性は温度によって表され、経験的にポンピング限界温度よりもおよそ 5 ℃高い温度である。

稠度

グリースおよびペーストの変形しやすさの基準（DIN ISO 2137 [10]）。規格化されたコーンを均質化したグリースサンプルの中に沈め、沈降した深さを 1/10 mm 単位で測定する（図2、「浸透度」および表5を参照）。

ドープ潤滑剤

特定の性質（経時安定性、耐摩耗性、耐腐食性、粘性温度特性など）を向上させるための添加剤を含んだ潤滑剤。

高潤滑性オイル

マルチグレード特性、低温時の低粘度性を備え、特殊摩擦防止剤が添加された潤滑オイル。あらゆるエンジン作動条件下で、摩擦を極端に低く抑え、燃費を向上させる。

ロングライフエンジンオイル

エンジンオイル交換の間隔を飛躍的に延ばしたオイルのこと。

マルチグレードオイル

粘性や温度変化の影響を受けにくい、エンジンおよびトランスミッション用オイルのこと(高粘度指数VI、図1、「粘度」を参照)。これには、温度に応じて固体構造が変化するポリマーが含まれていることが稀ではない。オイルが低温のときには分子は「塊」になっている。温度が上昇するにつれて分子は拡張し、粒子間の摩擦が増大する。オイルの粘度が高くなり、これによって高温でも安定した潤滑膜が確保される。マルチグレードオイルは摩擦と摩耗を低減し、冷間始動時のすべてのエンジン部品の迅速な潤滑を確実なものにする。マルチグレードオイルは、自動車用として通年で使用できるように考案された。オイル粘度は、複数のSAE等級で表される。

メタルソープ(金属石鹸)

複数の金属から、または金属化合物と脂肪酸から生成される反応生成物のこと。グリースの増稠剤、摩擦緩和剤として使用される。

鉱油

鉱油とは、石油または石炭から生成される分留液または抽残液のこと。鉱油は、さまざまな化学的結合から成る炭化水素で構成される。基剤の成分に従って、以下のように分類される。

- パラフィン基油(鎖式飽和炭化水素)
- ナフテン基油(環式飽和炭化水素。通常、1つの環につき5～6個の炭素原子がある構造)
- 芳香族オイル(アルキルベンゼンなど)

これらの物質は、それぞれの主な化学的および物理的特性の違いで区別される。

二硫化モリブデン

二硫化モリブデン(MoS_2)は、層状格子構造を持った固形潤滑剤。各層の間の凝集力が低いため、相対的に低いせん断力によって、各層が置き換わる特性を持つ。二硫化モリブデンをMoS_2アンチフリクションコーティングなどの結合剤と組み合わせて適切な状態にした上で金属表面に塗布する場合のみ、摩擦を低減することができる。

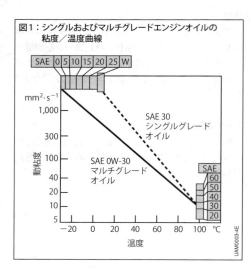

図1:シングルおよびマルチグレードエンジンオイルの粘度／温度曲線

図2:コーン沈降度判定
1 標準コーン
2 所定の温度での均質の潤滑剤
x 沈降深さ

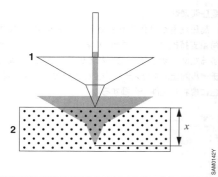

浸透度

標準コーンが、規定温度下で所定の時間内に均質の潤滑剤に浸透する深さ（10^{-1} mm単位）を示す（図2）。数値が大きいほど、潤滑油は軟質である（DIN ISO 2137 [10]）。

極性物質

双極分子は容易に金属表面に吸着し、粘着性と支持力を高め、摩擦や摩耗を低減する。極性物質には、ジエステルオイル（エステル）、エーテル、ポリグリコール、脂肪酸などがある。

流動点

規定条件下で冷却したオイルが、流動性を保ち続ける最低温度のこと（DIN ISO 3016 [11]）。

PTFE

PTFE（ポリテトラフルオロエチレン、テフロン）とは、特に著しく低い滑り速度（< 0.1 m/秒）で、固形潤滑剤として優れた特性を持つ熱可塑性樹脂のこと。約-270 °C以下の温度になった場合のみ脆弱になる。使用する際の上限温度は、約260 °Cである。約260 °C以上になると毒性の分解生成物質を生じ、分解される。

レオロジー（流動学）

物質の流動特性を取り扱う科学のこと。この流動特性は、通常、流動曲線の形で示される（図3）。図には、せん断率$\dot{\gamma}$に対するせん断応力τが示されている。

せん断応力およびせん断率

せん断応力は、せん断面積あたりのせん断力と定義され、せん断率はギャップ高さhに対する速度vの割合として定義される（図4）。

せん断応力 $\tau = F/A$ (N/m^2 = Pa)
F せん断力、A せん断面。これに対して、

せん断率 $\dot{\gamma} = v/y$ (s^{-1})
v 速度、y 潤滑膜の厚さ

流動曲線は通常、コーンプレート測定システムで測定される。測定するサンプルをプレートとコーンの間に配置する。トルクはせん断応力に比例し、回転速度はせん断率に比例する。

せん断応力τは、2枚のプレートを使った2プレートモデルで説明することができる。2枚のプレート間に液状の物質を置く。底部プレートは固定されていて、上部プレートのせん断面Aは、せん断力Fによって移動する。

せん断粘度

せん断粘度ηは、理想粘度かつ一定温度の液体におけるせん断率$\dot{\gamma}$に対するせん断応力τの比率である。

$$\eta = \frac{\tau}{\dot{\gamma}}$$

「動的粘性率」でも、ηを使用する。従来使用していた単位であるセンチポアズ（cP）は、現行の単位 mPa·s と同じである。

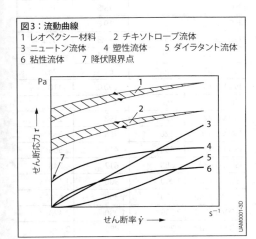

図3：流動曲線
1 レオペクシー材料　2 チキソトロープ流体
3 ニュートン流体　4 塑性流体　5 ダイラタント流体
6 粘性流体　7 降伏限界点

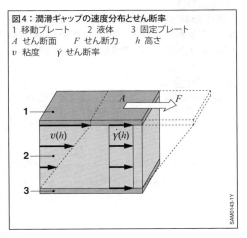

図4：潤滑ギャップの速度分布とせん断率
1 移動プレート　2 液体　3 固定プレート
A せん断面　F せん断力　h 高さ
v 粘度　$\dot{\gamma}$ せん断率

中点粘度

DIN ISO 3448 [12] では、それぞれの粘度等級を40 ℃の温度における粘度範囲で定義する（表1を参照）。許容限度は ± 10%である。よって、たとえば粘度等級ISO VG 10の中点粘度は10 mm²/s、下限値および上限値は9および11 mm²/sとなる。

HTHS粘度

HTHS粘度（高温高せん断粘度）は、温度150 ℃、せん断率10^6 s^{-1}でのせん断粘度を示す。

動粘度

動粘度νは通常、垂直の細いガラス管で特定する。規定温度において液体が指定された断面積の管を通過するのに必要な時間を測定する。もし密度ρがわかれば、そこからせん断粘度ηを計算することができる。

$$\nu = \frac{\eta}{\rho} \text{（}\nu\text{は mm}^2\text{/s、}\rho\text{は kg/m}^3\text{）}$$

従来使用していた単位であるセンチストークス（cSt）は、mm²/sと同じである。

ニュートン流体

せん断応力τとせん断率$\dot{\gamma}$間の線形関係を、原点を通る直線を使って示すものである。また、直線の傾斜は粘度に比例して上昇する（図3）。
このような流動特性を示さない物質は、すべて非ニュートン流体に分類される。

粘性流動特性

粘性流動特性は、せん断率が増加すると液体の粘度が低下する特性である（図3、液体グリース、粘度指数向上剤を添加したマルチグレードオイルなど）。

ダイラタント流動特性

せん断率が増加すると、粘性も増加する特性（図3）。

塑性流動特性

可塑物質とは、その流動学的特性が降伏点により特徴づけられる物質である（DIN 1342-1 [13]）。塑性流動特性とは、降伏点を持つ粘性流体（図3、グリースなど）の成形性のことである。

チキソトロピー

非ニュートン流体の特性のことで、せん断時間に比例して粘性が低下する。また、一度応力を除くと、徐々にしか本来の粘性を取り戻すことができない（図3）。

レオペクシー

非ニュートン流体の特性のことで、せん断時間に比例して粘性が増大する。また、一度応力を除くと、徐々にしか本来の粘性を取り戻すことができない（図3）。

表1：ISO 3448 [12] に基づく工業用潤滑油の粘度等級

ISO粘度等級	平均動粘度 （40 ℃の とき） mm²/s	動粘度限界値 （40 ℃のとき） mm²/s	
		最低	最高
ISO VG 2	2.2	1.98	2.42
ISO VG 3	3.2	2.88	3.52
ISO VG 5	4.6	4.14	5.06
ISO VG 7	6.8	6.12	7.48
ISO VG 10	10	9.00	11.0
ISO VG 15	15	13.5	16.5
ISO VG 22	22	19.8	24.2
ISO VG 32	32	28.8	35.2
ISO VG 46	46	41.4	50.6
ISO VG 68	68	61.2	74.8
ISO VG 100	100	90.0	110
ISO VG 150	150	135	165
ISO VG 220	220	198	242
ISO VG 320	320	288	352
ISO VG 460	460	414	506
ISO VG 680	680	612	748
ISO VG 1000	1,000	900	1,100
ISO VG 1500	1,500	1,350	1,650
ISO VG 2200	2,200	1,980	2,420
ISO VG 3200	3,200	2,880	3,520

潤滑剤

滴点

規定の試験条件下で、グリースが特定の粘性に達するときの温度 (DIN ISO 2176 [14])。

ストライベック曲線

狭いギャップ間で流体潤滑またはグリース潤滑される2つのトライボロジーシステム間（潤滑面または転がり軸受など）の摩擦レベルを、滑り速度の関数として描く（図5）。相対速度が増加するにつれ、摩擦接触の流体圧力も増加する。

<u>固体摩擦</u>

固体摩擦のレベルにおいては、潤滑膜の高さは、材料表面の粗さ突起の高さより低い。これは摩耗の原因となる。

<u>混合摩擦</u>

混合摩擦のレベルにおいては、潤滑膜の高さは、粗さ突起の高さとほぼ同じである。この場合も、粗さ突起が相互に接触するため摩耗が増大する。

<u>流体力学</u>

流体力学のレベルにおいては、たとえばアクアプレーニング現象におけるように、一次側の物体と二次側の物体（対向物体）とは完全に分離している（実質的に摩擦がない）。

化学合成油

化学合成油は、化学合成の過程で作られるより小さい分子を持つオイルのこと。例として、ポリαオレフィンの形をとる化学合成の炭化水素は、エチレンの重合（ポリメリゼーション）と、それに続く水素化作用によって生産される。この他の化学合成オイルには、ポリグリコール、ジエステルオイル（エステル）、シリコーンオイル、パーフルオロポリエーテルオイルがある。

粘度

物質の内部摩擦を定義する尺度のこと（DIN 1342 [13]、DIN EN ISO 3104 [15]）。これは、物質の分子が変位力に対抗する抵抗（内部摩擦）が原因で発生する（レオロジーを参照）。温度が低下すると粘度が高まり、オイルはより粘るようになる。ベアリング内のオイルがエンジンやトランスミッションの回転動作に過剰な抵抗を与えないよう、低温では粘度が高くなりすぎてはならない。一方高温においては、オイルには潤滑膜を維持するために十分な粘度が必要となる。

粘度指数

粘度指数VIは、鉱油製品の温度に対する粘度の変化を表したもので、数学的に算出された指数である。粘度指数が大きければ大きいほど、粘度に与える温度の影響は小さくなる（DIN ISO 2909 [16]）。

粘度等級

オイルは、特定の粘度等級によって粘度の範囲が分類されている。
– ISO粘度等級（DIN ISO 3448 [12]）：表1参照
– SAE粘度等級（SAE J300 [17]、SAE J306 [18]）：表2および表3を参照

混和稠度

グリースサンプルが、グリース混練機の中で加工された後の浸透度を表す（DIN ISO 2137 [19]）。

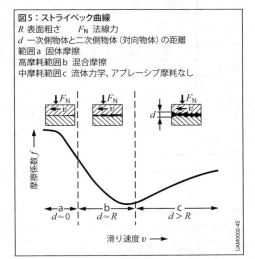

図5：ストライベック曲線
R 表面粗さ　F_N 法線力
d 一次側物体と二次側物体（対向物体）の距離
範囲a　固体摩擦
高摩耗範囲b　混合摩擦
中摩耗範囲c　流体力学、アブレーシブ摩耗なし

310 燃料・潤滑剤・作動液

表2：トランスミッションオイルの SAE 粘度等級からの抜粋
（SAE-J306、2005年6月改訂）

SAE粘度等級	最高温度[℃]、粘度150,000 mPa·s を示すとき（ASTM D 2983 [20]）	動粘度（ASTM D 445 [21]）（100℃のとき）[mm²/s]	
		最低	最高
70 W	− 55	4.1	–
75 W	− 40	4.1	–
80 W	− 26	7.0	–
85 W	− 12	11.0	–
80	–	7.0	<11.0
85	–	11.0	<13.5
90	–	13.5	<18.5
110	–	18.5	<24.0
140	–	24.0	<32.5
190	–	32.5	<41.0
250	–	41.0	–

エンジンオイル（エンジン潤滑油）

　エンジンオイルは、主に内燃機関（IC エンジン）内部で相対運動している隣接部品を潤滑するために使用される。オイルはその他に、摩擦熱の除去、摩擦面からの摩耗片の除去、汚れの清浄、汚れを浮遊している状態に保持、金属部品の腐食防止の役割りがある。エンジンオイルには、添加剤で処理された鉱油（HDオイル：過酷運転時用のヘビーデューティーオイル）が最もよく使われる。エンジンオイル交換の間隔が延び、耐負荷要求がより高くなったため、全合成油や半合成油（化学合成油と鉱油の混合油）が広く使用されるようになった。オイルの品質は、基剤、鉱油の精製工程（合成油の場合は除く）、添加剤の成分によって決まる。

表3：エンジンオイル／トランスミッションオイルの SAE 粘度等級（SAE J300、2015年1月）

SAE粘度等級	粘度（ASTM D 5293 [22]）mPa·s	オイルポンプのポンピング限界粘度（ASTM D 4684 [23]）降伏点なし mPa·s	動粘度（ASTM D 445 [21]）（100℃のとき）mm²/s		高せん断下での粘度[1]（ASTM D 4683 [24]）、CEC L-36-A-90 [25]、ASTM D 4741 [26] または ASTM D 5481 [27]）（150℃で $\dot{\gamma} = 10^6$ s⁻¹のとき）mPa·s
	最高	最高	最低	最高	最低
0 W	6,200/ − 35 ℃	60,000/ − 40 ℃	3.8	–	–
5 W	6,600/ − 30 ℃	60,000/ − 35 ℃	3.8	–	–
10 W	7,000/ − 25 ℃	60,000/ − 30 ℃	4.1	–	–
15 W	7,000/ − 20 ℃	60,000/ − 25 ℃	5.6	–	–
20 W	9,500/ − 15 ℃	60,000/ − 20 ℃	5.6	–	–
25 W	13,000/ − 10 ℃	60,000/ − 15 ℃	9.3	–	–
8	–	–	4	<6.1	1.7
12	–	–	5	<7.1	2.0
16	–	–	6.1	<8.2	2.3
20	–	–	6.9	<9.3	2.6
30	–	–	9.3	<12.5	2.9
40	–	–	12.5	<16.3	3.5 (0W−40、5W−40、10W−40)
40	–	–	12.5	<16.3	3.7 (15W−40、20W−40、25W−40、40シングルグレード)
50	–	–	16.3	<21.9	3.7
60	–	–	21.9	<26.1	3.7

[1] HTHS（高温高せん断）粘度とも呼ぶ。

添加剤は、その役割によって、以下のように分類される。
- 粘度指数 (VI) 向上剤
- 流動点向上剤
- 酸化防止剤および腐食防止剤
- 清浄分散剤
- 高圧 (EP) 添加剤
- 摩擦緩和剤
- 消泡剤

オイルは、内燃機関内で発生するかなりの熱負荷および機械的負荷にさらされている。オイルの物理的特性に関するデータは、動作範囲に関する情報を提供するものだが (SAE 粘度等級)、その他の性能特性を表すことはない。よって、エンジンオイルを評価するには、いくつかの試験方法がある。
- ACEA (ヨーロッパ自動車工業会) 規格。1996 年初めに CCMC (共同市場自動車製造者委員会) 規格から全面移行された
- API (米国石油協会) 分類
- MIL 規格 (米国陸軍専用)
- 業界規格 (ILSAC、国際潤滑油標準化認証委員会など)。

許可判定基準には次の項目がある。
- 硫酸灰含有量
- 亜鉛含有量
- エンジンの型式 (ディーゼルエンジンまたはガソリンエンジン、自然吸気エンジンまたは過給機付きエンジン)
- 動力伝達部品やベアリングの負荷
- 耐摩耗特性
- オイル使用温度 (オイルパン内)
- 酸性燃焼生成物がオイルにもたらすスラッジおよび化学変化による劣化
- 洗浄および残留物掃除特性
- ガスケットおよびシール材に対する適性

ACEA (CCMC) 規格

ガソリンエンジン用オイル
- A1：粘性摩擦を減らすため、高温および高せん断下での粘度を低下させた特殊高潤滑性オイル。
- A2：粘度等級に制約のない一般向けの高潤滑性エンジンオイル。CCMC G4 および API SH よりも要求レベルが高い (常用外)。

- A3：この分類のオイルは、A2 および CCMC G4 や G5 よりも要求レベルが高い。
- A5：改良型添加剤を加えることで粘度を低下させ、A3 よりも燃費性能が高い。仕様に合ったエンジンのみに使用することができる。

ディーゼルエンジン用オイル、乗用車用
- B1：A1 に相当し、摩擦損失の低減により、燃費の向上を実現する。
- B2：現行の最低要求事項を満たす一般用の高潤滑性エンジンオイル (CCMC PD2 よりも要求レベルが高い) (常用外)。
- B3：B2 を上回る。
- B4：B2 に相当し、特に VW 社の TDI エンジンに適合する。
- B5：B3、B4 をしのぐ「燃費性能」を持ち、規格 VW50600 および 50601 を満たす。仕様に合ったエンジンのみに使用することができる。

微粒子フィルター付きディーゼルエンジン用オイル、乗用車用
- C1：2004 年より導入、硫酸灰分含有量の上限 0.5 %。HTHS (高温高せん断粘度) 引き下げ (Ford 社)。
- C2：2004 年より導入、硫酸灰分含有量の上限 0.8 %。HTHS ≧ 2.9 mPa·s (Peugeot 社)。
- C3：2004 年より導入、硫酸灰分含有量の上限 0.8 %。HTHS ≧ 3.5 mPa·s (MB 社および BMW 社)。
- C4：2007 年より導入、硫酸灰分含有量の上限 0.5 %。HTMS ≧ 3.5 mPa·s。

ディーゼルエンジン用オイル、商用車用
- E1：自然吸気エンジンおよびターボチャージャー付きエンジン用オイル。オイル交換の間隔は標準的である (常用外)。
- E2：MB 油脂規定 228.1 に基づく。主にユーロ II 規格に先行するエンジン設計用。
- E3：ユーロ II 規格に適合するエンジン用。MB 油脂規定 228.3 に基づく。従来の CCMC D5 と比べ、煤煙 (すす) 分散性を著しく改善し、オイル濃厚化の抑制も顕著である (常用外)。

- E4：ディーゼルエンジン用のユーロIからユーロIII
  までの規格に適合し、高い要求レベルに対応。特
  にオイル交換の間隔が延長されている（メーカー
  指定に基づく）。大部分がMB油脂規定228.5に基
  づく。
- E5：ユーロIII規格に適合するエンジン用。灰分含
  有量を低減（常用外）。
- E6：ディーゼル微粒子フィルターあり／なしのEGR
  （排気ガス再循環）付きエンジン、およびSCR-NO$_x$
  （NO$_x$をN$_2$に浄化するなどの選択接触還元触媒）
  付きエンジン用。ディーゼル微粒子フィルター付き
  エンジンで、硫黄分を含まない燃料の使用を推奨、
  硫酸灰分は1％未満。
- E7：ディーゼル微粒子フィルターなしの多くのEGR
  付きエンジン、および多くのSCR-NO$_x$付きエンジン
  用、硫酸灰分は最高2％。
- E9：微粒子フィルターあり／なしの多くのEGRおよ
  びSCR-NO$_x$付きエンジン用、硫酸灰分は体積で最
  高1％。

表記例

通常、分類規格に従い、数値コードが追記される。
例：A3/B3-04は、火花点火式ガソリンエンジン（等
級A）、および品質カテゴリー3のディーゼルエンジン
（等級B）用のエンジンオイル、2004年発行のACEA
分類等級に準じてテストされたもの。

API分類等級

- Sクラス（乗用）：ガソリンエンジン用。
- Cクラス（商用）：ディーゼルエンジン用。
- SF：1980年代に生産されたエンジン用（常用外）。
- SG：1989年以降に製造されたエンジン用で、より
  厳しいスラッジテストが行われ、酸化安定性および
  摩擦防止特性が改善されたもの。
- SH：1993年中頃以降に製造されたエンジン用で、
  API SGの品質レベルに相当するが、より厳しい条
  件で評価されたもの。
- SJ：1996年10月以降、API SHにさらにテストを追
  加したもの。
- SL：2011年以降に製造されたエンジン用で、SJと
  比較してオイル消費量、蒸発性が低く、エンジン清
  掃性が向上し、優れた耐経時劣化性を持つ。

- SM：2004年以降に製造されたガソリンエンジン
  および軽度ディーゼルエンジン用で、耐摩耗性の向
  上、高い経時安定性、ポンプ能力を向上させ、オイ
  ル再利用が可能。
- SN：2010年10月以降、SMと比較してピストン清
  浄性、スラッジ発生、および排気ガス処理能力が向
  上。エラストマー適合性も定義。
- CC：低負荷の自然吸気ディーゼルエンジン用（常
  用外）。
- CD：自然吸気およびターボチャージャー付きディー
  ゼルエンジン用（1994年にAPI CF等級に変更され
  た）。
- CD-2：API CDの要求事項に、2サイクルディーゼ
  ルエンジンの要求事項を追加したもの。
- CF-2：特殊な2ストローク特性を備えたオイル
  （1994年以降）。
- CE：CDレベルの性能特性を備えたオイルで、
  American Mack社およびCummins社のエンジン
  における補足テストを通ったもの。
- CF：1994年にAPI CDから変更された等級。特に
  間接噴射方式に適応し、燃料中の硫黄分が0.5％
  以上でも使用可能。
- CF-4：一般的にAPI CEに相当するが、キャタピラー
  社の単気筒ターボディーゼルエンジンにおける、よ
  り厳しいテストを通ったもの。
- CG-4：きわめて過酷な条件下で作動するディーゼ
  ルエンジン用。API CDおよびCEを上回る。燃料中
  の硫黄分は0.5％以下で使用可能。1994年以降の
  排ガス規制に適合したエンジンに必要とされる。
- CH4：1998年以降に製造された商用車用エンジン
  オイル。摩耗、すす低減、粘度においてCG-4より優
  れている。エンジンオイル交換の間隔を延長。
- CI-4：2002年以降に製造された高速4サイクルエ
  ンジン用で、依然としてEGR付きの排ガス規制を満
  たす唯一のもの。排ガス中の硫黄分が0.5％以上
  の場合に適している。
- CI-4プラス：CI-4に相当するが、すす処理能力の
  向上、粘度増加においてCI-4よりも要求レベルが
  高い。
- CJ-4：2006年以降有効。米国の2007年排出基準
  を満たす高速道路走行ディーゼル燃料車両用（硫
  黄分が500 ppm未満）。微粒子フィルターと、NO$_x$
  低減触媒コンバーターに適している。

- CK-4：新型ディーゼルエンジンに対する保護強化、特に、経時劣化安定性、せん断安定性、ピストン清浄性が向上。2016年12月以降。
- FA-4：米国の排ガス規制適合などに対応した2016/17年モデルの低HTHS（2.9 〜 3.2 mPa ·s @ 150 ℃）新型ディーゼルエンジン向け。

ILSAC

ILSAC（国際潤滑油標準化認証委員会）は、General Motors社、DaimlerChrysler社、日本自動車工業会、米国エンジン製造事業者協会が協力して定めた品質基準である。

ILSAC GF-3

API-SLに加えて、基準を満たすためには省燃費性能のテストを要する。

ILSAC GF-4

API-SMに準ずる。

ILSAC GF-5

この規格は2010年10月に発効し、燃費削減、エラストマー適合性、および排気ガス処理システムの保護向上を目指したものである（API-SN同等）。

ILSAC GF-6

ガソリン直接噴射およびターボチャージャーを搭載しているエンジンの燃料経済性を目指し、2018年前後に導入される見通しの新規格。従来の粘度のGF-6A、粘度≦SAE 0W16のGF-6B。

SAE粘度等級

（SAE J300 [17]、SAE J306 [18]）

SAE（米国自動車技術者協会）等級は、国際的に承認された粘度規格である。これは、オイルを使用する温度範囲に関する情報を提供するものであり、オイルの品質を示すものではない。

シングルグレードとマルチグレードのオイルを区別するもので、シングルグレードのオイルは、SAE 30のように表記される。数字が小さいほど粘度が低く、数字が大きいほど粘度が高い。

マルチグレードオイルとは、日常的に使用されているタイプのエンジンオイルのことである。この2種類の等級は、特定の常温流動特性を規定するために使用する文字、「W」（Winter）で表示される（表2、表3を参照）。これらのオイルは、低温にも適している。「W」の付いた粘度等級は、最低温粘度、ポンピング限界粘度、100 ℃での最低動粘度に応じて評価される。

「W」なしの粘度等級は、100 ℃での動粘度のみで評価されている。

高温（150 ℃）での粘度と、高せん断応力（HTHS粘度、表3を参照）の規格は、更に実用的である。この値は、高温低粘度オイル（3.5 mPa·s以下）の導入に特に深い意味を与えることになった。これらのオイルは、製造メーカーの許可が下りなければ使用できないことになっている。

マルチグレードオイルは、SAE 0W-30のように表記される。これは、− 35 ℃の粘度が最高6,200 mPa·sで、100 ℃での最高9.3 〜 12.5 mm^2/sの動粘度、および150 ℃での最低2.9 mPa·sのHTHS粘度で、SAE 30オイルの規格に適合することを意味する（表3、図1も参照）。

モーターサイクル用オイル

基本的に自動車用のオイルと差違はない。ただし、せん断負荷および比表面圧などの応力が高くなっている場合があり、必ずメーカー推奨オイルを使用しなければならない。

オイルダイリューション

短距離の走行を繰り返すと、燃焼しなかった燃料がエンジンオイルに混入する場合がある（オイルダイリューション、燃料混入）。これにより、作動粘度が低下し、混合摩擦条件下で摩耗が増大する可能性がある。冬期には、エンジンオイルにディーゼル燃料が混入すると、パラフィン結晶の析出の原因となり、燃料供給を妨げ（例：フィルターの目詰まり）、場合によっては潤滑不良につながることがある。

トランスミッションオイル

トランスミッションオイルの規格は、トランスミッションのタイプ、および全作動条件にわたって受ける負荷の度合によって決定される。特殊添加剤で処理したトランスミッションオイルのみが、さまざまな必要条件(耐高圧性、温度に応じた高粘度安定性、優れた耐経時劣化性、優れた消泡性、ガスケットやシールとの適合性)を満たすことができる。エンジンオイルとは対照的に、トランスミッションオイルは、清浄分散剤を全く含まないか、含んでいても最小限の量であり、全くの基本の構成成分から成っていて、ほとんどの場合粘度指数向上剤を含まない。そのほとんどはせん断されるため、機能を果たさない。品質の劣る不適切なトランスミッションオイルを使用すると、ベアリングやギヤ歯面を損傷する場合がある。

また、特定の用途には、それ相応の粘度のオイルを使用しなければならない。自動車用トランスミッションオイルの粘度等級は、SAE J 306 [18] およびSAE J300 [17] に定義されている (表2および表3)。トランスミッションオイルと同程度の粘度のエンジンオイルを比較すると、コード番号が大きいため、エンジンオイルとは明確に区別できる。

特殊条件を満たすために、化学合成油 (ポリαオレフィンなど) の使用が増えている。標準的な鉱物性潤滑油に比べると、化学合成油には、優れた対温度粘度特性と優れた耐経時劣化性という利点がある。

トランスミッションオイルの API 分類

- GL-1 〜 GL-3:旧式オイルで、実質的な意味はない。
- GL-4:中程度の負荷を受けるハイポイドギヤトランスミッション、高速で衝撃荷重にさらされて作動するトランスミッション、高回転かつ低トルクで作動するトランスミッション、あるいは低回転かつ高トルクで作動するトランスミッション用オイル。
- GL-5:乗用車で高い負荷を受けるハイポイドギヤトランスミッション用オイル、および乗用車以外の自動車で高速で衝撃荷重にさらされて作動するトランスミッション、高回転かつ低トルクで作動するトランスミッション、あるいは低回転かつ高トルクで作動するトランスミッション用オイル。
- MT-1:シンクロメッシュ機構のないマニュアルトランスミッションを搭載した米国仕様のトラック用。

多くのトラック、部品メーカーは、独自の規格を決めており、API分類等級に準じていない。

オートマチックトランスミッション用オイル

オートマチックトランスミッションは、動力の伝達方法がマニュアルトランスミッションと異なる。摩擦クラッチの代わりに、機械式戻り止め (ワンウェイクラッチ) と流体クラッチが取り付けられている。このため、オートマチックトランスミッションフルード (ATF) の摩擦特性は、極めて重要である。基本的に、用途は摩擦特性によって分類される。

General Motors社

- 廃止等級:Type A、Suffix A、DEXRON、DEXRON B、DEXRON II C、DEXRON II D。
- DEXRON II E:1994年12月末日まで有効。
- DEXRON III F/G:1994年以降および1997年以降有効。酸化安定性や摩擦係数の整合性に関し、必要条件がより厳しい点が特徴である。
- DEXRON III H:2005年以降有効、ただし2007年以降無効。
- DEXRON VI:2006年以降有効。

その他のメーカー

(特に、Ford、MB、MAN、Mack、Scania、ZF):フルードおよび潤滑剤規格に準ずる。

潤滑油

基油および添加剤成分で構成される。添加剤は、酸化安定性、耐腐食性、焼付き防止添加剤、粘性温度特性などの基油の特性を向上させる。加えて、摩擦や摩耗などのシステム特性を最適化する。

文字や数字を使用した広範囲の用途に対応するコード (DIN 51502 [28] など) が存在する。例：作動油
- HL：耐腐食性や耐経時劣化性を向上する添加剤を含む、鉱物油をベースとした作動油。
- HLP：HLに、焼付き防止添加剤を追加したもの。
- HVLP：HLPに、粘度指数向上剤を追加したもの。

グリース

グリースは、潤滑油を濃縮したもの (半固体状の潤滑剤) である。グリースがオイルより大きく優れている点は、摩擦面から流れ出ることがない点である。したがって、グリースを所定の位置に封入するための複雑な対策を講じる必要はない (用途としては、ホイールベアリング、ポンプ、オルターネーター、ウインドシールドワイパーモーター、サーボモーターなどの可動機構に使用する)。

構成成分

表4は、3種類の基本要素 (ベースオイル、増稠剤、添加剤) で混成された一定品質のグリースの成分の概略を表している。

通常、基本成分として鉱油を使用するが、最近では、100 %化学合成オイルが代替品として一般的になってきた (耐経時変化性、低温流動特性、対粘度温度特性に対しての条件がより厳しくなったため)。

ベースオイルの結合剤として、増稠剤が使用されており、通常はメタルソープを使用する (図6)。メタルソープは、吸蔵およびファンデルワールス力によって、スポンジ状構造の石鹸 (ミセル) 中にオイルを結合させている。グリースに含まれる増稠剤の比率が高くなるにつれ (増稠剤の種類によって異なる)、グリースの

表4：グリースの成分
どのような摩擦の組み合わせでも、潤滑成分の数を増やせば高い潤滑性能を発揮する。

ベースオイル	増稠剤	添加剤
鉱油 – パラフィン系 – ナフテン系 – 芳香族 ポリαオレフィン アルキル芳香族 ジエステルオイル 多価アルコール シリコン フェニルエーテルオイル ペルフルオロポリエーテル	Li、Na、Ca、Ba、Alのメタルソープ 標準ソープ 　(ステアリン酸などの炭酸を含むソープ) ヒドロキシソープ 　(12ヒドロキシステアリン酸などの追加の水酸基を含むソープ) 複合ソープ 　(短鎖および長鎖カルボン酸を含むカルシウムソープなど) ポリ尿素 PTFE PE ベントナイト シリカゲル	酸化防止剤 Fe、Cu イオン、錯化剤 腐食防止剤 高圧添加剤 (EP 添加剤) 耐摩耗添加剤 (摩耗防止剤) 減摩剤 (摩耗緩和剤) 粘着性向上剤 清浄剤、分散剤 VI 向上剤 固体潤滑剤

稠度（試験用コーンの試料グリースへの浸透深さ）が増し、NLGI（米国グリース協会）等級は高くなる（表5）。

添加剤には、特定の目的（耐酸化特性の改善、負荷容量の向上、摩擦や摩耗の低減など）を達成するために、グリースの物理的および化学的な特性を変更する役目がある。

固形潤滑剤（MoS_2 など）は、グリース（自動車用等速ジョイントの潤滑用など）にも添加される。

選択

グリースと接触材料の相互作用を最少限にするために、物理的特性や滑り面上の効果を考慮して、特定のグリースを選択する。例：ポリマーによる相互拮抗作用。応力亀裂の形成（図7）、稠度の変化、ポリマーの劣化、膨張、収縮および脆性。

このように、鉱油系グリースや合成炭化水素を基剤とするグリースなどは、極端な膨張を引き起こすため（EPDM エラストマーなど）ブレーキ液（ポリグリコール基剤）を併用するエラストマーに接触させてはならない。

また、成分を変化させる性質（物理的特性、滴点降下によるグリース液化などの変化）を持つグリースを混合してはならない。

応力

熱や機械的負荷により化学的、物理的変化を起こすことがあり、全トライボロジカルシステムの機能に有害な影響を与える要因になる場合がある（図8）。たとえば酸化により、グリースが酸性化し、金属表面上の腐食、あるいはプラスチック上の負荷による亀裂を引き起こす。熱負荷が過剰な場合、ポリメリゼーションにより、潤滑剤固化の原因となる。

全ての化学的変化は、自動的に物理的特性の変化を引き起こす。これらは、粘性温度特性あるいは滴点の変化と同様、流動学的特性を含む。著しい滴点の

表5：グリースの稠度分類
（DIN 51818 [29]）

NLGI等級	DIN ISO 2137 [19]による混和稠度（0.1 mm）
000	445 ～ 475
00	400 ～ 430
0	355 ～ 385
1	310 ～ 340
2	265 ～ 295
3	220 ～ 250
4	175 ～ 205
5	130 ～ 160
6	85 ～ 150（沈降せず）

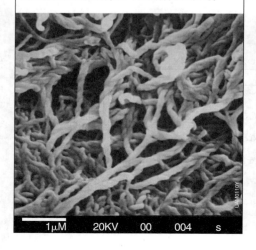

図6：走査型電子顕微鏡で見たリチウム石けんの写真
ねじれた石けん繊維の間にオイルが保持されている。

図7：ポリアセタール（POM）製の歯車上にできた応力亀裂。ポリαオレフィン（PAO）に起因する

低下は、中程度の熱であっても、摩擦面から潤滑剤が溶け出す原因になる。

鉄や銅などの金属（または、ブロンズや真ちゅうなどの銅を含む金属）は、潤滑剤の酸化に触媒作用を及ぼすため細心の注意を要する（触媒接触があると、ない場合に比べて酸化が極端に早まる）。酸化は、即、グリースの潤滑性を損ねる。しばしば石鹸構造が分解し、グリースが液状になり、摩擦面から溶け出す、もしくはポリマリゼーションにより固化する。

物質同士の負荷と相互作用を念頭に置いて、トライボロジカルシステムに適合するグリースを選べば、互いに滑り接触する部品（トランスミッション、慴動面、転がり軸受、アクチュエーター、制御系など）を持つ製品の本来の性能を高めることは可能である[30]。

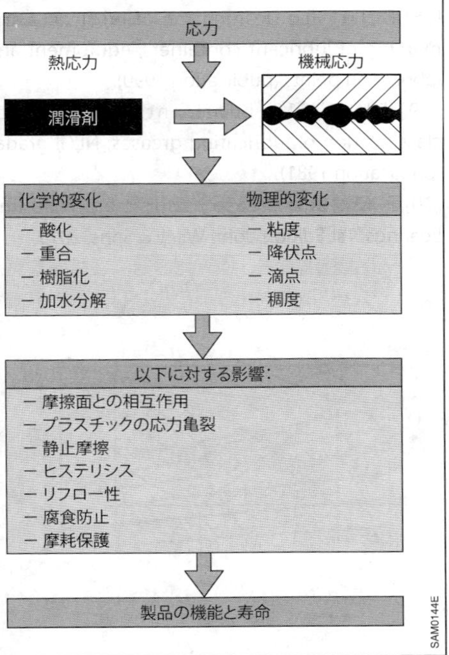

高電圧要件用潤滑剤

オルタネーターおよび電気モーターの作動電圧の上昇に伴い、以前よりも交番磁界の強度が増している。これにより、たとえばモーターやオルタネーターの玉軸受が転動体と軌道間の放電に晒される。火花が発生し、金属の微小な領域が溶解する場合がある。これは電食と呼ばれ、軸受の早期故障の原因となる場合がある。将来的に、電気およびハイブリッド自動車で電力密度および車両システム電圧がたとえば400 Vから1000 Vに高められた場合、このような放電のエネルギーが増大する可能性がある。適切な対策を講じない場合、軸受の早期損傷のリスクが高まる。これは、初期には軸受の騒音が大きくなることで判断できる。イオン液体などを使用して、転がり軸受のグリースの固有抵抗を5前後低減することで、放電の回数およびエネルギーを大幅に減少することができる。

参考文献

[1] T. Mang, W. Dresel: Lubricants and Lubrication. 2nd Edition, Wiley-VCH Verlag GmbH, 2007.

[2] Thomas Mezger: Das Rheologie-Handbuch. 4th Edition, Vincentz-Network, 2012.

[3] Wilfried J. Bartz: Schmierfette. 2nd Ed., Springer-Verlag, 2016.

[4] DIN 51575: Testing of mineral oils – Determination of sulfated ash (publication 2016).

[5] DIN 51817: Testing of lubricants – Determination of oil separation from greases under static conditions (publication 2014).

[6] DIN EN ISO 2592: Petroleum products – Determination of flash and fire points – Cleveland open cup method (ISO 2592:2000); German version EN ISO 2592:2002.

[7] DIN EN 23015: Petroleum products; determination of cloud point (ISO 3015:1992); German version EN 23015:1994.

[8] DIN 51805: Testing of lubricants; determination of flow pressure of lubricating greases, Kesternich method (publication 1974).

[9] DIN 1342-3: Viscosity – Part 3: Non-newtonian liquids (publication 2003).

図8：潤滑剤に対する負荷とその影響

318 燃料・潤滑剤・作動液

[10] DIN ISO 2137: Petroleum products – Lubricating grease and petrolatum – Determination of cone penetration (ISO 2137:1985) (publication 1997).

[11] DIN ISO 3016: Petroleum oils; determination of pour point (publication 1982).

[12] DIN ISO 3448: Industrial liquid lubricants – ISO viscosity classification (ISO 3448:1992) (publication 2010).

[13] DIN 1342-1: Viscosity – Part 1: Rheological concepts (publication 2003).

[14] DIN ISO 2176: Petroleum products – Lubricating grease – Determination of dropping point (ISO 2176:1995) (publication 1997).

[15] DIN EN ISO 3104: Petroleum products – Transparent and opaque liquids – Determination of kinematic viscosity and calculation of dynamic viscosity (ISO 3104:1994 + Cor. 1:1997); German version EN ISO 3104:1996 + AC:1999.

[16] DIN ISO 2909: Petroleum products – Calculation of viscosity index from kinematic viscosity (ISO 2909:2002) (publication 2004).

[17] SAE J300: Engine Oil Viscosity Classification (publication 2015).

[18] SAE J306: Automotive Gear Lubricant Viscosity Classification (publication 2005).

[19] DIN ISO 2137: Petroleum products – Lubricating grease and petrolatum – Determination of cone penetration (ISO 2137:1985) (publication 1997).

[20] ASTM D 2983: Standard Test Method for Low-Temperature Viscosity of Lubricants Measured by Brookfield Viscometer (publication 2015).

[21] ASTM D 445a: Standard Test Method for Kinematic Viscosity of Transparent and Opaque Liquids (and Calculation of Dynamic Viscosity) (publication 2015).

[22] ASTM D 5293: Standard Test Method for Apparent Viscosity of Engine Oils and Base Stocks Between −10 and −35 °C Using Cold-Cranking Simulator (publication 2015).

[23] ASTM D 4684: Standard Test Method for Determination of Yield Stress and Apparent Viscosity of Engine Oils at Low Temperature (publication 2014).

[24] ASTM D 4683: Standard Test Method for Measuring Viscosity of New and Used Engine Oils at High Shear Rate and High Temperature by Tapered Bearing Simulator Viscometer at 150 °C (publication 2013).

[25] CEC L-36-A-90: European standard test for HTHS viscosity, technically identical to ASTM 4741.

[26] ASTM D 4741: Standard Test Method for Measuring Viscosity at High Temperature and High Shear Rate by Tapered-Plug Viscometer (publication 2013).

[27] ASTM D 5481: Standard Test Method for Measuring Apparent Viscosity at High-Temperature and High-Shear Rate by Multicell Capillary Viscometer (publication 2013).

[28] DIN 51502: Designation of lubricants and marking of lubricant containers, equipment and lubricating points (publication 1990).

[29] DIN 51818: Lubricants; consistency classification of lubricating greases; NLGI grades (publication 1981).

[30] P. M. Lugt: Grease Lubrication in Rolling Bearings. 1st Edition, John Wiley & Sons, 2013.

内燃機関（ICエンジン）の冷却液

要求事項

　燃料がエンジンで燃焼されると、供給されたエネルギーのうちの約1/3が運動エネルギーに変換され、約2/3が熱に変換される。この熱のうち、およそ50％は排気システムを経由して大気中に放出され、残りは、エンジン冷却回路内で冷却液により利用されるか、除去される。冷却液はこの目的のために、以下の多くの要求事項を満たす必要がある。

- 最適な熱伝達特性
- 高い比熱容量
- 低い蒸発損失
- 良好な不凍性
- 冷却回路のすべての素材の腐食、浸食、キャビテーションからの保護
- エラストマー、プラスチック、コーティングとの適合性
- 詰まりを引き起こす沈殿物（「汚れの付着」）の防止
- 低メンテナンスの必要性、長い寿命、容易な取扱
- 環境適合性

冷却液の成分

　エンジン冷却回路の通常の冷却液は、水と自動車およびエンジンメーカーによって承認されているラジエーター保護剤との混合液で構成されている。ラジエーター保護剤の体積百分率は、たいていの場合40％〜50％である。

水

　比熱が高くそのため熱容量が大きい水は、冷却液として非常に好ましいものである。通常は水道水が使用される。水道水の品質には大きなばらつきがあることが考えられるので、ほとんどの自動車およびエンジンメーカー、またラジエーターメーカーは使用する水に関する要求事項を明示している（表1）。水に含まれるイオン量が多くなると、防止剤の消費が早まり、たとえば低溶解反応製品の凝集（凝固）、回路コンポーネントの腐食などが発生し、冷却用ダクトが詰まってしまう、というようなことも考えられる。

ラジエーター保護剤

　ラジエーター保護剤の基本材料としては、通常は1,2エタンジオール（エチレングリコール）、あるいは稀に1,2プロパンジオール（プロピレングリコール）

表1：ラジエーターメーカーの推奨事項に基づいた水道水に関する要求事項

性質	要求事項
外観	無色、透明
沈殿物	0 mg/l
pH値	6.5 〜 8.0
総硬度	≦ 4.5 mmol/l
塩化物	≦ 100 mmol/l
硫酸塩	≦ 100 mmol/l
炭酸水素塩	≦ 100 mmol/l

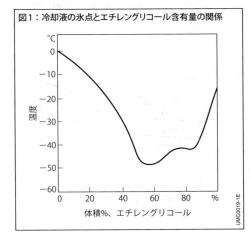

図1：冷却液の氷点とエチレングリコール含有量の関係

が使用される。両方のグリコールとも水溶性に非常に優れている。これらに水道水を混ぜた場合、氷点は低下し、沸点は上昇する。これらの効果が最も良く発揮されるのは、体積百分率が約50％のときである（図1）。沸点はさらに冷却システムの作動圧力に左右される（図2）。乗用車の冷却回路の作動圧力は、通常の走行では約1.5 barの過圧が標準であり、高性能エンジンでは全負荷時に最高で2.5 bar以上になる。

厳密に言えば、グリコールと水の混合液の場合は定義された氷点というものはなく、氷の結晶が溶液中から分離し始める分離氷点が存在する。この温度では、冷却液はまだポンプの力で冷却回路を通じて循環することが可能である。

グリコールと水の混合液の比熱容量は、水道水と比較して小さくなる。

水とグリコールの混合液は、金属に対し水道水と同様の腐食性を示すので、防止剤にはラジエーター保護剤が追加混合される。

ラジエーター保護剤のタイプ

ラジエーター保護剤は基本的に3つのグループに分けられ、それぞれ使用される防止剤の点で異なる。

ケイ酸塩を含む従来のラジエーター保護剤
防止剤と添加剤

この種のラジエーター保護剤は、主にケイ酸塩、亜硝酸塩、硝酸塩、モリブデン酸塩などの無機防止剤を含んでいる。トルエンまたはベンゾトリアゾールなどの有機防止剤も使用される。

使用期間全体にわたって必要とされるアルカリ度のpH値を維持するために、ラジエーター保護剤にはホウ酸塩、リン酸塩、安息香酸塩、イミダゾールなどの緩衝物質が添加される。

さらにラジエーター保護剤には洗浄剤（スルホン酸塩など）、消泡剤、染料が添加されて完成となる。

ケイ酸塩を含む従来のラジエーター保護剤は何十年にもわたって使用され、その効力を実証してきた。特にこれに含まれるケイ酸塩は薄い保護コーティングを形成することで、アルミニウムエンジンの危険な高温腐食を防止する。

有効寿命

しかし、このタイプのラジエーター保護剤の不利な点は、一部の添加剤の溶解度が低いためにどのレベルにおいても防止剤の濃度を選択することができない点である。その一方で、無機防止剤は走行中に減少していくが、防止剤に必要な最低濃度を下回ることはない。結果として、この種のラジエーター保護剤の有効寿命は約3年の作動時間または100,000 km（乗用車の場合）に制限される。この有効寿命は、たとえば最新の高性能エンジンでは冷却回路の高い熱負荷によって大幅に短縮される可能性がある。

従来のラジエーター保護剤の有効寿命の制限は、車両の寿命を延ばしたいという自動車およびエンジンメーカーの希望に合わないものである。そのためラジエーター保護剤のメーカーは、「OAT」製品の開発によりこれに対応している。

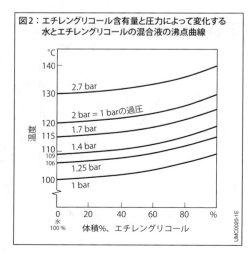

図2：エチレングリコール含有量と圧力によって変化する水とエチレングリコールの混合液の沸点曲線

内燃機関 (IC エンジン) の冷却液　**321**

OATラジエーター保護剤

　OATラジエーター保護剤 (有機酸テクノロジー) は、従来の無機防止剤に代わって有機防止剤の組み合わせを含んでいる。代表的な組み合わせは脂肪族モノカルボン酸とジカルボン酸、アゼライン酸と芳香族カルボン酸、セバシン酸とベンゾトリアゾールである。無機防止剤とカルボン酸の組み合わせも使用される。ただし純粋なOAT製品はケイ酸塩を含んでいない。

　ケイ酸塩を含んでいる従来のラジエーター保護剤と対照的に、OATラジエーター保護剤の防止剤は走行時に比較的遅いペースで減少していく。これはラジエーター保護剤の有効寿命を延ばし、メンテナンスの必要性を減らすことにつながる。

ハイブリッドラジエーター保護剤

　OATラジエーター保護剤の長期間の耐用性とケイ酸塩防止剤の高温腐食防止の利点を同時に実現するために、両方のタイプの防止剤をバランスよく組み合わせたハイブリッドラジエーター保護剤が開発された。これにより、ケイ酸塩保護コーティングの素早い形成によって局部的な高温腐食が防止される一方で、たとえケイ酸塩防止剤が消耗した後でも、安定したOAT防止剤によって長期間の腐食防止が確保される。

　これはローメンテナンス冷却液の要求を満たすだけでなく、最新エンジン技術の高い熱負荷にも対応する。したがってこれらのハイブリッドラジエーター保護剤 (Si-OATラジエーター保護剤とも呼ばれる) は今日、主要車両メーカーによって初期充填の段階で使用されることが多くなってきている。

ブレーキフルード

要求事項

　乗用車および小型商用車は油圧ブレーキシステムを装備している。油圧媒体は運転者のペダル操作による制動力をブレーキマスターシリンダーへと伝えて油圧に変換し、これをブレーキラインを経由してホイールブレーキへと伝え、そこで油圧は再び制動力に変換される。アンチロックブレーキシステム（ABS）やエレクトロニックスタビリティプログラムなどの走行ダイナミクス制御システムは、さらに各ホイールで油圧を変化させることができ、減圧によってホイールのロックを防止したり、増圧によってハンドリングを安定させたりする。そのため、この媒体には以下の要求が課せられる。

低い圧縮率

　油圧媒体であるブレーキフルードが効率的に力を伝達するための基本的な要求事項は、圧縮率が非常に低いことである。このためには全作動域において液体の状態が維持されなければならない。

吸湿能力

　走行中には水分が、特に柔軟なブレーキホース（通常はゴム材料製）を通って、ホイールのブレーキシステムに浸入することがある。この水分がブレーキフルードによって吸収されなければ、温度が100℃を超えると圧縮性の水蒸気泡が形成される。その結果、ブレーキペダルを踏んだ際に、最初に圧縮性の水蒸気が圧縮されることになり、圧力が形成されなくなる。

このようなブレーキの不具合は「ベーパーロック」と呼ばれる。こうしたことから市場では、水と完全に混合可能で、非結合の遊離水を生じさせないブレーキフルードが広く受け入れられるようになった。過去によく使用された鉱物油をベースとしたブレーキフルードも、グリコールをベースとした化学合成のブレーキフルードに事実上完全に取って代わられている（市場シェアは約99%）。

ブレーキフルードの規格

　ブレーキシステムを確実に作動させるためには、ブレーキフルードが厳しい要求事項を満たすことが必要である。その特性は、類似の内容を含む各種の規格に規定されている（SAE J1703 [1]、SAE J1704 [2]、FMVSS 116 [3]、ISO 4925 [4]、JIS K2233 [5]）。自動車の作動媒体であるブレーキフルード専用としてFMVSS 116（連邦自動車安全基準）に記載された性能データは、本来アメリカ国内において義務付けられているものだが、しばしば国際基準とみなされることもある。米運輸省（DOT）はこの規格で、他の規格と同様、各主要特性に対してさまざまな品質基準を規定している（表1）。

表1：ブレーキフルードの分類と主成分の化学物質

分類 ＼ 主成分の化学物質	グリコールエーテル				シリコーン	鉱物油
色の違い	無色から琥珀色				紫	緑
FMVSS 116	DOT 3	DOT 4		DOT 5.1	DOT 5	
ISO 4925クラス	3	4	6	5-1		ISO 7308
SAE	J 1703	J1704 標準	J1704 低粘度		J 1705	
JIS K2233クラス	3	4	6	5		
ドライ沸点[℃] ウエット沸点[℃]	>205 >140	>230 >155	>250 >165	>260 >180	>260 >180	>235 >180
粘度 (−40℃) [mm²/s]	<1,500	<1,800 (DOT) <1,500 (SAE、 ISO、JIS)	<750	<900	<900	<2,000

特性

沸点

制動中にはホイールブレーキシリンダーの温度が上昇し、極端なケースでは（長い下り道で頻繁にブレーキを踏む場合など）約200℃にも達する。作動媒体の温度が沸点を超えると気泡が形成される可能性がある。ブレーキフルードの一部は、信頼できるブレーキ動作にとって不利な圧縮性の非常に高い蒸気状態となる。このような場合には、ブレーキフルード中に水蒸気泡が存在しているケースと同様にブレーキは作動できなくなり、ブレーキ異常「ベーパーロック」が発生する。

ドライ沸点

新品状態（たとえば密閉された容器内）のブレーキフルードは通常まったく水分を含んでいないか、あるいはほとんど含んでおらず、水分は通常0.2％未満である。特にスチール容器内のフルードに含まれる水分は0.03％未満となる場合がある。このような新品状態での平衡沸点は、ドライ沸点（ERBP：Equilibrium Reflux Boiling Point、平衡還流沸点）と呼ばれる。

吸湿性が高いグリコール系のブレーキフルードは、水分を吸収することで沸点が大きく低下する。その結果、ホイールブレーキの温度が高いときは「ベーパーロック」の危険が高まる。

ブレーキの使用状況と地域の気候にも左右されるが、一般に1年あたりで許容される水分増加は約1〜1.5％である。

ウエット沸点

正確に決められた量の水分を吸収した後のブレーキフルードの平衡沸点はウエット沸点（wERBP：wet Equilibrium Reflux Boiling Point、湿潤平衡還流沸点）と規定されており、2〜3年間使用されたブレーキフルードの沸点を示すものである。

試験されるブレーキフルードは非常に湿度の高い部屋に置かれ、およそ1日後に取り出されて沸点が計算される。この場合の基準ブレーキフルードは、3.7％の水分を含んでいることを前提としている。作動媒体の沸点は、吸収される水分が増えるにつれて低下する。その結果、ホイールブレーキの温度が高いときはブレーキ異常の危険が高まる。そのため、ブレーキフルードは通常2年ごとに交換する必要がある。図1は、ブレーキフルードの吸湿性の違いが沸点の低下に及ぼす影響の例を示したものである。

ブレーキフルードメーカーにとってのこれまでの重要な開発動向は、多くの水分を含んでいる場合の沸点を上げることであった。

粘度

粘度は作動媒体の流動に対する抵抗を表すものである。粘度が高くなると、媒体がラインや狭まった箇所（走行ダイナミクス制御システムのバルブやポンプなど）を流れるときに圧力低下が非常に大きくなる。その結果、たとえば圧力を上昇させる力が弱まり、エレクトロニックスタビリティプログラムの効果を低下させる可能性が生じる。したがって一般的には、低温時の粘度が低いこと、そして温度変化に伴う粘度変化を低く抑えることが望ましい。これは、−40℃という極低温域での粘度（低温粘度）に対する上限によって規定される。圧力上昇の際に高い動的性能を可能にするには、これをできるだけ低くする必要がある。極低温域の粘度を低く抑えることも、近年ブレーキフルードメーカーによって盛んに開発が進められてきた。図2は、粘度と温度の関係を2種類のブレーキフルードの例で示したものである。これによると、低温時には明らかに非線形の特徴が見られる。一般的な「経験則」によれば、温度が1K下がると、粘度は約10％高

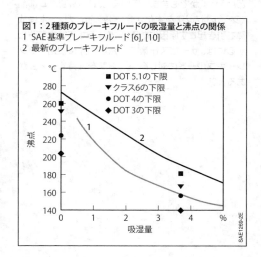

図1：2種類のブレーキフルードの吸湿量と沸点の関係
1 SAE基準ブレーキフルード[6]、[10]
2 最新のブレーキフルード

くなる。同様に、低温時に水分が1％増加した場合も粘度が約10％高くなる。これも、ブレーキフルードの交換が必要な理由のひとつである。

耐腐食性

FMVSS 116（およびその他のすべての基準）には、ブレーキフルードは、通常ブレーキシステムに使用される金属を腐食させてはならないと明記されている。必要な耐腐食性は適切な添加剤を使用することで保証される。このことは、ドライおよびウエット状態のブレーキフルードでの金属板の高温保存試験において要求される上限を上回るレベルで確認される。

ゴム部品の膨潤性

ゴム部品は、ブレーキシステム（ブレーキマスターシリンダー、走行ダイナミクス制御システム、ホースなど）のシールやガスケットとして使用される。ゴム部品の膨潤性は小さいほうが望ましく、シールリングの設計に際してはこのことを考慮すべきであり、どのような状況でも約10％を超えないことが重要である。10％を超えると、ゴム部品の強度に悪影響を及ぼす。

グリコール系（および稀に使用されるシリコーン系）ブレーキフルードに適合するゴム材質として、通常はEPDMが使用される。鉱物油系のブレーキフルードはEPDMとの適合性がなく、違う種類のゴム材質が必要となる（FKMなど）。

グリコール系のブレーキフルードに鉱物油系の不純物（油圧フルード、鉱物油系ブレーキフルードなど）がわずかでも含まれていると、EPDM製ゴム部品（シール材など）を劣化させ、最終的にブレーキに故障を引き起こす原因になる。このような不純物を防止するには、サービス作業での充填の際に使用するブレーキフルードに対し高い清潔度を維持する必要がある[10]。

化学成分

グリコールエーテル系フルード

大部分のブレーキフルードは、グリコールエーテル化合物を基本としている。主成分は、通常、低分子ポリエチレングリコールのモノエーテルである。ISOおよびSAEの基準ブレーキフルードの化学組成は、ISO 4926で詳しく規定されている[6]。グリコールの成分はDOT3規格（表1）に準拠したブレーキフルードに使用できるが、吸湿によって沸点が急速に低下するという欠点を持つ。DOT 4およびDOT 5.1のブレーキフルードの特徴は、グリコールホウ酸エーテルも使用されていることである。これは水と化学結合させることができる。したがって沸点の低下はDOT 3フルードよりも非常にゆっくりと進行するため、ウエット沸点が大幅に上がる（図1）。その結果、ホイールブレーキが多くの水分を含んでいる場合や高温にさらされる場合に、「ベーパーロック」の危険が大幅に低下する。

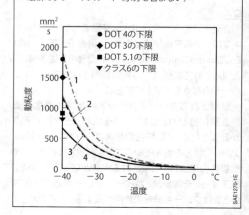

図2：2種類のブレーキフルードの粘度と温度の関係
1 SAE基準ブレーキフルード（水分5％）
2 SAE基準ブレーキフルード（水分を含まない）[6], [10]
3 最新のブレーキフルード（水分5％）
4 最新のブレーキフルード（水分を含まない）

今後の開発動向

ISO 4925にはさらに別の等級、すなわち「クラス6」についての記述がある。この等級はDOT4より優れているが、特に低温時の粘度が低いという特性がある（表1）。これは、ウエット沸点の上昇と低温時の粘度の低下という2つの開発動向に同時に対処した最初の例である。

高いウエット沸点と低い低温粘度を目指す動向は今後も続き、両者の同時達成が目指されるであろう。ますます多くの「最新の」ブレーキフルードが開発、供給されていくことになろう。

加えて、ブレーキ介入を含む車両速度コントローラー（ACC（アダプティブクルーズコントロール）およびAEB（自動エマージェンシーブレーキ）として実現）などの走行ダイナミクス制御システムの機能も、常に拡張されている。自動（半自動）走行の実現という動向は明らかなため、走行ダイナミクス制御システムを使用する頻度は多くなる。これまでABS（アンチロックブレーキシステム）のポンプエレメントはごく稀にしか作動しなかったが、その使用期間と今後の作動負荷は、自動走行にまで及ぶ広範囲の追加機能を備えたTCS（トラクションコントロールシステム）とエレクトロニックスタビリティプログラムによって大幅に増大する。

そして今後はブレーキフルード規格においても、たとえば摩耗を低減するためにブレーキフルードの潤滑性に関しての要求事項が必要となろう。同様のことが、ブレーキマスターシリンダーとクラッチ作動時のノイズ防止にも当てはまる。最近では、マニュアルトランスミッションでクラッチの作動にブレーキフルードが使用されることが増えてきている。特にSAE内の作業グループは、規格の今後の展開について検討している。

その他の種類のブレーキフルード

シリコーン油系フルード（SAE J1705, [7]）

シリコーン油系ブレーキフルードは現在、非常に短いメンテナンスインターバルが可能なモータースポーツなど、いくつかの特殊用途でのみ使用される。

この製品の不利な点は価格が高いことに加え、圧縮率が高いことである。また、鉱物油と同じく吸湿性が低いので、ブレーキシステム内に入り込む水分を吸収できない。このような理由により、シリコーン油系ブレーキフルードは「低耐水性」ブレーキフルードと呼ばれる。

鉱物油系フルード（ISO 7308, [8]）

鉱物油系フルードでは、フルード特性（潤滑など）を改善させるための添加剤が知られている。これらの添加剤は以前は中央油圧系を装備した車両などに使用されたが、シリコーン系フルードと同じく吸湿性がないため、現在では重視されていない。

鉱物油系フルードをグリコールエーテル系フルードのブレーキシステムに加えるとゴム部品が劣化するため、決して行ってはならない（グリコールエーテル系フルードを鉱物油系フルードのシステムに加えることも、同様に行ってはならない）。このため、FMVSSは各種ブレーキフルードに対するカラーコーディングシステムを提案している（表1を参照）。

参考文献

[1] SAE J1703: Motor Vehicle Brake Fluid.

[2] SAE J1704: Motor Vehicle Brake Fluid Based Upon Glycols, Glycol Ethers and the Corresponding Borates.

[3] FMVSS 116: Federal Motor Vehicle Standard No. 116: Motor Vehicle Brake Fluids.

[4] ISO 4925: Road vehicles – Specification of non-petroleum-base brake fluids for hydraulic systems.

[5] JIS K2233: Non-petroleum base motor vehicle brake fluids.

[6] ISO 4926: Road vehicles – Hydraulic braking systems – glycol-based reference brake fluids.

[7] SAE J1705: Low Water Tolerant Brake Fluids.

[8] ISO 7308: Road vehicles – Petroleum-based brake fluid for stored-energy hydraulic brakes.

[9] SAE J1709: (Historical) European Brake Fluid Technology.

[10] SAE J1706: Production, Handling and Dispensing of SAE J1703 Motor Vehicle Brake Fluids and J1704 Borate Ester Based Brake Fluids.

燃料

概要

構成成分

燃料は、主に各種パラフィンおよび芳香族化合物の多数の炭化水素からなる。

パラフィン

パラフィンは直鎖状、イソパラフィンは分枝状、シクロパラフィンは多重結合を持たない連鎖炭化水素で、化学的に反応性が低い。

芳香族化合物

芳香族化合物は、分子が少なくとも1つの環をもち、電子が環全体に分布しているという特性によって特徴付けられる。ベンゼンが典型的な例である。電子が2つの炭素原子の間で二重結合として非局在化しているため、芳香族化合物は同様に活性が低い。

製造

ガソリンとディーゼル燃料は原油から製造される。最初に、原油を脱塩および蒸留し、炭化水素を分子サイズに応じて異なる留分に分離する。

大気圧下での蒸留

このプロセスは、大気圧下での原油の蒸留によって開始され、主に揮発性成分の種々の物質流が生成される。これらの物質流は、その組成に応じて、液化石油ガス(プロパンおよびブタン)、ガソリン、灯油、およびディーゼル燃料と燃料油の揮発性の高い部分の基礎を形成する。

真空蒸留

常圧蒸留からの残りの残留物を真空下でさらに分離する。これらの留分は、ディーゼル燃料と燃料油中の重質成分、および軽質と重質の船舶用燃料の基礎を形成する。真空蒸留においても残留物は残り、重油とビチューメンに加工される。

さらなる処理

蒸留によって得られる生成留分の割合と品質は、製油所での複雑な化学プロセスによるさらなる処理が必要な市場要件をまだ満たしていない。

より大きな分子は、広く知られている脱硫に加えて、純粋な熱または触媒によって分解される(熱分解、触媒分解)。このプロセスが水素の中で行われる場合、水素化分解として知られている。追加成分は、水素化分解によってディーゼル燃料の重油から生成することができる。

他の精製プロセスでは分子の構造が変更される。改質においては、飽和脂肪族分子から芳香族化合物が生成され、その際に水素化分解と脱硫に必要な水素が得られる。直鎖分子は、異性化処理によって分岐分子に変質させることができる。これらは、ガソリンのオクタン価とディーゼル燃料の低温抵抗を増加させる。

バイオ燃料と添加剤の添加

現在、世界中の多くの化石燃料に、特定の割合のバイオ燃料が加えられている。特定のバイオ燃料特性は、燃料等級の要件を満たす目的で使用することができる。たとえば、バイオエタノールはガソリンのオクタン価を増やし、ディーゼル燃料にバイオディーゼルを添加することで十分な潤滑性が得られる。添加剤は、製品品質をさらに改善するためにもしばしば使用される。添加剤は、特定の燃料特性を調整することを目的として添加される活性物質である。

特性

沸点範囲と発火点

沸点範囲は、ガソリンが30 ℃ 〜 210 ℃で、ディーゼル燃料が160 ℃ 〜 370 ℃である。ディーゼル燃料の発火点は約350 ℃（下限は220 ℃）で、ガソリンの発火点（平均500 ℃）よりも大幅に低い。

発熱量

一般に、真発熱量 H_n（以前の用語：低位発熱量）は、燃料のエネルギー含量で表される。この値は、完全燃焼によって放出される使用可能な熱量に相当する。

これに対して、総発熱量 H_g（以前の用語：高位発熱量）、は放出される総反応熱を表し、したがって、機械的に使用可能な熱と、水蒸気中に生成される潜熱で構成される。ただし、この値は自動車では使用されない。

ディーゼル燃料（軽油）の真発熱量は42.9 〜 43.1 MJ/kgで、ガソリンの40.1 〜 41.9 MJ/kgより少し高い値である。

アルコール燃料、エーテル、脂肪酸メチルエステルなどの酸素を含む燃料または燃料成分（含酸素物）は、含まれている酸素が燃焼プロセスに貢献しないため、純粋な炭化水素よりも発熱量が小さい。したがって酸素含有燃料では、燃料消費量の増加なくして従来の燃料に匹敵するエンジン性能を達成することはできない。

混合気の発熱量

これは可燃混合気の発熱量である。空燃比によって決まり、エンジンの出力を決定する。理論空燃比においては、すべての液体燃料と液化石油ガスの発熱量は約3.5 〜 3.7 MJ/m³となる。

硫黄分

二酸化硫黄（SO_2）の排出を抑え、排気ガス処理用の触媒コンバーターを保護するために、自動車用のガソリンおよびディーゼル燃料の硫黄分は、全欧州において2009年から10 mg/kgに規制されている。この規制に適合している燃料は「超低硫黄（サルファーフリー）燃料」と呼ばれている。このようにして、燃料の脱硫の最終段階が達成されている。2009年までは、2005年の初めに導入された低硫黄燃料（硫黄分50 mg/kg）のみが欧州での使用を許可されていた。燃料の脱硫化で先鞭をつけたのはドイツで、税の優遇措置により、2003年にはすでに超低硫黄燃料を使用することができていた。

米国で消費者が入手可能な商用ガソリンの硫黄分の規制値は、2006年から最大80 mg/kgに規制された。ただし、販売および輸入される燃料の総量に対しては、これより厳しい平均30 mg/kgの値が適用されている。カリフォルニア州などでは、独自にさらに厳しい規制が行われている。

また2006年には、米国全土で高速道路用ディーゼル燃料への超低硫黄化が開始された（ULSD = Ultra Low Sulfur Diesel, 硫黄分が最大15 mg/kgの超低硫黄ディーゼル燃料）。2009年の終わりまでには、硫黄分が最大500 mg/kgの燃料は20 ％に低下するであろう。

認定燃料の硫黄分は、それぞれの規制に適合していなければならない。

ガソリン

燃料等級

ドイツのスーパーガソリン

ドイツでは2種類の95オクタン価のスーパーガソリンが使用されている。この2種類はエタノール含有量が異なり、最大5％（容積比、容積%）のエタノール（スーパー）または10％（容積比）のエタノール（スーパーE10）を含むことができる。オクタン価98のスーパープラスガソリンも供給されている。オクタン価100以上のガソリンは、供給企業ごとにさまざまな名称（V-Power Racing 100、Super 100plus、Ultimate 102）で販売されていて、オクタン価95のスーパーガソリンと比べると基本的な品質や添加剤が異なる。

米国の燃料

米国では、レギュラー（92オクタン価）、プレミアム（94オクタン価）、およびプレミアムプラス（98オクタン価）の3種類の燃料が販売されている。米国で販売されている燃料は通常10％（容積比）のエタノールを含む。酸素含有成分の添加によりオクタン価が高まり、アンチノック性が改善されて、最新式の高圧縮比エンジンの要件を満たす。

改質ガソリンとは、成分を変換することにより、従来のガソリンよりも蒸発および汚染物質の排出が少なくなるようにしたガソリンの呼称である。米国連邦法における大気清浄法（Clean Air Act）の制定によって、改質ガソリンが必要になった。この法律によって、標準品質との比較において、蒸気圧、ベンゼンおよび芳香族化合物の総合含有量、最終沸点（終点）などの引き下げが行われた。また、インテークシステムの汚染および異物の堆積を防ぐための添加剤（清浄剤）の使用も規定されている。

燃料の規格

欧州規格EN 228 [1] には、火花点火（SI）機関用の無鉛ガソリンの要件が定義されている。またこの規格の国別の補遺には、各国で適用される値が規定されている（表1）。2014年時点でアルジェリアなど数ヵ国のみで使用されていた有鉛ガソリンは、ほぼすべての世界市場で認可されていない。

ガソリンエンジンに関する米国の規定は、米国材料試験協会のASTM D4814 [2] に記載されている。

今日販売されているガソリンエンジン用燃料のほぼすべてに、酸素含有成分（含酸素物）が含まれている。この点に関して、「欧州バイオ燃料指令（EU Biofuels Directive）」には再生可能燃料の最低含有量が規定されているため、欧州においてもエタノールが特にその重要性を高めている。メタノールまたはエタノールから製造されるエーテルだけでなく、MTBE（メチル第三ブチルエーテル）およびETBE（エチル第三ブチルエーテル）も使用され、欧州では基礎燃料の品質に応じて22％（容積比）まで添加できる。アルコールとエーテルの混合も認可されている。しかし欧州では、含酸素物の全量は最大許容酸素量の規定によって制限されている。つまり、欧州のE10は最大で3.7％（質量比、質量%）酸素を含有することができるが、10％のエタノールの添加によってすでにこの値に達してしまう。エーテルを添加する場合、それに応じてエタノールの最大容積%を減らさなければならない。世界の多くの国では、ガソリン中の生物由来成分の最低基準が定められているが、この基準の大部分がバイオエタノールを使用して達成されている。

アルコールを添加すると高温での揮発性が高まる。加えてアルコールは、燃料システムの材料を損傷して、エラストマーの膨潤やアルミニウム部品のアルコラート腐食などを引き起こす可能性がある。アルコールの含有量と温度によっては、水分が少しでも混入すると反応して分離を引き起こす。相分離においては、燃料に含まれるアルコールの一部から新たなアルコール水溶液相が形成される。したがって、アルコールを含む燃料の使用は、車両とガソリンスタンドネットワークにおける追加措置を必要とする。

エーテルの場合は、分離の問題は発生しない。エーテルはエタノールよりも蒸気圧が低く、発熱量が高く、オクタン価が高く、化学的に安定で、さまざまな素材との相性も良い。したがって、エンジンの観点からも供給の観点からも利点がある。持続可能性の観点から、CO_2の削減を達成するため、また生物由来燃料を混合することが義務付けられたために、主としてETBEが使用されている。

欧州のガソリン規格EN 228では、長い間エタノール含有量は5％（容積比）（E5）に制限されてきたが、2013年版では第1の品質として10％（容積比）（E10）の仕様が含まれる。現時点の欧州市場では、すべての自動車がE10を使用して運転できる材質を備えているわけではない。したがって、第2の品質として、最

大エタノール含有量5%（容積比）の特例等級が維持されている。ドイツでは、ドイツ市場へのE10の早期導入を図るために、2010年4月に公開された暫定規格E DIN 51626-1:2010-04 [3]に代えて新版DIN EN 228:2014が適用される。E10はガソリン市場の主要等級と考えられているが、まだ消費者から支持されていない。E10は、現在までに欧州ではドイツ、フランス、フィンランドのみで供給されている（2016年の開始時点）。

米国では、ほとんどのガソリンが10%（容積比）のエタノールを含有しており（E10）、米国規格ASTM D4814に基づいて、約7 kPa高い蒸気圧が認められている。エタノール含有量に応じて、EN 228（2013）でも最大8kPAの高い蒸気圧が認められている。

特性
密度（比重）
欧州規格EN228では、ガソリンの比重を720〜755 kg/m^{3}の範囲に制限している。

オクタン価
オクタン価とは、ガソリンのアンチノック性（過早着火の起きにくさ）を示す単位のことである。オクタン価が高くなると、アンチノック性も大きくなる。アンチノック性が非常に高いイソオクタン（トリメチルペンタン）のオクタン価を100とし、アンチノック性が非常に低いn-ヘプタンのオクタン価を0としている。

供試燃料と同じアンチノック性を示すイソオクタンとn-ヘプタンの混合物は、標準試験エンジンを使用して決定される。イソオクタンとn-ヘプタンの混合物中のイソオクタンの割合（容積比%）が、燃料のオクタン価に相当する。

リサーチオクタン価とモーターオクタン価
リサーチ法試験（[4]）によるオクタン価をリサーチオクタン価（RON）と呼び、加速時のノッキング特性を示す重要な指標である。モーター法（[5]）によるオクタン価をモーターオクタン価（MON）と呼ぶ。このモーターオクタン価（MON）は、基本的に高速走行時のノッキング傾向を示す。

リサーチ法と比べた場合、モーター法は、予熱した混合気を使う、エンジン回転数が高い、可変イグニッションタイミング、などの違いがある。そのため、試験では燃料温度に関してより一層の厳格さが要求される。MONオクタン価はRONオクタン価より低い数値になる。

アンチノック性を高める方法
通常の（未処理の）直留ガソリンは、アンチノック性が低い。最新式の高圧縮エンジンに適した高オクタン価の燃料を製造するには、このようなガソリンにさまざまなアンチノック性精製成分（改質成分、異性化成分）を添加する必要がある。アルコールやエーテルなどの酸素を含有する成分も、アンチノック性を高める。そのため、この目的でこれらの成分が添加される。

オクタン価を高めるための金属を含有する添加剤（MMT：メチルシクロペンタジエニールマンガントリカルボニルなど）は、燃焼時に灰分が生成される。このためMMTは、EN 228（2013）のマンガン微量制限値により排除されている。

燃料の揮発性の特性
ガソリンの揮発性には上限と下限がある。下限は、燃料が確実に冷間始動を行うのに十分な揮発性成分を含むように選択される。しかし、高温時の気泡の発生によって燃料供給が中断され（ベーパーロック）、その結果、温間始動の困難や走行中の問題が発生するので、燃料の揮発性はそれほど高くすることはできない。さらに環境保護のため、蒸発損失を低く抑える必要がある。

燃料の揮発性は、さまざまな指標により定義される。EN228では、沸騰曲線、蒸気圧、VLI（ベーパーロック指数）などの違いから、E 5 と E 10 の揮発性を 10 種類の等級に分類している。欧州諸国は気候条件の違いに起因する特有の要件を考慮して、規格 EN228 の国別の補遺に独自の等級を盛り込むことができる。夏季と冬季で異なる値が規定されている。

米国ガソリン規格 ASTM D4814 にも同様の規定が含まれる。包括的な表に、暦月と州に応じて、揮発性等級の適用範囲が記載されている。

沸騰曲線

車両作動時の燃料の性能を評価するには、沸騰曲線を個々の領域に分けて見る必要がある。そのためEN 228 には、70 ℃、100 ℃、150 ℃での燃料の蒸発量に関する規制値が定められている。70 ℃以下での燃料の蒸発量は、確実に冷間始動ができることを保証する最小値を達成していなければならない（これは特にキャブレター付きの自動車では重要）。ただし燃料の蒸発量は、暖機された状態のエンジンで気泡が発生するほど多くてはならない。100 ℃以下での燃料の蒸発量は、エンジンの暖機特性と、作動温度に達してからの加速特性や応答特性に大きく影響する。150 ℃以下での燃料の蒸発量は、できるだけエンジンオイルを希釈させないよう、十分な値でなければならない。特にエンジン冷間時に、ガソリンの未蒸発成分が蒸発せずに燃焼室からシリンダー壁を伝わってエンジンオイルに混入することがある。

蒸気圧

温度が 37.8 ℃（100 °F）時に EN13016-1 [6] に基づき測定される燃料蒸気圧は、本来、車両の燃料タンク内の安全要件が確立される特性量である。蒸気圧は、すべての仕様において上限と下限が存在する。たとえばドイツでは、夏季は最大 60 kPa、冬季は最大 90 kPaである。

また、高温でのみアルコールの混合に起因する蒸気圧上昇が顕著になるため、燃料噴射システムの設計においては、高温時（80 ～ 120 ℃）の蒸気圧を知っておくことも重要である。走行中のエンジン温度の影響で、蒸気圧が燃料噴射システムの圧力を超えてしまうと、システム内に気泡が生じて不具合が発生することがある。

表 1：DIN EN 228（2017 年 8 月）：ガソリンの主な要件

要件	単位	特性値	
等級		スーパー E10	スーパー
アンチノック性：RON/MON、スーパー、下限	–	95/85 [1]	
比重（15 ℃）、下限／上限	kg/m³	720/775	
硫黄分、上限	mg/kg	10	
酸素含有量、上限	%（質量比）	3.7	2.7
エタノール含有量、上限	%（容積比）	10.0	5.0
ベンゼン、上限	%（容積比）	1	
鉛、上限	mg/l	5	
揮発性			
蒸気圧、夏季、下限／上限	kPa	45/60	
蒸気圧、冬季、下限／上限 [2]	kPa	60/90	
蒸発量、70 ℃、夏季、下限／上限	%（容積比）	22/50	20/48
蒸発量、70 ℃、冬季、下限／上限	%（容積比）	24/52	22/50
蒸発量、100 ℃、下限／上限	%（容積比）	46/72	46/71
蒸発量、150 ℃、下限／上限	%（容積比）	75/–	
最終沸点、上限	℃	210	
VLI [3] 移行期間 [4]、上限 [2]		1164	1150

[1] スーパープラスに適用：RON/MON 上限 98/88、エタノール含有量上限 10.0 %（容積比）
[2] ドイツ国内データ、[3] VLI：ベーパーロック指数、[4] 春季および秋季

気液率

気液率は、燃料の気泡形成の性質を示す指標である。気液率は、所定の背圧および温度において、一定量の燃料から生成される蒸気量を表している。圧力低下（高地走行など）や温度上昇によって気液率は高くなり、作動障害を誘発する可能性がある。たとえばASTM D4814では、それぞれの揮発性等級に対して、気液率が20を超えてはならない温度が規定されている。

ベーパーロック指数

ベーパーロック指数（VLI）とは、蒸気圧（37.8 ℃におけるkPa値）を10倍した値と、70 ℃以下で蒸発する燃料の容積百分率を7倍した値の合計である。燃料の製造過程においては、蒸気圧および沸点データの双方が最大値に達することはないので、この追加的な制限値を用いて燃料の揮発性をさらに規定することができる。

添加剤

自動車を使用することで生じるエンジンの性能低下および排気ガス成分の劣化を防ぐために、燃料に添加剤を追加して品質を改善することができる。一般的に使用される添加剤は、さまざまな特性を持つ成分を混合したパッケージとなっている。

添加剤の試験と最適な成分および濃度の決定は、慎重に正しく行い、望ましくない副作用の発生を避ける必要がある。精油所では、プラントの保護と最低限の燃料品質の確保のために、基本添加剤が添加されている。品質をさらに改善するために、精油所でタンクローリーに積み込む際にブランド専用の多機能添加剤が添加される（終点添加）。

清浄剤

燃焼室における空気と燃料の混合組成の設定と準備は、トラブルのない走行と排気ガス中の汚染物質の最小化のために極めて重要である。吸気システム全体（フューエルインジェクター、吸気バルブ）をきれいな状態に保つことは、新品状態において最適化された条件を維持するための重要な前提条件となる。効果的な洗浄添加剤（清浄剤）は、表面を清潔な状態に保ち堆積物を除去するのに役立つ。

腐食防止剤

燃料に水分（水／湿気）が浸入すると、燃料系の構成部品を腐食させることがある。金属表面に薄い保護膜を形成する腐食防止剤を添加することで、こうした腐食を効果的に防ぐことができる。

劣化安定剤

酸化防止剤は、燃料を貯蔵する際の燃料の安定性を高める添加剤である。空気中の酸素による急激な酸化を防止するために添加されている。

化石ガソリンに対する混合成分

バイオエタノール

砂糖および澱粉を原料とする製法

バイオエタノールは、砂糖および澱粉が含まれているものを原料にして製造することができ、最も多く製造されているバイオ燃料である。酵母菌を使用して、砂糖が含まれている植物（砂糖きび、てんさい）を発酵させると、糖分の発酵によりエタノールが生成される。

澱粉を原料としてバイオエタノールを製造する場合、とうもろこし、小麦、ライ麦などの穀物は、長鎖の澱粉分子を分解するために酵素で前処理される。これに続く同様に酵素で処理される糖化の過程で、ブドウ糖分子へと分解される。さらに酵母菌を使用した発酵処理を行うことにより、バイオエタノールが生成される。

リグノセルロースを原料とする製法

酵素を使用し、リグノセルロースを原料としてバイオエタノールを製造することができる。リグノセルロースは植物の細胞壁を形成している物質で、その主成分はリグニン、ヘミセルロース、セルロースである。砂糖または澱粉が含まれている部分だけでなく、植物の全体を利用できるのが利点である。この新しい方法による製品は、第2世代のバイオエタノールと呼ばれている。しかし、酵素はセルロースを分解することができるが、リグニンは分解することができない。現在までに開発されている酵素は使用可能なバイオマスが限られ、この製法は現時点では大きな経済効果をあげるまでには至っていない。

バイオエタノールの使用

バイオエタノールはその特性により、ガソリンへ混合するのに非常に適している。特に、純粋ガソリンのオクタン価を高めるのに最適である。こうした理由により、事実上すべてのガソリン規格で、混合成分としてのエタノールの混合が許容されている。欧州連合（EU）のバイオ燃料政策によっても、バイオエタノールの持続可能な生産が保証され、原料となる穀物の生産が食品としての生産と競合しないのであれば、市場への浸透およびガソリンに含まれるバイオエタノールの割合が増大するものと予想される。

またバイオエタノールは、フレックス燃料車（Flexible Fuel Vehicles、FFV）の火花点火機関の純粋燃料としても使用できる。この種の自動車は、ガソリンと純粋なエタノールのみの燃料と、ガソリンとエタノールの混合燃料のどちらでも使用できる。85％（容積比）のエタノールを含むガソリンが、欧州諸国の主にドイツ、フランス、スウェーデンで提供されている。低温時の冷間始動性の問題を防ぐために、地域の気候によっては最大エタノール濃度が低減されることがある。燃料のサンプリング検査の結果によれば、標準的なエタノール含有量は、夏季は75 〜 85％（E 85）、冬季は65 〜 85％である。E 85の品質は、欧州では燃料規格CEN/TS 15293 [7]に、米国ではASTM D5798 [8]に規定されている。ブラジルでは、ガソリンは、基本的にガスホールとも呼ばれるエタノール燃料としてのみ販売されており、22 〜 26％（容積比）のエタノールを含む。混合されていないエタノールであるE 100はブラジルの多くのガソリンスタンドで入手可能だが、7％（質量比）の水を含んでいる。

メタノール

製造

基本的にメタノールは、石炭や天然ガスなどの化石燃料を原料とした再生可能ではない方法により製造される。したがって、CO_2の排出削減には貢献しない。燃料に対する大きな需要の一部を石炭でまかなうことを計画している中国などの国では、今後メタノールの使用が増大すると思われる。そのため、従来型の火花点火機関での使用の上限を規定するM 15規格が出現している。中国では、E 85に相当するM 85が、フレックス燃料車用として研究されている。

メタノールの使用

アルコール含有量が同じであれば、メタノール燃料はエタノール燃料よりも合金鉄への腐食作用が著しく大きく、燃料に水分が混入すると急速に分離する。1973年の石油危機におけるドイツのメタノール燃料での苦い経験とメタノールの毒性のために、混合成分としてのメタノールの使用はドイツでは再び禁止されている。世界的な見地からは、現時点でメタノール混合燃料の使用は特別な場合に限られ、その場合でも含有量は5％（M5）以下であることが多い。

ディーゼル燃料（軽油）

燃料の規格

欧州では、規格EN 590 [9]に、ディーゼル燃料の要件が定められている。最も重要な特性を表2に示す。ガソリンスタンドで販売されている高品質の燃料（Super diesel、Ultimate、V-Power dieselなど）も、この規格を満たしている。これらのディーゼル燃料は、基本的な品質、パラフィン系燃料成分の添加、および添加剤が異なる。

EN 590によれば7％（容積比）までのバイオディーゼル燃料（FAME）をディーゼル燃料と混合することが可能で、バイオディーゼル燃料の品質は規格EN 14214 [10]に規定されている。バイオディーゼル燃料を混合すると、潤滑性は向上するが酸化安定性は低下する。十分な酸化安定性を確実なものとするため、2009年にEN 590が改訂されて、燃料の劣化期間を測定する誘導期のパラメーターが追加され、最低要件を満たさなければならない。

米国のディーゼル燃料の標準規格ASTM D975 [11]に規定されている品質基準の項目はこれよりも少なく、制限もゆるい。容積比で5％までバイオディーゼル燃料を混合することができるが、そのバイオ燃料はASTM D6751 [12]の要件を満たしていなければならない。

特性

セタン価

セタン価（CN）とは、ディーゼル燃料の着火性を表す目安である[13]。セタン価が高くなると、燃料の着火性も大きくなる。ディーゼルエンジンには外部から火花で点火する仕組みがないため、燃料室内で高温となった圧縮空気に燃料を噴射したときに燃料が自己着火しなければならず、着火遅れを最小限に制御する必要がある。非常に着火性の高いn-ヘキサデカン（セタン）のセタン価を100とし、着火性の低いα-メチルナフタレンの値を0として決定される。ディーゼル燃料のセタン価は、標準CFR（Cooperative Fuel Research）単気筒試験用エンジンを使用して決定する。この試験用エンジンは、可変圧縮比ピストンを備えており、一定の着火遅れが発生したときの供試燃料の圧縮比を測定する。セタンとセタン価15の成分であるヘプタメチルノナンより成る基準燃料を使用し、このとき測定した圧縮比で試験用エンジンを作動させる。同一の着火遅れが発生するまで、基準燃料のセタンの割合を変化させる。そのときのセタンの割合（％）が、供試燃料のセタン価となる。

現代のエンジンで、特に冷間始動条件において適しているのは、セタン価50以上の燃料である。高品質ディーゼル燃料は、セタン価の高いパラフィンの含有量が多い。これとは逆に、芳香族化合物は着火性を低下させる。

表2：DIN EN 590（2017年10月）ディーゼル燃料の主な要件

要件		単位	特性値
セタン価、下限		–	51
セタン指数、下限		–	46
密度（15℃）、下限／上限		kg/m^3	820／845
粘度（40℃）、下限／上限		mm^2/s	2.0／4.5
硫黄分、上限		mg/kg	10
潤滑性、「摩耗痕直径」、上限		μm	460
FAME含有量、上限		％（容積比）	7
酸化安定性	不溶性[3]、上限	g/m^3	25
	誘導期（110℃にて）、下限	h	20
水分含有量、上限		mg/kg	200
総汚濁、上限		mg/kg	24
6段階の季節等級におけるCFPP[1]、上限[2]		℃	+5 ～ -20
引火点		℃	>55

[1] ろ過性限界、[2] ドイツ国内規定0 ～ー20℃
[3] 劣化後の不溶性物質の合計

334 燃料・潤滑剤・作動液

セタン指数

また、着火性を表す他のパラメーターとしてセタン指数がある。セタン指数は、燃料の比重と沸騰曲線上のさまざまな点に基づいて計算した値である。この純粋に数学的なパラメーターには、着火性に関するセタン価向上剤の効果が反映されない。セタン価向上剤の添加によるセタン価の調整を制限するため、EN 590規格にはセタン価とセタン指数の両方が規定されている。着火向上剤を使ってセタン価を高めた燃料は、その添加剤を含まずに同じセタン価を示す燃料より燃費が高くなることがある。

沸点範囲

燃料の沸騰範囲、つまり燃料が蒸発する温度域は、燃料の組成によって異なる。液体が最初に沸騰する温度である初留点の低い燃料は冬季の使用に適するが、キャビテーション損傷のリスクを高め、潤滑性能の低下によってシステムの摩耗が増大する原因になる。

逆に、沸点範囲の上端部の温度（終点）が高いと、排出される煤煙（すす）が増え、噴射ノズルにカーボンが堆積する原因になる。燃料の不揮発成分が化学的に分解される結果、噴霧孔およびノズルコーンに堆積物が付着し、燃えかすが増える。堆積物の形成プロセスはきわめて複雑である。とりわけ、精油所の分解プロセスによる不揮発性燃料成分は、カーボン堆積の一因となる。

汚れたノズルと汚れていないノズルの流体の貫通流から計算されるカーボン堆積の度合いは、燃料の特定のノズル形状における噴射ノズルへの堆積物形成傾向を確認する尺度となる。逆に、ノズル形状の設計変更がカーボン堆積物の形成にどのように影響するかを、基準燃料によって評価することが可能である。

終点が高くなると、シリンダー壁を伝わってエンジンオイルに混入する燃料の量が増える。したがって、燃料の不揮発成分の割合が高くなりすぎないようにする必要がある。バイオディーゼル燃料の混合割合がEN 590規格で7%（容積比）以内に制限されているのは、バイオディーゼル燃料の沸点が高い（320～360℃）こともその理由のひとつである。

ろ過性限界

低温時にはパラフィン結晶の析出が促進され、フューエルフィルターが目詰まりを起こし、最終的に燃料の流れを妨げることがある。不利な条件下では、パラフィン分子は0℃以上ですでに結晶化し始める。燃料の耐寒性は、規定された試験条件（CFPP、寒冷時の目詰まり点、ろ過性限界）の下で燃料フィルターが詰まる温度によって評価される。EN 590規格は、さまざまな等級のCFPPに対して異なる限界値を定義しており、それぞれの参加国は、その地理的および気象条件に基づいて、この限界値を決定する。

かつては、自動車の所有者が冷間時の応答性を向上させるために、ディーゼル燃料にレギュラーガソリンを加えることがあった。現在では、規格に適合した燃料を使用しているため、このような対策は必要ない。またこのような行為は、特に今日広く使用されている高圧燃料噴射システムには有害である。

引火点

引火点とは、可燃性液体が空気中に蒸発し、可燃性液体の上方に炎を近付けると、空気との混合気体の燃焼が起きる温度のことである。安全上（輸送、貯蔵）の観点から、ディーゼル燃料は危険物クラスAIIIに準拠したものでなければならない、すなわち引火点は55℃より高い温度でなければならない。ディーゼル燃料に3%未満のガソリンを添加するだけで、常温でも十分に引火する程度に引火点温度が下がる。

密度（比重）

ディーゼル燃料の単位容積あたりのエネルギー含量は、原油のみから製造された純粋な化石ディーゼル燃料の場合、密度に比例する。インジェクターの動作（つまり噴射される燃料の量）が一定とすれば、密度が異なる燃料を使用すると、発熱量の相違によって混合比が変化してしまう（空燃比λの変化）。エンジンに型依存密度の高い燃料を使用すると、エンジン性能は向上するが煤煙（すす）の排出も増加し、密度の低い燃料を使用すると、エンジン性能、すすの排出が共に低下する。そのため、ディーゼル燃料の型依存密度域は厳しく制限されている。

バイオディーゼルがディーゼル燃料と混合されると、バイオディーゼルの密度が高いために混合液の密度は増加するが、含まれる酸素の量によってエネルギー含量が減少する。

粘度

粘度とは、内部摩擦による燃料の流れにくさを表す指標である。ディーゼル燃料の粘度が低すぎると、インジェクターの戻り量が増加し、その結果、燃料噴射システムの温度が上昇して、場合によっては全負荷に必要な燃料噴射量が得られなくなる。さらに、摩耗およびキャビテーションによる浸食が発生する危険性が高くなる。

また、純粋なバイオディーゼル燃料（FAME）を使用するなど、粘度が高すぎると、圧力制御機構を備えていないシステム（ユニットインジェクターシステムなど）では、高温時のピーク噴射圧力が石油ディーゼル燃料よりも高くなる。そのため、燃料噴射システムに、石油ディーゼル燃料の許容ピーク圧力がかからなくなる場合がある。また、粘度が高いと燃料の噴霧粒子が大きくなり、噴射パターンが変化する。燃焼室内の液滴分布を噴霧パターンと呼ぶ。低温状態では燃料の粘度が急激に上昇するため、容積流量が減少して燃料供給が制限されることがある。

潤滑性

ディーゼル燃料の流体潤滑性は、混合摩擦領域ではそれほど重要ではない。環境に適合した水素化脱硫された燃料を導入した結果、分配型燃料噴射ポンプに摩耗の問題が多く生じることになった。脱硫により、潤滑に重要な役割を果たす燃料成分が除去されるからである。多くの燃料は、こうした問題を避けるために潤滑強化剤を添加しなければならない。EN 590規格に潤滑性の限度が規定されている、これは高周波回転装置（HFRR）を使用した振動摩耗試験[14]によるもので、その摩耗限度は460 μmとなっている。

通常2％（容積比）以上の十分な量のバイオディーゼルがディーゼル燃料に混合されている場合にも、最低潤滑性要件は達成される。

酸化安定性

ディーゼル燃料の構成成分の空気中の酸素による酸化の度合いは、ガソリンのそれよりもずっと大きくなる。これはバイオディーゼルを混合する場合に一層顕著である。酸化（燃料の劣化とも呼ばれる）によりポリマーと酸が生成される。劣化により生成されるポリマーは、堆積物を形成して燃料噴射システムを目詰まりさせる直接的な原因となることがある。劣化により生成される酸は、しばしば金属イオンと反応してディーゼル燃料には溶けない有機塩と石鹸（カルボン酸塩）を生成し、その結果やはり堆積物を形成する。

燃料は、車両に積載されている間、十分な劣化期間を備えていることが重要である。劣化期間は、EN 15751に定義されている試験条件による110℃での誘導期として測定される。ガソリンスタンドの給油機のディーゼル燃料が、この試験基準に従って20時間以上の劣化期間を示すとき、燃料は通常の使用のために十分安定していることが保証される。これまで燃料劣化による故障は、特別な農業用途や建設部門において、非常に長い休止期間にさらされた極端な事例でのみ発生している。

総汚濁

総汚濁とは、劣化したポリマーを含む、砂、錆、非溶解性有機物成分など、燃料内の非溶解性微粒子の総量を表す。EN 590規格では、最大24 mg/kgの総汚濁が許容されている。特に鉱物ダストに含まれる非常に硬いケイ酸塩は、ギャップ幅の狭い高圧燃料噴射システムに損傷を与える。硬い粒子は、それが許容総汚濁レベルの数分の一の量であっても、浸食性摩耗の原因になる（ソレノイドバルブのシートなど）。この種の摩耗はバルブの漏れを引き起こし、燃料噴射圧力やエンジン性能を低下させ、粒子状物質の排出を増加させる。欧州の一般的なディーゼル燃料には、100 mlあたり約250,000個の微粒子が含まれており、大きさが4〜7 µmの粒子が特に問題になる。したがって、このような粒子による損傷を防止するために、ろ過効率の高い高性能燃料フィルターが必要である。

ディーゼル燃料中の水分

ディーゼル燃料は、常温において約100 mg/kgまでの水分を吸収する。水分の溶解限度は、ディーゼル燃料の組成、特に芳香族化合物の含有量、添加剤、バイオディーゼルの割合、および周囲温度によって決まる。EN 590規格では、最大200 mg/kgの水分含有量を許容している。貯蔵タンク内のディーゼル燃料は、はるかに高い水分を含む可能性があるが、燃料の市場調査によって、水分含有量が200 mg/kgを超えることは稀であることが明らかになっている。水分は溶解せずに分離した層を形成して、「遊離」水として壁面や底面に付着するため、試料に水分がまったく検出されないか、検出が不完全であることが多い。溶解している水分が燃料噴射システムに損傷を与えることはないが、遊離したわずかな量の水が、短時間で燃料噴射システムの構成部品に摩耗や腐食を発生させる可能性がある。

添加剤

添加剤は、ガソリンでは一般的に長い間使用されており、最近はディーゼル燃料用の品質向上剤としても重要性が増してきた。大半の燃料に、多くの面に効果的な添加剤パッケージが使用されている。通常、添加剤の合計濃度は0.1％未満であるため、密度、粘度、沸点範囲などの燃料の物理的特性には影響しない。

潤滑性向上剤

水素化脱硫などの結果として潤滑特性が低下したディーゼル燃料の潤滑性を向上させるために、脂肪酸やグリセリドを添加することができる。バイオディーゼル燃料には、副産物としてグリセリドも含まれている。ディーゼル燃料にバイオディーゼル燃料が混合されている場合は、潤滑性向上剤は添加しない。

セタン価向上剤

着火までの時間（着火遅れ）を改善するアルコールの硝酸エステルは、セタン価向上剤として頻繁に使用される。特に冷間始動時に、燃焼騒音（エンジン騒音）の増大と極端な黒煙排出を防止するのに効果がある。

フローインプルーバー（流動性向上剤）

フローインプルーバーの成分は、ろ過性限界を下げる各種のポリマーである。通常は気温が低いことによる問題の発生を防ぐため、冬季に添加される。フローインプルーバーは、ディーゼル燃料のパラフィンが結晶化するのを防止することはできないが、その成長を著しく制限することができる。フローインプルーバーを使用すると生成される結晶は非常に小さくなるので、フィルターの孔が完全に詰まってしまうことはなく、燃料はエンジンの暖機が始まって結晶が再び溶融するまでの間もフィルターを通過することができる。

清浄剤

清浄剤は、堆積物がノズル穴の内側および出口に付着しないように燃料に添加される洗浄添加剤である。清浄剤の洗浄効果は、異なる極性の基の分子構造に基づく。長い非極性炭化水素鎖は、燃料中の溶解性を改善し、一方、極性基を介して大部分の極性コーティングの配位が促進される。清浄剤は、このようにして、燃料を介して既存の堆積物を除去するキャリアとして機能する。さらに、添加剤はまた、極性基の金属表面への配位による新たな堆積物の蓄積を防ぐことができる。

腐食防止剤

長鎖の有機モノマーとダイマー酸、アミンまたはアンモニウム塩が代表的な腐食防止剤である。これらの化合物は、金属部品の表面の極性端部に付着し、水分が浸入した場合に腐食が発生するのを防止する。

消泡剤

消泡剤を添加すると、燃料補給時に燃料が過度に泡立つのを防ぐことができる。シリコーンなどの消泡剤は表面張力を低下させ、形成された気泡を急速に破裂させる。

ディーゼル化石燃料に対する混合成分

バイオディーゼル

現時点では、ディーゼルエンジン用の代替燃料として最も重要なものは、バイオディーゼル燃料である。メタノールを使用して、油脂類からエステル交換で製造される脂肪酸エステルもバイオディーゼル燃料とされ、脂肪酸メチルエステル (FAME) が生成される。バイオディーゼル燃料の分子は、その大きさと特性において、植物油よりもはるかにディーゼル燃料に類似している。そのため、どのような環境においても、バイオディーゼル燃料を植物油と同等と見なすことはできない。それでもなおバイオディーゼル燃料は石油ディーゼル燃料とは大幅に異なる、なぜなら、脂肪酸エステルは、イオン化して化学反応が発生しやすいためである。これに対して石油ディーゼル燃料は、パラフィンと芳香族化合物の混合物であり、不活性でイオン化しない。

製造

植物または動物由来の油脂は、バイオディーゼル燃料の原料として使用することができる。ドイツでは主として菜種 (ナタネ) 油、北米および南米では大豆油、アジアではヤシ油、インド亜大陸では少量であるがナンヨウアブラギリ (ジャトロファ) の油を使用している。使用済みの食用油を原料とするメチルエステル (UFOME) も、世界中で製造されている。バイオディーゼル燃料とその原料は世界規模で取り引きされているため、FAMEが含まれている燃料には、一般にさまざまな原料から生成された混合物が含まれている。

油脂類からのエステル交換は、エタノールを使用するよりもメタノールを使用する方が技術的に簡単であるため、ほぼ例外なくメチルエステルが製造される。メタノールは、通常は石炭から製造される。そのため脂肪酸メチルエステルは、厳密には完全な生物由来の燃料とは言えない。

特性

バイオディーゼル燃料の特性は、さまざまな要因によって決まる。植物油はそれぞれ脂肪酸ブロックの成分が異なり、典型的な脂肪酸のパターンを示す。たとえば、不飽和脂肪酸の種類と量は、バイオディーゼル燃料の耐寒性と耐劣化性に決定的な影響を与える。また、植物油の前処理や製造方法も、バイオディーゼル燃料の特性に影響を与える。

規格

バイオディーゼル燃料の品質は、燃料の規格によって規定されている。技術的に可能であれば、原料に関して制限をかけることは避けなければならない。バイオディーゼル燃料の品質要件は、原料組成ではなく、主として燃料としての特性によって表される。耐寒性と耐劣化性（酸化安定性）が優れていることが特に重要である。また、汚れを除去する処理も重要である。

欧州規格EN 14214は、バイオディーゼル燃料に関する最も国際的で包括的な仕様であり、バイオディーゼルを純粋な燃料として、あるいはディーゼル燃料の混合成分として使用する際の要件が記載されている。両方の用途について、良質のバイオディーゼル燃料が定義されている（表3を参照）。

米国のバイオディーゼル燃料規格ASTM D6751の品質規定は、これよりも緩やかである。たとえば、この規格の酸化安定性の最低要件は、EN 14214に規定されている劣化期間（誘導期）の半分に満たない。これによって、米国においては、特に下限値の燃料を使用する場合、あるいは実際の使用条件によっては、燃料の劣化による問題が発生する危険性が高まる。

ブラジル、インド、韓国などでは、欧州のB 100規格EN 14214にほぼ準拠している。

自動車での利用

税制優遇策が廃止されたために、ドイツでは、バイオディーゼルが純粋な燃料（B100）として使われることはほとんどない。ディーゼル微粒子フィルターの導入と、現地条件下での低燃費に関するコンプライアンスと車両エミッションに関するより厳しい要件によって、B 100の使用はいくつかの特別な用途に制限される。本来B 100は、走行距離が多く燃料を短時間で消費する商用車で主に使用されていて、酸化安定性の不足による問題の発生を避けることができた。

エンジンにとっては、バイオディーゼル燃料を低率で石油ディーゼル燃料に混ぜた混合物として使用することが望ましい。高比率の石油ディーゼル燃料によって安定性を確保し、同時にバイオディーゼル燃料によって良好な潤滑効果を得られる。

実用的には、純粋なB 100の規定だけでなく、市場で販売されているディーゼル／バイオディーゼル混合燃料に関する規定も重要である。そのため、最大7％のバイオディーゼル燃料を混合した燃料（欧州ではB 7）が大勢を占めつつある。

特定の用途に多数の車両を運用している事業者では、バイオディーゼル燃料の割合がさらに多いものも使用している（フランスのB 30や米国のB 20）。混合する量が多くなると、バイオディーゼル燃料の沸点が

表3：DIN EN 14214（2014年6月）：FAMEの主な要件

要件	単位	特性値
密度（15 ℃）、下限／上限	kg/m^3	860/900
粘度（40 ℃）、下限／上限	mm^2/s	3.5/5.0
硫黄分、上限	mg/kg	10
アルカリ金属の含有量（Na + K）、上限	mg/kg	5.0
アルカリ土類金属の含有量（Ca + Mg）、上限	mg/kg	5.0
グリセリンの含有量、上限	%（質量比）	0.25
酸価、上限	mg KOH/g	0.50
酸化安定性（110 ℃での誘導期）、下限	h	8
水分、上限	mg/kg	500
総汚濁、上限	mg/kg	24
6段階の季節等級におけるCFPP[1]、上限		
純粋燃料	℃	+5 〜− 20[2]
混合成分	℃	+13 〜− 10[3]
引火点	℃	>101

[1] ろ過性限界
[2] ドイツ国内規定 0 〜− 20 ℃
[3] ドイツ国内規定 0 〜− 10 ℃

高いために、燃焼室に噴射した燃料がシリンダー壁に凝縮し、エンジンオイルに混入する量が大幅に増加する原因になる。これは、とりわけディーゼル微粒子フィルターを装着し、二次噴射によってフィルターの再生を行う車両に該当する。用途によっては、特に低速の部分負荷運転時に許容できない量のバイオディーゼル燃料がオイルに混入し、エンジンオイルの交換時期を早めなければならなくなることがある。

バイオディーゼルの高い沸点は、エンジンと車両の新規開発の際にその活用について考慮することができる。その結果、欧州ではB 20/B 30、EN 16709 [16]の新しい規格が適用され、異なるバイオディーゼル含有量による2つの等級が規定されている。B 20は14~20％、B 30は24~30％のバイオディーゼルを含有する。燃料劣化による問題を回避するために、EN590 (B7) の最低酸化安定性要件が両方の等級で採用されており、誘導期はバイオディーゼル含有量にかかわらず20時間以上でなければならない。このように新しい欧州規格EN 16709は、6 ～ 20％のバイオディーゼルの含有量に6時間以上の誘導期を規定する米国規格 ASTM D 7467 [17]と根本的に異なる。

欧州では規格EN 16734 [18]も採用されている。この規格は、バイオディーゼルの含有量が0 ～ 10％のディーゼル燃料を対象としており、標準のディーゼル燃料 (バイオディーゼル0 ～ 7％) の規格EN 590と大幅に異なる。この追加の等級に関する市場の需要はまだ把握されていない。さらに、この燃料は、すべての欧州諸国で市場に出すことが認められているわけではない。

植物油

バイオディーゼルにエステル交換されていない植物油は、その高密度、高粘度、および不揮発性のためディーゼル燃料と混合してはならない。以前には、ディーゼルエンジンの排出ガスを減らすために、植物油、特に菜種油を使用して効果をあげたこともあった。今日、植物油は、植物油作動が認可されるトラクターなど、高圧燃料噴射を備えたいくつかの最新ディーゼルエンジンでのみ使用することができる。

パラフィン系ディーゼル燃料

化石ディーゼル燃料に対するさらなる混合成分として、飽和炭化水素のみから成る純粋なパラフィン系燃料を挙げることができる。芳香族成分が存在しないので、純粋なパラフィン系燃料の微粒子、HCおよびCO排出量は大幅に低減される。

パラフィン系ディーゼル燃料の製造方法は3種類ある。
- フィッシャー・トロプシュ法[19]
- 植物油の水素化
- CODプロセス (オレフィンを蒸留液に変換)

フィッシャー・トロプシュ法

必要な出発物質は合成ガスである。その成分は水素と炭素の一酸化物で、天然ガス、石炭、バイオマスから生成することができる。触媒を使って合成ガスを転換することで、直鎖の炭化水素 (n-パラフィン) を生成することができる。フィッシャー・トロプシュ触媒の作用により、ガスから、短鎖ガソリン成分、灯油およびディーゼルパラフィン、大きな分子量のオイルおよびワックスまで、さまざまな成分が得られる。経済的な理由から、製品混合物の分解は、一般的にはディーゼル燃料が最も多く生成されるように最適化されている。この製法で得られた燃料は、合成ディーゼル燃料と呼ばれている。

合成ディーゼル燃料は、その成分をディーゼルエンジンの要求に正確に合わせることができると考えられていたため、この燃料はかつて人造石油とも呼ばれていた。フィッシャー・トロプシュ合成によって生成される製品の範囲が広いことから、成分を調整した燃料を製造するという考えは、もはや現実的ではないようである。

パラフィンの原料が、天然ガス、石炭、バイオマスのいずれであるかによって、一般に、「ガス液化油 (GtL)」、「石炭液化油 (CtL)」、「バイオマス液化油 (BtL)」と呼ばれている。

CtLおよびGtLの製造は、経済的に大きな意味がある。GtLの製造は、天然ガスを直接使用することができず、廃棄される天然ガスの量が多い場合にのみ価値がある。

CtLおよびGtLの原料は化石エネルギー源であるため、CO_2排出の削減効果はない。BtLの場合は、CO_2に関する利点がある。しかし、BtLを生産する量産規模のプラントはまだ操業していない。

バイオマスを完全に使用するこのアプローチでは、植物を最初に化学的成分に分解し、そこから次のステップで燃料を合成する。このようにして製造された燃料は、第2世代燃料と呼ばれる。この手順は、脂肪、澱粉、砂糖などの農作物の既存の成分を、化学的な分解や酵素による分解（エステル交換や発酵）により燃料（バイオディーゼル燃料やバイオエタノール）（第1世代燃料）へ転換する従来の一般的な方法とは、根本的に異なるものである。

植物油の水素化

油脂の水素化によって、パラフィン系ディーゼル燃料を製造することもできる。バイオディーゼル燃料へのエステル交換とは異なり、水素を用いた転換は、出発原料の出所および品質に関する要求が少ない。水素化により油脂が分解され、その際に、すべての酸素原子および不飽和結合が除去される。脂肪酸から長鎖パラフィンが生成され、グリセリン成分がプロパン

ガスに転換され、酸素は水素と結合して水になる。このようにしてバイオマスから生成されたパラフィンは、バイオパラフィンと呼ばれる。バイオパラフィンの製造は、別のプラントに分けて行うことも、既存の精製処理に組み込むこともできる。

植物油の水素化は、バイオディーゼル燃料の代替製造手段として大きく成長している途上である。

CODプロセス

パラフィンを製造する第3の方法がオレフィンの転換であり、これにはCOD（オレフィンから蒸留物への転換、Conversion of Olefins to Distillates）プロセスを使用をする。このプロセスは、先行する精製処理に続く行程としてのみ用いられることが多い。この目的のためにオレフィン系の留分が使用される。パラフィンは、個々のオレフィン間の特殊な制御反応であるオリゴマー形成、および水素化によって製造することができる。

パラフィン系ディーゼル燃料の特性

製造方法に関係なく、化学成分とエンジン特性が非常によく類似しているパラフィン系炭化水素混合物が生成される。この燃料には硫黄および芳香族化合物が含まれず、部分的に非常にセタン価が高い。しかし、その密度がEN590で定義される下限値を下回っているため、新しい規格EN 15940 [20] が開発された

表4：DIN EN 15940（2016年9月）：パラフィン系ディーゼル燃料の主な要件

要件		単位	特性値
セタン価、下限	クラスA	―	70
	クラスB	―	51
密度（15 ℃）、下限／上限	クラスA	kg/m^3	765/800
	クラスB	kg/m^3	780/810
粘度（40 ℃）、下限／上限		mm^2/s	2.0/4.5
硫黄分、上限		mg/kg	5
芳香族化合物の総含有量（多環芳香族を含む）、上限		%（質量比）	1.1
潤滑性、「摩耗痕直径」、上限		μm	460
FAME含有量、上限		%（容積比）	7
水分、上限		mg/kg	200
総汚濁、上限		mg/kg	24
6段階の季節等級におけるCFPP[1]、上限[2]		℃	+5 ～－20
引火点		℃	>55

[1] ろ過性限界
[2] ドイツ国内規定0 ～－20 ℃

（表4）。これは混合成分としてではなく純粋に燃料として使用する際の品質を規定したもので、その適用はこの燃料の使用を明確に意図した車両だけに限定されている。上記の3種類の製造プロセスは、直鎖分子が分岐分子に変質する追加の異性化処理を必要とする。EN 15940で定義されている品質要件、特に要求される耐寒性は、このようにして得られる。

自動車での利用

　純粋なパラフィン系燃料の大部分は、旧式のディーゼル微粒子フィルター非装備車で使用されており、地域レベルでの微粒子の負荷を軽減するために、特に人口密度の高い場所での使用に適している。パラフィン系炭化水素は、プレミアムディーゼル燃料用混合成分として理想的な市場性がある。また、EN 590に定義されている要件を満たさないディーゼル燃料も、パラフィン成分を追加することにより、規格に適合するように改質することができる。

天然ガス

化石天然ガス

　天然ガスの主成分はメタン（CH_4）で、その最低含有量は80％（容積比）である。また、二酸化炭素、窒素、短鎖炭化水素などの不活性ガスも含まれている。酸素と水素も含まれる。天然ガスは世界中で採掘されており、比較的簡単に入手できる。ただし、産地によって組成が異なるため、密度、発熱量、アンチノック性が変化する。天然ガスの輸送方法もその組成に影響する。

　LNG（液化天然ガス）として液体状で船舶によって流通される天然ガスは、パイプラインを介してガス状で供給される場合と異なり、CO_2、ペンタン、ヘキサン、および硫化水素はほとんど含まれない。燃料としての天然ガスの特性は、ドイツでは規格DIN 51624 [21]に定義されている。欧州規格EN 16723-2 [22]にも、天然ガス、純粋なバイオメタン、天然ガスとバイオメタンの混合物に関する標準化された品質要件が定義されている。

バイオメタン

　バイオメタンは、バイオマスを含むエネルギー作物、液体肥料または廃棄物などの生物起源物質から製造された処理バイオガスである。生物起源原料の使用によるCO_2の削減は、バイオメタンのCO_2総排出量が化石天然ガスに比べて大幅に低減されるので、燃焼中のCO_2排出量を相殺することができる。

天然ガスの貯蔵

　天然ガスは、-162 ℃で保冷タンク内に液化ガス（LNG、液化天然ガス）として、または200 barの圧力で気体（CNG、圧縮天然ガス）として貯蔵することができる。LNGの貯蔵はCNGの貯蔵に比べて1/3の容量で済むが、液化するために大きなエネルギーが必要である。したがって、充填スタンドで販売されている天然ガスは、ほぼ例外なくCNGタイプである。LNGは一般に、充填ステーションがLNGの形での天然ガスの納品に対応している場合にのみ提供される。

CO₂の排出

天然ガスに含まれる水素と炭素のおよその比率は4：1であり、ガソリンの場合は2.3：1である。天然ガスは炭素含有量が少ないため、ガソリンに比べて燃焼したときに生成されるCO_2が少なく、H_2Oが多くなる。天然ガス用に改造された火花点火機関は、出力が同等の場合、それ以上の最適化を行わなくても、ガソリンに比べてCO_2の排出量が25％減少する。メタンの直接排出は、CO_2に比べて20倍の気候への悪影響の可能性を有するため、排出量全体の中に不完全燃焼の際の少量のメタンの発生を考慮に入れる必要がある。LNGタンクからガス状メタンを抜き取る場合も、過圧が形成されるとカーボンフットプリントに影響し、これが大気に排出される。

天然ガスの使用

天然ガスは、火花点火エンジン搭載車両で使用される。天然ガスで作動する乗用車の大部分が2種類の燃料に対応しており、天然ガスの使用とは別にガソリンの使用も可能である。火花点火ガスエンジンを搭載したバスは、天然ガスのみで作動する。圧縮点火ガスエンジンでは、天然ガスはディーゼル燃料と混合して燃焼される。天然ガス自動車市場の重要性が高まるか否かは、第一に車両所有者の購入費用とランニングコストによるが、CNGおよびLNG充填ステーションインフラの拡大にも左右される。

液化石油ガス（LPG）

液体ガスとも呼ばれる液化石油ガス（LPG）は、原油の採掘時、およびさまざまな精製過程で採取される。LPGは、プロパンおよびブタンが主成分の混合物で、常温において比較的低い圧力で液化することができる。ガソリンよりも炭素の含有量が少ないため、燃焼時に生成されるCO_2の量が約10％減少する。オクタン価は概ね100 ～ 110 RONである。自動車用燃料としてのLPGの要件は、欧州規格EN 589 [23]に規定されている。

液化石油ガスの乗用車も大部分が2種類の燃料に対応しており、液化石油ガスとは別にガソリンの使用も可能である。しかし液化石油ガスは、バルブまたはシートインサート材のLPG作動への適合が行われていないと、インテークバルブの著しい摩耗の原因となる可能性がある。

水素

製造

　水素は、天然ガス、石炭、原油、バイオマスを原料として、また、水を電気分解することで製造できる。今日の産業用水素の大部分は、天然ガスを水蒸気改質することにより大規模に製造されている。この製法ではCO_2が発生するため、ガソリン、ディーゼル燃料、天然ガスをそのまま内燃機関で燃料として使用するのに比べて、水素の使用は必ずしもCO_2に関する利点につながらない。

　水素を製造する場合のCO_2の排出削減は、バイオマスを原料として再生可能な方法で水素を製造するか、再生可能な方法で発電した電力を使用して水を電気分解することで実現できる。エンジン内で水素を燃焼させても、CO_2は排出されない。

貯蔵

　水素は、重量エネルギー密度は非常に大きいが（ガソリンのほぼ3倍、約120 MJ/kg）、比重が小さいため、体積エネルギー密度は非常に小さい。そのため貯蔵する場合には、実際に設置可能な貯蔵タンクの大きさを考えると、圧縮（350 〜 700 bar）するか、液化（−253 ℃での極低温貯蔵）する必要がある。また、水素を化合物として貯蔵する方法も考えられる。特定の金属および合金は、水素と共に金属水素化物を形成する。金属の原子格子に埋め込まれた水素は、加熱によって再び放出される。

自動車での利用

　水素は、燃料電池として使用することも、内燃機関で直接燃焼させて使用することもできる。燃料電池は水素内燃機関よりも効率が良いため、長期的に見ると、燃料電池での利用が重要さを増すと考えられる。

e-フューエル

　e-フューエルという用語は、エレクトロフューエルに使用され、電流を用いて構成される燃料を含む。最初のステップでは、水が電気分解プロセスによって水素と酸素に分解される。生成された水素のe-H_2は、たとえば燃料電池などで直接使用できる最も簡単なe-フューエルである。

　また、e-H_2とCO_2を変換して、e-H_2からメタンe-CH_4を生成することもできる。e-ディーゼルのような液体e-フューエルは、フィッシャー・トロプシュ法によって、e-H_2と一酸化炭素で構成されるパラフィンからなる。一酸化炭素は、水性ガスシフト反応の逆転によってCO_2から得られる。これらのe-フューエル（e-H_2、e-CH_4、e-ディーゼル）は全て、類似の化石成分や生物起源成分と異なるものではなく、質的にこれらに非常に似ている。

　e-フューエルの生産は、それ自体のエネルギー含有量を上回る追加のエネルギー消費を必要とし、その生産コストは、拡大段階に応じて、化石成分のコストをはるかに上回るが、e-フューエルには将来的な可能性があると考えられる。生産コストの大幅な削減が予測されるe-フューエルがなければ、交通部門における長期的なCO_2目標は達成できない。

エーテル

ジメチルエーテル

H_3C-O-CH_3の構造のジメチルエーテル（DME）は－25℃の沸点を有するので、液体として噴射できるように室温では加圧下に維持しなければならない。DME中のメチル基は酸素橋によって単離される。その結果、燃焼時にほとんど煤煙が生成されない。またDMEはセタン価が高く、燃焼音を低減し、NO_x排出量を低下させる。しかしDMEは酸素含有量が多いために発熱量H_uは28.8MJ/kgと低く、ディーゼル燃料（43.0 MJ/kgのH_u）と比べて容積消費が大きい。

DMEは、燃焼の観点からディーゼルエンジンにとって理想的な燃料だが、実際には特別に適合された少数の車両がこの燃料を使用しているだけである。圧力下で液化されたDMEは、高い蒸気圧と低粘度のために、従来のディーゼル燃料用に開発された既存のインジェクションコンポーネントとエンジン設計に適合しない。DME（水素と一酸化炭素）を製造するのに必要な合成ガスは、石炭、天然ガス、バイオマス、さらには廃棄物からも比較的容易に製造することができるが、DMEの使用は、車両に必要な追加の技術的費用のために、ニッチ市場の少数の車両に限られている。

オキシメチレンエーテル

オキシメチレンエーテル（OME）も、酸素橋と単離された炭素原子を有する。n＝1からn＝5までのH_3C-O-$[CH_2$-O$]_n$-CH_3構造のエーテルからは、今日までのところ合成ガスによるn＝1の基本成分のみを技術的に容易に入手可能である。しかし、OME1または化学的により正確にジメトキシメタンとも呼ばれるこのオキシメチレンエーテルは、DMEとは異なり室温では液体ではあるが、純粋な燃料としても既存のディーゼルエンジンへの混合成分としても適していない。

42℃の低沸点、0.33 mm^2/sの低粘度および－18℃の引火点を有するOME1は、高圧燃料噴射に関する液圧要件や既存の法的安全規定を満たしていない。OME1の燃焼は煤をほとんど生成しない。38の低セタン価から生じるNO_x排出量は、煤煙のNO_xとの差し引きによって低減される。

OME1の発熱量H_uは22.7 MJ/kgと低いため、ディーゼル燃料と比較して約70％高い容積消費をもたらす。オキシメチレンエーテルのさらに高いOME3～OME5は、同様に発熱量が低いことを除いて、明らかに優れた物質特性を有する。しかし今までのところ、工業用途の需要を超える多量のOME3～OME5は供給されていない。

表5：液体燃料および炭化水素の特性

材料	密度 kg/l	主要成分 %(m/m)	沸点 °C	蒸発熱 kJ/kg	真発熱量 MJ/kg	着火点 °C	理論空気量 kg/kg	着火限界 混合気の濃度 %(V/V) 下限値	上限値
ガソリン									
レギュラー	0.720～0.775	86 C, 14 H	25～210	380～500	41.2～41.9	≈300	14.8	≈0.6	≈8
プレミアム	0.720～0.775	86 C, 14 H	25～210	—	40.1～41.6	≈400	14.7	≈0.6	—
航空機用燃料	0.720	85 C, 15 H	40～180	—	43.5	≈500	—	≈0.7	≈8
ケロシン（灯油）	0.77～0.83	87 C, 13 H	170～260	—	43	≈250	14.5	≈0.6	≈7.5
ディーゼル燃料	0.820～0.845	86 C, 14 H	180～360	≈250	42.9～43.1	≈250	14.5	≈0.6	≈7.5
鉱物油（原油）	0.70～1.0	80～83 C, 10～14 H	25～360	222～352	39.8～46.1	≈220	—	≈0.6	≈6.5
褐炭タール油	0.850～0.90	84 C, 11 H	200～360	—	40.2～41.9	—	13.5	—	—
コールタール油	1.0～1.10	89 C, 7 H	170～330	—	36.4～38.5	—	—	—	—
ベンタン C5H12	0.63	83 C, 17 H	36	352	45.4	285	15.4	1.4	7.8
ヘキサン C6H14	0.66	84 C, 16 H	69	331	44.7	240	15.2	1.2	7.4
n-ヘプタン C7H16	0.68	84 C, 16 H	98	310	44.4	220	15.2	1.1	6.7
イソオクタン C8H18	0.69	84 C, 16 H	99	297	44.6	410	15.2	1	6
ベンゼン C6H6	0.88	92 C, 8 H	80	394	40.2	550	13.3	1.2	8
トルエン C7H8	0.87	91 C, 9 H	110	364	40.6	530	13.4	1.2	7
キシレン C8H11	0.88	91 C, 9 H	144	339	40.6	460	13.7	1	7.6
エーテル (C2H5)2O	0.72	64 C, 14 H, 22 O	35	377	34.3	170	7.7	1.7	36
アセトン (CH3)2CO	0.79	62 C, 10 H, 28 O	56	523	28.5	540	9.4	2.5	13
エタノール C2H5OH	0.79	52 C, 13 H, 35 O	78	904	26.8	420	9	3.5	15
メタノール CH3OH	0.79	38 C, 12 H, 50 O	65	1,110	19.7	450	6.4	5.5	26
ジメトキシメタン (OME1)	0.86	47 C, 11 H, 42 O	42	376	22.7	235	7.2	2.2	19.9
菜種油	0.92	78 C, 12 H, 10 O	—	—	38	≈300	12.4	—	—
菜種油メチルエステル（バイオディーゼル燃料）	0.88	77 C, 12 H, 11 O	320～360	—	36.5	283	12.8	—	—

温度20℃時の動粘度（mm²/s）(=cSt)：ガソリン≈0.6、エタノール≈1.5、メタノール≈0.75

表6：気体燃料および炭化水素の特性

材料		密度 (0℃, 1013 mbar時) kg/m³	主要成分 % (m/m)	沸点 (1,013 mbar時) ℃	真発熱量 燃料 MJ/kg	真発熱量 混合気 MJ/m³	着火点 ℃	理論空気量 kg/kg	着火限界 混合気の濃度 %(V/V) 下限値	着火限界 混合気の濃度 %(V/V) 上限値
液化石油ガス		2.25 (¹)	C_3H_8, C_4H_{10}	−30	46.1	3.39	≈400	15.5	1.5	15
都市ガス		0.56～0.61	50 H, 8 CO, 30 CH_4	−210	≈30	≈3.25	≈560	10	4	40
天然ガス H (北海)		0.83	87 CH_4, 8 C_2H_6, 2 C_3H_8, 2 CO_2, 1 N_2	−162 (CH_4)	46.7	–	584	16.1	4.0	15.8
天然ガス H (ロシア)		0.73	98 CH_4, 1 C_2H_6, 1 N_2	−162 (CH_4)	49.1	3.4	619	16.9	4.3	16.2
天然ガス L		0.83	83 CH_4, 4 C_2H_6, 1 C_3H_8, 2 CO_2, 10 N_2	−162 (CH_4)	40.3	3.3	≈600	14.0	4.6	16.0
水性ガス		0.71	50 H, 38 CO	–	15.1	3.10	≈600	4.3	6	72
高炉ガス		1.28	28 CO, 59 N, 12 CO_2	170	3.20	1.88	≈600	0.75	≈30	≈75
消化ガス (堆肥ガス) ⁴)		–	46 CH_4, 54 CO_2	–	27.2 (²)	3.22	–	–	–	–
水素	H_2	0.090	100 H	−253	120.0	2.97	560	34	4	77
一酸化炭素	CO	1.25	100 CO	−191	10.05	3.48	605	2.5	12.5	75
メタン	CH_4	0.72	75 C, 25 H	−162	50.0	3.22	650	17.2	5	15
アセチレン	C_2H_2	1.17	93 C, 7 H	−81	48.1	4.38	305	13.25	1.5	80
エタン	C_2H_6	1.36	80 C, 20 H	−88	47.5	–	515	17.3	3	14
エテン	C_2H_4	1.26	86 C, 14 H	−102	14.1	–	425	14.7	2.75	34
プロパン	C_3H_8	2.0 (¹)	82 C, 18 H	−43	46.3	3.35	470	15.6	1.9	9.5
プロペン	C_3H_6	1.92	86 C, 14 H	−47	45.8	–	450	14.7	2	11
ブタン	C_4H_{10}	2.7 (¹)	83 C, 17 H	−10; +1 (³)	45.6	3.39	365	15.4	1.5	8.5
ブテン	C_4H_8	2.5	86 C, 14 H	−5; +1 (³)	45.2	–	–	14.8	1.7	9
ジメチルエーテル	C_2H_6O	2.05 (⁴)	52 C, 13 H, 35 O	−25	28.8	3.43	235	9.0	3.4	18.6

¹ 液化ガスの密度 0.54 kg/l。液体プロパンの密度 0.51 kg/l、液体ブタンの密度 0.58 kg/l
² 精製消化ガスは CH_4 (メタン) を95％含み、発熱量は 37.7 MJ/kg
³ 前者はイソブタン、後者は n-ブタンおよび n-ブテンの数値を表す。
⁴ 液化ジメチルエーテルの密度 0.667 kg/l

燃料 347

参考文献

[1] DIN EN 228: 2017, Automotive fuels – Unleaded petrol – Requirements and test methods.

[2] ASTM D4814-16b, Standard Specification for Automotive Spark-Ignition Engine Fuel.

[3] Standard draft E DIN 51626-1:2010-04, Automotive fuels – Requirements and test methods – Part 1: Petrol E 10 and petrol E 5.

[4] DIN EN ISO 5164:2014, Petroleum products – Determination of knock characteristics of motor fuels – Research method (ISO 5164:2014).

[5] DIN EN ISO 5163:2014, Petroleum products – Determination of knock characteristics of motor and aviation fuels – Motor method (ISO 5163:2014).

[6] DIN EN 13016-1:2007, Liquid petroleum products – Vapor pressure – Part 1: Determination of air saturated vapor pressure (ASVP) and calculated dry vapor pressure equivalent (DVPE).

[7] DIN CEN/TS 15293:2011, Automotive fuels – Ethanol (E 85) automotive fuel – Requirements and test methods.

[8] ASTM D5798-13a, Standard Specification for Ethanol Fuel Blends for Flexible-Fuel Automotive Spark-Ignition Engines.

[9] DIN EN 590:2017, Automotive fuels – Diesel fuel – Requirements and test methods.

[10] DIN EN 14214:2014, Liquid petroleum products – Fatty acid methyl esters (FAME) for use in diesel engines and heating applications – Requirements and test methods.

[11] ASTM D975-15c, Standard Specification for Diesel Fuel Oils.

[12] ASTM D6751-15c, Standard Specification for Biodiesel Fuel Blend Stock (B 100) for Middle Distillate Fuels.

[13] DIN EN ISO 5165 (prEN ISO 5165: 2016), Petroleum products – Determination of the ignition quality of diesel fuels – Cetane engine method (ISO 5165:1998).

[14] DIN EN ISO 12156-1:2016, Diesel fuel – Assessment of lubricity using the high-frequency reciprocating rig (HFRR) – Part 1: Test method.

[15] DIN EN 15751:2014, Automotive fuels – Fatty acid methyl ester (FAME) fuel and blends with diesel fuel – Determination of oxidation stability by accelerated oxidation method.

[16] DIN EN 16709:2015, Automotive fuels – High FAME diesel fuel (B 20 and B 30) – Requirements and test methods.

[17] ASTM D7467-15c, Standard Specification for Diesel Fuel Oil, Biodiesel Blend (B 6 to B 20).

[18] DIN EN 16734:2016, Automotive fuels – Automotive B10 diesel fuel – Requirements and test methods.

[19] L. König, J. Gaube: Fischer-Tropsch-Synthese, Neuere Untersuchung und Entwicklungen. Article in Chemie Ingenieur Technik, Volume 55/1, 1983.

[20] DIN CEN/TS 15940:2016, Automotive fuels – Paraffinic diesel fuel from synthesis or hydrotreatment – Requirements and test methods.

[21] DIN 51624: 2008, Automotive fuels – Compressed natural gas – Requirements and test methods.

[22] DIN EN 16723-2:2017, Natural gas and biomethane for use in transport and biomethane for injection in the natural gas network – Part 2: Automotive fuels specification.

[23] DIN EN 589:2012, Automotive fuels – LPG – Requirements and test methods.

尿素水溶液

用途

尿素水溶液は、SCRシステム（「SCRシステム」を参照）によるディーゼルエンジンの排出ガスの触媒処理における窒素酸化物（NO_x）の還元に使用される。これは、この溶液は燃料添加剤として使用するのではなく、適切な量を排気システムに直接供給することにより行われる。

名称

保護商標名 AdBlue® で使用されている水溶液は、技術的に純粋な尿素 32.5 % と脱塩水 67.5 % から成る。全体の化学式は CH_4N_2O となる。他に次のような名称がある。

- カルバミド水溶液
- 尿素水溶液 32.5 %（AUS 32）
- DIN 70070 [1] または ISO 22241 [2] Part 1 〜 Part 4 に準拠した NO_x 還元剤
- 尿素水溶液
- ディーゼル排気液（DEF）
- 自動車用窒素酸化物液体還元剤
  （Agente Reductor Líquido de Óxido de Nitrógenio Automotivo、ARLA 32）

特性

熱により分解するため、高温や直射日光は避けなければならない。AdBlue が 25 ℃ 以上に加熱されると、水溶液としてアンモニア溶液または危険物質のアンモニアエアロゾルが生成される。

AdBlue はベースメタルを侵食する。銅、銅を含有する合金、非合金鋼、亜鉛めっき鋼、アルミニウムおよびガラスは、尿素水溶液と接触する部位に用いるには適当でない。

AdBlue は結晶化傾向が強い。AdBlue を含んだ水が蒸発すると、白い結晶になる。空気中の水分が多いと結晶の成長が促進される。AdBlue には高い浸透性と強い発散性がある。ライン／配管は結晶作用により詰まることがある。詰まった場合は温水で溶解できる。電気配線やリード線に沿って結晶化が広がっていないかを注意することが不可欠である。高い電気伝導率により、電気接点がブリッジされることがある。銅を含有するリード線は腐食する。

この製品は危険物としては分類されていないため、特にラベル表示する必要はない。この物質は刺激性はないが皮膚への接触が繰り返されるまたは長期にわたると、皮膚の脱脂および皮膚炎を引き起こすことがある。経験により、この媒体と数分接触があると皮膚が赤ることが知られている。

水質危害等級 1 として、AdBlue は若干水質危害があると分類されているため、環境に放出してはならない。

周囲温度が − 10 ℃ 以下の場合には、容器、ライン、および装置は、冷気遮断と加熱のための対策を施さねばならない。AdBlue は凍結により損なわれることはないので、溶解後に再使用することができる。

AdBlue を 0 ℃ 以下の温度で保管すると、凍結およびそれに伴い体積が膨張する危険があるため、避けるべきである。容器が裂ける危険がある。容器から漏れた場合は、溶解後にのみ視認できる。

参考文献

[1] DIN 70070: Diesel engines – NO_x reduction agent AUS 32 – Quality requirements.
[2] ISO 22241: Diesel engines – NO_x reduction agent AUS 32 – Quality requirements.

表1：AdBlue の特性

納入形態	水溶液
外観	透明、無色
臭い	無臭〜わずかなアンモニア臭
水溶性	どの比率でも水と混合可能、脂肪族炭化水素には溶解しにくい
凝固点	− 11.5 ℃
反応	弱アルカリ性
電気伝導率	液体および結晶 良好な電気伝導率

エアコンディショニングシステムの冷媒

　自動車のエアコンディショニングシステムの主要コンポーネントは、一般的に低温蒸気圧縮冷却システムである（「車内空調制御」を参照）。このシステムは、その基礎となる熱力学的サイクルプロセス（カルノーサイクル）に類似した構造となっている（「熱力学」を参照）。2つの状態の等エントロピー変化（カルノーに準拠）はエアコンプレッサーとスロットルエレメントにより、等温線は冷媒の蒸発と凝縮によって近似的に実現される。他ならぬ蒸発と凝縮のために、それらが可能な圧力において相変化が生じる作動液が必要となる。

　表1は、冷媒R134aとR1234yfの特性値を示したものである。地球温暖化係数（GWP）は、特定の温室効果ガスがどれだけの温室効果を及ぼすかを相対的に示した値である。基準となるのはCO_2で、その地球温暖化係数は1である。したがって1 kgのR134aの排出は、1,300 kgのCO_2を排出した場合に等しい温室効果を及ぼすことになる。

今日までの開発

冷媒R12

　初期においては、冷媒システムに可燃性物質（塩化メチルCH_3Cl、亜硫酸ガスSO_2、ジエチルエーテル$C_4H_{10}O$など）が使用された。1930年頃、アメリカ人技師のトマス・ミジリーがクロロフルオロカーボン（フロン）（CFC）を開発した。この種の冷媒で自動車にとって最も重要なものがR12（CCl_2F_2）であった。無毒で非可燃性として受け入れられたこの物質は、事実上すべての乗用車のエアコンディショニングシステムに使用され、その他にも多くの用途に用いられた。

　1974年、化学者のモリーナとローランドが、塩素を含む物質は地球を保護するオゾン層を破壊するという仮説を提示した[1]。その後、南極上空にオゾンホールが観測され、この仮説が裏付けられた。最終的には正確な測定に基づく評価により、仮説の正しさが証明された。これは1987年9月16日に（モントリオールで）モントリオール議定書への署名という形で実を結び、その中で塩素化学を放棄する決議が採択された。

冷媒R134a

　2000年頃から代替物質としてR134a（$C_2H_2F_4$）が使用された。しかしあらゆる環境影響への配慮が高まる中で、R134aの使用も制限や制約を受けることとなった。EU指令[2]に準拠し、地球温暖化係数が150を超えるフッ素系温室効果ガスを使用するように設計されたエアコンディショニングシステムは、自動車に使用することが禁止されている。R134aの地球温暖化係数は約1300なので、この指令を満たさない。2011年1月以降、新しい車両モデルにR134aを使用することは許可されなくなっていたが、2017年1月以降はすべての新車に地球温暖化係数が150未満の冷媒を使用することが要求されている。この指令の他にもEC規則[3]が適用され、その主な目的はフッ素系温室効果ガスの排出を防止または削減することである。

表1：冷媒R134aとR1234yfの特性値

特性	R134a	R1234yf
沸点	− 26 °C	− 29 °C
25 °Cでの蒸気圧	6.56 bar	6.64 bar
80 °Cでの蒸気圧	25.97 bar	24.38 bar
蒸気密度	32.4 kg/m^3	37.6 kg/m^3
GWP	およそ1,300	およそ4

冷媒R1234yf

現時点で、十分な量が生産される唯一の使用可能な新しい冷媒はR1234yf（$C_3H_2F_4$）であり、地球温暖化係数は4である。2017年以降、ごく稀な例外を除いてこの冷媒はすべてのメーカーによって、すべての乗用車エアコンディショニングシステムに採用されている。地球温暖化係数がこのように極めて低いことの主要な理由は、この物質は大気中では非常に短い寿命しか維持できないという事実にある。しかしR1234yは全く問題がないわけではない。この冷媒はR134aより燃えやすく、火災が発生した場合は腐食性の有毒反応が起こる。そのため、自動車メーカーは乗員に対する通常の高い安全性を確保するために追加の安全措置を講じている。

冷媒CO_2

冷媒にCO_2を用いたエアコンディショニングシステムは、一部の上級クラスの乗用車に使用されている。CO_2の地球温暖化係数は1なので、当然冷媒として使用されるべきものではある。ただし残念ながらCO_2エアコンディショニングシステムは、従来と同じプロセスおよび同じコンポーネントで作動させることができない。このプロセスは高圧側の超臨界領域において非常に高い圧力（100〜150 bar）で進行する。そのため、すべてのコンポーネントはこの極めて高い圧力に対応するよう新しく開発および設計する必要がある。このような新しい開発は開発、生産、販売の分野に対してだけでなく、サービスにもかなりの影響を及ぼすので、2017年1月1日に包括的な市場導入を成し遂げられなかった。

加えてCO_2システムでも危険が生じる。極端に高い圧力のため、かなりの量のエネルギー（圧力×体積）がシステムに蓄えられている。このエネルギーが事故などの際に放出され、さらに損害を引き起こすおそれがある。そのため、CO_2エアコンディショニングシステムには強化された安全措置が必要である。

その他の可能性

R1234yfは、最終的な冷媒ではないと考えるのが無難である。1つの可能性はCO_2エアコンディショニングシステムに関する経験を重ね、その技術を長期的な解決策として展開することである。これが成功しない場合は、環境への影響が本当に中立的である天然物質を検討することができる。塩素化学の放棄についての議論が行われ、科学者が塩素を含む冷媒の代替物質を追及しているときに、すでにこのような天然物質に関する研究が進められていた[4]。その中で最も自然由来の物質が水と空気であろう。

冷媒としての水

基本的に、水は低温蒸気圧縮冷却システムで使用することができるが、蒸発と凝縮は極端に低い圧力で行われる。言い換えれば、ごく小さな漏れも圧力を上昇させることになり、システム機能が保証されなくなる。実験室において機能は実証されているが、現時点でこれを実用化することは容易ではない。

冷媒としての空気

空気は、ジュールのプロセスに基づいて作動するシステムで使用することができる。このようなシステムはほぼすべての民間航空機に取り付けられている。しかしこれを乗用車に使用するとなると、出力値をはるかに小さくしたシステムを設計する必要があるが、これはかなり難しく、少なくとも効果の低下を伴う。ICE 1などの鉄道車両で使用された空調システムは、ある程度の成功を収めてきた。この場合のシステム出力は航空機と同程度であるが、効率の点では従来のR134aシステムの方がはるかに勝っている。

現在、ドイツ連邦環境庁は自然冷媒を用いたシステムを再評価する研究プロジェクトを支援している[5]。ジュールプロセスは純粋な気体プロセスであるので、効率の点でカルノープロセスより劣る。航空機ではいくつかの有利な補足効果が利用されるため、この冷媒は経済的に使用される。その場合のエアコンディショニングシステムは、客室を加圧するという追加の役割を担っている。このシステムは比較可能な低温蒸気圧縮システムの半分以下の重量であり、エンジンからの圧縮空気により効率的な運転を実現できる。

代替冷媒としての可燃性物質

可燃性物質も代替冷媒となり得る。たとえば冷蔵庫ではR12に代わってイソブタンが使用されている。しかし自動車では状況が少し困難であり、たとえばエバポレーターで漏れが発生した場合、可燃性物質が車室内に達することは避けられない。

参考文献

[1]: M. J. Molina; F. S. Rowland: Stratospheric sink for chlorofluoromethanes: chlorine atom catalysed destruction of ozone. Nature, No. 249 pp 810–812, June 28, 1974.

[2] Directive 2006/40/EC of the European Parliament and of the Council of 17 May 2006 relating to emissions from air-conditioning systems in motor vehicles and amending Council Directive 70/156/EEC.

[3] Regulation (EC) No. 842/2006 of the European Parliament and of the Council of 17 May 2006 on certain fluorinated greenhouse gases.

[4] H. Kruse: Alternative Kälteprozesse unter Umweltschutzgesichtspunkten – DKV status report of the Deutscher Kälte- und Klimatechnischer Verein No. 3 (1989).

[5] Umweltbundesamt: Erprobung, Messung und Bewertung von Systemen mit natürlichen Kältemitteln zum nachhaltigen Kühlen und Heizen von öffentlichen Verkehrsmitteln – Ersatz fluorierter Treibhausgase. Duration 07 May 2015 – 31 March 2018.

公差

形状偏差

どのようなコンポーネントも、絶対的な精度（理想形状）で生産することはできない。これには、加工力による変形、加工機械のガイドの遊び、工具の摩耗、振動など、さまざまな原因がある。その結果、あらゆるコンポーネントで寸法偏差、幾何偏差、および表面偏差が生じる。機能性を保証するため、図面にすべての許容偏差を示す必要がある。

寸法偏差

あらゆるコンポーネントは、上限値と下限値の範囲内でのみ製造することができる。これら2つの限界値の差を寸法公差と呼ぶ。

幾何偏差

幾何学的観点からも、理想形状からの偏差が発生する。それらの偏差は、形状に関する偏差と位置に関する偏差に分けられる。

表面偏差

同様にワークの表面も、理想の平滑性をもつものとして製造することはできない。表面性状の説明には、初期プロファイル、うねりプロファイル、および粗さプロファイルを用いることができる。

製品の幾何特性仕様

製品の幾何特性仕様（GPS）とは、製品の製造および確認（検証）に必要なCADモデルまたは図面におけるすべての指示（記載）事項のことである。製品の仕様が、製造するコンポーネントが制限なくその機能を果たすよう反映される必要がある。

製品の幾何特性仕様は、標準化された規則に則り製品の明確かつ包括的な説明を提供することを目的としている。これらの規則は、GPS規格として定められている。さらに、設計意図（つまり機能について何が重要か）を図面から明確に読み取ることができる必要がある。

公差を適切に解釈する上で重要な主要基準は、ISO 8015 [1]に規定されている。これには、標準公差原則が含まれる。

公差原則

寸法公差および幾何公差の関係は、公差原則で定義される。GPSによれば、これには次の2つの方式がある。

<u>1. 包絡の原則</u>

1985年以前は図面に公差原則は表示されなかったが、テーラーの原理に基づいて解釈されていた。これは、最大実体寸法が理想的な包絡線となる（図1）とする包絡条件に対応する。すべての寸法、形状および平行の偏差はこの包絡線内に収まる必要がある。この条件は、円筒および平行な相互に向かい合う平面に適用できる。包絡条件は1987年にDIN 7167 [2]

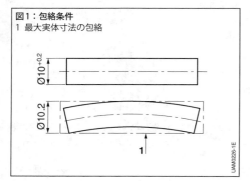

図1：包絡条件
1 最大実体寸法の包絡

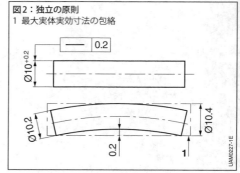

図2：独立の原則
1 最大実体実効寸法の包絡

で説明され、図面に特に断りがない限りこの原理を標準とすることが定められた。

<u>2. 独立の原則</u>

1985年、ISO 8015で初めて独立の原則が定義された。これによれば、寸法公差および幾何公差は相互独立の関係にある。これら2つの公差を加算することで、最大実体実効寸法（図2）が求められる。独立の原則を適用する図面には「ISO 8015準拠の公差」の記載が絶対的に必要とされている。この原則は2012年（DIN 7167の撤廃後）からGPS規格に採用され、図面に対応する記載がなくても有効である。個別の寸法要素に包絡条件が適用される場合、寸法の後にⒺを記載する必要がある。独立の原則は、図面に「ISO 14405準拠寸法Ⓔ」と記載することで無効にすることができる。この場合、図面全体に包絡条件が適用される。

寸法公差

<u>寸法の定義</u>

　寸法には技術と同じほどの長い歴史があるが、寸法の特性は2010年に初めてISO 14405 [3]で定義された。この規格によれば、寸法の後に対応する記号を記すことで、異なる寸法の特性を円筒などの寸法要素に割り当てることができる。異なる寸法特性および関連する記号を図3に示す。2点間寸法（ローカルポイント）は、図面に特にその旨の記載がない限りすべての寸法をこれによって測定することになっているので、示す必要はない（GPS規格）。

<u>ISO公差系</u>

　ISO 286 [4]では、2次元要素の組み合わせに関する専用の公差系が定義されている。これは、円筒（円筒のはめあい）および平行な相互に向かい合う2平面（平面はめあい）に適用される。これに関する特殊例は、「転がり軸受」のベアリングシートの記述に示している（「転がり軸受」を参照）。

　公差等級は、文字と等級番号で構成される。大文字は穴に、小文字は軸にそれぞれ対応する。このようにして、ゼロラインに対する許容区間の位置を示す基本偏差が定義される（図4）。等級番号（01〜18）は、基本公差程度（公差のサイズ）を定義する。基本偏差および公差程度ISO 286の表に示されている。

　はめあいに関して、A〜zおよびa〜Z、および01〜18のすべての等級番号の組み合わせが可能である（例：30^{H7}/30$_{e6}$）。すきまばめ、中間ばめ、およびしまりばめは、この方法で定義できる。無数のはめあいの可能性を制限するため、基本偏差がゼロの穴（等級番号H）のみを種々の軸公差と組み合わせる。これは、「穴はめあい方式」（図5）を構成する。これは、高価な工具（リーマなど）を使って穴をあける場合に必ず使用される。ISO 286は、「軸はめあい方式」も定義している。基礎となる許容差がゼロの軸（等級番号h）のみを使用する。すきまばめ、中間ばめ、およびしまりばめは、これらの組み合わせで実現できる。

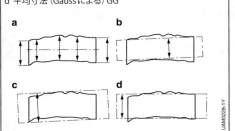

図3：ISO 14405準拠の寸法
a 2点間寸法（ローカルポイント）LP
b 最大内接寸法 GX
c 最小外接寸法 GN
d 平均寸法（Gaussによる）GG

幾何公差

2点間寸法では幾何特性を定義できないため、追加的に許容形状または位置偏差に関する表示が必要となる。

形状公差は、実際の形状の理想形状からの偏差のみを定義するため、基準を必要としない。たとえば面は、その位置とは関係なく、所定の公差内の平坦さであることが必要となる。

位置公差は、要素の1つまたは複数の要素（基準要素）の理想位置からの許容偏差を制限する。空間での位置を定義するには、必ず基準が必要である。基準は実際の要素から取得されるため、可能な限り精密であるべきで、よって必ず形状公差が必要となる。

ISO 1101 [5]では、6つの形状と11の位置公差（表1）が定義されている。図6は、平行の仕様を示す。

一般公差

一般公差は、図面をより単純にするために用いられる。機能または互換性に直接重要ではないすべての寸法および形状要素には、標準的な工場精度で十分である。これは特別な労力・対策なしで維持することができ、個別に公差が指定されないすべての寸法および形状に適用される。一般公差は、機械加工（ISO 2768 [6], [7]）、鋳造（ISO 8062-3 [8]）、プラスチックの金型成型（DIN 16742 [9]）など、製造プロセスによって異なる。

ISO 2768は最も頻繁に使用される一般公差であり、そのため多数の図面に示される。その表示は、タイトルブロック内、またはその付近に配置される。寸法公差には4つの公差等級（f, m, c, v）が設けられているが、幾何公差の公差等級は3つ（H, K, L）のみである。

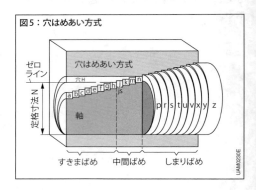

図5：穴はめあい方式

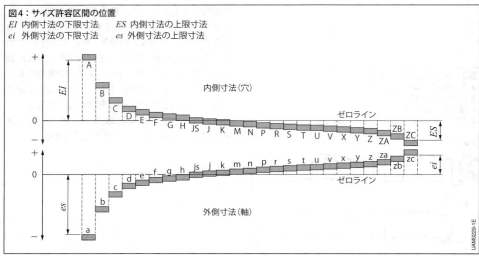

図4：サイズ許容区間の位置
EI 内側寸法の下限寸法　　*ES* 内側寸法の上限寸法
ei 外側寸法の下限寸法　　*es* 外側寸法の上限寸法

公差等級「中級」(m) は次のように表記する必要がある。ISO 2768–mH。

表面パラメータ

表面性状は、製品の機能に大きな影響をおよぼす可能性がある。よって、摩耗および摩擦損失を軽減するため、ガイドおよびベアリングの表面は可能な限り平滑にするべきである。しかし、摩擦結合 (打込みばめなど) の場合は、平滑な表面では摩擦係数が低下し、伝達できる力も低下するため、かえって不利になる。

プロファイルメータは、実際の表面のプロファイルを記録し、図面の表示に基づきこれらを評価する。ISO 4287 [10] およびISO 1302 [11] に基づき、次の表面パラメータを表示し、評価できる。

– 初期プロファイル、フィルタなし (パラメータ P)
– うねりプロファイル、粗さプロファイルなし (パラメータ W)
– 粗さプロファイル、うねりプロファイルなし (パラメータ R)

実際には主に粗さプロファイルが使用されている。図面でもっとも頻繁に使用されるパラメータは、Rz および Ra (図7) である。

平均表面粗さ Rz

平均表面粗さ Rz は、隣り合ったそれぞれの測定長さ l_r の5つの Rz 値の平均である。

$$Rz = \frac{1}{5}\sum_{j=1}^{i=5} Rz_i$$

5つの各測定長さの最大の Rz 値を $Rz1\max$ とする。Rt は、全測定長さ l_n のプロファイルにおけるもっとも高い山ともっとも深い谷の間の距離である。これら2つのパラメータは、表面を説明するために用いることもできる。

算術平均粗さ Ra

平均粗さ Ra は、測定長さ l_n における表面の中心線からの偏差の絶対値を平均したものである。

$$Ra = \frac{1}{l_n}\int_0^{l_n} |Z(x)|\, dx$$

Ra は、1990年代までは表面性状の標準特性値であった。しかし Ra は山およびしわに反応しにくいた

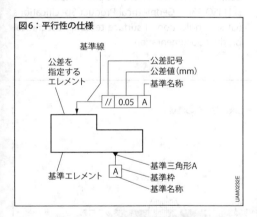

図6：平行性の仕様

表1：ISO 1101準拠の形状公差および位置公差の記号

基準なしの形状公差	基準ありの位置公差					
	方向		場所		経路	
― 真直度	//	平行度	⊕	位置	↗	経路
▱ 平面度	⊥	直角度	◎	同心度	⁄↗	全経路
○ 粗さ	∠	傾斜	◎	同軸度		
⌭ 円筒度			═	対称度		
⌒ 線形状			⌒	線の位置		
⌓ 面形状			⌓	面の位置		

め、情報的価値は最小限である。言い換えれば、Ra は非常に強いフィルタ効果を発揮するため、たとえば、単一の擦り傷は評価されない。この理由から Ra が使用される機会が減り、代わって Rz が採用されるようになった。

参考文献

[1] DIN EN ISO 8015: Geometrical product specifications (GPS) – Basic principles – Concepts, principles and rules (ISO 8015:2011); German version EN ISO 8015:2011.

[2] DIN 7167: Relationship between tolerances of size, form and parallelism; envelope requirement without individual indication on the drawing.

[3] ISO 14405: Geometrical product specifications (GPS) – Dimensional tolerancing.
Part 1: Linear sizes.
Part 2: Dimensions other than linear sizes.
Part 3: Angular sizes.

[4] ISO 286: Geometrical product specifications (GPS) – ISO code system for tolerances on linear sizes.

[5] ISO 1101: Geometrical product specifications (GPS) – Geometrical tolerancing – Tolerances of form, orientation, location and run-out.

[6] DIN ISO 2768-1: General tolerances; tolerances for linear and angular dimensions without individual tolerance indications.

[7] DIN ISO 2768-2: General tolerances; geometrical tolerances for features without individual tolerance indications.

[8] ISO 8062: Geometrical product specifications (GPS) – Dimensional and geometrical tolerances for molded parts.
Part 1: Terms.
Part 3: General dimensional and geometrical tolerances and machining allowances for castings.

[9] DIN 16742: Plastics molded parts – Tolerances and acceptance conditions.

[10] ISO 4287: Geometrical Product Specifications (GPS) – Surface texture: Profile method – Terms, definitions and surface texture parameters.

[11] ISO 1302: Geometrical Product Specifications (GPS) – Indication of surface texture in technical product documentation.

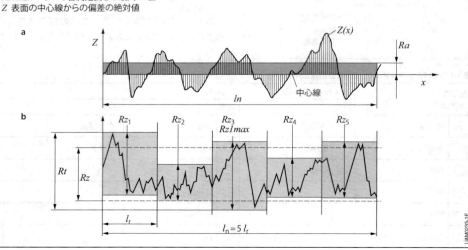

図7：表面パラメータ
a　算術平均粗さ Ra　　b　平均表面粗さ Rz
Rt　全測定長さ l_n のプロファイルにおけるもっとも高い山ともっとも深い谷の間の距離
l_r　個別の測定長さ　l_n 全体の測定長さ
$Rz_1 \sim Rz_5$　個別の測定長さの平均表面粗さ
Rz1max　5つの各測定長さの最大 Rz 値
Z　表面の中心線からの偏差の絶対値

アクスルおよびシャフト

機能と用途

　アクスルおよびシャフトの目的は、荷重とトルクを吸収し、これらをケーシングに伝達することである。しかし、アクスルとシャフトでは機能が異なる。つまりアクスルはトルクを伝達しないが、シャフトは常にトルクを伝達する。アクスルは静止状態にあることも回転することも考えられるが、シャフトは必ず回転する。ほとんどのシャフト（クランクシャフトなど）は回転するが、比較的小さな角運動にも使用できる（旋回ドライブなど）。

アクスル

　アクスルは、車輪、ローラー、ドラムなどを取り付けるためのみに使用する。回転機械要素は、静止アクスルに取り付ける。回転アクスルはベアリング内で自身を中心として回転するが、たとえばホイールはアクスルに永久固定されている。図1aは自動車製造で一般に使用されている固定アクスルを示し、図1bは鉄道車両の回転アクスルを示す。よって、アクスルの目的は耐荷重および支持に限定される。ただしファイナルドライブの例が示すように（「ファイナルドライブ」を参照）、実際にはこの定義が常に一貫して適用されるわけではない。

シャフト

　シャフトは、要素を取り付けて荷重を支持するだけではなく、力を伝達する。力 P は、トルク M_t と角振動数 ω または回転速度 n を使って、以下のように計算される。

$$P = M_t\,\omega = M_t \cdot 2\pi n$$

　入力および出力には、歯車、ベルトプーリー、クラッチハブなど、多種の機械要素を使用する。シャフトは、エンジンのクランクシャフト（「クランクシャフト」を参照）やトランスミッションのシャフト（図2）など、回転駆動システムには必ず使用されている。

寸法決定

　アクスルおよびシャフトの不具合の原因として以下の3つが存在し、これらを考慮して設計および構成する必要がある。
- 荷重容量を超える
- 許容できない変形
- 共鳴領域での動作（動的応答）

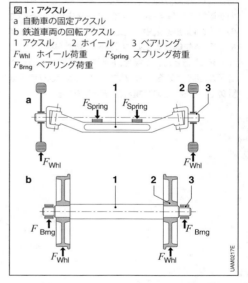

図1：アクスル
a 自動車の固定アクスル
b 鉄道車両の回転アクスル
1 アクスル　　2 ホイール　　3 ベアリング
F_{Whl} ホイール荷重　　F_{Spring} スプリング荷重
F_{Brng} ベアリング荷重

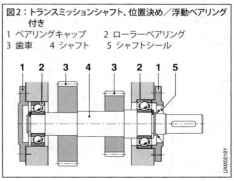

図2：トランスミッションシャフト、位置決め／浮動ベアリング付き
1 ベアリングキャップ　　2 ローラーベアリング
3 歯車　　4 シャフト　　5 シャフトシール

358 機械要素

荷重容量

アクスルおよびシャフトは、発生している応力が耐応力を上回ると破損する。応力の大きさに加え、荷重条件も重要である。つまり、当該の応力が静的なものか、動的なものかである。

アクスルおよびシャフトの応力に関する基本的な違いを表1に示す。この表から、回転アクスルおよびシャフトの曲げ応力は常に交番応力であることがわかる。ひとつの例外は偏心シャフトで、シャフトの不均衡の結果遠心力が回転運動するため、静的な曲げ応力が発生する。

静止アクスルの場合、曲げ応力は用途に応じて安定、周期、交番となる。

さらに、シャフトにはねじり応力が加わる。曲げ応力とねじり応力が同時に発生するため、これらの応力を単純に加算することはできず、発生している応力の計算には強度仮説が必要となる。DIN 743 [1] に準拠して、最先端技術に基づく精密な再計算を行うことができる。ほとんどの場合、良好な結果が得られるが、計算が複雑である。降伏基準 [2] を使ったより単純な計算で、おおよその荷重容量を計算できる。

変形

許容される変形量を超えると、荷重容量が十分であってもアクスルおよびシャフトの機能が阻害される。横方向の荷重でたわみが発生し、これにベアリングおよび歯車が敏感に反応する (図3)。ベアリングの端部荷重および歯車の噛み合い不良によって騒音が発生し、ベアリングおよび歯車の寿命が大幅に短くなる。一定断面の最大たわみは簡単に計算できる。ただし、アクスルおよびシャフトは複雑な形状を有することが多いため、たわみ曲線はFEM計算によって求める。

シャフトはねじれモーメントによって追加的にねじられ、シャフト／ハブの接続部の伝達挙動に悪影響を及ぼす。よって、長さ1メートルあたりのねじれ角 φ は $0.25°$ を超えてはならない。一定の断面積を持つシャフトの距離 l 離れた2端をトルク M_t で角度 φ ねじった場合、

$$\varphi = \frac{M_t \, l}{G \, I_p} \cdot \frac{180°}{\pi}$$

G は、せん断係数で、スチールの場合は80 GPaが十分な精度で使用できる。I_p は慣性の平面モーメントで、直径 d の中実シャフトの場合、以下が適用される。

$$I_p = \frac{\pi}{64} \cdot d^4$$

動的応答性

シャフトは質量を持つ弾性コンポーネントで、歯車、ベルトプーリーなどの追加の質量が加わる。よって、回転アクスルおよびシャフトは、遠心力、律動的な力、またはトルク変動が強制的に振動を発生する振動系である。発生振動数が固有振動数と一致すると、共鳴が発生する。その場合の振幅は理論上、無限大となる。つまり、共鳴範囲において振動に十分な時間がシステムに与えられた場合、アクスルまたはシャフトは非常に小さな荷重でも破損する可能性がある。

表1：応力

	動き	応力	負荷条件
アクスル	静止	曲げ	安定、周期、交番[1]
	回転	曲げ	交番
シャフト	回転	曲げ	交番
		ねじり	安定、周期、交番[1]
偏心シャフト	回転	曲げ	安定
		ねじり	安定、周期、交番[1]

[1] 用途によって異なる。

設計

　アクスルおよびシャフトは、高いコスト効率で製造できなければならない。設計の観点からすると、加工面を最小限に抑え、許容誤差を大きくし、大きな表面粗さを許容することを意味する。製造費を抑えると同時に、動作信頼性も保証する必要がある。設計要件は、果たすべき機能と取付け性、必要な荷重容量、許容変形、および動的応答によって決まる。

機能と取付け性

　図2に示したようなシャフトは、シャフト／ハブ接合部を介してのトルクの伝達、ベアリングを介しての荷重の支持、ベアリングリングの軸方向のずれの防止、歯車の軸方向の決定、および潤滑剤の封入、といった複数の機能を果たす必要がある。特に、封入の役割を果たすため、シャフト表面にはベアリングシートやシャフト／ハブ接合部よりも多数の要件が求められる。シャフト表面に対するシールの要件は、ベアリングシートあるいはシャフト／ハブ接合部に対するものとは異なる。そのため、一般にシャフト直径は各機能ごとに異なる。ベアリングのインナーリングおよびハブの軸方向の位置を固定するには、シャフトショルダー部およびリテーナリングを使用する。ベアリングを取り付ける際、シール面を損傷しないよう注意が必要である。このため、シャフトの直径を変えて段差が付けられる。

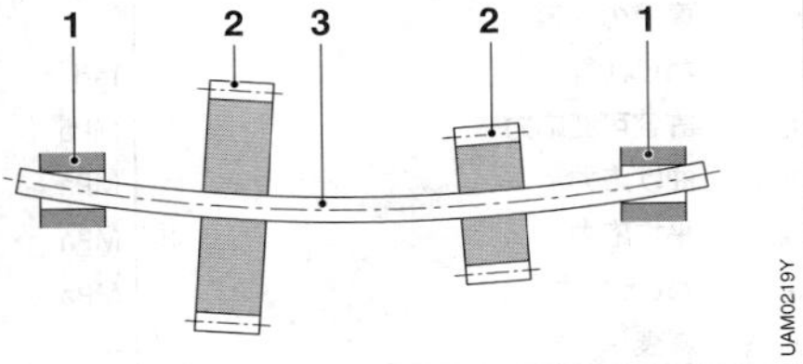

荷重容量

　機能を実現するために必要となるシャフトショルダー部はノッチ（切欠き）効果による応力集中を発生させ、それにより荷重容量が減少する。ノッチ（効果）は、リテーナーリングの平行キーや溝によっても発生する。回転アクスルおよびシャフトには回転曲げによる動的応力がかかるため、特にノッチに敏感である。このため、応力が高い部位ではノッチを避ける必要がある。それが不可能である場合、シャフトショルダー部を小さくする、内側のエッジの半径を大きくするなど、構造的な対策によってノッチ効果を可能な限り軽減する必要がある。

変形

　変形率は、基本的に抵抗モーメントに依存する。変形を小さくするには、抵抗モーメントの大きな堅牢なアクスルおよびシャフトが必要となる。この点に関して、中空シャフトは中実シャフトよりも材料利用率において大幅に優れていることに注意が必要である。50%までの軽量化は、簡単に達成できる。

動的応答性

　ねじり剛性および曲げ剛性が高いと、固有振動数が高くなる。よって作動回転数を共鳴回転数から十分に遠ざけるため、回転アクスルおよびシャフトは可能な限り剛性が高くなるよう設計する。変形の場合と同様、ここでも最大の剛性を最小の質量で実現する中空シャフトが有利である。

---

[1] DIN 743: Calculation of load capacity of shafts and axles.
Part 1: Basic principles.
Part 2: Theoretical stress concentration factors and fatigue notch factors.
Part 3: Strength of materials.
Part 4: Fatigue limit, endurance limit – Equivalently damaging continuous stress.
[2] Haberhauer/Bodenstein: Maschinenelemente. 18th Edition, Verlag Springer Vieweg, 2017.

図3：端部荷重およびたわみによる心のずれ
1　ベアリング
2　歯車
3　シャフト

360 機械要素

ばね

基本原理

機能

　力を加えることができる弾性を持つコンポーネントは、すべてばねを構成する要素である。しかし狭義のばねとは、比較的長時間に渡り負荷を吸収し、蓄積し、放出することのできる、弾性エレメントのみを意味する。蓄積されたエネルギーは、力を保持するためにも使うことができる。工業用のばねの最も重要な用途として、以下を挙げることができる：

- 衝撃の吸収および減衰（ショックアブソーバーおよびバイブレーションダンパー）
- 位置エネルギーの蓄積（ぜんまい仕掛け）
- 力をかける（ばね継手）
- 振動システム（振動盤、振動台）
- 力の測定（ばね秤）

ばねの特性曲線

　ばねの特性曲線は、ばねまたはばね機構の挙動（動き方）を示す。これは、ばねによる力 F またはトルク M_t が、その変形量に依存するものであることを意味している。金属ばねの特性曲線は直線となり（フックの法則）、ゴム製のばねの特性曲線は漸進的（徐々に増加）となり、皿ばねの特性曲線は漸減的（徐々に減少）となる（図1a）。特性曲線の勾配を、ばねレート R（ばね定数）と呼ぶ。

並進運動のばね定数：$R = \dfrac{dF}{ds}$

回転運動のばね定数：$R_t = \dfrac{dM_t}{d\widehat{\alpha}}$

ばねの仕事

　摩擦の無い状態のばねに応力を加えた場合、特性曲線の下の領域は、吸収された、または解放された仕事を意味する（図1b）：

$$W = \int F \, ds$$

ばねの減衰

　摩擦が生じている場合、ばねに負荷をかけるときに発生する力の方が、ばねから負荷を取り除くときに発生する力よりも大きい。2つの特性曲線に囲まれた領域は、摩擦の仕事 W_R を表わしており、したがって減衰率の測定値となる（図1b）：

$$\psi = \frac{W_R}{W}$$

　内部の摩擦による減衰は、ゴム製ばねにおいては非常に高くなる傾向がある（$0.5 < \psi < 3$）が、金属製のばねでは比較的低くなる（$0 < \psi < 0.4$）。これは、金属製のばねが有効な減衰率を発揮するのが、たとえば重ね合わせた板ばねまたは皿ばねにおいて生じる外部摩擦の場合のみであることを意味する。

表1：記号と単位

記号		単位
b	ばね板の幅	mm
d	ワイヤー径	mm
D	平均コイル直径	mm
E	弾性係数	MPa
F	ばね力	N
G	横弾性係数（せん断弾性係数）	MPa
h	ばね板の高さ	mm
h_0	ばね変位（皿ばね）	mm
i	ばね板数（板ばね）	–
i'	両端部まで続いている板数	–
k	応力係数	–
L_c	ブロック長（圧縮長さ）	mm
l_f	有効長さ	mm
M_b	曲げモーメント（ばねのトルク）	Nm
M_t	ねじりモーメント（ばねのトルク）	Nm

記号		単位
n	有効コイル巻き数	–
n_t	合計コイル巻き数	–
R	ばねレート（ばね定数）	N/mm
R_t	ねじりばね定数	Nm/rad
s	ばね変位	mm
S_a	最小間隔の合計	mm
t	厚さ（皿ばね）	mm
W	ばねの仕事	J
W_R	摩擦の仕事	J
$\widehat{\alpha}$	ねじれ角度	rad
σ_a	許容可変応力	MPa
σ_b	曲げ応力	MPa
σ_m	平均応力	MPa
τ_t	ねじり応力	MPa
ψ	減衰	–

ばねの組み合わせ

複数のばねを組み合わせることにより、非常に多様なばね特性を実現することができる（図2）。原則として、ばねは並列に、または直列に接続することができる。並列接続のばねと直列接続のばねを繋ぐこともできる。

並列接続

ばねが並列に接続されている場合、外部からの負荷（応力）は、個々のばねに比例的に分配されるが、ばねの変位（s）は、すべてのばねに対して等しくなる。ばねシステムのばねレートは、個々のばねのばねレートの合計になる：

$$R_{total} = R_1 + R_2 + R_3 + ... + R_n$$

したがって並列接続のばねによるばねシステムは、個々のばねよりも硬くなる。

直列接続

直列に接続されたばねの場合は、外部からの負荷の合計が個々のばねに作用するが、個々のばねのばね変位はそれぞれのばねレートによって異なり、個々の変位の合算となる。結果として生じるシステムの総体的なばねレートに対しては、以下が適用される：

$$\frac{1}{R_{total}} = \frac{1}{R_1} + \frac{1}{R_2} + ... + \frac{1}{R_n}$$

直列にばねを接続したばねシステムは、システム中の最も柔らかい単一のばねよりも更に柔らかくなる。

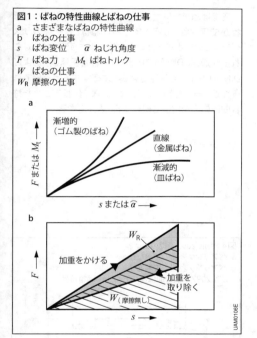

図1：ばねの特性曲線とばねの仕事
a さまざまなばねの特性曲線
b ばねの仕事
s ばね変位 α ねじれ角度
F ばね力 M_t ばねトルク
W ばねの仕事
W_R 摩擦の仕事

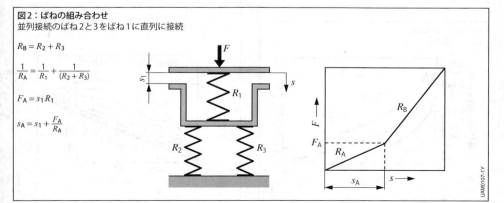

図2：ばねの組み合わせ
並列接続のばね2と3をばね1に直列に接続

$R_B = R_2 + R_3$

$\frac{1}{R_A} = \frac{1}{R_1} + \frac{1}{(R_2 + R_3)}$

$F_A = s_1 R_1$

$s_A = s_1 + \frac{F_A}{R_A}$

金属製ばね

通常、金属製のばねは、その応力によって分類される（表2）。ここで留意すべき点は、恒久的な応力や高温にさらされると力の損失が発生するということである。この力の損失を弛緩（へたり）という。温度の上昇と負荷の継続により増加するこの力の損失は、DIN EN 13906-1 [1] の圧縮ばね用材料別弛緩図で確認することができる。120 °C以上の温度では弛緩を無視できない。非合金ばね鋼では、力の損失はすでに40 °Cから発生する。

表2：ばねの応力

応力	ばねの種類
引張、圧縮応力	引張試験片（棒）、リングばね
曲げ応力	板ばね、ねじりばね、うず巻きばね、皿ばね
ねじり応力	トーションバースプリング、コイルばね

表3：板ばねの許容曲げ応力

帯鋼	静的応力 $\sigma_{b,perm}$	動的応力 $\sigma_{b,perm}=\sigma_m \pm \sigma_A$
熱間圧延	960 MPa	
冷間圧延、焼入れ、および焼戻し	1000 MPa	
単一の板ばね（研磨済み）		500 ± 320 MPa
単一の板ばね（転造表皮）		500 ± 100 MPa
重ね板ばね（転造表皮）		500 ± 80 MPa

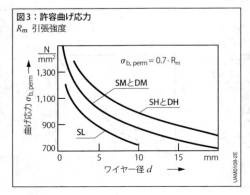

図3：許容曲げ応力
R_m 引張強度

引張および圧縮応力を受けるばね

金属製の引張試験および圧縮試験用の棒（試験片）は、高いばね剛性（高いばねレート）レートを持つため、ごく少数の特殊な用途にのみ適している。

曲げ応力を受けるばね

曲げ応力を受ける板ばね、コイルばねおよびうず巻きばねの計算式を表4に示す。

板ばね

圧縮ばねまたはガイドスプリングには、単純な板ばねが使用されている。重ね板ばねは、自動車のサスペンションやホイールコントロールに使用される。これらは通常、DIN EN 10089 [2]（熱間圧延鋼）およびDIN EN 10132 [3]（冷延帯鋼）に準拠するばね鋼で作られている。大まかな設計では、表3に指定された許容曲げ応力を用いて概算することができる。

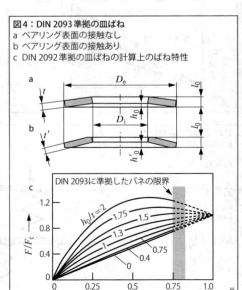

図4：DIN 2093準拠の皿ばね
a ベアリング表面の接触なし
b ベアリング表面の接触あり
c DIN 2092準拠の皿ばねの計算上のばね特性

ねじりばねとうず巻きばね（ぜんまい）

ねじりばねまたはうず巻きばねの偏位運動の間（ねじれ角度 $α$）、回転軸の周りに元に戻そうとするトルクが発生する。一端が固定された条件では、特定の角度における曲げ応力はほとんど同じになる。ねじりばねとうず巻きばねの両方に用いる円形および長方形断面に対する計算式を表4に示す。頻繁に使用されるばね鋼種（SL、SMまたはDMおよびSHまたはDH）については、静的および準静的応力があり、かつワイヤーの曲率に起因する応力の増加を無視した場合、図3により求められた許容曲げ応力を設計計算に使用できる。

皿ばね

円錐鉢形の皿ばね（図4）は、主に曲げ応力を受ける。並列および直列による多くの組み合わせができ、さまざまな用途で利用される。皿ばねは主に、ばね力と変位が限定された空間の中で吸収する必要がある部位に使用する。皿ばねは特に、標準クラッチおよびオーバーロードクラッチ、ローラーベアリングに予荷重をかけるためなどに使用する。同方向に向けて重

表4：板ばね、ねじりばね、およびうず巻きばね

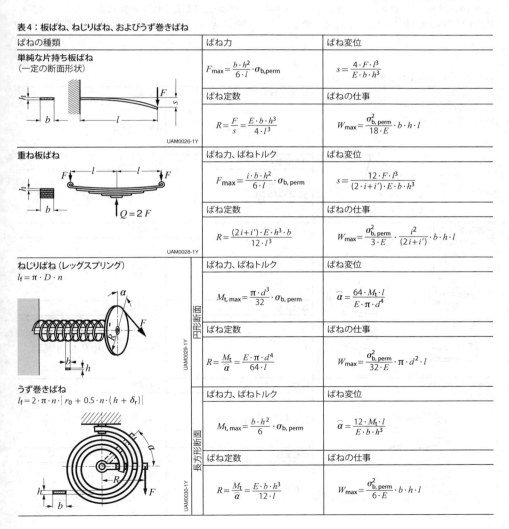

364 機械要素

ねられた組み合わせばねでは、個々の皿ばね同士で摩擦が生じるため、皿ばねは振動や衝撃を減衰させるためにも適している。

$h_0/t > 0.4$ においては、ばねの非直線性は無視できない領域にある。ばね力、ばね変位、ばねレートは、DIN 2092 [4] に準じて十分な精度で計算が可能であり、または製造者の提供するデータで確認することもできる。

静的応力（$< 10^4$ 繰返し応力）を受ける皿ばねに対しては、$s = 0.75\,h_0$ において最大ばね力を超過しなければ、疲労強度の計算は必要ない。動的応力を受ける皿ばねに対しては、許容最大引張応力および許容応力範囲 DIN 2093 [5] で確認することができる。

ねじり応力を受けるばね

ねじり応力を受けるトーションバースプリングとコイルばねの計算式を表5に示す。

トーションバースプリング

通常、トーションバーの断面は円形である。円形断面はその体積利用係数が非常に大きいため、多大なエネルギーを吸収でき、かつ占有空間が少ない。

コイルばね

円筒形コイルばねは、圧縮ばねとして、あるいは引張りばねとして製造される。計算式は、どちらのタイプも同じである。円錐形の圧縮コイルばねは、個々のコイル

表5：トーションバースプリングとコイルばね

ばねの種類	ばね力、ばねトルク	ばね変位
トーションバースプリング 円形断面（DIN 2091, [6]） 	$M_{t,\,max} = \dfrac{\pi \cdot d^3}{16} \cdot \tau_{t,\,perm}$	$\widehat{\alpha} = \dfrac{32 \cdot M_t \cdot l_f}{G \cdot \pi \cdot d^4}$
	ばね定数	**ばねの仕事**
	$R = \dfrac{M_t}{\widehat{\alpha}} = \dfrac{G \cdot \pi \cdot d^4}{32 \cdot l_f}$	$W_{max} = \dfrac{\tau_{t,\,perm}^2}{16 \cdot G} \cdot \pi \cdot d^2 \cdot l_f$
円筒形コイルばね 円形断面（DIN EN 13906, [1]） 	**ばね力、ばねトルク**	**ばね変位**
	$F_{max} = \dfrac{\pi \cdot d^3}{8 \cdot k \cdot D} \cdot \tau_{t,\,perm}$	$s = \dfrac{8 \cdot D^3 \cdot n}{G \cdot d^4} \cdot F$
	ばね定数	**ばねの仕事**
	$R = \dfrac{G \cdot d^4}{8 \cdot D^3 \cdot n}$	$W_{max} = \dfrac{\tau_{t,\,perm}^2}{16 \cdot G} \cdot d^2 \cdot D \cdot \pi^2 \cdot n$
円錐形コイルばね 円形断面 	**ばね力、ばねトルク**	**ばね変位**
	$F_{max} = \dfrac{\pi \cdot d^3}{16 \cdot k \cdot r_2} \cdot \tau_{t,\,perm}$	$s = \dfrac{16 \cdot (r_1 + r_2) \cdot (r_1^2 + r_2^2) \cdot n \cdot F}{G \cdot d^4}$
	ばね定数	**ばねの仕事**
	$R = \dfrac{G \cdot d^4}{16 \cdot (r_1 + r_2) \cdot (r_1^2 + r_2^2) \cdot n}$	$W_{max} = \dfrac{\tau_{t,\,perm}^2}{32 \cdot G}$ $\cdot \dfrac{d^2 \cdot (r_1 + r_2) \cdot (r_1^2 + r_2^2) \cdot \pi \cdot n}{r_2^2}$

が互いの内側に押し込めることができれば、空間を最適に利用できる。

圧縮ばね

　圧縮ばねにおいては力ができるだけ中心に作用するようにするため、ばねの両端はばねの軸に対して垂直になるように、平滑に研磨する。冷間成形ばねは、有効端コイル巻き数が少なくとも2巻き ($n ≥ 2$) から成り、非有効コイル巻き数が2巻きとなる。熱間成形ばねの場合、$n ≥ 3$ とすべきで、それぞれの場合、非有効端コイル巻き数は ¾ 巻きのみになる。これらの結果、コイルの総巻数は表6に示したようになる。さらにばねの両端は、コイルの総巻数が n_t = 2.5; 3.5; 4.5; 5.5; 6.5, 等になるように、互いに180°のオフセット位置となるようにする。

　ばねの塑性変形を避けるために、最大負荷時に有効コイルが相互に接触してはならない。換言すると、圧縮ばねは決してブロック長 (圧縮長さ) L_c に圧縮されてはならない。それぞれのコイル間の最小限の間隔合計は S_a で表され、表6に従って計算するすること

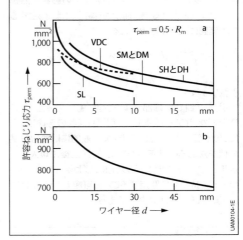

図6：静的応力のかかったコイルばねの許容ねじり応力
a　DIN EN 10270-2に準拠した特許取得による冷間圧延のばね鋼ワイヤー (SL、SM、DM、SH、およびDH) および弁ばね鋼ワイヤー (VDC)
b　DIN EN 10089準拠の熱間成形ばね鋼
R_m　引張強度

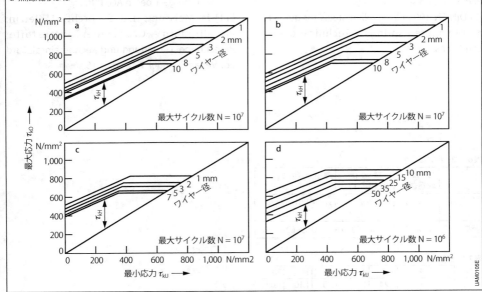

図5：圧縮コイルばねの疲労限度図
a　ばね鋼ワイヤー SHおよびDH製の冷間成形ばね (ショットブラスティングなし)
b　ばね鋼ワイヤー SHおよびDH製の冷間成形ばね (ショットブラスティングあり)
c　弁ばね鋼ワイヤー製の冷間成形ばね (VDC)
d　熱間成形ばね

366 機械要素

ができる。動的負荷に関しては、S_aを、熱間成形ばねに対しては2倍に、冷間成形ばねに対しては、1.5倍にする必要がある。

ワイヤーの曲率の影響は、応力係数kによって考慮される（表7）。静的応力の場合にはこの影響は無視でき、$k=1$とされる。動的応力の場合には、発生する応力範囲に以下が適用される：

$$\tau_{kh} = k\frac{8D}{\pi \cdot d^3} \cdot (F_2 - F_1) \leq \tau_{kH}$$

引張りばね

引張りばねは、端部にループ型、巻き込み型、ねじ込み型などのフックを持つ。引張りばねの寿命は、主にフック部によって決まるため、一般的には疲労限度の値を決めるのは不可能である。加工後に焼入れと焼戻しを施した冷間成形の引張りばねは、内部にプリロードを持たせて製造することも可能であり、これにより著しく高い応力に対応できる。

参考文献

[1] DIN EN 13906: Cylindrical helical springs made from round wire and bar – Calculation and design.
Part 1: Compression springs.
Part 2: Extension springs.
Part 3: Torsion springs.
[2] DIN EN 10089: Hot rolled steels for quenched and tempered springs – Technical delivery conditions.

[3] DIN EN 10132: Cold-rolled narrow steel strip for heat-treatment – Technical delivery conditions.
Part 1: General.
Part 2: Case hardening steels.
Part 3: Steels for quenching and tempering.
Part 4: Spring steels and other applications.
[4] DIN 2092: Disc springs – Calculation.
[5] DIN 2093: Disc springs – Quality requirements – Dimensions.
[6] DIN 2091: Circular section torsion bar springs; calculation and design.
[7] DIN-Taschenbuch 29: Federn 1.
Berechnungs- und Konstruktionsgrundlagen, Qualitätsanforderungen, Bestellangaben, Begriffe, Formelzeichen und Darstellungen. Beuth-Verlag 2015.
[8] DIN-Taschenbuch 349: Federn 2.
A compilation of the current material standards and definitions for semi-finished products. Beuth-Verlag 2012.
[9] H. Haberhauer; F. Bodenstein:
Maschinenelemente. 18th Edition, Verlag Springer Vieweg, 2017.
[10] F. Fischer; H. Vondracek: Warm geformte Federn – Konstruktion und Fertigung. Hohenlimburg – Hoesch AG, 1987.
[11] M. Meissner; H.-J. Schorcht; U. Kletzin: Metallfedern – Grundlagen, Werkstoffe, Berechnung, Gestaltung und Rechnereinsatz. 3rd Ed., Verlag Springer Vieweg, 2015.

表6：コイルばね

	コイルの総巻き数	ブロック長（圧縮長さ）	最小間隔の総計
冷間成形	$n_t = n + 2$	$L_c \leq n_t \cdot d$	$S_a = (0.0015 \cdot D^2/d + 0.1 \cdot d) \cdot n$
熱間成形	$n_t = n + 15$	$L_c \leq (n_t - 0.3) \cdot d$	$S_a = 0.02 \cdot (D + d) \cdot n$

表7：k係数

D/d	3	4	6	8	10	14	20
k	1.55	1.38	1.24	1.17	1.13	1.10	1.07

摩擦軸受

特長

軸受の役割は、機械要素をガイドし、相対して動作する表面間の荷重を支持することにある。摩耗および力の損失を最小化するため、プロセスで発生する摩擦は可能な限り低く抑制する必要がある。

摩擦軸受(平軸受またはすべり軸受)は、金属材料(焼結金属など)および非金属材料で構成される。外部負荷のかかる方向により、ラジアル軸受とアキシャル(スラスト)軸受に分けられる。今一つの分別基準は潤滑である。よって摩擦軸受は、流体静力学的／流体力学的潤滑か、自己潤滑かによって分類される。摺動面が完全に分離した状態が最適な状態である。完全に潤滑した場合、非常に低い摩擦係数の純粋な流体摩擦になる。潤滑剤の層は、衝撃、振動および騒音吸収効果を発揮する。

流体静圧摩擦軸受

流体静圧軸受の場合、潤滑剤は外部ポンプによって高圧で摺動面間に供給する。摺動面は薄い潤滑膜によって常時分離されている(図1)。摩擦損失は、潤滑剤のせん断力のみによって発生する。この力は、摺動面が相対して移動する速度に比例する。よって流体静圧摩擦軸受の場合、低い相対速度では事実上摩擦が発生しない。滑動抵抗が存在しないため、動き始めおよび動作後の固着滑り現象は発生しない。

よって流体静圧摩擦軸受は劣化に強く、その結果寿命が長い。この摩擦軸受の不利な点は、高い価格と大きな設置場所が必要なことである。この理由から、流体静圧摩擦軸受は主に重機製造で使用される。

表1：記号と単位
(DIN 316521 [1])

内容	記号	単位
軸受の軸方向有効幅	B	m
軸受内径 (呼び径)	D	m
軸直径 (呼び径)	d	m
ジャーナル偏心量 (軸と軸受の中心間の偏位)	e	m
支持力 (荷重)	F	N
最小潤滑膜厚さ	h_{min}	m
局所潤滑膜圧力	p	Pa = N/m²
単位面積当たりの支持荷重 = $F/(BD)$	$\bar{p}$	Pa
軸受隙間 = $D - d$	s	m
ゾンマーフェルト数	So	–
滑り速度	v	m/s
相対偏心率 = $2e/s$	ε	–
潤滑油の有効動粘度	η_{eff}	Pa·s
相対的軸受隙間 = s/D	ψ	–
流体力学的有効角速度	ω_{eff}	s⁻¹

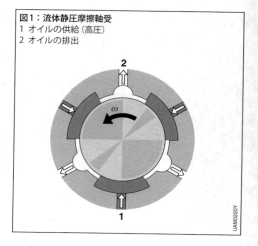

図1：流体静圧摩擦軸受
1 オイルの供給(高圧)
2 オイルの排出

流体動圧摩擦軸受

用途

自動車のエンジンに使用されている流体動圧摩擦軸受の多くは平軸受（図2）であり、クランクシャフトドライブ（カムシャフトを含む）の支持に使われる。これは通常、特殊な隙間（楕円形の隙間など、図3）のあるベアリングシェルとして設計されている。

作動原理

流体動圧摩擦軸受の場合、圧力は自動的に発生する。この目的のために、次の前提条件を満たす必要がある。
- 摺動面間が相対的に動作すること
- ギャップがくさび形であること
- 潤滑剤が摺動面に付着すること
- 潤滑剤が十分に供給されること

摩擦軸受には、荷重を支持することができる潤滑隙間を増大させるための軸受隙間が必要である。静止状態では軸がベアリングシェルに接触しているため、固体摩擦が発生する。軸の偏心配置により、くさび形の潤滑隙間（図3）が形成される。回転数が高まるにつれて、摺動面に付着する潤滑剤がくさび形の隙間に圧送される結果、荷重を支持できる潤滑膜が増大する。潤滑隙間で圧力が最大に達するまで（つまり、摺動面が完全に分離するまで）、軸はベアリングシェルに部分的に接触したままとなる。この間、軸受は半流体摩擦領域にある。動作回転数が境界回転数を超えた場合のみ、流体摩擦だけの状態となる。

ストライベック曲線

Richard Stribeckは、流体動圧摩擦軸受の摩擦状態を分析した。彼の名に因む曲線は、摩擦の軸回転数への依存性を示す（図4, [2]）。

ゾンマーフェルト数

荷重と回転速度に応じて、軸の相対偏位は、システム内においては外側支持力の潤滑圧の積分が均衡状態を維持するように発生する。収束軸受隙間にある流体の動圧分布は、レイノルズの微分方程式の解により求められる。圧力分布を積分すると、潤滑膜の

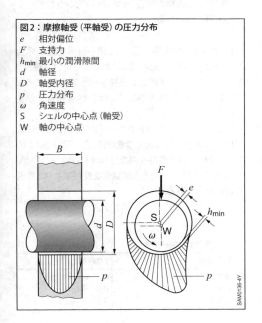

図2：摩擦軸受（平軸受）の圧力分布
e 相対偏位
F 支持力
h_{min} 最小の潤滑隙間
d 軸径
D 軸受内径
p 圧力分布
ω 角速度
S シェルの中心点（軸受）
W 軸の中心点

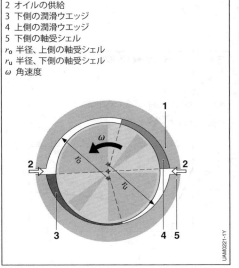

図3：両面軸受シェル、楕円形の隙間付き
1 上側の軸受シェル
2 オイルの供給
3 下側の潤滑ウエッジ
4 上側の潤滑ウエッジ
5 下側の軸受シェル
r_o 半径、上側の軸受シェル
r_u 半径、下側の軸受シェル
ω 角速度

耐荷重が求められ、これは無次元量のゾンマーフェルト数 So [1]で表される（数値は表1を参照）：

$$So = \frac{F \psi^2}{D B \eta_{eff} \omega_{eff}}$$

安定した動作のためには $So > 1$ でなければならず、大きな荷重がかかる軸受は、$So > 3$ で設計するべきである。ゾンマーフェルト数が増加するにつれて、相対偏心率 ε が大きくなり、最小潤滑隙間厚さ h_{min} が減少する。次式が成立する。

$$h_{min} = \frac{(D - d)}{2} - e = 0.5 \, D \, \psi \, (1 - \varepsilon)$$

ここで、相対偏心率は

$$\varepsilon = \frac{2e}{(D - d)}$$

または、ゾンマーフェルト数を使って、DIN 31652 [1]およびVDI 2204 [2]に従って軸受の摩擦係数 μ、よって摩擦損失および熱応力を計算できる。

設計上の要件

表2の摩擦係数は概略値であり、異なる動作状態の比較のためにだけ使用すること。流体式軸受は、一定の時間、半流体摩擦の状態で作動する場合があり、機能を損失することなく一定のコンタミネーションに対応できなければならない。また、さらに大きな動的かつ熱的な応力を受けることもあるので（特にピストンエンジン）、軸受け材料は下記のような数多くの要件を満たさなければならない。この要件の中には、相互に背反する項目もある。

- 順応性：これは、永久的な損傷を与えることなく、局部変形によって必要な形状に変化する軸受の材料特性である。
- 埋封性：これは、負の結果をもたらすことなく、ベアリング面が異物を吸収する能力である。
- 耐摩耗性：これにより、半流体摩擦領域で機械的荷重が加わった場合に、小片の脱落をを防ぐ。
- ならし性能：これは、順応性、耐摩耗性、埋封性の相互作用である。
- 耐焼付き性：大きな圧縮荷重が作用した状態での摺動面の部分的な溶着を防ぐ。
- 機械的強度：大きな圧縮荷重が作用した状態での塑性変形を防ぐ。
- 疲労強度：ゆっくりと進行する材料疲労を示し、交互に加わる荷重の場合、小さなベアリングの面圧でも破損につながる。

軸受が大きな荷重を受けて、滑り速度が遅い場合（ピストンピンのブッシュなど）には、耐焼付き性よりも、疲労強度と耐摩耗性を優先すべきである。このような場合には、硬質青銅あるいは特殊青銅合金が使われる。

内燃機関のコンロッドやクランクシャフトの軸受は、高い滑り速度を伴う大きな動的荷重を受ける。このため、多種多様な要件を満たさなければならないが、多層軸受（図5）、中でも3層軸受を使用すれば、最適な性能が得られる。

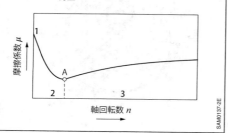

図4：ストライベック曲線（グラフ）
1 固体摩擦
2 半流体摩擦
3 流体摩擦
A 摩擦の失われる点（摩擦喪失回転数）

摩擦係数 $\mu = \dfrac{\text{摩擦力}}{\text{荷重}}$

表2：各種摩擦の摩擦係数

摩擦の種類	摩擦係数 μ
固体摩擦	0.1 ～ >1
半流体摩擦	0.01 ～ 0.1
流体摩擦	0.001 ～ 0.01

クランクシャフトドライブの摩擦軸受の有効寿命は、スパッタ軸受（図6）などの特殊なソリューションを使用すれば、さらに延ばすことができる。スパッタ軸受は高い耐摩耗性を持つAlSn支持層（スパッタ層）を持つのが特徴で、この層はPVDプロセス（物理気相成長法）によって軸受材料に蒸着される。

ディーゼルターボエンジンなど、大きな負荷がかかる内燃機関では、溝付き摩擦（すべり）軸受（図7）も使用される。この場合、円周方向に細かな溝が刻まれ、柔らかいライナー（PbSnCuなど）がはめ込まれている。よって、摺動面は柔らかい領域と固い領域が交互に設けられている。

軸受の材質

軸受の材質として、鉛、錫、銅およびアルミニウム合金が使用される。表3に、単位面積当たりの許容支持荷重を示す。

鉛および錫の軸受材質は、以前はバビット合金と呼ばれ、高い滑り速度に理想的で、ならし性能および非常動作特性に優れる。錫青銅は高応力用途に適し、きわめて耐摩耗性が高い。ただし、ならし性能および

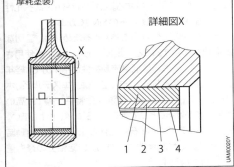

図5：多層軸受（3層軸受構造）
1 スチールバック付きシェル　2 軸受金属
3 境界バリヤ（1～2 μmのニッケルなど）
4 ライナー（およそ20 μm、電気めっきSnCu層あるいは耐摩耗塗装）

詳細図X

表3：軸受の単位面積当たりの許容支持荷重
（DIN 31652-3準拠）

軸受の材質	軸受の単位面積当たりの許容支持荷重 $\bar{p}_{lim}$ [MPa]
PbおよびSn合金 （バビット合金）	5～15
青銅、錫ベース	7～25
青銅、鉛ベース	7～20
アルミー錫合金（AlSn）	7～18
アルミー亜鉛合金（AlZn）	7～20
非常に遅い滑り速度条件でのみ適用される最大値	

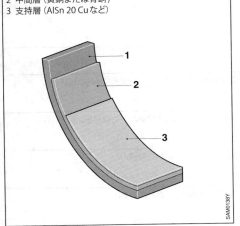

図6：スパッタ軸受（無鉛）の断面図
1 スチールバック
2 中間層（黄銅または青銅）
3 支持層（AlSn 20 Cuなど）

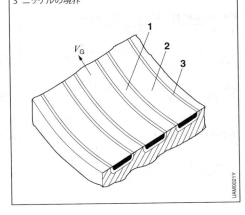

図7：溝付き摩擦（すべり）軸受の断面（MIBAの特許）
ライナーの稼動方向 V_G には非常に細い溝が刻まれている
1 耐摩耗性軽合金
2 軟質ライナー
3 ニッケルの境界

非常動作特性は劣る。鉛青銅はより優れた非常動作特性を示し、耐摩耗性もわずかに低いだけである。アルミニウム合金は、バビット合金および銅合金 (青銅) より耐腐食性に優れる。

摩擦軸受の標準材質はISO 4381 [3]、ISO 4382 [4] およびISO 4383 [5] に定められている。軸受の材料には鉛を含むものがある。EU 2016/774 [6] は、乗用車での鉛の使用を禁じている。現在、商用車および一般の機械製造での鉛の使用はなお許可されている。

金属製の自己潤滑式軸受

焼結軸受

焼結金属製の摩擦軸受は、自己潤滑式軸受に分類される。これらは、潤滑油を含浸した多孔性焼結金属からできている。この軸受は、精度、取付け容易性、メンテナンスの必要性、有効寿命、コストなどの点で優れているため、主に1.5 〜 12 mmの軸径に使用されている。

廉価で、しかも潤滑作業をあまり必要としないため、自動車用途には、焼結青銅軸受よりも焼結鉄軸受と焼結鋼軸受が適している (表4)。焼結青銅軸受の長所は、高い許容滑り速度、低騒音、低い摩擦係数である (この軸受はレコードプレーヤー、事務用機器、データシステムなどに使われている)。

SINT-B (図4) に分類される焼結金属製の軸受は、20%の多孔性を有する。これら以外にも、多孔性25%のSINT-Aおよび15%のSINT-Cがある。

焼結軸受の有効寿命を長くするためには、適切な潤滑油を使用することが重要である。鉱油が使用されているが、これらは低温流動特性が不十分で、経年変化は中程度である。一方、合成油 (エステル系、ポリαオレフィンなど) は、低温流動特性に優れ、高い熱負荷をかけることができる。さらに、気化性も低い。合成グリース油 (金属石鹸を含むオイル) は、始動時摩擦が低く、耐摩耗性に優れる。焼結軸受の最も重要な特性を表5に示す。

表4：焼結軸受材 (DIN 30910-3 [7] 準拠)

材料グループ	名称 焼結-	組成 (%)	備考
焼結鉄	B 00	< 0.3 C < 1 Cu 残りはFe	中程度の荷重と騒音の要件に適合する標準的な材料
銅を含んだ焼結鋼	B 10	<0.3 C 1 〜 5 Cu 残りは鉄	良好な耐摩耗性。鉄だけの軸受よりも、高荷重に耐えられる
銅を多く含んだ焼結鋼	B 20	< 0.2 Cu 15 〜 20 Cu 残りは鉄	焼結青銅より安価、静粛性に優れる
焼結青銅	B 50	<0.2 C 9 〜 11 Sn 残りは銅	標準的な銅ー錫系材料。静粛性に優れる

金属セラミック軸受

金属セラミック製の摩擦軸受は、金属粉末を冶金処理して作られる。金属母材中には、固形潤滑粒子が微細に分布している。

材料として青銅、鉄、およびニッケルが使用され、潤滑剤としてはグラファイトや二硫化モリブデン（MoS_2）などが用いられる。セラミック軸受は、高い負荷条件下での使用に特に適し、しかも自己潤滑を必要とする用途にも適している。ただし、これらは非常にもろいため、急激な振動および衝撃に弱い。

金属セラミック軸受は、自動車ではステアリングナックルのベアリングなどに使用される。

表5：メンテナンスフリー、自己潤滑式軸受の特性

特性　　　　　　　　　単位	オイル含浸 焼結軸受		重合体軸受		メタルバック複合材軸受 ライナー層		カーボン グラファイト
	焼結鉄	焼結青銅	熱可塑性プラスチック ポリアミド	熱硬化性プラスチック ポリアミド	PTFE と添加材	アセタール 樹脂	
圧縮強度　　　　　　MPa	80 〜 180		70	110	250	250	100 〜 200
最大滑り速度　　　　m/s	10	20	2	8	2	3	10
面積当たりの荷重　　MPa	1 〜 4 (10) [1]		15	50 （50℃時） 10 （200℃時）	20 〜 50	20 〜 50	50
最大許容作動温度　　℃ 短時間の場合	− 60 〜 180 （オイルによる） 200		− 130 〜 100 120	− 100 〜 250 300	− 200 〜 280	− 40 〜 100 130	− 200 〜 350 500
非潤滑時の摩擦係数	潤滑油があるとき 0.04 〜 0.2		0.2 〜 0.4 （100 ℃） 0.4 〜 0.6 （25 ℃）	0.2 〜 0.5 （非充填時） 0.1 〜 0.4 （充填時）	0.4 〜 0.2	0.7 〜 0.2 PTFE が充填されているとき	0.1 〜 0.35
熱伝導率　　　W/(m·K)	20 〜 40		0.3	0.4 〜 1	46	2	10 〜 65
耐腐食性	不良	良好	非常に良好		良好	良好	非常に良好
耐薬品性	なし		非常に良好		条件による	条件による	良好
最大 $p \cdot v$ 値 MPa·m/s	20		0.05	0.2	1.5 〜 2		0.4 〜 1.8
摩耗粉や埃などの 埋封性	不良		良好	良好	不良	良好	不良

[1] ( ) 内の値は追加潤滑の場合の値。

プラスチック製の自己潤滑式軸受

さまざまなプラスチックを摩擦軸受に使用できる。プラスチック製の軸受の各特性を表5に示す。

熱可塑性プラスチック製の硬質重合体軸受

特徴

熱可塑性プラスチック製の摩擦軸受は価格的に有利で、ベアリング面圧が低く、動作温度が低い用途に適す。「焼付き」の危険性は非常に低い。

よく使われる熱可塑性重合体材料は、次の通りである。
– ポリオキシメチレン (POM、POMC)
– ポリアミド (PA)
– ポリエチレンテレフタレート (PET)、ポリブチレンテレフタレート (PBT)
– ポリエーテルエーテルケトン (PEEK) などである。

重合体の摩擦および機械的性質は、基材の熱可塑性プラスチックに添加する潤滑剤と補強材によって、広範囲に変化する。

潤滑添加剤：
– ポリテトラフルオロエチレン (PTFE)
– グラファイト (C)
– シリコンオイル、および他の液体潤滑剤を、近年ではマイクロカプセル化して含有させている。

補強添加材：
– グラスファイバー (GF)
– カーボンファイバー (CF)

使用例
– ウインドシールドワイパーベアリング (PAとファイバーグラス)
– アイドルポジションアクチュエーター (PEEKとカーボンファイバー、PTFEと他の添加剤)

熱硬化性プラスチック製の重合体軸受

摩擦係数の大きいこれらの材料は、自動車用の軸受材にはあまり使われていない。摩擦軸受に使用される熱硬化性プラスチックには、
– フェノール樹脂 (高い摩擦係数)
– エポキシ樹脂 (固有の脆性を改善するために、PTEEまたはCを添加する。また、ファイバー類による補強も必要)、
– ポリイミド (熱的および機械的な負荷に強い) などがある。

使用例：

熱硬化性プラスチック製の重合体軸受は、ワイパーモーター内のポリイミド製のアキシャルスタートアップブロックとして使用する。

メタルバック (裏金) 付き複合材軸受

複合材軸受は、重合体材料、ファイバー、および金属から成る。その構造 (図8) により、耐荷重、軸受隙間、熱条件および取り付けの点で、無添加または添加重合体の摩擦軸受に勝る。揺動部分への使用にも適している。

図8：メタルバック (裏金) 付き複合材軸受の断面
1 重合体のライナー　2 多孔性の青銅層　3 銅の層
4 スチールバック (裏金)　5 錫の層

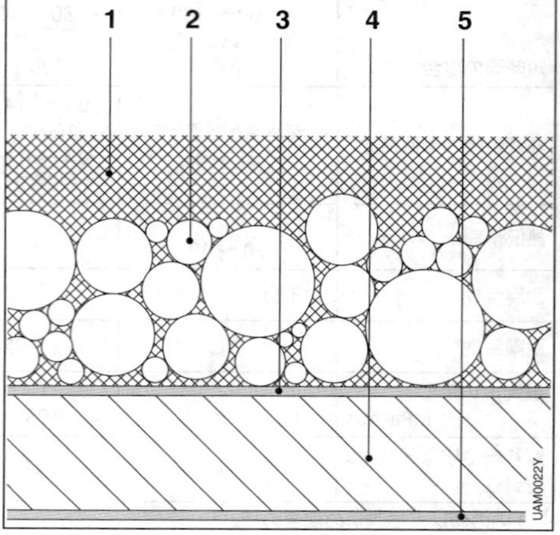

摩擦軸受 **375**

軸受構造の例：

軸受は、錫めっきされたスチールバックで構成される。この多孔性30～40%の0.2～0.35 mm厚の青銅ビード層の上に、ライナーとして低摩擦の重合体材料が被せられる。このライナーは、次のいずれかである。

– オイル含浸処理を施すか、または潤滑溝を設けたアセタール樹脂またはPVDF（ポリフッ化ビニリデン）
– PTFE + ZnSまたは二硫化モリブデン（MoS₂）、およびグラファイトの添加剤

メタルバック付き複合材軸受は、多種多様な形状と成分のものが入手できる。PTFE繊維マトリックスを内包したメタルバック複合材軸受は、極めて大きな耐荷重性を示し、ボールジョイントでの使用に適している。

自動車での使用例：

– サスペンションストラットのピストンロッド軸受
– クラッチプレッシャープレートのリリースレバー軸受
– ドラムブレーキのブレーキシュー軸受
– ボールジョイント軸受
– ドアヒンジ軸受
– シートベルト巻取り軸の軸受
– ステアリングナックル軸受
– ギヤポンプ軸受

ディーゼル高圧噴射ポンプで使用するための厳しい要件を満たすためには、特別な改良が加えられたライナーを備えた複合材軸受が必要になる。ライナーは、添加材（カーボンファイバー、ZnS、TiO₂、グラファイトなど）を加えたPEEKあるいはPPS製となっている。粒子の大きさは、ナノメートル単位の場合もある。

カーボングラファイト軸受

カーボングラファイト製の軸受は、その製法と材料の特性から、セラミック製軸受と同じグループに属する。粉末状炭素を基材とし、ピッチや合成樹脂が固定剤として使用される。カーボングラファイト軸受は非常にもろいことに注意が必要である。

長所

– 最大350℃（難燃性カーボン）および500℃（電気黒鉛）の耐熱性
– 低摩擦
– 耐腐食性
– 熱伝導性
– 熱衝撃耐性が良好

使用例：

– 燃料ポンプ軸受
– 乾燥用電気オーブン内の軸受
– ターボチャージャで使用されるコンプレッサーの調整式ガイドベーン

参考文献

[1] DIN 31652: Plain bearings – Hydrodynamic plain journal bearings under steady-state conditions.
Part 1: Calculation of circular cylindrical bearings.
Part 2: Functions for calculation of circular cylindrical bearings.
Part 3: Permissible operational parameters for calculation of circular cylindrical bearings.
[2] VDI 2204: Design of plain bearings.
[3] ISO 4381: Plain bearings – Tin casting alloys for multilayer plain bearings.
[4] ISO 4382: Plain bearings; copper alloys;
Part 1: Cast copper alloys for solid and multilayer thick-walled plain bearings.
Part 2: Wrought copper alloys for solid plain bearings.
[5] ISO 4383: Plain bearings – Multilayer materials for thin-walled plain bearings.
[6] Commission Directive (EU) 2016/774 of 18 May 2016 amending Annex II to Directive 2000/53/EC of the European Parliament and of the Council on end-of-life vehicles.
[7] DIN 30910: Sintered metal materials; sintered-material specifications (WLB);
Part 1: Explanatory notes for WLB.
Part 2: Sintered metal materials for filters.
Part 3: Sintered metal materials for bearings and structural parts with bearing properties.
Part 4: Sintered metal materials for structural parts.
Part 6: Hot-forged sintered steels for structural parts.

376 機械要素

転がり軸受

用途

転がり軸受は、機械の重要なコンポーネントのひとつである。非常に高い負荷容量と、動作信頼性が求められる。転がり軸受は、自動車に広範に使用される。乗用車や商用車には数多くの転がり軸受が、オルタネーター、スターター、ホイールベアリング、トランスミッション、サスペンションストラット、ドライブシャフト、ウォーターポンプ、テンションプーリー、ステアリング、ワイパーモーター、ファン、燃料噴射ポンプなどの軸受として使用される。

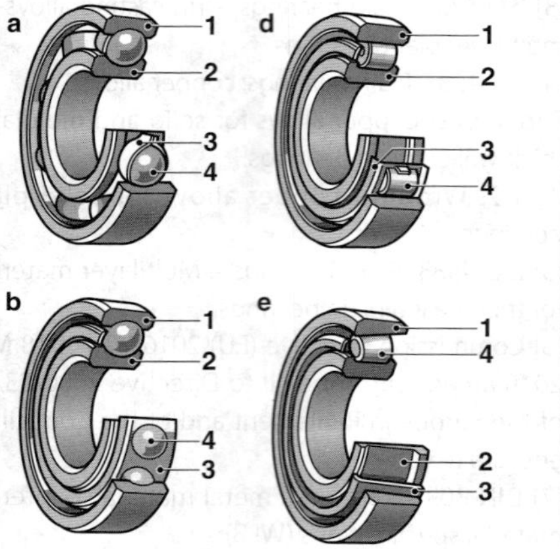

概要

種類

転がり軸受は、一般に2つの軌道輪（図1、内輪と外輪）、保持器（ケージ）、転動体（ボールやローラー）で構成される。保持器によって保持された転動体は、軌道輪の軌道上を転がる。転動体としては、玉（ボール）、円筒ころ（ローラー）、針状ころ、円錐ころ、自動調心ころなどが利用される。転がり軸受は、グリースで潤滑することができる。グリースの排出およびほこりやごみの付着を防ぐために、薄鋼板製カバープレートやラバーガスケットを装着している。

転がり軸受は、転動体を介して一方の軌道輪（ベアリングレース）から他方の軌道輪へ外部の力を伝える。主に負荷のかかる方向により、ラジアル軸受とアキシャル（スラスト）軸受に分けられる。

寸法

転がり軸受は、そのまま取り付けることが可能な機械部品である。穴径には、さまざまな外形寸法と幅寸法がある。転がり軸受の径と幅は、規格化された呼び番号により規定されている。それぞれの名称は規格DIN 623-1 [1] に定められている。

外径は転がり軸受メーカーのカタログに記載されている。

公差

転がり軸受の寸法と形状の公差は、精度に応じてISO 492 [2] とDIN 620（[3], [4], [5], [6], [7]）に規定されている。通常の精度、すなわち公差等級がP0（PNと表記されることもある）の転がり軸受は、一般に機械工学的に軸受の質に必要なすべての要求を満たしている。より厳しい精度に関しては、上記規格はより厳密な公差等級P6、P5、P4およびP2を定めている。

図1：転がり軸受の構造
a 深溝玉軸受
b アンギュラ玉軸受
c ニードル軸受
d 円筒ころ軸受
e 円錐ころ軸受
f 自動調心ころ軸受
1 外輪　　2 内輪　　3 保持器　　4 転動体

軸受けの遊びと軸受けのすきま

取付け前の転がり軸受の遊びとは、内側と外側の軌道輪の間にある、一方の軌道輪をもう一方に対して動かすことのできる間隔のことである。径方向の遊びと軸方向の遊びがある。

径方向の遊びは、精度等級の規格であるDIN 620 Part 4 [6]で規定されている。通常、径方向の遊び等級はCNである。たとえば、周囲の部品や温度などの作動条件に応じて、他の径方向の遊び等級を使うこともできる（CN を基準にしてC2は基準より小さな遊び、C3、C4は基準より大きな遊びで、かつC3、C4 の順に遊びがより大きくなる）。

軸方向の遊びは、径方向の遊びや軌道および転動体の形状・配置に由来するものであり、常に参考値として与えられる。

取り付けられた状態における軸受に対しては、軸受のすきまという用語が用いられる。作動中の軸受のすきまは、元の軸受の遊び、シャフトやハウジングなどの周辺部品のはめあいと材料、および軌道輪間の温度差により定まる。原則として、完璧に作動する軸受にはごくわずかな軸受のすきまがなければならない。

材料

軌道輪および転動体は、主に硬度58 ～ 65HRCの高純度の特殊クロム合金鋼100Cr6 (DIN EN ISO 683-17, [8]) あるいは52100 (ASTM A295, [9]) で製造される。特殊用途の場合、軌道輪および転動体がセラミック等の他の材料で作られることもある。

保持器は、金属製またはプラスチック製である。小型の転がり軸受に組み込まれる金属製の保持器は、主に鋼板製である。ポリイミド66 (PA66) は、プラスチック製保持器に多用されている。この材料は、特にガラス繊維で強化すると強度および弾性が増すという優れた特徴を持つ。

極端に高い熱負荷がかかるような特殊な条件下での用途には、他の熱可塑性プラスチック製や熱硬化樹脂製の保持器も使用される。

転がり軸受の選定

豊富な種類の軸受から適切なものを選ぶためには、多くの外的要因を考慮に入れる必要がある。

選定基準
荷重

通常は、転がり軸受にかかる荷重の大きさと方向により、軸受の種類や寸法を決定する。低から中程度の荷重の場合、一般的に深溝玉軸受が使用される。転がり軸受は、受ける荷重が大きい場合や取付けスペースが限られている場合に有利である。径方向の荷重のみを受けることのできる針状ころ軸受、円筒ころ軸受、スラストころ軸受を例外として、転がり軸受は、径方向および軸方向の両方向の荷重（複合荷重）に同時に対応できる。

深溝玉軸受は、両方向の軸方向荷重を転送することができる一方、アンギュラ玉軸受および円錐ころ軸受は、一方向の軸方向荷重にのみ対応できる。

円筒ころ軸受と自動調心軸受は、特に径方向の荷重に適しており、軸方向の荷重には好ましくない。

限界速度

転動体と軌道が点で接触する玉軸受は、同じ寸法の転がり軸受よりも許容回転速度が大きい。転がり軸受の許容回転速度は、特に構造の種類、サイズおよび潤滑方法によっても変化する。オイルで潤滑される軸受は通常、グリースで潤滑する軸受よりも限界速度が高い。

取付け

転がり軸受には、ロッキング軸受（非分離型軸受）とノンロッキング軸受（分離型軸受）の2種類がある。分離型軸受には、円錐ころ軸受、アンギュラ玉軸受、円筒ころ軸受、針状ころ軸受がある。これらの軸受の多くは、深溝玉軸受や自動調心軸受などの非分離型軸受よりも、分解および組み立てが容易である。円錐ころ軸受とアンギュラ玉軸受は、シャフトやハウジングでの取付けの際に細心の注意を払い、必要なすきまと与圧（プリロード）について調整を行わなければならない。

その他の選定基準

　転がり軸受を選ぶ際には、前述した主要基準に加え、軸受の接触点間のずれを補正するための角度調節のしやすさ、回転の滑らかさ、摩擦、費用も考慮に入れる必要がある。

軸受の配置

　機械の回転部品をガイドおよび支持するには、一般に特定の距離を置いて配置された2つの軸受が必要になる。軸受の配置としては、次の2種類が重要である。固定側／自由側軸受配置および与圧ありの軸受配置である。

固定側／自由側軸受配置

　2つのラジアル軸受が軸に取り付けられ、ハウジング内に収まっている（図2）。2つの軸受間の距離は、既製の周囲部品の公差により決定される。これに加えて、軸側が異なる温度で加熱されたり異なる材料で作られたりしている場合には、ハウジングと同様の膨張をするわけではない。これらの差異は、軸受の位置によって補正する必要がある。このため、一方の軸受をハウジング内の軸上に固定して軸方向の固定側軸受とし、もう一方の軸受は軸方向に動くことのできる自由軸側受とする。固定側／自由側軸受配置の典型的な適用例として、オルタネーターやステアリングモーターがある。

　固定側軸受には、単列深溝玉軸受が多く使われる。円筒ころ軸受、ニードル軸受、深溝玉軸受は、通常は自由側軸受けとして使われる。

　ホイールベアリングのように径方向および軸方向の荷重が高い部位には、複列アンギュラ玉軸受や円錐ころ軸受も使われる。

与圧ありの軸受配置

　与圧ありの軸受配置では、ほとんどの場合アンギュラ玉軸受または円錐ころ軸受を2つ使用し、互いに逆向きに配置する（図3）。軸受を組み立てるときは、最適な、あるいは仕様通りの遊びまたは与圧になる位置まで、軌道輪上で接触面をずらす。与圧ありの軸受配置は遊びを調整することができるので、特にトランスミッション内部の軸受など、装着部位の狭い用途に適している。

公差および軸受位置のはめあい

　転がり軸受では、基本的に穴の直径、外径および幅に対する公差は負の値をとっている。つまり、公称寸法が常に許容最大寸法となる。

　転がり軸受の組立て時には、軌道を軸受位置（軸およびハウジングボア）に合わせることが重要である。転がり軸受は、荷重がかかった状態において、軸受と接触している部品との接線全長にわたりねじれが発生してはならない。取付けを最も確実かつ容易にする方法は、軸受の荷重能力を余すところなく利用できる適切なはめあいと公差を実現することである。はめあいの方法には、軸受取付け部（ベアリングシート）の公差域に応じて、すきまばめ、中間ばめ、しまりばめの3種類がある（図4）。

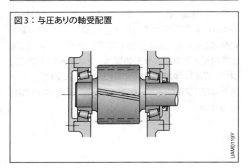

図2：固定側／自由側軸受配置

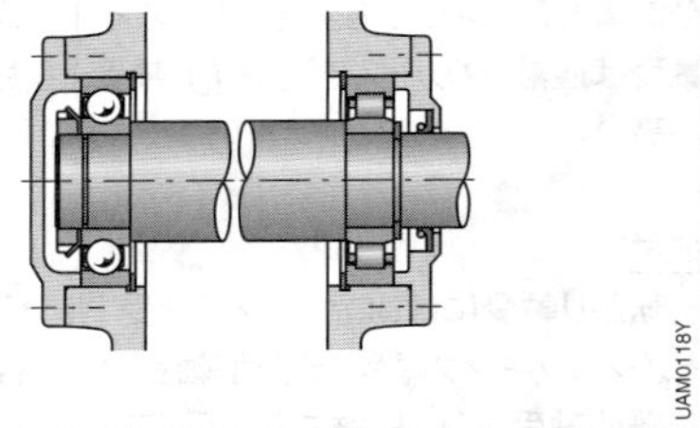

図3：与圧ありの軸受配置

転がり軸受 **379**

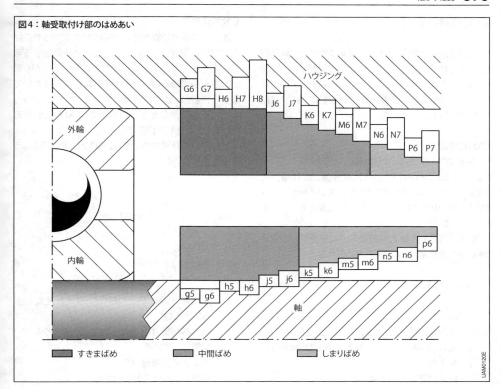

図4：軸受取付け部のはめあい

軌道溝の荷重条件は、はめあいの選択にとって非常に重要である。荷重のかかる方向と軌道輪の回転により、次の2種類の荷重を区別することができる。
- 回転荷重：軌道は荷重方向に応じて回転するので、軌道は確実に固定しなければならない。
- 集中荷重：軌道は荷重方向に対して静止しており、軸受と接触している部品とのはめあいは、狭いすきまばめ、中間ばめ、あるいはしまりばめとすることができる。

軌道輪が薄肉だと、取付け部の形状の違いが軌道に影響を及ぼす。そのため軸受と接触する部品には、同心度、円筒度、振れなどの形状品質に関して、可能な限り高い精度が要求される。

荷重容量の計算

転がり軸受の荷重容量を計算する際には、静的荷重容量と動的荷重容量を区別する必要がある。計算の基本原理は、静的荷重容量の計算方法がISO 76 [10]に、動的荷重容量の計算方法がISO 281 [11]にそれぞれ規定されている。

静的荷重容量

停止している、あるいは低速度、すなわち $n d_m \leq 4,000\,\text{mm} \cdot \text{min}^{-1}$（$n$は回転速度、$d_m$は軸受の内径と外輪外径の平均値）で回転している転がり軸受に荷重がかかっている場合、静的荷重がかかっているものとする。

軸受が径方向と軸方向の両方の荷重を受ける場合、静等価軸受荷重P_0は次式で求められる。

$$P_0 = X_0\,F_r + Y_0\,F_a\ (\text{N})$$

ここで、
X_0　径方向係数、$X_0 = 0.6$ 単列深溝玉軸受の場合
Y_0　軸方向係数、$Y_0 = 0.5$ 単列深溝玉軸受の場合
F_r　径方向荷重（N）
F_a　軸方向荷重（N）とする。

$P_0 < F_r$のときは、$P_0 = F_r$となることを考慮に入れなければならない。他の軸受の形式に関しては、係数X_0とY_0はメーカーのカタログに記載されている仕様で確認すること。

静荷重容量の測定においては

$$f_s = \frac{C_0}{P_0}$$

の比率が導かれ、ここでC_0を静定格荷重という。C_0は、最大荷重を受けている転動体と内輪および外輪接触部の総永久塑性変形量が転動体の直径の0.0001倍になる荷重である。カタログには、すべての転がり軸受けのC_0が記載されている。静定格荷重C_0の計算方法は、ISO 76で定められている。

通常の条件では、$f_s = 1$とすることができる。0.0001未満の変形量が要求される場合には、$f_s > 1$となる。

動的荷重容量

動荷重容量の計算方法は、ISO 281で定められている。これは、軌道走行面の材料に疲労が発生する可能性のある荷重がかかった状態で回転する転がり軸受の寿命を求めるのに使われる。荷重容量において重要な係数は、動定格荷重Cである。これは、転がり軸受にその荷重がかかった状態で、100万回転の寿命があることを示す荷重である。

定格寿命の計算については、ISO 281で以下のように規定されている。

$$L_{10} = 10^6 \left(\frac{C}{P}\right)^p\quad（回転数）$$

$$L_{10h} = \frac{10^6}{60n}\left(\frac{C}{P}\right)^p\quad（時間）$$

L_{10}　定格寿命（同じ構造の軸受の90％が達成できる総回転数）
C　動定格荷重（N）、転がり軸受のカタログに記載されている
P　動等価軸受荷重（N）
p　指数、$p = 3$（玉軸受の場合）、
　　　$p = 10/3$（ころ軸受の場合）
n　回転速度（rpm）

動等価荷重Pとは、径方向および軸方向に実際に作用している荷重と同様の影響を軸受にもたらす荷重で、大きさと方向の一定した荷重のことである。これは、次のようにして求められる。

$$P = X\,F_r + Y\,F_a\ (\text{N})$$

ここで、
F_r　径方向荷重
F_a　軸方向荷重
X　径方向系数
Y　軸方向系数

径方向系数Xと軸方向係数Yは、軸受の種類、大きさ、遊び、定格荷重によって異なり、ISO 281および転がり軸受のカタログに記載されている。

補正寿命

定格寿命に加え、ISO 281に延長補正寿命L_{na}が導入された。これにより、計算時に作動条件も考慮できるようになった。

$$L_{na} = a_1\, a_2\, a_3\, L_{10}$$

ここで、

a_1　信頼度係数：
　　　90％：$a_1 = 1$
　　　95％：$a_1 = 0.62$

a_2　内部の構造や材料などが特殊な軸受のための係数

a_3　潤滑状態や作動温度などの使用条件のための係数

係数a_2とa_3は相互に独立していないため、しばしば組み合わされた係数a_{23}が使われる。

$$L_{na} = a_1\, a_{23}\, L_{10}$$

多くの体系的な実験と実践経験により、材料と作動条件が転がり軸受の有効寿命に及ぼす影響を数量化することが可能になった。転がり軸受の製造メーカーが提供しているグラフやコンピュータープログラムを利用し、係数a_2、a_3およびa_{23}の値を得ることもできる。

参考文献

[1] DIN 623: Rolling bearings – Fundamental principles:
Part 1: Designation, marking.
Part 2: Graphical representation of rolling bearings.

[2] ISO 492: Rolling bearings – Radial bearings – Dimensional and geometrical tolerances.

[3] DIN 620-1: Rolling bearings; gauging methods for dimensional and running tolerances.

[4] DIN 620-2: Rolling bearings; tolerances for rolling bearings; tolerances for radial bearings.

[5] DIN 620-3: Rolling bearings; tolerances for thrust bearings.

[6] DIN 620-4: Rolling bearings – Rolling bearing tolerances – Part 4: Radial internal clearance.

[7] DIN 620-6: Rolling bearings – Rolling bearing tolerances – Part 6: Chamfer dimension limits.

[8] DIN EN ISO 683-17: Heat-treated steels, alloyed steels and free-cutting steels – Part 17: Ball and roller bearing steels.

[9] ASTM A295: High-Carbon Anti-Friction Bearing Steel.

[10] ISO 76: Rolling bearings – Static load ratings.

[11] ISO 281: Rolling bearings – Dynamic load ratings and rating life.

シール

シール技術

機能

シールの機能は、2つの異なる媒体を互いに分離することにある。経済的な理由から、シール箇所を簡単な形状でシールする必要がある。Oリングは最も簡単な形状のシールとされている。

分類

シールは、静的シールと動的シールとに分けられる(図1)。静的シールの場合には、シールと機械要素との間に相対運動はない、動的シールの場合には、シールと機械要素との間に相対運動がある。この相対運動は、シールと軸との間でも、シールとハウジングの間でも発生し得る。

100%の密閉性の達成は静的シールでは可能だが、動的シールではたいていの場合不可能である。動的シールでは、それを超過してはならない「漏れ率」が設定される。シールがこの漏れ率を満たしているなら、そのシールには技術的密閉性があることになる。

シールの材料

自動車向け用途では、シールとして主にエラストマーが使用されるが、その他の材料も用いられる。エラストマーは、タイヤ、ドアシール、アクスルブーツ、あるいはエンジンルーム内の種々のシールなど多様な用途に使用されている。

要求事項

エラストマーはすべての有機化学材料と同じく、まったく制限を受けることなく使用できるものではない。異なる媒体、酸素やオゾン、さらに圧力や温度などの外的な影響が材料特性を変化させ、それにより材料の反応も変化する。エラストマーは、膨張、収縮、硬化、亀裂発生、さらには破断する可能性がある。

新しいシールの開発の際には、常にシールシステム全体を考慮する必要がある。これには次の7項目が含まれる：
- シール形状
- システム圧(平均圧および短時間ピーク圧)
- システム温度(平均温度および短時間ピーク温度)

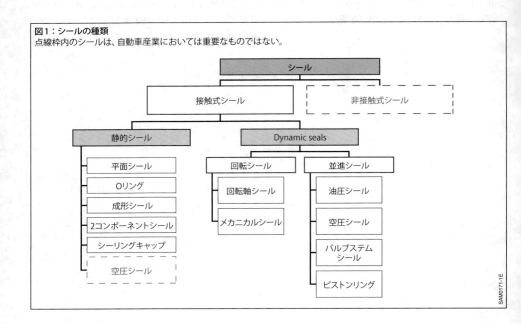

図1：シールの種類
点線枠内のシールは、自動車産業においては重要なものではない。

シール **383**

- シールすべきギャップ
- 合わせ面の粗さ
- シールすべき媒体
- シールと機械要素間の相対速度

用途

　主要な要求事項を考慮して適切なシールシステムを設計する。既存ソリューションの概要とそれらがどこに用いられているかについて、図2に示す。

図2：自動車におけるシール

1 空調システム
 - Oリング
 - PTFEシール
 - 回転シール

2 熱制御
 - 専用回転シール
 - マルチコンポーネントシール
 - シーリングリング
 - Oリング
 - PTFEコンポーネント

3 シリンダーヘッド
 - 金属製ガスケット
 - マルチレイヤーシール

4 燃料噴射システム
 - Oリング
 - 顧客専用仕様の
   シーリングリング
 - PTFE成形リング

5 排気ガス再循環
 - EGRシール

6 バッテリー
 - エラストマー圧力制限
   バルブ

7 安全関連コンポーネント
   （エアバッグ）
 - 顧客専用仕様
   2コンポーネント部品

8 電気系統
 - 熱可塑性材料製または
   シリコン含有熱可塑性
   材料製の顧客専用仕様
   ハウジングカバー

9 電子コントロール
   ユニット
 - 専用開発された
   マルチレイヤーシール

10 エンジン、トランスミッション、
    ステアリングなど
 - シーリングキャップ

11 ブレーキシステム
 - Oリング
 - 顧客専用仕様の
   成形部品

12 ドライブトレインと
    トランスミッション
 - 回転シール
 - ガイドリング
 - サポートリング
 - Oリング
 - シーリングワッシャー
 - シーリングキャップ

13 ウィンドウおよびドア
 - 押し出し成形
   エラストマー部品

14 シャーシシステム
 - シーリングエッジリング
 - Oリング
 - バッファーリング
 - サポートリング
 - ベーンシール

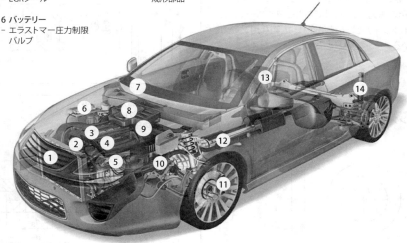

Oリング

Oリングは、設計エンジニアに広範な用途に対して効率的で経済的なシールエレメントを提供する。主に静的なシールエレメントとして使用されるが、動的な用途にも使用できる。Oリングは製造工程の費用効率が高く取扱いが容易なため、シールとして最も一般的に用いられている。

標準用途および特殊用途向けに広範なエラストマー材料が提供されているので、ほぼすべての液体媒体と気体媒体を密封することができる。

説明

Oリングは金型内で連続的に加硫処理される。円形断面のリング形状を特徴とする。Oリングの寸法は、内径d_1と断面積d_2によって定義される（図1）。

形状が単純なOリングには、以下のような多くの利点がある。
- 対称的な断面
- シンプルかつコンパクトなデザイン
- 自発的な両方向作用
- 溝の簡単な計算と定義
- 連続的な溝の設計
- 広範な材料を選択可能
- 広範な用途

用途

Oリングは、主要なシールエレメント、ゴム弾性油圧シール用の張力エレメント、およびワイパー（二次シールエレメント）として使用され、広範な用途をカバーしている。

修理用の単独のシールであっても、あるいは自動車製造や機械工学における品質保証のシールエレメントであっても、今日、Oリングが使用されていない産業分野はない。Oリングは、主に次のような静的シールに使用されている。
- ブッシュ、カバー、パイプ、およびシリンダーなどの径方向の静的なシーリング（図2）
- フランジ、プレート、およびプラグなどの軸方向の静的なシーリング（図3）

動的な使用は、低負荷レベルでのみ可能。これは速度とシールすべき圧力によって以下のものに制限される。
- 往復運動のピストン、ロッドおよびプランジャーなどのシール
- シャフト、スピンドルおよびロータリートランスミッションのリードスルー上のゆっくりとした旋回、回転または螺旋運動などのシール

作動原理

Oリングは、自発的な両方向作用のシールエレメントである。径方向または軸方向の取付けによる圧力が初期気密性を生み出し、その圧力に、システムの圧

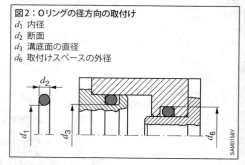

図2：Oリングの径方向の取付け
d_1 内径
d_2 断面
d_3 溝底面の直径
d_6 取付けスペースの外径

図1：Oリングの寸法
d_1 内径
d_2 断面

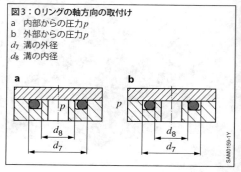

図3：Oリングの軸方向の取付け
a 内部からの圧力p
b 外部からの圧力p
d_7 溝の外径
d_8 溝の内径

力が加わる。これにより、システムの圧力の増加とともに増加するシール全体の圧力が生じる（図4）。Oリングは、圧力がかかった状態では高い表面張力を備えた液体と同様の働きをする。このようにして、すべての面に均一に圧力が伝達される。

```
図4：Oリングに作用する圧力
a  予圧なし
b  予圧がある場合の圧力
c  予圧とシステムの圧力がある場合の圧力
1  Oリング内の圧力経路
p  システムの圧力
```

材料

機器メーカーと管理者は、シーリングシステムに漏れのない機能と長い耐用年数を求めている。そのため、各用途に理想的なシールソリューションを適用するには、適切な設計とともに材料の選択が重要である。すべてのシールに等しくこれが当てはまるため、材料の特性については他の箇所で説明する（「エラストマー」を参照）。

シーリングギャップ

過大なシールギャップは、Oリングの破損の原因となるギャップ押出し（図5）の危険がある。

密封される部品間の許容径方向シールギャップ S は、システムの圧力、断面、媒体温度、およびOリングのショアー硬度に依存する。表1は、Oリングの断面とショア硬度に応じて許容されるギャップ寸法 S の推奨値を示す。この表は、ポリウレタンおよびFEPまた

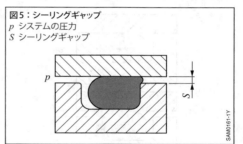

```
図5：シーリングギャップ
p  システムの圧力
S  シーリングギャップ
```

表1：ギャップの寸法

Oリング断面					
d_2 [mm]	2まで	2〜3	3〜5	5〜7	>7
ショアー A 硬度70のOリング					
圧力 p [MPa]			ギャップ S [mm]		
≤3.50	0.08	0.09	0.10	0.13	0.15
≤7.00	0.05	0.07	0.08	0.09	0.10
≤10.50	0.03	0.04	0.05	0.07	0.08
ショアー A 硬度90のOリング					
圧力 p [MPa]			ギャップ S [mm]		
≤3.50	0.13	0.15	0.20	0.23	0.25
≤7.00	0.10	0.13	0.15	0.18	0.20
≤10.50	0.07	0.09	0.10	0.13	0.15
≤14.00	0.05	0.07	0.08	0.09	0.10
≤17.50	0.04	0.05	0.07	0.08	0.09
≤21.00	0.03	0.04	0.05	0.07	0.08
≤35.00	0.02	0.03	0.03	0.04	0.04

はPFA被覆Oリングを除くエラストマー材料に適用される。50 mmを超える内径については5 MPa以上の圧力の場合、50 mm未満の内径については10 MPa以上の圧力の場合に、バックアップリング（図6）を使用する必要がある。

溝の充填率

シール機能への悪影響を避けるために、取り付けたOリングの溝の充填率を考慮することが重要になる。Oリングの熱膨張、媒体収縮による体積膨張、および公差の影響に対応するために、溝の充填率は可能であれば取付け状態において85 %を超えないようにすべきである。

事前圧縮

事前圧縮（図7）は、主に以下のためのものである。
- 初期気密性の実現
- 製造関連の公差を補う
- 規定の摩擦力の保証
- 圧縮永久ひずみの補正
- 摩耗の補正

用途に応じて、それぞれの断面（d_2）に対して以下の事前圧縮値が推奨される。動的な使用の場合は6 〜 20 %、静的な使用の場合は15 〜 30 %。

溝の設計のための事前圧縮のガイド値は、図8および図9のグラフから求めることができる。この値は、ISO 3601-2 [1]に準拠して、荷重と断面の依存関係を考慮している。

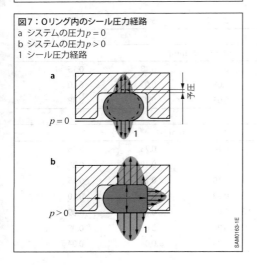

図6：Oリングの取付け
a バックアップリングなしの取付け
b バックアップリング付きの取付け
p システムの圧力
S シーリングギャップ

図7：Oリング内のシール圧力経路
a システムの圧力 $p = 0$
b システムの圧力 $p > 0$
1 シール圧力経路

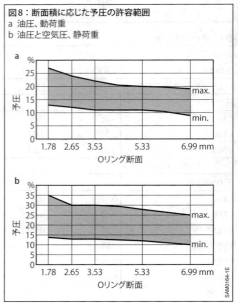

図8：断面積に応じた予圧の許容範囲
a 油圧、動荷重
b 油圧と空気圧、静荷重

表面

エラストマーは、圧力を加えることで不均整な表面に適応する。しかし、気密または液密接続のために、シール面の表面品質について最小限の要求は必要である。基本的には、切り傷、かき傷、穴の収縮、同心または渦巻き状の加工痕は許容されない。

動的シールの合わせ面には、静的シールの場合よりも厳しい表面品質が要求される。合わせ面を評価するための標準化された定義はまだない。R_a値（粗さ平均）の仕様は、実際には表面品質を評価するには十分ではない。そのためメーカーの推奨事項には、とりわけDIN 4768 [2]とDIN EN ISO 4287 [3]に準拠するさまざまな概念と定義が含まれる。

一般的な技術データ

Oリングは、幅広い用途に使用できる。温度、圧力および媒体が適切な材料の選択を決定する。所定の用途に対するシールエレメントとしてのOリングの適合性を評価するには、すべての作動パラメーターの相互作用を考慮する必要がある。Trelleborg Sealing Solutions [4]のOリングの計算プログラムで詳細な情報を得ることもできる。

使用基準

作動圧

静的な使用

静的な使用では、以下の値が作動圧に適用される：
- 作動圧 < 5 MPa、内径 > 50 mm、バックアップリングなし。
- 作動圧 < 10 MPa、内径 < 50 mm、バックアップリングなし（材料、断面およびギャップ寸法による）。
- 作動圧 < 40 MPa、バックアップリング付き。
- 作動圧 < 250 MPa、専用バックアップリング付き。

ここで許容されるギャップ寸法を遵守しなければならない。

動的な使用

動的な使用では、以下の値が作動圧に適用される：
- 作動圧 < 5 MPa、往復運動での使用、バックアップリングなし。
- より高い圧力、バックアップリング付き。

速度

往復運動での使用では0.5 m/sまでの速度が許容される。回転シールの場合にも0.5 m/sまでの速度が許容される。材料と用途に応じてそれぞれの場合にこれが適用される。

温度

材料と媒体の抵抗に応じて、-60 〜 +325 °Cの温度範囲での使用が可能である。

使用基準を評価する際には、短時間ピーク温度と継続使用温度、および作動時間を考慮する必要がある。回転使用の場合、摩擦熱によって生じる温度上昇に注意が必要である。

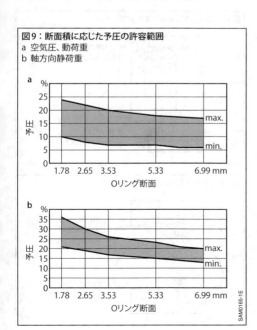

図9：断面積に応じた予圧の許容範囲
a 空気圧、動荷重
b 軸方向静荷重

媒体

ほぼすべての液体、気体および化学物質は、異なる特性を備えたさまざまな材料でシールすることができる。適切な材料の選択に関する詳細は、他の箇所で説明する（エラストマーを参照）。Chemical Compatibility database [5] などの詳細情報は、インターネットを参照することができる。

取付けに関する注意事項

取付けを開始する前に、次の点を確認する必要がある。
- 引込み面取りは図面どおりか？
- 内部ボアはバリ取りおよび丸み付け処理されているか？
- 加工の残滓（切屑、汚れ、異物など）が取り除かれているか？
- ねじ山の頂はカバーされているか？
- シールとコンポーネントにグリスやオイルが塗布されているか？エラストマーとの媒体適合性を保証しなければならない。潤滑のためにシール媒体の使用が推奨される。固体添加剤（二硫化モリブデン、硫化亜鉛など）を含む潤滑剤は使用できない。

適切な取付けに配慮した設計により、シール不良の潜在的な原因を取り除くことができる（図10、11、12の例）。Oリングは常に干渉を伴って取り付けられているため、引込み面取りとエッジの丸み付けが必要になる。

手作業による取付け

- 鋭利なものを使用しない。
- ねじれに注意し、適切な位置決めのための補助器具と機器を使用する。
- 可能な限り取付け用の補助器具を使用する。
- Oリングを過度に伸ばさない。
- 押出しラウンドコードで作られたOリングを接合部を越えて伸ばさない。

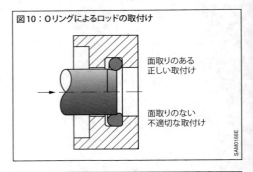

図10：Oリングによるロッドの取付け

面取りのある正しい取付け

面取りのない不適切な取付け

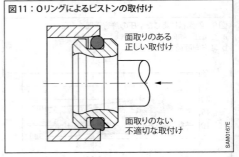

図11：Oリングによるピストンの取付け

面取りのある正しい取付け

面取りのない不適切な取付け

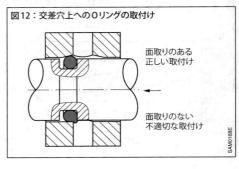

図12：交差穴上へのOリングの取付け

面取りのある正しい取付け

面取りのない不適切な取付け

シール

スレッド、シャフトなどへの取付け

ねじ、シャフト、キー溝などへの取付け中にOリングをガイドする必要がある場合は、取付けスリーブが必要になる。これは、鋭角やバリがあってはならず、軟質金属またはプラスチックで作ることができる。

引込み面取り

引込み面取りの最小長さは、断面d_2に応じて表2に規定されている（図13と図14も参照）。引込み面取りの表面粗さは、次のように規定される：

$R_z \leq 6.3\ \mu m,\ R_a \leq 0.8\ \mu m$

取付けタイプと取付けスペースの設計に関する情報

取付けタイプ

Oリングは、コンポーネントのさまざまな用途に使用できる。Oリングの取付け後の状況については、設計の段階で予め考慮しておく必要がある。取付け中の損傷を防ぐために、鋭角とボアを避ける必要がある。長い滑り運動の場合、可能であればシールシートを廃止するか、またはOリングが短い取付け距離のみをカバーするように配置しなければならない。これを怠るとねじれの危険がある。

径方向の取付け（静的な使用と動的な使用）

ロッドシール（内部シール）の場合のOリングサイズは、Oリングの外径（$d_1 + 2d_2$）が取付けスペースの外径d_6以上になるように選択する必要がある（図2）。

ピストンシール（外部シール）の場合のOリングサイズは、内径d_1が溝底面の直径d_3以下になるように選択する必要がある（図2）。

軸方向の取付け（静的な使用）

軸方向の静的な取付けの場合は、Oリングのサイズを選択する際に圧力の方向を考慮する必要がある（図3）。内圧については、Oリングの外径が溝の外径d_7以上になるように選択しなければならない。外圧については、Oリングの内径が溝の内径d_8以上になるように選択しなければならない。

伸張とアップセット加工

ピストンシールの径方向の取付け

Oリングをピストンシール（外部シール）として使用する場合、Oリングの公称内径d_1（図2を参照）は、動的な使用では2％〜5％、静的な使用は2％〜8％伸びる。内径$d_1 < 20$ mmのOリングの場合、これを維持することは必ずしも可能ではなく、伸び範囲が大きくなる可能性がある。伸び範囲と最大伸長を最小限に抑えるには、溝底面の直径d_3（図2を参照）を最小にし、最小伸長に関する要求をあまり厳しくしないことが必要である。

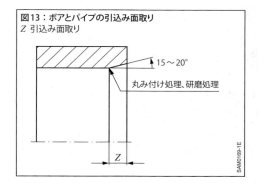

図13：ボアとパイプの引込み面取り
Z 引込み面取り

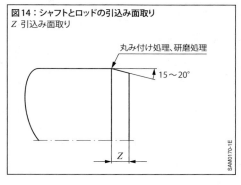

図14：シャフトとロッドの引込み面取り
Z 引込み面取り

表2：引込み面取り

引込み面取り 最低長さZ [mm]		Oリング断面d_2 [mm]
15°	20°	インチから換算した標準寸法（メートル法標準寸法）
2.5	1.5	1.78 (1.80) まで
3.0	2.0	2.62 (2.65) まで
3.5	2.5	3.53 (3.55) まで
4.5	3.5	5.33 (5.30) まで
5.0	4.0	7.00 まで
6.0	4.5	7.00 超

390 機械要素

動的な使用では、シール機能への有害な影響を避けるために、5％の最大伸び率を超えないことが重要である。基本的には、これらの推奨値を超えるとOリングの断面積が大幅に減少し、結果としてOリングの耐用年数に影響する可能性がある。

ロッドシールの径方向の取付け

ロッドシール（内部シール）としてOリングを使用する場合、Oリングの外径（$d_1 + 2d_2$）は、Oリングの外径のアップセット加工を達成するために、取付けスペースの外径（溝底部）d_6（図2を参照）以上である必要がある。Oリングの外径は、直径 $d_1 > 250$ mm のOリングでは溝の外径の3％を超えず、直径 $d_1 < 250$ mm のOリングでは、溝の外径の5％を超えないようにする必要がある。このことは公差位置の理由から、直径 $d_1 < 20$ mm のOリングの場合には常に可能とは限らず、外径のアップセット加工がさらに大きくなる可能性がある。基本的には、これらの推奨値を超えるとOリングの断面積が著しく増加するため、Oリングの耐用年数に影響する可能性がある。

軸方向の静的な取付け

Oリングを軸方向の静的シールとして使用する場合は、Oリングのサイズを選択する際に圧力方向を考慮する必要がある（図3）。Oリングに圧力が作用する場合、そのサイズは、圧力が作用する前にOリングが非加圧面の溝側面に密着するように選択しなければならない。内圧が作用する場合、Oリングはその外径（$d_1 + 2d_2$）が溝の外径 d_7 と等しいかまたはわずかに大きい（最大約1〜2％）ものを選択する。外圧が作用する場合、Oリングは溝の内径 d_8 よりも1〜3％ほど小さくなければならない。

バックアップリング

バックアップリングにはシール機能はないが、その名前が示すように、押出し耐性材料でできている主に長方形の断面を備えた保護および支持エレメントである。これは、通常はOリング、およびエラストマーシールと一緒に静的な使用のために溝に取り付けられている。バックアップリングとボアまたはロッド間が密着することにより、圧力が作用しているOリングがシールギャップに押し出されることを防ぐ。

利点
– 高圧用途でのOリングの使用
– 低硬度Oリングの使用
– 径方向の大きなギャップの補正
– 外側および内側シーリングに適用可能
– 静的な使用および往復運動またはゆっくりとした旋回運動での使用
– 熱膨張によるギャップ拡大の補正
– 静的な使用と動的な使用

成形シール

用途

ダウンサイジングと車両の軽量化のため、シーリングシステムに対する要件はその厳しさを増している。エンジンコンポーネントと取付け部品は、プラスチックで製造されることが多くなってきている。剛性が低いため、プラスチック製コンポーネントは金属製コンポーネントよりも変形しやすい（軸方向および径方向許容誤差、高圧に起因する許容誤差など）。

ダイキャスト金属製コンポーネントは一般に再加工は行われないので、それに応じてコンポーネントの許容誤差もより大きなものが求められる。エラストマーシーリングシステムは、このような要件に非常によく対応することができる（図1）。

シーリングシステム

影響変数

シーリングシステムにとって重要な影響変数を図2に示す。図示されているのは、ハウジングとカバー間の成形シールである。システムの要件は、機械的（圧力、振動）、化学的あるいは物理的（液体あるいは媒体）応力に分けることができる。

設計

設計においては、取付けスペース（図2、A1）をその許容誤差、平面度、表面構造（面粗さ）、シーリングギャップ、および半径とフランク角を考慮する。取付けスペースは、対になったシール、溝およびシール対向面で構成される。成形シールの形状（図2、A2）は、圧縮およびクリアランスに関して取付けスペースに合致するよう調整される。

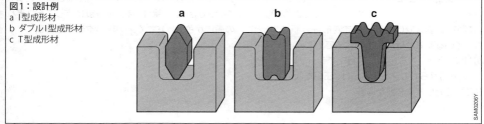

図1：設計例
a I型成形材
b ダブルI型成形材
c T型成形材

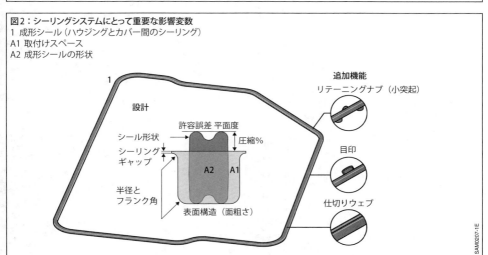

図2：シーリングシステムにとって重要な影響変数
1 成形シール（ハウジングとカバー間のシーリング）
A1 取付けスペース
A2 成形シールの形状

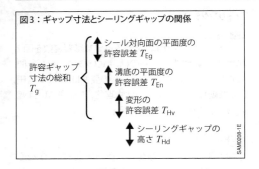

図3：ギャップ寸法とシーリングギャップの関係
・シール対向面の平面度の許容誤差 T_{Eg}
・溝底の平面度の許容誤差 T_{En}
・変形の許容誤差 T_{Hv}
・シーリングギャップの高さ T_{Hd}
許容ギャップ寸法の総和 T_g

図4：概要：最小、公称および最大クリアランス
a 最大シーリング、最小取付け、最小クリアランス
b 公称シーリング、公称取付け、公称クリアランス
c 最小シーリング、最大取付け、最大クリアランス

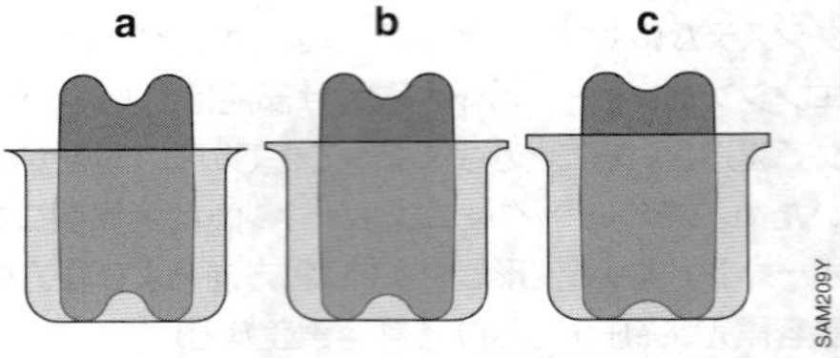

成形部品には追加機能を持たせることもできる。たとえば、取付時の移動で保持する際に使用するリテーニングナブ（小突起）は、トレーサビリティー確保のためのIDや漏れ箇所特定のためのパーティションウェブとして使用される。

図3は、ギャップ寸法とシーリングギャップの関係についての概要である。ギャップ寸法T_gは、溝底面の平面度T_{En}およびシール対向面の平面度T_{Eg}、ブッシュの突出T_B、全拡大および全曲がりT_Aにより構成されるコンポーネント許容誤差の総和である（T_AおよびT_Bは、図3では合計されて変形許容誤差T_{Hv}となっている）。これは理論上の寸法で、3つのケースに分けることができる（図4）。設計上でシーリングギャップH_dが与えられている場合には、圧縮を設計する際にこれを考慮する必要がある。

有限要素法
　有限要素法は、複雑な技術的課題を評価するための数値解析法である（「有限要素法」を参照）。すべてのFEM計算は、最適化された入力データに基づくものである。材料モデル、システム要件の詳細（圧力、温度、取付けなど）、およびジオメトリーに対する入力変数が精確に知られている場合に限り、計算は有用なものとなる。たとえばシール全体の伸長は、室温において所定の過圧で取り付けられた場合に決定することができる。結果は、伸長の程度に応じてそれぞれの領域が色分けされてグラフィック表示される。

平面シール

用途

平面シール（ガスケット）およびその使用に際しての制限は、使用されている材料により大きく異なる。この点に関して自動車製造における用途は、高温の液体から、強い化学的ストレス、高圧までさまざまである。要件に応じて、平面シールを金属で覆ったり、その全体を金属製にしたりする場合がある。

平面シールには、以下のような種類がある。
- 低耐摩耗性：紙、圧縮繊維、エラストマー、強力接着コルク、およびエラストマー接着コルク
- 中耐摩耗性：接着ガラス繊維シール、アラミド繊維シール、炭素繊維シール、および鉱物繊維シール（軟質材料シール）、エラストマー・金属複合材
- 高耐摩耗性：膨張黒鉛、金属
- 耐腐食性：硬質／膨張／充填済みPTFE、耐腐食性金属、エラストマー・金属複合材

種類

上記のリストが示すように、平面シールには数多くの種類がある。最も重要なもののみを以下に説明する。

シリンダーヘッドガスケット

シリンダーヘッドガスケット（図1）は、エンジンルーム内の基本的な静的シールである。複雑な平面シールは、原則として、コーティングされた1層以上の金属層で構成されており、加硫処理を施したエラストマー部分を含む場合もある。シリンダーヘッドガスケットは、燃焼ガス、オイル、およびクーラントに対するシールとしてだけではなく、シリンダーヘッドとクランクケースの間の力の伝達要素としても機能する。

軟質材料シール

エラストマー・繊維複合材製の軟質材料シールは、その基本原理の観点から最も古い種類のシールである。このシールは、主にその繊維の品質に左右されるが、耐圧性と耐熱性に優れており、吸気マニホールドシールや排気ガス再循環バルブなどに使用される。エラストマー接着軟質材料シールでは、天然ゴム、NBR、SBR、CR、HNBR、FKMがバインダーとして使用される（「エラストマー」を参照）。応力が高い場合は、膨張黒鉛または純金属性ガスケットを使用した平面シールのみを用いることができる。

メタルビードガスケット

シーリングウェブ幅が小さい、または面圧が低い場合には、メタルビードガスケットの使用が検討に値する（高い圧力を受ける用途でのカバーガスケットとしての使用など）。ビードの効果により面圧が直線圧力に低減される。これにより、ねじ力が同じでもより高い面圧が得られる。基板に施されたエラストマーコーティングにより、マイクロシーリング効果も得られる。

エラストマー・金属平面シール

エラストマー・金属複合材製の平面シールは、特に微小リーク防止用に適している。本質的に安定性が高く、同時に適応性が高いこのシールは、薄い金属層と、加硫処置を施したエラストマー層で構成される（図2）。複雑な形状にプレス加工されており、主要な摩擦結合部での使用に最適である。エラストマー層の厚さ

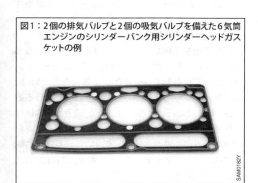

図1：2個の排気バルブと2個の吸気バルブを備えた6気筒エンジンのシリンダーバンク用シリンダーヘッドガスケットの例

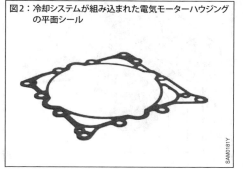

図2：冷却システムが組み込まれた電気モーターハウジングの平面シール

394 機械要素

が0.2 mm以上であるため、鋳造時の収縮孔を補正できる場合もある。エラストマー・金属平面シールは、フランジ継手、ポンプ、オートマチックトランスミッション、および電気モーターに使用される。

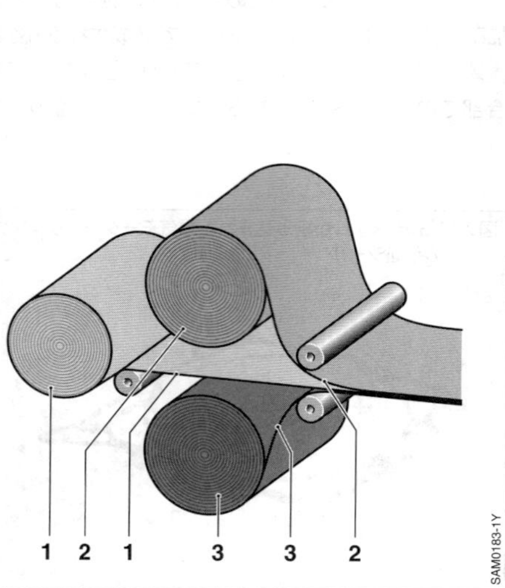

シールキャップ

用途

シールキャップは、静的シールに分類される。シールキャップを使用すると、エンジンルーム内のさまざまな場所にある、組立てまたは製造用の孔を確実に密閉できる。設計者は常に、DIN 443 [6] 準拠の標準的仕様と、自動車産業の厳しい要件を満たすその他の特別仕様のいずれかを選択できる。

DIN 443 準拠の標準的な仕様で説明されているのは、通常はハウジング内にプレスされる金属製キャップであり、この場合は、さらに接着剤を使用して確実に密閉しなければならない。これらのキャップに合わせて使用されるのが、エラストマー層のある接着剤が不要なシールキャップである。さらに、エラストマー層によりハウジング表面を損傷することなのない取付けが可能になり、微小リークの発生が防止される。

テクノロジー

金属製シールキャップは、コイル材料に深絞り加工を施して完成品となる。適正なエラストマー・金属シールキャップは、さまざまな方法で製造される。考えられる製造工程として、圧縮成形、射出成形、ラミネーション、または加硫処理を挙げることができる。画期的な製造工程の1つでは、ゴム・金属の多層接着を行った後に複合材としてプレスおよび深絞り加工を施すという技術が用いられる（図3）。

金属キャリアにバインダーを塗布し、金属上にエラストマーを加硫処理するという工程により、複雑なシール形状に使用できる確実で強固な接着が得られる。この方法によって、特に平面シール、自動処理用金属フレーム付きシール、耐摩擦性ガイドバンド、ハウジングガスケットおよびシールキャップが製造される。

ゴム・金属接着を最適に行うと、多くの場合、シール面の表面を複雑な工程で加工する必要がなくなる。エラストマー層により密閉性能が向上し、さらに、製造において接着剤やシール剤が不要になるため、組立てサイクル時間を短縮でき、製造工程における処理がより確実に行われるようになる。処理が単純になるため、コスト面の利点が得られるほか、組立てを自動化できる可能性が生まれ、流通にかかる経費も削減される。特に射出成形のシールキャップには、コスト削減の可能性がある。

図3：コイル製造
1 金属キャリア
2 最初のエラストマーコイル
3 2番目のエラストマーコイル

1 2 1 3 3 2

SAM0183-1Y

実例

エンジンブロックは砂型鋳造で製造される。製造工程の最後では、エンジンブロックに数多くのドリル穴があいており、これは製造の観点から見て避けられないとされるが、これらを塞ぐこともできる。この場合は、取付けが容易で、接着する必要がなく、錆に強いゴム・金属シールキャップの使用が最適な解決策となる。図4に、その取付け状況を示す。

トランスミッションシステムやステアリングシステムのドリル穴用の静的なシールとしては、他の用途も考えられる。ゴム・金属シールキャップは、カムシャフトのハウジング、クランクケース、ポンプでの使用実例もある。

種類

ゴム・金属シールキャップは、さまざまな材料から製造できる。金属の材料としては、鋼、亜鉛メッキ鋼、ステンレス鋼が使用される。エラストマー材料としてNBR、EPDM、AEMを挙げることができ、対応可能な温度範囲は－45～150℃となり、さまざまな媒体抵抗機能を持つ。

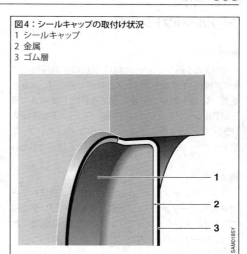

図4：シールキャップの取付け状況
1 シールキャップ
2 金属
3 ゴム層

ラジアルシャフトシール

用途

ラジアルシャフトシールはリング状の密閉用部品で、その内側のオイルやグリースと外側の泥や埃、水などを互いに恒久的かつ安全に隔てる目的で使用される。ラジアルシャフトシールは、駆動システム（アクスルやトランスミッションのオイルシールなど）、ポンプ、電気モーター、および機械製造業において使用される。

構造

ラジアルシャフトシールは一般的に、エラストマー材料製のシーリングリップと金属製の補強リングで構成される。テンションスプリングは、全耐用期間にわたってシーリングリップに一定の予張力（プリテンション）を与える（図1）。シーリングリップはダイヤフラム（シーリングカップ）の端部である。シーリングエッジはシーリングリップがシャフト（軸）と接触する部分で、これが実際の密閉機能を担っている。

シーリングリップの形状と寸法は、最新の技術水準および適用技術の長年の経験に基づいて設計されている。シーリングエッジは、端面の機械切削により作製される。

シールの全半径方向力（ラジアルフォース）は、エラストマー製シーリングリップの当初の力とスプリング張力により生成される。前者は、材料の弾性、シーリングリップの形状と寸法、およびシャフトとシールのオーバーラップにより生じる変形に応じて決定される。

自動車産業向けのラジアルシャフトシールに関する機能と用途関連の情報は、DIN 3761 [7] およびISO 6194 [8] に記載されている。

シールの構造

標準タイプ

標準タイプのラジアルシャフトシールは、DIN 3760 [9] およびDIN 3761またはISO 6194に準拠している。図2に、補強リングがエラストマー内に完全に密封されているバージョンと、補強リングがエラストマーに埋め込まれているのがダイヤフラム部分のみで、それによりシャフトシールのケーシング（エラストマーが密着する部分）が形成されているバージョンを示す。

特殊タイプ

特殊タイプは、用途の条件がDIN 3760およびDIN 3761またはISO 6194の範囲外の場合に使用される。具体的には10 m/s以上の周速度や0.05 MPa以上の圧力、密閉される媒体がオイルではなくグリースである場合、埃の堆積が著しい環境などの条件が

図1：ラジアルシャフトシールの断面図
1 テンションスプリング　2 スプリング保持リップ
3 シーリングリップ　4 スプリング溝
5 シーリングエッジ　6 シャフト
7 アウターケーシング　8 エラストマー
9 バックケーシング　10 補強リング
11 ダイヤフラム（シーリングカップ）
12 ダストリップ　13 スプリング面
A 前面　B 背面

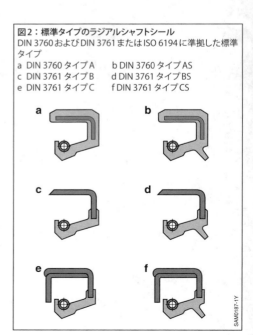

図2：標準タイプのラジアルシャフトシール
DIN 3760およびDIN 3761またはISO 6194に準拠した標準タイプ
a DIN 3760 タイプA　b DIN 3760 タイプAS
c DIN 3761 タイプB　d DIN 3761 タイプBS
e DIN 3761 タイプC　f DIN 3761 タイプCS

シール 397

挙げられる。これらの条件下では特殊シールの使用が推奨される。図3に特殊タイプの例を示す。

主な特徴

どのようなシールを選択するにせよ、注意すべき主な特徴としてアウターケーシング、補強リング、テンションスプリング、および材料を挙げることができる。

アウターケーシング

アウターケーシングには、表面が滑らかなものと溝付きのものがある。どちらの場合もシールは、はめあい公差 ISO H8 に準拠したボアに圧入可能である。ラジアルシールシャフトの外径は、ISO 6194-1（表1）に準拠して製造される。

金属製補強リング

標準バージョンでは、DIN EN 10139 [10] に準拠した冷間圧延鋼板が使用される。ただし取付け条件および環境条件に応じて、真鍮やステンレススチール（DIN EN 10088-3 [11] 準拠の鋼グレード 1.4301）など他の材料も使用される。

補強リングは主に、ラジアルシャフトシールを補強することを目的としている。通常、このリングは軸方向の荷重を受けてはならない。これが必要な場合には、特殊なバージョンの補強リングが使用されることもある（金属製バージョン、部分的にゴム被覆されたバージョンなど）。

テンションスプリング

ゴムは熱、荷重または化学的ストレスにさらされると、徐々に当初の性質を失う。これをゴムの経年劣化と呼ぶ。経年劣化により、シーリングカップの当初の半径方向力は失われる。したがって、テンションスプリングの主目的は半径方向力を維持することにある。

表1：ISO 6194-1に準拠した公差

外径 d_2 （呼び径）[mm]	直径公差 [mm] 金属製ハウジング	ゴム被覆
$d_2 <$ 50	+0.20 +0.08	+0.30 +0.15
50 $< d_2 <$ 80	+0.23 +0.09	+0.35 +0.20
80 $< d_2 <$ 120	+0.25 +0.10	+0.35 +0.20
120 $< d_2 <$ 180	+0.28 +0.12	+0.45 +0.25
180 $< d_2 <$ 300	+0.35 +0.15	+0.45 +0.25
300 $< d_2 <$ 500	+0.45 +0.20	+0.55 +0.30

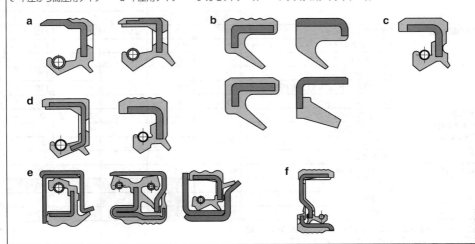

図3：特殊タイプのラジアルシャフトシール
a 外周部が半ゴム被覆されたタイプ　b テンションスプリングなしのロータリーシール
c 中圧から高圧用タイプ　d 中圧用タイプ　e カセットシール　f システムシャフトシール

半径方向力はサイズ範囲およびシーリングリング
のタイプにより異なるものでなければならないことが、
実験により判明している。また、半径方向力の偏差を
シールの耐用期間にわたって厳格な許容限度内に維
持することが非常に重要であることも、実験で明らか
になっている。半径方向力は、実験室での総合的な
実験によって確定される。

テンションスプリングはきつく巻かれ、予張力が与
えられている。したがって、テンションスプリング全体
の力は、予張力およびばねレート（ばね定数）から得
られる力で構成される。予張力が与えられたテンショ
ンスプリングの使用には以下の利点がある。

- シーリングリップが摩耗した場合でも、半径方向力
  の総計のうち、スプリングの予張力から発生する部
  分は変わらない。
- スプリングの部分的な軟化（熱処理による）を行う
  ことで、対応するシャフト直径に対して所定の半径
  方向力が得られるように予張力を調整することが
  できる。

シールのエラストマー材料

適正な構造と適正な材料の選択は、どちらもラジア
ルシャフトシールの機能を確実なものにするための
主要な基準である。したがって、材料の選択は、媒体
との適合性および環境条件に関係する最も重要な決
定のひとつとして考慮しなければならない。環境条件
に直接関係する材料の特性は以下のとおりである。

- 良好な化学的耐性
- 良好な耐熱性および耐寒冷性
- 良好な耐オゾン性および耐候性

材料の機能面で特に要求される特性は以下のとお
りである。

- 高い耐摩耗性
- 低摩擦性
- 圧縮による変形が小さいこと
- 良好な弾性

コスト面の理由から、付加的な特性として加工性が
良好であることが望ましい。現在入手可能な材料でこ
れらすべての必要条件を満たすものはない。したがっ
て、材料の選択は常にそれぞれの要素の相対的な重
要性をバランスさせた妥協案となる。

表2：推奨材料

通常媒体の密閉用材料		材料名称				
		NBR	FKM	ACM	VMQ	HNBR
		材料コード				
		N	V	A	S	M
		最大許容連続温度 [°C]				
鉱物系潤滑油	エンジンオイル	100	170	125	150	130
	トランスミッションオイル	80	150	125	130	110
	ハイポイドギアオイル	80	150	125		110
	ATF フルード	100	170	125		130
	圧力フルード (DIN 51524, [14])	90	150	120		130
	グリース	90				100
耐火性圧力フルード (VDMA 24317, [12]) (DIN 24320, [13])	油-水のエマルジョン	70			60	70
	水-油のエマルジョン	70			60	70
	水溶液	70				70
	無水フルード		150			
その他の媒体	暖房用燃料油	90				100
	水	90	100			100
	石鹸水	90	100			100
	空気	100	200	150	200	130

NBR ニトリルブタジエンゴム、FKM フッ素ゴム、ACM アクリル酸ゴム
VMQ シリコンゴム、HNBR 水素化ニトリルブタジエンゴム

材料とその名称は以下のとおりである。
– ニトリルブタジエンゴム（NBR）
– アクリル酸ゴム（ACM）
– シリコンゴム（VMQ）
– フッ素ゴム（FKM）
– 水素化ニトリルブタジエンゴム（HNBR）

水素化ニトリルブタジエンゴム（HNBR）は、従来のニトリルブタジエンゴム（NBR）をさらに発展させたものである。この材料は耐熱性と耐オゾン性が大幅に向上しており、アクリル酸ゴムの代わりに、および場合によってはフッ素ゴムの代わりに使用可能である。各ゴムタイプともに、シールに課せられた必要条件を満たすために特殊な配合が開発されている。さらに、過酷な条件向けの複合素材も提供されている。
表2に各種用途に推奨される材料を示す。

シャフトおよびボアの構造

表面品質、硬さおよび加工方法

シャフトの構造はシールおよびその耐用期間にとって非常に重要である（図4）。基本的には周速度が速くなるほど、シャフトの硬度を高くする必要がある。DIN 3760では、シャフトには少なくとも45 HRCの硬度が必要であると定めている。周速度の増加につれて、より高い硬度が要求され、10 m/sでは60 HRCの硬度が必要である。

適切な硬さの選択は、周速度に左右されるだけでなく、潤滑および摩耗を生じさせる微粒子などの要因の影響も受ける。したがって、潤滑が不十分な条件や過酷な外部環境での使用（埃の堆積が著しい建設機械など）では、より硬いシャフトが必要となる。DIN 3760およびDIN 3761に表面粗さの最大値が規定されている。表面粗さ$R_t = 1 \sim 4 \mu$m（最大粗さ）が推奨される。他方、実験室での実験で導き出された最も望ましい粗さは$R_t = 2 \mu$m（平均粗さ$R_a = 0.3 \mu$m）である。表面がこれよりも粗い場合または滑らかである場合、摩擦が増大し、それが温度上昇と摩耗増大を招く。したがって、粗さ$R_t = 2 \sim 3 \mu$m（$R_a = 0.3 \sim 0.5 \mu$m）が推奨される。

摩擦および温度の測定により、シャフトの研磨が最も有効な加工手段であることが明らかになっている。ただし、スパイラル研削痕はポンプ効果および漏れを引き起こす可能性があり、したがってプランジ研削を選択すべきである。このとき、研削ホイール速度

とワークピース速度が整数比の状態となることは避ける必要がある。接触面を研磨布で研磨すると、プランジ研削に比べて摩擦増大と温度上昇を引き起こしやすい表面仕上げとなる。

シールに必要な硬さ、表面品質および耐腐食性を持つシャフトに仕上げることが不可能な場合もある。ただし、この問題はシャフトに独立したスリーブを装着することにより解決可能である。摩耗した場合はスリーブのみを交換する必要がある。

半径方向の振れ

シャフトの半径方向の振れは可能な限り発生しないようにするか、厳格な許容限度内に収める必要がある。回転速度が速いと、シーリングリップは慣性のためにシャフトに追従できないおそれがある。シャフトシールはベアリング（ローラーベアリングなど）に直接接するように配置し、ベアリングクリアランスは最小限に維持する必要がある（図5）。

図4：シャフトの構造
1 丸め加工および研磨されたエッジ
　　挿入用面取り15 ～ 30°
d_1　シャフト直径、公差 h11
d_3　面取り部の内径
R　R加工
R_z　平均表面粗さ
p　媒体の圧力
y, z　取付け方向

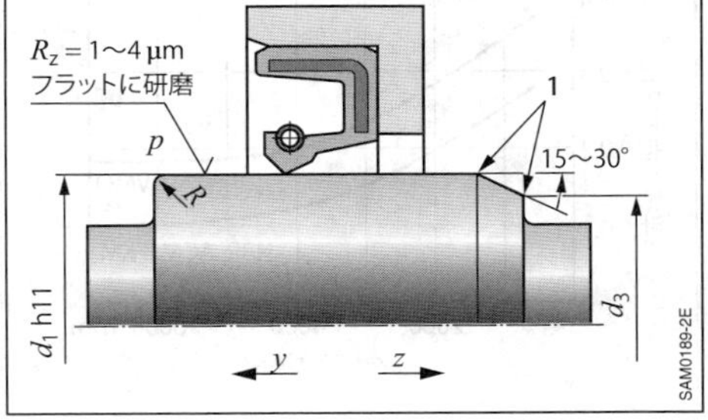

同心度の偏差

シャフトと受入れボア間の同心度の偏差は可能な限りなくし、シーリングリップに偏った荷重がかからないようにする必要がある（図6）。取付けの向きyまたはzに応じて、面取りまたはR加工を施すことが推奨される。この寸法を図4および表3に示す。

シャフト表面の特性

シャフトシール向けの可動面の値はDIN 3760およびDIN 3761またはISO 6194に規定されている。表面は以下の特性を備えている必要がある。

表面粗さ

$R_a = 0.2 \sim 0.5$ μm（計算上の硬さの平均）
$R_z = 1 \sim 4$ μm（平均表面粗さ）
$R_{max} (= R_t) = 6.3$ μm

硬さ

55 HRCまたは600 HV
少なくとも0.3 mmの硬度浸透深度

シャフトシール用のハウジングボア

ハウジングの寸法を表4および図7に示す。メートル法サイズの公差は、ISO H8に準拠したハウジングボアに適切に圧入できるように、DIN 3761またはISO 6194に準拠する必要がある。英米単位サイズ（インチ）では、公差はアメリカ基準に準拠する。異なる公差のハウジングボアに取り付ける場合、シールを適切なオーバーサイズで加工することができる。柔らかい材料（軽合金など）製のハウジングボアでは、壁が薄いベアリングハウジングと同様に、シールとボア間に特殊なはめあいが必要になることがある。そのような場合、シールとボアの公差は実地試験により決定する必要がある。

ベアリングなどの部品がシールのシート部によって押し付けられると、損傷が生じる可能性がある。こうした損傷を防ぐために、外径がベアリングのそれよりも大きいシールを選択する必要がある。

ハウジングボアの表面粗さ

ハウジングボアの表面粗さの値はISO 6194-1に規定されている。推奨値は以下のとおりである。

$R_a = 1.6 \sim 3.2$ μm
$R_z = 6.3 \sim 12.5$ μm
$R_{max} (= R_t) = 16 \sim 25$ μm

金属製ケージ（ゴム被覆されていないもの）を備えたシール、またはガス気密性が要求されるシールでは、傷のないフラットな仕上げの表面品質が必要とさ

表3：シャフト端部の面取り長さ

直径 d_1	直径 d_3	半径 R
$d_1 <$ 10 mm	$d_1 -$ 1.5 mm	2 mm
10 mm $\leq d_1 \leq$ 20 mm	$d_1 -$ 2.0 mm	2 mm
20 mm $\leq d_1 \leq$ 30 mm	$d_1 -$ 2.5 mm	3 mm
30 mm $\leq d_1 \leq$ 40 mm	$d_1 -$ 3.0 mm	3 mm
40 mm $\leq d_1 \leq$ 50 mm	$d_1 -$ 3.5 mm	4 mm
50 mm $\leq d_1 \leq$ 70 mm	$d_1 -$ 4.0 mm	4 mm
70 mm $\leq d_1 \leq$ 95 mm	$d_1 -$ 4.5 mm	5 mm
95 mm $\leq d_1 \leq$ 130 mm	$d_1 -$ 5.5 mm	6 mm
130 mm $\leq d_1 \leq$ 240 mm	$d_1 -$ 7.0 mm	8 mm
240 mm $\leq d_1 \leq$ 500 mm	$d_1 -$ 11.0 mm	12 mm

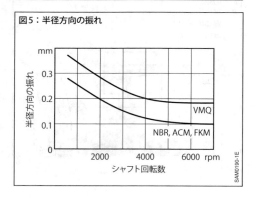

図5：半径方向の振れ

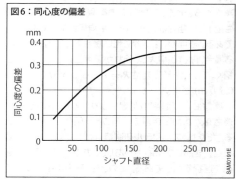

図6：同心度の偏差

れる。ラジアルシャフトシールがハウジングに接着される場合、接着剤がシーリングリップやシャフトに接触しないようにする必要がある。

取付けに関する注意事項

ラジアルシャフトシールの取付けに関しては、以下の点を遵守しなければならない。
- 取付け前に取付け箇所を清掃する必要がある。
- ゴム製シールの場合、シャフトとシールをグリースまたはオイルで潤滑する必要がある。
- 縁が鋭い段差部は、面取りされているか丸められているか、あるいは保護されている必要がある。
- 圧入するときは、シールが傾かないようにすることが重要である。
- 圧入力は、可能な限り外周部に近い部分にかかるようにする必要がある。
- シールはシャフトと同軸に垂直に取り付ける必要がある。
- 取付けボアの端面は通常、ストップ面として使用される。シールはショルダー部またはスペーサーによって固定されることもある。

表4：ハウジング寸法

シールの幅 b mm	最小 b_1 $(0.85\,b)$ mm	最小 b_2 $(b+0.3)$ mm	最大 r_2 mm
7	5.95	7.3	0.5
8	6.80	8.3	0.5
10	8.50	10.3	0.5
12	10.30	12.3	0.7
15	12.75	15.3	0.7
20	17.00	20.3	0.7

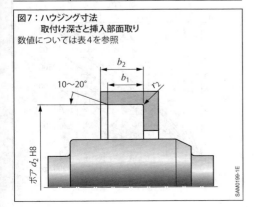

図7：ハウジング寸法
　　　取付け深さと挿入部面取り
数値については表4を参照

図8に、適切な取付け工具や装置を使用してラジアルシャフトシールを圧入するさまざまな状況を示す。

取外しと交換

一般的に言えば、シールの取外しに困難が生じることはない。通常、スクリュードライバーや同様の工具で容易に取り外すことができる。このプロセスでシールは損傷する。機械の修理やオーバーホール後は、古いシールに損傷がないように見える場合でも、必ず新しいラジアルシャフトシールを取り付ける必要がある。

新しいリングのシーリングエッジは、古いリングが摺動していた部分と同じ位置に接しないようにするべきである。これは以下により達成できる。

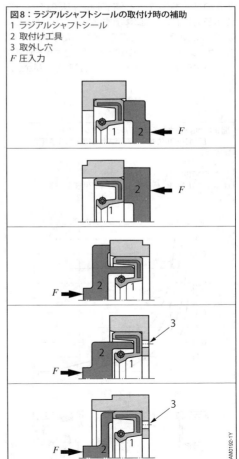

図8：ラジアルシャフトシールの取付け時の補助
1　ラジアルシャフトシール
2　取付け工具
3　取外し穴
F　圧入力

- シャフト保護スリーブを交換する。
- 取付けボアへの圧入深さを変更する。
- シャフトを再加工して、シャフト保護スリーブを取り付ける。

使用条件
過剰圧力

シーリングカップが過剰圧力を受けると、カップはシャフトに押し付けられ、シーリングリップのシャフトへの接触面積が増える。これは摩擦と発熱の増大を招く。したがって、過剰圧力下では、最大許容周速度の指針値を適用せず、代わりに圧力の強さに応じて速度を減じる必要がある。ただし高い周速度では、0.01 ～ 0.02 MPaの過剰圧力でも問題が生じることがある。追加のバックアップリングを使用により、0.05 MPa以上の圧力において図2に示すDINタイプA、AS、CおよびCSの使用が可能である。独立したバックアップリングをシーリングカップの背面に適合させる必要がある。ただしバックアップリングは、過剰圧力がかかっていないときにはシーリングカップに接してはならない。バックアップリングは可能な限り正確に取り付けられるように調整する必要がある。

タイプTRUは、補強リングがシーリングカップを支持する構造になっている（図9）。タイプTRPは、追加のサポートなしに過剰圧力に耐えられる短く頑丈なシーリングリップを備えている。バックアップリングを取り付けた場合、またはスラストリングを使用した場合、適度な周速度において0.4 ～ 0.5 MPaの過剰圧力を許容できる。

過剰圧力が高い場合、取付けボアでの漏れを防ぐために、ゴム製アウターケーシングを持つタイプのシール（タイプTRA）を選択すべきである。過剰圧力下では、シールはハウジングボア内で軸方向にずれる（押し出される）おそれがある。これはショルダー部、スペーサーリングまたは保持リングによりシールを固定することで防ぐことができる。

周速度と回転速度

シーリングカップの構造の違いが摩擦の程度に影響を与え、結果として温度上昇に違いが生じる。これにより、シーリングカップの構造が異なると、許容される周速度が異なる。図10に、圧力ゼロで使用され、密閉される媒体によって適切な潤滑または冷却が保証された状況下において、NBR、ACM、FKMおよびVMQ製の保護リップなしのシーリング用部品の最大許容周速度の指針値を示す。表2に示す許容連続

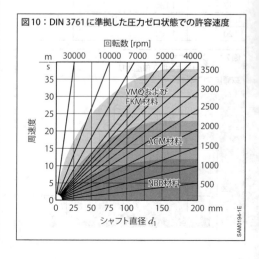

図9：サポートされるラジアルシャフトシールおよび圧力シールに対する密閉される媒体の許容圧力
a グラフ
b タイプTRU
c タイプTRP/6CC
d タイプTRA/CB、バックアップリング付き

図10：DIN 3761に準拠した圧力ゼロ状態での許容速度

温度を考慮し、それを超えないようにする必要がある。このカーブは、シャフトの直径が大きいほど、直径が小さい場合に比べて、より速い周速度を許容できることを示す。これはシャフトの断面積が大きくなることで、熱の発散量が増えるという理由による。

摩擦損失

摩擦損失は、考慮しなければならない重要な事項となることが稀ではない。これは特に伝達される出力が小さい場合にあてはまる。摩擦損失は、シールの構造、シールの材料、スプリング力、回転速度、温度、媒体、シャフトの構造、および潤滑による影響を受ける。

図11に、メーカーの指示に従って取り付けられた保護リップなしのラジアルシャフトシールに生じる摩擦損失を示す。摩擦損失は、特殊なシーリングリップ構造によって低減できる場合がある。スプリング力を弱めたり、特殊な品質のゴムを使用したりすることで、同じ結果を得ることができる。これと関連して、シールの「慣らし期間」中の摩擦損失は図11に示すものよりも大きくなることに注意しなければならない。標準的な慣らし期間は数時間である。

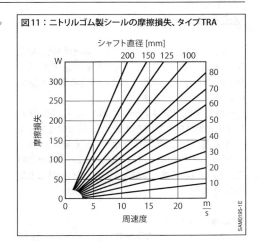

図11：ニトリルゴム製シールの摩擦損失、タイプTRA

空圧系のシール

圧縮空気の封止にはさまざまな課題があり、空圧シールによりそれらに対応することになる。空圧系のシールでは、油圧系のシールとは異なる事項が重要になってくる。

一般に空圧アプリケーションは、0.～1.08 MPa、1.0 MPa、例外的な事例では最大 1.6 MPa の空圧により、また高圧バルブに関しては時として最大 5.0MPa の空圧により作動する。作動速度は 0.2～1.0 m/s の範囲で、特殊な用途では最大 5.0 m/s の作動速度となることもある。

漏れ、摩擦および潤滑

エアの漏れは比較的優先度の低い課題である。空圧アプリケーションにおいては、摩擦が性能に及ぼす影響の方がはるかに大きい。このため、潤滑が非常に重要になる。油分を含んだエアの使用は少なくなってきているので、たいていの空圧系シーリングシステムは、取付け時に一度だけグリースを塗布される。この時の潤滑が、シールの全寿命にわたって維持されなければならない。結果として、空圧系のシールにおいては使用中に潤滑グリースが拭き取られてしまわないことが求められる。そのため油圧系のシールと比較すると、シーリングエッジの形状とそれに応じての圧力生成プロセスが異なる。

代替案として、ドライ運転に対応したシールの使用も考えられる。しかしながら、経済的な理由からたいていの場合この方式は採用されることがない。

シーリングシステム

空圧系シーリングシステムの最も重要なコンポーネントを図1に示す。

ピストンシール

ピストンシールは一般に「内部」シールで、作動媒体（空気あるいはその他の気体）の漏出を防止して空圧シリンダーが確実に動けるようにする。ピストンシールは可動コンポーネントに取り付けられていて、たいていの場合複動式、すなわちピストンの両方向の動きに対してシール効果を発揮できるようになっている。ピストンが左へ動く際も、右へ動く際もシール効果がある。このことは、対称的な形状によりそれと分かる場合が稀ではない。

ロッドシール

ロッドシールは一般に「外部」シールで、作動媒体が大気中に放出されないことを確実なものにする。ロッドシールはハウジング内に取り付けられていて、たいていの場合単動式である。シール効果は一方向にのみ発揮され、非対称的な形状によりそれと分かる場合が稀ではない。

ダートワイパー

ダートワイパーは、システムを汚れ、異物、切りくずおよび湿気から保護する。これにより、コンポーネントの早期に作動不能となるのを防止する。用途およびシーリングシステムに応じて、単動式および複動式のワイパーが使用されている。

クッションシール

クッションシールはピストンの衝撃を減衰し、加えてノンリターンバルブの役割も果たす。

ガイドバンド

ガイドバンドはピストンとロッドをガイドする。ガイドバンドは径方向の力を受け、振動を吸収し、金属同士の接触を防止する。

上述のコンポーネント構成の標準的なシリンダーを図1に示す。

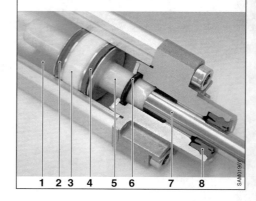

図1：ピストンシールとロッドシールを備えた空圧シリンダーのシーリングシステム
1 シリンダーバレル　　2 ピストンシール
3 ガイドバンド　　4 ピストンシール
5 ピストンエクステンション　　6 Oリング
7 ピストンロッド　　8 ロッドシール

設計

Oリングあるいは X リングのような従来からの形状のシールの他に、空圧システム用の標準シーリングエレメントもある。図2にそれらのシールのうちのいくつかを示す。

単純なシールエレメントを経てアセンブリーが使用される傾向が強まっており、既に多くの用途においてコンプリートピストンが使用されている（図3）。

材料

用途に応じて、エラストマー、ポリウレタンおよびポリテトラフルオロエチレン（PTFE）などの材料が使用されている。

エラストマーシール

エラストマー素材（とりわけ NBR および FKM）は、そのコスト効率が良好なため空圧系シール製造における主要材料として使用されている。取付けが容易なことも好ましい特徴である。エラストマーシールは、摩耗が激しいことが課題となる。

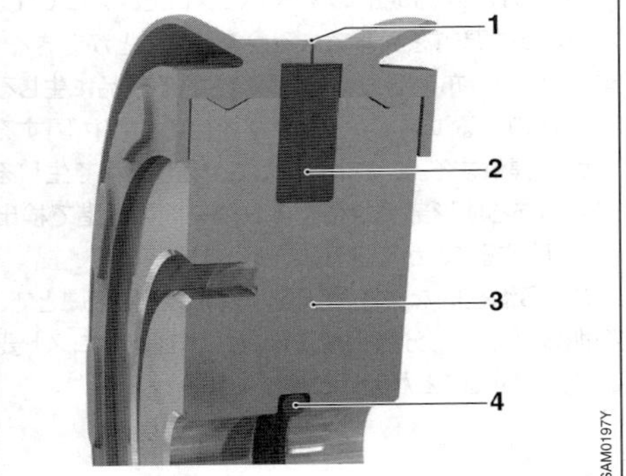

ポリウレタンシール

エラストマーのうちポリウレタンは他のものとは分けて考察する必要がある。ポリウレタンは耐摩耗性と弾性に優れた材料として、NBR や FKM といったエラストマーと PTFE の間に位置する材料と分類されることが稀ではない。

PTFEシール

PTFE は製造コストが高いため、エラストマーと比較するとコスト的に不利な場合が多い。しかしながら、潤滑がなく高圧、摩耗および摩擦が激しいといった条件では、PTFE を使用するメリットがある。

用途

空圧コンポーネントは事実上あらゆる産業分野で使用されている。特に自動化あるいはプロセスオートメーションの分野では、極めて多くの空圧コンポーネントが使用されている。この分野においては、空圧ユニットは特に把持、回転、分離、吸引あるいは駆動用に使用されている。これらのコンポーネントは、効率性、精密性および経済性に優れた製造および組立てシステムを確実なものにする。開および閉ループ制御は、空圧シリンダーおよびバルブにより行われる。

他の用途として商用車両（トラック、バス、鉄道車両）を挙げることができる。これらにおいては空圧コンポーネントは、駆動系、シャーシとサスペンション、トランスミッション、特に、ノンリターンバルブ、圧力制御バルブ、スイッチバルブに使用されている。このような用途においては、シリンダーはたとえばスロットルバルブの精密な制御のために使用されている。

しかしながら空圧システムは、バイオサイエンス、食品および飲料産業、化学プロセス産業、電子産業などのその他の産業分野においても増々頻繁に使用されるようになってきている。

図2：標準ピストン用の空圧シール形状
a 単動式ロッドシール
b 単動式ピストンシール
c クッションシール
d ロッドシールとワイパーの組み合わせ
　（図1、ロッドシールの形状を参照）

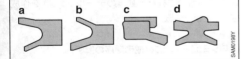

図3：空圧コンプリートピストン
1 複動式のシール配置
2 マグネットリング（位置検知用）
3 アルミニウム製ピストン　　4 Oリング

406 機械要素

二成分のシール

多成分射出成形

基本的に、多成分射出成形という用語は、射出成形のプロセスで組み合わせることができるすべての材料およびそれらの組み合わせを対象としている。現在、最も多く採用されている材料の組み合わせには以下のものがある。
– 熱可塑性プラスチックと熱可塑性プラスチック
– 熱可塑性プラスチックと熱可塑性エラストマー
– 熱可塑性プラスチックとエラストマー
– 多色射出成形

基本原理

多成分成形による部品製造には、さまざまなプロセス技術がある。いずれの製造技術も同じ製造プロセスに基づいており、2つ以上の射出装置を使用する。しかし、単一のプロセスと2段階のプロセスには明確な違いがある。

単一のプロセス

単一のプロセスの場合、予備成形された部品を搬送装置で別の金型内に移動する。多成分成形された部品は、型を移動（例、エジェクタピン）させるか、または搬送装置で取り出され、定められたキャビティにはめ込まれる。この場合は1つの自立した装置（機械）のみで行う。

2段階のプロセス

2段階以上の多段階プロセスでは構成部品の1つが金属製であっても良いが、現在は金属部品を可能な限り工業用プラスチックに置き換えて重量を削減する努力をしている。2段階以上のプロセスでは、少なくとも2つの閉鎖装置を、つまり2つの自立した機械または工具を介して行われる。この場合も、挿入する部品（金属製の場合）または予備成形された部品は、それぞれの型の指定されたキャビティに挿入され、型の移動によって排出されるか、搬送装置またはロボットによって定められたキャビティにはめ込まれる。

プロセス技術

プロセス技術において、基本的には、輪郭と部品が分離しているか、または輪郭と部品が相互に一体となっているかによってプロセスを区別することができる。

複合射出成形

複合射出成形の場合、たとえばシールと構成部品などのような材料の組み合わせは、互いに良好な化学的接着性を示さなくてはならない。

組立射出成形

互いに化学的接着性を示さない材料の組み合わせの場合に選択される。そうしないとコンポーネントの機能（例、接合）が保証できない。

サンドイッチ射出成形または共射出成形技術

このプロセスでは、互いの特性が異なる材料（例、発泡コアと硬質外皮）を組み合わせる。そのため、必ずしも相互に接着する必要はない。

多色射出成形

同じ材料で色が異なる1つの構成部品（例、複数の色が組み合わされた自動車のテールランプ）を作成することができる。

充填シミュレーション（成形順序の解析）

上述したすべてのプロセスおよび金型の設計において、充填シミュレーションを行うことが、今日の多成分射出成形分野にとって最も重要な手順のひとつになっている。シミュレーションでは詳細な結果がいくつも得られ、射出成形のすべてのプロセスについて、どのように問題を回避できるかを示すことができる。また、圧力分布や温度分布、製造される部品に生じる可能性のあるエアポケットや継ぎ目の位置に関する情報を提供する。このようにして、成形過程で生じる恐れのある成形部品や金型の欠陥を開発段階で検出し、排除することができる。

これら潜在的な欠陥原因を早期に検出することで、初期段階で多成分射出成形部品の潜在的なコスト要因を排除することができる。

シール **407**

結合技術

結合技術には、材料を結び付けるための多くの方法がある。結合技術を正しく扱うためには、いくつかの要因の影響を考慮しなくてはならない。部品の用途、使用する材料の選択、部品に加わる機械的負荷、必要な部品の数などである。こうした基準に照らすと、現在の主流となる結合技術は以下の通り。
- アンダーカットによる機械的接合
- 二成分による化学的接合
- 事前の下塗り（接着剤）による化学的接合
- 基材の表面処理による化学的接合

ツール技術

回転テーブル

原則として回転テーブルは、金型の閉じた側（半分）とクランププレートとの間に配置される。こうすることで、一次側キャビティから二次側キャビティに部品を配置することが可能となる。まず、一次側キャビティに材料が注入される（図1）。途中でいったん開き、回転した後、予備成形された部品は二次側キャビティ位置に移動される。このキャビティには二次側樹脂用のキャビティが追加されている。射出プロセスが完了したら金型を再び開き、完成した二成分成形部品が排出されて終了となる。この2つ目の動作と並行して、一次側キャビティ内で次の予備成形用の部品が製造される。

回転ツール

この回転技術での回転運動は、機械側ではなく金型内の機構によって行われる（図2）。これは金型内のプレートなどによって実行される。

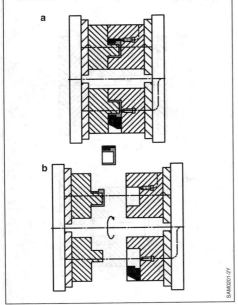

図1：回転テーブルプロセス
a 2つのキャビティに同時に充填する。
b 完了した部品が排出され、予備成形の終わった部品を載せたままマシンプレート上のテーブルが回転する。

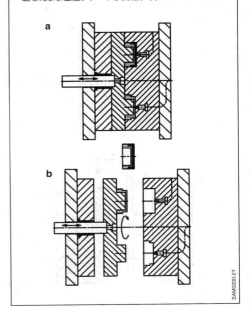

図2：回転ツール
a 2つのキャビティに同時に充填する。
b 完了した部品が排出され、予備成形の終わった部品を載せたまま金型プレートが回転する。

ターンスタイルとターニングコア

この方法では、閉じた側の金型（半分）を回転させる代わりに金型内の中間プレート（インデックスプレートとも呼ぶ）のみを予備成形された部品と共に回す。

移動法または挿入法

移動法または挿入法により、予備成形された部品をロボットグリッパーまたは搬送装置で一方のキャビティからもう一方へ移動する（図3）。その後、2つ目の材料が注入される。移動法とは、機械上で予備成形部品を製造し、取り出し、別の機械に挿入するというように2段階のプロセスとなっている。

コアバック法（スライド法）

コアバック法（図4）では、金型を開かずに二成分の部品を製造できる。一次用樹脂が注入されている間、二次成分用のキャビティは金型内のスライドインサートによって密封されたままである。一次注入プロセスが終了するとスライドが作動し、密閉されていた部分のキャビティを開き、二次成分のプロセスが行われる。この方法では、二次成分が接触する接触面の温度をモニターすることができ、回転ツールシステムの場合よりも効果的に調整できる。

図3：移動法または挿入法
a 2つのキャビティに同時に充填する。
b 完了した部品と予備成形部品は搬送装置によって取出し、または挿入される。

図4：コアバック法またはスライド法
a キャビティに一次成分を注入する。
b コアまたはスライドが引き出され、密封されていたキャビティが開く。

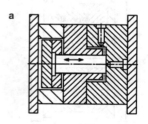

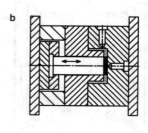

ロッドおよびピストンシーリングシステム

油圧ロッドシール
構成要素
　ロッドシーリングシステムは一般に、以下の5つの要素で構成される（図1）。ロッドシール、ロッドガイド、ワイパー、ロッド表面、および油圧フルード。各要素が相互に作用し合う。たとえば、大きな遊びを必要とするガイドは、弾性によってこの遊びを補うシールを必要とする。これは特に低温での使用（－40 ℃）において遵守しなければならない。エラストマーの柔軟性が低下するからである（「エラストマー」の項を参照）。また相互作用は、たとえばシーリングエレメントとロッド間などでも発生する。ロッド表面が粗すぎる場合、シーリングエレメント、ワイパー、ガイドバンドにも摩耗が生じる。シールが原因ではないが、この摩耗は漏れを招く。

構造
　ロッドシールは非対称形のシールで、その断面形状は、密封する媒体を可能な限り効率的にロッドから掻き取り、密封性を提供できるようシーリングエッジによって最適化されている。シーリングエレメントの選択は主として圧力、必要な摩擦、温度、媒体の抵抗、粘度、潤滑性および価格により決定される。一般的な原則は以下のとおりである。重視されるのは価格であって中程度の圧力における摩擦ではなく、かつ標準的な粘度と潤滑性を持つ液体をシールする場合、エラストマー製の溝付きリングまたはポリウレタン（PU）を使用することができる。他方、低摩擦性または高い圧力が必要な場合は、PTFE製シーリングエッジリングが推奨される。同じことは高粘度または低潤滑性の場合にも当てはまる。

　PTFEにはゴムのような弾性がないため、PTFE製シールはエラストマー活性化エレメント（通常はOリング）によって活性化される。ただし、これは低摩擦性と高い寸法安定性を備えている。PTFE製シーリングエッジリングは、ロッド表面の油圧フルードをエラストマーやPU製のシールほど効率的に掻き取ることはできない。この理由により、PTFE製シーリングエッジリングは良好な押し戻し特性を発揮する。すなわち、往き行程で引き延ばされた数層の分子膜から成る潤滑油膜を、戻り行程で初期圧力に逆らって圧力チャンバー内に押し戻す能力を備えている。この特性のおかげで、PTFE製シールは常時、数層の分子膜で作動する利点を備えており、これが耐用期間の長さに寄与している。対照的に、PUおよびエラストマーは高い密封性が必要な表面でフルードを掻き取る場合に使用される。これらの材料は限られた押し戻し能力しか発揮できない。潤滑された状態で伸張と収縮が可能であること、および低摩擦係数を備えていることから、PTFE製シールはPUやエラストマー製のシールに比べて格段に鳴き音が発生しにくい。

　こうしたシステムは、単筒式ショックアブソーバーのピストンロッドのシーリングや、油圧式ラックアンドピニオンステアリングのラックのシーリングなどに使用される。このようにして、トランスミッションやクラッチの位置決めシリンダーの直進運動部も密封することができる。

ワイパー
　ワイパーの機能は、ロッド上の泥、埃および水を掻き取り、シーリングシステムから遠ざけることにある。シーリングエッジリングは、ダブルワイパー（ワイパーリップと内側掻き取り用シーリングリップを備える）またはダブルエッジワイパー（ワイパーリップとシーリングエッジが組み付けられたリップを備える）とともに使用される。ダブルエッジワイパーの方がダブルワイパーよりも摩擦が小さい。溝付きリングでは、ワイパーのリップは1つでよい。これらは、良好な掻き取り能力を備えたシャープなワイパーエッジと、フルードをむらなく掻き取ることができない最小限の丸みを持つエッジとの中間的な構造である。

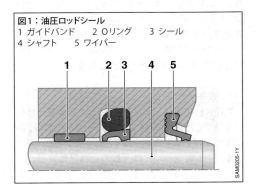

図1：油圧ロッドシール
1 ガイドバンド　2 Oリング　3 シール
4 シャフト　5 ワイパー

ワイパーの材料としてはエラストマーまたはPUが使用できる。例外的なケースとして、ロッドに常時付着する物質を掻き取る場合はPTFEが使用可能である。潤滑油膜（PUおよびエラストマー製の場合でもワイパーにはこれが存在する）がロッドシールから引き延ばされるので、油圧フルードに接触しないワイパーの場合でも、媒体抵抗を確保することは重要である。

ロッドガイド

ガイドリング（実際の形状はバンド）は横方向力、摩擦、媒体抵抗および温度に関する必要条件に応じて設計しなければならない。最も広く使用されている延伸PTFE製ガイドにとって、温度、摩擦および媒体抵抗は問題を引き起こす要因にはならない。これらは－40 ～ +200 ℃の温度範囲に適合し、摩擦が非常に小さい。PTFEの媒体への適合性はほとんどの場合に保証される。エクステンダーの耐性のみ確認する必要がある。これらのタイプのリングとバンドは、中程度の横方向力を支持することができる。横方向力が強い場合は、複数のリングを使用するか、または熱可塑性樹脂（PAなど）を選択することができる。すべての熱可塑性樹脂製リングは、温度が80 ℃を超えると負荷能力が著しく低下することに注意しなければならない。産業分野で一般的なデュロプラスチック製バンドは、価格面の理由から自動車分野では例外的にしか使用されない（「ガイド」および「ガイドバンド」の項を参照）。

油圧フルード

油圧フルードはほとんどの場合、指定されている。油圧フルードには固体微粒子が含まれていてはならない。固体微粒子はシール、ガイド、ワイパーまたはロッド表面に達して、これらのエレメントおよびロッド表面に損傷や傷を与えるおそれがある。そしてそれが漏れを引き起こす。シールの選択にあたっては潤滑性と粘度を考慮に入れる必要がある。

ロッド表面

表面に硬化処理、クロムメッキ、または硬質皮膜処理を施すことで（詳細はシールメーカーに相談）、硬い微粒子による条痕を少なくとも軽減することができる。PTFE製シールには一般的に自己修復力があるため、生じる損傷は少ない。ロッドに求められる表面粗さは、シール材料および相対速度に左右される。PTFE製シールは、PUおよびエラストマー製のシールよりも滑らかな表面を必要とする。PUおよびエラストマー製のシールには、最大速度が0.5 m/s未満のとき、値$R_z < 2.3$ μmが適用される。PTFE製シールでは、この値は0.5 μm ～ 1.3 μmである。低い値は高速度および高周波数（約0.8 m/sまたは5 Hzから）に適用され、高い値は遅い動きに適用される。高圧および高速度では、表面には硬さHRC > 50、表面硬化層深さ$CHD > 0.15$が必要である。一般的に、閉鎖型（平坦な）表面形状は、開放型（尖った）形状よりも好まれる。表面の値はすべてシールの軸方向の動きを測定したものである。

ロッドシールの取付け

ロッドシールは、分割溝を備えていない場合、取付け時には直径を圧縮して取り付ける。圧縮の限度はシーリング直径の13%である。圧縮は約10 ～ 15°の導入用面取りを備えた取付け工具（コーンなど）により行い、ボア直径を通って溝にはまるようにシーリングエレメントを拡げる。

PU製ホースまたは軸方向にスロットが付いたチューブを使用して、シールをコーンに押し込むことができる。続いて少なくともPTFE製シールでは、直径が可能な限り大きく、ガイド傾斜が15°未満のロッドによるキャリブレーションが必要になる。導入用面取りの外径は、キャリブレーションを行うシール直径よりも小さくしなければならない。キャリブレーションはほとんどの場合、キャリブレーション用先端が付属する元のピストンロッドで実施する。ここで重要なのは、先端からロッドへの移行部にバリがなく、ロッドにシャープなエッジがなく、シールに損傷を与えないことである。キャリブレーション用先端またはキャリブレーション用工具の表面は、ロッドの表面と同じ表面品質を備えていなければならない。

産業用途で推奨されることがある、PTFE製シールの圧縮による取付け（腎臓のような形状での取付け）は、シールの恒久的な変形の可能性が排除できない自動車用途では避けねばならない。圧縮による取付けが不可能な場合は、分割溝を設ける必要がある。

油圧ピストンシール

シール、ガイド、媒体、表面

ピストンシーリングシステムについては、ロッドシーリングシステムに関する説明の多くが当てはまる。通例、ピストンシーリングシステムにはワイパーがない。この機能は、ピストンガイディングリングまたはピストンバンドが部分的に担っている。オイルを大気から確実に隔離しなければならないロッドシーリングシステムに比べると、ピストンシールには通常それほど厳しい条件は課せられない（内部での漏れ「のみ」を防止）。ピストンシールは、動きの両方向に等しく良好な密封性を発揮する必要がある。この理由から、ピストンシールは大部分が対称形の断面形状を持つ。または2個の溝付きリングを（背中合わせに）使用する必要がある。

興味深いソリューションの1つにPTFE製ピストンシールがある。これは各シーリングエッジを作用する圧力に応じて作動させるものである。この圧力によりシールが傾き、圧力の向きに応じてエッジが形成され、これによりロッドシールのように機能する。

ピストンガイド

適切なピストンガイドリングまたはガイドバンドの選択については、ロッドシーリングシステムとロッドガイド向けと同じ説明が当てはまる。シールの両側（右側と左側）にガイディングリングまたはガイドバンドを配置すると有利であることが判明している。これにより、ガイドがある程度ワイパーとして機能することができる（「ガイド」および「ガイドバンド」の項を参照）。

油圧フルード

ロッドシーリングシステムの「油圧フルード」の項を参照。

ピストン表面

同じ表面粗さおよび表面硬さの値が、ロッドシーリングシステムのピストンシールにも適用される。特殊な用途では、表面が硬化処理されていない引抜きまたは圧延によるピストンも使用されることがある。表面圧縮によりテクスチャーを生成することで、表面が硬化される。

ピストンシールの取付け

ピストンシールは、約10〜15°の導入用面取りを備えたコーンにより、伸張が内径の30％を超えない範囲で、ピストン直径に引き伸ばすことができる。引き伸ばされたシールは溝にはまる。PU製ホースまたは軸方向にスロットが付いた取付け工具（チューブなど）を使用して、シールをコーンに押し込むことができる。

PTFE製シールにはその後のキャリブレーションが必要である。これは、独立したキャリブレーション用工具またはシリンダー自体を使用して行うことができる。キャリブレーション用工具は、15°未満の導入用面取りを備えたシリンダーと、ピストン直径に可能な限り近い直径のボアで構成される。導入用面取りの外径は、少なくともキャリブレーションを行うシールの外径と同じでなければならない。キャリブレーション用工具とシリンダーの導入用面取りの両方に関して、シーリングエレメントの損傷を防ぐために、表面をシリンダーバレルと同様に良好な状態にすることが重要である。キャリブレーション用工具からシリンダーへの移行部は、バリおよびシャープなエッジがない状態でなければならない。

シールの伸張が30％を超える場合は、分割溝を設ける必要がある。

ガイドおよびガイドバンド

ガイドバンドには、ロッドおよびピストンシーリングシステムにおいて果たしている2つの重要な機能がある。ピストンまたはロッドを正確に導くことと、必要に応じて横方向力を吸収することである。これらの機能を発揮させるために、さまざまな材料、たとえば青銅、複合素材、延伸PTFEなどが使用される。青銅製ブッシュは追加の潤滑が必要であり、また価格が高い。複合素材の場合、異なるガイドおよびガイドバンドが製作可能である。繊維強化デュロプラスチック製ガイドリングは、比較的大きな横方向力を支持できるが、無潤滑での作動に適しておらず、また潤滑した場合でも摩擦が比較的大きい。青銅の微粒子を塗布し、PTFE製の層を巻き込んだスロット付きシートメタルリングを持つガイドも販売されている。これらのブッシュは優れたガイド能力と低摩擦性を発揮するが、価格はかなり高額な部類に入る。

さらなるガイド手段の選択肢として、PTFEに包まれたワイヤーメッシュブッシュがある。これらは低摩擦性を備える。

延伸PTFE製のガイドバンドは、車両製造業ではよく使われる経済的なソリューションである。これらは低摩擦性を備え、振動を吸収し、横方向力をある程度まで支持することができる。

ガイドの場合、それが通常、シールの機能を果たさないことに注意しなければならない。この理由により、ガイドリング（バンド）の2つの端部に隙間が設けられている（図2）。遊びの小さい（隙間のない）ブッシュまたはガイドの場合、システム圧力に重ね合わされるドラッグストリームが発生しないようにすることが重要である。これらの場合、バイパスが必要になることがある。

ガイドバンドの厚さは、ガイドされる直径に応じて決定される。たとえば、直径が小さいほど、ピストンの周囲に厚いバンドを曲げてその位置に保持することが難しくなる。自動車分野では0.85〜2.5mmの厚みのガイドバンドが使用される。バンドが厚くなるほど、荷重を受けたときの変形が小さく、それによりガイド品質が向上する。許容荷重の計算については該当するカタログを参照。用途と媒体に応じて、さまざまな程度に延伸されたPTFE材料が提供されている。

ガイドバンドが使用される主な分野は、単筒式ショックアブソーバーのピストンのガイドや、並進運動用位置決めシリンダー（トランスミッション、クラッチなど）のロッドやピストンのガイドなどである。

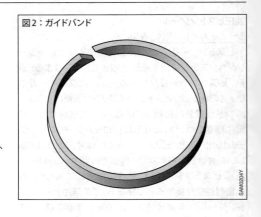

図2：ガイドバンド

エラストマー素材

使用時の注意事項

エラストマー素材の適用範囲は極めて広い(「材料」、「エラストマー」も参照)。それに応じて、材料に課せられる特定の要件(耐摩耗性、減衰性能、絶縁効果、シーリング耐久性、疲労割れへの耐性、圧縮強度、耐溶剤性など)が異なる。

油中における耐熱性および膨潤性

下の図は、ASTM D2000 [15] の標準分類に従ったさまざまな材料の、耐油性と耐熱性に基づく使用限界の概要を示している。図1は、基準作動油 IRM 903中で70時間の貯蔵後の最高使用温度および体積変化を示す。図2は使用温度範囲を示す。これらの温度範囲は、それぞれの材料に対して媒体が積極的に接触する用途に対しては適用されない。

エラストマー

種々のエラストマーは、大まかには以下のように特徴づけることができる。エラストマーのIDコードに使用される大文字の略号は、DIN ISO 1629(ゴム)[16]にて標準化されている。

IIR(イソブテンイソプレンゴム)

イソブテンイソプレンゴム(ブチルゴム)は、特に空気、水蒸気、他の気体の透過性が極めて低いという特徴がある。IIRは良好な耐オゾン性、対候性、耐老化性を示すが、さらに有機化学物質や無機化学物質に対する耐性も良好である。適正使用温度範囲は-40～+110℃(短時間では最高+120℃)である。

気体や水蒸気の透過率が低いため、IIRは主にタイヤに使用される。

CR(クロロプレンゴム)

一般に加硫クロロプレンゴムは比較的良好なオゾン耐性、耐候性、耐薬品性および耐老化性を示し、加えて難燃性が高く、機械的性質および耐摩耗性が良好で、低温での可撓(かとう)性に関して良好である。使用温度範囲は-35～+90℃(短時間では最高+120℃)である。特殊なタイプでは最低-55℃まで使用できる。

CR材は、冷媒、屋外での使用、接着剤に対するシールに多く使用されている。

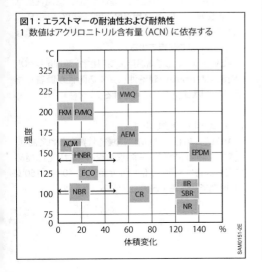

図1:エラストマーの耐油性および耐熱性
1 数値はアクリロニトリル含有量(ACN)に依存する

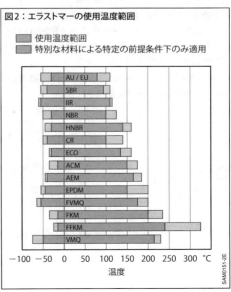

図2:エラストマーの使用温度範囲

414 機械要素

SBR (スチレンブタジエンゴム)

SBR材で特に注目すべき特性は顕著な機械的特性にあり、特に耐摩耗性に優れる。そのため、SBR材は主にタイヤに使用される他、Vベルトにも使用される。

SBRは、油や燃料など自動車に使用される典型的な媒体に対する耐性が与えられていないため、シール分野での役割は少ない。使用温度範囲は-40～+110℃ (短時間では最高+120℃) である。

ECO (エピクロロヒドリンゴム)

ECO材は、自動車に使用されるエンジンオイルや燃料に対する耐性が良好である。さらに、気体の透過性が極めて低く、耐候性および耐オゾン性に優れ、圧縮永久歪みが低いという特性を持つ。

使用温度は-40～+120℃ (短時間では最高+140℃)、特殊なタイプでは最低-60℃と規定される。

ECOは動的特性に優れるため、車両用途では特にエンジンベアリングおよびバイブレーションダンパー用に使用される。ただし、ECOは燃料配管系に最も多く使用される。

NBR (ニトリルブタジエンゴム)

加硫NBRの特性は主にACN (アクリロニトリル) の含有量に依存し、ACN含有量は18%～50%の間で変動する。この含有率が耐油性を決定することになるが、一方で低温での柔軟性に影響する。

加硫NBRは一般に極めて良好な機械的特性および良好な耐摩耗性を示し、その使用温度範囲は-30～+100℃ (短時間では最高+120℃) である。特殊なタイプでは最低-50℃まで使用できる。

NBRは主にシール (可動部) か、または鉱物油やグリースと接触するホースに使用される。

HNBR (水素化ニトリルブタジエンゴム)

HNBRは、ニトリルゴム (NBR) のブタジエン基を選択的水素化することで製造される。その特性は、ACN含有量の他、製造過程で設定された飽和度によっても影響を受ける。

HNBRの基本特性は、NBRの基本特性と同等である。ただし使用温度範囲は主鎖の飽和によって明らかに改善され、-30～+140℃ (短時間では最高+160℃) の範囲になる。特殊なタイプでは最低-40℃まで使用できる。

HNBRは、主に鉱物油やグリースと接触する部分に使用される。また、本材料の冷却水やディーゼル燃料に対する耐性は良好である。

EPDM (エチレンプロピレンジエンゴム)

EPDMは、極めて良好な耐熱性、耐オゾン性、耐老化性を示し、高弾性で極めて良好な低温性能を有する。パーオキサイド架橋では使用温度範囲は-45～+150℃ (短時間では最高+175℃) である。硫黄架橋 (加硫) では耐熱性が+130℃ (短時間では最高+150℃) に低下する。

EPDMは、グリコール系ブレーキ液内、冷却水内、冷媒内に使用されることが多く、また優れた耐候性のためドアシールなどにも使用される。

ACM (ポリアクリルゴム)

ACMは、極めて良好な耐オゾン性、耐候性、耐熱性を示すが、強度は中程度で、弾性が低く、低温性能はさほど良好ではない。使用温度範囲は-20℃～+150℃ (短時間では最高+175℃) である。特殊なタイプでは最低-35℃まで使用できる。

ACM材は主として高温用に使用され、添加剤レベル (硫黄含む) が高い潤滑油に対する耐性が顕著なため、シール材料として使用される。

AEM (エチレンアクリルゴム)

ACMと比較して、AEMは機械的性質に優れており、耐熱性はより良好で、圧縮永久歪みに対しては極めて良好な特性を示す。使用温度範囲は-40～+160℃ (短時間では最高+190℃) である。

AEMは、ACMと同様、高温域で添加剤レベルの高い潤滑油に対する耐性が顕著なため、主にエンジンルーム周り（エンジン、トランスミッション）の静的シールとして使用される。

FKM（フッ素ゴム）

フッ素化されたエラストマーは、化学構造やフッ素含有量に依存して低温での媒体耐性および柔軟性が異なる。燃料、油脂および他の浸食性媒体への耐性が極めて良好であることに加えて気体透過性が低く、極めて良好な耐オゾン性、対候性、耐老化性を持つという特性がある。フッ素ゴムの使用温度範囲は -20 ～ +200℃（短時間では最高 +230℃）である。特殊なタイプでは -40℃以下で使用できる。

FKMは燃料に対する耐性が極めて良好なため、主にフューエルインジェクター、フューエルラインなどに使用される。

特に重要な点として、このエラストマーグループは価格が高く、使用されるポリマーの種類によってその価格は大きく異なる。

VMQ（シリコーンゴム）

シリコーンゴムの特殊性は、優れた耐熱性および低温での柔軟性、良好な誘電特性、および極めて優れた耐候性にある。シリコーンゴムは疎水性であり、特に水性媒体の分野で使用される。特別な配合により、エンジンオイルやトランスミッションオイルおよび水蒸気に耐性を有する。仕様にもよるが、使用可能な使用温度範囲は -50 ～ +200℃（一部は短時間であれば最高 +230℃も可能）である。

自動車分野でのシリコーンは、電気系プラグインコネクタのシールに使用されるが、場合により高温のラジエーターにも使用される。

サブグループのLSR（液状シリコーンゴム）は、その作業性のため、特にプラスチックとの二成分部品にとって極めて興味深い材料である。

FVMQ（フルオロシリコーンゴム）

フルオロシリコーンゴムは、シリコーンと比較して、炭化水素、芳香族鉱物油および燃料に対してはるかに優れた耐薬品性を有する。可能な使用温度範囲は -55 ～ +175℃（短時間では最高 +200℃）と規定されている。

PUR（ポリウレタン）

ポリウレタンのグループは、極めて重層的である。そのため適応範囲がきわめて広く、個別に対応しなければならないため、特性の標準化は不可能であり、従って材料は対応すべき適用範囲を中心に考える。製造方法に応じて、優れたリカバリー性能、低温での極めて優れた柔軟性、最適な耐加水分解性が達成される。一般に、この材料群は気体透過性が低く、鉱物油への耐性が良好で、高い強度と耐摩耗性を示すが、耐熱性に劣る。タイプに応じて、使用温度範囲は -50℃ ～ +110℃であるが、短時間ならばそれ以上の高温にも耐える。

エラストマー材料の特性データおよび試験

エラストマーには、その種類と用途に応じてさまざまな特性が備わっている。特定の用途に対する材料の適性を評価する場合、通常は実際の用途における条件をシミュレートするための試験を事前に行う。このような試験には、材料の特性を定義または指定するという目的もある。以下に、一般的な試験方法をいくつか説明する。

密度

密度は、最も基本的な特性の1つと考える必要がある。この試験は、一定の試験温度においてはその大部分が部品の形状などのパラメーターに依存しないため、材料試験の最初の識別チェックで、それぞれの材料に固有の材料定数として使用されることが多い。通常、密度はISO 1183-1 [17]準拠の浮力方式を使用して決定される。この方式では、空気中と試液中で測定した重量から密度を算出する。

圧縮永久ひずみ

密閉性能の重要なパラメーターの1つは、温度の影響を受けてのエラストマー材料の圧縮永久ひずみである。エラストマーは、負荷がかかった場合に伸縮するだけではなく、永久的な塑性変形も示す（図3）。圧縮永久ひずみの値が大きいほど、材料の弾性は低い。

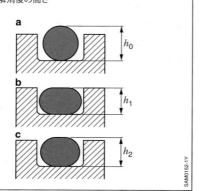

図3：圧縮永久ひずみの図解
a 変形前の円柱
b 変形した状態
c 応力解消後
h_0 元の高さ
h_1 変形した状態での高さ
h_2 応力解消後の高さ

一般的な試験標本

圧縮永久ひずみは、DIN ISO 815 [18]に従って決定される。一般的な試験標本は、直径13 mm、高さ6.3 mmの円柱である。試験は基本的に、シール（Oリングなど）の適切な断面でも行うことができる。

一般的なパラメーター

変形は25 %とし、エラストマーの種類に基づいて試験温度を選択する。試験時間を定義する必要があり、通常は24時間、72時間、168時間、またはこれらの倍数の時間とする。

比較可能な結果を得るために、すべてのパラメーターを正確に定義することが不可欠である。

計算

圧縮永久ひずみは、次の式で計算される。

$$圧縮永久ひずみ = \frac{h_0 - h_2}{h_0 - h_1}$$

h_0 元の高さ
h_1 変形した状態での高さ
h_2 応力解消後の高さ

圧縮応力緩和

3384 [19]などに従って行われるこの試験は圧縮永久ひずみ試験に似ているが、ここでは、応力解消後の回復性能を測定するのではなく、圧縮状態で特に発生する反力を決定する。測定には技術的にきわめて高度な装置が必要であるが、試験結果は、取り付けた状態の静的なシールの密閉力との相関性が非常に高い。

一般的な試験標本

− 直径13 mm、高さ6.3 mmの円柱
− 直径14 mm、断面2.65 mmのOリング
− 直径15 mm、辺の長さが2 mmの正方形断面のプレーン形コンプレッションリング

試験は基本的に、任意のシールの適切な断面で行うことができる。

一般的なパラメーター
変形は25％とし、エラストマーの種類に基づいて試験温度を選択する。試験時間を定義する必要があり、通常は24時間、72時間、168時間、またはこれらの倍数の時間とする。

試験方法
2通りの方法を使用できる。方法Aでは、変形とすべての反力を試験温度で測定する。方法Bでは、試験標本を試験温度で保管し、変形とすべての力を室温で測定する。
測定は、空気中と媒体中で行うことができる。

計算
圧縮応力緩和 $R(t)$ は、次の式で計算される。

$$R(t) = \frac{F_0 - F_t}{F_0} \cdot 100$$

$R(t)$	初期反力の％で表した、指定時間 t 後の圧縮応力緩和
F_0	30分後の初期反力
F_t	指定した試験時間 t 後の反力

硬度
硬度は、最もよく言及されるゴム材料の特性の1つである。ただし、その値は誤解される場合がある。硬度とは、定義された圧力の下で特定の形状の物体が持つ、圧入に対する抵抗力である。

硬度は、標準試験標本とエラストマー材料製の完成品に対して、主に2通りの方法で測定される。
- 標準試験標本の測定値に対するISO 7619-1 [20] 準拠のショアー硬度（デュロメーター方式による圧入硬度）。
- 標準試験標本および完成品の測定値に対するISO 48 [21] 準拠のIRHD硬度（国際ゴム硬さ）。

測定値は、以下により左右される。
- エラストマーの弾性係数
- エラストマーの粘弾性特性
- 試験標本の厚さ
- 圧入物体の形状
- 加えられる圧力
- 圧力の増加速度
- 硬度測定までの経過時間

この試験においても、比較可能な結果を得るために、すべてのパラメーターを正確に定義することが不可欠である。これらの影響変数が存在するため、デュロメーターで得られた結果（ショアー硬度）をIRHD値と直接比較することはできない。
試験は $23 \pm 2\,°C$ の温度で行われる。

ショアーAおよびショアーD準拠の硬度試験
ショアーA硬度テスター（先端を切断した円錐）は、硬度範囲10〜90で適切に使用できる。これより硬い試験標本は、ショアーD（先端の尖った円錐）準拠のテスターで測定する必要がある（図4）。

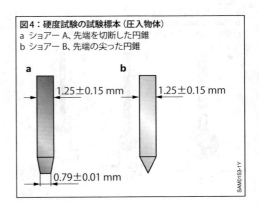

図4：硬度試験の試験標本（圧入物体）
a ショアーA、先端を切断した円錐
b ショアーB、先端の尖った円錐

標準試験標本
- 直径30 mm以上
- 厚さ6 mm以上
- 上面と底面は滑らかな平面であること

試験する材料の厚さが足りない場合は、最小試験標本厚さとなるように試験標本を3層まで重ねて使用することが許される。ただし、いずれの層の厚さも2 mm以上でなければならない。

IRHD準拠の硬度試験

IRHD（国際ゴム硬さ）準拠の鋼球押し込み硬度試験を、標準試験標本と完成品の両方に対して行う。

硬度の範囲に対応した厚さの試験板を使用する必要がある。ISO 48の規定では、硬度が2つの範囲に分かれている（図5）。

軟質：10 ～ 35 IRHD
- 試験標本の厚さ：10 mm超～ 12 mm

標準：35 IRHD超
- 試験標本の厚さ：6 ～ 10 mm
- 試験標本の厚さ：1.5 ～ 2.5 mm（微小硬度）

完成品または規定以外の寸法で測定された硬度値は、一般に標準試験標本で測定された値とは異なる。これは、主に曲面の場合に該当する。誤測定を防ぐために、曲面の最高点に測定チップを置くことが重要である。コードが非常に細い場合は、拡大鏡、センタリングピン、および自動レーザー位置決め装置などを使用して位置を決めることができる。

DIN 53504 [22]またはISO 37 [23]準拠の引張応力歪み特性試験

この試験で、エラストマーの一般的な機械特性値を測定できる。たとえば、破断するまで一定の速度で応力を受けたときの特定の形状の試験標本の引張強度、破断伸び、および応力の各値を測定できる（図6）。

引張強度

引張強度R_mは、測定した最大応力F_{max}を試験標本の初期断面積A_0で除算した商として計算される。

$$R_m = \frac{F_{max}}{A_0}$$

破断伸び

破断伸びε_Rは、試験標本破断の瞬間の変化量の測定値$L_R - L_0$（測定した長さL_R）を初期長さの測定値L_0で除算して求める。

$$\varepsilon_R = \frac{L_R - L_0}{L_0}$$

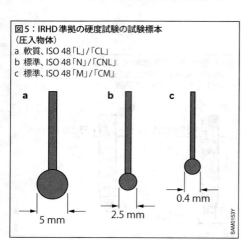

図5：IRHD準拠の硬度試験の試験標本（圧入物体）
a 軟質、ISO 48「L」/「CL」
b 標準、ISO 48「N」/「CNL」
c 標準、ISO 48「M」/「CM」

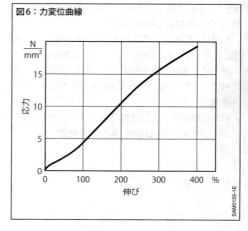

図6：力変位曲線

応力値

応力値σは、一定の伸長に達したときに得られる張力F_iを初期断面積A_0で除算して求める。値は通常、100％で指定される。

$$\sigma = \frac{F_i}{A_0}$$

一般的な試験標本

一般的な試験標本は、2 mmのテスト板からプレス加工で作成したS2引張試験片である（図7）。

試験はOリングで行うこともでき、その方法も説明されている。ただし、この方法で得られた結果と標準的な引張試験片の値には、直接の互換性はない。

一般的なパラメーター

試験は通常、23 ± 2 ℃の試験温度で行われる。多くの場合、高温または低温での試験も重要である。これらの試験は、専用の温度調節チャンバーで行われる。

DIN ISO 34-1 [24]またはASTM D624 [25]準拠の引裂き強度試験

この試験では、指定された試験標本を既存の切断部から続けて引き裂くか、標本の全幅を引き裂いて、それに必要な力を測定する。

一般的な試験標本

一般的な試験標本は、2 mmのテスト板からプレス加工で作成したさまざまな形状の引張試験片である。各試験標本からは完全に異なる結果が得られるため、完全に同じ方法で得られた結果のみが比較可能であることに注意する必要がある。

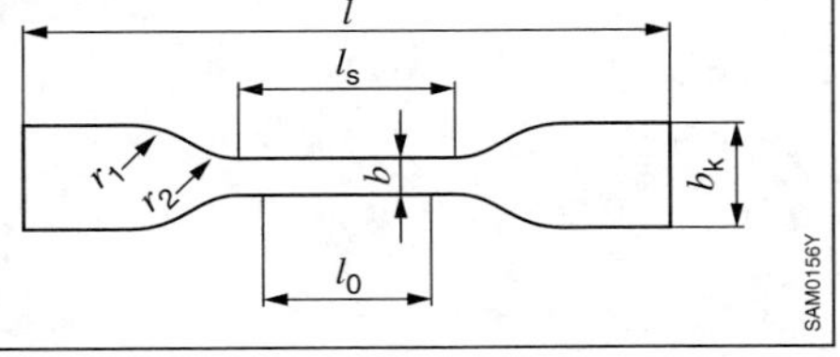

試験温度

試験は23 ± 2 ℃の試験温度で行われる。

媒体抵抗および温度抵抗の試験

エラストマーは、他のすべての有機材料同様に耐用年数に限りがある。媒体、温度、オゾン、および酸素などの外的要因が材料特性に影響を及ぼす。エラストマーには、膨張、収縮、硬化の可能性があり、不適切な条件下で使用した場合には亀裂を生じることもある。

さまざまな条件でのエラストマーの適性を確認するには、媒体中でのDIN ISO 1817 [26]準拠の、または空気中でのDIN 53508 [27]準拠の適合性試験を行う必要がある。媒体の適合性は、標準試験媒体（ASTMオイル、FAM試験燃料など）、または実際の用途で使用する具体的な媒体を使用して試験することができる。

加硫処理を施したエラストマーに液体が触れると、以下が発生する場合がある。
- エラストマーによる液体の吸収
- エラストマーの水溶性成分の浸出
- エラストマーによる化学反応

この試験では、以下の変化を記録する。
- 質量、体積、および寸法の変化
- 媒体に触れた後、および（必要な場合は）その後の乾燥後の硬度および引張応力歪み特性の変化（DIN 53504 [28]に準拠）

一般的な試験標本

DIN 53504準拠のS2引張試験片を試験標本として使用する。試験は基本的にシール（Oリングなど）で行うこともできる。

一般的なパラメーター

エラストマーの種類に基づいて試験温度を選択する。試験時間を定義する必要があり、通常は24時間、72時間、168時間、またはこれらの倍数の時間とする。

比較可能な結果を得るために、すべてのパラメーターを正確に定義することが不可欠である。

図7：引張応力歪み特性試験の試験標本

低温時の柔軟性の試験

エラストマーの特性は、極度の高温または低温に大きく影響される。高温時には、硬化から不可逆的な破損までのあらゆる変化が考えられる。一方、低温時には鎖運動性が低下し、弾性が失われるため、硬直してもろくなる。この効果は可逆的である。

この低温効果を、さまざまな試験方法を使用して記録する。

- 熱量測定試験（DSC、示差走査熱量測定）：これにより、T_g値（ガラス転移温度）を測定できる。
- 静態分析（TMA、熱機械分析）：この方法により、ASTM D1329 [29]またはISO 2921 [30] に従って、低温時に引き延ばされた標本が10%回復することがわかる。
- 動的測定（DMA、動的機械分析）：この方法により、TR値（低温時の密閉力の低温特性、上記を参照）およびその他の特性値を測定できる。

測定結果は試験方法ごとにわずかに異なるが、それぞれの間に直接の相関性はない。

これらの分析方法だけでなく、単純な曲げ試験または硬度試験を行い、材料の凍結温度範囲を測定できる可能性もある。

オゾン抵抗の試験

高分子構造内の主鎖に二重結合を含む材料（NBR、HNBR、CR等の不飽和高分子化合物）は、引き延ばされた状態では特に、周囲の空気中のオゾンの影響を受けやすい。オゾン抵抗の試験は、特殊な試験チャンバー内でISO 1431-1 [31]に従って行う。この試験では、試験時間の間、試験標本に静的な引張負荷をかける。この試験では、以下を評価する。

- 定義された試験時間の後に、試験標本に亀裂が発生しているかどうか、または
- 定義されたオゾン濃度で、どの程度の試験時間後に亀裂が発生するか

一般的な試験標本

試験は、試験バーで、またはシールの適切な断面でも行うことができる。

比較可能な結果を得るためには、温度、オゾン濃度、相対湿度、引き延ばす長さ、試験時間、試験方法の各パラメーターを明確に定義することが不可欠である。

反発抵抗試験

エラストマーは、弾性が100%であることはない。その特性は、常に粘性成分と弾性成分で構成される。

特定の用途においては減衰特性が重要になる。これは、DIN 53512 [32]またはISO 4662 [33]で規定された反発抵抗などによって測定できる。その方法は、定義された質量の振子（定義された運動エネルギー）が試験標本にぶつかった後に跳ね返って達した高さを測定するというものである。

最大減衰は0%の値に対応し、100%の値を取り得るが、実際にこの値に達することはない。

一般的な試験標本

この試験は、厚さ12 mmの試験標本で行う。

参考文献

[1] ISO 3601: Fluid power systems – O-rings.

Part 1: Inside diameters, cross-sections, tolerances and designation codes.

Part 2: Housing dimensions for general applications.

Part 3: Quality acceptance criteria.

Part 4: Anti-extrusion rings (back-up rings).

Part 5: Specification of elastomeric materials for industrial applications.

[2] DIN 4768: Determination of values of surface roughness parameters R_a, R_z, R_{max} using electrical contact (stylus) instruments; concepts and measuring conditions.

[3] DIN EN ISO 4287: Geometrical Product Specifications (GPS) – Surface texture: Profile method – Terms, definitions and surface texture parameters.

[4] http://www.tss.trelleborg.com/de/de/service/design_support/oringcalculator_1/O-ringcalculator.html.

[5] http://www.tss.trelleborg.com/de/de/service/design_support/chemicalcompatibility_1/chemical-compatibility.html.

[6] DIN 443: Sealing push-in caps.

[7] DIN 3761: Rotary shaft lip type seals for vehicles.

Part 1: Terms; formula symbols, tolerances.

Part 2: Applications.

Part 3: Material requirements and methods of test.

Part 4: Visual irregularities.

Part 5: Test; measuring requirements and instruments.

[8] ISO 6194: Rotary shaft lip-type seals incorporating elastomeric sealing elements.

Part 1: Nominal dimensions and tolerances.

Part 2: Vocabulary.

Part 3: Storage, handling and installation.

Part 4: Performance test procedures.

Part 5: Identification of visual imperfections.

[9] DIN 3760: Rotary shaft lip type seals.

[10] DIN EN 10139: Cold rolled uncoated low carbon steel narrow strip for cold forming – Technical delivery conditions.

[11] DIN EN 10088: Stainless steels. Part 1: List of stainless steels.

Part 2: Technical delivery conditions for sheet/plate and strip of corrosion resisting steels for general purposes.

Part 3: Technical delivery conditions for semi-finished products, bars, rods, wire, sections and bright products of corrosion resisting steels for general purposes.

[12] VDMA 24317: Fluid power systems – Fire-resistant pressure fluids – Technical minimum requirements.

[13] DIN 24320: Fire-resistant fluids – Hydraulic fluids of categories HFAE and HFAS – Characteristics and requirements.

[14] DIN 51524: Pressure fluids – Hydraulic oils.

Part 1: HL hydraulic oils; minimum requirements.

Part 2: HLP hydraulic oils; minimum requirements.

Part 3: HVLP hydraulic oils; minimum requirements.

[15] ASTM D 2000: Standard Classification System for Rubber Products in Automotive Applications.

[16] DIN ISO 1629: Rubber and latices – Nomenclature.

[17] ISO 1183-1: Plastics – Methods for determining the density of non-cellular plastics.

Part 1: Immersion method, liquid pycnometer method and titration method.

[18] DIN ISO 815: Elastomers or thermoplastic elastomers – Determination of compression set.

Part 1: At ambient or elevated temperatures.

Part 2: At low temperatures.

[19] ISO 3384: Elastomers or thermoplastic elastomers – Determination of stress relaxation in compression.

Part 1: Testing at constant temperature.

Part 2: Testing with temperature cycling.

[20] ISO 7619-1: Elastomers or thermoplastic elastomers – Determination of indentation hardness.

Part 1: Durometer method (Shore hardness).

[21] ISO 48: Elastomers or thermoplastic elastomers – Determination of hardness (hardness between 10 IRHD and 100 IRHD).

[22] DIN 53504: Testing of rubber and elastomers – Determination of tensile strength at break, tensile strength at yield, elongation at break and stress values in a tensile test.

[23] ISO 37: Elastomers or thermoplastic elastomers – Determination of tensile stress-strain properties.

[24] DIN ISO 34-1: Elastomers or thermoplastic elastomers – Determination of tear strength.

Part 1: Trouser, angle and crescent test pieces.

[25] ASTM D 624: Standard Test Method for Tear Strength of Conventional Vulcanized Rubber and Thermoplastic Elastomers.

[26] DIN ISO 1817: Elastomers or thermoplastic elastomers – Determination of the effect of liquids.

[27] DIN 53508: Testing of rubber and elastomers – Accelerated ageing.

[28] DIN 53504: Testing of rubber and elastomers – Determination of tensile strength at break, tensile strength at yield, elongation at break and stress values in a tensile test.

[29] ASTM D 1329: Standard Test Method for Evaluating Rubber Property Retraction at Lower Temperatures.

[30] ISO 2921: Elastomers – Determination of low-temperature retraction (TR test).

[31] ISO 1431-1: Elastomers or thermoplastic elastomers – Resistance to ozone cracking.

Part 1: Static and dynamic strain testing.

Part 3: Reference and alternative methods for determining the ozone concentration in laboratory test chambers.

[32] DIN 53512: Testing of rubber and elastomers – Determination or rebound resilience (Schob pendulum).

[33] ISO 4662: Rubber – Determination of rebound resilience of vulcanized rubbers.

分離可能な結合

形状密着結合

機能

形状密着結合は、幾何学的形状を利用して向き合う面の接触を保ちながら力を伝達することを目的とする結合方法である。力は常に向き合う面（接合面）に垂直な方向に伝達され、したがって主に圧縮応力およびせん断応力が作用する（[1], [2]）。

原則的に接触面間にクリアランスまたは移行部が存在するので（例：軸と開口部の間, [3]）、形状密着結合は分離可能な結合を形成する。はめあいの選択によっては、動作中に軸方向の相対運動が生ずる可能性がある。必要に応じて適切な固定具を使い、このような運動を防止する。そのために主に、DIN 471 [4]準拠のサークリップ、あるいは DIN 981 [5]準拠のロックナットが使用される。

平行キーおよび半月キーによる結合

平行キー（フェザーキー）結合（図1a）は、プーリー、ギヤ、ハブなどを、ねじれを生じさせることなく軸に結合するために使用する。摩擦継手の固定、あるいは円周方向の特定位置に固定する目的にも、キー結合を使用することがある。

特に自動車産業においては、こうした目的のため、あるいはより小さいトルクを伝達するために、比較的安価な半月キー（図1b）を使用する。半月キーは、円弧状の部分を軸側のキー溝にはめ込む形で使用する。

表1：記号と単位

記号		単位
D	直径	mm
F	力	N
K_A	適用係数（サービスファクター）	–
M_t	トルク	Nm
b	幅	mm
d	直径	mm
h	高さ	mm
i	せん断面の数	–
l	長さ	mm
l_{tr}	支持用平行キーの長さ	mm
n	駆動軸の数	–
p	面圧	N/mm²
t_1	溝深さ（軸）	mm
t_2	溝深さ（ハブ）	mm
σ_b	曲げ応力	N/mm²
τ_s	せん断応力	N/mm²
φ	接触面積比	–

平行キー結合では、キー溝の面とキーの面が向き合っている。キー継手（キーを使った軸継手）とは異なり、平行キーの背面とキー溝の底面の間には遊び（バックラッシュ）がある。このため、力は平行キーの側面のみを通じて伝達される。

平行キーの幅には、許容値 $h9$（DIN 6880 [6]準拠のキー用鋼）が定められている。キー溝の幅 b に対しては、表2に示す許容値が適用される。

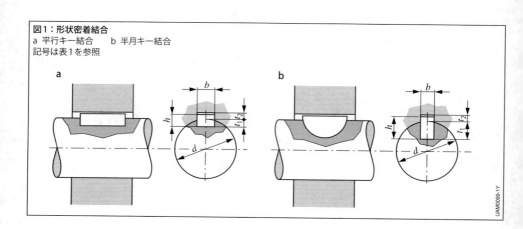

図1：形状密着結合
a 平行キー結合　　b 半月キー結合
記号は表1を参照

軸方向に対してハブを可動とするには（たとえばマニュアルトランスミッションのギヤ）、差込みはめあいを使う必要がある。通常、スライドスプリングは軸側の溝にボルトで固定されている。平行キーの端部形状は、丸型（A形状）と角型（B形状）が製造されている。DIN 6885 [7] には、軸径に対する平行キーの形状と寸法が定められている（表3）。

平行キーは、事実上面圧のみを考慮して設計されている。$p \leq p_{perm}$ ならば、支持に必要な平行キーの長さ（表1を参照）は次式で求められる。

$$l_{tr} = \frac{2 K_A M_t}{d(h-t_1) n \varphi p_{perm}}$$

平行キーの長さは、端部が丸型（A形状）ならば $l = l_{tr} + b$、角型（B形状）ならば $l = l_{tr}$ となる。許容面圧に関しては、規格では $p_{perm} = 0.9\ R_{e,min}$ としている。ここで $R_{e,min}$ は軸、ハブ、または平行キー材料の最低降伏点である。平行キー1個（$n = 1$）の場合の接触面積比は、$\varphi = 1$、2個の場合は $\varphi = 0.75$ とする。

成形断面を持つ軸とハブの結合

1本の軸に複数の平行キーとキー溝を使用する代わりに、軸の断面を多辺形状に加工し、それに適合する断面形状のハブを使用することもできる（表4）。ハブが軸方向に可動でなければならない場合（高さ調節式ステアリングコラムなど）にも、成形断面の軸を使用する。成形断面の軸を使うことで、別途の部品（平行キー）を使わずにトルクを伝達できるという利点がある。ハブのセンタリングは、軸においてその最小径により行うことができる。これは内部センタリングと呼

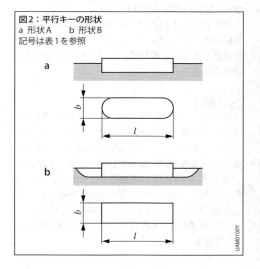

図2：平行キーの形状
a 形状A　　b 形状B
記号は表1を参照

表2：キー溝の幅の公差

はめあい溝	固定式はめあい	簡易はめあい	差込みはめあい
ハブ側	P 9	N 9	H 8
軸側	P 9	J 9	D 10

表3：DIN 6885に準拠した平行キー寸法

軸径 d 下限 mm	上限 mm	幅×高さ $b \times h$ mm	溝深さ t_1 mm	t_2 mm	長さ l mm
6	8	2 × 2	1.2	1.0	6 〜 20
8	10	3 × 3	1.8	1.4	6 〜 36
10	12	4 × 4	2.5	1.8	8 〜 45
12	17	5 × 5	3.0	2.3	10 〜 56
17	22	6 × 6	3.5	2.8	14 〜 70
22	30	8 × 7	4.0	3.3	18 〜 90
30	38	10 × 8	5.0	3.3	22 〜 110
38	44	12 × 8	5.0	3.3	28 〜 140
44	50	14 × 9	5.5	3.8	36 〜 160
50	58	16 × 10	6.0	4.3	45 〜 180
58	65	18 × 11	7.0	4.4	50 〜 200
65	75	20 × 12	7.5	4.9	56 〜 220
75	85	22 × 14	9.0	5.4	63 〜 250
85	95	25 × 14	9.0	5.4	70 〜 280
95	110	28 × 16	10.0	6.4	80 〜 320
平行キー長さ（単位：mm）		6, 8, 10, 12, 14, 16, 18, 20, 22, 25, 28, 32, 36, 40, 45, 50, 56, 63, 70, 80, 90, 100, 110, 125, 140, 160, 180, 200, 220, 250, 280, 320			

426 結合技術

ばれるもので、この方法では極めてスムーズな作動が達成できる。

ハブのセンタリングは、駆動軸あるいは歯車噛み合い部の噛み合い側面により行うこともできる。この噛み合い側面によるセンタリングでは、軸とハブ間の円周方向のバックラッシュを極めて小さく取ることができ、そのため、トルク方向の切り替わる用途や急激にトルクがかかる用途などに適している。平行キーと同様、大まかな設計は面圧に基づいて行われる。

ボルトおよびピンによる結合

ボルトやピンを使って、2つ以上のコンポーネントを簡単かつ安価に結合することができる。これらの方法は最も古くから、また最も広く利用されている結合方法である。

ボルト結合

ボルト結合は、リンク（表5）、シャックル、チェーンリンク、コンロッド等の接続のほか、インペラーリング、ローラー、レバーなどと軸を結合する場合にも使用する。これらの接続部分は相対移動が必要であるため、少なくとも1つの部品は可動でなければならない。主要な応力は、面圧（表6）とせん断力である。ほとんどの場合、曲げ応力は無視できる。曲げ応力が問題になるのは、直径よりも長いボルトを使った結合の場合だけである。

ピン結合

ピンはハブ、レバー、固定カラー（ボス）などと軸を結合するのに適している（側方ピン継手など）。また2つの部品の正確な位置関係を維持し、スプリングを固定するためのガイドピンなどの用途にも適している（表5）。ピンは、締めしろのある孔に圧入して使用するので、すべての部品が固定される。ピンは、ポンチを使用してコンポーネントを損傷することなく打ち出すことができる。

表4：成形断面を持つ軸とハブの結合

名称	関連規格	図	駆動軸	センタリング	接触面積比
スプラインシャフト	ISO 14 [8] DIN 5464 [9]	UAM0101-1Y	角型スプライン	内部	$\varphi = 0.75$
				噛み合い側面	$\varphi = 0.9$
歯付きシャフト（セレーション）	DIN 5481 [10]	UAM0101-2Y	セレーション	噛み合い側面	$\varphi = 0.5$
歯付きシャフト（インボリュート歯）	DIN 5480 [11] DIN 5482-1 [12]	UAM0101-3Y	インボリュート歯	噛み合い側面	$\varphi = 0.75$

表5：ボルトおよびピンによる結合

名称	図	計算
関節（自在）継手		フォーク内の面圧 $\quad p_G = \dfrac{F}{2\,b_1\,d} \le p_{perm}$ ロッド内の面圧 $\quad p_S = \dfrac{F}{b\,d} \le p_{perm}$ ピン内の面圧 $\quad \tau_S = \dfrac{4\,F}{i\,\pi\,d^2} \le \tau_{S,perm}$
側方ピン継手		軸内の面圧 $\quad p_{W,max} = \dfrac{6\,M_t}{d\,D_W^2} \le p_{perm}$ ハブ内の面圧 $\quad p_N = \dfrac{4\,M_t}{d\,(D_N^2 - D_W^2)} \le p_{perm}$ ピン内の面圧 $\quad \tau_S = \dfrac{4\,M_t}{D_W\,\pi\,d^2} \le \tau_{S,perm}$
ガイドピン		最大圧力 $\quad p_{max} = p_b + p_d = \dfrac{F}{d\,s}\left(1 + 6\cdot\dfrac{h+s/2}{s}\right) \le p_{perm}$ 固定点における曲げ応力 $\quad \sigma_b = \dfrac{32\,F\,h}{\pi\,d^3} \le \sigma_{b,perm}$ 固定点におけるせん断応力 $\quad \tau_s = \dfrac{4\,F}{\pi\,d^2} \le \tau_{S,perm}$

表6：ボルトおよびピン結合における許容平均面圧

永久結合			差し込みはめあい	
材料	平均面圧		材質の組み合わせ	平均面圧
	静止時	膨張時		
	p_{perm} N/mm²	p_{perm} N/mm²		p_{perm} N/mm²
ねずみ鋳鉄	70	50	鋼／ねずみ鋳鉄	5
S 235 (St 37)	85	65	鋼／鋳鋼	7
S 295 (St 50)	120	90	鋼／青銅	8
S 335 (St 60)	150	105	硬化鋼／青銅	10
S 369 (St 70)	180	120	硬化鋼／硬化鋼	15

摩擦結合

機能

摩擦継手とは、結合する部品同士が直接接触し、その接触面に摩擦力が作用する継手であり、結合部分において圧力ばめを行う（図1）。ボルトの締結力、キー、弾性セパレーター、部品自体の弾性などによって、（接触部に）面圧 p を発生させる。この面圧による法線力 $F_N = pA$（摩擦面積は A）によって、外力に対抗する摩擦力 F_R が生ずる（[1], [2]）。

圧力ばめ

用途

圧力ばめ（円筒形締まりばめ）では、はめあいの際に起こる軸とハブの弾性変形によって必要な面圧を得る。「締まりばめ」とは、結合前の状態のとき、2つの円筒形部品（軸と穴）のはめあい部分に締めしろのある結合方法である（図2）。

圧力ばめは、容易に実現でき、しかも急激に発生するトルクや変動するトルクも、また軸方向の力（リニアフォース）も伝達できるため、取外し不要な円筒面の結合に適している（軸と歯車、車軸と車輪、ハウジングとブッシュなど）。締めしろが大きな場合には取外しの際軸と穴の表面に損傷を与えるので、円筒形圧力ばめは容易に分離できない結合に分類される。

表1：記号と単位

記号		単位
A	面積（摩擦面）	mm²
C	テーパー比	–
D	直径	mm
E	弾性係数	N/mm²
F	力	N
F_a	軸方向の力	N
F_N	法線力	N
F_R	摩擦力	N
K_A	適用係数（サービスファクター）	–
M_t	トルク	Nm
$M_{t,\,nomn}$	法線荷重トルク	Nm
Q	直径比	–
R_e	降伏点	N/mm²
R_m	破断強度	N/mm²
R_z	表面粗さ	mm
S_B	破断に対する安全率	–
S_F	降伏に対する安全率	–
U	公差	mm
Z	固着寸法	mm
b	ハブ幅	mm
d	直径	mm
l	テーパーまたはレバー長さ	mm
n	ボルト数	–
p	面圧	N/mm²
t	摂氏温度	°C
α	テーパー角	°
α_A	線膨張係数、外側	10^{-6}/K
α_I	線膨張係数、内側	10^{-6}/K
μ	摩擦係数	–
ν	ポアソン比	–
ξ	固有の固着寸法	mm³/N
σ_{perm}	許容応力	N/mm²

図1：摩擦結合
a 軸方向負荷の継手
b 接線方向負荷の継手
1 継手の固定側
F 力　　F_R 摩擦力　　p 面圧　　M_t トルク

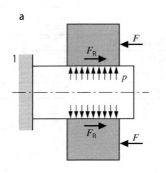
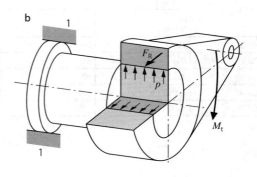

円筒形締まりばめの弾性設計

圧力ばめの設計に際しては、少なくとも発生する可能性のある最大の応力を伝達し得る最小面圧p_{min}がかかり、最大面圧p_{max}を超過せず、またコンポーネントにかかる負荷が過大にならないように考慮する。

基本的に、2つの計算目標を考えることができる。与えられた負荷に対して必要な締めしろを求めるか（表2）、与えられた締めしろに対して許容される負荷を求めるか（表3）である。以下の式においては、「I」は圧力ばめの内側部品（軸）、「A」は圧力ばめの外側部品（ハブ）を意味する。

直径比（図2を参照）

$$Q_A = \frac{D_F}{D_{Aa}} \text{ および}$$

$$Q_I = \frac{D_{Ii}}{D_F}$$

および固着寸法[1]

$$\xi = D_F \left[\frac{1}{E_I}\left(\frac{1+Q_I^2}{1-Q_I^2} - \nu_I\right) + \frac{1}{E_A}\left(\frac{1+Q_A^2}{1-Q_A^2} + \nu_A\right) \right]$$

を使い、部品の機能および要求される安全性を満たす圧力ばめの設計が可能である。

結合半径D_Fに対して、計算には公称半径を用いる。結合の際には、粗さのピークが塑性的に均されることによって、締めしろの損失が発生する。DIN 7190 [13]によれば、計算に際して両面の平面化を、山と谷の差の平均値R_{zI}（軸）、R_{zA}（穴）のそれぞれ40 %として考慮する。

表2：与えられた応力に対するはめ合いの決定[1]

応力M_tまたはF_aが与えられたとき	$\sigma_{perm} = R_e/S_F$または$\sigma_{perm} = R_m/S_B$が与えられたとき
必要な圧力： $p_{min} = \dfrac{\sqrt{F_a^2 + \dfrac{4 M_{t,nom}^2}{D_F^2}}}{\mu \pi D_F b} K_A$	ハブの許容圧力 $p_{max} = (1 - Q_A^2)\sigma_{perm}/\sqrt{3}$ 中空軸の許容圧力 $p_{max} = (1 - Q_I^2)\sigma_{perm}/\sqrt{3}$
必要な固着寸法 $Z_{min} = p_{min}\,\xi$	許容される固着寸法 $Z_{max} = p_{max}\,\xi$
必要な締めしろ $U_{min} = Z_{min} + 0.8\,(R_{zI} + R_{zA})$	許容される締めしろ $U_{max} = Z_{max} + 0.8\,(R_{zI} + R_{zA})$
$U_k \geq U_{min}$かつ$U_g \leq U_{max}$であるISOはめ合いを選択する。	

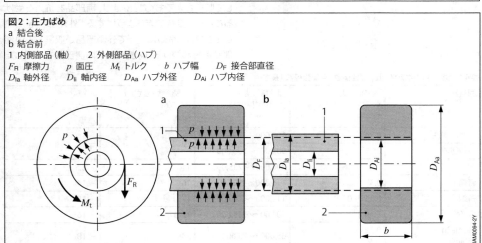

図2：圧力ばめ
a 結合後
b 結合前
1 内側部品（軸）　2 外側部品（ハブ）
F_R 摩擦力　p 面圧　M_t トルク　b ハブ幅　D_F 接合部直径
D_{Ia} 軸外径　D_{Ii} 軸内径　D_{Aa} ハブ外径　D_{Ai} ハブ内径

430 結合技術

表3：与えられた締めしろに対する応力の決定

最小締めしろ U_k が与えられたとき	最大締めしろ U_g が与えられたとき
最小固着寸法： $Z_k = U_k - 0.8\,(R_{zl} + R_{zA})$	最大固着寸法： $Z_g = U_g - 0.8\,(R_{zl} + R_{zA})$
最小圧力： $P_k = \dfrac{Z_k}{\xi}$	最大圧力： $P_g = \dfrac{Z_g}{\xi}$
許容される応力： $M_t = 0.5\,p_k\mu\pi D_F^2\,b \qquad (M_t\text{のみ})$ $F_a = p_k\mu\pi D_F\,b \qquad\qquad (F_a\text{のみ})$ $M_t = \dfrac{D_F}{2}\sqrt{(p_k\mu\pi D_F b)^2 - F_a^2}\;\;(F_a\text{が与えられたとき})$ $F_a = \sqrt{p_k\mu\pi D_F b\,\dfrac{4\,M_t}{D_F^2}}\;\;(M_t\text{が与えられたとき})$	ハブの安全率 $S_F = \dfrac{1-Q_A^2}{\sqrt{3}\,p_g}\,R_e$ または $S_B = \dfrac{1-Q_A^2}{\sqrt{3}\,p_g}\,R_m$ **中空軸の安全率：：** $S_F = \dfrac{1-Q_I^2}{\sqrt{3}\,p_g}\,R_e$ または $S_B = \dfrac{1-Q_I^2}{\sqrt{3}\,p_g}\,R_m$

最大応力は、表2および表3の式に従い中空軸とハブの内径で発生する。中実軸では締めしろの損失は深刻なものではなく、通常は計算を要しない。

組立て

圧力ばめは、組立て方法によって縦型と横型を区別することができる。縦型圧力ばめは、「冷間」すなわち室温で行う。このためには高い圧力をかけてはめ込む必要があり、通常は油圧プレスを使用する。圧入速度は 2 mm/s を超えてはならない。圧入圧力に関して、次式が成り立つ。

$$F_e = \frac{(U_g - 0.8\,(R_{zl} + R_{za}))\,\mu\pi D_F\,b}{\xi}$$

横型圧力ばめの場合は、予め外側の部品を加熱して膨張させておくか、または内側部品の径を冷却して収縮させておくことにより、両部品を抗力を受けることなく接合できるようにする。外側部品を加熱したときは、冷却に従って外側部品が収縮して内側部品を締めつける（焼きばめ）。内側部品を冷却した

表4：金属材料のポアソン比、弾性係数、熱膨張係数（長さ）

材料	ポアソン比 ν	弾性係数 E $[\text{N/mm}^2]$	膨張係数（長さ）α $[10^{-6}/\text{K}]$	
			加熱	冷却
ねずみ鋳鉄	0.24	100,000	10	-8
可鍛鋳鉄	0.25	$90,000 \sim 100,000$		
鋼	0.3	$200,000 \sim 235,000$	11	-8.5
青銅	0.35	$110,000 \sim 125,000$	16	-14
丹銅	$0.35 \sim 0.36$	$110,000 \sim 125,000$	17	-15
CuZn	0.36	$80,000 \sim 125,000$	18	-16
MgAl$_8$Zn AlMgSi	0.3 0.34	$65,000 \sim 75,000$	23	-18

ときは、室温まで加熱することで内側部品が膨張する（冷やしばめ）。抗力を受けないで接合するためには、$ED = 0.001 \cdot D_F$の接合クリアランスが必要である。

外気温t_u、最大締めしろU_gおよび熱膨張係数（長さ）α（表4）において、ハブの接合温度は焼きばめでは

$$t_A = t_u + \frac{U_g + \Delta D}{\alpha_A D_F}$$

冷やしばめでは

$$t_I = t_u - \frac{U_g + \Delta D}{|\alpha_I| D_F} \text{ となる。}$$

テーパー結合

用途

テーパー結合（テーパー締まりばめ）は、動力やトルクの伝達に適している。テーパー結合は、主としてハブを軸の端部に固定するのに使用される（Vベルトプーリーのオルタネーターへの固定、あるいはドリルヘッドのドリルスピンドルへの固定）。テーパーおよびテーパー角は、スターター用バッテリーのターミナルのような接続エレメントとともに、DIN 254 [14]に規格化されている。

図3：テーパー継手
D_a ハブ外径
d_1 テーパー大端径
d_2 テーパー小端径
d_m テーパー平均径
l 共通長さ
p 面圧
α テーパー角
M_t トルク
F_a 圧入力（ボルト締結力）

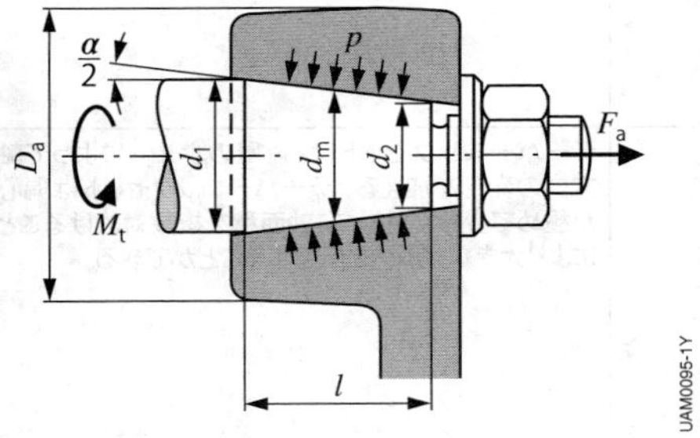

テーパー結合はたいていの場合増締めが可能で、また容易に取り外すことができる。軸とハブとの結合として用いられる場合には軸の強度を低下させることがなく、真円度がきわめて高い（アンバランスを生じない）。

しかし一方で、生産コストが高くなり、軸方向の調整ができないという欠点もある。テーパー比およびテーパー角について、次式が成立する（図3）。

テーパー比　$C = \frac{(d_1 - d_2)}{l}$

および

テーパー角　$\tan \frac{\alpha}{2} = \frac{(d_1 - d_2)}{2l}$

ガイドラインとして、以下のテーパー比が定められている（DIN 254 [14]、DIN 406 [15]）。
$C = 1:5$　容易に分離できる結合
$C = 1:10$　容易に分離できない結合

機能

テーパー結合では、結合力が作用する面は円錐台形状となる。通常、必要な面圧pは軸方向のボルト締結力F_aによりもたらされる。軸方向の圧入力F_aと、伝達可能なトルクM_tとの間には次の関係が成り立つ[1]。

$$F_a \geq \frac{2K_A M_{t,nom}}{\mu_u d_m} \left(\sin \frac{\alpha}{2} + \mu_a \cos \frac{\alpha}{2} \right)$$

作動時に発生の可能性がある過剰な負荷（衝撃）は、DIN 3990 [16]によれば1 〜 2.25の範囲となる適用係数K_Aにより考慮される。この式では、円周方向の摩擦係数μ_uと軸方向の摩擦係数μ_aが異なる可能性についても考慮されている。結合を分離するために外向きの力（F_aが負）が必要であれば、セルフロックとなる。この場合、両部品を軸方向に押し付けた後にボルトを抜いてもトルクの伝達ができる。これに対してセルフロックでないテーパー結合では、軸方向の作動力を解除すると作用面間の圧力がなくなる。セルフロックの条件は、以下で示される。

$$\frac{\alpha}{2} \leq \arctan \mu_a$$

432 結合技術

表5：テーパーロック継手

名称	図	特徴
固定スリーブ （Spieth社）	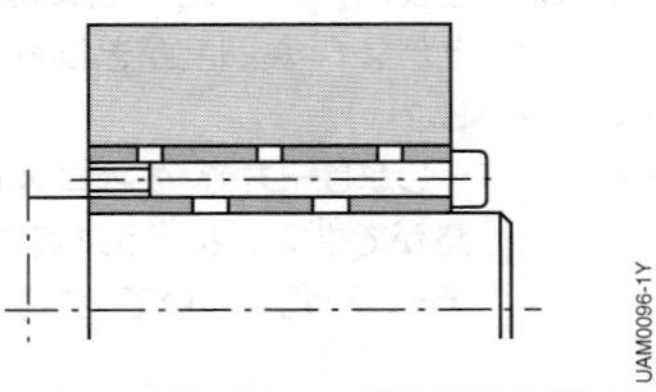	軸方向の変形を加えて固定スリーブの外径を拡大し、内径を縮小する。長いボルトを用いれば、動的負荷による緩みを防ぐことができる。
液圧式 中空ジャケット付き 弾性コレット （Lenze社）	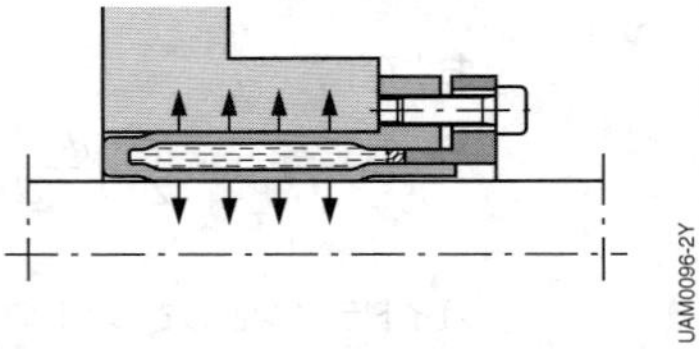	軸方向の変形を加えて薄肉の中空円筒内に圧力を発生させる。圧力分布が均一であるため弾性コレットは自動的にセンタリングされ、偏心のない回転が実現できる。高温では圧力流体の膨張を考慮に入れる必要がある。
トレランスリング （Dr Tretter社）	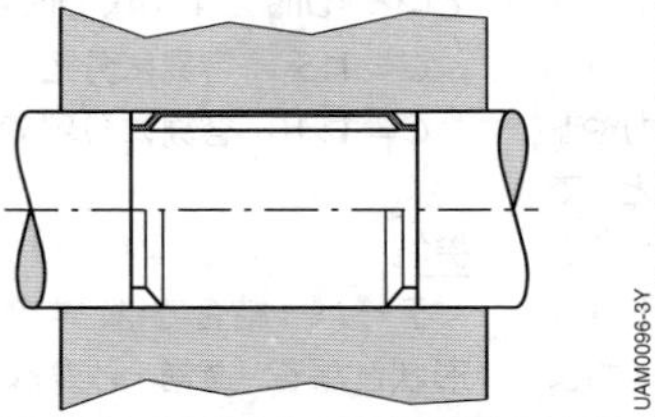	トレランスリングは、波型金属板製のスリット入りリングである。必要な初期応力は、弾性インサートの強制変形により発生する。リングは比較的大きい公差をカバーし、熱膨張を補償してトルクを伝達することができる。
スターワッシャー （Ringspann社）	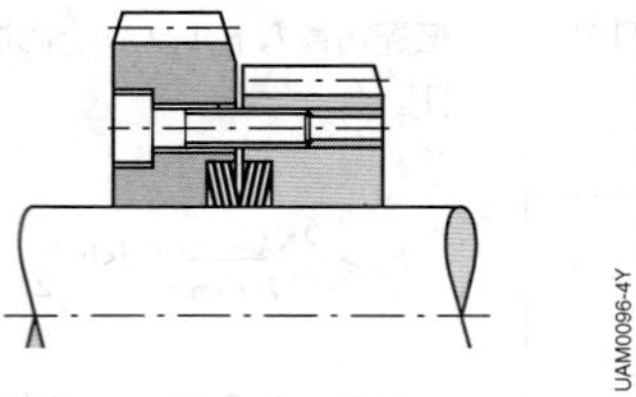	スターワッシャーは、平滑度の高い薄肉の円錐形ワッシャーに径方向のスリットを入れたものである。軸方向の初期力は、強制変形により5〜10倍の径方向の力に変換される。スターワッシャーにはセンタリングの機能はない。
テーパーロックリング （Ringfeder社）	1 予備センタリング 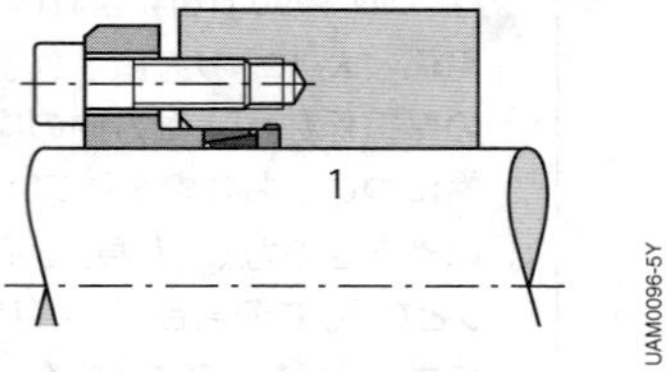 1	テーパーロックリングは、同心配置された2つの円錐形リングで構成される。リングを軸方向に変形させて径方向の予備センタリングを行う。テーパーロックリングには、センタリングの機能はない。またセルフロックせず、したがって容易に切り離すことができる。
テーパーロックセット （Bikon社）	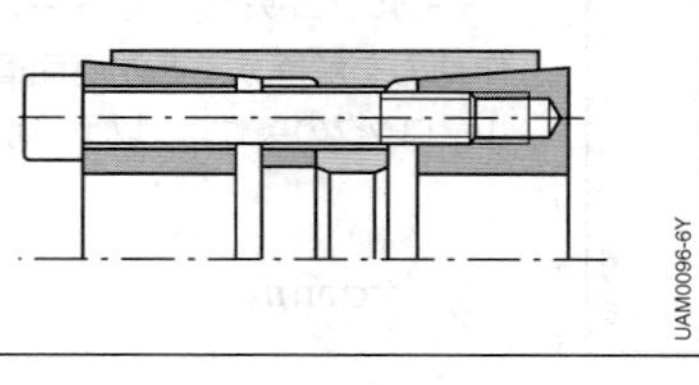	テーパーロックセットは、付属のボルトによって軸方向の変形を加える。テーパーロックセットは偏心が極めて少なく、特に有効面積を複数対設けることにより大きなトルクを伝達することができる。

部品の安全性

最も危険度の大きい部品はハブである。計算においては、肉厚の大きい開放中空円筒として扱う。修正せん断能力理論（DINDIN 7190）によれば、$Q = d_m / D_a$ とした場合にハブの安全性に関して次式が成り立つ。

$$S_F = \frac{1-Q^2}{\sqrt{3}} \frac{\left(\sin\frac{\alpha}{2} + \mu_A \cos\frac{\alpha}{2}\right)\pi d_m l}{F_{a,max}}$$

テーパーロック継手

弾性セパレーターを使用して、必要な面圧を作用させることもできる（表5）。テーパーロック継手の大きな利点は、ハブ、ギヤ、カップリングなどを平滑な円筒軸に固定できることである。円筒形締まりばめの場合と異なり、テーパーロック継手は軸方向にも接線方向にも自由に調節でき、また取外しが容易である。このため、特に調整や交換が必要なハブ（ベルトプーリーなど）に適している。一方、短所としては、スペースが必要なこと、高価なことが挙げられる。テーパーロック継手は、通常はメーカーの仕様に基づいて設計される（メーカーのカタログおよび表5を参照）。

クランプ継手

クランプ継手では、必要な面圧は外力によって（主としてボルトを使い）かける。分割ハブあるいはスリット入りのハブを使うクランプ継手は、主として変動の少ない小トルクの伝達に利用される。このようなクランプ継手には、ハブの位置を軸方向にも接線方向にも容易に調整できる利点がある。これにより、ホイールやレバーを平滑な軸に容易に固定できる。またセルフロック型のクランプ継手もある。この場合は傾斜力 F_K が A および B（表6）にエッジ圧を発生させ、軸方向の移動を阻止する。

表6：クランプ継手

名称	図	特徴
分割ハブによるクランプ継手		伝達可能なトルク: $M_t = n F_S \mu \frac{\pi}{2} D_F$ n ボルトの数　F_S ボルトの力　F_R 摩擦力　F_N 法線力　M_t トルク
スリット入りハブによるクランプ継手		伝達可能なトルク: $M_t = n F_S \mu \frac{\pi}{2} D_F \frac{l_S}{l_N}$ n ボルトの数　F 力 F_S ボルトの力　F_R 摩擦力 F_N 法線力　M_t トルク l_S ボルト側てこ長さ l_N ハブ側てこ長さ
セルフロック型クランプ継手（スクリュークランプ原理）		セルフロックの条件: $\frac{l}{b} \geq \frac{1}{2\mu}$ F 力　F_R 摩擦力　F_N 法線力　μ 摩擦係数　b ハブ幅 A、B 接点

キー継手

縦型キー継手

規格化されたキー（キー角 = 0.57°）を軸とハブの間に打ち込むことで、片側径方向の変形を実現する。しかし、組立て（ハンマーによる打込み）が精密でなく、そのため相対偏位を生ずるので、この継手はあまり重要な用途には適さない。

円形キー継手

新しいタイプのキー継手として、3つの部分から成る円形断面のキーを用いたものがある（図4）。軸（内側部品）の円周方向に、3つのキーが配列される。ハブ（外側部品）の円形穴内には、これに対応する数のキー溝が配置される。ねじり運動によって径方向の変形が生じ、軸方向および接線方向の大きな力をどちらの方向にも伝達することができる。

円形キー継手は、圧力ばめの場合とは異なり分離可能である。自動車製造においては、カムシャフトやドアヒンジなどの軸とハブの結合に円形キー継手が用いられている。

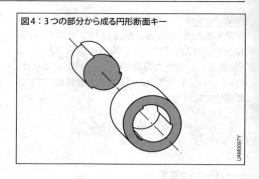

図4：3つの部分から成る円形断面キー

ねじ締結部品

基本原理
機能

ねじ締結部品は、繰り返し着脱する必要があり取り外すことができる接合部を確実に接合するために使われる。ねじ締結部品であるねじとボルトの目的は、接合部にかかる静的あるいは動的な力が部品間の相対運動を引き起こすことのないように接合部を締め付けることにある（[1], [17], [18], [19], [20]）。

ねじ部品を締めたり緩めたりする際、ねじは回転運動と直線運動からなるねじ運動をする。ねじ部品を完全に1回転させたときに生じる軸方向の移動量をピッチ P と呼ぶ。有効径 d_2 の円筒ねじからねじ山のつる巻き線を展開すると、$\varphi = \arctan(P/(\pi d_2))$ のリード角に相当する勾配を持つ直線が得られる。

一般にねじ部品は右ねじ（右回転で前進する）が多いが、特殊用途では左ねじを用いることもある。

一般に固定を目的とするボルトおよび固定ねじには、メートルねじ（DIN 13 [21]、ISO 965 [22]）を使用する。パイプ、継手、ねじ付きフランジなどには、管用ねじ（DIN ISO 228-1 [23]、DIN EN 10226-1 [24]）が用いられる。これらのねじの寸法については、図7～9および表7～10で確認できる。

表1：記号と単位

記号		単位
A	断面積	mm^2
A_S	有効断面積	mm^2
D_{Km}	ボルト頭とナット座面の摩擦トルク算出に使用する有効径	mm
E	弾性係数	N/mm^2
F_A	軸方向の作用力	N
F_K	締付け力	N
F_M	組立予圧	N
F_N	法線力	N
F'_N	平面示力図における法線力成分	N
F_{PA}	被締結体に作用する追加の力	N
F_Q	横方向の力、ねじの軸線に垂直に作用する力	N
F_U	外周力	N
F_S	ねじ力	N
F_{SA}	ねじに作用する追加の力	N
F_V	予圧	N
F_z	へたりによる予圧の減少	N
M_A	締付けトルク	Nm
M_G	ねじ締付けトルクの有効成分	Nm
M_{KR}	頭部摩擦トルク	Nm
M_L	解放トルク	Nm
P	ねじピッチ	mm
R_e	降伏点	N/mm^2
$R_{p0.2}$	0.2 %降伏強度	N/mm^2
R_P	被締結体締結部のばね定数	N/mm
R_S	ねじのばね定数	N/mm
R_z	表面粗さ	μm
W_t	ねじりに対する断面係数	mm^3
d	ねじの呼び径	mm
d_2	ねじの有効径	mm
d_3	雄ねじの谷の径	mm
d_h	被締結体のねじ穴径	mm

記号		単位
d_w	平頭ねじの外径あるいはナット座面	mm
f_A	F_A による弾性伸び	mm
f_{PV}	F_V による非締結体の弾性変形伸び	mm
f_{SV}	F_V によるねじの弾性変形伸び	mm
f_z	へたり	mm
i	摩擦接合面の数	–
l	長さ	mm
m	ナットの高さ、あるいはねじ深さ	mm
n	力の作用係数	–
n_S	ねじの数	–
α	ねじ山の角度	°
α_a	締付け係数	–
μ_G	ねじの摩擦係数	–
μ_K	頭座面の摩擦係数	–
μ_T	被締結体接合面の摩擦係数	–
μ'_G	ねじにおける見かけの摩擦係数	–
ρ'_G	μ'_G に対する摩擦角	–
σ_a	ねじの交番応力	N/mm^2
σ_a	許容変動応力	N/mm^2
$\sigma_{red,B}$	動作時の低減応力	N/mm^2
$\sigma_{red,M}$	かん合状態での低減応力	N/mm^2
$\sigma_{z,M}$	かん合状態での最大引張応力	N/mm^2
σ_z	動作時の最大引張応力	N/mm^2
τ_t	ねじの最大ねじり応力	N/mm^2
φ	リード角	°
Φ	力の比	–
Φ_n	$n < 1$ の時の力の比	–

ねじ締結部品の計算

大きな高応力が働くねじ締結の計算は、一般にVDIガイドライン2230 [25]に準拠する。このガイドラインにより、円筒形一条ねじ締結部品のねじ山における力と応力と、要求される締付けおよび緩めトルクを簡単に計算でき、かつ十分に信頼できる精度が得られる。円筒形一条ねじは、曲げ剛性の非常に大きな多条ねじ締結部品の一部と見なすことができる。逆に複雑な多条ねじ締結部品は、多くの場合一条ねじ締結部品の拡張版と見なすことができる。ただし、これにはねじの軸線が互いに平行であり、かつ端面に対して垂直であるということが前提条件になる。さらに、ねじで締結するコンポーネントも弾性体でなければならない。加えてここでは、考察対象が、予圧および応力の作用線が中心線と一致するねじ（図1、a）のみであることに留意する必要がある。被締結材の接合面が開くような大きな偏心応力については、VDI 2230（図1、b）を参照されたい。

強度区分

DIN EN ISO 898-1 [26]では、ねじの特性を小数点で区切った2組の数字で表わす。最初の数字は、最小引張強度の1/100の数値を示し、2番目の数字は、引張強度と降伏点の比の10倍を示す。2つの数字を掛け合わせると、最小降伏強度の1/10の値が得られる（例：8.8 → $R_e = R_{p0.2} = 640$ MPa）。

標準ナットの強度区分は、1組の数字で表示される。この数字は、同じ強度区分のボルトの最小引張強度の1/100の数値を示す。材料の特性を最大限活用するには、同じ強度区分のボルトとナットを組み合わせて使用するのが望ましい（例：ボルト10.9、ナット10のペア）。

ねじ締結部品の締付け

プレストレス

ねじ締結部品は、締結時の与圧のため f_{SV} mm だけ伸長し、被締結部品、あるいはプレートは互いに押しつけられ、f_{PV} mm 収縮する。変形量は寸法（断面積および長さ）と材料（縦弾性係数）によって決まる。フックの法則に従えば、弾性限界内の変形量は作用する縦方向の力に比例する。力 F と長さの変化 f の比をへたり係数と呼び、次式で表される。

$$R = \frac{F}{f} = \frac{E \cdot A}{l}$$

ねじと被締結体の剛性が分かれば（VDI 2230に基づいて算出できる）、予圧をかけたねじ締結部品の締付け線図を求めることができる。組付け後に力の均衡が生まれ、ボルトと被締結体の予圧が同じ大きさになる（図2a）。

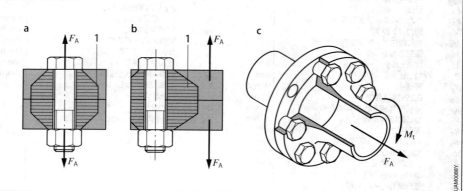

図1：ねじ締結部品に加わる応力
a 応力分布が対称なねじの軸線に荷重が作用する場合
b 応力分布が対称なねじに、偏心荷重が作用する場合
c 複数のねじによる締結
1 圧縮応力の作用領域

作用力

横方向の応力を受けるねじ締結部品 (作用力 F_Q がねじの軸線に垂直) の場合、接合面を介して被締結材間に摩擦力が働く。ねじの予圧によって発生する摩擦力が作用力より大きい場合、組付け時の締付け線図に変化はない。これは、ねじが外力を「感知しない」(いかなる反応も示さない) ことを意味する。

被締結体の接合面の摩擦係数を μ_T、ねじの数を n_S、摩擦面のペア数を i、滑りに対する安全係数を S_R とすると、必要な最小締付け力は次式で求めることができる。

$$F_{K,min} = F_V \geq \frac{S_R F_Q}{\mu_T n_S i}$$

外力 F_A が図1のようにねじの軸方向に作用すると、ボルトは f_A だけ伸長する。同時に被締結体締結部の収縮は同じ量だけ減少する。その結果、ボルトは F_{SA} の追加応力を受け、一方被締結体締結部に働く応力は F_{PA} だけ減少する。この場合、追加のねじ力 F_{SA} は、ねじの剛性と降伏によって決まる (図2b)。

ねじが柔らかければ柔らかいほど (引張ボルトが長くて細い)、軸方向の外力 F_A により発生する追加のボルト応力 F_{SA} は小さくなる。作用する外力が動的な場合 (シリンダーヘッドボルトなど) は特に、その種のボルトを使用するのが望ましい。

力の作用

ねじと被締結体締結部の剛性は、外力の作用点によっても左右される。外力 F_A が直接ねじ頭に軸方向に作用する場合、力の作用係数は $n = 1$、力が被締結体接合面に作用する場合は $n = 0$ となる。実際に加わる力は、この2つの極値の中間値となる (図3)。外部から引張力が作用した場合に、応力から解放されるのは被締結体締結部の一部だけである。また、締結長さが短くなるため、被締結体締結部のばね定数 R_P が小さくなる。締結部に働く応力がねじに加わるため、ねじは見かけ上、長くなり、軟らかくなる。このとき、n の値が小さければ、ねじに働く追加の力も小さくなる。これはねじの安全率に好影響を及ぼす。しかし、他方で締付け力が減少するので、締結機能には好ましくない影響を与える。

力の作用点に応じて力の作用係数 n を簡単に算出する方法はない。n ($0 \leq n \leq 1$) を推測するか、VDI 2230に基づき近似計算で求めるほかない。締付け線図中に記した力は、表2により計算することができる。

ねじの力と締付けトルク

計算モデル

ねじ締結部品に働く力を考察するにあたり、単純化のため、実際にはねじ山全体にわたって作用する接触圧力が1つのナット部品に集中的に働くものと考える。ねじを締め付けたり緩めたりするとナット部品がボルトのねじ部に沿って移動する。この運動は直線

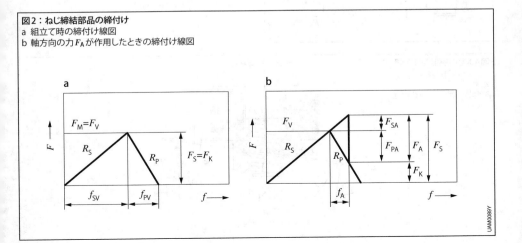

図2：ねじ締結部品の締付け
a 組立て時の締付け線図
b 軸方向の力 F_A が作用したときの締付け線図

表2：ねじの力（力の作用点との関係）

力	ねじ頭に力が作用 $n=1$	中間位置に力が作用 $0<n<1$	被締結体接合面に力が作用 $n=0$
最大ねじ力	$F_S=F_V+\Phi F_A$	$F_S=F_V+\Phi_n F_A$	$F_S=F_V$
締付け力	$F_K=F_V-(1-\Phi)F_A$	$F_K=F_V-(1-\Phi_n)F_A$	$F_K=F_S-F_A$
ねじに作用する追加の力	$F_{SA}=\Phi F_A$	$F_{SA}=\Phi_n F_A$	$F_{SA}=0$
被締結体に作用する追加の力	$F_{PA}=(1-\Phi)F_A$	$F_{PA}=(1-\Phi_n)F_A$	$F_{PA}=F_A$

ここに、$\Phi=\dfrac{R_S}{(R_P+R_S)}$、$\Phi_n=n\Phi$とする。

運動にすると斜面あるいはウェッジを昇る（または下る）動きで表される（図4）。

ねじ締結部品の締付け

締付け時にナット部品は周方向の力F_Uによってくさびで持ち上げられるように上へ押し上げられる。その結果発生する法線力F_Nにより摩擦力F_Rが生じる。摩擦力は運動と反対方向に作用し、摩擦角ρを有する。しかしながらすべての規格ねじ形状には図4の断面図に示すように傾斜フランクがある関係で、実際の法線力F_Nは傾斜ねじ面に対して垂直になる。このため平面示力図では、成分$F'_N=F_N\cdot\cos\alpha/2$だけが表れる。したがって、以下の式を適用して摩擦力を計算することができる。

$$F_R=F_N\cdot\mu_G=F'_N\cdot\mu'_G$$

ねじ軸線に平行な平面示力図を使って力を計算するために、以下の見かけの摩擦係数が用いられる。

$$\mu'_G=\frac{\mu_G}{\cos\alpha/2}=\tan\rho'$$

周方向の力が有効径d_2上に作用する場合、ねじのトルクは以下のようになる。

$$M_G=F_V\cdot\frac{d_2}{2}\cdot\tan(\varphi+\rho')$$

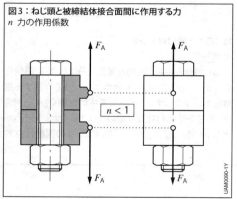

図3：ねじ頭と被締結体接合面間に作用する力
n 力の作用係数

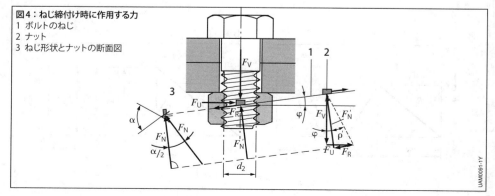

図4：ねじ締付け時に作用する力
1 ボルトのねじ
2 ナット
3 ねじ形状とナットの断面図

締付け時にねじに予圧F_Vを加えるには、頭部とナット座面間の摩擦を克服するために、ねじ部のトルクM_Gに頭部摩擦トルクM_{KR}を加えた締付けトルクが必要である。摩擦係数がμ_K、有効頭部摩擦径がD_{Km}の時、摩擦トルクは次式で求められる。

$$M_{KR} = F_V \cdot \mu_K \cdot \frac{D_{Km}}{2}$$

よって組立て時のボルト締付けトルクは、次式のようになる。

$$M_A = M_G + M_{KR} = F_V \left(\frac{d_2}{2} \tan(\varphi + \rho') + \mu_k \frac{D_{Km}}{2} \right)$$

<u>ねじ締結部品を緩める</u>

ねじ締結部品を緩める際、摩擦力は締付け方向と反対方向に働く。ねじを緩めるのに必要なトルク（解放トルク）は次式により求められる。

$$M_L = F_V \left(\frac{d_2}{2} \tan(\varphi + \rho') - \mu_k \frac{D_{Km}}{2} \right)$$

セルフロックねじ（$\varphi < \rho'$）の場合、緩めトルクはマイナスになる。これは、締付け動作と反対方向にトルクを作用させる必要があることを意味する。

ねじ締結部品の設計

<u>過大応力</u>

最小ねじ深さ$m = (1.0 \sim 1.5) \cdot d$が守られている場合に過大応力がかかると、ねじ締結部品はねじ山のせん断によってでなく、円筒形ねじ本体の破断により破損する。

<u>組付け時の応力</u>

ねじを予圧F_Vが加わるように締め付けると、ねじは引張応力を受けるだけでなく、ねじ部トルクM_Gのため、ねじり応力も受けることになる。締め付けたねじはねじ部の摩擦のため戻ることはなく、したがってねじり応力は締付け後もねじに作用し続ける。形状変化エネルギーの理論（「力学」、「基本原理」を参照）によると、ボルトの低減応力は次式で求められる。

$$\sigma_{red,M} = \sqrt{\sigma_{z,M}^2 + 3\tau_t^2} \leq \upsilon \cdot R_{p0.2}$$

引張応力は

$$\sigma_{z,M} = \frac{F_{V,max}}{A_S} = \frac{\alpha_A \cdot F_V}{A_S}$$

ねじり応力は

$$\tau_t = \frac{M_{G,max}}{W_t} = \frac{16 \cdot \alpha_A \cdot F_V \cdot d_2 \cdot \tan(\varphi + \rho')}{2 \cdot \pi \cdot d_3^3}$$

となる。

組付け時に避けることができない誤差は、締付け係数α_Aにより考慮する。トルク制御締付け（トルクレンチ）では$\alpha_A = 1.4 \sim 1.6$となり、パルス制御締付け（インパクトレンチ）では、$\alpha_A = 2.5 \sim 4.0$になる。

確実な機能性を確保するため、締付け後の応力を材料の強度限界に可能な限り近づける必要がある。これは、強度効率υとして考慮する。表3に、組立て時応力を標準最小降伏点の90％（$\upsilon = 0.9$）とする場合のさまざまな摩擦係数に対する許容予圧と締付けトルクを示す。

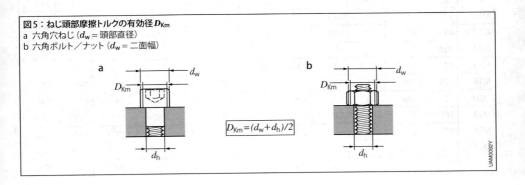

図5：ねじ頭部摩擦トルクの有効径 D_{Km}
a 六角穴ねじ（d_w = 頭部直径）
b 六角ボルト／ナット（d_w = 二面幅）

$$D_{Km} = (d_w + d_h)/2$$

静的応力

軸方向の力F_Aが作用すると、ボルトの引張応力が上昇する。動作状態ではボルトのねじり応力の影響は、組立て状態よりも小さいので、低減応力の計算にVDI 2230の計算式を適用できる。

$$\sigma_{red,B} = \sqrt{\sigma_z^2 + 3(0.5 \cdot \tau_t)^2} < R_{p0.2}$$

ここで、σ_zは次式で与えられる引張応力である。

$$\sigma_z = \frac{F_{S,max}}{A_S} = \frac{\alpha_A \cdot F_V + F_{SA}}{A_S}$$

振動応力

動的な力F_Aが作用する場合、変動応力成分σ_aは許容変動応力σ_Aを超えてはならない。次式が成り立つ。

$$\sigma_a = \frac{F_{S,max} - F_{S,min}}{2 \cdot A_S} \leq \sigma_A$$

許容変動応力σ_Aは強度区分には関係せず、呼び径にのみ依存する(表4)。

ねじ頭とナット座面間の接触圧

予圧が大きい場合、ねじ頭とナット座面の接触圧に注意する必要がある。過大な接触圧は、塑性変形と予圧の減少を引き起こすことがある。その結果、ねじ締結部が緩んでしまうことが考えられる。

最大ねじ力に対応する接触圧pは、許容接触圧限界p_Gを超えてはならない(p_Gのガイドライン値は表5を参照)。

$$p = \frac{4 F_{S,max}}{\pi (d_w^2 - d_h^2)} \leq p_G$$

表3：規格ボルトの許容予圧と締付けトルク(DIN 2230による)

| ねじ | 様々なねじ部摩擦係数μに対する組立て時の予圧F_V | | | | | | ねじ部摩擦係数$\mu = 0.12$の場合の締付けトルクM_A | | | | | |
| | F_V(単位：$10^3 \cdot N$) $\mu = 0.1$ | | | F_V(単位：$10^3 \cdot N$) $\mu = 0.2$ | | | M_A(単位：Nm) $\mu_K = 0.1$ | | | M_A(単位：Nm) $\mu_K = 0.2$ | | |
	8.8	10.9	12.9	8.8	10.9	12.9	8.8	10.9	12.9	8.8	10.9	12.9
M4	4.5	6.7	7.8	3.9	5.7	6.7	2.6	3.9	4.5	4.1	6.0	7.0
M5	7.4	10.8	12.7	6.4	9.4	11.0	5.2	7.6	8.9	8.1	11.9	14.0
M6	10.4	15.3	17.9	9.0	13.2	15.5	9.0	13.2	15.4	14.1	20.7	24.2
M8	19.1	28.0	32.8	16.5	24.3	28.4	21.6	31.8	37.2	34.3	50.3	58.9
M10	30.3	44.5	52.1	26.3	38.6	45.2	43	63	73	68	100	116
M12	44.1	64.8	75.9	38.3	56.3	65.8	73	108	126	117	172	201
M14	60.6	88.9	104.1	52.6	77.2	90.4	117	172	201	187	274	321
M16	82.9	121.7	142.4	72.2	106.1	124.1	180	264	309	291	428	501
M18	104	149	174	91.0	129	151	259	369	432	415	592	692
M20	134	190	223	116	166	194	363	517	605	588	838	980
M22	166	237	277	145	207	242	495	704	824	808	1151	1347
M24	192	274	320	168	239	279	625	890	1041	1011	1440	1685
M27	252	359	420	220	314	367	915	1304	1526	1498	2134	2497
M30	307	437	511	268	382	447	1246	1775	2077	2931	2893	3386

分離可能な結合　**441**

ねじ締結部品の戻止め機構

　ねじ締結部品の自然発生的な緩みは、予圧の完全あるいは部分的な喪失により生じるが、これらはねじ締結部品のへたり（緩み）あるいは被締結体接合面における相対運動（ねじ外れ）によって引き起こされる。

緩み

　塑性変形によるへたりf_zは予圧減少を引き起こす。へたりと予圧減少幅F_zの間には次式が成立する。

$$F_z = \frac{R_p \cdot R_S}{R_p + R_S} \cdot f_z$$

　へたりf_zの大きさ（単位：μm）は、表面特性と被締結体接合面の数に依存する（表6）。

　全体のへたりは、個々の構成部品のへたりの合計値に等しい。ただし、これが有効なのは、接触圧が限界を超えない場合のみである。限界を超えた場合極端なへたりが発生する。戻止め機構は、へたりを減らす、あるいは補正する働きをする。

　以下は、緩みに対して確実な防止策になる。

- 予圧を大きくする
- 弾性の大きなねじ締結部品を使用する
- 広い座面と十分なねじ深さにより接触圧を下げる
- 被締結体接合面の数を少なくする
- 塑性材料あるいは準弾性要素（シールなど）に応力が加わらないようにする

ねじ外れ

　動的な応力は、特に作用方向がねじ軸線に対して垂直な場合、十分な予圧のあるねじ締結部品であっても緩みの原因となる。横方向の動きが発生したときに、ねじ外れを防止するように作用し、締結機能を維持するのが戻止め機構である。適切な方策として以下が挙げられる。

- 接合面のフォームフィッティングにより、被締結体の横移動を防止する
- 弾性の大きなねじ締結部品を使用する
- 締結長を大きくする
- 予圧を大きくする
- 適切な戻止め機構を使用する（ロックあるいは接着エレメント、図6）

表4：許容変動応力 σ_A

径の範囲	M6〜M8	M10〜M18	M20〜M30
許容変動応力 σ_A（単位：N/mm²）	60	50	40

表5：接触圧限界 p_G の基準値（VDI 2230による）

材料	接触圧限界 p_G（単位：N/mm²）
GD-AlSi 9 Cu 3	290
S 235 J	490
E 295	710
EN-GJL-250	850
34 CrNiMo 6	1,080

表6：接触面の特性および被締結体接合面数とへたりf_zの関係

接触面粗さ	荷重	へたりf_z（単位：µm）		
		ねじ部	ねじ頭／ナットの座面あたり	被締結体接合面あたり
$R_z < 10$	引張／圧縮	3.0 3.0	2.5 3.0	1.5 2.0
$10 \leq R_z < 40$	引張／圧縮	3.0 3.0	3.0 4.5	2.0 2.5
$40 \leq R_z < 160$	引張／圧縮	3.0 3.0	4.0 6.5	3.0 3.5

図6：戻止め機構（例）
a 平頭セルフロックねじ　　b 平頭セルフロックナット　　c 止め座金（2枚組）

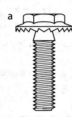
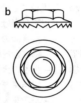

ねじの寸法

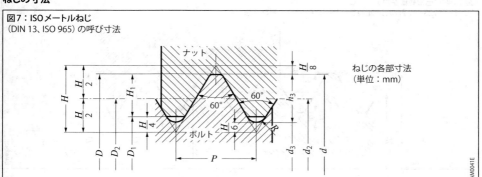

図7：ISOメートルねじ
（DIN 13、ISO 965）の呼び寸法

ねじの各部寸法
（単位：mm）

表7：メートル並目ねじ
呼称例：M8（ねじの呼び径 8 mm）

ねじの呼び径 $d=D$	ピッチ P	有効径 $d_2=D_2$	谷の径 d_3	谷の径 D_1	ねじ山高さ h_3	ひっかかりの高さ H_1	有効断面積 A_s (mm^2)
3	0.5	2.675	2.387	2.459	0.307	0.271	5.03
4	0.7	3.545	3.141	3.242	0.429	0.379	8.78
5	0.8	4.480	4.019	4.134	0.491	0.433	14.2
6	1	5.350	4.773	4.917	0.613	0.541	20.1
8	1.25	7.188	6.466	6.647	0.767	0.677	36.6
10	1.5	9.026	8.160	8.376	0.920	0.812	58.0
12	1.75	10.863	9.853	10.106	1.074	0.947	84.3
14	2	12.701	11.546	11.835	1.227	1.083	115
16	2	14.701	13.546	13.835	1.227	1.083	157
20	2.5	18.376	16.933	17.294	1.534	1.353	245
24	3	22.051	20.319	20.752	1.840	1.624	353

表8：メートル細目ねじ
呼称例：M8 x 1（ねじの呼び径：8 mm、ピッチ：1 mm）

ねじの呼び径 $d=D$	ピッチ P	有効径 $d_2=D_2$	谷の径 d_3	谷の径 D_1	ねじ山高さ h_3	ひっかかりの高さ H_1	有効断面積 A_s (mm^2)
8	1	7.350	6.773	6.917	0.613	0.541	39.2
10	1.25	9.188	8.466	8.647	0.767	0.677	61.2
10	1	9.350	8.773	8.917	0.613	0.541	64.5
12	1.5	11.026	10.160	10.376	0.920	0.812	88.1
12	1.25	11.188	10.466	10.647	0.767	0.677	92.1
16	1.5	15.026	14.160	14.376	0.920	0.812	167
18	1.5	17.026	16.160	16.376	0.920	0.812	216
20	2	18.701	17.546	17.835	1.227	1.083	258
20	1.5	19.026	18.160	18.376	0.920	0.812	272
22	1.5	21.026	20.160	20.376	0.920	0.812	333
24	2	22.701	21.546	21.835	1.227	1.083	384
24	1.5	23.026	22.160	22.376	0.920	0.812	401

図8：非自己密封継手用管用ねじ
（DIN ISO 228-1)、雌ねじと雄ねじがともに平行ねじ、呼び寸法

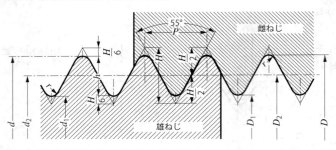

表9：呼称例：G1/2（ねじの呼び径：1/2）

ねじの呼び径	1インチあたりのねじ山数	ピッチ P mm	ねじ深さ h mm	山の径 d=D mm	有効径 $d_2=D_2$ mm	谷の径 $d_1=D_1$ mm
1/4	19	1.337	0.856	13.157	12.301	11.445
3/8	19	1.337	0.856	16.662	15.806	14.950
1/2	14	1.814	1.162	20.955	19.793	18.631
3/4	14	1.814	1.162	26.441	25.279	24.117
1	11	2.309	1.479	33.249	31.770	30.291

図9：ねじ込み管継手用ウイット管用ねじ
（DIN 10226-1)、平行雌ねじとテーパー雄ねじ、呼び寸法 (mm)

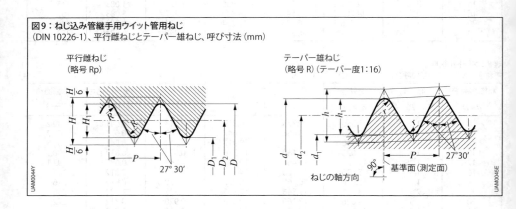

表10：ねじ込み管継手用ウイット管用ねじ

呼称 雄ねじ	呼称 雌ねじ	山の径 d=D	有効径 $d_2=D_2$	谷の径 $d_1=D_1$	ピッチ P	1インチあたりのねじ山数 Z
R 1/4	Rp 1/4	13.157	12.301	11.445	1.337	19
R 3/8	Rp 3/8	16.662	15.806	14.950	1.337	19
R 1/2	Rp 1/2	20.955	19.793	18.631	1.814	14
R 3/4	Rp 3/4	26.441	25.279	24.117	1.814	14
R 1	Rp 1	33.249	31.770	30.291	2.309	11

用途：平行雌ねじを持つ管と、テーパー雄ねじを持つ弁、継手、ねじ付きフランジなどを結合するために使う。

プラスチック部品のスナップ結合

特徴

スナップ結合は、プラスチック部品を取り付ける安価で効率的な手段で、分割ハウジングの接合、プラグコネクター、プラスチックハウジングへの部品固定に使われる。伸張性があり比較的強度が低いというプラスチックの特性を利用したものである。

すべてのスナップ結合には、弾性要素が結合プロセスにおいて位置決めラグの裏側にまではまり込む前に一時的にたわむという特徴がある。スナップ要素の結合角度によって、壊さずに取外しが可能な結合と、取外しができない結合を実現することができる（図1）。
スナップ結合の基本形状 [27]（表1）：

- 弾性スナップフック
  （片側に曲げスプリングが固定されている）
- ねじりスナップフック
- 弾性クリップ
- リングスナップ結合、分割タイプ（縦割り）もある
- 球状スナップ結合、分割タイプもある

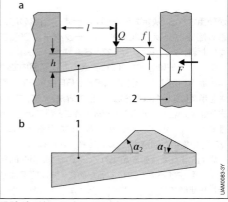

図1：スナップ結合の原理
a 決定変数
b 結合および解除角度
（取外し可能な結合：$\alpha_2 < 90°$
取外しできない結合：$\alpha_2 \geq 90°$）
1 弾性要素　　2 位置決めラグ
f たわみ量（後部）　l 長さ
h 固定断面の厚さ
F 結合力　　Q たわみ力
α_1 結合角度　　α_2 解除角度

設計ガイドラインとレイアウト

表1：スナップ結合の形状とタイプ [27]

形状	フックタイプ			リングタイプ		
				アニュラーリング／リング溝	アニュラーリング、分割型／リング溝	中空球体部
弾性要素	曲げばね	ねじりばね（＋曲げばね）	ロック要素により接続された曲げばね	アニュラースプリング	アニュラースプリング、分割型	アニュラースプリング
名称	（曲げ）スナップフック	ねじりスナップフック	弾性クリップ	リングスナップ要素	リングスナップ結合	球状スナップ要素
ばねの種類		A	B			

A ねじり軸の過剰伸長に対するストップ。
B ねじりスナップフック解除ボタンのある側は、噛み合いフックのある側より硬度の高い設計とする必要がある。

弾性要素は、プラスチックの許容伸張長さを結合プロセスで調整できるように設計されている。ここでは最悪の材料状態を考慮に入れておく必要がある（ドライポリアミドなど）。

伸張長さ依存割線係数

$$E_s = \frac{\sigma_1}{\varepsilon_1}$$

が使用される（決定方法を図2に示す）。当該の応力歪み図は、たとえば、CAMPUSデータベース[29]、または材料メーカーより入手できる。

応力を均等に分布し、ばね要素の曲げ範囲内で材料を最適利用するためには、根元から自由端までの厚さを半減しなければならない。別の方法として、フック先端までの幅を4分の1に短縮することができる。弾性要素のコンポーネントとの結合点における半径により応力の集中が回避されるので、推奨される。

応力により弾性要素がずれて、その結果、恒久的な変形が発生するのを防止するために、弾性要素は結合した状態では完全に初期状態に戻らなければならない。操作力によってスナップ要素に生じる引張応力は許可される。

結合時の許容たわみ（たわみ f）は、スナップフックの形状とプラスチックの許容伸張長さ ε によって決まる（表2）。さまざまな断面形状の計算式は、関連する技術文献から得ることができる（[28], [30], [31]）。あるいは、特別な計算プログラムによって与えられる。

たわみ力 Q の計算に含まれるのは、割線係数 E_s としてのプラスチック剛性と、曲げモーメント／断面係数 W としての形状である。

結合力 F はたわみ力 Q、結合角度 α_1（通常30°）、結合部品同士の摩擦係数 μ から計算式に基づいて計算される。

$$F = \frac{Q\,(\mu + \tan\alpha_1)}{(1 - \mu \tan\alpha_1)}$$

断面係数 W と摩擦係数 μ の値は、技術資料より求めることもできる（[28], [30], [31]）。

スナップ結合の解除力は、結合力と同じ計算式に基づいて計算される。その場合、スナップフックの解除角度 α_2（通常60°）が使用される。取外しができない結合の場合（$\alpha_2 \geq 90°$）、スナップオンアームの推進能力が強度を制限する。

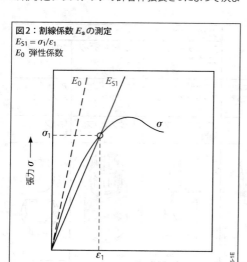

図2：割線係数 E_s の測定
$E_{S1} = \sigma_1/\varepsilon_1$
E_0 弾性係数

表2：スナップ結合部許容伸長 ε 基準値[28]
（1回結合したらそのまま取外し／再結合されることなく使用される場合の短時間許容される伸長長さ、何回も脱着を行う場合は下記より約40％低い値となる）

	材料	ε
半結晶	PE	0.080
	PP	0.060
	PA（条件付き）、POM	0.060
	PA（ドライ）	0.040
	PBT	0.050
非結晶	PC	0.040
	ABS	0.025
	PVC	0.020
	SAN	0.020
	PS	0.018
強化ガラス繊維	PA-GF30（条件付き）	0.020
	PA-GF30（ドライ）	0.015
	PA-GF50（ドライ）	0.005
	PBT-GF30	0.015
	PC-GF30	0.018
	ABS-GF30	0.012

計算プログラム

　さまざまなプラスチックメーカーが顧客サービスとして使いやすい計算プログラム（BASF社「Snaps」[32]、Covestro社「FEMsnap tool」[33]、Lanxess社「FEMSnap」[34]など）を提供している。メーカーの製品範囲に関するほとんどの材料データは、上記のプログラムに統合されている。スナップフックの設計を、コンポーネント開発の枠組みの中でFEM分析によりチェックすることも可能であり、また推奨される。

参考文献

[1] H. Haberhauer; F. Bodenstein: Maschinenelemente. 18th Edition, Verlag Springer Vieweg, 2017.

[2] Dubbel, Taschenbuch für den Maschinenbau. 24th Ed., Verlag Springer Vieweg, 2014.

[3] F. G. Kollmann: Welle-Nabe-Verbindungen, Springer-Verlag, 1984.

[4] DIN 471: Circlips (retaining rings) for shafts – Normal type and heavy type.

[5] DIN 981: Rolling bearing – Locknuts.

[6] DIN 6880: Bright key steel – dimensions, permissible variations, weights.

[7] DIN 6885-1: Drive type fastenings without taper action; parallel keys, keyways, deep pattern.

[8] ISO 14: Straight-sided splines for cylindrical shafts with internal centering; dimensions, tolerances and verification.

[9] DIN 5464: Straight-sided splines – Heavy series.

[10] DIN 5481: Serration splines.

[11] DIN 5480: Involute splines based on reference diameters.

[12] DIN 5482-1: Internal and external involute spline profiles; dimensions.

[13] DIN 7190: Interference fits – Calculation and design rules.

[14] DIN 254: Geometrical product specifications (GPS) – Series of conical tapers and taper angles; values for setting taper angles and setting heights.

[15] DIN 406-10: Engineering drawing practice; dimensioning; concepts and general principles.

[16] DIN 3990-1: Calculation of load capacity of cylindrical gears; introduction and general influence factors.

[17] DIN-Taschenbuch 10: Mechanische Verbindungselemente 1 – Schrauben, Nationale Normen. 24th Ed., Beuth-Verlag, 2017.

[18] DIN-Taschenbuch 45: Gewinde. 11th Ed., Beuth-Verlag, 2017.

[19] DIN-Taschenbuch 140: Mechanische Verbindungselemente 4 – Muttern. 10th Ed., Beuth-Verlag, 2016.

[20] H. Wiegand; K.-H. Kloos; W. Thomala: Schraubenverbindungen – Grundlagen, Berechnung, Eigenschaften, Handhabung. 5th Edition, Springer-Verlag, 2007.

[21]: DIN 13: ISO general purpose metric screw threads.

[22]: DIN 965: ISO general purpose metric screw threads.

[23] DIN EN ISO 228: Pipe threads where pressure-tight joints are not made on the threads.

[24] DIN EN 10226-1: Pipe threads where pressure-tight joints are made on the threads.

Part 1: Taper external threads and parallel internal threads; dimensions, tolerances and designation.

[25] VDI Directive 2230: Systematische Berechnung hochbeanspruchter Schraubenverbindungen (Systematic calculation of high-stress threaded fasteners). Beuth-Verlag: Sheet 1, 2015; Sheet 2, 2014.

[26] DIN EN ISO 898-1: Mechanical properties of fasteners made of carbon steel and alloyed steel. Part 1: Bolts, screws and studs with specified property classes – Coarse thread and fine pitch thread.

[27] U. Delpy u.a.: Schnappverbindungen aus Kunststoff. Expert Verlag, 1989.

[28] A. Maszewski.: Schnappverbindungen und Federelemente aus Kunststoff. Anwendungstechnische Information, Bayer AG, 2000.

[29] http://www.campusplastics.com.

[30] G. W. Ehrenstein (Editor): Handbuch Kunststoffverbindungstechnik. Carl Hanser Verlag, 2004.

[31] T. Brinkmann: Produktentwicklung mit Kunststoffen. Carl Hanser Verlag, 2010.

[32] http://www.plasticsportal.net/wa/plasticsEU~de_DE/portal/show/common/content/technical_resources/calculation_programmes.

[33] http://www.plastics.covestro.com/en/Engineering/Tools/FEMSnap-tool.

[34] https://techcenter.lanxess.com/scp/emea/en/techServscp/article.jsp?docld.

分離できない結合

溶接技術

　自動車のコンポーネント類やサブアセンブリー類の接合には、広範で多様な種類の溶接技術や結合技術が使用されている（[1], [2]）。最も一般的に用いられる溶接法には、抵抗圧力溶接法と融接法がある。図1に製造技術に使われる最も重要な抵抗溶接の手順を示す（手順の種類と記号に関しては、DIN 1910、Part 100, [3]を参照のこと）。

抵抗溶接法
スポット溶接法
　スポット溶接法は、接合する部位の接触面に局所的に電流を流し、半溶融状態または液状にする。そして接合する部位に圧力を加えながら接触点を接合する（図2a, 2b）。溶接電流を流すスポット溶接電極は、接合する部分（継手）に加圧力も加える。溶接継手を形成するために必要な熱量は、次の式で求められる。

$$Q = I^2 R t \text{（ジュールの法則）}$$

　必要な熱量Qの値は、溶接電流量I、抵抗R、および通電時間tの関数となる。スポット直径が十分に大きく、確実な結合をもたらす溶接部を得るためには、溶接電流I、電極加圧力F、および通電時間tを調整する必要がある。

　スポット溶接は、電流の流し方によって、次の2種類に分類される。
– 双方向直接スポット溶接（図2a）
– 1方向間接スポット溶接（図2b）

　スポット溶接電極は、作業内容に応じた形状、外径、および先端部の直径のものを選択する。溶接を始める前に、必ず接合部位から、金ごけ、酸化膜、塗料、グリース、油膜などを完全に除去しなければならず、必要に応じて、溶接の前に接合部位に適切な表面処理を施す。

用途：
– 1枚の板厚が3mm以下の板材の接合：重ね接合または溶接フランジ
– 異なる板厚と板材（複数または2枚）の接合
– 接着剤を使ったスポット溶接結合

抵抗プロジェクション溶接法
　プロジェクション溶接（図2c）は、表面積の大きい電極を使用して、加工母材に溶接電流と電極加圧力を与える方法である。突起部（プロジェクション）は、一般的に、肉厚の大きい側の加工母材をエンボス加工して形成され、電流を接触面に集中させる働きをする。同時に、突起部は電極の加圧力により、溶接中に部分的または全体的につぶされる。そして、溶接のつなぎ目に沿った部分の接触点に、恒久的に分離できない接合ができる。突起部の形状（円形、線形または環状）や溶接装置の出力に応じて、1ヶ所または複数ヶ所の溶接が同時に行われる。プロジェクション溶接は、接続部の数によって、シングルプロジェクション溶接とマルチプロジェクション溶接に分類される。

図1：DIN 1910-100による抵抗溶接工程の分類

```
┌─────────────────────┐
│ 圧力溶接法           │
└─────────────────────┘
┌─────────────────────┐
│ エネルギー源：電流   │
└─────────────────────┘
┌─────────────────────┐
│ 抵抗溶接法           │
└─────────────────────┘
        ┌─────────────────────────┐
        │ 抵抗スポット溶接法       │
        └─────────────────────────┘
        ┌─────────────────────────┐
        │ 抵抗プロジェクション溶接法│
        └─────────────────────────┘
        ┌─────────────────────────┐
        │ シーム溶接法             │
        └─────────────────────────┘
        ┌─────────────────────────┐
        │ マッシュ抵抗溶接法       │
        └─────────────────────────┘
        ┌─────────────────────────┐
        │ バットシーム溶接法       │
        └─────────────────────────┘
        ┌─────────────────────────┐
        │ フラッシュ溶接法         │
        └─────────────────────────┘
```

プロジェクション溶接では、大量の溶接電流を短時間のうちに加える必要がある。

用途：
- 肉厚の異なる材料を接合する場合
- 1つの工程で数ヶ所を溶接する場合

シーム溶接法

この溶接法（図2d）では、スポット溶接法で用いるスポット溶接電極の代わりに、ローラー型電極を用いる。ローラーと加工母材との接触面積は、できるだけ小さく抑える。ローラー型電極で溶接電流と電極加圧力を与えながら、加工材を移動させると、その動きに合わせてローラーが回転する。

用途：
- 密閉性を要する製品や連続的なスポット溶接を行う製品（たとえば、燃料タンク）などがある

フラッシュ溶接法

フラッシュ溶接（図2e）は、加工母材の突合せ先端部に適度な圧力を加え、電流を流して接合する。接触面では、電流によって局部的に熱が生じ、高い電流密度のため溶融する（電流は銅製の保持具を介して供給）。金属の蒸気圧で溶けた材料が周辺部に追いやられ（バーンオフ現象）、力が加えられることによって、突合せ部がアップセット（膨径）溶接される。

突合せ面は、互いに平行に、かつ力が加えられる方向に対して直角（あるいは、それに近い状態）になっていなければならない。表面は滑らかでなくてもよい。

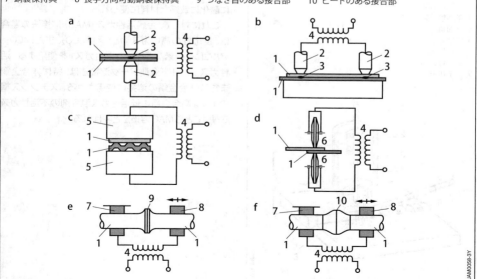

図2：抵抗溶接方法
a 双方向直接スポット溶接法　　b 一方向間接スポット溶接法　　c プロジェクション溶接法
d シーム溶接法　　e フラッシュ溶接法　　f バットシーム溶接法
1 接合部　　2 スポット溶接電極　　3 溶接スポット　　4 変圧器　　5 大表面電極　　6 ローラー型電極
7 銅製保持具　　8 長手方向可動銅製保持具　　9 つなぎ目のある接合部　　10 ビードのある接合部

フラッシュ溶接の工程では損失が生じるので、これを吸収するために、長さにある程度の余裕を持たせることが必要となる。溶接部には、この方法特有の突起（バリ）が形成される。

用途：
- 突合せ継手の接合：リム、リンクチェーンなど
- 修理工場における溶接：帯のこの溶接など

バットシーム溶接法
　この溶接法（図2f）は、接合する母材に溶接電流を流すために銅製の保持具を使用する。溶接温度に達すると電流を遮断し、突合せ面に一定の力を加えて加工母材を溶着する（溶接面は適切に機械加工されていることが必要）。この溶接法では、突合せ面に異物の付着があっても、それを完全に排除することはできない。仕上がりは、特徴のある突起したビードを伴う溶接となる。

用途：
- 突合せ継手の接合：シャフト、車軸など

融接法

「融接法」とは、局部的に熱を加えてその部分を溶融し、接合する方法であるが、融接法では圧力を加えない。シールド（不活性ガス）アーク溶接法は、融接法の一種である。この溶接法は、電極と加工母材の間に形成されるアークが熱源となる。同時に、不活性ガスの層が、アークおよび溶融部分を覆い、空気を遮断する。使用する電極の種類によって、次のような方法に分けられる。

タングステンイナートガス溶接法
　この溶接法では、加工母材と非溶融性のタングステン電極との間で安定したアークが維持される。シールド（不活性）ガスとして、アルゴンまたはヘリウムを用いる。棒状の溶接材料は側部から送り込まれる（図3）。

ガスシールド金属アーク溶接法
　ガスシールド金属アーク溶接法では、溶接材料を兼ねるワイヤー電極先端の溶融部分と加工母材の間で、アークが発生する。溶接電流は、トーチホルダーの電流接点ノズルを通って、ワイヤー電極へと流れる。金属不活性ガス（MIG）溶接法では、シールドガスとして、不活性ガス（反応の遅い希ガス：アルゴン、ヘリウム、またはこの混合ガス）を使用する。MIG溶接法は、アルミやマグネシウム、チタンやニッケル合金等、特に酸化に敏感な材料に使われる。
　これに対して、金属活性ガス（MAG）溶接法の場合は、反応性の高いガス（たとえば、CO_2、またはCO_2、アルゴン、酸素などを含む混合ガス）を使用する。活性ガスシールド金属アーク溶接法は、特に非合金鋼または低合金鋼の溶接に使用される。ステンレス鋼のような高合金用に低活性ガス混合剤の不活性ガスを使うこともMAG溶接法と呼ばれる。

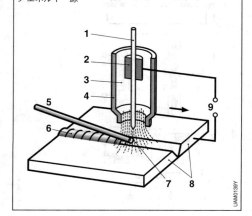

図3：タングステンイナートガス溶接法の原理
1　タングステン電極
2　電流接点チューブ
3　不活性ガス
4　不活性ガスノズル
5　溶加材
6　つなぎ目
7　アーク
8　加工母材
9　エネルギー源

レーザー光線溶接法

レーザー光線溶接法 (または短くレーザー溶接法) は、溶接される加工母材の溶融のためのエネルギー源として光を使う。単色レーザー放射は、各励起媒体で波長が決定されるレーザー源により発生する。産業用には、CO_2レーザーおよびNdYAGレーザー (固体レーザー) が使用されている[5]、[6]。ダイオードレーザーとファイバーレーザーも新しく開発されている。

波長によって、屈折鏡 (CO_2レーザー) または光ファイバー (例、NdYAGレーザー) のあるチューブガイドがビームをビーム発生器から溶接部に照射するために必要となる (図4)。レーザービームを溶接のエネルギーに使うためには、鏡やレンズ装置を使ってビームの焦点を合わせなければならない。これによって、溶接部で非常に高いエネルギー束密度を得ることができ、特に深くと同時に、狭いつなぎ目を作り出す深溶け込み溶接効果を生み出すことができる。最も単純な場合では、溶加材なしに溶接を行なうことができる。

焦点を合わせる集束装置に対して加工母材を送る、または加工母材に対して光学ユニットを動かす、あるいは両者を組み合わせて、つなぎ目に沿ってビームを照射する。光ファイバーを使った装置は、たとえば、三次元的つなぎ目をロボット制御溶接する際、集束装置を動かすのに特に適している。

遠隔溶接の場合は、集束光学系の集束鏡または集束レンズを移動させることにより、ビームを比較的遠距離 (集束装置の長い焦点距離により) から加工母材に照射する。

複数の機械加工ステーションをビームスイッチを使って1つのビーム発生器で作動させることもできる。

用途:
− ボディー製造における、重ね継手を使った鋼板の接合
− シャーシやアセンブリーコンポーネントでの、非合金または低合金鋼板を突合せ継手として接合
− 排気ガス装置での高合金鋼の結合
− シート装備の結合
− アルミ合金の結合 (溶加材を使用)

その他の溶接加工

自動車業界においては、次の溶接加工法も使われている [5]、[6]。
− 電子ビーム溶接法
− 摩擦溶接法
− アーク圧力溶接法 (スタッド溶接法)
− 保存エネルギー溶接法 (パルス電流アーク溶接法)

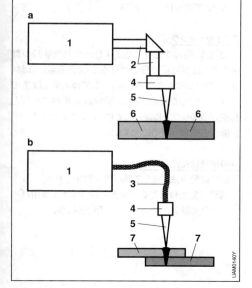

図4:レーザー光線溶接法の原理
a 鏡によるビームの誘導
b 光ファイバーによるビームの誘導
1 ビーム発生器
2 屈折鏡によるビームの誘導
3 光ファイバーによるビームの誘導
4 集束装置
5 集束レーザービーム
6 溶接つなぎ目のある加工母材 (突合せ継手)
7 溶接つなぎ目のある加工母材 (重ね継手)

はんだ付け技術

　はんだ付けは、追加する材料（はんだ材）を溶かし、類似または異なる組成の金属の複数箇所を恒久的に接合する。はんだ付けを行うときは、フラックスまたはシールドガスを使用する（[7], [8], [9]）。

　フラックス（非金属物質）は、はんだ部から洗浄後に酸化層を除去し、新しい層が形成されるのを防ぐために塗布される。これによって、一貫性のあるはんだ被覆を接合表面に形成することができる。フラックスに関する情報は、DIN EN ISO 9454-1 [10] およびDIN EN 1045 [11] を参照のこと。

　はんだの溶融温度は、結合する部品の溶融温度よりも低い。したがって、接合する部分は溶融せずに、はんだがその表面に結合することで接合される。

　はんだ接合部の強度は、母材のそれに等しくできる。必要な強度を得るためには、はんだの隙間を狭くして隣接する高い強度の母材がはんだの変形を防ぐようにしなければならない。

　はんだ接合部について説明するには、温度範囲や熱源および接合部形状（構造）に言及することになる。はんだ接合は、加工温度によって軟ろう付けと硬ろう付けに分類される。はんだが溶融して分散し、接合される加工母材間に結合部を形成する。加工温度は、このときの結合部表面の最低温度として定義される。はんだに関する情報は、DIN シート DIN EN ISO 9453 [12]、DIN EN ISO 12224-1 [13]、DIN EN ISO 17672 [14] に記載されている。

　接合部の形状に関しては、密閉継手はんだ付け法（はんだの隙間が0.5 mmまで）とV継手ろう付け法（はんだの隙間が0.5 mmを超過する）の分類がある。

加工温度による分類
軟ろう付け
　溶融温度が450℃以下のはんだ付け材（スズなど）を用い、恒久接合する方法を、軟ろう付けという。溶融温度が200℃以下での軟ろう付けは、簡易はんだ付けとして知られる。

軟ろう付けの用途：
– 電気工学における接点への利用がある（プリント基板のフローソルダリングなど）

硬ろう付け
　溶融温度が450℃以上のはんだ付け（ろう付け）材（銅、銅亜鉛合金、銀合金。銀ろう付け材など）を用い、恒久接合する方法を、硬ろう付けと呼ぶ

ろう付けの応用例
– V継手ろう付け法：ボディ製造用の異なる表面品質および肉厚の違いが大きい鋼板
– 密閉継手はんだ付け法：ラジエーターやアセンブリー用の配管類

製造方法
　はんだ接合部を説明するための他の基準としては、加熱方法がある。最も重要な加熱方法は、スウェッティング、誘導加熱はんだ付け法、直火はんだ付け法、およびこてはんだ付け法である。

スウェッティング
　加熱は、明確な温度特性および時間特性を持つ貫通形または真空炉で行なわれる。炉に入る前に、母材は固定され、はんだがペーストとして挿入または塗布される。フラックスの追加は必要ない。炉内の状況と真空がフラックス機能として作用し、コンポーネント表面に残留物が残ることはない。

誘導加熱はんだ付け法
　加熱は誘導法によって局所的に制限される。
　誘導加熱法は、主に冷却水あるいはオイル用パイプなどの丸型コンポーネントに用いられる。

分離できない結合 **453**

直火はんだ付け法

加熱は個々のトーチを使うか、またはガス加熱装置の中で行なわれる。はんだ付け作業の種類により、酸素アセチレンバーナー（ガス溶接で一般的に使われる）、プロパントーチ、または、はんだ付け用ランプのいずれかを使用する。棒状のはんだが側部から送り込まれる。フラックスは別途に塗布するか、あるいはフラックスを含有したはんだが用いられる。

直火はんだ付け法は、きわめて小さいバッチおよびプロトタイプの製造、あるいはパイプなどの再加工や修理に用いられる。

こてはんだ付け法

手または機械で操作されるはんだごてが熱源となる。はんだごては、前もってめっきされている接合面の加工にも使用できる。

こてはんだ付け法は軟ろう付けでのみ用いられる方法である。

その他の加工法

－ 塩浴はんだ付け
－ 浸漬はんだ付け
－ 抵抗はんだ付けおよび
－ MIGはんだ付け
－ プラズマはんだ付けおよび
－ レーザーはんだ付け

密閉継手はんだ付けとV継手ろう付け

さらにはんだ付け作業の際にどの位置にフラックスを塗布するかにより、密接接合はんだ付けとV継手はんだ付けの分類がある。

密閉継手はんだ付け

はんだの隙間は液状のはんだが毛細管現象によって隙間に入り込むことで埋められる。はんだ接合部の強度は、完全に母材の強度によって決まる。典型的な製造工程にはスウェッティングや直火はんだ付け、誘導加熱はんだ付けがある。

V継手ろう付け

はんだの隙間は重力によって埋められる。はんだ接合部の強度は、特にはんだ溶加材の強度によって決まる。典型的な製造工程としてはアークはんだ付けやレーザーはんだ付けがある。

接着技術

接着剤

接合する部分の構造を大きく変えることなく、接着と内部強度（結合）により加工母材（接合する部品）を接合できる非金属材料を接着剤という。接着剤により、同質のまたは異質の材料同士を恒久的に接合できる。

有機接着剤および無機接着剤は、硬化するにつれてまず化学・物理的相互作用（接着あるいは粘着力）により材料表面に付着し、続いて必要な構造的強度（結合）を生じさせる。化学的性質により、接着剤はたとえば、室温で硬化するもの、高い温度で硬化するものまたは紫外線の照射で硬化するものなど、さまざまなメカニズムがある。

化学的基本構造と処方に従って、特定の時間の間硬化（架橋反応）と接着が生じるが、これは温度や湿度の影響を受ける。硬化反応は重合、重付加、縮重合と呼ばれる。その結果、立体的に結合した高分子が生成される。接着剤は、その硬化温度によって室温で硬化するものと、高温（100 ～ 200 ℃）で硬化するものに分類される。

接着剤は、その成分と供給形態により、1液接着剤と2液混合接着剤の2種類に分けることができる。

2液混合接着剤

この接着剤は2種類の液剤で構成されていて、硬化させるために互いに混合させる必要がある。2液の化学量論混合比は正確でなければならない。液剤Aはベース樹脂を含有する。第2液剤（液剤B）は、架橋反応を起こし、液剤Aからの樹脂分子を相互に結合する硬化剤を含有している。硬化剤には、硬化促進成分が加えられていることもある。硬化は通常室温で起こるが、温度を少し上げることで（80～120 ℃）硬化が促進され、接着が素早く完了する。

1液接着剤

この種の接着剤は、1回の作業で接合を完成させるのに必要な全成分を含有している。このシステムには、1つの反応相に存在する反応成分（モノマー、樹脂および硬化剤、予め混合させた2液接着剤）間の早すぎる化学反応（硬化）を防止する抑制剤が含まれている。1液接着剤では、2液混合接着剤において必要となる液剤の混合プロセスは不要である。

硬化は、化学組成に応じて高温（オーブン内、誘導加熱や赤外線照射）、紫外線照射あるいは大気湿度により引き起こされ、実現されなければならない。このプロセスでは硬化抑制材が中和され、接着剤に含まれる硬化促進剤が放出されて硬化プロセスが促進される。

ほとんどの1液接着剤は、使用の直前まで低温状態で保存しなければならない（導電性接着剤は－20℃までの冷凍庫、構造物接着剤とシーラントは4〜10℃の低温倉庫）、またUV接着剤は暗所で保存する必要がある。

接着剤接合部の構造について

接着剤接合部は、ほぼせん断応力だけがかかるように設計しなければならない。結合部が重なっている場合、特に適している。ただし、引張応力やせん断応力がかかる突合せ接合は、避けるべきである。

溶接、ねじ止めまたはリベット接合などその他の接合方法と接着方法を組み合わせることで、有益な効果を得ることができる。接合スポットが接着剤が硬化する間、コンポーネントを固定する。たとえば、溶接スポットやリベットスポットのエッジでの応力の集中を最小化することもできる。さらに、スポット溶接と接着を組み合わせた構造物は、動的負荷に対し、より大きな強度、剛性、および減衰特性を示す。

接着剤の例と技術的に可能な用途

最も重要な接着剤はエポキシ樹脂、シリコン、ポリウレタンおよびアクリレートである。

シリコンおよびポリウレタン接着剤

特に動的負荷を伴う接着において重要であるが、媒体（水など）に対する気密性が求められる場合にも重要である。しかしながら媒体（極性の有無）によっては、柔軟な接着剤が膨張するリスクがある（燃料など）。このプロセスは、作動中にシステムを再乾燥させることが可能で接着剤がいかなるダメージ（膨張による材料の脆化など）も受けていないなら可逆的である。その柔軟性（弾性特性）により、この接着剤は適用温度範囲内において、ボンド内では低い機械的な応力のみが発生するという変形能（－60℃〜－40℃の結晶化温度より高い温度での弾性係数）により、接合する部分の異なる熱膨張率を補正できる。ポリウレタン接着剤に比べ、シリコン接着剤は最高約220℃までの高温での用途にも高い適性を示す。

エポキシ接着剤

一方エポキシ接着剤はその化学的構造により、総じて非常に脆く硬い接着剤であり、最高約200℃の高温で使用可能である。柔軟な接着剤に比べ、液状媒体中で膨張する心配はずっと少ない。高強度エポキシ樹脂は、シリコンのように、適用温度範囲において接合する部品の熱膨張率の違いに起因する接着部における機械的応力を変形能（伸長）により補正することはできない。例外は、特殊な化学的構造（衝撃耐性変更）により、衝突時に発生する特に機械的な力とエネルギーを軽減し、客室の構造的一体性を維持するためにボディ製造工程の接着専用に使用される接着剤である。エポキシ接着剤は接着が容易で非常に強い接着力がある（ガラス転移温度までの高い弾性係数、ガラス転移温度は、接着剤成分の化学的組成に応じて80〜200℃の範囲となる）。

分離できない結合　455

アクリレート接着剤

　アクリレートは硬化反応が速いため、生産工程での使用には非常に魅力的である。液剤の混合により硬化するもの、高い温度で硬化するもの、大気中の湿度に反応して数分から数秒で（強力瞬間接着剤）硬化するものなどがある。一方、アクリレートはシリコンやエポキシ接着剤のように約120 °C以上の温度や腐食性の媒体内においても顕著な熱力学的挙動を表すことはない。

自動車での用途

　接着剤による結合は、自動車製造における標準的な結合技術の1つとなっている。分野別の適用は以下のようになっている。
- 電子コンポーネント：センサー、ECU、およびビデオシステムのシール／ボンディング、電源モジュールや電子回路における電子コンポーネントの電導および熱伝導ボンディング
- 電動モーター：ローターと固定子の磁気結合
- ボディシェル：取付け部品の隆起シームおよびブレースボンディング
- 組立ライン：ウインドシールドへの断熱材、装飾フィルム、モール、ミラー支持ブラケットの取付け
- 部品製造：ブレーキパッド、合せ安全ガラス（LSG）の接着、振動吸収のためのゴムと金属との接着

リベット接合技術

従来のリベット接合技術

手順

　リベット接合は、同じ材質または違う材質の2つ以上の部品を恒久的に接合するのに使用される。接合される加工母材はドリルまたはパンチによって穴あけされる。その後、接合要素としてリベットを穴に挿入する。リベット接合は、応用分野と構造的特徴によって、次のようなカテゴリーに分類される。
- 恒久的で大きな強度を持つ接合部（機械や工場設備などの、力を受けるジョイント部）
- 強度と密閉性が要求される接合部（ボイラーや圧力タンクなど）
- 高度の密閉性が要求される接合部（パイプ、バキューム機材など）

　リベット接合は、作業時の温度によって、冷間リベット接合と熱間リベット接合とに分類される。冷間リベット接合は、リベット継手の直径が10 mmまでで、鋼、銅、銅合金、アルミニウムなどに使用される。直径が

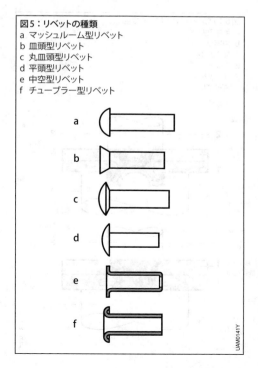

図5：リベットの種類
a　マッシュルーム型リベット
b　皿頭型リベット
c　丸皿頭型リベット
d　平頭型リベット
e　中空型リベット
f　チューブラー型リベット

10 mmを超える場合は、熱間リベット接合で取り付けられる。

一般的なリベットの種類としては（図5, [15] 〜[20]）、マッシュルーム形リベット（DIN 660）、皿頭型リベット（DIN 661）、丸皿頭型リベット（DIN 662）、平頭型リベット（DIN 674）、中空型リベット（DIN 7339）、チューブラー型リベット（DIN 7340）がある。

また特殊用途に多く用いられるリベットとして、爆発リベットやブラインドリベットなどもある。ブラインドリベットは中空型リベットで、ドリフトまたはパンチで打ち込む。

また、リベットはしばしば機能要素として使用する目的で設計されることもある。たとえば、ボルトポイントとしてのリベットナットやクリンチボルトである。

リベット材料の強度特性と化学的組成はさまざまな国家規格あるいは国際規格で規定されている。電気化学的腐食を回避するためには、できるだけリベットと母材は同じ材料にすることが望ましい。

機械技術一般および圧力容器の分野では、リベット接合に代わって溶接が使われるようになってきている。

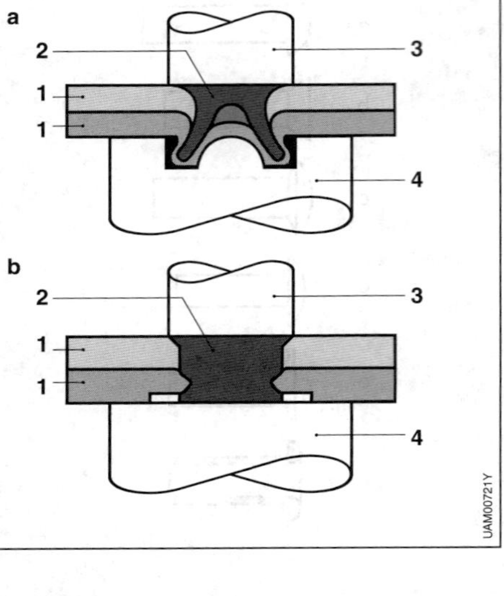

リベット接合の長所と短所

- 溶接と違って、材質硬化や分子組成の変化などの影響がない。
- 母材が歪むことがない。
- 異なる材質を接合するのに適している。
- リベット接合により母材の強度が低下する。
- 突合せ面の接合ができない。
- 溶接よりリベット接合のほうが、加工コストが一般的に割高になる。

自動車での用途

- ピボット／ジョイントピンのリベット接合（パワーウインドウ装置、ヒンジ、ウインドシールドワイパーの連結部など）
- 補強板のリベット接合（補修時）

パンチリベット
手順

パンチリベット加工は、切削と接合を1つの工程で行う結合法で、打抜き加工とリベット要素（中実リベットまたは半中空リベット）によってせん孔なしで中実材を接合する。したがって、他のリベット接合で準備作業として必要となるせん孔や下穴加工は必要ない。

半中空リベットによるパンチリベット

半中空リベットを使うパンチリベット（図6a）では、まず最初に接合する部材の接合点を（下側）ダイプレート上に設置する。パンチが下降して半中空リベットを打ち込むと、リベット底部は上層の母材を貫通し、下層材料に押し込まれる。これが1回の打抜き工程で行われる。リベットの底部が広がり、結合部品として機能するため、通常、下側金属板が打ち抜かれることはない。

中実リベットによるパンチリベット

中実リベットを使ったパンチリベット接合（図6b）の第一段階は、接合する母材の接合点をダイプレート上に配置することである。ブランクホルダーを含むリベット装置の上部が降下し、リベットダイが一回の打ち抜き動作でリベットを母材にプレスする。

図6：パンチリベットによる接合
a 半中空リベット
b 中実リベット
1 加工母材
2 パンチリベット
3 リベットダイ
4 ダイプレート

使用する装置

　油圧式接合装置が接合部を作るために使われる（油圧式接合装置で接合部を形成する）。この種の装置では、リベットダイとリベットプレートは非常に堅固なC字型の型枠に配置されている。リベットはリベット工具へバラで、またはマガジン式キャリアストリップで供給される。

リベットの材質

　リベットは、接合する母材より硬い材質でなければならない。一般的には、鋼、ステンレス鋼、銅、および各種の表面処理を施したアルミニウムなどが使われる。

特長

− 同種および異種の材質（たとえば、鋼、プラスチックまたはアルミ）、さまざまな肉厚および強度の母材や塗装された鋼板を接合できる。
− 前もって穴抜きまたは穴あけ加工や加熱、真空抽出を行なう必要がない。
− 接合できる材質の合計肉厚は、鋼板で6.5 mm、アルミでは11 mmである。
− 接合工程では最小限の熱と雑音しか発生しない。
− 工具寿命は長く（約300,000回のリベット打ち）、接合品質は長期間にわたって一定。
− プロセスパラメーターを監視することにより、高いプロセス信頼性が得られる。
− 大きな力を加えなければならない。
− リベット工具のトングの突起を大きくすることは、剛性要件による制約の範囲内でのみ可能である。

用途

− 中実リベットによるパンチリベット：金属板の接合、乗用車のパワーウィンドウ用駆動装置など
− 半中空リベットによるパンチリベット：乗用車のボディの接合、白もの（大型家電製品）の接合部、金属と複合材料の接合（熱遮へい板）

打ち抜きクリンチング工程

加工プロセス

　打抜きクリンチング（「クリンチング」）は、打抜き、冷間鍛圧、そして加熱せずに行う連続接合操作を組み合せた、機械的な接合工程によって成り立つ。この原理に基づき、形成による接合工程と位置づけることができる（DIN 8593-5, [21]を参照）。

　切断を伴うか伴わないか、および接合部の形状が丸みを帯びているか四角形なのかで分類される。

「トクスクリンチング」

　工程のバリエーションによっては、元々の製造業者の用語で呼ばれるクリンチングの種類がある。切断を行なうことなく丸いダイを使って打ち抜きクリンチングを行なう「トクスクリンチング」がその例である（図7b）。「トクスクリンチング」に使われる工具は比較的小さなものである。その直径はさまざまで、特定の用途に合うようになっている。「トクスクリンチング」における典型的なダイの打抜き力と打抜きストロークとの関係は、5つの特性段階に分けることができる(A〜E)（図8）。

打ち抜きクリンチング

　打ち抜きクリンチング（図7a）は、現在のところ、厚さ3 mmのブランクを接合できる。このため、接合される2つのブランクの合計厚さは5 mmを超えてはならない。接合されるブランクの材質は同じでもよいし（たとえば、鋼と鋼）、異なるものでもよい（鋼と非鉄金属など）。打ち抜きクリンチングはコーティングされた金属や塗装された部品、および接着剤が塗布された部品の加工にも使用できる。マルチ打ち抜きクリンチングは、1つの工程（プレス機のストローク1回など）で、複数個所（50ヶ所以内）の接合を行なうときに使用する。

打抜きクリンチングの長所と短所
- 騒音防止のため囲いこむ必要がない。
- トクスクリンチングは広範囲にわたって防錆処理を損なうことがない。
- 切断が伴うと、防錆処理が部分的に損なわれる。
- 熱応力による変形がない。
- 塗装、保護膜（オイル、ワックスを持つ母材）、接着された複合パネルも加工できる。
- 異なる材質のパネル（鋼とプラスチックなど）も接合できる。
- エネルギーが節約できる。溶接のように電力を必要とせず、冷却水の必要もない。
- 加工母材の片側にリベット頭部に似た形状の突起ができ、その反対側には突起形状に応じたくぼみができる。

自動車での用途
- スチールおよびアルミボディ
- ウインドシールドワイパーのブラケット
- ドア内側パネルの締付け
- ヒンジ、ロック
- シートシステム

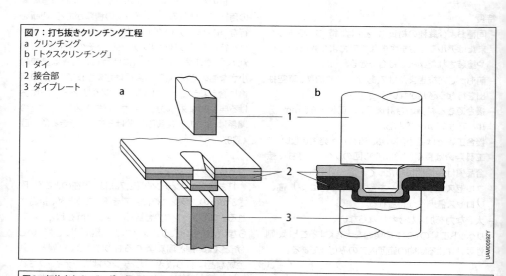

図7：打ち抜きクリンチング工程
a　クリンチング
b　「トクスクリンチング」
1　ダイ
2　接合部
3　ダイプレート

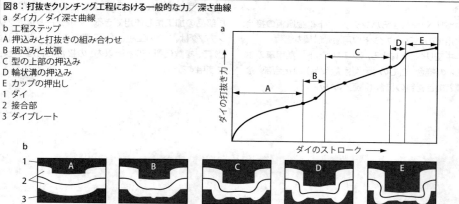

図8：打抜きクリンチング工程における一般的な力／深さ曲線
a　ダイ力／ダイ深さ曲線
b　工程ステップ
A　押込みと打抜きの組み合わせ
B　据込みと拡張
C　型の上部の押込み
D　輪状溝の押込み
E　カップの押出し
1　ダイ
2　接合部
3　ダイプレート

参考文献

[1] Fügetechnik Schweißtechnik; 7th Edition, DVS Media, 2007.

[2] DIN-DVS Taschenbuch 284 –
Schweißtechnik 7: Schweißtechnische Fertigung, Schweißverbindungen; 3rd Edition, DVS Media, 2009.

[3] DIN 1910-100:2008: Welding and allied processes – Vocabulary – Part 100: Metal welding processes with additions to DIN EN 14610:2005.

[4] DIN EN 14610:2005: Welding and allied processes – Definitions of metal welding processes; trilingual version EN 14610:2004.

[5] DIN-DVS Taschenbuch 283 –
Schweißtechnik 6: Strahlschweißen, Bolzenschweißen, Reibschweißen;
4th Edition. DVS Media, 2009.

[6] DIN EN 1011: Welding – Recommendations for welding of metallic materials –
Part 6 (2006): Laser beam welding;
German version EN 1011-6:2005.
Part 7 (2004): Electron beam welding;
German version EN 1011-7:2004.

[7] DIN-DVS Taschenbuch 196/1 –
Schweißtechnik 5: Hartlöten; 5th Edition. DVS Media, 2008.

[8] DIN-DVS Taschenbuch 196/2 –
Schweißtechnik 12: Weichlöten,
gedruckte Schaltungen; 1st Edition.
DVS Media, 2008.

[9] DIN ISO 857-2:2007: Welding and allied processes – Vocabulary – Part 2: Soldering and brazing processes and related terms (ISO 857-2:2005).

[10] DIN EN ISO 9454-1:2016: Soft soldering fluxes; classification and requirements; part 1: classification, labeling and packaging (ISO 9454-1:2016); German version EN ISO 9454-1:2016.

[11] DIN EN 1045:1997: Brazing – Fluxes for brazing – Classification and technical delivery conditions; German version EN 1045:1997.

[12] DIN EN ISO 9453:2014: Soft solder alloys – Chemical compositions and forms (ISO 9453:2014); German version EN ISO 9453:2014.

[13] DIN EN ISO 12224-1:1998: Solid wire, solid and flux cored – Specification and test methods – Part 1: Classification and requirements (ISO 12224-1:1997); German version EN ISO 12224-1:1998.

[14] DIN EN ISO 17672:2010: Brazing – Filler metals (ISO 17672:2010); German version EN ISO 17672:2010.

[15] DIN 660:2012: Round head rivets – Nominal diameters 1 mm to 8 mm.

[16] DIN 661:2011: Countersunk head rivets – Nominal diameters 1 mm to 8 mm.

[17] DIN 662:2011: Mushroom head rivets – Nominal diameters 1.6 mm to 6 mm.

[18] DIN 674:2011: Flat round head rivets – Nominal diameters 1.4 mm to 6 mm.

[19] DIN 7339:2011: Hollow rivets, one piece, draw from strip.

[20] DIN 7340:2011: Tubular rivets cut from the tube.

[21] DIN 8593-5:2003: Manufacturing processes joining – Part 5: Joining by forming processes; Classification, subdivision, terms and definitions.

内燃機関（IC エンジン）

熱機関

作動原理とコンセプト

　内燃機関は熱機関の一種である。熱機関の本質的な特徴は、システムの外部へ向けて仕事を行う作動サイクルの方向にある。

　熱機関と対照的なのがヒートポンプ（冷凍機）で、サイクルの方向が反対であり、作動のためには外から動力を加える必要がある。

　熱機関の作動原理はすべて同一である。作動媒体が圧縮され、続いて適切なさらなる増圧を伴いながら媒体が圧縮された形でエネルギー供給が行われる。

その後、膨張による動力が出力される。開放サイクルでは、仕事をした作動媒体は系外に放出される。閉鎖サイクルでは、開放サイクルや閉鎖サイクルで圧縮が再開される前に、作動媒体を冷却して、サイクル開始前の状態に戻す必要がある。

　多くの熱機関は、燃焼プロセスによりエネルギーを得ることを特徴としている（表1）。燃焼プロセスでは、燃料内で化学的に結合されていたエネルギーが反応熱としてサイクルに供給される。このとき、炭素と水素を含む化合物が酸素によって酸化される。そのため、体積比で約21%の酸素を含む一般的な大気が、作動媒体の重要な構成要素となる。

表1：主な熱機関の特性と動作原理

熱機関	蒸気回路	スターリング	蒸気エンジン	ガスタービン	ジェットエンジン	往復動機関	バンケルロータリーエンジン
熱力学的基準サイクル	ランキン	エリクソン	蒸気サイクル	ジュール	ジュール	ザイリガー（火花点火機関／ディーゼル）	ザイリガー
典型的な作動媒体	H_2O、エタノール	空気、ヘリウム	H_2O	空気	空気	空気、空気／燃料混合気	空気、空気／燃料混合気
サイクルの方向	閉鎖		開放				
エネルギー供給	外部から伝熱		内部から				
熱力学的エネルギー供給	定常	非定常	非定常	定常	定常	非定常	非定常
典型的エネルギー源、燃料	石炭、燃料、ウラン	任意の熱源	石炭、燃料	メタン、エタン、プロパン、ブタン	ケロシン	ガソリン、ディーゼル燃料	ガソリン
仕事の伝達	タービン	往復動ピストン、回転ピストン（ローター）	ピストン	タービン	直線的運動	往復動ピストン	回転ピストン（ローター）
代表的最大圧力	50 bar	3 bar（空気）	50 bar	40 bar	40 bar	200 bar	60 bar
代表的最少圧力	0.05 bar	1 bar	1 bar	1 bar	1 bar	1 bar	1 bar
代表的最大効率	40%	30%	~25%	40%	40%	~42%／~45%	~30～35%
作動原理	圧縮、加熱、蒸発、過熱、膨張、凝縮	圧縮、加熱、膨張、冷却	圧縮、加熱、蒸発、過熱、膨張、排気	吸入、圧縮、燃焼、膨張		吸入、圧縮、燃焼、膨張、排気	

内燃機関（ICエンジン） **461**

サイクルの方向

　サイクルの方向において重要な要因はエネルギー入力である。ここではまず、定常的（連続的）エネルギー入力と非定常的（周期的）エネルギー入力とが区別される。ピストンエンジン（スターリングエンジンも含めて）に共通するのが非定常的エネルギー入力で、シリンダー容積が最少となる圧縮行程の死点付近でのみエネルギー入力が行われる。

　すべての開放サイクルに共通な特徴は、燃料の追加と燃焼による内部的エネルギー入力である。これに対して閉鎖サイクルでは、熱交換器を介してのエネルギー入力が必要である。この場合、作動媒体と燃焼プロセスの間には熱伝導以外の直接の接触はない。この点において独特なのが蒸気機関で、外部熱源からの熱流で作動媒体を気化させ、続いてそれをピストンエンジンに供給する。

　各種熱機関に固有のもうひとつの特徴は、使用されるエネルギー源にある。エネルギー源としては、固体、液体、気体の3種が使用できる。開放サイクルと内部的エネルギー入力で動作する熱機関の主な利点は、熱交換器を必要としないためコンパクトに設計できることである。エネルギー密度の高い液体燃料を用いれば、この利点は一層強化される。ガスエンジンも、たとえば乗用車や商用車に用いることが一層魅力的になってきている（ランニングコスト、燃費が良好）。このようにして、種々の熱機関から内燃機関を選択することができる。

動力伝達効率

　内燃機関は、開放サイクルの方向と内部での燃焼を特徴としている。非定常作動により、2,500 K以上の質量平均温度と200 bar以上の平均ピーク圧力での作動媒体の吸入および圧縮が可能で、40%を超過する極めて良好な最大効率を達成できる。

　定常的サイクルでは物性上の制約のため質量平均ピーク圧力や温度に関してこの値を達成することはできず、最高でも局所的なピーク温度が2,500 Kに達するのみである。したがってガスタービンの運転効率はより低くなる。蒸気回路の閉鎖サイクルでは、やはり約50 barというそれほど高くはない圧力でガスタービンよりも高い効率が得られる。これが可能なのは低圧側の圧力レベルが大きく下げられるためである。その他の熱機関は最大効率がこれよりかなり低い。

往復動機関

　内燃機関のうち移動体用として最も広く使用されているのは往復動機関である。原理的には多様な燃料が使用可能であるが、ディーゼルとガソリンが依然として主要なエネルギー源として用いられている。

実際のサイクル

　サイクルとは、その開始時点における状態と終了時点における状態が同一であるような熱力学的過程である（熱力学を参照）。サイクルは通常いくつかの状態変化を経て進行し、その過程で熱機関の仕事が取り出される。このときサイクルの作動媒体は、熱力学的な状態変化を受ける。

　理想的な基準サイクルは基本的な関係を示すのに適している。新しい未知のエンジンについては、基準サイクルによって動作方式や効率を概観することができる。しかし詳細な解析のためには、実際のサイクルによる計算が必要である。

　実際のサイクルは理想サイクルとの比率で示される。たとえば熱容量は温度または圧力に依存するものと考える。燃焼により変化した物理的な特性を考慮するために、物性値により科学的に変化した煤煙の組成も近似処理される。特に、断熱的状態変化を仮定せず、熱損失に適合した指数を持つ少なくとも1つのポリトロープ曲線を考え、更には壁への熱損失も考慮して、たとえばレイノルズ相似理論におけるWoschniの方法を利用する[1]。

462 内燃機関 (ICエンジン)

充填行程の計算には散逸による損失 (流動損失、現実の流れ断面積など、「流体力学」の項を参照) を含めた残留排気ガスを考慮に入れる。また摩擦に関しては通常は経験的アプローチを採用し、燃料の発熱量を空気比の関数として計算する。最終的には、特に熱供給 (燃焼過程、加熱過程) および熱散逸 (伝熱) について詳細なモデルを作成する。

実際のサイクルを迅速に評価するひとつの方法として、効率チェーンによる表現を挙げることができる。これは個々の特性量を考慮しつつ、段階を追って実際のサイクルを記述する方法である。

総合効率

総合効率または実質効率 η_{eff} は、有効に利用できる出力 P_{eff} と、燃料の質量流量 $\dot{m}_B$ およびその低位発熱量 H_u によりもたらされたエネルギー流 $\dot{Q}_{add} = \dot{m}_B H_u$ との比である。

$$\eta_{eff} = \frac{P_{eff}}{\dot{Q}_{add}}$$

ディーゼルエンジンは高負荷時には約45%の実質効率を持つ。大型の低回転ディーゼルエンジンの実質効率は更に高い。ガソリンエンジンの実質効率は燃焼過程に依存するが、最良の値は約42%である。

機械効率

機械効率は、有効な測定出力 P_{eff} と圧力で示されるサイクル出力 P_{ind} との比である。表示出力は仕事 W (実際の圧力体積曲線の面積 $\int pdV$) と作動サイクル時間 t から次式で求められる。

$$P_{ind} \frac{dW}{dt} \approx \frac{\Delta W}{\Delta t}$$

実効出力と表示出力との差は、摩擦損失 (ピストン、ベアリング)、動力伝達損失 (カムシャフト、バルブ)、補機の動力 (オイルポンプ、ウォーターポンプ、燃料噴射ポンプ、オルタネーター) による。機械効率については次式が成り立つ。

$$\eta_m = \frac{P_{eff}}{P_{ind}}$$

通常の機械効率は負荷に依存し、全負荷時には90%近く、低い部分負荷 (10%負荷) では約70%となる。

サイクル効率係数

サイクル効率係数は、選ばれた基準サイクルによって実際のサイクルがどの程度近似されるかを示す係数である。したがってサイクル効率係数には損失、特に散逸損失が反映される。詳細な損失解析のためには、サイクル効率係数を高圧ループと充填サイクルループとに分けるのが望ましい (表2)。

通常は計算の便宜のため、熱容量が温度に依存する理想気体を仮定し、サイクルとしては幾何学的な大きさが等しいこと、空気比が等しいこと、残留排気ガスがないこと、完全燃焼が行われること、断熱壁を持つことを仮定する。このように記述されたエンジンを「完全エンジン」と呼ぶことがある。全負荷時のサイクル効率係数は約80～90%である。

熱容量が一定の理想気体の仮定を続けるなら、「完全エンジンの効率」、すなわち「完全エンジン」の出力と「理想サイクル」の出力の比を導入することができる。

燃料変換係数

特に濃混合気 ($\lambda < 1$) を用いるガソリンエンジンではHCとCOの排出量が大きいが、燃料の発熱量 H_{uB} に基づく熱供給の計算ではこのことが考慮されない。しかしこれらのガスの発熱量 H_u は極めて大きく、それは一般に酸化型触媒コンバーターを通過した後の排気ガスの温度が高いことによっても確認できる。これを考慮するのが燃料変換係数である。

$$\eta_B = \frac{(H_{uB} - H_u)}{H_{uB}}$$

ディーゼルエンジンは、一般に $\eta_B = 1$ とする。ガソリンエンジンではこの値は0.95に低下し、極めて濃厚な空気比 $\lambda < 1$ では更に小さくなる。

効率チェーン

効率チェーン全体は次式で示される（表2）。

$$\eta_{eff} = \eta_i\,\eta_m = \eta_{th}\,\eta_g\,\eta_m$$

参考文献

[1] G. Woschni, Die Berechnung der Wandverluste und der thermischen Belastung der Bauteile von Dieselmotoren, MTZ 31 (1970).

表2：往復動機関の諸効率と総合効率の関係
斜線部分は特性効率量に新たに追加された仕事成分を示す。効率の説明については本文を参照。

圧力容積線図	内容	周辺条件	定義	効率
	理論上の近似「定容サイクル」	理想気体、一定の比熱、きわめて速やかな熱供給および熱放散など	$\eta_{th} = 1 - \varepsilon^{1-\kappa}$ 理論熱効率または熱効率	η_{th}
	実際の高圧作動サイクル	壁面を通しての熱損失、現実の気体、有限の熱供給および放散速度。比熱は可変	η_{gHD} 高圧サイクルの効率	η_g ／ η_i ／ η_{eff}
	実際の充填行程（4ストローク）	流動損失、混合気または空気の加熱など	η_{gLW} ガス交換の効率	
機械的損失（圧力体積線図では適切に表現できない）	摩擦、冷却、補機類による損失	実際のエンジン	η_m	η_m ／ η_m

混合気の形成、燃焼、排気

内燃機関はいずれも、混合気または空気の吸入後と、それに続く圧縮後に燃焼が生じるという共通の特性を持つ。内燃式のピストン往復型エンジンでは、これが上死点 (TDC) 近くで発生する。これによって上昇した圧力は、ピストンとコンロッドを経由して、クランクシャフトトルクの形でクランクシャフトに伝えられる (図1)。

一方で圧縮とそれに続く燃焼の過程は、圧力の特性や効率性、トルク出力に大きな影響をもたらす。またこの過程により、エンジン内部における排気ガス発生がどのようなものとなるかが決まる。ガソリンエンジンとディーゼルエンジンでは、これらの過程は異なった方法で行われる。

ガソリンエンジン

ガソリンエンジンの特徴は外部装置によって点火を行うことで、一般的には電極スパークプラグが用いられる。必要な水準の可燃性を得るためには、混合気を均質に保つことが理想である。このために外部混合気形成方式 (吸気マニホールド噴射方式)、または内部混合気形成方式 (ガソリン直接噴射) が用いられる。

混合気の形成

ガソリンエンジンでは多くの場合、吸気行程と圧縮行程の際に、気化または噴霧された燃料と吸入気を完全に混ぜ合わせることで、均質な混合気が形成される。ガソリンの気化の質を高く保つことで、吸気マニホールドへの噴射が可能になる。これに対して最新の層状充填による燃焼プロセスは、部分的に不均一な混合気の形成を特徴とする (「層状充填作動」を参照)。

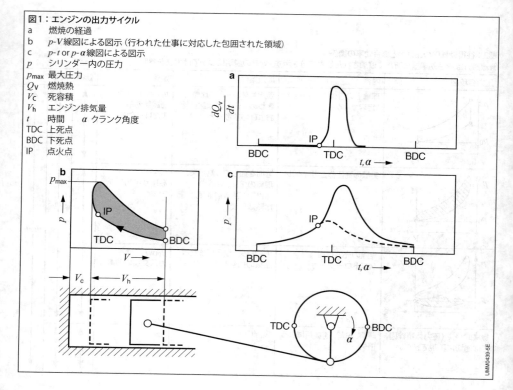

図1：エンジンの出力サイクル
a　燃焼の経過
b　$p\text{-}V$ 線図による図示 (行われた仕事に対応した包囲された領域)
c　$p\text{-}t$ or $p\text{-}\alpha$ 線図による図示
p　シリンダー内の圧力
p_{max}　最大圧力
Q_V　燃焼熱
V_c　死容積
V_h　エンジン排気量
t　時間　α　クランク角度
TDC　上死点
BDC　下死点
IP　点火点

混合気の形成は、気化の条件、噴射圧力、シリンダーへの充填動作、均質化のためにどれだけの時間を使うことができるかによって決定的な影響を受ける。混合気形成は、基本的に2つのプロセスの相互作用によって行われる。すなわち、温度差によって生じる液滴の気化（図2）と、空力による液滴の分散化（図3）のプロセスである。吸気マニホールド噴射とガソリン直接噴射はこの点が異なる（表1）。

吸気マニホールド噴射

吸気マニホールド噴射の場合、吸気バルブ上流側の吸気マニホールドの壁面で混合気の膜が形成され、この膜の燃料質量は空気の流速が上昇するほどに急激に減少する。空気の流速は、エンジン回転数に従いほぼ直線的に変動する。膜が形成されることで吸気マニホールド内部で温度が低下し、気化が不完全な状態となるため、吸気マニホールドへの燃料噴射は、10 barを下回るきわめて低い噴射圧で行われる。

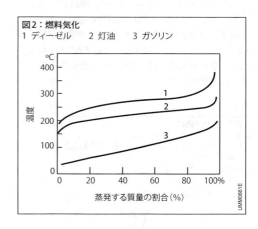

図2：燃料気化
1 ディーゼル　2 灯油　3 ガソリン

表1：ガソリンエンジンの作動方式

作動方式	化学量論的作動	リッチ	リーン	ウルトラリーン	層状充填によるリーン
混合気の形成	均質				不均一および均質
燃焼室の構成	燃料／空気／A/F（空気/燃料）混合気				
燃料噴射	吸気マニホールド噴射または直接噴射				直接噴射
点火	外部点火装置	外部点火装置	外部点火装置	自己着火	外部点火装置
通常の圧縮比	8～12	11～13	12～16		11～14
負荷制御	量的制御				質的制御
作動範囲	プログラムマップ全域	全負荷、高速領域	プログラムマップ全域	部分負荷	部分負荷
用途、開発段階	従来型、量産		ガスエンジン、量産	研究段階	新しい燃焼プロセス

マニホールド壁面に生じる燃料膜の力学と蒸発時のメカニズムは、特に短時間のエンジン作動の場合に、燃料の計量が正しく行われないことの主要原因の1つである。シリンダー内部に到達するのは、吸入される混合気の流れの中に含まれた比較的小さな液滴に限られる（図3）。通常の場合、これらの液滴の直径は30μm以下となる。この場合液滴の加速度は、空気と液滴直径に対する相対速度の比に比例する。

バルブのギャップにおける乱流は非常に強く混合気の流速も速いため、非常に良好な混合気の形成が可能である。プロセス制御の進行に伴い、残りの小さな燃料液滴は混合気の温度を受け取って気化する（図4）。これにより、気化した燃料が燃焼室内により効率良く分散され、均質化される。燃焼室の形状を最適化することで、燃料が内壁に付着することを防止できる。燃料の燃焼室壁への付着は、常に燃料の凝結を招くおそれがある。

ガソリン直接噴射

ガソリン直接噴射では、バルブギャップによる混合気形成のメカニズムは用いられていない。このため50～350 barの比較的高い圧力で噴射する必要がある。圧縮行程の間に均質化のための十分な時間を確保するため、噴射は遅くとも下死点に達するまでに、すなわち吸入行程の終点に達するまでに、完了する。また、良好な均質化を達成するために、吸入行程および圧縮行程において複数回の噴射を行うこともある。これにより充填動作が強化され、吸入空気と燃料との混合が促進される。不均一燃焼プロセスでは、圧縮行程の終了間際になって燃料が噴射される（「層状充填作動」の項を参照）。

燃焼室内の混合気は、主にスロットルバルブの位置と圧縮比に応じて10～40 barの圧力レベルまで圧縮される。主に外気温度と圧縮比に左右されるが、この値は300～500℃の温度レベルに相当する。

図3：液滴の形成
a バルブギャップでの特有の流れ
b 空気流量に対する液滴直径と液滴の相対速度の相互作用
1 0%
2 50%
3 90%以上

図4：液滴の気化
m 質量　　D 直径　　T 液滴の気化温度
mおよびDは最大値で表示、Tは基本的な変化を示すのみなので尺度の指定はない

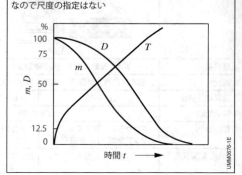

直接噴射では燃料を正確に計量できる点が長所となる。燃焼室内部で燃料を気化するには、シリンダーに充填される空気を十分に冷やすことが求められる。これによって圧縮比を約1単位上昇させ、効率をさらに高めることができる。

ガソリンエンジンでの燃焼

すべての燃焼プロセスにおいて燃焼、つまり酸化は、圧縮行程の終了間際と膨張行程の初期にのみ行われる。その後の燃焼プロセスは、形成された混合気の質(均質または不均一)によって異なる。完全に均質な混合気は予混合燃焼、完全に不均一な混合気は拡散燃焼となる。最新の直接噴射エンジンで行われる層状充填作動では、噴射される燃料の大半($> 50\%$)が燃焼の開始までに均質化される。

均質な混合気の形成においても部分的に不均質な混合気の形成においても、実際の燃焼の前に点火または点火段階がある。

点火(イグニッション)

通常の場合、混合気への点火は電極スパークプラグによって行われる。プラグに高い電圧が供給されると、混合気の状況(圧力、温度、混合気の成分)、電極ギャップ、および湿度に応じて電極の間で放電が行われる。点火プラグに加えられる高電圧は、通常10〜40 kVの範囲内である。必要な点火電圧は、主に電極間の分子数により左右される(パッシェンの法則)。火花によって点火された混合気は燃焼の最中に、次の混合気の点火に必要なエネルギーを放出しなければならない。混合気を希薄化した場合、電極ギャップが一定であればこの混合気に含まれるエネルギー量も減少する。このため、次の混合気(希薄燃料)を点火する際に必要とされるエネルギー量は増大する。電極ギャップを広げれば、火花によって点火される量が増加し、エネルギー量を引き上げることが可能になる。しかし電極ギャップを広げるには、点火電圧を上昇させる必要がある。このため点火電圧は、希薄燃焼プロセスあるいは負荷の増大時などには上昇する。負荷の増大時には、点火電圧の上昇と同時に放電時間は短くなる(図5)。

スパークプラグ電極で起こる熱損失や対流熱損失、混合気の状態が周期的に変動することにより、電気的な点火エネルギーは、理論的に必要とされる点火エネルギーを最大で1桁上回る(図6)。電極間の状況(流入する区域、混合気の状態)が確率的に変動することは、ガソリンエンジンにおける周期変動が大きいことの主要な要因である。この状況は電極ギャップを広げることで改善される。最新のエンジンは、すでに最大1mmを上回る電極ギャップで作動している。電極ギャップを広げるには、より高い点火電圧が必要になる。

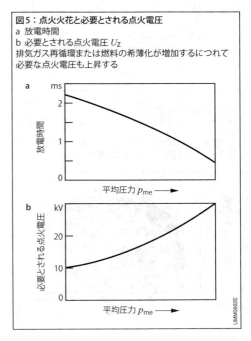

図5:点火火花と必要とされる点火電圧
a 放電時間
b 必要とされる点火電圧 U_Z
排気ガス再循環または燃料の希薄化が増加するにつれて必要な点火電圧も上昇する

点火の目的は、混合気への着火により実際の燃焼プロセスを開始させることである。点火のポイントは、結果として生じる燃焼の速度とピストンの速度（エンジン回転数）に応じて、変動させる必要がある（図7）。

均質混合気の燃焼
火炎面の伝播

均質混合気で作動するガソリンエンジンでは、点火により実際の燃焼が開始される。この場合、火炎はスパークプラグから広がる。火炎速度と火炎前面の動き（充填動作、密度差による膨張）の和により構成される火炎前面速度を定めることができる。均質混合気で作動するガソリンエンジンでは火炎は連続的に外側に広がるため、燃焼される混合気と燃焼されない混合気を適切に区分することができる（図8）。

火炎が10m/sの速度でピストンのリセスとシリンダーヘッドから半径約1cmの範囲に広がるには、数ミリ秒を要する。

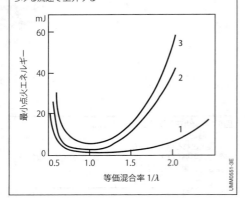

図6：メタン／プロパン空気の混合気の最小点火エネルギー
1 静止混合気に対する点火エネルギー
2 流速6m/sの混合気に対する点火エネルギー
3 流速15m/sの混合気に対する点火エネルギー
不活性ガスの比率が上昇するにつれ、必要な点火電圧があらゆる流速で上昇する

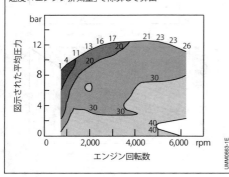

図7：点火ポイントのプログラムマップ
値の単位は均質作動のガソリンエンジンにおけるTDC前の°CA。
図示された平均圧力は、図示された仕事を「エンジン回転速度×エンジン排気量」で除算して算出

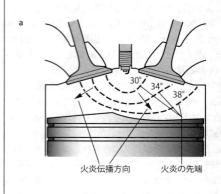

図8：火炎伝播と予混合燃焼
a 均質作動中のガソリンエンジン内における火炎の前方への伝播（角度を表す数値は点火ポイントから算出）
b 火炎の伝播方向に沿った温度と物質濃度

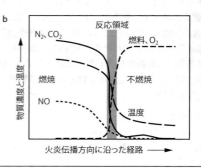

火炎速度に影響を与えるもの

火炎の広がる速度は非常に重要な要素であり、この速度は乱流火炎速度とも呼ばれる。火炎の広がる速度が速くなれば、エンジン内部の燃焼もより適切に行われる。火炎速度を速めるには、不活性ガスの比率を下げること、燃焼しない混合気の温度が高いこと、圧力を上昇させること、乱流の水準を上げることが必要となる。

大部分の燃料は、$\lambda = 0.85 \sim 0.9$の範囲のわずかな濃厚燃焼において最大火炎速度となる。わずかな濃厚燃焼でエンジンを作動させると、余剰燃料によって冷却効果を得ることもできる。このためレーシング車両用エンジンと乗用車用エンジンは、定格出力域では若干の過濃混合気で作動する。

不活性ガスの比率が増加すると、火炎速度が低下する。不活性ガスの活用例として排気ガス再循環システム（EGR）を挙げることができる。EGRでは、混合気にCO_2やH_2O、N_2を主成分とする燃焼排気ガスが添加される。排気ガス再循環率が10%であっても、火炎速度はおよそ20%低下する。

最新のガソリンエンジンが高い内部排気ガス再循環率で作動できるのは、温度の影響によるものである。温度が2倍になると、火炎速度は約4倍に上昇する。

シリンダーの圧力による影響は比較的低いとされる。圧力が上昇しても火炎速度はごくわずかしか上昇しない。

燃焼室内の乱流

燃焼室内部の乱流の強さは燃焼速度に最も大きな影響を与える。火炎速度は乱流の強さに応じてほぼ直線的に変動する。乱流の強さは、燃焼室の所定の箇所における流速の高周波変動の尺度となる[1]。乱流による運動エネルギーは、乱流の強さの2乗に相当する。

乱流の強さは、主に燃焼室における充填動作によって生じる流れの形状に影響される三次元量である。エンジン内部の流れのプロセスによる速度は、エンジン回転数の上昇に従って最大規模まで直線的に上昇するもので、きわめて重要性が高い。流速が上昇するにつれ、燃焼室における乱流の強さも増加する。エンジンが広い回転域にわたって安定した動作を示す理由はここにある。しかしエンジン回転数が上昇して火炎速度が一定の場合、燃焼に用いることのできる時間が短くなるため、火炎の確実な燃焼が不可能になる。しかしながら、乱流によるプラスの効果は速度による影響を完全に相殺することはできないため、高速での燃焼は広いクランクシャフト角度におよぶ。これも、ガソリンエンジンでは回転数が増加すると効率性が低下することの原因である。

ガソリンエンジンでは、燃焼室内部の乱流がエネルギー変換にとって非常に重要なものとなる。乱流の発生の決定的な要因は、シリンダーの充填動作である。この充填動作は、吸入流（シリンダーヘッドの吸気ポートの形状に左右される）と燃焼室の形状により決定的な影響を受ける（図9）。

燃焼は圧力の上昇を引き起こす。この圧力上昇は音によっても同時に確認できる。快適性に考慮し、燃焼を調節してこうした圧力上昇を可能な限り小さく抑えるための適切な処置を取る必要がある。こうした処置は、熱力学的な効率とは矛盾するものである。ガソリンエンジンでの最大圧力上昇勾配は$0.5 \sim 3\,bar/°CA$の範囲にある。

部分的不均一混合気の燃焼

最新の層状充填燃焼プロセスは、部分負荷作動域において過剰空気を用いることで作動を促進させる。有効平均圧力 p_{me} が1 bar未満になると、平均して過剰空気係数 $\lambda > 5$ の場合と同様の作動が層状充填作動において可能になる。この場合には、スロットル作動（全体的な効率性にマイナスの効果をもたらす）を大幅に省くことで、充填サイクルを改善できる点が長所となる。

従来の作動手法では、比較的低い部分負荷領域でスロットル動作を行わずに作動することは不可能である。このようにして希薄化した均質な混合気は燃焼に時間がかかり、不完全燃焼が発生するためである。対策として、圧縮行程後期における噴射方式を最適化しスパークプラグ付近における燃料の部分的な層状化が行われる。噴射方式と点火を最適に適合させることは、電極の状態が変動（図10）するため、きわめて困難である。

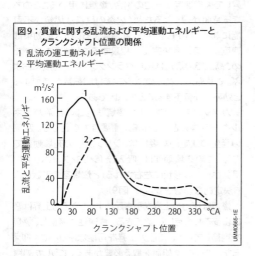

図9：質量に関する乱流および平均運動エネルギーとクランクシャフト位置の関係
1 乱流の運エ動ネルギー
2 平均運動エネルギー

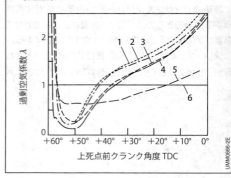

図10：電極中間点周りでの球体体積（半径を r とした場合）における時間による過剰空気係数 λ の変化
1 層状充填による燃焼プロセス
   $r = 2$ mm以内での λ （気体状燃料）
2 層状充填による燃焼プロセス
   $r = 3$ mm以内での λ （気体状燃料）
3 層状充填による燃焼プロセス
   $r = 5$ mm以内での λ （気体状燃料）
4 層状充填による燃焼プロセス $r = 5$ mm以内での λ
   （液体状および気体状燃料）
5 最適化された層状充填での燃焼プロセス
6 均質燃焼プロセス

表2：充填サイクルおよび混合気の流れの形状

作動方式	スワール	タンブル
混合気の流れ		
流れの軸の位置	垂直軸 z	横軸 x / 横軸 y

充填動作

シリンダーへの充填動作は、直径が燃焼室の寸法と同様の大きな渦状および円状の流れをベースに行われる。垂直軸回り(シリンダー軸)の流れはスワール、2本の横軸回り(クランクシャフト軸およびこれと直角に交わる軸)の流れはタンブルと呼ばれ、基本的に区別される(表2)。実際にはこれら3つの流れは重複して発生し、複雑な3次元の流域が生じる。タンブルとスワールはエンジン内部での動きに基本的な違いがある。

タンブルは圧縮上死点に達するまでに崩れ、燃焼の前半時における火炎伝播に貢献する。

スワールはその後の膨張行程まで続く。大きなスワールが崩れた、より小さな乱流構造と連続的な変化によって乱流の生成が促進される。しかしながらこれに続くプロセスにおいて、作動媒体の粘度のためにスワールの崩れは燃焼速度にマイナスの効果をもたらすものとなる。

乱流の発生は、燃焼室の幾何学的形状によっても促される。特にピストンのリセスや搾りギャップ部分(ピストンとシリンダーヘッド間の領域)の流れは、火炎伝播を促進する([2]などを参照)。

均質燃焼プロセスに関連する物理的に最も大きな課題のひとつは、膨張行程における燃焼動作である。供給された燃料の10%以上は、TDC後30°CAまで変換されないためである。この時点では未燃焼の混合気はまだ内壁の近辺にのみ存在している。この混合気は、ピストンリングとシリンダー壁面間のトップランドエリアから再び送り出された後に変換されなければならない([2]などを参照)。この現象により、最終段階で不完全燃焼が発生する。

非制御燃焼

均質な燃焼プロセスを阻害する数多くの不適切なプロセスが存在する。周期的な変動に加えて、ノッキングや自己着火特性がマイナスの効果をもたらす。特に最新の高過給ターボチャージャー付きエンジンでは、極端な進角点火が行われる場合がある。

周期的変動

周期的変動は、数多くの外乱値に敏感に反応する均質燃焼プロセスの予混合燃焼により生じる(図11)。そのような外乱値として、混合気の組成や残留排気ガスの成分、熱力学的な変数、流れの形状などが考えられる。あらゆる数値が作動サイクルごとに変動し、エネルギー変換にはっきりとわかる周期的変動を引き起こす。特に過剰空気が40%以上の希薄化では、周期的変動が大幅に増大する。点火の開始時期は周期的変動に最も大きな影響を与える。

ノッキング

もうひとつの課題は、好ましくないノッキングによって引き起こされる。ノッキングは通常の燃焼後に圧力と温度が上昇することで発生し、実際にエンジンが作動している環境条件により自己着火が生じるまで続く。この場合、残留混合気は早まった燃焼に起因する温度上昇により点火温度に達し、ほぼ同時に火炎伝播の制御を受けることなく燃焼する。この際に生じる圧力振動はエンジンベアリング内部の磨耗を引き起こし、長期にわたって作動させるとエンジンが損傷する原因となる。温度の急激な上昇もコンポーネントの

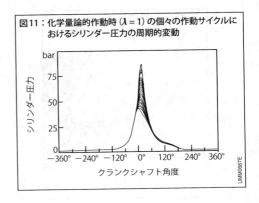

図11:化学量論的作動時(λ=1)の個々の作動サイクルにおけるシリンダー圧力の周期的変動

損傷を招くおそれがある。通常の場合、燃焼室内部の燃料が作動サイクル1回当たりで80％以上燃え残ると発生する。ノッキングは特に自己着火に必要な時間が十分にある低回転域や、燃焼室温度が高い高負荷時に発生することが多い。点火温度が高いメタンやエタンなどの燃料ではノッキング感度が低下する。ノッキング燃焼は、エネルギー変換を遅角方向に移行させること（点火時期をTDCに近づける）で低減できる。圧縮比の高いエンジンやターボチャージャー付きエンジンでは、最終的な圧縮温度が高いためノッキング感度が高くなる（図12）。ノッキングに対処するには、シリンダーの高温部分を効率的に冷却することが有効である。例としてはガソリン直接噴射の気化による効果や、乱流の強化、幾何学的圧縮比の縮小、添加剤の追加による燃料の最適化などが挙げられる。

自己着火

ノッキングとは対照的に、自己着火は圧縮を極端に遅らせた状況においても発生する。自己着火には次のような原因が考えられる。
- 点火時期を極端に遅らせたことによる不完全燃焼によって発生した燃料の被膜
- 全負荷での作動によるシリンダー構成部品の温度上昇
- 擦れ摩耗や高温微粒子による点火
- ピストンリングの故障や磨耗によるオイル漏れ

極端な自己着火は、ターボエンジンや圧縮比の高いガソリンエンジンで発生する。その場合、圧力は最高で150 barを超過して重大な損傷をもたらすおそれがある。しかしこうした極端な自己着火が発生する確率は1,000分の0.01程度であり、ごくまれにしか生じない。

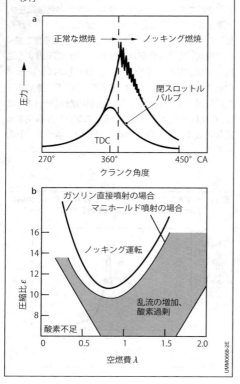

図12：圧縮比、ノッキングおよびノッキング燃焼
a ノッキング燃焼の例
b 圧縮比と空燃比が作動限界にもたらす効果（ノッキングおよびエンジンのミスファイア）マニホールド噴射に代えて直接噴射を用い、乱流を増加させることで作動限界が移行

ガソリンエンジンにおける汚染物質の形成と低減

ガソリンエンジンからの主な排出物として、燃焼による生成を避けることができず、またその濃度が燃料の組成に左右される二酸化炭素（CO_2）や水（H_2O）に加え、主成分として窒素酸化物（NO_x）、燃え残りの炭化水素（HC）、一酸化炭素（CO）を挙げることができる（図13）。煤煙や硫黄酸化物は比較的重要性が低いものとされている。

汚染物質
窒素酸化物

窒素酸化物（NO_x）が生成されるには、酸素、窒素、高温、生成のための時間が必要となる。酸素と窒素の量はガソリンエンジンで使われる混合気の成分、生成に必要な時間はエンジン回転数によって決まるため、ガソリンエンジンによる窒素酸化物を減らすには、遅角点火や排気ガス再循環などによって、燃焼室の最大温度を低減する以外に方法はない。

炭化水素

炭化水素（HC）と一酸化炭素（CO）は不完全燃焼によって発生する。濃厚混合気による作動では酸素が不足するため、HCとCOの排出量が増加する。希薄混合気による作動では火炎温度の低下を伴うため、トップランドの内壁に近い箇所でより集約的に炎が消え、HCの排出量が増加する。しかし、この場合は酸素が過剰に含まれるため、酸素と反応しやすいCOの排出量は減少する。

煤煙および微細粒子

均質燃焼エンジンでは、煤煙は極端な濃厚混合気の場合にのみ発生する。

硫黄酸化物

硫黄酸化物の発生量は燃料の硫黄含有量によって左右される。

排気ガス処理システムの進化により、均質燃焼を行う最新のガソリンエンジンは、触媒コンバーターが作動温度に達すれば、汚染物質の排出をほぼゼロに近い水準まで減らすことができる。$\lambda = 1$ で作動しているときの3元触媒コンバーターは、窒素酸化物を減らすと同時に、HCとCO分子を酸化する（「3元触媒コンバーター」を参照）。希薄燃焼による作動では、代替的な手法が必要となる。こうした理由から、層状充填式のシステムでは通常の場合NO_x貯蔵型触媒コンバーターが使われる。この触媒コンバーターは窒素酸化物を貯蔵することができる。一定の間隔で行われる濃厚混合気によるエンジン作動により、貯蔵された窒素酸化物を高温で低減する。NO_x貯蔵型触媒コンバーターは硫黄による汚染に対して敏感なため、600℃を超える温度での幾分濃厚な混合気による燃焼の際には、脱硫黄化も追加して実施する必要がある（「NO_x貯蔵型触媒コンバーター」の項を参照）。

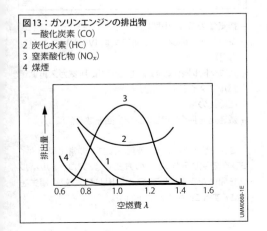

図13：ガソリンエンジンの排出物
1 一酸化炭素（CO）
2 炭化水素（HC）
3 窒素酸化物（NO_x）
4 煤煙

ガソリンエンジンにおける負荷制御

均質燃焼で作動するガソリンエンジンでは、噴射される燃料の質量によって負荷を調整する。$\lambda = 1$ で作動を行う必要から、空気の質量はスロットルバルブの位置によって調整する。これは量的制御と呼ばれる。部分負荷領域ではこれによって吸入制限が生じる。これは全体の効率にマイナスの効果をもたらす。なぜならば、ガスの吸入および排出の際に行われる仕事量を、燃焼プロセスにおいて生成されるエネルギーから差し引く必要があるからである。こうした短所は、バルブタイミングを調整することによって部分的に補うことができる。通常は、吸気側を閉じるタイミングを調整したり、バルブリフト量を減らしたり、排気側を閉じるタイミングを遅らせたりすることで、高温の排気ガスを追加的に吸入させる手法が採用されている。この他にも、外部の排気ガスを再び吸入させる排気ガス再循環によって、吸入制限を防ぐこともできる。ターボチャージャーを装備したガソリンエンジンでは高負荷の領域で、ターボチャージャーのウエイストゲートを用いて、空気流量とこれによる燃料流量が調整される(「排気ガスターボチャージャー」の項を参照)。

層状充填を行うエンジンでは、スロットル制御のない部分負荷運転においては、燃料の噴射量は負荷により調整される。これは質的制御と呼ばれる。中負荷域で層状充填と均質充填との移行を行う際には、複雑でコストを要する制御技術が必要となる。

出力の発生と効率性

ガソリンエンジンの場合、充填サイクルでの損失(吸入制限)や、プロセス制御(最大圧を 30 bar 以下に抑制)が適切に行われないこと、エンジンの摩擦量が増加することにより、部分負荷域での性能が低下する。乗用車では走行速度が 100 km/h を上回る場合でも、大部分のエンジンは部分負荷域で作動するため、この領域における効率性向上のための処置は極めて効果的である。こうした処置の例として次のようなものが挙げられる。

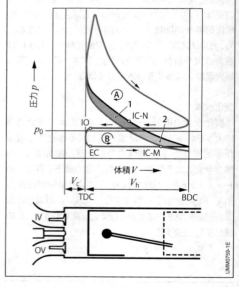

図14:ミラーサイクル:バルブタイミングを通じてのデスロットリングによる出力の発生と効率の向上
1 有効仕事量の増加
2 充填サイクルでの損失の減少
TDC 上死点
BDC 下死点
IV 吸気バルブ
EV 排気バルブ
IO 吸気バルブ開
IC-N 吸気バルブ閉(通常)
IC-M 吸気バルブ閉(ミラーサイクル)
EC 排気バルブ閉
V_c 圧縮容積
V_h シリンダー排気量
p_0 大気圧 (1013 mbar)
A 高圧ループ
B ガス交換サイクルループ

- 排気量の低減(小型化)
- シリンダーのシャットオフ機能 (V8、V12 エンジンなど)
- スロットル操作の低減(層状充填、排気ガス再循環、バルブタイミング調整)
- 圧縮比の増大
- 減速比を長く設定しエンジン回転数を低減

ミラーサイクルでは、吸気バルブが非常に早いタイミングで閉じられる。この方式では、スロットルバルブを開いたままにして、スロットリング(絞り)損失を小さくすることができる(図14)。

ディーゼルエンジン

ディーゼルエンジンは外部装置による点火を行わない点が大きな特徴となる。点火は圧縮され温度の上昇した空気に引火しやすい燃料を噴射することで行う。最終的な圧縮温度と圧縮圧はターボチャージャー付きエンジンの場合でそれぞれ600℃と100 barを上回る。これによってエンジンは安定的に作動する。燃料スプレーの形成、気化、混合、その後の燃焼はきわめて短時間の間に行われる。

直接噴射による燃焼プロセスは過去数十年にわたり、渦流室や予燃焼室システムなどの、間接噴射による燃焼プロセスに代わるものとして確立されてきた。間接噴射による燃焼プロセスでは、二次量での局所流が燃料の準備にとって最重要である（図15）。

混合気の形成

混合気の形成は、噴射スプレーと燃焼室内部の燃料の流域との相互作用により決定される。ここでは、排気量1リッターあたり最大200mgにおよぶ比較的多くの燃料を素早く準備し噴射することが課題となる。噴射の継続時間は、通常は1ミリ秒台である。燃焼室に流れる燃料の質量に関する用語としては噴射率という言葉が使われる（単位：kg/s）。この質量の燃料は、一般的には多孔式の噴射ノズルによって噴射される。

一般的には、直径120〜150 μmの噴射孔を4〜10個組み合わせたものが用いられている。直径の小さな噴射孔に2,000barを上回る高い噴射圧を加えることで、燃料の噴射と混合気の形成を素早く行う。

燃料スプレーの直径は、最初はノズルの孔と同じ直径である。燃料スプレー（噴射された燃料）はノズル孔から数ミリメートルの位置で崩れ、流域と相互作用する液滴となる。液化状態の燃料スプレーは作動媒体（空気、混合気、あるいは再循環された排気ガスを含む空気）の密度により燃焼室内部へ数センチメートル進入し、その後完全に霧化または気化する（図16）。

乱流によって液滴の形成と燃料の気化が促進される。最新のディーゼルエンジンでは、燃料噴射領域内の乱流の強さの80％以上が噴射によって生成される。これをさらに促進するのが充填動作である。

図15：ディーゼルエンジンの燃焼プロセス
燃焼室形状とノズル配置
a 直接噴射の場合
b 予燃焼室システムの場合
c 渦流室システムの場合

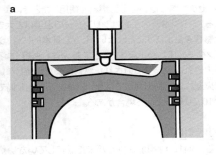

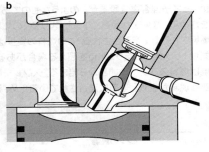

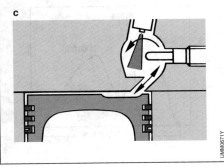

シリンダーヘッドが平坦なディーゼルエンジンの場合、ほとんどがスワール流でタンブル流はわずかであることが経験により明らかになっている。圧縮によって燃焼室外部から導入される空気の流れ（スキッシュ流）と、燃焼室の形状（気化を誘発するための高温のピストンリセス域との接触部など）も燃料の気化促進に寄与する。

図16：ディーゼルエンジンにおけるスプレーの伝播と混合気形成
a スプレー固有の浸透
b 典型的な噴射スプレーの形成
（実線の外側はλが無限大の希薄燃料限界領域）
c 噴射スプレーの速度

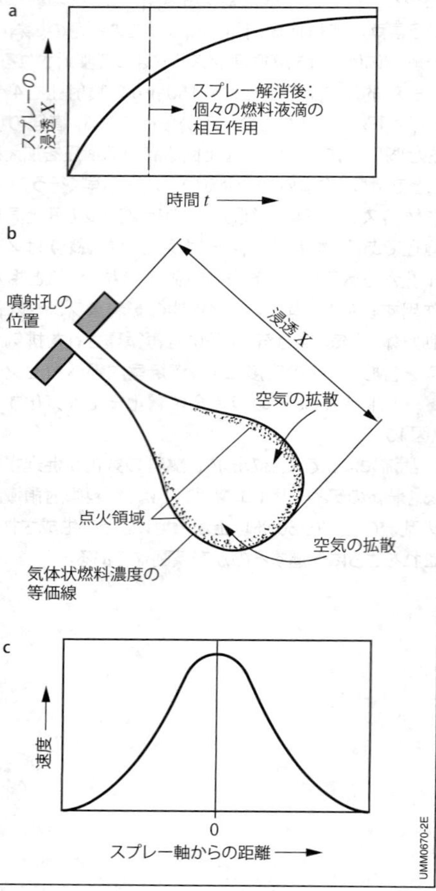

ディーゼルエンジンでの燃焼

ディーゼルエンジンの燃焼は、従来のガソリンエンジンと比較して、圧縮と点火の動作が異なる。ディーゼルエンジンの燃焼は常に着火遅れ、予混合燃焼、拡散燃焼という3つの連続したプロセスとして述べられる。作動状況とマップ域によって、3つのプロセスは異なる時間成分で作動する（図17）。

着火遅れ

着火遅れとは、噴射の開始から燃焼の開始までの時間を指す。これはシリンダーの温度や圧力、燃料の可燃性によって大きく異なる。混合気の形成および混合気と空気との最初の化学的な予備反応は、着火遅れの段階で生じる。着火遅れはエンジンの冷間時や、セタン価の低い低品質燃料を使用したときに長くなる。シリンダーの圧力はシリンダーの温度ほど大きな影響をおよぼすことはない。しかし基本的には、シリンダーの圧力が上昇することで着火遅れも短くなる。着火遅れの段階で噴射された燃料はまだ燃焼しない。着火遅れは定格出力域では0.1ミリ秒、冷間始動時では10ミリ秒を上回る場合がある。

予混合燃焼

着火遅れは、噴射されたがまだ燃焼していない燃料によって予混合燃焼段階がどのようなものであるかを定める。着火遅れが長くなると、より多くの燃料が燃焼される形で予混合される。この燃料の質量は、排気量1リッターあたり20mgを超える場合がある。燃焼は燃料スプレーの端部から始まる。スプレーの端部は燃料が空気と最適に混合されているため、温

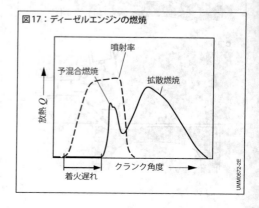

図17：ディーゼルエンジンの燃焼

度と過剰空気係数λの点で、最適な点火状況にある。発熱反応によって局所温度は2,300 Kを超える水準に達する。この熱は連鎖反応によって、まだ燃焼していない予混合燃料を変換する。ここで生じる化学反応によって燃焼率が決まる。自己加速的な連鎖反応が生じると、大きな圧力上昇勾配による極端に速い燃焼が発生する。こうした理由からディーゼルエンジンの場合、予混合され、変換される燃料の質量は最小限の量に抑える必要がある。通常の場合これはパイロット噴射によって行われる。パイロット噴射によって局所的に燃焼を行って初期的な温度上昇を生じさせることで、その後のメイン噴射におよぼす着火遅れの影響を低減する。

拡散燃焼

予混合され変換される燃料の比率は、全負荷域で1％未満、低負荷域では100％となる。残った量の燃料が拡散燃焼で燃焼する。予混合燃焼とは対照的に、拡散燃焼の場合には燃焼域への酸素の移送が変換率を決める。明確な火炎前面が存在しないため、燃焼域と非燃焼域を区別することは難しい。基本的に拡散火炎は燃料スプレーの端部で発生し、$0.8 < \lambda < 1.4$の限られた範囲で燃焼する。境界条件の変化（燃料のさらなる気化、酸素の移行、壁面との接触など）に伴い、反応域も局所的に化学量論的条件が存在する場所へと移動する（図18）。

乱流

拡散燃焼は、主に大量の燃料が噴射される高負荷域で行われる。この場合、混合気の形成と燃焼プロセスが並行して行われる。予混合燃焼の場合と同様に、変換率が噴射によって影響を受ける場合がある。温度と圧力の上昇、ならびに不活性ガスの比率の減少も、その影響力はさほど強いものではないが、やはり燃焼を早める要因である。主要な要因は、局所的な強い乱流による混合気の形成と燃焼域への酸素の移送である。

このため、乱流の強さはディーゼルエンジンの燃焼プロセスの設計にとって重要な変数である。乱流の強さは、最終的に乱流の運動エネルギーに変換され燃料スプレーに高い運動エネルギーを与える、常に高い噴射圧に反映されている。局所的な乱流によって、重要な局所的な反応域への酸素の移送が行われる。シリンダー充填動作（スワール、スキッシュ流）はこの現象を補うが、最も貢献するのは噴射スプレーの脈動である。噴射圧の増圧の他、孔の直径の縮小、孔の数を減らすことなども考えられる。噴射率を大きくすると、局所的に濃すぎる部分が発生し、燃料の燃焼に悪影響を与えることが多い。

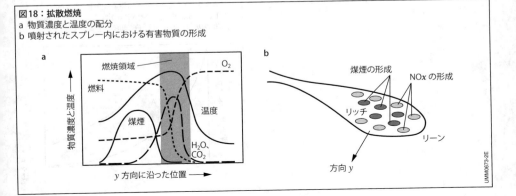

図18：拡散燃焼
a 物質濃度と温度の配分
b 噴射されたスプレー内における有害物質の形成

ディーゼルエンジンによる燃焼の特徴

冷間始動プロセス

特に外気温度が−10℃を下回った場合、ディーゼルエンジンの冷間始動プロセスは大きな課題をもたらす。スターター速度が100rpmを下回ると、圧縮の比較的後期段階においてシリンダー充填空気の大部分がピストンリングを通って外に流出する。これに加えてシリンダー温度が低いと、壁面による熱損失が増大する。その結果、最大圧力は30 bar以下、最大温度は外気温度次第で400 ℃以下に低下する。

上死点での燃料の気化

上死点で燃料を気化することで冷却はさらに進む。これにより着火遅れがさらに長くなる。極端な場合には点火が全く生じなくなり、数回の作動サイクルにわたり、燃料がシリンダー内壁およびピストンに蓄積される。数サイクル後に点火すると、その間に蓄積された燃料によって最大圧力が150barを上回る水準に達するおそれがある。

摩擦損失

冷間始動段階では、適切なベアリングポイントに潤滑膜を形成する時間が不足するため、エンジンの機械的なシステムにマイナスの効果をもたらすおそれがある。このため冷間始動プロセスを改善するために、吸入する空気、オイルまたは水に、あらかじめ予熱を加える手法が取られている。特に後者は燃焼室の温度に効果を与えるばかりでなく、エンジンの摩擦を低減したり、スターター速度を上昇させることにもつながる。

海抜高度依存性

外気温度がきわめて高い場合や標高1,000 mを超える高所で作動している場合には、別の現象が生じる。空気の密度が低いため、シリンダー内の空気の質量が減少する。こうした現象は、さしあたっては燃焼に影響をおよぼすものではない。しかし過剰空気の量が減るため、排気ガスの温度が上昇する。

この現象はターボチャージャー付きエンジンでも発生する。このため特に標高の高い場所では、対策として出力を落としての作動が求められる場合がある。

噴射ノズルへの堆積物

ディーゼルエンジンでは、慣らし運転後に1〜3％程度の出力低下が見られることがある。これは燃料噴射システムに起因するものである。噴射ノズルに堆積した沈殿物によってノズルの孔の直径がわずかに縮小し、空気や燃料の流入量が減ることで出力が低下する。これらの沈殿物は、銅や亜鉛、ディーゼル燃料に含まれる油汚染物質などによって生じる。

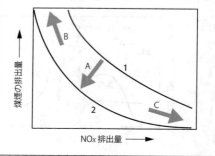

図19：NO_xおよび煤煙の排出量
1 上限曲線
2 下限曲線
A 以下による煤煙とNO_xの減少：
　排気ガス再循環と噴射圧の増大、部分的均質化、H₂O噴射
B 以下による煤煙の増加とNO_xの減少：
　遅角点火、噴射圧減圧、O₂濃度の低下、ミラープロセス
C 以下による煤煙の減少とNO_xの増加：
　進角点火、噴射圧増圧、O₂濃度の上昇

混合気の形成、燃焼、排気 **479**

環境汚染物質の形成と低減

$\lambda = 1$で3元触媒コンバーターを作動させることで排出ガスを大幅に低減できる点が特徴のガソリンエンジンとは異なり、ディーゼルエンジンではエンジン内部で汚染物質を取り除く対策が重要な役割を果たす。ガソリンエンジンでも発生する排出物であるCO_2やH_2O、NO_x、HC、COに加え、ディーゼルエンジンでは煤煙や微粒子の排出も考慮する必要がある。

汚染物質
窒素酸化物

窒素酸化物の低減には、燃焼温度を抑制する対策が効果を発揮する。燃焼域における酸素濃度を減らすことで、これを効果的に行うことができる。また遅角点火や噴射圧を抑えることによっても、燃焼温度を極めて簡単に低下させることができる。

排気ガス再循環やミラーサイクル（[2]などを参照）、部分的均質化をはじめとした温度低減のための手法によって、窒素酸化物の排出量は低減される。これは、多くの場合に見られる煤煙の排出量のわずかな増加を補うことができる（図19）。これら2つの要素を減らすためには、複雑な技術と多額のコストが必要となる。現在では排気ガス再循環の比率を次第に上げることで窒素酸化物を減らし、高い噴射圧（> 2,000 bar）によって煤煙の量を減らす手法が同時に用いられている。

煤煙および微粒子

噴射圧や酸素濃度を低下させると、煤煙の排出量が増加する。煤煙は流体力学や熱力学的な境界条件に従い、複雑な過程を経て形成される。最初は局所的な混合気の濃厚な領域（$\lambda \ll 1$）により大量の煤煙が発生する。しかしその後の燃焼行程で酸化されることにより、70%以上が減少する。乱流が強い場合、膨張行程での煤煙の酸化がさらに進む点はきわめて重要となる。しかし同様に重要なのは温度レベルである。噴射スプレーや燃焼域、不燃焼混合気、リセスの幾何学的形状が局所的に相互作用するため、燃焼プロセスがどのように形成されているかは、排出ガスの発生に決定的な影響をもたらす。

この際には煤煙と微粒子が明確に区別される。煤煙は純粋な炭素化合物で構成され、微粒子には燃料や潤滑剤の液滴、灰、摩擦によって剥がれ落ちた金属、腐食物質、硫化塩化合物が含まれる。

HC化合物およびCO化合物

HCとCOの化合物は通常の場合、ディーゼルエンジンの排出物質として重要度の高いものではない。考慮すべきは、炭化水素の微粒子排出に対する影響である。HCとCOの濃度は、大幅な遅角点火燃焼により不完全燃焼が生じた場合に特に増加する。

融合型および代替作動システム

従来型ディーゼルエンジンの作動システムは、TDC域で1回または複数回にわたって噴射を行う点が特徴である。確立されたガソリンエンジンの燃焼プロセスは、均質、または部分的均質（層状充填）の作動ができる点が特徴である。しかし現在では、ディーゼルまたはガソリンエンジンのいずれにも明確に区分できない、代替型のプロセス制御が開発されている。

ディーゼルエンジンにおける予混合圧縮着火

多彩なバリエーション[3]で発表されているHCCI（予混合圧縮着火）燃焼プロセスは、極端な進角噴射（少なくともTDC前40〜50°CA）で極めて希薄な燃料を均質に充填することにより、NO_xを低減することを目指したものである。ディーゼルエンジンの圧縮温度を高くすることで、希薄燃料にもかかわらず高い信頼性で点火することができる。燃焼プロセスの制御を維持するため、圧縮比は14〜16までに低下させる必要がある。低負荷状態でもシリンダー内部の温度を上昇させることができるように、排気ガス再循環が行われる。しかし制御マップ全体、特に全負荷域でこれを達成することは非常に難しい。何故なら、圧力上昇勾配が極めて高くなり、あらゆるエンジン状態を考慮してのエンジンの一時的な作動の制御は非常に複雑なものになるからである。

ガソリンエンジンにおける圧縮点火

ガソリンエンジンの燃焼プロセスも、部分負荷域でデスロットルされた希薄燃焼による作動を行い、従来型の化学量論的作動のエンジンよりも燃料消費率の面で有利となるように、ディーゼルエンジンのHCCIと同様の方向性に従ってさらに開発が進められてきた。希薄燃焼で作動した場合の触媒コンバーターの変換に関する短所は、希薄燃焼によって未処理NO_x排出量を大幅に低減することで補正される。引火性の低い混合気を高い信頼性をもって燃焼させるために、圧縮比は13以上と高く設定される。圧縮比は可変制御可能であれば理想的で、全負荷状態に向けて燃焼室内の温度上昇とともに圧縮比を下げていくことができる。

ガソリンエンジンの層状充填

直接噴射による層状充填で作動するガソリンエンジンの各種燃焼プロセスは、燃焼の点で従来型のディーゼルエンジンと共通する。このため、従来型のガソリンエンジンとディーゼルエンジンの燃焼方式を融合したシステムといえる。部分負荷時のデスロットルが効率性にメリットをもたらすため、これらの燃焼プロセスは次第に定着しつつある。

多種燃料エンジン

複数の燃料に対する適合性が特徴の多種燃料エンジンは（例：ディーゼル燃料／灯油、ガソリン／ディーゼル燃料または植物油を切り替えて作動させる）、そのようなエンジンコンセプトに課せられる排出ガス面での条件を満たすことができないため、もはや現実的なコンセプトではなくなっている。

参考文献

[1] H. Oertel; M. Böhle; U. Dohrmann: Strömungsmechanik. 5th Ed., Vieweg+Teubner, 2008.

[2] R. van Basshuysen; F. Schäfer (Editors): Handbuch Verbrennungsmotor, 4th Ed., Vieweg+Teubner, 2007.

[3] K. Boulouchos: Strategies for Future Combustion Systems — Homogeneous or Stratified Charge? SAE 2000-01-0650.

482 内燃機関（ICエンジン）

ガス交換サイクルと過給

ガス交換サイクル

開放サイクルと内部燃焼による燃焼エンジンでは、充填サイクル（排出と再充填）システムは次の2つの重要な機能を果たさなければならない。
- 燃焼後の排気ガスと新しい混合気を入れ替え、作動媒体を初期状態（サイクルの出発点）に戻す。
- 燃料を燃やすために必要な酸素を新気として供給する。

充填サイクル（ガス交換とも呼ばれる）は、DIN 1940 [1]で定義された特性値を使って評価できる。総空気流量（空気過剰率$\lambda_a = m_g/m_t$）では、仕事サイクル中に取り入れられた全給気量m_gは、排気量により与えられる理論最大値m_tとの関連において定義される。これに対して体積効率$\lambda_{a1} = m_z/m_t$は、シリンダーに実際に存在する、あるいは残留している新気量m_zにのみ基づく。シリンダーに実際に存在する、あるいは残留している新気量と全給気量m_gとの相違は、バルブのオーバーラップ時に排気管に直接流れ込むがその後の燃焼には使用されない混合気によるものである。

残留率$\lambda_a = m_z/m_g$は、シリンダー内の新気残率を示す。

掃気効率$\lambda_S = m_z/(m_z + m_r)$は、新気と残留ガス$m_r$で構成される全給気量に対する新気量$m_z$を表している。ここで変数$m_r$は、以前の仕事サイクルの排気後にシリンダー内に残った燃焼ガスの量を示す。

2ストロークサイクルでは、クランクシャフトが1回転するたびに、膨張行程の終了時に下死点（BDC）付近でガス交換が行われる。4ストロークサイクルでは、ガス交換サイクルは吸気行程と排気行程に分かれて行われる。

4ストロークサイクル

ガス交換を行うバルブタイミングは、コントロールシャフト（カムシャフト）によって制御される。カムシャフトは、クランクシャフトにより駆動され、その回転数はクランクシャフトの1/2である。カムシャフトはバルブスプリングに抗してガス交換バルブを押し開き、排気ガスを排出して新しい混合気を吸入する（それぞれに対して排気バルブと吸気バルブが別々に作動）（図1）。ピストンが下死点（BDC）に達する直前に排気バルブが開き始め、ピストンが下死点に達するまでの段階で、高温高圧の燃焼ガスの約50 %が燃焼室から排出される。それに続く排気行程では、ピストンが上昇することで燃焼ガスのほとんどが燃焼室から追い出される。

ピストンが排気行程の上死点（TDC）に到達し、排気バルブが閉じる直前に、吸気バルブが開き始める。クランクシャフトの上死点を、点火上死点（ITDC）と区別するために、排気上死点（GTDC）またはオーバーラップ上死点（OTDC、この位置で吸気および排気行程が重なるため）と呼ぶ。排気上死点の直後に排気バルブが閉じ、ピストンの下降によって、開いた吸気バルブから新気が流れ込む。ガス交換行程のこのス

図1：pV線図による4ストロークのガス交換行程図

I　吸気	E　排気
BDC 下死点	TDC 上死点
IC　吸気バルブ閉	IO 吸気バルブ開
EC　排気バルブ閉	EO 排気バルブ開
V_c　圧縮体積	V_h　排気量

矢印は曲線の向きを示す

トーク、すなわち吸気行程は、下死点（BDC）に達した直後に完了する。4行程のうち、この後に続く2行程（図2）は、圧縮と燃焼（膨張）である。

スロットルバルブ制御のガソリンエンジンでは、排気ガスがバルブオーバーラップ時に、燃焼室から吸気経路へ逆流（吹返し）するか、排気経路から燃焼室へ戻り、そこから吸気経路に逆流する。この内部排気ガス再循環により燃焼室内ガスの温度が上昇し、シリンダー内の不活性ガスの割合が増加する。その結果、負荷の高い領域において出力を最適に利用することができなくなる。バルブタイミングが固定式の場合には適切な妥協点を維持することが重要であるが、このことは特にガソリンエンジンにおいては、エンジンの作動コンセプトとターボチャージャーユニットとの適合に左右される。

排気バルブタイミングを早くすると、シリンダーからの排気に十分な時間を確保できるため、ピストンの上昇による残留ガスの圧縮が低下するが、燃焼ガスの仕事指数も低下することになる。

「吸気バルブ閉」（IC）タイミングは、吸気流量とエンジン回転数の関係に重要な影響を与える。吸気バルブが早く閉じる場合は、給気効率はエンジン回転数が低いときに最大になり、吸気バルブが遅く閉じる場合は、エンジン回転数の高いほうへ効率のピークが移動する。

バルブタイミングが固定式の場合は、出力特性曲線の最も望ましい位置で最大の正味平均有効圧（すなわちトルク）を得ることと、定格回転数で可能な限り高い出力を得ることという、2つの相反する設計目標の間で、当然のことながら妥協しなければならないことになる。最大出力が発生する回転数が高いほど、また、エンジンの作動回転域が広いほど、最終的な妥協点に不満が残ることになる。この傾向は、吸気流断面積の広いマルチバルブシリンダーヘッドを使用しても緩和できない。

同時に、排気ガス有害成分排出量の抑制と燃費向上への要求により（パワーユニット軽量化のため比出力を高めることと並行して）、アイドリング回転数を下げ、低回転域でのトルクを向上させることが重要になっている。これらの要求に応えるべく、可変バルブタイミング方式が採用されるケースが増えている。

4ストロークの長所は、全エンジン回転域で体積効率が非常に高いこと、排気系の圧力損失の影響を受けにくいこと、および、適切なバルブタイミングの選択と吸気系統の設計によりエンジン回転数の影響を受けやすい吸気量を比較的制御しやすいことである。

4ストロークの短所は、バルブタイミングが非常に複雑なこと、またターボチャージャーを装備していない4ストロークエンジンでは、クランクシャフトの2回転に1回の割合でしか燃焼による動力が得られないため、出力密度が低いことである。

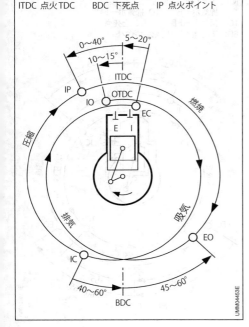

図2：4ストロークのガス交換（吸排気）行程
E　　排気　　I　吸気
EO　排気バルブ開　　EC　排気バルブ閉
IO　　吸気バルブ開　　IC　吸気バルブ閉
TDC　上死点　　　OTDC　オーバーラップTDC
ITDC　点火TDC　　BDC　下死点　　IP　点火ポイント

2ストロークサイクル

クランクシャフトを余分に回転させることなく吸排気行程を行うため、2ストロークでは、燃焼行程の終りと圧縮行程の始めにガスが交換される。吸排気バルブのタイミングは、シリンダーハウジング内のBDC付近で、吸排気ポートを遮るように通過するピストンによって制御する方法が、一般的である（図4）。しかし、この構造では制御時間が重ならざるをえず、吸気がそのまま排気へ流れるという吹抜けの問題も起こる（短絡掃気）。さらに、給気量V_fしか実質の動力発生に寄与しない（排気量V_hが有効に使えない）ため、ピストンストロークの15〜25 %は動力とならない（図3）。

2ストロークには独立した吸排気行程がないため、シリンダーへの給気と掃気に正圧を利用しなければならず、掃気ポンプが必要になる。非常に単純でよく用いられる設計では、ピストンの底面とクランクケースの間の容積を、掃気ポンプとして利用している。図4は、クランクケース掃気またはクランクケース1次圧縮を備えた2ストロークエンジンのガス交換行程を表す。掃気ポンプ側で発生する行程は内側の円で、シリンダー側で発生する行程は外側の円で示される。吸気ポートと排気ポートの位置は、最大の充填効率が得られるようにピストンの位置に応じて決定される。ピストンにこぶ状の突起部を設けることで、吸気領域から排気領域への吹抜けを減らすことができる。

2ストロークの長所は、エンジンの重量と体積に比べて出力が高いことと、生成されるトルクがより均一（1回転あたり1出力ストローク）であることである。

2ストロークの短所は、燃料消費量が多いこと、平均圧力が低いこと（充填効率が低いため）、熱負荷が大きいこと（ガス交換行程がないため）、混合気の制御が難しいこと、および、シリンダー掃気で吹抜けが発生するために炭化水素（HC）排出量が多いことである。厳しい排出ガス規制の導入により、2ストロークは移動用動力としては重要視されなくなっている。

図3：pV線図による2ストロークのガス交換行程図
p_0　給気圧　　　V_s　掃気量
V_c　圧縮体積　　V_h　排気量
V_f　給気量

図4：クランクケース圧縮を使用した2ストロークのガス交換（吸排気）行程
E　　排気ポート　　I　吸気ポート
EO　排気ポート開　EC　排気ポート閉
IO　　ポート開　　　IC　吸気ポート閉
T　　掃気ポート　　TO　掃気ポート開
TC　掃気ポート閉　TDC　上死点
BDC　下死点　　　IP　点火ポイント

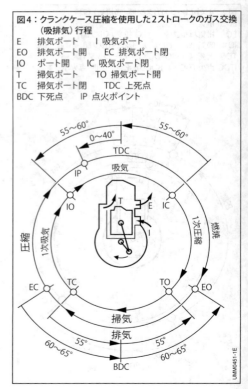

可変バルブタイミング

さまざまな設計仕様の可変バルブタイミングが、種々の目的のために採用されている。可変バルブタイミングの使用の動機としては、出力（仕事率）とトルクの増加、スロットル機構の廃止、残留排気ガス成分の制御、個別シリンダーのシャットオフ、充填動作、冷間始動および冷間作動性能の改善、制御技術の最適化（給気質量、残留排気ガス成分など）、排気ガスターボチャージャーの回転数への影響、排気ガス温度の管理を挙げることができる。

今日では、可変バルブタイミングの実現のためにさまざまなシステムが使用されている。可変バルブタイミングの使用の動機は、燃焼プロセスとエンジンコンセプト（均一給気作動または層状給気作動、ディーゼル）に応じて異なる。

カムシャフト調整

吸気カムシャフトと排気カムシャフトの調整コンセプトは、プログラムマップの全域にわたって有益な可変性を提供するための手法として一般に受け入れられるようになってきている。このコンセプトにより、クランクシャフトに対するカムシャフトのフェーズの調整が可能となるため、同じ開放形状を保ちながら、バルブタイミングをずらすことができる。最新のカムシャフト調整には、電気または電気油圧による制御が採用されている。

均一給気作動のガソリンエンジンでは、低速および低負荷領域などでは吸気カムシャフトのタイミングが遅らされ、同時に排気バルブが非常に早く閉じられる（図5）。このようにバルブオーバーラップが最小限になると、排気への新気の吹抜けも最小限となる。また、吸気バルブの開くタイミングを大きく遅らせることにより吸気バルブが閉じるタイミングも遅くなるため、デスロットルが発生する。これは、下死点の後に、吸気バルブによって吸気が吹き返されるためである。吸気カムシャフトのタイミングを早くすると、希望の負荷点においてトルクを急増させることができる。

排気カムシャフトを調整すると、さらにさまざまな効果を得られる。吸気カムシャフトと排気カムシャフトの最適な調整は、多くの要因に左右される。エンジンマップにおける位置と同様に作動モードも重要である。たとえば、排気ガスターボチャージャーを使用しているかどうかや、リーンバーン作動（ディーゼルエンジン、ガソリンエンジンの層状給気プロセスなど）を適用しているかどうかといったことは、重要な要因である。カムシャフト調整と排気ガスターボチャージャーの有効な組み合わせの例は、マップに応じてバルブの重複を最大にした（「排気バルブ閉」を大きく遅らせ、「吸気バルブ開」を大きく早める）場合である。この場合、混合気の大部分が吸気から排気へ直接流れる。これで、ターボチャージャーの回転数を増加させると、排気ガスターボチャージャーにより空気流量が増加するという効果が得られる。吸気カムシャフトと排気カムシャフトのタイミングをずらすことにより多くの課題に最適な解決方法が得られる可能性があるため、現代のガソリンエンジンでは採用例が増えている。

カム形状制御メカニズムを備えたシステム

連続的なフェーズ調整に加えて、各カム形状を非連続的に切り換える、より簡単なシステムも使用されている。このようなシステムでは、全負荷に近い領域に対しては大型のカムとバルブリフトを、部分負荷領域に対しては小型のカムとバルブリフトを使用して調整が行われるのが一般的である。このために、大抵の場合ロッカーアームまたはバケットタペットに制御メカニズムが組み込まれており、このメカニズムにより、

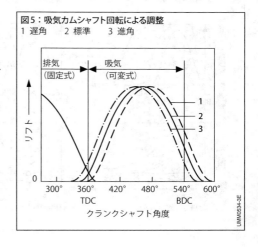

図5：吸気カムシャフト回転による調整
1 遅角　2 標準　3 進角

カムシャフトの1個または複数個の（通常は2個）のカムが作動する。

2つカムシャフト回転位置の切換えが可能なシステムも使用される。完全な可変システムとは対照的に、これらのシステムでは、カムシャフトフェーズ調整への正確な位置命令は省略されている。

その他の可変システム

ガソリンエンジンで使用される完全な可変システムの開発はますます増加しており、すでに量産車で使用されているものもある。これらのシステムは、ガス交換サイクルフェーズの最適化に注力して開発されている。エンジンの構造と作動点に適したさまざまな方式が効果を上げており、各方式では、ガス交換サイクルの損失、残留排気ガス成分、またはエンジン出力が最適化されている（図6）。

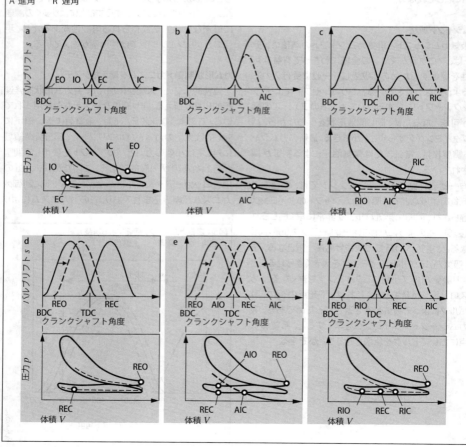

図6：ガス交換サイクルへのバルブタイミングの影響
a 従来のバルブタイミング　　b「吸気バルブ閉」を早めた場合
c バルブリフトを減らし、「吸気バルブ閉」を遅らせた場合　　d「排気バルブ閉」を遅らせた場合
e「排気バルブ閉」を遅らせ、「吸気バルブ閉」を早めた場合　　f「排気バルブ閉」も「吸気バルブ閉」も遅らせた場合
BDC 下死点　　TDC 上死点　　IO 吸気バルブ開　　EO 排気バルブ開　　IC 吸気バルブ閉　　EC 排気バルブ閉
A 進角　　R 遅角

完全可変バルブギヤの実現のために、機械式、電気機械式、電気油圧式、または電空式の調整コンセプトを用いることができる。

機械システム

機械式の完全可変バルブギヤシステムは、各種のバルブリフト量を実現できる調整メカニズムとカムシャフトフェーズ調整機構を組み合わせたものが一般的である。主要機能は、カムのリフト量を可変にすることである。

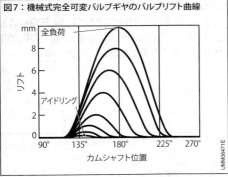

図7：機械式完全可変バルブギヤのバルブリフト曲線

図8：機械式完全可変バルブギヤの基本原理
(BMW社のValvetronic)
1 ガイドブロック　　2 回転の中心
3 カムシャフト　　　4 油圧式バルブクリアランス補正
5 ウォームギヤ付きサーボユニット
6 偏心シャフト　　7 中間レバー　　8 吸気バルブ

この場合に適切なのは従来型のカムシャフトを使用した構造であるが、しかしこのカムシャフトは、バケットタペットあるいはロッカーアームを介して直接バルブに作用することはない。カムのリフト量は、偏心シャフトで支点が変えられる中間レバーにより調整される（図7および図8）。このような機構の駆動には、一般的に電気直流モーターが使用される。BMW社のValvetronicは、機械式完全可変バルブギヤ[2]の一例である。完全可変バルブギヤのその他の利点は、均質な給気配分の最適化と、偏心度がわずかにずれているために、低負荷領域において2個の吸気バルブを時間をずらして開口して充填動作を促進させる可能性があることである。

電気機械式システム

電気機械式システム（電気機械式バルブギヤ）は、まだ開発段階である。電気機械式バルブギヤでは、電気で作動する磁石をバルブタイミング用アクチュエーターとして使用する（図9, [3]も参照）。このアクチュエーターには、高い電力が必要なことに特に注意する必要がある。システムは、バルブ、磁石、およびコイルで構成され、この電力を最小限にするために共振

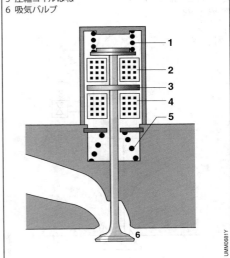

図9：電気機械式システム
1 圧縮コイルばね
2 閉鎖磁石
3 電機子
4 開放磁石
5 圧縮コイルばね
6 吸気バルブ

する仕組みになっている。高い電力が必要なうえに仕組みが複雑なため、電磁式バルブギヤはまだ量産には至っていない。

電気油圧式システム

電気油圧式システム(電気油圧式バルブタイミング)は、機械式完全可変バルブギヤに代わるシステムである。このシステムには、いくつかの作動原理が考えられる。

「ロストモーション」の原理が有効なアプローチとなる。動作は、油圧式中間エレメントによって、カムシャフトを介して規定される(図10)。電気で作動する油圧バルブのために、カムで規定された動作は完全には伝達されない可能性がある。したがって、カム形状により包絡線が規定される(図11)。

これに代わるものとして、油圧アキュムレーターと電子制御式油圧バルブでガス交換バルブを直接作動させるシステムがある。このタイプのシステムはまだ開発段階にあり、量産はされていない。

始動の時点と作動時間に応じて、一定の割合の油圧作動液が油圧バルブから流出する。したがって、油圧出力の損失がこのシステムの欠点である。

電気油圧式システムは、2004年以降Caterpillar社の商用車システムと、2010年以降Fiat社のMultiAirシステムで使用されている。

電空式システム

電空式システムは、まだ開発段階である。現在、このシステムの大規模生産での使用は予想されていない。これらのシステムは制御が複雑なだけではなく、何よりも空圧駆動の出力に問題がある。現存のこのシステムは、調査の目的で使用されている。圧縮空気生成のために必要となる出力に注意し、効率の判定の際にはこの点を考慮することが不可欠である。

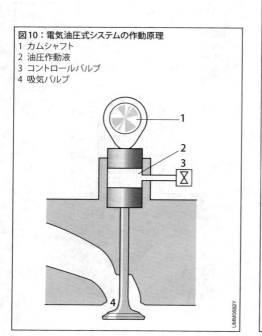

図10：電気油圧式システムの作動原理
1 カムシャフト
2 油圧作動液
3 コントロールバルブ
4 吸気バルブ

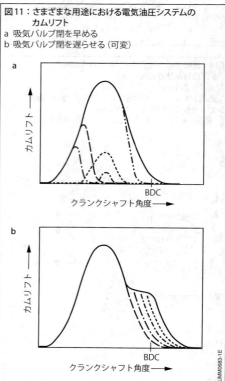

図11：さまざまな用途における電気油圧システムのカムリフト
a 吸気バルブ閉を早める
b 吸気バルブ閉を遅らせる(可変)

過給プロセス

エンジンの出力は実給気量に比例する。この実給気量は空気密度の一次関数のため、排気量およびエンジン回転数はそのままに、空気がシリンダー内に入る前に圧縮、すなわち過給することによって、エンジン出力を増大させることが可能である。過給比率は、自然吸気エンジンと比較して空気密度がどれだけ高くなるかを表す。

熱力学によれば等温圧縮により最善の結果が得られるが、これは技術的には実現不可能である。スーパーチャージャーユニットでの可逆的断熱変化圧縮は、実際のシーケンスの理想的な比較プロセスとなる。実際には、密度が増すと損失が生じる。

ガソリンエンジンでは、過給比率の限度がノッキング燃焼の発生によって制限され、ディーゼルエンジンでは、シリンダー内の最大ピーク圧力によって制限される。この制限を相殺するために、一般的に過給エンジンでは自然吸気エンジンと比較して圧縮比が低くなっている。

動圧過給

ガス交換行程は、バルブタイミングだけでなく吸気ラインと排気ラインの形状からも影響を受ける。ピストンの吸気動作により吸気バルブが開くと、インテークマニホールドで吸入波が発生し、インテークマニホールドの開口部で反射して、圧力波として吸気バルブに戻る。これらの圧力波を使用して、吸気量を増やすことができる（図12）。空気力学に基づくこの過給効果は、インテークマニホールド内の形状だけでなく、エンジン回転数によっても異なる（「ラムパイプ過給」、「共鳴過給」、「可変インテークマニホールドシステム」を参照）。

機械式過給機（スーパーチャージャー）

機械式過給では、スーパーチャージャーは内燃機関によって直接駆動される（「ターボチャージャーとスーパーチャージャー」を参照）。過給機と内燃機関は、機械的に相互に結合されている。メカニカルスーパーチャージャーユニットの種類として、さまざまな型式の（ルーツ式スーパーチャージャー、スパイラル式スーパーチャージャーなど）の容積型スーパーチャージャー（コンプレッサー）およびフローコンプレッサー（ラジアルコンプレッサーなど）がある。

今日までに使用されているシステムにおいては、クランクシャフトとチャージャーシャフトの伝達比は固定されている。スーパーチャージャーの始動は、機械式または電磁式クラッチを使用して制御できる。ブースト圧は、制御フラップの付いたバイパス装置（ウェイストゲート）で調整するのが一般的である。

スーパーチャージャーの長所

- スーパーチャージャーはエンジンの低温側に設置される。
- エンジンの排気装置がスーパーチャージャーコンポーネントに影響されない。
- 負荷の変化に対してスーパーチャージャーが極めて迅速に反応する。

スーパーチャージャーの短所

- スーパーチャージャーの駆動にエンジンの出力の一部が費やされるため、燃費が悪化する。

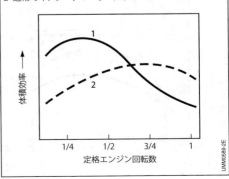

図12：動圧過給による体積効率の増加
エンジン回転数は規定回転数に合わせて調整される
1 動圧過給
2 通常のインテークマニホールド

- 作動音を小さくするために、追加の対策が必要である。
- 体積と重量が比較的大きい構造である。
- スーパーチャージャーをエンジンのベルトレベルに配置する必要がある。

ターボチャージャー

ターボチャージャーは、エンジンの排気ガスのエネルギーを利用して駆動される。つまり、排気ガスに含まれるエネルギーの一部が、排気ガスタービンにより機械エネルギーに変換される。このようにして、自然吸気エンジンにおいては（クランクシャフトアセンブリーの拡張制限のため）利用されることのないエンタルピーの一部が使用される。ただしこの行程において、排気ガス背圧が増加する。吸気の圧縮には必ずフローコンプレッサーが使用される（「ターボチャージャーとスーパーチャージャー」を参照）。

排気ガスターボチャージャーは、低回転域においても大きなブースト圧を生み出すように設計されるのが普通である。言い換えると、ターボチャージャータービンは、通常はエンジンの中回転域向けに設計されている。しかし何らかの対策を講じない限り、高回転域でブースト圧が上がりすぎ、エンジンに過度の負荷がかかる可能性がある。このためタービンには、特定の作動点以降では排気ガス流量の一部がタービンへと向かわないようにするバイパスバルブが取り付けられている。しかしながら、この分の排気ガスエネルギーは未使用のままとなる。可変タービンジオメトリー (VTG) のターボチャージャーを使用すると、低回転域での高いブースト圧と、高回転域でのエンジン過負荷の防止の間で妥協点が見出され、極めて高い効果が得られる。このために使用される調整ブレードがガイドブレードの位置を変更し、流量断面積とタービンへの衝撃角度（したがって、タービンにかかる排気ガス圧も）が調整される（ターボチャージャーとスーパーチャージャーを参照）。

<u>排気ガスターボチャージャーの長所</u>
- 排気量あたりの出力が大幅に向上する。
- 同じ出力の自然吸気エンジンと比較して燃費が改善される。
- 排気ガス値が改善される。
- 体積が比較的小さい構造である。
- 低圧側排気ガス再循環での使用が可能。

<u>排気ガスターボチャージャーの短所</u>
- ターボチャージャーのタービン側を高温の排気系に取り付けるため、高温に耐える材質が必要である。
- 排気系における熱慣性が増加する。
- 対策を講じない限り低排気量エンジンでは始動トルクが比較的小さい。

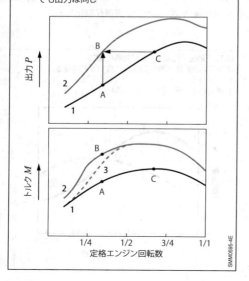

図13：自然吸気エンジンとターボチャージャーエンジンの出力およびトルク曲線の比較
エンジン回転数は規定回転数に合わせて調整される
1 定常作動での自然吸気エンジン
2 定常作動でのターボチャージャーエンジン
3 ごく短い作動時間におけるターボチャージャーエンジンのトルクの上昇
A→B 同じ回転数では、ターボチャージャーエンジンの方がトルクと出力が高い
C→B ターボチャージャーエンジンでは回転数が低い場合でも出力は同じ

特殊な形式の過給

電気アシスト排気ガスターボチャージャーシステムでは、追加の電気モーターを使用して排気ガス流が十分でない場合にもターボチャージャーの回転数を維持する。その結果、特に車両をごく短い時間だけ運転する場合やエンジンの回転数が低い場合にメリットが生まれるが、複雑さと電力消費量が増大する。ターボチャージャーの慣性力関係のデメリットは、電気アシスト排気ガスターボチャージャーで軽減できる。

プレッシャーウェーブ過給（Comprex）は、特殊かつ理論上のみに留まる過給方式で、量産には至らなかった。作動原理は、セルローターの回転で伝播する圧力波の反射特性に基づいている（「ターボチャージャーとスーパーチャージャー」を参照）。主な長所は応答性に優れていることで、これがトルクの急上昇に寄与する。ただしプレッシャーウェーブスーパーチャージャーにかかる費用は高く、駆動機構が必要であるため、これを搭載するための取付けスペースの対策が必要となる。

体積流量の特性マップ

エンジンと過給機の関係をわかりやすく示したものが、ブースト圧比と体積流量の特性マップ（図14）で、体積流量 V に対する過給機の圧力比 π_c が表されている。

スロットルバルブのない4ストロークエンジン（ディーゼル）の場合、グラフは斜めの直線（空気質量流量特性曲線）を描き、エンジン回転数が一定のときは、圧力比 $\pi_c = p_2/p_1$（p_1は周囲圧力を、p_2はブースト圧を表す）が上昇するにつれ、空気量が増加していくことを表している。

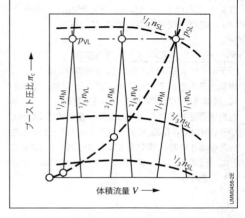

図14：機械駆動の容積式スーパーチャージャーとターボチャージャーのブースト圧比と体積流量の特性マップ

n エンジン回転数　p_L ブースト圧
補記号：
VL　容積式スーパーチャージャー
SL　ターボチャージャー
M　エンジン

グラフは容積式スーパーチャージャーとターボチャージャーについて、回転数が一定のときの圧力比と流量の関係を示している。

自動車に適しているのは、吐出量がエンジンの回転数にほぼ直線に比例するスーパーチャージャーだけである。そのようなスーパーチャージャーは、ピストン式、スライディングベーン式、またはルーツ式の容積型スーパーチャージャーである。機械駆動式のターボチャージャーは、この目的には適していない。

492 内燃機関（IC エンジン）

排気ガス再循環（EGR）

作動原理

　排気ガス再循環（EGR）システムでは、高温の排気ガスを取り出し、排気ガスクーラーで冷却し、外気と混合し、燃焼室に戻す。排気ガス再循環量は、バルブで調整する。これはディーゼルエンジンで使用されるが、ガソリンエンジンでの採用も増加している。

ディーゼルエンジンの排気ガス再循環

　ディーゼルエンジンでは、未処理のNO$_x$排出量は、排気ガス再循環で大幅に削減される。これは基本的に、再循環された排気ガスが燃焼速度を低下させ、また再循環された排気ガスは比熱容量が大きくなっている（特にCO_2）ため、供給されるエネルギーが同じなら再循環されない排気ガスほどには熱くならないことに起因する、シリンダー内のピーク温度の低下によるものである。

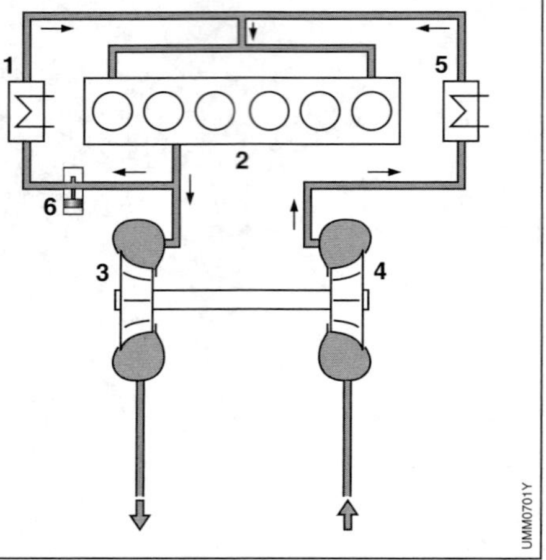

ガソリンエンジンの排気ガス再循環

　ガソリンエンジンでは、窒素酸化物の削減が主要目的ではない。第一の目的は、排気ガスの温度を低下させてコンポーネント（触媒コンバーターおよびターボチャージャー）を保護することにある。空燃比をリッチにして排気ガスの温度を低下させる通常のプロセスの一部または全部を使用する必要がなくなるため、これは特に全負荷で運転するエンジンでは非常に効果的である。これによって、燃費が劇的に改善する。

　また、ガソリンエンジンの場合、排気ガス再循環を使って、3元触媒コンバーターの機能に影響を与えることなく混合気をリーンにする可能性も考慮される。特に部分負荷運転時にEGRレートを増大させることで、エンジンへの燃料供給を抑えることができ、その結果、燃料効率が向上する。

排気ガス再循環のバリエーション

　基本的に、排気ガスクーラーがターボチャージャーの上流に設定されるか、下流に設定されるかに応じて、高圧再循環および低圧再循環の2つのバリエーションが利用される。商用車では主に高圧再循環が使用されるが、乗用車ではいずれのバリエーションも使用される。

高圧EGR

　高圧再循環（図15）の場合、高圧側、つまりターボチャージャーのタービンの上流で排気ガスを再循環する。この場合、排気側から吸気側に排気ガスを送るのに必要な圧力差がより大きく、さらに、ターボチャージャー側で調整できるメリットがある（ウェイストゲートまたは可変タービンジオメトリーを使用）。EGRセクションが短く、すばやく充填および排出できるため、基本的に高いEGR率を達成できる。この動的なメリットにより、変化する作動条件にEGRシステムは比較的迅速に応答できる。

　再循環された排気ガスは、インタークーラーの下流に至るまで外気と混合されないため、インタークーラーおよびターボチャージャーコンプレッサーはバイパスされ、よって排気ガスによる煤の付着が発生しない。したがって、これらのコンポーネントの性能は耐用期間を通じて低下しない。これに比べて、高圧側のEGRクーラーの条件は大幅に厳しくなる。その原因は、

図15：高圧排気ガス再循環
矢印は、流れの向きを表す
1　高圧 EGR 用 EGRクーラー
2　エンジン
3　排気ガスターボチャージャータービン
4　排気ガスターボチャージャーコンプレッサー
5　インタークーラー
6　EGRバルブ

運転中のより高い圧力と温度、および上述のコンポーネントへの煤の付着にある。

低圧EGR

　この方式の排気ガス再循環では、排気ガスはEGRクーラー経由でタービンの下流へと導かれ、ターボチャージャーコンプレッサーの上流で吸気された外気と混合される（図16）。排気ガスは、ディーゼル微粒子フィルター（DPF、図では省略）を通って煤が除かれてからEGRクーラーに送られる。よってEGRクーラーに煤は付着せず、性能は耐用期間を通じて低下しない。排気システムの該当部分の温度が低いため、EGRクーラーの熱応力は高圧再循環の場合より相当に低くなる。流入する排気ガスの温度が低く煤の付着もないので、EGRクーラーの出口側温度は高圧再循環の場合よりも低くなる。これにより、多くの場合十分なNO$_x$排出量の削減が達成可能であり、SCRシステムなどによる追加の排気ガス処理は必要ない。

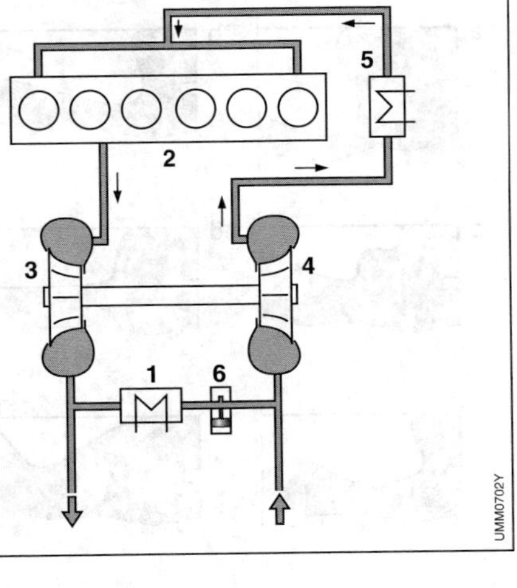

　低圧再循環のひとつのデメリットは、ダイナミックなレスポンスが損なわれることである。システムはエンジンから比較的離れて配置され経路が長くなるため、排気ガス再循環レートを短時間に調整できない。エンジンに排気ガスが「充満」するのを防ぐため、EGRレートを高圧再循環よりわずかに低く設定する必要がある。

参考文献

[1] DIN 1940: Reciprocating internal combustion engines; terms, formulae, units.

[2] R. Flierl; R. Hofmann; C. Landerl; T. Melcher; H. Steyer: Der neue BMW-Vierzylindermotor mit Valvetronic. MTZ 62 (2001), Volume 6.

[3] P. Langen; R. Cosfeld; A. Grudno; K. Reif: Der Elektromechanische Ventiltrieb als Basis zukünftiger Ottomotorkonzepte. 21st International Vienna Motor Symposium, Progress Reports VDI, Series 12, No. 420, Volume 2, 2000.

[4] R. van Basshuysen; F. Schäfer (Editors): Handbuch Verbrennungsmotor, 5th Edition, Vieweg-Verlag, 2009.

図16：低圧排気ガス再循環
矢印は、流れの向きを表す
1　低圧EGR用EGRクーラー
2　エンジン
3　排気ガスターボチャージャータービン
4　排気ガスターボチャージャーコンプレッサー
5　インタークーラー
6　EGRバルブ

往復動機関

コンポーネント

トルクを発生させるという非常に重要な働きをするクランクシャフト機構に加え、シリンダーヘッドも内燃機関の効率にとって決定的な影響を与える（表1）。

クランクシャフト機構およびクランクケース

クランクシャフト機構は、ピストン、ピストンリング、コンロッド、クランクシャフトで構成される。クランクシャフト機構の構成部品のすべてに共通なことは、並進運動および回転運動である。クランクシャフト機構の摩擦系の設計は、観点を堅牢性とエンジンの摩擦低減だけに限っても極めて重要である。

ピストン

ピストンは、ピストンに加わる機械的負荷と熱負荷を受ける、非常に複雑な内燃機関コンポーネントである。ピストン頭部の窪みとピストンの表面の幾何学的形状は、混合気の形成と燃焼に極めて重大な影響を与える。また、ピストンの主要な機能は、コンロッドに力を伝達することである。複雑な機械的応力を受けるとともに、局所的に300℃を超える高温にさらされる。

ピストン頭部の窪みは、特にディーゼルエンジンの場合に重要である。高い圧縮比に加え、平坦なシリンダーヘッドの使用が一般的であるため、燃焼室全体をピストンの窪みで形成する必要がある。さまざまな形状の設計が存在する。図1に、ディーゼルエンジンに使用されているさまざまな形状の例を示す。

ピストンの頭部に設けられた窪みは燃焼室の形状をほぼ決定するとともに、ピストンピンへの力の伝達機能にとって決定的に重要な要素であるピストンクラウンの強度に影響を与える。特にアルミニウム製ピストンは、現在主に重量の観点から好んで選択されるようになっているが、耐熱性、軽量、気筒内燃焼最高圧力の要件を満たすためには、極めて高度な技術力が必要になる。

大きな負荷にさらされるディーゼルエンジンでは、ピストンピンの嵌合部に黄銅製のブッシングが使用される。

ディーゼルエンジンでは、アルミニウム製のピストンだけでなく、鋼鉄製やねずみ鋳鉄製のピストンも使用される。鋼鉄製ピストンは、最高燃焼圧力が200 barを超える用途に使用されている。鋼鉄製ピストンの重要で際立った特徴は、熱伝導性が低いことである。

気筒内最高燃焼圧力が高く高出力の最近のターボチャージャー付きエンジンでは、ピストンを冷却するための冷却ダクトを備えたピストン噴霧ノズルも必要である（図2）。縦に配置されたピストン噴霧インジェクターからピストン冷却ダクト内にエンジンオイルが噴霧される。ピストン冷却ダクトの入口と出口は、ピストンの下部に配置されている。

燃焼室とクランクケースの間は、ピストンリングによって密閉されている（図3）。ピストンリングには、密閉機能だけでなく、熱をシリンダー壁に逃がし、オイルが燃焼室に浸入するのを防ぐ重要な働きもある。

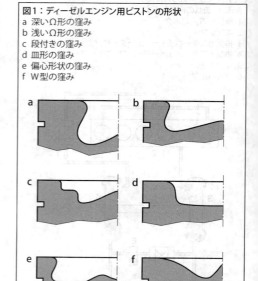

図1：ディーゼルエンジン用ピストンの形状
a 深いΩ形の窪み
b 浅いΩ形の窪み
c 段付きの窪み
d 皿形の窪み
e 偏心形状の窪み
f W型の窪み

一般に3本のリングが使用され、一番上側のリングは圧縮リングとして、一番下側のリングはオイル掻き落しリングとして機能する。中間のリングは、両方の機能を備えている場合が多い。燃焼室でオイルが燃焼すると、それにより生成される灰分によって微粒子フィルターが詰まる原因になるため、オイルの消費量、つまり、ピストンリングセットとホーニング仕上げの調整が非常に重要である。

表1：4ストローク往復運動機関のコンポーネント

アセンブリー	コンポーネント	目的および機能	応力
クランクケース	クランクケース	– クランクシャフトのハウジング – シリンダーヘッドおよびシリンダーヘッドボルト相手側部品の取付け – クランクシャフトベアリングの取付け – 補機類の取付け	変形 – シリンダーヘッドボルトからクランクシャフトまでの力の流れ、曲げモーメント、振動、振動周波数、固有振動数
	摺動面	摺動面の構造設計のためのさまざまな方式 – シールを使用してライナーを取り付ける（湿式ライナー） – 鋳物製ライナー（乾式ライナー） – ピストン摺動面をクランクケースに直接形成する	変形（真円でなくなる）、ピストンとの摩擦を生成する相手側
クランクシャフト機構	ピストン	– 燃焼室内のエネルギー（燃焼圧力）を並進運動に変換する – 燃焼室から冷却媒体に熱を逃がす – コンロッドの傾斜により発生する水平方向の力を支える	窪み領域では350℃を超える複雑で局所的な熱応力
	ピストンリング	– 燃焼室とクランクケース間を密閉する – シリンダー内への潤滑油の浸入を防止する – シリンダー壁に熱を逃がす	大きな機械的曲げ応力および大きな熱応力、複雑な摩擦系
	コンロッドおよびピン	– ピストンに作用する力を受けて、クランクシャフトに伝え、トルクを生成する	圧力に関する高い機械的な応力、引張り、曲げ応力、複雑な摩擦の発生
	クランクシャフト	– コンロッドに作用する力を受け、振動を回転運動に変換する。これにより、駆動系に伝えるトルクを生成する	圧力に関する高い機械的な応力、引張り、曲げ応力（座屈）、複雑な摩擦の発生
シリンダーヘッド	シリンダーヘッド	– 充填サイクルの制御 – 燃焼室付近の領域の冷却 – インジェクター（ディーゼルエンジンおよび直噴ガソリンエンジン）およびスパークプラグ（ガソリンエンジン）の取付け	熱機械的疲労および熱膨張による大きな応力

表1：4ストローク往復運動機関のコンポーネント（続き）

アセンブリー	コンポーネント	目的および機能	応力
シリンダーヘッド	カムシャフト（シリンダーヘッド内が一般的）	– 回転運動を並進運動に変換してバルブを開閉する	ヘルツ応力
	バルブ制御	– 回転運動を並進運動に変換してバルブを開閉する	高いバルブ閉速度には大きなバルブスプリング力が必要になる
	バルブ	– 吸気および排気ポートへの通路を開く – 圧縮行程では燃焼室を密閉する	大きなバルブ閉速度、排気バルブでは熱負荷によるバルブシートの摩耗
	ポート／通路	– シリンダーへの吸入とシリンダーからの排気 – シリンダーへの望ましい充填を準備する	局所的な熱負荷
	ベースプレート	– 燃焼室圧力の保持および密閉	局所的な熱負荷および曲げ
	駆動装置	– ベルト、チェーン、歯車によるカムシャフトの駆動	力の伝達接触面の変動による回転ムラ
その他のコンポーネント	オイルポンプ	– 必要な潤滑油供給量と圧力を準備する	特に粘度の高い潤滑油によるトルク
	オイルフィルター	– エンジンオイルからの異物の除去	–
	ウォーターポンプ	– 必要な送出量の冷却媒体を準備する – 必要な質量流量の冷却媒体を準備する	キャビテーション

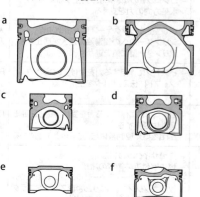

図2：さまざまなエンジンのピストンの形状
a リング溝および冷却ポートを備えた、商用車用ディーゼルエンジンのアルミニウム製ピストン
b 商用車用鋼鉄製鍛造ピストン
c リング溝および冷却ポートを備えた、乗用車用ディーゼルエンジンのアルミニウム製ピストン
d 冷却式リングキャリアを備えた、乗用車用ディーゼルエンジンのアルミニウム製ピストン
e 乗用車用MPI（マルチポイントインジェクション）エンジンのアルミニウム製ピストン
f 乗用車用GDI（ガソリン直噴）エンジンのアルミニウム製ピストン

コンロッド

コンロッド（図4）はピストンとクランクシャフトを連結している。ピストンピンに作用するピストンのガス力と慣性力を、クランクピンに伝達している。したがって、引張り、圧縮、曲げの応力に耐えられなければならない。また、クランクシャフト用ベアリングと、通常はピストンピン用ベアリングも取り付けられている。したがって、特に剛性の高い設計でなければならない。ベアリングが取り付けられるコンロッドアイ部の剛性が特に重要である。そのため、通常は軸部は両端がT字形のものが採用され、落とし鍛造により焼き戻し鋼で鍛造される。焼結材が使用されることもある。低負荷用途（ガソリンエンジン）にはアニール処理鋳鉄が使用されることもある。V型エンジンでは、正対したシリンダー配置が可能になる標準形コンロッドと二又コンロッドの組合せが、稀に使用されることがある。

コンロッドの長さは、ピストンの行程とカウンターウェイトの半径によって決まる（外側の輪郭の幾何学的軌道は「コンロッドバイオリン」と呼ばれている）。行程内径比が比較的大きく（1.1以上）、ベアリング径の大きな商用車用エンジンでは、コンロッドの大端部が斜めに分割されているのが一般的である。このようにすることで、クランクシャフトを取り外さずに、ピストンを取り外すことができる。ただし斜めに分割することにより、コンロッドが垂直位置になっても上死点に比較的大きなせん断力が発生する。このせん断力は、通常は噛合い、溝およびスプリングによって、あるいは表面のクラッキング処理によって吸収される。コンロッド大端部のクラッキング処理には「破断分割法」が用いられる。この加工法では、コンロッドの大端部の断面に意図的に弱い部分を設け、非常に大きな（油圧）膨張力を作用させる。大端部のベアリングキャップとコンロッドは、ペアにした状態でなければ取り付けられない。

ボルトは、ナット付きまたはナットなしの貫通ボルトとして設計されている。アダプタースリーブまたはボルトアダプターカラーを使用して、ベアリングシェルが取付け時に正しく位置決めされるようにしている。

コンロッドの横方向の案内は、大端部はクランクシャフト、小端部はピストンピンによって行われる。

図3：ピストンリング形状と配置
ディーゼルエンジン：
1 Tリング、バレルフェースキーストンリング
2 Mリング、インナーベベル形テーパーフェースコンプレッションリング
3 Mリング、テーパーフェースアンダーカットコンプレッションリング
4 エクスパンダ付きスチールDリング

ガソリンエンジン：
5 Rリング、バレルフェースプレーン形コンプレッションリング
6 Mリング、インナーベベル形テーパーフェースコンプレッションリング
7 アンダーカットリング
8 Dリング、ナローランド形オイルリング
9 マルチピースオイルリング

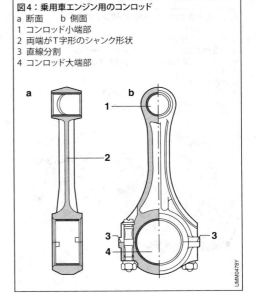

図4：乗用車エンジン用のコンロッド
a 断面　b 側面
1 コンロッド小端部
2 両端がT字形のシャンク形状
3 直線分割
4 コンロッド大端部

コンロッドの小端部は大きな力を吸収する必要があり、中心のずれを防ぐためにボーリング加工されることが多い。特に、最高圧が高いディーゼルエンジンの場合は、高いガス力に合わせて、ピストンの強度を損なうことなくピストンピンとの接触面積が大きく取れるように、コンロッド小端部に特殊な形状が採用されている。台形（上部の幅が狭く下部の幅が広い）や段付き（上段の幅が狭く下段の幅が広い）の形状が使用されることがある。

コンロッドは、ガス力と慣性力の計算に基づいて設計されている（「クランクシャフトアセンブリーの設計」を参照）。座屈についても考慮される。可動梁としてのクランクシャフトに対する垂直面での座屈と、固定梁としてのクランクシャフト軸平面（エンジンの前後方向の平面）での座屈の両方を考慮する必要がある。通常は、FEM（有限要素法）によるシミュレーションを援用して、特に注意が必要な寸法的に安定しているコンロッドアイから両端がT字形の軸部への移行部断面の再計算が行われる。ベアリングキャップの保持によって発生する荷重を、過小評価したり無視しないようにする必要がある。

クランクシャフト

クランクシャフト（図5）のクランク部は、ピストンの往復運動をコンロッドによって回転運動に変換する。並進エネルギーが回転トルクに変換され、そのトルクを、継手を使用して取り出すことができる。

クランクシャフトのメインベアリングはクランクケースに固定されており、一方クランク部のクランクピンは、コンロッドに固定されたベアリング内で回転する。クランクピンの反対側にはカウンターウェイトが配置されている。カウンターウェイトは一体鋳造、一体鍛造、またはボルト止めである。エンジンの種類によって、クランクシャフトメインベアリングは、各シリンダーごと（特に直列エンジンおよび高負荷のディーゼルおよびガソリンエンジン）、または2シリンダーごと（低負荷のガソリンエンジン）に配置されている。V型エンジンでは、1つのクランク部に隣り合った2本のコンロッドにより共用される1つのクランクピンが設けられているのが一般的である。これは二又コンロッドの場合も同様であり、これによりシリンダーバンクを正対させることができる。バンク角度90°のV6エンジンの点火順序を容易に均一化するために、非常に狭い空間に、中間にメインベアリングを使用しないで、位相が30°異なる2つのクランクピンを配置する「分離ピン」方式の使用が増えてきている。この方式は、高負荷の商用車のディーゼルエンジンにも使用されている。

クランクシャフトは通常は鍛造されるが（サイズにより、落とし鍛造または自由鍛造）、低負荷用には鋳造クランクシャフトの使用も増えている（球状黒鉛鋳鉄）。大型エンジンでは組み立て式クランクシャフトも使用されている。コンロッドベアリングに潤滑油を供給する穴が、応力が増大しないように工夫して加工されている。

ガス力および慣性力（「クランクシャフトアセンブリーの設計」を参照）により、クランクシャフトには特に曲げ応力が加わる（図6）。1気筒ごとにメインベアリングが配置されている場合は、クランクシャフトに作用する曲げ荷重は接線力のために小さい。ただし、クランクピンからウェブへの移行部に最も大きな応力が発生するため、この部分に特に注意を払う必要がある。メインベアリングの数が多くなるため、クランクシャフトの固定は、理論的には静的に過剰定義された系となる。ただし、シミュレーションでは、限界状態

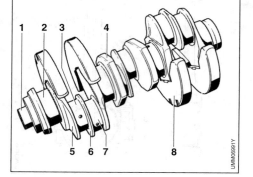

図5：商用車エンジン用のクランクシャフト
1 クランクシャフト前端
2 メインベアリング
3 油孔付きコンロッドベアリングジャーナル
4 メインウェブ（カウンターウェイトなし）
5 メインウェブ
6 中間ウェブ
7 オフセットコンロッドベアリングジャーナル（分割ピン）
8 カウンターウェイト（ボルト止め）

を正確に説明する静的に定義された状態が仮定される。

　ねじり振動もまた重要であり、各気筒の交番する力（ねじり力、「クランクシャフトアセンブリーの設計」を参照）によりクランクシャフトアセンブリーシステム全体が励振され、クランクシャフトには無視できない長さがあるため、クランクシャフト固有の共振周波数に近づくことがある。

　この振動系は、ピストン、コンロッド、クランクシャフトで構成され、ねじり力が常に変化する複雑な系である。カウンターウェイトが回転軸から遠く離れているほど、励振が大きくなる。そのため、重金属のカウンターウェイトがボルトで取り付けられることもある。等価の質量を取り付けた直線状の慣性のない弾力性のあるシャフトを想定することにより、簡単なシミュレーションを実行することができる。この振動方程式の系を、トルクシャフトのねじりばね定数を使用して設定できる。鋳造シャフトに関しては、一定レベルの固有減衰特性を考慮する。このようにクランクシャフトは、位置においても時間においても異なるねじり負荷を受ける。

図6：クランクシャフトのクランク部
ガス力と慣性力による1次応力と変形

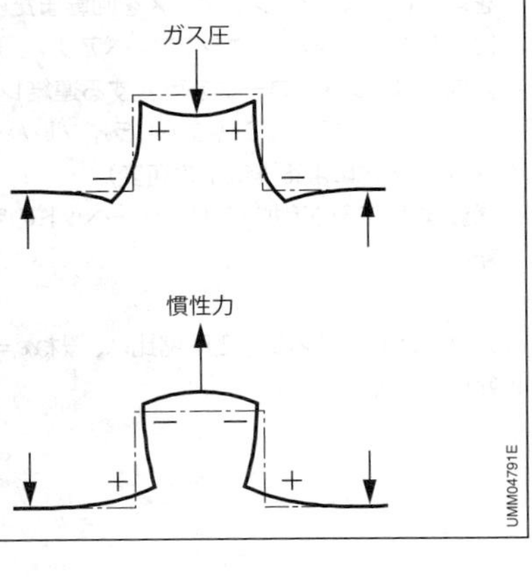

ガス圧

慣性力

　クランクシャフトのねじり振動は、2次のねじり振動とも呼ばれ（「クランクシャフトバイブレーションダンパー」を参照）、適切な振動抑制装置を使用して抑制する必要がある。これは、クランクシャフトを過大な負荷から保護するのに特に必要である。

クランクケース

　クランクケースはシリンダーヘッドからクランクシャフトアセンブリーへの動力伝達を形成し、クランクシャフトアセンブリーのベアリングを支え、シリンダースリーブを保持している。さらにこのブロックには、独立したウォータージャケット、シールされたオイルチャンバーとギャラリーもある。また、トルクの反作用による力を吸収し、多数の付加コンポーネントを取り付ける場所を提供する必要がある。

　これらの力を吸収するために、通常は、堅固な枠組状構造（支持梁構造）が使用される。この構造は、直接的な、線形の、曲げモーメントが発生しない、力の流れが保証されるように設計される。これは、リブで補強された壁面と、ボルト貫通方式の場合は通しボルトによって達成される。

　シリンダーヘッドは、独立したコンポーネントとしてクランクケースにボルトで取り付けられるのが一般的である。大型のエンジンでは、気筒別にシリンダーヘッドが独立していることもある。シリンダーヘッドは気筒あたり4本のボルトで取り付けられることが多いが、そのうちの2本は隣接する気筒と共有しているのが一般的である。燃焼最高圧力が高いエンジン（200bar以上）では、6本または8本のボルトが使用されることもある。その目的は、シリンダーヘッドガスケットの締め付け力をできるだけ平均化することである。

　クランクシャフトのベアリングキャップは、通常は、下側からクランクケースにボルトで取り付けられる。ボルト貫通方式の場合は、長尺のボルトがヘッドからベアリングキャップまでに渡りこの機能を発揮する。この方式の利点は、鋳物材よりも大きな引張り荷重に耐えられる高張力鋼が使用できることである。

　十分な剛性を得るために、クランクケースの両側は、通常はクランクシャフトベアリングの位置より低い位置まで延長されている。ただし軽量化と剛性の向上のために、別のフレーム（「ベッドプレート」）が使用されることもある。また剛性の向上のために、サイドウォールがクランクシャフトベアリング部にボルトで水平方向に結合されていることもある。クランクケー

スの下側にボルトで取り付けられたオイルパンも、剛性を高める効果を発揮する場合がある。ただしこの効果が得られるのは、鋳物製のオイルパンのみである。

たとえば走行距離数が多くなる商用車など、クランクケースの実用寿命期間中に交換することがあるときは特に、ピストンの摺動面を別のコンポーネント（ライナー）として設計することができる（クーラントが外周を流れるため「湿式ライナー」と呼ばれる）。ただし、ピストンの摺動面をクランクケースに鋳込む（特にアルミ鋳造の場合）、あるいはストライプ状の硬膜材によりねずみ鋳鉄に摺動面を形成することもできる。

今日のクランクケースは、高度な機能統合が進み、非常に複雑なコンポーネントになっている。オイルポンプハウジングがクランクケースに一体化され、同様にオイルクーラー機能、クーラントサーモスタットハウジング、バランサーシャフトマウント、すべての補機用ブラケットも一体化されている。

クランクシャフトに加えてクランクケースも、エンジン重量の多くを占めるコンポーネントである。そのため、一般的なねずみ鋳鉄とは異なる材料を使用してその重量を減らすための数多くの試みが行われている。アルミニウム材料もその1つであり、熱的に実用寿命が限られているため、主として小型のエンジン、特に乗用車用エンジンに使用されている。アルミニウム製品を安価に製造する手法としてダイキャスト法が広く用いられるようになっているが、砂型鋳造法による製造も依然として行われている。ダイキャストクランクケースを効率良く製造するために、「オープンデッキ」構造が用いられる。つまり、シリンダーヘッドとの接合面は、ウォータージャケットおよびオイル戻り穴のための大きな開口断面がある。一方、鋳鉄を使用するときは、上部クランクケースは、できるだけ剛性の高い構造にするために閉じた構造となっている。

一層の軽量化を図るために、マグネシウム合金製のクランクケースを製造する努力も行われているが、製造コストが高くなる。そのため支持機能はアルミニウムが担当し、マグネシウム製インサートにより密封機能を得る、「ハイブリッド」材料コンセプトが用いられる。

強度を増すために、その他の鋳鉄も使用される。そのような鋳鉄として、最近になって広く使用されるようになったコンパクト黒鉛鋳鉄（CGI）を挙げることができる。特殊な熱処理と冷却処理を施すことで、鋳鉄内に薄板状の黒鉛ではなく、高強度の（したがって、加工が困難な）球状黒鉛を生成することができる。これにより、壁面が薄く強度の高い軽量なクランクケースを製造することができる。

クランクケースは、騒音の発生に非常に大きな影響をおよぼすコンポーネントでもある。クランクケースは、燃焼室と直接つながっていて、周期的なガス力と慣性力を受け、比較的表面積が大きいため、表面を堅固にすることが極めて重要である。高い剛性を得るために一般的に用いられる設計手法は、リブを設けたり波型の面とすることである。これは、膜効果を防止するのにも役立つ。

可変圧縮比

可変圧縮比は、ガソリンエンジンでは全負荷近くでのノックの傾向の抑制に、ディーゼルエンジンでは全負荷での燃焼最高圧力の引き下げに寄与する。ただし今日に至るまで、機械式でも油圧式でも、ディーゼルエンジンにおけるこの可変性を実用レベルで実現できたものは存在しない。その理由は、ディーゼルエンジンは燃焼最高圧力が高く、ガソリンエンジンに比べて圧力勾配が大きいために高い負荷にさらされることにある。

可変圧縮比（VCR）には、次のような方式がある。
- ピストンに可変圧縮機能を組み込む（ピストンを上下に分割し、固定された下部に対して軸方向に移動する上部を油圧で操作する）
- コンロッドの長さを可変にする（伸縮式、関節式コンロッド、コンロッド小端部および大端部の偏心コンロッドベアリング）
- シリンダーヘッドに対するクランクシャフトの位置を可変にする（クランクケースを回転または軸方向に動かす、偏心クランクシャフトベアリング）
- 実効ピストンストロークを可変する連結レバー（マルチリンク、クランクシャフトドライブレバーシステム、εの変化による排気量の可変）
- 増減する容積の追加（シリンダーヘッドの容積を可変にする）

ガソリンエンジンの可変圧縮比は、概ね$\varepsilon = 7 \sim 14$の範囲である。

シリンダーヘッド

シリンダーヘッドの主な機能は、シリンダーへの混合気の供給、排気ガスの排出、シリンダーの燃焼圧力に対抗することである。

シリンダーヘッド

シリンダーヘッドにより、クランクケースおよびシリンダーバレルの上端が密閉される。シリンダーヘッドには、ガス交換バルブ、スパークプラグ（ガソリンエンジンの場合）、フューエルインジェクター（直接噴射式ガソリンエンジンの場合）、フューエルインジェクターとシース形グロープラグ（ディーゼルエンジンの場合）が取り付けられる。燃焼室の形状は、ピストンとシリンダーヘッドによって決まる。一般乗用車用エンジンでは、バルブ駆動機構もシリンダーヘッドに取り付けられていることが多い。

シリンダーヘッドは多数の機能を実行し、複雑な負荷特性を示す。シリンダーヘッドの課題は、エンジンの排気ガス、効率、出力に直接影響する正確なガス交換と充填動作だけでなく、特に、シリンダーヘッドの高熱にさらされる側を冷却し、複雑な機械負荷および熱負荷の制御を維持することである。

ガス交換方式によって基本構造は2つに大別される。カウンターフローシリンダーヘッドでは吸気ポートおよび排気ポートがシリンダーヘッドの同じ側に開口しているため（図7b）、吸排気ポート用のスペースは狭くなるがガスの流路を非常に短くすることができるので、インタークーラーを使用しない過給には有利である。吸気ポートと排気ポートが片側に集中していることは、横置きエンジンの場合にもメリットとなる。

クロスフローシリンダーヘッドでは吸気ポートと排気ポートは、エンジンを中心として反対側に位置している（図7a）。吸気と排気のフローパターンは対角状になる。このレイアウトの長所は、ガスシールが割合容易なことや、吸気ポートと排気ポートの設計自由度が高いことにある。一般に、車両特有の付帯条件が、カウンターフローとクロスフローの、どちらのシリンダーヘッドを使用するかを決定するのに極めて重要である。

どちらの方式を採用するかが決まると、どのようなバルブ配置とするかも決まる。今日の一般的なマルチバルブ式エンジンでカウンターフロー方式を使用するには、ねじれたバルブ配置とする必要がある。このバルブ配置の利点は、大きなシリンダー渦流値が簡単に得られることである。並列のバルブ配置では、大きなシリンダー渦流を生成するには、ポート側での対策が必要になる（図8）。

今日の乗用車のエンジンでは、一体型の単一シリンダーヘッドが、ほぼ独占的に使用されている。V型エンジンでは、シリンダーバンクごとに1つのシリンダーヘッドが使用される。商用車のエンジンには、今でも、気筒ごとに個別のシリンダーヘッドが使用されることが多く、またカムシャフトが下方に配置され、バルブの開閉のためにプッシュロッドアセンブリーを備えていることもある。

乗用車用エンジンのシリンダーヘッドはアルミニウム製が多く、軽量であるだけでなく燃焼室からの熱伝導が優れているのに対し、燃焼最高圧力が高くシリンダー径の大きな商用車のエンジンでは、軽合金では十分な耐疲労性が得られないため、ねずみ鋳鉄製のシリンダーヘッドが使用される。

シリンダーヘッドには非常に大きな負荷が加わる。また、温度の変化が激しく、これに付随する熱膨張による応力が発生し、適切な設計による対策が必要である（独立シリンダーヘッド、マルチシリンダーヘッド

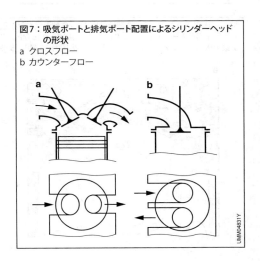

図7：吸気ポートと排気ポート配置によるシリンダーヘッドの形状
a クロスフロー
b カウンターフロー

における適切な空洞)。熱機械的強度は、冷熱サイクルの数によって決定される。

マルチバルブ式エンジンでは、排気バルブ間の部分が特に高温にさらされる。全負荷時には、限界に近い350℃以上の温度に達する。同様に、ピストンの窪みの端部も高温になる(図9)。ねずみ鋳鉄を使用している場合は、特に高温ガスによる腐食(表面の酸化)が発生する傾向があり、亀裂が発生してコンポーネントが破壊される危険性がある。

シリンダーヘッドガスケットは、クランクケースとシリンダーヘッドの間に配置され、重要な機能を果たしている。まず、シリンダーが高圧になった場合でも燃焼室を密閉し、さらに、クランクケースからシリンダーヘッドに、エンジンオイルと冷却水が流れるようにしなければならない。一般に、燃焼室の密閉には金属製のガスケットが使用される。金属の塑性変形によって表面に密着し、その弾性によって密閉が行われる。エラストマーガスケットまたは幾何学的に最適化された金属板製ガスケットが使用される。

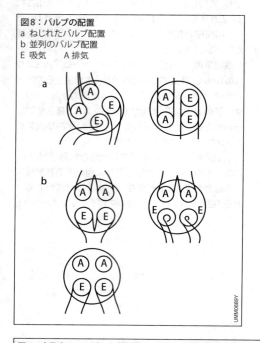

図8：バルブの配置
a ねじれたバルブ配置
b 並列のバルブ配置
E 吸気   A 排気

図9：自動車用エンジンの全負荷時のピストン作動温度（概略図、単位は℃）
a 乗用車用ディーゼルエンジンのピストン、点火圧力16 MPa、58 kW/*l*
b 乗用車用ガソリンエンジンのピストン、点火圧力7.3 MPa、53 kW/*l*

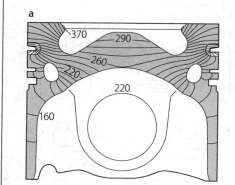
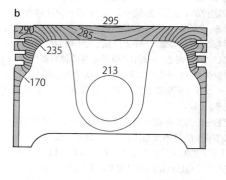

シリンダーヘッドガスケットに均一に圧力を加えるために、シリンダーヘッドボルトの数を増やすことができる。商用車用エンジンのシリンダーヘッドでは、気筒あたり8本のボルトを使用したものもある。

例外的ではあるが、シリンダーヘッドガスケットを使用しないエンジンもある。ただし、クランクケースデッキとシリンダーヘッド下面の接合面の仕上げに、非常に高い精度が要求される。

バルブ駆動機構

4ストロークエンジンのバルブ駆動機構には、内燃機関の内部でのガス交換を可能にし、かつ制御する機能がある。バルブ駆動機構は、吸気バルブと排気バルブ、バルブを閉じるバルブスプリング、カムシャフト駆動機構、および動力伝達装置から構成される（図10）。シリンダーヘッド内にカムシャフトを配置する複数の方式が広く使用されている。

シリンダーブロック内にカムシャフトが取り付けられている方式では、ロッカーアームはカムによって直接駆動されるのではなく、プッシュロッドとリフター（プッシュロッドアセンブリー、図10a）を介して駆動される。

オーバーヘッドカムによって駆動されるカムフォロワーまたはシングルロッカーアーム方式の場合は、カムによる力は、シリンダーヘッドのカムとバルブの間に取り付けられていて、前後に揺動するレバーを介してバルブに伝えられる。このスイングアームは、力の伝達および水平方向の力をそらすだけでなく、カムリフトを拡大するように設計することもできる（図10b）。

オーバーヘッドカムによって駆動されるツインロッカーアーム方式の場合は、ロッカーアームは、カムシャフトとバルブの間に配置された傾斜軸を持つ力の伝達要素として機能する。この場合も、必要なバル

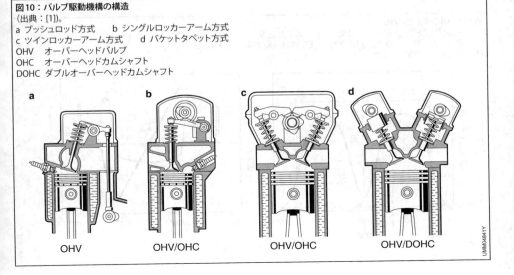

図10：バルブ駆動機構の構造
（出典：[1]）。
a プッシュロッド方式　　　b シングルロッカーアーム方式
c ツインロッカーアーム方式　d バケットタペット方式
OHV　　オーバーヘッドバルブ
OHC　　オーバーヘッドカムシャフト
DOHC　ダブルオーバーヘッドカムシャフト

プリフトを得るために、ロッカーアームをカムリフト増大機構として設計するのが一般的である（図10c）。

オーバーヘッドバケットタペット方式の場合は、シリンダーヘッド内を上下に運動する「バケット」を介して、カムによる水平方向の力をそらし、垂直方向の力をバルブステムに伝達する（図10d）。

バルブの配置

バルブ駆動方式と燃焼室の設計は、相互に密接に関連している。現在、ほとんどすべてのバルブ機構は、シリンダーヘッドの上部に取り付けられている。ディーゼルエンジンおよび構造が単純な火花点火機関の場合、バルブはシリンダーに平行に装備され、通常、ツインロッカーアーム、バケットタペット、またはシングルロッカーアームにより作動する。高出力用に設計された現行の火花点火機関では、吸気バルブと排気バルブが対向して配置される傾向がますます強くなっている。このバルブ配置により、シリンダーボアのサイズに対してバルブ径を大きめにとることができ、しかも吸気ポートと排気ポートをより自由に設計し、最適化を図ることができる。高出力エンジンには、オーバーヘッドカムシャフトで駆動されるツインロッカーアームが、最も多く使用されている。高性能のレーシング車両用エンジンには、シリンダーごとに4つのバルブが付いているタイプや、オーバーヘッドバケットタペットバルブ機構がますます使用されるようになってきている。

エンジンのバルブタイミング図（図11）は、バルブの開時期と閉時期、バルブリフト曲線、最大バルブリフト、バルブの速度と加速度を示している。

乗用車用のSOHC（シングルオーバーヘッドカムシャフト）バルブ機構の代表的な加速度は、次のようになる。

シングルおよびツインロッカーアーム機構の場合：6,000 rpmで、$s'' = 60 \sim 65$ mm $(b/\omega^2) \rightarrow 6,400$ m/s^2

オーバーヘッドバケットタペット機構の場合：6,000 rpmで、$s'' = 70 \sim 80$ mm $(b/\omega^2) \rightarrow 7,900$ m/s^2

カムシャフトがシリンダーブロック内に取り付けられた大型商用車用エンジンの場合：

2,400 rpmで、$s'' = 100 \sim 120$ mm $(b/\omega^2) \rightarrow 2,000$ m/s^2

バルブ、バルブガイド、およびバルブシート

バルブには、耐熱およびスケール（酸化物）に強い材料が使用されており、バルブシートの接触面はほとんどの場合、熱処理されている。排気バルブの熱を逃がすには、バルブステムにナトリウムを封入する方法が確実である。耐久性およびシール性を改善するために、現在では一般的に バルブ回転システム（回転キャップ）が使用されている。

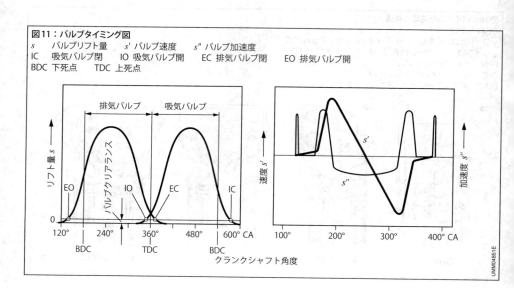

図11：バルブタイミング図
s　バルブリフト量　　s' バルブ速度　　s'' バルブ加速度
IC 吸気バルブ閉　　IO 吸気バルブ開　　EC 排気バルブ閉　　EO 排気バルブ開
BDC 下死点　　TDC 上死点

高性能エンジンのバルブガイドは、熱伝導率が高く、耐摩擦特性が良好でなければならない。バルブガイドは通常、シリンダーヘッドに圧入されており、さらにオイルの消費量を減らすために、シリンダーヘッドの低温側端部には多くの場合バルブステムシールが取付けられている。

バルブシートの摩耗は、一般的にはバルブシートリングを鋳鉄製にしたり、焼結材料を使用してシリンダーヘッドに焼きばめしたりすることで減少する。

カム設計とコントロールダイナミクス

カムはバルブを可能な限り大きく、早く、スムーズに開閉しなければならない。バルブスプリングを利用してバルブを閉じ、同時にカムとバルブの間の接触を維持する。カムの動きとバルブリフトは、動的な力によって制限される。

極めて稀であるが、バルブをもとの位置に戻すために独自の機構（デスモトロニック）を使用する方式もある。この方式は、バルブ速度を高くできるため、バルブリフト曲線を理想的な矩形に近くできる利点がある。従来のスプリングによる方式は、カムシャフトと中間に介在する要素およびバルブ間の摩擦接触が必要であるが、表面荷重は許容できる範囲でなければならない。カムの上昇動作が非作動の場合にのみ、わずかなクリアランスが存在することがある。最近のエンジンには、油圧式バルブクリアランス補正装置が使用されている。そうでない場合は、バルブクリアランスを定期的に点検する必要がある。吸排気バルブともに、0.1 ～ 0.2 mmのクリアランスが一般的である。

カムシャフト駆動機構

バルブ駆動機構を駆動するために、カムシャフトはクランクシャフトに連結されている必要がある。4ストロークエンジンの場合は、クランクシャフト2回転に対してカムシャフト1回転の比率でなければならない。

オーバーヘッドカムシャフト式の最近の乗用車用エンジンの場合、タイミングチェーンまたは歯付きベルトによる駆動方式が使用されている。どちらの駆動方式でも、好ましくない振動を抑えるために、緩み側に任意の長さに渡って作用するテンショナーを使用する必要がある。

最近のエンジンでは、ピストンとバルブの間隙は非常に小さくなっているため、カムシャフトドライブの動作の安全性と信頼性が非常に重要である。万一ピストンとバルブが接触すると、その結果バルブ駆動機構に深刻な影響が及ぶことになる。

そのため、消耗品であるチェーンドライブまたは歯付きベルトドライブの張力調整レール用の圧力ピンは、定期的に交換する必要がある。最近の複列チェーンは耐久性が高く、摩耗も非常に少ない。タイミングチェーンの欠点は、潤滑が必要なことと、使用による伸びの発生である。ただし、ギヤホイールの飛び越しがないことと、亀裂が発生しないことは大きな利点である。

商用車用エンジンや、カムシャフトがシリンダーブロックに配置されているエンジンでは、歯車装置による駆動方式が使用されるのが一般的である。特にオーバーヘッドカムシャフト式エンジンでは、この駆動方式は非常に高価ではあるが、確実な伝達方式であるために、エンジンの耐用期間を伸ばすことができる。

その軸がクランクシャフトとカムシャフトに対して直角配置された高価な縦型シャフトが使用されることは、極めて稀である。

オイルの供給

オイルの供給によりクランクシャフト機構、シリンダーヘッド、その他のコンポーネントの摩擦条件の厳しい連結部が潤滑されるだけでなく、局所の汚染物質、燃焼カス、摩耗粒子が運び去られて、オイルフィルターユニットで除去される。また潤滑油には、クランクシャフトの摩擦軸受や油冷式ピストンなどの熱負荷のかかる部分の冷却や、軸受け部の振動の抑制などの機能もある。

従来から使用されている圧送潤滑方式（「エンジンの潤滑」も参照）では、オイルポンプ（一般的には容量型ギヤポンプが用いられる）がオイルサンプからオイルフィルターユニットに所定の流量で潤滑油を供給する（図12a）。安全上の理由から、フルフロー式のオイルフィルターユニットには、バイパスバルブとプレッシャーバルブが備えられていることが多い。熱負荷の大きなエンジンに備えられているオイルクーラーは、空気またはクーラントによって冷却される。エンジンオイルはオイルダクトを通って流れ、重力によって、通常はクランクケースの下方に配置されているオイルサンプおよびオイルパンに戻る。圧送潤滑方式が「ウエットサンプ潤滑方式」と呼ばれるのは、このためである。オイルポンプによってオイルが直接圧送されるほか、クランクシャフトの回転運動によってクランクケース内に発生したオイルミストも潤滑に寄与する。

従来のウエットサンプ潤滑方式に対して、ドライサンプ潤滑方式も使用されるが、エンジン内からオイルを排出するための追加のオイルポンプが必要になるためコストがかかる（図12b）。ドライサンプ潤滑方式の利点は、大きな横加速度や傾斜が発生する状況でも一定量の潤滑油が供給でき、オイル供給システムの配置場所を自由に決定できることである。このためエンジンの高さを低く抑えることができるほか、エンジンオイルの量を増やすことができ、エンジンの冷却にも好都合である。

2ストロークエンジンおよびバンケルエンジンによく使用される混合潤滑方式および消費潤滑方式は、今日の自動車用エンジンには適切ではない。

冷却方式

熱的過負荷、ピストン摺動面の潤滑油の燃焼、および部品の過熱による制御不可能な燃焼を起こさないようにするために、高温になる燃焼室付近の部品（シリンダーライナー、シリンダーヘッド、バルブおよび場合によってはピストン自体）は集中的に冷却する必要がある（「エンジン冷却」も参照）。

水は大きな比熱容量を持ち、さまざまな材料間で効率良く熱を伝えることができるため、最近のエンジンは水冷式が一般的である。また、冷却媒体の局部的蒸発が発生するような非常に高温の局部境界条件下でも、その蒸発熱によってさらに冷却効果を上げることができ、隣接の温度の低い部分での凝縮と合わせて、望ましくない局部での大きな温度勾配を抑制することができる。

水と空気との熱交換による循環方式の冷却装置が、最も広く使用されている（図13）。この冷却装置は、防食（防錆）剤および不凍液の使用可能な閉回路で構成されている。クーラントはポンプによって圧送され、エンジンおよびラジエーターを貫流する。冷却風は、車両の走行による自然風としてラジエーターを吹き抜けるか、または、冷却ファンによって強制的にラジエーターを吹き抜ける。クーラントの温度は、必要

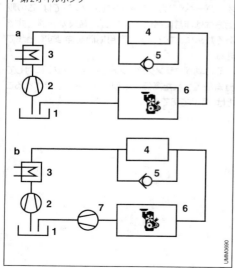

図12：オイルの供給
a 圧送潤滑方式（ウエットサンプ潤滑方式）
b ドライサンプ潤滑方式
1 オイルリザーバー　　2 オイルポンプ
3 オイルクーラー　　　4 フィルターユニット
5 バイパスバルブ　　　6 エンジンのそれぞれの潤滑点
7 第2オイルポンプ

に応じてクーラントをラジエーターを迂回させて流す
サーモスタットバルブによって調節される。

空冷方式は、今日でも従属的な役割を果たしている。最近の排出ガス規制では、効率的なエンジンの冷却と高い比出力が同時に要求される。これは、堅固でメンテナンスに多くを要しないが、あまり効率的ではない空冷方式ではもはや達成不可能である。空冷方式の決定的な欠点は騒音である。冷却フィンが共鳴装置として作用し、騒音が著しく大きくなる。

クランクシャフトバイブレーションダンパー

クランクシャフトは、特に共振周波数範囲の高周波振動（2次のねじり振動）を発生する。この危険なクランクシャフトの共振現象を抑制するために、バイブレーションダンパーが使用されている。

バイブレーションダンパーには、弾性のある減衰層（ゴムなど）による振動打消しシステムを備えた単純なフライホイールマスダンパーから、もう少し洗練された、油の粘性と摩擦面の減衰効果を利用したオイ
ル式フライホイールマスダンパー、さらには、複雑な振り子式アブソーバーまで、さまざまな選択肢がある。バイブレーションダンパーは、クランクシャフトの端部（前側）に取り付けられるのが一般的である。

1次のねじり振動、つまり点火および慣性力によって生じる振動は、トランスミッションおよびインプットシャフトを励振することがあり、ダブルマスフライホイールまたは他の減衰技術により抑制することができる。クラッチ、トランスミッション、インプットシャフトもまたすべて振動系のコンポーネントであるため、これらの減衰装置により、クラッチのジャダー、トランスミッションのびびり、発進時の飛び出しなどの現象を最適化することができる。ダブルマスフライホイールでは、2つに分割されたフライホイールマスがスプリングで相互に連結されている。通常はクラッチにもねじり振動ダンパーが使用されているため、当然ながら、両方のコンポーネントを合わせて調整する必要がある。

設計および調整はシミュレーションが困難であり、最終的には実験により解析する必要がある。完全なドライブトレインを備えた車両（1次の低周波ドライブトレイン共振現象）とテストベンチ（2次の高周波クランクシャフト共振現象）の両方でのテストが必要である。

図13：水冷式システムのウォータージャケット
1　ラジエーター　　　　2　サーモスタット
3　ウォーターポンプ
4　シリンダーブロック内のウォータージャケット
5　シリンダーヘッド内のウォータージャケット

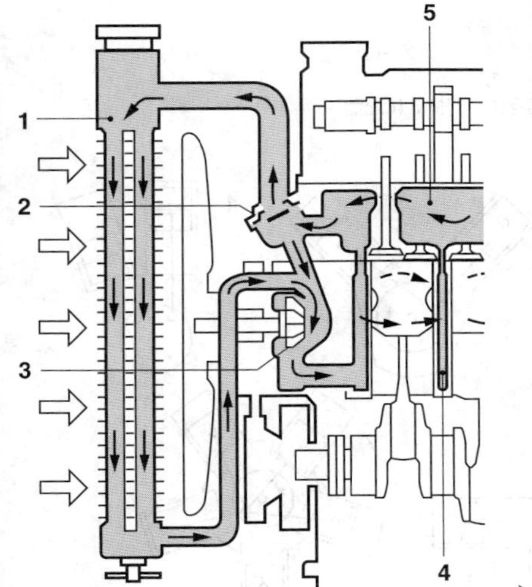

往復動機関の種類

内燃機関は、非常に広範なバリエーションと用途に応じて調整が可能であることを特徴としている。特に各シリンダー配置により、さまざまな種類がある。

シリンダー配置

原理的には、さまざまなシリンダー配置が考えられる。それらのうちのいくつかは、自動車用エンジンとして特に効率的であることが証明されている (図14)。

星型エンジンは、その高さのために自動車には適さず、したがって使用されていない。

水平対向 (ボクサー) エンジンと、シリンダーバンク挟み角180°のV型エンジンの違いを知ることは重要である。水平対向エンジンでは、2つのピストンは常に互いに反対方向に移動し、したがって、慣性力は相殺される。一方V型エンジンでは、2つの向かい合ったシリンダーのピストンは、常に同じ方向に移動する。

V型エンジンとW型エンジンの構造を知っておくことも重要である。これらのエンジンでは、対応するシリンダーのコンロッド (大端部) とクランクシャフトを連結するクランクピンの位置がわずかにずらされている。

多ピストンユニットでは、圧縮は複数のピストンによって生成される。U型エンジンでは、複数のピストンが概ね並列して動作する。水平対向ピストン形エンジンでは、通常は、2つのピストンの動作が常に反対方向になる。1つの燃焼室に対して複数のピストンを持つエンジンは、一般的には使用されていない。重量と大きさが、自動車用として適切でない。

定義

DIN 73021 [2] に準拠した、出力側と反対側の端部から見た次の定義は、自動車用エンジンにのみ適用される。一般用途および船舶用内燃機関は、逆方向、つまり出力側から見た定義となっている (ISO 1204 [3])。

図14：往復動機関の種類
1 単気筒 (個別のシリンダー)
2 直列エンジン (個別のシリンダーの直列配置)
3 V型エンジン (V型に配置した2つのバンクへの個別のシリンダーの配置)
4 VRエンジン (挟み角の小さなV型に配置した2つのバンクへの個別のシリンダーの配置)
5 W型エンジン (W型に配置した3つのバンクへの個別のシリンダーの配置)
6 水平対向シリンダー (ボクサー) エンジン (シリンダーバンクを相互に反対向きに配置)
7 星型エンジン (1つ以上の平面に放射状に配置)

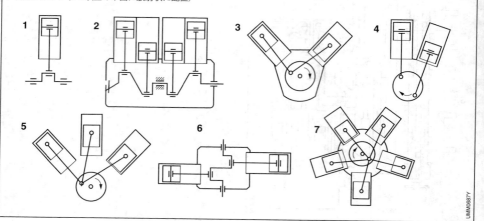

時計回りの回転方向

出力側と反対側から見た回転方向が時計回りの回転。

反時計回りの回転方向

出力側と反対側から見た回転方向が反時計回りの回転。

シリンダー番号

シリンダーには、出力側と反対側から見た仮想基準面に交差する順に、1番、2番、3番と連続番号を割り当てる。この平面は、番号付けを始めるときは水平方向左側に配置される。番号の割り当ては、エンジンの縦方向の軸の時計回りに進められる。基準平面に複数のシリンダーが存在する場合は、観察者に近い方のシリンダーに番号1が割り当てられ、次に観察者に近いシリンダーに次の番号が割り当てられる。シリンダー1は、番号1によって識別される。

点火順序

点火順序とは、複数のシリンダーの点火が開始される順番のことである。エンジンの構造、点火間隔の均一性、クランクシャフトの生産難易度、最適なクランクシャフトの負荷状態など、多くの要因が点火順序の決定に影響を与える。

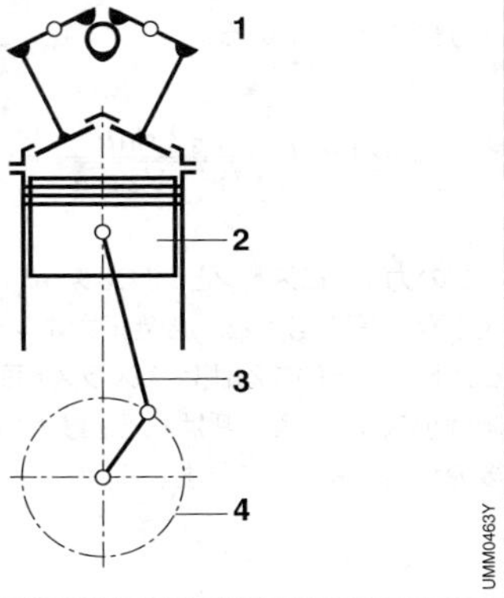

クランクシャフトの設計

クランクシャフトの運動の力学的考察

単気筒エンジンのクランクシャフトの運動を、ピストンとピストンピンの軸、コンロッド、クランクシャフト（クランクシャフトピンの回転半径の2倍が1ストローク）のジオメトリー配置により解析することができる（図15）。上死点におけるピストンの移動量 x を0とすると、クランク半径 r およびコンロッド長さ l から次式が得られる（図16）。

$$x = r(1 - \cos\alpha) + l(1 - \cos\beta)$$

ここで
$r \sin\alpha = l \sin\beta$
および
$\lambda = r/l$
から、次式が得られる。

$$x = r\left(1 - \cos\alpha + \frac{1}{\lambda}\left(1 - \sqrt{1 - \lambda^2 \sin^2\alpha}\right)\right)$$

ピストンピンのオフセットを行っているメーカーもある。コンロッドの位置によってピストンの位置が変わることにより、騒音と摩擦の減少が期待できる利点がある。オフセットを行うには、ピストンピンを中心からずらすか、クランクシャフトをオフセットする。

図15：往復動機関のクランクシャフト機構（原理）
1　バルブ駆動機構
2　ピストン
3　コンロッド
4　クランクシャフト

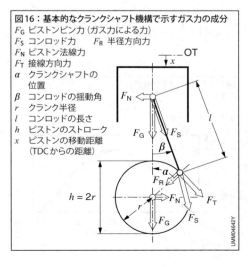

図16：基本的なクランクシャフト機構で示すガス力の成分
F_G　ピストンピン力（ガス力による力）
F_S　コンロッド力　　F_R　半径方向力
F_N　ピストン法線力
F_T　接線方向力
α　クランクシャフトの位置
β　コンロッドの揺動角
r　クランク半径
l　コンロッドの長さ
h　ピストンのストローク
x　ピストンの移動距離（TDCからの距離）

正のクランク角度に対するオフセットも正であるとし、量

$$\delta = \frac{\text{オフセット}}{\text{コンロッドの長さ}}$$

とすると、ピストンの移動量に関する次の関数が得られる。

$$x = r\left(1 - \cos\alpha + \frac{1}{\lambda}\left(1 - \sqrt{1 - (\lambda\sin\alpha - \delta)^2}\right)\right)$$

図17に、ストローク／コンロッドの比とオフセットの影響の例を示す。ただし、通常のミリメートル範囲のオフセット値 ($\delta < 0.04$) では、オフセット値の違いによる差はわずかである。

関数をテイラー級数 ($x = 0$：マクローリン級数) に展開し、三角関数のべき乗項を多重調和関数で置換することにより、次式が得られる[4]。

$$x = r\left[1 + \frac{1}{4}\lambda + \frac{3}{64}\lambda^3 + \cdots - \cos\alpha\right.$$
$$\left. - \left(\frac{1}{4}\lambda + \frac{3}{64}\lambda^3 + \cdots\right)\cos 2\alpha\right.$$
$$\left. + \left(\frac{3}{64}\lambda^3 + \cdots\right)\cos 4\alpha + \cdots\right]$$

この式は、クランクシャフトの運動によってより高次の調波が発生することを示し、これらはエンジン次数（エンジン回転速度の倍数）とも呼ばれる。

λの一般値は約0.3であり、より高いレベルのλ項は無視できるため、以降の計算には、次の単純化した関数を使用する。

$$x = r\left[1 + \frac{1}{4}\lambda - \cos\alpha - \frac{1}{4}\lambda\cos 2\alpha\right]$$

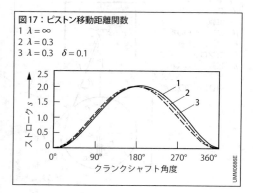

図17：ピストン移動距離関数
1 $\lambda = \infty$
2 $\lambda = 0.3$
3 $\lambda = 0.3$ $\delta = 0.1$

詳細な振動解析および共振現象を試験する場合は、この単純化した式は使用できない。

単純化した方程式を使用して、次のピストン速度vと加速度aが得られる（角速度$d\alpha/dt = \omega = 2\pi n$ (nは回転数) を使用）。

$$v = r\omega\left(\sin\alpha + \frac{\lambda}{2}\sin 2\alpha\right)$$

$$a = r\omega^2(\cos\alpha + \lambda\cos 2\alpha)$$

ここにもより高い調波（次数）が存在するが、共振を調べる場合にはこれを無視してはならない。

クランクシャフトの動力学

クランクシャフトアセンブリーに作用する力とその結果生じるモーメントを、まず慣性力を考慮せずに、次のように導くことができる（図16）。

ピストンピン力は、燃焼室およびピストン面からのガス力によるものである。以下が成り立つ。

$$F_G = (p - p_{KGH})A_{\text{piston}}$$

コンロッド力は、ピストンピン力のコンロッド方向へのベクトル分解により求められる。以下が成り立つ。

$$F_S = \frac{F_G}{\cos\beta} = \frac{F_G}{\sqrt{1 - \lambda^2\sin^2\alpha}}$$

ピストン法線力F_Nは、ピストンピン力のシリンダー壁に対する法線方向のベクトル分力であり、コンロッド力と釣り合っている。

$$F_N = F_G\tan\beta = \frac{F_G\lambda\sin\alpha}{\sqrt{1 - \lambda^2\sin^2\alpha}}$$

この力は、ピストンとシリンダーバレルとの摩擦に大きな影響を与える。燃焼圧力によって上死点後にピストンが接触する側は大スラスト面と呼ばれ、反対側は小スラスト面と呼ばれる。最大の摩擦は、TDC直後の大スラスト面に発生する。

クランクシャフトのクランクピンにおける接線方向力はクランクシャフトを加速させ、クランクシャフトにトルクを発生させる。この力は、コンロッド力のベクトル分解により求められる。

$$F_T = \frac{F_G \sin(\alpha+\beta)}{\cos\beta}$$

$$= F_G \left(\sin\alpha + \frac{\lambda}{2} \sin 2\alpha / \sqrt{1 - \lambda^2 \sin^2\alpha} \right)$$

ここでも、級数展開によって、被開数を次のように単純化できる。

$$F_T \approx F_G \left(\sin\alpha + \frac{\lambda}{2} \sin 2\alpha \right)$$

クランクシャフトのクランクピンにおける半径方向力F_Rは次のようになる。

$$F_R = \frac{\cos(\alpha+\beta)}{\cos\beta}$$

$$= F_G \left(\cos\alpha + \lambda \frac{\sin^2\alpha}{\sqrt{1 - \lambda^2 \sin^2\alpha}} \right)$$

または、近似的に

$$F_R \approx F_G \left(\cos\alpha - \frac{\lambda}{2} + \frac{\lambda}{2} \cos 2\alpha \right)$$

慣性力は、振動成分と回転成分に分割することができる。ピストン、ピストンリング、およびピストンピンの重量m_Kは振動成分であり、そのままピストンピンに割り当てることができる。

クランクシャフトウェブとクランクピンは回転成分である。ここでは、質量は通常はクランク半径に減じられ、そのままクランクピンの中心点に割り当てられる。以下が成り立つ。

$$m_W = \Sigma \frac{m_i r_{si}}{r}$$

ここでm_iはウェブやピンなどのそれぞれの質量成分、r_{si}は対応する重心半径である。

コンロッドの遥動運動のために、コンロッドの質量を振動成分と回転成分に分割すると都合が良い。これを正確に行うには、コンロッド大端部と小端部の2つの動的に等価な個別の質量を仮定し、力、モーメント、質量慣性の平衡方程式を計算することによって、コンロッドの質量の重心と慣性の質量モーメントを知る必要がある。通常は、コンロッドの質量m_{Pl}の1/3が振動成分、残りの2/3を回転成分と見なしている。したがって、$m_o = m_K + 1/3\, m_{Pl}$を振動質量とピストンの加速度として（下記を参照）、次のようにして振動慣性力を求めることができる。

$$F_o \approx m_o\, r\, \omega^2 (\cos\alpha + \lambda \cos 2\alpha).$$

したがって振動慣性力はエンジンの回転速度の2乗に比例して増加し（$\omega = 2\pi n$）、1次成分とわずかな2次成分を含む。

回転慣性力は、質量の回転成分$m_r = m_W + 2/3\, m_{Pl}$と回転速度から求められる。

$$F_r = m_r\, r\, \omega^2$$

回転慣性力も回転速度の2乗に比例して増加するが、高次の成分は含まない。このため回転慣性力は、エンジンの回転速度で回転するカウンターウェイトで簡単に平衡させることができる。クランクシャフトの回転ムラは、これらの力に比べて非常に小さいため、質量の平衡に関しては無視できる。

「クランクシャフトの動力学」で示したように、高次の調波（高次のエンジン次数）はクランクシャフトの幾何学的形状に起因して発生する。ただし、1次と2次のエンジン次数はさておき、4次以上の成分の量は急激に減少し、質量の平衡に関しては通常は無視される。

単気筒エンジンの質量の平衡

単気筒エンジンの回転質量の成分は、クランクピンの適切なカウンターウェイトによって完全に平衡させることができる。ウェイトは両側に配置されるのが一般的であり、ウェイトは重心半径と平衡させる必要があるだけである。それぞれのケースで反対方向に半分の量回転するようにモデル化して、振動する力を力のベクトルで表すことができる（図18）。

したがって、2本のウェイト付きの互いに逆方向に回転するシャフトを使用して振動慣性力を平衡させることができる。水平成分は相殺され、少なくとも1次の振動慣性力成分を打ち消すことができる。

ほぼ完全な質量平衡を行うにはバランサーシャフトが必要で、振動慣性力の2次成分を完全に平衡させるには、そのバランサーシャフトをエンジンの2倍の回転速度で回転させる必要がある。

互いに逆方向に回転するシャフトはコストが高く、少なくとも1次の成分に関してはシャフトにおいてすでにかなりの重量が実現されていなければならないため、妥協策が導入されることが多い。たとえば、振動質量の半分をカウンターウェイトに統合できる。これにより外側に向かう自由慣性力は、シリンダーの縦方向において半分に削減されるが、過度の回転成分により水平方向の力が増大する（表2を参照）。この種の補正は平衡率50％と呼ばれる。一般的な値は回転成分は平衡率100％、振動成分は平衡率50％である。

多気筒エンジンの質量の平衡

多気筒エンジンの慣性力は、クランクシャフトのクランク部に応じて重畳される各シリンダーの慣性力で構成されている。これに加えて、シリンダー間の距離により自由慣性モーメントが発生する。発生する可能性のある横方向および縦方向の傾斜モーメントと自由慣性力の一覧を表3に示す。

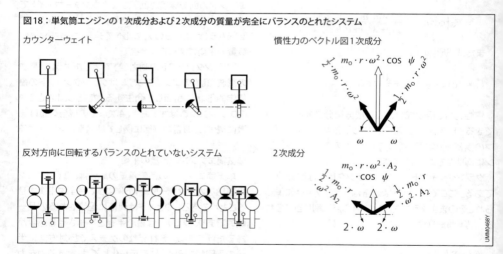

図18：単気筒エンジンの1次成分および2次成分の質量が完全にバランスのとれたシステム

表2：平衡率に応じての単気筒エンジンにおける質量の平衡

		平衡率		
		0％	50％	100％
カウンターウェイトの大きさ	$m_G \triangleq$	m_r	$m_r + 0.5 m_0$	$m_r + m_0$
残存慣性力 (z) 1次成分	$F_{1z} =$	$m_0 \cdot r \cdot \omega^2$	$0.5 \cdot m_0 \cdot r \cdot \omega^2$	0
残存慣性力 (y) 1次成分	$F_{1y} =$	0	$0.5 \cdot m_0 \cdot r \cdot \omega^2$	$m_0 \cdot r \cdot \omega^2$

慣性力の相互平衡は、クランクシャフトの構造選択を決定するのに不可欠な要素の1つであり、これによってエンジン自体の設計も決まる。すべてのクランクシャフト構成コンポーネントに共通の重心がクランクシャフトの中間点に存在する場合、つまりクランクシャフトが対称である場合（前側から見て）、慣性力は平衡する。これは、1次および2次成分のスターダイヤグラムを使用して表される（表4）。

直列4気筒エンジンの2次成分のスターダイヤグラムは非対称であり、これは、この成分が自由慣性力によるものであることを意味している。この力を、クランクシャフトの2倍の回転速度で互いに反対方向に回転する2本のカウンターシャフトを使用して、均衡させることができる（ランチェスターシステム）。

さまざまな気筒数とクランクシャフトのクランク部仕様に対する質量の平衡に基づいた自由力と自由モーメントの一覧を表5に示す。

ねじり力

運動する質量は常に変動する加速度を受けているため、慣性力が発生する。シリンダー内で周期的に発生する圧力はガス力と呼ばれる。その両方が合わさって、さまざまな内力と外力およびモーメントが生成される。さまざまな内力およびモーメントを、さまざまなコンポーネント、特にクランクシャフトとクランクケースで吸収する必要がある。外的効果は、支持構造体のエンジンベアリングを通じて作用し、シャーシまたはエンジンマウントに振動を伝える。

表3：多気筒エンジンの横および縦方向の傾斜モーメント、自由慣性力

エンジンで発生する力とモーメント				
名称	振動トルク、横傾斜モーメント、反作用トルク	自由慣性力	自由慣性モーメント、y軸（交軸）周りの傾斜モーメント（「縦揺れ」モーメント）、z軸（垂直軸）周りの傾斜モーメント（「横揺れ」モーメント）	内部の曲げ応力
原因	接線ガス力と1、2、3、および4次の接線慣性力	単気筒および2気筒の非平衡の振動慣性力の1次成分。単気筒、2気筒、および4気筒の2次成分	1次、2次成分の合力としての非平衡の振動慣性力	回転慣性力および振動慣性力
操作変数	シリンダー数、点火間隔、排気量 p_t、ε、p_z、m_0、r、ω、λ	シリンダー数、クランク配置 m_0、r、ω、λ	シリンダー数、クランクシャフト機構の設計、シリンダー間隔。カウンターウェイトの大きさが、y軸およびz軸周りの慣性トルク成分 m_0、r、ω、λ、aに影響する	クランクの数、クランク配置、エンジン長、エンジンブロックの剛性
対策	一般的に適用できる補正方法はない	自由質量効果は、回転平衡システムにより排除することができるが、このプロセスは複雑なため、あまり用いられない。そのため、限定された、あるいは質量効果のまったくないクランクシーケンスが望ましい		カウンターウェイトを付けるエンジンブロックの剛性を高める
	フレキシブルエンジンマウントにより、周囲の環境（フレーム）から遮蔽する（特に次数が2以上の場合）			

表 4：直列エンジンのスターダイヤグラム

	3気筒	4気筒	5気筒	6気筒
クランクシーケンス				
スターダイヤグラム 1次成分	1 / 2 3	1,4 / 2,3	1 / 4 5 / 3 2	1,6 / 2,5 3,4
スターダイヤグラム 2次成分	1 / 3 2	1,2,3,4	1 / 2 3 / 4 5	1,6 / 3,4 2,5

ピストンに作用する周期的なガス力と、ピストン、コンロッド、クランクシャフトに作用する周期的な質量慣性力が合わさって、クランクシャフトのジャーナルに、接線分力成分が発生する。この分力にクランク半径を乗算すると、周期的に変動するトルクが得られる。

多気筒エンジンでは、個別のシリンダーの接線圧力曲線が、気筒数、クランクシャフトのジャーナルの構成、クランクシャフトの構造、および点火順序に基づく位相差で重畳される。その結果の合成曲線はエンジン構造に固有のもので、全作動サイクル（つまり、4ストロークエンジンの場合はクランクシャフト2回転、図18）をカバーする。この曲線を、ねじり力ダイヤグラムにプロットすることができる。この変動するねじり力とその結果のトルクにより、与えられた慣性モーメントJに応じて、変動する回転速度ωが生じる。

$$\frac{d\omega}{dt} = \frac{M(t)}{J}$$

次数は、すべての重畳されたエンジン次数と新たに生成されたエンジン次数（1/2次も存在する）。回転数定数からのこの逸脱は周期変動係数と呼ばれ、次のように定義される。

$$\delta_S = \frac{\omega_{max} - \omega_{min}}{\omega_{min}}$$

この周期変動係数は、フライホイールマスなどのエネルギー貯蔵メカニズムでの使用に適したレベルに低減される。プロットしたねじり力に起因するねじり振動は、1次のねじり振動とも呼ばれる。これらを、クランクシャフトの弾性変形および固有の共振周波数（表5）に起因する、2次のねじり振動と呼ばれる（高周波）ねじり振動と混同しないようにする必要がある。

往復動機関 **515**

表5：最も一般的なエンジン設計における1次、2次成分の自由力と自由モーメントおよび点火間隔

$$F_r = m_r\, r\, \omega^2 \qquad F_1 = m_0\, r\, \omega^2 \cos\alpha \qquad F_2 = m_0\, r\, \omega^2\, \lambda \cos 2\alpha$$

シリンダーの配列	1次成分の自由力[1]	2次成分の自由力	1次成分の自由モーメント[1]	2次成分の自由モーメント	点火間隔
3気筒 直列型、3クランク	0	0	$\sqrt{3}\cdot F_1\cdot a$	$\sqrt{3}\cdot F_2\cdot a$	240°/240°
4気筒 直列型、4クランク	0	$4\cdot F_2$	0	0	180°/180°
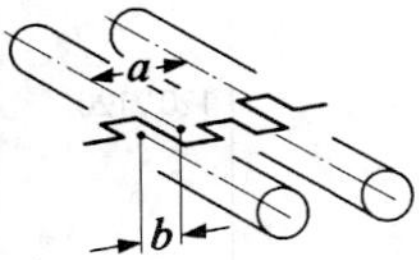 水平対向型、4クランク	0	0	0	$2\cdot F_2\cdot b$	180°/180°
5気筒 直列型、5クランク	0	0	$0.449\cdot F_1\cdot a$	$4.98\cdot F_2\cdot a$	144°/144°
6気筒 直列型、6クランク	0	0	0	0	120°/120°

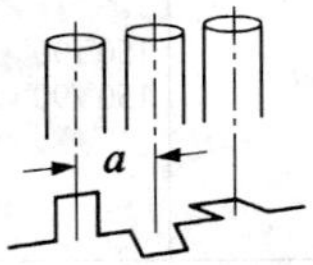

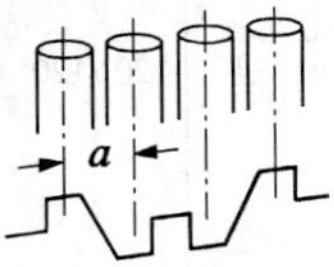

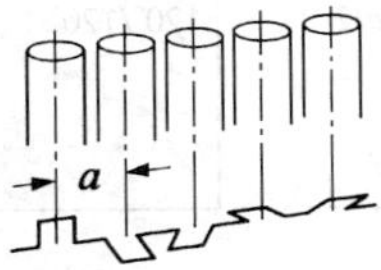

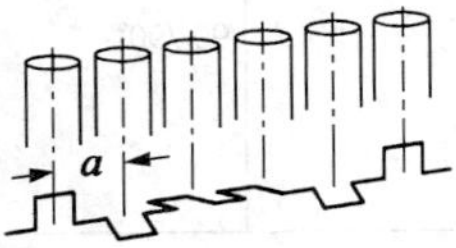

[1] カウンターウェイトなし

表5（続き）：最も一般的なエンジン設計における1次、2次成分の自由力と自由モーメントおよび点火間隔

シリンダーの配列	1次成分の自由力[1]	2次成分の自由力	1次成分の自由モーメント[1]	2次成分の自由モーメント	点火間隔
6気筒（続き）					
V 90°、3クランク	0	0	$\sqrt{3} \cdot F_1 \cdot a$ [2]	$\sqrt{6} \cdot F_2 \cdot a$	150°/90° 150°/90°
標準バランス V 90°、3クランク、 30°クランクオフセット	0	0	$0.4483 \cdot F_1 \cdot a$	$(0.966 \pm 0.256) \cdot$ $\sqrt{3} \cdot F_2 \cdot a$	120°/120°
水平対向型、6クランク	0	0	0	0	120°/120°
V 60°、6クランク	0	0	$3 \cdot F_1 \cdot a/2$	$3 \cdot F_2 \cdot a/2$	120°/120°
8気筒					
V 90°、 2平面に4クランク	0	0	$\sqrt{10} \cdot F_1 \cdot a$ [2]	0	90°/90°
12気筒					
V 60°、6クランク	0	0	0	0	60°/60°

[1] カウンターウェイトなし、[2] カウンターウェイトを使用すると完全平衡可能

トライボロジーと摩擦

ピストンリングと摺動面を備えたピストンは、自己完結型で高度に複雑な摩擦系である。これは、ピストンピンとクランクシャフトの摩擦軸受にも当てはまる。大きさと方向の両方が周期的に変動する力に関しての、詳細なシミュレーションを行う必要がある。

耐摩耗性を確保するには、接触する2面の表面粗さよりも厚い流体潤滑膜を形成する必要がある(「ストライベック曲線」も参照)。油膜は潤滑用ギャップにすでに存在しているか(摩擦軸受けと加圧した潤滑油)、あるいはくさび状の油膜として動的に生成される(ライナーのキャンバー付きピストンリング)必要がある。ただしくさび状の油膜は、接触面の相対速度が0になると必ず消滅する。これに該当するのは、ピストンリングについてはピストンが反転する点(上死点と下死点)、ピストンピンについてはこの2点間の行程である。したがって、短時間の静止時に粘着力によって接触面に有効な油量が保持されるようにして、焼付きを防止し、摩耗をできるだけ少なくするのに必要な油量を保持することも重要である。ピストンの摩擦系では摺動面のホーニング仕上げで、ピストンピンベアリングではピストンピンの形状によって、これを達成している。

隣接する2つのオイルの分子間の摩擦は事実上周辺の圧力から独立していて、1つの分子から次の分子への速度の変化に比例するのみであるという効果を表す公式はニュートンにまで遡る。

$$\tau = \frac{\eta\, dv}{dz}$$

$\tau = F/A$ せん断応力
F せん断力
A 接触面積
v 速度
z 速度vの方向に直角方向の座標

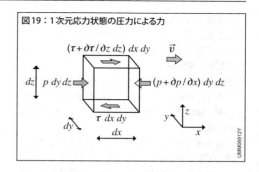

図19:1次元応力状態の圧力による力

動粘度vが使用されることもある。これは密度に関する動力学粘度に相当し、次のように定義される。

$$v = \frac{\eta}{\rho}\ [m^2/s]$$

動力学粘度η [Ns/m^{2}またはPa·s]は温度によって急激に低下する。油膜を形成するためには、油温が十分なせん断応力を可能にする粘度ηを保証するものであることが重要である。また、接触面が十分に高い相対速度vを持つようにすることも重要である。公式から、相対速度が0になると(ピストンが反転する点、コンロッド小端部ベアリングの回転が反転する点)、流体せん断応力が消失することがわかる。油膜vが厚くなり過ぎないようにしなければならないことも分かる。そうでないと、せん断応力が小さくなり過ぎて潤滑油膜が消滅する。

最も単純化した1次元の応力状態のx方向の力の平衡(図19)は、$\partial p/\partial x = \partial\tau/\partial z$が適用されなければならないこと、したがって$\partial p/\partial x = \eta\, \partial^2 v/\partial z^2$であることを示している。これにより、流体の圧力損失は粘度と速度に依存することが分かる。また、速度特性も導くことができる。

518 内燃機関 (ICエンジン)

粘着条件が、壁面のオイルの速度は壁面の速度と同じであることを示していることから、潤滑用ギャップにおいて速度分布（層流の場合は線形）と圧力分布が生じる（「摩擦軸受け」を参照）。

多次元の場合の質量平衡および運動量平衡に関する数学方程式を解いて潤滑油膜の厚さを調べるために、（熱）弾性流体力学 (EHD) シミュレーションが用いられる。

– 質量平衡：平衡における、供給される潤滑油の質量とベアリングギャップから流出する潤滑油の質量
– 運動量平衡：直接的な応力（油圧に起因する圧力）、乱流による明らかな粘性応力などを含むせん断応力（粘性に起因する粘性力）、および慣性力（加速度成分）に起因する力の平衡

方程式の系は、流体の問題を解くための、レイノルズの微分方程式やナビエ-ストークスの方程式として確立されている。有限要素シミュレーションを用いることにより、ベアリングの変形が追加され、高度に複雑な方程式（同時であるため）の数値解が求められる。

一般に、ベアリング内の油圧（100 bar以上）はオイルポンプによって供給される静的な油圧（10 bar以下）よりもはるかに高いため、ベアリング内への潤滑油の適切な供給が保証されなければならない。これは、圧力油孔と摩擦軸受け内の特殊な油溝、またはピストンリングのプリテンション力によって実現されている。

また、混合摩擦の場合のシミュレーションも行われるようになってきている。表面の微細な幾何学的形状の影響を考慮して（「流体のテンソル量」によって微細流体力学に関する表面粗さを考慮する）、レイノルズ微分方程式が拡張されている。粗い表面の接触圧力モデルを使用することにより、流体力学的接触面積比と、固体の接触面積比を決定することができ、これを考慮に入れることができる。接触面のならし運転での挙動を決定するために、さまざまなモデルを使用して、鋭意に研究が進められている。これにより、最終的に摩耗の挙動の評価が可能になる。

せん断応力と、そして摩擦力も速度に比例するため、死点におけるピストンアセンブリーの摩擦およびピストンピンベアリングの摩擦は小さい。それよりも、摩耗パラメーターの方が決定的に重要である。

すべり軸受

内燃機関に最も多く使用されている軸受は、摩擦（すべり）軸受である。クランクシャフトメインベアリング、コンロッド大端部ベアリング、ピストンピンベアリング、カムシャフトベアリングは、オイル潤滑式摩擦軸受が一般的である（「摩擦軸受」を参照）。

分割式ベアリング（クランクシャフト、コンロッド）でも、非分割式ベアリング（ピストンピン、カムシャフト）でも、高温時や厳しい潤滑条件下でも固着や供回りが発生しないように、台座との接触圧力を正確に調整する必要がある。ただし、材質に過大な負荷がかかることも確実に防止しなければならない。

クランクシャフトメインベアリングの潤滑ギャップは、常に変動する面圧のために変化する（「クランクシャフトの設計」も参照）。これによって一種のポンピング効果が発生し、ベアリング内の潤滑油が常に交換される。

コンロッドの揺動運動は、ピストンがシリンダー内を上昇する際には大端部ベアリングまたはクランクピンの潤滑ギャップ内の相対速度を増大させ、ピストンがシリンダー内を下降する際にはこれを減少させる。これによってのみ、潤滑油がオイルギャップに供給される。また、ベアリングに作用する周期的に変動する力によってコンロッドが絶えずその位置を変え、それによって潤滑油膜圧力の生成が支援される。

小端部のベアリングは、揺動運動のみを受ける。したがって、潤滑油の供給は特に重要ではあるが、困難である。実際には混合摩擦は避けられない。浮動ピンベアリング（ピストンおよびコンロッド内のベアリング）の場合ピンはピストンベアリング内で数度程度のわずかな回転運動を行うが、このことに関しても、ベアリングへの十分な潤滑油の供給を確保する必要がある。

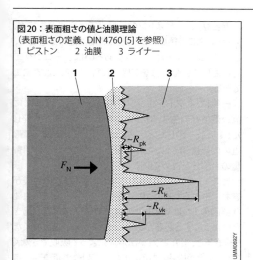

図20：表面粗さの値と油膜理論
（表面粗さの定義、DIN 4760 [5]を参照）
1 ピストン　2 油膜　3 ライナー

$$D_l = 2\frac{R_{cam} R_{roller}}{R_{cam} + R_{roller}}$$

この式には、2つの転動体の接触が考慮に入れられている。

ヘルツ応力p_{Hertz}も関連がある。

$$p_{Hertz} = \sqrt{\frac{KE}{2.86}}$$

縦弾性係数Eは以下による。

$$E = 2\frac{E_{cam} E_{roller}}{E_{cam} + E_{roller}}$$

ローラーをカムに対してわずかに傾けることにより、あるいはストローク機能のオフセットにより、くさび状の油膜が生成され、かつローラーが連続して回転することを確実なものにすることができる。点腐食は、高負荷にさらされている転がり対偶における過負荷の典型的な指標である。金属分子の変形と潤滑油の埋収により発生し、極度に高い局部的な圧力が発生し、塑性変形または材料の腐食の原因となる。材料の硬度を高くし負荷を減らすことによって、点腐食の傾向が抑制される。

潤滑油は一般に潤滑油の飛沫として供給され、一部はクランクシャフトから、クランクシャフトジャーナルベアリング内の溝を通じて、特定の位置決め穴またはオイルジェットおよびコンロッド内の縦穴から供給される。

転がり対偶

玉軸受、転がり軸受あるいはニードル軸受が、2ストロークエンジンや時にはカムシャフトにも使用される（「転がり軸受」を参照）。

噴射ポンプのプランジャー／バレルアセンブリーのローラーフォロワーまたはローラーは、特殊な例である。回転するローラーと運動するカムの系は、線接触の転がり対偶である。特性負荷変量は、ストライベックの転がり接触圧力である。

$$K = \frac{F}{D_l l_{eff}}$$

F　力負荷
$\varphi = D_l/D$　接触係数
D_l　代替直径
D　ローラー直径
l_{eff}　ローラー有効幅

有効代替直径D_lは、カムの瞬間曲げ半径R_{cam}とローラーの瞬間曲げ半径R_{roller}から求めることができる。

ピストンリングと摺動面

ピストンリングとその摺動面は複雑な摩擦系を構成している。ピストンリングの接触力はシリンダー内の圧力、したがってクランクシャフトの角度と燃焼行程に大きく依存する一方で、ピストンリングには、リング溝内での軸方向の二次的な運動も発生し、これも潤滑油膜の厚さに大きな影響を与える。

一般に潤滑油は飛沫として摺動面に供給され（クランクシャフトによる攪拌作用、またはピストンの冷却およびピストンピンの潤滑用の潤滑油飛沫）、オイルリングで掻き落されて薄い油膜を形成する。シリンダーライナーの潤滑油保持量は、ホーニング仕上げに依存する。ホーニング仕上げに関しては、表面粗さ（筋の深さ）とホーニングパターン（筋の交差角度）の両方が考慮されねばならない。

摺動面のホーニング仕上げには2つの役割がある。まず、潤滑油が粘着力によって適切な時間保持されるのに必要な筋を形成することである（図20）。次に、ピストンリングとの接触を防ぐために、表面粗さはできる限り低いものにする必要がある。さまざまな表面粗さの値がホーニングの特性を表すために使用されている。これらの値は、DIN 4760 [5]に一般的なものが、DIN EN ISO 13565 [6]に詳細なものが規格化されている。初期摩耗および初期摩擦に関してはR_{pk}値（「低減ピーク高さ」、詳細については、DIN 4760およびDIN EN ISO 11562 [7]またはDIN EN ISO 13565を参照）が決定的に重要であるが、この値は、慣らし運転により急激かつ劇的に最小化される（たとえば、数μmから0.2 〜 0.8 μmへの減少）。R_{vk}値（1.0 〜 3.5 μm）は、慣らし運転後の潤滑油保持量にとって決定的に重要である。ホーニングでは、一般に、多数の十字形に交差した筋が形成されることを知っておく必要がある。このようにして形成された筋によって油路の連絡系が構成され、油圧の一部はギャップから排出されるが、摺動面全体に油膜を均一に形成することができる。ホーニング角度（十字形に交差した筋の交差角）を平坦にすると、潤滑油が掻き落される量が減るが、軸方向の潤滑油配分が十分でなくなり、焼き付きが発生する傾向がある。ホーニング角度を急峻にすると、潤滑油の消費量が増加する。ホーニング角度は30°〜 90°が一般的である。

混合摩擦は、ピストンの反転点では必ず発生する。少なくともこの領域には微細な潤滑油溜めが必要で、これは、レーザーホーニングあるいはホーニング工程において合金部分を意図的に除去することで加工できる。

一般に、ピストンエンジンの燃焼行程では非常に高い温度が発生するため、摺動面の潤滑油が蒸発したり、ディーゼルエンジンでは燃焼して消滅する。最近の内燃機関では、この潤滑油の蒸発が潤滑油消費量の大部分を占めている。

ピストンリングの特殊な形状は、くさび状の油膜が容易に形成されるようにするためのものである。重要な要因の1つはピストンの速度であり、高くなり過ぎないようにする必要がある。ピストンの速度が高くなり過ぎると、せん断力が潤滑油によって吸収できなくなり、油膜が破壊される。また、ピストンの反転点、特に上死点は、摩耗に関して非常に重要である。

計算用実験値およびデータ

特性

燃費

図1は、有効平均圧力 p_{me} に対して作成された9つの異なる燃費をグラフで示す。p_{me} はエネルギー方程式に比例するので（$E_E = ip_{me}V_H$、2ストロークエンジンは $i = 1$、4ストロークエンジンは $i = 0.5$）、絶対燃費は、p_{me} の増加とともに上昇する。この状況は、たとえば直線1によって示される。

燃費は、直線1から9まで上昇する。換言すれば、最初のプロセスでは、1 kWhのエネルギーを得るためには200 gの燃料が必要である。9の場合、1 kWhですでに500 gの燃料が消費されている。

y軸は、仕事サイクルと排気量（行程容積）を基準とした燃費を示している。換言すれば、エネルギー E_E は p_{me} に直接依存する。p_{me} が増加するとエネルギーも増加する。エネルギーが増加すると、より多くの燃料が必要になる。特定の p_{me}、たとえば特定エネルギーに相当する15 barを選択する場合、同じ量の機械的エネルギーを発生させるために、直線1におけるより直線5において（80 mgに対して約120 mg）大幅に多くの燃料を必要とする。これは、直線の勾配からも識別可能である。

ガソリンおよびディーゼルエンジンの特性値

表1は、ガソリンエンジンとディーゼルエンジンの特性値を比較したものである。最初に気付くことは、ガソリンエンジンとディーゼルエンジンの間のrpmの大きな差である。圧縮比も、プロセスの性質上、ディーゼルエンジンはガソリンエンジンよりもはるかに高い。より高い圧縮圧力のために、より大きな平均圧力 p_{me} が可能である。ディーゼルエンジンは回転数（rpm）が低いので、1リッター当たりの出力（単位排気量当たりの出力）がより低くなる。1リッター当たりの出力がより低く、耐久性の理由により重量が増加するため、ディーゼルエンジンはパワーウェイトレシオ（出力当たりの車両重量）の値が大きくなる。圧縮比がより低いために、ガソリンエンジンは燃費が悪くなる。

トルク位置

トルク位置とは、最大トルク（$n_{Md,max}$）が発生するエンジン回転数曲線（図1）上の位置を、定格出力回

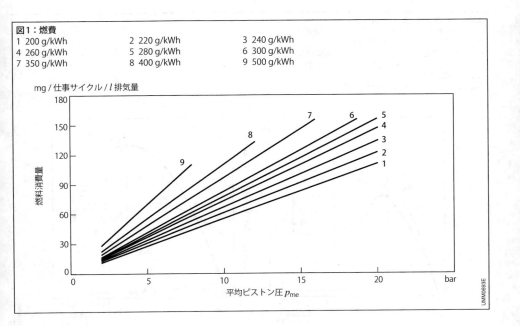

図1：燃費
1 200 g/kWh　　　2 220 g/kWh　　　3 240 g/kWh
4 260 g/kWh　　　5 280 g/kWh　　　6 300 g/kWh
7 350 g/kWh　　　8 400 g/kWh　　　9 500 g/kWh

内燃機関（ICエンジン）

転数（n_{nom}）に対するパーセンテージ（$n_{Md,max}/n_{nom}$）で示したものである。標準値については、表2を参照。

有効回転数範囲

有効回転数範囲Δnは、エンジンが作動する範囲を示す。たとえば最高回転数n_{max}が7,000 rpm、アイドル回転数が800 rpmのガソリンエンジンの有効回転数範囲は、6,200 rpmとなる。表2の有効回転数範囲の数値はrpm x 1,000で示されている。

表1：比較データ

エンジン形式と用途			エンジン回転数 n_{nom} rpm	圧縮比 ε	最大平均圧力 p_{me} bar	1リッター当たりの出力 kW/l	重量対出力比（パワーウエイトレシオ）kg/kW	燃料消費率 g/kWh	トルク上昇率 %
ガソリンエンジン	オートバイ用	4ストローク	5,000～13,000	9～12	9～13	50～150	2.5～0.5	230～280	10～15
	乗用車用	NAE	5,000～8,000	9～13	11～14	40～80	2.0～0.8	220～270	15～20
		SCE/IC	5,000～7,500	9～12	15～22	60～110	1.5～0.5	220～250	20～40
ディーゼルエンジン	乗用車用、小型トラック用	SCE/IC	3,500～4,500	18～22	12～20	35～55	3.0～1.3	200～220	20～40
	トラック用	SCE/IC	1,800～2,600	15～18	18～24	25～40	4.0～2.5	180～210	20～40

NAE 自然吸気式エンジン、SCE 過給式エンジン、IC インタークーラー装備（過給気の冷却）

図2：標準的な出力およびトルク性能曲線

a　ターボチャージャー付きディーゼルエンジン
b　ガソリンエンジン（自然吸気式エンジン）
n_L　アイドル回転数　　$n_{Md,max}$　$M_{d,max}$時のエンジン回転数
n_{nom}　公称回転数　　n_{max}　最大エンジン回転数
Δn　有効回転数範囲
P_{nom}　定格出力　　$M_{d,max}$　最大トルク

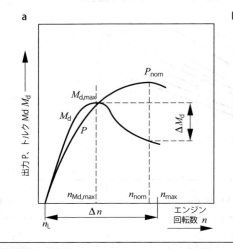
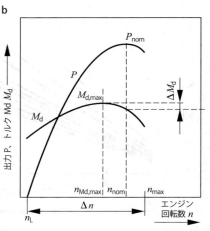

トルク上昇

トルク上昇 ΔM_d は、最大トルク $M_{d,max}$ と定格出力ポイントにおけるトルクとの差を示す。表3の値はパーセントで示している。

トルク上昇率

トルク上昇率は、最大トルクと定格出力におけるトルク間のトルク曲線の勾配である。

エンジン出力と空気の状態

内燃機関のトルクと出力は、基本的にシリンダーに充填された混合気の熱量によって決まる。そしてこの熱量は、シリンダー内の空気量（正確には酸素量）によって決まる。エンジン回転数、空燃比（A/F）、体積効率、燃焼効率、およびエンジンの総損失量が一定であれば、全開時の吸入空気の状態（気温、気圧、湿度）を変数として、エンジンの出力変化を計算によって求めることができる。混合気は空気の密度が低下すると、相対的に濃くなる。体積効率（気圧に対するBDCでのシリンダー内圧力の比率）は、スロットルバルブ開度が最大（フルスロットル）のときに限り、あらゆる空気状態に対して一定となる（WOT）。燃焼効率は、気化率、乱流発生、および燃焼速度のすべてが低下するくらい吸気温度や気圧が低いときに低下する。エンジン出力の損失（摩擦＋ポンピングロス＋過給圧）により、出力は減少する。

空気の状態が与える影響

エンジンが吸入する空気の量は、空気密度に左右される。すなわち、吸気の温度が低く、比重が重く、密度が高くなるほど、エンジン出力は増加する。経験則によれば、エンジンの出力は、高度が100 m上がるごとに約1 %低下する。エンジンの設計によっても異なるが、一般的に冷たい空気は、吸気経路を通過する間にある程度暖められる。この温度上昇によって空気密度が低くなり、最終出力が低下することになる。湿度が高い空気は、乾燥した空気に比べると酸素の含有量が少ないため、これも出力低下につながるが、一般的にこの損失はそれほど大きくはない。ただし、熱帯地方の暖かく湿った空気は、著しい出力の損失を引き起こす。

出力の定義

有効出力とは、特定のエンジン回転数においてクランクシャフトまたは補助装置（トランスミッションなど）で測定したエンジン出力のことである。トランスミッションより下流の部分で出力を測定する場合は、トランスミッション損失を加味して計算する必要がある。

公称（定格）出力は、フルスロットル時のエンジンの最大正味出力のことである。正味出力は、有効出力に相当する。

換算式は、ダイナモメーターでテストした結果を標準的な状態に反映させるために用いる。これによって、さまざまな要素の影響、たとえばどの時刻あるいはどの季節であるかといった要素の影響が排除され、メーカー間で相互に比較できるデータを提供することが可能になる。この方法では、測定時の空気密度（およびエンジン内の有効エア量）が、空気質量（流量）に関して規定された「標準状態」に換算される。

表2：有効回転数範囲とトルク位置の標準値

エンジン形式		有効回転数範囲 Δn_N（×1000 rpm）	最大トルク位置 [%]
ディーゼルエンジン	乗用車用	3.5 ～ 5	15 ～ 40
	トラック用	1.8 ～ 3.2	10 ～ 60
ガソリンエンジン		4 ～ 7	25 ～ 35

表3：トルク上昇の標準値

エンジン形式		トルク上昇 ΔM_d [%]
ディーゼルエンジン、乗用車用	SCEとIC	25 ～ 35
ディーゼルエンジントラック用	SCEとIC	25 ～ 40
ガソリンエンジン	自然吸気式エンジン	25 ～ 30
	SCEとIC	30 ～ 35
SCE 過給式エンジン、IC インタークーラー装備（過給気の冷却）		

524 内燃機関（IC エンジン）

表4：出力補正係数

ガソリンエンジン、自然吸気式および過給式		
	EEC 80/1269 [9]、JIS D 1001 [10]、SAE J 1349 [11]	DIN 70020 [12]
補正係数　　α_a	$\alpha_a = A^{1.2} \cdot B^{0.5}$ $A = 99/p_{PT}$ $B = T_p/298$	$\alpha_a = A \cdot B^{0.5}$ $A = 101.3/p_{PF}$ $B = T/293$
補正出力値：$P_0 = \alpha_a P$ (kW)　(P：測定出力)		
ディーゼルエンジン		
エンジン大気 補正係数　f_a	$f_a = A^{0.7} \cdot B^{1.5}$ ($A = 99/p_{PT}$; $B = T_p/298$) （インタークーラー装備／非装備ターボ付き）	ガソリンエンジンのα_aと同じ
エンジン補正 係数　　　f_m	$40 \leq q/r \leq 65$:　　$f_m = 0.036 (q/r) - 1.14$ $q/r < 40$:　　　　$f_m = 0.3$ $q/r > 65$:　　　　$f_m = 1.2$	$f_m = 1$
$r = p_L/p_E$ 過給圧レスポンス　　p_L 絶対過給圧　　　p_E コンプレッサー前の絶対圧力 q 燃費 (SAE J 1349, [8])　　　p_{PT} 乾燥バロメーター圧力　　　p_{PF}：絶対バロメーター圧力 T_P テストダイナモメーター温度 4ストロークエンジンの場合：$q = 120{,}000\ F/DN$　　2ストロークエンジンの場合：$q = 60{,}000\ F/DN$ F 燃料流量 [mg/s]　　　D 排気量 [l]　　　N エンジン回転数 [rpm]		
補正出力値：$P_0 = P \cdot f_a{}^{f_m}$ (kW)　(P：測定出力)		

　表4の比較データは、これらの出力値の補正に用いられる最も重要な係数である。

排気量

　行程容積とも呼ばれる排気量は、ピストンの全垂直行程にシリンダー径を乗じた値で表される。各シリンダーの排気量をV_hで表すとき、エンジンの総排気量V_Hは、シリンダーのすべての排気量V_hの合計に相当する。

隙間容積

　隙間容積V_cは、ピストンがTDCにあるときのシリンダー内の圧縮空間に相当する。

燃焼室

　燃焼室は、排気量と隙間容積の合計から得られる。

圧縮比

　圧縮比は、ピストンがBCDにあるときの燃焼室容積のピストンがTDCにあるときの容積に対する比率を表す。

ピストン行程

　ピストン行程は、クランク角の関数で、1回転にわたって均一ではなく、変動する。つまり、ピストンのTDCからBCDへの移動は、TDC後からクランクシャフト角度90°までが、クランクシャフト角度90°からBCDまでよりもはるかに速く下方に移動する。平均ピストン速度は、完全な1回転にわたるピストン行程の平均速度である。

効率

　効率は、燃料によって化学的に供給されるエネルギーに対する機械的に供給される出力の比率を表す。

計算

　表6は、エンジン内のいくつかの量の計算式を示す。数量方程式は普遍的に有効であり、特定単位の数値を数値方程式に挿入する。これらの方程式は実務への応用に役立つ。

　頻繁に使用される記号とその単位を表5に示す。

往復動機関 **525**

表5：記号と単位

記号		単位
a_K	ピストン加速度	m/s^2
B	燃費	kg/h; dm^3/h
b_e	燃料消費率	g/kWh
d	シリンダー径	mm
d_v	バルブ径	mm
F	力	N
F_G	シリンダー内ガス力	N
F_N	ピストン側面スラスト力	N
F_o	振動慣性力	N
F_r	回転慣性力	N
F_s	コンロッド力	N
F_T	接線方向力	N
M	トルク	Nm
M_o	振動モーメント	Nm
M_r	回転モーメント	Nm
M_d	エンジントルク	Nm
m_p	重量対出力比（パワーウエイトレシオ）	kg/kW
n	エンジン回転数	rpm
n_p	フューエルインジェクションポンプ回転数	rpm
P	出力	kW
P_{eff}	正味（有効）出力	kW
P_H	1リッター当たりの出力	kW/dm^3
p	圧力	bar
p_c	圧縮端圧力	bar
p_e	平均ピストン圧力（平均圧力、平均作動圧力）	bar
p_L	過給圧	bar
p_{max}	シリンダーの最高圧力	bar
r	クランクシャフト半径	mm
s_d	噴孔部断面積	mm^2
S, s	一般的なストローク	mm
s	ピストン行程	mm
s_f	シリンダーの吸気行程（2ストローク）	mm
s_F	2ストロークエンジンの吸気行程	mm
S_k	TDCからピストン上面までの距離	mm
S_s	2ストロークエンジンのスロット高	mm
T	温度	°C, K
T_c	圧縮端温度	K
T_L	過給気温度	K
T_{max}	最高燃焼温度	K
t	時間	s
V	容積	m^3

記号		単位
V_c	シリンダーの隙間容積	dm^3
V_E	インジェクションポンプストローク当たりの噴射量	mm^3
V_f	1シリンダーの吸気量（2ストロークエンジン）	dm^3
V_F	エンジンの総吸気量（2ストロークエンジン）	dm^3
V_h	1シリンダーの排気量	dm^3
V_H	エンジンの総排気量	dm^3
v	ピストン速度	m/s
v_d	噴射燃料の平均速度	m/s
v_g	ガス流速	m/s
v_m	ピストンの平均速度	m/s
v_{max}	ピストンの最高速度	m/s
z	シリンダーの数	–
β	コンロッドのピボット角度	°
ε	圧縮比	–
η	効率	–
η_e	正味効率	–
η_{th}	熱効率	–
v, n	実際のガスのポリトロープ累乗指数	–
ρ	密度	kg/m^3
φ, α	クランク角度（φ_o = TDC）	°
ω	角速度	rad/s
λ	= r/l コンロッド比	–
λ	空燃比	–
κ	理想気体の比熱比 = c_p/c_v	–

上付きまたは下付きの記号

0、1、2、3、4、5	サイクル値またはメイン値
o	振動
r	回転
1st、2nd	第1次、第2次
A	定数

単位換算

1 g/hp·h	= 1.36 g/kWh
1 g/kWh	= 0.735 g/hp·h
1 kpm	= 9.81 Nm ≈ 10 Nm
1 Nm	= 0.102 kpm ≈ 0.1 kpm
1 hp	= 0.735 kW
1 kW	= 1.36 hp
1 at	= 0.981 bar ≈ 1 bar
1 bar	= 1.02 at ≈ 1 at

526　内燃機関（ICエンジン）

表6：計算式

量的関係	数的関係

排気量

1シリンダーの排気量と吸気量

$$V_h = \frac{\pi d^2 s}{4} \text{（4ストローク）} \quad V_f = \frac{\pi d^2 s_f}{4} \text{（2ストローク）}$$

$V_h = 0.785 \cdot 10^{-6} d^2 s$
$V_h : dm^3, d : mm, s : mm$

エンジンの総排気量と総吸気量
$V_H = V_h z$ （4ストローク）　$V_F = V_f z$ （2ストローク）

$V_H = 0.785 \cdot 10^{-6} d^2 sz$
$V_h : dm^3, d : mm, s : mm$

圧縮

圧縮比

$$\varepsilon = \frac{V_h + V_c}{V_c}$$

圧縮端圧力
$p_c = p_0 \, \varepsilon^\nu$

圧縮端温度
$T_c = T_0 \, \varepsilon^{\nu-1}$

4ストロークエンジン　　2ストロークエンジン

ピストンの運動
TDCからピストン上面までの距離

$$S_k = r\left[1 + \frac{l}{r} - \cos\varphi - \sqrt{\left(\frac{l}{r}\right)^2 - \sin^2\varphi}\right]$$

クランク角度
$\varphi = 2\pi n t \quad (\varphi : rad)$

$\varphi = 6 n t$
$\varphi : °, n : rpm, t : s$

ピストン速度（概算）
$v \approx 2\pi \, nr\left(\sin\varphi + \frac{r}{2l}\sin 2\varphi\right)$

$v \approx \dfrac{ns}{19{,}100}\left(\sin\varphi + \dfrac{r}{2l}\sin 2\varphi\right)$

$v : m/s, n : rpm、l, r$ および $s : mm$

平均ピストン速度
$v_m = 2ns$

$v_m = \dfrac{ns}{30{,}000}$

$v_m : m/s、n : rpm、s : mm$

最高ピストン速度
（概算。コンロッドが大端部の軌線と正接をなしている場合：
$a_k = 0$ ）

l/r	3.5	4	4.5
v_{max}	$1.63\,v_m$	$1.62\,v_m$	$1.61\,v_m$

ピストン加速度（概算）

$$a_k \approx 2\pi^2 n^2 s\left(\cos\varphi + \frac{r}{l}\cos 2\varphi\right)$$

$a_k \approx \dfrac{n^2 s}{182{,}400}\left(\cos\varphi + \dfrac{r}{l}\cos 2\varphi\right)$

$a_k : m/s^2, n : rpm、l, r$ および $s : mm$

往復動機関　**527**

表6：計算式（続き）

量的関係	数的関係
ガス流速 バルブ部の平均ガス流速 $v_g = \dfrac{d^2}{d_v^2} v_m$	$v_g = \dfrac{d^2}{d_v^2} \cdot \dfrac{ns}{30{,}000}$ v_g：m/s、d、d_v および s：mm、n：rpm
エンジン出力 $P = M\omega = 2\pi Mn$ $P_{eff} = V_H\, p_e\, \dfrac{n}{K}$ 2ストロークエンジンの場合：$K = 1$ 4ストロークエンジンの場合：$K = 2$ 単位排気量当たりの出力（1リッター当たりの出力） $P_H = \dfrac{P_{eff}}{V_H}$ 重量対出力比（パワーウエイトレシオ） $m_p = \dfrac{m}{P_{eff}}$	$P = \dfrac{Mn}{9549}$ P：kW、M：Nm（= Ws） $P_{eff} = \dfrac{V_H p_e n}{K \cdot 600} = \dfrac{M_d n}{9549}$ P_{eff}：kW、p_e：bar、n：rpm M_d：Nm $P = \dfrac{Mn}{716.2}$ P：hp、M：kp·m、n：rpm

528　内燃機関（IC エンジン）

表6：計算式（続き）

量的関係	数的関係

平均ピストン圧力（平均圧力、平均作動圧力）

4ストロークエンジン	2ストロークエンジン	4ストロークエンジン	2ストロークエンジン
$p = \dfrac{2P}{V_H n}$	$p = \dfrac{2P}{V_H n}$	$p = 1{,}200\,\dfrac{P}{V_H n}$	$p = 600\,\dfrac{P}{V_H n}$
		p：bar、P：kW、V_H：dm³、n：rpm	
		$p = 833\,\dfrac{P}{V_H n}$	$p = 441\,\dfrac{P}{V_H n}$
		p：bar、P：hp、V_H：dm³、n：rpm	
$p = \dfrac{4\pi M}{V_H}$	$p = \dfrac{2\pi M}{V_H}$	$p = 0.1257\,\dfrac{M}{V_H}$	$p = 0.0628\,\dfrac{M}{V_H}$
		p bar、M：Nm、V_H：dm³	

エンジントルク

$M_d = \dfrac{V_H P_e}{4\pi}$	$M_d = \dfrac{V_H P_e}{4\pi}$	$M_d = \dfrac{V_H P_e}{0.12566}$	$M_d = \dfrac{V_H P_e}{0.06284}$
		M_d：Nm、V_H：dm³、p_e：bar	
		$M_d = 9{,}549\,\dfrac{P_{eff}}{n}$	
		M_d：Nm、P_{eff}：kW、n：rpm	

燃費

$B =$ 測定値（kg/h）	B　：dm³/h あるいは kg/h V_B：テストダイナモメーターで測定される燃料体積 t_B：単位体積燃料の消費時間
$b_e = \dfrac{B}{P_{eff}}$	
$b_e = \dfrac{1}{H_u\,\eta_e}$	$b_e = 3{,}600\,\dfrac{V_b \rho_B}{t_b P_{eff}}$
	ρ_B：燃料密度（g/cm³） t_B：s、V_B：cm³、P_{eff}：kW

効率

$\eta_{th} = 1 - \varepsilon^{1-k}$	$\eta_e = \dfrac{x}{b_e}$
$\eta_e = \dfrac{P_{eff}}{B H_u}$	
	$x = 82 \quad H_u = 44$ の場合 $x = 86 \quad H_u = 42$ の場合 $x = 90 \quad H_u = 40$ の場合 $x = 120 \quad H_u = 30$ の場合
	H_u　発熱量率（MJ/kg） b_e　燃料消費率（g/kWh）

図3：排気量と隙間容積

このグラフは、各シリンダーの排出量 V_h と隙間容積 V_c、または総排気量 V_H と総隙間容積 V_C を示す

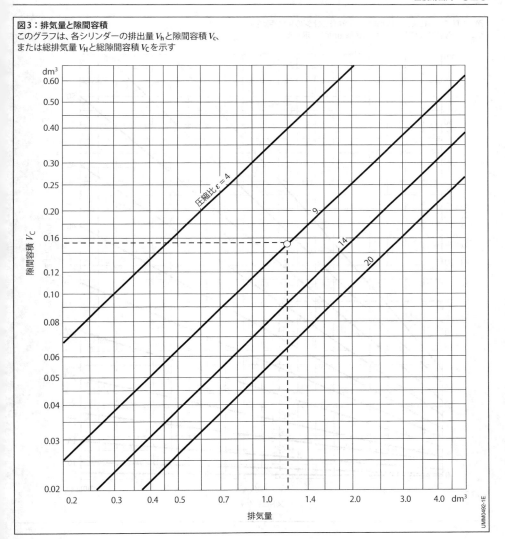

排気量と隙間容積

図3では、排気量は x 軸に、隙間容積は y 軸に設定される。各直線は、圧縮比を一定とした場合の排気量と隙間容積の関係を示す。排気量が増加するにつれて、隙間容積も増加する。圧縮比が上がると、同じ排気量に対する隙間容積は小さくなる。

排気量が 1.2 dm³、圧縮比 $\varepsilon = 9$ のエンジンの隙間容積は、約 0.15 dm³ となる。

図4:TDCからピストン上面までの距離(ピストンの移動距離)
クランク角度からピストンの移動距離(mm)を求める

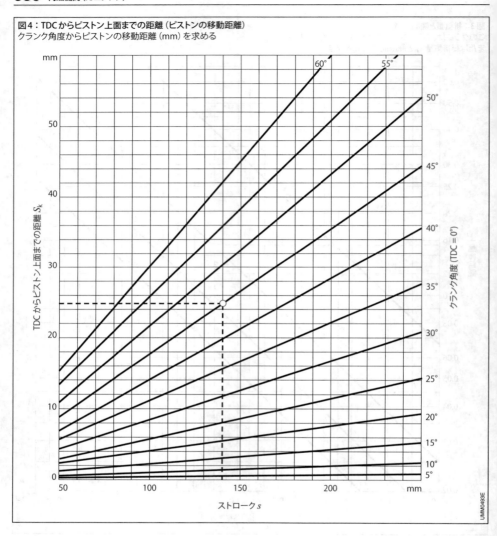

TDCからピストン上面までの距離の決定
例
　ストロークが140 mmでクランクシャフト角度が45°のとき、TDCからピストン上面までの距離は25 mmである(図4)。

　グラフはクランク比$l/r = 4$(l:コンロッドの長さ、r:ストロークの長さの1/2)に基づいている。しかし、$l/r = 3.5 \sim 4.5$のすべての場合においても近似値(誤差2%未満)を示すので、グラフを参考にすることができる。

往復動機関 **531**

図5：ピストン速度

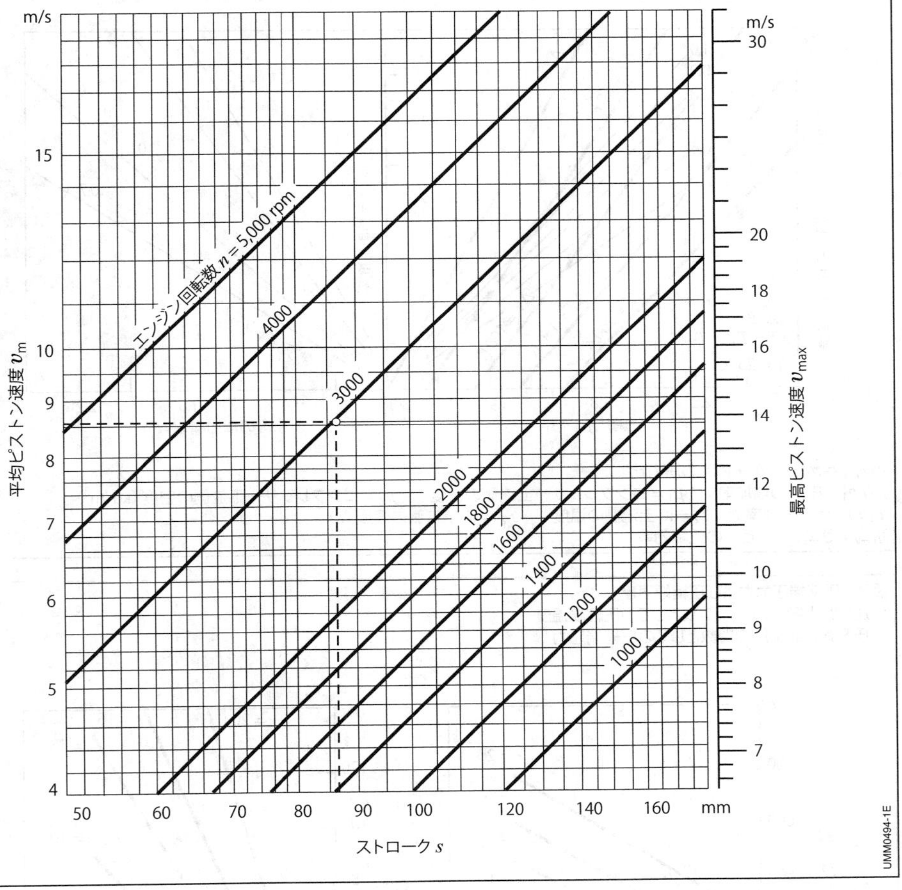

ピストン速度の決定

　図5のx軸は、ミリメートル単位のストロークを示す。左のy軸は平均ピストン速度を示し、右のy軸は最高ピストン速度を示す。各直線は、それぞれのエンジン回転数におけるストローク、平均および最高ピストン速度の関係を示すものである。ストロークが増加すると両方のピストン速度も増加することを明確に確認できる。同じことが回転数の増加にも当てはまる。

例

　ストローク$s = 86$ mm、エンジン回転数$n = 3,000$ rpmのとき、平均ピストン速度$v_m = 8.7$ m/s、最高ピストン速度

　$v_{max} = 13.8$ m/sになる。

　このグラフは、$v_{max} = 1.62 v_m$に基づく。

図6：ターボ／スーパーチャージャーを装備したシリンダー充填密度の増加率
コンプレッサー内の圧力比、圧縮効率、および給気冷却（IC）の熱交換率による過給密度の増加率の影響

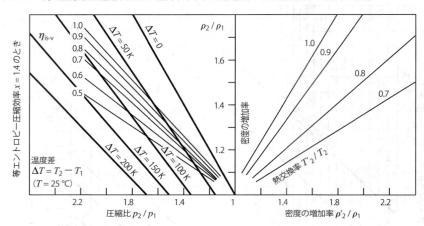

$p_2/p_1 = \pi_c = $ 一次圧縮時の圧力比
$\rho_2/\rho_1 = $ 密度の増加率　　$\rho_1 = $ コンプレッサー上流側の密度　　$\rho_2 = $ コンプレッサー下流側の密度 (kg/m³)
$T_2'/T_2 = $ 熱交換率　　$T_2 = $ IC上流側の温度　　$T_2' = $ IC下流側の温度 (K)
$\eta_\text{is-v}$：等エントロピーの圧縮効率

図7：圧縮端圧力および圧縮端温度
a 圧縮比と吸気温度の関数としての圧縮端温度
b 圧縮比と過給圧の関数としての圧縮端圧力

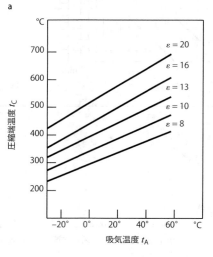
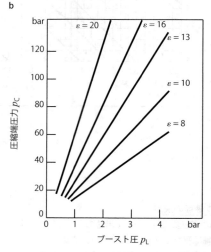

$t_c = T_c - 273.15 \text{ K}$、$T_c = T_A \varepsilon^{n-1}$、$n = 1.35$　　　　$p_c = p_L \varepsilon^n$、$n = 1.35$

シリンダー充填密度の増加率の決定

図6は、圧力比が増加するにつれて、インタークーラー内での空気の加熱と冷却の強さに応じて、ガスの密度が増加することを示している。インタークーラー後のガスの温度が高いほど、充填密度の増加率は小さくなる。

圧縮端圧力の決定

図7aは、吸気温度をx軸、圧縮端温度をy軸に示している。各直線は、それぞれの圧縮比における吸気温度と圧縮端温度の関係を示すものである。吸気温度が上昇するにつれて圧縮端温度も上昇することが分かる。圧縮比が増える場合も同じことが当てはまる。この場合は、圧縮比が高くなると直線勾配が大きくなる。このグラフは、圧縮比が減るとノックの頻度が低下する理由を示している。

図7bは、圧縮比と過給圧、圧縮端圧力との関係を示すものである。圧縮比と過給圧が増加すると、圧縮端圧力も増加する。ただし、圧縮端圧力に大きな影響を与えるのは圧縮比の増加であることが確認できる。

参考文献

[1] H. Hütten: Motoren – Technik, Praxis, Geschichte. Motorbuch-Verlag, Stuttgart, 1997.

[2] DIN 73021: Designation of the rotational direction, the cylinders and the ignition circuits of motorcar engines.

[3] ISO 1204: Reciprocating internal combustion engines – Designation of the direction of rotation and of cylinders and valves in cylinder heads, and definition of right-hand and left-hand in-line engines and locations on an engine.

[4] I. Bronstein; K. Semendjajew: Taschenbuch der Mathematik. 7th Edition, Verlag Harri Deutsch, 2008.

[5] DIN 4760: Form deviations; Concepts, Classification system.

[6] DIN EN ISO 13565: Geometrical Product Specifications (GPS) – Surface texture: Profile method – Surfaces having stratified functional properties.

[7] DIN EN ISO 11562: Geometrical Product Specifications (GPS) – Surface texture: Profile method – Metrological characteristics of phase correct filters.

[8] SAE J 1349: Engine Power Test Code Spark Ignition and Compression ignition As Installed Net Power Rating.

[9] Council Directive 80/1269/EEC of 16 December 1980 on the approximation of the laws of the Member States relating to the engine power of motor vehicles.

[10] JIS D 1001: Road vehicles - Engine power test code.

[11] SAE J 1349: Engine Power Test Code Spark Ignition and Compression ignition As Installed Net Power Rating.

[12] DIN 70020: Road vehicles – Automotive engineering.

排気ガス

対策の歴史

大気汚染の管理に努めることは、環境保護に絶対に不可欠な要素である。20世紀半ば以降、特に汚染物質の発生の科学的な分析とそこから派生する燃焼工程のさらなる発展、燃料品質の一貫した改善、および排気ガス処理技術の開発によって、それは成功を収めている。

20世紀後半より使われ始めたスモッグおよび酸性雨という言葉は、今日でもなおよく耳にするものである。その時期にスモッグの大きな影響を受けた地域に、米国カリフォルニア州があった。ロサンゼルスなどの人口密度の高い地域の大気汚染を減らすために、カリフォルニア州はすでに1960年代の初めに最初の法律を制定していた（[1]を参照）。他の州もカリフォルニア州の例に従った。1970年には、欧州共同体も最初の排気ガス規制を通過させた。 これらの法的措置により、自動車メーカーは法律の適用を受ける市場に排気ガス処理システムを備えた車両を供給するようになった。これが、今日の排気ガス処理システムの世界市場をもたらした。

エンジンからの排気ガスの成分

主成分

燃料の燃焼時には、内燃機関においてさまざまな燃焼生成物が生成される。排気ガスは、主として以下の無毒の主成分を含む。
- 窒素 N_2（吸気の成分）
- 水蒸気 H_2O
- 二酸化炭素 CO_2
- 酸素 O_2（ディーゼルエンジンとガソリンエンジンの希薄燃焼作動時）

二酸化炭素は天然成分として大気中に存在し、自動車の排気ガスに関して汚染物質に分類されない。しかし二酸化炭素は、温室効果とこれに関連する地球規模の気候変動の原因のひとつと考えられている。工業化以来、大気中の CO_2 含有量は約40 %上昇し、現在は400 ppmに達している。

放出される二酸化炭素の量は、燃費に直接比例する。したがって、燃費を減らすための対策がますます重要になっている。

汚染物質

上記の成分は、純粋な燃料の完全で理想的な燃焼、すなわち、望ましくない二次反応のない酸素による燃料の完全燃焼で生成される排気ガスの成分である。しかし、実際の車両の作動においては微量成分も生成される。

燃焼中に生成される微量成分の量は、エンジンの作動状態に大きく依存する。ガソリンエンジンの場合、未処理の排気ガス（燃焼後かつ排気ガス処理前の排気ガス）の量は、化学量論的混合組成（$\lambda = 1$）による通常の作動温度のエンジンの排気ガスの総量の約1 %に達する。ディーゼル排気ガスの成分は、過剰空気に大きく依存する。

燃料のエンジン内での燃焼中に直接生成される主な汚染物質を以下に記載する。

炭化水素

炭化水素を含む燃料は、決してエンジン内で完全に燃焼することはない。エンジンから排出された不完全燃焼の炭化水素とその濃度は、特に、噴射ストラテジー、噴射燃料量、噴射圧力、噴射タイミングなどの燃焼およびエンジンアプリケーション、空燃比λ、燃焼温度、およびその他のエンジン影響因子によって決まる。

脂肪族炭化水素（アルカン、アルケン、アルキン、およびその環状誘導体）は、ほぼ無臭である。環状芳香族炭化水素（ベンゼン、トルエン、多環式炭化水素など）は臭気を発する。部分酸化炭化水素（アルデヒド、ケトンなど）は、不快な臭気を発し、日光に曝されると派生生成物を形成する。

一酸化炭素

一酸化炭素は、酸素供給が不十分なことによる燃料の不完全燃焼時に形成される。これは、不十分な混合気調整（未気化の燃料液滴や燃焼室壁面上の燃料膜）の結果として局所的なリッチエリアの原因となる。

一酸化炭素は、無色、無臭、無味の気体である。一酸化炭素は、血液中のヘモグロビンと結合して酸素の運搬を阻止するので有害である。

粒子状物質

気体の排気ガス成分とは異なり、ディーゼル粒子状物質は明確に定義された化学的な特定種ではない。規定サンプリングプロセスにおいてサンプルフィルターに蓄積されるすべての固体または液体の燃焼残渣が、ディーゼル粒子状物質と呼ばれる。これらは、固体の煤煙コアや燃料と潤滑油から生じる付着した不完全燃焼の炭化水素からなる煤粒子の他に、炭化水素、水および亜硫酸（硫酸塩）の液滴、灰粒子、および研磨金属である。

硫黄酸化物

硫黄酸化物（SO_x）という用語は、二酸化硫黄（SO_2）と三酸化硫黄（SO_3）との混合物を意味する。硫黄酸化物は、硫黄を含む燃料の燃焼中にほぼ必然的に形成される。長期間の有効性を保証するために、排気ガス処理システムの選択と設計において燃料の硫黄含有量が常に考慮されなければならない。

窒素酸化物（一酸化窒素）

燃料中の窒素含有量は一般に低く、窒素酸化物の形成には副次的な役割を果たすのみである。窒素酸化物は、化石燃料の燃焼中に、中間生成される炭化水素基および酸素（O_2）と、大気中の窒素（N_2）との反応から生成される。広範な経験的知識にもかかわらず、これらの反応は、現象論的には現在に至るまで詳細には説明されていない。火炎前面のガイドとその局所温度など、燃焼室のレイアウトと燃焼アプリケーションは、大きな影響を与える。

生成された強酸化性窒素酸化物の混合物は、「窒素ガス」と呼ばれ、一酸化窒素（NO）、二酸化窒素（NO_2）および種々の二量体（N_2O_3、N_2O_4など）を含み、熱力学的に平衡状態にある。強酸化性ではない亜酸化窒素（N_2O）は、亜硝酸ガスに分類されていないが、強い温室効果ガスである。頻繁に使用されるNO_xという総称に関しては、亜酸化窒素が含まれるか否かを常に定義する必要がある。どちらの定義も普及している。

排気ガスの触媒処理の基本原理

エンジン内で形成された汚染物質を、互いに、または排気ガス中に含まれる他の物質に変換し、より害の少ない物質に変えることは有益であると思われる。この目的のためには、以下の課題が克服されなければならない。

- エンジンの最低の作動状態において、排気ガスは、相互変換が可能な同じ割合の物質を含む。
- 多くのエンジンの作動点では、排気ガス温度が所要の活性化反応の障壁を乗り越えるには低すぎる。

この点から排気ガスの触媒処理による対策が始まる。

排気ガスの触媒処理

触媒は、その存在下で、動力学的に制限された反応条件において特定の反応または反応シーケンスがより迅速に起こり、それ自体は変化しない物質として科学的に定義される。換言すれば、触媒は、その触媒反応によって活性化障壁を低減する。しかし、触媒として技術的に指定された排気ガス処理システムの成分は、これ以上の機能を果たす（「排気ガス処理」、「触媒コンバーター」を参照）。

触媒成分

排気ガス処理用触媒は、主にハニカム担体構造体へのコーティング（触媒コーティング）として用いられる複雑な構造の高多孔性セラミックスからなる。以下の触媒成分が区別される。

触媒活性成分

触媒活性成分（貴金属など）は、適切な条件下で所要の反応の速度を増加させる。

貯蔵成分

貯蔵成分（ゼオライトなど）は、排気ガスから特定の物質を吸収し、変換するのに適した条件になるまでそれを貯蔵する。

担体成分

担体成分（Al_2O_3 など）は、広い内側表面にセラミックマトリックスを形成し、触媒活性成分が微細に分散した形態で存在する。

安定化成分

安定化成分は、担体成分、貯蔵成分および触媒活性成分を過度の熱と化学的な悪影響から保護する。

ハニカム

コーティングされるハニカムは、一般に1 cm^2 あたり10 〜 250の並行流路を備える。これは通常コーディエライトなどのセラミックから押出し成形されるか、または金属箔から特殊形状として製造される。

排気システム中の配置

ガスが可能な限り均一に流れるように、触媒は排気システムに組み込まれることが好ましい。ガスの理想的な分布からの各偏差は、理論的に可能な触媒の転化率を低下させるので、不均一な流れは、より大量の強力な触媒を必要とする。

技術的な意味で触媒容積と呼ばれるハニカムの容積は、特に、汚染物質の所要の低減に必要な触媒成分の必要量に依存する。この点に関する制限要因は、大抵はハニカムの単位容積あたりに適用できる量である。エンジン側では、コーティングされたハニカムの排気ガスの背圧が制限となる。車両側では、利用可能な設置スペースがしばしば触媒容積を制限する。ユーロ6の排気ガス規定のディーゼル車では、触媒の全容積は、しばしばエンジンの排気量の3 〜 6倍である。

排気ガス処理の触媒プロセス

基本条件

触媒（触媒コンバーター）は、自動車の排気ガスを処理する最新プロセスの基礎となる。長期的な有効性を保証するには、基本条件を満たさなければならない。たとえば、作動流体の品質は、それぞれの触媒に適合させなければならない。有鉛燃料は、触媒の急速な機能喪失を引き起こす可能性がある。サワー燃料（硫黄を含む）、エンジンオイルからの重金属、無機添加剤、およびエンジン内の完全に燃焼されていないその他の物質は、車両の耐用年数の間に、迅速または徐々に触媒の漸進的な汚染を引き起こす可能性がある。このようにして、排気ガス処理システムの効率が部分的に大幅に低減される。

また、エンジンおよび車両用途に課される触媒要件の場合は、臨界条件が触媒表面の時間と空間に関する限定的な一部の理由でのみ発生する場合も、特定の排気ガス組成限界と排出ガス温度を遵守することが不可欠である。たとえば、煤の燃焼中は、局所的な溶解と、結果として微粒子フィルターの破壊を引き起こす温度は避けるべきである。これには、貯蔵する煤の量の制限などが必要である。

一般的に言えば、活性化の障壁を超えて、物質輸送プロセスが反応速度を制限しない場合、触媒反応の迅速な進行は、多量の活性成分による触媒プロセスにおいて達成することができる。しかし、たとえ大量に使用されたとしても、排気ガスの温度はエンジン始動直後には常に低すぎるために、大量の汚染物質の変換を達成することはできない。触媒は一定の排気ガス流によって加熱される。エンジンから排出される汚染物質の50％が変換される温度は、反応開始温度と呼ばれる。ディーゼルエンジンのコールドスタート時には、触媒が最適な作動条件に達するまでに通常数分間を要する。これは、エンジンの加熱対策を行うことで解消される。特別な用途においても電気的な加熱対策が実施されている。さらに、触媒コンバーターの貯蔵成分は、コールドスタート時に汚染物質を貯蔵し、反応開始温度を超えるとそれらを脱着させる。たとえば、特別なゼオライトは、そのような方法で炭化水素を貯蔵するのに適している。

参考文献

[1] https://www.arb.ca.gov/html/brochure/history.htm

ベルト駆動装置

摩擦ベルト駆動装置

用途

摩擦ベルト駆動装置は、自動車の多くが補機類を駆動するために使用している（図1）。従来から、これらの補機類は主にVベルトで駆動されている。しかしながら、スペース上の制約や補機類の消費電力がより高くなってきたなどの理由で、必要な出力密度が大幅に高くなったため、近年の補機類はほぼ例外なくVベルトに代えてリブ付きVベルト（マイクロV®ベルト）を巧妙に取り回した駆動装置を採用している。典型的な用途は、オルタネーター、A/Cコンプレッサー、パワーステアリングポンプ、冷却ファン、機械式スーパーチャージャー、二次空気噴射用ポンプの駆動である。

ハイブリッド技術や始動／停止システムでは、エンジン始動用にもリブ付きVベルトを使用している。この場合、従来のスターターの代わりにスターターオルタネーターを搭載し、ベルトでスターターのトルクをクランクシャフトに伝達してエンジンを始動させる。始動に加え、エンジンのさらなる加速（ブーストモード）や、エンジンブレーキによるエネルギーの回収（回復）などの補助機能が実現する。

ベルト駆動装置における力と荷重

伝達可能な力は、次の式で求められる（記号は表1を参照）

$$P = (F_1 - F_2) \cdot \frac{v}{1,000} \quad P\text{の単位はkW}$$

表1：記号と単位

記号		単位
F_1	張り側ベルト張力	N
F_2	ゆるみ側ベルト張力	N
F_U	有効張力	N
F_{HL}	初張力または「ハブ荷重」	N
F_B	巻掛けによるベルト荷重	N
F_C	巻掛け角での遠心張力によるベルト荷重	N
M	伝達されるトルク	Nm
v	ベルトの速度	m/s
P	要求される伝達力	kW
α_R	ベルトの溝の角度	°
α_S	プーリーの溝の角度	°
β	巻掛け角	rad
μ	ベルトのリブとプーリーの溝の間の摩擦係数	–
μ'	滑らかなプーリーに対する摩擦係数	–
ω	角周波数	s^{-1}
L_B	基準ベルト長	mm
U_B	基準円周	mm

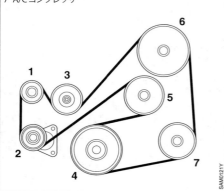

図1：補機駆動装置の例
1 オルタネーター　　2 テンションプーリー
3 アイドラープーリー　4 クランクシャフト
5 ウォーターポンプ　　6 パワーステアリングポンプ
7 A/Cコンプレッサー

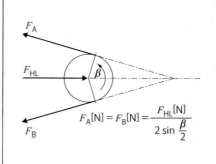

図2：無負荷時のベルトプーリーに作用する力
β　巻掛け角
F_A　ベルト張力　　F_{HL}　ハブ荷重　　F_B　ベルト張力

$$F_A[N] = F_B[N] = \frac{F_{HL}[N]}{2 \sin \frac{\beta}{2}}$$

アイテルワインの式により、静摩擦からすべり摩擦への移行は次のように表される。

$$R = \frac{F_1}{F_2} = e^{\mu'\beta}$$

ここで $\mu' = \dfrac{\mu}{\sin\dfrac{\alpha_s}{2}}$

ベルト張力がこの比率内にある限り、力を伝達する際にスリップは生じない。ベルトの張りは、隣接した2つのベルトプーリーのベルト出口と入口の間のベルトで確認する。リブ付きVベルトの標準的な比率は、巻掛け角 $\beta = 180°$ において $R = 4$ である。

有効張力

$$F_U = F_1 - F_2$$

を伝達するためには、初張力 F_{HL}（「ハブ荷重」）が必要である（図2）。回転速度が高い場合は、ベルトにかかる遠心力の分力 F_c も考慮しなければならない。

図3：ベルトの張りの分布
F_1 張り側ベルト張力
F_2 ゆるみ側ベルト張力
F_B 巻掛けによるベルト荷重
F_C 遠心張力によるベルト荷重
M 伝達されるトルク
ω 角周波数

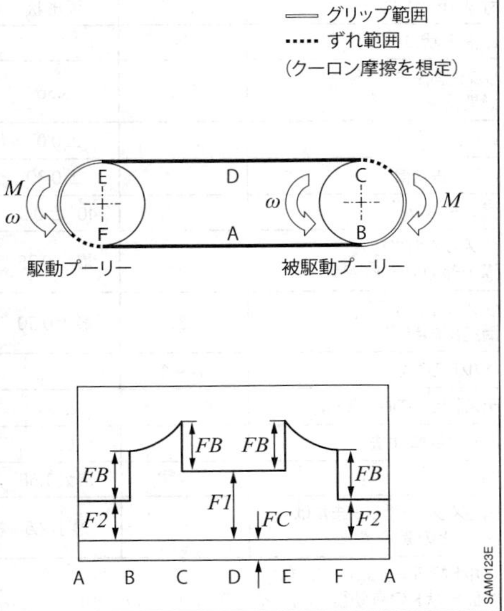

― グリップ範囲
‥‥ ずれ範囲
（クーロン摩擦を想定）

張り側からゆるみ側への移行時のベルト内の張力の変化により、滑りが発生する。

トルクが一定して伝達されているにもかかわらず、ベルトの張力は駆動プーリー側で減り、被駆動プーリー側で増える（図3）。この張力の違いにより、各プーリーでベルトの伸びが発生する。この伸びの範囲で、ベルトはプーリー上でのグリップ力を失い、ずれが生じる。このずれの範囲がプーリーの全巻掛け範囲に及ぶと、ベルトは滑りを生じる。正確に設定された駆動部の滑りは、2%未満である。リブ付きVベルトは、96%以上の効率で作動する。エンジン始動やエンジン加速といったベルト駆動機能に関しては、この設定を特に考慮する必要がある。こういったケースでは、張り側張力とゆるみ側張力が切り換わるからである。

リブ付きVベルトの構造

リブ付きVベルトは、3つの要素で構成されている（図4）。
- 繊維強化ゴム化合物
- 引張り材
- 裏当てまたはゴム被覆

ゴム化合物でリブを形成し、プーリーからの駆動力を引張り材に伝達する。使用されている主要材料はエチレンプロピレン・ジエンモノマー・ゴム（EPDM）で、ゴム化合物には補強のために繊維が充填されている。

引張り材は動的な力を受け、駆動軸（通常はクランクシャフト）からの駆動力を補機類に伝達する。通常、引張り材は、ナイロン、ポリエステルまたはアラミド製である。これらの引張り材の主要な相違点は、縦弾性係数の違いである（図5）。

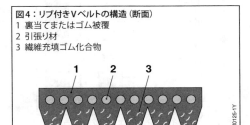

図4：リブ付きVベルトの構造（断面）
1 裏当てまたはゴム被覆
2 引張り材
3 繊維充填ゴム化合物

適切な引張り材を選択することで、システムの動的マッチングを最適にすることができる。アラミドなどの高い縦弾性係数を持つ引張り材は、大きな動的応力がかかる用途に使用され、ベルト駆動装置の共振を抑える。選択した引張り材の材料により、リブ1つにつき最大で390N（ポリエステル製）～600N（アラミド製）の動的ベルト応力を受けることができる。

ベルトの裏面は、裏当てまたはゴム被覆とすることができ、それにより引張り材の保護層を形成する。ほとんどの用途において、ベルトの裏面は、ベルトをアイドラーとテンションプーリーを介して静かにガイドするのに役立つだけであるが、一部の用途ではウォーターポンプなどの低負荷の補機類の駆動に、ベルトの裏面を使用することもある。

リブ形状は、工具で研磨、切断、鋳造することによって加工できる。鋳造はリブ形状の精度が最も高く、所要時間とノイズの発生を抑えるのに役立っている。それに加えて、リブ側の織物層が耐久性の向上に役立っている。

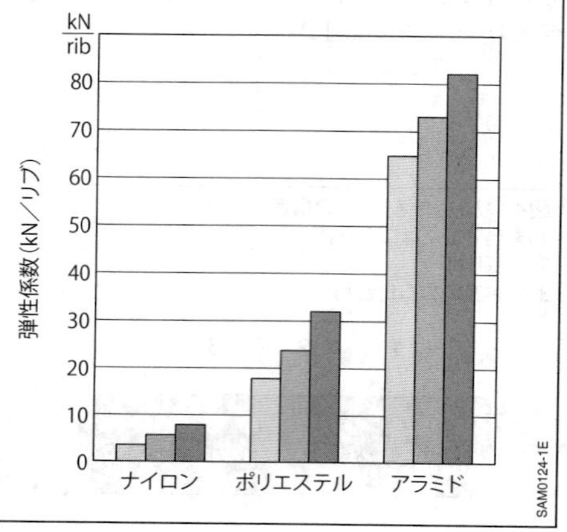

リブ付きVベルトの形状とベルトプーリー

一般に自動車用には、ISO 9981 [1] に規定されているPK形状のリブ付きVベルトを使用する（表2および図6）。

基準ベルト長さL_Bは、規定の初張力（ISO 9981）をかけ、2つのプーリーで構成されるテスト装置を使って決定する。このテスト装置の測定用ベルトプーリーの基準円周U_Bは、300 mmである（図7）。次に、基準ベルト長さは、

$$L_B = U_B + 2E によって算出する。$$

図5：種々の引張り材の弾性係数
各材料の3本の棒は分布を表す

表2：ISO 9981に準拠したPKベルトの形状と
　　　ベルトプーリー形状
断面形状コードPK、リブ数6本、基準長さ800 mmのリブ付きVベルトの呼称：リブ付きVベルト 6PK 800
対応する基準直径90 mmのリブ付きVベルトプーリーの呼称：リブ付きVベルトプーリー P6PK 90

寸法 (mm) (図6)	ベルト	溝形状
断面形状コード	PK	K
リブ間隔sおよび溝間隔e	3.56	3.56
eの公差		±0.05
eの公差合計		±0.30
溝の角度α_S		40°±0.5°
リブ頂部の半径r_k溝頂部の半径r_a	0.50	最小0.25
リブ座部の半径r_g溝座部の半径r_i	0.30	最大0.50
ベルトの高さh	4～6	
テストピンの呼び径d_s		2.50
$2 h_s$の基準寸法		0.99
2δ		最大1.68
溝とスラストカラーまたはリングとの間隔f		最小2.5

ベルト幅 $b = n\,s$ （n = リブ数）
断面形状Kの有効径：$d_w = d_b + 2\,h_b$, $h_b = 1.6$ mm

ISO 9981に規定されたベルトとプーリーの形状は許容誤差を含むので、詳細な設計にはベルトまたはプーリーのメーカーが公表している値を確認することが不可欠である。

プーリーは、鋼、アルミニウム、プラスチック製である。

駆動装置：補機駆動

補機類の駆動装置の最も重要な要件は、すべての補機類をスリップさせずに駆動することである。これは、エンジンの耐用年数の全期間に渡り、あらゆる負荷状態とあらゆる周囲条件の元で保証されなければならない。最近の単列式（つまり全補機類を単一のベルト駆動機構で駆動する方式）のベルト駆動部を採用したエンジンでは、全負荷時において30 Nm（始動／停止システムは70 Nm）までの最大トルクおよび15〜20 kWの最大出力が、リブ付きVベルト（リブ数は5本あるいは6本）を介して全補機類に伝達される。周囲温度の範囲は、約−40〜140 ℃である。

最適なシステム設計により、特に滑りノイズ、たとえば、よく知られている低温湿潤条件でのVベルトの鳴きを解消することが不可欠である。さらにプーリーの調整不良で生じるベルトノイズの回避についても、設計段階から考慮する必要がある。ベルト駆動を始動に用いる場合には、リブによって伝達されるせん断荷重も考慮しなければならない。専用に開発されたベルト構造は、リブのせん断による損傷を起こすことなくこれらの要件を満たす。耐用年数の決定にあたっては、ヴェーラー提唱の適切な疲労試験を実施する必要がある（「ヴェーラーの疲労試験」を参照）。

図6：ベルト形状
a　ベルト断面
b　溝の断面
c　有効径の決定
1　引張り材の位置
b　ベルト幅
h　ベルトの高さ
r_k　リブ頂部の半径
r_a　溝頂部の半径
r_g　リブ座部の半径
r_i　溝座部の半径
s　リブ間隔
e　溝間隔
f　溝とスラストカラーまたはリングとの間隔
$α_R$　ベルトの溝の角度
$α_S$　プーリーの溝の角度
h_S　基準径に対するテストピンの呼び径の許容値
d_S　テストピンの呼び径
d_a　歯先円直径（溝頂部形状の直径）
d_b　基準径
δ　歯先円直径に対するテストピンの呼び径の許容値
d_W　有効径

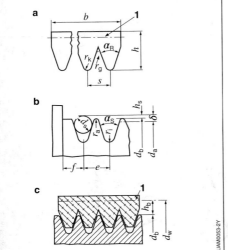

図7：ISO 998に準拠したベルト長さの測定
F　測定力（初張力）：100 N／リブ
E　測定用ベルトプーリーの間隔、測定用ベルトプーリーの
　　基準円周 U_B：300 mm

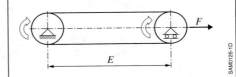

設計基準

補機類の駆動装置の設計には、メーカー固有の計算プログラムも、メーカー横断的な計算プログラムも使用されている。入力パラメーターは、コンポーネントの配置、すなわち駆動装置の構成、トルク曲線、コンポーネントの慣性モーメント、クランクシャフトのねじり振動、ベルトのデータが重要になる。これらのデータにより、ベルトの長さと巻掛け角、システムの固有振動数、スリップ限界値、ベルトの走行力、ベルトの走行振動、ベルトの耐用年数などのシステムジオメトリーの計算と最適化が可能になる。

推奨される最小巻掛け角

クランクシャフト	150°
オルタネーター ($I<120\,A$)	120°
オルタネーター ($I>120\,A$)	160°
パワーステアリングポンプ、A/Cコンプレッサー	90°
テンションプーリー	60°

調整不良と入射角

許容できないベルトの摩耗とノイズを避けるためには、溝付きプーリーへのベルトの入射角が1.2～1.5°（ベルトの構造と求められる耐用年数により異なる）を超えないことが重要である。

システムの固有振動数

ベルト駆動装置のシステムの固有振動数は、アイドリング範囲においてはエンジンの点火頻度と一致してはならない。そうしないとシステムの固有振動によってベルトが激しく振動する可能性がある。

プーリーとアイドラープーリーの最小径

実際の例では、オルタネーターに最も小さいベルトプーリーが配置されることが多く、必要とされる高回転速度を実現している。標準的なオルタネータープーリーの直径は、49～56 mmである。非常に小さなプーリーを使用すると、ベルトの疲労が急激に進むので、ベルトを設計する際には、これを考慮する必要がある。ベルト裏面が強くたわむので、直径が60 mm以上のアイドラープーリーを使用することが望ましい。

ベルトテンショナーシステム

補機駆動装置のベルトの張り（張力）は、今日では自動テンションプーリーを使って供給することが多い。このテンションプーリーにより、ベルトの伸びと摩耗を補正して、耐用年数の全期間に渡り、確実にベルトにほぼ一定の初張力を与える。テンションプーリーの設計は、利用可能なスペースに大きく左右される。システムの張力は、リブ1本につき通常は40～70 Nの範囲である。

図8：始動／停止システムにおけるベルトテンショナーの使用例
a 2ベルトテンショナーコンセプト
b 振り子式ベルトテンショナー仕様1
c 振り子式ベルトテンショナー仕様2
1 クランクシャフト
2 テンションプーリー
3 スターターオルタネーターユニット
4 テンションプーリー
5 クーラントコンプレッサー

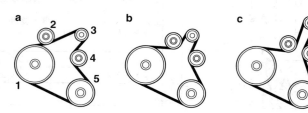

ベルト駆動装置の動的応答を監視するため、通常のベルトテンショナーシステムには制振ユニットと連携して作動する機械スプリングがついている。

ベルト駆動の始動／停止システムには、2個のテンションプーリーが使用されている。2個のテンションプーリーはそれぞれ個別にスプリングエレメントを備えている（2ベルトテンショナーコンセプト）か、もしくは1つのトーションスプリングによって互いに接続している（振り子式ベルトテンショナー）。振り子式ベルトテンショナーを備えた始動／停止システム用ベルト駆動装置は、小さいベルト初張力で実現できる（図8）。

ストレッチフィット駆動装置

あまり複雑ではないベルト駆動装置では、弾性リブ付きVベルトを使用することもある。引張り材にはナイロンを使用しており、ベルトテンショナーシステムは不要である。このタイプのベルトは、プーリーへ取り付けるときにオーバーストレッチ（過伸長）とすることでテンションを加える。取付け後のベルトの初張力が、全耐用期間に渡る摩耗および伸び、さらに周囲条件を考慮してもなお、後日張り直しを行わなくても十分な初張力を維持できるものであるよう、ベルト長さを設計する必要がある。今日では、プーリーが4個まで、すなわち駆動コンポーネントが3つまでのベルト駆動装置が可能である。

歯付きベルト駆動装置

用途

ISO 9010 [2]に準拠した歯付きベルトはタイミングドライブに使用され、カムシャフトや高圧燃料噴射ポンプをクランクシャフトと同期させながら駆動する。ギヤドライブ式やチェーンドライブ式の同様の装置と比較して、駆動装置が単純であること、ベルトの取回しに柔軟性があること、摩擦が小さいこと、騒音が少ないこと、動的負荷のピーク値を調整する能力があることなどの利点がある。また、オイルポンプやウォーターポンプなどの補機類を駆動装置に組み込んだり、個別に駆動させることができる（図9）。

今日の歯付きベルト駆動装置は、初期のものと異なり、革新的なベルト技術とシステム全体の設計が最適化されたことにより、交換の頻度を大幅に省くことができる。軽量でコストが抑えられることも、歯付きベルトの利用に有利に働いている。

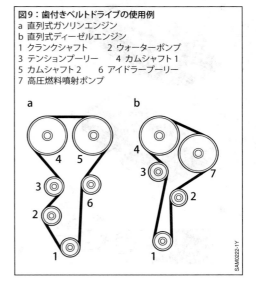

図9：歯付きベルトドライブの使用例
a 直列式ガソリンエンジン
b 直列式ディーゼルエンジン
1 クランクシャフト　2 ウォーターポンプ
3 テンションプーリー　4 カムシャフト1
5 カムシャフト2　6 アイドラープーリー
7 高圧燃料噴射ポンプ

ベルト駆動装置における力と荷重

歯付きベルト駆動装置では、歯付きベルトの歯と専用の歯付きベルトプーリーの噛合いによって、クランクシャフトから歯付きベルトへ、また歯付きベルトから外部コンポーネント（カムシャフト、高圧燃料噴射ポンプまたはウォーターポンプ）へトルクが伝達される。実際の動力伝達は歯付きベルトにはめ込まれた引張り材によって行われる。歯をつけることによって滑りが生じないので、歯付きベルトドライブは同期に用いることができる。

歯付きベルトの構造

歯付きベルトは、次の3つの要素で構成されている（図10）。
- ナイロン繊維
- ゴム化合物
- 引張り材

繊維は高強度のナイロン製で、擦れに強く耐摩耗性のある被覆が施されている。これにより、ゴム製の歯の摩耗やほつれを防止し、稼働性を向上させている。

ゴム化合物は高強度ポリマー製で、両面から引張り材を挟み込んでいる。初期のベルトには、ポリクロロプレン（CR）が使用されていた。今日の自動車では、耐熱性、経年劣化、動的強度に対する高い要求のため、水素化ニトリルブタジエンゴム（HNBR、水素化ニトリルゴム）材料だけが用いられるようになってきている。

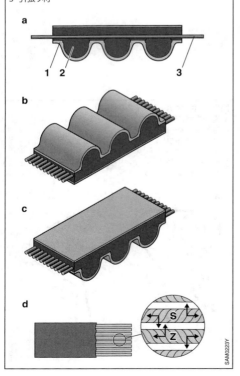

図10：歯付きベルトの構造と特性
a 縦断面図
b 平面図、歯側
c 平面図、裏側
d 平面図、S形撚りおよびZ形撚りの引張り材の拡大図付き
1 ナイロン繊維
2 ゴム化合物
3 引張り材

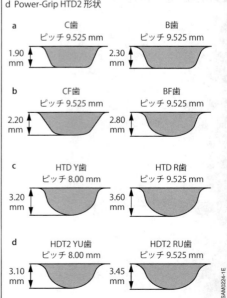

図11：歯付きベルト形状の変遷
a Power-Grip 台形形状
b Power-Grip Power Function 形状
c Power-Grip HTD 形状
d Power-Grip HTD2 形状

高い負荷のかかる用途では、ベルトをさらに強化するため裏当ても使用される。裏当てはベルトが軸方向に滑るリスクを軽減する。また、非常に寒い周囲条件（最低温度－40℃まで）でのエンジン始動時などにおいて、ベルトの耐用年数を延ばす働きもある。

引張り材は、撚り合わせガラス繊維でできている。この素材には、曲げ易く、かつ引張強度が高いという特性がある。製造上の理由により、引張り材はベルトの作用線に対して螺旋状に撚られており、S形撚りとZ形撚りを交互に配置している（図10d）。こうすることで、ベルトが偏りなく軌道を走行できる。

歯付きベルトの形状

最初のカムシャフト用ベルトは、歯形状が台形の伝統的な Power Grip（図11a）をベースにしたもので、工業用途ではすでに知られているものであった。今日では負荷伝達、ジャンプ防止、ノイズに対する要求事項が厳しくなっているため、歯形はほぼ例外なく円弧に近い形状（例 Power Grip® HTD 2、High Torque Drive、図11cおよび11d）が使用されている。台形の歯と比較すると、円弧形状では力がより均等に歯の中に入り込み、それによって応力集中が避けられる。ピッチ（図12）は、ほとんどの場合、ディーゼルエンジンでは 9.525 mm、ガソリンエンジンでは 8.00 mm で

ある。ピッチが大きいと強い力を伝えることが可能であり、小さいピッチにはノイズやスペース面で利点がある。

両面歯付きベルトは、回転方向の切換えのある用途に使用する（バランサーシャフトドライブなど）。

歯付きプーリー

歯付きベルト用の歯付きプーリーについては、ISO 9011 [3] に規定されている。歯付きプーリーの形状は、直径との関連において決定する必要がある。有効直径 PD は、歯数とピッチから算出する。歯付きプーリーの歯先円直径は、PLD（図12および図13の特性を参照）によって適宜縮小される。

駆動システム：歯付きベルト

歯付きベルト駆動システムの最も重要な要件は、エンジンの耐用年数の全期間に渡ってカムシャフトとクランクシャフトを同期させることである。これは、燃費および排出ガス関連の規定値を維持するためにも重要な基準である。適切な歯付きベルト用材料を選択し、自動テンショナーシステムと最適化されたシステム力学を活用することで、歯付きベルトの伸びをベルト長さの 0.1 % 以下に保つことが可能である。これにより、4気筒エンジンにおけるバルブタイミングのずれは、クランクシャフト角にして 1～1.5°となる。

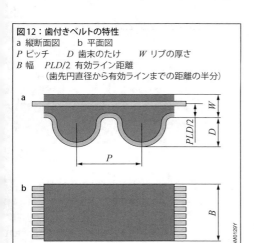

図12：歯付きベルトの特性
a 縦断面図　　b 平面図
P ピッチ　　D 歯末のたけ　　W リブの厚さ
B 幅　　$PLD/2$ 有効ライン距離
　　（歯先円直径から有効ラインまでの距離の半分）

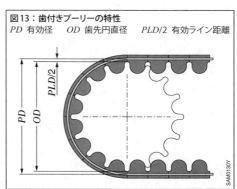

図13：歯付きプーリーの特性
PD 有効径　　OD 歯先円直径　　$PLD/2$ 有効ライン距離

546 内燃機関 (ICエンジン)

現在のところ、240,000 ～ 300,000 kmの寿命が要求され、温度要件は−40 ℃ (冷間時) ～ 150 ℃となっている。噛合いなどにより生じる明確なノイズは不快とされ、容認されない。歯付きベルト駆動装置の効率は約99 ％である。新素材や最新の新しい製造工程により、オイル環境下において、オイルポンプの駆動やカムシャフトのタイミング制御に歯付きベルトを利用することが可能になった。歯付きベルトによるカムシャフトのタイミング制御により、カムシャフトをエンジンブロックの外に出すことができるようになり、これによりメインベアリングにおいて一般に行われているシールを廃止することができる。この技術の利点は、摩擦およびノイズ低減の可能性にある。オイル環境には摩擦軽減だけでなく、減衰効果もあり、特に、非常に小型化したエンジンにプラスの影響をもたらしている。

設計基準

タイミングドライブの設計には、メーカー固有の計算プログラムも、メーカー横断的な計算プログラムも使用されている。

入力パラメータは、コンポーネントの配置、すなわち、駆動装置の構成、コンポーネントのトルク曲線、さらにこれらによって算出された動的有効張力およびベルトのデータが重要になる。これらのデータにより、ベルトの長さと巻掛け角、システム力学などのシステムジオメトリーの計算と最適化が可能になる。

推奨される最小巻掛け角

クランクシャフト	150°
カムシャフト、高圧ポンプ	100°
補機類のプーリー	90°
自動テンションプーリー	50°
アイドラプーリー	30°
減衰プーリー	10°

周期的噛合い

ベルトが不均一に摩耗することを避けるためには、ベルト上の同じ歯が同じプーリー溝に噛み合うのを防ぐことが重要である。この周期的噛合いの評価にあたっては、ベルトの歯数とベルトプーリーの歯数の比、エンジンの気筒数または高圧ポンプのピストンの数が考慮される。

Z	歯数比
AM	エンジンの気筒数
AHD	高圧ポンプのピストンの数
ZR	ベルトの歯数
ZSNW	カムシャフトプーリーの歯数
ZSHD	高圧ポンププーリーの歯数

$$Z = ZR \cdot AM/ZSNW$$
$$Z = ZR \cdot AHD/ZSHD$$

歯数比として小数点以下の値が以下のものになるのを回避すると、周期的噛合いは発生しない：

Z.0　Z.25　Z.33　Z.5　Z.66　Z.75

ベルトの長さ

アイドリング時の共振ノイズを避けるためには、歯付きプーリーにかかっていない部分のベルトの長さが75 mm～130 mmの範囲にないことが重要である。

歯付きプーリーとアイドラプーリーの最小歯数と最小径

ピッチ9.525 mm	17歯
ピッチ8.00 mm	17歯
歯無しアイドラプーリー	直径50 mm
減衰プーリー	直径28.5 mm

歯付きプーリーとアイドラープーリーの公差

同心度、横方向の振れ：

直径 ≤100 mm	0.1 mm
直径 >100 mm	直径1mmにつき0.001 mm

歯先円直径の円錐度

プーリー厚さ1mmにつき≤0.001 mm

歯に対するボアの平行性

プーリー厚さ1mmにつき≤0.001 mm

表面粗さ

$R_a \leq 1.6 \, \mu m$

ピッチエラー

- 直径 ≤100 mm:
  ±0.03 mm ギャップ／ギャップ
  最大0.10 mm 90°超
- 直径 >100 mm：
  ±0.03 mm ギャップ／ギャップ
  最大0.13 mm 90°超

軸方向のガイド

歯付きベルトが外れるのを防止するために、両側に少なくとも1つのフランジの付いたプーリーでガイドする必要がある。フランジ付きの歯付きプーリーは、ベルトがそのコースから外れないよう必ず他のプーリーと厳密に同一平面にあることが重要である。ベルトが外れるような極端に強い力により生じるベルトエッジの摩耗限界値を考慮する必要がある。

ベルトテンショナーシステム

今日のタイミングドライブでは、必要とされる一定の高さのベルト張力、温度による張力増加の補正、ベルトの伸びは、一般にテンションプーリーによって行われる。テンションプーリーの設計は、利用可能なスペースに大きく左右される。最も多く利用されているシステムは、機械式の摩擦減衰式小型テンショナーである。

ベルト駆動システムのシステムダイナミクスを監視するのに不可欠な設計パラメーターは、スプリングモーメントと減衰特性値である。歯付きベルト駆動装置の動的応力が非常に大きい場合は、一部の用途では油圧式テンションプーリーを使用することもある。これらのテンションプーリーは非対称減衰である。

ベルトテンショナーシステムは、減衰レベルを適切に変えることが考慮されている場合に、オイル環境下でも利用することができる。

参考文献

[1] ISO 9981: Belt drives – Pulleys and V-ribbed belts for the automotive industry – PK profile: Dimensions.

[2] ISO 9010: Synchronous belt drives – Automotive belts.

[3] ISO 9011: Synchronous belt drives – Automotive pulleys.

チェーンドライブ

概要

エンジンのガス交換バルブの制御には、カムシャフトを使用する。カムシャフトは、バケットタペットまたはレバー機構を介して直接的にバルブを開閉する。サイドマウント方式のカムシャフトはギヤ装置でクランクシャフトのピニオンに連結されているが、最近のオーバーヘッドバルブ式エンジン、つまりオーバーヘッドカムシャフトの場合、カムシャフトはベルトドライブ方式で駆動される。オーバーヘッドカムシャフトの駆動には、歯付きベルト、ローラーチェーンまたはスリーブタイプチェーン、およびサイレントチェーンが使用されている。カーレース用エンジンなどの高速で作動する装置では、平歯車による駆動も行われている。

駆動方式を決定する際の最も重要な基準は、コスト、スペース、保守が容易であること、有効寿命、騒音である。エンジンの有効寿命が尽きるまで保守を必要としない点で、チェーンドライブは歯付きベルトドライブよりも大幅に優れている。使用状況によって異なるが、歯付きベルトは一定の間隔で張りの調整や交換が必要である。

最近のエンジンのタイミングドライブは、カムシャフトだけでなく、オイルポンプやガソリン直接噴射あるいはコモンレール用の高圧ポンプなど、他の装置も駆動していることが多い（図1）。

カムシャフトとクランクシャフトはどちらも回転が不均一でねじり振動が発生するため、駆動部は極めて複雑な動的応力にさらされる。また、高圧ポンプによるトルク要求により、非常に大きな周期的変動が発生し、このためタイミングチェーン駆動部に振動が発生する。

タイミングチェーン

スチールリンクチェーンの構造

標準的なチェーンは、ローラータイプチェーンとスリーブタイプチェーンに区別される。また、これらには1列のものと2列のものがある。サイレントチェーンは特殊なタイプのチェーンである。

ローラータイプチェーン

スチールリンクチェーンは内リンクと外リンクで構成されている。ローラータイプチェーンの内リンクは、たとえば2枚の内プレートと、プレートアイに押し込まれた2つのスリーブから構成されている（図2a）。外リンクは2枚の外プレートと2本のリンクピンから成り、このリンクピンが内リンクと外リンクを連結している。ローラータイプチェーンでは、スリーブの上にローラーが取り付けられている。

ローラータイプチェーンの回転するローラーはスリーブの上に取り付けられており、常に円周上の異なる点でスプロケットに接触するようにして、歯面上を

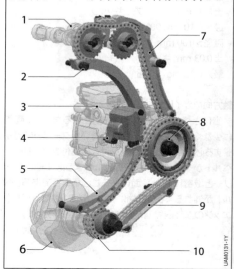

図1：タイミングチェーンドライブ
1 カムシャフト　　2 テンションレール
3 燃料噴射ポンプ　　4 チェーンテンショナー
5 テンションレール　　6 クランクシャフト
7 ガイドレール　　8 中間シャフトおよびスプロケット
9 ガイドレール　　10 クランクシャフトスプロケット

低摩擦で回転する。ローラーとスリーブの間に潤滑剤を入れることで騒音を抑え、衝撃を吸収する。

スリーブタイプチェーン

スリーブタイプチェーン（図2b）の場合、スプロケットの歯面が常に固定されたスリーブの同じ点と接触するため、スリーブにかかる負荷が大きくなる。この駆動方式では、完全に潤滑することが特に重要である。

ピッチ（チェーンピッチとは、1つのピンの中央から他のピンの中央までの距離のことである）が同じで、破断力も同じ場合、スリーブタイプチェーンは、ローラーが存在しないためにピンの直径を大きくすることができ、従ってローラーチェーンよりも連結部の接触面積を大きくとることができる。接触面積が大きくなると面圧が小さくなり、連結部の摩耗が減り、チェーンタイミングドライブの有効寿命が長くなる。

スリーブタイプチェーンは、エンジンオイルへのすすの混入が多く、高い耐摩耗性が要求される、ディーゼルエンジンの高負荷にさらされるカムシャフトの駆動に適していることが実証されている。

サイレントチェーン

サイレントチェーンは特殊な構造のスチールリンクチェーンである。サイレントチェーン（図2c）では、チェーンとスプロケット間で力を伝達できるようにプレートが設計されている。これに対してローラータイプチェーンまたはスリーブタイプチェーンでは、ピン、スリーブ、またはローラーを介してスプロケットと連結している。

サイレントチェーンは、基本的な構造を変えずに、事実上任意の幅のものが製造できる。スプロケットが外れないようにするため、中央または両外側にガイドプレートを配置する。

サイレントチェーンには、ローラータイプチェーンおよびスリーブタイプチェーンと同じように使用できるよう、両面に歯が刻まれたものもある。

スリーブ／サイレントチェーン

スリーブタイプチェーンとサイレントチェーン両方の長所を組み合わせると、スリーブ／サイレントチェーン（図3）という新しいタイプのタイミングドライブ用チェーンが生まれる。歯付きプレートの特殊配置によって、スプロケットにスムーズに噛みこむ一方で、スリーブの使用によりピンとプレートの摩耗が軽

図2：チェーンの構造
a ローラータイプチェーン
b スリーブタイプチェーン
c サイレントチェーン
1 ピン　2 スリーブ　3 内プレート　4 外プレート
5 ローラー　6 歯付きセンターリンク
7 歯付き内プレート　8 ガイドプレート

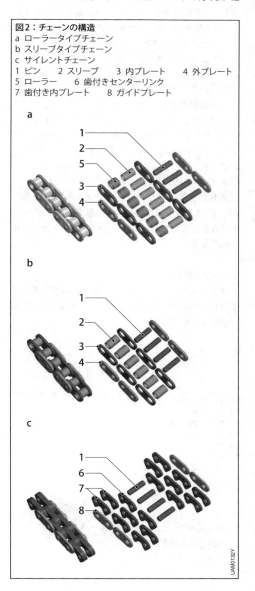

減される。このタイプのチェーンは、優れた耐摩耗性と音響性能、動的性能が重要となるあらゆる用途に推奨される。

チェーンタイプの選定

チェーンのタイプ（構造とピッチ）の選択にあたっては、多角形運動による動的影響を抑えるために、スプロケットの最大直径だけでなく、歯数が18以上になるように考慮することが重要である。多角形運動は、トラクション機構（チェーン）が駆動輪としっかりかみ合って駆動したときに発生する。一定の角速度でスプロケットによりチェーンが加速／減速され、結果として動的負荷がかけられる。

長年の経験から、ローラータイプ、スリーブタイプおよびサイレントの各タイプのチェーンに関して、タイミングドライブ用として特に適した寸法が知られている。ディーゼルエンジンには3/8インチのスリーブタイプチェーン、ガソリンエンジンには8 mmのスリーブタイプチェーンと8 mmのローラータイプチェーンがこれにあたる。ガソリンエンジンの開発段階において、エンジン音に関して特に要求がある場合は、8 mmまたは6.35 mmのサイレントチェーンの使用を推奨する。

チェーンの要件

タイミングチェーンの使用特性を決定する重要な要件は、極限引張強さ、耐疲労強度、耐摩耗性、騒音特性の4項目である。

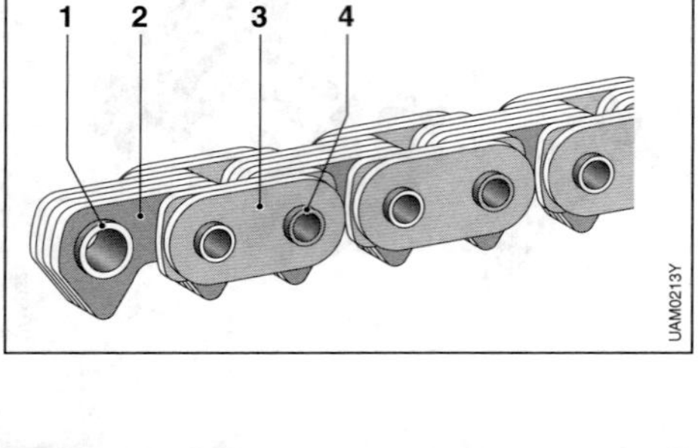

静荷重または動荷重が破断強度を超えると、破断が発生することがある。変動荷重にさらされるタイミングドライブの場合は特に、チェーンの疲労強度が強度を決定する。チェーンは、カムシャフトおよび高圧ポンプの駆動トルクの脈動、クランクシャフトの回転変動、多角形運動による軸方向の張力の脈動を合成した動荷重にさらされる。エンジンの有効寿命期間におけるこのような負荷変動回数は、それぞれについて10^8を超えるため（図4）、チェーンの疲労強度の安全限界を超えないようにする必要がある。

バルブタイミングが正確で、ピストンとバルブとの距離が最小化されている現在のエンジンでは、チェーンの摩耗による伸びは最小限度に抑えられている。ピンとスリーブの連結の最適化により、走行距離350,000 kmまでのチェーンの伸びが、チェーン全長のわずか0.2～0.5％に抑えられている。

特に、直接噴射式ターボディーゼルエンジンや最新モデルの直接噴射式ガソリンエンジンでは、高いレベルの耐摩耗性を示すタイミングチェーンが求められる。

耐摩耗性を高めるため、リンクピンには製造の最終工程で硬質材料（炭化クロムまたは窒化クロム）の層がコーティングされる。

図3：スリーブ／サイレントチェーン
1 スリーブ
2 歯付きプレート
3 ガイドプレート
4 ピン

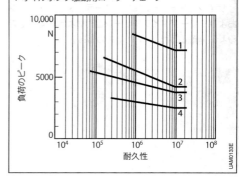

図4：疲労強度の結果 スリーブタイプチェーンおよびローラーチェーン
1 DI用スリーブタイプチェーン
2 予燃焼室式ディーゼルエンジン用スリーブタイプチェーン
3 ガソリンエンジンの高性能タイミングドライブ用ローラーチェーン
4 オイルポンプ駆動用ローラーチェーン

チェーン式タイミングドライブの設計基準

チェーン式タイミングドライブは、質量、剛性、減衰により、いくつかの自由度を持つ振動系を構成することになる。たとえばカムシャフト、クランクシャフト、高圧ポンプなどによる励振を受けると、その相互作用により共振が発生して、タイミングドライブに大きな負荷がかかることがある。

チェーン式タイミングドライブの開発にあたっては、さまざまな設計基準を考慮する必要がある。その基準は以下の通りである：
– チェーンの長さ（リンク数は偶数）。
– プーリーにかかっていない部分の長さ（チェーンのガイドされていない部分、可能であればチェーンリンク数は3～5）。
– 摩擦低減用テンションレールおよびガイドレールの大半径。
– チェーンテンショナーの内側の張力方向。
– テンションレールおよびガイドレールのフローティングマウント。

コンピューターによるチェーン式タイミングドライブの点検

レイアウト図面を基に、タイミングドライブの力学計算に使用されるチェーンドライブモデルが作成される。タイミングドライブは、質量パラメーター、チェーン剛性、減衰値によって記述される。

テンションレールおよびガイドレールは弾性体としてモデル化され、テンションエレメントはすべての関数要素とともに描画される。シミュレーション計算によって、必要となるねじり振動角の偏差とすべての力特性およびモーメント特性が得られる。

チェーン式タイミングドライブの摩擦低減

内燃機関からのCO_2排出量を削減するため、燃料消費を減らすあらゆる節減の可能性を活用する必要がある。このようにして、摩擦学的に最適化されたタイミングドライブの設計はCO_2排出量の削減にも貢献することになる。

決定的な要因は、チェーンラインの最適な配置である。テンションレールとガイドレールの顕著な湾曲を避けることにより、垂直抗力を削減し、それによって摩擦が低減される。

タイミングチェーンの摩擦挙動にとっては、チェーンプレートの質が極めて重要である。チェーンプレートの製造においては、製造方法に応じて表面の粗さを決定することになるさまざまな打抜き加工法が用いられる。最も好ましい結果をもたらすのは、精密打抜き加工されたプレート付きのチェーンである。

内部摩擦とピンおよびプレートの接触によって、最も重要なタイプのタイミングチェーンでも異なる摩擦挙動を示す。図5より、全幅が同じサイレントチェーンのデメリットが明らかである。

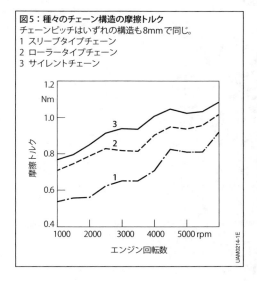

図5：種々のチェーン構造の摩擦トルク
チェーンピッチはいずれの構造も8mmで同じ。
1 スリーブタイプチェーン
2 ローラータイプチェーン
3 サイレントチェーン

スプロケット

スプロケットの歯の形状は、ローラーチェーン、スリーブタイプチェーン、サイレントチェーン用のものが標準化されている（DIN ISO 606, [1]）。DINは、スプロケットの歯の正確な形状について、最小溝と最大溝の間で歯溝の形状が形成できるくらい大きな自由度を許している。一般に、歯溝が最大となる形状のスプロケットを使用する。この形状は、歯先の丈が低く歯溝の開口幅が大きくなるため、高いチェーン速度でもスプロケット上をチェーンが円滑に走行する。

サイレントチェーンの歯の形状の成形にあたっては、各メーカーが独自の設計哲学（騒音最適化または摩耗最適化など）を採用している。このためそれらは規格に合致していない。スプロケットの形状は溝の状態、チェーンドライブのスペース、動作、動力伝達の条件に依存する（図6）。

炭素鋼製（Ck45など）および合金鋼製（16MnCr5など）のスプロケットおよび焼結合金製（Sint D11など）の歯車を使用する。精密打抜き加工および機械切削加工され、材質に適した熱処理を施した歯車が使用される。

チェーンテンショナーとチェーンガイド

使用するエンジンに正確に適合する永久動作のクランピング部品およびガイド部品（図1）を使用することにより、チェーンドライブの有効寿命をエンジンの寿命に対応するように最適化できる。

チェーンテンショナー

油圧式または機械式のチェーンテンショナー（図7）は、タイミングドライブ内でさまざまな役割を果たしている。その1つは、運転中に摩耗伸びが生じた場合も含め、すべての作動条件において緩み側に定義された負荷をかけ、チェーンの緩みを吸収することである。緩み側とは、チェーンの張りのない、いわば負荷のかかっていない部分のことである。制振装置（摩擦または粘性ダンパー）は、振動を許容範囲内に抑えている。

一般に低負荷のオイルポンプドライブには、油圧式ダンパーを使用しない機械式チェーンテンショナーが使用される。特殊な場合には、この機械式チェーンテンショナーが完全に省略されていることもある。

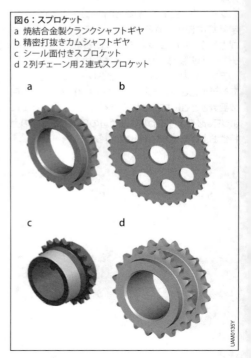

図6：スプロケット
a 焼結合金製クランクシャフトギヤ
b 精密打抜きカムシャフトギヤ
c シール面付きスプロケット
d 2列チェーン用2連式スプロケット

図7：チェーンテンショナーの種類
a 機械式チェーンテンショナー
b 油圧式チェーンテンショナー

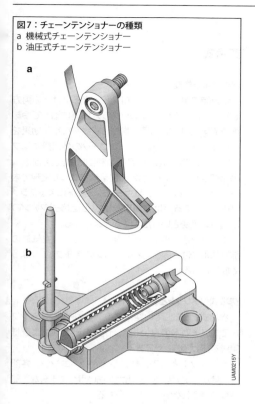

図8：テンションレールおよびガイドレールの種類
a テンションレール、2コンポーネントタイプ
b テンションレール、2コンポーネントタイプ、潤滑ダクト付き
c ガイドレール、1コンポーネントタイプ

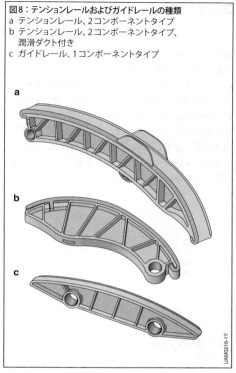

テンションレールおよびガイドレール

　テンションレールおよびガイドレールとして、プラスチック製カバー付きでチェーンの経路に合わせた直線また湾曲した形状の、プラスチック製または金属（アルミニウム）製の単純なレールを使用していることがある。新しいタイプとして、レールの大部分が安価なプラスチックの射出成型品で、複合構造（ベースとライニング）の設計のものがある。

　このタイプのテンションレールは、耐熱ポリアミド（ガラス繊維を30〜50％含有）のベース部に、ガラス繊維を含まないポリアミド製の摩擦ライニングを吹き付けた、または取り付けたものである。ガイドレールは、通常はプラスチック製の単一コンポーネントレールであり、チェーンを案内するために使用する。図8に、いくつかの種類のテンションレールとガイドレールを示す。

参考文献

[1] DIN ISO 606：Short-pitch precision roller and bush chains, attachments and associated chain sprockets (ISO 606:2004).

エンジン冷却システム

どのようなエネルギーも、車両を駆動するための機械エネルギーへの変換の際に、エンジンを構成するさまざまな部品の運動摩擦や、エンジン内での燃料の燃焼により、廃熱が生成される。燃料の化学エネルギーを運動エネルギーに適切に変換するために、制御された状態下でこのプロセスを発生させ、またエンジンおよびそのコンポーネントを保護するために温度の管理も必要となる。発生した廃熱は、いかなる運転および環境条件下においても確実に大気中に放出されなければならない。

空冷式

構造および機能

走行時の風圧または冷却ファン、あるいはその両方を利用し、シリンダーブロックの外周壁に沿って冷却風を流す(図1)。表面積を増やして良好な冷却効果を達成するために、シリンダーブロックの外周壁にはフィンが付いている。冷却風量の制御は、たとえば車両の冷却風取入れ口における風量調節により実現できる。このために、たとえばサーモスタットによるフラップの制御、あるいは負荷または温度感応式ファンの回転数の変更といった手法が考えられる。

エンジンオイルによって吸収された熱は空気流の流路に取り付けられたオイルパンの冷却フィンによって放出される。

空冷式のメリットとデメリット

水冷式と比較しての空冷式のメリットとして、シンプルでコスト効率の良い構造、作動の確実性および低重量を挙げることができる。

デメリットとして、騒音が大きい、エンジン各部の温度が一定でない、比出力が高い場合に十分な冷却性能が得られないことなどがある。

空冷式エンジンでは、現在求められている排ガス規制値を達成することは非常に難しい。

使用状況

今日では、空冷式は主として、モーターサイクルのエンジン、航空機のエンジン、および特殊な用途に使用されている。模型作製で使用される超小型エンジンも空冷式を使用している。

車両の想定される運転条件は、選択すべき冷却方法を示唆するのみである。外気温が-50℃以下になる厳寒地域では、冷却液が凍結するため、水冷式エンジンは使用できない。このため、このような地域では空冷式を使用する必要がある。

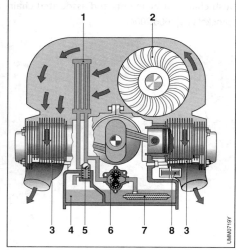

図1：空冷式の原理
1 オイルクーラー
2 冷却風ファン
3 冷却フィン付きシリンダー
4 オイルパン
5 プレッシャーリリーフバルブ
6 オイルポンプ(ギヤポンプ)
7 潤滑油フィルター
8 サーモスタット

水冷式

構造および作動原理

冷却回路

空冷式とは対照的に、水冷式ではエンジンからの廃熱は周囲空気中に直接放出されない。廃熱は冷却液に吸収されて、冷却液によってメイン冷却液ラジエーターに運ばれる（図2）。ここで、熱は冷却液と外気の間で交換される。冷却空気流量の調節は冷却ファンによって、冷却液の循環は冷却液ポンプによって行われる。

冷却液による冷却（水冷式ともいう）は、乗用車と商用車のいずれでも、標準的冷却法として広く使用されている。

冷却液

冷却液は水、不凍液（一般にはエチレングリコール）および腐食防止剤を混合したものである。腐食防止剤は冷却液が流れるコンポーネントの腐食を防ぐ（「冷却液」を参照）。希釈濃度30〜50％の不凍液を30〜50％加えることにより−25℃まで冷却液の凍結を防ぎ、また冷却液の沸点を高めて乗用車では1.4 barの圧力において最高120℃まで作動可能な状態を維持することができるようになる。

ラジエーターの構造

今日の乗用車は、ほとんどがラジエーターコア（放熱）部にアルミニウム製のものを使用している。アルミニウム製ラジエーターは、また商用車にも世界的に広く使用されるようになっている。組立方法には、ろう付けと機械接合の2種類がある。

フラットチューブ／コルゲートフィンシステム

高出力エンジンや、取付けスペースが限られているときには、ろう付けが最適である。フラットチューブとコルゲートフィンをろう付けした高性能ラジエーターを配置すれば、冷却風の空気抵抗を最小にすることができる。

構造

ラジエーターコアは多数のフラットチューブで構成され、チューブとチューブの間にコルゲートフィン（波型に加工された放熱板）が挟まれた構造である（図3）。フラットチューブはラジエーターベースの開口部へと

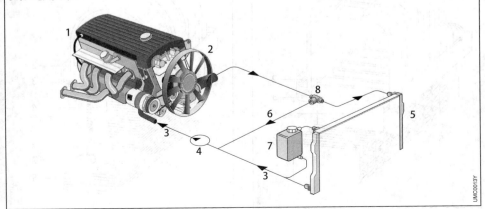

図2：乗用車の冷却システム
1 エンジン
2 ファン
3 冷却ライン（矢印は流れる方向を示す）
4 冷却液ポンプ
5 メイン冷却液ラジエーター（フラットチューブ／コルゲートフィンシステム）
6 バイパスライン（2次冷却回路）
7 プレッシャーリリーフバルブ付きリザーバータンク（プレッシャーリリーフバルブはキャップに内蔵）
8 サーモスタット

通じている。製造工程ではオーブンの中で、コルゲートフィンの先端をフラットチューブに、フラットチューブをラジエーターベースにはんだ付けする。はんだ材は材料に層状に重ねられる。

　冷却液を一時貯留して、冷却液がラジエーターコア部の流水路内を隈なく流れるように調整するために、ラジエータータンクが設けられている。ラジエータータンクは、すべての接続部や取付け部が一体化された、ガラス繊維強化ポリアミド樹脂の射出成形品である。ラジエーターコアとはフランジで結合され、フランジには密閉のためのエラストマーシール材が装着されている。

作動原理

　冷却液はラジエータータンクからラジエーターコア部へ流れる。フラットチューブを通って再び反対側のラジエータータンクから出てくる。フラットチューブ内の高温の冷却液はコルゲートフィンに熱を放出する。一方ラジエーターコア部を通って流れる冷却風がコルゲートフィンを冷却する。はんだ付けされた接続部がチューブからフィンへの良好な熱伝達を保証する。コルゲートフィンに加工された襞の部分によって冷却風の乱流が発生する。その結果、良好な放熱効果が得られる。

　ラジエータータンクはすべてのフラットチューブにできる限り均一に冷却液を分配するよう設計されている。フラットチューブの深さはごくわずか(壁厚0.2〜0.3mmで約2mm)で、全冷却液ができる限りチューブ壁面に接して流れ、フィンへ効率良く熱を放出できるようにしている。

チューブ／フィンシステム

　機械組立て式のフィン付きチューブラジエーターは、一般に低コストで、低出力エンジンや取付けスペースに余裕があるときに使用される。

構造

　ラジエーターを機械的に組み立てる場合には、楕円形または丸形断面のチューブ(冷却水路)の周囲にプレス加工した冷却フィンを取り付けて、放熱グリッド

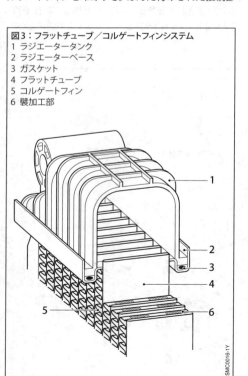

図3：フラットチューブ／コルゲートフィンシステム
1　ラジエータータンク
2　ラジエーターベース
3　ガスケット
4　フラットチューブ
5　コルゲートフィン
6　襞加工部

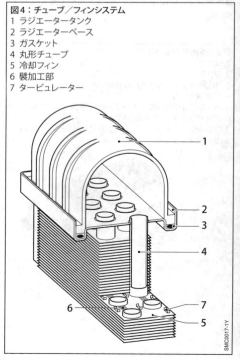

図4：チューブ／フィンシステム
1　ラジエータータンク
2　ラジエーターベース
3　ガスケット
4　丸形チューブ
5　冷却フィン
6　襞加工部
7　タービュレーター

を形成する（図4）。それぞれの冷却フィンの間隔は、台形の押出し加工部（スペーサー）によって保持される。製造時に、冷却フィンにチューブを挿入し、工具を使用して機械的に固定されている。これがチューブとフィンの間を内部で接続する。接続は、必ずチューブの機械的なフレア加工により行われる。しかしながら、チューブとフィンの間の熱伝達率は、はんだ付けしたシステムよりずっと低い。

作動原理

　冷却風がラジエーターコア部の冷却フィンの間を流れる。冷却フィンは、冷却風の流れに対して90°方向に波状パターンが設けられるか、または溝切り加工が施されている。冷却フィンには−はんだ付け型ラジエーターのコルゲートフィンと同じように−乱流発生部と襞が加工され、乱流を発生させることにより冷却性能の向上が図られている。

ラジエーター性能を向上させるためのオプション

　放熱効率を良くするため、フィンの冷却風側には襞と多数の波状パターンが設けられている。襞部分が冷却風の流れのなかで乱流を引き起こし、多数の波状パターンが表面積を広くしている。このような構造により、放出できる熱量を増やしている。

　冷却効率のさらなる向上のために、幅と肉厚ができるだけ小さく、かつ許容される冷却液側の圧力喪失の範囲内でタービュレーターを備えたチューブが使用されている。こうした性能強化対策のマイナス効果として冷却風側と冷却液側双方の圧力降下が大きくなるため、冷却風側ではより大容量のファン、冷却液側では強力な冷却液ポンプによりこれを補正しなければならない。

冷却液リザーバータンク

　冷却回路の最も高い位置に密閉式リザーバータンクが配置されている。このタンクはフィラーネックを備えていて、これを介して冷却液を冷却システムに充填する。エンジン作動中は、リザーバータンクが熱で膨張した余分な冷却液を受ける。そして必要に応じて冷却回路に戻す。冷却液の温度が上がるにつれて冷却システム内のシステム圧力も上昇する。これにより冷却液の沸点が上がる。

　リザーバータンクの空気量は、急激な圧力上昇時も冷却液の熱膨張を十分吸収できるものでなければならない。また許容作動条件下で冷却液が沸点を超えないようにしなければならない。作動温度が非常に高い場合や作動圧力が非常に高い場合も、リザーバータンクはプレッシャーリリーフバルブを介して冷却回路を保護する。

　冷却液リザーバータンクは、冷却液の部分的な加熱で発生する蒸散ガスを確実に逃がし、冷却液ポンプの吸入側で発生しやすいキャビテーション現象を防ぐ働きがある。

　リザーバータンクにはプラスチック（通常、ポリプロピレン）製の射出成形品が用いられるが、簡単な形状のものはブロー成形される。リザーバータンクは、通常ホースで冷却システムと接続されている。リザーバータンクは、空気が効果的に放出されるように、エンジンルーム内の冷却システムの最も高い位置に取り付けられる。場合によっては、リザーバータンクがラジエータータンクと一体化されているか、またはリザーバータンクとラジエータータンクがフランジか専用配管で連結されているケースもある。

　フィラーネックの位置（高さ）と形状によって、リザーバータンクへの液の入れすぎを防いでいる。冷却液のレベルの確認には、電子レベルセンサーが用いられる。また、リザーバータンク全体、またはその一部を自然色の透明プラスチックで製作し、残存量を示す目盛りを成形することによって、冷却液レベルをモニターできるケースもある。しかし、無着色のポリプロピレンは紫外線を受けると劣化するので、リザーバーを直射日光に当ててはいけない。

冷却ファン

構造

　自動車は低速走行時であってもかなりの冷却能力を必要とするため、ラジエーターに強制的に送風する必要がある。今日では、最大30 kWの駆動力をもつ射出成形プラスチック製ファンが、商用車に標準的に使用されている。このタイプのファンは、ベルトドライブなどの内燃機関（ICエンジン）との機械的なカップリングにより駆動される。ファンを直接クランクシャフトに取り付けることもできる。

乗用車では、一般的に一体射出成形のプラスチックファンが使用されている。これらの駆動には、通常はDCブラシモーターまたはDCブラシレスモーターが使用される。モーターはファンハブに取り付けられている。小型車での電気モーターによる駆動力は400 Wほどだが、高級車やオフロード車では1 kWに達する。そのような冷却ファンはブレード形状と配置位置を適切なものとすることで作動音を比較的低く抑えることができるが、それでも回転数が高い場合の作動音はかなり大きなものである。

乗用車の、特に、大出力エンジンのオフロード車で、高温地域仕様、ディーゼルエンジン、空調システムの組み合わせの場合、電動式冷却ファンでは、エンジンの冷却に必要な空気量を確保できないことがある。1 kWを超える出力を得るためには、必ずファンをエンジンにより機械的に駆動させる必要がある。ただし、これは縦置きエンジンの場合にのみ可能である。

電動式冷却ファンの制御

車両の状態と作動条件にもよるが、全作動時間の最大95%までは、走行による自然送風だけで十分な冷却ができる。自然送風を活用すれば、冷却ファンの駆動エネルギーが節約される。このため電動ファンは多段制御あるいは連続制御を採用して、冷却ファンの作動時間と回転数を必要とされる冷却能力に合わせて調整している。多段制御はリレーと直列抵抗器で構成することができるが、連続制御ではパワーエレクトロニクス技術の応用が必要になる。制御システムへの入力信号は、電気式の温度スイッチあるいはエンジンコントロールユニットにより供給される。

機械式ファンの駆動

商用車に使用される機械式冷却ファンの駆動には、効率の良い流体式クラッチ（ビスカス式クラッチ）が使用される。基本的な構成アセンブリーは以下の通り（図5）。

- 入力部、1次セクション（フランジ付きシャフトおよび1次ディスク）
- 出力部、2次セクション（カバー、本体）
- オイル（作動油）の注入を制御および調節する制御装置

ビスカス式クラッチの2次セクションは作動室と供給室に分かれている。ビスカス式クラッチが切れていないと、作動室内の作動油の量が少なく、1次ディスクと2次セクションの間のスリップレベルが高いため、非常に少量のトルクのみが伝達可能となる。この粘性の高い作動油はシリコンオイルである。

温度が上がると、バイメタルストリップが膨らみ、作動ピンがバルブを開く。シリコンオイルが供給室から作動室へ流れる。これにより1次ディスクと2次セクションの間のスリップが減少し、ファンの回転数が上がる。ファンの回転数、つまり冷却能力が連続的に増大する。

図5：バイメタル式ビスカスカップリング
1 冷却フィン付きカバー
2 プライマリーディスク
3 バルブボア
4 バルブレバー
5 バイメタルストリップ
6 作動ピン
7 シール
8 供給室
9 作動室
10 リターンボア
11 ファン
12 取付けボルト
13 ベースボディ
14 ボールベアリング
15 フランジ付きシャフト

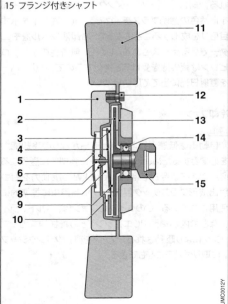

温度が下がるとバイメタルストリップが冷えて、作動ピンがバルブをゆっくりと閉じる。シリコンオイルがポンプ本体を通って供給室に戻る。ファンの回転速度が下がる。カップリングによって伝達される出力、つまり冷却ファンの回転速度は、作動室内に存在するシリコンオイルの量によって決定される。

バルブの作動方式により、異なるタイプのビスカス式クラッチがある。すでに述べたように、1つは純粋に温度に依存して作動する自己制御式クラッチで、そのスピードは、バイメタルとシフトピン、バルブレバーを介して無段連続的に調整することができる。制御パラメーターはラジエーター出口の空気温度であり、間接的に冷却液温度を制御している。もう1つは電動式クラッチで、今日では大型商用車の95％で使用されている。このタイプのクラッチでは、バルブレバーが電磁作動して、作動室内のオイル量を調整する。制御パラメーターとして複数の入力値を取ることができる。一般には各種冷却媒体の温度限界値が使用される。

冷却液温度の制御

自動車は多様な気候条件のもとで使用される関係から、そのエンジン負荷状態は大きく変動する。この結果として、冷却温度とエンジン温度が大きく変動することで、エンジンの摩耗が増し、排気ガスの組成が好ましくないものとなり、燃料消費が多くなり、車両のヒーターも適切に作動しなくなる。このような望ましくない影響を軽減し、冷却液温度とエンジン温度をできる限り一定に保つよう冷却液温度を制御する必要がある。

<u>膨張エレメント式サーモスタット</u>

温度変化に対応する膨張エレメントを組み込んだサーモスタットは堅牢な構造で、冷却システム内の圧力条件の変動の影響を受けずに冷却液の流量を調節することができる。その構造はマップ制御式サーモスタットに非常によく似ているが(図6)、ヒーター抵抗がない。このタイプのサーモスタットに採用されている膨張エレメントは、複動ディスクバルブ(メインバルブ)を作動させる。この複動ディスクバルブは、作動温度に達するまでラジエーターへの接続を閉じる一方で、同時にエンジンからの出力部分からバイパスラインまでの冷却液の流れを開放して(図2を参照)、冷却液が冷却されないままエンジンに還流できるようにする(「2次冷却回路」)。

複動ディスクバルブの両側は、サーモスタットの制御範囲内で部分的に開く。このため、冷却された冷却液と冷却されていない冷却液の混合水は、一定の作動温度を維持できる混合率でエンジンに向かって流れるようになる。スロットル全開(全負荷)で、ラジエーターへの開口部は完全に開き、バイパスラインは遮断される(「1次冷却回路」)。

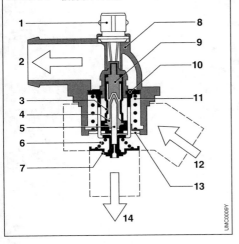

図6：マップ式サーモスタット
1 コネクター　2 ラジエーターへ接続
3 作動エレメントのハウジング
4 エラストマーインサート
5 プランジャー
6 バイパススプリング
7 バイパスバルブ
8 ハウジング
9 ヒーター抵抗
10 複動ディスクバルブ (メインバルブ)
11 メインディスクスプリング
12 エンジンから接続
13 連結バー
14 エンジンへ接続 (バイパス)

電子制御マップ式サーモスタット

特性マップ式サーモスタットを使用すると、冷却液の温度を調整できる新たな可能性が生まれる。膨張率の異なるエレメントを貼り合わせただけの普通のサーモスタットと異なり、電子制御のサーモスタットでは開口部の温度を制御することができる。電子制御マップ式サーモスタットの特徴は、膨張エレメントをさらに加熱するためのヒーター抵抗が装備されている点にある（図6）。これにより複動ディスクバルブからラジエーターへの開口面積を大きくし、冷却液温度を低下させる。ヒーター抵抗は、エンジン作動温度が作動条件に応じて最適な温度になるよう、エンジン制御システムによって制御される。この目的に必要な情報は、プログラムマップとしてエンジン制御システムに組み込まれている（図7）。

エンジンが部分負荷時は作動温度を上げ、スロットル全開時は作動温度を下げることで、以下の利点が生まれる。
- 燃料消費量の削減
- 排気ガスに含まれる有害物質排出量の削減
- エンジン各部の摩耗の低減
- 車内暖房効果の向上

ラジエーターの設計

ラジエーターの大きさと冷却能力は、熱交換および流動圧力低下の相関関係に基づく計算式を用いて決定できる。車両のラジエーターを貫流する空気の量は非常に重要である。これは、車速、エンジンルーム内を吹き抜ける際の流れ抵抗、ラジエーターの流れ抵抗、および冷却ファンの性能に左右される。

ラジエーター設計の第一の目的は、与えられた作動条件下で冷却液のエンジンからの出口部分における温度を、最大許容温度以下に保つことである。低速走行時には、冷却空気流の動圧が非常に小さく、それによる冷却空気流量も非常に小さいため、適切な冷却に必要な空気流量を確保するために、高出力冷却ファンまたは流れ抵抗の小さいラジエーターを使用する必要があるが、高速走行時で空気流量が大きい場合は、より小型の、流れ抵抗の大きな小型ラジエーターを使用することができる。ただし小型ラジエーターを使用する場合は、空気流量を強力な冷却ファンによって発生させるのであればエネルギー消費量が増大することになる。

最適化の課題は、技術的な実現可能性と経済効率の双方に最も有利なソリューションを見極めることである。この課題は、シミュレーションツールを使用して解決することができる。適切なシミュレーションツールは、空気流量に影響を及ぼすすべてのコンポーネントについて記述し、ラジエーターをそれらのコンポーネントと結びついた熱伝達媒体とみなして解析を行う。シミュレーション結果は風洞での実車試験によりチェックされる。

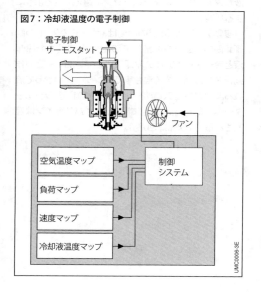

図7：冷却液温度の電子制御

インタークーラー（過給気の冷却）

エンジン開発においては、絶えることのない出力増大を追い求める傾向がある。こうしたエンジン開発の傾向に歩調を合わせて、最近では、自然吸気エンジンに代えて過給エンジン、さらにはインタークーラー付き過給エンジンの採用が増加している。インタークーラーは、過給により空気の温度が高くなり密度が低くなることで同じ体積でも空気量が少なくなるため、空気の温度を下げて密度を上げるための機器である。また、インタークーラーは過給機付きディーゼルエンジンから排出される排気ガス量も削減する。インタークーラーを装備していない過給式火花点火機関（SIエンジン）では、混合気を濃くする、あるいは点火時期を遅角させることでノッキングを防止する必要がある。その結果、インタークーラーは間接的に燃料消費量と排気ガス中の有害物質を低減する働きをする。

設計バリエーション

吸気温度を下げるには、エンジン冷却液または走行風を利用する。空冷式インタークーラーは、現在、乗用車にも商用車にもほぼ例外なく使用されている。

空冷式インタークーラー

空冷式インタークーラーは、エンジンラジエーターの手前か横に取り付けることができる。あるいは、エンジンルーム内のラジエーターから離れた全く異なる場所でも取り付け可能である。冷却モジュールから離れた位置に設置されたインタークーラーは、走行による自然送風か冷却ファンのいずれかを利用できる。インタークーラーがエンジンラジエーターの手前に装着されている場合は、低速走行時でも冷却ファンによって十分な空気流量が確保される。しかしながらこの配置には、冷却プロセスの進行中に冷却風自体が暖かくなってしまうという欠点がある。この影響を相殺するために、ラジエーターの設計において高い流入空気温度を考慮する必要がある。

インタークーラーコアに使用されるアルミニウム製コルゲートフィン（放熱羽根）と吸気通路の構造は、エンジン冷却液用ラジエーターと基本的に同じである。ただし、実際には、太めのパイプの内側に、熱交換と補強を兼ねたリブを設けたものがよく使われる。熱伝導抵抗の分布を好ましいものとするために、冷却空気側のフィン密度は比較的低く、内側フィンの密度とほぼ同じになっている。

プレナムチャンバーは特殊なケースを除き、グラスファイバー強化ポリアミド製であり、すべての接続部とマウント部を含む一体構造として射出成形される。過給気吸入側の要件の厳しいプレナムチャンバーは、高耐熱性のPPA（ポリフタルアミド）またはPPS（ポリフェニレンスルフィド）から射出成形される。ラジ

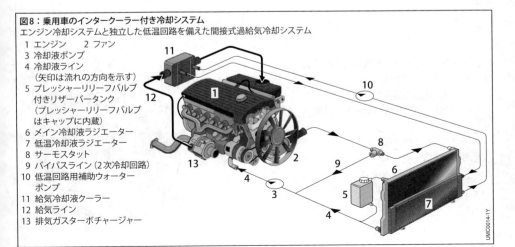

図8：乗用車のインタークーラー付き冷却システム
エンジン冷却システムと独立した低温回路を備えた間接式過給気冷却システム
1　エンジン　　2　ファン
3　冷却液ポンプ
4　冷却液ライン
　（矢印は流れの方向を示す）
5　プレッシャーリリーフバルブ
　付きリザーバータンク
　（プレッシャーリリーフバルブ
　はキャップに内蔵）
6　メイン冷却液ラジエーター
7　低温冷却液ラジエーター
8　サーモスタット
9　バイパスライン（2次冷却回路）
10　低温回路用補助ウォーター
　ポンプ
11　給気冷却液クーラー
12　給気ライン
13　排気ガスターボチャージャー

エーターコアとはフランジで結合され、フランジには密閉のためのエラストマーシール材が装着されている。アンダーカット形状が特徴のプレナムチャンバー、あるいは高温用途目的のプレナムチャンバーは、アルミダイカスト製で、ラジエーターコアに溶接されている。

水冷式インタークーラー

水冷式インタークーラーは、システムに冷却液を供給するのに技術的な問題が全くないため、事実上エンジンルームのどの場所にも取り付けることができる。またこのタイプのインタークーラーはコンパクトであるため、取付けスペースは空冷式インタークーラーよりかなり小さくなる。水冷式インタークーラーは出力密度が高い。ただし、過給気を効果的に冷却するために、非常に温度の低い冷却液を確保する必要がある。商用車および大型トラックではこの要件には特に注意が必要である。なぜならこれらの車両では、過給気を周囲温度より15K高いレベルにする必要があるためである。この条件は、温度レベルが約100℃の通常の冷却回路では実現できないため、過給気を冷却するには、低温用ラジエーターによる専用の系統を使用して、冷却液温度を適切なレベルに下げる必要がある。

放熱効率、インタークーラー

インタークーラーの放熱効率Φが、インタークーラーの性能を評価するのに特に重要である。Φは、過給気/冷却空気の温度差の関係から、次式で与えられる。

$$\Phi = \frac{T_{1E} - T_{1A}}{T_{1E} - T_{2E}}$$

この方程式の各記号の意味は以下の通り。

T_{1E}　過給気入口温度
T_{1A}　過給気出口温度
T_{2E}　冷却空気または冷却液入口温度

乗用車の場合：$\Phi = 0.4 \sim 0.7$
商用車の場合：$\Phi = 0.9 \sim 0.95$

排気ガスの冷却

ディーゼルエンジンでは、窒素酸化物（NO_x）の排出を抑えるために、排気ガス再循環システムが使用されている。ガソリンエンジンでは、コンポーネントの保護と希薄化による部分負荷領域でのデスロットリングの両方に寄与している（「排気ガス再循環」を参照）。再循環する排気ガスをEGRクーラーで冷却すると、排気ガス再循環は最良の結果を得ることができる。

EGRクーラーの設計

EGRクーラーの設計では、冷却能力だけでなく、耐久性があることが重要である。必要な冷却能力は、チューブ内に強い乱流を発生させる特殊な形状のチューブ（ウイングレット）、またはチューブ内にフィンを設けて熱交換のための表面積を増やすことによって達成される。ここで考えておかなければならないことは、EGRクーラーの場合は、内部への付着物によって、その性能が低下する傾向があることである。そのため、これに大きな影響を与えるウイングレットやフィンの設計を最適化する必要がある。図9にEGRクーラーの長手方向の断面図を示す。ウイングレットチューブは、直接高温の排気ガスに曝され、冷却液に取り囲まれている。

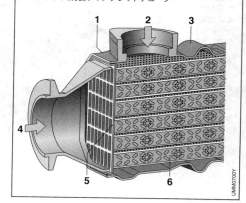

図9：EGRクーラー
1 ステンレス鋼製ハウジング（内部高圧成形品）
2 冷却液入口
3 熱膨張補償
4 排気ガス入口
5 ステンレス鋼製クーラーベース
6 ステンレス鋼製ウイングレットチューブ

耐久性に関しては、高温の排気ガスがEGRクーラー内で凝縮する可能性があることを忘れてはならない。生成された凝縮物はpH値が低く、強酸と同じように強い酸化作用がある。そのため、EGRクーラーの排気ガスと直接接触する部分にはステンレス鋼が使用されることが多い。

EGRクーラーは、運転時には、ハウジングよりもチューブの温度が高くなる。EGRクーラー各部の温度の違いによる影響を補償するために適切な対策を施す必要がある。

また、EGRクーラーは直接エンジンにボルトで固定されているため、振動の問題も重要である。したがって、EGRクーラーの構造はできるだけ堅牢なものでなければならない。少なくとも、EGRクーラーの1次固有振動数がエンジンブロックの1次固有振動数よりも高くなければならない。そのため、EGRクーラーのブラケットは特に剛性が高くなるように設計され、複数のリブによって強化された構造のものもある。

EGRクーラーのハウジングもステンレス鋼製であることが多く、加工硬化による剛性の向上が得られる冷間製造法が用いられることもある。EGRクーラーに接続されるエグゾーストパイプの熱膨張は、エンジンに接続する部分で吸収する必要がある。これは、蛇腹構造または同様の構造によって実現することができる。

冷却回路

冷却液の大部分はエンジン冷却回路からのもので、EGRクーラーは、エンジンを通ってきた冷却液により冷却される。また、「2段式排気ガス冷却方式」が使用されることもある。この方式では、まず第1段階として前述のようにして排気ガスを冷却し、続いて第2段階として、エンジンの冷却回路から独立した冷却回路（低温回路）によって、さらに排気ガスを冷却する。この第2段階の冷却における温度はエンジンの冷却回路の温度よりもはるかに低いため（周囲温度よりも約10〜20K高いだけに過ぎない）、排気ガスの温度を大幅に引き下げることができ、窒素酸化物の削減効果が向上する。2つの冷却段階は、一体のハウジング内にまとめられていることも、別々のコンポーネントとして分離されていることもある。

オイルと燃料の冷却

車両にはエンジンオイルとトランスミッションオイルの冷却のため、しばしばオイルクーラーが使用される。オイルクーラーが必要となるのはオイルパンまたはミッションケース表面からの放熱だけではエンジンまたはトランスミッションの余熱を十分に取り去ることができず、オイルの過熱が起きる場合である。

用途に応じて、空冷式または水冷式のオイルクーラーが使用される。

空冷式オイルクーラー

空冷式オイルクーラーは、そのほぼすべてがアルミニウム製であり、エンジンのラジエーターに類似のはんだ付け組立てされたフラットチューブとコルゲートフィンによる高性能のシステム（図10）が使用されることが圧倒的に多い。丸形チューブとフィンを機械的に結合したシステムは、あまり使用されていない。フラットチューブシステムに乱流インサートがろう付けされ、冷却能力と強度の向上が図られ、高い内圧にも耐えられるようになっている。

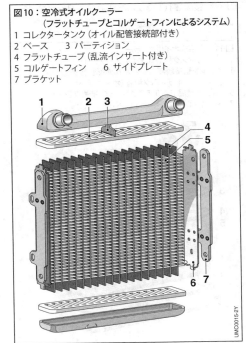

図10：空冷式オイルクーラー
（フラットチューブとコルゲートフィンによるシステム）
1 コレクタータンク（オイル配管接続部付き）
2 ベース　　3 パーティション
4 フラットチューブ（乱流インサート付き）
5 コルゲートフィン　　6 サイドプレート
7 ブラケット

564 内燃機関（ICエンジン）

空冷式オイルクーラーは、商用車および大出力の乗用車の、トランスミッションオイルの冷却に使用するのに適していて、良好な通風を得るために冷却液ラジエーターの上流側に配置されることが多いが、エンジンルーム内の別の場所に配置することもできる。空冷式オイルクーラーをメイン冷却液ラジエーターの上流側に配置せず、エンジン冷却ファンによる冷却風の効果を利用できないときは、走行時の動的空気流を導入して使用するか、専用の電動式ファン使用される。

水冷式オイルクーラー

水冷式オイルクーラーに採用されているアルミニウム積層構造は、主としてステンレス鋼製ディスク式クーラー、ダブルチューブ式オイルクーラー、アルミニウム製フォーク型チューブ式クーラーに取って代わった。

ディスク積層式オイルクーラー

ディスク積層式オイルクーラーは個々のディスクで構成され、ディスク間には渦流インサートが挿入されている（図11）。垂直に立ったディスクの縁はケーシングとつながっている。流路と排出部はディスクにより形成、接続され、交互に冷却液が流れる流路とオイルが流れる流路になる。

図11：水冷式オイルクーラー
（ディスク積層式オイルクーラー）
1 オイル配管接続部　　2 冷却液配管接続部
3 カバー　　4 ディスク積層（オイル通路）
5 ディスク積層（冷却液通路）　　6 補強プレート
7 ベースプレート

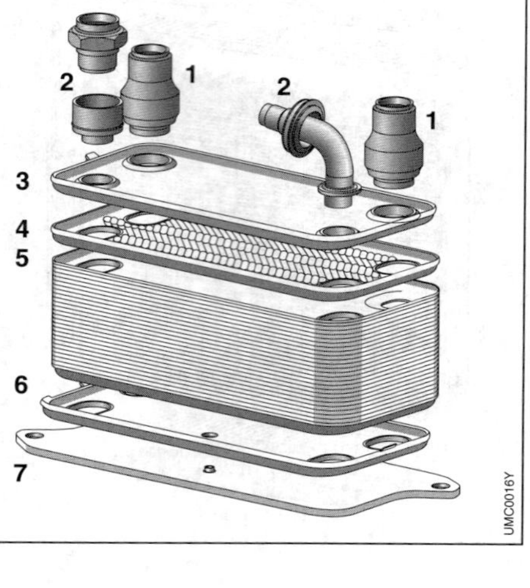

ダブルチューブ式オイルクーラーおよびフラットチューブ式オイルクーラー

これらのタイプのオイルクーラーは、メインラジエータータンク内の出口側に直接取り付けられる。ラジエータータンクは、オイルクーラーの冷却液側のハウジングを兼ねる。ダブルチューブ式オイルクーラーは、アウターチューブとインナーチューブで乱流インサートが挟まれた構造である。この2本のチューブは両端で互いにはんだ付けで接合されている。トランスミッションオイルは、2本のチューブに挟まれた空間を流れ、その周囲または内部を流れる冷却液によって冷却される（熱交換が行われる）。

ダブルチューブ式オイルクーラーは、最高出力2.5 kW程度までの小出力の乗用車および商用車のトランスミッションオイルのクーラーとして使用されている。最高出力が4 kW程度までは、その出力要件に合わせて、ダブルチューブ式のものから、多数のフラットチューブが冷却液側の乱流プレートで相互に接合された構造のものへと交代する。フラットチューブは先端の開口部によって相互接続されている。また、冷却能力と物理的強度の向上のために、フラットチューブのオイル側（内部）には乱流プレートが挿入され、はんだ付けされている。

ディスク式オイルクーラー

ディスク式オイルクーラーは、エンジンブロックとオイルフィルターとの間に取り付けられる。このタイプのオイルクーラーは、独立したケーシングと、オイルが流れる中央流路で構成される。オイルフィルターから還流したオイルは、渦流インサートおよび穿孔ディスクで構成されるラビリンスを通り抜ける。このラビリンスは、メイン回路から分かれてケーシングを貫流する冷却液により冷却される。

フォーク型チューブ式クーラー

フォーク型チューブ式クーラーは、フィン付きのフォーク型チューブで構成され、その中を冷却液が流れる。オイル側にケーシングがないため、フォーク型チューブ式クーラーはオイルフィルターハウジングかオイルパンに内蔵しなければいけない。

商用車エンジン用のエンジンオイルクーラー

商用車のエンジンオイルの冷却には、通常は、ステンレス鋼製ディスク積層式オイルクーラーか、冷却液

側のケーシングが存在しないアルミニウム製のフラットチューブ式オイルクーラーが使用される。こうしたクーラーはエンジンブロックの長い冷却液ダクトに収納される。

フューエルクーラー

最近のディーゼルエンジンにはフューエルクーラーが装備されている。このクーラーは、噴射行程において余剰となった高圧ポンプでの圧縮により高温になっているディーゼル燃料がリターンラインを介して燃料タンクに戻る前に、これを許容レベルにまで冷却するものである。リターンラインを通ってフューエルタンクへ戻るディーゼル燃料の温度は優に70℃を超え、冷却しないと、タンク内のディーゼル燃料を加熱してしまう。タンクが空に近い場合、タンク内のディーゼル燃料の温度は、タンクの最大許容温度を超える可能性があるため、フューエルタンクに戻る前に冷却しなければならない。

燃料は空冷式または水冷式で冷却することができる。ディーゼル燃料の冷却には、空冷式オイルクーラーまたはディスク積層式オイルクーラーと類似の構造のクーラーが使用される。

図12：冷却モジュール
1 水冷式トランスミッションオイルクーラー
2 冷却液ラジエーター　　3 インタークーラー
4 コンデンサー
5 空冷式パワーステアリングフルードクーラー
6 モジュールフレーム
7 モジュールベアリング
8 電動式ファン
9 ダブルファンカウル
10 トランスミッション
　　オイル配管

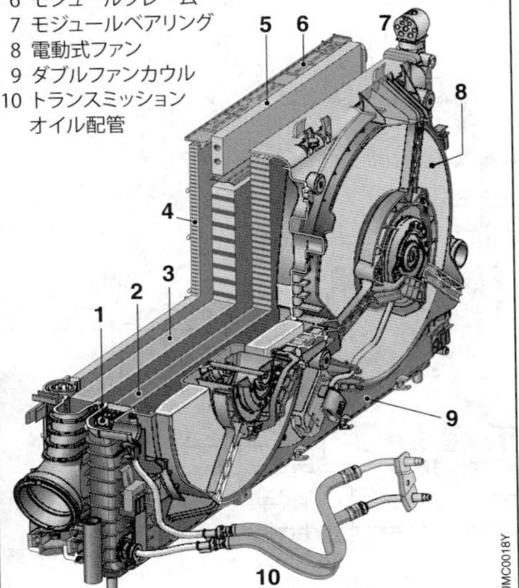

モジュール化

冷却モジュール

冷却モジュールは、冷却用のさまざまなコンポーネント（メインラジエーター、インタークーラー、空冷式オイルクーラーなど）と、空調システム用コンデンサーなどで構成された構造化されたユニットで、動力付き（電動式など）の冷却ファンユニットが含まれていることもある（図12）。

冷却モジュールの設計は、個別のコンポーネントの相互作用、車両における利用可能なスペースに応じてのコンポーネントのサイズ決定、およびインターフェースの処理手順を考慮して行う必要がある。ここで重要なのは、各コンポーネントの取付け方法、冷却風ダクトと冷却側の封止、液体側のコンポーネントの配管接続、および電気コネクター接続である。

乗用車および商用車の両方に標準のモジュール構成を使用することにより、下記のような全般的な技術およびコスト面でのメリットが得られる。

– ロジスティクスの簡素化（コンポーネントを結合して、1つの構造単位を形成する）
– インターフェース数の削減
– 取付けおよび組付けの簡素化
– 各コンポーネントの適切な相互調整による最適なコンポーネント設計
– モジュラー方式（さまざまなエンジン部品と装置類を含む）
– 組立て品質の向上

冷却モジュールの最適なコンポーネント構造およびレイアウトを実現するために、種々のシミュレーションおよびテストが行われる。冷却ファン、冷却ファン駆動装置および熱交換器の特性曲線に関する正確な知識に基づき、シミュレーションプログラムにより冷却風側と流体側の双方が再現される。個々のコンポーネントをシミュレーションモデルに組み入れることによって、さまざまな作動条件の下で個々のコンポーネントの相互作用を検査することができる。この種のバーチャル分析は、コンピューター支援開発ツールを使用するのが特徴であり、非常に重要視されている。このような開発手法においては、すべての幾何学的データはCADシステム（コンピューター支援設計）に入力されて処理される。エンジンルーム内の冷却空気の流れを検査するためにCFD（計算流体力学）解析が行わ

566 内燃機関（ICエンジン）

れ、またFEM（有限要素法）解析により設計レイアウトの強度と安定性について知ることができる。設計解析段階は確認試験で終了するが、確認試験は風洞や振動実験装置で実施されることもある。

冷却システム技術

　冷却モジュールとは、所定の機能を有する複数のコンポーネントから成る構成ユニットのことであるが、冷却システムとは、完全な構成ユニットを形成しない場合も含め、冷却システム機能に関連するすべてのコンポーネントを包括したものである（図13）。冷却システムには、冷却モジュール以外にも、冷却モジュールの構成要素とはみなされない、配管、ポンプ、制御用コンポーネント、およびリザーブタンクなどが含まれる。

　冷却システム技術によって、冷却システムを構成するすべてのコンポーネントの相互調和を図ることができ、下記のような全般的な技術およびコスト面でのメリットが得られる。
− 適切な液圧設計調整による寄生損失の低減
− 制御システムおよび運動力学に関する考慮
− 車内暖房に関する考慮
− 構造最適化のための広範囲にわたる介入の可能性
− すべての冷却システムコンポーネントに対する取付けコンセプトの標準化
− 開発インターフェース数の削減による開発経費の低減

図13：冷却システムの制御
熱交換器とアクチュエーターの配置例
1　コンデンサー　　　2　冷却液ラジエーター　　　3　シャッター
4　冷却ファン　　　5　サーモスタット　　　6　ECU
7　電動モーター（ファン駆動用）　　　8　電子制御式サーモスタット
9　ポンプ付き電動モーター　　　10　内燃機関
11　ポンプ付き電動モーター　　12　ヒーターコア
13　ステップモーター　14　低温回路　　15　低温レギュレーター
16　オイルクーラー　　　17　トランスミッション
18　トランスミッションオイルクーラー

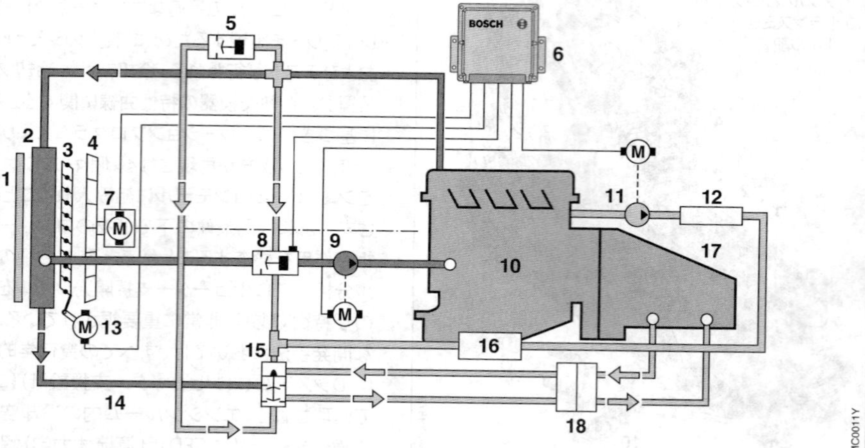

インテリジェントな熱管理

役割

将来の開発が目指す方向は、さまざまな熱や物質の流れの最適な制御の実現である。熱管理では冷却システム技術の範囲を超えて、車両におけるあらゆる物質および熱の流れが考慮される。すなわち、冷却システムにおける熱や物質の流れだけでなく、エアコンディショニングシステムにおけるそれも対象となる。最適化の目的には、燃費性能の向上、排気ガス中の環境汚染物質の削減、エアコンディショニングの快適性の向上、各コンポーネントの耐用年数の延長、部分負荷状態における冷却性能の向上が含まれる。

最適化の目的

熱管理が要請される理由の1つとして、冷却システムを作動させるための補助エネルギーは車両のエネルギー収支にとって常に損失として作用し、補助エネルギーの供給を一定とした場合にはコンポーネントの性能を任意に引き上げることができない、という事実を挙げることができる。このため冷却システムは、最適化目標を達成するための「知能」を備えている。これは、既存および新型のアクチュエーター、ならびにこれらのアクチュエーターを操作するマイクロプロセッサーによる制御システムに実装されている。ラジエーターシャッターと冷却ファンの制御によりあらゆる作動条件において冷却風量を最少に維持する冷却風のオンデマンド制御は、その一例である。自動車の空気抵抗係数 (c_d) の向上に加えて、この方法によって、コールドスタート後の暖機中においても、あらゆる媒体が効率よく作動温度に達し、車内が効果的に暖房されるようになる。このようにして補助エネルギーの使用を節約することにより、冷却能力の観点から厳しい作動条件において最適化目標を達成しながら追加の補助エネルギーを転用できるようになる。

もう1つ重要な基本原理は、作動状態と周囲条件に関係なく、冷却されるコンポーネント内の温度をできるだけ一定に保つことである。この温度制御原理の例では、冷却液を使用してトランスミッションオイルの温度を調節する。暖機中にトランスミッションオイルを加熱し、効率の良い冷却システムを採用してトランスミッションオイルの過熱を防止することによって、トランスミッションの摩擦損失が低減され、トランスミッションの耐用年数が長くなり、トランスミッションオイルの交換時期が延びる。

最終的に、冷却システムとエアコンディショニングシステムを全体として考慮することによって、「熱統合」コンセプトの活用オプションが開発される。いずれかのシステムからの熱流は、補助エネルギーの追加消費をあまり発生させることなく、他のシステムにより使用あるいは運び去られる。排気ガス冷却システムより発生する廃熱を利用しての車内暖房は、その一例である。

適用範囲

エンジン冷却に関しては、以下のような熱管理が行われている。

- トランスミッションオイル温度の一定化
- マップ式サーモスタット
- 電子制御ビスカス式クラッチ
- 電気制御式冷却液ポンプ
- 冷却風制御 (ラジエーターシャッターなど)
- 排気ガスの冷却
- 冷却液の冷却、給気の冷却 (インタークーラー)

利点

すべての対策を合算した燃料節約量は、約5％の範囲内である (乗用車の場合)。これに加えて、上述の最適化目的に対応するさまざまな長所がある。この潜在的な可能性を余すことなく実現するためには、エンジン制御システムによる冷却システムの制御機能の活用が極めて重要になる。

一方、自動車のシステム最適温度の均一化を達成するために個々の対策が実行された。しかしながら包括的な最適化としての熱管理は、今日までのところまだ完全には実現されておらず、次世代の車両において達成されるべき課題として残されている。

エンジンの潤滑

圧送潤滑方式

エンジン内では、可動部品の摩擦によって熱と摩耗が発生する。エンジンシステム内には、少量の汚れが残っていることや、粒子状物質が外部から侵入することも予想される。エンジンシステムは、摩擦を最小限にし、摩耗を防止または低減してエンジンシステムから粒子状物質と熱を除去するために潤滑油で潤滑される。

自動車用エンジンの潤滑に最もよく使用されているシステムは、飛沫式と噴霧式を併用した圧送潤滑方式である。エンジン内のすべての潤滑部と軸受部には、オイルポンプ（一般的にはギヤポンプ）によってオイルが圧送され（図1）、摺動部には潤滑油が供給されて飛沫式潤滑装置によるオイルミストによって潤滑される。

オイルは軸受部と摺動部を通過した後に、エンジンの下にあるオイルパンに回収される。オイルパンはオイルの泡立ちを静め、高温になったオイルを冷やす容器である。またほとんどすべてのエンジンでは、オイル温度を調節するための追加のオイルクーラーが使用されている。オイルの濾過に加えて、特に重要なのは熱管理である。

濾過によりオイルをきれいな状態に保つことで、エンジンの耐用年数は大幅に延ばすことができる。良好な熱管理によるオイルの冷却により、吸気のシングルまたはマルチ過給やこれと関連したエンジンのダウンサイジングなどの最新技術が可能となる。

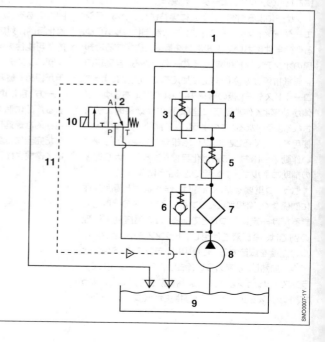

図1：圧送潤滑方式の原理図
（模式図）
1 エンジンの潤滑部と軸受部
2 ソレノイドバルブ
3 クーラーバイパスバルブ
4 油－水熱交換器
5 逆流防止バルブ
6 フィルターバイパスバルブ
7 オイルフィルター
8 可変オイルポンプ
9 オイルパン
10 エンジンコントロールユニットからの信号
11 圧力ステージ事前選択の信号

A 作動ライン：
　オイルポンプの圧力信号
P 圧力ライン：
　オイルギャラリーの圧力
T 換気ライン：
　クランクケースへの換気

コンポーネント

オイルフィルター

機能

オイルフィルターは、潤滑回路の損傷や摩耗の原因となり得る異物（すす、不完全燃焼によるその他の残留物、金属片、埃など）をエンジンオイルから取り除く。ここで摩耗とは、エンジンの各可動部品間（ピストンとシリンダー壁の間など）に粒子状物質が挟まる可能性のことである。これにより、表面が粒子状物質によって傷つき、そのためにかき傷あるいはさらなる粒子状物質の発生の可能性がある。エンジンオイルは潤滑装置内を絶えず循環しているため、濾過特性が不適切な場合は、異物が堆積する原因となり、互いにこすれ合う構成部品の摩耗が促進されることが考えられる。オイルフィルターは水、添加剤、崩壊生成物などオイルの劣化に影響する液体や水溶性成分を除去しない。

エンジンオイルの中に含まれる異物の一般的な大きさは、0.5 ～ 500 μmである。したがって、オイルフィルターの目の粗さは、個々のエンジンモデルの要件に合わせて設計される。

さまざまなタイプと構造

基本的にオイルフィルターには、よく知られた2つの構造、すなわちイージーチェンジフィルターとハウジングフィルターがある。イージーチェンジオイルフィルター（図2）の場合、フィルターエレメントは、ねじ式スタッドでエンジンブロックに固定され、開けることができないハウジングの中に取り付けられる。イージーチェンジフィルターユニットは、オイル交換サービスの一環としてアセンブリ交換される。

オイルフィルターハウジング（図3）は、エンジンブロックに永久的に固定されるハウジングで構成されている。ただし、交換式フィルターエレメントにアクセスする際には開けることができる。オイル交換サービス時には、フィルターエレメントのみが交換される。ハウジングは永久コンポーネントである。フィルターエレメントは、原則として金属を含まない構造になっている。つまり、フィルターエレメントは完全に焼却できることを意味する。

2種類のフィルター構造には、フィルターエレメントの他に、通常、差圧が高い場合に開いて、エンジンが必要とする効果的な潤滑を実現するフィルターバイ

図2：イージーチェンジオイルフィルター
1 ねじ式キャップ
2 フィルターエレメント
3 フィルターバイパスバルブ
4 スプリング
5 シール
6 ノンリターンダイヤフラム
7 ハウジング
8 センターチューブ

図3：オイルフィルターハウジング
1 油－水熱交換器
2 スクリューキャップ
3 フィルターバイパスバルブ
4 センターチューブ
5 フィルターエレメント
6 ノンリターンダイアフラム
7 逆流防止バルブ
8 フィルターハウジング

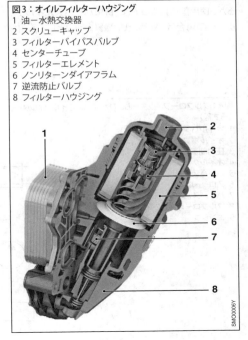

パスバルブが装備されている。一般的な開弁圧は0.8～2.5 barである。高い差圧はオイル粘度が高いときか、フィルターエレメントが既にひどく汚れている場合に発生することがある。

これら2つのどちらの構造のフィルターでも、特定のエンジン要件に応じてオイル回路のフィルター上流部あるいは下流部(汚れたオイル側)に逆止弁または逆流チェックバルブが装着されていることもある。これらのバルブは、エンジン停止後にオイルフィルターハウジングが空になるのを防止する。

現在、乗用車用エンジンの場合、オイル交換およびオイルフィルター交換の時期は 15,000～50,000 km、商用車用エンジンの場合は 60,000～120,000 km である。この距離は、エンジンシステム、使用場所、および自動車メーカーのサービス戦略によって大幅に異なる。

フィルターメディア

オイルの濾過には、さまざまなタイプのディープベッドフィルターメディアが採用されている。これらは不織繊維構造(不織布)で、その構成はさまざまである。最もよく使用されているフィルターメディアは、たいていの場合、プリーツ付きの平坦なメディアであるが、使用箇所によっては、特にバイパスオイルフィルターの場合は、丸めたり、繊維パックとして使用されたりすることもある。繊維材料として最も広く使用されているのは、セルロースと合成繊維の混合である。含まれる合成繊維は、要件に応じてきわめて多様である。あるいは、ガラスファイバーをセルロースに混合した材料を使用する場合もある。これらのフィルターメディアは、樹脂を浸み込ませることで、耐油性と機能安定性が増す。

ただし、純粋な合成繊維で作られたフィルターメディアの使用が急増している。これは、耐化学薬品性に優れると同時に、差圧動作に関する明確な利点があるためである。これらの特性により、交換間隔の延長が実現される。また、三次元ファイバーマトリックスを構築して特に濾過特性を最適化し、異物保持効率を高めるという優れたオプションも提供する。

フルフローオイルフィルター

すべての車両には、原則としてフルフローオイルフィルターが装備されている。この濾過方式に基づいて、エンジンの潤滑箇所に供給されるオイルの全体積流量は、フィルターを経由して送られる(図4)。このようにして、損傷および摩耗の原因となるすべての異物はその大きさに応じて、最初にフィルターを通り抜けるときに捕捉される。

濾過面積に影響を与える決定的な要因は、オイルの体積流量と異物の保持能力である。

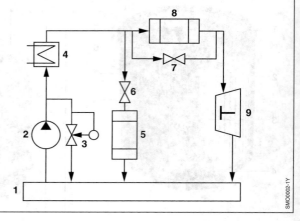

図4：フルフローフィルターおよびバイパスオイルフィルター付きオイル回路（模式図）
1 オイルパン
2 オイルポンプ
3 圧力制御バルブ
4 オイルクーラー
5 バイパスオイルフィルター
6 スロットル
7 バイパスバルブ
8 フルフローオイルフィルター
9 エンジン

バイパスオイルフィルター

バイパスオイルフィルターは、ディープベッドフィルターか、あるいは遠心力フィルターとして設計され、エンジンオイルの超微細濾過または精密濾過に使用される。これらのフィルターは、フルフローオイルフィルターでは除去できないより微細な微粒子をオイルから取り除く（図5）。摩耗作用のある極めて小さな異物を除去して、摩耗防止機能を高めることができる。煤煙微粒子も濾過して、オイル粘度が上昇するのを抑制する。最大許容煤煙濃度は約3～5％である。煤煙濃度が高くなると、オイル粘度は実質的に上昇し、結果的にオイルの性能効果が低下する。このため、バイパスフィルターは主にディーゼルエンジンに使用される。オイル流量のごく一部（8～10％）は、エンジンからバイパスフィルターを経由して送られる。

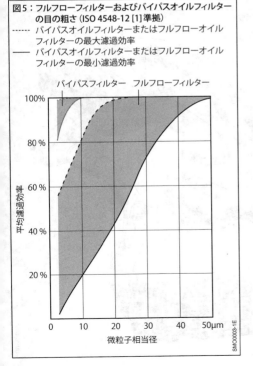

図5：フルフローフィルターおよびバイパスオイルフィルターの目の粗さ（ISO 4548-12 [1]準拠）
- - - - - バイパスオイルフィルターまたはフルフローオイルフィルターの最大濾過効率
――― バイパスオイルフィルターまたはフルフローオイルフィルターの最小濾過効率

熱管理

機能

エンジンオイルには、潤滑機能の他に、熱の移動または除去という役割もある。同時に、エンジンオイル温度は臨界値を超えてならない。越えた場合は、オイルのクラッキングと呼ばれる熱破壊の危険が生じる。

油ー水熱交換器は、多くの場合オイルフィルターモジュールと一体化されており、オイル回路の温度制御に使用される。この一体化により、よりコンパクトな構造とインターフェース数の削減が可能となる。主な役割は、オイル回路から冷却水回路へと熱を移動させることである。これにより、熱エネルギーが熱交換器を通り、空気ー水熱交換器などによって大気中に放出される。

伝熱は、最適な熱管理が行われるように制御する必要がある。冷間始動後にエンジンオイルを短時間で加熱するには、オイル温度が上昇するまで油ー水熱交換器が作動しないようにする必要がある。これは、ワックスエレメントまたはサーモスプリングで制御される温度調整バルブで可能となる。電気ソレノイドバルブを使用すると、さらに制御機能が向上する。

油ー水熱交換器

油ー水熱交換器の構造としては、積み重ねられたプレートがよく使用される。オイルと水がチャンバーを交互に通って流れる。プレートを介して他方の液体に熱が移動する。熱伝達率を高めるには、可能な限り激しくカラム内を流れるようにする必要がある。カラム内に設置された伝熱プレートまたは乱流プレートには、この目的のために各種構造が導入されている。

参考文献

[1] ISO 4548-12: Methods of test for full-flow lubricating oil filters for internal combustion engines – Part 12: Filtration efficiency using particle counting and contaminant retention capacity.

吸気システムおよびインテークマニホールド

概要

機能

吸気システムおよびインテークマニホールドは、できるだけ低温の塵埃のない空気をエンジンに供給し、各シリンダーに分配するように設計されている。吸気システムの主な機能は、車両前面から空気（外気）を取り入れてエンジンに供給すること、周囲から取り入れた空気中の塵埃を分離（ろ過）すること、および騒音の発生を抑えることである。

構成部品

基本機能

吸気システム（図1）は、外気取入れ用エアダクト、吸気システムの中心的なコンポーネントであるエアフィルター、およびスロットルバルブとインテークマニホールドに接続されるダクトで構成されている。インテークマニホールドは、吸入した空気を各シリンダーに均一に分配することにより、一様で効率的な燃焼を保証する。エアフィルターは、鉱物粉末や微粒子がエンジン内に吸い込まれたり、エンジンオイルを汚染したりするのを防止する。また、ベアリング、ピストンリング、シリンダー壁などの摩耗の防止にも寄与する。このように、それぞれのコンポーネントがエンジンの性能および耐用年数の向上に貢献している。

補助機能

吸気システムには、たとえば、各種センサー（空気流量測定センサー、圧力センサー、温度センサー）、HC吸着装置（キャニスター）、降雨対策のための気水分離装置、さらには降雪対策用の装置までもが含まれていることが多い。

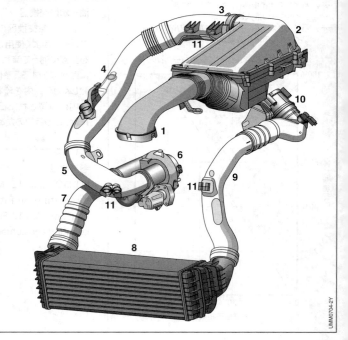

図1：排気ガス式ターボチャージャーを備えた吸気システムの構成
1 外気導入ダクト
2 エアフィルターハウジング
3 清浄空気ダクト1（低圧側）
  ホットフィルムセンサー式
  エアフローメーター内蔵
  （図には示されていない）
4 清浄空気ダクト2（低圧側）
  ブローバイガス導入部付き
5 清浄空気ダクト3（低圧側）
6 排気ガス式ターボチャージャー
7 給気ダクト（高温高圧側）
8 インタークーラー
9 給気ダクト（低温高圧側）
10 スロットルバルブ
11 取付けポイント

設計上の要件

機能要件

　吸気システムとそのコンポーネントの開発には、さまざまな考慮事項が存在するが、配置スペースと機能要件の2つに大別される。たとえば、それぞれのコンポーネントに使用する樹脂およびエラストマーの選択に影響を与えるエンジンルーム内の温度、システムまたは各コンポーネントの許容漏れ率および圧力損失、吸気システムの騒音特性、エアフィルターの耐用年数およびろ過性能などを考慮する必要がある。

　インテークマニホールドに関しては、圧力脈動抵抗および吸入空気の均一な分配が問題になる。必要に応じて、燃焼室に流れ込む空気の流れを、さまざまなフラップを使用して、積極的に導入することもある。

外観

　多くの表面がエンジンルーム内の見える部分に存在するため、その外観と表面の仕上げが重要になる（デザインエアフィルターやエンジン取付け式エアフィルターなど）。

乗用車の吸気システム

エアダクト

　外気の取入れ口は、通常は、車両の前部に配置される。塵埃の吸入、降雨時の雨滴の吸入、降雪時の雪片の吸入など、望ましくない物の吸入に大きな影響を与えるため、配置される位置は非常に重要であるが、この位置は、通常は、自動車メーカーによって指定される。

　一般的な内燃エンジンは、自然吸気エンジンと、排気ガスを利用したターボチャージャーによる過給式エンジンに大別される。両者とも、その吸気システム（図1）は、外気取入れダクト、フィルターエレメントを内蔵したエアフィルターハウジング、および低圧側の清浄（ろ過済み）空気ダクトで構成され、自然吸気エンジンでは、低圧側のダクトはスロットルバルブに接続される。ターボチャージャーによる過給式エンジンでは、ろ過された清浄な空気は、低圧側のダクトからターボチャージャーへと供給され、ターボチャージャーからは高温側の過給気ダクトを通じてインタークーラーへ、インタークーラーからは低温側の過給気ダクトを通じてスロットルバルブに送られる。大きな断面積のダクトと（これはスペースと騒音に影響を与える）、流路を最適化することにより、圧力損失を抑えることができる。

　エアダクトは、通常は、樹脂とエラストマーの成形品で、エアフィルターハウジングはプラスチックの射出成形品であることが多い。用途に合わせて、エアフィルターをボディまたはエンジンに取り付けることができるが、ボディ側に取り付ける場合は、各エアダクトによって、各コンポーネントと取付け位置の誤差だけでなく、特にボディに対するエンジンの動揺を吸収する必要がある。各コンポーネントは、振動を遮断するために、ゴム製のインシュレーターを使用して、車両に取り付けられている。

空気のろ過

　エンジンの吸気ろ過装置（エアフィルター、図2）は、吸入した空気中に存在する、磨滅、不完全燃焼、または凝縮の過程で生成された塵埃や、自然界に存在する有機および無機の塵埃を除去するために使用されている。

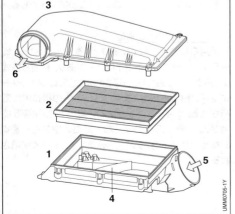

図2：エアフィルターの構造
1　外気導入側ハウジング　　2　エアフィルターエレメント
3　清浄空気側フード　　4　整流部
5　外気導入ダクト接続部　　6　清浄空気ダクト接続部

空気中の塵埃の成分

吸入空気中に含まれる塵埃には、オイルミスト、エアロゾル、ディーゼル煤煙、産業廃ガス、花粉、ほこりなどが含まれている。これらの微粒子は、その大きさにかなりの違いがある。空気と一緒に吸引されるダスト微粒子は、直径が0.01 μm(主として煤煙微粒子)〜2 mm(砂粒)である。微粒子の約75 %(質量(重量)に関して)は、5 μm〜100 μmである。

吸入空気中に含まれる塵埃の量は、その車両を使用する環境(舗装道路であるか未舗装道路であるかなど)によって大きく異なる。極端なケースでは、乗用車において10年間で質量濃度が数グラムから数キログラムのばらつきが生じることもある。

フィルターエレメント

最新の技術を使用したフィルターエレメントでは、最大99.8 %のろ過効率が達成されている。フィルターエレメントのろ過性能は、エンジンの吸気システムに特徴的な動的条件を含む、すべての条件下で保持されなければならない。フィルターの性能が劣ると、ダストによる破壊が促進される。

構造

フィルターエレメントは、それぞれ個々のエンジンモデルの要件に合わせて設計されるため、圧力損失が最小限に抑えられ、吸入空気量の多寡にかかわらず、高いレベルのろ過効率が維持されている。平板型または円筒型フィルター内に収容されているフィルターエレメントに使用されている素材は、最小限のスペースで最大限のろ過面積が得られるように、折りたたまれて、蛇腹状に加工されている(図3)。標準構造に加えて、円錐形、楕円形、段付き、台形の形状が加わり、ますます縮小化が進むエンジンルーム内の取付けスペースを最適に活用できるようになっている。ろ過用の素材としてセルロース繊維が使用されることが多いが、特殊なエンボス加工やオイル浸透加工が施され、必要な機械的強度および耐熱性、耐水性、耐化学薬品性を備えている。火のついている煙草を吸い込むなど、火災が発生するリスクを低減するために、不燃性のフィルター材料を使用した新しいエレメントも出現している。

フィルターエレメントは、エアフィルター内のスペースと、メーカー指定の交換間隔に合わせて設計されている。フィルターエレメントの交換間隔は、2年、4年、ときには6年、または30,000 〜 100,000 kmである。

フィルター素材および構造

乗用車に使用されているフィルターエレメントは、一種のディープベッドフィルターであり、表面ろ過式フィルターとは異なり、ろ過された粒子は、フィルターエレメントの表面ではなく、エレメントの構造内に蓄積される。ディープベッドフィルターは、塵埃吸収能力が高く、塵埃濃度の小さな大流量の空気をろ過するための経済的な解決策が必要なときによく使用される。

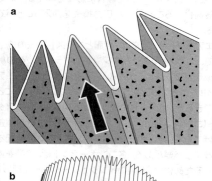
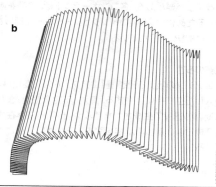

図3:フィルター材料
a 折りたたまれて、蛇腹状に加工されたフィルター素材を通過する流れ
b 折りたたまれて、蛇腹状に加工されたフィルター素材

コンパクトで高性能なフィルターエレメント（省スペース性）と、交換間隔の長期化を目指して、新しい、革新的なエアフィルターエレメントの開発が進められている。ディープベッドフィルターの塵埃蓄積能力を高めるために、清浄空気側に向かって繊維密度が高くなるようにした勾配密度構造のフィルター材料を使用する設計が増えてきている。

完全合成繊維フィルター材料

優れた性能を示す合成繊維を使用した新しいフィルター材料が、すでに量産されるようになっている。高性能の合成フィルター材料（不織布）の写真を図4に示す。フィルター断面の入口側から出口側に向かって徐々に密度が高くなり、繊維の直径が小さくなっている。

半合成繊維フィルター材料

純粋なセルロースを使用したフィルター材料よりも良好な結果が、複合材料、たとえば、セルロース繊維の層とメルトブロー合成繊維の組み合わせなどを使用することによって達成できる。メルトブロー繊維は、溶融ポリマー糸を空気流中で紙の層に直接堆積させるか、別の工程で別の層として積層させた繊維の層でできている。

吸気システムの騒音

吸気システムは、排気システムと同じように車両の騒音源であるため、早期の開発段階で、防音対策を講じておくことが必要である。以前は、このような対策は、十分な容量のエアフィルターハウジングに吸気消音装置の働きをさせることぐらいに限られていた。その後、ヘルムホルツ共鳴器と$\lambda/4$パイプを利用した別

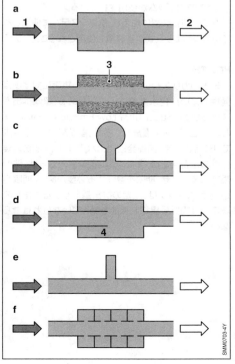

図5：さまざまな共鳴器を使用した騒音防止対策
a 共鳴式消音器
　（比較的広帯域、低～中周波数帯域に適す）
b 吸収式消音器（広帯域、中～高周波数帯域に適す）
c 共鳴式消音器（狭帯域、低～中周波数帯域に適す
d ホイッスル式消音器（狭帯域、消音効果大、ヘルムホルツ共鳴帯域よりも上の中周波数帯域に適す）
e 枝分かれ型ホイッスル式消音器
　（$\lambda/4$パイプ、狭帯域、中周波数帯域に適す）
f 過給式エンジン用広帯域消音器
　（広帯域、より高い周波数帯域に適す）
1 エアダクト、上流側
2 エアダクト、下流側
3 吸音材
4 挿入されているパイプ

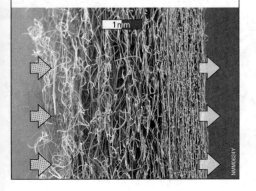

図4：複合合成繊維を使用したエアフィルター材料の写真
（走査型電子顕微鏡による）

576 内燃機関（ICエンジン）

の手法により、吸気システムの共振周波数が、低い周波数（$f < 200$ Hz）から中〜高の周波数にシフトしている。吸気システムの設計には、コンピューターによるシミュレーションプログラムが使用され、共鳴器の数とその周波数の最適化が行われている。

ターボチャージャーによる過給式エンジン用の広帯域消音装置

ターボチャージャーによる過給式エンジンが広く使用されるようになったため、この新しい騒音源に対する対策が必要になっている。ターボチャージャーの「ヒューン」または「クーン」のような騒音は、聞く人によっては、騒がしく耳障りなものであり、その対策が、外気ろ過装置（エアフィルター）の清浄空気側に、広帯域消音装置として組み込まれることが多い。広帯域消音装置は、いくつかに分かれた共鳴室で構成され、その中心を細孔を持つパイプが貫いている（図5）。それぞれの共鳴室の共鳴周波数は、その容積と細孔の断面積によって決まり、広帯域消音効果は、いくつかの共鳴室を連続して配置することによって達成されている。ここでも、共鳴室の数の最適化に、最新のシミュレーションプログラムが使用されている。

共鳴式消音装置に加えて、排気システムに使用されているような吸収式消音装置も使用されることがある。

HCの吸着

米国のカリフォルニア州などでは、車両に対する揮発性の高い炭化水素の排出規制がある（超低排出ガス車（SULEV：Super Ultra Low Emission Vehicle）など）。米国環境保護局は、多段階規制の枠組み内で、HC排出規制（高揮発性炭化水素）に関する法的要件への適合を求めている。エンジンメーカーは、法的規定に適合させ、期限を遵守する必要がある。期限経過後は、エンジンは、規定の排出基準を満たすための環境汚染物質排出抑制機能を備えていなければならない。

未燃焼の炭化水素（主として燃料の成分）の一部は、エンジン停止後に、インテークマニホールドを通って、およびクランクケース通気部から吸気システムに入り、通常の吸入空気の流れとは逆方向に流れて、吸気システムから大気中に逃げる。そのため、吸気システムの清浄空気側にHC吸着装置（チャコールキャニスター）を組み込み、その活性炭の吸着効果によってHCを分離する必要がある。また、吸着量の比較ができるように、「ブタン有効吸着量」（BWC）が仕様書に定義されている。吸着エレメントを全流量式（主通路、全流量還流）またはバイパス構成で使用できる。

エアフィルターエレメントの場合と異なり、要件に適合する吸着エレメントは、吸着装置から取り外すことはできない。空気中の最小の液滴サイズの炭化水素が吸着エレメントに吸着されるのはエンジンが停止しているときであって、吸着された炭化水素は、次回にエンジンを使用すると脱離して燃焼プロセスに戻り、HC吸着装置の吸着機能が回復して、次回の吸着サイクルに備えることができる。使用される吸着材料は活性炭で、その1層または2層が担体内に配置されている。これらは、その大部分が、プラスチックコーティングとしてのプロセスで製造されたエレメントである。

水の分離

降雨時の走行中に、車両前面の外気導入部の位置と構造によっては、かなりの量の雨滴の飛沫が吸入されることがある。フィルター媒体の水分吸収能力は限られているため、時間の経過に伴って、吸入された水滴が吸気システムの清浄空気側に滲み出す可能性がある。水滴がホットフィルムセンサーの表面に触れると、センサー表面に局所的で有害な冷却が発生し、ホットフィルムセンサー式エアーフローメーターの信号が不正に変化したり、メーター自体が損傷することがある。不正な信号の変化により、空気の質量流量が正しく測定できず、混合気の生成が正しく行われず、出力が低下し、最終的には燃費が悪化する原因となる（CO_2の排出も増える）。フィルターエレメントからの水分が滲出するまでの時間は、フィルターの上流側でさまざまな対策を講じることにより、大幅に延長したり、滲出そのものを防止することもできる。

水滴を分離するために、フィン付き分離装置、バッフルプレート、サイクロン式の「分離環」（図6を参照）などが外気導入部に使用されている。外気導入ライン、つまり、外気取入れ口からエアフィルターエレメントまでの距離が短いと、気水の分離が困難になる。いずれにしても、これらによる圧力損失をできるだけ小さくすることが重要である。また、分離した水を大気中に逃がすための適切な排出装置と組み合わせて使用する必要があるが、水分離フリースをフィルターエレメントに取り付けたハウジング側の対策によって水を分離する方法も組み合わせて使用されている。

外気導入部とエアフィルターハウジングの最適化設計により、比較的外気導入ラインが短い場合でも、優れた気水分離性能が得られるように、上記の方法による機能が強化されている。

降雪に対する対策

冬季の降雪時に雪片が外気導入部に吸い込まれ、エアフィルターエレメントの外気側が詰まる可能性がある。この状態が持続すると、圧力損失が増え、さらに悪化すると、エアフィルターエレメントの外気側が雪で詰まり、燃焼プロセスで十分な吸気量が得られず、エンジンが停止することがある。最終的にはエンジンが完全に停止してしまう。

これを防ぐために、耐雪システム（ASS）が使用されるが、これは基本的には二次吸気システムである（図7）。フィルターエレメントが雪で詰まると、エンジンルーム内の、温度の高い、乾燥した、雪片の混じっていない空気が導入され、エンジンでの燃焼に必要な空気流量が維持される。二次吸気システムは、温度または圧力によって制御される制御システムによって操作することができる。温度制御方式の場合は、ワックス膨張式エレメントによって操作される。圧力制御方式の場合は、エアフィルターの外気側に組み込まれているスプリング負荷式バルブが使用される。フィル

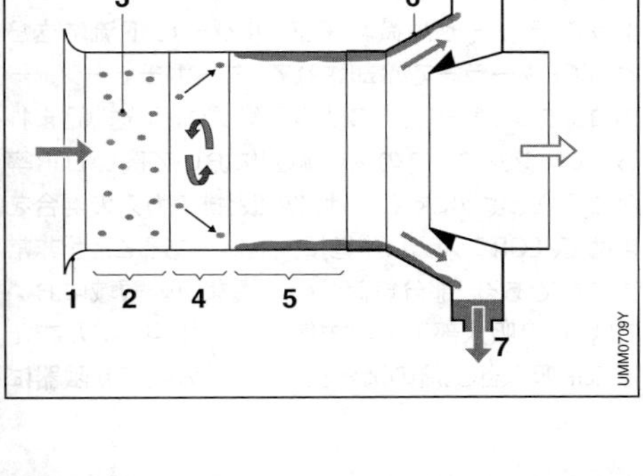

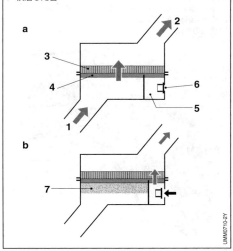

図7：降雪に対する対策
a バイパスバルブ閉
b バイパスバルブ開
1 外気
2 ろ過（清浄）空気
3 エアフィルターエレメント
4 外気側のフリース
5 乾燥室
6 バイパスバルブ
7 積層した雪

図6：気水分離の原理
1 外気
2 外気導入ダクト
3 水滴
4 スワール発生部（オプション）
5 壁面に付着した水の膜
6 分離環
7 排水

ターエレメントにはフリースが前置され、そのシール機能によって、二次吸気システムへの雪の侵入が防止され、二次空気室の乾燥状態が保持される。

センサーテクノロジー

圧力と温度だけでなく、空気の質量流量を測定するセンサーが、エアフィルターの清浄空気側に組み込まれていることが多い。排気ガスに関連する空気質量流量は、ホットフィルムセンサー式エアーフローメーターによって計測される。排気ガス規制が厳しくなるにつれ、信号品質に関する要件も厳しさを増してきている。エアフィルターシステムの信号偏差を±2.5%の範囲に抑えることは達成が困難ではあるが、珍しくない。ただし、そのためには、センサー近傍の流れの破壊的な外乱および不安定性を識別し、適切な製品設計および追加の対策またはコンポーネント（エアダクトグリル、フィン、デフレクターなど）が必要であり、シミュレーションによるコストの増大が避けられない（図8を参照）。

外観のデザイン

射出成形用金型の放電加工、ブラスト加工、フォトエッチング加工などのさまざまな手法を用いて、プラスチック部品の表面を顧客が求める好ましい外観にすることができる。エンジン一体設計のエアフィルターは、まさに、その特徴的な例である。

インターフェース

エアフィルターハウジングと清浄空気ラインの連結部のデザインは、ユーザーの要求に合わせる方向で行われる。自動車メーカーの製造工場が、この接続部の形状を指定することが多い。可撓性を備えたコンポーネントが必要な場合、ポリプロピレン（PP）とエチレンプロピレンゴム（EPDM）を成分とする熱可塑性エラストマー（PP-EPDM）の射出成形加工により、インシュレーター（蛇腹）を組み込んだダクトを製造し、これらをブロー成形によるダクトと連結することができる。

クランクケースベンチレーション

低圧側の清浄空気回路に、クランクケースの通気回路からのブローバイガス導入部や、PCV（能動型クランクケース通気）用の吸入部などの接続部が組み込まれることがある。ブローバイガスの吸入部には、凍結を防止するために、加熱式チューブが使用されることが多い。

低圧排気ガス再循環（EGR）

小排気量のディーゼルエンジンで、窒素酸化物（NO_x）に対する厳格なEuro 6規制をクリアするのに特に適している方法が、低圧排気ガス再循環（EGR）方式である（「排気ガス再循環」を参照）。大排気量のディーゼルエンジンでは、この低圧排気ガス再循環方式と、選択接触還元（SCR）方式の組み合わせが使用される。排気ガスは、低圧排気ガス再循環によって、ディーゼル微粒子フィルターの下流に送られ、EGRクーラーで冷却されて、ターボチャージャーのコンプレッサー上流の清浄空気ダクトに送り込まれる。エンジンマップの広い範囲において高いEGR率が得られるようにするには、空気と排気ガスの混合を含めて、EGRシステムが低損失設計であることが非常に重要である。部分負荷時の特異な運転領域においては、EGR吸入部下流の排気ガス制限器により、またはEGR吸入部上流の清浄空気ダクトの吸気制限器に

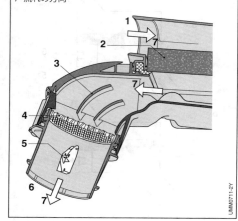

図8：ホットフィルムセンサー式エアーフローメーター
上流の流れの最適化
1 外気導入部
2 エアフィルターエレメント
3 整流板
4 整流グリル
5 ホットフィルムセンサー式エアーフローメーター
6 ろ過（清浄）空気出口
7 流れの方向

より、EGRシステム内で圧力の低下が発生する。混合器の構造を適切に設計することにより、局所的な温度勾配の発生を防止して、コンプレッサーの損傷を防ぎ、コンプレッサーの効率が低下するのを防止する。EGRクーラー下流の排気ガスの最高温度は150〜200℃であり、プラスチック製コンポーネントを使用することができるため、混合および制御の機能を、コストとスペースの両面で効率良く実現できる。ただし、排気ガスの温度が85℃以下になると酸性の凝縮物（pH 2〜3）が生成されるため、耐酸性を備えた材料を選択することが重要である。

低圧排気ガス再循環方式はガソリンエンジンでも研究されているが、その目的は、CO_2の削減とノックの抑制であり、NO_xの排出削減が主眼ではない。大量生産における最初の応用がまもなく始まると思われる。

エアフィルターの妥当性確認

できるだけ早期に製品の熟成度を高めるために、シミュレーション、騒音試験、およびコンポーネント試験で構成された製品の完全な検証が、エアフィルターシステムの開発プロセスに不可欠である。すでに初期の概念設計の段階で、仮想製品検証の枠組みの中で、エアフィルターシステムの機能および属性の最適化を行うためのシミュレーションが実施されている。外気導入部の開口部で発生する騒音や表面音響放射などの音響属性が、計算により検証および最適化されている。

騒音属性だけでなく、圧力損失や計測センサーシステム近傍の流れなど、流体の属性も解析され改善されている。また、後で行う寿命試験を問題なく実施できるようにするため、道路およびエンジンに由来する振動の特性も、有限要素シミュレーションを使用して試験されている。最初の試作品が使用できるようになるとすぐに、特に、ろ過属性の試験が行われる。コンポーネント試験の枠組みの中での試験の範囲には、個別のコンポーネントの試験と、完全なシステムとしての試験が含まれる。これは、車両特有のさまざまな周囲条件（温度、湿度、材料の加圧など）を重ね合わせた機能試験に収斂する。

コンポーネントの寿命は、車両の実際の負荷を模擬した総合的な振動および脈動試験によって確認される。厳格な排出ガス規制の観点からは、エアフィルター内の流れの挙動や塵埃の集積も考慮に入れて、非常に詳細に解析を行う必要がある。これは、エアフィルターエレメントの折りたたみ（襞）の形状やフィルター材料の面積など、大きな影響を与える要素を考慮に入れて行わなければならない。コンポーネントの品質および製造プロセスを最適化するためのコンポーネントの検証は、射出成形プロセスのシミュレーションに集約される。

トレンド―吸気システムの開発の進展

現在観察される市場でのトレンドは、エンジンのダウンサイジング、共通プラットフォーム戦略によるシナジー効果の利用、排出ガス規制に関する要件の厳格化の3つに代表される。

ダウンサイジングには、過給式エンジンの占める割合が多くなるのは必定であり、特に大きな空気質量流量、小型で複雑な構造のエアフィルターハウジング、騒音と圧力損失のバランスの強化、エンジンルームの温度の上昇、過給圧の上昇などを考慮しなければならない。これには、流れと騒音の最適化、新しいフィルター材料、革新的なフィルターエレメントの設計、高品質プラスチック材料など、シミュレーションコストの増大を伴う。

自動車メーカーの共通プラットフォーム戦略には、パッケージスペースの複雑化と高度の部品の共通化が必要になる。排出ガス規制に関する要件の厳格化により、センサーテクノロジー、特にホットフィルムセンサー式エアフローメーターの信号安定性に関する仕様が厳しくなる。これによっても、シミュレーションツールの複雑化、新しいテスト手法の開発、製品設計および構造の複雑化が避けられない。

580 内燃機関（ICエンジン）

　各コンポーネントを、新しい製造技術によって軽量化することができる。発泡プラスチック材料の射出成形によって製造されたエアフィルターは、これに寄与している。コンポーネントの肉厚を減らすこともできるが、その場合は、特にエアフィルターハウジングの音響的挙動に注意する必要がある。肉厚を減らして薄くした場合でも、構造由来の騒音の発生を、曲面を使用したり、リブまたはビード（溝形の凹み）を組み込むことにより抑制することができる。ラジアル式（図9）など、フィルターエレメントとハウジングの合わせ目の新しいシール方式は、化合物を不要にし、コストの削減と、フィルターエレメント交換時のサービス性の向上に寄与している。両方のハウジングは、一体成形されているスナップ式フックによって一体化される。

図9：ラジアルシールの構造
1　エアフィルターベローズ
2　ラジアルシール
3　外気導入ハウジング
4　ろ過（清浄）空気フード

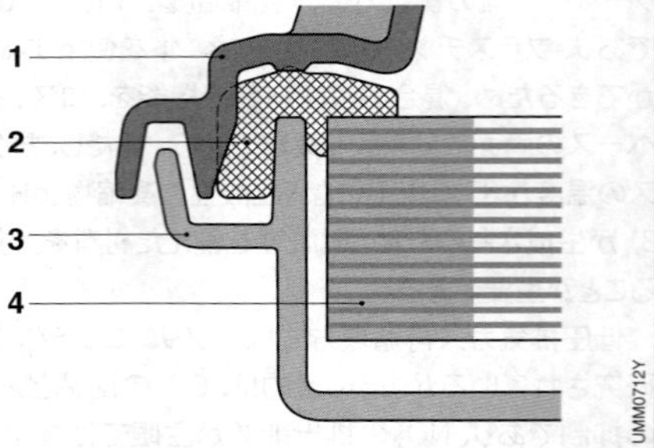

ハイブリッド車両と能動型騒音制御

　自動車のハイブリッド化によって新しい問題が発生している。エンジンと電気モーターでの走行を切り換えるだけでなく、電気モーターだけで走行することもあり、走行音に関する新しい状況が発生している。能動型騒音制御システム（アクティブノイズコントロール、ANC）は、受動型コンポーネントに代わって騒音を抑制するだけでなく、電気モーターだけで走行しているときに歩行者に注意を与えるためなど、故意に騒音を発生するためにも使用される。電気モーターだけで走行しているときの警告機能の実装を義務付ける法的規制を開始している国もある。固有のサウンドの生成や、好ましくない現象を音響的に打ち消すための騒音制御にも使用することができる。この手法は、能動型システムを、将来のエンジンコンセプトにとって興味あるものにしている。

乗用車のインテークマニホールド

インテークマニホールドの主な機能は、個別のシリンダーに均一に空気を配分して、それぞれのシリンダー内で、できるだけ均一で効率的な燃焼が行われるようにすることである。均一な分配の品質が、エンジンの性能および排出ガスの特性に決定的な影響を与える。

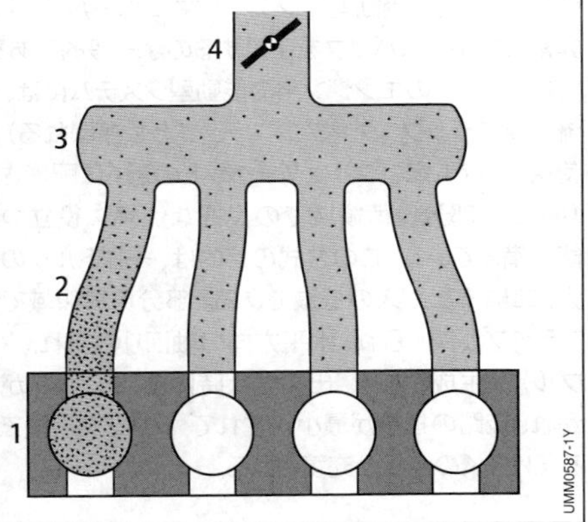

ガソリンエンジンの場合は自然吸気エンジンと過給式エンジンの区別があるが、ディーゼルエンジンの場合は、現在では過給式エンジンのみになっている。いずれのエンジンの場合も、受動型と能動型のインテークマニホールドが存在する。能動型インテークマニホールドは、一般には、可変長式インテークマニホールドと呼ばれている。

自然吸気エンジン用インテークマニホールド

この種のインテークマニホールドは、気体の動圧による過給効果を使用してシリンダー内の空気質量を増やすことにより、エンジンの出力（トルク）を向上させる。この過給効果には2種類ある。

ラムパイプ過給方式

ラムパイプ過給方式では、各シリンダーに専用のラムパイプを備え、それぞれのラムパイプは、インテークプレナムと呼ばれる共通のプレナムチャンバーに接続されている(図10)。

吸入行程で発生する脈動によって負圧波が発生する。負圧波は、ラムパイプ内を伝播し、インテークプレナムにつながる開口部で反転して、正圧波として燃焼室に戻る。圧力波は常に音速で伝播するため、ラムパイプの長さによって、過給効果が発生するエンジンの回転速度範囲が決まる。

この過給効果のさまざまなエンジン回転速度範囲での利用を可能にするため、この方式の能動型イン

図10：ラムパイプ過給方式
1 シリンダー
2 個別のラムパイプ
3 プレナムチャンバー
4 スロットルバルブ

図11：可変長式吸気方式
a 切換えフラップが閉じているときのインテークマニホールド形状（トルク設定）
b 切換えフラップが開いているときのインテークマニホールド形状（出力設定）
1 切換えフラップ
2 プレナムチャンバー
3 切換えフラップが閉じているときの、長くて細い、脈動する吸入通路
4 切換えフラップが開いているときの、太くて短い、脈動する吸入通路

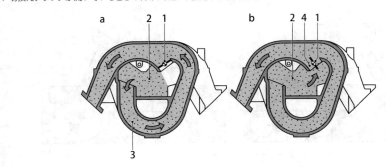

テークマニホールド（可変長式インテークマニホールド、図11）を装備する選択肢がある。それぞれのエンジン回転速度範囲で理想的なラムパイプの長さが選択可能な、無段変長式の吸入システムが理想であるが、技術的にもコスト的にも実現可能性は小さい。そのため、実際には、2段式または稀には3段式の吸入システムが使用されている。

チューンドパイプ過給方式

チューンドパイプ過給方式は、ヘルムホルツ共鳴器を応用した過給方式であり、共鳴過給とも呼ばれる。各シリンダーは、同じ点火間隔になるように、2グループに分けられている。その理由は、各グループの吸入による脈動が重ならないようにするためである。それぞれのシリンダーは、短いインテークマニホールドで、2個の共鳴室（レゾナンスプレナム）に接続されている（図12）。2個のレゾナンスプレナムは、レゾナンス（チューンド）パイプで共通のインテークプレナムに接続されている。吸入時の周期的な脈動による気体の振動が、特定のエンジン回転速度で共鳴することにより、過給効果が発生する。過給効果が発生するエンジン回転速度範囲は、チューンドパイプの長さと直径によって決まる。この方式は、点火順序のために独立して動作するシリンダーグループ（点火間隔240°の3個のシリンダーで構成されるグループ）を作成するのが比較的簡単な3、6、12気筒のエンジンに専ら使用される。

2個の共鳴室を共鳴フラップで隔てて1つに連結すると、さらに都合の良い能動システムが実現できる。共鳴フラップを閉じると、低いエンジン回転速度領域で生成されるトルクが増大する。高いエンジン回転速度領域では、このフラップを開いて、短いラムパイプを備えた1つのインテークマニホールドになり、この回転速度領域での出力が増大する。

過給式ガソリンエンジン用インテークマニホールド

過給式ガソリンエンジン用インテークマニホールドは、その多くが受動型インテークマニホールドである。出力およびトルクは、主として過給機によって生成される過給圧、つまりシリンダーに導入される空気の質量によって決定される。この方式は今でも使用されているが、受動型インテークマニホールドとして、非常に短いラムパイプを使用するのが一般的である。

このタイプのエンジン用の能動型システムには、乱流制御フラップ（タンブルフラップとも呼ばれる）が使用されている。シリンダーヘッドの近くに配置され（図13）、部分負荷領域での良好な燃焼に役立つ機能を備えている。この方式の目的は、一にトルクの増大、二に排出ガスの低減である。部分負荷領域ではフラップが閉じられ、水平方向の軸回りの流れ（タンブル）が生成される。出力増大時には、フラップが開かれ、流路の抵抗が最小化されて、シリンダーにできるだけ多くの空気が充填される。

図12：チューンドパイプ過給方式
a 共鳴吸気システム　b 可変式共鳴吸気システム
1 シリンダー　2 短いインテークマニホールド　3 共鳴室
4 共鳴パイプ　5 プレナムチャンバー（メインインテークプレナム）
6 スロットルバルブ　7 共鳴フラップ
A/B シリンダーグループ

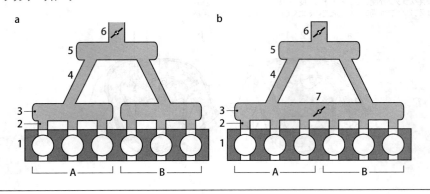

吸気システムおよびインテークマニホールド **583**

この特殊なものが格納式のトラフフラップであり、シリンダーへの流れを妨げないようにするために、開いた状態ではダクトの内壁内に完全に格納されようになっている。

過給式ディーゼルエンジン用インテークマニホールド

過給式ディーゼルエンジン用インテークマニホールドの場合は、受動型と能動型の明確な区分は存在しない。過給式ディーゼルエンジン用インテークマニホールドには、もはやマニホールドと呼べるものは事実上存在しない。インテークプレナムとシリンダーヘッドとの接続に短いラッパ型のパイプが使用されているに過ぎない。

能動型インテークマニホールドの場合、1つのシリンダーあたり、スワールポートと充填ポートの2個のインテークポートがシリンダーヘッドに設けられている。インテークマニホールドの充填ポートには、ポート遮蔽フラップが備えられている。このフラップの機能は、部分負荷領域では充填ポートを遮蔽し、スワールポートのみを通じてシリンダーに充填することによ

図14：スワール発生方式
a スワール設定のインテークマニホールド
b 出力設定のインテークマニホールド
1 スワールポート
2 給気ポート
3 ポート遮蔽フラップ

図13：タンブル発生方式
a タンブル設定のインテークマニホールド
b 出力設定のインテークマニホールド
1 インテークマニホールド
2 乱流フラップ（タンブルフラップ）

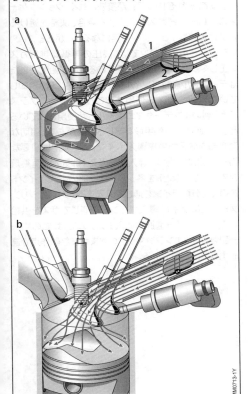
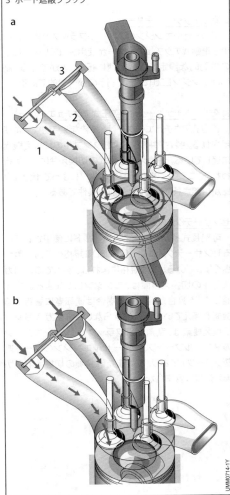

584 内燃機関（ICエンジン）

り、垂直方向の軸回りの顕著なスワールを生成することである。このスワールによって、空気と燃料が完全に混合され、排出ガスの低減に寄与する。全負荷領域への遷移時には、このフラップが段階的に開かれ、充填ポートからの空気の流入によってスワールは消失する。その結果、できるだけ多くの空気がシリンダーに充填され、大きな出力およびトルクが生成される。

アクチュエーターおよびセンサーテクノロジー

さまざまな切換え機構の操作には、主として電動式または真空式のアクチュエーターが使用される。

電動式アクチュエーター

ディーゼルエンジンのスワールフラップの操作には、専ら電動式アクチュエーターが使用されている。任意の中間的な設定を正確迅速に行うことができる。制御はエンジンECUによって行うのが一般的である。

真空式アクチュエーター（空圧式アクチュエーター）

真空式アクチュエーターは、純粋な2点切換えに使用される。長さ、共鳴、およびタンブルの切換え機構に適している。切換えは電動式の切換え弁によって行われる。エンジンまたは真空ポンプによって十分な負圧が供給されていることが前提条件である。

センサーテクノロジー

可変長式インテークマニホールドに使用されているセンサーテクノロジーは、OBD II規格への対応度が高くなっている。この規格によれば、すべての排出ガス関連の切換え装置は、エンジンECUによる監視を通じて、不具合が発生した場合は運転者に警告する機能を備えていなければならない。排出ガス関連の切換え要素は、乱流制御フラップ（ガソリンエンジンのタンブルフラップ、ディーゼルエンジンのポート遮蔽フラップ）であり、長さまたは共鳴の切換え用の切換え要素は含まれない。

電動式アクチュエーターには、回転角度センサーが組み込まれていることが多く、真空式アクチュエーターでは、別にセンサーが必要だが、アクチュエーター内に組み込まれていることが多い。

能動型インテークマニホールドの場合は、回転角度監視用センサーのほかに、圧力、温度、またはこの2つを組み合わせたセンサーがインテークマニホールドに組み込まれている。これらのセンサーは、インテークマニホールドからエンジンECUに、燃焼に必要な情報を供給するために使用されている。

ガスの導入

導入したガスを、それぞれのシリンダーに均等に分配することも、インテークマニホールドの機能の1つである。ガソリンエンジンでは、これらは主としてブローバイガスと燃料タンクからの蒸発ガスである。これらのガスを導入するための配管接続部がインテークマニホールドに配置されていて、エンジンメーカーによって、それぞれの配管が接続される。クランクケースのブローバイガスを導入する場合、凍結を避けるために加熱式チューブが必要になることがある。

ディーゼルエンジンでは、高圧の再循環排気ガスを正しく導入することが重要である。冷間始動時またはディーゼル微粒子フィルターの再生時には、冷却していない排気ガスを使用することが多いが、プラスチック製のインテークマニホールドが使用されているときは、適切な断熱手段を講じる必要がある。適切な混合部を備えた中央導入ポイントが、非常に重要な均一分配に役立つ。導入するガス（排気ガス再循環システムからなど）を各シリンダー別の導入ポイントを備えた分配ラインを通じて導入する（つまり、シリンダーごとに個別の導入ポイントを通じてガスを供給する）シリンダー選択式導入システムでは、この均一分配要件を、エンジンマップのさまざまな動作点で達成するのは困難である。

ガスケット

ガスケット材料には高品質化の傾向が見られる。これは主として、ディーゼルエンジンにおいて低圧排気ガス再循環方式が多く使用されるようになった結果、排気ガス導入システムに侵蝕性のある凝縮物が生成されるためである。このような用途には、ペルオキシド硬化フルオロカーボンエラストマーなどを使用する必要がある。常用温度が上下の両方の範囲に広がることがあるため、特に低温に対する耐性に優れた材料が必要になることもある。

インテークマニホールドの妥当性確認

仮想および実験による製品の妥当性確認は、インテークマニホールドの開発にとって、その重要性を増している。流れと重量が最適化されたコンポーネントの基礎は、開発の早期の段階で、設計、試験、およびシミュレーションによって既に築かれている。個別のシリンダーへの空気の均一な分配は、CFDシミュレーションを繰り返すことにより最適化されている。インテークマニホールドの形状は、FEMシミュレーションによって、最大の剛性と強度を最小の重量で達成するように最適化されている。これにより、コンポーネント製造用の材料の使用量をできるだけ少なくすることが可能になっている。コンポーネントの製造可能性が、射出成形シミュレーションによって最適化されている。

このような理論的解析は、試作品および標準部品を使用して検証される。個別のシリンダーへの空気の均一な分配は、流量測定装置を使用して測定される。コンポーネントの構造的強度は、温度を変化させての厳格な圧力脈動試験および振動試験によって確認される。可変長式インテークマニホールドの場合、切換え機構およびアクチュエーターの耐久性が、耐久試験および疲労試験によって実際に確認される。

インテークマニホールド開発における傾向

中間冷却（インタークーリング）の直接から間接への切換えと、その結果によるCO_2排出削減効果のために、インテークマニホールド市場の主要なトレンドは、インタークーラーの内蔵に向かっている。

この傾向は、特に過給式ガソリンエンジンのインテークマニホールドの開発において顕著である。事実上、すべてのメーカーが、吸気システムへのインタークーラーの完全な統合のためのソリューションを追求している。立方形のインタークーラーをプラスチック製のインテークマニホールドに組み込む必要がある。また、大面積の平坦な表面と、インタークーラー上流側はプラスチックにとっては極めて高温になることがあるにもかかわらず、圧力脈動抵抗に関する要件を満たす必要がある。この要件を満たす材料の開発が現在行われている。

ディーゼルエンジン市場は、大別して、インテークマニホールドに直接内蔵されたインタークーラーと、スロットルバルブ上流への「シングルボックス」として配置されたインタークーラーの、2つの方式に分かれる。

モーターサイクルのインテークマニホールド

　モーターサイクルのエンジンのインテークマニホールドは、基本的には、乗用車のエンジンのものと機能は同じであるが、設計に関しては、さまざまな違いがある。たとえば、乗用車の場合、通常は、複数のシリンダーに対して1つのスロットルバルブが使用されるが（図10）、モーターサイクルの場合は、シリンダーごとに独立したスロットルバルブが使用されることが多い（図15）。このようにすることで、スロットルバルブとインテークバルブの間のインテークマニホールド容積を大幅に削減することができる。容積が小さいと動的性能が向上し、スロットルバルブを急激に開閉したときの応答性が向上する。モーターサイクルの場合は、動的な応答性の良さが基本的な要件である。この方式により、インテークマニホールド容積とそれぞれのシリンダーの排気量との比率を小さくすることができる。応答性だけでなく、インテークマニホールドの圧力変動による特性も向上する（「シリンダー内の混合気の流れ」を参照）。

　シリンダーごとのスロットルバルブは共通の1本のシャフトに取り付けられるが、V型エンジンなどでは、バンクごとのシャフトに取り付けられる。乗用車のエンジンでも、レース用エンジンなどでは、類似構造のインテークマニホールドが使用されている。

図15：モーターサイクルのインテークマニホールド
1　シリンダー　　　2　独立したインテークパイプ
3　プレナムチャンバー　　　4　スロットルバルブ

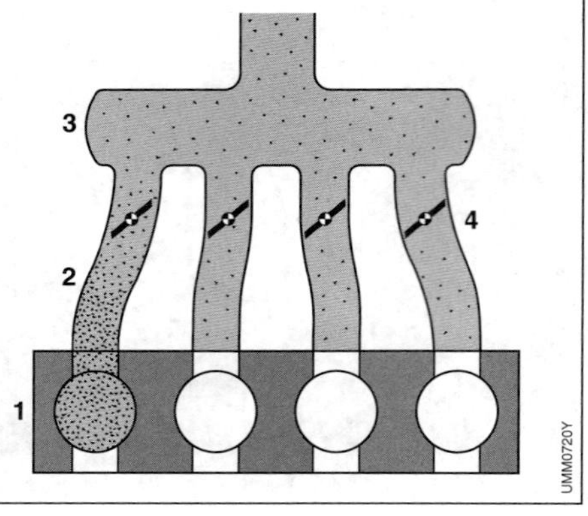

商用車の吸気システム

エアダクト

　商用車の吸気システムの設計は、基本的には、乗用車の吸気システムの場合と同じである（図1を参照）。商用車向け吸気システムの設計においては、乗用車と比較して商用車ははるかに使用期間が長いこと、高い体積流量、さらにその用途が近距離、長距離そして建設現場など多岐にわたることを考慮しなければならない。フィルターの設計にはさまざまな体積と種類のほこりを考慮しなければならない。

　ターボチャージャーまでのローエア（未ろ過エア）ダクト、エアフィルターおよびクリーンエアフィルターは熱可塑性プラスチック製である。ターボチャージャー下流側においても、（現状では）多くの部分がアルミニウムおよびゴム製部品の組み合わせで構成されている。しかしながら将来は、チャージエアパイプやインテークマニホールド（チャージエアマニホールド）により多くのプラスチック部品が使われるようになるであろう。

ローエアインテーク（未ろ過エアの吸気）

　外気吸入位置は非常に重要である。大型商用車においては、一般的にルーフインテーク（頭頂配置吸気）あるいはサイドインテーク（側方配置吸気）が採用される。どちらのシステムも、通常遮音のためのラバーマウントとともに車室後壁に取り付けられている。エア中の埃および凝縮水は、ルーフインテークを採用することで最低限に抑えることができる。しかしながら、異なる車室高さおよび車室幅に対応するため多種のローエアダクトがある。コスト面で良好な妥協策となるのがサイドインテーク（図16）である。この場合には、エアはルーフの高さとは無関係に車室後側方の高さから取り込まれる。

　乗用車において使用されているラインに類似した高さの低いフロントインテークあるいはサイドインテークは、一般に小型商用車に採用される。取り込まれる埃の体積を一定に維持するために水分がチェックされ、エアは車両側面のバッフルを通って取り入れられる。エアダクトは、あらゆる状況において可能な限り良好なエアフローを実現できるものでなければならない。性能を低下させ燃費を悪化させるので、エンジンからの熱い排気を取り入れることがあってはならない。

多くのトラックはサービス作業時にエンジンにアクセスするために車室を前方へ傾けることができるので、ローエアダクトはベローズを介してシステムのその他の部分へと接続されている。ベローズの役割は、車室が元の位置に戻される際のインターフェースのシール、および跳ねる車室の振動運動を補整することである。

気水分離

気水分離のための手段はローエアシステムに組み込まれている。外気に含まれている微細な水滴を分離することにより、フィルターで捕捉されている塵埃が流れ込んで、エンジンの摩耗を早めたり、各センサーが故障するのを防止している。概してフィルター材としてはセルロースベースのものが使用されているので、最悪の場合フィルターエレメントが破壊されてしまうことも考えられる。気水分離の方法としては、たとえばエアの吸入速度を低下させて基本的に取り込まれる水の量を可能な限り少なくするための断面の大きなインテークシステムの使用も考えられる。吸気に含まれている水滴はバッフルによりマニホールド内壁に押しやられ、そこで膜を形成する。続いて水滴はピーリングカラーを介して分離されるか、あるいは体積が変化して水抜きバルブを通って排出される。

埃の予備分離

空気中の塵埃濃度が高い環境（建設現場や塵埃の多い場所）で使用される車両では、外気導入部にサイクロン方式の塵埃除去装置が組み込まれている。これには、独立型（図17）と内蔵型のものがある。セルサイクロンは小型で、スペース節減のためハウジングに一体化されている。このセパレーターは、吸気中に含まれる粗い埃の多くを分離する。エアはインレットにおいてガイドベーンにより回転させられ、重い埃粒子はハウジングの内壁へと飛ばされ、ダストアウトレットより排出される。予備清浄の行われたエアは、エアフローを再度調整するさらなるガイドベーンアセンブリー（オプション）によりエアフィルターへと向けられる。

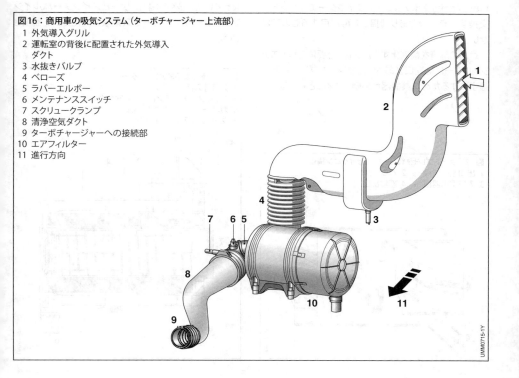

図16：商用車の吸気システム（ターボチャージャー上流部）
1 外気導入グリル
2 運転室の背後に配置された外気導入ダクト
3 水抜きバルブ
4 ベローズ
5 ラバーエルボー
6 メンテナンススイッチ
7 スクリュークランプ
8 清浄空気ダクト
9 ターボチャージャーへの接続部
10 エアフィルター
11 進行方向

エアフィルター

現在商用車に最も広範に使用されているエアフィルターは、らせん状V字折りフィルターエレメントを装備したシングルステージラウンドエアフィルターである。このフィルターは、圧力損失が低いこと、埃容量が高くて寿命が長いことを特長とする。使われ方によっては、ラウンドフィルターは一般的なオイル交換間隔を2倍に延ばすことができる。円筒型フィルターには、2段式フィルターとして製造できる利点もある。その場合、塵埃の除去はエアフィルター内で行われる（図18）。接線方向に配置されたエアインレットがハウジング内で渦を形成させ、これが粗い埃粒子を分離する。

今日では、たとえば埃および煤のろ過効率の最大化を目指して改良されたフィルター材など、用途に応じた種々のフィルター材が供給されている。

安全ガイドは、オプションで円筒形メインフィルターエレメントの内部に配置され、サービス作業時に、溜まっている塵埃が清浄空気側に入り込むのを防止する。加えて、サービス作業時にメインフィルターエレメントが損傷した場合にもエンジンを保護する。しかしながら基本的に、エアフィルターエレメントは交換すべきものであり清掃して再利用するものではない。

車両の騒音を最適化するために、必要に応じてエアフィルターには開口音あるいはエンジンブレーキ音を最小にするために共振器が装備されることもある。

ターボチャージャーに接続する清浄空気ダクト

クリーンエアラインは、一般に金属、プラスチックおよびゴム製部品を組み合わせた構成となっている。オプションで、エアマスセンサー、負圧センサーおよびエアモイスチャーセンサーを内蔵する場合がある。クリーンエア側のすべてのインターフェースは常に漏れのない状態にあることが重要である。負圧スイッチは、運転者にフィルターエレメントがサービス期限に達したことを知らせる。柔軟性のあるゴム製接続部が、エンジンとフレームに取り付けられたエアフィルター間の相対運動を補整する。

外気のろ過

最新技術を採用したフィルターエレメントは、最大で99.95 %の総質量ろ過率を達成する。商用車エンジンの耐用年数は、乗用車エンジンよりも大幅に上回るため、それに応じて、ろ過性能に対する要件も厳しくなる。

フィルターエレメントは、自動車メーカーが指定した間隔で交換する必要がある。一般に交換間隔は用途に応じて40,000 〜 320,000 km、あるいは2年となっている。多くの場合、サービスインターバルインジケーターがいつサービス期限を迎えるかを監視している。

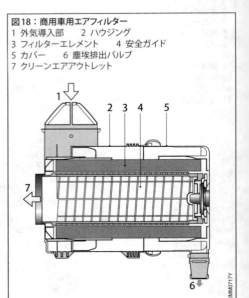

図18：商用車用エアフィルター
1 外気導入部　　2 ハウジング
3 フィルターエレメント　　4 安全ガイド
5 カバー　　6 塵埃排出バルブ
7 クリーンエアアウトレット

図17：ダストプレセパレーター（サイクロン構造）
1 出口案内羽根　　2 ハウジング
3 入口案内羽根　　4 塵埃出口

商用車のエアフィルターに使用されている材料は乗用車のものと類似であるが、ろ過効率の高いものが使用され、通常は、表面ろ過式フィルターとして設計されている。したがって分離された粒子は主にセルロースベースのフィルター材の表面に堆積する。

比較的粗いセルロースの基材に、直径30～40nmの、特殊なナノファイバーの極めて薄い合成繊維の層を形成したフィルター材料は、純粋なセルロースを使用したものよりも優れたろ過性能を示す。このようにして改善されたろ過効率の値は、このようなシステムが、センサー、ターボチャージャー、およびその他のコンポーネントの保護に関して、商用車メーカーの増え続ける要件を満たすことを可能にしている。また、これらのコンポーネントを保護することは、かってないほどに厳しさを増す排出ガス規制への適合に寄与する。

さらなる発展

吸気システムのために使用できるスペースは、特に包括的な排気ガス処理システムのために増々限られたものとなっている。このため将来は、ラウンドフィルターよりフラットなエアフィルターも登場するであろう。このことにより、たとえばフロントホイールの前方、あるいは車室下などの新しい取付け位置の可能性が開ける。

商用車のインテークマニホールド

過給式のディーゼルエンジンでは、単にチャージエアマニホールドと呼ばれている吸気マニホールドが必要になる。エアはフィルターを通過してターボチャージャーへと送られ、そこからインタークーラーを通ってチャージエアマニホールドへと送られる。チャージエアマニホールドはエアを各シリンダーへ分配する。通常は、EGR（排気ガス再循環）用バルブと、場合によっては電気式補助ヒーターが、供給部にフランジで取り付けられている。補助ヒーターは、エンジン始動時に可能な限り速やかに求められる排気ガス規制値を達成することを支援する。

取り入れられた排気ガスはチャージエアマニホールドで外気と混合され、可能な限り均等にすべてのシリンダーに分配される。排気ガスは、作動状態およびEGRレート、亜硫酸および煤に応じてEGRクーラーコンテナにより冷却される。チャージエアマニホールドに使用するアルミニウムは、塗装を施すなどして酸から保護する必要がある。プラスチック製のチャージエアマニホールドの場合は、温度、過給圧、酸が全耐用年数にわたってコンポーネントを損傷しないようなプラスチックを選択する必要がある。同様のことがフランジガスケットにも求められる。

チャージエアマニホールドには、単純な構造のため一体型のプラスチック射出成形品として製造されたもの（図19）と、形状が複雑なため2つの部品として製造し、接合されたものがある。溶接に際しては、過給圧、部品の寸法および公差を考慮する必要がある。プラスチックの使用はエンジンの軽量化にも寄与する。

図19：商用車のチャージエアマニホールド
1 EGRバルブまたは補助ヒーター用フランジ
2 シリンダーヘッド用フランジ

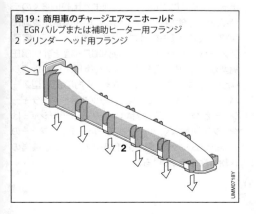

ターボチャージャーとスーパーチャージャー

ターボチャージャーとスーパーチャージャーは、所与の排気量とエンジン回転数のもとで空気の質量流量を増加させ、出力密度を高める技術である。こうした「過給機」は一般に、機械で駆動するスーパーチャージャーと、排気ガスターボチャージャー、圧力波（プレッシャーウェーブ）スーパーチャージャーの3種類に分けられる。

機械式スーパーチャージャーの場合、必要な駆動力はベルトを介してクランクシャフトから、あるいは歯車駆動装置を介してエンジンから直接取り出す。つまり、スーパーチャージャーとエンジンは機械的に連結されている。

排気ガスターボチャージャーの場合、排気ガスをタービンで膨張させて駆動力を発生させる。その際、排気ガスの持つエネルギーの一部が利用される。つまり、ターボチャージャーとエンジンは、純粋に熱力学的に連結される。排気ガスターボチャージャーには、電動式、機械式、油圧式の補助駆動装置を備えたものもあるが、これらは基本形のバリエーションと見なすことができる。

圧力波スーパーチャージャーの場合、コンプレッサーの動力として排気ガスのエネルギーを利用する一方、スーパーチャージャーを同期させるために補助駆動装置が必要になる。したがってこの場合、スーパーチャージャーとエンジンは、機械的に、かつ熱力学的に連結されることになる。

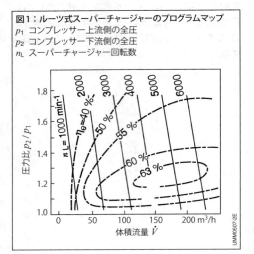

図1：ルーツ式スーパーチャージャーのプログラムマップ
p_1 コンプレッサー上流側の全圧
p_2 コンプレッサー下流側の全圧
n_L スーパーチャージャー回転数

スーパーチャージャー（機械式過給機）

機械駆動式のスーパーチャージャーは大きく2種類に分かれる[1]。ひとつは押しのけ原理に基づいて作動するスーパーチャージャー、もうひとつは流体力学の原理を利用し、運動量（脈動）によって空気を圧縮するスーパーチャージャーである。内燃機関は一般に、ベルト駆動装置でスーパーチャージャーを駆動する。駆動方法は直結式（常時駆動式）またはクラッチ介在式である。

遠心式スーパーチャージャー

遠心式スーパーチャージャーでは、コンプレッサーは流体力学の原理に従って作動する。この方式は機械式スーパーチャージャーの中でも特に効率性に優れ、規定の体積流量を最小の構造寸法で実現できる。達成可能な圧力比は、コンプレッサーインペラーの周速によって決まる。標準的な乗用車ではエア充填量の関係でコンプレッサーインペラー径が必然的に小さくなり、エンジンの効果的過給に必要な圧力比を得るために、コンプレッサーの回転速度を高くせざるを得ない。

要求される回転速度と駆動力が大きい上、比較的コストが高いという技術的、経済的理由のため、遠心式スーパーチャージャーは用途が限られる。性能を重視したコンセプトのエンジンに、ごくわずかな使用例が見られるにすぎない。

容積型スーパーチャージャー

押しのけ原理に基づいて作動する容積型スーパーチャージャーについては、これまで比較的多くのデザインが提案されてきた。しかし現在の量産車両に採用されているものはごくわずかに限られる。容積型スーパーチャージャーには内部圧縮型と非内部圧縮型がある。内部圧縮型には、往復ピストン式、スクリュー式、ロータリー式がある。非内部圧縮型スーパーチャージャーとしては、ルーツ式スーパーチャージャーが挙げられる。容積型スーパーチャージャーはタイプに関係なく、ルーツ式スーパーチャージャーのプログラムマップ（図1）に代表されるような共通の作動特性を持っている。

- p_2/p_1-$\dot{V}$プログラムマップから明らかなように、スーパーチャージャー回転数n_Lが一定のときの圧力比／体積流量曲線の勾配はきわめて急である。つまり、圧力比p_2/p_1が上昇しても体積流量$\dot{V}$はわずかに減少するだけである。体積流量の減少は、基本的にギャップシールの効率性（逆流損失）によって決まる。これは圧力比p_2/p_1および時間の関数であり、回転数の影響を受けることはない。
- 圧力比p_2/p_1は回転数に依存しない。つまり、体積流量が少なくても高い圧力比を得ることができる。
- 体積流量$\dot{V}$は圧力比とは関係なく、回転数にほぼ直接比例する。
- このユニットは全領域にわたり、安定して作動する。容積式スーパーチャージャーは、コンプレッサーの大きさで決まるp_2/p_1-$\dot{V}$プログラムマップのすべての点を利用できる。

一般的に容積型スーパーチャージャーは、所与の体積流量を生み出すために遠心式スーパーチャージャーよりも明らかに大きな寸法が必要となる。

ルーツ式スーパーチャージャー

ルーツ式スーパーチャージャーはロータリーピストン装置で、2枚またはそれ以上のブレードを備えたロータリーピストン対が転がり軸受で支持され、ギヤユニットで同期されて互いに逆回転する。ロータリーピストン対はハウジング内で互いに直接接触することなく、同じ速度でかみ合う（図2）。装置の効率は、基本的にこれらコンポーネント間のギャップにより決まる。

ルーツ式スーパーチャージャーは、非内部圧縮型スーパーチャージャーである。作動音抑制のため、一般に吸入側と吐出側にマフラーが装備される。こうしたシステム原理と構造のため、圧力比は2以下に制限される。機能コンポーネントのコーティングにより、効率アップを図ることができる。現在は、特に駆動側の可変速ギヤボックスに開発の重点が置かれている。

スクリュー式スーパーチャージャー

スクリュー式スーパーチャージャー（図3）はルーツ式スーパーチャージャーと似た構造を持ち、対をなすロータリーピストンを2本のシャフトで逆回転させる。しかしルーツ式と異なり、基本的には内部圧縮型であり、ルーツ式よりも高い圧力比を得ることができる。吸入側ではピストンの回転によってプロファイルギャップスペースが開き、吸気で満たされる。ローターが回転を続けてプロファイルギャップスペースが吐出側の制御エッジに達するまで、その大きさは連続的に縮小する。この時点で内部圧縮が終わり、圧縮された空気が圧力接続部（吐出側）に押し出される。内部の漏れ損失を最小化するため、ローターとハウ

図2：ルーツ式スーパーチャージャーの断面図
1 ハウジング
2 ロータリーピストン

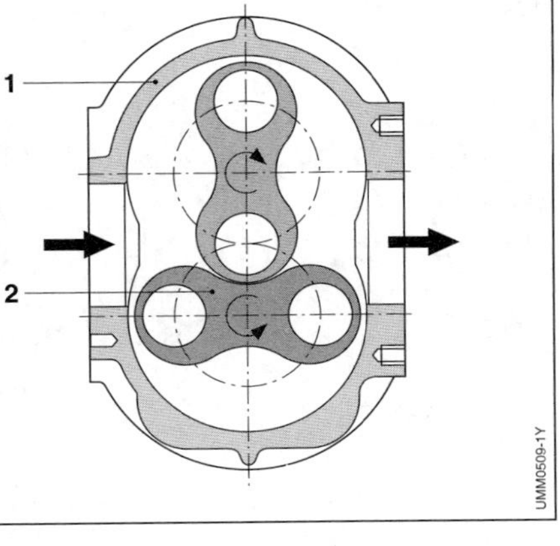

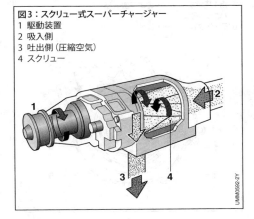

図3：スクリュー式スーパーチャージャー
1 駆動装置
2 吸入側
3 吐出側（圧縮空気）
4 スクリュー

592 内燃機関（ICエンジン）

ジング内壁間のクリアランスを極力小さくする必要が
ある。機能性と効率性を高めるため、ルーツ式の場合
と似た対策が考えられている。

スクロール式スーパーチャージャー

　スクロール式スーパーチャージャー（図4）は、渦巻
き体を備えたローターが同じく渦巻き体を備えたハ
ウジング内で偏心円軌道を描くコンプレッサーである。
スクロール式スーパーチャージャーは周回ディスプ
レーサーの原理に従って作動、①作動チャンバーが
開いて空気を吸入する、②閉じて空気を圧送する、③
再び開いてハブで空気を吐出するという一連の動作
を繰り返す。

　Gスーパーチャージャー（G-Lader）はスクロール式
スーパーチャージャーの一種である。公差を極めて
小さく保つこととシールが、機能性に決定的な影響を
与える。ラジアルシールはクリアランスを可能な限り
小さくすることで、またアキシャルシールは端面に差
し込んだシーリングストリップとの接触により確保す
る。シーリングストリップは磨耗するため、車両の定
期点検の際、必要に応じて交換される。内部圧縮は
渦巻き体の適切な構成によって行われる。

　近年は構造の単純化と、切替え式クラッチの統合を
目指した開発が行われている。

圧力波スーパーチャージャー

構造および作動原理

　圧力波（プレッシャーウェーブ）スーパーチャー
ジャー（図5）は気体力学の原理を利用した装置で、
外周部にオープンチャンネルを同軸配置したロー
ター（「セルホイール」）がその中核を構成する[2、3]。
ローターの端面にある吸気口と排気ガス口から、チャ
ンネルに外気および排気ガスを充填する。吸気は気
体力学のプロセスに従い、チャンネル内で圧縮され
る。その際、吸気と排気ガスが一時的に直接接触する。
このスーパーチャージャーの機能原理にとって非常
に重要なのは、気体力学的な圧縮プロセスが両方の
気体の混合よりもはるかに短時間で行われる、という
物理的な事実である。

　圧力波スーパーチャージャーの作動原理は、圧力
波がラインの開いた端部で負圧波、閉じた端部で正
圧波として反射する、という事実に基づいている。こ
のことは、負圧波の反射についても同様である。圧力
波プロセスの制御と維持のため、チャンネル開口部
が「オープンエンド」と「クローズドエンド」を通過す
る必要があり、このためにセルローターを回転させる。
駆動力は、ローターのベアリング摩擦損失とベンチ
レーション損失をカバーし、急激な負荷変動が生じた
場合にローターを加速させるためだけに費やされる。

　チャンネル内では、エネルギー交換が音速で行わ
れる。原理的に、圧力波スーパーチャージャーは状態
の変化に素早く反応する。実際の応答時間は、チャン
ネルへの吸気および排気ガスの充填プロセスによっ
て決まる。音速は温度に依存する物理量であり、基本
的にエンジン回転数ではなく、エンジントルクに依存
する。

図4：スクロール式スーパーチャージャーの断面図
1　第2圧縮チャンバーのエア吸入部
2　駆動軸
3　ディスプレーサーガイド
4　第1圧縮チャンバーのエア吸入部
5　ハウジング
6　ディスプレーサーエレメント

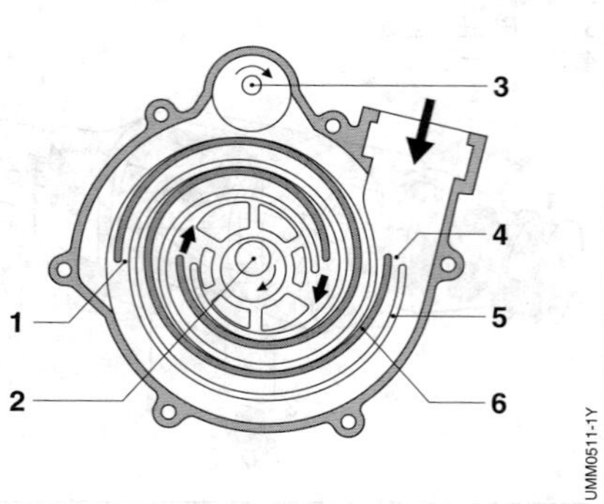

コンプレックススーパーチャージャー

　ベルト駆動式のコンプレックス（Comprex）スーパーチャージャーのようにエンジンとセルローター間の変速比が一定の場合、この境界条件のために、圧力波プロセスを最適設定できる作動ポイントが1点だけに限定される。こうした短所を補うために、ハウジング端面のガス流路に適切な設計の「ポケット」を設ける。それによってエンジンの比較的広い作動域で効率が向上し、良好な過給圧曲線が得られる。

　コンプレックススーパーチャージャーのローターはフローティングマウントされ、グリースで永久潤滑されている。ベアリングはユニットの吸気側（空気側）に配置されている。スーパーチャージャーに組み込んだバイパスバルブで、過給圧を要求に応じて調整する。

　コンプレックススーパーチャージャーは、欧州の車両メーカーから望ましい反応を得られなかった。

ハイプレックススーパーチャージャー

　ハイプレックス（Hyprex）スーパーチャージャーはコンプレックススーパーチャージャーにさらなる開発を加えたもので、特に排気量の小さなガソリンエンジンにおいて効率的な過給プロセスを実現する。しかしながら排気背圧の影響を非常に受けやすいため、これまでのところ量産には至っていない。

　ハイプレックススーパーチャージャーのローターは、エンジン回転数とは無関係に電動モーターで駆動される。このためローター回転数をエンジンの作動状態により的確に適合させることができる。冷間始動特性の改善に向けて改良が加えられているほか、セルの配置を左右非対称とすることで、ノイズ低減が図られている。ポケットへのガス流入に可変制御を導入、それにより低回転域での過給圧上昇と効率改善を実現している。このハイプレックススーパーチャージャーを本格的に利用するには、最新の電子式エンジン制御システムを装備する必要がある。

排気ガスターボチャージャー（排気タービン過給機）

　排気ガスターボチャージャーは、現在使用されている過給機の中で圧倒的なシェアを占める。今日、乗用車と商用車用ディーゼルエンジンのほぼすべてがターボチャージャーを装備している一方、ガソリンエンジンでも過給機の装備率が今後数年でさらに上昇を続けると考えられている。排気ガスターボチャージャーは、ガソリンエンジン分野でも優位を占めると見られる。

構造および作動原理

　排気ガスターボチャージャーは、タービンとコンプレッサーという2つの流体機械で構成されている。タービンとコンプレッサーのインペラーは、共通のシャフトで連結される（図6、図7）。物理的に言うと、タービンエンジンの作動原理は運動量の原理に基づいている。タービンで排気ガスに含まれるエンタルピーの一部が機械的エネルギーに変換され、コンプレッサーを駆動する。コンプレッサーは、エアフィルターを介して外気を吸入、圧縮する。

図5：圧力波スーパーチャージャー
1　エンジン　　2　セルローター　　3　ベルト駆動装置
4　高圧排気ガス　　5　高圧エア
6　低圧エア吸入部　　7　低圧排気ガス排出部

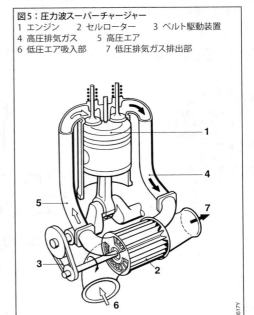

排気ガスターボチャージャーは機械的にではなく、熱力学的にのみエンジンと連結される。ターボチャージャーの回転数はエンジン回転数には依存せず、タービンとコンプレッサー間の駆動エネルギーのバランスによって決まる。タービンの出力はコンプレッサーの駆動に使われるほか、一部は主にベアリングで消費され、最終的に熱として発散される（機械的損失）。

用途

今日の排気ガスターボチャージャーの起源を遡ると、アルフレッド・ビュッヒが考案した装置にたどり着く（1905年）[2]。ビュッヒは過給とバルブオーバーラップを組み合わせることで、残留排気ガスを掃気する可能性を認識していた（1915年）。排気ガスターボチャージャーは、初期の頃より大型ディーゼルエンジンの過給に用いられてきた。当初はトラックや船舶、機関車、農業・建設機器のパワーユニットが主な用途であった。

<u>ディーゼルエンジン車での使用</u>

1970年代中頃に、排気ガスターボチャージャーで過給する乗用車用ディーゼルエンジンが初めて生産された。過給圧制御に「ウェイストゲート」が導入されたのを機に、トルク志向の設計が促進され、ドライバビリティーが改善した。乗用車用ディーゼルエンジンの性能は、燃料直接噴射方式（1987年）と可変タービンジオメトリーによる排気ガス過給（1996年）、2段階過給方式（2004年）の採用によってさらに向上した。それをバネに、欧州ではディーゼルエンジンの市場シェアが大きく上昇した。現在欧州では、乗用車および商用車用ディーゼルエンジンのほぼすべてに、インタークーラー（吸気冷却システム）付き排気ガスターボチャージャーが装備されている。

<u>乗用車用ガソリンエンジンでの使用</u>

ガソリンエンジンへの排気ガスターボチャージャー使用は、当初は高出力のスポーツカーに限られ、性能を向上させる目的で使われた。ドライバビリティーに難があり（ターボラグ）、量産車に広く普及することはなかった。時代が移り、ガソリンエンジンの過給はエンジンの開発、主に中小型エンジンの開発に欠かせない要素となってきた。効率の向上に加えて、シリンダー数の増加（たとえば4気筒から6気筒へ）を防いでスペースを活用し、燃料消費量の低減を果たすことも重要な開発目標となっている。

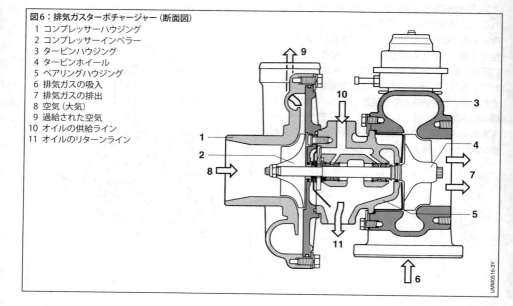

図6：排気ガスターボチャージャー（断面図）
1 コンプレッサーハウジング
2 コンプレッサーインペラー
3 タービンハウジング
4 タービンホイール
5 ベアリングハウジング
6 排気ガスの吸入
7 排気ガスの排出
8 空気（大気）
9 過給された空気
10 オイルの供給ライン
11 オイルのリターンライン

ディーゼルエンジンとは対照的に、機械式スーパーチャージャーの導入も進められた。現在でも、マーケティング戦略上の理由および過給圧の素早い形成に優れているといった理由から、数こそ多くはないが、一部のガソリンエンジン車に装備されている。ガソリンエンジンへの直接噴射方式の導入とともに、排気ガスターボチャージャーはスカベンジング（掃気）の利用によって機械式スーパーチャージャーとほぼ同等のものになった。

　また、これまで小排気量のガソリンエンジンには、比較的低い回転域で大きな出力とトルクを発生させるために、機械式スーパーチャージャーとターボチャージャーを組み合わせる方式（複合過給）が採用されていた。しかし現在は、複合過給の代わりに電動補助コンプレッサーが使用される傾向にある。

　ディーゼルエンジンでは今日、可変タービンジオメトリー方式の排気ガスターボチャージャーが過給方式の主流となっている。しかし、排気ガス温度の高さとコスト上の理由から、ガソリンエンジンへのこの技術の応用は現在のところ、ニッチ市場向けに限られている。

　排出ガスと燃料消費量に関する法定基準の強化や、性能に関する顧客の要望を考えた場合、現在開発が進んでいるシリンダー数を減らした小排気量エンジン（ダウンサイジング）では、排気ガスターボチャージャーの重要性がさらに増すものと考えられる。現在、ターボチャージャーを装備したガソリンエンジンの数は劇的に増加しつつあり、今後数年の間にさらなる市場成長が見込まれている。

排気ガスターボチャージャーの構造

　排気ガスターボチャージャーは基本的に、ベアリングハウジング、コンプレッサー、タービンの3つで構成されている（図6、図7）。構造によっては、第4のコンポーネントとして過給圧制御装置が加わる。

<u>ベアリングハウジング</u>

　ベアリングハウジングには、ベアリングとシャフトをシールするためのエレメントが収められる。最新の設計では、半径（ラジアル）方向と軸（スラスト）方向の両方に対応するよう専用に開発されたすべり軸受を組み込んでいる。半径（ラジアル）方向の軸受けは、回転可能なダブルプレーンベアリング（浮動式二重すべり軸受）または固定式すべり軸受として設計されている。従来方式のスラスト軸受の場合、接触面にマルチスプラインを切り、両面で荷重を受けるすべり軸受として設計されている。

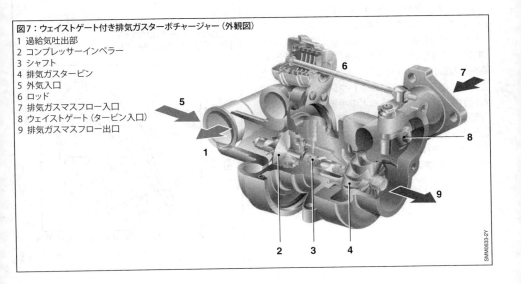

図7：ウェイストゲート付き排気ガスターボチャージャー（外観図）
1 過給気吐出口
2 コンプレッサーインペラー
3 シャフト
4 排気ガスタービン
5 外気入口
6 ロッド
7 排気ガスマスフロー入口
8 ウェイストゲート（タービン入口）
9 排気ガスマスフロー出口

潤滑オイルは、ターボチャージャーとエンジンをつなぐオイル回路により供給される。オイルのリターン回路はクランクケースのオイルパンに直結される。今日では 300,000rpm を超える回転速度を高い信頼性で制御するために、この種のベアリングアセンブリーが用いられている。

転がり軸受式の排気ガスターボチャージャー用ローターには、効率の向上、ひいては燃料消費量改善への寄与が期待されている。これによって瞬時に過給圧を形成し、部分負荷域で大きな過給圧を得ることが可能となる。転がり軸受式のローターは現在、初めて量産で使用されるようになってきた。しかしより深く市場に浸透するには、価格、作動音、耐用期間に関してさらなる開発が必要である。

オイルチャンバーを外部から遮蔽するとともに、ターボチャージャー内に侵入する過給空気（「ブローバイ」）や排気ガスを最小限に抑えるため、シャフトのハウジング開口部にはピストンリングが取り付けられている。このピストンリングには、ベアリングハウジング内で張力が与えられ、シャフトの溝とともに簡単なラビリンスを形成している。現在用いられている最新のシール技術をもってしても、排気ガスターボチャージャーの取付け可能位置は傾斜角の小さな、比較的狭い範囲に限定される。その点で接触シールは有効と考えられるが、シャフトとハウジング間の相対速度が大きいため、今日までのところ妥当なコストで提供されるに至っていない。

排気ガス温度が約 820 ℃以下で、かつエンジンルーム内の状況が適切であれば、ベアリングアセンブリーの機能性を維持するために追加の冷却対策を講じる必要はない。この条件が満たされない場合は、高温になるタービンハウジングをヒートシールドなどで熱的に遮蔽する、ベアリングハウジング本体に適切な設計要素を取り入れるなどの手法で、温度を安全な範囲に保つことができる。より高温になる場合、たとえば排気ガス温度が最高 1,050 ℃に達するガソリンエンジンや特定のディーゼルエンジンでは、水冷式ベアリングハウジングが用いられる。

コンプレッサー
　乗用車および商用車のコンプレッサーアセンブリーは、アキシャルインフローおよびラジアルアウトフローのインペラー（遠心式）と、一般にガイドベーンのない鋳造アルミニウム製コンプレッサーハウジングから構成される。ハウジング内で排気ガス流はさらに減速し、その際ある程度の昇圧が生じる。インペラーとハウジングの間の形状ギャップをできる限り小さくすることが、効率にとって極めて重要となる。

インペラーはアルミニウム合金を素材とし、特殊な鋳造法によって大量生産される。しかし現在では、アルミニウム合金鍛造品をミーリング加工して作ったインペラーの使用例が増えてきている。特に過酷な条件で使用される商用車の部門で、耐用期間に関して高度の要求が課される場合には、コストアップ要因となるものの、チタン合金をミーリング加工したインペラーも使用される。低圧側排気ガス再循環システムを備えたエンジンでは、コンプレッサーが排気ガスを含んだ空気にさらされるため、コンプレッサーのインペラーにコーティングが施される。これによって、インペラーが粒子や液滴の衝撃に起因する腐食から守られる。

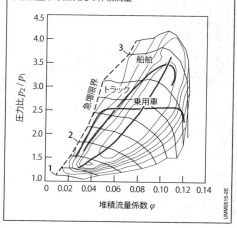

図8：大きさに依存しないコンプレッサーの標準作動曲線と過給圧特性グラフ
1　周速度 u = 150 m/s
2　周速度 u = 300 m/s
3　周速度 u = 450 m/s
u　周速度
p_1　コンプレッサー吸入部の全圧
p_2　コンプレッサー吐出部の全圧
体積流量率は無次元の体積流量

コンプレッサーのインペラーがローターの質量慣性モーメントに及ぼす影響はタービンホイールの場合よりも大幅に少ないものの、低温側においても可能な限り低い値とすることが重要である。性能や耐久性に関する要求が厳しいため、プラスチック製インペラーを大量生産する試みは、これまでのところ成功していない。

コンプレッサーの特性はプログラムマップによって表される（図8）。これから明らかなように、容積型スーパーチャージャーと異なり、フローコンプレッサーには安定作動が物理的に不可能な領域が存在する。適切な対策を講じることで、有効な範囲とコンプレッサーの速度および効率を必要とされる過給圧曲線に適合させることができる。コンプレッサーの有効範囲は、プログラムマップ「左」側のサージ限界（所定のエア流量で達成可能な最大圧力比）によって決まる。「右」側のチョーク限界（断面が最小ののど部で流速が音速に達するために制限される最大エア流量）によって、作動範囲が制限される。サージ限界は、安定した作動範囲から不安定な作動範囲への移行部として定義される。ここで言う不安定な作動とは、一般にコンプレッサーインペラーの吸入部で発生する流れの途切れに始まり、エアマスフローが周期的に断続を繰り返し、サージ効果が発生することを指す。サージ限界ははさまざまな要因に依存するが、特に影響するのが吸気ラインのデザインである。すなわち、サージ限界はコンプレッサーの特性ではなく、システムの特性である。他方、チョーク限界はプログラムマップ上で回転数が急勾配で下降する領域として表され、コンプレッサーインペラー吸入部の最大断面積、すなわちインペラーの直径によって決まる。

エンジン回転数とコンプレッサー内を流れる吸気量間の比例関係を考慮すると、ガソリンエンジン用ターボチャージャーのコンプレッサーは、大型ディーゼルエンジンのコンプレッサーよりもマップの有効範囲がずっと広くなければならないことが容易に理解できる。図8のコンプレッサーの無次元特性マップに、乗用車エンジン、商用車用エンジン、および大型舶用エンジンの全負荷域にわたる吸気必要量を示す。

コンポーネントの幾何学的形状を調整することで、コンプレッサーの空力特性を個々の条件に精密に適合させることができる。その際、インペラーとハウジングを単一のコンポーネントと考え、強度基準と固有振動数を考慮してインペラーを設計する。ベーン付きディフューザーを用いると、確かに設計ポイントの効率を上げることができるが、ブロック効果が発生するのに加え、設計ポイントから外れた領域で効率性の低下が生じる。乗用車では要求される質量流量の最小値／最大値の幅が広いため、その点を考慮して、ガイドベーンのないターボチャージャーが必ず使われる。

プログラムマップを広げ安定化させるために、ハウジングへの再循環回路組込み（吐出した空気の一部をコンプレッサーの吸入部に戻す、通称「ブローオフ」）や、特殊な形状のコンプレッサー吸入チャンネルも使用される。

可変吸入または吐出ガイドベーンなどのコンポーネントによって、プログラムマップのサージ限界領域を拡張できる。つまり、本来ならサージ限界を超える作動ポイントにおいても、コンプレッサーを作動させることができる。空気の質量流量（流動圧）が増すにつれてベーン角が所定の方向に向きを変え、流動圧が低下するにつれて変位が減少する方式の単純な前置式ディフューザーを除いて、可変式コンプレッサーは量産化に至っていない。

ガソリンエンジン用ターボチャージャーのコンプレッサーには従来、負荷が急激に除かれたとき（スロットルバルブが閉じたときなど）のコンプレッサーのサージングを防ぐために、ブローオフバルブが装備されてきた。ブローオフバルブ（初期の頃の空圧駆動方式から、現在では電動式が主流となっている）は、この目的のために、コンプレッサーの吐出側と吸入側をバイパスで結ぶ。そのようにして、コンプレッサーは回路内のブロワーとして短時間にかぎり空気を循環させる。現在では、電動式ウェイストゲートの導入により、ブローオフバルブがなくてもサージングを防ぎ、作動信頼性を確保することが可能になっている。

598 内燃機関（IC エンジン）

タービン

タービンはディフューザーとホイールで構成される。ターボチャージャーに使われるタービンのディフューザーは、フローハウジング（スパイラルハウジング）に一体化されている。乗用車では、可変タービンジオメトリーを用いないターボチャージャーの場合には、ベーンのないタイプが使われる。タービン内の排気ガス流量をより精密に微調整するために、大型エンジンでは、固定ジオメトリーのベーン付きディフューザーを用いることが多い。排気の流れはディフューザーで加速され、タービンホイールへ可能なかぎり均等に配分される。

タービンホイールは通常、ラジアルインフローとアキシャルアウトフローの求心タービンとして設計される。質量慣性モーメントの面で有利なセミアキシャルホイールも使われる。この方式は、ダイアゴナルインフローとアキシャルアウトフローの組み合わせとなる。アキシャルインフローとアキシャルアウトフローのアキシャルホイールは、大型タービンでのみ使われる。構造のタイプによって、達成可能な圧力比、効率およびその他の特性が決まる。一般的に、流量が大きいほどアキシャルインフローのメリットが増し、逆の場合は低下する。

過給では、排気ガスパイプの配管が重要な役割を果たす。伝統的に、過給にはパルス過給（動圧過給）と静圧過給があり、両者は区別されてきた。パルス過給では、排気管が個別にシリンダーからタービンハウジングまで配管される。排気の脈動が互いに最小限に影響しあうという条件を満たす場合、該当するシリンダーの排気管は統合される。つまり、統合されるシリンダーのスカベンジング（掃気）行程は妨害されにくい。タービンハウジングは、排気ガスチャンネルの分離状態をタービンホイール吸入口まで可能なかぎり維持できるように設計される。チャンネルの断面積は、アウトレットのそれに応じたものとなっている。排気の脈動は基本的に圧力波としてタービンに伝えられ、排気ガスの運動エネルギーが強い脈動としてタービンの吸入口に作用する。この効果は特にエンジンの低回転域で有効である。排気脈動の周期が長い低回転域では、衝撃波の効果が明瞭に現れる。

静圧過給では、排気ガスは共通の比較的容量の大きなコレクターを経てタービンハウジングへと導かれる。その過程で、個々の排気脈動が大幅に平滑化される。

静圧過給では、時間的に波の少ないエンタルピーを高い効率で供給できる。一方、パルス過給は、部分負荷時や加速時のエンジン性能向上にメリットをもたらす。

タービンハウジングの構造は、静圧過給かパルス過給かによって大きく異なる。パルス過給は、多くの場合、商用車に用いられる。タービンハウジングはツインフローハウジングとして設計され、2系統の排気ガスはタービンホイールの直前で初めて合流する。

静圧過給は、乗用車用ディーゼルエンジンなどの高速エンジンに用いられる。タービンハウジングはシングルフロー（「シングルスクロール」）構造となっていて、エキゾーストマニホールドに統合（単一コンポーネント化）されることもある。この方式では非常にコンパクトで、流れ抵抗の小さな形状のコンポーネントを実現できる。

ガソリンエンジンには、静圧過給とパルス過給の両方が用いられる。排気システムは過給方式に応じて設計され、ハウジングはシングルフローまたはツインフロー（「ツインスクロール」または「デュアルボリュート」）構造となっている。一部のガソリンエンジンの排気ガスターボチャージャーでは、マニホールドと一体のタービンハウジングが使用されている。

高熱と大きな負荷にさらされるタービンホイールは、ニッケル分の多い素材を用い、ロストワックス法で作られ、摩擦溶接、レーザー溶接、または電子ビーム溶接によりスチール製ローターシャフトと結合される。タービンホイールについては、高温特性に極めて優れていることから、金属間化合物のチタンアルミナイドを用いる可能性が検討されている。この素材は密度が低く、質量慣性モーメントを大幅に小さくできる関係で、ターボチャージャーの始動特性に悪影響をもたらすことなく、ホイールバックを高くすることができる。ただし、常温で脆性を呈し、鋳造性に難があるため、実用化までには生産技術を含め、なおいっそうの開発努力が必要である。

ターボチャージャーとスーパーチャージャー **599**

タービンハウジングには使用温度に応じて、各種の高合金球状黒鉛鋳鉄を使用、製造には流し吹き鋳造法が用いられる。高温（最大1,050℃）用には、ロストワックス法によって薄肉鋳造した鋳鋼合金が多用される。薄肉コンポーネント（重量、コスト、熱慣性）の製造では、最新の低圧鋳造法も用いられる。ツインスクロールハウジングには、隔壁の微細形状実現のため、必ず鋳鋼を使用する。タービンハウジングは、単壁または二重壁構造の溶接されたシートメタル部品から構成され、AGIタイプ（AGI：エアギャップ断熱）も用いられている。AGIコンポーネントは壁面熱損失が小さく、熱慣性も低い。

これまでのところ、組立て式タービンハウジングはごくわずかな量産例しかない。しかし、組立て式タービンハウジングでは冷間始動後に触媒コンバーターを迅速に温めることができるため、今後の排出ガス規制をクリアする上で役立つ可能性がある。

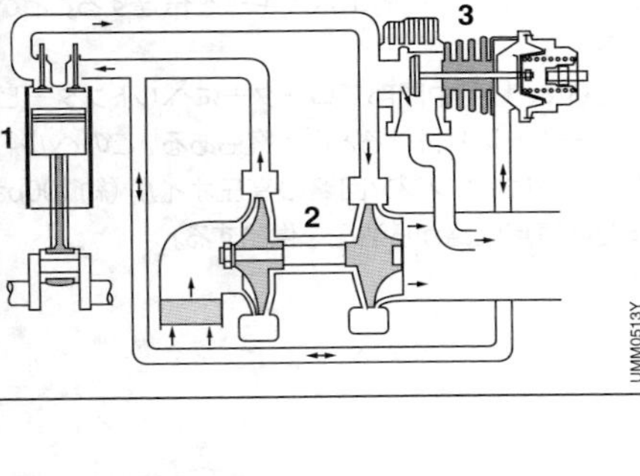

過給圧の制御

乗用車エンジンは回転速度域が広いことから、最適トルクを実現するために、過給圧制御装置で最大許容過給圧を維持することが欠かせない。現在は、排気ガス側でタービン出力を制御する方式が主流を占めている。

バイパス制御

バイパス制御は構造が単純で、ガソリンエンジンと商用車のエンジンで幅広く用いられている方式で、一般的にはフラップバルブ（「ウェイストゲート」）を用いて排気ガスの一部をタービンから迂回させる（図7、図9）。フラップバルブは空気圧ユニットまたは電動モーターによって作動する。空気圧式装置には、過圧ユニット（過給圧自体から空気圧を得る）と負圧ユニット（車両システムから負圧を供給）がある。ただし過給圧を用いる場合、ウェイストゲートをエンジンの作動状態に関係なく作動させることはできない。多くの場合、制御圧はクロックパルスバルブによって制御される。熱負荷を考慮して、アクチュエーターは一般にコンプレッサー側に取り付けられ、制御ロッドによってウェイストゲートのレバーと接続される。

現在は、制御特性を素早く精密に調節でき、ウェイストゲートをエンジンの作動状況にかかわらず操作できる電動アクチュエーター式に開発の重点が移っている。この方式は、排出ガスや燃料消費量に関する法定基準をクリアする際にメリットをもたらす。また電動アクチュエーター方式では、妥当な取付けスペース内で大きなバルブ保持力を形成でき、あらゆる作動条件においてウェイストゲートをシートに確実に密着させることができる。これは、過給圧を迅速に形成する上で有利である。

可変タービンジオメトリー

バイパス制御と比べた場合、可変タービンジオメトリー（VTG）は、プログラムマップ全体にわたって過給をはるかに効率的に調整できる。今日、これは乗用車用ディーゼルエンジンにおける最先端技術であり、今後は商用車エンジンやガソリンエンジンにも導入されると考えられる。

排気ガスの全量がタービン内を流れるため、エネルギーを無駄にせずにすむ。有効タービン開口面積を変えることで、排気ガス流に対するタービンの抵抗を調整し、必要な過給圧を得ることができる。

図9：排気側の過給圧制御バルブ（ウェイストゲートバルブ）による過給圧の調節

1 エンジン
2 排気ガスターボチャージャー
3 過給圧制御バルブ（ウェイストゲート）

UMM0513Y

数ある方式の中で最も広く用いられているのは、制御範囲が広く効率も高い可動式ガイドベーンである（図10）。ベーンの角度は、回転運動により簡単に調節できる。ベーンは調節カムを介して、あるいは各ベーンに取り付けた制御レバーによって直接、希望位置に設定される。すべてのベーンは、レバーで回転させることのできる調節リングと連結されている。レバーは、空気圧または電動アクチュエーターで操作する。空気圧ユニットの場合、今日ではポジションセンサーを内蔵したタイプが増えている。そのセンサー信号によって、エンジン制御システムのためにVTGのベーン位置を明確に識別することができる。

初期の頃、直線状の中心線を軸に左右対称のベーンが用いられていたが、現在は吐出側と吸入側で形状がはっきり異なり、中心線が湾曲したベーンが使われている。これによって、特に閉じた位置にあるとき、つまり加速中や部分負荷時の効率が向上する。エンジン性能との関係で、ガイドベーン部のギャップを小さく保つことが極めて重要となる。

ガソリンエンジンでは排気ガス温度が高いため、信頼性が高く、耐久性のあるガソリンエンジン用可動ベーン式排気ガスターボチャージャーを実現するには、厳密な熱力学的な適合とハイテク素材が不可欠である。そのため可動ベーン式VTGは長い間、スポーツカーメーカー1社のガソリンエンジン1種でのみ使用されていた。しかし2016年時点には、この技術はガソリンエンジンを搭載した中型乗用車の量産でも採用されるようになった。

可動ベーン式VTG以外では、タービンスパイラル領域に比較的単純な可変機構を採用した例（日本のメーカー）があるが、可動ベーン式VTGに匹敵する性能を実現するには至っていない。

すでに量産型ガソリンエンジンに採用された以外の調整メカニズムでは、スライディングスリーブターボチャージャーという、将来性有望な別のVTGコンセプトが存在する。このコンセプトは比較的効率が高く、高温ガス中で作動する部品の点数が可動ベーン式コンセプトよりも少ない。さらに、①内部のバイパスを比較的簡単に開いてタービンを迂回させる、②可変機構を操作する2つの機能を、1つのアクチュエーターで実現することができる。

排気ガスターボチャージャーへの補助エネルギー供給

今日の排気ガスターボチャージャーの特徴は、効率の高さとローターの質量慣性モーメントの低さにある。この特徴と、「スカベンジング」[4]をはじめとするエンジン側の対策を組み合わせることで、過給圧を素早く形成することができる。過給に利用できる排気ガスのエネルギーがわずかな状態で、ローターを急加速させる目的でシャフトに機械的、油圧的または電気的な力を補助的に供給するために、これまでに各種の対策が考案されてきた。

たとえば、ターボチャージャーのシャフトにギヤを組み込み、ギヤボックスと切替えクラッチを介してクランクシャフトに機械的エネルギーを伝達することができる。

さらに、軸受中間部でローターにペルトンタービンホイールを取り付けるという案もある。このペルトンタービンに、エンジン回路の高圧オイル（約100bar）、または専用回路から油圧を供給する。

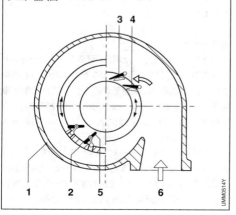

図10：VTG（可変ジオメトリー）タービンの構造（模式図）
1 タービンハウジング　　2 調整リング
3 調節カム　　4 可動式ガイドベーン
5 制御レバー付きガイドベーン
6 エア吸入口

これとは別に、ターボチャージャーシャフトの、たとえば軸受中間部に電動モーターを取り付け、車両電気システムからパワーエレクトロニクス経由で電力を供給するというアイデアも提出されている（「電動アシスト式排気ガスターボチャージャー」）。電動アシスト式ターボチャージャーは特定の作動段階では発電機として回生運転させ、車両電気システムに電力を戻すことができる。ただしウェイストゲートをなくすことはできない。

こうした手法のすべてに共通して言えるのは、補助エネルギーが供給されない作動段階で、ターボチャージャーシャフトに取り付けたコンポーネントがエネルギー損失の原因となることである。また、これらのコンポーネントは大きな熱機械的負荷にさらされる。さらにこうした手法の可能性を考える場合に忘れてならないのは、補助エネルギーを部分的にエンジンの作動状態に関係なく供給できたとしても、それによってコンプレッサーのプログラムマップの限界を拡張したり、移動させたりすることができるわけではない、という事実である。さらにこうした手法はいずれも追加装置が必要で、大幅なコスト上昇を伴う。現在までのところ、これらの手法の中で量産車に導入されたものはない。

複雑な過給システム

過給機を並列または多段接続すると、単段式過給機1基に頼る場合に比べ出力の限界を大幅に拡張できる。一部では、制御や作動ポイントに依存したカットイン、あるいは排気ガス質量流量の定義された分配を実現するために複雑なバルブが使用される。その目的は、定常状態および非定常状態の両方で給気を改善し、同時にエンジンの燃費性能を向上させることにある。

ツインターボ過給

ツインターボチャージャーによる過給では、大型の排気ガスターボチャージャーを1基用いる場合と異なり、並列接続した2基以上の小型ターボチャージャーに吸気が配分される。これらのターボチャージャーは一般に、たとえばV型エンジンの片側のシリンダーバンクなど、排気ガス側で特定のシリンダー群に固定的に割り当てられる。各ターボチャージャーは、エンジン回転速度の全域にわたってエンジンに空気を過給する。こうした構成の主要な利点は、過給圧を迅速に形成できることと、配管が比較的コンパクトとなる点にある。並列接続するターボチャージャーは、制御技術的に同等でなければならない。

シーケンシャルターボ過給

シーケンシャルターボ過給は主に、船舶用推進システムや発電機に使われる。しかし、効率が高いため、乗用車にも用いられるようになった。乗用車のシーケンシャルターボ過給の場合、エンジン負荷と回転数が上昇すると、ある段階で1基目の過給機に加えて、追加のターボチャージャーが作動を始める（図11）。これにより単一の過給機による過給（1基の過給機で定格出力を発生させる場合）と異なり、2つの最適動作点を得ることができる。

シーケンシャルターボ過給システムは、ターボチャージャー2基のほか、バルブとセンサーを備え、これにより単基モードから2基モード、または2基モードから単基モードへのスムーズな切替えを行う。エンジンが低回転域で作動している場合は基本ターボチャージャーのみが作動し、すべてのシリンダーに空気を供給する。所定の回転数に達すると2基目のターボチャージャーが作動を始める。この状態では2基のターボチャージャーは並列に作動し、すべて

のシリンダーに過給圧を供給する。エア供給を2基のターボチャージャーで行うことで、トルク要求への応答性が向上し、同時に大出力の発生が可能になる。

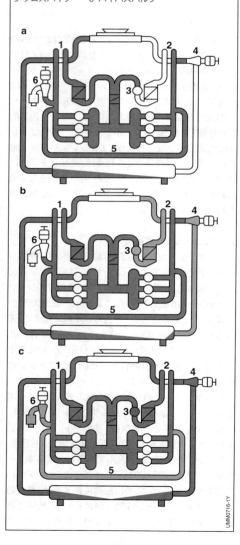

図11：シーケンシャルターボ過給機
a 過給機1基が作動（始動時）
b 過給機1基が作動1基は制御動作
c 過給機2基が作動
1 ターボチャージャー1　　2 ターボチャージャー2
3 コンプレッサーのカットインバルブ
4 タービンのカットインバルブ
5 クロスパイプ　　6 バイパスバルブ

またターボチャージャーに質量慣性モーメントが極めて低い小型シャフトを使用できるため、過渡応答性が改善する。

2基のターボチャージャーとスイッチオーバーバルブを統合した設計も可能ではあるが、構造が複雑となる。切替えプロセスの制御は比較的複雑となるが、最新の電子式エンジン制御システム技術を用いれば克服できないほどではない。

シーケンシャルターボ過給は、ガソリンエンジンとディーゼルエンジンの両方に用いられている[5]。

2段制御ターボ過給

シーケンシャルターボと異なり、2段制御ターボ過給では、ターボチャージャーが所定の段階で直列作動するように接続されている（図12）。単段式と比べた場合のこの過給システムの利点は、過給圧が迅速に形成される結果、定格出力の上昇と、ローエンドトルクの向上およびエンジンの加速性能の改善を同時に達成できることである。極めて効率の高いこのシステムは、寸法が大きく異なる2基のターボチャージャーで構成される。チューニングと制御が適切であれば、モード切替え時にトルクの低下が起きることはない。

吸入された新気マスフローの全量が低圧ステージで予備圧縮され、過給気は高圧ステージでさらに圧縮される。予備圧縮が行われるため、高圧ステージは比較的小型のコンプレッサーで要求されるエアマスフローを生み出すことができる。予備圧縮後に過給気を冷却することで、効率はさらに向上する。

このシステムでは、高圧ステージでのタービンバイパスバルブのシールと制御の質が極めて重要となる。バルブは作動ポイントに応じ、排気ガスマスフローの全量を高圧タービン、低圧タービンの順に2段階で膨張させるか、あるいは排気ガスマスフローの一部を高圧タービンを迂回させて直接低圧タービンに送る。このバルブシステムは、熱機械的側面と振動面で非常に高度の要求を満たしている必要がある。低圧／高圧コンプレッサー間、高圧／低圧タービン間の配管の圧力損失を最小限に抑えることもまた、極めて重要である。

ターボチャージャーとスーパーチャージャー　603

　エンジン回転数が低いとき、つまり排気ガスマスフローが少ない場合、バイパスバルブは閉じられる。排気ガスマスフローは主に、小型の高圧タービンで膨張する。そのため、極めて短時間で過給圧が形成される。エンジン回転数が上昇するにつれ、高圧タービンバイパスバルブを通って低圧タービンに直接導かれる排気ガスマスフローの量が増加する。これは、ウェイストゲートが開き、低圧タービンも排気ガスマスフローから解放されるまで続く。このように少ない流量のために、過給気は主に高圧ステージで圧縮される。ただし、流量が増加するにつれて、次第に低圧ステージで圧縮されるようになる。エンジン回転数が一定レベル以上に達すると、予備圧縮にもかかわらず、高圧コンプレッサーはエアマスフローを処理することができなくなる。そのままでは、高圧コンプレッサーはスロットルとして機能することになる。それを避けるため、高圧コンプレッサーバイパスバルブが、低圧コンプレッサーから直接インタークーラーへ向かうチャンネルを開く。

　このような仕組みにより、2段制御ターボ過給システムではエンジン作動要求に合わせてターボ過給を無段階に調整することができる。

　コンプレッサーバイパスバルブは、(受動的な)ノンリターンバルブまたは能動的に作動するアクチュエーター付きフラップとして設計することができる。後者の場合、コンプレッサーバイパスの圧力損失を減らすことができるが、制御技術上の複雑性が増すことにもなる。

　固定ジオメトリーのタービンとVTGタービンは、どちらも追加バイパスバルブを装備した形で高圧ステージで使用される。ウェイストゲートタービンか可変ジオメトリーのタービン(通常は追加バイパスがない)のどちらかを、低圧タービンとして使用できる。

　2段制御ターボ過給は、2004年に量産型乗用車用ディーゼルエンジンに導入された。技術的にはこの手法をガソリンエンジンに応用することもできる。

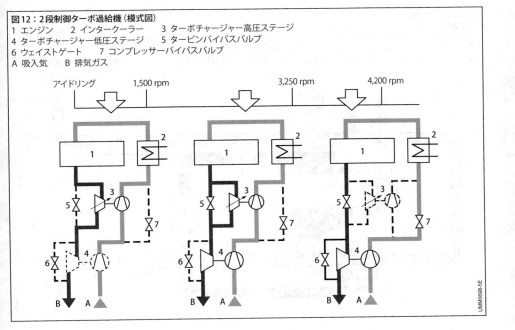

図12：2段制御ターボ過給機(模式図)
1　エンジン　　2　インタークーラー　　3　ターボチャージャー高圧ステージ
4　ターボチャージャー低圧ステージ　　5　タービンバイパスバルブ
6　ウェイストゲート　　7　コンプレッサーバイパスバルブ
A　吸入気　　B　排気ガス

複合過給

複合過給では、機械的に作動するスーパーチャージャーと排気ガスターボチャージャーを組み合わせる（図13）。出力に優れたこの過給システムは、1985年に初めて乗用車に導入された（Lancia Delta）。比較的排気量が小さく、低回転域で早くも大きな定格出力とトルクを発生し、動的応答性にも優れたガソリンエンジンに使用できる。

エンジンが低回転域で作動してるときには、排気ガスのエネルギーでターボチャージャーのタービンを駆動することができないため、空気の供給は実際のところ、もっぱら機械式スーパーチャージャーに頼ることになる。排気ガスターボチャージャーは中間の回転数と定格出力域に対応した設計となっていて、マスフローの比較的大きな、高効率の過給機が実現される。特定の作動域では、2基の過給機が直列接続状態で作動する。その場合、総圧力比は個々の圧力比の積によって与えられる。

機械式スーパーチャージャーは、ターボチャージャーのコンプレッサーの上流側、下流側のどちらにも配置できる。エンジン回転数が上がり、排気ガスのエネルギー量が十分な水準に達すると、エアマスは機械式スーパーチャージャーを迂回し、ターボチャージャーだけで過給が行われる。クランクシャフトから駆動力を取り出す関係で、スーパーチャージャーはアイドリング状態にあっても摩擦損失の原因となる。これに対する最も効果的な解決策は、スーパーチャージャーとの連結を解除することである。

電動コンプレッサーと排気ガスターボチャージャーの直列接続

準定常作動における排気ガスターボチャージャーのメリットを活かしつつ、高出力用に最適設計されたターボチャージャーの応答性を向上させる方法の1つとして、排気ガスターボチャージャーと電動コンプレッサー（「ブースター」、図14）の直列接続が考えられる。電動アシスト式排気ガスターボチャージャーと比較した場合の長所は、2基のコンプレッサーを直列接続することでプログラムマップ上の有効領域を広げることができる点と、ブースターをエンジンルーム

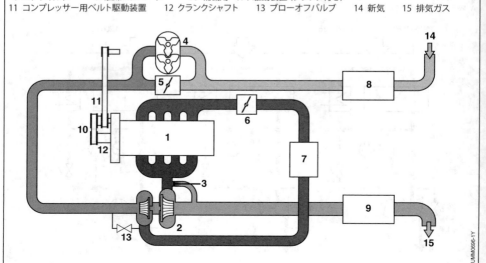

図13：複合過給機
1 内燃機関（ICエンジン）　2 ターボチャージャー　3 ウェイストゲート
4 コンプレッサー（機械式スーパーチャージャー）　5 制御フラップ　6 スロットルバルブ　7 インタークーラー
8 エアフィルター　9 触媒コンバーター　10 補機用ベルト駆動装置（クラッチ付き）
11 コンプレッサー用ベルト駆動装置　12 クランクシャフト　13 ブローオフバルブ　14 新気　15 排気ガス

内の熱機械的負荷の観点から好ましい位置に配置できる点にある。ブースターは、ターボチャージャーの上流側、下流側のどちらにも配置できる。作動していないときは、ブースターはバイパスされる。

特に現在の車両で利用できる電気エネルギーを考慮した場合、エンジン回転数が十分に上がる前の過渡段階においてのみ電力駆動ステージを作動させるという方法も検討に値する。

システムの効率的な作動のため、ブースターの目標圧力比を可能な限り最短の時間で生み出す必要がある。シャフトの慣性を考慮すると、一時的にブースターの電力ピークに達する。車両システムの電圧が12Vであることを考慮すると、車両電気システムに高価な補機を装備する必要が生じる。ブーストプロセスの質と、過給システム全体の効率性および性能は、車両電気システムからの電力供給に大きく左右される。

この過給システムは、これまでは48V電気システムを装備した一部の高級車にのみ実装されてきた。より高い電圧の車両電気システムが包括的に導入されることになれば、この技術はもっと広く受け入れられる可能性がある。電動モーターの積極冷却により補助コンプレッサーの連続運転が可能になり、これにより低回転域におけるエンジンのトルク曲線が改善される。

参考文献

[1] H. Hiereth, P. Prenninger: Aufladung der Verbrennungskraftmaschine. Springer-Verlag, 2003.

[2] H. Pucher, K. Zinner: Aufladung von Verbrennungsmotoren: Grundlagen, Berechnungen, Ausführungen. 4th Edition, Verlag Springer Vieweg, 2012.

[3] L. Flückiger, S. Tafel, P. Spring: Hochaufladung mit Druckwellenlader für Ottomotoren. MTZ 12/2006, No. 67.

[4] R. v. Basshuysen (Editor): Ottomotor mit Direkteinspritzung. 3rd Edition, Verlag Springer Vieweg, 2013.

[5] J. Portalier, J.C. Blanc, F. Garnier, N. Schorn, H. Kindl: Twin Turbo Boosting System Design for the New Generation of PSA 2.2 liter HDI Diesel Engine. 11th Supercharging Conference, Dresden, 2006.

[6] M. Mayer: Abgasturbolader – Sinnvolle Nutzung der Abgasenergie. 6th Edition, Verlag Moderne Industrie, 2011.

[7] G. Hack, G.-I. Langkabel: Turbo- und Kompressormotoren – Entwicklung und Technik. 3rd Edition, Motorbuch-Verlag, 2003.

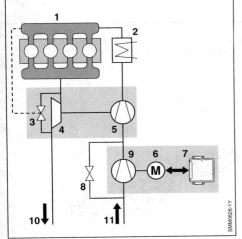

図14：電動コンプレッサーと排気ガスターボチャージャーの直列接続
1 内燃機関（IC エンジン）
2 インタークーラー
3 ターボチャージャーのバイパスバルブ
4 ターボチャージャーのタービン
5 ターボチャージャーのコンプレッサー
6 電動モーター
7 電動モーター制御回路
8 電動ブースターのバイパスバルブ
9 電動ブースターのコンプレッサー
10 排気ガス
11 吸入気

排気装置

目的と設計

排気装置は、内燃機関（ICエンジン）の排気ガスに含まれる汚染物質を、法的要件に従い減少させるものである。排気装置はまた、排気音を低減し、排気ガスを車両の最適な位置から排出するためのものであり、しかも、その影響によるエンジン性能の低下を極力抑えなければならない。

コンポーネント

排気装置は、エキゾーストマニホールド、排出ガス後処理および吸音用コンポーネント、コンポーネント同士の連結部品で構成される。

乗用車と商用車では、これらのコンポーネントの構造や配置が大きく異なる。乗用車の排気装置の場合、通常、コンポーネントは個別にパイプで接続され、シャーシ下部に配置される（図1）。エンジンの排気量やマフラーのタイプにより異なるが、乗用車の排気装置の重量は8～40 kgになる。排気装置内の高温のガスや凝縮水、装置外からの水分や水しぶき、海水による腐食を防止するため、コンポーネントは主に高合金鋼製となっている。

EU IVの導入に伴い、商用車にも排気ガス後処理用コンポーネントの搭載が求められるようになった。商用車の場合、通常これらのコンポーネントは大きなシステム内に統合され、フレームに固定されている（「商用車の排気装置」を参照）。次の各コンポーネントの説明は、乗用車の排気装置を例に挙げたものである。

排気ガスの処理

排気ガス処理のためのコンポーネントは、以下により構成される
- 排気ガスに含まれるガス状の汚染物質を浄化するための触媒コンバーター、および
- 排気ガスから微小な固体粒子（パティキュレート）を取り除くための微粒子フィルター（または煤煙フィルター）（特にディーゼルエンジン）

素早く作動温度に達し、低作動温度（市街地走行など）でも効率的に触媒作用が働くように、触媒コンバーターは排気装置内のできるだけエンジンに近い位置に装備される。決定的な要因となるのは触媒コンバーターの反応開始温度、すなわち触媒コンバーターが汚染物質の浄化を開始する温度である（三元触媒コンバーターの場合は約250 ℃となる）。NO_x貯

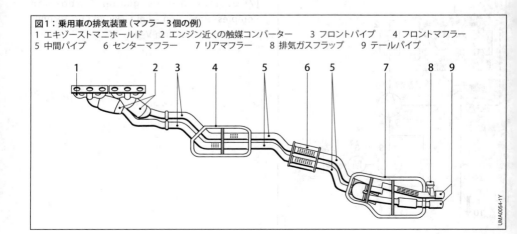

図1：乗用車の排気装置（マフラー3個の例）
1 エキゾーストマニホールド　2 エンジン近くの触媒コンバーター　3 フロントパイプ　4 フロントマフラー
5 中間パイプ　6 センターマフラー　7 リアマフラー　8 排気ガスフラップ　9 テールパイプ

蔵型触媒コンバーターなど一部の触媒コンバーターのコーティングは、温度の影響を非常に受けやすい。このためそれらの触媒コンバーターはボディ下部に装備される。

ディーゼル微粒子フィルターは、捕捉した煤煙（すす）粒子を高温の排気ガスでより効率的に燃やせるよう、排気装置の上流側にも組み込まれている。

原則として、火花点火機関（SIエンジン）では三元触媒コンバーターを使用する。エンジンの理論混合比（$\lambda = 1$）での作動中は、三元触媒コンバーターは未処理排気ガス中の炭化水素（HC）、窒素酸化物（NO_x）および一酸化炭素（CO）の99％以上を変換する。リーン燃焼方式のガソリン直噴エンジンの場合にのみ、NO_x貯蔵型触媒コンバーターを追加搭載する。これにより、この作動状態において発生する窒素酸化物（NO_x）はさらに低減される。

ディーゼルエンジンでは、炭化水素（HC）と一酸化炭素（CO）を酸化させるための酸化触媒コンバーターと、固形排気ガス成分を大気中に排出させないための微粒子フィルターが必要になる。NO_xの排出量を削減するためには、さらにNO_x還元用の触媒コンバーター（NO_x貯蔵型触媒コンバーターまたはSCR（選択接触還元）触媒コンバーター）が必要となる。

触媒コンバーターで可能な限りの排気ガスを変換する、あるいは微粒子フィルターで十分にフィルター処理するには、排気装置のこれらのコンポーネントへと向かう排気ガスの流路を最適化することが重要である。一般に、これはガス流入ファンネルの形状に左右される。さらに排気ガスを均等に分配するには、スワール（うず流）エレメントや混合エレメントなどの追加コンポーネントが必要となる。特に排気装置に液体の還元剤（尿素水溶液）を噴射するSCRシステムの場合は、還元剤のNH_3（アンモニア）への気化あるいは噴霧を確実なものにするためのミキサーが必要になる。ミキサーの目的は、触媒コンバーター上流側におけるNH_3（アンモニア）の均等かつガス状の分配を確実なものとすることである（図2）。

騒音の吸収

排気による騒音の主な原因は、内燃機関のガスの脈動、つまり燃焼プロセスで生じるガスの振動と、周期的にエンジンの排気バルブから押し出される排気ガスによる振動である。この脈動による騒音は、触媒コンバーターや微粒子フィルターによってわずかながら減衰されるが、これだけでは法律で定められた通過騒音限界値をクリアするには不十分である（「自動車の音響学」を参照）。そのため、排気装置の中間部または後方部にマフラーが装備される。

通常、マフラーは、気筒数やエンジン出力に応じて1〜3つが装備される。V型エンジンでは左右のシリンダーバンクが個別に作動することが多いため、それぞれに専用の触媒コンバーターとマフラーが装備される。

自動車の騒音値は、法律で規定されている。車両の実質的な騒音源は排気装置で発生する騒音であるため、マフラーの開発には特に注意を払い、必要な知識を活用する必要がある。法規制に従って騒音を低減する一方で、車両独特のサウンドを生みだすこともマフラー開発の目的である（サウンドデザイン）。

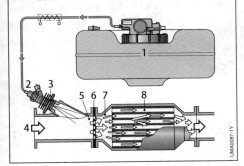

図2：SCRシステムにおける還元剤の噴霧および気化
1 還元剤タンク
2 還元剤インジェクター接続部
3 還元剤インジェクター
4 排気ガスの流れ　5 エキゾーストパイプ
6 ミキサー　7 流入ファンネル
8 SCR触媒コンバーター

エキゾーストマニホールド

エキゾーストマニホールド（図3）は排気装置の重要なコンポーネントであり、排気ガスをシリンダー出口から排気装置へ送るものである。各パイプの長さや断面といったマニホールドの幾何学的設計が、性能特性、排気装置の音響特性、排気ガスの温度に影響を及ぼす。エキゾーストマニホールドは、素早く排気ガス温度を上昇させ、触媒コンバーターが冷間始動中の早い段階で作動できるようにするため、エアギャップで断熱（二重壁）されている場合もある。エキゾーストマニホールドには、きわめて高い温度（ガソリンエンジンにおいては最高で1,050 ℃）に対する一貫した耐性が求められる。そのため、きわめて高品質な材質で製造されている（高合金鋳造あるいは高合金ステンレス鋼）。

触媒コンバーター

触媒コンバーターは、ガス流入ファンネル、流出ファンネル、モノリス（担体）で構成されている（図4）。モノリス内部には、活性触媒でコーティングされた多数の非常に小さなセルが平行に並んでおり、セル数は400 ～ 1,200cpsi（平方インチ当たりのセル数）である。活性触媒コンバーター層の作動原理については、別途記載する（「触媒による排気ガスの後処理」を参照）。機能上の理由により、しばしば1つの触媒コンバーター内に複数の異なるコーティングのモノリスが組み込まれることがある。排気ガスがモノリスを均等に通過するよう、流入ファンネルの形状に配慮しなければならない。モノリスの外形は、利用可能な車両の取付けスペースに応じて、三角形、楕円形、または円形となる。

モノリスには、金属製またはセラミック製がある。

金属製モノリス

金属製モノリスは、厚さ0.05mmの細かい波形の金属箔でできており、高温処理で曲げ加工とろう付け加工が施されている。セル間の壁厚が薄い金属製モノリスは、排気ガスが通過する際の抵抗が非常に小さいため、しばしば高性能自動車に装備される。金属製モノリスは、ファンネルに直接溶接することが可能である。

図3：エキゾーストマニホールド
　　　（エンジン近くに触媒コンバーターを装備）
1 エキゾーストマニホールド　　2 λセンサー
3 金属製モノリス　4 断熱シェル　5 OBDセンサー

図4：セラミックモノリス付き触媒コンバーター
1 λセンサー
2 流入ファンネル
3 セラミックモノリス
4 取付けマット
5 金属ハウジング
6 流出ファンネル

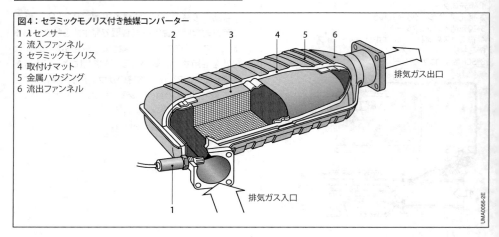

セラミック製モノリス

セラミック製モノリスの原料はコージェライトである。セルの密度に応じて、セル間の壁厚は 0.05 mm（1,200 cpsiの場合）～ 0.16 mm（400 cpsiの場合）となる。

セラミック製モノリスは、温度および熱衝撃に対して非常に安定しているが、直接金属ハウジングに組み込むことはできない。鋼とセラミックの熱膨張率の差を補正し、衝撃に敏感なモノリスを保護するために、特殊なマウンティングが必要となる。特に壁厚が薄いモノリスの場合（< 0.08 mm）、取付けおよび製造プロセスにおいては特別な注意が必要である。モノリスの取付けには、金属ハウジングとセラミック製モノリスの間に取付けマットを挟み込む。セラミックファイバー製の取付けマットは非常に柔軟性があり、モノリスにかかる圧力負荷を最小限にすることができる。また、取付けマットは断熱材としても機能する。

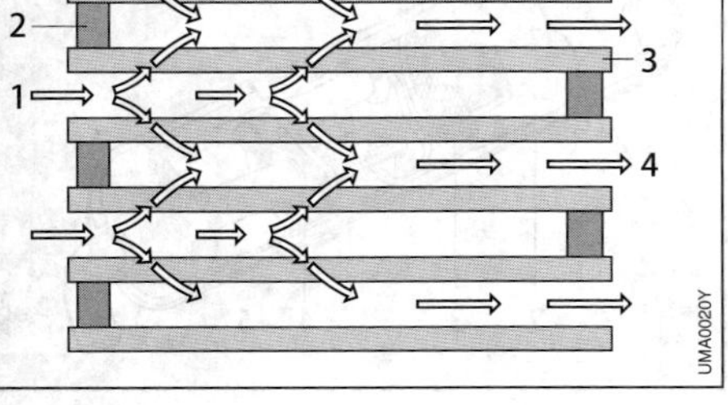

微粒子フィルター

触媒コンバーターのモノリスと同様、微粒子フィルターシステムにも金属製とセラミック製がある。微粒子フィルターを金属ハウジングに取り付ける方法は、触媒コンバーターの取付け方法と同じである。

構造

触媒コンバーターのセラミック製モノリスのように、セラミック製微粒子フィルターも多数の平行なセルから成るが、各セルの端は交互に塞がれている（図5）。このため、排気ガスはハニカム構造の多孔壁を強制的に通過することになり、これらの孔の部分に固体粒子が付着する。セラミック体の多孔率に応じて、フィルターのろ過効率は最大97％となる。

再生

微粒子フィルターに煤煙（すす）が付着すると、ガスの流れ抵抗は徐々に増大する。そのため、微粒子フィルターは定期的に再生しなければならない。再生方法には2つあるが、詳細については別途記載する（「ディーゼルエンジンの排気ガス処理」を参照）。

パッシブプロセス

パッシブプロセスでは、触媒反応によりすすを焼却する。ディーゼル燃料に含まれる添加剤によって、すすの粒子の燃焼温度を通常の排気ガス温度まで下げ、すすを燃焼させる。

パッシブプロセスでは、この他、触媒をコーティングした微粒子フィルター、またはCRT（「連続再生トラップ」を参照）プロセスで再生することもできる。

アクティブプロセス

アクティブプロセスでは、外部からの作用によりフィルターをすすの燃焼に必要な温度まで加熱する。この温度上昇にはフィルター上流側に取り付けたバーナー、エンジンマネジメントによる二次噴射、あるいは予備の触媒コンバーターを使用する。

図5：セラミック製微粒子フィルター
1 排気ガス入口
2 セラミックプラグ
3 セル隔壁
4 排気ガス出口

マフラー

マフラー (サイレンサー) は排気ガスの脈動を滑らかにし、できるだけ排気音を小さくするように設計されている。基本的には共鳴と吸音という2つの物理学的原理が関係しており、マフラーはこれらの原理によって2つのタイプに分けられる。ただし、ほとんどのマフラーは共鳴と吸音を組み合わせている。

共鳴型マフラー (図6a) では、音波はパイプを通りチャンバーのパイプ出口で共鳴する。吸音型マフラー (図6b) では、音波は吸音材のせん孔に広がり、そこで消音される。図6cは共鳴型マフラーと吸音型マフラーの組合せを示している。

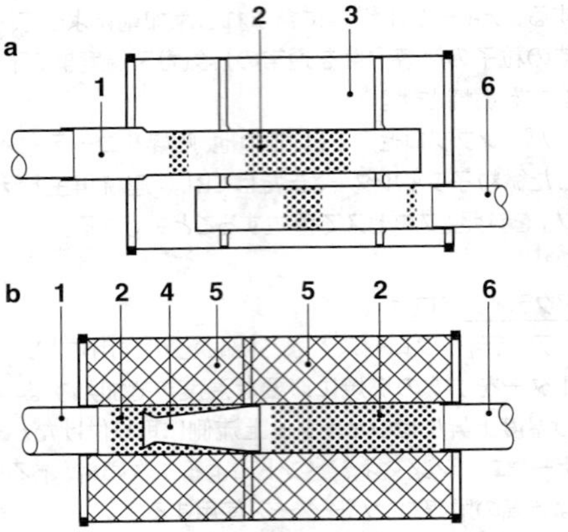

また、マフラーと排気装置のパイプ部分は、固有周波数を持つ振動系として作用するので、マフラーの構造が音の減衰特性にとって非常に重要となる。排気装置の固有周波数をできるだけ低く調整して、固有振動が車体の共振を引き起こさないようにすることが重要である。車体下部への振動と熱の伝達を防ぐために、マフラーを二重壁構造にして、絶縁 (遮音、断熱) 層を備えることが多い。

共鳴型マフラー

共鳴型マフラーは長さの異なるチャンバーで構成されており、チャンバーは互いにパイプで接続されている (図6a、図7)。パイプと隔壁には穴が開けられており、排気ガスが通過できるようになっている。パイプとチャンバーの接続部の断面積の違い、排気ガスの流路転換、および接続パイプとチャンバーの共鳴により、往復する音波が重ね合わさり、音波の一部が消音される。このようにして、特に低中周波数域で高い消音効果を発揮する。このタイプでは、チャンバーの数が多ければ多いほど消音効率は上がる。

図6：消音の原理
a 共鳴型マフラー
b 吸音型マフラー
c 共鳴型マフラーと吸音型マフラーの組合せ
1 入口パイプ
2 穴開きパイプ
3 チャンバー
4 ベンチュリーノズル
5 吸音材
6 出口パイプ

図7：触媒コンバーター内蔵型マフラー
1 入口パイプ
2 取付けマット
3 セラミックモノリス
4 共鳴型マフラー
5 テールパイプ

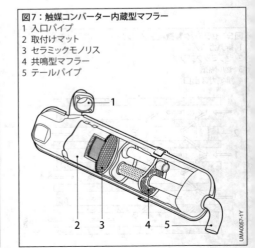

排気装置 **611**

吸音型マフラー

　吸音型マフラーは1つのチャンバーでできており、表面に多数の穴を持つパイプがチャンバーを貫通している（図6b）。チャンバーは吸音材（ミネラルウールまたはグラスファイバー）で満たされており、音は穴開きパイプを通って吸音材に入り、摩擦熱に変換される。

　吸音材は通常、かさ密度100 〜 150 g/lの長繊維のミネラルウールまたはグラスファイバーである。吸音特性は、吸音材の密度と吸音性、チャンバーの容量、およびコーティングの厚さに左右される。非常に広い音域（周波数）にわたって吸音するが、吸音は高周波域から始まる。

　また、せん孔と吸音材を貫通するパイプの位置は、吸音材が排気ガスの脈動で吹き飛ばされることがないような条件を選ぶ必要がある。穴開きパイプ周囲にステンレススチールウールの層を巻き、吸音材を保護することもある。

　吸音型マフラーでは、原則として排気ガスがストレート管を通過するため、接続部の断面積が異なる共鳴型マフラーと比べて圧力損失は非常に小さい。

マフラーの設計

　利用可能な車体下部のスペースに応じて、マフラーにはスパイラル巻きケーシングまたはハーフシェルを使用したタイプがある。

　スパイラル巻きマフラーのカバーは、1つまたは複数の金属板を円筒状のマンドレルに巻き付けて成形し、縦折り加工またはレーザービーム溶接で相互に接続する。その後、組立てが完了して溶接されたコアを、ケーシング内に挿入する。コアは内管、バッフル、中間層で構成されており、外側の層は、折りたたみ加工またはレーザービーム溶接でカバーに接続される。

　フロアアセンブリーのスペース要件が複雑な場合、スパイラル巻きマフラーの取付けが難しいことがよくある。この場合は、深絞りしたハーフシェルを使ったシェル型マフラーを使用する。これは、ほとんどあらゆる形状に対応可能である。

　乗用車の排気装置におけるマフラーの全容積は、エンジン排気量の約8 〜 12倍に相当する。

接続エレメント

触媒コンバーターとマフラーの接続にはパイプを使用する。非常に小型のエンジンや小型車の場合は、触媒コンバーターとマフラーを1つのハウジングに組み込むことができる（図7）。

パイプ、触媒コンバーター、マフラーは、差込みコネクタやフランジを使用して接続され、一体型システムを形成する。取付け作業を迅速にするために、標準装備（OE）のシステムは一体構造の溶接品であることが多い。

排気装置全体は、弾性のある取付けエレメントで車体下側に接続されている（図8）。振動がボディに伝わり車内騒音が発生する可能性があるため、取付け位置は慎重に選ぶ必要がある。取付け位置が不適切だと、強度や耐久性に問題が生じることも考えられる。これらの問題は、バイブレーションダンパーを使うことで対処できる場合がある。危険な振動数の場合、このコンポーネントが排気装置に対して正確に逆方向に振動することで、システムの振動を吸収する。

排気ガスの排出口（テールパイプ）での排気騒音やマフラーからの放射音波も、ボディの共鳴を引き起こす。エンジン振動の強さに応じて、分離エレメント（図9）を使用して排気装置とエンジンブロックを切り離すことで、排気装置にかかる応力負荷を低減できる。分離エレメントには、内管と相互に動くパイプ部から成るライナーが組み込まれてる。先端には波形管（ブーツとも呼ぶ）が取り付けられており、ライナーがこれを保護し、線膨張を制限している。やわらかい構造の波形管により、分離／絶縁効果が得られる。波形管は、外部からの影響を受けないようにワイヤーメッシュ被覆で保護されている。

最終的に、振動に対して十分な強度を持たせると同時に、十分な柔軟性と減衰特性を備えて車体への力の伝達を効率的に低減できるよう、排気装置の取付け位置が調整される。

図8：取付けエレメント
1 ラバーマウント
2 金属ブラケット
3 マフラーシェル

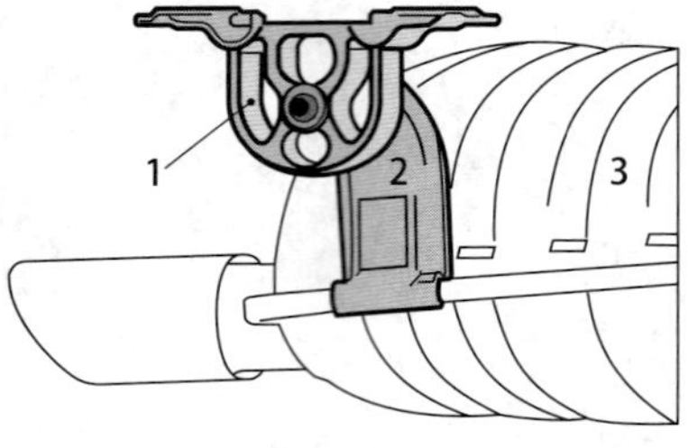

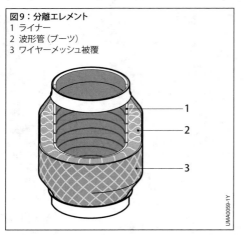

図9：分離エレメント
1 ライナー
2 波形管（ブーツ）
3 ワイヤーメッシュ被覆

その他の消音装置

テールパイプから発せられる排気音から特に耳障りな周波数成分を取り除いて消音するコンポーネントには、さまざまな種類がある。これらのコンポーネントは、各周波数域に応じて使用することで、非常に効率的な減衰が可能である。

ヘルムホルツ共鳴器

ヘルムホルツ共鳴器は、エキゾーストパイプの横に別のパイプを配置し、そこに所定の容積の空洞部を接続する構成である（図10）。空洞部内のガスがバネのような役割を果たす一方、パイプ部分のガスは質量として機能する。このバネ質量系は、その共鳴周波数において非常に高い吸音率を達成する、しかし有効な周波数域は狭い。共鳴周波数 f は、容積 V、長さ L、パイプの断面積 A の大きさに応じて異なる。

$$f = \frac{c}{2\pi}\sqrt{\frac{A}{L \cdot V}}$$

値 c は音速である。

λ/4 共振器

λ/4 共振器は、排気装置から分岐し、終端がシールされたパイプから成る。この共振器の共鳴周波数 f は、分岐パイプの長さ L に基づく。計算式は次の通りである。

$$f = \frac{c}{4L}$$

λ/4 共振器も、その共鳴周波数付近に非常に狭い帯域の減衰域を持つ。

排気ガスフラップ

排気ガスフラップは、ほとんどの場合リアマフラーに組み込まれている。このフラップを使って、エンジン回転数あるいは排気ガス流量に応じて、マフラーまたはセカンドテールパイプ内のバイパスを開閉する（図11）。その結果、エンジン高回転域での出力を損失することなく、エンジン低回転域での排気音を大幅に低減できる。

排気ガスフラップには、圧力と流量に基づいて自己制御するタイプと外部制御式がある。外部制御式フラップの場合は、エンジン制御システムのインターフェースを用意する必要がある。そのため、自己制御式フラップに比べて複雑になってしまうが、より柔軟な適用範囲が見込まれる。

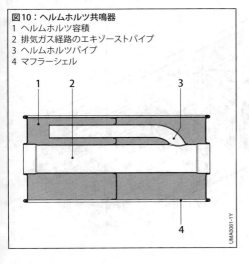

図10：ヘルムホルツ共鳴器
1 ヘルムホルツ容積
2 排気ガス経路のエキゾーストパイプ
3 ヘルムホルツパイプ
4 マフラーシェル

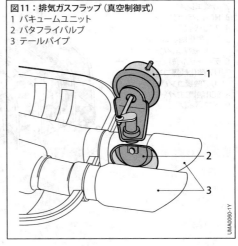

図11：排気ガスフラップ（真空制御式）
1 バキュームユニット
2 バタフライバルブ
3 テールパイプ

商用車の排気装置

商用車の排気装置の場合、前述のコンポーネントの多くはハウジング内に組み込んだ状態で車両フレームに取り付けられている。触媒コンバーターおよび微粒子フィルターの数は、排気装置がどの排出ガス規制を満たすように設計されたかによって異なる。

EU IVおよびEU V用の排気装置

一般に、EU IVおよびEU V用の排気装置には微粒子フィルターは不要であり、酸化触媒コンバーターとSCR触媒コンバーターのみを装備する（「ディーゼルエンジン用排気ガス処理」を参照）。また、未処理のNO_x排出量がEU IVおよびEUVの規制値をクリアするように、ディーゼルエンジンを調整することも可能である。ただしその場合は、排気装置に微粒子フィルターを装備する必要がある。

図12は、EU IV用の排気装置（SCR触媒コンバーター付き）を示している。乗用車の排気装置とは異なり、利用可能なスペース内で必要な触媒面積を確保するために、しばしば複数の触媒コンバーターを平行に配置することがある。複数のバイパスパイプとベース部にある複数の穴が、排気ガスの経路を形成し、消音の役割を果たしている。エンジン排気量に応じて、排気装置の容量は150〜200 *l*、重量は150 kgとなる。

図12：商用車の排気装置、EU IV用
1 SCR触媒コンバーター　2 入口パイプ
3 出口パイプ　4 テールパイプ　5 排気ガス入口

図13：商用車の排気装置、EU VIおよびEPA 10用
1 尿素インジェクター
2 分離エレメント
3 HCインジェクター
4 入口パイプ
5 プレ酸化触媒コンバーター
　（プレ触媒コンバーター）
6 ディーゼル微粒子フィルター
7 リア酸化触媒コンバーター
　（リア触媒コンバーター）
8 SCR触媒コンバーター
9 出口パイプ

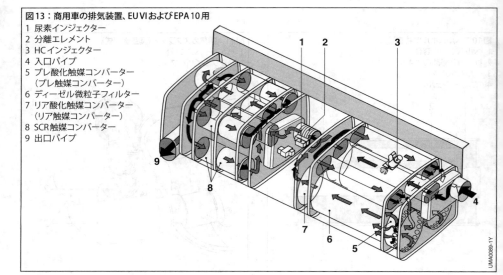

EU IVおよびEPA 10用の排気装置

　最新の法規制（ヨーロッパのEU IVおよびEPA 10、米国のEPA 10）に適合する排気装置には、酸化触媒コンバーター、微粒子フィルター、SCR触媒コンバーターなど、すべてのコンポーネントが必要である（図13）。そのため、容量と重量はこれまでより増加している。

　現在は、2つのコンセプトが使用されている。すべてのコンポーネントを1つのハウジングに内蔵するものと、もう1つはSCR触媒コンバーターと微粒子フィルターを2つのハウジングに分離するものである。排気ガス処理を適切に作動させるには、次のコンポーネントが必要である。SCRシステムの場合は、尿素定量システム（「SCRシステム」を参照）が必要であり、尿素噴射ノズル（インジェクター）が排気装置内の適切な場所に配置されている。また、微粒子フィルターの再生を確実に実行するには、多くの場合、燃料を噴射するための炭化水素（HC）定量ユニットが必要に

なることがある（「HCIシステム」を参照）。いずれの場合も、尿素溶液と燃料を適切に気化・分配できる位置を選定しなければならない。溶液の準備を改善するため、必要に応じてここにミキサーを組み込むことがある（「排気ガス処理」の章を参照）。

　ハウジング内には、各種のセンサーも内蔵される。フィルター負荷をモニターする圧力センサーのほか、温度センサー、NOx変換を監視するNOxセンサーが必要である。排気装置内のセンサーの配置は、あらゆる作動状態において十分な信号品質を確保できるよう、システムの設計に応じて最適化することが不可欠である。

参考文献

[1] C. Hagelüken: Autoabgaskatalysatoren – Grundlagen, Herstellung, Entwicklung, Recycling, Ökologie. 3rd Edition, Expert-Verlag, 2016.

火花点火機関（SIエンジン）の制御

エンジン制御システムの説明

エンジン制御システムは、運転者の要求を確実に実現させるためのものである。運転者は加速、減速、あるいは一定速度での走行を要求することができ、エンジン制御システムは、火花点火機関（SIエンジン）の出力がそれらの要求を達成すべく設定されるのを確実なものとする。システムは、要求されているトルクを発生させると同時に、排気ガスと燃料消費量を少なく抑えることができるように、エンジンのあらゆる機能を制御する。

火花点火機関（SIエンジン）による出力は、クラッチトルクとエンジン回転数によって決まる。クラッチトルクは、燃焼行程によって生み出されたトルクから、摩擦トルク（エンジン内部の摩擦損失）、ポンピングロス、および補機の作動に必要なトルクを差し引いたトルクである（図1）。駆動トルクはホイールに伝えられる。このトルクは、クラッチトルクからクラッチやトランスミッションにおける損失を差し引いたものである。このようにして得られたトルクが、ころがり抵抗や空気抵抗などのさまざまな牽引抵抗に対抗して車両を駆動させる。運転者の要求に応じて、これらの各種抵抗と駆動トルクの間に均衡または不均衡の状態が生じる。各種抵抗と駆動トルクの大きさが同じ場合には、車両は加速、または減速するように要求されていても、走行速度は一定となる。

燃焼トルクはエンジンの出力サイクルで生み出され、その大きさは主に下記の変数に依存する。
- 吸気バルブが閉じた後で燃焼に利用できる空気質量
- シリンダー内で利用可能な燃料の質量
- 火花点火により混合気に着火するタイミング

さらに混合気の成分（残留排気ガスの量）、あるいは燃焼プロセスなどによって、若干の影響を受ける。

エンジンマネジメントが担う最も重要な役割は、エンジンが要求するトルクを調整するために、さまざまなサブシステム（エア、燃料およびイグニッションシステム）を制御し、同時に排出ガスや燃料消費量、出力、快適性、安全性に関する高い要求事項を満たすことにある。エンジン制御システムは、サブシステムの診断も行う。

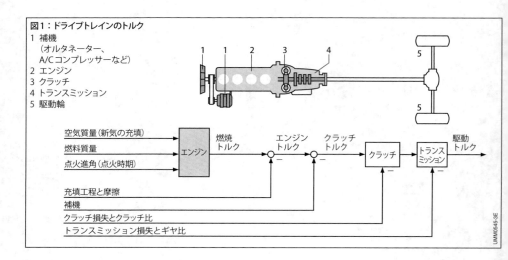

図1：ドライブトレインのトルク
1 補機（オルタネーター、A/Cコンプレッサーなど）
2 エンジン
3 クラッチ
4 トランスミッション
5 駆動輪

システムの概要

電気システムの概要

　モトロニックは、火花点火機関（SIエンジン）の開ループ制御および閉ループ制御を行うためのBosch社製のシステムである。モトロニックシステム（図2）は、エンジンと車両の現在の作動データを把握するのに必要なすべてのセンサー、およびSIエンジンに対する必要な調整を行うすべてのアクチュエーターで構成される。コントロールユニットはセンサーからの情報をもとに、車両およびエンジンの状態を瞬時（システムのリアルタイムでの要求を満たすため1,000分の1秒単位）に検出する。入力回路はセンサー信号のノイズ（干渉）を抑制し、信号を統一された一定の電圧範囲に変換する。その後、アナログ／デジタルコンバーターがこのアナログ信号をデジタル値に変換する。他の信号は、CANバスやFlexRayなどのデジタルインターフェース、またはパルス幅変調（PWM）インターフェースを介して受信される。

　エンジンコントロールユニットの中枢となるのは、プログラムメモリー（フラッシュEPROMなど）を備えたマイクロコントローラーである。プログラムメモリーには、プロセスを制御するためのすべてのアルゴリズム（すなわち、特定のパターンに従って実行される演算処理）とデータ（パラメーター、特性値、プログラムマップ）が記憶されている。センサー信号から得られた入力変数はアルゴリズムにおける計算に影響を与え、それがアクチュエーターの起動信号に反映される。マイクロコントローラーはこれらの入力信号をもとに運転者の望む車両の反応を把握し、必要なトルク、燃料噴射量に応じたシリンダー充填空気量、正確な点火タイミング、アクチュエーター（燃料蒸発ガス排出抑止装置、排気ガスターボチャージャー、二次空気噴射システムなど）の起動信号などを計算する。

　マイクロコントローラーの出力部からの低レベルの信号データは、ドライバーステージによって種々のアクチュエーターにより要求されるレベルに調整される。

　モトロニックのもう1つの重要な機能は、車載診断システム（OBD）を用いて、システム全体の作動能力をモニタリングすることである。各種法令による要求（診断関連法）は、モトロニックに対して、システム能力（演算能力および記憶容量）の約2分の1を診断に関連する機能に割り当てることを求めている。

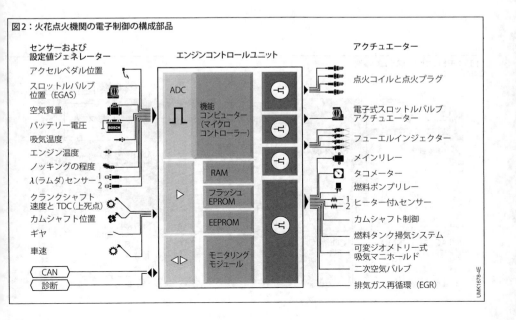

図2：火花点火機関の電子制御の構成部品

機能システムの概要

エンジン制御システムには、シリンダー充填制御、燃料供給、混合気の形成および点火といった主要機能の他にも、数多くの副次的機能がある。より明確かつ詳細に説明するために、システム全体をサブシステムに分割する。これらを示したのがシステム構成図（図3）である。

トルク要求 (TD) のサブシステム

運転者は、アクセルペダルの位置により具体的な要求を送る。アクセルペダルの位置は、駆動トルクの設定値に変換される。

直接的なトルク要求に加え、運転者はクルーズコントロールシステムを通じて間接的に要求を送ることもできる。駆動トルクの設定値は、その時点における走行状況に応じて算定される。

アクセルペダルを踏み込んでいないときは、アイドリング回転の維持に必要なエンジントルク量が算出される。

ドライバビリティーフィルターやサージ減衰機能、スターターやオルタネーター、バッテリーなどの電気システム、エアコンディショナーシステムをはじめとしたその他の電気システムも、トルクの要求を行う。

トルク構成 (TS) のサブシステム

トルク要求のサブシステムからの多様なトルク要求や、トランスミッションシステムからの要求、ドライビングダイナミクス（走行性能）に関する要求、その他のエンジン固有のトルク要求（触媒コンバーターの加熱など）は、トルク構成のサブシステムで調整される。その結果、内燃機関に対するトルク要求が発生する。

充填、噴射、点火に関する設定値は、エンジンに対する要求トルクをもとに算定される。

充填は空気の相対質量として入力される。すべてのエンジン性能クラスで標準化されている空気の相対質量は、その時点のエンジン回転数におけるシリンダー内の実際の空気質量と、シリンダー内に充填可能な空気の最大質量との比率である。

点火の設定値は点火角度によって表される。

トラクションコントロールシステムの要求などによるトルクの低下は、点火を遮断することによって行われる。この目的のために、点火を遮断する回数が定められる。

ガソリン直接噴射システムでは、燃焼室に層状の新気を充填するなどの手法によって、希薄燃焼作動モードを設定することができる。これらの作動モードでは、λ設定値を入力することで、エンジントルクを設定することも可能である。

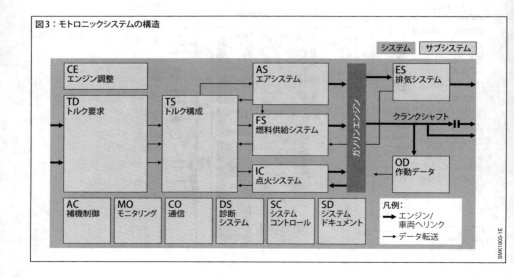

図3：モトロニックシステムの構造

火花点火機関 (SI エンジン) の制御 **619**

物理モデルは、各種のセンサー信号からクラッチにおける実際のエンジントルクを計算する。実際のトルクはモトロニックシステムのモニタリングに使われ、トランスミッションコントロールなどの他のシステムによって要求される。

エアシステム (AS) のサブシステム

トルク構成のサブシステムによる空気の相対質量設定値の入力は、シリンダー充填制御に用いられるアクチュエーターのための具体的な量に変換される。

スロットルバルブは、シリンダー充填を行うメインアクチュエーターである。モデルを使用して空気質量の設定値からスロットルバルブの開度を計算し、この開度からアクチュエーターのパルス幅変調による動作を計算する。

主な設定経路を吸気バルブおよび排気バルブの作動によって表すシステムも存在する。こうしたシステムでは、通常スロットルバルブは常に開いた状態となっている。こうしたシステムでは、リンプホーム (非常時) モードなどの特殊な状況が生じた場合に限り、シリンダー充填の設定経路としてスロットルバルブを用いる。

過給機付きエンジンでは、排気ガスターボチャージャーのためのウエストゲートの作動や、機械式スーパーチャージャーの制御も考慮する。

設定のための装置としては、この他にカムシャフト調整システムや排気ガス再循環バルブがある。

さらに、その時点における内燃機関への実際の充填量を定める。その際には、基本的な変数として吸気マニホールドの圧力や温度などに関するセンサー信号を用いる。

燃料供給システム (FS) のサブシステム

燃料供給システムは、必要な量の燃料を燃料タンクから所定の圧力でフューエルレールに供給する役割を担う。

フューエルレールの燃料圧力と吸気マニホールドの圧力、フューエルインジェクターの開放継続時間は、その時点における実際の充填量を用いて λ 設定値より算出される。

フューエルインジェクターは混合気を最適化するために、クランク角と連動して作動する。

λ の実際値を長時間にわたって適合させることにより、燃料計量精度の高いパイロット制御を確実なものにすることができる。

イグニッションシステム (IS) のサブシステム

点火進角は、点火に関する設定値の入力、エンジンの作動条件、ノックコントロールなどの介入動作をもとに算出される。点火火花は、要求された点火タイミングにおいて点火プラグが生成する。

点火進角は、エンジンが最適な燃料消費量で作動できるように設定される。わずかな特殊な状況 (触媒コンバーターの加熱時やシフトチェンジの際に瞬時にトルクを低減する場合など) が生じた場合に限り、サブシステムはこれとは異なる作動を行う。

ノックコントロールシステムは、全シリンダーの燃焼を継続的にモニタリングする。これによって、エンジンはノッキング限界近くの最適な燃費で作動できるようになる。同時にノッキングによるエンジン内部の損傷を安全に予防することができる。ノッキング検出経路の故障は、継続的なモニタリングに影響をもたらす。このため故障が生じると、ノッキング限界から十分に余裕のある場合でも、点火に影響を及ぼすおそれがある。

排気システム (ES) のサブシステム

三元触媒コンバーターを最適に作動させるために行う開ループ制御および閉ループ制御の介入動作は、このサブシステムで計算する。燃焼させる混合気は、理論空燃比付近の狭い範囲内で制御する必要がある。

触媒コンバーターの作動能力もモニタリングする。このモニタリングは、排気ガスセンサー (λ センサーなど) からの信号に基づいて行う。

排気システムは、構成部品の保護機能により、過度の熱負荷から確実に保護される。このために必要な排気システムにおける実際の温度は、通常はモデル化されている。

燃焼室に層状の新気を充填する希薄燃焼モードによる作動 (ガソリン直接噴射方式の場合) では、NO_x 貯蔵型触媒コンバーターの最適な作動を確保するために混合気も制御する。

620　火花点火機関 (SIエンジン) の制御

エンジン調整 (CE) のサブシステム

　ガソリン直接噴射では、作動モード (燃焼室内で混合気が均質化、または層状化された状態での作動など) の調整および切り替えが行われる。要求された作動モードにするために、各種機能からの要求を定められた優先順位に従って調整する必要がある。

作動データ (OD) のサブシステム

　作動データのサブシステムは、エンジンの作動状況に関する変数 (エンジン回転数や温度など) を評価し、デジタル方式による調整や妥当化を確実に行い、その結果を他のサブシステムでも利用できるようにする。

　回転数検知での公差を適応させることにより、燃料噴射と点火をより精密に制御することができるようになる。

　触媒コンバーターの保護機能の前提として、エンジンのミスファイヤーも検知される。

補機制御 (AC) のサブシステム

　エンジンマネジメントシステムには、A/Cコンプレッサーやファンの制御、エンジン温度の制御など、追加的機能が統合されている場合が多い。補機制御のサブシステムは、これらの機能を調整するためのものである。

通信 (CO) のサブシステム

　車載のネットワークには、モトロニックシステムの他にも数多くのシステム (トランスミッションコントロールやエレクトロニックスタビリティープログラムなど) がある。これらのシステムは、標準化されたインターフェース (CAN通信など) を介して情報交換を行う。

　またワークショップ用テスターでエンジンマネジメントシステムからの信号を読み取り、所定のアクチュエーターの調整を行うことができる (アクチュエーター診断)。

診断システム (DS) のサブシステム

　モトロニックシステムの能力は、診断機能によって継続的にモニタリングされる。センサー信号とモデルとを比較して行う電気的な点検と妥当性の点検も、モニタリングの対象である。故障は記録され、管理される (故障の「タイムスタンプ」の割当てなど)。こうした

故障は、後でワークショップのテスターを使用して読み出すことができる。

　いくつかの診断機能は、所定の境界条件の場合 (特定の温度または負荷範囲など) に限って作動する。あらかじめ定められたシーケンスに従って実行されなければならない診断機能も存在する。このシーケンス制御の調整は、診断機能によって行われる。

モニタリング (MO) のサブシステム

　「ドライブバイワイヤー」システムは、モニタリングと連携している。中心的な機能は、トルクの比較である。これは、運転者の要求に基づいて解析された許容トルクとエンジンのデータから算出された実際のトルクとの比較である。

　さらに上位のレベルでは、コンピューターの中核と周辺装置がモニタリングされる。

システムコントロール (SC) のサブシステム

　モトロニックシステムの準備段階を制御する。個々の機能の計算に先立って、演算の枠組みを提供する必要がある。解析時間のリソースを最適化するには、さまざまな演算の枠組み (角度または時間の同期による枠組みなど) が必要になる。

　所定の機能 (出力ステージの機能診断など) は、エンジンを始動する前に行われる。シーケンス制御は、リセットやECUのアフターランも管理する。

システムドキュメント (SD) のサブシステム

　モトロニックシステムのさまざまな開ループ制御や閉ループ制御の機能に加え、具体的なプロジェクトを詳細に記述するための数多くのドキュメントが必要となる。これらのドキュメントには、ECUのハードウェアやソフトウェアのシステム記述や、ワイヤーハーネス、エンジンデータ、構成部品、コネクターのピン配列などが含まれる。

火花点火機関 (SI エンジン) の制御　**621**

乗用車用モトロニックのバージョン

歴史

　もともと、モトロニックの機能は基本的に単一のコントロールユニットとして、電子制御式の燃料噴射システムや電子制御式の点火システムと一体化されていた。法令による規制に対応し、排出ガスや燃料消費量を低減しながら、性能、走行快適性、走行安全性を向上させるため、次第にさまざまな機能が追加されてきた。こうした追加機能として、下記を挙げることができる。

- アイドリング回転数の制御
- λコントロール
- 燃料蒸発ガス処理システムの制御
- NOx排出量と燃料消費量を低減するための排気ガス再循環システム
- 始動時および暖機段階の炭化水素 (HC) 排出量を低減するための二次空気システムの制御
- エンジン性能向上のための排気ガスターボチャージャーおよび可変吸気マニホールドの制御
- 排気ガスおよび燃料消費量を低減させ、性能を向上させるためのカムシャフト制御
- 構成部品の保護 (ノックコントロール、エンジン回転数リミッター、排気ガス温度制御など)

　1979年より量産車に使用されてきた最初のモトロニックのベースとなったのは、個別シリンダー噴射と従来の機械式スロットルバルブを備えたマニホールド噴射エンジン向けのエアフロー検知と電子点火機能付きLジェトロニック燃料噴射システムであった。このMモトロニックは、これと並行して使用されるようになった噴射および点火システム同様にさらなる開発が行われた。負荷検知のために、エアフローセンサーに代えてエンジン負荷をより正確に確認できるエアマスメーターが使用されるようになった。回転式ディストリビューターシステムによる電子点火に代えて、各シリンダーに対して個別のイグニッションコイルが高電圧を発生させるスタティックディストリビューターシステムによる完全電子点火が採用されるようになった。

　マルチポイント式電子制御燃料噴射装置を備えたシステムに加え、中・小型車にもモトロニックを装備できるように、当時としては比較的単純でコスト効率に優れた、次のようなシステムが開発されてきた。

- 連続ガソリン噴射システムのKEジェトロニックをベースにした、KEモトロニック
- 間欠式シングルポイント燃料噴射システムのモノジェトロニックをベースにした、モノモトロニック

最新システム

　現在生産されている新型車両には、マルチポイント燃料噴射装置と完全電子点火以外のシステムは使われていない。以下のバージョンのモトロニックが使用されている：

- 吸気マニホールド噴射システムにおいて噴射と点火、新気の充填を制御する電子式スロットル制御 (ETC) を備えた、MEモトロニック (図4)。
- ガソリン直接噴射システムの高圧燃料回路用の開ループ制御および閉ループ制御の機能を備え、この種のエンジンのさまざまな作動モードを実現させるための、DI (直接噴射) モトロニック (図5均質作動、図6希薄燃焼コンセプト)。
- 天然ガスまたはガソリンによる火花点火機関のための構成部品を制御する、バイフューエルモトロニック (「天然ガス駆動の火花点火機関」を参照)

622 火花点火機関（SIエンジン）の制御

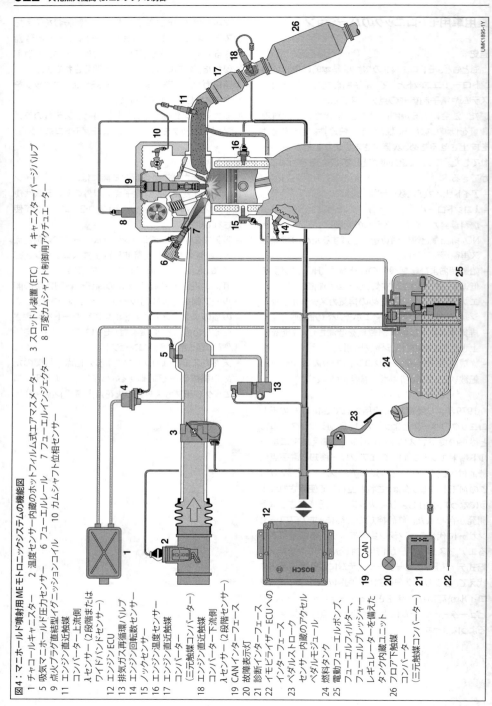

図4：マニホールド噴射用MEモトロニックシステムの機能図
1 チャコールキャニスター　2 温度センサー内蔵圧力センサー　3 スロットル装置（ETC）　4 キャニスターパージバルブ
5 吸気マニホールド圧力センサー　6 温度センサー内蔵のホットフィルム式エアマスメーター　7 フューエルインジェクター　8 可変カムシャフト制御用アクチュエーター
9 点火プラグ直結型イグニッションコイル　10 カムシャフト位相センサー
11 エンジン直近触媒コンバーター上流側
  λセンサー（2段階または
  ワイドバンドセンサー）
12 エンジンECU
13 排気ガス再循環バルブ
14 エンジン回転数センサー
15 ノックセンサー
16 エンジン温度センサー
17 エンジン直近触媒
  コンバーター
  （三元触媒コンバーター）
18 エンジン直近触媒
  コンバーター下流側
  λセンサー（2段階センサー）
19 CANインターフェース
20 故障表示灯
21 診断インターフェース
22 イモビライザーECUへの
  インターフェース
23 ペダルストローク
  センサー内蔵のアクセル
  ペダルモジュール
24 燃料タンク
25 電動フューエルポンプ、
  フューエルフィルター、
  フューエルプレッシャー
  レギュレーターを備えた
  タンク内蔵ユニット
26 フロア下触媒
  コンバーター
  （三元触媒コンバーター）

火花点火機関（SIエンジン）の制御 623

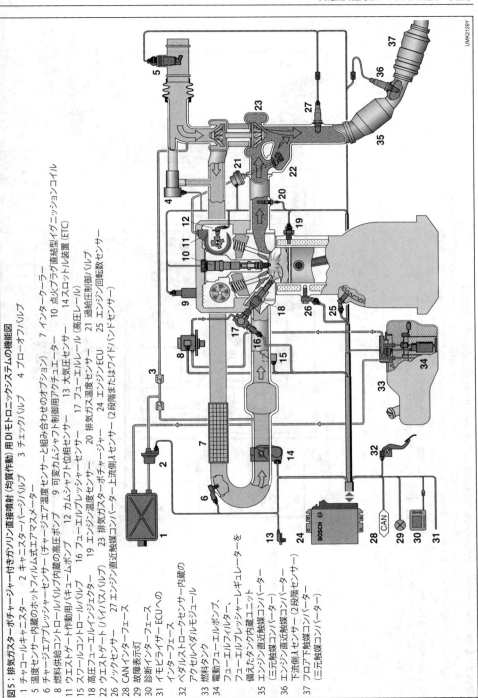

図5：排気ガスターボチャージャー付きガソリン直接噴射（均質作動）用DIモトロニックスシステムの機能図
1 チャコールキャニスター 2 キャニスターパージバルブ 3 チェックバルブ 4 ブローオフバルブ
5 温度センサー内蔵のホットフィルム式エアマスメーター
6 チャージエアプレッシャーセンサー（チャージエア温度センサーと組み合わせのオプション） 7 インタークーラー
8 燃料供給コントロールバルブ内蔵の高圧ポンプ 9 可変カムシャフト制御用アクチュエーター 10 点火プラグ直結型イグニッションコイル
11 ウエストゲート作動用バキュームポンプ 12 カムシャフト位相センサー 13 大気圧センサー 14 スロットル装置（ETC）
15 スワールコントロールバルブ 16 フューエルレイルエジェクター 17 フューエルレール（高圧）
18 高圧フューエルインジェクター 19 エンジン温度センサー 20 排気ガス温度センサー 21 過給圧制御バルブ
22 ウエストゲート（バイパスバルブ） 23 排気ガスターボチャージャー 24 排気ガスターボチャージャー上流側λセンサー（2段階またはワイドバンド）
26 ノックセンサー 27 エンジン直近触媒コンバーター 25 エンジン回転数センサー
28 CANインターフェース
29 故障表示灯
30 診断インターフェース
31 イモビライザーECUへの
  インターフェース
32 ペダルストロークセンサー内蔵の
  アクセルペダルモジュール
33 燃料タンク
34 電動フューエルポンプ、
  フューエルバルブ、
  フューエルプレッシャーレギュレーターを
  備えたタンク内蔵ユニット
35 エンジン直近触媒コンバーター
  （三元触媒コンバーター）
36 エンジン直近触媒コンバーター下流側λセンサー（2段階センサー）
37 フロア下触媒コンバーター
  （三元触媒コンバーター）

624 火花点火機関（SIエンジン）の制御

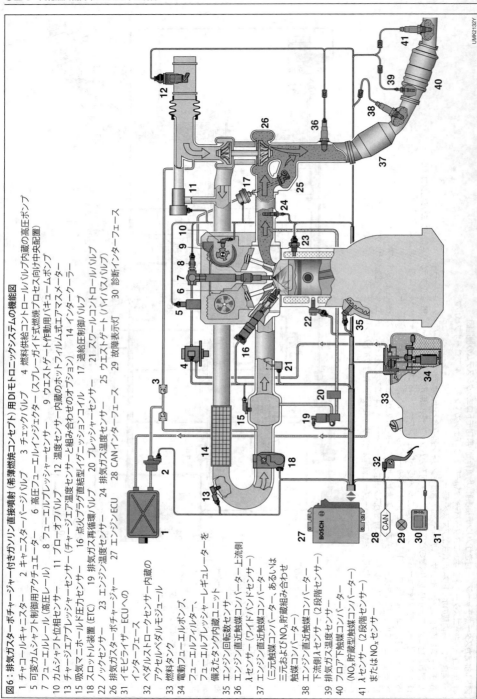

図6：排気ガスターボチャージャー付きガソリン直接噴射（希薄燃焼コンセプト）用DIモトロニックシステムの機能図

1 チャージエアキャスター　2 キャニスターパージバルブ　3 チェックバルブ　4 燃料供給コントロールバルブ内蔵の高圧ポンプ
5 可変カムシャフト制御用アクチュエータ　6 高圧フューエルインジェクター（スプレーガイド式燃焼プロセス向け中央配置）
7 フューエルレール（高圧）　8 フューエルプレッシャーセンサー　9 ウエストゲート作動用バキュームポンプ
10 カムシャフト位相センサー　11 ブローオフバルブ　12 温度センサー内蔵のホットフィルム式エアマスメーター
13 チャージエアブレッシャーセンサー（チャージエア温度センサーと組み合わせのオプション）　14 インタークーラー
15 吸気マニホールド圧力センサー　16 点火プラグ直結型イグニッションコイル　17 過給圧制御バルブ
18 スロットル装置（ETC）　19 排気ガス再循環バルブ　20 プレッシャーセンサー　21 スロールコントロールバルブ
22 ノックセンサー　23 エンジン温度センサー　24 排気ガス温度センサー　25 ウエストゲート（バイパスバルブ）
26 排気ガスターボチャージャー　27 エンジンECU　28 CANインターフェース　29 故障表示灯　30 診断インターフェース
31 イモビライザーECUへの
インターフェース
32 ペダルストロークセンサー内蔵の
アクセルペダルモジュール
33 燃料タンク
34 電動フューエルポンプ、
フューエルフィルター、
フューエルプレッシャーレギュレーターを
備えたタンク内蔵ユニット
35 エンジン回転数センサー
36 エンジン直近触媒コンバーター上流側
λセンサー（ワイドバンドセンサー）
37 エンジン直近触媒コンバーター
（三元触媒コンバーター、あるいは
三元およびNOx貯蔵組み合わせ
触媒コンバーター）
38 エンジン直近触媒コンバーター
下流側λセンサー（2段階センサー）
39 排気ガス温度センサー
40 フロア下触媒コンバーター
（NOx貯蔵型触媒コンバーター）
41 λセンサー（2段階センサー）
またはNOxセンサー

モーターサイクル用モトロニックバージョン

国際市場で入手可能なモーターサイクルが多様であることを反映して、エンジン制御システムに関する要求事項もまた広範にわたっている。モーターサイクルに関しては、エンジン制御システムはまだ、すべてのセグメントおよび市場で広く採用されていると言える状況にはない。特にアジア市場（インドおよび中国）では排気量が150 cm³以下の単気筒エンジン車両が優勢で、それらは現在もなお完全にキャブレーター技術によるものである。今日もなお空冷エンジン（「エンジン冷却システム」を参照）が広く使用されていることも、モーターサイクル市場の特徴である。

厳しい現行の法規定のため、たとえば欧州では排気量150 cm³以下のモーターサイクルは、すでに電子式エンジン制御システムを装備している（「排出ガス制御および診断関連法律」を参照）。

多気筒エンジン用モトロニック

排気量の大きな多気筒エンジンを搭載したモーターサイクルには、乗用車セクターのエンジン制御システムに必要な調整を施したものが使用されている。

単気筒エンジン用モトロニック

単気筒エンジンに対しては、スタンドアローンのエンジン制御ソリューションがある。以下のシステムに大別することができる：
- 機械式スロットルバルブを備えた吸気マニホールド噴射システムにおいて点火と燃料噴射を制御する、MSE-Mモトロニック（SE、Small Engines=小型エンジン）
- 電子式スロットルバルブ（ETC）を備えた吸気マニホールド噴射システムにおいて点火と燃料噴射、新気の充填を制御するMSE-Eモトロニック

これら2つのモーターサイクル用単気筒エンジンの特徴として、エンジン回転数によりクランク位置が大きく変化すること（図7）、および作動サイクルにわたって吸気マニホールド圧力のダイナミクスが高いことを指摘することができる。この単気筒エンジンに特徴的な挙動は、カムシャフトスピードセンサーなしでの圧縮行程または排気行程に対するエンジン位置の割当てに利用することができる。

アジアで使用されている大量のモーターサイクルに効果的なエンジン制御システムを装備するために、小型エンジンセグメントにおいてはシステムの簡便化がきわめて重要である。

要求事項

乗用車向けエンジン制御システムの要求事項とは異なるモーターサイクル向けエンジン制御システムの要求事項（単気筒エンジンであるか多気筒エンジンであるかを問わず）として、さらにカバーすべきアイドリング回転数から最高エンジン回転数までの回転数領域が広いことも挙げられる。このためモトロニックには高い計算能力が求められることになる。

排気ガス品質に関する要求事項が厳しさを増し、またオンボード診断に起因する要求事項（「排出ガス制御および診断関連法律」を参照）のため、将来はシステムエンジニアリングにおける変更が行われるものと考えられる。そのため、たとえば触媒コンバーターの経年劣化の診断のために、触媒コンバーターの下流側でヒーター付きの第2のλセンサーが使用されている。触媒コンバーター自体も、厳しい限界値に適応させるためその寸法を変更する必要がある。エンジン制御システムにより行われる触媒コンバーターの加熱は、触媒コンバーターの迅速な作動温度達成に大いに貢献するものである。

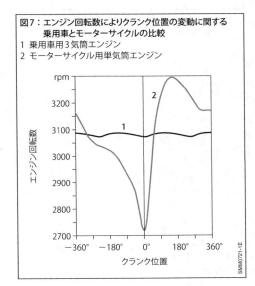

図7：エンジン回転数によりクランク位置の変動に関する乗用車とモーターサイクルの比較
1 乗用車用3気筒エンジン
2 モーターサイクル用単気筒エンジン

図8：モーターサイクル用の機械式スロットルバルブを備えたMSE-Mモトロニック
(空冷エンジンのシステム図)
 1 チャコールキャニスター　　　2 タンクベントバルブ
 3 電動フューエルポンプ、フューエルフィルター、フューエルプレッシャーレギュレーターを備えたタンク内蔵ユニット
 4 フューエルインジェクター　　5 イグニッションコイル　　6 スパークプラグ　　7 rpmセンサー
 8 エンジン温度センサー　　9 触媒コンバーター上流側λセンサー
10 吸気マニホールド圧および温度センサー　　11 エンジンコントロールユニット　　12 CANインターフェース
13 故障表示灯　　14 診断インターフェース　　15 機械式スロットル装置
16 ボーデンケーブル付きスロットルグリップ　　17 スロットルバルブセンサー　　18 調整式エアバイパス

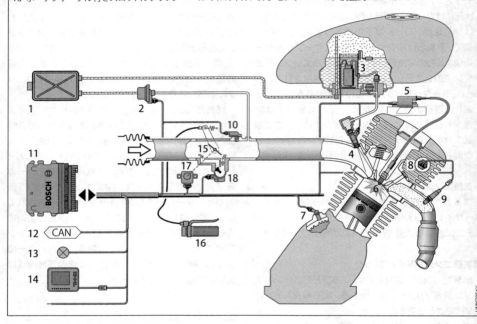

火花点火機関（SIエンジン）の制御 627

図9：モーターサイクル用の電子式スロットルバルブ（ETC）を備えたMSE-Eモトロニック
（水冷エンジンのシステム図）
1 チャコールキャニスター　　2 タンクベントバルブ
3 電動フューエルポンプ、フューエルフィルター、フューエルプレッシャーレギュレーターを備えたタンク内蔵ユニット
4 フューエルインジェクター　　5 イグニッションコイル　　6 スパークプラグ　　7 rpmセンサー
8 エンジン温度センサー　　9 触媒コンバーター上流側λセンサー　　10 吸気マニホールド圧および温度センサー
11 エンジンコントロールユニット　　12 CANインターフェース　　13 故障表示灯　　14 診断インターフェース
15 電子式スロットル装置（ETC）　　16 グリップ移動量センサー付きスロットルグリップ　　17 ノックセンサー

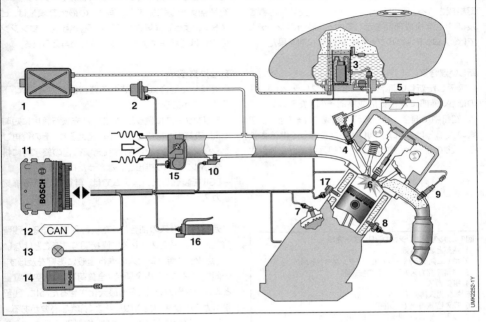

シリンダーへの充填

構成成分

　吸気バルブが閉じたときに、そのシリンダー内にある混合気をシリンダー充填空気と呼ぶ。この充填された空気は、供給された混合気と排気ガスの残留成分で構成される。図1は、シリンダーへの充填に影響を及ぼす主な構成部品を示している。最新のシステムでは、スロットルバルブが最も重要な役割を果たす。

新しい混合気

　吸入した新しい混合気は、空気（フレッシュエア）のほか、外部に混合気形成機能を備えたシステムでは、空気中に混合された燃料で構成される（図1）。空気の大部分は、スロットルバルブを通って供給される。残りの部分は、燃料蒸発ガス処理装置から吸引される。吸気バルブが閉じたときにそのシリンダー内に存在する空気質量が、燃焼行程でピストンに対して行う仕事、すなわちエンジントルクの大きさを決定する。したがって、エンジンの最大トルクと最高出力を引き上げるときは、必ずといっていいほどシリンダーへの充填空気量が増加する。理論上の最大充填量は、ピストンによって排気される量と、過給器付きエンジンの場合は過給圧によって、あらかじめ与えられる。

残留排気ガス

　充填した混合気に含まれる残留排気ガスには、下記の2つがある。
- シリンダー内に残った、あるいは充填行程中に短時間、吸気または排気ポートに蓄えられ、その後再びシリンダー内へと吸引され充填行程の終了時に排気バルブにより排出されなかった排気ガス
- EGRを装備したシステムでは、再循環される排気ガス

　残留排気ガスの割合は、充填行程で決まる。残留排気ガスが燃焼プロセスに直接関与することはないが、点火と燃焼プロセスの進行全般に影響を及ぼす。一般的にスロットル全開時（全負荷）では、空気質量とエンジン出力をどちらも最大化させるために、残留排気ガスの量を可能な限り少なく抑える必要がある。

　しかし部分負荷の場合には、燃料消費量を抑えるために残留排気ガス量を増やすことが望ましい。充填する空気量を均質化するために高いインテークマニホールド内圧が必要となるので、これ（残留排気ガスの調整）を達成するためには、目的とする充填サイクルにおける混合気成分の変更と、充填サイクル中のポンプ損失の低減が必要となる。適量の残留排気ガスを残すことで、同じように窒素酸化物（NO_x）や、未燃焼の炭化水素（HC）を減らすことができる。

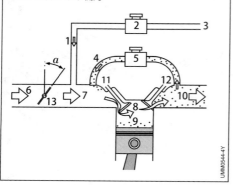

図1：ガソリンエンジンのシリンダー充填
1　空気と燃料蒸気
2　キャニスターパージバルブ（タンクベントバルブ）
3　燃料蒸発ガス処理装置の接続部
4　排気ガス
5　排気ガス再循環バルブ（EGRバルブ）
6　吸入空気質量（大気圧）
7　吸入空気質量（吸気マニホールド圧力）
8　充填混合気（燃焼室圧力）
9　残留排気ガス（燃焼室圧力）
10　排気ガス（排気ガス背圧）
11　吸気バルブ
12　排気バルブ
13　スロットルバルブ（バタフライバルブ）
α　スロットルバルブ開角

シリンダーへの充填の制御

外部で混合気形成を行うタイプ（吸気マニホールド噴射）の火花点火（SI）エンジンや、内部で混合気形成を行い（ガソリン直接噴射）均一のシリンダー充填を行うシステムでは、エンジンが発生するトルク量は充填する空気量によって決まる。これとは対照的に、余剰空気を用いて内部で混合気形成を行うシステムでは、燃料噴射量を変動させることによってもエンジントルクを制御することができる（層状充填システム）。

スロットルバルブ

スロットルバルブは、シリンダーへ供給する空気質量の調整に重要な役割を果たす。スロットルバルブが全開の場合以外は、エンジンの吸気量は絞られ、トルクが減少する。この絞り効果はスロットルバルブの位置、つまり弁開口部の面積とエンジン回転数に依存する（図2）。エンジントルクが最大となるのは、スロットルバルブを全開したときである。

1990年代末までは機械式のスロットルバルブが技術的に最も新しいものであった。このシステムでは、運転者のアクセルペダル操作がボーデンケーブルを介してスロットルバルブの開度を直接変化させる。

電子制御式スロットル（ETC）を備えたシステムでは、アクセルペダル位置より要求されているエンジントルク（アクセルペダル位置より確認）をもとに必要な空気の充填量を算出し、これに従ってスロットルバルブが作動する。

電子制御式スロットル（ETC）の構成部品

電子制御式スロットルコントロールシステム（図3）は、アクセルペダルモジュールとエンジンコントロールユニット、スロットル装置で構成されている。スロットル装置は、主にスロットルバルブ、電動式スロットルバルブ駆動装置、スロットルバルブポジションセンサーで構成される。駆動装置は直流モーターで、ギヤユニットを介してスロットルバルブシャフトに作用する。スロットルバルブポジションセンサーは冗長型のユニットとして設計されており、スロットルバルブ位置を検知する。

運転者による要求はアクセルペダルモジュールに内蔵された冗長型センサーによって検知され、エンジンコントロールユニットに送信される。エンジンコントロールユニットは、その時点におけるエンジンの作動ポイントに基づいてシリンダーに充填する空気量を算出し、スロットルバルブ駆動装置とスロットルバルブポジションセンサーを介してスロットルバルブの開角を調整する。

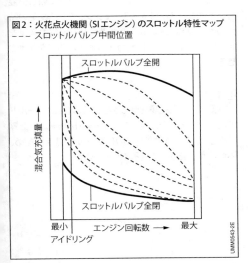

図2：火花点火機関（SIエンジン）のスロットル特性マップ
--- スロットルバルブ中間位置

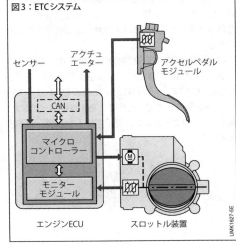

図3：ETCシステム

アクセルペダルモジュールとスロットル装置に組み込まれた冗長性は、ETCが不具合を予防するために用いるモニタリングコンセプトの一部を構成している。

ガス交換サイクル

新しい混合気と残留排気ガスのガス交換サイクルは、吸気バルブと排気バルブの開閉によりコントロールされる。これには、バルブの開閉時間（タイミング）とバルブリフト曲線が重要な要素となる。

バルブタイミング

バルブオーバーラップ（吸気バルブと排気バルブが同時に開いているとき）は、シリンダー内の残留排気ガス量に決定的な影響を及ぼす。シリンダー内部における新しい混合気と残留排気ガスの量は、バルブリフト曲線を変動させることで制御できる。

オーバーラップ時には、排気システムと吸気マニホールド間の差圧により吸気バルブを通って吸気システム内へと排気ガスが流れ込む。吸入ストロークにおいてこの排気ガスは燃焼室へと戻る（内部排気ガス再循環）。バルブのオーバラップ時間が長いほど（吸気バルブが早いタイミングで開く）、より多くの排気ガスがシリンダー内に残る。これにより燃焼温度が低下し、その結果NOx排出量が低減する。

しかし、排気ガスを再循環させることで新しい混合気の吸入量が減少するため、最大トルクの低下にもつながる。また、特にアイドリング中、過度の排気ガスを再循環させると不完全燃焼を起こし、炭化水素（HC）排出量の増加を招く。可変バルブタイミングでは、作動ポイントに基づいてバルブ開閉のタイミングを調整することで、排出ガスの量を最適化することができる。

バルブタイミングを変動させて（例：位相位置とバルブリフトの連続調整）吸入する空気質量を制御することにより、スロットルバルブを使わなくてもエンジンの性能を最適化することができる。残留排気ガスの量も、バルブタイミングを変動させることで調節が可能となる。

最新のシステムでは、カムシャフトを経由して機械的にバルブを作動させる。この作動を所定の角度に変動させるために、追加的な装置も用いられる（カムシャフト調整機構、カムシャフト位相角調整機構など）。しかし、これらの機械式システムも、スロットルバルブの完全な代用とはなり得ていない。

掃気

低エンジン回転数領域でのトルクを大幅に増大させるため、最近のターボチャージャー付きエンジンでは可変バルブギヤも使用されている。このバルブタイミング手法は掃気と呼ばれている。この目的のために、吸気バルブおよび必要に応じて排気バルブの位相位置は、全負荷領域においてはバブルオーバーラップを生じるように調整される。オーバーラップ中にエアフローの一部が排気バルブを介して直接再び排気側へと送られ、残留ガスの掃気を促進させアンチノック性能を高める。同時に追加の掃気エアは、ターボチャージャーにおけるプロセス制御を向上させ、より高い過給圧の達成が可能になる。

排気ガス再循環（EGR）

シリンダー内部の残留排気ガス量は、外部の排気ガス再循環システム（EGR）によって増加させることができる。EGRシステムでは、排気ガス再循環バルブを通じて吸気マニホールドと排気マニホールドをつなぐ（図1）。EGRバルブが開くと、排気ガスシステムと吸気マニホールドの差圧によってエンジンに新しい混合気と排気ガスが流入する。エンジンECUは、その時点の作動状態をもとに、再循環させる排気ガス量を算出し、これに従って排気ガス再循環バルブを作動させる。

燃費の低減

排気ガスを再循環させることで、吸気マニホールドの圧力が上昇する。吸気マニホールドの圧力が上昇すると、ガス交換サイクルの仕事量が低減するため、燃料消費量を低減させることができる。

NO$_x$排出量の低減

排気ガス再循環システムは、窒素酸化物（NO$_x$）排出量を低減するために、リーンバーン方式（層状吸気方式）のガソリン直接噴射式エンジンに使用される。排気ガス再循環システムは未処理のNO$_x$を最小限に抑え、リーンバーンモードの継続時間を延ばすための主要な手法である。この継続時間は、NO$_x$吸蔵触媒コンバーターによって制約を受ける。

排気ガスを燃焼室に戻すことで、ピーク燃焼温度を抑えることができる。戻された排気ガスは燃焼しないため、燃焼エネルギーを発生しない。これによって燃焼温度も低下する。これは熱質量の増加にもつながる。つまり燃焼エネルギーは、より高くなった全体の質量に分散される。

燃焼温度が上昇すると、それに比例する以上のNO$_x$が生成される。排気ガス再循環（EGR）システムによって燃焼温度を低下させると、NO$_x$排出量を効果的に制御することができる。

過給

エンジントルクが混合気の充填量に比例することは既に述べた。このことは、シリンダー内で空気を圧縮できればより大きなトルクを引き出せることを意味しており、その方法として動的過給、機械式過給（スーパーチャージャー）、排気ガス過給（ターボチャージャー）がある（「過給」を参照）。

空気充填の確認

シリンダーへの充填は、出力、燃費および排気ガスに重大な影響を及ぼす。その際、混合気の空燃比が決定的な役割を果たす（「混合気の形成」および「排出ガスの触媒処理」を参照）。混合気の空燃比を適切に調整するには、何よりもまずエンジン制御システムにおいて高い精度でシリンダーへの充填について確認することが必要になる。調整メカニズムの中心となるスロットルバルブが吸気マニホールド内の圧力を決定し、それにより吸入する空気質量に影響を及ぼす。このため吸気マニホールド圧力は、エンジン制御システムがシリンダー充填率の計算のために参照する主要な入力変数のひとつである。しかしながら外気の質量は、大気圧、スロットルバルブの漏れ、吸気および排気バルブの位置、排気ガスターボチャージャーの作動状態、スワールコントロールバルブの位置、排気ガス再循環などの多くの追加的な要因にも影響される。これらの影響を考慮するためエンジン制御システムは、部分的にホットフィルム式エアマスセンサーなどのその他のセンサーも使用してシリンダー充填率を決定する。

モーターサイクルに関する特殊性

モーターサイクルにおいては、一般にエアシステムの多様性は低い。現在に至るまで、ターボ過給、排気ガス再循環、可変バルブタイミングが採用された例はほとんどない。可変吸気マニホールドジオメトリーも、これまでのところ高出力車両に限られた装備となっている。このため特に小型の単気筒エンジンでは、空気の充填はスロットルバルブ位置と吸気マニホールド圧力のみにより確認されている。

一般的な乗用車アプリケーションと比較して、吸気マニホールド圧力の変化には体系的な相違がある。それらの相違は、主に幾何学的条件の相違に起因するものである。乗用車アプリケーションにおいてはたいていの場合複数のシリンダーに対して1つの共通スロットルバルブが使用されている一方で、モーターサイクルにおいては個別スロットルバルブが使用されていることが多い（「モーターサイクルの吸気マニホールド」を参照）。これらのスロットルバルブは、応答性を良好なものとするためシリンダーヘッドの近くに取り付けられている。従来型のマニホールドがないことにより、スロットルバルブと吸気バルブ間の容積が比較的小さくなる。その結果、個々のシリンダーの排気量に対して吸気マニホールド容積が小さくなる。このことが吸気マニホールド圧力の変化に影響を及ぼす（図4を参照）。比較可能な負荷ポイントおよび比較可能なエンジン回転数において乗用車においては吸気マニホールド内でほぼ一定した負圧を得られる一方、モーターサイクルにおいてはマニホールド内の負圧は吸気行程中に短時間達成できるだけとなる。吸気バルブが閉じられると、スロットルバルブを通って直ちに外気が流れ込み、吸気マニホールド圧力は大気圧へと上昇する。外気質量決定のための

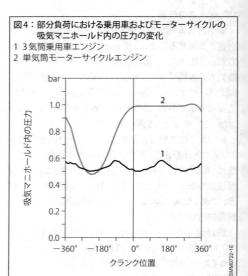

図4：部分負荷における乗用車およびモーターサイクルの
吸気マニホールド内の圧力の変化
1　3気筒乗用車エンジン
2　単気筒モーターサイクルエンジン

平均吸気マニホールドの使用は制限されたものとなるので、エンジン制御システムによるシリンダー充填の確認においては吸気マニホールド圧力のこの変化を考慮する必要がある。

シリンダーシャットオフ

シリンダーシャットオフ機能付きエンジンは、部分負荷域でシリンダーを個別に休止させることができる。その場合、点火を継続するシリンダーで、全要求トルクを発生させる。そのために必要な空気充填量は、対応するエンジン全シリンダー動作点を参照して、1つおきに行われるシリンダーの休止時にほぼ倍増される。点火されたシリンダーのデスロットリング（絞り量低減）によるガス交換損失の減少により、燃料消費量の削減をもたらす。ガス交換損失は、点火を休止するシリンダーのガス交換バルブを閉鎖することによってさらに低減することができる。このシャットオフ機能には、それに応じて設計されたバルブ駆動機構が必要である（「バルブ駆動機構」を参照）。

シリンダーシャットオフ付きエンジンの設計の背後にある最も重要な動機は、燃料消費量の削減である。多くの場合、ディーゼルエンジンはデスロットル状態で作動するため、その優位性は充填サイクルの閉鎖に限定される。シリンダーシャットオフによって達成できる燃費削減は、エンジンごとに、またドライブトレインの設計に応じて、動作点のプロファイル（特性）に依存する。充填サイクルシャットオフ機能を備えたガソリンエンジンでは、一般的な走行サイクルにおいて数パーセントの割合で改善でき、低負荷での個別の動作点では2桁台の改善が可能である。

シリンダーシャットオフの構成

シリンダーシャットオフは、多気筒エンジンでも2気筒エンジンでも実施することができる。シリンダーシャットオフの構成は、次のように異なる。シリンダーシャットオフの構成は、エンジンの設計に由来する。最も大きな違いは、点火順序および吸・排気経路の配置である。ほとんどの量産型エンジンでは、点火順序の1つおきにシリンダーがシャットオフされるため、結果として総気筒数の半分が休止する。ハーフエンジン運転（図5a）では、同じエンジンバンクにあるシリンダーの中から、休止するシリンダーと常に作動するシリンダーが分かれる。この場合、排気管に送り込まれる酸素量によりλコントロールや触媒コンバーターの変換能力を保証できなくなるため、充填サイクルを閉鎖する必要がある。

エンジンバンク内の全てのシリンダーをシャットオフする場合（シリンダーバンクシャットオフ、図5b）、充填サイクルの閉鎖を省略できる。これにより、設計の複雑さとコストを抑えることはできるが、シリンダーシャットオフの場合のようなCO_2の削減を完全には活用できない。

自動車部品の適応

NVH（騒音、振動、ハーシュネス）面については、バルブ駆動機構のほかデュアルマスフライホイール、エンジンベアリング、エキゾーストシステムの設計を適応させる必要がある。バルブアクチュエーターの診断のために、吸気マニホールド圧力センサーが必要である。

エンジンマネージメント

シリンダーをシャットオフしてエンジンを作動させる場合、特にエンジンマネージメントが重要である。エンジンの部分作動（パーシャルオペレーション）時は、多くのソフトウェア機能の適応が必要である（図6）。ゼロストローク用バルブアクチュエーターの作動要求および切換えの協調および診断のため、さらに追加の機能が必要である。

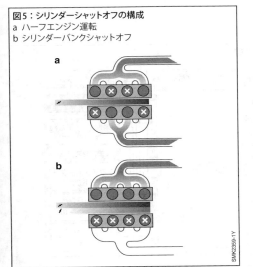

図5：シリンダーシャットオフの構成
a ハーフエンジン運転
b シリンダーバンクシャットオフ

エンジンの全シリンダー作動時と部分作動時の切換え制御は、切り換えたことがドライバーに気づかれないように、また全シリンダー作動時と比べてレスポンスが遅れないようにしなければならないため、極めて複雑である。これを実現するには、シリンダー充填の適応と同様に、シャットオフするシリンダーの燃料噴射の休止および再開のタイミングや点火が介入する時期の正確さが必要である。したがって、エンジン調整、トルクの立ち上がり、空気、燃料、点火、排気の各システム、および電子制御トランスミッション（ETC）のモニタリングも同様に適応される。

シリンダーシャットオフ要求

作動モードを制御するために、シリンダーシャットオフのための多くの条件をエンジンマネージメントが絶えずモニターしている。シリンダーをシャットオフすることにより設定可能な最大トルクが制限されるため、最も重要なインプットはエンジンが発生する目標トルクである。エンジンの最高回転数を超えるとガス交換のためのバルブの切換えが不可能になるため、エンジン回転数のインプットも重要である。その他、エンジン温度および走行速度も重要なインプットである。各条件はインプットに割り当てられる。これに基づき、エンジンの部分作動または全シリンダー作動が要求される。

エンジンの部分作動と全シリンダー作動の切換え

部分作動（パーシャルオペレーション）への切り換えは、点火を継続しているシリンダーの空気充填量を増加させることから始まり、これによりエンジンの全要求トルクを発生させることができる。吸気マニホールドがひとつだけのエンジンでは、全シリンダーで一緒に増加される。個別吸気マニホールドのエンジンでは、休止するシリンダーバンクに関係なく、点火を継続しているシリンダーバンクの空気充填量を変更することができる。要求されている設定トルクを供給するためには、それに応じて点火時期を遅らせる必要がある。充填空気量の増大によって十分なトルクリザーブが生成されるとすぐ、シャットオフするシリンダーのガス交換バルブを閉鎖し、燃料噴射を停止することができる。その後、点火時期は再び進められる。

エンジンの全シリンダー作動への切り換えは、充填サイクルの再開、燃料噴射再開、点火時期の調整から始まる。点火時期は、充填適応と並行して進められる。

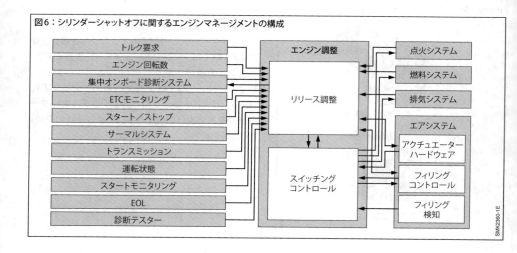

図6：シリンダーシャットオフに関するエンジンマネージメントの構成

燃料供給

吸気マニホールド噴射による燃料供給と燃料配分

吸気マニホールド噴射による各種のシステム構成は、通常約300〜400 kPa（3〜4 bar）の燃料圧力で作動する。

燃料リターンのあるシステム

電動フューエルポンプは、燃料を配分し、噴射圧力を発生させる（図1）。燃料は、燃料タンクからフューエルフィルターを通って高圧フィードラインへと向かい、そこからエンジンに取り付けられたフューエルレール（フューエルディストリビューター）へ流れる。このレールは、燃料をフューエルインジェクターへ供給するものである。レールには機械式フューエルプレッシャーレギュレーターが取り付けられており、吸気マニホールドの絶対圧力、つまりエンジンの負荷にかかわらず、フューエルインジェクターと吸気マニホールドの差圧を一定に保つ。

余った燃料は、レールを通過した後、フューエルプレッシャーレギュレーターに接続されたリターンラインを通り、レールから燃料タンクへ戻される。この戻り分の燃料は、エンジンから燃料タンクへ戻る途中で温められるため、タンク内の燃料温度は上昇することになる。燃料タンク内の温度によっては、燃料蒸発ガスが発生する。環境保護に関連した規制を満たすため、燃料蒸発ガスは燃料タンクベンチレーション装置に通され、チャコールキャニスターにいったん吸着される。その後、再び吸気マニホールドに戻されて、エンジン内で燃焼させる（「燃料蒸発ガス処理装置」を参照）。

リターンレスシステム

リターンレス燃料供給システムでは、燃料タンク内またはそのすぐ近くにフューエルプレッシャーレギュレーターが装備されている。このためエンジンと燃料タンクを接続するリターンラインは不要となる。この様な方式のため、フューエルプレッシャーレギュレーターは吸気マニホールド内の圧力に関係なく作動する。また、相対的な噴射圧力はエンジン負荷に左右されることもない。エンジンコントロールユニットが噴射時間を算出する際には、この点も考慮される。

レールには、噴射に必要な量だけの燃料が配分される。電動フューエルポンプが配分した燃料の余剰分は、エンジンルーム内部の回路を経由せず、燃料タンクに直接戻される。こうすることで、リターンラインを備えたシステムよりも燃料タンク内の燃料温度の上昇や燃料蒸発ガスの発生を大幅に抑えることが可能になる。こうした特徴を備えているため、現在では主にリターンレスシステムが採用されている。

オンデマンド調整式リターンレスシステム

オンデマンド調整式システムの場合、フューエルポンプは、エンジンがその時点で消費し、所定の圧力を生成するために必要な量だけの燃料を配分する。圧力の制御は、エンジンコントロールユニットのクローズドループ制御によって行われる。その際には、圧力センサーによってその時点の燃料圧力が記録される（図2）。このため、機械式フューエルプレッシャーレギュレーターは廃止されている。フューエルポンプの配分量を調整するためには、エンジンコントロールユニットによって起動するクロックモジュールを使って作動電圧を変動させる。

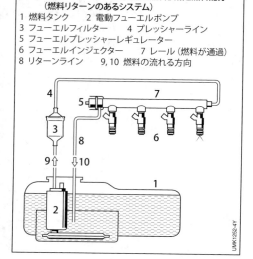

図1：吸気マニホールド噴射による燃料供給と燃料配分
（燃料リターンのあるシステム）
1 燃料タンク　2 電動フューエルポンプ
3 フューエルフィルター　4 プレッシャーライン
5 フューエルプレッシャーレギュレーター
6 フューエルインジェクター　7 レール（燃料が通過）
8 リターンライン　9, 10 燃料の流れる方向

このシステムには、オーバーラン時のフューエルカットオフ機能の作動中やエンジン停止後に過度の圧力が発生すること防ぐため、プレッシャーリリーフバルブが装備されている。

オンデマンド制御によって過剰な燃料を加圧する必要がなくなるため、電動フューエルポンプの容量を最小化することができる。これにより、制御式ではない電動フューエルポンプシステムよりも、燃料消費率が小さくなる。タンク内部の燃料温度も、さらに低く抑えられる。

オンデマンド調整式システムのもうひとつの特徴は、燃料圧力を可変制御できる点にある。気温が高いときにエンジンを始動するには、燃料圧力を上昇させ、燃料蒸発ガスによる気泡の発生を防ぐことができる。また、特にターボチャージャーを装備したエンジンの場合には、全負荷の状態で圧力を上昇させたり、低負荷の際に圧力を低下させたりすることで、燃料噴射量（燃料噴射時間）をより厳密に制御し、高負荷時に求められる極めて多量な噴射量やアイドリング時のごく微量の噴射量を実現できる。これにより、フューエルインジェクター設計時の微量制御の問題を解決できる。

また燃料圧力を測定することで、従来のシステムよりも燃料システムの診断機能を向上させることができる。噴射時間を算定する際、その時点での燃料圧力を考慮に入れることで、燃料の量をより精密に測定することができる。

ガソリン直接噴射による燃料供給と燃料配分

燃焼室内に直接燃料を噴射するシステムでは、マニホールド噴射方式と比較して厳しい時間的な制約が存在する。このため直接噴射方式では混合気の形成が重要な意味を持ち、吸気マニホールド噴射方式よりも約50倍もの高圧で燃料を噴射しなければならない。

この場合、燃料供給システムは低圧システムと高圧システムに分かれる。

低圧システム

ガソリン直接噴射方式では、吸気マニホールド噴射式と同様のシステムと構成部品を使って、低圧システムから高圧システムに燃料を供給する。エンジンが高温のときのエンジン始動や作動の際には高圧ポンプも高温になるので、燃料蒸発ガスによる気泡の発生を防ぐために、供給前の燃圧（初期圧力）を高くする必要がある。このため、システムを可変式の低圧で作動させることが好ましい。こうした観点から、特にオンデマンド調整式の低圧システムが適している。このシステムでは、あらゆる作動状態に応じて初期圧力を最適に設定することができるためである。通常の場合、この初期圧力は外気圧に応じて300～600 kPa（3～6 bar）の範囲で可変調整される。

さらなるバリエーションとして、オンデマンド制御式システムの使用例が増えている。クローズドコントロールループを介してプレッシャーセンサーにより圧力が調整されるオンデマンド調整式システムとは異

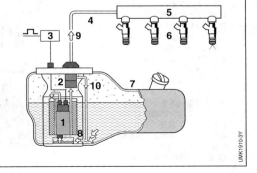

図2：吸気マニホールド噴射による燃料供給と燃料配分（オンデマンド調整式システム）
1 フューエルフィルター付き電動フューエルポンプ
　（フューエルフィルターは燃料タンク外に装備される場合もある）
2 プレッシャーリリーフバルブおよびプレッシャーセンサー
　（プレッシャーセンサーはレールに装備される場合もある）
3 電動フューエルポンプ制御用クロックモジュール
4 プレッシャーライン 5 レール（リターンレス）
6 フューエルインジェクター 7 燃料タンク
8 サクションジェットポンプ
9, 10 燃料の流れる方向

なり、このシステムではプレッシャーセンサーは廃止されている。電動フューエルポンプは、エンジン作動ポイントにより100％事前制御される。

高圧システム

高圧燃料システムでは、多くの場合オンデマンド調整式の高圧ポンプと連続供給式の高圧ポンプを使用する。このシステムは、高圧インジェクターと高圧センサーを備えたフューエルレール（高圧レール）で構成される（図3および図4）。連続供給システムにも、個別の圧力制御バルブを装備する必要がある。

システム圧力はエンジンの作動ポイントによって異なるが、連続供給システムでは最大5〜11 MPa（50〜110 bar）、オンデマンド調整式システムでは最大35 MPa（350 bar）となる。高圧センサーは、現時点で優勢な圧力に関する情報を提供する。

高圧センサーからの信号は、噴射の計算と燃料システムの故障診断にも使われる。

連続供給システム

通常の場合、高圧ポンプは3バレル式のラジアルピストンポンプ（「ガソリン直接噴射用高圧ポンプ」を参照）で、エンジンのカムシャフトで駆動し、システム圧力に対抗して燃料をレールに圧送する（図3）。ポンプの配分量を調節することはできない。燃料の噴射や圧力の維持に不要な余剰燃料は、圧力制御バルブによって圧力を除かれ、低圧回路に戻される。このため、圧力制御バルブはエンジンコントロールユニット

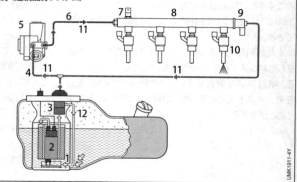

図3：ガソリン直接噴射による燃料供給と燃料配分（連続配分システム）
1 サクションジェットポンプ
2 フューエルフィルター付き電動フューエルポンプ
3 プレッシャーレギュレーター
4 低圧ライン
5 連続配分高圧ポンプ
6 高圧ライン
7 高圧センサー
8 レール
9 圧力制御バルブ
10 高圧インジェクター
11, 12 燃料の流れる方向

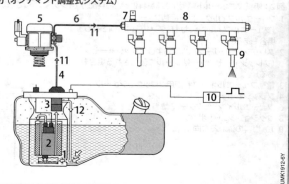

図4：ガソリン直接噴射による燃料供給と燃料配分（オンデマンド調整式システム）
1 サクションジェットポンプ
2 フューエルフィルター付き電動フューエルポンプ
3 プレッシャーリリーフバルブおよびプレッシャーセンサー
（プレッシャーセンサーは低圧ラインに装備される場合もある）
4 低圧ライン
5 燃料供給コントロールバルブおよびプレッシャーリリーフを内蔵したオンデマンド調整式高圧ポンプ
6 高圧ライン　7 高圧センサー
8 レール　9 高圧インジェクター
10 電動フューエルポンプ制御用クロックモジュール
11, 12 燃料の流れる方向

燃料供給

によって作動し、所定の作動ポイントに必要な噴射圧力を発生させる。圧力制御バルブは、機械式のプレッシャーリリーフバルブとしても機能する。

連続供給システムでは、大半の作動ポイントで、エンジンによって必要とされる以上の高いシステム圧まで大量の燃料を加圧する。これによって無駄なエネルギーが消費されるため、オンデマンド調整システムよりも燃料消費率が悪化する。圧力制御バルブによって圧力を除かれた余剰燃料は、燃料供給システム自体の温度を上昇させる。このため最新の直接噴射式エンジンでは、オンデマンド調整式の高圧システムを使用している。

オンデマンド調整式システム

オンデマンド調整式システム (図4) では、シングルバレル式のラジアルピストンポンプを高圧ポンプとして使う (「ガソリン直接噴射用高圧ポンプ」を参照)。このポンプは、その時点で噴射に必要な圧力を生成するため、厳密に必要とする量の燃料をフューエルレールに配分する。通常の場合、このポンプはエンジンのカムシャフトで駆動され、シングルバレル式のポンプはポンププランジャーを駆動する専用のカムによって作動する。燃料の配分量は、高圧ポンプに内蔵された燃料供給コントロールバルブによって調節される。エンジンコントロールユニットは、各ポンプリフトによってこのバルブを作動させ、所定の作動ポイントでレールに必要なシステム圧力を発生させるために、必要量の燃料を供給する。

安全上の理由から、高圧システムには機械式のプレッシャーリリーフバルブが装備される。通常このバルブは、高圧ポンプに直接組み込まれる。圧力が許容レベルを超えると、燃料はプレッシャーリリーフバルブを経由して低圧システムに戻される。

燃料蒸発ガス処理装置

機能

火花点火機関 (SIエンジン) には、燃料蒸発ガス処理装置 (タンクの掃気機構) を装備することが求められる。これは、燃料蒸発ガスの排出基準を定めた法規を満たすため、燃料タンクからガスとして放出される燃料を捕捉して集めるための仕組みである。燃料タンク内の燃料温度が上昇すると、ガスとして放出される燃料量が増える。これは、外気温度が上昇したり、燃料タンクに内蔵されたフューエルポンプの出力が低下したり、さらに、燃料供給システムの方式によっては、エンジン内部で温度が上昇し、燃焼行程で必要とされなかった燃料がタンク内に戻ったりすることで発生する。燃料のガスとしての放出は、気象条件の変化や上り坂の走行などによって、あるいは大気圧が低下したときにも生じる。

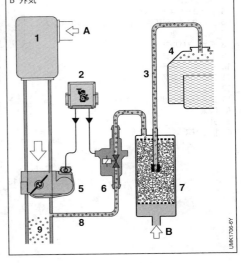

図5：燃料蒸発ガス処理装置
1 エアフィルター
2 エンジンコントロールユニット
3 燃料タンクのベントライン
4 燃料タンク
5 スロットル装置
6 キャニスターパージバルブ
7 チャコールキャニスター
8 吸気マニホールドへのライン
9 吸気マニホールド
A 吸気
B 外気

構造および作動原理

燃料蒸発ガス処理装置は、燃料タンクからのベントラインに接続されたチャコールキャニスターに加え、このキャニスターから吸気マニホールドに接続されるキャニスターパージバルブで構成される（図5）。キャニスターに含まれる活性炭に燃料蒸発ガスを吸着させる。走行中、キャニスターパージバルブがチャコールキャニスターと吸気マニホールドの間のラインを開放すると、吸気マニホールド内の負圧によって、新鮮な空気が活性炭を経由して引き込まれる。この外気はキャニスターに吸着していた燃料と混ざり、燃焼行程へと送られる。これが、チャコールキャニスターの掃気（パージ）と呼ばれるものである。

エンジンコントロールユニットは、エンジンの作動ポイントに応じて燃焼行程に送るガス量を制御する。燃料蒸発ガスを常にチャコールキャニスターに吸着させるには、活性炭を定期的に再生する必要がある。現行の火花点火エンジンは効率を高めるために吸気マニホールド負圧が高くなるのを回避するように運転されるので（ダウンサイジング、ターボ運転、希薄燃焼コンセプトなどによる）、充分な再生は実現できない場合が稀ではない。この場合には、エアフィルター後方での圧力降下を利用して負圧生成を補う追加の再生ラインが使用される（図6）。ターボチャージャーを搭載しているエンジンでは、このためにベンチュリ管が使用されることもある。循環が発生することのないよう、各エア抜き経路にはチェックバルブが装備されている。

圧力タンク

長距離を電力のみで走行できるハイブリッド車両では、状況によっては再生を行う機会がなくなってしまう場合もある。このような場合には、通常のプラスチック製燃料タンクに代えて耐圧性に優れたスチール製タンクが使用される、これは、タンクに取り付けられているシャットオフバルブを介してチャコールキャニスターに結合されている（図6）。この種のタンクではガスとして放出される燃料が増えるとタンク内の圧力が高くなり、燃料がさらにガスとして放出されるのを抑制する。タンク内の圧力が危険な値に達すると、

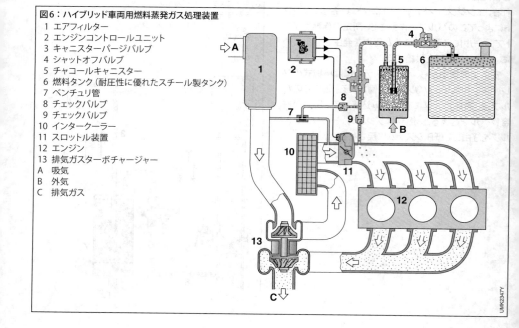

図6：ハイブリッド車両用燃料蒸発ガス処理装置
1 エアフィルター
2 エンジンコントロールユニット
3 キャニスターパージバルブ
4 シャットオフバルブ
5 チャコールキャニスター
6 燃料タンク（耐圧性に優れたスチール製タンク）
7 ベンチュリ管
8 チェックバルブ
9 チェックバルブ
10 インタークーラー
11 スロットル装置
12 エンジン
13 排気ガスターボチャージャー
A 吸気
B 外気
C 排気ガス

エンジンECUが追加のシャットオフバルブを開いて
燃料蒸発ガスをチャコールキャニスターへと送ること
でタンク圧を調整する。タンク圧は車両への燃料補給
の際にも低減の必要がある。燃料補給の後は、エン
ジンECUの要求により再生（パージ）する必要がある
場合、ECUを通じて内燃機関の作動がリクエストされ
なければならない。

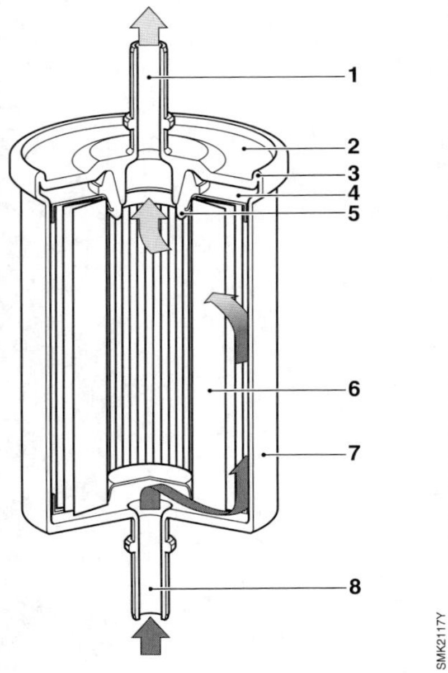

ガソリンフィルター

機能

　フューエルフィルターは、燃料供給システムに流れ
る燃料をろ過する機能を備えている。システム、特に
フューエルインジェクターを保護するには、燃料内の
汚染物質をろ過して取り除く必要がある。

構造

　火花点火機関のフューエルフィルター（ガソリン
フィルター）は、フューエルポンプ下流の吐出側（高
圧側）に配置されている。最近の自動車では、主にタ
ンク内蔵型フィルターが用いられており、フィルター
は燃料タンク内の燃料供給モジュールと一体化され
ている。この場合、車両の耐用期間全体にわたって
交換の必要がないメンテナンスフリーフィルターとし
て設計される必要がある。また、フューエルラインに
取り付けられるインラインフィルターも使われている。
この場合は、交換部品またはメンテナンスフリータイ
プとして設計されている。

　フィルターハウジングは、スチール、アルミニウムあ
るいは樹脂を素材にして作られている。フィルターハ
ウジングは、ねじ、チューブあるいはクイックアクショ
ン式の接続部品によって、フューエルフィードライン
に取り付けられる。ハウジングには、燃料に混入した
ほこりや微粒子を除くためのフィルターエレメントが
内蔵されている（図7）。フィルターエレメントは、ライ
ンを流れるときと可能な限り同様の速度で燃料がフィ
ルター素材の全面を通過できるように、燃料回路へ
組み込まれている。

フィルター素材

　フィルター素材として過度の使用にも耐えられるよ
うに、樹脂含浸処理を施した特殊なセルロース繊維
の紙を合成繊維（メルトブローン）層に接着したもの
を使用する。この接着構造は、高い機械的安定性、温
度的安定性、化学的安定性が保証されていなければ
ならない。フィルター紙のろ過率と孔の配置は、フィ
ルター紙のろ過効率と流体抵抗によって決まる。

　ガソリンエンジン用フューエルフィルターは、らせ
ん状のV字折り、または放射状のV字折りとなってい
る。らせん状のV字折りフィルターでは、エンボス加
工されたフィルター紙がサポートチューブに包まれて
いる。燃料はフィルター内部を縦に流れる。

図7：インライン式ガソリンフィルター
1 燃料吐出口　　　2 フィルターカバー
3 レーザー溶接による端部　　4 サポートリング
5 シール　　　6 らせん状のV字折りフィルター素材
7 定圧フィルターハウジング　　8 燃料吸入口

642　火花点火機関（SIエンジン）の制御

放射状のV字折りフィルターでは、星形形状のハウジングに折り畳んだフィルターペーパーが挿入されている（図7）。樹脂やレジン、金属製のエンドリングと、必要に応じて装着される内側の保護ジャケットによって安定性が確保される。燃料は外側から内側に向かって流れ、その間にフィルター素材がほこりや微粒子を分離する。

要求事項

フィルターに求められる目の細かさは、エンジンの燃料噴射システムによって異なる。吸気マニホールド噴射方式の場合、フィルターエレメントの孔の平均的な幅は約10 μmとなる。ガソリン直接噴射方式では、さらに目の細かいものが求められ、孔の平均幅は5 μmとなる。5 μmを超える微粒子の最大85 %を除去できなければならない。また、ガソリン直接噴射方式のフィルターは、新品の状態で「直径400 μmを上回る金属、鉱物、樹脂の微粒子やガラス繊維が、燃料とともにフィルターを通過してはならない」という残留微粒子に関する要求事項を満たしていなければならない。

フィルターのろ過効率は、燃料が通過する方向によって異なる。インラインフィルターの交換の際には、矢印で記された燃料の流れる方向を確認することが不可欠となる。

従来型のインラインフィルターの交換間隔は、フィルターの容量と燃料に含まれていた混入物の量によって異なるが、通常は30,000 ～ 120,000 kmごとになる。タンク内蔵型フィルターの場合は、一般的に交換までに少なくとも250,000 kmの距離を走行することができる。これは、今日における火花点火機関（SIエンジン）の設計耐用期間に相当する。ガソリン直接噴射式システム用には、250,000km以上の走行距離にわたって使用できるインライン型およびタンク内蔵型フィルターが提供されている。タンク内蔵型フィルターの交換は、燃料供給モジュール全体を交換する必要がある。

電動フューエルポンプ

電動フューエルポンプは、エンジンがどんな作動状態のときでも、適切な圧力で効率良く燃料噴射ができるように、十分な量の燃料を吐出しなければならない。そのための要件は、下記のとおりである。
- 定格電圧が供給されているとき、40～300 l/hの吐出量を確保
- フューエルシステム内の燃料圧力は、300～650 kPa (3.0～6.5 bar)を維持
- 定格電圧の50～60%が供給されたら、システム内の圧力は所定のレベルに上昇する、これは冷間始動性にとって重要な要件である

また、電動フューエルポンプは、現在の直接噴射システムの一次供給ポンプとして、ガソリンエンジンやディーゼルエンジンにおいてもますます利用されている。ガソリン直接噴射システムでは、高温下での燃料供給を行う際に、一時的に最大650 kPaもの圧力が必要となる。

電動モーター

電動フューエルポンプ (図7) のプランジャー／バレルアセンブリー (ポンプエレメント) は、電気モーターで駆動する。こうしたモーターの場合、銅製またはカーボン製の整流器を備えたアーマチュアが使われる。市場に投入される新型車では、整流器やカーボンブラシを内蔵せず、電子制御式の整流装置が使われるようになりつつある。電気モーターの構造は、所与のシステム圧に必要な供給量により異なる。電気モーターは常に流れる燃料に曝されていて、これにより冷却される。

エンドカバー

エンドカバーには、電気コネクターと吐出側油圧コネクターがある。チェックバルブは、電動フューエルポンプがオフにされた後フューエルラインが空になるのを防止し、これによりスイッチオフ後の一定時間、システム圧が維持される。

必要に応じてプレッシャーリリーフバルブが内蔵されている。ほとんどのエンドカバーは、整流器を作動させるカーボンブラシと電磁障害防止対策 (インダクタンスコイル、場合によってはコンデンサー) を備えている。

プランジャー／バレルアセンブリー

プランジャー／バレルアセンブリーには、容積式またはタービン式のものが使われる。

容積式ポンプ

容積式ポンプでは、基本的に吸入された液体を密閉室内 (漏れについては無視する) に送り、ポンプエレメントが回転することによって高圧側に送る。電動フューエルポンプとしては、ローラーセル式ポンプ (図8a)、インターナルギヤ式ポンプ (図8b)、スクリュースピンドル式ポンプが利用される。

ローラーセル式ポンプ

ポンプハウジングに偏心配置されているスロット付きローターはその外周に金属ローラーがあり、このローラーはスロット形状の開口部 (切欠き) 内にお

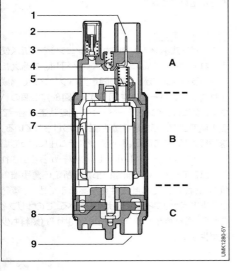

図7：電動フューエルポンプの構造
(例：タービン式ポンプ)
A フィッティングカバー
B 電気モーター
C ポンプバレル
1 電気コネクター　2 油圧コネクター (燃料吐出口)
3 チェックバルブ　4 プレッシャーリリーフバルブ
5 カーボンブラシ付き整流器
6 整流器によって電圧を加えられるコイルを内蔵したモーターアーマチュア
7 磁石　8 タービン式ポンプのインペラーリング
9 油圧コネクター (燃料吸入口)

おおまかにガイドされている。スロット付きローラーにより生成される遠心力とフューエルプレッシャーが、ローラーをポンプハウジングとスロットの駆動側面に押し付ける。その際ローラーは回転式シールとして機能する。燃料は、スロット付きローターの2個のローラーとポンプハウジングとの間に形成される小室に供給される。吸入開口部がシールされた後、燃料が吐出開口部を通ってポンプから出るまで小室容積が連続的に低減されることによりポンピング効果が生じる。

インターナルギヤ式ポンプ

インターナルギヤ式ポンプは、偏心配置された外側ローターと噛み合った内側ドライブホイールで構成される。この外側ローターの歯の数は、ドライブホイールのそれより1個多い。相互にシールされた歯側面が回転中にその隙間に容積が変動する小室を形成し、これによりポンピング効果がもたらされる。

容積式ポンプは、冷たいディーゼル燃料などの粘度の高い媒体に使用する場合に優れた性能を発揮する。容積式ポンプは低い電源電圧でも満足に作動することができ、全駆動電圧範囲にわたって比較的変動の少ない吐出能力を示す。効率は最高で40%になる。圧力変動が避けられない場合、ノイズを発生させるおそれがある。ノイズの程度は、ポンプの設計や取り付け位置によって変動する。

電子制御式のガソリン噴射システムでは、電動フューエルポンプ特有の要求事項に応えるため、容積式ポンプに代わってタービン式ポンプが多く採用されるようになった。しかし容積式ポンプは、高い圧力と広い粘性範囲が求められるディーゼルコモンレールシステムの一次供給ポンプとして、その用途を新たに広げつつある。

タービン式ポンプ

タービン式ポンプは主にガソリンエンジンで広く使用されている。外周に多くのベーン（羽根）を備えたインペラーリングが、2個の固定型ハウジングで構成されたチャンバー内部を回転する（図8c）。2個のハウジングには、インペラーベーンの回転軌道に沿って吸入側開口部から始まる送油通路が設けられている。送油経路は、この開口部から、システム圧によって燃料がプランジャー／バレルアセンブリーから吐出される地点まで続く。吸入側開口部から所定の角距離の位置には、高温での吐出性能を高めるために、蒸発ガス排出用オリフィスが設けられている。このオリフィスから、燃料蒸発ガスの気泡が排出される（燃料も少量損失する）。

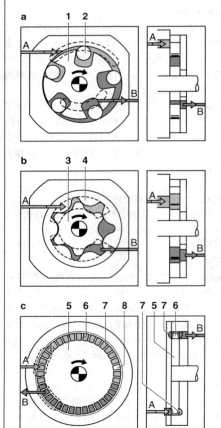

図8：電動フューエルポンプの原理
a ローラーセル式ポンプ
b インターナルギア式ポンプ
c タービン式ポンプ

A 燃料入口（吸入口）
B 出口（吐出側）
1 スロット付き偏心ローター
2 ローラー
3 内側ドライブホイール
4 偏心ローター
5 インペラー
6 インペラーブレード
7 周辺の通路　8 蒸発ガス排出オリフィス

インペラーブレードと液体粒子の間で脈動（パルス）が交換されることで、送油通路に沿って圧力が発生する。これによって、インペラーおよび送油通路内の液体はらせん状に回転する。

タービン式ポンプは圧力が連続的に発生するため、作動音が小さく、振動が少ないのが特徴である。ポンプの構造自体も容積式より単純である。システム圧は最大で650 kPaになる。これらのポンプの効率は作動ポイントにもよるが、最高で30 %を超える。

燃料供給モジュール

初期の電子制御式ガソリン噴射システムでは、電動フューエルポンプは燃料タンクの外側に取り付けられていた（インライン型）。しかし現在では、燃料タンク内にポンプを組み込むのが一般的である。電動フューエルポンプは一体型の燃料供給モジュール（タンク内蔵ユニット、図9）を形成する。このモジュールには、さらに下記のようなエレメントが含まれている。
- 渦流ポット
- フューエルレベルセンサー（「センサー」を参照）
- リターンレス燃料供給システム用フューエルプレッシャーレギュレーター
- ポンプ保護のためのプレフィルター
- 耐用期間全体にわたって交換不要な、吐出側のファインメッシュフューエルフィルター（ストレーナー）
- 電気コネクターおよび燃料供給用コネクター
- 燃料タンク圧力センサー（燃料タンクの漏れの診断用）、フューエルプレッシャーセンサー（オンデマンド調整システム用）、およびタンクの掃気用バルブ

渦流ポットは燃料タンクの中心に配置されている。電動フューエルポンプの吸入側は、このビーカー形状の容器に挿入されている。燃料タンクの充填レベルが高いと燃料はビーカー縁部を超えて流出し、充填レベルが低いと燃料はビーカー底部の小さな開口部あるいは電動フューエルポンプのリターンラインを通って渦流ポットへと流れ込む。車両のコーナリング、加速および減速時には、燃料タンク内の燃料は一方の方向へと流れ、これによりタンクの充填レベルが低い場合には燃料供給が遮断されることがある。燃料は小さな開口部を通ってゆっくりと渦流ポットから流れ出るので、燃料供給を一定の時間確保することができる。

渦流ポットは、フラップシステムあるいは切換えバルブにより受動的に、あるいはサクションジェットポンプにより能動的に充填される。このポンプはベンチュリーノズルとして設計されていて、可動部はない。燃料のリターンフローは駆動媒体としてこのポンプへ流れ込み、ノズルから流出した後に加速される。これにより、ベルヌーイの方程式に従って圧力低下が生じる。このようにして燃料は第2の入口を通って燃料タンクから吸引され、圧力がかかった状態でリターンフロー燃料とともにポンプ吐出口へと送られる。

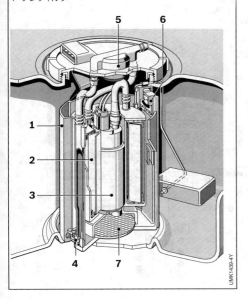

図9：燃料供給モジュール
1 渦流ポット
2 フューエルフィルター
3 電動フューエルポンプ
4 サクションジェットポンプ
5 フューエルプレッシャーレギュレーター
6 燃料レベルセンサー
7 プレフィルター

ガソリン直接噴射用高圧ポンプ

高圧ポンプは、電動フューエルポンプが回転数と温度に応じた初期圧力（一次圧）で供給した燃料に、高圧で噴射するために必要なレベルまで加圧するために使用する。

オンデマンド制御式高圧ポンプ
構造および作動原理

最大20 MPaの噴射圧（第二世代のガソリン直接噴射方式の場合）を発生させるため、ガソリン直接噴射方式のシステムにはBosch社製オンデマンド制御式高圧ポンプが使われている。第二世代のガソリン直接噴射方式のさらなる開発では噴射圧が25 MPaにまで高められ、また燃料供給制御バルブの音響面の改善もなされている。第三世代噴射圧は35 MPaにまで高められ、より多量の燃料の供給が可能になり、また音響面でもさらなる改善が行われている。

高圧ポンプは、カム駆動式のシングルバレル式ポンプで、内蔵された燃料供給コントロールバルブ（メータリングユニットとも呼ばれる）と、高圧側のプレッシャーリリーフバルブ、低圧側のフューエルプレッシャーアッテネーターによってオイルが流入する（図10）。将来的にさらに厳しくなる燃料成分に関する基準や排出ガス基準を満たすため、ステンレススチール製のポンプを使用し、蒸発ガスを排出する可能性のある接続部はすべて溶接される。

高圧ポンプは、プラグインポンプとしてシリンダーヘッドに取り付けられている。エンジンのカムシャフトとデリバリーバレルの間のインターフェースは、ダブルカム型ではバケットタペット（図11a）が、三角カムまたは四角カム型ではローラータペット（図11b）が行う。これにより、潤滑、ヘルツ応力（接触応力）、質量慣性モーメントに関する要件を満たしつつ、カムの曲線に応じた上昇運動が、確実に高圧ポンプのデリバリープランジャーの動作に変換される。カムが上

図10：オンデマンド調整によるシングルバレル式高圧ポンプ（第二世代のガソリン直接噴射システム用）
a 低圧ポートを示した図
b 高圧ポートを示した図（低圧ポートと同じ高さを角度をずらして図示）
 1 可変式燃料圧力減衰器　　2 プレッシャーリリーフバルブ　　3 高圧ポート
 4 低圧ポート　　5 吐出バルブ　　6 燃料供給コントロールバルブ
 7 吸入バルブ　　8 取付けフランジ　　9 Oリング
10 プランジャーステップスペースへの接続部（圧力減衰機能）
11 デリバリープランジャー　　12 プランジャーシール　　13 プランジャースプリング

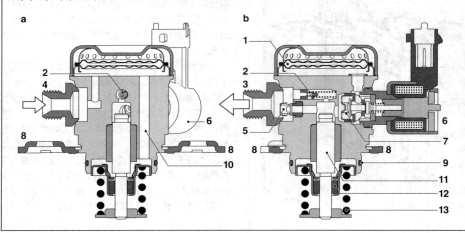

昇する際には、カムの輪郭に従ってタペットが作動する。これによって、デリバリープランジャーに垂直運動、つまりストロークが生じる。供給ストロークの際には、作用する圧力と質量、ばね力、接触力をプッシュロッドが吸収する。このプロセスの間、プッシュロッドは固定され回転しない。

4気筒エンジンの場合、四角カムを使うことで燃料の配分と噴射のタイミングを同期させることができる。つまり各噴射ごとに燃料を配分できる。この方法により、レール内の圧力にさらされながら、高圧側回路の加圧動作を低減したり、レールの容量を減らしたりすることができる。

エンジンに最大量の燃料を供給する必要がある場合、システムの圧力を素早く上昇させたり、変動させたりするため、最大要求量に加え、配分動作を左右するさまざまな要素（高圧での始動、高い燃料温度、ポンプの経年劣化、動的応答性など）に配慮して、高圧ポンプの最大配分量を設計する。

容積効率は、実際の燃料配分量と理論的に可能な配分量との比率から導かれる。これはデリバリープランジャーの直径とストロークによって決まる。容積効率は、エンジンの回転数によって変動する。これは次のような要素によって決まる。

− 低回転域：プランジャーまたはその他による燃料損失
− 高回転域：インレットおよびアウトレットバルブのダイナミックス（慣性モーメントと開動作の圧力）
− 全回転域：デリバリーチャンバーの死容積と燃料の圧縮に伴う温度

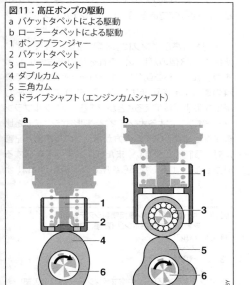

図11：高圧ポンプの駆動
a バケットタペットによる駆動
b ローラータペットによる駆動
1 ポンププランジャー
2 バケットタペット
3 ローラータペット
4 ダブルカム
5 三角カム
6 ドライブシャフト（エンジンカムシャフト）

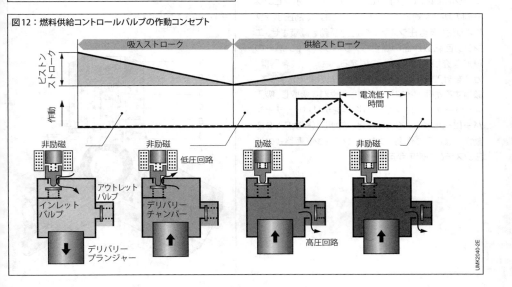

図12：燃料供給コントロールバルブの作動コンセプト

燃料供給コントロールバルブ

高圧ポンプのオンデマンド制御は、燃料供給コントロールバルブ（図12）によって行われる。電動フューエルポンプが配分した燃料は、開位置にある燃料供給コントロールバルブのインレットバルブを経由して、デリバリーチャンバーに流れる。それに続くデリバリーストロークでは、燃料供給コントロールバルブが下死点後も開き続けることで、該当する負荷ポイントで不要となった燃料は、初期圧（一次圧）で低圧システムに戻る。燃料供給コントロールバルブが作動し、インレットバルブが閉じた後、燃料はポンププランジャーによって加圧され、高圧回路へ送られる。デリバリーチャンバー内の圧力により、インレットバルブは燃料供給コントロールバルブが無通電状態でもデリバリーストロークの間閉じたままになる。エンジンマネジメントシステムは、送られた燃料量とレール圧力をもとに、燃料供給コントロールバルブが作動する時間を算出する。この場合、配分を開始する時期はオンデマンド制御に応じて変動する。

フューエルプレッシャーアッテネーター（燃料圧力減衰器）

高圧ポンプに一体化されたフューエルプレッシャーアッテネーター（燃料圧力減衰器）は（図10）、多段プランジャーとして設計されたデリバリープランジャー（下部の直径が小さくなっているので吸入ストロークの際にバックポンピングが発生し、ポンピング方向の切替え効果をもたらす）とともに、高圧ポンプにより生じる低圧システムの圧力脈動を減衰させ、エンジン回転数が高い場合もデリバリーチャンバーの最適な充填を確実なものにする。燃料圧減衰器は、ガスを封入した金属性ダイヤフラムの変形によって、該当する作動ポイントで迂回した燃料を吸収し、吸入ストロークの際に再びその燃料をデリバリーチャンバーに充填する。その際には、初期圧（一次圧）を変動させながらの作動、つまりオンデマンド調整式の低圧システムの使用が可能となる。

連続配分高圧ポンプ
構造および作動原理

最大12 MPaの噴射圧（第一世代のガソリン直接噴射方式の場合）を発生させるため、ガソリン直接噴射方式のシステムにはBosch社製連続配分高圧ポンプが使われている。これは、円周方向にそれぞれ120°ずつずれた3個のデリバリーバレルを持つラジアルピストンポンプである（3バレルラジアルピストンポンプ、図13）。

連続配分高圧ポンプによる配分量は、回転速度に比例する。3個のバレルはそれぞれ円周方向に120°ずつずれて燃料を配分し、オーバーラップによって燃料の連続配分を可能にしている。これによって圧力脈動を最小限に抑えることができる。シングルプランジャーポンプによるオンデマンド調整式システムと比較すると、このシステムの方がポンプの接続部と配管に対する制約が少ない。また低圧減衰器を装備する必要もない。しかしながら高圧での連続配分には、オ

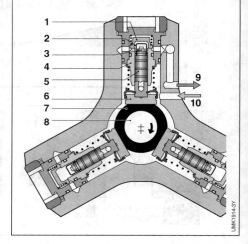

図13：第一世代ガソリン直接噴射システム用の
　　　連続配分式高圧ポンプ（断面、模式図）
1　吐出バルブ
2　吐出スペース
3　吸入バルブ
4　ポンプバレル
5　ポンププランジャー（中空プランジャー 燃料吸入部）
6　シュー
7　リフトリング
8　偏心エレメント
9　レールへの高圧ポート
10　燃料供給（低圧）

燃料供給 649

ンデマンド調整式ポンプと比較して出力損失が大きいという欠点がある。

　一定のレール圧、または部分負荷が作用する状況でポンプが作動すると、余剰燃料の圧力はレールに取り付けられた圧力制御バルブによって初期圧まで減圧され、高圧ポンプの吸入側に戻る。高圧システムの圧力レベルは、エンジンコントロールユニットが圧力制御バルブを作動させることによって調整する。

圧力制御バルブ

　圧力制御バルブ(図14)は無通電のときに閉じる比例制御バルブで、パルス幅変調信号によって作動する。作動時にソレノイドコイルに電圧が加わると、磁力が発生する。この磁力によってスプリングに作用する荷重が軽減し、バルブシートからバルブボールを持ち上げ、流入部の断面積を変動させる。圧力制御バルブは、パルス占有率に応じてレール圧を必要なレベルに調整する。高圧ポンプによって配分された燃料の余剰分は、低圧システムに迂回させる。

　圧力制御バルブは、バルブスプリングを介して行う圧力制限機能を併せ持つ。これは制御系統の不具合などによってレール圧が許容範囲を上回った際に、構成部品を保護するための機能である。1つまたは複数のポンプバレルに不具合が生じた場合には、正常なバレルや初期圧(一次圧)の状態にある電動フューエルポンプによって緊急作動を行うこともできる。

フューエルレール

吸気マニホールド噴射

　フューエルレールには、噴射に必要な燃料を蓄える機能、脈動を軽減する機能、すべてのフューエルインジェクターへ確実に、均一に燃料を配分する機能がある。フューエルインジェクターは、フューエルレールに直接取り付けられている。リターンラインを備えたシステムでは、フューエルインジェクターの他にフューエルプレッシャーレギュレーター、必要な場合には燃料圧減衰器をレールに装備する場合がある。

　フューエルインジェクターの開閉による共振から生じる部分的な圧力の変動は、フューエルレールの寸法を入念に設定することで予防する。これにより、負荷やエンジンの回転速度に応じて発生する燃料噴射量の変動を防ぐこともできる。

ガソリン直接噴射

　フューエルレール(レール、図15)には、各作動ポイントで必要な量の燃料を蓄え、配分する役割がある。燃料は、容量および圧縮率に基づいて蓄えられる。そのため、レールの容積または内径はエンジン出力に応じて決まる。また、その時々のエンジンの要求(燃料噴射量)や圧力範囲に適合した量とならなければ

図14：圧力制御バルブ
1 電気コネクター　　2 バルブスプリング
3 ソレノイドコイル　　4 ソレノイドアーマチュア
5 バルブニードル　　6 シールリング(Oリング)
7 吐出口　　8 バルブボール
9 バルブシート　　10 ストレーナー付き吸入口

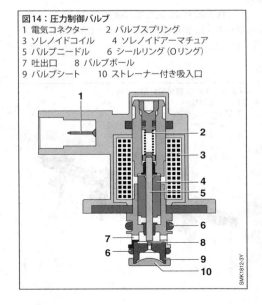

いけない。レールの最終的な設計は、強度を確保するためレールの外径または壁厚の寸法決定により行われる。レールは作動が安定したものとなるように設計され、それが、実際の作動負荷より得られた専用の圧力負荷特性によりチェックされる。燃料の量を正しく決めることで、高圧域での減衰を確実にすることもできる。つまり、レール内部の圧力の変動を補正することができる。

レールは、インターフェースあるいは機能グループとして作動する種々の取付けコンポーネントで構成される。これには以下のものがある：
- 燃料を蓄え、また他のアタッチメントを取り付ける（銅ろう付けあるいはねじ接続）ためのステンレススチールパイプ
- レールをエンジンブロックに固定するためのリテーナー
- フューエルインジェクターを取り付けるためのカップ
- 絞り機構を内蔵した高圧ライン接続部
- 圧力センサー接続部
- エンドキャップ
- 燃焼室圧力と振動加速度のある状態での作動時にインジェクター位置を適切に維持するための固定エレメント
- クリップ止めプラスチック製ダクト（パイプ回り）付きのワイヤーハーネス

これらは、中実、組立て、深絞りアタッチメントコンポーネント、また機能モジュールとして設計されていることもある（リテーナーとキャップなど）。フューエルインジェクターのシールはOリングにより、圧力センサーおよび高圧接続部はねじ止めボールテーパー形状によりシールされている。

特徴的なものとしてインジェクターマウントの「サスペンディッドデザイン」がある。これは圧力を相殺する構造となっていて、負荷を確実に低減する。このタイプの欠点は、取付けに必要なスペースが増えることである。

常にあらかじめ定められているエンジンの取付けスペースに組み込まなければならないため、レール開発において最も大きな課題となるのは必要なソリューション数が多いことである。

第一世代の燃料噴射システムのフューエルレールは、最大12 MPaの圧力で機能するように設計されている（さらに0.5 MPa上昇するとプレッシャーリリーフバルブが開く）。第二世代では、最大25 MPaの圧力で機能するように設計されている（さらに5.0 MPa上昇するとプレッシャーリリーフバルブが開く）、第三世代では、高圧ポンプに対応して最大35 MPaの圧力で機能する設計となっている。さらなる開発の一環として、システム全体にわたってレールの音響特性の改善も検討されている。

図15：ガソリン直接噴射用レール
1 高圧センサー
2 フューエルインジェクター
3 リテーナー
4 レール

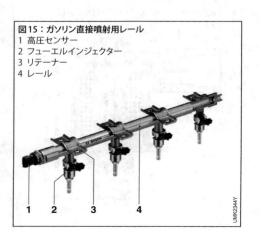

フューエルプレッシャーレギュレーター

機能

　吸気マニホールド噴射では、噴射時間および吸気マニホールド内の燃料圧と吸気マニホールドの背圧との圧力差によって燃料噴射量が決まる。リターンラインを備えたフューエルシステムでは、フューエルプレッシャーレギュレーターによって圧力による影響が補正される。フューエルプレッシャーレギュレーターは、燃料圧と吸気マニホールド内の圧力との圧力差を一定のレベルに維持する。このプレッシャーレギュレーターによって、十分な燃料を燃料タンクに戻し、フューエルインジェクターの圧力低下を一定のレベルに維持する。フューエルレールが効率的に燃料を流すことができるように、フューエルプレッシャーレギュレーターは通常、レールの端部に取り付けられる。

　リターンレスのフューエルシステムでは、フューエルプレッシャーレギュレーターは燃料タンク内の燃料供給モジュールの一部である。フューエルレールの圧力は、大気圧をもとに一定のレベルに維持する。これはフューエルレールと吸気マニホールドとの差圧が不安定であり、噴射継続時間を算出する際にこの点を考慮しなければならないためである。

レールへの取付け

　フューエルプレッシャーレギュレーター（図16）は、ダイヤフラム制御によるオーバーフロータイプのものである。プレッシャーレギュレーターは、ラバー繊維を素材としたダイヤフラムによって、フューエルチャンバーとスプリングチャンバーに分かれる。ダイヤフラムに組み込まれたバルブホルダーを介してスプリングが可動式のバルブプレートをバルブシートから動かすと、バルブが閉じる。ダイヤフラムに作用した燃料圧力がスプリング力を上回ると直ちにバルブが開き、ダイヤフラムにかかる圧力が均衡するのに必要な量の燃料が燃料タンクに戻ることができる。

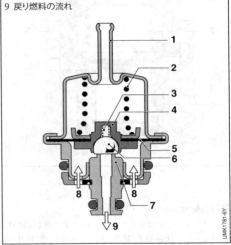

図16：フューエルプレッシャーレギュレーター
　　　（レールへの取付け）
1　吸気マニホールドへのポート
　（燃料供給モジュールに一体化されている場合はない）
2　圧縮コイルばね
3　圧縮コイルばね
4　バルブホルダー
5　ダイヤフラム
6　バルブ
7　ノズル
8　燃料供給の流れ
9　戻り燃料の流れ

　スプリングチャンバーは、空気圧的にはスロットルバルブ下流の吸気マニホールドと結合されている。その結果、スプリングチャンバーには吸気マニホールドの負圧も作用する。ダイヤフラムには、フューエルインジェクターと同様の圧力比が作用する。つまり、フューエルインジェクターの圧力低下はスプリング力とダイヤフラムの表面積にのみ影響を受けるものであるため、一定のレベルに維持されることを意味する。

652 火花点火機関（SIエンジン）の制御

図17：フューエルプレッシャーレギュレーター
（燃料供給モジュールへの組込み）
1 調整ねじ（システム圧用）
2 スプリング
3 バルブプレート
4 Oリング
5 プレフィルター
6 ハウジング
7 渦流ポットへの排出

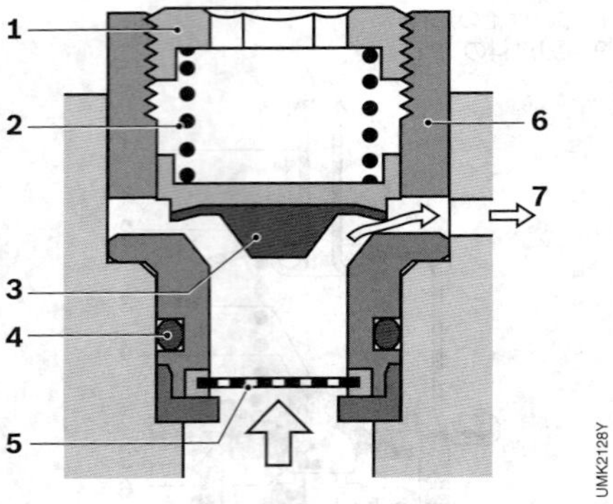

UMK2128Y

燃料供給モジュールへの組込み

　フューエルプレッシャーレギュレーターを燃料供給
モジュールに組み込む場合には、レールに取り付ける
場合よりも簡単な設計とすることができる。そのため
このような簡単な構造のプレッシャーレギュレーター
（図17）の採用例が増えている。燃料は、粗いプレ
フィルター（プレッシャーレギュレーターを汚れから
保護するためのもの）を通ってバルブプレートへと向
かう。燃料の圧力がバルブプレートをシールシートへ
押し付けているスプリング力より大きくなると、リング
ギャップが開く。燃料はこのリングギャップを通って
流れ、プレッシャーレギュレーターハウジングを通っ
て直接渦流ポットへ戻る。

フューエルプレッシャーアッテネーター
（燃料圧力減衰器）

機能、構造、作動原理

　容積式の電動フューエルポンプを使用している場
合、フューエルインジェクターの開閉動作の繰返し、
高圧ポンプの脈動（今日ではこれが主な原因である）
および燃料の一定間隔での供給により、燃料による
圧力脈動が生じる。これは圧力による共振を引き起こ
し、燃料噴射量の計測精度に悪影響を及ぼす。特定
の状況下では、こうした圧力脈動が電動フューエルポ
ンプやフューエルライン、フューエルレールの固定用
エレメントを経由して、燃料タンクやボディに伝わるこ
とで騒音が生じるおそれもある。こうした症状は、特
殊設計の固定用エレメントやフューエルプレッシャー
アッテネーター（燃料圧力減衰器）を使うことで軽減
することができる。

　燃料圧力減衰器は、フューエルプレッシャーレギュ
レーターと似た構造である。この装置も、スプリング
力が作用するダイヤフラムによってフューエルチャン
バーとエアチャンバーに分かれている。配分される燃
料の圧力が所定の作動範囲に達すると、スプリング力
によってメンブレンがシートから引き上げられる。こ
れによってフューエルチャンバーの容量が変動し、圧
力が上限に達すると燃料がチャンバーに吸入され、
低下すると排出される。マニホールドの条件によって
燃料の絶対圧が変動しても常に適正な範囲で作動で
きるように、吸気マニホールドとの接続部を備えたス
プリングチャンバーもある。

　フューエルプレッシャーレギュレーター同様に
フューエルプレッシャーアッテネーターも、レールに
取り付けるかフューエルラインに組み込むことができ
る。ガソリン直接噴射の場合には、フューエルプレッ
シャーアッテネーターを高圧ポンプに取り付けること
もできる。

混合気の形成

基本原理

混合気

火花点火機関（SIエンジン）が作動するには、燃料と空気の混合気が必要になる。完全燃焼を実現する理想的な混合気を得るための理論比は質量にして14.7：1で、これは理論混合比と呼ばれる。つまり、1 kgの燃料を完全燃焼させるには14.7 kgの空気が必要となる。体積で表わすと、1 l の燃料を完全燃焼させるのに必要な空気は約9,500 l となる。

単位出力あたりの燃費は、基本的に空気と燃料の混合比率によって決まる。真の意味で完全燃焼を実現し、燃費を低く抑えるには過剰空気が必要となる。ただし、空気が多すぎると、混合気の燃焼性と燃焼時間の面で不都合が生じるため、空燃比にはおのずと上限がある。

混合気は、排気ガス処理システムの効率にも影響を及ぼす。今日、排ガス処理の標準的技術とされているのは3元触媒コンバーターであり、これは最高の効率で働くために理論混合比を必要とする。理想的条件の下では、触媒コンバーターは排気ガス中の有害成分を99 %以上削減することができる。このため今日の均質燃焼エンジンは、作動状態がそれを許すようになれば、直ちに理論混合比に切り換えるようになっている。個々の直接噴射エンジンは、燃料節約のために希薄混合気で運転されることもある（層状吸気運転）。

エンジンの作動状態によっては、混合比の補正が必要となる。エンジン冷間時などの場合には、混合比を選択的に変更する必要がある。

過剰空気係数 λ

過剰空気係数または空気比 λ（ラムダ）は、実際の空燃比が理論混合比（14.7：1）からどの程度ずれているかを表わすものである。λ は、完全燃焼に必要な理論空気量に対する空気供給量（質量）の割合を示す。

理論混合比

$\lambda = 1$：空気供給量（質量）が理論空気量と一致

空気が不足（濃厚混合比）

$\lambda < 1$：空気が不足している濃厚な混合気。最高出力は $\lambda = 0.85 \sim 0.95$ で得られる。

混合気の濃厚化は、構成部品を熱負荷から保護するために必要となる場合がある（構成部品の保護）。混合気が濃厚になると燃料は完全には CO_2 に変換されず CO に変換されるので、排気ガス温度が低くなる。CO 反応に対するエンタルピーは、CO_2 への完全変換の場合と比較して低くなる。排気ガス温度が低いと、排気ガスターボチャージャー、λ センサー、触媒コンバーターへの熱負荷も低くなる。しかしながら、燃料消費量も多くなる。このため混合気の濃厚化は、排気ガス温度が900 ℃を超過する可能性がある高負荷ポイントに対してのみ行われる。

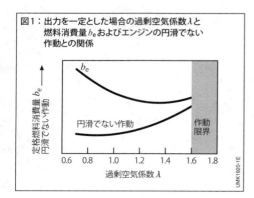

図1：出力を一定とした場合の過剰空気係数 λ と燃料消費量 b_e およびエンジンの円滑でない作動との関係

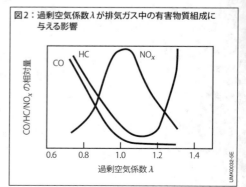

図2：過剰空気係数 λ が排気ガス中の有害物質組成に与える影響

空気が希薄（希薄混合比）

$\lambda > 1$：この領域では空気過剰な希薄な混合気となる。

この状態では、燃費が改善する一方で、出力が低下する。λの上限値（リーンバーン限界）は、エンジンの設計と混合気形成システムに大きく依存する。リーンバーン限界を超えると、HC分子数が少ないため混合気はもはや着火しなくなる。またミスファイアが発生し、エンジンの円滑な作動は大きく損なわれる。

λの燃料消費量と排気ガス組成に対する影響

火花点火機関では、空気過剰率が20～50%（$\lambda = 1.2～1.5$）になると、単位出力あたりの燃料消費量が最低となる。しかしながらこの値は、リーンバーンコンセプト（均質リーンあるいは層状吸気）によってのみ達成可能なものである。

図1および図2は、吸気マニホールド噴射型の典型的なエンジンにおいて、エンジン出力を一定にした場合に、燃料消費量とエンジンの作動状態（円滑でない作動）および汚染物質の形成が、過剰空気係数とどのような相関関係にあるのかを示したものである。グラフから明らかなように、これらパラメーターのすべてが最善となるような過剰空気係数は存在しない。吸気マニホールド噴射型エンジンおよび均質直接噴射エンジンの場合、「最適な」燃費と「最適な」出力が得られるという意味で、過剰空気係数$\lambda = 0.95～1.05$が効果的なことが確認されている。しかしながら3元触媒コンバーターによる排気ガス処理の観点からは、3つの有害成分をすべて理想的に変換できるのは、$\lambda = 1$付近の狭い領域においてのみである。

そのために、吸入した空気質量が正確に把握され、エンジン制御システムのλ制御により厳密に定量した燃料が分配される。

吸気マニホールド噴射

吸気マニホールド噴射型エンジンでは、燃料噴射量を正確にコントロールするだけでなく、混合気を均質化することも必要となる。そのためには、燃料を効果的に微粒子化（霧化）することが必要となる。この前提条件が満たされなければ、大きな燃料飛沫が吸気マニホールドや燃焼室の壁面に付着する。そうした飛沫は完全燃焼せず、炭化水素（HC）の排出増加を引き起こす。

ガソリン直接噴射

直接噴射式の層状燃焼エンジンでは、燃焼条件が異なるため、リーンバーン限界のλ値はずっと高くなり、部分負荷状態では多量の過剰空気が存在（最高$\lambda = 4$）しても運転できる。この場合、良好な着火性を得るために点火プラグ近辺においては理論混合比の混合気が必要になる。

残念ながらこの全体的にリーンな混合気では、3元触媒コンバーターの3つのうちの2つの機能しか作動しない。充分な酸素が利用できるので、排出COと未燃焼の炭化水素の酸化が引き続き可能である。しかしながら3番目の主要機能であるNO_x排出量の削減は、充分な還元パートナーがないためリーン作動モードではこれを充分に行うことができない。このため3元触媒コンバーターによる排気ガス処理に加えて、NO_x低減のためにさらなる排気ガス処理装置を備える必要がある（NO_x吸蔵型触媒コンバーター）。

混合気形成システム

燃料噴射システムまたは気化器は、エンジンの作動状態に応じて最適な混合気を形成する働きをする。燃料噴射システム、特に電子システムなくしては、ますます厳しくなる混合気の組成に関する規制値への適合、したがって排気ガス規制値への適合は不可能である。これらの要件、および燃料消費量、走行性能ならびに出力に関するメリットをもたらす燃料計量と混合気形成の大幅な向上により、自動車向けの最近のエンジンでは気化器は完全にガソリン噴射システムに取って代わられた。

今世紀初めまでは、製造される自動車のほぼすべてに、燃焼室外で混合気形成を行うシステムが採用されていた（吸気マニホールド噴射、図3a）。燃焼室に直接燃料を噴射し、内部で混合気を形成するシステムをベースとするガソリン噴射エンジン（図3b）も登場した。この方式では、燃費を一段と向上させ、かつ出力を上げることができるため、次第に重要性が増しつつある。

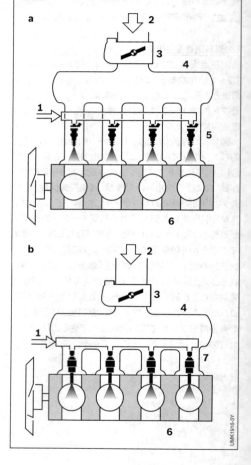

図3：燃料噴射システムの概略図
a 吸気マニホールド噴射
b ガソリン直接噴射
1 燃料
2 空気
3 スロットル装置
4 吸気マニホールド
5 フューエルインジェクター
6 エンジン
7 高圧フューエルインジェクター

吸気マニホールド噴射

　外部で混合気を形成するタイプのガソリン噴射システムでは、混合気は燃焼室の外（吸気マニホールド内）で形成される。最新の電子制御式吸気マニホールド噴射システムでは、燃料は各シリンダーに周期的に吸気バルブの直前の位置に噴射される（図4）。
　機械式の連続噴射方式（Kジェトロニック）やスロットルバルブの上流側に集中的に燃料を噴射する方式（モノジェトロニック）をベースとしたシステムは、新たな技術を開発するという意味において、もはや重要なものではなくなっている。

要件

　エンジンの円滑な作動および排出ガスに関する高度な要求により、各出力サイクルにおける混合気の組成の条件も厳しくなっている。エンジンの吸気量に適した燃料噴射量（質量）を正確に計量するだけでなく、正確なタイミングで噴射することも重要である。このため電子制御式マルチポイント燃料噴射システムでは、各シリンダーに個別にソレノイド式フューエルインジェクターを装備するだけでなく、このインジェクターが各シリンダーごとに個別に作動する。エンジンコントロールユニットは、シリンダーごとに必要な燃料の質量と、吸入した燃料の噴射を開始する正確なタイミング、さらに現在のエンジンの作動状況を計算する。算出した量の燃料を噴射するのに必要な噴射時間は、フューエルインジェクターの開口断面積、および吸気マニホールドと燃料供給システムの差圧に応じて異なる。

燃料システム

　吸気マニホールド噴射システムでは、燃料は電動フューエルポンプ（「燃料供給」を参照）、燃料供給ライン、フューエルフィルターを経由し、一般的に3〜7barのシステム圧のかかった状態でフューエルレールに送られる。このフューエルレールにより、燃料は確実に各フューエルインジェクターへ均等に配分される。フューエルインジェクターによる燃料の準備は、混合気の質にとって極めて重要であり、なかでも燃料を微細な飛沫にすることが重要である。フューエルインジェクターによる噴霧の形状と噴霧角度は、吸気マニホールドとシリンダーヘッドの幾何学的形状に適合している（「吸気マニホールドフューエルインジェクター」を参照）。

図4：吸気マニホールド噴射の原理
1 シリンダーとピストン　　2 排気バルブ　　3 点火コイルと点火プラグ　　4 吸気バルブ
5 フューエルインジェクター　　6 吸気マニホールド

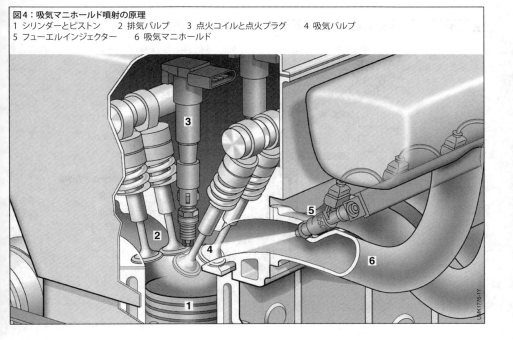

燃料噴射

質量を正確に計量された燃料が、シリンダーの吸気バルブの上流側に直接噴射される。スロットルバルブを介して流れ込むエアにより燃料は微細な飛沫に変化し、シリンダー表面の液滴とエアとの混交が促進されて大半は気化する(図5)。したがって、噴射のタイミングを変化させることで適切なタイミングで必要とされる混合気を形成することができる。

混合気を形成するために利用できる時間は、まだ閉じた状態の吸気バルブに燃料を噴射することで伸ばすことができる。噴射の直後にどれだけの混合気が形成されるかは、フューエルインジェクターの性能により異なる(初期液滴サイズ)。この場合噴射された燃料の多くは、最初はバルブギャップがきわめて小さい吸気バルブが高い流速に反応して開いたときに初めて気化する。

燃料の一部は吸気ポート(吸気マニホールドの一部で直接燃焼室へと通じている)と吸気バルブの下端に壁面液膜として沈澱する。この膜の厚さは、基本的に吸気マニホールド内の圧力、つまりエンジンの負荷状況に応じて決まる。エンジンが静止していない状態(作動中)の場合、この凝結した燃料によって、望まれるλ値($\lambda = 1$)からの一時的なずれが生じることがある。このため、壁面に液膜として付着する燃料の質量をできるだけ少なく抑える必要がある。

特に冷間始動時には、吸気ポート内に生じる壁面のコーティング効果も無視できない。冷間始動段階では燃料が十分に気化しないため、点火可能な混合気を形成するためには、より多くの燃料が必要となる。その後、吸気マニホールドの圧力が低下すると、それまで壁面に付着していた液膜が気化する。触媒コンバーターが作動温度に達していないと、これによってHCの排出量が増加する。

不規則な燃料噴射により、燃焼室内の壁面に液膜を形成することもある。これも重大な汚染物質の排出源となる。噴射した燃料の幾何学的な配置(「目標ポイントへの噴霧」)を考慮することで、吸気ポートや吸気バルブ付近のマニホールド壁面に生じる燃料の凝結を制御し、最小化する適切なフューエルインジェクターの選定が可能になる。

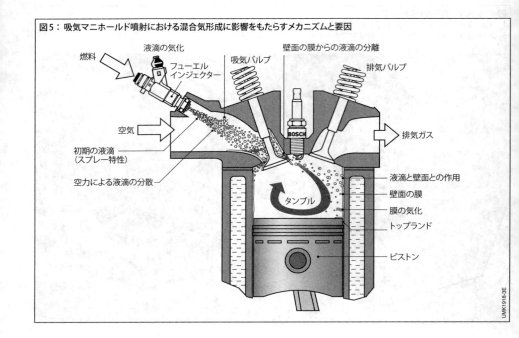

図5: 吸気マニホールド噴射における混合気形成に影響をもたらすメカニズムと要因

吸気マニホールドについても、燃焼用空気の流れとエンジンの気体力学的要件とを最適に適合させることができる。

ガソリン直接噴射

ガソリン直接噴射方式（GDI）では、吸気マニホールド噴射式とは異なり、吸気バルブを通じて純粋な（燃料を含まない）空気が燃焼室に流れる。燃焼室に空気が流れ込んだ後に、シリンダーヘッドに直接取り付けられたインジェクター（「高圧フューエルインジェクター」を参照）によって、その空気中に燃料を噴射する（内部混合気形成、図6）。この方式には、基本的に2種類の作動モードがある。吸気ストロークでの燃料噴射は均質作動、圧縮時の燃料噴射は層状充填作動と呼ばれる。他にもさまざまな特殊モードが存在する。それらは、これら2つの主要な作動モードを混合したもの、あるいは主要モードをわずかに変更したものである。

層状充填作動では、空気量が抑えられることはないので、混合気は希薄となる。排気ガス中の空気が過剰になると、3元触媒コンバーターによる窒素酸化物の変換を妨げる。このため、こうした直接噴射式システムでは、NO_x吸蔵型触媒コンバーターを追加装備して排気ガスを処理することが求められる。こうし

図6：ガソリン直接噴射の原理
1 シリンダーとピストン　　2 吸気バルブ　　3 点火コイルと点火プラグ　　4 排気バルブ
5 高圧フューエルインジェクター　　6 レール

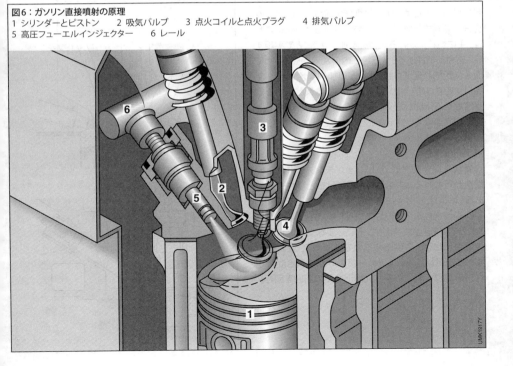

た理由から、現在の市場では大部分の車両に、均質作動モードのみで作動する直接噴射式システムが導入されている。

均質作動

均質作動では、吸気マニホールド噴射と同様の手法で混合気を形成する。混合気は、理論混合比（λ = 1）で形成される。しかし混合気形成の点では、いくつかの違いがある。たとえば、吸気バルブ周辺では混合気形成を促すためのフロープロセスが存在しない。また混合形成プロセスそのものに利用できる時間も極めて短い。吸気マニホールド噴射では、ピストンによる4つの行程、つまりクランクシャフト角度の720°の全域にわたり燃料の噴射を行うことができるが（吸入と同期して充填）、ガソリン直接噴射では燃料を噴射できるのは、クランクシャフト角にしてわずかに180°の範囲である。

燃料噴射は、吸気ストロークにおいてのみ可能である。その理由は、これに先立って排気バルブが開き、未燃焼の燃料が排気ガス経路に押し出されるためである。これはHC排出量の増加と触媒コンバーターの故障につながる。この短い時間内に十分な量の燃料を供給するため、ガソリン直接噴射ではインジェクターを通過する燃料の量を増やす必要がある。これは、主に燃料にかける圧力を増加させることで実現する。圧力を増加すると、燃焼室内の乱流が強くなって混合気形成が促進されるという追加的なメリットもある。吸気マニホールド噴射と比べて燃料と空気を混ぜ合わせる時間が短くても、強い乱流によって燃料と空気を完全に混合させることができる。

層状充填作動

層状充填作動方式では、さまざまな方策によって燃焼が行われる。すべての方策にはひとつ共通点がある。つまり、いずれも層状給気を行うことを意図している点である。つまり、スロットルバルブを調節することで、特定の負荷ポイントで必要な量の燃料を理論混合比に従って供給するのではなく、空気流量のすべてを供給する。エアの一部のみが燃料と混合され、残りのエアはこの層状充填混合気の周囲を囲む。

このスロットル低減は、直接噴射される燃料の冷却効果（燃料の気化）とあいまって圧縮を高め、大幅な燃料節約の可能性をもたらす。

図7：ガソリン直接噴射の燃焼プロセス
a 壁面ガイド燃焼
b エアガイド燃焼
c スプレーガイド燃焼
1 高圧フューエルインジェクター
2 スパークプラグ

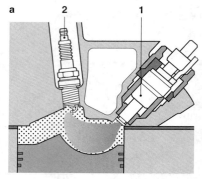

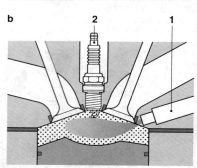

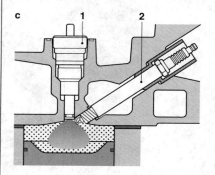

壁面ガイド燃焼プロセス

壁面ガイド燃焼プロセスでは、燃料をシリンダー側面から燃焼室に向けて噴射する（図7a）。ピストンクラウンのリセスは、燃料の噴霧流を点火プラグの方向に導く。混合気の形成は、インジェクター先端から点火プラグまでの経路で行われる。圧縮行程への噴射中（層状充填作動）の混合気形成時間はきわめて短いため、このシステムでは均質作動よりも燃料圧力を高くする必要がある。燃圧を高くするとパルス反射が大きくなるため、噴射時間が短縮され、空気との相互作用も増大する。

壁面ガイド燃焼プロセスの短所は、燃料がピストン壁面に凝結してHC排出量が増加する点である。混合気形成のための時間が短いので、層状充填混合気は特に高負荷時には混合気の過濃な領域を含み、煤煙の発生量が増加するおそれがある。また低負荷では、燃料の質量が小さいため層状の混合気を点火プラグ付近に導くための燃料液滴の脈動が低下する。このため、低い空気密度とそれによる低い空気抵抗に合わせるために燃料の流れを抑制する必要がある。

エアガイド燃焼プロセス

エアガイド燃焼プロセスは、原則として壁面ガイド燃焼プロセスと同様に機能する。主要な相違点は、層状充填燃料がピストンのリセスに直接作用しない点である。このシステムでは、代わりに、層状充填燃料が空気のクッションの上を移動する（図7b）。空気のクッションは、シリンダー内に存在するエアにより形成される。壁面ガイド燃焼プロセスとは異なりエアガイド燃焼では、フューエルスプレーの噴射角度は大幅にフラットで、フューエルスプレーはピストンまでの全エア量に浸透することができる。これによって、燃料がピストンリセスに凝結することを防いでいる。

壁面ガイド燃焼プロセスと比較してエアガイド燃焼プロセスでは空気の流れを完全に再生することができない。このため噴射ごとの変動が大きくなり、燃焼安定性が劣り、ミスファイアに至ることも稀ではない。

実際の燃焼プロセスでは、しばしば、各作動ポイントに応じて、壁面ガイドシステムとエアガイドシステムを併用している。

スプレーガイド燃焼プロセス

スプレーガイド燃焼システムは、インジェクターが別の位置に装備されるため、他の2つのシステムとは外観が異なる。このシステムの場合、インジェクターは最上部中央に取り付けられ、燃料を燃焼室へ垂直方向に噴射する（図7c）噴射された燃料は、方向を変えることはない。噴射圧が高いため（200 bar）、噴射プロセス中に既にフューエルスプレーの回りにエアと燃料の混合気が形成される。点火プラグはインジェクターのすぐ隣に装備され、混合気に点火する。

その結果、スプレーガイド燃焼プロセスでは混合気形成のための時間が極めて短い。このため、スプレーガイド燃焼システムにはさらに高い燃料圧力が要求される。このシステムの燃焼プロセスでは、マニホールド壁面での燃料の凝結や空気の流れへの依存、低負荷での空気の流れの制約といった短所を解消することができる。このため、燃料の節約に対する大きな可能性がある。しかしながら、混合気形成のための時間が短いため、燃料噴射システムと点火システムにとっては大きな課題となる。

その他の作動モード

均質作動と層状充填作動の他にも、特殊な作動モードがある。これには、「作動モードの切替え」（均質-層状モード）や「触媒コンバーター加熱」、「ノッキング防止」（均質-分割モード）、「均質-希薄モード」が含まれる。これらの作動モードはきわめて複雑な場合もあり、常に短時間の一時的な状態を形成するに過ぎない。そのためこれらは、長い時間で作動を考える場合には作動モードとして扱われないことが多い。

フューエルインジェクター

混合気形成の構成部品は基本的に、燃焼を促進する最適な方法で空燃混合気を確実に形成することができなければならない。吸気マニホールド噴射方式では主にフューエルインジェクターがこの役割を果たし、ガソリン直接噴射では高圧フューエルインジェクターとタービュランスフラップとが連携してこの機能を果たす。

基本的に、フューエルインジェクターを作動させる方法は2つある。従来の電磁石を使用する方法と、アクチュエーターの役割を果たすピエゾスタックを使用する方法である。

マニホールド噴射用フューエルインジェクター
構造と機能

ソレノイド式フューエルインジェクターは基本的に、電気接続部と油圧ポートを備えたバルブハウジング、ソレノイドコイル、ソレノイドアーマチュアとバルブボールを備えた可動式バルブニードル、インジェクションオリフィスプレートを備えたバルブシートおよびバルブスプリングで構成されている。

図8aと図8bは、吸気マニホールド噴射に使用されているEV14フューエルインジェクターを示したものである。小型化された新しいフューエルインジェクターEV-SE（図8c）は、狭い取付けスペースと小型エンジン用に開発されたものである（たとえば2輪車用）。どちらのタイプのインジェクターにも、拡張噴射ポイント付きのものも供給されている。

吸気マニホールドと吸気ポート形状に応じて最適な取付け位置とするために、設計の異なるEV14を選択できる。全長は3種類で、異なる電気コネクターを装備でき、オプションで拡張噴射ポイントを装備することもできる（図9）。

燃料吸入口のストレーナーは、フューエルインジェクターの汚れを防ぐためのものである。油圧ポートのシールリング（Oリング）は、インジェクターをフューエルレールに対してシールする。下側のシールリン

図8：吸気マニホールド噴射用フューエルインジェクター（Bosch社製）
a フューエルインジェクター、標準仕様EV-14fT（フラットチップ）
b 拡張噴射ポイントを備えたフューエルインジェクター EV14-xT（エクステンデッドチップ）
c モーターサイクルなどで使用するために小型化されたフューエルインジェクター EV-SE
 1 油圧ポート   2 シールリング（Oリング）   3 バルブハウジング   4 電気接続部   5 コネクタークリップ
 6 ストレーナー   7 内部電極   8 ソレノイドアーマチュア用ストップ   8 バルブスプリング   9 ソレノイドコイル
10 ソレノイドアーマチュアを備えたバルブニードル   11 バルブボール   12 バルブシート
13 インジェクションオリフィスプレート

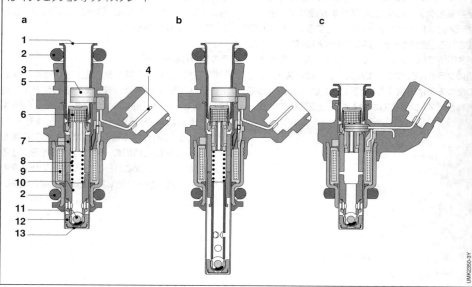

グは、インジェクターと吸気マニホールドとをシールする。

ソレノイドコイルに電圧がかかっていない状態では、バルブニードルとバルブボールはバルブスプリング力と燃料圧力によって円錐状のバルブシートに押し付けられている。これにより、燃料供給システムは吸気マニホールドから遮断された状態となる。

ソレノイドコイルに電圧がかかると磁界が発生し、バルブニードルのソレノイドアーマチュアを引き付ける。バルブシートからバルブボールが持ち上がり、燃料が噴射される。励磁電流が断たれると、スプリング力によってバルブニードルが再び閉じる。

燃料は、インジェクションオリフィスプレートによって霧状になる。このオリフィスがプレートから押し出されることで、燃料噴射量を極めて高い精度で一定に保つことができる。インジェクターから送られる燃料噴霧（スプレー）の形状と量は、オリフィスの数と配置（最大12）によって決まる。

単位時間当たりの燃料噴射量は主に燃料供給システムのシステム圧力（一般的には3〜4 barで、300〜400 kPaに相当する）、吸気マニホールドの背圧および燃料出口部分の形状によって決まる。

スプレーの形成と目標ポイントへの噴霧

インジェクターによるスプレーの形成、すなわちスプレーの形状、噴射角度、液滴の大きさは、混合気形成に影響を及ぼす。吸気マニホールドとシリンダーヘッドの幾何学的形状に合わせて、スプレーの形成を変更する必要がある。こうした条件を満たすために、さまざまな手法によるスプレーの形成が行われている。

円錐型スプレー

個々の燃料スプレーは、インジェクションオリフィスプレートの開口部から噴射される（図10a）。複数のスプレーが組み合わさって、全体として円錐型のスプレーを形成する。

円錐型スプレーは、特にシリンダーあたり吸気バルブが1個のエンジンで広く使用されている。

デュアルスプレー

デュアルスプレー（図10b）は一般に、シリンダーあたり吸気バルブが2個のエンジンで使用されている。インジェクションオリフィスプレートの開口部は、2つの燃料スプレー（どちらも、インジェクションオリフィスから噴射されるとすぐに均一なスプレーを形成する複数のスプレーで構成されている）が、吸気バルブ

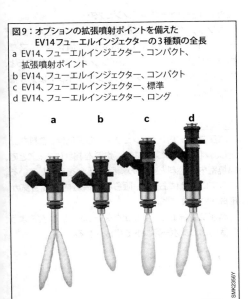

図9：オプションの拡張噴射ポイントを備えた
EV14フューエルインジェクターの3種類の全長
a EV14、フューエルインジェクター、コンパクト、拡張噴射ポイント
b EV14、フューエルインジェクター、コンパクト
c EV14、フューエルインジェクター、標準
d EV14、フューエルインジェクター、ロング

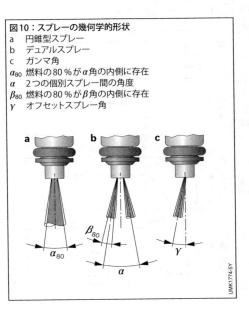

図10：スプレーの幾何学的形状
a 円錐型スプレー
b デュアルスプレー
c ガンマ角
α_{80} 燃料の80%がα角の内側に存在
α 2つの個別スプレー間の角度
β_{80} 燃料の80%がβ角の内側に存在
γ オフセットスプレー角

の前方あるいは吸気バルブ間の部分に噴射されるように配置されている。

ガンマ角

ガンマ角を持ったインジェクターの燃料スプレー（シングルスプレーまたはデュアルスプレー）は、インジェクターの主軸に対してオフセットスプレー角（図10c）と呼ばれる角度をつけて噴射される。

このスプレー形状のインジェクターは、主に取付け条件が厳しい場合に使用する。たとえば、インジェクターが吸気マニホールドへ急角度で取り付けられていて、ガンマ角スプレーによらなければ必要な目標ポイントへの噴射が不可能な場合に用いられる。

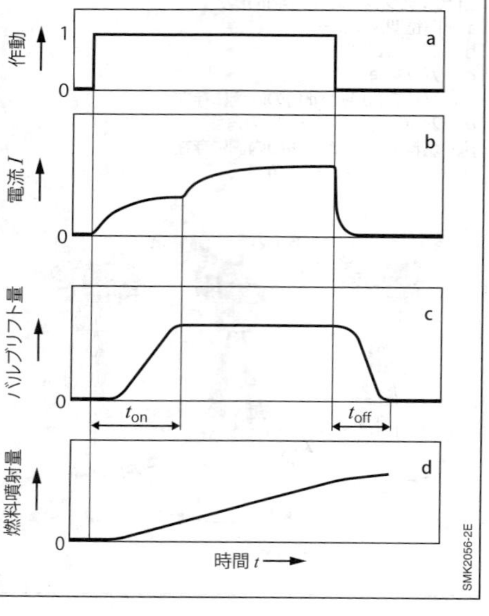

電気的作動

エンジンECUの出力モジュールは、切替え信号でインジェクターを作動させる（図11a）。ソレノイドコイルの電流が上昇（図11b）すると、バルブニードルが持ち上がる（図11c）。ピックアップ時間が経過すると、バルブニードルリフト量は内部電極のソレノイドアーマチュアストップのところで最大になる。ソレノイドバルブの構造により、アーマチュアストップ後も電流は上昇を続ける。これはこの時点での磁気回路がまだ100％飽和に達していないからである。アーマチュアストップにより電流曲線は急落する。

バルブシートからボールが持ち上がると同時に、燃料が噴射される。図11dは、噴射パルス中の燃料噴射量を示したものである。

電流を遮断しても磁界はもすぐに減少することはないため、バルブは遅れて閉じる。ドロップダウン時間が経過すると、バルブは再び完全に閉じる。

バルブのピックアップ時およびドロップダウン時の非直線性は、インジェクターの作動中（噴射が行われている間）に補正されなければならない。バルブニードルがシートから持ち上がる速度も、バッテリー電圧によって異なる。バッテリー電圧に応じて噴射時間を延ばすことによって、こうした影響を補正することができる。

電磁式高圧フューエルインジェクター

ガソリン直接噴射に必要な高い燃料圧力（公称圧力は約35 MPaまで）と取付け位置により、マニホールド噴射用フューエルインジェクターと比べると、フューエルインジェクターのコンポーネントに対する要件は厳しくなる。

構造と機能

高圧フューエルインジェクターの役割は、燃料を計量し、霧状にすることである。燃料を霧状にすることで、燃焼室内の燃料と空気の素早い混合を実現している。このプロセスにおいて、限られた領域内に混合気が形成される。

高圧フューエルインジェクター（図12）は次のような個別のコンポーネントで構成される。

図11：フューエルインジェクターの作動
a 作動信号
b 電流曲線
c バルブニードルリフト量
d 燃料噴射量
t_{on} ピックアップ時間
t_{off} ドロップアウト時間

665 フューエルインジェクター

- 油圧ポートと電気接続部、公差補正および音響デカップリングエレメント、ロッキングエレメントを備えたハウジング
- インジェクションオリフィスとプレステージを備えたバルブシート
- 機械的に分離されたソレノイドアーマチュアとスプリングを備えたバルブニードル
- セッティングスリーブ付きのリターンスプリング
- 導体棒付きのコイル

シリンダーヘッド内での取付け位置（側面または中央）に応じて、短いバルブか長いバルブを使用する。長いバルブは通常、油圧ポート用の延長チューブと電気接続部用の導体棒で必要な長さに合わせた短いバルブをベースにしている。ダウンサイジングエンジンの取付けスペースに関する要件を満たすために、最新世代インジェクターのバルブ先端の直径が6 mmに縮小されている。

電流がコイルに流れると、コイルが磁気回路の他のコンポーネントと連動して磁界を発生させる。この磁界は、バルブニードルがまだ静止しているときにソレノイドアーマチュアを加速させる。ソレノイドアーマチュアがアッパーストップに接触すると、アッパーストップによってスプリング力と油圧負荷に対抗してバルブシートからバルブニードルが持ち上げられ、バルブの開口部が開く。燃焼室内の圧力よりも燃圧が著しく高いため、燃焼室に燃料が噴射される。

電流を遮断すると、バルブニードルとバルブニードル上の油圧負荷がリターンスプリングによってシートに押し戻され、それによって噴射プロセスが停止する。ソレノイドアーマチュアはスプリングによってロワーストップの静止位置まで戻される。

ニードルが完全に持ちあがったときの開口動作を厳密に定め、開口部の断面積を一定に保つことで、再現性を持たせた燃料の計量を実現できる。計量の際、燃料の量は、フューエルレール内の圧力や燃焼室内の背圧による反作用、バルブの開く時間によって決まる。

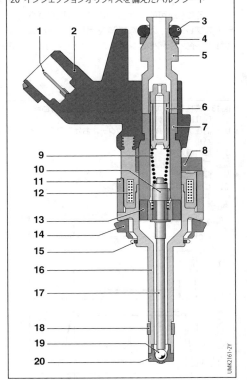

図12：ガソリン直接噴射用電磁式高圧フューエルインジェクター（Bosch社製）
1 電気接続部
2 押出しコーティング
3 Oリング
4 サポートプレート
5 導体バレル
6 セッティングスリーブ付きフィルター
7 内部電極
8 カバー
9 圧縮スプリング
10 ストップリング
11 磁気スリーブ
12 ソレノイドコイル
13 ソレノイドアーマチュア
14 サポートエレメント
15 スナップリング
16 バルブハウジング
17 バルブニードル
18 シーリングリング
19 バルブボール
20 インジェクションオリフィスを備えたバルブシート

スプレーの形成

燃料の準備には主に多孔バルブが使用される。インジェクションオリフィスの位置は、適切なスプレー構成が得られるように、それぞれの燃焼室への取付け位置に応じて調整される。それには、燃料と外気が燃焼室内で完全に混合し、その過程においてバルブ、ピストンおよび燃焼室の壁面を濡らす燃料が可能な限り少なくなるスプレー構成とする必要がある。フューエルインジェクターは一般に、目標とする貫流に応じて5つから7つのスプレーで構成される。この貫流はシリンダーあたりの出力に合うように設定されるため、これによってオリフィスの平均直径が決まる。全インジェクションオリフィスの平均直径よりも直径を小さくすることで、個別のインジェクションオリフィスに対してスプレーの浸入深さを減らすことができる。これによって、ピストンと燃焼室の壁面が燃料で濡れるのを抑制することが可能になる。オリフィス直径が大きい他のスプレーは、必要な貫流を実現するために使用される。インジェクションオリフィスの大部分はプレステージによって補われる。このプレステージの目的は、限界までの作動や環境条件、使用燃料に応じて生じる堆積物がインジェクションオリフィスに付着しないように維持することである。

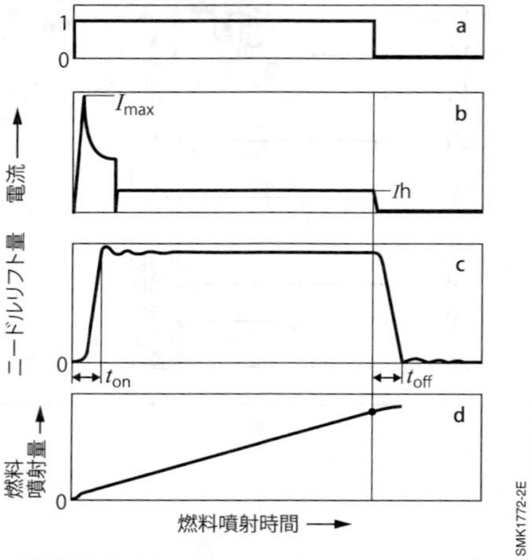

電気的作動

再現可能な所定の噴射プロセスを確実に行うため、高圧フューエルインジェクターは複雑な電流曲線によって作動される。エンジンコントロールユニットは、このためにデジタル信号を供給する。出力モジュールは、この信号（図13a）により高圧フューエルインジェクターの作動信号（図13b）を生成する。

エンジンECUのDC/DCコンバーターは、65Vのブースター電圧を発生させる。この電圧はブースターコンデンサーとともに、作動プロセスの最初から高い電流を発生させる。それによって、ソレノイドアーマチュアとバルブニードルが素早く持ち上げられる。バルブニードルは、ピックアップ段階において開口部が最大となるリフト量に達する（図13c）。フューエルインジェクターが開く（バルブニードルのリフト量が最大のとき）と、低い作動電流（維持電流）でバルブが開いた状態を維持できるようになる。インジェクターニードルのリフト量が一定の場合、燃料噴射量は噴射継続時間に比例する（図13d）。

CVO（コントロールド・バルブ・オペレーション）プロセスは、バルブ間の量の差を減らすために特別に開発された。この電子機械工学的なアプローチによって、電気変数からフューエルインジェクターの開閉時間を特定できる。現在の実際の開弁時間は、測定されるこれらの変数から決まる。その時間がコントローラーに伝えられて、そこで開弁時間の設定値と比較される。そのようにして、特に微小量に対して高い計測精度を実現するとともに、耐用期間全体にわたって下流調整でその精度レベルを維持することができる。

図13：高圧フューエルインジェクターの作動信号曲線

a   ECUによって算出された起動信号
b   高圧フューエルインジェクターにおける電流曲線
c   バルブニードルリフト量
d   燃料噴射量
I_{max} ブースター段階の最大電流
I_h 保持電流
t_{on} ピックアップ時間
t_{off} ドロップアウト時間

SMK1772-2E

667 フューエルインジェクター

多段燃料噴射の間、高圧フューエルインジェクターは1エンジンサイクルで複数回作動される。それにより、エンジン内壁の燃料による濡れを低減する。これはフューエルインジェクターにとって、休止時間が短いこと、そして、単段噴射に比べて作動時間全体で耐えなければならない負荷サイクルの数が多いことを意味する。

ピエゾ高圧フューエルインジェクター
適用分野

ピエゾ高圧フューエルインジェクターは2005年から、燃料スプレーの質とエンジン耐用期間にわたる安定性の面で特殊な要求を課す複雑な燃焼プロセスで使用されてきた。さらにこのインジェクターは、傑出した微小量の計測精度と高い最大燃料噴射量を同時に実現する。そのため、低負荷の作動ポイントで妥協することなく高い比出力が可能になる。高度に進化した燃焼プロセスの一例としてスプレーガイド式層状リーン燃焼プロセスを挙げることができる。これは、量産車ではピエゾ高圧フューエルインジェクターを使用しなければ実現できない。

構造と機能

ピエゾ高圧フューエルインジェクターは20 MPa（200 bar）の燃料圧力で作動し、バルブアセンブリーの機能エレメント、アクチュエーターモジュール、補正エレメント（「カプラー」）、ハウジングおよび接続部品で構成される（図14）。

バルブアセンブリーは燃料を燃焼室内へと噴射させ、スプレーの形状を決める。このアセンブリーの基本コンポーネントは外側へと開く可動バルブニードルで、閉鎖スプリングによりプリテンションがかかってハウジングボディに押し付けられている。バルブニードルの公称リフト量（フルリフト）は33 μmで、180 μs後にこの値に達する。フルリフトからの閉動作にも同様に180 μsが必要になる。

バルブアセンブリーのその他の重要なコンポーネントとしては、ノズルを微粒子から保護するインレットの細密フィルター、および乾燥したアクチュエーターチャンバーから燃料を隔離するベローズを挙げることができる。

アクチュエーターチャンバーに取り付けられるピエゾアクチュエーターは、電圧がかかった状態で長さが変化することによってバルブニードルを開閉し、それ

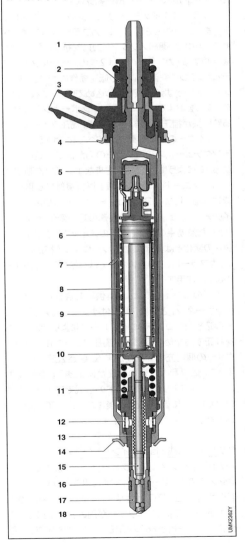

図14：ピエゾフューエルインジェクター
（Bosch社製）の機能エレメント
1　油圧ポート　　　2　プラスチックコーティング
3　電気接続部　　　4　インジェクターダクトシール
5　リニア補正エレメント
6　アクチュエーターフット　7　ハウジング
8　ピエゾアクチュエータープリテンショニングスプリング
9　ピエゾアクチュエーター
10　アクチュエーターヘッド
11　ニードル閉鎖スプリング　12　メッシュフィルター
13　金属製ベローズ　14　サポートエレメント
15　バルブニードル　16　燃焼室シール
17　バルブボディ　18　インジェクションノズル

によって実質的に燃料配分量が決まる。これは400以上の活性層から成り、チューブスプリングによってプリテンションがかけられている。アクチュエーターとチューブスプリングに加えて、電気コンポーネントに対するアクチュエーターの電気的接触部と絶縁部が、アクチュエーターモジュールの重要な要素である。アクチュエーターモジュールとバルブニードル間の直接的な力の伝達は、75 µsからの非常に短い作動時間を実現する。そのような非常に短い作動の場合は、バルブニードルはフルリフトに達しない。

カプラーはスイッチングチェーン（バルブニードル、アクチュエーターモジュール、カプラー自体で構成される）の中で、閉鎖スプリング力に対抗する所定の力を発揮する。カプラー内では2つのスチールダイヤフラムが、2つの空洞部間での低速動作によって作動ピストンを動かす油圧液を閉じ込めている。これによって、金属製およびセラミック製コンポーネントの異なる熱膨張が補正される。その結果、高圧フューエルインジェクターの熱的作動条件すべてにおいて、スイッチングチェーン内のカプラーの力がほぼ一定に保たれる。このようにして、さまざまなエンジン作動状態でバルブニードルのリフト量と燃料噴射量が再現可能になる。ピエゾアクチュエーターの作動によるスイッチングチェーン長さの高速の短い変化は、ゆっくりとした熱効果の結果としてのスイッチングチェーン長さの変化とは異なり、カプラーによって補正されない。カプラーは、この点においてはハイパスフィルターのように作用する。

上記のモジュールは、燃料供給を含むハウジングコンポーネントと一緒に取り付けられる。製造過程に組み込まれたコーディングプロセスにより、製造公差を補正するための各ピエゾ高圧フューエルインジェクターの個別充填要求が決まる。製造公差の補正によって、燃料量の計測の精度が向上する。充填要求は、データマトリクスコードの形式でフューエルインジェクターに書き込まれ、後にエンジンECUに読み込まれる。

スプレーの形成と目標ポイントへの噴霧

外側へ開くノズルのスプレーは、その原理により多孔ノズルのスプレーとは根本的に異なる。バルブニードルが開くと生じる環状オリフィスによって、液滴の大きさが8〜13 µmのスプレーが円錐状に排出される。公称スプレー角が86°の回転対称の中空円錐形にな

る。燃焼プロセスの過程で利用可能な境界渦は、円錐形の表面に沿った外側と内側の両方の定まった位置に形成される（図15）。スプレー形状は広範な燃焼室圧力範囲と充填動作範囲にわたって安定していて、点火の直前まで圧縮行程において短い連続した噴射が可能である（そのような高い燃焼室の圧力で）。ノズルは巧みに設計されていて、スプレーは外乱、堆積物、劣化の影響を非常に受けにくい。これは、最初に言及した層状燃焼プロセスの場合に特に有利であるが、たとえば触媒加熱モードでも有利である。

電気的作動

ピエゾ高圧フューエルインジェクターは最高200 Vで作動される。ECUに組み込まれた出力ステージにより、DC/DCコンバーターで発生する電圧で作動される（図16）。制御は充電制御による。インジェクターは、特定の目的での通電動作（フルリフトの公称値0.69 mC）によって開き、これと相似の放電動作によって閉じる。作動時間（75〜5000 µs）は一次作動変数として用いられ、達成すべき通電値および通電と放電

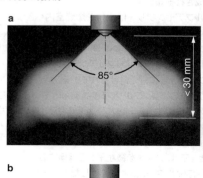

図15：ピエゾフューエルインジェクターの
　　　円錐型スプレーパターン
燃圧 200 bar
燃焼室圧力 6 bar（実験室で測定）
a　スプレーの写真
b　スプレーの略図
1　内側の境界渦
2　外側の境界渦

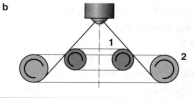

の速度はパラメーター化することができる。作動時間が極めて短いこと、フルリフトでの油圧断面積が大きいことから、燃料噴射量の最小量と最大量の幅を得るために圧力を変化させることは不要である。フューエルインジェクターによって、作動サイクルあたり0.5 mg～150 mgの燃料噴射量をカバーできる。噴射特性は最小燃料噴射量まで直線的である（図17）。2回の開動作間の休止時間は、50 µsまで短くすることができる。これは、ソレノイド作動メカニズムを備えたフューエルインジェクターの場合よりも大幅に短い時間である。

最終的に、インジェクターの耐用期間にわたって微小量の計測精度を確保するために、エンジン作動においては、取り付けられた状態のフューエルインジェクターを測定する多数の調整機能が用いられている。帯電に対するアクチュエーターの温度に依存した反応のモデルベースの補正と同様に、補正がなされない場合にはトルクの偏差を生じさせることになる各シリンダーごとの微少量の偏差も、インジェクターの耐用期間にわたって補正することができる。この補正は、因果律に基づきバルブニードルリフト量か作動時間のいずれかに作用することになる。

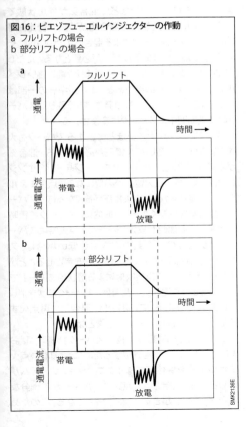

図16：ピエゾフューエルインジェクターの作動
a フルリフトの場合
b 部分リフトの場合

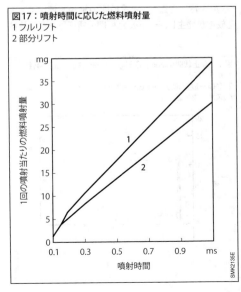

図17：噴射時間に応じた燃料噴射量
1 フルリフト
2 部分リフト

イグニッション

基本原理

機能

火花点火機関（SIエンジン）では、外部から供給される点火エネルギーによって燃焼プロセスが開始される。イグニッションシステムは、圧縮された混合気に適正なタイミングで点火するためのものである。点火は、燃焼室内のスパークプラグの電極間に電気スパーク（火花）を発生させることで行われる。

エンジンを確実に問題なく作動させるためには、あらゆる条件下で常に安定した点火が行われることが不可欠である。点火不良は、以下の事態を引き起こす。
- ミスファイア（失火）
- 触媒コンバーターの損傷または破壊
- 排気ガス中の有害成分の増加
- 燃費の悪化
- エンジン性能の低下

点火スパーク

スパークプラグに電気スパークが発生するのは、電極間に印加される電圧が必要な点火電圧（放電開始電圧）を超えたときのみである（図1）。点火電圧は、スパークプラグ電極間のギャップと点火時の混合気の密度に左右される。最大で数10kVになることもある。点火電圧を超えると電極間の絶縁破壊による火花放電が発生し、その後、電極間の電圧はグロー放電電圧（放電維持電圧）にまで急激に低下する。グロー放電電圧は、電極間のギャップと混合気の気流状態に左右され、数100Vから数kVに上昇することがある。

点火スパークが持続している間、イグニッションシステムのエネルギーはスパークに変換される。スパークが消失した後、電圧は減衰しながらゼロになる。

混合気の点火と点火エネルギー

スパークプラグ電極間の電気スパークは、高温のプラズマを発生させる。スパークプラグ付近の混合気の状態が適正であり、イグニッションシステムによって十分なエネルギーが供給されていれば、スパークによって火炎が発生し、それが伝播していく。

イグニッションシステムは、エンジンのあらゆる作動条件下でこのプロセスを保証しなければならない。理想的な条件下で（たとえば「燃焼容器」を用いての燃焼室シミュレーションなど）、混合気が静止状態で均質であり、空気と燃料の混合比が理論混合比に等しい場合、電気スパークによる混合気の点火には、その都度約0.2 mJのエネルギーが必要となる。ただし実際のエンジンの作動には、これより大幅に高いレベルのエネルギーが必要である。エネルギーの一部は絶縁破壊による火花放電の発生時に、残りはスパークの持続期間中にスパークに変換される。

電極ギャップが大きいほど発生するスパークも大きくなるが、より高い点火電圧が必要となる。混合気が希薄な場合、またはターボチャージャー付きエンジンでは、より高い点火電圧が必要になる。点火エネルギーを一定とすれば、点火電圧が高くなるほどスパークの持続時間は短くなる。一般的に、スパーク持続時間が長いほど燃焼が安定するため、点火時にスパークプラグ付近の混合気の均質性が低い場合は、スパーク持続時間を長くすると燃焼を安定させることができる。ガソリンの直接噴射による層状給気モードで発生するような混合気の乱流は、スパークを吹き消してしまうことがある。この場合は、混合気に再点火するために、追加のスパークが必要となる。

より高い点火電圧、より長いスパーク持続時間、および追加のスパークを達成するために、より高い点火エネルギーを供給可能なイグニッションシステムが求められる。供給される点火エネルギーが不十分な場合は、発火が起きず、ミスファイアとなる。このため、

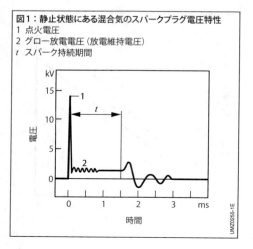

図1：静止状態にある混合気のスパークプラグ電圧特性
1 点火電圧
2 グロー放電電圧（放電維持電圧）
t スパーク持続期間

あらゆる作動条件下で混合気に確実に点火できるよう、イグニッションシステムは十分な点火エネルギーを供給する必要がある。

燃料の良好な霧化と、混合気と点火スパークの良好な接触状態を確保すれば、スパークの持続時間とスパークの長さを延ばし、また電極ギャップをより広くとることができる。スパークの発生する位置（「スパーク位置」、「スパークプラグ」を参照）とその長さは、スパークプラグ各部の寸法によって決まる。スパーク持続時間は、イグニッションシステムの形式と設計仕様、さらに燃焼室内の混合気の状態に左右される。エンジンの諸条件（インテークマニホールド噴射、ガソリン直接噴射、排気ガスターボチャージャー等）によって異なるが、イグニッションシステムが供給する点火エネルギーは約30～100 mJの範囲となる。

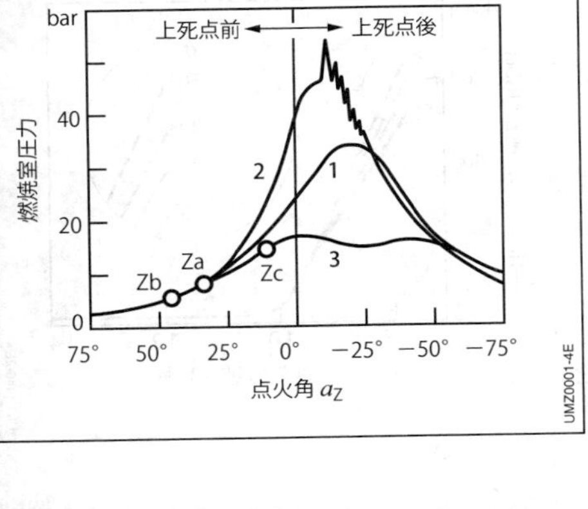

点火時期

火花点火機関（SIエンジン）における燃焼開始のタイミングは、点火時期の調整によって制御できる。点火時期は、火花点火機関（SIエンジン）の爆発行程の上死点を基準としたクランクシャフト角度で表す（点火角）。可能な最も早い点火時期はノッキング限界によって、可能な最も遅い点火時期は燃焼限界または許容最高排気ガス温度によって決まる。点火時期は以下に影響を与える。
– トルク出力
– 排気ガス中の有害成分の量
– 燃料消費量

基本点火時期

エンジントルクを最大限に高めるには、上死点の直後に燃焼が最大になる、すなわち燃焼圧力が最大になるようにする必要がある（図2）。点火の瞬間から混合気が完全に燃焼するまでに一定の時間が経過するため、点火は上死点に達する前に行う必要がある。点火時期は、エンジン回転数の上昇や吸気量の減少に応じて早める必要がある。

同様に、希薄混合気の場合（$\lambda > 1$）も、火炎の伝播速度が遅いため点火時期を早める必要がある。また再循環排気ガスあるいは残留排気ガス（外部または内部排気ガス再循環）も、火炎の伝播速度を遅くする。このため点火時期調整は基本的に、エンジン回転数、シリンダーへの充填および空燃比（過剰空気係数λ）、また今日一般的な理論的に均質燃焼で作動するエン

図2：燃焼室圧力と点火時期
1 適正な点火角（Z_a）
2 過度の点火進角（Z_b）
3 過度の点火遅角（Z_c）

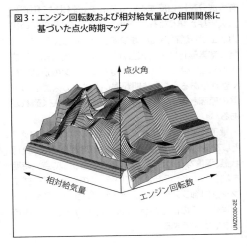

図3：エンジン回転数および相対給気量との相関関係に基づいた点火時期マップ

ジンにおいては、シリンダー内の残留排気ガス量に左右される。基本点火時期はエンジンテストベンチで決定され、電子式エンジン制御システムの場合はプログラムマップに保存される（図3）。

点火時期の補正と作動点に応じた点火時期

電子式エンジン制御システムは、エンジン回転数と給気量に加え、その他の影響因子も考慮して点火時期の補正を行うことができる。補正は、基本点火時期に修正を加えるか、あるいは特定の作動点または作動範囲において、基本点火時期に代えて専用の点火時期または点火時期マップを適用することで行われる。点火時期の補正を行う例としては、ノック制御、ガソリン直接噴射の均質希薄モード時の修正、および暖機運転がある。専用の点火時期または点火時期マップに切り替える例としては、ガソリン直接噴射の層状給気モード、および始動モードがある。最終的にどのような方法で実現するかは、それぞれの補正により異なる。

排気ガスと燃料消費量

点火時期は排気ガス中の有害成分の量に大きな影響を与える。これは、点火時期が処理前の有害成分の生成に直接影響を及ぼすからである。しかしながら、排気ガス中の有害成分量、燃費、ドライバビリティーなどのさまざまな要素の最適化は相反する場合があるため、必ずしもそれらから最適な点火時期を導き出せるとは限らない。

点火時期を変えると、燃料消費量と排気ガス中の有害成分量は相反する反応を示す（図4および図5）。点火時期が早くなると、トルクが上がる。そのため出力が上がり燃料消費は減少するが、炭化水素（HC）と、特に窒素酸化物の排出量が増える。点火時期が早すぎると、ノッキングの原因となりエンジンの損傷を招く恐れがある。点火時期が遅いと排気ガス温度の上昇の原因となり、これもエンジンの損傷を招く恐れがある。

電子式エンジン制御システムは、プログラムマップとして備えた点火時期曲線に従って、回転速度、負荷状態、温度などのさまざまな条件を考慮して点火時期を補正するよう設計されている。このため、電子式エンジン制御システムを使用すれば、互いに矛盾する最適化目標の間でバランスを取りながら最適な燃焼状態を実現できる。

図4：空気過剰率λと点火時期a_zが排気ガス成分に与える影響
a 炭化水素（HC）排出率
b 窒素酸化物（NO$_x$）排出率
c 一酸化炭素（CO）排出率

水素炎イオン化検出器（FID）
化学発光検出器（CLD）
非分散赤外線ディテクター（NDIR）

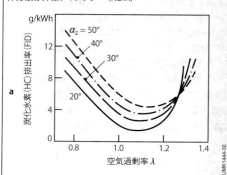

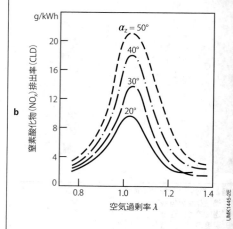

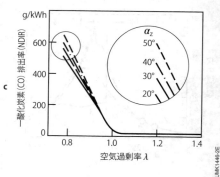

ノック制御
基本原理
　点火時期の電子制御ユニットは、エンジン回転数、負荷、および温度に合わせて、正確に点火時期を制御するように作られている。ただし、ノック制御を行わない場合は、安全のために、ノッキング限界との間に十分な余裕を確保しなければならない。

　エンジンの製造誤差や経年劣化、周囲の条件、燃料の品質等により、ノッキングが非常に起こりやすい状況が生じても、シリンダーがノッキング限界に到達したり、越えたりしないようにするための余裕が必要となる。エンジンの構造設計でこれに対応しようとすると、圧縮比を下げ、点火時期を遅らせるほかなく、燃費の悪化とトルクの低下が避けられない。

　こうした欠点を解消するのがノック制御である。経験的に、ノック制御により圧縮比を高め、その結果燃費とトルクを改善できることが確認されている。ただしその場合、基本点火時期はノッキングが起きやすい条件ではなく、ノッキングが起きにくい条件に合わせて設定することになる（許容範囲内の最低値の圧縮比、最高品質の燃料、ノッキングを起こしにくいシリンダーなど）。これにより、エンジンの各シリンダーを全耐用期間にわたり、ほぼすべての作動域において、ノッキング限界に近い状態で、最適な効率で作動させることが可能になる。このようにして点火時期を補正する場合は、ノッキングを確実に検出することが不可欠である。エンジンの全作動域にわたり、個々のシリンダーのノッキング現象が一定レベルに達したときに、それを確実に検出する仕組みが必要となる。

ノック制御システム
　ノック制御システム（図6）は、以下により構成される。
- ノックセンサー
- 信号分析
- ノッキングの検出
- フィードバック制御による点火時期補正システム

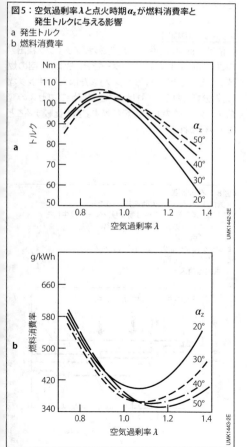

図5：空気過剰率 λ と点火時期 α_z が燃料消費率と発生トルクに与える影響
a 発生トルク
b 燃料消費率

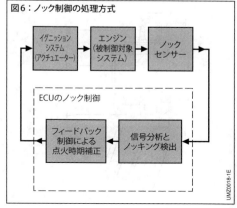

図6：ノック制御の処理方式

ノックセンサー

ノッキングの典型的な症状は、高周波の振動(燃焼室内の高周波の圧力変動)である。この振動の検出は、圧力センサーを使用して燃焼室内で直接行うのが最良である。しかしそのような圧力センサーを各シリンダーのシリンダーヘッドに取り付けるのはコスト高となるため、一般的にはエンジン外側に取り付けたノックセンサーを使用して検出する。圧電型加速度センサー(図7)は、ノッキングに特徴的な振動を電気信号に変換する。

ノックセンサーには2種類ある。5〜20 kHzという一般的な周波数帯域をカバーする広帯域型センサーと、特定の共振周波数の振動のみを検出する共振型センサーである。制御ユニット内の柔軟性の高い信号分析システムと組み合わせることで、1つの広帯域型ノックセンサーで複数の共振周波数の信号を分析できる。このようにするとノッキング検出性能が向上するため、共振型センサーは次第に広帯域型ノックセンサーに取って代わられつつある。

すべてのシリンダーで全作動域にわたって十分なノッキング検出が確実に行われるように、必要なノックセンサーの数と位置は、エンジン型式ごとに慎重に決定する必要がある。4気筒直列形エンジンには1個または2個のノックセンサー、5気筒および6気筒のエンジンには2個、8気筒および12気筒のエンジンには4個のノックセンサーを取り付けるのが一般的である。

信号の分析

ノッキングが発生する可能性のある時間中、制御ユニット内の専用の信号分析回路は、広帯域の信号の中からノッキングの検出が最も確実な周波数帯域の信号を分析し、1回の燃焼プロセスごとに変数を生成する。広帯域センサーによる適応性の非常に高いこの信号分析は高い検出品質を可能にする。エンジンマップ全域にわたってそのセンサーに割りあてられた全シリンダーの分析用に1つの共振周波数のみを伝達する共振型ノックセンサーを使用すると、エンジンの高回転域においては通常はノッキングの検出はできない。

ノッキングの検出

信号分析回路が生成した変数は、ノッキング検出アルゴリズムにより各シリンダーごと、および1回の燃焼プロセスごとに、「ノッキング」または「ノッキングなし」と分類される。これは、現在の燃焼プロセスの変数をノッキングなしの燃焼を表す変数と比較することにより行われる。

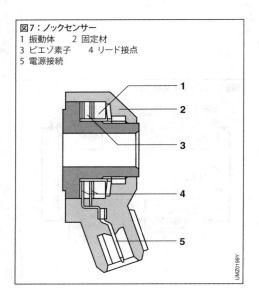

図7:ノックセンサー
1 振動体　　2 固定材
3 ピエゾ素子　4 リード接点
5 電源接続

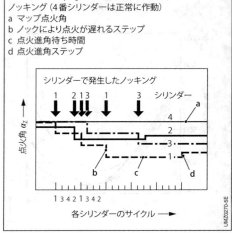

図8:ノック制御
4気筒エンジンの点火時期補正のためのアルゴリズム $K_{1\sim3}$ 1〜3番シリンダーで発生したノッキング(4番シリンダーは正常に作動)
a マップ点火角
b ノックにより点火が遅れるステップ
c 点火進角待ち時間
d 点火進角ステップ

フィードバック制御による点火時期補正システム

　ノッキングが検出されると、ノッキングが検出されたシリンダーの点火時期が遅らされる（図8）。ノッキングが収まると、点火時期が段階的に早められて補正前の値にまで戻される。ノッキング検出とノッキング制御のアルゴリズムは、最適効率の範囲内で各シリンダーがノッキング限界で作動している場合でも、可聴な、エンジンに損傷を与えるようなノッキングが発生しないように設定されている。

　実際のエンジンでは、シリンダーごとにノッキング限界が異なり、それに合わせて点火時期を変える必要がある。点火時期を個々のノッキング限界に合わせて補正するために、シリンダーごとに作動点に応じた遅角制御値が保存されている。それらの値は、常時電源が供給されるRAMの不揮発性の点火時期マップに、負荷と回転数に応じたデータとして格納されている。これにより、負荷と回転数が急激に変化しても、エンジンをすべての作動域で、可聴なノッキングを伴うことなく最適効率で作動させることができる。

　このような補正システムを用いれば、アンチノック性の低い燃料（たとえばスーパープラスガソリンに代えてプレミアムガソリン）の使用も可能となる。

過早着火現象

基本原理

　最近のガソリンエンジン開発においては、現在のところ直接噴射と過給と組み合わせてのダウンサイジング（エンジン出力を維持したままでの排気量の低減）が顕著な傾向となっている。過給によりエンジン性能レベルを下げずに排気量をさげることができる。これにより、高負荷時にエンジンを部分負荷運転においてより高い部分負荷効率で作動させることが可能になり、燃費を低減することができる。しかしながら高効率化のために過給圧を高くすることには、過早着火現象による制限がある。

　数年前には「極端なノッキング」とか「スーパーノッキング」という概念が使用されていたが、これらは症状を示しているに過ぎず、過早着火現象の理由を説明したものではなかった。しかしながら、ここ数年のうちに「過早着火」という概念が定着してきた。そのため、用語も通常のノッキングとは明瞭に異なるものとなっている。

過早着火

　過早着火とは、点火プラグにより引き起こされる点火に先立つ、混合気の制御されない自己着火のことである。このような燃焼の早期開始は、通常の燃焼と比べて圧力と温度の異常な上昇を招くため、後続の燃焼プロセスにおける激しいノッキングを引き起こす。これが発生すると、エンジンが損傷を受けることがある。

過早着火の検出

　エンジンの損傷を防ぐためには確実に過早着火を検知するこが絶対に必要である。ノックセンサーで検出したノッキングの位置と周波数領域により、過早着火の結果発生するノッキングを明確に評価・検出することができる。このプロセスにより、通常のノッキングと明瞭に区別された高いレベルの検出品質が可能になる。

過早着火を防ぐ方法

過早着火が検出された場合は、さらなる過早着火を防ぐために対策を講じる必要がある。しかしながら、過早着火は制御できない自己着火であるため、さらなる過早着火を確実に回避する直接的な操作変数（ノッキング時の点火角など）がない。このため過早着火に対応する機能は、過早着火が検出されたら燃焼室内の温度を素早く下げてさらなる過早着火を防ぐための複数の対策を講じるようになっている。混合気の濃厚化や充填量の低減などのさまざまな対策を、それぞれのエンジンタイプに応じて最適に組み合わせで行うことができる。

過早着火は燃料とオイルの排出によって大きく左右される。このため、エンジン、特にターボチャージャー付きガソリンエンジンを保護するために、過早着火に対する素早い対策が絶対必要である。これを行うことで、自動車メーカーは効率が最適化された過給器付きガソリンエンジンを開発し、異なる燃料やオイル等級に関係なく、世界の市場に投入することができる。

イグニッションシステム

現代の車両ではほとんどの場合、イグニッションシステムはサブシステムとしてエンジン制御システムに組み込まれている。独立したイグニッションシステムは、現在では、特殊な用途（小型エンジンなど）にのみ使用されている。現在主流になっている方式は、シリンダーごとに個別の点火回路と点火コイル（図9）を備えたコイル式イグニッション（誘導放電点火）である。

この他にもごくわずかではあるが、コンデンサー放電式イグニッション（容量放電点火）、またはマグネトー（磁石発電機）などの特殊設計が小型エンジンに使用されている。以下では、コイル式イグニッションのみについて詳細に言及する。

コイル式イグニッション（誘導放電点火）

コイル式イグニッションの原理

コイル式イグニッションシステムの点火回路（図10）は、以下により構成される。
- 1次および2次コイルを備えたイグニッションコイル
- 1次コイルを介して電流を制御する1次コイル出力ステージ。ほとんどの場合、ECUまたはイグニッションコイル内にIGBT（絶縁ゲート型バイポーラトランジスター）として組み込まれている
- 2次コイルの高電圧接続点に接続されたスパークプラグ

点火時期に達する前の時点で、1次コイル出力ステージが車両電気システムから供給された電流をイ

事故の危険

電子制御式イグニッションシステムは高電圧システムである。危険を避けるために、イグニッションシステムに関わる作業を行う際には、常にイグニッションスイッチを切るか、電源との接続を解除すること。以下のような作業が対象となる。

- スパークプラグ、イグニッションコイル、イグニッション変圧器、ハイテンションコードなどの部品交換
- ストロボランプ、ドエル角／回転数テスター、イグニッションオシロスコープなどのエンジンテスト装置の接続

イグニッションスイッチがオンの状態でイグニッションシステムを点検するときは、システム全体に危険な高レベルの電圧がかかっているため、必ず有資格者が作業すること。

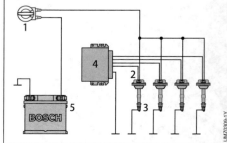

図9：ダイレクトイグニッションシステム
1 イグニッションスイッチ　2 イグニッションコイル
3 スパークプラグ　4 制御ユニット　5 バッテリー

イグニッション 677

グニッションコイルの1次コイルへと流す。1次コイルに通電している間（ドエル時間）に、1次コイルに磁界が発生する。

　点火時期に達すると1次コイルを流れる電流が再び遮断され、磁界のエネルギーは主として磁気結合された2次コイルを経由して放出される（誘導）。この過程において2次コイルで高電圧が生成される。点火システムの点火供給電圧が点火プラグに必要な点火電圧を超えると、火花放電が発生する。電極間の絶縁破壊による火花放電の発生後、残りのエネルギーはスパークの持続期間中にスパークに変換される。

コイル式イグニッションによるイグニッションシステムの機能

点火時期の決定

　個々のエンジンにおける実際の点火時期は、エンジンの作動点と出力に応じてプログラムマップにより決定される。

ドエル時間の決定

　イグニッションシステムは、点火時期に達した瞬間に必要な点火エネルギーを供給しなければならない。点火エネルギーの量は、点火の瞬間の1次電流量（カットオフ電流）と1次コイルのインダクタンスで決まる。カットオフ電流の量は、主として1次コイルへの通電時間（ドエル時間）とコイルに印加されるバッテリー電圧で決まる。要求されるカットオフ電流を得るために必要なドエル時間は、バッテリー電圧におけるの両者の相関関係を示す曲線（プログラムマップ）に規定されている。温度変化に応じたドエル時間の補正も可能である。

点火の実行

　点火を実行するには、適正なタイミングで、該当するシリンダーのスパークプラグに必要なレベルの点火エネルギーを供給し、確実にスパークを発生させなければならない。電子制御システムでは、クランクシャフトに取り付けられたトリガーホイールの基準マーク（通常は60歯−2歯、基準点において2歯欠落）を、誘導型パルスジェネレーター（ホールセンサーまたは誘導型センサーを装備したセンサーシステム）によって検出するのが一般的である。この検出信号に基づいて、制御ユニットはクランクシャフト角度と現在の回転速度を算出できる。イグニッションコイルの1次コイルへの通電と遮断は、クランクシャフト角度を基準に制御できる。シリンダーごとに点火を制御するには、カムシャフトからの追加の位相信号が必要である。

　制御ユニットは1回の燃焼ごとに、最適な点火時期、必要なドエル時間、および現在のエンジン回転数から通電タイミングを算出し、1次コイル出力ステージにトリガー信号を送る。点火時期、すなわち1次コイルへの通電と遮断のタイミングは、ドエル時間の経過、またはクランクシャフト角度を基準に制御できる。

図10：コイル式イグニッションシステム（ダイレクトイグニッションシステム）の点火回路の構成
1　1次コイル出力ステージ
2　1次コイルおよび2次コイル付きイグニッションコイル
3　スパーク抑制ダイオード（サプレッションダイオード）
4　スパークプラグ
15, 1, 4, 4a　端子コード
⊓⌐　トリガー信号

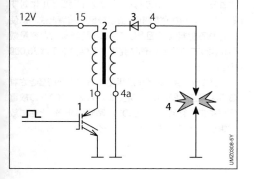

イグニッションコイル

機能

イグニッションコイルは、主に高電圧のエネルギー蓄積装置として機能し、変圧器に似た構造をしている。イグニッションコイルには、ドエル時間中に車両電気システムからエネルギーが供給される。これがいわば充電時間に相当する。点火時期に達すると、充電時間が終わり、コイルに磁界として蓄積されたエネルギーが、高電圧に変換されてスパークプラグに供給される（誘導放電式イグニッションシステム）。

図1：コンパクトイグニッションコイル
　　　（プラグトップ型イグニッションコイル）の構造
1　プリント基板（イグナイター内蔵の場合）
2　1次コイル出力ステージ（同上）
3　サプレッションダイオード（同上）
4　2次コイルケース　　5　2次コイル　　6　接触プレート
7　高電圧ピン（2次回路を接触ばねに接続）
8　コネクター　　9　1次コイル　　10　I字型コア
11　永久磁石　　12　O字型コア
13　接触ばね（スパークプラグとの接点）
14　シリコンジャケット（高電圧絶縁）

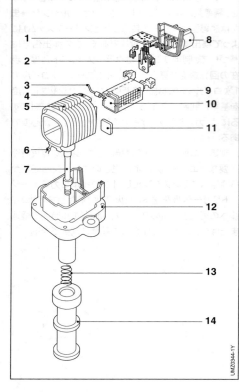

構造

イグニッションコイルは、1組みの鉄芯に巻かれた2つのコイルで構成される（I字型コアとO字型コア）（図1）。この鉄芯には性能を高めるために永久磁石が追加される場合がある。1次コイルの巻数は2次コイルのそれに比べて大幅に少ない。巻数比 $ü$ は $ü = 80 \sim 150$ の範囲である。

コイルには、その内部と外部の両方において、絶縁破壊や漏電が起きないよう高い絶縁性が求められる。この目的のために、コイルは通常、イグニッションコイルケース内にエポキシ樹脂を充填して固定される。

一般的に鉄芯は、渦電流損を最小限にするために強磁性の薄い鋼板を積層した構造となっている。

イグナイター（1次コイル出力ステージ）が、コントロールユニット（ECU）でなく、イグニッションコイルに組み込まれる場合もある。イグニッションコイルには、スパーク抑制ダイオード（サプレッションダイオード）とともにスパーク抑制素子が内蔵される場合がある。スパークプラグへの高電圧配電経路には通常、スパーク抑制抵抗器（サプレッサー）が組み込まれる。

作動原理

1次コイル出力ステージが、イグニッションコイルの1次コイルに電流を流す。電流は、インダクタンスの影響で少し遅れて増加する。エネルギーは、このプロセスで磁界として蓄積される。蓄積されるエネルギーの量は、通電が遮断される瞬間に1次コイルに流れている電流（カットオフ電流）の量により決まり、またカットオフ電流量は通電時間（ドエル時間）により決まる。

1次コイル出力ステージが通電を遮断し、これによりイグニッションコイル鉄芯内の磁束が急激に変化する。この磁束変化の結果、2次コイルに電圧が誘導される。2次コイルの構造、鉄芯と1次コイルに対する2次コイルの位置関係、および絶縁装置と鉄芯に使用される材料を要因として生じる誘導成分と容量成分によって、2次回路側に発生する供給電圧は30,000Vを超える。

イグニッションコイルが供給する電圧が必要とされる点火電圧と同じになると、電圧は約1,000Vの放電電圧にまで急落する。その後、時間の経過とともに放電電流は減少し、最後にスパークが消滅する。

なお、1次コイルの通電が遮断された瞬間と同様に、1次コイルに通電が開始された瞬間にも2次コイル側に誘導電圧が発生する。ただし、この電圧は点火時の電圧よりはるかに低く、またその極性は逆である。しかしながら、この「過渡電圧」(瞬間的な高電圧)は不必要な点火をもたらすことがあるため、通常は、2次回路内の高電圧ダイオードを使用して抑制する(スパーク抑制ダイオード)。

イグニッションコイルはその設計の違いが電気的特性に大きな影響を与える。したがって、取付け空間(シリンダーヘッドとシリンダーヘッドカバーの形状や寸法、燃料インジェクターと吸気マニホールドの位置など)と、2つのインターフェース、イグナイターとECU(カットオフ電流など)およびスパークプラグ(点火電圧や放電データなど)に関する要件が重要な意味を持つ。

設計のバリエーション

イグニッションコイルにはいくつかの形式があり、それぞれの特徴によって区別できる。

独立したコイルとモジュール

大別すると、1つずつ独立したコイルと、複数のコイルがモジュールとして1つのハウジングに収められたコイルの2種類がある。取り付け位置で分類すると、スパークプラグに直接取り付けられるものと、少し離れた位置に設置されるものがある。後者の場合は、適切なケーブルで高電圧を供給する必要がある。

シングルスパークイグニッションコイルとダブルスパークイグニッションコイル

高電圧出力が1つのみのイグニッションコイル(シングルスパークイグニッションコイル)の他に、2次コイルの両端を出力として使用するコイル(ダブルスパークイグニッションコイル)もある。この場合、2次コイルの両端にそれぞれ1本のスパークプラグを装着する。この方式の用途の1つはダブルイグニッション、すなわち1個のイグニッションコイルで、ツインプラグ(1気筒あたり2本のスパークプラグ)のシリンダー1つを点火する場合である。もう1つの用途は、1個のイグニッションコイルで、通常のシリンダー2つを同時に点火する場合である(同時点火方式)。後者の場合、片方のシリンダーにおいて圧縮行程の終盤でスパークが発生している瞬間、もう片方のシリンダーでは排気行程の終盤でスパークが発生していることになる。この排気行程でのスパーク(いわゆる「捨て火」)(バックアップスパーク)の場合、スパークに必要な電圧とエネルギーの要件が大幅に緩和される。そして何よりもこの同時点火方式には、コスト面の利点がある。ただし排気行程でのスパークによる意図せぬ点火が起きないよう、システム全体で調和を図る必要がある。

コンパクトコイルとペンシルコイル

イグニッションコイルは、その基本構造によっても区別される。たとえば、従来のコンパクトコイル(プラグトップ型イグニッションコイル)は、O字型とI字型を組み合わせた鉄芯にコイルを巻いた構造になっている。コイル本体は、エンジン内のスパークプラグホールの上に設置される。

もう1つのタイプとして、細長い形状のコイル本体がスパークプラグホール内に収まるペンシルコイル(プラグホール型イグニッションコイル)がある。このタイプでは、ペンシル状の鉄芯にコイルを巻き、その外側に外装鉄芯を被せた構造になっている。

イグナイター付きイグニッションコイル

イグニッションコイルにはイグナイター(1次コイル出力ステージ)が組み込まれているものと、いないものがある。イグナイターのイグニッションコイルへの組込みの理由は、ECUの負担軽減である。さらに、以下の要求仕様を満たすためにいくつかの補助回路が追加されているものもある(図2)。

要件

現代のイグニッションシステムに求められる主たる要件は、間接的には、排気ガス中の有害成分と燃料消費の低減を図るために必要とされるものである。イグニッションコイルに求められる要件は、高圧の過給や、排気ガス再循環率（EGR率）を高めたリーンバーンおよび層状給気モード（スプレーガイド式直噴）などの燃焼技術の導入に伴って必要とされるものである。

より高い点火電圧、より大きなエネルギーが求められている。それを達成する技術には以下のようなものがある。

- 高電圧（40,000 Vを超える）を供給する高エネルギーコイル
- マルチスパークイグニッション（MSI）。特定用途向け集積回路（ASIC）を用いた連続点火システム
- 診断機能（ドエル時間の監視、イオン電流の測定による燃焼診断など）
- 保護機能（過熱時の遮断、カットオフ電流調整など）

さらに自動車の分野では、電磁環境適合性（EMC）に関わる要件がますます厳しくなっている。より高圧化される点火電圧、マルチスパークイグニッションによる点火周期の短縮化、カットオフ電流の増大といった要因を背景として、他の自動車コンポーネント（ECU、マイクロコントローラー、センサー、アクチュエーター）の機能が損なわれないように、イグニッションシステムで発生する電磁干渉の低減が必要となっている。

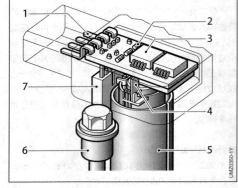

図2：ペンシルイグニッションコイル
（プラグホール型イグニッションコイル）の
ケースに組み込まれたイグナイターの構造
1 コネクター
2 SMD（表面実装デバイス）コンポーネント
3 補助機能の電子回路
4 1次コイルとの接点
5 ペンシルイグニッションコイルのヨークプレート
6 取付け用ソケット
7 1次コイル出力ステージ

イグニッションコイルに組み込まれる電子回路は増える一方であるため、これらのコンポーネントの電磁的耐性に関わる要件はさらに厳しくなっている。機能低下や誤作動を避けるために、電子回路には、イグニッションシステム自体が発生する電磁干渉と他のコンポーネントが発生する電磁干渉に対する耐性が求められる。

スパークプラグ

機能

　スパークプラグ（点火プラグ）は、イグニッションコイルのエネルギーを火花点火機関（SIエンジン）の燃焼室へ送る。この高い印加電圧がスパークプラグの電極間に電気火花を発生させ、圧縮された混合気に点火し、燃焼を開始させる。

　イグニッションや混合気形成システムなどの他のエンジンコンポーネントとの連動において、スパークプラグが火花点火機関（SIエンジン）の機能をほぼ決定づける。これは耐用期間全体（少なくとも 30,000 km）にわたって、信頼のおける冷間始動を可能にし、ミスファイアのない作動を保証しなければならない。また、臨界作動点での拡張作動中であっても許容最高温度を超えてはならない。さらに、スパークプラグは常に、シリンダーヘッドを高電圧から確実に絶縁し、外部に対して燃焼室をシールしなければならない。

設計上の要件

　スパークプラグは外部環境の影響を受けるとともに、燃焼室内で周期的に繰り返される状態の変化にさらされるため、過酷な要求性能を満たさなければならない。

　電子制御式イグニッションシステムに使用するスパークプラグは、最高 40 kV の点火電圧を発生することがある。この高い電圧が、セラミックまたは絶縁体ヘッドのフラッシュオーバーを引き起こすことがあってはならない。燃料やオイル添加物から生じるすす、カーボン、灰といった燃焼プロセスから堆積する残留物は、特定の熱的条件下で導電性を持つ。それでも、絶縁体を通したフラッシュオーバーが発生してはならない。絶縁体の電気抵抗は 1000 ℃ までの高温に対する十分な耐性を備えている必要があり、スパークプラグの耐用期間全体にわたりわずかな抵抗低下が許容されるだけである。

　スパークプラグは燃焼室内で周期的に発生する圧力（最高 150 bar）にさらされているが、気密性が損なわれることがあってはならない。加えて、スパークプラグ電極の素材は、熱負荷と連続的な振動応力に対して極めて大きな抵抗力を持つ材質でなければならない。スパークプラグシェルは、不可逆的に変形することなく組み付け中に発生する力を吸収できる必要がある。

　一方、スパークプラグの燃焼室側の突起部は、混合気の燃焼という高温の化学的プロセスにさらされるため、燃焼によるデポジット（高温での腐食）に対する耐性のある材質が不可欠である。

　特に、スパークプラグの絶縁体と電極は、急激に入れ替わる燃焼ガスの高温と混合気の低温にさらされることに起因する高い熱負荷（熱衝撃）に耐えられなければならない。電極とシリンダーヘッドの間の絶縁体は、優れた放熱特性を備えている必要がある。これは、スパークプラグの信頼性を高める上で大切なことである。スパークプラグの接続部先端は、可能な限り温まりにくいものでなければならない。

図1：点火プラグの構造
1 ターミナルスタッド（ここではSAEターミナル付き）
2 絶縁体ヘッド
3 ニッケルめっきの鋼製シェル
4 熱収縮領域
5 導電性ガラスシール
6 ガスケット（シールシート）
7 ねじ
8 複合素材の中心電極（ニッケル／銅）
9 絶縁体先端
10 接地電極（ここではニッケル／銅の複合電極）

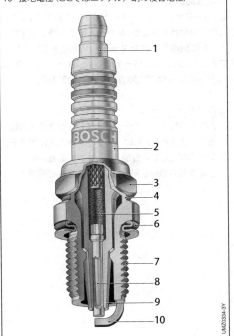

682 火花点火機関（SIエンジン）の制御

これらの要件を満たす上に、スパークプラグはエンジン構造の形状的仕様に適合していなければならない（たとえばシリンダーヘッド内のスパークプラグ位置）。

多種多様なエンジンから生じるこれらの要件を考慮すると、さまざまなタイプのスパークプラグが必要とされる。

構造

スパークプラグは少なくとも2つの電極（中心電極および接地電極）で構成され、その間に点火火花が生成される。高電圧は絶縁体内側の導電性ガラスシールによって、ターミナルスタッドを介して中心電極に送られる。絶縁体はスパークプラグシェルへの短絡を防ぐ。このシェルの中には、プラグ（作動信頼性が確保されるように中心電極とターミナルスタッドが取り付けられた絶縁体）が取り付けられる（図1）。

ターミナルスタッドと高電圧ターミナル

スチール製ターミナルスタッドには、絶縁体からの突出部先端のところにねじ（M4）がある。イグニッションケーブルのスパークプラグコネクターはその中にはめ込まれる。規格化されたコネクターの場合は、ターミナルナット（SAE）がターミナルスタッドのねじに取り付けられるか、または、製造段階ですでにスタッドに規格化されたターミナルが用意される（カップなど）。金属製カバーの付いたスパークプラグは、耐水性の改善や電波障害防止に有効である。

導電性ガラスシール

この導電性ガラスシールは、スパークプラグの機械的強度を支えるとともに、高圧の燃焼ガスに対するガスシール材としても機能する。また、電磁ノイズの防止と両電極の溶解を防ぐ抵抗体としても機能する。

絶縁体

絶縁体は特殊セラミックで構成される。その役割は、スパークプラグシェルに対して中心電極とターミナルスタッドを電気的に絶縁することである。高い絶縁抵抗と優れた熱伝導率を同時に達成するという要件は、ほとんどの絶縁材料の特性とはまったく相反するものである。Bosch社で使用される材料は、酸化アルミニウム（Al_2O_3）をベースに他の物質を少量加えたものである。

絶縁体の接続部は、湿気や汚れを寄せ付けないように無鉛施釉加工されている。これにより、絶縁体のフラッシュオーバーはほぼ阻止される。

スパークプラグシェル

シェルはスチール製である。シェルの下部にはねじがあり、スパークプラグをシリンダーヘッドに固定し、一定の交換間隔で交換できるようになっている。スパークプラグのコンセプトに応じて、4つまでの接地電極がシェルの端面に溶接される。

シェルを腐食から守るために、その表面はニッケルめっきされていて、ねじがアルミニウム製シリンダーヘッド内で固着しないようになっている。シェルの上部には、レンチの使用のために六角または二重六角（十二角）ヘッドがある。絶縁体ヘッドの形状は変わらないが、シリンダーヘッド内での必要スペースは二重六角（十二角）ヘッドのほうが小さいため、エンジン設計技師は冷却ダクトの設計で、より大きな自由度が得られる。

プラグの装着後にシェルの上部にフランジが付けられ、プラグが所定位置に配置される。その後の高圧での誘導加熱による収縮プロセスで、絶縁体とシェル間の気密性のある結合が行われ、優れた熱伝導が保証される。

シールシート

スパークプラグにはエンジン構造に応じて、フラットまたは円錐形シールシートがあり、これがシリンダーヘッドに対するシール部になる。フラットシールシートの場合、「キャプティブ」(拘束) シールリングがシーリングエレメントとして使用される。その形状は特殊で、スパークプラグの装着時に恒久的に弾性のあるシール部になる。円錐形シールシートの場合は、シールリングは使用されず、円錐形シェル表面がシリンダーヘッドの該当面での直接的なシール部になる。

電極

高い熱負荷にさらされる電極は、主にニッケルベースの多合金で製造される。マンガンとシリコンを加えて合金にすることによって、ニッケルの耐化学性が改善される。特に刺激の強い二酸化硫黄 (SO_2、硫黄は潤滑油と燃料の成分) への耐性が向上する。アルミニウムとイットリウムで作られる添加物はさらに、スケーリングと酸化への耐性を高める。

放熱特性を改善し、結果として摩耗性能を高めるため、ニッケル合金製のジャケット素材に銅芯付きの複合電極が使用される。

中心電極

中心電極は導電性ガラスシール内にヘッドで固定される。長寿命スパークプラグには、白金 (Pt) や白金合金のような耐腐食・耐酸化性の材料を使用するのが賢明である。これらの材料は高い耐燃焼損耗性も示す。その場合は、中心電極に貴金属ピンを付ける。このピンはレーザー溶接法によって恒久的にベース電極に接合される。

接地電極

接地電極はシェルに溶接され、そのほとんどは矩形の断面を持つ。配置に応じて、前面電極と側面電極 (図3)、また、特殊用途 (たとえばレース用エンジン向けの明確な接地電極のないスパークプラグ) に区別される。熱伝導率に加え、長さ、プロファイル断面、接地電極の数によって、その温度と摩耗性能が決まる。

熱価

スパークプラグの作動温度

エンジンの作動中、スパークプラグは混合気の燃焼によって加熱される。スパークプラグが吸収した熱の一部は、吸入する混合気 (新気) にも伝わる。熱の大部分は、中心電極と絶縁体を介して点火プラグのシェルに伝達され、シリンダーヘッドに伝わっていく。点火プラグの作動温度は、エンジンからの熱吸収とシリンダーヘッドへの放熱のバランスによって決まる。

目標は、エンジン出力が低い状態でも、絶縁体の先端が自己浄化温度の約500℃を維持できるようにすることである。温度がこれより低くなると、点火プラグの低温部分に、不完全燃焼により生じたすすやオイルかす (残さ) が堆積する可能性がある (特にエンジンが作動温度に達していないとき、外気温が低いとき、始動を繰り返したとき) (図2、曲線3)。その結果、中心電極とシェルの間に導通路が形成され (分流) 点火エネルギーが短絡電流となって逃げる (ミスファイアの危険)。

温度が上昇すると、絶縁体先端に付着したカーボンを含有するかすが燃焼し、点火プラグの「自己浄化」が行われる (図2、曲線2)。

点火プラグ温度の上限は900℃前後に抑えなければならない。温度がこのレベルに達すると、酸化と高温ガス腐食のため、プラグ電極の摩耗が激しくなり、これを大きく超過すると、今度は自己発火 (混合気がスパークプラグの高温表面に接触して発火する現象) の危険が増す (図2、曲線1)。自己発火が起きると、エンジンに極めて大きな負荷がかかり、短時間でエンジンを損傷する。したがって、スパークプラグは熱吸収能力がエンジンタイプに合ったものを使用する必要がある。

熱価コード

スパークプラグの熱負荷容量を表すのが熱価コードであり、これは基準スパークプラグ (キャリブレーションスパークプラグ) との比較測定に基づき決定される。

低いコード番号（たとえば2～5）は、短い絶縁体先端を通した熱吸収の低い「コールドスパークプラグ」を示す。高い熱価コード（たとえば7～10）は、長い絶縁体先端を通した熱吸収の高い「ホットスパークプラグ」を示す。

各エンジンに合致する熱価は、開発時のアプリケーション測定の一環として決定される。

イオン電流測定手順

Boschのイオン電流測定では、熱価要求を決定するための要因として燃焼プロセスを利用している。時間の経過に伴い燃焼がどのように展開するのかを評価するために、炎の電離作用を利用する。これは、スパークギャップの電導率を測定することで行われる。

スパークプラグの熱負荷の上昇に伴う燃焼プロセスの特性変化をイオン流で検出し、それをもとに自己発火傾向を評価する。

熱着火

点火火花とは無関係に、ほとんどの場合は高温の表面（たとえば熱価の非常に高いスパークプラグの過度に高温になった絶縁体先端表面）で起こる混合気の点火は、自己発火と呼ばれる。この発火は、点火時期に対する時間で、その位置に基づいて2つのカテゴリーに分けることができる。

遅延着火

遅延着火は電気点火時期の後に起こるが、電気点火はますます早期の段階で起こるようになっているため、実際のエンジン作動に重要なものではない。熱着火がスパークプラグによって開始されるかどうかを明らかにするため、イオン電流測定中に個別の点火が周期的に抑制される。遅延着火が起こると、イオン電流は点火時期の後にのみ大幅に上昇する。しかし、燃焼が開始されることで圧力が上昇するため、トルク出力にも注意する必要がある。

過早着火

過早着火は電気点火時期の前に起こり、その進行が制御されないため（「不規則な作動状態」を参照）、重大なエンジン損傷を招く可能性がある。過度に早い燃焼開始は、最大圧力の位置を上死点（TDC）にずらすだけでなく、燃焼室の最大圧力も高い値にずらす。これにより、燃焼室内のコンポーネントの熱負荷と機械的負荷が増加する。

スパークプラグの選択

適合させる目的は、点火時期の前に熱着火（過早着火）が起きないように作動でき、十分に熱価の余裕があるスパークプラグを選択することである。このようにして、エンジンとスパークプラグ製造におけるバリエーションがカバーされる。また、エンジンが熱的特性の点で動作寿命までの間に変化する可能性があることも考慮される。たとえば燃焼室の油灰の堆積が圧縮比を高める可能性があり、そのことがスパークプラグに対する温度負荷を高める原因になる。

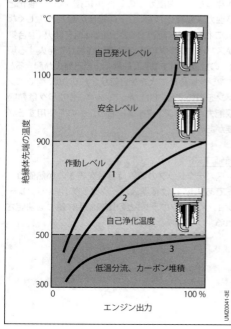

図2：点火プラグの温度特性
1 高すぎる熱価コードのスパークプラグ（ホットプラグ）
2 適切な熱価コードのスパークプラグ
3 低すぎる熱価コードのスパークプラグ（コールドプラグ）

作動温度範囲はエンジン性能に応じて500℃～900℃である必要がある。

エンジンに適正な熱価は、この推奨熱価での最終冷間始動テストにおいて、すすの付いたスパークプラグによる不具合が生じない場合に決定される。

中心電極に熱伝導率の高い素材（銀またはニッケル合金と銅芯）を使用することによって、同じ熱価コードで、絶縁体の先端を大幅に延長することができる。その結果、スパークプラグにひどいすすが付きにくくなる。このことが炭化水素を多量に発生させる燃焼ミスや失火を減少させ、低負荷時の汚染物質排出と燃料消費量の低減につながる。

適切なスパークプラグの選択においては、エンジンメーカーとスパークプラグメーカーの緊密な協力があるのが通例である。

電極ギャップと点火電圧

電極ギャップとは、中心電極と接地電極間の最も短い距離のことである（図3）。これはとりわけ点火火花の長さを決定し、一方では、点火火花が混合気の広い範囲で活性化できるように、電極ギャップはできるだけ広い方がよい。これは安定した炎心の形成を通して、信頼できる混合気の点火を実現する。他方、電極ギャップが狭いほど、火花を発生させるために必要な点火電圧は低くなる。しかしながら、電極ギャップが狭すぎると、電極の周囲に小さな炎心しか形成されない。電極との接触域を通じて炎心からエネルギーが奪われるため（消炎）、炎心は非常にゆっくりとしか伝播できない。極端なケースでは、失火が発生するほどのエネルギーが奪われてしまうことがある。

フラッシュオーバーや高温での作動中、電極の素材は高いストレスにさらさるため、電極が摩耗し、結果として電極ギャップが広くなる。電極ギャップが広がると点火条件は改善されるが、必要とされる点火電圧は高くなる。イグニッションコイルの供給電圧は一定量であるため、点火電圧リザーブが減少し、失火が発生する危険性が高まる。

必要とされる点火電圧は、電極ギャップの大きさ、電極の形状、温度、電極の素材からだけでなく、混合気の組成（λ値）、流速、乱流の度合いや引火性ガス密度など、燃焼室特有のパラメーターからも影響を受ける。

混合密度の高い最新のエンジンコンセプトでは、乱流の度合いが高いものが多いため、スパークプラグの有効寿命の間、確実に点火し、また失火を発生させないために、スパークプラグの電極ギャップは慎重に選択しなければならない。

放電位置

放電位置は、燃焼室の内壁に対するスパークギャップの相対的な位置によって決まる。最新式のエンジン（特にガソリン直噴式エンジン）では、放電位置が燃焼に及ぼす影響は大きい。放電位置が燃焼室内により深く突出している場合、イグニッションレスポンスにかなりの改善が見られる。スムーズなエンジン回転は良好な燃焼の特徴であるが、これはエンジン回転数の変動により直接確認することができる。

しかしながら、接地電極のほうが中心電極よりも長いため、より高い温度に達する。このことは、電極の摩耗と電極の耐久性に影響を及ぼす。設計で対策を講じたり（シェルを燃焼室の内壁よりも突出させるなど）、電極に複合素材や耐熱性の高い素材を使用することで、要求される有効寿命を得ることができる。

スパークプラグコンセプト

スパークプラグの要求事項（摩耗、イグニッションレスポンスなど）によって、接地電極が1つのものが有利な場合も、接地電極が複数あるものが有利な場合もある。スパークプラグの種類は、電極同士の相対的な位置と絶縁体に対する接地電極の位置によって決まる。

直接火花放電コンセプト

直接火花放電コンセプト（図3a）では、中心電極と接地電極間で点火火花が直接ルートで交差し、混合気に点火する。

沿面火花放電（サーフェスギャップ）コンセプト

セラミックに対する接地電極の位置によって沿面火花放電（サーフェスギャップ）コンセプトが生まれ、火花放電は中心電極から絶縁体先端表面を横切って進み、ガスで満たされたギャップを飛び越えて接地電極へと向かう（図3b）。その利点として、同じ電極ギャップでも必要な電圧が低いこと、点火特性が改善されること、そして、反復冷間始動性能を向上させる沿面火花放電スパークの絶縁体浄化効果を挙げることができる。

セミ沿面火花放電（セミサーフェスギャップ）コンセプト

接地電極の特殊な配置によってどちらの放電方法も可能になっている場合、それをセミ沿面火花放電（セミサーフェスギャップ）コンセプトと呼ぶ（図3c）。作動条件に応じて、スパークは必要とされる点火電圧値の異なる直接火花放電スパークまたは沿面火花放電スパークの状態で発生する。

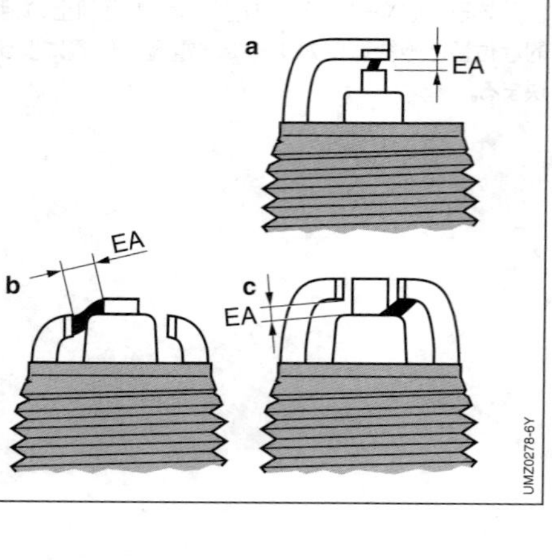

燃焼室の圧力増加の傾向を考慮すると、直接火花放電コンセプトのほうがスパークを絶縁体に深く入れないため好ましい。

シミュレーションに基づくスパークプラグの開発

有限要素法（「FEMの応用例」を参照）はスパークプラグの温度と電界を計算し、機械構造的な問題を解決するために使用される。スパークプラグの形状や素材の変更、あるいは異なる物理的境界条件とその影響についても、複雑なテストを行わずに前もって特定できる。これは目標とする試作品製造の基礎となり、これを用いて計算結果が例として検証される。

スパークプラグ作動性能

電極の摩耗

スパークプラグは、時には極めて高温となる攻撃的な環境下で作動しているため、電極は摩耗にさらされている。この電極素材の腐食により、スパークプラグの使用期間が長いほど顕著に電極ギャップが広がり、そのため必要とされる点火電圧が高くなる。イグニッションコイルからの供給電圧がこの要求を満たさなくなると、失火が発生する。

電極摩耗の原因となるのは、基本的に、点火火花による腐食と燃焼室内の腐食の2つである。電気火花のフラッシュオーバーの結果、電極の温度が融解温度まで上昇する。融解した極小の表面部分は、酸素や他の燃焼ガス成分と反応する。結果として素材が腐食する。

電極の摩耗を最小限に抑えるために、耐熱性の高い素材（白金またはイリジウムの特殊合金鋼）が使用されている。また、適切な電極形状（たとえば小径、細いピン）とスパークプラグコンセプト（サーフェスギャップ式点火プラグ）を選択することで、同じ期間使用しても素材の摩耗を低減することができる。4つの接地電極があるサーフェスギャップ式点火プラグでは、スパークギャップが8つある。その結果、摩耗は4つの電極すべてで均等に分散される。

導電性ガラスシール内で生じる電気抵抗も、腐食と摩耗を低減する。

図3：スパークプラグコンセプト
a　前面電極付きの直接火花放電コンセプト
b　側面電極付きの沿面火花放電
　　（サーフェスギャップ）コンセプト
c　側面電極付きのセミ沿面火花放電
　　（セミサーフェスギャップ）コンセプト
EA　電極ギャップ

作動の変化

経年劣化（たとえば高いオイル消費）によって引き起こされるエンジンの汚れや変化は、スパークプラグの作動にも影響を及ぼす場合がある。スパークプラグの沈着物により分流が発生し、それが原因で失火が発生することがある。その結果、有害物質の排出量が著しく増加し、触媒コンバーターを損傷することさえもある。

このため、スパークプラグには規定の寿命があり、寿命を経過した物は交換しなければならない。

不規則な作動状態

不規則な作動状態が生じる可能性があり、エンジンと点火プラグは、正しく設定されていないイグニッションシステム、エンジンに適さない熱価の点火プラグの使用、または不適切な燃料の使用によって損傷することがある。

自己発火

自己発火（過早着火）は、好ましくない点火プロセスである。これは、過熱したコンポーネント（スパークプラグの絶縁体先端、排気バルブ、突出したシリンダーヘッドガスケットなど）により生じ、その結果その付近の混合気が制御不能な状況で点火される。自己発火は、エンジンと点火プラグに深刻な損傷を引き起こす原因となることがある。

ノッキング

ノッキングは制御されていない燃焼プロセスで、圧力の極めて急激な上昇を伴う（「ノッキング」を参照）。通常の燃焼よりも、燃焼プロセスがかなり速い。コンポーネント（シリンダーヘッド、バルブ、ピストン、スパークプラグ）が損傷に至るような高い温度負荷にさらされる。ノッキングは、点火角を遅らせることで回避できる（「ノックコントロール」を参照）。

バージョンと用途

タイプ名称によってさまざまなスパークプラグのタイプが識別される。これにはスパークプラグのすべての基本特徴が含まれる（図4, [1]）。電極ギャップはパッケージに追加表示される。特定のエンジンに適したスパークプラグは、エンジンメーカーとBosch社によって指定、または推奨される。

自動車用の標準スパークプラグ

図1に示したスパークプラグは、構造がシンプルな旧型の自然吸気エンジンで標準プラグと呼ばれるものである。

たとえば燃料効率の向上や排出ガス規制のために高比出力までエンジンの開発が進められていることから、スパークプラグに課される要求は高まり続けている。最も高度なエンジンは、多段過給とバルブタイミング調整を行う直噴エンジンである。

直噴エンジン用スパークプラグ

直噴エンジンはスパークプラグに対して特に高い要求を課す。そのため、それぞれのエンジンのニーズ（出力、平均圧力など）に対してスパークプラグを特別に適合させなければならない。この結果、層状給気または均一給気で、燃焼プロセスに対するスパークプラグの要件がそれぞれ異なることになる。

直噴と過給の組み合わせにより、スパークプラグの開発においては、必要とされる点火電圧の上昇、電極

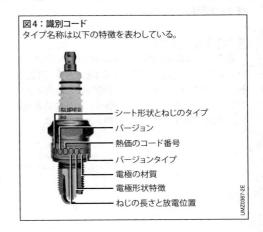

図4：識別コード
タイプ名称は以下の特徴を表わしている。

- シート形状とねじのタイプ
- バージョン
- 熱価のコード番号
- バージョンタイプ
- 電極の材質
- 電極形状特徴
- ねじの長さと放電位置

の熱負荷容量、機械的負荷容量、寿命の延長（摩耗の低減）が重点項目となっている。このため、通常は貴金属製電極およびM12ネジのスパークプラグが使用されており、また層状給気でのスプレーガイド式燃焼プロセスに使用されるスパークプラグは、燃焼室における配置が特殊なものになっている。

ガスおよびフレックスフューエル使用向けのスパークプラグ

天然ガスおよびフレックスフューエル使用向けのスパークプラグの設計は、前述されているものと同等である。アプリケーション測定の一環として作動条件を考慮した上で、各用途に対して適切なスパークプラグのバージョンが決定される。

通常、代替燃料のほうがアンチノック性が高いため、最適な燃焼のために点火時期を早めることができる。スパークプラグの熱負荷が高くなる結果を考慮して、スパークプラグには大部分において低めの熱価が推奨される。

特殊スパークプラグ

特別な要件に対しては特殊スパークプラグが使用される。その設計はさまざまで、エンジンでの使用条件と取付け条件によって決まる。

モータースポーツ用スパークプラグ

スポーツカー用のエンジンは、フルスロットルでの使用比率が高いため、極度の熱負荷にさらされる。このような作動条件に対応するスパークプラグには、通常は貴金属製電極（銀、白金）と熱吸収の低い短い絶縁体先端が付いている。

完全遮蔽スパークプラグ

電磁ノイズ抑制の要求が非常に高い場合は、スパークプラグの遮蔽が必要になることがある。完全遮蔽スパークプラグでは、絶縁体が金属製の遮蔽スリーブで包まれる。ターミナルは絶縁体の内側にある（図5）。完全遮蔽スパークプラグは耐水性である。

スパークプラグの作業

スパークプラグの取付け

スパークプラグは、適切なタイプを選択して正しく取り付ければ、イグニッションシステムの信頼のおけるコンポーネントになる。電極ギャップの再調整は、前面電極付きのスパークプラグでのみ可能である。沿面火花放電（サーフェスギャップ）およびセミ沿面火花放電（セミサーフェスギャップ）スパークプラグでは、スパークプラグコンセプトを変えることになるため、接地電極を再調整してはならない。

誤りとその結果

特別なエンジンタイプに関しては、エンジンメーカーが承認しているかBosch社が推奨しているスパークプラグのみを使用できる。不適切なタイプのスパークプラグを使用すると、重大なエンジン損傷を招く可能性がある。

不適切な熱価コード

熱価コードは、エンジンメーカーのスパークプラグ仕様またはBosch社による推奨に必ず合致しなけれ

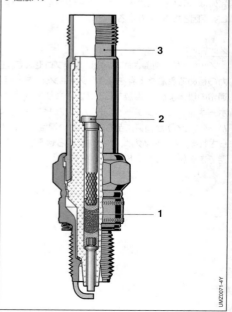

図5：完全遮蔽スパークプラグ
1 特殊な導電性ガラスシール（電磁ノイズ抑制抵抗体）
2 イグニッションケーブルターミナル
3 遮蔽スリーブ

ばならない。エンジンに対して指定されている熱価コードとは異なる番号のスパークプラグを使用すると、自己発火が起こる可能性がある。

不適切なねじ長さ

　スパークプラグのねじ長さは、シリンダーヘッド内のねじ長さに合致しなければならない。ねじが長すぎると、スパークプラグが必要以上に燃焼室の中に突き出る。結果として、ピストンが損傷する可能性がある。加えて、コークス化されたスパークプラグのねじによって、スパークプラグが外せなくなったり、スパークプラグが過熱したりする可能性がある。

　ねじが短すぎると、スパークプラグが十分に燃焼室の中に突き出ない。これによって、混合気の点火が不十分になることがある。さらに、スパークプラグは自己浄化温度に達しなく、シリンダーヘッド内の下のねじがコークス化される。

シールシートを用いた不正変更

　円錐形シールシート付きのスパークプラグには、平ワッシャーもシールリングも使用してはならない。フラットシールシート付きのスパークプラグには、スパークプラグ上に位置する「キャプティブ」(拘束)シールリングのみを使用することができる。これを取外したり、平ワッシャーに交換したりしてはならない。シールリングがないと、スパークプラグが必要以上に燃焼室の中に突き出て、スパークプラグシェルからシリンダーヘッドへの熱の移動が不良になり、スパークプラグシートのシールが不十分になる。追加のシールリングを使用すると、スパークプラグが十分にねじ穴の中に突き出ず、スパークプラグシェルからシリンダーヘッドへの熱の移動が同様に不良になる。

スパークプラグフェイスの評価

　スパークプラグフェイスとは、電極および絶縁体先端のあるスパークプラグの燃焼側端部のことである。その外観、すなわち色と堆積物の有無は、スパークプラグの作動状態とエンジンの混合気の比率ならびに燃焼プロセスを判断する目安となる。

参考文献

[1] www.bosch-zuendkerze.de

排出ガスの触媒処理

触媒コンバーター

　自動車から排出される有害成分の量は排出ガス規制によってその許容限度が定められている。エンジン設計の最適化という手段だけでは、こうした許容限度をクリアできない。火花点火機関では、未処理の排出ガスを減らすことに加え、触媒を用いて排気ガスを後処理して有害成分を変換することが重要となる。触媒コンバーターは、燃焼中に発生した有害成分を無害成分に変換する。

3元触媒コンバーター
機能
　3元触媒コンバーター (TWC) は、理論空燃比 (化学量論的空気燃料混合比) で作動するエンジン向けの最新技術として採用されている。その役割は、HC (炭化水素) やCO (一酸化炭素)、NO_x (窒素酸化物) など燃焼行程で発生した有害成分を無害成分に変換することである。その結果最終的に、H_2O (水蒸気)、CO_2 (二酸化炭素)、N_2 (窒素) が発生する。

構造および作動原理
　触媒コンバーターは、ハウジングとしての鋼板製容器、担体および酸化アルミニウム (Al_2O_3) 製コーティング (ウォッシュコート) から成り、コーティング上には貴金属が微細に配置されている。一般的に担体にはセラミック製モノリスが使われるが、特殊な用途において金属製のモノリスが使われることもある (「セラミック製モノリスと金属製モノリス」を参照)。モノリスは多数の貫通孔を持ち、これにより触媒コンバーターの有効面積は最大でおよそ10,000倍に広がる。担体の表面にはウォッシュコート層が形成され、その表面に触媒としてパラジウムまたはこれまでのプラチナやロジウムなどの貴金属がコーティングされている。プラチナとパラジウムはHCとCOの酸化を促進し、ロジウムはNO_xを還元する。触媒コンバーターに含まれている貴金属の量は、エンジン排気量と適合する排ガス基準に応じて約1〜10gである。

　たとえばCOとHCの酸化は以下の化学反応式に則って行われる。

$2 CO + O_2 \rightarrow 2 CO_2$
$2 C_2H_6 + 7 O_2 \rightarrow 4 CO_2 + 6 H_2O$

　窒素酸化物の還元は、以下の化学反応式に則って行われる。

$2 NO + 2 CO \rightarrow N_2 + 2 CO_2$
$2 NO_2 + 2 CO \rightarrow N_2 + 2 CO_2 + O_2$

　酸化のプロセスには、排気ガス中に含まれている酸素 (不完全燃焼によって発生)、または還元されたNO_xに含まれていた酸素が使われる。

　未処理の排気ガス (触媒コンバーターの上流側) に含まれる有害成分の濃度は、空気過剰率λに左右される (図1a)。3元触媒コンバーターが3つの有害成分のすべてを最大限有効に無害化するには、混合気の空燃比を理論空燃比 ($\lambda = 1$) に保つことが求められる (図1b)。$\lambda = 1$の場合には、酸化と還元反応とが安定した状態となる。これによってHCとCOの完全な酸化が可能になり、同時にNO_xの還元が行われる。

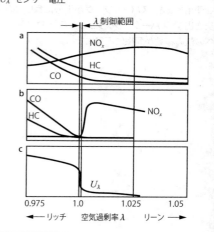

図1：空気過剰率λと触媒コンバーター効率の関係
a　3元触媒コンバーター上流での排気ガスの排出
b　3元触媒コンバーター下流での排気ガスの排出
c　2段階λセンサーからの電気信号
U_λ　センサー電圧

こうしてHCとCOは、NOₓの還元剤として作用する。この反応を達成するために必要なλの範囲は「ウィンドウ」と呼ばれ、その範囲は極めて狭い。このため混合気の空燃比を、λ O_2 センサーの信号を用いたλ制御ループによって制御する必要がある（図1ｃ）（「λ制御」を参照）。

酸素の貯蔵

空気過剰率 (λ) のダイナミックレンジ内の精度は通常5%である。$\lambda = 1$ がこの範囲で変動することは避けられない。触媒コンバーターは空燃比のわずかな変動をそれ自身で補正できる。触媒コンバーターは希薄燃焼モード時に過剰な酸素を貯蔵し、後続の濃厚燃焼モード時にこれを再放出する能力を備えている。担体コーティングは酸化セリウムを含有しており、この成分が以下の化学反応式により酸素の吸収と放出を繰り返す。

$$2\,Ce_2O_3 + O_2 \leftrightarrow 4\,CeO_2$$

エンジン制御システムの役割は明確である。すなわち、触媒コンバーターの上流側におけるλの平均値をできるだけ正確に1にすることである（許容される誤差はわずか2/1,000 〜 3/1,000）。平均値から逸脱した、酸素の過不足量は、触媒コンバーターの酸素貯蔵能力を超過してはならない。一般的に、触媒コンバーターが貯蔵できる酸素量は100 mg 〜 1 gである。この値は、触媒コンバーターの経年とともに減少する。現在一般に用いられている触媒コンバーターの性能診断方法は、いずれも直接または間接的に測定した酸素貯蔵能力（OSC：oxygen storage capacity）に基づくものである。

NOₓ吸蔵型触媒コンバーター

機能、構造、作動原理

エンジンが希薄燃焼で作動中は、3元触媒コンバーターは燃焼中に発生した窒素酸化物（NOₓ）を変換することができない。一酸化炭素と炭化水素は、排気ガス中の高い残留酸素含有量によって酸化するため、窒素酸化物還元剤としてもはや利用できない。

NOₓ吸蔵型触媒コンバーターの触媒層にもNOₓを吸蔵するための物質（酸化バリウムなど）が含まれている。現在一般に用いられているNOₓ吸蔵物質は、いずれも3元触媒コンバーターの特性も備えている。このためNOₓ吸蔵型触媒コンバーターは、$\lambda = 1$ のときに、3元触媒コンバーターと同じように作動する。

層状希薄燃焼モードでは（「ガソリン直噴」を参照）、NOₓの変換は連続的にではなく、3段階に分けて行われる。

NOₓ吸蔵

吸蔵過程では、NOₓはまず酸化されてNO₂となる。その後、触媒コンバーターの表面に含まれる特殊な酸化物および酸素（O_2）と反応して硝酸塩（硝酸バリウムなど）に変換される。

$$2\,NO + O_2 \rightarrow 2\,NO_2$$
$$2\,BaO + 4\,NO_2 + O_2 \rightarrow 2\,Ba(NO_3)_2$$

再生

吸蔵されたNOₓの量が増加するにつれて、NOₓを結合し続ける能力は低下する。吸蔵量が一定レベルに達すると、NOₓ吸蔵触媒を再生しなければならない。つまり内部に吸蔵されている窒素酸化物を再放出し変換（還元浄化）する必要がある。このために、エンジンは一時的に濃厚空燃比（$\lambda < 0.8$）による均質燃焼モードに切り替わる。これによってCOやHCを排出することなくNOが N_2 に変換される。第二段階で、ロジウムコーティングがCO（一酸化炭素）を使用して窒素酸化物を低減する。

$$Ba(NO_3)_2 + 3\,CO \rightarrow 3\,CO_2 + BaO + 2\,NO$$
$$2\,NO + 2\,CO \rightarrow N_2 + 2\,CO_2$$

吸蔵と再放出の切り替えタイミングはモデルベースの手法で算出するか、触媒コンバーター下流側のλ O₂センサーによる測定に基づいて決定する。

脱硫

　燃料に含まれる硫黄は触媒層に含まれる吸蔵成分と反応する。その結果、NO_xを吸蔵することが可能な成分の量が徐々に減少する。この反応によって生成されるのが硫酸塩（硫化バリウムなど）である。この物質は極めて耐熱性に富み、NO_x還元の過程で減少させることができない。この硫酸塩を除去（脱硫）するためには、特別な手段により触媒コンバーターを600～650℃まで加熱した後、高濃度（λ = 0.95）と低濃度（λ = 1.05）の排気ガスを交互に数分間通過させる必要がある。このプロセスにより硫酸塩を減らすことができる。

　フロア下に配置するNO_x吸着型触媒コンバーターをさまざまな手法で加熱する際には、近接結合触媒コンバーターの温度が上昇しすぎないように注意しなければならない。

触媒コンバーターの作動温度

　触媒コンバーターは、所定の作動温度（ライトオフ温度）に達しない限り高効率での変換が始まらない。3元触媒コンバーターの場合、この温度は約300℃となる。高い変換率を得られる理想的な条件は400～800℃である。

　NO_x吸蔵型触媒コンバーターでは、適正とされる温度範囲が低くなり、300～400℃で吸蔵量が最大に達する。温度範囲が低くなる理由は、高温時に最大吸着容量が低下するからである。500～550℃以上の温度では、バリウム化合物は安定していない。つまり窒素酸化物をそれ以上吸蔵できないことを意味する。

　作動温度が800～1,000 ℃になると、熱によって触媒コンバーターの劣化が激しくなる。これは主に貴金属成分と担体コーティングの凝集（シンタリング）によるもので、その結果、活性面が減少する。温度が1,000 ℃を上回ると触媒コンバーターの劣化が急激に進み、最終的には機能が完全に失われるに至る。

触媒コンバーターの配置

　3元触媒コンバーターの配置には、その作動温度による制約がある。エンジン近辺に取り付けられた場合には短時間で作動温度に達するが、高い熱負荷にさらされることになる。

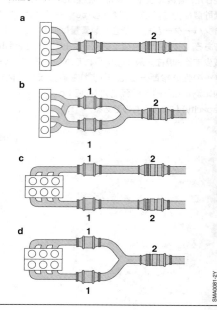

図2：触媒コンバーターの配置
a 1基の近接結合触媒コンバーターと1基のフロア下触媒コンバーターの配置
b 出力強化型エンジンに用いられる4イン2式の排気マニホールド：2番目の合流地点の下流側にのみフロア下触媒コンバーターを配置すると加熱特性に劣るため、2基の触媒コンバーターを近接して配置するのが望ましい。
c 複数のシリンダーバンクを備えたエンジン（V型）の場合：フロア下触媒コンバーターを1基上流側に、1基フロア下に配置すると、排気装置がツインブランチ式として完璧に機能する。
d 複数のシリンダーバンクを備えたエンジン（V型）の場合：フロア下にすべての排気ガスが集まるY字型の合流点を設けて共用のフロア下コンバーターを配置する。

1　近接結合触媒コンバーター
2　フロア下触媒コンバーターまたはコーティングを施した微粒子フィルター

3元触媒コンバーターでは、近接結合触媒コンバーターとフロア下触媒コンバーターを分割する配置が広く用いられている。近接結合触媒コンバーターは高い熱に対する安定性に関して、フロア下コンバーターは「低いライトオフ温度」（低い作動温度）に関して、それぞれ最適化が施されている。図2は、プライマリーコンバーターとフロア下コンバーターの各種配置を示している。NO_x吸蔵型触媒コンバーターは最大許容作動温度が比較的低いため、必ずフロア下に取り付けられる。

触媒コンバーターの加熱

触媒コンバーターは作動温度においてはほぼ100％という高い変換率を達成する一方で、冷間始動時および暖機運転段階では非常に多量の汚染物質が排出される。HCとCOは特にエンジン冷間時に多く排出される。燃料が低温のシリンダー内壁で凝縮し、燃焼しないまま燃焼室内に残留し、まだ作動温度に達していない冷えた触媒コンバーターでは変換できないためである。

このため、触媒コンバーターがライトオフ温度（作動温度）に達するまでの加熱段階において、未処理の排気ガスを最小限に抑えることが重要となる。触媒コンバーターを短時間で作動温度に到達させるためのさまざまな対策も必要になる。必要とされる熱は、排気ガスの温度上昇や排気ガスの質量流量を増加させることによって得る。これは次のような手段によって可能となる。

点火角度の調整

排気ガスによる熱の流れを増加させるには、点火角度を調整する方法が主に用いられる。点火時期を可能な限り遅らせ、燃焼が爆発行程で始まるようにする。その結果、排気ガスは、爆発行程の終了時にもなお比較的高い温度にある。ただし遅角点火による燃焼は、エンジンの効率性にマイナスの効果をもたらす。

アイドリング回転数の上昇

アイドリング回転数を上昇させることで排気ガスの質量流量を増加させる方法も、補助的に用いられる。エンジン回転数を上昇させることで、点火時期をより大きく遅角調整できるようになる。しかし高い信頼性で点火を行うには、上死点後10〜15°前後が遅角の限度である。このように制限された場合の熱出力は、現行の排出ガス規制をクリアするには必ずしも十分ではないこともある。

排気カムシャフトの調整

必要に応じて、排気カムシャフの調整によって、さらに熱の流れを増加させることができる。排気バルブを可能な限り早く開くことで、遅角によって遅れて始まった燃焼を早めに中断させるとともに、機械的な仕事に費やされるエネルギーを減らすことができる。そして機械的な仕事に変換されなかった分だけ排気ガス中の熱エネルギーが増える。

分割噴射

ガソリン直接噴射システムでは、原則として多重噴射を行うことができる。これによって、追加コンポーネントを使用しないで触媒コンバーターを短時間で作動温度まで加熱できる。この「分割噴射」方式では、まず吸気行程における噴射により、均質で希薄な基本混合気が形成される。その後に圧縮行程で層状噴射を行うことで 遅角点火を促進し、結果として高い熱を持った排気ガス流が得られる。これによって得られる排気ガスの熱量は、2次空気噴射を用いた場合と同程度となる。

2次空気噴射

燃え残りの燃料成分を再燃焼（酸化）させることで、排気システムの温度を高めることができる。これを行う場合、空燃比は濃厚（$\lambda = 0.9$）〜超濃厚（$\lambda = 0.6$）に調整される。2次空気ポンプによって排気システムに空気を送り込み（図3）、酸化に必要な酸素を供給する。空燃比が超濃厚（$\lambda = 0.6$）の場合、排気ガスの温度がある一定水準を超えると、燃え残りの燃料成分が触媒コンバーターに流れ込む前に酸化する。排気ガス温度をこの水準まで上昇させるためには、点火時期を遅角調整して排気温度を高めると同時に、2次空気を可能な限り排気バルブに近い位置へ導くことが必要になる。排気システム内部の発熱反応で触媒

コンバーターに流れる熱量が増えることで、触媒の加熱に必要な時間を短縮できる。また再燃焼によってHCとCOは触媒コンバーターへ流れ込む前に大幅に減少する。

混合気がわずかに濃いだけ（$\lambda = 0.9$）の場合、触媒コンバーターの上流側では大きな反応が生じない。燃え残りの燃料成分は触媒コンバーター内で酸化し、触媒コンバーターは内部から加熱される。しかしこのためには、基本的な方法（点火角度調整など）によって、まず触媒コンバーターの端面をライトオフ温度よりも高い水準まで加熱しなければならない。

原則として混合気はわずかに濃い空燃比に調整される。これは、基本混合気が超濃厚の場合、触媒コンバーター上流側での確実な発熱反応は、安定した周囲条件のもとでなければ発生しないためである。

2次空気噴射は電動式の空気ポンプで行われる。大きな電力が必要となるため、このポンプはリレーを介して制御される。2次空気バルブは、排気ガスのポンプへの逆流を防止するためのものである。このため、ポンプが作動していないときにはバルブは常に閉じていなければならない。このバルブは受動的な逆止弁として設計されているか、純粋に電気的に制御されるか、あるいは（図3に示したように）電気式制御バルブを用いて空圧により制御される。電気式制御バルブの場合、それが作動すると、2次空気バルブが吸気マニホールドの負圧によって開く。2次空気噴射システムはエンジンECUによって制御される。

その他のアクティブな（動力源によって作動する）加熱手段

特殊な場合の補助的手段として、触媒コンバーターを迅速に温めるため電気ヒーター付き触媒コンバーターも利用されている。この方式はこれまで小規模生産のプロジェクトに採用されてきた。

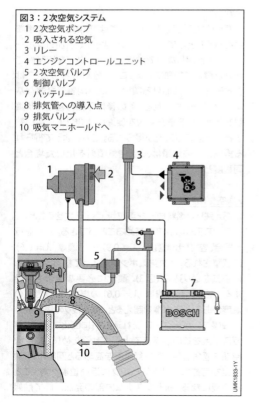

図3：2次空気システム
1　2次空気ポンプ
2　吸入される空気
3　リレー
4　エンジンコントロールユニット
5　2次空気バルブ
6　制御バルブ
7　バッテリー
8　排気管への導入点
9　排気バルブ
10　吸気マニホールドへ

λ制御

触媒コンバーターによる有害成分(HC、CO、NO_x)の変換効率を可能な限り高めるためには、反応成分の比率が化学量論的に理想的な値になっている必要がある。このためには、混合気の比率を厳密に理論空燃比($\lambda = 1.0$)に維持しなければならない。

燃料の計量を制御するだけでは十分な正確さを確保できないため、混合気の形成後には制御ループによる空燃比の確認が必要である。λ制御ループを使用すれば、所定の空燃比からの偏差を検出して、燃料噴射量の調整によりこれを補正することができる(フィードバック制御)。λO_2センサー(「2段階制御λO_2センサー」および「ワイドバンドλO_2センサー」を参照)により測定された排気ガス中の残留酸素は、混合気の空燃比の尺度となる。

2段階λ制御

2段階λ制御システムは、$\lambda = 1$になるように混合気を調整するものである。制御回路が生成する操作変数は、2段階λセンサー電圧の急変化に基づいて、急変化または緩変化し、また変化方向が切り替わる。センサー電圧の急変化は、混合気がリッチ(理論空燃比より濃い状態)からリーン(理論空燃費より薄い状態)、あるいはリーンからリッチへと変化したことを示す(図4)。標準的な操作変数の振幅は2〜3%の範囲に設定されている。これにより、主に反応時間の総和(吸気マニホールドにあらかじめ蓄積されている燃料、火花点火機関の4ストローク原理、気体の移動時間)によって決定される制御系の応答時間を制限できる。

酸素ゼロ転移点の典型的な変位(理論的には$\lambda = 1.0$時)とその結果としての排気ガス成分の変化に起因するλセンサーの急変ポイントの変位は、操作変数の特性曲線を非対称形とすることで、制御・補正することができる(リッチまたはリーンシフト)。この場合、センサー電圧が急変化した後、所定の静止時間t_Vの間、緩変化時の値を維持するという手法がよく用いられる。リッチまたはリーンシフトは作動点に応じて実行される。「リッチ」に向けてシフトが行われると、センサー信号が「リッチ」に向けてすでに急変した後でも、操作変数は静止時間t_Vの間リッチ位置に止まる(図4a)。操作変数の急変と緩変化も、静止時間が経過するまでは「リーン」方向へと変化しない。続いてセンサー信号が「リーン」へと急変すると、操作変数はリーンポジションに留まることなく直接この信号の急変に反応する(急変と緩変化により)。静止時間t_Vは、2段階センサーλコントロールシステム(ポスト触媒コントロール)からの比率によって修正されるプレコントロール係数の結果である。

「リーン」へのシフトでは、操作変数はこれと反対の反応を示す。センサー信号がリーン混合気を示していると、操作変数は静止時間t_Vの間リーンポジションに止まり(図4b)、その後「リッチ」へと変化する。ただし、「リーン」から「リッチ」へのセンサー信号の急変に対しては、操作変数は直ちに反応する。

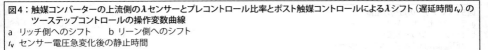

図4:触媒コンバーターの上流側のλセンサーとプレコントロール比率とポスト触媒コントロールによるλシフト(遅延時間t_V)のツーステップコントロールの操作変数曲線
a リッチ側へのシフト　　b リーン側へのシフト
t_V センサー電圧急変化後の静止時間

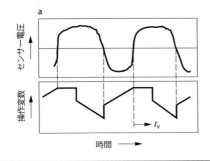
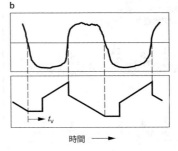

連続λ制御

2段階制御方式の動的応答性は、排気ガスのλ値からの偏差を実際に測定できない限り改善できない。ワイドバンドλセンサーを使用すれば、高い動的応答性を実現するとともに、非常に小さい変数幅で、安定的かつ連続的にλ＝1制御を行うことができるこの制御パラメーターは、エンジンの作動状態に応じて、それに適応するよう算出される。特にこのような空燃比制御方式の場合、可変または固定パイロット制御では避けられない誤差を、迅速に補正することができる。

ワイドバンドλO_2センサーを用いると、λが1以外の任意に値になるように制御することも可能である。これにより、たとえばコンポーネントを保護するために空燃比をリッチ（λ＜1）へと調整することができる。ワイドバンドλセンサーはまた、たとえば触媒コンバーター加熱時に希薄燃焼を行うためにリーン（λ＞1）へと調整することもできる。

デュアルλセンサー制御

触媒コンバーター上流側に位置するλセンサーは、高温度と未処理の排気ガスによる強いストレスにさらされる。これらはλセンサーの精度に影響をおよぼす。2段階センサーにおける電圧急変化のポイントあるいはワイドバンドセンサーの特性曲線は、排気ガス成分の変化の影響で変位することがある。触媒コンバーター下流側に位置するλセンサーでは、これらによる影響は明らかに少ない。しかし、触媒コンバーター下流側のセンサーによるλ制御自体は、気体の移動時間により、動的応答性の面でマイナスの影響を受け、空燃比の変化に対する応答が遅くなる。

デュアルセンサー制御によって精度を高めることが可能になる。これは、追加された2段階λセンサー（図5a）によって、2段階または連続λ制御に応答の遅い補正制御ループを重ね合わせることで行う。このために、触媒コンバーター下流側の2段階センサーの電圧が設定値（600 mVなど）と比較される。これに基づいて制御システムは設定値との差を評価し、2段階制御では第1段階目の制御ループによるリッチまたはリーンへの移行を静止時間 t_v にわたり追加変更し、連続制御では設定値を変更する。

トリプルλセンサー制御

フロア下触媒コンバーター下流側に第3のセンサーを装備する極超低排出ガス車（SULEV）車両コンセプトがある。フロア下触媒コンバーター下流側に位置する第3のセンサーによる極めて低速の閉ループ制御システムを用いることで、デュアルセンサーによる制御システム（シングルカスケード）の機能が補完される（図5b）。ただし、開発の目的は、2センサーコンセプトである。

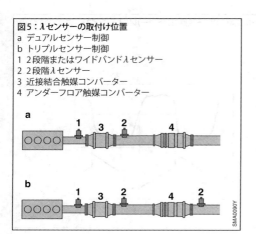

図5：λセンサーの取付け位置
a デュアルセンサー制御
b トリプルセンサー制御
1 2段階またはワイドバンドλセンサー
2 2段階λセンサー
3 近接結合触媒コンバーター
4 アンダーフロア触媒コンバーター

ガソリンエンジン用微粒子フィルター

役目

ガソリン直接噴射エンジンにおける微粒子フィルターの役目は、微粒子物質を限界値まで吸着して、排気ガスの排出基準Euro 6cまたはEuro 6d（暫定）に定められた微粒子数にすることである（「ディーゼルエンジン用微粒子フィルター」も参照）。微粒子フィルターの追加の触媒コーティングが触媒コンバーターの、COとHC酸化およびNO$_x$還元処理量増加に役立つ。つまり、触媒コーティングされた微粒子フィルターが3元触媒コンバーターに取って代わることができる。

設計

ガソリンエンジン用の微粒子フィルターは、ディーゼルエンジンの微粒子フィルターと同じように設計されている（「ディーゼルエンジン用微粒子フィルター」を参照）。ディーゼルエンジン用のセラミックフィルターは、現在はコーディエライト製である。

微粒子フィルターの再生

すすはおよそ550〜600℃以上の温度でのみ酸素により酸化される。ガソリンエンジン用の微粒子フィルターでは、温度が正常運転範囲に達し、排気ガス温度を上げるためのエンジン側の追加対策要件は、フィルター取り付け位置によって決まる。通常、フィルターの配置は3元触媒コンバーターの下流側である。フィルターが3元触媒コンバーターのすぐ下流に取り付けられると、550〜600℃の温度は追加対策なしで、エンジンが部分負荷状態で達成される。ただし、この温度範囲は、フィルターがフロア下に配置されている場合のみ、高負荷運転時に達成される。再生性能に関しては、3元触媒コンバーターのすぐ下流に取り付けると、メリットがはっきりするが、エンジンの近くに必要なスペースがなければならない。フィルター機能を3元触媒コンバーターに組み込んだ4元触媒コンバーター（FWC）が再生機能およびエンジン近くの取り付けスペースに関しては大きなメリットがあるが、全負荷時の熱負荷が最大になるため、これまでの実装は、個別用途のみである。

触媒コンバーターの過熱同様、排気ガス温度を高めるための最も重要なエンジン側対策は、スロットルの開放と排気ガス流量の増加を同時にもたらす点火時期の遅角である。ガソリン直接噴射の場合は多重噴射と組み合わせることができる（「分割噴射」）。もう一つの方法は、排気ガス$\lambda 1$を達成する、各シリンダーの濃厚／希薄交互調製である。濃厚燃焼シリンダーからの燃え残りの排気ガス成分は、発熱して3元触媒コンバーターにおいて希薄燃焼シリンダーからのO$_2$と共にここで変換される。

ディーゼルエンジンとは対称的に、$\lambda 1$の排気ガスで作動するガソリンエンジンでは、正常作動時はすすの酸化に利用できるO$_2$がない。このため、必要な温度に達するとすすがオーバーラン段階の初期に燃え尽きる。もう一つの方法として、希薄排気ガスλを最大約1.1に設定することによりすすの燃え尽きを達成できる。ただしこれは、NO$_x$排出が増加するため避けるべきである。

飽和検知

微粒子フィルターに吸蔵されたすすの量を決めるために使用される方法は、ディーゼルエンジンで使用される方法と比較できる（「ディーゼルエンジン用微粒子フィルター」を参照）。

モータースポーツ

要件

　モータースポーツ用車両のコンポーネントに関する基本要件は量産車のものとは異なる。レーシングカーは可能な限り軽量化した状態で数時間の間に最大限の性能を発揮する必要があるのに対し、量産車では耐久性と低コスト性が望ましい特性となる。さらに、レーシングカーのコンポーネントは、量産車のコンポーネントよりも大きな熱、埃、湿気、振動による負荷にさらされる。

　Bosch社モータースポーツ部門は、この特殊な適用分領域向けに電子システムとコンポーネントの開発、製造、販売を行っている。変更を加えた量産部品と、量産には適合しないことの多いモータースポーツ専用の開発品の両方が提供されている。

コンポーネント

変更を加えた量産部品
軽量化

　技術者は常に、レース用途向けに量産コンポーネントの軽量化の方法を模索している。それに関連して一般的に耐用期間が短くなる点は許容される。

　超軽量の特殊素材と特殊な構造を利用することによって、多くのコンポーネントを軽量化することができ、それらが出力向上に貢献する。そのモットーは、可能な限り多くの材料を取り除き、残す材料は必要なものだけに少なく抑えることである。設計技師たちの間で広まっている言葉を端的に言えば、「完璧なレーシングカーは1番でゴールした後、ばらばらになってコンポーネント部品になる」。

性能の向上

　量産コンポーネントの性能を向上させるための措置は非常に広範囲にわたる。たとえばオルタネーターに追加の巻線を付けることによって、より多くのエネルギーが生成される。そのローターのバランスを微調整することで、高回転の影響を受けにくくなる。通

図1：ドイツツーリングカー選手権（DTM）のレースのスターティンググリッド（写真：Bosch社）

常は測定カプセルを包んでいる金属部を取り外すと、温度センサーはそれまでよりもはるかに素早く反応する。フューエルポンプとフューエルインジェクターへの変更は、貫流を向上させ、圧力を増加させる目的で頻繁に行われる。

　レーシングカーのエンジンは時として著しくその性能が高められているため、これらの措置が不可欠になる。より優れた強磁性素材の使用によって、フューエルインジェクターのコイルの発生磁力が高くなる。これによって、より大きなニードルストロークが可能になり、それによって許容される燃料流量が高くなる。

　イグニッションコイルへの変更はさらに進化している。ここでは、同じままであるのは元のシェルだけであり、内部の技術は全く新しい。コイルは太めのワイヤーの少なめの巻線で作られ、コイルの芯はより高品質の素材で作られる。このようにして、直噴高過給のレース用エンジンに必要な高い火花のエネルギーを保証することができる。短くなったドエル時間により、回転数の上限が 15,000 rpm まで上がる。

コネクターの交換

　プラスチック製の量産コネクターは、頻繁な開閉を想定して設計されているものではなく、振動や湿気に対しては限られた耐性しかない。そのため、これらはモータースポーツ用のコンポーネントから取り外され、モータースポーツ用コネクター付きのケーブルに置き換えられることがよくある（図2）。その金属製ハウジングには、信頼できる素早い開閉のためのバヨネットキャッチがある。それらは防塵性と耐水性を備えていて、コンポーネントに固定接続されているわけではないため、振動の影響を受けにくい位置に取り付けることができる。特にセンサー、イグニッションコイルおよびフューエルインジェクターの場合、この変更によって脱着が容易になり、主に振動から生じる損傷が最低限に抑えられることで作動信頼性が向上する。これらのコネクターはレーシングカーでは標準となっていて、事実上、すべてのワイヤーハーネスと診断ツールに適合する。

熱の放散

　高性能電子システムは多量の熱を発生し、そのことが熱の影響を受けやすいコンポーネントにダメージを与える可能性がある。この熱は冷却フィンによってハウジングの壁に放散され、熱伝導ペーストの使用によってハウジング内部に放散される。これらのハウジングは、良好な熱放散のために黒色であることが多い。

定期的なメンテナンス

　一般にスターターとオルタネーターがメンテナンスや修理なしに車両の寿命まで使用される量産車の製造とは異なり、レーシングカーではこれらのコンポーネントが一定の作動期間ごとにオーバーホールされる。Bosch 社は顧客に対し、すべてのモータースポーツ用コンポーネントに関してこのサービスを提供している。コンポーネントは工場で分解され、清掃されてから、新しい消耗部品が取り付けられる。その後、新品部品と同じ作動信頼性が確保されるように元通りに組み立てられる。

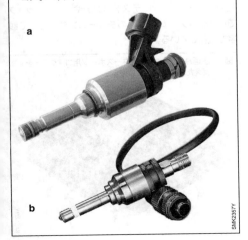

図2： モータースポーツ用の高圧フューエルインジェクター
a ハウジングに量産コネクターを備えたコンポーネント
b ケーブルとモータースポーツ用コネクターを備えたコンポーネント

ECU

メーカーがチューニング保護対策を保証しなければならない量産ECUとの基本的な違いは、すべてのモータースポーツ用システムのソフトウェアに自由にアクセス可能なことである。そのためチームは、各車両をレーストラック、天候およびドライバーに合わせて個別にチューニングすることができる。ラップトップコンピューターでのチューニングに必要なコンピュータープログラムは、Bosch社で自社開発される。さらに、記録された車両データの分析用途と各種車両チューニングのシミュレーション用のプログラムが提供されている。

量産品に基づくECU

シートメタルハウジングとプラスチックコネクターを備えた量産品に基づく開発品は、モータースポーツ用ECUのエントリーレベルになる。その機能範囲はハイエンドECUほど複雑ではないため、小さなチームでも容易に取り扱うことができる。これらのシステムはフォーミュラ3やブランドの大会、また、量産型に近いレーシングカーのクラスで使用されることが多い。そこでは多くのGT3クラスの顧客向けスポーツカーが使用される。

ハイエンドECU

ECU中の最上級モデルには、オールアルミニウム圧延ハウジングとモータースポーツ用コネクターが装備されている(図3)。表面を保護するためにハウジングは粉体塗装される。コネクターのピンが多数あるため入力と出力も多数あり、また、制御可能なシリンダーも多数であることが多い。一部のシステムには顧客コードエリアがあり、顧客はそこに自身のソフトウェアおよび基本ソフトウェアとのリンクを保存することができる。CANおよびLINバスシステムとの通信チャンネル、ならびにテレメトリー接続と内部データメモリーは標準である。

これらのシステムでの作業には高レベルの専門知識が必要で、通常はワークスチームにしか扱えない。これらのECUの代表的な適用領域は、世界ラリー選手権 (WRC)、世界耐久選手権 (WEC)、ドイツツーリングカー選手権 (DTM) である。

モータースポーツ専用の開発品

ハイエンドECU同様に、モータースポーツ専用の開発品もBosch社モータースポーツ製品の中で特徴的なものである。これらのうちにはたとえば、ラップの合計タイムや区間タイムを測定するラップトリガーシステムや、レーシングカーからボックスにデータを転送するテレメトリーシステムが含まれる。ドライバーディスプレイはダッシュボードのすべての計器に代わり、自由にプログラムでき、切替え可能なディスプレイページを備えている。これらにはデータメモリーが備わっていることが多い。

高圧燃料噴射装置とそのバルブインジェクターには、従来の車両電気システムが供給できる作動電圧よりも著しく高い作動電圧が必要なことがよくある。この差は、多くのフォーミュラ1の車両で使用され、最大90Vの電圧を供給する電源供給ユニットによって埋められる。

安全性と快適性

Bosch社の電子システムは優れた加速を実現するだけでなく、優れた減速も実現し、レーシングカーの安全性と快適性を向上させる。

Bosch社モータースポーツABSシステムはさまざまな制御特性を備え、ドライバーはダッシュボードのロータリースイッチで特性を選択できる。ここでもECUソフトウェアはオープンで、必要に応じて変更できる。パラメーター化済みのプラグアンドプレイバージョンは、特定の大会用の車両に提供される。Bosch社のエキスパートは、テストベンチやレーストラックでのABSシステムの個別のチューニングにおいて顧客を支援している。

図3:圧延ハウジングとモータースポーツ用コネクターを備えたハイエンドECU

レーダーをベースにした事故回避システムは、通過する車両に関して警告するために視覚信号を使用する。これらのシステムは雨天時や夜間に特に役立つ。

レーシングカーではBosch社のパワーボックスはすべてのリレーとヒューズに代わり、これによって、スクリューを外してコンポーネントを交換する整備士がいなくても、ラップトップコンピューターでリレー切替えポイントを変更できる。ラップトップコンピューターはここでもツールボックスに代わるものとなる。

系統的なトラブルシューティングの場合、特にワイヤーハーネスの個別ケーブルのシグナルフローを測定できることは非常に役に立つ。特別に開発されたブレイクアウトパネルは、ワイヤーハーネスとECUの間で切り替えられるものであり、優れたサービスを提供する。

顧客固有の特別少量生産品

Bosch社では、レーシングカーのシステムを互いにネットワークでつなぐモータースポーツ用ワイヤーハーネスが手作りで少量生産されている。通常、それらはモータースポーツ用コネクターを備え、徹底的な機能テストの後に顧客に納品される。

量産コンポーネントと共通する基本概念が取り入れられているのは、モータースポーツ用スパークプラグだけである。純白金製の電極は、かなり高い温度での作動を可能にする。8 mmに縮小したねじ径により、エンジン開発者は燃焼室や冷却ダクトの設計において十分な自由度を得られる（図4）。ねじの長さ、二面幅および他の寸法は、顧客との相談の上で設計される。その結果、既存のエンジンコンセプトに合わせて特別にカスタマイズされた手作りのスパークプラグ試作品が生まれる。

取付け準備の整ったスパークプラグと同様に、Bosch社はモーターレース顧客に対して後続処理のためにスパークプラグのセラミックコアを別途提供している。顧客はこの「余計なものを取り除いたスパークプラグ」に自身のシェルを取り付ける。その設計内容は、設計技師の最高の機密保持事項となる。

新たな方向性

量産車の製造における開発を反映して、レーシングカーでも次第にハイブリッドシステムが使用されるようになっている。電気モーターは、ガソリンまたはディーゼルエンジンとの組み合わせで作動する。回収されたエネルギーは電気または機械式アキュムレーターに蓄積される。

一部のレーシングカーのクラスは、たとえば世界中の都市の中心地でレースに参戦するフォーミュラEカーのように、すでに完全に電気ドライブトレインに依存している。

これらの新たな方向性においても、Bosch社では量産車とモータースポーツ仕様車の間で経験と技術を交換し合うという長年の伝統が継承されている。

図4：レース用途向けのスパークプラグの種類
a 8 mmねじ、特殊工具用の歯および白金製の電極を備えたレーシングスパークプラグ
b モーターレース顧客による後続処理のために余計なものを取り除いたスパークプラグ

LPG駆動

使用状況

　液化石油ガス（LPG）は、原油および天然ガスの採掘に伴って、それぞれの精製過程で得られる。LPGの主成分は、プロパンとブタンで構成される（「液化石油ガス」を参照）。

　ガソリンや軽油といった燃料はこの数年で価格が上昇したため、（とりわけドイツ、イタリア、ポーランドなどの地域における減税措置を要因として）安価な液化石油ガスが次第に普及し始めている。液化石油ガスは、欧州、韓国、オーストラリア、中国で広く使用されている。現在（2016年11月時点）、全世界では2,600万台以上のLPG燃料車があるとみられている[1]。ドイツ

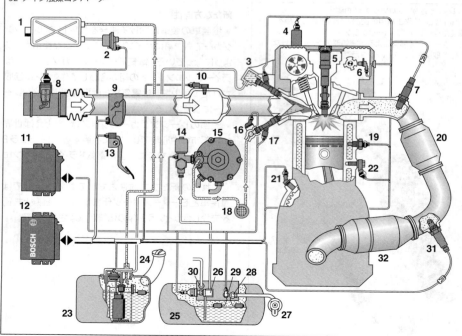

図1：気体LPG噴射によるビバレントガソリンエンジンの駆動
1　チャコールキャニスター　　2　キャニスターパージバルブ　　3　ガソリン用インジェクター付き燃料レール
4　カムシャフトアジャスター　　5　点火プラグと点火コイル　　6　カムシャフトセンサー
7　λセンサー（触媒コンバーター上流側）　　8　ホットフィルム式エアマスメーター
9　電子制御式スロットルバルブ（ETC）　　10　吸気マニホールド圧力センサー
11　LPG用ECU　　12　エンジンECU　　13　アクセルペダルモジュール
14　LPGシャットオフバルブ　　15　プレッシャーレギュレーター付きエバポレーター
16　圧力／温度複合センサー　　17　LPG用ガスインジェクター付きLPGレール
18　LPGフィルター　　19　エンジン温度センサー　　20　プライマリー触媒コンバーター
21　クランクシャフトスピードセンサー　　22　ノックセンサー
23　電動フューエルポンプ内蔵ガソリンタンク　　24　ガソリン用フィラーネック
25　LPGタンク（鋼製タンク）　　26　電磁シャットオフバルブ
27　LPG用フィラーネック　　28　80％充填停止バルブ　　29　LPGレベルインジケーター
30　プレッシャーリリーフバルブ　　31　λセンサー（触媒コンバーター下流側）
32　メイン触媒コンバーター

のLPG自動車保有台数とLPG燃料充填ステーション網に関する最新情報については（現在、LPG燃料充填ステーションが世界で約75,350箇所、ドイツ国内では約7,050箇所）、インターネットで検索できる（[2]および[3]を参照）。

LPG自動車の燃料消費量（体積）は、エンジンコンセプト、エンジン制御方式およびガスシステムによって異なるが、ガソリン車と比較して20～30％多くなる。この追加コストにもかかわらず、LPG車のランニングコストはガソリン車、ディーゼル車よりも低い。

LPGシステムは、混合気の形成方法（気体噴射式または液化LPG噴射式）やECUコンセプト（1個のエンジン制御用ECUを共用するシングルECUコンセプトか、独立した2個のエンジン制御用ECUを使用するマスター／スレーブコンセプト）により区別される。キャブレター原理に基づくベンチュリー混合ユニット（ガスミキサー）システムは、現在では旧型の車両か、あるいは排出ガス規制が厳格でない市場でのみ使用されている。

実際のLPG車は、火花点火機関の車両をLPGとガソリンによるバイフューエル駆動方式に改造しただけのものである。ほとんどのLPGシステムは、後付け装置として取り付けられる。しかし一方で、自動車メーカーは最初からバイフューエルLPG／ガソリン駆動方式の車両も供給している。このような車両のLPGタンクは、後付けコンセプトの場合と同じように、大抵はスペアタイヤの収納部に搭載される。この搭載方法ならば、トランクルーム容量は変化しない。また、スペアタイヤに代わってパンク修理キットが提供される（Tire-Fit）。

構造

LPGの貯蔵

プロパンとブタンの混合比によって異なるが、LPGは周囲温度－20℃～＋40℃で圧力（3～15 bar）をかけると液体になる。LPGは、液体の状態で鋼製タンクに貯蔵される。LPGタンクの充填システムには充填量制限装置が内蔵され、充填量がタンクの最大容量の80％（液体状態）を超えないようにしてある。これにより、タンクが熱にさらされた場合でも、タンク内圧が許容できないレベルまで上昇しないことを保証している。タンクは、（欧州以外の複数の国々でも）その特性、設備仕様および搭載方法に関して欧州安全規則の対象となっている、現行の規則はECE-R67-01 [4]である。

LPGタンクの安全装置は、プレッシャーリリーフバルブ、流量制限装置内蔵型電磁シャットオフバルブ（パイプ破裂防止）、および火災発生時に管理された状態でガスを逃がすことができるサーマルセーフティバルブ（オプション）で構成される。

燃料供給

気体噴射式システムの場合、LPGはタンク内の圧力（LPG蒸気圧）によってタンクからエンジンへ供給される。この圧力は周囲温度が下がると低下するため、冬季の運転に関して言えば、こうしたシステムは作動が部分的に制限されることになる。

液化LPG噴射システムの場合、LPGの供給にはタンク内の圧力だけでなく、LPGタンク内に取り付けたLPG燃料供給ポンプによって発生する供給圧力も利用する。冬季運転の適合性について言えば、これらのシステムはガソリン噴射システムに類似したものである。

コンポーネント

LPG車には、以下のコンポーネントが取り付けられている（図1、図2）。

- ノンリターンバルブ内蔵LPGフィラーネック
- 鋼製タンク（円筒形またはトロイダル形）
- プレッシャーリリーフバルブ（27 bar）
- LPGレベルセンサー
- タンク最大容量の80％で充填を停止する機能を備えたバルブ
- 電磁シャットオフバルブ（タンク内）
- LPGシャットオフバルブ（エンジンルーム内）
- プレッシャーレギュレーター付きエバポレーター（気体LPG噴射システムのみ）
- プレッシャーレギュレーター（液化LPG噴射システムのオプション）
- ガスインジェクター付きLPG燃料レール
- 圧力および温度センサー（レール上）
- LPGフィルター
- スレーブECU（必要に応じて）
- オンデマンド制御式LPG供給ポンプ（液化LPG噴射システムのみ）

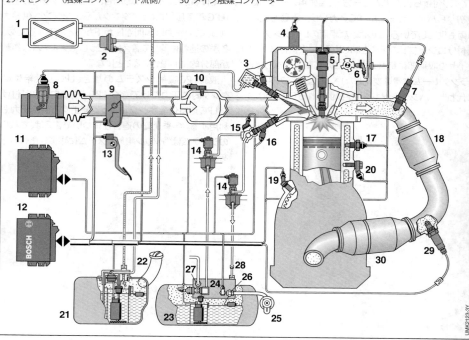

図2：吸気マニホールドへの液化LPG燃料噴射によるバイバレントガソリンエンジンの駆動
1 チャコールキャニスター　2 キャニスターパージバルブ　3 ガソリン用インジェクター付き燃料レール
4 カムシャフトアジャスター　5 点火プラグと点火コイル　6 カムシャフトセンサー
7 λセンサー（触媒コンバーター上流側）　8 ホットフィルム式エアマスメーター
9 電子制御式スロットルバルブ（ETC）　10 吸気マニホールド圧力センサー
11 LPG用ECU　12 エンジンECU　13 アクセルペダルモジュール
14 LPGシャットオフバルブ（供給用とリターン用）　15 圧力／温度複合センサー
16 LPG用ガスインジェクター付きLPGレール　17 エンジン温度センサー
18 プライマリー触媒コンバーター　19 クランクシャフトスピードセンサー　20 ノックセンサー
21 ガソリンタンク（電動フューエルポンプ内蔵）　22 ガソリン用フィラーネック
23 電動LPG燃料ポンプ内蔵LPGタンク　24 電磁シャットオフバルブ
25 LPG用フィラーネック　26 LPGレベルセンサー付き80％充填停止バルブ
27 プレッシャーリリーフバルブ　28 ノンリターンバルブ
29 λセンサー（触媒コンバーター下流側）　30 メイン触媒コンバーター

LPGシステム

気体LPG噴射システム
作動原理
LPGは、液体の状態でLPGタンクから電磁シャットオフバルブを介してエンジンルームまで供給される（図1）。ただし、図ではシャットオフバルブがもう1つ追加されている。その後、LPGはエバポレーターとプレッシャーレギュレーターによって圧力0.5～3.5 barの気体に変換される。エバポレーターはエンジン冷却水で加熱されており、燃料が気化する過程での冷却を相殺する。気化したLPGはエバポレーターから耐圧フレキシブルホースを通ってLPGレールに向かい、ここからガスインジェクターによって吸気マニホールド内に噴射される。

LPGガスインジェクターから吸気マニホールドまでの接続を除けば、オリジナルのエンジンの吸気経路に変更はない。

混合気の形成
混合気の形成は、従来型のマルチポイント式ガソリン噴射と同じ方法で行われる。LPGレールは、個々のガスインジェクターに気体状態のLPGを供給する。エンジンマネジメントは必要な燃料噴射量を決定し、それをλ制御によって補正する。燃料噴射量は、さらにLPGレール内の燃料圧力と温度によって追加補正する。

LPG燃料の噴射によって、吸気マニホールドに吸入された空気量の一部が入れ替わる。その結果、ターボチャージャーを搭載していないエンジンでは充填ロスが発生する。このためLPG駆動の場合には、エンジン性能はガソリン駆動より2～4%だけ低下するものと想定される。

吸気マニホールド内に液化LPGを噴射するシステム
作動原理
吸気マニホールドに液化LPGを噴射するシステムでは（図2）、LPGタンクに取り付けられたフューエルポンプを介してLPG ECUがシステム圧を調整する。

システムによっては、噴射圧力を調整するプレッシャーレギュレーターも必要とするものもある。フューエルシステム内に気泡が発生する傾向があるため、発生する蒸気泡の放出が必要な場合は、タンクリターンラインを備えた液化LPG噴射システムを取り付けなければならない。

混合気の形成
従来のマルチポイントガソリン噴射でのように、エンジン吸気口バルブの前の吸気マニホールドにLPGが噴射される。LPGの噴射時に発生する蒸発（ジュール・トムソン効果）により、吸入空気とガスの混合気の温度が低下する。このことは、エンジンの充填効率と性能値に良い影響をもたらす。

液化LPG噴射の利点
液化LPG噴射には以下のような利点がある。
- 非常に低温でのガス駆動が可能
- モノフューエルガス駆動が可能
- バイフューエルシステムでは、LPGモードでのエンジン始動も可能
- 吸気マニホールドと燃焼室内の冷却効果の結果、良好なシリンダーへの充填が達成され、追加の手段を講じることなく、ガソリンと同一のエンジン性能値をもたらす。液化LPGを噴射するエンジンは、ガソリン駆動と比べ若干高い性能値を達成することができる。

燃焼室に液化LPGを直接噴射するシステム
LPGは高システム圧時、ガソリンと非常によく似た挙動を示す。このため、燃焼室に液化LPGを直接噴射する（LPG-DI）ことも可能である。LPG直接噴射は、以下に示す大きな利点がある。
- 同等のエンジン性能値でより良好な排気ガス成分が得られる（実質的に粒子状物の排出がない）
- 全体的に熱力学的挙動が非常に良好

最近のすべての直噴ガソリンエンジンでは、燃焼室への液化LPGの直接噴射が可能である。このシステムは現在まだ開発段階にある（[5]を参照）。

排出ガス

LPGを最新式火花点火機関の燃料として使用すると、排出が制限されている汚染物質成分（HC、CO、NO_x）に関して多少利点がある。CO_2に関しては、その優位性はさらに大きくなる。LPG車は、二酸化炭素の排出量を約10％低減することができる。これは、LPGの炭素含有量が低いことによるものである。さらにディーゼルエンジンと比較した場合、微粒子はほとんど発生しない。またLPG駆動には、法律で制限はされていないが健康に有害なその他の排出ガス成分についても利点がある。LPG駆動では、芳香族炭化水素（例：ベンゼン）の排出は極めて少量である。

CNG（圧縮天然ガス）を燃料とするエンジンとは異なり、LPGを使用するエンジンは、ガソリン燃料の排気ガス処理システムに対する特別な対策が必要となることはない。LPG駆動の基本的な排出ガス成分は、ガソリン駆動のそれとほぼ同じである。

LPGシステムのエンジンマネジメント

デュアルECUコンセプト（1つはガソリン駆動用で、もう1つはLPG駆動用）とシングルECUコンセプト（ガソリンとガスのそれぞれの機能を1個のECUに統合）の両方が使用されている。バイフューエル自動車のため、運転者がスイッチでガソリン駆動とLPGガス駆動を選択できる。

LPGタンクに取り付けられたレベルセンサーが、現在のLPGタンクレベルに関する信号をエンジンマネジメントシステムへ送信する。エンジンマネジメントシステムは、ガスレールに取り付けられた低圧／温度複合センサーによってバルブのバルブ噴射タイミングを補正し、ガス密度が変動しても吸気マニホールド内で理論混合比を得られるようパイロット制御する。エンジンマネジメントシステムはλセンサーからの値とさまざまな調整アルゴリズムを使用して、異なるガス品質応じて混合気形成を調整する。ガス駆動とガソリン駆動を切換える機能も組み込まれている。

エンジンマネジメントシステムのその他のセンサーやアクチュエーターは、ほとんどガソリンエンジンのものと同じである。

燃焼室に液化LPGを噴射するシステムでは、混合気形成機能とガス品質調整機能のほかに、LPGフューエルポンプ制御機能も必要になる。

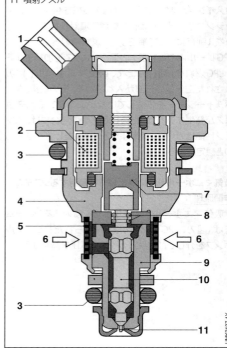

図3：電磁液化LPGインジェクター
1　電気コネクター
2　磁界コイル
3　Oリング
4　バルブハウジング
5　フィルターストレーナー
6　LPG供給
7　アーマチャー
8　Oリング
9　バルブボディ
10　バルブニードル
11　噴射ノズル

コンポーネント

気体LPGインジェクター
機能と要求事項

LPGが凝集した気体の状態で噴射される場合、所定のエネルギー密度と約0.5〜3.5 barの凝集状態に起因する低ガス圧力は、以下のパラメーターをLPG噴射バルブの設計時に考慮しなければならないことを示している。
- 大きな気体体積に対応した噴射バルブの構成
- 燃料が気体であることに対応した密閉機構と材質
- 材質選定時における燃料汚染の可能性についての考慮

構造および作動原理

基本的に、気体LPG駆動用に構成されたガスインジェクターの構造および機能は、CNGインジェクターのものと非常によく似ている（「天然ガス駆動のエンジン」を参照）。

液化LPGインジェクター
機能と要求事項

LPGが液体状態で噴射されるシステムでは、LPGはLPGタンクに取り付けられたポンプによって加圧されることで、配管とレールシステム全体において液体の状態に維持されなければならない。噴射はこの状態においてのみ可能である。

LPGインジェクターは以下の要件を満たさなければならない。
- 圧力が2〜25 barで変動する状態での作動
- システム圧変動に対応できる絶対的な気密性（ガス駆動のシャットダウン時やLPGのレールシステム内での気化に起因する突発的な圧力ピークなど）
- 発生する気泡の除去プロセスの可能性（ホットスタートの間または作動温度のエンジンのガソリンからLPG駆動への切換えの間など）

構造および作動原理

上記の要件に応じて、LPGインジェクター（図3）は、ボトムフィード原理にしたがって設計されている。インジェクターは、インジェクターハウジングへの燃料インレットの取り付けが可能な限りインジェクターアウトレットの近くになるように設計されている。この配置により、インジェクター内にある可能性のある気泡を素早く取り除くために、新たに足された燃料によるバルブの洗浄が容易になる。

フューエルインジェクターは通常ガソリンエンジンで使用される。一方、ガソリンエンジンにおいて一般的に使用されているフューエルインジェクターは、ほとんどの場合トップフィード原理により作動している。新たに足された燃料がインジェクターハウジングの最上部分にあるため、インジェクター内の気泡を取り除くための洗浄工程は非常に難しい、またはまったく不可能である。このような状態では燃料量の適切な計測、つまり最適な燃焼が行えない。このためトップフィード原理は、液化LPG噴射での使用には適さない。

取付け位置

吸気マニホールド内のLPGインジェクターの位置は、噴射プロセスでのLPGの気化による冷気の発生（ジュール・トンプソン効果の結果として発生する）に応じた特別な設計要件に左右される。液化LPGは吸気マニホールドに入るやいなや激しく気化し、吸気マニホールド内の新気を加熱する形で必要なエネルギーを引き出す。吸気マニホールド内のこの特定ポイントの冷気が、とりわけ、氷の結晶を形成するという、好ましくない作動現象を引き起こすことがある（ミスファイアなど）。

LPGフィラーネック
ネックの種類
　フィラーネック（燃料充填口）の国際的な標準化は行われていない。このため、国ごとに異なる充填アダプターが必要になる。LPG充填ステーションでは4種類のLPG燃料ノズルが使用されている。このため車両の使用される地域に応じて、さまざまなフィラーネックが必要になる。以下のネックが広く使用されている。

- ACMEネック（米国台形ねじ規格に由来する）はドイツ、ベルギー、アイルランド、イギリス、ルクセンブルク、スコットランド、オーストリア中国、カナダ、米国、オーストラリア、スイスで使用されている。
- DISHネック（皿形状に由来する）はデンマーク、フランス、ポーランド、ギリシア、ハンガリー、イタリア、オーストリア、ポルトガル、チェコ共和国、トルコ、中国、韓国、スイスで使用されている。
- バヨネットネックはオランダ、ベルギー、英国で使用されている。
- ユーロノズルは現在スペインでのみ使用されている。

　将来は、欧州全域において他のネックに代えてユーロノズルが使用されるようになると思われる。この標準化されたネックに対するEU規定は、大半のEU各国ではまだ適用されていない。

構造
　車両内の各フィラーネックは、LPG車がすべてのLPG充填ステーションで適合アダプターを使用して、燃料を補給できるように設計されている。

気体LPGを噴射するシステム用のエバポレーター
機能
　気体LPGを噴射するシステムではエバポレーターが使用されている。電磁シャットオフバルブを介して、LPGがガスタンク内の蒸気圧でエバポレーターに供給される。

　エバポレーターは、LPG噴射システムの主要コンポーネントの1つで、次の2つの機能がある。1つ目の機能は、エバポレーターの最初の部分において液化ガスを液体から気体状態へと変換することである。2つ目の機能は、気体LPGの圧力を吸気マニホールドに対する差圧が約1barになるように調整することである。気体LPGの噴射バルブへの供給圧であるこの圧力は、すべての作動状態にわたって、また異なるLPG品質による蒸気圧の違いに対しても、最小許容範囲内で一定に維持されなければならない。最も広く使用されているエバポレーターは単段式圧力調整を備えたものである。図4に単段式圧力調整を備えたエバポレーターを示す。

図4：プレッシャーレギュレーター付きエバポレーター
1　電磁シャットオフバルブのソレノイドコイル
2　シール
3　液化LPG用インレットとフィルター
4　エンジンクーラント用インレット
5　エンジンクーラント用アウトレット
6　温度センサー
7　一定圧力の気体LPG用アウトレット
8　セーフティプレッシャーリリーフバルブ
9　蒸発室
10　気体LPG用エリア
11　吸気マニホールドバキューム用接続
12　圧力ダイヤフラムとマウント
13　制御ロッド
14　調整ねじ
15　スプリング
16　コントロールプランジャーとスロットルオリフィス

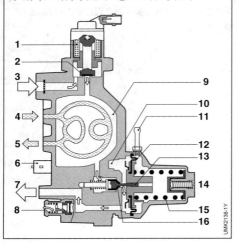

作動原理

LPGは、インレット接続部を通って、気化エリアに入る。この回路は迷路のように複雑で、車両のヒーター回路により加熱されて、入ってくる液化ガスを気体状態に変える。この部分の圧力は4～15 barに達する。この圧力は、エンジンクーラントの温度とLPGの比率(プロパンとブタンの混合比)によって変動する。

気体媒体はさらに移送経路を通って、ダイヤフラムで密閉されている圧力調整エリアに入る。ダイヤフラムの背面に予圧スプリングが取り付けてある。予圧を調整ねじで調整して、工場出荷時の出力圧事前設定を変更することができる。

ダイヤフラムはレバー機構を介し移送経路接続部のバルブに接続されている。圧力が上がると、ダイヤフラムの動きがコントロールロッドを動かし、これにより圧力調整エリアのアウトレットの開断面が変化する。こうして、ガス供給量を減らす、またはガスの供給を遮断するとガスが流れなくなる。エンジンの取り込む燃料が増えるに応じてガス圧力が下がると、ダイヤフラムは反対方向へ移動する。レバー機構によりバルブが開いて、ダイヤフラムに作用する力が再度均衡状態になるまでガスが流れると、レバー機構が移送経路を再度遮断する。

エバポレーターの重要な品質特性として、エンジンの運転状態が変っても、作動圧力変動ができる限り低いこと、使用期間を通して制御精度ができる限り高いことが挙げられる。

特定の国においては、メーカーはLPGに含まれる汚染物質を理由に一定の作動時間が経過したならダイヤフラムの交換を推奨している。

吸気マニホールドのバキュームサポート

さらに、ダイヤフラム上方のエリアに吸気マニホールド圧力を接続すると、エバポレーターの圧力調整レスポンスが最適化される。

作動圧力

周囲温度とガスの品質に応じて、インレット圧力は4～15 barの範囲になる。出力圧は設定に応じて、0.5～3.5 barの範囲になる。

電磁シャットオフバルブと温度センサー

エンジンがガスモードでないときは、電磁シャットオフバルブがガス供給を遮断する。ガソリン駆動からLPG駆動への切換えは、エンジンクーラントの温度に応じてエンジンECUにより開始される。切換えのための最低クーラントの温度は、エバポレーター内でLPGが確実に気化する温度を基に選定する。この機能のために、温度センサーがエバポレーターのクーラント回路に組み込まれている。このシステムでは、ガスモードでの冷間始動はできない。

参考文献

[1] World LPG Gas Association,
www.wlpga.org.
[2] www.gas-tankstellen.de.
[3] www.autogastanken.de.
[4] ECE-R67: Standard conditions on the:
I. Approval of specific equipment of motor vehicles using LPG in their propulsion system.
II. Approval of a vehicle fitted with specific equipment for the use of LPG in its propulsion system with regard to the installation of such equipment.
[5] K. Reif: Ottomotor-Management,
4th Ed., Verlag Springer Vieweg, 2015.

天然ガス駆動のエンジン

適用範囲

CO_2（二酸化炭素）の排出量削減に向けて世界的な努力が行われている中で、代替燃料として天然ガスの重要度が増してきている。圧縮天然ガス（CNG）の主成分は、メタンで構成される。CNGを、液化石油ガス（LPG）と混同してはならない。液化石油ガスの主成分は、プロパンとブタンである（「燃料」を参照）。

排気

CNGの燃焼時のCO_2発生量は、ガソリンと比較して約25%少ない。したがって、CNGは化石燃料の中で最もCO_2排出量が少ない。CO_2排出量が少ないため、CNGに課せられる石油税は多くの国で軽減されている。

バイオガスの使用

バイオガス（バイオメタン）の使用により、地球規模の温室効果ガス排出をさらに削減する再生可能燃料供給を達成できる。バイオメタンは植物の残り、有機性廃棄物、液体肥料飼料などから作ることができる。あるいは、再生可能資源から作られた電気から作ることもできる。その場合には、水を電気分解して水素を作り、次にCO_2と化学反応させてメタンを作る。再生可能資源から得られるメタンガスを、ソーラーガス、ウインドガス、あるいは単にREガス（再生可能エネルギーガスの略）と呼ぶ。

天然ガス自動車

近年、さまざまな自動車メーカーが、天然ガス自動車を量産するようになってきている。このため、大型のCNGタンクは効率的に都合の良い位置に配置され、タンクを後付けする際に不可避なトランクルーム容量の低減を回避できる。

ドイツと欧州の天然ガス自動車と天然ガス充填ステーション網に関する最新情報については、インターネットで検索できる（[1]および[2]を参照）。ほとんどの場合、天然ガス自動車は運転者によって天然ガスからガソリンに駆動方式を切り替えることができるバイフューエル車両である。天然ガス車には、モノバレント（一価）車両と「モノバレントプラス」と呼ばれるコンセプトの車両があり、後者のエンジンは天然ガス駆動用に最適化され、天然ガスの有利な特性（耐ノック性が高く、CO_2や汚染物質の排出量が少ない）をすべて最適に利用できる。天然ガス充填ステーションが近くにない場合にガソリンモードに切り替えて走行できるように、「モノバレントプラス」自動車には小型のガソリンタンク（15 l未満）が装備されている。

天然ガスの貯蔵

天然ガスは、液化天然ガス（LNG、沸点マイナス162℃）として液体で、または圧縮して圧縮天然ガス（CNG、圧縮圧力200 bar）として貯蔵することができる。天然ガスを液体の状態で貯蔵するためのコストが高いので、200 barの圧力で圧縮した状態で貯蔵する方法が一般的になった。天然ガスのエネルギー貯蔵密度はガソリンより低いため、高圧貯蔵されるにもかかわらず同じエネルギー量にするには4倍の容量を持つタンクが必要になる。

711 天然ガス駆動のエンジン

図1：天然ガスまたはガソリン駆動による火花点火機関
1 チャコールキャニスター　2 キャニスターパージバルブ　3 排気ガス再循環バルブ
4 カムシャフトアジャスター　5 ホットフィルム式エアマスメーター
6 電子制御式スロットルバルブ (ETC)　7 吸気マニホールド圧力センサー
8 ガソリン用インジェクター付き燃料レール　9 点火プラグと点火コイル
10 カムシャフトセンサー　11 λセンサー (触媒コンバーター前)
12 バイフューエル式モトロニックECU　13 アクセルペダルモジュール
14 天然ガス圧力制御モジュール (ガスシャットオフバルブおよび高圧センサー内蔵)
15 天然ガス圧力および温度センサー付きガスレール　16 天然ガス用インジェクター
17 クランクシャフトスピードセンサー　18 エンジン温度センサー　19 ノックセンサー
20 プライマリー触媒コンバーター　21 CANインターフェース
22 エンジン警告灯　23 診断インターフェース　24 イモビライザー ECU用インターフェース
25 ガソリンタンク (電動フューエルポンプ内蔵)　26 ガソリン用フィラーネック
27 天然ガス用フィラーネック　28 高圧シャットオフバルブ (天然ガスタンク)
29 天然ガスタンク　30 メイン触媒コンバーター
31 λセンサー (触媒コンバーター後)

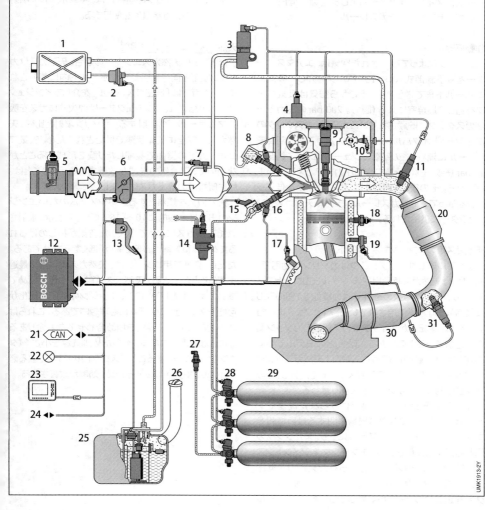

構造

コンポーネント

ほとんどの場合、天然ガス自動車には火花点火機関が採用されており、以下の天然ガス用コンポーネントが拡張されている（図1, [3]）。

- 天然ガス用フィラーネック
- 天然ガスタンク
- 高圧シャットオフバルブ（天然ガスタンク）
- 天然ガス圧力制御モジュール（ガスシャットオフバルブおよび高圧センサー内蔵）
- 天然ガスインジェクターおよび天然ガス低圧／温度複合センサー付きガスレール

作動原理

エンジンによって吸引された空気は、エアマスメーターと電子制御式スロットルバルブを介して吸気マニホールドまで送られる。そこから空気は吸気バルブを通じて燃焼室に入る（図1）。200 barの圧力で天然ガスタンクに貯蔵されているガスは、ガスタンクの高圧シャットオフバルブを通って天然ガス圧力制御モジュールに流れ、この制御モジュールによって約5～10 bar（絶対圧）の一定の作動圧力までガス圧力が下げられる。その後、天然ガスはフレキシブルな低圧ラインを通ってコモンガスレールに流れ、天然ガスインジェクターに供給される。

天然ガス車のエンジンマネジメント

デュアルECUコンセプト（1つはガソリン駆動用で、もう1つは天然ガス駆動用）とシングルECUコンセプト（ガソリンと天然ガスのそれぞれの機能を1個のECUに統合）の両方が使用されている。バイフューエル自動車には、運転者がスイッチでガス駆動とガソリン駆動を選択できるものもある。ほとんどのモデルで燃料の切替えは自動的に行われ、通常は天然ガスタンクの中身を使い切るまで天然ガスモードで走行し、その後は自動的にガソリンモードに切り替わる。

圧力制御モジュールに取り付けられた高温センサーは、天然ガスタンクの残量に関する最新情報をエンジンマネジメントシステムに送り、またタンクの漏れ診断にも使用される。エンジンマネジメントシステムは、ガスレールに取り付けられた天然ガス低圧／温度複合センサーによってバルブの噴射タイミングを補正し、ガス密度が変動しても吸気マニホールド内で理論混合比を得られるようパイロット制御する。エンジンマネジメントシステムは、調整アルゴリズムを使用してガス特性の変化に対応する。

エンジンマネジメントシステムにおけるその他のセンサーやアクチュエーターは、ガソリンエンジンのものとほぼ同じである。

混合気の形成

今日、実際に使用されているのは、ほぼバイフューエル車両と「モノバレントプラス」車両だけである。これらの車両は天然ガスとガソリンの両方で駆動することができる。ガソリンの噴射には、マニホールド噴射またはガソリン直接噴射を使用する。

天然ガスマニホールド噴射

ほとんどの天然ガスエンジンの場合、天然ガスはガソリン噴射と同様に吸気マニホールド内に噴射される。天然ガスは「低圧ガスレール」を介してインジェクターへ供給され、インジェクターは間欠的にガスを吸気マニホールドへ噴射する。ガソリン噴射と比べ、天然ガスは完全に気体状態で供給されるため、吸気マニホールドの壁面で凝縮したり膜を形成することがないので、混合気の形成が改善される。このことは、特に暖機時の排出ガスに好ましい影響を及ぼす。

天然ガスを燃料とする過給システムのないエンジンの出力は一般的に10～15％低い。これは、噴射された天然ガスによって吸入した空気が押しのけられるため、体積効率（充填効率）が低くなるためである。ただし、自動車用エンジンは、天然ガス燃料用に最適化することができる。天然ガスは耐ノック性が極めて高いため（最大RON 130）、エンジンの高圧縮比化が可能であり、過給システムにも理想的である。これらは、体積効率における損失を埋め合わせてなお余りあるものとなる場合もある。そのため排気量を小さく（ダウンサイジング）することでスロットルによって絞る必要が減り、損失が減少するため、効率が改善される。

天然ガス直接噴射

天然ガスを燃焼室に直接噴射することもできる。こうして、体積効率ロスを完全に防ぐことができる。ターボチャージャーを搭載しているエンジンの過給効率 (特に低速時) は掃気により改善することができる。掃気とは、吸気バルブと排気バルの開放時間オーバーラップを長くしてエンジンを作動させることである。天然ガス直接噴射の難点として、インジェクターがより複雑なこと (気密性、温度安定性)、そしてそのコンセプトにより高い天然ガス噴射圧力が必要なため、天然ガスをマニホールドに噴射するエンジンほどにタンクの燃料を余さず使い切れないことが挙げられる。

排出ガス

ガソリンエンジンと比較した場合、天然ガス車の特徴は、CO_2排出量が約25％少ないことである。天然ガスの水素と炭素の含有率はほぼ4:1で、ガソリン (約2:1) より好ましい値であることがその理由である。このため、天然ガスの燃焼では水の発生量が多く、CO_2の発生量は少ない。

燃焼時にほとんど粒子状排出物を発生させない他、閉ループ式3元触媒コンバーターと組み合わせることで、汚染物質 (NO_X, CO, HC) の発生を極めて低いレベルに抑えることができる。天然ガス仕様の触媒コンバーターは、基本的にガソリンエンジンのものより貴金属量が多い。これは、化学的に安定しているメタンを主成分とした排気ガスに含まれるHC排出物の効率のよい変換を可能にし、天然ガス触媒の高い「作動開始温度」(触媒コンバーターが変換を開始する最低温度) に対処するためである。ただし、メタンは毒性なしとして分類されている。

天然ガス自動車は最新の排出物質の規制値に適合し、トラックと天然ガス仕様のバスはEEV規制値 (高度環境適合車両), [4] にも適合する。特に、規制対象外の汚染物質の排出量に関しても、天然ガスエンジンはガソリンおよびディーゼルエンジンより優れていることが明らかである。

コンポーネント

マニホールド噴射用天然ガスインジェクター
機能

内燃機関に気体燃料を供給するためには、従来のガソリンエンジンで使用するガソリンよりもはるかに大量のガスを、天然ガスインジェクターで計量して供給する必要がある。そのため、天然ガスインジェクターの構造については特別の条件が要求される。つまり、その断面積を大きなガス量に適合させる必要がある、高速の流れが発生することからも、インジェクター内の圧力損失を低減するための特殊な形状の流路が必要とされる。

高圧の機械過給式エンジンの場合、吸気マニホールド圧は2.5 bar (絶対圧) まで上昇することがある。吸気マニホールド圧の質量流量に対する影響を抑制するためには、危険のないノズルとして認められた最小断面積 (絞りポイント) において、ノズル手前の圧

図2：天然ガス用インジェクター (Bosch製)
1 空圧ポート　　　2 シーリングリング
3 バルブハウジング　4 フィルターストレーナー
5 電気接続部　　　6 スリーブ
7 ソレノイドコイル　8 バルブスプリング
9 ソレノイドアーマチュア (エラストマーシール付き)
10 バルブシート

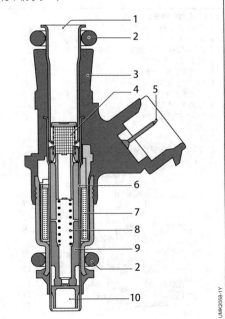

力を最大吸気マニホールド圧（ノズル後方の圧力）の2倍以上に高める必要がある。その結果、ガスはノズル後方の絶対圧力に関係なく音速で流れる。したがって、質量流量は吸気マニホールド圧の変化に影響されない。絞りポイントの手前で圧力降下が発生する可能性を考慮した場合、7 bar（絶対圧）の最小作動圧力が有利であることが分かっている。

構造および作動原理

ソレノイドアーマチュア（図2）が、スリーブ内を移動する。このアーマチュアには内部に燃料が流れる流路があり、出口にエラストマーシールがある。このシールはバルブシートに密着し、吸気マニホールドへの燃料供給を遮断する。ソレノイドコイルに電圧が加えられると、必要な力がソレノイドコイルに生じて、ソレノイドアーマチュアが持ち上がり、計量断面（バルブシートの絞りポイント）が開く。コイル電流がゼロになると、バルブスプリングがインジェクターを閉じる。

流量最適化ジオメトリー

流路設計における処置により、絞りポイントの手前の圧力損失が最小限となり、最大限の質量流量が実現される。さらに、最小断面とそれにより絞りポイントもシール後方の出口に配置される。ここでは流速は音速になり、物理的な観点からバルブがほぼ理想的なノズルとして機能する。

シーリングジオメトリー

天然ガスインジェクターにはエラストマーシールが取り付けられていて、そのシールシートのジオメトリーは空圧用シャットオフバルブに似ている。エラストマーは、シールの金属製ニードルバルブに対する密閉度を高める。

またエラストマーの減衰によって、「リバウンド」、すなわち閉鎖動作時のソレノイドアーマチュアの好ましくない繰返し開放が抑制され、その結果として計量精度が向上する。

圧力制御モジュール
機能

圧力制御モジュールの機能は、天然ガスの圧力をタンク圧力（最大200 bar）から公称作動圧力（通常5～10bar）まで低下させることである。同時に作動圧力は、エンジンの作動中は常に規定許容差以内に一定に維持されるか、あるいはエンジンの作動ポイントに応じて規定の圧力に調整されねばならない。今日のシステム作動圧力は、通常、約5～10 bar（絶対圧）である。また、2～11 barまでの圧力で作動するシステムもある。

構造
機械式タイプ：

現在は、主としてメカニカルダイヤフラム式またはプランジャー式プレッシャーレギュレーターが使用されている。減圧はスロットル動作によって行われるが、1つまたは複数のステージで発生することがある。

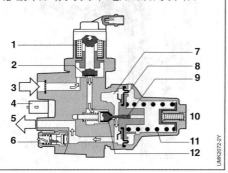

図3：圧力制御モジュール
1 電磁ガスシャットオフバルブのソレノイドコイル
2 シール
3 高圧インレット（焼結フィルター付き）
4 高圧センサー
5 低圧アウトレット
6 セーフティプレッシャーリリーフバルブ
7 低圧チェンバー
8 圧力ダイヤフラムとマウント
9 コントロールロッド
10 調整ねじ
11 スプリング
12 コントロールプランジャーとスロットルオリフィス

図3は、単段ダイヤフラム式プレッシャーレギュレーターの断面図である。高圧側の圧力制御モジュールには、焼結フィルター（細孔径約40 μm）、ガスシャットオフバルブ、高圧センサーが組み込まれている。焼結フィルターは、ガス流中の固体粒子を捕捉するように設計されている。たとえば停車している場合、ガスシャットオフバルブによってガス流を遮断することができる。高圧センサーは、タンク内の天然ガス量の測定と診断に使用する。

低圧側のプレッシャーレギュレーターには、プレッシャーリリーフバルブが取り付けられている。プレッシャーレギュレーターに不具合が発生した場合、このバルブによって低圧システムのコンポーネントを損傷から保護する。

正常な制御動作の場合、ガスはジュール・トンプソン効果によって膨張するため、非常に劇的に冷却される。凍結防止のため、圧力制御モジュールにはヒーターが内蔵されている。このヒーターは、車両の暖房回路に接続されている（図には表示されていない）。

制御圧力は、ダイヤフラムの寸法とスプリングの初期張力によって異なる。圧力レベルを調整するため、工場出荷時に調整ねじを使用してスプリングの初期張力が設定され、その状態で封印されている。

電気機械式バージョン：

純粋に機械的な圧力制御モジュールと並んで、電気機械式バージョンもある。このタイプは、タンク平均圧を約20barに下げる第1ステージがあるものが一般的である。第2ステージでは、電磁作動式コントロールバルブにより圧力がさらに下がり、エンジン制御システムによって規定された作動圧力になり、電子的に調整される。電気機械式プレッシャーレギュレーターの利点は、良好な圧力制御精度と制御圧力の可変性である。このような方法で、噴射圧力を下げることができ、エンジンの低負荷域（アイドリング時など）での天然ガスインジェクターの測定精度を上げることができる。

機械式圧力制御モジュールの作動原理

ガスは、高圧側から可変スロットルオリフィスを通って低圧チェンバーに流れる。そこにはダイヤフラムがある。ダイヤフラムは、コントロールロッドによってスロットルの開断面積を制御する。低圧チェンバーの圧力が低いと、ダイヤフラムはスプリングによりスロットルオリフィスの方向に押され、これによりスロットルオリフィスが開いて低圧側の圧力上昇が可能になる。低圧チェンバーで過度の圧力が検出されると、スプリングが急激に圧縮されてスロットルオリフィスが閉じる。スロットルオリフィスの断面積が小さくなると、低圧側の圧力が低下する。変動の少ない運転状態では作動圧力に必要なスロットル断面積に調整され、低圧チェンバー内の圧力は一定に保たれる。

負荷変動時の作動圧力の変動が最小限であることが、プレッシャーレギュレーターの品質の指標となる。

参考文献

[1] www.erdgas.info/erdgas-mobil/.

[2] www.gibgas.de.

[3] T. Allgeier, J. Förster: 2nd International CTI Forum, Stuttgart, March 2007; Einspritzsysteme – Motormanagementsystem und Komponenten für Erdgasfahrzeuge.

[4] www.bmub.bund.de/themen/luft-laerm-verkehr/luftreinhaltung/eev-standard/.

アルコール駆動のエンジン

使用状況

動機

減少し続ける化石燃料資源と二酸化炭素排出量削減要求の高まりにより、既に実績のあるドライブコンセプトの見直しが必須となっている。原油の価格高騰が代替エネルギーをますます経済的な存在にし、持続的なモビリティーには持続的なエネルギー基盤も必要であるという一般認識は高まっている。

1980年代から燃料としてエタノールが使用され、給油所でE24やE100としてエタノールを入手できるブラジルでは（表1）、これによって燃料需要の約50％がカバーされている。それと並んで米国や欧州では、ここ数年のうちに代替燃料としてE85を促進する活動が盛んになった。このように、CO_2を削減する可能性の他に、供給の信頼性を確保することと、化石資源や輸入とは無関係の燃料供給を実現することにも焦点が置かれている。

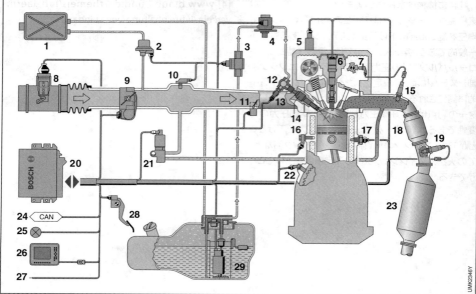

図1：フレックスフューエルでの作動に対応したガソリンエンジン
1 チャコールキャニスター 2 タンクベントバルブ 3 エタノールセンサー（オプション）
4 高圧ポンプ 5 カムシャフトアジャスター 6 スパークプラグが接続されたイグニッションコイル
7 カムシャフトフェーズセンサー 8 エアマスメーター 9 スロットル装置（ETC）
10 吸気マニホールド圧力センサー 11 スワールコントロールバルブ
12 フューエルレール 13 高圧センサー 14 高圧インジェクター
15 λセンサー 16 ノックセンサー 17 エンジン温度センサー 18 一次触媒コンバーター
19 λセンサー 20 エンジンECU 21 排気ガス再循環バルブ
22 エンジン回転数センサー 23 メイン触媒コンバーター 24 CANインターフェース
25 異常表示灯 26 診断インターフェース 27 イモビライザーへのインターフェース
28 アクセルペダルモジュール 29 低圧ポンプ付きの燃料供給モジュール

システムの説明

　フレックスフューエルシステムはエンジン制御およびコンポーネントシステムであり、ガソリンとエタノールの混合比が2つの制限値間のどのような比率でも作動させることができる。これらの混合比は、フューエルタンクにさまざまなエタノール含有量の燃料を充填することにより実現される。燃料中のさまざまなエタノール量を検出し、それに応じて挙動（噴射や点火など）を適合させるシステムの能力が重要となる一方で、他方では、車両のユーザーが求め、期待するような、耐用期間全体にわたる安全かつ安定した作動を可能にするために、コンポーネントの適合性の問題が非常に重要である。

　図1は、フレックスフューエルでの作動に対応したガソリンエンジンのシステム構成を示したものである。大部分は従来のガソリンエンジンと同じである。

代替燃料としてのエタノール

持続可能性

　CO_2排出量削減の可能性は、ある程度はアルコール燃料の水素量に対する炭素の割合が好ましいものであることにもよるが、大部分は再生可能な原料からの抽出過程における好ましいCO_2バランスによるものである。しかしここで重要なのは、製造されるアルコール燃料の原料を考えることである。たとえば、石炭からのメタノールの抽出（CTL（石炭液化）プロセスによる）ではCO_2バランスは極めて好ましくないものとなるのに対し、植物部位からのエタノールの抽出では好ましいバランスとなる。

フレックスフューエル車の市場

　今日では、多量のメタノールの混合は、地域的な要因から中国だけで認められている。またメタノールは有毒で健康に害を及ぼすため、非常に危険なものと考える必要がある。以下では、「フレックスフューエルでの作動」という語を「エタノール燃料での作動」の意味で用いる。

表1：エタノール燃料の組成

燃料	E0〜E5	E 10	E 24	E 85	E 100
最大エタノール含有量	5 %	10 %	24 %	85 %	93 %
最大水含有量	<1 %	<1 %	1 %	1 %	7 %
最小ガソリン含有量	95 %	90 %	76 %	15 %	0 %
ガソリンに対する相対エネルギー量	100 %	97 %	91 %	70 %	61 %
地域的分布	欧州	米国、EUの導入地域	ブラジル	米国、スウェーデン、EUの一部	ブラジル

表2：エタノールの特性

特性	単位	ガソリン	エタノール	影響
エネルギー密度（体積あたり）	kJ/l	32,500	21,200	− より多い燃料噴射量が必要
エネルギー密度（質量あたり）	kJ/kg	43,900	26,800	− 冷間始動に問題あり
空燃費	−	14.8	9.0	− より多い壁面の燃料膜
沸点	°C	25〜215	78	+ より大きいパワー、より良好な効率（より優れた空気冷却）
蒸発のエンタルピー	kJ/kg	380〜500	904	
オクタン価	RON	>91	108	+ より高いノック限界
水素と炭素の比	−	2.3	3	+ より大きいパワー、より高い効率

フレックスフューエルとは、任意の比率のガソリンとエタノールの混合燃料のことである。今日、フレックスフューエルにおいては、混合比の範囲から主に2種類のエタノール混合燃料を区別している。混合比が純粋なガソリンからE85（特に欧州（とりわけスウェーデン）と北米）までの間の混合燃料と、ブラジルのE24からE100までの間の混合燃料である。ブラジルでは現在、E18を目指して下限が拡張されている。

もう一つの特徴は、ブラジルの基準（Resolution ANP #19 – Technical Regulation, [1]）に従ったE100燃料は7.5％まで水を含有してよいが（EHC：含水エタノール燃料）、現地では実質的に10〜15％の水が含まれていることである。これに関連して増加した水の含有量によって、伝導性が高まり、塩分量も増える。これが、E85とE100の適用事例に対してコンポーネントが2種類あり、また、電子式エンジン制御システムで特別な適合作業が行われる理由である。ここでは、E85システムはE100には適さないという点が重要である。

基本的に、フレックスフューエルシステムではマニホールド噴射と直接噴射が採用されている。直接噴射の場合は、特にエタノールの高い耐ノック性を効果的に利用でき、これは燃料濃縮度が低いことが原因での全負荷量の要求に関して有利である。

エタノールの特性とそれに起因する要件

レギュラーガソリンとは異なるエタノールの特性について表2に示す。これらはシステムの性能や、システム内の直接または間接に燃料と接触するコンポーネントに影響を与える。

重要な要因は低いエネルギー密度（単位空気あたりの必要量が多い）と、化学成分に起因するエタノールのガソリンとは異なる化学量論（酸素が部分的にすでに含まれている）であり、これによってフューエルシステムの供給量と燃料噴射量が劇的に増加する。非常に低い温度での始動反応にとって問題となるのが、78℃という高い沸点と、ガソリンの低沸点留分と比較して高い蒸発熱である。しかし、高いエンジン温度とノック限界での作動では、高い蒸発熱と優れた耐ノック性により、有利な効果も期待できる。

上記のエタノールの特性とその影響のため、内燃機関自体を適合させる必要が生じるが、それに応じてエンジン制御システムとそのコンポーネントも適合させる必要がある。エタノール燃料はフューエルタンク内で固定（および既知）のエタノール量を含む純粋な燃料として存在するのではなく、さまざまなエタノール燃料の混合によって混合比が決まることも重要である。混合燃料はさらに、地域や季節によって規定とは異なるエタノール混合割合で給油所で、また米国では「ブレンダーポンプ」によってシステムに供給される可能性もある。そのため、現在のエタノール量の信頼できる精確な「オンボード確認」が必要とされる。

システムに取り付けられるコンポーネントについては、エタノールの高い腐食性を考慮しなければならない。蒸発限界値を達成するためには、パイプやコンポーネント材料へのエタノール分子の高い浸透性が重要な役割を果たす。

各市場向けのフレックスフューエルコンセプト

車両メーカーは、各地域向けにさまざまなエンジンコンセプトとマーケティング戦略を追求している。そのため、システムの適合の程度に関してはさまざまな側面があり、それらは目標とする戦略に対応したものとなっている。

市場

米国市場

米国市場では、車両をフレックスフューエル車として提供可能にするために必要な適合作業だけが優先して行われる。これにはフレックスフューエルへの基本的な適合性が含まれるが、有利なエタノール特性を特に活かすことはしない。車両の実際の運用においては、高めの種々のエタノール量で特定の状況においてのみ使用されている。

欧州市場

一方欧州では、エンジンの効率向上とE85作動での性能改善の両方を利点として活かす、という別のコンセプトが追求され、車両のマーケティングにおいてもそれが強調されている。

ブラジル市場

ブラジルに限り、現在まで論理的に一貫性のある最終段階を見ることができる。この市場ではすでに、一般的にガソリンに少なくとも24％のエタノールが含まれ、結果として高いオクタン価（および高い耐ノック性）の燃料が調達されるため、エンジンメーカーもエンジンの圧縮比を高めている。

システムの適合

エンジンECUの制御システムとその機能において広範な適合が必要とされる。特に、以下のエンジン制御機能が影響を受ける（図2）。
- エアシステム：充填検出やシリンダーチャージ制御など。
- 燃料システム：量のパイロット制御や噴射タイミング、混合燃料の適合など。
- 排気システム：混合燃料制御の有効化など。
- イグニッションシステム：点火時期、点火エネルギーなど。
- トルクパターン：λおよびイグニッションに関する異なる効率など。
- 診断システムとモニタリング：燃料の質の検出、診断しきい値など。

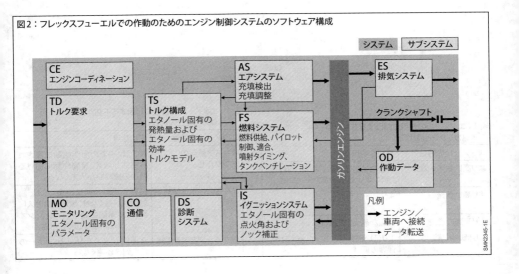

図2：フレックスフューエルでの作動のためのエンジン制御システムのソフトウェア構成

システムの適合に関しては、システム性能の低下を防ぎ、部分的な範囲での性能向上を達成するために、ガソリンとは異なるエタノールの特性を考慮しなければならない。表3に挙げた特性は効果的に利用できるもので、表4に挙げた特性は適合が不可欠なものである。

ただし一部においては、新たな機能性の開発が必要とされる。ここでは例を使って以下のことに言及する。
– 低い温度（たとえば−7℃）で排出量制限値を達成するため、また、非常に低い温度（−30℃）でのエンジン始動を一般的に保証するための特殊な冷間始動戦略。
– エンジンオイルへの明確な燃料混入の検出および暖機中の増加する脱気の遮断。
– フューエルタンク内の変化するエタノール量の検出およびエタノール検出の診断（センサーベースまたはセンサーレス）。

フレックスフューエル用コンポーネント

フレックスフューエルシステムは、設計においてはガソリン噴射システムとほとんど同じである。しかし、コンポーネントに課される要求は異なる。コンポーネントの適合性に関しては、燃料を運ぶコンポーネントと、燃料蒸気やエタノールの燃焼ガスに接触する可能性のあるコンポーネントの両方を考慮する必要がある。フレックスフューエルシステムにおいて適合させる必要のあるコンポーネントの概要を表5に示す。

以下の影響に関しては、コンポーネントにおける変更が必要になる。
– 金属材料の腐食
– プラスチックおよびラバー部品の膨張または脆化
– ガスケットの機能性
– 燃料を運ぶコンポーネントへの燃料分子の浸透増加

これは、個々に以下の措置によって行われる。
– 特殊合金（ステンレススチールなど）の使用
– 特に機械的ストレスのかかる接触面における金属材料の表面コーティング（とりわけAL（アルミ）材料で、たとえばNikasil（ニカシル）コーティング：ニッケルおよびシリコンカーバイド）
– 適合調整されたプラスチックおよびラバー化合物の使用

表3：エタノールの使用に起因する有利な点
（ガソリンとの比較）

エタノールの特性	有利な利用
より高い耐ノック性	最適なイグニッション、より良好な効率、より大きいパワー
より高い蒸発のエンタルピー	より良好な充填
より高速の燃焼	最適な最大限の燃焼
より低い燃焼温度	より低い消費量とコンポーネント保護の低減

表4：エタノールの特性に起因する不利な点
（ガソリンとの比較）

エタノールの特性	不利な点
より高い蒸発のエンタルピー	10℃以下での冷間始動に課される要件が増え、冷間作動における壁面の燃料膜が大きくなる
より高い化学量論的消費	必要な燃料噴射量が多くなり、噴射期間が長くなり、燃焼プロセスに影響し、冷間始動中のエンジンオイルへの燃料混入が大きくなる
異なる水素と炭素の比	水衝突が多くなり、λセンサーの露点到達が遅くなる

表5：エタノール用特殊コンポーネントの概要

コンポーネント	適合
燃料供給モジュール	E85またはE100用のフューエルポンプ、絶縁された電気接続部、エタノール耐性のあるフューエルレベルセンサー
プレッシャーレギュレーター	エタノール耐性のある仕様
フューエルレール	エタノール耐性のある仕様
マニホールド噴射用フューエルインジェクター	計測範囲の拡張
高圧インジェクター	ステンレススチール仕様、計測範囲の適合
高圧ポンプ	ステンレススチール仕様、計測範囲の適合

‒ 特殊なガスケットおよびフィルター材料の選択
‒ 設計における適合処置
‒ 水の含有量が最高15％のE100向けに、フューエルタンク内の電気接点（電動フューエルポンプ、フューエルレベルセンサー）の電気的絶縁

コンポーネントによっては、流量の増大に起因して増加した要件についても考慮する必要がある。フューエルインジェクターに関しては、このことは特に重要である。これは、エタノールによる作動の要求が高まった場合には最大流量が必要になるが、ガソリンによる作動では変わらず最小計測量となるためである。この適合は、バリエーションの範囲からより多い流量を選択することによって達成される。変わらない最小量は、作動時間の短縮によって実現される。

参考文献

[1] http://www.itecref.com/pdf/Brazilian_ANP_Fuel_Ethanol.pdf.

[2] A. Böge: Handbuch Maschinenbau, 22nd Ed., Verlag Springer Vieweg, 2014.

[3] K.-H. Grote and J. Feldhusen (Editors.): Dubbel: Taschenbuch für den Maschinenbau, 24th Ed., Verlag Springer Vieweg, 2014.

[4] GVR Gas Vehicle Report, June 2012.

ディーゼルエンジン制御

エンジン制御システムの説明

ディーゼルエンジンの燃焼プロセスでは、燃料は常に200～2,200 bar以上のノズル圧をかけて燃焼室に直接噴射する。燃焼プロセスの異なる間接噴射式エンジンの場合、燃料は350 bar未満の比較的低い圧力で予燃焼室へ噴射する。最新技術の燃焼プロセスは直接噴射式によるもので、燃料は2,500 bar以上の高圧で非分割型の燃焼室内に噴射される。

ディーゼルエンジンの制御
要件

ディーゼルエンジンの出力Pは、利用可能なクラッチトルクとエンジン回転数によって決まる。クラッチトルクとは、燃焼プロセスで発生するトルクを基に、摩擦トルクや充填サイクルでの損失、エンジンが直接駆動する補機類の作動に必要なトルクを差し引いたトルクである。

燃焼トルクはエンジンの出力サイクル(燃焼過程)で発生し、過剰空気が十分な場合、その値は、供給された燃料の質量、噴射開始によって決定される燃焼開始、噴射プロセスと燃焼プロセスという変数によって決まる。

また回転数に対応したトルクの上限は、黒煙の排出量やシリンダー圧力、各種コンポーネントへの熱負荷、ドライブトレイン全体の機械的負荷によって決まる。

エンジンマネジメントの機能

エンジンマネジメントでは、主としてエンジンが発生するトルクを調整する。また目的に応じて、エンジン回転数を所定の作動範囲(例:アイドリング回転数)に調整する場合もある。

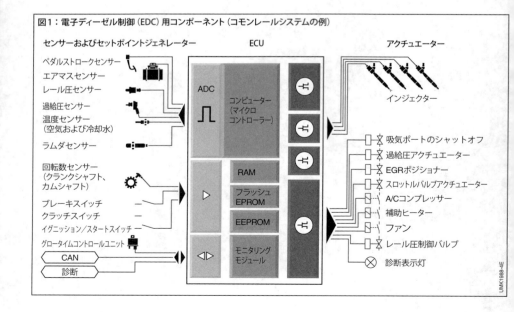

図1:電子ディーゼル制御(EDC)用コンポーネント(コモンレールシステムの例)

ディーゼルエンジンの場合には、燃焼プロセスを制御するなどの方法により、エンジン内部で排気ガスとノイズを大幅に低減させる。こうした処理は、エンジンマネジメントによって、以下の変数を調整することで行う。

- シリンダー充填量
- インタークーラー（過給気の冷却）およびEGR（排気ガス再循環）冷却によるシリンダー充填の温度調節
- シリンダーに充填する成分（排気ガス再循環）
- 充填時の挙動（吸気時の渦）
- 噴射開始時期
- 噴射圧力、および
- 噴射プロセスの制御（パイロット噴射、分割噴射など）

1980年代までの自動車用エンジンにおける燃料噴射、すなわち噴射量と噴射開始時期の調整は、機械的な手法でのみ行っていた。たとえば列型燃料噴射ポンプでは、負荷や回転数に応じて角度のついた螺旋溝を設けたポンププランジャーが回転することで、燃料の噴射量を調整する。機械式制御では、フライウェイト式ガバナー（回転数感応式）、あるいは油圧を使い回転数や負荷に応じて圧力を制御することで、噴射／供給の開始時期を調整する。

各種排出ガス規制では、燃料噴射量と噴射開始時期を、エンジン温度や回転数、負荷、標高といった変数に応じて精密に調整することが求められる。こうした調整機能を効果的に行うには、電子制御方式を採用する必要がある。現在では、機械式に代わって電子制御式が全面的に採り入れられている。電子制御式は、燃料噴射装置の排出ガス関連の機能を継続的にモニターできる唯一の方式である。また、現行の排出ガス規制では、一部の機種に車載診断機能（OBD）を内蔵することが求められている。

電子ディーゼル制御（EDC）では、燃料噴射量と噴射開始時期の調整に、低圧または高圧のソレノイドバルブやその他の電動式アクチュエーターを使用している。噴射シーケンスにおける噴射プロセスの制御、すなわち噴射燃料量の複数回の部分噴射への割当ては、たとえばサーボバルブやニードルリフト制御によって間接的に行われる。

電子ディーゼル制御（EDC）

ディーゼルエンジン電子制御（図1、EDC）により、燃料噴射に関するパラメーターを正確かつ細密に調整することができる。電子制御は、現代のディーゼルエンジンに求められる数多くの条件を満たす唯一の方法である。

システムの概要

要件

現在のディーゼルエンジン開発における基本的な指針は、燃料消費量と有害排出ガス（窒素酸化物 NO_x、一酸化炭素CO、炭化水素HC、微粒子）の削減と、エンジン出力およびトルクの改善を同時に達成することである。こうした指針によって、近年では直接噴射（DI）方式のディーゼルエンジンが増加する傾向にある。直接噴射式ディーゼルエンジンの燃料噴射の圧力は、渦流式や予燃焼室式のシステムによる間接噴射（IDI）方式よりも大幅に高くなっている。現在のディーゼルエンジン開発においては、さらに最新の自動車に求められる高い快適性や利便性についても考慮しなければならない。もちろん、騒音レベルにも厳しい条件が課せられている。その結果、燃料噴射システムやエンジン制御システムには以下のような高い性能が求められている。

- 高い噴射圧力
- 噴射プロセスの制御
- パイロット噴射、および必要な場合にはポスト噴射
- 作動条件に応じた、燃料噴射量、過給圧、噴射時期の調整
- 始動時の温度に応じた過剰燃料の供給
- 負荷に応じたアイドリング回転数制御
- 排気ガス再循環の制御
- クルーズコントロール、および
- 高精度で行う噴射時期や噴射量の制御、および耐用期間全体にわたる維持（長期的性能）

従来の機械式エンジン回転数制御では、エンジンのさまざまな作動条件に適合させるために、多くの調整メカニズムを利用している。しかし、これらは単純なエンジンをもとにした制御ループに限られており、考慮できなかったり、短時間で十分に対応することのできない重要な変数が数多く残されている。最初は電動アクチュエーターによる単純なシステムであった

724 ディーゼルエンジン制御

ものが、求められる条件が増すに従って、現在の電子ディーゼル制御（例：分配型噴射ポンプ）や、大量のデータをリアルタイムで処理できる能力を備えた、複雑な電子制御式エンジンコントロールシステムに進化した。また電子コンポーネントの統合が進んだ結果、コントロールシステムの回路をきわめて小さなスペースに収容することも可能になっている。

作動原理

ここ数年の間にマイクロコントローラーの処理能力が格段に向上したため、電子ディーゼル制御（EDC）では、前述の条件を満たすことが可能になった。

従来の列型、または分配型噴射ポンプを装備したディーゼルエンジン搭載車とは異なり、EDC制御の車両では、運転者によるアクセルペダルやボーデンケーブルなどの操作が、直接的に燃料噴射量を調整するわけではない。ケーブルなどを通じた直接的なコントロールに代わり、数多くの変数を利用して燃料噴射量を決定している。こうした変数には、運転者からの指令（アクセルペダル位置）、作動状態、エンジン温度、他のシステムの介入（トラクションコントロールなど）、排気ガスへの影響などがある。

また、噴射開始時期も変動させることができる。そのためには、さまざまな不整合な状況を検出し、その影響に応じて的確な作動（トルク制限やアイドリング回転域でのリンプホームモード）を実行できるような、包括的なモニタリングコンセプトが必要である。このため、電子ディーゼル制御には数多くの制御ループが統合されている。

電子ディーゼル制御では、トラクションコントロール（TCS）や電子式トランスミッション制御（ETC）、走行ダイナミクス制御などの他のシステムとのデータ交換が可能になっている。その結果、エンジンマネジメントシステムを車両全体にわたる制御系ネットワークに統合し、オートマチックトランスミッションがシフトチェンジを行う際にエンジントルクを抑制したり、ホイールスピンを補正するためにエンジントルクを制御することも可能になる。

電子式ディーゼル制御（EDC）システムは、車両の診断システムに完全に統合されている。このシステムは、車載診断システム（OBD）および欧州車載診断システム（EOBD）のすべての要求事項を満たしている。

システムブロック

電子ディーゼル制御（EDC）は、3つのシステムブロックに分かれている（図1）。センサーやセットポイントジェネレーターは、作動状況（エンジン回転数など）や設定値（スイッチ位置など）を検知し、物理変数を電気信号に変換する。

エンジンECUは、コンピューター内のセンサーやセットポイントジェネレーターからのデータを、開ループ制御や閉ループ制御のアルゴリズムに従って処理し、電気信号を出力してアクチュエーターをコントロールする。またECUは、他のシステムや車両診断システムとのインターフェースとしても機能する。

アクチュエーターは、コントロールユニットから出力された信号を、機械的パラメーター（燃料噴射装置のソレノイドバルブなど）に変換する。

データ処理

電子ディーゼル制御（EDC）の主な機能は、燃料噴射量と噴射時期の制御である。コモンレール式燃料噴射装置では、噴射圧力も制御する。

ECUはセンサーからの入力信号を処理したり、信号を許容電圧レベルに制限したりする。一部の入力信号では、妥当性を検証する。これらの入力データと内蔵された制御マップを使い、コンピューターは噴射時期と噴射継続時間を算出する。その後、この情報はエンジンのピストンストロークに応じて調整された信号特性に変換される。この際に使用する計算プログラムを「ECUソフトウェア」と呼ぶ。すべてのコンポーネントを効率的に作動せるため、どの車両でも、どのエンジンでも、EDCの機能は厳密に適合させる必要がある。コンポーネント相互の連携を最適に行うためには、これが唯一の方法である（図2）。

ディーゼルエンジン制御　725

必要な精度とディーゼルエンジンの高い動的応答性を達成するには、高水準の計算能力が求められる。出力信号は、アクチュエーター（インジェクター、EGRポジショナー、過給圧アクチュエーターなど）へ電力を供給するアウトプットステージを作動させる。この他にも、多くの補機類（グローリレー、エアコンディショナーなど）を制御する。

信号特性の不具合は、ソレノイドバルブ用のアウトプットステージ診断機能によって検出される。さらに、これらの信号は、インターフェースを経由して他の車載システムにも供給される。エンジンECUは、安全性コンセプトの一環として、燃料噴射システム全体をモニターする。

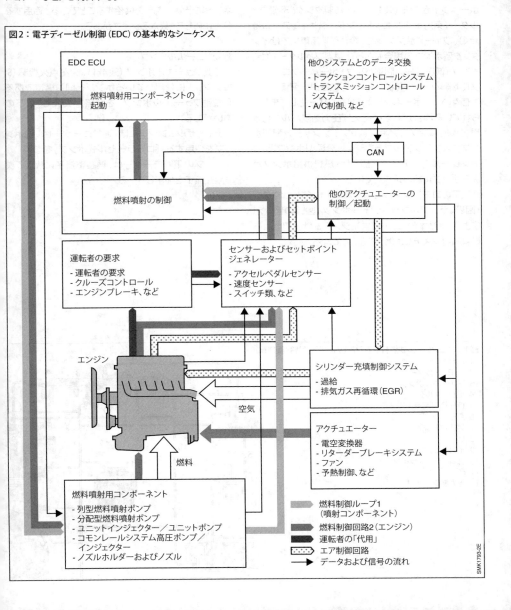

図2：電子ディーゼル制御（EDC）の基本的なシーケンス

低圧燃料供給

　燃料供給システムの役割は、必要な燃料を貯蔵してろ過し、あらゆる作動条件において燃料噴射装置に規定の圧力で燃料を供給することである。システムによっては、燃料のリターンフローを冷却する場合もある。燃料供給システムには、基本的に以下のコンポーネントがある（図1〜3）。燃料タンク、予備フィルター（乗用車用ユニットインジェクターシステムは除く）、フィードポンプ（オプション、乗用車用ではインタンク型ポンプの場合もある）、燃料フィルター、燃料ポンプ（低圧）、圧力制御バルブ（オーバーフローバルブ）、燃料クーラー（オプション）、低圧燃料配管。

　個々のコンポーネントは、アセンブリーとしてまとめられている場合がある（たとえば圧力制限バルブ付き燃料供給ポンプ）。アキシャルプランジャー分配型ポンプおよびラジアルプランジャー分配型ポンプと、コモンレールシステムの一部では、燃料供給ポンプが高圧ポンプに組み込まれている。

　以下のコモンレール（図1）、ユニットインジェクター（図2）、ラジアルプランジャーポンプ（図3）の図が示すように、基本的に、燃料供給システムは使用される燃料噴射システムによって大きく異なる。

燃料供給

　低圧ステージでの燃料ポンプの役割は、あらゆる作動状態において、また車両の耐用年数にわたって、騒音レベルを抑え、要求される圧力で高圧コンポーネントに十分な燃料を供給することである。適用する分野に応じて、異なるタイプがある。

電動フューエルポンプ

　電動フューエルポンプ（図4）は、火花点火機関（SIエンジン）に使用しているポンプと同じ構造である（「電動フューエルポンプ」を参照）。ただし、以下の違いがある。
– ディーゼルエンジンには、通常ローラーセル式ポンプを使用する（「ローラーセル式ポンプ」を参照）
– ポンプの電動モーターは、銅製整流子に代えて炭素整流子を使用している

図1：コモンレール式燃料噴射システムの燃料供給（乗用車）
　1　燃料タンク
　2　予備フィルター
　3　フューエルポンプ
　4　燃料フィルター
　5　低圧燃料配管
　6　高圧ポンプ
　7　高圧燃料配管
　8　レール
　9　インジェクター
10　燃料リターンライン
11　ECU
12　圧力制御バルブ

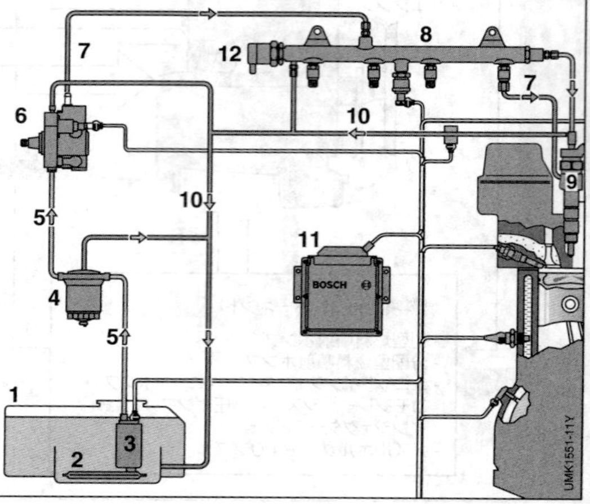

低圧燃料供給 727

電動フューエルポンプの用途
- 分配型噴射ポンプのオプション（燃料配管が長い場合、または燃料タンクと燃料噴射ポンプとの間に大きな高低差がある場合のみ）
- ユニットインジェクターシステム（乗用車）
- コモンレールシステム（乗用車）

ギヤポンプ

　ギヤポンプは、エンジンに直接取り付けられているか、コモンレール式の場合は高圧ポンプに組み込まれている。このポンプは、クラッチ、ギヤ、または歯付きベルトで機械的に駆動される。
　主な構成部品は、互いにかみ合いながら反対方向に回転する2つのギヤ（図5）で、これらが燃料を歯溝に吸引し、吸引側から吐出側に吐出する。ギヤの接触

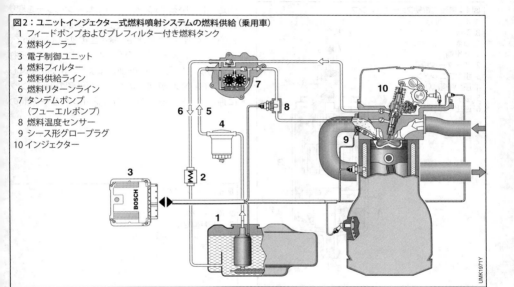

図2：ユニットインジェクター式燃料噴射システムの燃料供給（乗用車）
1　フィードポンプおよびプレフィルター付き燃料タンク
2　燃料クーラー
3　電子制御ユニット
4　燃料フィルター
5　燃料供給ライン
6　燃料リターンライン
7　タンデムポンプ
　　（フューエルポンプ）
8　燃料温度センサー
9　シース形グロープラグ
10　インジェクター

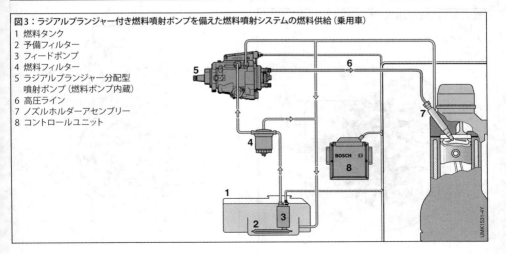

図3：ラジアルプランジャー付き燃料噴射ポンプを備えた燃料噴射システムの燃料供給（乗用車）
1　燃料タンク
2　予備フィルター
3　フィードポンプ
4　燃料フィルター
5　ラジアルプランジャー分配型
　　噴射ポンプ（燃料ポンプ内蔵）
6　高圧ライン
7　ノズルホルダーアセンブリー
8　コントロールユニット

ラインで吸引側と吐出側を遮断し、燃料の逆流を防いでいる。

吐出量は、ほぼエンジン回転数に比例するため、高速回転時の吐出量は、吸引側でのスロットル動作（調整動作）、あるいは供給量をポンプ内のインレットへと流す吐出側のオーバーフローバルブにより制限される。これにより、車両の配管系での不必要な高い流量を防いでいる。

適用範囲：
- 商用車のシングルシリンダーポンプシステム（ユニットインジェクターおよびユニットポンプシステム、個別インジェクションポンプ（PF））
- コモンレールシステム（商用車、一部の乗用車）

燃料供給用ベーンポンプ

ベーンタイプの燃料ポンプ（図6）は、分配型噴射ポンプの駆動軸に取り付けられている。駆動軸を中心にインペラーが配置されており、半月キーによって軸に固定されている。ハウジング内には、インペラーを取り囲むように偏心リングが固定されている。

燃料は、インレット通路と腎臓型のリセスを通って、インペラー、ベーンおよび偏心リングによって作られる空間に流れ込む。回転動作によって発生する遠心力で、インペラーの4つのベーンが外側の偏心リングに押し付けられる。ベーン下側とインペラーの間の

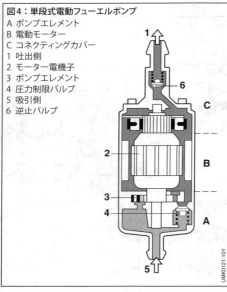

図4：単段式電動フューエルポンプ
A ポンプエレメント
B 電動モーター
C コネクティングカバー
1 吐出側
2 モーター電機子
3 ポンプエレメント
4 圧力制限バルブ
5 吸引側
6 逆止バルブ

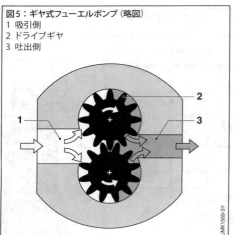

図5：ギヤ式フューエルポンプ（略図）
1 吸引側
2 ドライブギヤ
3 吐出側

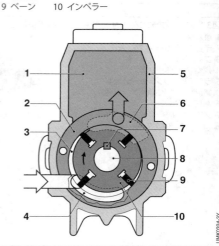

図6：ベーンポンプ
1 インナーポンプチャンバー
2 偏心リング
3 三日月型セル
4 燃料インレット（吸引セル）
5 ポンプハウジング
6 燃料アウトレット（吐出セル）
7 半月キー
8 駆動軸
9 ベーン　　10 インペラー

低圧燃料供給　729

燃料が、このベーンの外側への動きをサポートする。ベーンの間にある燃料は、回転運動により上部の腎臓型リセスに送り込まれ、開口部を通じてアウトレットに送り込まれる。

適用範囲：分配型噴射ポンプ内蔵フィードポンプ

ロッキングベーンポンプ

ロッキングベーンポンプ（図7）では、2つのロッキングベーンをスプリングでローターに押し付ける。ローターが回転すると吸引側の容積が増加し、燃料が2つのチャンバーに引き込まれる。吐出側の容積が減少し、燃料は2つのチャンバーから吐出される。ロッキングベーンポンプは、非常に低速で燃料を吐出する。

適用範囲：乗用車用ユニットインジェクターシステム

タンデムフューエルポンプ

タンデムフューエルポンプ（図8）は、燃料ポンプとバキュームポンプ（ブレーキブースター用など）で構成されるアセンブリーである。これらの2つのポンプは機能的には別々のポンプだが、共通の駆動軸によって駆動されている。エンジンのシリンダーヘッドに組み込まれており、カムシャフトにより駆動される。

フューエルポンプ自体はロッキングベーンポンプまたはギヤポンプで、低速（クランキング速度）でもエンジンを確実に始動させるのに十分な燃料を吐出する。ポンプの吐出量は、回転速度に比例する。

ポンプには、さまざまなバルブとスロットルオリフィスがある。ポンプの最大吐出量は吸引スロットルオリフィスによって制限され、過剰な燃料が吐出されないようになっている。プレッシャーリリーフバルブで、高圧ステージの最高圧力を制限する。燃料フィード内の気泡は、燃料リターンのスロットルボアで除去される。燃料システム内に空気があると（たとえば燃料タンクが空になるまで車両を走行させた場合）、低圧コントロールバルブは閉じたままになる。くみ上げられた燃料の圧力によって、バイパスを通じて燃料システムの外に空気が強制的に排出される。

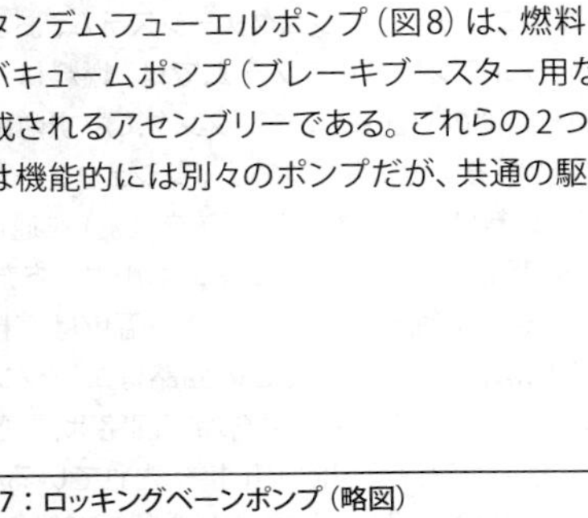

図8：タンデムポンプ内のフューエルポンプ
1 タンクへのリターン
2 タンクからのフィード
3 ポンプエレメント（ギヤホイール）
4 スロットルボア
5 フィルター
6 吸引スロットル
7 プレッシャーリリーフバルブ
8 圧力測定用接続部
9 供給、インジェクター
10 リターン、インジェクター
11 逆止バルブ
12 バイパス

図7：ロッキングベーンポンプ（略図）
1 ローター
2 吸引側（インレット）
3 スプリング
4 ロッキングベーン
5 吐出側

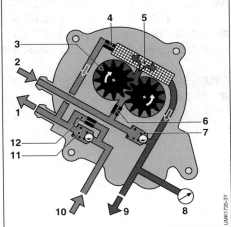

図9：圧力制御バルブ
1 バルブボディ
2 ねじ
3 コンプレッションスプリング
4 エッジシール
5 アキュムレータープランジャー
6 アキュムレーター
7 円錐シート

図10：燃料冷却回路
1 燃料供給ポンプ
2 燃料温度センサー
3 燃料クーラー
4 燃料タンク
5 エクスパンションタンク
6 エンジン冷却回路
7 クーラントポンプ
8 補助クーラー

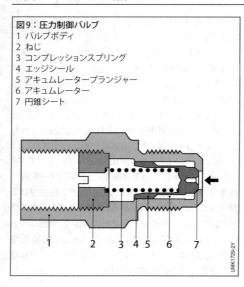

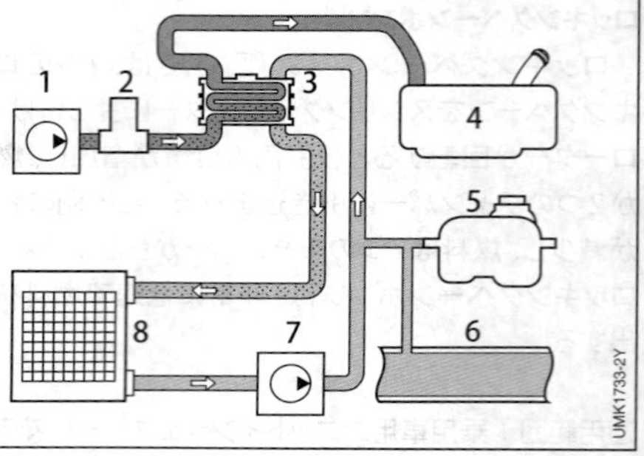

適用範囲：乗用車用ユニットインジェクターシステム

低圧コントロールバルブ

　圧力制御バルブ（図9、オーバーフローバルブとも呼ぶ）は、燃料リターンに取り付けられている。コモンレールでは通常、高圧ポンプに取り付けられている。このバルブは、燃料噴射装置の低圧ステージにおいて、あらゆる作動条件下で適切な作動圧力を供給し、ポンプが均一に満たされるようにする。

　例えば、ユニットインジェクターおよびユニットポンプ用のバルブのアキュムレータープランジャーは、300〜350 kPa（3〜3.5 bar）の初期開弁圧力で開く。コンプレッションスプリングにより、アキュムレーター内の小さな圧力変動を相殺している。4〜4.5 barの開弁圧力でエッジシールが開き、流量が著しく増大する。

　開弁圧力をプリセットするために、スプリング力の異なる2つの設定ねじがある。

燃料クーラー

　乗用車用ユニットインジェクターシステム、およびいくつかのコモンレールシステムでは、燃料はインジェクター内部の高圧によって、タンクに戻す前に冷却が必要となるほどに熱くなる。インジェクターから戻ってくる燃料は、燃料クーラー（熱交換器）を通過し、燃料冷却回路内のクーラントに熱エネルギーを放出する。エンジン作動温度でのクーラント温度は燃料を冷却するには高すぎるため、この回路はエンジン冷却回路とは別になっている。燃料冷却回路は、調整リザーバーでエンジン冷却回路に接続されている。これにより、燃料冷却回路が満たされた状態を維持し、温度変化によって引き起こされるあらゆる容積変化を相殺する（図10）。

　コモンレールでは一部、他の冷却コンセプトを使用している（燃料・空気熱交換器、車両フロアに配置された燃料・空気熱交換器など）。しかしながら、流量調整式高圧ポンプを備えた新しいコモンレールシステムが、パワーロスが少ないことから、フューエルクーラーなしで広く使用されている。

ディーゼルフィルター

機能

火花点火機関（SIエンジン）と同様に、ディーゼルエンジンでも燃料システムを汚れから確実に保護する必要がある。汚染物質は、燃料補給時にシステムに取り込まれたり、タンクエア抜き機構を通じて燃料タンク内に入り込み、燃料自体に混入することがある。燃料フィルターの機能は、燃料噴射装置を保護するために、汚れの粒子を低減することにある。

ガソリン噴射装置と比較して、ディーゼル噴射装置は、はるかに高い噴射圧力に対応するために、さらに高い摩耗からの保護性能と目の細かいフィルターを必要とする。また、ディーゼル燃料はガソリンよりも激しく汚染される。

これは、たとえば合成マイクロファイバーでできた多層構造の特殊なフィルター媒体を使用することによってのみ実現できる。このようなフィルター媒体は、細かなプレフィルターの効果を十分に引き出し、各フィルター層内部の微粒子を分離することによって、最大限の微粒子保持力を保証する。

構造

ディーゼルフィルターは、交換式フィルターとして設計されている（図1）。ねじ込み式（スピンオン）フィルター、インラインフィルターの他、アルミニウム製、プラスチック製または（衝突時の要求の高まりに応えるための）鋼板製フィルターケースに交換式非金属製フィルターエレメントを使用するタイプが広く用いられている。V字折りのフィルターエレメントが、良く利用されている。ディーゼル用燃料フィルターは、低圧回路に取り付けられている。吸引システムの場合は燃料供給ポンプの上流に、吐出システムの場合は電動フューエルポンプの下流に取り付けられている。現在では、燃料フィルターは吐出システムに取り付けることが多いようである。

要件

ここ数年、乗用車および商用車向けに、より高い噴射圧力のコモンレールシステムや進化したユニットインジェクターシステムが導入されているため、フィルターの細かさに対する要求はさらに厳しくなっている。適用例（燃料に混入する異物、エンジンの停止時間）に応じて、新しいシステムは85％～98.6％のろ過効率を必要とする（微粒子間隔3～5μm、ISO/TS 13353 [1] およびISO 19438 [2]）。最新世代の自動車に装備される燃料フィルターは、交換時期が長くなったため、より大容量の微粒子を蓄積でき、超微粒子を効率的に分離できなければならない。

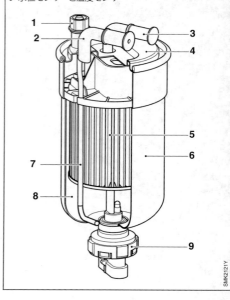

図1：ディーゼルラインフィルター
1 水抜き栓
2 燃料インレット
3 燃料アウトレット
4 フィルターカバー（亜鉛メッキコーティング）
5 V字折りフィルターエレメント（二重フィルター媒体）
6 Galfan製耐圧縮ハウジング（溶融改質シート、亜鉛アルミ合金コーティングが両側に施されている）
7 ドレンチューブ
8 水受けチャンバー
9 水位センサーと温度センサー

低圧燃料供給　**733**

今日の標準的な交換間隔は、60,000 〜 90,000 kmである。東ヨーロッパ、中国、インド、米国などのディーゼル燃料の品質が低い市場では、この間隔は著しく短くなる。同様に、バイオディーゼルを使用する場合は、交換間隔を半分にすることを推奨する。

水の分離

　ディーゼル用フィルターの重要な機能の2つ目は、腐食による損傷を防ぐために、乳化した水分と遊離水を分離することである。分配型噴射ポンプやコモンレールシステムにとっては、定格流量で93 %を超える効果的な水の分離（ISO 4020 [3]に従ってテスト）が特に重要である。水の分離は、フィルター媒体での脱乳化によって行う（水と燃料の表面張力の違いによる水滴の形成）。分離された水は、フィルターハウジングの底部にあるチャンバーに集まる（図1）。水の水位をモニターするために、電導率センサーを使用する場合がある。水抜き栓を開けるか、押しボタンスイッチを押して、手動で排水する。

　要件がきわめて過酷な場合には、吸引側または吐出側にウォーターセパレーター付きの追加の予備フィルターを取り付けるのが有効である。このタイプの予備フィルターは、主にディーゼル燃料の品質の低い国で商用車に使用されている。

モジュール式追加機能

　新世代のディーゼル燃料フィルターには、たとえば、冬季の作動中にパラフィンが詰まるのを防ぐための燃料の予熱など、モジュール式の追加機能が統合されている。燃料の予熱には、電気あるいはエンジンからの高温の燃料リターンを利用することができる。前者の場合は、PTCヒーター（正温度係数）をフィルターに取り付ける。後者の場合は、低温で開いて燃料をフィルターに戻すバイメタルバルブまたはワックスエクスパンションエレメントを取り付ける必要がある。

　その他の追加機能としては、差圧の測定によるメンテナンス表示や充填およびエア抜き装置がある。

参考文献

[1] ISO/TS 13353:2002: Diesel fuel and petrol filters for internal combustion engines – Initial efficiency by particle counting.

[2] ISO 19438:2003: Diesel fuel and petrol filters for internal combustion engines – Filtration efficiency using particle counting and contaminant retention capacity.

[3] ISO 4020:2001: Road vehicles – Fuel filters for diesel engines – Test methods.

コモンレール噴射システム

システムの概要

要件

ディーゼルエンジンの燃料噴射システムに関する要件は、ますます厳しくなってきている。燃料噴射圧力を高め、スイッチング時間（噴射時間や噴射間隔）を短縮し、エンジンの作動状態に応じて噴射プロセスが調整できるようになったため、ディーゼルエンジンは経済的かつクリーンで、高出力なものとなった。

コモンレールシステム（CRS）の主な利点は、噴射圧力と噴射時期を幅広く変更できることである。これは、（高圧ポンプによる）圧力の生成と、（インジェクターによる）噴射を分離することで達成したものである。コモンレール噴射システムのレールは、蓄圧装置（アキュムレーター）として機能する（図1）。

コモンレールシステムは、燃料の噴射をエンジンの状態にきわめて柔軟に適合させることができる。これは、作動状態に噴射圧力を適合（200～2,500 bar）、可変噴射開始時期および複数のプレ噴射と二次噴射（大幅に遅延した二次噴射も可能）の組合せにより達成される。このようにしてコモンレールシステムは、ディーゼルエンジンの比出力の向上、燃料消費量の低減、騒音の低減、汚染物質の排出低減に貢献する。

今日のコモンレールシステムは、最新型の乗用車および商用車のディーゼルエンジン用燃料噴射装置として、最も広く使用されている。

構造

コモンレールシステムは、低圧システム（燃料供給システム）、高圧システム（高圧ポンプ、レール、インジェクター、高圧燃料配管）、電子ディーゼル制御（EDC）といった主要なコンポーネントグループで構成されている（図1）。

コモンレールシステムの核となるコンポーネントは、レールに接続されているインジェクターである。インジェクターには、ノズルを開閉する高速応答バ

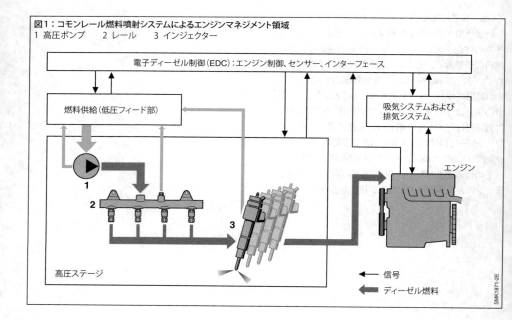

図1：コモンレール燃料噴射システムによるエンジンマネジメント領域
1 高圧ポンプ　2 レール　3 インジェクター

ルブ（ソレノイドバルブまたはピエゾ式アクチュエーター）が備えられている。この噴射バルブは、シリンダー毎に燃料噴射プロセスを制御する。

燃料供給

乗用車および小型商用車用コモンレールシステムでは、高圧ポンプに燃料を供給するために、電動フューエルポンプまたはギアポンプを使用している。大型商用車の場合は、ほとんどがギアポンプを使用している（「低圧燃料供給」を参照）。

電動フューエルポンプ式のシステム

乗用車市場では、電動フューエルポンプ式システムの採用例が増加している。これには以下のような理由が考えられる。
- 制御機能を備えた電動フューエルポンプの使用により所要動力がより低くなる（CO_2排出低減効果）
- 電動フューエルポンプでは、燃料噴射システムへの燃料供給と並行してタンク内のサクションジェットポンプを作動させることができ、これらポンプは渦流ポットを満たして、吸気エリアに燃料が確実に存在するようにする（「燃料供給モジュール」を参照）。
- 低圧システムにおける圧力生成はエンジン回転数には依存しないという事実が、始動応答性を改善する。

電動フューエルポンプは通常、タンク内蔵式となっているか（インタンク式）、あるいは燃料配管内に配置されている（インライン式）。プレフィルターを通して燃料を吸い込み、4〜6 barの圧力で高圧ポンプに燃料を供給する（図2aおよび2c）。最大吐出量は、エンジン性能に依る（150〜240 l/h）。

ギアポンプ式のシステム

ギアポンプは高圧ポンプにフランジで連結されており、高圧ポンプのインプットシャフトで駆動する（図2b）。このため、ギアポンプはエンジン始動後に燃料供給を開始する。吐出量はエンジン回転数によって異なり、最大7 barの圧力で最大400 l/hに達する。

組合せシステム

上記の2種類のポンプを併用しているシステムもある。特に温間始動の場合、ギアポンプは、燃料の温度が高く、そのため粘度が低く、しかも回転速度が低い

コモンレール噴射システム **735**

図2：乗用車用コモンレールシステム（例）
a 連続供給ラジアルピストンポンプ：圧力制御バルブによる高圧側の圧力制御
b オンデマンド制御ラジアルピストンポンプ：高圧ポンプに連結された計量ユニットによる吸引側での圧力制御
c オンデマンド制御ラジアルピストンポンプ：2つのアクチュエーターを使用したシステム（吸引側の計量ユニットによる圧力制御と高圧側の圧力制御バルブによる圧力制御）
1　燃料タンク
2　燃料フィルター
3　プレフィルター
4　電動フューエルポンプ
5　レール
6　レール圧力センサー
7　ソレノイドバルブインジェクター
8　圧力制御バルブ
9　連続供給高圧ポンプ
10　フィード用ギアポンプと計量ユニットを備えたオンデマンド制御式高圧ポンプ
11　計量ユニットを備えたオンデマンド制御式高圧ポンプ
12　ピエゾインジェクター
13　圧力制限バルブ

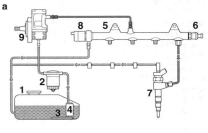

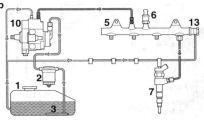

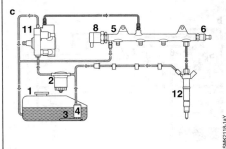

ため、ポンプの吐出量が低下する。そこで電動フューエルポンプを使って始動応答性を改善している。加えて電動フューエルポンプにより、タンク内のサクションジェットポンプの作動も確実なものとなる。

しかしながらコストが上昇し、またポンプが2台あるため所要動力も増えるので、組合せシステムが使用されることは稀である。

燃料フィルター

電動フューエルポンプを備えた乗用車のシステムでは、燃料フィルターは吐出側の電動フューエルポンプと高圧ポンプの間に配置されている。ギアポンプを備えたシステムでは、燃料フィルターを燃料タンクとギアポンプの間に配置している。これに対して商用車のシステムでは、燃料フィルター（ファインフィルター）は吸引側に取り付けられている。そのため、特に、ギアポンプと高圧ポンプがフランジで連結されている場合は、外側に燃料インレットが必要になる（図3）。

圧力の生成

コモンレール蓄圧室式燃料噴射システムでは、圧力の生成と燃料噴射の機能は分離されている。噴射圧力は、エンジンの回転数および燃料噴射量とは無関係に生成される。電子ディーゼル制御（EDC）が、それぞれのコンポーネントを制御する。

圧力の生成と燃料の噴射は、蓄圧室であるレールによって分離されている。加圧された燃料は、いつでも噴射できる状態で蓄圧室に蓄えられている。

エンジンによって連続的に駆動される高圧ポンプによって、必要な噴射圧力が生成される。フューエルレール内の圧力は、エンジン回転数および燃料噴射量とは無関係に維持される。

高圧ポンプは、ラジアルピストンポンプである。商用車には、列型燃料噴射ポンプを使用している場合もある。

圧力の制御

圧力の制御には、さまざまな方式が用いられている。

高圧側の制御

高圧側は、圧力制御バルブによって必要なレール圧力に調整されている（図2a）。噴射に必要でない燃料は、圧力制御バルブを介して低圧側に戻される。この方式の制御ループでは、作動ポイントの変化（負荷変動など）に対し、レール圧力を即座に対応させることができる。

図3：商用車用コモンレールシステム（例）
a 計量ユニットによる吸引での圧力制御機能を備えたオンデマンド制御式ラジアルピストンポンプ
b 計量ユニットによる吸引側での圧力制御機能を備えたオンデマンド制御式2プランジャーインラインポンプ
1 燃料タンク
2 プレフィルター
3 燃料フィルター
4 フィード用ギアポンプ
5 高圧ポンプ
6 計量ユニット
7 レール圧力センサー
8 レール
9 圧力制限バルブ
10 インジェクター

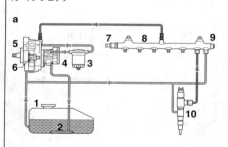

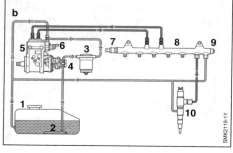

吸引側での燃料供給量制御

　吸引側で燃料供給量を調整して、レール圧力を制御する方式もある（図2bおよび図3）。高圧ポンプにフランジで連結された計量ユニットでポンプからフューエルレールに供給する燃料の量を正確に調整し、システムに必要な噴射圧力を維持することができる。故障が発生した場合には、圧力制限バルブでレール圧力が最大値を超えないようにしている。

　吸引側で燃料供給量を調整することで、高圧のかかった燃料の量を減らし、ポンプによる動力消費を減らすことができる。これは、燃費にも良い影響をもたらす。また高圧側で行う制御方式とは異なり、燃料タンクに戻る燃料の温度が低くなる。

ツインアクチュエーターシステム

　ツインアクチュエーターシステム（図2c）は、吸引側での計量ユニットによる圧力制御と、高圧側での圧力制御バルブによる制御を組み合わせたもので、吸引側で燃料供給量を制御することの利点と、高圧側制御の動的応答性の両方を兼ね備えている。低圧側のみの制御と比較して、エンジンの冷間時にも高圧側の制御を行うことができるといったメリットもある。高圧ポンプは、噴射に必要な量より多くの燃料を供給し、圧力制御バルブによって圧力を制限している。そのため、圧縮によって燃料の温度が上昇するため、燃料ヒーターが不要になる。

燃料噴射

　燃料は、インジェクターから燃焼室に直接噴射する。インジェクターには、フューエルレールに接続された短い高圧燃料配管を通じて燃料を供給する。エンジン制御ユニットは、インジェクターに組み込まれているインジェクターノズルを開閉するためのスイッチングバルブを制御する。

　インジェクターの開時間とシステムの圧力によって、噴射される燃料の量が決まる。圧力が一定の場合、噴射する燃料の量は、ソレノイドバルブの作動時間に比例する。したがって、エンジン回転数やポンプ回転数には無関係である（時間基準の燃料噴射）。

噴射性能の可能性

　圧力生成と燃料噴射を分離すると、従来の燃料噴射システムに比べて燃焼プロセスの自由度は大きくなる。限度はあるが、特性マップ内で噴射圧力を自由に選択することができる。

　コモンレールシステムでは、プレ噴射や多段噴射の導入により、排出ガス量をさらに低減することができ、また燃焼時の騒音も大幅に小さくすることができる。スイッチングバルブを高速で複数回作動させることにより、1サイクルあたり最大7回の燃料噴射を行うことができる。ノズルニードルを閉じる力を大きくするため油圧を利用していて、噴射プロセスを瞬時に終了することができる。

制御および調整

作動原理

　エンジン制御ユニットは、センサーの情報でアクセルペダルの位置やエンジンおよび車両の作動状態を検出する（「電子ディーゼル制御」を参照）。収集されるデータは、クランクシャフト回転数、クランクシャフト角度、レール圧力、給気圧力、吸気温度、クーラント温度、燃料温度、吸気質量、ホイール回転数（車速算出用）などである。電子制御ユニットはこれらの入力信号を評価し、燃焼と同期して、圧力制御バルブまたは計量ユニット、インジェクター、その他のアクチュエーター（EGRバルブ、ターボチャージャーアクチュエーターなど）を作動させる信号を計算する。

基本機能

　基本機能には、ディーゼル燃料の噴射時期制御と基準圧力での正確な燃料量制御がある。これにより、ディーゼルエンジンの燃費を低減し、スムーズな作動特性を保証する。

738 ディーゼルエンジン制御

燃料噴射量を算出するための補正機能

さまざまな補正機能を使用して、燃料噴射システムをエンジンに適合させることができる。

燃料バランス制御

燃料噴射システムとエンジンの公差により、各シリンダーで発生するトルクにムラが生じることがある。トルクのムラにより、エンジンの回転が円滑でなくなり、また排ガス量が増える。速度の揺らぎから、燃料噴射の補正量を算出する。シリンダーごとに噴射時間を厳密に適用することで、エンジンがより円滑に回転する（エンジンの円滑な回転のための制御）。

噴射量補正

インジェクターの吐出補正により、新品インジェクターの燃料量の偏差を修正できる。これを達成するために、インジェクターの生産過程において各インジェクターに対して広範な測定データが記録され、それがデータマトリックスコードの形でインジェクターに適用される。ピエゾインラインインジェクターにはリフト動作に関する情報も追加される。これらのテストデータは、車両生産段階でエンジンECUに転送される。これらの値は、エンジン作動時における計測性能とスイッチング性能の偏差を補正するために用いられる。

噴射ゼロ調整

ノイズ低減と排出目標の両方を達成するには、車両の全使用期間にわたり少量のプレ噴射を確実に制御することが特に重要である。このため、インジェクターの燃料噴射量のばらつきを補正する必要がある。これを達成するために、惰性走行において特定の1つのシリンダーに少量の燃料が噴射される。エンジンスピードセンサーは、その結果生じるトルクの上昇をエンジンスピードのわずかな動的な変化として検知する。運転者が気付くことのないこのトルクの上昇は、噴射される燃料量に対応したものであることは明らかである。すべてのシリンダーおよびさまざまな作用点に対してこのプロセスが連続して繰り返される。学習アルゴリズムがプレ噴射量の最小変化を特定し、すべてのプレ噴射に対してインジェクターの作動時間を適切に修正する。

噴射量平均値の適応

排出ガス再循環と給気圧を適切に適合させるために、実際の噴射燃料量と設定値の偏差が必要になる。噴射量平均値適応は、λセンサーおよびエアマスメーターの信号から、全シリンダーの平均燃料量を決定する。燃料噴射量の修正値は、設定値と実際の値を補正して計算する。

補助機能

開ループ制御および閉ループ制御の機能によって、排出ガス量および燃料消費量を削減したり、安全性や利便性関連の機能を実行したりする。このような機能の例としては、排出ガス再循環の制御、過給圧の制御、クルーズコントロールおよび電子車両イモビライザーなどが挙げられる。

車両全体にわたるシステムネットワークに電子ディーゼル制御（EDC）を統合することで、トランスミッション制御やエアコンディショナーなどとのデータ交換が容易になる。車両の点検整備時には、診断インターフェースを通じて記憶されているシステムデータを分析することができる。

インジェクター

ソレノイドバルブインジェクター

構造および作動原理

ソレノイドバルブインジェクターは、噴射ノズル、バルブプランジャーを作動させるための油圧サーボバルブ、ノズルニードル、ソレノイドバルブといった機能別モジュールに分けることができる。

燃料は、高圧ポート（図4a）から流入路を通って噴射ノズルに、またインレットリストリクター（流入オリフィス）を通ってバルブ制御室に導かれる。バルブ制御室は、ソレノイドバルブが作動すると開くアウトレットリストリクター（流出オリフィス）を通じて燃料リターン回路に接続されている。

エンジンおよび高圧ポンプが作動しているとき、インジェクターの機能は4つの作動状態に分けられる。これらの作動状態は、インジェクターの構成部品に作用する力のバランスによって発生する。エンジンが作動していないとき、およびレールに圧力がかかっていないときは、ノズルスプリングがノズルを閉じる。

すべてのソレノイドバルブインジェクターは、低圧システムへのリターンフロー用にソレノイドグループに油圧ポートを備えている。リターンフローは、調整量（バルブが開いている間のみ）およびノズル、バルブプランジャーならびにソレノイドバルブのガイドの漏れによるものである（最大圧が1,600 barを超過するインジェクター）。油圧効率を向上させるために、2,000 barより大きい最大噴射圧力のインジェクターには、ノズルガイドやバルブプランジャーからの漏れはない。

ノズル閉（休止位置）

静止位置では、ソレノイドバルブは通電されていない（図4a）。ソレノイドバルブスプリングの力に応答して、ソレノイドバルブがバルブシートを閉じて、流出オリフィスを通る燃料フローを止める。バルブ制御室内では、圧力が燃料レール内の圧力に上昇する。ノズル室の圧力も同じである。フューエルレールからの圧力がコントロールプランジャーの端面に作用し、ノズルスプリングはノズルニードルのプレッシャーショルダーに作用する開方向の力に対抗してニードルを閉位置に保持する。

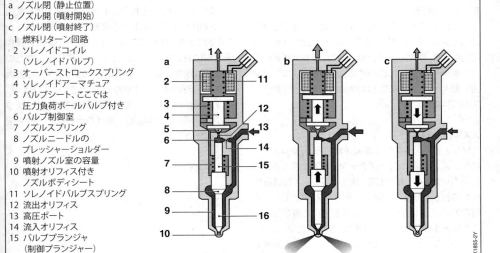

図4：ソレノイドバルブインジェクターの作動原理（略図）
a ノズル閉（静止位置）
b ノズル開（噴射開始）
c ノズル閉（噴射終了）
1 燃料リターン回路
2 ソレノイドコイル（ソレノイドバルブ）
3 オーバーストロークスプリング
4 ソレノイドアーマチュア
5 バルブシート、ここでは圧力負荷ボールバルブ付き
6 バルブ制御室
7 ノズルスプリング
8 ノズルニードルのプレッシャーショルダー
9 噴射ノズル室の容量
10 噴射オリフィス付きノズルボディシート
11 ソレノイドバルブスプリング
12 流出オリフィス
13 高圧ポート
14 流入オリフィス
15 バルブプランジャ（制御プランジャー）
16 噴射ノズルニードル

ノズル開（噴射開始）

駆動の開フェーズ（図7）の間は、電磁石の磁力がソレノイドバルブスプリングのスプリング力を上回る。アーマチュアーは、次のピックアップ電流フェーズでバルブを全開する。これにより、燃料が流出オリフィスを通って流れるようになる（図4b）。

ソレノイドバルブの素早い開動作およびそれに必要な素早い切換え時間は、ECUにおいて高電圧および高電流でソレノイドバルブの駆動を制御することで達成される（図7）。上昇したピックアップ電流は、短時間が経過した後低保持電流に降下する。

流出オリフィスが開くと、燃料はバルブ制御室からアーマチュアーチャンバーに流れ、燃料リターン配管を通って燃料タンクに戻る。バルブ制御室の圧力が降下する。燃料は継続して流入オリフィスを通って制御室へ流入する。これにより、制御室の圧力が完全に降下するのを防いでいる。流出および流入オリフィスの燃料フローは、ソレノイドバルブの動的応答性（切換え時間）に適合している。ノズルニードルの圧力は、レールでの圧力に留まる。このバルブ制御室の圧力低下により、コントロールプランジャーに作用する力が減少し、ノズルニードルが開いて燃料が噴射される。

ノズル開

ノズルニードルの移動速度は、流入オリフィスと流出オリフィスを通過する燃料の流量差によって決まる。燃料は、フューエルレール内とほぼ同じ圧力で燃焼室に噴射される。

インジェクター内の力のバランスは、噴射開始段階のバランスとほぼ同じである。レール圧力が所定の圧力のとき、噴射される燃料の量は、ソレノイドバルブの開時間の長さに比例する。そのため、エンジン回転数やポンプ回転数とは無関係である（時間ベースの燃料噴射システム）。

ノズル閉（噴射終了）

ソレノイドバルブへの通電が終わると、ソレノイドバルブスプリングによってアーマチュアが押し下げられ、バルブシートが閉じて、流出オリフィスを通る燃料の流れが止まる（図4c）。流出オリフィスが閉じると、制御室の圧力は流入オリフィスを通じて再びフューエルレールの圧力まで上昇する。高い圧力は、コントロールプランジャーの端面に大きな力として作用する。バルブ制御室に生じた力とノズルスプリングの力

が合わさり、ノズルニードルに作用する力よりも大きくなり、ノズルニードルがノズルボディシートの方向へ動く。このとき、流入オリフィスからの流れによってノズルを閉じる速度が決まる。ノズルニードルがシートに接触し、噴射オリフィス（噴射孔）が閉じると、燃料噴射サイクルが終了する。

ノズルニードルを瞬時に開くのに必要な力をソレノイドバルブだけで生成することができないため、このように油圧サーボシステムによる間接的な方式でノズルを作動させている。この制御に使用する燃料は、噴射する燃料とは別に、バルブ制御室から流出オリフィスを通って燃料リターンに戻る。

1噴射サイクル当たり、複数回の噴射用に最大8個の噴射パルス（パイロット噴射、メイン噴射、二次噴射）を設定できる。最小可能時間間隔は約150 μsである。

インジェクターの種類

ソレノイドバルブインジェクターの構造には2種類ある。
- 圧力負荷ボールバルブ付きインジェクター（バルブ力はレール圧力に対抗して作用する）
- 圧力補正バルブ付きインジェクター（バルブ力は事実上レール圧力とは無関係）

圧力負荷ボールバルブ

圧力負荷ボールバルブの場合、圧縮された燃料の圧力は、バルブシート角度とボール径により生じた領域に作用する（図5a、図4も参照）。この圧力がバルブを開く力を生む。スプリング力は少なくとも、非作動状態においてバルブが閉じているのに十分なものでなければならない。実際には、スプリング力は最大噴射圧力時の油圧より約15％大きい。これは、バルブ閉動作の際に十分な動的応答性を達成し、かつバルブが閉じている状態における十分な密閉性を確保するためである。

圧力補正バルブ

圧力補正バルブの場合、そこに圧力が作用し、開方向へ力が生成されるような領域はない（図5b）。

図5：2タイプのインジェクターとそれらに使用されているバルブ
a 圧力負荷ボールバルブ
b 圧力補正バルブ
1 バルブボール、径 d
2 バルブシート径 D、$D = d \sin(90° - α/2)$
3 バルブシーリングシート付きバルブセクション
4 カウンターベアリング
5 ソレノイドバルブスプリング
6 ソレノイドバルブアセンブリーのアーマチャーピン（径 D_S）
7 ソレノイドアーマチュア
8 バルブシート（径 D_S）
9 流出オリフィスとバルブ室を備えたバルブセクション
10 流出オリフィス
11 バルブ室
$α$ バルブシート角度
p レール圧力
F_p 油圧力（$F_p = π/4 \cdot D^2 p$）
F_V バルブスプリング力

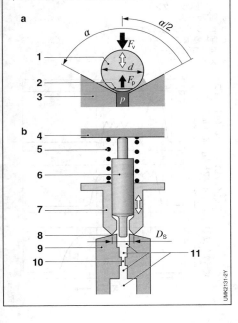

Bosch社では、乗用車用ディーゼルエンジン向けに、最大レール圧が1,600 bar以上の圧力補正バルブ付きソレノイドバルブインジェクターを市場に供給している。最大バルブ開口断面積を1,600 bar以上の圧力で達成することができるため、新しいディーゼルエンジン用のこのバルブによって、インジェクターに対する要求を満たすことができる。これにより、このバルブはニードルのリフト量を制御するサーボバルブの油圧安定性を改善している。また、1,600 bar以上の噴射圧力に必要な動的応答性を達成し、外部からの影響に対するバルブの動的応答性の感度を下げるために、高いレール圧でのバルブのリフト量も大幅に減少している。動的応答性が高いので、必要とされる2回の噴射の間で最小噴射間隔を達成している。また、ソレノイドバルブの駆動に必要な電力も少なくすることができる。

圧力補正バルブを備えたこのタイプのインジェクターは、2,000 barを超えるレール圧力を達成可能である。容量の小さいインジェクターで圧力の脈動を減衰させて、それにより、1サイクルあたり複数回の燃料噴射を行う場合の計量精度を向上させる可能性もある。

ソレノイドバルブインジェクターのさらなる開発

現在のところ、ソレノイドバルブインジェクターは以下の2つの方向でさらなる開発が行われている。
– より高い最大許容噴射圧
– 計量精度の改善と噴射燃料量許容誤差の低減

より高い噴射圧

噴射圧を高めることで、エンジン出力は同じままで、ノズルの噴射オリフィス（噴射孔）の直径を小さくして燃焼を改善し、また燃焼室で発生する未処理排気ガスを低減することができる。現在のところソレノイドバルブインジェクターが対応可能な最大圧力は2,500 barである。圧力をさらに高めることは可能であるが、インジェクターコンポーネントに求められる強度を達成するのが困難になる。この要件を達成するのに必要となる材料は高価で、加工も難しくまた作業要件も厳しいものとなる。

計量精度

噴射される燃料量の計量精度を向上させるために、バルブとノズルニードルの開放時間を計測できるセンサーを使用することができ、またエンジンコントロールユニットにプログラミングされているソフトウェアにより制御回路を構築することができる。これにより、制御回路の作動時間によりソレノイドバルブの開放時間、さらにその結果としてノズルニードルの開放時間を調整できる。このようにして、外部要因（燃料温度や燃料の粘度など）およびインジェクター内の要因（コンポーネントの摩耗など）による噴射燃料量の変動をなくすことができる。

Bosch社のソレノイドバルブインジェクターでは、このセンサーは圧力補正バルブのソレノイドに一体化されている（図6）。バルブ制御室内の圧力は、アーマチュアピンおよび圧力分配器を介してピエゾセンサーに転送され、ピエゾセンサーはこの圧力を使用して電気信号を生成する。その電気信号は、インジェクターコネクターの追加ピンを介してエンジンコントロールユニットへと送られ、そこで評価される。

制御室の圧力特性は、バルブの開放およびノズルニードルの閉鎖と相互に関連する。このようにして、噴射燃料量を調整するための制御回路を構築することができる。

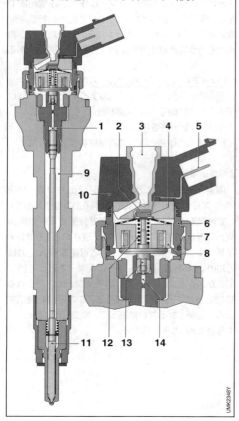

図6：ソレノイドアセンブリーにピエゾセンサーを備えたソレノイドバルブインジェクター
1 バルブ制御室　　2 ピエゾセンサーエレメント
3 吐出フィッティング　　4 圧力分配器
5 電気接続（3ピン）　　6 ソレノイドスリーブ
7 ソレノイド保持ナット　　8 ソレノイドコアとコイル
9 ミニレール圧（高圧）　　10 押出し被覆
11 ノズルニードル　　12 バルブスプリング
13 アーマチュアピン　　14 ディフューザー形状

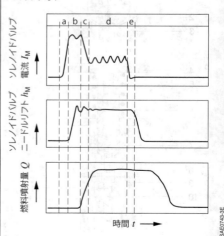

図7：1回の噴射における高圧ソレノイドバルブの駆動シーケンス
a 開フェーズ
b ピックアップ電流フェーズ
c 保持電流フェーズへの移行
d 保持電流フェーズ
e スイッチオフ

ソレノイドバルブインジェクターの駆動

ソレノイドバルブの駆動は、5段階に分かれている（図7圧力負荷ボールバルブ付きインジェクターの場合について以下に説明する。圧力補正バルブの場合のそれぞれの数値は、以下に挙げられているものより小さな値でよい）。

まず、公差が少なくして精密に燃料噴射量を計量するために、ソレノイドバルブを開くための電流波形は急峻な所定の立上がり特性を示し、急激に約20 Aまで上昇する（開フェーズ）。この電流はECUで生成され、キャパシター（ブースト電圧を蓄える）に蓄えられた最大50 Vのブースト電圧によって達成される。この電圧をソレノイドバルブに供給すると、電流はバッテリー電圧のみを使用したときの数倍の速さで上昇する。ピックアップ電流フェーズでは、ソレノイドバルブにバッテリー電圧がかかっている。電流制御機能により、このピックアップ電流は約20 Aに制限される。

ECUおよびインジェクターでの電力損失を減らすために、電流は約13 Aの保持電流まで低下する。ピックアップ電流から保持電流に低下したとき、余剰エネルギーはブースト電圧キャパシターに送られる。

電流がオフになると、ソレノイドバルブが閉じる。このプロセスにおいて、エネルギーも放出される。このエネルギーもまたブースト電圧キャパシターに送られる。ブースト電圧キャパシターから引き出されたエネルギーとこれへと戻されたエネルギーの差は、ECUに組み込まれた昇圧チョッパーを介して車両電気システムからブースト電圧キャパシターへと送られる。ソレノイドバルブを開くのに必要な元の電圧レベルに達するまで、車両電気システムからの再充電が行われる。

ピエゾインラインインジェクター
構造および要件

ピエゾインラインインジェクターの構造は、以下の主要モジュールに分けられる（図8）。
- アクチュエーターモジュール（ピエゾアクチュエーターと封入部、接点、アクチュエーターのサポートおよび力の伝達のためのコンポーネント）
- 油圧カプラー
- サーボバルブ（制御バルブ）および
- ノズルモジュール

ピエゾアクチュエーターの動きに対するノズルニードルの直接的な応答は、サーボバルブとノズルニードルの緊密な連携によって達成される。電気的な駆動開始に対するニードルの油圧的応答の遅延は、約150 μsである。このとき、ピエゾアクチュエーターの大きなスイッチング力によって、サーボバルブの作動時間（エンドストップ間の移動の所要時間）50 μsと、事実上バウンスのないスイッチング時間が達成される。これにより、高いニードルニードル速度と非常に少量の精密な燃料噴射量という相反する要件を満たしている。

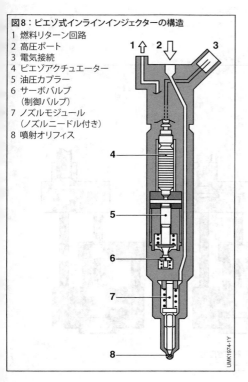

図8：ピエゾ式インラインインジェクターの構造
1 燃料リターン回路
2 高圧ポート
3 電気接続
4 ピエゾアクチュエーター
5 油圧カプラー
6 サーボバルブ（制御バルブ）
7 ノズルモジュール（ノズルニードル付き）
8 噴射オリフィス

ソレノイドバルブインジェクターと同様に、サーボバルブを介して噴射を行うための制御量が定められる。しかしながら、ピエゾインラインインジェクターの構造上の特性により、高圧回路と低圧回路の間には、これ以外に漏れるポイントがないので、システム全体の油圧効率が向上している。

1噴射サイクル当たり、最大8個の噴射パルスを設定できる。このようにして、それぞれのエンジンの作動ポイントの要件に噴射を適合させることができる。エンジン高回転域では、噴射パルスの最大可能数が減少する。

サーボバルブの作動原理

ピエゾインラインインジェクターのノズルニードルは、サーボバルブによって間接的に制御される。必要な燃料噴射量は、レール圧力を基準に、バルブの作動継続時間に応じて設定される。無通電状態では、アクチュエーターは開始位置にあり、サーボバルブは閉じている(図9a)。つまり、高圧部と低圧部は分離されている。制御室にかかるレール圧力によって、ノズルは閉じている。

ピエゾアクチュエーターは電圧を加えると伸長し、それが油圧カプラーを介してサーボバルブに伝達される。これにより、サーボバルブが開き、さらにバイパス通路を閉じる(図9b)。アウトレットリストリクター(流出オリフィス)とインレットリストリクター(流入オリフィス)の間の流量比によって、制御室の圧力が低下してノズルニードルが開く。このとき、オリフィスによって制御された量の燃料が、サーボバルブからシステム側の低圧回路を経由して燃料タンクに戻る。

閉動作を開始するためアクチュエーターへの電圧を遮断すると、サーボバルブが閉じ、同時にバイパス通路が開く(図9c)。制御室には、流入オリフィスと流出オリフィスの逆向きの流れによって再び燃料が満たされ、ノズルニードルは閉じる。ノズルニードルがノズルシートに接すると、一連の噴射プロセスは完了する。

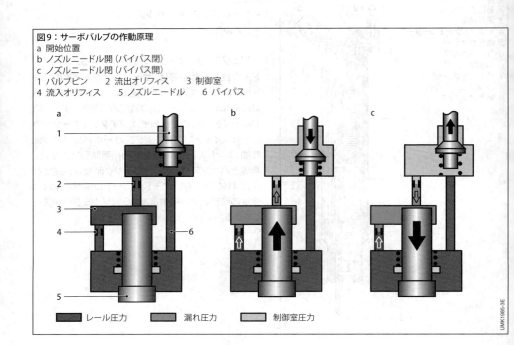

図9：サーボバルブの作動原理
a 開始位置
b ノズルニードル開 (バイパス閉)
c ノズルニードル閉 (バイパス開)
1 バルブピン　2 流出オリフィス　3 制御室
4 流入オリフィス　5 ノズルニードル　6 バイパス

油圧カプラーの作動原理

　ピエゾインラインインジェクターのもう1つの重要なコンポーネントが、油圧カプラーである（図9）。このモジュールは、鋼鉄製部品とセラミック製部品の長さの公差（鋼鉄とセラミックの熱膨張率の違いや、ホルダーボディへの締め付け力によって生じる）を補正する。また、アクチュエーターのストロークとアクチュエーターの力を、サーボバルブ側で必要とするレベルに変換するための調整を行う。変換率は、カプラープランジャーとバルブプランジャーの直径から求められる。

　アクチュエーターモジュールと油圧カプラーは、システムの低圧回路を通過する軽油（ディーゼル燃料）の流れの中に置かれている。インジェクターリターンでの燃料の圧力は約10 barである。アクチュエーターが作動していないとき、油圧カプラー内の圧力は周囲の圧力と均衡していて、カプラーによってバルブピンに加えられる力は発生しない。温度変化またはホルダーボディに作用する締め付け力の変化による長さの変化は、カプラーギャップとカプラー周囲領域の間のカプラープランジャーとバルブプランジャーのガイドクリアランスを通って流れる燃料のわずかな漏れによって補正される。これにより、ピエゾアクチュエーターとサーボバルブ間の力の連結が常に維持される。

　噴射を行うために、レール圧力に応じた電圧（110～160V）がアクチュエーターに加えられる。これによりカプラー内の圧力が増大し、スイッチング力がバルブピンに加えられる。このスイッチング力が、レール圧力によるバルブピンを閉じる力を超えると、サーボバルブが開く。カプラー内の圧力が周囲の圧力よりも高くなるため、わずかな漏れがプランジャーのガイドクリアランスを通ってカプラーからインジェクターの低

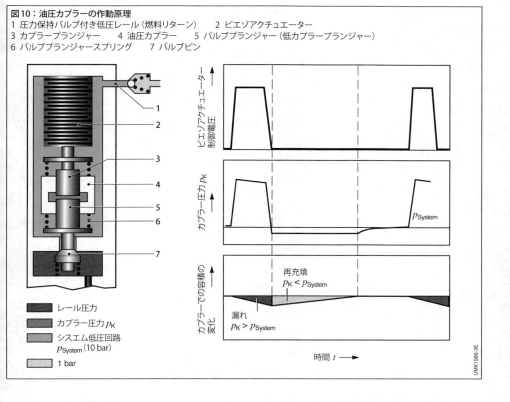

図10：油圧カプラーの作動原理
1 圧力保持バルブ付き低圧レール（燃料リターン）　2 ピエゾアクチュエーター
3 カプラープランジャー　4 油圧カプラー　5 バルブプランジャー（低カプラープランジャー）
6 バルブプランジャースプリング　7 バルブピン

圧回路 (10 bar) に流れ出る。エンジンの1回の燃焼サイクル中に、カプラーを瞬間的に連続して繰り返し作動させても、カプラーのドレインによる噴射機能への重大な影響はない。

　油圧カプラーで不足している燃料は、ピエゾ式アクチュエーターの通電パルス間の休止の間に再充填される。バルブプランジャースプリングの作用により、カプラー内の圧力が周囲より最大10 bar低くなるため、補充は、プランジャーのガイドクリアランスを通って逆方向に行われる。ガイドクリアランスおよび低圧レベルは、エンジンの次の燃焼サイクルが始まる前に油圧カプラーに補充が完了するように調整されている。

ピエゾインジェクターのさらなる開発

　ピエゾインジェクターは以下の2つの方向でさらなる開発が行われている。
– より高い最大許容噴射圧
– 各噴射間の必要なアイドルタイムの短縮

高圧ポンプ

構造および要件

　高圧ポンプは、コモンレールシステムの低圧部と高圧部を結ぶインターフェースである。その役割りは、エンジンのあらゆる作動条件において、常に必要な量の燃料を規定の圧力で供給することである。また、車両の耐用期間の全期間にわたり作動する必要がある。もちろん、エンジンを素早く始動するために必要な燃料を保持し、フューエルレールの圧力を瞬時に上昇させることも重要である。

　高圧ポンプは、燃料噴射とは関係なく、高圧のアキュムレーター（燃料レール）に一定のシステム圧力を生成する。そのため、従来の燃料噴射システムとは異なり、噴射プロセスで燃料を圧縮することはない。

　圧力を生成する高圧ポンプには、1～3個のプランジャーを持つラジアルピストンポンプを使用する。3個のプランジャーを持つポンプでは、偏心シャフトがポンププランジャーを上下に動かす。一方、2個および1個のプランジャーを持つポンプでは、カムシャフトがこの役目を担う。商用車では、2個のプランジャーを持つ列型燃料噴射ポンプを使用するものもある。

　ディーゼルエンジンの高圧ポンプは、従来の分配型噴射ポンプと同じ位置に取り付けられることが多い。ポンプは、クラッチ、ギヤ、チェーン、あるいは歯付きベルトを介してエンジンにより駆動される。このため、ポンプの回転速度は、固定ギヤ比でエンジン回転数に応じて変化する。

　乗用車および商用車に使用する高圧ポンプの構造は、さまざまである。これまでの世代のポンプには、さまざまな吐出量（50～550 l/h）、吐出圧力（900～2,500 bar）のものがある。

3プランジャー式ラジアルピストンポンプ

構造

　高圧ポンプのドライブシャフトは、ハウジングの中央に配置されている（図11、12）。ポンプエレメントは、中央のベアリングに対して放射状に、120°ずつずら

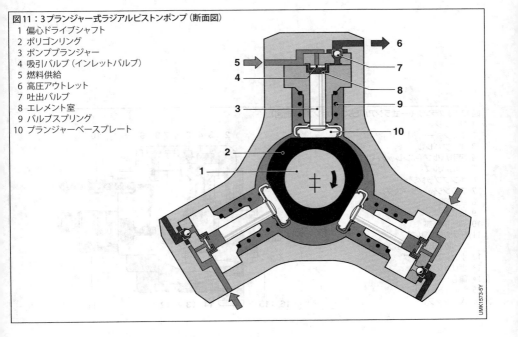

図11：3プランジャー式ラジアルピストンポンプ（断面図）
1 偏心ドライブシャフト
2 ポリゴンリング
3 ポンププランジャー
4 吸引バルブ（インレットバルブ）
5 燃料供給
6 高圧アウトレット
7 吐出バルブ
8 エレメント室
9 バルブスプリング
10 プランジャーベースプレート

して配置されている。偏心ドライブシャフトに取り付けられているポリゴンリングが、ポンププランジャーを上下に運動させる。偏心シャフトとポンププランジャー間の力の伝達は、プランジャーベースに取り付けられているプランジャーベースプレートを介して行われる。

燃料供給と圧縮

燃料供給のフィードポンプには電動ポンプまたは機械的に駆動されるギアポンプを使用し、フィルターおよび水分離器を介して高圧ポンプのインレットに燃料を供給する。高圧ポンプにフランジで連結されたギアポンプを備えた乗用車用のポンプでは、インレットはポンプ内に配置されている。オーバーフローバルブがインレットの後ろに取り付けられている。フィードポンプの供給圧力がオーバーフローバルブの開弁圧力 (0.5 〜 1.5 bar) を超えると、燃料はオーバーフローバルブのオリフィスを通って高圧ポンプの潤滑／冷却回路に圧送される。ドライブシャフトはその偏心構造により、偏心ストロークに応じてポンププランジャーを上下に動かす。燃料は吸引バルブを通ってエレメント室に送られ、ポンププランジャーが下降する (吸引行程)。

ポンププランジャーが下死点を越えると吸引バルブが閉じ、エレメント室に燃料が閉じ込められる。この状態で、燃料をフィードポンプの供給圧力以上に加圧できる。上昇する圧力がレールの背圧を超えると、アウトレットバルブが開き、圧縮された燃料が高圧回路へ送られる。3つのポンプエレメントの高圧ポートは、ポンプハウジング内で結合され、1本の高圧配管でレールに接続されている。

ポンププランジャーは、上死点に達するまで燃料を吐出する (吐出行程)。その後、圧力が低下するとアウトレットバルブが閉じる。ポンププランジャーはバルブスプリングの力によって下降し、デッドスペースに残っている燃料には圧力がかからなくなる。

エレメント室の圧力がフィード圧力と吸引バルブの開弁圧力の差よりも小さくなると、吸引バルブが開き、プロセスが反復される。

変速比

高圧ポンプの吐出量は、ポンプの回転速度に比例する。また、ポンプの回転速度はエンジン回転数に依存する。エンジンとポンプの変速比は、エンジンへの燃料噴射システムの適合プロセスにおいて、過剰な量の燃料供給を抑制するように考慮して決定する。た

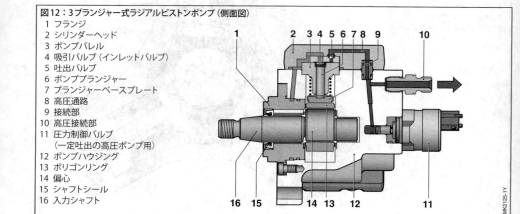

図12：3プランジャー式ラジアルピストンポンプ (側面図)
1 フランジ
2 シリンダーヘッド
3 ポンプバレル
4 吸引バルブ (インレットバルブ)
5 吐出バルブ
6 ポンププランジャー
7 プランジャーベースプレート
8 高圧通路
9 接続部
10 高圧接続部
11 圧力制御バルブ
 (一定吐出の高圧ポンプ用)
12 ポンプハウジング
13 ポリゴンリング
14 偏心
15 シャフトシール
16 入力シャフト

だし、エンジンの最大負荷時に必要な燃料を供給できなければならない。クランクシャフトに対する変速比は、1：2～5：6程度である、すなわち高圧ポンプはシフトアップされていることになる。従って、ポンプ回転数はエンジン回転数より高い。商用車ではエンジン回転数が低いため、より高い変速比が必要になる。

吐出量

高圧ポンプは多量の燃料を供給できるように設計されているため、エンジンのアイドリング時や部分負荷時では、加圧された燃料に余剰が発生する。第一世代のシステムでは、この余剰燃料はレールに配置されるか、またはポンプに連結された圧力制御バルブを通じて燃料タンクに戻される。圧縮されていた燃料が膨張するため、加圧によって与えられたエネルギーが失われ、総合効率が低下する。また、燃料の圧縮と膨張により、燃料の温度が上昇する。

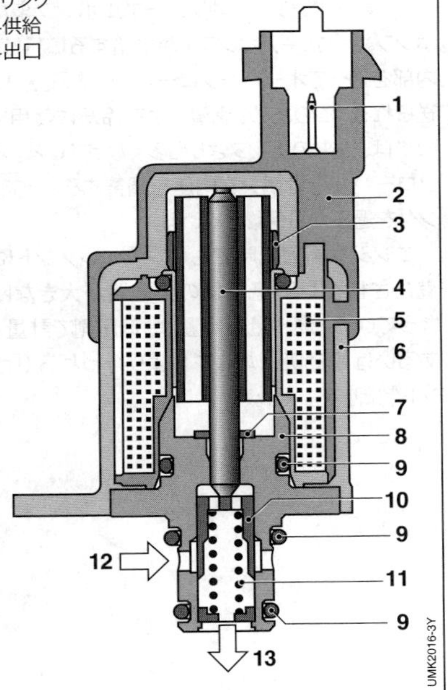

オンデマンド制御

高圧ポンプを燃料供給側（吸引側）で使用して燃料供給制御を行うことで、エネルギー効率を改善することができる。ポンプエレメントに流入する燃料は、高圧ポンプに配置された無段可変式ソレノイドバルブ（計量ユニット）により計量される（図13）。このバルブはプランジャーの計量スロットを介して、システムの要求に合わせて燃料の供給量を調節する。ソレノイドバルブによって駆動されるプランジャーの位置に応じて、計量スロットを介して計量オリフィスの開口面積が制御される。ソレノイドバルブの駆動は、PWM（パルス幅変調）信号によって行われる。

この燃料供給制御により、高圧ポンプの要求性能を引き下げることができるだけでなく、燃料の最高温度も低下する。

1および2プランジャー式ラジアルピストンポンプ
要件

ポンプエレメントの吐出ストロークによってレール内の圧力に脈動が発生するため、3プランジャー式ポンプでは燃料噴射量のばらつきが大きくなる。厳しさを増す排出物規制に適合させるため、燃料噴射量のばらつきを最小化する必要があり、噴射精度の重要性が増している。1プランジャー式および2プランジャー式ラジアルピストンポンプは、噴射同期吐出、つまり、ポンプエレメントの吐出行程とエンジンシリンダーの吸入行程の同期を行うことができる。このようにして、エンジンの各シリンダーへのポンプの吐出が、常に同一のクランクシャフト角度で行われる。

ポンプエレメントの数が1つまたは2つの場合、3～8気筒のすべてのエンジンに対し、エンジンとポンプの変速比を1：2～1：1にすることにより、噴射と同期して作動させることができる。

図13：計量ユニットの構造
1　電気系統インターフェース付きプラグ
2　ソレノイドハウジング
3　ベアリング
4　タペット付きアーマチュア
5　コイルボディ付きソレノイドバルブ巻線
6　ボウル
7　残留エアギャップワッシャー
8　磁石鉄心
9　Oリング
10　計量スロット付きプランジャー
11　スプリング
12　燃料供給
13　燃料出口

<u>構造</u>

この高圧ポンプは、1または2プランジャー式ラジアルピストンポンプである。以下のコンポーネントで構成されている（図14）。
- アルミニウム製ハウジング（低圧のみ供給）
- 1つまたは2つのポンプエレメント（耐高圧用鋼鉄製シリンダーヘッドに高圧バルブ／ポートを内蔵）
- カム駆動アセンブリー（ローラータペット付き、カムシャフトの回転運動を180°オフセットされたデュアルカムでシリンダーヘッド内のポンプの上下運動に変換。カムシャフトは取付けフランジとハウジング内の2つの軸受けで支持）

高圧はポンプエレメントで生成する。エンジンの排気量および気筒数に応じて、1プランジャー式または2プランジャー式のポンプを使用する。大型のエンジンに燃料を供給する場合は、ポンプエレメントが2つ必要である。2プランジャー式ポンプのポンプエレメントはV字形に配置され、その挟角は90°である。

シリンダー壁とポンププランジャーのオーバーラップが大きくとられていて、燃料圧縮時の漏れ損失が小さい。また、燃料供給サイクルが短いため（1プランジャーあたり1回転につき2ストローク）漏れ時間が短かく、シリンダーヘッドのデッドスペースが小さいため、効率が最適化され燃料消費率が削減される。

2プランジャー式ポンプのシリンダーヘッドは90°V型配置なので、吸引行程のオーバーラップがない。このため、2つのポンプエレメントの充填量は同一である（供給の均一性）。

高圧ポートは、1本（1プランジャーポンプの場合）または2本（2プランジャーポンプの場合）の高圧配管でレールに接続されている。高圧の燃料はハウジング内には蓄えず、シリンダーヘッドから直接供給される。このためハウジングは、高圧対策および補強対策を必要としない。

<u>低圧回路</u>

フィードポンプ（電動フューエルポンプまたは高圧ポンプ結合式ギアポンプ）が供給する燃料は、ポンプ内部を通ってオーバーフローバルブと計量ユニットに送られる。このため、潤滑および冷却に使用する燃料の量は、従来のポンプよりも多くなっている。オーバーフローバルブはポンプ内圧を調整することで、ハウジングを過圧から保護している。

エンジン高回転時でもポンプエレメントに燃料が満たされるよう、低圧側の全経路が大きな断面積となっている。燃料量の計量は、低圧側で計量ユニットあるいは電動吸引バルブにより行われる（「オンデマンド制御」を参照）。

図14：1プランジャー式ラジアルピストンポンプ
1 計量ユニット
2 ポンプエレメント
3 ポンプハウジング
4 取付けフランジ
5 摩擦軸受け
6 入力シャフト（カムシャフト）
7 シャフトシール
8 シリンダーヘッド
9 吸引バルブ（インレットバルブ）
10 高圧ポート内の高圧バルブ（逆止バルブ）
（この図では燃料インレットは図示されていない）
11 ポンププランジャー
12 ローラータペット
13 ローラーサポート
14 ドライブローラー
15 デュアルカム

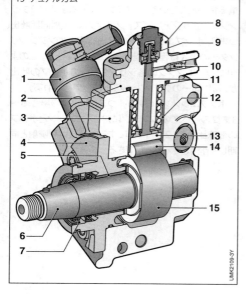

高圧回路

計量ユニットで計量した燃料は、吸引行程で吸引バルブを通ってエレメント室に送られ、次の吐出行程で高圧に圧縮され、高圧バルブと高圧配管を通ってレールに送られる。

計量ユニットによるオンデマンド制御

これらのポンプに使用されている計量ユニットのコンセプトは、3プランジャー式ラジアルピストンポンプ用に使用されている計量ユニットに相当する（図13）。しかしながら、構造は異なる。

電動吸引バルブによるオンデマンド制御

電動吸引バルブは、計量ユニット同様に電気により作動するソレノイドバルブである。しかしながら計量ユニットが比例バルブであるのとは異なり、電動吸引バルブはスイッチングバルブである。

電動吸引バルブは能動的に制御されるバルブ（図15）で、従来の吸引バルブに代わって噴射ポンプのシリンダーヘッドに取り付けられている。高圧ポンプの吸引フェーズにおいては、プランジャー室は燃料で満たされる。吐出フェーズにおいては、吸引バルブは最初は開いた状態に維持されている。吐出された燃料は、プランジャー室内の燃料量が希望の値となるまで低圧回路へと戻される。プランジャー室内の燃料量が希望の値となると吸引バルブが閉じ、プランジャー室内に残っている燃料量がレールへ送られる。電動吸引バルブは、カムの回転角に応じて作動する。

構造と機能

電動吸引バルブは、マグネットグループと油圧モジュールで構成されている。吸引バルブは通電のない状態では開いている。吸引バルブは非作動状態において、アーマチュアスプリングにより油圧流力に抗して開いた状態に維持されている。吸引バルブが作動状態になると、ソレノイドコイルが通電されて磁界が形成される。磁界は、アーマチュア内にアーマチュアスプリングに抗する力を発生させる。磁力がスプリング力より大きいと、アーマチュアは電極ボディの方向へと動いて吸引バルブを閉じる。

電動吸引バルブの特徴

電動吸引バルブは、高効率エンジンにおける作動においてより高い柔軟性を提供する。カム角度による制御プロセスのため、ポンプがいつ燃料の吐出を開始するかを確定することができる。これにより、精密でダイナミックなレール圧力制御が可能になる。

吸引フェーズにおける吸引バルブの開放により生じるスロットル作用はごくわずかなため、油圧ポンプの効率が高くなる。

電動吸引バルブの言及すべきその他の特徴として、ポンプ作動中にも燃料をレールへと吐出しないことが挙げられる。これにより、エンジンを休止状態にすることができる。

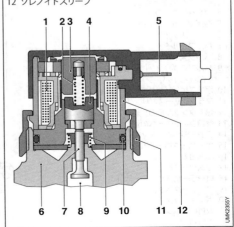

図15：電動吸引バルブ
1 ソレノイドコイル
2 アーマチュアスプリング
3 電極ボディ
4 アーマチュア
5 フラットコネクター
6 高圧ポンプのシリンダーヘッド
7 バルブプランジャー
8 高圧ポンプのプランジャー室
9 圧縮コイルばね
10 Oリング
11 ユニオンナット
12 ソレノイドスリーブ

2プランジャー式インラインピストンポンプ

構造

　最大2,500 barまでのレール圧力に対応するこのオンデマンド制御式高圧ポンプは、商用車にのみ使用されている。このポンプは、2つのポンプエレメントがカムシャフトの軸方向に並んで配置される列型構造の2プランジャー式ポンプである（図16）。この高圧ポンプはオイル潤滑式と燃料潤滑式の2種類がある。

　ポンププランジャーは、スプリングシートによってローラータペットに隙間なく押し付けられている。カムシャフトの回転運動は、カムによってポンププランジャーの往復運動に変換される。ポンププランジャーは、プランジャースプリングによって戻される。ポンプエレメントの頭部には、一体構造のインレットバルブとアウトレットバルブが配置されている。

　カムシャフトの延長部には、高いギア比のフィード用ギアポンプが配置されている。ギアポンプの機能は、燃料インレットを介して燃料タンクから燃料を吸引して、燃料アウトレットからファインフィルターに供給することである。燃料はそこから別のラインを通って高圧ポンプの上部に配置されている計量ユニットに送られる。

　潤滑油は、ポンプのマウンティングフランジを介して直接、または側方に配置されたインレットから供給される。潤滑油は、エンジンオイルパンに戻される。

作動原理

　ポンププランジャーが上死点から下死点に移動するとき、燃料の圧力（フィード圧）によって吸引バルブが開く。ポンププランジャーの下降動作によって、エレメント室に燃料が吸引される。アウトレットバルブは、バルブスプリングにより閉じられている。

　ポンププランジャーが上昇すると吸引バルブが閉じ、閉じ込められた燃料が圧縮される。燃圧がレール圧力を超過するとアウトレットバルブが開き、高圧ポートを通ってレールに送られる。これにより、レールの圧力が増加する。レール圧力センサーが測定した圧力から、エンジンECUが計量ユニットの駆動信号（PWM）を算出する。計量ユニットは、現在の要求に基づいて圧縮される燃料の量を調節する。

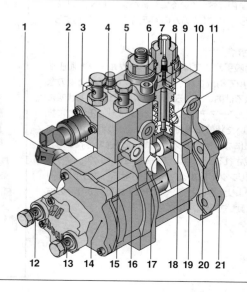

図16：2プランジャー式インラインピストンポンプ
1　回転数センサー（ポンプ回転数）
2　計量ユニット
3　計量ユニット用燃料供給
　　（燃料フィルターから）
4　燃料タンクへのリターン回路
5　高圧ポート
6　バルブボディ
7　バルブホルダー
8　バルブスプリング付きアウトレットバルブ
9　バルブスプリング付き吸引バルブ
　　（インレットバルブ）
10　ポンプエレメントへの燃料供給，
11　プランジャースプリング
12　燃料タンクからの燃料供給
13　燃料フィルターへの燃料アウトレット
14　フィード用ギアポンプ
15　オーバーフローバルブ
16　凹面カム
17　カムシャフト
18　ローラー付きローラーボルト
19　ローラータペット
20　ポンププランジャー
21　取付けフランジ

レール

機能

レールの機能は、燃料を高圧の状態で保持することである。その際、ポンプが供給する燃料の脈動および燃料噴射サイクルによって発生する脈動を蓄圧室で減衰させる。そうすることで、インジェクターが開いたときの噴射圧力を一定に保つことができる。したがって蓄圧室には、この要件を満たすだけの容量が必要である。また、エンジンの始動時に確実に圧力を素早く上昇させるには、容量が大きくなりすぎないようにする必要もある。

フューエルレールは、燃料の蓄圧室としての機能のほかに、インジェクターに燃料を供給する機能も備えている。

使用形態

チューブ式のレールは、エンジンへの取付け方法に起因するさまざまな制約により、各種の形態がある。レールには、レール圧力センサーと、圧力制限バルブまたは圧力制御バルブ用接続部が備えられている(図17)。

高圧ポンプが供給する高圧の燃料は、1本または2本の高圧燃料配管を通ってレールのインレットに供給される。その後、燃料はレールから高圧配管を通って個々のインジェクターに供給される。フューエルレール内には、エンジン作動中は常に高圧の燃料が満たされている。

燃圧はレール圧センサーにより測定されて電子ディーゼル制御(EDC)により制御され、システムによっては、オンデマンド制御または圧力制御バルブにより希望する値に調整される。システムの要件に基づいて、圧力制御バルブではなく圧力制限バルブを使用している場合もあるが、その役割りはエラー発生時にフューエルレール内の圧力を許容最大圧力に制限することである。

レールタイプによっては、流入側と流出側のオリフィスを使用して、さらに、ポンプ吐出や噴射によって生じる圧力の脈動を減衰するものもある。噴射のため燃料がレールから取り出されても、レール内の圧力は実質的に一定のままである。

レールタイプ

2つの異なるタイプのレール、鍛造レール(高温鍛造レール)および溶接レール(レーザー溶接レール)が使用されている。ボッシュでは両方の種類が使用されているが、高温鍛造レールが推奨されている。溶接レールは、2,000 bar までの量産品に使用されていて、さらなる開発は行われていない。

高温鍛造レールの場合、加工用ブランクは棒材を鍛造して作られる。内部形状とレールボディのレールインターフェースは、深穴ボーリング加工、穴あけ加工およびフライス加工で作られる。そして耐摩耗性表面処理が施される。最後に、アドオンコンポーネントが取り付けられて、機能テストが行われる。

鍛造プロセスにはレーザー溶接と比べて、外形を加工しやすいという大きなメリットがある。メリットの1つは、重量の最適化を考慮して外形を決められることである。

鍛造レールは最大 2,500 bar までのものが量産の乗用車および商用車に使用されている、次世代向けのさらに高圧仕様のレールが計画されている。

図17：圧力制限バルブ付きレールの構造
1 燃料リターン(低圧)
2 インジェクターの高圧ポート
3 高圧ポンプへの高圧ポート(1または2ポート)
4 レール圧力センサー
5 圧力制限バルブ
6 レールボディ
7 リストリクター(圧入、オプション)
8 取付けラグ(エンジンへの取付け)

→ 低圧
→ 高圧

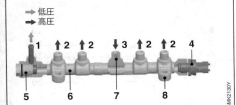

時間制御式シングルシリンダーポンプシステム

乗用車用ユニットインジェクターシステム

システム要件

　電子制御式ユニットインジェクターは高圧ポンプと噴射ノズルが組み込まれたシングルシリンダーポンプ噴射システムである（図1）。他の噴射システムにおいては噴射ポンプと噴射ノズルの間に必要とされる高圧ラインは、廃止されている。これはシステムの実質的な油圧性能が優れていることを意味する。

　ユニットインジェクターの取付け位置はシリンダーヘッドのバルブの間で、ノズルの先端は燃焼室に突き出ている。ユニットインジェクターは、オーバーヘッドエンジンカムシャフトによって駆動されるロッカーアームにより作動する。各エンジンシリンダーは個別のユニットインジェクターを備えている。噴射の開始と噴射時間は電子制御ユニットにより計算され、ポンプボディの外側に取り付けられている高圧ソレノイドバルブイルにより制御される。

　ユニットインジェクターシステム (UIS) は、出力密度の高い昨今の直噴ディーゼルエンジンが仕様通りの性能を発揮できるように設計されている。特徴として、構造がコンパクトで、噴射圧が高く（最高 2200 bar）、特性マップ全域にわたって機械式／油圧式パイロット噴射が燃焼騒音を大幅に抑制する点が挙げられる。構造がコンパクトであるため、高圧システムの体積が非常に小さく、油圧システムの効率が高い。

　ユニットインジェクターシステムは新規開発にはもはや使用されない。

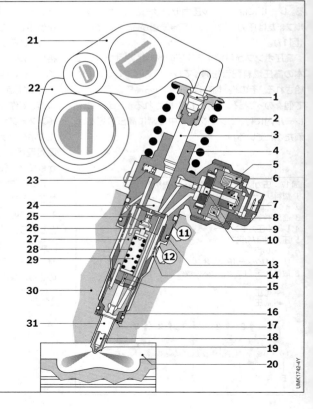

図1：乗用車用ユニットインジェクターの構造
1　ボールピン　　2　リターンスプリング
3　ポンププランジャー　　4　ポンプボディ
5　高圧ソレノイドバルブの磁心
6　アーマチュア　　7　電気接続
8　補正スプリング
9　ソレノイドバルブニードル
10　電磁石コイル
11　燃料リターン（低圧ステージ）
12　燃料フィード　　13　シール
14　燃料 吸入孔（フィルターとして作用する約350個のレーザー加工された孔）
15　油圧ストップ（ダンパーユニット）
16　リテーナーナット
17　シーリングワッシャー
18　ノズルニードル
19　ノズルニードルシート
20　エンジン燃焼室
21　ローラーロッカーアーム
22　エンジンカムシャフト
　　（アクチュエーターカム付）
23　ソレノイドバルブスプリング
24　高圧チャンバー
　　（エレメントチャンバー）
25　アキュムレーターチャンバー
26　アキュムレータープランジャー
　　（バイパスプランジャー）
27　スプリングリテーナー
28　ノズルスプリング（圧縮ばね）
29　スプリングリテーナーチャンバー
30　エンジンシリンダーヘッド
31　内蔵噴射ノズル

作動原理

吸気ストローク

ポンププランジャーが上方へ動く吸気ストロークにより、ユニットインジェクターに燃料が満たされる。燃料は、燃料供給の低圧ステージからインレット孔を通ってユニットインジェクターに流入する。ソレノイドバルブシートが開いたとき、燃料は高圧チャンバーに流入する。

プレストローク

作動カムの回転により、ポンププランジャーが下方へ動く。ソレノイドバルブがまだ開いていると、ポンププランジャーによって燃料が高圧チャンバーから燃料供給の低圧ステージへ強制的に戻される。燃料が戻る際に、ユニットインジェクターから熱も放出される（冷却）。

吐出ストロークとパイロット噴射

電子制御ユニットが特定のタイミングにおいてソレノイドバルブのコイルに電源を供給すると、ソレノイドバルブニードルがソレノイドバルブシートに押し付けられ、高圧チャンバーと低圧ステージ間の接続が閉じられる（噴射期間の始まり、BIP）。ポンププランジャーの下方への動きにより、高圧チャンバーの燃料の圧力が上昇する。パイロット噴射用のノズル開圧力は約180 barである。この圧力に達すると、ノズルニードルが上昇してパイロット噴射が始まる。この段階で、必要とされるわずかな燃料噴射量を正確に計量できるように、ノズルニードルとノズルスプリングの間にあるダンパーユニットにより、ノズルニードルの上昇が油圧により制限される。圧力が作用する油圧有効領域が大きいのでまず最初にノズルニードルが開く、このためアキュムレータープランジャーはしばらくシート上に留まる。

圧力の上昇に伴いアキュムレータープランジャー（バイパスプランジャー）は強制的に押し下げられて、シートから離れる。高圧チャンバーとアキュムレーターチャンバーが接続する。この結果による高圧チャンバーの圧力降下、アキュムレーターチャンバーの圧力上昇およびノズルスプリングの予圧が同時に上昇することにより、ノズルニードルが閉じる。これで、パイロット噴射が終了する。しかしながら、開いた状態のアキュムレーターの燃圧が作用する面積はノズル

ニードルのそれより大きいので、アキュムレータープランジャーは開始点には戻らない。

メイン噴射

ポンププランジャーの継続的な動きにより、高圧チャンバー内の圧力がさらに上昇する。メイン噴射用ノズル開圧力は、パイロット噴射より約300 bar高くなっている。これには2つの理由がある。第一に、アキュムレータープランジャーの偏位によりノズルスプリングの予圧が上昇する。第二に、スプリングリテーナーチャンバー内の燃料がより強く圧縮されるように（圧力支援）、アキュムレータープランジャーのバイパスにより燃料をスプリングリテーナーチャンバーからオリフィスを通して燃料供給の低圧ステージへと流す必要があるためである。圧力支援レベルはスプリングリテーナー内のオリフィスのサイズにより異なり、可変である。そのため、パイロット噴射のための低い開圧力（ノイズ低減のため）と、とりわけ部分負荷時におけるメイン噴射のためのできる限り高い開圧力（排気ガス低減のため）との間で好ましい妥協点に達することができる。バイパスプランジャーのストロークとシャフト径によって、パイロット噴射の終了とメイン噴射の開始までの間隔、いわゆる噴射休止時間が決まる。

ノズル開圧力に達すると、ノズルニードルが上昇して燃料が燃焼室に噴射される（噴射の実際の開始）。ポンププランジャーの高い供給率により、噴射プロセス全体の圧力は上がり続ける。

メイン噴射を終了させるため、ソレノイドバルブコイルへの通電がオフにされる。ソレノイドバルブが開き、高圧チャンバーと低圧ステージ間の接続が開放される。これにより圧力が解消される。ノズル閉鎖圧力を下回ると、噴射ノズルが閉じて噴射プロセスが終了する。この時点で、アキュムレータープランジャーも開始位置に戻る。残りの燃料は、ポンププランジャーがさらに下がる間に低圧ステージに戻される（残留ストローク）。このプロセスにおいて、ユニットインジェクターから熱も放出される。

電子制御により、特性マップの範囲内で、噴射開始時期と噴射量の規定値を選択することができる。この電子制御を高圧噴射と組み合わせることで、低燃費、ローエミッションの条件下で非常に高い出力密度を達成することができる。

商用車用ユニットインジェクターシステム

商用車用ユニットインジェクターシステムは乗用車用システムより大きい。商用車システム向けはサイズが大きいため、ソレノイドバルブをユニットインジェクターに組み込むことができる（図2）。

メインの噴射に関しては、商用車システムの作動原理は乗用車と同じである。両システムの違いはパイロッ

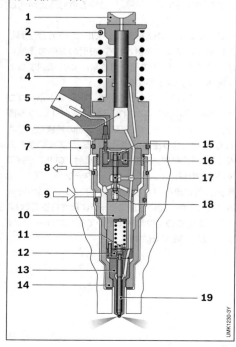

図2：商用車用ユニットインジェクターの構造
 1 スライドディスク　　2 リターンスプリング
 3 ポンププランジャー　4 ポンプボディ
 5 電気接続
 6 高圧チャンバー（エレメントチャンバー）
 7 エンジンシリンダーヘッド
 8 燃料リターンライン（低圧ステージ）
 9 燃料供給ライン　　10 スプリングリテーナー
11 圧力ピン　　12 中間リング
13 組込み噴射ノズル
14 リテーナーナット　15 アーマチュア
16 電磁石コイル
17 ソレノイドバルブニードル
18 ソレノイドバルブスプリング
19 ノズルニードル

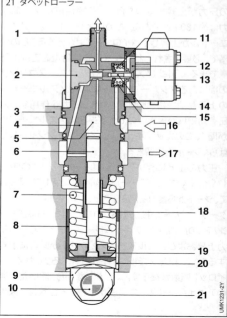

図3：ユニットポンプの構造
 1 油圧高圧ポート
 2 ソレノイドバルブニードルストッパー
 3 エンジンブロック　　4 ポンプボディ
 5 高圧チャンバー
 6 ポンププランジャー　7 タペットスプリング
 8 ローラータペットシェル
 9 ローラータペット　10 ローラータペットピン
11 ソレノイドバルブスプリング
12 アーマチュアープレート
13 ソレノイドバルブハウジング
14 ソレノイドバルブニードル　15 フィルター
16 燃料供給ライン　　7 燃料リターンライン
18 ポンププランジャーリテーナー
19 スプリングシート 20 取付け溝
21 タペットローラー

ト噴射にある。商用車向けのユニットインジェクターシステムにおけるパイロット噴射は、低回転域と低負荷範囲においては、電子的に制御することができる。これにより、燃焼ノイズが大幅に低くなり、冷間始動性能も大幅に向上する。

商用車用ユニットポンプシステム

商用車用ユニットポンプシステム（UPS）も時間制御機能を備えた、モジュール式シングルシリンダーポンプ噴射システムと言えるものであり、ユニットインジェクターシステムと密接な関係にある。このポンプシステムは、商用車のエンジンと大型エンジンに使用されている。エンジンの各シリンダーには、一体型高速作動ソレノイドバルブ付き高圧プラグインポンプ、短い高圧ラインおよび噴射ノズルで構成される専用モジュールによって燃料が供給される（図3、4）。そのためこのシステムはポンプラインノズル（PLN）とも呼ばれる。最大噴射圧力は2,100 barである。

高圧発生部と噴射部が分かれているため、エンジンへの取付けが容易である。それにもかかわらず、配管が最短であるため、油圧性能は非常に良好である。ユニットポンプはエンジンブロック側に取り付けられる。このポンプは、ローラータペットを介して、エンジンカムシャフト上の噴射カムによって直接作動する。噴射ノズルはノズルホルダーとともにシリンダーヘッドに取り付けられている。配管は、高強度、シームレス鋼製管である。これらの配管は、エンジンのそれぞれのポンプまでの長さが同じでなければならない。

ソレノイドバルブの作動原理はユニットインジェクターシステムと同じである。ソレノイドバルブが開き、ポンププランジャーが吸気行程中にポンプバレルに燃料が満たされ、吐出行程のときに逆流する。ソレノイドバルブが通電し、閉じているときにかぎり、ポンププランジャーの吐出行程中にプランジャーと噴射ノズルの間の高圧システムが加圧される。圧力がノズル開弁圧を超過すると、燃料がエンジン燃焼室に噴射される。

電子制御

ソレノイドバルブの開閉は、エレクトロニックコントロールユニット（ECU）で制御される。ECUはシステムが把握したエンジンおよびその周囲の各種パラメーターを評価し、エンジンの作動状態に応じ、常に最適な噴射開始時期と噴射量を正確に決定する。噴射開始時期の制御には、BIP（噴射開始時期）信号を使用し、システム全体の誤差を補正している。インクリメンタルホイール信号を正確に分析し、噴射開始時期をピストン位置と同期させる。

基本的な燃料噴射機能のほかにも、ECUには走行快適性の向上につながるさまざまな各種機能を付加できる（脈動ダンパー、アイドルスピードレギュレーター、アダプティブシリンダーマッチングなど）。ECU機能には、燃料噴射システムおよびエンジンの診断も含まれる。ECUは、自動車に搭載されている他の電子コンポーネント（アンチロックブレーキシステム（ABS）、トラクションコントロールシステム（TCS）やトランスミッションシフトコントロールシステム）との情報交換をCANデータバスを介して行う。

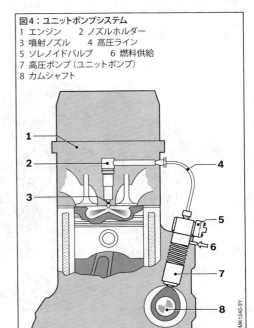

図4：ユニットポンプシステム
1 エンジン　2 ノズルホルダー
3 噴射ノズル　4 高圧ライン
5 ソレノイドバルブ　6 燃料供給
7 高圧ポンプ（ユニットポンプ）
8 カムシャフト

分配型噴射ポンプ（VE）

分配型噴射ポンプは、1962年から2000年代の終わりまで数多く使用された。このタイプのポンプは、3、4、5、6気筒の乗用車、トラクター、小型／中型商用車のディーゼルエンジンに使用されている。このポンプでは、エンジン回転数および燃焼方式に応じて、シリンダー当たり最高50 kWの出力を発生させる。直接噴射式（DI）のエンジン用分配型噴射ポンプの場合、最高4,500 rpmのエンジン回転数で、噴射ノズルのピーク噴射圧力は1,950 barに達する。

分配型噴射ポンプは、機械制御式と電子制御式があり、ロータリーソレノイドアクチュエーターを備えたポート制御式とソレノイドバルブ開ループ制御式がある。

乗用車および商用車においては、分配型噴射ポンプに代わってコモンレースシステムが用いられるようになった。

アキシャルプランジャー分配型ポンプ

構造

燃料供給ポンプ

燃料噴射システムにフィードポンプを装備していない場合、この一体型ベーンタイプの供給ポンプで燃料タンクから燃料を吸引し、プレッシャーコントロールバルブと組み合わせて、エンジン回転数に応じて（比例して）増加するポンプ内圧を発生させる。

高圧ポンプ

アキシャルプランジャー分配型ポンプ（VEポンプ）には、すべてのシリンダーに燃料を供給するポンプエレメントが1つだけ組み込まれている。そのディストリビュータープランジャー（ポンプエレメント）は、軸方向の吐出行程において燃料を噴射すると同時に、回転しながら各高圧接続部への通路に燃料を分配する（図1）。

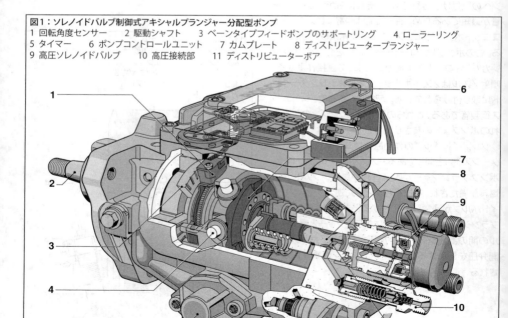

図1：ソレノイドバルブ制御式アキシャルプランジャー分配型ポンプ
1 回転角度センサー　2 駆動シャフト　3 ベーンタイプフィードポンプのサポートリング　4 ローラーリング
5 タイマー　6 ポンプコントロールユニット　7 カムプレート　8 ディストリビュータープランジャー
9 高圧ソレノイドバルブ　10 高圧接続部　11 ディストリビューターボア

分配型噴射ポンプ (VE) 759

クラッチユニットは、駆動シャフトの回転をカムプレートとカムプレートに固定されているディストリビュータープランジャーに伝える。その際、駆動シャフトとカムプレートの爪が両者の間に配置されているヨークに噛み合う。カムプレート底部のカム山はローラーリングのローラーで押し上げられ、その結果、カムプレートとディストリビュータープランジャーは、回転運動に加えて往復運動を行う。駆動シャフトが1回転するたびに、ディストリビュータープランジャーは供給すべきエンジンシリンダーと同じ数の工程を終える。

ポンプの作動行程中、ディストリビュータープランジャーのリリーフポートが閉じている間は燃料を吐出し続ける。コントロールスリーブの範囲からリリーフポートが外れた瞬間に、吐出(噴射)を中止する(図2)。

電子制御ロータリーソレノイドアクチュエーター付き分配型噴射ポンプ

機械制御式の分配型噴射ポンプとは対照的に、ロータリーソレノイドアクチュエーター付きの分配型噴射ポンプは電子制御式ガバナーと電子制御式タイマーを備えている(図2)。

電子制御式ガバナー

偏心配置のボールヘッドにより、分配型噴射ポンプのコントロールスリーブとロータリーソレノイドアクチュエーターが接続されている。アクチュエーターの回転角度によってコントロールスリーブの位置が決まり、同時にポンプの有効ストロークも決まる。ロータリーアクチュエーターには、非接触型ポジションセンサーが接続されている。

コントロールユニットは、さまざまなセンサーから、アクセルペダル位置、エンジン回転数、空気/エンジン冷却水/燃料の温度、吸気圧、大気圧などの信号を受け取る。これらの入力値を基に適切な燃料噴射量を計算し、コントロールユニットに記憶されている特性マップデータから、それに対応するコントロールスリーブ位置を求める。コントロールユニットは、コントロールスリーブの位置信号が設定値と一致するまで、ロータリーソレノイドアクチュエーターの励磁電流を変化させる。

電子制御式タイマー

ソレノイドバルブ付き油圧タイマーは、負荷の状態とエンジン回転数に応じて、エンジンのピストン位置との関連で吐出の開始が進角または遅角になるようにローラーリングを回転させる。

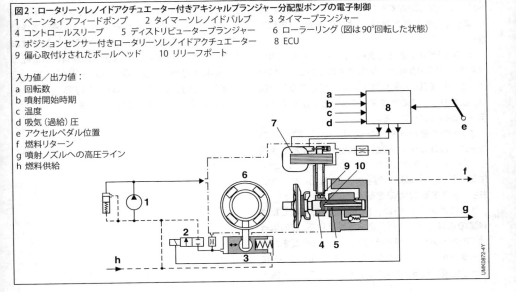

図2：ロータリーソレノイドアクチュエーター付きアキシャルプランジャー分配型ポンプの電子制御
1 ベーンタイプフィードポンプ　　2 タイマーソレノイドバルブ　　3 タイマープランジャー
4 コントロールスリーブ　　5 ディストリビュータープランジャー　　6 ローラーリング(図は90°回転した状態)
7 ポジションセンサー付きロータリーソレノイドアクチュエーター　　8 ECU
9 偏心取付けされたボールヘッド　　10 リリーフポート

入力値／出力値：
a 回転数
b 噴射開始時期
c 温度
d 吸気(過給)圧
e アクセルペダル位置
f 燃料リターン
g 噴射ノズルへの高圧ライン
h 燃料供給

ノズルが開き始める時期を示すノズルホルダーアセンブリー内部のセンサーからの信号と、プログラムされた設定値とを比較する。タイマープランジャーの作動室に接続されているタイマーソレノイドバルブは、タイマープランジャーにかかる圧力を変更し、それによってタイマーの位置を変更する。設定値と実測値が一致するまで、タイマーソレノイドバルブのクロック比を制御する。

電子制御ソレノイドバルブ式分配型噴射ポンプ

ソレノイドバルブ制御の分配型噴射ポンプ（図1）の場合は、ポンプのエレメント室を高圧ソレノイドバルブで直接遮断し、燃料を計量している。この方式は、燃料の計量および噴射開始の調整範囲が広範囲になるという特徴を持つ。このタイプの噴射ポンプの主な構成部品は、高圧ソレノイドバルブ、ECU、ポンプに組み込んだ回転角度センサーでソレノイドバルブの角度／時間制御を行うための増分角度／時間制御装置である。

ソレノイドバルブが閉じることで吐出（噴射）が始まり、バルブが開くまで継続する。バルブを閉じている時間の長さによって、燃料噴射量が決まる。ソレノイドバルブの制御により、エンジン回転数に関係なく、エレメント室の迅速な開閉を可能にする。機械式ガバナー付き噴射ポンプやロータリーソレノイドアクチュエーター付き噴射ポンプと比較すると、ソレノイドバルブで直接制御するため、デッドスペースが小さく、高圧での密閉性が良好で、より高い効率を実現できる。

吐出開始時期の制御と燃料の計量を正確なものにするため、燃料噴射ポンプ本体に専用のコントロールユニット（ECU）が取り付けられている。このECUには、個々のポンプの特性マップと較正のための基準データが保存されている。

エンジン作動パラメーターに基づいて、エンジンコントロールユニットが噴射と吐出の開始時期を決定し、データバスを介してポンプコントロールユニットに伝える。この装置は、噴射の開始と吐出の開始のどちらも制御することができる。

さらにポンプコントロールユニットは、噴射した燃料量の信号をデータバス経由で受け取る。この信号は、アクセルペダル信号やその他のトルク要求パラメーターをもとに、エンジンコントロールユニットによって生成される。ポンプコントロールユニット内で

は、ある特定の吐出開始に対する燃料噴射量信号とポンプ回転数が、ポンプ特性マップ用の入力変数と見なされる。この特性マップには、対応する制御時間がカムの回転角度として保存されている。

最後に、高圧ソレノイドバルブの作動と希望作動時間が、分配型噴射ポンプに内蔵されている回転角度センサーに基づいて決定される。このセンサーは、角度／時間制御のために用いられる。センサーは磁気抵抗センサーとインクリメンタルホイールで構成され、インクリメンタルホイールには各シリンダーのリファレンスマークを表す3°ごとの刻みが設けられている。センサーの役目は、ソレノイドバルブが開閉するときのカムの回転角度を正確に測定することにある。そのため、ポンプコントロールユニット内では時間から角度位置、および角度位置から時間を求めるための換算が行われる。

ディストリビューターインジェクションポンプの設計に起因して、噴射開始時の燃料吐出率が低く、2スプリングノズルホルダーを使用した場合はさらに低くなる。その結果、エンジンの暖機時には、基本ノイズを低く抑制することができる。

パイロット噴射

パイロット噴射を行うことで、定格回転数で最高出力を発生させるという設計上の原則を犠牲にすることなく、燃焼騒音をさらに抑制できる。パイロット噴射は、コントロールユニットによって、ソレノイドバルブを数千分の1秒という短時間内に2回続けて作動させるだけであり、特別なハードウェアを追加せずに実現できる。初回の噴射では少量の燃料のみを吐出して燃料室の調子を整える。ソレノイドバルブは、高い精度と動特性で燃料噴射量を制御する。パイロット噴射する燃料は、一般に$1.5\,\text{mm}^3$である。

ラジアルプランジャー分配型ポンプ

構造

高圧ポンプ

　ラジアルプランジャー式高圧ポンプ（VR型ポンプ、図3）は、分配型ポンプの駆動軸で直接駆動される。このポンプは、カムリング、ローラーサポートとローラー、吐出プランジャー、駆動プレートおよびディストリビューターシャフトのフロントセクション（ヘッド）で構成される。

　駆動軸は、放射状に配置されたガイドスロットによってドライブプレートを駆動する。このガイドスロットは、ローラーサポートの位置決めスロットとしての役割も果たしている。ガイドスロットに支持されているローラーサポートとローラーは、駆動軸を取り囲むカムリングの内面カムの形状をなぞって作動する。カム山の数は、エンジンの気筒数に相当する。

　駆動プレートがディストリビューターシャフトを駆動する。ディストリビューターシャフトのヘッドが、駆動軸の半径（ラジアル）方向に配置されている吐出プランジャーを保持している（ラジアルプランジャー付き分配型ポンプという名称の由来）。

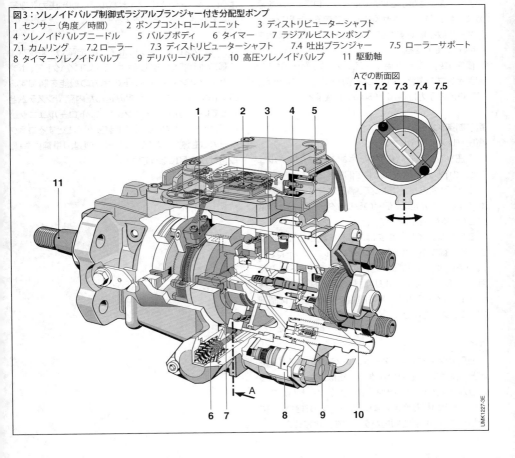

図3：ソレノイドバルブ制御式ラジアルプランジャー付き分配型ポンプ
1 センサー（角度／時間）　　2 ポンプコントロールユニット　　3 ディストリビューターシャフト
4 ソレノイドバルブニードル　　5 バルブボディ　　6 タイマー　　7 ラジアルピストンポンプ
7.1 カムリング　　7.2 ローラー　　7.3 ディストリビューターシャフト　　7.4 吐出プランジャー　　7.5 ローラーサポート
8 タイマーソレノイドバルブ　　9 デリバリーバルブ　　10 高圧ソレノイドバルブ　　11 駆動軸

吐出プランジャーは、ローラーサポートに支持されている。ローラーサポートは遠心力によって外側へ押し付けられるため、吐出プランジャーはカムリングのプロフィールをなぞり、回転しながら往復運動の軌跡を描く。

カムによって吐出プランジャーが内側に押されると、2つの吐出プランジャーの間にある中央プランジャー室の容積が減少する。ソレノイドバルブが閉じているとき、これが燃料を圧縮して供給する。燃料はディストリビューターシャフト内の通路を通り、決められたタイミングで適切なアウトレットデリバリーバルブに導かれる。

カム駆動部には確実に作動する直結リンクを使用しているため、作動部の剛性が高く、伝達ロスが最小限に抑えられ、潜在的な性能が向上する。燃料供給は少なくとも2個のラジアルプランジャーで分割して行う。慣性力が小さいため、カムプロフィールを急激に（素早く）変化させることができる。吐出プランジャーの数を増やすことで、燃料吐出率をさらに大きくすることもできる。

直接噴射エンジン用ラジアルプランジャー付き分配型ポンプの場合、エレメント室圧は最高 1,100 bar、ノズル内の圧力は最高 1,950 bar に達する。

電子制御システム

高圧ソレノイドバルブ

高圧ソレノイドバルブは、ポンプコントロールユニットのトリガー信号に応じて開閉する。バルブが閉じている時間の長さによって、高圧ポンプの吐出時間が決まる。そのため、個々のシリンダーに対して非常に正確に燃料を計量できる。

高圧ソレノイドバルブは、電流を調整することによって制御する。ポンプコントロールユニットは、電流曲線によりバルブシート内のバルブニードルの接触を確認する。これにより、燃料供給を開始する正確なタイミングを算出し、噴射開始を極めて正確に制御することが可能になる。

タイマー

油圧アシスト式タイマーは、エンジンのピストン位置との関連で吐出開始が進角または遅角になるようにカムリングを回転させる。高圧ソレノイドバルブとタイマーとの相互作用により、エンジンの作動状態に合わせて噴射開始と噴射パターンを変化させる。

タイマープランジャーの軸方向の動きでカムリングを回転させるために、カムリングは調整ラグによりタイマープランジャーの十字スロットにかみ合う。タイマープランジャーの中央にはコントロールスリーブがあり、これがタイマープランジャーの制御ポートを開閉する。同一線上にバネ荷重のかかった油圧コントロールプランジャーがあり、これがコントロールスリーブの要求位置を決める。ポンプコントロールユニットの制御により、タイマーソレノイドバルブがコントロールプランジャーに作用する圧力を調整する。

この油圧式タイマーは、アキシャルプランジャー分配型ポンプの油圧タイマーよりも高い吐出力を発揮することができる。

タイマーソレノイドバルブは、可変スロットルの役割を果たす。コントロールプランジャーが完全な進角と完全な遅角の間のあらゆる位置をとることができるように、タイマーソレノイドバルブは制御圧力を連続的に変化させることができる。

インジェクションポンプに電子回路を備えたタイプ

最新世代の分配型噴射ポンプはコンパクトで、ポンプとエンジンマネジメントの両方の機能を制御するコントロールユニットを組み込んだ内蔵型システムとなっている。独立したエンジンコントロールユニッが不要になったため、燃料噴射装置が必要とするコネクターの数も減り、ワイヤーハーネスもより単純になり、取付けが容易になっている。

燃料噴射装置

　燃料噴射ポンプは、燃料噴射装置を構成する構成部品の一つである（図4）。ディーゼル燃料噴射装置は、燃料供給装置（低圧ステージ）、高圧コンポーネント、噴射コンポーネントおよび制御装置により構成される。燃料供給装置は、燃料を集め、ろ過する。必要な場合には、追加の燃料ポンプが装備されている。噴射ポンプと配管は高圧コンポーネントである。高圧を生成し、対応するシリンダーに適切なタイミングで燃料を分配する。

　分配型ポンプ噴射装置では、噴射コンポーネントに噴射ノズルとノズルホルダーが含まれる。このノズルホルダーアセンブリーにはさまざまなタイプがある。各シリンダーに、ノズルホルダーアセンブリーが1個ずつ取り付けられている。ブラケットまたはホローボルトでシリンダーヘッドに取り付けられている。噴射ノズルの役割は、計量された燃料を噴射し、燃料を準備し、噴射パターンを形成し、燃焼室に対する密閉性を提供することである。各噴射ノズルは、複数の噴射オリフィス（最大0.12 mm）を備えたノズルボディとノズルニードルで構成される。噴射オリフィス（ノズルボディのさまざまな角度にある）とエンジン燃焼室の間を適合させるために、ニードルはノズルボディのガイドボアに導かれる。

　分配型噴射ポンプの機械式または電子式制御装置は、ポンプ自体に取り付けられている。いくつかのシステムは、独立したエンジンコントロールユニットを備えている。電子制御式タイプには、多数のセンサーとセットポイントジェネレーターが装備されている。

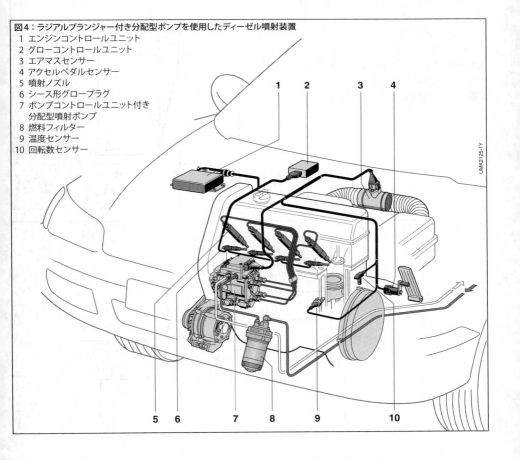

図4：ラジアルプランジャー付き分配型ポンプを使用したディーゼル噴射装置
1 エンジンコントロールユニット
2 グローコントロールユニット
3 エアマスセンサー
4 アクセルペダルセンサー
5 噴射ノズル
6 シース形グロープラグ
7 ポンプコントロールユニット付き
　分配型噴射ポンプ
8 燃料フィルター
9 温度センサー
10 回転数センサー

ディーゼルエンジン用補助始動装置

乗用車および軽商用車用予熱システム

温まったディーゼルエンジンは外気温が低くても始動補助無しで始動する。この場合始動速度で回転するエンジンによる圧縮でディーゼル燃料の着火温度250℃が達成される。冷たいディーゼルエンジンは、圧縮比によっては、外気温が低いときはグロープラグによる始動補助を必要とする(図2)。

予熱システムの使用は単純な始動補助にとどまるものではない。たとえば運転モードにおいてエンジンが温まっていてもグロープラグを一貫して作動させることで、すべての運転状況を通じて燃焼を最適化することができる。

予熱システムの構造と機能

予熱システム(図1)は本質的にはグロープラグ(GLP)、グロー制御ユニット(GCU)、およびエンジン管理システムの予熱ソフトウェアから構成される。今日多く使用されている低電圧予熱システムでは、車両電気系統の電圧よりも低い公称電圧のグロープラグを使用し、電子的グロー制御ユニットによりエンジンの要求に合わせて熱出力を調整する。

DIエンジンではグロープラグはエンジンのシリンダーの主燃焼室まで延びている。混合気はグロープラグの高温の先端を通るように方向づけられる。圧縮サイクルにおけるインテークエアの加熱と相まって、着火温度に到達し混合気が点火される。

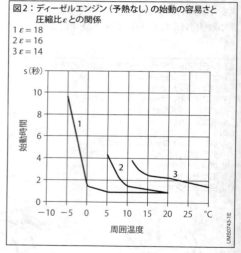

図2：ディーゼルエンジン(予熱なし)の始動の容易さと圧縮比 ε との関係
1 $\varepsilon = 18$
2 $\varepsilon = 16$
3 $\varepsilon = 14$

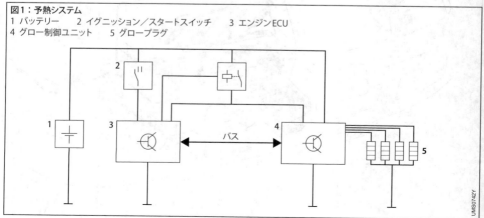

図1：予熱システム
1 バッテリー　2 イグニッション／スタートスイッチ　3 エンジンECU
4 グロー制御ユニット　5 グロープラグ

ECUの予熱ソフトウェアは、保存されているパラメーター（イグニッション／始動スイッチのオン／オフ、クーラント温度など）に従って予熱プロセスの開始・終了を実行する。グロー制御ユニットは予熱の各段階（プレヒーティング、スタンバイ、始動、ポストヒーティング）において、ECUからの指示に従って、電子的スイッチ（トランジスター）により車両電源電圧でグロープラグを起動する。パルス幅変調を用いた起動プロセスにより、グロープラグへの供給電圧は車両電源電圧より低い値となる。グローエレメントの定格電圧が低いため、車両電源電圧を直接印加するとエレメントが破損する。

予熱の段階
- グロープラグは予熱中に作動温度まで加熱される。
- スタンバイヒーティング段階では、予熱システムは始動に必要な温度を一定時間保持する。
- スタートヒーティングはエンジン始動動作中に適用される。
- ポストヒーティング段階はスターター起動後に開始される。
- 惰行運転により、あるいは微粒子フィルターの再生のためにエンジン温度が低下したとき、インターミディエイトヒーティングが起動される。

プレヒーティング段階ではエンジン始動に必要な温度にできるだけ早く到達するため、グロープラグには定格電圧を上回るプッシュ電圧が短時間印加される。続くスタンバイヒーティング段階で印加電圧はグロープラグの定格電圧まで低下する。

スタートヒーティングにおいては、印加電圧を再度上げて、冷たいインテークエアによるグロープラグの温度低下を補償する。この操作は加熱後段階またはインターミディエイトヒーティング段階でも可能である。これに必要な電圧は、各エンジンに適合する多数のプログラムマップから得られる。プログラムマップにはエンジン回転数、燃料噴射量、スターター起動時点からの経過時間、クーラント温度などのパラメーターが含まれる。

起動をマップで制御することにより、エンジンの作動状態を問わずグロープラグの過負荷を確実に防ぐことができる。エンジンECUで実現されている加熱機能には、反復加熱の場合の過熱を防止する措置が含まれている。

この低電圧予熱システムによって、最低-30℃に至るまで、ガソリンエンジンと同様の迅速な始動が容易に行われる。

低電圧金属グロープラグ
構造と特性

シース形グロープラグの主な構成部品は、チューブ状のヒーターエレメントである（図3）。管状の発熱体は高温ガスと耐食性の発熱体シースから成り、後者にはフィラメントとそれを囲む酸化マグネシウム圧粉体が収納されている。このフィラメントは、直列に接続された2つの抵抗器、すなわちシース先端に位置する加熱フィラメントと制御フィラメントから成っている。

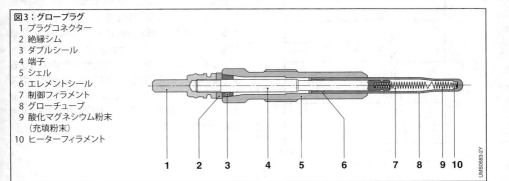

図3：グロープラグ
1 プラグコネクター
2 絶縁シム
3 ダブルシール
4 端子
5 シェル
6 エレメントシール
7 制御フィラメント
8 グローチューブ
9 酸化マグネシウム粉末（充填粉末）
10 ヒーターフィラメント

加熱フィラメントの電気抵抗は温度に依存しない
のに対して、制御フィラメントは正の温度係数（PTC）
を持つ。すなわち、温度が上昇するにつれて抵抗値
が増加する。

加熱フィラメントは、接地用のエレメントシースの
キャップに溶接されている。制御フィラメントは端子
ねじに接していて、車両電気システムとの接続を確立
する。

グローエレメントは、ヒーターコイルがエレメント
シースにより近く収まるように正面が先細になってい
る。これにより、プッシュモードで最大1,000℃（3秒
以内）の予熱速度が可能になる（図4）。最高加熱温
度は1,000℃を上回る。始動スタンバイ加熱およびポ
ストヒーティングモードでの温度は、約980℃である。

公称電圧11Vのグロープラグは加熱時間が長いた
め、現在では乗用車には事実上用いられていない。

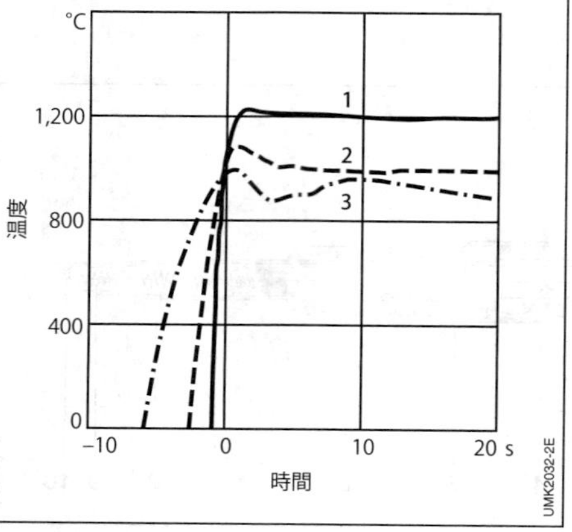

作動原理

グロープラグに電圧を印加すると、まず加熱フィラ
メントに与えられた電気エネルギーの大部分が熱に
変換され、グロープラグ先端の温度が急速に上昇す
る。これに遅れて、制御コイルの温度が上昇し、それ
に伴いインピーダンスも増加する。そのため電流が
減少し、それに伴いグロープラグの合計熱出力も減少
し、温度が定常状態に近づく。作動電圧の制御によっ
て、温度をグロープラグにとっての限界値以下に保つ
ことができる。このようにして、グロープラグはエン
ジン始動後数分間にわたって作動を続けることができ
る。このポストヒーティング機能は、エンジンの冷間
アイドリングにとって好ましいもので、ノイズと排出ガ
スを大幅に低下させる。

低圧縮比のディーゼルエンジンにおける排出ガスの低減

最新のディーゼルエンジンにおいて圧縮比を $\varepsilon = 18$
から $\varepsilon = 16$ へ下げることで、NOxとすす状物質の排
出を減らすと同時に、比出力を上げることができる。
しかしそのようなエンジンでは、圧縮比が低いため、
コールドスタートやコールドアイドリングの性能は制
御しにくくなる。この種のエンジンで排気ガスの光学
濃度を最小にし、コールドスタートおよびコールドア
イドリング時の運転を円滑にするためには、グロー
プラグの温度を最大 1,250℃ としなければならない。
コールドランニング時に最適な燃焼を実現するには、
ポストヒーティングを数分間持続させることが必須で
ある。金属グロープラグではこのような要求を満たす
ことは不可能に近い。

低電圧セラミックグロープラグ

低電圧セラミックグロープラグは耐熱性の高いセラ
ミック製グローエレメントを持つ。セラミック材料に
セラミック製熱伝導体が埋め込まれている。その機能
は金属グロープラグのフィラメントと同様である。

セラミックグロープラグは酸化や熱衝撃に対する
耐性が極めて高く、短時間での起動、数分間のポス
トヒーティング、1,250℃ までのインターミディエイト
ヒーティングが可能である。これらは定格電圧7V用
に設計されている。

図4：予熱曲線の比較、$t = 0$ 秒以降11 m/sの流速
1 低電圧セラミックグロープラグ
　（例、定格電圧7V）
2 低電圧金属製グロープラグ
　（例、定格電圧5V）
3 金属製グロープラグ（定格電圧11V）

ディーゼルエンジン用補助始動装置　**767**

グロー制御ユニット

　グロー制御ユニットは、作動状態に応じてエンジンコントロールが要求するグロープラグ温度を設定する。この目的のため、電源電圧はトランジスターによってパルス幅変調される。

　グロー制御ユニットは更に、グラウンドオフセット補償および極性反転保護の機能も果たす。

使用方法

　低電圧予熱システムは、運転状態に最適な温度を設定し、同時に過電圧によるグロープラグの損傷を避けるために、各エンジンに適合したシステムを使用しなければならない。それぞれの起動電圧はプログラムマップに保存されている。

制御予熱システム

　制御予熱システムは運転コストの最小化のために開発されたものである。セラミックグロープラグはある範囲内で温度と抵抗との直線関係を示す。この挙動を利用して、ECUにおいてアルゴリズムにより、グローエレメントの現在の温度を計算し、希望する温度への調整を自動的に行う。

商用車のディーゼルエンジン用火炎始動装置

要件

商用車のディーゼルエンジンは、補助始動により約−20℃の低温でも始動できる。始動に要する時間は圧縮比εと使用燃料等級（セタン価CN、図5）に依存する。しかしながらミスファイアと未燃焼炭化水素（HC）の放出を避けるために、圧縮比と使用燃料等級によっては、冷却水温度が10℃以下の状態から補助始動として吸気予熱を使用することができる（火炎始動装置またはグリッドヒーター）。

吸気を予熱することにより、外気温が低いときも安定した素早い始動が可能である。バッテリーやスターターも保護され、始動および暖機段階での燃料消費が軽減される。高温時には吸気の予熱は、確実な始動のためには不要であるが、白煙の発生（炭化水素（HC）の排出、図6）の防止に役立つ。

構造

火炎始動装置には、バーナーチャンバーを使用したものと火炎グロープラグを使用したものの2種類がある。

バーナーチャンバーを使用した火炎始動装置

この装置（図7）は、ソレノイドバルブ、ノズル、ロッドタイプグロープラグが取り付けられているノズルホルダーから成る。ノズルホルダーはガスケットとバーナーチャンバーと一緒に、ねじ3本で給気ハウジングに取り付けられている。

燃料は燃料システムの燃料フィルターを通過してから引き込まれ、燃料ラインを介してソレノイドバルブへと送られる。ソレノイドバルブは火炎始動装置作動中の燃料流量を制御する。グロープラグの電源は火炎始動制御ユニットから供給されている。

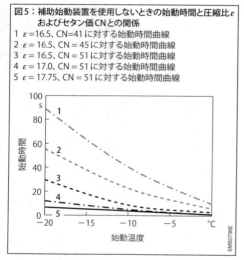

図5：補助始動装置を使用しないときの始動時間と圧縮比εおよびセタン価CNとの関係
1 ε = 16.5、CN = 41 に対する始動時間曲線
2 ε = 16.5、CN = 45 に対する始動時間曲線
3 ε = 16.5、CN = 51 に対する始動時間曲線
4 ε = 17.0、CN = 51 に対する始動時間曲線
5 ε = 17.75、CN = 51 に対する始動時間曲線

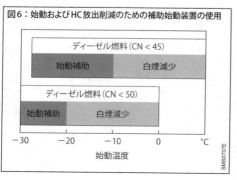

図6：始動およびHC放出削減のための補助始動装置の使用

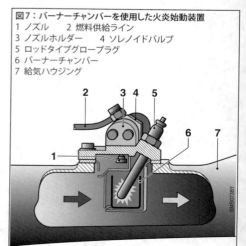

図7：バーナーチャンバーを使用した火炎始動装置
1 ノズル　2 燃料供給ライン
3 ノズルホルダー　4 ソレノイドバルブ
5 ロッドタイプグロープラグ
6 バーナーチャンバー
7 給気ハウジング

火炎グロープラグ

バーナーチャンバーを使用した火炎始動装置とは対照的に、火炎グロープラグの場合のソレノイドバルブは火炎始動装置には直付けされておらず、燃料ラインにより火炎グロープラグに接続されている。また火炎グロープラグの外形は遥かにコンパクトである (図8)。

火炎グロープラグに組み込まれているグロープラグは、バポライザー管の上部に封入されており、火炎グロープラグの端の保護管まで延びている (図9)。燃料は燃料フィルターを通過してから引き込まれ、別途取り付けられているソレノイドバルブを通り、燃料ラインを介して火炎グロープラグに供給される。燃料は、流量を制御するために計量装置経由で火炎グロープラグに入る。火炎始動制御ユニットは、火炎始動装置を制御する役目を担っている (グロープラグに電流を供給し、ソレノイドバルブをオンにする)。

火炎始動装置の使用

バーナーチャンバーを使用した火炎始動装置は主として排気量 $V_H > 10l$ のエンジンを備えた商用車に使用され、火炎グロープラグは排気量 V_H が 4～10l のエンジンに用いられる。火炎始動装置は、加熱された吸気がすべてのシリンダーに均等に分配されるように、エンジン給気管に取り付けられている。

作動原理

火炎始動装置は、温度が制御ユニットで定義されているスイッチオン温度を下回ると有効になる。イグニッションキーをドライブポジションに回すと、「火炎始動装置」のインジケーターランプが点灯し、グロープラグに電源が供給され、予熱される。予熱時間は車両システムの電圧によるが約25秒であり、これが経過するとインジケーターランプは消灯し、火炎始動装置が作動し、エンジンを始動できる。エンジンが始動すると、ソレノイドバルブが開き燃料が高温のグロープラグに流れて、そこで発火する。ここで発生した火炎が吸入された吸気を加熱する。火炎始動装置はエンジン始動後も燃焼が安定するまでポストフレーミング時間だけ作動を続け、制御ユニットで規定されているパラメーターにしたがってオフになる。ポストフレーミングのパラメーターは冷却水温度に依る。

インジケーターランプが消える前にエンジンが始動またはインジケーターランプ消灯後30秒以内にエンジンが始動しないと、火炎始動装置もオフになる。この場合、運転者がイグニッションキーを戻してから再度駆動位置に回すと、走行火炎始動装置を再度作動させることができる。

図8：給気管に取り付けられた火炎グロープラグ
1 燃料ライン
2 スロットルライン
3 火炎グロープラグ
4 アース接続
5 給気チューブ

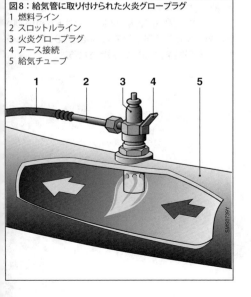

図9：火炎グロープラグ (ベルシステム)
1 燃料供給接続
2 計量装置
3 グロープラグ
4 気化チューブ
5 保護チューブ

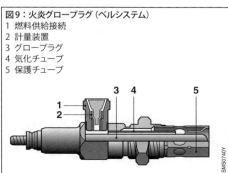

770 ディーゼルエンジン制御

グロープラグの制御

バーナーチャンバーを使用した火炎始動装置の
グロープラグ

グロープラグは温度約1,050℃（車両システムの電圧による）に達するまで予熱される。ついで始動可能状態（30秒持続）に入り、グロープラグへの通電が周期的に行われる。その周期は、車両システム電圧に応じてグロープラグ温度が1,020 ℃ ～ 1,080 ℃になるように設定される。グロープラグの温度がこの範囲にあれば燃料に安全に点火することができ、グロープラグ自体は熱的過負荷を受けない。

エンジンが始動するとすぐにソレノイドバルブが開き、燃料はノズルを通って点火プラグの溝に噴射されてそこで発火する。この段階では、蒸発する燃料の気化熱によりグロープラグが冷めないように、制御ユニットによりグロープラグの周期が短縮される。この短い周期は、すべてのコンポーネントが加熱されて、火炎が安全に燃焼するまで、始動後約30秒間保たれる。ここでグロープラグが火炎によりさらに加熱される。制御ユニットが再度周期を長くしてグロープラグを過熱から保護する。ポストフレーミング時間の経過後、グロープラグがオフになり完全に冷却するまで監視される。火炎始動装置は、始動およびコールドランニング支援を実行する。

火炎グロープラグ

このグロープラグは、バーナーチャンバーを使用した火炎始動装置のグロープラグとまったく同様に、始動に先立って車両電源電圧に応じて予熱される。予熱段階でバポライザー管も加熱しなければならないため、予熱時間はバーナーチャンバーを使用したグロープラグより若干長くなる（図9を参照）。エンジンが始動すると、ソレノイドバルブが開き、燃料は燃料供給接続を介して計量装置を通り火炎グロープラグへ流れ、高温グロープラグに触れてグロープラグとバポライザー管の間で気化して、エバポレーター管出口で空気と混合する。そしてエア／燃料混合気が高温グロープラグにより発火する。発生した火炎は保護管から出て、通過する吸気を加熱する。

予熱後、火炎グロープラグは同様に周期的に電源を供給される。始動可能状態（30秒間）では周期が延びるが、エンジンが始動すると周期が再度短縮される。燃料が火炎でなく供給電力により気化するため、この段階では火炎グロープラグ用の周期がバーナーチャンバーを使用した火炎始動装置より短くなる。

冷却段階

火炎始動装置のグロープラグは冷却段階で監視されている。この段階で予熱を再度実行すると、制御ユニットがプログラムマップを用いて、冷却時間と電圧から、グロープラグが上記の温度に到達するための予熱時間を計算する。

グロープラグには加熱・制御エレメントが付いているため（「乗用車用予熱システム」を参照）、最適な予熱時間が周囲条件に応じて設定される。

商用車ディーゼルエンジン用
グリッドヒーター

　始動時に一定の負荷がかかっている状態での始動（油圧出力用など）、あるいは海抜2,000 m以上からの始動（圧雪車など）といった始動条件の過酷なエンジンに対しては特に、さらなる冷間始動補助としてグリッドヒーターも使用される。

構造

　グリッドヒーター（図10）は、給気チューブに取り付けられリレーから給電される電熱エレメントから成る。別のECUまたはエンジンECUが保存パラメーターに基づいてグリッドヒーターをオンにする。

　エンジンの排気量 V_H および車両システム電圧（12Vか24V）によって、いくつかの異なったバージョンが使用される。入力1.8 kWのグリッドヒーターは排気量 V_H が 4 ～ 10 l、入力2.7 kWのグリッドヒーターは V_H > 10 l のエンジンに使用される。

作動原理

　グリッドヒーターは、クーラントおよび給気の温度によって異なる時間（t_V = 2 ～ 28 s）予熱され、ポストヒーティング段階でエンジンの運転が確実に安定化するまで作動が継続する。起動温度は V_H = 4 ～ 10 l のエンジンでは5℃、V_H > 10 l のエンジンでは -4℃ である。

　予熱時間が経過すると、インジケーターランプが点灯し、エンジンを始動できる。エンジン始動時グリッドヒーターが約2秒間オフになり、スターターが全バッテリー容量を利用できるようにする。始動およびアイドリングを補助するために、グリッドヒーターは再度オンになり、適用されている加熱後時間が経過してオフになるまで作動する。

　ただし他の機器用のバッテリー容量を確保しておくために、グリッドヒーターが始動可能状態になるのは約5秒間のみ（これに反して火炎始動装置に対しては約30秒間）である。

グリッドヒーターのメリットとデメリット

　火炎始動装置におけるグリッドヒーターのメリット：
- 始動前に吸気が加熱される
- 最初の回転から良好な条件が存在するため始動時間が短い
- 吸気加熱のための燃焼用酸素が不要

　デメリットは、グリッドヒーター用に大きい容量のバッテリーが必要になることである。

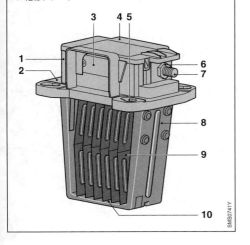

図10：グリッドヒーター
1　シェル
2　取付けフランジ
3　カバープレート
4　カバー
5　取付けボア
6　ロックナット
7　接続用ネジ山付きボルト
8　保持フレーム
9　加熱フィラメント
10　絶縁プレート

排気ガス処理

触媒酸化

排気ガス処理の最も古い方法は、不完全燃焼した燃料の酸化を目的とするものであった。このプロセスでは、一酸化炭素 (CO) と不完全燃焼した炭化水素 ($C_xH_yO_z$)（煤と水素 (H_2) を含む）を排気ガス中に存在する酸化剤、すなわち酸素 (O_2) によって転換する。その反応の量的関係は下記の式 (A)〜(D) で示される。

(A) $C_x + xO_2 \rightarrow x\,CO_2$

(B) $2\,CO + O_2 \rightarrow 2\,CO_2$

(C) $2\,H_2 + O_2 \rightarrow 2\,H_2O$

(D) $4\,C_xH_yO_z + (4x+y-2z)\,O_2 \rightarrow$
$$4x\,CO_2 + 2y\,H_2O$$

触媒活性成分としては通常貴金属、貴金属混合物または合金をナノ粒子としたものを用いる。白金とパラジウムがしばしば用いられる。

一連の酸化反応をできるだけ完全に行わせるには、排気ガスの流れの中に少なくとも化学量論的量の酸素が存在することが必要である。しかし酸素が過剰に存在し、排気ガス温度が低いと、触媒コンバーターが不活性化される可能性がある。排気ガスからの不完全燃焼燃料の除去が有効に行われるには、触媒コンバーターとエンジンの運転状態が適合している必要がある。そのためには下記の条件が満たされていなければならない。

- エンジンからの不完全燃焼燃料の排出が、特にコールドスタート時に少ないこと
- エンジンから触媒コンバーターに達するガス中の空気/酸素比（ラムダ (λ) 値）が適切であること
- 酸化触媒コンバーターが加熱手段によりできるだけ速く加熱されること
- 触媒コンバーターの触媒反応および吸着に関連するコンポーネントの容量が、排出成分および排気ガス温度に対応したものであること

- 触媒コンバーターが全寿命にわたって車両による負荷（熱負荷、硫黄その他の汚染物質）に十分耐えられるように、すべての成分の種類と量が互いに適合していること

更に、酸化触媒コンバーターにおいて適切な成分を選択すれば、一酸化窒素も反応 (E) に従って酸化することができる。NO_2 は SCR（選択的触媒還元）反応においても重要であり、生成した NO_2 によって、排出された粒子状物質を反応式 (F) に従って還元することができる。粒子状排出物に含まれる炭化水素も原理的には反応式 (D) に従って NO_2 により酸化される。

(E) $2\,NO + O_2 \rightarrow 2\,NO_2$

(F) $C_x + 2x\,NO_2 \rightarrow x\,CO_2 + 2x\,NO$

多数の車両が厳格な粒状排出物規制（たとえば EC 規制 582/2011 [1] を参照）に適合することは、更なる排気ガス処理対策の開発なくしては不可能である。

粒状排出物の濾過

乗用車が排出物規制基準 Euro 6c に適合するためには、ガソリン直噴エンジンかディーゼルエンジンかを問わず、粒状排出物（PM）が 4.5 mg/km、粒子数（PN）が 6×10^{11} 個/km の限界値を超えてはならない。

微粒子フィルター

多くの車両はこれらの限界値を達成するため微粒子フィルターを必要とする（図1）。このフィルターは多くはセラミック製のハニカム構造を持ち、そのチャンネルは交互に一端をシールされている。したがって他の触媒コンバーター用ハニカムと異なり、微粒子フィルターは一端から他端を見通すことができない。排気ガスはハニカムのチャンネルを通るとき多孔質の壁を通過しなければならない（図2）。セラミックの多孔構造は排出物粒子の大きさに合わせて設計される。微粒子フィルターに最も一般的に用いられる材質は炭化ケイ素（SiC）、チタン酸アルミニウム（Al_2TiO_5）、コーディエライト（$Mg_2Al_3[AlSiO_5O_{18}]$）である。焼結金属を用いた特殊な製品もある。

微粒子フィルターに捕捉されるエンジンオイル・燃料・燃焼空気・エンジンの摩耗生成物などの中には燃焼では除去されないものがあり、寸法が適切であれば灰分としてフィルターに残る。これに対して、フィルターに付着した煤や有機化合物は可燃性である。酸化剤として働くのは NO_2 と O_2 である。排気ガス温度が約 200～250℃ を超えると NO_2 による酸化が起こる。約 450℃ 以上では、窒素含有フュームの熱力学平衡において NO が優勢になり、排気ガス中に NO_2 はほとんど存在しなくなる。

微粒子フィルターの酸化触媒コーティングは、基本的には他の酸化触媒コンバーターと異ならない。その機能は好ましい NO-NO_2 比を保つこと、不完全燃焼した燃料を酸化すること、および煤の燃焼により生じた CO の酸化を触媒することである。

微粒子フィルターの再生

酸素による煤の酸化には約 550～600℃ 以上の温度が必要である。多くのディーゼルエンジンでは、このような温度が発生するのは極めて高い出力においてのみであり、車両によっては通常の運転ではほとんど生じない。したがって排気ガス温度を上昇させる手段が必要になる。たとえばエンジンの燃焼制御をこの目的のために改変する。

熱的手段

排気ガス温度を上昇させるためのエンジン側での重要な手段として、早期の焼却あるいは付加二次噴射、二次噴射の遅延、吸気量の低減を挙げることができる。エンジンの動作点に応じて、これらの対策の一つまたは二つ以上が起動される。

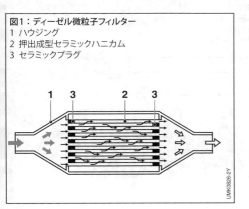

図1：ディーゼル微粒子フィルター
1 ハウジング
2 押出成型セラミックハニカム
3 セラミックプラグ

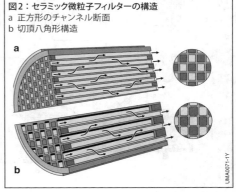

図2：セラミック微粒子フィルターの構造
a 正方形のチャンネル断面
b 切頂八角形構造

HCIシステム

エンジンのシリンダー内に追加的に燃料を噴射する方法に代わるものとして、燃料を排気装置内に直接注入することもできる。HCI (炭化水素注入) システムがこの目的のために用いられる。このシステムでは、ディーゼル燃料の大部分を酸化触媒コンバーターの上流で注入して蒸発させる (図3)。燃料の蒸気が触媒コンバーター内で酸化されることにより、排気ガス流の温度が上昇する。HCIシステムの制御アルゴリズムは煤の質量の測定に関係する。

添加剤システム

排気ガス温度を高める熱的手段の他に、煤の着火温度を下げることもできる。そのためには触媒活性を持つ物質を煤の内部に細かく分散させる。そのような物質は燃料添加剤として供給される (図4)。有機金属化合物、たとえばフェロセンが使用される。これから生成され細かく分散された金属酸化物が煤の着火温度を最大150 K低下させる。一つの問題点はこの燃料添加剤から灰が生ずることである。

飽和検知

微粒子フィルターの設計と再生戦略において重要な要因として、予想される灰の量、再生開始までの煤による最大負荷量、および排気ガス背圧の許容最大値がある。

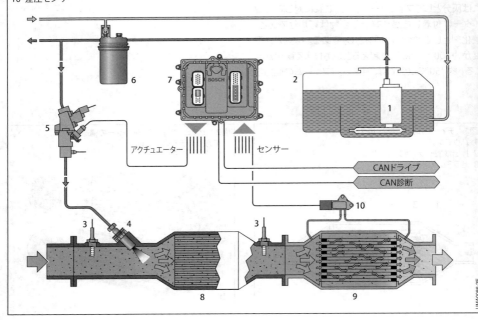

図3：HCI (Hydro Carbon Injection、炭化水素噴射) システム
1 燃料ポンプ　2 燃料タンク　3 温度センサー　4 HC計量モジュール　5 HC計量ユニット
6 燃料フィルター　7 エンジンECU　8 ディーゼル酸化触媒コンバーター　9 ディーゼル微粒子フィルター
10 差圧センサー

飽和検知のためには2つのプロセスを並行して用いることが多い。微粒子フィルターの前後に設けられた差圧センサーにより、排気ガス流の圧力降下からフィルターの流動抵抗を計算する。この値は微粒子フィルターに蓄積された煤の量に関係する。更に、モデルを使用して、微粒子フィルターに蓄積された煤の質量を計算する。このためにエンジンの煤の質量流量を積分し、その際に粒子状物質中の煤のNO_2による酸化など種々の補正を考慮する。

窒素含有フュームの触媒還元

要件

法令の要求を満たすために排出NO_xを触媒によって低減する方法は、車両の設計・エンジンの使用法・排気ガス処理システムのコンポーネントが互いに適合しているときに最も有効である。この場合、下記の事項を考慮する必要がある。

- 必要な排気ガス処理システムを設置する十分なスペースが車両に存在すること各コンポーネントの車両内の設置箇所に関する個別的な条件を遵守すること（たとえばエンジン付近への設置）
- 排気ガスの温度、質量流量、組成（NO_x、λなど）が選択的に、かつ迅速に制御できること
- エンジンまたは排気装置のコンポーネントの能力から見て、未処理の排出NO_xを還元できるだけの量の還元剤が供給できること

したがって、具体的な車両について適切なNO_x還元法を選択するには、必ずシステム全体を考慮しなければならない。以下に説明するNO_x吸着触媒コンバーターとNO_x還元触媒コンバーターは併用して転換率を向上させることもできる。

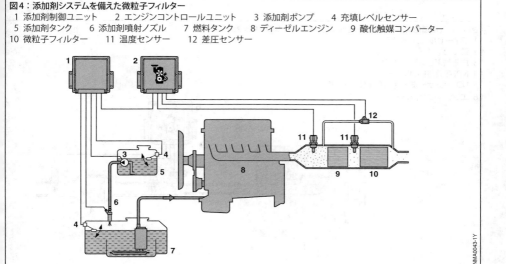

図4：添加剤システムを備えた微粒子フィルター
1 添加剤制御ユニット　2 エンジンコントロールユニット　3 添加剤ポンプ　4 充填レベルセンサー
5 添加剤タンク　6 添加剤噴射ノズル　7 燃料タンク　8 ディーゼルエンジン　9 酸化触媒コンバーター
10 微粒子フィルター　11 温度センサー　12 差圧センサー

NOx 吸着触媒コンバーター

ディーゼルエンジンの排気ガス中のNOxの還元は、適当な条件のもとではNOx吸着触媒コンバーター(NSC、NOx 吸着触媒、あるいはLNT(リーンNOxトラップ)ともいう)で行われる。このコンバーターは3元触媒コンバーター(TWC)とよく似ている(図5)。

NOx還元のため、エンジンのλ制御は、排気ガス中の酸素濃度が高い段階と、これが低い段階を交互に発生させる。酸素に富む段階は数分間続く。これに対応して、この段階で生成するNOxを固定するため、多量の吸着成分が必要である。吸着成分に結合しているNOxは、続く燃料の多い段階で還元される。この段階はNSC再生と呼ばれ、通常は数秒間持続する。

吸着成分は高温でNOxを放出するが、排気ガス中の濃度が高まることはない。

このNSC法は排気ガス温度が180℃～400℃の範囲で特に有効である。NSC法によるNOxの転換率は温度が高くなると低下する。

貴金属およびNOx吸着成分の効率は硫黄による汚染で低下する。したがって吸着触媒コンバーターは定期的に脱硫しなければならない。このためには高い温度が必要とされる。NOx吸着触媒コンバーターの設計においては、それぞれのエンジン用途により、触媒コンバーターが脱硫の詳細について長期的にどのような挙動を示すかについて、特に注意が必要である。

選択的触媒還元

SCR法

SCR(Selective Catalytic Reduction)法の基本的な考え方は、排気ガスに還元剤を添加することである(図6)。ディーゼル燃料も基本的にはこの目的に適している。しかし還元剤は厳格な排出物規制値を考慮しなければならないので、現在までのところディーゼル燃料を還元剤とするSCR法の開発は成功していない。

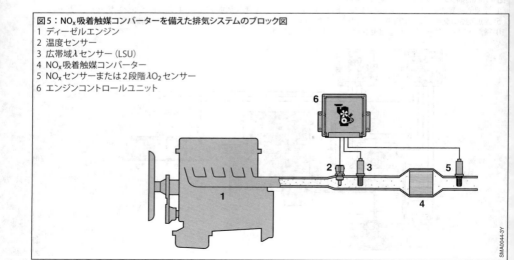

図5：NOx吸着触媒コンバーターを備えた排気システムのブロック図
1 ディーゼルエンジン
2 温度センサー
3 広帯域λセンサー(LSU)
4 NOx吸着触媒コンバーター
5 NOxセンサーまたは2段階λO₂センサー
6 エンジンコントロールユニット

定置燃焼システム、たとえば発電所などではSCR法に気体アンモニア（NH₃）を用いている。自動車ではNH₃ガスは安全上の理由から避けられる。自動車においてはたいていの場合、気体アンモニアに代えて尿素（(NH₂)₂CO）の水溶液を、SCR触媒コンバーター上流側の排気経路に注入している（図6）。そのような水溶液の例としてはAdBlue、DEF (Diesel Exhaust Fluid)、AUS 32 (Aqueous Urea Solution) などがある（「尿素水溶液」の項を参照）。

特殊な形態を除けば、SCR触媒コンバーターはセラミック製ハニカム構造に触媒活性を持つコーティングを施したものが多い。特殊なセラミック製微粒子フィルターもそのようなコーティングに用いることができる。触媒活性物質としては酸化バナジウム、鉄および銅ゼオライトが好適である。

反応式

アンモニアはSCR触媒コンバーター上で次式に従ってNO$_x$と反応する。

(G) $4 NO + 4 NH_3 + O_2 \rightarrow 4 N_2 + 6 H_2O$
(H) $NO + NO_2 + 2 NH_3 + H_2O + O_2 \rightarrow 2 NH_4NO_3$
(I) $NH_4NO_3 \rightarrow N_2O + 2 H_2O$
(J) $2 NH_4NO_3 \rightarrow 2 N_2 + 4 H_2O + O_2$
(K) $NO + NO_2 + 2 NH_3 \rightarrow 2 N_2 + 3 H_2O$
(L) $6 NO_2 + 8 NH_3 \rightarrow 7 N_2 + 12 H_2O$

式 (G) の反応は比較的遅い。NH₃と反応するNO₂が存在しないか、存在しても微量である場合にはこの反応が支配的である。窒素含有フュームを還元するための活性化エネルギーが到達されないと、式 (H) の二次的反応により硝酸アンモニウム（NH₄NO₃）が生成する。NH₄NO₃は温度約170 °C以上で式 (I) に従って分解される。加熱が極めて速いときは、式 (J) による分解が爆発的に起こる。排気ガスに等量のNOとNO₂が含まれている場合は、活性化エネルギーが

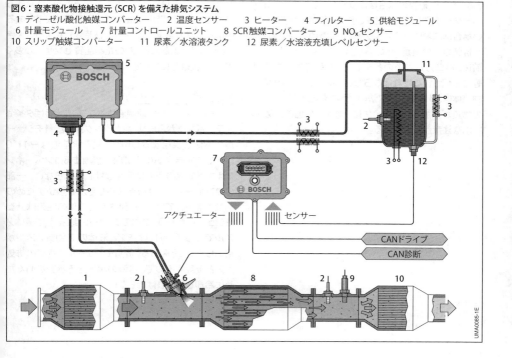

図6：窒素酸化物接触還元（SCR）を備えた排気システム
1 ディーゼル酸化触媒コンバーター　2 温度センサー　3 ヒーター　4 フィルター　5 供給モジュール
6 計量モジュール　7 計量コントロールユニット　8 SCR触媒コンバーター　9 NO$_x$センサー
10 スリップ触媒コンバーター　11 尿素／水溶液タンク　12 尿素／水溶液充填レベルセンサー

達成される限り、より速い式 (K) の反応が支配的となる。NO_2 の比率の方が高い場合は、転換反応全体の中で式 (L) の反応の寄与がかなり大きくなる。

SCR触媒コンバーターの選定

エンジンの排出物、排出基準を満たすのに必要な NO_x の転換、およびそれぞれの作動状態における排気ガス温度は、適切なSCR触媒コンバーターを選定する上で決定的な要因である。しかし使用する燃料の硫黄含有量も重要である。SCR触媒コンバーターを設計する際には更に長期的な安定性にも注意を払う必要がある。安定性は車両の具体的用途、たとえば脱硫法の詳細にも依存する。

還元剤の計量

SCR触媒コンバーター自体も多少の NH_3 吸着能を持つが、本質的には NO_x の質量流量に相当する尿素水溶液をできるだけ正確に計量して排気経路に注入する必要がある。 NO_x の還元による転換よりも多くの還元剤を添加した場合、望ましくない NH_3 の残留が発生することがある。この過剰の NH_3 は、SCR触媒の後に酸化触媒コンバーターを追加して酸化することができる。最良の場合はこの NH_3 スリップ触媒コンバーターで窒素と水が生成される。条件が好ましくない場合は二次的反応により窒素酸化物が生成される。

排気ガスの質量流は、各触媒コンバーターに入る前に、ハニカム構造の各チャンネルにできるだけ均等に分配されなければならない。特に2成分の混合物流体は、すなわちSCR法のように排気ガス流に第2の物質が添加される場合には、均等な分配のために特別な注意が必要である。

SCR反応を容易にするためには、まず尿素水溶液からアンモニアを作り出す必要がある。それに至るまでには下記のような段階を順次踏まなければならない。
– 注入量の決定
– 溶液の供給
– 計量した体積の注入
– 溶液のアトマイズと蒸発
– 尿素の分解
– 触媒コンバーターの全断面積にわたるアンモニアの分配

計量すべき量は排気ガス処理装置の別のECU (エンジンコントロールユニットに内蔵されている場合もある) により、保存されているデータおよび排気ガスセンサー (温度センサー、NO_x センサー、NH_3 センサーなど) によって決定されるデータに基づいて定められる。この過程で通常、触媒コンバーターの現在の NH_3 吸着負荷も計算され、考慮に含められる。この計算に必要なデータは、使用する触媒コンバーターに対して予め決定され、ECUのプログラムマップに保存される。必要な量をできるだけ正確に計量するためには、ISO 22241-1 [2] において溶液の尿素含有量が31.8 〜 33.2重量％と定められていることに留意する必要がある。尿素水溶液の濃度は車両内での、あるいは不適切な貯蔵方法による経時変化によって大きく変化することがある。このため品質センサーが多く用いられるようになってきている。

供給および計量モジュール

供給モジュールは通例液体ポンプ、たとえばダイヤフラムポンプから成り、尿素タンクから計量モジュールへ溶液を供給する。市販の尿素水溶液は－11℃以下では凍結するので、溶液と接触するコンポーネントはすべて氷の圧力に耐えなければならない。一部のコンポーネントは必要に応じて氷を融かすための発熱体を備えている。計量された流体の注入は計量モジュールが行う。このモジュールは主として液体ノズルであるが、稀には空気と液体の2物質ノズルが用いられることもある。計量モジュールは高温の排気ガスと接触するので、溶液の早すぎる蒸発を防ぐために冷却しなければならない。

溶液の蒸発に先立って、排気ガス流中に噴霧された液滴の分配が必要である。噴霧の特性すなわち液滴の大きさと運動量は、処理対象となる排気経路の部分における温度および流量の条件に正しく適合しなければならない。一般に液滴の一部はパイプ壁やガスミキサーなど、排気装置の高温の表面に触れて蒸発する。

アンモニアの放出

液滴の蒸発に続いて尿素が分解され、アンモニアが放出される。最初の熱分解の段階において、排気経路内の条件下では式 (M) によりイソシアン酸 (HNCO) と NH_3 が生成する。

$$(M) (NH_2)_2CO \rightarrow NH_3 + HNCO$$

この反応は尿素の融点である約 $133\,^\circ C$ 以上で起こる。適当な条件のもとでは、第 1 段階で生じたイソシアン酸は第 2 段階で式 (N) の加水分解を受け、アンモニアと二酸化炭素を生ずる。

$$(N) HNCO + H_2O \rightarrow NH_3 + CO_2$$

この加水分解反応は比較的遅く、気相中では極めて小さい液滴が長時間滞留しない限り重要なものとはならないが、液滴は高温のため既に蒸発している。したがってイソシアン酸の加水分解は大部分表面上で起こる。排気経路の溶液が注入される部分の設計に際しては、生成したアンモニアを排気ガス流中でできる限り均一に、また触媒コンバーターの断面積全体にわたって分散させるとともに、尿素の分解によって固体副生物が生ずる可能性を考慮する必要がある。固体の沈積を防ぐには表面温度が $300\,^\circ C$ を確実に上回る必要がある。

車載診断システム (OBD)

OBD は排気ガス処理を含む車両の基本的機能をテストする自己診断システムである。診断に必要な情報の大部分は多数のセンサーと包括的なソフトウェアにより提供される。OBD は過去 20 年以上にわたる継続的な開発の対象となってきた。現在では OBD システムは車両のサービス・検査プログラムに大きく影響し、運転者に対しても修理工場に対しても、不具合を表示し推奨される対策を提示する。排気ガス処理システムの設計においては、OBD の要件を個別に考慮する必要がある。

参考文献

[1] Commission Regulation (EU) No. 582/2011 of 25 May 2011 implementing and amending Regulation (EC) No. 595/2009 of the European Parliament and of the Council with respect to emissions from commercial vehicles (Euro VI) and amending Annexes I and III to Directive 2007/46/EC of the European Parliament and of the Council (Text with EEA relevance).

[2] ISO 22241-1: Diesel engines – NO_x reduction agent AUS 32 – Part 1: Quality requirements.

従来のドライブトレイン

ドライブトレインの構成要素

自動車の従来のドライブトレインは内燃機関、マニュアルトランスミッション、プロペラシャフト、ディファレンシャル、ドライブシャフトから成っている。マニュアルトランスミッションには、バイブレーションダンパー、連結装置、ギヤシフトエレメント付き変速トランスミッション、および必要に応じてトランスファーケースが含まれる（図1）。

内燃機関に加えて電動機が作動するドライブトレインについては別項で述べる（ハイブリッドドライブの「ドライブトレイン」を参照）。

機能

ドライブトレインの機能は、エンジンからの出力およびトルクを走行状況および運転者の要求に適合させることである。

内燃機関は、供給された燃料のエネルギーを機械的エネルギーに変換し、最大と最小の回転数範囲で限定されたトルクを出力する。内燃機関がマニュアルトランスミッションとディファレンシャルによる減速を介せず直接ホイールを駆動すると仮定すると、アイドリング速度は車速約80 km/hに、エンジンの最大速度は車速約500 km/hに相当することになる。

蒸気機関やモーターと異なり、内燃機関は停止状態ではトルクを発生させることができない。更に、燃費は使用されるエンジン回転数において要求されるトルクに大きく依存する。したがってドライブトレインは下記の機能を果たさなければならない。
- エンジンのトルクおよび回転数を走行状況に適合するように変換すること

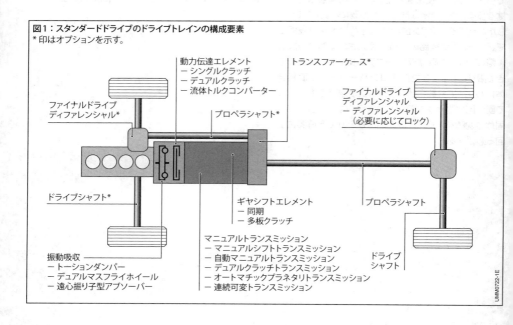

図1：スタンダードドライブのドライブトレインの構成要素
* 印はオプションを示す。

- 車両停止時の内燃機関のアイドリング運転を可能にすること
- 停止状態からの発進を容易にすること
- 内燃機関の不規則な回転からドライブトレインを切り離すこと
- 必要に応じて駆動輪の回転方向を逆転すること（リバースギヤ）

車両が満たすべき最大登坂能力や加速度、さらに最高速度に関する要件によってホイール部で必要な牽引力が定まり、それにより最低ギヤと最高ギヤの間のギヤ比の幅が定まる。

牽引力双曲線（図2）は、車速 v およびドライブトレインの効率 η_A の関数として、可能な最大牽引力 F_Z を示したものである。ただし内燃機関が全回転数範囲にわたって最大出力 P_{max} を出力できると仮定する。

$$F_Z = \frac{P_{max}}{v} \eta_A$$

低速領域では、牽引力は牽引力双曲線によらず、タイヤと路面のグリップ限界 F_{Zmax} により制限される。グリップ限界は駆動されているホイールの垂直方向の力 F_N と路面の摩擦係数 μ との積である。

$$F_{Zmax} = F_N \mu$$

加速されていない車両の走行抵抗 F_W は、転がり抵抗 F_R、空気抵抗 F_L、登坂抵抗 F_S から成る。転がり抵抗に影響する要因には、質量 m、重力加速度 g、摩擦係数 μ、路面の傾斜角 α がある。空気抵抗には抗力係数 c_W、車両の正面面積 A、空気の密度 ρ、車速 v が

表1：量と単位

量		単位
c_W	抗力係数	–
g	重力加速度	m/s²
i_n	歯車の減速比	–
m	車両重量	kg
n	回転数	rpm
v	走行速度	m/s
A	車両の前面投影面積	m²
F_Z	ホイールにおける牽引力	N
F_N	車両の垂直方向の力	N
F_W	走行抵抗	N
F_R	転がり抵抗	N
F_L	空気抵抗	N
F_S	登坂抵抗	N
F_{Syncr}	同期における軸方向の力	N
M	トルク	Nm
P	エンジン出力	kW
α	路面の傾斜角	度
γ	トルク変換係数	–
φ	ギヤ段数	–
φ_G	トランスミッションのギヤ比の幅	–
η	効率	–
μ	路面の摩擦係数	–
ρ	空気密度	kg/m³

添字：
min 最小
max 最大
A ドライブトレイン
G トランスミッション

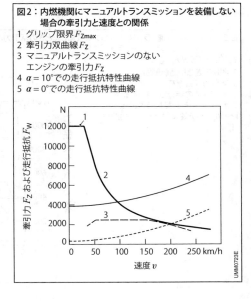

図2：内燃機関にマニュアルトランスミッションを装備しない場合の牽引力と速度との関係
1 グリップ限界 F_{Zmax}
2 牽引力双曲線 F_Z
3 マニュアルトランスミッションのないエンジンの牽引力 F_Z
4 $\alpha = 10°$ での走行抵抗特性曲線
5 $\alpha = 0°$ での走行抵抗特性曲線

関係する。登坂抵抗に影響する要因は車両の質量m、重力加速度g、路面の傾斜角αである。

$$F_W = F_R + F_L + F_S$$

$$F_W = mg\mu\cos\alpha + 0.5 c_W A \rho v^2 + mg\sin\alpha$$

内燃機関はマニュアルトランスミッションがないと極めて限られた走行条件でしか作動しないことは図2から明らかである。この場合エンジンの牽引力F_Zにはディファレンシャルの変速比しか含まれていない。マニュアルトランスミッションによるトルク変換の効果は以下で説明するとおりである。

マニュアルトランスミッション

マニュアルトランスミッションの効果は、エンジンの最大トルク（最小回転数から最大回転数までの範囲で発生する）を牽引力双曲線に近づけることである。最高および最低ギヤ比iにより、トランスミッションのギヤ比の幅φ_Gが定まる。

$$\varphi_G = \frac{i_{min}}{i_{max}}$$

歯車の数および個々の変速比に対して、固定ステップと漸移ギヤステップのいずれも実現可能である。ギヤステップφは2つの隣接した歯車の変速比iの比として定義される。

$$\varphi = \frac{i_{n-1}}{i_n}$$

固定ギヤステップでは、ギヤステップは常に一定である。これは歯車数の多いトラック用トランスミッションに用いられる方式である。トラックでは重量に対してエンジン出力が比較的小さいため、運転範囲全体にわたって細かいステップが必要である。

漸移ギヤステップは乗用車のトランスミッションに採用されている。この方式では変速段が高いほどギヤステップが小さくなっている。したがって、歯車の数はトラックより遥かに少ないにも拘わらず、利用不可能な運転範囲（図3を参照）は可能な限り小さく保たれている。良好な運転性能を達成するためには、各歯車の牽引力曲線がその速度範囲内で交わらなければばらない（図3）。

傾斜角0°における走行抵抗特性と牽引力双曲線との交点によって最高車速v_{max}が定まる。最高速度に到達する歯車比は、エンジン出力がそこで最大になるように選ばなければならない（図3では5速）。

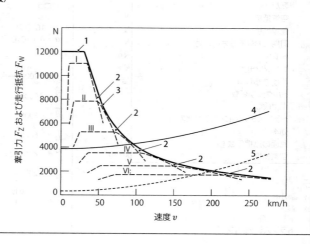

図3：エンジンに6速トランスミッションを装備したときの牽引力と速度との関係
（5速でv_{max}、オーバードライブ1段）
1　グリップ限界F_{Zmax}
2　利用できない運転範囲
3　牽引力双曲線F_Z
4　$\alpha = 10°$での走行抵抗特性曲線
5　$\alpha = 0°$での走行抵抗特性曲線
Ⅰ～Ⅵ　1～6速に対する牽引力曲線

燃費を低減するため、オーバードライブ比を持つ変速段が1段または2段用意される（図3では6速）。この段では最高速度には到達できないが（図3では傾斜角0°で最大約180 km/hが可能）、エンジン回転数を下げることで、広い車速範囲にわたって燃費を節減することができる。

無段変速トランスミッション

無段変速トランスミッションでは任意の数の変速比を利用することができる。この方式では牽引力双曲線でエンジンの最大牽引力が得られる（図4）。無段変速トランスミッションは設計上の理由からギヤ比の幅が制限され、伝達効率が低くなる。図4において、最高の変速比はほぼ図3の多段トランスミッションの5速に相当する。このため、特に高速において、エンジン回転数を下げて燃費を低減することはできない。

エンジンの配置

エンジンとマニュアルトランスミッションの配置は車種によって大きく異なる。1930年頃までは、ほぼすべての車両が前方にエンジンを搭載し、後輪駆動であった。この配置をスタンダードドライブと称したの

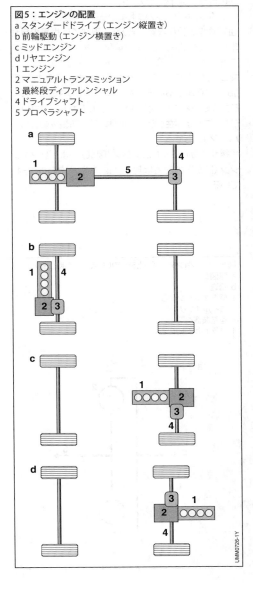

図5：エンジンの配置
a スタンダードドライブ（エンジン縦置き）
b 前輪駆動（エンジン横置き）
c ミッドエンジン
d リヤエンジン
1 エンジン
2 マニュアルトランスミッション
3 最終段ディファレンシャル
4 ドライブシャフト
5 プロペラシャフト

図4：エンジンに無段変速トランスミッションを装備したときの牽引力と速度との関係
1 グリップ限界 F_{Zmax}
2 無段変速トランスミッションに対する牽引力 F_Z
3 牽引力双曲線 F_Z
4 $\alpha = 10°$での走行抵抗特性曲線
5 $\alpha = 0°$での走行抵抗特性曲線

はこの時代に由来する（図5a）。それ以降も、中型および高級車はほぼ例外なくこのタイプのドライブトレインを用いている。多くのオフロード車に用いられている四輪駆動はスタンダードドライブの一変種であって、マニュアルトランスミッションの下流側に縦に置かれたトランスファーケースにより、トランスミッションの出力トルクをフロントアクスルとリヤアクスルに共に伝達する（図1を参照）。

その後、サブコンパクト車から廉価中型車に至る範囲で前輪駆動が次第に普及し、現在では世界の自動車生産量の75％以上が前輪駆動車となっている。この方式ではエンジンコンパートメント内にエンジンとマニュアルトランスミッションを横向きに設置する（図5b）。最終段であるディファレンシャルはマニュアルトランスミッションに内蔵されており、したがってプロペラシャフトは存在しない。前輪駆動を四輪駆動化したバージョンもある。

後輪駆動のミッドエンジン（図5c）およびリヤエンジン（図5d）の配置は現在ほぼスポーツ車に限られている。

振動の絶縁

ドライブトレインに対する重要な要求は快適性である。エンジンの燃焼過程の最適化、ターボ過給によるエンジンの排気量の減少、運転範囲全体にわたる回転数の減少、シリンダー数の減少などはいずれもエンジンの回転に伴うトルクの変動を大きくする方向に働くので、振動の絶縁への要求は絶えず増大している。

振動の絶縁の目的は、内燃機関の設計に起因するねじり振動を軽減することである。振動の絶縁の方法としては、連結装置における滑り、不規則な振動の減衰、スプリングによるエネルギーの一次的貯蔵、吸収などがあり、いくつかの方法を組み合わせることもできる。

連結装置の滑りによる振動の絶縁では、振動の機械的エネルギーが摩擦により熱に変換される。したがってこのエネルギーは駆動系から失われる。このため、この方法による振動の絶縁は極限的な場合（低回転数など）に稀に用いられるにすぎない。

図6：トーションダンパーとデュアルマスフライホイール
a 略図
b 構造
1 駆動エンジンから
2 コイルスプリング
3 連結装置へ
4 フライホイールマス

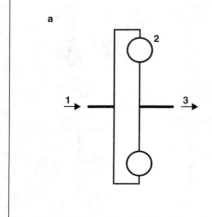
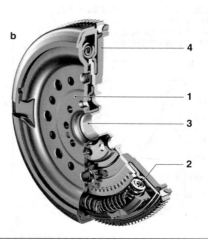

トーションダンパーとデュアルマスフライホイール

　トーションダンパーはエンジンと連結装置との間に環状に配列されたコイルスプリングから成り（図6）、振動が生じるとスプリングの圧縮によってエネルギーを一次的に蓄え（クランクシャフトとトランスミッション入口との間のねじれが限定されているため）、そのエネルギーをトランスミッション入口に再放出する。トーションダンパーはスプリングの剛性と直径を変化させることで、エンジンとドライブトレインの組み合わせに対して適合を図ることができる。

　デュアルマスフライホイールの場合は、エンジンフライホイールのマスを分割し、2つのマスの間にトーションダンパーを配置する。フライホイールマスをエンジン側の一次マスとトランスミッション側の二次マスに分けることで、トランスミッション側の慣性モーメントが増加する。スプリングの剛性が低ければ、2つのフライホイールマスを結合しているスプリングユニットを特に「ソフト」に調整できる。その結果デュアルマスフライホイールの共振周波数は、エンジンのアイドリング速度および励振状態のエンジンより大幅に低くなる。このようにしてデュアルマスフライホイールの固有振動を避けることができる。

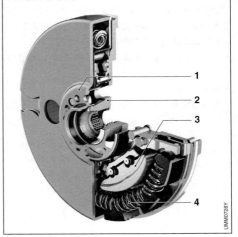

図7：遠心振り子式アブソーバーとトーションダンパー
1 駆動エンジンから
2 連結装置へ
3 遠心振り子式アブソーバーのマス
4 コイルスプリング

遠心振り子式アブソーバー

　遠心振り子式アブソーバーでは、トーションダンパーに追加された振動質量によって回転の不規則性に対抗する（図7）。てこの条件を適当に選ぶことにより、絶縁の対象とする内燃機関の質量に比べて比例的に小さい振動質量を選ぶことができる。振動質量に働く遠心加速度は回転速度と共に増加するので、遠心振り子式アブソーバーは速度に適合することができる。

連結装置

内燃機関には最低回転数がある。車両を停止状態から発進させるには、エンジンの最低回転数と静止しているトランスミッションの入力シャフトとの回転数差を速度コンバーターによって埋めなければならない[1]。この連結装置の機能は次のとおりである。
- エンジンと変速ギヤユニットの間の動力の流れの遮断
- 円滑な発進
- 種々の回転数でのエンジントルクのトランスミッションへの伝達

シングルクラッチ

シングルディスククラッチ

ほとんどのマニュアルトランスミッションに装備されているシングルディスククラッチは、クラッチディスクとそれに装着したクラッチライニングから成り（図1）、スプリング力がかかったプレッシャープレートによってエンジンフライホイールに押し付けられている（図2）。外部からの力が作用しない限り、クラッチはスプリングにより接続状態になっている。クラッチを切るにはクラッチペダルを踏む必要がある。

クラッチペダルは、機械的または油圧的にクラッチのレリーズフォークに結合されている。レリーズフォークはレリーズベアリングを介して、プレッシャープレートのスプリング圧に対抗する。このようにしてクラッチペダルへの圧力が増加すると伝達されるトルクは減少し、遂にはクラッチが完全に切り離される。発進時にクラッチペダルの力を徐々に抜いてゆくと、プレッシャープレートをエンジンフライホイールに押し付けるスプリングの力が次第に高まり、伝達されるトルクが増大し、車両が発進するに至る。エンジンとトランスミッションの回転数が同期すると発進プロセスが完了し、クラッチは完全に接続されることになる。

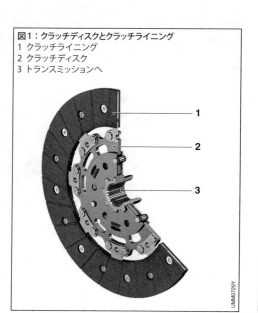

図1：クラッチディスクとクラッチライニング
1 クラッチライニング
2 クラッチディスク
3 トランスミッションへ

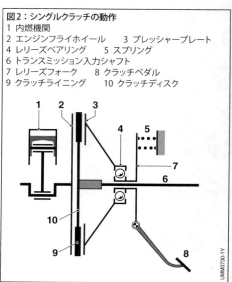

図2：シングルクラッチの動作
1 内燃機関
2 エンジンフライホイール　3 プレッシャープレート
4 レリーズベアリング　5 スプリング
6 トランスミッション入力シャフト
7 レリーズフォーク　8 クラッチペダル
9 クラッチライニング　10 クラッチディスク

ダブルディスククラッチ

　稀にではあるが、大きいトルクに対応するためクラッチディスクを2枚使用するタイプも用いられることがある（図3）。このタイプは、シングルディスククラッチでは直径が大きくなりすぎる場合に採用される。両クラッチディスクとも、同一のトランスミッション入力シャフトに作用する。このためダブルディスククラッチも、シングルクラッチのカテゴリーに分類される。

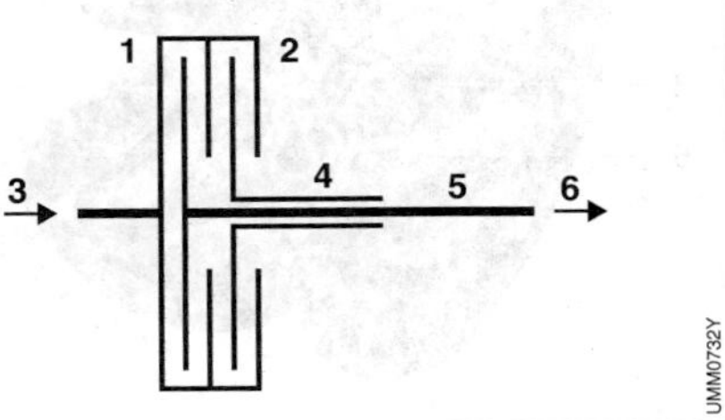

デュアルクラッチ

　デュアルクラッチ（図4、図5）は、独立に制御できる2つのクラッチにより、エンジンの出力を2つのトランスミッション入力シャフト（中実シャフトと中空シャフト）に伝達することを特徴とする。デュアルクラッチはほとんどの場合、デュアルクラッチトランスミッションとの組み合わせで使用される（「デュアルクラッチトランスミッション」の項を参照）。偶数段のギヤが一方のクラッチ、奇数段のギヤが他方のクラッチに割り当てられている。こうして、一方のクラッチがトルクを1つのギヤ伝達している間、他方のクラッチは離れていて、次段のギヤを予め選択できる状態にある。トルクは、ギヤシフトの間も牽引力の中断なく第1のクラッチから第2のクラッチへ伝達される。一方のクラッチによるトルク伝達が減少すると同時に、切替え先のクラッチによるトルク伝達が増加する。デュアルクラッチがパワーシフト装置として働き、ギヤシフトは半クラッチ状態で行われる。

図3：ダブルディスククラッチ
1　駆動エンジンから　　2　トランスミッションへ
3　ライニング付きクラッチディスク1
4　ライニング付きクラッチディスク2

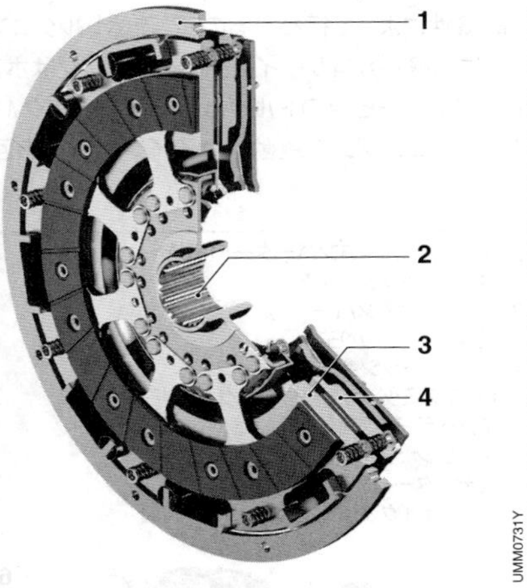

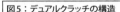

図4：デュアルクラッチの略図
1　クラッチ1
2　クラッチ2
3　振動絶縁から
4　中空シャフト
5　中実シャフト
6　トランスミッションへ

図5：デュアルクラッチの構造
1　トーションダンパー
2　駆動エンジンから
3　振動絶縁から
4　中実シャフト（クラッチ1）
5　中空シャフト（クラッチ2）
6　クラッチ1
7　作動クラッチ1
8　クラッチ2
9　作動クラッチ2

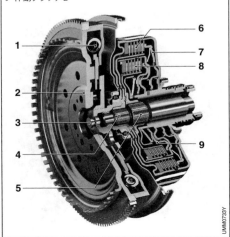

乾式クラッチと湿式クラッチ

シングルクラッチにもデュアルクラッチにも、乾式クラッチと油冷式の「湿式」クラッチがある。

乾式クラッチ

乾式クラッチではクラッチライニングは有機材料製で、結合剤に樹脂を用いている。使用される材料は、ブレーキパッド／ライニングと類似したものである。その目的は、高い摩擦係数を実現し、作動に要する力とクラッチの直径を小さくすることである。

湿式クラッチ

湿式クラッチとしては、紙状のライニングを持つ多板クラッチが用いられる。このクラッチは、オートマチックトランスミッションのパワーシフト機構に類似している（「ギヤシフト機構」の項を参照）。紙状ライニングの機能は、油に濡れることによって発現する。空気の対流によって冷却される乾式クラッチに比べて、湿式クラッチの場合はクラッチディスクの溝を通る油の流れにより、より大きな熱量が除去される。

油冷式多板クラッチ（図5）の操作は通常レリーズベアリングではなく、油圧によって軸方向の力を発生する共回転ピストンによって行う。軸方向の力の増加によって多板クラッチが圧縮されると、クラッチによって伝達されるトルクが増大する。

流体トルクコンバーター

流体トルクコンバーター（図6）は下記のコンポーネントで構成される。
– インペラー（エンジンに連結）
– タービン（トランスミッション入力シャフトに連結）
– ステーター（ワンウェイクラッチを介してトランスミッションハウジングに連結）
– ロックアップクラッチ
– 内蔵トーションダンパー

トルクコンバーターにはオイルが充填されている。エンジンからの機械的エネルギーは、インペラーで油圧エネルギーに変換されてタービンに伝わり、再び機械的エネルギーに変換されて、トランスミッション入力シャフトに伝達される。変換はオイルの流体力学的慣性によって行われるので、流体トルクコンバーターには摩耗がない。インペラーのトルクはポンプトルク M_P、タービンのトルクはタービントルク M_T と呼ばれる。エンジンで駆動されるインペラーの回転速

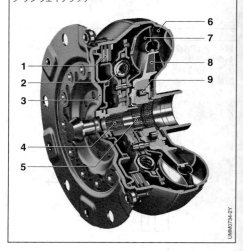

図6：流体トルクコンバーターの構造
1 ロックアップクラッチ
2 トーションダンパー
3 駆動エンジンから
4 トランスミッション入力シャフトへ
5 トランスミッションハウジングへの接続
6 インペラー
7 タービン
8 ステーター
9 ワンウェイクラッチ

度 n_P が速いほど、インペラーによって回転軸に近い内側から外側へ向かって送出されるオイルの量が大きくなる。このオイル流は、隣接するタービンのブレードに当たる。オイル流がブレードで偏向することにより、トランスミッション入力シャフトに働くトルクを発生させる。

オイル流はタービンの外側から半径方向に内側へ向かい、ステーターに当たる（図7）。ステーターは90°に湾曲したブレードを持ち、一方向のみに有効なワンウェイクラッチを介してトランスミッションハウジング上に支持されている。タービン（したがってトランスミッション入力）が停止中または低速 n_T で回転している場合、ステーターのブレードはオイルを滞留させ、これに反応してタービンのトルクが増大する。オイル流は、ステーターによりトランスミッションハウジングのステータートルク M_L を受けて強められるので、内燃機関からコンバーターに伝達されるよりも高いトルクをトランスミッション入力シャフトに伝達することが可能になる。この作用をコンバーター増幅と称する。トルクコンバーターに関して次のトルク方程式が成り立つ。

$$M_P + M_T + M_L = 0$$

トルクコンバーターから見てポンプトルクは入力トルクであるため正の符号を持ち、タービントルクは出力トルクなので符号は負である。

タービンの速度（したがってトランスミッション入力シャフトの速度）が増大するにつれて、ステーターのブレードへのオイルの衝突角度が変化する。これによりオイルの滞留、したがってトランスミッションハウジングで補強されるトルクが減少し、コンバーター増幅

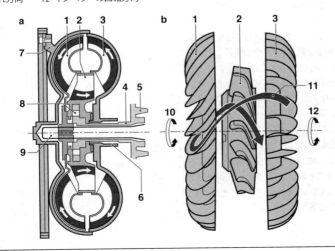

図7：流体トルクコンバーター
a 断面の概念図
b オイルの流動経路

タービンとインペラーは図示されている前面が下向きに動くように回転する。変換レンジで反対方向に回ろうとするステーターは、ワンウェイクラッチでトランスミッションハウジングに支持されている。
左図の円弧上矢印はオイルの流れ方向を示す。
　1 タービン　　2 ステーター　　3 インペラー　　4 ステーター支持用中空シャフト
　5 ハウジング（固定）　　6 トランスミッションオイルポンプ駆動用中空インペラー軸
　7 インペラーに連結されているコンバーターカバー　　8 ステーターのワンウェイクラッチ
　9 タービンシャフト（トランスミッション入力）　　10 タービンの回転方向
　11 オイルの流れ方向　　12 インペラーの回転方向

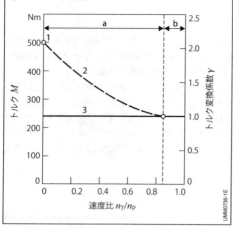

図8：流体トルクコンバーターのトルク変換係数
1 ストール点
2 タービンのトルク M_T またはトルク変換係数 γ
3 インペラーの駆動トルク M_P
a 変換レンジ
b クラッチレンジ
n_T タービン回転数
n_P インペラー回転数

$n_T = n_P$ におけるコンバーターの損失をできるだけ低くするため、多板クラッチによって油圧トランスミッションをロックする。油圧による振動絶縁がもたらす高い快適性を維持するため、動力伝達経路のロックアップクラッチに1つまたは複数のトーションダンパーが組み込まれている。

参考文献
[1] H. Naunheimer; B. Bertsche; G. Lechner: Fahrzeuggetriebe – Grundlagen, Auswahl, Auslegung und Konstruktion. 2nd Ed., Springer-Verlag, 2007.

が減少する。この特性は図8のトルク変換係数 γ で示される。

$$\gamma = -\frac{M_T}{M_P}$$

タービンが停止しているストール点では通常 $1.7 < \gamma < 2.4$ である。

$\gamma > 1$ であれば、コンバーターはいわゆる変換レンジにある。$\gamma = 1$ である範囲は、トルクの変換が起こらないため、クラッチレンジと呼ばれる。

トルク変換係数 γ が1まで減少すると、オイル流はステーターブレードに対してそれまでのトルクとは逆の方向に作用する。ステーターとトランスミッションハウジングを連結しているワンウェイクラッチは、この方向にはトルクを伝えない。このためステーターはオイル流中で回転しはじめ、トルクを生じない。ステーターが共に回転することによって、クラッチレンジでのオイル流に好ましくない偏向が生じることがなく、コンバーターの効率低下が避けられる。

トランスミッション

トランスミッションは、変速ギヤユニットとギヤシフトエレメントを組み合わせたものである。振動ダンパーと連結装置は、エンジンとトランスミッションの間に配置されている。

図1：円の伸開線

1 基礎円　　2 伸開線（インボリュート）
d_b 基礎円直径

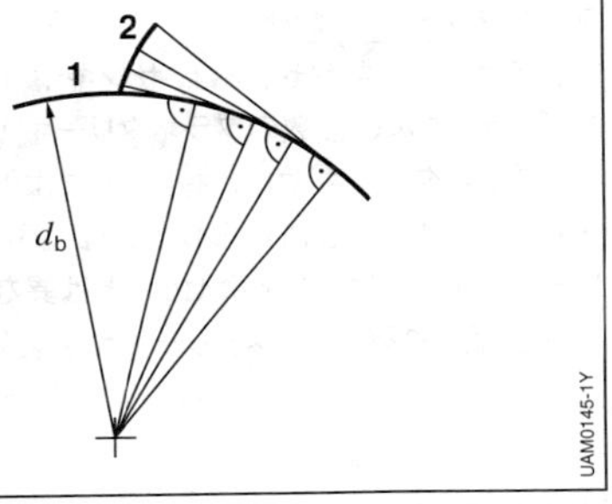

図2：歯車のパラメーター

d_a　外径
d　ピッチ円直径
d_b　基礎円直径
d_f　歯底円直径
h_a　歯末のたけ
h_f　歯元のたけ
W_k　またぎ歯厚
p　ピッチ $p = \pi m$
m　モジュール
α　圧力角

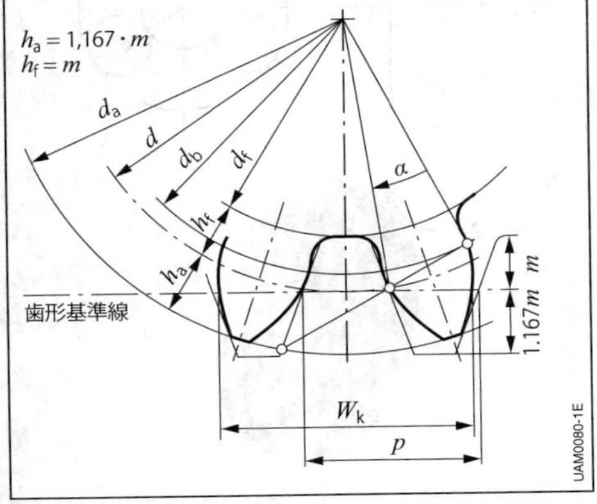

$h_a = 1{,}167 \cdot m$
$h_f = m$

変速ギヤユニット

マニュアルトランスミッションでは、エンジンから供給されるトルクと個々の走行状況に対する出力および運転者の要求とを調整するために、異なるギヤ比が実装される。各ギヤ比は、「ギヤ」または「速」と呼ばれる。

ギヤ

ギヤ（またはギヤホイール）は、円周の周りに歯が均等に配置された機械要素である。一方のギヤの歯と他方のギヤの歯が連続して噛み合うことによってトルクと回転運動が伝達される。一方のギヤから他方のギヤへの動力伝達時のギヤ比は、各ギヤの異なる歯数によって決定される。回転速度とトルクは、出力に対してギヤ比と反比例して変換される（ただし効率は変わらない）。ギヤトランスミッションの利点は、動力伝達時に滑りが発生せず高い出力密度が得られることである。

変速ギヤユニットで最も一般的に使用される歯のタイプは、インボリュート歯である。このタイプは歯面の断面が、円の伸開線の一部を形成する（図1）。これにより、相互に噛み合った歯が動作直線に沿って接触することを確実にしている。インボリュート歯の目的は、歯面の摩耗と熱の発生を最小限に抑えるために、トルク伝達時の転がり量を高く、滑り量を低くすることである。図2にギヤのパラメーターを示す。

すぐば歯およびはすば歯

はすば歯車は、平歯車ドライブのほとんどの部分に使用される。はすば歯車では、歯がギヤ軸に平行ではなく一定の角度で配置される。2つのギヤの歯が噛み合うとき、歯はすぐば平歯車のように最初から歯幅全体で接触するわけではない。摺動面の幅はギヤが回転するにつれて徐々に増加してゆき、最終的に歯幅全体で接触するようになる。ギヤが回転して動作領域から離れるにつれて、負荷がかかる歯幅も徐々に減少する。これにより、噛み合い時の運動衝撃はすぐば歯車の場合より大幅に小さくなる。そのため、振動の発生が少なく、動作音が静かである。

旧型のマニュアルトランスミッションでは、すぐば歯車とはすば歯車の違いを音を聞くだけで識別できる。そのようなトランスミッションでは、リバースギヤにすぐば歯車が使用されているためバック走行時にうなり音が聞こえるが、前進ギヤの走行時は音が目立たない。

はすば歯車では軸方向の力が発生するため、適切なベアリングを配置してこの力を吸収する必要がある。さらに、はすば歯車は、すぐば平歯車よりも製造工程が複雑である。

平歯車セット

平歯車セットでは、ギヤは軸と平行に配置される（図3）。このギヤはシャフトに恒久的に結合（固定ギヤ）することも、シャフト上で回転（可動ギヤ）することもできる。

平歯車は、内歯のあるプラネタリーギヤセットのリングギヤよりも容易に製造できる。さらに、入力と出力間の軸オフセットもフロント横置きドライブトレインに適している。

平歯車セットは、マニュアルトランスミッション、自動マニュアルトランスミッション、およびデュアルクラッチトランスミッションで使用される。

プラネタリーギヤセット

プラネタリーギヤセットは、サンギヤ、内歯のあるリングギヤ、および複数のプラネタリーギヤで構成される。プラネタリーギヤは、キャリアによって相互接続され、キャリアに取付けられている（図4）。プラネタリーギヤセットは、平歯車セットとは異なり固定軸のみが使用される。プラネタリーギヤの軸は、太陽系で

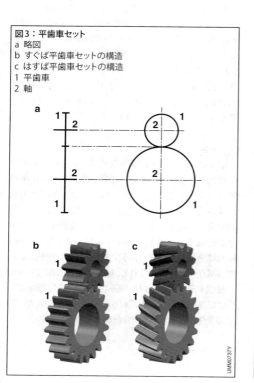

図3：平歯車セット
a 略図
b すぐば平歯車セットの構造
c はすば平歯車セットの構造
1 平歯車
2 軸

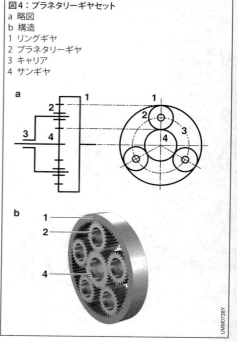

図4：プラネタリーギヤセット
a 略図
b 構造
1 リングギヤ
2 プラネタリーギヤ
3 キャリア
4 サンギヤ

惑星が太陽の周りを公転するように、サンギヤとリングギヤの軸周りの軌道を円運動することができる。

基本的に各ケースで、プラネタリーギヤセットの3つの要素（サンギヤ、リングギヤ、キャリア）のいずれか1つをドライブとして使用でき、2番目の要素が3番目の要素を介して出力を提供するためにトランスミッションハウジングに恒久的に結合される。3つのドライブオプションと3つの出力オプション（各ケースとも3番目の要素を固定）を組み合わせると、プラネタリーギヤセットを適切に接続して提供可能な6つの異なるギヤ比が得られる。さらに、3つの要素を相互に結合することにより、ギヤ比1のブロックを7番目のギヤ比としてプラネタリーギヤセットの円運動を実現することが可能になる。ただしプラネタリーギヤセットのギヤ比は、プラネタリーギヤセット単独で乗用車のトランスミッションに必要とされるギヤ比として使用できるように設定されてはいない。

またプラネタリーギヤセットは、サメイションギヤボックスまたはトランスファーケースとしても使用できる。この場合、プラネタリーギヤセットのいかなる要素もハウジングに結合されない。サメイションギヤボックスとして使用される場合は、プラネタリーギヤセットの2つの要素が3番目の要素を介して駆動され出力される。トランスファーケースとして使用される場合は、プラネタリーギヤセットの1つの要素がドライブとして機能し、他の2つの要素が出力として機能する。

対称構造と複数のプラネタリーギヤへのトルクの分配により、プラネタリーギヤセットの出力密度は非常に高く、そのため伝達されるトルクの大きさに対してサイズを小さくできる。ドライブと出力シャフトが同軸配置となるため、この構造は標準ドライブトレインにとって魅力的なものである。シャフト要素を介して結合された複数のギヤセットは、主にオートマチックプラネタリートランスミッションに使われる。

ギヤシフトエレメント

シンクロメッシュ

トランスミッションでの各ギヤシフトまたはレンジチェンジの間、ターゲットギヤの回転エレメントは相互に接続される。マニュアルトランスミッション、自動マニュアルトランスミッション、およびデュアルクラッチトランスミッションでは、ギヤホイール（可動ギヤ）は軸速度まで加速または減速される。同期状態になると、ドグ歯により摩擦接続が確立する。この等しい回転速度をもたらす装置は通常、シンクロメッシュと呼ばれる。

同期プロセスの間、シンクロナイザーリングはギヤシフトスリーブを介してシフトするギヤホイールの円錐型摩擦面に押しつけられる（図5）。シンクロナイザーリングを力F_Sでギヤホイールの円錐型摩擦面に押しつけるプロセスは、すべり摩擦によってトルクM_Sを発生し、このトルクによってギヤホイールの回転が軸速度に等しくなる。シンクロナイザーリングのロックアウト歯は、ギヤホイールとシャフトが同期する前にギヤシフトスリーブのドグ歯とシフト歯が噛み合うことを防止（または少なくともそれを困難に）する（図6）。このプロセスで、ギヤシフトスリーブのドグ歯は、シンクロナイザーリングのロックアウト歯角と接触し、シンクロナイザーリングの摩擦トルクによってロックアウト

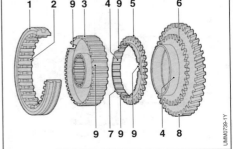

図5：シンクロメッシュ
1　ギヤシフトスリーブ　　2　ドグ歯
3　シンクロナイザーボディ　4　摩擦面（円錐型）
5　ロックアウト歯　　6　シフト歯
7　シンクロナイザーリング　8　ギヤホイール
9　滑りブロックのくぼみ（滑りブロックは図示されていない）

歯が空転することを防止する。ギヤシフトスリーブに対してシンクロナイザーリングが回転し過ぎることは、軸方向に動く滑りブロック（図5には表示されていない）によって防止される。

シンクロナイザーボディの滑りブロック用のくぼみは滑りブロックと完全に同じ幅で、シンクロナイザーリングのくぼみはそれより少し広くなっている。このためシンクロナイザーリングは、図6に示すように比較的小さな角度で動く。滑りブロックは、シンクロナイザーボディからシンクロナイザーリングへとトルクを伝達する。シンクロナイザーボディの外歯とシンクロナイザーリングおよびシフト歯は、ギヤシフトスリーブのドグ歯にしっかりとロックできるように寸法が決められている。

可動ギヤとシャフトの同期がひとたび達成されると、同期のためのトルクおよびロックアウト歯に作用するトルクはゼロになる。加えられたシフト力F_Sは、シンクロナイザーリングのロックアウト歯角を介して、ギヤシフトスリーブに対してシンクロナイザーリングの回転を引き起こし、シフトスリーブのドグ歯がシンクロナイザーリングのロックアウト歯の上を滑ってギヤホイールのシフト歯へと導かれる。これにより、シャフトとギヤホイールがしっかりとロックする。

シフト力を増大させると同期時間は短縮できるが、それによって長期的にはシンクロナイザーリングの摩擦面の摩耗を早める結果になる。また、シフト力を増大させることによって同期が完了し、シフトスリーブのドグ歯がギヤホイールのシフト歯まで前進する前にロックアウト歯を元に戻すこともできる。シフトスリーブのドグ歯とギヤホイールのシフト歯が異なる速度で噛み合うと、「ギヤシフト異音」の原因となる。

相対する上面に2〜3個の円錐型摩擦面が配置されたシンクロメッシュが、質量慣性の大きなコンポーネントを同期するために使用される。これらは、ダブルコーンまたはトリプルコーンシンクロメッシュと呼ばれる。

通常2つ、場合により3つの特殊な形状のシンクロメッシュが、トランスミッションに組込まれる。ほとんどの場合、1番目のギヤとリバースギヤのギヤホイールにはトリプルコーンシンクロメッシュが組込まれ、2番目および3番目のギヤのギヤホイールにはダブルコーンシンクロメッシュが組込まれ、その他のギヤにはシングルコーンシンクロメッシュが組込まれる。マニュアルトランスミッションにおけるこの配置の利点は、すべてのギヤで同様に高いシフト力が得られることである。

多板クラッチ

多板クラッチは通常、多数の内側および外側ディスクで構成される。内側ディスクには、クラッチをトランスミッションのコンポーネントに結合するために内径側に同期のための歯が付けられ、外側ディスクには外径側にこの歯が付けられている（図7）。一方のディスクには各摩擦面に紙状のライニングが接着され（図7では内歯のディスク）、もう一方のディスクは滑らかなスチール面を備える。多くの相互に重ね合わされた内側ディスクと外側ディスクを使用することにより、同じ作動力でより大きなトルクを伝達することができ、より大きなライニング表面積を得ることができる。多板クラッチを効率的に冷却するために、ペーパーライニングには冷却油が絶えず流れるように溝が付けられている。

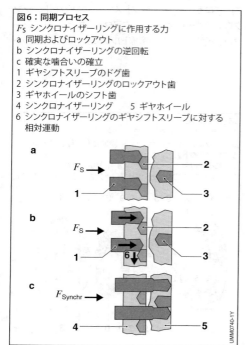

図6：同期プロセス
F_S シンクロナイザーリングに作用する力
a 同期およびロックアウト
b シンクロナイザーリングの逆回転
c 確実な噛合いの確立
1 ギヤシフトスリーブのドグ歯
2 シンクロナイザーリングのロックアウト歯
3 ギヤホイールのシフト歯
4 シンクロナイザーリング　5 ギヤホイール
6 シンクロナイザーリングのギヤシフトスリーブに対する相対運動

多板ブレーキは、特殊なタイプの多板クラッチである。多板ブレーキは、たとえば外側ディスクがトランスミッションハウジングなどの非回転コンポーネントに接続され、閉じた状態でクラッチディスクが固定され、多板クラッチが回転する点が異なる。多板ブレーキは、たとえば変速比を達成するためにプラネタリーギヤセット要素をトランスミッションハウジングに対して支持するために使用できる。

油冷始動クラッチやデュアルクラッチは、このような負荷ケースに対応する異なるタイプの多板クラッチである。

多板クラッチは、パワーシフトトランスミッションの機能にとって極めて重要である。シフトするギヤは、摩擦によって動力の流れに取り込まれ、牽引力が中断されない[1]。

図7：多板クラッチ
1 内側ディスク
2 外側ディスク

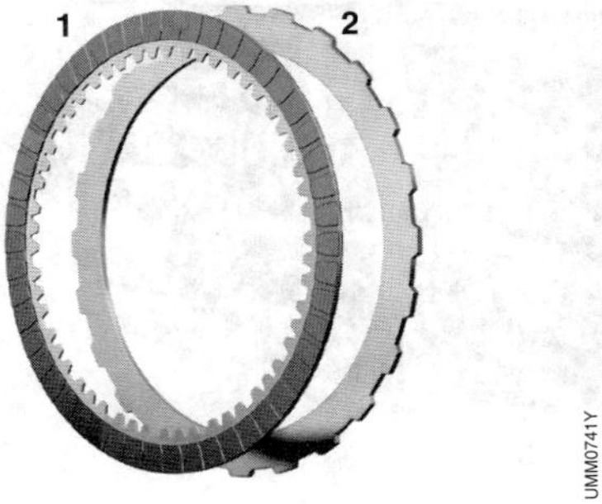

マニュアルトランスミッション

マニュアルトランスミッション（MT）は通常、ギヤシフトと駆動力オフプロセスが運転者によって手動で実行される平歯車ドライブとして設計される。一般的に乾式単板クラッチが連結装置として使用される。マニュアルトランスミッションでは、各ギヤは平歯車のペアとして実装される。平歯車の各ペアの異なる歯数の比率によって、異なるギヤ比が生み出される。すべてのギヤは、トランスミッションに恒久的に取り付けられている。ギヤの各ペアには固定ギヤが含まれ、固定ギヤはシャフトと可動ギヤに恒久的に接続され、可動ギヤは別のシャフト上で回転する。各ギヤでは、関連する可動ギヤがギヤシフトエレメントによってシャフトに非回転的に接続される「ギヤシフト要素」を参照）。個々の可動ギヤは、シンクロメッシュを介して結合する（図5を参照）。

ほとんどのマニュアルトランスミッションには、5～6段の前進ギヤと1段のリバースギヤが組込まれる。トランスミッションのレシオカバレッジ（最低ギヤのギヤ比を最高ギヤのギヤ比で割った数値）は、おおむね4～6である。

マニュアルトランスミッションは、牽引力が中断されるトランスミッションのカテゴリーに分類される。トランスミッションのギヤを変更するには、クラッチによって駆動力の流れを切断する必要がある。

標準的なドライブの構造（図8および図9）には、同軸入出力部およびカウンターシャフトがある。エンジンの出力は一定の変速比でカウンターシャフトに伝達される。変速比の異なる可動ギヤがシンクロメッシュによってトランスミッションの出力部に結合される。

ドライブに対して平行な1つ（図10を参照）または2つのカウンターシャフトをもつ構造は、前輪駆動のタイプとして確立している。ドライブに対して平行な2つのシャフトをもつトランスミッションは、3軸トランスミッションと呼ばれる。トランスミッションのステップを2つの平行なシャフトに分割することにより、トランスミッションの構造を短くすることができる。3軸トランスミッションの全長は、駆動軸に固定ギヤを二重に使用することによってさらに最適化できる。この場合、1つの固定ギヤが異なるカウンターシャフト上の2つの可動ギヤ（たとえば3番目と4番目のギヤ）と噛み合う。前輪駆動では、ディファレンシャルを備えたファイナルドライブ装置がトランスミッションに統合

される(図10を参照)。ファイナルドライブユニットは、カウンターシャフトの1つ(3軸トランスミッションでは2つ)の一定変速比で駆動される。

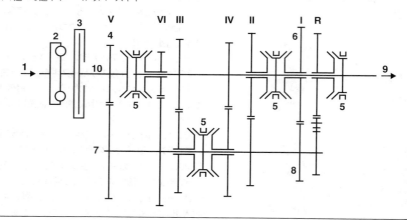

図8：標準的なドライブ用の6速マニュアルトランスミッションの概略図
1 駆動エンジンから　2 ダブルマスフライホイール　3 クラッチ　4 一定変速比(5速ギヤ)　5 シンクロメッシュ
6 可動ギヤ　7 カウンターシャフト　8 固定ギヤ　9 ファイナルドライブユニットへ
10 トランスミッション入力シャフト
I～VI 1速～6速ギヤ　R リバースギヤ

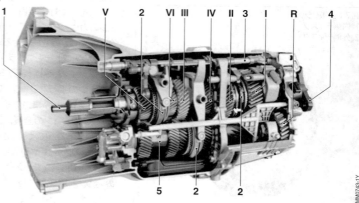

図9：標準的なドライブ用の6速マニュアルトランスミッションの構造
1 トランスミッション入力シャフト　2 シンクロメッシュ　3 ギヤシフトリンケージ
4 ファイナルドライブユニットへ
5 カウンターシャフト
I～VI 1速～6速ギヤ
R リバースギヤ

自動マニュアルトランスミッション（AMT）

　自動マニュアルトランスミッション（AMT）は、マニュアルトランスミッションに類似した機械的な構造をとる（図10）。クラッチとシンクロメッシュは、トランスミッション制御装置により制御されるアクチュエーター（図11）によって作動する。これにより、完全なオートマチックトランスミッションの操作快適性が得られる。

　自動マニュアルトランスミッションはマニュアルトランスミッション同様に牽引力が中断されるトランスミッションであり、他の構造のオートマチックトランスミッションと比較してシフトの快適性で不利が生じる。

図11：フロント横置きドライブ用の自動マニュアルトランスミッション（AMT）用のアクチュエーターの構造
1 クラッチ
2 クラッチアクチュエーター

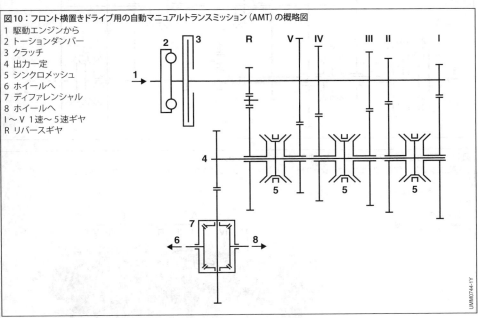

図10：フロント横置きドライブ用の自動マニュアルトランスミッション（AMT）の概略図
1 駆動エンジンから
2 トーションダンパー
3 クラッチ
4 出力一定
5 シンクロメッシュ
6 ホイールへ
7 ディファレンシャル
8 ホイールへ
I～V 1速～5速ギヤ
R リバースギヤ

デュアルクラッチトランスミッション

デュアルクラッチトランスミッション (DCT) は、2つの個別の平歯車副変速機で構成され、この副変速機は各状況においてクラッチを介して内燃機関に接続される[1]。2つの副変速機の間で偶数段 (2、4、6) と奇数段 (1、3、5、7) を分割することにより (図12)、出力シフトによってギヤ比を変えることが可能になる。デュアルクラッチトランスミッションは、牽引力が中断されないギヤシフトによりオートマチックトランスミッションの快適性をもたらす。クラッチは、シフト時の負荷分散と駆動力オフプロセスの両方で使用される。

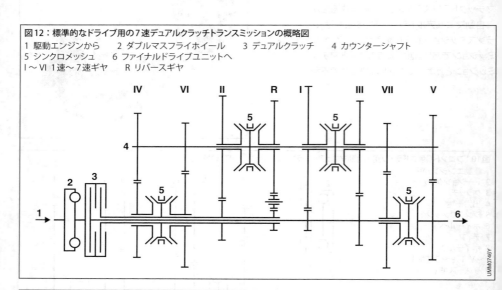

図12：標準的なドライブ用の7速デュアルクラッチトランスミッションの概略図
1 駆動エンジンから　2 ダブルマスフライホイール　3 デュアルクラッチ　4 カウンターシャフト
5 シンクロメッシュ　6 ファイナルドライブユニットへ
I～VI 1速～7速ギヤ　R リバースギヤ

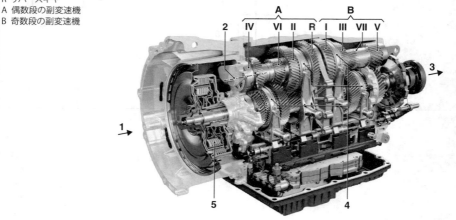

図13：標準的なドライブ用の7速デュアルクラッチトランスミッションの構造
1 駆動エンジンから　2 カウンターシャフト　3 ファイナルドライブユニットへ　4 シンクロメッシュ
5 デュアルクラッチ
I～VII 1速～7速ギヤ (5速ギヤはダイレクトレシオ)
R リバースギヤ
A 偶数段の副変速機
B 奇数段の副変速機

リバースギヤは、偶数段または奇数段の副変速機のいずれかに割り当てることができる。図12では、リバースギヤが偶数段の副変速機に割り当てられている。

デュアルクラッチトランスミッションの利点は、オートマチックプラネタリートランスミッションと異なり、7000 rpmを超えるエンジン回転数に適していることである。そのためデュアルクラッチトランスミッション（図13）は、特にスポーツカーで使用されている。

平歯車構造のデュアルクラッチトランスミッションは、特にトランスミッション入力シャフトおよび出力シャフト間に軸オフセットがあるフロント横置きトランスミッションにおいて、有利なギヤセットバージョンの設計を容易にする。これらのギヤセットでは、オートマチックプラネタリートランスミッションとは異なり、ディファレンシャルがカウンターシャフトによって直接駆動され、噛合いが少なく、その結果、フロント横置きトランスミッションでの高い伝達効率が得られる。

オートマチックプラネタリートランスミッション

オートマチックプラネタリートランスミッション（AT）は、連続的に配置され、多板クラッチによりさまざまな方法で相互に接続される、一連のプラネタリーギヤセットを介して変速を実現している（図14）。プラネタリーギヤセットとクラッチの数と配置は、トランスミッションに実装されるギヤ段数によって異なる。

8速トランスミッションは、たとえば4つのプラネタリーギヤセットと5つの多板クラッチによって実現できる（図14）。複数の同時に開閉するシフト要素のさまざまな組み合わせにより、概略図に示すトランスミッションは、8段の前進ギヤと1段のリバースギヤを実現できる。流体トルクコンバーターは通常、連結装置の役割を果たす。

オートマチックプラネタリートランスミッションでは、低燃費と良好なドライバビリティーの観点から8～9段のギヤが最適であることが明らかになっている。これより少ない段数のギヤでは、常に最適な燃費と

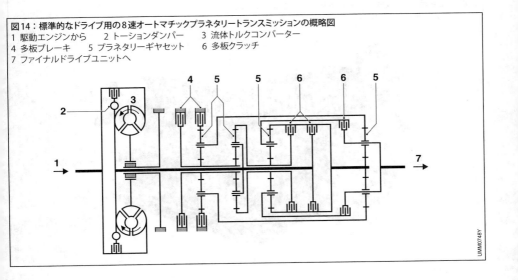

図14：標準的なドライブ用の8速オートマチックプラネタリートランスミッションの概略図
1 駆動エンジンから　2 トーションダンパー　3 流体トルクコンバーター
4 多板ブレーキ　5 プラネタリーギヤセット　6 多板クラッチ
7 ファイナルドライブユニットへ

性能レンジで走行できる内燃機関のプログラムマップがまだ開発されていない。これより多い段数のギヤでは、追加のシフト要素またはプラネタリーギヤセットが必要となり、そのことがほとんどの走行状況でトランスミッション、すなわちドライブトレインの効率を低下させる。それと同様にさらに多い段数のギヤシフトに必要となるエネルギーも、内燃機関のプログラムマップの効率的な活用ではもはや補うことはできない。

プラネタリーギヤセットには、同軸入出力部が含まれる。その結果、エンジンのクランクシャフトとアクスルディファレンシャルドライブが同一の軸上にある場合は、標準的なドライブに最も有利なタイプのトランスミッション構造が実現できる(図15を参照)。伝達された駆動力がプラネタリーギヤセットで円周上に広がる多くのプラネタリーギヤに分散されるため、オートマチックプラネタリートランスミッションは高い出力密度が特徴である。パワーシフトトランスミッションの快適性が、意図的に重ね合わせたクラッチのシフトによって達成される。

無段変速トランスミッション

無段変速トランスミッション(CVT)では、変速比の範囲は、1番目と2番目のV字プーリーセットの間のプッシュベルトまたはプレートリンクチェーンによって達成される(図16)。各V字プーリーセットのプーリーは、油圧によって相互に回転軸の軸方向に押しつけられる。V字プーリーの軸方向の変位はプーリー間の軸方向のクリアランスを変化させ、それによりベルトエレメントが幅を変えることなく密着できる回転半径が変化する。2つのV字プーリーセット(インプットおよびアウトプット)における無段階に調整できるさまざまな回転半径の組み合わせによって、ベルト変速機のギヤ比が決定される。無段変速トランスミッションはギヤチェンジを行う必要がないため、牽引力が中断されない高い走行快適性をもたらす。

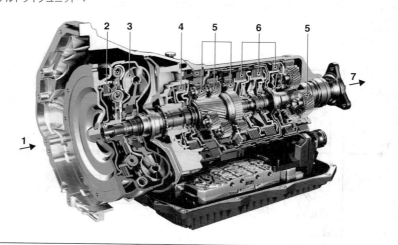

図15:標準的なドライブ用の8速オートマチックプラネタリートランスミッションの構造
1 駆動エンジンから　2 トーションダンパー　3 流体トルクコンバーター
4 多板ブレーキ　5 プラネタリーギヤセット　6 多板クラッチ
7 ファイナルドライブユニットへ

トランスミッション **801**

図16：無段変速トランスミッションの概略図
1 駆動エンジンから
2 トーションダンパー
3 流体トルクコンバーター
4 リバースギヤブレーキ
5 フォワードギヤクラッチ
6 ベルト変速機
7 1番目のV字プーリーセット
8 2番目のV字プーリーセット
9 ベルトまたはチェーン
10 ホイールへ
11 ディファレンシャル
12 ホイールへ

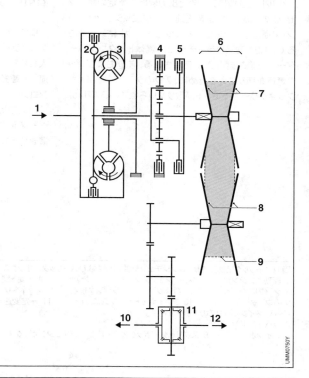

図17：無段変速トランスミッションの構造（出典：Jatco）
1 ホイールへ
2 駆動エンジンから
3 流体トルクコンバーター
4 2番目のV字プーリーセット
5 ベルト
6 ホイールへ
7 1番目のV字プーリーセット

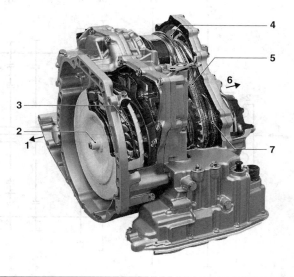

ベルト変速機の入力部と出力部間の所定の軸オフセットのおかげで、無段変速トランスミッションはフロント横置きトランスミッションのレイアウトに最適である(図17)。油冷クラッチまたは流体トルクコンバーターは、連結装置として使用される。前進およびバック走行を切り替えるために、2つのクラッチを備えたプラネタリーギヤセットが取り付けられている(図16)。

商用車用トランスミッション

 標準的な構造は、総重量が3.5トンを超えるトラックのドライブトレインコンセプトとして一般的に受け入れられている。後輪駆動軸にかかる高い負荷と関連する駆動輪の大きな駆動力が、このドライブトレインコンセプトが採用される理由である。

 バスでは、乗客および荷物用に最大限の輸送スペースを確保するために、一般的に縦置きまたは横置きリアエンジンが採用されている。

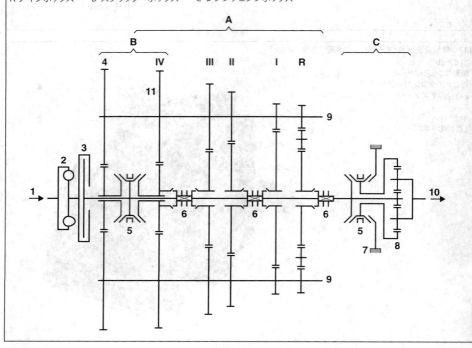

図18：トラック用副変速機(レンジチェンジボックスおよびスプリッターボックス)付き16速トランスミッションの概略図
1 駆動エンジンから　　2 トーションダンパー　　3 クラッチ　　4 一定変速比1
5 シンクロメッシュ　　6 シフトドグ　　7 ハウジング接続　　8 プラネタリーギヤセット
9 カウンターシャフト　　10 ファイナルドライブユニットへ　　11 一定変速比2(4速ギヤ)
I～IV メインボックスの1速～4速ギヤ
R リバースギヤ
A メインボックス　　B スプリッターボックス　　C レンジチェンジボックス

商用車のトランスミッションは、乗用車のトランスミッションとはサイズが大きく異なる。この理由は、より大きなエンジントルクとエンジン出力が必要となるだけでなく、特に100万キロメートルを超えることもある非常に長い走行距離要求に対応するためである。

商用車の分野では、主にマニュアルトランスミッション、自動マニュアルトランスミッション、およびプラネタリーコンバータートランスミッションが使用される。トラックでは、主にマニュアルトランスミッションと自動マニュアルトランスミッションが普及している。バスでは、主にプラネタリーコンバータートランスミッションと自動マニュアルトランスミッションが使用されている。

マニュアルトランスミッションと自動マニュアルトランスミッションでは、最大で16速の段数がある。製造コストを低く抑えるため、2〜3の副変速機（スプリッターボックス、メインボックス、レンジチェンジボックス）が順次配置される（図18）。16速のトラック用トランスミッションでは、メインボックスにはたとえば4段の前進ギヤと1段のリバースギヤが搭載される。このメインボックスの上流側には、2段のスプリッターボックスが配置される。スプリッターボックスによって、メインボックスの4段の中間ギヤ比が可能になる。スプリッターボックスはしばしば最大積載状態で使用される。これは駆動力に対して車両重量が非常に大きい場合には各ギヤの変速比の違いを小幅なものにしなければならないからである。貨物を積載していないトラックでは車両重量に対するエンジン出力の比率が大幅に改善されるため、各ギヤの変速比の違いが大きなメインボックスのギヤでも、スプリッターボックスを使用せずにシフトできる。

スプリッターボックスとメインボックスは、図に示したトランスミッションタイプでは2つのカウンターシャフトにトルクを伝達する。これにより、トラックの非常に高いトルクに対してギヤ幅を小さくシャフト間の中心距離を短くすることが可能になる。

メインボックスの下流側には、レンジチェンジボックスが配置される。レンジチェンジボックスの2段の変速比の違いは、メインボックスの1段から4段までの変速比の違いに対応している。これは、レンジチェンジボックスのギヤが低速ギヤから高速ギヤにシフトすると同時に、メインボックスのギヤも4段から1段にシフトすることを意味し、その逆の場合も同様である。このため、メインボックスのギヤ比の幅を2倍に利用することができる。

このように、スプリッターボックスの2段のギヤとメインボックスの4段のギヤおよびレンジチェンジボックスの2段のギヤを掛け合わせると、これらのトランスミッションでは最大16速の前進ギヤが得られる。

主にバスで使用されるプラネタリーコンバータートランスミッションは、原則として6速である。これらのトランスミッションは、基本的に乗用車のトランスミッションと同じ構造であるが、サイズは高トルクと走行距離の要件に合わせて決定される。

電子式トランスミッション制御

機能と要求事項

今日、オートマチック制御のトランスミッションには、電子制御を主とした油圧システムが使用されている。クラッチの作動には従来どおり油圧を使用するが、ギヤ選択およびトルクの流れに応じた圧力調整には電子制御を採用している。その利点は以下の通りである。

– アダプティブドライブ機能を含む複数の異なったギヤシフトプログラム
– 耐用期間を通して一貫した快適なギヤシフト
– さまざまな車種へ適合できる柔軟性
– 簡素化された油圧制御

ほかには、電気モーターが油圧の役割を担う、電子制御式トランスミッションが存在する (クラッチの作動、ギヤの締結および選択)。

システムのセンサー類は、トランスミッション出力シャフト／入力シャフトの回転数、クラッチの圧力、セレクターレバーの位置、プログラムセレクターの位置、キックダウンスイッチの位置を検知する。エンジン関連の情報 (エンジン回転数、運転者の要求、エンジントルク) は、CANバスを経由し、エンジンECUがトランスミッションの制御系に伝達する。ECUは、所定のプログラムに従ってこれらのデータを処理し、トランスミッション制御用信号を発生させる。電気油圧式コンバーターのエレメントは、電子回路と油圧回路をリンクさせる。またプレッシャーレギュレーターは、クラッチの圧力を正確に制御する。

トランスミッションの制御系は、トランスミッションの形式ごとに異なる各種の要件を満たさなければならないことから、回路の複雑さも大きく多様化している。種類としては、連続可変トランスミッション (CVT) 用のリモートマウント式ECU (ECUがトランスミッションから分離しているタイプ) から、デュアルクラッチトランスミッション用の複雑な電子モジュールまでがある (表1)。

トランスミッション制御コンポーネント

セレクターレバー

P、R、N、Dのポジションを備え、センターコンソールに設けられていた従来からのセレクターレバーは、今日、シフト・バイ・ワイヤー方式のシステムに取って代わられている。この新しいシステムは、シンプルなロータリースイッチやロッカースイッチを備えるものであるため、車内のデザインに対する自由度を大きくしている。しかしながら、主な機能はすべてのオートマチックトランスミッションおいて変わっていない。

– P パーキング：トランスミッションのパーキングロックが作動していて車両が動かない状態。
– R リバース：リバースギヤを締結。
– N ニュートラル／アイドリング：エンジンからトランスミッションには動力が伝達されない。
– D ドライブ：前進が可能になる。

多くのシステムには依然としてマニュアル (M) ゲートが備わっており、マニュアルでのシフトチェンジが可能になっている。

プログラムセレクター

ドライバーは、プッシュボタンもしくはスイッチによって以下のプログラムを選択することができる。

– E エコノミー：できるだけシフトアップをして低燃費走行を行う (エコノミーモード)。
– S スポーツプログラム：スポーツ走行に適したシフトチェンジを行う (スポーツモード)。
– M マニュアルギヤシフト。

インテリジェントなシフトポイント制御により、ソフトウェアの内部では、エコノミーモードもしくはスポーツモードの選択が高い頻度で行われる。

**表1：トランスミッションの形式によって異なる
トランスミッションの制御**

	AT	CVT	DCT
アクチュエーター数	<10	<6	<12
圧力範囲 [bar]	<20	<70	<30
センサー数	4〜6	4〜6	8〜12
演算能力	高	中	非常に高い

AT　オートマチックトランスミッション
CVT 無断変速トランスミッション
DCT デュアルクラッチトランスミッション

シフトポイント制御

システムがギヤを選択するとき、トランスミッション出力シャフト回転数と運転者の要求を検知して、適切なソレノイドバルブもしくはプレッシャーレギュレーターを作動させる。ドライバーがいずれかの走行プログラム（例：燃費優先もしくはパフォーマンス優先のプログラム）を選択する、もしくは適合型の走行プログラムを作動させると、走行条件や走行スタイルに応じて最適なギヤが選択される。また、運転者がセレクターレバーを操作して、手動でギヤを選択することもできる。図1は、エコノミーモードとスポーツモードにおいて、1速から2速にシフトしたときのシフトアップ曲線を示している。これにより、ギヤシフトが行われる際のアクセルペダルの位置が分かる。同様のことがシフトダウンについても言える。シフトハンチングを避けるため、シフトアップ曲線とシフトダウン曲線の間にはギャップが設けれていなければならない。

走行状況の検知には、前後方向／横方向の加速度なども考慮され、その結果により坂やカーブを検知する。この目的のため、プログレッシブシステムは、ナビゲーションシステムからの情報を追加で取り入れ、走行条件の変化に備える。アクセルペダルを踏み込む速度と一定時間内におけるキックダウンの回数、もしくはブレーキペダルの操作頻度は、ドライバーのタイプ（燃費重視からパフォーマンス重視まで）を識別するための要素となる。そして、複雑な制御プログラムを使用してその時々の走行条件や運転スタイルに合ったギヤを選択する。たとえば、アクセルを一定に維持した状態で走行中、カーブ直前やコーナリング中のシフトアップを防止したり、低回転域でのシフトアップ用プログラムを作動させて、自動的にスロットルをゆっくり開かせたりする。

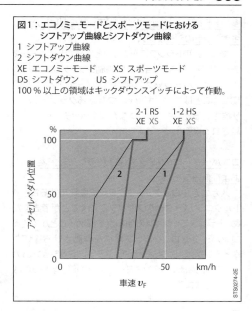

図1：エコノミーモードとスポーツモードにおけるシフトアップ曲線とシフトダウン曲線
1 シフトアップ曲線
2 シフトダウン曲線
XE エコノミーモード　　XS スポーツモード
DS シフトダウン　　　　US シフトアップ
100％以上の領域はキックダウンスイッチによって作動。

こうした「インテリジェント」なシフトプログラムによる高い快適性に、運転者ごとの好みに積極的に対応する機構を組み合わせたコンセプトが広く普及している。これらのシステムのセレクターレバーには、平行にレイアウトされた第2のゲート（Mゲート）が備わっていて、このゲート内でセレクターレバーを動かすだけで、シフトチェンジが瞬時に行われる（ただし、エンジン回転数がリミットの値を超えない範囲に限る）。これに代えて、ステアリングにパドルスイッチや±のボタンを装備する場合もある。

多段トランスミッションのシフトアップを例にした ギヤシフトのシーケンス

マニュアルトランスミッションとは異なり、オートマチックトランスミッションでは強制シフトアップが行われる。オーバーラップ制御のため、トラクションが途切れることはない。ギヤ x につながるクラッチ1が切り離されると、ギヤ y につながるクラッチ2が必ず締結される（図2）。

コンバーターロックアップ（多段トランスミッション および無段変速機）

メカニカルロックアップクラッチを採用することでトルクコンバーターのスリップを防ぐことができるため、トランスミッションの効率性を高めることができる。コンバーターロックアップ機構を作動させる適切なタイミングは、エンジン負荷、トランスミッション出力シャフト回転数、トランスミッションの状態などの変数によって決まる。

シフト品質の制御

伝達可能なトルク（エンジンの負荷や回転数で決まる）に合わせて、摩擦クラッチにかける圧力をどの程度正確に調整できるかによって、シフト品質が決まる。この圧力は、プレッシャーレギュレーター（圧力調節器）で調整する。シフトチェンジを行うわずかな時間だけエンジンのトルクを抑える（エンジンの介入による）ことで、シフトの快適性をさらに引き上げることができる（例：ガソリンエンジンの場合は、点火時期を遅らせる、燃料の噴射量を減らす、気筒を休止させる。などの方法による）。また、これによってクラッチの摩擦損失が減り、構成部品の耐用年数が伸びる。

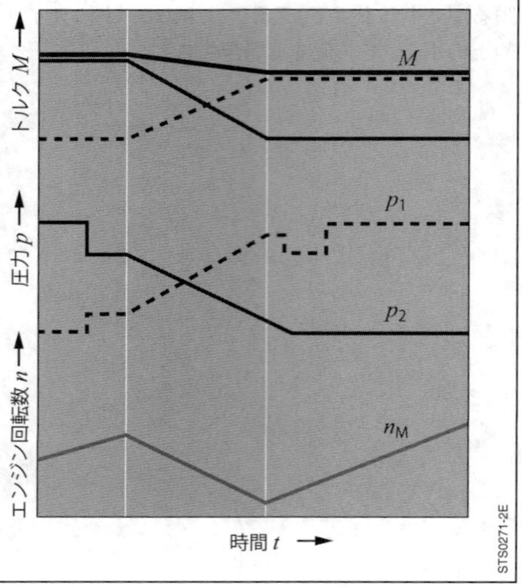

アダプティブプレッシャーコントロール

トランスミッションの耐用期間を通して安定したギヤシフト品質を維持するために、クラッチの締結時間およびクラッチの滑り時間などの重要なパラメーターは継続的にモニターされる。所定の限界値を超過した場合にはシステム内で圧力修正が行われ、次のギヤシフトでは最適な時間特性が維持される。これによって最適なシフト品質が実現する。

安全設計

専用のモニター回路やモニター機能によって操作ミスによるトランスミッションの損傷を防止する一方、電気システムが故障した場合には、システムをバックアップモードに移行する。どんな場合でも、車両の挙動が不安定にならないことは重要である。

ソフトウェア開発の要件

オートマチックトランスミッション用のソフトウェアを開発する際には、以下の要件を満たす必要がある。
- 機能の安全性に関する規制要件（ASIL D, Automotive Safety Integrity Level、[2]）
- 国際的開発ネットワークにおいての開発プロセスを規定した ASPICE（Automotive Software Process Improvement and Capability Determination）[3]
- インターフェースの基準を規定した AUTOSAR（Automotive Open Systems Architecture、AUTOSAR を参照）、
- ECU メーカー、トランスミッションメーカー、自動車メーカーの間におけるソフトウェアのシェアリング

図2：オーバーラップ制御
p_1 圧力、クラッチがカットイン
p_2 圧力、クラッチがカットアウト
n_M エンジン回転数
M トルク

油圧制御

機能

　油圧制御の主な目的は、油圧およびオイル流量の調整・引き上げ・配分である。クラッチの締結、コンバーターの制御、各部の潤滑に関する油圧がこの中に含まれる。油圧制御システムのハウジングはアルミダイカスト製で、機械加工を施したスライドバルブと電気油圧式のアクチュエーターが数多く含まれている。電子式トランスミッション制御に関わる油圧モジュールを図3に示す。

電気油圧式アクチュエーター

　ソレノイドバルブやプレッシャーレギュレーターなどの電気油圧コンバーターで構成され、電子回路と油圧回路をつなぐ役割を持つ。パイロット制御システムと直接制御システムの間では差異も見られる。パイロット制御システム（図4）では、プレッシャーレギュレーターが低圧域（<10 bar）で作動するほか、クラッチ調節の圧力（例：多段トランスミッションでは20～25 bar）を確保するために補助のブーストスライドバルブが必要になる。一方、直接制御システム（図5）の場合、プレッシャーレギュレーターはすべての作動圧を制御することが可能で、補助的な油圧のブーストは必要としない。

電気機械式制御

　セミオートマチックトランスミッションおよび、電気機械式制御を採用した一部のデュアルクラッチトランスミッションでは、電気モーターをアクチュエーターとして使用している。ダイナミックな反応と磨耗対策のため、これらはBLDC（ブラシレス直流）モーターとしてデザインされている。

参考文献

[1] H. Naunheimer; B. Bertsche; G. Lechner: Fahrzeuggetriebe – Grundlagen, Auswahl, Auslegung und Konstruktion. 2nd Ed., Springer-Verlag, 2007.

[2] ISO 26262-9: Road vehicles – Functional safety – Part 9: Automotive Safety Integrity Level (ASIL)-oriented and safety-oriented analyses.

[3] http://vda-qmc.de/software-prozesse/automotive-spice/

図3：トランスミッションの制御に関わる油圧モジュール
1 トランスミッションコネクター（ワイヤーハーネスへ）
2 圧力センサー
3 ECU
4 油圧バルブ接触用コネクター
5 ポジションセンサーのセンサードーム（リヤサイド）
6 速度センサーのセンサードーム（リヤサイド）

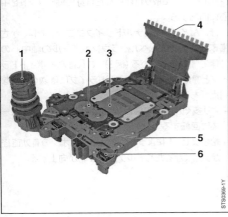

図4：パイロット制御（原理）
1 オイルフィードアクチュエーター
2 オイルサンプ
3 スライドバルブへ供給
4 アクチュエーター
5 制御ハウジング内のスライドバルブ
6 クラッチ
矢印はオイルの流れを示す。

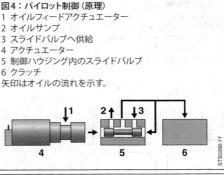

図5：ダイレクト制御（原理）
1 オイルフィードアクチュエーター
2 アクチュエーター
3 クラッチ
矢印はオイルの流れを示す。

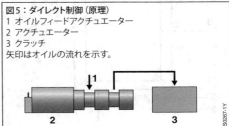

ディファレンシャル

ディファレンシャルには1つの入力と2つの出力がある。ディファレンシャルにはファイナルドライブディファレンシャルが使用されることが最も一般的である。ディファレンシャルの目的は、直進時およびコーナリング時の左右の駆動輪にトルクを均等に配分することにある。四輪駆動車のディファレンシャルには、車軸間のトルクを配分するためにトランスファーケースが使用される。

ファイナルドライブディファレンシャル

ファイナルドライブディファレンシャルは、マニュアルトランスミッションから伝達されるトルクを車軸の2つの駆動軸に均等に配分する。コーナリング時に内輪は外輪より小さい半径の円弧を描き外輪よりゆっくりと回転するため、ファイナルドライブディファレンシャルは軸上の駆動輪間の速度差を補正する必要がある。

かさ歯車ディファレンシャル

標準駆動方式では、かさ歯車ディファレンシャルの入力および出力は直角（90°）にオフセットされる。かさ歯車ディファレンシャルドライブは、かさ歯車ピニオンからベベルクラウンホイール（図1および図2）にトルクを伝達する。ベベルクラウンホイール（ディファレンシャルドライブギヤ）は、ディファレンシャルケースを介してディファレンシャルかさ歯車の軸シャフトにトルクを伝達する。ディファレンシャルかさ歯車は2つのドライブシャフトギヤにトルクを分配する。

車両の直進時には2つのドライブシャフトギヤは等速で回転する。ディファレンシャルかさ歯車は、自身の軸シャフトを中心に回転せずにベベルクラウンホイールの速度で円運動を行う。かさ歯車は伝達機構として働き、2つの駆動軸に均等にトルクを分配する。

コーナリング時にディファレンシャルかさ歯車は、異なる速度で回転するドライブシャフトギヤをロールオフすることによって駆動軸の速度差を補正する。この過程でディファレンシャルかさ歯車は、ディファレンシャルケースに取り付けられた自身の軸シャフトを中心に回転する。

ほとんどのファイナルドライブユニットでは、かさ歯車ピニオンはベベルクラウンホイールの軸中心の外側で噛み合っている（図3）。これはハイポイドドライブと呼ばれる。ハイポイドドライブには次のような利点がある。

- より多くのギヤの歯が相互に噛み合うためスムーズに回転する。
- 軸オフセットによってかさ歯車ピニオンの有効直径が大きくなるためトルク伝達性能が向上する。

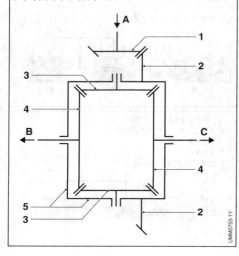

図1：かさ歯車ディファレンシャルの模式図
A 入力、プロペラシャフト
B 出力、駆動軸（左）
C 出力、駆動軸（右）
1 かさ歯車ピニオン
2 ベベルクラウンホイール
3 ディファレンシャルかさ歯車
4 ドライブシャフトギヤ
5 ディファレンシャルケース

この構成の欠点は、かさ歯車ピニオンとベベルクラウンホイール間のロールオフに対してスライドが増加することである。ただし、この現象は耐圧性および耐せん断性がとりわけ高いハイポイドギヤオイルを使用することによって相殺できる。

フロント横置きエンジンのトランスミッションでは、かさ歯車ピニオンとベベルクラウンホイールは、ピニオンとディファレンシャルドライブギヤとして機能する2つの平歯車に置き換えられる（「自動マニュアルトランスミッション（AMT）」を参照）。ディファレンシャルギヤがかさ歯車として設計されたため、このタイプの設計は現在もかさ歯車ディファレンシャルに分類されている。

平歯車ディファレンシャル

平歯車ディファレンシャルでは、ディファレンシャルギヤが平歯車として設計される。プラネタリートランスミッションのさまざまな接続形式を使用するさまざまなタイプの設計が存在する。図4に示すディファレンシャルでは、トルクがディファレンシャルドライブギヤを介してプラネタリーギヤキャリアに直接伝達される。プラネタリーギヤキャリアは対で配置された両側のプラネタリーギヤにトルクを配分する。一対のプラネタリーギヤは、各ケース内で歯幅の半分が相互に噛み合っている。プラネタリーギヤの外側の半分はサンギヤと噛み合っている。それぞれのケースでサンギヤは駆動軸にトルクを伝達する[1]。標準的なプラネタリートランスミッションとは異なり、この構成ではリングギヤは使用されない。ディファレンシャルケースは、両側のプラネタリーギヤセットに対するプラネタリーギヤキャリアとなる。サンギヤ1は同時にドライブシャフトギヤ1として、サンギヤ2はドライブシャフトギヤ2として機能する。図4のプラネタリーギヤ2は、リーフ面の後にオフセットされプラネタリーギヤ1と歯幅の半分で噛み合っているため破線で描かれている。

図3：ハイポイドドライブ
1 かさ歯車ピニオン
2 ベベルクラウンホイール
3 軸オフセット

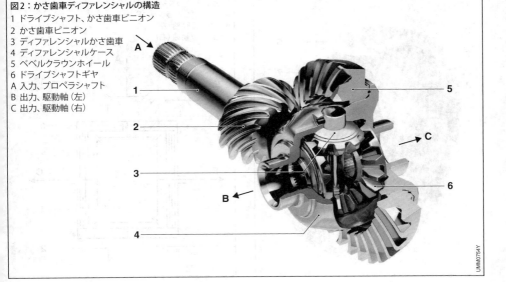

図2：かさ歯車ディファレンシャルの構造
1 ドライブシャフト、かさ歯車ピニオン
2 かさ歯車ピニオン
3 ディファレンシャルかさ歯車
4 ディファレンシャルケース
5 ベベルクラウンホイール
6 ドライブシャフトギヤ
A 入力、プロペラシャフト
B 出力、駆動軸（左）
C 出力、駆動軸（右）

車両の直進時には2つのドライブシャフトは等速で回転する。プラネタリーギヤは、自身の軸シャフトを中心に回転せずにディファレンシャルドライブギヤの速度で円運動を行う。プラネタリーギヤは伝達機構として働き、2つのドライブシャフトギヤに均等にトルクを分配する。

コーナリング時にプラネタリーギヤは、回転するサンギヤを異なる速度で回転させることでドライブシャフトの速度差を補正する。この過程でプラネタリーギヤは、プラネタリーギヤキャリアの回転軸（アクスル軸）を中心に回転する。

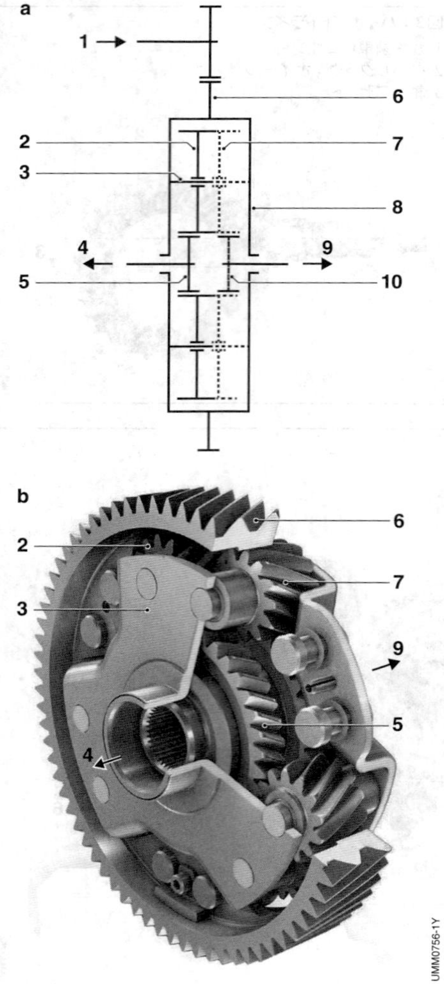

ディファレンシャルロック

ディファレンシャルは、車両の両側（左右）の車輪が路面にトルクを伝達している限り駆動トルクを伝えることができる。いずれかの車輪のタイヤの粘着力が（路面凍結などのために）低下すると、その車輪は空転し始める。（車輪の空転により）この車輪のドライブシャフトへのトルクではなく回転速度として伝達されてしまい、ディファレンシャルの差動ギヤは空転する車輪のドライブシャフトギヤに支持されず、もう一方のドライブシャフトギヤにトルクを伝達できない。その結果、反対側の車輪と路面との粘着力が高い場合でもその車輪に駆動トルクが伝達されず、車輪は停止したままになる。

```
図4：平歯車ディファレンシャル
a 略図
b 構造
1 入力          2 プラネタリーギヤ1
3 プラネタリーギヤキャリア
4 出力、駆動軸（左）
5 サンギヤ1      6 ディファレンシャルドライブギヤ
7 プラネタリーギヤ2   8 ディファレンシャルケース
9 出力、駆動軸（右）  10 サンギヤ2
```

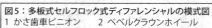

```
図5：多板式セルフロック式ディファレンシャルの模式図
1 かさ歯車ピニオン   2 ベベルクラウンホイール
3 軸シャフト、ディファレンシャルかさ歯車
4 ドライブシャフトギヤ   5 ディファレンシャルケース
6 多板クラッチ       7 スラストリング
8 ディファレンシャルかさ歯車
9 エッジ、スラストリング
A 入力、プロペラシャフト
B 出力、駆動軸（左）
C 出力、駆動軸（右）
```

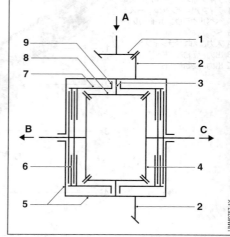

ディファレンシャルロックの目的は、一方の駆動軸のタイヤが路面との粘着摩擦が低下しても駆動トルクを両方の駆動軸に伝達することにある。

ディファレンシャルロックには上記のコンポーネントに加え、ディファレンシャルケースと駆動軸の間に取り付けられた多板クラッチがある（図5）。多板クラッチあたり1つのスラストリングがディファレンシャルケースに取り付けられる。スラストリングは非回転でディファレンシャルケースに接続されるが、多板クラッチを押さえられるように軸方向に動くことができる。ディファレンシャルギヤの軸シャフトはスラストリング間のくぼみに取り付けられている（図6）。かさ歯車での動力伝達時に発生する軸方向の力はスラストリングを多板クラッチに押しつけ、かさ歯車ドライブに伝達されるトルクが大きくなるほどこの作用が強くなる。伝達されるトルクが大きいほど、多板クラッチの締め付けトルクも大きくなる。

両輪の良好な粘着摩擦が均等であればトルクの大部分はスラストリングを介してディファレンシャルギヤに伝達され、ディファレンシャルギヤは伝達機構として2つの駆動軸に均等にトルクを分配する（図5）。

片側の車輪の粘着摩擦が失われることによって2つの駆動軸間に速度差が発生し、またディファレンシャルケースと駆動軸間にも速度差が発生する場合、回転速度の遅い駆動軸側に多板クラッチが押しつけられることによってこの駆動軸にトルクが伝達される。

トルクの大きさ、つまりディファレンシャルをロックする程度はクラッチディスクの枚数とその摩擦係数に依存し、摩擦係数は使用する摩擦ライニングの種類によって変えることができる。

この構造以外にも、たとえば多板クラッチを駆動軸間でアクティブに作動させるなどディファレンシャルロックを実現する多くの方法がある。

ブレーキ介入によるディファレンシャルロック効果

アンチロックブレーキシステム（ABS）や統合走行ダイナミクス制御（エレクトロニックスタビリティープログラム）の導入以降、個々のホイールブレーキを独立して作動させることが可能になっている。この方法は、2つの駆動軸間の特定の速度差よりも速く回転を始めたホイールに対しブレーキを掛けるために使用される。ここでは、車体に対して速すぎる速度で回転する駆動軸のトルクはブレーキによって制御される。これによりディファレンシャルギヤは、ディファレンシャルロック機構なしでも遅い速度で回転する駆動軸にトルクを伝達することが可能になる。

参考文献

[1] B.-R. Höhn; K. Michaelis; M. Heizenröther: Kompaktes Achsgetriebe für Fahrzeuge mit Frontantrieb und quer eingebautem Motor. ATZ – Automobiltechnische Zeitschrift Edition 1/2006.

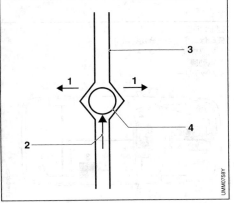

図6：スラストリングおよび多板式セルフロック式ディファレンシャルのディファレンシャルかさ歯車の軸シャフトの模式図
この切断面は図5の切断面に対して垂直である。
1 拡張力、スラストリング、同時接触圧、多板クラッチ
2 ディファレンシャルケースからの力の作用
3 エッジ、スラストリング
4 軸シャフト、ディファレンシャルかさ歯車（上面図）

ハイブリッドドライブを装備したドライブトレイン

特徴

ハイブリッド自動車には2つ以上のエネルギー貯蔵装置とそれに関連するエネルギー変換装置があり、これらが共同または独立して車両を駆動する（EU Directive 2007/46/EC, [1]）。ほとんどのハイブリッド自動車には電動機とともに内燃エンジンが搭載されている。駆動用エネルギーは、燃料タンクと走行用バッテリーから取り出される。走行用バッテリーの大部分は、48〜800Vの電圧レベルをもつリチウムイオン技術に基づく。第一世代のハイブリッド自動車では、ニッケルメタルハイブリッド充電式バッテリーが現在も使用されている。

ハイブリッド自動車では、2つのタイプのドライブトレインの長所が組み合わされている。長い航続距離をもつ内燃エンジンと、交通信号などでの停止回数の多い市街地の低速走行環境における電動機の高い効率性を組み合わせることができる。ハイブリッドドライブの使用では、基本的に次の3つの目的が追求される。
- 燃費の低減
- 有害排出ガスの低減
- トルクおよび出力増大による車両動力学の向上。

内燃エンジンと電動機は、さまざまなドライブトレイン構成が可能である。ここでは、車両トランスミッション‐多段式または無段変速式‐も一定の役割を果たし、主として内燃エンジンに動力変換のための可変変速比を提供する。

電動機は低エンジン回転数領域において高トルクを提供する。これにより電動機は、中速域からトルクの増大を開始する内燃エンジンを補完する。電動機と内燃エンジンは、要求される駆動出力に応じて可変的に車両運動に貢献する。

ハイブリッドドライブの機能

内燃機関、電動機およびバッテリーが相互にどのように作用するかによって、ハイブリッド機能が決定される。ハイブリッドドライブシステムは、実装された機能やドライブ全体に割り当てられる電動力の比率に基づいて分類できる（表1）。

始動／停止機能

始動／停止機能は、運転手によるイグニッションキーの操作なしで内燃機関（エンジン）を一時的に停止することができる。車両が静止している場合には、エンジンは一般に停止している。運転者が再度走行を開始しようとすると、エンジンは直ちに自動的に再始動する。

回生

回生（エネルギー回収）の場合は、電動機は運動エネルギーを貯蔵電気エネルギーに変換するために使用される。制動動作は、可能な場合には常用ブレーキの摩擦トルクではなく（少なくとも常用ブレーキの摩擦トルクだけに頼るのではなく）、発電機のブレーキトルクを使用することによって達成される。電気エネルギーはバッテリーに供給される（図1）。そのため、制動プロセスは部分的にエネルギー保存手段として実行される。

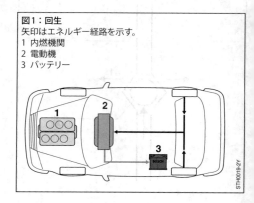

図1：回生
矢印はエネルギー経路を示す。
1 内燃機関
2 電動機
3 バッテリー

ハイブリッド走行

　ハイブリッド走行とは、内燃機関と電動機がともに必要な駆動トルクを発生させている状態である。電動機で補助することで、内燃機関を主として作動ポイントの最適化による最高の効率が得られる作動域で、あるいは汚染物質の排出が少ない作動域で使用することができる。ハイブリッド走行ではさらに、電動機の発電機モードとモーターモードを区別することができる。

発電機モード

　発電機モードでは内燃機関は、運転者が希望するように車両を駆動させるのに必要とされるよりも大きな出力を発生するように作動する（図2）。内燃機関の余剰出力は電動機に供給され、バッテリーの充電に使用される電気エネルギーに変換される。

モーターモード

　モーターモード（ブーストとも呼ばれる）では、電動機は内燃機関を補助して必要とされる駆動出力を供給する。バッテリーはこの動作状態で放電する（図3）。
　ブーストでは次の2つの異なる目的が追求される。まず純粋なエンジン駆動型ドライブトレインと比較して、車両性能を向上することが可能であること。次に従来の駆動出力全体を維持しつつ、より小型で高効率な内燃機関を使用できること。この可能性は出力補正ダウンサイジングと呼ばれる。

純粋な電動走行

　純粋に電気のみで走行する場合、車両は電動機のみにより駆動する。この動作モードでは、内燃機関は駆動系から分離され、停止状態になる。電動走行では、車両が排出ガスを発生させることなく、バッテリーに貯蔵されたエネルギーを効率的に使用して静かに走行できる（図4）。

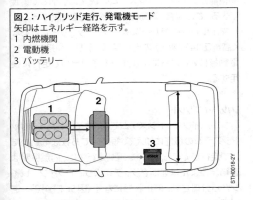

図2：ハイブリッド走行、発電機モード
矢印はエネルギー経路を示す。
1　内燃機関
2　電動機
3　バッテリー

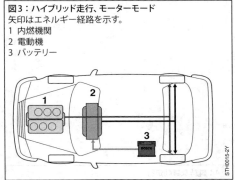

図3：ハイブリッド走行、モーターモード
矢印はエネルギー経路を示す。
1　内燃機関
2　電動機
3　バッテリー

表1：ハイブリッドドライブの分類

		ハイブリッドドライブ			
		自律型ハイブリッド			プラグインハイブリッド
		始動／停止システム	マイルドハイブリッド	フルハイブリッド	
役割	始動／停止機能	●	●	●	●
	回生		●	●	●
	ハイブリッド走行		●	●	●
	純粋な電動走行			●	●
	商用電源系からの充電				●

814 ドライブトレイン

商用電源系からの充電

商用電源系からのバッテリーの充電は、最も単純な方法としてはケーブル接続と充電器を使用して実行され、交流電流の電源ソケットまたは三相交流接続からエネルギーが供給される。一般的な家庭用電源から得られる電力には限界があるため、航続距離50 km未満の電気エネルギーを充電するために何時間もの充電時間が必要となる。急速充電ステーションでは直流電流が使用されるため、充電時間が大幅に短縮される。

プラグイン接続に代えて、バッテリーを誘導的に充電することもできる。この場合は交流電界と変圧器が使用される。商用電源系から給電されるアースの一次側界磁コイルでは、電気エネルギーは車両側誘導コイルに伝達され、車両に搭載された充電器によって直流に変換されてバッテリーを充電する。

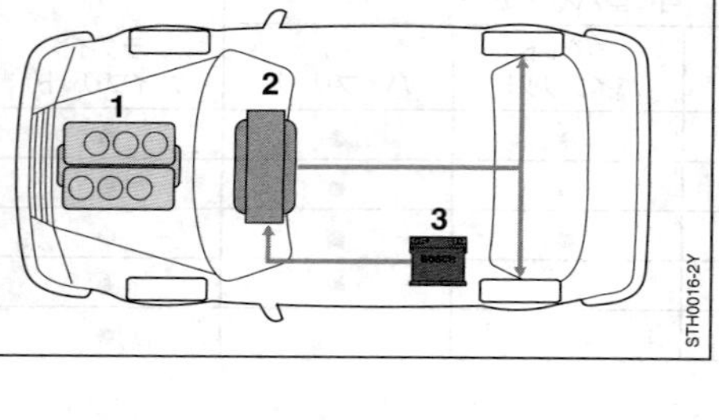

電動力の比率に基づく分類

ハイブリッドドライブは、電動ドライブが車両出力全体に貢献する出力量と可能な作動状態に従って分類できる（表1を参照）。

始動／停止システム

始動／停止システムは、始動／停止（「始動／停止機能」を参照）および回生機能を実行する。回生中はオルタネーターが車両のオーバーランモードで（燃料をまったく消費せずに）このシステムの出力を増大させ、可能な限り多くの運動エネルギーをスターター／バッテリー用電気エネルギー（12 V）に変換する。車両の加速中および定速走行時には、オルタネーターはバッテリーの充電状態に応じて可能な限り出力を減少させ、オルタネータによって生じる内燃機関への負荷を軽減し、それによって燃費を向上させる。

電動走行用のバッテリーは搭載されない。

マイルドハイブリッド

マイルドハイブリッドシステムでは、ハイブリッド駆動機能は始動／停止システムの機能に追加して実装できる。この場合、電動機は内燃機関を補助する。

マイルドハイブリッドには、12Vバッテリーだけでなく高電圧（48Vなど）の走行用バッテリーが搭載され、電動機はここからエネルギーを取り出して走行に使用する。

フルハイブリッド

フルハイブリッドシステムでは、マイルドハイブリッドシステムの機能に加えて、短距離であれば電動機だけで走行ができる。純粋な電動走行中は、内燃機関は連結装置または遮断クラッチによってドライブトレインから分離され、停止状態になる（図5cを参照）。走行用バッテリーは、何よりもまず回生中にエネルギーを吸収したり、動作点がシフトする場合に余分な内燃機関の出力を吸収する働きがある。フルハイブリッドの走行用バッテリーの電圧レベルは最大で800Vに達する。使用されている走行用バッテリーは、長距離にわたる純粋な電動走行を実現にするには十分とは言えない。

図4：純粋な電動走行
矢印はエネルギー経路を示す。
1 内燃機関
2 電動機
3 バッテリー

ST-0016-2Y

バッテリーを外部電源から充電できないため、これらの車両は電気貯蔵の観点から「自律型」と見なすことができる。そのため、フルハイブリッドは自律型ハイブリッドシステムのグループに分類される（表1を参照）。

プラグインハイブリッド

フルハイブリッドシステムを拡張したものがプラグインハイブリッドであり、このシステムの走行用バッテリーは内燃機関や回生のみで充電されるのではなく、商用電源系からも充電することができる。この技術的側面は、欧州や米国だけでなく中国でも法規制によって促進されている。これは純粋な電動走行機能が、その航続可能距離に応じてCO_2認定の際に考慮されるためである。充電プラグを使用して外部電源から充電できる大型の走行用バッテリーを備えたドライブは、プラグインハイブリッドドライブと呼ばれる。利用可能な電気エネルギーを効率的に活用するため、これらのドライブは概して自律型ハイブリッドよりも大型の電気モーターを備えている。

原理的に、プラグインハイブリッドは自律型ハイブリッド自動車と純粋にバッテリーだけで走行する電気自動車との間をつなぐ技術を構成する。ここでは両方のシステムの利点を組み合わせることができる。プラグインハイブリッド自動車は、その構成に応じて短中距離（一般的な通勤距離など）を排出ガスを発生させることなく純粋に電気だけで走行できるだけでなく、内燃機関を使用することによってシステムの最大性能を達成し、長距離を走行できる[2]。

ドライブの構造に基づく分類

それぞれのハイブリッドドライブは、ドライブトレインに電動機が統合される方法に基づいて分類できる。

パラレルハイブリッド

パラレルハイブリッドドライブでは、内燃機関と電動機の両方が同時に（平行して）駆動系に影響を及ぼす。パラレルハイブリッドドライブの電動機は、基本的にドライブトレインのさまざまな位置に配置でき、このことが特定のメリットとデメリットをもたらす。初めにDaimler AGによって定義された用語が基準として一般的に受け入れられている。この用語体系では、パラレルハイブリッドドライブトレインは、電動機のドライブトレインにおける位置に基づきP0からP4までに分類される。ここではPはパラレルアーキテクチャーを表し、数字はドライブトレインにおける電動機の取付け位置を示す。図5では、標準的なドライブを例として電動機の配置を示す。これはまたフロント横置きドライブにも適用される。

パラレルハイブリッドの利点は、個々の車種のハイブリッドバージョンのために新しいトランスミッションを開発する必要がなく、モジュール型構造キットを使用することにより内燃機関と組み合わせるだけで、従来型のトランスミッション（図8に示すデュアルクラッチまたはオートマチックプラネタリートランスミッションだけでなく機械式CVTも含む）を実現できるだけでなく、さまざまな出力段階の電動機やさまざまなサイズの走行用バッテリーを組み合わせて、ハイブリッドトランスミッションも実現できる。

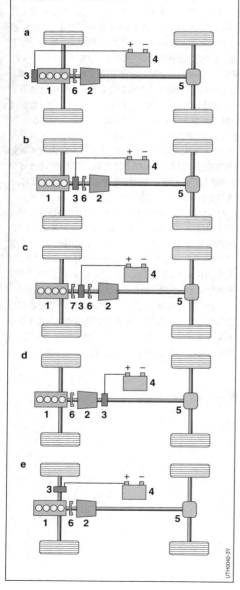

図5：標準的ドライブでの電動機のさまざまな配置を示す
　　　 パラレルハイブリッドアーキテクチャの概略図
a P0　　b P1
c P2　　d P3
e P4（ファイナルドライブユニット）
1　内燃機関　　2　マニュアルトランスミッション
3　電動機　　4　走行用バッテリー
5　ファイナルドライブディファレンシャル
6　連結装置　　7　遮断クラッチ

アクスルハイブリッド

アクスルハイブリッド (P4) は、パラレルハイブリッドの特殊形態と見なすことができる。この場合、2つの車軸の片方が従来のトランスミッションに接続された内燃機関によって駆動される。もう一方の車軸は電動機によって駆動される（図6）。このコンセプトは上記のハイブリッド機能に加え、四輪駆動機能を実現するが、電動機の出力とバッテリーの充電量によって制限される。

内燃機関に使用されるトランスミッションは、アクスルハイブリッドを搭載していない車両のものと同じものが使用される。特に取付けスペースが限られたフロント横置きドライブでは、エンジンとトランスミッションの間に電動機を収容する必要がないことが利点となる。このコンセプトのマイナス面は、内燃機関用のトランスミッションのさまざまなギアを電動機では利用できない点や、ファイナルドライブディファレンシャルやホイールから電動機を分離できない場合は高速走行時にエネルギー損失が発生しやすいことである。

シリーズハイブリッド

シリーズ式ハイブリッドドライブでは、内燃機関と駆動系の間には機械的な接続が存在しない。内燃機関は発電機により電気エネルギーを生成し、この電気エネルギーがドライブとして機能する第2の電動機で再び機械的エネルギーに変換される（図7）。電動機は変速比を変更することなく内燃機関の最適な燃費ポイントで動作可能であるため高い走行快適性を提供できるが、内燃機関のエネルギー全体を変換する

図6：フロント横置きドライブのアクスルハイブリッド (P4) の
　　　 概略図
1　内燃機関　　2　マニュアルトランスミッション
3　ファイナルドライブディファレンシャル　　4　駆動軸
5　走行用バッテリー　　6　電動機
7　ステップアップギヤユニット（固定変速比）

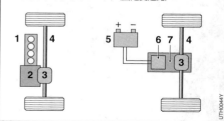

ハイブリッドドライブを装備したドライブトレイン 817

というコンセプトの必然として非常に強力であることが要求され、そのため2つの電動機を使用した複雑な構成となる。

二重のエネルギー変換が必要となるため、シリーズ式ハイブリッドは特定の作動条件下でのみ低燃費と言える。さらに、この方式では内燃機関の出力と電動機の出力を組み合わせる可能性（ブースト）が欠如している。

スプリット式ハイブリッド

一般的にスプリット式ハイブリッドドライブには2つの電動機が使用され、一方が電動バリエーターとして機能し、他方がブーストや回生などの「ハイブリッド」機能を実行する。2つの電動機でバリエーター機能を利用するには、一方の電動機に何らかの機械的な力を供給してこれを発電機として機能させ、機械的なエネルギーを電気的なエネルギーに変換する。電気エネルギーはインバーターを介して発電機に依存しない速度でモーターとして機能する2番目の電動機に供給され、その力が機械的な形で再びドライブトレインに供給される（図9）。

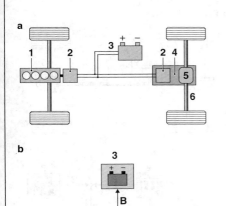

図7：シリーズハイブリッドの構成
a ドライブトレインの略図
b エネルギー経路
矢印はエネルギーの流れる方向を示す。
1 内燃機関
2 電動機
3 走行用バッテリー
4 ステップアップギヤユニット（固定変速比）
5 ファイナルドライブディファレンシャル
6 駆動軸
A 運動エネルギーの伝達
B 電気エネルギーの伝達

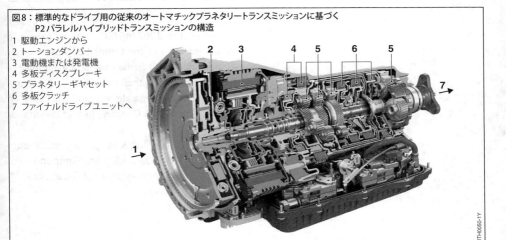

図8：標準的なドライブ用の従来のオートマチックプラネタリートランスミッションに基づくP2パラレルハイブリッドトランスミッションの構造
1 駆動エンジンから
2 トーションダンパー
3 電動機または発電機
4 多板ディスクブレーキ
5 プラネタリーギヤセット
6 多板クラッチ
7 ファイナルドライブユニットへ

動力分割（または動力結合）は、プラネタリーギヤセットによって実行される。入力を分割するには、内燃機関をプラネタリーギヤセットの一つの要素（キャリアなど）に接続し、発電機を別の要素（サンギヤなど）に接続し、2番目の電動機を出力および3番目の要素（リングギヤなど）に接続する。出力を分割するには、内燃機関と発電機をプラネタリーギヤセットの1つの要素に連結し、2番目の電動機をプラネタリーギヤセットの2番目の要素に連結し、出力をプラネタリーギヤセットの3番目の要素に接続する。スプリット式ハイブリッドの電気コンポーネントは、電動機の作動によって異なる。これにより無段階の始動および変速比の調整が可能になる。バッテリーは、2つの電動機によって生成および供給される電気エネルギーを変化させることによって充電または放電できる。

このコンセプトは高い走行快適性を提供できるが、エネルギーの大部分を変換するそのコンセプトの必然として非常に強力であることが要求され、そのため2つの電動機を使用した複雑な構成となる。電動機を使用しない既存の基本的なトランスミッションと組み合わせて、モジュール方式でシステムを構成することはできない。

図9：入力分割を例としたスプリット式ハイブリッドアーキテクチャの概略図
出力を分割するには、2番目の電動機をプラネタリートランスミッションとファイナルドライブディファレンシャルの間に配置するのではなく、内燃機関とプラネタリートランスミッションの間に配置する。
a ドライブトレインの略図
b エネルギー経路
矢印はエネルギーの流れる方向を示す。
1 内燃機関　　2 電動機　　3 走行用バッテリー
4 プラネタリートランスミッション　　5 駆動軸
6 ファイナルドライブディファレンシャル
7 プロペラシャフト
A 運動エネルギーの伝達
B 電気エネルギーの伝達

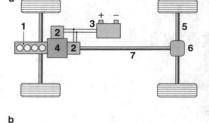

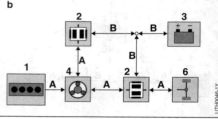

参考文献

[1] Directive 2007/46/EC of the European Parliament and of the Council of 5 September 2007 establishing a framework for the approval of motor vehicles and their trailers, and of systems, components and separate technical units for such vehicles (Framework Directive) (text of importance to the EEA).

[2] K. Reif; K. E. Noreikat; K. Borgeest: Kraftfahrzeug-Hybridantriebe – Grundlagen, Komponenten, Systeme. 1st Ed., Vieweg+Teubner Verlag, 2012.

電動ドライブを装備したドライブトレイン

電動ドライブを装備した車両の場合は、最低1つの電気モーター（各アクスルに1つのモーターを装備している場合も想定）が、バッテリーに保存してあることの多い電気エネルギーを運動エネルギーに変換して車両を駆動させる。電気モーターには、内燃機関よりも静かである、ほとんど振動が発生しない、環境汚染物質を排出しない、効率性が非常に高い、といった特徴が備わっている。同じ最高出力を発生させる場合、電気モーターは内燃機関よりもコンパクトなサイズに抑えられる。

バッテリーのみの駆動による電動ドライブ

電気モーターは始動直後から最大トルクを発生させることが可能で、効率の良い回転域が広い。こうした特性は、ほとんどの電気自動車の場合、電気モーターと駆動輪のギヤ比を一定にできることを意味する（図1および図2を参照）。電気ドライブの駆動用バッテリーは、そのほとんどがリチウムイオン技術を採用したものであり、電圧レベルは300～800Vである。バッテリーのエネルギー密度は液体燃料のレベルを大きく下回るため、電動ドライブの場合は充電1回あたりの航続距離が制限される。バッテリーを大きくすれば、従来型の駆動方式における満タンの燃料タンクよりも重くなる。

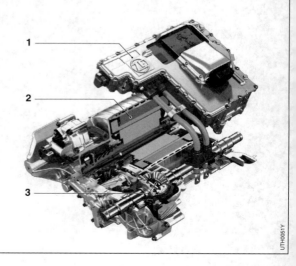

図1：電動ファイナルドライブユニットの構造
1 電動機構を作動させるパワーエレクトロニクス
2 電動機
3 ディファレンシャル

電動ドライブを装備したドライブトレイン　821

図2：電動ドライブを備えた車両の模式図
1 電動機
2 ステップアップギヤユニット（固定ギヤ比）
3 ファイナルドライブディファレンシャル　4 駆動軸
5 駆動用バッテリー

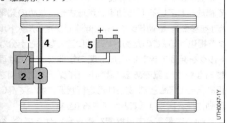

図3：電動ドライブとレンジエクステンダーを
　　　パラレルレイアウトした車両の模式図
1 レンジエクステンダー　　2 電動機
3 マニュアルトランスミッション
4 ファイナルドライブディファレンシャル
5 駆動軸　　6 駆動用バッテリー

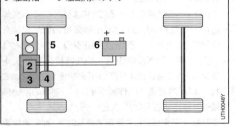

図4：電動ドライブとレンジエクステンダーを
　　　シリーズレイアウトした車両の模式図
1 レンジエクステンダー　　2 電動機
3 ステップアップギヤユニット（固定ギヤ比）
4 ファイナルドライブディファレンシャル　　5 駆動軸
6 発電機　　7 駆動用バッテリー

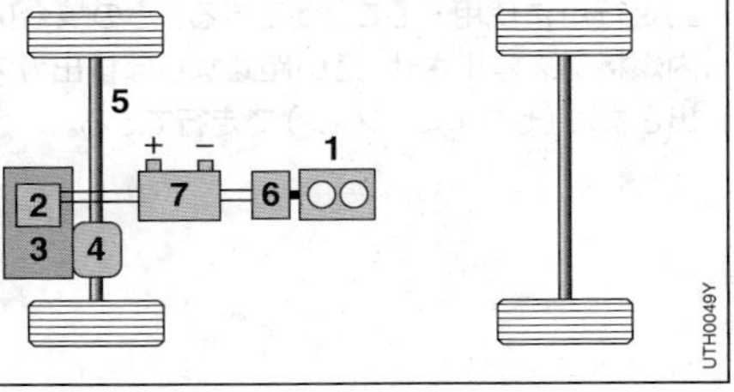

レンジエクステンダーを装備した電動ドライブ

　この駆動方式は、パラレル方式もしくはシリーズ方式のハイブリッドに相当するが、既存の発電機を駆動する内燃機関のレンジエクステンダーユニットは、駆動用の電気モーターほど大きな出力を必要としない。限られた範囲での動作や充電のプロセスにおいて必要なパワーが安定的に得られれば良い。電気モーターによる駆動が基本であり、レンジエクステンダーユニットはバッテリーの充電がほとんどなくなってしまったときに作動する。バッテリーの充電がなくなると、レンジエクステンダーが液体燃料によって作動し、車両の継続走行を可能にする。ここに示したパラレルレイアウト（図3を参照）では、多くのギヤを備えたマニュアルトランスミッションを使ってレンジエクステンダーユニットが推進力を確保する。シリーズレイアウト（図4を参照）の場合、レンジエクステンダーが発電機を駆動することによってバッテリーが充電される。推進力はほとんどの場合が電気モーターのみで生み出され、駆動用電気モーターと駆動輪との間のギヤ比は固定である。

ハイブリッドドライブ

特徴

ハイブリッド電気自動車（HEV）は、動力源として内燃機関と最低1つの電動ドライブの両方を搭載する。そのため、いずれの駆動方法に最適化の目標を置くかについても異なり、また利用する電気エネルギーの大きさも異なるさまざまなドライブ構成がある（「ハイブリッドドライブ付きドライブトレイン」を参照）。ハイブリッド電動ドライブを使用すると、基本的に3つの目標が達成できる。
- 燃費向上とその結果のCO_2排出量の低減
- 有害排出ガスの低減
- 作動ダイナミクスを向上さるトルクと出力の増大

ハイブリッド自動車には、電動ドライブに電気エネルギーを供給するための貯蔵装置が必要である。現在の方法としては、最大800Vという比較的高い電圧レベルのニッケル水素またはリチウムイオンによる駆動用バッテリーを使用する。

利点

電動ドライブは、電動機とパルス制御インバーターで構成されている（「自動車を走行させるための発電機」を参照）。電動ドライブは、低速で安定した大トルクを提供する。このため、中速域に達しないと十分なトルクを発揮できない内燃機関の性能を補うには理想的な駆動装置である。電動ドライブと内燃機関を組み合わせることで、あらゆる走行状況において高い運動性能を実現することができる（図1）。

駆動系に電気と内燃機関を組み合わせた場合、従来の駆動系と比較して次のような強みがある。
- 電動ドライブで補助することで、内燃機関を主として最高の効率が得られる作動域で、あるいは汚染物質の排出が少ない作動域で使用することができる（作動ポイントの最適化の実現）。
- 電動ドライブと組み合せることにより、システム全体の出力を維持しながらより小排気量の内燃機関を使用することができる（出力補正ダウンサイジング）。
- さらに、同じレベルの走行性能を維持しながら、トランスミッションはより高いギアを使用できる。これにより、内燃機関の作動ポイントが効率の高い領域へと移行する（ダウンスピーディング）。
- 電動機を発電機として使用できるので、制動時に車両の運動エネルギーの一部を電気エネルギーに変換することができる（回収）。電気エネルギーはエネルギー貯蔵装置に蓄積され、後に車両を駆動するために使用することができる。
- 駆動系の構成によっては、電動ドライブを純粋な電動走行用に使用することができる。その場合には内燃機関を停止させ、短い距離ならば排出ガスを出さずに（ゼロエミッション）で走行できる。

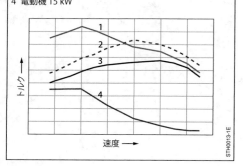

図1：種々の駆動系のトルク曲線
1 3と4から成るハイブリッドドライブ
2 標準内燃機関、排気量 1.6 *l*
3 ターボ過給内燃機関、排気量 1.2 *l*
4 電動機 15 kW

機能

車両を駆動させるために内燃機関と電動ドライブがどの程度関与するかは、作動状態と必要とされる駆動力に応じて異なる。2つの駆動装置の出力配分は、ハイブリッド制御システムによって決定する。内燃機関、電動ドライブ、エネルギー貯蔵装置（バッテリー）が相互にどのように作用するかによって、さまざまな機能が決定される（「ハイブリッドドライブ付きドライブトレイン」を参照）。

– 始動／停止機能：車両停止時の内燃機関の停止。
– 回収：減速時の発電機の制動トルクの利用 - 電動機が運動エネルギーを電気エネルギーに変換し、それがバッテリーに蓄えられる。
– ハイブリッド走行：内燃機関と電動機が連携して求められる走行出力を供給する。モーターモードでは、電動機は内燃機関をサポートし（ブースト）、バッテリーは放電される。発電機モードでは、内燃機関がより大きな出力を供給し、バッテリーは充電される。
– 純粋な電動走行：車両は電動機のみにより駆動され、内燃機関は停止する。
– 商用電源からの充電：バッテリーは発電機モードにおいてのみ充電されるのではなく、たとえば夜間に商用電源により充電することもできる。

電動力の比率に基づく分類

ハイブリッド自動車は、どのような機能を実現するかに基づいて、カテゴリー別に分類される（「ハイブリッドドライブ付きドライブトレイン」を参照）。

– 始動／停止システム
– マイルドハイブリッド
– フルハイブリッド
– プラグインハイブリッド

駆動装置の構成

ハイブリッド自動車のエンジン、トランスミッション、電動機の構成にはいろいろな方法がある。各駆動装置の構成は、利用できるエネルギー経路により3つのカテゴリーに分けることができる（「ハイブリッドドライブ付きドライブトレイン」も参照）。

パラレルハイブリッドドライブ

パラレルハイブリッド方式では、内燃機関と電動機が相互に独立して車両の駆動に関与する。このため、内燃機関から、およびバッテリーから、という並列した2つのエネルギーの流れがあり、2つの独立した駆動装置の出力を合計したものが総駆動力（総出力）となる。パラレルハイブリッドドライブは、マイルドハイブリッド（始動／停止機能、回生ブレーキ、ハイブリッド走行）またはフルハイブリッド（マイルドハイブリッドに電動走行機能を追加）で使用される。

パラレルハイブリッド方式は、基本的に多くの部分で従来のドライブトレインを変更せずに使用できるという強みがある。パラレルドライブ方式の開発および取付けコストは、シリアル方式およびスプリット方式の構成に比べると低い。これは、多くの場合、必要となるのは低電力の電動機が1つだけであり、ハイブリッドシステムに対応するために従来のドライブトレンに施す改造範囲が少ないためである。

クラッチが1つのパラレルハイブリッド

図2に示した構成では、電動機と内燃機関は直接接続されている。シリーズ方式およびスプリット方式のドライブ構成とは異なり、エンジンの回転数と電動機の回転数を独立して調整することはできない。車両減速時にエンジンと電動機を分離することはできず、両者は常に接続されている。そのため、エンジンブレーキのトルクは回生ブレーキの潜在力を減少せる。

このドライブ構成では、純粋な電動走行はできない。電動ドライブを単独で駆動装置として使用することはできるが、走行中もエンジンが常に接続された状態にある。エンジンを補助する目的で電動ドライブを使用することができ、その結果、走行特性が改善される。

クラッチが2つのパラレルハイブリッド

パラレル式フルハイブリッドの構成としては、複数の方法が考えられる。分かりやすい構造としては、次のような拡張構成がある（図3）。内燃機関と電動機の間に追加のクラッチが組み込まれ、これにより必要に応じてエンジンを作動したり停止したりすることができる。そのため、純粋な電動走行が可能であり、減速時にはエンジンを駆動系から分離することもできるので、回生ブレーキの潜在力を増加させることができる。また、セーリング走行が許可されれば、車両は自由に慣性走行をすることができ、その場合は空気抵抗ところがり摩擦によってのみ減速される。

この駆動構成を実用化するためには、快適性を犠牲にすることなく電動走行状態から内燃機関を始動できるようにすることが非常に重要である。これを達成するには、2つの方法がある。そのうちの一つでは、

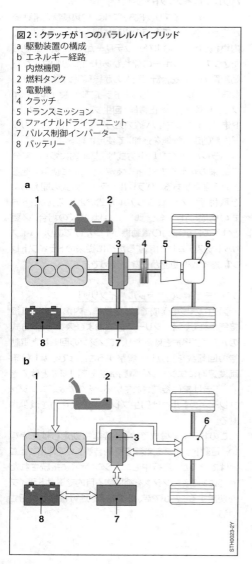

図2：クラッチが1つのパラレルハイブリッド
a 駆動装置の構成
b エネルギー経路
1 内燃機関
2 燃料タンク
3 電動機
4 クラッチ
5 トランスミッション
6 ファイナルドライブユニット
7 パルス制御インバーター
8 バッテリー

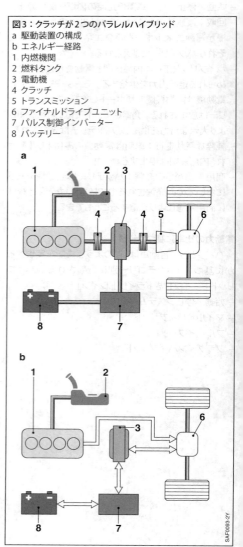

図3：クラッチが2つのパラレルハイブリッド
a 駆動装置の構成
b エネルギー経路
1 内燃機関
2 燃料タンク
3 電動機
4 クラッチ
5 トランスミッション
6 ファイナルドライブユニット
7 パルス制御インバーター
8 バッテリー

独立したスターターによって遮断クラッチの締結を解除した状態で内燃機関を始動する。この場合、車両の走行状態に対する好ましくない影響は発生しない。しかし、これを実現するには、独立したスターターが必要になる。ただし、本来のハイブリッド自動車ではスターターは省略できるものである。別の方法としては、エンジン始動時に車両の動きに対する影響を補正するように内燃機関、電動ドライブ、クラッチを作動させる、というものがある。このためには、内燃機関、電動ドライブ、クラッチからの測定値にインテリジェントコントロールシステムを利用して介入制御する必要がある。クラッチは、システム作動中の変化する条件に自動的に対応し、制御システムの入力に追随できなければならない。

デュアルクラッチトランスミッション付きパラレルハイブリッド

内燃機関と電動機の間に追加のクラッチを取り付けると、ドライブトレインの全長が長くなる。車両によっては、この駆動装置構成に必要なスペースが得られない場合もある。この問題には、電動機をデュアルクラッチトランスミッションに統合することで解消できる (図4)。この場合、電動機は内燃機関のクランクシャフトに接続されるのではなく、デュアルクラッチトランスミッションのサブユニットに接続される。この構成では、エンジンと電動機間に追加のクラッチがない。エンジンを停止させたままの純粋な電動走行は、トランスミッションのダブルクラッチを開くことで可能になる。したがって、この構成もまたパラレル式フルハイブリッドである。トランスミッションのサブユニット内部で電動機との接続にどのギアを選択するかによって、エンジンと電動機間の変速比を変化させることができる。これによりハイブリッドの制御にさらなる自由度が生まれ、燃費をさらに削減するために役立てることができる。

アクスルスプリット式パラレルハイブリッド

別のパラレルドライブ構成として、独立したアクスルを電動化する方法がある (図5)。この構成では、内燃機関とトランスミッションで構成される従来のドライブトレインを駆動アクスルとして使い、ここに電動ドライブによる駆動アクスルを組み合わせている。電動ドライブで走行しているとき、内燃機関を停止して電動ドライブから切り離すと、このドライブ構成は直ちにフルハイブリッドになる。このためには、セミオートマチックトランスミッションとエンジン始動／停止システムが必要になる。この駆動装置構成は、エンジンと電動ドライブによる個々の駆動装置の出力を合算できるので、パラレル式ハイブリッドドライブに分類されている。前述のドライブ構成とは異なり、取付け

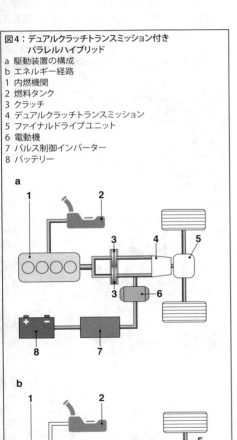

図4：デュアルクラッチトランスミッション付き
　　　　パラレルハイブリッド
a 駆動装置の構成
b エネルギー経路
1 内燃機関
2 燃料タンク
3 クラッチ
4 デュアルクラッチトランスミッション
5 ファイナルドライブユニット
6 電動機
7 パルス制御インバーター
8 バッテリー

ポイントはドライブトレイン内ではなく、駆動ホイールの平面上にある。

この構成では、駆動用バッテリーは回生ブレーキ時に再充電される。車両が停止している状態では、駆動用バッテリーに再充電することができない。

内燃機関と電動ドライブの相互作用により、全輪駆動も可能になる。駆動トルク配分は、電動ドライブを適切に制御することにより広範に調整することができる。しかしフルタイムの全輪駆動は、オリジナルの電動ドライブにバッテリーから電力が供給されているだけでなく、二次電動機が必要な電気エネルギーを供給できる場合にのみ実現できる。この二次電動機は直接内燃機関に接続されている（クランクシャフトまたはベルトドライブにより）ので、フルタイムの全輪駆動を実現できるだけではなく、バッテリーは車両が静止している状態でも再充電される。

シリーズ式ハイブリッドドライブ

シリーズハイブリッド車両（図6）では、内燃機関は発電機として機能する電動機を作動させる。このようにして生成された電力は、バッテリーの電力と組み合わされて二次電動機へ供給され、この電動機が車両を駆動する。エネルギーの流れの観点からすると、この場合の駆動装置は直列（シリーズ）接続となる。シリーズハイブリッドは、必要なすべての機能（始動／停止機能、回生ブレーキ、ハイブリッド走行、電動走行）が可能なので、常にフルハイブリッドである。

シリーズハイブリッドでは、内燃機関と駆動輪との間に機械的な接続がないため、この駆動装置構成に

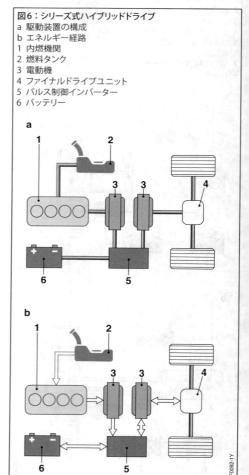

図6：シリーズ式ハイブリッドドライブ
a 駆動装置の構成
b エネルギー経路
1 内燃機関
2 燃料タンク
3 電動機
4 ファイナルドライブユニット
5 パルス制御インバーター
6 バッテリー

図5：独立したアクスルの電動化
　　（アクスルスプリット式パラレルハイブリッド）
1 内燃機関
2 燃料タンク
3 電動機
4 パルス制御インバーター
5 バッテリー

はいくつかの利点がある。ドライブトレインには、従来のような複数のギヤを持つトランスミッションは不要である。このため、駆動系全体に対するパッケージングの自由度が上がり、利用可能なスペースが生まれる。さらに、電動走行中にエンジンを始動する際にも、車両に好ましくない影響を及ぼすことがない。走行中には、エンジンの作動ポイントを自由に選択できるという利点があるため、燃費向上や低排出ガスでの走行にも貢献する。また、エンジンの作動域を最も効率のよい状態に限定できる。

シリーズハイブリッドの短所は、電気エネルギーを2度変換しなければならない点である。2度のエネルギー変換で生じる損失は、トランスミッションによる純粋な機械的エネルギー伝達の場合より高くなる。これに加えて、エンジン出力を伝達するために、内燃機関と同じ出力クラスの2つの電動機が必要になる。

エネルギー損失が高いにもかかわらず、シリーズハイブリッドは低速走行での燃費の点では有利である。これは、エンジンの作動ポイントを自由に選択できることで生じるプラス面が、高いエネルギー損失というマイナス面よりも勝るからである。高いエネルギー損失は、中速および高速域において顕著である。

シリーズハイブリッド方式は、現在のところ、主にディーゼル機関車や市内バスに使用されている。乗用車の分野では、必要に応じた「航続距離延長装置」として内燃機関を搭載し、発電により走行距離を延長できる電気自動車用のシリーズ式駆動装置構成としての採用例が増えている。

シリーズ・パラレル式ハイブリッド

シリーズ式ハイブリッドの2つの電動機間に、クラッチによって締結および締結解除ができる機械的接続部を設けることで、シリーズ・パラレル式ハイブリッド (図7) に拡張できる。シリーズ・パラレル式ハイブリッドは、低速時にシリーズ式ハイブリッドの利点を活用することができ、高速時にはクラッチを締結することで短所を回避することができる。シリーズ・パラレル式ハイブリッドは、クラッチを閉じるとパラレル式ハイブリッドのように作動する。2回のエネルギー

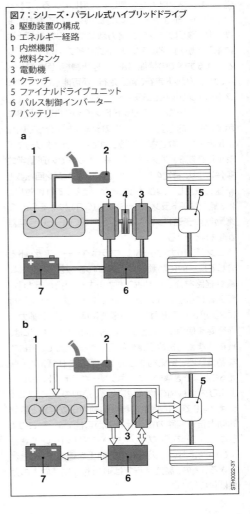

図7：シリーズ・パラレル式ハイブリッドドライブ
a 駆動装置の構成
b エネルギー経路
1 内燃機関
2 燃料タンク
3 電動機
4 クラッチ
5 ファイナルドライブユニット
6 パルス制御インバーター
7 バッテリー

変換は、速度と出力が低い範囲に限られるので、シリーズ・パラレル式ハイブリッドにはシリーズ方式に必要とされるものより小型の電動機で十分である。シリーズ式ハイブリッドと比較すると、内燃機関と駆動輪との間に機械的接続が存在するので、パッケージングにおける利点は失われる。パラレル式ハイブリッドと比較すると、同じ目的に対して2つの電動機が必要になる点が欠点となる。

スプリット式ハイブリッドドライブ

スプリット式（パワースプリット式）ハイブリッド自動車は、パラレル方式とシリーズ方式の両方の特徴を備え、エンジン出力を分割して利用している。エンジン出力の一部は、一つ目の電動機によって電力に変換され、残りのエンジン出力は二つ目の電動機と共に車両を駆動する。スプリット式ハイブリッドは、必要とされるすべての機能（始動／停止機能、回生ブレーキ、ハイブリッド走行、電動走行）が可能なので、常にフルハイブリッドである。

スプリット式ハイブリッドドライブの構造を図8に示す。中心的な要素は、3本のシャフトを介して内燃機関と2つの電動機に接続されてるプラネタリーギアセットである。プラネタリーギアセットでの運動学的条件により、特定の限界内においてエンジン回転数と車速を独立して調整することができる。これに対しては、無段変速トランスミッション（CVT）になぞらえて、電動無段変速トランスミッション（ECVT）という用語が使われている。

エンジン出力の一部は、プラネタリーギアセットを介して機械的に駆動輪に伝達される。残りの出力は、電気経路を介して2回のエネルギー変換が行われ、駆動輪に伝達される。シリーズ式ハイブリッドと同様に、要求される出力が低い場合には電気的な動力伝達経路を使用することができる。高出力の場合には、機械的な動力伝達経路も使用できる。しかし、機械的な動力経路と電気的な動力伝達経路を任意に切り替えることはできない。プラネタリーギアセット、電動機および内燃機関の構成に応じて、追加のトランスミッションなしで常に特定の機械的動力伝達経路と電気的動力伝達経路の組合せのみが可能である。このようにすることで、スプリット式ハイブリッドは、低速および中速において大幅な燃費向上を達成することができる。一方、高速走行では追加的な燃費向上の効果は得られない。

シリーズ式ハイブリッドと同様に、スプリット式ハイブリッドは、搭載されているエンジン出力の範囲内で比較的高い出力の電動機を必要とする。

スプリット式ハイブリッドは、機械的に固定されたギア、2番目のプラネタリーギアセットを使用することで拡張することができる。機械的なコストや複雑さが増す一方で、電気的なコストや複雑さは低くなる。

図8：スプリット式ハイブリッドドライブ
a 駆動装置の構成
b エネルギー経路
1 内燃機関
2 燃料タンク
3 プラネタリートランスミッション
4 電動機
5 パルス制御インバーター
6 バッテリー

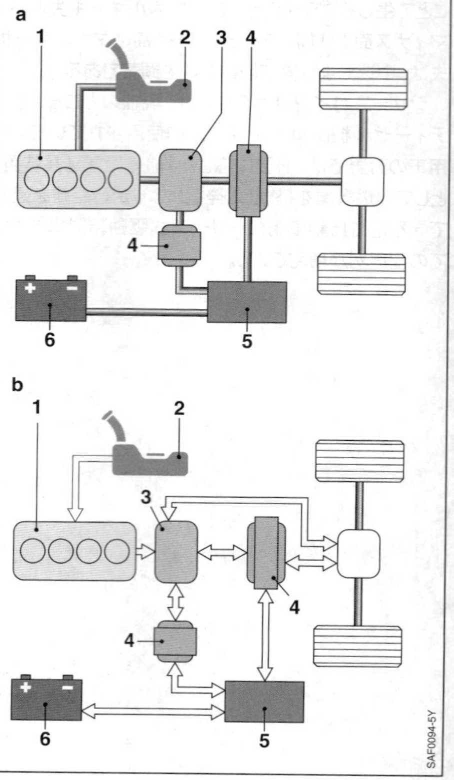

そのため類似のコンセプトと比較して、小型の電動機で十分である。さらに、中速および高速での燃費改善が可能である。

ハイブリッド車両の制御

ハイブリッド駆動装置のそれぞれに達成可能な効率は、決定的に上位レベルのハイブリッド制御に依存している。図9は、パラレル式ハイブリッドドライブ車を例に、機能とソフトウェア構成、ドライブトレインの各構成部品とECUのネットワークを示したものである。上位レベルのハイブリッド制御はシステム全体を調整し、そのサブシステムにはそれぞれ固有の制御機能がある。上位レベルのハイブリッド制御の対象となるのは、バッテリーマネジメント、エンジンマネジメント、電動ドライブのマネジメント、トランスミッションマネジメント、ブレーキシステムのマネジメントである。

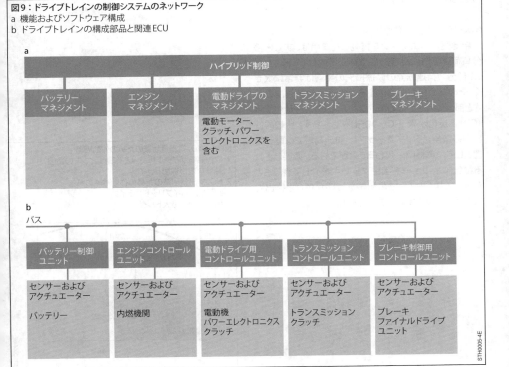

図9：ドライブトレインの制御システムのネットワーク
a 機能およびソフトウェア構成
b ドライブトレインの構成部品と関連ECU

純粋なサブシステムの制御に加えて、ハイブリッドの制御にもドライブトレインの作動を最適化するための作動戦略がある。作動戦略は、ハイブリッド車両の燃費および排出ガスの削減機能、つまりエンジンの始動／停止の作動、回生ブレーキ、ハイブリッド走行および電動走行に影響を及ぼす。

ハイブリッド車両の作動戦略

ハイブリッド車両の作動戦略とは、エンジンと電動ドライブとの間でどのように駆動力を分配するかを決定することである。これにより、車両の燃費や排出ガス削減について、実際にどの程度活用すべきかを決定する。作動戦略では、回生制動、ハイブリッドおよび電動走行などのさまざまなハイブリッド機能も実行しなければならない。

そのために、アクセルペダル位置、バッテリーの充電状態、車両の現在の速度など、非常に多くの関連条件を考慮しながら、それぞれの状態を選択したり切り替えたりする。ハイブリッド車両の構成部品は、目標とする性能向上（燃費や排出ガスの削減、など）に応じて、異なった作動をする。

NO_x削減のための作動戦略

希薄燃焼のエンジンを搭載した車両は、すでに部分負荷運転時に比較的低燃費を達成している。しかし、部分負荷運転での摩擦損失の影響は非常に大きく、そのため燃費も悪化する。さらに、燃焼温度の低さと部分負荷域での局所的な酸素不足が、一酸化炭素（CO）と炭化水素（HC）の排出をもたらす。比較的低出力の電動ドライブであっても、低負荷域では駆動装置として内燃機関に代わることができる。必要とされる電気エネルギーを回生ブレーキを介して得ることができる場合には、この単純な戦略が燃費と排出ガスに対して大きな利点をもたらす。

図10は、新欧州運転サイクル（NEDC）における内燃機関の主な作動域を示している。乗用車のディーゼルエンジンは、低負荷域（効率が悪く炭化水素と一酸化炭素の排出量が多い）と中負荷域／高負荷域（NO_x排出量の多い領域）の両方で作動する。

図10はさらに、純粋な電動走行または負荷ポイントを上昇させて内燃機関の低負荷域を回避するパラレルハイブリッドの作動ポイントの作動域の例も示している。これにより燃費が向上すると同時に、この範囲では通常高い値となるCO、HC、NO_xの排出量も低下している。NO_xの排出をさらに抑えるために、電動ドライブとエンジンを同時に作動させることで中負荷域の負荷ポイントを下げることが可能である。

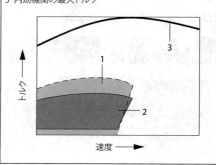

図10：NO_x排出量削減のための作動戦略
新欧州運転サイクルにおける作動ポイントの範囲
1 純粋な内燃機関ドライブ
2 NO_x排出量削減のための作動戦略のあるパラレルハイブリッドドライブ
3 内燃機関の最大トルク

CO₂削減のための作動戦略

理論混合比で作動するガソリンエンジンを搭載すると、三元触媒コンバーターを使用することで非常に低い排出ガス値を実現できる。これらの車両では、燃費の削減とそれによるCO_2排出量の削減に焦点を置いている。図11は、CO_2排出量の最小化という観点から、異なるドライブ構成におけるエンジン作動域の最適化の可能性を示したものである。

新欧州運転サイクル（NEDC）では、一般的な車両のエンジンは、低負荷域とその結果による劣った効率で運転する。パラレル式ハイブリッドドライブ車では、純粋な電動走行によってエンジンの低負荷域を回避できる（図11a）。一般にエネルギー回生だけで必要な電気エネルギーを得ることはできないので、電動機は発電機としても作動する。これにより、一般的な車両と比較して、エンジンの作動が高負荷域にシフトされ、それにより優れた効率を達成できる。

スプリット式ハイブリッド車（図11b）の場合、エンジンの作動域はパラレル式ハイブリッド車よりも大幅に制限される。一般にエンジンは、回転数に応じてドライブトレイン全体が最適なエネルギー条件となる負荷域で作動する。

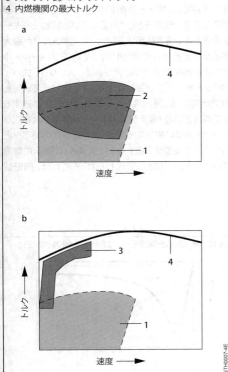

図11：CO_2排出量削減のための作動戦略
新欧州運転サイクルにおける作動ポイントの範囲
a 純粋な内燃機関ドライブとパラレルハイブリッドドライブの比較
b 純粋な内燃機関ドライブとスプリット式ドライブの比較
1 純粋な内燃機関ドライブ
2 パラレルハイブリッドドライブ
3 スプリット式ハイブリッドドライブ
4 内燃機関の最大トルク

回生ブレーキシステム

回生ブレーキ（回収ともいう）では、減速時の運動エネルギーを、この目的のための発電機として作動する電動機によって電気エネルギーに変換する。この方法では、通常の制動時なら摩擦熱として失われてしまうエネルギーの一部を電気エネルギーとしてバッテリーに蓄積して利用する。

エンジンブレーキトルクのシミュレーション

回生ブレーキを実現する簡単な方法としてエンジンブレーキトルクのシミュレーションがある。この場合、運転者がアクセルペダルから足を離すと電動機は直ちに発電機として作動する。このために運転者がブレーキペダルを踏む必要はない。フルハイブリッドの場合、内燃機関は切り離され、電動機はエンジンブレーキのトルクと同じ大きさの発電トルクを働かせる。

エンジンを分離できない場合は（マイルド式ハイブリッドの場合など）、上記の手法に代わり、ドライブトレインにエンジンブレーキのトルクに加えて低発電トルクを働かせることができる（ドラッグトルクの増加）。非ハイブリッド車両と比較して、車両の挙動がわずかに変化する。

簡単な回生ブレーキシステム

制動時、電動機は、エンジンブレーキトルクのシミュレーションと増加に加え、追加の発電トルクを働かせることができる。これにより、従来の車両と比較して、ブレーキペダル位置は同じであってもより迅速に減速できる。どれだけの発電トルクを得られるかは、走行速度、選択されているギア、およびバッテリーの充電状態による。したがって、ブレーキペダルの位置が同じであってもブレーキレスポンスのレベルは異なることがある。運転者はこのブレーキレスポンスレベルの違いを、発電機トルクが車両の減速度に占める割合が大きいほどより深刻なものに感じる。このため、この簡単な回生ブレーキシステムでは回収できる力のレベルはわずかである。

協調回生ブレーキシステム

運動エネルギーをさらに有効に利用するためには、強い制動をかけるときの常用ブレーキシステムを改善する必要がある。そのためには、ブレーキペダルの位置と踏力を一定に保った状態の減速プロセスに変化を生じさせることなく、常用ブレーキの摩擦トルクのすべて、あるいは一部を回生ブレーキトルクに置き代える必要がある。これは、協調回生ブレーキシステムで実現できる。このシステムでは、車両の制御システムとブレーキシステムが協調して、常に電動機による回生ブレーキトルクに摩擦ブレーキトルクを置き換える。

制動時には、電動モーターが達成可能な最大発電機トルクは広範な回転数範囲にわたって常時変動する（図12）。これは、この範囲において電動モーターの出力（すなわちトルクに回転数を乗じた値）が一定であることに起因する。電動モーター最大トルクが一定となる範囲は、低回転数域にのみ存在する。回転数がさらに低下すると、達成可能な回生ブレーキトルクは再びゼロに低下する。車両を一定のペースで減速させるには、ホイールのトルクが一定であることが必要になる。発電機として作動している電動モーターを限界トルクまで使用するには、発電機トルクが増大するため走行速度の低下に伴って摩擦ブレーキトルクを連続的に低減する必要がある。スプリット式ハイブリッドドライブの制動について図13に示す。制動の開始時には、発電機トルクは最大レベルに達するまで増大される（最大発電機トルクが要求される総ブレーキトルクに相当する場合）。制動操作の終了へと向かうにつれて発電機トルクは低減され、完全に摩擦ブレーキトルクにとって代わられる、これは、回転数

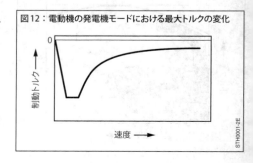

図12：電動機の発電機モードにおける最大トルクの変化

が極めて低い場合には電動モーターが発電機トルクを供給できなくなるためである（図12）。そのため車両を高い走行速度から停止状態にまで制動する際には、ブレーキペダルの踏力が一定の場合には摩擦ブレーキトルクと回生ブレーキトルクとの配分は継続的に調整される。

制動力の配分

従来のブレーキシステムにおけるのと同様に、回生ブレーキシステムにおいてもフロントアクスルとリアアクスルへの制動力の配分は、車両の方向安定性にとって極めて重要である。減速が強まるにつれて、フロントホイールの垂直力は増大、リアホイールの垂直力は減少する。電動モーターがフロントホイールに接続されている場合には、減速が強まるにつれてより大きなホイールトルクの伝達が可能になり、フロントアクスルにおける垂直力が増大する。したがって車両の方向安定性を達成するためには、フロントアクスルにおいて使用される摩擦係数がリアアクスルにおけるそれを超過しないようにする必要がある。後輪駆動車両あるいは電動リアアクスル（例：フロントアクスルには内燃機関、リアアクスルには電動モーターを搭載）においては、減速が強まるにつれて伝達可能な回生トルクが減少する。

回収の可能性にはバッテリーの電力も大きな影響を及ぼす。これは、バッテリーが車両の運動からの電気エネルギーの取得を制限する要素であることによる。エネルギー貯蔵装置の容量の増大に伴い、最大可能純粋回収制動エネルギーも増大する。しかしながら車両安定性の理由から、大きな発電機ブレーキトルクはフロントアクスルにのみ伝達可能である。

走行ダイナミクス制御への影響

回生ブレーキシステムは制動安定性に影響を及ぼすので、走行ダイナミクス制御を変化した走行物理特性に応じて調整する必要がある。走行状態が不安定であることが検知された場合、あるいは過大なブレーキスリップが検知された場合には、回生にまわされる制動エネルギーを抑えて、減速と安定化のための介入を摩擦ブレーキシステムのみにより実現するようにすることが有効である。そうしないと、車両の不安定な挙動とドライブトレインの振動により最適なホイールスリップ制御が妨げられることがある。

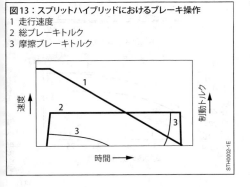

図13：スプリットハイブリッドにおけるブレーキ操作
1 走行速度
2 総ブレーキトルク
3 摩擦ブレーキトルク

48 Vブースト回生システム

動機

現在の車両に課せられるCO_2排出量最適化に関する要求はますます厳しいものとなっていて、自動車メーカーに大きな課題を突きつけている。摩擦や燃焼プロセスの最適化と並んでドライブトレインの電動化も、CO_2排出量削減のための効果的な対策となる。その際にはBosch社の48 Vブースト回生システム (BRS) が、最適なコストで電動化を実現する。

電力要求

乗用車における電力要求は増加し続けており、今後数年間、強力な電気式走行快適性関連コンポーネントの使用数の増加により、さらに増加すると思われる (図1a)。現在の従来型の車両では、電気負荷／電装品への供給に求められる電気エネルギーは、内燃エンジンのクランクシャフトにベルト接続された14 Vオルタネーターによって生成されている。電流を生成するために内燃エンジンに加わる負荷により、燃料消費量が増加する。中型車の場合、たとえば新ヨーロッパ走行サイクル (NEDC) での燃料消費量 (およびこれに伴うCO_2排出量) は、電気システム負荷が500 Wの場合100 kmあたり約0.5 l 増加する (図1c)。

しかし、自動車産業では、燃料消費量とそれによるCO_2排出量を大幅に削減することを目指している。エンジン側でCO_2排出量を削減する一つの方法は、車両を推進する必要がない場合に内燃エンジンを停止することである。この間、車両電気システムへの供給に必要な電気エネルギーは、バッテリーから供給される。そのためいくつかの機能は、たとえば車両停車時のスタート／ストップモード、あるいはスタート／ストップセーリング (コースティング) などの従来の12V

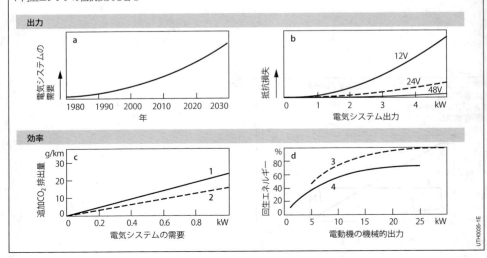

図1：電気システムの需要の伸びとそのCO_2排出量への影響
a 電気システムの出力の増加 (傾向)
b 損失の低減 (傾向)
c CO_2排出量への影響
d 回生エネルギーの割合
1 新ヨーロッパ走行サイクル (NEDC)
2 乗用車等の国際調和排出ガス・燃費試験法 (WLTC)
3 内燃エンジンの抵抗損失を除く
4 内燃エンジンの抵抗損失を含む

電気システムとそのコンポーネントにより、技術的に予測可能な費用で実現することができる。こうした機能の一部は、すでに既存技術となっている。

プラグインハイブリッドのアプローチ

さらに近年、電気駆動システムと高出力の蓄電池を装備し、電気のみで長距離を走行できるプラグインハイブリッドが開発されるようになった。それだけでなく、大きな電気出力により、エンジンのブーストアシストや、車両制動時の運動エネルギーの電気エネルギーへの変換も容易になっている。しかしながら、数百ボルトの車両システム電圧が要求されることから、プラグインハイブリッドに求められる技術的要件を満たすプロセスは非常にコストがかかるので、現時点では、これを実現して市場の量産分野で大きな効果を生むには至っていない。

電動化の要件

以下の考察の目的は、コスト効率を維持しながらプラグインハイブリッド機能のいくつかをカバーするためには、車両電動化においてどのような要件を満たす必要があるのかを検討することである。これに関連し、マイルドハイブリッド化による燃費に考察の焦点を当てる。図1は、このための2つの主要要件を示したものである。

電気損失の低減

第一の主要要件は、電気システム負荷の増大にもかかわらず電気損失を低減させることである。これは、車両電気システムの電圧を上昇させることで実現できる。電圧を上昇させると、同じ出力でも電流を小さくすることができ、それによって電気損失も抑えられる（図1b）。電圧限度60 V（直流電圧）までは、車両生産における電圧ネットワークは低電圧に分類されるので、特別な衝撃保護対策は必要なく、コスト効率の実現が可能である。

回生

第二の主要要件は、車両の運動エネルギーを電気エネルギーに変換（回生）することで燃料消費量の低減を目指すことである。約12 kWの電動機出力でも、大きな割合の利用可能な運動エネルギー（約80 ％）を回生することができ、それによってエネルギーを節約して車両で電流を生成することができる。電気システムの負荷と車両によっては、電気システムへの供給のために求められる以上のエネルギーを回生することができる。この場合、このエネルギーを機械的トルクアシストの形で取り出し、内燃エンジンのクランクシャフトに戻すのが適当である。

48 Vレベルでの実現

図1に示すように、48 V電圧レベルは上記の主要要件に必要な性能を備えている。さらに、技術的に予測可能な費用で実現可能である。従って、車両での電力の生成を12 Vから48 Vに引き上げるのが理にかなっている。ただし、従来の12 Vオルタネーターと比較して、48 Vオルタネーターでは要件がどれほど変化するのかを評価しておく必要がある。さらに、ハイブリッド機能を装備するためには、純粋な発電機の機能に加えて、モーターモードも可能にする必要があり、これには作動電圧48 Vの電動機が求められる。そこで、こうした新しい要件を最も効率的な方法で実現できる機械コンセプトは何かという問題が提起される。

48 V電動機に求められる要件

48 V電動機に求められる要件は、特に取付け位置、すなわちドライブトレイントポロジーによって変化する。ドライブトレインにおける電動機の取付け位置は、基本的には以下の3種類である(「ハイブリッドドライブ」を参照)。
- 内燃エンジン上、クランクシャフトへのベルト接続による(P0またはP1トポロジー、ここでは主にP0)
- 内燃エンジンとトランスミッション入口の間
- トランスミッション出口、直接の軸接続(P3またはP4トポロジー)

図2は、考えられる電動機の各種取付け位置を示したものである。

トポロジー
内燃エンジンへの接続

ベルト接続の場合には、電動機が従来のオルタネーターに代わるものとなる。それゆえ電動機は、従来のオルタネーターに相当するコンセプトのクローポール機として設計するのが理にかなっている。従って、電動機とクランクシャフト間のギア比を約3：1に保つことで、回転速度範囲を従来のオルタネーターと同程度にするとよい。

トルク特性曲線は図3に示したようなものとなるので、特に低回転数領域では、電動機は加速動作中に内燃エンジンを効果的にサポートすることができる。回転数が上昇してもクローポール機の出力を一定に維持することができ、それにより加速フェーズ全体が均一にサポートされる。このトルク特性曲線により、ベルト駆動を介した静止フェーズ後の内燃エンジンの始動が可能であり、しかも従来型のピニオン始動の場合よりも静粛、迅速に始動することができる。

このトポロジーでは、電動機は停車中でも従来のオルタネーター機能を果たすことができ、それゆえ車両電気システムへの信頼性の高い供給が可能となる。電動機が適切にコンパクトに設計されて水冷シス

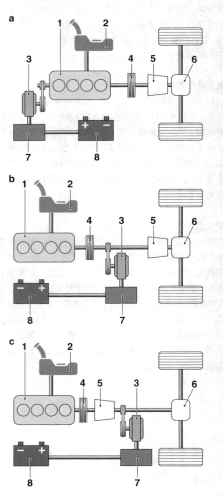

図2：48 V電動機の取付け位置
a 内燃エンジンへの接続 (P0トポロジーの例)
b トランスミッション入口への接続
c トランスミッション出口への接続 (P3トポロジーの例)
1 内燃エンジン   2 燃料タンク
3 電動機   4 クラッチ   5 トランスミッション
6 ファイナルドライブユニット
7 パルス制御インバーター   8 バッテリー

テムを追加する必要がない場合は、元のオルタネーターの位置に電動機を取り付けることで、最小限の組込み費用が発生するだけである。なぜなら、オルタネーター取付けスペースを利用することができ、ベルトテンショナーだけを交換すればよいからである。

トランスミッション入口への接続

電動機をクラッチ直後のトランスミッション入力シャフトに取り付けた場合、クラッチが締結解除された状態にある限り、電気のみでの始動と走行が可能となる。このためには、異なる減速比を用意するのが好適である。ただしクラッチプロセスにより、電動機の回転数勾配は内燃エンジンへのベルト接続の場合よりも高くなる。

同様に、シンクロナイザーリングを設計する際は、トランスミッション入力シャフトを通じて作用する追加の慣性モーメントを考慮に入れる必要がある。ただし、クラッチが切れると内燃エンジンを介した信頼性の高い発電機の作動は中断される。

回生モードでは内燃エンジンの連結を切り離すことができるので、内燃エンジンへのベルト接続の場合よりも、小さな車両減速で多くのエネルギーを回収することができる。ただし、クラッチをつないだ場合にのみエンジン始動が可能になり、これにより電気走行から従来型の走行モードへの移行が妨げられる。

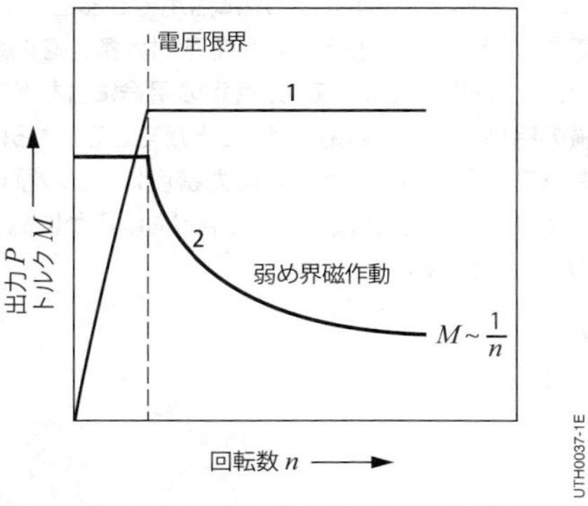

このトポロジーの組込み費用は高くなる。トランスミッションハウジングの大幅な変更が必要となるからである。

トランスミッション出口への接続

電動機をトランスミッション出口に接続することも可能である。ただし、ドライブアクスルの回転数範囲を電動機の出力シャフト回転数範囲に合わせる必要がある。電気走行は、電動機と駆動軸の間の適切な変換レシオを選択することによってのみ可能になる。走行速度が高くなり電動機の回転数上限を超えた場合は、自動的に電動機が切り離されるようにする必要がある。

原則として、このトポロジーでは機械的な伝達損失が最も小さいので、回生中の効率は最も高くなる。ただし、これは回転数とともに電動機の出力が大幅には低下しない場合だけである。そうでないと、走行速度とともに、回生またブーストの可能最大出力は早い段階で落ち込むことになる。高い走行速度で、回転数の限界ゆえに電動機の連結を切り離す必要がある場合は、こうした高回転数範囲では回生の可能性は完全に消滅する。

停車状態では、内燃エンジンを始動させることができない。電気システムへの信頼性の高い供給のために従来型のオルタネーターの追加が必要となるだけでなく、このトポロジーでは従来型のスタート／ストップ可能なスターターも取り付ける必要がある。この場合、電動機の組込み費用は非常に高額になると評価せざるをえない。

利点

機能と統合性という点では、ベルト接続で従来のオルタネーター位置に取り付けることが最も有利となる。ただし、内燃エンジンへの広範囲な変換対策を避けるためには、パワーエレクトロニクスを含む電動機をコンパクトに維持することが必要不可欠となる。

図3：クローポール機のトルク特性曲線
1 出力P
2 トルクM

電圧限界
1
出力P トルクM
2 弱め界磁作動
$M \sim \dfrac{1}{n}$
回転数n

電動機コンセプトの選択

　現在のハイブリッド自動車では、主に永久励磁同期および非同期電動機が採用されているが、これらには使い方に応じて特定の利点と欠点がある。

作動方式

　車両の作動方式に加え、電動機の必要な出力密度を考慮する必要がある。考慮の焦点となるのは回生であり、それゆえ発電機の連続作動の徹底的な回避が追及される。これは、必要な電気システムのエネルギーを回生によって補うことを意味する。しかし逆に、使用する電動機が休止するアイドルフェーズが頻繁に生じることになる。休止時間の割合は、ドライバーのタイプと走行距離によっても異なるが、5％～45％の範囲であり、この作動フェーズの間は、選択された電動機の側での動力損失や抗力をできるだけ小さくすることが重要となる。この重要性は、機械の効率や出力に関して、CO_2削減や燃費に対する影響を考慮・比較するときに、ますます顕著となる。

　このように抗力を最小限に抑えることもまた、さらなる中心的な要件となる。このためには、他励を使用することで電動機を完全に無効にできるような機械コンセプトが有利となる。

機械コンセプト

　ここで取り上げている機械コンセプト（永久励磁同期電動機、非同期電動機、および他励同期電動機。「電動機」を参照）の主要要件について考察すると、高回転速数での出力密度と出力に関しては同期電動機が有利であることがわかる。各電動機タイプの間で、大きな効率の違いは確認できない。しかし前述のように、抵抗損失は他励電動機においては非常に小さいことを考慮に入れる必要がある。従って、非同期電動機とともに、他励同期電動機が有利となる。こうして、48Ｖシステムで生じる要件という点では、他励同期電動機が最適である。

　車両オルタネーターとして今日使用されているクローポール機はまさにこの電動機タイプであり、出力と取付けスペースに関する要件も満たしている。この電動機は非常に多く生産、すなわち量産されているので、必要となる追加の製造費用も低くて済む。

ブースト回生装置

　Bosch社が開発したブースト回生装置（BRM）は、従来のオルタネーターをベースとしたコスト効率に優れた48Ｖ電動機に求められる要件を一貫して追求して生まれた。この装置ではクローポール機の出力は、電圧増加と従来型オルタネーターにおける整流器の役割を果たすアドオンコンバーターにより実現されている。多様な車両において、また限界条件の温度においてもブースト回生装置を使用できるよう、このコンセプトは出力とトルクに関しても、電動機の熱定格に関しても、スケーラブルな設計となっている。

スケーラビリティー

　電動機のトルクと出力に求められる特定の要件は、内燃エンジンの大きさとタイプや車両カテゴリーによって異なる場合があり、こうした要件を満たす必要がある。ブースト回生装置のクローポールコンセプトではモジュラーシステムを採用することが可能であり、これにより電動機を個別の要件に応じて調整することができる。前述の要件に大きな影響を与えるのが電動機の電磁的レイアウトである。これは特に、ステーターの巻き数と、ローターの永久磁石の数によって影響を受ける（このローターの永久磁石は、表1で示される出力とトルク範囲が達成できるよう、漏れ磁束の補正のために使用されるものである）。ここで特に強調しておく必要があるのは、サイズが同じであればバリエーションの全範囲をフルに活用できるということである。それゆえ、設計において取付け条件を内燃エンジンに適応させなくても、特定の用途に合わせて機械の特性データを適応させることができる。さらに最もパワフルなバージョンの出力密度は、その原理のゆえに他の他励機械コンセプトよりもはるかに高いものとなっている。

電動機は、大部分が量産仕様のオルタネーターのコンポーネントをベースとしている（図4）。従来のオルタネーターからの最も重要な変更点は、ダイオードに代えてアクティブなスイッチング素子（MOSFET）を用いたコンバーターを使用することである。これによりステーター電流を適切に設定することができ、従ってモーターまたはオルタネーターとして作動させることが可能になる。さらに、電動機ハウジングにベルトテンショナーを取り付けることも可能になり、これによって回転方向や作動モードにかかわらず適正なベルト張力が確保される。こうして、ベルト駆動でのブースト回生装置の複数象限での作動、すなわち両回転方向でのモーターまたはオルタネーターとしての作動が可能になる。

従来のオルタネーターと同様、ブースト回生装置でもファンはローターに直接取り付けられる。ローターが回転することで内部部品に空気が供給され、機械部品が効率的に冷却される。

表1：出力およびトルク範囲

始動トルク	100 rpm 時	40 〜 60 Nm
最大電気出力	6,000 rpm 時	8 〜 12 kW
最大機械出力	6,000 rpm 時	8 〜 10 kW
連続電気出力	アイドリング時	1.5 〜 3.2 kW

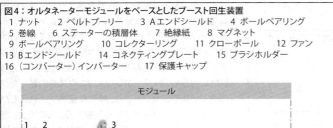

図4：オルタネーターモジュールをベースとしたブースト回生装置
1 ナット　　2 ベルトプーリー　　3 Aエンドシールド　　4 ボールベアリング
5 巻線　　6 ステーターの積層体　　7 絶縁紙　　8 マグネット
9 ボールベアリング　　10 コレクターリング　　11 クローポール　　12 ファン
13 Bエンドシールド　　14 コネクティングプレート　　15 ブラシホルダー
16 （コンバーター）インバーター　　17 保護キャップ

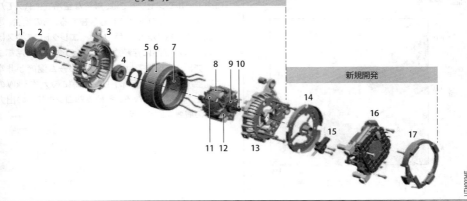

熱的状況と定格

空冷式

電気エネルギーと機械エネルギーの変換中は、その原理ゆえブースト回生装置において電気的、電磁的、機械的損失が生じ、これにより機械コンポーネントが高温となる。この熱は周囲に発散させる必要がある。エンジンルーム内で利用可能な周囲空気によって冷却することは、熱放散のためのコスト効率に優れた方法として定評がある。この場合、空気はラジアルファンで吸い込まれてブースト回生装置に送られ、再びエンドシールドから半径方向に排出される。ブースト回生装置を通過するときに、温度差によって空気がエレクトロニクスヒートシンクと電動機から熱を吸収する。

熱解析

ブースト回生装置の使用中に関連負荷の状況を分析することで、ブースト回生装置内の熱的状況を評価する必要がある。エンジン始動および加減速フェーズを含む典型的な走行サイクル (WLTCなど) 中は、作動モード (発電機、モーター、アイドル) の交替と要求されるトルクに応じて、電動機の負荷は顕著に変化する。熱解析によると、ローター、ステーター、エレクトロニクスの温度は、臨界温度を大きく下回ったままである。それゆえ、ブースト回生装置の性能は、関連するエンジンルーム温度による制約を受けることはない。従って通常の走行においては、12 kW以下のあらゆる出力範囲でブースト回生装置を使用することができる。

ハイブリッド冷却コンセプト

しかし、典型的な運転操作とは別に、熱的に特別なケースにおいてもブースト回生装置を評価する必要がある。これは、たとえば最初にエンジンルームを強く予熱し、続いてアイドリング時に電気負荷/電装品の連続的な高出力のもとで車両電気システムが負荷にさらされる場合に起こりうる。こうした状況は、たとえば夏季に停車した状態で、内燃エンジンのオーバーヒートを防止するためにラジエーターファンに電力を供給しなければならない場合に起こる。

こうした極端な場合、100 °Cを超えるエンジンルーム温度と相まって、部分的に1 kWをはるかに超える連続出力が要求される。このような状況では、もはや純粋な空冷式では不十分となり、電子機器の温度が上昇するので、電力の下方制御が必要となる。こうした理由から、パワーエレクトロニクスを内蔵したクローポールコンセプトでは、純粋な空冷式に代えてハイブリッド冷却コンセプトも存在する。この場合、電動機は空冷式のままだが、パワーエレクトロニクスは車両の水冷回路に接続される。この進化した冷却コンセプトの発電機では、エンジンルーム温度が非常に高温であっても、アイドリング時に最大約3 kWの連続出力が可能となる。各種冷却コンセプトの出力範囲の概要を図5に示す。

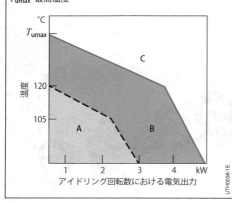

図5：ブースト回生装置 (BRM) の各種冷却コンセプトの出力範囲
A 空冷式BRM
B ハイブリッド冷却式BRM
C BRMの発電機の連続作動
T_{umax} 最高温度

ブースト回生装置は、空冷バージョンでも水冷バージョンでも、特別な配置の冷却コンセプトにより、同じ取付けスペースで実現できる。従って、熱に関してスケーラブルな機械コンセプトも存在する。

システムネットワークにおける機械性能

電子機器が電圧を整流・調整しなければならないオルタネーターと比較すると、ブースト回生装置はモーターモードが追加される点が異なる。エンジン始動、発電機およびモーターモードといった個別の機能は、車両制御システムによって要求される。どの機能が選択されるのかは、ドライバーの要求、走行状態、内燃エンジンの作動ポイント、車両のエネルギー管理に応じて異なる。ブースト回生装置に採用される制御コンセプトを用いて、電動機も同様にトルク要求を通じて制御される。従って、トルクを指定して、電動機の個別の作動モードを各走行状態に適切に調和させることは、車両制御システムの役割となる。このために必要となる電動機の精密なトルク制御は、マイクロプロセッサーで制御されるパワーエレクトロニクスによって行われ、励磁巻線と五相巻線が切り替えられる。磁場は、ローターポジションセンサーを用いてローターに同期される。48 V電気システムと組み合わせたブースト回生装置の作動コンセプトを図6に示す。

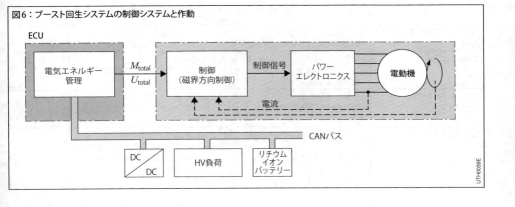

図6：ブースト回生システムの制御システムと作動

842 代替駆動装置

電圧ではなくトルク入力を通じてブースト回生装置を制御する場合でも、E/Eシステムの電気的限度値は守る必要がある。このために、電気エネルギー管理（EEM）が48 V車両電気システムと48 Vバッテリーの状態変数を監視する。ここでは、DC/DCコンバーターの影響と48 V負荷の影響を考慮する必要がある。バッテリー電圧は充電状態（SOC）によって変化し、電流限度値は温度によって変化するので、電動機の作動中はこうした変数を定期的に計算しなければならない。こうして得られる電流と電圧の限度値は、CANバス経由でブースト回生装置に伝送することができる。こうした数値を制御システムに知らせることで、トルク入力にかかわらず電気的限界値を守ることができる。一定の時間枠にわたって48 Vバッテリーで予測電流および電圧が得られる場合は、予測トルクに対するオフセットが可能になる。ここでは、ブースト回生装置の支配的な境界条件が考慮される。

48 Vシステムの概要

従来のオルタネーターから派生したベルト駆動のクローポール機は、ベルト駆動でのマイルドハイブリッド化に適しており、各種車両要件に適応可能である。パワーエレクトロニクスと組み合わせた48 V電圧レベルでは、回生能力だけでなく、さらなる特性も得られる（表2を参照）。

回生中に獲得される電気エネルギーは、さらなる変圧を必要とせずに電動機を駆動するために直接に使用することができる。こうして生成された補助的トルクは、ベルトによってクランクシャフトに伝達され、車両の応答性と加速挙動を向上させる。

停止または惰行フェーズ後は、ベルト駆動への直接接続により、騒音と振動を非常に小さく抑えながらベルトを介して内燃エンジンを始動できるので、快適性が大幅に高められる。このベルト駆動のブースト回生装置では、作動中の内燃エンジンの停止さえも、はるかに迅速かつ小さな振動で行うことができる。迅速な応答性により、エンジン停止時間が長くなり、CO_2低減の可能性がさらに広がる。

表2：48 Vブースト回生システムの利点と特性

用途	快適性と走行性能	排出ガスの削減	
回生	– 悪影響がない	CO_2の削減 – 回生ブレーキによる	≈6 %
トルクアシスト	– ドライビングダイナミクスの体験 – 応答性の向上	CO_2の削減 – 小型化と低速化の可能性 – マニュアルトランスミッションでの走行サイクルにおける自由なシフトポイントの選択 ディーゼルエンジンにおけるNO_xの低減	≈6 %
ハイブリッド風のエンジン始動	–「エンジンストール保護」 – 迅速、静粛、低振動のエンジン始動	ガソリンおよびディーゼルエンジンにおけるHCとCOの低減	
ストップインギア	– マニュアルトランスミッションにおけるスタート／ストップの直感的な適用	CO_2の削減 – エンジン停止フェーズの長時間化による	2～3 %
スタート／ストップセーリング	– 快適で騒音のない走行 – 振動のない迅速な再始動	CO_2の削減 – エンジン停止フェーズの長時間化による	5～8 %
電気システムの出力	– 電動ヒーター、ベンチレーション、エアコンディショナー – ダイナミック走行安定化制御	CO_2の削減 – 機械的に高出力な負荷／電装品の代わりにオンデマンド制御の電気負荷／電装品を使用 – 重量削減	

こうして利用可能な量が拡大した電気エネルギーは、追加の電気負荷／電装品のために効率的に使用することもできる。主に2つの選択肢が考えられる。第一に、強力な負荷／電装品を12Vから48Vレベルに引き上げることで、はるかにコンパクトにすることができる。第二に、従来の12Vレベルでは出力要求が大きいために、その大部分が利用できなかった新しい48Vの負荷／電装品が利用可能となる。派生する応用事例に関する48Vシステムの利点については、[3]で詳細に紹介され、論じられている。

車両ネットワーク全体におけるブースト回生システムの特性を考慮に入れると、他の分野でも好ましい影響が得られる。[4]によると、特にディーゼルエンジンの作動方式に与える影響は好ましいもので、非停止作動ポイントでは、ベルト駆動システムを使用することで未処理のNO_x排出量が劇的に削減される。ここでは、達成可能なCO_2の利点がNO_x削減によって大きく制限されることはない。

未処理のNO_x排出量の削減に加え、ディーゼルドライブトレインでは排気ガス処理の適用範囲をNO_x貯蔵触媒（NSC）の形で大幅に拡大することができる。図7は、こうしたNO_x貯蔵触媒の再生範囲を示したものである。特に高い、または特に低い負荷範囲では、触媒再生モードが妨げられる。再生範囲は、[4]によると、ブースト回生装置を通じて内燃エンジンへの負荷を増減させることで、大幅に拡大することができる。これにより、貯蔵触媒の全体的な変換効率が向上し、それによってディーゼルドライブトレインの排気システムのコスト削減の可能性も増大する。これと関連してSCRシステムでは、AdBlue消費量が明らかになる。NSCシステムでは貴金属の使用を減らすことができ、NSC-SCR複合システムの特殊なケースでは、システムの一つを省略することさえ可能である。

参考文献

[1] V. Denner: Zukunft gestalten – Innovationen für effiziente Mobilität. 34th International Vienna Motor Symposium, (2013).

[2] M. Uhl et. al.: Boost Recuperation Machine – Electric Motor for 48 V Systems, Technical Conference, Electric & Electronic Systems in Hybrid and Electric Vehicles and Electrical Energy Management, (2013).

[3] M. Uhl, M. Wüst, A. Christ: Electrified Powertrain at 48 V – More than CO_2 and Comfort. 22nd Aachen Colloquium Automobile and Engine Technology, 2013.

[4] M. Wüst et al.: Operating Strategy for Optimized CO_2 and NO_x Emissions of Diesel-Engine Mild-Hybrid Vehicles, 15th International Stuttgart Symposium, (2015).

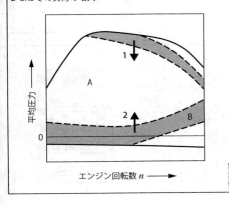

図7：NO_x貯蔵触媒のための再生ウインドウの拡大
A NSC再生の範囲
1 ブースト回生システム（BRS）の負荷の減少
2 BRSでの負荷の増大

自動車駆動用電動機

ハイブリッドまたは純粋な電動車両の電動ドライブは、一般的に高電圧バッテリーから直流電圧を供給され（「トラクションバッテリー」を参照）、この直流電圧はインバーターにより対称的な三相交流電圧システム（図1）に変換される。この交流システムの電圧の振幅と周波数は、変更することができる。図2は、インバーター操作中に得られるトルク、電力、電流、電圧の特性曲線を簡略化して示したものである。基本速度領域（静止状態から、交流電圧システムが最大電圧に達する特定速度までの間）では、ほぼ一定したトルクが得られる。特定速度から最高速度までの領域は、弱め界磁領域と呼ばれる。この領域では、駆動システムの機械的出力はほぼ一定で、これはトルク減少に対応しており、トルク減少は速度の逆数に比例する。ただし、弱め界磁領域の挙動は、実際には電動機タイプによって異なる（「典型的な特性曲線」を参照）。

ここでは、自動車駆動用電動機の主要な特徴と影響因子について概観する（[1]および[2]も参照）。

要件

図3は、車両の純粋な電気走行の主要な作動ポイントと、それらの走行性能にとっての重要性を例によって示したものである。ここから、図4に掲げた4つの要件グループのうちの3つの内容を導き出すことができる。すなわち、連続作動、過負荷作動、サイクル効率である。これらのグループと他の4つのグループ（強度、コスト、取付けスペース、振動励起）について、以下でさらに詳しく説明する。

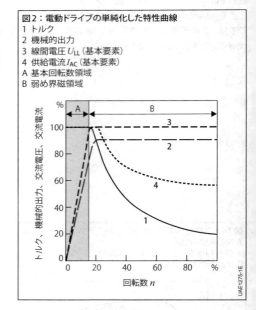

図2：電動ドライブの単純化した特性曲線
1 トルク
2 機械的出力
3 線間電圧 U_{LL}（基本要素）
4 供給電流 I_{AC}（基本要素）
A 基本回転数領域
B 弱め界磁領域

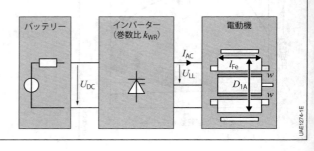

図1：電動ドライブ
U_{DC} バッテリー電圧
U_{LL} 線間電圧
I_{AC} インバーターから電動機への供給電流
I_{Fe} 積層コアの軸方向長さ
D_{1A} ステーターの外径
w 巻数

過負荷作動

図5は、電気自動車の駆動システムの典型的なトルクと出力の特性曲線を示したものである。過負荷作動は、加速および追越し（追抜き）操作における走行性能の特徴となる。電動機を過負荷状態で連続作動させることはできない。少なくとも1つの限界温度（巻線温度や磁石温度など）が超過することになるからである。典型的な要件変数となるのは、低速での最大トルク、高速での出力、および関連する最小作動時間である。速度に対する最大トルクと最高出力の特性曲線は、機械の熱特性には左右されず、最大限界特性曲線と呼ばれる。この曲線は、機械の電磁特性、最大供給電流、およびバッテリー電圧によって決定される。

連続作動

連続作動は、ほぼ一定速度での長距離走行中の走行性能の特徴であり、機械の熱特性の一つの尺度となる。連続作動は、熱平衡におけるコンポーネントの

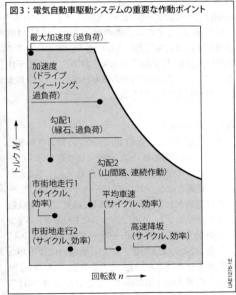

図3：電気自動車駆動システムの重要な作動ポイント

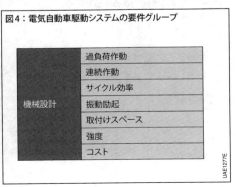

図4：電気自動車駆動システムの要件グループ

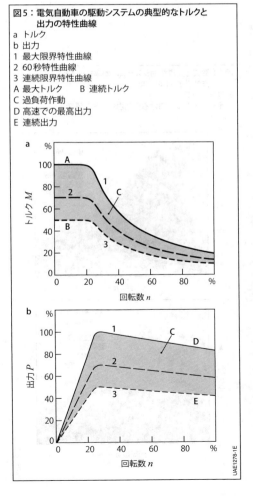

図5：電気自動車の駆動システムの典型的なトルクと出力の特性曲線
a トルク
b 出力
1 最大限界特性曲線
2 60秒特性曲線
3 連続限界特性曲線
A 最大トルク　　B 連続トルク
C 過負荷作動
D 高速での最高出力
E 連続出力

限界温度の到達によって定義される。典型的な要件変数となるのは、低速での連続トルクと高速での連続出力である。速度に対する最大連続トルクと最高連続出力の特性曲線は、連続限界特性曲線と呼ばれる。限られた期間でのさらなる特性曲線は、最大限界特性曲線と連続限界特性曲線の間で定義することができる。必要な期間への到達は、それぞれの初期温度によって異なる。

サイクル効率

図6は、電動機の効率マップと走行サイクルにおける作動ポイントの頻度を示したものである。走行サイクルにおける作動ポイントの分布に応じて、その他の

範囲がサイクル効率に関係する（典型的には比較的小さなトルクと中程度の速度）。設計の枠内では、最大トルクを下回る作動ポイントは、原則として最適な効率が得られるように計算される（インバーターによる制御、または振動励起を最小化した制御も可能）。

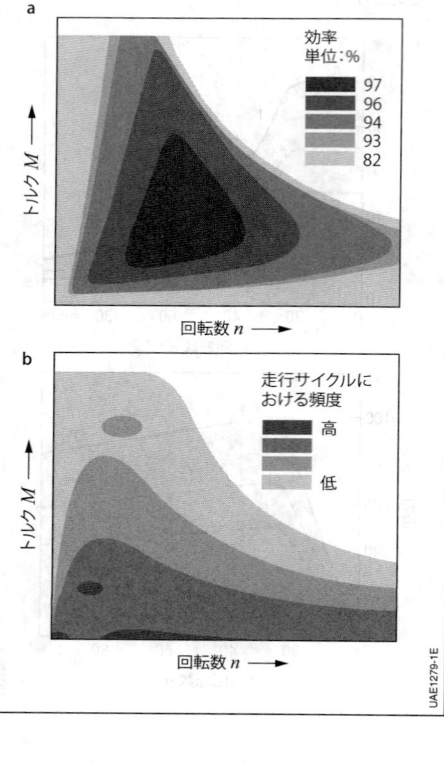

振動励起

好ましくない音の放射や寿命を縮める振動を避けるため、半径方向と接線方向の振動励起が計算され、最小限に抑えられる。接線方向のトルクリップルの効果は、機械（例：トランスミッション）に接続された機械システムによって異なる。このシステムに関する必要な詳細な知識は、設計プロセスでは得られないことが多いので、ほとんどの場合、要件においてはトルク・時間特性の最大ピーク・ピーク値だけが定義される。

駆動装置としての電動機の仕様では、しばしば許容音圧または音響出力レベルの最大曲線が存在する。この最大曲線は、設計プロセスにおいて、機械モデルの品質に応じて、半径方向の振動励起とともに計算または見積もることができる。

取付けスペース

特に内燃エンジンと電動ドライブの両方を装備したハイブリッド自動車では、利用可能な取付けスペースが小さいので、機械のサイズを最小化することが非常に重要となる。取付けスペースが小さければ、それだけ電磁的にアクティブな部品（積層コアや巻線）の使用が拡大する。内燃エンジンのドライブトレインに電動機（IMG、一体型モーター・発電機）を組み込む場合、たとえば分布巻きよりも、電磁的には不利な個別歯巻きを選ぶ方がよいこともある。なぜなら、軸方向への巻き線突出が極めて小さいため、取付けスペースを大幅に節約できるからである。

図6：電気自動車駆動システムの効率マップと作動ポイントの頻度
a 効率マップ
b 走行サイクルにおける作動ポイントの頻度

強度

電磁的な設計要件は、機械的な設計要件とは矛盾することが多い。トルクを発生する磁束を希望の方向に向けるには、しばしばコア積層で細いバーが必要となる。しかしこうした制約は、機械的観点からすると、高い回転速度で生じる負荷に耐えられなくなると、致命的なものになる可能性がある。ここでは、2つの機能の組み合わせを最適化する統合的な最適化が必要となる。

コスト

Bosch社における自動車の駆動装置としての電動機の開発は、大量生産プロジェクト（年間10万台以上）に焦点が当てられている。この分野での大量生産では、一見すると一台あたりのコスト削減は小さくても、全体としては大きな効果を生む。競合他社が多数あるので、大幅なコスト最適化によってのみ、目標市場価格に達することができる。その基本となるのは、できるだけ材料の使用を少なくした量産設計である。永久磁石同期電動機に使われる希土類磁石は、原料となるネオジムとジスプロシウムの価格が高いので、特に重要なコスト要因となる。

自動車メーカーの立場からすると、駆動システム全体のコスト（バッテリー、インバーター、電動機の合計）が重要となる。システムを考える場合、各コンポーネントを個別に独立して最適化するのではなく、システム全体を考慮に入れる必要がある。こうして、個別のコンポーネントは必ずしもコストの点で最適とはいえなくても、システム全体からすると最適だといえるようなシステムが生まれる。

電動機のタイプ

次ページの表1は、ハイブリッド自動車と電気自動車で使用される主要な電動機タイプの概要を示したものである。ハイブリッド自動車では、取付けスペースが小さいことが決定的となる。この要件に最も好ましいのは、永久磁石同期電動機（PSM）である。このタイプの電動機の最大の欠点は、ローターに用いる希土類磁石が比較的高価なこと、およびこうした磁石は消磁する危険があることである。

純粋な電気自動車にも、現在、非同期電動機（ASM、「非同期電動機」を参照）または電気励起式同期電動機（ESM、「同期電動機」を参照）が装備されている。かご形ローターを備えた非同期電動機は、シンプルで堅牢な構造が特徴だが、ローター内で追加で生じる抵抗損により、ローターの冷却が必要となることが多い。非常に興味深い代替案となるのは、電気励起式同期電動機である。この場合、ローターの磁化が制御可能で、効率が特に高レベルとなり、非常に小さな供給電流で制御することができる。こうした利点により、システムのコストとエネルギー消費量を抑えることができる。

スイッチドリラクタンス機（SRM、「スイッチドリラクタンス機」を参照）は、特にシンプルなローター構造を備えているので、代替案として検討されることが多い。しかし、パワーエレクトロニクスが複雑化し（B6ブリッジの代わりにHブリッジ、[1]を参照）、本来的に騒音を発生しやすい性質があるので、現時点ではどの量産車でも定着するには至っていない。

典型的な特性曲線

これら4つのタイプの電動機は、全体的に見て、電気自動車とハイブリッド自動車の駆動装置としての使用という点では、基本的に疑問視せざるをえない。結局、従来の電動機タイプである非同期電動機（ASM）、永久磁石同期電動機（PSM）、および電気励起式同期電動機（ESM）に軍配が上がる。なぜなら、これらが電動化分野の機能的・経済的な要件を最もよく満たすからである。この3つの電動機タイプのうち、具体的な用途事例においてどれが適切な方法なのかは、3つの電動機すべてを同じ要件、同じ取付けスペースおよび電気的境界条件において設計し、詳細に比較することによってのみ確かめられる。

電気自動車 (220 kW) を例として、この比較を実施した。その結果を、両軸に相関する数値をとった最大限界特性曲線の形で図7に示す。横座標は回転速度 (最大機械速度)、縦座標は機械的駆動力 (利用可能な最大皮相電力) を表わす。

最大機械的出力に到達した後、原理による3つの電動機タイプの違いを明らかに確認することができる。ASMの出力は、最高速度にかけて際立って大きな率で低下する。この理由は、ステーターとローターの漏れインダクタンスであり、それがこの範囲では運転性能に大きな影響を及ぼすからである。こうした性能を示すASMは、最高回転数でも高い出力が要求される駆動の場合は、あまり適していない。これには主に、車両の最高速度に近くなる高速道路での走行が該当する。

PSMの特性曲線は、ASMのそれよりもずっと平坦になる。ここでは、使用される磁石材料 (高い磁束密度ゆえにNdFeB (ネオジム、鉄、ホウ素) が大部分) の量と磁気回路のリラクタンストルクの発現により、十分な余裕を示す特性曲線となる。従ってPSMは汎用に非常に適しており、高価な希土類磁石でも経済的に実現可能であるなら、高い出力とトルク密度を備えた駆動システムにおいて好まれる方法となっている。

ESMには、ASMやPSMとは異なる2つの特徴がある。第一に、多くの場合、達成可能な最大機械的駆動力が他の2つの電動機タイプを明らかに上回ることである。第二に、特性曲線が最高回転数までほぼ水平に描かれることである。これは、ローター内の励起電流の制御性の拡大によって可能となっている。こうして、ESMは利用可能な電力を最もよく機械的出力に変換する。従って、効率と力率もESMの方がASMやPSMよりも優れている。ただし、こうした利点によって励起電流供給 (コレクターリングや非接触変圧器) の設計費用が正当化されるものかどうか、また高速時のローターの冷却と機械的強度の問題があっても走行装置として使用可能なのかどうか、検討する必要がある。

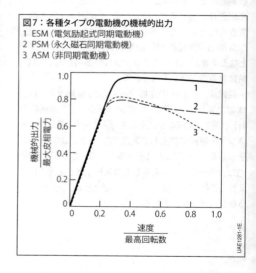

図7：各種タイプの電動機の機械的出力
1 ESM (電気励起式同期電動機)
2 PSM (永久磁石同期電動機)
3 ASM (非同期電動機)

表1：電気自動車駆動システムの主要な電動機タイプ

テクノロジー	PSM	ESM	SRM	ASM
作動原理	同期	同期	同期	非同期
トルク密度	非常に高い	非常に高い	高い	高い
効率的に有利な条件	低速で高トルク	高速で低トルク	高速で低トルク	高速で低トルク
可能性	最小限の取付けスペース ローター冷却なし	高効率 小さな供給電流の需要	非常に単純なローター構造	単純なローター構造
リスク	磁石の価格 消磁 短絡抵抗	変流器システム、ローター 速度強度	雑音 費用、パワーエレクトロニクス	大きな電流の需要 ローターの加熱

各種電動機タイプの特性曲線から導き出される直接的な特性に加え、その他の特性にも注意する必要がある。どちらの同期電動機でも、定常状態およびダイナミックな短絡電流の制限に関する要件は、特に高い回転数では設計に大きな影響を及ぼすからである。小さな短絡電流は、特にPSMにおいては最高回転数における出力が小さいことの原因となる。

ASMの場合、ローターでははるかに大きな損失が生じる。従って許容可能な熱条件を達成するためには、多くの場合、アクティブなローター冷却が必要となる。これに対しては、オイルによるローター内の短絡リングの直接冷却や、冷却水によるシャフト冷却といった方法が可能である。

基本的に、具体的な駆動事例に適した電動機の選択は、技術的・経済的特性の総合評価の結果であり、一般に、ある適用事例から他の適用事例にそのまま移しかえることはできない。この3つの好まれる電動機タイプは、いずれも自動車メーカー各社によって量産向けに開発され、電動化されたドライブトレインで使用されているので、なおさらである。現時点では、標準的な方法を特定することはできない。

運転性能への影響因子

電動ドライブの運転性能は、バッテリー、インバーター、電動機の影響を受ける。以下では、非同期電動機 (ASM) と永久磁石同期電動機 (PSM) の最大限界特性曲線への重要な影響因子について紹介する。各図はPSMについてのみ示す。多くの場合、ASMとPSMも似たような特性を示すからである。

図1は、バッテリー、インバーター、電動機からなる電動ドライブを示したもので、以下の影響変数を考察対象として視覚化したものである。
- バッテリー電圧 U_{DC}
- インバーターから電動機への最大供給電流 $I_{AC,max}$
- 積層コアの軸方向長さ l_{Fe}
- 巻数 w
- ステーターの外径 D_{1A}
- インバーターの巻数比 k_{WR}

バッテリー電圧

バッテリー電圧が高くなると、最大線間電圧 $U_{LL,max}$ が高くなる。これにより、駆動システムの特定回転数（最大トルクでの最高回転数、図8）が上昇する。

従って、基本回転数領域においては、バッテリー電圧が最大トルクに影響を与えることはない。それに対し、弱め界磁領域における出力は、バッテリー電圧とともに上昇する。PSMの場合、関係はほぼ線形で、ASMの場合はほぼ二乗となる。

図8の最大限界特性曲線では、バッテリーが最大限界特性曲線に必要な出力も供給できることが前提とされている。そうでない場合、最大限界特性曲線で達成可能な出力は、バッテリー出力によって制限される。

インバーターの最大供給電流

最大供給電流は、最高回転数における出力に影響を与えることはない。通常、ここではインバーターの電流限度値に到達することはないからである（図9）。それに対し、基本回転数領域における最大トルクは、最大供給電流とともに上昇する。飽和を考慮しないと、PSMの関係は線形で、ASMの関係は二乗となる。供給電流が大きくなると、特に基本回転数領域におい

て、最大限界特性曲線の損失も増大する。これにより、許容可能な過負荷時間（すなわち電動機の温度限度値に到達するまでの時間）が短くなる。

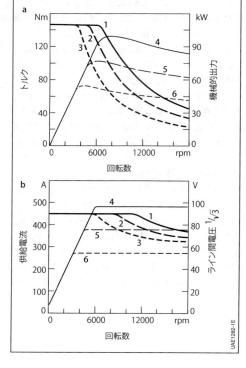

図8：バッテリー電圧 U_{DC} が PSM の最大限界特性曲線に与える影響
a　トルク曲線と機械的出力
b　供給電流と線間電圧
1　トルク (a) と供給電流 (b)、U_{DC} = 230 V の場合
2　トルク (a) と供給電流 (b)、U_{DC} = 180 V の場合
3　トルク (a) と供給電流 (b)、U_{DC} = 130 V の場合
4　機械的出力 (a) と線間電圧 (b)、U_{DC} = 230 V の場合
5　機械的出力 (a) と線間電圧 (b)、U_{DC} = 180 V の場合
6　機械的出力 (a) と線間電圧 (b)、U_{DC} = 130 V の場合

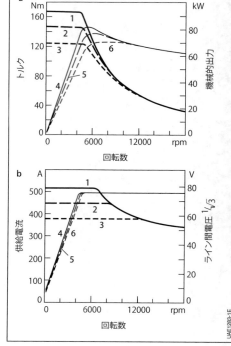

図9：最大供給電流 $I_{AC,max}$ が PSM の最大限界特性曲線に与える影響
a　トルク曲線と機械的出力
b　供給電流と線間電圧
1　トルク (a) と供給電流 (b)、$I_{AC,max}$ = 520 A の場合
2　トルク (a) と供給電流 (b)、$I_{AC,max}$ = 450 A の場合
3　トルク (a) と供給電流 (b)、$I_{AC,max}$ = 380 A の場合
4　機械的出力 (a) と線間電圧 (b)、$I_{AC,max}$ = 520 A の場合
5　機械的出力 (a) と線間電圧 (b)、$I_{AC,max}$ = 450 A の場合
6　機械的出力 (a) と線間電圧 (b)、$I_{AC,max}$ = 380 A の場合

電動機の積層コアの軸方向長さ

　基本回転数領域における最大トルクは、積層コアの軸方向長さに比例する(図10)。PSMの場合、高い回転数でも出力はほぼ一定となる。それに対しASMの場合、高い回転数では軸方向長さが拡大すると出力は低下する。これは、漏れインダクタンスが増大するからである。

電動機の巻数

　ASMまたはPSMで巻数が増えると、スロット起磁力が高くなるので、基本回転数領域での最大トルクが増加する(図11)。他方、高い回転数での出力は低下する。電動機のインダクタンスは巻数の二乗に比例し、早く最大線間電圧に到達してしまうからである。スロットの銅の占積率(すなわちスロットのスペースに対する銅のスペースの割合)は、該当する生産技術の制約

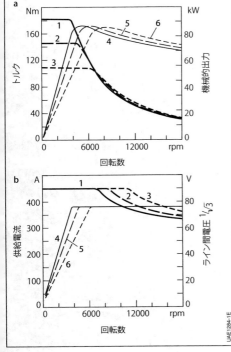

図10：積層コアの軸方向長さ l_{Fe} がPSMの
　　　最大限界特性曲線に与える影響
a　トルク曲線と機械的出力
b　供給電流と線間電圧
1　トルク(a)と供給電流(b)、
　　125% l_{Fe} の場合
2　トルク(a)と供給電流(b)、
　　100% l_{Fe} の場合
3　トルク(a)と供給電流(b)、
　　75% l_{Fe} の場合
4　機械的出力(a)と線間電圧(b)、
　　125% l_{Fe} の場合
5　機械的出力(a)と線間電圧(b)、
　　100% l_{Fe} の場合
6　機械的出力(a)と線間電圧(b)、
　　75% l_{Fe} の場合

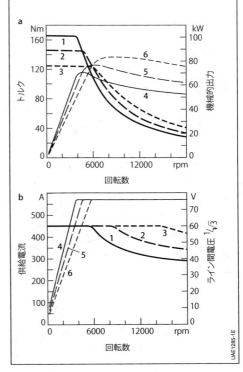

図11：巻数 w がPSMの最大限界特性曲線に与える影響
a　トルク曲線と機械的出力
b　供給電流と線間電圧
1　トルク(a)と供給電流(b)、
　　115% w の場合
2　トルク(a)と供給電流(b)、
　　100% w の場合
3　トルク(a)と供給電流(b)、
　　85% w の場合
4　機械的出力(a)と線間電圧(b)、
　　115% w の場合
5　機械的出力(a)と線間電圧(b)、
　　100% w の場合
6　機械的出力(a)と線間電圧(b)、
　　85% w の場合

を受ける。それゆえ、巻数が増えると、導体の断面積を小さくする必要がある。全体として、巻線抵抗が増大すると、特に基本回転数領域において、最大限界特性曲線の損失も増大する。これにより、許容可能な過負荷時間（すなわち電動機の温度限度値に到達するまでの時間）が短くなる。

ステーターの外径

電動機の積層部全体を外径と線形的に比例させることで、ステーター外径が最大限界特性曲線に及ぼす影響を考察する。ASMとPSMの場合、基本回転数領域では、外径が大きくなるとトルクが大きくなる（図12）。選択されたスケーリングにおいては、インバーターの最大供給電流と電動機の巻数は同じままだったことに注意する必要がある。外径が大きくなると電流密度は減少し、過負荷時間が長くなる。

PSMの場合、弱め界磁領域ではより大きな出力が達成される。ASMの場合、弱め界磁領域での出力は、設計によって増大する場合も、一定のままとなる場合もある。

インバーターの巻数比

巻数比 k_{WR} は、バッテリー電圧 U_{DC} と、交流システムの基本要素（線間電圧）の最大電圧 $U_{LL,max}$ との関係を示したものである。

$$U_{LL,max} = \sqrt{3}\, k_{WR}\, U_{DC} \quad (方程式1)$$

図12：外径 D_{1A} がPSMの最大限界特性曲線に与える影響
a トルク曲線と機械的出力
b 供給電流と線間電圧
1 トルク (a) と供給電流 (b)、D_{1A} = 200 mmの場合
2 トルク (a) と供給電流 (b)、D_{1A} = 180 mmの場合
3 トルク (a) と供給電流 (b)、D_{1A} = 162 mmの場合
4 機械的出力 (a) と線間電圧 (b)、D_{1A} = 200 mmの場合
5 機械的出力 (a) と線間電圧 (b)、D_{1A} = 180 mmの場合
6 機械的出力 (a) と線間電圧 (b)、D_{1A} = 162 mmの場合

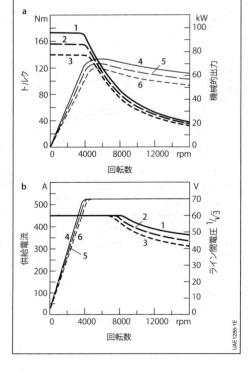

インバーターの制御では各種の変調技法が用いられ、巻数比もそれに応じて異なる。一般的な技法と、関連する理想的な巻数比は以下のとおりである。

– 正弦波変調、$k_{WR} = 0.3535$
– 空間ベクトル変調 (SVM) ／空間ベクトルパルス幅変調 (SVPWM)、$k_{WR} = 0.4082$
– ブロッククロッキング、$k_{WR} = 0.4502$

上記の数値では、パワー半導体を通じた電圧降下は考慮されていない。

使用する変調技法に応じて、バッテリー電圧は異なって使用され、電圧限度値も異なる（図13）。従って基本回転数領域では、k_{WR}が最大トルクに影響を及ぼすことはない。巻数比が高いと電圧限度値は速い回転数でのみ到達され、弱め界磁領域では、より大きな出力が達成される。

最大皮相電力

電動ドライブの最大皮相電力は、次のとおりである。

$$S_{max} = \sqrt{3}\, U_{LL,max}\, I_{AC,max} \quad (方程式2)$$

従って、所定の変調技法について次の比例が適用される。

$$S_{max} \sim U_{DC}\, I_{AC,max} \quad (方程式3)$$

最大皮相電力は、電動ドライブでどのような最大限界特性曲線が実現されるのかを特定するのに決定的に重要である。

バッテリー電圧（最高回転数での出力への影響）、最大供給電流（基本速度領域での最大トルクへの影響）、電動機の巻数（基本回転数領域でのトルクと、弱め界磁領域での出力との交換）を変えた場合の電動ドライブの挙動については、これに先立つ章で説明した。しかし実際には、これらのパラメーターは単独で適応されるのではなく、利用可能な最大皮相電力S_{max}を踏まえながら、互いに組み合わされることになる。巻数を変えることで、S_{max}が一定のままである限り、同じ最大限界特性曲線をU_{DC}と$I_{AC,max}$のどのような組み合わせにも設定することができる。

図14は、これを実例によって示したものである。開始位置となるのは、バッテリー電圧U_{DC}、最大供給電流$I_{AC,max}$、巻数wの電動ドライブである。これは図14の最大限界特性曲線1である。ここで、バッテリー電圧を倍にすると、図14の特性曲線2となり（図8に類

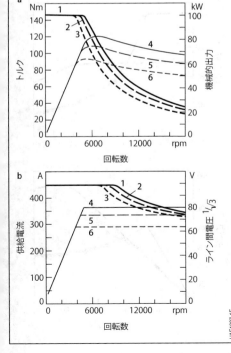

図13：巻数比k_{WR}がPSMの最大限界特性曲線に与える影響
a トルク曲線と機械的出力
b 供給電流と線間電圧
1 トルク (a) と供給電流 (b)、$k_{WR} = 0.4502$の場合
2 トルク (a) と供給電流 (b)、$k_{WR} = 0.4082$の場合
3 トルク (a) と供給電流 (b)、$k_{WR} = 0.3535$の場合
4 機械的出力 (a) と線間電圧 (b)、$k_{WR} = 0.4502$の場合
5 機械的出力 (a) と線間電圧 (b)、$k_{WR} = 0.4082$の場合
6 機械的出力 (a) と線間電圧 (b)、$k_{WR} = 0.3535$の場合

似)、最大皮相電力が倍になる。再び最初の特性曲線を得るには、まず巻数wを倍にし(図14の特性曲線3、図11に類似)、次に最大供給電流$I_{AC,max}$を半分にする必要がある(図14の特性曲線4、図9に類似)。

巻数を適応させることで、どちらの場合も(特性曲線1と特性曲線4)、同じ最大限界特性曲線が得られる。たしかにバッテリー電圧と最大供給電流は異なるが、しかし方程式3により、最大皮相電力は一定である。ただし、巻数は個別のステップにおいてのみ変更可能であり、それゆえ実際には逸脱がありうることは知っておく必要がある。

電動機の損失

図15は、電動機の縦断面図を図式化したもので、主要なアセンブリーが示され、それぞれに関連する損失タイプが割り当てられている。

抵抗損

抵抗損は、第一近似では電流の実効値の二乗に比例し、ステーター巻線、非同期電動機のローター事例、および電気励起式同期電動機の励起巻線で生じる。構造の最適化のためには、電流変位、近接効果、並行する寄生循環電流、および三角結線も考慮する必要がある。

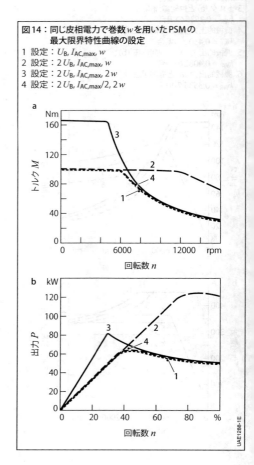

図14:同じ皮相電力で巻数wを用いたPSMの最大限界特性曲線の設定
1 設定:$U_B, I_{AC,max}, w$
2 設定:$2U_B, I_{AC,max}, w$
3 設定:$2U_B, I_{AC,max}, 2w$
4 設定:$2U_B, I_{AC,max}/2, 2w$

鉄損

鉄損は、主に電動機の積層ステーターコアの急激な磁気反転によって生じる。同期および非同期電動機では、その原理により、ローターの基本磁界を通じた周波数の磁束の正弦波成分は皆無、またはわずかなものにとどまる。磁気損失は、通常、次の2つの成分に分けられる。

- ヒステリシス損失 $\sim B^2 f$
- 渦電流損失 $\sim B^2 f^2$

ここで、B は磁束密度、f はその周波数を示す。自動車の駆動システムでは、高速とそれに伴う高周波数により、特に渦電流損失を最小限に抑えることが大きな課題となる。これを達成するために、通常、それに応じて積層断面を最適化し、特に薄いコア積層 (通常 ≤0.35 mm) を使用する。コア積層は互いに絶縁して軸方向に重ね、積層コアとする。

インバーターによって生成される調和磁界や調和成分などの寄生効果は、ステーターとローターの両方で相当な渦電流損失を生み出す可能性があるので、設計プロセスで考慮に入れる必要がある。

渦電流損失

電動機によって生成される交番磁界により、永久磁石同期電動機の磁石ブロックや構造部品 (ハウジング、エンドシールドなど) でさらなる渦電流損失が生じる可能性がある。ここで特に重要になるのは、磁石における渦電流損失である。なぜなら、渦電流損失によって、冷却システムに熱的にうまく接続されていないことが多い磁石ブロックが直接加熱され、高い磁界負荷のもとで不可逆的な消磁を招く可能性があるからである。

摩擦損失

ローターの回転運動により、軸受摩擦損と風損が生じ、これによって効率が悪化するとともに、軸受自体が許容できないほど加熱する可能性もある。特に、電動機が常時回転しながらも必ずしも積極的に使用されているわけではないハイブリッド自動車の場合、摩擦損失はサイクル効率に大きな影響を与える。

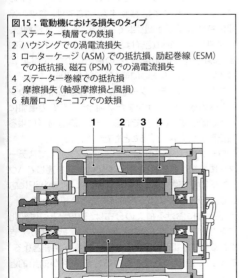

図15：電動機における損失のタイプ
1 ステーター積層での鉄損
2 ハウジングでの渦電流損失
3 ローターケージ (ASM) での抵抗損、励起巻線 (ESM) での抵抗損、磁石 (PSM) での渦電流損失
4 ステーター巻線での抵抗損
5 摩擦損失 (軸受摩擦損と風損)
6 積層ローターコアでの鉄損

電動機の冷却

電動機の損失は、冷却媒体に放散される。個別のコンポーネントを過熱から守るのは、強力な冷却システムである。電動機からの個別の熱損失が十分に放散されないと、許容連続出力が制約を受ける。過負荷作動では、蓄熱容量により、限界温度に到達するまでの時間が制限される。

冷却タイプ

電動機を冷却するために、車両側で各種の冷却媒体が用いられる（図16）。冷却効果は、冷却タイプだけで決まるのではなく、冷却温度と冷却流量も重要となる。

水冷式

最もよく見られるのは、水冷式、すなわちバッテリーやパワーエレクトロニクスにも使用され、車内の暖房にも利用される水／グリコール回路に組み込むタイプである。この場合、ステーターコアを水冷ジャケットで覆う（図16a）。

油冷式

マニュアルトランスミッションやファイナルドライブディファレンシャルに組み込む場合には、油冷式が望ましい。ステータージャケットで冷却することもできる（図16b）。しかし、ローターとステーター巻線を直接冷却することもできる。

空冷式

空冷式も使用される。この場合、ファンを通過する空気は、面積の広い冷却フィンを通り、ステータージャケットに沿って、あるいはローターに沿って軸方向に流れる。

放熱

電動機の冷却を評価するには、各部で個別に解消される損失についての知識が必要となり、評価では冷却液への熱経路が記述される。これは、ステーターでは主に巻線から冷却ダクトへの熱伝導によって、またローターでは対流によって実施される。設計のために、マスノードモデルに加え、CFD（数値流体力学）法も使用される。

ジャケット冷却の場合、メインステーターの熱フロー（90 %）は、巻線からステーター／スロット絶縁紙を経てステーターコアへ、そしてここから冷却ダクトの備わるハウジングへと移動する。ここでは、巻線の冷却に特別な役割が割り当てられる。塗装、含浸樹脂、絶縁紙による電気絶縁は、重く方向付けられた断熱を生み出す。この場合、冷却の最適化のためには、電磁的設計、製造方法の開発、熱設計が必要となる。

空気によるステーター巻線突出部から冷却ハウジングへの放熱は、ファンまたは油冷システムの追加によって促進することができる。また、鋳造材料による熱伝導接続を採用することもできる。

ローターは、熱的にはエアギャップを介してステーターに接続されており、対流的には側面を通じてハウジングに接続されている。ローターは、作動状況に応じて、ステーターによって加熱または冷却される。

電動機における損失の分布は、速度とともに変化する（図17）。低速（図の上半分）では、抵抗損が大きくなる。高速（図の下半分）では、鉄損が重要となる。こうして、速度に応じて異なる冷却経路が効果的となる。

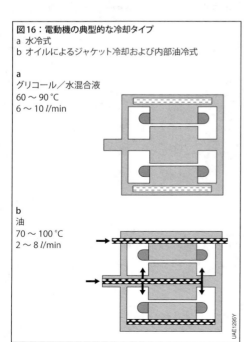

図16：電動機の典型的な冷却タイプ
a 水冷式
b オイルによるジャケット冷却および内部油冷式

a
グリコール／水混合液
60 ～ 90 ℃
6 ～ 10 l/min

b
油
70 ～ 100 ℃
2 ～ 8 l/min

熱限界

電動機の出力密度が高い場合、一般的には最高出力が連続出力を上回る。コンポーネントの過熱保護は、インバーターの作動ソフトウェアの制限機能によって確保される。制限は、ステーターとローターの限界温度に関して実施されるのが一般的である。ステーターの場合、巻線最高温度（たとえば210 ℃）は絶縁抵抗によって制限される。ここでは、寿命の評価のために、車両操作からの頻度分布が考慮される。永久磁石同期電動機のローターの限界温度は、磁石の消磁抵抗によって決まる。この数値は、磁石の限界温度（たとえば160 ℃）における反磁場についての最悪事態の分析から導き出す必要がある。

作動中のステーターと磁石の温度の特定は許容誤差を含むものとし、制御限界の引き下げが必要となる。

図18は、例として水冷式の永久磁石同期電動機の連続限界特性曲線を示したものである。ここでは、ステーター温度の制限が有効である。冷却温度が下がると、走行のための連続トルクが増大する。

参考文献

[1] K. Fuest, P. Döring: Elektrische Maschinen und Antriebe. 7th Ed., Vieweg+Teubner Verlag, 2007.

[2] A. Binder: Elektrische Maschinen und Antriebe. Springer-Verlag, 2012.

[3] R. Fischer: Elektrische Maschinen. 17th Ed., Carl Hanser Verlag, 2017.

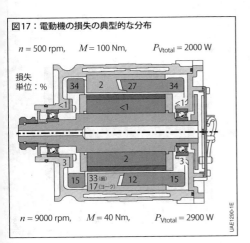

図17：電動機の損失の典型的な分布

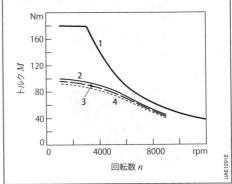

図18：電動機の連続限界特性曲線の例
冷却液温度の変化を伴った連続限界特性曲線。冷却液の貫流は、どのクラスでも6 l/minとする。
1 トルクの最大特性曲線
2 連続トルク（65 ℃時）
3 連続トルク（75 ℃時）
4 連続トルク（85 ℃時）

自動車の動力用燃料電池

燃料電池は、燃料に含まれている化学エネルギーを直接電気エネルギーに変換する電気化学的なコンバーターである。水素／酸素燃料電池では、水素と酸素が反応して水を生成し、その過程で電気エネルギーが発生する。

燃料電池ドライブは、燃料補給の時間が短いことや、H_2補給施設のさらなる普及により航続距離が長くなるなど、既存車両の一般的なメリットをそのまま享受できることから、電動モビリティーの分野では非常に魅力的である。再生可能なエネルギー源としての水素を使用すれば、燃料電池ドライブは局所的な排出物をゼロにすることや、プロセス全体にわたってCO_2排出量を低く抑えたり、まったく排出させなかったりすることが可能である。

原理

燃料電池は、電解質によって互いが分離されている2つの電極（アノードとカソード）で構成されている。電解質はイオンのみを通し、電極は外部の電気回路を通じて互いに接続される。

高分子電解質膜燃料電池（PEM-FC）は、モバイル領域で最も使用されている（図1および図2）。このタイプの燃料電池を例に、以下に燃料電池の作動原理を説明する。

固体高分子膜形燃料電池の作動原理

固体高分子膜形燃料電池では、水素をアノードに送り、酸化させる。これにより、H^+イオンと電子が発生する（図1a）。

アノード： $2H_2 \rightarrow 4H^+ + 4e^-$

電解質は、プロトン伝導ポリマー膜を形成する。この膜は、プロトンは通すが電子は通さない。アノードで形成されたH^+イオン（プロトン）は、膜を通りカソードに達する。ポリマー膜は、プロトンを伝導できるように十分に湿らせておく。空気はカソード表面へと向かい、自動車アプリケーションにおいては、プロセス

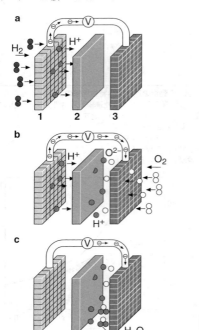

図1：固体高分子膜形燃料電池の作動原理
a 水素の酸化
b 酸素の還元
c 水の生成
1 アノード　2 膜　3 カソード

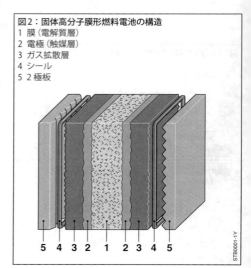

図2：固体高分子膜形燃料電池の構造
1 膜（電解質層）
2 電極（触媒層）
3 ガス拡散層
4 シール
5 2極板

を簡単なものとするため酸素濃度が約21％の空気が使用される。カソードでは酸素（O_2）が減る（図1b）。アノードから外部回路を通ってカソードへと流れる電子により、還元が行われる。

カソード：　　$O_2 + 4e^- \rightarrow 2O^{2-}$

さらに反応が進むと、O^{2-}イオンとプロトンが反応して水を生成する。

カソード：　　$4H^+ + 2O^{2-} \rightarrow 2H_2O$

このように、燃料電池の反応全体は、水素と酸素を水に変換する反応である（図1c）。水素と酸素が爆発的な反応を起こす爆鳴気反応とは異なり、燃料電池の場合はこの反応が制御の範囲内で行われる。その理由は、反応の段階がアノードとカソードという別の場所で行われるからである。

全体反応：　　$2H_2 + O_2 \rightarrow 2H_2O$

上記の反応は、燃料電池内の電極の触媒上で起こる。触媒としては白金が用いられることが多い。

水素／酸素燃料電池のひとつひとつの電圧は、理論上25℃の温度で1.229 Vとなる。この値は、標準電極電位より得られたものである（「電気化学」を参照）。しかしながら、この開回路電圧には、動作中に到達することがない（図3）。例えば、電圧損失によって内部抵抗もしくはガス拡散が抑制され得る。基本的に電圧は、温度、生成された電気量に対する水素と酸素の化学量論比、水素と酸素の分圧、電流密度によって変化する。

高い電圧が必要な場合は、個々のセルを電気的に直列結合してスタック（図4）とし、要求電圧に対応する。燃料電池スタックはおよそ40～450個のセルで構成されており、最大作動電圧は40 V～450 Vになる。

自動車の場合は、一般に出力5～120 kWのスタックを使用する。膜の表面積を適切な大きさにすることで、高い電流に対応できる。自動車向け用途では、最大500 Aの電流が流れることがある。

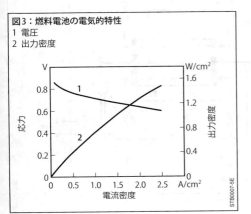

図3：燃料電池の電気的特性
1 電圧
2 出力密度

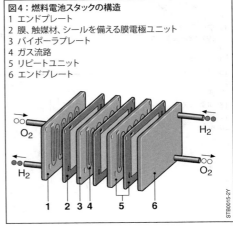

図4：燃料電池スタックの構造
1 エンドプレート
2 膜、触媒材、シールを備える膜電極ユニット
3 バイポーラプレート
4 ガス流路
5 リピートユニット
6 エンドプレート

燃料電池システムの作動原理

燃料電池スタックを作動させるためには、酸素と水素を供給したり、温度を調節したりするサブシステムが必要になる（図5）。原理的には、これらのサブシステムを実現する方法は豊富にある。ここに説明する方法は、主要な自動車メーカーの最新のものである。

水素の供給

水素は700 barの高い圧力でタンク内に蓄えられる。カーボンファイバー製のケースとHDPE（高密度ポリエチレン）ライニングを採用した、最新のタイプIV複合タンクが使用されている（拡散防止）。水素は減圧器で約10 barに減圧され、水素ガスインジェクターを通じてアノードに送られる。

絞り弁（水素ガスインジケーター）は電気制御式で、アノード側の水素圧力を設定するのに使用する。内燃機関用のフューエルインジェクターとは異なり、水素ガスインジェクターは、継続的に体積流量を調整しなければならない。H₂に関する要求が少ないときやサクションジェットポンプを使用しているといった特定の状況下では、絞り弁もタイム計測されるか、低圧もしくはマスフローパルスが発生する。100 kWの典型的な水素流量値は、2.1 g/sである。調整可能な最大圧力は、3 barである。

膜のアノード側は、どの位置も均等に水素が供給される必要がある。これは、水素を再循環させることで確実なものとなる。

反応を阻害するアノード側の混入気体は、電気で作動する排出バルブを通じて定期的に取り除かれる。これで燃料タンクからの混入ガス、またはカソード側からの拡散ガス（窒素や水蒸気など）の蔓延を防ぐ。バルブは、スタック出口のアノード側に取り付けられている。アノード側経路に溜まった水を排出するために、無通電で開くバルブも使用する。

排水時に強制的に放出される水素は、空気で大幅に希釈されるか、触媒を通じて水に変換される。ごく少量なので、総合効率はわずかに下がるだけである。

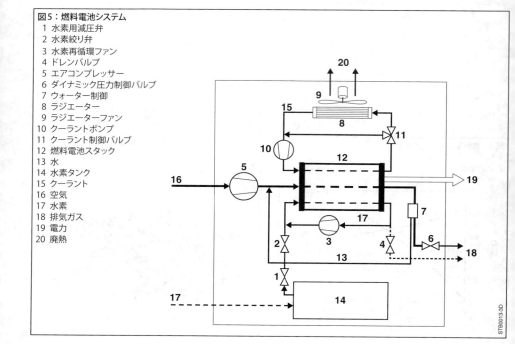

図5：燃料電池システム
1 水素用減圧弁
2 水素絞り弁
3 水素再循環ファン
4 ドレンバルブ
5 エアコンプレッサー
6 ダイナミック圧力制御バルブ
7 ウォーター制御
8 ラジエーター
9 ラジエーターファン
10 クーラントポンプ
11 クーラント制御バルブ
12 燃料電池スタック
13 水
14 水素タンク
15 クーラント
16 空気
17 水素
18 排気ガス
19 電力
20 廃熱

酸素の供給

電気化学反応に必要な酸素は、周囲の大気から得る。必要とされる最大100 g/s までの空気質量は、コンプレッサーで吸引され、100 kW の燃料電池の要求出力に応じて最大2.5 bar に圧縮され、燃料電池のカソード側に供給される。燃料電池内の圧力は、燃料電池下流の排出ガス経路内の動的圧力制御バルブで調整する。

ポリマー膜が十分に湿った状態となるようにするため、供給された空気はウォーターマネジメントを使用して湿気を含んだ排出ガスにより、交換膜あるいは凝縮水の噴射によって加湿される。

熱の管理

燃料電池の発電効率は、およそ60 % である。言い換えれば、化学エネルギーを変換する間に多量の熱が発生することになる。発生した熱は、排出しなければならない。固体高分子膜形燃料電池の作動温度は、内燃機関よりも低く、およそ85℃である。そのため高効率であるにも関わらず、自動車の駆動装置用燃料電池システムでは、ラジエーターとラジエーターファンを大型のものに設計する必要がある。

燃料電池と直接接触するので、使用する冷却液は非導電性（脱イオン化）のものでなければならない。また、電動クーラントポンプは関連するすべての構成部品を貫流するように冷却液を送出する。その流量は、最大 12,000 l/h になる。クーラント制御バルブは、冷却液の流れをラジエーターとラジエーターバイパスに分流する。

冷却液には、脱イオン水とグリコールの混合液をベースとしたものを使用する。冷却液は、車両において脱イオン化処理される必要がある。冷却液は、混床樹脂で満たされたイオン交換器（図5には掲載されていない）を通過し、イオン除去によって汚れを取り除かれる。冷却液の導電率の規定値は 5 μS/cm 未満である。

センサー技術

燃料電池システムには、水素濃度センサー（「水素センサー」を参照）および冷却液の導電率センサーが新たなセンサーとして特別に必要である。さらに、水素ダクトおよびエアダクト内のセンサーは水素耐性や脱イオン水に対する耐性を備えることが求められるなど、高度な要件が設けられている。

燃料電池システムの効率

燃料電池システムを設計する際には、スタックが要求出力を可能な限り最適な作動条件下で素早く提供できるようにすることに加え、初期動作において高効率で稼働できるようにする必要がある。

図6は、燃料電池スタックと燃料電池システムの効率を比較したものである。派生的な負荷（コンプレッサーなど）はある程度の電力を消費するので、これによりシステム全体の効率が低下する。燃料電池システムは、特に使用頻度の高い部分負荷域において、内燃機関よりも高い効率を示す。

安全性

水素は無色無臭である。大気中に 4 % 含まれていれば着火し得る状態となる。したがって、水素濃度センサーは車両の中央部に配置される（例：キャビン内、タンク内、エンジンルーム内）。これらのセンサーは、体積割合が 1% の状態から正確な計測を行う。

水素タンクの認証には、1日あたりのガス漏れ量を 0.1 g H_2 以下に抑える必要がある。

ドライブトレインの原理

燃料電池システムのバッテリーによる拡張

　燃料電池自動車とは、電気で駆動するためのエネルギーを燃料電池システムから供給される電気自動車のことである。以下に挙げる理由により、ドライブトレインを駆動用バッテリーまで拡張することは理に適っている。

– 回生ブレーキで得られたエネルギーを一時的に蓄えることができる
– ドライブトレインの動的応答性をさらに高めることができる
– ドライブトレインの効率性は、負荷ポイントを燃料電池とバッテリーの間にシフトすることによってさらに増大させることが可能になる。

　燃料電池システムと駆動バッテリーによるトポロジーは、シリーズ式ハイブリッドに相当する。

　バッテリー出力と総出力の割合は、用途に応じて異なる。一般的に、燃料電池システムは主なエネルギー源としてドライブトレインに使われている。このような自動車は、燃料電池ハイブリッド自動車 (FCHV) として知られている。一般的に、車両を駆動させるための燃料電池システムは、出力が 50 ～ 120 kW となっている。バッテリーのエネルギー容量は 1 ～ 2 kWh で、出力は最大 30 kW になる。

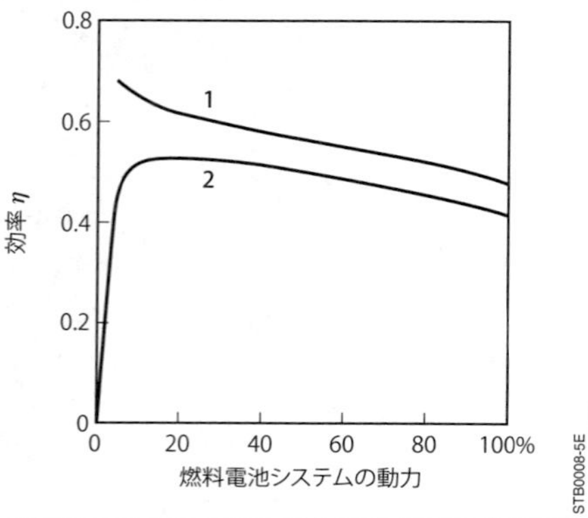

　バッテリーは、さらに大きい出力とエネルギー容量にすることもでき、必要に応じて燃料電池システムで再充電することができる。この場合、出力は 10 ～ 30 kW が適当である。このドライブコンセプトは、フューエルセル・レンジエクステンダー (FC-REX) と呼ばれる。

電気システムのトポロジー

　1 台あるいは複数の DC/DC コンバーターが、燃料電池システム、駆動用バッテリー、電動ドライブの間で出力を分配する。駆動エネルギーの主たる供給元が燃料電池であるかバッテリーであるかによって、主に 2 つの異なる構成が使用される。大型の燃料電池システムと小型の駆動用バッテリーを備えるシステムの場合、DC/DC コンバーターは、バッテリーの前に配置される。レンジエクステンダーシステムの内部では、燃料電池システムのパワーが DC/DC コンバーターを介してバッテリー回路に供給される。2 つの DC/DC コンバーターを採用した第 3 の可能なトポロジーでは、1 つを燃料電池スタック用とし、もう 1 つを駆動用バッテリーに用いる。最適な電圧はそれぞれに対して個別に設定される。後者はコンプレッサーのようなシステムコンポーネントの設計にメリットをもたらす。

ドライブトレインの構成部品

電動ドライブ

　電動ドライブは、パワーエレクトロニクス (コンバーター) および同期／非同期電動機で構成される。同期／非同期電動機はコンバーターから電力の供給を受け、必要なエンジントルクを生み出す。電動ドライブの出力は高く (約 150 kW)、このため最大 450 V の電圧で作動する。ある自動車メーカーでは、最大 700 V の電圧を採用している。安全上の理由から、駆動用電気システムは、車両グラウンドから絶縁されている。

　制動時、電気モーターは発電機モードに切り替わる。このプロセスでは、車両の運動エネルギーが電気エネルギーに変換され、駆動用バッテリーに蓄えられる。

　駆動用電気システムでは、直流電圧からコンバーターを通じて多相交流電圧に変換する。その際、振幅は求められる駆動トルクに応じて調整する。アクチュエーターとしては、周期的に作動する IGBT (絶縁ゲートバイポーラトランジスター) 出力ステージが広く利用されている。

図6：燃料電池スタックと燃料電池システムの効率
1　燃料電池スタックの効率
2　燃料電池システムの効率

駆動用バッテリー

用途により、高容量あるいは高エネルギーで、電圧150 ～ 400 Vのバッテリーを使用する。高容量用としてニッケル水素バッテリーあるいはリチウムイオンバッテリーを使用する一方、高エネルギー用はリチウムイオンバッテリーのみである。バッテリーマネジメントシステムは、バッテリーの充電状態と容量をモニターする。

駆動用バッテリー用のDC/DCコンバーター

DC/DCコンバーターは、駆動用バッテリーの充電および放電電流を制御し、その際、バッテリー側では最大で300 Aの電流が流れる。このコンバーターは、特定のシステム構成では省略することができる。

燃料電池用DC/DCコンバーター

もう1つのDC/DCコンバーターは、燃料電池スタックからの電流を制御する、その際、スタック側では最大で500 Aの電流が流れる。このコンバーターも、特定のシステム構成では省略することができる。

12V電気システム用DC/DCコンバーター

燃料電池車でも、従来の自動車と同様に、低電力負荷用の12V車両電気システムも存在する。12V車両電気システムは、駆動用電気システムより電力の供給を受ける。このために、両システム間にDC/DCコンバーターが使用されている。このコンバーターは、安全上の理由から電気的に絶縁されており、12V車両電気システム内の電流を安定させるため、3 kWまでの電力で、一方向あるいは双方向に作動する。

展望

燃料電池を使用した自動車の駆動装置が日常用に適していることは、既に実証されている。

2015年以降に対するエネルギー省の見積もり（[2]、[3]）では、出力80 kWの車両を年間500,000台生産した場合、燃料電池システムの当初のコストはUS$54/kWとなるほか、タンクの水素1 kgに対してUS$488が追加される。

システムの簡略化は、費用と信頼性の両面において利点を提供する。アプローチの1つとして、反応ガスを加湿する必要がなく、同時により高い作動温度が許容される燃料電池用の新しいポリマー膜の開発が行われている。

市場で販売されている車両は、Hyundai ix35 Fuel Cell、Toyota Mirai、Honda Clarity Fuel Cell（2017年時点）。ドイツの自動車メーカーは、数年後に市場でのリリースを計画中。

参考文献

[1] D. Stolten, R. C. Samsun, N. Garland: Fuel Cells – Data, Facts, and Figures. 1st Edition, Verlag Wiley VCH, 2016.

[2] J. Marcinkoski, J. Spendelow, A. Wilson, D. Papageorgopoulos: DOE Hydrogen and Fuel Cells Program Record #15015 Fuel Cell System Cost. https://www.hydrogen.energy.gov/pdfs/ 15015_fuel_cell_system_cost_2015.pdf

[3] B. James: Onboard Type IV Compressed Hydrogen Storage System Cost Analysis. https://energy.gov/sites/prod/files/2016/ 03/f30/fcto_webinarslides_compressed_h2_storage_system_cost_022516.pdf

排出ガス規制

概要

1960年代中期にカリフォルニア州で、ガソリンエンジンの最初の排出ガス規制が導入された。この規制はその後、年ごとに厳しさを増していく。やがてすべての先進工業国で、ガソリンエンジンおよびディーゼルエンジンの規制値と、規制への適合を確認するためのテスト手順を定めた排出ガス規制法が導入された。また多くの国で、排出ガス規制に加えて、ガソリンエンジンを搭載した自動車の燃料系統からの蒸発損失に関する規制が追加されている。

排出ガスに関する最も重要な法的規制を下記に示す。図1には、さまざまな規制が適用されている地域の一覧を示す。

> 情報提供の目的のみで掲載、不完全でも責任を負いかねます。

- CARB（カリフォルニア大気資源委員会）規制
- EPA（米国環境保護庁）規制
- EU（欧州連合）規制および対応するUN/ECE（国連／欧州経済委員会）規制
- 日本の規制
- 中国の規制

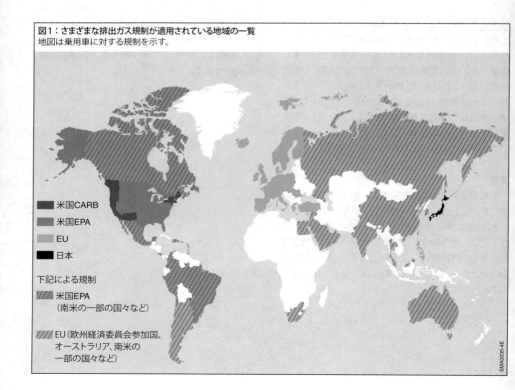

図1：さまざまな排出ガス規制が適用されている地域の一覧
地図は乗用車に対する規制を示す。

分類

自動車の排出ガス規制を実施している国では、車両をさまざまなクラスに分類している。
- 乗用車：排出ガステストはシャーシダイナモメーター上で行われる。
- 小型商用車：各国の法令にもよるが、総重量3.5〜6.35 tまでの車両。排出ガステストはシャーシダイナモメーター上で行われる（乗用車と同様）。
- 大型商用車：総重量が3.5〜6.35 tを超える車両（当該国の国内規制に依る）。排出ガステストはエンジンテストベンチ上で行われる。
- 一般道以外で使用される車両（建設、農業、森林作業用車両など）：大型商用車と同様、排出ガステストはエンジンテストベンチ上で行われる。

さらに、機関車、船舶、公道で使用しない機械の2輪、3輪、および4輪駆動車両にも排出ガス規制が設けられている（「モーターサイクルの排出ガス規制」のセクションを参照）。

テスト手順

日本および欧州連合（EU）では、米国に追随して排出ガス規制への適合を証明するためのテスト手順を定義している。他の国々では、それらの手順を修正または改訂して採用している。

法的要件に基づいて、車両クラスとテストの目的に応じて次の3種類のテストが規定されている。
- 一般証明を取得するための型式認定（TA）
- 認定機関によって実施される量産車の抜取リテスト（COP：製造適合性）
- 実際の走行条件に基づいて行われる、個人所有の一般市販車両の排出ガス削減システムの実地モニタリング

型式認定

型式認定は、エンジンおよび車両の型式に関する一般証明を与えるための前提条件である。この目的のために、所定の走行条件および排出ガス規制に準拠して、テストサイクルを実施する必要がある。テストサイクルと排出ガス規制値は、当該国によって個別に指定されている。

乗用車および小型商用車に対しては、動的テストサイクルが規定されている。国別による以下の2種類の手順の違いは、それぞれの起源に由来している（「乗用車および小型トラック用テストサイクル」を参照）。
- 実際のハイウェイで記録される条件を反映するように設計されているテストサイクル、米国の連邦テスト法（FTP）または国連のWLTC（乗用車等の国際調和排出ガス・燃費試験法）によるテストサイクルなど
- 定速走行および加速率をさまざまに組み合わせて構成された合成テストサイクル、欧州のMNEDC（修正新欧州走行サイクル）など

各車両の汚染排出ガスの放出量は、それぞれの車両をテストサイクルのために正確に定義された速度で走行することにより決定される。テストサイクル実施中に排出ガスを収集し、それを分析することにより、その走行サイクルで排出された汚染物質の量が決まる（「排出ガスの測定方法」を参照）。

大型トラックおよび一般道以外で使用される車両の場合は、静止状態（13モードテストなど）および動的テストサイクル（米国のHDDTCやETCなど）を、エンジンテストベンチ上で実施する（「大型商用車用テストサイクル」を参照）。

量産品テスト（製造時適合）

自動車メーカーは、通常、品質管理の一環として製造中に量産品テストを実施している。その際は一般に、型式認定の場合と同じテスト手順と同じ限界値が適用される。認可省庁は、量産品テストを監査し、再テストを要求する場合がある。米国、特にカリフォルニア州では最も厳格な要件が適用され、ほぼ100 %の品質管理が要求されている（EPA：「適合保証プログラム」CAP、CARB：「生産車両評価」PVE）。

実地モニタリング

実地モニタリングには、車両の運転中、通常の使用条件で汚染物質排出が劇的に増大する原因となるタイプ固有の不良（設計または製造不良、不十分な保守指示など）の調査が含まれる。このため、排出ガス規制に100％適合していることを確認するために、生産車両の実地検査が行われる。個人所有の車両は無作為に抽出され検査される。走行距離および車齢は、規定の限度内でなければならない。排出ガスのテスト手順は、型式認定よりも部分的に簡略化されている。

乗用車および小型商用車に対する排出ガス規制

米国CARB（カリフォルニア大気資源委員会）規制

乗用車および小型商用車（LDT）に対するCARB（カリフォルニア大気資源委員会）規制の排出ガス分類および排出物規制値として、LEV I、LEV II、およびLEV III（LEVは低排出ガス車両、つまり排気ガスおよび蒸発ガスの少ない車両）が定められている。2004年モデルで総重量14,000 lb（lb：ポンド、1 lb = 0.454 kg、14,000 lb = 6.35 t）までのすべての新車から、LEV II規格が適用されている。2015年モデル以降、LEV IIIの段階的導入が始まり、2025年までに完全適用される。

CARB規制は最初は米国のカリフォルニア州でのみ適用されていたが、今ではいくつかの他の州でも適用されている。

車両クラス

各種車両の車両クラスへの分類の概要を図2に示す。

排出物規制値

CARB規制では、一酸化炭素（CO）、窒素酸化物（NO_x）、非メタン系有機ガス類（NMOG）、ホルムアルデヒド、粒子状物質（ディーゼル：LEV IおよびLEV II、ガソリン：LEV IIのみ）に対する排出規制値を定めている（図3）。規制値は非常に厳しくなっており、

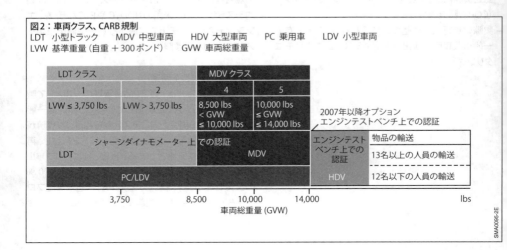

図2：車両クラス、CARB規制

計画されているLEV III規制では、NMOGとNOxの総量値が規定されている。

排出ガスは、FTP 75運転スケジュール（連邦テスト法）によって測定される。排出ガス規制値はテストで走行する経路と関連があり、1マイルあたりのグラム数で表される。

2001年〜2004年の期間は、他の2種類のテストサイクル（SC03およびUS06サイクル）とともにSFTP（補助連邦テスト法）規制が導入されていた。FTP排出ガス規制値のほかにも、適合すべき規制値が存在する。

排気ガスの種類

自動車メーカーは、加重平均を維持する限り、許された範囲内でさまざまな車両コンセプトを自由に展開している（「加重平均」を参照）。それらの車両コンセプトは、そのNMOG、CO、NOxおよび粒子状物質の排出値に基づいて、次の排出ガス分類に割り当てられる。
- LEV（排出ガス車両）
- ULEV（超低排出ガス車両）
- SULEV（極超低排出ガス車両）

2004年から、新車登録にはLEV II排出ガス規制が適用されている。規制値が非常に厳しいSULEVが導入された。LEVおよびULEVの分類は残されている。COとNMOGの規制値はLEV Iから変更されていないが、NOxの規制値はLEV IIでは大幅に厳しくなっている。

LEV IIIには合計6種類の車両分類が規定され（図3）、その1つにはSULEVよりも低い排出値を定めている。LEVによる分類に加え、ゼロ排出ガス車両またはゼロ排出ガス車両として換算される車両がZEV排出ガス規制として定義されている（「ZEVプログラム」を参照）。

段階的導入

LEV排出ガス規制は、年度を追って導入されるのではなく、「段階的導入」方式で適用される。つまり、新車フリートについて、数年間にわたって大きな比率で段階的に導入される。たとえば、2004/5/6/7年に新規登録される車両に、LEV II 25%/50%/75%/100%が適用される。同時に、以前の規制の「段階的廃止」が行われる。

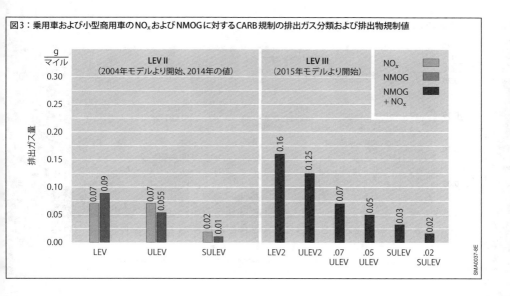

図3：乗用車および小型商用車のNOxおよびNMOGに対するCARB規制の排出ガス分類および排出物規制値

LEV III規制は、2015年〜2025年に導入され、LEV IIの段階的廃止は2019年に完了する。微粒子については、2017年以降に別の段階的導入および段階的廃止が適用される。

耐久性

自動車メーカーが車両の認定を受けるには、50,000マイルまたは5年間（製品寿命の半分）、および100,000マイル（LEV I）または120,000マイル（LEV II）または10年間（製品寿命の全期間）を超えて、規制対象となる汚染物質の排出量がそれぞれの規制値を超えないことを証明しなければならない。また自動車メーカーには、120,000マイルに適用される規制値と同じ値を使用して、150,000マイルの証明を行うという選択肢もある。自動車メーカーは、NMOGの加重平均を定義したときに政府助成金を受けることができる（「加重平均」を参照）。LEV IIIの耐久性は、基本的に150,000マイルに延長される。

耐久性テスト

耐久性テストのために、自動車メーカーは製造ラインから2つの車両群を供出する必要がある。一方の車両群はそのグループの各車両のテスト前の走行距離が4,000マイルのもの、他方の車両群は個々の汚染物質の劣化係数を測定するためのものである。

耐久テストでは、所定の走行サイクルにおける50,000マイル、100,000マイルまたは120,000マイルの走行が課される。排出ガスは、50,000マイルごとにテストされ、規制値を超えることはできない。点検整備作業は、所定の間隔でのみ実施が許可される。

自動車メーカーは、排出ガス規制に規定されている劣化係数を使用することもできる。そのために自動車メーカーは耐久性テストを行い、それぞれの汚染物質に対して排出物質が劣化するパーセンテージを特定する。続いて、耐久テスト後も規制値を維持できるようにするため新車の排出物質が規制値よりも良好なものであることが確実となるように係数が定められる。

加重平均

自動車メーカーの各社は、製造する車両の排気ガスが、指定排出規制値の平均値を超えないことを保証する必要がある（図4）。NMOGおよびNO$_x$排出ガス規制は、その際の基準として使用される（LEV IおよびLEV IIではNMOGのみ使用）。LEV IおよびLEV IIに対する加重平均は、その自動車メーカーが1年間

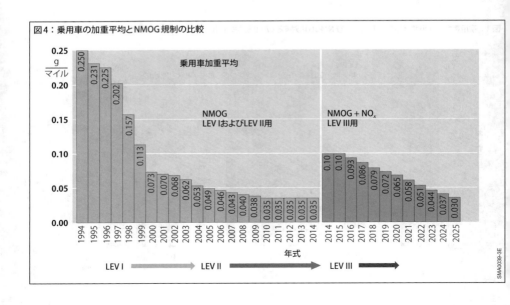

図4：乗用車の加重平均とNMOG規制の比較

に販売する総車両の「製品寿命の半期」のNMOG規制値の平均値から計算される。「製品寿命の全期」の規制値は、LEV IIIに適用される。加重平均の排出ガス規制値は、乗用車と小型商用車では異なる。

NMOG加重平均の排出ガス規制値は、毎年引き下げられる。この規制に適合させるため、メーカーは前年度よりもクリーンな車両として、毎年より厳しい排出ガス分類の車両を製造する必要がある。

一括消費率（燃費）

米国の連邦立法機関は、自動車メーカーが製造する車両全体の平均燃料消費率または1ガロンあたりの走行距離に関する必須要件を規定している（全州に適用される連邦法、所管官庁は米国運輸省高速道路交通安全局（NHTSA））。これは「燃料1ガロンあたりの走行マイル数（mpg）」であり、欧州で一般に用いられている「単位走行距離あたりに消費される燃料の量」のようなものではない。これは、単位走行距離あたり燃料消費量の逆数に相当する「燃費」を示すものである。

規定されているCAFE値（企業別平均燃費）は、乗用車の場合2010年までは27.5 mpgであった。これは、100 kmあたり8.55 *l* の燃料消費率に相当する。2004年まで、小型商用車の値は20.7 mpg、つまり100 kmあたり11.36 *l* であった。燃費は、2005年から2010年までは毎年23.5 mpgずつ引き上げられた。

2011年モデルに関しては、CAFEシステムは乗用車および小型商用車に対する改訂が行われ（なかでも乗用車と小型トラックの定義）、2011年には33.3 mpgおよび22.8 mpg、2014年には40.1 mpgおよび25.4 mpg、2016年には43.4 mpgおよび26.8 mpg、2021年には46.8 mpgおよび33.3 mpg、2025年には56.2 mpgおよび40.3 mpgという野心的な目標値が設定された。2012年から2016年および2017年、その後2025年までの段階で、温室効果ガス排出規制においてEPA規制はCAFE規制と一致し、並行して適用される。車両の目標値は、タイヤ接地面（「フットプリント」）に依存する。

各年度末の各自動車メーカーの販売台数に基づいて、平均「燃費」が算出される。自動車メーカーには、その一括値が目標を0.1 mpg下回るごとに、車両1台あたり$5.50の反則金が課される。年毎の余剰達成と未達成を貸方／借方で調整する可能性が与えられている。

特に燃料消費率が高い車両に関しては、その購入者にも高燃費税が課されることになっている。その規制値は22.5 mpg（100 kmあたり10.45 *l*）である。この反則金の目的は、燃費の良い車両の開発を促進することにある。

CAFE燃費の測定には、FTP 75テストサイクルおよびハイウェイサイクルが適用される（「米国のテストサイクル」を参照）。

燃費ラベルは、自動車の購入者に燃費に関する情報を提供するものである。2008年モデルには、「5サイクル燃費」（「5サイクル法」とも呼ばれる）が導入され、実際の走行条件がよりよく反映されることになっている。SFTPスケジュールと−7℃での測定が考慮され、特に急加速や高い最終速度、エアコンを使用した状態の走行が含まれている。

無公害車両

「ゼロ排出ガス車両」の開発と販売を強制（技術強制）して温室効果ガス排出を削減するため、ZEVプログラム（「無公害車」）が導入される予定となっている。

ZEVプログラムでは、ゼロ排出ガス車両およびゼロ排出ガス車として部分換算される先進技術搭載車の3つのカテゴリーが定義されている。純粋なZEV車両は、走行時に排出ガスをまったく発生しない。このような車両には、電池または燃料電池で走行する電気自動車がある。

870 排出ガスと診断に関する法規定

PZEV（ゼロ排出ガス車として部分換算される先進技術搭載車）は、ゼロ排出ではないが、公害物質の排出レベルが非常に低い。これらは、排出ガス規制基準に基づいて、0.2以上の係数を使用して重み付けが行われる。最小の係数0.2を使用するには、次の要件が満たされている必要がある。

– SULEV認証による150,000マイルまたは15年の耐久性
– すべての排出ガス関連コンポーネントに対する150,000マイルまたは15年以上の保証
– 燃料系統からの蒸発ガスがないこと（0 EVAP、ゼロ蒸発ガス）。これは、タンクおよび燃料系を広範囲にカプセル封入して実現する。これにより、車両全体からの蒸発ガス排出が大幅に減少する。

AT PZEV（先進技術PZEV）は、ガソリンエンジンまたはディーゼルエンジンと電気モーターを併用するハイブリッド車両およびガス動力車両（圧縮天然ガス、水素）である。

ZEVプログラムでは、主要自動車メーカーによるZEV、AT PZEVおよびPZEVの最少規定販売台数を義務付け、2005年〜2017年にAT PZEVおよびZEVの比率を漸増する。これらの台数比率は直接計算するのではなく、「ZEVクレジット」と呼ばれる方法を使用し、これは、採用されている技術、性能および年式に基づく。2018年以降、PZEV分類は廃止され、2025年までにAT PZEVおよびZEVの規定台数比率は大幅に増加する

ZEV、AT-PZEV、PZEV排出ガス規制の分類に対しては、150,000マイルまたは15年（製品寿命の全期間」）の条件が適用される。

実地モニタリング
非定期検査
使用中の車両を無作為に抽出し、FTP 75テストサイクルと、ガソリン自動車の場合は蒸発ガステストを含む排出ガステストを実施する。対応する排気ガス分類に応じて、走行距離が90,000マイルまたは112,500マイル未満の車両を使用してテストを行う。

メーカーによる車両モニタリング
1990年モデル以降、自動車メーカーには、所定の排出ガス関連のコンポーネントおよびシステムに対するクレームまたは損傷に関する公式報告が義務付けられている。この報告義務は、当該コンポーネントまたはアセンブリーに適用される保証期間に基づいて、最大15年間または150,000マイルまで効力を有する。

この報告方法は、詳細さに応じて3段階に分けられている。Emissions Warranty Information Report（排出ガス保証情報報告）、Field Information Report（実地情報報告）、Emission Information Report（排出ガス情報報告）と、レベルごとに必要とする詳細情報が増加する。カリフォルニア大気資源委員会に対し、排出ガスについての苦情、故障数、故障分析、影響に関する情報を報告しなければならない。当局は、排出ガス情報報告（EIR）に基づいて、当該自動車メーカーに対してリコールの実施を求めるかどうかを決定する。

米国EPA（米国環境保護庁）規制

EPA（米国環境保護庁）の規制は、これより厳格なカリフォルニア州のCARB規制が義務付けられていないすべての州に適用される。CARB規制は、バーモント州、マサチューセッツ州、ニューヨーク州などの北東部の諸州で2004年に導入されている。これに、他の州が追従した。

EPA規制では、2004年以降Tier 2排出ガス規制が適用されている。新規のTier 3排出ガス規制は、2017年〜2025年の間に段階的に導入される。Tier 3は、たとえば、名称は固有（「bin」）であるものの、分類は同じであるなど、カリフォルニア州のLEV IIIプログラムの要件と広範囲で一致している。

車両クラス

Tier 2への移行に伴って、車両クラスにMDPV（中型乗用車）が追加されている（図5）。これにより、最大乗員12名、許容総重量10,000 lb（4.54 t）までのすべての車両の認証が、シャーシダイナモメーター上で行われることになった。

小型商用車は、車両総重量6,000 lb（2.72 t）までのLLDT（小型トラック）と、許容総重量8,500 lb（3.86 t）までのHLDT（中型トラック）の2種類に分けられている。

2007年以降、重量14,000 lb（6.35 t）までの車両に対しても、シャーシダイナモメーター上での認証を選択できるようになっている。

Tier 2で定義された電気自動車の車両分類への組み込みは、Tier 3にも引き継がれている。

排出物規制値

EPA規制では、一酸化炭素（CO）、窒素酸化物（NO_x）、非メタン系有機ガス類（NMOG）、ホルムアルデヒド、粒子状物質（PM）の上限値が定められている。汚染排出ガスは、FTP 75走行スケジュールに従って測定される。排出ガス規制値はテストで走行する経路と関連があり、1マイルあたりのグラム数で表される。

2000年以降は、2種類のテストサイクル（SC03およびUS06サイクル）が追加されたSFTP（補助連邦テスト法）規制が発効している。FTPの排出ガス規制に加え、一般的な排出ガス規制に適合している必要がある。

2004年のTier 2規格の導入以降、ディーゼルエンジンとガソリンエンジンを搭載する自動車には、同一の排気ガス規制が義務付けられている。

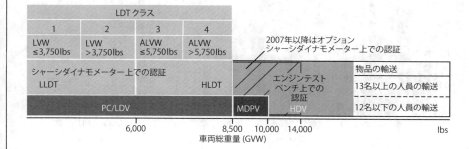

図5：車両クラス、EPA規制
LDT 小型トラック　MDV 中型車両　HDV 大型車両　PC 乗用車　LLDT 中型トラック
HLDT 大型-中型トラック　MDPV 中型乗用車　LDV 小型車両　LVW 基準重量
GVW 車両総重量　ALV 調整基準重量（0.5 × 自重 ＋ 0.5 × 総重量）

排気ガスの種類
Tier 2

Tier 2の排出ガス規制は、10段階（乗用車およびLLDT）および11段階（HLDTおよびMDPV）に分かれていた（Bin）（図6）。乗用車およびLLDTに対するBin 9およびBin 10の適用は2007年に廃止され、HLDTおよびMDPVに対するBin 9～Bin 11の適用が2009年に廃止された。

Tier 2への移行により、次のような変更が行われた。
- 窒素酸化物（NO_x）に対する加重平均の導入
- ホルムアルデヒド（HCHO）は独立した汚染物質として扱う
- 乗用車およびLLDTは、FTP規制に関しては最大限同一に扱う
- 「製品寿命の全期間」が、排出ガス基準（Bin）に基づいて、120,000マイルまたは150,000マイルに延長された

Tier 3

Tier 3では、7つの選択可能な認証Binが追加される。ただし、標準ではNMOGおよびNO_xの合計値が一括規制値およびBinの両方に適用される。

Tier 3規制は、自動車メーカーによるEPAおよびCARB分野の認証作業を単純化するため、カリフォルニアのLEV III規制に緊密に従っている。

Tier 3では、耐久性がTier 2の100,000マイルまたは10年から、150,000マイルまたは15年に延長されている。

Tier 3は、車重総重量が6,500 lbsを超える大型ピックアップおよびバンも対象とし、厳格なSFTPテストサイクルを含みシャシーダイナモメーター上での計測が行われている。Tier 2規制では、これらの車両はSFTPテストから除外されていた。

Tier 3規制では、各車両の粒子状物質の排出規制値が規定されている。現在、粒子状物質の制限値は定められていない。

Tier 3規制のNMOG＋NO_xの一括規制値は、LEV IIIと同じ値で管理されている。

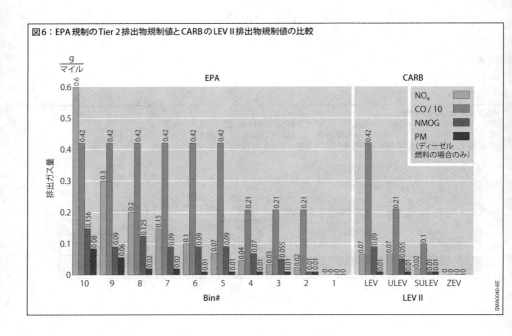

図6：EPA規制のTier 2排出規制値とCARBのLEV II排出物規制値の比較

段階的導入

乗用車およびLLDTの新車登録全体の25％以上が、2004年に発効したTier 2規格への適合を求められた。段階的導入ルールにより、Tier 2規格に適合する車両を毎年25％ずつ増やす必要があった。2007年以降は、すべての車両がTier 2規格に適合している必要がある。HLDTおよびMDPVに対する段階的導入期間は2009年に終了した。

Tier 3は2017年〜2025年に導入され、Tier 2は2019年までに段階的に廃止される。微粒子については、2017年以降に別の段階的導入および段階的廃止が適用される。

耐久性

耐久性については、CARBと同じ基準が適用される。

加重平均

EPA Tier 2規制では、窒素酸化物（NO_x）の排出量を使用して、個別の自動車メーカーに対する加重平均が決定される。2008年までの値は0.2 g／マイル、2008年以降は0.07 g／マイルとなっている。CARBと同様に、Tier 3では$NMOG+NO_x$の加重平均が導入される。

一括消費率（燃費）

EPAが適用される地域で登録される新車には、CARB（CARB規制の「燃料消費率」を参照）と同じ一括燃料消費率規制であるCAFEが適用される。

2012〜2016年モデルには、CAFE規制と並行してEPAの温室効果ガス規制が導入され、2016年の目標値は34.1 mpg（CAFE）または1マイルあたり250 gのCO_2に相当する量（EPA）であった。2017〜2025年の期間には目標値はさらに段階的に厳しくなり、EPAについては最大54.5 mpg（1マイルあたり163 gのCO_2）、CAFEについては最大49.7 mpg（1マイルあたり179 gのCO_2）となる。

実地モニタリング

非定期検査

EPA規制では、CARB規制と同様に、使用中の車両を無作為に抽出し、FTP 75のテスト規則に準拠した排出ガステストを実施するように規定されている。テストは、走行距離の少ない車両（10,000マイル、車暦約1年）および走行距離の多い車両（50,000マイル、ただしテストグループあたり1台以上の車両は、排出ガス規格に基づいて90,000または105,000マイル、車暦約4年）を使用して実施される。テストのために提供される車両の数は、その車両の販売台数によって異なる。ガソリンエンジン車の場合、グループあたり1台以上の車両に対して、蒸発ガスのテストも合わせて実施される。

メーカーによる車両モニタリング

自動車メーカーは、1972年モデル以降の車両に対して、所定の排出ガス関連コンポーネントまたはシステムの損傷について、1年式ごとに25個以上の同一の排出ガス関連部品が故障した場合、公式の報告書を提出するよう義務付けられている。その年式のモデル生産が終了した後、さらに5年間が経過すると、報告義務期間は終了する。報告は、故障したコンポーネントに関する損傷の説明、排気ガス規制に対する影響の説明、自動車メーカーによる適切な補修活動で構成される。環境当局は、この情報を使用して、当該自動車メーカーに対してリコールを実施するように命じるかどうかを決定する。

EU規制

EU委員会によって欧州排出ガス規制指令が提案され、環境大臣会議およびEU議会によって承認されている。乗用車および小型商用車に対する排出ガス規制の基本は、1970年の70/220/EEC [1]指令である。このとき初めて排出ガス規制値が定義され、それ以降更新が続けられている。

乗用車および小型商用車LCV（小型トラックLDT）に対する排出物規制値については、排出ガス基準のEuro 1（1992年7月から）、Euro 2（1996年1月）、Euro 3（2000年1月）、Euro 4（2005年1月）、Euro 5（2009年9月）、Euro 6（2014年9月）に定められている。

米国での複数年にまたがる「段階的導入」とは異なり、新しい排出ガス基準は2段階に分けて導入される。まず新たに認証される車両型式には、新たに定義された排出物規制値が適用される。第2段階として、通常は1年後に、新たに登録されるすべての車両（つまりすべての型式）に新しい規制値が適用される。登録当局は、市販車両が排出物規制値に適合しているかどうかを検査することができる（製造時適合COPおよび使用中の車両の適合検査）。

EU指令は、予定されている排気ガス基準に事前に適合した車両に対する減税措置を認めている。ドイツでは、適合している排出ガス基準に応じて自動車税の税率も異なる。

車両クラス

Euro 4規制が失効するまで、許容総重量3.5 t未満の車両のテストはシャーシダイナモメーター上で行われていた。この点に関して、乗用車（最大乗員9名）と商品運搬用の小型商用車（LCV）のクラスがあった。LCV（図7）は、車両基準重量（自重＋100 kg）に基づいて、3つのクラスに分かれている。バス（乗員9名超）および許容総重量3.5 t超の車両に対しては、エンジン認証が行われる。LCVのエンジンの場合は、エンジンテストベンチ上での認証を選択することもできる。

Euro 5およびEuro 6規制が発効すると、車両基準重量（自重＋100 kg）が認定手続きに関するクラス分け基準として使用される。車両基準重量が2.61 tまでの車両は、シャーシダイナモメーター上で認定が行われる。車両基準重量が2.61 t超の車両は、エンジンテストベンチ上で認定が行われる。柔軟に変更することも可能となる予定である。

排出物規制値

EU規格では、一酸化炭素（CO）炭化水素（THC, 合計炭化水素）、窒素酸化物（NO$_x$）、粒子状物質（PM, Euro 5以降では直噴ガソリンエンジン車に適用）の規制値が定められている（図8および図9）。

Euro 1およびEuro 2での炭化水素および窒素酸化物の規制値は、合計値（HC＋NO$_x$）にまとめられている。Euro 3以降では、ディーゼルエンジン車にはこの合計値のほかに、独立したNO$_x$規制値が適用されている。ガソリンエンジン車の場合は、合計値ではなくHCとNO$_x$の規制値が個別に適用されている。Euro 5は、Euro 5aとEuro 5bの2つに分かれていた。Euro 5a（2009年9月以降）ではガソリンエンジンの

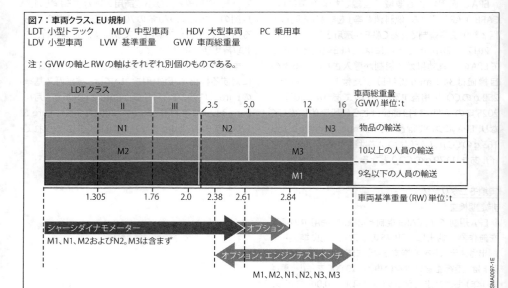

図7：車両クラス、EU規制
LDT 小型トラック　　MDV 中型車両　　HDV 大型車両　　PC 乗用車
LDV 小型車両　　LVW 基準重量　　GVW 車両総重量

注：GVWの軸とRWの軸はそれぞれ別個のものである。

NMHC（非メタン炭化水素）規制、Euro 5b（2011年11月以降）ではディーゼルの粒子状物質の上限値 $6 \cdot 10^{11}$ 粒子/km が定められた。この PN 規制は Euro 6b（2014年9月）および Euro 6c（2017年9月）で直噴ガソリンエンジン車に適用される（Euro 6b には暫定値の $6 \cdot 10^{12}$ 粒子/km も申請の上、採用可能）。

これらの規制値は走行距離に基づいて定義され、1 km あたりのグラム数（g/km）で表される。Euro 3 以降、排出ガスは MNEDC（修正新欧州走行サイクル）に従って、シャーシダイナモメーター上で測定される。

2017年9月以降、MNEDC は WLTC（乗用車等の国際調和排出ガス・燃費試験法、4段階、「テストサイクル」も参照）に置き換えられる。公道走行から規定された動的なテストサイクルは、大幅に現実的な燃費および排出ガス測定を実現するため、大きく見直された試験法（WLTP）で補完される。ただし、MNEDC の Euro 6c 規制は、WLTC では採用されてい

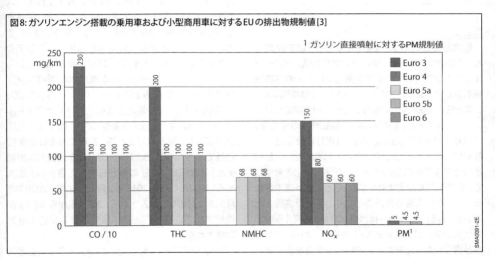

図8: ガソリンエンジン搭載の乗用車および小型商用車に対するEUの排出物規制値 [3]

1 ガソリン直接噴射に対するPM規制値

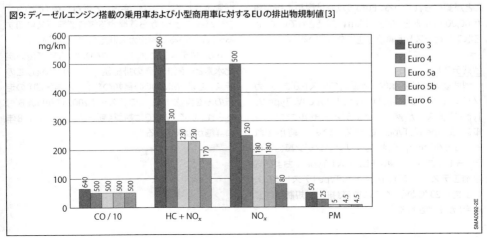

図9: ディーゼルエンジン搭載の乗用車および小型商用車に対するEUの排出物規制値 [3]

ない。WLTCへの変更以外にも、最初の段階で新た
な「実路走行排気」試験 (RDE) も導入されるため、こ
の段階はEU6d-tempと呼ばれている。第2段階の
RDEを規定したEuro 6dは、2020年1月から適用さ
れる。

ディーゼルエンジン車とガソリンエンジン車で規
制値は異なるが、Euro 6では統一されることになっ
ている。

LCVに対する規制値は乗用車と同じである。許容
総重量2.5 t超の乗用車は、Euro 3およびEuro 4で
はLCVとして取り扱われ、3種類のLCVクラスのひと
つに分類されていた。このオプションは、Euro 5以降
は廃止される。

型式認定

型式認定は、米国と類似しているが、以下が異な
る。汚染物質HC、CO、NOₓの測定に加え、ディーゼ
ルエンジン車では、粒子状物質と排気ガスの不透過
率も測定するように定められている。被験車両には、
テスト前に3,000 kmのならし運転期間が認められて
いる。Type Iテストの規制値は「製品寿命の全期間」
に適用される規制値であり、耐用走行距離に達した
時点においても適合していなければならない。耐用
走行距離までのコンポーネントの経年劣化を考慮し
て、型式認定で測定された値に劣化係数が適用され
る。それぞれの汚染物質ごとに劣化係数が定義され
ている。自動車メーカーは、80,000 kmを超える所定
の耐久テスト (Type Vテスト) を行い、より小さな係
数が得られたことを正式に表明する文書を提示する
ことが認められている。Euro 5以降は耐用走行距離
が80,000 kmから160,000 kmに延長されていて、さ
らなる代替テスト手順が可能になっている。

型式テスト

型式認定には基本的に4種類のテストがある。ガ
ソリンエンジン車には、Type I、Type IV、Type V、
Type VIテストが適用され、ディーゼルエンジン
車にはType IとType Vのテストのみが適用され
る。Euro 6d-tempでは、ガソリンエンジン車および
ディーゼルエンジン車にRDEテストType Iaおよび気
温補正テスト (ATCT、14℃でのType IテストでCO₂
排出量を23℃から14℃に換算、排出物規制値に要
適合) が追加される。

主要な排出ガステストであるType Iテストでは、
冷間始動後にMNEDC (修正新欧州走行サイクル)、
Euro 6d-temp以降ではWLTC (乗用車等の国際調和
排出ガス・燃費試験法) に従って排出ガスが評価さ
れる。またディーゼルエンジン車の場合は、排出ガス
の不透過率も記録される。

Type Iaテスト「実路走行排気」試験 (RDE) は、標
準化されたサイクルだけでなく、実際の道路状況下
でも排出物規制に適合していることを確認するこ
とを目的としている。

EUでは、型式認定および実地モニタリングの両方
でRDE試験が採用されている。この目的のため、車
両にモバイル測定システム (PEMS、携帯型排気ガス
測定システム、「排出ガス測定方法」を参照) を搭載
し、通常の交通の公道を90 〜 120分間走行する。こ
の試験中、さまざまな境界条件が適用される (「テス
トサイクル」の表3を参照)。CO (規制値なし)、NOₓ
(ガソリン車およびディーゼル車)、PN (直噴エンジ
ンのガソリン車のみとディーゼル車)、およびCO₂
(正規化量として) が測定される。ソフトウェアツール
(EMROADおよびCLEAR) を使って有効なRDE走行
が評価され、重み付けされる。都市部および全走行
距離での平均NOₓおよびPN排出量を排出ガス規制
値と「適合係数」(CF) の積から求めた最大値と比較
する。NOₓのCFは、2017年2月1日および2020年1
月5日の2段階で導入される。2017年からPN 1.5が
適用されている。 CF値は、最先端技術に合わせて
調整される。

Type IVテストでは、駐車中の車両からの蒸発ガス
が測定される。これは、主として燃料系統 (燃料タン
クやパイプなど) から蒸発する燃料蒸発ガスに関す
るテストである (「排出ガス測定方法」も参照)。

Type VIテストには、–7℃での冷間始動直後の炭
化水素と一酸化炭素の排出値が含まれている。この
テストでは、MNEDCの最初の部分 (市内区間) の走
行のみを実施する。このテストは2002年から義務付
けられている。WLTCに基づく新テストは、2017/18年
に詳細が公表される。

Type Vテストでは、排出ガス削減装置の長期間の耐久性が評価される。指定された耐久テストに加えて、Euro 5以降は代替テスト手順も使用できる（テストベンチでの耐久テストなど）。

CO_2の排出

CO_2排出量については、2011年まで法規制は存在しなかった。しかし、欧州では自動車メーカーが自主規制を設けた。自動車メーカーがこの目標を達成できなかったため、法律によって乗用車の一括目標値が定められることになった。2012～2015年にかけての導入段階では、130 g/kmの一括規制値を達成する必要がある（ガソリン車では5.3 l/100 km、ディーゼル車では4.9 l/100 kmに相当）。小型商用車に対しても、2017年に対する目標値175 g/kmの同様の規制が制定されている。2020/2021年には、乗用車に対しては95 g/km、小型商用車に対しては147 g/kmの一層の削減が決定されている。車両の目標値は、車重によって異なる。

2017年9月以降、WLTP（4段階）による新車タイプ認証を受ける必要がある。特定された23℃でのCO_2値は14℃に換算され（気温補正テストで特定された係数を使用）、CO2MPASツールを使ってMNEDC値に置き換え、2020年以前に目標値を達成可能かの検証に使用する。2020年の相対的な目標値の達成度と、基本的なMNEDCおよびWLTP値に基づき、2021年以降のメーカー固有の目標値が決定される。

米国のCAFE（企業別平均燃費）規制と同様に、目標値を達成できない場合は反則金が課せられるが、数年にわたる貸方／借方バランスのオプションは用意されていない。

実地モニタリング

EU規制では、Type Iテストサイクルの一環として、現在使用中の車両における適合性検査も必要である。被験車両の型式における最小試験車両数は3台で、最大試験車両数はテスト手順によって異なる。

被験車両は、下記の基準を満たしている必要がある。
- 走行距離15,000～100,000 km、車齢6ヶ月～5年（Euro 4以降）
- メーカーが指定している定期検査が実行されている。
- 車両が標準的でない使用（改造や大修理など）の兆候を示していない。

事実上、個別の車両の排出ガスが規格に適合していない場合は、その原因を特定する必要がある。抜取りテストにおいて同じ原因による不適合車両が複数存在する場合は、その抜取りテストの結果を否定的なものとして分別する必要がある。原因が複数存在する場合、最大標本サイズが達成されない場合は、計画されているテストスケジュールが延期されることがある。

型式認定機関が基準を満たしていないと認めた型式の車両のメーカーは、不具合を除去するための適切な行動を立案しなければならない。この行動計画を、同じ不具合を示すすべての車両に適用しなければならない。必要に応じて、リコールを実施しなければならない。

排出ガス定期テスト

ドイツでは、すべての乗用車、小型商用車、バンは、初年度登録から3年後と、それ以降は2年おきに、排出ガス検査を受ける必要がある。ガソリンエンジン車に関しては、COレベルとλクローズドループ制御が重要であり、ディーゼルエンジン車に関しては不透過率テストが重要である。車載診断（OBD）システムを装備した車両では、診断システムからのデータも考慮する。

878 排出ガスと診断に関する法規定

他の国々でも、同等のテストが行われている。欧州では、オーストリア、フランス、スペイン、スイスなどで、また米国の多くの州では、「検査と保守」の形式で実施されている。

日本の規制

日本でも、許容される排出ガスの値は徐々に引き下げられてきている。2007年9月以降、「新長期規制」の一環として、規制値はさらに厳しくなっている。

ディーゼルエンジン車に関する規制値も、2010年9月以降、「ポスト新長期規制」の一環としてさらに厳しくなっている。ガソリンエンジン車の場合、それまでの合成テストサイクルから2回の改正を経て（2008年と2011年）、実際の状況に近いJC08モードに変更される。

2018年以降、日本もUN GTR No. 15に基づくWLTCを導入する。EUとは異なり、最初の3段階のみが適用され、ガソリンエンジン車にはNMHC規制値が、ディーゼルエンジン車にはNOx規制値が適用される。

車両クラス

許容総重量3.5 tまでの車両は、基本的には、乗用車（最大乗員10名）、最大1.7 tまでのLDV（小型車両）、最大3.5 tのMDV（中型車両）の3つのクラスに分類される（図10）。MDVの場合、COおよびNOxの排出量に関しては、他の2つのクラスよりも高い規制値が適用される（ガソリンエンジン車の場合）。ディーゼルエンジン車に対しては、NOxと粒子状物に分けて車両クラスが設定されている。

排出物規制値

日本の規制では、一酸化炭素（CO）、窒素酸化物（NOx）、非メタン炭化水素（NMHC）、粒子状物質（ディーゼルエンジン車の場合、2009年以降はNOx1削減技術を搭載したガソリン直噴エンジンにも適用）に対する規制値が定められている（ガソリンエンジン表1、ディーゼルエンジン表2）。

汚染物質排出ガスは、11モードと10・15モードのテストサイクルを組み合せて決定される（「日本のテストサイクル」を参照）。ここでは、冷間始動時の排出ガスも考慮されている。新しいテストサイクルは、2008年に導入された（JC08）。これは、当初は11モードに、2011年以降は10・15モードに代えて適用され、冷間始動および温間始動テストはJC08でのみ使用される。2018年以降、JC08はWLTCに置き換えられる。

燃料蒸発ガス

日本の排出ガス規制には、ガソリンエンジン車の蒸発ガスに関する規制値が含まれていて、SHED法を使用して測定される（「排出ガスの測定方法」を参照）。UN GTR 19のWLTCベースの試験方法は、2020年の導入が予定されている。

耐久性

ディーゼルエンジン車の場合、メーカーは45,000 km（新長期基準）または80,000 km（ポスト新長期基準）の耐久性を実証しなければならない。ガソリンエンジン車に対しては、すべての段階に80,000 kmの耐久性が適用される。

図10：車両クラス、日本の規制
MDV 中型車両　　HDV 大型車両　　PC 乗用車
LDV 小型車両　　GVW 車両総重量
EIW 等価慣性質量

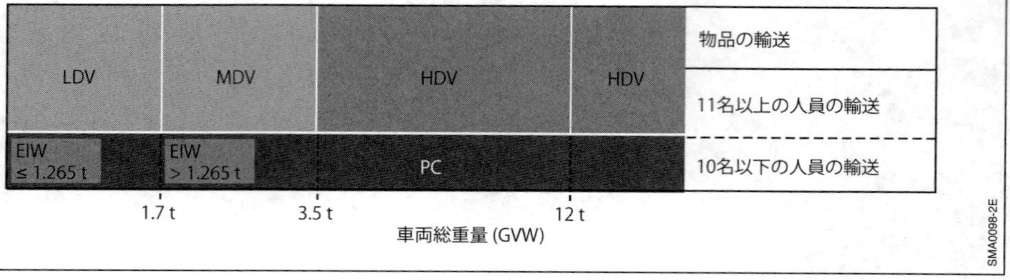

SMA0098-2E

排出ガス規制 879

表1：日本のガソリンエンジン乗用車の排出物規制値

車両クラス	乗用車、ミニ配達用トラック、小型商用車（総重量 ≤ 1.7 t）		中型商用車（1.7 t < 総重量 3.5 t）	
サイクル 年（新規型式）	JC08 2009年10月	WLTC 2018年10月	JC08 2009年10月	WLTC 2018年10月
ガソリンエンジンの規制値				
NMHC [mg/km]	50	100	50	150
NO_x [mg/km]	50	50	70	70
CO [mg/km]	1,150	1,150	2,550	2,550
PM [mg/km]（直噴エンジン車のみ）	5	5	7	7

表2：日本のディーゼルエンジン乗用車の排出物規制値

車両クラス	乗用車、ミニ配達用トラック、小型商用車（総重量 ≤ 1.7 t）		中型商用車（1.7 t < 総重量 3.5 t）	
サイクル 年（新規型式）	JC08 2009年10月	WLTC 2018年10月	JC08 2009年10月	WLTC 2018年10月
ディーゼルエンジンの規制値				
NMHC [mg/km]	24	24	24	24
NO_x [mg/km]	80	150	150	240
CO [mg/km]	630	630	630	630
PM [mg/km]	5	5	7	7

<u>一括燃料消費率</u>

日本では2010年と2015年に、車両の重量クラスに対する目標値に基づいて、メーカーの一括燃料消費率に目標値が適用される。減税による奨励策（環境税計画）として、2段階の減税措置が用意され、燃費をそれぞれ15％および25％改善した場合に税の減免を受けることができる。

中国の規制

中国は排気ガスを規制するために、EU規制のステージ5（2018年以降全国内で適用）までを採用している。中国ではまず北京が先行して各ステージを導入し、その後上海や広州など他の都市部が続く。国6a（2020年7月）および6b（2023年7月）で、中国はWLTC/PとEuro 6ベースおよび米国の排出ガス規制値をリンクするとともに、独自の要件を追加した自国規制を導入する。

Type Iテストには、GTR 15のWLTPを含む4段階のWLTCを修正して使用する。規制値は燃料中立。国6aでは、乗用車および小型商用車（クラス1）には、以下の規制値が適用される。HC、NMHC、およびNO_xには、Euro 6のガソリン車の数値、Euro 6のガソリン車のCO 0.7値。PM（4.5 mg/km）およびPN（$6 \cdot 10^{11}$粒子状物質/km）がディーゼルエンジン車およびガソリンエンジン車に適用（インテークマニホールドを備えるガソリンエンジンも例外ではない）。N_2O（笑気ガス、温暖化ガス）の20 mg/kmの規制値は米国の値に基づく。国6bでは、HC、NMHC、COおよびNO_xの規制値は、Euro 6のガソリン車の約50％に低減されている。PMは、3 mg/kmに低減され、PNおよびN_2Oは同じ。耐久性要件は、国6aで160,000 km、国6bで200,000 kmとなっている。

880 排出ガスと診断に関する法規定

国6a以降、ガソリン車およびディーゼル車に Type VIテスト（−7℃）が適用される。WLTCの最初の2段階では、HCの1.2 g/km、COの10 g/m、およびNOₓの0.25 g/kmの規制値への準拠が求められる。

中国では、型式認定および実地モニタリングにRDE試験が導入される。国6a以降では、RDE試験が必須で（CO、NOₓおよびPNの「監視」、規制値なし）、国6b以降では、すべてのガソリン車およびディーゼル車にNOₓおよびPNに2.1の「適合係数」（CF）が適用される。試験手順は、EUのRDE規制の中間ステージに基づいている。たとえば、冷間始動期間は考慮されず、標高2,400 mまでの測定や高速道路走行の最高速度を下げるなどの追加の境界条件が定義される。CFの修正は2022年代中盤と見込まれる。

都市部では国6aおよび国6bの導入が早まる可能性があるが、2023年7月以前のRDEは監視のみ、耐久性距離160,000 kmなどの制限が適用される。2020年7月以前のPNには$6 \cdot 10^{12}$ 粒子状物質/kmが適用される。

中国では、燃費およびCO_2排出量を制限するための独自の要件が策定されている。3段階（2005年〜2007年、2008年〜2015年、および2016年〜2020年）で、車重に応じて100 kmあたりの燃費に基づく規制値が適用される。これと並行して、企業平均燃費（CAFC）規制が存在する。これは、EUにおけるCO_2フリート目標が、2012年〜2015年および2016年〜2020年の自動車メーカーのフリートの車重に応じた燃費目標値を設定していることに類似している。これらの目標値は、フリート全体で2015年は100 kmあたりガソリン6.9 *l*、2020年は100 kmあたり5.0 *l*となっている。2025年の100 kmあたりガソリン4.0 *l*という目標値は検討中である。

中国では、たとえば電気自動車（ハイブリッドおよびプラグインハイブリッド車、EV、燃料電池自動車）の導入を促進するための税金の減額など、さまざまな方策が講じられている。「新エネルギー車」規制（NEV）によって、自動車メーカーは2019年以降、これらの車両の割り当て台数の販売を義務付けられる（CARB ZEV規制と比較）。

乗用車および小型商用車のテストサイクル

米国のテストサイクル

FTP 75 テストサイクル

FTP 75 テストサイクル（連邦テスト法、図11a）は、実際にロサンゼルスの通勤交通で記録された速度サイクルで構成されている。このテストは、米国（カリフォルニア州を含む）以外の南米および韓国でも義務付けられている。

条件整備

車両は周囲温度20 〜 30 ℃に6 〜 36時間さらされる。

汚染物質の収集

シャシーダイナモメーター上で車両を始動し、所定の速度サイクルで走行する。排出された汚染物質は、定義された時期ごとに別の袋に収集する（「排出ガス測定方法」を参照）。

ct（冷間移行）期

冷間テスト期の排気ガスを収集する（0秒から505秒まで）。

cs（冷間安定）期

発進後506秒から安定期が始まる。走行サイクルを中断することなく排気ガスを収集する。合計1,372秒後にcs期が終了したら、直ちにエンジンを停止して600秒間待機する（温間待機）。

ht（温間移行）期

温間テストのためにエンジンを再始動する。速度サイクルは冷間移行期（ct期）と同じである。

hs（温間安定）期

ハイブリッド車両の場合は、さらにhs期を走行する。手順はcs期と同じである。他の車両の場合は、排出値はcs期と同一と見なす。

評価

最初の2つの時期に袋に収集した標本を、温間テスト前の停止中に分析する。これは、標本を袋の中に20分以上残しておかないためである。

3番目の袋に収集する排気ガス標本も、走行サイクルの終了時に分析する。総合結果は、3つの時期で収集された排出ガスに異なる重み付けを適用したものとなる。

ct期およびcs期の汚染物質の質量をまとめて、この2つの時期の合計走行距離数に割り当てる。その結果を係数0.43で重み付けする。

ht期およびcs期で収集してまとめた汚染物質の質量にも、この2つの時期の合計走行距離数に合わせて同じ処理を行い、係数0.57で重み付けする。個別の汚染物質（HC、CO、NO_xなど）に対するテスト結果を、この2つの数値の和として取得する。

排出量は、1マイルあたりの汚染物質排出量として決定される。

SFTPサイクル

2001年～2004年にかけて、段階的にSFTP（補助連邦テスト法）規制が導入された。これらは、SC03サイクル（図11b）とUS06サイクル（図11c）の2種類の走行サイクルで構成されている。下記の追加走行条件を調べるための拡張テストが計画されている。

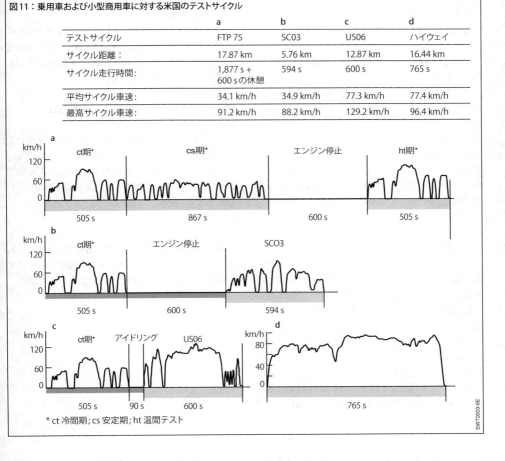

図11：乗用車および小型商用車に対する米国のテストサイクル

	a	b	c	d
テストサイクル	FTP 75	SC03	US06	ハイウェイ
サイクル距離：	17.87 km	5.76 km	12.87 km	16.44 km
サイクル走行時間：	1,877 s + 600 sの休憩	594 s	600 s	765 s
平均サイクル車速：	34.1 km/h	34.9 km/h	77.3 km/h	77.4 km/h
最高サイクル車速：	91.2 km/h	88.2 km/h	129.2 km/h	96.4 km/h

* ct 冷間期; cs 安定期; ht 温間テスト

- 乱暴な運転
- 走行速度の急激な変化
- エンジンの始動および静止状態からの加速
- 小さな速度変化を頻繁に伴う運転
- 駐車期間
- 走行中の空調装置の使用

条件を整えるために、SC03およびUS06サイクルでは、まず排気ガスの収集を行わないFTP 75のct期の走行が行われる。ただし、他の条件整備手順も可能である。

SC03サイクル（空調を装備した車両のみ）は、気温35℃および相対湿度40％で実行される。個々の走行スケジュールは、次のように重み付けされる。
- エアコンを装備している車両：
  35％FTP 75 + 37％SC03
  + 28％US06。
- エアコンを装備していない車両：
  72％FTP 75 + 28％US06

SFTPおよびFTP 75テストサイクルは、それぞれ個別に、完了しなければならない。

低温時のガソリンエンジン車に必要な冷間始動時の燃料増量は、特に排出量を大幅に増加させる原因になる。これは、気温20 ～ 30℃で行われる現行の排出ガステストでは測定できない。このときの汚染物質の排出を規制するために、ガソリンエンジン車では−7℃で追加の排出ガステストが行われる。ただしこのテストでは、一炭化水素の規制値のみが規定されている、NMHCの排出に対する一括規制値は、2013年に導入された。

一括燃料消費率を決定するためのテストサイクル

それぞれの自動車メーカーは、企業別平均燃費基準に関するデータを提供する必要がある。目標値を達成できないメーカーには、反則金が課せられる。

燃料消費率は、FTP 75テストサイクル（重み55％）とハイウェイテストサイクル（重み45％）の、2種類のテストサイクルで得られた排出ガス量により決定される。ハイウェイテストサイクルの未測定部分（図11d）は、条件整備後に実行される（車両は、気温20 ～ 30℃で、エンジンを停止したまま12時間の静止が許される）。その後、このテストにおける排出ガス

の収集が行われる。CO_2の排出量を使用して燃料消費率が算出される。

その他のテストサイクル
FTP 72テストサイクル

FTP 72テスト手順は、UDDS（市街地ダイナモメーター走行スケジュール）とも呼ばれ、FTP 75テストからht（温間テスト）期を除いたものである。このサイクルは、ガソリンエンジン車の運転時損失テストにおいて実施される。

ニューヨーク市サイクル（NYCC）

このサイクルも、運転時損失テスト（ガソリンエンジン車）の一部である。これは、停止が頻繁に発生する市街地における低速走行をシミュレーションするものである。

ハイブリッドサイクル

ハイブリッド車両に関しては、FTP 75サイクルにhs期（手順はcs期と同じ）が追加されている。従ってこの走行サイクルは2回のUDDSサイクルに相当し、そのため2UDDSと呼ばれている。

欧州のテストモード（乗用車／小型商用車）
MNEDC

Euro 3以降、「修正新欧州走行サイクル（MNEDC、図12）が義務付けられている。「新欧州走行サイクル」（Euro 2）と比べ、発進後40秒から排出ガスの測定が始まるほかに、MNEDCには冷間始動期（エンジン始動も含む）が含まれている。

条件整備

車両は周囲温度20 ～ 30℃に6時間以上さらされる。2002年以降は、Type VIテストの始動温度が−7℃に引き下げられている（ガソリンエンジン車のみ）。

汚染物質の収集

排出ガスは、最高速度50 km/hの市内走行サイクル（UDC）と、最高速度120 km/hの市外走行サイクル（EUDC）の2つの時期で収集される。

評価

評価は、排出ガスを収集した袋の内容を分析することによって算出された汚染物質の量と走行距離数に基づいて行われる（「排出ガス測定方法」を参照）。

WLTC

国連の新テストサイクルWLTC（乗用車等の国際調和排出ガス・燃費試験法）は、EU、日本、インドおよび韓国などで乗用車および小型商用車に採用されており、UN GTR No. 15で定義されている。 WLTCは、4段階（「低速」「中速」「高速」および「最高速」）で構成される。ただし、オプションとして最初の3段階のみを採用することも可能である。特別な車両向けに、その他のサイクルも開発されている。日本の場合、「軽自動車」に軽減されたWLTCが適用され、インド市場では、パワーウエイトレシオが非常に劣る車両用の2つのサイクルが採用されている（「低出力車両テストサイクル、LPTC」）。

公道走行から規定された動的なテストサイクルは、以前の規制と比較して大幅に現実的な燃費および排出ガス測定を実現するため、大きく見直された試験法（WLTP）で補完される。

WLTP試験法では、主に以下が定義されている。マニュアルトランスミッションのシフトポイントの計算法、積載重量および装備オプションを考慮した高めの車重、より改善されたコースティングパラメーターの特定法、シャシーダイナモのステップレス調整、および試験気温を23℃と定義することなど。基本的な試験法に加え、ハイブリッド車やEV車などの電気を使用する車両には特別な要件も定められている。

図13に、最高販売台数の乗用車および小型商用車のクラス3bを使ってWLTCを示す。以前のテストサイクルであるMNEDC（図12）と比較して、動的なWLTCの特性が明らかになっている。

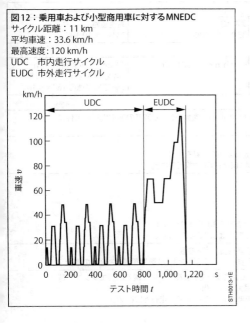

図12：乗用車および小型商用車に対するMNEDC
サイクル距離：11 km
平均車速：33.6 km/h
最高速度：120 km/h
UDC　市内走行サイクル
EUDC　市外走行サイクル

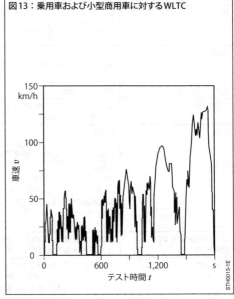

図13：乗用車および小型商用車に対するWLTC

RDE試験

乗用車および小型商用車に関する規制の新たな要素はRDE試験（「実路走行排気」）である。これはEUで開発され、中国、インド（ガソリン車およびディーゼル車）、および韓国と日本（ディーゼル車のみ）で採用されている。RDE試験の目的は、標準化されたサイクルだけでなく、実際の道路状況下でも排出物規制値に適合していることを確認することにある。RDE試験では、車両にモバイル測定システム（PEMS、携帯型排気ガス測定システム、「排出ガス測定方法」を参照）を搭載し、通常の交通の公道を走行する。この試験では、都市部および都市間の道路および高速道路の割合、アイドリングの割合、平均速度、最低および最高速度、加速、冷間始動、気温／標高などの周囲条件など、さまざまな境界条件が適用される。表3に、EUにおける境界条件の一例を示す。RDE走行は、Type Iテスト（23℃）とは大幅に異なる気温−7℃〜+35℃の条件で行われる。

PEMSシステムは、CO、NO_x、PN、およびCO_2に使用できる。ソフトウェアツール（EMROADおよびCLEAR）を使って有効なRDE走行が評価され、必要に応じて重み付けされる。PEMS走行の平均排出量を排出ガス規制値と「適合係数」（CF）の積から求めた最大値と比較する。CFは、シャシーダイナモメーター上で実施される測定と比較して、公道で実施されるPEMSに起因する測定の不正確さを考慮する。

表3：有効なRDE測定走行の境界条件（一部抜粋）

パラメーター	基準		
ルート配分	都市部 34 %（29 〜 44 %）	都市間 33 %（± 10 %）	高速道路 33 %（± 10 %）
	16 km以上の各ケース		
車速	$v \leq 60$ km/h $v_D = 15 \sim 40$ km/h （平均速度）	60 km/h $< v \leq 90$ km/h	90 km/h $< v \leq 145$ km/h （高速道路走行時間の最長 3 %で最高速度160 km/h）
合計走行時間	90 〜 120 min		
二次負荷	エアコンシステムの使用、およびその他の二次負荷は、公道での通常の運転条件に対応することが必要		
標高	中程度：$h \leq 700$ m 拡張：700 m $< h \leq 1,300$ m（測定値を1.6で割る） 出発点および到着点の標高差は100 m以下に抑えること。		
温度	中程度： 　ステージ1：3 ℃ $\leq T \leq 30$ ℃ 　ステージ2：0 ℃ $\leq T \leq 30$ ℃ 拡張（測定値を1.6で割る）： 　ステージ1：−2 ℃ $\leq T < 3$ ℃、または30 ℃ $< T \leq 35$ ℃ 　ステージ2：−7 ℃ $\leq T < 0$ ℃、または30 ℃ $< T \leq 35$ ℃		
車両可搬重量および 試験重量	基本可搬重量：ドライバー、助手席乗員、試験装置 基本可搬重量および人工可搬重量：「乗員重量」および「可搬重量」の合計の最大90 %		
冷間始動	冷間始動期間：クーラントが70 ℃になるまで、最長5分間累積で内燃エンジンを運転 車速：平均 = 15 〜 40 km/h、最大60 km/h 冷間始動期間の排出ガスは都市部と通常の合計RDE走行として評価		

日本のテストサイクル
JC08テストサイクル

2008年には、新しい排出ガステストがJC08（図14）として導入され、当初は冷間テストとして11モードテストに代えて用いられた。2011年以降は、JC08のみが引き続き使用されている（冷間始動テストと温間始動テストの両方）。冷間テストの重みは25 %、温間テストの重みは75 %である。汚染物質は走行距離と関連付けられ、1 km走行当たりのグラム数（g/km）に換算される。

大型商用車に対する排出ガス規制法規

米国の法規

車両クラス

EPA規制では、大型商用車は車両タイプに基づいて、総重量8,500 lbまたは10,000 lb（3.9または4.6 tに相当）を超える車両として定義されている（図5を参照）。

カリフォルニア州では、14,000 lb（6.35 t）を超えるすべての車両が、大型商用車に分類される（図2を参照）。カリフォルニア州の規制は、その大部分がEPA規制と同一であるが、市内バスに対しては追加プログラムが存在する。

排出物規制値

米国の規制では、ディーゼルエンジンに対して、炭化水素（HC）、一酸化炭素（CO）、窒素酸化物（NO$_x$）、粒子状物質（PM）、排出ガス不透過率、さらに一部では非メタン炭化水素（NMHC）に対する規制値が定められている。

許容値はエンジンの出力に応じて定められており、g/kW（馬力／時間）で指定されている（図15はg/kWhへの変換値）。排出ガスは、冷間始動手順を含む動的テストサイクル（HDDTC、大型ディーゼル過渡サイクル）を使用して、エンジンテストベンチ上で測定され

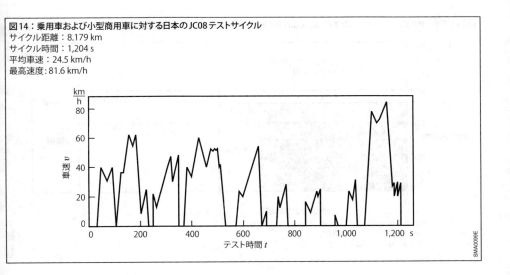

図14：乗用車および小型商用車に対する日本のJC08テストサイクル
サイクル距離：8.179 km
サイクル時間：1,204 s
平均車速：24.5 km/h
最高速度：81.6 km/h

る。排出ガスの不透過率の測定には、連邦排気煙テスト（FST）が適用される。

新たに2004年モデルの初頭からさらに厳格な規制が適用され、NO_xの排出規制値が大幅に引き下げられた。非メタン炭化水素と窒素酸化物の規制値は、合計値（NMHC + NO_x）にまとめられている。COと粒子状物質の排出規制値は、1998年モデルと同じで変化はない。

排出ガス削減を目的としたより厳しい目標が、2007年モデルに発効している。NO_xと粒子状物質は別々に規制されており、その値はそれまでの値より10倍厳しいものになっている。この規制値は、排気ガス制御システム（NOx除去触媒コンバーターや微粒子フィルターなど）を使用しない限り達成できない。

NO_xおよびNMHC排出規制値の段階的導入は、2007〜2010年モデルにおいて行われる。

厳格な粒子状物質規制を支援するため、2006年からディーゼル燃料に含まれる硫黄の最大許容含有量が15 ppmに引き下げられた。

大型商用車に対しては、乗用車および小型商用車とは対照的に、一括排出ガスおよび一括消費率の平均値に関する規制値は設定されていない。

同意判決

1998年に、EPA、CARBおよび多数のエンジンメーカー間で法的な合意に達した。これには、ハイウェイサイクルでの燃費を最適化する目的で、メーカーがエンジンに施した違法な改造に起因するNO_x排出量増大に対する当該企業への制裁措置が規定されている。この「同意判決」では、動的テストサイクルに加えて静止状態での欧州13段階テストにおいても、適用される排出物規制値を下回らなければならないことが定められている。また、所定のエンジン回転数／トルク範囲（超えてはならないゾーン）内で、走行モードに関係なく、排出ガスが2004年モデルを25％以上上回ることは許されない。

このような付加テストは、2007年モデル以降のすべてのディーゼルエンジン付き商用車に義務付けられている。ただし、超えてはならないゾーンの排出ガスが排出物規制値を最大50％超過することは認められている。

耐久性

定義されている走行距離を超えて、または所定の期間の間、排出物が規制値に適合していることを明示しなければならない。3種類のクラスがあり、クラスが上がるにつれて耐久性に関する要件も厳しくなる。

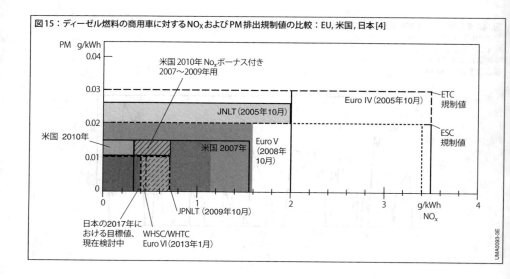

図15：ディーゼル燃料の商用車に対するNO_xおよびPM排出規制値の比較：EU, 米国, 日本 [4]

- 8,500 lb（EPA）および14,000 lb（CARB）～19,500 lbの小型商用車：10年または110,000マイル。
- 19,500 lb～33,000 lbの中型商用車：10年または185,000マイル。
- 33,000 lbs超の大型商用車：10年または290,000マイル。

燃費要件

米国では、温室効果ガス排出（2014年から）および燃費（2017年から）に関する個別の要件が設けられている。

EU規制

車両クラス

欧州では、許容総重量3.5 t超または9名超の人員を輸送することができるすべての車両は、大型商用車として分類される（図7を参照）。排出ガス規制（欧州規制）は、基本指令88/77/EEC [2] に基づき、これは継続的に更新および延長されている。Euro VIの要件は、指令64/2012 EU [5] で説明されている。PEMS（携帯型排気ガス測定システム）およびIUC（使用時準拠）に関する補足は、規則2016/1718 EU [6] を参照すること。

排出物規制値

乗用車および小型商用車と同様に、大型商用車に対する新たな排出ガスレベルの導入も2段階に分けて行われる。新設計のエンジンは、型式認定の際に新しい排出ガス規制に適合している必要がある。1年後には、新しい排出ガス規制への適合が新車登録の前提条件となる。登録機関は、量産品からエンジンを抜き取り、新しい排出ガス規制への適合をテストすることにより、製造時適合（COP）を検査することができる。

Euro規格は、商用車のディーゼルエンジンに対して、炭化水素（HCおよびNMHC）、一酸化炭素（CO）、窒素酸化物（NO_x）、粒子状物質、および排気ガスの不透過率の排出物規制値を定めている。許容値はエンジンの出力に応じて定められており、g/kWで指定されている（図16）。

2000年10月、規制ステージEuro IIIが新エンジン型式にまず義務付けられ、1年後には新たに生産されるすべてのエンジンに適用された。排出ガスは、13段階の欧州定常状態サイクル（ESC、「大型商用車のテストサイクル」を参照）に従って測定され、排気ガスの不透過率は、これを補完する欧州負荷応答（ELR）テストにより測定される。排気ガス処理システム（NOx除去触媒コンバーターや微粒子フィルターなど）を装着したディーゼルエンジンも、動的欧州過渡サイクル（ETC）によるテストを受けなければならなかった。欧州のテストサイクルは、通常の作動温度でエンジンを作動させて実行するものだった。Euro V以降、冷間始動テストが義務付けられている。

Euro III規制では、大排気量エンジン（1気筒の排気量が0.75 l を超えるもの）と小排気量エンジン（1気筒の排気量が0.75 l 未満で定格回転数3,000 rpm未満）を区別し、小排気量エンジンにはより高い粒子状物質排出量規制値が許容されていた。この区別は、Euro IVの導入によって新規の認証では廃止された。

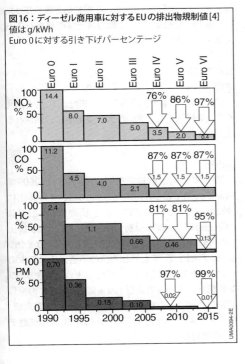

図16：ディーゼル商用車に対するEUの排出物規制値 [4]
値はg/kWh
Euro 0に対する引き下げパーセンテージ

ETCには排出物質に関する別の規制値があり、たとえば、粒子状物質の排出は、ESCに規定されている値よりも約50％高く設定されているが、これはすすの排出のピークが動的な走行条件で発生するためである。

2005年10月に、当初は新しい型式認定としてEuro IV排出ガス規制レベルが義務付けられ、1年後に量産車両に義務付けられた。すべての排出物規制値は、Euro IIIに規定されている値よりも大幅に引き下げられたが、粒子状物質に対する規制が最も厳しくなり、粒子状物質の規制値は約80％も引き下げられた。Euro IVの導入後も、下記の変更が適用された。

- すべてのディーゼルエンジンに対して、ESCおよびELRに加えて動的排出ガステスト（ETC）が義務付けられる。
- 排出ガス関連のコンポーネントの機能の持続性を、その車両の使用期間の全期間に渡って文書で証明する必要がある（「耐久性」を参照）。

2008年10月に、すべての新しいエンジンの型式認定に対してEuro V排出ガス規制が導入され、その1年後からすべての新しい量産車両に適用されている。Euro IVと比較して、NO_xの規制値のみが厳しくなった。

2013年1月に、新しいエンジン型式に対するEuro VI排出ガス規制レベルが発効した（1年後にはすべての新しい量産エンジンに適用された）。Euro Vと比較して、窒素酸化物がさらに80％引き下げられ、粒子状物質は60％以上引き下げられた（「Euro VのETC規制値」を参照）。Euro VIでは、新しい統一されたエンジンテストが導入された。ここでもまた、静止テスト（WHSC、世界統一静止サイクル）と動的テスト（WHTC、世界統一過渡サイクル）が予定されている。これまでのEuro V規制とは異なり、Euro VIからは、過渡テストでは粒子状物質に対する固有の規制は存在せず、定められる規制値は静止テストの値と同じとなる予定である。

耐久性

定義されている走行距離を超えて、または所定の期間の間、排出物が規制値に適合していることを明示しなければならない。3種類のクラスがあり、クラスが上がるにつれて耐久性に関する要件も厳しくなる。

- 総重量（GVW）3.5 tまでの小型商用車：6年または100,000 km（Euro IVおよびEuro V）および160,000 km（Euro VI）。
- GVW 16t未満の中型商用車：6年または200,000 km（Euro IVおよびEuro V）および300,000 km（Euro VI）
- GVW 16t超の大型商用車：7年または500,000 km（Euro IVおよびEuro V）および700,000 km（Euro VI）

燃費

CO_2規制は、現在計画中の段階である。可搬型の測定装置を使用して、走行中の車両で測定を行うことになる予定である。2018年にはセミトレーラーのCO_2認定と型式認定が導入され、2020年にはすべての大型商用車に適用されると予想されている。

超低排出ガス車両

Euro V規制の導入前には、自主的により厳格なステージに事前適合することができた。これは、EEV（環境配慮強化車両）規制値と呼ばれた。事前にこの規格を達成することで、税制優遇が与えられた。HC、NMHC、COおよび排出ガス不透過率のEEV規制値は、Euro V規制値を下回っていた。NO_xおよび粒子状物質の規制値は、Euro V ESC規制値と同等だった。EEV車の一般的な例は、天然ガス仕様の都市バスおよび観光バスである。

日本の規制

車両クラス

日本では、許容総重量3.5 t超、または10名を超える人員を輸送できる車両が大型商用車に分類される（図10を参照）。

排出物規制値

2005年11月、「新長期規制」が導入され、2009年末まで有効であった。炭化水素（HC）、窒素酸化物（NO_x）、一酸化炭素（CO）、粒子状物質、排出ガスの不透過率に対する規制値が定められている。排出レベルは新たに導入されたJE05過渡テストサイクル（温間テスト）で、また排出ガスの不透過率は日本の煤煙テストで測定された。煤煙テストは、定格エンジン回転数の40.6％および100％における3つの全負荷運転ポイントで実施された。「ポスト新長期規制」の導入により、排出ガスステージ（09/09）には煤煙テストの仕様は設定されていない。

排出ガス規制 **889**

2009年9月に、「ポスト新長期規制」が発効した。粒子状物質とNOxの規制値は、2005年のレベルのほぼ2/3まで削減されている。

2016年10月の「ポストポスト新長期規制」（ポストPNLT、PPNLT）が7.5t超の車両に適用され、新たに前のPNLT要件の約60％までのNOx削減が求められている。PPNLTの導入は、2018年10月に完了し、7.5t以下の商用車の規制値も適用される。適用開始時期の概要：
- 2016年10月、総重量7.5t超の大型商用車（セミトレーラーを除く）、
- 2017年10月、総重量7.5t超の大型セミトレーラー、
- 2018年10月、総重量3.5 ～ 7.5tの車両。

テストサイクルとして、統一テストサイクルWHSCおよびWHTCを使用する。

耐久性

定義されている走行距離を超えて、または所定の期間の間、排出物質が規制値に適合していることを明示しなければならない。3種類のクラスがあり、クラスが上がるにつれて耐久性に関する要件も厳しくなる。
- 総重量（GVW）8t未満の商用車：250,000 km
- GVW 12t未満の中型商用車：450,000 km
- GVW 12t超の大型商用車：650,000 km

燃費要件

許容総重量3.5 t超のトラックおよびバスに対する燃費規制値が規定されている。2種類の走行サイクル（市内および市外）が使用されている。

燃料消費率は、エンジンテストベンチ上で測定される。消費率は個々の車両のエンジンおよび装備仕様（ドライブトレイン、ころがり抵抗、車両重量など）に大きく依存するため、変換プログラムを使用して計算によって算出される。要件は、総重量10t未満の商用車では7.4 km/l、総重量20t未満のセミトレーラーでは2.9 km/l、総重量14t未満のバスでは5.0 km/lとなってる。これらの数値は2015年まで適用された。

地方による規制

全国的な新車の規制に加えて、古いディーゼルエンジン車を置換または更新することにより、既存の排出レベルを削減することを目的とした車両全体の総数に対する地域的な要件も存在する。

特に東京およびその周辺部において、2003年以降、許容総重量3,500 kg超の車両に対して「自動車NOx法」が適用されている。車両の初度登録から8 ～ 12年後には、排出ガス規制の関連先行段階のNOxおよび粒子状物質の規制値が遵守されなければならないと規定されている（例：2003年以降は1998年規制の遵守が求められる）。同じ原則が粒子状物質の排出にも適用される。この規制は、車両の初度登録から7年後にすでに適用される。

大型商用車のテストサイクル

大型商用車の場合、すべてのテストサイクルがエンジンテストベンチ上で実行される。過渡テストサイクルで排出ガスを収集し、CVS法に基づいて評価される。未処理の排出ガスは、静止テストサイクルで測定する。排出ガスはg/kWhで表される。

米国

過渡FTPシャシーダイナモ試験サイクル

1987年以降、大型商用車用エンジンに対しては、エンジンテストベンチ上での冷間始動から過渡走行サイクル(米国HDDTC、大型ディーゼル過渡サイクル)でのテストが行われている。このテストサイクルは、基本的には実際の道路交通条件下でのエンジン作動と等価である(図17)。これには、欧州のETCよりも多くのアイドリングセクションが含まれている。

連邦煤煙サイクル

追加テストである連邦煤煙サイクルによって、動的および擬似定常状態条件での排出ガス不透過率のテストが行われる。このテストでは、異なる負荷条件(トルク指定値)で、エンジンテストベンチでの全負荷条件での急加速を繰り返し、排出ガス不透過率を特定する。

追加テストサイクル

2007年モデル以降、米国の排出物規制値は欧州の13段階テスト(ESC)を満たしている必要があった。また、超えてはならないゾーン(つまり、所定のエンジン回転数/トルク範囲内の任意の走行モード)の排出ガスは、排出ガス規制値を最大50%超えてもよい。

欧州

欧州のすべてのテストサイクルは、エンジン暖機状態から開始される。

European Steady-State Cycle
（欧州定常状態サイクル）

欧州では、Euro III(2000年10月)の導入以降、許容総重量3.5 t超および乗員9名超の車両に対して、13段階のESC(欧州定常状態サイクル、図18)によ

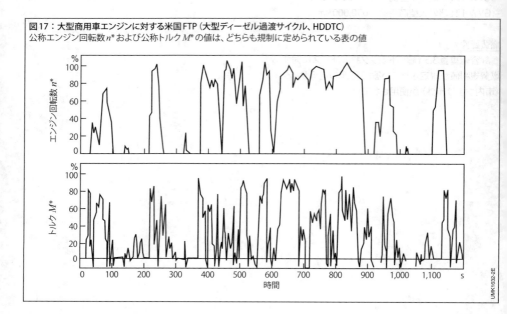

図17:大型商用車エンジンに対する米国FTP(大型ディーゼル過渡サイクル、HDDTC)
公称エンジン回転数 n^* および公称トルク M^* の値は、どちらも規制に定められている表の値

るテストが義務付けられている。このテスト手順では、エンジン全負荷曲線から算出された13の定常運転状態での測定が指定されている。それぞれの作動ポイントにおける排出ガスを測定し、所定の係数で重み付けする。重み付けは出力にも適用する。重み付けした総排出量を、重み付けした出力で除することにより、それぞれの汚染物質のテスト結果が求められる。

認証においては、さらに3種類のNO$_x$テストが追加される場合もある。NO$_x$排出量は、隣接する作動ポイントで測定したレベルと大幅に異なる値にならない必要がある。この追加テストには、テストのためのエンジン改造を防止する目的がある。

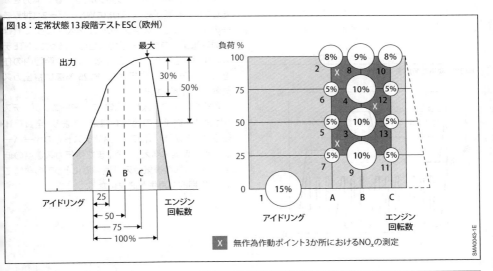

図18：定常状態13段階テストESC（欧州）

X 無作為作動ポイント3か所におけるNO$_x$の測定

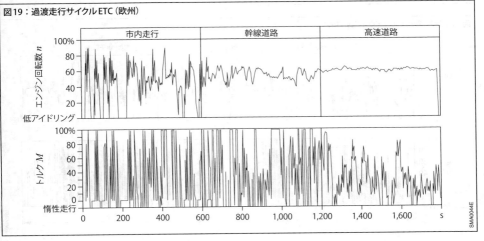

図19：過渡走行サイクルETC（欧州）

European Transient Cycle（欧州過渡サイクル）

Euro IIIのほかに、気体の排出と粒子状物質を規制するETC（欧州過渡サイクル、図19）、および排出ガスの不透過率を規制するELR（欧州負荷応答、図20）も導入された。Euro III規制のもとで、ETCは排気ガス処理装置（微粒子フィルター、NOx除去触媒コンバーター）を備えた商用車にのみ適用される。Euro IV（2005年10月）の導入により、すべての車両に義務付けられことになる。

テストサイクルは実際の道路走行パターンから導かれ、市内セクション、市外セクション、高速道路セクションの3つのセクションに分割されている。テスト時間は30分で、エンジンの回転数とトルクレベルを維持しなければならない時間が秒単位で指定されている。

世界統一サイクル

2013年以降のEuro VI排出規制レベルの導入に伴い、世界統一エンジンテストサイクルが適用された。この規制値は、WHSC（世界統一静止サイクル）とWHTC（世界統一過渡サイクル、図21）の両方を満たしている必要がある。新たにWNTEゾーン（世界統一の超えてはならないゾーン）が導入される、これは以前は米国内でのみ一般的なものであった。NTEテストは、所定のエンジン回転数／トルク範囲内の任意の走行モードで実行され、約25％高い排出ガス規制値が許容される。

現行の欧州のテストと比較して、統一エンジンテストはより低負荷での運転を想定しており、全負荷運転ポイントが減り（図22）、過渡テストでのオーバーラン期が大幅に増えている。また排気ガス温度の低下は、能動的な排気ガス処理装置にとっての難題であり、定期的な再生が必要になる。

図20：欧州負荷応答（ELR）

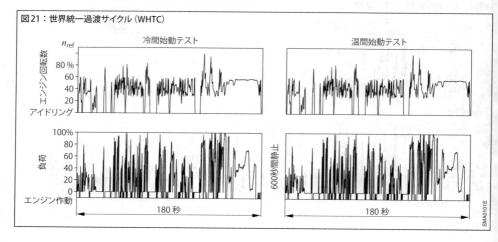

図21：世界統一過渡サイクル（WHTC）

日本

JE05 テストサイクル

　排出ガスは、2005年10月と2016年10月の間に過渡JE05テストサイクルで決定された（図23）。欧州の乗用車に対する過渡テストと同様に、商用車に対するJE05テストサイクルは、市外、市内、高速道路の3つのパートで構成されている。テスト時間は1,830秒で、エンジン暖機状態で開始される。

　欧州および米国の商用車のテストと異なり、JE05テストではエンジン回転数とエンジントルクではなく、走行速度が指定されている。このテストはエンジンテストベンチ上で行われるため、必要なエンジン回転数とトルク値は、指定された速度および個別の車両データから、変換プログラムを使用して決定される。必要な値には、特に車両重量、タイヤのころがり抵抗、変速比、トルク曲線、エンジン最高回転数が含まれる。ポストPNLT規制ステージの導入によって、統一欧州のテストモードWHSCおよびWHTCが認定に使用される。

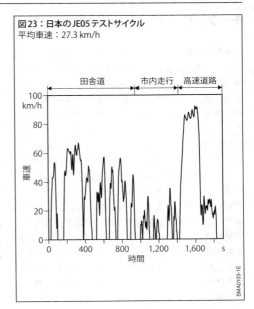

図23：日本のJE05テストサイクル
平均車速：27.3 km/h

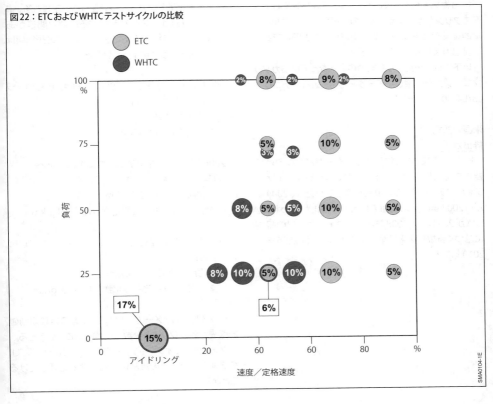

図22：ETCおよびWHTCテストサイクルの比較

モーターサイクルに対する排出ガス規制

米国は、モーターサイクルに対しても排出ガス規制を導入した。ただし、全交通量に占めるモーターサイクルの割合は非常に小さく、そのため全体の排気ガス量のわずかな割合であるため、乗用車および商用車と比較して、規制は長年見直されていなかった。よって、モーターサイクルおよびその他のLカテゴリーの車両（つまり、スクーター、3輪の配達用トラック、ミニカー、4輪バイクなどの2輪、3輪、4輪の車両）の規制はEUおよびアジア諸国が主導していた。EU規制がECE規制に組み込まれ、2輪および3輪の車両が多く使用されるインド、中国およびその他の東南アジア諸国で、各国の法規を策定する基礎として使用された。これらの国々では、都市部でも郊外でも長距離を走行したモーターサイクルが人や荷物の重要な移動手段として用いられている。日本、台湾およびタイは、独自のモーターサイクル規制を導入している。

排出物規制値、テストサイクル、テスト手順およびモニタリングオプションなどの目標および装置は、基本的に乗用車および小型商用車のものと同じである（「排出ガス規制、概要」を参照）。

以下では、Boschの開発の中心となっているガソリンエンジンを搭載したモーターサイクル（カテゴリーL3/L4）のみを扱う。

米国の法規
排出ガス量
EPAは、1978年に初めてモーターサイクル向けの要件を導入した。1988年から2003年までの間、カリフォルニア州は独自の規制を課していたが、2004年から2008年の間に範囲の拡大と厳格化が行われた。EPAが2004年／2008年のカリフォルニア州の規制に基づく新規制を米国全土に導入したのは2006年／2010年であった。

モーターサイクルは、ハイウェイ対応とハイウェイ非対応に分類され、それぞれ別の規制が適用され、3輪および4輪の車両も対象としている。ここでは、ハイウェイ対応モーターサイクルのみを扱う。これらは、2004年以降（CARB）および2006年以降（EPA）、気筒あたりの排気量別に4つのクラスに分類され、それぞれに走行距離での耐久性要件が適用される。
- クラスI-A： 50 cm³ 未満、
  5年／6,000 km。
- クラスI-B： 50 〜 169 cm³、
  5年／12,000 km。
- クラスII： 170 〜 279 cm³、
  5年／18,000 km。
- クラスIII： 280 cm³ 以上、
  5年／30,000 km。

排出ガスは、気温20℃〜30℃でシャシーダイナモメーター上でFTPサイクルを使って測定される。排出ガス規制値はテストで走行する経路と関連があり、1 kmあたりのグラム数で表される。この規制値は、燃費ではなくクラスによって異なる。

2004年（CARB）および2006年（EPA）からのクラスI-A/I-BおよびクラスII：
- 一酸化炭素（CO）12.0 g/km
- 炭素水素（HC）1.0 g/km

2004年〜2007年（CARB）および2006年〜2009年（EPA Tier 1）のクラスIII：
- 一酸化炭素（CO）12.0 g/km
- 炭素水素（HC）＋窒素酸化物（NOx）1.4 g/km

2008年（CARB）および2010年（EPA Tier 2）以降のクラスIII：
- 一酸化炭素（CO）12.0 g/km
- 炭素水素（HC）＋窒素酸化物（NOx）0.8 g/km

クラスIIIでは、メーカーはHC＋NOxの累積規制値を販売されたフリート台数で平均することができる。

メーカーは、オプションとしてクラスIおよびクラスIIの車両をクラスIIIの規制に適合させて認証を受けることができる。

微粒子排出の要件は規定されていない。乗用車と異なり、その他の排気ガス規制も適用されない。

燃料蒸発ガス

CARBでは、1983年以降、燃料蒸発ガスが規制も導入された。2001年以降、すべてのクラスでSHEDテストのテストあたり2.0gが規定された（「排出ガス測定方法」と比較）。これは、乗用車に適用されるものと手順および時間が異なる。モーターサイクルの場合、チャコールキャニスターを準備したり、タンクに規定されたタンク容量の40％の燃料を入れるなどの事前条件を整えてから、実際のテストを開始する。

一次テスト：タンク呼吸損失

SHEDでは、60分間に線形に気温を上昇させる。気温上昇に晒されたタンクと晒されないタンクの液体状態の燃料と蒸発した燃料の温度を区別する。車両から排出された炭素水素を測定する。

二次テスト：温間待機損失

一次テスト後、定義された走行サイクル中に車両の温度を上昇させ、車両の温度が下がる1時間、SHEDでHC濃度を測定する。

規制値は、2回のテストの合計HC排出量に適用される。

EPAはSHEDテストを義務付けていないが、燃料タンクおよびラインからの炭化水素の漏洩度に規制を設けて制限している。このため、メーカーはEPAの認証試料を使って漏洩テスト（定義された漏洩係数）を実施するか、サプライヤーからの認定コンポーネントを取り付ける。

漏洩規制値：
– 燃料タンク ≤ 1.5 g/m^2（1日）
– 燃料ライン ≤ 15 g/m^2（1日）

モーターサイクルの燃費測定や温室効果ガス排出量の要件は定められていない。

EU/ECE規制

EUのモーターサイクルの排出ガス規制およびその他の2輪、3輪および4輪車のLカテゴリー車両のベースとなっているのは、一般型式認定指令92/61/EEC [8] である。指令97/24/EC [9] では、EU初の規制値および排気ガスの排出量が定義され、以降定期的に更新されている。

乗用車および小型商用車の場合と同じく、Lカテゴリーの車両のEU規制が国連規制のモデルとなった。国連規制はEU規制のすべての側面を含む。つまり、以下で説明するEUステージが反映されている。世界統一規制および採用を目指す新規要件は、国連レベルで規定される。これは、特に世界技術基準GTR No. 2の世界統一二輪車排出ガス試験手順（WMTC）に適用される。

モーターサイクル向けの規制ステージは、EuroまたはEUの名称で、タイプIテストで排ガス規制が逐次厳格化される。
– Euro 1（1999年以降）
– Euro 2（2003年以降）
– Euro 3（2006年以降）
– Euro 4（2016年以降）
– Euro 5（2020年以降）

乗用車の場合と同じく、型式認定には次のステージが発効するまでEUステージが義務付けられる。

排出ガスは、気温20℃～30℃でシャシーダイナモメーター上で、規定のテストサイクルでタイプIテストにより測定される。排出ガス規制値はテストで走行する経路と関連があり、1 kmあたりのミリグラム数で表される。これらの一部は燃料（ガソリンおよびディーゼルエンジン）によって異なる。

モーターサイクルの場合、気筒あたりの排気量および最高速度などのパラメーターに応じてテストサイクルまたは適用される部品および重み付けが決定される。この場合、Euro 3以降、複合サイクルECE-R40が、より現実的でダイナミックなWMTCサイクルに置き換えられた。

EUの排出ガス規制は、ガソリンエンジン車の以下の排出物を制限している。
- 一酸化炭素（CO）
- 炭化水素（HC）、Euro 5以降は非メタン炭化水素（NMHC）
- 窒素酸化物（NOx）
- 粒子状物質（PM）（Euro 5以降でガソリン直噴エンジンが対象）

表4にモーターサイクル（L3）の排出物規制値およびテストサイクルを示す。名目上、Euro 5規制値はEuro 5bの乗用車の規制値と一致する。

各車両モデルの認定を受けるために、メーカーは法定の耐用期間（走行距離）を通して規制対象の汚染物質排出量が規制値を超えないことを証明しなければならない。Euro 4以降、最高速度130 km/h以上のモーターサイクルの耐用期間は35,000 km、最高速度130 km/h未満のモーターサイクルの耐用期間は20,000 kmと定められている。

タイプIテストの型式認証テストは、1,000 kmの慣らし運転後のテスト車両で行われる（Euro 5以降、最高速度130 km/h以下の車両で2,500 kmまたは最高速度130 km/h超の車両で3,500 km）。排出物規制値は、耐用期間終了時まで適用されるため、測定値は劣化係数（Euro 5以降は追加係数も適用）で乗算され、規制値と比較される。この目的のために、法定劣化係数を使用するか、タイプVテストでメーカーが車両タイプの劣化係数を特定する（車両の耐久走行またはEuro 5コンポーネント経時劣化から求める）。

タイプIテストの要件以外に、タイプIIテストの排気ガス規制が存在する。これでは、アイドリング時のCO排出量が特定される。

乗用車とは異なり、モーターサイクルには−7℃でのタイプVIテストは課せられない。

燃料蒸発ガス

乗用車と同様に、ガソリンエンジンを搭載したモーターサイクルには、タイプIVテストを用いた燃料蒸発ガス規制が適用される（「排出ガス測定方法」を参照）。燃料蒸発ガスは、Euro 4以降はSHEDテストで特定される。乗用車および対応するカリフォルニア州のテストとは手順および時間が異なる（「CARB」を参照）。

表4：ガソリンエンジンのクラスL3車両におけるEuro 3からEuro 5までの排出物規制値
（PMは直噴ガソリンエンジン車のみ）

ステージ	車両の分類	サイクル／重み付け	CO mg/km	HC mg/km	NMHC mg/km	NOx mg/km	PM mg/km
Euro 2	排気量 $< 150\ cm^3$	R40 UDC	5,500	1,200	–	300	–
	排気量 $\geq 150\ cm^3$	R40 UDC	5,500	1,000	–	300	–
Euro 3	排気量 $< 150\ cm^3$	R40 UDC	2,000	800	–	150	–
	排気量 $\geq 150\ cm^3$	R40 UDC + EUDC	2,000	300	–	150	–
	$v_{max} < 130$ km/h	WMTC	2,620	750	–	170	–
	$v_{max} \geq 130$ km/h	WMTC	2,620	330	–	220	–
Euro 4	$v_{max} < 130$ km/h	WMTC 30:70	1,140	380	–	70	–
	$v_{max} \geq 130$ km/h	WMTC 25:50:25	1,140	170	–	90	–
Euro 5	$v_{max} < 130$ km/h	WMTC 30:70	1,000	100	68	60	4.5
	$v_{max} \geq 130$ km/h	WMTC 25:50:25	1,000	100	68	60	4.5

規制値は、2回のテスト（タンク呼吸および温間待機損失）の合計HC排出量に適用される。
- Euro 4では2g／テスト（2016年1月以降）。
- Euro 5では1.5g／テスト（2020年1月以降）。

CO_2の排出

モーターサイクルでは、タイプIテストと同じテストでCO_2排出量を測定し、その量から燃費を計算する。ただし、乗用車および小型商用車のようなフリート目標は設定されていない。

日本の規制

日本では、許容排出量が段階的に低減されている（EU同様）。

日本独自の複合サイクルの規制は2012年以降GTR No. 2に基づきWMTCに置き換えられ、規制値は以前のステージと同等である。

2016年10月以降、新規の国内型式に次のWMTCステージが適用され、2017年9月以降はすべての型式および輸入車に適用される。

2017年10以降、追加される新規要件は燃料蒸発ガス規制である。 このテスト手順は、カリフォルニア州のSHEDテストに対応し、テスト1回あたりの制限値は2.0g HCとなっている。

2017年10月以降、日本では日本独自のJ-OBD I規制が導入される。これは、Euro 4-OBD Iと、CARB-OBD IIの一般的なOBD要件に基づく。2020年10月には、Euro 5に基づくJ-OBD IIが予定されている。

モーターサイクルの場合、燃費やCO_2排出量の測定に関する要件はない。

中国の規制

中国では、EU規制が段階的に導入された。2008年7月以降の国3ステージは2018年7月以降は国4に置き換えられる。これは、排気ガスおよび燃料蒸発ガスについてはEuro 4に相当する。一方、Euro 4-OBD Iは採用されていない。これに代わる中国独自の基本的なOBD I規制が策定中である。

インドの規制

インドでは、EU規制が段階的に導入された。2016年4月以降のBharat IVステージはEuro 3に相当する。Euro 4ステージは省略され、2020年4月以降はBharat VIに移行する。これは、排気ガスおよび燃料蒸発ガスについてEuro 5に相当する。2020年4月以降および2023年4月以降、OBD IおよびOBD IIが導入される。データおよび内容は、EU OBD IIの改訂に応じて変更される可能性がある。

参考文献

[1] 70/220/EEC: Council Directive (of the European Communities) of 20 March 1970 on the approximation of laws of the Member States relating to measures to be taken against air pollution by gases from positive-ignition engines of motor vehicles.

[2] 88/77/EEC: Council Directive of 3 December 1987 on the approximation of the laws of the Member States relating to measures to be taken against the emission of gaseous pollutants from diesel engines for use in vehicles.

[3] Regulation (EC) No. 715/2007 of the European Parliament and of the Council of 20 June 2007 on type approval of motor vehicles with respect to emissions from light passenger and commercial vehicles (Euro 5 and Euro 6) and on access to vehicle repair and maintenance information.

[4] Regulation (EC) No. 595/2009 of the European Parliament and of the Council of 18 June 2009 on type approval of motor vehicles and engines with respect to emissions from heavy commercial vehicles (Euro VI) and on access to vehicle repair and maintenance information, and amending Regulation (EC) No. 715/2007 and Directive 2007/46/EC and repealing Directives 80/1269/EEC, 2005/55/EC and 2005/78/EC.

[5] Commission Regulation (EU) No. 64/2012 of 23 January 2012 amending Regulation (EU) No. 582/2011 implementing and amending Regulation (EC) No. 595/2009 of the European Parliament and of the Council with respect

to emissions from heavy commercial vehicles (Euro VI) (Text with EEA relevance).

[6] Commission Regulation (EU) 2016/1718 of 20 September 2016 amending Regulation (EU) No. 582/2011 with respect to emissions from heavy commercial vehicles as regards the provisions on testing with portable emission measurement systems (PEMS) and the procedure for the testing of the durability of replacement pollution control devices (Text with EEA relevance).

[7] Commission Directive 2010/26/EU of 31 March 2010 amending Directive 97/68/EC of the European Parliament and of the Council on the approximation of the laws of the Member States relating to measures against the emission of gaseous and particulate pollutants from internal combustion engines to be installed in non-road mobile machinery.

[8] Council Directive 92/61/EEC of 30 June 1992 relating to the type-approval of two or three-wheel motor vehicles.

[9] Directive 97/24/EC of the European Parliament and of the Council of 17 June 1997 on certain components and characteristics of two or three-wheel motor vehicles.

[10] K. Reif (Editor): Ottomotor-Management – Bosch Fachinformation Automobil. 4th Edition, Springer Vieweg, 2014.

排出ガス測定方法

排出ガステスト

要件

シャーシダイナモメーター上で行う排出ガステストは、エンジンなどのコンポーネントを開発するためだけでなく、型式認定で一般証明を取得するために使用されている。このテストは、例えばドイツでワークショップの測定装置を使用して「全般的および部分的な排出ガス検査」(§ 29 StVZO、[1]) の範囲内で実施されるテストとは異なる。また大型商用車の型式認定では、エンジンテストベンチ上で排出ガステストが行われる。

> 情報提供の目的のみで掲載、不完全なものであってもその責任は負わないものとする。

車両に対しては、シャーシダイナモメーター上で排出ガステストが行われる。その測定方法は、できるだけ実際の道路上での走行に近くなるように定められている。シャーシダイナモメーター上での測定には、下記のような利点がある。

- 環境条件を一定に保つことができるため、再現性の高い結果が得られる

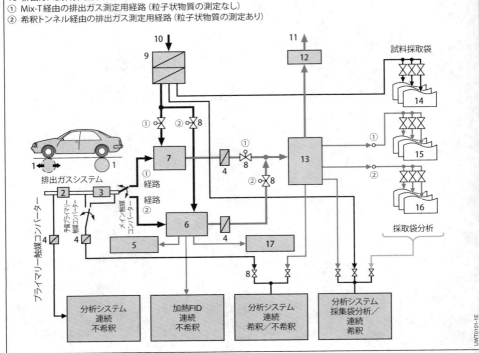

図1：シャーシダイナモメーターでの排出ガステスト
 1 ダイナモメーター付きローラ　2 上流触媒コンバーター　3 フロア下触媒コンバーター
 4 フィルター　5 微粒子フィルター　6 希釈トンネル　7 Mix-T　8 バルブ　9 希釈空気調整器
 10 希釈空気　11 排出ガス／空気混合ガス　12 ブロワー　13 CVS (定容量採取) 装置
 14 希釈空気試料採取袋　15 排気ガス試料採取袋 (Mix-T)
 16 排出ガス試料採取袋 (トンネル)　17 粒子計数器
 ① Mix-T経由の排出ガス測定用経路 (粒子状物質の測定なし)
 ② 希釈トンネル経由の排出ガス測定用経路 (粒子状物質の測定あり)

- 定義されている速度－時間のプロファイルに従って交通の流れに邪魔されずに走行できるため、テスト結果の比較可能性に優れている
- 必要な測定装置を静止した状態でセットアップできる

テスト設定
全般的な設定
　テスト車両の駆動輪がローラー上に来るように、シャーシダイナモメーター上に配置する（図1）。テストベンチ上の走行と道路上の走行で、生成される排出ガスができるだけ等しくなるように、車両に作用する力、つまり車両の慣性モーメント、ころがり抵抗、空気抵抗をシミュレートする必要がある。そのために、非同期発電機、直流発電機、または旧式のテストベンチでは電気式リターダーを使用して、速度に応じた適切な負荷をローラーに作用させ、ローラーを通じて車両に加えられる。新しい装置では、電気式フライホイールシミュレーションを使用してこの慣性力を再現している。旧式のテストベンチでは、ラピッドカップリングによってローラーに結合されたさまざまなサイズのフライホイールを使用して、車両の重量をシミュレートする。エンジンの冷却は、車両の前面に配置された送風機によって行う。
　テスト車両のエキゾーストパイプは、一般に気密アタッチメントで排出ガス採取システムに接続される。希釈装置については後述する。ここでは一定の比率の排出ガスが採取される。テスト走行の終わりに、排出ガスの気体状の排出規制成分（炭化水素、窒素酸化物、一酸化炭素）と二酸化炭素（燃料消費率を計算するため）の分析が行われる。
　排出ガス規制の導入に続いて粒子状物質の規制が導入されたが、当初はディーゼルエンジン車のみが対象であった。その後数年の間に、ガソリンエンジン車についても粒子状物質の排出規制が始まった。粒子状物質の測定には、「希釈トンネル」と激しい内部乱流（レイノルズ数40,000超）が使用されている。負荷に基づいて粒子状物質を計算するために、微粒子フィルターも使用されている。
　また開発の際には、車両の排気系統または希釈装置のサンプリングポイントから排出ガス流の一部を連続的に抜き取って、汚染物質の濃度の分析が行われる。

　テストサイクルは、車内の運転者によって反復される。現在の速度は、運転者制御ステーションモニターに表示される。運転者に代えて自動運転システムを使用することにより、テスト結果の再現性を向上させている例もある。

ディーゼルエンジン車のテスト設定
　ディーゼル車の排出ガステストでは、使用するテストベンチの設定および測定技術にいくつかの変更が必要である。排気ガスの炭化水素用測定装置を含め、試料採取装置全体を190 ℃に加熱する必要がある。これは、高い沸点をもつ炭化水素の凝縮を防ぎ、すでにディーゼルエンジンの排気ガス内で凝縮している炭化水素を蒸発させるためである。

希釈装置
CVS法の目的
　エンジンから排出されるガスを採取するために最も一般的に使用されている方法は、CVS（定容量採取）希釈法である。この方法は、1972年に米国で初めて、乗用車および小型商用車に対して導入された。その後、いくつかの段階を経て改善されてきている。CVS法は、日本など他の国々でも使用されている。1982年以降は、欧州でも使用されるようになっている。したがって、世界中で知られている排出ガス採取方法である。
　CVS法では、排出ガスの分析はテスト終了時にのみ行う。そのため採取した排気ガスの二次反応を防止し、窒素酸化物の減少を避けるため、水蒸気の凝縮も防止する必要がある。

CVS法の原理
　テスト車両からの排出ガスは、Mix-Tまたは希釈トンネル内で大気を使用して平均希釈率1：5～1：10になるように希釈され、ポンプによる特殊な装置を使用して、排出ガスと希釈空気の総流量が一定になるように抽出される。このため混合する希釈用空気の量は、時々刻々の排出ガスの流量によって異なる。希釈された排出ガス流から連続して抽出した代表試料（標本）は、1つ以上の排出ガス試料採取袋に採取する。採取袋充填時のサンプリング流量は一定である。これにより、採取後の試料採取袋内の汚染物質濃度は、袋に採取中の希釈された排出ガス濃度の平均値と同じになる。

排出ガスが試料採取袋に充填される間、希釈空気を1つ以上の試料採取袋に採取、回収して、希釈空気に含まれる汚染物質の濃度を測定する。

通常、試料採取袋への採取は、テストサイクル分割フェーズで行われる（FTP 75試験サイクルのht期など）。

希釈された排出ガスの総容量と、排出ガスおよび大気の試料採取袋内の汚染物質の濃度から、テスト中に排出された汚染物質の質量を算出する。

希釈装置

希釈された排出ガスの定流量を達成する方法は2種類ある。
- PDP（容量変化式ポンプ）法：回転ピストン式ブロワー（ルーツブロワー）を使用する。
- CFV（臨界流量ベンチュリー）法：ベンチュリー管と一般的なブロワーを臨界状態で使用する。

CVS法の進展

排気ガスを希釈することにより、汚染物質の濃度は希釈の程度に応じて低下する。最近では、排出物質の規制値が厳しくなるに伴って、汚染物質の排出が大幅に低減しているため、汚染物質（特に炭化水素化合物）の中には、希釈排出ガス中の濃度が、あるテストフェーズの希釈空気中の濃度と同等か、これよりも低くなることがある。汚染物質の排出に関してはこの2つの値の差が重要であるため、これにより測定処理の面での問題が発生する。汚染物質の分析に使用する測定装置の精度によっても、さらに問題が出現する。

このような問題に対処するため、通常は下記の対策が施されている。
- 希釈率を低くする：この場合、水蒸気の凝縮を防止するための対策が必要になる（希釈システムの加熱、あるいはガソリンエンジン車の場合は希釈空気の乾燥または加熱など）
- 活性炭フィルターの使用などによる希釈空気中の汚染物質の濃度の低減および安定化
- 使用する材料および装置の設定の適切な選択や調整、改良された電子部品を使用するなど、測定装置（希釈装置を含む）の最適化
- 特殊な浄化手順の適用など、処理の最適化

バッグミニダイリューター

前述したようなCVSの技術的な改良ではなく、新しいタイプの希釈装置として、米国でバッグミニダイリューター（BMD）が開発された。この装置では、乾燥および加熱された汚染物質を含まない気体（清浄な空気など）を使用して、排出ガス流の一部を一定の比率で希釈する。テスト中に、この希釈された排出ガス流から排出ガスの流量に比例した量を排出ガス試料採取袋内に採取し、テスト終了時に分析を行う。

この方法では、汚染物質が含まれている大気ではなく、汚染物質が含まれていない気体を使用して希釈する。これには、大気試料採取袋の分析と、それに基づく排出ガスと大気試料採取袋の濃度差の算出を避ける目的がある。ただし、（未希釈の）排出ガス流量を決定し、それに比例した試料採取袋への採取が必要であるなど、CVS法よりも複雑な手順が必要である。

排出ガス測定装置

ガソリンエンジン車の場合、規制されている気体状の汚染物質排出量は、排出ガスと大気の各試料採取袋内の濃度から算出する。排出ガス規制には、この目的に使用される世界標準のテスト方法が規定されている（表1）。

ガソリンエンジン車の排出ガス中の気体状汚染物質の測定には、基本的にディーゼルエンジン車と同じ装置を使用する。ただし、炭化水素（HC）排出量の特定方法には違いがある。排出ガス試料採取袋ではなく、希釈された排出ガス流の一部を連続で分析し、走行試験によって測定された濃度を組み込んで行なう。その理由は、沸点が高い炭化水素は、加熱されていない排出ガス試料採取袋内で凝縮するためである。

表1：不連続テスト方法

成分	方法
CO、CO_2	非分散赤外分析計（NDIR）
窒素酸化物（NO_x）	化学発光検出器（CLD）
総炭化水素（THC）	水素炎イオン化検出器（FID）
CH_4	ガスクロマトグラフと水素炎イオン化検出器の組合せ（GC FID）
CH_3OH、CH_2O	インピンジャーまたはカートリッジプロセスとクロマトグラフ分析の組合せ （米国で所定の燃料を使用する場合は必須）
粒子状物質	1）重量測定法：テスト走行の前後の微粒子フィルターの重量を測定 2）粒子状物質のカウント

開発目的のため、多くのテストベンチには、車両の排気系統または希釈装置内の汚染物質の濃度の連続測定が含まれていることがある。その理由は、規制されている成分だけでなく、規制対象外の成分に関するデータを収集するためである。これには、表1に挙げたテスト方法とは異なる方法が必要になる。その例を下記に示す。

- 常磁性体法（O_2濃度の測定）
- カッター FID 法：水素炎イオン化検出器と非メタン炭化水素吸収器の組み合わせ（CH_4濃度の測定）
- 質量分析法（多成分分析計）
- FTIR分析法（フーリエ変換赤外吸収法、多成分分析計）
- IRレーザー分析法（多成分分析計）

主要な測定装置の説明を下記に示す。

テストベンチによる測定

NDIR分析計

NDIR（非分散赤外）分析計は、所定の気体の特性を利用して狭い波長域の赤外線放射を吸収する。吸収した赤外線は、吸収した分子によって、振動または回転エネルギーに変換される。このエネルギーを熱として測定することができる。この現象は、2種類以上の元素（CO、CO_2、C_6H_{14}、SO_2など）で構成された分子内で発生する。

NDIR分析計にはさまざまな種類がある。主な構成部品は、赤外線光源（図2）、試料ガスを送る吸収セル（キュベット）、通常はこれと平行して配置されている基準セル（N_2などの不活性ガスを充填）、回転式チョッパー、検出器である。検出器は薄膜で結合された2つのチャンバーから成り、分析する気体成分の試料がこのチャンバーに送り込まれる。基準セルからの熱放射が一方のチャンバーで吸収され、キュベットからの熱放射が他方で吸収される。キュベットからの熱放射は、試料ガスの吸収によってすでに低下している。熱放射エネルギーの差によって流体運動が発生し、それを流量センサーまたは圧力センサーによって測定する。回転式チョッパーはサイクル内の赤外線の放射を遮り、流体運動の方向を変えてセンサー信号を変調する。

H₂O分子が幅広い波長の赤外線を吸収するため、NDIR分析計はテストガス中の水蒸気に対する強い交差感度を持っている。そのためNDIR分析計は、希釈排出ガスの測定に使用するときは、排出ガスを乾燥させるテストガス処理装置（ガス冷却器など）の下流に配置される。

化学発光検出器（CLD）

テストガスは、反応チャンバー内で高電圧放電で酸素から生成されたオゾンと混合される（図3）。この環境で、テストガス中の一酸化窒素成分が酸化して二酸化窒素に変化し、生成された分子の一部が励起状態になっている。このような分子が基底状態に戻るときに、光となってエネルギーが放出される（化学発光）。この放出された光量を、検出器（光電子増倍管）により測定する。光量は、特定の条件下ではテストガスに含まれる一酸化窒素（NO）の濃度に比例する。

法律によって窒素酸化物の総排出量が規制されているため、NOおよびNO₂を測定する必要があるが、化学発光検出器の原理上、NOの濃度測定しかできないため、テストガスは二酸化窒素を一酸化窒素に変換する変換器を介して検出器へ送られる。

水素炎イオン化検出器（FID）

水素炎中でテストガスが燃焼することにより（図4）炭素ラジカルが生成され、そのラジカルの一部が一時的にイオン化される。ラジカルは集電極で放電する。発生した電流を測定する、この電流はテストガス中の炭素原子の数に比例する。

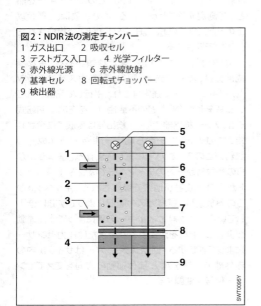

図2：NDIR法の測定チャンバー
1 ガス出口　　2 吸収セル
3 テストガス入口　　4 光学フィルター
5 赤外線光源　　6 赤外線放射
7 基準セル　　8 回転式チョッパー
9 検出器

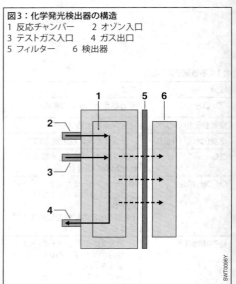

図3：化学発光検出器の構造
1 反応チャンバー　　2 オゾン入口
3 テストガス入口　　4 ガス出口
5 フィルター　　6 検出器

GC FID およびカッター FID

　一般的に使用されているテストガス中のメタン（CH$_4$）濃度測定方法は 2 種類ある。どちらの方法も、CH$_4$ 分離エレメントと水素炎イオン化検出器で構成されている。これらの方法では、ガスクロマトグラフィーカラム（GC FID）または非 CH$_4$ 炭化水素を酸化させる加熱式触媒コンバーター（カッター FID）のどちらかを使用して、メタンを分離する。

　GC FID は、カッター FID とは異なり CH$_4$ の濃度を不連続的にのみ調べることができる（一般的な測定間隔は 30 〜 45 秒）。

常磁性体検出器 (PMD)

　常磁性体検出器には、さまざまな構造のものがある（メーカーによって異なる）。その構造は、不均一磁場内に置かれた常磁性を持つ分子（例：酸素）には、分子運動を引き起こす力が作用する、という現象に基づくものである。この運動を、特殊な検出器で検出する。これはテストガス中の分子の濃度に比例する。

図 4：水素炎イオン化検出器の構造
1　ガス出口　　　2　集電極
3　アンプ出口　　4　燃焼空気
5　テストガス入口　　6　燃焼ガス (H$_2$/He)
7　バーナー

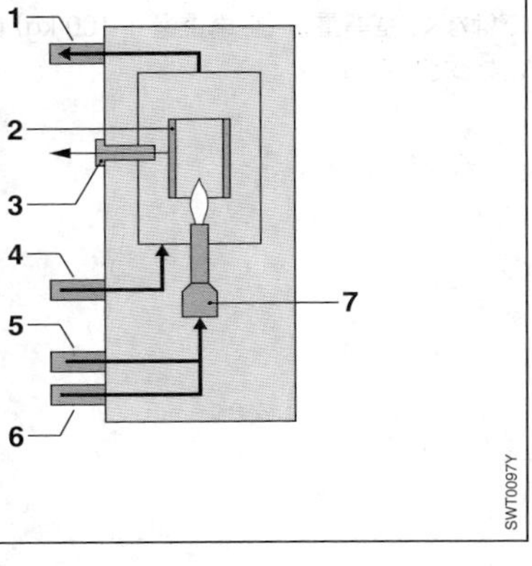

SWT0097Y

粒子状物質排出量の測定

　気体状の汚染物質に加えて、固体状の粒子状物質も測定する。これも規制対象の汚染物質である。現在法律で規定されている粒子状物質排出量を測定する方法は、重量測定法である。

重量測定法（微粒子フィルター法）

　テスト走行中に、希釈した排出ガスの一部を希釈トンネルから採取し（CVS 法）、微粒子フィルターを通す。テスト前とテスト後の微粒子フィルターの重量から、付着した粒子状物質の重量を算出する。テスト走行中の粒子状物質排出量は、付着した物質の重量、希釈した排出ガスの総容量、微粒子フィルターを通過した容量から算出する。

　重量測定法には、下記のような短所がある。
– 相対的に検出限界が高く、複雑な装置構成（トンネルの構造を最適化するなど）を使用しても、わずかに引き下げることしかできない
– 粒子状物質の排出を連続して測定できない
– 環境から受ける影響を最小化するために微粒子フィルターの調整が必要であり、手順が複雑である
– 粒子状物質の化学成分や粒子の大きさを選択することができない

粒子状物質のカウント

　前述のような短所があること、また規制値は今後も引き下げられるために、粒子状物質の排出量（単位走行距離あたりの粒子状物質の質量）同様に、粒子状物質の数に対する規制も厳格化されるであろう。

　「凝縮式粒子計数器」（CPC）は、規制（粒子状物質数）に基づく粒子状物質の数をカウントする測定装置として注目されている。この計数器（カウンター）では、希釈した排出ガスの小さな分流（エアロゾル）に、飽和ブタノール蒸気を混合する。固体の粒子状物質上にブタノールが凝縮し、粒子状物質のサイズが劇的に大きくなり、その散乱光を測定することでエアロゾル内の粒子状物質数を計算することができる。

希釈した排出ガスに含まれる粒子状物質の数を連続的に算出し、測定値を積分することでテスト走行中の粒子状物質の数が求められる。

粒子状物質のサイズ分布の測定

自動車の排気ガスに含まれる粒子状物質の、サイズ別分布に関する知識取得に関心が高まっている。このような情報が得られる装置には、走査型移動粒径測定器 (SMPS)、電子式低圧インパクター (ELPI) および微粒子移動分光計 (DMS) がある。

携帯型排出量測定装置

PEMS測定装置 (携帯型排出量測定システム) は主に3つのコンポーネントで構成され、車両の排出ガスの包括的な分析を行う。

ガスPEMS

ガス分析装置は、排出ガス流中の汚染物質を測定するために使用する。これは、NOおよびNO_2を特定するNDUV分析計 (非分散型紫外線分析計)、COおよびCO_2を測定するNDIR分析計 (「テストベンチによる測定」を参照)、およびO_2センサーで構成される。

NDUV分析計は、多成分計測紫外線分析計である。その測定原理は、基本的にNOおよびNO_2が200～500 nmの波長範囲の光放射を吸収する特性を利用する。

PN PEMS (粒子数)

粒子状物質の測定には、2種類の測定原理がある。まず、携帯型の「凝縮粒子カウンター」(CPC) を使う方法で、n-ブタノールなどの蒸気の凝縮によってナノ単位 (大きさの範囲：23～700 nm) の粒子を光学的に検出する (「テストベンチによる測定」の「粒子状物質数」を参照)。

次に、「拡散荷電装置」(DC) を使って粒子状物質をカウントする方法である。測定原理は、電荷を帯びた粒子状物質の電気集塵に基づく。粒子状物質は、測定装置の帯電室のガス帯電によって生成されたイオンとの衝突によって電荷を帯びる。帯電した粒子状物質の沈殿によって、表面および周辺領域に金属沈殿の電位差が発生する。この電位差を使って数値的な方法で理論上の粒子数を特定できる。

EFM (排出ガス流量計)

排出ガス流量は、排出ガス流量計 (EFM) を使って測定する。この場合、テストパイプ内の定義された流動抵抗での圧力損失を測定する。次に、この圧力差を使って、排気ガスの量を計算する。

EFMは、エキゾーストパイプに圧力センサーおよび温度センサーが内蔵されたテストパイプをマウントして使用する。このアダプターには、ガス分析装置のサンプリングポイントと、粒子数測定のサンプリングポイントも備えられている。

商用車のテスト

車両総重量8,500 lb (EPA) または14,000 lb (CARB) 超の大型商用車のディーゼルエンジンからの排出ガスを測定するための過渡テスト法は、米国では1987年モデルから定められている。これは、動的エンジンテストベンチ上で実行されている。欧州においてはこのテスト法は、Euro IIIにより能動的な排気ガス処理装置 (微粒子フィルターあるいは選択接触還元 (SCR)) を装備したエンジンに対し、Euro IVにより総重量3.5 tを超えるすべての大型商用車用エンジンに適用されている。Euro Vの導入以降、エンジンテストベンチ上でのテストは総重量によるものではなく、基準重量 (空車重量 + 100 kg) によるものとなっている。

過渡テスト法では、CVS法も併用されている。しかしながらエンジンが大型のため、乗用車および小型商用車と同じ希釈率を維持するには、実質的に大きな能力を備えたテスト設備が必要になる。規制によって認められている2段希釈(トンネルを2段にする)を使用することにより、装置構成の複雑化を抑制することができる。希釈排出ガスの体積流量は、ルーツブロワーまたは臨界流量ベンチュリー管を使用して設定を変更できる。

未希釈排気ガス内に残る汚染物質を測定する場合は、分流希釈システムを使用して粒子状物質の排出量を算出することもできる。

微粒子物質数に対するEuro VI規制値(2013年)は、すべての新しいモデル型式に適用される。その値は、停止状態においてはkWhあたり微粒子物質数$8 \cdot 10^{11}$個、ごく短い作動時間においてはkWhあたり$6 \cdot 10^{11}$個となっている。

ディーゼル黒煙排出テスト

方法

気体状の汚染物質に対する規制の導入よりもかなり前から、ディーゼルエンジン車の黒煙(スモーク)に対する法規制が行われていた。既存の黒煙テストはすべて、使用する測定装置に密接に結びついている。黒煙(煤、粒子状物質)の排出量を測定する手段として、スモークナンバーの測定がある。

この値の測定によく使用される方法が2つ存在する。吸収法(不透過率の測定)では、排出ガス内を通る光線が妨げられる度合いによって、排出ガスの不透過率を示す(図5)。フィルター法(反射光の測定)では、一定量の排出ガスをフィルターエレメントに通し、フィルターの汚れ具合から排出ガス中に含まれる煤の量を測定する(黒煙テスター、図7)。

ディーゼルエンジン車の黒煙排出テストは、エンジンに負荷がかかっている場合にのみ意味がある。意味のあるレベルの粒子状物質の排出は、エンジンに負荷がかかっている場合にのみ発生するためである。このテストにも一般に2種類の方法がある。その一つは全負荷での測定、例えばシャーシダイナモメーター上または定義されたテストコースでの測定である。もう一つの方法は、エンジンのフライホイールを負荷として、定義に基づいてアクセルを急激に全開にして、加速時に測定する方法である(図6)。

ディーゼル黒煙排出テストの結果は、そのテスト方法と負荷の種類によって異なるため、通常は、そのまま相互に比較することはできない。

オパシメーター(吸収法)

排出ガスの不透過率は、排出ガス中に含まれる粒子状物質が吸収することによる光の減衰、散乱、反射を表す。

オパシメーターにより全流量を測定するために、エキゾーストパイプに送信機と光検出器を取り付ける。排出ガス分流式装置では、排出ガスはポンプによって排出ガス採取プローブから加熱されている配管を通じて測定チャンバーに送られる(図5)。長い測定チャンバーを使用すれば、装置の検出限界が向上する。

自由加速時に排出ガスの一部が、測定チャンバーに送られる。排出ガスで満たされた測定チャンバーを光線が通過する。その光の減衰量を光電子的に測定し、不透過率 T (%) または吸収計数 k (m^{-1}) として示す（図6）。測定チャンバーの長さを正確に決定し、光学系が煤で汚れないようにする（接線方向の空気流によるエアカーテン）ことが、高い測定精度と再現性のための基本的な要件である。

負荷テスト中は、測定および表示が連続して行われる。オパシメーターにより自動的に最大値が決定され、複数回の急激なアクセル全開の平均値が計算される。

黒煙テスター（フィルター法）

Bosch 社による煤の測定では、所定の量（330 cm^3）の排出ガスをハンドポンプにより白紙フィルターを通して抽出する。フィルターの黒色化を反射光度計により特定する。紙フィルターの黒色化の度合いを、0～10の数字で等級分けする（Boschスモークナンバー、Bosch数）。0は使用されていない白紙に相当し、10は測定ポイントが完全に黒色化したことを意味する。

経験に基づく相関性を適用して、mg/m^3 単位の煤の質量濃度に変換することができる。

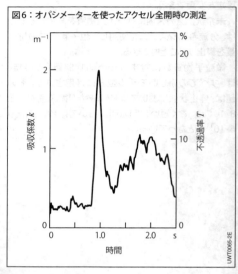

図6：オパシメーターを使ったアクセル全開時の測定

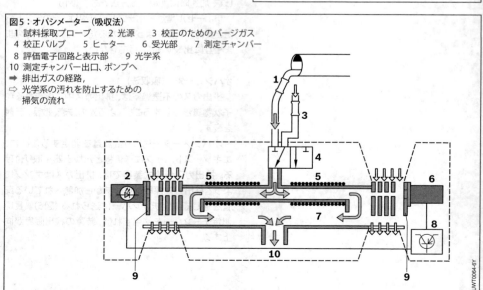

図5：オパシメーター（吸収法）
1 試料採取プローブ　　2 光源　　3 校正のためのパージガス
4 校正バルブ　　5 ヒーター　　6 受光部　　7 測定チャンバー
8 評価電子回路と表示部　　9 光学系
10 測定チャンバー出口、ポンプへ
➡ 排出ガスの経路,
⇨ 光学系の汚れを防止するための掃気の流れ

この方法は、長い期間をかけて開発された。その間にたとえばハンドポンプに代わって連続動作ポンプが使用され、試料とフィルターろ紙間の無効容量が考慮され、テスターは凝結を防ぐため温められるようになった (図7)。

フィルタースモークナンバー (FSN) については、ISO :10054 [2] に定義されている。これは、温度298 K、圧力1 barでの有効吸引長さ405 mmに対するBosch数に相当する。

図7：黒煙テスター (フィルター法)

1 フィルターろ紙　　　2 ガス通路
3 ヒーター　　　4 反射光度計
5 紙送り部　　　6 容量測定
7 掃気用切換えバルブ
8 ポンプ

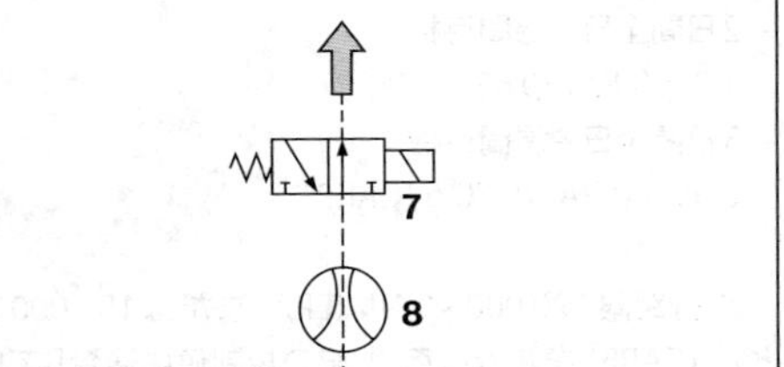

蒸発物テスト

ガソリンエンジン車の場合、エンジンの燃焼により排出される汚染物質とは別に、燃料タンクおよび燃料システムからの燃料蒸発ガスにより炭化水素 (HC) が排出される。蒸発ガスの量は、自動車の設計および燃料の温度に左右される。制限対策として、燃料蒸発ガスを溜めるチャコールキャニスターを使用する。その吸収能力は限られているため、チャコールキャニスターは定期的に再生する必要がある。これは、走行中に空気でパージして行う。空気／燃料の混合気は吸気管に送られ、エンジンで燃焼する (「燃料蒸発ガス処理装置」を参照)。多くの国で (米国や欧州など)、この蒸発による損失に対する規制が行われている。

テスト方法

前述の蒸発による排出量は、通常は、気候から遮断されたSHED (燃料蒸発量測定用密閉ハウジング) 室を使用して測定する。このテストでは、テストの初めと終わりに、水素炎イオン化検出器 (FID) を使用してHC濃度を測定し、その差で蒸発損失を表す。

蒸発損失は、一部またはすべての運転状態で測定され (国によって異なる)、排出物規制値を満たしていなければならない。

- 走行後、エンジン暖機状態で駐車しているときの燃料システムからの蒸発：温間待機テスト (EU、米国その他)。
- 温度変化による1日間の燃料システムからの蒸発：「タンク換気テスト」または「全日テスト」(EU、米国その他)
- 運転中の蒸発による排出 (浸透などによる)：運転時損失テスト (米国のみ)

テスト手順

蒸発による排出量は、詳細に規定されたテスト手順における複数のフェーズで測定される。チャコールキャニスターを準備したり、タンクに規定タンク容量の40％の燃料を入れるなどの事前条件を整えてから、実際のテストを開始する。

一次テスト：温間待機損失（温間待機）

このテストで蒸発ガス排出量を測定する際は、テストの前に、当該国において規定されているテストサイクルを走行して車両を暖機する。車両を気候室に格納してエンジンを停止する。車両の温度が低下していく1時間のHC濃度の増分を測定する。

テスト中、車両の窓およびトランクリッドを開けた状態にしておく必要がある。これにより、車両室内からの蒸発損失も測定することができる。

二次テスト：タンク呼吸損失

このテストでは、密閉式空調室内で、夏期の暑い日の一般的な温度（EUの場合の最高気温：35 ℃、EPA：35.5 ℃、CARB：40.6 ℃）を模擬的に作る。この条件で、排出される炭化水素を採取する。
– 米国では2日間の全日テスト（48時間使用テスト）と3日間の全日テスト（72時間、認証）の両方を行う必要がある（どちらの場合も、その日の最高値を用いる）。
– Euro 3のEU規制では、24時間テストが義務付けられている。2019年以降、改定されたMNEDCベースの蒸発物テストが導入される。このテストでは、準備手順が変更され（パージ回数の削減）、使用中のチャコールフィルターを使用し、タンクシステムの新規の漏洩テスト、および48時間のタンク換気テストが行われる（24時間サイクル2回のHC値の合計をカウント）。規制値は、引き続きテスト1回あたり2 g HCである。

2016/17年には、新規のEUテストに基づき、国連レベルでGTR 19としてWLTCベースのテストが策定された。これは、以降段階を経てMNEDCテストを置き換える予定となっている。

三次テスト：運転時損失

運転時損失テストは、温間待機テストの前に行う。このテストは、所定のテストサイクル（1 x FTP72サイクル、2 x NYCCサイクル、1 x FTP72サイクル）で車両を走行させたときに生成される炭化水素の評価に使用する（「米国のテストサイクル」を参照）。

規制値

EU規制

一次および二次テストの測定結果の合計が蒸発損失になる。すべての測定において、この合計値が現行の規制値（炭化水素蒸発量2 g）を超えてはならない。2019年以降は漏洩テストの結果が追加される。

米国

米国の規制（CARB LEV IIおよびEPA Tier 2に基づく規制）では、運転時損失テストで測定された蒸発損失が1マイルあたり0.05 g未満でなければならない。温間待機損失およびタンク呼吸損失に関する規制値は、以下のように定義されている。
– 2日間全日＋温間待機：
  1.2 g（EPA）/0.65 g（CARB）
– 3日間全日＋温間待機：
  0.95 g（EPA）/0.50 g（CARB）

走行距離120,000マイル（EPA）または150,000マイル（CARB）を超過して、上記の規制値に適合している必要がある。この規制は2004年モデルから段階的に導入され、2007年モデル（EPA）および2006年モデル（CARB）からは完全に適用されている。2009年モデル以降、EPAではこれに代えて、CARBの規制値およびCARB規制への適合証明を認めている（統一化）。

CARB ZEV規制に基づき認定されるPCおよびLDT1では、SHEDテストの規制値はテスト1回あたり0.350 g HCと厳格化されるとともに、「ゼロ蒸発ガス」要件が適用される。事実上、燃料蒸発ガスは許容されない（規制値：テスト1回あたり0.054 g HC）。こ

のため、「リグテスト」で上記の「3日間全日＋温間待機」が実施される。つまり、CARBおよび自動車メーカー間でタンク、燃料ライン、チャコールキャニスターおよびエンジンを調整する。

LEV IIIおよびTier 3によって、ZEV規制の燃料蒸発ガス規制はすべての車両に適用されるようになった。メーカーは、上記のZEV規制値を採用するか、SHEDテスト（PC/LDT1でテスト1回あたり0.300g）および新BETPテスト（「ブリード排出ガステスト手順」のわずかに厳格な規制値を組み合わせて採用することができる。このテストでは、エンジンを除くタンク、燃料ラインおよびチャコールキャニスターのみの機密性およびパージ性能を評価する（PC/LDT1の規制値はテスト1回あたり0.020g HC）。耐久性要件は150,000マイルである。

中国

中国では、燃料蒸発ガス規制にステージ5までのEU要件を採用している。国6a（2020年7月）以降、中国は米国のテストとWLTCの要素を組み合わせた独自の規制を導入する。温間待機および2日間全日テストの合計規制値（最高気温38℃、高い方の24時間のHC値を使用）は、0.7g HCである。

燃料補給による排出

燃料補給テスト

燃料補給テストでは、燃料補給時に放出される燃料蒸発を監視するために、燃料補給時のHCの排出量を測定する（規制値：補給した燃料1リットルあたり0.053 gのHC）。米国では、このテストはCARBとEPAの両方に適用される。

国6a（2020年7月）以降、中国は米国のテストとWLTCの要素を組み合わせた独自の規制を導入する。規制値は、テスト1回あたり0.05g HCである。

吹きこぼれテスト

吹きこぼれテストでは、燃料補給ごとの燃料の飛散量を測定する。燃料タンク容量の85％以上まで燃料を補給する。このテストは、燃料補給テストに不合格になった場合のみ実施される（規制値：テスト1回あたり1g HC）。

参考文献

[1] § 29 StVZO: Untersuchung der Kraftfahrzeuge und Anhänger (Inspection of motor vehicles and trailers).

[2] ISO 10054: Internal combustion compression-ignition engines – Measurement apparatus for smoke from engines operating under steady-state conditions – Filter-type smokemeter (1998).

診断

車両に搭載される電子部品の数が増え、ソフトウェアを利用した車両の制御、複雑さを増した最新の電子システムによって、診断コンセプトや車両走行中のモニタリング（車載診断システム）、ワークショップでの診断には、さらに高い要件が求められるようになった。

排出ガス規制の厳格化により、現在では車両走行中の継続的なモニタリングが求められるようになった。規制を管轄する官庁は、車載診断システムを排気ガスの監視に有効なシステムとして認識し、メーカーに依存しない標準化を導入した。このシステムは、OBDシステム（車載診断システム）と呼ばれている。このため、エンジンマネジメントシステムの診断は特に重要である。

> 情報提供の目的のみで掲載、不完全なものであってもその責任は負わないものとする。

車両走行中のモニタリング

コントロールユニットに統合された診断機能は、電子制御式エンジンマネジメントシステムの基本特性である。コントロールユニットや入力信号、出力信号のセルフテストを行うとともに、コントロールユニット同士の通信機能をモニタリングする。

数々のアルゴリズムをモニタリングすることで、車両走行中の入力信号や出力信号、さらにシステム全体、およびすべての関連機能の不具合と障害を点検し、エラーや故障を検知すると、コントロールユニットの故障メモリーに保存する。販売店のワークショップで車両のサービスを実施する際には、保存された情報をシリアルインターフェース経由で読み出す。これによって、迅速かつ確実なトラブルシューティングおよび修理が可能になる（図1）。

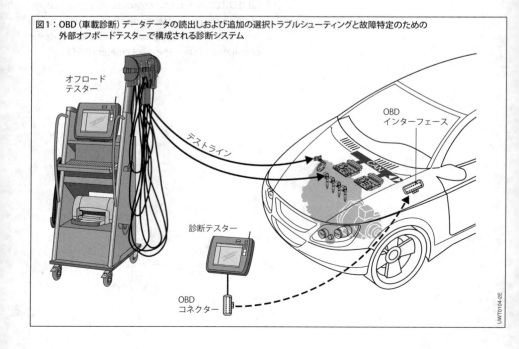

図1：OBD（車載診断）データデータの読出しおよび追加の選択トラブルシューティングと故障特定のための外部オフボードテスターで構成される診断システム

入力信号のモニタリング

　センサー、コネクター、コントロールユニットへの接続ライン（信号経路内）は、評価済みの入力信号でモニタリング（監視）される。このモニタリング手法を使うことで、センサーの故障、バッテリー電圧 U_B やアースへの回路のショート、回路の断線を検知することが可能になる。このために、次のような手順が用いられる。

- 必要に応じたセンサー供給電圧のモニタリング
- 記録された測定値と許容範囲（例：0.5 ～ 4.5 V）との比較
- 種々の物理信号の妥当性の検証（例：クランクシャフトスピードとカムシャフトスピードの比較）
- 異なるセンサーにより重複して検知された物理変数の妥当性の検証（例：ペダルストロークセンサー）

出力信号のモニタリング

　コントロールユニットによって起動するアクチュエーターは、出力ステージを通じてモニタリングされる。モニタリング機能によって、回路の断線やショート、アクチュエーターの故障が検知される。このために、次のような手順が用いられる。出力信号の電気回路が出力ステージでモニタリングされる一方で（回路のバッテリー電圧 U_B やアースへのショート、断線のモニタリング）、アクチュエーターによるシステムの影響を、機能性または妥当性のモニタリングによって、直接的または間接的に検知。排気ガス再循環バルブあるいはスロットルバルブなどのアクチュエーターは、クローズドループ制御（例：変動値による連続制御）によって間接的にモニタリングされ、またポジションセンサー（スロットルバルブ位置など）によってモニタリングされることもある。

ECU内部機能のモニタリング

　モニタリング機能は、コントロールユニットのハードウェア（例：インテリジェント出力ステージモジュール）と、コントロールユニットの機能を常に適正に保つためのソフトウェアによって実行される。モニタリング機能は、コントロールユニットの各コンポーネント（例：マイクロコントローラー、フラッシュ EPROM、RAM）を点検する。起動後、直ちに数多くのテストを実行する。通常の作動時には定期的にモニタリング機能を繰り返し、作動中に生じたコンポーネントの故

障を検知する。高い処理能力が求められるテスト手順や他の理由によって車両が走行モードにある間は実行できないテスト手順は、エンジン停止後に実行する。こうすることによって、他の機能に対する影響を防ぐことができる。フラッシュ EPROM のチェックサム点検は、こうした機能の一例である。

ECU通信のモニタリング

　他のコントロールユニットとの通信は、通常CANバスを経由して行われる。CANプロトコルには故障検知のための制御機構が組み込まれているため、通信時のエラーはCANチップによって検知される。コントロールユニットは、この他にもさまざまなテストを行う。CANメッセージの大部分は各コントロールユニットから定期的に送信されるため、コントロールユニットに内蔵されたCANコントローラーの故障は、この定期的な間隔を点検することで検知することができる。コントロールユニットに冗長性に関する情報が保存されている場合には、入力信号のすべてがこの情報に基づいて点検される。

エラーおよび故障の取扱い

エラーおよび故障の検知

　所定の時間にわたって故障が発生すると、その信号経路（例：プラグコネクター付きセンサーと接続ライン）は完全に故障したものとして分類される。システムは、故障に分類する以前の時点で発せられた最後の有効値を引き続き使用することになる。故障として分類されると、スタンバイ機能が起動する（例：エンジン温度代替値 $T = 90℃$）。

　大部分のエラーは、走行モード時の回復機能または「修復信号の認知」機能に対応している。このためには、信号経路が所定の時間、故障のない状態であることを検知していなければならない。

エラーおよび故障の保存

　故障はすべて、データメモリーの不揮発領域に故障コードとして保存される。故障コードは、故障の種別（例：回路のショート、断線、妥当性、許容範囲の超過）も示す。入力された各故障コードには、故障の発生時点における作動状況（フレーム凍結）を表す追加的な情報も組み込まれる（例：エンジン回転数、エンジン温度）。

リンプホーム機能

故障が検知されると、代替値を使用するとともに、リンプホーム（非常時回避、エンジン出力制限や回転数制限など）機能が立ち上がる場合がある。これらは走行安全性を維持し、さらに重大な故障（例：触媒コンバーターの過熱）を防ぐとともに、排出ガスを最小限に抑えることを目的としている。

車載診断システム

日常の使用において法令で定められた排出ガス基準を満たすため、エンジンのシステムやコンポーネントは、走行中に継続的に監視されていなければならない。このため、カリフォルニア州で始まった規制では、排気ガスに関連するシステムとコンポーネントのモニタリングが規定された。これが標準化され、排気ガス関連のコンポーネントとシステムのモニタリングに関するメーカー固有の車載診断システム（OBD）に広がった。

OBD I（CARB）

1988年、カリフォルニア大気資源委員会（CARB）による規制の第一段階として、カリフォルニア州でOBD Iが施行された。このOBDの第一段階では、排気ガスに関連する電気部品のモニタリング（ショート、断線）と、コントロールユニットの故障メモリーへの故障の記録、ならびに、運転者に故障を警告するための故障警告灯（MIL）が求められた。どのコンポーネントが故障したかを読み出す手段を車載していることも求められた（例：診断表示灯による点滅コード）。

OBD II（CARB）

1994年には診断規制の第二段階として、カリフォルニア州にOBD IIが導入された。1996年以降は、ディーゼルエンジン車にOBD IIが義務付けられるようになった。OBD Iで義務付けられた条件に加え、システムの機能性（例：センサー信号の妥当性点検）がモニターされるようになった。

OBD IIでは、故障が発生した際に有害な排気ガスの増加（およびそれによるOBDしきい値の超過）を招くような排気ガス関連システムとコンポーネントのすべてをモニタリングすることが定められた。これに加えて、排気ガスに関連するコンポーネントをモニタリングするために使われるコンポーネント、あるいは診断結果に影響を及ぼすコンポーネントをモニタリングするように定められた。

通常の場合、監視下にあるすべてのコンポーネントとシステムの診断機能は、排出ガステストサイクル（例：FTP 75、連邦テスト方法規則）の間に1回以上作動しなければならない。

OBD Ⅱ規制にはさらに、故障メモリー情報の標準化と、ISO 15031 [1] や関連する自動車技術会 (SAE) の基準 (例：SAE J1979 [2] および SAE J1939 [3]) に則った情報へのアクセスが定められている。これによって、標準化された市販のテスター (スキャンツール) を使用して、故障メモリーを読み出すことが可能になる。

拡張 OBD Ⅱ
2004年モデル以降の車両

OBD Ⅱの導入以降、規制は数回にわたって改訂された。法的要件は、一般に行政当局により2年ごとに改訂されている (「隔年での見直し」)。2004年モデル以降の車両では、機能面についてさらに厳しい要件や追加要件が課せられたと同時に、2005年モデル以降の車両では、日常の走行時の診断の頻度を点検すること (使用時モニター実行率、IUMPR) が求められた。

2007 〜 2013年モデルのガソリンエンジン乗用車

ガソリンエンジン車向けの新たな要件は、基本的にシリンダーごとの混合気調整の診断 (空燃比のばらつき) である。冷間始動手順の診断や、エラーおよび故障情報の恒久的な保存の条件も加えられ、ディーゼルエンジン車のシステムも対象とされる。

2007 〜 2013年モデルのディーゼルエンジン車両

ディーゼルエンジン搭載の乗用車および小型商用車向けには、OBD排出基準がより厳しくなり、3段階 (2009年モデル以前の車両、2010 〜 2012年モデルの車両、2013年モデル以降の車両) に分類される。燃料噴射システム、吸気システム、排気ガス処理システムには、大幅に拡張された各種機能を備えることが求められている。このため燃料噴射システムには、燃料噴射量と噴射時期をモニタリングすることが必要となった。吸気システムには、過給圧制御システムをモニタリングする機能に加え、排気ガス再循環システムと過給圧制御システムの動的応答性をモニタリングする機能が求められている。排気ガス処理システムでは、酸化触媒コンバーターや微粒子フィルター、NOx貯蔵触媒コンバーター、選択接触還元 (SCR) 触媒コンバーターを装備したSCR供給システムのモニタリング機能が要求された。これによって、微粒子フィルターの再生頻度やSCR供給システム内のNOx還元剤の供給量がモニタリングされる。

2009年以降、ディーゼルシステムに対しては、レギュレーターに加え、排気ガスに関連して制御される機能をモニタリングすることが新しい要件のひとつとして加えられた。同様に拡張要件として、冷間始動機能のモニタリングも課せられることになった。

2014/2015年モデル以降の車両

2015年モデルのディーゼルエンジン乗用車、小型商用車、および一般商用車の個々のコンポーネントに対しては、さらに厳しい要件が既に作成されている。これらは、酸化触媒コンバーターの「フィードガス」のモニタリング (SCR触媒コンバーターを作動させるためのNOとNO2の比率)、NMHC (非メタン炭化水素) 変換用コーティング微粒子フィルターのモニタリング、および噴射量コード化インジェクター用の燃料噴射システムのモニタリングに関するものである。同様にしてLEV Ⅲ排出ガス規制の改訂の一環として、ハイブリッド車両に関するいくつかの定義がより詳細なものとなり、これはIUMPR計算にも影響を与えるものである。

2017/2023年モデル以降の車両

最新のOBD規制の見直しには、OBDしきい値のLEV Ⅲ排出規制への適合が含まれた。OBD ⅡにおけるNOxおよびNMHCに対するしきい値は、LEV Ⅲからはクォンティティー (NOx+NMHC) と定義されることになる。排出規制値の倍数としてのOBDしきい値 (倍率) は、新排出カテゴリー (ULEV 50、ULEV 70、SULEV 20) で段階的に導入された。初めて、OBDしきい値は2019年モデル以降のガソリンエンジン車の粒子状物質にも規定され、17.5 mg ／マイルの固定値が設定された。その他の要件には、2019年モデル以降の「アクティブオフサイクル技術」の使用および作動を評価するための出力特性および燃費固有の数値、2023年モデル以降のクランクケースのブリーザーラインのモニタリング改善、ハイブリッド自動車のコンポーネントの多数の診断要件の指定などがある。

916 排出ガスと診断に関する法規定

表1：OBD排出ガスしきい値

	ガソリン乗用車	ディーゼル乗用車	ディーゼル商用車
CARB	– 排出ガスカテゴリー および診断要件に応じて、規制値の1.5倍〜2.5倍となる。 – PM OBD規制値： 限界値17.5 mg/mile	– 排出ガスカテゴリーおよび診断要件に応じて、規制値の1.5倍〜2.5倍となる。 – PM OBD規制値： 限界値17.5 mg/mile – 2007〜2013年には3段階に分けてより厳しい規制を導入。 例：微粒子フィルター 2007〜2009年： 規制値の5倍 2010〜2012年： 規制値の4倍 2013年以降： 規制値の1.75倍	2010〜2012年： CO：規制値の2.5倍 NMHC：規制値の2.5倍 NO_x：+0.4/0.6 g/bhp-hr [2] PM：+0.06/0.07 g/bhp-hr 2013年以降： CO：規制値の2.0倍 NMHC：規制値の2.0倍 NO_x：+0.2/0.4 g/bhp-hr [2] PM：+0.02/0.03 g/bhp-hr いくつかのモニターに対する移行期は2016年まで。
EPA （米国諸州）	CARB参照 該当規制値に対するCARB認証はEPAにより認可される	CARB参照 該当規制値に対するCARB認証はEPAにより認可される	2010〜2012年： CO：規制値の2.5倍 NMHC：規制値の2.5倍 NO_x：+0.6/0.8 g/bhp-hr [2] PM：+0.04/0.05 g/bhp-hr 2013年以降： CO：規制値の2.0倍 NMHC：規制値の2.0倍 NO_x：+0.3/0.5 g/bhp-hr [2] PM：+0.04/0.05 g/bhp-hr
EOBD	Euro 5（2009年9月）： CO：1,900 mg/km NMHC：250 mg/km NO_x：300 mg/km PM：50 mg/km [1] Euro 6-1（2014年9月）： CO：1,900 mg/km NMHC：170 mg/km NO_x：150 mg/km PM：25 mg/km [1] Euro 6-2（2017年9月）： CO：1,900 mg/km NMHC：170 mg/km NO_x：90 mg/km PM：12 mg/km [1]	Euro 5（2009年9月）： CO：1,900 mg/km NMHC：320 mg/km NO_x：540 mg/km PM：50 mg/km Euro 6 暫定（2009年9月）： CO：1,900 mg/km NMHC：320 mg/km NO_x：240 mg/km PM：50 mg/km Euro 6-1（2014年9月）： CO：1,750 mg/km NMHC：290 mg/km NO_x：180 mg/km PM：25 mg/km Euro 6-2（2017年9月）： CO：1,750 mg/km NMHC：290 mg/km NO_x：140 mg/km PM：12 mg/km	Euro IV（2005年10月）／ Euro V（2008年10月）： NO_x：7.0 g/kWh PM：0.1 g/kWh NO_x処理システムのモニタリング （2006年11月以降）： NO_x排出規制値 +1.5 g/kWh Euro IV：(3.5+1.5) g/kWh Euro V：(2.0+1.5) g/kWh Euro VI-A（2013年）： NO_x：1.5 g/kWh PM：0.025 g/kWh （CIエンジン） DPFモニターの機能代替 NO_x処理システム： SCR試薬 NO_x：0.9 g/kWh Euro VI-B（2014年9月）： SIエンジン Euro VI-Aに類似、ただしCOしきい値：7.5 g/kWh Euro VI-C（2016年）： NO_x：1.2 g/kWh PM：0.025 g/kWh （CIエンジン） CO：7.5 g/kWh （SIエンジン） NO_x制御システム： SCR試薬 NO_x：0.46 g/kWh

[1] ガソリン直接噴射が対象。

[2] g/bhp-hr：「bhp」あたりのグラム数×「時間」（bhpはドイツの単位PSと同じ）。

将来の規制については、OBDの要件をCO₂のモニタリングに広げることも検討されている。

適用分野

　これまでに紹介したCARBのOBD規制は、座席数が12までのすべての乗用車と、14,000 lbs（6.35トン）までの小型商用車を対象としている。

　カリフォルニア州の現行CARB OBD II規制は、現在、米国の他のいくつかの州で施行されている。今後は他の州でもこの規制を導入することが予定されている。

EPA OBD

　米国のCARB規制を採用していない州では、1994年にアメリカ環境保護庁（EPA）による規制が施行されている。この中に定められた診断に関する要件は、基本的にCARB規制（OBD II）と同様の内容である。2017年モデル以降、Tier 3排出ガス規制の見直しの一環として、EPA-OBD要件のCARB OBD要件への適合が行われた。現在CARBの認証は、既にEPAにより認可されている。

EOBD（欧州OBD）

　欧州の条件に合わせた車載診断システムは、EOBDと呼ばれている。EOBDは、2000年1月からガソリンエンジン搭載の乗用車と小型商用車に適用されている。この規制は2003年以降、ディーゼルエンジンを搭載した乗用車および小型商用車にも適用され、2005年以降は大型商用車も対象となっている（「大型商用車向けOBD要件」の項を参照）。

　2007年および2008年には、排出ガス基準のEuro 5およびEuro 6やOBD規制の枠組みの範囲内で、新しいEOBD要件がガソリンエンジンおよびディーゼルエンジン搭載の乗用車を対象に導入された（Euro 5は2009年9月より、Euro 6は2014年9月より施行）。

　ガソリンエンジンおよびディーゼルエンジン搭載の乗用車には、Euro 5+の施行（2011年9月）以降、CARB OBD規制（使用時モニター実行率、IUMPR）に基づき、日常走行時の診断の頻度（使用時実行率、IUPR）を確かめることが新たに要求された。

EOBD Euro 5およびEuro 5+のディーゼルおよびガソリンエンジンに対する要件

　2009年9月に施行されたガソリンエンジン車向けのEuro 5には、主にOBDしきい値の引き下げが盛り込まれている。粒子状物質（直接噴射式エンジンのみ）に加え、これまでの炭化水素に代わり、非メタン炭化水素（NMHC）に対するOBDしきい値が新しく導入されている。直接的に機能するOBD要件によって、三元触媒コンバーターのNMHCをモニタリングすることになった。2011年9月以降、Euro 5+レベルはそのOBDしきい値を変更することなくEuro 5に対して適用されている。EOBDの最も重要な機能の要件は、三元触媒コンバーターのNOₓ排出の追加モニタリングである。

　Euro 5には、乗用車用ディーゼルエンジンを対象とした粒子状物質や一酸化炭素（CO）、NOₓに関連するOBDしきい値の引き下げが含まれている。また、排気ガス再循環システム（クーラー）や、排気ガス処理用コンポーネントに関連する要件が拡大されている。これに関しては、SCR NOx除去システム（供給システムおよび触媒コンバーター）のモニタリングに厳しい要件が課せられている。未処理の排気ガスとは関係なく、微粒子フィルター機能のモニタリングが義務付けられている。

EOBD Euro 6のディーゼルおよび
ガソリンエンジンに対する要件

2014年9月 のEuro 6-1お よ び2017年9月 の
Euro 6-2では、複数のOBDしきい値を2段階でさ
らに引き下げることが決定された（表1を参照）。さ
らにディーゼルシステムに対しては、酸化触媒コン
バーターおよび排出ガス中のNOx排出処理システム
（NOx吸着触媒コンバーターあるいは供給システム
付きSCR触媒コンバーター）のモニタリングについて
より厳しい規制が適用される。

2017年9月以降、NEDCはタイプ1排気ガステスト
のEuro 6d-tempを使用するWLTCに置き換えられ
ている[8]。その際、排出物規制値およびOBDしきい
値は変更なしで採用されている。OBDテストについ
ては、自動車メーカーはNEDCまたはWLTCのどちら
かに基づいてOBDしきい値チェックを実施するかを
選択できる。この選択権は2021年末までのみ適用さ
れる。それ以降は、OBDしきい値はWLTCのみに基
づいて実施する。

中国版OBD

2016年12月、MEP（中華人民共和国環境保護部）
は、排出ガスに関して大幅に厳格化された排出ガス
規制およびOBD要件を2段階（2020年7月のCN6a、
2023年7月のCN6b）で施行する新法を公布した。
2020年7月以降のOBD要件は、そのままCN6bス
テージにも適用される。以前の中国の規制はEUの
規制に緊密に準拠していたが、新たなCN6規制は
EUおよび米国規制の要素を組み合わせた上で、中
国固有の新要件が追加される。OBDに関する要件は
最大限米国の要件に準拠しているが、一部の要件は
廃止または単純化されている一方、強化されている
ものもある。実際のOBD要件は米国規制寄りではあ
るものの、Euro 6-2および欧州のテストモードWLTC
の欧州OBDしきい値が採用されている。

その他の地域

他の国々では、EUまたは米国のOBD規制の異な
るステージを採用している（ロシア、韓国、インド、ブ
ラジル、オーストラリア）。

OBDシステムに対する要件

エンジンコントロールユニットは、適切な手法によ
り、故障が生じることで関連する法規に定められた排
出ガス規制値を超過する恐れのあるすべての車載
システムおよびコンポーネントをモニタリングしなけれ
ばならない。故障によってOBD排出ガスしきい値を
上回る状態が生じた際には、故障表示灯（MIL）で運
転者に知らせる必要がある。

OBDしきい値

米国のOBD II（CARBおよびEPA）は、排出物規制
値に基づいた種々のしきい値を規定している。このた
め車両認証時に適用されるOBDしきい値も、それ
ぞれの排出ガス分類ごとに異なっている（例：LEV、
ULEV、SULEV）。ヨーロッパのEOBD規制は、単一の
しきい値に基づいている（表1）。

機能に対する要件

排気ガスに関連したすべてのシステムおよびコン
ポーネントは、法律によって定められた車載診断シス
テム（OBD）の範囲内で、故障および排出ガスしきい
値の超過に対するモニタリングを受けなければなら
ない。

各種法令では、電気的機能（ショート、断線）のモ
ニタリングとセンサーの妥当性点検、アクチュエー
ター機能のモニタリングが求められている。

コンポーネントの故障の結果として生じる汚染物
質の濃度（排出ガスサイクルで測定可能）と、一部は
法律により求められているモニタリングモードによっ
て、診断の種類が決まる。簡単な機能試験（黒／白テ
スト）は、システムまたはコンポーネントの動作（例：
スワールコントロールバルブの開または閉）のみを
点検する。広範囲にわたる機能試験では、システム
の動作についてより正確な情報を得ることができる
ほか、必要に応じて、コンポーネントの故障が排気ガ
スにおよぼす量的影響を特定することもできる。そ
の結果、適応型燃料噴射機能（例：ディーゼルエン
ジンではゼロ噴射の較正、ガソリンエンジンではλ適

応) のモニタリングの際には、適応の限界をモニタリングしなければならない。

排出ガス関連法規の厳格化に伴い、診断の複雑さが増している。

故障表示灯

故障の発生は、故障表示灯 (MIL、警告灯とも呼ばれる) によって運転者に示される。CARB および EPA では、故障が検知されたらその発生から1回の走行サイクルが経過するまでの間に故障表示灯が点灯しなければならない、と定められている。EOBD が施行されている地域では、故障検知から3回の走行スケジュールまでの間に故障表示灯が点灯しなければならない。

故障が解消 (例:接続の緩み) した場合でも、故障メモリーには40トリップの間、故障の記録が残される (ウォームアップサイクル)。3回の走行スケジュールの間に故障が発生しなかった場合には、故障表示灯が消灯する。ガソリンエンジンのシステムでは、触媒コンバーターに損傷をもたらす恐れのある故障 (例:燃焼の失敗) が生じると故障表示灯が点滅する。

スキャンツールとの通信

OBD 規制には、故障メモリー情報の標準化と、ISO 15031 や関連する自動車技術会 (SAE) の基準 (例:SAE J1979, [2]) に則った情報 (コネクター、通信インターフェース) へのアクセスが定められている。これによって、標準化された市販のテスター (スキャンツール) を使用して、故障メモリーを読み出すことが可能になる。

CARB では2008年以降、EU では2014年以降、CAN (ISO 15765 [4]) を経由した診断のみが認められている。

車両の修理

各ワークショップは、排気ガス関連の故障情報をコントロールユニットから読み出すためにスキャンツールを使用することができる。このため、メーカー系列に属していないワークショップでも故障を修理することができる。

ワークショップが技術的に正しい修理を行うことができるように、自動車メーカーには必要なツールと情報 (インターネット上の修理マニュアル) を適切な料金で提供することが義務付けられている。

スイッチオン条件

診断機能は、物理的な起動条件が満たされている場合にのみ実行される。その条件として、トルクのしきい値、エンジン温度のしきい値、エンジン回転数のしきい値または制限値などがある。

抑止条件

診断機能とエンジン機能は、必ずしも同時に作動できるものではない。特定の機能の作動を禁じる抑止条件が存在する。たとえば、ガソリンエンジンで行われる燃料タンク内の掃気 (燃料蒸発ガス処理システムによる) は、触媒コンバーターの診断が行われているときは機能しない。ディーゼルエンジンでは、排気ガス再循環バルブが閉じていないとホットフィルムエアマスメーターのモニタリングができない。

診断機能の一時的抑止

診断機能は、誤った診断を防ぐために特定の条件のもとでのみ無効にすることができる。標高が高い (気圧が低い) とき、外気温度が低い状態でのエンジン始動時、バッテリーの電圧低下時などがこれに当たる。

準備コード

故障メモリーを点検する際には、診断機能が最低でも1回以上実行されていることを確認することが重要である。これは診断インターフェースを経由して、準備コードを読み出すことで確認できる。これらの準備コードは、法律で求められている関連診断が完了した際に、モニタリングを受ける最も重要なコンポーネントに設定される。

診断システムのマネジメント

診断の対象となるすべてのコンポーネントやシステムの機能は、通常の場合は走行中に点検されるが、排出ガステストサイクル（例：FTP 75、NEDC）の間にも少なくとも1回は実行されなければならない。診断システムマネージメント（DSM）は、走行条件に応じて診断機能を実行するシーケンスを変化させることができる。これは、日常の使用において診断機能を頻繁に実施させることを目的としている。診断システムマネージメントは、次のコンポーネントで構成されている。

- 故障の状況と関連する外的状況（フレームの凍結）を記録するための診断故障経路マネジメント
- エンジン機能と診断機能の調整を行うための診断機能スケジューラ
- 故障を検知したときに、原因として生じた故障か、結果として生じた故障かをシステム中枢において特定するための、診断機能バリデーター中枢部での検証機能と並んで、分散化された検証のシステムもある、すなわち診断機能で実行される検証である。

車両リコール

車両が法律で求められているOBD要件を満たすことができない場合には、管轄官庁は車両メーカーに対して、メーカー側の費用負担によるリコールの開始を要求する。

OBDの機能

概要

EOBDには個別のコンポーネントに関する詳しいモニタリング仕様が定められているだけである一方、CARB OBD IIにはさらに詳細な要件が盛り込まれている。以下は、現行のCARB（2017年モデル以降の車両）におけるガソリンエンジン車とディーゼルエンジン車に求められる最重要要件を示したものである。EOBD規定にも詳しく述べられている要件は、（E）の記号で示す。

ガソリンエンジンおよびディーゼルエンジンのシステム：
- 排気ガス再循環システム（E）
- 冷間始動時の排気ガス処理システム
- クランクケースベンチレーション
- 燃焼の失敗／ミスファイア（E、ガソリンシステムのみ）
- 燃料システム
- 可変バルブタイミング
- 排気ガスセンサー（λ酸素センサー（E）、NO_xセンサー（E）、微粒子センサー）
- エンジン冷却システム
- 空調システム（排気ガスやOBDに影響を及ぼす場合）
- その他の排気ガス関連の構成部品やシステム（E）
- 日常走行時の診断の頻度をチェックするための使用時モニター実行率（IUMPR）。
- ディーゼル／（ガソリン）エンジン車に適用される要件は、ディーゼル／（ガソリン）エンジン車で同じ技術が使用されている場合、ディーゼル／（ガソリン）エンジン車要件および規制機関の診断コンセプトに基づいて評価されなければならない。

ガソリンエンジンのシステムのみ：
- 二次空気噴射
- 三元触媒コンバーター（E）、ヒーター付触媒コンバーター
- 燃料タンク漏れ診断、（E）では少なくともキャニスターパージバルブの電気的な試験
- 直接的なオゾン低減システム
- 気筒毎のλのばらつき

ディーゼルエンジンのシステムのみ：
- 酸化型触媒コンバーター (E)
- SCR NOx 除去システム (E)
- NOx 貯蔵型触媒コンバーター (E)
- 微粒子フィルター (E)
- 燃料噴射システム（レール圧制御、燃料の噴射量および噴射時期）
- 排気ガス再循環システム用クーラー (E)
- 過給圧制御システム
- インタークーラー

「その他の排気ガス関連の構成部品やシステム」とは、この一覧で指定されておらず、故障が生じた場合に排気ガスが増加 (CARB-OBD II)、OBDしきい値の超過 (CARB OBD IIおよびEOBD)、あるいは診断システムに好ましくない影響を与える（例：他の診断機能の阻害）おそれのある構成部品やシステムのことである。診断機能の頻度に関する最小値を維持する必要がある。

OBDの機能の例

触媒コンバーターの診断

ガソリンエンジンのシステム

　この診断機能では、三元触媒コンバーターの変換効率をモニタリングする。診断は、触媒コンバーターの酸素保持能力により測定する。モニタリングは、λ クローズドループ制御の設定値の変動に対するλ酸素センサーからの信号を観察する。

　さらにNOx 貯蔵型触媒コンバーターでは、NOx貯蔵能力（触媒コンバーターの品質要素）を評価する。このために、触媒コンバーターを再生中の還元剤消費の結果として、NOxアキュムレーター内の実際の貯蔵量を、予測値と比較する。

ディーゼルエンジンのシステム

　ディーゼルエンジンのシステムでは、一酸化炭素 (CO) と未燃焼の炭化水素化合物 (HC) を、酸化型触媒コンバーターで酸化する（汚染物質の最小化）。酸化型触媒コンバーターの作動は、触媒コンバーターの上流側と下流側の温度差（発熱）を元に、診断機能がモニタリングする。

　NOx 貯蔵型触媒コンバーターでは、貯蔵能力と再生能力をモニタリングする。モニタリング機能は負荷および再生モデルに基づいて作動し、再生の経過時間を測定する。このためには、λセンサーあるいはNOxセンサーを用いる必要がある。

　SCR NOx 除去触媒コンバーターは、効率診断を利用してモニタリングする。このためには、触媒コンバーターの上流側と下流側に配置されたNOxセンサーが必要になる。還元剤供給システムの構成部品や、還元剤の量および供給を個別にモニタリングする。

タンク漏れ診断

ガソリンエンジンのシステム

　燃料タンクからの漏れの診断では、特に炭化水素の排出量の増加につながる、燃料システムからの燃料蒸発ガスを検知する。EOBDの要求は、タンク圧力センサーとキャニスターパージバルブ（燃料蒸発ガス処理システム）の電気制御回路の簡単なテストのみに限られている。米国では、燃料システムからの漏れを検知することができなければならない。これには2つの方法がある。

　低圧を用いる方法では、タンク内の圧力を観察し、最初に燃料タンクの掃気とカーボンキャニスターのチェックバルブを意図的に作動させることで、動作性のテストを行う。タンク圧力の時間曲線を利用して、どの程度の漏れがあるかを求めることができる。この際にも意図的にバルブを作動させる。

　過圧を用いる方法では、電動ベーンポンプを組み込んだ診断モジュールを利用する。このポンプは、タンクシステムへの空気注入に使用する。ポンプからの流れが大きければ、密閉度が高いことを意味する。ポンプからの流れを評価することで、どの程度の漏れがあるかを求めることができる。

微粒子フィルターの診断
ディーゼルエンジンのシステム

ディーゼル微粒子フィルターに関しては、現在のところ主にフィルターの損傷、脱落、目詰まりをモニタリングする。所定の体積流量における差圧（フィルター上流側と下流側の排気ガス背圧の差）は、差圧センサーで測定する。測定値はフィルターが故障しているかどうかの検証の際に用いる。拡張機能では、負荷モデルを利用して微粒子フィルターの効率をモニタリングする。

2010年モデル以降の車両では、再生頻度もモニタリングしていなければならない。米国においては2013年モデル以降、厳しくなったOBD要件に対応して微粒子フィルターのモニタリングのために微粒子センサーが使用されている。微粒子センサー（Bosch製）は「収集原理」により作動する、すなわち、特定の走行距離にわたり収集された煤が、しきい値フィルターのモデルを用いて評価される。異なるパラメーターの関数と考えられる集められた煤物質が特定のしきい値を超えると、微粒子フィルターが故障していると検知される。微粒子フィルターの故障（例：フィルターの破損やフィルターの融解）と合わせて、微粒子センサーの故障も検知することができる。

排気ガス再循環システムの診断
ディーゼルエンジンのシステム

排気ガス再循環（EGR）システムに関しては、レギュレーター、排気ガス再循環バルブ、排気ガスクーラー、その他の個別の構成部品をモニタリングする。

機能システムのモニタリングは、エアマスレギュレーターとポジションコントローラーによって行う。これらは、恒久的な制御変動を点検する。過度に高いか、または低いEGRフローを検出しなければならない。システムの反応（「スローレスポンス」）もモニタリングする必要がある。

排気ガス再循環バルブ本体では、電気的および機能的な動作をモニタリングする。

EGRクーラーは、クーラー下流側での追加的な温度測定とモデル値を使ってモニタリングする。これによってクーラーの効率性を算出する。

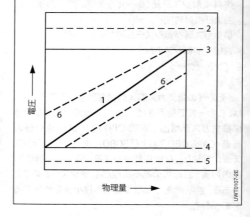

図2：センサーのモニタリング
1 センサー曲線
2 「信号範囲の点検」での上側しきい値
3 「範囲外の点検」での上側しきい値
4 「範囲外の点検」での下側しきい値
5 「信号範囲の点検」での下側しきい値
6 「合理性の点検」による妥当性の確認

包括的なコンポーネント

車載診断システムでは、排気ガスに影響を及ぼすか、または他の構成部品やシステムのモニタリング（およびその結果としての必要に応じての他の診断機能の抑止）に使うすべてのセンサー（例：エアマスメーター、速度センサー、温度センサー）および、アクチュエーター（例：スロットルバルブ、高圧ポンプ、グロープラグ）のモニタリングが求められている。

センサーは、下記の故障をモニタリングする（図2）。
- ショートや断線などの電気的故障（「信号範囲の点検」）
- 範囲の故障（「範囲超過外の点検」）、すなわちセンサーの物理的測定範囲により設定される電圧限界値を下回る／上回ること
- 妥当性の故障（「合理性の点検」）、これは、コンポーネント固有の故障（偏流）あるいは、たとえばシャント（分流）などにより生じる可能性のある故障である。モニタリングは、センサー信号の妥当性を点検する方法で行う。この点検は、モデルを使用するか、または他のセンサーによる直接検査として行われる

アクチュエーターは、電気的故障と、技術的に可能な場合には機能性もモニタリングする必要がある。機能性のモニタリングとは、制御コマンド（設定値）を与えたときに、システムからの情報を使ってシステムの反応（実測値）を適切な手法で観測または測定（例：ポジションセンサーを使用）し、それをモニタリングすることを意味する。

モニタリングを受けるアクチュエーターには、すべての出力ステージやスロットルバルブ、排気ガス再循環バルブ、ターボチャージャーの可変タービンジオメトリー、スワールフラップ、インジェクター、グロープラグ（ディーゼルエンジン）、タンク掃気システム（ガソリンエンジン）、活性炭チェックバルブ（ガソリンエンジン）が含まれる。

大型商用車向けOBD要件

欧州

EU（EOBD）の場合、商用車用車載診断システムの第1段階はEuro IVで（2005年10月）、第2段階はEuro V（2008年10月）で導入された。新しいOBD規定は、2013年にEuro VIと同時に施行された。

第1段階でのモニタリング要件
- 燃料噴射システム：電気的故障と全般的な故障のモニタリング
- エンジン構成部品：排気ガス関連の構成部品がOBDしきい値を満たしているかをモニタリング
- 排気ガス処理システム：重大な故障のモニタリング

第2段階で追加された要件
- 排気ガス処理システム：OBDしきい値を満たしているかをモニタリング

<u>追加要件</u>

NO_x制御システムが適正に作動しているかをモニタリング（2006年11月以降）する。システムは、OBDしきい値よりも厳しい独自の排出ガス規制値についてモニタリングする。

SCRシステム

システムに適正な試薬（尿素／水溶液、慣習的なブランド名はAdBlue）が供給されているかを確認することを狙いとしている。試薬が使用できるかどうかを、タンクの充填量によってモニタリングする必要がある。正しい品質の試薬であるかどうかを確認するには、排気ガスセンサーまたはクオリティーセンサーのいずれかを使い、NO_x排出量をモニタリングする必要がある。クオリティーセンサーを使う場合には、試薬の消費量が適切であるかをモニタリングすることも求められる。

排気ガス再循環システム

排気ガス再循環システムにおいては、再循環する排気ガスの適正な流れと排気ガス再循環システムの作動解除をモニタリングする。

NOx貯蔵型触媒コンバーター

NOx排出のモニタリングには排気ガスセンサーが用いられる。

NOx処理システムのモニタリング

NOx処理システムで発生した故障は、400日間（9,600時間）保存される（消去不可）。NOxの排出量がOBDしきい値を上回った場合や、尿素タンクが空の状態になった場合には、エンジン出力を調整できなければならない。

Euro VI

Euro VI規制はOBDに関しては、世界統一基準（GTR）の「OBDの世界調和」（WWH OBD）に基づいている。このWWH OBD GTRの体系は、カリフォルニア州のOBD規制（乗用車および商用車向け）に対応している。

WWH OBDでは、これを実施している各国の規制（ここではEuro VI）において、実際にどのようなモニタリング機能を選択しているかを公開している。

また排出ガス規制値とOBDしきい値、およびテストサイクルの選択は、各国の規制によって定められている。

WWH OBDに固有の観点として、故障の保存やスキャンツールによる交信（ISO/DIS 27145 [5]）についての新たな手法の導入も盛り込んでいる。

故障は、排気ガスに対する悪影響の深刻度に従って分類されなければならない。排気ガス関連の故障は、故障表示灯の作動やスキャンツールを使った交信によって区別することができる。カテゴリーは次のように分類される。
- A：OBDしきい値を上回る排出ガスを伴う故障
- B1：OBDしきい値を上回る、または下回る排出ガスを伴う故障
- B2：OBDしきい値を下回るが、排出ガス規制を上回る排出ガスを伴う故障
- C：排気ガスに影響をもたらすが、排出ガス規制を下回る故障

影響がごくわずかな場合でも、排気ガスに関連する故障はこの原則に従って出力される。

Euro VIに関する情報：
- NOxと粒子状物質の排出規制値とOBDしきい値を、Euro Vと比較して大幅に引き下げ、
- NH3と粒子状物質の排出数の規制を導入
- 標準化されたWHSCおよびWHTCテストサイクルを採用
- OBDはダブルWHTC温間始動パートで行われる
- 携帯型排気ガス測定システム（PEMS）を使ったランダム測定により、排気ガスに関連するシステムの適合性を確認する設備の導入
- 日常的な走行におけるOBDの診断頻度の点検（使用時モニター、IUMPR）

Euro VI A
- 2012年12月31日以降新型式承認に必須
- 2015年8月31日まで有効
- NOxおよび粒子状物質の厳格なOBDしきい値（オートイグニッション装備のエンジンのみ）。微粒子フィルターのモニタリングに対して、OBDしきい値診断に代えて非排気ガス関連機能診断が可能

Euro VI B
- 2014年9月1日以降新型式承認に必須
- 2016年12月31日まで有効
- 外部供給イグニッションのエンジンのみが対象
- COにOBDしきい値を導入

Euro VI C
- 2015年12月31日以降新型式承認に必須
- Euro VI AおよびEuro VI B関連の変更：より厳しいNOxOBDしきい値、およびNOx処理システムのSCR試薬の品質と消費量モニタリングに関する要件の厳格化。モニタリングはフューエルインジェクターの長期的なドリフト挙動に関して行われる。OBD診断頻度のモニタリングは必須

Euro VI D
– 2018年9月1日以降新型式承認に必須
– OBDについては変更なし

WWH OBDの求める診断

これらの診断は、微粒子フィルター、SCR触媒コンバーター、NOx貯蔵型触媒コンバーター、酸化触媒コンバーター、排気ガス再循環、インジェクションシステム、過給圧システム、可変バルブ制御、冷却システム、排気ガスセンサー、アイドルコントロールシステムおよび構成部品に対して必ず実施しなければならないものである。

WWH OBD項目以外の求められる診断

微粒子フィルター、排気ガス再循環システム、および過給圧制御システムに対しては、規定の診断のモニタリングについて例外は認められない。関連する故障はクラスCとして定義してはならない。

さらにEuro VI C以降は、構成部品に損傷をもたらし得るフューエルインジェクターの長期的なドリフトの影響をモニタリングすることが求められている。

WWH OBDの非排気ガス関連「性能モニター」の定義は、大幅に変更された。Euro VIでは、これらの診断は1つのエンジンファミリーの1つのエンジンの最初の承認に対して、排気ガスと関連させて実施されなければならない。

ガスエンジン

ガスエンジンに関しては、λ目標値の維持、三元触媒コンバーターのNOxおよびCO変換、並びにλセンサーに関する専用のモニタリング要件がある。さらに、触媒コンバーターに損傷をもたらす燃焼失敗の検出も求められている。

NOx処理システムに関する要件

SCRシステムに対しては、試薬タンク充填レベル、試薬品質、試薬消費量、および供給中断のモニタリングが求められている。

排気ガス再循環システムに関しては、排気ガス再循環バルブの構成部品のモニタリングが求められている。

さらに、すべてのNOx処理システムは改ざんによる非作動についてモニタリングされなければならない。

NOx処理システムにおいて故障が検出されると、車両の走行性が段階的に低減される。第1段階のトルク制限に続いて、第2段階として車速が微速走行速度に制限される。

米国
CARB、2007年モデル

カリフォルニア州では2007年モデル以降の大型商用車に対し、「エンジン製造者診断」(EMD)の採用を求めている。これは、OBD規制の前段階ととらえることができる。EMDでは、すべての構成部品と排気ガス再循環システムのモニタリングを求めている。

EMDの要件は、個別の排出ガス規制を反映したものではない。また、標準化されたスキャンツールによる交信も求められていない。

2010年およびそれ以降のモデル

2010年モデルでは、乗用車向けにOBD IIが導入されたのと同じようにOBDシステムが導入された。技術的要件は、対応する乗用車向け要件と同じ水準のものである。

相違は、商用車にはエンジン認証が求められることにある。エンジン認証においては、すべての排気ガス規制値およびOBDしきい値がエンジンサイクルに適用される。完全に適用可能な値は、サイクルにおいて実行された仕事量により計られる。

乗用車に対するLEV IIIとは異なり、商用車に対しては新しい排気ガス規制(NOxおよびNMHC集計限界値の導入)は計画されていない。このためNOxおよびNMHCに関するOBDしきい値は変更されない、すなわち商用車においては両者は別々に規制される。

OBD要件の導入スケジュール
2010年モデル

各メーカーのエンジンシリーズの中で最も販売数の多い機種(性能クラス)には、OBDシステムを装備しなければならない。その他の機種(性能クラス)には、比較的簡略化された認証手続きが義務付けられている。

2013年モデル

各メーカーのひとつのエンジンシリーズに対して、すべての機種（性能クラス）にOBDシステムを装備することが求められる。また各エンジンシリーズのひとつの機種（性能クラス）に、OBDシステムを装備する必要がある。これらのエンジンシリーズのその他の機種（性能クラス）には、比較的簡略化された認証手続きが義務付けられる。

2016年モデル

各メーカーのあらゆるエンジンシリーズの全機種（性能クラス）に、OBDシステムの装備が求められる。

2018年モデル

代替燃料（ガスなど）で作動するエンジンは、OBD要件を満たさなければならない。

日本

日本では2004年以降、商用車を対象とした独自のOBD規制が導入されている。その要件は、2007年モデルを対象としたカリフォルニア州のEMDと同程度のものである。

中国

2017年以降、中国では国Vが適用されている。これは、OBDについてはEuro Vと一致している。

草案では、2020年に国VIが導入される。これは事実上Euro VIに準拠しているが、OBD関連の追加要件が適用される点で異なる。

- 特殊商用車のシャシーダイナモメーター上のテストサイクルC-WTVCによる追加のOBD診断の実施
- OBDしきい値に関連する燃料噴射量のモニタリング
- OBDシステムが特定したライブデータのサーバーへの遠隔送信。
- WWH OBDの故障の保存に適合したCARB OBDに類似する「常駐DTC」と呼ばれる故障の保存
- バナジウム触媒コンバーターの特殊温度モニタリング

- OBD故障についても、Euro VIのNO_x制御システム要件にも規定されている警告および指示システムの採用。これは、最重要排気ガス処理システムであるDPF（ディーゼルパティキュレートフィルター）、SCR触媒コンバーター（選択触媒還元脱硝装置）、NO_x吸着触媒コンバーター、および3元触媒コンバーターの効率低下のOBD故障に関連する。
- ガスエンジンのみに適用：クランクケースベンチレーションのモニタリング

その他の地域

これまでに、他の各国でも商用車を対象としたOBDを導入している。これらの国々にはインド、韓国、オーストラリア、ブラジル、ロシアが含まれる。これらの各国では、EU規制（Euro IV、Euro V、またはEuro VI（韓国））が適用されている。

モーターサイクルの車載診断システム

これまでのところ米国ではモーターサイクルにおけるOBD要件は規定されていないが、欧州ではOBDが3段階で導入される。2016年以降の排出ガス規制ステージEuro 4ではOBD Iが導入され、排出ガス関連のセンサーおよびアクチュエーターの電気的故障のモニタリングが規定されている。電気故障のどの診断を実施する必要があるかは、コンポーネントによって異なる。故障検出および故障の保存、MIL点灯、スキャンツール通信などの追加要件はEOBD乗用車の要件に準じている。

2020年以降の排出ガス規制ステージEuro 5では、OBD Iが拡張され、センサーの妥当性検証およびアクチュエーターの機能点検が含まれる。診断範囲は、コンポーネントによって異なる。さらに、最大トルクが10%を超えて低下する原因となる故障をモニターすることが必要となる。同時に、EOBD同様のOBD IIも適用される。触媒コンバーターの診断は除外される。モーターサイクルにおける失火の検出は、エンジン回転数負荷範囲で言及されている。機能に関するIUPR要件を満たす必要があるが、最小比率は設定されていない。2024年以降、厳格化されたOBDしきい値が適用される。さらに触媒コンバーターの診断が規定され、最小比率0.1がすべての診断に適用される。

最初のOBD Iステージは、UN GTR 18に引き継がれ、その範囲は縮小されている。OBD Iステージ2およびOBD IIのUN GTRへの移行は2018年に予定されている。インドは、2020年4月にEU OBD I、2024年4月にEU OBD IIをそれぞれ導入すると予想されている。インドが、欧州同様にOBD IIの導入を2段階に分割するかは不明である。

日本は、2016年にEU OBD Iと同等の独自のOBD Iを導入した。OBD IIステージは、前出のUN GTR OBD IIがベースとなる。

中国は、2018年7月以降、EU OBD I規制の独自の簡略化されたバージョンを導入している。

ECU診断および
サービスインフォメーションシステム

役割

ワークショップにおける診断は、交換すべき最小単位の故障部品を、短時間かつ高い信頼性で特定するためのものである。最新の車両では、一般にPC（パーソナルコンピューター）をベースにした診断テスターを使用することが不可欠となっている。ワークショップにおける診断では、車両に搭載されているECU専用のワークショップ用診断モジュール、あるいは診断テスターや追加の試験・測定装置を使用して、走行中に取得した診断結果（故障メモリーの記録）を活用する。こうした各種の診断手法は、診断テスターのガイダンス付きトラブルシューティングに組み込まれている。

ガイダンス付きトラブルシューティング

ワークショップにおける診断の核となるのが、ガイダンス付きのトラブルシューティングである。ワークショップの従業員は、故障症状あるいは故障メモリーの記録から始まって関連診断ステップ全体にわたってガイドされる。診断ステップの選択と順序は固定されたものではなく、先行する診断ステップの結果により異なる。診断ステップは、試験装置の使用、追加センサーあるいはワークショップ診断モジュールの使用を含むものである。

症状

故障した車両の挙動は、運転者が直接認識したり、故障メモリーへ記録されたりする。故障診断の最初の段階では、ガイダンス付きトラブルシューティングの出発点として、ワークショップの修理担当者が現存する症状を特定する必要がある。

故障メモリーの記録

走行中に発生したすべての故障は、発生時に特定した外的条件とともに故障メモリーに保存され、インターフェースプロトコルを介して読み出すことができる。このプロトコルは一般に認められている規格のいずれかに基づいたもので、通常はメーカー固有の構成部品に対応するように拡張されている。故障メモリーは、診断テスターを使用して消去することもできる。

追加試験装置およびセンサー

ワークショップにおける診断機能は、追加のセンサー（例：クランプ式の電流計および圧力計）やテスター（例：Bosch社製車両システムアナライザー）を使うことで拡張できる。ワークショップで故障を検知した場合には、装置を車両に適合させる。通常、測定結果は診断テスターによって評価する。

ワークショップ診断モジュール

ワークショップ診断モジュールはいずれも、診断テスターが接続された場合に限って使用することができ、通常は車両が停止した状態でのみ用いられる。作動状況は、ECUでモニターされる。ECUに組み込まれたこれらの診断モジュールは、診断テスターを使って起動させた後は、ECU内部で完全に自律して作動し、終了すると診断テスターに診断結果を送信する。ECUベースのワークショップ診断モジュールは、音響でフィードバックする単純なアクチュエーター試験とは異なる。この診断モジュールでは、一般に診断を行う車両を無負荷の作動ポイントで所定の周囲条件において作動させ、アクチュエーターを励磁し、センサーの数値による結果を評価論理回路に基づいて独立して評価する。ディーゼル燃料噴射システムのシステムテストとして行う高圧試験（図1）や、ディーゼル用インジェクターのコンポーネントテストとして行う作動テスト（図2）は、こうしたモジュールの一例である。

テスターベースの診断モジュール

テスターベースの診断モジュールでは、一連の機能と評価は診断テスター内で行う。評価に使用する測定データは、ECUを介して車載または試験用の追加センサーから提供される。

テスターベースの診断モジュールの性能は、エンジンECUのリリースされたインターフェース、およびエンジンECUとテスター間のデータ転送に左右される。その一方で、テスターソフトウェアの簡単な更新により新しい診断モジュールを使用できるので、量産後にも高い柔軟性を発揮する。そのため、特定領域

図1：ディーゼル噴射システムの高圧試験
高圧システムの漏れと加圧効率の検知
試験手順：
試験開始 － 規定圧力へ上昇 － 圧力上昇時間の測定 － 規定圧力へ低下 － 圧力低下時間の測定 － エンジン回転数と圧力の変更 － エンジン停止状態での圧力低下時間の測定を行い試験終了 － 診断結果

図2：ディーゼル用インジェクターの作動試験
インジェクター別の燃料噴射量の差を検知
試験手順：
試験開始 － 個々のシリンダーを遮断 － 噴射量の上昇 － 最大回転数の測定 － 他のシリンダーで同じ手順を実施 － 診断結果

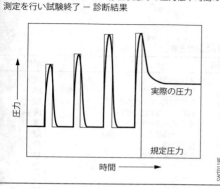

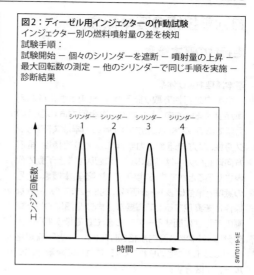

に問題が発生した場合には診断項目を選択的に実施することができる。

トラブルシューティングマニュアルのその他の内容

トラブルシューティングマニュアルには、機能説明、配線図、構成部品の取付け位置、実測値の読出し、アクチュエーター診断も含まれている。

参考文献

[1] ISO 15031: Road vehicles – Communication between vehicle and external equipment for emissions-related diagnostics (2011).
[2] SAE J 1979: E/E Diagnostic Test Modes (2012).
[3] SAE J 1939: Serial Control and Communications Heavy Duty Vehicle Network – Top Level Document (2012).
[4] ISO 15765: Road vehicles – Diagnostics over Controller Area Network (2011).
[5] ISO 27145: Road vehicles – Implementation of World-Wide Harmonized On-Board Diagnostics (WWH-OBD) communication requirements (2012).
[6] OBD II regulation, section 1968.2 of title 13, California Code of Regulations, different approved OAL versions.
[7] UN/ECE Regulation No. 83, Revision 5: Uniform provisions concerning the approval of vehicles with regard to the emission of pollutants according to engine fuel requirements.
[8] (WLTP) Regulations (EU) 2017/1151 and 2017/1347.

930　自動車の物理学

自動車技術の基本概念

走行性の基本概念

基本原理および体系

　車両の走行性で取り扱うのは、乗用車および商用車が呈する横方向、縦方向および垂直方向の運動の力学である。基本的に横方向運動の力学はステアリング特性、縦方向運動の力学は加速／減速特性、垂直方向運動の力学は路面の起伏に起因する上下動で代表させることができる。以下で述べる基本概念（記号の意味と単位は表1を参照）は、約8 Hzまでの、良好な操作性を実現する上で重要な振動数範囲における車両の走行性に関するものである。ここで扱う変量の大部分は、ドイツの国内規格DIN70000 [1]と国際規格ISO 8855 [2]に定められている。これらの変量は、3グループに区分することができる。

ボディ

　ボディの運動は一般的に剛体運動として記述される。カブリオレを含め、振動数が10 ～ 15 Hzを超えなければ剛体運動とみなして差し支えない。

ホイールサスペンション

　フロントホイールには2つの自由度が存在する、すなわちスプリング伸縮の自由度と操舵の自由度である。リアホイールには通常の場合、スプリング伸縮の自由度のみが存在する。4輪操舵システムを装備した車両の場合、リアホイールにも操舵の自由度が加わる。こうした自由度は、アクスルの運動学と弾性運動学によって規定される。アクスルの運動学は、サスペンションアーム個々の純粋な剛体運動である。一方弾性運動学では、作用する外力とモーメントに反応してアクスルが呈する挙動を記述する。

タイヤ

　タイヤは車両と外部環境との間に存在する最も重要な接点であり、路面との相互作用を通じて車両の推進や制動、操舵に必要な力を発生させる。

表1：記号と単位

記号		単位
α	スリップ角	度
β	フロート角	度
δ_H	ステアリング操舵角	度
δ_R	右ホイールのトー角	度
δ_L	左ホイールのトー角	度
δ_A	ホイール実舵角（実舵角）	度
ε_V	前傾斜角	度
ε_{BV}	アンチダイブ角	度
ε_{AV}	アンチリフト角	度
ψ	ヨー角	度
φ	ロール角	度
θ	ピッチ角	度
γ	キャンバー角	度
σ	キングピン傾斜角	度
τ	キャスター角	度
λ	タイヤスリップ	−
λ_B	ブレーキ力配分	−
ω_R	ホイール角速度	s^{-1}
a_x	縦方向加速度	m/s^2
a_y	横方向加速度	m/s^2
a_z	垂直方向加速度	m/s^2
a_t	接線加速度	m/s^2
a_c	求心加速度	m/s^2
F_S	横力	N
F_U	縦力	N
F_Z	軸荷重	N
h	重心高	m
h_W	ロールセンター高さ	m
i_s	舵角比	−
l	ホイールベース	m
M_H	ステアリング操舵トルク	Nm
M_R	セルフアライニングトルク	Nm
n_τ	キャスタートレール	m
n_v	ホイール中心における キャスターオフセット	m
n_R	タイヤキャスタートレール	m
r_σ	ホイール中心における キングピンオフセット	m
r_{st}	デフレクションフォースレバーアーム	m
r_i	スクラブ半径	m
r_{dyn}	動的転がり半径	m
s	トラック幅	m
v_x	縦方向速度	m/s
v_y	横方向速度	m/s
v_z	垂直方向速度	m/s
v_{RAP}	ホイール接地点の速度	m/s
v_{RMP}	ホイール中心の速度	m/s
X_A	発進トルク補正	−
X_B	ブレーキトルク補正	−

ボディの基本概念

並進運動

ボディは、3つの並進自由度と3つの回転自由度によって記述される（図1）。一般に座標系（右手直交座標系）は車両の重心を原点とする。x軸は前方、つまり車両の進行方向へと伸びる。x軸は路面に対して垂直な平面上に存在する。この平面を車両中心面と呼ぶ。y軸は車両中心面に直交し、進行方向に対して左へと伸びる。z軸は上方へと伸びる。並進運動は次のように呼ばれる。

- x軸方向の運動：縦方向の運動
- y軸方向の運動：横方向の運動
- z軸方向の運動：垂直方向の運動

並進速度および並進加速度

縦方向、横方向、垂直方向速度（v_x, v_y, v_z）は、並進運動変数を1回時間微分して求める。もう1回時間微分すると、縦方向加速度a_x、横方向加速度a_y、垂直方向加速度a_zが得られる。

フロート角

車両に横方向の力が働いた場合、ボディの重心は必ずしもx軸に沿って移動するとは限らない。車両中心面と車両の軌道との間に生じる角度を、フロート角βと呼ぶ（図2）。角度は車両中心面から軌道へと向けて計測する。フロート角は、縦方向速度v_xと横方向速度v_yから求めることができる。

$$\beta = \arctan \frac{v_y}{v_x}$$

縦方向速度は定義上、前進時が正である。したがって車両が前進中は横方向速度の正負によりフロート角の符号も決まる。

求心加速度と接線加速度

車両に働く水平方向加速度は、求心加速度a_cと接線加速度a_tに分けられる。求心加速度はある瞬間の車両の軌道に対して垂直方向に作用し、接線加速度は軌道の接線方向に作用する。

ヨー、ピッチ、ロール

車両の回転運動を表すために以下の概念を用いる。
- ヨー：z軸回りの純回転運動で、ψで表す。
- ピッチ：y軸回りの純回転運動で、θで表す。
- ロール：x軸回りの純回転運動で、φで表す。

3つの回転運動の正負は、右手直交座標系に従って決まる。測定方向は図1に示すとおりである。多くの重要な運転操作において、ボディは同時に複数の軸を中心として回転運動する。数学的に見て、これら

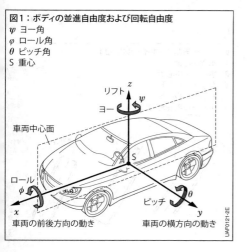

図1：ボディの並進自由度および回転自由度
ψ ヨー角
φ ロール角
θ ピッチ角
S 重心

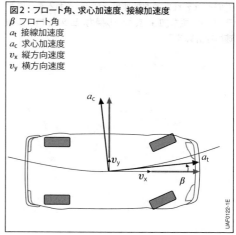

図2：フロート角、求心加速度、接線加速度
β フロート角
a_t 接線加速度
a_c 求心加速度
v_x 縦方向速度
v_y 横方向速度

3つの回転運動に可換性がないため、DIN 70000では回転運動に関して以下の順序を定めている。
1. ヨー
2. ピッチ
3. ロール

回転速度と回転加速度

ヨー角、ピッチ角、ロール角速度は、回転運動変量を1回時間微分することで求められる。それぞれをもう1回時間微分すると、ヨー角、ピッチ角、ロール角の各加速度が得られる。

ヨーモーメント、ピッチモーメント、ローリングモーメント

車両に作用する外力は、重心回りのモーメントを発生させる。このモーメントは3つの成分に分けられる。z軸回り成分をヨーモーメント、y軸回り成分をピッチモーメント、x軸回り成分をローリングモーメントと呼ぶ。

測定変量

車両の開発では、車両の挙動を効率的に、厳密に把握するために特殊な計測方法が用いられる。横方向運動の力学では、ジャイロ安定化プラットフォームで並進加速度と姿勢角を測定することが多い。絶対位置はGPS測位システムを使って記録する。縦方向速度と横方向速度をそれぞれ近接型の速度センサーで測定して、フロート角を求める。

垂直方向の力学では、ボディのさまざまな箇所で3方向それぞれの並進加速度を測定、それをもとにボディに働く主な加速度、つまり揚力、ピッチ、ロール加速度を計算する。

ホイールサスペンションの基本概念

ステアリング操舵角とステアリング操舵トルク

ステアリング操舵角δ_Hはステアリングホイールの回転量(角度)で、直進位置を基準に測定する。符号はステアリングホイールを左回転したときが正である。

ステアリング操舵角を調節する際、運転者は回転力を作用させる必要がある。このトルクをステアリング操舵トルクM_Hと呼び、左へ操作したときに正となる。

トー角

ステアリングホイールを操作すると、左右のフロントホイールは同一方向へ向きを変える。それに伴い左右のホイールのトー角(δ_L、δ_R)がそれぞれ変化する。トー角とは、車両中心面とホイール中心面を路面に投影した際に両者がなす角度のことである(図3)。ステアリングホイールを正方向へ回転した場合、つまりz軸を中心として反時計方向に回転した場合、トー角も正となる。

4輪操舵システムを装備した車両では、リアホイールも舵取りされる。

ホイール実舵角、実舵角

ステアリングホイールを操作したときに生じる左右のフロントホイールのトー角は同じではない。ステアリング操舵角が最大の場合、この差は数度に達する。幾何学的には、コーナー内側ホイールのトー角が外

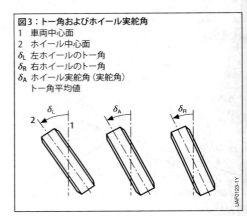

図3：トー角およびホイール実舵角
1 車両中心面
2 ホイール中心面
δ_L 左ホイールのトー角
δ_R 右ホイールのトー角
δ_A ホイール実舵角（実舵角）
　　トー角平均値

側よりも大きくなる。トー角の平均値を、ホイール実舵角 δ_A、または単に実舵角と呼ぶ（図3）。

舵角比

これは主にステアリングギヤの介在によるものだが、加えてフロントホイールの運動学上の理由もあって、左右のホイールで得られるトー角はステアリング操舵角より大幅に小さくなる。車両に外力やモーメント、荷重が一切作用しない場合、舵角比 i_s は次式で求められる。

$$i_s = \frac{2\,\delta_H}{(\delta_L + \delta_R)}$$

トーインとトーアウト

ステアリングホイールが直進位置にあるとき、フロントホイールのトー角は走行力学的に有利な0.1〜0.3°の範囲に保たれる。ホイール前端の左右リムフランジの間隔が後端のそれより短い場合、これをトーインと呼ぶ（図4）。逆の場合がトーアウトである。トーイン、トーアウトともに角度（°）で表される。

トーイン、トーアウトという用語は、単一のホイールに対しても用いられる。この場合、トーインとはホイールのトー角が車両中心面側を向いていることを意味し、トーアウトはその逆を意味する。

キャンバー角

キャンバー角 γ とは、車両を z-y 平面に投影したときに、車両中心面とホイール中心面がなす角度のことである。ホイール最上部と車両中心面の間隔が、ホイール最下部と車両中心面の間隔より大きい場合、キャンバー角は正となる（図5a）。アクスルの運動学の関係で、ボディに対するキャンバー角はサスペンションのストロークによって変化する。

このほか、路面に対するキャンバー角も車両の走行性にとって重要な要素となる。路面に対するキャンバー角とは、ホイール中心面と路面の法線がなす角度のことである（図5b）。正負は右手直交座標系に従って決まる。車両中心面が路面に対して垂直の場合、キャンバー角に関する2つの定義は量的に同じになる。車両中心面が路面に垂直でない場合は、上述の厳密な定義に従うことが重要である。

操舵軸、キングピン軸

ステアリング操作の際、ホイールは z 軸ではなく、操舵軸を中心に回転する。操舵軸はキングピン軸とも呼ばれる。キングピン軸の位置は、基本的にアクスルの運動学によって決まる（図6、7）。

図4：トーイン
1 ホイール中心
d_v フロントの左右リムフランジの間隔
d_h リアの左右リムフランジの間隔
δ_L 左ホイールのトー角
δ_R 右ホイールのトー角
⇨ 走行方向

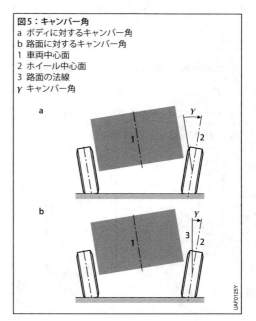

図5：キャンバー角
a ボディに対するキャンバー角
b 路面に対するキャンバー角
1 車両中心面
2 ホイール中心面
3 路面の法線
γ キャンバー角

キャスター角、ホイール中心におけるキャスターオフセット、キャスタートレール

車両中心面にホイールとキングピン軸を投影すると、キングピン軸はキャスター角τだけ傾く。キングピン軸上端がリア方向に傾斜している場合、キャスター角は正となる（図6）。投影図において、キングピン軸は一般にホイール中心を通らず、ホイール中心からキャスターオフセットn_Vだけリア方向にずれる。

ホイール接地点とキングピン軸の路面交接点の間隔を、キャスタートレールn_τと呼ぶ。キングピン軸の路面交接点がホイール中心よりも前方に位置する場合（図6）、キャスタートレールは正となる。キャスタートレールは、通常15～30 mmである。

キングピン傾斜角、ホイール中心におけるキングピンオフセット、デフレクションフォースレバーアームおよびスクラブ半径

ホイールとキングピン軸を車両横断面に投影した場合、キングピン軸はキングピン傾斜角σだけ傾く（図7a）。キングピン傾斜角（キングピン傾角とも呼ばれる）は、キングピン軸が車両中心に向かって傾斜しているときに正となる。通常は、キングピン傾斜角は正となる。

ホイール中心からキングピン軸までの横方向距離（路面に平行な面に沿って測定した間隔）を、ホイール中心におけるキングピンオフセットr_σと呼ぶ。ホイール中心におけるキングピンオフセットは、ホイール中心がキングピン軸よりも車両中心面から離れているとき（図7）に正となる。ホイール中心とキングピン軸との最短距離をデフレクションフォースレバーアームr_{st}と呼ぶ。デフレクションフォースレバーアームは、ホイール中心がキングピン軸よりも車両中心面から離れているときに正となる。

車軸は、ホイール中心におけるキングピンオフセットとデフレクションフォースレバーアームが可能な限り小さくなるように調整される。それによって、操舵時に発生するデフレクションフォースを防ぐことができる。

ホイール接地点とキングピン軸の路面交接点との間隔を、スクラブ半径r_lと呼ぶ（図7a）。スクラブ半径は、ホイール接地点がキングピン軸よりも車両中心面から離れているときに正となる。スクラブ半径が正の場合に制動力が作用すると、ホイールはトーアウトに向かって動く。この挙動がカーブでの制動時にプラスの効果をもたらす。スクラブ半径が負の場合に制動力が作用すると、ホイールはトーインに向かって動く。車両の左右で路面の摩擦力が異なる「μスプリット路面」での制動の場合、車軸のこうした挙動が車両の走行安定性向上の前提条件をもたらす。このように長短両様の作用があるため、スクラブ半径は可能な限り小さく設計される。

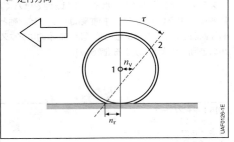

図6：車両中心面に投影したキングピン軸の位置
1 ホイール中心　2 キングピン軸
τ　キャスター角
n_V　ホイール中心におけるキャスターオフセット
n_τ　キャスタートレール
⇦　走行方向

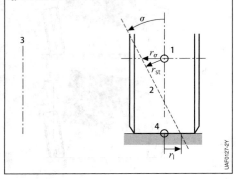

図7：車両横断面に投影した際のキングピン軸の位置
1 ホイール中心　2 キングピン軸
3 車両中心面　4 ホイール接地点
σ　キングピン傾斜角
r_σ　ホイール中心におけるキングピンオフセット
r_l　スクラブ半径
r_{st}　デフレクションフォースレバーアーム

瞬間ロールセンター、ロールセンター、ロール軸

アクスルがバウンド／リバウンドするときのタイヤの位置は、主に運動学と弾性運動学によって決まる。タイヤは瞬間ロールセンターを基準に、進行方向に対して横へ動く（図8）。サスペンション伸縮時に、たとえばホイール接地点の速度（v_{RAP}）とホイール中心の速度（v_{RMP}）は、これらのポイントと瞬間ロールセンターを結んだ線に対し垂直方向に作用する。瞬間ロールセンターの位置は、サスペンションの伸縮に伴い変化する。

小さな横方向加速度が作用した場合、車両のボディは対応するアクスルのロールセンターを中心に動く（図8）。ロールセンターは、ホイール接地点と瞬間ロールセンターを結ぶ直線が車両中心面と交わる点、つまりホイールからトラック幅の半分（$s/2$）の位置にある。このことから、ロールセンターの高さ h_W は次式で簡単に求められる。

$$h_W = \frac{v_{RAP,y}}{v_{RAP,x}} \frac{s}{2}$$

通常、ロールセンター高さは120mm未満である。大きな横方向加速度が働く場合に、サポート効果（ジャッキング効果）によりボディ重心が持ち上がるのを防ぐため、スプリングを収縮させてロールセンター高さを抑える。ロールセンターはロール中心点、または瞬間中心点とも呼ばれる。

フロントアクスルとリアアクスルのロールセンターを結んだ線をロール軸と呼ぶ（図9）。ボディの重心は通常、ロール軸の上方に位置する。セダンタイプの車両の場合、重心高は550〜650 mmとなる。このロール軸は横方向加速度が小さい場合に有効である。横方向加速度が大きい場合、サスペンションの調整とアクスルの挙動の両方を考慮する必要が生じる。その場合、ロール軸は必ずしも車両中心面に位置するとは限らない。

瞬間中心、ピッチポール、ピッチ軸、ブレーキトルク補正、発進トルク補正

アクスルのサスペンションの挙動を車両中心面に投影すると、タイヤは瞬間中心Lを中心に動く（図10）。サスペンションの収縮時にホイール中心は、前傾斜角 ε_V に沿って上方に動く。サスペンション伸縮時にホイール接地点の速度（v_{RAP}）とホイール中心の速度（v_{RMP}）は、これらのポイントと瞬間中心を結ぶ線に対し垂直方向に作用する。瞬間中心の位置はサスペンションの伸縮に伴い変化することがある。ホイール接地点と瞬間中心を結ぶ線が路面となす角を、アンチダイブ角 ε_{BV} と呼ぶ。また、ホイール中心と瞬

図8：瞬間ロールセンターおよびロールセンター
1 ホイール中心
2 ホイール中心面
3 車両中心面
Q 瞬間ロールセンター　W ロールセンター
s トラック幅　h_W ロールセンター高さ
v_{RAP} ホイール接地点の速度
v_{RMP} ホイール中心の速度

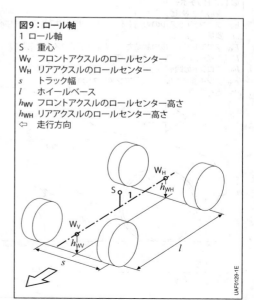

図9：ロール軸
1 ロール軸
S 重心
W_V フロントアクスルのロールセンター
W_H リアアクスルのロールセンター
s トラック幅
l ホイールベース
h_{WV} フロントアクスルのロールセンター高さ
h_{WH} リアアクスルのロールセンター高さ
⇐ 走行方向

間中心を結ぶ線が路面に平行な面をなす角を、アンチリフト角 ε_{AV} と呼ぶ。

フロントアクスルの瞬間中心はフロントホイールの後方、リアアクスルの瞬間中心はリアホイールの前方に位置する（図11）。

車両にブレーキをかけると、軸荷重はフロント側で ΔF_z だけ増加し、リア側では同じく ΔF_z だけ減少する。車両の重心には、力 $F = ma$ が作用する。ブレーキ力配分率を λ_B とすると、フロントアクスルとリアアクスルにそれぞれ、$F_{xV} = \lambda_B F_x$ および $F_{xH} = (1 - \lambda_B) F_x$ の制動力が作用する。理想的な場合、すなわち、フロントアクスルとリアアクスルのいずれでも F_{xV} と ΔF_z の合力が正確に瞬間中心を通過する場合、車両ボディのサスペンションに動きは生じない。最適なアンチダイブ角とアンチリフト角は次式で求めることができる。

$$\tan(\varepsilon_{BV,opt}) = \frac{1}{\lambda_B} \frac{h}{l}$$

$$\tan(\varepsilon_{BH,opt}) = \frac{1}{(1 - \lambda_B)} \frac{h}{l}$$

（l はホイールベース、h は重心高）

ホイール接地点と瞬間中心を結ぶ2本の直線は、ピッチポールNで交差する（図11）。ピッチポールNは常に重心よりも低い位置に配置される。それにより、制動時に常にリアが沈む、望ましいピッチング特性が得られる。ピッチ軸はピッチポールを通り、車両中心面に直交する。ブレーキトルク補正 X_{BV} と X_{BH} は、制

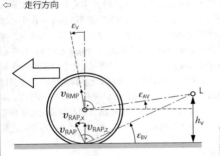

図10：瞬間中心、アンチリフト角、アンチダイブ角
- L　瞬間中心
- h_V　フロントの瞬間中心高さ
- ε_V　前傾斜角
- ε_{BV}　アンチダイブ角
- ε_{AV}　アンチリフト角
- v_{RAP}　ホイール接地点の速度
- v_{RMP}　ホイール中心の速度
- ⇦　走行方向

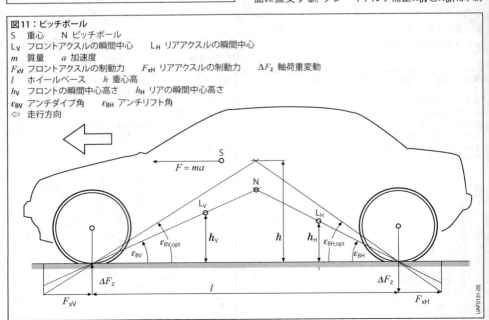

図11：ピッチポール
- S　重心　N　ピッチポール
- L_V　フロントアクスルの瞬間中心　L_H　リアアクスルの瞬間中心
- m　質量　a　加速度
- F_{xV}　フロントアクスルの制動力　F_{xH}　リアアクスルの制動力　ΔF_z　軸荷重変動
- l　ホイールベース　h　重心高
- h_V　フロントの瞬間中心高さ　h_H　リアの瞬間中心高さ
- ε_{BV}　アンチダイブ角　ε_{BH}　アンチリフト角
- ⇦　走行方向

動力補正が理想値に対しどの程度効果的に実現されたかを示す尺度で、次式が成立する。

$$X_{BV} = \frac{\tan(\varepsilon_{BV})}{\tan(\varepsilon_{BV,opt})} 100\%$$

$$X_{BH} = \frac{\tan(\varepsilon_{BH})}{\tan(\varepsilon_{BH,opt})} 100\%$$

加速にも同様のことが当てはまる。まず最初に考慮する必要があるのは、前輪駆動、後輪駆動、4輪駆動などの駆動方式である。次に、駆動力はホイール中心に作用する、という事実に留意する。4輪駆動の発進トルク補正 X_{AV} および X_{AH} には、一般に次式が用いられる。

$$X_{AV} = \frac{\tan(\varepsilon_{AV})}{\tan(\varepsilon_{AV,opt})} 100\%$$

$$X_{AH} = \frac{\tan(\varepsilon_{AH})}{\tan(\varepsilon_{AH,opt})} 100\%$$

測定変量

ステアリング操舵角とステアリング操舵トルクは、特殊な計測用ステアリングホイールを用いて測定する。測定精度が十分であれば、多くの車両に標準装備されているステアリングホイールアングルセンサーで代用することもできる。

トー角とキャンバー角の測定用に、走行中にも停止中にも使用できる特殊な計測装置が存在する。これらの角度は、専用のテストベンチで測定するのが普通である。

ホイール実舵角と舵角比の測定にも、専用のテストベンチが使われる。

キングピン軸の位置に関係する変量は、一般には直接測定することはできない。多くの場合、アクスルの回転中心点を幾何学的測定によって記録し、それを基準にキャスター角、ホイール中心におけるキャスターオフセット、キャスタートレール、キングピン傾斜角、ホイール中心におけるキングピンオフセット、デフレクションフォースレバーアーム、スクラブ半径の各変量を求める方法が取られている。ロールセンターは、アクスルごとにサスペンションの伸縮を繰り返し、その間のトラック幅の変化を測定することで求められる。ロール軸はフロントおよびリアアクスルのロールセンターから求められる。

ピッチポールと発進およびブレーキトルク補正は、一般に直接測定することはできず、アクスルの運動学的ポイントを測定することで初めて求められる。前傾斜角、アンチリフト／アンチスクォットとアンチダイブ／アンチライズの各角度についても同様である。

タイヤの基本概念

車両に作用する最も重要な外力とモーメントは、タイヤと路面間で力の伝達が行われる際に生じる。このほか、特殊な状況では気流の力が車両に作用する。

タイヤ接地面

力は接地面における摩擦により、タイヤと路面の間で伝達される。摩擦は大きく2つに区分される。凝着摩擦（分子間粘着力）と変形損失摩擦（かみ合い力）である。

横力、縦力

力は摩擦によって路面に生じる。横力 F_S はホイール中心面に垂直に作用する。縦力 F_U はホイール中心面に平行に作用する（図12）。一般にこれらの力がホイール接地中心点に正確に作用することはない。このため、ホイール接地中心点周りのモーメントが発生する（「セルフアライニングトルク」の項を参照）。

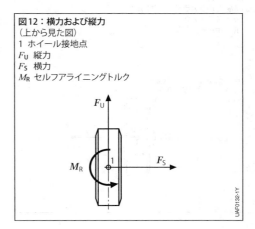

図12：横力および縦力
（上から見た図）
1 ホイール接地点
F_U 縦力
F_S 横力
M_R セルフアライニングトルク

ホイール荷重とスリップ角

横力と縦力が同時に作用すると、干渉を起こす場合がある。ここでは、横力と縦力が存在するものの、複合作用を起こさない状況について考察する。発生する横力F_Sはホイール荷重とスリップ角αに依存する。横力F_Sの速度への依存は全体として無視できるほど小さい。ホイール荷重は、ホイール中心を路面に押し付ける力であり、スリップ角αはホイール接地点において進行方向と車両中心面がなす角度である（図13）。

ホイール荷重が一定の場合、スリップ角αが増加すると、横力はまず直線的に増加する。横力はスリップ角が約5°のときに最大に達し、その後わずかに減少する（図14）。

セルフアライニングトルクとタイヤキャスタートレール

スリップ角が小さいとき、横力はホイール接地点の後方に作用する。スリップ角が増加すると横力の作用点は次第にホイール接地点に接近し、場合によってはホイール接地点の前方に位置することもある。横力の作用点とホイール接地点との間隔を、タイヤキャスタートレールn_Rと呼ぶ。このため横力は、タイヤの垂直軸回りにセルフアライニングトルクM_Rと呼ばれるモーメントを発生させる。これは次式によって求められる。

$$M_R = F_S\, n_R$$

上式から、ホイール荷重が一定の場合のセルフアライニングトルクとスリップ角の関係は、図15のようになる。

セルフアライニングトルクが正のとき、スリップ角はより小さな値を取ろうとする。ステアリングホイールから手を放すと、操舵されたホイールが直進位置に戻るのはこのためである。

スリップおよび転がり半径

横力F_Sに対するスリップ角αと同様に、スリップλはホイール荷重が一定のときに縦力F_Uを決める変数となる。スリップは、ホイール中心の縦方向移動速度v_{xR}とホイール外周の周速v_Uが異なるときに発生する。外周速度は、ホイールの角速度ω_Rと動的転がり半径r_{dyn}の積によって与えられる。

$$v_U = \omega_R\, r_{dyn}$$

転がり半径には静的転がり半径と動的転がり半径がある。静的転がり半径は、ホイール中心からタイヤ接地面までの最短距離を表す。動的転がり半径r_{dyn}は、外周Uから次式で求められる。

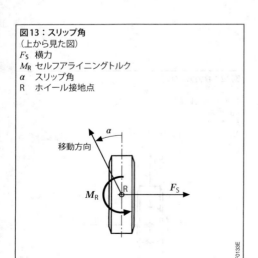

図13：スリップ角
（上から見た図）
F_S　横力
M_R　セルフアライニングトルク
α　スリップ角
R　ホイール接地点

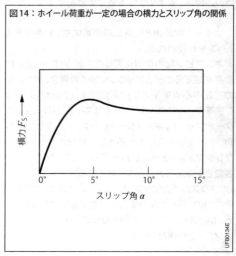

図14：ホイール荷重が一定の場合の横力とスリップ角の関係

$$r_{dyn} = \frac{U}{2\pi}$$

駆動力に対するスリップ λ_A は次のように定義される。

$$\lambda_A = \frac{\omega_R \, r_{dyn} - v_{xR}}{\omega_R \, r_{dyn}}$$

同様に制動力に対するスリップ λ_B は次のように定義される。

$$\lambda_B = \frac{\omega_R \, r_{dyn} - v_{xR}}{v_{xR}}$$

この定義から、駆動力によるスリップは常に正、制動時のスリップは常に負となる。さらに、ホイールがロックしたとき ($\omega_R = 0$、$\lambda_B = -1$) のスリップは $-100\,\%$、ホイールがスピンしたとき ($v_{xR} = 0$、$\lambda_A = 1$) のスリップは $100\,\%$ となることがわかる。

駆動中、一定のホイール荷重のもとでスリップが上昇すると、駆動力（縦力）は直線的に上昇する。縦力は、駆動スリップが約 $10\,\%$ のときにピークに達し、その後減少する（図16）。制動スリップの場合も同様で、スリップが約 $-10\,\%$ のときに制動力が最大に達する。

測定変量

スリップ角 α は、フロート角と同様に 2 個の近接型速度センサーを用いて測定できる。ホイール速度と縦速度はスリップ λ の関数として測定する。動的転がり半径 r_{dyn} の測定にはテストベンチを使用する。

セルフアライニングトルク M_R や横力 F_S、縦力 F_U の測定にマルチコンポーネント計測ホイールを使用することもできるが、コスト的に高価となる。そのため、タイヤに作用する力とモーメントの測定には静止式テストベンチを用いるか、専用車両を使用して路上で直接測定する方法が一般的である。いずれにしても現在のところ、タイヤに作用する力とモーメントの測定には数多くのシステム的な障害がつきまとい、正確な測定値を得るのは難しいのが実情である。

参考文献

[1] DIN 70000 (earlier standard) Road vehicles – Vehicle dynamics and road-holding ability – Vocabulary.

[2] ISO 8855: Road vehicles – Vehicle dynamics and road-holding ability – Vocabulary.

[3] B. Heissing, M. Ersoy (Editors): Fahrwerkhandbuch. Vieweg+Teubner Verlag, 2008.

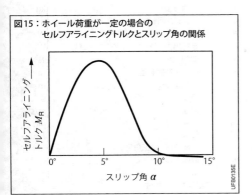

図15：ホイール荷重が一定の場合のセルフアライニングトルクとスリップ角の関係

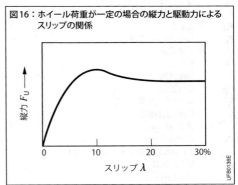

図16：ホイール荷重が一定の場合の縦力と駆動力によるスリップの関係

自動車の力学

自動車の力学は、走行ダイナミクスとしても知られ、3つの主要軸周りの運動で構成され、前後方向のダイナミクス（前後軸方向の運動）、横方向のダイナミクス（横軸方向の運動）、および垂直方向のダイナミクス（垂直軸周りの運動）である。垂直方向のダイナミクスは、走行ダイナミクス制御において中心的な役割を果たす。

縦運動（直線走行）の力学

縦運動（直線走行）の力学（前後方向のダイナミクス）は、走行抵抗、加速／減速、駆動／減速動作のための力／出力、これらの目的のためのおよびエネルギー消費（燃費と呼ばれる）で構成される。

走行抵抗の合計

走行抵抗 F_W は、転がり抵抗 F_{Ro}、空力抵抗 F_L、および勾配抵抗 F_{St} の合計である（図1）。

$$F_W = F_{Ro} + F_L + F_{St}$$

走行抵抗（走行抵抗力）に打ち勝つための出力は、駆動輪により路面に伝達される。

$$P_W = F_W v \quad (\text{数量方程式})\ \text{または}$$

$$P_W = \frac{F_W v}{3600} \quad (\text{数値方程式})$$

数値方程式の P_W の単位は kW、
F_W の単位は N、v の単位は km/h である。

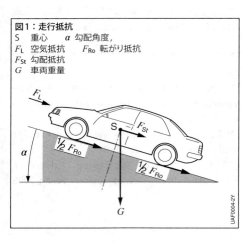

図1：走行抵抗
S 重心　α 勾配角度、
F_L 空気抵抗　F_{Ro} 転がり抵抗
F_{St} 勾配抵抗
G 車両重量

表1：記号と単位

記号		単位
A	最大前面投影面積	m²
a	加速度、	m/s²
	減速度	
c_W	空気抵抗係数	–
F	駆動力	N
F_{cf}	遠心力	N
F_K	コーナリング抵抗	N
F_L	空気抵抗	N
F_{Ro}	転がり抵抗	N
F_{St}	勾配抵抗	N
F_W	走行抵抗	N
f_K	コーナリング抵抗係数	–
f_R	転がり抵抗係数	–
G	重量、$G = mg$	N
G_B	駆動時または	
	または制動時のホイール力の合計	
g	重力加速度	m/s²
	≈9.81 m/s²	

記号		単位
i	エンジンとホイールの間の変速比	–
k_m	回転慣性係数	–
M	エンジントルク	Nm
m	車両質量	kg
n	エンジン回転数	min⁻¹
P	出力	W
P_W	走行出力	W
p	勾配（$\tan \alpha$）	%
r	タイヤの動半径	m
s	走行距離	m
t	時間	s
v	車速	m/s
v_0	逆風速度	m/s
W	仕事	J
α	傾斜角度、勾配角度	°
μ_f	静摩擦係数	–
η	効率	–

本文中の記号および単位

転がり抵抗

転がり抵抗F_{Ro}は、タイヤと路面との接触面が変形することで生じる。以下が成り立つ。

$$F_{Ro} = f_R \, G \cos\alpha = f_R \, m \, g \cos\alpha$$

転がり抵抗は、表2や図2を使用して、概算値を求めることができる。

転がり抵抗係数f_Rは、変形量に比例して増大し、タイヤ半径に反比例する。荷重が大きくなるほど、速度が高くなるほど、タイヤ空気圧が低くなるほど、転がり抵抗係数は増加する。

コーナリング中の転がり抵抗は、コーナリング抵抗により増加する。

$$F_K = f_K \, G$$

コーナリング抵抗係数f_Kは、車速、コーナー曲率、サスペンションジオメトリー、タイヤ、タイヤ空気圧、横向き加速度に対する車両の反応の関数で表すことができる。

空力抵抗

空力抵抗は、空気の密度ρ、前面投影面積A、空気抵抗係数c_w、および車速vの関数として、以下のように計算される。

$$F_L = 0.5 \rho c_w A (v+v_0)^2 \text{ または}$$

$$F_L = 0.0386 \, \rho c_w A (v+v_0)^2$$

ここで、vの単位はkm/h、F_Lの単位はN、ρの単位はkg/m³、Aの単位はm²、空気密度の単位はρ(標高200 mでρ = 1.202 kg/m³)である。

表3に、それぞれの車体における空気抵抗係数および前面投影面積の一般的な値の範囲を示す。

空力抵抗は以下のようになる。

$$P_L = F_L v = 0.5 \rho c_w A v (v+v_0)^2$$

または

$$P_L = 12.9 \cdot 10^{-6} c_w A v (v+v_0)^2$$

ここでP_Lの単位はkW、F_Lの単位はN、vおよびv_0の単位はkm/h、Aの単位はm²、ρ = 1.202 kg/m³とする。乗用車の場合、最大前面投影面積は以下のようになる。

$$A \approx 0.9 \times \text{トレッド幅} \times \text{車高}$$

経験に基づいて決定する空気抵抗係数と転がり抵抗係数

車両を無風状態において、ギヤをニュートラルにしたまま、水平な道路を惰性走行させる。初速をv_1(高速)およびv_2(低速)の2種類として、規定の速度に達するまでの経過時間を測定する。この経過時間

表2:転がり抵抗係数

路面	転がり抵抗係数f_R
乗用車用空気タイヤ	
大きな敷石の舗装路	0.011
小さな敷石の舗装路	0.011
コンクリート、アスファルト	0.008
ローラーでならした	0.02
簡易舗装の砂利道	
未舗装路	0.05
耕牧地	0.1 〜 0.35
商用車用空気タイヤ	
コンクリート、アスファルト	0.006 〜 0.01
耕牧地での輪鉄ホイール	
耕牧地	0.14 〜 0.24
耕牧地でのトラックタイプ	0.07 〜 0.12
トラクター	
レール上の鉄輪	0.001 〜 0.002

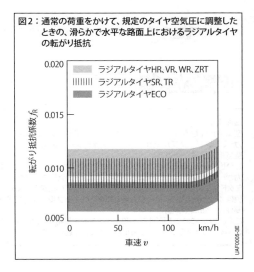

図2:通常の荷重をかけて、規定のタイヤ空気圧に調整したときの、滑らかで水平な路面上におけるラジアルタイヤの転がり抵抗

942　自動車の物理学

表3: 各種ボディ形状における空気抵抗係数と必要な出力

	空気抵抗係数 c_W	前面 m²	下記の2つの速度での空気抵抗に対抗する出力（単位：kW）	
			40 km/h	120 km/h
小型車	0.29 〜 0.37	2.05 〜 2.20	0.5 〜 0.7	13.2 〜 18.1
コンパクトクラス	0.22 〜 0.32	2.18 〜 2.28	0.4 〜 0.6	10.7 〜 16.2
中型車	0.23 〜 0.35	2.20 〜 2.38	0.4 〜 0.7	11.3 〜 18.5
ステーションワゴン	0.27 〜 0.35	2.20 〜 2.38	0.5 〜 0.7	13.2 〜 18.5
ライトバン	0.25 〜 0.35	2.40 〜 3.20	0.5 〜 0.9	13.4 〜 24.9
コンバーチブル － 閉時	0.28 〜 0.38	1.94 〜 2.20	0.4 〜 0.7	12.1 〜 18.6
－ 開時	0.35 〜 0.50	1.84 〜 2.10	0.5 〜 0.9	14.3 〜 23.4
オフロード車	0.29 〜 0.55	2.49 〜 3.15	0.6 〜 1.3	16.1 〜 38.6
スポーツカー	0.27 〜 0.40	1.65 〜 2.20	0.4 〜 0.7	10.0 〜 19.6
ラグジュアリークラス	0.23 〜 0.35	2.28 〜 2.65	0.4 〜 0.8	11.7 〜 20.6

追加情報：
空気抵抗係数 (c_W) はミッドサイズクラスのマーケットセグメントが一番低く、ラグジュアリークラス、コンパクトクラス、スポーツカー、コンバーチブル（クローズド）、ステーションワゴン、バン、小型車と続き、オープントップコンバーチブルとオフロード車の空気抵抗係数が一番高い。

しかしながら、車両前面も空気抵抗に打ち勝つための出力要件の大きな影響を受ける。これによって、c_W 値の順番が変わる。出力が一番低いのはここでもミッドサイズ車両であり、コンパクトクラス、スポーツカー、クローズドトップコンバーチブルと続くがミッドサイズ車両以外はほぼ同じである。そして小型車両、ステーションワゴンと続く。車両サイズにより、ラグジュアリー車の順位はずっと後になる。オープントップコンバーチブルも空力抵抗係数 (c_W) が高いため同様である。バンとオフロード車の出力要件が一番高くなる。

このことは、この2車種間では 40 km/h 時の空気抵抗に対抗する出力が大きく異なることも示している。ただし、電力需要は車速の3乗で増大するため、120 km/h では大きな違いがある。

から、表4に示す公式を基に、平均減速度a_1とa_2を求める。ここでは、車重$m = 1,450$ kg、前面投影面積$A = 2.2$ m^2 の場合を例にして計算している。

この方法は、車速100 km/h未満での走行に適している。

<u>上り坂の抵抗と下り坂で作用する力</u>

上り坂の抵抗（正の値F_{St}）と、下り坂で作用する力（負の値F_{St}）は、次の式で計算できる。

$$F_{St} = G \sin\alpha = m g \sin\alpha$$

また、この近似値は、

$$F_{St} \approx \frac{m g p}{100\,\%}$$

この近似式は$p \leq 20\,\%$ までの勾配に適用できる。角度が小さければ

$\sin\alpha \approx \tan\alpha$ （2 % 以下の誤差）

と見なすことができるためである。

表5に、車重を1,000 kgとした場合の傾斜度pおよび勾配角度αの関数としての勾配抵抗を示す。

表5の「in」は傾斜度スケールで、「〜で除算する」ことを意味し、英語圏では一般的な表現である。

表5: 勾配角度と勾配抵抗

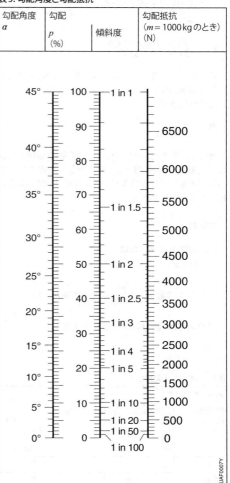

表4: 経験に基づいて決定する空気抵抗係数と転がり抵抗係数

	1回目のテスト（高速）	2回目のテスト（低速）
初速	$v_{a1} = 60$ km/h	$v_{a2} = 15$ km/h
終速	$v_{b1} = 55$ km/h	$v_{b2} = 10$ km/h
v_aからv_bまでの時間	$t_1 = 7.8$ s	$t_2 = 12.2$ s
平均速度	$v_1 = \frac{v_{a1} + v_{b1}}{2} = 57.5$ km/h	$v_2 = \frac{v_{a2} + v_{b2}}{2} = 12.5$ km/h
平均減速度	$a_1 = \frac{v_{a1} - v_{b1}}{t_1} = 0.64\,\frac{\text{km/h}}{\text{s}}$	$a_2 = \frac{v_{a2} - v_{b2}}{t_2} = 0.41\,\frac{\text{km/h}}{\text{s}}$
空気抵抗係数（すべての量を数値化）	$c_W = \frac{6m(a_1 - a_2)}{A(v_1^2 - v_2^2)} = 0.29$ （ここで$m = 1450$ kg, $A = 2.2$ m^2）	
転がり抵抗係数 （すべての量を数値化）	$f_R = \frac{28.2\,(a_2 v_1^2 - a_1 v_2^2)}{10^3 \cdot (v_1^2 - v_2^2)} = 0.011$	

944 自動車の物理学

勾配出力は次のようになる。

$$P_{St} = F_{St} \; v$$

$$P_{St} = \frac{F_{St} v}{3,600} = \frac{m \, g \, v \sin \alpha}{3600}$$

ここで、P_{St} の単位はkW、F_{St} の単位はN、および v の単位はkm/hで表す。

この近似値は、

$$P_{St} = \frac{m \, g \, p \, v}{360,000}$$

表6に、車重を1,000 kgとした場合の速度 v および勾配抵抗 F_{St} の関数としての必要な勾配出力を示す（値は車両のパワーウエイトレシオを72 kW/に限定して求めらものである）。

勾配は

$$p = (h/l) \cdot 100 \; \% \; \text{または}$$
$$p = (\tan \alpha) \cdot 100 \; \%$$

ここで、水平距離 l のときの高低差を h とする。

英語圏では、計算に傾斜度を使用する。

表6：勾配抵抗と勾配出力

$m = 1000$ kgのとき					
勾配抵抗 F_{St} (N)	各速度における勾配出力 P_{St} (単位：kW)				
	20 km/h	30 km/h	40 km/h	50 km/h	60 km/h
6500	36	54	72	–	–
6000	33	50	67	–	–
5500	31	46	61	–	–
5000	28	42	56	69	–
4500	25	37	50	62	–
4000	22	33	44	56	67
3500	19	29	39	49	58
3000	17	25	33	42	50
2500	14	21	28	35	42
2000	11	17	22	28	33
1500	8.3	12	17	21	25
1000	5.6	8.3	11	14	17
500	2.3	4.2	5.6	6.9	8.3
0	0	0	0	0	0

駆動力と勾配出力の計算例

重量1,500 kgの車両が $p = 21$ %の勾配を上るためには、概算で $1.5 \cdot 2{,}000$ N $= 3{,}000$ Nの駆動力が必要で（表5より）、車速 $v = 40$ km/hとすると、概算で $1.5 \cdot 22$ kW $= 33$ kWの勾配出力（表6より）が必要となる。

駆動力

エンジントルク M およびエンジンから駆動輪までの総減速比 i が大きく、さらに動力伝達損失が小さくなると、駆動輪に発生する駆動力 F は大きくなる。

$$F = \frac{M i}{r} \cdot \eta \; \text{または} \; F = \frac{P \eta}{v}$$

上式の η は駆動系の伝達効率である。縦置きエンジン（車両前後軸に対し平行に搭載）の場合は $\eta \approx 0.88 \sim 0.92$、横置きエンジン（車両前後軸に対し直角に搭載）の場合は $\eta \approx 0.91 \sim 0.95$ とする。

今日の乗用車における全体の減速比 i は $1.5 \sim 20$ の範囲で、オフロード車の場合はさらに減速ギアが追加され、減速比はこれより大幅に大きくなる。

駆動力 F の一部は、走行抵抗 F_W に対抗するために消費される。減速比の数値が高いギヤは、勾配などの大きな走行抵抗に打ち勝つための駆動力を確保するのに使用される（トランスミッション）。

車速とエンジン回転数

1分間のエンジン回転数（rpm）は、タイヤの動荷重半径 r (m) および車速 v (m/s) により次のように求めることができる。

$$n = \frac{60 v i}{2 \pi r}$$

または車速 v の単位をkm/hとすると、

$$n = \frac{1000 v i}{2 \pi 60 r}$$

同様に、車速 v は、以下の方程式を使って走行速度から計算できる（単位はm/sまたはkm/h）。

$$v \left[\frac{m}{s} \right] = \frac{n \pi r}{30 i} \; \text{または} \; v \left[\frac{km}{h} \right] = \frac{0.12 \, n \pi r}{i}$$

加速

余剰力 $F - F_W$ により、車両は加速する。$F_W > F$ の場合は減速する。

$$a = \frac{F - F_W}{k_m m} \quad \text{または} \quad a = \frac{P\eta - P_W}{v k_m m}$$

車両の並進加速中、ドライブトレインの回転部品（ホイール、フライホイール、クランクシャフトなど）の回転も加速する。この目的のために必要な追加の回転抵抗は、回転質量による車両質量の見かけの増加として回転慣性係数 k_m の形で考慮される。回転慣性係数は、車両質量 m の駆動軸向けに低減されたドライブトレインの慣性質量モーメントに対する比率に依存する。後者は、全体の減速比 i より二乗の影響を受ける。エンジンの慣性モーメントはエンジンの排気量 V_H とほぼ線形の関係にあり、大きな影響を与える（図3）。

オートマチック車の駆動力と走行速度

トルクコンバーターや流体クラッチを持つオートマチックトランスミッションに、前述の駆動力や車速の公式を用いる場合、エンジントルク M の代わりにコンバーターのタービン側トルクを使用し、エンジン回転数の代わりにコンバーターのタービン回転数を使用する。$M_{Turb} = f(n_{Turb})$ とエンジン性能曲線 $M_{Mot} = f(n_{Mot})$ の関係は、流体コンバータの性能曲線によって決定する（「流体トルクコンバーター」を参照）。

個々のギヤに応じたホイールの牽引力（駆動力）は、走行性能線図（図4）から読み取ることができる。最初の2段では、流体式トルクコンバーターに典型的な、トルクの増大の終了に伴うねじれを確認できる。トルクコンバーターは、クラッチによってより高いギヤにロックされる。ギヤと勾配に応じたそれぞれの場合の最高速度は、牽引力を表す線と総走行抵抗（転がり抵抗、空力抵抗および勾配抵抗の合計）を表す線の交点により求めることができる。交点の左側では駆動力は走行抵抗を上回り、その結果車両は加速する。交点では駆動力は走行抵抗に打ち勝つためだけに使われ、よって車速は一定に保たれる。

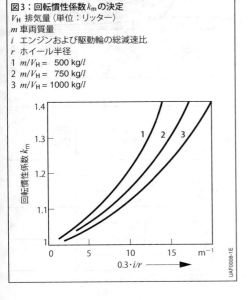

図3：回転慣性係数 k_m の決定
V_H 排気量（単位：リッター）
m 車両質量
i エンジンおよび駆動輪の総減速比
r ホイール半径
1 $m/V_H = 500$ kg/l
2 $m/V_H = 750$ kg/l
3 $m/V_H = 1000$ kg/l

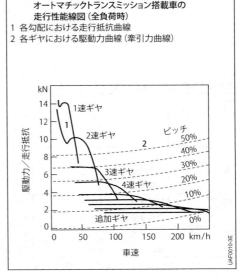

図4：流体式トルクコンバーター（トリロック）付きオートマチックトランスミッション搭載車の走行性能線図（全負荷時）
1 各勾配における走行抵抗曲線
2 各ギヤにおける駆動力曲線（牽引力曲線）

路面のグリップ

静摩擦係数

静止摩擦係数 μ_r（タイヤと路面）は、車速、タイヤの状態および路面の状態に応じて決まる（表7）。表の数値は、良好な状態のコンクリートとアスファルト舗装路の場合である。一般にこれらは $\mu < 1$ の範囲となる。一般に滑り運動中の動摩擦係数（ホイールロック状態）は、静摩擦係数より低くなる。

公道仕様のスポーツカーのタイヤの μ_r 値は最大1.3である。このようなタイヤのゴムコンパウンドは通常のタイヤよりソフトで、トレッドは浅くなっている。

モータースポーツで使用されるタイヤには特別にソフトなラバーコンパウンドが採用され、摩擦係数は最大 $\mu_r = 1.8$ となる。これらは、最もスムーズなトレッドのスリックタイヤの値で、タイヤの接触面を最大化することでゴムと路面間の微細結合効果を強化できる。

ハイドロプレーニング

ハイドロプレーニングは、タイヤと路面の接触状態に、非常に大きな影響を及ぼす。これは、雨天などの際に、タイヤと路面の間に水膜が入り込み、接触を分断している状態を指している（図5）。つまり、タイヤの接地面（トレッド）の下側に、くさび形に水膜が入り込み、タイヤが路面から持ち上がった状態になったとき、この現象が発生する。ハイドロプレーニングがいつ発生するかは、路面の水膜の厚さ、車速、タイヤのトレッドパターン、トレッドの摩耗、タイヤ接地荷重に応じて変化する。幅広タイヤでは、特にハイドロプレーニングが生じやすい。ハイドロプレーニングが生じると、制御力と制動力を路面に伝えることができなくなり、横滑りを起こすおそれが生じる。

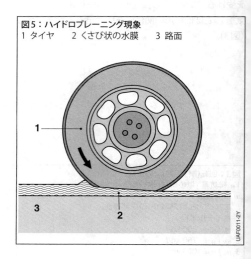

図5：ハイドロプレーニング現象
1 タイヤ　2 くさび状の水膜　3 路面

表7: 各種路面状態と空気タイヤとの静摩擦係数

車速 （単位：km/h）	タイヤの状態	路面の状態				
		乾燥	湿潤 水深 約0.2 mm	激しい降雨 水深 約1 mm	水たまり 水深 約2 mm	凍結 （薄氷層）
		静摩擦係数 μ_r				
50	新品状態	0.85	0.65	0.55	0.5	0.1以下
	摩耗状態[1]	1	0.5	0.4	0.25	
90	新品状態	0.8	0.6	0.3	0.05	－
	摩耗状態[1]	0.95	0.2	0.1	0.05	
130	新品状態	0.75	0.55	0.2	0	－
	摩耗状態[1]	0.9	0.2	0.1	0	

[1] トレッド深さ1.6 mm（StVZO（ドイツ道路交通許可規則）§ 36.2に規定された許容限度）以下の状態

加速と制動（減速）

車両は、加速度aが一定であれば、加速または制動（減速）率も一定である。表8に、静止状態からの加速、および静止状態（$v = 0$）までの制動（減速）の関係を示す。

加速度と減速度（制動率）の最大値

車両のホイールで発生する駆動力または制動力が大きくなり、タイヤの粘着力が限界に達した場合（許容限界を超えていない状態）、勾配角度α、静摩擦係数μ_r、最大加速度または最大減速度の間には、表9と10に示されている関係が存在する。これらの表において、kは駆動輪または制動輪に加わる荷重と車両総重量との比である。全ホイールが駆動力または制動力を受けるときは$k=1$、50％の重量配分のときは$k = 0.5$となる。実際の走行では、加速（減速）時に車両のすべてのタイヤが同時に最大可能粘着力を発揮するわけではないので、達成できる数値は常に低めとなる。電子制御式トラクションコントロールやアンチロックブレーキシステム（TCS、ABS、ESC）の採用に

表8：加速と制動

	vの単位がm/sのときの式	vの単位がkm/hのときの式
加速度または減速度（制動）[m/s²]	$a = \dfrac{v^2}{2\,s} = \dfrac{v}{t} = \dfrac{2\,s}{t^2}$	$a = \dfrac{v^2}{25.92\,s} = \dfrac{v}{3.6\,t} = \dfrac{2\,s}{t^2}$
加速時間または制動時間 [s]	$t = \dfrac{v}{a} = \dfrac{2\,s}{v} = \sqrt{\dfrac{2\,s}{a}}$	$t = \dfrac{v}{3.6\,a} = \dfrac{7.2\,s}{v} = \sqrt{\dfrac{2\,s}{a}}$
加速距離または制動距離 [m]	$s = \dfrac{v^2}{2\,a} = \dfrac{v\,t}{2} = \dfrac{a\,t^2}{2}$	$s = \dfrac{v^2}{25.92\,a} = \dfrac{v\,t}{7.2} = \dfrac{a\,t^2}{2}$

表9：加速度と減速度（制動）

	水平路面	傾斜路面 $\alpha; p = 100\,\% \cdot \tan \alpha$	
加速度または減速度の限界値で a_{max}[m/s²]	$a_{max} = k\,g\,(\mu_r - f_R)$	$a_{max} = g\,(\,k\,(\mu_r - f_R)\cos\alpha \pm \sin\alpha\,)$ 近似値[1]： $a_{max} \approx g\,(\,k\,(\mu_r - f_R)\pm 0.01\,p\,)$	+ 上り勾配の制動または下り勾配の加速 − 上り勾配の加速または下り勾配の制動

表10：指定された駆動力P_Aで達成可能な加速度a_e

a_e[m/s]、P_A[kW]、v[km/h]、m[kg]

水平路面	傾斜路面	
$a_e = \dfrac{3600\,P_a}{k\,m\,v}$	$a_e = \dfrac{3600\,P_a}{k\,m\,v} \pm g\,\sin\alpha$	+ 下り勾配の加速 − 上り勾配の加速（$g\,\sin\alpha$には$g\,p$（p[%]）の近似値[1]を適用）

表11：仕事と出力

	水平路面	傾斜路面 $\alpha; p = 100\,\% \cdot \tan \alpha$ [%]	
走行または制動仕事 W[J]、[2]を参照	$W = k\,m\,a\,s$	$W = m\,s\,(\,k\,a \pm g\,\sin\alpha\,)$ 近似値[1]： $W = m\,s\,(\,k\,a \pm g\,p/100\,)$	+ 下り勾配の制動または上り勾配の加速 − 下り勾配の加速または上り勾配の制動
走行または制動時の出力 [W]（速度vのとき）	$P_A = k\,m\,a\,s\,v$	$P_a = m\,v\,(\,k\,a \pm g\,\sin\alpha\,)$ 近似値[1]： $P_a = m\,v\,(\,k\,a \pm g\,p/100\,)$	vの単位がm/sのときはそのまま計算する。vの単位がkm/hのときは$v/3.6$として計算する。

[1] 約$p = 20$％以下のとき使用できる（誤差は2％未満）、[2] 1 J = 1 N m = 1 W s

より、駆動力の伝達を滑り摩擦係数の範囲内に維持することができる。

表9の方程式から、平坦な路面においては、$\mu_r<1$ のタイヤを装着した4WD車 ($k=1$) の最大加速は $g \cdot (1-f_R)$ となる。

例：

$k = 0.5$、$g = 10$ m/s²、
$\mu_r = 0.6$、$p = 15$ %、
$a_{max} = 10 \cdot (0.5 \cdot 0.6 \pm 0.15)$ m/s²、
上り勾配での制動（＋）：$a_{max} = 4.5$ m/s²
下り勾配での制動（－）：$a_{max} = 1.5$ m/s²

仕事と出力

加（減）速度を一定に保つために必要な出力は、車速に応じて異なる（表11）。加速に必要な出力は以下のようになる。

$$P_a = P\eta - P_W$$

ここで

P：エンジン出力
η：作動効率
P_W：慣性力

一連の動作：反応、制動および停止

(ÖNORM V 5050 [1] および [2] に準拠)

危険認識時間

危険認識時間は危険反応時間とも呼ばれ、障害物やその動きを知覚してからこれを危険と認識するまでの時間のことである（図6）。危険を認識してから反応するまでの過程で運転者が危険が発生している状況を捉えるために視点を変える必要がある場合、危険認識（危険反応）時間は約0.4秒長くなる。これは、集中力の低下や疲労によってさらに長くなる。

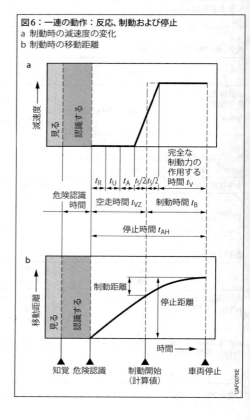

図6：一連の動作：反応、制動および停止
a 制動時の減速度の変化
b 制動時の移動距離

空走時間

空走時間 (t_{VZ}) とは、危険を認識した時点から計算上の制動開始時点までの時間のことである。以下の方程式よれば、空走時間は約0.8 ～ 1.0秒である。

$$t_{VZ} = t_R + t_U + t_A + \frac{t_S}{2}$$

反応時間 (t_R) とは、ある行動を惹起する事象が発生してからそれに応じての最初の行動が開始されるまでの時間のことである。本能的な危険認識は人間にとって生得的・自動的な反応（反射、不随意の反射）を惹起する。このため運転者は、反応した地点も反応の原因が生じた地点も、空走時間中に走行した距離の分だけずれて認識することになる。人間が反射に必要とする時間は約0.2秒である。しかし、運転者が危険を認識して、予防または回避のための動作を行う決断が必要とされる場合（選択反応、随意反応）、この反応時間は最短でも0.3秒となる。

移行時間 (t_U) とは、運転者がアクセルペダルからブレーキペダルへ足を移すために必要な時間のことである。移行時間は約0.2秒となる。

効き遅れ時間 (t_A) とは、ブレーキペダルを踏み込む圧力がブレーキシステムを介して実際に制動動作を有効なものにする（作動力の完全な生成と車両制動力の上昇の開始）までの時間のことである。

ブレーキ圧発生までの過渡時間 (t_S) とは、制動動作が有効になってから完全な制動力に達するまでの時間のことである。これに代えて、ブレーキ圧発生までの過渡時間の半分 ($t_S/2$) を計算上制動動作の開始と見なすこともできる。

EU理事会指令EEC 71/320、付則3/2.4では、効き遅れ時間とブレーキ圧発生までの過渡時間の総計は0.6 秒を超えてはならないと定められている。ブレーキシステムのメンテナンスが不十分だと、効き遅れ時間とブレーキ圧発生までの過渡時間が長くなる。

制動時間

制動時間 (t_B) とは、数学的に算出された制動動作の開始から車両の運動が完全に停止するまでの時間のことである。この制動時間には、ブレーキ圧発生までの過渡時間の半分 ($t_S/2$) （計算による仮定：ブレーキ圧発生までの過渡時間の半分であるが、完全な制

表12：停止時間と停止距離
$a\,[\text{m/s}^2]$、$v\,[\text{m/s}]$、$t_{VZ}\,[\text{s}]$

	vの単位がm/sのとき	vの単位がkm/hのとき
停止時間 t_{AH} [s]	$t_{AH} = t_{VZ} + \dfrac{v}{a}$	$t_{AH} = t_{VZ} + \dfrac{v}{3.6\,a}$
停止距離 s_{AH} [m]	$s_{AH} = v\,t_{VZ} + \dfrac{v^2}{2\,a}$	$s_{AH} = \dfrac{v}{3.6}\,t_{VZ} + \dfrac{v^2}{25.92\,a}$

表13：停止距離と走行速度および減速度の関係

減速度 $a\,[\text{m/s}^2]$	ブレーキング直前の車速 [km/h]												
	10	30	50	60	70	80	90	100	120	140	160	180	200
	1秒の空走時間（遅れ）中の移動距離 [m]												
	2.8	8.3	14	17	19	22	25	28	33	39	44	50	56
	停止距離 [m]												
4.4	3.7	16	36	48	62	78	96	115	160	210	270	335	405
5	3.5	15	33	44	57	71	87	105	145	190	240	300	365
5.8	3.4	14	30	40	52	65	79	94	130	170	215	265	320
7	3.3	13	28	36	46	57	70	83	110	145	185	230	275
8	3.3	13	26	34	43	53	64	76	105	135	170	205	250
9	3.2	12	25	32	40	50	60	71	95	125	155	190	225

動減速度）と最大のブレーキ圧による減速が有効とされる完全な制動時間（t_V）が含まれる。

$$t_B = \frac{t_S}{2} + t_V$$

停止時間と停止距離

停止時間（t_{AH}）とは、空走時間（t_{VZ}）と制動時間（t_B）の合計時間のことである。

$$t_{AH} = t_{VZ} + t_B$$

停止距離（s_{AH}）は積分によって算出できる（表12および13）。

安全距離

最小安全距離は、空走時間 t_{VZ} 中に通過する距離と同じでなければならない。空走時間を t_{VZ} = 1.08秒、車速を v km/hとしたとき、安全距離は $0.3v$ メートルとなる。ただし、市街地では $0.5v$ m 以上が望ましい。

追越し（追抜き）

追越しとは、車が進路を変更し、先行車を追い越してからもとの車線に戻ることである（図7）。追越しは、いろいろな状況や条件の中で行われるため、精密に計算することは難しい。したがって、以下の計算式、グラフ、図を用いて、一定の速度で追い越す場合と、一定の加速度で追い越す場合の2つの例で説明する。図とグラフを簡略化するため、s_u を、進路方向の距離の合計とし、車線を変更して再びもとの車線に戻るまでの横方向の距離（横移動）は考慮していない。

追越し距離

追越し距離は、

$$s_u = s_H + s_L \quad (変数は表14を参照)。$$

遅い車両（静止していると見なす）に対して速い車両が通過しなければならない距離 s_H は、車両長さ l_1 と l_2 車間距離 s_1, s_2 の合計である。

$$s_H = s_1 + s_2 + l_1 + l_2$$

追越し時間 t_u 中、遅い車両は距離 s_L を走行する。速い車両は距離 s_H に加えて、安全距離を維持するためこの距離を走行する必要がある（s_L (m)、t_u (秒)）。

$$s_L = \frac{t_u v_L}{3.6} \quad (速度 v は km/h)。$$

表14：記号と単位

記号		単位
a	加速度	m/s²
l_1, l_2	車両の長さ	m
s_1, s_2	安全距離	m
s_H	追越し車両（速い車両）が移動する相対距離	m
s_L	追越される車両（遅い車両）が移動する距離	m
s_u	追越し距離	m
t_u	追越し時間	s
v_L	遅い車両の速度	km/h
v_H	速い車両の速度	km/h

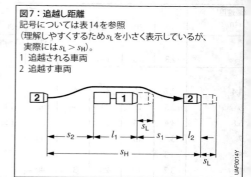

図7：追越し距離
記号については表14を参照
（理解しやすくするため s_L を小さく表示しているが、実際には $s_L > s_H$）。
1 追越される車両
2 追越す車両

一定速度での追越し

2車線以上ある高速道路などでは、追い越そうとする車両は、追越しを開始する前に、すでに追越し可能速度で走行している。追越し時間（最初の車線変更からもとの車線に戻るまで）は以下のとおりである。

$$t_U = \frac{3.6\,s_H}{v_H - v_L}$$

tの単位は秒、sの単位はm、vの単位はkm/hで、追越し距離は次のようになる。

$$s_U = \frac{t_U\,v_H}{3.6} \approx \frac{s_H\,v_H}{v_H - v_L}$$

一定加速度での追越し

狭い道路などで追い越すためには、先行車両に追い付いて同じ速度まで減速し、それから加速して追越しを行う。最大加速度は、エンジン出力、車両重量、車速、走行抵抗に応じて変化する。通常、加速度は0.4～0.8 m/s²の範囲内であるが、追越し時間を短縮するために低いギヤを使用した場合は、最高1.4 m/s²ま

で大きくなる。追越しに必要な距離の2倍以上の距離が視界に入っていなければならない。

全域にわたり、一定の加速度で追越しが行われると仮定した場合、追越し時間は次のようになる。

$$t_U = \sqrt{\frac{2 s_H}{a}}$$

追越しが終了するまでに遅い車両が通過する距離は、$s_L = t_U v_L / 3.6$で定義される。よって、追越し距離は次のようになる。

$$s_U = s_H + \frac{t_U v_L}{3.6}$$

tの単位は秒、sの単位はm、vの単位はkm/h。

図8の左側は、速度差$v_H - v_L$、または加速度aが変化したときの相対距離s_Hを示している。右側は、追い越される車両の速度v_Lが変化したときの通過距離s_Lを示している。追越し距離s_Uは、s_Hとs_Lの合計である。グラフは次のように利用する。

まず、追越しをする車両が通過する相対距離s_Hを求め、次に、速度差直線（$v_H - v_L$）または加速度直線

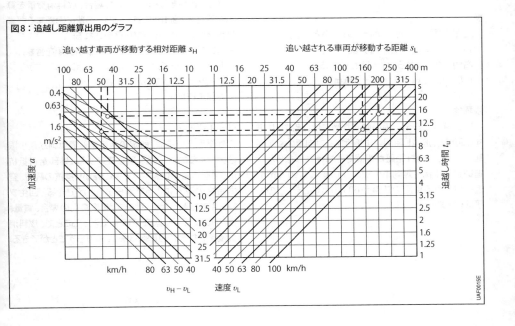

図8：追越し距離算出用のグラフ

952 自動車の物理学

上で、この距離に相当する位置に点を記入する。最後に、この点から速度直線 (v_L) と交わる位置まで、右方向に直線を引く。

例1 (一定の加速):
$v_L = v_H = 50$ km/h (追越開始時の車速v)、
$a = 0.4$ m/s^2
$l_1 = 10$ m, $l_2 = 5$ m
$s_1 = s_2 = 0.3\,|v_L| = 0.3\,|v_H| = 15$ m
$\rightarrow s_H = 45$ m

解
左側のグラフの$a = 0.4$ m/s^{2}の直線上で、
$s_H = 45$ mの交点を記録する。
右側のグラフから、$t_U = 15$ s, $s_L = 210$ m
したがって、$s_U = s_H + s_L = 255$ m

例2 (一定の速度):
$v_L - v_H = 16$ km/h,
$v_H = 66$ km/h
$v_L = 50$ km/h
$s_1 = 0.3\,|v_L| = 15$ m
$s_2 = 0.3\,|v_H| = 20$ m
$\rightarrow s_H = 50$ m

解
左側のグラフの$v_L - v_H = 16$ km/hと
$s_H = 50$ mの交点を記録する。
右側のグラフから、$t_U = 11$ s, $s_L = 150$ m
したがって、$s_U = s_H + s_L = 200$ m

視認性

狭い道路で安全に追い越すためには、追越しに要する距離と、追越し時間内に接近する対向車の移動距離とを足した合計距離が視認できなければならない。追い越す車両と対向車の速度がいずれも90 km/h、追い越される車両の速度が60 km/hのとき、この距離は約400 mとなる。

燃費

燃料消費率

エンジンの等燃料消費量曲線を示す最も一般的な方法は「グラフ図」である。この図には、平均有効圧力p_{me}と、群パラメーターとして燃料消費量一定線 (出力に対する燃料のスループット量をg/kWhで表したもの) のエンジン回転数に対する関係が示されている (図9)。これによって、サイズやタイプと異なるさまざまなエンジンの効率を比較することができる。

他の表示方法として、群パラメーターとして燃料のスループット量あるいは質量流量 (kg/h単位など) を使用することもある。この表示方法は、CO_2排出量に対応した燃料消費量のシミュレーションに使われるCAEプログラム (コンピュータ支援エンジニアリング) の入力変数として特に適している。

これら2つの表示方法においては、上限ラインを示す全負荷時トルク曲線、限界エンジン回転数を示すアイドリング回転数および制御不能回転数、さらに多くの場合に定出力曲線P ($P \sim p_{me}\,n$による出力双曲線、エンジン回転数n) が補助的情報として記入される)。

すべての損失と走行抵抗を組み入れた燃費

燃費に対する運転者の影響 (これは最大で30％に達することがある) を除外した場合、燃料消費量を算出する公式 (図10) に基づけば、燃費に影響する要素は大きく3つのグループに区分される。
- エンジン (ベルト駆動装置および補機類を含む)
- ドライブトレイン (トランスミッション、ディファレンシャルなど) の内部走行抵抗
- 外部走行抵抗

外部走行抵抗

外部走行抵抗は、所定の走行条件で車両が最小限必要とするエネルギー量を決定する。外部走行抵抗は、車両質量の低減やタイヤの転がり抵抗の軽減、空力特性の改善によって減らすことができる。回生ブレーキを搭載しない平均的な量産車両の場合、質量、空気抵抗、転がり抵抗を10％低減することで、燃料消費量をそれぞれ約6％、3％、2％減らすことができる。

図10の公式では、加速抵抗とブレーキ抵抗を分けている。この図から、単位距離当たりの燃料消費量は、何よりもまず制動操作の後期において常用ブレーキを使用して惰走によるエンジンのフューエルカットオフ機能が作動していない場合や、ハイブリッドシステムが電気エネルギーのためにブレーキエネルギーの一部を使用している場合に増加することがわかる。

内部走行抵抗

内部走行抵抗は、ドライブトレインのクランクシャフトからホイールの間で生じる損失によるものである。図9では、車両Aが車両Bよりも大幅に走行抵抗が少ない場合の、内部および外部走行抵抗の総計が曲線cとdで表されている。

ドライブトレイン内部の伝達損失に加えて、総変速比も燃料消費量に影響をおよぼす。総変速比は、トランスミッションの減速比とディファレンシャルの減速比の積である。どのような総変速比を選択するかによって、所定の走行速度におけるエンジンの等燃料消費量曲線図における対応する点が異なる。一般的に変速比をハイギヤードにする、つまり総変速比を比較的小さくすることで、エンジンの等燃料消費量曲線図における対応する点はより燃料消費量の低い領域へと移動する。同時に加速性能が低下し、NVH（走行快適性を左右するノイズ、振動、ハーシュネス）特性

表15：記号と単位

記号		単位
B_e	単位距離当たりの燃料消費量	g/m
b_e	燃料消費率	g/kWh
m	車両質量	kg
A	車両前面投影面積	m²
f_R	転がり抵抗係数	—
c_W	空気抵抗係数	—
g	重力加速度	m/s²
t	時間	s
v	車速	m/s
a	加速度	m/s²
B_r	ブレーキ抵抗	N
$\eta_{\ddot{u}}$	駆動系の伝達効率	—
ρ	空気密度	kg/m³
α	勾配角度	°

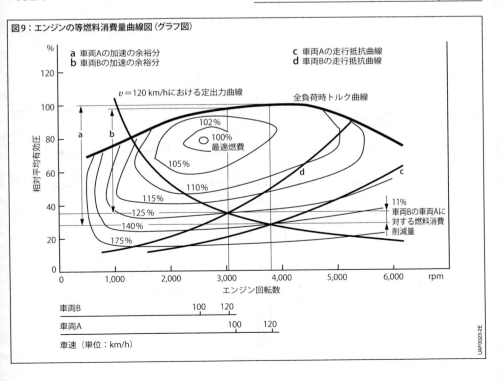

図9：エンジンの等燃料消費量曲線図（グラフ図）

が悪化する点にも注意が必要である。このため有意義な変速比の選択は、限られた範囲内においてのみ可能である。

従来の駆動システムの単位距離あたりの燃費

標準燃費の公式な値は、排出ガステストベンチ上で法定テストサイクル（欧州ではNEDC、米国ではFTP75およびハイウェイモード、日本ではJC08モード）を走行して行われるダイナモメーターテストをもとに定められる。2017年および2018年以降、欧州および日本はより現実的な燃費値を目指すWLTPサイクル（乗用車等の国際調和排出ガス・燃費試験法）に移行する。排出ガスはサンプル採取袋に集められ、消費量を測定する目的でHC、CO、CO_2などの成分が分析される（「排出ガス測定方法」を参照）。排出ガスの二酸化炭素（CO_2）含有量は燃費に比例する。

欧州では次の基準値が用いられる。
ディーゼル： 1 l/100km ≈ 26.3 g CO_2/km

ガソリン：
（Euro 4）： 1 l/100km ≈ 24.0 g CO_2/km
（Euro 5、E5）： 1 l/100km ≈ 23.4 g CO_2/km
（Euro 6、E10）： 1 l/100km ≈ 22.8 g CO_2/km

Euro 4からEuro 5およびEuro 6への改定は、ガソリンへの5％のエタノール混合（E5）およびEuro 6での10％の混合（E10）に起因するものである。

車両の質量は、テストベンチにおいてテスト質量を使用してシミュレーションされる。今日の認定サイクルではテスト質量は国によって異なるが、車両の空車重量に応じて55～120 kgの増分で等級分けされる。車両の質量がそれぞれの慣性重量クラスに割り当てられると、走行可能重量（フィルター類、工具を含む。燃料積載量は燃料タンクの90％）に運転者と積載物の質量として100kgが加算される。隣接する慣性重量クラスとの燃費差は、車両により異なるが0.15～0.25 l/100 kmとなる。WLTPサイクルでは、実際の車両質量がテスト質量として使用される。

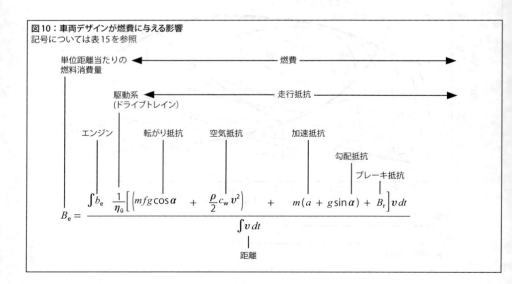

図10：車両デザインが燃費に与える影響
記号については表15を参照

燃費の単位

標準燃費は、国ごとあるいはテストサイクルごとにさまざまな単位で表される。欧州では$g\ CO_2/km$または$l/100\ km$、米国ではmpg（1ガロンあたりの走行マイル）、日本ではkm/lで表示される。

換算例：

　30 mpg → 235.215/30 → 7.8 $l/100\ km$
　22.2 km/l → 100/22.2 → 4.5 $l/100\ km$

自律型ハイブリッド車の燃費の特徴

自律型ハイブリッド車のシャシーダイナモ試験では、CO_2排出値だけでなく、バッテリー電流も特定され、すべての国の規制で、テスト前後のバッテリーの状態が同じであることが求められている。許容差と許可される修正は、欧州、米国および日本で異なる。

ハイブリッド車両では車両の運動エネルギーの一部が回収されバッテリーに戻され、これを内燃機関の推進力のアシストに利用する（ブーストモード）か、電気のみによる走行に利用する。モーターによってエンジンの動作ポイントは燃費の低い領域へと変更されるか（図9）、またはエンジンに不利な部分負荷領域が完全に回避される。これにより、従来の車両と比較して10％～20％の燃料節約を達成できる。

プラグインハイブリッド車の燃費の特徴

プラグインハイブリッド車は、バッテリーをコンセントやウォール充電ステーション（ウォールボックス）などの外部電源で充電できる点で自律型ハイブリッド車と異なる。ウォール充電ステーションでは大電力でバッテリーを充電できるため、充電時間が短縮される。

自律型ハイブリッド車および従来の自動車と異なり、プラグインハイブリッド車では2種類のシャシーダイナモテストを行って燃費を特定するとともに、燃料および電源ソケットからの電気エネルギーの消費結果を、国によって異なる重み付けを使って清算する。この場合、テストはフル充電したバッテリーを使って実施し、蓄電装置が最小充電レベルに到達するまでサイクルを繰り返す。これは枯渇テストと呼ばれる。2番目のテストは最小充電レベルで実施される持続テストで、これは自律型ハイブリッド車のテストと同じである（図12）。

ユーティリティーファクター（UF）で、充電した蓄電装置の燃費（充電枯渇テスト、CD）と完全放電した蓄電装置の燃費（充電持続テスト、CS）を、電気による航続距離の関数として重み付けする。これは、SAE規格J2841 [4]によって実地データで確認できるほか、立法府により定められていることもある。図11は、WLTPの航続距離に基づく国別（EU、米国、中国、日本）の累積効率の比較を示す。曲線が高い位置にあるほど、燃費はCDテストにおいて同じ距離のCSテスト燃費より大きく重み付けされ、効率が上昇するほど、認定燃費は低くなる。これは、以下の方程式で決定される。

認定燃費＝持続燃費の回数（1 － ユーティリティーファクター）。

図11は、中国における50 kmのWLTPサイクルの電気による航続距離が72％であることを示している。つまり、6 $l/100\ km$の持続燃費の場合、認定燃費は1.7 $l/100\ km$となる。

電気による走行の割合は、ドライビングスタイルだけでなく、顧客の充電行動に大きく依存するため、プラグインハイブリッド車の公道での燃費は、認定値と大きく異なる場合がある。充電は、既存の充電インフラおよび使用上の便利さに決定的に影響される。

電気自動車の航続距離と燃費
電気による航続距離

標準航続距離の公式なデータは、テストベンチのシャシーダイナモテストで法定テストサイクルを繰り返すことによって特定される。例えば、電気による航続距離が200 kmの場合、NEDCサイクルを約19回繰り返す必要がある。従来の自動車およびハイブリッド車で行うシャシーダイナモテスト同様、このテストで

は2次負荷およびエアコンによる影響は考慮されない。後者は、暖房および冷房のためのすべてのエネルギーはバッテリーから供給され、推進には使用できないため、電気自動車の航続可能距離において大きな役割を果たす。図13は、航続可能距離に与える

エアコンの暖房、冷房、除湿（再暖房）の影響を気温で示し、ドライビング（車速、加速、制動）の影響を異なるサイクルで示している。

走行によるエネルギー需要が高いほど、エアコンによる2次負荷の影響は少ない。都市サイクル（ニューヨーク市サイクル、NYCCの例）では、低い気温で航続距離が最小となる。最大の航続距離は、気温約20°Cでの定速走行で達成される。

<u>コンセントの電力消費</u>

航続距離テストの後、各電気自動車のHVバッテリーはコンセントまたはウォール充電ステーションで充電され、それに必要なエネルギーが特定される。このエネルギーと以前に特定された航続距離を比較すると、コンセントでの電力消費（Wh/kmまたはkWh/100 km）が特定される。端子での電力消費は、車両およびテストサイクルのみに依存するが、コンセントでの電力消費は、使用する充電手順によっても異なる。図14は、特定の車両サイクルと走行サイクルの充電力および充電モード（充電手順）によって異なるコンセントでの電力消費を示している。モード2およびモード3プラグを使った交流充電（AC）と、直流充電（DC）という異なる充電モードがある。充電力

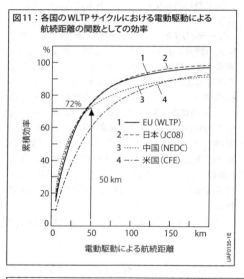

図11：各国のWLTPサイクルにおける電動駆動による航続距離の関数としての効率

1 —— EU (WLTP)
2 ---- 日本 (JC08)
3 ······ 中国 (NEDC)
4 –·– 米国 (CFE)

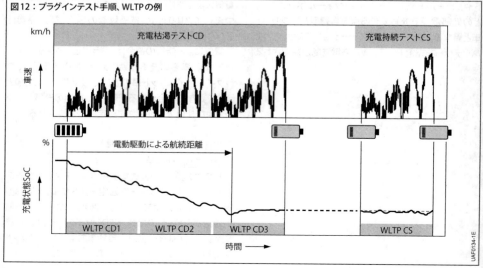

図12：プラグインテスト手順、WLTPの例

が大きいほどコンセントでの電力消費は小さく、充電システム効率 η はより高くなる。これは、次のように計算される。

$$\eta = \frac{\dfrac{\text{コンセントでの電力消費 (kWh)}}{100 \text{ km}}}{\dfrac{\text{端子での電力消費 (kWh)}}{100 \text{ km}}}$$

充電システム効率は、補機類（ポンプ、ファン、およびECUなど）の損失、車載充電器によるAC充電中の損失、およびウォール充電ステーションでの損失に影響される。車載充電器は、充電ネットワークの交流電流をバッテリー充電に適した直流に変換する役割を果たす。

電気自動車の走行性能

電気自動車の走行性能は、従来の車両と比較して気温と蓄電装置の状態からより大きな影響を受ける。気温が低下し残充電（SoC）が少なくなるにつれて、電動ドライブトレインのパワーが低下し、最高速度が低下するとともに加速時間が増大する。氷点下で、バッテリーの充電量が50％である場合、充電時間が倍になり、最高速度は実効最高速度の約50％に低下し、0〜100 km/h加速時間が倍増する。

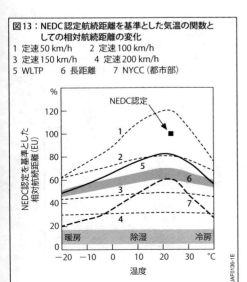

図13：NEDC認定航続距離を基準とした気温の関数としての相対航続距離の変化
1 定速50 km/h　2 定速100 km/h
3 定速150 km/h　4 定速200 km/h
5 WLTP　6 長距離　7 NYCC（都市部）

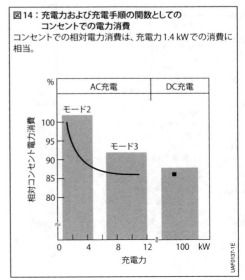

図14：充電力および充電手順の関数としてのコンセントでの電力消費
コンセントでの相対電力消費は、充電力1.4 kWでの消費に相当。

横運動（曲線走行）の力学

横方向加速度の範囲

今日の乗用車の横方向加速度は、最大 10 m/s² に達することがある。乗用車の横方向加速度は、次の領域に細分化される（図15）。

0〜0.5 m/s² の範囲は、小信号領域と呼ばれる。この範囲で考慮しなければならない現象は、横風およびわだちやなどの路面のでこぼこによって引き起こされる、直進走行への影響である。横風による影響は、強風や突風、側壁のある区間への出入りによって引き起こされる。

0.5〜4 m/s² の範囲は、線形単一軌道モデルを使って車両の挙動を説明できることから、線形領域と呼ばれる。横方向運動特性が関与する一般的な操作には、急激なステアリング操作、走行レーンの変更、および曲線走行時の荷重移動反応など、前後方向と左右方向の両方の運動特性が関与する組合せがある。

横方向加速度が 4〜6 m/s² の範囲では、乗用車の挙動は、そのデザイン上の特徴に応じて、線形のままであることも、既に線形でなくなっていることもある。したがって、この領域は遷移領域とされる。この範囲では、最大横方向加速度 6〜7 m/s² の車両（オフロード車両など）は既に非線形の特性を示すが、これより高いレベルの横方向加速度を達成している車両（スポーツカーなど）の挙動は、まだ線形の特性を示す。

横方向加速度が 6 m/s² を超えるのは、極端な状況のときのみであるため、限界領域と呼ばれる。この領域では、車両の特性は主として非線形であり、車両の安定性が問題となる。この領域に達するのは、サーキットあるいは通常の道路交通では事故につながる状況においてである。

平均的な運転者が一般的な走行をする場合の横加速度は 4 m/s² までの領域である。これは、車両の運転者が、主観的に事態を評価するとき、小信号領域と線形領域の両方が関係することを意味している（図15）。平均的な運転者の場合、横方向加速度の発生する確率は、横方向加速度の大きさに対して指数関数的に減少する。

表16：記号と単位

記号		単位
δ	ホイール実舵角度	rad
δ_H	ステアリング操舵角度	rad
α_v	フロントアクスルのスリップ角	rad
α_h	リアアクスルのスリップ角	rad
β	フロート角度	rad
ψ	ヨー角	rad
ω_e	減衰されていない自由振動周波数	s^{-1}
l	ホイールベース	m
l_v	フロントアクスルから重心までの距離	m
l_h	リアアクスルから重心までの距離	m
v	前後方向の速度	m/s
v_r	風の影響による合成速度	m/s
C_v	リアコーナリング剛性 前車軸	N/rad
C_h	リアコーナリング剛性 後車軸	N/rad
D	減衰係数	1/rad
m	合計質量（重量）	kg
i_l	舵角比	-
F_{SV}	フロントアクスルの横力	N
F_{SH}	リアアクスルの横力	N
a_y	横方向加速度	m/s²
θ	慣性ヨーモーメント	Nms²
ρ	空気密度	kg/m³
A	前面投影面積	m²
τ	偏揺角	rad
F_S	横風の力	N
M_Z	横風のヨーモーメント	Nm

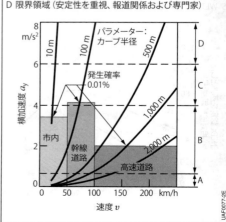

図15：横加速度の領域
A 小信号領域
B 線形領域（通常の運転者）
C 遷移領域
D 限界領域（安定性を重視、報道関係および専門家）

線形単一軌道モデル

横方向の運動の動的特性に関する重要な推論を線形単一軌道モデルから得ることができる。単一軌道モデルは、1つの軸とその車輪の横方向の動的特性を組み合わせて1つの実効車輪を形成する。ここに示す最も単純なモデルにおいて考慮すべき特性は線形の領域に存在し、そのためこのタイプのモデルは線形単一軌道モデルと呼ばれている。最も重要なモデル仮説を下記に示す。

- 軸の運動特性と弾性運動特性は線形にのみモデル化されている
- タイヤの横力生成は線形で、アライニングトルクは無視する
- 重心は路面上に存在すると仮定する。したがって、車両の旋回自由度はヨー運動のみである。ローリング、ピッチング、上下動は考慮に入れない

セルフステアリング効果

図16に高速およびスキッドパッドにおける線形単一軌道モデルを示す。この図から、スリップ角の運動特性を表す、次の関係式が得られる[4, 5, 6]。

$$\alpha_v = \delta - \beta - \frac{\dot{\psi} l_v}{v}, \quad \alpha_h = -\beta - \frac{\dot{\psi} l_h}{v}$$

トルクバランスに加えて、スキッドパッド上の定半径を旋回する場合の横方向加速度の増加に関連した、ステアリング操舵角度の変化を計算することができる。これにより、セルフステアリング勾配EGが定義される。

$$EG = \frac{d\delta}{da_y} = \frac{m}{l}\left(\frac{l_h}{C_v} - \frac{l_v}{C_h}\right)$$

すべての乗用車は、線形横方向加速度領域では、アンダーステアを示すように設計されている。乗用車のEG値は$0.25° \cdot s^2/m$程度である。

横方向の運動特性の観点からは、このセルフステアリング勾配によって車両の安定性と減衰が決定される。また、平均的な運転者にとって、旋回速度が速くなると操舵角要求が増加するという点で、セルフステアリング勾配の重要性は明らかである。これは、増加する横方向加速度に運転者の注意を惹きつける。

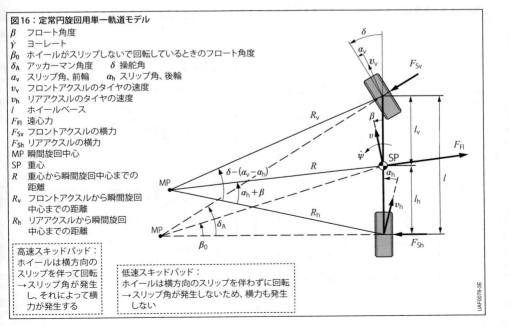

図16：定常円旋回用単一軌道モデル
- β フロート角度
- $\dot{\gamma}$ ヨーレート
- β_0 ホイールがスリップしないで回転しているときのフロート角度
- δ_A アッカーマン角度　δ 操舵角
- α_v スリップ角、前輪　α_h スリップ角、後輪
- v_v フロントアクスルのタイヤの速度
- v_h リアアクスルのタイヤの速度
- l ホイールベース
- F_{Fl} 遠心力
- F_{Sv} フロントアクスルの横力
- F_{Sh} リアアクスルの横力
- MP 瞬間旋回中心
- SP 重心
- R 重心から瞬間旋回中心までの距離
- R_v フロントアクスルから瞬間旋回中心までの距離
- R_h リアアクスルから瞬間旋回中心までの距離

高速スキッドパッド：
ホイールは横方向のスリップを伴って回転
→スリップ角が発生し、それによって横力が発生する

低速スキッドパッド：
ホイールは横方向のスリップを伴わずに回転
→スリップ角が発生しないため、横力も発生しない

フロート角度勾配 (SG) を図16から計算することができる。車両の安定性を高めるには、フロート角度勾配はできるだけ小さいことが望ましい [4、5、6]。

$$SG = \frac{d\beta}{da_y} = \frac{m\,l_v}{C_h\,l}$$

ヨーゲイン

ヨーゲインは、擬似安定状態で車両が操舵角に応答して実行するヨー応答の度合いを表す。次のテスト手順を実行することにより、ヨーゲイン係数を決定できる。一定の速度で走行しているときに、0.2 Hz以下の周波数でステアリングホイールを左右に振る。操舵角の大きさは、約 3 m/s² の最大横方向加速度が得られるように選択する。まず20 km/hの速度から開始し、速度を10 km/hずつ上げながら、テストを繰り返す。高速時に空力的な影響(前後のアクスルを持ち上げたり押し上げる力)が発生しないものとすれば、このテストによって、線形単一軌道モデルから、次の方程式と基本的に一致するヨーゲイン曲線を得ることができる [4、5、6]：

$$\left(\frac{\dot{\psi}}{\delta}\right)_{stat} = \frac{v}{l + EG\,v^2}$$

図17に、オーバーステア特性 ($EG < 0$)、ニュートラルステア特性 ($EG = 0$)、アンダーステア特性 ($EG > 0$) を示す車両の、それぞれのヨーゲインを示す。高速ではアンダーステア特性を示し、したがって、直進状態でも正しい車両運動特性を示す車両のみが許容される。アンダーステア特性を示す車両が最大のヨー応答を示す速度は、特性速度 v_{char} として知られている。線形単一軌道モデルでは、この速度は次式で表される。

$$v_{char} = \sqrt{\frac{l}{EG}}$$

減衰係数

次の横方向の力の均衡は、線形単一軌道モデルから導かれたものである。

$$m\,a_y = F_{sv}\cos\delta + F_{sh}$$

トルクバランスは、次のようになる。

$$\theta\,\ddot{\psi} = F_{sv}\,l_v\cos\delta + F_{sh}\,l_h$$

線形の運動特性の観点からは、減衰係数 D を2つの等式から導くことができる。

$$D = \frac{1}{\omega_e}\left(\frac{C_v + C_h}{m\,v} + \frac{C_v\,l_v^2 + C_h\,l_h^2}{\theta\,v}\right)$$

次の方程式は、減衰されていない自由振動周波数を表している。

$$\omega_e = \sqrt{\frac{C_h\,l_h - C_v\,l_v}{\theta} + \frac{C_v\,C_h\,l^2}{\theta\,m\,v^2}}$$

図17：速度に依存するヨーゲイン

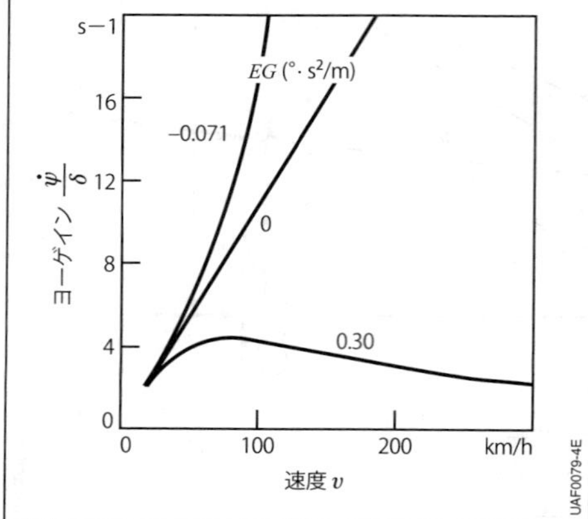

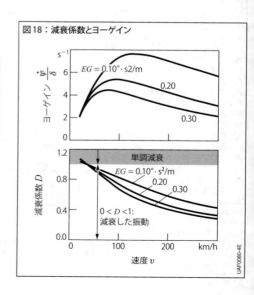

図18：減衰係数とヨーゲイン

車両の減衰係数を、急激なハンドル操作やステップ入力などに対するヨー応答から知ることができる。車両は、この減衰ができるだけ大きくなるように設計されている。

図18に、さまざまなセルフステアリング勾配に対する減衰係数およびヨーゲインの関係を示す。この図から、次のような目的の競合を確認することができる。
- 車両の直進性を良くするには大きなセルフステアリング勾配が必要である
- 特に高速での減衰係数を大きくするには、セルフステアリング勾配をできるだけ小さくする必要がある

横敏捷性グラフ

車両のバランスを支配するさらなる重要な変量として、総操舵比 i_l を挙げることができる。ステアリング操舵角度は、総操舵比 i_l とともに、ホイール実舵角度から計算することができる。

$$\delta_H = i_l\,\delta$$

これから、最大ヨーゲインを求める次の式が得られる。

$$\left(\frac{\dot\psi}{\delta_H}\right)_{max} = \frac{1}{2\,i_l\sqrt{l\;EG}}$$

この最大値を、操舵比の関数としてプロットした横敏捷性グラフを図19に示す。このグラフには、EG 等値線も記入されている。セルフステアリング勾配は、これらの曲線に沿って一定である。このグラフに、ヨーゲインと操舵比の望ましい目標範囲をプロットし、必要なセルフステアリング勾配を決定することができる。

車両の操舵比だけを変更した場合、横敏捷性グラフの基準線を EG 等値線に沿ってずらすことにより、最大ヨーゲインを決定することができる。軸特性を変更した場合は、縦軸に沿ってずらす。

横風による横方向の運動特性

風が自動車の横方向の運動を誘発することがある。この外乱を受けて、車両が進路から外れたり、横方向加速度が発生したり、ヨー角およびロール角が変化する。運転者は、これに対応する修正操作を行おうとする。したがって次の段階では、運転者の応答可能性と車両の修正可能性が考察の対象となる。現在までの知見によれば、車両の横風に対する直接の応答は、車両の横風に対する総合的な安定性に関する主観的な評価の主要変数である。このことには、分析によって、横風と車両の応答に関する相互作用を効果的に観察することができるという利点がある。

平均的な運転者は、一般に風によって誘発される2つの状態を認識する。
- 走行中に方向や風速が変化する横からの自然風
- 横風が遮断されている区間に出入りする際に経験する、車両に作用する力の強さが大きく変化する横風

自動車メーカーは、下記の車両要因を考慮に入れることにより、風の力によって誘発される影響を最小化するように努めている。
- タイヤの「コーナリング剛性」、つまり、横力の変化によりスリップ角がどの程度増加するか。この考察では、タイヤの荷重は一定である
- 車両の総重量
- 重心の位置
- アクスルの特性
- 均等で交互に作用するサスペンション
- 減衰
- アクスルの運動特性と弾性運動特性
- 車両の空力形状と前面投影面積

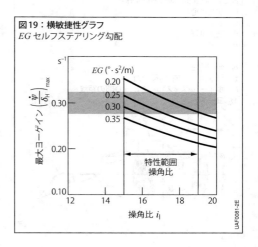

図19：横敏捷性グラフ
EG セルフステアリング勾配

さまざまな動的空気力およびモーメント

速度 v で風速 v_w の風の中を走行している車両は、合成速度 v_r の風の影響を受ける。横からの自然風の場合、偏揺角 τ は通常 0 度ではなく、したがって、車両に作用する横力 F_s とヨーモーメント M_z が発生する。

空気力学では、力およびモーメントではなく、次のように、無次元の係数を使用するのが一般的である。

$$F_s = c_s \frac{\rho}{2} v_r^2 A \text{、} M_z = c_M \frac{\rho}{2} v_r^2 A l$$

モーメント M_z とホイールベースの中間の点において定義される横力 F_s は、風の作用点が空力中心 D に存在するとき、単一の横力 F_s で表すことができる(図20)。空力的基準点 B から空力中心 D までの距離 d は、次のようにして計算される。

$$d = \frac{M_z}{F_s} = \frac{c_M}{c_s} l$$

空力的影響を最小限に抑えるには、空力中心 D と車両の重心 S ができるだけ近くなるように適切な手段を講じる必要がある。これによって、モーメントの実効的な影響を減らすことができる。

図21に、車両の最も一般的な形状であるステーションワゴンとセダンの場合の空力係数と偏揺角 τ との関係を示す。結果として得られた距離 d は、セダンよりもステーションワゴンの方が大幅に小さい(図20)。したがって、重心がホイールベースの中間点に存在する車両では、ステーションワゴンの形状の方がセダンの形状のものよりも横風による影響が少ない。

コーナリング時の挙動

<u>コーナリング時の遠心力</u>

$$F_{cf} = \frac{mv^2}{r_k} \quad \text{(図22を参照)}$$

<u>カーブ走行時の車体のロール</u>

コーナリング中に重心に作用する遠心力によって、車両は路面に対して傾斜する。この傾斜を車体のロールと呼び、ロール動作の大きさは、スプリングのばね定数、ばね応答の速さ、およびロールモーメントアーム(ロール軸と重心間の距離)に依存する。ロール軸

図20:横風が車両に及ぼす作用
D 空力中心
S 重心
B 空力基準点
v 車速
v_w 風速
v_r 合成速度
τ 偏揺角　　F_s 横風の力
l ホイールベース　d B-D 間の距離
M_z ヨーモーメント

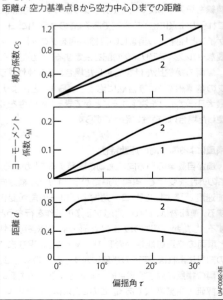

図21:横力係数と力の作用点
1 ステーションワゴン
2 セダン
距離 d 空力基準点 B から空力中心 D までの距離

とは、路面と車体との瞬間回転中心軸である。他の剛体と同様に、車体は絶えずねじれ運動、回転運動を行っている。この動きの他に、瞬間回転中心軸方向への水平移動もある。

　ロール軸の位置が高くなれば、つまり、重心を通るロール軸と平行な軸に近付くほど、横方向の安定性が増し、コーナリング中のロール角度は小さくなる。しかし、これはホイールの上下運動が大きくなることを意味し、その結果トレッドが変化する（走行安定性にマイナスの影響がある）。このような理由から、瞬間回転中心軸の位置を高くしながらトレッドの変化が最小限になるような構造が求められる。したがって設計段階では、ホイールの瞬間回転中心と車体との相対高さを大きく設定し、さらに、車体からできるだけ離すことを目標にしている。

　ロール軸の大まかな位置を決定するためには、等価ボディ運動におけるロールセンターを決定して、これを基にロール軸の位置を求める方法がしばしば用いられる。このときボディの運動は、路面に対して垂直で前輪と後輪それぞれを通る2平面上で発生する。ロールセンターとは、車体ロール時に車体において変位しない点（見かけ上の回転中心）であり、ロール軸は、2つのロールセンター（瞬間中心）を通る直線である。瞬間中心を図示するには、相対運動をしている3リンクの瞬間回転中心が1点であるという法則を利用する。

　ホイールの運動を含む位置関係をさらに厳密に定義するには、複雑な演算が必要なため、一般的な3次元シミュレーションモデルの使用が賢明である[4、5、6]。

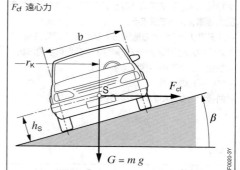

図22：コーナリング時の遠心力
b　トレッド幅
h_S　重心の高さ
r_k　カーブ半径
β　カーブの傾斜（バンク）
G　車両重量
S　重心
F_{cf}　遠心力

横運動（曲線走行）に関する参考文献

[1] ÖNORM V 5050: Straßenverkehrsunfall und Fahrzeugschaden; Terminologie.
[2] Fritz Sacher in Fucik, Hartl, Schlosser, Wielke (Editors): Handbuch des Verkehrsunfalls, Part 2, Manz-Verlag Vienna, 2008.
[3] Council Directive of 26 July 1971 on the approximation of the laws of the Member States relating to the braking devices of certain categories of motor vehicles and their trailers.
[4] B. Heissing, M. Ersoy: Fahrwerkhandbuch, 2nd Edition, Vieweg + Teubner Verlag, 2008.
[5] H.-P. Willumeit: Modelle und Modellierungsverfahren in der Fahrzeugdynamik, Teubner-Verlag, 1998.
[6] M. Mitschke, H. Wallentowitz: Dynamik der Kraftfahrzeuge, 4th Edition, Springer-Verlag 2004.

表17：カーブでの限界速度（数値方程式）

	平坦なカーブ	傾斜（バンク）のあるカーブ
車両が摩擦限界を超える（横滑りを始める）ときの速度	$v \leq 11.28 \sqrt{\mu_r r_k}$ km/h	$v \leq 11.28 \sqrt{\dfrac{(\mu_r + \tan\beta) r_k}{1 - \mu_r \tan\beta}}$ km/h
車両が横転するときの速度	$v \geq 11.28 \sqrt{\dfrac{b r_k}{2 h_s}}$ km/h	$v \geq 11.28 \sqrt{\dfrac{\left(\dfrac{b}{2 h_s} + \tan\beta\right) r_k}{1 - \dfrac{b}{2 h_s} \tan\beta}}$ km/h

h_S　重心の高さ（単位：m）　　μ_r　最大摩擦係数　　b　トレッド幅（単位：m）
r_K　カーブ半径（単位：m）　　β　カーブの傾斜（バンク）

商用車の特殊走行力学

ステアリング特性

目標とされるステアリング特性は、穏やかなアンダーステアである。安定した車両の操作性は、ステアリング特性によって決まる。また、ステアリング特性は、下記の要素によって決まる。
- ステアリングギヤの機械および油圧装置の変量
- ステアリングリンケージの剛性および幾可学的形状
- 前後のアクスルの弾性運動特性
- フレームの剛性
- 前後のアクスルのロールの抑制

路面の不整や横風などの外乱が、車両の運動を大きく妨げないようにする必要がある。アクスルの弾性運動学的設計は、これらの外乱要因を最小化するのに役立つ。その際に目標とされるのは、圧縮と伸長の交番および制動により発生するステアリング運動を最小限に抑えることである。たとえば、ステアリングの運動点やリーフスプリングの連結点は、弾性運動特性の構成における調整ポイントである。弾性運動機構の構成には、幾何学的非線形計有限要素計画法が使用されている。弾性運動特性の構成は、弾性運動特性テストベンチ上でモニターされる。

エアサスペンション仕様の大型トラックには、通常は、サスペンションアームおよびリンクを使用してコントロールされているソリッドまたはリジッドアクスルが使用されている。このようなアクスルは、「無積載時」と「積載時」のレベルに差がないため、一般的に、アクスルコントロールのステアリング特性が、積載状態に関係なく事実上一定になるように設計されている。今日まで、独立したホイールのコントロールを含むアクスルコントロールの概念は、小型の多目的商用車やバスにのみ実装されてきた。

トラック後輪のホイール荷重は、積載荷重によって大きく変化し、荷重が減少するとアンダーステア特性が強くなる(図1)。

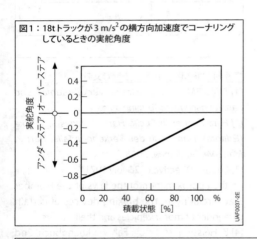

図1：18tトラックが3 m/s² の横方向加速度でコーナリングしているときの実舵角度

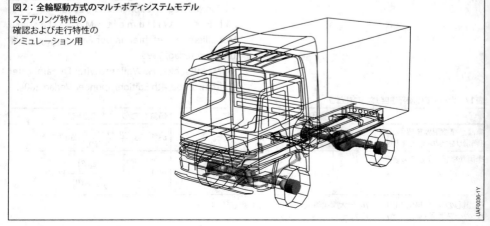

図2：全輪駆動方式のマルチボディシステムモデル
ステアリング特性の確認および走行特性のシミュレーション用

6×4または6×2（6輪のうち4輪または2輪が駆動輪）のような非操舵多軸リアアクスル車両の場合、第1および第2リアアクスルのスリップ角が異なるため、車両の垂直軸回りに制約トルクが発生する。これによりアクスルに発生する横力は操縦システムに影響を及ぼす。この横力は以下のようにして求めることができる（図3）。

小さな角度 α に対する制約に起因するコーナリングフォース（サイズについては図3を参照）：

$F_{S1} = F_{S2} - F_{S3}$

このとき、

$F_{S2} = c_{p2} n_2 \alpha_2$

$F_{S3} = c_{p3} n_3 \alpha_3$

滑り角度：

$\alpha_2 = \dfrac{1}{r} \cdot \dfrac{c_{p3} n_3 b (a+b)}{c_{p3} n_3 (a+b) + c_{p2} n_2 a}$

$\alpha_3 = \dfrac{b}{r} - \alpha_2$

α_i の単位はラジアン、c_{p2} および c_{p3} はタイヤ特性マップより求めたスリップ剛性、n_2 および n_3 は1軸あたりのタイヤの数である。

耐横転性

車両の全高が増すと、カーブで横滑りを始める前に、横転を起こしやすくなる。総合的な動的挙動と同様に、車両の横転限界がマルチボディシステムシミュレーションを使用して決定される（マルチボディシステム、図2）。このシミュレーションでは、定常円旋回[1]や二重車線変更[2]など、さまざまな安定および非安定走行についてのテストが行われる。定常円旋回での横転限界における横加速度 b は、小型多用途商用車で $b = 6 \sim 8$ m/s²、トラックで $b = 4 \sim 6$ m/s²、2階建てバスで $b \approx 3$ m/s² である。

商用車でもESPシステム（エレクトロニックスタビリティープログラム）の使用が増え、積載状態や荷重の分布状況が予測または決定され、横転する危険性は大幅に減少している。

全幅要求

自動車やセミトレーラー連結トラクターの全幅要求は、直進時よりコーナリング時のほうが大きくなるこの全幅増加分は、ステアリング特性およびトレーラーの連結方法によって異なる。適切な運動挙動を考えると、コーナリング時に車両最外端が描く軌跡を求めなければならない。これによって、特殊な走行（たとえば、狭い道の通抜け）が可能かどうか、また、法規制を満たしているかどうかを確認できる（図4）。全幅要求は、マルチボディシステムシミュレーションシステムを使用して決定される。

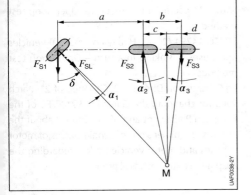

図3：3車軸（後ろ2車軸は非操舵車軸）トラックのコーナリングフォース F_S と滑り角度 α
- a 距離、フロントアクスルから第1リアアクスルまで
- b 距離、第1リアアクスルから第2リアアクスルまで
- c 距離、第1リアアクスルから瞬間旋回中心まで
- d 距離、第2リアアクスルから瞬間旋回中心まで
- F_{Si} コーナリングフォース、$i = 1、2、3、L$
- α_i 滑り角度、$i = 1、2、3$
- δ 実舵角度
- r カーブ半径
- M 瞬間旋回中心

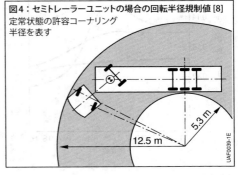

図4：セミトレーラーユニットの場合の回転半径規制値 [8]
定常状態の許容コーナリング半径を表す

走行挙動

定常円旋回[1]、1車線および二重車線変更[2]、ステップ入力[3]、スラロームテスト[4]、正弦波操舵入力と周波数応答[5]、μスプリット路面上の直進制動試験[6]および旋回時の制動試験[7]など、さまざまな操作に基づいて車両の操作性の客観解析が行われる。

トレーラー連結トラック（セミトレーラー、トラックとトレーラー等）の横方向の力学的レスポンスは、通常、連結のない車両とは異なる。特に重要な項目は、トラックとトレーラーまたはセミトレーラーの荷重配分、機械式連結装置の構造とジオメトリーである。

車両のヨー運動による直進走行に対する悪影響は、回避操作、横方向からの突風、路面の不整、片側の車輪の障害物への乗り上げ、わだち、カーブにおける路面の傾斜に起因する急激な修正操舵などによって引き起こされる。車両の安定性を維持するには、このような影響に起因するヨー振動を抑制する必要がある。この場合のヨー振動は、ヨー速度周波数応答に基づいて評価することができる（図5）。さまざまなトラックとトレーラーの組合せのヨー速度周波数応答は、最も好ましくないケース（トレーラトラック無積載、センターアクスルトレーラー積載、曲線2、図5）での共振の拡大を示している。このタイプの連結車両を運転するには、高度な技能と慎重な操車が求められる。

セミトレーラー連結トラクターの場合、急ブレーキをかけると、車体が「く」の字状に曲がる（ジャックナイフ現象）ことがある。この現象が発生するのは、滑りやすい路面で（低μ）トラクターの後輪に過大な制動力が加わって横方向力が低下したとき、または、路面のスプリットμで過度のヨーモーメントが作用したときである。走行ダイナミクス制御システム（エレクトロニックスタビリティープログラム）を装備すれば、ジャックナイフ現象の防止に大きな効果がある。

商用車の特殊走行力学に関する参考文献

[1] ISO 14792 (2011): Road vehicles – Heavy commercial vehicles and buses – Steady-state circular tests.

[2] ISO 3888-1 (1999), ISO 3888-2 (2011): Passenger cars – Test track for a severe lane-change maneuver –
Part 1: Double-lane change
Part 2: Obstacle avoidance

[3] ISO 14793 (2011): Road vehicles – Heavy commercial vehicles and buses – Lateral transient response test methods.

[4] ISO 11012 (2009): Heavy commercial vehicles and buses – Open-loop test methods for the quantification of on-center handling – Weave-test and transition test.

[5] ISO 7401 (2011): Road vehicles – Lateral transient response test methods – Open-loop test methods.

[6] ISO 16234 (2006): Heavy commercial vehicles and buses – Straight-ahead braking on surfaces with split coefficient of friction – Open-loop test method.

[7] ISO 14794 (2011): Heavy commercial vehicles and buses – Braking in a turn – Open-loop test methods.

[8] Commission Directive 2003/19/EC of 21 March 2003 for changing the Guideline 97/27/EC of the European Parliament and of the Council about the weights and dimensions of certain classes of motor vehicles and motor-vehicle trailers regarding the adaptation to the technical progress.

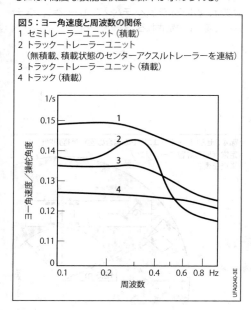

図5：ヨー角速度と周波数の関係
1 セミトレーラーユニット（積載）
2 トラック－トレーラーユニット
（無積載、積載状態のセンターアクスルトレーラーを連結）
3 トラック－トレーラーユニット（積載）
4 トラック（積載）

ISOに準じた走行力学のテスト手順

力学的に走行時の挙動を研究する科学は、一般にそのテーマを「運転者＋車両＋環境」というシステム全体の挙動として定義している（図2）。運転者は、自己の主観的な印象を総合し、それを基にして車両の操作性を評価する。1970年代の終りより、国際的に標準化されたテスト手順が開発されている。これらのテスト手順は、車両の操作性をできるだけ客観的かつ一貫して説明することを意図しているが、車両の操作における主観的な印象と相関関係のある特徴的な変量の決定にも役立つ。また標準化されたテスト手順を使用して、そのテスト結果を、同じ境界条件でのシミュレーションの結果と比較することもできる。

国際的な標準化された手順の多くは開ループであり、定義された操舵入力を使用して、運転者による制御介入を行わずに実行される。このように車両の操作性は、それぞれの運転者のさまざまな操舵性向とは無関係に決定される。運転者が自らの好む走行スタイルで規定のコースを走行することにより得られたデータに基づく閉ループ手順のテストが行われることは稀である。

今日では、走行力学的手順に関する合計約20のISO規格が存在する。ここでは、車両の開発に最もよく使用される次の運転操作について説明する。
- 定常円旋回 [1]、[2]
- 過渡反応用テスト手順 [3]、[4].
- スラロームテストおよび過渡テスト [5]、[6].
- カーブ走行時の制動 [7]、[8]
- クロージングカーブ [19]

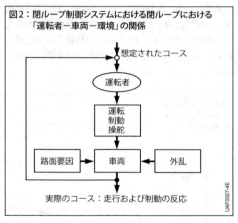

図2：閉ループ制御システムにおける閉ループにおける「運転者－車両－環境」の関係

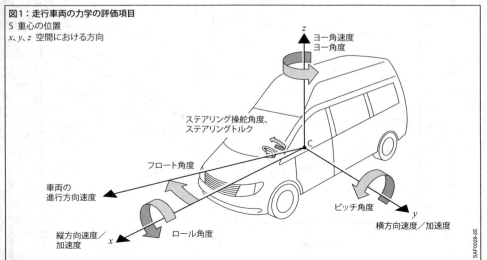

図1：走行車両の力学の評価項目
S 重心の位置
x、y、z 空間における方向

ここでは特に説明しないテスト手順に、次のようなものがある。
- 二重車線変更（閉ループ、[11]
- 連結車両の横方向安定性 [12]、[13]
- 横風安定性 [14]
- コーナリング時の荷重変動 [15]

これらのテスト手順は、最初は乗用車用として作成されたものである ([9]、[10])。後に質量と慣性の数値が大きな大型商用車の独特の操作特性に合わせるために、これらの規格に基づいた大型商用車用のテスト方法も開発された。

路面の状態、環境条件、タイヤなど、すべての動的テスト手順において等しく遵守されなければならない一般的な境界条件が、別のISO規格[16]に定義されている。これには、走行力学関連の測定に必要な測定方法も定義されている。

評価項目

車両の操作性の評価には、主に下記の測定可能な項目が使用される（図1）。
- 操舵角度および操舵トルク
- 横方向加速度
- ヨー角速度
- ロール角度
- フロート角度

これらの量およびその他の量から、それぞれのテスト手順に応じて定義された特性値が求められ、車両の挙動を説明したり評価したりするのに用いられる。これらの測定値および特性量が、別のISO規格[17]に定義されている。

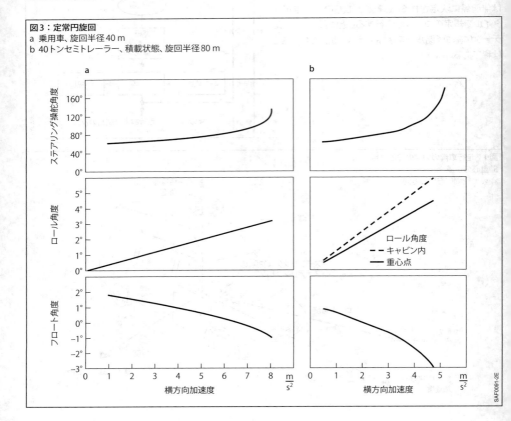

図3：定常円旋回
a 乗用車、旋回半径40 m
b 40トンセミトレーラー、積載状態、旋回半径80 m

定常円旋回
実行

「定常円旋回」テスト手順 ([1]、[2]) は、通常は、一定の半径 (一般に、乗用車の場合は 40 m、トラックの場合は 80 m) の円形のコース上で、非常にゆっくりとした開始速度から始め、その車両の最大横方向加速度に達するまで車両を加速して行われる。このときの縦方向加速度は、走行状態を十分に定常的な状態と見なすことができるように、約 1 m/s² を超えないようにする必要がある。セミトレーラートラックあるいはトラックとトレーラーの組合せについて測定する場合は、円形のコースを複数の一定車速で走行して行われる。

評価

主として使用される評価基準は、横方向加速度に対してプロットした操舵角度、ロール角度、フロート角度の曲線である。乗用車の曲線と、セミトレーラーを連結したトラックの曲線を図3に示す。

単一軌道モデルを使用して、横方向加速度に対する操舵角の曲線から、車両のセルフステアリング効果を決定することができる (「横運動 (曲線走行) の力学」を参照)。今日の車両では、乗用車も大型商用車も、基本的にはアンダーステア特性を示すように設計されている。つまり、一定の半径の円形コース上での走行速度が増加すると、操舵角度を増やす必要がある。アンダーステア特性の車両の限界領域は、フロントホイールの伝達可能な最大のコーナリングフォースによって決まるが、横方向加速度が大きいと操舵角度が急激に増加することによりこれを認識することができる。

横方向加速度に対するロール角度の曲線は、運転者が感知することのできる車両の左右方向の傾きを表す。これは車両の荷重に大きく依存するが、商用車の場合に顕著である。そのため積荷の重心が高い商用車の場合、耐えられる最大横方向加速度は、タイヤのコーナリングフォースではなく車両の横転限界によって決定されることがある。

フレームが捩れに弱くまたキャブが独立して取り付けられているので、トラックの場合には、ロール角度は車両の重心点だけでなく、複数の固定された測定点で測定される。

横方向加速度に対するフロート角度の曲線は、車両の横方向安定性を示している。これは特にタイヤの特性によって決まり、運転者は認識することができる。タイヤの特性に加えて、下記の車両パラメーターが、車両の安定した操作性に大きな影響を与える。
- 荷重および軸荷重の分布
- スプリングおよびスタビライザーの剛性
- ホイールサスペンションの運動特性および弾性運動特性

過渡応答

過渡応答のテスト手順 ([3]、[4]) は、急激な回避操作などの、急激で動的な操舵シミュレーションに対する車両の応答を決定するのに用いられる。テストおよびシミュレーションでよく使用される手順は、「ステップ入力」と「操舵角正弦波入力と周波数応答」である。

ステップ入力

「ステップ入力」テストでは、一定の速度での直進走行状態から急激なステアリング操作でステアリングホイールを直進位置から一定の角度位置に回し、定義された一定の横方向加速度で旋回する。乗用車の場合の一般的な設定は、約 360°/s の角速度でステアリングホイールを操作し、横方向加速度は 4 m/s² で、走行速度は 80 km/h である。

この操作での操舵角入力に対して、ヨー速度、横方向加速度、ロール角度、フロート角度が応答する際の時間的遅延および過剰応答量を測定する (図4)。ステアリング操作に対する車両の応答が、遅すぎても、過剰に応答してもよくない。

操舵角正弦波入力と周波数応答

「操舵角正弦波入力と周波数応答」テストでは、一定の速度で走行している車両に振幅が一定の正弦波操舵信号を入力して、その周波数を0.2 Hzの低速ステアリング操作から2.0 Hzの高速操舵操作まで大きくしていく。一般にこのときの操舵振幅は、車両が線形走行領域を外れないように選択する。乗用車の場合、通常は走行速度80 km/hで最低操舵周波数のとき、最大横方向加速度が4 m/s²になるように選択する。これにより、運転者によって操作される全操舵周波数範囲における動的な車両の操作性を評価することができる。

評価のために、操舵角度の入力変量と比例する振幅および操舵トルク、ヨー速度、横方向加速度、ロール角度、フロート角度の各量の位相角を決定して、操舵周波数に対してプロットする。固有振動数の位置、盛り上がった部分、位相角の大きさを、動的操舵励振の場合の車両の敏捷性および安定性の評価基準として使用することができる。図5に、18トントラックの場合の横方向加速度、ヨー角速度、ロール角度による評価の例を示す。

安定した操作に影響を与える車両パラメーターに加え、特に車両の減衰特性や慣性モーメント、およびタイヤ、ステアリングシステム、ホイールサスペンションの動的特性が、動的な走行操作における車両の操作性にとって非常に重要である。

図4：ステップ入力
（荷重なし、走行速度60 km/h）
δ_H ステアリング操舵角度
φ ロール角度
a_{y0} 横方向加速度
$\dot{\psi}$ ヨー角速度

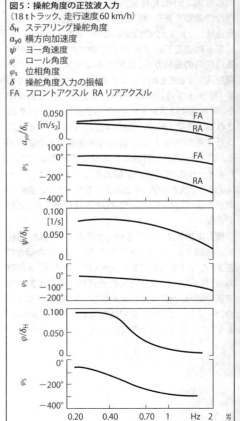

図5：操舵角度の正弦波入力
（18 tトラック、走行速度60 km/h）
δ_H ステアリング操舵角度
a_{y0} 横方向加速度
$\dot{\psi}$ ヨー角速度
φ ロール角度
φ_S 位相角度
δ 操舵角度入力の振幅
FA フロントアクスル　RA リアアクスル

スラロームテストおよび過渡テスト

評価手順「スラロームテスト」および「過渡テスト」([5], [6])は、ステアリングホイールがゼロ位置(直進位置)付近の、低速のわずかなステアリング操作に対する車両の応答を評価するために開発された。操作時の車両およびステアリングシステムの挙動は、運転者の日常の使用における車両の操作性についての印象とよく相関している。

過渡テスト

過渡テストでは、車両は一定の速度での直進走行から低速のステアリング操作により(80 km/hでステアリングホイール角速度5°/sなど)、1〜2 m/s^{2}の小さな横方向加速度で円形のコースを旋回する。車両の実際の使用状況においては、これは低速で側道へと進路変更する操作に相当する。

特に、ヨー速度とステアリングトルクの時間の経過による変化が評価される。なかでも、操舵励振に対して車両が運転者の認識できるヨー速度の大きさで応答するまでの所要時間内の変化は、評価に適した量である。

スラロームテスト

スラロームテストでは、一定の速度(80 km/hなど)で走行している車両に、低い操舵周波数(0.1〜0.2 Hz)の正弦波操舵励振を与える。このとき、最大横方向加速度が2 m/s^2(トラックの場合)〜4 m/s^2(乗用車の場合)の範囲になるように、つまり、車両が常に線形走行領域にあるようにする。

車両の操作性および操舵時の挙動を評価するために、操舵角度入力の関数としての、操舵トルク、ヨー速度、横方向加速度、フロート角度の曲線を使用する。ステアリングシステム、タイヤ、ホイールサスペンションの非線形性(特に摩擦)により、ヒステリシスループが発生する。図6に、ステアリング操舵角度に対するステアリングトルクのヒステリシスループを示す。曲線のヒステリシスの領域および勾配は、評価に適した基準である。たとえば運転者は、図6の車両Bのようにヒステリシスループに交差している点が存在する車両の操舵挙動を、「ステアリングホイールの直進位置がはっきりしない」あるいは「直進安定性が悪い」と感じる。

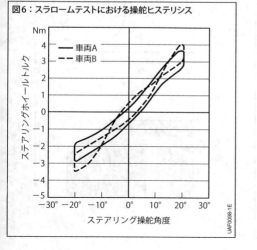

図6:スラロームテストにおける操舵ヒステリシス

カーブ走行時の制動

「カーブ走行時の制動」テスト手順([7]、[8])も、実際の走行操作でよく発生する状況に合わせたものである。一定の半径の円周上を横方向加速度 3 m/s² (トラックの場合) および 5 m/s² (乗用車の場合) で定速走行しながら、必要とされるだけブレーキペダルを踏み込んで、一定のステアリング操舵角度かつ定義された減速度で車両を制動する。数回テストを繰り返し、軽い制動から全制動まで、どのようなブレーキペダル踏み込み量で、減速度がどのように変化するかを調べる。

図7に、7.5トントラックを減速度 3 m/s² で制動したときの、ヨー速度、横方向加速度、フロート角度の時間による変化を示す。制動を始めると (時間 3.0 s)、それぞれの走行特性量がはっきりと増加する箇所があることが分かる。これは、制動操作中に車両がカーブの内側へと回頭していることを示している。

走行特性量の盛り上がった部分の高さが (通常は縦方向の減速度の変化に対してプロットされる)、車両の安定性の評価基準として使用される[18]。

ここまでに説明した走行操作において車両の操作性に影響を与える車両パラメーターと同様に、前後アクスルへの制動力の配分や、ABS および走行ダイナミクス制御 (エレクトロニックスタビリティーコントロール、ESC) といったブレーキ制御システムの設計も車両の操作性に大きな影響を与える。そのためこれらは、特にブレーキシステムおよびブレーキ制御システムの調整に使用されている。

クロージングカーブ

「クロージングカーブ」テスト手順[19]は、ECE規則ECE-R13の変更を背景として開発されたもので、2014年以降実際上すべての大型商用車にESCシステムの装備義務を課している。このテスト手順もまた、高速道路への進入、あるいは高すぎる走行速度での高速道路からの退出といった実際の走行状況に基づくものである。このテストにより、ESC制御システムに

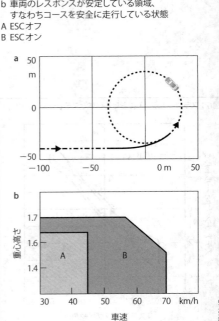

図8:「クロージングカーブ」テスト手順におけるESCによる安全性の強化
a テストの流れ:
　– サークルに入る前の直進走行
　– サークルへ進入
　– 半径が一定のサークルコース
b 車両のレスポンスが安定している領域、すなわちコースを安全に走行している状態
A ESCオフ
B ESCオン

図7:カーブ走行時の制動における各種パラメーターの時間による変化 (7.5t トラック、積載荷重あり)
車両は定常円旋回している 時間 3 s において制動を開始
$\dot{\psi}$ ヨー角速度　　β フロート角度
a_y 横方向加速度
a_x 縦方向減速度　　R_0 旋回半径

よる安全性の強化を評価することができる。そのために、直進からすぐに半径のきついサークルへと移行するコースが定義されている。このコースは、特定の初期速度において定義された横方向加速度の増大（例えば2 m/s²）が生じるように設計されている（図8a）。

ESCシステムをオン／オフにして、またさまざまな進入速度でテストが繰り返される。カーブ内側のホイールがどれだけ浮き上がるかにより、ESCシステムがその走行状況においてどれだけ安全性を高めているかを評価する（図8b）。

参考文献

[1] ISO 4138 (2012): Passenger Cars – Steady-state circular driving behaviour – Open-loop test methods.

[2] ISO 14792 (2011): Road vehicles – Heavy commercial vehicles and buses – Steady-state circular tests.

[3] ISO 7401 (2011): Road vehicles – Lateral transient response test methods – Open loop test methods.

[4] ISO 14793 (2011): Road vehicles – Heavy commercial vehicles and buses – Lateral transient response test methods.

[5] ISO 13674: Road vehicles – Test method for the quantification of on-centre handling –
Part 1: Weave test (2010),
Part 2: Transition test (2006).

[6] ISO 11012 (2009): Heavy commercial vehicles and buses – Open-loop test methods for the quantification of on-centre handling – Weave test and transition test.

[7] ISO 7975 (2006): Passenger cars – Braking in a turn – Open-loop test method.

[8] ISO 14794 (2011): Heavy commercial vehicles and buses – Braking in a turn – Open-loop test methods.

[9] A. Zomotor: Fahrwerktechnik – Fahrverhalten. 2nd Ed., Vogel-Verlag, 1991.

[10] M. Mitschke, H. Wallentowitz: Dynamik der Kraftfahrzeuge. 4th Ed., Springer-Verlag 2004.

[11] ISO 3888: Passenger cars – Test track for a severe lane-change manoeuvre –
Part 1: Double lane-change (1999),
Part 2: Obstacle avoidance (2011).

[12] ISO 9815 (2010): Road vehicles – Passenger-car and trailer combinations – Lateral stability test.

[13] ISO 14791 (2013): Road vehicles – Heavy commercial vehicle combinations and articulated buses – Lateral stability test methods.

[14] ISO 12021 (2010): Road vehicles – Sensitivity to lateral wind – Open-loop test method using wind generator input.

[15] ISO 9816 (2006): Passenger cars – Power-off reaction of a vehicle in a turn – Open-loop test method.

[16] ISO 15037: Road vehicles – Vehicle dynamics test methods –
Part 1: General conditions for passenger cars (2006),
Part 2: General conditions for heavy commercial vehicles and buses (2012).

[17] ISO 8855 (2011): Road vehicles – Vehicle dynamics and road-holding ability – Vocabulary.

[18] E.-C. von Glasner: Einbeziehung von Prüfstandsergebnissen in die Simulation des Fahrverhaltens von Nutzfahrzeugen. Postdoctoral thesis, University of Stuttgart, 1987.

[19] ISO 11026 (2011): Heavy commercial vehicles and buses – Test method for roll stability – Closing-curve test.

車両の空力学

さまざまな動的空気力

車両の空力特性は、周囲の媒質（空気）の流れ、動いている車両およびコンポーネント内を通過する空気の流れなど、すべての現象によって決定される。空気抵抗、力およびモーメント（表1を参照）を測定し、一般的に車両の形状を変更することで最適化される。

空気抵抗

空気抵抗W_Lは車両の性能および燃費に直接影響するため、車両開発において重点的に検討される。この場合の重要な変数は空力係数c_Wで、空気の流れの中におけるボディの形状の空力学的形状を表す。空気抵抗は、前面断面積A_{fx}および空気密度ρと空気の流速vに依存する流れの動圧qにも影響される。

動圧は以下の方程式で説明される。

$$q = 0.5\,\rho\,v^2$$

空気抵抗は以下のように計算される（「流体力学」も参照）。

$$W_L = \frac{\rho}{2} v^2 c_W A_{fx}$$

空気抵抗は、表面摩擦抗力と形状抵抗力で構成される。

$$W_L = W_R + W_D$$

表面摩擦抗力 W_R

表面摩擦抗力は、空気が流れる際に壁に掛かるせん断応力τ_wによって発生する。図1に、翼に掛かる表面摩擦抵抗の例を示す。表面摩擦抗力は、2つの表面のせん断応力の積分として計算される。

$$W_R = \int \tau_w \cos\varphi\, dF$$

表1：さまざまな動的空気力およびモーメント
q 動圧　　ρ 空気の密度　　v 空気の流速　　A_{fx} 前面投影面積
c_A 揚力係数　　l ホイールベース
$c_{AV} = 0.5\,c_A + c_M$（フロントアクスル）
$c_{AH} = 0.5\,c_A - c_M$（リアアクスル）

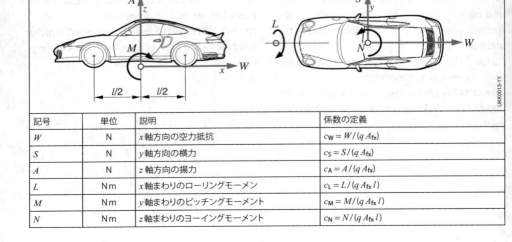

記号	単位	説明	係数の定義
W	N	x軸方向の空力抵抗	$c_W = W/(q\,A_{fx})$
S	N	y軸方向の横力	$c_S = S/(q\,A_{fx})$
A	N	z軸方向の揚力	$c_A = A/(q\,A_{fx})$
L	Nm	x軸まわりのローリングモーメン	$c_L = L/(q\,A_{fx}\,l)$
M	Nm	y軸まわりのピッチングモーメント	$c_M = M/(q\,A_{fx}\,l)$
N	Nm	z軸まわりのヨーイングモーメント	$c_N = N/(q\,A_{fx}\,l)$

形状抵抗力 W_D

形状抵抗力は、気流が原因で鈍頭物体に発生する圧力変化によって発生する。これは、表面に掛かる圧力の積分として計算される。

$$W_D = \int p \sin\varphi \, dF$$

図2に、翼および球体周りの気流のパターンを示す。気流は渦巻きを作り、これが原因で圧力差が発生する。形状抵抗力は、鈍頭物体で顕著である。流線型の物体では、摩擦成分が支配的になる。このような物体の表面では乱流が発生しない。

異なる物体および車両ボディ形状の c_W 値については、各表を参照のこと(「空力係数」、「流体力学」および「空力係数」、「自動車の力学」を参照)。

誘導抗力

気流内にある車両上下の圧力差によって、ボディ周囲の主要な水平気流の重ね合わせが発生する。ボディ側面の圧力均一化によって垂直気流成分が発生し、後方乱気流が発生し、これが誘導抗力の原因となる。

内部空力抵抗

内部空力抵抗は、空気がエンジンのコンポーネント内を流れる際の圧力低下によって発生する。

干渉抗力

干渉抗力は、付属部品(サスペンション、ホイール、ドアミラー、アンテナ、フロントウィンドウワイパー、スポイラー、フラップなど)の相互作用によって発生する。総空力抵抗は、最小干渉抗力を考慮する必要があるため、個々の部品の空力抵抗を合計したものではない。よって、付属部品も c_W 値の減少の原因となる場合がある。

以下に、車体に取り付けられたドアミラーの影響の例を示す(図3)。これは、よどみ点が付属部品寄りに移動する原因となる。これにより、車体周りの気流が非対称となる。その結果、渦巻きが発生するリスクと c_W 値が増大するリスクが高まる。

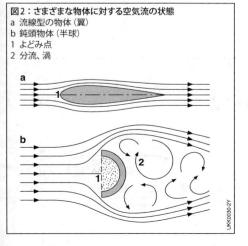

図1:気流からの表面摩擦抗力の発生
- v_∞ 空気の流速
- φ 表面要素への偏揺角
- τ_W せん断応力
- p 圧力
- dF 表面要素

図2:さまざまな物体に対する空気流の状態
- a 流線型の物体(翼)
- b 鈍頭物体(半球)
- 1 よどみ点
- 2 分流、渦

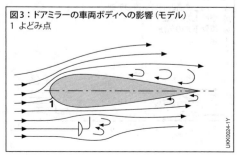

図3:ドアミラーの車両ボディへの影響(モデル)
1 よどみ点

揚力

車両表面の曲面性により、車両の上を通過する気流の速度は車両の下を通過する気流の速度より速くなり、これによって揚力が発生する（図4）。その結果タイヤの接地荷重が減少し、走行安定性に悪影響を及ぼす。

揚力係数c_Aは、フロントアクスルの揚力係数c_{AV}とリアアクスルの揚力係数c_{AH}の和である。フロントアクスルの揚力とリアアクスルの揚力の差は「揚力バランス」と呼ばれる変数であり、方向安定性に影響を及ぼす。

ピッチモーメントMはy軸周りの回転モーメントであるが、設計時の変数として揚力の代わりに使用されることが多い。正のピッチモーメントはアンダーステア傾向を、負のピッチモーメントはオーバーステア傾向を示す。空力学では、x軸周りのロールモーメントLは無視される。

横力

一般に自動車を前方から見ると左右対称の形状をしており、これは空気流によって発生する横力が小さいことを意味している。空気流がx軸から外れると（横風の場合など）横力が発生し、自動車の方向安定性に大きな影響を与えることがある（図5）。

z軸周りに作用するヨーモーメントNも、横風の影響の受けやすさの指標として使用される。この値は、横風から受ける悪影響に関する情報を提供するヨー角速度、およびヨー角加速度を求めるために使用される。

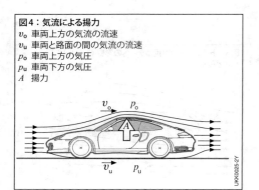

図4：気流による揚力
v_o 車両上方の気流の流速
v_u 車両と路面の間の気流の流速
p_o 車両上方の気圧
p_u 車両下方の気圧
A 揚力

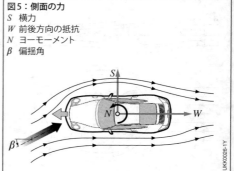

図5：側面の力
S 横力
W 前後方向の抵抗
N ヨーモーメント
$β$ 偏揺角

車両の空力学の役割

空力学には、c_W値を低減する以外の役割もある (図6)。

走行性能

走行抵抗に対する速度の影響

車両を発進させて動き続けさせるために、エンジンはけん引力Zを発生する必要がある。けん引力Zは、空力抵抗W_L、転がり抵抗W_R、勾配抵抗W_S、加速時の抵抗W_Bおよびパワートレイン損失W_Aで構成される。これから、走行抵抗方程式が導かれる。

$$Z = W_L + W_R + W_S + W_B + W_A$$

平坦な道での定速走行中には、勾配抵抗および加速抵抗はゼロである。走行性能は、空力抵抗によって大きく左右される。空力抵抗は速度の2乗で増大し、80 km/h超で他の走行抵抗を上回るためである (図7)。

c_W値と前面断面積A_{fx}の積 ($A_{fx} \cdot c_W$はよく抗力面積と呼ばれる) が小さいほど、車両は適切な減速比でより高速で走行できる。定速走行では、抗力面積が小さいほど燃費が低減される。その結果、排出ガス量も減少する。

新欧州走行サイクルにおいては走行速度が低く設定されているが (平均速度33.4 km/h、「欧州のテストモード」を参照)、メーカー／燃費データでの空力抵抗は大幅に小さく見積もられているため、平均的なドライバーの日常的な使用では、燃料消費量が増える可能性がある。

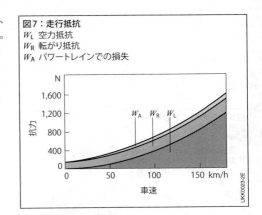

図7：走行抵抗
W_L 空力抵抗
W_R 転がり抵抗
W_A パワートレインでの損失

図6：車両の空力学：要件と影響

車両性能	デザイン	コンポーネントの力
燃料消費量、排気ガス、最高速度、加速、走行ダイナミクス	ブランドに特徴的なデザイン、目に見えない／目に見える空力対策 (リトラクタブルリヤスポイラー)	ドアおよびカバー、ウィンドウおよびスライディングサンルーフ、ミラーの震え、リヤウィンドウの震え、コンバーチブルトップの膨張
快適性	**冷却と通気**	**方向安定性**
すきま風の防止 (可動ルーフ)、汚れ付着の防止	ブレーキ、エンジンルームおよびコンポーネントの通気、エンジンの冷却、装置の冷却 (ギヤボックスなど)、給気の冷却、空調、ヘッドライトの曇り除去	揚力、揚力バランス、直進安定性、車線変更時の挙動、横風に対する安定性、ハンドリング

方向安定性

方向安定性、ステアリング操作の感度、車線変更動作、ハンドリングおよび横風に対する感度は、揚力と横方向の力に大きく影響される。ホイールから路面に伝達される前後方向および横方向の力は、垂直の力（垂直抗力）を上回ることはできない。

揚力は、重量による垂直の力と反対方向に作用する。その結果、特にコーナリング中にタイヤから伝達できる力は、走行速度と揚力によっては、方向安定性が完全に失われるまで減少する場合がある。伝達可能な制動力も垂直方向のホイール荷重、したがって空力的な揚力に左右される。

このため空力学の役割は、車体前後のスポイラーなどを用いて揚力を最小にすることにある。スポーツカーの場合、車重を上回るダウンフォース（つまり負の揚力）を発生する場合もある。

揚力バランス

フロントアクスルの揚力係数c_{AV}がリヤアクスルの揚力係数c_{AH}を上回った場合、正のピッチモーメントが発生し、アンダーステア傾向の走行挙動が現れる。アンダーステア傾向となると、操舵角が大きすぎる場合には、コーナリング中の車速が高すぎることがすぐに感知される。アクセルペダルの踏み込みを緩めることで、車両を再び安定させる必要がある（図8a）。

c_{AV}がc_{AH}を下回る場合、負のピッチモーメントが発生し、オーバーステア傾向となる（図8b）。オーバーステア傾向となると、コーナリング中の車速が高すぎることはステアリングホイールによってではなく、シートを介して感知される。アクセルペダルを緩めると車両が不安定になる。車両を車線に留めるには、一定量のカウンターステアリングを用い、アクセルペダルを踏み込む必要がある。

空力効率

揚力を大幅に低下させると、c_W値が悪化する。この影響が少ないほど、空力効率Eが高まる。空力効率は、揚力と空力係数の関係を示したものであり、以下の式で示される。

$$E = \frac{c_A}{c_W}$$

図9に、さまざまな車両の空力効率の値の比較を示す。ボディの設計に制限がなく、非常に高速なサーキットであるため、現在のル・マン・プロトタイプの空力効率

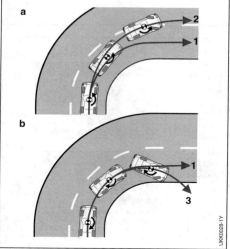

図8: コーナリング時の挙動
a アンダーステア挙動
b オーバーステア挙動
1 正しい軌道
2 アンダーステアの車両の軌道
3 オーバーステアの車両の軌道

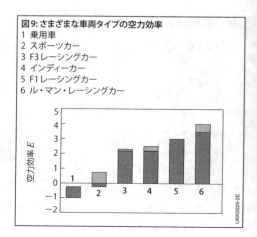

図9: さまざまな車両タイプの空力効率
1 乗用車
2 スポーツカー
3 F3レーシングカー
4 インディーカー
5 F1レーシングカー
6 ル・マン・レーシングカー

が最高となっている（$E = 3.5〜4$）。ダウンフォースが大きい反面、低いc_W値が実現している。

燃費のメリットを得るため、通常、乗用車のc_W値は非常に低くなっているが、正の揚力であるため、効率は$E = -1$と下がる。

冷却と通気

空力学は、要件に応じた吸気および車両の運転によって発生した熱の環境への放出にも関係する（「エンジン冷却システム」を参照）。

冷却空気の強い流れは、内部空力抵抗の原因になり、その結果、空力抵抗が増大する場合がある。よって、冷却要件と空力特性との最適なバランスの達成に大きな注意が払われる（図10）。吸気を最適化するため、エアインレットとアウトレットは、推力を得るために気圧差が最大になる位置に設定される。冷却空気の流れは、それぞれの開口部の大きさを変えることで調整できる。冷却空気は、ラジエーターへの経路を流れ、これは可能な限り圧力損失および漏れが発生しないよう設計する必要がある。

同じ基準が、エアアウトレットまでの排気エアダクトにも該当する。エアアウトレットは、可能な限り圧力損失が少なくなる位置に設定するべきである。これを、既に空力損失が存在するゾーンに設定できれば、発生する干渉によって損失が軽減される場合がある。例えば、冷却空気をフロントホイールの前方に放出すれば、空気のクッションが形成され、気流をホイール周りにより少ない損失で導くことができるため、冷却空気による空力抵抗をほぼ相殺できる（図11）。

空力的圧力損失は、適切なラジエーターコアとその寸法、およびファンとフレームを選択することでコントロールすることができる。低出力要求時に冷却空気による空力抵抗を完全に防ぐため、1987年に量産車に電気的に閉じることができるラジエーターシャッターが導入された（ポルシェ 928）。今日では、プレミアムクラスの車両で幅広くこの対策が採用されている。

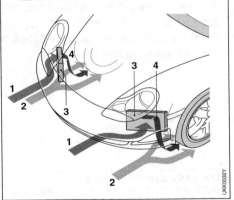

図11：冷却空気をフロントホイールに吹き付けることによる干渉
1 ラジエーターに当たる気流
2 ホイールに当たる気流
3 ラジエーター
4 ラジエーターを通過した後の排気の流れとホイール前方の空気のクッション

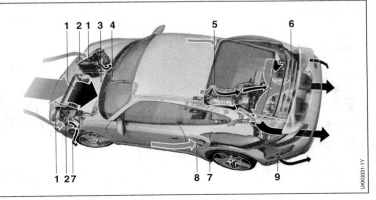

図10：スポーツカーの冷却
1 ラジエーターを通過する気流（エンジン冷却）
2 空調
3 フロントアクスルのギヤボックスの冷却
4 外気インテーク
5 リヤアクスルのギヤボックスの冷却
6 エンジンルームの通気
7 ブレーキの通気
8 インタークーラー
9 インタークーラーからの冷却空気の排出

快適性と操作性向上のための装置

空力学を用いることで主に風切り音（空力音響）、汚れおよびすきま風を低減し、乗員の快適性を向上させることができる。

空力音響

車室においては、120 km/hを超える車速では風切り音が最大の騒音源である。200 km/h以上の車速では、風切り音が他のすべての騒音を約6 dB (A) 上回る（図12）。これは、音響パワーの4倍に相当する。

「空力音響」という用語は、以下による騒音の発生を対象としている。
- ボディ周辺の気流（分流、不安定な圧力変動による広帯域騒音、アンテナやドアミラーなどによる個別の周波数の騒音）
- 気流に晒される大きな表面で発生するコンポーネントの励振による低周波騒音（ソフトトップ、ルーフ、ドアパネル、カバーパネルなど）
- ヘルムホルツ共振で発生する騒音のあふれ（開けたウインドウ、スライディングサンルーフなど）
- 空力成分および機械成分の負荷の結果生じる車室と車体周りの気圧差による漏れ

空力音響の改善

基本ボディに空力形状を与えることで、局部的な気流の流速を下げ、気流の方向に影響を与え、乱気流の発生を抑えることができる。一般的にc_W値を下げるものはどれも、風切り音も軽減する。

自立している装備品（ミラー、ワイパー、アンテナ、ルーフトランスポートシステムなど）によって分流が増大し、基本ボディ周りの気流を乱す。よってこれらは気流の乱れが最小になる場所に配置し、形状を最適化する必要がある。コンポーネントの励振については、空力学で補強板や減衰手段の必要性および設置位置を分析する。

開口部（スライディングサンルーフの開口部など）の上部を通過する気流の場合、車室内で低周波の空気の脈動（ハミング）が発生する場合がある。これは、気流および車室内の静止した空気間のせん断層の周期的な振動と、車室の固有振動数との共鳴（ヘルムホルツ共振原理）である（図13）。空力的な対策として、スライディングサンルーフのウインドデフレクターなどを使って干渉気流によってせん断層の形成を妨げる。

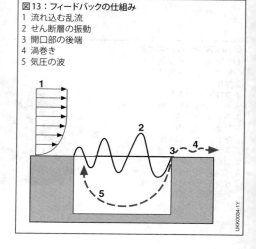

図12: 騒音全体における風切り音の成分
運転席に設置した人工頭部による音圧レベルの測定 (左耳)
1 合計ノイズ
2 風切り音
3 その他のノイズ

図13：フィードバックの仕組み
1 流れ込む乱流
2 せん断層の振動
3 開口部の後端
4 渦巻き
5 気圧の波

空力音響の質については、スペクトル解析だけでなく心理音響のパラメーターも考慮される。これらのパラメーターは、高周波騒音成分を測定する。その結果、主観的な感覚（音の大きさ、鋭さ）と、会話の通じやすさが考慮される。鋭さは、音の大きさおよび粗さとは独立して評価される。明瞭度指数は会話の通じやすさを測るものである。

汚れ

自車両のホイールは埃の粒子を巻き上げ、これが車両表面に付着する（自車による汚れ）か、後方乱気流に乗って後続車に付着する（外部的な要因による汚れ）。表面の汚れの度合いは、周辺の気流の局所的な後方乱気流による。車両空力学の役割は、そのような乱流を特定し、これを問題にならない領域に移動することにある。ウインドウおよびドアミラーに汚れが付着して視界が悪化しないよう、大きな注意が払われている。

すきま風

ウインドウやルーフを開けた状態で走行すると、通常、耳障りなすきま風が発生する。これは特に、コンバーチブル車でトップを開けた状態で顕著である。その理由は、フロントウィンドウフレーム後方の大きな面積を流れる気流にある。フロントウィンドウ後方の低圧の領域には、逆流によって空気が流れ込む。逆流および乱流が、耳障りなすきま風の原因となる（図14）。

気流の渦は、ファブリック製のメッシュのウインドデフレクターによって減衰し、大幅に低減できる。車両空力学の役割は、この部品の大きさと形状、およびメッシュの密度を特定することにある。

分力

分力はボディ周りの気流（測定値はc_p値）から発生し、車両空力特性は実験と計算によって求める必要がある。外板に作用する正または負の圧力は、空気の流速に従って増大し、そこに取り付けられたコンポーネントに負荷として作用する。

気流に晒される領域（Aピラー、ドアミラー、リヤウインドウ、リヤスポイラーなど）では、乱流によって確率的に変動する負荷が発生する。これは、コンポーネントの設計において機能と耐久性を決定するために考慮する必要がある。

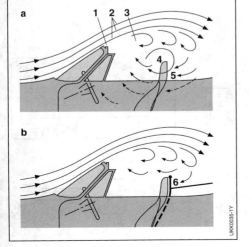

図14: オープンカーでのウインドデフレクターを使ったすきま風の低減
a ウインドデフレクターを装備していない車両
b ウインドデフレクターを装備している車両
1 フロントウィンドウの上端での分流
2 車両周囲の気流
3 不安定な渦巻き
4 車室内での渦巻きの方向
5 シート間およびシートとサイドパネル間の気流
6 シート間の気流を軽減するウインドデフレクター

自動車用風洞

用途

環境条件が均一ではなくまた安定的でもないため、道路での空力抵抗の測定は困難である。たとえば、自然風の方向や強さは、風、建物、交通などの要因によって常に変化している。自動車用風洞は、自動車の走行に影響を与える空気流を、できるだけ現実的で再現可能な環境で発生させるために使用される。

路上での測定と比べた場合、実験開発ツールとして自動車用風洞を使用することは、試験条件の再現性、複雑でなく、信頼性が高く、短時間で測定でき、道路の走行では単独で発生しない効果（走行騒音など）を遮断できる、などの利点がある。風洞を使用すると、まだ路上を走行させることのできないプロトタイプのデザインを、秘密裏に、空力的に最適化することができる。

風洞の構造

風洞の種類

風洞を使用して、空力パラメーターを計算することができる。風洞によって、空気流の誘導方法、テストセクション（測定部）、大きさ、路面シミュレーションが異なる（表2を参照）。閉回路（回流型）の風洞は「ゲッチンゲン型」と呼ばれ、開放型（回流なし）の「エッフェル型」と呼ばれる（図15）。自動車の空力学的試験には、主として、開放型テストセクションまたは壁面スロット付きテストセクションを備えたゲッチンゲン型風洞が使用されている。

標準風洞設備

テストセクションは、壁面にスロットが設けられている開放型のものや、密閉型のものがある。その仕様は、ディフューザー断面積、コレクター断面積、テストセクションの長さによって与えられる（図19、表2を参照）。

閉塞率 $\Phi_N = A_{fx}/A_N$ も重要なパラメーターである。これは、自動車の前面投影面積 A_{fx} とノズルの断面積 A_N の比である。実際の路上では、この比は $\Phi_N = 0$ であるから、風洞の場合もできるだけ小さな値であることが望ましい。風洞の建設および運営コストを考慮して、実際には $\Phi_N = 0.1$ の値が一般的である。これをディフューザー断面積に換算すると、約 20 m^2 に相当する。

ディフューザーの絞り比と形状により、風洞の気流の速度と安定性が決まる。前室の断面からディフュー

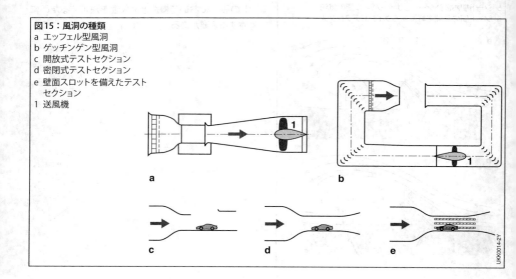

図15：風洞の種類
a エッフェル型風洞
b ゲッチンゲン型風洞
c 開放式テストセクション
d 密閉式テストセクション
e 壁面スロットを備えたテストセクション
1 送風機

ザーまでの絞り比κ($\kappa = A_V/A_D$)を大きくとると、速度分布が均一になり、渦の発生が少なくなるうえに、短時間で気流を加速することができる。

ディフューザーの形状は、テストセクションのディフューザー出口における速度分布の安定度および幾何学的な風洞軸との平行度に影響を及ぼすことがある。

集合胴または前室はノズルの上流に配置されていて、風洞の断面積が最も大きな部分である。この前室には、整流装置、フィルター、熱交換器が配置され、気流の安定性や方向性の質を改善し、空気通路の温度を一定に保持する。

一般に、風洞に使用されている送風機は、200 km/h以上の風速の空気流を発生できる。ただし、このような風速が使用されることは稀で、風洞での車体構成部品の機能の安全性および安定性の試験などの場合のみである。このような試験は、最大5,000 kWにも達する送風機の最大能力を使用する必要があるためである。通常の測定は140 km/hの風速で行われる。この風速であれば、信頼性を維持しながら、低コストで各種の空力係数を決定することができる。風速の制御は、送風機の風速を変更するか、風速を変えずに送風翼のピッチを変更することによって行われる（表3を参照）。

風洞天秤は、テスト車両に作用するさまざまな動的空気力および4つすべてのタイヤ接地面のモーメントを記録する。ここでは、これらの力をx、y、およびz成分に分解して、空力パラメーター計算する。

風胴天秤は、通常はターンテーブルの下側に配置されている。気流に対して車両の方向を回転させ、横風に対するシミュレーションを行うためである。

表2：ドイツ国内に設置されている自動車用風洞（例）

風洞運用者	ノズル断面積	コレクター断面積	テストセクションの長さ	テストセクションの形式	走行路面のシミュレーション
Audi	11.0 m^2	37.4 m^2	9.5～9.93 m	開放式	ムービングベルト5本
BMW	18.0～25.0 m^2	41.4 m^2	17.9 m	開放式	ムービングベルト5本
BMW Aerolab	14 m^2	25.9 m^2	15.7 m	開放式	コンベアベルト×1、車両より広い幅
Daimler	28.0 m^2	61 m^2	19 m	開放式	ムービングベルト5本
IVK Stuttgart	22.5 m^2	26.5 m^2	9.9 m	開放式	ムービングベルト5本
Ford	20.0 m^2	28.2 m^2	9.7 m	開放式	－
Porsche	22.3 m^2	37.7 m^2	13.5 m	壁面スロット付き／開放式	－
Volkswagen	37.5 m^2	44.8 m^2	10.0 m	開放式	－

表3: 風洞送風機

風洞	動力	送風翼直径	風速	制御
Audi	2,600 kW	5.0 m	300 km/h	rpm
BMW	4,140 kW	8.0 m	300 km/h	rpm
BMW Aerolab	3,440 kW	6.3 m	300 km/h	rpm
Daimler	5,200 kW	9.0 m	265 km/h	rpm
IVK Stuttgart	3,300 kW	7.1 m	260 km/h	rpm
Ford	1,950 kW	6.3 m	185 km/h	rpm
Porsche	2,600 kW	7.4 m	220 km/h	rpm
Volkswagen	2,600 kW	9.0 m	180 km/h	翼のピッチ調節

実際の走行と異なる点は、風洞内の車両は静止していて、空気流が吹き付けられることである。従って、車両と路面の間の相対的な運動の影響を調べることはできない。よって、静止した床面の風洞に加え、現在では床にムービングベルトを組み込み、車両の路上走行およびホイールの回転を再現する風洞も多く採用されるようになっている（図16）。これにより、車両と路面の間を流れる気流の質が改善され、現実に非常に近い状態を再現することができる。

風洞補助装置

前面投影面積測定装置

前面投影面積測定装置（レーザーまたはCCD装置）は、光学的手段で車両の前面投影面積を測定する装置である。測定結果を使用して、風洞内で測定した各種の力から数々の空力係数を算出する。

風洞内に置かれた理想的な圧力測定装置は、同時に最低でも100箇所の測定ポイントでの圧力変化を記録でき、たとえば車体表面にフラットセンサーを設置して圧力分布を測定することができる。各測定点に使用されている小型の圧力センサーには摩耗部品がなく、そのため高い頻度で電子的なスキャンを実行できる（図17を参照）。

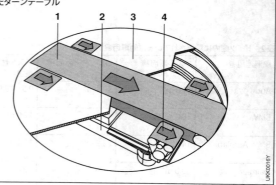

図16：試験セクションの床のフラットベルトを使用したターンテーブル
1 左右の車輪の間を移動するムービングベルト
2 天秤
3 ターンテーブル
4 小型ムービングベルトによる車輪駆動装置

図17：圧力分布の測定（例）
a 車体表面の中央部における圧力分布 ($y = 0$)、63個のフラットセンサーを使用して測定
b フラットセンサー
線は、測定ポイントに直角に作用する静圧を示す。
矢印の長さは、圧力の大きさを示す。
$c_p = 1$ の下の線は、スケールを示す。
c_p は無次元圧力係数。
これは、車両の任意の点での圧力 p_∞ を速度 v_∞ における一般的な動圧 p として説明する。

$$c_p = \frac{p - p_\infty}{0.5 \cdot \rho \cdot v_\infty^2}$$

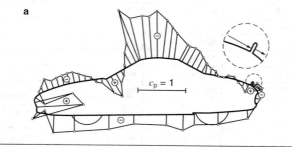
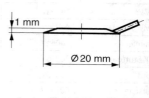

トラバース

トラバースを使用して、車両全体にわたる空気流を測定することができる。テストセクションの各ポイントを座標上に配置し、再現することができる。各ポイントに配置されているセンサーによって、各ポイントの圧力、速度、騒音源を決定することができる。

煙流線

目に見えない空気の流れを可視化するために、煙流線が使用される。煙のパターンで分流を検知することができ、分流の渦は係数を悪化させる（図18）。煙発生器内でグリコールの混合物を加熱することにより、毒性のない「煙」が生成される。空気流を可視化する方法には、次のようなものもある。

- 車体表面に貼り付けたタフト（糸）
- タフトセンサー
- 石油系速乾性液体混合物またはタルクを使用した流れのパターンの写真
- ヘリウムバブル発生器
- レーザーシート（膜状のレーザー光）

汚染剤噴霧装置

汚染剤噴霧装置を使用して風洞内の車両に水を噴霧し、軽い霧から激しい雨までを再現できる。汚染剤に石灰粉や蛍光物質を混合することにより、気流のパターンを可視化して記録することができる。

熱水ユニット

まだ路上を走行できないプロトタイプ車両のラジエーター冷却能力を測定するために、熱水ユニットを使用して一定の流量で熱水を供給できる。

さまざまな風洞

自動車用風洞の建設には、巨額の投資が必要である。この費用に加えて高額の維持運営コストが必要なため、風洞は、時間単価の高い高価な試験環境である。空力学的、空気音響学的、熱力学的試験に自動車用風洞を非常に高い頻度で活用することによってのみ、さまざまな試験に特化した複数の風洞の建設を正当化できる。

模型風洞

模型風洞は、建設要件および技術的複雑性を下げることができ、維持運営コストを大幅に削減できる。縮尺（1：5〜1：2）に応じて、短時間、かつ高い費用効率により、自動車模型の形状の変更を簡単に行える。

模型による試験は、主として基本的な空力学的形状を最適化するために、開発の初期段階で使用される。車両の空力特性を試験する前に、デザイナーの支援を得て風洞で「クレイ」モデルを使用し、形状を最適化したり、完全に別な形状を作成し、その空力特性を確認することができる。

データセットが得られれば、新たな生産手法（ラピッドプロトタイピングなど）を使って任意の縮尺のモデルを細部まで正確に作成できる。これにより、形状決定段階の後でも、細部を最適化するための重要なテストを行うことができる。

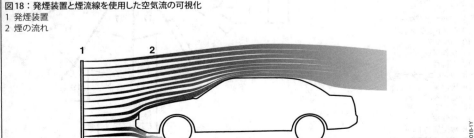

図18：発煙装置と煙流線を使用した空気流の可視化
1 発煙装置
2 煙の流れ

音響風洞

音響風洞では、さまざまな遮音手段を使用して、標準の風洞よりも音圧レベルが約30 dB (A) 低くなるように設定されている。そのため、通常の自動車の有効信号よりS/N比（信号対雑音比）が10 dB (A) 以上向上し、空気の循環および貫流によって発生する風切り音の識別や評価を行うことができる。

空調風洞

空調風洞は、定義された温度範囲でのさまざまな負荷条件における温度解析および車両の保護のために使用される。

温度範囲（−40℃〜+70℃など）の設定に大容量の熱交換器が使用され、その制御誤差限度は非常に小さく、約±1 K である。

車両はダイナモメーターのローラー上に配置され、必要な負荷条件または負荷サイクルで運転される。風速およびローラーの速度は、低速時にも完全に同期している必要がある。自動車の運転サイクルに実際の路面要因を導入するため、必要に応じて上り勾配または下り勾配のシミュレーションもできる。

また、空気の湿度を管理したり、日射をシミュレーション（照明の使用）するオプションも用意されている。

上記の高機能テストベンチによるシミュレーションによって、自動車の設計におけるさまざまな空力学的問題がすべて解決されるわけではない。そのため、自動車メーカーは、実験的試験に加え、CFD（数値流体力学）モデルの活用を進めている。予備的な決定を行うことにより、試験のための作業負荷を軽減できる。

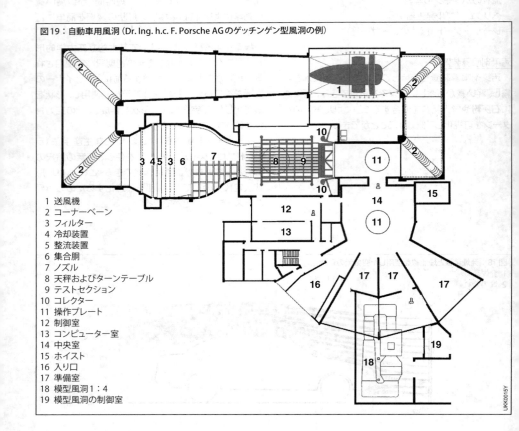

図19：自動車用風洞（Dr. Ing. h.c. F. Porsche AGのゲッチンゲン型風洞の例）

1 送風機
2 コーナーベーン
3 フィルター
4 冷却装置
5 整流装置
6 集合胴
7 ノズル
8 天秤およびターンテーブル
9 テストセクション
10 コレクター
11 操作プレート
12 制御室
13 コンピューター室
14 中央室
15 ホイスト
16 入り口
17 準備室
18 模型風洞1：4
19 模型風洞の制御室

自動車の音響学

自動車の音響学は、すべての振動励振と車両における伝達および空気伝播騒音を扱う。この場合の主な発生源は、エンジン、路面材質と路面の不整によるタイヤおよびシャーシの励振、車速の上昇に伴う車両周りの気流による励振である。

表1：自動車の車外騒音の限界値（dB [A]）の平均値[1]

車両の種類	1995年10月以降 dB（A）
乗用車	
ガソリンエンジンまたはディーゼルエンジン搭載車	74
– 直接噴射式ディーゼルエンジン搭載車	75
トラックおよびバス	
最大積載重量が2トン未満のもの	76
– 直接噴射式ディーゼルエンジン搭載車	77
バス	
最大積載重量が2t～3.5tのもの	76
– 直接噴射式ディーゼルエンジン搭載車	77
最大積載重量が3.5トンを超えるもの	
– エンジン出力が150 kW以下のもの	78
– エンジン出力が150 kWを超えるもの	80
トラック	
最大積載重量が2t～3.5tのもの	76
– 直接噴射式ディーゼルエンジン搭載車	77
最大積載重量が3.5t以上を超えるもの（ドイツ道路交通免許規則では2.8トンを超えるもの）：	
– エンジン出力が75 kW以下のもの	77
– エンジン出力が150 kW以下のもの	78
– エンジン出力が150 kWを超えるもの	80
オフロード車両および四輪駆動車 これらの車両では、エンジンブレーキおよび圧縮空気による騒音を考慮し、より大きな許容限界値を適用する。	

法的要件

車両による騒音発生とそのテスト

法的要件が遵守されているかを監視のための試験手順は、車外騒音レベルのみに関するものである。その最新の改訂版2007/34/EEC [1]とともに、1970年制定のECガイドライン70/157/ECには、車両のカテゴリー別の走行中の車両の騒音発生の規制値（表1）に加え、停止中および走行中の車両において発生する騒音の測定手順および限界値が定義されている。法的規定の効果が実際の交通状況に対して不充分なため、試験手順における都市交通の状況の再現性をより良好にするため、測定手順が改訂されている。

新たなEU騒音規制である規則540/2014/EC [2]が2014年4月から施行され、2016年7月以降の新車型式認証において適合が必須となっている。欧州で並行して適用されているUN規則 UN R51.03 [3]は、2016年7月からEU規則と同時に施行されている。旧規制については、2022年7月まで（N2分類の車両では2023年まで）の移行条項が付加されている。

さらに、規則661/2009/EC [4]ではトレッド騒音要件が定義された。タイヤに応じて、テスト範囲は70 km/hまたは80 km/hとなる。

走行中の乗用車および最大積載量3.5 t以下のトラックから発生する騒音の測定

マイクロホンの設置面から10 m手前に引かれた線AAに、車両が時速50 kmの定速度で接近する（図1）。線AAに到達した時点で、検査セクションの最後の部分である線BB（マイクロホン設置面から10 m後方の位置）へ向ってフル加速で進む。4段変速のマニュアルトランスミッションを搭載した乗用車の場合には、2速ギヤで検査する。4段以上のギヤを持つ変速機を備えた車両では2速ギヤと3速ギヤで連続して測定するのに対して、スポーツカーはガイドラインの定義に従って3速ギヤで検査する。オートマチックトランスミッションを搭載した車両に関しては、D（ドライブ）レンジにて検査する。

レーンの中央から7.5mの距離における車両の左右両側で測定された最大音圧レベルを、騒音発生レベルとする。2つのギヤで実施する検査では、2つのギヤにおける測定値の算術平均値を騒音発生レベルとする。

走行中の最大積載量3.5 tを超えるトラックから発生する騒音の測定

マイクロホンの設置面から10 m手前に引かれた線AAに、車両（トラック）が定速度で接近する（図1）。トラックが線AAに到達した時点で、検査セクションの最後の部分である線BB（マイクロホン設置面から10 m後方の位置）へ向ってフル加速で進む。線AAへの接近速度は、検査を行うギヤおよび定格エンジン回転数により異なる。ギヤの選択は、車両が検査セクションを走行中に最低でも定格エンジン回転数に達し、かつエンジン回転数限界に達することなく検査セクションを通過しなければならない、という要件に基づいて選択される。全測定値の中で最大の測定音圧レベルを、騒音発生レベルとする。

停止中の車両による騒音発生の測定

車両の騒音承認に従って、停止中の車両による騒音発生の測定を行うことで、交通における車両による「正しい」状態で発生する騒音値の基準値を特定することができる。これにより、警察官や検査官による車両による騒音発生の確認が容易になる。停止中の車両による騒音発生は、テールパイプから50 cmの位置で、排気ガスの水平方向の流れに対して45°±10°の角度で測定される。この測定中、定格回転数に応じてエンジンを一定の回転数に上昇させる必要がある。テスト回転数に到達したら、これを3秒間維持してから、速やかにアイドリング回転数に下げる。この測定で特定されたA特性最大音圧レベルは、車両書類にP'の接尾文字（以前のテスト手順によるデータと区別するため）を付けて記入される。

実際の交通におけるテストでは、基準値から最大5 dBの差違が許容される。

車両による最低騒音

車両の駆動力源として静粛なモーターが広く採用されるようになったが、これは歩行者にとって問題となる。歩行者が実際の交通状況においてモーター駆動の車両を遅滞なく認識することは、非常に難しい。調査によれば、これは特に20 km/h～30 km/hの低速域で顕著である。車両と歩行者の衝突の危険を軽減するため、現在、国際的な最低騒音基準を定める作業が進められている。これらの条項は、2019年以降は新規型式認定車両で、また2021年7月以降はすべての新規認定車両で必須となる。

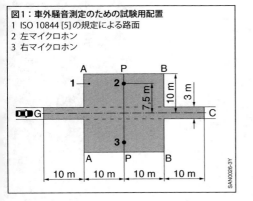

図1：車外騒音測定のための試験用配置
1 ISO 10844 [5]の規定による路面
2 左マイクロホン
3 右マイクロホン

自動車の音響学における開発作業

音響測定機器

以下に挙げる測定技術は、車外騒音レベルだけではなく、車室内の騒音レベル、特に車両の各種の振動の測定と評価にも使用される[6]。

– コンデンサーマイクロフォンによる音圧測定、たとえばレベルメーターによるdB(A)単位での測定

– ダミーヘッドを使った測定技術では、頭部模型の耳に埋め込まれたマイクによって騒音を記録する。この場合人工頭部またはダミーヘッド技術は、実際の状況に忠実な録音を行う機会を提供し、類似した場所と時間における録音の比較を可能にする。

– 標準音響測定室(一般に壁面を高性能の吸音材でカバー)。目的に応じて、このような測定室にはシャーシダイナモメーターを備え、車両を走行状態で評価できる

– 振動(固体を伝わる音):加速度計(ものによっては1gより軽い質点を利用)、レーザー振動計(ドップラー効果を利用した非接触の高速測定)

– ボディに対するショックアブソーバーやシャーシの動きなどを測定するために、位置測定機器が使用される

– 振動テストベンチでは、車両全体、ボディまたは個別のコンポーネントでのさまざまな励振を測定することもできる。ハイドロパルサーを使って、路面による励振をシミュレーションするために、大きな振動経路の150Hz未満の周波数の励振が可能である。一方シェーカーでは、エンジンの励振をシミュレーションするために2kHzまでの高周波を発生することができる

– 走行快適性セグメントでは、異なるアスファルト材質からマンホールの蓋やコンクリートの接続部まで、幅広い路面による励振をシミュレーションする

– 反響室を使って、エンジンルーム内のドアやバルクヘッド全体など、個別の材質やコンポーネントの防音を測定することができる。

音響学で使用する計算方法

振動

固有振動の計算は、有限要素法(FEM)を用いて行われる。実験的モード解析によるモデルを使った調整、または作動中に作用する力のモデリングによって、実際の作動振動波形の計算が可能になる。この方法により、設計の早期において構造物の振動応答と音の放射を最適化することができる。

空気伝搬騒音および液体伝搬騒音

有限要素法(FEM)または境界要素法(BEM)を使った、たとえばハウジング放射または空洞内の音場計算([7])。

走行快適性のシミュレーション

剛性車体モデルと路面による励振を組み合わせて、路面がシャーシおよびボディに与える影響をシミュレーションできる。ここで興味深いのは、エンジンマウントおよびトランスミッションマウントを介して駆動ユニットも結合できることである。このようなモデルでは、特に50Hzまでの周波数帯までシャーシマウントおよびパワートレインマウントをさまざまに調整することができる。

騒音源

エンジンおよびトランスミッションの音響学

エンジンの騒音は、主にコンポーネントの機械的運動によって発生する。シリンダー内の燃焼プロセスでも、エンジン構造部に励振を引き起こす。あらゆる場合において、振動は一方では構造部を通じて伝達され、他方では空気を媒体する騒音として放射される。その過程において、励振部からかなり離れた部位で振動が発生することもある。これは、膜表面の感度と、その部位の構造上の固有振動の反応により決定される。

エンジンにおける主な騒音源は、クランクシャフトドライブ、カムシャフトドライブ、クランクケース、オイルパン、シリンダーヘッドカバー、補機類駆動部(オルタネーターやウォーターポンプなど)、ベルトドライブである。これら全ての要素があいまって、ユニット(エンジンとトランスミッションの組み合わせ)の基本的音響特性を形成する。

音響エンジニアの目的は、適切な技術修正を適用することでパワートレインの振動と騒音の挙動を調和させることにある。以下に、考慮すべき重要な影響要因を示す。

- 公差、クリアランス、構造
- クリアランスでの熱膨張
- 共振の予防
- 材質の選択
- エンジン/トランスミッションユニットの振動形態
- マフラーの設計

これらのほとんどが、特にスペース設計(パッケージ)、エネルギー管理や運動性能など、他の開発分野における要件と対立関係にある。このため、4気筒エンジンではしばしば二次振動によるハミングのような作動音が聞こえるが、これはバランサーシャフトを装備し、ユニットの剛性を大幅に高めることにより著しく低減することが可能であるが、この処置は重量を増加させ、構造を複雑化させ、相当の性能低下を引き起こすものである。

エンジンおよびトランスミッションの音響学は、剛体騒音振動の伝搬と空気伝搬騒音を大幅に低下させる役割も担う。この開始点となるのは、パワートレインマウントの防振/低振設計、補助ユニットとの接続部のコンパクト化、肋材や減衰材の追加などによる大面積のスムーズな振動面の回避である。

特にエンジンマウントには注意が必要である。マウント部を堅牢にすると運動性能を良好にする効果があるが、運転者にエンジン騒音をほぼそのまま伝え、ボディに伝わる振動は増加する。ベアリングが柔らかすぎる場合、エンジンが大きく動くことを意味し、これは車両全体の不快なギクシャクとした動きにつながる。車両全体に良好な振動快適性を提供しつつ、一定の静粛性を実現するために、高度な遮音性を持ち、液圧により減衰効果を発揮するエレメント(液封マウント)を使用することがある。

ガス交換騒音(排気および吸気システム)

燃焼プロセスによって吸入された空気に加えられたエネルギーは、定期的に行われる点火プロセスとバルブの運動により、排気システムを通って再び外部環境へと放出される。エキゾーストマニホールド、エキゾーストパイプ、マフラーの設計は、音のどの周波数成分がどの程度のレベルで放射されるかに対して決定的な影響を与える。この場合、開口部のみならず全コンポーネントの表面からの音の放出が重要である。この音源からの騒音変動は非常に大きく、アイドリング時と全負荷時の騒音レベルの差についてみても、容易に15 dB以上に達する。このような動的特性を持っているため、この音源はサウンドデザインを考える上で非常に適したテーマとなっている。

シャーシの音響学

　路面による励振は、シャーシの振動を引き起こす。これは最初にタイヤの減衰性によって大幅に低減されるが、振動はシャーシおよびボディに伝達される。さらに路面とシャーシの固有周波数が共鳴し、ボディの応答性によっては車室に不快な低音の騒音が発生する場合がある。シャーシの音響学は、車両のダイナミックなハンドリング特性を損ねることなくシャーシの最適な音響調整を特定する役割を果たす。

ボディの音響学

　ボディは、シャーシ、パワートレインおよび各種補助駆動装置のマウント間のインターフェースである。補助駆動装置には、ファン、サーボモーターやスピーカーまでが含まれる。ただし、ボディは気流の力が作用する点でもある。ボディはドライバーおよび乗員を覆い、外部の影響から保護する。しかしまたボディは振動を伝搬して車室に伝達するため、乗員にこれが聞こえ、感じられる。

　ボディの音響学では、特に音の伝達の最小化と、車室内での共鳴とともに不快な低音騒音の原因となる空気伝搬騒音の励振の防止について扱う。また、ボディの固有モード（基本ボディのねじれ、フロントエンドの初期曲げモードなど）は、走行中に車両がばたつくように感じる車両振動の原因となるため、ボディの固有振動特性の最適化についても扱う。

　シャーシおよびエンジンの取付けポイントの剛性が高ければ励振が抑えられ、副次的な経路を密閉することにより、ボディ内部での音の伝達が低下し、減衰材によって十分な防音／防振が可能である。

　ボディの音響学は、車両外形およびコンポーネント周囲の気流を最適化し、乱流の発生を抑える空力音響学も含むものである。これらは、高速での走行時の車室内および車外の不快な騒音として現れる。

走行快適性

　走行快適性には、ドライバーおよび乗員が触れるすべての走行関連のコンポーネントが含まれる。特に、これらにはステアリングホイール、シフトレバー、ペダルおよびシートなどが含まれる。路面、ボディまたはエンジンから50 Hz未満の励振が伝わる可能性がある。走行快適性の観点からは、すべての振動を最小化することが目標である。

動的強度

　すべての車両コンポーネントは、励振、したがって動的負荷に晒されることになる。すべてのコンポーネントが長期間にわたって十分な動的負荷耐性を維持できるよう、それらの動的強度を検査する必要がある。そのためには、アセンブリ全体に加え、個別のコンポーネントをテストベンチで電気力学シェーカーまたは油圧パンチを使って連続的に負荷を与える。励振特性は、実際の走行試験での負荷測定によって得られる。必要に応じて、極端な気温などの耐候性についてコンポーネントをテストすることもできる。たとえばエグゾーストシステムの場合、エンジンの排出ガスをシミュレーションするために、高温のガスをポンプで送り込むことがある。これらのテストは、細部まで最適化するための貴重な指標を提供する。その結果、材料や、フランジ、肋材などが再最適化される場合が多い。

サウンドデザイン

サウンドデザインの定義

サウンドデザインとは、製品の騒音特性を、積極的かつ的確に求められるレベルに適合させることである。その目的は、ブランドアイデンティティーにふさわしく、かつ顧客が期待する典型的な「音」を製品に与え、製品に対する極めて特別な感情（愛着）を喚起することである。

特に有名な分野は自動車セクターで、顧客および報道関係者は製品のサウンド開発の結果に大きく注目する。しかしながら製品の音に関しては、たとえば家庭における応用（電気掃除機や洗濯機）や食品（ポテトチップを噛むときの音）など、他の多くの分野においても集中的な研究がなされている。

サウンドデザイン以外の用語についても、一般的に使われるようになっている。サウンドエンジニアリングは、通例、製品における特定の技術の実現、すなわちサウンドデザインで入念に作り込まれた目標とするサウンドを実現するための特有の技術である。サウンドクリーニングでは、最適に中立的な騒音挙動を実現するために不要な騒音の抑制を行う。これは、ラグジュアリー車で控え目なサウンドを開発するための開始点として頻繁に実施される。

車両におけるサウンド

サウンドを製品に応用するステップは、一般的に常に同じである。理解を容易にするため、自動車部門を例に説明する。

サウンドとは、アクセルペダルの踏込みやギヤの選択といった運転者が行う操作に対する車両からの可聴音のフィードバックである。このためサウンドは、エンジンの回転数や負荷に関連したエンジンの作動点、そしてそれらの時間的変動、すなわち加速、定速走行または減速などの状態に応じて現れる。これに、始動時およびアイドリング時の作動音も加わる。

スロットルレスポンスに対する主観的な印象は、物理的に測定可能な実際の加速とは関係なくそのデザインに依存しており、「自発的（加速が良い）」か「緩慢（加速が悪い）」かである。

車内の騒音と車外の騒音は区別される。車外の騒音は、全てのコンポーネント、特にエンジンや排気および吸気システム、ならびにそれらの開口部における空気を媒体とする騒音放射により形成される。さらに、これらに加えてタイヤの転がりおよび風による不快な騒音が存在する。車内の音響状態は、構造を媒体とする騒音とボディを貫通する音響伝達経路によって付加的な影響を受ける。

サウンドクオリティー

サウンドクオリティーは、たとえばスイッチ、レバー、サーボモーターやフラップなど、ドライバーおよび乗員が動かしたり切り換えたりできる個別のコンポーネントに関連する。ここでは、製品の品質と信頼性を強調するような作動音が意図されている。ドアやボンネットの開閉音も耳障りでなく良質であることが必要となる。さらにサウンドクオリティーには、コンポーネントが相互に接触したり、擦れ合ったりして発生するたたき音、擦れ音および鳴きなどが含まれる。

評価方法

心理音響学

サウンド（音）は、音量、荒さ、あるいは調性に基づく標準的な評価方法で評価することはできない。車両のサウンドについての話題では、大抵の場合、「スポーティー」、「轟く」、「迫力ある」、「想像をかき立てる」などの表現が用いられる。これらの表現は技術用語に翻訳され、開発エンジニアが後で、上記のような言葉で表現されたサウンドが、どのようなスペクトル（音の成分）を含むか、動的特性はどうか、時間的偏差に起因するものは何か、などを確認できるようにしなければならない。こうした理由により、これらの主観的要因はますます活用され、評価規準を確立するために体系化されるようになってきている。実際の心理音響学的評価（図2）の手順においては、音のサンプルは相反して変化するペア（良-不良、音量大-音量小、弱い-強いなど）に従って、その音の特徴付けができるように評価される。

バーチャルプロトタイプ製作

コンポーネントごとに行われる分析や測定は、音響特性の予測および修正の余地を見極めるために使用できる。車両での測定は、人工頭部技術を使っても行われる。さらに現代のコンピューター技術を活用して、狭い領域におけるサウンドのバリエーションを模擬的に再現することができる。また、常に「仮想的に作られたサウンド」が技術的に実現可能であるかも考慮される。

現在では、コンピューター技術で処理された仮想サウンドを使って、従来の評価基準に基づいてテスト対象を評価できる。この方法では評価者の好みが引き出されてしまうことがあり得るが、この情報は技術的に保存され、どの周波数成分が必要か、または不快感を与えるか、あるいはどのコンポーネントについて考慮すべきか、などの指標を提供するものとなる。

アクティブサウンド

除外された音響成分であっても、車内および車外のアクティブスピーカシステムで実現することができる。電気自動車および電気走行モードのハイブリッド自動車は過剰に静粛であると評価される場合が多いため、この技術は現在では非常に重要視されている。この問題は、電子的にサウンドを発生することで大幅に改善できる。これらの条項は、2019年以降は新型式承認車両で、また2021年7月以降はすべての新規認定車両で必須となる(「車両による最低騒音」を参照)。

参考文献

[1] Commission Directive 2007/34/EC of 14 June 2007 amending, for the purposes of its adaptation to technical progress, Council Directive 70/157/EEC concerning the permissible sound level and the exhaust system of motor vehicles.

[2] Regulation (EU) No. 540/2014 of the European Parliament and of the Council of 16 April 2014 on the sound level of motor vehicles and of replacement silencing systems, and amending Directive 2007/46/EC and repealing Directive 70/157/EEC.

[3] UN R51-03: Uniform Provisions Concerning the Approval of Motor Vehicles Having a Least Four Wheels with Regard to their Sound Emissions.

[4] Regulation (EC) No 661/2009 of the European Parliament and of the Council of 13 July 2009 concerning type-approval requirements for the general safety of motor vehicles, their trailers and systems, components and separate technical units intended therefor.

[5] ISO 10844:2011: Acoustics – Specification of test tracks for measuring noise emitted by road vehicles and their tyres.

[6] Klaus Genuit: Sound-Engineering im Automobilbereich. 1st ed., Springer, 2010.

[7] L.C. Wrobel, M.H. Aliabadi: The Boundary Element Method. 1st ed., Wiley, 2002.

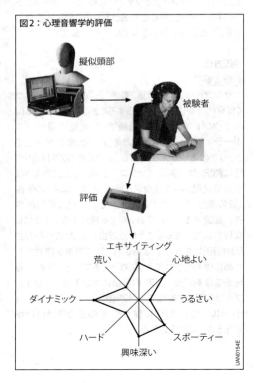

図2：心理音響学的評価

シャーシ

定義と構造

シャーシは駆動系（エンジン、トランスミッション）および車両ボディとともに、自動車の特性を決定する古典的な主要コンポーネントの一つである。車両本体と路面との結合要素であるシャーシは、車両の推進、制動、操舵を可能にする、タイヤと路面間における水平および垂直方向の力の生成と伝達にとって決定的に重要なものである。そのうえシャーシは、走行中に発生する車両進行方向に対しての前後方向、横方向および垂直方向の振動特性と振動効果を決める決定的な要因でもある。そのためシャーシとその特性は、車両の走行ダイナミクス、走行快適性、および走行安全性にきわめて大きな影響を及ぼす。

シャーシに対しては、走行ダイナミクス、走行快適性および走行安全性に関する多数の、そして時として相反する要求事項が設定されるため、その設計と調整はきわめて複雑なものとなる。

シャーシは、伝統的な考え方によれば、サスペンション（ボディサスペンションとアンチロールバー）、振動ダンパー、ホイールサスペンションとホイールコントロール、ホイールとタイヤ、ステアリング、およびブレーキシステムのサブシステムに分けることができる。一般的なシャーシとそのコンポーネントを図1に示す。それぞれのサブシステムの基本事項と個別事項については、以下で詳しく触れていく。

かつてシャーシは主に機械により構成されるコンポーネントであったが、今日の能動的なコンポーネントやネットワーク化されたシャーシシステム、特に乗用車セクターにおけるそれらは、最新技術の統合体と見なすことができる。能動的なコンポーネント、走行条件のモニターと計算のためのセンサー、そしてインテリジェントな制御アプローチの連携は、状況に応じての関連シャーシ特性への介入に数多くの新たな可能性をもたらすものである。個々のサブシステムにおけるこれらの可能性についても、以下で詳しく説明する。

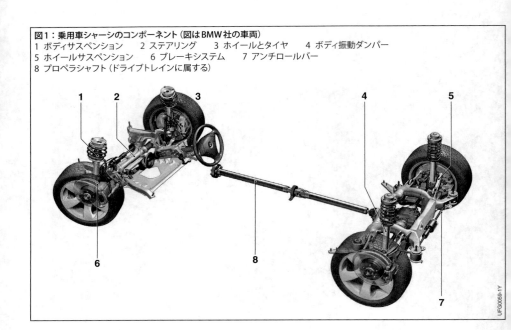

図1：乗用車シャーシのコンポーネント（図はBMW社の車両）
1 ボディサスペンション　2 ステアリング　3 ホイールとタイヤ　4 ボディ振動ダンパー
5 ホイールサスペンション　6 ブレーキシステム　7 アンチロールバー
8 プロペラシャフト（ドライブトレインに属する）

基本原理

　自動車が通常走行する道路には、最大約30 Hzの周波数範囲の不整があり、車両の最も大きな振動源になる。道路の不整による振動は、車両とその乗員の上下の運動（上下の加速度）を発生させる。路面と車両の仲立ちをするものはシャーシシステムであり、その主な機能は、環境と車両本体間の動力の伝達である。つまり、車両の動的特性と走行安全性、および走行快適性が、シャーシシステムの選択によって大きな影響を受ける。

　ただし、動的な車両の応答特性は、シャーシの構成部品のみで決定されるのではなく、さまざまな車両パラメーターの総合的な組合せの結果によるところが大きい。パラメーターの変更による効果が、走行安全性と走行快適性の相反する優先度に関して適切な妥協点を得る必要があるため、一般に、シャーシへのさまざまな対策により車両の動特性に影響を与えることは、極めて複雑なプロセスとなる。

　走行安全性は、タイヤと路面の接触状態に決定的に依存している。これによって、前後方向および左右方向の力を伝達することができる。したがって、走行安全性の観点からのシャーシ設計の基本的な目標は、伝達可能な力のレベルを低下させる動的な車輪の負荷変動を常に最小化することにある。

　一方、走行快適性は、乗員に影響を与える（特に上下方向の）運動および加速度に依存する。用途によっても異なるが、快適性は非常に重要であり、システム開発の単なる付属物と考えてはならない。特に職業運転手の場合、健康に対する長期的な被害を防止するために、適切に高度な走行快適性が確保されなければならない。身体加速度の実効値が、そのための優れた評価パラメーターであることが実証されている。

　ただしこれらの主要なパラメーターは、最初は、対応する要件を満たすための、シャーシの潜在的能力を表すものに過ぎなかった。車両の実際の動的性能、走行安全性、走行快適性は、路面パラメーター（環境）の選択と、運転者によって設定される車両の内部操作変数（操舵角やアクセルペダルの位置など）にも明らかに依存する。シャーシに対する基本的な要件を図2

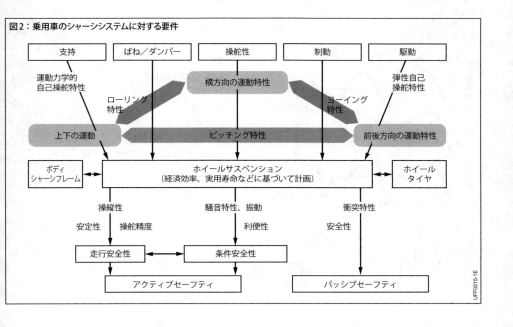

図2：乗用車のシャーシシステムに対する要件

に示す[1]。システムとしてのシャーシ（電子装置を除く）は、下記のサブシステムに分けられる。
- サスペンション
- ショックアブソーバー
- ホイールサスペンションとサスペンションリンケージ
- タイヤ
- ステアリング
- ブレーキシステム

路面による励振

システムとしての「シャーシ」の個別の構成部品の基本的な原理を示す前に、まず、路面による励振の定量化について考察し、その励振の、「車両」システム全体の振動に対する効果について説明する。外部の路面による励振に振動系を適応させるとともに、その振動特性に対する車両内部の励振源（内燃エンジン、ホイール、タイヤ）の影響を最小化する必要もある[2]。

振動特性を調べ、シャーシのサスペンション／ショックアブソーバーシステムを設計するために、振動の原因となる、路面による励振の客観的な変数の型式での知識と説明が必要である。タイヤのサスペンション特性によって、小さな不整はこの段階で補正することができているが、大きなボディの運動を抑制するために、ホイールとボディ間に長さが変化する要素が必要である。そのために、その長さの変化に応じた反発力を生成する、鋼製のスプリングが広く使用されている。その結果が、ホイールとボディの質量を考慮して、振動することができ、減衰のための他の要素を必要とするシステムである。

路面の不整

経路または時間によって異なる路面の不整を説明する際には、規則的な（正弦波形の）不整、周期的な不整、確率論的な不整を明確に区別する（図3）。

規則的な不整が連続する路面

この場合は（図3a）、不整の高さhと走行距離xまたは時点tから下記の式が得られる。

$$h(x) = \hat{h} \sin(\Omega x + \varepsilon) \tag{式1}$$

$$h(t) = \hat{h} \sin(\omega t + \varepsilon) \tag{式2}$$

ここで、
$\hat{h}$ 不整高さの振幅
L 周期
v 速度
ε 位相差
$\Omega = 2\pi/L$ 降伏角振動数
$\omega = v\Omega = 2\pi v/L$ 時間角周波数

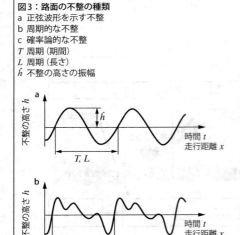

図3：路面の不整の種類
a 正弦波形を示す不整
b 周期的な不整
c 確率論的な不整
T 周期（期間）
L 周期（長さ）
$\hat{h}$ 不整の高さの振幅

周期的な路面の不整

次は、純粋な正弦波形ではないが、周期的な不整（図3b）を考察する。つまり、フーリエ級数としての関係を表すことにより下記の式が得られる（周期関数は、正弦波振動の無限級数として表すことができる）。

$$h(x) = h_0 + \sum_{k=1}^{\infty} \hat{h}_k \sin(\Omega x + \varepsilon_k) \tag{式3}$$

$$h(t) = h_0 + \sum_{k=1}^{\infty} \hat{h}_k \sin(\omega t + \varepsilon_k) \tag{式4}$$

ここで、
- h_0 基準振幅
- $\hat{h}_k$ 振幅
- ε_k 位相差
- $\Omega = 2\pi/L$ 降伏角振動数
- L 周期

確率論的な路面の不整

実際の路面、つまり、周期的なだけではなくランダムな（確率論的な）不整（図3c）をも考慮する場合、計算式は加算式から複雑な積分となり、これにより離散スペクトルから連続スペクトルに考察対象が移行する[2]。

$$h(x) = \int_{-\infty}^{\infty} \underline{\hat{h}}(\Omega) \, e^{j\Omega x} d\Omega \tag{式5}$$

連続振幅スペクトルを使用すると：

$$\underline{\hat{h}}(\Omega) = \frac{1}{2\pi} \int_{-\infty}^{\infty} h(x) \, e^{-j\Omega x} dx \tag{式6}$$

または時間領域において：

$$h(t) = \int_{-\infty}^{\infty} \underline{\hat{h}}(\omega) \, e^{j\omega t} d\omega \tag{式7}$$

ここで、

$$\underline{\hat{h}}(\omega) = \frac{1}{v} \underline{\hat{h}}(\Omega) \tag{式8}$$

路面の不整のパワースペクトル密度

しかしながら、一般には経路または時間の関数としての不整な路面は、路面の励振の理論的検討にはあまり適していない。これより明らかに重要なことは、特にさまざまな路面との比較において、路面を走行しているときに発生する励振の統計的手法を知ることである。これが、降伏角振動数に依存するパワースペクトル密度 $\Phi_h(\Omega)$ （PSD）と、時間角振動数に依存するパワースペクトル密度 $\Phi_h(\omega)$ が路面の励振の評価手段として使用される理由である。これらの変数の数学的定義および詳細な説明は、ここでは省略する。詳細については、[1, 2]を参照。以下の考察では、「無限小振動数帯（経路または時間振動数に関して）のエネルギー」または「固有振動数帯の出力」といった、パワースペクトル密度に関する具体的な意味と考えることで十分である。

$L = vT$であることを考慮すると、$\Phi_h(\Omega)$と$\Phi_h(\omega)$を相互に変換することができる。次式が得られる。

$$\Phi_h(\omega) = \frac{1}{v} \Phi_h(\Omega) \tag{式9}$$

パワースペクトル密度は、不整スペクトルのうち励振スペクトルの出力の分布を表す。これは、通常は、二重対数尺度で表される（図4）。実際の路面でのパワースペクトル密度のコースを、次式で表現されるように、直線を使用して近似することができる。

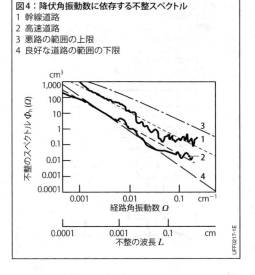

図4：降伏角振動数に依存する不整スペクトル
1 幹線道路
2 高速道路
3 悪路の範囲の上限
4 良好な道路の範囲の下限

$$\Phi_h(\Omega) = \Phi_h(\Omega_0)\left(\frac{\Omega}{\Omega_0}\right)^{-w} \quad \text{(式10)}$$

ここで、

$\Phi_h(\Omega_0)$ 基準角振動数でのパワースペクトル密度 Ω_0（一般に $\Omega_0 = 1\,\mathrm{m}^{-1}$、これは基準波長 $L_0 = 2\pi/\Omega_0 = 6.28\,\mathrm{m}$ に相当）。

w 路面の表面のうねり（1.7～3.3、標準的な路面では $w = 2$）。

路面の不整度と表面のうねりが既知の場合、すべてのパラメーターは上記の線形方程式に設定され、さまざまな路面の特性の記述に使用することができる。不整の程度は、基準角振動数におけるパワースペクトル密度、つまり $\Phi_h(\Omega_0)$ として定義される。

車両の振動特性の基本原理

路面による励振は、タイヤ、ホイールサスペンション、サスペンション／ショックアブソーバーシステムを通じて車両のボディに影響を与える。理論的解析のために、さまざまな複雑度の振動モデルを適用することができる。モデルの複雑度が上昇するにつれて、自由度が大きくなり、リンクされる微分方程式の数が増加する。分かりやすくするために、振動する車両システム内の基本的な関係を、2自由度振動系（図5）に基づいて説明する。詳細については、[1]、[2]、[3]を参照。

振動の技術的解析のために、質量、剛性、減衰係数を指定するにあたって、すべてのパラメーターが2自由度モデルに設定されている。図5に示した変数を使用して、次の2つの微分方程式を得ることができる。

$$m_A \ddot{z}_A + k_{A,R}(\dot{z}_A - \dot{z}_R) + c_{A,R}(z_A - z_R) = 0 \quad \text{(式11a)}$$

$$m_R \ddot{z}_R - k_{A,R}(\dot{z}_A - \dot{z}_R) - c_{A,R}(z_A - z_R) + c_R z_R + k_R \dot{z}_R = c_R h + k_R \dot{h} \quad \text{(式11b)}$$

式11aおよび11bを質量で除算すると、通常の型式の2次の微分方程式、および制動された固有振動数 ω_g、制動されない固有角振動数 ω_u、ホイールの減衰係数 D_R、ボディの減衰係数 D_A が得られる。

ホイールの分離した制動されない固有角振動数に関して次式が成立する。

$$\omega_R = \sqrt{\frac{c_R + c_{A,R}}{m_R}}$$

$$\approx \sqrt{\frac{c_R}{m_R}} \quad (c_R \approx 10\, c_A \text{のため}) \quad \text{(式12)}$$

したがって、ボディに関しては次式が成立する。

$$\omega_A = \sqrt{\frac{c_{A,R}}{m_A}} \quad \text{(式13)}$$

一般に、制動された固有角振動数 ω_g は次式を使用して計算される。

$$\omega_g = \omega_u \sqrt{1 - D^2} \quad \text{(式14)}$$

また、近似により次式が得られる。

$$\omega_g \approx 0.9\, \omega_u$$

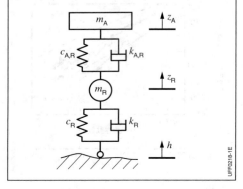

図5：1/4車両モデルとしての2自由度振動系
- m_R 振動する構成部品（ブレーキ、比例アクスル質量など）を含むホイールの質量
- m_A ホイールによって支持されている車両の質量
- c_R タイヤスプリングの剛性
- $c_{A,R}$ ボディスプリングのホイール関連の剛性
- k_R タイヤの減衰率（通常は、$k_R \ll k_{A,R}$ のために無視できる）
- $k_{A,R}$ ボディダンパーのホイール関連の減衰率
- h 上下方向の励振
- z_A 上下方向のボディの座標
- z_R 上下方向のホイールの座標

ホイールの減衰係数 D_R に関して、次式が成立する。

$$D_R = \frac{k_{A,R}}{2 m_R \omega_R} = \frac{k_{A,R}}{2\sqrt{(c_R + c_{A,R})\, m_R}}$$

$$= \frac{m_A \omega_A}{m_R \omega_R}\, D_A \qquad (\text{式}15)$$

経験上、$D_R \approx 0.4$ を目標とすべきことが分かっている。ボディに関しても同様である。

$$D_A = \frac{k_{A,R}}{2 m_A \omega_A} = \frac{k_{A,R}}{2\sqrt{(c_{A,R}\, m_R)}} \qquad (\text{式}16)$$

この場合は、$D_A \approx 0.3$ が有効であることが証明されている。動的なホイール荷重変動 ΔG は次のようになる。

$$\Delta G = m_R \ddot{z}_R + m_A \ddot{z}_A$$

$$= c_R(h - z_R) + k_R(\dot{h} - \dot{z}_R) \qquad (\text{式}17)$$

これらの変数は、自動車のサスペンション／ショックアブソーバーシステムの大まかな設計の基本となるものである。

ボディの固有振動数 (通常は $f_A \approx 1$ Hz) が指定され、ボディの質量 (またはホイール上のボディの質量の割合) が判明している場合、ホイールに関するボディスプリングの剛性を決定することができる。

$$c_{A,R} = \omega_A^2\, m_A \qquad (\text{式}18)$$

図6：スプリング比
ΔF_F 実際のスプリング力
ΔF_R ホイール力
Δz_R スプリングの圧縮量
d_2 ホイール中心面から支点までの距離
$d_2 - d_1$ スプリング力のてこの腕の長さ

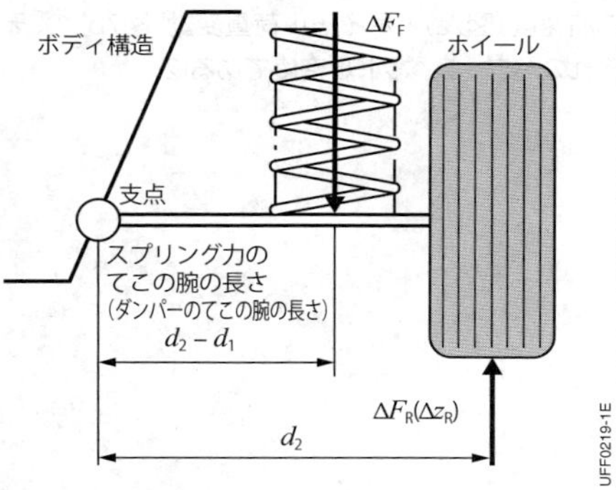

ボディスプリングの実際の剛性への変換は、図6にしたがって、ホイールとスプリングの運動の比 i を考慮に入れて行われる。まず、実際のスプリングの力

$$\Delta F_F = c_A \Delta z_F \qquad (\text{式}19)$$

およびホイールの力 ΔF_R を、スプリングの圧縮量 Δz_R を使用して式に表す。ΔF_R に関して次式が成立する。

$$\Delta F_R = c_{A,R}\, \Delta z_R \qquad (\text{式}20)$$

図6の支点回りのトルクの平衡は次式で表される。

$$c_{A,R}\, \Delta z_R\, d_2 = c_A\, \Delta z_F\, (d_2 - d_1) \qquad (\text{式}21)$$

これを用いて、実際のスプリングの剛性 c_A を、ホイールに関する剛性 $c_{A,R}$ との寸法的関係に基づいて、次のように変換できる。

$$c_{A,R} = c_A\, i^2 \qquad (\text{式}22)$$

スプリング比 i は次式で与えられる。

$$i = \frac{(d_2 - d_1)}{d_2} = \frac{\Delta z_F}{\Delta z_R} \qquad (\text{式}23)$$

振動ダンパーについても同様である。ボディの減衰率 (ホイールに対する効果) の計算のために、式16に基づいて、ホイールとの関係において次式が成立する。

$$k_{A,R} = 2 D_A \sqrt{(c_{A,R}\, m_R)} \qquad (\text{式}24)$$

当該車両の既知の変数として $D_A = 0.3$ (上記を参照) と m_A を用いると、式23を考慮してボディの減衰率を決定することができる。

表1：サスペンション／ショックアブソーバーシステムへの変更が車両の振動特性に与える効果

	設計パラメーター	低振動周波数（ボディの固有振動数）範囲に対する影響	中振動周波数範囲に対する影響	高振動周波数（アクスルの固有振動数）範囲に対する影響
ボディデータ	ばね定数	スプリングの剛性を低くすると、ボディの固有振動数と加速度が大幅に低下する	スプリングの剛性を低くすると、ボディの加速度が少し低下する	スプリングの剛性を低くしても、ボディの加速度は事実上変化しない
ボディデータ	減衰率	減衰率を低くすると、ボディの加速度が大幅に上昇する	減衰率を低くすると、ボディの加速度が大幅に低下する	減衰率を低くすると、ホイールの動的な荷重変動が大幅に上昇する
タイヤデータ	ばね定数	固有振動数および振幅はほぼ一定で変化しない	固有振動数および振幅はほぼ一定で変化しない	固有振動数とボディの加速度およびホイール荷重変動が、ホイールスプリングの剛性の低下にほぼ比例して低下する
タイヤデータ	減衰率	固有振動数および振幅はほぼ一定で変化しない	固有振動数および振幅はほぼ一定で変化しない	ホイール固有振動数での減衰率の増加に伴って、ボディの加速度およびホイール荷重変動が少し低下する

減衰係数 $D_R = 0.4$ と、目標とすべき $D_A = 0.3$ を援用し、式15

$$D_R = \frac{m_A \omega_A}{m_R \omega_R} D_A$$

を用いてホイールとボディ質量の間の最良の関係を見積もると、次の関係が得られる。

$$\frac{m_A}{m_R} = \frac{0.4\,\omega_R}{0.3\,\omega_A} = \frac{0.4 f_R}{0.3 f_A} \qquad \text{(式25)}$$

ここに、$f_R = \omega_R/2\pi$ および $f_A = \omega_A/2\pi$ である。$f_R = 12$ Hz および $f_A = 1$ Hz とすると、その結果は次のようになる。

$$m_R = \frac{1}{16} m_A$$

さまざまなサスペンション／ショックアブソーバーパラメーターの影響と、さまざまな周波数範囲でのその効果を表1に示す。

ボディの加速度およびホイール荷重変動の伝達関数とパワースペクトル密度

式11aおよび式11bを用いて、伝達関数（拡大関数）を計算することができる。この伝達関数の量は出力変数（ボディの加速度またはホイール荷重変動）の大きさと、入力変数（上下の励振、図5を参照）の大きさの、固定した一定の割合である。励振周波数の基本的な変動について図7cおよび7dに示す。

これらの伝達関数を路面の不整にリンクする。そのために、路面の不整の分布を降伏角振動数（図8a）の関数とし、降伏角振動数を、走行速度 v（図8b）を用いて時間依存の励振器（路面の不整）の角振動数（図8c）に変換する。図8cから、低い振動数における励振器の振幅が、高い振動数における励振器の振幅よりも大幅に大きいことが分かる。ボディの加速度（図7c）およびホイール荷重変動（図7d）の伝達関数を2乗し、この励振スペクトルと乗算する。その結果が、ボディの加速度（図7a）とホイール荷重変動（図7b）の、それぞれのパワースペクトル密度である[2]。

低振動周波数においては、路面による励振の振幅が大きくなるため、ボディの固有振動数の範囲（1～2 Hz）の振動の振幅も大きくなる。ただし、ホイールの固有振動数の範囲（10～14 Hz）では、不整による振幅が小さく、伝達関数に比べて、パワースペクトル密度に落ち込みが生じ、ボディの運動がアクスルの運動よりも大きな意味をもつようになる。

車両の振動の数量化

自動車が出現して間もなくの20世紀の初頭に、車両の走行快適性の数量化のための初めての方法が開発された。特に職業運転手の場合、健康の維持（つまり、身体的および精神的に良好な状態を保持すること）と、運転者の健康、ひいては全体的な道路の安全性に対する快適さの影響が、すぐに認識されることとなった。したがって、快適性を表す意味のある変数を決定し、これらの変数を、さまざまな車両および路面に対する客観的な快適性係数の型式で比較しようとする、さまざまな試みが行われた。それ以来、主に運転席周辺のさまざまな加速信号に基づいて、数多くの評価方法が定義されてきた。現在では、さまざまな位置での、さまざまなタイプの、さまざまな方向（並進または回転、x、y、z方向）の振動に対する、振動周波数に依存した感受性が、対応する振動周波数重み付けフィルターを援用することにより、考慮されるようになっている。

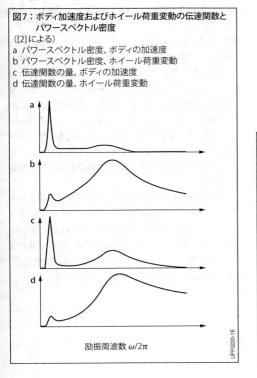

図7：ボディ加速度およびホイール荷重変動の伝達関数とパワースペクトル密度
（[2]による）
a パワースペクトル密度、ボディの加速度
b パワースペクトル密度、ホイール荷重変動
c 伝達関数の量、ボディの加速度
d 伝達関数の量、ホイール荷重変動

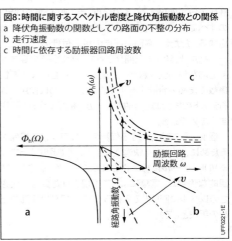

図8：時間に関するスペクトル密度と降伏角振動数との関係
a 降伏角振動数の関数としての路面の不整の分布
b 走行速度
c 時間に依存する励振器回路周波数

VDIガイドライン2057 [4]とISO 2631 [9]の2つが、広く使用されているアプローチである。これらの解析手法は、その試験コストが他の方法と比べて相対的に小さいにもかかわらず、情報的に高い価値がある。またこれらは、1990年代以降に開発された快適性評価に関する多数のアプローチの基盤となっている（[4]、[5]、[6]、[7]を参照）。今日使用されている方法では、一般に、さまざまな測定点（起点）での励振による加速度を使用して、乗員に加えられる負荷の測定値を表す総合的な快適性係数が決定される（おそらく、さまざまな測定点で多数の部分的な快適性係数が生成される）。まず、さまざまな加速度は振動周波数で重み付けされ（つまり、さまざまな振動周波数の振幅が振動周波数依存係数にリンクされ）、RMS法（Root Mean Square（根二乗平均）、[4]を参照）などによって、次のようにある値に変換される。

$$\bar{a}_{RMS} = \sqrt{\frac{1}{T} + \int_0^T a_w^2(t)\,dt} \qquad \text{(式26)}$$

または、RMQ法（Root Mean Quad（根四乗平均）、[6]を参照）の場合は次のようになる。

$$\bar{a}_{RMQ} = \sqrt[4]{\frac{1}{T} + \int_0^T a_w^4(t)\,dt} \qquad \text{(式27)}$$

評価される測定点の数に依存するが、後処理によって全体的な係数を生成する必要がある。VDIガイドライン2057の場合は、最も大きな負荷を伴う測定点の評価のみが関係する。この起点（手、座席、または足）のすべての並進加速度を、係数の計算では平等に考慮する。ただし、個別の起点の重み付けのための統一された仕様は、まだ開発されていない。その理由は、部分的な快適性係数から生成された総合的な快適性係数のための合計ルールを決定するために使用されるテストの総合的な条件の多くが、相互に大きく逸脱するためである。

個別の計算方法による係数の比較可能性を担保するために、総合的な快適性係数が、後処理によって標準VDIスケールに標準化されることが多い。また、客観的な係数が、言葉によって表現された負荷の大きさのレベルに割り当てられる（テスト項目の評価のための手段として）。

それぞれの快適性評価方法（[4]、[5]、[6]、[7]を参照）の違いは、主として、一時的な加速度信号から部分的な快適性係数を生成するための演算仕様書（RMS法およびRMQ法）の評価すべき測定点の数であり、最終的には、総合的な快適性係数を生成するための合併における、さまざまな加速度信号に対するバラバラの重み付けにある。また、測定点に基づいて使用すべき振動周波数重み付けフィルターに関する問題は、最終的には解決されていない。振動周波数重み付け関数は、そのほとんどが経験的に決定されてきたものであるが、特に低い振動周波数範囲（1 Hz以下）で、相互に大きく異なっている。

さまざまなタイプと方向の加速度をひとまとめにして単一の快適性係数を導くことにより失われる情報が存在することも、専門家によって指摘されている。これは、環境によっては、ある部分的な快適性係数が上昇すると、同時に同じ測定点での他の部分的な（別の方向の）快適性係数が低下するなどの効果と、それによる全体的な快適値に関する補償効果が検出されないまま残ることを意味している。これは、振動周波数が評価された加速度の時間的な経過を、部分的な快適値を生成する直前に評価することにより回避できる。

振動を最小化する方法

路面からの励振により、車両のアクスルおよびボディの振動が発生する。これは、動的なホイール荷重変動の最小化（安全性）およびボディの加速度の最小化（快適性）により回避される。これらの振動は、ホイールサスペンションの、対応するコンポーネントによって抑制される。用途の領域にもよるが、サスペンション、ダンピング、およびサスペンションリンケージ用のさまざまなシステムが効果的であることが実証されている。

この目的のために、従来からボディスプリングおよびボディダンパーが使用されている。これらのコンポーネントは、要件に合わせて構成されたホイールサスペンションの運動特性および弾性運動特性と組み合わされ、タイヤと路面の間の力の最適な伝達と、高度な快適性を保証する役割を担っている。

しかしながら、シャーシシステムの領域でのアクチュエーターの使用が増えるにつれて（複軸操舵やトルクの向きの変換など）、サブシステム最適化のためのアプリケーションのコストも重要な問題となってきている。これに対する最も重要な理由の一つは、ソフトウェア側での低コストの機能統合による、製品の付加価値の増大である（つまり、技術的なオーバーヘッドの増加を伴わない、ソフトウェア環境でのさまざまなサブシステムの持つさまざまな機能の完全な実装）。また、総合的な車両ネットワークにおける技術的で経済的な相乗効果の可能性を大幅に増加させることができ、同じ電子およびソフトウェアモジュールを使用して、さまざまな仕様違いの差別化の可能性を拡大することができる。これは、電子装置およびソフトウェアが、シャーシシステムの領域でも非常に重要になっており、効果的で低コストのメカトロニクスシステム開発を可能にするには、特に安全性が大きな問題となる領域では（[8]を参照）、ハードウェア、電子装置、およびソフトウェアの開発者同士の、開発の非常に早い段階からの学際的な連携が必要であることを意味している。

参考文献

[1] B. Heissing, M. Ersoy (Editors): Fahrwerkhandbuch. 1st Edition, Vieweg Verlag, 2007.

[2] M. Mitschke, H. Wallentowitz: Dynamik der Kraftfahrzeuge. 4th Edition, Springer-Verlag 2004.

[3] J. Reimpell, J.W. Betzler: Fahrwerktechnik – Grundlagen. 5th Edition, Vogel Verlag, 2005.

[4] VDI guideline 2057: Human exposure to mechanical vibration, whole-body vibration. VDI-Gesellschaft Entwicklung Konstruktion Vertrieb, Düsseldorf 2002.

[5] S. Cucuz: Auswirkung von stochastischen Unebenheiten und Einzelhindernissen der realen Fahrbahn. Dissertation, University of Braunschweig, 1992.

[6] D. Hennecke: Zur Bewertung des Schwingungskomforts von Pkw bei instationären Anregungen. VDI Progress Reports, Düsseldorf, 1995.

[7] M. Mitschke, S. Cucuz, D. Hennecke: Bewertung und Summationsmechanismen von ungleichmäßig regellosen Schwingungen. ATZ 97/11 (1995).

[8] ISO 26262: 2011: Road vehicles – Functional safety.

[9] ISO 2631 AMD1 (2010): Mechanical vibration and shock – Evaluation of human exposure to whole-body vibration.

サスペンション

基本原理

車両のサスペンションシステムは、振動特性に決定的な影響を及ぼす。したがって、快適性と走行安全性の両方にも大きく影響する。現在までに車両の種類と用途に応じて、さまざまな解決方法が普及してきている。4輪の1つを例にあげて、さまざまなサスペンション要素の概要を図1に示す。

原則として、サスペンションの種類と特性には、自動車のホイールサスペンションのすべてが含まれ、弾性変形が生じた場合に復元力を発揮する。各種サスペンションシステムでサスペンション機能を果たす媒体は、鋼（ばね鋼）、ポリマー材（ゴム）、またはガス（空気）である。

タイヤ

路面と車両との接続要素であるタイヤは、励振から乗員までの振動伝達経路における最初のサスペンション要素であり、快適性（音響、ロール特性）と走行安全性（潜在的な縦方向力および横方向力）の双方に決定的な影響を与える。タイヤは、サスペンション特性とダンピング特性の両方に影響を与えるが、十分な特性が得られるほどではないため、現代の車両では他の防振要素が必要とされる。この場合の例外は建設機械などで、快適性の要件が異なるため、ほとんどの場合、タイヤがサスペンションとダンパーの機能を果たす。

エラストマーマウント

エラストマーマウントは、さまざまな機能や特性を持つラバーエレメントで、シャーシの個々のコンポーネントを相互接続するためや、ボディに固定するために使用する。

ラバーマウントは、振動を遮断して快適性を向上するために、特に高周波励磁（音響）の場合に使用される。同時に、適切な構造（形状、ラバーマウントの剛性など）が、走行ダイナミクスを決定的に左右する。

量産車とは対照的に、レーシングカーではユニボールジョイント（ホイールサスペンションとボディ間のラバーマウント接続ではなく）を使用する。これにより、快適性は損なわれるが、走行性能が向上する。

快適性を高めるには柔らかいマウントが、走行性能を高めるには固いマウントが必要であるという、相反する目標を調和させるために、現在では、アダプティブサスペンションマウントまたはアクティブサスペンションマウントが使用されるようになっている。これにより、サスペンションの特性は、それぞれの走行状況に合わせて調整することができる。

スプリング

スプリングはシャーシの部品で、復元力を利用してホイールとボディ間の垂直方向の弾性エネルギーを蓄積する。用途により、非常に多様な特性を持つさまざまな種類のスプリングが使用される。表1は、車両の製造に使用されるサスペンションの種類と特性の一覧である。

図1：ホイールサスペンション内のサスペンションの種類と特性（マクファーソンスプリットアクスルの例）
1 ドームマウント（ラバーマウント）
2 スプリング
3 タイヤ
4 ラバーマウント
5 スタビライザー

サスペンション 1007

表1：車両の製造に使用されるサスペンションの種類と特性

サスペンションの種類と特性	ボディ固有振動数への荷重の影響	長所	短所	特性
スチールスプリング				
リーフスプリング	– 負荷が増加すると、固有振動数が減少する – 一般に、特性曲線は直線になる	– シャーシへの力の伝達率が高い（トラック） – コストが低い	– メンテナンスが必要 – 摩擦減衰は通常、不十分である – 騒音が発生する	– ホイールガイド機能を引き受けることができる – シングルレイヤーまたはマルチレイヤーバージョン – タイプによっては、摩擦が発生（乗用車ではプラスチック製中間レイヤーが摩擦を低減する → 音響面で好ましい影響）
コイルスプリング		– 余裕のある構造 – 低コスト – 自己減衰特性なし – 取付けスペースが小さい – 軽量 – メンテナンスフリー	– ホイールサスペンション用に別のエレメントが必要 – ばね特性曲線が可変でない	– ショックアブソーバーをスプリング内側に取付け可能 – スプリングの形状を適切なものとすることで特性をプログレッシブなものにすることが可能（可変上向き勾配または円錐ワイヤー）
トーションバースプリング		– 摩耗がなく、メンテナンスフリー – 設計により、車高の調整も可能	– 長いスプリングが必要 – ホイール関連のばね剛性がサスペンションアームの配置によって異なる	– 丸鋼材製（重量削減のため）または平鋼材製（負荷が大きい場合）
スタビライザー	– 同じ側のスプリング動作では影響はない – 片側のみのスプリング動作では、スタビライザー剛性の半分が有効 – 独立懸架式サスペンションでは、スタビライザーの剛性がより有効	– 車両の走行性能に影響する可能性がある – ロール角度の低減 – アクティブシステムの採用により、快適性と走行性能が向上	– 重量の増加 – コストの増大	– コーナリング特性への影響（オーバーステアまたはアンダーステア） – U字型に曲がった真円またはチューブ材が一般的 – スタブは曲げ応力に対応するために大抵の場合平圧延されている – スタビライザーの取付け位置は、直径を最小にするためにアクスルの外側にする – サスペンションアームの回転軸は、スタビライザー負荷がねじり（曲げではなく）のみとなるよう設定する

表1：車両の製造に使用されるサスペンションの種類と特性（続き）

サスペンションの種類と特性	ボディ固有振動数への荷重の影響	長所	短所	特性
エアスプリングおよびハイドロニューマチックスプリング			
U形ベローズガススプリングおよびベローズ付きエアスプリング	− 固有振動数は負荷に左右されず、一定 − 特性曲線はガス特性、回転ピストン形状、ベローズのコード角に左右される	− 快適性が最大積載量に影響されない	− ホイールサスペンションには別のエレメントが必要 − 低圧（10 bar未満）の場合は大容量が必要	− 柔らかい垂直方向のばね剛性を使用 − スプリングストラットまたは個々のスプリングとして、特に商用車とバスで使用される − 低圧（10 bar未満）の場合は大容量が必要
ハイドロニューマチックスプリング	− 非線形ばね剛性により、負荷の増大につれ、固有振動数が増加する	− 油圧ダンパーと車高制御の統合が容易である	− ガスが漏れ出すことがあるため、ゴム製ダイヤフラムのメンテナンスが必要	− スプリングアキュムレーター内のガス体積によってサスペンション特性が決まる − ガスとオイルによる力の移動 − ショックアブソーバーにダンパーバルブが組み込まれ、サスペンションストラットとアキュムレーターを接続している
ラバースプリング			
ラバースプリング	− ばね剛性が非線形のため、負荷が増加すると、固有振動数が影響を受ける	− 設計の自由度が非常に高い − コストが低い	− 温度範囲に制限がある − 時間の経過により劣化する	− 金属部品間の加硫処理を施したゴムせん断領域 − マウントアセンブリー（エンジンとトランスミッション）、サスペンションアームマウント、補助スプリングなどとして使用 − 油圧ダンパーと統合されたものが増えている

図2：ホイールサスペンション機能付きリーフスプリングの例
1 スタビライザー　2 ダンパー　3 リーフスプリング　4 ラテラルタイロッド　5 リジッドアクスル

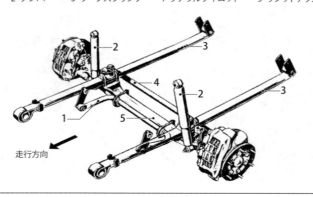

走行方向

スプリングの種類

リーフスプリング

　車両の製造に使用された最も古い種類のスプリングはリーフスプリングで、これは、馬車にも使用されていた（図2）。サスペンション機能に加え、この種類のスプリングの主な長所は、ボディとアクスルを接続するホイールサスペンション技術の設計要素として使用できることである。マルチレイヤーリーフスプリングはダンピングの特性も備えているが、これが悪影響をもたらす場合もある（ノイズにおける影響）。このダンピング特性には、従来のショックアブソーバーが完全に不要となるほどの効果はない。

　快適性への影響とその重量により、これまでのリーフスプリングは、人の輸送に関する市場からの要件を満たすことができなくなっており、そのため、リーフスプリングは現在、一部の乗用車（ライトバン、オフロード車）のみで使用されている。この種類のスプリングは、コストが低く、信頼性が高いため、商用車の分野では依然として、一般的に使用されている。

コイルスプリング

　設計上の自由度が大きく同時に低コストでもあるために、コイルスプリングは乗用車において最も多く使用されているスプリングである。コイルスプリングでは、個々のコイルの長さが変わる間の弾性ねじりにより復元力が生み出される。

　コイルスプリングで吸収できるのは、主にスプリングの縦軸方向の力であるため、コイルスプリングをボディスプリングとして使用する場合は、他の力の要素はホイールサスペンションによって支えられる。

　スプリングの形状を要件に応じて正しく設計することで（ワイヤーの太さ、コイルの直径と間隔、図3）、種々の設計サイズが可能になっただけでなく、スプリングストロークによりスプリングの剛性特性もさまざまに変化させることができる。これを使用して、荷重に応じたボディ固有振動数を変えることができ、走行快適性を改善できる。

トーションバースプリング

　この種類のスプリングは、主に乗用車とライトバンで使用されている。これらは、ばね鋼でできた棒状のスプリングで、ねじりに対する反発を利用している。トーションバーの一方の端は固定され、もう一方は回転できるように取り付けられているため、荷重がトルクとして軸方向にかかると、トーションバーがねじれ、それに対する反発力が生まれる。自動車の場合、トーションバーをねじる力は、その回転可能な一端に取り付けられたクランクによってかけられる（図4）。原則として、クランクアームは、アクスルまたはホイールサスペンションのサスペンションアームである。トーションバーは通常、ボディ側サスペンションアームの軸受け中心に配置され、アームのもう一方の端には、ホイールからの垂直方向の力 F_R が外部荷重としてかかる。

図3：コイルスプリングのさまざまなタイプのデザイン例
a　コイルの直径が変わるタイプ
b　ワイヤーの太さが変わるタイプ
c　コイル間隔が変わるタイプ
d　たる形スプリング（a、b、cの組合せ）

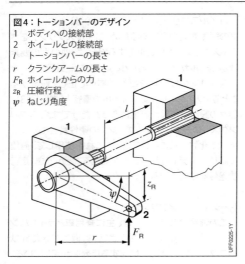

図4：トーションバーのデザイン
1 ボディへの接続部
2 ホイールとの接続部
l トーションバーの長さ
r クランクアームの長さ
F_R ホイールからの力
z_R 圧縮行程
ψ ねじり角度

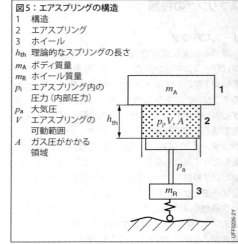

図5：エアスプリングの構造
1 構造
2 エアスプリング
3 ホイール
h_{th} 理論的なスプリングの長さ
m_A ボディ質量
m_R ホイール質量
p_i エアスプリング内の圧力（内部圧力）
p_a 大気圧
V エアスプリングの可動範囲
A ガス圧がかかる領域

ガススプリング

ここまでに説明したスプリングは、固定式のばね媒体であり、スチールスプリングの形状の変化によって機能するものである。これとは対照的に、ガススプリングの場合は、ガスの体積の変化によってばねが機能する。車両のボディはエアサスペンションの有効なガス体積（さらに液体も使用される場合がある。「ハイドロニューマチックスプリング」を参照）によって励振から切り離され、ガススプリングのガスクッションの上で振動する（図5）。これにより、中間媒体（ガスまたは液体）の注入と排出によって実装できる車高制御機能の組込みが可能となる。

ガススプリングの特徴的なパラメーターは「理論的スプリング長さ」h_{th} で、圧縮により変化する作動体積 $V(z)$（追加の体積をすべて含む）を、ガスの圧力がかかる有効な表面積 A で除算して得られる。

$$h_{th} = \frac{V(z)}{A} \quad (式1)$$

ここで、
z 圧縮行程

スプリング力 F の方程式は次のとおりである。

$$F = (p_i - p_a)A \quad (式2)$$

ここで、
p_a 大気圧
p_i 内部圧力

上記の圧力から、以下のようにガススプリングのばね剛性[1]が算出される。

$$c(z) = A n p(z) \frac{1}{h_{th}} \quad (式3)$$

等温および低速のスプリング動作のポリトロープ指数は $n = 1$ で、断熱およびより高速のスプリング動作の場合は、$n = 1.4$ である。固有角振動数は、スチールスプリングの場合と同様に算出される。

$$\omega_{Gas} = \sqrt{\frac{c}{m}} = \sqrt{\frac{c(z)g}{(p - p_a)A}}$$

$$= \sqrt{\frac{g n p(z)}{(p - p_a)h_{th}}} \quad (式4)$$

比較的小さいスプリング径の要件を満たす場合は、$p_i \gg p_a$ となり、固有角振動数の方程式が次のように簡素化される。

$$\omega_{Gas} = \sqrt{\frac{g n}{h_{th}}} \quad (式5)$$

ただし、上記の理論的なピストンシリンダーガススプリングは、改良型の車両でのみ使用され、原則として、2種類のガススプリング（ベローズ付きエアスプリングとハイドロニューマチックスプリング）に分けられる。垂直方向に作用する力の観点からの基本的な相違点は、両システムの荷重の走行快適性への影響、およびばね剛性が車高バランス調整に及ぼす効果の違いにある。ハイドロニューマチックスプリングでの水平バランシングは、液体の注入（スプリング内のガスの体積は一定）で実行されるのに対し、ベローズ付きエアスプリングでの水平バランシングでは、ガス（空気）をスプリング内に注入し、元のサスペンション体積を復元する。この場合、ハイドロニューマチックスプリングのボディ固有振動数はハイドロニューマチックスプリングのばね剛性が変化するため、荷重に応じて異なる。これに対し、ベローズ付きエアスプリングのボディ固有振動数は、すべての荷重の範囲でほぼ一定である。

まとめとして、さまざまなサスペンションシステムの固有振動数への影響と、荷重の増加による快適性への間接的な影響を図6に示す。ボディ固有振動数が快適性に影響を及ぼすのは、人体のさまざまな器官で共鳴範囲が異なり、その結果人体のある部分がその固有振動数で励振されると不快感を生じさせるためである。そのために、ボディの固有振動数を人体の共鳴振動数より低くし、できる限り荷重に影響されないようにする必要がある。

ただし、図6では、荷重が増加しても固有振動数がほぼ一定なのはエアスプリングの場合のみであることも明らかである。スチールスプリングの場合は、ばね剛性が一定であるために固有振動数が低下するが、ハイドロニューマチックスプリングでは固有振動数が増加する。

ベローズ付きエアスプリング

空圧式車高制御を備えたベローズ付きエアスプリングは、ガス体積が一定のサスペンションシステムであり（上記を参照）、2つの種類に分けられる。1つはベローズ付きエアスプリングで、もう1つは、空気タイヤと同様に織布で補強されたゴム材料製のU形ベローズ付きエアスプリングである（図7）。これらのエアスプ

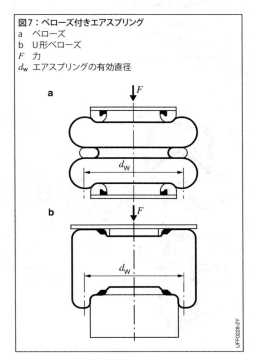

図7：ベローズ付きエアスプリング
a　ベローズ
b　U形ベローズ
F　力
d_w　エアスプリングの有効直径

図6：積載量に応じたさまざまなサスペンションシステムの比較
1　スチールスプリング
2　エアスプリング
3　ハイドロニューマチックスプリング

リングでは、原則としてサスペンション体積を一定に保ちながら、スプリングでのガスの注入および排出によって車高制御を行っている。過度の圧力に影響されるエアスプリングの有効表面積(したがって、復元力の変化)は一定ではなく、行程全体にわたって変化するのが普通である。このため、U形ベローズエアスプリングの回転ピストンの輪郭設計により(そしてこれによりスプリングストロークにおける方程式3での有効表面積Aを変更することで)、耐荷重能力に影響を及ぼすことができる。エアスプリングの有効表面積Aは、有効直径で決定される。追加体積(h_{th}の増加。図5を参照)を組み込むと、曲線をより緩やかにすることができる。

ハイドロニューマチックスプリング

上記を考慮すると、車高制御機能を備えたハイドロニューマチックスプリング(図8)とは、ガス重量が一定のエアスプリング(上記を参照)であり、このスプリングでは、圧力がガスだけでなく、液体によっても変化する。この場合、液体とガスは、不浸透性のゴムの薄膜で分離されている。(ピストンとシリンダーの)間に液体が注入されたときにのみ、ピストンとシリンダー間で耐摩耗性の低摩擦シーリングが形成される。

このシステムのもう1つの長所は、サスペンションシステムに油圧ダンパーを組み込めることである。一方、短所は、固有振動数が荷重に影響される(快適性に影響する)ことである。これは、車高を制御するためにガスの重量を一定にして、液体を注入および排出するためである。ガスの体積の変化が荷重に影響されることは、ばね剛性の変化につながり、荷重の増加に従って固有振動数も基本的に増加する(図6を参照)。

スタビライザー

上記のサスペンションシステムは、主に車両の垂直方向のサスペンションに使用されている。これに対してローリングの減衰には、従来のスプリングに加えて追加のパッシブまたはアクティブスタビライザースプリング(特定の状況においては追加のロールダンパー)が使用される。この原理の図解を図9に示す。

図8:ハイドロニューマチックスプリング
1 サスペンションボール
2 ダイヤフラム
3 車高制御システムとの接続部
4 ピストン
5 スクリューキャップ
6 サスペンションシリンダー
7 カップシール
8 ショックアブソーバーバルブ
9 伸び側
10 バイパス
11 圧縮側

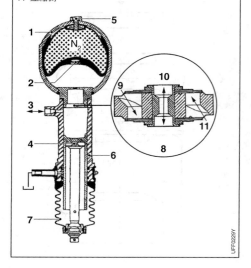

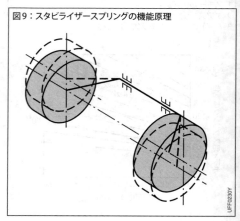

図9:スタビライザースプリングの機能原理

ボディにロール運動が発生すると、すなわち1本のアクスルの左右のホイールのばねが相互に反対方向に圧縮されると、スタビライザーがねじられ、ロール軸の周囲にアライニングトルクが生じる。他方、これに関して1本のアクスルの純粋な垂直運動では、まったく効果がない。フロントおよびリアアクスルのスタビライザーによるローリングモーメントの割合が、スプリングによるローリングモーメントの割合と異なる場合、ロール角度が小さくなるだけでなく、コーナリングの際の左右ホイール間にかかる荷重の差の減少にも影響を及ぼす。

これにより適切なスタビライザー構造の車両では、走行特性を（フロントアクスルのロール剛性の増大あるいはリアアクスルのロール剛性の低減により）アンダーステアあるいはオーバーステアにシフトすることができる。その際他のパラメーターは変更されることなく維持される。アクティブスタビライザーの場合は、スタビライザーの力もアクティブに変化し、走行状況に合わせて調整される。これによって、車両が直進しているときの、1本のアクスルで生じる突き上げ（左右の路面状況が違う場合）の減少（右側と左側の分離により）などが可能となるだけでなく、ボディの傾きを最小にして、コーナリングでの走行性能を向上させる。この場合、スタビライザーは、車両の垂直方向の振動特性には影響しない。

補正スプリング

補正スプリングは、スタビライザーとは逆の効果をもたらす（図10）。補正スプリングは純粋なストロークエレメントであるため、ボディのロール時には効果を発揮しない。

補正スプリングは以前、アクスル設計に使用されていたが、これは、「静止効果」（コーナリング時のカーブの外側のホイールのばね圧縮より、カーブの内側のホイールの反発力が強い）を抑制するために、ホイールサスペンション運動学で、ホイール荷重の差を最小にすることが必要であったためである。スプリングの剛性と当該アクスルで支持されるローリングモーメントの比率も、これに応じて低下させることができる。補正スプリングは、現代の乗用車のホイールサスペンションには使用されなくなっている。

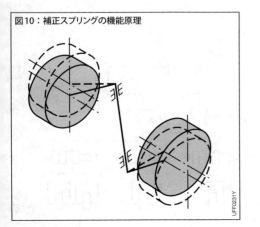

図10：補正スプリングの機能原理

サスペンションシステム

ユーザーの乗用車に対する要求事項（快適性および走行特性）がますます厳しくなっており、また商用車においては荷重状態の変動が大きいため、従来のスチールスプリングのみを使用するのでは、しばしば求められる要件を満たすに十分でないことがある。このような場合、部分荷重または全荷重サスペンションシステムが使用される。

部分荷重または全荷重サスペンションシステムに追加機能を組み込むと、快適性と走行性能の両方の向上（1本のアクスルのスプリングを横方向にロックして、コーナリング時の安定性を高めるなど）が可能となる。

部分荷重システム

これらのシステムの特徴は、サスペンションシステムで支持される力が、指定した割合でスチールスプリングとエアスプリングに分割されることである。

軟らかいスプリングを装備した（走行快適性の向上のため）車両では、荷物の積載時などにスプリングストロークが大きくなる。荷物の積載などによるボディの沈込みが過度にならないように、エアスプリングまたはハイドロニューマチックスプリングを使用した車高制御システムが使われる。この場合、各種センサーにより車高が決定され、その情報が制御システムに伝えられる。ガス（ベローズ付きエアスプリング）またはオイル（ハイドロニューマチックスプリング）の注入または排出により、要件に合わせて車高が調整される。車両のセグメント（乗用車または商用車）によっては、車高制御システムによって追加機能が提供される。

たとえば、乗用車では、燃費を向上させるために、車速感応式車高制御システムを搭載することが可能である。また、悪路に対する車両の能力を高めるために、状態の悪い路面で調整可能な車高を使用することも可能である。

商用車の場合には、車高制御によって荷室の高さをさまざまな積載用スロープに合わせて調整できる。他のシステムとのネットワーク化により、他の機能を備えることも可能である。たとえば、リフトアクスル上昇時の自動的な車高上昇、最大ホイール荷重の超過時の下降、またはドライブアクスルのホイール荷重増加時の一時的なリフトアクスルの上昇などの機能を含む。

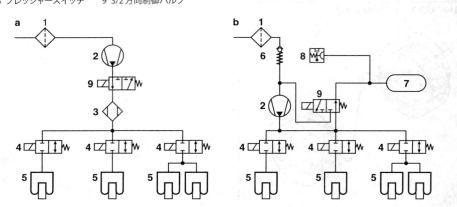

図11：全荷重の車高制御システムのシステム構造
a オープンシステム b クローズドシステム
1 フィルター 2 コンプレッサー 3 ドライヤー 4 2/2方向制御バルブ
5 ベローズ 6 逆止バルブ 7 プレッシャータンク
8 プレッシャースイッチ 9 3/2方向制御バルブ

全荷重サスペンションシステム

部分荷重システムに対して全荷重システムの場合は、エアスプリングのみがサスペンションの役割を果たし、コイルスプリングはまったく使用されない。使用可能なハードウェアと制御方法に応じて、車高制御に一部のアクスルを使用する場合と、すべてのアクスルを使用する場合がある。制御システム構造を車両全体の制御システムに組み込むと、各アクスルのマイナスの相乗効果を排除でき、車体の傾きなどを防止できる。

原則として、全荷重システムの車高制御は、オープンシステムまたはクローズドシステムとして設計できる。

オープンシステムの場合は、コンプレッサーが外気を吸入して圧縮し、必要に応じてエアスプリングに供給する。スプリングの圧力が上がると、車高が上がる。車高を下げるには、空気を排出して、スプリング内の圧力を下げる。この方式では、製造の作業コストが比較的低く、制御システムも単純であるが、短時間の制御動作のために高い圧縮出力が必要であるという決定的な短所がある。さらに、エアドライヤーも必要で、空気の吸入音と排出音の発生も予想される。

クローズドシステムでは、サスペンションシステムの圧力アキュムレーターから空気を注入し、それをエアスプリングに直接供給する。車高が下がると、圧縮空気が圧力タンクに戻される。この方式では、コンプレッサーに必要な出力が低く、エアドライヤーも不要である（作業媒体は常に乾いているため）が、他のコンポーネント（アキュムレーター、圧力スイッチ、逆止バルブ、戻り配管など）が必要となり、オープンシステムと比べて、製造の作業コストが基本的に高くなる。

図11では、オープン車高制御システムとクローズド車高制御システムの構造を比較している。この図を見れば、クローズドシステムの方がより複雑であることは明らかである。

シャーシ

パッシブシステムに比べ、アクティブ車両シャーシは、すべての走行状態と路面の状況において、スプリングとダンパーの力を最適に調整できる。外部のエネルギー源を使用して、アクスルと車体の両方を安定させる力が生み出される。現在までに、さまざまなシステム構造が開発されてきたが、それらは特に、要件（取付けスペースおよびコスト）、必要なエネルギーおよび制御動作の点で異なっている。ここでは、そのいくつかを簡単に説明する。

油圧シリンダー付きシステム

このバージョンでは、ボディの動きと位置が、すばやく調整可能な油圧シリンダー（図12）で制御される。このとき、センサー情報のさまざまな項目（ホイール荷重、ばね範囲、加速など）が、制御動作の入力変数として使われる。

制御システムは、平均車高を一定に保ちながら、ホイール荷重をほぼ一定に保つ。この場合の静的ホイール荷重は、スチールスプリングまたはハイドロニューマチックスプリングで支持される。

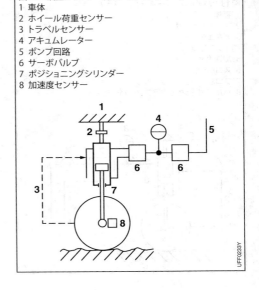

図12：油圧シリンダー付きアクティブシャーシ
1 車体
2 ホイール荷重センサー
3 トラベルセンサー
4 アキュムレーター
5 ポンプ回路
6 サーボバルブ
7 ポジショニングシリンダー
8 加速度センサー

ハイドロニューマチックサスペンション付きシステム

車両を安定させるために、ハイドロニューマチックサスペンションシステムでは、ホイール個別の油圧制御が行われる。これは、作動油のスプリングストラットへの充填、または作動用のスプリングストラットからの排出により実行される（図13）。エネルギーの吸収を制限するために、このシステムは不規則な長波長の排除（低周波励振）を制御原理としている。高周波の場合は、サスペンションストラット周辺のガス体積にその影響が現れる。この場合、基本的にショックアブソーバーがホイールの動きに連動する。

スプリング取付け位置調整付きバージョン

このシステムでは、従来のコイルスプリンがその取付け位置において調整可能なように設計されているため（ボディに対してまたはアクスルに対して、図14）、低周波領域においてボディは水平に保たれる。取付け位置は、スプリングが圧縮されると上がり、スプリングが反発すると下がる。制御動作は、液体ポンプとプロポーショニングバルブにより続行（継続）される。しかしながらコイルスプリングは、設計仕様のものより長くなければならない。このタイプのシステムでは、ショックアブソーバーを一定の調整パラメーターで（特に、ホイールダンパーに合わせて）取り付けることができる。

エアサスペンションシステム付きバージョン

走行性能の高いアクティブエアサスペンションシステムでは、ホイールに取り付けられたエアスプリングのベローズで、すばやく圧力が変化（増加と減少）することが必要となる。これは、結合したシフトエレメント（ここでは、コンプレッサー出力のみでは不十分なため）で実現される。この場合、走行状態によって、カーブ内側のエアスプリングからガスを取り出し、それをカーブ外側のベローズに注入して（図15）、ボディを水平に保つ。シフトユニットの駆動システムは、電気式、油圧式、またはその両方を組み合わせたものがある。その他の車両システムへの接続も可能である。

電磁式システム

電磁式アクティブシャーシの場合は、リニア電磁モーターが各ホイールに取り付けられる。これらのモーターはアクティブに路面の凸凹を吸収できる。リニアモーターへは、パワーアンプから電力が供給されるため、原則として、力またはストロークの制御が可能である。フロントアクスルとリアアクスルのシステム

図13：ハイドロニューマチックシステム
1 車体
2 トラベルセンサー
3 アキュムレーター
4 ポンプ回路
5 加速度センサー
6 スロットル
7 プロポーショニングバルブ
8 バルブ付きショックアブソーバーピストン

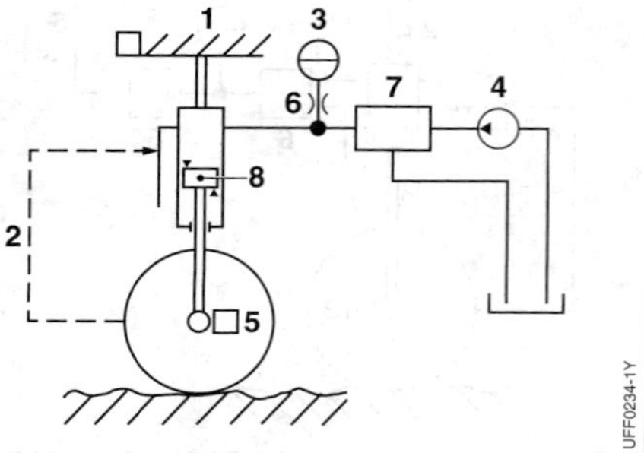

図14：スプリング取付け位置の調整
1 車体
2 トラベルセンサー
3 アキュムレーター
4 ポンプ回路（オイル）
5 加速度センサー
6 スロットル
7 プロポーショニングバルブ
8 スプリング（コイルスプリング）
9 スプリング取付け位置アジャスター

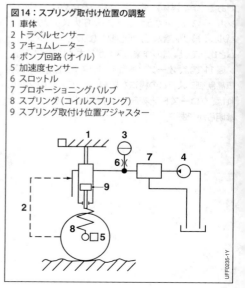

をネットワーク化することで、ローリングおよびピッチングも補正することができる。現在使用されている方式では、静的ホイール荷重がホイールでねじりばねによって吸収されるため、電気エネルギーの要件が制限される。パッシブショックアブソーバーも使用されている。

電磁式アクティブシャーシの長所は、特に、高速で調整できることである。電動モーターは、外形寸法が小さくても、十分な出力を備えており、すべての走行状態で走行安全性を保証できる。従来のシステムと比較した場合の短所は、重量が重いことと、コストが増加することである。これは、安全上の理由により、電気式以外のダンパーシステムがさらに必要となるためである。ただし、原則として、リニア電磁モーターはオルタネーターとしても作動できるため、エネルギーを回復できる。このため、システム全体の出力要件が緩和されることになり、標準的な路面に対して1 kW未満となる。

参考文献
[1] B. Heissing, M. Ersoy (Editors): Fahrwerkhandbuch. 1st Edition, Vieweg Verlag, 2007.
[2] M. Mitschke, H. Wallentowitz: Dynamik der Kraftfahrzeuge. 4th Edition, Springer-Verlag 2004.
[3] J. Reimpell, J.W. Betzler: Fahrwerktechnik – Grundlagen. 5th Edition, Vogel Verlag, 2005.
[4] L. Eckstein: Vertikal- und Querdynamik von Kraftfahrzeugen. ika/fka 2010.

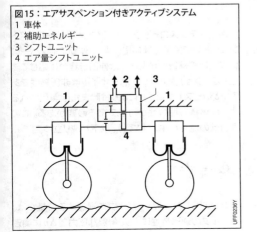

図15：エアサスペンション付きアクティブシステム
1 車体
2 補助エネルギー
3 シフトユニット
4 エア量シフトユニット

防振機構

ショックアブソーバー

ボディスプリングで接続された車両のボディとホイールは、1つのシステムを形成しており、路面の凹凸や車両の動きにより振動したり、励起したりする。ショックアブソーバーは、この振動を減衰させるために必要である。今日、ボディのショックアブソーバーとして自動車で使用されているのは、ほとんど油圧式テレスコピックショックアブソーバーであり、このショックアブソーバーがボディとホイールの振動による運動エネルギーを熱に変換する。ショックアブソーバーは、部分的に相反する快適性（ボディの加速の最小化）と走行安全性（ホイール荷重の変動の最小化）の要件を考慮して設定されている。

油圧式テレスコピックショックアブソーバーの基本原理

油圧式テレスコピックショックアブソーバー（図1）の減衰効果は、オイルを充填した作動シリンダー内のスロットルエレメント（ダンパーバルブ）を備えたショックアブソーバーピストンの流動抵抗を受ける動作に基づくものである。この過程で、機械的な動作が熱に変換され、ショックアブソーバーの表面から外気に放出される。ショックアブソーバーピストンの両側のスロットルエレメントにより生じる、2つの作動チャンバーと有効な表面の圧力の差Δpによりショックアブソーバーが収縮または伸出し緩衝力F_Dが生まれる。各作動チャンバーで、より大きな圧力がかかる面積は、その作動チェンバーの環状表面積A_{KR}に対応し、その面積をショックアブソーバーのピストンロッドが移動する（図1の作動チャンバー1を参照）。環状表面の外径は、ショックアブソーバーピストンの直径Dに対応し、内径は、ピストンロッドの直径dに対応する。

以下が成り立つ。

$$A_{KR} = \frac{\pi}{4}(D^2 - d^2)$$

もう1つの作動チャンバー（図1の作動チャンバー2を参照）では、有効面積がピストンの表面積A_Kに対応する。この表面積は、ショックアブソーバーピストンの直径Dから算出される。

$$A_K = \frac{\pi}{4}D^2$$

ショックアブソーバーピストンが移動する（つまり、ショックアブソーバーの収縮または伸出）と、2つのチャンバーの容積の変化により、ショックアブソーバー内のこれらのチャンバー間を非圧縮性ダンパー液（オイル）が流れる（ツインショックアブソーバーの場合は、さらに作動チャンバーと補正チャンバーの間でも流れる）。オイルの流れは、対応するショックアブソーバーバルブを通過する必要がある。

該当するショックアブソーバーバルブを通るオイル流量は、ショックアブソーバーの形状と収縮または伸出速度$\dot{z}$から求められる。2つの作動チャンバー間のオイル流量$\dot{Q}_1$については、以下の式が成り立つ。

$$\dot{Q}_1 = \frac{\pi}{4}(D^2 - d^2)\dot{z}$$

油圧式テレスコピックショックアブソーバーのピストンロッドの収縮または伸出により、作動チャンバーの総容積は収縮行程かあるいは伸出行程かに応じて変化する。ショックアブソーバーオイルは非圧縮性であるため、ピストンロッドにより排除または開放されるオイル体積の埋合せが可能である必要がある。この埋合せの流量$\dot{Q}_2$については、以下が成り立つ。

$$\dot{Q}_2 = \frac{\pi}{4}d^2\dot{z}$$

ショックアブソーバーバルブを通過する流量$\dot{Q}$は、各バルブの通過特性により、優勢な圧力差Δpに関連

付けられる。バルブの通過特性は、スロットルの形状（流路の直径など）およびばね負荷（すなわち、圧力に応じた排出口の形状、図1）の相乗効果によるものである。通過特性は、これらのパラメーターの設定や調節により、それぞれの状況での必要に応じて調整できる。バルブの特性は、ショックアブソーバー内でキャビテーション（作動媒体の蒸気圧の範囲内での静的圧力の変化による、作動媒体内の気泡の形成および破裂）が決して発生しないように設計される。キャビテーションは、騒音だけでなく、損傷も引き起こすため、ショックアブソーバーの故障にもつながる。

油圧式テレスコピックショックアブソーバーの種類

シングルチューブショックアブソーバー

シングルチューブショックアブソーバーには、収縮／伸出運動により変化するピストンロッド体積を相殺するために、仕切りピストンの移動によりショックアブソーバーオイルを充填された作動チャンバーから分離され、外部から閉鎖されたガス容積がある（図1a）。ショックアブソーバーの圧縮行程（収縮）では、内部のガスが流量 $\dot{Q}_2$ に従って圧縮され、反発行程（伸出）では、流量 $\dot{Q}_2$ に応じてガスが圧縮解除される。原則として、内部のガスの圧力は 25 〜 35 bar なので、ピストンロッドの収縮力が最大でもこれを吸収できる。作動流量 $\dot{Q}_1$ は、ショックアブソーバーピストン内の対応する各ショックアブソーバーバルブを通過して流れる。収縮時には、この流量が圧縮ステージバルブを通過し、伸出時には反発ステージバルブを通過する。

ガス圧が高いため、シングルチューブショックアブソーバーにおいてはキャビテーションが発生する可能性は低い。発生する熱を、作動シリンダーの外側の表面から直接、外気へと放出できるためである。シングルチューブショックアブソーバーは、取付けスペースが小さく、軽量で、取付け位置を自由に選べるという長所があるが、全長が長く、摩擦が大きくなり、ピストンロッドシールとガス体積の要件が厳しいという短所もある。

ツインチューブショックアブソーバー

ツインチューブショックアブソーバーには、作動シリンダーの周りにアウターチューブを配置してできた補正チャンバーがある（図1b）。補正チャンバーによって、収縮／伸出運動により変化するピストンロッド体

図1：シングルチューブショックアブソーバーおよび
　　　ツインチューブショックアブソーバーの構造
a　シングルチューブショックアブソーバー
b　ツインチューブショックアブソーバー
1　ピストンロッド　　　2　作動シリンダー
3　ショックアブソーバーピストン　　4　ピストンシール
5　作動チャンバー 1
6　作動チャンバー 2
7　ショックアブソーバーバルブ（伸び側バルブ）
8　ショックアブソーバーバルブ（圧縮側バルブ）
9　浸透ピストン　　10　ガス体積
11　補正チャンバー
12　リザーブ体積
13　アウターチューブ
14　底面バルブ（圧縮側バルブ）
15　底面バルブ（伸び側バルブ）
D　作動シリンダーの内径および
　　ショックアブソーバーピストンの直径
d　ピストンロッドの直径

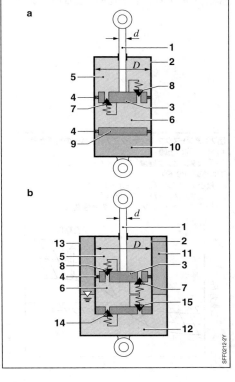

積が相殺される。このために、このチャンバーは底面のバルブで、ショックアブソーバーの下部の作動チャンバーに接続されている。補正チャンバーは、ショックアブソーバーオイルとガス（原則として空気）で満たされている。このガスの気圧は通常、大気圧あるいはそれをわずかに上回る（6～8 bar）圧力がかかっている。ピストンと底面のバルブは、キャビテーションが発生しないように調整する必要がある。ショックアブソーバーが収縮する圧縮ステージでは、流量Q_2が通過する、該当する底面バルブで減衰が実行される。一方、下部の作動チャンバーから上部の作動チャンバーに流れるオイル流量Q_1は必ず、流動抵抗の少ないショックアブソーバーピストンの圧縮ステージバルブを通過する。これにより、上部の作動チャンバーでの圧力の急激な低下が防止される。対照的に、ショックアブソーバーが外側に動く反発ステージでは、基本的に、該当するピストンバルブで上部の作動チャンバーから下部の作動チャンバーに流れる流量Q_1によって減衰が実行される。ショックアブソーバーオイルはほとんど抵抗を受けずに補正チャンバーから下部の作動チャンバーに流れるため、底面バルブが相殺するのは、外側に動くピストンロッドの体積のみである（流量Q_2）。

補正チャンバーがあるために、ツインショックアブソーバーの放熱機能は、シングルチューブショックアブソーバーに比べて劣る。さらに、底面バルブには常に補正オイルが存在する必要があるため、ツインショックアブソーバーの取付け位置は制限される。シングルチューブショックアブソーバーと比較した場合の長所は、ショックアブソーバーの長さが短く、反応が柔らかいこと、およびシールの要件が緩やかなことである。乗用車の分野では、よりコストの低いツインショックアブソーバーが、標準的なショックアブソーバーとして多く採用されている。

アジャスタブルショックアブソーバー

ボディショックアブソーバーの調整に関連する、走行快適性と走行安全性の間の競合は、アダプティブまたはセミアクティブのショックアブソーバーで緩和できる。ショックアブソーバー特性が固定されたパッシブショックアブソーバー（すなわち、ダンピング力とダンピング速度との関係が固定的、「ダンピングの特性」セクションを参照）と比較して、アダプティブショックアブソーバーには、ダンピングの特性をある程度、または無段階に調整できる可能性がある（図2）。

ショックアブソーバーの手動調整（快適モードのソフトダンピングまたはスポーツモードのハードダンピングなど）の他に、アジャスタブルショックアブソーバーは、それぞれの走行状態に応じて自動調整が可能である（「ダンピング制御」セクションを参照）。

アダプティブ油圧式アブソーバー

従来の構造のアダプティブショックアブソーバーまたはセミアクティブショックアブソーバーの場合、ダンピングの特性の調節機能は、調節可能なショックアブソーバーバルブ、制御可能なバイパスボアホール（外側または内側にある）、またはダブルピストン[1]を使用して実現され、原則として、電気で作動する。このシステムの主な機能は、調節にかかる時間、調節できる範囲、および設定できるショックアブソーバー特性の数である。第一世代のシステムでは、2つほどの調節曲線の間でのみ調節可能であったのに対し、今日のアダプティブショックアブソーバーでは、数多くの特性を設定できるのが普通である[2]。最新のシステム

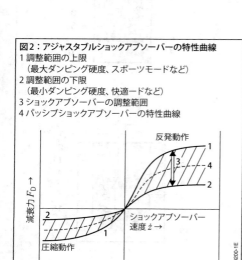

図2：アジャスタブルショックアブソーバーの特性曲線
1 調整範囲の上限
　（最大ダンピング硬度、スポーツモードなど）
2 調整範囲の下限
　（最小ダンピング硬度、快適ードなど）
3 ショックアブソーバーの調整範囲
4 パッシブショックアブソーバーの特性曲線

では、最小と最大の緩衝力特性の間で無限（無段階）に調整できるものもある（図2）。

磁性流体ショックアブソーバー

磁性流体ショックアブソーバーでのダンピング特性の調節機能は、使用される作動媒体の流動特性の変化に基づく。ここでは、通常の鉱物油の代わりに、磁界または電界の影響を受けて動粘度が変化する磁気粘性流体または電気粘性流体が使用される。作動媒体の動粘度は、ショックアブソーバーバルブ通過時の流動抵抗を直接、左右する。たとえば、磁界を発生させると、磁気粘性作動媒体の動粘度が高くなり、ショックアブソーバーバルブ通過時の流体抵抗が大きくなる。磁性流体ショックアブソーバーを採用すると、ダンピング特性を無限（無段階）に調節できるだけでなく、極めて短時間に調節できる可能性も生まれる[2]。

ダンピングの特性

ダンピング力は、ショックアブソーバーの収縮または伸出移動速度の関数で、ここでは、力と速度の方向が常に逆である。通常は、ダンピング力F_Dおよび速度$\dot{z}$が、ダンピング定数k_Dとダンピング指数nで連結される。以下が成り立つ。

$$F_D = -\operatorname{sign}(\dot{z}) \cdot k_D \cdot |\dot{z}|^n$$

ダンピング定数とダンピング指数は基本的に、ショックアブソーバーの設計によって決定される（バルブの特性、形状）。個々のパラメーターを対応させて設定すると、上昇または下降するダンピング特性曲線が得られる。現代のボディショックアブソーバーでは主に、特性曲線が下降する。これにより、低い励振速度でのダンピング効果が高まるとともに、最大緩衝力が制限される。

図3：ダンピングの特性
a 作動グラフ（力-工程のグラフ）
b ダンピング特性曲線（力-速度のグラフ）
f 可変励起振動数
f_1 励起振動数1
f_2 励起振動数2
$\dot{z}(f_1)$ f_1での最大ショックアブソーバー速度
$\dot{z}(f_2)$ f_2での最大ショックアブソーバー速度
A 固定振幅

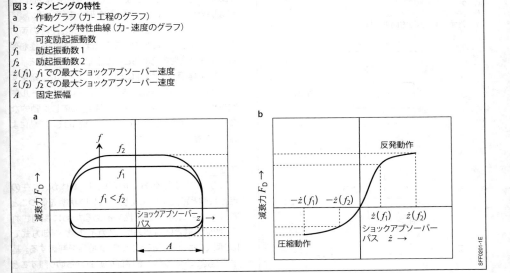

ダンピング特性曲線は通常、機械式またはサーボ油圧式テストユニットを使用して決定される。振幅を一定として振動数を可変とした、あるいは振動数を一定として振幅を可変とした正弦曲線に従っての行程の励起により、さまざまな最大収縮速度および最大伸出速度を実現できる。記録された行程および力の信号は、力-行程のグラフ(作動グラフ)に適用できる(図3a)。ショックアブソーバーの力-速度の特性曲線(ダンピング特性曲線)は、力と速度の最大値の移動により作動グラフから導き出される(図3b)。

伸び側と圧縮側の設定が異なるのは、主に快適性に関する理由のためである。伸び側で生み出される緩衝力は通常、それに対応するショックアブソーバーの圧縮で生み出された力(圧縮側での)の2倍以上である(図3)。これにより、圧縮時における車体への衝撃が制限され(快適性)、同時に、伸び側におけるシステムの振動が大幅に減衰されるようになる(システムへの応力緩和)。

ダンピングの制御

現在では、電子式アジャスタブルショックアブソーバーとともにダンピング制御システムを使用して、さらにダンピング効果を高めている。このようなダンピング制御システムを構成する主要なコンポーネントは、アダプティブショックアブソーバー、各種センサー(ホイールと車体に取り付けられた加速度センサーなど)、インテリジェントアルゴリズム、および制御方式である。各種センサーとアルゴリズムを利用して、現在の走行状態が継続的に決定され、評価される。このため、保存された制御方式に従い、制御システムがショックアブソーバーを作動させて、ショックアブソーバー特性を各走行状態に合わせ、最適な走行快適性または走行安全性を保つなどの調整を行う。

制御方式

閾値方式

閾値制御システムは、1つ以上の関連する走行状態変数(ボディ加速、ホイール実舵角度など)を、対応する閾値と比較し、閾値を超えている場合や、閾値に満たない場合に定義されている方策を実行する。緩衝力は通常、アクスルごとに同時に、反発と圧縮の両方向に作用する。閾値制御システムは、走行安全性を保ちながら快適性を高めることに主眼を置いている。

純粋に垂直振動特性に作用するとともに、発生する車体の動きも最適化できる。たとえば、ホイール実舵角度モニターにより、ブレーキ圧に応じた動的なロールまたはダンピングの硬化を緩和して、制動によるピッチ動作を削減できる。

スカイフック

スカイフック制御方式の目的は、車体が、現在の走行状態と路面状態に影響されない状態を保つことである。特に、走行快適性を高めるために採用される。閾値方式とは対照的に、スカイフック制御方式では、個々のホイールのダンピング特性を制御する。基本原理は、車体の動きを路面の励振から切り離すこと

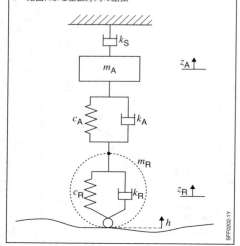

図4:スカイフック方式の理論的原理
k_S スカイフックショックアブソーバーのダンピング定数
m_A 車体部分
z_A 車体の垂直動作
c_A 車体スプリングのばね剛性
k_A 車体ショックアブソーバーのダンピング定数
m_R ホイール部分(スプリングのない部分)
z_R ホイールの垂直動作
c_R タイヤの垂直ばね剛性
k_R タイヤのダンピング定数
h 路面による垂直方向の励振

である。これを実現するために、ショックアブソーバーで車体を空からつり下げるという理論が考案された（図4）。このスカイフックショックアブソーバーの緩衝力 F_{DS} は、車体速度 $\dot{z}_A$ に、理論上のスカイショックアブソーバーのダンピング定数 k_S を積算して求められる。

$$F_{DS} = k_S \dot{z}_A$$

一方、従来の振動システムでは、緩衝力 F_D が、車体のショックアブソーバーのダンピング定数 k_A に、車体の垂直速度 $\dot{z}_A$ とホイールの垂直速度 $\dot{z}_R$ 差を積算して求められる。

$$F_D = k_A (\dot{z}_A - \dot{z}_R)$$

空からつり下げた状態で車体を支えるために、実際に使用された場合は、スカイフックショックアブソーバーの追加の力 F_{DS} が、車体のショックアブソーバーによって適用される必要がある。これに必要な比例ダンピング係数 k_{AS} は、以下のように算出される。

$$k_{AS} = \frac{k_S \dot{z}_A}{\dot{z}_A - \dot{z}_R}$$

アダプティブ（セミアクティブ）ショックアブソーバーは、システムから熱エネルギーを取り出すことができるが熱をシステムに供給することはできないため、状況を区別する必要がある[1]、[2]。以下が成り立つ。

$$F_{Dtot} = \left(k_S \frac{\dot{z}_A}{\dot{z}_A - \dot{z}_R} + k_A \right) \cdot (\dot{z}_A - \dot{z}_R)$$

ここで、$\dot{z}_A (\dot{z}_A - \dot{z}_R) \geq 0$、そして

$$F_{Dtot} = k_A (\dot{z}_A - \dot{z}_R)$$

ここで、$\dot{z}_A (\dot{z}_A - \dot{z}_R) < 0$

車体の速度とその方向、およびショックアブソーバーの動き（反発または圧縮）に応じて、車体の快適なダンピングのために、図5に示すスカイフックの制御方式が開発された。ただし、この方式では、ロール、ピッチ、およびホイール振動の特定のダンピングは考

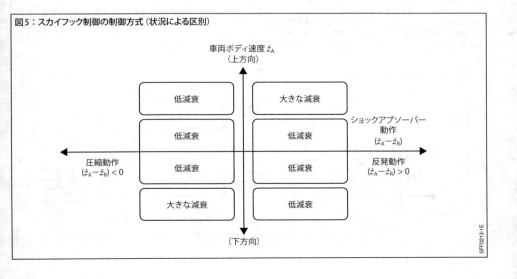

図5：スカイフック制御の制御方式（状況による区別）

図6：グランドフック方式の理論的原理
m_A　車体部分
z_A　車体の垂直動作
c_A　車体スプリングのばね剛性
k_A　車体ショックアブソーバーのダンピング定数
m_R　ホイール部分（スプリングのない部分）
z_R　ホイールの垂直動作
c_R　タイヤの垂直ばね剛性
k_R　タイヤのダンピング定数
h　路面による垂直方向の励振
k_G　グランドフックショックアブソーバーのダンピング定数

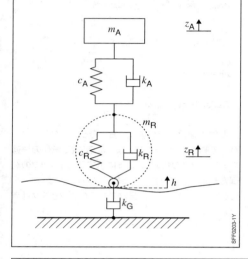

慮されていない。これらの動きも、走行快適性と走行安全性に大きく関わっているため、通常は、スカイフック制御システムより他の制御システムが優先される。

グランドフック

　グランドフック制御システムの目的は、ホイール荷重の変動を削減して走行安全性を高めることである。スカイフック制御方式で考案されたものとほぼ同様に、ホイールがショックアブソーバーによって地面につながれている（図6）という理論であり、比例ダンピング係数 k_{AG} が求められる。スカイフック制御システムの場合と同様に、以下が成り立つ。

$$k_{AG} = k_G \frac{\dot{z}_R - \dot{h}}{\dot{z}_R - \dot{z}_A}$$

ここで、
$\dot{z}_A$　は車体の垂直速度
$\dot{z}_R$　はホイールの速度
$\dot{h}$　は励振の垂直速度
k_G　はダンピング定数を表す。

また、グランドフック制御システムでも、ホイールと車体が動く方向に応じて、状況が区別される。この区別は、以下の条件に基づいて行われる。

$(\dot{z}_R - \dot{h})(\dot{z}_R - \dot{z}_A)$

図7：バイブレーションダンパー
a　シャーシのバイブレーションダンパー（略図）　　b　代替システム
k_A　車体ショックアブソーバーのダンピング定数　　c_A　車体スプリングのばね剛性
k_T　バイブレーションダンパーのダンピング定数　　c_T　バイブレーションダンパースプリングのばね剛性
m_T　ダンパー質量　　m_A　車体質量　　z_A　車体の垂直動作　　m_R　ホイール質量
z_R　ホイールの垂直動作　　c_R　タイヤの垂直ばね剛性
k_R　タイヤのダンピング定数　　h　路面による垂直方向の励振

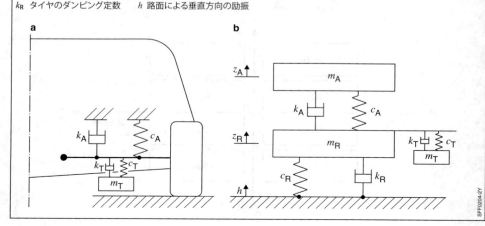

バイブレーションダンパー
（ダイナミックダンパー）

　ホイールと車体から成る振動システムの振動特性を特に調整するために、シャーシの部分にバイブレーションダンパー（「振動」の章を参照）を使用する場合がある。

　バイブレーションダンパーの設定と配置によって、快適性、または音響面、または走行安全性の調整が可能である。バイブレーションダンパーには、パッシブとアクティブのものがある。パッシブバイブレーションダンパーは、伸縮および減衰が可能な状態でシャーシに取り付けられている部分（質量）である（図7）。当該の質量力により吸収効果が生まれ、パッシブバイブレーションダンパーの場合は、特定の範囲の振動数に制限される。効果の範囲は、作動できるアクチュエーターを備えたアクティブバイブレーションダンパーを使うと拡大できる。

　振動システムが励起すると、メインシステムの振動が適度に調整されたバイブレーションダンパーによって吸収される。つまり、メインシステムの振動はごくわずかとなり、バイブレーションダンパーがエネルギーの大部分を吸収する。図8は、バイブレーションダンパーがある場合とない場合のホイールの動きの振幅が増大する例を示す。固体ホイール振動数の範囲に調整されたバイブレーションダンパーを採用すると、対応する振動数の範囲で振幅が大幅に縮小される。

参考文献

[1] B. Heissing, M. Ersoy (Editors): Fahrwerkhandbuch. 1st Edition, Vieweg Verlag, 2007.
[2] L. Eckstein: Aktive Fahrzeugsicherheit. ika/fka 2010.

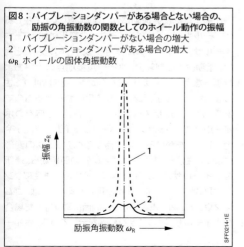

図8：バイブレーションダンパーがある場合とない場合の、励振の角振動数の関数としてのホイール動作の振幅
1　バイブレーションダンパーがない場合の増大
2　バイブレーションダンパーがある場合の増大
ω_R　ホイールの固体角振動数

1026 シャーシ

ホイールサスペンション

基本原理

ホイールサスペンションは、車両のホイールとボディを接続している。ホイールサスペンションには、ボディに対して、原則として垂直方向の運動が可能な状態を維持しながら、その一方で路面とタイヤ間で発生するグリップ力と、そのグリップ力によって生じるトルクをボディに伝達できるようにして、当該のホイールをボディに対してガイドする、という機能がある。これに加えてフロントアクスルでは（四輪操舵システムを装備した車両ではリアアクスルも）、ホイールの操舵性を確保するという機能も求められる。

タイヤ、サスペンションおよびショックアブソーバーシステム、車両ボディの質量、および各ホイールの質量だけでなく、ホイールサスペンションも車両の走行特性に大きな影響を及ぼしている。これは、ホイールサスペンションによって車両アクスルの走行ダイナミクス関連パラメーターが影響を受けるためである。これには、たとえば次のようなものがある。
- トレッド幅
- トーインまたはトーアウト角
- キャンバー角
- キャスター角
- ホイール中心のキャスターオフセット
- キングピン傾斜角
- ホイールセンターキングピンオフセット
- キングピンオフセット
- デフレクションフォースレバーアーム
- アクスルのロールポールの位置、
  それによるロール軸の方向
- ピッチポールの位置
- 制動およびアンチスクワット制御
- 前後方向および横方向のスプリング

それぞれのホイールサスペンションまたは車両パラメーターの説明については、「自動車技術の基本用語」章を参照のこと。

運動学および弾性運動学

走行中はホイールサスペンションの形状や運動学によって、ホイールサスペンションの特性パラメーター（たとえば、キャスター角、ロールポールの位置）と対応するホイールのホイールポジションパラメーター（たとえば、キャンバー角やトー角）が変化する。たとえば、ホイールサスペンションで許容される垂直方向の自由度の範囲内でホイールが動いた（つまり、ホイールの圧縮または伸びストローク）場合、または、ステアリングの動きに連動する操舵性のあるホイールサスペンションによって、このような変化が生じる。図1は、圧縮ストロークΔzの圧縮における運動学（運動または運動エネルギー）によって生じるホイールサスペンションのキャンバーおよびトー角の変化と、設計ポジションとの比較例を示している。原則として、ホイールポジションの運動学的変化は、ホイールの圧縮および伸びストロークのグラフを用いて示すことができる。図1aと1bに示されたホイールサスペンションのキャンバーおよびトー角の変化、いわゆる「ホイールアライメントの変化」が図1cに表わされている。

ホイールサスペンションとホイールポジションの両パラメーターの運動学的な変化が車両の走行性能に大きな影響を及ぼすということから、ステアリングとホイールリフト運動の正確な設定と調整が非常に重要になる。

圧縮または反発運動に伴う運動学によって生じるホイールポジションパラメーターの変化に加えて、ホイールサスペンションに作用する力とトルク（たとえば、駆動および制動力、ホイール接地点の水平および垂直な力）も、サスペンションの弾性と連動して、さらなるホイールポジションの変化につながるものである。ホイールサスペンションの弾性は、個々のホイールサスペンションコンポーネント（リンクなど）や、力とトルクをかけるのに使用するベアリングの変形によって生じる。走行快適性と騒音の問題から、最新のホイールサスペンションには一般的に弾性マウント（ゴム製マウントなど）が使用される。図2は、ゴム製マウント2個を車両のボディ側面に取り付けた場合のホイールサスペンションの例を示している。ホイー

ル接地点で前後方向の力が発生した場合、その弾性によりホイールのトー角が弾性運動学的に変化する。

運動学的なホイールポジションの変化だけでなく、弾性運動学的な影響も車両の走行性能に作用する。そのため、ホイールサスペンションの運動学と弾性運動学を調整する場合、通常は運動学的／弾性運動学的な効果が、力とスプリングの影響のもとで相互に補完されるようになることが目標となっている。

たとえば、最新のリアアクスルサスペンションには、荷重変動に対する反作用を減らすために弾性運動学的なステアリングが採用されているものがある（たとえば、コーナリング時の外側のリアホイールに制動力をかける場合にトーインを大きくするなど）[1]。たとえば、個別のマウント弾性の調整または個別の取付けポイントの調整によって、ホイールサスペンションの弾性運動学的特性に影響を及ぼすことが可能である。

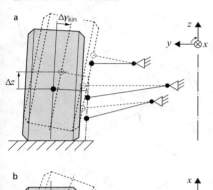
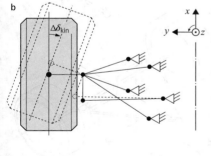
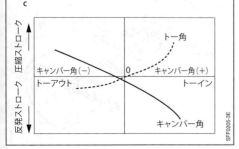

図1：圧縮運動時の運動学的なホイールポジションの変化
a　運動学的なキャンバーの変化（リアから見る）
b　運動学的なトー角の変化（上から見る）
c　ホイールアライメント変化
Δz　設計ポジションにおける圧縮ストローク
$\Delta \gamma_{kin}$　運動学的なキャンバー角の変化
$\Delta \delta_{kin}$　運動学的なトー角の変化

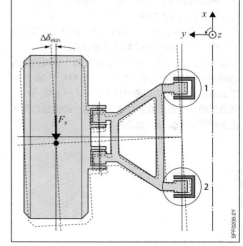

図2：前後方向の力の影響による弾性運動学的なトー角の変化
F_x　前後方向の力（制動力）
$\Delta \delta_{ekin}$　弾性運動学的なトー角の変化
1　支点1の弾性的なシフト（ゴム製マウント）
2　支点2の弾性的なシフト（ゴム製マウント）

ホイールサスペンションの基本形式

ホイールサスペンションにはさまざまな種類がある。主に、サスペンションのコンセプトタイプに応じて区分される。まず、リジッドアクスル（従属式のホイールコントロール）、セミリジッドアクスル、独立懸架式サスペンション（独立式のホイールコントロール）に区別することが可能である。

リジッドアクスル

リジッドアクスルの場合、アクスルのホイールはリジッドアクスル本体によって互いにしっかりと接続され、そのためホイールに相互作用が生じる。リジッドアクスルは、大型車両（たとえば、オフロード車、ライトバン、トラックなど）の駆動、または非駆動リアアクスルとして使用される。ただし、リジッドアクスルは堅牢な構造で最低地上高が高いため、場合によっては、操舵性のあるフロントアクスルに採用されることもある（たとえば、オフロード車やオフロードトラックなど）。

車両ボディに対してリジッドアクスルをガイドするには、さまざまな方法がある。リーフスプリングが装備された車両の場合は、通常はこのばね板を介してガイドされる（図3a）。また、リンクやカップリングシャフトを介してガイドするリジッドアクスルコンセプトも数多くある（図3b、3c、3d）。リンクやカップリングシャフトを使用する場合は、車両ボディとの結合をより簡単にし、必要なスペースを削減するため、静的不定マウントが選ばれる[3]。それぞれのアクスルバリエーションの詳細説明については、[2]を参照のこと。

シンプルで頑丈な構造、低コスト、高いロールセンター、高い最高ホイールリフト、高い最低地上高がリジッドアクスルの主な利点として挙げられる。

しかしながら、リジッドアクスルにはその構造特有の短所もいくつかある。ホイールの相互作用、バネ下重量が大きい、広い取付けスペースが必要、そして、運動学的／弾性運動学的なファクターの調整の可能性が制限されることである。

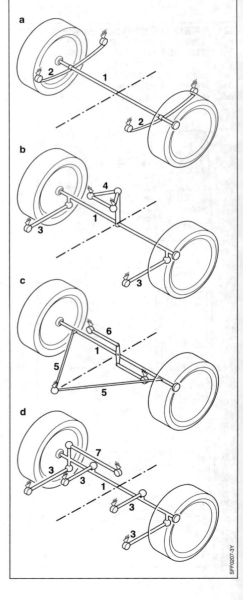

図3：リジッドアクスルの構造例
a 前後方向のリーフスプリングサスペンション
b トレーリングリンクおよびカップリングシャフトリンク
c カップリングシャフト、ワットリンク付き
d トレーリングリンク、ラテラルタイロッド付き
1 リジッドアクスル　　2 リーフスプリング
3 トレーリングリンク　　4 カップリングシャフトリンク
5 カップリングシャフト　　6 ワットリンク
7 ラテラルタイロッド

セミリジッドアクスル

セミリジッドアクスルにも、ホイールの機械的なカップリングがある。ただしリジッドアクスルとは異なり、このカップリングは固定されてはいない。使用されるカップリングプロファイルの弾性により、ホイール間の相対運動が可能になる。カップリングプロファイルは2つのトレーリングリンクを相互に接続し、これにしっかりと固定されている。前後方向の力がトレーリングリンクを介して吸収される。カップリングプロファイルの補強効果が、横力のサポートを支援する。アクスルの2つのホイール間の相対運動を可能にするため、カップリングプロファイルは柔軟な設計となっている。カップリングプロファイルの配置に応じて、トーションリンクアクスル、ツイストビームアクスル、セミインディペンデントアクスルに区別される（図4）。

低コストでシンプルな構造のため、セミリジッドアクスルは前輪駆動車のリアアクスルとして幅広く使用されている。

必要な取付けスペースが少ない、バネ下重量が小さい、取付け／取外しが容易、カップリングプロファイルの安定効果、トレッド幅とトー角の変化が小さい、そしてアンチダイブ特性が優れていることが、このアクスルコンセプトの長所である。

これらの長所に対して、セミリジッドアクスルにはその原理に由来するいくつかの短所も存在する。ホイールの相互作用、駆動軸に対してはあまりふさわしい形式ではない、トレーリングリンクとカップリングプロファイル間の転移点における高いピーク張力、横力がかかった場合のリンク変形によるオーバーステア傾向の増大（横力オーバーステア）、運動学的／弾性運動学的な最適化の可能性が制限されること、を短所として挙げることができる。

トーションリンクアクスル

トーションリンクアクスル（図4a）の場合、2つのホイールキャリアはホイール中心の近くに配置されたカップリングプロファイルを用いて接続される。原則として、アクスルの横方向のガイドは追加のガイドエレメントを使用してサポートされる（ラテラルタイロッドなど）[2]。構造や特性の面で、これはリジッドアクスルに非常に似ている。

ツイストビームアクスル

ツイストビームアクスル（図4b）は運動学的特性がトレーリングリンクホイールサスペンションのそれと似ている。カップリングプロファイルは、トレーリングリンクの支点の高さに配置されている。カップリングプロファイルの使用とその配置により、トレーリングリンク独立懸架式サスペンションに比べて、トレーリングリンクの取付けはきわめて容易である。

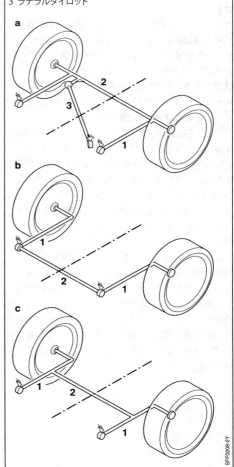

図4：セミリジッドアクスルの構造例
a トーションリンクアクスル、ラテラルタイロッド付き
b ツイストビームアクスル
c セミインディペンデントアクスル
1 トレーリングリンク
2 カップリングプロファイル
3 ラテラルタイロッド

1030 シャーシ

セミインディペンデントアクスル

ツイストビームアクスルと異なり、セミインディペンデントアクスルのカップリングプロファイルは（図4c）、リンク支点の高さではなく後方にオフセットして配置される。これにより、ツイストビームアクスルと比べて特に横力サポートが改善される。

独立懸架式サスペンション

前輪駆動車のリアアクスルとして採用されるセミリジッドアクスルと並んで、現代の車両の多くには独立懸架式サスペンションが装備されている。これは、必要な可動の自由度に応じて、各ホイールが独立して車両ボディに接続されるものである。ホイールの接続には、ホイールキャリアと適当な数のリンクが使用される。

ホイールサスペンションの運動学的／弾性運動学的特性は、構造（2ポイントリンク、Aアームリンクなど）、リンクの配置（トレーリングリンク、トランスバースリンク、ダイアゴナルリンク）および接続マウントにより決定される。またそれぞれのリンク機構に応じて、ホイールストロークの自由度の数を希望の数に低減するのに必要なリンクの数量が決まる。

リンクの数量は、サスペンションタイプの分類によく用いられる（5リンク独立懸架式サスペンションなど）。圧縮および反発運動で生じるホイールの空間運動の種類（運動学）もまた、独立懸架式サスペンションの分類にしばしば用いられる[1]、[3]。ホイールキャリアの運動の種類に応じて、独立懸架式サスペンションはそれぞれ水平式、球状式、立体式に区分される[1]、[3]。

現代の自動車においては、独立懸架式サスペンションの割合が着実に増加している。独立懸架式サスペンションには、リジッドアクスルやセミリジッドアクスルと比べて数多くの利点がある。たとえば、ホイールの相互作用がない、運動学的／弾性運動学的な最適化の可能性が高い、必要なスペースやバネ下重量が一部のケースで小さくなることなどが挙げられる。

ただし、独立懸架式サスペンションにもいくつか短所がある。複雑な構造になり、コストが高くなる、最高ホイールリフトが低い、設定や調整作業がより複雑になる場合がある。

独立懸架式サスペンションには、さまざまな構造がある。いくつかの構造を選んで、以下にその基本原理についての簡単な説明と構造図を示す。個別のタイプの詳細説明、その他の独立懸架式サスペンション、特定の構造例については[2]に掲載されている。

トレーリングリンク独立懸架式サスペンション

トレーリングリンク独立懸架式サスペンションでは、ホイールは前後方向に配置されたシングルリンクにより車両ボディに接続される（図5a）。トレーリングリンクは、前後方向と横方向のどちらの力も伝達する。そのため、マウントに高い力が作用することから、これに対応可能なマウントを設計する必要がある。

リンクの回転軸は車両の横軸と平行に配置されている。一般的には、必要な取付けスペースが小さく低コストであることが、このサスペンションタイプの利点である。短所は、運動学的な最適化の可能性が制約されること、瞬間中心が路面高さになり、コーナリング時に高いロールトルクが発生すること、リンクとそのマウントに高い応力がかかることである。

ダイアゴナルリンク独立懸架式サスペンション

トレーリングリンク独立懸架式サスペンションと同様にダイアゴナルリンク独立懸架式サスペンションの場合にも、ホイールはシングルリンクにより車両ボディに接続される。ただし、前後方向そして特に横方向の力のサポートを改善するため、リンクは斜めに配置され（図5b）、取付けポイント間のスペースがより広くなっている。さらに良好な運動学的特性を実現するため、最新のサスペンションではリンクの回転軸が車両側面投影（ルーフアングル）と路面投影（V型アングル）の両方で斜めに配置されている[1]。

ホイールサスペンション **1031**

図5：トレーリングおよびダイアゴナルリンク独立懸架式
　　　サスペンション
a　トレーリングリンク独立懸架式サスペンション
b　ダイアゴナルリンク独立懸架式サスペンション
1　トレーリングリンク
2　ダイアゴナルリンク

図6：ダブルウィッシュボーンおよび
　　　スプリングストラット独立懸架式サスペンション
a　ダブルウィッシュボーン独立懸架式サスペンション
b　スプリングストラット独立懸架式サスペンション
1　ホイールキャリア　　2　上部Aアームリンク
3　下部Aアームリンク
4　スプリングショックアブソーバーストラット
5　タイロッド（ステアリング）

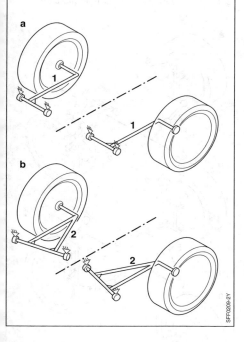

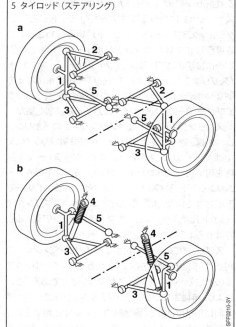

ダブルウィッシュボーン独立懸架式サスペンション

　ダブルウィッシュボーン独立懸架式サスペンションでは、ホイールは2つのAアームリンクにより車両ボディに接続される。ホイール中心の上下にそれぞれリンクが配置され（図6a）、サスペンションはホイールで発生するすべての力とトルクを支えることが可能である。ジョイント力が高いため、一般にトランスバースリンクは車体構造に直接接続されるのではなく、両方のホイールサスペンションを相互接続する「シャーシサブフレーム」に固定されることが多い。それにより車両ボディの内部力を解放することになる。

　マウントの適応やリンクの構造により、ダブルウィッシュボーン独立懸架式サスペンションは、非常に高い運動学的な最適化の可能性をもたらすものである[2]。リンクの回転軸の位置に応じて、水平状、球状、立体状のホイールサスペンション運動学が生じる[3]。ダブルウィッシュボーン独立懸架式サスペンションの短所は、コストが高くなることと広い取付けスペースが必要になることである。

スプリングストラット独立懸架式サスペンション

スプリングストラット式ホイールサスペンションの運動学は、ダブルウィッシュボーン独立懸架式サスペンションの運動学と一致するが、上部のトランスバースリンクに代えてスライドガイドが使用されている（図6b）。このスライドガイドは、他のタイプのサスペンションにおけるスプリングストラット（スプリングショックアブソーバーユニットが組み合わされている場合）、またはハウジングがホイールキャリアに固定的に接続されているショックアブソーバーストラット（スプリングとショックアブソーバーが同軸になっていない場合）に相当する。この構造の場合、ショックアブソーバーロッドもホイールガイドの役割を果たす。

スプリングストラット式サスペンションの下部リンクレベルは、通常は2ポイントリンク（放射状リンク）またはAアームリンクで形成される。マクファーソン原理を用いたサスペンションの場合、最初は下部Aアームリンクがトランスバースリンクとスタビライザーで形成されていた。しかし現在では、他のスプリングストラット式サスペンションもマクファーソンアクスルと呼ばれるようになっている。

スプリングストラット式ホイールサスペンションの利点は、何よりも組立てコストが低く、ホイールアクスルの高さで必要なスペースが少ないことである。これにより、特にエンジントランスミッションユニットを横方向に取り付けた前輪駆動の乗用車に採用することが可能になる。その他の長所としては、コスト削減と重量削減が可能なデザイン、シンプルな取付けと組立て、高度な統合性が挙げられる。ただし、スプリングストラット式サスペンションはダブルウィッシュボーン独立懸架式サスペンションと比べて、運動学の設定に関しては設計の自由が若干制限される。

マルチリンク独立懸架式サスペンション

4つまたは5つのシングルリンクのあるホイールサスペンションは、一般にマルチリンクアクスルと呼ばれる。マルチリンクアクスルは、たとえば、ダブルウィッシュボーンアクスルの場合のAアームリンクを2つの個別の2ポイントリンクに分解することで形成される（図7a）。3ポイントリンクの分解と独立式2ポイントリンクの使用により、通常はアクスルの運動学的／弾性運動学的特性に関する設計の自由度が大きくなる。これによって快適性と走行安全性の要件に応えるためのアクスルの最適化が進むが、他方では、やや複雑

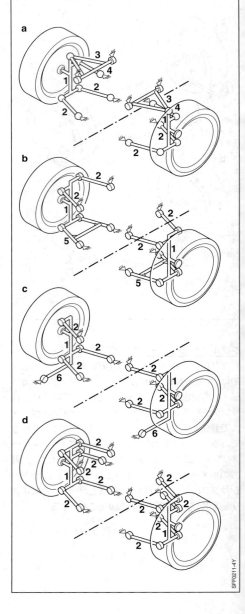

図7：マルチリンク独立懸架式サスペンションの構造例
a マルチリンク独立懸架式サスペンション
b トラペゾイダルリンク独立懸架式サスペンション
c コントロールブレード独立懸架式サスペンション
d 5リンク独立懸架式サスペンション
1 ホイールキャリア　　2 2ポイントリンク
3 Aアームリンク　　4 タイロッド（ステアリング）
5 トラペゾイダルリンク　　6 コントロールブレード

な構造によって、ホイールサスペンションの設定や調整作業関連のコストが引き上げられることになる。

トラペゾイダルリンク独立懸架式サスペンション

　トラペゾイダルリンク式ホイールサスペンション（図7b）はマルチリンク独立懸架式サスペンションの特殊タイプであり、主にリアアクスルに使用されるものである。下部レベルは、ホイール側に2つの接続ポイントと車両ボディ側に回転軸のあるトラペゾイダルリンクで形成されている。これにより、下部リンクは全部で3つのホイール自由度を設定することができる。他の2つの自由度は、適切に配置された2つの2ポイントリンクによりカットされ、希望するホイールの圧縮自由度だけが残ることになる。

コントロールブレード独立懸架式サスペンション

　マルチリンク独立懸架式サスペンションの一種としてコントロールブレードアクスルがあり、ホイールは1つのトレーリングリンクと3つのトランスバースリンクでガイドされる（図7c）。トレーリングリンク（コントロールブレードリンク）は、それが回転しホイールキャリアにしっかりと接続できるように、車両ボディに接続される。トレッドとキャンバーが運動学的に変化できるよう、これには弾性特性があるのが一般的である。横力は、通常は2つのレベル（ホイール中心の上と下）に配置されている3つの2ポイントトランスバースリンクでサポートされる。トランスバースリンクの配置と向きは、ホイールサスペンションの運動学的特性を決定するものである。

5リンク独立懸架式サスペンション

　リンクが完全に分離しているホイールサスペンションの場合、ホイールの動きを希望する垂直方向の自由度にまで抑制するために、5つの個別の2ポイントリンクが必要になる（図7d）。5リンクリアアクスルは一般的にマルチリンク式サスペンションと呼ばれるのに対して、フロントアクスルではこれは4リンクアクスル＋タイロッドと見なされる[2]。

参考文献

[1] L. Eckstein: Vertikal- und Querdynamik von Kraftfahrzeugen. ika/fka 2010.

[2] B. Heissing, M. Ersoy (Editors): Fahrwerkhandbuch. Vieweg+Teubner Verlag, 2008.

[3] M. Matschinsky: Radführungen der Straßenfahrzeuge. Springer-Verlag, 2007.

ホイール

機能と要求事項

　車両と路面との間の動的な力の伝達などの車両固有またはアクスル固有の課題は、すべてホイールディスクを介して実行される。課題とは具体的には、車両の荷重および路面の衝撃力を吸収し、アクスルの回転運動をタイヤに伝達し、また制動力と加速力やコーナリング時の横力を吸収および伝達することである。ホイールサイズは、主としてブレーキシステム、アクスルのコンポーネント、および使用するタイヤのサイズに起因する要求事項によって決定される。

　ホイールは主に機械的な機能を果たすものである。しかし成長著しい軽合金ホイール市場では、ホイールに視覚的に魅力のあるデザインが求められている。

構造

　ホイールは、タイヤとアクスルの間で荷重を支持しながら回転する部品である。ホイールは一般的に、リムとホイールディスクの2つの主要コンポーネントで構成されている。これら2つのコンポーネントは1つの部品として作られることも、また互いに恒久的または非恒久的に結合されることもある。リムがホイールディスクと恒久的に結合されたものをディスクホイールと呼ぶ。

　スチールホイールの基本構造を図1に示す。タイヤはリムに取り付けられ、ホイールディスクがホイールをアクスルに接続される。

　日常的な用語法では、ホイールとリム区別なく使われることが稀ではない。リムという語が、実際にはホイール全体の意味で使われることも少なくない。「ホイール」は一般的にはタイヤを意味する言葉としても使われる。しかし自動車エンジニアリングにおける技術用語としては、「ホイール」は通常タイヤを含まないホイールを意味する。

ホイールディスク

　ホイールディスク（ハブ）はリムとアクスルハブを結合する部品である。スチールホイールの場合、ホイールディスクは打ち抜いた鋼板を成形したもので構成される。これにはブレーキシステムのための通気口がある。またホイールディスクは一般的に湾曲した形状をしている（ディッシュ、図1）。ホイールディスクの中心には中心穴と、ホイールボルトまたはスタッド用の穴がある。ホイールはこれらの穴を介してアクスルに固定される。中心穴には位置決めのためのボアが設けられ、これによりホイールがアクスルに対して径方向にセンタリングされる。このボアがリムビードシート（ビードの棚部）とともに、ホイールの回転精度（径方向の振れ）を決定する。取付け面はリムフランジとともに、ホイールの横方向の振れを決定する。

　アルミニウムホイールの場合、ホイールディスクはそのデザインにより、ホイールディスクという名称が当てはまらないような形状のものもある。

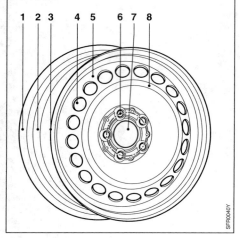

図1：ディスクホイールの構造
1　リム内側フランジ
2　リムベース
3　リム外側フランジ
4　通気口
5　ホイールディスク
6　ピッチ円直径
7　中心穴
8　ディッシュ

リム

リムという名称は厳密にはホイールの径方向の最外周部分、すなわちホイールがタイヤを保持する部分を指す。リムは、ホイールディスクとタイヤ間の重要な結合エレメントである。チューブレスタイヤではリムは気密性を提供し、タイヤに適合する形状をしている。最も一般的に使用されている形状のリムは4つのゾーンに分けられる（図2）。

– リムフランジ（内側と外側）
– ハンプ（内側と外側）
– リムビードシート（内側と外側）
– リムベースとドロップセンター（リム中央の凹部）

商用車向けの異なる形状もある（図3）。

リムフランジ

リムの内側と外側の端はリムフランジになっている（リム内側フランジとリム外側フランジ）。リムフランジはタイヤビード（「タイヤ」を参照）のサイドストッパーとなり、タイヤ内の圧力とタイヤの軸方向荷重から発生する力を吸収する。リムフランジは、ETRTO（European Tyre and Rim Technical Organization、欧州タイヤリム技術協会）のガイドラインによって規定されおり、例えばJ、K、JK、Bなどの記号で示される。これにより、リムフランジの形状とドロップセンター（リム中央の凹部）の比率が寸法的に規定されている。これはホイールの使用目的に基づいて定められている。

乗用車用ホイールのフランジ形状としてはJ型が最も一般的である。高さの低いB型フランジは、小型車や空気注入式のスペアタイヤに見られる。K型、JK型は現在ではあまり用いられないが、かつては快適性重視の大重量高級車に使用されていた。

リムビードシート

リムビードシートとは、タイヤとリムの接触部をいう。これによりタイヤを径方向にセンタリングする。タイヤはこの部分において、径方向と横方向の振れを発生させずに回転できる位置に保持される。動的な駆動力の伝達もすべてここで行われる。現代の乗用車に主に使用されているチューブレスタイヤでは、ホイール／タイヤシステムの気密性がリムビードシート部で確保される。

図3：乗用車用リムシステム
a　乗用車用深底リム（標準リム）
b　EH2+リム（延長ハンプ）
c　PAXリム
　　（Pneu Accrochage、X = Michelinのラジアルタイヤ）
d　CTS (Conti Tire System)リム
　　スチールホイールバージョン
1　リムフランジ
2　テーパービードシート
3　ハンプ
4　ドロップセンター
M　フランジ間の幅
D　リム公称径
D_H　ハンプ直径

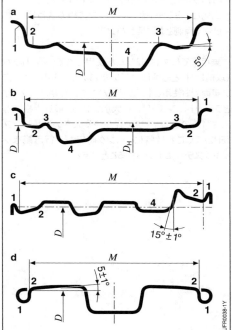

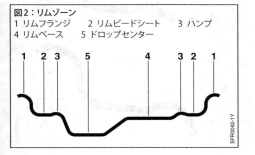

図2：リムゾーン
1　リムフランジ　2　リムビードシート　3　ハンプ
4　リムベース　　5　ドロップセンター

リムベース

リムベースは内側と外側のリムビードシートをつなげている。深底リムは主として乗用車で使用される。深底リムは、ドロップセンターリムベース（ドロップセンター）を持つ特徴的な形状をしている。タイヤをホイールに組み付けるとき、まずタイヤビードの片側をドロップセンターに落とし込むことで、反対側のタイヤビードをリムフランジに被せることができる。ドロップセンターは、タイヤの脱着時にタイヤベース（タイヤビード、タイヤ内側のリング）を保持するために必要なリムベースの形状である。

ハンプ

ハンプとは、リムビードシートの全周にわたる隆起した部分である（図4）。多くの国々で、ハンプはチューブレスタイヤ用に寸法形状が定められている。タイヤの空気圧が低下したときに、タイヤがリムビードシートから外れることを防ぐために設けられる。以下のハンプ形状が一般的に用いられている。
– H：片側（外側）のビードシートが湾曲ハンプ
– H2：両側ともに湾曲ハンプ
– FH：外側のビードシートがフラットハンプ
– CH：外側ビードシートがフラットハンプ、内側ビードシートが湾曲ハンプの組み合わせ
– EH2：両側ともに延長ハンプ

乗用車では主にH2リムが使用されている。Hリム（以前はH1とも呼ばれていた）は商用車のほか、古い車両でも使用されている。ハンプは標準ハンプ（H）とフラットハンプ（FH）に大別される。最近規格に導入されたのが、ハンプの径がやや大きい延長ハンプ（EH2）で、これは特に、パンク時でも走行可能なタイヤシステムに用いられることがある。

リムとホイールの寸法

用語

ホイールの機能と設計において最も重要な用語を以下に示す（図5）。
– リム直径（公称直径、リムビードシート間の距離）
– リム外周（実測値、リムビードシートのまわりのビードテーパーにより決定される）
– フランジ間の幅（リム幅、リムフランジ間の内側寸法）
– 中心穴直径（センタリング直径、取付けのサイズとして）
– リムのオフセット ET（リム中心からディスクホイールの取付け面までの寸法）
– ピッチ円直径（ボルト穴の中心位置が配置された円の直径）
– フランジ高さ（リム公称直径からフランジ半径の鞍点までの測定値）

リムオフセットは、車両におけるホイールの位置を決定する。ホイールは、一般的にブレーキディスクチャンバーまたはブレーキドラムに固定される。リムオフセット $ET=0$ のとき、ホイールの取付け位置はリム幅の正確に中央となる。リムオフセットを変更するとホイールの位置が変わり、それに伴い車両のトレッド幅も変わる。リムオフセットを小さくするとトレッド

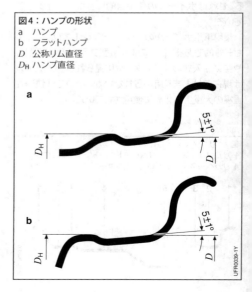

図4：ハンプの形状
a ハンプ
b フラットハンプ
D 公称リム直径
D_H ハンプ直径

幅が広がり、リムオフセットを大きくするとトレッド幅が狭まる。

リムサイズ

15°のテーパービードシートリムを用いた商用車用ディスクホイールの標準的リムサイズは、例えば22.5×8.25インチである。最初の値はリム直径をインチで示し、2番目の値はフランジ間の幅をインチで示す。

リム設計

目的とタイヤの設計に応じてさまざまな断面形状のリムが使用されている（図6）。リムは単一部品または複数の部品で作られる。EUの規格によれば、単一部品型リムは「x」によって（例：6J × 15H2）、多部品型リムは「-」によって識別される。

乗用車および小型商用車用深底リム

リムベースの凹形部分にタイヤが取り付けられる。深底リムは単一部品（図6a）または2つの部品

図6：リム構造の種類
a 深底リム
b 15°テーパービードシートリム
c 広幅15°テーパービードシートリム
d 5°テーパービードシートリム
e 乗用車用2部品型リム
1 ハンプ
2 リムベース
3 フランジ間の幅
4 リムフランジ
5 15°テーパービードシート
6 5°テーパービードシート
7 シール剤
8 ホイールディスク
9 ボルト

図5：リムとホイールの寸法
（図は MAN Nutzfahrzeuge Group による）
1 ボルト穴
2 リム中心
D リム直径
ET リムオフセット
L ピッチ円直径
M フランジ間の幅
N 中心穴直径
S タイヤ幅

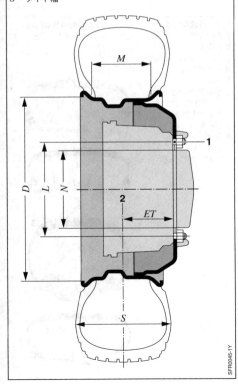

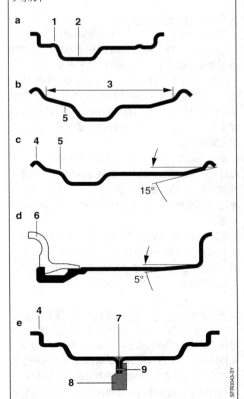

(図6e)で作られる。2部品型リムは外側半分と内側半分に分かれており、ドロップセンター部でボルトによって互いに接合されてホイールディスクに固定される。シーリングリングまたはシーリングコンパウンドを使用して、接合部の気密性を確保している。2部品型リムは元々モータースポーツで使われていたもので、損傷した場合にリムの半分を交換できる長所を提供していた。タイヤの取付け方法は、単一部品型リムとまったく同じである。

商用車用15°テーパービードシートリム

15°テーパービードシートリム(図6bと6c)は単一部品で作られる。リムベースはタイヤ取付けのためにドロップセンターが設けられ、そこに15°テーパービードシートが接続される。ドロップセンターが設けられた15°テーパービードシートリムは、チューブレスタイヤの利点を大重量の商用車でも利用できるようにするために必要とされる。

5°テーパービードシートリム

5°テーパービードシートリム(図6d)はフラットベースリムとも呼ばれ、複数の部品から作られる。これは、タイヤ取付けのために必要なことである。5°のテーパーが付けられた外側のビードシートは、外側リムフランジと非恒久的な方法で接合されており、取り外すことが可能である。外側の5°テーパービードシートは、全周にシーリングリングを挟んでリムベースに対して固定される。

タイヤは、5°テーパービードシートを取外した後に、リムベースに押し入れられる。リムが複数の部品で構成されていることは、チューブが必要なことを意味する。2つのビードシートには5°のテーパーが付いている。

このリムシステムはタイヤ交換の際に便利である。ただし15°テーパービードシートリムよりも重く、また径方向と横方向の回転精度の点でも単一部品型リムに比べて劣る。

特殊なホイール／タイヤシステム用の特殊なリム

PAX(Pneu Accrochage=仏語で「タイヤ接続」の意味、X=Michellin社のラジアルタイヤテクノロジーを意味する)とCTS(Conti Tire System)は、専用開発のタイヤにしか使えない特徴的なリム形状を持つ。この設計は主に装甲車両に使用される。システム全体

が、パンクしたタイヤがリムから脱落せず、車両が走行を継続できるよう設計されている。これら2つのシステムは、パンクした状態で走行したときの熱負荷によるタイヤの破損も防ぐ。通常のリムベースでは、タイヤがパンクして摩擦が発生した場合、サイドウォールが損傷する。

Michelin社のPAXシステム(図3cと7b)では、補助サポートリングがリムベースに取付けられ、パンクしたタイヤがこのサポートリングで保持される。

Continental社のCTSシステムには補助サポートリングがない。パンク時にはタイヤがリムベースに接して、そこで保持される(図3dと7c)。どちらのランフラットタイヤシステムも、タイヤ空気圧制御システムの装着が義務付けられている。

図7：特殊なホイール／タイヤシステム用の特殊な形状
a PAXシステム(補強されたランフラットタイヤ付き)
b PAXシステム(サポートリング付き)
c CTシステム(鋳造ホイールタイプ)
d 一般的なホイールタイヤシステム
1 リム
2 ランフラットタイヤ(補強されたサイドウォール付き)
3 タイヤ
4 サポートリング
5 タイヤ空気圧制御付きバルブ

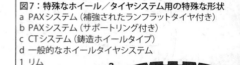

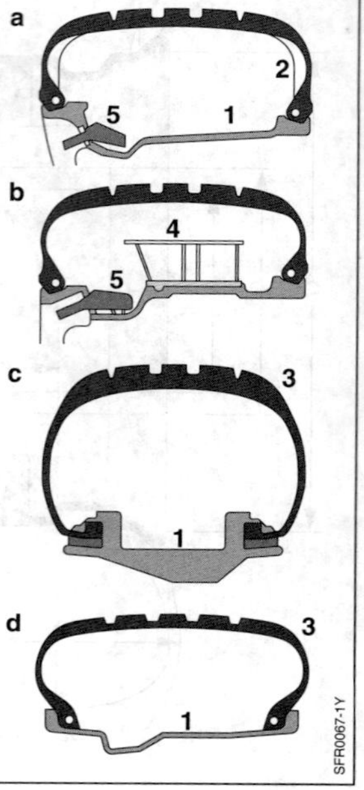

設計基準

乗用車用ホイール

乗用車用ホイールの設計基準としては次のものが挙げられる。

- 耐久性が高いこと
- ブレーキの冷却を有効に支援すること
- ホイールの取付けに信頼性があること
- 径方向と横方向の振れが少ないこと
- 占有スペースが小さいこと
- 耐食性が高いこと
- 重量が軽いこと
- 安価であること
- タイヤの取付けが容易であること
- タイヤが安定して保持されること
- バランスウェイトが安定して保持されること（「タイヤ付きホイール」を参照）
- デザインが魅力的であること（軽合金ホイールの場合）
- 車両の空力特性（c_d値）の改善に資すること

商用車用ホイールに求められる特殊な要件

商用車用ホイールには高度な技術が用いられている。レーシングカー用のホイールが最高速度を目指すのに対して、商用車用ホイールは大きな荷重と同時に高速運転に耐えなければならない。例えば欧州では、長距離用商用車は総重量40 tで80 km/hの速度で走行している。商用車のアクスルに対する最小タイヤサイズを決定する際には、必ず車両の設計によって決まるアクスル荷重の許容値と最大速度を出発点としなければならない。

輸送荷重が大きく路面状態が苛酷であるほど、リムの設計にあたっては、時によっては相反する要件を考慮することが重要になる。荷重容量を高めるには、ホイールの形状を適切に設計し、最適な材料を使用する必要がある。走行安全性を高めるためには、疲労強度の高いことが必須である。ホイールの重量を軽減することはペイロードを向上させるばかりでなく、車両全体の振動系においてホイールが非弾性的回転質量であることからも要求される。

乗用車用ホイールの識別記号

乗用車用ホイールに使われる識別記号は例えば以下のようなものである。

6 ½ J x 16 H2 ET30

ここで、

6 ½	リム幅（インチ）
J	リムフランジ形状
×	一体部品型リムベース
16	リム直径（インチ）
H2	内側および外側リムビードシートのリムハンプ
ET	リムオフセット
30	リムオフセットの寸法（mm）

表記方法および関係する寸法と許容公差は、ETRTO（European Tyre and Rim Technical Organization、欧州タイヤリム技術協会）やISO（International Standards Organization、国際標準化機構）などの世界的な標準化機関によって拘束力あるものとして標準化され、リムとタイヤの寸法の整合が図られている。

ホイールの材料

ホイールの材料は基本的にスチールおよび軽合金である。材料は製造に用いられる技術と密接な関連を持つ。以下の概要は、簡単に系統立てて説明するためのものである。

ホイールの分類
スチールホイール

スチールホイールは、リムとホイールディスクの2部分で構成される。スチールホイールは熱間圧延鋼板から、圧延および曲げ条件下の成形工程と溶接による接合で作られる。

軽合金ホイール

軽合金ホイールには、一般的にアルミニウムまたはマグネシウムの合金が用いられる。軽合金ホイールはさまざまな技術を用いて製造される。アルミニウムホイールは製造方法により、鋳造ホイール、鍛造ホイール、シートメタルホイール、ハイブリッドホイールに分けられる。マグネシウムホイールは鋳造ホイールのみである。

軽合金ホイールの利点は、振動挙動が改善されること、サスペンションの反応がよいこと、燃費が向上すること、ペイロードが増大することである。軽合金ホイールは、商用車では特に重量が重視される輸送業務に用いられる。そのような用途の一例はタンクやサイロの輸送である。この場合、最大積載量を超えないことが特に重要である。軽合金ホイールは高価であるが、このような用途では最初の1年間の使用で費用が回収できる。

プラスチックホイール

プラスチックホイールは、鉱物繊維で補強したポリアミドの射出成形プロセスと金属製インサートにより作られる。

材料
鋼板

最も安価なタイプの乗用車用ホイールは、熱間圧延および酸洗処理された鋼板を母材コイルから巻き戻したものから作られる。スチールは機械的性質が非常に良好なため、薄肉のホイールが設計可能である。製造は、高精度の曲げ条件下の成形工程から精密な公差の仕上がり寸法が達成されるまでが、高度に自動化されている。

特にCO_2の排出削減が議論されるようになってから、軽量な構造を追求する傾向が続いており、高強度の微粒子構造用鋼の使用が加速化している。高張力（$600 \sim 750$ N/mm²）と優れた成形性および溶接性により、軽量で費用効率性の高いホイールを効率的に生産することが可能になっている。

重量軽減のさらなる可能性を開くのが、リム製造における「テーラードブランク」の採用である。テーラードブランクとは、ブランクと呼ばれるプレス加工前の出発材料を事前に最適化する手法である。ホイール各部が受ける応力に応じた異なる厚さの鋼板を、レーザー溶接で接合してブランクが作られる。

アルミニウム板

アルミニウム板は鋼板の代替材料として成形が簡単で、またMIG溶接などのより広範な工法が使用できるため、溶接も容易である。しかしスチールホイールに比べて製造コストが高くまた材料コストも比較的高いことが、広範な普及の妨げとなっている。アルミニウム板が本来備えている重量面での長所も、高強度鋼板の導入によってその優位性を失い、費用効率性の観点からもスチールホイールの方が有利になっている。

軽合金

軽合金としては主にアルミニウム合金が、また例外的に（モータースポーツで）マグネシウム合金が用いられている。アルミニウムホイールの場合は、製造方法により鋳造合金と鍛造合金という区別がある。

ホイール **1041**

鋳造合金

アルミニウム鋳造ホイールは、アルミニウム合金から低圧鋳造により作られる。鋳造ブランクはスチール製の鋳型で成形される。鋳型に溶けた合金を満たし、管理された条件で冷やして固める。鋳造し易さと強度のどちらを優先するかに応じて、シリコンの含有率が7 〜 11 ％のアルミニウム合金を使用する。

次の2種類の合金が優れた性質を備えていることが実証されている。GK-AlSi11は、小径で（16インチまで）ホイール負荷の小さいホイールに使用される。シリコン含有率が高いため鋳造性がきわめて良好で、鋳造不良による棄却率が低く、効率の高い生産を行うことができる。この合金には熱処理による硬化を行うことができない。そのためホイールは肉厚な設計となり、そのため重量が若干重くなる。

GK-AlSi7Mgは、ホイール負荷が大きく、軽量化を図りたい大径のホイールに使用される。アルミニウム合金に0.2 〜 0.5 ％のマグネシウムを加えることで、鋳造後の熱処理（溶体化処理および温間でのエイジング）により強度を高めることができる。このため、自動車材料として要求される高い負荷条件に対して最少の材料使用量で応えることが可能である。

安全に関わる車両コンポーネントに課せられた強度と密度、展延性に対する厳しい要件を満たすため、出発材料としては純粋な一次アルミニウムのみが使用される。合金に鉄が含まれていると針状構造の形成の原因となり、それが機械的性質を弱くする（亀裂が延びたり、抗張力が弱まったりする）。銅が含まれていると化学的な安定性が弱まる。

鍛造合金

アルミニウム鍛造ホイールは、軽量化を追求するホイールが必要な乗用車において、鋳造ホイールでは目標重量を達成できない場合に使用される。アルミニウム鍛造合金は鍛造プロセスにより強度が増している（塑性変形による機械的な強度の増大）。このおかげで、より肉薄ホイールの設計が可能で、使用する材料が少なくて済むため、軽量なホイールになる。

AlSi1Mgという鋳造合金の丸棒が出発材料で、それを正確な比率の円盤状に切断する。その後、3 〜 4段階の鍛造プロセスを経て表面（デザイン側、ディスク、スパイダー）を成形してから、流動成形法でリムを作る。塑性変形による硬化に加え、材料は熱処理プロセスによっても変化する。

マグネシウム合金

マグネシウム合金は大量生産に用いられるには至らなかったが（切断中に発火するリスクがあり、特別な安全上の注意が必要で製造コストが高いため）、特殊車両やレーシングカーには必要に応じて使用されている。

プラスチック

プラスチックをホイール材料として利用することは、高温強度の不足とホイールの製造および取付けが困難なため、なお開発段階にある。特に衝撃強度と熱負荷容量が小さく長期的な物性が予測できないため、プラスチックをホイールのような安全上重要な部品に使用することは現状ではあまり意味のあることとは思われない。

1042 シャーシ

製造プロセス

スチールホイール

本項では乗用車および商用車用のスチールホイールについて言及するが、これらはすべて鋼板製ホイールを意味する。鋳造や鍛造などの他の製造プロセスは、この材料によるホイール製造には用いられていない。

乗用車用スチールホイールは、ホイールディスクとリムの2部分から成る。これら2つが生産プロセスの最後で互いに溶接される。ホイールディスクとリムはどちらも、完全にリンクされ高度に自動化された生産ラインにおいて、曲げ条件下の成形工程により大量生産される。生産個数が少ない場合は、個々のプレス加工によってコストを抑えて生産される。

スチールディスクの製造

スチールディスクの製造では、母材コイルから直接巻き戻し、平らにした材料が圧力約 40,000 kN の大型のトランスファープレスに送られる。プレス機には 9 ～ 11 段階の後続複合ツールが備わっており、そこで鋼板は各プレスストロークごとにステーションからステーションへと自動搬送される。

角が丸められた四角いブランクを最初の機械加工工程で打ち抜く。続く 3 ～ 4 段階で、ホイールディスクと中央穴付近を深絞り加工とスタンピング加工により成形する。次の 2 つまたは 3 つのステーションで、クサビ打ち込みツールによって通気口を打ち抜き、続いて外側をスタンピングにより成形する。このスタンピングにより、鋭い切断面のバリ取りを行い、負荷時に亀裂が発生するリスクを軽減する。

最後にホイールの識別記号を裏面に打刻し、半球型または円錐型のホイールスタッド取付け面を形成する。最終段階では、ホイールディスクはリムとの接合のための仕上がり寸法に合わせて修正される。

リムの製造

リムの材料も、同様に母材コイルから巻き戻して平らにし、必要な長さに切断した鋼板である。このストリップを重ねて、自動化されたリム生産ラインへと送る。鋼板ストリップを、3 つのシリンダーロールを持つ曲げ機によってリング状に形成し、バットシーム溶接機によって接合する。この工程で発生した突合わせ溶接のバリは、内側も外側もに削って接合部をローラーで平滑にする。突合わせ溶接のバリは側面にも発生するが、これも削って滑らかにする。

リムの最終的な断面形状はロール成形機によって、3 つの連続した成形工程においてそれぞれ 3 つのプロファイルローラーによって形成される。ここでツールローラーの輪郭がリムに転写される。

必要に応じて、リム断面形状の肉厚と材料分布を各部にかかる荷重に応じて最適化するために、流動成形法が用いられる。

次の工程では、ロータリーテーブルでバルブ穴をあける。最初のステーションでは、平らな取付け面を加工し、2 番目のサイクルで穴を打ち抜く。続いて両側からスタンピングにより切断面を滑らかにする。

最後に、リムはプレス機で正確な仕上がり寸法のゲージに合わせて絞り加工され、同心度と横方向の回転精度の厳格な公差が達成される。

ホイールディスクとリムの接合

ホイールディスクをリムに接合するプロセスで、スチールホイールが完成する。2 つのホール部品（ホイールディスクとリム）は、完全に自動化された溶接設備に送られる。小型のプレス機で、2 つの部品を互いに位置合わせしてから、所定の位置で正確に接合する。

次のステーションで、このアセンブリーを被覆アーク溶接により 4 ～ 8 ヶ所の溶接シームで溶接する。続いて、回転ブラシによりスラグの除去と清掃を行う。次にホイールを仕上がり寸法まで修正し、表面処理の準備を整える。

スチールホイールの製造工程は極めて高精度であるため、ブランクのホイールは後加工を行うことなく塗装工程へ進むことができる。塗装工程では原則として下地の電着塗装を行い、更に要求に従って外観の美麗な仕上げ塗装を施す。

鋼板ホイールは特に頑強であることが特徴で、また製造コストが安いため、車両モデルのエントリーレベル向け装備仕様として提供される。

アルミニウムホイール

アルミニウム板ホイール

基本的な製造工程の大部分は、鋼板製ホイールと同様である。鋼板ホイールと比べて材質的な強度が低いため、肉厚は厚くする必要がある。技術開発は進んでいるが、アルミニウム板ホイールは広範に普及するまでには至っていない。スチールホイールの方が全般的により経済的なホイールであり、またデザインの選択肢が限られているからである。

アルミニウム鍛造ホイール

鍛造ホイールは、アルミニウムの円形ブランクを2つの成形ツールで挟み、加熱成形して作られる。成形工程は2段階、2つの成形ツールによる表面と裏面の形成と、リム断面形状の流動成形に分けられる。

アルミニウム鍛造ホイールの出発材料は、製造するホイールのサイズに応じて直径200〜300 mm、長さ6 mの円柱状のAlSi1Mgである。この円柱に超音波試験を実施し、空洞がない部分を所定の長さに切断する。直径約250 mm、高さ約150 mmの円柱を自動化された鍛造ラインに送る。この設備は加熱炉と、8,000〜40,000 kNの圧力の鍛造プレス機を最大で4基連続で備えている。プレス機間の部品の移動はロボットによって行われる。この最初の鍛造工程を終えると、ホイールディスク部のデザインが完成し、中心穴が打ち抜かれ、外周部に次の工程でリムを形成するための材料がリング状に残された状態で出てくる。

3つのローラーによる流動成形加工では、リング状のディスクは外周が分割され（ゆえに「スプリットホイール」と呼ばれる）、ベル状のツールでリムを形成する。

鍛造されたブランクはその後、熱処理により機械的特性を向上させた後に機械加工する。ホイール全体の輪郭は2回連続の旋盤加工により仕上げる（仕上がり寸法まで加工する）。その後、マシニングセンターにより、ボルト穴とバルブ穴の穴あけと切削加工を行う。最終的な磨きの工程で表面に光沢を与える。

高精度の機械加工により高い真円度が保証され、径方向にも横方向にも振れがない。

小ロットゆえに鍛造ツールによる製造がコスト的に見合わない場合は、特別な形態の鍛造ホイール生産方法が用いられる。これは、底面がデザインおよびホイール内面の回転輪郭を示すような肉厚の円筒形として鍛造ブランクを製造する方法である。切削加工コストが高いため、ホイールデザインは通常100 %フライス加工され、リムベースはまず流動成形加工されてから、次に切削加工される。

アルミニウム鋳造ホイール

最も一般的な手法は低圧鋳造である。鋳造装置内において、アルミニウム溶湯を鋳型の下に置いたるつぼの中で管理された状態に保つ。鋳型は供給管によってるつぼと連結されている。鋳型を閉じてるつぼの内圧を約1 barまで増加させると、溶湯が供給管内を上昇して鋳型を満たす。

鋳型には精密に設計された冷却チャンネルが設けられ、これによって凝固時の除熱を行う。凝固時の冷却および除熱、さらに鋳造工程全体の変動要因（圧力、温度、時間）は、鋳物の品質に対して重要な影響を及ぼす。

生産工程は鋳造段階から完全に自動化されている。鋳造ブランクはロボットアームにより取り出され、連結されたコンベアで次の機械加工工程に運ばれる。最終的に仕上がった製品は出荷エリアで自動的に積み上げられ、ホイールとして梱包される。

- 鋳造
- ライザーボアの除去
- X線検査
- 熱処理
- 機械加工
- ブラシ仕上げとバリ取り
- 漏れ検査
- 塗装
- 出荷

X線検査では、すべてのブランクが顧客から指定された仕様に従って、鋳造欠陥がないか検査される。ポロシティや穴の収縮（空洞、分離）、介在物、コンタミナントなど、外から見えない鋳造欠陥がある部品は除外して、溶解炉に戻す。

唯一、自動化ラインが途切れるのが塗装工程の前で、ここで同じ色に塗装する生産ロットの管理を行う。

流動成形法

必要に応じて、軽量化を追求した鋳造ホイールを製造するために、やや複雑な加工方法を用いることがある。それにより製造されたホイールがいわゆる「流動成形ホイール」である。この方法を用いると19インチホイールで約0.9 kgの重量減が達成できる。流動成形法では、鍛造の場合と同様な方法で鋳造ブランクが作られる。デザインがある面の周囲には、成形されたリム輪郭の代わりに、リム形成の材料となるリングが設けられている。このリングを特殊な加工セルにより次のような工程で処理する。

- 圧延のための前加工
- 加熱
- リムの圧延（流動成形法）

このように熱処理前にブランクを「通常の」製造プロセスに戻す。

軽量ホイールを製造するもうひとつの方法は、ホイールの応力のあまりかからない領域に残留コアを挿入する方法である。この方法で、例えばスポーク部やハンプ部（使用例は少ないが）のアルミニウムを空洞に置き換えることができる。これにより中空スポークホイールや中空ハンプホイールが製造される。

スクイズ鋳造法

スクイズ鋳造法は、ダイカストの利点をアルミニウムホイールのために一層有効に利用しようとする方法である。正確に計量したアルミニウム溶湯を高圧でダイカスト鋳型に圧入し、鋳造条件を精密に制御する。この手法の大きな利点は、凝固速度が速く構造的に有利な製品が得られることである。切削コストが極めて低い（したがって材料消費量が少ない）こと、材料投入量に対する実際の生産量が比較的多いこと、金型の寿命が長いことなどの利点も指摘されている。この鋳造法はいくつかの実用例があるが、比較的複雑な特殊鋳造設備および金型を必要とする。この方法はまだ広く認められてはいない。

ホイール **1045**

ホイールの仕様

単一部品型または
多部品型デザインバリエーション

鋼板ホイールまたはアルミニウム板ホイールは2つの部分から成る。このデザインでは、ホイールディスクとリムが互いに溶接されている。鍛造軽合金製ホイールでは一体構造が支配的である。

多部品型の構造は、異なる材料から成る場合（例えばマグネシウム製ディスクとアルミニウム製リム）も含めて、主としてチューニング用かスポーツ車両用となっている。多部品型ホイールは、元来はモータースポーツで使用されていたものである。メカニックは損傷した部分を交換できる長所を利用していた。またチューニングの分野でも、たとえば標準化されたリムリングとディスクを用いて多様なホイールサイズを実現することが可能である。しかしほとんどの場合、多部品型ホイールを使用する技術的な理由はもはやなく、現在は視覚的な理由でのみ使用されている。多部品型ホイールは2部品型と3部品型に分けられる。

ホイールスパイダー

鋳造ホイールのホイールスパイダーとはスポーク部のことをいう。スチールホイールの場合はホイールディスクと呼ばれ、多くの場合開口部が設けられている。ホイールスパイダー、およびホイールディスクの通気口、スリット、開口部は重量を減らす役割を果たしているだけでなく、ブレーキシステムの通風性とホイールデザインの視覚的な魅力を高めることにも寄与している。これと相反する問題がある。現代においては、車両の空力特性全体に対するホイールの影響を最適化する必要もあるという点である。ボディの動的挙動に応じて、開口部エリアを小さく保ち、スポークの形状をできる限りフラットにすることで、好ましい効果を得ることができる。この方法はホイールの重量にマイナスの効果をもたらすため、最近ではアルミニウムホイールにプラスチック製パーツを装着して、ホイールの空力特性を最適化する例も増えてきている。

リムの種類

乗用車、バン、小型商用車に使用されるリムはほとんどの場合、深底リムで、H2ダブルハンプ（FHまたはFH2フラットハンプの採用例は少ない）、テーパービードシート、およびフランジ形状Jを持つリムである。それほど多くはないものの、小型車で採用例が見られるのが低いフランジ形状Bであるが、これは現在では主としてコンパクトなスペアホイールに使われている。高いフランジ形状JKおよびKは現在ではほとんど用いられず、過去においても重量車に限られていた。

軽量構造テクノロジー

砂型中子あるいは製品内に残留する（失われる）セラミック中子を用いる中空スポーク法も重量削減に有効と考えられるが、それには適切なスタイリングと特殊な製造設備が必要である。このプロセスはコストも高い。

現在、より広く用いられているのが流動成形法である。この方法ではリムベースのみを部分的に先に鋳造してから、対応するリム幅まで機械加工で形成する。この過程で材料が圧縮されることでより薄肉のリムになり、リムベースが軽量化される。

「構造ホイール」は、特にスペアホイールまたはプラスチック製ホイールカバーを有する走行ホイールに使用される。その目的は、デザインの制約を受けることなく材料使用量を運転上および機能上の安全性を保障できる最少限とすること、ならびにホイールの製造コストを削減することである。

ホイールの取付け

ホイールと取付けエレメントの設計は、車両のすべての運転条件の安全性の要求条件に適合するものでなければならない。動力、ブレーキ、ホイール荷重、ホイールの位置による力などに起因するホイール力は、取付けシステム全体（ホイールボルト、ホイールハブ、ブレーキディスクチャンバー、ホイールボルト穴、部品のコーティング）によって負担されねばならず、その場合ホイールとアクスルの疲労限度を超えたり機能を損なったりしてはならない。工学設計においても実用においても、締付けトルクを決定するためには、摩擦パラメーターとホイールのボルトとナットおよび接触部（ボルトヘッドとホイールボルト穴）の形状を慎重に調整することが必須である。

ピッチ径におけるホイール取付けエレメントの幾何学的配置、取付けエレメントの数と寸法は、各自動車メーカーの要求に従って決定される。乗用車では、ホイールは3〜5本のホイールボルトまたはホイールナットを取付け穴に差し入れて、アクスルハブに固定する。オフロード車両および小型商用車では、6本のホイールボルトまたはホイールナットを用いることも多い。商用車は一般的に10本のホイールナットで固定するが、この数はさらに多い場合もある（トラクターや掘削機など）。ナットの接触面の設計は車両メーカーにより異なる（半球型、コーン型、フラットヘッドなど）。新品であっても使用中の製品であっても、あらゆる動的な使用状態において、ボルト結合の耐久性にとって決定的に重要なボルトの長さ方向の力が達成され、維持されなければならない。

高い真円度は、中心穴の加工に際してホイールハブとの間に正確な遊びを持たせることで実現される。

センターナットとインターロック式可動ピンによるホイール固定法は、今日ではレーシングカー以外にはほとんど用いられない。

ホイールトリム

ホイールトリム（ホイールキャップ）は主として視覚的な理由でスチールホイールに使用され、容易に取り外せる保持スプリングによってホイールに固定される。しかし、現在ではアルミニウム鋳造ホイールでもホイールトリムを装着するが、これは空力特性の向上を意図したものである。アルミニウムホイールのデザインは、大部分の場合、シンプルにとどめ、重量を小さく抑えている。稀にボルトによる固定方法も用いられる。ホイールキャップの材料としては、ポリアミド6のような耐熱性プラスチックが最も多く用いられる。しかしアルミニウムやステンレス鋼プレス品も使用される場合がある。

特殊なホイール／タイヤシステム

TRXリム

量産品としては限られた範囲でしか用いられていないが、最近開発されたリムとしてTRリム（メートル法規格）がある。これはMICHELIN社の開発によるもので、これに対応したTRXタイヤといっしょに使用することを想定しており、ブレーキシステムのためにより広いスペースを確保することを目的としている。

DUNLOP社のデンロック（Denloc）溝付きリムも専用タイヤを必要とする。このシステムはタイヤ圧が低下あるいは喪失してもタイヤがリムから外れないようにし、安全性・走行可能性を向上させたものである。

TDホイールシステム (TRX-Denloc) は、両ホイール／タイヤシステムを統合したものである。以上2種の構造はいずれも通常のタイプと異なり、互いに適合するリムとタイヤを備えており、他のタイヤではリムとタイヤを組み合わせることができないか、またはその可能性が極めて限られている。

CTSシステムとPAXシステム

CTS/CWSおよびPAXシステムはスペアタイヤを不要にすることができた。これら2つのシステムは、その本来の開発目的であったスペアタイヤの省略という点では市場に浸透せず、現在では主に装甲車両に使用されている (「リム設計」を参照)。

コンパクトスペアホイール

スペース節約という目的では、コンパクトスペアホイール (ミニスペア) がスペアホイールとして使用されることが多い。これは折畳み式スペアタイヤと組み合わせると、さらに小さなスペースに収納可能である (ロードスターやコンバーチブルなど)。コンパクトスペアホイールシステムはすべて、非常用として最高速度が制限された走行条件 (80 km/h程度) にのみ適合する特殊設計のタイヤを採用している。その利点についてはなお議論があるが、フルサイズスペアホイールに比べて、次第に一般化しつつある。

多くの国々において、スペアタイヤの携行はもはや法律で義務付けられていない。代わりに車両にはパンク修理キット (Tire-Fit) が装備されている。パンク修理キットは電動コンプレッサーと、バルブからタイヤに注入するシール剤で構成される。

ホイールの応力と試験

コンポーネントとしてのホイールには極めて複雑多様な応力が作用し、車両の走行条件もさまざまに変化するため、妥当なコストでホイールの耐久性を保証するためには特別の耐久性試験が必要である。一般に動的試験は標準化された試験装置を備えた実験室で行われ、実際の路上運転条件のシミュレーションを行うことで、試験結果と純粋な路上運転との良好な相関を達成している。各国の法規が、軽合金ホイールに対する縁石との接触のシミュレーション (衝撃試験) などの特別な試験を要求する場合もある。

鋼板製ホイールの試験

鋼板製ホイールでは、特に溶接シーム、取付け穴、ディッシュ (ホイールディスクの湾曲部、図1)、通気口の付近が脆弱な箇所である。ドロップセンター底部やホイールディスクの溶接シーム近傍には、直進、コーナリングなど個々の場合における動作条件によって異なった損傷パターンが発生する。材料品質や溶接部の試験、表面試験、およびそれらを補う耐久性試験によって、ホイール製造工程の最適化に対する指示が得られる。

1048 シャーシ

軽合金ホイールの試験

軽合金ホイールに対しても同様の試験が行われるが、材質・製造・設計のいずれにおいても影響するパラメーターが鋼板製ホイールの場合よりも多様であることから、試験の要求条件もかなり厳しいものとなる。これによって材料や製造工程の変動に起因する早期の不具合が防止される。最大の応力は主としてリブやスポークの支持構造の存在するホイール背面に発生し、外側に発生することは少ない。

材料の品質や加工方法はアルミニウム鋳造ホイールの耐久性に著しい影響を及ぼす。鋳造工程あるいは熱処理工程における加熱が不十分であると、弾性（延び工程）や引張強度などの物性値が不適切な値となることがある。これは気泡、収縮孔、不十分な構造形成の原因となる。また切削工程で高応力部位に生じるバリも切欠きと同様な損傷として働き、亀裂の発生点となることが多い。これを防止するためには、そのような部位の入念なバリ取り、あるいは鋳造時の半径を大きく取るなどの設計上の考慮が必要である。

タイヤ付きホイールの試験
同心度と横方向の回転精度

車両のホイールの同心度（振れのない回転）を評価するには、タイヤを装着した状態のホイール、すなわちタイヤ付きホイールを評価しなければならない。ホイールの製造工程では、同心度を確保するために、内側と外側のタイヤシート、これら2つのエリアに対して釣り合いのとれた位置にハブがセンタリングされるようにしている。同様に、ホイールハブの接触面とリムフランジの内側エリアが、ホイールの横方向の回転精度を左右する。製造されたホイールは、これらのエリアが公差（乗用車用ホイールでは通常、同心度と軸方向の回転精度に対して0.3 mm）内に維持されている。これにタイヤの公差が重なる。タイヤの公差は、タイヤ付きホイールの同心度に好ましい影響または悪影響を与える場合がある。ホイール付きタイヤの同心度を最適化するために「マッチング」を行う。このプロセスでは、ホイールの「同心度が高いポイント」とタイヤの「同心度が低いポイント」が対応する位置関係になるように、ホイールにタイヤを組付ける。

ホイールのハイポイントは、2つのタイヤシートエリアからの同心度測定によって決定される。それぞれのエリアのハイポイントは、ホイールの外周上の異なる角度位置により求めることができる。これら2つの値をベクトル加算することで、合成角度位置のある共通値が得られる。この位置を、ホイールにカラードットまたは粘着式のドットでマークする。

タイヤのローポイントは、回転させたときにフォースバリエーションが最も小さくなるポイントに対応する。これにもカラードットで印を付ける。技術的な観点からすると、タイヤは径方向に剛性を発生させるスプリングになぞらえることもできる。タイヤは、外周全体に均一な剛性を発揮するほど正確に製造されることはない。同心度が低いタイヤ付きホイールを装着した車両は、ボディの径方向（すなわち、z軸方向）の動きによってそれが感じられるだけではない。各ホイールの回転から、進行方向に対して加速および制動によりわずかな力の変動も感じられる。

商用車は高速で走行すると同時にホイールが大型で重いため、ホイールのセンタリングの良否は極めて重要である。特に高速走行する商用車では、リムビードシートおよびフランジの両方について径方向および横方向の振れを可能な限り小さくすることが、円滑な走行のために肝要である。これによって安全性も燃費も向上する。

アンバランス

タイヤ付きホイールのスムーズな回転にとって、同心度と横方向の回転精度と同様に重要なのが、ホイールとタイヤの異なる質量配分の補正である。この目的のために、バランスウェイトを使ったバランス調整によって、回転するホイールの質量の影響を最小化する必要がある。通常、乗用車用ホイールではリム幅のために動的なバランス調整を行う。すなわち、2つの平面（内側と外側のタイヤシート）で測定を行い、必要な補正質量を決定する。続いてこれをバランスウェイトとして、タイヤバランサーにより指示されたポイントに取付ける。このために、粘着式、クリップオン式、またはドライブオン式のバランスウェイトを使用する（図8）。動的なバランスを調整する場合に、ホイールにバランスウェイトを取り付ける理想的な位置は、リム中心から径方向にできるだけ離れた位置である。

車両形式とサスペンションにもよるが、大多数の車両において、1つのバランス平面に対して5 gのアンバランス（「残留アンバランス」と呼ぶ）は許容できない。各バランス平面で、バランスウェイトを取付ける位置は1ヶ所にとどめるべきである。1つのバランス平面で比較的大きなバランス質量（80 g以上）が必要な場合は、ホイールに対するタイヤの位置を変更して、再度バランス調整を行うことが推奨される。ホイールのバランスウェイト質量が小さいほど、潜在的な残留アンバランスも小さくなる。

二輪車用のリム幅の狭いホイールでは、1つのバランス平面でのみバランス調整を行う（バランスウェイトはリム中央部に取付ける）。この方法を静的バランス調整と呼ぶ。

商用車用および最高速度が制限されているコンパクトスペアホイールでは、バランス調整は行われない。

図8：バランスウェイトの位置
a 内側と外側（目に見える）に取り付けたクリップオンまたはドライブオン式ウェイト
b 内側に取り付けたクリップオンまたはドライブオン式ウェイトと、ドロップセンターの下に取り付けた粘着式ウェイト（隠れている）の組み合わせ
c 内側に取り付けたクリップオンまたはドライブオン式ウェイトと、タイヤシートの下に取り付けた粘着式ウェイト（隠れている）の組み合わせ
d 2個のクリップオンまたはドライブオン式ウェイト（隠れている）
1 リムフランジに保持クリップで取り付けたバランスウェイト
2 ホイールドロップセンターの内側に接着されたバランスウェイト
3 リムビードシートの内側に接着されたバランスウェイト
a バランスウェイトとホイール中心間の距離
d バランスウェイトと回転軸間の距離

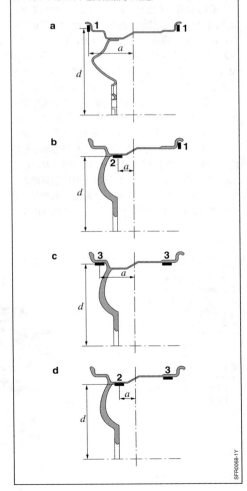

タイヤ

機能と要求事項

タイヤは、車両の路面と接触する唯一のコンポーネントである。したがって、走行ダイナミクスに決定的な影響を与えることになる。アンチロックブレーキシステム、トラクションコントロールシステム、エレクトリックスタビリティープログラムなどの下流の走行ダイナミクス制御システムの効果は、タイヤの瞬間的動力伝達能力の範囲内でのみ発揮される。車両のアクティブセーフティが最終的にどのようなものとなるかは、タイヤにより決まる。

タイヤは、日常の走行においてさまざまな機能を果たす。つまり、高温と低温、および路面が濡れている場合と乾いている場合とを問わず、また、雪、泥、氷、アスファルト、コンクリート、砂利の上でも、緩衝、減衰、操縦、減速、加速を行うと同時に、3次元のすべての力を伝達する。タイヤは、直線的に転がり、正確なステアリングを可能にし、路面の不整を吸収し、車両を安全に停止させ、静かで快適であるように設計されている。加えてタイヤは、耐久性があり、長期にわたって使用され、トレッドの深さが浅くなっても可能な限りその特性を維持し、発生する転がり抵抗をできるだけ小さく抑えなければならない。さらに、十分に空気の入ったタイヤは、車体を支持し、振動を減衰させ、乗り心地を快適にする機能を果たすため、完全に組み込まれた能動的なサスペンションエレメントとなる。タイヤが満たすべきこれらの機能により生じる要件の概要は、以下のとおりである。

- 耐高速性
- 耐久性
- 耐摩耗性（走行可能距離）
- 低い転がり抵抗
- 濡れた路面（ハイドロプレーニング、濡れた路面でのブレーキ、濡れた路面での操縦）での良好な性能
- 良好な快適性、静かな回転音
- 制限範囲内での高い走行性能
- 経年劣化への耐性
- 正確なステアリング性能（操縦性）
- 短い制動距離
- 取付けおよび組付けの簡便さ
- 正確で均質な走行性能
- 経済性
- 損傷への耐性
- 化学薬品への耐性

タイヤの目に見える基本的素材は、弾性と粘性を備えたゴムである。自動車にとって非常に重要な、タイヤの一般的性能の大部分は、この素材に由来するものである。

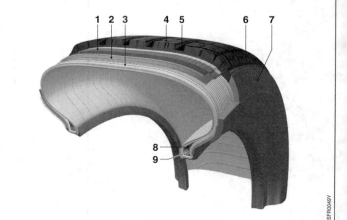

図1：タイヤの構造
1 ナイロン製結合材
2 スチールベルトアセンブリー
3 ラジアルテキスタイルコードプライ層（カーカス）
4 タイヤトレッド（トレッドリブ）
5 トレッド（トレッド溝）
6 タイヤショルダー
7 サイドウォール
8 ビードエイペックス
9 ビードコア入りビード
（スチールコア、多数の細い鋼線を撚り合わせたもの）

タイヤの構造

構造およびコンポーネント

タイヤは、相互に影響し合うさまざまな原材料、コンポーネント、および化学物質から成る複雑な構造を持つ。標準的な乗用車のタイヤには、最大25種類のコンポーネントと、最大12種類のゴムコンパウンドが含まれる。

現在、自動車業界と消費者が求める厳しい基準を満たしているのは、2段階で製造されたスチールベルト入りチューブレスラジアルプライタイヤのみである。

構成要素

ラジアルタイヤの構成要素は次のとおりである。
- 天然ゴムおよび合成ゴム（約40％）
- すす、シリカ、シラン、炭素、および石灰粉などのフィラー（約30％）
- 鋼、アラミド、ポリエステル、レーヨン、およびナイロンなどの強度部材（約15％）
- 油脂および樹脂などの軟化剤（約6％）
- 硫黄、酸化亜鉛、ステアリンなどの加硫促進剤（約6％）
- UVおよびオゾン遮断剤などの劣化防止剤（約2％）

2010年以降、毒性の高い軟化剤およびパラフィンオイルはEUにおいて、特に厳しい制限の対象となっている。このためメーカーでは、制限の対象でない天然オイル（ひまわり油など）の使用がますます増加している。

カーカス

カーカスは、気密性の高いブチルゴム製の薄いインナーライナーの外側にある（図1）。ゴム引きされた約1,400本のレーヨン、ナイロン、またはポリエステル製コードの組合せによる1つ以上のカーカス層が、タイヤの決定的な強度部材として、弾力のある「殻」を形成している。コードは、ビードからビードまで放射状（つまり、タイヤ面に直角）に配置される。これが、ラジアルタイヤと呼ばれる理由である。クロスプライタイヤでは、カーカスのコードがタイヤの周方向に対して斜めに配置されており、現在では、実際に使用されることはまずない。

ビード

ビードは、タイヤをリムに確実に固定するという重要な機能を果たしている。駆動トルクと制動トルクは、この重要な接続点を介してリムからタイヤのトレッド、そして路面へと伝達される。ビードコアの中には多数の鋼ワイヤーケーブルがあり、各ケーブルが1,800 kgまでの荷重に耐えられる[1]。

サイドウォール

サイドウォールは、柔軟性の高い、薄いゴムの側面であり、タイヤで最も屈曲の大きい部分である。ただし、サイドウォール（タイヤ側面）は、タイヤで最も損傷に弱い部分でもある。

パンクしないランフラットタイヤでは、従来の構造よりサイドウォールが大幅に厚くなっている（図2）。パンクした場合でも、リムがタイヤのカーカスに落ち込まないため、カーカスが損傷することはない。また空気が完全に抜けたランフラットタイヤであっても、さらに80 kmにわたり、80 km/hまでの速度で、ある程度の操縦性と走行安定性が維持される。

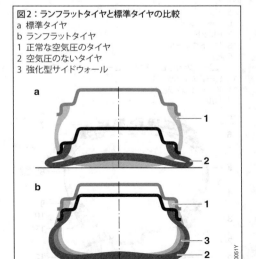

図2：ランフラットタイヤと標準タイヤの比較
a 標準タイヤ
b ランフラットタイヤ
1 正常な空気圧のタイヤ
2 空気圧のないタイヤ
3 強化型サイドウォール

ブランクへのキャンバリング

カーカス、インナーライナー、ビード、およびサイドウォールは、円筒形に組み合わされた後、ドラムに押し付けられる。ドラムの外径は、この準備段階のタイヤ、およびこの後の段階のタイヤの内径に対応する。このドラムで、この円筒形の組合せが「実際の」タイヤ形状へとキャンバリング（膨らませて固定）され、さらに組み立てられる。

カーカスのコードが放射状（つまり、タイヤの周方向に対して横方向）に配置されているため、カーカス自体は、コーナリング時の横力、および加速時と制動時の旋回力と円周力を十分に伝達できない。したがって、支援が必要である。この役割を果たすのは、カーカスの上にあるスチールベルトアセンブリーである。2層以上の、真鍮とゴムでコーティングされた撚り鋼線（スチールコード）が、円周方向ではなく、相互に16°～30°の鋭角で交互に配置されている。高速走行耐久性の高いタイヤでは、安定性を高めるナイロンまたはアラミド製の結合材を使用し、円周部分での遠心力の増加を抑制している。トレッドは、カーカスの周囲に配置される。

ブランクから完成品のタイヤまで

この最後から2番目の段階のタイヤはブランクと呼ばれ、この段階では加熱プレス内に置かれている。このプレスの内部には交換可能な窪みがあり、これは後で完成するタイヤの正確な陰性モデルである。この加熱プレス内で、タイヤのブランクは蒸気圧（約15 bar）および熱（180℃以下）により最長30分間「焼かれ」、一般的かつ最終的な外観となる。トレッドのゴムは、加熱プレスのタイヤの陰性モデル内に、空洞が発生することなく正確に徐々に広がり、これによってトレッドパターンとサイドウォールマークが形成される。前工程で硫黄が加えられているため、これまでは可塑的であったゴムが硬化して弾性のあるゴムとなり、求められる動作特性が得られる。

トレッドパターンにより、低い転がり抵抗、水分の排除、十分なグリップ、および長い走行可能距離が確保される。

中型車クラス用標準サイズ205/55 R 16 91 Hの完成品タイヤの重量は約8.5 kgである。標準サイズ385/65 R22.5の商用車用タイヤの重量は約75 kgである。

ホイール付きタイヤ

リム、タイヤバルブ、およびバランスウェイトを備えたタイヤは、車両のホイールとして機能する（図3）。弾性に富むゴム製のタイヤを圧縮空気で膨らませると、力を吸収し、伝達できるようになる。タイヤを膨らませる空気圧は、通常、乗用車で2～3.5 bar、商用車で5～9 barである。車両の重量を支えているのは、タイヤ自体ではなく、その中の空気である。

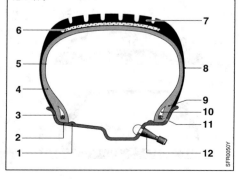

図3：タイヤとリムの構造
1 ハンプ　　2 リムビードシート
3 リムフランジ
4 カーカス（コードカーカス）
5 インナーライナー（気密ゴム層）
6 スチールベルト
7 トレッド
8 サイドウォール
9 ビード
　（ビードフット、ビードコア、ビードエイペックスを含む）
10 ビードエイペックス
11 スチールコア入りビードコア
12 バルブ

タイヤ **1053**

商用車用タイヤと乗用車用タイヤの相違点

　一般的に、商用車用タイヤは乗用車用タイヤと同様の構造であるが、乗用車用タイヤよりサイズが大きく、幅が広く、重量も重い。またタイヤ空気圧は、乗用車用タイヤの2〜3.5 barよりはるかに大きい5〜9 barである。

　乗用車用タイヤの場合と同様に開発の主要な目的は、すべてのパラメーター（特に走行可能距離）を適正に調和させることである。したがって商用車用タイヤは、トレッドが比較的硬く、低摩耗性である。また、溝およびトレッドの再生が可能である。溝がなくなってしまったと認められるタイヤについては、カーカスに損傷がない場合はトレッドを再生できる。

　トラック用タイヤの転がり抵抗は乗用車用タイヤより低いが、トラックの燃費に大きく影響する。これは、トラックの方が車両重量が重く、アクスル数が多いためである。タイヤの重要な特性は、高い耐荷重能力（1本のタイヤあたり最大3〜4 t）に加え、直進安定性とコーナリング安定性が高く、トラクションが大きいことである。トラック用タイヤの傾向は、タイヤの小型化へと向かっている。これにより、床面の高さが低くなり、貨物の輸送量が増加する。

タイヤ空気圧

　自動車メーカー各社では、すべての車種についてタイヤ空気圧の2つの値を指定している。最大積載量の一部のみの積載時の部分負荷空気圧と、最大積載量積載時または高速運転時の全負荷空気圧の値である。これらの値は、主として車両の重量、最高速度、タイヤ構造、およびタイヤサイズに基づいている。一般的に、フロントアクスルとリアアクスルでは空気圧の規定値は異なる。タイヤ空気圧の測定および調整は、低温のタイヤで行う必要がある。つまり、自動車の走行により高温になっていないタイヤで行う。

　適正なタイヤ空気圧は、以下のために重要である。
－ タイヤと路面の最適な接地面積
－ 最短の制動停止距離
－ 最適なウェットグリップ性能
－ バランスの良いコーナリング安定性
－ 小さい回転音
－ 低い転がり抵抗
－ 小さい屈曲動作および発熱

　タイヤ空気圧が低すぎると、上記の各パラメーターは逆の結果を引き起こし、さらに次の結果となる。
－ 寿命の短縮
－ 摩耗の増大、場合によっては不均一な摩耗
－ 構造への進行性損傷
－ タイヤのバーストの危険性
－ 事故の危険性の増加
－ 燃料消費の増加

　タイヤ空気圧が高すぎる場合は、次の結果となる（危険性は、低すぎる場合よりはるかに低い）。
－ 快適性が低下
－ 接地面積が減少（タイヤが「立つ」）し、そのためにコーナリング安定性と制動力が低下
－ 中央部の摩耗が増加
－ ただし、転がり抵抗はわずかに低下

タイヤのトレッド

タイヤはその全周にわたり、幾何学的形状のトレッド溝、リブ、およびチャンネルに加え、さらにグリップ力を高める切込み（サイプ）が付けられている（図4）。

一体型トレッド（切削ではなく加熱により加工されたトレッド）の最も重要な機能は、路面上の水（冬季用タイヤでは雪と泥も）を適切に吸収し、分散することである。これは、路面は濡れているかまたは湿っているだけでも、グリップ性能に悪影響を及ぼすためである。したがって制動距離を左右するのは、トレッドのゴムと路面の摩擦により発生するインターロックと粘着の効果だけではない（「タイヤのグリップ」を参照）。濡れた路面での制動距離は、タイヤの摩耗が進むにつれて増加する。

最小トレッド深さ
夏季用タイヤ

法律（1989年[2]のEU指令89/459）で定められた最小トレッド深さは、欧州のほとんどの国で1.6 mm（乗用車の場合）である。

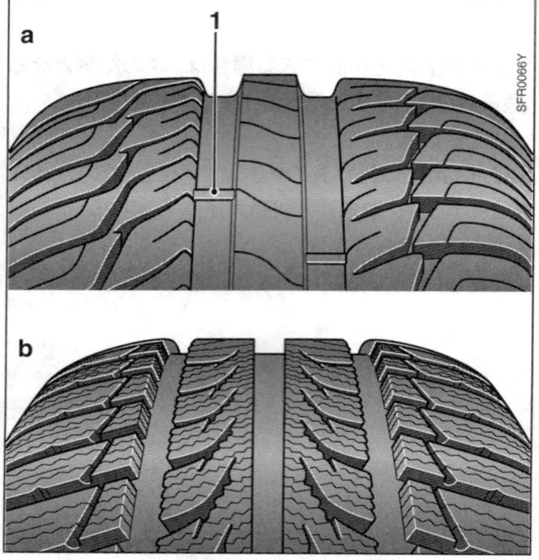

冬季用タイヤ

冬季用タイヤの最小トレッド深さは、国によって大幅に異なる。オーストリアでは、乗用車の冬季用タイヤの最小トレッド深さは4.0 mm以上でなければならない。

摩耗の検出手段

主要なトレッド溝の底には、トレッド全周の数か所に、1.6 mmの深さにゴムが盛り上がった部分があり、これによって、法律で定められた1.6 mmの最小トレッド深さを確認できる。このスリップサイン（TWI、トレッド摩耗インジケーター）が路面に接触する状態になった場合は、タイヤを交換する必要がある。

サイドウォールに「Regroovable」（溝の再生が可能）と記載されているトラック用タイヤは、タイヤメーカーが承認する溝の再生深さに溝を再生することができる（タイヤバージョン2〜4 mmに応じて）。ただし、溝の深さが2〜4 mmは残っていることが望ましい。基本的に、乗用車用タイヤの溝の再生は禁止されている。

ハイドロプレーニング

高速走行時や、路上に水が溜まっている場所では、トレッド自体で十分に水を吸収することも、両側や後方に水を分散させることもできなくなる。水がくさび状にタイヤと路面の間に入りこみ、タイヤが路面に接触していない状態となり、車両が制御不能となる。これがハイドロプレーニング現象である（図5）。

図4：タイヤのトレッド
a　夏季用タイヤの標準的なトレッド
b　冬季用タイヤの標準的なトレッド
1　スリップサイン

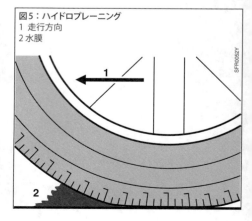

図5：ハイドロプレーニング
1　走行方向
2　水膜

タイヤの前部でくさび状になった水の圧力が、タイヤの路面への圧力を上回った時点で、タイヤは路面に接触していない状態となる。この圧力は、走行速度が増すにつれて指数的に急増する。ハイドロプレーニングが発生する時点の圧力はタイヤ内の空気圧とほぼ同じであるため、空気圧が約2.3 barの乗用車用タイヤでは、空気圧が8 barのトラック用タイヤよりはるかに低速でハイドロプレーニングが発生する。規定の圧力より低い空気圧のタイヤで走行すると、特に乗用車用タイヤでは、さらに低速でハイドロプレーニングが発生する。

タイヤの輪郭、トレッドパターン、およびトレッドの深さにより、ハイドロプレーニング発生リスクが生じる速度が変化する。幅の狭いタイヤは、路面への圧力（面圧、接地面積あたりの重量）が上がるため、原則としてハイドロプレーニングが発生する速度は幅の広いタイヤより高くなる。また排水しなければならない水の量もはるかに少ない。幅の広いタイヤでは、排水用のチャンネルを設け、また接地面を曲面的にすることで、許容可能なレベルまでハイドロプレーニングのリスクを低減することができる。比較すると、規定の幅が220 mmのタイヤは、速度80 km/hおよび水深3 mmの場合、ハイドロプレーニングを防ぐために毎秒15リットルほどを排水する必要がある。この数字は、幅が140 mmの「細い」タイヤでは10リットルとなる。

濡れた路面での制動

図6は、トレッドの深さが走行安全性にとって非常に重要となる状況を示す。雨で濡れた道路での制動距離は、タイヤの溝がほとんどない（トレッドの深さ1.6 mm）場合、同サイズの新品のタイヤ（トレッドの深さ8 mm）より約50％長くなる。

残留速度 v_R は、制動距離の短い車両が停止した瞬間の、制動距離の長い車両の速度を示す。これは、次の式で求められる。

$$v_R = \sqrt{v_0^2 \cdot \left(1 - \frac{s_1}{s_2}\right)} \quad (単位：m/s)$$

ここで、
v_0　制動開始時の走行速度
　　　（単位：m/s）、
s_1　車両1の制動距離
　　　（新品のタイヤ、単位：m）、
s_2　車両2の制動距離
　　　（溝のないタイヤ、単位：m）

残留速度は、衝突した場合に予想される理論的な事故の深刻度の尺度である。

ただしこのような計算上の差は、実際には、非常に反応の速い経験豊富な運転者でのみ有効である可能性がある。自動車の運転者の多くは、ABSフルブレーキに慣れていないため、総制動距離は大幅に延長される。潜在的には制動距離の短いタイヤであっても、その性能が実際に発揮されるのは、車両にブレーキアシストが装備されている場合に限られる。

図6：濡れた路面での新品のタイヤと摩耗したタイヤの
　　　80 km/hから停止までの制動距離 [3]
A　トレッドの深さが
　　8 mmの場合の制動距離：42.3 m
B　トレッドの深さが
　　3 mmの場合はは合の制動距離：51.8 m
C　トレッドの深さが
　　1.6 mmの場合の制動距離：60.9 m
v_R　残留速度

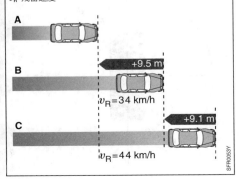

力の伝達

4つのタイヤ接地面（フットプリント）は、路面と車両が唯一、直接接触する部分である。

スリップ角とスリップ

ホイールの走行面に対して一定の角度（スリップ角 α、図7）で回転しており、その際に変形し、ある程度のスリップを続ける（「スリップ」を参照）タイヤのみが、物理的な限界の範囲内で同時に、運転者がハンドル、ブレーキ、アクセルの操作によって求める力を伝達する。逆に言うと、一定の角度で回転もスリップもしないタイヤは、力をまったく伝達しない。

タイヤは、スリップ角とスリップが大きくなるほど大きい力を伝達する。ただし、この関係は直線的ではない。該当する最大値に達すると、効果は逆転する（図8）。乗用車用タイヤの場合このスリップ角のリバースポイントは約4〜7°であり、ステアリングを明確に操舵することに相当する。スリップのリバースポイントは10〜15％（雪上では30％）である。過度のスリップは、急加速または急ブレーキの結果として発生する。実舵角またはブレーキ圧がさらに大きくなると、アンチロックブレーキシステム（ABS）を搭載していない車両では、車輪がロックする。このとき、スリップは–100％となる。

縦力と横力

円周方向の力 F_x と横力 F_y が同時に発生した場合（ブレーキを踏みながらコーナリングしている場合など）、伝達される水平方向の力は

$$F_h = \sqrt{F_x^2 + F_y^2}$$

となり、値 $\mu_h F_z$ を超えることはない。この状況は、Kamm（摩擦）円（図9）を使用して説明できる。Kamm円の半径は、タイヤによって伝達される最大の水平方向の力 $\mu_h F_z$ に等しい。したがって最大横力 F_y は、同時に円周方向の力 F_x が発生する場合には小さくなる。図9に示す力 F_x および F_y により、車輪には、伝達可能な最大限の水平方向の力が働く。

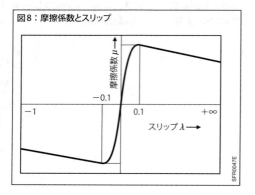

図7：スリップ角
1 ホイール走行面
2 走行方向の接線
3 走行方向
α スリップ角

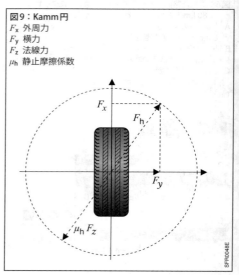

図9：Kamm円
F_x 外周力
F_y 横力
F_z 法線力
μ_h 静止摩擦係数

図8：摩擦係数とスリップ

タイヤのグリップ

グリップの生成

タイヤは、ほぼハガキ大の面積の4か所に、動的な力をすべて伝達しなければならない。この目的のために、タイヤ接地面と路面の間に必要なグリップは、同時に発生するいくつかの現象によって生み出される。これらは基本的に、ポジティブロック（この意味では、インターロック効果とも呼ばれる）と、分子レベルの引力による粘着である。

一定の速度で走行中の車両を外側から見ると、タイヤは回転しているが、絶えず変化する接地面は、車両に関しては一定のままであるように見える（図10）。タイヤトレッドの各ゴムブロックは路面との接地面に入ると扁平に変形し、接地面の他端において再び「解放されて」路面から離れる。この相対運動により、この接地面でスリップが発生する。各ゴムブロックは、接地面にある間ある程度スリップする。

粘弾性

粘弾性は、時間、温度、振動数に左右される弾性、およびポリマー物質とエラストマー物質（プラスチック、ゴムなど）の粘度を表す。「完全弾性」（弾性バネのような）および「高粘度」（固形物のような）という2つの極限状態は、内部減衰、分子連動、およびクリープのプロセスにより防止される。変形とそれを引き起こす力、および機械的ひずみは、さまざまなタイミングで徐々に消滅する。

インターロック効果

インターロック効果は、タイヤと路面の集中的な直接接触により発生し、路面のミクロの表面粗さおよびマクロの表面粗さに左右される（図11）。接地面を通過する間にトレッドブロックはアスファルトの隆起に当たって圧縮され、加速されて隆起の反対側に滑り落ちる。この過程でスリップが発生した場合にのみ、走行方向とは逆の対抗力が折線方向に発生し、スリップを抑制するように作用する。これにより、ステアリング、駆動力、または制動力の伝達が可能になる。

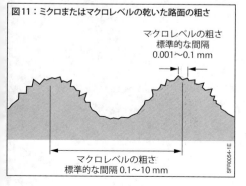

図10：タイヤと路面の間の接地面の扁平化

道路　　接地面の扁平化

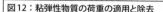

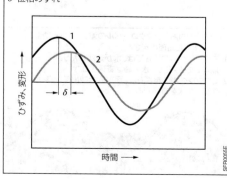

図11：ミクロまたはマクロレベルの乾いた路面の粗さ

マクロレベルの粗さ 標準的な間隔 0.001～0.1 mm

マクロレベルの粗さ 標準的な間隔 0.1～10 mm

図12：粘弾性物質の荷重の適用と除去
1 ひずみ、単位面積あたりの力
2 変形、出力変数に対する伸長または圧縮
δ 位相のずれ

ひずみ、変形

時間

ゴムブロックには粘弾性があるため、変形した後にすぐに元の形に戻るわけではなく、変形により発生したひずみが残る（図12）。粘弾性ゴムの周期的変形によりゴムに一般的に発生するこのヒステリシス効果により、利用不可能な熱としてエネルギーが失われ、摩擦（ヒステリシス摩擦）が発生する。このため、路面に平行な摩擦力の成分により、駆動力または制動力が伝達されやすくなる。

ポジティブロックグリップの原則は、ミクロまたはマクロレベルの、湿った、または濡れた路面の粗さに対しても有効であるが、その効果は限られている。図13は、非常に細かいアスファルトの突起が水分の層を突き抜け、インターロック効果が維持される仕組みを示す。ただし、より滑らかな表面の隆起が複数存在すると、それらに取り囲まれた水分の層が形成される。

インターロック効果で不可欠なことは、顕微鏡または肉眼で見えるレベルの小さな路面の不整が存在することである。完全に滑らかな（摩擦係数 μ がほとんどゼロの）表面では、インターロック効果はまったく発生しない。

インターロック効果と内部分子摩擦により、タイヤには熱が発生する。その結果失われるエネルギーは、その他の原因と共にタイヤの転がり抵抗を引き起こす。これは、車両の燃費の20〜25％に上る。

付着

タイヤと乾いた路面の相互作用および集中的接触により、分子付着が発生する。この付着とその後に発生する接触点での付着の解消が、摩擦係数（付着摩擦）の一因となる。濡れた路面では分子付着は発生しないが、インターロック効果は依然として発生する。

ミクロレベルの表面粗さの路面における急ブレーキや急ハンドル時に発生する分子付着の振動数範囲は、10^6 Hz 〜 10^9 Hz である。

負荷振動数と温度

ここでさらに2つのグリップの品質に影響する重要な影響因子を説明する。走行中のタイヤが低振動数（露出振動数）でのみ励起される場合は、ゴムの弾性が発揮される（低いエネルギー損失、図14a）。この低い振動数範囲では、転がり抵抗が非常に低く、タイヤの温度は比較的低く、グリップも弱い。一方、ミクロまたはマクロレベルの路面の粗さにより発生する励起によって振動数が上がると、粘弾性が発揮され、タイヤのグリップが理想的な範囲となる（エネルギー損失が最大）。振動数が上がり続けると、粘度（流動性）とエネルギー損失が再び減少し、変形がほとんどなくなり、硬化する（ガラス挙動）。

平行して、ゴム部分には、顕著な熱依存の挙動が発生する。冬季の周囲温度によりゴム化合物が硬化して劣化する（このために、ガラスに例えられる）場合などの、ガラス温度の範囲では、タイヤのゴムの摩擦係数、およびそれによるエネルギー損失は、明らかに減少する。これは、ゴムの分子が固定されるためである（図14b）。反対に最適な動作温度範囲でタイヤが動いているときは、より大きい力を伝達することができる。

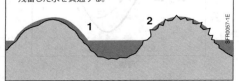

図13：ミクロおよびマクロレベルの湿った路面または濡れた路面の粗さ
1 マクロレベルの粗さでは、水が運ばれたり、溜まったりするが、水の層は貫通されない。
2 ミクロレベルの粗さでは、局部的な突出部が存在し、残留した水を貫通する。

図14：振動数と温度の関数で表されるタイヤの
　　　エネルギー損失
a 振動数の関数で表される挙動
b 温度の関数で表される挙動

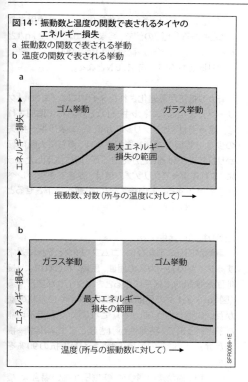

図15：振動数と温度の関数で表されるゴム挙動

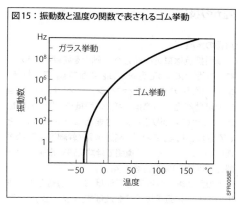

したがってゴムに関しては、温度の上昇と露出振動数の間に反比例する依存性が認められる。このためエラストマーのガラス温度は、わずか10 Hz時の−20℃から、10^5 Hz時には+10℃に上昇する（図15）。化合物開発者は、振動数10 Hz時に−60℃〜0℃のガラス温度のゴム化合物を設計できる。

特殊なケース：ゴムの摩擦

クーロンの従来の摩擦の法則（$F_R = \mu mg$）は、加硫処置を施したタイヤのゴムには適用されない。その摩擦係数μ（摩擦値や摩擦因子とも呼ばれる）は定数ではなく、
− 面圧（接地面あたりの圧力、単位：N/mm^2）が低下すると増加する
− 面圧が上昇すると減少する
− 滑り速度に左右される
− 温度と露出振動数に左右される

面圧が低下するとグリップが強化されるという現象があるため、モータースポーツでは、非常に幅の広い（そのために面圧が低い）タイヤが重要となる。

転がり抵抗

用語の定義

牽引抵抗は車両の前方への動きを妨げるため、これを推進力によって克服する必要がある。空気抵抗、エンジン、トランスミッション、シャーシ/サスペンションの可動部品での摩擦抵抗、勾配抵抗、慣性力に加え、タイヤの転がり抵抗は、主要な牽引抵抗の1つとして分類される。これは、高速道路/幹線道路では燃費の約20％、バイパス道路では約25％、市街地や一般道では約30％を占める[4]。

このため転がり抵抗の低減は、燃料消費および排出ガス削減に直接に効果を及ぼす。転がり抵抗（RR）は、単位走行距離あたりのエネルギー損失に対応し、あらゆる力と同様にN（ニュートン）単位で表される。無次元の転がり抵抗係数c_{RR}は、車両の重量に対する転がり抵抗力の比率を表す。

例：転がり抵抗力が$F_{RR} = 120$ Nで、車両重量が$G = 10,000$ N（$G = mg$、車両の質量mはkg単位、重力加速度$g \approx 9.81$ m/s²）の時、c_{RR}は0.012 = 1.2％となる。アスファルト上での乗用車用タイヤのc_{RR}の標準値は0.006〜0.012となり、トラック用タイヤではより低い0.004〜0.008となる。

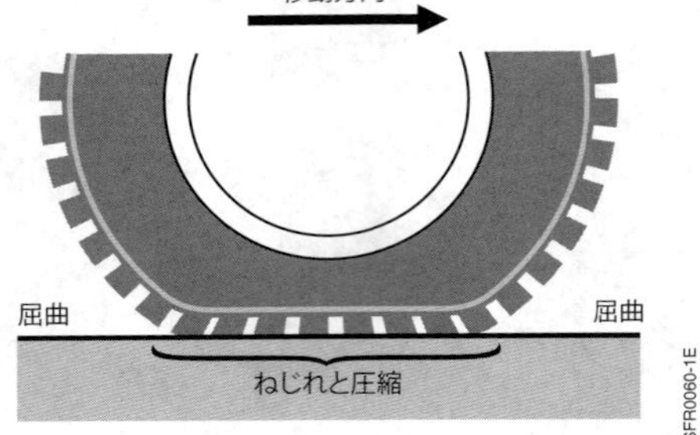

「単位」として、kg/t（キログラム/トン）が使用されることもある。上記の例で、結果の0.012は12 kg/tとなる。つまり、ホイール荷重が1 t = 1,000 kgの場合、転がり抵抗力の値はF_{RR}120 Nとなる。

転がり抵抗が最適化されたタイヤには、「エコ」、「グリーン」、または「エネルギー」などが名称に追加される。設計者は、ヒステリシスが低く、エネルギー損失の少ない等級のゴムを選択すれば、直ちに大幅に転がり抵抗を下げることができるが、既に説明したように、これによってグリップの値は、許容できないレベルまで低下する。言い換えると、燃費を低下させるとグリップ力も低下する。

転がり抵抗の発生

車輪が回転するたびに、ゴムブロックとそれに対応するタイヤのカーカスの屈曲、圧縮、ねじれにより接地面が強制的に扁平になるときにタイヤが変形する（図16）。タイヤの屈曲動作の間、タイヤの素材の層が互いに擦れ合う（曲がる）。これにより、利用不可能な熱という形で、粘弾性が引き起こすエネルギー損失が発生する。この熱損失が、転がり抵抗の90％を占める。

タイヤの幅が狭い場合や、空気圧が高い場合は、接地面と屈曲動作が減少するため、転がり抵抗が増加する。ただし、ハンドリング特性、グリップレベル、および快適性に関する一連の要件は直接に競合するため、設計者の作業範囲は非常に限られたものとなる。それでもなお、タイヤ業界の将来のタイヤ世代の技術仕様では、準小型車用に115/65 R 15、中型車用に205/50 R 21というタイヤ寸法が既に使用されている。現在、車両のサイズ、重量、最高速度、スポーティ性、快適性に関して依然として標準的な要件においては、転がり抵抗を大幅に削減することはできない。

図16：接触開始部でのねじれ、圧縮、屈曲

タイヤの空気圧を推奨値より1 bar上げても、削減される転がり抵抗は15％にすぎない。車両の燃費が10 l/100 kmであると仮定した場合、これにより節約されるのはわずか1.6％である。ただし、運転者がタイヤ空気圧のチェックを怠っているため、最近の開発サイクルで実現された転がり抵抗削減が、実際の走行条件で常に発揮されるとは限らない。さらに、転がり抵抗の最適化と、道路での安全性に不可欠なウェットグリップは、その目的が直接に競合している。

転がり抵抗とグリップの目的の競合
振動数範囲
道路とタイヤの接触面では、ミクロまたはマクロレベルの粗さにより、トレッドとゴムブロックが変形し、粘弾性によってグリップ力が生まれる。この変形は、10^3〜10^{10} Hzという非常に高い振動数で発生する。このとき、ヒステリシスにより非常に大きなエネルギーが失われ、高い値のグリップが発生する。

ただし、転がり抵抗で重要な振動数の範囲ははるかに低い1〜100 Hzで、これはまさに、車輪が回転するたびにタイヤの内部構造が励起する範囲である。100 km/hの走行速度において乗用車用タイヤは、1秒間にほぼ15回変形する。これは、負荷振動数の15 Hzと同じである。それでもタイヤ設計者はここで、タイヤ構造（特にカーカス）の低振動数励起という語を用いる。

最適化の不一致
これらの振動数範囲が大きく異なるため、高い値のグリップと低い値の転がり抵抗を同時に実現するという最適化が基本的に一致しないことがわかる。主な充填材として工業用すすを使用している従来（1990年代半ばまで）のタイヤでは、高振動数のグリップでのヒステリシスの高いゴム化合物により、低い負荷振動数により転がり抵抗が高くなるタイヤコンポーネントでのエネルギー損失が自動的に大きくなる。

目的の競合を解決するシリカ
1990年代後半に、灰色の粉末充填材としてシリカ（精製されたケイ酸塩の商標名）を採用した解決策が生まれ、それまで標準的に使用されていた工業用すすに代わって使用されるようになった。補助的な結合材であるシランを併用すると、転がり抵抗、グリップ、および耐摩耗性の競合を、より高いレベルで解決することができる。

シリカベースのゴム化合物では、転がり抵抗に適切な低い振動数範囲でのエネルギー損失は小さいが、ゴムのグリップ力が大きい高い振動数範囲ではエネルギー損失が大きい（図17）。エネルギー吸収能力の曲線は急上昇し、振動数10^2〜10^4 Hzへと進む。このためタイヤは、転がり抵抗が低下するにもかかわらず、グリップ力が非常に大きくなる。

図17：振動数に応じて変わるエネルギー損失
1 ヒステリシスが明瞭なゴム化合物（タイヤのグリップ値が高い）
2 最新のゴム化合物（低い転がり抵抗、良好なグリップ、高い耐摩耗性の組合せ）
3 ヒステリシスが不明瞭なゴム化合物（転がり抵抗が低く、グリップが不十分）

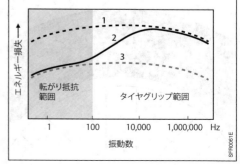

転がり抵抗と空気圧

タイヤの空気圧が低下すると屈曲動作が増加し、そのために転がり抵抗が大きくなり、ステアリングの精度と制動の安定性が損なわれる。

2009年にタイヤ業界（Goodyear、Dunlop、Fulda）がEU15か国の52,400台の車両で実施した安全性チェックにより、すべての車両運転者の81％が、低すぎる空気圧のタイヤで運転していることが判明した。このうち、26.5％は、明らかに（0.3 bar）低すぎる空気圧で、7.5％は、大幅に（0.75 bar以上）低すぎる空気圧で運転していた。タイヤ空気圧が低すぎると、燃費が悪化する結果となる。

タイヤの呼び（識別コード）

用語の定義

EU指令ECE 30（乗用車用、[5]）、ECE 54（トラック用、[6]）、およびECE 75（オートバイ用、[7]）に従って、タイヤは、国際的に同意された標準的なタイヤの呼び（識別コード）を明示して提供されなければならない。そのためのスペースとして、特にタイヤの側面（サイドウォール）が利用される（図18）。ECEに従ってテスト（1998年10月から義務化）されたタイヤには、丸で囲まれた大文字「E」または小文字「e」と認定機関のコード（例：E4）と、それに続くリリース番号（承認番号、図20を参照）が焼き付けられている。

サイドウォールにある文字、コード、および記号は、タイヤメーカーとタイプ名の他に、生産地、製造日、寸法、耐荷重能力、許容最高速度、タイヤのデザイン、およびタイヤの幅と高さの比率（タイヤの断面積）を示す。

中欧の標準メートル法（mm、bar）と英国のヤード・ポンド法（1インチ＝25.4 mm）の測定単位が併用されているために、情報がさらに読み取りにくくなっている。

タイヤの運用能力は、サイズ仕様の近辺に記載されていなければならない。これは、荷重指数（LI、表1）および速度記号（SSY、速度指数を意味するSIも使用される、表2）で示され、速度記号に対応する最高速度での走行時の当該タイヤの最大耐荷重能力に関する情報を表す。この規制は、すべてのEU加盟国とスイスで適用される。

ディレクショナルトレッド（V字型トレッドの冬季および夏季用タイヤの）のタイヤでは、サイドウォールにある矢印が、規定された走行方向を示す。このタイヤが既にリムに装着されている場合、取り付けられるのは車両の片側のみであり、対角線上にあるリムおよびタイヤと位置を交換してはならない。

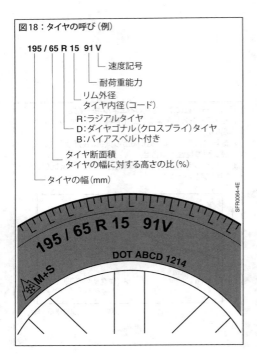

図18：タイヤの呼び（例）
195 / 65 R 15 91 V
速度記号
耐荷重能力
リム外径
タイヤ内径（コード）
R：ラジアルタイヤ
D：ダイヤゴナル（クロスプライ）タイヤ
B：バイアスベルト付き
タイヤ断面積
タイヤの幅に対する高さの比（％）
タイヤの幅（mm）

例：A 205/55 R 16 91 Hサイズのタイヤは、規定の幅が205 mmで、サイドウォールの高さが規定の幅の55％、この場合は約112 mmである。このタイヤを装着できるリムの直径は16インチ（406 mm）である。耐荷重能力は荷重指数LI＝91に一致し、表にある値、615 kgに対応する。したがって、登録証明書に従い、車両の軸荷重は1,230 kg（2 x 615 kg）以下となる。速度指数SI＝Hによりこのタイヤを装着した車両は、

車両自体がより高い最終速度に対応できる設計となっていても、210 km/hを超える速度で走行してはならない。速度指数V以上の場合は、荷重能力の低下を考慮する必要がある。

製造日

通常は、楕円形に囲まれた4桁の番号が、サイドウォールの片側または両側にある略号DOT（米国運輸省）および文字列（製造工場コード）の横に刻印されている。この番号は製造日を表す。最初の2桁は暦週を、最後の2桁は製造年の下2桁を表す（図18）。

表2：速度指数SI（速度記号）

A1	5 km/h 以下	L	120 km/h 以下
A2	10 km/h 以下	M	130 km/h 以下
A3	15 km/h 以下	N	140 km/h 以下
A4	20 km/h 以下	P	150 km/h 以下
A5	25 km/h 以下	Q	160 km/h 以下
A6	30 km/h 以下	R	170 km/h 以下
A7	35 km/h 以下	S	180 km/h 以下
A8	40 km/h 以下	T	190 km/h 以下
B	50 km/h 以下	U	200 km/h 以下
C	60 km/h 以下	H	210 km/h 以下
D	65 km/h 以下	V	240 km/h 以下
F	80 km/h 以下	W	270 km/h 以下
G	90 km/h 以下	ZR	240 km/h 以上
J	100 km/h 以下	Y	300 km/h 以下
K	110 km/h 以下	(Y)	300 km/h 以上

表1：荷重指数LI（値は3,350 kgまで、これより大きな値も考えられる）

LI	kg	LI	kg	LI	kg	LI	kg	LI	kg	LI	kg
1	46.2	26	95	51	195	76	400	101	825	126	1,700
2	47.5	27	97.5	52	200	77	412	102	850	127	1,750
3	48.7	28	100	53	206	78	425	103	875	128	1,800
4	50	29	103	54	212	79	437	104	900	129	1,850
5	51.5	30	106	55	218	80	450	105	925	130	1,900
6	53	31	109	56	224	81	462	106	950	131	1,950
7	54.5	32	112	57	230	82	475	107	1,000	132	2,000
8	56	33	115	58	236	83	487	108	1,030	133	2,060
9	58	34	118	59	243	84	500	109	1,060	134	2,120
10	60	35	121	60	250	85	515	110	1,090	135	2,180
11	61.5	36	125	61	257	86	530	111	1,120	136	2,240
12	63	37	128	62	265	87	545	112	1,150	137	2,300
13	65	38	132	63	272	88	560	113	1,180	138	2,360
14	67	39	136	64	280	89	580	114	1,215	139	2,430
15	69	40	140	65	290	90	600	115	1,250	140	2,500
16	71	41	145	66	300	91	615	116	1,285	141	2,575
17	73	42	150	67	307	92	630	117	1,320	142	2,650
18	75	43	155	68	315	93	650	118	1,360	143	2,725
19	77.5	44	160	69	325	94	670	119	1,400	144	2,800
20	80	45	165	70	335	95	690	120	1,450	145	2,900
21	82.5	46	170	71	345	96	710	121	1,500	146	3,000
22	85	47	175	72	355	97	730	122	1,550	147	3,075
23	87.5	48	180	73	365	98	750	123	1,600	148	3,150
24	90	49	185	74	375	99	775	124	1,650	149	3,250
25	92.5	50	190	75	387	100	800	125	1,700	150	3,350

例：1214は、2014年の第12週を意味する。2000年より前には、製造日を示す番号は3桁のみであった。

特殊なケース：冬季用タイヤの呼び
M+Sタイヤ
冬季用タイヤには、M+S（「泥と雪」）記号を付けなければならない（図18を参照）。EU規制番号661/2009 [8]によれば、M+Sタイヤとは、トレッドパターン、トレッドの材質または構造が何よりもまず、「冬季のハンドリング性能と雪上でのトラクションの値が夏季用タイヤより高い」設計のタイヤのことであるが、この定義は非常に不明瞭である。

比較すると、以前に適用されていた1992 [9]のEU規制では「M+Sタイヤ」とは、「特に泥および新雪または水雪の上でのハンドリング性能がノーマルタイヤより高くなるように、トレッドのパターンと構造が設計されている」タイヤであると記載されている。M+Sタイヤのトレッドパターンには通常、ノーマルタイヤよりトレッドの溝とラグの幅が広く、それらの間隔も広いという特徴がある。

現在までのところ「M+S」という呼びは、保護されておらず、正確に定義されてもいない。また、そのために、冬季の走行条件に適していないタイヤ（つまり、夏季用タイヤ）にも使用されている。M+S記号は、冬季の走行条件に対する適性に関しては無意味となっている。

雪片記号
1995年には、無秩序な流通状態が米国で蔓延したことにより、M+Sという呼びの改訂が必要となった。冬季用タイヤは、冬季の走行条件に対する適性に関して一定の条件を満たし、適切なテストによってこれを立証しなければならない。これにより、3PMSF（3つの峰の山と雪の結晶）という呼びが生まれ、現在は、北米の法規で確立されている。

この呼びは、この数年間欧州でも自主的に使用されている。これは、冬季の走行条件に対する適性がテストにより実証されたことを消費者に証明するために使用されている。テスト基準は、欧州連合によりUN-ECE R 117 [11]で定義されている。

StVZOの修正条項§36、第4 [12]項

2017年5月18日の道路交通法規を修正する第52規制により、冬季の走行条件用タイヤの定義が改変され、これにより、新しい冬季用タイヤ規制が実施された。この法規の実施により、冬季用タイヤの雪片記号は、2017～2018年の冬季にドイツでは既に必須であり、その結果、M+Sマークに代わって使用される。2024年9月30日までの移行段階において、製造日が2017年12月31日以前のM+Sマークのみのタイヤは引き続き、冬季用タイヤとして分類される。2018年以降に製造されるM+SマークのみのM+Sタイヤは、冬季用タイヤとして分類されなくなる。

操舵軸に取り付けるトラックおよびバス用タイヤに関しては、この法規の導入は最大で2020年7月1日まで延期される。この期間は、研究の一環として、これらの車両の操舵軸にとっての新しい冬季用タイヤ規則の必要性をチェックするために使用される。冬季用タイヤ規則の延期は、これらの車両の永久駆動軸には適用されない。

図19：UN-ECE R117準拠の雪の結晶の記号（3PMSF）

音の識別

このマークの付いたタイヤは、回転音の最大値を規定した指令ECE 2001/43 [10]に適合する。このマークは、2009年10月1日以来、義務化されており、UN/ECE承認マークの横に刻まれる。また、承認番号の後のコード文字「s」により識別できる。

2012年11月1日にタイヤラベルが採用されたことにより、この新しいタイヤの呼びは、大文字「S」と、ウェットグリップを表す「W」および転がり抵抗を表す「R」に拡張された（図20）。文字SおよびRの後に追加されたコード番号（1および2）は規制値を表す。これは、規定された時間（期間）に適合していなければならない（法規、UN/ECE規制No. 117 [11]を参照）。

EUタイヤラベル

用語の定義

2012年11月以降、EU域内で販売される2012年7月以降に製造された新品のタイヤには、標準的なタイヤラベル（7.5 cm × 11 cm）が付いていなければならない（図21）。このラベルの目的は、タイヤの3つの特性である転がり抵抗、ウェットグリップ（濡れた路面での制動距離に限定）、および通過騒音（車内ではない）の情報を迅速かつ正確に購入者に提供し、詳細な情報を得た上で購入を決断できるようにすることである。冬季用タイヤの冬季特性は、現在のところEUタイヤラベルに記載されていない。

タイヤラベルには、表3に示すように、カテゴリーC1（乗用車）、C2（小型商用車）、およびC3（大型商用車）のタイヤが記載されている。再生タイヤ、プロ

図20：E指定
回転音が適合していることを示すECE R 117の承認番号の例

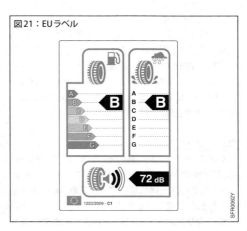

図21：EUラベル

表3：さまざまなタイヤグループのエネルギー効率クラス

クラスC1のタイヤ (乗用車)		クラスC2のタイヤ (小型商用車)		クラスC3のタイヤ (大型商用車)	
c_{RR}（単位：kg/t）	エネルギー効率クラス	c_{RR}（単位：kg/t）	エネルギー効率クラス	c_{RR}（単位：kg/t）	エネルギー効率クラス
$c_{RR} \leq 6.5$	A	$c_{RR} \leq 5.5$	A	$c_{RR} \leq 4.0$	A
$6.6 \leq c_{RR} \leq 7.7$	B	$5.6 \leq c_{RR} \leq 6.7$	B	$4.1 \leq c_{RR} \leq 5.0$	B
$7.8 \leq c_{RR} \leq 9.0$	C	$6.8 \leq c_{RR} \leq 8.0$	C	$5.1 \leq c_{RR} \leq 6.0$	C
指定なし	D	指定なし	D	$6.1 \leq c_{RR} \leq 7.0$	D
$9.1 \leq c_{RR} \leq 10.5$	E	$8.1 \leq c_{RR} \leq 9.2$	E	$7.1 \leq c_{RR} \leq 8.0$	E
$10.6 \leq c_{RR} \leq 12.0$	F	$9.3 \leq c_{RR} \leq 10.5$	F	$c_{RR} \geq 8.1$	F
$c_{RR} \geq 12.1$	G	$c_{RR} \geq 10.6$	G		
例：$c_{RR} = 10.5$ kg/t（ラベルクラスE）は$c_{RR} = 0.0105$または$F_{RR} = 105$ Nに対応する。					

フェッショナルオフロードタイヤ、レース用タイヤ、スパイクタイヤ、小型のスペアタイヤ、ビンテージカーおよび現代のクラシックカー用タイヤ（初回登録が1990年10月1日より前の車両）、80 km/h未満の最高速度用タイヤ、内径が254 mm未満または635 mmを超えるタイヤ、およびモーターサイクル用タイヤは、規制から除外される。

　もちろんタイヤラベルにタイヤの基準（最大50件に上る）のすべてを記載することはできないが、選択された基準により、他の多くの関連特性について特定の組合せが表される。

燃費

　EUラベルにある文字A（最高の効率）〜 G（最低の効率）と、信号機の色（緑、黄色、赤）は、転がり抵抗および燃費に関するタイヤの効率を示す。転がり抵抗のクラスA 〜 Gの範囲は、7.5 %までの燃費の差を表す[13]。燃費を節約できる可能性は、走行状況に応じてさらに高まる。転がり抵抗に関するタイヤクラスの各段階間の差は、明確に定義されている。たとえば、平均燃費が約6.6 l/100 kmの車両では、0.11 l/100 kmである。AクラスのタイヤとGクラスのタイヤの差は、約0.5 l/100 kmになる（それぞれ、運転スタイルが一定で、タイヤ空気圧が同一の場合）。

ウェットグリップ

　文字A（制動距離が最短）〜 G（制動距離が最長）は、制動時のタイヤのウェットグリップの情報を表す。80 km/hでの走行時に停止するまで急ブレーキを踏んだときには、特に性能の高いタイヤと低いタイヤのウェットグリップの差により、18 mの制動距離の差が生じる。

タイヤの騒音

　通過騒音は、記号とdB値としてEUラベルに記載される。記号は、規制される騒音値に基づいている。EUラベルの音波の記号の色が黒いほど、タイヤの騒音が大きい。

冬季用タイヤ

技術特性

　乗用車用の冬季用タイヤと夏季用タイヤの構造は、同じであるか、わずかな差があるのみである。冬季用タイヤの特徴は、雪と泥の上での力の伝達（トラクション）が良好、氷上でのグリップが十分、濡れた路面と乾いた路面での粘着が良好、安全に操作可能、快適な走行、低騒音である。

　冬季用の独自の特徴は、主に、天然ゴムを多く含む、寒冷時でもしなやかで弾力のあるゴム化合物を使用していることである。夏季用のゴム化合物とは異なり、氷点下の温度でも、硬化して脆く（「ガラス状」に）なる（その結果、インターロック効果が発生しないために粘着が低下する）ことはない。

　これに加えて、トレッド面積が広い（したがって、正の割合が大きい）ほか、はっきり見える外観の特徴として、ゴムのブロック自体に多次元の超微細トレッド（デザイン形状：ジグザグ、球体、亀甲、複数の形状の組合せ、図4を参照）がある。このサイプ（タイヤのサイズに応じて最大2,000個）により、雪上でのグリップが強化され、トラクションと制動性能が著しく向上する。

　トレッドが浅くなるにつれ、長期間の使用（特に紫外線とオゾンの影響による硬化）により、冬季特性は低下する。トラクションとコーナリング安定性が低下し、制動距離が延び、ハイドロプレーニングのリスクは増大する。例えばオーストリアにおいて冬季用タイヤとされたタイヤであっても、トレッドが浅くなって深さが4 mmを下回ると、常に夏季用タイヤに分類される。

　欧州で一般的な標準の冬季用タイヤは、速度指数W（最高速度270 km/h）以下の定格速度で提供されている。

開発の目的

　タイヤは常に、妥協の結果の製品である。特定の特性（たとえば、転がり抵抗）を主目的として開発された場合は、必然的にその他の特性が犠牲となり（たとえば、結果としてウェットグリップが低下し）、バランスが崩れる。これは、特殊な状況（モータースポーツ、特殊タイヤ、業界要件）でのみ好まれるか、または許容される。対照的な特性を同時に最適化するという方式では、複数の目的が競合する。シリカファイバーの含有率が高く、接地面が最適化されている最新のゴム化合物により、このバランス機能は高まるが、競合が解消されるわけではない。

　複数の開発目的の競合が相互に悪影響を及ぼす例としては、グリップ力と転がり抵抗、乾いた路面と濡れた路面での制動、ハイドロプレーニングと乾いた路面での操作性、グリップと摩耗などがある。

タイヤテスト

　タイヤメーカーは、検査室での客観テストと、屋内およびサーキットの路面での主観テストを約50項目、実施する。最も重要なテストには次のものがある。

乾いた路面での操作性
　テスト基準は、方向安定性、ステアリング精度、直進安定性、騒音、快適性である。

濡れた路面に関する特性
　テスト規準は、カーブのある濡れたコースでの操作性、制動、ハイドロプレーニング、縦力と横力、円形コースでの運転である。

機器テスト
　テスト基準は、最高速度、継続走行、摩耗である。

冬季特性
　テスト基準は、雪上での操作性、山岳路走行、トラクション測定、加速性能、制動である。

タイヤに関する参考文献
[1] Source: Goodyear Dunlop, 2012.
[2] Council Directive 89/459/EEC of 18 July 1989 on the approximation of the laws of the Member States relating to the tread depth of tyres of certain categories of motor vehicles and their trailers.
[3] Source: Continental AG, 2011. The specified brake differences were determined with a Mercedes C-Class car on 205/55 R 16 V size tyres in over 1,000 brake tests.
[4] Source: Michelin tire plants, 2010.
[5] ECE 30: Regulation No. 30 of the United Nations Economic Commission for Europe (UN/ECE) – Uniform provisions concerning the approval of pneumatic tyres for motor vehicles and their trailers.
[6] ECE 54: Regulation No. 54 – Uniform provisions concerning the approval of pneumatic tyres for commercial vehicles and their trailers.
[7] ECE 75: Regulation No. 75 – Uniform provisions concerning the approval of pneumatic tyres for motor cycles and mopeds.

[8] Regulation (EC) No. 661/2009 of the European Parliament and of the Council of 13 July 2009 concerning type-approval requirements for the general safety of motor vehicles, their trailers and systems, components and separate technical units intended therefore.
[9] Council Directive 92/23/EEC of 31 March 1992 relating to tyres for motor vehicles and their trailers and to their fitting installation.
[10] Directive 2001/43/EC of the European Parliament and of the Council of 27 June 2001 amending Council Directive 92/23/EEC relating to tyres for motor vehicles and their trailers and to their fitting.
[11] Regulation No. 117 of the United Nations Economic Commission for Europe (UN/ECE) – Uniform provisions concerning the approval of tyres with regard to rolling sound emissions and/or to adhesion on wet surfaces and/or to rolling resistance.
[12] § 36 StVZO: Bereifung, Laufflächen (Tires, treads).
[13] Source: Tire manufacturers.

タイヤ空気圧検出システム

用途

タイヤ空気圧検出システム（TPMS）は、車両のタイヤの空気圧力の監視に使用され、空気圧不足によるタイヤの不具合を防止することにより、タイヤの不具合が原因で発生する事故の件数を低減する。

タイヤの空気圧が不足している車両を運転した場合は、タイヤのサイドウォールに高い曲げエネルギーがかかるため、タイヤの摩耗が進む。荷物を満載してまたは高速で運転すると、高い曲げエネルギーによって熱負荷が大きくなり、タイヤのバーストを引き起こすおそれがある。米国では、空気圧の不足によるタイヤのバーストが原因の重大な死亡事故が続発したため、今後は低いタイヤ空気圧を初期段階で運転者に警告するために、米国全体でのタイヤ空気圧検出システムの導入を義務化する法令（NHTSA Tread Act）が可決された。2007年9月以降は、タイヤの損傷と、タイヤのゴム素材からの空気の拡散による長期間での圧力低下の両方を検出するタイヤ空気圧検出システムの装備が、すべての新車に義務づけられている。

しかしながらタイヤ空気圧は、交通の安全性の観点から重要なだけではない。タイヤ空気圧は、乗り心地、タイヤの寿命、および燃料消費率にも大きな影響を与える。市街地での運転時に空気圧を0.6バール低下させると、燃料消費率は最大で4％上昇し、タイヤの寿命が最大で50％縮まる可能性がある。欧州連合（EU）では、CO_2排出量の削減を促進するため、2012年10月以降のすべての新車へのタイヤ空気圧検出システム装備を定めた決定が下されている。

今日でもすでに、ランフラット特性を持つタイヤの割合が増加しており、運転者がドライバビリティーの変化によりタイヤの大幅な空気圧低下（「パンク」）に気付くことができなくなっているため、タイヤ空気圧検出システムの導入が必要になっている。タイヤの空気圧が大幅に低下したにもかかわらず運転者がそれと気付かず、パンク時の許容速度および車間距離限界を超えることを防止するため、ランフラット特性を持つタイヤは、タイヤ空気圧検出システムと併用する必要がある。

使用されているタイヤ空気圧検出システムには、基本的に直接測定システムと間接測定システムの2種類がある。

直接測定システム

直接測定システムでは、圧力センサーを備えたセンサーモジュールが車両の各タイヤに設置されている。このモジュールが、タイヤ圧とタイヤ内部のタイヤ温度などのデータを、コード化された高周波伝送リンクでコントロールユニットへと転送する。コントロールユニットはこれらのデータを評価して、個々のタイヤの圧力低下（「パンク検出」）だけでなく、すべてのタイヤの長期間での圧力低下（「漏れ検出」）を検出する。タイヤの空気圧が規定の閾値を下回ったり、圧力変化が一定の値を超えたりした場合は、光または音の信号で運転者に警告する。

センサーモジュールは、通常はタイヤバルブに組み込まれており、一般に、バッテリー電源を使用する。このため他の用途と比較して、電源消費、媒体抵抗、加速度に対する感度に関する要件が追加されることになる。センサーエレメントとして、マイクロメカニカル絶対圧力センサーが使用される。

タイヤの圧力センサーと温度センサーで測定されたデータはセンサーモジュールで処理され、HFキャリア信号（欧州では433 MHz、米国では315 MHz）で調整されて、アンテナを介して発信される。この信号は、ホイールアーチ上または中央受信器（既存のリモートキーレスエントリシステムのコントロールユニットなど）内の個々のアンテナで検出される。

直接測定システムは、固定の圧力低下警告閾値が指定されている場合はリセット機能が不要である。このようなシステムが機能するには、自動車荷重とタイヤサイズにかかわらず、車両の規定空気圧が1つだけであることが必要である。複数の空気圧を車両に設定する必要がある場合は、それに合わせて警告閾値を調整するために、直接測定システムにもリセット機能が必要となる。

直接測定システムの長所は、タイヤの空気圧と温度の正確な測定値が得られることと、その機能が特定のタイヤの種類、車両の状態、および路面の状態に依存しないことである。間接測定システムと比較した場合の直接測定システムの短所は、
– システムコストが大幅に高いこと
– すべての仕様に対する可用性維持のために追加のロジスティクスコストがかかること
– 新しいリムが出現するたびにそれに対応するためのコストが発生すること
– バッテリーを使用するために寿命が短いことである。

間接測定システム

間接測定システムでは、タイヤ空気圧の低下を直接ではなく、派生する変数を使用して測定する。そのためにこのようなシステムでは、すべてのホイールの速度の差の数学的および統計的評価により「パンク検出」を行い、必要な場合は、ホイール固有振動数シフトを評価して「漏れ検出」を行う。これに必要なホイール速度は、アンチロックブレーキまたは走行ダイナミクス制御システムを装備した車両では既存のセンサーで測定され、コントロールユニットに転送される。速度の差は、対応するタイヤの回転円周が圧力低下によって短くなり、そのために残りの3個のホイールと比較して速度が上昇すると発生する。アンチロックブレーキまたは走行ダイナミクス制御システムのソフトウェアアルゴリズムの低コストな機能拡張により実現可能な減法により、3個までのタイヤの大幅な圧力低下の検出が可能となる。個々のホイールのホイール固有振動数スペクトラムを評価すると、4個のホイールすべてで同時に発生した圧力低下の検出が可能となる。一般に最大ホイール固有振動数は、圧力が20 %低下すると40 Hzから約38 Hzにシフトする。

間接測定システムは、必ず公称圧力にキャリブレーションする必要がある。キャリブレーションは、リセットボタンを使用して開始される。リセット機能が作動すると、システムは現在の回転円周とホイール固有振動数特性に基づいて、その後の数キロメートルで学習した値を新しい基準値として保存する。警告機能は、約10分間の運転の後に有効になる。
– 1個以上のタイヤを交換した場合
– タイヤの位置が変わった（前輪と後輪を入れ替えたなど）場合
– タイヤ空気圧が変化した（車両に荷物を満載したなど）場合
– ホイールサスペンションで作業（調整作業、ショックアブソーバーの交換など）を行った場合
には、運転者はリセット機能を作動させてシステムを再キャリブレーションする必要がある。

間接測定システムの長所は、システムコストが比較的安いことと、追加コンポーネントが不要なために車両の寿命より長持ちすることである。システムはホイールではなく車両に依存するため、ロジスティクスやスペアパーツにかかる追加コストは発生しない。短所は、システムがタイヤに依存しているために検出にかかる時間が大きく変わる場合があり、特定の車両で許可されるタイヤの寸法にシステムの機能を適合させるためのコストが高いことである。またシステムは走行距離と路面にも依存しているため、これらが検出時間に影響する。

法的要件への適合

現状では、両方のシステムとも「パンク検出」と「漏れ検出」に関する北米と欧州の法的要件を満たしている。タイヤ空気圧検出システムに関する法規定は、中国と韓国でも起草されている。

タイヤ空気圧制御用ロータリーシール

役割

Turcon PTFEロータリーシール (Turcon Roto L、図1) はタイヤ空気圧制御のために、必要な場合にのみ、しかしながらタイヤ空気圧が上昇または低下した場合には常に、集中タイヤ空気圧システムのシャフト回りをシールするために開発された。従来のシールコンセプトにおいては、シールはそれを支持しているシャフトと常時接触している。このことが摩擦の原因となり、それにより燃料消費量が増加する。空気圧がない状態での作動における摩擦を防止することによりこのロータリーシールは、必然的に燃料消費量を低減させる。

用途

元来 Turcon Roto Lは、路面に応じてタイヤ空気圧を調整するために主にオフロード車両用に開発されたものである。アスファルト路面では高い空気圧が必要とされる一方で、ダートな路面ではタイヤ空気圧は低い方が有利である。

このタイヤ空気圧制御の使用は、商用車にもメリットがある。これによりタイヤ空気圧制御システムを拡張することができ、長い積載部のある、あるいは種々のセミトレーラーを牽引する商用車に対して、個々の路面および積載条件に応じてタイヤ空気圧を最適化できるという利点を提供する。このことは駆動伝達と安全性を向上させ、輸送業者に大幅な燃料節約をもたらすものと考えられる。

高性能車両および乗用車もまたターゲットである。スポーツカーを低速で走行している時は、低いタイヤ空気圧を維持することが必要になる。高速走行時には、タイヤ空気圧を高く設定すること、あるいは路面に応じて各ホイールで異なるタイヤ圧を設定することで、ハンドリング性能が向上する。さらにパンクの際には、システムに空気を充填して最寄りの修理工場までの走行を可能にする安全システムとして使用することもできる。

構造

Turcon Roto Lは、ポリテトラフルオロエチレン (PTFE) 製シールリップとエラストマー製シールボディ、および安定した成形メタルリングを一体化したものである (図2)。シールは、圧力上昇時にシールリップがシール面に押し付けられるように設計されている。空気圧の低下時には、スプリングとして作用する圧力のかかっていないエラストマー領域が、シールリップを元の中立位置に戻す。

シールの摩耗

システム全体の寿命という観点からの Turcon Roto Lの性能にとって重要な効果として、シャフト摩耗の大幅な低減を挙げることができる。これは、非摩滅性鉱物繊維の混合物を充填した特殊シール素材と、シール非作動時の摩擦が少ないことに起因する。

タイヤ空気圧制御システムに今日使用されている従来型の標準的なシールでは、168時間経過後にはすでに約10μmのシャフト摩耗が認められる。これと比較してTurcon Roto Lでは、780時間経過後のシャフト摩耗は約4μmである (図3)。つまり、このロータリーシールを備えたシーリングシステムの寿命は4倍以上長いことになる。

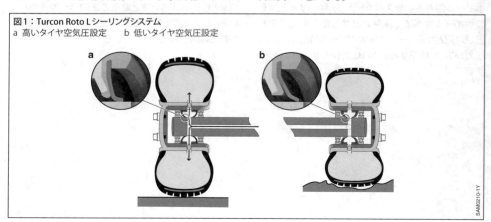

図1：Turcon Roto Lシーリングシステム
a 高いタイヤ空気圧設定　b 低いタイヤ空気圧設定

シールシート

タイヤ空気圧制御用のロータリーシールは、システムに圧力が作用した場合にも密閉性を確保するために、溝に確実に取り付けられている必要がある。これにより、シャフトが軸方向に動く場合にボディの相対運動も防止される。溝の直径誤差はH8であることが求められる（DIN 3760 [1]、ISO 6194-1 [2] および ISO 16589-1 [3] に準拠）。シールに予め他のコンポーネント（たとえばベアリング）による力が作用していないことが重要である。

シャフトの直径誤差はh7であることが求められる。表面は完全に平坦に研磨されている必要がある。このロータリーシールの表面は、$Ra = 0.2 \sim 0.4\ \mu m$、最大Rzは$1.5\ \mu m$であることが推奨される。

利点

このコンセプトの利点の一つとしてシール寿命の延長を挙げることができる。車両内のシールがアクスルシステムの寿命のうちの約10％しか使用されないとしたなら、シールはシステムの全寿命にわたって使用可能な状態にある。

しかしながらより重要なのは、圧力が作用していない状態では摩擦が発生しないことである。これは車両の使用者に大幅な燃料節約をもたらす。このシールでは従来のシールの半分未満の摩擦しか発生しないので、走行中でもタイヤ空気圧を減圧または昇圧することができる。大型商用車のタイヤの場合、タイヤ空気圧の調整には20〜30分の時間が必要になることがある。この調整を車両の走行中に行うことができれば、車両を停止させる必要がなく、使用時間を最大30分長くすることができる。これにより、車両運用の全体コストが低減される。

タイヤ空気圧制御用ロータリーシールの参考文献
[1] DIN 3760: Rotary shaft lip type seals; 1996.
[2] ISO 6194-1: Rotary shaft lip-type seals incorporating elastomeric sealing elements – Part 1: Nominal dimensions and tolerances; 2007.
[3] ISO 16589-1: Rotary shaft lip-type seals incorporating thermoplastic sealing elements – Part 1: Nominal dimensions and tolerances; 2011.

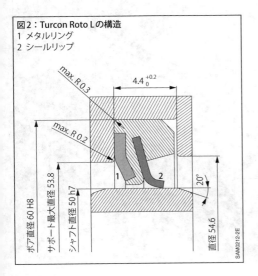

図2：Turcon Roto Lの構造
1 メタルリング
2 シールリップ

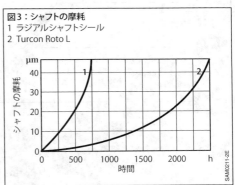

図3：シャフトの摩耗
1 ラジアルシャフトシール
2 Turcon Roto L

ステアリング

自動車のステアリングシステムの目的

あらゆるタイプの車両は、ステアリングにより方向を変更する。モーターサイクルなどの単軌道の車両では、前部のハンドルバーを旋回させて操舵を行う(ステアリングヘッドステアリング)。2軌道の車両では、以下に説明するキングピンステアリングを使用する。

道路走行車両では、フロントアクスルのホイールが操縦される。一部の車両モデルでは、リアアクスルのホイールも操舵される。リアアクスルステアリングは、低速時の回転半径を小さくし、高速時の走行ダイナミクスを増大させる。

キングピンステアリング

キングピンステアリングシステムでは、2個のホイールがそれぞれ、旋回可能なステアリングナックルに固定されている(図1)。ステアリングナックルと固定的に接続されたステアリングアームを介して、回転運動はステアリングギヤボックスにより作動される2本のタイロッドにより伝えられる。ステアリングギヤボックスのケースは、車両に永久接続されている。回転運動は、上端にステアリングホイールが取り付けられたステアリングコラムで伝えられる。

車両重量とホイールと路面の摩擦係数に加え、アクスルの運動もステアリング動作と操舵に使われる力に影響する。トーイン(「自動車技術の基礎」を参照)の結果として、2個のフロントホイールは平行ではなく、直進安定性を高めるために、走行方向に対して前部がわずかに内側に向かっている。キャンバーの結果、各ホイールは路面に正確に垂直ではなく、やや内側に傾いている。このため、車両の内側方向への横力がホイールに働く。この力により直進時にもベアリングにプリテンションがかかり、ステアリングレスポンスと方向安定性が向上する。キングピン傾斜は操舵力に影響を及ぼす。横方向には、ステアリングナックルの回転軸が内側に傾いており、正のキングピン傾斜角に相当する。キングピン傾斜角が小さい場合は操舵力が低下し、大きい場合は、直進位置への自動復帰を助ける。

直進位置への自動復帰は、特にキャスタートレールによって生じる。後退の方向に回転軸が傾くと、回転軸の路面貫通点がホイール接点の前進方向に移動し、その結果ホイールが進行方向に引っ張られる。

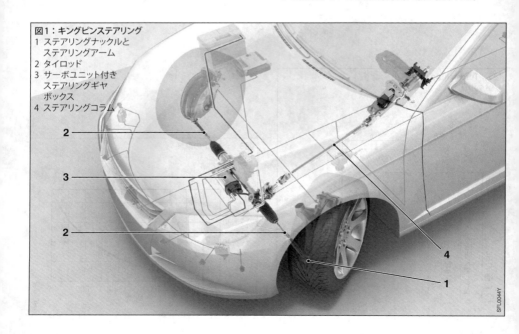

図1:キングピンステアリング
1 ステアリングナックルと
  ステアリングアーム
2 タイロッド
3 サーボユニット付き
  ステアリングギヤ
  ボックス
4 ステアリングコラム

自動車のステアリングシステムの分類

人力ステアリングシステム
必要とされる操舵力は、運転者の筋力のみにより生み出される。現在このステアリングシステムは、最小の車両クラスに使用されている。

パワーアシスト付きステアリングシステム
操舵力は、運転者の筋力と油圧による、あるいは増加傾向にある電気による追加補助力によって生み出される。このステアリングシステムは、現在乗用車や商用車で一般的に使用されているタイプのものである。

パワーステアリングシステム
操舵力は、運転者の筋力以外（外部）の力（機械など）のみにより生み出される。

摩擦ステアリングシステム
操舵力は、タイヤの接触面に作用する力によって生み出される。トラックの被牽引車軸が、このタイプの例である。操舵力と補助力は、機械的、油圧的または電気的に、あるいはこれらの組合せによって伝達される。

ステアリングシステムに関する要求事項

一般要件
ホイールがスムーズに回転してタイヤが過度に摩耗しないようにするため、ステアリング運動全体はアッカーマン条件を満たさなければならない。これは、操舵輪のホイール軸の延長が非操舵軸のホイール軸の延長上の同じポイントで交差することを意味する（図2）。

ステアリング運動学と車軸の設計においては、運転者はホイールと路面間の密着性に関するフィードバックを受け取るが、ステアリングホイールは、ホイールの跳ねる動きや駆動力（前輪駆動車の場合）からはいかなる力も、可能な限り受けないようにしなくてはならない。さらに、減衰特性を使用して、ステアリングトレインで路面の不整などによる振動が発生しないようにする必要がある。

路面状態が一様でないことに起因する衝撃は、できるだけ減衰されてステアリングホイールに伝達されなければならない。しかし、この過程において必要とされる道路から運転者への触覚フィードバックが失われてはならない。

ステアリングホイールをストップ位置からもう一方のストップ位置へ回すための舵角要件は、快適性の観点から駐車時や低速走行時にはできるだけこれを小さくすることである。しかしダイレクトなステアリングレシオが、中高速走行時の車両の安定性を損なうようなものであってはならない。

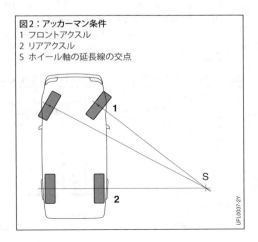

図2：アッカーマン条件
1 フロントアクスル
2 リアアクスル
S ホイール軸の延長線の交点

法的要求事項

ステアリングシステム操作時の変位と時間的同期は法令により義務付けられている。このためには、ステアリングトレインのすべてのコンポーネントで、遊びのない厳密な構造であることが役立つ。また、このような構造では、運転者によるステアリングホイールのわずかな動きも、ステアリングホイールによる方向の変更と見なされる。この特性は、直進位置の範囲で特に重要である。これにより、運転者が疲れることなく、車両を安全かつ正確に操作できる。

さらに法令では、直進位置に自動復帰するステアリング傾向も求められている。これは、ステアリングトレインコンポーネントにおける適切なアクスル運動と低摩擦構造で実現される。

自動車のステアリングシステムに課せられた法的要求事項は、国際規則 ECE-R79 [1] に記載されている。これらの要求事項には、基本的な機能に関する事項と同様に、正常なステアリングシステムと正常でないステアリングシステムの最大許容操作力が含まれる。これらの要求事項は、とりわけ円軌道への進入および脱出時の車両とステアリングシステムの挙動を左右する。要件が多様であるため、ECE-R79 では車両が多様なカテゴリーに分類され、多様な規定が適用される（表1）。

あらゆるクラスの車両に対して次のことが要求される。ステアリングホイールをハーフロックの状態で10 km/h 以上の速度で円軌道コースを走行時にステアリングホイールから手を放しても、車両の回転半径は大きくなるか、少なくとも同じままでなければならない。

表1：ECE-R79における車両の分類

車両クラス	
M1	運転席に加えて8シート以下で構成される、乗客輸送用の車両
M2	運転席に加えて8シート以下で構成される、重量が5トン以下の乗客輸送用の車両
M3	運転席に加えて8シート以下で構成される、重量が5トンを超える乗客輸送用の車両
N1	重量が3.5トン以下の貨物輸送用の車両
N2	重量が3.5トンを超えるが12トン以下の貨物輸送用の車両
N3	重量が12トンを超える貨物輸送用の車両

表2：速度10 km/hでの円軌道コース進入時のステアリング操作力に関する規定

車両クラス	正常なステアリングシステム			正常でないステアリングシステム		
	最大操作力 (daN) [1]	時間 (秒)	回転半径 (m)	最大操作力 (daN) [1]	時間 (秒)	回転半径 (m)
M1	15	4	12	30	4	20
M2	15	4	12	30	4	20
M3	20	4	12 [2]	45	6	20
N1	20	4	12	30	4	20
N2	25	4	12	40	4	20
N3	20	4	12 [2]	45 [3]	6	20

[1] 1 daN＝10 N
[2] この値に到達しない場合はステアリングロック
[3] 摩擦式操舵軸を除き、2本以上の操舵軸の付いたジョイントなし車両の場合は、50 daN

ステアリング **1075**

M1クラスの車両（8シートまでの乗用車）では、車両が半径50 mの円から速度が50 km/hで接線方向へとそれるとき、ステアリングシステムに異常な振動が発生してはならない。他のクラスの車両では、速度40 km/h、あるいは車両がこの速度に達することができない場合には最高速度において、このステアリング特性が立証されなければならない。

パワーアシスト付きステアリングシステム装備車に不具合が発生した場合のステアリング特性についても規定されている。M1クラスの車両では、ステアリングアシスト機構が故障していても、速度10 km/hで走行中、4秒以内に半径20 mの円軌道コースに進入できなければならない。その間のステアリングホイールにおける制御力は、30 daNを超えてはならない（表2）。正常なステアリグシステムの動作に関しても同様である。

ステアリングギヤボックスのタイプ

規定のステアリングシステムに関する要求事項により、2種類の基本的なステアリングボックスタイプが用いられるようになった。両タイプとも純粋な人力ステアリングシステムにも、あるいは適切なサーボシステムと組み合わせてパワーアシスト付きステアリングシステムにも利用可能である。

ラックアンドピニオンステアリング

ラックアンドピニオンステアリングは、非常に一般的に使用されているタイプであり、基本的にステアリングピニオンとラックで構成される（図3）。ステアリングピニオンは、ステアリングホイールとステアリングコラムにより駆動される（図1）。ステアリングレシオはラック行程に対するピニオン回転数（ステアリングホイール回転数）の比率により規定される。

ラックの減速比が一定な機構に対し、ラックギヤの比率を中心位置付近と左右付近で変え、ステアリングギヤ比を変化させることができる機構がある。このようにしてステアリング中心位置付近のギヤ比をあまりダイレクトではない好ましいものにし、車両の直進走

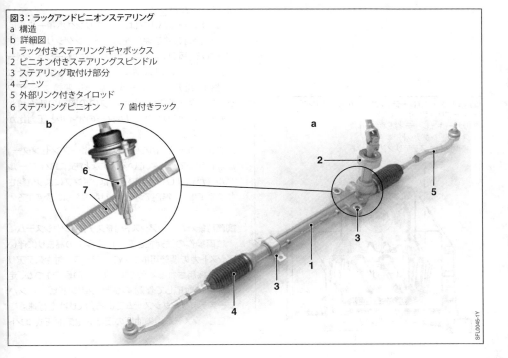

図3：ラックアンドピニオンステアリング
a 構造
b 詳細図
1 ラック付きステアリングギヤボックス
2 ピニオン付きステアリングスピンドル
3 ステアリング取付け部分
4 ブーツ
5 外部リンク付きタイロッド
6 ステアリングピニオン　7 歯付きラック

行時の安定性を向上させることができる。それと同時に、中舵角および大舵角領域（例：駐車時）にダイレクトなギヤ比を設定することで、ステアリングホイールをロック位置からもう一方のロック位置へ回すときの回転数を減らすことができる。

リサーキュレーティングボールステアリング

ステアリングウォームとステアリングナットの間に生じる力は、低摩擦のボール列が循環することにより伝達される（図4）。ステアリングナットは、ギヤ歯が噛み合った状態で、ステアリングアウトプットシャフト上を移動する。可変ギヤ比は、このタイプのステアリングギヤボックスによって可能となる。

ラックアンドピニオンステアリングの性能向上により、リサーキュレーティングボールステアリングは乗用車ではもはや使用されなくなっている。

乗用車用パワーアシスト付きステアリングシステム

車両のサイズと重量の増加、高められた快適性と安全性への必要要件の結果、最近数年でパワーアシスト付きステアリングが小型車セグメントまでの全車両クラスで採用されるようになった。いくつかの例外を除いて、これらのステアリングシステムはすでに標準装備となっている。運転者によってもたらされる操舵力は、油圧または電気サーボシステムによってアシストされている。このサーボシステムは、運転者が常時タイヤと路面間の接触状態に関するフィードバックを良好に受け取り、しかも路面の振動によって生じるマイナスの影響は効果的に減衰させなければならない。

油圧式パワーアシスト付きステアリング

ステアリングボックスの機械的な構造と油圧式サーボシステムの組合せにより、ラックアンドピニオンパワーステアリング（図6）とボールナットパワーステアリングがある。

コントロールバルブ

コントロールバルブは、ステアリングホイールの回転動作に対応する油圧をステアリングシリンダーに供給する（図5）。この目的のために、トーションバースプリングを使用して作動トルクを、バルブ内のそれに比例したアクチュエーター動作に変換する。アクチュエーター動作によりバルブ内の開口の断面積が変化し、ステアリングシリンダーのオイルと圧力比が制御される。

コントロールバルブは、通常「オープンセンター」原理に従って作られている。すなわち、コントロールバルブが作動していないときは、ポンプにより供給されるオイルは、無圧でオイルリザーバーに還流する。

調節可能なパワーアシスト付きステアリングシステム

車両操作の快適性と安全性の要求の高まりに伴い、アシスト力の調節可能なパワーアシスト付きステアリングが採用されるようになった。その例の1つが、走行速度に対応して作動するラックアンドピニオンパワーステアリングシステムである。ECUは走行速度を評価し、システム内の油圧の反応を電気油圧式コント

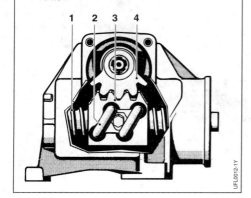

図4：リサーキュレーティングボールステアリング
1 ステアリングウォーム
2 リサーキュレーティングボール
3 ステアリングナット
4 ギヤ歯付きステアリングシャフト

ステアリング 1077

ロールバルブで制御して、ステアリングホイールにおける作動力も制御する。

これにより、駐車時と低速走行時に発生する作動力は小さいが、速度の増加と共に大きくなる。このようにして、高速時でも精密で正確なステアリングが可能となる。

ステアリングシリンダー

ステアリングギヤボックスに組み込まれた複動式のステアリングシリンダーは、制御された油圧を、ラックに作用するアシスト力に変換し、運転者による操舵力を補強する。ステアリングシリンダーは極めて低摩擦であることが必要であるため、ピストンとロッドには、特に高いシール性が求められる。

図5：油圧式パワーアシスト付きステアリングのコントロールバルブの機能原理
a ニュートラルポジションの
　コントロールバルブ
b 作動ポジションの
　コントロールバルブ
1 パワーステアリングポンプ
2 コントロールブッシュ
3 ロータリースライド
4 左シリンダーチャンバー
5 右シリンダーチャンバー
6 オイルリザーバー

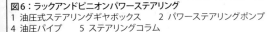

図6：ラックアンドピニオンパワーステアリング
1 油圧式ステアリングギヤボックス　2 パワーステアリングポンプ　3 オイルリザーバー
4 油圧パイプ　5 ステアリングコラム

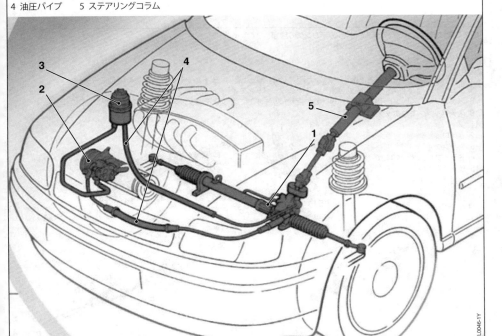

エネルギーソース

エネルギーソースは、オイルフローレギュレーター内蔵のベーンタイプの供給ポンプ（通常は内燃機関により駆動）（パワーステアリングポンプ）、オイルリザーバーおよび接続ホースとパイプ類から構成される。ポンプは、エンジンがアイドリング状態でも、良好な駐車操作に必要な油圧とオイル量が供給できるように設計される。

過負荷から保護するために、ステアリングシステムにはプレッシャーリリーフバルブがあり、通常はポンプに組み込まれている。ポンプと油圧式作動回路の各コンポーネントは、不快な騒音が発生したり、油圧オイルの作動温度が過度に上昇したりしない構造でなければならない。

ステアリングのエネルギー供給ポンプは、エンジンによる駆動に代えて電動モーターで駆動させることもできる。その場合にはポンプは通常、ギヤ式またはローラーセル式ポンプとして設計される。内燃機関から駆動力を得るためのベルトドライブがないので、ポンプはさまざまな位置に取り付けることができる。車速または運転速度のような信号を評価する電子制御モジュールにより、ステアリングに現在必要なエネルギーと走行状況に合わせてポンプの回転速度を調整できるため、エネルギー効率を高めることができる。

電気式パワーアシスト付きステアリング

この数年間に乗用車の分野では、油圧式パワーアシスト付きステアリングに代わって、ほとんどの場合、電気機械式パワーアシスト付きステアリング（EPS、電動式パワーステアリング）が使用されている。1990年頃に超小型車に、その後、2000年頃に小型車に採用された電気式ECUおよびモーターがさらに強化されたため、このシステムは、高級乗用車とSUVでも使用可能になっている。電気機械式パワーアシスト付きステアリングの特徴は、必要なサーボ力を供給する車両電気システムにより作動するECUと電動モーターで構成される電気式ドライブ装置である。このシステムは以下のコンポーネントから成る（図7）。

− ステアリングピニオンと車室内のステアリングホイールを接続するステアリングコラム

− ステアリングの旋回運動をラックの直線運動に変換するステアリングピニオン

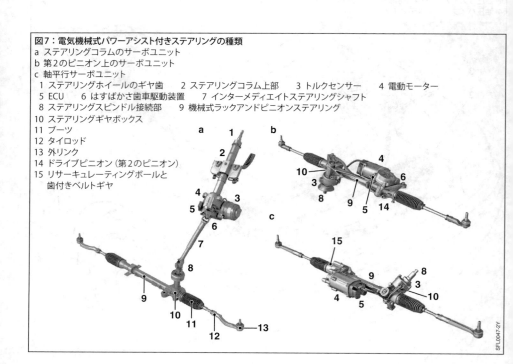

図7：電気機械式パワーアシスト付きステアリングの種類
a　ステアリングコラムのサーボユニット
b　第2のピニオン上のサーボユニット
c　軸平行サーボユニット
1　ステアリングホイールのギヤ歯　2　ステアリングコラム上部　3　トルクセンサー　4　電動モーター
5　ECU　6　はすばかさ歯車駆動装置　7　インターメディエイトステアリングシャフト
8　ステアリングスピンドル接続部　9　機械式ラックアンドピニオンステアリング
10　ステアリングギヤボックス
11　ブーツ
12　タイロッド
13　外リンク
14　ドライブピニオン（第2のピニオン）
15　リサーキュレーティングボールと歯付きベルトギヤ

ステアリング **1079**

− タイロッドとリンクを介してホイールに接続される
ラック
− 必要なサポートステアリングトルクを算出するため
の情報を記録するためのセンサー
− マイクロプロセッサー搭載の電気式ECU、電動モー
ター、補助ステアリングトルクを発生させてステア
リングトレインへと伝達する減速ギヤで構成される
サーボユニット

種類

モーターとステアリングボックスとの機械的結合は、
ステアリングコラム、ステアリングピニオンまたはラッ
クドライブとして実現される。

ステアリングコラムのサーボユニット

サーボユニットは、付属する電子部品と共にステア
リングコラムに組み込まれている（図7a）。またユニ
バーサルジョイントを持つインターメディエイトステア
リングシャフトを介して、機械式ラックアンドピニオン
ステアリングに接続されている。電動モーターにより
生成されたトルクは、はすばかさ歯車駆動装置（図8）
を介して補助トルクに変換され、ステアリングコラム
に伝達される。はすばかさ歯車駆動装置の隣りには、
センサー部品とトーションバースプリングがある。

このシステムは、操舵力の小さい車両（超小型車お
よび小型車）で使用される。

第2のピニオン上のサーボユニット

サーボユニットが第2のピニオンに取り付けられ
ており（図7b）、センサー装置とドライブ装置が別に
なっている。はすばかさ歯車駆動装置（図8）が、電動
モーターが生成するトルクをサーボ補助トルクに変換
し、それをラックに伝達する。ドライブピニオンレシ
オはステアリングレシオの影響を受けない。これによ
り、出力が最適化された構造が可能になり、システム
出力が10％〜15％向上する。

このシステムは中型車に使用される。

軸平行サーボユニット

このシステムは、ステアリングホイールの回転運動
をラックの直線運動に変換するために、歯付きベルト
とリサーキュレーティングボールギヤによるギヤの原
理を使用する。リサーキュレーティングボールのシス
テムは、ボールスクリュードライブで使用される。ボー

ルチェーンが、リサーキュレーティングボールナットに
刻まれた溝を通って戻される。スリップしない歯付き
ベルトは、確実にトルクを伝達できる。

このシステムは、操舵力の高い車両（スポーツカー、
高級中型車、オフロード車、小型商用車）で使用される。

サーボモーター

サーボモーターとしては、ブラシDCモーターある
いはブラシレスDCモーターが使用される。ステアリ
ングに要求される性能と減速ギヤの構造に応じて、こ
れらのモーターにより生成されるトルクは3〜10 Nm
である。

モーターの起動とその消費電力は、必要に応じて
制御される。つまり、アシスト電力が必要な場合にの
み、車両の電気システムへの負荷が、予備の供給電力
を超えて増大する。

減速ギヤ

減速ギヤには、主に2つの原理が使用されている。

図8：はすばかさ歯車駆動装置
1 はすばかさ歯車
2 ドライブピニオン
3 過負荷安全装置
4 位置決めベアリング
5 ハウジング
6 ウォーム
7 減衰エレメント

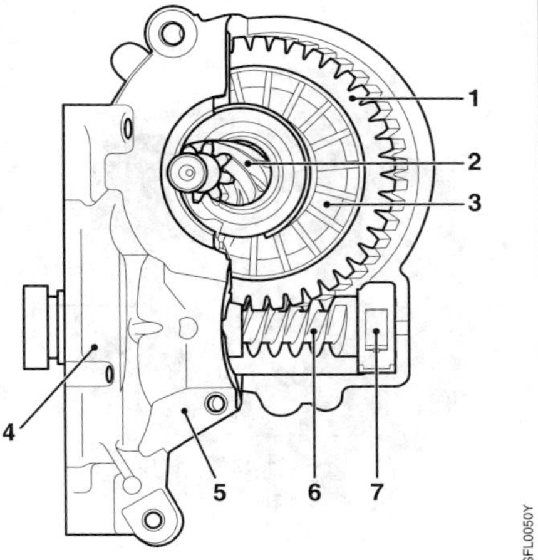

SFL0050Y

1080 シャーシ

はすばかさ歯車駆動装置

はすばかさ歯車駆動装置が使用されている場合（図8）には、モーターはすばかさ歯車に噛み合うウォームを駆動し、それがステアリングアウトプットシャフト、ステアリングピニオン、または別のドライブピニオン（図8）に作用する。はすばかさ歯車駆動装置の設計の際には、ラック力の結果として逆回転の生じた場合に装置が自動的にロックしないようにすることが重要である。

リサーキュレーティングボールギヤ

リサーキュレーティングボールギヤが使用されている場合（図9）には、モーターが直接、または上流側ベルト伝達段階で低減されて、ボールスクリュードライブを駆動する。これにより、回転運動がラックの直線運動に変換される。

トルクセンサー

必要に応じたアシスト力を提供するために、運転者による手動トルクが、ステアリングシステムに組み込まれているトルクセンサーで測定され、必要なサーボ力がECUで計算され、それに従ってモーターが起動される。アシスト力は、モーターよりトルク制御に基づいて提供される（「トルクセンサー」を参照）。

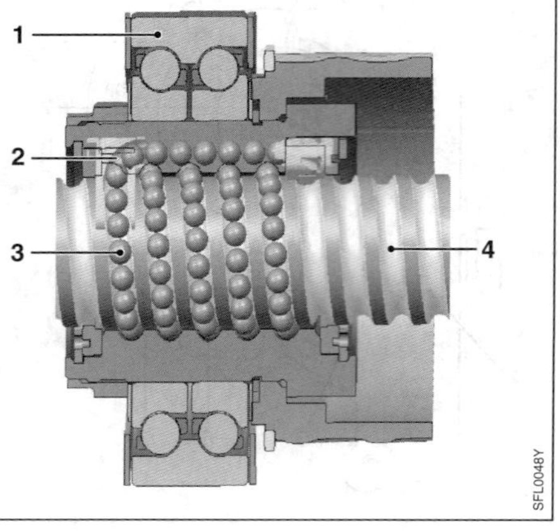

機能

ECUソフトウェアにはさらなる機能が提供されていて、ステアリング動作を最適化する。この目的のために、ECUは車両またはステアリングからのその他の信号（走行速度、実舵角、ステアリングトルク、運転速度）を評価する。これにより、ステアリングホイールのリセット動作が、追加のモータートルクにより実舵角と走行速度の関数として最適化される。同様に、減衰機能は、走行速度と運転速度に関する情報によって実現される。この機能は、ステアリングの直進安定性の維持に役立つため、高速走行時の車両の直進安定性が保たれる。

ステアリングECUとその他のECUによる車内ネットワークの形成により、電気機械式パワーアシスト付きステアリングによるアシスト機能が実現され、快適性と安全性が向上する。

電動モーターを実際の必要電力量に応じて制御することで、車両のエンジンによって駆動されるポンプによる油圧式パワーステアリングに比べて、平均約0.3 l/100 kmの燃料が節約できる。市街地における運転では、燃料の節約は最大0.7 l/100 kmまで向上する。

エネルギー供給またはステアリングアシストに不具合が生じた場合でも運転者は機械的に操舵を続けられるが、手動ステアリングトルクが高くなる。

スーパーインポーズステアリング

スーパーインポーズステアリングシステムでは、運転者がステアリングホイールで設定した操舵角に追加の操舵角を加えるか、あるいは減じることができる。このシステムは、通常はパラメーター設定が可能な油圧式または電気式パワーアシスト付きステアリングシステムと組み合わされて用いられる。運転者による操舵角に追加の操舵角を重合（スーパーインポーズ）することで車両の自動運転が可能になるわけではないが、走行状況に最適なステアリング特性を提供し、それにより最高の快適性と方向安定性をもたらす。走行ダイナミクス制御システムとネットワーク化されると、運転者に依存しないステアリング調整により、危険な走行状況における安全性をさらに向上させることができる。このようなステアリングシステムは、BMW社のアクティブステアリングおよびAudi社のダイナミックステアリングとして知られていて、既に量産されている。

図9：リサーキュレーティングボールギヤ
1 ボールベアリング
2 戻り溝
3 ボールチェーン
4 ラック

SFL0048Y

技術的ソリューション

運転者の操作による操舵角から独立した操舵角の重合は、現在のところ2つの異なるソリューションにより実現されている。

プラネタリーギヤセット

ギヤ比が異なるギヤステージを備えたツインプラネタリーギヤセットは、ステアリングトレインの共通のプラネタリーギヤキャリアに組み込まれている（図10）。これは、ステアリングホイールと操舵輪とが常に機械的に連結されていることを意味する。ギヤステージのギヤ比が異なるので、プラネタリーギヤキャリアの回転により追加の操舵角が設定される。角度の設定は、プラネタリーギヤキャリアのウォームギヤを駆動する電動モーターによって行われる。

ハーモニックドライブ

この場合の操舵角の重合ユニットは、ハーモニックドライブと中空軸を備えた電動モーター（図11）で構成されている。非常にコンパクトな設計により、取付けスペースと衝突特性に関する要求事項に関して妥協することなくステアリングコラムに組み入れることができる。ステアリングホイール側のシャフト（インプットシャフト）は、フレックススプラインと確実に接続されている（図12）。ステアリングホイールの回転運動は、フレックススプラインの歯（フレキシブルボールベアリング部分の歯は外側を向いている）を介して、アウトプットシャフトの内歯ギヤの歯（サーキュラースプライン、歯は内側、アクスル方向を向いている）へと伝達される。フレックススプライン内の楕円形インナーローター（シャフトジェネレーター）は電動モーターによって駆動し、フレックススプラインとサーキュラースプラインの歯数が異なることにより、重合舵角

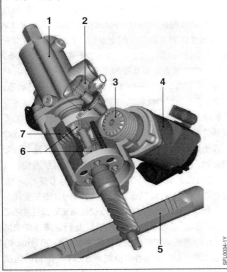

図10：スーパーインポーズステアリングの
　　　プラネタリーギヤセット
1 バルブ
2 電磁ロック
3 ウォーム
4 電動モーター
5 ラック
6 プラネタリーギヤ
7 ウォームギヤ

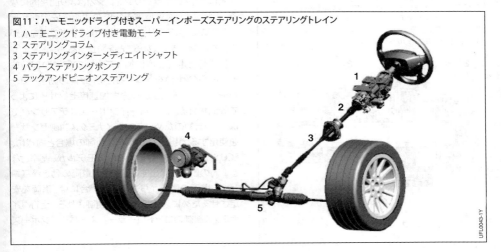

図11：ハーモニックドライブ付きスーパーインポーズステアリングのステアリングトレイン
1 ハーモニックドライブ付き電動モーター
2 ステアリングコラム
3 ステアリングインターメディエイトシャフト
4 パワーステアリングポンプ
5 ラックアンドピニオンステアリング

が生成される。フレキシブルボールベアリングの軌道輪は、楕円形インナーローターのシャフト動作に従い、このシャフト動作をフレックススプラインに伝達する。ここでも、ステアリングホイールと操舵輪はハーモニックドライブを介して常に機械的に結合されている。

過負荷がかかった場合、または故障した場合、電動モーターは電気機械式ロックによって遮断され、これによりステアリングを確実に機械的に直接操作できるようになる。

作動コンセプト

スーパーインポーズステアリングのECUは、必要なセンサー情報の妥当性をチェックして、この情報を評価する。ECUは電動モーターのセットポイント角を計算し、内蔵されているファイナルステージを介して電動モーターを作動させるパルス幅変調信号を生成する。電動モーターは、ローターポジションセンサーを内蔵したブラシレスDCモーターである。車両システム電圧が12Vのとき、モーターの最大電流は40Aである。ローターポジションセンサーにより、コントロールユニットは電子的な整流とそれによるモーターの回転方向の制御を行うことができる。またコントロールユニットは、コントロールユニットソフトウェアの総和アルゴリズムを利用して、設定された総追加操舵角を計算してチェックする。

有効な操舵角、すなわちステアリング操舵角および電動モーターの重合操舵角の合計はECUによって計算され、パートナーコントロールユニットは車両の通信バスを介してこれを利用することができる。

セットポイント値

スーパーインポーズステアリングECUにより計算された有効な操舵角のセットポイント値は、ステアリング快適性に関する部分的セットポイント値と車両安定性に関する部分的セットポイント値で構成される。これらの変数を計算するのに必要な信号は、CANバスを介してコントロールユニットにより読み取られる。

ステアリングの快適性に関する部分的セットポイント値は、速度に応じた可変ステアリングレシオとして実現される。値は、操舵角と走行速度の入力変数から算出される。車両が停止状態あるいは低速走行の際には、運転者が設定する操舵角に角度が追加される。これにより、ステアリングレシオがよりダイレクトになる。運転者は、ステアリングホイールを完全1回転させなくてもホイールをロック位置まで操舵することができる。この操舵角の追加は、走行速度が増すにしたがい連続的にに少なくなる。約80～90km/hの速度以降では、運転者の操舵角からある割合の角度が差し引かれてステアリングレシオはより間接的になる。これにより高速直進走行時の車両の安定性が増すと同時に、ステアリングの動きが速すぎて運転者が車両を制御できなくなることを防止する。

操舵角と走行速度に加えて車両安定性の部分的セットポイント値を計算するため、車両の動きがヨーレートセンサーおよび横方向加速度センサーによって計測される。スーパーインポーズステアリングでは、この目的のために走行ダイナミクス制御センサーを使用する。走行ダイナミクス制御の場合と同様に、ECUソフトウェアで作動する計算モデルが、基準となる車両の動きを算出する。実際の車両の動きが基準となる車両の動きから逸脱した場合には、車両を安定させるためにステアリングが制御される。走行ダイナミクス制御のコントローラーとスーパーインポーズ

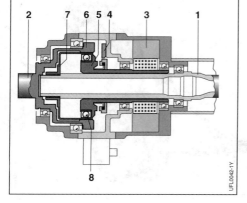

図12：ハーモニックドライブ付きスーパーインポーズ
　　　　ステアリングのアクチュエーター
1　インプットシャフト
2　アウトプットシャフト
3　電動モーター
4　ローターポジションセンサー
5　楕円形インナーローター（シャフトジェネレーター）
6　インターナルギヤ（サーキュラースプライン）
7　フレックススプライン
8　フレキシブルボールベアリング

ステアリングが連携して最適の効果をあげるように、2つのシステムは継続的に情報を交換する。

安全コンセプト

　使用されるすべての内部信号および外部信号は、コントロールユニットで継続的に監視され妥当性がチェックされる。センサー信号が妥当性を欠いた場合には、まず最初にその信号に基づく追加ステアリング機能が無効になる。例えば、車両周りの垂直軸（ヨーレート）を計測するヨーレートセンサーが機能しない場合、スーパーインポーズステアリングシステムのヨーレート制御が無効になる。可変ステアリングレシオは有効のままである。

　故障により電動モーターを安全に起動することができない場合、システムは完全にシャットダウンされ、ギヤステージの自動ロックと電気機械式ロックにより、ステアリングホイールの操作を直接操舵輪に反映させる機能が確保される。このフォールバックレベルは、内燃機関が作動していないときは、電源電圧が供給されない場合でも常に自動的に有効となる。

商用車用パワーアシスト付きステアリングシステム

全油圧式パワーアシスト付きステアリング

　流体静力学的ステアリングシステムは、油圧式アシスト付きステアリングシステムである。運転者の操舵力は油圧により増大され、油圧のみによって操舵輪に伝達される。機械的接続がないため、許容最高速度は各国の法規により制限されている。ドイツでは25 km/hに制限されている。システム構成と緊急時のステアリング特性に応じて、62 km/hまでの速度が許容される。このため、このシステムの使用は作業機械および特殊車両に限定されている。

商用車用シングルサーキットのパワーアシスト付きステアリングシステム

　商用車には、通常ボールナット式パワーステアリングが装備されている（図13）。コントロールバルブはステアリングボックスに内蔵されており、ステアリングウォームと共に単一ユニットを形成している。ステアリングホイールの回転運動は、エンドレスボールチェーンを介してボールナットに伝達される。ボールナットの短い歯はセグメントシャフトの歯と噛み合う。セグメントシャフによる回転運動は、ステアリング

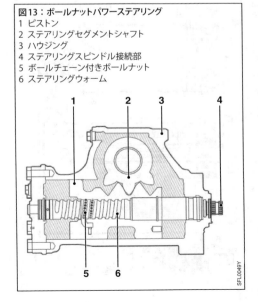

図13：ボールナットパワーステアリング
1　ピストン
2　ステアリングセグメントシャフト
3　ハウジング
4　ステアリングスピンドル接続部
5　ボールチェーン付きボールナット
6　ステアリングウォーム

アームを介してステアリングリンケージと操舵輪に伝達される。

サーボ力の生成は、ラックアンドピニオンパワーステアリングの場合と同じようにロータリースライドバルブによって制御される。ステアリングシリンダーは、ボールナットハウジングとステアリングボックス間のシール面により形成される。ハウジングの外側に追加のラインが不要なので、堅牢でコンパクトな高出力のステアリングボックスとなる。

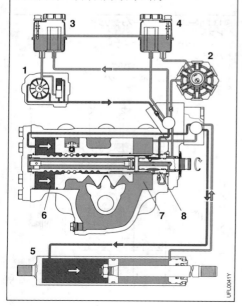

図14：デュアルサーキットのパワーアシスト付きステアリング
1　ステアリングポンプ1
2　ステアリングポンプ2
3　オイルリザーバー1
4　オイルリザーバー2
5　ステアリングシリンダー
6　左シリンダーチェンバー
7　右シリンダーチェンバー
8　デュアルサーキットステアリングバルブ

重量のある商用車用デュアルサーキットの
パワーアシスト付きステアリングシステム

パワーアシストシステムの故障時にステアリングホイールで必要となる操作力がECE-R79 [1]の法令に定めた値よりも大きくなる車両には、デュアルサーキットステアリングシステム（図14）が必要になる。このステアリングシステムの特徴は、重複する油圧回路（冗長回路）を備えていることである。システムの両方のステアリング回路は、流量インジケーターにより機能が監視され、不具合は運転者に通報される。相互に独立したステアリング回路に供給するためのポンプは、異なる方法で駆動されなければならない（例：エンジン回転数感応式、走行速度感応式、電動式）。ステアリングシステムの故障またはエンジンの故障などが原因で一方の回路が故障した場合でも、車両はまだ使用可能な冗長回路により法律の規定従って操舵することが可能である。

デュアルシステムは、内蔵された2番目のステアリングバルブを備えたボールナットパワーステアリングの形式をとる。この2番目のバルブは、外側に追加で取り付けられたステアリングシリンダーを制御し、それによってボールナットステアリングの既存のサーボシステムに対する冗長性を確保する。

参考文献
[1] ECE-R79: Uniform provisions concerning the approval of vehicles with regard to steering equipment.

ブレーキシステム

定義と原理

（ISO 611 [1] およびDIN 70024 [2] に準拠）

ブレーキ系（ブレーキシステム）

　車両のブレーキシステム全体を指し、車両を減速、停止させる機能や、車両を停止させた状態に保つ機能を果たす。

各種ブレーキシステム

常用ブレーキ

　走行中に、運転者が直接的または間接的に車両を減速または停止させるためのブレーキシステム。

非常ブレーキ（緊急ブレーキ）

　常用ブレーキ故障時に、運転者が直接的または間接的に車両を減速または停止させるためのブレーキシステム。

駐車ブレーキ

　特に運転者が乗車していないときに、坂道でも車両を停止状態に保つための機械式ブレーキシステム。

補助ブレーキ

　常用ブレーキを補助するもので、常用ブレーキ（摩擦ブレーキ）をほとんど摩耗させることなく、車両を減速させたり長い下り坂をほぼ一定の速度で走行させたりすることが可能なブレーキシステム。補助ブレーキは、1台または複数のリターダーを備えていることがある。

自動ブレーキシステム

　故意にまたは意図しない状態で牽引車からトレーラーが切り離されたとき、自動的にトレーラーを制動させる補助的なブレーキシステム。

電子制御ブレーキシステム（ELB、EHB）

　電子制御システムにより生成／処理された電気信号により制御されるブレーキシステム。電気出力信号が、作動力を生成するコンポーネントを制御する。

構成要素

エネルギー供給装置

　制動に必要なエネルギーを供給し、必要に応じてそれを調整するためのコンポーネント。エネルギー供給装置の終点は、伝達装置の始点、したがって種々のブレーキシステムの回路（装備されている場合には追加システムの回路も含む）がエネルギー供給装置から、あるいは回路が相互に分離されるポイントである。

　エネルギーソースはエネルギー供給装置の一部で、エネルギーを生み出す。エネルギーソースは車外に設置される場合もある（トレーラーのエアブレーキシステムの場合など）。また、運転者の操作（筋力）も1つのエネルギーソースである。

制御装置

　ブレーキシステムを作動させ、制動力を制御するコンポーネント。制御信号は制御装置内を、機械的に、空圧により、液圧により、あるいは電気的な方法により転送される。その際には、補助エネルギーあるいは運転者の筋力によらないエネルギーの使用も考えられる。

　制御装置の起点は、操作力が直接供給される部分である。制御装置は次のように作動する。

- 運転者の手または足によって直接に力が加えられて作動する
- 運転者が間接的に作動させる。または運転者の操作なしに作動する（トレーラーの場合のみ）
- 牽引車のブレーキシステムを作動させたとき、牽引車とトレーラー間の接続配管における圧力変化、または接続配線を流れる電流の変化に応じて作動し、さらに接続の故障時にも作動する
- 車両の慣性力または車両の主要コンポーネントの重量により作動する

　制御装置の終点には、伝達装置の起点、またはエネルギーの一部が制動力制御のために使われるコンポーネントがある。

伝達装置

供給装置から供給されるエネルギーおよび制御装置により制御されるエネルギーを伝達するコンポーネント。伝達装置の始点は、制御装置の終点あるいはエネルギー供給装置の終点である。伝達装置の終点には、車両の動きまたは動こうとする力に対抗する力を生み出すコンポーネントがある。伝達装置の方式には、機械式、液圧式、空気圧式（正圧または負圧）、電気式、または併用式（液圧／機械式または液圧／空気圧式など）がある。

ブレーキ機構

摩擦ブレーキ（ディスクブレーキまたはドラムブレーキ）や、補助ブレーキ（エンジンブレーキ、流体式または電磁式リターダー）など、車両の動きまたは動こうとする力に対抗する力を生み出すコンポーネント。

トレーラー用牽引補助装置

牽引車のブレーキシステムに含まれるこのコンポーネントは、トレーラーのブレーキシステムにブレーキ動力を供給し、それを制御する。牽引車側のブレーキ動力源とトレーラーの接続器（供給配管を含む）の間のコンポーネント、および牽引車側の伝達装置とトレーラーの接続器（ブレーキ配管を含む）の間のコンポーネントで構成される。

エネルギー供給装置によるブレーキシステムの分類

人力ブレーキ

常に運転者自身の肉体的労力（筋力）によって、制動力の発生に必要なエネルギーを供給するブレーキシステム。

エネルギーアシステッドブレーキ

運転者自身の肉体的労力および1つ以上のエネルギー供給装置によって、制動力の発生に必要なエネルギーを供給するブレーキシステム。

非人力ブレーキ

運転者自身の肉体的労力以外の、1つ以上のエネルギー供給装置によって、制動力の発生に必要なエネルギーを供給するブレーキシステム。これは、システムの制御にのみ使用される。

注：エネルギー供給装置が機能を完全に失ったときに、運転者の操作によって制動力を確保できるブレーキシステムは、非人力ブレーキの範疇に含まれない。

慣性式自動ブレーキシステム（慣性ブレーキ）

牽引車側に接近しようとするトレーラーの力（慣性力）を利用して、制動力の発生に必要なエネルギーを生み出すブレーキシステム。

重力式自動ブレーキシステム

トレーラーの一部の部品（トレーラーバー）の落下から生じる重力によって、制動力の発生に必要なエネルギーを生み出すブレーキシステム。

伝達装置によるブレーキシステムの分類

シングルサーキットブレーキ（一系統ブレーキ）

単一の回路によるエネルギー伝達装置を備えるブレーキシステム。伝達装置は単一回路で構成されていて、回路に不具合が発生した場合にはその伝達装置はブレーキを作動させる力を伝達できなくなる。

マルチサーキットブレーキ（多系統ブレーキ）

複数の回路によるエネルギー伝達装置を備えるブレーキシステム。伝達装置は複数の回路で構成されていて、1つの回路に不具合が発生した場合にも伝達装置はブレーキを作動させる力を完全に、あるいは部分的に伝達でる。

連結車両用ブレーキシステムの分類

シングルラインブレーキ（単列配管ブレーキ）

1本の配管で、牽引車とトレーラーのブレーキエネルギーの供給や制御を行うよう構成したブレーキシステム。

デュアル／マルチラインブレーキ（複列配管ブレーキ）

独立した複数の配管で、牽引車とトレーラーのブレーキエネルギーの供給と制御を別々に、また同時に行うよう構成したブレーキシステム。

貫通ブレーキ

下記の特徴を持つ連結車両用ブレーキシステムの組合せ。

- 運転者が運転席から1回の操作で牽引車のブレーキ機構を直接作動させ、トレーラーのブレーキ機構を間接的に作動させることができる。その際、制動力の強さは調整可能である
- 各連結車両の制動に必要なエネルギーが、同一のエネルギーソース（通常、運転者の肉体的労力）から供給される
- 各車両のブレーキを同時に、または適切な段階を経て操作できる

半貫通ブレーキ

下記の特徴を持つ連結車両用ブレーキシステムの組合せ。

- 運転者が運転席から1回の操作で牽引車のブレーキ機構を直接作動させ、トレーラーのブレーキ機構を間接的に作動させることができる。その際、制動力の強さは調整可能である
- 各連結車両の制動に使用されるエネルギーは、2つ以上の異なるエネルギーソースから（通常、その内の1つは運転者の肉体的労力）供給される
- 各車両のブレーキを同時に、または適切な段階を経て操作できる

不貫通ブレーキ

貫通ブレーキ、半貫通ブレーキ以外の連結車両用ブレーキシステムの組合せ。

ブレーキシステムの制御ライン

電線および導体：電気エネルギーを伝達する。

パイプ：剛体材、半剛体材、または柔軟材で作られたパイプを用いて、液圧または空気圧を伝達する。

連結車両のブレーキ装置を接続するライン（配管）

供給ライン：牽引車側からトレーラー側のエネルギー蓄積器にエネルギーを供給する配管。

制御ライン：制御に必要なエネルギーを、牽引車側からトレーラー側に供給する専用制御ライン。

共用ライン：供給ラインと制御ラインの両方の機能を持つ配管（シングルラインブレーキシステム）。

セカンダリーブレーキライン：トレーラーの非常ブレーキに必要なエネルギーを、牽引車側からトレーラー側に伝達する配管。

ブレーキ力学

制御装置の作動開始から制動終了までに生じる力学的現象。

漸進的制動

制御装置の正常な作動範囲内で、運転者がブレーキを操作し、いかなるときでも制動力の加減を細かく調節できる制動のこと。制御装置に作用する力の増大により制動力が増大した場合、逆向きの力によりこの力を低減する必要がある。

ブレーキシステムヒステリシス：同じ制動トルクを発生させる場合において、ブレーキをかけるときと、解除するときの操作力の差。

ブレーキヒステリシス：同じ制動トルクを発生させる場合において、ブレーキをかけるときと、解除するときの作動力の差。

力およびトルク

操作力 F_c：制御装置に与える力。

作動力 F_s：摩擦ブレーキにおいて、ブレーキパッドまたはブレーキライニングに作用する力の合計で、摩擦効果により制動力を生成する。

制動トルク：作動力に起因する摩擦力と、これらの力の作動ポイントとホイールの回転軸との距離との積。

総制動力 F_f：ブレーキシステムの作用により生み出され、すべての車輪の接地面において、車両の動きまたは動こうとする力に対抗する制動力の総和。

制動力配分：総制動力 F_f に対する%で示した各アクスルにおける制動力の配分量。例：フロントアクスル60 %、リアアクスル40 %。

ブレーキファクター（ブレーキ効力係数）C^*：総円周力とそれぞれのブレーキの作動力との関係。

$$C^* = \frac{F_u}{F_s}$$

F_u　摩擦力の総和
F_s　作動力

ブレーキシューごとにかかる作動力が異なる場合は平均値を用いる（i：ブレーキシューの数）：

$$F_s = \sum \frac{F_{si}}{i}$$

時間

反応時間（図1を参照）：ブレーキ操作を知覚してからブレーキ操作を開始するまでの時間（t_0）。

制御装置の作動時間：制御装置に力が作用した瞬間（t_0）から、制御装置が操作力（あるいはその操作経路）に応じてその最終位置に達するまでの時間（ブレーキの作動解除時も同様）。

効き遅れ時間 $t_1 - t_0$：制御装置へ操作力を与え始めた時点から、作動力が生じ始める（ブレーキライン内に圧力が生じ始める）までの時間。

圧力立上り時間 $t_1' - t_1$：制動力が効果を発揮し始めてから特定のレベルに達するまでの時間（EU Directive 71/320/ EEC [3]、Annex III/2.4によれば、ホイールブレーキシリンダー内の安定圧力の75 %）。

効き遅れ時間と圧力立上り時間：初期応答時間と圧力立上り時間の合計は、ブレーキシステムのフルブレーキ効果に達するまでの時間挙動を評価するために使用される。

有効制動時間 $t_4 - t_1$：制動力が作用し始めた時点から、作用しなくなるまでの時間。制動力が作用しなくなる前に車両が停止した場合は、停車した時点を総制動時間の終了とする。

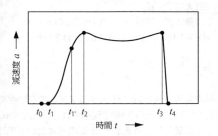

図1：車両停止までの制動時間と減速度

t_0 まで：　反応時間
t_0：　制御装置に最初に作動力をかけた時点
t_1：　減速開始時間
t_1'：　立上り時間の終了時点
t_2：　最大減速度時点
t_3：　最大減速度の終了時点
t_4：　制動の終了時点（車両停止）
$t_1 - t_0$：　効き遅れ時間
$t_1' - t_1$：　圧力立上り時間
$t_3 - t_2$：　平均最大減速時間
$t_4 - t_1$：　実制動時間
$t_4 - t_0$：　制動時間

1090 シャーシ

解除時間：制御装置が解除動作を開始してから制動力が作用しなくなるまでの時間。

総制動時間 $t_4 - t_0$：制御装置に力が作用し始めてから制動力が作用しなくなるまでの時間。制動力が作用しなくなる前に車両が停止した場合は、停車した時点を総制動時間の終了とする。

制動距離 s

総制動時間内に車両が走行した距離。車両停止の瞬間が総制動時間の終了とみなされる場合、それまでに車両が走行した距離は「停止距離」と呼ばれる。

制動仕事（吸収エネルギー）W

制動距離 s の範囲で、瞬間の総制動力 F_f を微小移動量 ds で積分した値。

$$W = \int_0^s F_f \, ds$$

瞬間制動力 P

瞬間の総制動力 F_f と車速 v の積。

$$P = F_f \, v$$

制動減速度

ブレーキシステムによって得られる単位時間 t 当たりの速度の減少。減速度には以下の違いがある。

瞬間減速度

$$a = \frac{dv}{dt}$$

一定の時間内の平均減速度

t_B から t_E までの時間内における平均減速度は以下の式より得られる。

$$a_{mt} = \frac{1}{t_E - t_B} \int_{t_B}^{t_E} a(t) \, dt$$

すなわち

$$a_{mt} = \frac{v_E - v_B}{t_E - t_B}$$

ここで v_B および v_E は、時間 t_B および t_E における車速。

一定の距離内の平均減速度

s_B から s_E までの2点間における平均減速度。

$$a_{ms} = \frac{1}{s_E - s_B} \int_{s_B}^{s_E} a(s) \, ds$$

すなわち

$$a_{ms} = \frac{v_E^2 - v_B^2}{2_{(s_E - s_B)}}$$

ここで v_B および v_E は、地点 s_B および s_E における車速。

総制動距離における平均制動減速度

平均制動減速度は、以下の方程式で計算される。

$$a_{ms0} = \frac{-v_0^2}{2 s_0}$$

ここで v_0 は、時間 t_0 と関連する（a_{ms} の特例、$s_E = s_0$ の場合）。

平均最大減速度 d_m

平均最大減速度は、$v_B = 0.8 \, v_0$ および $v_E = 0.1 \, v_0$ という条件の場合、以下の方程式で計算される。

$$d_m = \frac{v_B^2 - v_E^2}{2_{(s_E - s_B)}}$$

平均最大減速度は、ブレーキシステムの有効性の尺度としてECE規則13 [6]で使用されている。この d_m には正の値が使われるため、上記の式において車速の減算式の順序が逆になっている（制動距離と制動減速度とを関連付けるために、制動減速度を移動距離の関数として表す必要がある）。

制動率 z

総制動力 F_f とアクスルにかかる総静的重量 G_s の比。

$$z = \frac{F_f}{G_s}$$

ブレーキシステム **1091**

法規

車両のブレーキシステムに関する一般認証は、ブレーキシステムが以下の規則に準拠している場合にのみ認められる：

– StVZO第41条[4]（ドイツ道路交通許可規則）とStVZO第72条[5]および関連の指令。
– 欧州共同体理事会指令（RREG）71/320/EEC [3]、関連修正指令および付属文書。
– ECE規則R13 [6]、R13H [7]、R78 [8]

StVZO第41条では、種類、総重量、適用範囲、登録日、種類別最高速度によりブレーキシステムに関する要求事項が異なる。EC指令では、要求項目が個々の車両クラスごとに割り振られている。車両クラスは以下のとおりである。

– M1、M2、M3：4輪以上の乗用車
– N1、N2、N3：4輪以上の商用車
– O1、O2、O3、O4：トレーラーおよびセミトレーラー
– L1、L2、L3、L4：オートバイ、三輪車

StVZO第41条で規定されている平均最大減速度に関する値は、たとえばドイツにおいて求められる既に登録され道路で使用されている車両に対する繰返しの検査（全般検査、安全検査）には適用されない。これらの検査には、StVZO第29条[9] 第1項、付属文書VIIIが、付属文書VIIIa、全般検査を行うためのガイドラインおよび安全検査を行うためのガイドラインとともに適用される。

制動装置に関するStVZO第41条とECE-R13Hに定められた要件は、基本的に同じである。しかし、ECE規則のR13、R13HおよびR78はさらに更新されて、電子的に制御されるブレーキシステムに対する規則なども記載されている。規定の制動力は、指令71/320/EEC 第1.1.2項、付属文書II（指令98/12/EC [10]により改訂）またはStVZO第41条第12項に従って検査測定されねばならない。

ブレーキシステムに関する要件

（StVZO第41条、EC指令71/320/EEC，ECE-R13、2009年による）

クラスMおよびクラスNの車両は、常用ブレーキ、非常ブレーキ、および駐車ブレーキに関する規定を満たしていなければならない。これらのブレーキシステムには共通の部品があってもよい。少なくとも2系統の独立したブレーキシステム制御装置を備えていなければならず、そのうちの1つは作動位置で固定可能でなければならない。制御装置は伝達装置とは独立して取り付ける必要があり、そのどちらもが、他方が故障した場合にも作動し続けることができなければならない。個々のアクスルへの制動力の配分は規定されており、適正に配分されなければならない。故障が発生した場合は、ブレーキシステムの残りの作動系統あるいは車両の他のブレーキシステムにより、車両を車線から逸脱させることなく規定の非常制動効果を得ることが可能でなければならない。

クラスM2およびクラスN2の車両とそれ以上のクラスの車両は、自動アンチロックブレーキ装置を装備していなければならない。EC 661/2009 [11]の規則では、2011年11月1日以降のすべての新型モデル、そして2014年からは新たに道路で使用されるすべてのM1およびN1クラスの車両は、電子式走行ダイナミクス制御システム（エレクトロニックスタビリティープログラム）を装備しなければならないと規定している。この規則は、指令2007/46/EC [12]、付属文書II、パートAに定義されたオフロード車を除く以下のクラスの車両にも適用される。

– 4本以上のアクスルを有する車両を除くM2およびM3クラスの連節バスとカテゴリー1またはAのバス
– 4本以上のアクスルを有する車両を除くN2およびN3クラスの総重量3.～7.5 tのトラクターユニットおよび指令2007/46/EC、付属文書II、パートAに定義された特殊用途車両
– 4本以上のアクスルを有する車両を除く空気式サスペンションを装備したO3およびO4の重量物輸送トレーラーと立ち席のあるトレーラー

クラスM1およびクラスN1を除く車両クラスに対するこの規則の施行期日については、規則EC 661/2009[11]、付属文書Vに定められている。

補助ブレーキシステム

補助ブレーキシステムは、長い下り坂において常用ブレーキにかかる負荷を軽減するために、常用ブレーキに追加して用いられる。地域内輸送および長距離輸送用のクラスM3の車両（重量が5.5tを超過するバス（市内バスを除く））と総重量が9tを超過するその他のクラスN2およびクラスN3の車両（指令71/320/EEC、StVZO第41条第15項）は、リターダーを装備しなければならない。排気ブレーキまたは同様の装置はリターダーとして分類される。リターダーは、最大積載量の荷物を積んだ状態で7%の勾配の下り坂を走行する車両を、6 kmの距離にわたって30 km/hの速度に維持するように設計されていなければならない。

クラスOのトレーラー

クラスO1のトレーラーの場合、トレーラー自体にはブレーキシステムは必要ない、牽引車へ確実に連結されていることで十分である。クラスO2以上のトレーラーは、常用ブレーキと駐車ブレーキを装備していなければならない。ただし、これら2種類のブレーキシステムには、共通の部品があってもよい。アクスル間の制動力の配分は、指令71/320/EECで規定されている。制動力はアクスル間で適正に配分されなければならない。

クラスO3以上のトレーラー（ECE）は、最大総重量が3.5tを超過し種類別最高速度が60 km/h（StVZO第41条b第2項）のトレーラーやセミトレーラーと同様、アンチロックブレーキ装置を装備していなければならない。セミトレーラーは、第5輪の支持する荷重を差し引いた総重量が3.5tを超過する場合にのみ、ABSを装備する必要がある。

2014年7月11日または2014年11月1日以降に公道での使用のために登録されるクラスO3のトレーラー（既存のタイプ）は、電子式走行ダイナミクス制御システム（エレクトロニックスタビリティープログラム）を装備しなければならない。新しいタイプの場合、この規則は2011年11月1日または2012年7月11日（規則EC 661/2009 [11]、付属文書Vを参照）から適用されることになっている。

クラスO2以下のトレーラーは、慣性式自動ブレーキシステムを装備していなければならない。走行中にトレーラーが牽引車から切り離された場合は、自動的にブレーキシステムが働かなければならない。あるいは重量が1.5 t未満のトレーラーは、牽引車との安全な連結装置を装備している必要がある。

クラスLの車両

自動2輪車および3輪車は、互いに独立した2系統のブレーキシステムを有していなければならない。L5クラスの大型3輪車の場合は、2系統のブレーキシステムは両方とも全車輪に作用する必要がある。駐車ブレーキも装備していなければならない。

エアブレーキシステム装備の牽引車およびトレーラー

車両間の圧縮空気の接続配管は、デュアル配管またはマルチ配管設計でなければならない。これにより、トレーラーの圧縮エアブレーキシステムへのエア補充が、制動中にも確実に行えるようになる。また、牽引車の常用ブレーキを操作したときは、トレーラーの常用ブレーキも漸進的に作動しなければならない。牽引車の常用ブレーキが故障した場合は、故障の影響を受けない制動部品が、トレーラーを漸進的に制動（制御）できなければならない。牽引車とトレーラー間の配管の断線、または漏れが発生した場合でも、トレーラーは制動が可能であるか、または自動的に制動されなければならない。

常用ブレーキのエネルギー蓄積器は、常用ブレーキを8回フル作動させた後、9回目のブレーキ操作においても少なくとも必要な非常ブレーキ効果を提供できるように設計されていなければならない。この要件を満たすかどうかのテスト中は、エネルギー蓄積器を再補充してはならない。各車両の制動効果は、カップリングヘッドのブレーキ配管継手における圧力との関連において指令71/320/EECに規定されている。

アンチロックブレーキ装置を備えた車両

アンチロックブレーキ装置は、指令71/320/EEC、付属文書XおよびECE-R13、付属文書13に準拠していなければならない。アンチロックブレーキ装置は常用ブレーキシステムの一部であり、制動操作時に1つあるいは複数の車輪において回転方向へのスリップを自動的に制御する。アンチロックブレーキ機能の条件は、ABSカテゴリー1、2および3の車両、ABSカテゴ

リーAおよびBのトレーラーなどカテゴリーによって異なる。

アンチロックブレーキ装置（カテゴリー1）の主な要件は以下のとおりである。

- 15 km/h以上の車速では、路面状態にかかわらず、直接制御される車輪がロックしてはならない
- 方向安定性と操縦性は維持されなければならない。μスプリット状態（左右の車輪間で摩擦係数が著しく異なる状態）では、最初の2秒間で120°、合計では240°のステアリング補正が許容される
- 電気的故障を表示する視覚式の警告装置（黄色の警告表示）を備えていなければならない
- ABS付きトレーラーを牽引するためのABS装備自動車（クラスM1とN1を除く）は、トレーラー用に独立した視覚式の警告装置（黄色い警告信号）を備えていなければならない。警告信号の伝達は、ISO 7638 [13]に準拠した電気プラグイン接続のピン5を介して行わなければならない
- ABS装備車の常用ブレーキのエネルギー蓄積器は、エネルギーを補充することなく長時間の制御制動（$t = v_{max}/7$, 少なくとも15秒）とこれに続く4回の制御されていないフル制動動作の後にも、規定の非常制動効果が得られるように設計されなければならない

必要条件とテスト条件

　StVZO第19条[14]StVZO第20条 [15]に準拠したテストの際には、要求されている値とテスト条件を適用する必要がある。指令98/12/ECによって最後に修正された指令71/320/EEC、付属文書IIの第1.1.2項およびStVZO第41条第12項に指定されているテスト方法からの逸脱は、特にStVZO第29条に準拠した検証時において条件と効果を他の方法（StVZO第41条第12項）によって確認できる場合には、許可される。新規に登録する車両をテストする場合は、車両の実際の使用において一般的に認められる制動効果の低減を考慮して、より高い制動減速度を達成しなければならない。さらに、長い下り坂走行のための補助ブレーキは、その技術水準に見合った制動効果継続時間を保証するものでなければならない。

StVZO第29条に準じた全般検査時の最小制動率および最大許容操作力

　要求される制動率の値はテストベンチで検査され、例外的な場合にのみロードテストが行われる。これらの反復検査では平均最大減速度を決定するのに必要な時間応答が測定されないため、要求される値は最大値である。

ブレーキシステムの構造と構成

基本的な要件

自動車のブレーキシステムは、指令71/320/EEC、ECE-R13パート1、ECE-R13パート2、ECE-R13 Hおよび国別の法規に準拠していなくてはならない。自動車には、2つの独立したブレーキシステムを装備しなければならない。そのうちの1つは作動位置で固定可能でなければならない。ブレーキシステムは、相互に独立した制御装置を備えていなければならない。常用ブレーキシステムが故障した場合、少なくとも2つのホイール（同じ側ではない）が制動可能でなければならない。

ブレーキシステムの種類

ブレーキシステムは、常用ブレーキ、駐車ブレーキ、さらに（商用車とバスでは）補助ブレーキ（リターダー）で構成される。要求される非常ブレーキは、通常、常用ブレーキが故障した際に作動する。特定の用途向けの特殊車両は、登坂ブレーキやアンチジャックナイフブレーキなどの特殊機能を備えていることもある。

制動力生成の方法

制動力の生成方法の観点からは、異なる3つのシステム、すなわち、
− 人力エネルギーシステム
− エネルギーアシステッドシステム
− 非人力エネルギーシステム
を考えることができる。人力エネルギーシステムでは運転者の筋力だけが有効であり、エネルギーアシステッドシステムでは運転者の筋力はブースターシステム（ブレーキブースター）によって増強され、非人力エネルギーシステムでは運転者の操作力は操作変数として作用するだけである。要求される最大操作力は、車両の種類ごとに規定されている。

伝達装置

力は、機械式、液圧式、空気圧式、電気式などの方法により制御装置からホイールブレーキに伝達される。機械式による力の伝達は一般には駐車ブレーキにのみ使用され、また駐車ブレーキに関してのみ規定が設けられている（StVZO第41条第5項）。

常用ブレーキの力の伝達は、故障が発生した際に最低1つのブレーキ回路が機能するように、液圧式または空気圧式による2つの相互に独立したブレーキ回路を介して実行される。

電気式によるブレーキの作動は、現在までのところ電気式作動の駐車ブレーキにのみ使用されている（「電気機械式駐車ブレーキシステム」を参照）。

ブレーキ回路の構成

ブレーキ回路の構成は、DIN 74000 [16]に規定されている。クラスM1車両（乗用車）のブレーキ回路は、しばしばX配管である（図2b）。しかしこれは、フロントアクスルジオメトリーがこの回路構成に適している場合にのみ可能である（ステアリングオフセットがマイナスまたはニュートラル）。その他の車両クラスではすべて、II型構成が使用される（図2a）。この構成ではフロントアクスルが1つのブレーキ回路を形成し、リアアクスルがもう1つのブレーキ回路を形成する。DIN 74000に準じたその他のブレーキ回路構成はすべて現在ではほとんど使用されていないため、ここでは説明しない。伝達装置の二重回路設計への直接的要求は、StVZO第41条第16項においてバスについてのみ規定されている。

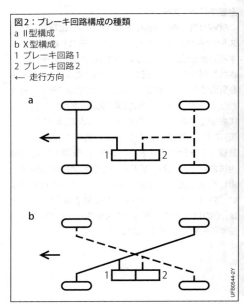

図2：ブレーキ回路構成の種類
a II型構成
b X型構成
1 ブレーキ回路1
2 ブレーキ回路2
← 走行方向

制動力配分

指令71/320/EEC、ECE-R13およびECE-R13Hには、各アクスル間の制動力配分に関する要件も記載されている。制動力は、あらゆる荷重状態において各アクスルに適正に配分されねばならない。制動力配分は、ホイールブレーキ設計と車両設計の影響を受ける。特に、重心高さ、ホイールベースおよび車両の荷重／空車比が考慮される。

商用車においては、指令71/320/EECのダイアグラムに示されているように、制動力配分はカップリングヘッドのブレーキ配管継手における圧力にも左右される。車両設計により実現される制動力配分としては、制動力リミッターまたは自動制動力配分装置（応荷重型制動力自動制御装置）の取付けを挙げることができる。

最新の車両では、制動力配分は追加機能（ロールオーバー保護装置）として電子式ホイールスリップ制御システム（アンチロックブレーキ装置、走行ダイナミクス制御）に統合されている。

アセンブリー

自動車のブレーキシステムは以下のアセンブリーで構成されており、システムが油圧式か空気式かによって設計に違いがある。

- エネルギー供給
- 制御装置
- 伝達装置
- 制御機能
- ホイールブレーキ
- 補助装置

参考文献

[1] ISO 611: Road vehicles – Braking of automotive vehicles and their trailers – Vocabulary.

[2] DIN 70024: Vocabulary for components of motor vehicles and their trailers.

[3] EC Directive 71/320/EEC: Council Directive of 26 July 1971 on the approximation of the laws of the Member States relating to the braking devices of certain categories of motor vehicles and their trailers.

[4] § 41 StVZO: Brakes and wheel chocks.

[5] § 72 StVZO: Entry into force and transitional provisions.

[6] ECE-R13: Standard conditions for approval of category M, N and O vehicles with regard to brakes.

[7] ECE-R13H: Standard conditions for approval of passenger cars with regard to brakes. Day of entry into force: 11 May, 1998.

[8] ECE-R78: Standard conditions for approval of category L1, L2, L3, L4 and L5 vehicles with regard to brakes.

[9] § 29 StVZO: Inspection of motor vehicles and trailers.

[10] EC Directive 98/12/EC of the Commission of 27 January 1998 adapting to technical progress Council Directive 71/320/EEC on the approximation of the laws of the Member States relating to the braking devices of certain categories of motor vehicles and their trailers.

[11] Regulation (EC) No. 661/2009 of the European Parliament and of the Council of 13 July 2009 concerning type-approval requirements for the general safety of motor vehicles, their trailers and systems, components and separate technical units intended therefore.

Published in the Official Journal of the European Union L 200 of 31. July 2009.

[12] Directive 2007/46/EC of the European Parliament and of the Council of 5 September 2007 establishing a framework for the approval of motor vehicles and their trailers, and of systems, components and separate technical units for such vehicles (Framework Directive).

[13] ISO 7638: Road vehicles – Connectors for the electrical connection of towing and towed vehicles.

[14] § 19 StVZO: Granting and effectiveness of design certification.

[15] § 20 StVZO: General Certification for types.

[16] DIN 74000: Hydraulic braking systems; dual circuit brake systems; symbols for brake circuits diagrams.

乗用車および小型商用車向けブレーキシステム

乗用車ブレーキシステムの下位分類

乗用車および小型商用車向けのブレーキシステムは、71/320/EEC [1]、ECE R13 [2]、ECE R13-H [3]およびドイツではStVZO（道路交通許可規則）第41条 [4]等のさまざまな指針および法令の要求事項に適合しなければならない。これらの規則は、機能、効果および試験方法に関する要求事項を定めている。

ブレーキシステムは、常用ブレーキシステム、駐車ブレーキシステムおよび非常ブレーキシステムに区分される。

常用ブレーキシステム

常用ブレーキシステムは、運転者が通常走行中にその効果を漸変させながら車両の速度を減速させること、あるいは車両を停止させることを可能にする。乗用車および小型商用車においては、常用ブレーキシステムは、通常はエネルギーアシステッドブレーキシステムとして設計される。

運転者は、ブレーキペダルを踏むことでブレーキ効果を無段階に調節する。ホイールブレーキへの力の伝達は、タンデムブレーキマスターシリンダーを介して互いに独立した2つの油圧伝達装置へと伝達されることにより行われる（図1）。常用ブレーキシステムは4つのすべてのホイールに作用する。

駐車ブレーキシステム

駐車ブレーキシステム（「ハンドブレーキ」）は、車両が勾配上にある場合にも、また特に運転者が車両を離れた状態であっても車両を静止状態に保つことのできる、独立したブレーキシステムである。静止状態保持機構は、ホイールブレーキに組み込まれている。法的要件は、駐車ブレーキは制御装置とホイールブレーキとの間に、たとえばリンケージあるいはコントロールケーブルなどにより、恒常的な機械的な接続がなければならないと規定している。

駐車ブレーキは一般に運転席横のハンドブレーキレバーにより作動させるが、ペダルにより作動させる車両もある。電気的に操作される駐車ブレーキシステムでは、電気式操作エレメント（スイッチ）により駐車ブレーキを作動あるいは作動解除する。このため常用および駐車ブレーキシステムは、互いに独立した制御および伝達装置を備えている。駐車ブレーキシステムは威力漸変式のものであることも考えられるが、1つのアクスルのホイールに対してのみ作動する。

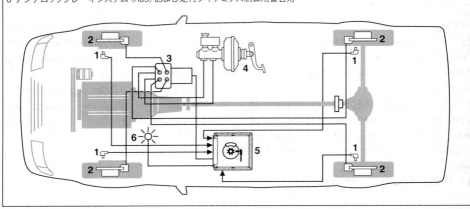

図1：油圧式デュアル回路ブレーキシステム
1 ホイールスピードセンサー
2 ホイールブレーキ（ディスクブレーキ、リアアクスルはドラムブレーキの場合もある）
3 油圧モジュレーター（アンチロックブレーキ装置および走行ダイナミクス制御システム用）
4 ブレーキブースター、タンデムブレーキマスターシリンダーおよびエクスパンションリザーバー付き制御装置
5 ECU（油圧モジュレーターに直接取付け可能）
6 アンチロックブレーキシステム（ABS）および走行ダイナミクス制御用警告灯

静止状態保持効果は、ECE R13-Hに従って最大積載量を積んで下り坂に停車している車両について計算する。坂道の勾配は単独車両の場合は 20 % とする。トレーラーを牽引するための装備を持つ車両の場合は、トレーラーが制動されていない状態でも勾配が 12 % の下り坂において静止状態保持効果を発揮できなければならない。

非常ブレーキ（緊急ブレーキ）システム

配管の漏れまたは破損等の不具合が生じても、同じ操作力で操作装置を使用した場合に、ブレーキシステムの正常な部分によって少なくとも非常ブレーキ効果が実現されなければならない。非常ブレーキ効果は調整可能でなければならず、かつブレーキ効果の 50 %（ECE R13-H）または 44 %（第 41 条 第 4a 項）以上でなければならない。非常ブレーキを操作したときに、車両が車線を外れてはならない。

非常ブレーキシステムは、専用の制御装置を備えた、常用ブレーキシステムおよび駐車ブレーキシステムから独立した第三のブレーキシステムである必要はない。デュアル回路常用ブレーキシステムのうちの完全に機能するブレーキ回路、あるいは威力漸変式駐車ブレーキシステムを、非常ブレーキシステムとして使用することができる。

乗用車ブレーキシステムのコンポーネント

制御装置

制御装置は、制動効果を発揮させるブレーキシステムの部品で構成されている。常用ブレーキを操作すると、運転者の踏力がブレーキペダルにかかる。レバーを介して伝達されたペダル踏力は、ブレーキブースターによりその設計仕様に応じてさらに 4 ～ 10 倍に増幅され、ブレーキマスターシリンダーのピストンに作用する（図1）。これにより操作力は油圧に変換される。フルブレーキ時の油圧は、システム構成によって異なるが、100 bar ～ 160 bar の範囲である。

負圧式ブレーキブースター

機能

ブレーキブースターは制動に必要になる操作力を低減させるが、制動力の微妙な増減および制動力がどの程度のものであるかに関する感覚に否定的な影響を及ぼすものであってはならない。

構造

ブレーキブースターには、負圧式ブースターと油圧式ブースターがある。油圧式ブレーキブースターには、パワーステアリングまたは独立した油圧ポンプおよび蓄圧器から油圧が供給される。

乗用車ブレーキシステムは、一般に負圧式ブレーキブースターを装備している。これらの負圧式ブースターは、ガソリンエンジン車においては吸気行程中に吸気マニホールドで生成される負圧を、ディーゼルエ

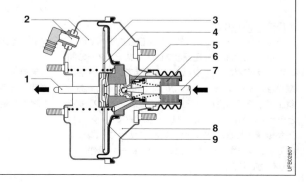

図2：負圧式ブレーキブースター
1 プッシュロッド
2 負圧接続部付き負圧チャンバー
3 ダイヤフラム
4 ピストン
5 バルブユニット
6 エアフィルター
7 ピストンロッド
8 作動チャンバー
9 反応エレメント

ンジン車と電気自動車、あるいはハイブリッド車においてはバキュームポンプにより生成される負圧（0.5～0.9bar）を利用して、運転者の踏力を増強する。ダイヤフラムは、負圧接続部付き負圧チャンバーと作動チャンバーとを隔てている（図2）。ピストンロッドが踏力を作動ピストンに伝え、増強された力がプッシュロッドを介してブレーキマスターシリンダーへ伝えられる。

作動原理

ブレーキが操作されていない状態では、負圧チャンバーと作動チャンバーはバルブユニットを介して接続されている。負圧接続部が負圧源と接続されていれば、両チャンバーは負圧状態にあることになる。

ブレーキ動作が開始されると、ピストンロッドは直ちに前方、矢印の方向へと動く。短いストロークの後、作動チャンバーと負圧チャンバーとの接続は遮断される。ピストンロッドは動作し続け、バルブユニットのインレットバルブが開き、大気が作動チャンバーへと流れ込む。これにより、作動チャンバー内の圧力は負圧チャンバー内の圧力よりも大きくなる。ダイヤフラムを介して大気圧は、ダイヤフラムが接触しているダイヤフラムディスクに作用する。ダイヤフラムディスクはバルブユニットに取り付けられているので、ディスクが動くとバルブユニットも動くことになり、これによりコンロッドにより伝えられる踏力が増強される。どの程度の増強が可能であるかは、ダイヤフラムまたはピストンの作動面、大気圧および有効負圧により異なる。

ブレーキ動作が終了すると、インレットバルブが閉じて負圧チャンバーと作動チャンバーはバルブユニットを介して接続される。これにより、両チャンバー内の圧力（負圧）は同じになる。

負圧チェックバルブ

負圧式ブレーキブースターを装備したすべてのブレーキシステムは、負圧源とブレーキブースターの間の負圧ラインにチェックバルブを備えている。真空状態が存在する間、チャックバルブは開いたままである。負圧源が負圧の生成を停止する（エンジンオフ）するとチェックバルブが閉じ、ブレーキブースター内の負圧が維持される。このため、エンジンがオフになっていてもブレーキブーストは数回のブレーキ操作にわたり有効である。

電気機械式ブレーキブースター

Bosch社製のiBoosterと呼ばれる電気機械式ブレーキブースターは電子制御であるため、ブレーキシステムに課せられた新たな要求に応えている。これらの要求には、車両での負圧の使用がゼロまたはわずかであること、CO_2排出量削減、および高度な自動運転のための冗長性などがある。iBoosterは、ハイブリッド車や電気自動車を含むすべての駆動コンセプトで使用できる。負圧式ブレーキブースターと同様に、iBoosterはアシスト力（トランスミッション経由の電動モーター）により運転者をサポートする。

作動原理

iBooster（図3）は、運転者の制動要求を内蔵の差分ストロークセンサー経由で検知し、この情報をECUに送信する。ECUが電動モーターの起動を計算し、電動モーターのトルクはギヤユニットを介して要求されたアシスト力へと変換される。その際電動モーターは、ブレーキペダルに接続されたインプットロッドと電動モーターに接続された伝達要素とのストローク差がゼロになるように調整されて起動する。ブースターと運転者により加えられた力の合計が、標準ブレーキマスターシリンダーで油圧に変換される。iBoosterが持つペダル特性は、コンポーネントの構造（最大モーター力など）に応じて異なる。負圧式ブレーキブースターとは対照的に、一部のパラメーターは、さらにソフトウェアのロジックに影響される場合がある。

特徴

iBoosterにより、ペダル特性の調節が可能になり、これによって、制御機器の目標値計算が変更され、アシスト力が調整される。したがって、自動車メーカーが指定した要件の一定の制限内で、いわゆるジャンプインとブースト係数（図4）の調整が可能となる。ジャンプインとは、運転者のペダル踏力がその強度に応じてブレーキブースターに作用するポイントである。ジャンプインより下では、ブースター自体からのみ制動力が発生する。運転者は、最初にスプリング力を克服する必要があり、その後に運転者自身の力が制動力に影響する。

電気駆動またはハイブリッドドライブの車両では、iBoosterが、特別なタイプの走行ダイナミクス制御（横滑り防止装置、ESC）との組合せにより、ブレーキフィールに影響することなく、最大0.3 gの車両減速度まで制動エネルギーを回復させることができる。この場合、ホイールブレーキによる減速と電動機による減速は、制動時に追加コンポーネントなしでさまざまに相互調整される。ハイブリッド自動車では、特に市街地の走行時において頻繁に制動と加速を行う場合に、この回生ブレーキにより燃費とCO_2排出量が低下する。

iBoosterは、エンジンとトランスミッションを使用して（ブレーキペダルの作動なしで）自動的にブレーキ圧を上昇させる。ブレーキ圧は一般的な走行ダイナミクス制御システムと比較してより短時間で必要な値まで上昇し、より正確に調整される。これは、自動緊急ブレーキシステムとACC機能などで役立つ。

走行ダイナミクス制御との組合せにより、iBoosterは、自動運転に必要なブレーキシステム冗長性を提供する。これらのシステムはいずれも、それぞれ独立して、ブレーキ圧を発生させて車両を減速させることができる。

ブレーキマスターシリンダー

ブレーキマスタシリンダーは、運転者により与えられブレーキブースターにより増強された踏力をブレーキ油圧に変換する。

センターバルブ付きブレーキマスターシリンダー
構造

法的な安全要件を満たすために、常用ブレーキシステムは2つの相互に分離された常用ブレーキ回路を備えている。漏れが発生した場合（回路の故障）に

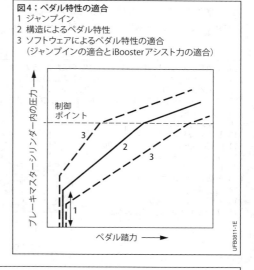

図4：ペダル特性の適合
1 ジャンプイン
2 構造によるペダル特性
3 ソフトウェアによるペダル特性の適合
　（ジャンプインの適合とiBoosterアシスト力の適合）

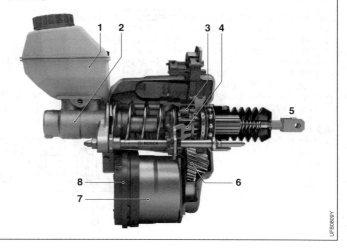

図3：電気機械式ブレーキブースター (iBooster)
1 ブレーキフルードリザーバー
2 ブレーキマスターシリンダー
3 差分ストロークセンサー
4 伝達エレメント
5 インプットロッド
6 トランスミッション
7 電動モーター
8 コントロールユニット

も、他の回路の機能が失われることはない（非常ブレーキ効果）。このことは、タンデムブレーキマスターシリンダーにより達成される（図5）。中間ピストン回路の圧縮ばねは、休止状態において、中間ピストンとプッシュロッドピストンをリアストップに保持する。補正ポートとセンターバルブは開いている。両方の油圧常用ブレーキ回路は圧力がかかっていない状態にある（走行位置）。

作動原理

プレーキペダルに加えられ、ブレーキブースターにより増強された力は、直接プッシュロッドピストンに作用して、これを左へ押す。短いピストン行程の後、補正ポートがシールされてプッシュロッド回路内での圧力生成が可能になる。これにより、中間ピストンも左へと押される。

キャプティブピストンスプリング付き
ブレーキマスターシリンダー

構造

休止状態の「キャプティブ」ピストンスプリング – 圧縮ばね – は、常にプッシュロッドピストンと中間ピストンを同じ距離に維持する（図6）。これにより、休止状態のピストンリングが中間ピストンを押し、中間ピストンが1次カップシール補正ポートを通過してしまうことを防止する。この状況では非常回路における補

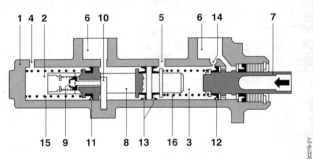

図5：中間ピストン回路にセンターバルブを備えたタンデムブレーキマスターシリンダー
1 シリンダーハウジング　2 中間ピストンの回路加圧室
3 プッシュロッドの回路加圧室　4 中間ピストン回路のプレッシャーポート
5 プッシュロッド回路のプレッシャーポート　6 ブレーキフルードリザーバー接続部　7 プッシュロッド
8 中間ピストン
9 センターバルブ
10 センターバルブストップ
11 中間ピストンの1次カップシール
12 プッシュロッドピストンの
　 1次カップシール
13 セパレートカップシール
14 補正ポート
15 中間ピストン回路の圧縮ばね
16 プッシュロッド回路の圧縮ばね

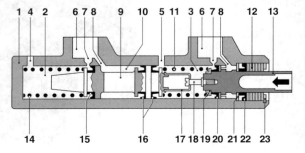

図6：キャプティブピストンスプリング付きタンデムブレーキマスターシリンダー
1 シリンダーハウジング　2 中間ピストン回路の加圧室
3 プッシュロッド回路の加圧室　4 中間ピストン回路のプレッシャーポート
5 プッシュロッド回路のプレッシャーポート　6 ブレーキフルードリザーバー接続部　7 補正ポート
8 補充ポート　9 中間ピストン　10 スペース　11 キャプティブピストンスプリング
12 プラスチックブッシュ　13 プッシュロッドピストン
14 中間ピストン回路の圧縮ばね
15 中間ピストンの1次カップシール
16 セパレートカップシール
17 ストップスリーブ
18 ストップスクリュー
19 サポートリング
20 プッシュロッドピストンの
　 1次カップシール
21 ストップディスク
22 2次カップシール
23 スナップリング

正ポートを介しての圧力補正は不可能になり、残圧のある場合にはブレーキ解除時にブレーキシューはブレーキドラムから離れない。

作動原理

　ブレーキが操作されると、プッシュロッドピストンと中間ピストンは、矢印で示したように左へと動いて補正ポートを通過し、プレッシャーポートを介してブレーキフルードをブレーキ回路へと圧送する。圧力の上昇に伴い、中間ピストンはキャプティブピストンスプリングによってではなく、ブレーキフルード圧により動かされることとなる。

エクスパンションリザーバー

　エクスパンションリザーバーはブレーキフルードリザーバーとも呼ばれ、ブレーキマスターシリンダーに直接取り付けられ、2つのポートを介してこれと接続されている。エクスパンションリザーバーは、ブレーキフルードの容器であると同時にエクスパンションリザーバーである。エクスパンションリザーバーは、ブレーキ解除の後、ブレーキライニングの摩耗、ブレーキシステム内の温度差、アンチロックブレーキシステム（ABS）または走行ダイナミクス制御（エレクトリックスタビリティープログラム）の介入時に発生するブレーキ回路内の容量変動を補整する。

伝達装置

　油圧は、DIN 74234 [5]に準拠したブレーキ配管およびSAE J 1401 [6]に準拠したブレーキホース内を通るブレーキフルードによってホイールブレーキシリンダーに伝達される。ブレーキフルードは、SAE J 1703 [7]またはFMVSS 116 [8]の規定に適合したものでなければならない（「ブレーキフルード」を参照）。

ホイールブレーキ

　フロントホイールには一般的には浮動式キャリパーディスクブレーキが使用されるが、固定式キャリパーディスクブレーキが使用されることもある。リアホイールには、ロック機構が内蔵された浮動式キャリパーディスクブレーキおよびリーディングトレーリング式ドラムブレーキが使用される（「ホイールブレーキ」を参照）。リアホイールには、ディスクブレーキとドラムブレーキを組み合わせたシステム（ドラムインヘッドシステム）も使用される。この場合には、ブレー

キディスクチャンバーに取り付けられたドラムブレーキは駐車ブレーキシステムとしてのみ使用される。

　駐車ブレーキの操作装置は、機械的なロック機構付きハンドブレーキレバーまたはフットブレーキペダルとして設計される。操作力は、一般にケーブルまたはリンケージを介しリアアクスルのホイールブレーキに伝達される。電気機械式駐車ブレーキの場合は、ブレーキは電動モーターおよびギヤ装置によって作動する（「電気機械式駐車ブレーキシステム」を参照）。

油圧モジュレーター

　ブレーキマスターシリンダーとホイールブレーキの間には、アンチロックブレーキシステムまたは走行ダイナミクス制御システムの油圧モジュレーター、および仕様に応じて制動力調整器または制動力リミッターが配置される。これらのコンポーネントは、主としてリアアクスルに伝えられる制動圧を制限または調整することにより、制動力のフロントアクスルとリアアクスルへの合理的な配分を確実なものにする。この機能は、特に積載荷重が不均等な車両の場合、荷重に応じて実行することもできる（応荷重型制動力自動制御装置）。

　油圧モジュレーターは、制動時にホイールがロックしないように制動圧を調整する。この機能は、複数のソレノイドバルブと1個の電気駆動ポンプによって実行される（制御方式によって異なる）。乗用車向けブレーキシステムにおいては、フロントアクスルは個別に制御される。すなわち、左右のホイールがそれぞれのグリップ力に応じて制動される。リアアクスルはセレクトロー原理に基づき制御され、グリップ力の小さいホイールを基準として両方のリアホイールが一体として制動される（「アンチロックブレーキシステム」および「走行ダイナミクス制御」も参照）。

電気機械式駐車ブレーキ

システムの概要

　従来型の駐車ブレーキシステムは人力によるブレーキシステムであり、ロック可能なハンドレバーまたはフットペダルあるいはクランクギヤを用いて純粋に機械的に作動力が与えられる。電気機械式駐車ブレーキシステム（単に電気機械式駐車ブレーキまたは自動駐車ブレーキとも呼ばれる）の場合、作動力は電動装置によって生成される。

操作および制御は、スイッチを介して、または、駐車ブレーキの自動開閉を可能にする他のECUによるロジック制御コマンドを介して電気的に実行される。電気機械式駐車ブレーキは、車両が停止しているか、低速（通常は3〜15 km/h）で走行しているときにのみ操作できる。操作はイグニッションスイッチがオフの場合でも可能でなければならない。これより高速で電気式駐車ブレーキシステムを操作すると、走行ダイナミクス制御システムの働きにより、最初に非常ブレーキが作動する。駐車ブレーキは、このブレーキ操作中に車両が静止状態になると閉じられる。

必要な駐車機構の作動力（「駐車ブレーキ」を参照）は、車両を駐車している坂道の勾配に左右される。そのため、システムによっては、電気機械式駐車ブレーキシステムのECUに傾斜センサーが取り付けられるか、他のECUからの対応するセンサー信号が使用される（エアバッグ、シャーシコントロールなど）。機械式ブレーキコンポーネントが冷えることで必要となるブレーキの「増し引き」は、予防的に、または計算された温度モデルに従って、あるいは車両の動きが検知されると実行される。

安全性コンセプトにより、電気的故障により解除と閉止の両方向への意図しない作動が発生することを確実に防止する必要がある。さらに、電気機械式駐車ブレーキの意図的な操作（常用ブレーキの制御装置が故障した場合にのみ必要となる非常制動）が危険な走行状態の原因となってはならない。電気機械式駐車ブレーキの操作ユニットが意図的に長時間使用される場合、車速が10 km/hを超えると、走行ダイナミクス制御システムが制動操作を引き継ぐ。これにより、危険な路面状態にあっても最適かつ安全な制動が保証されることになる。電気機械式駐車ブレーキは、車速が規定の閾値未満にならなければロックしない。システム間の通信は、適切なデータリンク（通常はCANまたはFlexRay）を介して行われる。

電気駐車ブレーキシステムには、発進時の自動解除などの機能が追加されている場合がある。

電気式駐車ブレーキシステムはエネルギーアシステッドシステムであり、緊急解除装置を装備している。電気操作系は、イグニッションスイッチがオフの場合でも操作可能でなければならない。またイグニッションスイッチがオンで、同時にブレーキペダルが踏み込まれている場合（または、ブレーキペダルを踏み込ん

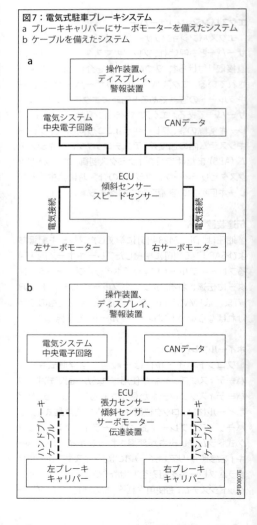

図7：電気式駐車ブレーキシステム
a ブレーキキャリパーにサーボモーターを備えたシステム
b ケーブルを備えたシステム

だときの自動解除の場合）にのみ解除可能でなければならない。

　駐車ブレーキがロックされると、必ず赤色の警告灯が点灯して運転者に警告する。自己診断機能が故障およびエラーを検知し、それを警告灯によって表示する。さらに、テキストメッセージを運転者用のインフォメーションディスプレイに表示させることもできる。診断テスターで故障メモリーを読み出すことができ、故障を除去した後に当該メモリーを消去することができる。

　ブレーキパッドの交換等の整備作業時には、診断テスターおよび関連するソフトウェアが必要になる場合がある。

ブレーキキャリパーにサーボモーターを備えた電気機械式駐車ブレーキ

　サーボモーター付き電気機械式駐車ブレーキは、以下のコンポーネントで構成される（図7a）。操作ユニット、ECU、ディスプレイおよび警告装置、傾斜センサー（走行ダイナミクス制御システムに組込み可能）、電動モーターおよび多段ギヤ付き浮動式キャリパー。VDA勧告305-100 [9]で説明されているシステムの提供は、ますます一般的になりつつある。これにより、走行ダイナミクス制御システムに駐車ブレーキ機能が組み込まれることになり、これらのシステムと駐車ブレーキをさまざまなメーカーから選択できるようになる。

　電動サーボモーター付きブレーキキャリパーの場合は、駐車ブレーキ効果のための力の伝達は、多段ギヤおよびねじスピンドルを介して行われる。操作は、安全コンセプトに基づき操作コマンドを重複してECUに伝送する電気スイッチ（操作ユニット）を介して行われる。ECUはその他の周辺条件（道路の勾配など）を考慮し、独立した駆動回路および電気接続ケーブルを介し電動サーボモーターを作動させる。

　ギヤ比が非常に大きいため、生成される作動力は非常に大きくなる。これは、15 ～ 25 kNの範囲内である。コンセプトの規定に従い、電気機械式および油圧式の力は、重ね合わせることができる（ブレーキピストンでの重ね合わせ）。

ケーブル付き電気機械式駐車ブレーキ

　ケーブル付き電気機械式駐車ブレーキの場合は、中央に配置された（リアアクスル上部、車室内またはフェンダー内）アセンブリー内に以下のコンポーネントが取り付けられている（図7b）。ギヤ付き電気駆動モーター、力センサー、傾斜センサー、温度センサーおよびポジションセンサーなどの各機能分野において必要とされるセンサー、ECU、ケーブル機構（必要な場合は緊急解除装置付き）。

　このシステムの操作もまた、制御コマンドをECUに送信する電気スイッチによって行われる。ECUは駆動回路を介して電動サーボモーターを制御する。作動力は道路の勾配に応じて調整できる。車両が停止している状態において、温度モデルに基づく冷却時間の経過後、または車両の動きが検知されると、自動的なブレーキの「増し引き」が行われる。

電気油圧式ブレーキ

機能

電気油圧式ブレーキ（EHB、「センソトロニックブレーキコントロール」(SBC) とも呼ばれる) は、油圧アクチュエーターを備えた電子ブレーキ制御システムである。電気油圧式ブレーキシステムの役割は、従来の油圧式ブレーキシステムと同様に、減速、停車あるいは静止状態の維持である。電気油圧式ブレーキシステムはアクティブブレーキシステムとして、ブレーキ操作の制御、制動力の増幅および制動力の制御を行う。ブレーキとして油圧標準ホイールブレーキが用いられる。

作動ユニット

ブレーキペダルの機械的な操作は、電子センサーを介して操作装置によって冗長検知される (図 8)。ペダルストロークセンサーは、2個の独立したアングルポジションセンサーで構成される。運転者が印加した制動圧を測定する圧力センサーと共に、運転者による制動要求を検知するための3重のシステムが形成される。このシステムは、1個のセンサーが故障した場合でも正常な機能を維持することができる。

ペダルストロークシミュレーターは踏力-ストローク曲線を生成して、ブレーキペダルの動きを減衰させる量を計算する。運転者は電気油圧式ブレーキによる制動時に、従来式設計の優秀なブレーキシステムと同様な「ブレーキフィール」を感じることができる。

この場合、従来のブレーキブースターは不要である。通常運転においては、作動ユニットでは運転者の制動要求のみが検知される。ブレーキ圧は油圧モジュレーターで生成される。ブレーキマスターシリンダーは、システム故障の際に作動する。エクスパンションリザーバーは油圧モジュレーターにブレーキフルードを供給する。

電子制御

制動要求は、リモートマウントECUにおいて、作動ユニットのセンサー信号により検知される。制動特性は、走行条件に適合させることができる (よりダイナミックな走行スタイルでは、より俊敏に応答するなど)。「鈍い」ペダル特性は、過熱によってブレーキのフェード現象が発生する前に制動効果の低下を運転者に警告するものである。

また、アンチロックブレーキシステム、トラクションコントロールシステム、走行ダイナミクス制御の機能はECUに統合されている。さらに、ヒルホールドコントロール、アクセルペダルから足をすばやく離したときの自動ブレーキシステムの予圧、ショファーブレーキ (ソフトストップ、停止直前でブレーキ圧を自動的に

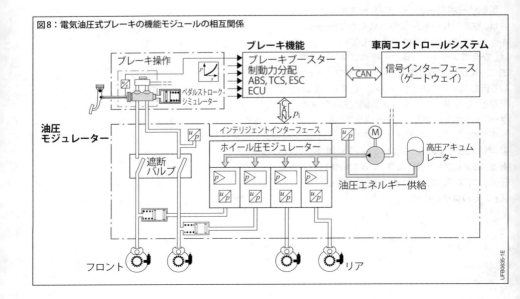

図8：電気油圧式ブレーキの機能モジュールの相互関係

低下させて衝撃を感じさせずに停止）、およびブレーキディスクワイパーなどの、快適性と操作性向上のための機能が搭載されている。

　圧力は完全に電子制御されているため、電気油圧式ブレーキは、車両コントロールシステム（アダプティブクルーズコントロール（ACC）など）とのネットワーク化が容易である。

油圧モジュレーター
通常運転における作動原理
　図8は、電気油圧式ブレーキコンポーネントをブロック図として示したものである。電動モーターが油圧ポンプを駆動する。これによって高圧アキュムレータの圧力が約90～130 barに昇圧され、アキュムレーター圧力センサーによって監視される。このアキュムレーターから、4個の互いに独立したホイール圧力モジュレーターに圧力が供給され、各圧力モジュレーターが、ホイールごとに別々にホイールブレーキシリンダーで必要とされる圧力を調整する。各圧力モジュレーターは、比例制御特性を持つ2個のバルブと1個の圧力センサーで構成される。制動圧の調整およびアクティブな制動は無音で、また運転者はブレーキペダルにキックバックを感じることがない。

　標準モードでは、遮断バルブがブレーキと作動ユニットを分離している。システムは「ブレーキバイワイヤー」モードになっている。運転者の制動要求が電子的に検知されると、それが「ワイヤーを介して」ホイール圧力モジュレーターに伝達される。電動モーター、バルブ、および圧力センサーの相互作用は、ECUにより調整される。この電子回路は、相互に監視し合う2個のマイクロコントローラーを持つ。この電子回路の主な特徴は、広範な自己診断機能を有し、システム状態の信頼性を常に監視することである。すなわち、あらゆる不具合はそれが深刻な事態になる前に運転者に表示される。コンポーネントが故障した場合は、システムが自動的にその時点で最適な残ったコンポーネントを運転者に提供する。

　CANバスとのインテリジェントインターフェースは、リモートマウントECUおよび一体型ECUとのリンクを形成する。

システム故障時の制動
　電気油圧式ブレーキは、重大な故障時（電源遮断時など）にアクティブブレーキブースター機能を使用

しなくとも、車両の制動が可能な状態に切り替わるように設計されている。電源が遮断された場合、遮断バルブは作動ユニットとの直接接続を確立し、作動ユニットからホイールブレーキシリンダーへの直接的な油圧接続を可能にする（油圧フォールバックレベル）。

参考文献
[1] 71/320/EEC: Council Directive of 26 July 1971 on the approximation of the laws of the Member States relating to the braking devices of certain categories of motor vehicles and their trailers.

[2] ECE R13: Regulation No. 13 of the United Nations Economic Commission for Europe (UN/ECE) – Uniform provisions concerning the approval of vehicles of categories M, N and O with regard to braking.

[3] ECE R13-H: Regulation No. 13-H of the United Nations Economic Commission for Europe (UN/ECE) – Uniform provisions concerning the approval of passenger cars with regard to braking.

[4] § 41 StVZO (road traffic licensing regulations, Germany) – Brakes and wheel chocks.

[5] DIN 74234: Hydraulic braking systems; brake pipes, flares.

[6] SAE J 1401: Road Vehicle Hydraulic Brake Hose Assemblies for Use with Nonpetroleum-Base Hydraulic Fluids.

[7] SAE J 1703: Motor Vehicle Brake Fluid.

[8] FMVSS 116: Federal Motor Vehicle Standard No. 116: Motor Vehicle Brake Fluids.

[9] VDA Recommendation 305-100: Recommendation for integration of electric parking brakes control into the ESC system (Electronic Stability Control) with regard to the ESC (ESC assembly) and the brake caliper (brake assembly).

[10] B. Breuer, K.H. Bill (Editors): Bremsenhandbuch. 5th Edition, Verlag Springer Vieweg, 2017.

商用車向けブレーキシステム

システムの概要

　商用車およびトレーラーのブレーキシステムは、RREG 71/320 EEC、ECE R13 [2]等の諸規則の要件を満たさなければならない。これらの規則は、主要機能、効果および試験方法について定めている。ブレーキシステムは、常用ブレーキ、駐車ブレーキ、非常用ブレーキシステムおよび補助ブレーキシステムに区分される。

常用ブレーキ
常用ブレーキ、牽引車

　商用車向け補助動力式ブレーキシステム（図1および図2）として設計された常用ブレーキシステムは、圧縮空気または圧縮空気と油圧の組合せにより作動する。

　ブレーキ回路の故障などの不具合が発生した場合でも、システムの作動可能なコンポーネントによって、少なくとも非常制動効果（通常の制御装置と同等の制動力）が実現されなければならない。制動効果は調整可能でなければならず、かつ不具合がトレーラーに影響してはならない。すなわち、トレーラーコントロールシステム（トレーラーコントロールバルブ）は、2系統システムとして設計されていなければならない。非常用ブレーキの性能は、常用ブレーキシステムの制動効果の50％以上でなければならない。このため、供給側ですでに2つのブレーキ回路に分かれた構造のブレーキシステムが一般的になっている（ただし、これは法的にはバスに対してのみ要求される事項である）。

　トレーラーへのエネルギー供給は、制動時にも確保されていなければならない。このデュアルラインシステムはRREG 71/320の発効と共に法規要件となったが、すでにそれ以前にも「Nato」ブレーキという名で知られており、利用されていた。

図1：トレーラー制御装置を備えた圧縮空気式ブレーキシステムの構造
1　エンジン駆動式エアコンプレッサー　　2　圧力調整器　　3　4系統の保護バルブ
4.1　回路1用エアリザーバー V1　　4.2　回路2用エアリザーバー V2
4.3　回路3（トレーラー、エアサスペンション）用エアリザーバー V3
5　リターンフロー制限付きオーバーフローバルブ　　6　スロットルバルブ付きトレーラー制御バルブ
7　「供給」用カップリングヘッド（赤色）　　8　「ブレーキ」用カップリングヘッド（黄色）
9　テストポジション付き駐車ブレーキバルブ　　10　リレーバルブ
11.1　コンビネーションブレーキシリンダー（右リア）　　11.2　コンビネーションブレーキシリンダー（左リア）
12　荷重応動型制動力調整器（ALB）　　13　常用ブレーキバルブ
14.1　ブレーキシリンダー（右フロント）　　14.2　ブレーキシリンダー（左フロント）
15　補機類（エアサスペンション、ドアクローザーなど）

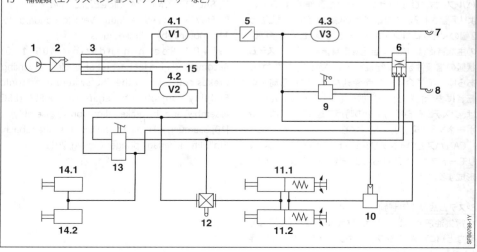

トレーラーには、供給ラインを介して規定の圧力が常時供給される。正常な牽引車の場合は、この圧力はメーカーの指定する牽引車の作動圧に係わりなく、6.5～8.0 barでなければならない。トレーラーは、交換可能でなければならない。トレーラーの常用ブレーキシステムは、第2のライン、すなわちブレーキラインを通じて制御される。このラインについても、トレーラーの交換可能性に関する規定が適用される。したがって、ブレーキライン内の圧力は、走行モードでは0 bar、全制動モード時には6.0～7.5 barでなければならない。

トレーラーの常用ブレーキ

トレーラーは独立した常用ブレーキを備えており、これは部分的にしか非常制動効果に関する要求の対象となっていない。RREG 71/320の要件に基づき、牽引車およびトレーラーの常用ブレーキの制動効果は、トレーラーへのブレーキラインの制御圧の関数として設定された狭い公差範囲内になければならない。すなわち、それぞれの制動効果は、ほぼ同じでなければならない（RREG 71/320およびECE R13設計公差範囲）。

供給ラインまたはブレーキラインが破損したとき、トレーラーは全制動または部分制動が可能であるか、または自動制動装置が作動しなければならない。電子制御式ブレーキを装備した商用車は（空圧ブレーキラインの他に）、トレーラーの常用ブレーキの電子制御のための電気信号伝送経路を備えている。電気

信号の伝送は、ISO 7638 [3]に基づき標準化されたプラグインコネクターによって実現される。このプラグインコネクターは、5本または7本のピンを持つ。

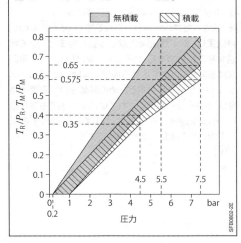

図3：互換性グラフ
RREG 71/320、ECE R13に準拠した牽引車およびトレーラー
T_R トレーラーの全ホイール円周のブレーキ圧合計
P_R トレーラーの総垂直静荷重
T_M 牽引車の全ホイール円周のブレーキ圧合計
P_M 牽引車の総垂直静荷重
P_m 「ブレーキ」用カップリングヘッドの圧力

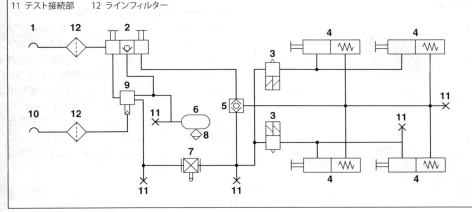

図2：ABS装備の2軸セミトレーラーの圧縮空気式ブレーキシステム（概略図）
1 「供給」用カップリングヘッド（赤色）　2 ダブルリリースバルブ　3 1チャンネルABS圧力制御バルブ
4 コンビネーションブレーキシリンダー　5 シャトルバルブ　6 エアリザーバー　7 荷重応動型制動力調整器
8 ドレンバルブ　9 トレーラーブレーキバルブ　10 「ブレーキ」用カップリングヘッド（黄色）
11 テスト接続部　12 ラインフィルター

1108 シャーシ

牽引車およびトレーラーは、任意に交換可能でなければならない。その互換条件については、2 RREG 71/320付属文書およびECE R13に規定されている。これによれば、「ブレーキ」用カップリングヘッドの圧力が0.2～7.5 barの範囲にある場合、制動能力と「ブレーキ」用カップリングヘッドの関係は、図3に示す範囲内になければならない。図は牽引車およびトレーラーにのみ該当する。他の車両および他の車両組合せについては、別の図表が適用される。

駐車ブレーキシステム

駐車ブレーキシステムは、車両の停止後、運転者が車両を離れた後も車両を静止状態に保つことのできる、独立したブレーキシステムである。静止状態の保持効果は、車両が最大積載で坂道に停車している状態を基準に計算する。カテゴリーM、N、Oの単独車両（O1を除く）に適用される坂道の勾配は、18％である。トレーラーを牽引するための装備を持つ車両の場合は、トレーラーが制動されていない状態でも静止状態の保持効果を発揮できなければならない。その場合の坂道の勾配は、12％（図4）である。

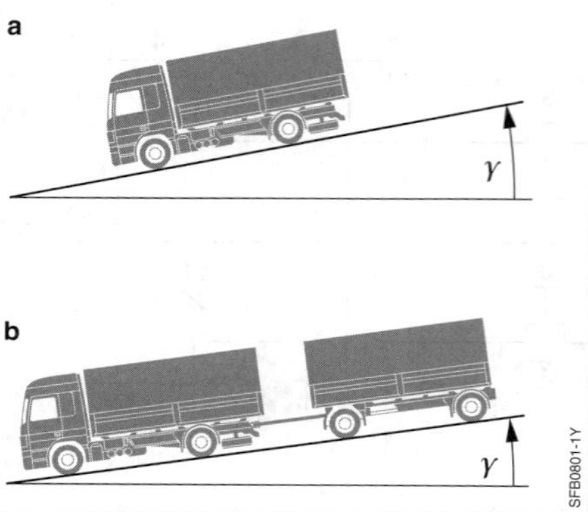

商用車およびバスの駐車ブレーキは、一般的にスプリング式ブレーキシステムとして設計される。ホイールブレーキが法規に従って調整されているときのスプリング式ブレーキシリンダー内のスプリングは、公称面積の作用面に定格圧力（ブレーキシステムの設計圧力）がかかっている状態の常用ブレーキシステム内のエアブレーキシリンダーと同じ制動力を生成する。ブレーキ回路、動力源に不具合が発生した場合は、スプリング式ブレーキが自動的には作動しないことがあるため、それに応じた保護措置および設計が必要になる。

補助動力式駐車ブレーキシステム（スプリング式ブレーキシステム）は、少なくとも1つ以上の緊急解除装置を装備していなければならない。その場合の解除装置は、機械式でも空圧式でも、あるいは油圧式でもよい。駐車ブレーキシステムが規定の非常制動効果を実現する必要がある場合に限り、駐車ブレーキシステムは制動力の調整をするための操作ができるように設計しなければならない。

トレーラーの場合は、駐車ブレーキはしばしば人力によりブレーキを作動させる。牽引車のトレーラー制御系が、牽引車の駐車ブレーキを作動させた時にトレーラーの常用ブレーキも応答する構成となっている場合は（ポート4.3を持つトレーラーコントロールバルブ）、駐車ブレーキバルブはテストポジションを備えていなければならない。これにより、牽引車の駐車ブレーキを操作すると、トレーラーの常用ブレーキが解除されることになる。これによって、牽引車の駐車ブレーキだけを作動させて連結車両全体を停止状態に保持できるかどうかを点検できる。

非常ブレーキ（緊急ブレーキ）システム

非常用ブレーキシステムは、独立したブレーキシステムとしては存在しない。非常ブレーキは、常用ブレーキシステムに不具合（ブレーキ回路または動力源の不具合など）が発生した場合に機能する。こうした不具合が発生した時は、少なくとも2個の（同じ側ではない）ホイールが制動可能でなければならない。

また、トレーラーのブレーキシステムがその不具合の影響を受けてはならない。そのため、トレーラーのブレーキシステムおよび制御システムは、デュアル回路に設計されている。

図4：駐車ブレーキシステムの試験条件
a 単独車両、下り坂勾配 18 ％
b 牽引車およびトレーラー、下り坂勾配 12 ％
　 牽引車のみ制動
γ 勾配角度

a

b

SFB0601-1Y

エネルギー貯蔵量は、動力源に不具合が生じた場合に常用ブレーキを8回フル作動させた後、9回目の全制動操作においても十分な非常ブレーキ効果が得られるように設計しなければならない。供給側のブレーキ回路が故障したときは、動力源に問題がない限り、正常なブレーキ回路の圧力が継続して定格圧力を下回ってはならない。これは、4系統の保護バルブまたは電子機器等の特別な保護装置を使用することによって実現できる。

補助ブレーキ

常用ブレーキに使用しているホイールブレーキは、長時間の連続操作に耐えられるようには設計されていない。長時間にわたり、連続して制動(下り坂走行時などで)を続けると、ブレーキに過度の熱負荷がかかる。これは制動効果の低下(フェード現象)、あるいは極端な場合には、ブレーキシステム全体の故障を引き起こす原因となる。

摩耗を生じさせないブレーキは、補助ブレーキ(リターダー)と呼ばれる。ドイツではStVZO第41条第15項[4]により、許容総重量が5.5 tを超えるバス、および9tを超えるその他の自動車に対し、そのような(摩耗を生じさせない)ブレーキを装備するよう求めている。リターダーは、最大積載状態の車両が勾配7 %の下り坂を6 kmの距離にわたり走行するとき、その速度を30 km/hに維持できなければならない。

常用ブレーキは、トレーラーについても同様に設計しなければならない。牽引車におけるリターダーの操作が、トレーラーの常用ブレーキを操作する原因となってはならない(StVZO第72条[5]も参照)。

商用車向けブレーキシステムのコンポーネント

空気供給および空気処理装置

空気供給および処理装置は、動力源、圧力制御装置、空気処理装置および圧縮空気分配器で構成される。

コンプレッサー

コンプレッサー(圧縮器)は、動力源である。コンプレッサーは、空気を取り入れて圧縮し、ブレーキシステムや補機類(エアサスペンション、ドアクローザーなど)のための作動媒体を生成する。

コンプレッサーは、車両のエンジンによって直接クランクシャフトが駆動されるプランジャー式ポンプである(図5)。コンプレッサーは、フランジによってエンジンに固定されている。コンプレッサーの構成部品は、以下の通りである。

図5：コンプレッサー
a 吸気
b 圧縮および吐出
c クリアランスに流入する圧縮空気
1 シリンダーヘッド
2 中間プレート(吸入バルブおよび吐出バルブ付き)
3 シリンダー　　4 ピストン　　5 コンロッド
6 クランクケース　7 駆動軸　　8 クランクシャフト
9 ESSバルブ(エネルギーセービングシステム)
10 クリアランス(空隙部)

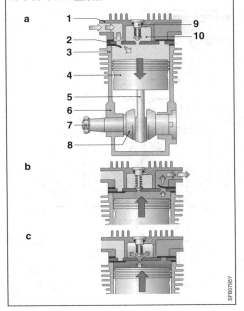

- シリンダーと一体となったクランクケース。クランクケース内には、コンロッドとピストンが結合されたクランクシャフトが収められている。
- 吸入および吐出用の接続部、ならびに冷却水接続部を持つシリンダーヘッド。
- 吸入バルブおよび吐出バルブが取り付けられた中間プレート。

アイドリング時の損失（バルブおよびラインの開放抵抗および流れ抵抗）を低減するため、エネルギーセービングシステム（ESS）を装着しており、クリアランス（空隙部）を利用（有効化）して、圧縮作用による抵抗を低減させる。その結果、燃料消費量を抑えることができる。

ピストンが吸入行程で下降しながらエアを吸入すると、その負圧により自動的に吸入バルブが開く。ピストンが圧縮行程を開始すると、吸入バルブが閉じる。ピストンは、この圧縮行程でエアを加圧する。圧力が規定レベルに達すると吐出バルブが開き、圧縮空気がブレーキシステムに供給される。

現在、コンプレッサーの排気量は最大720 cm^{3}で、圧力レベルは最大12.5 bar、最大回転数は3,000 rpmに達している。コンプレッサーの特徴として、高効率、低オイル消費、長寿命が挙げられる。

圧力調整器（プレッシャーレギュレーター）

コンプレッサーが供給する圧縮空気の作動圧力は、圧力調整器によって起動圧力と停止圧力の間に維持される（図6）。

圧縮空気タンク内の圧力が停止圧力を下回っていると、図の接続部1と2が接続され、圧縮空気は圧力調整器を通過する。圧力が停止圧力に達すると、圧力調整器はアイドリングモードに切り替わる。通気（ベント）用ピストンが起動し、接続部1は外気に接続される（通気モード）。

エアドライヤー

エアドライヤーは圧縮用の空気を浄化し、さらに腐食や冬季運転時の凍結を防止するため、空気を乾燥させる。

エアドライヤーは、基本的に乾燥剤ケースとハウジングで構成される。ハウジング内には空気の通路、ブリーダーバルブおよび乾燥剤を再生させるための制御装置が組み込まれている（図7）。乾燥剤の再生は、再生エアリザーバーを介して行う。

ブリーダーバルブが閉じると、コンプレッサーからの圧縮空気は乾燥剤ケースを通り抜け、そこから供給エアリザーバーに送られる。同時に、再生エアリザーバーは、乾いた圧縮空気で充填される。圧縮空気が乾燥剤ケースを通り抜ける間に、凝縮と吸着によって水分が分離される。

乾燥剤ケース内の乾燥剤の吸水（吸湿）能力には限界があるため、定期的に再生する必要がある。逆流式の再生プロセスでは、再生エアリザーバーから来た乾いた圧縮空気がエアドライヤー上流の再生スロットルを通り、大気圧まで減圧され、水分を含んだ乾燥剤粒子に逆流して水分を奪い、水分を含んだ空気となって、ブリーダーバルブから外気に放出される。

圧力調整器およびエアドライヤーは、1つのユニットに統合できる。

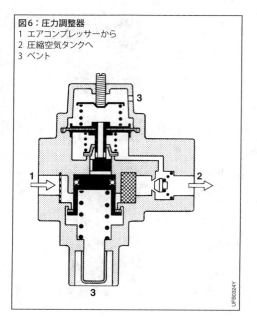

図6：圧力調整器
1 エアコンプレッサーから
2 圧縮空気タンクへ
3 ベント

4系統の保護バルブ

4系統の保護バルブは、ブレーキ回路および補機駆動回路に圧縮空気を分配し、各回路を他の回路から遮断し、1つの回路が故障した場合にも残りの回路に確実に圧縮空気を供給する役割を持つ（図8）。

4系統の保護バルブの機能は、専用に開発されたオーバーフローバルブによって実現される。通常のオーバーフローバルブとは異なり、このオーバーフローバルブは吸入側に2つの作用面を持っている。圧力調整器から流入した圧力が一方の作用面に圧力を作用させ、空圧回路内の圧力がもう一方の作用面に圧力をかける。このためオーバーフローバルブの開弁圧力は、割り当てられた空圧回路の（残留）圧力に依存する。

オーバーフローバルブは、種々の配置が可能である。常用ブレーキ回路1と2、ならびに補機回路3と4は、しばしば一対で直列に配置される。これにより、2つの常用ブレーキ回路のうち、少なくとも1つに優先的に充填することを確実にしている。この種のバルブの補機用回路は、さらに2個の逆止バルブによって保護

図8：4系統の保護バルブ
a 1個の圧縮空気タンクの充填
b 全圧縮空気タンクの充填
1 ハウジング
2 圧縮コイルばね
3 ダイヤフラムピストン
4 バルブシート
5 逆止バルブ
6 固定スロットル

I～IV オーバーフローバルブ

ポート：
1 エネルギー入力
21 ～ 24 回路1～4へのエネルギー出力

図7：圧力調整器を内蔵したエアドライヤー
1 乾燥剤ケース　2 圧縮コイルばね　3 乾燥剤
4 カップ（コントロールバルブ）　5 圧縮コイルばね
6 ピン　7 ダイヤフラム　8 圧縮コイルばね
9 加熱エレメント　10 ブリーダーバルブ
11 ドレン接続部　12 スロットル　13 逆止バルブ
14 一次フィルター　15 二次フィルター

ポート：
1 コンプレッサーから
21 エアリザーバーへ
22 再生エアタンクへ
3 ベント

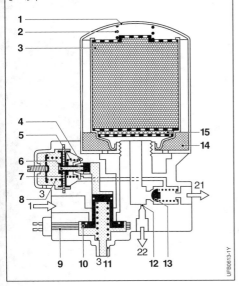

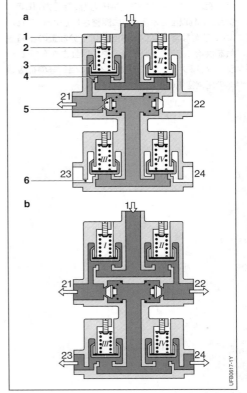

1112 シャーシ

される。集中吸入路を備えた4系統保護バルブの場合は、この逆止バルブを省略することができる。オーバーフローバルブには、さらに可変流量オリフィスが取り付けられていることもある。このオリフィス（絞り）によって、空となったシステムに少量のエアを充填することができる。

回路1に不具合（回路の漏れ）が発生した場合は、まず回路1の圧力のみが0 barに低下し、回路2の圧力は閉弁圧力まで低下する。回路3および4の圧力は、当初は逆止バルブの作用によって維持されるが、エアを消費するに伴い、閉弁圧力まで低下する。回路2、3、4の残留圧力は各オーバーフローバルブの第2の作用面にかかるため、正常な回路には引き続きコンプレッサーからのエアが供給される。不具合の生じた回路（回路1）の開弁圧力が、そのオーバーフローバルブの第1作用面に働いてバルブが開くまで、正常な回路は再充填される。この時点以降、供給された圧縮空気は故障した回路では失われるため、それ以上の昇圧は不可能である。第1の作用面にかかる開弁圧力は、ブレーキシステムの定格圧力（設計圧力）に等しいか、それ以上になるように調整されている。これにより、正常な常用ブレーキ回路に十分な量の圧縮空気を供給し、非常ブレーキ効果が保証される。トレーラー、駐車ブレーキ、エアサスペンション等の補機類への圧縮空気の供給も維持される。

電子制御の空気処理装置

今日では、圧力の制御、空気の処理、圧縮空気の分配は1個の電子制御ユニット、すなわち電子制御式の空気処理装置に統合されている。電子制御式の空気処理装置（EAC、エレクトロニックエアコントロール）は、圧力調整器、エアドライヤー、マルチ回路式保護バルブの諸機能を1つのメカトロニック装置に集めたものである。さらに、駐車ブレーキの制御システムが組み込まれている場合もある。全体として、多くの機能をメカトロニック装置に組み込むことには、システムのコスト、機能、およびエネルギー節約に関して大きな利点がある。

エネルギー貯蔵装置

ブレーキの操作および補機類の作動に必要な十分な量のエネルギーは、路上走行車両用として認可された圧縮空気タンクによって供給され、そこに貯蔵される。そのエネルギーの量は、追加の供給なしに8回のフル制動を行った後、9回目の全制動の際においても、少なくとも所定の非常ブレーキ効果が得られるように設計されていなければならない。

エアドライヤーを装備している場合でも、圧縮空気タンクには手動式または自動式の排気装置が装備される。圧縮空気タンクは、StVZOの第41a条第8項[4]および第72条[5]の適用対象となり、使用認可を受け、永続的に識別できなければならない。

商用車向けブレーキシステム 1113

ブレーキシステム用供給システムには、警告装置を装備しなければならない。それには、以下の要件が適用される。
- 赤色の警告灯
- 運転者が常時視認できること
- ブレーキが操作された瞬間、または常用ブレーキの供給システムの圧力が定格圧力の65 %まで低下した瞬間に点灯すること。駐車ブレーキ(スプリング式ブレーキ)用供給システムには、定格圧力の80 %が適用される

常用ブレーキバルブ

常用ブレーキバルブ(図9)は2系統システムとして設計されており、操作力(バルブを操作する力)に応じて常用ブレーキ回路を制御する。

回路1は、制御用装置、プッシュロッド、圧縮コイルばね(ストローク補正ばね)によって起動される。リアクションピストンが下方に押され、まず吐出バルブを閉じ、次に吸入バルブを開く。圧縮空気がブレーキ回路1に入り、圧力が上昇する。ブレーキ圧はリアクションピストンに対して上方に向かって作用し、部分制動範囲を超えない限り、リアクションピストンを圧縮コイルばねに押し付ける。リアクションピストンにかかる力が平衡した時点で、ブレーキは停止位置に達する。

回路2は、回路1のブレーキ圧によって制御される。制御用装置に代わって回路2のリアクションピストンに、上方からブレーキ圧が作用する。回路2でも、ほぼ同時に停止位置に達する。フルブレーキ位置にある場合、または回路1に不具合が発生した時は、両回路のリアクションピストンは制御用装置により機械的に停止位置にされる。吐出バルブは閉じ、吸入バルブは開いたままとなる。回路1と2は、それぞれ空圧的に完全かつ安全に分離されている。

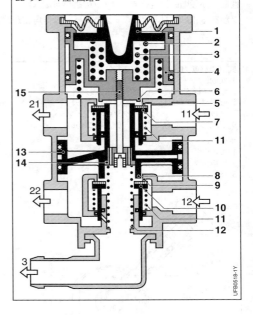

図9：常用ブレーキバルブ
1 プッシュロッド
2 および3 圧縮コイルばね
4 リアクションピストン
5 および9 吸入バルブシート
6 および8 吐出バルブシート
7 および10 バルブプレート
11 バルブスプリング
12 リターンスプリング
13 コントロールプランジャー
14 スプリングシート
15 コンロッド

ポート：
3 ベント
11 エネルギー入力、回路1
12 エネルギー入力、回路2
21 ブレーキ圧、回路1
22 ブレーキ圧、回路2

特別な設計により、回路1と回路2ではブレーキ圧が異なるように制御することができる。このことは、2系統ブースターシリンダーが常用ブレーキバルブによって起動される場合、または回路2が荷重に応じて制御される場合に必要となる。これは、適切なスプリングアセンブリーあるいは複数の作用面のあるリアクションピストンを取り付けることで実現できる。

駐車ブレーキバルブ

駐車ブレーキバルブ（図10）は、レバーの操作量に応じてスプリング式ブレーキシリンダー内の圧力を制御する（ストローク制御式バルブ）。レバーは、ブレーキが作動する位置で恒久的かつ安全にロックできなければならない。駐車ブレーキを非常用ブレーキとして使用する必要がある場合に限り、駐車ブレーキバルブの動作を調整可能（つまり制動力の調整が可能）にする必要がある。駐車ブレーキが作動するとトレーラーの常用ブレーキが起動する場合は、駐車ブレーキバルブにテストポジションを設けなければならない。

駐車ブレーキバルブには、用途に応じて、制動力の調整が不要なバルブ、調整可能なバルブ、あるいは特性曲線が段階的に変化するタイプの調整可能なバルブがある。駐車ブレーキバルブのレバー操作角度が約80°であり、スプリング式ブレーキシリンダーの作動範囲を最適に利用できるため、段階的に調整可能なタイプのバルブは極めて繊細な調整ができる。スプリング式ブレーキシリンダーの作動範囲は、約5 bar（制動開始）～約2 bar（制動終了、図11のグラフを参照）である。

高圧エアブレーキシステム（作動圧が10 bar以上）においては、標準化されたスプリング式ブレーキシリンダーを使用可能にするため、駐車ブレーキバルブに圧力制限器を取り付けることができる。駐車ブレーキバルブ内の制御圧の調整装置は常用ブレーキバルブ内の装置と同じであるが、スプリング式ブレーキシリンダーは走行モードでは給気され、制動モードでは排気するため、作動方向が反対になる。

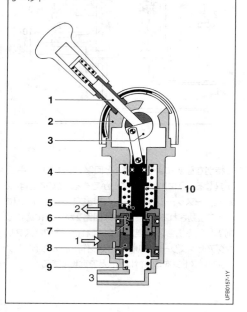

図10：駐車ブレーキバルブ（走行モード）
1 駆動レバー　　2 ロックエレメント
3 偏心エレメント　　4 リターンスプリング
5 吐出バルブシート　　6 吸入バルブシート
7 バルブプレート　　8 リアクションピストン
9 リアクションスプリング　　10 圧縮コイルばね
ポート
1 エネルギー入力、回路3
2 駐車ブレーキへの制御圧力
3 ベント

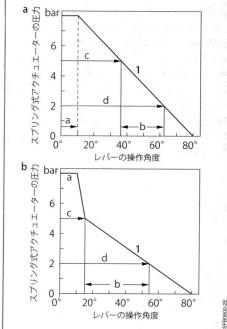

図11：スプリング式ブレーキシリンダーの作動範囲
a 通常の調整式駐車ブレーキバルブ
b 特性曲線が段階的に降下するタイプの調整式駐車ブレーキバルブ
1 圧力曲線
a 遊び量（バルブリフト）　　b 作動範囲
c 制動開始　　d 制動終了

駐車ブレーキバルブは、2系統システムとして設計することができる。その場合、システムには回路3からエアが供給され、また、スプリング式アクチュエーターの空圧式補助ロック解除装置には回路4からエアが供給される。ロータリーノブバルブ、切換えバルブまたはチェックバルブを追加する必要はない。

特性曲線が段階的に降下するタイプのバルブ(図11)の場合は、制動開始を早め、作動範囲を著しく大きくする。これは、駐車ブレーキを非常用ブレーキとして使用する場合に特に有利である。

空圧式駐車ブレーキバルブに代わって使用されるのが、電子制御の駐車ブレーキシステム(電子駐車ブレーキ、EPB)である。このシステムは、EPBモジュール(空気処理装置に統合される場合もある)と操作ユニットで構成される。EPBモジュールには、一体型ソレノイドバルブで制御できる双安定バルブに加え、トレーラーのテスト機能を実行するためのソレノイドバルブがある。

駐車ブレーキは操作ユニットを使用して使用および解除でき、最後の有効な状態が、供給電圧が遮断された後も維持される。操作ユニットは、段階的に効果が高まる構造であるため、駐車ブレーキも段階的に操作され、したがって非常ブレーキとして機能する。

EPBには操作ユニットによる手動起動の他にも、快適性と操作性向上のための一連の機能がある。車両停止時の自動作動(オートパーク)や発進時の自動解除(オートリリース)はその一例である。

荷重応動型制動力自動調整器

荷重応動型制動力自動調整装置(ALB)は、空圧制御の常用ブレーキシステムを使用する商用車の常用ブレーキシステムでよく使用されている。制動力配分用バルブは、制動力を部分積載状態または無積載状態での小さな軸荷重に合わせて調整することにより、単独車両のアクスルへ供給する制動力配分を補正したり、あるいは連結車両またはセミトレーラーの制動レベルを特定の値に維持したりする。

制動力調整器(図12)は、常用ブレーキバルブとブレーキシリンダーの間に取り付けられる。制動力調整器は、積載荷重に応じてブレーキ圧を制御する。制動力調整器は、作用面の面積を変化させることのできるリアクションダイヤフラムを備えている。ダイヤフラムは、放射状に配置され、連動する2つのレーキに支持されている。制御バルブシートの垂直方向の位置によって、作用面が大きく(バルブが下がった位置)または小さくなる(バルブが上がった位置)。その結果、常用ブレーキバルブから送られる圧力より低い圧力(無積載時)、または同じ圧力(全積載時)が、一体型リレーバルブを経由してブレーキシリンダーに送られる。制御バルブは、ロッドで車軸に結合されている偏心エレメント、または(エアサスペンション装備車の場合は)ウェッジによって、荷重に対応する位置に移動する。

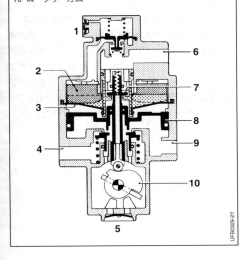

図12：リレーバルブ付き制動力調整器
 1 ベント　　2 レーキ　　3 トランスファーダイヤフラム
 4 エアリザーバーからのエネルギー入力　　5 ベント
 6 常用ブレーキバルブからの制御されていない圧力
 7 コントロールバルブ　　8 リレーピストン
 9 ブレーキシリンダーへの制御されたブレーキ圧
10 ロータリーカム

装置の上端に組み込まれている圧力制限器により、小さな部分圧（約0.5 bar）をダイヤフラムの上端に作用させることができる。すなわち、この圧力まではブレーキシリンダーの圧力低下が発生しない。その結果、全車軸で同期して制動を行うことができる。

空圧式ALBバルブの代替として、空圧制御のブレーキシステムでは、制動力配分をホイールスリップの関数として最適化する（「ホイールスリップ制御システム」を参照）ABSのEBD（電子制御ブレーキシステム）機能の使用が増加している。

欧州では、ほとんどの大型商用車で電子制御ブレーキ（EBS）が使用されている。このシステムでは、積載状態およびその他のパラメーターの関数として電子的に制動力配分が実行される（「電子制御式ブレーキシステム」を参照）。

コンビネーションブレーキシリンダー

商用車向けコンビネーションブレーキシリンダーは、常用ブレーキ用ダイヤフラムシリンダー部と駐車ブレーキ用スプリング式アクチュエーター部で構成される（図13）。これらの部分は前後に配置され、共通のプッシュロッドに作用する。コンビネーションシリンダーは、ホイールブレーキの種類に応じて、Sカム型ブレーキ、ウェッジ型ブレーキおよびディスクブレーキ用に分類される。

2個のシリンダーは、それぞれ独立して作動することができる。同時に作動する場合は、それぞれの力が合算される。この現象は、下流に配置された他のコンポーネント（ブレーキドラムなど）の機械的な過負荷を自動的に回避する特殊なリレーバルブを設置することにより、回避することができる。

集中リリーススクリューを使って、圧縮空気を使わずにスプリング式ブレーキシリンダーに張力をかけることができる（機械式緊急解除装置）。これは、取付け作業時の支援機能として、または圧縮空気系の故障時の操車のために必要である。

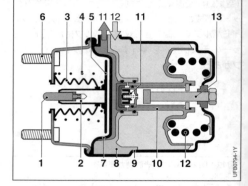

図13：ディスクブレーキ用コンビネーションブレーキ
　　　シリンダー（走行モード）
1　プレッシャーピン　　2　ピストンロッド
3　ディスクブレーキシール付きベローズ
4　圧縮コイルばね（ダイヤフラムシリンダー）
5　ピストン（ダイヤフラムシリンダー）
6　固定ボルト付きハウジング
7　ダイヤフラム　　8　中間フランジ
9　シリンダーハウジング
　　（スプリング式ブレーキアクチュエーター）
10　ピストン（スプリング式ブレーキアクチュエーター）
11　ブリーダーバルブ
　　（スプリング式ブレーキアクチュエーターチャンバー）
12　圧縮コイルばね
　　（スプリング式ブレーキアクチュエーター）
13　解除装置（スプリング式ブレーキシリンダー）
空気ポート：
11　常用ブレーキ　　12　駐車ブレーキ

常用ブレーキを操作すると圧縮空気がダイヤフラムシリンダーに流入し、プランジャーディスクおよびプッシュロッドをディスクブレーキのレバーに押し付ける。空気圧が低下すると、ブレーキが解除される。

圧縮空気がスプリング式アクチュエーター部に流入すると、ピストンがばねを圧縮してブレーキが解除される。チャンバーが排気されると、スプリング式ブレーキシリンダーがピストンロッドを介してダイヤフラム部に力を作用させ、ピストンディスクを介してプッシュロッドをディスクブレーキ機構に押し込む。

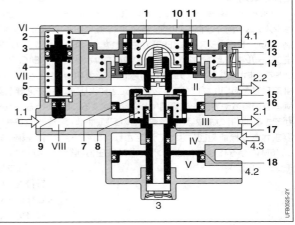

図14：切離し機能を備えたトレーラーコントロールバルブ（走行モード）
 1および2 圧縮コイルばね　　3 コントロールプランジャー　　4 スプリングアセンブリー　　5 吐出バルブシート
 6 ディスク　　7 吸入バルブシート　　8 圧縮コイルばね　　9 スロットルピン　　10 ハウジング
11および12 コントロールプランジャー
13 調整スクリュー　　14 圧縮コイルばね
15 バルブディスク　　16 リアクションピストン
17 カラー　　18 コントロールプランジャー
I～VIII チャンバー

ポート：
1.1 回路3 からのエネルギー入力
2.1 エネルギー出力
　　「供給」用カップリングヘッド（赤色）へ
2.2 エネルギー出力
　　「ブレーキ」用カップリングヘッド（黄色）へ
4.1 コントロールポート
　　制御されていない圧力（回路1）
4.2 コントロールポート
　　制御されていない圧力（回路2）
4.3 コントロールポート駐車ブレーキ
3 集中ベント

トレーラー制御バルブ

　牽引車（トラクター）に装備されたトレーラー制御バルブは、トレーラーの常用ブレーキを制御する。このマルチ回路式リレーバルブは、両方の常用ブレーキ回路および駐車ブレーキによって起動される（図14）。走行モードでは、駐車ブレーキ回路の供給チャンバーIIIとチャンバーIVに同じ圧力が供給される。トレーラーへ向かうブレーキラインは、集中ベントを通じて外気に接続されている。ブレーキ回路1のチャンバーIおよびブレーキ回路2のチャンバーVの圧力が上昇すると、トレーラーへ向かうブレーキラインのチャンバーIIの圧力も同様に上昇する。また両ブレーキ回路の圧力が低下すると、ブレーキライン内の圧力も同様に低下する。駐車ブレーキを操作すると、駐車ブレーキ回路（チャンバーIV）が排気される。その結果、トレーラーへ向かうブレーキラインのチャンバーIIの圧力が上昇する。エアがチャンバーIVに流入すると、ブレーキラインは再び排気される。

　トレーラーへ向かうブレーキラインが遮断されたときは、トレーラーへの供給ラインの圧力は2秒以内に1.5 barまで低下しなければならないと規定されている（RREG 71/320）。このため、組み込まれたバルブによって供給ラインへの圧縮空気供給量が絞られる。

電子制御式ブレーキシステム

要件および機能

1990年代の中頃、デュアルライン圧縮空気ブレーキシステムの開発過程において、電子式（または電子制御式）ブレーキシステム（EBS）が生まれた。これはモジュール構造となっているため、少数のコンポーネントでさまざまなタイプの車両に対応できる。集中制御ECUを適切にプログラミングすることにより、車両固有の特徴や要因を広範囲にわたり考慮することができる。制御の構成は、車軸数とその配置、および要求される機能範囲によって決定され、4S/4M～8S/6Mになる（Sは車輪速センサー、Mは圧力制御モジュール）。

構造および作動原理

電子式ブレーキシステム（図15）は、アンチロックブレーキシステム（ABS）を備えた従来の圧縮空気ブレーキと同様、圧縮空気供給システムで構成されるが、圧力調整器、エアドライヤーおよびマルチ回路保護バルブの機能を1個の電子制御ユニット（EAC、Electronic Air Control）に統合することができる。その結果、特定の機能（充填順序または再生など）を必要な条件に応じて適合させ、機能の信頼性を高めることができる。

電子式ブレーキシステムにおいても、エネルギーは圧縮空気タンクに蓄えられ、圧力制御モジュールおよび常用ブレーキバルブに供給される。常用ブレーキバルブは、電子式ペダルストロークセンサー、および機能的には従来のものと同じ構造の空圧部で構成される。ペダルストロークセンサーは、冗長ストロークセンサー（たとえば冗長配置された2個の電気ポテンショメーター、あるいは1個の冗長誘導ストロークセンサーなど）で構成されており、このセンサーが制御装置によって向きを変えられ、中央ECUに冗長出力信号を送る。ECUは、この信号から各ホイールのブレーキ圧を算出し、各アクスルの圧力制御モジュールを起動

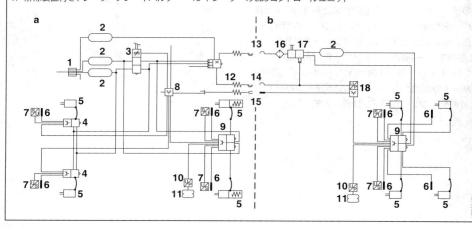

図15：電子式ブレーキシステムの常用ブレーキシステム
a 牽引車　　b トレーラー
1　4系統の保護バルブ　　2　エアリザーバー　　3　ブレーキレベルセンサー付き常用ブレーキバルブ
4　1系統の圧力制御モジュール　　5　ブレーキシリンダー　　6　車輪速センサー
7　ブレーキライニング摩耗センサー　　8　牽引車のEBSコントロールユニット
9　2系統の圧力制御モジュール　　10　圧力センサー　　11　エアサスペンション用ベローズ
12　トレーラーコントロールバルブ　　13　「供給」用カップリングヘッド（赤色）
14　「ブレーキ」用カップリングヘッド（黄色）　　15　ISO 7638プラグインコネクター（7ピン）　　16　ラインフィルター
17　解除装置付きトレーラーブレーキバルブ　　18　トレーラーのEBSコントロールユニット

する。これにより、必要なブレーキ圧が、圧力制御モジュールの下流に配置されているブレーキシリンダーに供給される。供給されたブレーキ圧は、圧力制御モジュールに組み込まれた圧力センサーを使用して調整される。空圧によるブレーキ圧は、常用ブレーキバルブの空圧部品でも並行して生成される。これは、ブレーキフィールを左右する一方、電気系統の故障が発生した場合はフォールバックレベルとして機能する。

ブレーキ圧モジュールには、1チャンネル式と2チャンネル式がある。トレーラーを牽引する車両の場合には、トレーラーコントロールバルブの代わりにトレーラー制御モジュールも装備される。トレーラー制御モジュールも制動過程において中央ECUによって起動され、「ブレーキ」カップリングヘッド（黄色）に適切な制御圧を供給する。これにより、従来型のブレーキシステムを装備したトレーラーを牽引できるようになる。独立した電子式ブレーキシステムを装備したトレーラーを牽引する場合は、トレーラーはISO 7638によるプラグインコネクター（ABSコネクター）で電気的に接続され、制御される。しかしながら、トレーラーは空圧回路にも接続されている必要がある。なぜなら、そうすることがトレーラーに圧力を供給し、システムが故障した場合に空圧制御を行うための唯一の方法だからである。トレーラーの電子式ブレーキシステムを制御することにより、牽引車とトレーラー間の制動挙動を最適に調整することが可能になる。同時作動で、かつ調整された制動挙動により、カップリングフォース調整が最適化される。

アンチロックブレーキシステム（ABS）、トラクションコントロールシステム（TCS）、および走行ダイナミクス制御システム（エレクトロニックスタビリティープログラム）等のその他の機能は、電子式ブレーキシステムの機能範囲に統合されている。ホイールの回転動作は、車輪速センサーおよびアンチロックブレーキシステムによって監視される。情報は、設計仕様に応じて中央ECUまたは圧力制御モジュールに伝送され、そこで処理される。ホイールロックの徴候が現れると、システム配置および仕様に応じて、圧力制御モジュールまたは下流の圧力制御バルブによるABSシステムの既知の制御変数に基づいた制御介入が行われる（独立制御、改良型独立制御またはセレクトロー制御）。ホイール空転時のトラクションコントロールシステムによる介入は、エンジン制御およびブレーキ制御により行われる。走行ダイナミクス制御システムの機能には、別のセンサーが必要になる。ステアリング操舵角度は、ステアリングアングルセンサーによって記録される。ヨーレートセンサー（単にヨーセンサーともいう）は、車両の垂直軸周りの回転速度を記録する。横方向加速度センサーは、横方向加速度を記録する。データの評価により、車両のあるべきコースからの逸脱またはジャックナイフ現象が検知されると、ブレーキ圧を当該ブレーキシリンダーにのみ送り、かつ他のシステムに介入することにより、不安定な走行状態の安定化が図られる（「商用車用の走行ダイナミクス制御」を参照）。

電気系統の不具合が発生した場合、冗長配置された1つまたは2つの空圧回路を介して車両に最低限必要な非常制動効果を提供し、かつトレーラーのブレーキシステムを制御する。

車両の他のシステムおよびトレーラーとのデータ通信により、全システム間の最適な協調動作が達成される。その結果、最適化された減速と加速、ならびに追加機能を実現する。

1120 シャーシ

商用車向け電子式ブレーキシステムの長所として、以下を挙げることができる。

– 全ブレーキシリンダーにおける、迅速かつ同時のブレーキ圧の生成
– 高度の調整能力と、その結果としての制動快適性
– カップリングフォース制御による牽引車とトレーラーの最適な調整
– 正確な制動力配分
– ブレーキライニングの均等な摩耗
– ABS、TCS、ESC機能の統合（ブレーキおよびエンジン介入）、オフロードアプリケーション用のトラクションコントロールの実現が容易になる
– オーバーステアまたはアンダーステアが検知されたとき、またはジャックナイフ現象の危険が検知されたとき（連結車、連節バス）の、エンジン制御およびブレーキ制御による走行特性の制御、ならびに転倒の危険が検知されたときの介入制御
– サービス作業を容易にするための広範な診断機能

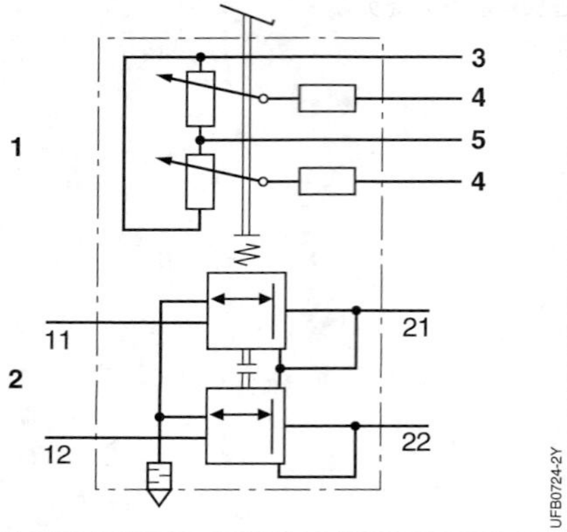

電子制御式ブレーキシステムの構成部品

コントロールユニット（ECU）

電子制御ブレーキシステムの制御点は中央ECUであり、この中で、すべてのシステム機能が実行されている。キャブマウントタイプに加え、フレームマウントのECUの使用も増加している。後者の利点は、ヨーレートと横方向加速度のセンサーを統合できるため、それらを個別に取り付ける必要がないことである。

常用ブレーキバルブ

電子式ブレーキシステムの常用ブレーキバルブの構造は、従来の純粋な空圧式常用ブレーキバルブのものと類似している。しかしながら、この常用ブレーキバルブではさらにブレーキ圧制御のための基準値が電子的に測定される（図16）。この常用ブレーキバルブは、2つの機能を持つ。冗長センサーは、バルブタペットの操作ストロークを測定して、運転者の制動要求を検出する。測定値は中央ECUに伝送され、そこで制動命令に変換される。従来の常用ブレーキバルブと同様の方法で、ロッドのストロークに応じて制御された空気圧が供給される。この制御空気圧は、不具合発生時における「バックアップ」制御のために必要となる。

図16：2つの空圧制御回路を備えた常用ブレーキバルブ
1 ブレーキレベルセンサー
2 常用ブレーキバルブ
3 供給接続部
4 電気ポテンショメーター接続部
5 グラウンド接続

空圧ポート：
11 エネルギー入力、回路1
12 エネルギー入力、回路2
21 バックアップ制御圧、回路1
22 バックアップ制御圧、回路2

UFB0724-2Y

商用車向けブレーキシステム 1121

圧力制御モジュール

圧力制御モジュール(電空式モジュレーター、EPM、図17)は、電子式ブレーキシステムと空気圧で作動するホイールブレーキとのインターフェースである。圧力制御モジュールは、CANバス経由で伝送される要求ブレーキ圧を空気圧に変換する。この変換操作は、通常、インレット／アウトレットソレノイドの組合せにより行われる。制御されたブレーキ圧は圧力センサーで測定され、これによりブレーキ圧を閉ループ制御で制御することができる。電磁干渉を発生させることなく圧力を電気的に制御するために、電気的に起動された「バックアップ」バルブは常用ブレーキバルブの空圧制御圧を遮断する。

圧力制御モジュールをホイールの近くに取り付けることにより、車輪速センサーおよびブレーキライニング摩耗センサーの接続配線を短くすることができる。情報は圧力制御モジュールで処理され、CANバスを介して中央ECUに伝送される。これにより、車両の配線コストが低減できる。

トレーラー制御モジュール

電子式トレーラー制御モジュール(トレーラー制御モジュール、TCM)は、電子式ブレーキシステムの機能要求に応じたトレーラー制御圧の調整を可能にする。電気的制御範囲の限界は、法令によって規定されている。電子的に指定された設定値は、圧力制御モジュールと同様のソレノイド配列によって物理的なブレーキ圧に変換される。「バックアップ」圧は、設計原理に応じて「バックアップ」ソレノイドまたは空気圧保持装置によって遮断される。

トレーラー制御モジュールは、通常のあらゆる走行条件下において、互いに独立した2つの制御信号によって制御されなければならない。これは、2つの制御回路から伝送される2つの空気圧信号、または1つの空気圧信号と1つの電気信号とすることができる。

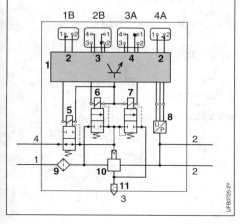

図17：1系統の圧力制御モジュール
1 ECU　　2 車輪速センサー
3 ブレーキライニングセンサー
4 CAN　　5 「バックアップ」バルブ
6 吸入バルブ　　7 吐出バルブ
8 圧力センサー　　9 フィルター
10 リレーバルブ　　11 マフラー
コネクター：
1B コネクター、車輪速センサー 1
2B コネクター、ブレーキライニングセンサー
3A コネクター、電源およびCANバス
4A コネクター、車輪速センサー 2
ポート：
1 エネルギー入力
2 ブレーキシリンダーへのブレーキ圧
3 ベント
4 バックアップコントロール入力

商用車用ブレーキシステムに関する参考文献

[1] Directive 71/320/EEC: Council Directive of 26 July 1971 on the approximation of the laws of the Member States relating to the brake systems of certain categories of motor vehicles and their trailers.

[2] ECE-R13: Uniform provisions concerning the approval of category M, N and O vehicles with regard to brakes.

[3] ISO 7638: Road vehicles – Connectors for the electrical connection of towing and towed vehicles.

[4] StVZO (road traffic licensing regulations, Germany) § 41: Bremsen und Unterlegkeile (Brakes and wheel chocks).

[5] StVZO § 72: Übergangsbestimmungen (Transition provisions).

[6] E. Hoepke, S. Breuer (Editors): Nutzfahrzeugtechnik. 8th Ed., Verlag Springer Vieweg, 2016.

補助ブレーキ

商用車には主として2種類の補助ブレーキシステムが、相互に独立してまたは組み合わせて使用される。2種類のシステムとは、排気ブレーキシステムとリターダーである。

排気ブレーキシステム

燃料供給が停止されたエンジンの回転抵抗を利用した減速手段はエンジンブレーキと呼ばれ、その制動効果をさらに高める補助ブレーキが排気ブレーキである。標準的なエンジンのドラッグパワーは、リッターあたり5〜7 kWである。純粋な排気ブレーキの場合、ドイツ道路交通登録規則（StVZO）第41条15項の規定が遵守されないこともある。排気ブレーキの制動力を高めるための追加措置が必要である。

エキゾーストフラップ（シャッター）式
排気ブレーキシステム

エキゾーストフラップ式排気ブレーキシステムでは、フラップバルブが排気管を閉じる。同時に燃料供給も中断される。その結果、排気管内に背圧が発生し、排気行程にある各ピストンはこれに打ち勝って作動しなければならない（図18）。制動力は排気管内の圧力制御バルブにより制御できる。またこのバルブによって、高速回転域における過度の圧力上昇を抑止し、バルブやバルブ駆動機構の損傷を防止する。

排気ブレーキはトラックおよびバスに最も多く採用されているシステムであり、排気量1リットルあたり14〜20 kWの制動力を得ることができる。

コンスタントスロットル式排気ブレーキシステム
（圧縮圧開放式エンジンブレーキ）

コンスタントスロットル式排気ブレーキは、圧縮圧開放式エンジンブレーキとしても知られている。このシステムは、エンジンの圧縮行程で圧力として蓄えられたエネルギーを膨張行程で利用しないことにより、エンジンブレーキ効果を高めるものである。圧縮行程の終了時に排気バルブまたは追加のバルブ（コンスタントスロットル、図19）を開き、圧縮行程中に生成された圧力を開放する。これにより、膨張行程において膨張による運動エネルギーがクランクシャフトに伝達されない。

エキゾーストフラップおよび
コンスタントスロットル式排気ブレーキ

エキゾーストフラップとコンスタントスロットルを組み合わせることにより、制動力がさらに増加する（図19）。この組合せにより、排気量1リットルあたり30〜40 kWの制動力を得ることができる。

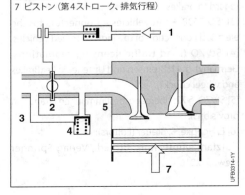

図18：エキゾーストフラップおよび追加圧力調整
　　　バルブ付き排気ブレーキ
1 エキゾーストフラップの駆動（圧縮空気）
2 エキゾーストフラップ
3 バイパス
4 圧力制御バルブ
5 排気ポート
6 吸気ポート
7 ピストン（第4ストローク、排気行程）

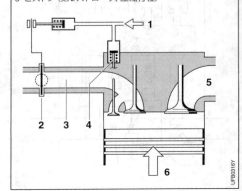

図19：エキゾーストフラップおよびコンスタント
　　　スロットル付き排気ブレーキ
1 圧縮空気
2 エキゾーストフラップ
3 排気ポート
4 コンスタントスロットル
5 吸気ポート
6 ピストン（第2ストローク、圧縮行程）

商用車向けブレーキシステム 1123

リターダー

リターダーは磨耗のない補助ブレーキである。リターダーは作動方式により2種類に分類される。すなわち、流体式リターダーと電磁式リターダーである。両システムとも排気ブレーキと同様に、常用ブレーキの負荷を軽減し、その結果、車両の経済性が向上する。流体式リターダーの使用により、常用ブレーキの寿命が4～5倍延びる。

最新の車両では、リターダーはブレーキ制御システムに統合されている。排気ブレーキとリターダーはしばしば組み合わされて、補助ブレーキとして車両に装備される。このようなブレーキの制御は、電子式ブレーキ制御システムによって行われる必要がある。

流体式リターダー

流体式リターダー（ハイドロダイナミックリターダーとも呼ばれる）は、プライマリーリターダーとセカンダリーリターダーに分類される。

プライマリーリターダーはエンジンとトランスミッションの間に、セカンダリーリターダーはトランスミッションと駆動軸との間に配置される。プライマリーリターダーとセカンダリーリターダーは同じ方式で作動する。リターダーが作動すると、オイル（作動油）が作動室に圧送される。回転するローターがこのオイルを加速し、固定されているステーターの外周側に送り込む（図20）。オイルはステーターの羽根に衝突し、減速する。オイルは内周側からローターに戻る。この動きが繰り返されることにより、ローターの回転運動が抑制され、制動効果が生まれる。

運動エネルギーの大部分は熱に変換される。そのため、オイルの一部を熱交換器で常時、冷却しなければならない。

制動トルクは、ハンドレバーまたはブレーキペダル（リターダーがEBSに組み込まれている場合）によって制御できる。制動トルクは、ローターとスターターによって構成される作動室のオイル充填量に左右される。充填量は、ECUがプロポーショニングバルブを介して制御圧を調整することにより制御される。

リターダーは液圧または空気圧によって制御され、その際、制動トルクは段階的または無段階に調整できる。リターダーの作動媒体としては、主にオイルが使用される。最新の流体式リターダーは、短時間であれば最大600 kWの制動力を発生する。しかしながら、リターダーの連続制動力は車両の冷却システムの冷却容量に依存する。最新の車両は、制動力300～350 kWのリターダーの連続使用に対応した冷却システムを備えている。リターダーまたは冷却システムの過熱はセンサーによって検知され、必要に応じ冷却可能な熱量と均衡するまで制動力が低減される。

プライマリーリターダー

エンジンとトランスミッションの間に配置されているプライマリーリターダーの場合、制動力はトランスミッションと駆動軸を介して伝達される。プライマリーリターダーの制動効果は、エンジン回転数および選

図20：ZF社製品（ZF-Intarder）の例によるリターダーの作動原理
1 増速ギヤ
2 アウトプットフランジ
3 ステーター
4 ローター

択されたギヤの減速比に左右されるが、車軸回転数（車速）の影響は受けない。この車軸回転数に左右されないという特性は、プライマリーリターダーの大きな長所である。この特性は、車速が25〜30 km/h以下の場合に極めて有益である（図21）。こうした理由から、路線バスや公共サービス用車両のような平均速度の低い車両には、まずプライマリーリターダーが使用される。コンパクトなサイズもその長所の1つである。プライマリーリターダーの短所は、ギヤシフト時に制動力が中断されることである。ギヤシフト中は制動力の低減を免れない。

セカンダリーリターダー：

エンジン、クラッチおよびトランスミッションの下流に配置されたセカンダリーリターダー（図22）の場合は、制動力は駆動軸を介して伝達される。プライマリーリターダーとは異なり、セカンダリーリターダーの場合はギヤシフト時にも制動力が中断されない。制動効果は駆動軸の減速比と車軸回転数（車速）に左右される。選択されたギヤには影響されない。セカンダリーリターダーの制動トルクは、ローター回転数に大きく左右される。そのため、しばしば増速ギヤを用いてローター回転数を上げる方法が採られる。

セカンダリーリターダーは車速が40 km/h以上の場合に優れた効率を示す（図21）が、車速が30 km/h以下になると制動トルクが著しく低下する。セカンダリーリターダーは、トランスミッションに後付けすることもできる。熱交換器および充填オイルが重量増を招き、結果的に車両の積載可能重量が減ってしまうため、重量増がセカンダリーリターダーの短所と指摘されることがある。

セカンダリーリターダーは、トラックや観光バスのような高速で長距離を走行する車両に主として使用されている。

電磁式リターダー（渦電流ブレーキ）

電磁式リターダー（図23）は、インプットシャフトおよびアウトプットシャフト（ここではプロペラシャフト）に結合されている2個の非磁性スチールディスク（ローター）、および8または16個のコイルを持ち、星形ブラケットによって車両フレームに取り付けられたステーターにより構成される。電流（オルタネーターまたはバッテリーからの）がコイルに流れると、磁界が発生する。この磁界が回転するローター内に渦電流を誘起する。この渦電流が励磁磁界に対する反作用磁界をローター内に生成し、それによりローターに制動効果が生じる。制動トルクは励磁磁界強度、回転数およびステーターとローター間のエアギャップによって決定される。エアギャップが大きくなるにつれて、制動トルクは小さくなる。エアギャップ

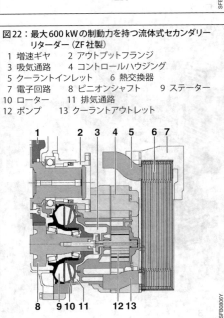

図21：プライマリーおよびセカンダリーリターダーの作動範囲
1 プライマリーリターダー
2 セカンダリーリターダー

図22：最大600 kWの制動力を持つ流体式セカンダリーリターダー（ZF社製）
1 増速ギヤ　　2 アウトプットフランジ
3 吸気通路　　4 コントロールハウジング
5 クーラントインレット　6 熱交換器
7 電子回路　　8 ピニオンシャフト　9 ステーター
10 ローター　11 排気通路
12 ポンプ　　13 クーラントアウトレット

商用車向けブレーキシステム　1125

はスペーサーによって調整される。励磁コイルの相互接続の構成を変えることにより、複数の段階の制動トルク特性（図24）が得られる。発生した熱は、ベンチレーテッドローターディスクを介して対流と放射により周囲環境に放出される。

ローターの温度が上昇するにつれて、電磁式リターダーの制動トルクは大幅に低下する（図25）。リターダーが作動中に過熱すると、保護機能が働いてリターダーの制動力が低減される。

電磁式リターダーの長所は、プライマリーリターダーと同様にエンジンの低回転域での大きな制動力が得られること、および構造が比較的単純なことである。しかしながら、サイズによっては最大350 kgにもなるその重量が短所となる。

補助ブレーキについての参考文献
[1] E. Hoepke, S. Breuer (Editors): Nutzfahrzeugtechnik, 8th Edition, Verlag Springer Vieweg, 2016.

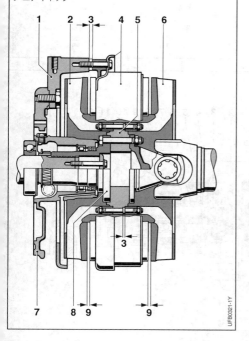

図23：電磁式リターダー
1 星形ブラケット　2 トランスミッション側ローター
3 スペーサー（エアギャップ調整用）
4 コイル付きステーター　5 インターミディエートフランジ
6 リアアクスル側ローター　7 トランスミッションカバー
8 トランスミッションアウトプットシャフト
9 エアギャップ

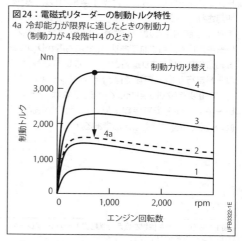

図24：電磁式リターダーの制動トルク特性
4a 冷却能力が限界に達したときの制動力
　　（制動力が4段階中4のとき）

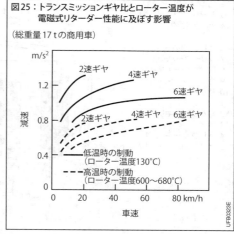

図25：トランスミッションギヤ比とローター温度が
　　　電磁式リターダー性能に及ぼす影響
（総重量17 tの商用車）

ホイールブレーキ

ホイールブレーキは、制動時に運動エネルギーを熱エネルギーに変える摩擦ブレーキである。ホイールブレーキには、ディスクブレーキまたはドラムブレーキが用いられる。油圧（乗用車向け）、空圧およびスプリング力（スプリング式ブレーキ、大型商用車向け）が作動力に変換されて、ブレーキパッドとブレーキライニングをそれぞれブレーキディスクとブレーキドラムに押し付ける。

乗用車用途の場合、増え続ける車両重量と高速走行への対応のため、ホイールブレーキに求められる耐熱性を満たせるのはディスクブレーキだけである。ドラムブレーキは、今日では準小型車の後軸でのみ使用されている。

欧州の商用車では、一般道路用としてディスクブレーキが広く採用されており、北米にも広がりつつある。道路施設があまり整備されていない市場や、オフロード走行が多い用途では、ドラムブレーキが依然として重要な役割を果たしている。これは、ドラムブレーキの方が泥道で確実に反応し、取扱い（保守や修理など）が容易であるためである。

乗用車用ディスクブレーキ

機能原理

ディスクブレーキは、ホイールと一緒に回転しているブレーキディスクの表面で制動力を発生する（図2）。ブレーキパッドが付いたU字形のブレーキキャリパーが、回転しない車両コンポーネント（ホイール

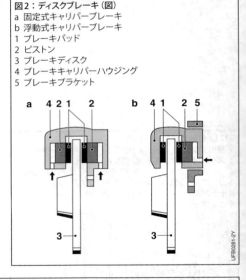

図2：ディスクブレーキ（図）
a 固定式キャリパーブレーキ
b 浮動式キャリパーブレーキ
1 ブレーキパッド
2 ピストン
3 ブレーキディスク
4 ブレーキキャリパーハウジング
5 ブレーキブラケット

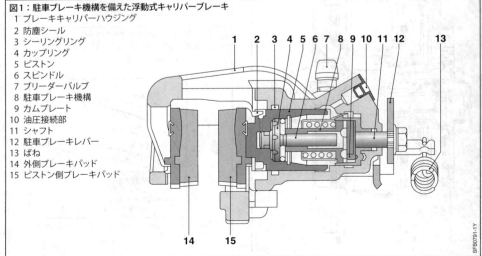

図1：駐車ブレーキ機構を備えた浮動式キャリパーブレーキ
1 ブレーキキャリパーハウジング
2 防塵シール
3 シーリングリング
4 カップリング
5 ピストン
6 スピンドル
7 ブリーダーバルブ
8 駐車ブレーキ機構
9 カムプレート
10 油圧接続部
11 シャフト
12 駐車ブレーキレバー
13 ばね
14 外側ブレーキパッド
15 ピストン側ブレーキパッド

キャリア）に取り付けられている。駐車ブレーキ機構付き／なし浮動式キャリパー構造の有効性が実証されている。

固定式キャリパーブレーキの原理

固定式キャリパーブレーキでは、2つのハーフハウジング（フランジ部とカバー部）はハウジング接続ボルトで結合されている。両方のハーフハウジングには、ブレーキパッドをブレーキディスクに押し付けるピストンが付いている（図2a）。ハーフハウジング内のポートは、2本のピストンを油圧的に接続している。

浮動式キャリパーブレーキの原理

浮動式キャリパーブレーキでは、ピストンがピストン側（内側）のブレーキパッドをブレーキディスクに押し付ける（図2b）。生成された反力がブレーキキャリパーハウジングを動かすことで、外側のブレーキパッドを間接的にブレーキディスクに押し付ける。したがってこのブレーキキャリパーでは、ピストンは内側にのみ取り付けられている。

乗用車用浮動式キャリパーブレーキ

ブレーキキャリパーは2本の密封されたガイドピンを介してブレーキブラケットに取り付けられ、ガイドピンに沿って車軸方向に自由に動く（図1）。

常用ブレーキによる制動

ブレーキマスターシリンダーによって生成された油圧は、油圧接続部を通ってピストン後方のシリンダーチャンバーに入る。ピストンが前方に押し出され、ピストン側のブレーキパッドがブレーキディスクに押し付けられる。ガイドピンに沿って浮動するブレーキキャリパーハウジングは、反力によってピストンの動作方向と反対方向に移動し、その結果、外側のブレーキパッドがブレーキディスクに押し付けられる。初期位置からこの位置までのブレーキパッドおよびピストンの作動距離をクリアランスという。油圧がさらに上昇すると、ブレーキパッドにかかる圧力も増加する。

常用ブレーキの解除

ピストンが制動位置まで移動すると、初期位置では長方形であったシールリングが変形する。運転者がブレーキ解除操作を行い、油圧が低下すると、変形したシールリングが元の形状に戻ろうとする力によってピストンが引き戻される（ロールバック効果）。

一体型駐車ブレーキによる制動

一体型駐車ブレーキを操作すると、力がハンドブレーキケーブルを介して駐車ブレーキレバーに伝達される。その結果ブレーキレバーに回転方向の動きが与えられ、それがシャフトを介しカムプレートに伝達される。カムプレートとボールの組み合わせによって、回転方向の動きが軸方向の動きに変換され、駐車ブレーキ機構がブレーキパッド側に押し動かされる。駐車ブレーキ機構に取り付けられたスピンドルが、ブレーキパッドを押し動かす。クリアランスを通過すると、最初にピストン側のブレーキパッドが、次に外側のブレーキパッドがブレーキディスクに押し付けられる。

駐車ブレーキの解除

ハンドブレーキレバーを解除すると、駐車ブレーキレバー、シャフトおよびカムプレートがそれぞれ初期位置に戻る。スピンドルとピストンは、駐車ブレーキ機構内のばねによって初期位置に引き戻される。シールリングが元の形状に戻って、駐車ブレーキが完全に解除される。

自動調整機構

クリアランスはブレーキパッドおよびブレーキディスクの磨耗につれて大きくなるため、その調整が必要になる。このクリアランスの自動調整は制動中に行われる。長方形のピストンシーリングリングの内径は、ピストン径より若干小さい。このため、シーリングリングは予圧をかけながらピストンを取り囲むことになる。制動中ピストンはブレーキディスクの方へと動いてシーリングリングに張力をかけるため、シーリングリングはその静的摩擦の結果ピストンがブレーキパッドとブレーキディスク間を移動している時にのみピストン上を滑走することができ、ブレーキパッドが磨耗するにしたがって想定クリアランスより大きくなる。ブレーキが解除されると、ピストンは想定クリアランスの分だけ引き戻される。この方法により、クリアランスを一定に保つ無段階調整が可能になる。

駐車ブレーキ機構のクリアランス調整も、常用ブレーキの作動によって行われる。

ブレーキキャリパーのクリアランスは約0.15 mmで、最大許容静止時ディスクの振れ精度（製造公差またはベアリングクリアランスによるブレーキディスク1回転当たりの軸方向の動き）の範囲内にある。

1128 シャーシ

ブレーキディスク

制動中熱に変換されたエネルギーは主にブレーキディスクによって吸収され、そして大気中に放出される。中実ディスクと内部通気型ブレーキディスクとは、基本的に区別される（図3）。

通気型ブレーキディスクには、内部通気型と外部通気型の2タイプがある。熱負荷が高いため、通気型ブレーキディスクはフロントアクスルで使用され、高性能自動車と大型車では、リアアクスルでも使用される。さん孔または溝付き摩擦リングは冷却効果を高め、濡れた路面での始動応答性も高める。放熱効果をさらに高めるためには、放射状の冷却スロット付き通気型ブレーキディスクが使用される（図3）。

ブレーキディスクは通常ねずみ鋳鉄製である。炭素の比率を高くすると、熱吸収と防音性能が向上する。クロムやモリブデンなどを含む合金では、耐摩耗性も向上する。スポーツカーとラグジュアリークラス車両では、炭素繊維で強化された炭化ケイ素を含むセラミック製の熱耐性がさらに高いブレーキディスクも使用されている。

ブレーキディスクは、ホイールのすぐ上に取り付けられること、また長い耐用年数が求められることから、厳しい耐腐食性要件が課せられる。ブレーキディスクは、耐腐食性を高めるために一部または全体がコーティングされている。耐熱性の高い塗装、または亜鉛を含むコーティングが使用される。

ここ数年では、組立て式ブレーキディスクも採用されるようになった。この種のブレーキディスクでは、摩擦リングとチャンバー部分が分かれている。チャンバー部分は、重量を削減するために、異なる材質（アルミニウムまたは鋼板）で製造されているのが普通である。さらにこのブレーキディスクには、曲げ（高熱による摩擦リングの変形）に関する利点がある。ねじ留め、鋳造、リベット留め、および締付け金具とはめ合い金具の組合せに分類される。

図3：ブレーキディスクの模式図
a 中実ブレーキディスク
b 内部通気ブレーキディスク
c 外部通気ブレーキディスク
1 摩擦リング
2 チャンバー
3 冷却ポート
4 放射状の冷却スロット
　（冷却フィン）

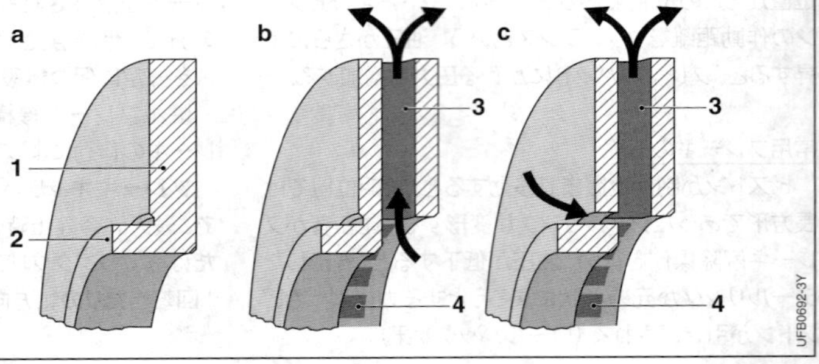

ディスクブレーキ用ブレーキパッド
機能と要求事項

制動操作中の減速力は、ブレーキパッドとブレーキディスクの間のすべり摩擦によって生成される。摩擦係数とは、ブレーキキャリパーが生み出す張力と、パッドとディスクの間に生じる減速摩擦力の比率を表す。これは、乗用車では 0.3 〜 0.5 であり、シャーシの設計に含まれる。

安全関連システムの一部として、この機能は絶対的な信頼性をもって、自動車運転者が予測できるように可能な限り明確に実行される必要がある。したがって、使用されるブレーキディスクに対するブレーキパッドの摩擦係数は、過酷な場合も含め、幅広い範囲のさまざまな作動条件の下で、可能な限り同じであることが求められる。さらに、ブレーキパッドとブレーキディスクの摩耗が適度に小さいことも必要である。摩耗に伴い発生する粉塵も、可能な限り少なく保たれ、排出される成分による環境汚染も、可能な限り小さく保たれなければならない。またブレーキシステムの作動音も、可能な限り小さくする必要がある。

ブレーキシステムの車両に応じての最適な調整は、ブレーキパッドの特性により、その大部分が実現される。システムの全コンポーネントの中では、ブレーキパッドの構造と製法が、大きな可能性をもたらす。

構造

ブレーキディスク (図 4) は多くの部品で構成されており、それらの特性をすべて慎重に相互に調整して、複雑な機能要件を満たす必要がある。一般に鋼材製のバックプレート (キャリア) は、ブレーキキャリパーに押し付けられた摩擦面が生み出す制動力を支え、逆に、可能な限り均一にピストン力を摩擦面に伝達する役割を果たす。そのためバックプレートは、ブレーキ音や不安定な動作を防ぐために、正確な寸法公差に適合していなければならない。さらに、接触面とフックのいずれでも塑性変形が発生しないように、材質の強度が十分でなければならない。多くの構造仕様においてバックプレートはその上なお、ブレーキキャリパーの強度を補強する役目も担っている。

腐食を防ぐために塗装されたブレーキパッドの裏面には、たいてい騒音防止シムまたはフィルムが接着、リベット留め、またはクリップ留めされている。これは、ほとんどの場合、騒音防止に不可欠である。ここで重要なのは、一定の動作期間にわたって、シムの位置に明らかなずれが生じないようにすることである。そうしないと、好ましくない状況において、騒音防止シムとブレーキまたはホイールのコンポーネントが、不必要に接触する可能性がある。また、ピストンとキャリパー内の位置決め用クリップが、ブレーキ内への取付けに必要な場合もある。

製法

最もコスト効率の高い解決方法は、表面に付着した酸化物とオイルかすを取り除いた後に、温度的および化学的安定性の高い接着剤でコーティングすることである。レーシングカーや、多くの大型車、高性能自動車、高級車でも、パッドとキャリアのポジティブロックを確立するさまざまなボンディングタイプが使用されており、特に耐熱性に優れているが、同時に、接着剤によるボンディングより大幅に高価となる。

最後に、摩擦ライニングが施される。ほとんどの場合、摩擦ライニングは、ヒートプレス装置内の成形粉または乾燥剤をバックプレートに圧着して施す。130 ℃ 〜約 170 ℃ の温度範囲では、摩擦ライニングの混合物の結合成分がバックプレートの接着剤と永久的に結合し、一体化する。このとき、他のすべての成分も統合されて、一般的には耐熱性と耐薬品性が高いフェノール樹脂で構成された結合材となる。乾燥混合物

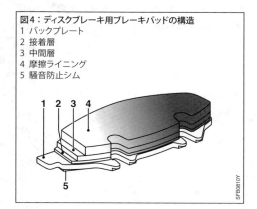

図 4：ディスクブレーキ用ブレーキパッドの構造
1 バックプレート
2 接着層
3 中間層
4 摩擦ライニング
5 騒音防止シム

1130 シャーシ

を使用し、ホットプレスと呼ばれるこの工程は、量産品市場において信頼性、物理的特性の調整範囲、製品の多様性、およびコストのバランスが最も良い組合せとしての位置が確立されている。

ブレーキパッドの構成

一般的な欧州製ブレーキパッドの成形材料の組成は、20種類を超える成分で構成される。これらは、結合材、金属、黒鉛とコークス、充填材、有機繊維、研磨剤、および潤滑剤というカテゴリーに分類することができる。表1に例として、ブレーキパッドに一般的に使用される原材料の一部を示す。ブレーキパッドでの効果は、組成中の含有比率に加え、それぞれの成分自体の組成、結晶構造、および粒子の大きさによっても決定される。摩耗が少なく、信頼性の高い制動性能を得るには、理想的な成分を選択し、金属、研磨剤、潤滑剤の含有比率を慎重に最適化することが唯一の方法である。十分な強度だけでなく、特に快適で低騒音のブレーキを実現するための物理的および機械的特性は、広範な含有率において摩擦に関して中立的な充填材により調整される。このように複雑な組成によってのみ、摩擦損失、信頼性、摩耗、制動快適性に関する、時には矛盾する厳しい要件が、大多数の運転者に合わせて最適に調整される。

摩擦ライニングと接着剤の間には、厚さが約2〜3mmの、機械的および化学的に摩擦ライニングに類似する中間層を使用すると、パッドの接触面の改善や、ブレーキ音の抑制などが可能である。

最後に、ブレーキパッドには、公共の交通での使用を認めた規制認可の表示などのために、使用される国を表すマークが明確に記されていなければならない。このマークは、通常、ブレーキパッドの背面に印刷または刻印される。

地域的な特殊要件

欧州（特にドイツ）とは異なり、世界の多くの地域では、運転者は速度制限により、高速道路であっても制限速度を超えて走行することはできない。たとえば、アジアと米国では、摩擦係数の要件が厳しくないが、摩耗と粉塵の発生に関する要件は厳しいため、欧州とは異なる摩擦材料が開発されている。日本では、ブレーキディスクの腐食がわずかで、そのために粉塵も発生しにくいという特徴を持つ、いわゆるNAO材（非アスベスト有機材料）が開発された。ただし現時点では、この組成により、欧州で一般的な組成による摩擦係数と同程度の摩擦係数は実現されない。この組成には、欧州の組成とは対照的に、通常はスチールウールと鉄粉のいずれも全く含まれない。したがって、非スチールパッドと呼ばれるか、より販売促進に効果的な名前としてセラミックと呼ばれる。これに対し、欧州で一般的な材料は、ロースチールパッドまたはローメタルパッドと呼ばれる。摩擦損失の少ない欧州の組成と、粉塵の発生の少ないNAO組成が存在するために、現在、摩擦材料開発の目標には競合が発生している。

表1：欧州で使用されるブレーキパッドの組成の原材料グループと一般的な含有比率範囲

原材料グループ	原材料	含有比率 (%)
金属	スチールウール アルミニウムウール 銅ウール 亜鉛粉	10 〜 15
結合剤	フェノール樹脂 生ゴム	15 〜 20
充填材	ケイ酸塩 （例：雲母粉、滑石粉） チョーク	20 〜 50
研磨剤	酸化アルミニウム 炭化ケイ素	2 〜 5
潤滑剤	硫化モリブデン 硫化スズ	2 〜 10
有機繊維	アラミド繊維 セルロース繊維	2 〜 5
黒鉛とコークス	黒鉛とコークス	10 〜 25

ホイールブレーキ **1131**

セミメタルパッドの重量の半分近くは、鉄材で占められる。比較的低コストであるが、高負荷および高温の範囲での性能は他のパッドに劣る。

商用車用ディスクブレーキ

商用車向けに専用のディスクブレーキが開発されている。商用車用ディスクブレーキは圧縮空気で作動する。その圧力は油圧ブレーキの圧力より著しく低く、ブレーキシリンダーをブレーキキャリパーに組み込むことができないため、フランジを介して接続する必要がある(図5)。

機能原理
常用ブレーキの作動原理

常用ブレーキシリンダーにエアが流入すると、ブレーキレバーが動かされる。ブレーキシリンダーの力はレバー変換比に応じて増幅され、ブリッジおよびプランジャーを介して内側のブレーキパッドに伝達される。ブレーキキャリパーに発生する反力は、ブレーキキャリパーが移動することにより外側のブレーキパッドに伝達される。

駐車ブレーキの作動原理

商用車用の駐車ブレーキには、常用ブレーキとスプリング式ブレーキアクチュエーターの組合せが用いられる。駐車ブレーキを解除した状態では、スプリング式ブレーキアクチュエーターのチャンバー内に圧

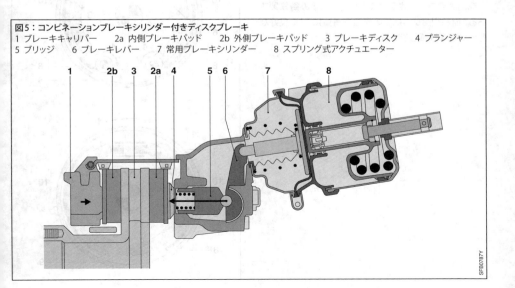

図5：コンビネーションブレーキシリンダー付きディスクブレーキ
1 ブレーキキャリパー　　2a 内側ブレーキパッド　　2b 外側ブレーキパッド　　3 ブレーキディスク　　4 プランジャー
5 ブリッジ　　6 ブレーキレバー　　7 常用ブレーキシリンダー　　8 スプリング式アクチュエーター

縮空気を貯め込み、その力で圧縮コイルばねを押し縮めた状態で保持している。チャンバー内のエアが排出されると、ばねの力が解放され、それがスプリング式ブレーキピストンを介して常用ブレーキのピストンおよびプッシュロッドを動かし、ブレーキを作動させる。

<u>自動調整機構</u>

スプリング式ブレーキアクチュエーターによって空圧によりまたは機械的に作動されるディスクブレーキには、自動クリアランス調整機構が装備される。

<u>摩耗監視装置</u>

常時磨耗監視装置が装備されることもある。これは電子式ブレーキシステムの場合、磨耗補正およびサービスインフォメーションシステムのために必要となる。

ブレーキディスク

中実ブレーキディスクは熱の放散に時間がかかるため、商用車ではあまり使用されない。内部通気型ブレーキディスクでは、熱交換を行うための表面積が広くなっている。この構造のブレーキディスクでは、2つの摩擦リングがブリッジを介し接続されている。ブレーキディスクの回転により、内部で外部方向への放射状の通気効果が生まれる。

商用車用ブレーキディスクは通常ねずみ鋳鉄製である。飽和限度いっぱいの炭素含有量により、良好な熱伝導性を達成している。

ドラムブレーキ

ドラムブレーキは2つのブレーキシューを備えたラジアルブレーキである。ドラムブレーキは、ブレーキドラムの内側の摩擦面で制動力を生み出す。

ドラムブレーキの構造

ドラムブレーキには、ブレーキシューのガイド方法により、以下の2種類の構造がある。
– 固定ピボット付きブレーキシュー（図6a、6b）
– スライドシューとしてのブレーキシュー（図7）

図6：リーディングトレーリング式ブレーキの原理
a　ブレーキシュー（シングルピボット2個）
b　ブレーキシュー（ダブルピボット1個）
1　車両前進時のブレーキドラム回転方向
2　自己倍力　　3　自己抑制　　4　トルク
5　複動ホイールブレーキシリンダー
6　リーディングブレーキシュー（プライマリーシュー）
7　トレーリングブレーキシュー（セカンダリーシュー）
8　支点（ピボット）　　9　ブレーキドラム
10　ブレーキライニング

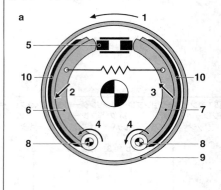

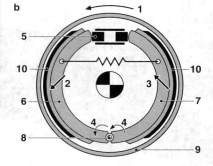

ブレーキドラムの回転と同じ方向に回転するブレーキシュー（プライマリーシュー、リーディングブレーキシュー、図6）では、制動操作時の摩擦力により、ブレーキシューをドラムに押し付ける作動力に加えて、ブレーキシューの支点の周りに回転力が発生する。これにより、自己倍力作用が生まれる。リーディングトレーリング式ブレーキにおいては、トレーリングブレーキシュー（セカンダリーシュー）の支点の周りに回転力が発生し、実際に作用する制動力を低減する。これにより自己抑制作用が生まれる。

スライドシューガイドはリーディングトレーリング式ブレーキ、ツーリーディングシュー式ブレーキ、デュオツーリーディングシュー式ブレーキおよびデュオサーボブレーキで使用されている。固定ピボット付きブレーキシューは摩耗レベルが均一ではなく、スライドシューのようなセルフセンタリングは不可能である。

リーディングトレーリング式ブレーキの原理
　複動ホイールブレーキシリンダーによりブレーキシューが作動する（図6a、6b）。ピボットがブレーキシューの支点になっている（シングルピボットが2個またはダブルピボットが1個）。車両が前進しているときは、リーディングブレーキシューに自己倍力効果が働き、トレーリングブレーキシューに自己抑制効果が働く。車両後進時のパターンも同様である。

ツーリーディングシュー式ブレーキの原理
　各ブレーキシューは、単動ホイールブレーキシリンダーにより作動する（図7）。スライドシューとして設計されているブレーキシューは、対向するホイールブレーキシリンダーの背面に固定されている。ツーリーディングシュー式ブレーキは単動作動式である、すなわち、車両前進時に自己倍力作動する2つのリーディングブレーキシューを備えている。車両後進時には自己倍力作用はない。

リーディングトレーリング式ドラムブレーキ
乗用車向けブレーキの作動原理
　駐車ブレーキと自動自己調整機能を備えた油圧作動式リーディングトレーリング式ドラムブレーキを例に、ドラムブレーキの原理を説明する（図8）。それ以外のタイプのドラムブレーキ（ツーリーディングシュー式ブレーキ、デュオツーリーディングシュー式ブレーキなど）は、今日ほとんど使用されていない。

　車両走行中、エクステンションスプリングが2つのブレーキシューを引っ張り、ドラムの摩擦面とブレーキライニングの間にクリアランスができるように、ブレーキドラムから離す。リーディングトレーリング式ドラムブレーキでは、両側に作用する油圧式ホイールブレーキシリンダーが制動中に油圧を機械的な力に変換し、ブレーキシューをドラムに押し付ける。これにより、ブレーキパッドの取り付けられているリーディングブレーキシューとトレーリングブレーキシューが、ブレーキドラムに押し付けられる。ブレーキシューのホイールブレーキシリンダーとは反対側にあるもう一方の終端部は、ブレーキブラケットに取り付けられたサポートベアリングにより支持されている。

　制動トルクの比率は、リーディングブレーキシュー（プライマリーシュー）が発生させるものの方が、トレーリングブレーキシュー（セカンダリーシュー）のそれよりも高い。このため、プライマリーライニングの方が摩耗が激しい。これを調整するために、プライマリーライニングはセカンダリーライニングより厚いあるいは長い設計となっている。

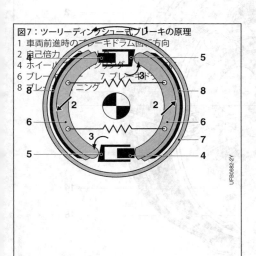

図7：ツーリーディングシュー式ブレーキの原理
1 車両前進時のブレーキドラム回転方向
2 自己倍力
3 ブレーキドラム
4 ホイールブレーキシリンダー
5 ピボット
6 ブレーキシュー
7 ブレーキライニング
8 ブレーキライニング

商用車向けSカム付きリーディングトレーリング式ブレーキの作動原理

圧縮空気ブレーキシステムを装備した商用車では、Sカムの回転によって作動力を生成するタイプもしばしば使われる。Sカムは、ブレーキシリンダー、ブレーキレバー（ロッドアジャスター）およびブレーキカムシャフトによって駆動される（図9）。

ウェッジ作動式ブレーキの作動原理

商用車にはウェッジ作動式ブレーキも採用されている。このブレーキでは、ブレーキシリンダーによって駆動されるウェッジがブレーキシューをドラムに押し付ける（図10）。

制動の間、ダイヤフラムブレーキシリンダーに圧縮エアが作用する。これによりウェッジが右へ移動する。ウェッジは加圧ローラーの間をスライドする。ローラーはウェッジとスラストメンバーの間で回転する。発生した作動力はスラストメンバーを介してブレーキシューに伝達される。ブレーキライニングの摩耗により生じる過度のクリアランスは、調整機構により調整される。

自動調整機構

ホイールブレーキは、ライニングの摩耗により大きくなったクリアランスを調整するための調整機構を装備しなければならない。ブレーキは容易に調整可能

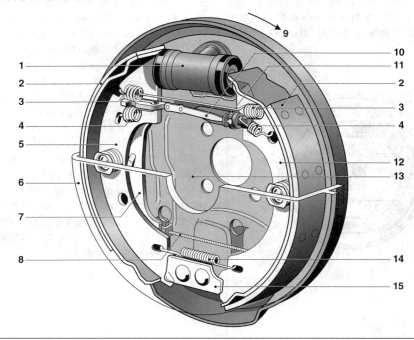

図8：駐車ブレーキが組み込まれたリーディングトレーリング式ドラムブレーキ
1 ホイールブレーキシリンダー　2 ブレーキライニング　3 エクステンションスプリング（ブレーキシュー）
4 エクステンションスプリング（アジャスター）　5 トレーリングブレーキシュー　6 ブレーキドラム
7 駐車ブレーキレバー　8 ブレーキケーブル　9 ドラム回転方向　10 バイメタルストリップ
11 アジャスターホイール　12 リーディングブレーキシュー　13 ブレーキブラケット
14 エクステンションスプリング（ブレーキシュー）　15 ブレーキシューピンブッシュ

ホイールブレーキ 1135

であるか、または自動調整機構を装備しなければならない (StVZO 第41条第1項[1]、ECE R13-H [2])。

乗用車向けのリーディングトレーリング式ドラムブレーキでは、調整機構はプッシュロッドまたはプレッシャースリーブの一部として、スプリングプリテンションがかかった状態でブレーキシューの間に取り付けられている。クリアランスが許容値を超えると、調整機構によって自動的にプッシュロッドまたはプレッシャースリーブが伸び (その長さは調整機構の設計によって異なる)、ブレーキシューとブレーキドラムの間のクリアランスが調整される。ほとんどの自動調整機構は、ブレーキドラムが熱くなった (伸びた) 状態での自動調整を回避するため、熱電対と連動した感温式となっている。

Sカムを装備した商用車では、調整機構はブレーキレバーの一部となっている。この目的のために、手動調整が行われるか、または自動リンケージ調整機構として設計されている。

ウェッジ作動式ブレーキの場合は、自動調整機構がウェッジ機構に組み込まれている。

駐車ブレーキ

駐車ブレーキは、ドラムブレーキに組み込まれている。ブレーキケーブルは、車両内のハンドブレーキレバー、またはスピンドル付き電動モーターによって作動する。ハンドブレーキレバーは、トレーリングブレーキシューの上部に取り付けられている。駐車ブレーキを操作すると、ブレーキケーブルがハンドブレーキレバーを右方へ引っ張り、ハンドブレーキレバーがプッシュロッドを介してブレーキシューをブレーキドラムに押し付ける。

商用車では、スプリング式ブレーキアクチュエーターのエア抜きにより、ドラムブレーキが駐車ブレーキとして作動する。

参考文献

[1] § 41 Straßenverkehrs-Zulassungsordnung (Road traffic licensing regulations, Germany). Bremsen und Unterlegkeile (Brakes and wheel chocks).
[2] ECE R13-H: Regulation No. 13-H of the United Nations Economic Commission for Europe (UN/ECE) – Uniform provisions concerning the approval of passenger cars with regard to braking.
[3] B. Breuer, K. Bill (Editors): Bremsenhandbuch: Grundlagen, Komponenten, Systeme, Fahrdynamik. 5th Ed., Verlag Springer Vieweg, 2017.

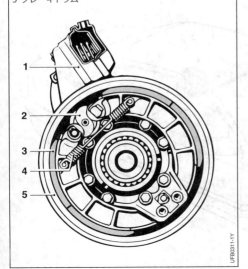

図9：Sカム付きリーディングトレーリング式ドラムブレーキ
1 ダイヤフラム式シリンダー
2 Sカム
3 ブレーキシュー
4 リターンスプリング
5 ブレーキドラム

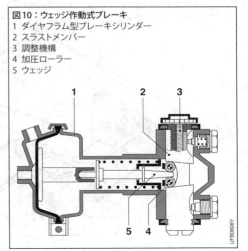

図10：ウェッジ作動式ブレーキ
1 ダイヤフラム型ブレーキシリンダー
2 スラストメンバー
3 調整機構
4 加圧ローラー
5 ウェッジ

ホイールスリップ制御システム

機能と要求事項

スリップ

発進時、加速時および制動時に、路面に力を伝えるのに必要な効率は、タイヤと路面間に生じるトラクション（スリップ率）によって決まる。ホイールの中心が前後方向に移動する速度v_R（車速）が、ホイール外周速度v_Uと異なるとき、スリップが発生する。制動スリップ率λ_Bと駆動スリップ率λ_Aは次のように計算される。

$$\lambda_B = \frac{v_U - v_R}{v_R}, \quad \lambda_A = \frac{v_U - v_R}{v_U}$$

ホイールがロックしたとき、上記の式による制動スリップ率は$\lambda_B = -1$となる。車両が停止状態でホイールがスピンしたとき、駆動スリップ率は$\lambda_A = 1$となる（「スリップ、自動車技術の基礎」を参照）。

グリップ／スリップ曲線

タイヤはスリップを伴って回転することで、力を道路に伝えることができる。スリップを伴わないタイヤはホイール接地範囲で変形しないため、縦力または横力を伝達することができない。伝達可能な力はスリップの影響を受ける。グリップ／スリップ曲線（図2）はこの関係を示したものである。これらは制動と駆動／トラクションにとって理想的に進行する。

ホイールスリップ制御システムはタイヤと路面間の最適な力の伝達を保証し、車両を進行方向に安定状態に維持し、運転者がより容易に制御できるようにする。このために個別のホイールの前後方向のスリッ

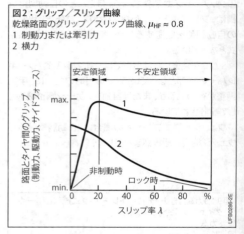

図2：グリップ／スリップ曲線
乾燥路面のグリップ／スリップ曲線、$\mu_{HF} \approx 0.8$
1 制動力または牽引力
2 横力

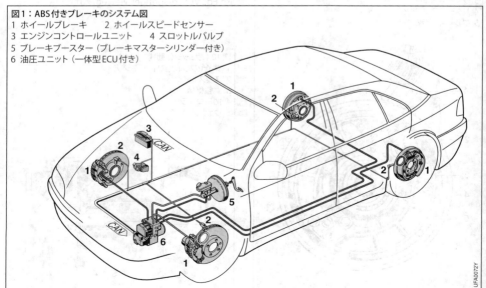

図1：ABS付きブレーキのシステム図
1 ホイールブレーキ　2 ホイールスピードセンサー
3 エンジンコントロールユニット　4 スロットルバルブ
5 ブレーキブースター（ブレーキマスターシリンダー付き）
6 油圧ユニット（一体型ECU付き）

プ – つまり前後方向に移動するホイール中心速度に基づくホイールスピード – が制動トルクまたは駆動トルクの変更によって調整される。アンチロックブレーキ機能（ABS、アンチロックブレーキシステム）とトラクションコントロールシステム（TCS）には基本的な違いがある。

このグリップ／スリップ曲線の図において、加速中および減速中の大部分では、スリップ率がわずかであり、安定域に収まっている。最初はグリップ率の増大に比例して、スリップ率（制動時は制動スリップ率、加速時は駆動スリップ率）も増大する。スリップ率がさらに増大して最大値を超えると、不安定域に入る（図2）。この範囲でスリップ率がさらに増大すると、通常はグリップが低下し、ブレーキをかけるとわずか数ミリ秒でホイールがロックする。一方、加速時に必要以上のトルクがかかると、片側または両側の駆動輪の回転速度が急激に増加して、スリップを起こしてしまう。

ABSおよびTCSの効果

制動スリップ率が増大すると、ABS機能がアクティブになり、ホイールのロックを防ぐ。一方、駆動スリップ率が増大すると、TCSがホイールのスピンを防ぐ。ABSにより、滑りやすい路面で緊急制動をしたときでも、車両は方向安定性と操舵性を維持することができる。商用車を連結した場合の危険なジャックナイフ現象も防止される。TCS機能は、加速時の駆動輪の力の伝達を最適化し、トラクションと安定性の両方を向上する。

図1は、油圧式ブレーキシステムを装備した乗用車のABSシステムとそのコンポーネントを示したものである。油圧式ブレーキシステムを採用している乗用車とは異なり、商用車には空圧式パワーブレーキシステム（エアブレーキ）が使用されている。この違いはあるが、乗用車のABSまたはTCS制御プロセスの機能説明は、原則的に商用車にも当てはまる。

ABSとTCSの機能はやがて走行ダイナミクスコントロールに統合された。

制御システム

ABS制御

閉ループ制御の基本プロセス

ホイールスピードセンサーはホイールの動きを監視している（図3）。ホイールロックの兆候は、ホイールの減速度とスリップ率の急激な上昇である。ホイールの減速度とスリップ率が基準値を超えると、ABSコントローラーはソレノイドバルブユニット（油圧ユニット）に命令を送り、ロックの心配がなくなるまでホイールブレーキ油圧を保持するか、あるいは低下させる。その後、制動力が小さくなりすぎないようにするために、ブレーキ油圧を再び上昇させる。ブレーキの自動制御中に、ホイールの回転挙動が安定領域と不安定領域のどちらにあるかを常時検出し、ホイールが最大制動力を得られるスリップ率の範囲に収まるよう、一連の増圧、圧力保持、減圧の制御が行われる。

典型的な制御サイクル

図4の制御サイクルは、摩擦係数が高い場合の自動ブレーキ制御を示したものである。ホイール外周速度の変化（加減速度）はECUによって計算される。減速度が定められた閾値（$-a$）よりも大きくなると、制

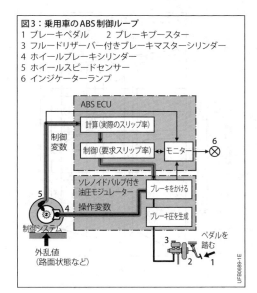

図3：乗用車のABS制御ループ
1 ブレーキペダル　　2 ブレーキブースター
3 フルードリザーバー付きブレーキマスターシリンダー
4 ホイールブレーキシリンダー
5 ホイールスピードセンサー
6 インジケーターランプ

動圧はそれ以上上がらないで保持される。続いて、ホイール外周速度が適正スリップ領域の閾値λ_1以下になると、制動圧は減圧される。減圧によって減速度が閾値$(-a)$よりも小さくなると、その時点の制動圧が保持される。これによりホイール外周速度が増加し、加速度が閾値$(+a)$を超えるが、制動圧は一定レベルに保たれ続ける。

加速度が比較的高い閾値$(+A)$を超えると制動圧は増圧され、加速度がそれ以下になると、その時点の制動圧が保持される。スリップ率は適正範囲に戻る。加速度が閾値$(+a)$よりも小さくなると、制動圧は徐々に増圧される。減速度が再び閾値$(-a)$よりも大きくなると、第2制御サイクルが始まり(今度は制動圧が直ちに減圧される)。

第1制御サイクルでは、誤作動を防止するために短時間の圧力保持期間が必要であった。ホイールの慣性モーメントが大きく、摩擦係数が小さくかつホイールブレーキシリンダー内の圧力上昇が緩やかな場合(路面凍結時などの慎重な初期制動)は、ホイールは減速度閾値の応答なしにロックすることがある。従って、そのような場合にはホイールスリップ率もブレーキコントロールシステムの制御パラメータとして使用される。

ある特定の路面条件下において、4輪駆動乗用車でディファレンシャルロックを作動させたときにABSシステムが作動すると問題が発生する。そのため、制御プロセス時の基準速度を考慮し、ホイール外周速度減速度の閾値を低くし、またエンジンブレーキトルクを低減する措置が必要になる。

ヨーモーメント立上り遅延を備えた制御サイクル

グリップの異なる路面(μスプリット:左ホイールが乾燥したアスファルト上、右ホイールが氷上にあるとき)でブレーキをかけると、左右のホイールに大きく異なる制動力がかかり、車両の垂直軸に対して回転力(ヨーモーメント)が発生する(図5)。

不均質な路面走行時のパニックブレーキの際のコントロールを維持するために、小型車ではABSにヨーモーメント立上り遅延装置を追加しなければならない。ヨーモーメント立上り遅延は、路面との摩擦係数の高い方の前輪(「ハイホイール」)のホイールブレーキシリンダー内の圧力上昇を遅らせる。

ヨーモーメント立上り遅延制御の概念を図6に示す。曲線1はブレーキマスターシリンダー圧p_{MC}を示す。ヨーモーメント立上り遅延装置がない場合は、ア

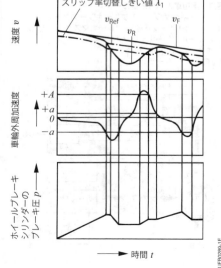

図4:路面摩擦係数が大きいときのABS制御サイクル
v_{Ref} 基準車速
v_U ホイールの円周速度
v_F 車速
a, A ホイール減速閾値

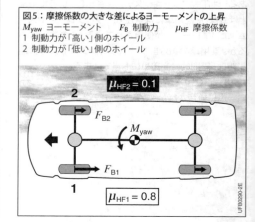

図5:摩擦係数の大きな差によるヨーモーメントの上昇
M_{yaw} ヨーモーメント F_B 制動力 μ_{HF} 摩擦係数
1 制動力が「高い」側のホイール
2 制動力が「低い」側のホイール

スファルト上を走行するホイールに作用する制動圧はすぐに p_{high}（曲線2）に達し、氷上を走行するホイールの制動圧は p_{low}（曲線5）に達する。各ホイールはそれぞれ伝達可能な最大制動力で制動される（「独立制御」を参照）。

ヨーモーメント立上り遅延システム1（曲線3）は走行特性に比較的問題の少ない車両向けに、ヨーモーメント立上り遅延システム2（曲線4）は特にヨーモーメントにより不安定になる傾向を持つ車両向けに設計されている。ヨーモーメント立上り遅延が作動すると、常にハイホイールが最初に制動力が弱められる。このため停止距離が長くなりすぎないようにするため、ヨーモーメント立上り遅延は極めて慎重に車両に適合させなければならない。

図6の曲線6は、ヨーモーメント立上り遅延装置がないABSシステムの場合、逆ハンドルの際に非常に大きな操舵角が必要になることを示している。

ABS制御方式

アクスルベースのABS制御方式は、基本的に制御チャンネルの数と μ スプリットでの制動時の挙動に違いがある。

独立制御

独立制御では各ホイールが個別にスリップ制御され、制動距離が最も短くなる。しかしながら欠点は μ スプリットの状況でヨーモーメントが起こることであり、これは適切な逆ハンドルによって補正する必要がある。フロントアクスルで生じるステアリングモーメントとヨーモーメントは μ スプリットでの制動時に運転者が制御できないので、この方式はリヤアクスルのみで使用される。

セレクトロー制御

セレクトロー制御（SL）はヨーモーメントとステアリングモーメントを完全に防ぐために用いる。その際、シングルチャンネルのホイールスリップ制御は、摩擦係数が最も小さいホイールに働き（セレクトロー）、その結果、1アクスルの両ホイールは同じブレーキ圧を受け取る。従って必要なシングル圧力制御チャンネルはアクスル当たり1つだけになる。μ スプリット路面での制動距離は長くなるが、これは最適な操舵性と方向安定性を生み出す。摩擦係数が同じである場合、制動距離、操舵性、方向安定性は他の方式の場合と同じになる。

改良型独立制御

「改良型独立制御」（IRM）は操舵性、安定性、制動距離の間の良好な妥協策となることが証明されている。この2チャンネル制御方式では、アクスルの各ホイールに圧力制御チャンネルが必要となる。右側と左側のブレーキ圧力の差を適切に制限することにより、ヨーおよびステアリングモーメントが制御可能なレベルまで抑制される。この解決法によって、制動停止距離は独立制御に比べると若干長くなるが、不安定になりやすい車両挙動を安全に制御することが可能となる。

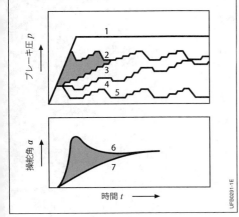

図6：ヨーモーメント立上り遅延装置（YMBD）装着車のブレーキ油圧および操舵角特性曲線
1 マスターシリンダーの油圧 p_{MC}
2 YMBD未装着車のブレーキ油圧 p_{high}
3 YMBD 1装着車のブレーキ油圧 p_{high}
4 YMBD 2装着車のブレーキ油圧 p_{high}
5 ブレーキ油圧が「低い」側のホイール p_{low}
6 YMBD未装着車の操舵角 α
7 YMBD装着車の操舵角 α

TCS制御

トラクションコントロールシステムは2つの基本機能を果たす。
- 利用可能な摩擦係数をできるだけ最良の方法で使用してトラクションを最適化する
- 駆動輪のスピンを防いで車両の安定性（方向安定性）を確保する

トラクションを最適化するには、すべての駆動輪がそれぞれ個別の摩擦係数を最大限利用する必要がある。このために、スピンしているホイールをアクティブに制動することでホイールスピードが同期される（ブレーキコントローラーまたは電子ディファレンシャルロック機能）。その結果、スピンしているホイールに働く制動トルクは、トランスミッションからディファレンシャルを介してスピンしてないホイールに伝えられ、そこで駆動トルクとして利用される。

方向安定性を確保するために、ホイールのスリップはエンジンコントローラーにより駆動トルクを使って、トラクションと横方向安定性の間に最良の妥協策が見い出されるように制御される。

上記で説明されたブレーキ制御機能を使用して、駆動輪は機械的ディファレンシャルロックを装備している場合、空圧シリンダーを用いるなどして、自動的に作動するよう同期することもできる。ABS/TCSのECUは、ディファレンシャルロックを解放するために正確なポイントと状態を算出する。

機械的ディファレンシャルロックとは対照的に、タイヤがタイトコーナーでも大きく摩耗することはない。このタイプのシステム（電子ブレーキ制御機能として仮定した場合）は、基本的に厳しいオフロード地形での継続的な使用は想定していない。ブレーキ制御機能は当該のホイールを制動することで実現するため、ブレーキの過熱は避けられない結果である。

複数の駆動装置から構成され、複数のディファレンシャルを備えた多軸車両（例、6×4または8×6、3個または5個のディファレンシャル付き）の場合、TCS機能は最大6個のホイールを個別に制御できる。

エンジンブレーキトルク制御

特に低負荷時に摩擦係数が小さい場合や非常に強力なエンジンでは、駆動アクスルの両ホイールが高いエンジンブレーキトルクのためにロックすることがあり（シフトダウン時など）、その結果操縦が不安定になる。この場合、エンジンブレーキトルク制御は駆動トルクを増大させることでホイールスピードを上げ、不安定になる傾向を抑える。アクティブに働く駆動トルクは安全上の理由から制限される。

電子式荷重応動型制動力制御

急ブレーキ時に起こる荷重差と動的な軸荷重には制動力の適合化が要求される。これは元々ALBバルブ（荷重応動型制動力自動調整器）によって実行され、軸荷重に応じて通常はリアアクスルのブレーキ圧が下げられた。現在のABSシステムでは、この機能は電子式荷重応動型制動力制御が担っている。この場合、最小限の減速の状況ではフロントアクスルとリアアクスル間のスリップ差が最小化され、リヤアクスルのブレーキ圧が電子的に低下される。この結果、両アクスルでの摩擦が同じであると仮定した場合、制動が同じになり、走行ダイナミクスを考慮した最適な制動が行われる。この機能では追加ALBバルブは必要ない。

乗用車用ABS/TCSシステム

ABSシステムに求められる要件はECE-R13 [1]に規定されている。同規則によれば、ABSは制動時における1つあるいはそれ以上のホイールのホイール回転方向へのスリップを自動的に制御する常用ブレーキシステムのコンポーネントである(図1)。

ECE-R13付属文書13は、3つのカテゴリーを定めている。現行世代のABSは、最も厳しい要件(カテゴリー1)に適合している。

コンポーネント

ABSまたはABS/TCSシステムは以下のコンポーネントから成る。
- ホイールスピードセンサー
- エレクトロニックコントロールユニット(ECU)
- 油圧ユニット(乗用車用)
- 圧力制御バルブ(商用車用)

ホイールスピードセンサー

ホイールスリップ制御にとって最も重要な入力変数は、ホイールスピードセンサーによって検出されるホイールスピードである。このセンサーは回転センサーリングをスキャンし、回転速度に比例した周波数の電気信号を生成する(「回転数センサー」を参照)。

基本的に回転数センサーには2種類のタイプ、アクティブセンサーとパッシブセンサーがある。主に乗用車で使用されるアクティブ回転数センサーはホール原理に基づいて作動し、走行速度の他に温度などの情報も記録してECUに送信することができる。

ABSシステムの油圧ユニット

油圧ユニット(油圧モジュレーターとも呼ばれる)の主要油圧コンポーネントは以下の通りである(図7)。
- 各ブレーキ回路に1個のリターンポンプ
- アキュムレーターチャンバー
- 以前はアキュムレーターチャンバーおよびフローリストリクターによって提供されていた減衰機能は、今日では油圧システムまたはコントロールシステム、すなわちソフトウェアによって実施される。
- 2つのポートおよび2つの切替えポジションを持つソレノイドバルブ

各ホイールに1対のソレノイドバルブがある(前/後ブレーキ配管を備えた3チャンネル構成の場合を除く、「ABSの種別」を参照)。一方のバルブは無通電時に増圧のために開き(インレットバルブ、IV)、他方

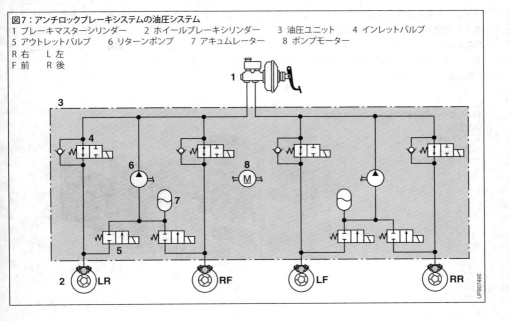

図7: アンチロックブレーキシステムの油圧システム
1 ブレーキマスターシリンダー 2 ホイールブレーキシリンダー 3 油圧ユニット 4 インレットバルブ
5 アウトレットバルブ 6 リターンポンプ 7 アキュムレーター 8 ポンプモーター
R 右 L 左
F 前 R 後

のバルブは無通電時に減圧のために閉じる（アウトレットバルブ、OV）。ペダルから足を離したときにホイールブレーキの急速な圧力解除を実現するために、各インレットバルブにはバルブボディに組み込まれた逆止バルブ（逆止バルブスリーブまたはスプリングレス逆止バルブなど）が取り付けられている。

増圧および減圧機能をそれぞれ作動（通電）ポジションにある1個のソレノイドバルブに割り当てることにより、バルブのコンパクト化、すなわち小型化および軽量化、ならびに従来の3ポート/3ポジションソレノイドバルブと比べ電磁力の低減が実現された。その結果、ソレノイドコイルおよびコントロールユニットにおける電力ロスの少ない、最適な電気制御が可能になった。さらに、バルブブロック（図8）の小型化が可能になった。これにより、重量と寸法を大幅に小さくすることができた。

多様な設計仕様で提供される2ポート/2ポジションソレノイドバルブは、そのコンパクトな設計と優れた動的特性により、パルス幅変調による周期的動作に必要十分な速度の電気的な切換えを可能にする。言い換えれば、このバルブは「プロポーショナルなバルブ特性」を有する。

ボッシュ製ABS 8（図8）は、機能（摩擦係数の変化に対する適応性など）および制御の容易性（プレッシャーステージおよびアナログプレッシャーコントロールによる減速変動の抑制など）を著しく改善する電流信号変調バルブコントロールが実現されている。このメカトロニクスの最適化は、機能のみならず快適性、すなわち騒音およびペダルのキックバックに関しても改善をもたらした。

ABS 8は、コンポーネントを取り替えることにより（定格出力の異なるモーターの使用、アキュムレーターチャンバーサイズの変更など）、各車両セグメントの要求事項に適合させることができる。リターンモーターの出力は約90～200ワットである。アキュムレーターチャンバーのサイズも同様にさまざまなものがある。

ABS/TCSシステムの油圧ユニット

油圧式ブレーキシステム装備の乗用車では、TCSブレーキ介入のため拡張ABS油圧ユニットが必要である。仕様によっては、インテークバルブと切換えバルブによる拡張構成も考えられる（図9）。追加の油圧式プレサプライポンプと圧力アキュムレーターが必要になる場合もある。必要とされるブレーキ介入中は、スピンしているホイールに割り当てられたインテークバルブと切換えバルブおよびABSリターンポンプが電気的に作動する。リターンポンプは、ブレーキマスターシリンダーからインテークバルブを介してブレーキフルードを吸い上げることができる。切換えバルブは、ブレーキマスターシリンダーへのリターンフローを遮断する。リターンポンプによって発生する圧力は、インレットバルブを通ってスピンしているホイールのホイールブレーキシリンダーへと向かい、その結果、ホイールにブレーキがかかりスピンを防止する。ブレーキ圧は状況に応じて、また制御プロセスの継続的な監視と油圧ユニット内のインレットおよびアウトレットバルブの作動が周期的に切替わることで適合化されて、増加する。

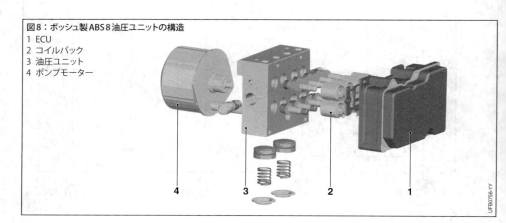

図8：ボッシュ製ABS 8油圧ユニットの構造
1　ECU
2　コイルパック
3　油圧ユニット
4　ポンプモーター

制御段階が完了すると電気的作動が終了し、TCS制御のためのブレーキ圧は、通常のブレーキ作動のように、インテークバルブと切換えバルブおよびブレーキマスターシリンダーを介して減少する。

エレクトロニックコントロールユニット（ECU）
　ECUはホイールスピードセンサーから送信された信号を処理する。これらの信号が調整・抽出された後に車両基準速度が計算され、それがホイールスリップの計算の基準となる。基準速度を作成するにあたっては、個別の回転速度信号は必要に応じ、各走行状況やその他の基準に基づいて、異なる重み付けで修正される。
　関連するソレノイドバルブは個々のホイールのスリップ値と目標値に基づいて作動する。
　スリップ制御機能は安全性に関わるため、ECUは広範囲にわたる安全性と長時間システム全体を監視するための診断機能を含んでいる。故障が検知されると、システムの一部または全体が停止され、故障メモリーに保存される。故障メモリーはワークショップの診断テスターで読み出し、故障を除去した後に消去することができる。

ABSの種別
　ブレーキ回路構成、車両のドライブトレイン構成、機能上の要求事項および経済性の観点からさまざまなタイプが存在する。最も一般的なブレーキ回路構成はダイアゴナル配管方式（Xブレーキ回路構成）であり、前／後配管方式（IIブレーキ回路構成）がそれに続く（「ブレーキ回路の構成」を参照）。HIおよびHHブレーキ回路構成（DaimlerChrysler社のMaybachなど）は特殊な仕様であり、ABSと組み合わせて使用することは稀である。
　ABSシステムのタイプは、制御チャンネルとホイールスピードセンサーの数によって区別される。

4個のセンサーを備えた4チャンネルシステム
　これらのシステム（図10）では、ブレーキ回路の前／後配管方式（IIブレーキ回路構成）またはダイアゴナル配管方式（Xブレーキ回路構成）による各ホイールのホイールブレーキ圧の個別制御が可能である。各ホイールにはホイールスピードを監視するためのホイールスピードセンサーが装備されている。

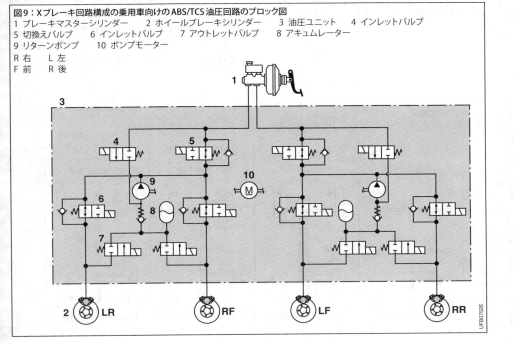

図9：Xブレーキ回路構成の乗用車向けのABS/TCS油圧回路のブロック図
1 ブレーキマスターシリンダー　2 ホイールブレーキシリンダー　3 油圧ユニット　4 インレットバルブ
5 切換えバルブ　6 インレットバルブ　7 アウトレットバルブ　8 アキュムレーター
9 リターンポンプ　10 ポンプモーター
R 右　L 左
F 前　R 後

3個のセンサーを備えた3チャンネルシステム

このタイプでは、各ホイールに個別のホイールスピードセンサーを配置する一般的な配置の代わりに、リアホイールはディファレンシャルに取り付けられた1個のセンサーを共用する。ディファレンシャルの特性に基づき、ホイールスピードの差も制限付きながら測定可能である。リアホイールのセレクトロー制御特性により、すなわち2個のリアホイールブレーキの並列接続により、リア制動圧の（平行）制御には1個の油圧チャンネルで対応できる。

油圧3チャンネルシステムは、IIタイプブレーキ回路構成（前／後配管）を必要とする。

3センサーシステムは後輪駆動車、すなわち主として小型商用車および軽量トラックにのみ使用される。このシステムを装備した車両数は、一般的に減少傾向にある。

1個または2個のセンサーを備えた2チャンネルシステム

コンポーネントの数を削減し、その結果として費用を削減するために、このシステムが開発された。このシステムは「完全な」システムとしての機能を満たさないため、その普及は限定的であった。今日では、このシステムは自動車にはほとんど採用されていない。

TCS、乗用車のエンジン制御介入

ディーゼルエンジン搭載の乗用車では、仕様に応じて電子ディーゼル制御またはETC（電子式スロットル制御）システムによりエンジン制御介入が行われる（燃料供給量の低減）。

ガソリンエンジン搭載の乗用車では、通常は複数の機能が組み合わさってトルク減少させる。このようにして、噴射パルスの適切な抑制、点火タイミングの遅角シフト、あるいはスロットル装置を閉じて（ETC）、要件に従ってエンジントルクを減少させることができる。

エンジン制御システムは、TCS制御系からの信号またはCANのデータラインを介してTCSの要求を受信する。

自動二輪車向けABS

近年、乗用車向けABSシステムの小型軽量化が飛躍的に進んだ。その結果、大量生産されるABSは自動二輪車にとっても極めて魅力的な選択肢となった。すなわち、この車両セグメントにおいても安全システムとしてのABSの長所を享受することができるようになった。

乗用車向けシステムが自動二輪車用に改良された。乗用車向けシステムの油圧系（Xブレーキ回路構成）では一般的に8個の2ポート/2ポジションソレノイドバルブが使用されているが、自動二輪車は通常4個のバルブしか必要としない。制御アルゴリズムもまた、乗用車向けABSシステムのものとは基本的に異なる。

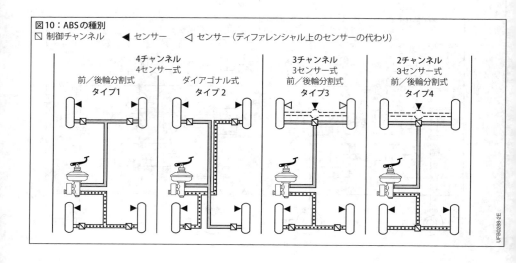

図10：ABSの種別

それ以外のシステムバリエーションはコンバインドブレーキシステム (CBS)、すなわちフロントおよびリアブレーキをフットペダルまたはハンドレバーで同時に操作でき、必要な場合はフロントブレーキを起動する手段を備えたシステム、に基づく。このような特殊な場合には、3チャンネル油圧システムが必要になる。しかしながら、CBSの設計は車両モデル毎に大きく異なる。

商用車用 ABS/TCS システム

商用車用のABSまたはABS/TCSシステムでは、車両構成とアクスルの数に応じて、4個または6個のホイールスピードセンサー、最大3～6個の圧力制御バルブ、そして – TCSシステムの場合 – 1個のTCSバルブが使用される（図11と図12）。

初回使用時の学習過程において、コントロールユニットは接続されたコンポーネントに基づき、対象車両に適合するように調整される。これには、車軸数、ABS制御方式およびTCSなどの必要な追加機能の識別が含まれる。

1つの車軸がリフトアクスルの場合、リフト時には自動的にABSの制御プロセスから除外される。2軸が接近して配置されている場合は、しばしば一方の車軸のみにホイールスピードセンサーが取り付けられる。隣接するホイールの制動圧は、ともに1個の圧力制御バルブによって制御される。連節バスのような

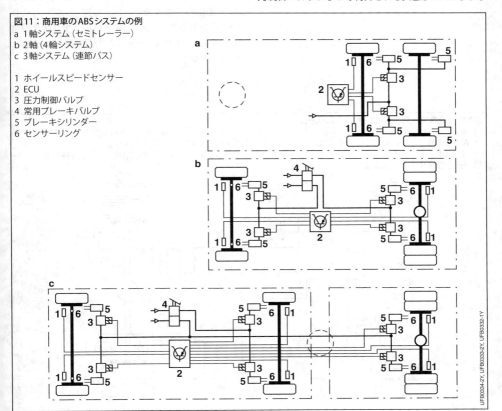

図11：商用車のABSシステムの例
a 1軸システム（セミトレーラー）
b 2軸（4輪システム）
c 3軸システム（連節バス）

1 ホイールスピードセンサー
2 ECU
3 圧力制御バルブ
4 常用ブレーキバルブ
5 ブレーキシリンダー
6 センサーリング

車軸が相互に離れているマルチアクスル車の場合は、3軸制御システムが好んで使用される。

空気圧／油圧コンバーターを備えた小型商用車では、ABSが圧力制御バルブを介して、エアブレーキ回路を調整する。

摩擦係数の低い路面を走行しているときは、補助ブレーキ装置（排気ブレーキまたはリターダー）の作動によって駆動輪が大きくスリップし、車両の方向安定性が損なわれることがある。このため、ABSが制動スリップを監視して、スリップを許容範囲内に保つように補助ブレーキ装置を制御している。

さらに、トラクター車両から独立したトレーラーのABSシステムがあり、これは2個または4個のホイールスピードセンサー、エレクトロニクス一体型のメカトロニック圧力制御モジュールで構成されている。

コンポーネント

ホイールスピードセンサー

商用車ではこれまで実際のところ、誘導測定原理に基づいたパッシブホイールスピードセンサーのみが使用されてきた。関係する原理のため、これらのセンサーは0 km/hを上回る速度のみを検知することができるが、これは、静止しているセンサーホイールも検知可能なアクティブセンサーと異なり、静止状態での検知が行えないことを意味する。

圧力制御バルブ

圧力制御バルブは常用ブレーキバルブとブレーキシリンダーの間に取り付けられ、1個またはそれ以上のホイールの制動圧を制御する（図13）。パイロット制御バルブとして機能する圧力制御バルブは、2個のソレノイドバルブと下流空圧ダイヤフラムバルブが組み合わされており、アウトレットおよび保持バルブ（1チャンネル圧力制御バルブ）として設計されている。電子回路は、必要な機能（「圧力保持」および「減圧」）が実行されるようにソレノイドバルブを適切な組合せで制御する。パイロットバルブが作動しないときは、「増圧」となる。

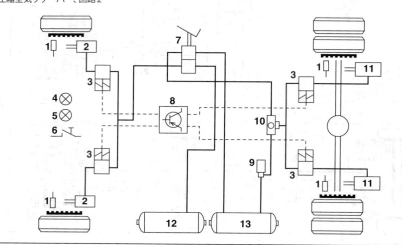

図12：商用車用トラクションコントロールシステム
1 センサーリング付きホイールスピードセンサー　2 ブレーキシリンダー　3 ABS圧力制御バルブ
4 ABS警告灯　5 TCSランプ　6 TCSスイッチ　7 常用ブレーキバルブ　8 ABS/TCS ECU
9 TCSバルブ　10 シャトルバルブ　11 スプリング式ブレーキシリンダー　12 圧縮空気リザーバー、回路1
13 圧縮空気リザーバー、回路2

通常の制動時（すなわち、ABSが作動しない＝ホイールがロックされない）に、ブレーキシリンダーに圧力がかかるまたはブレーキシリンダーがベントされると、エアは妨げられることなく圧力制御バルブを通り、両方向に流れる。その結果、常用ブレーキの完全な機能が保証される。

TCSバルブ

通常、直接制御されるTCSソレノイドバルブは、空圧シャトルバルブと組み合わされる2/2方向制御バルブとして設計され、TCSブレーキ制御用として運転者に依存しない圧力を生成する（図12）。ブレーキ介入中は、電気的に作動したTCSソレノイドバルブとシャトルバルブを介して供給圧力がABS圧力制御バルブへ送られ、シャトルバルブはセレクトハイに基づいて常用ブレーキバルブへの接続をブロックする。同時に、非アクティブな側で、ABS圧力制御バルブの保持マグネットが作動して、関連するホイールブレーキシリンダー内の圧力上昇を防止する。これによりブレーキ圧は、アクティブな側のABS圧力制御バルブにより、希望のホイールスピードに基づいて制御可能となる。

TCS、商用車のエンジン制御介入

エンジン制御介入は、ディーゼルエンジンを搭載した乗用車と同じく、電子ディーゼル制御により行われる（燃料供給量の低減など）。エンジン制御システムは、ABS/TCS ECUからCANデータバスを介して該当する信号を受信する。

参考文献

[1] ECE-R13: Uniform provisions concerning the approval of category M, N and O vehicles with regard to brakes.

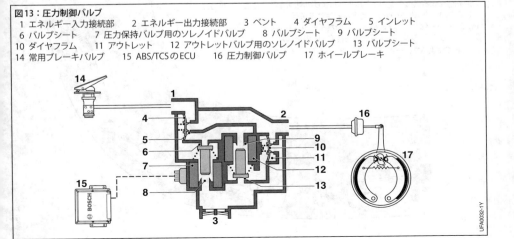

図13：圧力制御バルブ
1 エネルギー入力接続部　2 エネルギー出力接続部　3 ベント　4 ダイヤフラム　5 インレット
6 バルブシート　7 圧力保持バルブ用のソレノイドバルブ　8 バルブシート　9 バルブシート
10 ダイヤフラム　11 アウトレット　12 アウトレットバルブ用のソレノイドバルブ　13 バルブシート
14 常用ブレーキバルブ　15 ABS/TCSのECU　16 圧力制御バルブ　17 ホイールブレーキ

走行ダイナミクス制御システム

機能

交通事故の多くは人的ミスが原因となる。通常の運転状況のもとでも、運転者と車両は予期せぬカーブや、急に表れた障害物、路面条件の突然の変化などによって、物理的な走行限界に達することがある。速度の上昇により、車両に作用する横方向加速度は運転者に過剰な要求を強いる水準に達する。このため運転者は、車両を安全に操縦できなくなるおそれがある。

タイヤの摩擦係数を超過すると、車両は経験のある運転者でも予測のできない挙動を突然に示すようになる。こうした限界の状況では、運転者の運転操作によって車両を安定させることは不可能になる。一般的にこうした状況におかれた運転者は、恐怖感やパニックから生じる反応によって、不安定な状態をさらに悪化させる。その結果、車両の縦運動と縦軸との間に大幅な差異が生じる(車両のスリップ角 β)。車両のスリップ角が8°を超えると、通常の運転者では逆方向にステアリング操作をしても、車両の安定を回復させることはほぼ不可能である。

走行ダイナミクス制御には、エレクトロニックスタビリティプログラム (ESP*、Daimler AGの商品名)、あるいは一般的な呼称としてエレクトロニックスタビリティコントロール (ESC) などの名称がある。このシステムは、運転者による車両の制御を物理的な限界内に保つことを支援し、限界状況の緩和に大きく貢献する。各種のセンサーは、運転者による運転操作と車両の挙動を継続的に記録する。大きな差異が生じた場合には、実際の状況とそれに適した目標となる状態を比較し、ブレーキシステムやドライブトレインによる介入動作を行うことで、車両の動きを安定させる(図1)。

ESCに統合されたアンチロックブレーキシステム (ABS) の機能は、ブレーキを作動させたときのホイールのロックを防止し、やはり統合されたトラクションコントロールシステム (TCS) は、加速時の過度のホイールスピンを防止する。しかし全体システムとしてのESCの可能性は、ABSまたはABSとTCSを一体化したシステムを大きく上回る。このシステムによって、車両のリアエンドやフロントエンドが大きく外側へ逸脱する現象(それぞれオーバーステア、アンダーステ

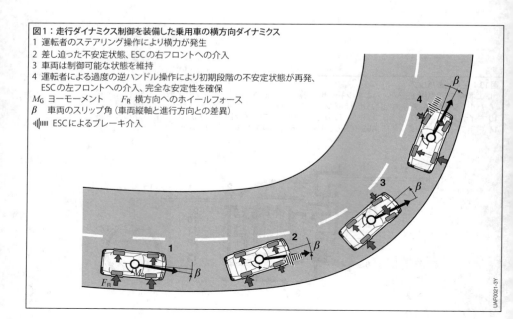

図1:走行ダイナミクス制御を装備した乗用車の横方向ダイナミクス
1 運転者のステアリング操作により横力が発生
2 差し迫った不安定状態、ESCの右フロントへの介入
3 車両は制御可能な状態を維持
4 運転者による過度の逆ハンドル操作により初期段階の不安定状態が再発、ESCの左フロントへの介入、完全な安定性を確保
M_G ヨーモーメント　F_R 横方向へのホイールフォース
β 車両のスリップ角(車両縦軸と進行方向との差異)
⊪⊪ ESCによるブレーキ介入

ア)を防ぎ、物理的に可能な範囲内で運転者のステアリング操作を正しく反映させることが可能になる。

ESCはABSおよびTCSコンポーネントをベースにしている。このシステムによってブレーキシステムを能動的に制御し、高い動的反応性で各ホイール個別にブレーキを作動させることができる。エンジン制御システムの介入によって、エンジンのトルクと、トラクションによるホイールのスリップ値も制御される。この際、各種システムはCANバスなどを通じて相互に情報交換を行う。

表1：記号の解説

a_y	横方向加速度
F_x	縦方向へのタイヤフォース
F_y	タイヤのサイドフォース
F_N	タイヤの車軸荷重
L	前後アクスルの間隔
M_{BrNom}	基準(目標)制動トルク
M_{DifNom}	基準(目標)ディファレンシャルトルク
M_{EngNom}	基準(目標)エンジントルク
$M_{MWhlNom}$	基準(目標)総トルク
ΔM_{RedNom}	基準(目標)エンジントルク抑制の変更
ΔM_Z	ヨーモーメントの安定化
p_{Whl}	ホイールシリンダー圧
p_{Adm}	ブレーキ液圧
r	カーブの半径
v_{ch}	車両安定特定速度
v_{Dif}	駆動輪のホイールスピード差(1アクスルにおける)
v_{DifNom}	駆動輪の基準(目標)ホイールスピード差(1アクスルにおける)
v_{MWhl}	被駆動アクスルの平均ホイールスピード
$v_{MWhlNom}$	平均ホイールスピードの基準(目標)値
v_{Whl}	実車輪速度
v_x	前後方向の車両速度
v_y	横方向の車両速度
α	タイヤのスリップ角
β	車両のスリップ角
δ	ステアリングホイールの操舵角
λ	タイヤスリップ
λ^i_{Nom}	ホイールiiのタイヤスリップの基準(目標)値
$\Delta\lambda_{DifTolNom}$	被駆動アクスルの基準(目標)許容スリップ差の変更
$\Delta\lambda_{Nom}$	基準(目標)スリップ値変更
μ	摩擦係数
$\dot{\psi}$	ヨー速度
$\dot{\psi}_{Nom}$	基準(目標)ヨー速度

要件

走行ダイナミクス制御は走行安全性の強化に貢献する。このシステムは車両の挙動を物理的な限界まで安定化させる。車両の反応が運転者の予測できる範囲内に維持されることで、危険な運転状況においても車両をより適切に操縦できるようになる。

車両の物理的な走行限界においては、ブレーキのフル作動やパーシャルブレーキ、惰走、加速、オーバーラン、荷重変動、恐怖感やパニックによる急ハンドルをはじめとしたあらゆる運転状況で、車両の方向安定性と走行安定性が強化される。車両が横滑りする危険性は大幅に低下する。

各種の危険な状況でも、ABSやTCS、エンジンブレーキトルク制御(過度のエンジンブレーキトルクを防ぐために自動的にエンジン回転数が上昇)を作動させることでトルク性能を利用し、安定性をさらに強化する。これは制動距離の短縮とともに、車両の安定性の向上によるトラクションの強化、ステアリングレスポンスの向上につながる。

システムによる介入動作の誤作動は、安全性に大きな影響をもたらす。広範囲にわたる安全コンセプトによって、基本的には避けることのできない故障のすべてがリアルタイムで検知され、故障の種別によってはESCの一部または全機能を停止させることができる。

多くの研究([1]や[2]など)から、ESCによって車両の横滑りによる事故の件数と、それによる死亡者数が激減したことが明らかにされている。その結果北米では、2011年9月から車両へのESCの装備が義務化された。欧州連合(EU)では、2011年11月以降に新しく生産される乗用車と小型商用車のすべてに、走行ダイナミクス制御システムの装備が義務付けられている(統一条項ECE-R 13Hの一部[12])。その他の新車も、移行期間を経て、2014年末までに義務化された。日本やオーストラリアなどの他の地域でも、こうした規定が導入される予定、あるいは既に導入されている。

作動原理

走行ダイナミクス制御（ESC）は、危険な状況下で車両の横および縦運動を意図的に制御するために、車両のブレーキシステムとドライブトレインを活用する。安定性を制御する機能によって始動の必要性があると判断されると、ブレーキシステムの管理が最優先されるようになる。ESCが車両の安定性と走行ラインの維持に介入すると、ブレーキシステムの基本的な機能である減速と停止は2次的に重要なものと判断される。ESCは駆動輪を加速させるためにエンジンの作動にも介入し、車両の安定性維持に貢献する。

両メカニズムは車両本来の動きに作用する。旋回半径が一定のカーブを走行する場合、運転者のステアリングによる入力とそれによる車両の横方向加速度には明確な関連が存在し、タイヤには横への力が作用する（セルフステアリング効果）。タイヤに作用する横または縦の力は、タイヤのスリップによって決まる。このため、車両本来の動きはタイヤのスリップによって左右されることになる。ホイールに個別にブレーキを作動させること、例えばアンダーステアの際にカーブ内側のリアホイール、オーバーステアの際にカーブ外側のリアホイールでブレーキを作動させることによって、ホイール実舵角度によって決められた走行ラインを、可能な限り正確に維持することが可能になる。

典型的な運転操作

次の例に従って、ESCを装備した場合と装備しない場合との車両の挙動を比較する。運転操作は実際の走行条件を反映したもので、試験走行で得られたデータによるシミュレーションプログラムに基づいている。結果はその後の試験走行で確認されている。

急ハンドルと逆ハンドル

図2はESCを装備している車両と装備していない車両が、急ハンドルと逆ハンドルでS字カーブを走行しているときの反応を表している。路面のグリップは高く（摩擦係数 $\mu = 1$）、運転者はブレーキング操作を行っていない。初速は144 km/hである。図3は動的反応パラメーター曲線を示している。S字カーブに進入する初期段階では、両車の条件と反応は同じである。その後運転者は最初のステアリング操作を行う（第1段階）。

<u>ESCを装備しない車両の場合</u>

図に見られるようにESCを装備しない車両は、最初の急ハンドル操作に続く段階においてすでに不安定な状態となっている（図2a、第2段階）。ステアリング操作によってフロントホイールには大きな横力が急激に作用しているにもかかわらず、リアホイールに同様の力が作用するまでには時間的な遅れが生じてい

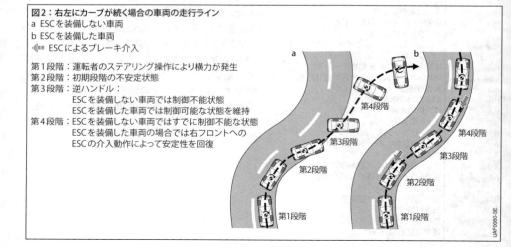

図2：右左にカーブが続く場合の車両の走行ライン
a ESCを装備しない車両
b ESCを装備した車両
ESCによるブレーキ介入

第1段階：運転者のステアリング操作により横力が発生
第2段階：初期段階の不安定状態
第3段階：逆ハンドル：
　　　　　ESCを装備しない車両では制御不能状態
　　　　　ESCを装備した車両では制御可能な状態を維持
第4段階：ESCを装備しない車両ではすでに制御不能な状態
　　　　　ESCを装備した車両の場合では右フロントへの
　　　　　ESCの介入動作によって安定性を回復

る。車両は垂直軸を中心とした時計回りの運動（内側方向へのヨー）で反応している。すでに操縦が不能の状態となっているため、車両は運転者の意思による逆ハンドルにも反応できない（2度目のステアリング操作、第3段階）。ヨー速度と横へのスリップ角は急激に上昇し、車両は横滑りを始める（第4段階）。

ESCを装備した車両の場合

ESCを装備した車両は、最初のステアリング操作の後に不安定な状態に対応するため、左側のフロントホイールに能動的にブレーキを作動させて安定した状態を維持している（図2b、第2段階）。これは運転者の操作介入によらずに行われる。これによって内側方向へのヨーが制限され、結果としてヨー速度が低下して操縦不能な状態まで車両のスリップ角が上昇することを防いでいる。操舵方向が変わると、最初にヨーモーメント、次にヨー速度の方向が変わる（第3～4段階）。第4段階では2度目のブレーキ作動が行われる。ここでは右側のフロントホイールにブレーキを作動させることで、完全に安定性を回復している。車両は、ステアリング操舵角度によって決められた走行ラインを維持する。

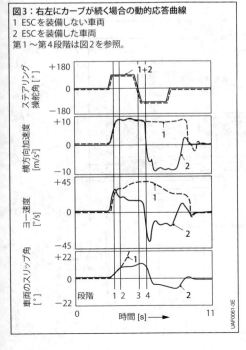

図3：右左にカーブが続く場合の動的応答曲線
1 ESCを装備しない車両
2 ESCを装備した車両
第1～第4段階は図2を参照。

システム全体の構成

走行ダイナミクス制御の目的

車両の物理的な走行限界におけるハンドリング特性の制御は、直線速度v_x、横方向速度v_y、垂直軸を中心としたヨー速度ψの3つの自由度を、制御可能な限界以下に保つことを目的としている。適切な運転操作が行われているとの仮定において、運転者の要求と車両の路面に適合した動的な挙動が、最大限の安全性を確保するという観点から最適化される。

システムと制御構成

ESCシステムは、制御対象である車両に装備されたコントローラーへの入力変数を測定するセンサー、ブレーキ作動や推進力、横力を制御するアクチュエーター、そして、上位コントローラーである横方向ダイナミクスコントローラーと下位コントローラーであるホイールコントローラーよりなる階層構造のコントローラーによって構成されている（図4）。上位コントローラーは、下位コントローラーに対する基準（目標）値を、モーメントやスリップ、またはその変化という形で定める。車両のスリップ角βなどのような直接測定できない内部的なシステム変数は、走行状況の試算（「オブザーバー」）によって定められる。

挙動の基準（目標）を定めるために、運転者のコマンドを示す各種の信号が評価される。評価される信号は、ステアリングホイールアングルセンサー（運転者のステアリング操作による入力）の信号とブレーキプレッシャーセンサー（油圧ユニットで測定されたブレーキ圧から求められた運転者より要求される減速の入力）の信号、そしてアクセルペダル位置（運転者により要求される駆動トルク）の信号である。挙動の基準（目標）の計算では、利用可能な摩擦係数と車速も考慮される。オブザーバーは、ホイールスピードセンサーや横方向加速度センサー、ヨーセンサー、ブレーキプレッシャーセンサーから送られた信号をもとにこれらを計算する。制御の偏差の大きさによっては、実際の状態を示す変数を目標の状態の変数に適応させるために必要なヨーモーメントが計算される。

必要なヨーモーメントを発生させるには、当該のホイールにおいて必要とされる制動トルクとスリップを横方向ダイナミクスコントローラーにより測定する必要がある。これらは、下位のブレーキスリップおよびトラクションのコントローラーとブレーキの油圧を制御するアクチュエーター、エンジン制御アクチュエーターによって設定される。

走行状況の試算

車両を安定化させるための介入動作を決める際には、ホイール速度 v_{Whl} やブレーキ液圧 p_{Adm}、ヨーレート（ヨー速度）$\dot{\psi}$、横方向加速度 a_y、ステアリング操舵角度 δ、エンジントルクに関するセンサーからの情報に加え、適切な手法によって間接的に測定できる内部システム変数に関する情報も重要となる。これらには縦、横、法線方向から作用するタイヤフォース（F_x、F_y、F_N）、車両の前後方向速度 v_x、タイヤのスリップ値 λ_i、アクスルのスリップ角 α、車両のスリップ角 β、車両の横方向速度 v_y、摩擦係数 μ が含まれる。これらはオブザーバーのセンサー信号からのモデル支援ベースにもとづいて試算される。

車両の前後方向速度 v_x は、ホイールのスリップをもとに機能するコントローラーのすべてにとって重要なものであり、そのためこの速度はきわめて精密に計算される必要がある。これは測定されたホイール速度の情報を用い、車両モデルをもとに算出される。数多くの影響が考慮されなければならない。一例として車両速度 v_x は、ブレーキあるいは駆動力のスリップが原因で、既に通常の走行状態においてホイール速度 v_{Whl} とは異なる。全輪駆動車では、全輪駆動固有の駆動によるホイールの回転速度の差を考慮する必要がある。カーブを走行しているとき、内側のホイールは

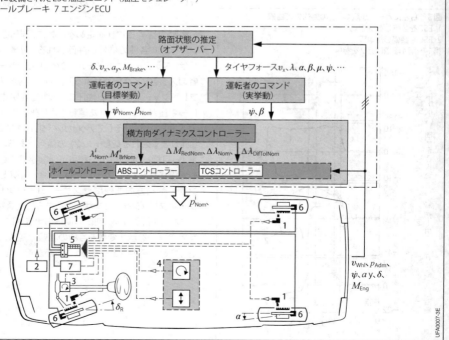

図4：：ESCコントロールシステムの全体図
1 ホイールスピードセンサー
2 ブレーキ液圧センサー（油圧ユニットに内蔵）
3 ステアリングホイールアングルセンサー
4 横方向加速度センサーを一体化したヨーセンサー（ヨーレートセンサー）
5 ECUに装備されたESC油圧ユニット（油圧モジュレーター）
6 ホイールブレーキ　7 エンジンECU

外側のホイールとは異なった走行ラインをたどるため、回転速度も異なる。

通常走行の際の荷重変動による操縦性の変化は、牽引抵抗（例：勾配、路面、風など）や摩耗の度合い（例：ブレーキパッドなど）を変動させる。

こうしたあらゆる周辺条件の下で安定化のための介入動作を必要な程度に応じて行うため、車両の前後方向速度は数％の誤差で試算されなければならない。

基本的な横方向ダイナミクスコントローラー

横方向ダイナミクスコントローラーは、ヨー速度信号やオブザーバーが試算した車両のスリップ角をもとに車両の実際の挙動を解析し、走行限界付近での車両の挙動を可能な限り通常（基準（目標）挙動）に近づける役割を果たす。

旋回半径が一定のカーブを走行しているときには、ヨー速度とステアリング操舵角度 δ の間に存在する関連性と、車両の前後方向速度 v_x および固有の車両変数をもとに、挙動の基準（目標）が定められる。2輪モデル（[3]などを参照）を用いて、車両の運動の基準（目標）を解析するための基礎として

$$\dot{\psi} = \frac{v_x}{l} \delta \frac{1}{1+\left(\frac{v_x}{v_{ch}}\right)^2}$$

を得ることができる。この公式では l は前後アクスルの間隔を表す。車両モデルの幾何学的および物理的パラメーターは、「車両安定特定速度」v_{ch} にまとめられている。

続いて変数 $\dot{\psi}$ はその時々の摩擦係数により制限され、車両に作用する力学特性、運転状況（運転者による制動や加速など）、および勾配あるいは車両下の摩擦係数の違い（μ スプリット）などの特定の条件に適合される。これにより運転者のコマンドは、基準（目標）ヨー速度 $\dot{\psi}_{Nom}$ として認識される。

横方向ダイナミクスコントローラーは測定されたヨー速度とこれに対応した基準（目標）値を比較し、差異が大きい場合には実際の状況を表す変数を基準（目標）値と同一にするために必要なヨーモーメントを算出する。高い階層では車両のスリップ角 β がモニタリングされ、数値が上昇すると車両を安定化させるヨーモーメント ΔM_z を算出する際に考慮される。このコントローラーの出力変数は、制動トルクとスリップの入力値として、下位のホイールコントローラーによる制御が必要とされる個々のホイールに適用される。

車両を安定化させる介入動作は、その制動が必要な回転方向へのヨーモーメントを発生させ、かつそこではまだ伝達可能な力の限界値を超過していないホイールにおいて行われる。オーバーステアが発生している車両では、リアアクスルの方が先に物理的な限界を超える。このため、安定化のための介入動作はフロントアクスルで行われる。アンダーステアの車両ではその逆となる（[6]などを参照）。

横方向ダイナミクスコントローラーによって要求されたホイール個別の基準（目標）スリップ値 λ_{Nom} は、下位のホイールコントローラーによって設定される（図4を参照）。介入動作が行われるケースはこの後に述べる3つに区分される。

惰走におけるホイールコントロール

車両の安定に必要なヨーモーメントを可能な限り正確に作用させるため、所定の条件化ではホイールのスリップを制御することでホイールフォースを変化させる必要がある。横方向ダイナミクスコントローラーによって要求されたホイールでの基準（目標）スリップ値は、制動が行われていない場合は、下位のブレーキスリップコントローラーが能動的な制御によって圧力を上昇させることで調整される。この目的のため、その時点におけるホイールのスリップは、可能な限り正確に把握されなければならない。スリップは、ホイール速度信号の測定値とオブザーバーによって測定された車両の前後方向速度 v_x をもとに求められる。ホイールの基準（目標）制動トルクは、実際のホイールスリップと基準（目標）値との差異から PID 制御法則によって形成される。

ホイールでブレーキスリップが発生するのは、横方向ダイナミクスコントローラーによる能動的な増圧が行われる場合に限られるわけではない。シフトダウンを行ったり、アクセルペダルから急に足を離したりす

ると、エンジン可動部品の慣性が駆動輪に一定程度まで作用する。この力と、これに対応して反作用するトルクが所定の水準を上回ると、タイヤはその結果として生じた荷重を路面に伝えることができなくなり、路面が急激に滑りやすくなるとロックを始めようとする。惰走している場合には、エンジンブレーキトルク制御によって被駆動輪のブレーキスリップを制限することができる。これは、運転者による「緩やかな加速」のように作用する。

制動中のホイールコントロール

ブレーキが作動している場合には、走行条件に応じてさまざまな動作が個々のホイールで同時に進行する。
– ブレーキペダルとステアリングホイールを介しての運転者の入力値
– 個々のホイールのロックを防ぐABSコントローラーの効果
– 必要に応じてホイール個別にブレーキを作動させ、車両の安定性を保つ横方向ダイナミクスコントローラーの介入動作

これらの3つの要求は、運転者による減速やステアリング操作を介しての入力を可能な限り忠実に実行できるように調整される。車両を最大限に減速することを優先してホイールコントロールを行う場合には、センサーによる最小限の情報から大まかに求めることのできるホイール加速度に基づいてホイールコントロールを行うことができる動作が行われる（不安定性制御）。前後方向および横方向のタイヤフォースを明確に調節して車両を安定させるためには、スリップ制御の原理[4]を応用する必要がある。その理由は、摩擦係数やスリップ特性が不安定な状態でも、この原理をもとにホイールコントロールを行うことができるからである。しかし走行速度によっては、利用可能なセンサー情報をもとに、ホイールスリップの絶対量を数%まで正確に測定しなければならない。

ABSコントローラーは、あらゆる状況下で車両の安定性と操舵性を確保するためのもので、その際には、ホイールと路面との摩擦を可能な限り有効に活用する。ホイールと路面との摩擦を最大限有効に活用するために、ABSコントローラーは横方向ダイナミクスコントローラーに対する下位コントローラーとして、最大の前後方向力を作用させると同時に、横方向への安

定性を十分に維持できるようにホイールへのブレーキ圧を調整することも行う。しかしESCでは、ホイールスピードセンサーのみを備えたABS単体よりも、さらに多くの変数が測定される。このため、わずかな測定値をもとにした支援モデルによる試算より高い精度で、ヨーレートや横方向加速度などの車両の動きに関する情報を直接測定することができる。

特定の状況では、横方向ダイナミクスコントローラーからの入力値でABSの制御を適合させることにより、性能をさらに強化することが可能になる。摩擦係数の不安定な路面（μスプリット）で減速をすると、左右のホイール間で制動力に大きな差が生じる。これによって車両の垂直軸を中心としたヨーモーメントが発生する。運転者が車両を安定させるためには、このヨーモーメントに対して逆ハンドルで対応しなければならない。このヨーモーメントが発生する早さ、そして運転者がこれに対してどれだけ迅速に対応しなければならないかは、車両の垂直軸を中心とした慣性モーメントの大きさによって異なる。路面との摩擦係数の高い側のフロントホイール（「ハイ」ホイール）での圧力上昇を遅らせるために、ABSはヨーモーメント生成遅延機能を備えている。ABSのこの機能は、高位の横方向ダイナミクスコントローラーによる運転者の反応と車両の挙動に関する情報を使用することもできるので、車両の実際の動きに対してより的確に対応することができる。

カーブで運転者がブレーキを作動させ、車両が一定の条件のもとで旋回を始めた場合には、電子制御ブレーキ力配分により各ホイール個別に圧力を抑制してオーバーステアの傾向に対処することができる。これだけでは不十分な場合、横方向ダイナミクスコントローラーはカーブ外側のフロントホイールの圧力を能動的に上昇させる（横力の低減）。これに対して車両がアンダーステア傾向にある場合には、カーブ内側のリアホイールで制動トルクを上昇させ（ホイールがABSの制御下にない場合）、外側フロントホイールの制動トルクをわずかに低下させる。

フルブレーキまたはパーシャルブレーキによって車線変更した際に車両がオーバーステアになり始めると、カーブ内側のリアホイールでブレーキ圧を大幅に減少（横力を上昇）させ、外側フロントホイールで上昇（横力を低減）させる。カーブで運転者がブレーキを作動させたときにアンダーステアが発生したときには、カーブ内側のリアホイールで制動トルクを上昇させ（ホイールがABSの制御範囲にない場合）、外側フロントホイールで低下させる。

駆動力が作用している状態でのホイールコントロール

駆動力が作用している状態で駆動輪がスピンを始めると、直ちに下位のトラクションコントローラー（TCS）が作動する。各駆動輪のトルクバランスの変更により、測定されたホイールスピードと駆動力によるそのホイールのスリップに影響を与えることができる。TCSコントローラーは、各駆動輪の駆動トルクを路面に伝達できる程度までに制限する。このようにして運転者の加速要求は物理的に無理なく実現され、同時にホイールの横力が過度に低減されないため、基本的な方向安定性も確保される。

アクスルに駆動力が作用している車両では、被駆動アクスルの平均ホイールスピードは

$$v_{\mathrm{MWhl}} = \frac{1}{2}(v^L_{\mathrm{Whl}} + v^R_{\mathrm{Whl}})$$

となり、また

$$v_{\mathrm{Dif}} = v^L_{\mathrm{Whl}} - v^R_{\mathrm{Whl}}$$

により測定された左ホイールのホイールスピードv^L_{Whl}と右ホイールのホイールスピードv^R_{Whl}の差を求めることができ、これらは制御量として用いられる。

図5はTCSコントローラーの全体的な構成を表している。平均ホイールスピードおよびホイールスピードの差に対する基準（目標）値の計算には、スリップの基準（目標）値と惰走時のホイールスピードに加えて横方向ダイナミクスコントローラーの基準量も用いられる。基準（目標）値v_{DifNom}（1つのアクスルの駆動輪のホイールスピードの差の基準（目標）値）とv_{MWhlNom}（平均ホイールスピードの基準（目標）値）の算出では、スリップの基準（目標）値$\Delta\lambda_{\mathrm{Nom}}$と駆動輪の許容スリップ差$\Delta\lambda_{\mathrm{DifTolNom}}$を変更するための入力値が、TCSの算出した基本値にオフセットとして作用する。さらに横方向ダイナミクスコントローラーで特定されたアンダーステアやオーバーステアの傾向は、基準（目標）

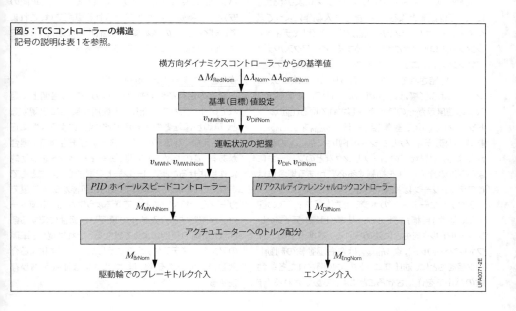

図5：TCSコントローラーの構造
記号の説明は表1を参照。

エンジントルク低減 $\Delta M_{\mathrm{RedNom}}$ の変更を通じ、最大許容トルクの算出を直接左右する。

ドライブトレインの動的応答性は、運転状態により非常に異なる。このため、コントローラーのパラメーターを制御対象系の動的応答性や非線形性に応じて調整できるように、その時々の作動状態（例：選択されているギヤ、クラッチの作動）を把握する必要がある。

平均ホイールスピードはドライブトレイン全体（エンジン、トランスミッション、駆動輪、プロペラシャフト本体）における変動する慣性力の影響を受けるため、相対的に大きな時定数（すなわち動的応答性の低い）を用いて記述される。平均ホイールスピードは非線形の PID コントローラーによって制御される。このため特に I 成分のゲインは、作動状況によって広い範囲で変動する可能性がある。静止状態の場合、I 成分は路面に伝達できるトルクの尺度となる。このコントローラーの出力変数は、基準（目標）総トルク M_{MWhlNom} である。

これとは対照的に、ホイールスピード差に対する時定数は、ホイール自体の慣性力が事実上動的応答性を決める唯一の要素であることを反映し、比較的小さくなる。さらに平均ホイールスピードとは対照的に、これはエンジンによる間接的な影響のみを受ける。ホイールスピード差 v_{Dif} は非線形の PI コントローラーによって制御される。ブレーキによる駆動輪への介入動作は、ホイールのトルクバランスにより始動時に限っては顕著となる。このため介入動作によってアクスルディファレンシャルの配分比が変化し、ディファレンシャルロックがこれに連動する。このアクスルディファレンシャルロックコントローラーの制御パラメーターは、締結されているギヤのみによって決まり、エンジンによる影響は最小限に抑えられる。被駆動アクスルの速度差がその時点で許容されている範囲（デッドゾーン）を超えて基準（目標）値 v_{DifNom} を上回ると、基準（目標）ディファレンシャルトルク M_{DifNom} の算出が始まる。限界域でのコーナリングなどのブレーキによる TCS の介入動作を抑制する必要がある場合には、このデッドゾーンは拡張される。

アクチュエーターへのポジショニングフォースの配分は、基準（目標）総トルクと基準（目標）ディファレンシャルトルクをもとに決められる。基準（目標）ディファレンシャルトルク M_{DifNom} は左右駆動輪の制動トルク差をもとに、油圧ユニット内に装備された各駆動輪のバルブを作動させることによって設定される（非対称型介入ブレーキ動作）。基準（目標）総トルク M_{MWhlNom} は、エンジン介入動作と非対称ブレーキ介入動作の双方によって調整される。

ガソリンエンジン車の場合、スロットルバルブによる調整は効果が生じるまでに比較的時間を要する（タイムラグとエンジンの過渡応答）。エンジンへの介入動作を素早く行うために、点火時期を遅らせたり、噴射パルスを選択的に抑制したりする手法が取り入れられる。ディーゼルエンジン車では、電子ディーゼル制御システム（EDC）が燃料噴射量の調整によってエンジントルクを減少させる。エンジントルク抑制の一時的な支援として、対称ブレーキ介入動作が行われることもある。

オフロード走行の際にはトラクションが特殊な役割を担う。一般的にオフロードに対応した車両では、特殊な状況を感知すると、性能や走破性を最大水準に高めるために状況に応じてトラクションコントロールが自動的に調整される。自動車メーカーによっては、エンジントルク制限機能の解除から特殊な走行条件（凍結路面、雪道、草地、砂地、ぬかるみ、岩肌など）に応じた適合機能まで、各種の調整機能を運転者に提供している場合もある。

補助的横方向ダイナミクス機能

スポーツユーティリティービークル（SUV）や小型のバンなどの特殊なカテゴリーに属する車両や、車両の安定化に特殊な条件が求められる車両では、これまでに述べた ESC の基本機能に、補助的な走行ダイナミクス制御機能が加えられる場合がある。

強化型アンダーステア制御

通常の走行条件でも、例えばカーブの路面上に濡れていたり汚れていたりする箇所が突然に出現すると、車両が運転者のステアリング操作による入力に正しく従えなくなる（アンダーステアが発生する）場合がある。このため ESC では、ヨーモーメントを補助的に作用させることでヨーレートを増加させることもできる。これにより、車両は物理的に可能な最大速度でカーブを走行することができるようになる。車両メーカーが想定する介入動作の頻度や快適性に関する条件は、車両の種別によって異なる。それに従い、車両のアンダーステアに対してこうしたブレーキによる介入動作を実行する際には、さまざまな拡張段階が存在する。

運転者が物理的限界よりも小さな半径でカーブを走行することを求めると、車両の減速のみが行われる。このことは、定常状態でのコーナリングに適用されるカーブの旋回半径rと車両の前後方向速度v_xおよびヨーレート$\dot{\psi}$の次のような関係から理解することができる。

$$r = \frac{v_x}{\dot{\psi}}$$

ヨーモーメントを作用させずに運転者の求める走行ラインを確保するため、車両の全ホイールに必要な範囲内で一定量のブレーキが作動する（強化型アンダーステア制御、EUC）。

横転防止機能

特に小型商用車やスポーツユーティリティービークル（SUV）などの重心の高い車両では、乾いた路面で運転者が急ハンドルで回避動作を行った際に強い横力が作用した場合や、高速道路の出口など、旋回半径が徐々に狭まっていくカーブを過度の速度で走行している際（準定常走行状態）に、横方向加速度が少しずつ増加して危険な範囲に達した場合に横転が発生する危険がある。

このためESCには、通常のESCセンサーを用いてこうした危険な状況を見極め、ブレーキによる介入動作やエンジンの制御によって車両を安定化させる特殊な機能（横転軽減機能、RMF）が組み込まれている。的確なタイミングで介入動作を行うため、運転者のステアリング操作による入力や、それに対する車両の反応に関する測定値（ヨーレート、横方向加速度）とともに、予測プロセスを用いて、車両のその後の挙動が試算される。横転の危険が差し迫っている状況が検知されると、特にカーブ外側の2つのホイールが制動される。この動作によってホイールへの横力と、危険な水準に達していた横方向加速度が減少する。特に大きな力が作用する回避動作の際にはホイール制御を高い精度で行い、垂直力F_Nが激しく変動するにもかかわらず個々のホイールのロック傾向によって車両の操舵性が妨げられることのないようにする必要がある。ホイールを個別に制動してホイールスピードを低下させることにより、運転者は走行している車線内に留まることも可能になる。準定常走行状態では、適切かつ正確なタイミングでエンジントルクを低減することで、運転者が危険な状態を引き起こすことを予防できる。

車両を安定化させるための介入動作のタイミングとその強度は、その時々の車両の挙動に可能な限り正確に適合させなければならない。ルーフラックを装着したバンやスポーツユーティリティービークル（SUV）では、荷重によってこの挙動が大きく変動する場合がある。そのためこうした車両では、試算のための補助的なアルゴリズムが使われる。このアルゴリズムでは、ESC機能の適合が必要な場合に、車両の質量や荷重の配分による質量中心の変化が算出される（荷重適合制御、LAC）。

トレーラー振動軽減機能

トラクターとトレーラーを連結すると、走行速度によっては垂直軸を中心とした振動が発生する傾向がある。車両が「危険速度」（通常の場合90〜130 km/h）よりも低い速度で走行していれば、こうした振動は適切に軽減され、短時間で終息する。しかしトラクターとトレーラーが比較的高い速度で走行している場合や、細かなステアリング操作が行われた場合、横風を受けた場合、路面上の穴を越えた場合には、こうした振動を急激に引き起こすことがあり、ジャックナイフ現象によって事故につながるおそれがある。

明確なオーバーステアが断続的に発生すると、車両の安定化のためにESCによる通常の介入動作が始動する。しかし通常この介入動作は始まるタイミングが遅いうえに、こうした動作だけでトラクターとトレーラーを十分に安定化させることはできない。トレーラー振動軽減機能 (TSM) は、通常のESCセンサーをもとにこうした振動を的確なタイミングで把握する。その際には、運転者のステアリング操作を考慮しつつ、トラクターのヨーレートがモデルベース解析される。こうした振動が危険な水準に達すると、その後にわずかな励振が生じただけで直ちに危険な振動が再発生しない程度まで速度を落とすために、トラクターとトレーラーが自動的に制動される。危険な状況下で振動を可能な限り効果的に軽減するため、トラクターの全ホイールに行う対称型の減速に加え、ホイール個別に介入動作を行うことで、トラクターとトレーラーの振動を瞬時に緩和する。エンジントルクを制限することで、車両の安定化プロセス実行中の運転者による危険な加速を防ぐことができる。

その他の走行ダイナミクスアクチュエーターの作動

車両の安定化では、油圧によるホイールブレーキ以外にもさまざまなアクチュエーターが、車両の走行ダイナミクス特性に特定の効果をもたらす。アクティブステアリングとシャーシシステムがESCと連動し、車両ダイナミクスマネージメント (VDM) と呼ばれる複合型システムを形成している場合には、これらのシステムが一体となって運転者をより的確に支援することで、安全性と走行ダイナミクスをさらに強化する。

近年ではステアリングシステム、またはロール安定化システムとブレーキシステムとの一体化が導入されている[5]。また少し以前より、ドライブトレインのディファレンシャルロックを作動させるためのシステムが市場に定着している。こうしたシステムの大部分は、数多くのケースでESCとの連携が可能であることを示している。補助的アクチュエーターは、基本的に拡張ESC機能から直接作動（共同アプローチ）、またはESCのECUと情報交換のできる単独のECUを経由して作動（共存アプローチ）することができる。

図6：ESCを装備した全輪駆動車の駆動コンセプト
1 エンジンおよびトランスミッション
2 ホイール
3 ホイールブレーキ
4 アクスルディファレンシャル
5 センターディファレンシャル
6 強化ESC機能を内蔵したECU
7 アクスルディファレンシャル

エンジン、トランスミッション、ディファレンシャルのギヤ比および損失を1つにまとめる

A センターディファレンシャルが作動している場合のロックによる介入
B トルク誘導による介入動作

v　ホイールスピード
v_{MWhl}　平均ホイールスピード
M_{MWhl}　駆動トルク合計
M_{Br}　制動トルク
FA　フロントアクスル
RA　リアアクスル

R 右　L 左
F 前　R 後
FA　フロントアクスル
RA　リアアクスル

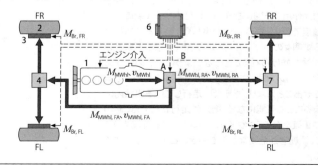

全輪駆動システムを搭載した車両では、中央エレメントを経由して両方の駆動アクスルに駆動トルクが配分される(図6)。エンジンはまず一方のアクスルに作用し、残る一方のアクスルが中央エレメントに接続される。この方式はハングオンシステムと呼ばれている。この中央エレメントがオープンディファレンシャル(ロック機能がない)の場合、一方のアクスルでスリップが増加すると駆動トルクが制限される。ホイールがスピンすると、最悪の場合には車両を駆動できなくなる。ESCと一体化したシステムでは、全輪TCSコントローラーが対称型のブレーキ作動による介入動作を行うことで、アクスル間に生じた速度差を制限し、前後方向のロック動作が可能となる。

ESCのトラクションコントロール機能は、トルセンやビスカスカップリングなどのその他の種類の中央エレメントの固有の作動原理と組み合わせることができる。基本的に、制御可能なすべてのドライブトレインアクチュエーターは、車両のステアリング特性を適合させるために、開閉時には所定のロッキングモーメントと動的応答性を示さなければならない。

車両のドライブトレインが手動で各種の設定を切り替えられるようになっている場合は、ESCは運転者の選択した作動モードに応じて自動的に調節が行われる。ESCは個別のホイール制御に基づくため、特殊なオフロード条件に向けた機械式ディファレンシャルロック機構との連携は、横方向ダイナミクスコントローラーによる介入動作中にディファレンシャルロックを自動的に開くことができなければ不可能となる。そうでない場合には、このシステムはロックが締結されるとABSフォールバックレベルに切り替わる必要がある。これは、アクスルが常時連結されている場合には、1つのホイールで行われる走行ダイナミクスのための介入動作が、他のホイールにも影響をもたらすためである。

2つのアクスルを単純に連結する以外にも、電気または油圧によるアクチュエーターがカップリングを作動させ、ロッキングモーメントに適合させる方式の制御可能なセンターロックも存在する(図6、A)。この方式では、走行ダイナミクスに関連するESCの情報(ホイールスピード、走行速度、ヨーレート、横方向加速度、エンジントルクなど)を用い、アクチュエーター固有の変数(コンポーネントに作用する機械的負荷など)を考慮することで、2つのアクスルの連結をその時々の走行状況に合わせて最適に調整することができる(センターディファレンシャルでのダイナミックカップリングトルク、DCT-C)。

図7の例は、駆動トルクを可変配分することで車両の挙動にどのような効果がおよぶかを表している。カーブでオーバーステアのおそれがあるときに、フロントアクスルへ比較的大きな駆動トルクを一時的に移行できる場合には、不安定な状況を回避するためにエンジントルクを明らかに遅延させて抑制したり、あるいはブレーキ介入により車両を安定化させる必要がある(図内の数字は移行可能な駆動トルクの比率を表す)。車両がアンダーステア気味の場合には、駆動トルクをリアアクスルに移行させることでこの傾向を抑えることができる。いずれの場合でも、車両は高い応答性と安定性で走行できるようになる。実際に移行できる駆動トルク量の上限は、ドライブトレインの具体的な構成によって異なる。

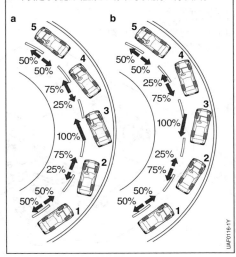

図7:駆動トルクの配分が車両の挙動におよぼす影響
a オーバーステア:リアアクスルが先に安定性の限界を超過
b アンダーステア:フロントアクスルが先に安定性の限界を超過
1 安定した走行状態での標準的な配分
2 不安定な状態が近づくと、安定化の可能なアクスルへ駆動トルクを配分
3 駆動トルクを最大限まで移行
4 移行の中止
5 不安定な状態が軽減され標準的な配分へ再び移行

一方のアクスルに備えられた制御可能なエレメントも、ESCにより上述の2つのアクスルをフレキシブルに連結した場合と同様の方法で制御することができる。基本的な作動原理の点から見れば、ダイナミックホイールトルク配分機能（DWT）は、TCSにより油圧式のホイールブレーキを介して作動するアクスルディファレンシャルロックとほとんど変わらない。しかしこうした補助的アクチュエーターは、通常の走行状況においても1つのアクスルの左右のホイールへ能動的に駆動トルク配分を行う。これは最小限の損失で行われ、またその感度と快適性は、ESC油圧ユニットの摩耗に配慮しながらのブレーキトルク制御とエンジントルク抑制を組み合わせたトラクションコントロールによる作動よりも優れている。

システムコンポーネント

油圧ユニット、油圧ユニットに直接接続されたECU（一体型ECU）および速度センサーは、エンジンコンパートメントやホイールアーチ内の厳しい外気条件に適応したものになっている。ヨーレートセンサーと横方向加速度センサーはECUに一体化されているか、あるいはステアリングアングルセンサー同様にパッセンジャーセルに取り付けられている。図8は、車内におけるコンポーネント取り付け位置を電気接続や機械接続とともに示している。

コントロールユニット（ECU）

プリント基板を用いたECUはデュアルコアコンピューターの他に、バルブやポンプを作動させるためのドライバーと半導体リレー、センサー信号の調整と補助信号のスイッチ入力（ブレーキライトスイッチなど）に用いるインターフェース回路から構成されている。またエンジンやトランスミッションの制御システムなど、他のシステムとの通信に用いるインターフェース（CAN、FlexRay）もある。

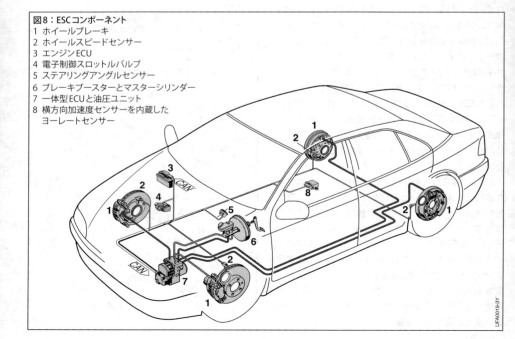

図8：ESCコンポーネント
1 ホイールブレーキ
2 ホイールスピードセンサー
3 エンジンECU
4 電子制御スロットルバルブ
5 ステアリングアングルセンサー
6 ブレーキブースターとマスターシリンダー
7 一体型ECUと油圧ユニット
8 横方向加速度センサーを内蔵したヨーレートセンサー

油圧ユニット

ABSまたはABS/TCSシステムの場合と同様に、油圧ユニット(油圧モジュレーターとも呼ばれる)はブレーキマスターシリンダーとホイールブレーキシリンダーを油圧で接続する。ECUによる各種の制御コマンドを変換し、ソレノイドバルブを用いてホイールブレーキの圧力を制御する。油圧回路はアルミニウムブロック内のボアにより実現される。このブロックには、油圧機能に必要なその他のエレメント(ソレノイドバルブ、プランジャーポンプ、リザーバーチャンバーなど)も取り付けられる。

ESCシステムはどのようなブレーキ回路構成であるかにかかわらず、12個のバルブを必要とする(図9)。これに加えて圧力センサーが装備されているのが一般的で、このセンサーはブレーキマスターシリンダーの圧力により運転者の減速コマンドを測定する。これにより、ややアクティブな運転の際に車両の安定化性能を強化する。ABS制御(パッシブ制御)中の圧力調整は、ESC油圧系ではABSシステムと同様の方法で行われる。

しかしESCシステムは能動的な増圧(アクティブ制御)を行ったり、あるいは運転者の入力したブレーキ圧を高める(部分的アクティブ制御)必要もあるので、ABSで使用されているリターンポンプに代わって各回路にセルフプライミングポンプが用いられる。ホイールブレーキシリンダーとブレーキマスターシリンダーは、電流がゼロのときに開く切換えバルブと高圧スイッチバルブによって接続されている。

追加の逆止バルブは所定の圧力で閉じる設計で、ポンプがホイールからブレーキ液を無用に吸引することを防止する。これらのポンプは、必要に応じて直流モーターによって駆動される。モーターは、モーターのシャフトに取り付けられた偏心ベアリングを駆動する。

図10は圧力調整の3つの例を表している。運転者のコマンドとは無関係に圧力を発生(図10c)させるには、スイッチオーバーバルブを閉じ、高圧スイッチバルブが開く。セルフプライミングポンプは、圧力を発生させるためにブレーキ液を当該のホイールへ圧送する。ブレーキを作動させないホイールでは、イン

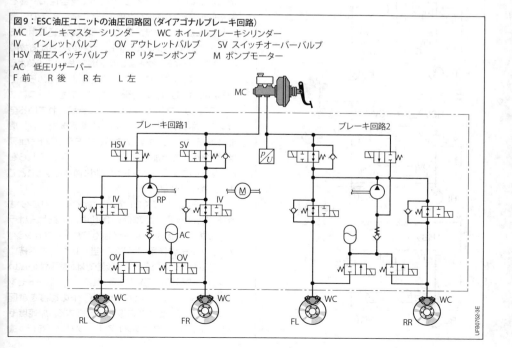

図9:ESC油圧ユニットの油圧回路図(ダイアゴナルブレーキ回路)
MC　ブレーキマスターシリンダー　　WC　ホイールブレーキシリンダー
IV　インレットバルブ　　OV　アウトレットバルブ　　SV　スイッチオーバーバルブ
HSV　高圧スイッチバルブ　　RP　リターンポンプ　　M　ポンプモーター
AC　低圧リザーバー
F 前　　R 後　　R 右　　L 左

レットバルブは閉じたままである。圧力を低下させる際には、アウトレットバルブが開き、高圧スイッチバルブとスイッチオーバーバルブが所定の位置に戻る（図10b）。ブレーキ液はホイールから、ポンプの作動によって空になっていた低圧リザーバーに戻る。ポンプモーターをデマンド制御することで、圧力発生や圧力調整の際の騒音を抑制することができる。

部分的アクティブ制御（図10a）では、高圧スイッチバルブは高い差圧（> 0.1 MPa）に抗してポンプの吸引経路を開くことができなければならない。第1段階ではコイルに電圧を加え、その磁力によってバルブを開く。次の段階では油圧の差によってバルブを開く。ESCコントローラーが車両の不安定な状態を検知すると、スイッチオーバーバルブ（電流がゼロの状態で開く）は閉じ、高圧スイッチバルブ（電流がゼロの状態で閉じる）が開く。続いて2台のポンプは車両を安定化させるため、さらに圧力を発生させる。介入動作が終わるとアウトレットバルブが開き、介入動作が行われたホイールの圧力がリザーバーに放出される。運転者がブレーキペダルから足を放すと、ブレーキ液は直ちにリザーバーからブレーキ液リザーバーに戻される。

モニタリングシステム

ESCが高い信頼性で機能するには、各種の安全モニタリングシステムが重要となる。このシステムは、全コンポーネントとこれらの機能的な連携動作のすべてを含めたESCシステム全体を網羅する。この安全システムは、FMEA（故障モードおよび影響解析）やFTA（フォルトツリー解析）、故障再現分析などの安全手法に基づいている。これらをもとに、安全性に影響をもたらすおそれのある故障を防ぐため、各種の処置が行われる。モニタリングプログラムを広範に用いることで、防止できないようなセンサーのあらゆる故障を、適切なタイミングと高い信頼性で検知できるようになる、これらのプログラムは、有効性が認められているABSおよびTCSの安全ソフトウェアをベースにしている。このソフトウェアは、ECUに接続されている全コンポーネントとともに、それらの電気接続、信号、機能性をモニタリングする。こうした安全ソフトウェアは、センサーを追加してその特性を活用し、それらをESC固有のコンポーネントや機能に適合させることでさらに強化された。

センサーは、数多くの段階に分けてモニタリングされる。第1段階では、車両の作動中にセンサーはラインの故障や信号の非妥当性（「アウトオブレンジ」チェック）、干渉作用、物理的妥当性について継続的にモニタリングされる。第2段階では、重要性の高いセンサーの試験が個別に行われる。ヨーレートセンサーの試験では、センサーエレメントの感度を意図的に低下させ、信号の応答性を分析する。加速度センサーも、バックグラウンドでモニタリングを行う機

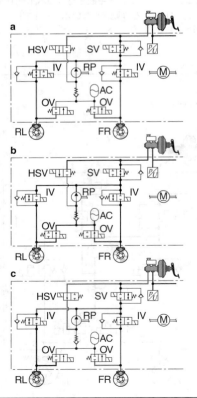

図10：ESC油圧ユニット内の圧力調整
a　制動時に圧力が上昇
b　ABSコントロールによる圧力低下
c　TCSまたはESCによる介入動作時のセルフプライミングポンプによる圧力上昇
IV　インレットバルブ
OV　アウトレットバルブ
SV　スイッチオーバーバルブ
HSV　高圧スイッチバルブ
RP　リターンポンプ　　M　ポンプモーター
AC　低圧リザーバー
F　前　　R　後　　R　右　　L　左

能を内蔵している。圧力センサーの信号は、作動時に所定の特性を示さなければならない。補正と増幅は内部で行われる。ステアリングアングルセンサーは専用のモニタリング機能を内蔵していて、エラーが生じたときにはECUへ直接メッセージを送信する。また、ECUへのデジタル信号の伝送が継続的にモニタリングされる。第3段階では、車両の定常走行中にセンサーをモニタリングするため、重複しての分析が行われる。その際には車両モデルをもとに、車両の挙動によって決定された各種センサーの信号の関連性が妥当なものであるかが確かめられる。これらのモデルは、センサー仕様の範囲内で発生したセンサーオフセットを計算して補正するためにも頻繁に用いられる。

エラーが生じた場合には、その種別に応じてシステムの一部または全体が停止する。エラーに対するシステムの応答性も、制御機能が作動しているかどうかに依存する。

走行ダイナミクス制御のその他の名称

走行ダイナミクス制御に関しては、ESP*および一般的な呼称であるESC（エレクトロニックスタビリティコントロール）の他にも、自動車メーカーごとに種々の名称が使用されている。例として、Dynamic Stability Control（ダイナミックスタビリティコントロール、DSC）、Vehicle Stability Assist（ビークルスタビリティアシスト、VSA）、Vehicle Stability Control（ビークルスタビリティコントロール、VSC）、Dynamic Stability and Traction Control（ダイナミックスタビリティ・トラクションコントロール、DSTC）、Controllo Stabilità e Trazione（スタビリティおよびトラクションコントロール、CST）などを挙げることができる。

商用車用特殊走行ダイナミクス制御システム

機能

大型商用車は質量が大きく重心が高い点で、乗用車と本質的に異なる。またトレーラーを牽引する場合には、追加の自由度も考慮しなければならない[7]。このため、乗用車より規模の大きな横滑りをもたらすおそれのある、不安定な状態に陥ることがある。こうした状態の中には、複数の連結車両を牽引したときにトレーラーの横滑りによって生じるジャックナイフ現象や、高い位置に横方向加速度が作用することによる横転も含まれる。このため商用車用の走行ダイナミクス制御システムには、乗用車同様の安定化機能に加え、ジャックナイフ現象や横転を防ぐための機能も求められる。

要件

商用車用の走行ダイナミクス制御システムは、乗用車用システムに求められる条件に加え、次のような要求を満たしていなければならない。

－ 積載物を積んだあらゆる作動状況において、物理的走行限界の際に連結車両（セミトレーラーあるいはトレーラー）の方向安定性と応答性を強化すること。これには連結車両のジャックナイフ現象の予防も含まれる。

－ 準定常走行時や、車両に大きな力が作用する操作を行った際に、車両または連結車両が横転する危険性を低減すること。

商用車用ESCにより実現されるこれらの要件は、乗用車の場合と同様に、走行安全性を大幅に向上させる。こうした理由から、欧州では2011年から大型の商用車（7.5t以上）に走行ダイナミクス制御システムを装備することが法律（ECE-R13）によって義務付けられる（統一条項ECE-R 13の一部[11]）。

用途

現在では、ほとんどあらゆる車両構成（全輪駆動車を除く）に対する商用車用ESCが提供されている。

- ホイール配列4×2、6×2、6×4、8×4の車両
- トラクターユニットとセミトレーラーの組合せ（セミトレーラートラック、あるいは単にセミトレーラーユニット）
- 牽引車と牽引バーを備えたトレーラーの組合せ（連結車）
- 牽引トラックおよび台車を備えたセミトレーラーを連結する車両、センターアクスルトレーラーを備えたセミトレーラー、Bリンクおよびセミトレーラーを備えたトラクターユニットなどの多重トレーラー連結車（ユーロコンビ）

作動原理

商用車用の走行ダイナミクス制御システムの機能は、要件に応じて次の2つのグループに区分される。

横滑りまたはジャックナイフ現象の危険が生じた際の車両の安定化

商用車の走行方向の安定化の場合も、初期的段階は乗用車と同様の原理に従って行われる。コントローラーは物理的な走行限界を考慮しながら、その時点における車両の挙動を運転者の求める動きと比較する。しかしながら平面上における運動の物理的モデル（単独車両では3つの自由度（前後方向運動、横方向運動、ヨー運動）によって特徴付けられる）は、連結車両においては牽引車とトレーラー間の連結角度を考慮して拡張される（追加の自由度）。フィフスホイールトレーラーを連結する場合には、さらなる自由度が考慮される。

運転者が求める車両の挙動を解析する際、ECUは単純化された数学／物理学的モデル（2輪モデル[8]）を用いて牽引車の基準（目標）ヨー速度を測定する。こうしたモデルに含まれる各種パラメーター（車両安定特定速度v_{ch}、ホイールベースl、転舵比i_L）は組立ての最終段階でパラメータ化される場合と、走行中に専用のアルゴリズム（カルマンフィルターまたは再帰的な最小二乗推定子[9]など）を用い、車両の挙動に応じて適合される場合がある。商用車では、パラメーターの「オンライン」適合が非常に重要になる。これは、商用車では車両構成や積載物の種類が乗用車よりもずっと多くなるためである。

これと並行してESCは、ヨーレートや横方向加速度、ホイールスピードから測定された各種の変数をもとに、その時点における車両の挙動を解析する。その時点の車両の実際の動きと運転者が求める動きの間に大きな差異が生じると、制御エラーとなる。これは、当該のコントローラーによって基準（目標）ヨーモーメントに変換される。

商用車では基準（目標）ヨーモーメントのレベルが、制御エラーやその時点における車両構成（ホイールベース、アクスル数、トレーラーの有無など）、積載状況（質量、前後方向の重心など）によって決まる。これらのパラメーターは変動するため、ESCによって継続的に測定される。これは、例えば積載状況では、エンジン制御システムからの信号（エンジン回転数、トルク）と車両の前後方向運動からの信号（ホイールスピード）を用いて車両の現在の質量を常時特定する試算アルゴリズムを援用して行われる。

その時点における走行状況をもとに、個別または複数のホイールおよびトレーラーのホイールにブレーキを作動させることによって、基準（目標）ヨーモーメントは適切に変換される。図11aと11bは、それぞれオーバーステアとアンダーステアを例に挙げてそのときの車両の挙動を示している。

こうした明確な状況以外にも、求められる安定化効果によっては他のホイールまたはホイールの組み合わせにブレーキを作動させるような、走行力学的に危険な状況がある。例えば強いアンダーステアが生じた場合には、乗用車用の強化型アンダーステア制御（EUC）と同様の手法に従い、車両全体でブレーキが作動する。

商用車は重心が高いため、早い段階でタイヤの静的摩擦の限界を超える低～中程度の摩擦力のもとで、横滑りやジャックナイフ現象が発生する。積載物を積んだ商用車は重心が高いため、摩擦係数が高いと、通常であれば静的摩擦の限界に達する前の段階で横転を始める。

横転の危険の低減

横転の限界（横方向加速度の限界）は、重心の高さに加え、シャーシシステム（アクスルサスペンション、スタビライザー、スプリングなど）や積載物の種別（固定物または可動物）によって決まる[10]。

商用車は比較的横転限界が低いときに加え、コーナリングスピードが過度に高いときにも横転する。ESCはこうした想定をもとに車両が横転する危険性を低減する。車両が横転の限界に近づくと、直ちにESCはエンジントルクを抑えたり必要に応じてブレーキを作動させたりすることで、車両の走行速度を低下させる。このとき横転の限界は車両の積載物の量や荷重の配分によって決まる。このため車両の積載状況は、「オンライン」で試算される。

設定される横転の限界は、それぞれの走行状況によって変動する。このため高速のダイナミックな状況（障害物を回避する場合など）では、速やかに介入動作ができるように、横転の限界は低く設定される。一方で低速の操作（上り坂のタイトなヘアピンカーブなど）の場合は、無用の介入動作による混乱を防ぐために、横転の限界は高く設定される。

横転の限界は、重心の高さや連結車両の動的応答性、軸荷重配分に関連したさまざまな前提条件に基づいて決められる。これにより、通常の連結車両の大部分に対応できる。

こうした前提条件との差異がきわめて大きな場合（重心がきわめて高い場合など）でも車両を安定化させることができるように、ESCは追加的にカーブ内側のホイールのリフトも検知する。これはホイールスピードの妥当性をモニタリングすることで行われる。必要な場合には連結車両全体にブレーキを作動させ、強力に減速する。

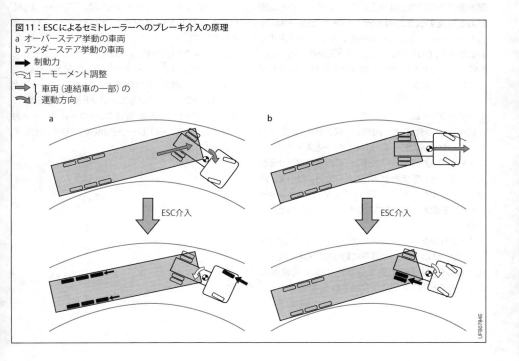

図11：ESCによるセミトレーラーへのブレーキ介入の原理
a オーバーステア挙動の車両
b アンダーステア挙動の車両
➡ 制動力
⤴ ヨーモーメント調整
➡ 車両（連結車の一部）の運動方向

1166 シャーシ制御とアクティブセーフティ

トレーラーの電子制御ブレーキシステム（ELB）は、ABSコントローラーを作動させ、CANバス（ISO 11992 [13]）を介してトレーラーのカーブ内側ホイールのリフトを通知する。ABSのみを装備したトレーラーを連結している場合には、カーブ内側ホイールのリフトの検知はトラクターユニットに限定される。

システム設計

欧州市場では、大型商用車の標準的なブレーキ制御方式として、電子制御ブレーキシステム（ELB）が広く普及している。ESCはこのシステムに基づき、それを走行ダイナミクスの制御にも対応するように拡張している。このためにESCは、運転者の運転操作とは独立して強さの異なる制動力を各ホイールごとに生成するELBの機能を活用している。

北米地域では商用車のブレーキシステムに課せられた一般的条件が欧州のそれとは大幅に異なるため、ABS単体またはABS/TCSが標準的なシステムとして用いられている。そのためこの地域や同様の条件の市場では、ABS/TCSをベースにしたESCが使用されている。この場合のESCはTCSと同じ手法を駆動アクスルに用い、TCSバルブと下流側のABSバルブによって、運転者の運転操作とは独立して、各ホイールごとに制動力を生成する。またABSをベースとしたESCでは、圧力センサーにより運転者の制動コマンドを測定する必要がある。こうしないと、ESCが介入動作を行っている際にはTCSバルブの機能によってこの測定が不可能になってしまう。

センサーシステム

商用車でも乗用車と同様に、横方向加速度センサーを一体化したヨーレートセンサーとステアリングホイールアングルセンサーが、ESCの走行ダイナミクスセンサーとして使われる。どちらのセンサーも、測定データを解析し安全に伝送するため、CANインターフェースを備えたマイクロコントローラーを内蔵している。

ステアリングホイールアングルセンサーは通常はステアリングホイールの真下に取り付けられ、ステアリングホイールの回転角度を測定する。この角度はECUでホイールの実舵角に変換される。

牽引車の重心から可能な限り近い位置で横方向加速度を測定するため、横方向加速度センサーを一体化したヨーレートセンサーは重心近くに取り付けられるのが一般的である。

商用車も基本的に乗用車と同じセンサーを使用してはいるが、特に商用車フレームにおけるような厳しい環境条件に耐えられるよう、横方向加速度センサーを一体化したヨーレートセンサーは乗用車のものよりずっと堅牢な設計が必要となる。

コントロールユニット（ECU）

ブレーキコントロールユニットでは、ESCアルゴリズムが他のブレーキ制御用アルゴリズム（ABS、TCSなど）とともに実行される。このコントロールユニットは従来の回路基盤技術を用い、それぞれに対応した演算能力の高いマイクロプロセッサーで構成されている。

ESCのセンサーとコントロールユニットはCANバスで接続される。ESCの基準（目標）ブレーキ圧とホイールスリップの値は、当該のブレーキシステムによって制動の必要なホイールとトレーラーに対する制動動作に変換される。またブレーキシステムは、必要なエンジントルクに関するデータをCANバス（通常はSAE J 1939 [14]に準拠）経由でエンジンのECUに送信し、実行を促す。

さらに他の関連情報も、エンジンとリターダーからCANバスによってブレーキシステムに伝えられる。この関連情報は基本的に、現時点でのエンジントルクと回転数、必要とされているエンジントルクと回転数、リターダーのトルク、車速、各種コントロールスイッチおよび連結されているトレーラーからの情報を含む。

安全およびモニタリング機能

ESCが介入動作によって車両と連結車両の走行特性にさまざまな効果をもたらすためには、システムの適切な機能を確かなものにするため、広範囲にわたる安全システムが求められる。この安全システムは、基本的なELBまたはABS/TCSシステムに加え、センサーやECU、インターフェースなどの補助的なESCコンポーネントも対象とする。

ESCに用いられるモニタリング機能は基本的に乗用車に使用されている機能に基づいており、商用車固有の特性に合わせて調整されている。

加えてシステム全体に配置されたマイクロコントローラーは、相互にモニタリングを行う。これはブレーキコントロールユニットに、メインコンピューターとモニタリング用コンピューターが含まれていることを意味する。モニタリング用コンピューターは主に妥当性の点検を行い、これと並行して比較的重要性の低い機能を実行する。さらに、故障の発生を速やかに検知できるように、対応するアルゴリズムがメモリーと他のコンピューター内部のハードウェアコンポーネントを点検する。

故障が発生すると、その種類と重要性に応じて、個々の機能グループの停止、あるいはブレーキが空気圧のみによって制御される完全な「バックアップモード」への切替え(フェールサイレント反応)が実行される。これにより、誤ったセンサー信号に起因する危険を誘発する恐れのある不適切なブレーキ作動を防ぐことができる。

運転者が正しい措置を取ることができるように、故障の発生は適切な手法(警告ランプ、ディスプレイなど)によって示される。

また、発生した故障はコントロールユニットでタイムスタンプ情報を割り当てられ、故障メモリーに保存される。整備工場では、適切な診断システムを使用して故障メモリーを分析することができる。

参考文献

[1] E. K. Liebemann, K. Meder, J. Schuh, G. Nenninger: Safety and Performance Enhancement: The Bosch Electronic Stability Control. SAE Paper Number 2004-21-0060.

[2] National Highway Traffic Safety Administration (NHTSA) FMVSS 126: Federal Motor Vehicle Safety Standards; Electronic Stability Control Systems; Controls and Display. Vol. 72, No. 66, April 6, 2007.

[3] M. Mitschke, H. Wallentowitz: Dynamik der Kraftfahrzeuge. 4th Edition, Springer-Verlag, 2004.

[4] A. van Zanten, R. Erhardt, G. Pfaff: FDR – Die Fahrdynamikregelung von Bosch. ATZ Automobiltechnische Zeitschrift 96 (1994), Volume 11.

[5] A. Trächtler: Integrierte Fahrdynamikregelung mit ESP°, aktiver Lenkung und aktivem Fahrwerk. at – Automatisierungstechnik 53 (1/2005).

[6] K. Reif: Automobilelektronik, 3rd Edition, Vieweg+Teubner, 2009.

[7] E. Hoepke, S. Breuer (Editors): Nutzfahrzeugtechnik – Grundlagen, Systeme, Komponenten. 4th Edition; Vieweg Verlag, 2006.

[8] C.B. Winkler: Simplified Analysis of the Steady State Turning of Complex Vehicles. International Journal of Vehicle Mechanics and Mobility, 1996.

[9] Ali H. Sayed: Adaptive Filters. John Wiley & Sons, 2008.

[10] D. Odenthal: Ein robustes Fahrdynamik-Regelungskonzept für die Kippvermeidung von Kraftfahrzeugen. Dissertation TU München, 2002.

[11] ECE-R13: Uniform provisions concerning the approval of category M, N and O vehicles with regard to brakes.

[12] ECE-R13-H: Standard conditions for approval of passenger cars with regard to brakes.

[13] ISO 11992: Road vehicles – Interchange of digital information on electrical connections between towing and towed vehicles.

[14] SAE J 1939: Serial Control and Communications Heavy Duty Vehicle Network Top Level Document.

自動ブレーキシステム機能

ここで説明する補助機能は、空気-機械式のブレーキアシスト機能であり、優れた走行ダイナミクスを支える。この補助機能はセンサー、アクチュエーターおよびECUから成る。

ブレーキアシスト機能

1990年代における運転者のブレーキ操作に関する行動パターンの調査研究から、ブレーキ操作時の運転者の動作はそれぞれに異なることが明らかになった。多数の運転者（「平均的な運転者」）は非常事態に直面したとき、ブレーキペダルを十分に強く踏み込むことができない、言い換えれば、制動距離が不必要に長くなる（図1）。この問題は1995年に初めて導入されたシステム、すなわちブレーキアシストによって改善される。ブレーキアシストの主な目的は以下の通りである。

- このシステムは、ブレーキペダルが特定の速さで踏み込まれ（ブレーキペダルの素早い踏込み）、かつその際の踏力が最大ではない場合に、これを運転者はフルブレーキを意図しているものと解釈する。この場合、システムはフルブレーキング効果を得るために必要なブレーキ圧を生成する。
- このシステムでは、運転者はいつでもフルブレーキング操作を「解除する」ことができる。
- 通常制動時のブレーキブースターの挙動、すなわちブレーキペダルのフィードバックフィーリングは変わらない。
- ブレーキアシストが故障した場合でも、基本的なブレーキシステム機能は低下しない。
- このシステムは運転者の意図に反して作動しないように設計されている。

空圧式ブレーキアシスト

このシステムは、ブレーキペダルを踏み込む速さと踏力に応じて増幅率を高める改良型ブレーキブースターを必要とする。これにより、ホイールブレーキ内の圧力のより迅速かつ大幅な昇圧が可能になる。

その他にブレーキブースターを拡張し、電子制御バルブを組み込むタイプもある。これにより、ECUはブレーキブースターのチャンバー間の圧力差とそれによる制動力の増幅を制御できる。その結果、作動しきい値および応答特性の最適化を実現するための、より好ましい条件が提供される。

油圧式ブレーキアシスト

油圧式ブレーキアシスト機能は、走行ダイナミクスを制御するハードウェアを使用する。圧力センサーが運転者の制動意図を検知し、ECUが定義された作動しきい値に基づき信号を解析し、油圧システム内における適切なブレーキ圧の生成を指示する。上流にあるブレーキブースターは規格に適合しており、改良の必要はない。

一般的には、上述したすべてのブレーキアシストシステムのバリエーションはホイールロック限界値を超えるブレーキ圧を急激に生成するため、必ずアンチロックブレーキシステム（ABS）もしくは走行ダイナミクス制御システムと組み合わせて使用しなければならないことを指摘しておく必要がある。

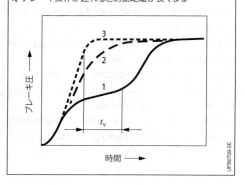

図1：ブレーキアシスト機能を備えた制動とブレーキアシスト機能を備えていない制動の比較
ブレーキアシストを備えていない場合は、ブレーキアシストを備えている場合と比べて制動距離が長くなる。
1 「平均的な運転者」
2 熟練運転者
3 ブレーキアシストによって支援された「平均的な運転者」
t_v ブレーキ操作が遅れると制動距離が長くなる

リアホイールのブレーキ圧の自動昇圧

この機能はフロントホイールがABSシステムによって制御される場合に、さらにリアホイール用のブレーキサーボアシストを運転者に提供するものである。この機能は、ABS制御の作動時に必要とされるペダル踏力でブレーキペダルを踏み込めない運転者が多いために導入された。フロントホイールのABS制御が作動すると、油圧モジュレーターのリターンポンプによりリアホイールにかかるホイール圧がロック圧レベルに達し、リアホイールのABS制御が作動する(図2)。したがって、制動過程が最適な物理的条件下で実行されることになる。その結果、リアホイールブレーキシリンダー内の圧力がABS制御の作動中でもマスターシリンダー内の圧力より高くなることが可能になる。

フロントホイールのABS制御が終了した場合またはマスターシリンダーの圧力が遮断しきい値以下になると、遮断条件が満たされたことになる。

強くブレーキペダルを踏み込んだときのブレーキ圧の自動昇圧

この機能は運転者に追加のブレーキサーボアシストを提供する。この機能は、通常であればホイールロック圧に達するほど強くブレーキペダルを踏み込んでも(約80 bar以上の一次圧力)最大限の減速効果が得られない場合に作動する。このような現象はたとえばブレーキディスク温度が高くなり過ぎたとき、またはブレーキパッドの摩擦係数が著しく低下したときに発生する。

この機能が作動すると、すべてのホイールのホイール圧力がロック圧レベルに達し、ABS制御が作動するまでホイール圧力が上昇する(図2)。したがって、制動過程が最適な物理的条件下で実行されることになる。その結果、ホイールブレーキシリンダー内の圧力がABS制御の作動中でもマスターシリンダー内の圧力より高くなることが可能になる。

運転者の制動力に対する要求が特定のしきい値以下にまで低下すると、車両の減速はブレーキペダルにかかる踏力に応じて低減される。その結果、運転者はそのような制動状況が終了した後、再び減速操作を正確に行うことができる。一次圧力または車体速度がそれぞれの遮断しきい値以下になると、遮断条件が満たされたことになる。

ブレーキディスクワイパー

この機能は雨天走行時または濡れた路面走行時に定期的にブレーキディスクにかかった水しぶきを確実に取り除くものである。これはホイールブレーキに低いブレーキ圧を与えることによって自動的に達成される。このようにして、この機能は雨天走行または濡れた路面を走行するときに最速のブレーキ応答時間を保証する手助けとなる。雨天または濡れた路面を検知するために、フロントガラスワイパーまたはレインセンサーから信号が送信され、評価される。

その圧力レベルは車両の減速が運転者に感知されない程度に低く調整される。システムが雨天走行または濡れた路面の走行を検知している間、この機能は一定間隔で作動する。必要に応じて、フロントアクスルのディスクのみをふき取ることもできる。このワイパー操作は運転者がブレーキを操作するとただちに終了する。

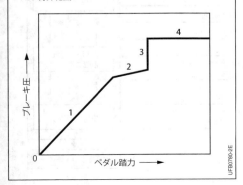

図2：ブレーキ圧の自動昇圧
1 ブレーキブースターによる制動力の上昇
2 ペダル踏力によるさらなる制動力の上昇
3 走行ダイナミクス制御液圧モジュレーターによるブレーキ圧の上昇
4 ABS制御範囲

自動プレフィル

この機能は、運転者がアクセルペダルから足を離し、その直後にブレーキペダルを踏むような緊急時において全体の制動距離を短縮する。この機能により、アクセルペダルから足を離すとブレーキシステムがプレフィルされ、その結果ブレーキシステムにプリロードがかかり、続いてブレーキを操作するとブレーキ圧が極めて急速に生成される。したがって、車両の減速も急速に実行される。

ブレーキシステムのプレフィルは、油圧モジュレーターのリターンポンプによって調整される。その結果、ブレーキシューはブレーキディスクに強固に押し付けられる。アクセルペダルから急に足が離れた後ただちにブレーキが操作されない場合は、ブレーキシステム内の圧力は再び低下する。これによってドライバビリティ(運転性)が損なわれることはない。

電気機械式駐車ブレーキ

電気機械式駐車ブレーキ(EMP)は電気機械的な方法で駐車ブレーキを操作するための力を生成する。手または足で操作する駐車ブレーキレバーの機能は、電動モーターとドライブ機構および操作ボタンにより実現される。運転者が操作ボタンを操作すると、システムが車両の停止状態を検知した後に、電動モーター(アクチュエーター)が作動する。車両が水平な路面に停止している場合は、ブレーキケーブルのテンションは最大積載量を積んだ車両が坂道に停車している場合より低めに設定される。車両が駐車している(すなわち静止している)ことを検知するためにアクティブホイールセンサーが使用される。オプションとして、傾斜センサーで路面勾配を検知することもできる。

駐車ブレーキは同じ操作ボタンで解除される。ただし、たとえば子供や動物による不適切な、または不注意による駐車ブレーキの解除を回避するために、さまざまな安全規則および要求事項に適合しなければならない(「駐車ブレーキ」、「乗用車向けブレーキシステム」も参照)。

油圧モジュレーターによるブレーキング制御

走行中に電気機械式駐車ブレーキが操作されたとき、車両は安全に減速し、停止しなければならない。そのために必要なブレーキ圧は、油圧モジュレーターのリターンポンプによって生成される。走行ダイナミクス制御システムは、濡れた路面など、滑りやすい場所での安全なブレーキングを約束する。車両が停止した後、電気機械式駐車ブレーキは車両を静止状態に保持する機能を担う。

運転者は減速中、自動駐車ブレーキの操作ボタンを押し続けなけばならない。

ヒルホールドコントロール

このシステムは坂道発進を容易にするものである。このシステムは、運転者が坂道でブレーキペダルから足を離したときに車両が後退するのを防止する。この機能は積載量の大きなマニュアルトランスミッション車やトレーラーを牽引している車両の場合に特に役立つ。駐車ブレーキを操作する必要はない。この機能は逆方向(後進で)の坂道発進の場合にも役に立つ。

運転者の発進意図がこのシステムを通じて検知される(図3)。ブレーキペダルから足を離してから発進

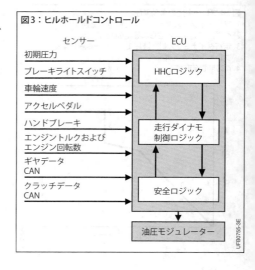

図3：ヒルホールドコントロール

するまで約2秒の時間がある。その間に駆動トルクが坂を下ろうとする方向に作用するトルクより大きくなると、ブレーキは自動的に解除される。

低速でのトラクション制御は、ドライビングダイナミクス用のハードウェアおよび追加センサーに基づいて行われる：傾斜センサーは、路面の傾斜を検知する。また、ギヤスイッチは運転者が後退ギヤにシフトしたかどうかを判断し、クラッチスイッチは、運転者がクラッチペダルを踏んだかどうかを判断する。

下り坂走行時の自動ブレーキ
（ヒルディセントコントロール）

このシステムは約8 – 50 %の勾配を持つオフロードの下り坂走行時に自動的なブレーキ操作によって運転者を支援する利便性の高い機能である。その結果、運転者は車両の操縦に集中でき、同時にブレーキ操作に注意を向ける必要がなくなる。ブレーキペダルを操作する必要がない。

このシステムが作動すると（たとえば、ボタンまたはスイッチを操作して）、設定速度が指示されたブレーキ圧を介して維持される。必要に応じて、運転者はブレーキペダルおよびアクセルペダルを踏み込むか、またはスピードコントロールシステムのコントロールボタンを押して設定速度を変更することができる。

運転者がもう一度ボタンまたはスイッチを押して、スイッチオフになるまでこのシステムは作動する。すなわち自動的にはスイッチオフにならない。

運転者アシストシステムのための自動ブレーキ機能

この機能は、アダプティブクルーズコントロール（ACC）におけるアクティブなブレーキ介入、すなわち自動車間距離制御のための追加機能である。先行車との距離が設定距離以下になると、運転者がブレーキペダルを踏まなくとも自動的にブレーキが作動する（図4）。油圧ブレーキシステムとドライビングダイナミクス制御がベースになっている。

この機能は、その時の状況に応じて必要とされる制動力で車両を減速するようにとの要求（入力）を受け取る。この要求は上流に配置されたACCシステムによって計算される。自動ブレーキの介入によって、油圧モジュレーターによって調整された適正なブレーキ圧での減速が持続される。

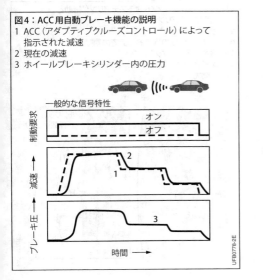

図4：ACC用自動ブレーキ機能の説明
1 ACC（アダプティブクルーズコントロール）によって指示された減速
2 現在の減速
3 ホイールブレーキシリンダー内の圧力

走行ダイナミクス統合制御システム

概要

走行ダイナミクス制御システム（エレクトロニックスタビリティーコントロール、ESC）は、ブレーキやエンジンに加えてシャーシおよびドライブトレインに設けられた各種のアクチュエーターを用いて、走行ダイナミクスに能動的に影響を与える。走行ダイナミクスに関係するアクチュエーターの機能的組み合わせは、自動車メーカーおよび部品メーカーによって、Vehicle Dynamics Management (VDM)、Integrated Chassis Control (ICC)、Integrated Chassis Management (ICM)、Global Chassis Control (GCC) など、種々の名称で呼ばれている。

主要な使用目的

これらの機能は主として、方向安定性、俊敏性、および「運転者の負担」（車両の運転と制御のために必要な運転者の操作）の軽減のために使用される。

方向安定性の改善

危険な走行条件のもとでは、通常は運転者自身が行う安定化のための操作をこれらの機能が代行する。代表的な例として、オーバーステア、あるいは車両の左右でグリップ係数が異なる路面（μスプリット）での制動が挙げられる。

俊敏性の向上

これらの機能のいくつかは、運転者のステアリング操作に対する加速応答または横方向のダイナミック応答性を改善する。これによって車両の俊敏性が向上する。すなわち、運転者の操作に対する応答がより自然で動的ダイナミックなものになる。

車両制御／運転のための操作の軽減

ステアリングホイールの動きに対する応答の改善と自動安定化機能の介入によって運転者への負担が軽減され、特にステアリング操作が減少する。

機能

走行ダイナミクスによるステアリング補助
機能

この機能は、電動パワーステアリングをアクチュエーターとして用いる。パワーステアリングのサーボトルクに、走行ダイナミクスの観点から好ましいステアリングトルクを重畳し、運転者のステアリングを補助する。

補助ステアリングトルクの限界

走行ダイナミクスの観点からの補助ステアリングトルクは、車両ごとに異なるが、最大約3 Nmを限界とする。このため、運転者は常にこのステアリング補助を超えるオーバーステアが可能である。

走行ダイナミクスへの適用

ステアリング補助はさまざまな状況で有効化される。オーバーステアの状況では、カウンターステア方向のステアリングトルクが誘起される（図1a）。アンダーステアの場合は、運転者に対してステアリング角を増大させないように働く。これはフロントホイールの横方向の力が既に使い尽くされており、操舵を続け

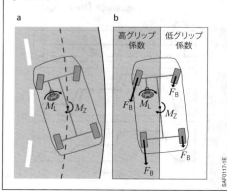

図1：走行ダイナミクスによるステアリング補助と
　　　追加ステアリングトルク
a　　オーバーステア
b　　グリップ係数の異なる路面での制動
M_L　追加ステアリングトルク
M_Z　運転者の意図的反応によるヨーモーメント
F_B　制動力

ると横方向の力がさらに減少する可能性があるためである。

　車両の右側と左側でグリップ力が異なる路面（μスプリット）で制動または加速する場合には、カウンターステアによる車両のヨーイングの補償が運転者を支援する（図1b）。

リアアクスルの能動的ステアリング安定化
機能
　この機能は、オーバーライドステアリングのアクチュエーターによるステアリング角の重畳により、車両の運動に直接介入する。オーバーライドギヤボックスにおいて、電動モーターにより調整された追加ステアリング角が運転者のステアリング角に加えられる。

走行ダイナミクスへの適用
　この機能は、たとえばオーバーステアの状況で作動する。自動ステアリング角修正によるヨーレート制御では、過大になっているヨーレートの値を設定値に戻す。

　グリップ係数の異なる路面での制動の際には、この機能によってヨー運動が補償される。ヨーの補償は、一般的な運転者のステアリング操作を大きく上回る速さで自動的に行われるため、ドライビングダイナミクスの制御においては、ヨーモーメントの立ち上がりに関する遅れを抑制することができる。制動距離も短縮される。

　アンダーステアおよびグリップ係数の異なる路面での発進の際にも利点がある。

センサーシステムに対する要件
　オーバーライドステアリングシステムは作動が速いため、センサー信号は短い待ち時間で監視する必要がある。すなわち故障は迅速に検出されなければならない。このため、慣性センサーは冗長性を持つ設計としなければならない。

リアアクスルの能動的ステアリング安定化
機能
　リアアクスルで操舵を行う車両では、主要機能はリアアクスルのステアリング角をステアリング操舵角度と車速との関数として制御することである。低速ではリアホイールはフロントホイールと逆向きに操舵され、操縦性を改善する。

　高速ではリアホイールはフロントホイールと同方向に操舵される。このようにして障害物回避操作時のヨーイング運動の誘起が抑制され、方向安定性が著しく向上する。

走行ダイナミクスへの適用
　関連機能は、フロントアクスルの能動的ステアリング安定化と同様の状況で作動する。オーバーステア介入の有効性は、リアホイールにおける横力ポテンシャルのその時点における利用状況に決定的に依存する。

　グリップ係数の異なる路面での制動に際しては、リアアクスルへの負荷を軽減するため、介入角度を大きくしてヨーイング運動を抑制する必要がある。一方、制動は大きな車両のスリップ角を発生することなく行うことができる。

センサーシステムに対する要件
　リアアクスルに対するステアリングアクチュエーターの作動速度はオーバーライドステアリングと同程度であるから、リアアクスルステアリングに対しても冗長性のある慣性センサーシステムが必要である。

四輪駆動における前後方向のトルク配分
機能
　四輪駆動車では両方のアクスルのホイールが駆動力を伝達するので、基本機能のレベルでもアクスル間のディファレンシャルロックまたはトランスファーケースによってトラクションが改善され、それにより車両の加速性能も改善される。

走行ダイナミクスへの適用

グリップ係数がトラクションのために完全には利用されていない状況では、牽引力を前後アクスルの間で切り替えることでステアリング特性を変化させることができる。アクスルの伝達する牽引力が大きいほど、そのアクスルのホイールにおける横力ポテンシャルは小さくなる。駆動力をフロントアクスルに移すとアンダーステアの傾向が高まり、リアアクスルに移すとその傾向は低くなる。駆動トルク配分の動的制御により、車両がオーバーステア傾向を示すことなく横方向の動的俊敏性を向上させることができる。

ホイールトルクの横方向配分
機能

「トルクベクタリングアクチュエーター」をベースにした機能は、俊敏性の向上に大きく寄与する。このアクチュエーターによって、1つのアクスルの左右のホイール間でトルクを自由にシフトすることができる。このようにすれば摩擦損失を除いた全回転力はアクチュエーター中で低下しないため、この介入は事実上車速とは無関係に行うことができる。

走行ダイナミクスへの適用

アンダーステアの状況では、カーブ外側のホイールの駆動トルクが増加し、内側のホイールの駆動トルクが減少する。このため車両にはカーブ方向のヨーモーメントが働き（図2a）、アンダーステア傾向が減少し、車両の横方向の動的俊敏性が向上する。

グリップ係数が異なる路面で加速する場合、駆動トルクはグリップ係数の大きいホイールに伝達される。グリップ係数の小さいホイールにおけるトラクション制御システムによるブレーキ介入は、大幅に減少される。これによりグリップ係数の異なる路面での平均加速度が増大する。

オーバーステアの状況でも、ブレーキ介入の一部はホイールトルクのシフトに取って代わられる（図2b）。このようにして、あまり著しくないオーバーステアの場合は走行ダイナミクス制御のブレーキ介入による速度喪失が軽減される。危険なオーバーステアの場合は運転状況を危険の少ないものにするために速度喪失がむしろ望ましいので、ブレーキ介入がなされる。

ブレーキおよびエンジン制御の介入によるホイールトルク配分の代替

トルクベクタリングアクチュエーターによるアンダーステア介入に代わって、カーブ内側のホイールへのブレーキ介入を行うこともできる。片側のみのブレーキ介入による減速を補償するため、エンジントルクが増強される。これにより、トルクベクタリングアクチュエーターによるアンダーステア介入と同様な効果が得られる。このためには、トルクベクタリングアクチュエーターを追加する代わりに、長寿命かつ低騒音の油圧モジュレーターが必要となるだけである。

ロール安定化によるステアリング特性の制御
機能

ロール安定化システムは、快適性を目的とする基本機能と並んで、コーナリング時のボディのロール運動を補償する作用をする。

図2：ホイールトルクの横方向配分
a アンダーステア
b オーバーステア
F_U ホイールの周方向の力（駆動、制動）
M_Z 介入によるヨーモーメント

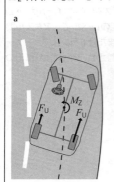
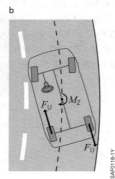

走行ダイナミクスへの適用

ロール安定化システムがフロントアクスルとリアアクスルのそれぞれに独立に作用する2チャンネルの設計となっている場合、ステアリング特性に影響を及ぼすことも可能である。各チャンネルの性能の範囲内で、ロール補償トルクを前後両アクスルに能動的に分配することができる。これによってホイールの接地力が変化する。

ステアリング特性への影響は、法線力と共に増加する横力の増加率が漸減することに基づいている (図3)。ロールモーメントをリアアクスルにおいて強くサポートすると、カーブ外側のリアホイールの法線力は急増するが、対応する横力は比例以下の増加しか示さない。リアアクスルへの横力は減少し、アンダーステア傾向は低減される。反対にロールモーメントを主としてフロントアクスルにおいてサポートすれば、アンダーステア傾向が増大する。

可変振動ダンパーによるステアリング特性の制御
機能

車両ボディの垂直方向の運動に対するアダプティブダンピングのために可変ダンパーを使用することはかなり普及している。運転者の制動やステアリングなどの操作によるピッチおよびロール運動も、路面の欠陥による上下運動も、著しく減少させることができる。

走行ダイナミクスへの適用

ステアリング特性にも、限定された範囲であるが影響を与えることができる。作用のメカニズムは、ロール安定化によるステアリング特性の制御と同様である。しかし減衰力はダンパーが運動しなければ発生しないから、この機能は車両ボディのロール運動中に一時的に効果を発揮するにすぎない。ダンパーの硬さを調整して減衰力を変更することで、ホイールの接地力を上述したように準能動的に配分することができる。

システム構成

機能のECUへの割当て

シャーシとドライブトレインに配置されたアクチュエーターは、一般的に走行ダイナミクス統合制御システムの機能だけにより制御されるのではなく、まずもって各アクチュエーターと密接に関連する基本機能により制御される。そのような基本機能の例としては、電動パワーステアリングのサーボアシスト機能、オーバーライドステアリングシステムのステアリング比変更などがある。

これらの基本機能は、他の車両システムと緩いネットワークを形成している。これらの機能はアクチュエーターと密接な関係があるため、一般的にはそれぞれに関連するECUに統合されている。ECUもアクチュエーターを制御および監視する。

これに対し統合走行ダイナミクス制御システムの機能は、特に走行ダイナミクス制御 (ESC) およびその他のシャーシ制御系と高度にネットワーク化されており、アクチュエーターに対する走行ダイナミクス関連の設定値を計算し、データバスを通じてECUに伝達する。基本機能の設定値との調整はECUで行われる。走行ダイナミクス制御 (ESC) 用のECU、あるいは「シャーシ」機能領域の中央ECUは、統合走行ダイナミクス制御システムの機能を統合するプラットフォームとして好適である (図4)。

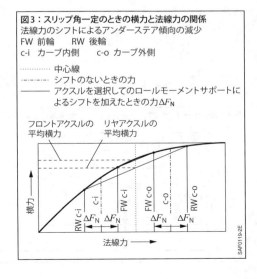

図3：スリップ角一定のときの横力と法線力の関係
法線力のシフトによるアンダーステア傾向の減少
FW 前輪　　RW 後輪
c-i　カーブ内側　　c-o　カーブ外側
……… 中心線
─·─·─ シフトのないときの力
───── アクスルを選択してのロールモーメントサポートによるシフトを加えたときの力 ΔF_N

各種機能の相互作用

1台の車両にさまざまな機能やアクチュエーターが装備される傾向が強まっている。このため、それぞれの機能の望ましい相互作用を保証し、何よりも各機能の相互干渉を防ぐ機能構造が重要になる。

かつてはよく見られた、各アクチュエーターに専用のコントローラーを実装するという手法は限界に達している。しかしながら、すべてのアルゴリズムを中央制御ユニットに集中することは、各機能を個別に開発する柔軟性とECUの資源活用を制限してしまう。

より有望な方策として、類似した制御原理による介入では特に密接な相互調整が必要となることを考慮して、類似の制御原理に基づくすべてのコントローラーを統合することが考えられる。

制御原理とそれに基づく制御システムには次のものがある。

- ホイールトルク：走行ダイナミクス制御、制御可能なディファレンシャルロック、トルクベクタリング
- ステアリング角：オーバーライドステアリング（フロントアクスル）およびリアアクスルステアリング
- 法線力：ロール制御、アジャスタブルショックアブソーバー

走行ダイナミクスによるステアリングトルクの補助は特殊な役割を演ずる。運転者に対する影響を考慮して、オーバーライドステアリング機能と適合させることが必要である。

参考文献

[1] Isermann (Editor): Fahrdynamikregelung – Modellbildung, Fahrerassistenzsysteme, Mechatronik. Vieweg Verlag, Wiesbaden, 2006.

[2] Deiss, Knoop, Krimmel, Liebemann, Schröder: Zusammenwirken aktiver Fahrwerk und Triebstrangsysteme zur Verbesserung der Fahrdynamik. 15th Aachen Colloquium Automotive and Engine Technology, Aachen 2006, PP. 1671…1682.

[3] Klier, Kieren, Schröder: Integrated Safety Concept and Design of a Vehicle Dynamics Management System. SAE Paper 07AC-55, 2007.

[4] Erban, Knoop, Flehmig: Dynamic Wheel Torque Control – DWT. Agility enhancement by networking of ESC and torque vectoring. 8th European All-wheel Congress, Graz 2007, PP. 17.1…17.10.

[5] Flehmig, Hauler, Knoop, Münkel: Improvement of Vehicle Dynamics by Networking of ESC with Active Steering and Torque Vectoring. 8th Stuttgart International Symposium Automotive and Engine Technology, Report Vol. No. 2, PP. 277…291, Vieweg Verlag, Wiesbaden 2008.

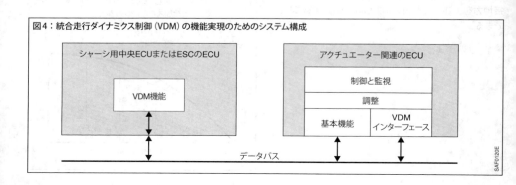

図4：統合走行ダイナミクス制御（VDM）の機能実現のためのシステム構成

パッシブセーフティ

自動車事故の場合、物損事故の範囲に留まるか、乗員が重傷を負う重大事故へと発展するかを分けるのは150ミリ秒である。事故が起きた場合、多くの車両コンポーネントが乗員の生存可能性に重大な影響を及ぼすことが考えられる。安定したボディを構成するパッセンジャーセーフティセル、衝撃吸収ゾーン、ヘッドレストからエアバッグやベルトプリテンショナー付きシートベルト（「乗員保護システム」を参照）に至るまで、パッシブセーフティは事故の被害を軽減することを目的としている。

アクティブセーフティがもっぱら差し迫った事故を回避することを目的としているのに対し、パッシブセーフティは避けられない事故の被害を軽減することを目指している。運転者支援システムおよびアクティブセーフティと連携することにより、強化された新しいパッシブセーフティ機能はより広い範囲にわたる乗員保護を提供する（図1）。

車の安全性の段階

車の安全性は5つの段階に分けられる（図1）。アクティブセーフティは通常の走行に関わるもので、その際は安全システムが警告を発したり、アドバイスを提供したり、補正を行ったりする。衝突時には車両のパッシブセーフティが保護に介入し（段階3と段階4）、衝突後の段階では救命に介入する（段階5）。

走行モード
<u>シートベルトリマインダーシステム</u>
　運転者または助手席乗員がシートベルトを締めていない場合、視覚警告信号と音響警告信号が発せられる（SBR、Seat Belt Reminder（シートベルトリマインダー、シートベルトリマインダーシステム）、図2a）。検知はシート着座マットなどを使用して行われる（「着座検知」を参照）。後席に乗員が着座しているかどうかはオプションのセンサーにより検知される。この場合、用語として強化シートベルトリマインダー（ESR）が使用される。

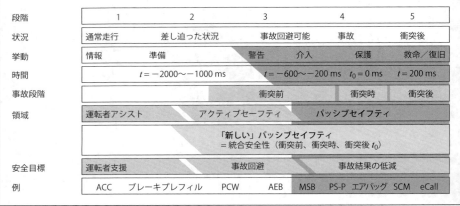

チャイルドシート

チャイルドシートの使用は法律で要求されている。また条項では、後ろ向きのチャイルドシートを助手席シートに取り付ける場合、助手席エアバッグを作動解除しなければならないことも規定されている（COP、Child Occupant Protection（子供乗員保護））。国別仕様によって、エアバッグは手動で、または自動で切り替えられる。エアバッグが作動解除されると、該当する機能ランプが点灯する。

衝突前

乗員保護システムの展開機能の改善と衝突タイプのさらに進歩した検出（プレクラッシュ検出）のために、相対速度、距離および前面衝突の衝突角度の測定にマイクロ波レーダー、超音波センサーあるいはライダーセンサー（レーザー光を使用する光学システム、「センサー」を参照）が使用される。相当する速度のときに距離が短すぎる場合、視覚警告と音響警告が発せられたり、ブレーキ作動が行われたりする（AEB、自動緊急ブレーキ、「緊急ブレーキシステム」を参照）。プレクラッシュセンシングに関連して、電気機械式リバーシブルプリテンショナーが使用される。リバーシブルであるということは、危険な状況で起こり得る衝突の前にテンショナーを締めておくことができることを意味する。そのためベルトのゆるみは衝突の前にすでに解消されていて、すでに制動操作の早期の段階から乗員の身体も車両の減速に合わせて減速されることになる。

衝突時

衝突は t_0、車両が障害物と最初に接触する瞬間（衝突時）に始まり、車両が停止することで終わる。この時間範囲内で、関係するすべての拘束システムが作動し（「乗員保護システム」を参照）、必要に応じて緊急ブレーキが作動する。これは、起こり得る二次的事故の防止や事故被害の軽減を目的としている。

衝突後

イベントデータレコーダー

エアバッグシステム装備車は、事故に関するメモリーデータ（衝突加速度、ベルトバックル状態、エアバッグ展開時間など）をエアバッグECUの不揮発性メモリー（EDR、Event Data Recorder（イベントデータレコーダー））に保存する。データ量は車両メーカーによって異なり、衝突前後の約100 msの時間を記録する。

このデータは、事故の分析をある程度まで可能にする。例えば、エアバッグが展開した事故とニアミス事故、つまりエアバッグが展開しなかった事故を区別することができる。その他、このデータにより、事故調査目的で事故の前の車両状況を部分的に再構成することができる。さらに、これにより法的な要求事項が満たされる。米国では2012年から新車でのイベントデータレコーダーの使用が法律で要求されている。

eCall（エマージェンシーコール）

eCall（エマージェンシーコールの短縮形）は欧州連合によって計画された自動車用の自動エマージェンシーコールシステムであり、2018年4月以降、乗用車および小型商用車の新モデルのすべてに取付けが義務付けられている。

エアバッグECUは、ハザードランプの点灯、ドアオープナーのオープン、フューエルポンプの作動解除、バッテリーの遮断の他に、車両に取り付けられているカーフォンを介してエマージェンシーコールを作動させる。エマージェンシーコールセンターは車両の正確な位置に関する情報を自動的に受信し、必要に応じて乗員と話し、救助活動を開始することができる。

図2：インストルメントクラスターの警告ランプ
a シートベルトが締められていない場合にシンボルマークが点灯。
b 助手席エアバッグが作動解除されている。

システム構成、パッシブセーフティ

パッシブセーフティ機能は、メーカー、車両、装備仕様により異なる。図3は可能な構成を示している。

エアバッグECUは速度、温度、ベルトバックルの状態、乗員の着座位置に関する情報を収集し、イグニッションの作動を記録する。診断、走行ステータス、および事故は車両に記録され、イベントレコーダーに保存される。データは診断コネクターを介して読み出すことができ、必要に応じてソフトウェアのアップデートが可能である。

慣性センサー信号、つまり全3方向の加速およびヨーレートは他のシステムにも利用される。走行ダイナミクスに関して車両を最適化および安定化するために、スプリング減衰システムやブレーキおよびステアリングシステムもこれらの信号によって制御することができる。

衝突に至るまでの間に、衝突する可能性のある対象の相対速度、衝突の時期などの情報がレーダー、ライダー、またはビデオセンサーシステムから送られる。これにより、シートやリバーシブルベルトプリテンショナーは、例えば衝突状況に対して前提条件を整えたり、警告信号を発信したりできる。

車両電気システムマネジメントはエアバッグECUからの信号を使用して、エアバッグ警告ランプ、シートベルトおよび着座のステータス、ハザードウォーニングフラッシャー、エマージェンシードアオープンを制御する。

衝突が発生すると、カーフォンを介してエマージェンシーコールが発信される。前もって救急サービスへ医療処置に関する情報を伝えることもできる。エンジンマネジメントは衝突後にフューエルポンプをオフに切り換え、必要に応じてバッテリーを遮断する。

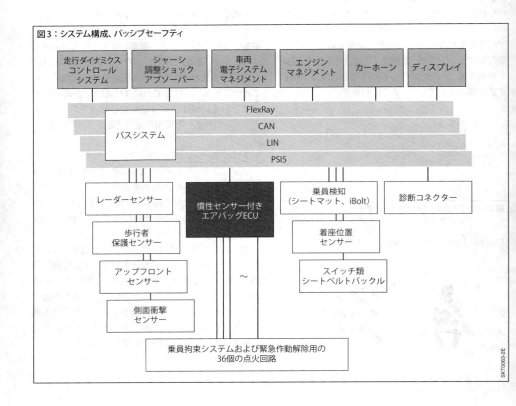

図3：システム構成、パッシブセーフティ

法規および消費者テスト

法規

車両のパッシブセーフティに関する要件は法律で規定されている。これらの要件は運転者、乗員、特に子供や歩行者の安全性に及んでいる。

EUで定められている安全要件として、車両乗員および歩行者の保護のための正面および側面衝突保護に関する条項がある。これらは、EU諸国に適用されるUN/ECE規制に盛り込まれているが、やがてヨーロッパ以外の多くの国々にも採用された。その他の国々も大方はこれらの規制に倣っている（例外は米国）。

米国では連邦自動車安全基準（FMVSS）のもと、車両安全性に関する技術規則が制定されており、法令の性格が強い。

消費者テスト

国別のNCAP（新車評価プログラム）は、自動車購入者と自動車メーカーに、売れ行きの良い一部の車両の安全関連機能について現実的かつ独立した評価を提供するもので、そのために自動車の標準衝突テストも行う。

ユーロNCAPは車両の安全性を評価するためのヨーロッパの自主的なプログラムであり、欧州委員会とヨーロッパの多数の政府、さらに自動車クラブと消費者団体によってサポートされている。ユーロNCAPは新車に関する安全性報告書を発表し、正面衝突、側面衝突、ポール衝突、歩行者との衝突を含むさまざまな衝突テストにおける車両の成績に基づいて星評価を行う[1]。最も高い評価は星5つである。星評価に基づいた要求事項は車両開発と並行してますます増えてきており、10年前の5つ星の車両は今日の5つ星の車両に及ばない。

参考文献

[1] www.euroncap.com/en/euro-ncap/how-to-read-the-stars/

乗員保護システム

パッシブセーフティシステムは、事故が発生したときに、乗員に作用する加速力やその他の力を低く抑え、それによって事故の影響を少なくすることを目的としている。

プリテンショナー付きシートベルトは、乗員の運動エネルギーの大部分を吸収することによって、保護効果に大きな役割を果たしている。フロントエアバッグとの連携により、衝突時のエネルギーは、乗員がステアリングホイールやダッシュボードにぶつからない程度まで低減される。

最適な保護効果を発揮するためには、乗員保護システムのすべてのコンポーネントの応答が互いに適合している必要がある。これは、適切なセンサーと高速信号処理によって可能になる。衝突の影響に対する最適な乗員保護は、電子的に点火される着火膨張式フロントエアバッグとプリテンショナーとの正確に調整された相互作用により達成される。この両保護装置の効果を最大にするために、これらはパッセンジャーセルに取り付けられているエアバッグECU（トリガーユニット）によって作動される。

図1は乗用車の乗員保護システムの概要を示したものである。

機能

環境検知

ECUはさまざまな種類の衝突（正面衝突、斜め衝突、オフセット衝突、ポール衝突、後面衝突、側面衝突など）を、統合加速度センサーまたは構造伝搬騒音センサーによって車両の縦方向（x軸）および車両の横方向（y軸）で検知する。それらの信号から、予測された衝突の激しさと種類が特定され、適切な拘束システムが適切なタイミングで作動できるようにする。

車両ボディに取り付けられている周辺部加速度および圧力センサーはリード線を介してECUに接続されている。これらのセンサーは車両接触の早期の検知を容易にし、拘束システムの展開に関する能力を向上する。特に衝撃吸収ゾーンが小さい側面衝突の場合は、ドアに取り付けられた高速圧力センサーが加速度センサーより有利となる。

横転検知はヨーセンサーと加速度センサーにより行われる。縦軸に関するヨーレートの他に、車両横方向加速度（y軸）と上下軸（z軸）方向の加速度が検知される。

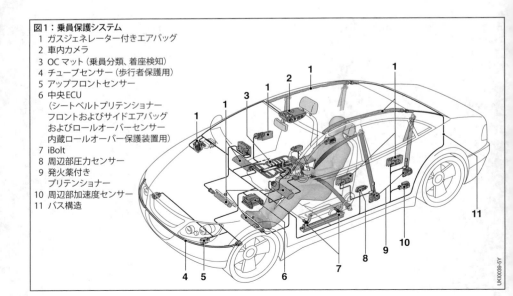

図1：乗員保護システム
1 ガスジェネレーター付きエアバッグ
2 車内カメラ
3 OCマット（乗員分類、着座検知）
4 チューブセンサー（歩行者保護用）
5 アップフロントセンサー
6 中央ECU
  （シートベルトプリテンショナー
  フロントおよびサイドエアバッグ
  およびロールオーバーセンサー
  内蔵ロールオーバー保護装置用）
7 iBolt
8 周辺部圧力センサー
9 発火薬付き
  プリテンショナー
10 周辺部加速度センサー
11 バス構造

ECU内の解析アルゴリズムは、常にセンサーからデータを読み込み、事故が発生しているかどうかを計算する。

拘束システムの作動

センサー信号はインテリジェントアルゴリズムによって評価されるが、そのパラメーターはシミュレーションおよび衝突テストによって個別の車両専用に最適化されている。エアバッグは、ワークショップでのハンマーの打撃、軽度の衝突、底部の打ちつけ、縁石や路面の窪みを通過した程度で作動してはならない。

ECUに接続されている拘束システムは、トリガー閾値を超えたときに作動する。電流パルスが点火エレメントを作動させることにより、続けてエアバッグやその他の拘束システムが作動する。

衝突の結果、車両バッテリーからのECUへの電源供給が遮断された場合、内蔵の予備電源が必要な電圧を供給する。

関係するシートの拘束システムの点火は、シートベルトバックルが接続されている場合にのみ行われる。シートベルトバックルの接続はシートベルトバックルスイッチによってモニターされる。

特殊機能

アドバンストロールオーバーセンシング

アドバンストロールオーバーセンシングは車両ダイナミクスセンサー(走行ダイナミクスコントロール)からの信号を利用して、土手に乗り上げての横転をより適切に検出する。これらのデータは、速度ベクトルと横方向速度を計算するためにエアバッグECUによって使用される。これらのデータから、車両の前後方向軸からの車両運動ベクトルの偏差およびそれによる横方向の車両運動が特定される。

ポール衝突早期検出

ポール衝突早期検出機能も側面のポール衝突の検出を向上させるために、車両ダイナミクスセンサーからの信号を利用する。側面のポール衝突の場合、衝突の前に車両がスキッドする。これはヨーセンサーによって検出される。車両の横移動に関する情報は、サイドエアバッグの作動をさらに高速にするために、作動アルゴリズムで使用される。

二次衝突緩和

事故の際には、最初の衝突の後に事故車によってさらに衝突が続く場合がある。たとえば、運転者が車両のコントロールを失ったために衝突が続く場合である。この現象は、車両の乗員と他の道路利用者の両者を危険にさらす。二次衝突緩和機能は、そのような事故の際に支援を行う。衝突が起きた場合、エアバッグECUがその情報を走行ダイナミクスコントロールECUに送る。走行ダイナミクスコントロールは、特に効果的にブレーキ介入して車両を減速させたり、必要に応じてエンジンの出力を制御したりする。このようにして、二次的な事故を回避したり、事故の程度を軽減させることができる。

その他の安全対策

走行ダイナミクスコントロールとエアバッグECUのネットワーク化によって、さらにターゲットを絞った安全対策を実施するために、不安定な状態や危機的な状態の検出を利用することもできる。不安定な走行状態が検出された場合は、段階的に安全対策を講じることができる。これらの対策として、ウィンドウやスライディングサンルーフを閉じることや、再利用可能な(リバーシブル)モーター駆動プリテンショナーを締めること、などが考えられる。

拘束システムとアクチュエーター

シートベルトとベルトプリテンショナー

シートベルトは、車両が障害物に衝突したときに乗員をシートに拘束するためのものである。このようにして、衝突の際にはすでにその初期段階で乗員にも車両の減速運動が作用することになる（図2）。

標準タイプは自動巻取り機構付きの3点式シートベルトである。ベルトバックルと自動巻取り機構はシートまたはボディに取り付けられている（図3）。ベルトがゆるめに装着されているときは（厚い冬物の衣服を着ているときなど）、ベルトにゆるみが生じる。衣服は柔らかいので、衝突発生時に初期段階から乗員に車両の減速運動が作用するのが妨げられる。初めは乗員が拘束されずに動き続けるため、ベルトの保護効果が低下する。加えて、事故時のベルトロックの減速効果とベルトの伸長がベルトのゆるみを助長する。

ベルトのたるみのために、40 km/h以上の速度で固体障害物に前面衝突すると、3点式シートベルトは限られた保護効果しか発揮できない。ベルトは、頭部や体がステアリングホイールやダッシュボードにぶつかるのを確実には防止できないのである。

ショルダープリテンショナー

ショルダープリテンショナーは、作動時にベルトを巻き取って締めることによって、シートベルトのゆるみと「フィルムリール効果」をなくす。この場合、システムは電気的に発火薬に点火する（図4）。このプロセスで生じるガス充填はプランジャーに作用し、これに

図2：時速50 km/hの衝突で乗員の体が停止するまでの所要時間と前方移動距離
① 衝突
② ベルトプリテンショナーとエアバッグの着火
③ ベルトの締め付け完了
④ エアバッグの膨張完了
--- 前方移動量/拘束装置なし
── 前方移動量/拘束装置あり

速度 v、乗員の前方移動量 s、時間 t

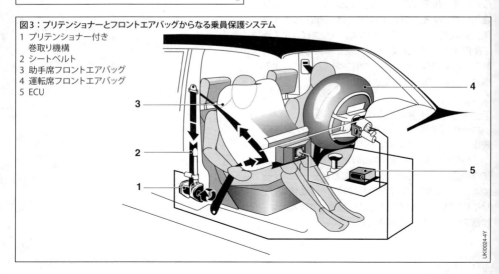

図3：プリテンショナーとフロントエアバッグからなる乗員保護システム
1 プリテンショナー付き巻取り機構
2 シートベルト
3 助手席フロントエアバッグ
4 運転席フロントエアバッグ
5 ECU

よってワイヤーを介してベルトリールが回転して乗員の体を拘束した状態に維持する。そのため乗員の前方への移動が始まる前に、すでにベルトが締められている。これらのプリテンショナーでは、10 msの時間内にベルトを最大 12 cm 引き込むことができる。

バックルプリテンショナー

　発火薬またはスプリングシステムによって作動されると、バックルプリテンショナーはシートベルトバックルを引き戻し、同時にショルダーベルトとラップベルトを締める。これは拘束効果を向上し、また、乗員がラップベルトの下から前方にすり抜けること（「サブマリン効果」）を抑止する保護作用を高める。

ショルダーベルトとバックルプリテンショナーの組み合わせ

　両システムを組み合わせることでプリテンショナーの作動量が大きくなり、より高い拘束効果が得られる。2つのプリテンショナーは、多くの場合は同時に、またはわずかな時間差で作動する。

図 4：ショルダープリテンショナー
1　着火ケーブル
2　着火エレメント
3　発火薬
4　プランジャー
5　シリンダー
6　スチールワイヤー
7　ベルトリール
8　シートベルト

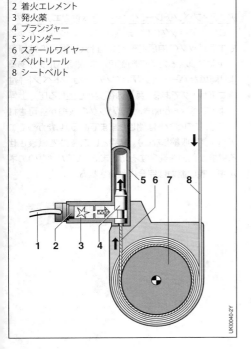

ベルトフォースリミッター

　重大事故の場合は乗員の胴部にかかる力を和らげるために、ベルトの最大フォースが制限される。このような制限が行われなければ、乗員が鎖骨や肋骨を骨折し、ひいては内臓を損傷するおそれがある。

　この役割を担うものとして機械式ベルトフォースリミッターがあり、ベルトフォースが約 4 kN に制限される。これは例えば、ベルト巻取り機構のシャフト内のトーションバーやベルト内の展開シームの変形によって達成される。

　その他にも、電子制御式ベルトフォースリミッターによって保護効果が提供される。これは、定義された前方移動距離に達した後に点火エレメントを作動させ、ベルトフォースを 1～2 kN に抑制する。

エアバッグとガスジェネレーター

フロントエアバッグ

　事故の際にはフロントエアバッグが作動し、運転席と助手席の乗員の頭部がステアリングホイールやダッシュボードにぶつかって頭部や胸部を負傷しないように保護する（図 3）。

　この機能を果たすために、取付け位置、車両のタイプおよびボディの構造の変形特性に応じて、エアバッグには車両の条件に適合したさまざまな充填容積と形状がある。

　着火式ガスジェネレーターは、加速度センサーによって車両の衝突が検知された後、ダイナミックな着火技術を利用して運転席と助手席のエアバッグを膨張させる（図 5）。最大限の保護効果を発揮するためには、乗員がエアバッグに接触する前にエアバッグが完全に膨張していなければならない。乗員がエアバッグに接触したとき、収縮ベントを介してエアバッグが部分的に収縮する。乗員にかかる衝突エネルギーは、（負傷の観点から）危機的でない表面圧力と減速力で緩やかに吸収される。

　2段式ガスジェネレーターの場合、膨張速度と膨張したエアバッグの硬さは、第2段階の点火の遅延により変化させることができ、衝突レベルが高い場合、エアバッグに追加の充填エアを注入する。

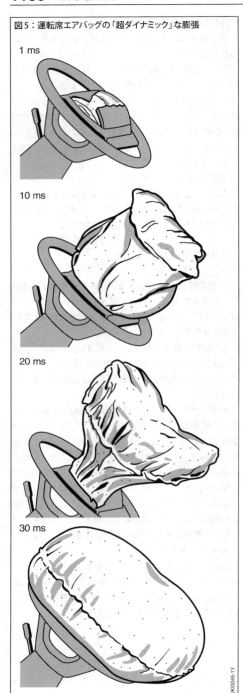

図5：運転席エアバッグの「超ダイナミック」な膨張

1 ms

10 ms

20 ms

30 ms

運転席側のエアバッグが膨張するまでに許されている運転者の最大前方移動は約12.5 cmである。これは、時間にすると約40 msに相当する（硬い衝突物に50 km/hで衝突した場合）。衝突から10 ms後にガスジェネレーターが作動し、30 ms後にエアバッグが膨張する。さらに80〜100 ms後に、収縮ベントを通してエアバッグが収縮する。

デパワードエアバッグ（出力減少型）

助手席シートの子供や非常に小柄な大人を危険にさらさないようにするため、特に米国で膨張力を抑えた「デパワードエアバッグ（出力減少型）」が使用される。

このために、減速度が約30 km/h以下の危険度の低い事故の場合、エアバッグが膨張する際にガスジェネレーターの出力が20〜30%低減され、膨張速度と膨張したエアバッグの硬さが抑えられる。その結果、「不適切なシートポジション」（通常の着座位置からずれている）にある乗員が負傷する危険が軽減される。

危険の低い展開方法の場合、衝撃の強さに応じて、フロントエアバッグの第1段階のみが点火されるか、あるいは両方の膨張段階を作動させることによって、ガスジェネレーターの全出力が利用される。

アクティブベンチレーションシステム付きエアバッグ

このエアバッグには、乗員がエアバッグに当たってもエアバッグの内圧を一定に維持し、乗員の外傷を最小限に抑えるための制御可能な収縮バルブがある。より簡単なバージョンが「インテリジェントベント」付きエアバッグである。乗員の衝突から生じる圧力上昇によってベントが開き、エアバッグの収縮が許可されるまで、このベントは閉じたままである（したがってエアバッグは収縮しない）。結果として、動きを減衰させる機能が効力を発揮する時点まで、エアバッグのエネルギー吸収能力は完全に維持される。

ニーエアバッグ

一部のタイプの車両では、フロントエアバッグが「膨張式ニーパッド」と連動して作動する。このニーパッドは「ライドダウンベネフィット」、すなわちパッセンジャーセルの速度減少に伴い乗員の速度も減少することを確実なものにする。これにより、上体と頭部は確実に回転しながら前方へと移動することになる。このような移動は、エアバッグが最適な保護効果を発揮するために必要である。さらに、ニーエアバッグはダッシュボードサポートとの接触を防ぐことによって、この領域における負傷の危険を低減する。

サイドエアバッグ

頭部を保護するため(膨張式チューブシステム、ウィンドウバッグ、膨張式カーテンなど)、または上体をドアやシートバックレストから保護するため(胸部バッグ)、ルーフライニングの長さにわたって膨張するサイドエアバッグは、側面衝突時に乗員を衝撃場所から遠ざけ、衝撃を和らげて乗員を負傷から守るように設計されている。

サイドエアバッグの課題は、フロントエアバッグと比較して膨張に利用できる時間が短いことである。ここには衝撃吸収ゾーンがなく、乗員と車両ボディの間のスペースが非常に小さい。激しい側面衝突に備えるには、3〜5 ms の間に衝突を検知し、サイドエアバッグを作動させなければならない。胸部バッグの膨張時間は 10 ms を超えてはならない。

追加エアバッグ装備

シートベルトの胸部セクションに組み込まれるエアバッグ(エアベルト、膨張式チューブ胴体拘束具またはバッグインベルト)によって、個別の車両において拘束効果のさらなる改善が見込まれる。これらは、肋骨骨折の危険を低減する。

膨張式ヘッドレストはむち打ち症や頸部の負傷を防止し(アダプティブヘッドレスト)、膨張式カーペットは足と足首の負傷を防止する。アクティブシートは、シート表面の前部でエアバッグを膨張させ、乗員が前方へ滑る動き(サブマリン効果)を抑える。

ガスジェネレーター

ガスジェネレーターはエアバッグにガスを充填し、ベルトプリテンショナーを作動させる。着火式ガスジェネレーターは点火ペレットを含んでおり、作動時には順に固体推進薬に点火する。ガスは金属フィルターとジェネレーターのアウトレットダクトを通り、エアバッグに達する。

点火ペレット(図6)には、発火薬と点火ワイヤーを保持するリザーバーが入っている。点火ペレットは、コネクターピンと2線式回路を介してエアバッグECUに接続されている。エアバッグを作動させるために、このECUは点火出力部を利用して電流を発生させる。この電流は点火ワイヤーを通って点火ペレット内部に流れる。このワイヤーが熱せられて、発火薬を起爆させる。

ステアリングホイールハブに取り付けられた運転席エアバッグ(容積約60リットル)およびグローブボックスのスペースに取り付けられた助手席エアバッグ(約120リットル)は、起爆から約30 ms 後に膨張する。

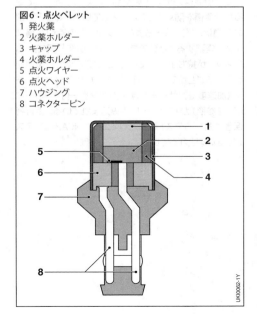

図6：点火ペレット
1 発火薬
2 火薬ホルダー
3 キャップ
4 火薬ホルダー
5 点火ワイヤー
6 点火ヘッド
7 ハウジング
8 コネクターピン

拡張保護機能

ロールオーバー保護システム

車両が横転した場合、シートベルトを装着していない乗員がサイドウィンドウから投げ出されたり、シートベルトを装着している乗員の体の一部（腕など）が車両から突き出たりして、重傷を負う危険がある。そのような場合に乗員を保護するために、プリテンショナーなどの既存の拘束システムやサイドエアバッグおよびヘッドエアバッグが作動する。カブリオレでは、せり出し式のロールオーバーバーや上方に延びるヘッドレストが作動する。

横転は車両の横方向および上下方向（y軸とz軸）で、マイクロメカニカル式ヨーレートセンサーとエアバッグECUに内蔵されている高分解能加速度センサーによって検知される。ヨーレートセンサーが主要なセンサーであり、y軸とz軸の加速度センサーは、妥当性をチェックして、横転の種類（坂、傾斜、縁石あるいは土嚢に乗り上げての横転）を検知するために使用される。

横転の状況、ヨーレートおよび横方向加速度に応じて、拘束システムとアクチュエーターが30〜3000 ms後に作動および展開する。

歩行者保護

この機能は、車両が歩行者と衝突した場合にできるだけ負傷を防ぐことを目的としている。脚部と頭部の負傷は、バンパーおよびボンネットの適切な構造により軽減することができる。また、衝突状況ではボンネットが持ち上がったり、外部エアバッグが衝撃を和らげることができる（図7）。このためのセンサー技術（加速度センサーまたは圧力センサー付きチューブ、図1を参照）がバンパーに組み込まれている。歩行者保護に対するテストは、例えばユーロNCAP衝突テストでは必須となっている。

乗員検知

乗員分類にはさまざまな選択肢がある。

iBolt

乗員分類は、絶対重量を測定する手段であるiBolt（「intelligent」bolt）を利用して実施することができる。これらのiBolt（図1を参照）は関連する力を測定し、これまで使用されていた4本の取付けボルトに代わって、シートフレーム（サスペンディッドシート）をスライディングベースに固定する。これらは、インテグラルホールエレメントICを使用して、ボルトスリーブとスライディングベースに接続された内部ボルト間の重量に応じたギャップの変化を測定する（図8）。

シート着座マット

シート着座マットは圧力感応エレメントとマッチングセンサーと連携してこの機能を実行する（図9）。情報はECUに送られ、保護のための作動手段に組み込まれる。バックレストの角度と位置が検知されていれば、衝突時にシートが適切なアクチュエーターにより調整され、乗員をよりよく保護することができる。

助手席エアバッグの作動解除

助手席エアバッグを無効にするために、手動で作動させる無効化スイッチを使用することができる。これは、助手席シートに特定のチャイルドシートを使用する場合に必要となる。

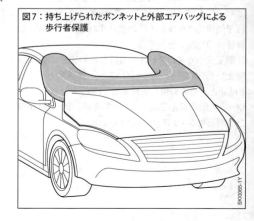

図7：持ち上げられたボンネットと外部エアバッグによる歩行者保護

乗員保護システム　**1189**

図8：iBoltによる力の測定
a 静止位置
b 作動時、つまり過負荷停止時
1 スライディングベース
2 スリーブ
3 マグネットホルダー
4 ダブル曲げビーム（スプリング）
5 ホールIC
6 シートフレーム

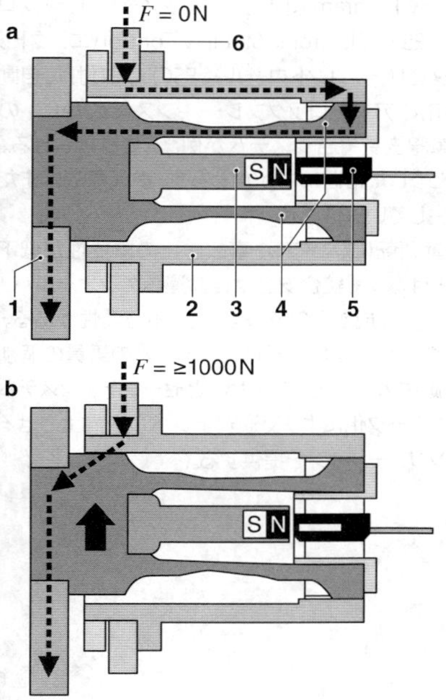

図9：車両フロントシートでのOCセンサーマットの取付け位置
1 OC ECU
2 エアバッグECU

標準化された取付けシステム（ISOFIXチャイルドシート）がますます利用されるようになっている。取付けロックに内蔵されたスイッチが助手席エアバッグの自動解除を実行する。作動解除されたことは、インストルメントクラスターに表示されなければならない。

不適切なシートポジション検知

　エアバッグが原因となって、「不適切なシートポジション」の（たとえば体を前に傾けている）乗員やリボード式チャイルドシート（後ろ向きの着座位置）に座っている小さな子供が負傷するのを防ぐために、フロントエアバッグの作動とその膨張をそのときの状況に適合させる必要がある。

　将来の自動運転を考えた場合、乗員の動きの自由度が高くなるとともにパッシブセーフティが直面する課題は増えていくため、乗員の位置の検出能力の向上、拘束システムの適合化と作動は重要となる。

統合安全システム

概要

これから先、環境センサーシステムの市場への浸透度が大幅に増すことによって自動運転への道が開けるであろう。自動運転の導入によって必要となる新しいアシストおよび走行機能の開発では、車両、環境、乗員に関する追加情報が利用されるようになる。拡張され、ネットワーク化されたデータベースは、避けられない事故の場合に個別の事故状況に対して車両の保護手段を適合化することを目指す新しい統合安全コンセプトの開発を可能にする。特に予測的な状況分析は、事故防止や事故被害の軽減のための安全措置に役立つ。アクティブセーフティとパッシブセーフティの措置をネットワーク化することにより、個別の事故ケースに対し車両の自動的な保護反応を状況に応じて適合化するための選定条件が作成される。

開発動機

ここ数年の間、自動車産業、交通調査、法律における多くの処置により、死亡事故や重傷の件数を減らすことができた。法律で定められた、すべての新車（乗用車）への走行ダイナミクスコントロール（Electronic Stability Program（エレクトリックスタビリティプログラム）、ESP®、Electronic Stability Control（エレクトリックスタビリティコントロール）、ESC）の取付け、自動二輪車用のアンチロックブレーキシステム（ABS）の導入、車線変更警告システムが例として挙げられる。しかしこうした措置にもかかわらず、重大事故はまだ多く発生している[1]。

自動運転になっても、事故防止の重要性が低下することはない。統合安全は自動運転のフォールバックレベルを形成するので、取り入れる必要性がある。統合安全へのアプローチは、一人一人の乗員の個別性を考慮に入れる他、センサーとセーフティシステムのネットワーク化により交通安全レベルを向上させる新しいソリューションを提供する。

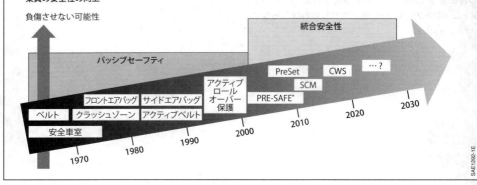

図1：統合安全機能の市場導入（出典：Bosch）
PRE-SAFE®： リバーシブルベルトプリテンショナーとシートなどの作動
PreSet： 環境センサー技術による事故被害判定の向上
SCM： 二次衝突緩和、一次衝突後の車両制動により二次衝突の回避
CWS： 衝突警告システム、道路から危険の高い方へ逸れてしまうときのリバーシブルベルトプリテンショナーの作動

今日の技術

　統合安全システムはコンポーネントとネットワーク化と車両のさまざまな安全性、快適性、操作性向上のためのシステム（例えば、パッシブセーフティ拘束システム、走行ダイナミクスコントロール、運転者支援システム、車内センシングシステムなど）のアルゴリズムをベースにしている。この場合、避けられない事故の一連のイベント（衝突前、衝突時、衝突後）が分析され、車両乗員と他の道路利用者の負傷の危険が最小限に抑えられる。

　最初の統合安全システムは、2002年にメルセデス・ベンツによりPRE-SAFE®の名称でSクラスに導入された。2009年以降、運転者支援パッケージのフロント近距離レーダーセンサーもこのシステムに採用された。これは、予防的なリバーシブルシートベルトタイトナーにより衝突のおそれがある物体を検知するものであり、2013年、この原理が車両リアエンドにも採用された。

　統合安全の方向性のさらなるステップは、フロントシート用に2016年に発表された「PRE-SAFEインパルスサイド」機能であった。これは、初めて環境センサー技術のみに基づいて着火装置を作動させるものである。サイドに取り付けられたレーダーセンサー技術が避けられない側面衝突を検知すると、直ちにシートに内蔵されたアクチュエーターが乗員を車両の中央部に向かって突き動かす[2]。

　図1は、従来のパッシブセーフティから統合安全への移り変わりを時系列で示している。すでに市場に導入されている安全機能とセーフティコンポーネントを記載している。

解決へのアプローチ

課題

　自動車分野におけるアダプティブクルーズコントロール（ACC）や自動緊急ブレーキ機能（AEB）などの運転者支援機能用のレーダー技術の導入以降、事故被害をより適切に評価するために環境データを利用することで新しい機能のアイデアが生まれた（例えば、事故被害を判定するためのPreSet機能など）。しかしこのような機能は、アダプティブクルーズコントロールの装備率が低いため、広くは使用されなかった。2014年以降、自動緊急ブレーキ機能がユーロNCAPプロトコルで高い評価を受け続けているので、この状況は変わりつつある。結果として、レーダーセンサーを取り付けた新車の割合（装備率）が増えてきている。このような良い結果をもたらす境界条件にもかかわらず、新しい統合安全システムの市場導入には障害がある。

- 新車登録時の装備率は増えているものの統合安全システムを装備していない多くの古い車両も引き続き使用されているので、新しい安全機能の効果が事故統計で目に見える形となるまでに少しの遅れが生じる。
- 統合安全機能用のみの高感度の環境センサーと処理ユニットは過去においてはコストの理由により主流にはなりきれず、独立した統合安全システムの導入を妨げている。
- 支援システムと拘束システム間に多くのデータインターフェースを持つネットワーク機能には、必然的に追加アプリケーションと検証の費用が発生する。

　統合安全システムの普及時間は、運転者支援システム、アクティブセーフティ、自動運転に関する市場開発と歩調を合わせることになるであろう。自動運転機能の導入の過程で、環境および車内センサーやドメインECUの装備率が増えることが予想される[3]。自動運転機能の導入により、環境および車内センサーや適切なドメインECUの市場導入と市場普及率が確実になる。同時に、乗員保護はこれらの機能の結果として未知の課題に向き合っている。新しい着座位置の可能性、自動ブレーキやステアリング操作中の乗員位置のずれ、乗員とエアバッグ間の大きな物体は、衝突の危険があるときの拘束システムの最適な使用のための前提条件を変えることになる。

機能やE/Eアーキテクチャーなど、今日の車両の基本要素は、eモビリティ、自動運転、接続性の分野の開発が進む過程で発展のプロセスを辿る。安全性、通信速度、演算時間、応答時間、コストに関する新しい要求事項がこの発展プロセスを推進し、統合安全システムの導入にも有利に働く。

主な用途
正面衝突の事故タイプ

図2に示した正面衝突事故状況は、統合安全の主要な関連領域を示すものである。発生頻度の高い後面衝突（図2a）はすでに今日、環境センサー技術の使用による進歩により、確実に検知することができる。自動緊急ブレーキシステムを装備した車両の数が増加することで、このタイプの事故の頻度と被害は減少するであろう。

統合安全機能のさらなる用途として、図2eに示した側面衝突を伴う交差点事故が考えられる。負傷重度は多くの場合、中程度である。左旋回アシスト（右側通行の場合）およびクロストラフィックアシスト付き交差点アシストシステムはそのような事故の頻度を大幅に低減することが見込まれる（「運転者支援システム」を参照）。

エレクトリックスタビリティプログラム、車線逸脱警告システム、運転者居眠り検知機能の導入は、道路から逸れる車両によって引き起こされる衝突（例えば樹木への衝突、図2d）を低減した。それでもなお、この事故タイプはしばしば重傷を引き起こすため、今日でも重要である。

対向車を巻き込む事故の場合は負傷の可能性が高い（図2c）。アクティブセーフティおよび自動措置はこのような事故状況では最も効果が低いことが証明されている。そのため統合安全はこの事故タイプに焦点を合わせている。

実験室テストによって再現されない事故タイプや従来の接触センサー技術では限界がある事故タイプの場合は改善の必要がある。これらの条件は、例えばトラックの下への衝突（図2b）や衝突部分が小さい樹木との前面中央部分の衝突（図2d）に適用される。両方のケースでは、支持フレームに取り付けられたセ

図2：正面衝突の範囲に含まれるケース（出典：Bosch）
a 後面衝突
b トラックの下への衝突
c 正面衝突
d 樹木との衝突
e 側面衝突

a

b

c

d

e

ンサーは、ボディが著しい変形を受けた後に比較的
遅い段階でしか反応しない。

機能の例

　エアバッグが膨張するタイミングが乗員の前方へ
の移動に最適に合っていなければ、負傷の危険性が
高まる。この状況は、エアバッグがかなり遅れて点火
された場合やブレーキ作動によって引き起こされた
前方への移動のために乗員がエアバッグに近すぎる
場合に生じる ([4]、[5])。この問題に焦点を当てた2
つの機能の例、統合正面衝突検知 (IDF) とプリクラッ
シュポジショニング (PCP) を示す。

統合正面衝突検知 (IDF)

　IDF 機能は、従来の接触センサー技術と連携した環
境センサーデータ (レーダー、ビデオ) を使用して、早
期の段階でベルトプリテンショナーとエアバッグを作
動させる。相対衝突速度と衝突の瞬間の正確な評価
の他に、統合センサーシステムは、拘束システムの効
率の最適化という点で以下のメリットを提供する。

– 衝突対象のより詳しい把握
– ADAS (Advanced Driver Assistance Systems (先進
運転支援システム)) と拘束システムの間のインター
フェースの最適化

プレクラッシュポジショニング (PCP)

　PCP 機能は、図2に示した状況で、自動緊急制動
と拘束システムを連動させる。乗員に作用する力、ブ
レーキ作動、拘束システムの作動の時間的順序が、乗
員への負荷を最小限にする方法で調整されなければ
ならない。この機能の最初の例は、リバーシブルシー
トベルトタイトナーによって衝突前の段階の適切な
時期に乗員の位置を正すのに役立つ。

最近の開発動向

　IDF と PCP 機能の最近のバージョンは、自動緊急
ブレーキシステムの開発動向とほぼ足並みをそろ
え、より複雑な関係を考慮している。最初の膨張段階
は、レーダーとビデオを統合したフロントセンサー技
術を使用して後面衝突に対処する。対向車のケース
では同じセンサー構成が使用される。しかし、この事
故タイプには、さらに複雑な決定アルゴリズムと不適
切な決定を避けるための追加の保護対策の開発が
必要となる。交差点事故を含むように拡張するには、

サイドビーム幅が非常に大きいミッドレンジレーダー
(MRR) を追加で取り付ける必要がある。

個別安全性

　法的規制と消費者テストのために、今日のパッシブ
セーフティシステムは特定範囲の身長と体重の乗員
に合わせて最適化されている。適切な作動を伴うア
ダプティブ拘束システムは、テスト時に使用される標
準サイズから外れた乗員に対しても安全性レベルを
向上する可能性を提供する。1つの可能な解決アプ
ローチは、既存および将来のアダプティブ拘束システ
ムを個別に適合化することを目的として、年齢、身長、
重量、性別などの乗員固有の変数を使用する。

　これらのデータは車室センサー技術を介して得ら
れ、ユーザー入力と妥当性チェックで補足される。例
えば、ユーザーはスマートフォンを介して、または
車両に統合された HMI (Human Machine Interface、
ヒューマン・マシン・インターフェース) で個人データ
を1回入力すると、それがユーザーによって記録され
ている画像とリンクされる。車内に入るたびに、拘束
システムのパラメーター設定に基づいて、乗員の明確
な識別が車内カメラと画像処理アルゴリズムによって
行われる。乗員が識別されない場合は、デフォルト設
定で通常の高いセーフティレベルが使用可能である。

　自動およびセミ自動運転機能の使用は今後増える
ことが見込まれるため、取り付けられる車内カメラの
数も増加することが予想される。そのためセーフティ
機能を個別に最適化することは、追加センサーを必要
としない。自動運転を保護するために導入される車
内センサー技術を頼りにすることができる。

安全保護

統合安全機能が直面する主な課題は、環境および車内センシングと正しい状況評価である。正しい機能性の確認とともに、特に注意が払われるのは拘束システムの不意の誤作動に対する保護機能に対してである。回避すべき典型的な状況は、実際には衝突対象がないのにそれについて間違った報告がされることである。

その他の回避すべき状況として以下のものがある。衝突対象が正しく検知されたものの、間違った軌道計算によって衝突コースが示され、物体が実際はこのシステムの車両を過ぎてしまっているのに拘束システムを作動させる。同じカテゴリーに分類されるものとして、衝突コースにある物体が正しく検知されたものの、拘束システムが作動した後に衝突が回避されない走行状況がある[2]。

データ融合とそれに伴う冗長性にもかかわらず、検知と正しい分析を検証しなければならない複雑な状況がある。これを保証するには、統合安全システムのテストでできるだけ広く実際のさまざまな交通状況を記録する必要がある。

今日の方法に基づいた統合安全システムのテストは、自動車産業分野で開始するにはコストと時間の面で対応可能な範囲を超えている。コストを抑え、同時に安全性を保証する第1歩は、広範囲の実際の状況を、限定した数のシミュレートテストトラックまたは現実を再現できる実験室状況に分類することである。

補足的なアプローチは、現実的なテスト環境の代わりに仮想テスト環境を使用することである。仮想テスト環境では、初期の開発段階での安全機能の評価が可能で、迅速なプロトタイプ設計につながる。その上、実際の走行やテスト走行で再現が難しい複雑な交通状況において、開発すべき機能の安全保護が可能となる。

展望

　傾向は、衝突が検知された後のエアバッグの展開を伴う従来の車両安全性から、環境センサー、車内センサー、走行ダイナミクス情報によるネットワーク化されたオブジェクトデータに基づいて拘束システムの作動閾値を適合させる方向へ向かっている。統合安全システムのこの拡張段階では、衝突の前に作動するのはリバーシブル保護システムのみとなる。

　環境センサーからのデータのみに基づいた、不可逆アクチュエーターの作動による機能は、統合安全の次の開発段階に引き継がれることになろう（図3）。

参考文献
[1] T. Lich et al.: "Is there a broken trend in traffic safety in Germany? Model based approach describing the relation between traffic fatalities in Germany and environmental conditions", ESAR Conference, Hanover, Germany, 2014.

[2] J. Richert, R. Bogenrieder, U. Merz, R. Schöneburg: "PRE-SAFE® Impuls Seite – Vorauslösendes Rückhaltsystem bei drohendem Seitenaufprall – Chance für den Insassenschutz, Herausforderung der Umfeldsensorik", 10th VDI Conference Vehicle Safety Safety 2.0, Berlin, 2015.

[3] J. Becker, S. Kammel, O. Pink, M. Fausten: "Bosch's approach toward automated driving". at – Automatisierungstechnik 2015; 63(3): 180–190.

[4] G. Gstrein, W. Sinz, W. Eberle, J. Richert, W. Bullinger: "Improvement of airbag performance through pre-triggering". Paper Number 09–0229, Proceedings of 18th Enhanced Safety of Vehicles, ESV 21, Stuttgart, Germany, 2009.

[5] H. Freienstein, T. Engelberg, H. Bothe, R. Watts: "3-D Video Sensor for Dynamic Out-of-Position Sensing, Occupant Classification and Additional Sensor Functions". Paper No. 2005-01-1232, SAE World Congress 2005, Detroit, USA.

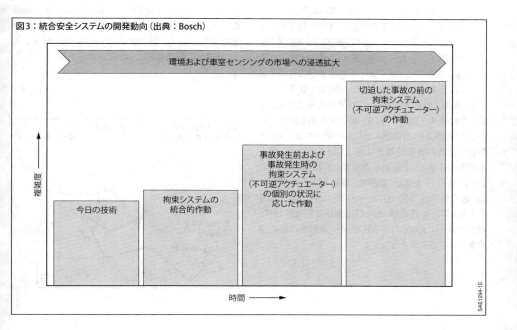

図3：統合安全システムの開発動向（出典：Bosch）

車両のボディ（乗用車）

主要諸元

室内寸法

室内の寸法とレイアウトは、ボディ形状、駆動方式、装備の範囲、目標とする室内空間の大きさ、荷室容積などの要素や、走行快適性、安全性などを考慮して決定される（図2）。シートポジションは人間工学的な配慮に基づき、各種のテンプレートまたは3D-CADダミー（DIN、SAE、RAMSIS）を使って設計される。DIN 33 408 [1]に基づくボディテンプレートの場合、男性用（5、50、95％）、女性用（1、5、95％）が用いられる。たとえば、5％のテンプレートは小柄な体格を表している（さらに小柄な体格は全人口の5％だけで、残りの95％はより大柄な体型であることを示している）。

SAE J826（1987年5月）[2]に基づくSAEのテンプレートの場合、10、50、95％の大腿部用と下肢部用が用いられる。着座基準点の決定には、SAEテンプレートの使用を自動車メーカーに法律で義務付けている国（EC諸国、米国、カナダ）もある。ほとんどの自動車メーカーでは、3D-CADダミー「RAMSIS」を開発に利用している（RAMSIS：乗員シミュレーション用のコンピューター支援人体モデリングシステム）。

ヒップポイント（Hポイント）は、胴および大腿部の回転中心であり、股関節の位置にほぼ一致する。着座基準点（SRP、ISO 65493および米国の法規に準拠）またはRポイント（ISO 6549およびEEC指令／ECE規則）は、調整式シートのシート調整部分のHポイントの位置であり、ここでもヒールポイントを考慮している（図1）。設計上のHポイントを決めるために、多くの自動車メーカーでは、95％の成人男性のシート位置を採用し、その位置に達しない場合には、シートの最も後方の調整位置を採用している。車両に対する実際のHポイント位置を点検するために、3次元のSAE Hポイント測定器（調整式、重量75 kg）が使われる。着座基準点、アクセルヒールポイント、そしてこの2点の水平／垂直距離、ならびに運転姿勢角度（自動車メーカーによって決められる）が、運転者の着座位置を決定する基準となる。

着座基準点は以下の目的に利用される。
– 運転者の直接視界を決定する基準として、アイリプス（SAE J 941、[4]）とアイポイント（RREG 77/649、[5]）の位置をはっきりさせる
– 操作機器やスイッチ類を正しく配置するために、運転者の手が届く範囲を決める
– ペダル類の配置の基準点となるアクセルヒールポイント（AHP）を決める

リアアクスルに必要なスペースや、フューエルタンクの形状と取付け位置を優先して決めた後、リアシートの配置（着座基準点の高さ、後部座席の余裕、ヘッドルーム）とルーフ後部の形状が決定される。2Dテンプレートの運転姿勢角度またはRAMSISの人体姿勢、運転席とリアシートの着座基準点間の距離は、開発される車両の種類、主要な計画寸法、搭乗者の想定体型などに応じて異なる。室内の前後方向の寸法は、ヒールポイント上の着座基準点の高さに大きく左右される。シートが低ければ低いほど、シートポジションが前後に長くなるため、室内長も前後方向に大きくする必要が生じる。

室内幅、そしてショルダールーム、エルボルーム、ヒップルームは、計画されている外形幅、ボディ側面の形状（曲率）、ドア開閉機構、乗員拘束装置、およびその他の部品に必要な空間（プロペラシャフトトンネル、排気系の配置など）によって決められる。

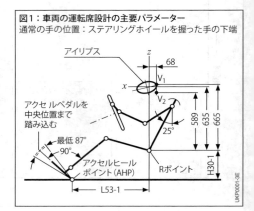

図1：車両の運転席設計の主要パラメーター
通常の手の位置：ステアリングホイールを握った手の下端

荷室寸法

　荷室の大きさと形状は、車両後部の設計、フューエルタンクの容量と取付け位置、後部パッケージ全体、アクスルの位置とそれによるホイールアーチ、メインマフラーの位置によって決められる。

　荷室の容積はDIN ISO 3832 [6]に定められているが、VDA（ドイツ自動車工業会）の定めるVDAモジュール（平行六面体200 × 100 × 50 mm³ − 1 dm³の容積に相当）を使用する測定法を用いることが多い。

外形寸法

　外形寸法は、以下の要素を考慮して決められる。

– シート配置と荷室

– エンジン、トランスミッション、ラジエーター

– 補助システムおよび特殊装備

– ホイールの懸架や回転に必要な空間（スノーチェーン装着を考慮）

– ドライブアクスルの大きさと種類

– フューエルタンクの位置と容量

– フロントバンパーとリアバンパー

– 空力学的配慮

– 地上高（約100 〜 180 mm）

– 視界に関する法律

図2：室内および外形寸法の例（DIN 70 020、Part1に基づく）

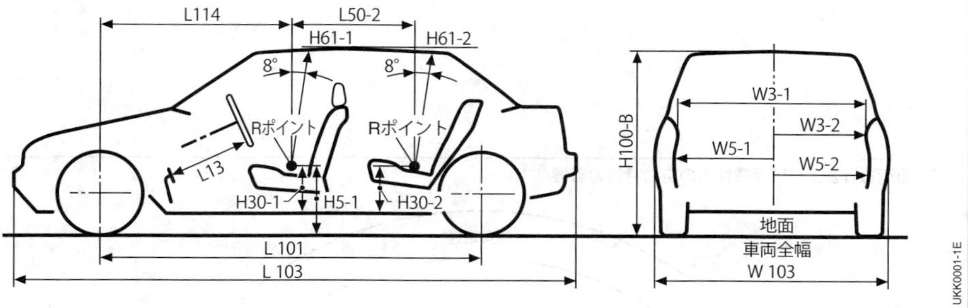

寸法		単位	小型車 mm	ラグジュアリークラス mm
H5-1	Rポイント地上高（前部座席）		460	680
H30-1	Rポイント〜ヒールポイントの高さ（前部座席）		240	310
H30-2	Rポイント〜ヒールポイントの高さ（後部座席）		300	315
H61-1	有効ヘッドルーム（前部座席）		940	1,010
H61-2	有効ヘッドルーム（後部座席）		900	1,010
H100-B	車両全高		1,380	1,660
L13	ステアリングホイール〜ブレーキペダルの距離		500	630
L50-2	Rポイント間の距離（前部座席〜後部座席）		710	830
L101	ホイールベース		2,500	3,000
L103	車両全長		3,840	4,930
L114	前輪中心〜Rポイントの距離（前部座席）		1,250	1,600
W3-1	ショルダールーム（前部座席）		1,300	1,540
W3-2	ショルダールーム（後部座席）		1,290	1,520
W5-1	ヒップルーム（前部座席）		1,300	1,500
W5-2	ヒップルーム（後部座席）		1,300	1,500
W103	車両全幅		1,630	1,930

ボディの設計

室内と外形のボディ設計は、以下の技術的な要件に適合していなければならない。
- 機械的な機能（ドアウィンドウの昇降、ボンネット、トランクリッド、サンルーフの開閉、ランプ類の位置）
- 製造ならびに修理の容易さ（パネル間のギャップ、ボディ組立て、窓の形状、保護モールディング、塗装）
- 安全性（バンパーの取付け位置と形状、突起物などがないこと）
- 空力特性（性能に影響する場合の空気力およびモーメント、燃費、排出ガス、また車両の動的特性／方向安定性、風切り音、外側ボディパネルへの汚れの付着、オープントップでの走行の楽しさ、室内換気、フロントウィンドウのワイパー機能、液（クーラント、エンジンオイル、トランスミッションオイル等）およびコンポーネントの冷却：「車両の空力学」の項を参照、図3も参照）
- 光学的特性（窓の種類や傾斜による視界の歪み、反射によるまぶしさ）
- 法定要件（ランプ類、バックミラー、ナンバープレートの位置と大きさ）
- 操作機器の構造と配置（位置、形状、表面）
- 車両端の視認性（駐車）

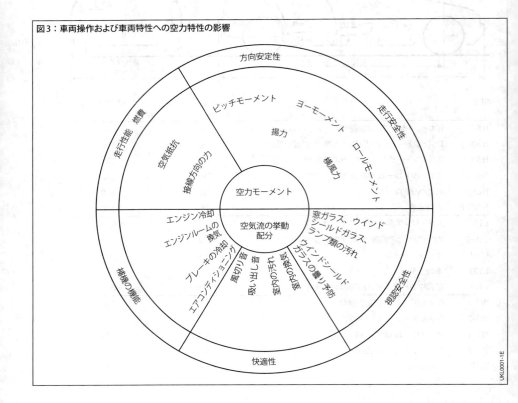

ボディ

ボディ構造
モノコックボディ

モノコックボディ（標準的な構造）は、溶接ロボットまたはマルチスポット溶接機によって溶接した鋼板、中空のチューブ状部材、ボディパネルから構成されている。個々の部品を接着、リベット留め、またはレーザー溶接することもできる。

車両の種類によって異なるが、全長120～200 mのラインに沿って、およそ5,000ヶ所がスポット溶接されている。ライン幅は10～18 mmである。ボディの取付け部品（フロントフェンダー、ドア、ボンネット、およびトランクリッド）は、ボディの支持構造部分にボルト締めされている。モノコックの他に、フレーム構造やサンドイッチ構造なども使われる。

使用が増えているのは、ハイブリッドボディシェル構造で作られているものである。ボディシェルの個々の構造部品は、機能や必要な負荷容量に応じてさまざまな材料で作られている。例えば図4に示されているボディシェル（MBW 211）は、高強度鋼47 %、標準鋼42 %、アルミニウム10 %、プラスチック1 %で構成されている。

以下はボディ構造の一般的要件である。

ボディ剛性

ドア、ボンネット、トランクリッドなどの開口部の弾性変形を最小にするために、ねじりおよび曲げ剛性は、できるだけ大きな値にすることが望ましい。また、車両の振動特性に対するボディ剛性の影響も考慮しなければならない。

振動特性

ホイール、サスペンションシステム、エンジン、駆動系などの振動が原因となって、個々の構造部品やボディが共振すると、走行快適性を著しく損なうことがある。

振動を発生させるボディとその部品の固有振動数を調整する必要がある。そのために、ひだを付けたり（ラット構造を強化するためにコンポーネントに圧痕を付ける）、板厚や断面積を変更したりすることで、共振の発生とその影響を最小限に抑える。

耐久性

車両の運転中にボディに繰り返し作用する応力は、時間をかけてボディに負担をかける。ボディの設計（特に注意すべき部位はシャーシ、ステアリングおよびドライブユニットの支持部である）では、車両の運転が荒くてもボディが損傷することのないように繰り返し作用する荷重を考慮する必要がある。

図4：ボディ構造
1 フロントウィンドウ下側クロスメンバー
2 フロントルーフフレーム
3 サイドルーフフレーム
4 リアルーフフレーム
5 リアエンドパネル
6 Cピラー
7 リアフロアおよびスペアタイヤ収納部
8 リアサイドメンバー
9 Bピラー
10 リアシート下のクロスメンバー
11 Aピラー
12 運転席下のクロスメンバー
13 サイドメンバー
14 ショックアブソーバー取付け部
15 フロントサイドメンバー
16 インテグラルクロスメンバー
17 フロントクロスメンバー

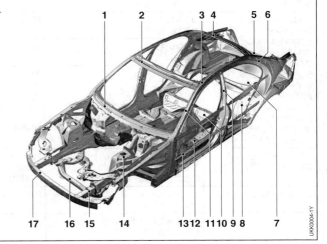

1200 車両のボディ

事故発生時のボディ応力

車両が衝突した際には、車室の変形を最小限にとどめる一方で、ボディは可能な限り変形して、運動エネルギーを吸収できなければならない。

修理の容易性

小さな事故でも損傷を受けやすい部品（「フェンダーの曲がり」など）は、交換または修理が容易に行えなければならない（アウターパネルへの内側からの整備性、ボルトのアクセス性、ジョイント類の適切な配置、部分的塗装に備えたパネルデザインなど）。

ボディの材料

鋼板

通常、さまざまな品質の鋼板がボディシェルに使用されている。ボディシェルの板厚は 0.6 ～ 3.0 mm であり、厚さ 0.75 ～ 1.0 mm の鋼板が最もよく使われている。剛性、強度、延性などの機械的性質ならびに経済性において、鋼板に代わる車両ボディ構造材料はまだ出現していない。

高い応力を受ける主構造部分には、高強度低合金（HSLA）鋼板が使われている。これらのコンポーネントの強度を増すことにより、その厚さを薄くすることができる。

アルミニウム

アルミニウムは重量低減の目的で、ボンネット、トランクリッドなどの独立した部品に使われることがある。

1994年以降、ドイツ製のラグジュアリーカーにアルミボディ構造が採用されている。この車両のフレームは、アルミ押出し成形材料を使用しており、アルミ製シートパネル材とともにモノコックボディを構成している（ASF：アウディスペースフレーム）。この構造の

表1：スチールに代わるボディ代替材料の例

用途例	材料	略号	製造方法
支持部品 （フェンダースプリングサポートなど）	ガラス繊維 強化熱可塑性プラスチック	PP-GMT	射出成形
トリムパネルおよびフィニッシャー （フロントエプロン、スポイラー、フロントセクション、ラジエーターグリル、ホイールハウジング被覆、ハブキャップなど） ボディシェル部品 （ボンネット、マッドガード、トランクリッド、スライド式サンルールなど）	ガラス繊維 強化熱可塑性プラスチック	PP-GMT	
	ポリウレタン	PUR	RIM（反応射出成形） RRIM（強化型反応射出成形）
	ポリアミド ポリプロピレン ポリエチレン アクリロニトリルブタジエンスチレン共重合体（ABS樹脂） ポリカーボネート （変性ポリブタジエンテラフタレート）	PA PP PE ABS PC-PBT	射出成形、 ガラス繊維比率が弾力性を決定
弾性フェンダーとフロントガードストリップ	ポリ塩化ビニール エチレンプロピレンテルポリマー 変性エラストマーポリプロピレン	PVC EPDM PP-EPDM	射出成形や押出し成形
エネルギー吸収フォーム	ポリウレタン ポリプロピレン	PUR PP	反応発泡
バンパー	強化繊維使用熱硬化性樹脂 （シート成形材料）	SMC	加圧成形

車両のボディ（乗用車） **1201**

実現には、適切なアルミ合金の使用、また、新しい製造工程と専用の修理設備が必要とされた。メーカーによれば、アルミ製ボディの剛性と変形特性は、スチールと同等かそれ以上とされる。

プラスチック

限られたケースではあるが、個別のボディ部品を軽量化するために、スチールに代わってプラスチックが使用されている（表5を参照）。

ボディの表面

防錆処理

防錆処理は、ボディ設計のできるだけ早い段階から考慮する必要がある。「防錆規格」（カナダ）は、北欧の自動車メーカーと消費者保護団体により合意された取り決めであり、1983年以降の全車両について、3年以内の表面の錆や錆の浸透、あるいは6年以内の硬い構造の弱化が見られてはならないことを定めている。

防錆のための具体的なアプローチを以下に示す。

- フランジ接合部、鋭角の端部やコーナー部をできるだけ少なくする
- 泥や湿気がたまる箇所を作らない
- 前処理液と電気泳動エナメル用の穴を用意する
- 防錆剤塗布の作業を容易に行えるようにする
- 中空部分やへこみ部分には通気穴を設ける
- 汚れや水の侵入を最大限に防止する。水抜き用の穴を設ける
- 飛び石などの危険にさらされるボディ部分の面積を最小限にする
- 接触から発生する錆を防止する

メッキ鋼板（無機亜鉛メッキ、電気亜鉛メッキ、溶融亜鉛メッキ）は、ドアや車両前部の荷重支持メンバーなどの特に腐食しやすい部分に多く使われている。特に手が届きにくい構造部位には、組立て前にスポット溶接ペースト（PVCまたはエポキシ接着剤：車両1台当たりの継目長さは約10〜15 m）が塗布される。

塗装

電気泳動エナメル塗装の後に実施する処置を以下に示す。

- スポット溶接の継目部（およそ90〜110 m）、重なり部、接合部をPVCシールコンパウンドで被覆する
- 飛び石による損傷を防ぐために、PVCアンダーボディプロテクションでアンダーボディをコーティングする（厚さ0.3〜1.4 mm：車両当たり10〜18 kg）。または、プラスチック製のパネルセクションを使用することもできる
- 浸透性の非時効性水性ワックスで空洞部を満たす
- フロントフェンダーなどの危険性の高い部分には、耐腐食性のプラスチック部品を使用する（これらの部分にはPVCコーティングは使用しない）
- 最終組立て終了後、アンダーボディとエンジンルームをシールする

ボディの仕上げ装備

バンパー

車両が低速で衝突したとき、まったく損傷しないか、あるいはわずかな損傷で済むように、車両の前後を保護しなくてはならない。バンパー評価テスト（US Part 581 [7]、カナダ CMVSS 215 [8]、およびECE-R42 [9]）には、バンパーエネルギー吸収能力と取付け高さに関して、最小限の要件が規定されている。US Part 581に定められている米国のバンパー（4 km/hでの固定壁衝突、4 km/hでの振子衝突試験）およびカナダのバンパーテスト（8 km/h）の順守には、自動的に原状を復元するエネルギー吸収装置の付いたフェンダーシステムが必要である。ECE 規則では、バンパーとボディの間に、塑性変形を起こす部材の取付けが要求される。ほとんどのバンパーには、ガラス繊維強化プラスチックとアルミ部品が鋼板とともに使用されている。

表2：塗装膜の厚さ

塗装膜全体の厚さ	≈120 μm
リン酸亜鉛コート（前処理）	≈2 μm
電気泳動エナメル （カチオン電着）	13〜18 μm
フィラー（中塗り）	≈40 μm
トップコート（上塗り）	35〜45 μm
クリアコート仕上げ （メタリック塗装と水性塗装のみ）	40〜45 μm

車外トリムパネル、保護モールディングレール

車外の保護モールディングレール、トリムパネル、スカート、スポイラーなど、特に車両の空力特性改善を目的とする部品の材料には、プラスチックが好まれるようになっている。材料を選択する上で重要な基準となるのは、柔軟性、耐熱形状保持性、線膨張係数、切欠き衝撃強度、ひっかき強度、耐化学薬品性、表面の品質、塗装性などである。

窓ガラス

フロントウィンドウガラスとリアウィンドウガラスは、ラバーストリップ内に保持され、密閉または接着されている。車両1台当たりには、25〜35 kgのガラスが使用されている。軽量化のためにガラスの代わりにプラスチック(PC、PMMA)を使用することは、さまざまな不都合があるためにまだ成功していない。断熱と遮音を目的として、ラミネート加工の安全ガラスがドアウィンドウに採用されることもある。スライド式サンルーフも、次第にガラス製が増えている(通常は単板強化安全ガラス)。

ドアロック

ドアロックはパッシブセーフティにおいて、非常に重要な機能部品である。さまざまなメーカーが操作しやすさ、盗難防止、子どもの安全の問題に対して、数多くのソリューションを提供している。法的要件は以下のとおりである。

ECE (ECE-R11、[10]):

すべてのロックにラッチ位置と全閉位置がなければならない。
- 縦力:ラッチ位置で4,440 N、全閉位置で11,110 Nに耐えられること。
- 横力:ラッチ位置で4,440 N、全閉位置で8,890 Nに耐えられること。
- 慣性力:ロック機構がかみ合っていないときに、ストライカーと作動装置の両方向で、ロックに作用する縦または横方向の30 gの加速力によって、全閉位置からロックに力がかかってはならない。

米国 (FMVSS 206、[11]):

すべてのロックに全閉位置がなければならない。ヒンジで取り付けられているドアにはラッチ位置がなければならない。
- 縦力:ラッチ位置で4,450 N、全閉位置で11,000 Nに耐えられること。
- 横力:ラッチ位置で4,450 N、全閉位置で8,900 Nに耐えられること。
- 慣性力:両方向(ロックおよび作動装置)でドアロックシステムに作用する縦または横方向の30 gの加速力によって、全閉位置からロックに力がかかってはならない。

トランクロック

(FMVSS 401 [12]からの抜粋、2002年9月1日から施行)

トランク付き乗用車向けの安全規則には、トランクの解除機構に関する要件が含まれる。機構は、車両のトランク内に閉じ込められた人をトランクから出すことができなければならない。これらの規則に従って、手動操作の解除機構には、閉じたトランクの中でも解除機構を見やすくする機能(照明やリン光など)が付いていなければならない。

車両のボディ（乗用車） **1203**

シート

シートは、シートフレーム（シートクッション、バックレスト）、ヘッドレスト、シート調整機構、およびシート取付け部のそれぞれに関する衝突時の強度基準を満たしていなければならない。該当する法規は、FMVSS 207 [13]、202 [14]、ECE-R17 [15]、25 [16]、RREG 74/408 [17]、78/932 [18] 等である。

シートの快適性は、アクティブセーフティの要素の1つである。運転者や搭乗者の体型にかかわらず、長時間でも疲労を感じさせないようなシート設計が望ましい。このための検討項目を以下に示す。
– 身体のそれぞれの部位におけるサポート（圧力配分）
– コーナリング時の横方向のサポート
– シートの温度状態
– シート再調整をしなくても、着座位置を変えられるような動きの自由度
– 振動特性と減衰特性（固有振動数を加振周波数帯域に調和させる）
– シートクッション、バックレスト、およびヘッドレストの調整機能

上記の性能は次の設計要素に左右される。
– シートクッションとバックレスト内のクッション材の形状と寸法
– 個々のクッション部分のばね定数配分
– 全体のばね定数と減衰能力（特にシートクッション部）
– シートクッションカバーとクッション材の熱伝導性および吸湿性
– シート調整機構の操作性と調整範囲

室内トリム

トリム部品は、寸法的に安定した取付け用金具付きのコア部（鋼板、アルミ板、またはプラスチック）、フォーム材（ポリウレタンなど）から成るエネルギー吸収クッション部、および柔軟性のある表皮部で構成されている。また、熱可塑性材料を射出成形した一体型プラスチックトリム部品も使われている。

ヘッドライニングには、貼付けライニングと成形ライニングがある。これらは、難燃性の材料を使う必要がある（FMVSS 302 [19]）。

安全性

アクティブセーフティ

アクティブセーフティの目的は事故を防止することである。走行安全性は、ホイール懸架装置、スプリングシステム、ステアリングシステム、制動装置に対してサスペンションが調和するよう設計されているかによって決まるものであり、車両動作の最適化に反映される。

環境安全性は、振動、騒音、温度などの室内環境から受ける、運転者の生理的緊張を、できるだけ下げることで得られる。これは、運転操作を誤る可能性を小さくするための重要な要素である。

ホイールと駆動系から発生する1～25 Hzの周波数帯域の振動は、車両ボディ、シート、そしてステアリングホイールを介して、運転者に伝わる。振動の方向、大きさ、持続時間によっては、負担に感じることもある。

車内外の騒音は、内部の発生源（エンジン、トランスミッション、プロペラシャフト、アクスル）、または外部の発生源（タイヤと路面間のノイズ、風切り音）に起因し、空気やボディを経由して伝達される。音圧レベルは、dB（Aスケール）で測定される。

騒音低減のために、一方では低騒音部品の開発と発生源の遮音（エンジン密閉など）が行われ、他方では制振材または吸音材による防音対策が講じられている。

環境要因の主なものは、空気の温度、湿度、風量、空気圧である。

知覚安全性

知覚安全性を高める方法を以下に示す。
– 照明装置
– 警音器
– 直接および間接視界（運転者の視界：Aピラーによる運転者の両眼の死角が6°を超えてはならない）

操作安全性
　運転者のストレスを低減して走行安全性を高めるには、運転席周りの設計を最適化して、各種機器の操作を容易にする必要がある。

パッシブセーフティ
　パッシブセーフティの目的は事故の被害を低減することである。

車外安全性
　「車外安全性」には、自動車以外の相手との事故が発生したときに、自転車および自動二輪車の運転者や搭乗者、または歩行者の負傷を最小限に抑えるための、車両に関する全対策が含まれる。車外安全性を左右する要素としては、車両ボディの変形特性や車両ボディの外観形状がある。

　一次衝突（車両と車外の人間との衝突）の被害を最小限に抑える車両外装を設計することが、主要な目的である。

　歩行者が重傷を負う危険度が高いのは、車両の前面にぶつかったり道路に打ちつけられたときであり、それに加えて事故の度合いは体格によって大きく異なる。二輪車と乗用車の衝突では、接触部分が限定されないことや、二輪車固有の大きなエネルギーと高いシート位置などがネックになって、車両側の設計による被害抑制の余地は限られる。乗用車側で対応可能な項目を以下に示す。
– 脱落式前部照明灯
– 埋込み式フロントウィンドウワイパー
– 埋込み式ドリップレール
– 埋込み式ドアハンドル
– 変形しやすい車両前面（ボンネットを含む）

　ECE-R26 [20]、2009/78/EG [21]、2004/90/EC [22] を参照のこと。

室内安全性
　「室内安全性」には、事故発生時に運転者や搭乗者に加わる衝撃力と加速度を最小化すること、十分な生存空間を確保すること、事故車両からの脱出に不可欠な部品の作動を保証すること、などを目的とする対策がすべて含まれる。室内安全性を左右する要素を以下に示す。
– 車両ボディ変形特性
– 室内の強度、衝突時と衝突後の生存空間の大きさ
– 乗員拘束装置

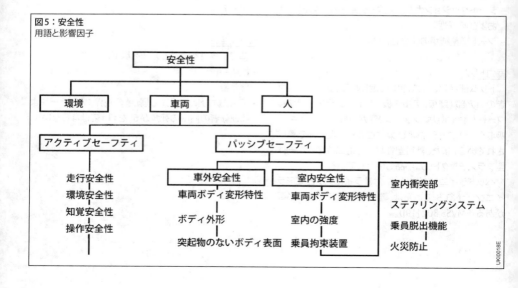

図5：安全性
用語と影響因子

- 衝突部分（室内）
  （FMVSS 201 [23]）
- ステアリングシステム
- 乗員脱出機能
- 火災防止

室内安全（前面および側面衝突時）を定めている法規を以下に示す。
- 乗員保護、特に乗員拘束装置（FMVSS 208 [24]改訂版、FMVSS 214 [25]、ECE R94 [26]、ECE R95 [27]、傷害基準）
- フロントウィンドウガラスの取付け（FMVSS 212 [28]）
- 車両ボディ部品のフロントウィンドウ貫通（FMVSS 219 [29]）
- 収納ボックスのリッド（FMVSS 201 [23]）
- 燃料漏れ防止（FMVSS 301 [30]）

車両ボディ変形特性

前面衝突の発生頻度が高いことから、前面衝突試験が重視されるようになり、法定安全テストにも、48.3 km/h（30 mph）で固定壁（垂直または最大30°傾斜）に衝突させる前面衝突試験方法が採り入れられた。図6は、車両の乗員の負傷につながる事故に関する衝突タイプの分類を示す。出典：GIDAS（ドイツ詳細事故調査）−（BAStおよびFATによる調査プロジェクト）。

実際には、前面衝突の50 %が車両前面の半分だけに影響があるため、車幅の30 〜 50 %の範囲のオフセット前面衝突が世界中で実施されている。

ECE-R94から抜粋：「初めに車両が運転席側で接触するように障害物を構成する必要がある。右ハンドル車と左ハンドル車のどちらでもテストを行うことができる場合は、テストに関わる技術機関によって定められている有利でないほうの車でテストを行うべきである。」

前面衝突の運動エネルギーは、バンパーと車両の前部の変形により吸収される。衝突エネルギーがさらに大きいときは、室内の前部も変形してエネルギーを吸収する。アクスル、ホイール（リム）、エンジンは、ボディの変形量を制限する働きをする。しかしながら、室内の加速度を最小限に抑えるには、十分な長さの変形量が必要であり、変形しにくいコンポーネントは移動できなければならない。車両の構造（ボディ形状、駆動方式、エンジン搭載位置）、および車両の重量と大きさにより異なるが、約50km/hの速度で固定壁に前面衝突した場合は、車両前部で0.4 〜 0.7 mの

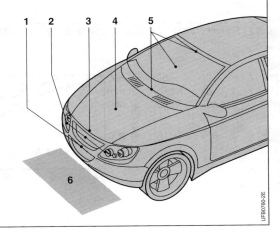

図6：歩行者が乗用車の各部と衝突する危険率
負傷の原因となるそれぞれの接触部分が事故に関与する頻度（GIDASによる、2006年）；
100 % = 2,338人の負傷者

図内番号	車両の部分	比率
1	フロントバンパー	15%
2	ラジエーターグリル、ヘッドランプおよびウイング	3%
3	ボンネットの端	3%
4	ボンネット	11%
5	フロントウィンドウ（フレームを含む）	18%
6	車両前方の地面（二次衝突）	37%
−	その他	11%
−	不明	2%

永久変形が起きる。室内の損傷は、最小限に食い止めなければならない。中でも以下の部分については、変形を極力抑える必要がある。
- エンジンバルクヘッド部分（ステアリングシステム、インストルメントパネル、ペダル類、フットウェルの構造）
- アンダーボディ（シートの沈み、あるいは傾斜）
- ボディの側面構造（事故によるドア開放）

加速度の測定と高速度写真によって、ボディ変形の様子が正確に分析される。各種サイズのダミーが車両乗員のシミュレーションに使用され、頭部、頸部、胸部および脚部に作用する力に関して測定されたデータを提供する。

事故の中で2番目に多い側面衝突では、運転者や搭乗者が負傷する危険性が高くなる。この理由は、ボディ側面のトリムと構造用部品のエネルギー吸収能力が限られているために、室内の変形量が大きくなるという点にある。

側面衝突時の危険性は、車両側面の構造的強度（ピラーとドアの接合部、ピラー上下の固定部）、シートとフロアクロスメンバーの許容荷重、およびドアパネル内部の設計（FMVSS 214および301、ECE R95、ユーロNCAP、米国SINCAP）に大きく左右される。ドアまたはシート内およびヘッドライナーの追加のエアバッグは、負傷のリスクを軽減する高い能力を備えている。

後面衝突試験は、室内の変形を最小限にとどめるために行われる。ドアが開くこと、トランクリッド端部がリアウィンドウを貫通して室内に侵入してこないこと、燃料系統の安全性が保たれること、などが要求される（FMVSS 301）。

ルーフの構造は、転覆試験とルーフ圧壊抵抗力試験によって評価される（FMVSS 216）。

さらに、ルーフ構造の形状安定性（生存空間）をテストするために、極限状態における転覆試験（ルーフの左前側コーナー部が地面に当たるように、0.5 mの高さから車両を落下させる）を実施しているメーカーもある。

総合的な安全性

アクティブセーフティとパッシブセーフティの重複は、両方の分野で使用されるセンサー技術によって増えている。これにより、考えられる事故に対して乗員によりよい条件を提供するシステムの開発が増えている（Pre-Safeなど）。

参考文献

[1] DIN 33408-1: Body templates – Part 1: For seats of all kinds.
Addendum 1: Body templates for seats of all kinds; application examples.
[2] SAE J 826: Devices for Use in Defining and Measuring Vehicle Seating Accommodation.

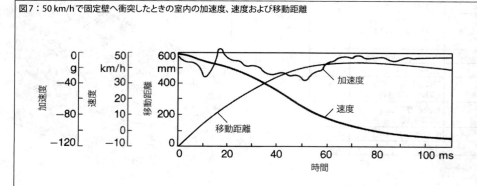

図7：50 km/hで固定壁へ衝突したときの室内の加速度、速度および移動距離

車両のボディ（乗用車） **1207**

[3] ISO 6549: Road vehicles – Procedure for H- and R-point determination.

[4] SAE J 941: Motor Vehicle Drivers Eye Locations.

[5] Council Directive 77/649/EEC of 27 September 1977 on the approximation of the laws of the Member States relating to the field of vision of motor vehicle drivers.

[6] ISO 3832: Passenger cars – Luggage compartments – Method of measuring reference volume.

[7] 49 CFR Part 581 – Bumper Standard.

[8] Canada Motor Vehicle Safety Standard – CMVSS 215 – Bumpers.

[9] ECE R42: Uniform provisions concerning the approval of vehicles with regard to their front and rear protective devices (bumpers, etc.).

[10] Regulation No. 11 of the United Nations Economic Commission for Europe (UN/ECE) – Uniform provisions concerning the approval of vehicles with regard to door latches and door retention components.

[11] FMVSS 206: Door locks and door retention components.

[12] FMVSS 401: Interior trunk release.

[13] FMVSS 207: Seating systems.

[14] FMVSS 202a: Head restraints; Mandatory applicability begins on September 1, 2009.

[15] ECE R17: Regulation No. 17 of the United Nations Economic Commission for Europe (UN/ECE) – Uniform provisions concerning the approval of vehicles with regard to the seats, their anchorages and any head restraints.

[16] ECE R25: Regulation No. 25 of the United Nations Economic Commission for Europe (UN/ECE) – Uniform provisions concerning the approval of head restraints (headrests), whether or not incorporated in vehicle seats.

[17] Council Directive 74/408/EEC of 22 July 1974 on the approximation of the laws of the Member States relating to the interior fittings of motor vehicles (strength of seats and of their anchorages).

[18] Council Directive 78/932/EEC of 16 December 1978 on the approximation of the laws of the Member States relating to the head restraints of seats of motor vehicles.

[19] FMVSS 302: Flammability of materials used in the occupant compartments of motor vehicles.

[20] ECE R26: Regulation No. 26 of the United Nations Economic Commission for Europe (UN/ECE) – Uniform provisions concerning the approval of vehicles with regard to their external projections.

[21] Regulation (EC) No. 78/2009 of the European Parliament and of the Council of 14 January 2009 on the type-approval of motor vehicles with regard to the protection of pedestrians and other vulnerable road users, amending Directive 2007/46/EC and repealing Directives 2003/102/EC and 2005/66/EC.

[22] 2004/90/EC: Commission Decision of 23 December 2003 on the technical prescriptions for the implementation of Article 3 of Directive 2003/102/EC of the European Parliament and of the Council relating to the protection of pedestrians and other vulnerable road users before and in the event of a collision with a motor vehicle and emending Directive 70/156/EEC.

[23] FMVSS 201: Occupant protection in interior impact.

[24] FMVSS 208: Occupant crash protection.

[25] FMVSS 214: Side impact protection.

[26] ECE R94: Uniform provisions concerning the approval of motor vehicles with regard to the protection of the occupants in the event of a frontal collision.

[27] ECE R95: Uniform provisions concerning the approval of motor vehicles with regard to the protection of the occupants in the event of a lateral collision.

[28] FMVSS 212: Windshield mounting.

[29] FMVSS 219: Windshield zone intrusion.

[30] FMVSS 301: Fuel System Integrity.

車両のボディ（商用車）

商用車両の分類

商用車は、人と貨物を安全かつ経済的に輸送するために使われる。したがってその経済効率は、車両総体積に対する利用可能な空間の大きさ、ならびに車両総重量に対する利用可能な積載重量で決まる。車両の寸法と重量は、法規により定められている。

近距離から長距離まであらゆる輸送用途に適合し、また建設現場や特殊車両としての用途にも適合するように、車両の種類は広範囲にわたる（図1の例を参照）。商用車は基本的に、ライトバン、中型および大型トラック、バス、トラクター、建設および農業用機械、特殊車両（ゲレンデ整備機、空港用消防車など）のカテゴリーに分類される。

車両のタイプが極めて多様であるため、ボディ構造（一体型ボディ、キャブ、シャーシなど）の寸法計算が、設計の最初の段階から非常に重要な意味を持つ。同等の車両での経験に基づき、徐々に洗練されていく車両全体モデルを利用してFEM（有限要素法）またはMBS（複数ボディシミュレーション）を援用したシミュレーションと計算により、基準設計（多くの販売台数が見込める構造、最悪の場合を想定した構造）が定義される。このようにして、テスト開始前でも、当該のボディ構造バリエーションの剛性、耐久性、および振動、音響、衝突に関する特性などを、かなりの程度コンピューターによる計算で確認できる。構造の計算では、（国際）法令の安全規格の要件も考慮される。

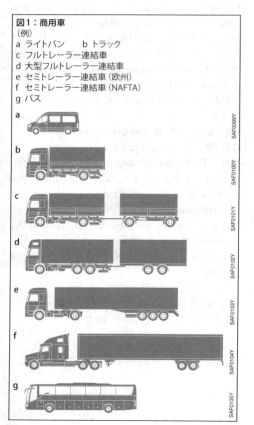

図1：商用車
（例）
a ライトバン　　b トラック
c フルトレーラー連結車
d 大型フルトレーラー連結車
e セミトレーラー連結車（欧州）
f セミトレーラー連結車（NAFTA）
g バス

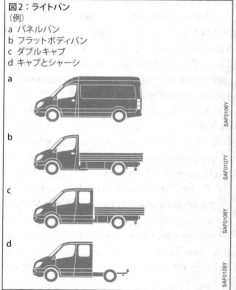

図2：ライトバン
（例）
a パネルバン
b フラットボディバン
c ダブルキャブ
d キャブとシャーシ

ライトバン

用途

　ライトバンは、人の輸送や貨物の配送などに使用される小型車両（総重量 2 〜 7t）である。より強力なエンジンを搭載したライトバンも、欧州全域にわたる長距離輸送業務（速達サービス、翌日配達サービス）での使用が増加している。いずれの場合にも、車両の機動性、走行性能、操作の快適性、および安全性に関する要求は極めて高いものである。

ライトバンのボディ構造のバリエーション

　設計コンセプトは、前置きエンジン、前輪または後輪駆動、独立懸架またはリジッドアクスル、総重量 3.5 〜 4 t、後輪へのダブルタイヤの装着を基本としている。

　この種の車両には、箱形ボディの多目的パネルバン、さらには特殊装備とダブルキャブを備えた低床と高床の車両が含まれる（図2の例を参照）。

　総重量約6 t以下では、ボディとシャーシが一体型の荷重支持構造をしている（図3）。このクラスのボディとシャーシの骨組みは、乗用車と同様にフランジ形状のプレス鋼板部品から構成されている。

　一方、フラットボディのライトバンには、箱形またはコの字形のサイドメンバーとクロスメンバーから成るはしご形フレームが採用され、耐荷重性を最優先する構造となっている（トラックと同様、次のセクションの図5を参照）。これらのオープン構造は、ボックスボディまたはレクリエーショナルビークルのボディ構成にも使用される。

中型および大型トラックとトラクター

構造

　トラックは4つの基本サブタイプ、長距離輸送車両、デリバリー車両、建設車両、特殊車両に分類される。これらすべての車両に共通しているのは、支持フレーム構造に弾性取付け式キャブが配置されており、ボディが高いせん断強度でフレームに接続されていることである。最大寸法と許可される最大車両重量は法律により定められていて、国によって大幅に異なることもある。全長とセミトレーラー長に関する最大寸法は、欧州においては指令96/53/EU [1] に定められており、その新しい版 2015/719/EU [2] では現在技術的な改訂が行われている。ただしNAFTA地域では、セミトレーラー長のみが規制の対象であり、全長に関する制限はない。

　前置きエンジンが搭載され、駆動はダブルタイヤを装着した1つまたは複数のリアアクスルを介して提供される。後輪にシングルタイヤが装着されている場合もある。前後デフロックを含む追加トランスファーケースが装着された4輪駆動車は、大きな駆動力を要求される建設現場用途（オフロード）にも使用される。この場合の駆動アクスルは、ディファレンシャルのアクスルデフロック、およびタンデムアクスルアセンブリー用の前後デフロックを標準装備している。

シャーシ

名称

　トラックのシャーシの種類（図4）は、N × Z/L という公式に従って指定される。ここで、Nは全車輪または車輪ペア数、Zは駆動輪または駆動輪ペア数、Lは操舵輪数を表す（ダブルホイールは1輪として数える）。Lが指定されない場合（4 × 2 など）、車両の操舵前輪の数は2となる。

ホイールサスペンション

　トラックシャーシでは、フロントおよびリアアクスルにエアサスペンションまたはリーフスプリングサスペンション式のリジットアクスルが採用されている。独立懸架式サスペンションが採用されることはあまりない。エアサスペンションはボディ加速度を低減して走行快適性の向上、負荷からの保護、路面への負担の軽減を実現する。また、交換ボディの上昇および下降、セミトレーラーの取付けと取外しを容易にする。これ

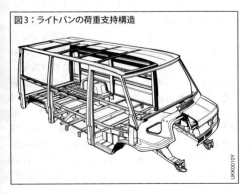

図3：ライトバンの荷重支持構造

1210 車両のボディ

らの用途では通常、長距離輸送およびデリバリー用に4×2および6×2のシャーシが使用される。

タンデムアクスルアセンブリー

建設現場で使用する場合や大きな駆動力が要求される場合、シャーシには複数の駆動アクスルが装備される（4×4、6×4、6×6、8×4、8×8など）。この場合、リアアクスルはタンデムアクスルアセンブリーを形成するために連結される。多くの部分にスチールスプリングサスペンションが使用されるが、道路走行用途（建設資材または低荷台輸送など）にはリアアクスルに上記のメリットをもつエアサスペンションも装備される。タンデムアクスルアセンブリーの軸荷重は、スチールスプリングの場合、アクスル間のピボットマウント（センターマウント）によって機械的に補正される。単独のエアサスペンション式シングルアクスルの

場合は、軸荷重は通常、シングルアクスルのエアサスペンションのばね剛性の変更により空気圧によって適性配分される。

リーディングアクスルとトレーリングアクスル

3軸車（6×2）には、積載量を増やすために、リーディングアクスルまたはトレーリングアクスルが装着されている（ドライブアクスルの前側または後側の非ドライブアクスル）。シャーシにリーディングアクスルが装着される場合、駆動リアアクスルの前に追加アクスルとして取り付けられ、エアサスペンションが装備される。

これらのリーディングアクスルは通常、コーナリング時の制約を回避するために操舵構造となっており、小さい回転半径が可能で、車両全体の操舵性を向上する。初期の構造のものでは、操舵はステアリングアクスルから分岐したステアリングリンケージによって実現されていたが、貴重なスペースを占めるリンケージが不要となるため、現在は概して電気油圧式ステアリングを装備するようになっている。

駆動アクスルとは異なり、より小さいサイズのホイール／タイヤをリーディングアクスルに装備することが可能であるが、その場合はリーディングアクスルの耐荷重は小さくなる（対応可能な荷重は7.5～9tではなく4～5tとなる）。リーディングアクスルとリフティング装置の組み合わせもある。その場合、車両が空荷重または低い荷重で走行しているとき、軸中央方向に作動するエアスプリングベローズを介してアクスルが走行ポジションから持ち上げられる。これにより転がり抵抗が小さくなり、結果として燃費が向上し、タイヤの摩耗が減る。これら2つの要素は車両の経済効率の向上に役立つ。

トレーリングアクスル付きのシャーシ構造の場合、このアクスルは駆動リアアクスルの後方に取り付けられる。これは通常、エアサスペンション装備でシングルタイヤを装着した路上走行車両に提供され、この場合の耐荷重は通常7.5tである。この仕様は操舵も可能である。交換ボディセミトレーラー連結車が登場した1960年代の後半にトレーリングアクスルが使用され始めたとき、このアクスルはまだリジッドアクスルであったが、デリバリー業者における3軸シャーシの使用が増すなかで、操縦性の向上を望む声から操舵トレーリングアクスルが導入された。スペース条件の点でトレーリングアクスルは一般的に電気油圧式ステ

図4：トラックのシャーシの種類
（例）
a 4×2（4輪、うち2輪が駆動輪）
b 6×2/4（6輪、うち2輪が駆動輪、4輪が操舵輪）
c 8×6/4（8輪、うち6輪が駆動輪、4輪が操舵輪）
d 6×2（6輪、うち2輪が駆動輪）

a

b

c

d

SFG0056-1Y

アリングを装備するので、これらの仕様はさまざまなシャーシおよびホイールベースと組み合わせて柔軟に使用できる。操舵トレーリングアクスルは、該当する車両構成の場合、3軸シャーシの荷重能力と2軸車両の操縦性を組み合わせ、経済性の点で大きな利点を提供する。トレーリングアクスルも、上記の利点を備えたほとんど全体的にリフト可能な構造となっている。

6×2シャーシを未舗装の道路やヨーロッパ以外で使用する場合、耐荷重が9～10tのダブルタイヤのリジットトレーリングアクスルが提供されている。一般にこれらはリフト可能な構造ではないが、リフト可能な仕様も実現可能である。

特殊シャーシ用として、リーディングおよびトレーリングアクスルのマルチ装備または駆動リーディング／トレーリングアクスルの使用もあり得る。これらのシャーシ仕様は特殊構造として考えられ、コーナリング時に過度なタイヤ摩耗がなく、かつ旋回半径の要求を満たすように、各アクスルをホイールに対して異なる操舵角で割り当てる必要があるという技術的な課題を担っている。リーディングとトレーリングアクスルの数を組み合わせることで5軸から8軸のシャー

シを構成することもでき、60 tを超える車両総重量が可能となり、例えばコンクリートポンプの取付け、あるいは最大112 mの作業高さの作業プラットフォームの起重などに使用される。

シャーシフレーム

シャーシフレームは商用車の実際の荷重支持エレメントである。フレーム構造ははしご形で、サイドメンバーとクロスメンバーから構成されている（図5）。車両ボディはボルト止めされており、キャブはシャーシフレーム上に配置されている（図6）。各メンバーの寸法は、用途と積載量（小型および大型商用車）に応じた要件を満たすよう選択されるが、その費用と重量も考慮される。フレーム形状（数と厚さ）選択によって、ねじり剛性の大きさが決まる。ねじり剛性が低く、フレキシブルなフレームは、サスペンションが不整路に適合するため、中型および大型トラックに適している。ねじり剛性の高いフレームは、小型の商用車に適している。

力の作用部分の他にシャーシフレームにおいて応力集中が問題になる部分は、サイドメンバーとクロ

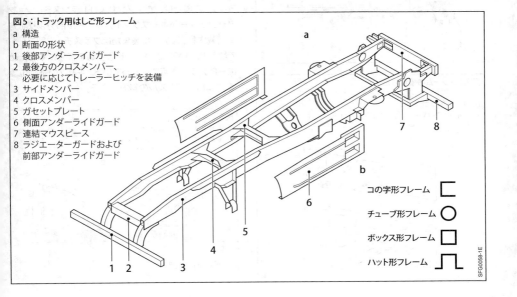

図5：トラック用はしご形フレーム
a 構造
b 断面の形状
1 後部アンダーライドガード
2 最後方のクロスメンバー、必要に応じてトレーラーヒッチを装備
3 サイドメンバー
4 クロスメンバー
5 ガセットプレート
6 側面アンダーライドガード
7 連結マウスピース
8 ラジエーターガードおよび前部アンダーライドガード

コの字形フレーム
チューブ形フレーム
ボックス形フレーム
ハット形フレーム

スメンバーの接合部である（図7）。このため、特殊ガセットプレートまたはプレス製クロスメンバー部品によって、接合部面積が広く取られている。結合にはリベット、ボルト、および溶接が用いられる。また、サイドメンバーにコの字形またはL字形断面の内側補強材を追加することで、フレームの曲げ剛性および特定部位の強度を高めている。

シャーシフレームはさまざまなホルダーを用いて、燃料タンク、バッテリー装置ホルダー、圧縮エアタンク、排気システム、スペアホイールなどの種々の追加コンポーネントの取付け位置としても利用される。それら追加コンポーネントの配置は、それぞれの用途に応じて異なる。また積込みクレーンや荷台付きリフトなどの特殊なコンポーネントも、シャーシフレームの用途に適した位置に取り付けられる。

キャブ

車両の種類により、さまざまな形状のキャブがある。デリバリー用と公益事業用の車両では、低くて乗降性の良いキャブが求められる。一方、長距離輸送トラックのキャブでは、室内の広さと快適性（フラットフロアなど）がより重視される。キャブデザインをモジュール化することによって、フロント、リアの両パネルおよびドアを共用しながら、ショートキャブ、標準キャブ、ロングキャブを設計、製造できる。

キャブは、キャブマウントによりシャーシフレームに接続されている。キャブマウントに関しては、さまざまなばねとダンパーの組み合わせ、または固有振動数1～6 Hzの横置きリーフスプリングリンクにより、快適性の高いマウントと標準的マウントを区別することができる。

設計コンセプトの観点からは、キャブオーバーエンジン（COE）車とキャブビハインドエンジン（CBE）車を区別することができる（図8）。キャブオーバーエンジン（COE）車の場合、バルクヘッドとステアリング装置は車両の前部に位置している。エンジンは、キャブの下（フラットフロアの場合）、または運転席と助手席の間のエンジントンネルの下にある。乗降位置は、フロントアクスルの上方、または前方にある。手動式（トーションバースプリング式）もしくは油圧式のキャブチルト機構によって、エンジン整備が容易に行える。

キャブビハインドエンジン（CBE）車（ボンネットトラック）の場合は、エンジンおよびトランスミッションアセンブリーがキャブファイアウォール部分より前方に搭載され、スチール製またはプラスチック製フードで覆われていて、このフードは整備を容易にするために一般にチルト可能になっている。キャブの乗降位置は、フロントアクスルの後方にある。

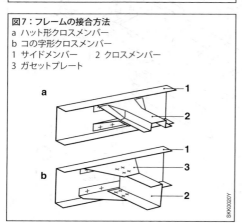

図6：トラックの主要ユニットの構成と配置
1 キャブ   2 エンジン   3 トランスミッション
4 アクスル   5 シャーシフレーム   6 ボディ

図7：フレームの接合方法
a ハット形クロスメンバー
b コの字形クロスメンバー
1 サイドメンバー   2 クロスメンバー
3 ガセットプレート

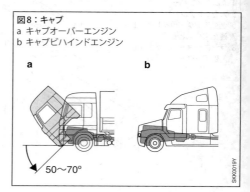

図8：キャブ
a キャブオーバーエンジン
b キャブビハインドエンジン

キャブの空力特性、材料の選択、腐食、または装備に関する要件は、乗用車ボディの要件と同等と考えることができる。つまり、燃料を節約し、結果としてCO$_2$排出量を抑えるために、まずキャブ、次にトラックトレーラー全体の空気抵抗を抑える必要がある。トラクター車両とトレーラー、あるいはセミトレーラーもこの目的のための分析に含める必要がある。フィールドテストでは、セミトレーラーを含め、車両全体の空力特性を最適化することで、2%～4.5%の燃料節約が達成可能であることが示されている。

ボディ構造

フラットボディ、箱形バン、深平ボディダンプトラック、タンクローリー、コンクリートミキサーなどのボディ構造により、経済的かつ効率的に、さまざまな荷物や資材を運ぶことができる。ボディとシャーシフレームとの間には、部分的に補助フレームが取り付けられ、締付け金具かはめ合い金具によって接合されている。剛性の高いボディ（ボックスタイプなど）にシャーシフレーム（通常はねじり剛性が低い）を接合するために、特別の対策（ボディ前部のばね式マウントなど）が必要である。オフロード車両の場合は、シャーシフレームのねじり柔軟性がリジッドボディ構造によって制限されてはならない。そのため、ボディ構造の3点マウントが使用される。この種の車両では、大きなばね変位を達成するために、シャーシに板ばねの代わりにコイルスプリングも使用される。

フルトレーラー連結車とセミトレーラー連結車は、長距離輸送に使用される（図1）。輸送単位が大型化するにつれて、輸送コストは低減する。キャブ、ボディとトレーラー間の不要な空間が減少すれば、積載容量は増大する（大型フルトレーラー連結車、図1d）。セミトレーラー連結車の利点は、カーゴエリアが連続して長くとれ、トラクターヘッドの稼動時間も長くできることにある。車両の前部と側面のパネル、またキャブとボディ間のエアデフレクターなどの空気抵抗改善策は、燃料消費の低減に効果がある。

総重量が40t以下で、連結車全体の長さを25.25 m（セミトレーラーの場合は16.50 m、フルトレーラー連結車の場合は18.75 m）まで延長する大型ロング車の使用は、追加の経済的利益を生み出すことができる。これらの大型ロング車は、自動車産業用の成形部品など軽量でかさばる製品の輸送や消耗品の輸送に使用される。

バス

バス市場は、実用的な、あらゆる用途に対応する特殊車両から構成されている。この結果、全寸法（全長、全高、全幅）および設備の異なる広範な種類のバスが存在する（図9）。

バス

マイクロバス

定員が約20人までのバスをマイクロバスと呼ぶ。重量が約4.5 tまでのライトバンをベースに作られている。

小型バスと中型バス

定員が約25人までのバスを小型バスまたは中型バスと呼ぶ。小型バスと中型バスは明確には区別されていない。大部分は、重量が約7.5 tまでのライトバンをベースに作られている。軽量トラックのはしご形シャーシフレーム、または一体型ボディをベースに作られることもある。改良されたサスペンションデザインとボディに施された特別処置（弾性マウントなど）によって、快適な乗り心地と低ノイズレベルを実現している。

市内バス

路線用のバスで、座席と立ち席用の空間がある。市内走行時の停止時間を短くするために、乗客の乗降時間を短縮する必要がある。このため、ドアの幅を広くし、ステップ高さを低くし（約320 mm）、バスの床を低くする（370 mm）対策が講じられている。
標準的な市内バスの仕様：
- 車両長さ：約12 m
- 車両総重量：約18.0 t
- 座席数：32〜44席
- 定員：約105人

2階建てバス（全長12 m、定員約130人まで）、3軸バス（全長最大15 m、定員約135人まで）および3軸連節バス（全長最大18 m、定員160〜190人）では、さらに輸送能力が向上する。

現在、全長約21 m以下、総重量32 tの連節バスが市内バスとして多く使用されている。これらは追加の操舵トレーリングアクスルを使用することで、バスの可搬重量を増加させるとともに、全長が極めて長いにもかかわらず操縦性を向上させている。

中距離バス（都市間輸送バス）

バスの用途に応じて（時速60 km/h以上時の立乗りは禁止されている）、市内バスに見られるような搭乗口と床面の低い低床デザイン、もしくは観光バスに多く見られるような床面が高く小さな荷室が付いたデザインが採用されている。中距離バスの全長は、単車で11〜15 m、連結式車両で18 mとなっている。

観光バス（長距離バス）

観光バスは、長距離を快適な旅行ができるように設計されている。低床2軸の標準バスから、運転者専用のキャビンが付いた2階建て豪華バスまで、多種多様なタイプがある。観光バスの全長は10〜15 mである。連節バスは中距離バスとして使用される機会は少なかったが、その後も広く受け入れられることはな

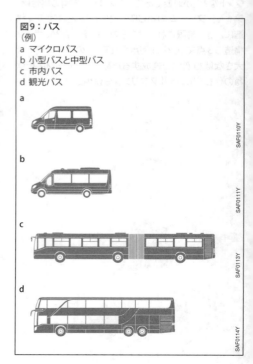

図9：バス
（例）
a マイクロバス
b 小型バスと中型バス
c 市内バス
d 観光バス

かった。その一方で2階建てバスは中距離バスとして使用されることが多く、特に観光バスにより運行される長距離バスルートで使用されている。

トレーラー付き運行

トレーラー付きのバスの使用はますます増えてきている。これは、市内バス、中距離バス／都市間輸送バス、観光バスなどすべての用途に言えることである。

市内バス用途では、トレーラーは乗客の輸送用として特別に承認されており、ピーク時に乗客の需要を満たすために牽引車両に牽引される。このタイプは1960年代まで使用されたが、連節バスの登場により急速に姿を消した。2010年頃から、大都市の郊外で一日の時間帯に応じた乗客の変動に対応するために、市内バス／トレーラーの連結が見直されてきている。

中距離バス／都市間輸送バスの場合、トレーラーは荷物輸送用として、あるいは行楽地への自転車の輸送用として使用され、ローカルの公共交通への乗換えのための魅力的で柔軟な輸送手段を提供する。

観光バス、特に2階建てバスの場合、設計上、ラゲッジスペースが最小になることがあるので、ラゲッジトレーラーは経済的かつ快適な旅行手段として適切な解決法である。トレーラーなしのバスと同じ走行速度（最高100 km/h）をトレーラーに許可することは旅行時間の点で好都合となり、魅力が増すことになる。

ボディ

一体型ボディを基本とする軽量ボディ設計が標準として広く採用されている（スケルトンボディ）。ボディと基本フレームは、格子状の支持部材と角形チューブから構成され、溶接固定されている（図10）。

シャーシ構造の場合は、ボディはこれを支持するはしご形フレームに取り付けられている（トラックと同様）。小型および中型バスを除き、この構造は欧州ではあまり一般的ではない。

シャーシ

エンジンは垂直または水平に搭載され、リアアクスルを駆動する。その際エンジンとトランスミッションは、トラックの場合とは異なり、フロントに取り付けられて

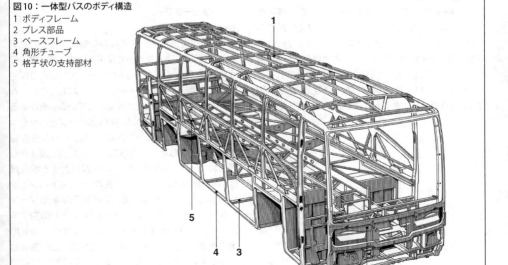

図10：一体型バスのボディ構造
1 ボディフレーム
2 プレス部品
3 ベースフレーム
4 角形チューブ
5 格子状の支持部材

長いプロペラシャフトによって駆動アクスルと連結されているのではなく、エンジン／トランスミッションユニットがバスの後端に取り付けらている。これは最後方のアクスルが駆動される連節バスにも当てはまる。すべてのアクスルにエアサスペンションを採用することで、車高の安定と優れた乗り心地を達成できる。中距離バスと観光バスでは主に、フロントアクスルに独立懸架サスペンションが採用されている。全輪にディスクブレーキが装備され、補助ブレーキとしてリターダーが使用されることが多い。

代替駆動装置

商用車の利用者および操縦者の意識が高まる中にあって、商用車用の代替駆動装置を作り出すために多くの試みがなされている。代替駆動装置を搭載した車両の利点は、CO_2規制に適合すること、乗入れ制限の回避、社会ニーズを満たすことである。これらの要求は一方で、燃料として利用できる期間が限られている石油系燃料への依存を減らすことに関係している。また他方では、地球温暖化を大幅に促進する燃焼生成物であるCO_2の排出量を減らすことにも関係する。

ライトバンとバスは、都市での運用に天然ガス、バッテリー電気、燃料電池による駆動装置を装備することができる。またバッテリー駆動装置は、ローカルでの商品配達であれば大型トラックにも使用可能である。今後の開発課題は、電気トラック用の最良の車両コンセプトを考え出し、その中でバッテリーの一般設計を、まず第一に航続距離、取付けスペース、重量、コストの点で、第二に日々の運行に求められる要求（充電サイクル、充電時間、最大積載量、利用しやすさ）の点で満足できる水準まで高めることである。

商用車のアクティブおよびパッシブセーフティ

アクティブセーフティは、事故を防止するのに役立つすべてのシステムと手段から成り立っている。パッシブセーフティの目的は、事故発生時の被害を低減し、他の道路使用者（歩行者など）を保護することである。安全対策を検討するときには、実際の事故、ならびに実車による事故テストの体系的な記録およびコンピューター集中制御の最適化が役立っている。

アクティブセーフティ

最小限のアクティブセーフティシステムは立法機関により定期的に定義し直されている。トラック用のアンチロックブレーキシステム（ABS）が1980年に量産段階に達すると、これに対応した法的要件の適用により、その後すべてのトラックに装備されるようになった。これは、走行ダイナミクス制御（エレクトリックスタビリティコントロール、ESC）およびアクティブブレーキアシスタントにも当てはまる。

アクティブセーフティシステムの総合パッケージの提供は、高度な自動運転や自律運転にとって欠かせない前提条件であり、トラック運行に画期的な変化をもたらす。

パッシブセーフティ
要件

一般に、乗員拘束システムの有効性と強度を証明する必要がある。したがって商用車両のボディ構造の寸法設定では、シートベルトのシートへの固定位置や関連するボディ構造（シートレール、フロア、フレームなど）の強度と剛性などが考慮されている必要がある。

衝突が起きたときには、運転席キャブとパッセンジャーコンパートメント（乗客室）は、十分な生存空間を確保できなければならない。このとき、減速度も過大になってもいけない。この問題に対する解決策は、車両構造の違いによって異なる。ライトバンでは、車両前方の構造が、乗用車と同様に衝撃吸収ゾーンになっている。変形可能な範囲が狭く、また衝突エネルギーが大きいにもかかわらず、ほぼすべての乗用車の衝突安全テストを基準にした場合（法的規制および安全性能評価試験）、負荷が生理学的許容範囲を超えることはない。ライトバンにはまた、積載物の意図しない移動による乗員の負傷を防止する機能も

必要である。このような機能（パーティション、ケージとネット、固定アイ）の静的および動的な強度を、計算またはテストによって証明しなければならない。

トラックの場合、サイドメンバーがフロントフェンダー（バンパー）まで延びているため、かなり大きな衝突力でも吸収できる。パッシブセーフティの改善は、事故分析に基づいて行われており、現在は特にキャブの構造設計の改善に力が注がれている。キャブの前面と後面、ならびにルーフの静的／動的な荷重試験と衝撃テストを通じて、前面衝突時や横転時、積載貨物の移動時にキャビンに加わる負荷をシミュレートしている。これについては規則ECE R29[3]に説明されているが、形式認定の条件としてこれらのテストに合格すること要求している欧州諸国はわずかである。

統計的な解析によって、一般にバスは、旅客を輸送する手段の中で最も安全な方法であることが証明されている。ボディ強度は、静的なルーフ荷重試験や、動的な転覆試験によって検証されている。難燃性かつ自己消火性の材料を車内装備に使用して、火災発生の危険を最小限に抑えている。

道路を走行する車両にはさまざまな種類があり、アクティブセーフティシステムや車両相互間の通信（V2V：車車間通信、V2X：路車間通信）を使用しなければ、小型車と大型車との衝突を100％避けることはできない。両者の重量の違い、ならびに車両の形状と構造的な剛性の不一致から、負傷の危険性は小型軽量の車両のほうが大きい。

2台の車両（車両1と車両2）が通常の（斜め方向でない）前面衝突または後面衝突を起こした場合、速度変化Δvは、次のように定義される。

$$\mu = \frac{m_2}{m_1} : \Delta v_1 = \frac{\mu v_r}{1+\mu}, \Delta v_2 = \frac{v_r}{1+\mu}$$

m_1とm_2は各車両の質量、v_rは衝突前の相対速度である。

側面、正面、および背面の車両アンダーライドガードは、衝突の際に小型軽量な車両が大型車の下に潜り込む危険を防止し、また、他の道路利用者（歩行者など）の安全を守るために装着されている（図11）。

参考文献

[1] 96/53/EU: Council Directive 96/53/EC of 25 July 1996 laying down for certain road vehicles circulating within the Community the maximum authorised dimensions in national and international traffic and the maximum authorised weights in international traffic.

[2] 2015/719/EU: Directive (EU) 2015/719 of the European Parliament and of the Council of 29 April 2015 amending Council Directive 96/53/EC laying down for certain road vehicles circulating within the Community the maximum authorised dimensions in national and international traffic and the maximum authorised weights in international traffic (Text with EEA relevance).

[2] ECE R 29: Regulation No. 29; Uniform provisions concerning the approval of vehicles with regard to the protection of the occupants of the cab of a commercial vehicle: Revision 1.

[4] E. Hoepke, S. Breuer and others: Nutzfahrzeugtechnik. Verlag Springer Vieweg, 8th Ed., 2016.

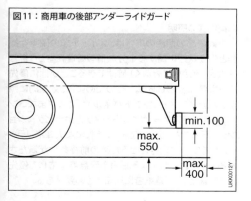

図11：商用車の後部アンダーライドガード

1218 車両のボディ

照明装置

機能

自動車には、発明されて以来ずっと照明装置が装備されてきた。最初は蝋燭、次いで石油ランプとアセチレンランプが、照明のために使用された。今日であれば、これらの灯火類は、ポジションランプやマーカーランプとして分類されるものである。Adler車へのBosch製オルタネーターの搭載（1913年）によって自動車に電気製品が導入されて初めて、自動車部品サプライヤーは、「ヘッドランプ」と呼ばれるのに相応しい、広い範囲を照射できるシステムを導入することができた。これまでの大きな進歩には次のようなものがある。

– 道路の右側（右側通行）の視界レンジを拡張した非対称ロービームパターンの導入（1957年）
– 効率が最大50％改善された、複雑な幾何学的構造を持つ新しいヘッドランプシステム（多楕円面システム（PES）、自由形状リフレクター、多面体リフレクター）の導入（1985年）
– ハロゲンユニットに比べ2倍以上の光量を発生するガス放電ランプ（明るいアークを発生するキセノンランプ）を使用した「リトロニック」ヘッドランプシステム（1990年）
– 光軸調整機能を備えた動的なPESモジュール（多楕円面システム）または、右／左折時やカーブ走行時にリフレクターが動く静的なアダプティブフロントライティングシステム（AFS）（2003年）

車両フロントエンドの照明

ヘッドランプの最大の目的は車両の路上前方を明るく照らし、運転者が交通状況を把握し、障害物を早期に発見できるようにすることにある。さらに対向車に自車の位置を知らせる働きもある。ターンシグナルランプは他の道路利用者に車両の方向変更の意思を伝えるほか、危険な状況の発生を知らせる目的でも使用される。

車両フロントエンドの照明には、ヘッドランプを含め、下記のものが含まれる。
– ロービームヘッドランプ
– ハイビームヘッドランプ
– フォグランプ
– 補助走行ランプ
– ターンシグナルランプ（方向指示器）
– パーキングランプ
– ポジション／クリアランスランプ（幅広の車両）
– デイタイムランニングランプ（点灯が法令で義務付けられている国の場合）

車両リアエンドの照明

車両リアエンドの照明は自車の位置を示すため、周囲の明るさに応じて点灯されるほか、車両がどのように走行中で、どの方向に進もうとしているかを知らせるためにも使われる。これにより、たとえば、ブレーキを踏まずに直進しているとか、減速中であるとか、方向を変えようとしているとか、また、危険な状態が発生したなどを後続車両に知らせることができる。さらに、後退時に車両後方の路面を照らすためのバックアップランプがある。

車両リアエンドの照明には、下記のものが含まれる。
– ストップランプ
– テールランプ
– リアフォグランプ
– ターンシグナルランプ（方向指示器）
– パーキングランプ
– クリアランスランプ（幅広の車両）
– リバース（バックアップ）ランプ
– ナンバープレートランプ

車両内部の照明

車両内部の照明の場合は、スイッチ類の確実な操作と作動状態に関する十分な情報を運転者が（視線を大きく動かすことなく）確認できることが他に優先する重要な機能である。そのためには、効果的に照明されたインストルメントパネルや、さまざまなコントロールクラスター（サウンドシステムやナビゲーションシステムなど）が必要であり、それにより、車をリラックスして安全に走行させるための前提条件が満たされる。光および音による信号も緊急度に応じて優先順位を設定して、運転者に通知する必要がある。

照明装置 **1219**

法令と車両の照明装置

認定記号、欧州／ECE

車両の照明装置に適用される法令には国内法と国際法とがあり、それに基づいて照明装置の製造と試験が行われる。あらゆるタイプの照明装置には、その装置に明示しなければならない所定の認定コードおよび記号が存在する。認定コードおよび記号の表示場所は、ヘッドランプおよび他の照明装置のレンズやヘッドランプユニットコンポーネントなど、フードを開けたときに直接目に見える場所が優先される。この表示義務は、型式認定を受けた交換用ヘッドランプおよびその他の照明装置にも適用される。

このような認定コードおよび記号が表示されている場合、その装置が、技術検査機関(ドイツでは、カールスルーエ大学の照明技術協会など)による検査を受けて、所管官庁(ドイツの場合は連邦自動車局)により認定を受けていることを表している。認定コードおよび記号が表示されている量産製品のすべてのユニットは、型式認定を受けたユニットと、すべての点で一致している必要がある。

認定記号の例:

E1 ECE認定マーク

e1 EU認定マーク

それぞれの英字に添えられた数字「1」は、型式認定試験の実施と認定がECE(欧州経済委員会)規則に準拠してドイツで行われ、欧州全域で有効であることを示している。欧州では、車両の照明装置および光学信号装置の製造に国内規則のほかに、その上位に位置する欧州指令(ECE:欧州全域、EU、ニュージーランド、オーストラリア、南アフリカおよび日本)が適用される。欧州統一の進展に伴って指令と法令の調和化が図られ、施工細則の簡略化が進んでいる。

右側交通または左側交通

ECE規則は、必要な場合には個々の記述を右側通行または左側通行向けに読み替えて、双方に適用される。照明に対する技術的な要件は、検査スクリーンの垂直中心線を軸として左右が反転される(図3を参照)。ウィーン国際条約(1968年)によれば、交通体系が自国とは反対の国を走行するときには車両の配光パターンが反対になるため、すべての道路使用者は、夜間に対向車の眩惑を防ぐ手段を講じる必要がある。自動車メーカーから入手できる粘着シートを使用するか、ヘッドランプ切換えスイッチを使用して(PESの場合)、これを達成することができる。

米国の法令

米国の法令は欧州のそれと根本的に異なっている。自己認証の原則に従って、自動車メーカーはそれぞれ照明装置の輸入者として、当該製品がフェデラルレジスター(官報)に掲載されたFMVSS 108 [27] (連邦自動車安全基準)の規則を100%満たしていることを自身の責任で保証し、必要に応じて証明しなければならない。つまり、アメリカでは型式認定試験は行われない。FMVSS 108の規則は部分的に、SAE(アメリカ自動車技術者協会)の業界標準をベースにしている。

改修および交換

他の国々から欧州に輸入される車両は、欧州の法規に適合するように改修する必要がある。特に照明装置がこれに該当する。欧州市場で入手可能な同等のコンポーネントを使用して、直接交換することができる。後付け用製品や、特に元の装置を再利用する場合は、技術者の報告を必要とする。ドイツでは、StVZO(道路交通認可規則)[1]の22a項により、照明装置の「近似証明書」が必要である。このような証明書が、カールスルーエ大学の照明技術研究所より発行されている。

型式認定済のヘッドランプおよびソケットに改造を加えると、その型式認定が無効になり、したがって、車両の一般運用ライセンスも無効になる。

光源

自動車用の光源に関しては、熱ルミネッセンス発光体（熱放射体）と電子発光体の区別がある。ある種の物質の原子の外殻電子殻は、励起（エネルギーの投入）によってさまざまなレベルのエネルギーを吸収することができる。高いレベルから低いレベルに遷移するときに、電磁波が放射される。

熱放射体

この種の光源の場合、結晶系のエネルギーレベルは熱エネルギーを加えることによって増加する。発光は広範囲な波長にわたり、連続的に行われる。放射エネルギーの総量は、黒体の絶対温度の4乗に比例し（シュテファンボルツマンの法則）、放射エネルギーのピークの波長は、絶対温度が上昇するにつれて短い波長へと変位する（ウィーンの変位則）[38]。

フィラメントランプ

フィラメントランプ（溶融温度3,660 Kのタングステンフィラメント）も、熱放射体である。タングステンの蒸発とそれに伴うバルブの黒ずみにより、このタイプのランプは寿命が比較的短い。

ハロゲンランプ

バルブ内にハロゲン（ヨウ素または臭素）が封入されているため、フィラメントの温度をタングステンの融解温度近くまで上昇させることができる。高温のバルブ壁付近では、蒸発したタングステンと封入ガスが化合して、タングステンハロゲン化物が生成される。これは気体状で光を通しやすく、500 〜 1,700 Kの温度範囲では安定している。タングステンハロゲン化物は対流によってフィラメントに付着し、高温のフィラメントによって再び分解され、フィラメント上に均一にタングステンが堆積する。この循環プロセスを維持するために、バルブの外側温度を約300℃に保つ必要がある。このため、石英ガラス製のバルブをフィラメントの周囲にできるだけ接近させて配置する必要がある。さらに、この設計によって封入圧力を高めることができ、タングステンの蒸発を抑える効果も得られる。

ガス放電ランプ

ガス放電ランプは電子発光体であり、発光効率が非常に高い。ガス放電は、密閉されガスを封入したバルブ内で2個の電極間に電圧を加えることで維持される。放出ガスの原子は、電子とガスの原子の衝突によって励起される。励起状態の原子は、発光することによりそのエネルギーを放出する。

ガス放電ランプには、ナトリウム灯（街路灯）や蛍光灯（室内照明）、自動車用Dバルブ（リトロニック）がある。

発光ダイオード

発光ダイオード（LED）は電子発光体である。LEDは、堅牢性、高エネルギー効率、高速応答時間、コンパクトな構造により、さまざまな用途の照明やディスプレイに使用されている。自動車では、ディスプレイまたはディスプレイのバックライトとして、室内の照明に使用されている。また、特に補助ストップランプおよびテールランプなど外部にも使用されている。発光効率の向上に伴い、車両のフロントエンドの照明や主要機能にも使用される機会が増えている。

自動車用バルブ

自動車の照明用交換式フィラメントバルブはECE R37 [10] に、交換式ガス放電光源はECE R99 [19] に基づいて、型式認定を受ける必要がある。これらの規制に適合しない光源（LED、ネオン管、特殊バルブ）も許されているが、照明の固定コンポーネント部品または「光源モジュール」としてのみ取り付けることができる。

ECE R37適合バルブは通常は12 V用であるが、6 Vおよび24 V用のものもある（表1）。混乱を避けるために、それぞれのベースの形状が異なっていて、それによって識別できる。また、ベースが同一で使用電圧が異なる場合の混乱を避けるため、バルブには使用電圧が表示されている。照明装置には、使用するバルブの種類が明示されている必要がある。

ハロゲンバルブの場合、電圧が10 %増加すると寿命が70 %減少し、光束が30%増加する（図1、[39]）。

発光効率（ワット当たりルーメン）は、供給された電力に対するバルブの光度効率を示すものである。真空バルブの発光効率は、10～18 lm/Wである。ハロゲンバルブの高い発光効率（約22～26 lm/W）は、フィラメントの温度が高くなったことによるものである。ガス放電バルブは発光効率が85 lm/W程度あり、ロービームの性能が大幅に向上する。

現在ではLEDの発光効率も、50 lm/W（高消費電力LED）または100 lm/W（低消費電力LED）に達している。今後数年内に、発光効率がさらに最大25％向上すると予想されている。

ヘッドランプの機能

ロービーム

夜間走行に必要な照明は、主としてロービームヘッドランプによって行われる。特徴的な明暗分割のヘッドランプの出現は、照明技術における画期的な進歩であった。

明暗分割による「上側は暗く、下側は明るく」の配光パターンにより、すべての走行条件に適した視界レンジが確保される。この構成は、対向車に与えるまぶしさを許容できる限度まで低減すると同時に、明暗分割の下側の領域に比較的高い照度を確保することができる。

配光パターンは、最大の視界レンジと最小の眩惑効果の組合せでなければならない。このような要求に、車両の直前の領域に影響を与える他の要件が加わる。たとえば、カーブを曲がるとき、ヘッドランプによる支援が必要になる。つまり、路面の左右端を超えて配光パターンを拡大する必要がある。

ハイビーム

ハイビームヘッドランプは、路面を最も遠方まで照射する。これにより、距離にもよるが、交通に使用されている空間に存在するすべての物体を照射する高い照度が生成される。このためハイビームヘッドランプの使用は、対向車を眩惑することがない場合にのみ許される。

現代の高密度の交通状況では、ハイビームヘッドランプの使用は厳しく制限されている。

取付けと法規

デザイン

国際的な規約により、複式軌道の車両には、ロービームとして2灯のヘッドランプと、少なくとも2灯（または4灯）のハイビームユニットを装着しなければならない。光色は白色である。

2灯式ヘッドランプシステム

2灯式ヘッドランプシステム（図2a）では、ハイビームおよびロービーム用として2つの光源をもつバルブ（ハロゲンダブルフィラメントバルブ（H4）、USシールドビーム）と1つの共通のリフレクターが使用される。ガス放電バルブを使用するヘッドランプでは、1つの共有リフレクターの焦点に対するキセノンバー

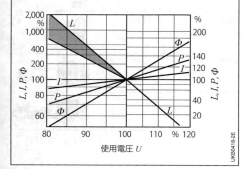

図1：ハロゲンランプのいくつかのデータに対する使用電圧の影響
（出典：[39]）
L　寿命（ハロゲンが存在するために低電圧での使用では図示した範囲のばらつきが生じてしまう）
U　使用電圧
I　ランプの電流
P　ランプの出力
Φ　光束

1222 車両のボディ

表1：自動車バルブの仕様（モーターサイクル用バルブを除く）

用途	分類	定格電圧 V	定格電力 W	光束基準値 ルーメン	口金タイプ IEC	イラスト
フォグランプ、4灯式ヘッドランプのハイ／ロービーム	H1	6 12 24	55 55 70	1,350[2] 1,550 1,900	P 14.5 e	
フォグランプ、ハイビーム	H3	6 12 24	55 55 70	1,050[2] 1,450 1,750	PK 22s	
ハイ／ロービーム	H4	12 24	60/55 75/70	1,650/ 1,000[1], [2] 1,900/1,200	P 43 t - 38	
ハイビーム、4灯式ヘッドランプのロービーム、フォグランプ	H7	12 24	55 70	1,500[2] 1,750	PX 26 d	
フォグランプ、スタティックコーナリングヘッドランプ	H8	12	35	800	PGJ 19-1	
ハイビーム	H9	12	65	2,100	PGJ 19-5	
ロービーム、フォグランプ	H11	12 24	55 70	1,350 1,600	PGJ 19-2	
フォグランプ	H10	12	42	850	PY 20 d	
ハイビーム、デイタイムランニングランプ	H15	12 24	55/15 60/20	260/1,350 300/1,500	PGJ 23t-1	
4灯式ヘッドランプのロービーム	HB4	12	51	1,095	P 22 d	
4灯式ヘッドランプのハイビーム	HB3	12	60	1,860	P 20 d	
ロービーム、ハイビーム	D1S	85 12[5]	35 約40[5]	3,200	PK 32 d-2	
ロービーム、ハイビーム	D2S	85 12[5]	35 約40[5]	3,200	P 32 d-2	
ロービーム、ハイビーム	D2R	85 12[5]	35 約40[5]	2,800	P 32 d-3	

照明装置 **1223**

表1(続き):自動車バルブの仕様(モーターサイクル用バルブを除く)

用途	分類	定格電圧 V	定格電力 W	光束基準値 ルーメン	口金タイプ IEC	イラスト
ストップランプ、ターンシグナルランプ、リアフォグランプ、バックアップランプ	P 21 W PY 21 W[6]	6、12、24	21	460[3]	BA 15 s	
ストップランプ／テールランプ	P 21/5 W	6 12 24	21/5[4] 21/5 21/5	440/35[3],[4] 440/35[3],[4] 440/40[3]	BAY 15d	
ポジションランプ、テールランプ	R 5 W	6 12 24	5	50[3]	BA 15 s	
テールランプ	R 10 W	6 12 24	10	125[3]	BA 15 s	
デイタイムランニングランプ	P 13 W	12	13	250[3]	PG 18.5 d	
ストップランプ、ターンシグナルランプ	P 19 W PY 19 W	12 12	19 19	350[3] 215[3]	PGU 20/1 PGU 20/2	
リアフォグランプ、バックアップランプ、フロントターンシグナルランプ	P 24 W PY 24 W	12 12	24 24	500[3] 300[3]	PGU 20/3 PGU 20/4	
ストップランプ、ターンシグナルランプ、リアフォグランプ、リバースランプ	P 27 W	12	27	475[3]	W 2.5 x 16 d	
ストップランプ／テールランプ	P 27/7 W	12	27/7	475/36[3]	W 2.5 x 16 q	
ナンバープレートランプ、テールランプ	C 5 W	6 12 24	5	45[3]	SV 8.5	
ポジションランプ	H 6 W	12	6	125	BAX 9 s	
ポジションランプ、ナンバープレートランプ	W 5 W	6 12 24	5	50[3]	W 2.1 x 9.5 d	
ポジションランプ、ナンバープレートランプ	W 3 W	6 12 24	3	22[3]	W 2.1 x 9.5 d	

[1] ハイ／ロービーム　　[2] 6.3 V、13.2 V、または 28.0 V の仕様
[3] 6.75 V、13.5 V、または 28.0 V の仕様　　[4] メイン／サブフィラメント
[5] 電子安定器付き　　[6] 黄色ライト

ナーの位置を調節することによりハイビームとロービームの機能を達成している。バイキセノンプロジェクションシステムでは、ビーム光路にシャッターを出し入れしてハイビームとロービームを切り替える。

4灯式ヘッドランプシステム

　4灯式ヘッドランプシステムの左右2灯のヘッドランプはハイビームとロービームの両用あるいはロービーム用であり、残りの左右2灯はハイビーム専用である（図2b）。投光および反射システムの機能は任意の組合せが可能である。ロービームヘッドランプにフォグランプを組み合わせることもできる（図2c）。

構造に関する重要な定義

統合型

　1つのハウジングに、複数のレンズおよび対を成すバルブが組み込まれている場合。
例：
– それぞれに独立した照明ユニットが含まれている多連装リアランプアセンブリー

組合せ型

　ハウジングとバルブが1つで、レンズが2つ以上のユニット。
例：
– テールランプとナンバープレートランプのコンビネーション

一体型

　共通のハウジングとレンズを持つが、バルブは別々になっている。
例：
– ポジションランプ組込みヘッドランプアセンブリー

欧州のヘッドランプシステム

欧州の法規とガイドライン

　最も重要な法規および指令は、ECE R112 [20]、ECE R113 [21]、ECE R48 [12]、76/756/EEC [24]、ECE R98 [18]、ECE R123 [23] に定められている。

- ECE R112：フィラメントバルブまたはLEDモジュールを使用した非対称ロービームおよび／またはハイビーム用ヘッドランプ（乗用車、バス、トラック）
- ECE R113：フィラメントバルブまたはLEDモジュールを使用した対称ロービームおよび／またはハイビーム用ヘッドランプ（原動機付き自転車、モーターサイクル）
- ECE R48およびEEC 76/756：取付けおよび使用に関する規定
- ECE R98：ECE R99に定められたガス放電ランプを使用したヘッドランプ
- ECE R123：自動車用アダプティブフロントライティングシステム（AFS）

　取付けに関する以降の規定は乗用車に関するものである。

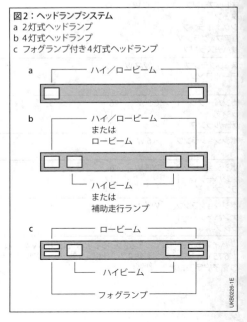

図2：ヘッドランプシステム
a 2灯式ヘッドランプ
b 4灯式ヘッドランプ
c フォグランプ付き4灯式ヘッドランプ

照明装置 **1225**

図3：ヘッドランプの照度（欧州／ECE）
a 運転者の視点からの道路の透視図
b ECE R 112による道路の透視図と測定位置

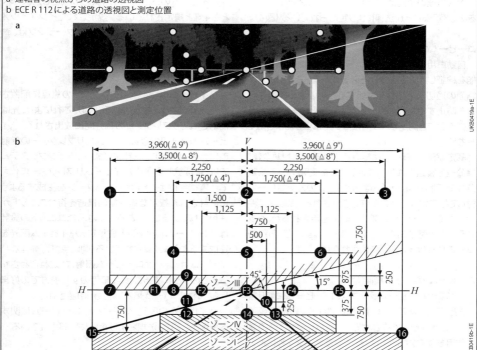

表2：測定位置とヘッドランプの照度

ロービーム				ハイビーム		
測定位置（上図）			照度	測定位置		照度
図中の番号	右側通行	左側通行	クラスB (lx)	図中の番号	測定位置	クラスB (lx)
01	8L/4U		≤0.7		E_{max}	$48 < E$
02	V/4U		≤0.7			< 240
03	8R/4U		≤0.7	F1	$E_{H-5.15°}$	> 6
04	4L/2U		≤0.7	F2	$E_{H-2.55°}$	> 24
05	V/2U		≤0.7	F3	$E_{HV}{}^{9}$	≥ 0.8
06	4R/2U		≤0.7			E_{max}
07	8L/H	8R/H	≥0.1、≤0.7	F4	$E_{H+2.55°}$	> 24
08	4L/H	4R/H	≥0.2、≤0.7	F5	$E_{H+5.15°}$	> 6
09	B50L	B50R	≤0.4			
10	75R	75L	≥12	ロービーム：		
11	75L	75R	≤12	合計 1 + 2 + 3 ≥ 0.3 lx		
12	50L	50R	≤15	合計 4 + 5 + 6 ≥ 0.6 lx		
13	50R	50L	≥12			
14	50V	50V	≥6			
15	25L	25R	≥2			
16	25R	25L	≥2			
ゾーンIII内の任意の位置			≤0.7			
ゾーンIV内の任意の位置			≥3			
ゾーンI内の任意の位置			≤2E[1]			

[1] E は測定位置 50R または 50L の電流測定値

ロービームの構成

複式軌道の車両は、白色光ロービームヘッドランプを2灯備えることが法律により定められている (図4)。

ロービームの照明技術

自動車用ヘッドランプは、量産の開始前に、その性能を検証して認定を受ける必要がある。その際には、路面の適切な視認性を確保するための最小照度も眩惑を防止するための最大照度も対象となる (ヘッドランプの照度と測定ポイントについては図3および表2を参照)。

認定試験は、量産車に組み込まれるものよりも厳密な公差で製造された試験用ライトを使用して、実験室条件で行われる。ライトは、それぞれのカテゴリーに対して指定されている光束で点灯される。実験室条件はすべてのヘッドランプに一律に適用されるが、ヘッドランプ取付け高さ、電源の供給、調整など、個別の車両の仕様はほとんど考慮されない。

ロービームのスイッチ機能

すべてのハイビームランプは、ロービームに切り替えると同時に消灯しなければならない。減光 (遅延消灯) は最大5秒まで許されている。パッシング時の減光作用をなくすためには、反応遅延時間を2秒に抑える必要がある。一方、ハイビームに切り換えたときは、ロービームが点灯し続けてもよい (同時点灯)。H4バルブは通常、2つのフィラメントを短時間いっしょに作動させるのに適している。

ハイビームの構成

ハイビームのヘッドランプは、少なくとも2灯、多くとも4灯と規定されている。規定されたインストルメントパネルのハイビームインジケーターランプは、青または黄色である。

ハイビームの照明技術

ハイビームは、通常、リフレクターの焦点に配置された光源によって生成される (図5)。これにより、光は反射されてリフレクターの軸方向に放出される。ハイビームの達成可能な最大光度は、リフレクターの反射面に大きく依存する。特に4灯式ヘッドランプシステムでは、ほぼ放物面形のハイビームリフレクターに代えて、「重ね合わせ」ハイビームパターンを生成するように設計された複雑な幾何学的構造を持つユニットが使用されていることもある。このようなユニットの設計は、ロービームパターンと調和するハイビーム配光を達成するように計算されている (同時点灯)。純粋なハイビームは、いわばロービーム照射に「重ね合わされる」。このようにすることで、車両のすぐ前方での好ましくないオーバーラップの発生が回避される。

ハイビームの配光パターンは、ロービームに関する規定とともに、法規および指針に定義されている。

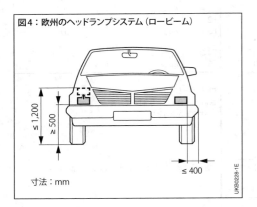

図4：欧州のヘッドランプシステム (ロービーム)
寸法：mm

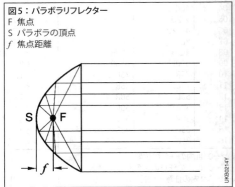

図5：パラボラリフレクター
F 焦点
S パラボラの頂点
f 焦点距離

車両に取り付けられている、すべてのハイビームヘッドランプの光度を合計した最大許容光度が430,000 cdである。この値は、それぞれのヘッドランプの認定コードに隣接する識別コードに示されている。430,000 cdはコード100に相当する。ハイビームの光度は25などの数字で表され、円形のECE認定マークの隣に表示されている。車両のヘッドランプがこれらのみである（補助走行ランプが存在しない）場合、合計光度は430,000 cdの50/100、つまり215,000 cdになる。

補助走行ランプ

補助走行ランプは、標準のハイビームヘッドランプのハイビーム効果を補完する。

補助走行ランプの取付けと調整については、標準ヘッドランプと同じであり、照明の基本技術も同じである。また、補助走行ランプは、車両照明装置の最大光度を規制するヘッドランプの条項に従う（参照コードの合計が100を超えてはならない）。認証コードのない古いランプについては、値は10と見なされる。

米国のヘッドランプシステム

米国の法規とガイドライン

Federal Motor Vehicle Safety Standard (FMVSS、連邦自動車安全基準) No.108 [27] および関連のSAE Ground Vehicle Lighting Standards Manual (Standards and Recommended Practices) (SAE路面車両照明に関する手引き (基準および推奨方法)) が米国内における規格である。

ヘッドランプの取付けおよび制御回路に関する規定は、欧州のものと類似している部分がある。ただし、1997年5月1日から、米国でも明暗分割式ヘッドランプが認可されているが、これらには手動による調節が必要である。今日では、欧州と米国の両方の法的要件を満たすヘッドランプの開発が可能である。

欧州での場合と同様に、米国でも、2灯式ヘッドランプおよび4灯式ヘッドランプが使用されている。ただし、フォグランプおよび補助ハイビームヘッドランプの取付けおよび使用はさまざまで、場合によっては大幅に異なり、50州のそれぞれで制定されている法規制に適合している必要がある。

1983年まで、米国において認められていたシールドビームヘッドランプのサイズ (図6) は次のもののみであった。

2灯式ヘッドランプシステム：
– 直径178 mm (丸型)
– 200 × 142 mm (角型)

図6：米国のシールドビームヘッドランプ
a ロービーム
b ハイビーム
1 ロービームフィラメント
2 焦点
3 ハイビームフィラメント (焦点上に位置する)

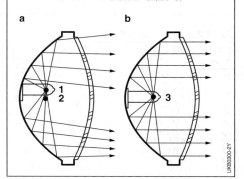

4灯式ヘッドランプシステム:
- 直径 146 mm (丸型)
- 165 × 100 mm (角型)

ロービームの照明技術

米国における配光パターンは、ヘッドランプの構造により、欧州のシステムと大きく異なる場合と、ほとんど異ならない場合がある。特に米国では最小眩惑レベルが高く、ロービームの照射幅が最大となるポイントがより車両に近い位置に設定されている。基本的な設定は一般的に高めである(図7および表3の測定ポイントを参照)。

ハイビーム

ハイビームヘッドランプの方式は欧州のものと同一である。配光パターンの必要な分散幅が異なり、ハイビームヘッドランプの光軸上の最大値が小さい。

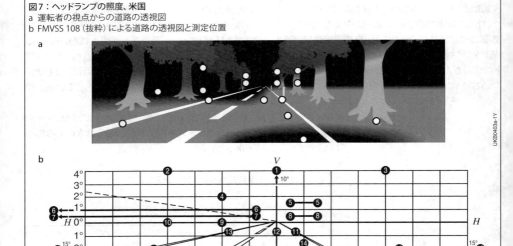

図7: ヘッドランプの照度、米国
a 運転者の視点からの道路の透視図
b FMVSS 108 (抜粋) による道路の透視図と測定位置

表3: 測定位置とヘッドランプの光度、ロービーム

図中の番号	測定位置	照度 (cd)
01	10U-90U	≤125
02	4U、8L	≥64
03	4U、8R	≥64
04	2U、4L	≥135
05	1.5U、1R-3R	≥200
05	1.5U、1R-R	≤1,400
06	1U、1.5L-L	≤700
07	0.5U、1.5L-L	≤1,000
08	0.5U、1R-3R	≥500、≤2,700
09	H、4L	≥135
10	H、8L	≥64

図中の番号	測定位置	照度 (cd)
11	0.6D、1.3R	≥10,000
12	0.86D、V	≥4,500
13	0.86D、3.5L	≥1,800、≤12,000
14	1.5D、2R	≥15,000
15	2D、9L	≥1,250
16	2D、9R	≥1,250
17	2D、15L	≥1,000
18	2D、15R	≥1,000
19	4D、4R	≥12,500
20	4D、20L	≥300
21	4D、20R	≥300

デザイン

シールドビーム構造

今日ではもはや一般的にはあまり使用されていないこのタイプのライト（図6）では、光源が封じ込められていないため、アルミニウム処理したガラスリフレクターをレンズで気密密閉しなければならない。密閉後、ランプ全体が不活性ガスで満たされる。万一フィラメントが燃えた場合は、光源全体を取り替えなければならない。ハロゲン光源を使ったランプもある。

シールドビームヘッドランプは機種が限定されるため、フロントエンドのデザインは大きな制約を受ける。

車両ヘッドランプ調整装置 (VHAD)

これは、各ヘッドランプに組み込まれた水準器を使用して垂直方向の調整を、指針と目盛りで構成されるシステムを使用して水平方向の調整を行うバルブ交換式ヘッドランプである。これが事実上の「オンボード調整」に相当する。

目視調整用ヘッドランプ (VOL/VOR)

このシステムは1997年から使用されている。ロービームにヘッドランプの目視調整を可能にする明暗分割線がある（欧州では標準の）バルブ交換式ヘッドランプである。

左水平明暗分割（VOL（目視光学調整左）、ヘッドランプにVOLマーク）または、米国でよく使用されている右水平明暗分割（VOR（目視光学調整右）、ヘッドランプにVORマーク）のどちらかが使用されている。米国方式で重要な点は明暗分割線の位置であり、欧州のそれよりもずっと水平に近い（傾斜角はタイプにより異なり、0.4〜0 %である）このようなシステムでは、潜在的な眩惑が発生する可能性が高くなる。

この方式のヘッドランプには、水平方向の調整機能はない。

定義と用語

光学技術の定義と用語

ヘッドランプレンジ

ヘッドランプビームが一定以上の照度を維持しながら到達しうる距離のこと。レーンの右側では、たいてい1 luxを基準値とする（右側通行）。

ヘッドランプの幾何学的レンジ

ヘッドランプの投射光の明暗を分ける水平境界線（分割線）が、路面と交わるまでの距離（表4を参照）、ロービームの傾きが1 %、または10 m当たり10 cmであれば、幾何学的レンジはヘッドランプ取付け高さの100倍となる（リフレクターの中心と路面からの高さ）。

視界レンジ

視界レンジとは、人間の視野の輝度分布内に存在する物体（車両や目標物など）が視認できる距離のことである。

視界レンジを数値で把握することは難しい。なぜなら、視界レンジは、物体の形、大きさ、反射度、路面の状況、ヘッドランプのデザインと汚れ具合、運転者の目の生理的状況など、多くの要素に左右されるからである。視界レンジは極端な悪条件下（右側通行において濡れている路面の左側レーン）では20 m未満に低下し、良好な条件下（右側通行において右側レーン）では100 mを超えることもある。

減能グレア

グレアを発する光源に応答して発生する視機能の定量化可能な低下のことである。対向車の接近により発生する視界レンジの減少などが該当する。

不快グレア

視機能低下を引き起こすわけではないが、不快感を覚えさせるまぶしさをこのように呼ぶ。不快グレアの場合、快／不快の度合は、所定の測定スケールに従って評価される。

1230 車両のボディ

ヘッドランプ技術

リフレクターの焦点距離

従来のヘッドランプおよびその他の自動車ランプのリフレクターは、放物面状になっている (図5)。焦点距離 f (パラボラリフレクターの頂点と焦点間の距離) は、15 ～ 40 mmである。

自由形状リフレクター

今日の自由形状リフレクターの形状は、複雑な数学計算で求められる (HNS：均一数値計算表面)。短平均焦点距離 f は、リフレクターの頂点と発光体の中心間の距離で与えられる。通常は 15 ～ 25 mmの範囲である。

多数の段面や切子面で構成されたリフレクターの場合、それぞれの小面が固有の平均焦点距離 f を持つように作成できる。

リフレクターの発光部範囲

リフレクター開口部全体を断面に平行投影したときに得られる面。断面は、車両の進行方向と直交することが多い。

有効な光束、ヘッドランプ効率

有効な光束とは、反射または屈折コンポーネントを通過して、照明として有効に働く光源光束の割合である。たとえば、ヘッドランプのリフレクターを経て路面に投光される光の、光源の光量に対する割合をいう。効率を上げるため、一般に短焦点のリフレクターが利用される。なぜなら、焦点距離の短いリフレクターは、外の方向に大きく広がってバルブを包囲し、その結果、光束の大部分が照明に有効な光線に変えられるからである。

形状視認性の角度

これ以下では照明の当たった面全体が見えないとされる角度。装置の軸を基準に測定する。

ヘッドランプのさまざまな技術仕様

コンポーネント

リフレクター

リフレクターは、光源からの光線を直接道路に照射するか (反射システム)、中間平面に照射して、さらにレンズを通じて照射する (投光システム)。リフレクターには、プラスチック製、ダイキャスト製、鋼板製のものがある。

プラスチック製リフレクターは射出成形によって製造され (熱硬化性プラスチック)、寸法再現精度が深絞り加工よりも大幅に優れている。達成可能な寸法公差は0.01 mmのレベルである。また、段階的形状および任意の切子面区分のリフレクターを製造できる。基材に防錆処理を施す必要もない。

ダイキャストには通常はアルミニウム合金が使用されるが、マグネシウム合金が使用されることもある。ダイキャスト製の利点は、高い耐熱性と、非常に複雑な形状を使用できることである (バルブホルダー、ねじ穴、ボス)。

熱硬化性プラスチック製およびダイキャスト製リフレクターの表面は、厚さ50 ～ 150 nmのアルミニウム層を加工する前に、吹付け塗装または粉体塗装を施すことにより滑らかに仕上げられる。さらに薄い透明の保護膜をコーティングすることにより、アルミニウムの酸化が防止されている。

鋼板製リフレクターは、深絞り加工とプレス金型により製造される。次に粉体塗料が塗布される。これにより鋼板が密閉され、表面が非常に滑らかになる。このようにして行われた基本的なコーティングの後、他の方式のリフレクターと同様に、アルミニウムのコーティングが施される。

レンズ

成形レンズの大部分は、高純度 (気泡や条痕のない) ガラスを使用して製造される。レンズの成形工程では、最終製品に好ましくない上向きの光の屈折が発生し、対向車を眩惑することがないように、表面の品質が最優先される。レンズプリズムの種類と構造は、リフレクターと必要な配光パターンに依存する。

現代のヘッドランプに使用されている透明レンズは、通常は、プラスチック製である。プラスチックレンズは、軽量であるだけでなく、ヘッドランプおよび車両のデザインの自由度が高いなど、自動車用として数多くの利点がある。2007年頃から多色プラスチックレンズ（2成分レンズ）も使用されている。これは、端部が別の色（通常は黒色または灰色）で塗装されているものである。このレンズの利点は、塗装ツールがインナースライドを不要とするように設計されていて、目に見える面の分割線をなくせることである。端部からの光の分散も回避される。

次のような理由により、プラスチックレンズを乾いた布で拭かないようにする必要がある。
- レンズの表面には傷がつかないようにコーティングが施されているが、乾いた布で擦るとレンズの表面に傷がつくことがある
- また、乾いた布で擦るとレンズに静電気が発生し、レンズの内側に埃が付着することがある

ヘッドランプの仕様

反射式ヘッドランプ

ほぼ放物面形状のリフレクター（図5および図8）を用いた従来のヘッドランプシステムの場合、ロービームの性能はリフレクターの大きさに比例していた。同時に、幾何学的な光の到達距離は、ライトの取付け位置が高いほど長くなるという性質がある。

その一方で空気力学上、車両先端はできるだけ低くしたいという要求がある。このような条件の下でリフレクターのサイズを拡大すると、結果としてヘッドランプの幅を広くすることになる。

同じ大きさのリフレクターでも、焦点距離が違えば性能も異なる。焦点距離が短ければ、光束が広くなり、近距離および横方向の照度が向上する。これは、カーブを曲がるときに特に有利である。

特別に開発された照明用プログラム（CAL、コンピューター支援光学系設計）により、非パラボラ断面の無段階的に変化する形状のリフレクターや多面体リフレクターを実現できるようになった。

多面体リフレクターヘッドランプ

多面体リフレクターの場合、リフレクターの表面が細かく分割され、それぞれの小さな面が個別に最適化されている。多面体リフレクターの重要な特徴は、分割した小平面のすべての境界面で、不連続性と段

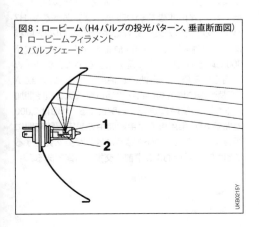

図8：ロービーム（H4バルブの投光パターン、垂直断面図）
1 ロービームフィラメント
2 バルブシェード

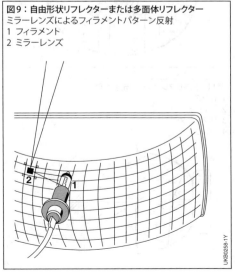

図9：自由形状リフレクターまたは多面体リフレクター
ミラーレンズによるフィラメントパターン反射
1 フィラメント
2 ミラーレンズ

差が許されることである。この結果、最高度の均一性と横方向の照明能力を持つ自由形状リフレクター面をデザインすることができる（図9、図10）。

PESヘッドランプ

PES（多楕円面）ヘッドランプシステムには、結像光学系（図11）が使用され、これまでのヘッドランプに比べてデザインの自由度が高い。レンズ開口部の口径がわずか40〜70 mmでありながら、これまでは大面積のヘッドランプでなければ達成できなかった配光パターンを生成することができる。これは、楕円面の（CALを使用して設計した）リフレクターに光学投光技術を組み合わせることによって、このような結果が得られた。シェードは、くっきりした明暗分割線を作り出す。個々の必要性に応じて、境界線の明暗のコントラストを高く、または意図的に低くできる他、任意のパターンの境界線を描くこともできる。

PESヘッドランプは、従来のハイビーム、ポジションランプ、およびPESフォグランプと組み合わせて、ヘッドランプ全体の高さがわずか80 mmほどのユニットを構成することができる。

PESヘッドランプでは、光路のデザインを工夫することで、レンズ周辺部を結像として使用することもできる。これによる結像シェードの拡大は、特にレンズ径が小さいときに対向車に与える心理的な眩しさをやわらげる効果がある。この追加面は、レンズ、部分的に蒸着処理を施したスクリーン、あるいは明るい円形や方形のギャップまたは明るい3次元オブジェクトによるデザインエレメントとすることもできる。

キセノンヘッドランプ

中核コンポーネントとしてキセノンガス放電ランプを使用したこのヘッドランプシステム（図12）は、高い照度と最小の前面面積を実現し、空気抵抗係数 c_W を低く抑えたデザインの車両に最適である。これまでのフィラメントバルブとは異なり、光線はサクランボの種ほどの大きさの小さなバーナー内のプラズマ放電によって生成される（図13）。

キセノンD2Sバルブのアークは、H7バルブと比較して2倍の光束を高い色温度（4,200 K）で生成する、すなわち光色は自然光にきわめて近いものとなる。出力が25WにすぎないD5Sバルブであっても、H7バルブの3倍の光束を35Wのキセノンバルブと同様に高い色温度で生成する。放電エレメントの温度が900℃以上の実用温度に達すると、直ちに約90 lm/Wに相当する最大発光効率が使用できる。最大2.6 A（連続動作の場合約0.4 A）の過負荷電流を短時間加えることで、瞬時に強力な照明となる。寿命は2,000時間であり、乗用車の耐用期間中の想定照明時間に相当する。フィラメントのように故障が突然発生することはなく、診断および事前の交換が可能である。

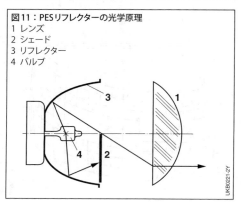

図10：多面体リフレクター
a 垂直区分
b 半径方向および水平方向区分

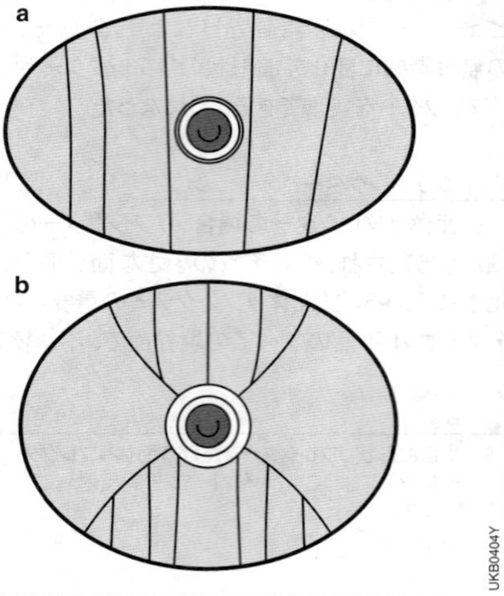

図11：PESリフレクターの光学原理
1 レンズ
2 シェード
3 リフレクター
4 バルブ

照明装置 **1233**

現時点ではD1およびD2バルブのガス放電ランプが、また2012年以降は出力35WのD3およびD4バルブのみが使用されている。D3およびD4では、重金属水銀の使用（約1 mg）をなくすことができる。これらのバルブは、使用電圧が低く、プラズマの生成方式が異なり、アークの大きさが異なる。これは、新しいカテゴリーである25Wガス放電ランプD5、D6およびD8についても同様である。一般に、電子制御ユニットはそれぞれのバルブ型式専用に開発されていて互換性がないため、相互に交換可能ではない。

D2およびD4シリーズの自動車用ガス放電ランプは、高電圧用ベースとUVガラスシールドを備えている。D1およびD3シリーズのモジュールでは、作動に必要な高電圧電子装置もランプベースに組み込まれている。カテゴリーD5のランプは特殊なものであり、このカテゴリーのランプには、点火ユニットも制御ユニットもガス放電ランプのベースに一体化されているという利点がある。

すべてのシステムは、さらに投光式ヘッドランプシステム用のSバルブと、反射式ヘッドランプシステム用のRバルブの2つに分けることができる。Rバルブには、明暗分割を生成するためのライトシールドが備えられている、これはハロゲンH4ロービームに使用されているバルブカバーに相当する。現時点では、D1SおよびD3Sバルブが最も広く使用されている。

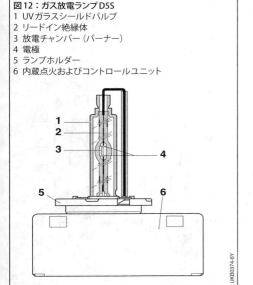

図12：ガス放電ランプD5S
1 UVガラスシールドバルブ
2 リードイン絶縁体
3 放電チャンバー（バーナー）
4 電極
5 ランプホルダー
6 内蔵点火およびコントロールユニット

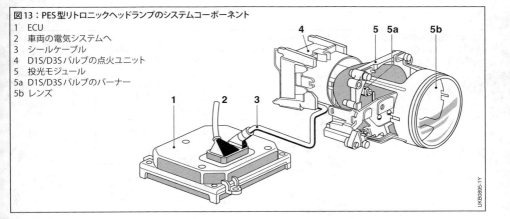

図13：PES型リトロニックヘッドランプのシステムコーポーネント
1 ECU
2 車両の電気システムへ
3 シールケーブル
4 D1S/D3Sバルブの点火ユニット
5 投光モジュール
5a D1S/D3Sバルブのバーナー
5b レンズ

電子安定器（図14）はリトロニック（Litronic、「Light and Electronics」からの造語）ヘッドランプの構成部品で、ライトの制御と監視を行う。その主な機能は、ガス放電の点火（10～20 kV）、バルブの冷えている場合のウォームアップ中の電源供給制御、連続点灯時の需要に基づく電源供給である。

この装置は、車両電気システムの電圧変動を補正することにより、光度をほぼ一定に保つことができる（つまり、光束の変動を防止する）。バルブが消灯した場合（車両電気システムの電圧の瞬間的な下降などで）、再点火が瞬時に自動的に行われる。

電子安定器は、不具合（バルブの損傷など）が発生すると、それを検出して、誤って触れた場合でも負傷しないように電源を遮断する。

リトロニックヘッドランプによって生成されたキセノン光は、車両前方の遠くまで幅広く照射する（図15）。これにより非常に幅の広い路面照射が可能になり、ハロゲンユニットで前方の道路を照射するのと同じくらいの明るさで、カーブや幅の広い道路の両端を照射することができる。厳しい走行条件や悪天候下での運転者の視認性と自車位置の把握が大幅に改善される。

35Wガス放電ランプ付きのリトロニックヘッドランプには、ECE規則48 [12]に基づいて、光軸自動調整機能とヘッドランプクリーニングシステムが備えられている。これらは光束が低い25Wランプのヘッドランプには要求されていない、このようなヘッドランプは、ハロゲンヘッドアンプ同様に手動ヘッドランプレンジ調整装置でも操作できるためである。このことが、アフターマーケット（後付け）セクターにおけるハロゲ

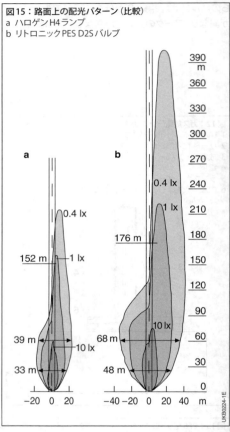

図15：路面上の配光パターン（比較）
a ハロゲンH4ランプ
b リトロニックPES D2S バルブ

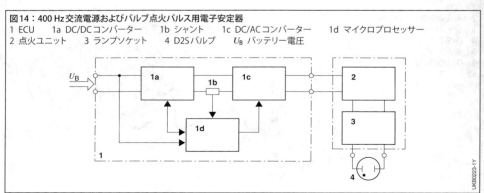

図14：400 Hz交流電源およびバルブ点火パルス用電子安定器
1 ECU　1a DC/DCコンバーター　1b シャント　1c DC/ACコンバーター　1d マイクロプロセッサー
2 点火ユニット　3 ランプソケット　4 D2Sバルブ　U_B バッテリー電圧

ンヘッドランプから25Wガス放電ヘッドランプへの変更を容易にしている。

バイリトロニック

バイリトロニックシステムは、単一のガス放電バルブのアークによりロービームとハイビームの両方を生成することができる。

バイリトロニック「プロジェクション」（バイキセノン）

バイリトロニック「プロジェクション」システムはPESリトロニックヘッドランプをベースにしたもので（図16）、ハイビームの場合は、明暗分割を生成するライトシールド（ロービーム用）が光ビームから抜き取られる。レンズ口径は70 mmのバイリトロニック「プロジェクション」は今日使用されるハイビーム／ロービーム対応の組合せヘッドランプの中で最もコンパクトなだけでなく、発光効率の点でも卓越している（図18）。

バイリトロニック「プロジェクション」の優位な点は、まずもってハイビームにキセノンライトを使用していることである。

バイリトロニック「リフレクション」

モノおよびバイの両方のキセノンシステムで、両方のヘッドランプ機能に単一のDxRバルブが使用されている。

バイキセノンバージョンでは、ハイ／ロービームの切換えを行うと、電気機械式アクチュエーターによって、リフレクター内のガス放電バルブが、ハイビームまたはロービーム生成用の位置に移動する（図17）。

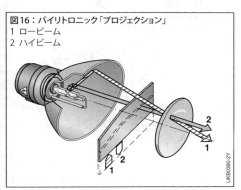

図16：バイリトロニック「プロジェクション」
1 ロービーム
2 ハイビーム

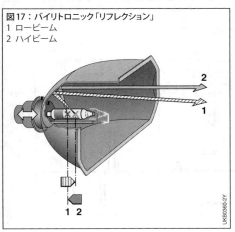

図17：バイリトロニック「リフレクション」
1 ロービーム
2 ハイビーム

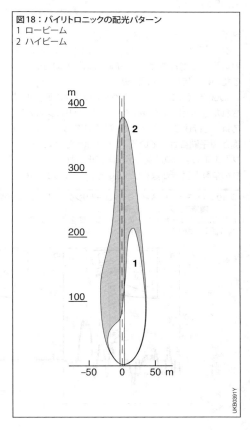

図18：バイリトロニックの配光パターン
1 ロービーム
2 ハイビーム

コーナリングヘッドランプ

コーナリングヘッドランプの一般使用が2003年の年初から承認されている。それまでは、ステアリングアングルの変化に合わせてハイビームヘッドランプのみを旋回させることが許可されていたが（1960年代のCitroën DS）、現在ではロービームヘッドランプ（ダイナミックコーナリングヘッドランプまたはアダプティブヘッドランプ）または補助光源（スタティックコーナリングヘッドランプ）の旋回も許可されている。これにより、カーブの連続する道路でも広い視界レンジが得られる。

スタティックコーナリングヘッドランプ

スタティックコーナリングヘッドランプは、主として車両近くの側方を照射するために使用される（曲がりくねった道路、ヘアピンカーブ）。このためには、通常は追加のリフレクターエレメントを作動させるのが最も効果的である。

ダイナミックコーナリングヘッドランプ

ダイナミックコーナリングヘッドランプは、つづら折れの道路の走行時などに、車両の進行方向を照射するために使用される（図19）。

1960年代のコーナリングヘッドランプの直接連結された動作と比べて、新しい「ハイエンドのシステム」では、走行速度に合わせて、旋回速度および旋回角度が電子制御されている。これによって、ヘッドランプと車両の姿勢の「調和」が最適化され、ヘッドランプの無駄な動きがなくなっている。ヘッドランプの位置決めは、位置決めユニット（ステッピングモーター）によって行われ、基本モジュールまたはロービームモジュールあるいはリフレクターエレメントが、ステアリングホイールの操舵角またはフロントホイールのステアリングアングルの変化に合わせて動く（図20）。これらの動きがセンサーによって検出され、「フェイル

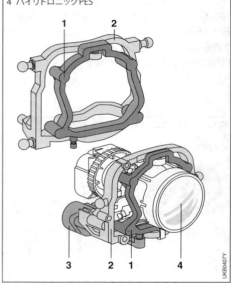

図20：コーナリングヘッドランプモジュール
1 支持フレーム
2 取付けフレーム
3 水平回転用駆動モーター
4 バイリトロニックPES

図19：スタティック／ダイナミックコーナリングヘッドランプの旋回モジュールおよび本体モジュールのスイッチおよび調整ストラテジー（左側）
a 「一般道／コーナリング」位置　b 「高速道路」位置　c 「市街地／方向転換」位置
1 旋回モジュール　2 本体モジュール

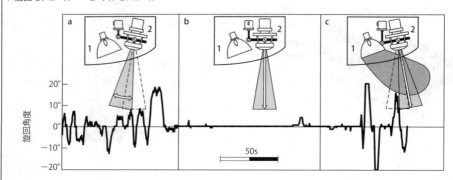

セーフ」アルゴリズムにより対向車の眩惑を防止している。一般的な法的要件により、ヘッドランプビームの方向を変えることができるのは、これによる対向車の眩惑を防ぐため、車両の前方約70 mにおける道路のセンターラインまでと規定されている。

安全性と走行快適性

ダイナミックコーナリングヘッドランプの登場により、夜間の走行安全性と走行快適性が大幅に向上した（図21）。従来のロービームヘッドランプと比べて視界レンジの約70 %の改善が達成され、これは走行時間にして1.6秒前進した場合に得られる視界レンジに相当する。コーナリングヘッドランプにより、運転者はより的確に危険な状況を評価して、早期に制動動作を開始できる。その結果、事故の程度を大幅に低下させることができる。スタティックコーナリングヘッドランプにより、方向転換時の視界レンジは2倍になる。

AFS機能

高速道路ビーム

特別な走行状況の場合、それぞれの走行状況においてより良い視界を確保するための配光パターンが開発されている（AFS、アダプティブフロントライティングシステム）。高速道路ビーム（図22）の開発では、対向車を過度に眩惑することなくより良い視界を得ることに特に注意が払われている。視認可能距離が最大150 mまで伸びるため、最大2秒早く障害物を検出することができる（100 km/hで走行時のハロゲンヘッドランプとの比較）。これにより危険な状況をより早い段階で評価でき、それだけ早くブレーキをかけることができる。

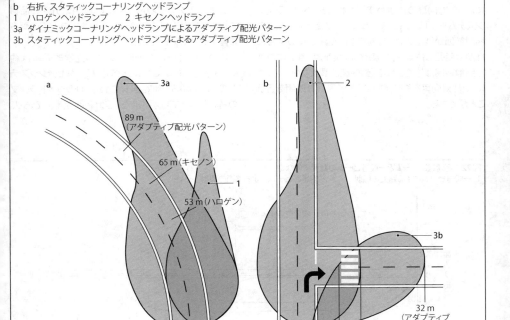

図21：コーナリングヘッドランプのアダプティブ配光パターンによる大幅な視認性改善
a　左カーブ、ダイナミックコーナリングヘッドランプ
b　右折、スタティックコーナリングヘッドランプ
1　ハロゲンヘッドランプ　　2　キセノンヘッドランプ
3a　ダイナミックコーナリングヘッドランプによるアダプティブ配光パターン
3b　スタティックコーナリングヘッドランプによるアダプティブ配光パターン

悪天候ライト

悪天候ライトビームは、運転者による路面の目視確認の改善を目的としたものである。特に、道路の両側のゾーンの照明が改善される。

悪天候ライトで最も多いタイプは、左側のコーナリングヘッドランプモジュールを左側に8°回転して、同時に光軸を少し下げるか、スタティックコーナリングライトを点灯するものである。これにより、路面と路肩が幅広く照射される。悪天候ライトビームは、運転者による路面の目視確認の改善を目的としたものである。将来的には、側方の照明を広げるためのコンポーネントエレメントの作動なども行われるようになると思われる。その制御には、たとえばステアリングアングル情報や方向指示器の作動情報などが使用される。続いて個々のセグメントが、「擬似動的に」操作される。

ヘッドランプの機能と運転者支援システム

自動車エンジニアリングへのビデオテクノロジーの導入によって、ビデオカメラをベースとしたヘッドランプ機能を実現することが可能になっている。カメラによって対向車の位置が確認されると、ヘッドランプシステムまたはAFSシステムによって走行用ライトの照射範囲が調整され、対向車との距離が長い場合には照射範囲も長く、対向車との距離が短くなるにつれて照射範囲は短くされる(動的範囲調整機能)。これにより、対向車を眩惑することなく最適な照明を行うことができる。

LEDヘッドランプ
エネルギー消費の削減の可能性

CO_2の排出と燃料の消費を抑えるため、経済的な代替手段としてのLEDの使用が増えている。将来の低エネルギー車両では、ヘッドランプ機能のエネルギー消費が非常に大きな意味を持つことになるであろう。キセノンおよびLEDの使用により、EUが求めているレベルの燃料消費の最適化と路上での安全性の改善を達成することができる。

今日のLEDシステムは、性能(光束、範囲、側方照明)にもよるが、ハロゲンバルブよりもエネルギーの消費が少なくなっている。現時点での消費電力は、1つのヘッドランプあたり28〜50 Wである。約65 W (13.2 V)のバルブの出力と比較すると、1台の車両あたり30〜70 W削減できる可能性がある。

ロービームスポットには、1つの投光システムと2つの反射エレメントが使用されている。それぞれが2つのLEDで構成された3つのマルチチップLEDの光が3つのプライマリー光学エレメントによって集光され、1つの投光レンズによって照射される。光学システムにはスクリーンが組み込まれ、明暗分割の品質を保証している。リフレクターがレンズの上下の両方に配置されている(図23)。

LEDロービームヘッドランプの光学的効率は約45%程度である。これに比べて、バイキセノンシステムの効率は約33%である。これは、LEDヘッドランプの特性によって説明できる。照射範囲が半分であり、

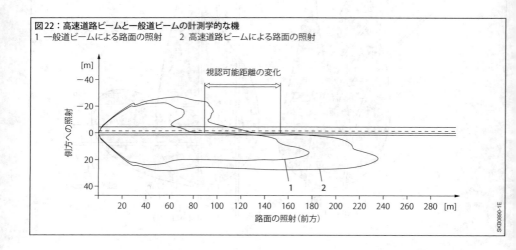

図22:高速道路ビームと一般道ビームの計測学的な機
1 一般道ビームによる路面の照射　　2 高速道路ビームによる路面の照射

従来の光源のように全範囲を照射するのではないからである。LEDシステムは効率が高いため、1つのLEDロービームヘッドランプを使用してバイキセノンシステムと同じ光束で路面を照射するのに必要なLED内の光束はより少ないもので済む。

将来さらにLEDの性能が向上すれば、ヘッドランプの性能を常に高いレベルに維持しながら、制御ユニットから供給する電力が削減されるであろう。

市場に現れ始めているLEDヘッドランプは、ヘッドランプがデザイン要素としてもより重要な役割を果すようになってきていることを示している。たとえば、2008年に、あるヘッドランプが国際的に名高いデザイン賞を初めて受賞した。

世界中での総走行距離数の約75％が日中のものである。したがって、日中走行用ライトのエネルギー消費も非常に重要である。一般的なLED日中走行用ライトのエネルギー消費は、1車両あたり14 W（0.36 g CO_2/km）である。車両の灯火類（ロービームヘッドランプ、テールランプ、ポジションランプ、ナンバープレートランプ、スイッチおよび計器類の照明）を日中に使用すると、最大300 W（7.86 g CO_2/km）のエネルギーを消費する。

レーザーライト

レーザーライトとは、青色レーザーダイオード（「レーザーLED」を参照）をベースとした光源のヘッドランプ機能のことである。白色LEDの場合と同様に青色レーザー放射は燐光体変換により白色波長に変換され、拡散される。変換器を含むレーザー光源の利点は、現在使用されているLEDと比較して光度が5～7倍高いことである。この高い光度により、小さなリフレクターで高い輝度の配光を実現する。これにより、例えば路面照射距離がおよそ2倍の補助ハイビームが可能になる。路面における照度が高いということは、遠距離にある物体の早期検知を向上させ、安全性を大幅に高める結果となる。

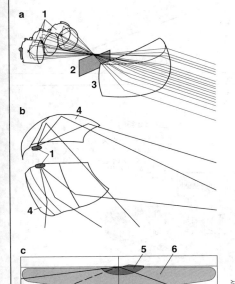

図23：LEDロービームヘッドランプの基本構造
投光システムと反射システムの相互作用
a スポット照明用投光システム
b 基本照明用反射システム
c 合成配光パターン
1 LED
2 明暗分割用ライトシールド
3 投光システム
4 リフレクター
5 スポット照明
6 基本照明

グレアフリーハイビーム

「グレアフリーハイビーム」とは、ハイビームに分類されるが、従来のハイビームとは異なり先行車あるいは対向車がある交通状況でも有効にすることができる照明機能のことである。この機能は、国際的には、また法規条項においてはアダプティブドライビングビーム（ADB）と呼ばれている。この機能を制御するには、他の道路利用者の位置を迅速かつ正確に特定するカメラと画像解析が必要になる。この情報により、ハイビーム配光の影となる部分が適切に制御される（図24、「ハイビームアシスタント」も参照）。

ダイナミックシステム

このタイプは、ダイナミックコーナリングヘッドランプ（図20を参照）をベースとしている。左側のヘッドランプが右側に対する垂直方向明暗分割のある部分ハイビーム配光を生成し、右ヘッドランプが右部分ハイビーム配光を生成する。「通常」のハイビームにおいては、中央領域の照度を高くするために両方の部分ハイビーム配光の中央部が重ね合わされる。他の道路利用者の幻惑を防止するために、両側におけるダイナミックな動きにより適切な位置に適切な幅の影が生成される。

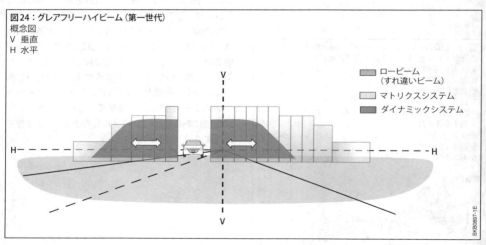

図24：グレアフリーハイビーム（第一世代）
概念図
V　垂直
H　水平

ロービーム（すれ違いビーム）
マトリクスシステム
ダイナミックシステム

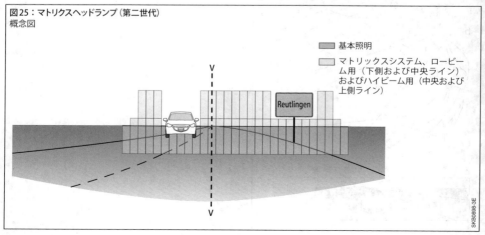

図25：マトリクスヘッドランプ（第二世代）
概念図

基本照明
マトリックスシステム、ロービーム用（下側および中央ライン）およびハイビーム用（中央および上側ライン）

マトリックスシステム

　グレアフリーハイビームをマトリックスシステムで実現する場合は、一般的に12〜18のストリップで配光を形成する。光源としては個々のLED、あるいは個別に切換えが可能なチップのあるLED列が使用され、コンパクトな形状、素早いスイッチング、ディマー機能などの特徴がある。各ストリップは1つのLEDチップで構成されている。個々のLEDあるいはLEDグループを適切にオフにすることで、交通状況に応じて影となる領域を形成する。「通常」のハイビーム配光では全てのLEDを作動させ、適切な減光パターンによりバランスのとれた配光を実現する。

マトリックスヘッドランプ

　グレアフリーハイビーム用の1列マトリックスシステムのさらなる改良型として、いくつかの車両においては84ピクセルの3列モジュールが採用されている。ピクセル解像度が高いので、他の道路利用者の幻惑を防止するための影をより精密に配置できる（図25）。加えて、道路交通標識の幻惑防止のために影を追加して生成することができる。

ロービームにおけるマトリックス

　1列システムとの基本的な相違として、このタイプではロービームの一部もマトリックスモジュールにより形成されることが挙げられる。これにより、機械的なアクチュエーターなしで、LEDを電子的に制御するだけでダイナミックコーナリングヘッドランプも実現可能になる。さらに、悪天候ライトにおいて濡れた路面における反射による対向車（対向道路利用者）の幻惑を低減するために、配光領域を適切に減光することができる。

フォグランプ

　フォグランプ（白色光）は、霧、雪、豪雨、塵埃の中での視界を改善するためのものである。そのために、特に側方への照射の割合を高めたビームが生成される。車両に近い側方路面が特によく照明される。近くに存在する物体は極めて明るく照射される。車両のはるか前方の暗い路面を照射するのとは異なり車両付近の物体が明るく照射することで、悪天候条件下での運転者の視界確保に寄与する。

デザイン

　ユーザーおよびディーラー取付けのフォグランプは、専用のハウジングのある独立した投光ユニットとなっている。取付けはバンパーの上方に取り付けるか、バンパーの下に吊り下げる形をとる（図26）。スタイルや空気力学への配慮から、フォグランプは内蔵型になる傾向にある。ボディパネルに埋め込む方式と、照明装置にコンポーネントとして組み込む方式がある。フォグランプをヘッドランプに組み込む場合は、調整可能なリフレクターが使用される。

　現在のフォグランプは白色光である。黄色のランプに生理学上の利点があるとの実質的な証拠は何もない。フォグランプの効果は、照明範囲とリフレクターの焦点距離に依存する。同じ照明範囲と焦点距離の場合、技術的な観点からすると丸型と角型のフォグランプに優位差はない。

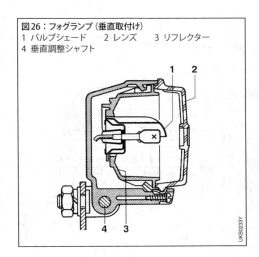

図26：フォグランプ（垂直取付け）
1　バルブシェード　　2　レンズ　　3　リフレクター
4　垂直調整シャフト

法規

フォグランプの構造に関する法規は ECE R19 [8]、取付けは ECE R48 [12] (StVZO (道路交通認可規則) § 52 [3]、ドイツ国内) に定められている。白色または黄色のフォグランプは、2個まで認められている。フォグランプのスイッチ回路は、ハイおよびロービームの回路から独立したものでなければならない。ドイツのStVZOによると、フォグランプは、車両の最も外側から400 mm以上離して取り付ける必要があり、ランプのスイッチがロービームと連動するよう設計しなければならない (図27)。

レンズ付きパラボラリフレクター

焦点上に光源のあるパラボラリフレクターが、軸に平行な光を反射する (ハイビームのとき) (図26)。レンズはビームを水平に配光するとともに、シェードによって、ビームが上方に配光されるのを防いでいる。

自由形状技術

CAL (コンピューター支援光学系設計) などの計算プログラムを使用して、リフレクターの形状を、光を直接 (つまり光学レンズを使用せずに) 拡散させ、明瞭な明暗分割を (スクリーンを使用せずに) 生成するように設計することができる。リフレクターによるバルブの包囲率が高いため、多くの光を最大の拡散幅で投光することができる (図28)。

PESフォグランプ

霧による反射に起因するまぶしさを、最小限に抑えている。レンズを通して像が路面に投影され、明暗分割線のコントラストが最大になる。

技術革新

強力なハロゲン、キセノン、AFSシステムの登場により、フォグランプの技術的機能的な重要性は低下しているようである。それでも、周囲条件が悪い場合の交通状況における照明の改善は相変わらず重要である。これは、今でも使用されている独立したフォグランプ (ECE R19 [8] による) の使用、AFSシステムの悪天候機能 (ECE R123 [23] による) の使用、または両者の併用によって解決することができる。

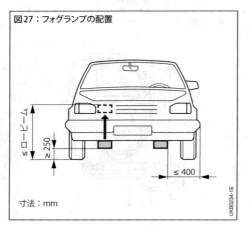

図27：フォグランプの配置
寸法：mm

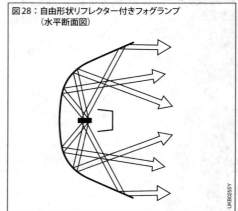

図28：自由形状リフレクター付きフォグランプ (水平断面図)

合図灯の取付けと法規

このタイプの灯火は、車両の認識を容易にし、車両のこれから行おうとしているあるいは現在実行中の方向や動きに関する変更を、他の道路使用者に対して通知するためのものである。これらの灯火に関しては、その用途に応じて赤色、黄色または白色系統の統一された誤認されることのない色とする規定がある。白色、黄色、赤色の灯火は、それぞれ、車両の前面、側面、後面の位置を示すために使用される。ストップランプおよび後面のフォグ警告ランプも赤色である。黄色の灯火は、ターンシグナルランプとしての使用がほとんどである。米国でのみ、赤色のターンシグナルランプも後面に使用できる。

基準軸に沿って照射されるため、すべての灯火の最大および最小の光度は、合図の認識が保証され、かつ、他の道路使用者に対して眩惑を与えないように計算された範囲内に収まっていなければならない。

ターンシグナルランプとハザードフラッシャー
(ECE R6 [6] を参照)

ECE R48およびEEC 76/756では、3車輪以上の車両に対して、Group1（前面）、Group2（後面）、およびGroup5（側面）のターンシグナルランプが規定されている。自動二輪車に対しては、Group2ターンシグナルランプで十分である。

ランプは電気的に監視されている。車室内に、そのためのインジケーターが必要である。ダッシュボードに組み込まれた監視灯には任意の色が使用できる。

点滅頻度は毎分90±30サイクルで、相対点灯時間は30〜80％である。スイッチをオンにしてから1.5秒以内に光が放射されなければならない。車両の片側のすべてのターンシグナルランプが同期して点滅する必要がある。1つのランプが故障した場合でも、残りのランプが可視光の発光を継続しなければならない。

ハザードウォーニングモードでは、すべてのターンシグナルランプが同期して点滅し、車両が停止しても動作を継続する。作動インジケーターも必須である。

前面、後面、側面のターンシグナルランプのそれぞれに、2灯ずつ使用することが規定されている（色は黄色）。米国では、後面および側面のターンシグナルランプに赤色または黄色を使用することができる（SAE J588、1984年11月、[33]）。

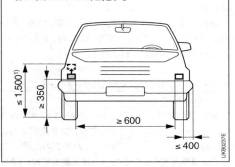

図29：ECEによるフロントターンシグナルランプの配置
（寸法 mm）
1) 構造的な理由により、この限界内に収まらない車両においては2100 mm未満とする

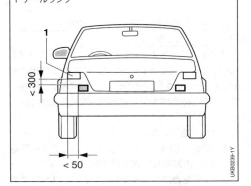

図30：ECEによるリアターンシグナルランプの配置
（寸法 mm）
高さと幅はフロントターンシグナルランプに同じ
1 テールランプ

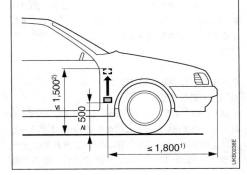

図31：ECEによるサイドターンシグナルランプの配置
（寸法 mm）
構造的な理由により、下図の限界内に収まらない場合
1) または ≤ 2,500 mm
2) または ≤ 2,300 mm

1244 車両のボディ

設計規則

　欧州での設計要件は、ECE 規則 R6、R7、R23、R38、R87 に [6、7、9、11、16]、取付け要件は ECE R48 [12] に規定されている（図29、30、31）。

　米国では、FMVSS 108 に、合図灯の数、位置、色が規定されている。灯火類の設計および技術上の要件が関連の SAE 規格に定義されている。

トレーラーを牽引しない車両のハザードウォーニング／ターンシグナルフラッシャー

　電子式ハザードウォーニング／ターンシグナルフラッシャーには、リレーを通じてランプを点滅するように設計されたパルス発生器と、バルブの故障に応じて点滅頻度を修正するための電流制御監視回路が含まれている。ターンシグナルはコントロールレバーで操作するが、ハザードフラッシャーは専用のスイッチを使用して操作する。

トレーラーを牽引する車両のハザードウォーニング／ターンシグナルフラッシャー

　このタイプのハザードウォーニング／ターンシグナルフラッシャーは、トレーラーを牽引しない車両のものとは異なり、ターンシグナルランプの機能は、進行方向の変更を示すために点滅する際に監視される。

シングル回路モニター

　トラクターとトレーラーが、シングルモニター回路を共用し、点滅回数に異常があると、インジケーターランプ2灯を点灯させるように設計されている。このタイプのユニットでは、点滅周期が一定なため、ランプの異常がどこで起きたかは特定できない。

デュアル回路モニター

　トラクターとトレーラーが、別々のモニター回路を装備している。インジケーターランプが点灯しなくなることで、異常な場所を特定できる。点滅周期は一定である。

テールランプ、ポジションランプ
(ECE R7 [7] を参照)

　ECE R48 および EEC 76/756 に基づいて、車両とトレーラーを連結したときの幅が 1,600 mm を超えるときはポジションランプが必要になる（前方方向）。テールランプ（後面）は、すべての幅の車両に必須の装置

である。幅が 2,100 mm を超える車両（トラックなど）は、前後の方向から見ることのできるクリアランスランプも備えられていなければならない。

ポジションランプ

　2灯の白色光のポジションランプが義務付けられている。米国では、SAE J222、1970年12月、[29] が適用される。

テールランプ

　赤色テールランプを2灯装備することが義務付けられている。テールランプおよびストップランプが一体になっている場合は、光度比は少なくとも 1：5 でなければならない。テールランプはポジションランプとともに点灯しなければならない。

　米国では、SAE J585、2008年2月、[30] が適用される。

クリアランスランプ
(ECE R7 [7] を参照)

　幅が 2,100 mm を超える車両には、前方を向いた2灯の白色のランプと、後方を向いた2灯の赤色のランプが必要である。できるだけ外側の、できるだけ高い位置に配置する必要がある。

　米国では、SAE J592e、[34] が適用される。

サイドマーカーランプ
(ECE R91 [17] を参照)

　ECE R48 に基づいて、長さが 6 m を超える車両には、キャブとシャーシだけの車両を除き、黄色のサイドマーカーランプ（SML）が必要である。

　SM1 サイドマーカーランプは、すべてのカテゴリーの車両に使用できるが、SM2 サイドマーカーランプが使用できるのは乗用車のみである。

　米国では、SAE J592e の規定が適用される。

後部反射器
(ECE R3 [4] を参照)

　ECE R48 に基づいて、自動車には三角形でない後部反射器が2個必要である（自動二輪車および原動機付き自転車には1個）。

　その他の反射物（赤色の反射テープ）も、法的に必要な灯火や信号装置の機能を損なわないかぎり使用することができる。

トレーラーおよび前方を向いているリフレクター付きの灯火類のすべてが隠されている車両（格納式ヘッドランプ装着車など）には、2つの無色の三角形でない前部反射器が必要である。これは、他のすべてのタイプの車両にも使用することができる。

全長が6 mを超えるすべての車両およびすべてのトレーラーには、黄色の三角形でない側面反射器が必要である。これは、全長が6 m以下の車両にも使用することができる。

トレーラーには2つの赤色の三角形の後部反射器が必要であるが、自動車に使用することは禁止されている。

三角形の内部に灯火を取り付けてはならない。

米国では、SAE J594、2010年2月、[36]が適用される。

パーキングランプ

（ECE R77 [15]を参照）

ECE R48では、前部と後部に2灯または片側に1灯ずつのパーキングランプが許されている。フロントは白色、リアは赤色と規定されている。リアにおいて、パーキングランプがサイドターンシグナルランプと統合型になっている場合は、黄色のランプも許されている。

パーキングランプは、他のライト（ヘッドランプ）が点灯していないときでも点灯できなければならない。パーキングランプは、通常は、テールランプおよびポジションランプで代替される。

米国では、SAE J222、1970年12月、[29]が適用される。

ナンバープレートランプ

（ECE R4 [5]を参照）

ECE R48に基づいて、後部ナンバープレートの文字を夜間に25 mの距離から判読できるように照明する必要がある。

ナンバープレートの表面のどの場所であっても、最低輝度は2.5 cd/m^{2}と決められている。照度勾配は、テストプレート表面上のすべての測光点において、$2 \times B_{min}$/cmを超えてはならない。B_{min}は、測光点で測った最低輝度である。

米国では、SAE J587、1981年10月、[32]の規定が適用される。

ナンバープレートランプの代替として、将来は、自発光式ナンバープレートも使用できるようになる予定である。

ストップランプ

（ECE R7 [7]を参照）

ECE R48に基づいて、すべての乗用車は、赤色の分類S1またはS2のストップランプを2灯、および分類S3のストップランプを1灯備えていなければならない（図32）。

ストップランプとテールランプが一体型となっている場合、光度比は少なくとも5:1。

分類S3のストップランプ（センターハイマウントストップランプ）は、他のランプを入れ込んだ組み合わせタイプであってはならない。

米国では、SAE J586、1984年2月、[31]およびSAE J186、1982年11月、[28]の規定が適用される。

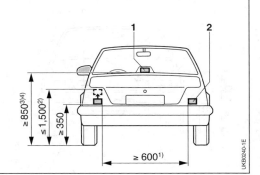

図32：ECEによるストップランプの位置
（寸法 mm）
1 センターハイマウントストップランプ（分類S3）
2 2つのストップランプ（分類S1/S2）
[1]) 幅 < 1,300 mmの場合は ≥ 400 mm
[2]) 高さの上限規制に従うことが不可能な場合は ≤ 2,100 mm または
[3]) ≤ 150 mm（リアウィンドウの底辺から）
[4]) ただしセンターハイマウントストップランプの底辺がメインストップランプの上端より高くなければならない

リアフォグランプ

(ECE R38 [11]を参照)

EU/ECEの国々では、ECE R48により、すべての新車は、1灯または2灯の赤色のフォグ警告ランプを備えている必要がある。これらのランプは、ストップランプと100 mm以上離れていなければならない（図33）。

基準軸に視点を置いて見たときの投光部面積は、140 cm^{2}を超えてはならない。フォグ警告ランプは、ロービーム、ハイビーム、またはフロントフォグランプが作動しいる場合のみ点灯するよう、電気回路が設計されていなければならない。また、フロントフォグランプとは独立して、フォグ警告ランプを消すことができなければならない。

リアフォグ警告ランプは光度が高く、明瞭な視界が得られるときは後続の車両を眩惑する可能性があるため、霧のために視界レンジが50 m未満の場合にのみ使用することができる。黄色のインジケーターランプが必要である。

リバース（バックアップ）ランプ

(ECE R23 [9]を参照)

ECE R48に基づいて、1灯または2灯のリバースランプが許されている（図34）。スイッチ回路は、ギヤが後退にシフトされイグニッションがオンのときのみリバースランプが点灯するように設計されていなければならない。

米国では、SAE J593c、1968年2月、[35]の規定が適用される。

デイタイムランニングランプとデイタイム走行用ランプ

欧州では2011年2月以降、ECE R87（[16]、図35）により乗用車および小型商用車に対して、車両形式承認の際にデイタイムランニングランプの取付けと使用が義務付けられており、2012年8月以降は他の全ての車両カテゴリーに対してもこの義務が適用されている。

車両のデイタイムランニングランプはエンジンが作動されると自動的に点灯し、ヘッドランプあるいはフォグランプが点灯されるか、またはエンジンが非作動にされるまで点灯し続けなければならない。

米国では、FMVSS108 [27]が適用される。

フロントコーナリングランプ

(ECE R119 [22]を参照)

車両の前面に2灯のコーナリングランプが許されているが、車両の外側に対して60°以上の角度で光を照射する必要がある。40 km/hまでの速度で角を曲

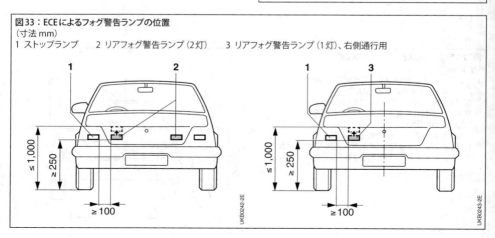

図34：ECEによるリバースランプの位置
（寸法 mm）
ランプ数：1灯または2灯

図33：ECEによるフォグ警告ランプの位置
（寸法 mm）
1 ストップランプ　　2 リアフォグ警告ランプ（2灯）　　3 リアフォグ警告ランプ（1灯）、右側通行用

照明装置 1247

がるときに（脇道への進入や車庫への入庫など）、通常のヘッドランプでは適切に照明されない進行方向をよりよく照明するために使用される。フロントコーナリングランプは、ターンシグナルコントロールレバーまたはステアリングホイールを操作したときに点灯する。

　フロントコーナリングランプには、一般的に、スタティックコーナリングヘッドランプと同じ配光パターンが使用される。ただし、点灯条件は異なる。スタティックコーナリングヘッドランプとフロントコーナリングランプの両方に同じリフレクターが使用されることが多い。

　米国では、SAE J852、2001年4月、[37]の規定が適用される。

アイデンティフィケーションランプ

　ECE R65 [14]に基づいて、アイデンティフィケーションランプは、任意の方向から視認でき、点滅しているように見える必要がある。点滅頻度は2～5 Hzである。公用車用のアイデンティフィケーションランプには青色が使用される。危険であることの警告または危険物の輸送には、黄色のアイデンティフィケーションランプが使用される。

ランプのさまざまな技術仕様

灯火の色

　自動車用灯火は、その用途（ストップランプ、ターンシグナルランプ、リアフォグ警告ランプ）に応じて、赤色または黄色に類する統一された誤認されることのない色の灯火でなければならない。これらの色は、標準カラースケールにおける特定の領域（カラー位置）として指定されている。

　白色光はさまざまな色の光の成分が含まれているため、フィルターを使用して、不要なスペクトル範囲（色）の放射を減衰または完全にカットすることができる。カラーフィルターの機能は、着色レンズまたは着色ガラスバルブを使用することによって実現できる（ターンシグナルランプの黄色のバルブと透明レンズの組合せなど）。

　フィルター技術により、消灯時は車両の塗装とマッチし、点灯時は、既存の認定規定に適合するように、ランプのレンズを設計することができる。EU/ECEでは、使用可能な色位置が規定されている。たとえば、「黄色／オレンジ色」のターンシグナルランプの場合は約592 nmの波長の光に、「赤色」のテールランプの場合は625 nmの波長の光になる。

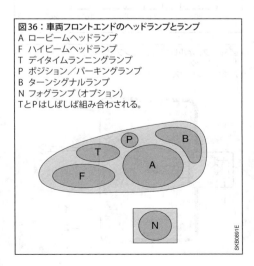

図35：ECEによるデイタイムランニングランプの位置（寸法 mm）

図36：車両フロントエンドのヘッドランプとランプ
A　ロービームヘッドランプ
F　ハイビームヘッドランプ
T　デイタイムランニングランプ
P　ポジション／パーキングランプ
B　ターンシグナルランプ
N　フォグランプ（オプション）
TとPはしばしば組み合わされる。

光度

さまざまな軸に沿って照射されるため、すべての灯火の最大および最小光度は、合図の認識が保証され、かつ、他の道路使用者に対して眩惑を与えないように計算された範囲内に収まっていなければならない。ほぼすべての灯火に対して、同一のパーセンタイル値基準（統一空間配光パターン）が使用される。基準軸の側方、上方および下方の光度レベルは、基準より低い値でも構わない（図37）。ただしこれらの値は、取付け高さや特殊な灯火（デイタイムランニングランプなど）によっては、この基準とは異なることがある。

フレネルレンズ付きランプ

バルブから出た光は、望んだ方向にビームを向けるためにフレネル技術を使用したレンズに直接投光される（図38）。この方式は、蒸着加工による反射面を必要とせず、コスト効率の高いソリューションである。欠点は低い照射効率と車両のデザインが制約されることである。

光学リフレクター付きランプ

ほぼ放物面形状のリフレクターまたは段付きリフレクター付きのランプでは、バルブから出た光はほぼ軸方向に投光され、レンズの光学的拡散エレメントによりビームパターンが形成される（図39）。

自由形状リフレクター付きランプは、必要なビームの開きまたは配光パターンの一部または全部を、リフレクターにより光の照射方向を変えることにより実現している。したがって、外側レンズを透明レンズとして設計したり、縦または横方向の円柱レンズを組み込むことができる。

上記の両方の方式を組み合わせた設計も使用されている。フレネルキャップ付き自由形状ランプ方式は、卓越した効率とさまざまなスタイルの可能性を同時に提供する。この場合、配光パターンを生成するのは基本的にはリフレクターである。フレネルキャップは、ランプの機能に貢献しない光を必要な方向に変えることにより効率を改善する（図40）。

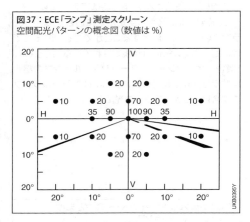

図37：ECE「ランプ」測定スクリーン
空間配光パターンの概念図（数値は％）

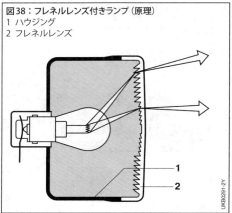

図38：フレネルレンズ付きランプ（原理）
1　ハウジング
2　フレネルレンズ

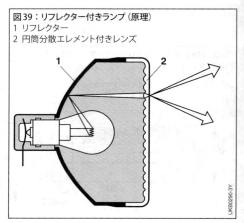

図39：リフレクター付きランプ（原理）
1　リフレクター
2　円筒分散エレメント付きレンズ

照明装置 **1249**

自由形状リフレクター付きランプは、主として新しい車両デザインに使用される。これらのランプは、ランプをボディの形状に合わせ、それにより使用可能な構造空間に適合させながらデザイン要件も満たす、という可能性を提供する。

発光ダイオードを使用した灯火

発光ダイオード（LED）は、灯火用光源としての使用が増えている。LEDは、補助ストップランプとして何年も前から使用されてきている。その大きな特徴はデザインの自由度が高いことであり、多数の光源で構成された薄型のデザインが可能である（図41および図42）。また、LEDストップランプにより安全性も高まる。LEDは1 msで最高の光出力に達するのに対し、フィラメントバルブは、その公称光束に達するのに約200 msを要する。これは、LEDの方が早くブレーキの合図を送ることができ、後続車の反応時間が短くなる可能性があることを意味している。

LEDは光束、輝度、温度特性、機械的設計に関する効率が改善され、より高度な照明要件を伴う機能にも使用できるようになってきている。

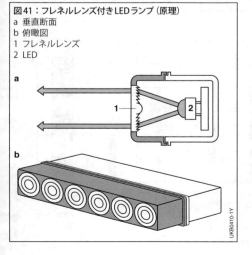

図40：フレネルキャップ付き自由形状ランプ（原理）
1 リフレクター
2 フレネルキャップ
3 透明レンズ

図41：フレネルレンズ付きLEDランプ（原理）
a 垂直断面
b 俯瞰図
1 フレネルレンズ
2 LED

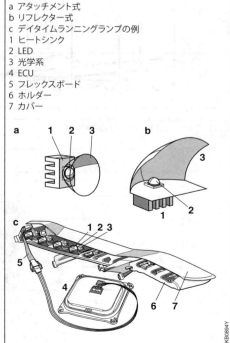

図42：LEDランプ
a アタッチメント式
b リフレクター式
c デイタイムランニングランプの例
1 ヒートシンク
2 LED
3 光学系
4 ECU
5 フレックスボード
6 ホルダー
7 カバー

車両用灯火の光源としての使用に関しては、LEDはフィラメントバルブおよびハロゲンバルブとは根本的に異なり、車両電気システムから直接操作することはできない。LEDには、規定電圧（使用されている半導体によって異なり2.2～3.6V）と規定電流（これによって光度を調整する）の両方が必要である。機能に必要な光度が非常に低い場合には、制御に抵抗方式を使用することができる。通常は、リニアコントローラーまたはDC/DCコンバーターが必要である。電子装置はランプ内に個別の電子装置として組み込まれるか、ランプまたは車両に取り付けられた密閉型ECU内に組み込まれている。

光ファイバーテクノロジーを使用した灯火

光導波路を使用することにより、光源を光の放射点から分離することができる。必要な配光パターンを得るために、光導波路内に特殊なビーム発生器、または光導波路あるいはその前に光学能動素子が必要になる。光源としてフィラメントバルブを使用することができるが、これらのバルブは赤外線のレベルが高いのが欠点である。このため、ガラスなどの耐熱素材あるいはヒートシールドを使用する必要がある。「冷たい」光源としてLEDを使用すると、PC（ポリカーボネート）またはPMMA（ポリメタクリル酸メチル）などの透明プラスチック材へ直接光線を放射することができる。

図43：光ファイバーテクノロジーを使用した灯火（原理）
a 構造および機能
b 例
1 光導波路
2 ビーム発射器
3 ランプ（リフレクターおよびヒートシールド付き）またはLED

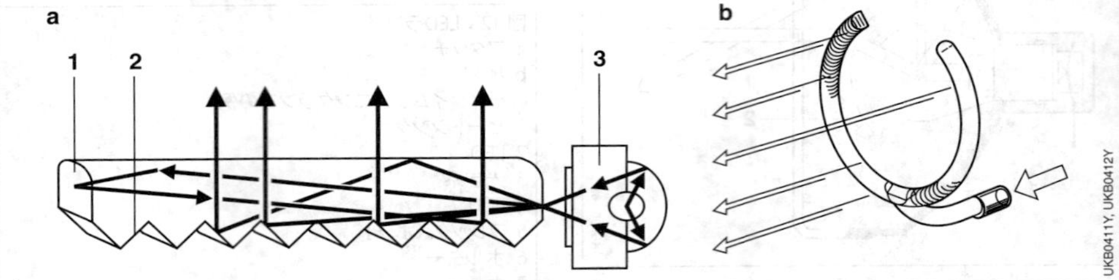

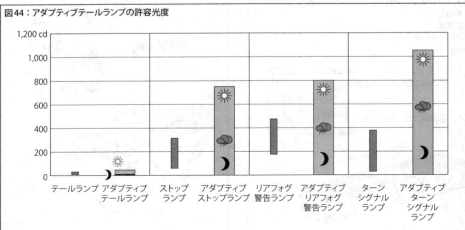

図44：アダプティブテールランプの許容光度

光ファイバーテクノロジーを使用した灯火は主に、細い帯やリングといった装飾要素の実現のために使用される（図43）。

アダプティブリアライティングシステム

今日まで、車両後部の灯火類は、1レベルの回路で操作されていた。仕様および設計によって異なるが、これにより、最小限度の視認性を保証する法規制値内の固定の光度を達成していた。

さまざまなセンサー（輝度、汚れ、視界レンジ、水分など）の出現により、今日の車両は、周囲の状況および照明条件を正確に判定することができる。最適な視認性（十分な光度がありながら眩しくない）を達成するために、車両の周囲の条件を検出して、それに基づいて車両後部の灯火の光度を変化させることができる。たとえば、陽射しが強い場合にはストップランプの光度を高くし、夜間には光度を下げて、確実に視認性を最適なものとして、運転者へ必要な操作を促す（図44）。

コンフォートランプ

車両の停止時に使用する灯火の取付けが増えている。一般的な用途は、ドアを開閉したときのドア下側の路面の照明、ボディ底面の車両の輪郭の識別灯、ドアハンドルの識別灯などである。

ポジションランプやフォグランプとの組合せは「帰宅」機能と呼ばれていて、たとえば、ドアのロックを解除すると点灯する。

ヘッドランプレンジ調整

ロービームおよびハイビームヘッドランプの調整

車両のヘッドランプの正しい調整は、当該車両と対向車の双方の夜間の道路での安全性にとって最も重要である。ビームの調整がわずかに低くなるだけで、ヘッドランプの照射範囲が大幅に減少する（表4）。また、ビームの調整がわずかに高くなるだけで、対向車を極度に眩惑させてしまう。

取付けと法規

ヘッドランプレンジ調整、欧州

欧州では、1998年1月1日から、新車登録をするすべての車両に、自動または手動のヘッドランプレンジ調整（光軸の高さの調整）装置の取付けが義務付けられている。ただし、他の装置（油圧サスペンション調整など）によって、ビームの傾きが規定されている公差の範囲内に維持されることが保証される場合は除かれる。この装置は他の国々では義務付けられていないが、使用することは許可されている。

自動ヘッドランプレンジ調整装置は、ロービームを5 cm/10 m（0.5 %）〜25 cm/10 m（2.5 %）の範囲で上下することによって、車両の積載状態によるビームの変化を補正するように設計されていなければならない。

手動ヘッドランプレンジ調整装置は運転席から操作され、基準設定にラッチをかける必要があり、ビーム調整もこの位置から行われなければならない。無段階式調整ユニットも段階式調整ユニットも、操作スイッチの近くに、垂直方向の調整を必要とする積載状態を明示する機能を備えていなければならない。

表4：ロービームにおける明暗分割の水平成分の幾何学的到達距離
ヘッドランプの取付け高さが65 cmの場合

明暗分割の勾配 （1 % = 10 cm / 10 m）	%	1.0	1.5	2.0	2.5	3.0
調整寸法 e	cm	10	15	20	25	30
明暗分割の水平成分の幾何学的到達距離	m	65.0	43.3	32.5	26.0	21.7

さまざまな技術仕様

どの仕様の調整装置も、ヘッドランプのリフレクター（ハウジングデザイン）の垂直調整を行うメカニズムを備えている（図45）。手動調整装置の多くは運転席のスイッチで調整を行うが（図46）、自動式の装置では、車両の各アクスルのレベルセンサーを使用して、サスペンションスプリングの圧縮状態を監視し、その比例信号を調整メカニズムに送る。

油圧機械装置

油圧機械装置は、手動スイッチ（またはレベルセンサー）と調整メカニズム間を接続したホースを介して作動油を送る／戻すことで調整を行う。調整量は圧送された作動油の量に比例する。

負圧装置

負圧装置は、吸気マニホールドの負圧を手動スイッチ（またはレベルセンサー）で調整し、調整した負圧を調整メカニズムに伝達して調整を行う。

電気装置

電気装置は、調整メカニズムとしてギアモーターを使用する。運転席のスイッチで操作するか、アクスルセンサーによって操作される。

ヘッドランプ調整

ヘッドランプ調整、欧州

法規とガイドライン

自動車のヘッドランプを正しく調整することにより、前方の路面を明るく照明するとともに、対向車の眩惑を少なくすることができる。EU指令（およびドイツのStVZO [2]（道路交通認可規則）の第50条の規定）により、ヘッドランプの光軸の水平および垂直方向の調整が指定されている。ロービームによる眩惑は、路面に垂直な面に対してヘッドランプの中心の高さから光線が照射されたとき、各ヘッドランプの前方25 mの地点における照度が1 lux以下の場合は無視できるものと見なされる。ただし、積載量の変化など車両に大きな変化が生じた場合は、規定を満たすためにヘッドランプの調整が必要になる。

ECE R48 [12] およびEEC 76/756 [24] に、車両における基本的な設定と調整寸法が定義されている。これらの指令に記載されていない車両カテゴリーに対しては、ECE R48またはECE R53 [13] の規定が適用される。

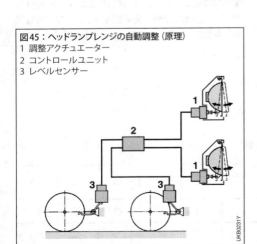

図45：ヘッドランプレンジの自動調整（原理）
1 調整アクチュエーター
2 コントロールユニット
3 レベルセンサー

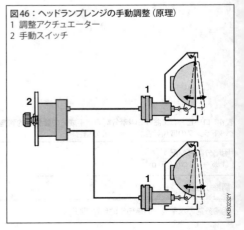

図46：ヘッドランプレンジの手動調整（原理）
1 調整アクチュエーター
2 手動スイッチ

調整の準備

車両の積載状態

- モーターサイクルを除く自動車：荷物なし、75 kg（運転席に1名乗車）
- モーターサイクル：EC（EEC 93/92 [25] による）の場合、荷物なし、運転席に乗員なし、ECEおよびStVZO（道路交通認可規則）の場合、荷物なし、75 kg（運転席に1名乗車）

サスペンション

- セルフレベリングサスペンションを装備していない車両は、車両を数メートル押すか車両を揺らして、サスペンションを正しいレベルに設定する
- セルフレベリングサスペンションを装備している車両は、操作説明書に基づいて正しいレベルに設定してレベリング機能を作動させる

タイヤ空気圧

タイヤ空気圧は、当該車両のメーカーの説明に従って積載状態に応じて調整しなければならない

ヘッドランプレンジ調整システム機能点検義務

- 自動的に操作されるシステムは、メーカーの説明書に従って設定または操作する必要がある
- 1990年1月1日より前に登録された車両については、ラッチ位置を設けるようにとの規定はない
- 2つのラッチ位置のある手動で操作するシステム：車両の積載量が増加するとヘッドランプの光軸が上がる車両については、調整装置を光軸が最も下がる（下向きの度合いが最も大きくなる）位置に設定する必要がある
車両の積載量が増加するとヘッドランプの光軸が下がる車両については、調整装置を光軸が最も上がる（下向きの度合いが最も小さくなる）位置に設定する必要がある

検査面および検査環境

- 車両とヘッドランプテスターは平坦な面に置かなければならない（ISO 10604 [26] による）
- 周囲が明るくなりすぎないように、閉ざされた空間で調整および検査を行う必要がある

ヘッドランプ調整装置での調整と検査

- ヘッドランプ調整装置を、検査するヘッドランプの前方の指定された距離に配置する（自動検査装置を除く）
- レール上を移動する方式でないヘッドランプ調整装置の場合は、車両の前後方向の中心軸に対する垂直の調整を、それぞれのヘッドランプに対して個別に行う必要がある。その後、ユニットを横方向に移動させることなく検査を行う必要がある
- レール上を移動する方式（または類似の方式）のヘッドランプ調整装置の場合は、車両の前後方向の中心軸に関する調整を、最も都合の良い位置（車両前面の中央の位置など）で1回行うだけでよい
- 当該ヘッドランプの規定調整値をヘッドランプ調整装置で設定し、ヘッドランプの調整状態を検査して、正しい設定に調整する

測光スクリーンによる調整および検査

- 測光スクリーンは、車両が静止している面に対して垂直かつ、車両の前後方向の中心軸に対して直角に設置する
- 測光スクリーンは、明るい色に仕上げられ、垂直および水平に調節可能で、図47に示すマークのあるものでなければならない
- 測光スクリーンは、中心のマークが検査または調整するヘッドランプの中心に一致するようにして、車両の前方10 mの位置に配置する（図48）。光軸が非常に低い位置にある灯火（フォグランプなど）の場合は、距離を短くして、調整値を計算により修正することができる
- それぞれのヘッドランプを個別に検査する。したがって、その時点で検査していないヘッドランプは覆いをする必要がある
- 測光スクリーンの垂直方向の位置を、境界線（路面と平行）が高さ $h = H - e$ になるように調整する。測光スクリーンと車両との距離が10 mでない場合は、その距離に応じて e の値を修正する必要がある

調整に関する注意事項

非対称ロービームおよびフォグランプ付きのヘッドランプの場合は、明暗分割の最も高い位置は境界線に接し、測光スクリーンの最小幅を横切ってできるだけ水平に伸びている必要がある。ヘッドランプの横方向の調整は、配光パターンが中心マークを通る垂線に対してできるだけ左右対称になるように行う。

非対称ロービームのヘッドランプの場合は、明暗分割が中心の左側で境界線に接している必要がある。明暗分割の左側の部分（できるだけ水平であること）と右側の傾斜した部分との交点は、中心マークを通る垂線上に存在していなければならない。

ハイビームの中心は中心マーク上に存在していなければならない。

ロービームおよびフォグランプ用、またはハイビーム、ロービーム、およびフォグランプ用の共通調整機構を備えたヘッドランプの場合、ロービームヘッドランプを調整の基準として使用する必要がある（調整値e、表5を参照）。

ヘッドランプ調整装置
機能

自動車のヘッドランプを正しく調整することにより、ロービームで前方の路面を明るく照射するとともに、対向車の眩惑を少なくすることができる。そのためには、基準の水平面に対するヘッドランプビームの傾斜と、車両の前後方向の中心平面に対するヘッドランプビームの方向が法律による規定を満たしていなければならない。

装置の構造

ヘッドランプ調整装置は可搬式の結像装置で（図49）、単一のレンズと、これに固定接続されてレンズの焦点位置に配置された結像スクリーンで構成されている。結像スクリーンには、ヘッドランプを容易に正しく調整できるようにするためのマークがあり、調整者がファインダーや調整式リフレクターなど適切な装置を使用して投光パターンを視察できるようになっている。規定のヘッドランプ調整値 e、つまり、10 m の距離でのヘッドランプの中心線に対する光軸の傾斜（cm単位）を、ノブを回すことにより結像スクリーンを動かして設定する（表4および5）。

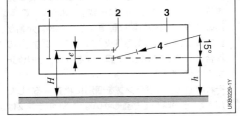

図47：ヘッドランプビームの測光スクリーン
1 境界線　　2 センターマーク
3 測光スクリーン　　4 変曲点
H　設置面からヘッドランプ中心までの高さ（cm）
h　設置面から測光スクリーン境界線までの高さ（cm）
$e = H - h$　調整寸法

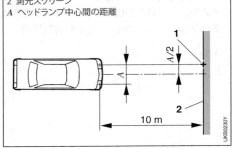

図48：測光スクリーンと車両縦軸の位置関係
1 センターマーク
2 測光スクリーン
A　ヘッドランプ中心間の距離

表5：ヘッドランプ調整
（StVZO（道路交通認可法規）より抜粋）

車両タイプ： 3輪以上の自動車 ヘッドランプ位置： 路面からの高さ	調整寸法 "e"	
	ロービーム	フォグランプ
EEC 76/756 または ECE R48 および StVZO に基づいて調整、1990年1月1日以降に新車登録 < 1,200 mm	車両の設定例） ≦ 1.0 %	−2.0 %
1989年12月31日以前に新車登録 ≦ 1,400 mm および 1989年12月31日より後に新車登録 > 1,200 mm かつ ≦ 1,400 mm	−1.2 %	−2.0 %

照明装置 1255

ヘッドランプ調整装置を、基準線付きのミラーなどの照準装置を使用して、車両の軸に合わせる。基準線が外側の2つの車両基準マークと均一に触れるように、ヘッドランプ調整装置を回して位置を決める。結像チャンバーを上下に動かして、車両のヘッドランプの高さに合わせることができる。

ヘッドランプの検査

調整装置をヘッドランプのレンズの前に正しく配置したら、ヘッドランプの検査を行うことができる。ヘッドランプの配光パターンが結像スクリーン上に出現する。フォトダイオードとディスプレイを使用して、照度を測定できるようにした装置もある。

非対称ロービームパターンのヘッドランプの場合は、明暗分割が水平の上部分割位置に接触していなければならない。また、水平の部分と傾斜した部分の交点は、中心マークを通る垂線上に存在していなければならない(図50)。規定に従って下側のビームの明暗分割を調整したら、ハイビームの中心が中心マークを囲む矩形領域内に収まるように調整する(ハイビームとロービームを同時に調整する場合)。

ヘッドランプ調整、米国

米国の連邦規定に適合しているヘッドランプの場合は、1997年1月5日から許可されている目視調整(縦方向のみ)が、1997年中期から米国で幅広く使用されている。水平方向の調整は存在しない。

それ以前は、機械式調整装置が米国でのヘッドランプ調整の最も一般的な方法であった。ヘッドランプユニットは、レンズにある3つの調整平面のそれぞれに1つずつ、3か所のパッドが備えられていた。これらのパッドに対して1つの調整ユニットが配置されていた。調整は水準器を使用して検査する。1993年からVHAD (Vehicle Headlamp Aiming Device (車両ヘッドランプ調整装置))による方法が認められ、ヘッドランプは固定された車両の基準軸に対して調整されるようになった。この場合の調整は、ヘッドランプに水準器を取り付けて行う。そのため、3か所のレンズパッドは必要なくなった。

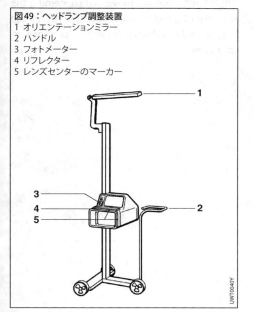

図49：ヘッドランプ調整装置
1 オリエンテーションミラー
2 ハンドル
3 フォトメーター
4 リフレクター
5 レンズセンターのマーカー

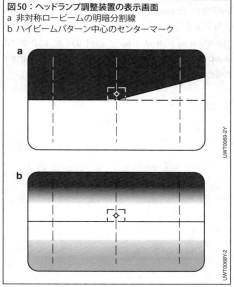

図50：ヘッドランプ調整装置の表示画面
a 非対称ロービームの明暗分割線
b ハイビームパターン中心のセンターマーク

1256 車両のボディ

参考文献

[1] StVZO § 22a: Design certification for vehicle parts.

[2] StVZO § 50: Headlight for high and low beams.

[3] StVZO § 52: Zusätzliche Scheinwerfer und Leuchten.

[4] ECE R3: Uniform provisions concerning the approval of retro-reflecting devices for power-driven vehicles and their trailers.

[5] ECE R4: Uniform provisions concerning the approval of devices for the illumination of rear registration plates of power-driven vehicles and their trailers.

[6] ECE R6: Uniform provisions concerning the approval of direction indicators for power-driven vehicles and their trailers.

[7] ECE R7: Uniform provisions concerning the approval of front and rear position (side) lamps, stop-lamps and end-outline marker lamps for motor vehicles (except motorcycles) and their trailers.

[8] ECE R19: Uniform provisions concerning the approval of motor vehicle front fog lamps.

[9] ECE R23: Uniform provision concerning the approval of reversing lamps for power-driven vehicles and their trailers.

[10] ECE R37: Uniform provisions concerning the approval of filament lamps for use in approved lamp units on power-driven vehicles and their trailers.

[11] ECE R38: Uniform provisions concerning the approval of rear fog lamps for power-driven vehicles and their trailers.

[12] ECE R48: Uniform provisions concerning the approval of vehicles with regard to the installation of lighting and light-signalling devices.

[13] ECE R53: Uniform provisions concerning the approval of category L3 vehicles with regard to the installation of lighting and light-signaling devices.

[14] ECE R65: Uniform provisions concerning the approval of special warning lamps for motor vehicles.

[15] ECE R77: Uniform provisions concerning the approval of parking lamps for power-driven vehicles.

[16] ECE R87: Uniform provisions concerning the approval of daytime running lamps for power-driven vehicles.

[17] ECE R91: Uniform provisions concerning the approval of side-marker lamps for motor vehicles and their trailers.

[18] ECE R98: Uniform provisions concerning the approval of motor vehicle headlamps with gas-discharge light sources.

[19] ECE R99: Uniform provisions concerning the approval of gas-discharge light sources for use in approved gas-discharge lamp units of power-driven vehicles.

照明装置 **1257**

[20] ECE R112: Uniform provisions concerning the approval of motor vehicle headlamps emitting an asymmetrical passing beam or a driving beam or both and equipped with filament lamps and/or light-emitting diode (LED) modules.

[21] ECE R113: Uniform provisions concerning the approval of motor vehicle headlamps emitting a symmetrical passing beam or a driving beam or both and equipped with filament lamps.

[22] ECE R119: Uniform provisions concerning the approval of cornering lamps for power-driven vehicles.

[23] ECE R123: Uniform provisions concerning the approval of adaptive front-lighting systems (AFS) for motor vehicles.

[24] 76/756/EEC: Council Directive of 27 July 1976 on the approximation of the laws of the Member States relating to the installation of lighting and light-signaling devices for motor vehicles and their trailers.

[25] 93/92/EEC: Council Directive of 29 October 1993 on the installation of lighting and light-signalling devices on two or three-wheeled motor vehicles.

[26] ISO 10604: Road vehicles; measurement equipment for orientation of headlamp luminous beams.

[27] FMVSS 108: Lamps, reflective devices, and associated equipment.

[28] SAE J186: Supplemental High Mounted Stop and Rear Turn Signal Lamps for Use on Vehicles Less than 2032 mm in Overall Width.

[29] SAE J222: Parking Lamps (Front Position Lamps).

[30] SAE J585: Tail Lamps (Rear Position Light) for Use on Motor Vehicles Less than 2032 mm in Overall Width.

[31] SAE J586: Stop Lamps for Use on Motor Vehicles Less Than 2032 mm in Overall Width.

[32] SAE J587: License Plate Illumination Devices (Rear Registration Plate Illumination Devices).

[33] SAE J588: Turn Signal Lamps for Use on Motor Vehicles Less Than 2032 mm in Overall Width.

[34] SAE J592e: Clearance, Side Marker and Identification Lamps.

[35] SAE J593c: Back-up Lamps.

[36] SAE J594: Reflex Reflectors.

[37] SAE J852: Front Cornering Lamps for Use on Motor Vehicles.

[38] D. Meschede: Gerthsen Physik. 24th Edition, Springer-Verlag, 2010.

[39] R. Baer: Beleuchtungstechnik – Grundlagen. 3rd Edition, Huss-Medien-GmbH, Verlag Technik, 2006.

1258 車両のボディ

自動車の窓ガラス

ガラスの材料特性

主要な成分

自動車用ウィンドウガラスには石英ガラスが使われる。主要な成分と構成比は次のとおりである。
- 70 ～ 72 % ガラス主成分の石英70 ～ 72 % (SiO_2)
- 約14 % フラックスとしての酸化ナトリウム (Na_2O)
- 約10 % 安定化剤としての酸化カルシウム (CaO)

これらの物質は珪砂、ソーダ灰、石灰岩の状態で混合される。その他のマグネシウムや酸化アルミニウムなどの酸化物は、5 % 以下の割合で混合物に追加される。これらの添加剤は、ガラスの物理的および化学的特性を向上させるものである。

板ガラスの製造

ウィンドウガラスは基礎製品の板ガラスでできている。使用されている板ガラスはフロート法を用いて成型されるが、これには1,560 ℃の温度で混合物を溶解する工程が含まれる。この溶融ガラスは、次に1,500 ～ 1,100 ℃の精製ゾーンを経てスズを溶かしたフロートバス上に浮かべられる。溶融ガラスは上から熱処理される (火炎処理による表面の平滑化)。溶融スズの平面が、非常に平行度が高く平滑な板ガラスを生成する (下側はスズバス、上側は火炎処理)。ガラスは、フロートバスから引き上げられて冷却部に移される前に600 ℃に冷却される。さらに非ストレス状態で徐冷後に、6.10 × 3.20 m^{2}の大きさのシートに切断される。

スズは1,000 ℃でも蒸気圧が発生せず600 ℃では液状を保つ唯一の金属であるため、フロートガラスの工程に適している。

表1：自動車用ガラスの材料特性と物理データ (完成品のウィンドウガラス)

性質	寸法	TSG	LSG
密度	kg/m^3	2,500	2,500
硬度	モース	5 ～ 6	5 ～ 6
圧縮強度	MN/m^2	700 ～ 900	700 ～ 900
縦弾性係数	MN/m^2	68,000	70,000
曲げ強度 　プレテンション前 　プレテンション後	 MN/m^2 MN/m^2	 30^2 50^2	 30^1
比熱	kJ/kg·K	0.75 ～ 0.84	0.75 ～ 0.84
熱伝導率	W/m·K	0.70 ～ 0.87	0.70 ～ 0.87
熱膨張係数	K^{-1}	$9.0 \cdot 10^{-6}$	$9.0 \cdot 10^{-6}$
比誘電率		7 ～ 8	7 ～ 8
光線透過率 (DIN 52306) [1]、無色透明^3	%	≈ 90	≈ 90^1
屈折率^3		1.52	1.52^1
ウェッジングの偏差角度^3	分	1.0以下 (平面) 1.5以下 (曲面)	1.0 未満 (平面)^1 1.5 未満 (曲面)^1
光屈折不良 DIN 52305 [2]^3	ジオプター	<0.03	≤0.031^1
熱安定性	℃	200	90^1 (max. 30 min)
耐熱衝撃性	K	200	

^{1} 完成品の合わせガラスの特性。
　許容曲げ応力を計算するときは、PVBフィルムの結合による影響を無視できる
^{2} 計算値。これらの値の中には、必要な安全率がすでに含まれている
^{3} 光学的特性の数値は、ウィンドウガラスのタイプに依存するところが非常に大きい。

自動車用ウィンドウガラス

自動車の窓ガラスに使用されるガラスには2つのタイプがある。
- 1枚ガラスの強化ガラス (TSG) は主にサイドウィンドウ、リアウィンドウおよびサンルーフのガラスに使用される。
- 合せガラス (LSG) は、主としてフロントガラスとリアウィンドウに使用されるがサンルールにも使用される。LSGは車両のサイドウィンドウとリアウィンドウにも装備されるようになってきている。

TSGガラスとLSGガラスの材料は、基本的に次のような種類のガラスである。
- 透明フロートガラス：このガラスは、光線透過率が最適である。
- 着色フロートガラス：このガラスには、物質内が均等にグリーンないしグレーの色合いを帯びており、この色合いが太陽からの熱を遮断する。
- 被膜フロートガラス：このガラスは、片側が貴金属と酸化金属でコーティングされ、これにより車内に入る熱と紫外線放射を減らして断熱作用をもたらす。

TSGガラス

TSGガラスは高強度で耐熱性に優れ、破損や飛散特性も異なっていることから、LSGガラスとは異なる。また、ガラスの表面に大きな圧縮応力を加えて（プレストレス処理）、機械的な強度を改善する処理が施されている。破損した場合でも、鋭くとがっていない小さな細粒状に飛び散る（これにより怪我のリスクが解消する）。

TSGガラスの後処理（研磨や穴あけ）は不可能である。規格の厚みは3、4、5 mmである。

LSGガラス

LSGガラスは、2枚の板ガラスをポリビニルブチラール (PVB) の割れ防止軟質プラスチックの中間膜で貼り合わせて接着している。衝撃や衝突を受けた場合、ガラスはクモの巣状に割れ、プラスチックの中間膜が砕けたガラスの飛散を防止する（これにより怪我のリスクが減少する）。ガラスは割れた後も細片にならずに1枚の状態に留まり、透明性も維持される。

LSGガラスの規格の厚みは4.5〜5.6 mmである。

光学的特性

自動車用ガラスの光学的特性に求められるものは、次のとおりである。
- 視界を妨げられないこと
- 視界が完全に保たれること
- 視界が歪まないこと

最適な光学的品質を得るには、次のような要素を考慮して構造的要件と車両本体設計の均衡をとる必要がある。
- 窓ガラスの表面積を広くとる、
- 窓ガラスは平面に敷設する、
- 円筒または球状のガラス、
- 曲り率の高いガラス。

品質悪化につながる要因：
- 光学的偏向
- 光学的歪み
- 二重像

光偏向が増える要因：
- 入射角の傾き、つまりウィンドウ勾配の増加
- ガラスの厚みの増加
- 曲率半径の減少（曲折度合の増加）
- オリジナルの板ガラスの完全な表面平行度からの乖（かい）離

緑色または灰色の着色ガラスは、短波長より赤外線の透過率（熱放射）を遮断するため熱吸収ガラスとして使用される。一方、可視スペクトル内の透過率も減少する。LSGガラスのPVBフィルムは、紫外域の光を吸収する。

LSGのプラスチック中間層の光学的特性は可視スペクトルの光学的特性と非常に類似しているため、TSGガラスとLSGガラスの光学的特性は大体同じである。

多機能ガラス

窓ガラスに対する要求は上がり続けている。以前のガラスは、単に風や悪天候から乗員を保護するものであった。現在では、自動車の窓ガラスは幅広い機能を果たしている。

着色窓ガラス

これは材料そのものが色付けされたガラスで出来ており、車室内に直接透過する太陽光線を減少させる。

太陽エネルギーの光線透過率は主に長波スペクトル（赤外線、図1）で減少し、これによりエネルギーの光透過率が下がり、車室内に入る熱が抑えられる。可視化スペクトル内の光線透過率の割合は、ガラスのスモークと厚みに応じて異なる。

フロントガラスの光線透過率は、少なくとも75%でなければならない。光線透過率70%未満の濃く着色されたガラスは、車両にドアミラーが2つあれば、Bピラーから車両後部までの窓に使用可能である。サンルーフのガラスには、光線透過率が非常に低く紫外線透過率≤2%の着色ガラスが使用される。

被膜窓ガラス

このタイプの窓ガラスには、金属または酸化金属の被膜が使用される。生産工程に応じて、板ガラスの曲げやプレストレスの前または後に被膜が施される。被覆は、LSGガラス内側の表面に施される。

被膜されたこのタイプの窓ガラスは、光線透過率が70%未満である。従って、車両にドアミラーが2つあれば、Bピラーから車両後部に取付けることができる。

被膜ガラスは、サンルーフのガラスにも使用可能である。被膜を施してから後処理をした熱分解被膜のウィンドウを使用したタイプのサンルーフ用ガラスもある。

被膜された窓ガラスは、車室内への直達日射を減らして赤外線領域と紫外線領域の太陽エネルギーを吸収する。

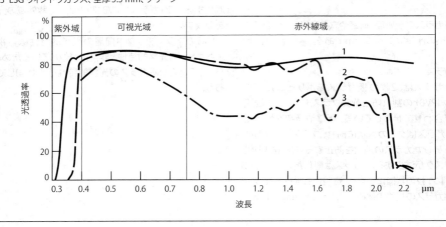

図1：自動車用ウィンドウガラスとガラスの光線透過率
1 フロートガラスとTSGウィンドウガラス、厚さ4 mm、非着色
2 LSGウィンドウガラス、全厚5.5 mm、非着色
3 LSGウィンドウガラス、全厚5.5 mm、グリーン

サンシールド被膜を施したフロントガラス

被膜は、合せガラスの外側ないし内側のガラス層の内側表面に施される。被膜は、ベースの層に銀を施した多層構造の干渉システムである。ガラス層の内側に被膜が施されるため、永久的に腐食や擦り傷を防止する。

被膜の目的は、太陽エネルギーの透過率を50％以上下げることである。これにより車室内の温度上昇を抑える。光線透過率は赤外線領域で減少するため、可視光線の透過率がわずかに変化する。この減少は大部分が反射によるもので、これによって車室内への二次反射が少なくなる。このガラスの紫外線領域の光線透過率は、1％未満と非常に低い。

合せガラスのサンルーフ用ガラス

積層曲げ強化ガラスは、2層の着色ガラスで構成される。この着色ガラスには、構造的強度を高めるため部分的に熱によるプレストレス処理が施されている。これらの着色ガラス層は、割れに対する抵抗性の高い特殊な着色膜の両側に接着される。全厚はガラスの表面積とサンルーフ全体の設計によって異なる。

主に赤外線領域での吸収によって確実に熱の浸透を最低限に抑える。被膜も光線透過率を下げ、さらにUV光を除去する。

自動車用断熱ガラス

自動車用断熱ガラスは、空気隙間 (3 mm) で分離された1枚ガラスの強化ガラス (3 mm) の平板または湾曲した2枚のシートで構成される。このタイプの断熱ガラスは、特に着色被膜との併用で車室内の温度上昇を抑える。光線透過率は赤外線領域で減少するため、可視光線の透過率がわずかに変化する。

断熱ガラスは冬期も優れた断熱効果を発揮し防音も改善する。

断熱ガラスは、現在はバス、電車などの商用車や飛行機にのみ採用されている。

熱線を組み込んだ合せガラス

熱線を組み込んだ合せガラスは、フロントガラスまたは後部ウィンドウに使用可能である。厳しい冬の低温時期でも窓ガラスの着氷や曇りを防ぎ、クリアな視界を保つ。

熱線を組み込んだ合せガラスは、板ガラスの間にPVBフィルムを接着したさらに2枚の板ガラスで構成されている。PVBフィルムの中には、必要な熱出力に応じて20 μm厚未満のヒーターフィラメントがある。このヒーターフィラメントは波状または直線状に組み込まれているものであって、垂直にも水平にも組み込み可能である。熱線を組み込む範囲は、窓ガラス全体の場合も、熱出力によって分けたゾーンに分割される場合もある。このようにして、氷点下の温度でもフロントガラスのワイパーがフロントガラスに凍りつくのを防ぐことができる。

熱線を組み込んだ窓ガラスは、積層することでも製造できる。

自動車用アンテナガラス

このタイプのガラスには、アンテナ線が埋め込まれている。1枚ガラスの強化ガラス製ウィンドウガラスの場合（ルーフとサイドウィンドウ）、アンテナをガラスの上に転写され、ほとんど目に見えない形でウィンドウの内表面に配置される。合せガラスのウィンドウ（フロントガラス）の場合、アンテナ線は内部フィルムに埋め込まれるかプリントされる。

防音ガラス

防音フロントガラスは、他のフロントガラス同様に2枚の板ガラスで構成され、外側と内側の板ガラスはポリビニルブチラール（PVB）の丈夫なプラスチックフィルムでしっかりと結合されている。ただし、防音ガラスの場合、従来のPVBフィルムに代わって、標準PVBの2層間の中央に減衰性の高い防音コアを配置した吸音PVBが使われるようになっている。従来のプラスチックフィルムの外側の2つの層は機械的特性を保護し、制振材となるコア層が振動を吸収する。

防音フロントガラスは、車室内に入る低周波のエンジン振動を減少させる。エンジンの振動音はこのフロントガラスによって吸収され、轟き音は最大5 dBまで抑えられる。

撥水ガラス

ガラスに施した被覆は、雨が降るとガラス表面に小さな水滴を生じさせ、水滴はガラスに吹きつける気流によって飛散する。

この機能はあらゆるガラス表面に装備できる。撥水加工を施したガラスの有効性は、数年間使用しても、再生キットで完全に元の状態に戻すことが可能である。

エレクトロクロミックガラス

エレクトロクロミックガラスの標準版は、全体の厚みが5.8 mm、重量が16 kg/m^{2}で、2.1 mm厚のガラス2枚と薄い中間層1枚で構成される。ガラスのサイズに応じて、全光線透過率を30から60 秒で変更可能である。この反応時間は、−25〜+90 °Cの温度範囲では一定している。このガラスはどの色合いでも透明性が維持され、決して不透明になることはない。ガラスを活性化するには、± 1.5 V DCの電力供給が必要である。消費電力は0.1 Wh／サイクル／m^{2}以下で非常に低い。

エレクトロクロミックガラスの使用部位に適しているのは、ガラスルーフ、リヤウインドウ、Cピラーのトライアングルウインドウである。

パノラマルーフ

パノラマサンルーフは、クローズド、表面積の大きいガラスルーフからツインまたはマルチパネルルーフ、ラメラサンルーフまで選択幅は広い。

パノラマルーフには次のガラス技術が使用可能である。
– 1枚ガラスの強化ガラス、5 mmまたは4 mm厚
– 従来の合せガラス、6 mmと5 mm厚
– 部分的にプレストレス処理を施した合わせガラス、5 mm厚

参考文献

[1] DIN 52306: Ball drop test on safety glass for vehicle glazing.

[2] DIN 52305: Determination of the optical deviation and refractive power of safety glass for vehicle glazing.

ウインドシールド、リアウィンドウ、ヘッドランプのワイパー／ウォッシャー装置

　ウインドシールドとリアウィンドウのワイパー／ウォッシャー装置の機能は、運転中に運転者の視界を常に良好に保つことである。これには、次の種類の装置を使用する。
– ウインドシールドのワイパー装置
– リアウィンドウのワイパー装置
– ウォッシャー装置とワイパー装置
– ヘッドランプのウォッシャー装置

図1：ウインドシールドのワイパー装置
a　タンデム式ワイパー装置　　b　対向式ワイパー装置
c　シングルアームワイパー装置（ワイパーブレード制御型）
d　シングルアームワイパー装置（非制御型）
　　（リアワイパー）
e　シングルアームワイパー装置（拭取り面積増大型）

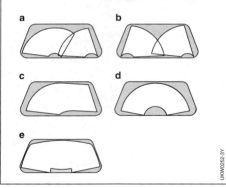

図2：はすば歯車メカニズムの ワイパー駆動装置
1　支持部　　2　磁石　　3　電機子
4　カーボンブラシ付き整流器
5　ウォームギヤ　　6　はすば歯車　　7　出力シャフト
8　停止位置検出装置

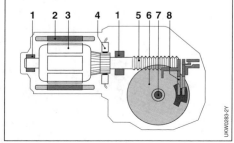

ウインドシールドのワイパー装置

機能と要求事項

　ワイパー装置の機能は、ウインドシールドおよびリアウィンドウから水、雪、汚れ（無機物、有機物、あるいは生物）を取り除くことである。以下の条件を満たす必要がある。
– 高温（+80 °C）および低温（−40 °C）でも作動すること。
– 酸、アルカリ、塩分、オゾンに対する耐食性があること。
– 負荷がかかった状態（多量の積雪など）での耐久性があること。
– 歩行者を保護できること。
– 高速運転時にも拭き取り効果が確保されること。
– 動作音が小さいこと。

　立法機関では、必要な視界を、ウインドシールドの視界領域の標準として規定している（ヨーロッパ[1]ではEEC、アメリカ[2]ではFMVSSなど）。この領域はさらに複数に分割され、ワイパー装置はこれらを定率の水準まで拭き取れる必要がある。これらの要件を満たす、乗用車のウインドシールドで最も重要なワイパー／ウォッシャー装置を図1に示す。
　商用車のワイパー装置は、乗用車と似ているが、特に走行速度とウインドシールドの形状に関して、それとは異なる要件を満たす必要がある。

駆動

　ウインドシールドのワイパー装置は、はすば歯車メカニズム（駆動装置）の電動モーター、リンケージ、ワイパー支持部、ワイパーアーム、およびワイパーブレードから成る。

モーターの設計

　ワイパー装置は、組み込みのはすば歯車メカニズムの永久磁石DCモーター（図2）を使用して作動する。モーターは、コスト、重量、およびスペース削減のため、高速で作動するよう設計されている。ワイパー装置の速度とトルクの要件が、はすば歯車メカニズムにより満たされる。

ワイパー駆動装置の主な機能は、ワイパーが適切な周期でウインドシールドを拭き取るという、予測された状況下での視認性を保証することである。ウインドシールドのワイパー装置のワイパー動作は通常、毎分およそ40回、悪天候の場合は約60回である。SAE J 903 [3]規格では、毎分のワイパー動作サイクルの速度設定が45回、加速が毎分15回以上という要件で規定されている。

電気機械によく使用される出力による分類は、ワイパー駆動装置には適さない。ワイパー装置は通常、濡れたウインドシールド上で作動する。このような場合、回転速度の高いモーターには最小限のトルクしか要求されないが、ワイパーブレードの凍結など、負荷の高い状態では、回転速度が低くても高いトルクが要求される。いずれの場合でも出力（トルクと回転速度の積）は低い。駆動変数は、負荷の高い状態で必要なトルクに応じて異なるため、分類にはトルクが使用される。

従来の駆動装置

従来の駆動装置（回転駆動装置）には、出力シャフトが永久に同一方向に回転するという特性がある。ウインドシールドでの実際のワイパー動作は、ワイパーリンケージとその運動学的配置によって決定される（図3）。

これらの装置では、アースとバッテリー電圧に接続されたカーボンブラシに加えて、バッテリー電圧に接続された第3のカーボンブラシがあるため、さまざまな速度設定が可能である。この第3のカーボンブラシは他のブラシに対して特定の角度で取り付けられており、その転流角によってモーター特性を引き出す（図4a）。

ワイパー駆動装置はセンサー装置を備え、ワイパーブレードが正しい位置に停止するようになっている。従来の駆動装置の出力シャフトの位置は、ワイパーの動作角度と1:1の相関関係にあるため、この機能が出力時の基準位置によって保証される。カムで作動する

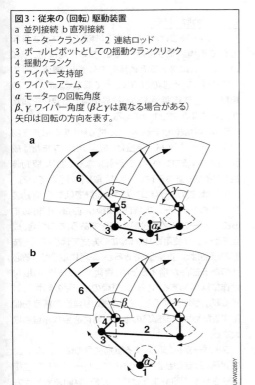

図3：従来の（回転）駆動装置
a 並列接続 b 直列接続
1 モータークランク　　2 連結ロッド
3 ボールピボットとしての揺動クランクリンク
4 揺動クランク
5 ワイパー支持部
6 ワイパーアーム
α モーターの回転角度
β, γ ワイパー角度（βとγは異なる場合がある）
矢印は回転の方向を表す。

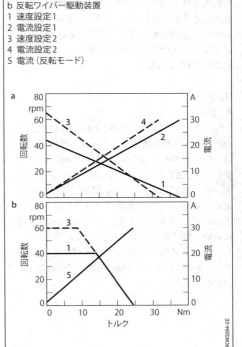

図4：ワイパー駆動装置の駆動特性
a 従来のワイパー駆動装置
b 反転ワイパー駆動装置
1 速度設定1
2 電流設定1
3 速度設定2
4 電流設定2
5 電流（反転モード）

1266 車両のボディ

マイクロスイッチ、接触ディスクのスライダー、または
センサー磁石付きホール効果センサーが、停止位置
検出装置として使用される。

ワイパー駆動装置は、高負荷およびブロッキングか
らの保護を考慮して設計されている。従来は、このよ
うな保護は、サーモスタットスイッチ、トリガ用電子機
器のブロッキング、または高負荷検出装置によって提
供されていた。

反転駆動装置

反転駆動装置の場合、所定の角度（通常は180°未
満）だけ出力シャフトが揺動する。ワイパーシャフトへ
の出力は、従来のシステムの場合と同様に、ワイパー
リンケージを介して提供される。

反転駆動装置のカーボンブラシは、従来の回転駆
動装置とは異なり2個だけである。複数の拭取り振動数
（図4b）の発生に必要なモーター電圧は、一体型電
子制御装置によって提供される。

出力の位置と速度は、駆動装置の制御に影響する。
これらの変数は、センサー（センサー磁石付きホール
効果センサーなど）によって記録され、制御電子装置
で処理される。通常、このセンサー装置からの信号を
使用して停止位置を検出するため、従来の駆動装置
の持つ停止位置検出装置は不要である。高負荷およ
びブロッキングからの保護も同様に、一体型電子装置
によって保証される。

リンケージ
機能

リンケージとは、駆動装置と1本または複数のワイ
パーアームの間の接続部分である。駆動装置の動作
は、リンケージによってボールピボット付きモーター
クランク経由で連結ロッド、およびワイパーアームの
ボールピボットに伝達される（図3）。伝達における決
定的な変数は、拭取り角度、つまり、Aピラーに近い
ワイパーブレードの上限位置とウインドシールドの下辺
に近い下限位置の角度である。これが、ワイパーアー
ムとワイパーブレードの長さ、およびウインドシール
ドに対するワイパー支持部の位置とともに、視界を決
定する。

装置のコンセプト

リンケージについては、純粋に機械的なワイパー
装置（回転駆動装置）と、反転機構に基づいて電子的
に制御されるワイパー装置に分けられる。以下に、現
行のワイパー装置で最も重要な4つのコンセプトを
示す。

- 回転駆動装置：円を描いて作動し、リンケージがこ
  の円運動をワイパーアームの揺動動作へ伝達する
  （図3）。
- 反転機構：電子的に制御される駆動装置で、その
  回転は半回転未満である。リンケージは、その動力
  を駆動装置からワイパーアームへ伝達する。このよ
  うな装置の長所は、リンケージの動作に必要なス
  ペースが、回転駆動装置の場合のほぼ半分である
  ことである。
- 2モーターワイパー装置：ワイパーアームがそれぞ
  れ、専用のリンケージ付き駆動装置で作動する。
- ワイパー直接駆動装置：ワイパーアームが駆動シャ
  フトに直接接続されており、リンケージを使用しない。

ボディへの取付け

ワイパー装置は、コンセプトに応じて、さまざまな
方法で車両に取り付けられる。拭取り角度は、ワイ
パーアームに対する駆動装置の位置と、車両に対す
るワイパー支持部の位置によって異なる。また、この
角度は、立法機関が求める視界に関する要件を満た
す決定的な変数の1つである。

車両への取付けを簡素化し、拭取り角度の公差を制
限するため、ワイパー装置は、成型チューブまたは成
型鋳造によるコンパクトな設計になっており、駆動装
置とワイパー支持部にしっかりと取り付けられている。

または、このようなコンパクト設計ではなく、駆動装
置とワイパーアーム支持部を車両に直接ねじ留めす
ること（ルーズリンク接続）も可能である。この場合、成
型チューブは使用されない。この方式ではワイパー装
置の部品はかなり削減できるが、車両に取り付ける必
要のある部品が増えるため、車両メーカーでの取付
け作業は増加する。さらに、車両のボディの剛性に対
する要求が増大するとともに、拭取り角度の精度を保
証するために構成部品の取付け時に必要な精度も増
大する。

ワイパー支持部に対する駆動装置の位置によって、
並列接続（駆動装置で両方のワイパーアームを直接
作動させる、図3a）または直列接続（駆動装置で片方

のワイパーアームのみを作動させ、そのワイパーアームにもう一方のワイパーアームが接続される、図3b)を使用する。

2モーターワイパー装置とワイパー直接駆動装置の場合は、駆動装置を車両に直接取り付ける。

ワイパー装置が協調して動作する（ウインドシールド上でワイパーブレードが滑らかに動作する）よう、リンケージを最適化することが重要である。角加速度と、ウインドシールドの外辺と下辺にあるワイパーアームの反転位置付近での動力伝達角度の最大値を一致させると、動作が滑らかで、ウインドシールドでのワイパーブレードの反転動作音が低減する。

拭取り角度が大きいか、動力伝達率が低い場合は、特定の状況において、てこ比が変わるためにウインドシールドの縁付近でワイパー速度が大きく変化する。このため、一部の車両ではクロスレイが使用される（図5）。

電子制御ワイパー装置では、重量削減とそれに関連するCO_2削減という最近の傾向が考慮されている。駆動装置を電子的に制御することにより、リンケージの連結ロッドの作動に必要なスペースが大幅に削減される。かなり小型のモーター2個を備えた2モーターシステムを採用すると、取付けスペースをさらに削減できる。

ワイパー直接駆動装置では、2モーターシステムで使用されるリンケージも省くことが可能である。

電子制御ワイパー装置では、停止位置の拡張、過負荷保護機能（雪などに対する）、無段変速拭取り、作動条件（走行速度など）の変化に影響されない大きな拭取りパターンの維持などの追加機能を実装できる。

ワイパーアーム

ワイパーアームは、ワイパーリンケージとワイパーブレードの連結部分である。ワイパーアーム根元の取付け部分は先細のワイパー支持部シャフトにねじ留めされる。この取付け部分は通常、ダイカストアルミ製または鋼板製である。ワイパーアームの先端は一般に鋼帯で、ここにワイパーブレードが取り付けられる（図6）。取付けには、フックファスナー、サイドファスナー、フロントファスナーが使用される（図7）。

ワイパー支持部はボディにねじ留めされる。ウインドシールドに対するワイパーアームの位置はワイパー支持部の位置によって決まり、視界はワイパーブレードの長さと拭取り角度によって決まる。

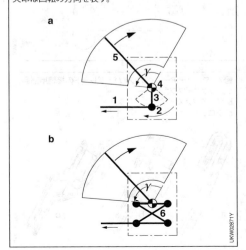

図5：ワイパー装置リンケージのメカニズム
a 従来のリンケージ
b クロスバーリンケージ
1 連結ロッド
2 ボールピボットとしての揺動クランク
3 揺動クランク
4 ワイパー支持部
5 ワイパーアーム
6 クロスバー
γ ワイパー角度
矢印は回転の方向を表す。

標準的なワイパーアームの他にも、さまざまな外観のワイパーアームがある。また、次のような追加機能に対応した特殊構造のワイパーアームもある。

4リンク式メカニズムのワイパーアーム
4リンク式メカニズムのワイパーアームでは、特にウインドシールド（通常は助手席側）での拭取りパターンが変化する。これにより、ウインドシールド上部の角を拭き取れない面積が減少する。

ワイパーブレード制御付きワイパーアーム
ワイパーブレード制御付きワイパーアームでは、ワイパーブレードが1本のみのワイパー装置で、Aピラーと平行に拭き取る場合など、ワイパーブレードがワイパーアームに対してさらに大きく回転する（図1c）。

平行四辺形ワイパーアーム
平行四辺形ワイパーアームは、ワイパーブレード制御付きの特殊タイプである。このワイパーアームでは、拭取り動作全体を通じてワイパーブレードが同じ位置に固定される（市内路線バスの場合は垂直など）。

ワイパーブレードの位置
ワイパーメカニズム最適化のための2番目の方法は、ウインドシールドまたはリアウィンドウのガラス面に対応したワイパーブレードリップの動作位置を適切にすることである（「ワイパーブレードエレメント」を参照）。ワイパーブレードの位置は、ワイパー支持部をウインドシールドに対して適切な角度に合わせ、またワイパーアームにねじりを加えるようにして決める。この目的は、ワイパーアームの反転位置で、アームを拭取り角度の二等分線に向かって横方向に傾けることである。こうするとワイパーブレードエレメントが新しい動作位置へターンしやすくなり、ワイパーブレードの摩耗と反転動作音も軽減される。

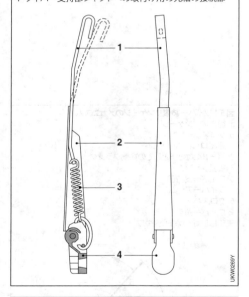

図6：ワイパーアーム（側面図と上面図）
1 フックファスナー付き鋼帯
2 ジョイント部分
3 引張りばね
4 ワイパー支持部シャフトへの取付け用の先細の接続部

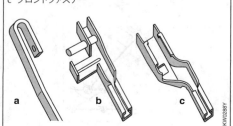

図7：ワイパーアームへのワイパーブレードの接続用部品
a フックタイプファスナー
b サイドファスナー
c フロントファスナー

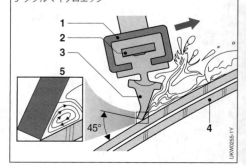

図8：動作位置にあるワイパーブレードエレメント
1 爪
2 スプリングストリップ
3 ワイパーエレメントリップ
4 ウインドシールド
5 ダブルマイクロエッジ

ワイパーブレード

ワイパーブレードエレメント

ワイパー装置の最も重要な構成部品は、ラバーのワイパーブレードエレメントである。ラバーエレメントはブラケットの爪（クロー）に挿入される（図9）か、スプリングストリップで支えられている。ウインドシールドに接するのは、ワイパーエレメントリップのエッジで、その接触部分はわずか0.01〜0.015 mmの幅しかない。ウインドシールドを横断するときに、ワイパーブレードエレメントは、乾燥時の摩擦係数0.8〜2.5（空気の湿度によって異なる）と、降雨時の摩擦係数0.6〜0.1（摺動速度によって異なる）に耐えられなければならない。ワイパーリップが約45°の角度を保ちながらウインドシールドの全拭取り部分を拭き取ることができるように、ワイパーエレメントの形状とラバーの特性を適切に選択する必要がある（図8）。

2個の部品で構成される合成ゴム製ワイパーブレードエレメント付きツインワイパーは、特に硬質化した耐摩耗性のワイパーエレメントリップを超軟質スパインと組み合わせたものである。軟質スパインにより、ワイパーエレメントの反転特性が最適になり、滑らかな拭取りが可能である。

従来のワイパーブレード

ワイパーブレード（図9）はワイパーブレードエレメントを保持して、ウインドシールド上を横断させる。ワイパーブレードは、260〜1,000 mmの長さのものが使われている。取付け（フック方式、スナップ方式など）の寸法は標準化されている。ワイパー作動時のブレード摩耗を軽減するため、ワイパーの取付け部や連結部の遊びを極力小さくする。センターブラケットの上部には穴を設け、高速走行時にブレードが浮き上がるのを防止している。ブレードをウインドシールドに押し付けるために、空力向上の整流板とワイパーアームまたはブレードを一体化した特殊タイプもある。

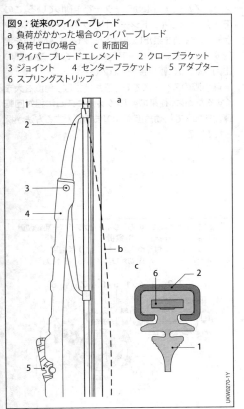

図9：従来のワイパーブレード
a 負荷がかかった場合のワイパーブレード
b 負荷ゼロの場合　c 断面図
1 ワイパーブレードエレメント　2 クローブラケット
3 ジョイント　4 センターブラケット　5 アダプター
6 スプリングストリップ

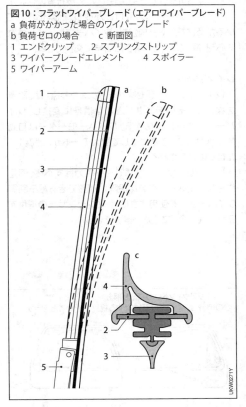

図10：フラットワイパーブレード（エアロワイパーブレード）
a 負荷がかかった場合のワイパーブレード
b 負荷ゼロの場合　c 断面図
1 エンドクリップ　2 スプリングストリップ
3 ワイパーブレードエレメント　4 スポイラー
5 ワイパーアーム

フラットワイパーブレード(エアロワイパーブレード)

フラットワイパーブレード(エアロワイパーブレード)は、現在流行しているワイパーブレードデザインである(図10)。ワイパーブレードエレメントの接触圧力は、ワイパーブラケットの爪ではなく、ウインドシールドの形状に合わせて予め湾曲の付けられた2個のスプリングストリップ(板バネ)で分散される。これにより、ウインドシールドに対するワイパーエレメントリップの圧力がより均一になる。したがって、ワイパーエレメントリップの摩耗が軽減され、拭取り品質が向上する。さらに、ブラケット装置が不要になるため連結部の摩耗がなく、ワイパー装置全体の高さが大幅に低くなって重量が減少し、ワイパーの動作音も小さくなる(風切り音も小さくなる)。

ワイパーブレードの上部エッジはスポイラー(空力整流板)型であるため、高速運転時でも追加の補助具を用いることなくブレードを使用できる。また、このスポイラーは柔軟な材質のため、事故発生時に歩行者が負傷する可能性が大幅に減少する(歩行者の保護)。ワイパーアームへの取付けが改良、簡素化されているため、ワイパー作動時にワイパーブレードが外れる心配がなく、必要な場合は簡単に交換できる。

レインセンサー

レインセンサー(「センサー」の章を参照)は、雨量を検出してそのデータを適切な信号に変換し、ワイパーモーターに送信する。ワイパーモーターは自動的に作動して、必要に応じて間欠モードか、速度1または2に設定される。

レインセンサーが発揮できる能力はすべて、雨量に応じて拭取り速度を無段階に調整できる電子制御ワイパー装置を使用すれば、レインセンサーの提供する可能性を余すことなく実現できる。

図11：リアウィンドウの拭取り部分
陰の部分は、追越し車両に対する視界が悪いことを示す。

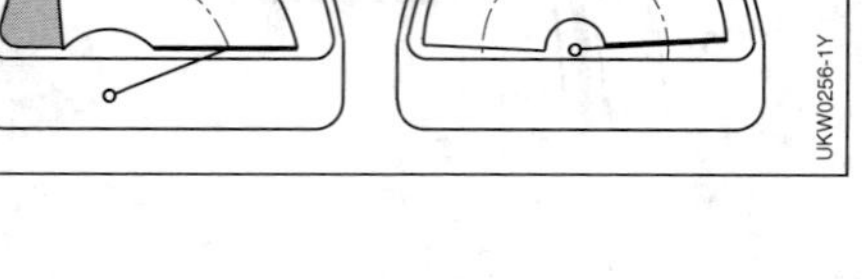

リアウィンドウのワイパー装置

機能と要求事項

リアウィンドウのワイパー装置は、リアウィンドウがその傾斜角度またはボディ形状のために汚れやすく、後方の視認性が低下する場合に使用される。リアウィンドウのワイパー装置の原理は、一般的にウインドシールドのワイパー装置と同じである。

リアウィンドウのワイパー装置の要件は、ウインドシールドのワイパー装置より大幅に少ない。したがって、リアウィンドウのワイパー装置は、多くの場合、間欠モードで作動し、視界は法規要件の対象外である。拭取り角度は一般に、60°～180°の範囲内である(図11)。

リアウィンドウのワイパー駆動装置

リアウィンドウのワイパー駆動装置は、基本的にウインドシールドのワイパー駆動装置と同じである。リアウィンドウのワイパー装置は通常、組み込みの揺動メカニズム一体型電動モーターで作動している。このモーターが、ウインドシールドのワイパー装置のリンケージの役割を果たし、出力シャフトの揺動動作を実行する(図12)。ワイパーアームは、ワイパー駆動部の出力シャフトに直接接続されている。

最小限のスペースでできるだけ拭取り角度を大きくするために、従来の4リンクメカニズムに相対回転運動を加えて揺動角度を180°まで拡大する方法が採られている。

図12：揺動メカニズムの リアウィンドウワイパー駆動装置
1 支持部   2 磁石   3 電機子
4 カーボンブラシ付き整流器   5 はすば歯車
6 ウォームギヤ   7 揺動メカニズム   8 出力シャフト

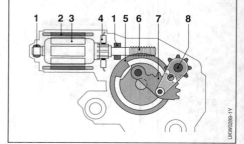

ウインドシールド、リアウィンドウ、ヘッドランプのワイパー／ウォッシャー装置 **1271**

ウインドシールドおよびリアウィンドウの ウォッシャー装置

ボディ

ワイパー拭取り部分の良好な視界を確保するために、ウォッシャー装置とワイパー装置を併用することが重要である。電動の遠心力ポンプを使用して、清浄分散剤を混合した水をウォッシャー液リザーバータンクから2 〜 4個のノズルを通してウインドシールド上の目的地点に噴射するか、散水ノズルを通して噴霧する（図13）。ウォッシャー液リザーバータンクの容量は、通常、1.5〜2 lである。同じウォッシャー液リザーバータンクをヘッドランプのウォッシャーにも使用する場合は、7 lまでの容量が必要となることもある。リアウィンドウのワイパー装置には別のリザーバータンクが用意される場合もある。

電子制御

ウォッシャー装置は、多くの場合、ワイパー装置と電子制御系で連結され、プッシュボタンを押している間リアウィンドウまたはウインドシールドに水を噴出し続ける。ワイパー装置は、プッシュボタンを放した後に数回作動する。

ヘッドランプのウォッシャー装置

ヘッドランプのワイパー／ウォッシャー装置として、ピュアウォッシャー装置が開発された。ヘッドランプウォッシャー装置がこれまで使用されていたワイパー／ウォッシャー装置に比べて優れている点は、デザインがシンプルで、車両のスタイリングコンセプトに適合しやすいことである。

ドイツでは、光拡散による対向車の眩惑を防ぐため、キセノンヘッドランプのヘッドランプウォッシャー装置は法令によって規定されている。

構造

高圧ウォッシャー装置（図13）は、ウォッシャー液リザーバータンク（必要なウォッシャー液はウインドシールドのウォッシャー装置用のリザーバータンクから供給される）、ポンプ、逆止バルブ付きチューブ、および1本または複数のノズルを持つノズルホルダー（ホーン）で構成される。バンパーに固定したノズルホルダーの他に、伸縮式ノズルホルダーもある。伸縮機能は、最適位置からウォッシャー液を噴射できるため、クリーニング効果が大きい。さらに不使用時は、ノズルホルダーをバンパー内などに格納することができる。

クリーニング効果

クリーニング効果は、主に噴射される水滴の洗浄力によって決まる。重要な要素は、ノズルからレンズまでの距離、ウォッシャー液の水滴の大きさ、レンズに当たる角度と速度、およびウォッシャー液の量である。あらゆる走行速度でウォッシャー液が適切にヘッドランプに噴射されるよう、ノズルを正しい位置に調整することが重要である。

参考文献

[1] Council Directive 78/318/EEC: Wiper and washer systems of motor vehicles.

[2] FMVSS Part 571, Standard No. 104: Windshield Wiping and Washing Systems.

[3] SAE J 903: Passenger Car Windshield Wiper Systems.

図13：ウインドシールドとリアウィンドウのウォッシャー装置と ヘッドランプの高圧ウォッシャー装置
1 ウォッシャー液リザーバータンク　2 ポンプ
3 逆止バルブ　4 Tジョイント
5 ヘッドランプウォッシャーのノズルホルダー（ホーン）
6 チューブ　7 ヘッドランプウォッシャー装置のノズル

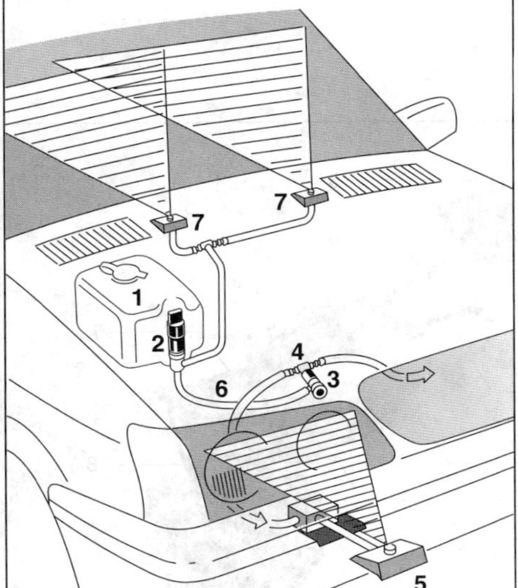

ロックシステム

役目と構造

車両のロックシステムは、車両への許可された乗降を可能にするすべてのコンポーネントを含む。これらのコンポーネントは、ドア、ゲート、リッドの不意の開放や許可されない乗込みも防止する。実行すべき役目として以下がある。

- 許可されたすべての人に車両へのアクセス（例えばサイドドアを介して）および車内へのアクセス（例えばボンネット、ラゲッジルーム、グローブコンパートメント、フューエルフィラーキャップを介して）を可能にする
- 車内および車外からのドアの開放を可能にする
- 不意のドア開放から乗員を保護する
- 走行中および衝突状況時にドア、ゲート、リッドを確実に閉状態に維持し、また作動できないようにする
- 駐車時に車両盗難を防止する
- ドアの開いた状態／閉じた状態の検知

ロックシステムは以下のようなコンポーネントから成る（図1）。

- 識別システム（機械式キー、リモートキー、リモートキーまたはスマートフォン内のチップを介した近距離通信）
- 車外操作ユニット（機械式のプル／フリッパータイプのハンドル、プッシュボタン、近接センサー）
- アウターロック（機械式ロックバレル、プッシュボタン、近接センサー）
- インナーロック（機械式プルハンドル、プッシュボタン、近接センサー）
- インナーロック（機械式コントロール、プッシュボタン、近接センサー）
- ロック（機械式、機械電気式、電気式）
- ロックホルダー
- 接続エレメント（ロッド、ボーデンケーブル、導線）
- ドア、ゲート、リッドのドライブ
- ECU（ドアECUまたは集中ECU）

その他のタイプはサイドドアのロックシステムを基準にしているが、それは、サイドドアのロックシステムに最も多くの機能があり、最も複雑なためである。

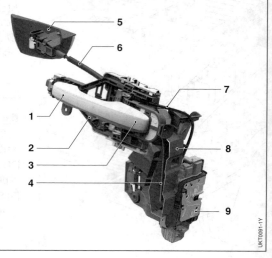

図1：車両サイドドアのロックシステムのコンポーネント
1 アウターハンドル
2 アウターハンドルプレート
3 ロックバレル（カバープレートの裏）
4 アウターロックロッド
5 インナーハンドル
6 インナーハンドル用ボーデンケーブル
7 アウターハンドル用ボーデンケーブル
8 保持ブラケット
9 サイドドアロック

アクセス許可

標準

今日の標準となっているのは、リモートキーである。ユーザーがリモートキーのボタンを押すと、コード化されたデーターパケットが UHF 周波数（433 MHz ～ 868 MHz）で車両に送信される。このデーターパケットは、「傍受」を防止するために作動のたびに変化する（「イモビライザー」を参照）。データーパケットは通常、固定コード部分と、アルゴリズムに基づいて生成される暗号コード部分で構成されている。レシーバーは同じアルゴリズムでこのコードを解読することにより、許可された組み合わせを識別する。各コードは 1 回しか使用できない。受信されたデーターパケットが許可されたものとして識別されると、ロックが電気的に解除され、車両所有者は車外操作ユニットを引いてドアを開くことができる。今日、機械式キーは、リモートキーの故障や電池切れの場合の非常用アクチュエーターとしてのみ使用される。

キーレスエントリー

パッシブエントリーまたはキーレスエントリーアクセスシステムは、ますます広く使用されるようになってきている。これらは車両所有者による電気的なロック解除動作を必要とせず、車両所有者がIDトランスミッターを携帯するだけでよい。リモートキーまたは対応するスマートフォンに挿入されているチップが、IDトランスミッターの役割を果たす（近距離通信）。これらのシステムにより、例えばアウタードアハンドルの容量センサーに近づいたり、アウタードアハンドルを引いたり、ハンドルのプッシュボタンを操作したりすると、オープン要求が自動的に車両によって検知される。車両の集中ECUは、低周波数の信号（到達可能距離は約 1 m、125 kHz）をIDトランスミッターのチップに送信する。IDトランスミッターは 20 m 以内の範囲でUHF周波数に反応し、コード化された応答シーケンスを車両に送り返す。アクセスが許可されると、ドアがロック解除される。

オープン速度はユーザーの快適性と操作にとって極めて重要である。識別プロトコルとドアロック解除の応答時間は、待ち時間がないように短くなければならない。ドアが開く前にユーザーがアウタードアハンドルを繰り返し引く必要がないようにすべきである。

パッシブエントリーシステムでは、「傍受」を防止するために応答シーケンスもリクエストの度に変化する。ただし、いわゆる「リレーステーションアタック」によってセキュリティリスクが起こる。このような攻撃では、車両とIDトランスミッターの信号の範囲がポータブル送受信ステーションにより拡大される。これらの装置のいずれかが車両の近くにあれば、低周波数信号を受信して増幅することが可能となる。このようにして、IDトランスミッターはユーザーに気づかれずに離れたところからスキャンされ、車両がロック解除または始動される可能性がある。より新しいシステムではこのような不正操作を防ぐために、パッシブエントリー機能を無効にすることができる。

ロック構造

ロック機構とロックホルダー
相互作用

ロック機構（図2）は、ボディに取り付けられたロックホルダーと分離可能な接続を確立する。間接的なロックシステムは市場に広く受け入れられてきた。クローズ保持およびロック機能は、ロータリーラッチ（クローズ保持）とロック爪（ロック）の2つのコンポーネントに分担される。ドアが閉じられると、ロックホルダーがロータリーラッチに入る。ロータリーラッチはロックホルダーによって動かされて回転し、スプリング力のかかったロック爪によってドアオープニング方向にロックされる。この間接システムでは開放に必要な力は最小限となる。

クロージング動作の間、ロック機構はボディに対するドアの許容誤差を補正できなければならない。クロージング方向のドアの位置は、ロックホルダーによって決まる。これは、ドアアライメントとギャップ寸法を設定するために車両組立て段階で1回調整される。

予備ディテントとメインディテント

ロック機構を設計する場合は、2ディテント能力、引張値、30-g強度などの法定要件を満たす必要がある。2ディテント能力とは、ロータリーラッチをロック爪によって2つの位置（予備ディテントとメインディテント）に保持できることを言う。メインディテントではドアが要求されるクローズ位置、つまりボディと面一になり、ドアシールが完全に圧縮される。予備ディテントは、メインディテントの5〜7 mmほど手前の位置である。この場合、ドアは完全に閉じた状態ではなく、ドアシールは部分的にしか圧縮されない。この位置では水密性は保証されず、走行ノイズがはっきりと聞こえる。

予備ディテントは2つの主要機能を受け持つ。ロックが不意にメインディテント位置を離れた場合に、ドアを再び捕えて開かないようにする。閉じるときの力が小さすぎる場合、ドアは少なくとも予備ディテントに保持され、不意に開かないようにされる。電動クローズ式によるプレミアムロックはさらに一歩先を行く。電動クローズはドアを追加モーターによって予備ディテントからメインディテントまで動かすため、ドアをバタンと閉める必要はない。

開放チェーン

ドアを開くには、ロック爪によるロータリーラッチのロックが解除されなければならない。この場合、システムには圧縮されたドアシールの圧力による負荷がかかっている。ロック爪は、ロッドやボーデンケーブルなどの接続エレメントのレバーチェーンを介してドアハンドルと接続されている。これは開放チェーンとも呼ばれており、ハンドルをロック爪まで動かす。ロック爪を回転させる動作がシール圧力によって生じたテンションを解放し、ドアが解除され、特有のオープニング音が聞こえる。

プル（図3）およびフリッパー式を除いて、アウターハンドルにはプッシュボタンや近接センサーも備わっていることがある。この場合、モーターがロック爪を持ち上げて外し、ロックを解除する方法が取られる。これはすでにリアロックで標準となっている。

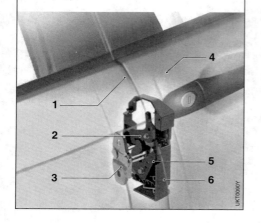

図2：標準的なロックホルダー付きロック機構の断面図
1 Bピラー
2 ロック爪（ドア内）
3 ロックホルダー（Bピラー内）
4 助手席ドア
5 ロータリーラッチ
6 ロックハウジング

ロックシステム **1275**

乗降を制御するために、ロック内には1つまたは複数の切り替え可能なカップリングが必要であり、それによってアウターハンドルまたはインナーハンドル用の開放チェーンが遮断され、その後でドアがロックされる。

アウターロック

今日のほとんどの車両は集中ロックシステムを採用しており、それは外側からリモートキーを介して作動される。車両が電力不足で集中ロックシステムが作動しない場合、通常は運転席ドアのアウターハンドル（大抵は保護キャップの下）に取り付けられている機械式ロックバレルにより、車両を手動でロックおよびロック解除することができる。これは、集中ロックシステムなしの機械式ロックの車両の場合と同じである。パッシブエントリー機能付きの車両は通常、アウターハンドルに別のプッシュボタンまたはセンサー面が設けられていて、車両をロックするにはこれらを作動させる必要がある。

```
図3：車外操作の開放チェーン
1  アウタードアハンドル    2  ロックバレル
3  集中ロックモーター
4  アウターハンドル用ボーデンケーブル
5  Bピラー内のロックホルダー（ストライカー）
6  ロータリーラッチ    7  ロック爪
```

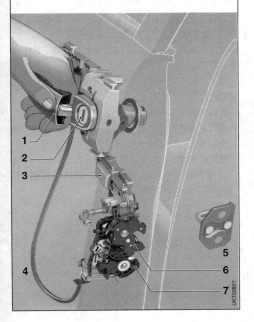

インナーロック

インナーロックとしての内側ドアパネルの「ノブ」は、すでにいくつかのメーカーによって中止されている。それに代わって一部では、運転席ドアのLEDとダッシュボードまたはドアの電気式プッシュボタン、および非常ロック装置の組み合わせが使用されている。この非常ロック装置は、電力不足の場合でも車両をロックすることができ、バッテリー上がりの場合の盗難が防止される。ロック動作はドア前部のレバーによって実行されるが、この操作のためにはドアを開く必要がある。ドア内側のセンサー面または内側から集中ロックを作動させるジェスチャーコントロールも、今後の開発が見込まれる。

DCモーターによる集中ロック

カップリングはアウターおよびインナーロックによって手動で、またはロック内部のDCモーターによって電動で切り替えられる（図4）。DCモーターは集中ロックシステムに使用される。この場合、4枚のすべてのドアとリアロックが電気で同時にロックされる。ロック機能は、インナードアハンドルを1回または2回引くことによって手動でキャンセルできる。電気式集中ロックは、無線リモートコントロールおよびダッシュボードなどの車内ボタンによって実行される。

チャイルドロック機能

リアドアのチャイルドロック機能は特殊機能である。この機能は単にインナーハンドルを解除して、後席乗員が内側からリアドアを開けられないようにする。ただし使用されるロックに応じて、ドアは内側からロック解除でき（ただし開けられない）、ロックされている車両に車外から乗り込むことができる。チャイルドロックは手動で、またはロック内のモーターによって作動させることができる。これは、ドアが開いているときにのみアクセス可能なレバーによって手動で行われる。

要件

サイドドアロックには広範囲の要求が課せられる。法的要件FMVSS 206 [1]およびECE R11 [2]の他に、各メーカーは法的規定を大きく超える範囲の要件を条件として定めている。表1は、今日の標準として適用されるサイドドアロックに関する基本要件の概要を示したものである。

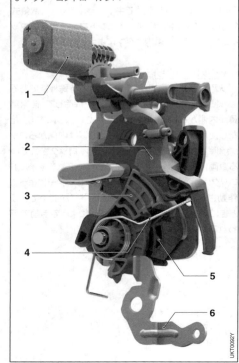

図4：サイドドアロックの車外および車内開放チェーンの標準カップリング
1 集中ロック用モーター
2 ロックレバー
3 リリースレバー
4 カップリングスプリング（図の位置ではロック解除状態）
5 ロック爪
6 アウターコントロールレバー

ロックレイアウト

セーフティコンポーネントとしてのロックのレイアウトと設計に関して最も優先されるべきことは、機能的な構造安定性である。これには触覚学や音響学などの基準が用いられる。それは快適な操作感覚、クロージング音や作動音にも関係するもので、高品質の外観と感触を伝えるものでなければならない。機能装置に応じて、サイドドアロックは、互いに作用し合う30～100個の個別部品で構成される。

引張値または引張強度は、ロックシステムが解除されないで持ちこたえる必要のある力を示している。運転中のドアの動きおよび関連するノイズを防止するには、エラストマー緩衝材などの弾性エレメントが必要である。これはドア部分の優れたクローズ能力と最良の盗難防止を保証する。緩衝材は、ドアが閉られるときの回転動作のエネルギーの低減に役立つ。

走行中には、ドアとボディ間およびロックホルダーとロック間で相対運動が起こる。これらは、特に埃による汚れがひどい場合、固着滑り作用によるキーキー音やきしみ音などのノイズを引き起こすことがある。素材の組合せ、接触形状、ロックの剛性、埃の堆積からの保護はロックの構造に極めて重要である。

マーケットセグメント、サイドドアロック

今日広く受け入れられているロックのタイプは、機械式、電気機械式、電気式のコンポーネントが1つのハウジング内に組み込まれている統合構造 – いわゆるシステムロックである。

サイドドアロックの市場は3つの基本セグメントに分割される。
- 電気式集中ロック付きのシンプルロック（図5a）
- 電気式集中ロック、盗難防止、チャイルドロック付きのボリュームロック（図5b）
- 電気式集中ロック、盗難防止、電気式チャイルドロック、電気式オープニングおよびプルクローズ付きのプレミアムロック（図5c）

ロックシステム **1277**

製法

ロックは打抜き加工部品、射出成形のプラスチック部品、冷間鍛圧部品、スプリング、センサー、DCモーターで成り立っている。これらはリベット接合、ねじ止め、接着、レーザー溶接などのさまざまな製造技術を用いて製造される。

機能ロバスト性

機能ロバスト性は、自動車メーカーと合意したテストカタログによって標準として検証される。これらは表1に示した要求事項に基づいており、実験室のテスト設備で実施される。多くの場合、自動車メーカーも独自の車両テストを実施する。

検証

実際のテストは、何年もの年数および何百万もの製品に及ぶ量産の間に発生する影響要素をすべて考慮することはできない。これには、個別部品の形状公差や材料特性値からのずれなどが含まれる。多くの要素を考慮するにはかなりのコストがかかるので、これはシミュレーション計算によってのみ提供可能である。

表1：サイドドアロックに関する標準的な要求事項

温度範囲	– 連続作動：－40 ℃〜＋80 ℃ – 補修：120 ℃、1時間 – 極端な負荷：300 ℃、2分
ドアクロージング回数	– 100,000サイクル
電気式ロック（集中ロック）の回数	– 60,000サイクル
引張力	– メインディテントの前後方向で9 kN、FMVSS 206に準拠 – メインディテントの横方向で8 kN、FMVSS 206に準拠 – 相手先商標製品の製造会社（OEM）の要求は、現在のところ2つのFMVSS 206、あるいはそれ以上
環境要件	– すべての温度範囲（凍結の周期的繰返しを含む）における水、埃、各種液体に対する機能的なロバスト性 – 腐食要件：塩水噴霧で144〜720 h
ロックにおける操作力と制御ストローク	– 通常、定義されたドアシール圧力に対し連続作動前後の操作力（100〜300 N）およびロック時の制御速度（100〜300 mm/min）の仕様、標準で15〜20 N – 5000 N以下のテンションの事故後の開放能力
音響	– ガタガタ音やきしみ音がないこと – 快適なクロージングおよびアクチュエーター音
押込み力	– ロックホルダーをメインディテント位置に押し込む力：通常は50 N以下
電気的な要件	– 動作電圧9〜16 V、スタートアシスタンス24 V – 最大許可電流≈5〜8 A – 集中ロック、盗難防止、電気式チャイルドロックの制御時間50〜500 ms – 内側ロックノブによる集中ロックの作動力：8 N – カットオフ電圧ピーク：－75 V〜＋150 V – EMV3による電磁両立性、CISPR 25 [3]準拠
加速抵抗	– 30 gの停止加速度による遠心載荷テスト – 加速プロファイルによるスレッドテスト
極端な要件（誤用）	– 他の落下テストで、10〜15倍の操作力の増加、1000 mm/s以下の制御速度の上昇

表1に示した標準的な要求事項に基づいて、構造とレイアウトには以下が用いられる。
- 仮想強度と有限要素法（FEM、図6）を用いた構造テスト
- 複数ボディシミュレーション（MBS）に基づいた仮想機能テスト
- モンテカルロ法に基づいた統計的公差計算

シミュレーション計算は、操作力を向上して快適なロック感覚を達成するためにも実施される。これにより構造最適化の効果を容易に検証できる。図7に示したケースでは、レバー比と接触点の最適化により操作力を45.8 Nから36.6 Nに減少することができた。

ロックの制御ストローク数値と許容誤差は、ロックシステムの機能性に極めて重要である。制御チェーンにおいて個別の空間的な許容誤差がどれだけ作用し、それらが統計的計算によってどれだけ重なり合うかを求める方法がモンテカルロ法である。その結果が、関連許容誤差とその発生確率を伴う制御ストローク数値である。

音響シミュレーションも可能で、少なくとも一部分において複雑な測定に取って代わる。このように最適化を設計段階ですでに定義することができるので、手間のかかる試作品と計算が大幅に減らされる。今日の新しいソフトウェアツールも、埃と水に対するロバスト性の測定と最適化のためのフローシミュレーションに役立つ。

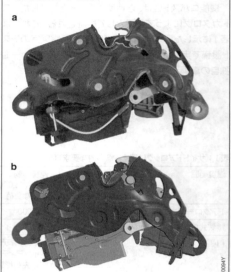

図6：有限要素法を用いた実際の引張試験とシミュレート引張試験の比較
a ロックの実物
b 有限要素法による計算

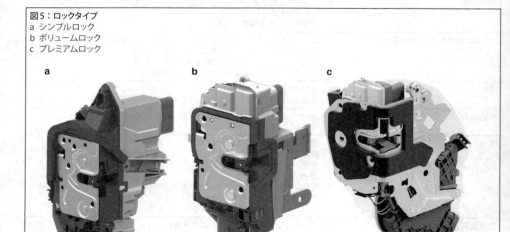

図5：ロックタイプ
a シンプルロック
b ボリュームロック
c プレミアムロック

シミュレーション方法と材料モデルの正確さは常に向上してはいるが、まだ完全に実際のテストに取って代わることはできない。これはとりわけ、埃、水、凍結などの環境影響やきしみ音などの特殊音響効果にも当てはまる。テスト走行によるコストのかかる複雑な車両テストを避けるために、現実的な実験室テストが実施される。

実験室で有意義なテストを行うためには、埃の組成と粒子サイズを現実的な条件に合わせる必要がある。埃の密度と空気流量についても同じで、できるだけ正確にドアの状況を再現する必要がある。実際のテスト手順のときと同様の埃堆積状況は、集塵室のある実験室で作り出すことができる。

埃とその他の環境影響（汚れなど）も前に挙げたきしみ音の現象の一因となる。これはドアとロックのボディ間の摩擦が原因で、あるいはより正確にはロックホルダーと接触するロックコンポーネントによって発生する。きしみ音の発生は、実験室で運動プロファイル、ロックとロックホルダー間の接触力、車両での汚れおよび埃の堆積を測定することによって検証できる。これにより開発段階の非常に早い時期に構造の改善が可能となる。図8はロックの2つの構造状態を示したものである。ロックホルダーとロックの接触領域に溝を付けることにより、きしみ音を取り除くことができた。

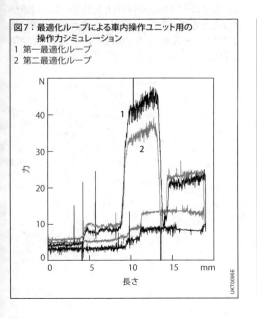

図7：最適化ループによる車内操作ユニット用の操作力シミュレーション
1 第一最適化ループ
2 第二最適化ループ

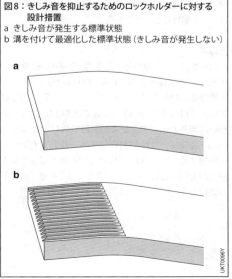

図8：きしみ音を抑止するためのロックホルダーに対する設計措置
a きしみ音が発生する標準状態
b 溝を付けて最適化した標準状態（きしみ音が発生しない）

安全機能

衝突時の挙動

ロックシステムは、走行時にドアを確実に閉状態に維持しなければならない。衝突状況では高い加速度、力および変形が発生する。これらがロック機構／ロックホルダーの接続に異常をもたらして、ドアの意図しない開放を引き起こしてはならない。しかし衝突後の救助状況では、ドアを容易に開けることができなければならない。衝突時にドアを閉じた状態に保つために、今日では多くの場合にマスロック機構がアウタードアハンドルに取り付けられている。これは、衝突時一般的な加速が発生すると移動するウエイトで構成され、アウタードアハンドルをブロックする。その結果、ハンドルが外側へ動いてドアが開くのが阻止される。

さらに触覚により作動するシステムがある。これらのシステムでは、ロックに取り付けられたレバーがドアアウターパネルの内側に触れる。これが変形すると車外操作チェーンをブロックし、ドアは恒久的に車外から開けることができない。これも意図しない開放を防止する。

改良されたシステムでは、サイドドアロック内に速度ベースのクラッシュフライホイールが取り付けられる。アウターハンドルが極めて素早く操作された場合、この運動は何も引き起こさず、ドアは閉じた状態のままとなる。これは、マスロック機構などの加速ベースシステムが働かない衝突状況もカバーする。衝突後はドアを開けることができる。

盗難防止

ロックシステム全体が、電気的、電子的、機械的な不正操作から保護されていなければならない。ドアを開けるために使用される機械的および電気的接続エレメントは、車外からアクセスできてはならない、あるいは車外からのアクセスが困難でなければならない。特定のロックは、磁気作動式ホール効果センサーを使用する。これらは、車外からの磁界がロック解除や開放を引き起こすことができないように取り付ける必要がある。

多くのロックは盗難防止システムを備えており、それらはダブルロック、デッドロック、またはセーフ機能とも呼ばれる。メーカーによってはこのシステムは常に有効になっているか、あるいは例えばリモートコントロールのロックボタンを2回押すことで有効になる。通常、車内に人がいる場合は使用できない。盗難防止システムは、例えばサイドウインドウが割られた後の手動によるロック解除と内側ドアハンドルによる開放を防止する。この機能は、ロック内の追加モーターにより電気的に有効にされる。電源障害時には盗難防止システムは、少なくとも1枚のドアのロックバレルを介して手動で解除することができる。

開いたドアの検知

サイドドアロックは、開いているドアまたは閉じているドアの信号を車両に送る重要な役割も担っている。これを行うのはロック内のマイクロスイッチで、ロータリーラッチの位置とロック爪がロックされているかどうかを検知する。これらの信号は、ドアECUまたは車両の集中エレクトロニクスで評価される。これに代えて一部のメーカーがロック外側にドアコンタクトスイッチを使用しているが、精度が劣る。

この情報は、ドアまたはトランクリッドが開いていることをインストルメントクラスターに表示するために使用される。これらの信号は、アラームシステムや、正しくないロック解除が行われた場合に一定の時間が経過した後にドアの自動再ロック、またドアが開いたときのクルーズコントロールのスイッチオフにも使用される。

開発の歴史

歴史展望

　車両ドアに初めて使用されたロックは、住宅用のロックをベースにしていた。これはドロップラッチロックと呼ばれるもので、許容誤差を補正することはできず、一方向のみの力に耐え、予備ディテントは備えていなかった。すべてのコンポーネントはスチール製で、レバー装置は密閉されておらず、音響減衰対策も施されていなかった。

　1945年頃、この構造原理はピンロックへと進化した。これは複数方向の力に耐えることができ、予備ディテントとメインディテントを備えていた。ロック動作はまだ直接ドロップラッチによって行われた。

　1955年に最初の間接的ロックシステムが導入された。これは特に操作力を低減し、同時に引張強度を向上した。そして最初の音響減衰材料が、がたつき音を小さくした。1960年以降、間接的なロックシステムが市場に導入され続けた。ほとんどの場合、ロータリーラッチは外側にあり、ロックホルダーはバッファーエレメントによる固定を確保するために複雑な構造をしていた。1970年代までは機械式ロックのみが使用された。

　ロックとロック解除を自動で行う最初のロックは、1960年代に米国で発表された。作動には電磁石が使用された。その後、機械ベースのロックに単独ユニットとしてねじ留めされた空圧または電気制御式エレメント（アクチュエーター）が使用された。

　集中ロックシステムの市場シェアの増加は、1980年代中頃からベーシックロックと一体化されたアクチュエーターを生み出し、いわゆるシステムロックが誕生した。その構造には、プラスチックコンポーネントとセンサーが使用されることが多くなった。その後、内部ロータリーラッチにより間接的に操作されるロック機構が標準となった。

図9：従来型ロックとフレックスポールロックの比較
a　フレックスポールロック
b　従来型ロック
1　集中ロック、盗難防止、電気式チャイルドロック用のフレックスポールアクチュエーター
2　集中ロック用モーター
3　電気式盗難防止用モーター
4　電気式チャイルドロック用モーター

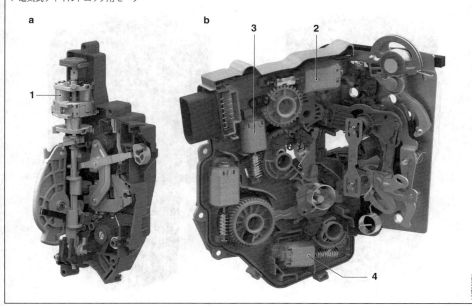

アウター／インナーハンドルおよびロックを組立ておよびテスト済みのユニットに統合した最初のロックモジュールは、1990年代半ばに市場に導入された。

市場動向

機能性の向上とともにロックシステムの機械的な複雑さも増してきている。その結果ロックシステムの重量と種類は増加しているが、どちらも本来は回避すべきものである。この問題に対する可能なソリューションとして、フレックスポールアクチュエーターを使用したロックボディの単純化と、電気ロックを使用したロックシステムの単純化、という2つの市場動向が認められる。

今日、ロック内の各電気機械式機能には一般に個別のDCモーターが使用される。つまり集中ロック、盗難防止、電気式チャイルドロック用に3個のモーターが使用される。フレックスポールアクチュエーターは、これら3つの役割を実行できる電気機械式の制御エレメントである。これはギヤユニットと一体化したモーターに取って代わることができ、ロックはより軽く、よりコンパクトに、より頑丈になる。図9は、従来型のロックとフレックスポールロックの比較を示したものである。ハンドルと制御ポイントのインターフェースに変わりはない。

例えば電気式ロックの場合に従来のインターフェースも省くことができたら、より一層のシンプル化が達成される。この場合、ロック爪はアクチュエーターによってのみ外されるので、手動による開放は必要なくなる。センサー、スイッチ、スマートフォンもコントロールとして使用できる。ロックボディも、手動インターフェースを省くことによりシンプル化される。集中ロック、盗難防止、電気式チャイルドロックなどの機能は、制御ソフトウェアによってのみ実行される。

図10は、ロック爪を持ち上げて外すためのケーブルアクチュエーター付き電気式ロックを示している。電気式ロックの場合、車両バッテリー異常や電源障害の後でもドアを開けることができなければならない。これは、予備電源（バッテリー）をロックに組み込むことにより確保できる。

図10：ケーブルアクチュエーターおよび電気冗長性を備えた電気ロック
a 正面図　　b 背面図
1 一体型非常用電源
2 一体型制御装置
3 ケーブルアクチュエーター

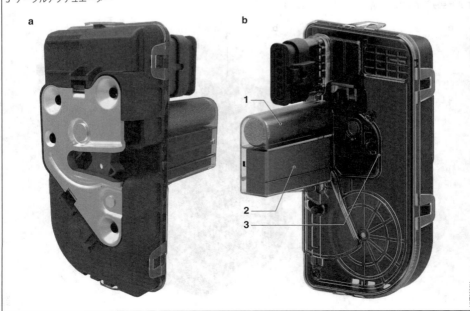

ロックシステム **1283**

参考文献

[1] FMVSS 206: U.S. Department of Transportation National Highway Traffic Safety Administration, Laboratory Test Procedure for FMVSS No. 206. Door Locks and Door Retention Components (TP-206-08 February 19, 2010).

[2] ECE R11: Uniform provisions concerning the approval of vehicles with regard to door latches and door retention components. Addendum 10: Regulation No. 11 Revision 3.

[3] CISPR 25: Vehicles, boats and internal combustion engines – Radio disturbance characteristics – Limits and methods of measurement for the protection of on-board receivers. Edition 4.0, 10/2016.

[4] Dr. U. Nass: Erfolgsfaktoren global einsetzbarer Seitentürschlösser. ATZ Automobiltechnische Zeitschrift Issue 7 – 8/2008, Springer Automotive Media.

[5] Dr. U. Nass: Innovativer Zugang für zukünftige Fahrzeuggenerationen. Conference Transcript 16th Car Symposium 11 February 2016.

[6] Dr. U. Nass, J. Schulz: Conference Transcript VDI Conference Türen und Klappen (Doors, Gates, and Lids) 21 – 22 April 2015.

[7] Dr. U. Nass, J. Schulz: Conference Transcript VDI Conference Türen und Klappen (Doors, Gates, and Lids) 7 – 8 April 2017.

盗難防止システム

運転者が車両を離れたら、車両は権限のない者による使用から保護されなければならない。車両はロックされ、ウインドウが閉じられている必要がある。これはドイツ道路交通法 (StVO) の § 14、2項に明記されている [1]。

ドイツ道路交通許可規則の § 38a に基づき (StVZO、[2])、自動車には権限のない者による使用を防止するセキュリティー装置を装備しなければならない。この目的のために車両にはステアリングロック (ステアリングホイールロック) が装備されており、大抵はイグニッションロックに接続されている。イグニッションキーが抜かれると、ステアリングホイールを動かしたときにステアリングコラムの穴にボルトがかみ合うしくみになっている。これにより車両は操舵不能の状態になる。イグニッションキーが再び挿入されると、ステアリングホイールを回したときにボルトが引き出され、再び操舵可能となる。

これはイグニッションの短絡によるエンジンの始動を妨げるものではない。エンジン始動に対する保護は、電子式車両イモビライザーによって提供される。

自動車の警報は、音響的および視覚的警報の出力によって車両の窃盗や車両への侵入を困難にするように設計されている。

電子式車両イモビライザー

電子式車両イモビライザーは、適切なイグニッションキーが挿入されなければ車両が自力で動くことを防止するように設計された盗難防止装置である、イグニッションキーに組み込まれているトランスポンダーの認証 (正当なIDの確認) がなければ、イモビライザーはエンジン始動、ギヤ選択、ステアリングロック解除などができないようにして車両の作動を妨げる。

1998年以降、EU指令 95/56/EU [3] に基づき、EU諸国で販売されるすべての乗用車に電子式イモビライザーの装備が要求されている。同様の法規は他の多くの国々でも適用されている。電子式イモビライザーを、自動車警報システムやドアロックシステムのリモートコントロール用リモートキーレスエントリーシステムと混同してはならない。

システム設計

電子式イモビライザー (図1) は車両電子回路に組み込まれており、以下のコンポーネントから成る。

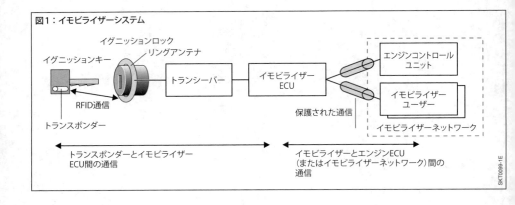

図1：イモビライザーシステム

トランスポンダー

トランスポンダーはイグニッションキーに組み込まれており、アンテナ、信号処理およびデータ伝送用のマイクロプロセッサー、暗号化キー保存用の非揮発性メモリー (EEPROM)、エネルギー貯蔵装置から成る。自動車産業では通常、長波レンジ (125 kHz または 134.2 kHz) のパッシブ RFID (Radio-Frequency Identification = 無線自動識別) トランスポンダー) が使用される。このトランスポンダーは専用の電源を持たないので、作動範囲は数センチメートルに限定される[4]。

トランシーバー

トランシーバー (「リーダー」とも呼ばれる) は、無線信号の有効到達範囲が短いことを考慮してイグニッションロックの近く、またはイグニッションロックに直接配置されているリングアンテナに接続されている。トランシーバーの送受信ユニットはアンテナを介して無線信号を送受信し、信号をイモビライザー ECU に転送する。

イモビライザー ECU

イモビライザー ECU (イモビライザーサーバーとも呼ばれる) にはイモビライザー機能を実行するためのマイクロコントローラーがあり、トランシーバーおよびエンジン ECU と通信し、必要に応じてイモビライザーネットワークのその他の ECU とも通信する。イモビライザー機能は、固有のイモビライザー ECU に組み込むのに代えて、インストルメントクラスター、オンボードコンピューター、エンジン ECU などの他の ECU に組み込むこともできる。

イモビライザー機能は、イグニッションキーとトランスポンダーの真正性の確認とイモビライザーの作動許可を行う。

エンジン ECU

エンジン ECU は、暗号化によって保護された接続を介してイモビライザー ECU からイモビライザーを許可する信号を受信する。アクティブなイモビライザー許可信号がなければさまざまなスイッチオフパスは無効になり、エンジン始動が行えなくなる。代表的なスイッチオフパスは、スターター、フューエルポンプ、燃料噴射である。

イモビライザーネットワーク

セキュリティーを強化するために、他の車両コンポーネントの ECU がイモビライザーネットワークに組み込まれている。例えばオートマチックトランスミッション (ギヤ選択やパーキングロックのオープンが防止される) や、ステアリングの ECU などがこれに該当する。

イモビライザーネットワークのユーザーは、バス通信の保護および不正操作からの保護を強化する手段 (「ハードウェアセキュリティー」) を含む高度なセキュリティー要件を満たさなければならない。

機能の説明

トランスポンダーとイモビライザー ECU 間の通信

イモビライザー ECU とトランシーバーおよびトランスポンダーとの通信は無線リンクを介して行われ、イグニッションキーが信号の到達範囲内にあるか、イグニッションがオンにされると作動する。トランシーバーはアンテナにより電磁界を発生させ、これがトランスポンダーのアンテナによって受信される。誘導性カップリングを通じてトランスポンダーはエネルギーを受け取り、コンデンサーに保存する。

データは通常、半二重プロセスで送信される。トランシーバーからトランスポンダーへのデータ (ダウンリンク) と、トランスポンダーからトランシーバーへのデータ (アップリンク) が連続して送信される。受信されたデータは、トランスポンダーの IC (集積回路) によって処理される。データをトランシーバーに戻す際にトランスポンダーは電磁界を生成しないが、その代わりに負荷変調によってトランシーバー信号を変調する。トランシーバーはこの変化を記録し、トランスポンダーデータ信号として解読する[4]。

この通信の目的は、イグニッションキー内のトランスポンダーの認証を行うことである。この場合、認証は片側で (トランスポンダーのみがイモビライザーに認証される)、または相互に (トランスポンダーとイモビライザーの両者が相互に認証される) 行われる。

現在のイモビライザー世代では、認証はチャレンジレスポンス方式で実行される (図2)。この方式の前提条件は、トランスポンダーとイモビライザーが共通のシークレットキー K を持っていることである。イモビライザーがチャレンジをトランスポンダーに送信すると、トランスポンダーは暗号化機能とシークレットキー K によりこれを変換して応答する。その後イモ

ビライザーは同じ計算を実行し、結果を比較する（検証）。結果が一致すれば、トランスポンダーはイモビライザーに正しく認証され、真正さが証明されたことになる。通常は、記録と繰返しによる攻撃、いわゆるリプレーアタックを防止するためにチャレンジとして乱数が使用される。

イモビライザーとイモビライザーユーザー間の通信

許可信号は、暗号化によって保護された通信により車両バスシステムを介してエンジンECU、および必要に応じてイモビライザーネットワークの他のユーザーに送信される。イグニッションキー内のトランスポンダーが一度正しく認証されると、イモビライザー ECUによってイモビライザーが許可され、通常の運転が可能になる。

イグニッションキーを抜いた後は、イモビライザーが自動的に有効になる。

セキュリティーの考慮

旧世代および現世代のイモビライザーシステムはさまざまな方法で攻撃を受けて突破されてきたので、弱点があらわになっている。共通する弱点は、正しくない実行、標準の暗号化されたアルゴリズムとプロセスからの逸脱、極めて短い長さのキーの使用である[5]、[6]、[7]。

イモビライザーシステムに課される1つの要求事項は、犯罪を犯そうとする意志が極めて強固な場合でもイモビライザーが突破されないこと、または大きな技術的努力と高いコストによってしか突破できないことである。さらに攻撃が他の犯罪へと伝播することがあってはならず、個別の車両で成功した攻撃の知識が他の車両に対して再利用可能であってはならない。これは特に、車両個別またはコンポーネント個別の暗号化キーの使用によって達成される。

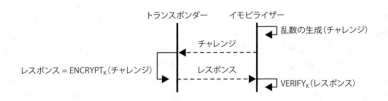

図2：トランスポンダー認証用のチャレンジレスポンス方式
$ENCRYPT_K$：シークレットキー Kによる暗号化
$VERIFY_K$：　内部計算と同一キー Kの比較
認証が正常に行われるとイモビライザーが許可される。

通信を傍受および記憶して後で利用するリプレーアタックを防止するために、チャレンジレスポンス方式では各認証の試行の際に乱数（問い合わせ）が生成される。一度傍受された有効な認証メッセージは、後の認証では無効とされるので再利用はできない。

図2に示したチャレンジレスポンスプロトコルの限界は、トランスポンダーがイモビライザーの認証を検証できないことである。図3は既存のプロトコルの拡張を示している。イモビライザーは乱数（チャレンジ）を生成し、MAC (Message Authentication Code、メッセージ認証コード)、チャレンジを認証するためのチェックサムを計算する。チャレンジとMACは、どちらもトランスポンダーに送信される。トランスポンダーはMACをチェックし、チャレンジが既知の認証済みのイモビライザーECUからのものであることを確認する。MACが有効な場合のみ、トランスポンダーは上記のプロトコルを続行する。有効でない場合、通信はこの時点で中止される。これにより、トランスポンダーがチャレンジに応答することや関係する応答を送り返すことが防止される[8]。

製造および基礎構造の要求事項

対称的で暗号化されたプロセスの使用は、イモビライザーに関する各コンポーネントの製品寿命全体に高度な要求を課す。製造の際には、暗号化キーは安全な環境で生成およびプログラミングされなければならない。イモビライザー関連のコンポーネントはシークレットキーを介して相互にペアリングされるので、部品を交換する場合は関係するキーを再プログラミングし、新しいコンポーネントを「学習させる」必要がある。

その他の用途は、交換イグニッションキーのセットアップ（紛失後など）と盗難後のイグニッションキーの無効化である。これらの作業は、メーカーが各ケースごとに集中キー認証、安全な基礎構造、利用可能にされたシークレットキーを介して許可することができる。

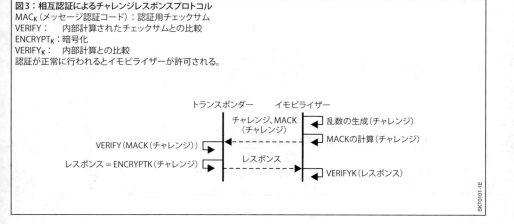

図3：相互認証によるチャレンジレスポンスプロトコル
MAC_K（メッセージ認証コード）：認証用チェックサム
VERIFY：　　内部計算されたチェックサムとの比較
$ENCRYPT_K$：暗号化
$VERIFY_K$：　内部計算との比較
認証が正常に行われるとイモビライザーが許可される。

盗難警報システム

法規

盗難防止（警報）装置は、ECE規則R18 [1] およびR116 [2] の要件を満たしている必要がある。作動するように設定された警報システムは、車両に不法な侵入が図られたときに、聴覚および視覚による警報信号を発する機能を備えていなければならない。さまざまな国で、保険に関する規定により、詳細な要件が設定されている。

認定されている警報信号
- 間欠的な音響信号
 （25～30秒間、1,800～3,550 Hz
 最小105 dB(A)、
 最大118 dB(A) 音源からの距離：2 m）
- 点滅信号（最長5分間）

システム設計

警報システムは、中央制御ユニット、侵入を感知する各種センサー、および警報サイレンから成る（図1）。

侵入感知装置
- ドアおよびボンネット用センサー
- 室内監視装置
- 傾斜センサー
- 警報サイレンの自己監視装置

警報システムのコントロールユニット

警報システムの制御は、車両の快適機能に関するコントロールユニットが担当する。警報システムの作動設定または解除は、機械的なロックまたは無線によるリモートコントロールで行う。「作動設定」の命令を受け取ると、侵入感知装置による監視が有効になる。必要な場合は、選択ボタンを使用して、個々のセンサーを無効にすることができる。無効化は、その操作が行われた後の最初の「作動設定」命令に1回だけ適用される。

各種センサーとともに、警報サイレンも有効になる。サイレンが「作動設定」状態になると、コントロールユニットが周期的な通信を開始して回線を監視する。警報が作動した場合は、警報の解除操作（無線によるリモートコントロールなどによる）後、警報出力が直ちに停止するようでなければならない。

コントロールユニットは、侵入感知装置ごとの最大許容警報回数を越えないことを保証する必要がある。また、警報の重複によって警報出力時間が延長されてはならない。

警報サイレン

警報サイレンは、制御システム電子機器、音源となるダイヤフラム、および予備電源用充電式バッテリーから成る。警報音は、圧電ラウドスピーカーなどで生成される。警報システムのコントロールユニットとの通信は、シリアル単線バス（LINなど）を介して行われ

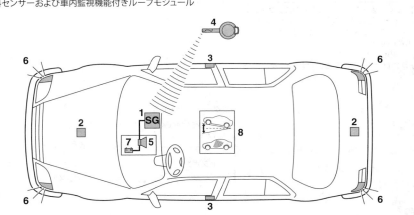

図1：盗難防止装置
1 警報システムコントロールユニット　2 ボンネットコンタクト　3 ドアコンタクト
4 無線によるリモートコントロールのキー　5 サイレン　6 ハザードランプ　7 バッテリー
8 傾斜センサーおよび車内監視機能付きルーフモジュール

る。警報サイレンはコントロールユニットからの命令により警報を作動させるか、あるいは自動的に不正操作を検知する。警報サイレンでは以下の信号が監視される。周期的な通信、端子30および端子31のラインコンタクト、車両バッテリーの電圧レベル、および過電圧（たとえば外部電源による）。目的は、侵入を確実に認識し、誤報を防止することである。

傾斜センサー

傾斜センサーの機能は、ジャッキアップまたは車両牽引による車両姿勢の変化を感知することである。傾斜センサーには非常に感度の高い加速度センサーが使用される。その信号は、重力に対する角度により変化する。前後方向と左右方向の両方の車両の動きを監視するために、2軸マイクロメカニカルセンサーを使用する（図2）。とくに重要なのは、車両が風などでローリングしたために警報が作動するなどの誤報を確実に防止することである。

車内の監視

超音波もしくはマイクロ波の反射が分析される。その変化が比較値を越えると、警報が作動する。この場合にも、誤報の確実な防止が重要である。

参考文献

[1] § 14 StVO: Sorgfaltspflichten beim Ein- und Aussteigen (Duty of care when entering and exiting).

[2] § 38a StVZO: Sicherungseinrichtungen gegen unbefugte Benutzung von Kraftfahrzeugen (Protective devices to prevent the unauthorized use of motor vehicles).

[3] Commission Directive 95/56/EC of 8 November 1995 adapting to technical progress Council Directive 74/61/EEC relating to devices to prevent the unauthorized use of motor vehicles (Text with EEA relevance).

[4] U. Kaiser: Digital Signature Transponder. In RFID Security: Techniques, Protocols and System-on-Chip Design, 2008.

[5] R. Verdult et al.: Gone in 360 seconds: Hijacking with Hitag2. In Security '12 Proceedings of the 21st USENIX conference on Security symposium, 2012.

[6] S. C. Bono et al.: Security Analysis of a Cryptographically-Enabled RFID Device. In Proceedings of the 14th conference on USENIX Security Symposium – Volume 14, 2005.

[7] R. Verdult et al.: Dismantling Megamos Crypto: Wirelessly Lockpicking a Vehicle Immobilizer. In 22nd USENIX Security Symposium (USENIX Security 2013). USENIX Association, 2013.

[8] S. Tillich et al.: Security Analysis of an Open Car Immobilizer Protocol Stack. In Lecture Notes in Computer Science Volume 7711, 2012.

[9] ECE-R18: Uniform provisions concerning the approval of motor vehicles with regard to their protection against unauthorized use.

[10] ECE-R116: Uniform technical regulations on the protection of motor vehicles against unauthorized use.

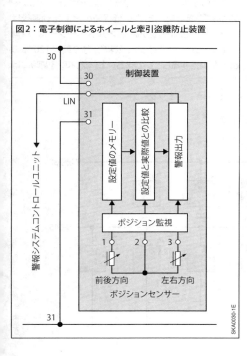

図2：電子制御によるホイールと牽引盗難防止装置

従来の車両の電気システム

車両への電力供給

機能と要求事項

　車両の電気システムは、エネルギー変換装置としてのオルタネーター、エネルギー貯蔵装置としての1つ以上のバッテリー、消費装置としての電装品で構成されている（図1）。バッテリーからスターターにエネルギーが供給され、エンジンが始動される。車両の運転中は、イグニッションおよび燃料噴射装置、制御ユニット、安全、快適、便利機能用電子装置、および灯火などの装置に電力を供給しなければならない。オルタネーターは、このようなコンポーネントに必要な電力と、バッテリーの充電に必要な電力を供給する。

　快適性と安全性への要求が高まるにつれて、自動車の電気システムに必要な電力が大幅に増加している。また、ますます多くのコンポーネントの電動化のトレンドが、これを助長している（シートの調節、電気式パーキングブレーキシステム、電動式パワーステアリングなど）。オルタネーターの公称出力は、サブコンパクトカーでは約1 kW、高級車では3 kW以上もある。これでも、電装品全体の消費電力より少ない。つまり、自動車の運転中に、バッテリーからも電力を供給しなければならないことがある。

電気システムのバッテリー、オルタネーター、スターター、その他の電装品の選択およびサイズの決定においては、バッテリーの充放電収支が常に平衡を保つように配慮し、内燃エンジンを常に始動でき、エンジンを停止しても所定の電装品に所定の時間電源が供給できるようにする。

　オルタネーターは、エンジンが回転しているときに電流（I_G）を供給する（図1）。バッテリーの充電を可能にするには、オルタネーターは、車両システムの電圧をバッテリーの開路電圧より高くしなければならない。ただし、そのためには、電装品の要求電流の合計が、オルタネーターの供給電流より少なくなければならない。電気システムの電装品の消費電流I_Vが、オルタネーターの供給電流I_Gよりも多くなると（エンジンのアイドリング時など）、バッテリーが放電することによって補完される。これにより車両の電気システムの電圧が、電流を供給するバッテリーの電圧レベルまで低下する。

　オルタネーターの最大出力電流は、その回転速度と温度によって大幅に変化する。エンジンのアイドリング時のオルタネーターの出力は、公称出力の55〜65 %に過ぎない。ただし、低温時の冷間始動直後は、エンジンの回転速度が高く、オルタネーターは、車両の電気システムに対して、公称出力の最大120 %の出力を供給することができる。エンジンの温間時には、

図1：車両電気システムのブロック図
1 車両バッテリー　　2 オルタネーター　　3 オルタネーターレギュレーター　　4 スターター
5 イグニッションスイッチ　　6 電装品
I_B バッテリー電圧　　I_G オルタネーター電流　　I_V 電装品消費電流
B バッテリー　　G オルタネーター　　S スターター

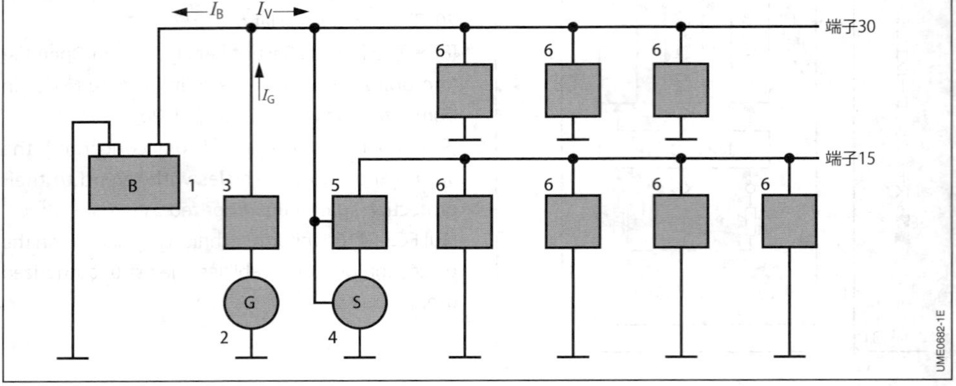

外気温およびエンジンの負荷にもよるが、エンジンコンパートメントの温度が60〜120℃に上昇する。エンジンコンパートメントの温度が高くなると、巻線抵抗が大きくなり、オルタネーターの最大出力が低下する。

14 V電気システムのレイアウトおよび作動原理
ブロック図
車両の電気システムは、エネルギー変換装置（オルタネーター）、エネルギー貯蔵装置（バッテリー）、およびエネルギー消費装置（電装品）として表すことができる（図1）。

オルタネーターはVベルトでクランクシャフトによって駆動され、機械的な力を電力に変換する。オルタネーターレギュレーターは、レギュレーターに設定されている電圧（14.0〜14.5 V）を超えないように出力を調整する。

イグニッションキーを抜き取ると、一部の電装品だけに電圧が供給される（盗難防止システム、ラジオ、補助暖房など）。このような電装品に電源を供給する端子は「端子30」（連続プラス出力）と呼ばれている。

他の電装品は「端子15」に接続されている。イグニッションスイッチが「イグニッションオン」の位置にあるときは、この端子にバッテリー電圧が供給され、すべての電装品に電源が接続される。

バッテリーの取付け位置
自動車のバッテリーは、通常は、エンジンコンパートメント（エンジンルーム）内に取り付けられている。ただし、大型のバッテリー（100 Ahなど）は場所を取るため、エンジンコンパートメント内にそのための十分な空間が存在しないときは、エンジンコンパートメント内への取付けが不可能なこともある。また、エンジンコンパートメント内にバッテリーを配置することに関しては、周囲温度が高くなるとの反対意見もある。このような場合には、バッテリーがラゲージコンパートメント（トランクルーム）またはパッセンジャーコンパートメント（助手席側シートの下）に配置されていることがある。

充電電圧に対する取付け位置の影響
エンジンコンパートメント内に配置されたバッテリーとオルタネーターを接続するケーブルの長さは、ラゲージコンパートメントに配置されたバッテリーの場合よりも短い。これが配線抵抗に影響を与え、ケーブルでの電圧降下に直接影響する。ケーブルの導体の断面積を適切に選択し、接触抵抗の小さい良質のコネクターを使用することにより、長く使用した後でも、電圧降下を最小化することができる。

図2aに、エンジンコンパートメント内への取付け条件を示す。ラゲージコンパートメントに配置したバッテリーには長い電源供給ケーブルが必要であり、配線抵抗R_{L2}が加わる（図2b）。この電圧降下が大きいために、ラゲージコンパートメントに配置されたバッテリーの充電電圧が低下する。R_{L2}により付加さ

図2：バッテリーの取付け位置
a　エンジンコンパートメント内
b　ラゲージコンパートメント内
G　オルタネーター　　B　バッテリー　　S　スターター
R_L　配線抵抗
R_V　電装品抵抗
I_G　オルタネーター電流
I_V　電装品消費電流
I_B　バッテリー充電電流

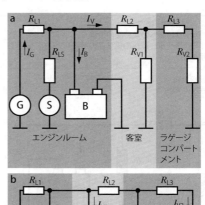

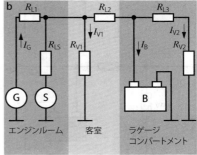

れた電圧差は、オルタネーター電圧値設定点を高くすることにより補正できる。これによって、オルタネーターの出力が大きくなる。

始動可能性に対する取付け位置の影響

エンジンの始動可能性は、スターターに供給される電圧に依存する。この電圧が高ければ、始動時のスターターの回転速度も高くなる。スターターには大きな電流が流れるため、電源供給ケーブルの抵抗は、この電圧に重大な影響を与える。バッテリーをラゲージコンパートメントに配置した場合、バッテリーとスターターを接続するケーブルの長さは、エンジンコンパートメントにバッテリーを配置した場合よりも長くなる。したがって、抵抗が大きくなり、その抵抗による電圧降下も大きくなる。バッテリーをエンジンコンパートメントに配置して、短いケーブルでスターターに接続することにより、良好な始動可能性が保証される。

周囲温度の影響

エンジンコンパートメント内などの高温は、バッテリーのエージング効果（バッテリーの腐食およびガス発生によるバッテリー液の減少など）を助長し、バッテリーの実用寿命を縮める。保護対策により、バッテリーの温度上昇を抑制することができる。

充電プロセスはバッテリーの温度が低いと制限される。つまり、バッテリーの充電機能が弱くなり、その結果充電状態が低くなる。低充電状態では硫化のような劣化が進み、使用できる容量が低くなるため、寿命が短くなる。

電圧の安定性に対する取付け位置の影響

バッテリーに蓄えることができるのは直流のみのため、オルタネーターで発電された交流を整流する必要がある。これは、オルタネーターに内蔵されている整流ダイオードによって行われる。交流を整流すると脈動する直流（脈流）電圧になる。また、ダイオードのスイッチング（ダイオードによる電流の向きの反転）により、高周波の電圧振動が発生するが、オルタネーターに内蔵されている妨害抑制コンデンサーによって可能な限り平滑化される。

電子電装品（ECUなど）では、電圧のピークやリップルが誤動作や損傷の原因になることがある。バッテリーの大きな容量を利用して、電圧の変動を平滑化できる。ただし、オルタネーターとバッテリー間の配線抵抗 R_L のために（図3）、オルタネーターにおいては完全に抑制されない。電装品がバッテリー側に接続されているか（図3a）、バッテリーより後に接続されているときは（図2aの R_{V1} や R_{V2} など）、高度に平滑化されたシステム電圧が供給される。直接オルタネーターに接続されるなど、電装品がオルタネーター側に接続されているときは（図3b）、大きな電圧リップルおよびピークにさらされる。

大きな電流を使用したり比較的過電圧に強い電気装置（電装品）はオルタネーターの近くに接続し、小さな電流を使用する電圧の変動に弱い負荷はバッテリーの近くに接続する。

図3：電装品の接続方法
a バッテリー側への電装品の接続
b オルタネーター側への電装品の接続
G オルタネーター
B バッテリー
R_L 配線抵抗
R_V 電装品抵抗

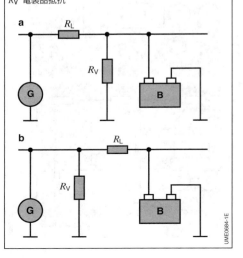

電装品の出力

電装品の分類

電装品には、さまざまな通電時間のものがある。使用状態における分類を下記に示す。

- 連続負荷、常に通電されている（電動式燃料ポンプ、エンジン制御ユニットなど）
- 長時間負荷、必要なときに通電され、長時間通電状態を保つ（ロービームヘッドライト、ラジオ、電動式ラジエーター冷却ファンなど）
- 短時間負荷、短時間のみ通電される（ターンシグナルランプ、ストップランプ、電動式シート調節、パワーウインドウユニットなど）

走行時依存電気負荷要件

車両の運転中の電気負荷要件は一定ではない。通電後最初の1分間は通常は大きな電流が流れ（リアウインドウヒーター、シートヒーター、ドアミラーヒーターなど）、その後電気負荷要件が急激に低下する。

このような電装品は、数分後に通電が遮断される。その後の電気負荷要件は、主として連続負荷および長時間負荷によって決定される。

暗電流（待機電流）消費電装品

駐車中も電源の供給が必要な、さまざまなECUおよび電装品が存在する。暗電流は、このような通電状態の電装品の消費電流を合計した電流である。このような電装品は、通常は、エンジンを停止するとまもなく電源がオフになる（室内灯など）。ただし、常に通電されているものもある（盗難防止システムなど）。

例えば、ECU相互接続の遮断が正しく行われなかった場合、または車両が駐車しているときに、繰り返し発生する「ウェイクアップ」によりECUが相互接続の再起動を頻繁に引き起こす場合に、予想外の高い暗電流が発生することもある。これを防ぐには、コントロールユニット網を構成して機能させなければならない。

暗電流は、バッテリーから供給する必要がある。暗電流の最大値は、自動車メーカーによって定義されている。バッテリーの容量は、この値を中心にして決定される。乗用車の暗電流の一般的な値は約3～30 mAである。

オルタネーターの出力電流

オルタネーターを構成する重要な部品はステーター（図5）とローターであり、ローターはクランクシャフトによってVベルトで駆動される。ローターコイルに電流（励磁電流）が流れると磁界が生成され、電磁誘導によって交流電圧がステーターの3つの巻線に発生する（「三相オルタネーター」を参照）。発電されたオルタネーター電流が励磁電流としても使用される（自励式）。誘導電圧の大きさは、ローターの回転速度と励磁電流の大きさに依存する。発電された交流電圧はダイオードによって整流される。

オルタネーターで発生する誘起電圧は、オルタネーターの回転数、つまりエンジン回転数による。そのため、低速では電圧が低くなる。エンジンがアイドリング速度 n_L で回転しているとき、クランクシャフトとオルタネーターの回転速度の比が通常の1:2.5～1:3（乗用車の場合、商用車の場合回転比はずっと高い）の場合、オルタネーターの供給電流は定格電流に達しない（図4）。定格電流は、全負荷でのオルタネーターの回転速度が 6,000 rpm のときに達成される。オルタネーターの公称出力を達成するには、車両の運転中の平均回転速度が十分に高くなければならない。

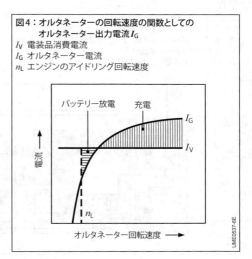

図4：オルタネーターの回転速度の関数としての
　　　オルタネーター出力電流 I_G
I_V 電装品消費電流
I_G オルタネーター電流
n_L エンジンのアイドリング回転速度

車両の電気システム

アイドリング状態が非常に多い運転サイクルは、オルタネーターの出力が低く、電気負荷要件が高いときにバッテリーが放電するため、特に問題である。

オルタネーターの電圧がバッテリー電圧よりも高い場合は、バッテリー充電電流が流れてバッテリーが充電される。約14Vのシステム電圧を維持するように、オルタネーターレギュレーターによって電圧が調整される。

オルタネーターによる発電も燃料消費率に影響を与える。消費電力が100W増えると燃料消費量が0.17 l/100 km増加するが、この値はオルタネーターと内燃エンジンの両方の効率にも依存する。

車両電気システムの電圧の調整

始動時の励起磁場の生成

オルタネーターのステーターの巻線に電圧を誘起するにはローターに磁界が必要である。始動直後の低速回転時には自己励磁を行うことはできない。この段階では、スターター用バッテリーが励磁電流(外部励磁)を供給する。

負荷がかかっているときのオルタネーターの回転トルクは、内燃エンジンの始動とアイドリングの安定の妨げとなる。したがって、最新のレギュレーターでは、始動時の励磁電流が低いレベルに抑えられている(予備励磁制御)。電流の生成は、エンジンの回転速度が上昇するまで遅延される(負荷応答始動、LRS)。この時点に達するまで、電装品の電源はバッテリーから供給される。

車両運転中の電圧の調整

発電されたオルタネーター電流が励磁電流としても使用される(自励式)。オルタネーターレギュレーターは、B+電圧が所定の設定点に一致するようにローター巻線のパルス幅変調(PWM)電流を制御することにより励起磁場を調整する。PWM信号の周波

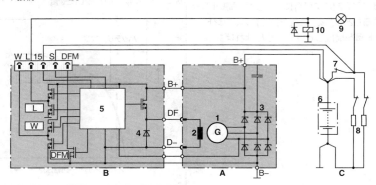

図5：オルタネーター、オルタネーターレギュレーター、バッテリーの関係
1 バッテリー　　2 オルタネーターローター　　3 オルタネーターステーター　　4 オルタネーターレギュレーター
5 整流ダイオード　　6 充電表示灯　　7 イグニッションスイッチ
DF ダイナモフィールド　　DFM ダイナモフィールドモニター　　L ランプ接続
W 速度評価のためのデジタル化された回転数信号(オルタネーターフェーズ)
S 感知(バッテリー電圧供給)　　B+ バッテリープラス極　　B− バッテリーマイナス極
D− グラウンド接続　　15 端子15

数は 40 〜 200 Hz である。パルスのデューティー比は、電装品が要求する電力の大きさに依存する。負荷が変化すると車両システムの電圧が変化する。このときレギュレーターは PWM 信号を通じて励起磁場を制御し、電圧を補正する。

励磁巻線の接続端子は DF（ダイナモフィールド）と呼ばれる。オルタネーターレギュレーターは PWM 信号を DFM（DF モニター）として出力し、他の ECU にオルタネーターの容量利用率を通知する。

レギュレーターには、調整を行うためにバッテリーの電圧値が必要である。この電圧は B+ 端子を通じて取得される。オルタネーターとバッテリー間の配線が長く大きな電流が流れているときは、バッテリーとレギュレーター間の電圧降下が大きくなり、オルタネーターによる発電出力が低下して、バッテリーが十分に充電できないことがある。この問題は、バッテリーのプラスターミナルに接続されている別の専用ケーブルを通じてレギュレーターにバッテリー電圧を供給する S 端子を使用することによって回避できる。

レギュレーターのバス接続（LIN バスなど）を使用して、システムは電圧調整のための設定点値を変えることができる。これにより、回生制御などの機能が可能になる。負荷応答駆動機能は、大きな負荷を接続したためにオルタネーター電圧が急に低下した後、オルタネーター電圧の傾斜調整を車両の運転中に設定値に戻す。この機能は、オルタネーターによって、エンジンの負荷が急激に変動することを防ぐ。

充電表示灯

充電表示灯は、オルタネーターレギュレーターによって制御される。「イグニッションをオンにする」と点灯し、オルタネーターが電流を供給しているときは消灯する。レギュレーターは問題を検出すると直ちに充電表示灯を点灯する（V ベルト切断によるオルタネーターの停止、励磁回路の断線または短絡、オルタネーターとバッテリー間のケーブルの断線など）。

バッテリーの充電

バッテリー内で発生する化学反応により、理想的なバッテリー充電電圧は、低温時には高く、高温時には低くなる。ガス発生電圧曲線は、バッテリーがほとんどガスを発生しない最大許容電圧を示している。オルタネーターレギュレーターは、オルタネーター電流 I_G が、電装品の消費電流の合計 I_V と温度依存の最大許容バッテリー充電電流 I_B の和よりも大きくなると電圧の調整を開始する。

レギュレーターは、通常は、オルタネーターに取り付けられている。ボルテージレギュレーターとバッテリーの電極の温度差が大きい場合は、電圧調整温度をバッテリーによって監視する方が良い。バッテリーセンサーを備えている車両であればこの方法が使用できる。温度の値は通信インターフェースを介して転送される（例、LIN バス）（「バッテリーセンサー」を参照）。

オルタネーター、バッテリー、電装品の配置は、充電ケーブルの電圧降下に影響を与えるため、充電電圧にも影響する。すべての電気装置がバッテリーに接続されている場合は、合計電流 $I_G = I_B + I_V$ が充電ケーブルを流れる。電圧降下が大きくなるため、充電電圧が低下する。すべての電装品がオルタネーター側に接続されている場合は、電圧降下が小さくなり、充電電圧が高くなる。レギュレーターは、バッテリーで直接実際の電圧を測定することによって、電圧降下を計算に入れることができる。

電気システムの構成

1 バッテリー車両電気システム

本章の図1に、主として乗用車に使用されている、1バッテリー車両電気システムを示す。バッテリーはエネルギー貯蔵装置として機能し、エンジン始動時の電流の供給と、オルタネーターの出力が存在しないとき（エンジン停止時）およびオルタネーターの出力が不足しているとき（アイドリング時）に、電装品に電源を供給する。バッテリーは、最もコスト効率の優れた自動車の電源供給ソリューションであり、これが今日最も広く使用されている概念である。

スターターと車両電気システムの他の電装品の両方に電源を供給する1バッテリー車両電気システム用バッテリーの設計において、さまざまな要件を満たすには妥協が必要である。エンジンの始動時には、バッテリーは大電流負荷（300〜500 A）に耐えなければならない。このときの電圧降下をできるだけ小さくして、特定の電気装置に有害な効果を与えないようにしなければならない（マイクロコントローラーを使用したユニットの電圧低下リセットなど）。

また一方で、車両の通常の運転時には、比較的小さな電流しか流れない。信頼できる電流供給を行うには、バッテリーの容量が非常に重要である。出力と容量の両方の特性を同時に最適化することはできない。

2 バッテリー車両電気システム

スターター用バッテリーと汎用バッテリーの2つのバッテリーを使用する車両電気システムでは、「始動用大出力電源」と「汎用電源」機能が制御ユニットによって分離され（図6）、始動時の電圧降下を防止して、汎用バッテリーの充電レベルが低い場合でも、信頼できる冷間始動が保証される。

スターター用バッテリー

スターター用バッテリーは、短時間（始動時）に大量の電流を供給しなければならない。したがって、高い出力密度が得られるように設計されている（軽量高出力）。スターター用バッテリーはコンパクトなサイズのため、スターターモーターの直近に配置して、短いケーブルでスターターモーターと接続することができる（ラインにおける電圧降下を低く抑えることができる）。ただし、容量が限定される。

汎用バッテリー

汎用バッテリーは、車載電気システム（スターターを除く）専用のものである。電気システムの電装品に電流を供給する（エンジン制御システムの場合約20 Aなど）ため、大量のエネルギーを蓄積・供給できなければならない。また、高いサイクル安定性が求められる。つまり、バッテリーの性能が基準を下回り使用に適さなくなるまでは、非常に高い頻度で充電・放電ができなければならない。容量の決定は、基本的には、通電されている電装品、エンジン停止時にも通電さ

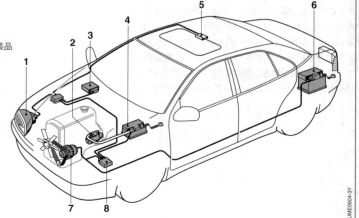

図6：2バッテリー車両電気システム
1 ライテイングシステム
2 スターター
3 エンジン制御用ECU
4 スターター用バッテリー
5 その他の電気システムの電装品
　（電動式サンルーフなど）
6 汎用バッテリー
7 オルタネーター
8 電気システム用ECU

れている電装品 (集中ロックシステム無線リモコン、盗難防止システムなどの暗電流を消費する電装品)、最低許容充電レベルに必要な容量に基づいて行われる。

車両電源供給制御ユニット

2バッテリー車両電気システムの電源供給制御ユニットは、スターター用バッテリーおよびスターターと、残りの車両電気システムを、それらの電気システムに汎用バッテリーから十分な電力が供給されている限り分離している。したがって、エンジンの始動時に電圧降下が発生して、車両電気システムの機能に影響を与えることが避けられる。また、駐車時には、通電時に電流を消費する電気装置や、暗電流を消費する装置によって、スターター用バッテリーが放電するのが防止される。

12Vバッテリーは、車両内の通常のオルタネーター電圧よりも高い電圧で充電できる。電圧レベルは、電圧によっては寿命が極端に短くなる電球などの電装品等により制限される。スターター用バッテリーを、残りの車両電気システムから分離することにより、理論上は、スターター用バッテリーの充電電圧レベルには制限がなくなる。したがって、DC/DCコンバーター (例、15 V) を使用することにより充電電圧を「理想的な」値に上げることができるが、温度と充電状態に左右される。充電電圧を高くすることで、充電時間を短くすることができる。

汎用バッテリーが完全に放電してしまった場合、制御ユニットを条件付で両方の車両電気システムに接続することができる。つまり、完全に充電されているスターター用バッテリーを使用して、車両電気システムの機能を維持することができる。また、始動用制御ユニットによって、始動に関連する電装品のみを、どちらかの完全充電状態のバッテリーに接続する方式も可能である。

電気システムのパラメーター

充電状態

バッテリーの充電状態 (SOC) は、車両電気システムの最も重要なパラメーターの1つである。これは、バッテリーに貯蔵されている容量 (実際の充電状態) と新品のバッテリーが完全に充電されたときに貯蔵可能な最大容量の比として定義することができる。

$$SOC = \frac{Q_{act}}{Q_{max}}$$

値Q_{max}は、完全に充電されたバッテリーを放電電流I_{20} (公称容量の20分の1に相当するアンペア単位の値で、100 Ahのバッテリーの場合は5 A) で、電圧が10.5 Vの遮断電圧に達するまで放電させることによって求められる。この放電により消費された電荷の総量がQ_{max}である。

このゆえに、Q_{max}を求めるには測定が必要であるため、バッテリーの公称容量による定義もよく使用される。これはラベルに記載されていて、$Q_{max} = K_{20}$ (公称値) である。

現在貯蔵されている電荷の量Q_{act}は、Q_{max}と完全充電状態のバッテリーから放電により消費された電荷の差から求められる。

バッテリーの充電状態は、電解液の濃度と直接的な相関関係があり、また、バッテリーの定常電圧は電解液の濃度に比例する。バッテリーの充電または放電後に安定した最終値として得られた電圧値を定常電圧と呼ぶ。拡散および分極プロセスは徐々に進むため、これには数日を要することがある (特に長い充電フェーズの後)。定常電圧はターミナルで測定される。

充電状態は次のように定義される。

$$SOC = \frac{(U_{current} - U_{min})}{(U_{max} - U_{min})}$$

ここで、
$U_{current}$：現在の定常電圧
U_{max}： 完全に充電されているバッテリー
       （SOC = 100 %）の定常電圧
U_{min}： SOC = 0 %のバッテリーの定常電圧。
       定常電圧と充電状態（約20 %以下）の
       依存関係は非線形のため、ここでは
       SOC = 0 %として線形に外挿した値を使
       用する必要がある。

このようにして、測定した定常電圧から充電状態を推定することができる。

機能能力と性能能力

バッテリーが現在の状態において所定の機能あるいは性能要件を満たす能力（たとえば、内燃エンジン始動のための電力の供給）は、SOF（機能の状態）と呼ばれる。SOFは用途により異なるため、一般的に定義することはできない。たとえばSOFは、始動可能性の尺度としてだけではなく、現在の状態のバッテリーの、他の大量に電流を消費する負荷（電動パワーステアリングなど）に電力を供給する性能能力の評価にも利用することができる。

バッテリーの現在の性能能力は、SOFを使用して、所定の電流特性の負荷をバッテリーにかけたときの電圧降下を予測することで評価する。予測されるバッテリー電圧U_eが所定の閾値を下回る場合は、バッテリーは必要とされる性能（たとえばエンジンの始動）を供給できないことになる（図7）。

さらに、現在の残留電荷、あるいはバッテリーが要求されている性能をなお供給できる残留放電継続時間を確認することもできる。そのような応用例の一つとして、既知の暗電流消費電装品を装備した状態で始動可能性を失うことなくどれだけの時間車両を駐車しておけるかの確認を挙げることができる。この場合にはSOFは大電流負荷における電圧降下について示すのではなく、残留電荷、または始動可能性の閾値を下回るまでの放電継続時間を示す（図8）。

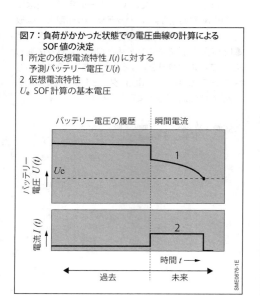

図7：負荷がかかった状態での電圧曲線の計算による
　　　SOF値の決定
1 所定の仮想電流特性 $I(t)$ に対する
　予測バッテリー電圧 $U(t)$
2 仮想電流特性
U_e SOF計算の基本電圧

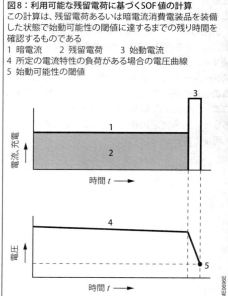

図8：利用可能な残留電荷に基づくSOF値の計算
この計算は、残留電荷あるいは暗電流消費電装品を装備した状態で始動可能性の閾値に達するまでの残り時間を確認するものである
1 暗電流　　2 残留電荷　　3 始動電流
4 所定の電流特性の負荷がある場合の電圧曲線
5 始動可能性の閾値

すでに言及しているようにSOFは現在のバッテリー状態を基に決定されるものであるため、バッテリーの現在の充電状態、温度および劣化度に左右される。SOFの計算にあたっては、バッテリー状態の確認（「バッテリーセンサー」を参照）によりこれらの値を確認する必要がある。

劣化度

鉛蓄電池の劣化プロセスの進行は当該の作動および環境条件により異なり、たとえば内部抵抗が増大（腐食による）したり、あるいは容量の低下（活性量の喪失または硫化による）を誘発することがあり、それによりバッテリー寿命全体にわたっての一般的な性能と充電能力、すなわち劣化度（SOH）が悪化する。

充電性能に関するバッテリーの劣化度は、たとえば、現在の容量K_{20}の新品バッテリーの公称容量K_{20new}に対する比率として表すことができる。

$$SOH = K_{20}/K_{20new} \cdot 100\%$$

（特定の用途向けの）さらなるSOH値を当該のSOF値から導出することができる。これには、SOF値を現在のバッテリーの状態のためにではなく、規定の充電状態（例：SOC = 100%）およびバッテリー温度（例：25℃）に対する値により算出し、劣化度との関係のみをSOH値に反映させる。

SOFが求められるパフォーマンスがバッテリーの現在の状態においてどの程度満たされるかを表すのに対して、当該のSOH値は、バッテリーは現在の劣化度において求められるパフォーマンスをどれだけ満たすことができるかを示す。たとえば、このようにして停止／始動機能のためにバッテリーに残されている最低能力を確認するSOH値を、著しく劣化したバッテリーにおいてこの機能を継続的に無効にして、路上での車両の立ち往生を回避するために使用することができる。

オルタネーターの容量利用率

オルタネーター励磁巻線に流れ込む電流によって、ステーター巻線に誘起される電圧が決定される。オルタネーターレギュレーターは、パルスのデューティー比（PWM信号）によって、必要な励磁電流が得られるように調整する。DF（ダイナモフィールド）は、励磁電流を供給する端子である。PWM信号のパルスデューティー比は、オルタネーターの容量利用率、つまり、オルタネーターに余力があり、接続されているさらに多くの負荷に電流を供給できるかどうかを示している。

オルタネーターレギュレーターは、この信号をDFM（DF監視）信号としても出力する。バスインターフェースを備えたレギュレーターは、このパルスデューティー比をバスに適用する。励磁電流もアンペア単位で出力される。さまざまなECUがDFM信号を評価し、オルタネーターの容量利用率が高くなったときは、シートヒーターやウインドシールドヒーターをオフにする。

電気エネルギー管理

ソフトウェアの開発動機
燃料消費量の削減
　自動車メーカーの主要な目標の1つは、燃料消費量の削減と、温室ガス、特にCO_2の削減である。これは、自動車内のエネルギーの流れを最適化することにより達成される。この目標を達成する方法として次のようなものがある。
- 停止／始動機能を使用することによりアイドリング損失を防ぐ（停止信号時のエンジンに自動停止／再始動）
- オルタネーターを最適化し、インテリジェントなオルタネーター制御（回復）を適用することにより発電効率を高める
- 補機類を内燃エンジンから切り離し、必要に応じて作動させることが簡単にできる電動式を使用する

電力需要
　快適かつ便利な機能と電動式装置の増加により、必要な電力が増えるとともに、発電のための速度範囲が狭くなっている（始動／停止機能などのため）。新しい快適、便利、安全機能（電動式パワーステアリング、電動式ウォーターポンプ、PTC補助ヒーター、始動／停止機能を備えた電動式エアコンなど）のために、必要な電力が増えている。このため、電気エネルギー管理システム（EEM）の統合が効果的である。

電気エネルギー管理の目的
　電気エネルギー管理システムは、エネルギーの流れを制御し、同時に、車両の始動可能性を維持し、バッテリー上がり（放電）による故障を減らすために電源を保護する。また、電気エネルギー管理システムは、バッテリー電圧を安定化し、エンジンが停止しているときでも、快適および便利システムの使用可能性を最適化する。これは、車両の運転中の充放電収支をプラスまたは少なくとも等しくなるように維持し、エンジン停止時の電力需要を監視することによって達成される。また、さまざまな電装品への通電を調整することによって、ピーク負荷を減らすことができる。この調整は電気エネルギー管理システム内で行われる（図9）。

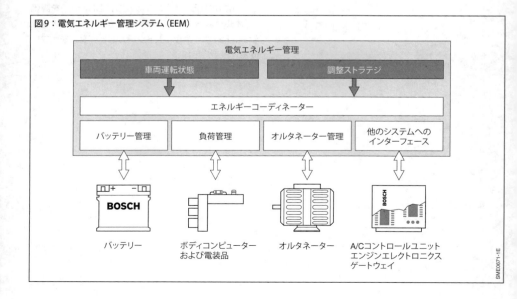

図9：電気エネルギー管理システム（EEM）

従来の車両の電気システム **1301**

さまざまな手段の効果が、ときには相互に矛盾することがある。たとえば、快適および便利システムの電装品への通電をオフにすることにより、快適性および利便性が失われ、始動／停止機能を無効にすることによって燃料消費量が増える。自動車メーカーによって選択される手段が異なり、充放電収支の保護手段の優先順位も異なる。

電気エネルギー管理システムの機能
無負荷モードでの負荷の管理（暗電流管理）

エンジンが停止しているときは、ソフトウェアによりバッテリーセンサーで行われる暗電流管理により、定期的にバッテリーの状態と始動可能性の監視が行われている。バッテリーの状態が正確に認識されているため、暗電流管理機能によって電装品の使用可能性を最適化できる。つまり、快適および便利システムの電装品の使用時間を最大化できる。始動可能性が失われそうになると、電気エネルギー管理システムからディスプレイモジュールにメッセージが送信され、ユーザーに通知する。また、始動可能性の限界に近づいたときは、負荷管理機能によって、直ちに電力の消費が削減され（A/Cファンの電力消費を削減するなど）、個別の電装品のシャットダウンが行われて、できるだけ長く始動可能性が保持される。このような快適および便利システムの電装品としては、補助ヒーター、娯楽情報システム、ナビゲーションシステム、ラジオ、電話などがある。

車両運転中の負荷の管理

オルタネーターが作動している状態での電気エネルギー管理機能は、負荷管理のほかは、主としてオルタネーターの管理であり、回生機能と、エンジン制御システムなど他のシステムとのインターフェースが含まれている。

電装品のオン／オフ

負荷管理機能は、電装品のオン／オフを調整して消費電力のピークを抑制する。また、負荷管理機能は、高性能暖房システム（ウインドシールドヒーターおよびPTC補助ヒーター）の制御も行う。

車両の運転中も、始動可能性の保護は電気エネルギー管理システムの主要な機能である。バッテリーの状態が厳しくなると、負荷管理機能は、電力需要を削減して、できるだけ急いでバッテリーを充電する。電力消費型の快適および便利システム用電装品（暖房システム）は、インテリジェント制御を使用して、公称性能からの認識可能な逸脱をできるだけ長く引き伸ばすことができるため、適宜にオフにされる。

快適および便利機能をオフにすることがユーザーによって受け入れられるのは、まれな例外的な環境においてのみであるため、これには限度がある。したがって、このような状況の発生が極めて少なくなるように、車両電気システムを構成する必要がある。性能が通常の状態から逸脱していることについて、効果的な方法によりユーザーの注意を喚起する必要がある。

オルタネーター出力の増大

電力需要の削減の代替または補完として、エンジンの回転速度を上げてオルタネーターの発電量を増やすことができる（アイドリング回転速度の上昇や、始動／停止機能のエンジン停止を無効にするなど）。たとえば、アイドリング回転速度を上げるには、電気エネルギー管理システムからエンジン制御システムに対して、データバスを通じてリクエストを発行する。このような方法は、燃料消費量と騒音の発生に直接的な影響を与えるため、それぞれの車両に合わせて最適化する必要がある。

回生制御中は、車両の運動エネルギーの少なくとも一部が電気エネルギーに変換され、バッテリーに充電される。この機能には、インターフェースを通じて必要な実用電圧を入力することが可能なオルタネーターと、バッテリーの状態を認識するためのバッテリーセンサーが必要である。この機能自体は、エンジンの電子装置、ゲートウェイ、およびボディコンピューターに分散することができる。

惰行時燃料カットオフ中は、必要な値に引き上げられた電圧が入力され、オルタネーターによるバッテリーの充電量が増加する。このときの発電では燃料は消費されない。発電効率の低い運転状況では、オルタネーター電圧が引き下げられ、バッテリーは徐々に放電して、発電に必要な燃料消費が最小化される。

バッテリーが完全充電状態のときはエネルギーの回収はできない。そのため、回生機能を使用することができるのは、バッテリーが部分充電状態（PSOC）の場合のみである。この点は、バッテリーを可能な限り満充電状態にするという従来の充電対策とは一線を画すものとなっている。どのような状況でも、始動可能性のために必要なバッテリーの最低限の状態を下回ってはならない。つまり、現在のバッテリーの状態が電気エネルギー管理システムによって把握されていなければならない。

回生機能は、バッテリーの周期的な変動を増加させるため、バッテリーの劣化に対する影響を用途別に試験する必要がある。エネルギー処理能力（実用寿命全体でのAh単位の処理能力、実用寿命にとって重要な処理能力が3倍に増加する）の大きな、AGM（吸収性ガラスマット）バッテリーの使用を推奨する。

A/Fファンの速度変化や灯火の明滅などによりその影響が顕著に現れる場合もあるので、回生制御アルゴリズムは電装品の電圧変化を考慮したものでなければならない。

回生機能によって節約される燃料消費量は、そのサイクルおよび機能の構成によって異なるが、1～4％である。

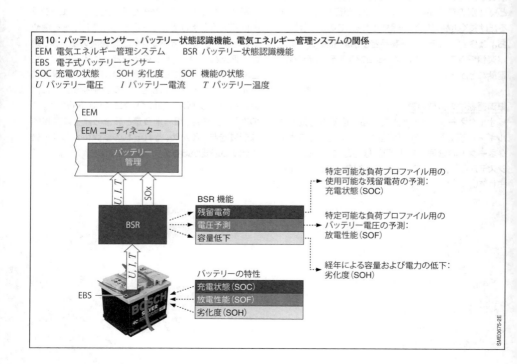

図10：バッテリーセンサー、バッテリー状態認識機能、電気エネルギー管理システムの関係
EEM 電気エネルギー管理システム　　BSR バッテリー状態認識機能
EBS 電子式バッテリーセンサー
SOC 充電の状態　　SOH 劣化度　　SOF 機能の状態
U バッテリー電圧　　I バッテリー電流　　T バッテリー温度

バッテリー状態の認識およびバッテリーの管理

機能

　電気エネルギー管理にとって決定的に重要なのは、バッテリーの能力を正確に計測するバッテリー状態認識機能 (BSR) である。バッテリー状態認識機能のアルゴリズムは、入力変数として、バッテリーの電流、電圧、温度の測定値を使用する。これらの変数に基づいて、バッテリーの充電の状態 (SOC)、機能の状態 (SOF)、劣化度 (SOH) が決定され、電気エネルギー管理システムへの入力変数として使用できるようにしている (図10)。

　バッテリーに関する変数の測定には、バッテリーの電流と電圧を直接測定するバッテリーセンサーが使用される。車両のバッテリー電極の温度の直接測定はバッテリー内部への介入が必要であり、これは現時点では不可能であるため、バッテリーの温度はバッテリー周辺の温度の測定によって決定される。

例

　バッテリー状態認識機能の例として、SOF に基づく始動可能性の決定がある。これは、始動電流を流したときのバッテリーの挙動を、SOF を使用して予測する機能である。つまり、バッテリー状態認識機能によって、所定の始動電流特性に対するバッテリーの電圧降下が決定される (図7参照)。始動可能な最低電圧レベルが既知であるため、予測された電圧降下により現在の始動可能性を知ることができる。予測される電圧降下と始動可能性限界の差に基づいて、電気エネルギー管理システムは、始動可能性を維持または改善するための手段を決定する。

バッテリーセンサー

　電流、電圧、温度の変数を、非常に正確に、動的に、同期して測定する必要がある。特に、数mAから始動電流の1,000 Aまでの範囲の電流を測定するには、センサーシステムに対して非常に厳しい要求が課せられる。電子式バッテリーセンサー (EBS) が、バッテリーターミナルに直接取り付けおよび結合されている。ターミナル部は DIN 50342-2 [2] に基づいて標準化されているため、バッテリーごとの対応処置は不要である。

　電流は、特殊なマンガニン分流器を使用して測定される。このバッテリーセンサーの電気回路で最も重要なものは、測定した値を記録および処理する非常に強力なマイクロプロセッサーが組み込まれている ASICである。バッテリー状態認識アルゴリズムも、このマイクロプロセッサーによって処理される。上位のレベルのECUとの通信は LIN バスを介して行われる。

　このバッテリーセンサーは、電気エネルギー管理システムのためにバッテリーの状態を計測するだけでなく、他の機能にも使用される。たとえば、電流と電圧の正確な測定は、製造時および整備時の対話型トラブルシューティングにも使用される (暗電流を消費する電装品の故障診断など)。

参考文献

[1] K. Reif (Editor): Bosch Autoelektrik und Autoelektronik, 6th Edition, Vieweg+Teubner, 2011.

[2] DIN EN 50342-2 (2008): Dimensions of batteries and marking of terminals.

ハイブリッドおよび電気自動車の電気システム

　始動／停止システムを装備した車両の電気システムは、従来の自動車の電気システムと非常によく似ている（「従来の自動車の電気システム」を参照）。その一方で、マイルド、フル、プラグインハイブリッド車および電気自動車の電気システムは一般に高電圧を用いるので、従来の車両の電気システムとは大幅に異なる。

　ハイブリッド車または電気自動車の電気システムの主要機能を以下に挙げる。
- パワートレインからの余剰電気エネルギーの貯蔵
- パワートレインへの電気エネルギーの出力
- 電装品への確実な電源供給
- プラグインハイブリッドと電気自動車における公共電源からのエネルギーの貯蔵、およびそれによる作動時の車両へのエネルギー供給

マイルドハイブリッドおよびフルハイブリッド車の電気システム

　マイルドハイブリッドまたはフルハイブリッド車（「ハイブリッドドライブ」を参照）の機能は、8〜60 kWの高い電力を必要とする。これを14 Vの電圧レベルで供給するのは、賢明な方法とは言えない。したがって、電圧範囲が42〜750 VになるHV車両電気システム（HVは高電圧の略）が追加要求される。ただし14 Vの標準電気システムも、車両の14 V電装品に電圧を供給するために引き続き必要とされる。個別の電装品は、対応する車両電気システムから電力要求に応じて電源を供給される（図1）。一般にコストの理由から、自動車メーカーは標準14 Vコンポーネントで間に合わせることを試みる。その方が経済的かつ大量に提供できるからである。

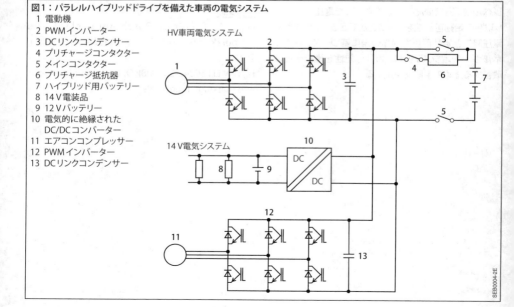

図1：パラレルハイブリッドドライブを備えた車両の電気システム
1　電動機
2　PWMインバーター
3　DCリンクコンデンサー
4　プリチャージコンタクター
5　メインコンタクター
6　プリチャージ抵抗器
7　ハイブリッド用バッテリー
8　14 V電装品
9　12 Vバッテリー
10　電気的に絶縁されたDC/DCコンバーター
11　エアコンコンプレッサー
12　PWMインバーター
13　DCリンクコンデンサー

HV車両電気システム

レイアウト

HV車両電気システムは、HVバッテリー、電動モーター（電動機、eモーター）、その他の高出力または高電圧の電装品（電気式エアコンディショナーコンプレッサーなど）に電力を供給する最低1台のPWMインバーター、14V車両電気システムに電圧を供給する電気的に絶縁されたDC/DCコンバーターで構成される（図1）。

作動原理

バッテリーセルは、HVバッテリーに組み込まれているコンタクターを介してエネルギーを得て、作動中に緩衝ストレージを提供する。車両がオフにされたとき、または事故が起きた場合、HV車両電気システムはコンタクターを介して電源が遮断され、バッテリーブロックへの危険な高電圧を制限する。

10～200kVAの出力クラスのPWMインバーターは、電動機用の可変電流量および回転磁界周波数を備えた高い直流電圧から三相システムを生成する。

電動機が発電機モードのとき、電力はHV車両電気システムに供給される。

電気的に絶縁されたDC/DCコンバーターは、HV車両電気システムからの電力を14V車両電気システムへ送る。このようにして、HV車両電気システムから低電圧の車両電気システムに電力が供給される。

HV車両電気システムの追加コンポーネントの例として電気式エアコンコンプレッサーがあり、これは車両によって3～6kWの最大電力を必要とする。

準パラレルまたはパラレルハイブリッドドライブ用のHV電気システム

1個の電動モーター付きマイルドハイブリッドおよびフルハイブリッド用の車両電気システムのトポロジーは、それぞれ非常に似通っている。マイルドハイブリッド車は最大でも非常に短い時間だけしか電気的に動かないので、マイルドハイブリッドの車両電気システムは（フルハイブリッドと比較して）、より低いエネルギー蓄積とより低い出力でも実現できる。

パラレルハイブリッドドライブ付き車両のエネルギーの一次フローは、電動機からHVバッテリーへ（およびその逆へ）送られる。DC/DCコンバーターを介して14V車両電気システムまたは他のHV電装品に送られる少量のエネルギーもある。図1の構造は、少な

いコンバーターによりできるだけ効率的でコスト効率の良い方法でこれを実現するのに有利である。

スプリット式またはセミシリアル式ハイブリッドドライブ用のHV電気システム

多くの場合シリアルに接続されている2台の電動機を備えた車両（スプリット式ハイブリッドなど）は、異なる電気システムトポロジーを必要とする。

スプリット式ハイブリッド車あるいはシリアル式またはパラレルシリアルハイブリッド車では、多くの運転時間で電動機はシリアルまたは部分的にシリアルな方法で作動する。これは、電動モーターのひとつが主に発電モードで、もうひとつがモーターモードで作動することを意味している。2台の電動機とPWMインバーターによって大量のエネルギーが供給されるため、これらのコンポーネントは最適な作動範囲で作動させる必要がある。

バッテリー電圧は定義されたバッテリー出力で設定される。中間回路 – DCコンデンサー（DCリンクコンデンサー）と関連コンダクター、オプションで導電DC/DCコンバーター（高出力DC/DCコンバーター）で構成 – は、エネルギーを高い直流電圧レベルで車両に配分する。中間回路はDCリンクコンデンサーを使用して、（PWMインバーターなどでの）急な負荷変動に対して直流電圧を安定させる。しかしこのコンセプトには、高出力DC/DCコンバーターによって分離される2個の主要DCリンクがある（図2）。バッテリーとDCリンク間の高出力DC/DCコンバーターは、バッテリーから電動モーター用のDCリンク電圧を分離することと、所与のバッテリー電圧でより高い電動機出力を実現することに役立つ（図2）。その結果、DCリンク電圧は必要に応じて、バッテリー電圧のレベルと非常に高い電圧値（バッテリー電圧の2～2.5倍）の間で調整することができる[1]。最高電圧は、必要な最高出力と電動機の設計によって決まる。現在構成されるDCリンク電圧は、電動機の整流された誘導電圧の最大値をちょうど上回るように選択することができる。これにより、インバータースイッチのスイッチング周波数とインバーターの電気損失を最小限に抑えられる。

14 V 電気システム

14 V車両電気システムは、HVと14 Vの両方の車両電気システムを装備しているすべてのハイブリッド車で類似の設計となっている。これは従来の動力伝達車両の14 V電気システムに非常に似ており、異なる点は通常スターターを備えていないこと、電力がオルタネータによってではなく、HV車両電気システムから電気的に絶縁されたDC/DCコンバーターによって供給されることである。

車両が電気で走行または徐行可能な場合、すべてのアシスト機能（パワーステアリング、クーラーポンプ、ブレーキシステムなど）はエンジンが停止しているときでも使用できるように電気的に作動させる必要がある。

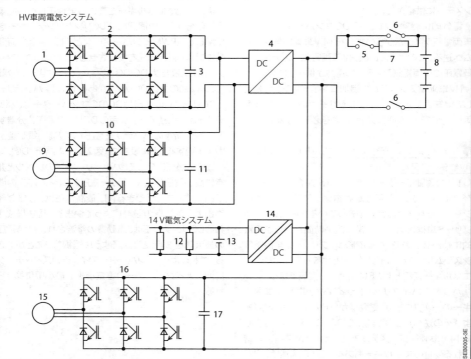

図2：スプリット式またはシリアル式車両電気システム
1 電動機　　2 PWMインバーター　　3 DCリンクコンデンサー
4 高出力DC/DCコンバーター　　5 プリチャージコンタクター
6 メインコンタクター　　7 プリチャージ抵抗器　　8 HVバッテリー
9 電動機　　10 PWMインバーター　　11 DCリンクコンデンサー
12 14 V電装品　　13 バッテリー (12 V)
14 電気的に絶縁されたDC/DCコンバーター
15 エアコンコンプレッサー　　16 PWMインバーター
17 DCリンクコンデンサー

プラグインハイブリッドおよび電気自動車の車両電気システム

トポロジー

プラグインハイブリッド車(「プラグインハイブリッド」を参照)の車両電気システムは多くの場合、エネルギー貯蔵量がより多い大型のバッテリーと充電装置を備えている点以外は、比較可能なハイブリッド車(外部充電能力なし)の電気システムと同じである。

純粋な電気自動車では、大型バッテリーと充電装置を備えているパラレルハイブリッド車のトポロジーが通常使用されている(図3)。公共三相電源または交流電源から電気エネルギーを得る充電装置が使用され、制御された方式でバッテリーを充電する。バッテリー管理システムは充電装置に必要な充電出力を伝える。安全のため、また過電圧を防ぐために、充電装置は通常、電気的に絶縁された設計となっている。

あるいは、電気自動車のバッテリーは外部制御充電ステーションから直流で充電することも可能である。この場合に必要なのは、HVバッテリーへのプラグイン接続と充電出力を指定するためのバッテリー管理と充電ステーション間の通信インターフェースだけである。

効率

電気自動車にとって車両電気システムの効率は重要である。それは燃費だけでなく、航続距離や必要なバッテリーサイズにも直接影響する。結果として、より高価で、より効率的なコンポーネントは車両全体のコストを下げることができる場合がある、なぜならバッテリーを小型化しても同じ航続距離を達成できるからである。そのため、車両電気システムの多くのコンポーネントに対しては、低コストの標準コンポーネントを使用できるか、あるいは効率に優れた新しいコンポーネントを開発することが有意義であるかを再検討する必要がある。

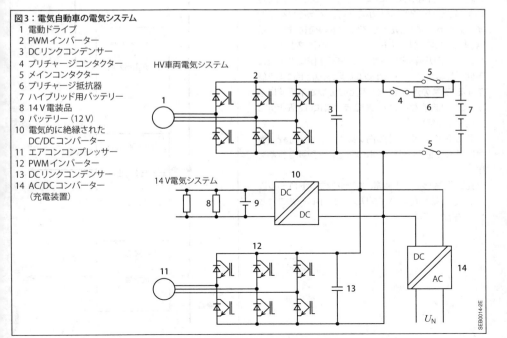

図3:電気自動車の電気システム
1 電動ドライブ
2 PWMインバーター
3 DCリンクコンデンサー
4 プリチャージコンタクター
5 メインコンタクター
6 プリチャージ抵抗器
7 ハイブリッド用バッテリー
8 14 V電装品
9 バッテリー (12 V)
10 電気的に絶縁された DC/DCコンバーター
11 エアコンコンプレッサー
12 PWMインバーター
13 DCリンクコンデンサー
14 AC/DCコンバーター (充電装置)

充電方法

周期的変動

一般に、周期的変動（周期的充電・放電）はバッテリーを傷める。周期が高くなるほど、劣化は大きくなる。しかし周期的変動は、例えば回生を伴う電気走行の場合、パワートレインの効率を高めるために必要なことである。このように充電方法と選択されたバッテリーサイズは、一方でバッテリー寿命、バッテリーコスト、重量の間の妥協策であり、他方でハイブリッドパワートレインの効率の向上または電気自動車のより長い航続距離を実現する。

通常、バッテリーセルの熱的経年劣化プロセスは、高い充電状態（SOC）で大幅に加速される。そのため、充電状態が高いと同時にセルが高温になる充電方法は避けるべきである。

ハイブリッド車の作動戦略

通常、システムはハイブリッド車のバッテリーを約50〜70％のSOC範囲に維持するように努める。SOCがこの範囲を超えると、エンジンの作動ポイントシフトと回生は行われない。

約50％の下限SOC（$SOC_{min\ charge}$）に達した場合、適切なバッテリー放電出力がまだ可能であるかを確認する必要がある。したがってSOC下限値に達した場合、その時点でブーストエネルギーが要求されなければバッテリー再充電が増える。SOC下限値を大幅に下回った場合のみ、放電出力はゆっくりとゼロまで低下する。通常の走行では、車両がこの放電下限値に達することはまずないので、運転者は常にほとんど同じ加速挙動を感じる。

SOC下限は、信頼性の高い始動能力の維持と、寿命に悪影響を及ぼす過放電の防止にも重要な役割を果たす。

充電戦略（図4）は通常、エンジンコントロールユニットまたは専用のハイブリッドコントロールユニットで実行される。

電気自動車の作動戦略

電気のみで駆動する車両には1つのエネルギー源のみ（バッテリー）がある。そのため、作動戦略は運転者のコマンドを、充電状態に関係なくこのエネルギー源から実行しなければならない。したがって、強い周期的変動は適正なバッテリーサイズで必要な航続距離を得るためには避けられないことである。この場合SOC限界は、過充電の場合の電解質分解による影響のように寿命に大きな弊害をもたらす影響がないように設定される。バッテリーシステムに応じて、可能なSOC範囲は約10％〜90％である。

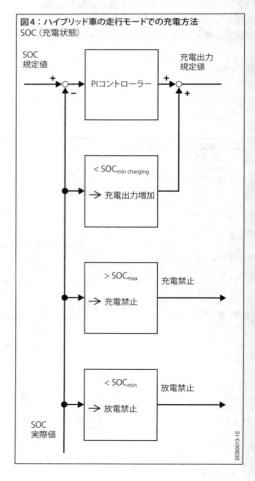

図4：ハイブリッド車の走行モードでの充電方法
SOC（充電状態）

レンジエクステンダー付き電気自動車の作動戦略

レンジエクステンダー付き電気自動車 – 電気エネルギーをHV車両システムに供給するオルタネーター付きの小型の内燃エンジン – の場合、レンジエクステンダーは比較的長い走行中かSOC下限値に達したときに有効になる。レンジエクステンダーの出力は通常低いため、常時全負荷で作動させて、必要に応じてバッテリーを再充電する。

プラグインハイブリッド車の作動戦略

プラグインハイブリッド車は燃焼機関でも走行可能である。その変換方法は電気自動車とハイブリッド車のミックスである。燃費を最適化するために、この戦略は電気走行の距離を最大にすることを試みる。たとえば長距離走行中などのこれが不可能な場合にのみ、システムはハイブリッド車のようにハイブリッドモードに切り換える。この間、通常SOC（充電状態）限界が低くなる。

送電網からバッテリーを充電する際には、たいていの場合バッテリー充電装置または公共送電網が限定要素となる。そのため多くの場合、バッテリーは電圧限界に達するまで、現在利用可能な充電電力または充電電流を使用して充電される。その後、充電電力は充電終止電圧に達するまで連続的に低減される。

参考文献

[1] S. Sasaki, E. Sato, M. Okamura: The Motor Control Technologies for the Hybrid Electric Vehicle; Toyota Motor Corporation.

スターター用バッテリー

バッテリーに求められるもの

スターター用バッテリーは、内燃機関を始動するために使用され、発電機がエネルギーを全くあるいは十分に供給しない場合には、照明やその他のコンポーネント (SLI、始動、照明、点火) に電気エネルギーを供給する。

車両電気システムのバッテリー

近年の自動車のスターター用バッテリーに求められる性能は非常に高い。ディーゼルエンジンや大排気量ガソリンエンジンには高いコールドクランキング電力 (特に低い温度における高い始動電流) が求められる。エンジン作動時には、電気コンポーネントは通常、発電機から直接電力供給される。一方、エンジン回転数が低いときや停車時には、一部またはすべての電力がバッテリーから供給される。数日から数週間にわたって駐車している場合、通常3〜30ミリアンペアの保持電流を供給する必要がある。ここには、内燃機関を停止した直後のベンチレーター、ポンプおよび電子コンポーネント向け、またエンターテイメントやコミュニケーション用電子機器、さらに補助ヒーター (装備されている場合) などの駐車中に作動する快適性と操作性向上のための電装品向けの一時的な大きな電流消費も含まれる。バッテリーは、長期間駐車した後も車両を始動できなければならない。

均一なエネルギー供給に加えて、たとえばパワーステアリングのスイッチを入れるなどの過渡的な過程において必要になる、オルタネーターでは余り迅速に供給することができないダイナミックな高電流パルスもカバーする。また、二層コンデンサーの数ファラド (F) という高い固有容量のおかげで、バッテリーは車両電気システムのリップルを平滑化し、EMC (電磁両立性) の問題を最小限に抑える。

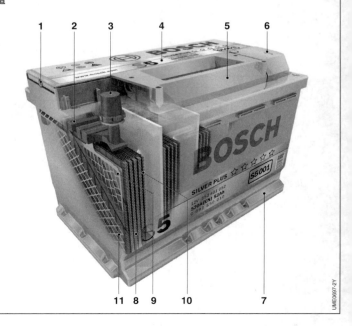

図1:スターター用バッテリーの構造
1 ガスアウトレット開口部
2 電極コネクター
3 バッテリー端子
4 ラビリンス構造のダブルカバー
5 キャリーハンドル
6 端子カバー
7 底部レール
8 電極ブロック (陽極のセットと陰極のセットで構成)
9 陽極、パンチング加工格子と陽極活物質
10 エンベロープセパレーター
11 陰極板、打ち延ばし加工格子と陰極活物質

スターター用バッテリー **1311**

車両電気システムの定格電圧は、乗用車は14V、商用車は28V（同一サイズの２つの14Vバッテリーが直列接続される）である。

新しい車両電気システムのバッテリー

新しい車両の作動戦略では、燃費と排気を削減するためにバッテリーがますます積極的に使用されている（「従来の車両電気システム」も参照）。アクティブなオルタネーター制御機能を装備した車両では、バッテリーは一部充電された状態で作動する。エンジンが低効率で作動していたり、あるいはエンジンの出力を特に必要とする（車両の加速時や「パッシブブースト」時など）作動フェーズにターゲットを絞って、オルタネーターの出力電力が低減される（必要に応じて、すべての負荷が取り除かれオルタネーターが完全に解放される）。これらのフェーズの間、バッテリーが車両に電気を供給する。エンジンが非常に効率的なフェーズでブレーキをかけるときにターゲットを絞って、バッテリーは充電電圧を上げて充電される（「回生機能」を参照）。

自動始動／停止システムは、車両が動いていない場合に（赤信号など）エンジンを停止するために使用される。このときにはスターター用バッテリーが、約25 ～ 70 Aの車両のすべての電力消費をカバーする。運転者が発車を望むと、エンジンが自動的に再始動される。

このように作動条件に応じてバッテリーの貯蔵容量を使用すると、燃費が大幅に削減される。これにより増加した充電容量はAGMやEFBなどの特別な構造（「バッテリーの構造」を参照）により考慮されているが、バッテリーにとっては負荷の増大を意味する。長期間にわたってこのような役割を遂行するには、バッテリーを良好かつ十分に充電してバランスのとれた充電収支とすることが常に求められる。バッテリー状態をモニターするために、バッテリー状態検出器が使用される。これは一般に、バッテリーマイナス端子に取り付けたセンサー（EBS、電流、電圧および温度測定用電子式バッテリーセンサー）と、確認された測定値を使用してスターター用バッテリーの状態と容量を確認するソフトウェアで構成される。システムは、これらの結果から、作動戦略に基づいてエンジンマネジメントシステムに必要な介入を行い、停車時にエンジンを停止すべきか、長時間停車しているときに自動的に始動すべきか、あるいはオルタネーターの電圧をどのように制御すべきかなどを決定することができる（「従来の車両電気システム」を参照）。

また、例えば、スタンバイ時の電流消費が大きい場合でも始動性を保証するために、あるいは自動始動／停止システム装備車の自動始動時の短期的電圧降下による不便（インフォテイメントシステムのリセットなど）を防止するために、多くの車両は2台のバッテリーを装備している（「2バッテリー車両電気システム」を参照）。

ハイブリッド自動車と電気自動車には、電気コンポーネントの大半の作動電圧である14 Vの低電圧車両電気システムも装備されている。これが、12 Vバッテリー（多くの場合は高性能スターター用バッテリー）によってサポートされている。一部のハイブリッド自動車では、このバッテリーから供給されるスターターモーターによってコールドクランキングが実施される（ハイブリッド自動車と電気自動車の「車両電気システム」を参照）。

コンポーネントとしてのバッテリー

前述の要件は、始動電力、容量および充電電流吸収などのアキュムレーターの電気的特性を決定する。さらに、作動条件に応じて、熱的要件（車両の設置ポイントや気候帯などに起因する）および機械的要件（付属品や振動耐性などに関連する）が順守されなければならない。バッテリーは、メンテナンスフリーで、使用が安全、そして生産が環境に優しい必要もある。鉛蓄電池は優れたリサイクル性を特徴としており、バッテリーの製造に古いバッテリーの鉛とプラスチックが再利用され、95％を優に超過するすべての耐久消費財において最高のリサイクル率を実現している。

作動中のバッテリー

車両コンポーネントの構造、電気的作動コンセプト、および使用特性と運転者は、バッテリーと車両電気システムの適切な機能に影響を及ぼす。最新のスターター用バッテリーの優れた充電特性にもかかわらず、(高い電力消費と低いエンジン回転数を伴う) 冬場の街中における日常の短距離走行では、しばしばバッテリーの充電バランスを適切なものとすることができず、充電状態が低下する。低充電状態時には利用可能なエネルギー量が減少するだけでなく、エンジンを始動させるのに十分な電流を生成する能力も低下する。長期間にわたるバッテリー充電量の低下は、コールドクランキング特性を悪化させ、バッテリーの耐用年数を短くする。

バッテリーの構造

コンポーネント

12 V のスターター用バッテリーは、パーティションで仕切られ、直列接続された 6 個の独立したセルから構成され、全体はポリプロピレン製のケースに収められている (図1)。セルは、交互に配置された陽極板と陰極板の極板群から成り、極板は多孔性の活物質で満たされた鉛格子で構成される。鉛格子は活物質の担体、また電気導体としての役割を果たす。通常は、各極板をポケットサイズのフォーマットに挿入する微多孔性セパレーターが電極を互いに絶縁する。セパレーターは、シリカを満たした多孔性ポリエチレンのグラスファイバー製フリース (AGM、吸収ガラスマット) から作られている。

電解液は希硫酸の溶液で、これが極板やセパレーターの小孔とセルの空間を満たしている。各極性の極板は、極板ストラップによって並列に接続され、セルコネクターを使用してパーティションの開口部から隣接するセルまたはバッテリー端子に接続しており、密封されている。バッテリー端子、セル、極板ストラップは鉛合金製である。

鉛蓄電池は、充電時に、陽極は酸素、陰極は水素の量が常に増加し続ける。この電解過程の間、電解液から水分が消費される。充填されたガスを放出しなければならない。バッテリーケースに溶接された一体型のカバーがバッテリー上部を密封し、構造に応じてさまざまな換気孔を含む。従来型のバッテリーは、各セルに液栓が設けられており、電解液の最初の注入、メンテナンスおよび充填されたガスの放出に使用される。メンテナンスフリーのバッテリーには通常液栓が付いていない。バッテリーが傾いていても液体が漏れない先進のラビリンスシステムを介してガスの放出が行われる。しかし、一般にカバー側面にある換気口は、両方を密封してはならない。ガス透過性の多孔性焼結体 (フリットと呼ばれる) が、カバー内部の換気口の前に設置されている。これらの焼結体は、外部の火炎または火花がバッテリーの内部に逆火するのを防止する。

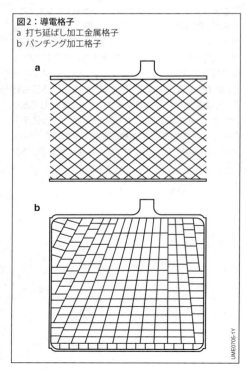

図2：導電格子
a 打ち延ばし加工金属格子
b パンチング加工格子

導電格子

活物質

製造工程において、導電格子に活物質がコーティング（ペースティング）される。陽極の活物質は、多孔性二酸化鉛（PbO_2、暗褐色）を含む。陰極の活物質は、多孔性の海綿状鉛（Pb、灰色がかった緑色）を含む。

製造とジオメトリー

活物質の機械的取付けと電気的接触のために鉛格子が使用される。導電率の観点から格子構造を最適化することにより、活物質の利用が向上する。標準的な格子製造方法には、液体鉛の鋳型への流し込み、ストリップからの打ち延ばしとパンチングなどの連続工程が含まれる（図2）。

合金素材

製造工程を最適化して機械的強度と耐食性を高めるために、格子に使用される鉛には合金成分が加えられている。強力な電気化学的酸化電位が、陽極格子を連続的な腐食攻撃にさらす。その結果、使用期間全体にわたってウェブの断面積が分離し、電気抵抗が増加して合金成分が電解液から放出される。一方、陰極格子は腐食電位がないため、腐食の影響を受けない（「腐食」を参照）。

アンチモン

例えば、アンチモンが陽極格子の硬化剤の機能を担う場合、腐食によって徐々に放出され、電解液とセパレーターを通って対角線上を陰極に移動する。それは陰極の活物質を「汚染」し、水素の自発的な発生を大幅に増やす。これにより過充電の場合には、陰極の自己放電と消費水量が増大する。全体的に見ると、使用期間を通して継続的に電力が降下する。電力降下が発生すると、バッテリーは必要な充電状態を確保することができなくなるため、電解液を頻繁に検査しなくてはならない。

このため、低い質量割合のアンチモンを含む鉛アンチモン合金（PbSb）は、一般的に定期メンテナンスが受容されるバッテリータイプの格子にのみ今でも使用されている。

カルシウム、すずおよび銀

現在では一般的に、カルシウム、すずおよび銀がメンテナンスフリーバッテリーの標準的な合金成分となっている。それは、これらは腐食によって放出されたとしても水素の発生に顕著な影響を与えないためである。必要な強度を確保するために、端子は最大約10重量％のアンチモンを含む鉛合金製である。

陰極格子に、通常約0.1重量％のカルシウムを含む鉛カルシウム合金（PbCa）が使用される。カルシウムは鉛蓄電池内では電気化学的に不活性なため、自己放電および水の消費は増えない。

全ての製造工程において、陰極格子に、通常約0.1質量％のカルシウムを含む鉛カルシウム合金（PbCa）が使用される。すずの割合が増加するため（0.5 ～ 2 ％）、これらの合金は非常に高い耐腐食性を示し、格子の重量を低減することができる。

鋳造された陽極格子は、鉛カルシウム銀合金（PbCaAg）で製造されることが多い。この合金は、0.06質量％のカルシウムとすずに加えて、ある割合の銀（Ag）も含有する。格子構造がさらにきめ細かく、腐食が加速する高温度でも非常に耐久力が強い。

充放電

化学反応

鉛蓄電池の活物質は、陽極の二酸化鉛（PbO_2）、陰極の海綿状の多孔性鉛（Pb）および電解液、すなわち希硫酸（H_2SO_4）を含む。電解液は活物質とセパレーターの小孔を満たし、同時に充放電を行なうためのイオン導電体となる。電解液と比較して、PbO_2とPbは基準的な電圧（個別の電位）を適用している。その電位は、外部から測定可能な約2V（停止状態）のセル電圧に等しい（図3）。

セルが放電すると、PbO_2とPbH_2SO_4と結合して$PbSO_4$（硫化鉛）を形成する。この変化により、電解液はSO_4^{2-}（硫酸塩）イオンを失い、その比重が減少する。充電過程では、活物質PbO_2とPbが$PbSO_4$から再び形成され、H_2SO_4が放出されて電解液の比重が再び増加する（「電気化学、鉛蓄電池」を参照）。

放電電流がバッテリーに印加されると、電流の大きさと放電期間に応じてバッテリー電圧が低下する（図4）。したがって、電流レベルが増加すると、バッテリーから引き出すことができる電荷量が減少する。

低温での性能

低温時には、基本的にバッテリー内の化学反応は常に緩慢になり、内部抵抗は増加する。規定放電電流での電圧、したがって完全に充電されたバッテリーの始動電力は、温度が低下するにつれて減少する。さらに放電が進むと、酸の濃度が電解液の凝固点まで低下する。放電したバッテリーは、低い電流しか供給できなくなるため、自動車を始動することができなくなる。

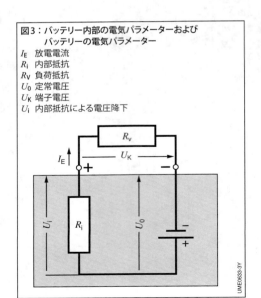

図3：バッテリー内部の電気パラメーターおよびバッテリーの電気パラメーター
I_E 放電電流
R_i 内部抵抗
R_V 負荷抵抗
U_0 定常電圧
U_K 端子電圧
U_i 内部抵抗による電圧降下

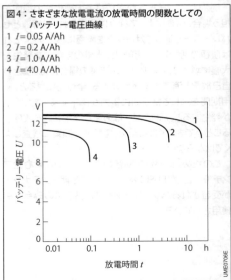

図4：さまざまな放電電流の放電時間の関数としてのバッテリー電圧曲線
1　$I = 0.05$ A/Ah
2　$I = 0.2$ A/Ah
3　$I = 1.0$ A/Ah
4　$I = 4.0$ A/Ah

バッテリーの特性

電気的定格は、物理的諸元や付属品、端子のデザイン等の機械的パラメータに加えて、標準試験規格（例えば、DIN EN 50342規格、[1]、[2]、[3]）によって定義される。バッテリーに関する一般用語は、DIN 40729 [4] に記載されている。

スターター用バッテリーのメーカー横断的なマーキングのために、スターター用バッテリーの最も重要な特性（電圧、公称容量、コールドクランキング性能、端子の詳細などを含む）をまとめた改訂版 EN 50342-1：2001の附属書に、9桁のETN（欧州型式番号）が記載されている。しかしこの表示は、EN 50342-1以外の要件に付加的に記載されている構造特性、デザインおよび適用範囲に関する幅広い差異を明確にすることはできない。そのため2006年以降の仕様から、ETN表記はバッテリーメーカーとユーザーの連携において規格としては廃止された。それ以来、ETNが使用されることはそれほど多くはない。

電流容量

電流容量は、指定された条件においてバッテリーから引き出すことのできるアンペア時（Ah）で示される電流量である。これは、放電電流の増加、および温度の低下によって減少する。

公称電流容量

EN 50342-1規格の定義によれば、公称電流容量 K_{20} は、25 ℃の温度において20時間以内に10.5V（1セルあたり1.75 V）以上の遮断電圧を一定放電電流 $I_{20} = K_{20}/20$ 時間）でバッテリーが供給可能な電荷である。公称電流容量は、使用されている活物質（陽極物質と陰極物質、電解液）の量から算出され、電極の数によってもわずかに変化する。

低温試験電流

低温試験電流 I_{cc} は、低温におけるバッテリーの電流出力能力を示すものである。EN 50342-1規格によれば、I_{cc} および −18 ℃において放電開始10秒後に、端子電圧は最低7.5V（1セルあたり1.25V）でなければならない。EN 50342規格では放電周期に関するさらに詳細な指定がある。I_{cc} で放電した場合のバッテリーの短期応答は、電極の数、その幾何学的表面積、電極間の隙間およびセパレーターの厚さと材質によって決まる。

バッテリーの内部抵抗 R_i とスターター回路の他の抵抗がエンジンのクランキング速度を決定し、また始動応答特性もこれらに左右される。充電されたバッテリー（12 V）の場合、−18 ℃時の R_i は、おおよそ $R_i \leq 4{,}000/I_{cc}$（mΩ）（I_{cc} はアンペアで適用）である。

消費水量

鉛蓄電池は、充電時には特に電気分解によって電解液から水分を失う。EN 50342-1は、定量化のための試験条件を定義している。例えば1 g/Ahの消費水量限界値は、公称容量50 Ahのバッテリーが試験条件下で最大50 gの水分を失う可能性があることを意味する。この種類のバッテリーの電解液は、タイプにより新品状態で約1.8 〜 2.7 kgの水を含有する。

サイクル安定性

鉛蓄電池は、充放電を繰り返している間に一定量の経年劣化を受ける。EN 50342-1は、定量化のための試験条件を定義している。

1316 車両の電気システム

バッテリーのタイプ

ENに準拠したメンテナンスフリーバッテリー

バッテリーが水の補充によるメンテナンスを必要とするかどうかは、主として使用される格子の合金に依存する。鉛アンチモン合金を使ったバッテリー（従来型のローメンテナンスバッテリー）は、周期的な充放電において高い耐久性があるが、極度の水分損失によって頻繁なメンテナンスを必要とするため、一部の商用車でのみ使用される。

鉛カルシウム合金（PbCa）製の陰極格子とアンチモン合金（PbSb）製の陽極格子を備えたローメンテナンスバッテリーでは、メンテナンス間隔をより長いものとすることができる。しかし陽極格子にアンチモンを含有するため、これらのハイブリッドバッテリーでもきわめて低い消費水量要求（EN 50342-1に準拠、1 g/Ah未満）を満たすことは稀である。EN 50342-1に準拠する消費水量が4 g/Ah未満のバッテリーは、EN規格によってメンテナンスフリーとみなされる。

完全メンテナンスフリーバッテリー

完全にメンテナンスフリーのバッテリーには、鉛カルシウム合金製の極板を陽極、陰極の双方に使っている。車両電気システムが正常に動作しているとき、水分解が減少し（EN 50342-1に準拠、1 g/Ah未満）、電解液はバッテリーの寿命が尽きるまで持ちこたえる。したがって、完全メンテナンスフリーバッテリーでは電解液の液位を監視する必要がないため、このような監視を行なう設備は通常提供されない。完全メンテナンスフリーバッテリーは、大きな勾配においてもバッテリーの電解液が漏れるのを防ぐための安全ラビリンスカバーを備えていて、2つの換気口を除いて密閉されている。

完全メンテナンスフリーバッテリーは、製造工場ですでに電解液が充填されており、自己放電が非常に低いため、出荷後最大18ヶ月間完全に充電された状態で保管することができる。

電解液のない「ドライ」貯蔵が使用される構造はほとんどない（特にオートバイ用）。電解液は、ワークショップや販売店での車両引渡しの際に、初めて供給された酸パックより注入されることになる。

AGMバッテリー

AGM（吸収ガラスマット）バッテリーは、高充電容量用途によく使用される。これらのバッテリーでは、電解液は、従来のセパレーターの代わりに陽極と陰極の間に配置された微多孔性のグラスファイバー製フリースに浸透されている（図5）。

電解液の「固定」は、例えば、充電中に放出された高濃度・高比重の硫酸が、セルの下部に沈殿および蓄積することを防止する。電解液の移動が自由な従来の鉛蓄電池では、繰り返される充放電中に、H_2SO_4がセル下部には過剰、セル上部には不足することによって、この「酸層」が次第に形成される。これによって、充電挙動が損なわれ、$PbSO_4$放電生成物の結晶構造の粗大化（硫酸化）が促進され、貯蔵容量が減少し、バッテリー全体の経年劣化が加速される。

AGMバッテリーでは、これらの影響が確実に防止される。さらに、フリースの弾性が電極対をわずかに加圧する。これは、活物質の流出および分離の影響を著しく低減する。全体的にみれば、これは耐用年数全体にわたる充放電において、自由電解液を備えた同等のスターター用バッテリーの3倍以上の充電容量を可能にする。これは、エンジンが停止した後再始動する際に電装品への電力供給を要求する自動始動／停止システム装備車に特に適している。AGMバッテリーの他の典型的な適用例として、多数の電装品（補助ヒーター、電子機器など）が停車時にも使用されるタクシー、特殊車両および物流車両を挙げることができる。

AGMバッテリーでは、内部回路の陽極に生じた酸素は再び使われ、水素の生成を抑制するとともに、失われる水分量を最低限に抑える。この回路は、酸素を運ぶセパレーターフリース内の小さなガス流路によって可能になる。個々のセルは、内圧が約100～200 mbarを超える場合にのみ開くバルブによって周囲から分離される。通常の作動条件下では、バルブは閉まり、消費水量をさらに低減させる。AGMバッテリーなどのシール付きバルブを備えた鉛蓄電池は、VRLAバッテリー（制御弁式鉛蓄電池）と呼ばれ、メンテナンスフリーである。

内部抵抗は特に低く、グラスファイバー製フリースの高多孔性のために高い冷間始動電流が得られる。そのため、ディーゼル車にもしばしばAGMバッテリーが使用される。

バッテリーケースが破損しても（事故の場合など）、グラスファイバー製フリース（希硫酸）に浸透された電解液は、通常漏れることはない。これと改良されたガス発生特性により、AGMバッテリーは車室内への取付けに特に適している。

EFBバッテリー

EFBバッテリー（強化型液式バッテリー）は、自動始動／停止システム装備車での使用に最適化された自由電解液を備えたバッテリーである。AGMバッテリーと異なり電解液が固定されていない循環充電バッテリーであるため、酸層が形成される。しかし、ポリエステルスクリムで被覆された陽極板が活物質の追加のサポートを提供し、またその他の構造的な特性もあいまって、標準バッテリーと比較してより強固な構造と優れた耐長周期が実現されている。

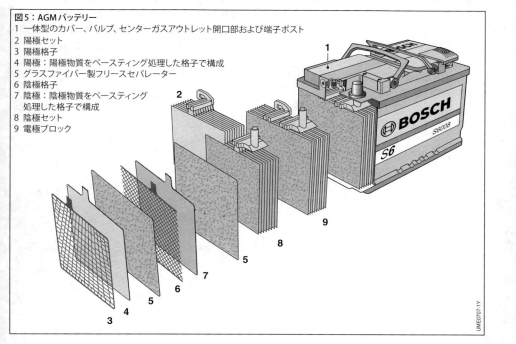

図5：AGMバッテリー
1 一体型のカバー、バルブ、センターガスアウトレット開口部および端子ポスト
2 陽極セット
3 陽極格子
4 陽極：陽極物質をペースティング処理した格子で構成
5 グラスファイバー製フリースセパレーター
6 陰極格子
7 陰極：陰極物質をペースティング処理した格子で構成
8 陰極セット
9 電極ブロック

1318 車両の電気システム

商用車バッテリー

Bosch社は、商用車用にも完全メンテナンスフリーバッテリーを提供している。この種のバッテリーは、特に商用車に使用する場合には費用面でかなりの利点がある。これらのバッテリータイプは、漏れ防止性能と中央換気を備えた専用ラビリンスカバーを装備する。アウトレット開口部に一体化された多孔性のフリットが、外部の炎やスパークによるバッテリー内部への逆火を防止する。極端なサイクルまたは振動ストレスを伴う用途のために特別な仕様がある。

商用車バッテリーのケース寸法は、EN 50342-4規格に記載されている。

耐長周期バッテリー

スターター用バッテリーは、その設計（薄い極板、軽いセパレーター素材）によって、放電が繰り返し行なわれるような用途には向かない。陽電極の磨耗が激化するため（これは主に活物質の緩みと流出によって起きる）である。耐長周期スターター用バッテリーは、陽極物質を含有する比較的厚い極板を支持するガラスマットを持ったセパレーターを備えているため、液流出を防ぐことができる。充電と放電のサイクルで測定される寿命は、標準バッテリーの2倍である。

耐振性バッテリー

耐振性バッテリーでは、極板部分は注型成形樹脂またはプラスチックでバッテリーケースに固定され、2つのコンポーネント間の相対運動が防止されている。DIN EN 50342-1規格によれば、この種のバッテリーは20時間の正弦波振動試験（周波数30 Hz）に合格し、6 gの最大加速度に耐えることができなければならない。したがって、標準的なバッテリーよりも要件は約10倍厳しくなる。

耐振性バッテリーは、主に商用車、建設機器や牽引車に使われる。

ヘビーデューティバッテリー

ヘビーデューティバッテリーは、耐長周期バッテリーと耐振性バッテリーの特徴をあわせ持つ。極端な振動にさらされ、常に放電を繰りかえさなければならない商用車などに使用される。

長期電流出力用バッテリー

このバッテリータイプは、耐長周期バッテリーと基本設計は同じであるが、より厚い電極を使用し、電極数も少ない。低温試験電流は指定されていないが、始動電力は、同じサイズのスターター用バッテリーよりもかなり低い（35 〜 40%）。このタイプのバッテリーは、過度に周期的な負荷にさらされる用途に使用され、時にはトラクション用途にも使用される。

バッテリーの使用

充電

　車両電気システムでは、オルタネーターレギュレーターが電圧を規定する。これは、バッテリーに関しては、バッテリー充電電流Iが最初はオルタネーターの出力によって制限され、その後バッテリー電圧が制御値に達すると自動的に減少するIU充電法に相当する（図6）。バッテリーの電流消費能力は低温で低下するため、車両の充電電圧は一般に温度に応じて調整される（図7）。0 °Cをかなり下回るバッテリー温度では、電流は非常に緩慢に消費される。

　IU充電法は過充電による損傷を防ぎ、バッテリーの長い寿命を保証するものである。最新のバッテリーチャージャーは、同様に定義された特性曲線に従って作動する。

　一方、旧式のチャージャーは、依然として定電流またはW特性曲線を使って作動する。いずれの場合でも、完全充電状態に到達すると、電流がわずかに減少し、場合によっては定電流で充電が続く。この結果、消費水量が増加し、陽極格子の腐食が発生する。特にメンテナンスフリーのバッテリーは、長期的に見るとこれによって損傷を受けることがある。

放電

　連続電流で放電が始まるとすぐにバッテリー電圧は降下し、その値は放電が続いても比較的ゆっくりと変化するだけである。放電過程の終了直前に、活物質（陽極物質、陰極物質および電解液）の1つあるいは複数の消耗（すなわち完全な電気化学的変換）により、電圧が急激に降下する。

自己放電

　バッテリーは、電気装置が接続されていなくても時間の経過とともに放電する。原因としては、陽極での酸素と陰極での水素の発生、ならびに陽極格子の連続的な緩慢な腐食などが考えられる。鉛カルシウム格子を使用した完全メンテナンスフリーバッテリーでは、25 °Cで月に約3%の自己放電が発生し、耐用年数全体でほぼ一定で、温度が10 °C上昇するごとにほぼ2倍になる。

　鉛アンチモン合金の最近のバッテリーは、新品の状態でも、毎月およそ4〜8%の電荷を失う。バッテリーの経時変化が進むと、この値は1日に1%以上増加する。これは、アンチモンの陰極への移動に起因するもので、最終的にはバッテリーの機能停止に至る。

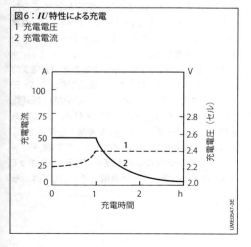

図6：IU特性による充電
1 充電電圧
2 充電電流

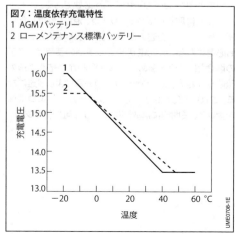

図7：温度依存充電特性
1 AGMバッテリー
2 ローメンテナンス標準バッテリー

1320 車両の電気システム

バッテリーのメンテナンス

ローメンテナンスバッテリーの場合、メーカーの指示する方法や手順に従って電解液のレベルをチェックし、必要に応じて MAX（上限）のレベルまで蒸留水またはミネラル分を除去した水を補充しなければならない。これは、EN規格に準拠したメンテナンスフリーのバッテリーには一般的に必要ない。このステップは、完全メンテナンスフリーバッテリーでは完全に省かれる。

自己放電を最小限に抑えるため、バッテリーはすべて清潔で乾燥した状態を保つようにしなければならない。端子、端子クランプ、およびバッテリーの取付け金具には、耐酸性グリースを塗布する。

冬が始まる前に、最新のバッテリーテスターでバッテリーの状態を確認することが推奨される。このテスターが充電を推奨する場合は、調整された充電特性曲線（*IU*充電特性曲線または過充電防止用の同様のもの）を備えた適切なチャージャーを使用して、約14.4 〜 14.8Vの最大電圧でバッテリーを充電する必要がある。このとき、車両、バッテリーおよび充電装置のユーザーマニュアルに記載されている情報に注意する。充電は換気の良い場所で行う（酸水素ガスによる爆発の危険性、爆発の危険性、裸火、スパークがないこと）。電解液は腐食性である。したがって、取扱いには必ず手袋や保護眼鏡を着用する。

バッテリーテスターを利用できない場合は、電解液の比重の測定値、可能でない場合は、代わりに定常電圧を測定する。電解液の比重が1.24 g/m*l*よりも小さい場合、あるいは定常電圧が12.5 V未満のときは、上記のようにバッテリーの充電が必要である。

一時的に取外したバッテリーは、涼しく乾燥した場所で保管する。上述の基準に該当する場合は、充電も必要になる。低充電状態での長期の使用は、格子の腐食と硫酸化を高める。この間、細かい結晶構造の硫酸鉛が粗大化し、バッテリーの充電はより困難になる。これらの影響によってバッテリーが少しずつ損傷を受けて、長期的には故障につながる可能性がある。

バッテリーの異常

バッテリー内部の損傷による機能障害は修理できない。バッテリーの交換が必要となる。

バッテリーの故障は通常、突然発生することはない。始動電力が少しずつ減少して、異常の兆候が示される。原因は通常、活物質の消費や硫酸化、格子の腐食、セパレーターの摩耗による短絡が組み合わされたものである。最新のバッテリーテスターは、弱いバッテリーを交換する必要があるのか、単に充電する必要があるのかを判断するために使用できる。

バッテリーの故障が検出されず、バッテリーの充電量が依然として低い場合は、車両電気システムに不具合が発生している可能性がある（オルタネーターの故障、エンジン停止時に電装品が作動したままになるなど）。車両を主に短距離走行にした結果、バッテリーの充電が不十分になることもある。これは、時々長距離を走行するか、あるいは外部充電装置で時々充電することによってバランスを取ることができる。

バッテリーテスター

スターター用バッテリーは摩耗部品である。耐用年数は、車両の種類と用途、気候条件に大きく依存する。経年劣化は、内部抵抗 R_i（始動性能を妨げる）の増加および活物質の緩みまたは硫酸化による貯蔵容量の減少により顕著になる。一方、低い充電状態は、経年劣化の特徴ではなく、充電バランスが不十分な使用の結果である。

充電が十分か、あるいは交換が必要かの評価のためなど、古いスターター用バッテリーの状態を迅速に判断することが求められることが稀ではない。このために、パワーダウンしたバッテリーに接続して、通常1分未満のテスト時間後に結果が表示されるバッテリーテスト装置を利用することができる。

通常、これらのテスト装置は、特定の電流充電プロファイルをバッテリーに印加し、電圧応答からバッテリー状態を評価する。そのために、部分的に単純化された電気化学的インピーダンス分光（「EIS、電気化学的インピーダンス分光」を参照）を使用する。一般に、充電状態を評価するために、定常電圧に対するバッテリーの相関関係が使用される。したがって、テスト中にバッテリーを他の電流で充電してはならない。

スターター用バッテリー **1321**

テスターの設計に応じて、非常に大まかな評価（「ok」、「充電」、「交換」、「再度テスト」など）、または定量化仕様（「充電状態82%」、「始動性87%」など）がある。製造業者によってさまざまな方法を使用する。

多くの場合、バッテリーの公称値（容量、コールドクランキング性能）を規定し、相対評価を行う。この重要な影響要因を直接考慮するために、多くの場合バッテリー構造（自由電解液またはAGM）とバッテリー温度も要求、あるいは直接に測定される。

バッテリーテスターは、適用規格（例：EN 50342-1）に準拠した完全なテストに代わることはないが、長期間使用したバッテリーに対する追加作業の指針を迅速に提供する。このテストは、製造直後には活物質の構造のバランスが取れていないことが多いため、新品バッテリーまたは新品同様のバッテリーには有効ではない。

バッテリーの交換

バッテリーを交換する場合は、車両の取扱説明書の仕様を考慮する必要がある。これらの取扱説明書には、大抵の場合、規定または許容の寸法と構造が記載されている。交換用バッテリーは、機能と作動の信頼性を保証するために、少なくとも容量とコールドクランキング値を表示する必要がある。自動始動／停止システム装備車など、AGMやEFBなどの特別なバッテリー構造が指定されている場合は、同じ構造の交換バッテリーを使用する必要がある。

参考文献

[1] EN 50342-1:2006 + A1:2011: Lead-acid starter batteries – Part 1: General requirements and methods of test.

[2] EN 50342-2:2007: Lead-acid starter batteries – Part 2: Dimensions of batteries and marking of terminals.

[3] EN 50342-4: 2009: Lead-acid starter batteries – Part 4: Dimensions of batteries for commercial vehicles.

[4] DIN 40729:1985: Accumulators; Galvanic Secondary Cells; General Terms And Definitions.

駆動用バッテリー

要件

最新の電気自動車の駆動用バッテリーは、しばしば電動パワートレインの全コンポーネントの重量、寸法およびコストの2/3以上を占める。したがって今後の主要な課題は、バッテリーをこの3点に関して改善および最適化することである。

バッテリーパックとも呼ばれる駆動用バッテリーは、多数のバッテリーセルで構成されている。セルおよびバッテリーパック内の他のコンポーネントの開発・設計に際しては、以下に説明する（時には矛盾する）要件を考慮する必要がある。

安全性

乗員と環境の安全は、あらゆる状況において保証されなければならない。これは、バッテリーの電気化学的特性に起因する危険、例えば火災の防止などに適用される。また特に電圧が60 Vを超えるバッテリーでは、電気的安全性を考慮する必要がある。

性能

車両に使用するには、軽量性と高性能が同時に必要とされる。これを達成するには、高いエネルギーと出力密度を備えたバッテリーが必要である。このため車両に応じて異なる要件を備える。図1は、各仕様の標準値と、出力 P とエネルギー E の比率を示す。これは使用するバッテリーセルについてさまざまな要件をもたらす。すべての車両セグメントをカバーするには、多種多様なセルのサイズと構造が必要になる。

自動車分野で使用するには、通常10年以上の耐用年数か、または250,000 kmの走行性能を必要とする。純粋な電気自動車では、約3,000回の完全な充電サイクルが車両の耐用年数を通して発生し、ハイブリッド用途ではしばしば100万回を超える部分充電サイクルを行う。最大の課題は、内燃機関搭載システムに匹敵する総費用の達成を目的に、コストを削減することである。

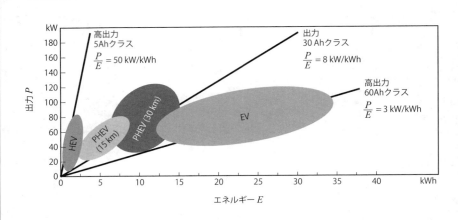

図1：さまざまな車両コンセプトのためのバッテリーのエネルギー量と容量の要件
HEV　ハイブリッド電気自動車
PHEV　プラグインハイブリッド電気自動車
EV　電気自動車

貯蔵テクノロジー

リチウムイオン (Li-Ion) バッテリーは、今日、電気自動車、ハイブリッド自動車およびプラグインハイブリッド自動車の電気エネルギーアキュムレーターとして通常使用されている。ニッケル水素蓄電池 (NiMH) は、絶縁されたケース内で今もなお使用されている。しかし、これは徐々にリチウムベースのバッテリーシステムに代わることが予想される。

図2は、さまざまなテクノロジーの比出力と比エネルギーの比較を示す。

ニッケル水素テクノロジー

ニッケル水素蓄電池は、特にハイブリッド自動車の駆動用バッテリーとしてすでに数年前から使用されている。ニッケル水素テクノロジーの電池の主なデメリットは、リチウムイオン蓄電池に比べて一般に低い比出力による低いエネルギー密度である。ニッケル水素蓄電池は、セル当たり通常1.25 Vの電圧において80 Wh/kgまでの比エネルギーを発生する。またニッケル水素蓄電池は、リチウムイオン電池よりも自己放電が大きい。

リチウムイオンテクノロジー

リチウムイオンシステムは、セルあたり約3.7 Vの定格電圧を備え、使用時の電圧制限は2.8 V 〜 4.2 Vである。

リチウムイオン蓄電池の陽極 (カソード) は、リチウムイオンを貯蔵することができる金属酸化物構造に基づいている (「電気化学」を参照)。これらの金属酸化物 (活物質) は、通常、ニッケル、マンガンまたはコバルトの化合物からなる。リチウムイオンは、陰極 (アノード) に向かう放電プロセスと陽極 (カソード) に向かう充電プロセスにおいて、可逆的メカニズムで移動する。アノードの活物質としてよく使用されるのはグラファイトである。

安全特性を改善してエネルギーと出力の密度を高めるために、新しい材料を開発中である。この点に関しては、たとえばカソードにリン酸鉄リチウム (Li_xFePO_4)、あるいはアノードにグラファイトの代わりにチタン酸リチウム ($Li_4Ti_5O_{12}$) を使用することが検討されている。

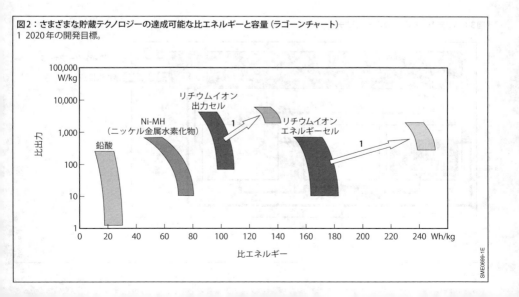

図2：さまざまな貯蔵テクノロジーの達成可能な比エネルギーと容量 (ラゴーンチャート)
1 2020年の開発目標。

高い出力密度と高いエネルギー密度を同時に最適化することは、技術的な課題である。高い出力密度は低い抵抗導体を備えた大きな電極表面を必要とし、一方で高いエネルギー密度は、反対に、大量の活物質を含むコンパクトな電極を必要とする。

今日の自動車用電池の典型的特性値は、出力セルに関しては 5,000 W/kg の比出力、エネルギーセルに関しては 180 Wh/kg の比エネルギーとなっている。250 Wh/kg の高い比エネルギーを備えたリチウムイオンシステムを開発中である（図2を参照）。

リチウムイオンシステムは、他のテクノロジーに比べて、バッテリーマネジメントシステムを使用した、さらに精巧なシステムの監視および制御システムを必要とする。リチウムイオン蓄電池は、耐用年数と安全面の理由から、厳密に規定された充電、電流および温度の制限内で保管する必要がある。特に、リチウムイオン蓄電池は過充電に対する耐性がない。これを防止するために監視用電子機器が使用される。

リチウム-硫黄またはリチウム-空気などの革新的な電気化学的アプローチに基づく電池は、同じまたはより低いコストで、著しく高いエネルギー密度と出力密度を提供することが期待されている。しかし、これに基づくシステムはまだ研究中である。自動車産業で使用するための量産能力はまだ実証されていない。

バッテリーシステムの基本構造

駆動用バッテリーは、さまざまな技術要件と車内の個々の設置条件によって内部構造も異なる。しかし、大部分は以下に記載する同じ基本概念に従う。

バッテリーシステムは、通常は複数のモジュールで構成されており、各モジュールは複数のセルを含む。これらのモジュールは高電圧ワイヤーハーネスを介して相互に接続され、バッテリーマネジメントシステムおよび冷却システムと共に、バッテリーハウジングに組み込まれている。車両のインターフェースには、バッテリーの高電圧端子、データインターフェース、および通常は冷却システムの追加接続が含まれる（図3）。

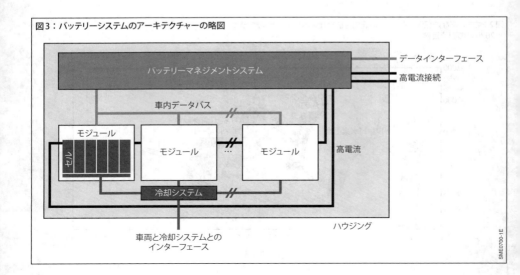

図3：バッテリーシステムのアーキテクチャーの略図

リチウムイオン蓄電池システムの
コンポーネント

リチウムイオン蓄電池

駆動用バッテリーは、用途に応じて10個から100個、場合によっては数千個のバッテリーセルで構成される。自動車産業では、3種類の構造のバッテリーセルが使用されている（図4を参照）。

構造

円筒状の金属ハウジングを備えたバッテリーセルは、他の構造と比べて製造コストについて大きなメリットがある。

ラミネート金属箔（パウチセル）のハウジングを備えたプリズム式セルは温度分布がきわめて均質で、さまざまな寸法の非常にコンパクトなバッテリーシステムを可能にする。

プリズム式ハードケースセルも非常にコンパクトな構造を可能にし、圧力密封されており他と比べると安定している。

3つのセルタイプのうちのどれが自動車用途のために普及するかはまだ定かではない。現在のところ、パウチセルとプリズム式ハードケースセルが好まれるという傾向が確認できる。

自動車用途にセルハウジングタイプを標準化するグローバルな取り組みもある。

リチウム蓄電池のレイアウト

図5は、プリズム式ハードケースセルの断面を示す。アノード（グラファイトなど）とカソード（リチウム化合物）の化学プロセスに必要な活物質は、銅膜（アノード）とアルミニウム膜（カソード）がコーティングされている。それぞれの金属膜はシャントとして使用される。両側にコーティングされた膜は、アノードとカソード間の直接的な電気接続を防ぐセパレーターフィルムによって分離されているが、イオンに対しては導電性がある。アノードとカソードの間にはイオン導電性の電解液も存在する。アノード、カソードおよびセパ

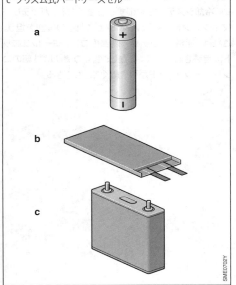

図4：リチウムイオン蓄電池の構造
a 円筒状金属ケースのバッテリーセル
b ラミネート加工金属箔製ケースのプリズム式セル
c プリズム式ハードケースセル

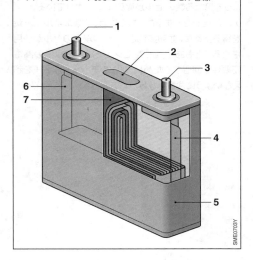

図5：プリズム式ハードケースセルの断面
1 陽極端子（ポール）
2 安全バルブ
3 陰極端子（ポール）
4、6 シャント
5 セルケース
7 アノード、カソードおよびセパレーターとセル巻線

レーターの配列は、セルのフラットコイルに巻かれており、アノードとカソードの電気シャントがセルの陰／陽の端子につながる。

セルには追加の安全バルブもある。故障時にセル内の圧力が上昇すると、バルブが開いてセルの破裂を防ぐ。

安全要件

セル内のテクノロジー依存温度のしきい値（通常は約140 ℃）を超えると、「熱暴走」と呼ばれる自己強化型の不可逆的な発熱プロセスが始まり、外部の影響によって停止することができなくなる。これによってセルが発火または破裂する可能性がある。したがって、作動不良によってこのプロセスが誘発されないように対策を講じなければならない。

機械および電気コンポーネント

バッテリーセルは適切な形態で相互接続され、車両に使用するために機械的に統合されなければならない。その際には、特に高電圧バッテリーに適用される機械的および電気的安全要件が考慮される。さらに、使用時（振動保護や水の跳ねかけなど）と故障時（事故の際の乗員と環境の保護など）の両方において、一般的な自動車産業の要件も適用される。

モジュール

モジュールは、一般的にバッテリーパックのセルの最初の統合レベルである。ここでは、セルのタイプによって異なる数のセルが直列に接続されている。システム電圧を高くすることなくより大きなエネルギー量を得るために、並列接続された2つ以上のセルが使用されることもある。通常、モジュールレベルでの高電圧要件を回避するために、60 Vのモジュール電圧を超えないように注意しなければならない。

セルはネットワークに機械的に統合され、その端子は高電圧ケーブルハーネスによって接続される。さらに、センサーと評価エレクトロニクスが高い頻度でモジュールに組み込まれている。ここでは、適応性と費用効率の良い高品質バッテリーの製造を可能にする、最もコンパクトな設計エンジニアリングの確保に焦点が当てられている。

小型のバッテリーシステムは1つのモジュールのみで構成されるが、電気自動車用のバッテリーパックは10個以上のモジュールを使用することがよくある。モジュールは、高電圧ケーブルハーネスを介して電気的に相互接続されている。

ハウジング

バッテリーハウジングは、セルをまとめて、それを機械的負荷から保護するとともに、高電圧に対する接触保護のためにも使用される。バッテリーハウジングの外側には、電動パワートレインへの接続用高電圧接続部、電動ドライブ（エンジンマネジメントシステムなど）の上位車両コントロールユニットとデータ交換用通信インターフェース、そして多くの場合に冷却システム用インターフェースがある。

バッテリーマネジメントシステム

安全で信頼性の高いバッテリーの作動には、バッテリーシステムの特性を判断し、作動許容限界に従い、冷却システムを制御する必要がある。バッテリーマネジメントシステム（BMS）がこれらの役割を担う。これは、通常、バッテリー内部のコントロールユニットに実装されている。しかし、個々の機能は外部のコントロールユニットが引き継ぐこともできる。

作動原理

バッテリーマネジメントシステムは、バッテリー電流、バッテリーセルの温度と各セルの電圧、個々のモジュールの電圧、およびバッテリー全体の電圧を測定する。これがバッテリーセルの充電状態 (SOC) と正常状態 (SOH) を決定するために使用される。これに基づいて、現在利用可能なバッテリーの定格および許容電流を決定することができる。バッテリーマネジメントシステムは、セルの充電状態に合わせて「バランシング」を実行することもできる。この情報は、車両の電動パワートレイン内の中央車両コントロールユニットに送信される。バッテリーマネジメントシステムは、このプロセス中は、放電電流、充電電流および充電状態に直接作用することはできない。バッテリーマネジメントシステムによって送信された情報に基づいて、車両コントロールユニットが電動パワートレインまたは充電装置のパワーエレクトロニクスを制御して、対応する電流を設定する。

バッテリーが過充電された場合、過電圧または不足電圧によって安全作動領域を外れた場合、またはバッテリーが過熱した場合には、バッテリーマネジメントシステムが電流の流れを止めてバッテリーセルを保護する。これは、緊急時にバッテリーを自動的に接続解除し、車両コントロールユニットに電装品を停止にするように指示することによって実行される。

バッテリー自体を電気化学的領域に割り当てる場合にも、バッテリーマネジメントシステムのバッテリー安全コンセプトを開発する際には、電気および電子コンポーネントの機能安全規格 (ISO 26262 [1]) を考慮しなければならない。したがって、バッテリーマネジメントシステムの安全関連コンポーネント、特にセンサーテクノロジーは冗長である。

アーキテクチャー

図6では、プラグインハイブリッド電気自動車 (PHEV) と電気自動車 (EV) 用のバッテリーマネジメントシステムの分散型アーキテクチャーを例として示している。特にハイブリッド電気自動車 (HEV) には、他のタイプのアーキテクチャーも使用される。

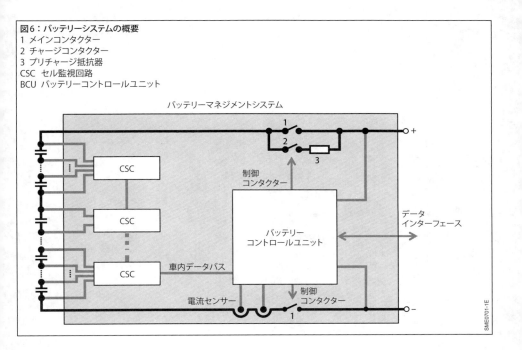

図6：バッテリーシステムの概要
1 メインコンタクター
2 チャージコンタクター
3 プリチャージ抵抗器
CSC セル監視回路
BCU バッテリーコントロールユニット

1328 車両の電気システム

バッテリーマネジメントシステムは、中央バッテリーコントロールユニット、セル監視回路、電流センサーおよびコンタクター回路で構成される。セル監視回路は、電圧と温度に関してバッテリーセルを監視する。

電流の伝導方法

コンタクター電流は、電動パワートレインの車両電気システムバッテリーを電気的に絶縁することができる。事故が検出されるか、または潜在的に危険な状態が確認されると、コントロールロジックが陽極または陰極のバッテリー端子にあるコンタクターを開く。このロジックは、バッテリーシステムに過負荷が発生している場合も、安全上重大な状況を回避するためにコンタクターを開くことができる。

バッテリーは、チャージコンタクターとプリチャージ抵抗器を介して、電動パワートレインの車両電気システムとそのバッファーコンデンサーに接続される。これは、バッファーコンデンサーが放電する際の過度に大きな初期電荷電流を防止する。正常作動時には、バッテリーはメインコンタクターを介して低インピーダンスの車両電気システムに接続する。

バランシング

製造公差およびセルパラメーターとセル温度に依存する副反応のために、個々のセルの充電状態は時間とともにそれぞれに異なるものとなる。このことは、最低の充電状態のセルが放電限界を設定し、最高の充電状態のセルが充電限界を設定するため問題となる。そのため、時々バッテリーセルの充電状態のバランスを取る必要がる。これは、通常、セル監視回路に組み込まれているバランシング回路によって行われる。自動車用途では、バランシングは通常パッシブプロセスである。つまり、並列に接続された抵抗を介して個々のセルを放電することによって実行される。

駆動用バッテリー **1329**

熱管理

負荷が変動してもバッテリーの安全で確実な作動を保証し、セルの耐用年数を最大化するには、セルの温度を20℃～40℃の範囲に維持する必要がある。大半の経年劣化は温度に依存するため、バッテリーセルの耐用年数は温度が上昇するにつれて大幅に減少する。これは特に、高温気候帯での使用にとって重大なことである。低温時には、セルの性能が著しく低下する。

車両には、セルの温度制御に使用されるさまざまなシステムがある。

水冷システム

水冷システムは、一般に温度制御に関する要件が厳しいシステムで使用される。バッテリーは、水-グリコール混合液などの専用クーラントを循環させる単独の冷却回路を備える。クーラントの温度は、車両のエアコンディショニングシステムに接続されている熱交換器によって制御される。またヒーターエレメントが組み込まれていることも多く、これにより低温時にバッテリーを温めることもできる。

システムは、冷却プレートを介してバッテリーセルに接続される。温度センサーがセルの温度を監視する。バッテリーマネジメントシステムに統合されていることが多い中央熱管理システムは、状況や温度に応じて流量とクーラントの温度を制御する。

水冷システムを備えたバッテリーは非常にコンパクトな製造が可能だが、冷却プレート、配管および車両のエアコンディショニングシステムへの接続によって追加の作業が必要となる。

冷媒冷却システム

水冷システムに代わるのが冷媒冷却システムで、このシステムのバッテリー冷却コンポーネントはエバポレーターとして設計されており、車両のエアコンディショニングシステムの冷媒回路に直接組み込まれている。このタイプのシステムは、これまで稀にしか使用されていない。

空冷式

空冷システムは最も費用効率の良い構造である。しかしこのシステムはセル間にスペースを設ける必要があるため、より大きなスペースを必要とする。さらにエアインターフェースのため、密封されたバッテリーケースは実現できない、あるいは大きな労力を払わないと実現できないことになる。

空冷システムは、電気自動車用のバッテリーや温暖な気候帯での使用など、冷却要件の低い、低比出力システムのバッテリーにしばしば使用される。

空冷システムでは、熱管理システムによって制御されるファンが、通常は予冷された空気を取り込む。取り込まれた空気は、バッテリーシステムを貫流する。ファン速度は、温度センサーによって測定されるセル温度に応じて制御される。

出力要件の低いシステムでは、ファンを備えていないこともある。この場合、バッテリーセルは自然対流によって冷却されるだけである。

参考文献

[1] ISO 26262: Road vehicles – Functional safety.

電動機

エネルギーの変換

電動機は、モーターおよび発電機動作による電磁機械エネルギー変換器である。供給される電気エネルギー W_{el}

$$W_{el} = W_m + W_v$$

は、電磁エネルギー W_m と損失エネルギー W_v に変換される。ここで

$$W_m = \int_0^{t_0} u_l i_l \, dt \quad および \quad W_v = \int_0^{t_0} i_l^2 R \, dt$$

$u_l = d\Psi/dt$ で、磁気エネルギーは積分による次式に従う。

$$W_m = \int_0^{\Psi_0} i_l(\delta, \Psi) \, d\Psi$$

ここで、δ は磁気回路のエアギャップ、Ψ は巻線のすべての巻数の鎖交磁束、Ψ_0 は最大発生鎖交磁束である。例えば図1では、エネルギー W_m は、磁束 Φ が透過する歯表面上部の空間 $V = A_z \delta$ に蓄積される。空間座標 Ω に磁気エネルギーを放出することにより、磁力 F_m

$$F_m = \frac{\partial W}{\partial \Omega}$$

は、動作発生のための境界層への力として空間座標の方向に生じる。例えば、磁気エネルギーが円周方向の座標に放出された場合、半径 r の乗算によってトルク $M = F_m r$ を生じる円周方向の磁力をもたらす。磁気機械エネルギー変換が、磁気エネルギーを角度座標 α に放出することによって行われる場合、トルク M は、次式に従う。

$$M = \frac{\partial W}{\partial \alpha}$$

永久磁石モーターの断面図を図1に示す。固定子は、磁気ヨークと永久磁石からなる。回転子は、回転子歯面 A_z、回転子歯、および磁束を透過して歯面にトルク発生リラクタンス力(接線力 F_t)を生じる巻線によって形成される。歯面に作用する法線力 F_n は、軸上の反対の歯の法線力によって相殺される。

力に関して、以下が区別される。
- 空気と鉄からなる境界層に作用する磁力
- 磁界中を移動する電荷キャリア上のローレンツ力

最初の応用例は、整流子電動機とスイッチトリラクタンスモーターである。2番目の応用例は、無鉄回転子を備えた整流子電動機とディスク回転子整流子電動機である。

詳細については[1]および[2]を参照。

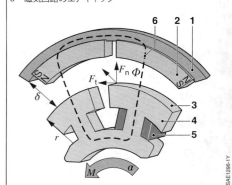

図1：内部回転子モーターの断面図
1 磁気ヨーク
2 永久磁石
3 回転子歯面 A_z
4 回転子歯
5 電機子巻線
6 磁束 Φ
r 回転子半径
F_t 接線力(リラクタンス力)
F_n 法線力 M トルク
α 回転角
δ 磁気回路のエアギャップ

回転電動機の系統的分類

電動機の巻線の通電は、その特性を決定する。自己整流型（位置整流型、界磁整流型）と外部整流型（ライン整流型、周波数整流型）のモーターが区別される。

最初のグループには、回転子内の巻線相の周期的動作が機械的（または電子的）整流子を介して自己制御ベースで行われる直流モーターが含まれる。磁気励磁は、電磁石（モーターの直流および交流動作が可能）または永久磁石（モーターの直流動作のみ可能）のいずれかによって行われる。

外部整流モーター（非同期モーターなど）では、供給システムまたは電子制御によって位相が切り替わる。表1は電動モーターの整流性能に関する系統化を示す。DIN 42027規格[3]に、電源供給に関するモーターの系統分類が規定されている。

幾何学量の定義

図2は、4極（極対数 $p = 2$）の電動機断面を示す。数量の名称は一部DIN EN 60027-4規格[4]に準じる。この規格は、数量と単位の名称と文字記号を示す。

極対は、N極とS極の対からなる。設定された磁束は、N極からエアギャップを介して回転子を通りS極に現れる。

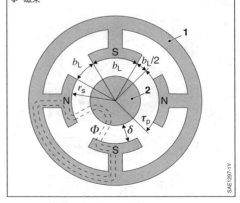

図2：固定子と回転子の断面および寸法
1　固定子
2　回転子（半径 r_R）
τ_p　極ピッチ（$= \pi d/2p$）
p　極対数
τ_Q　スロットピッチ（$= \pi d/Q$）
Q　スロット数
b_L　極ギャップ幅
b_P　磁極片幅
r_S　固定子半径
δ　エアギャップ
Φ　磁束

表1：電動モーターの分類

自己整流モーター		外部整流モーター	
機械的整流子	電子的整流子	負荷依存回転速度	周波数依存回転速度
交流モーター	直流モーター	電子整流モーター（ECモーター）	非同期モーター	同期モーター
整流子モーター、ユニバーサルモーター	直巻モーター、分巻モーター	ブロックモーター、正弦波整流モーター	回転磁界モーター、ケージモーター	回転磁界モーター

直流機

直流機は、しばしば発電機動作よりもモーター動作のために用いられる。例えば、電動フューエルポンプ、ファン、スターター、フロントガラスのワイパー、およびパワーウィンドウユニットを駆動するために使われる。図3aは2極モーターを示し、図3bは4極モーターを示す。極数の多いモーターでは多数の短い磁気回路が生成され、磁石体積のより優れた利用を容易にする。モーターは、磁気ヨーク、磁極、銅セグメント、インレットブラシ、巻線相、およびアウトレットブラシからなり、これらを通って電機子電流 I_A が通過し、分岐回路電流 I_Z に分割される。

電磁石によって励磁される直流機は、その巻線の挙動によって分類される。直巻モーターでは、電機子巻線と励磁巻線が直列に接続される。分巻モーターでは、電機子巻線と励磁巻線が並列に接続される。直流機の端子表記は、DIN EN 60034規格 Part 8 [5] と DIN EN 60617規格 Part 6 [6] に準拠する。

整流子の電圧

図3は、整流子と1回転に還元される2つの位相で構成される図4の等価モーター回路図に簡略表示することができる。図5の等価電気回路図が得られる。図5aと図5bはモーターの動作を示し、図5cと図5dは発電機の動作を示す。表2に得られる電圧関係が記載されている。

誘導電圧 U_L は、次式のファラデーの法則に従う

$$U_L = \frac{d\Psi(I,\delta)}{dt} \quad (式1)$$

鎖交電流およびエアギャップ依存磁束 Ψ の全微分（すべての独立変数による関数の微分）により

$$d\Psi = \frac{\partial \Psi(I,\delta)}{\partial I} dI + \frac{\partial \Psi(I,\delta)}{\partial \delta} d\delta \quad (式2)$$

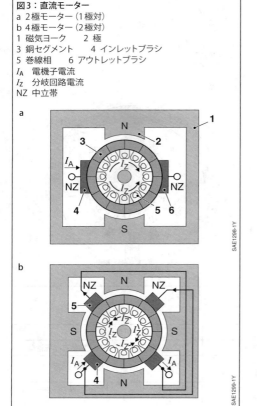

図3：直流モーター
a 2極モーター（1極対）
b 4極モーター（2極対）
1 磁気ヨーク　　2 極
3 銅セグメント　　4 インレットブラシ
5 巻線相　　6 アウトレットブラシ
I_A 電機子電流
I_Z 分岐回路電流
NZ 中立帯

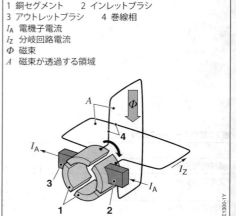

図4：等価モーター回路図
1 銅セグメント　　2 インレットブラシ
3 アウトレットブラシ　　4 巻線相
I_A 電機子電流
I_Z 分岐回路電流
Φ 磁束
A 磁束が透過する領域

再び誘導電圧は次式に従う。

$$U_L = \frac{\partial \Psi(I,\delta)}{\partial I}\frac{dI}{dt} + \frac{\partial \Psi(I,\delta)}{\partial \delta}\frac{d\delta}{dt} \quad (式3)$$

ここで初項は直流通電によりゼロになる。これはファラデーの法則の第2項に委ねられ、巻数N、磁束Φ、磁束密度B、および面積Aでさらに次のように展開する。

$$U_L = N\frac{\partial \Phi}{\partial \delta}\frac{d\delta}{dt} = NB\frac{dA}{dt} \quad (式4)$$

表2：電圧関係

モーターの動作	発電機の動作
$U_{KI} = U_A + U_L$	$U_{KI} = U_A - U_L$
$U_{KI} = E_A l + E_L l$	$U_{KI} = E_A l - E_L l$
$U_{KI} = (E_A + E_L)l$	$U_{KI} = (E_A - E_L)l$

図5：モーターおよび発電機動作の等価電気回路図
I_A 電機子電流
U_{KI} 端子電圧
R_A 電機子抵抗
L 電機子インダクタンス
U_A 電機子抵抗R_Aによる電圧降下
U_L 誘導電圧
E_A 巻線に沿った電界強度
E_L 巻線に誘導される電界強度
l ワイヤー長さ
A_d ワイヤー断面積
κ 比導電率

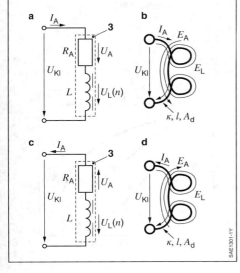

微分関数を周期Tを用いた微分関数に置き換え、整流の$k = 4$セグメントを備えた図4の配置について、$T/4 = T/k$時間のみ残ることを考慮すると、再び誘導電圧は次式に従い

$$U_L = NB\frac{A}{\frac{T}{k}} = NBAfk \quad (式5)$$

回転周波数$f\,[\mathrm{s}^{-1}]$の関数となる。60による拡張と$c_1 = k \cdot 60$による変換は次式をもたらし

$$U_L = \Psi nk \cdot 60 = LInc_1 = \Psi nc_1 \quad (n\text{は rpm})$$

結果として図5の網目方程式

$$U_{KI} = R_A I_A \pm \Psi nc_1 \quad (式6)$$

を満たす回転速度比例誘導電圧をもたらす。ここで、モーター動作には「＋」、発電機動作には「－」が適用される。nは毎分回転数である。

整流

整流子のみが電機子の回転を容易にし、巻線相で電流の方向を逆転させる働きをする（「整流する」とは、量を変え、相互に入れ替え、電流の方向を変えることを意味する）。したがって、整流は電流の方向の逆転である。

図6：整流中の磁界の重畳
a 障害のない固定子磁界分布
b 障害のない電機子磁界分布
c aとbからの磁界分布の重畳
d 電機子の回転方向を維持しながら電流の方向を逆転

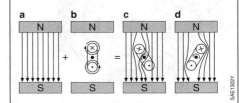

障害のない固定子の磁界分布を図6aに、障害のない電機子の磁界分布を図6bに示す。この2つの事例が、図6cで重畳されている。結果として、電機子を左に回転させる力が発生する。電流方向は、電機子の回転方向を維持しながら、図6dの整流子によって逆転される。

図3aの回転子を拡大表示したものが図7である。電機子電流I_Aは、それぞれの場合に分岐回路電流I_Zに分割される。分岐回路電流は、N極とS極の巻線相に流れる。したがって、磁極面下の巻線相の電流の方向は常に同じである。電流方向は、巻線相の整流でのみそれぞれの場合に変化する。整流の一例として、インレットブラシによる巻線相の整流が挙げられる。整流されるコイルは中立帯（NZ）にある。回転子が右回転して、巻線相がインレットブラシの下を通る（図7、位置1）。そのときの電流の方向を矢印で示す。やがて巻線相はインレットブラシ（図7、位置2）によって短絡される。位置3では、分岐回路電流の通電方向が矢印のように逆転（整流）されている。

整流周期T_C内の整流の時間プロセスを図8に示す。整流の開始はt_{CB}、整流の終了はt_{CE}で示されている。理想的な事例は、曲線1の形状に従う完全な整流である。ここで、誘導電圧の影響は整流極によって相殺される（次節を参照）。整流磁界によって誘導された電圧は、リアクタンス電圧に等しい。曲線形状2は不足整流と呼ばれる。コイル電流Iは、$+I_Z$から徐々にしか減少せず、時間t_{CE}の直前にのみ電流レベル$-I_Z$に達する。この原因は過度に低い誘導整流極電圧である。

逆の曲線形状3は、過整流を表している。これは過度に高い誘導整流極電圧によるものである。

基本的に、急激な電流変化は、ブラシとセグメントからなる接触システムに負荷をかける。

表記はDIN 1304規格Part7 [7]に準拠する。

整流および補償巻線
補償電動機

図9は、より高出力（約5 kW以上）のための整流および補償巻線を備えた電動機を示す。

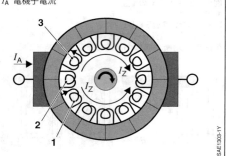

図7：回転子の整流プロセス
1 インレットブラシ下の巻線相
2 インレットブラシによる巻線相の短絡
3 通電の逆転
I_A 電機子電流

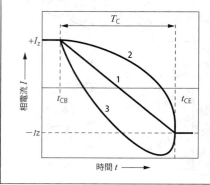

図8：整流
1 完全な整流の理想的な事例
2 不足整流
3 過整流
I_Z 分岐回路電流
T_C 整流時間
t_{CB} 整流開始
t_{CE} 整流終了

電動機 1335

図9：2極直流電動機の構造（断面図）
1 固定子　　2 励磁極（磁極片）
3 励磁巻線
4 補償巻線（できれば高出力電圧の電動機）
5 整流極
6 整流巻線　　7 回転子
8 回転子巻線　　9 整流層
10 整流ブラシ（中立帯にある）

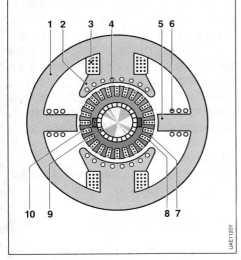

磁界分布

電流が印加されていないときに、なんの障害もなく回転子に浸透する主磁界は左右対称に分布する（図10a）。同様に、電流が回転子だけに印加された場合、磁束が対称に分割される（図10b）。2つの磁界が重畳された場合、中立帯は角度βで偏向される（図10c）。したがって、この磁気的中立帯は、幾何学的中立帯（整流ブラシの位置）に対応しなくなる。幾何学的中立帯では、整流過程で整流されるべきコイルに誘導された電圧によって磁界が発生し、ブラシと動作中の整流層の間でブラシ火花（開路火花）を発生させる。この火花を防ぐために、整流中にもう1つの電圧がコイルに誘導され、元々の誘導電圧の影響を振幅と方向が相殺している。

これは、整流巻線によって達成される（図9）。整流巻線は回転子巻線に直列接続される。回転子の反作用を使って、磁気的な中立帯の移動が中和される。整流巻線のない電動機では、ブラシを磁気的中立帯に移動する必要がある。

図10：磁界の重畳
a 主磁界：励起電流印加、回転子電流遮断
b 電機子の横軸磁界：励起電流遮断、回転子電流印加
c 完全な磁界：主磁界と電機子の横軸磁界の重畳：磁気中立帯は角度βで偏向される。
1 励磁極（固定子極、主）　　2 回転子　　3 回転子巻線
Φ_S　固定子磁束（電動機のハウジングの磁気ヨーク）
Φ_R　回転子磁界（励磁極または電動機のハウジングの磁気ヨーク）
Φ_{RS}　完全磁界の磁束

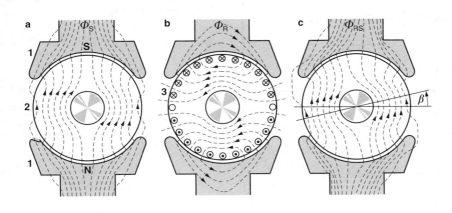

磁極片の領域で発生した主磁界のひずみは、磁気抵抗の増加とともに利用可能な極表面を減少させる。このため、電動機には、磁極片に組み込まれた補償巻線が備わっている（図9）。補償巻線は回転子巻線に直列接続され、その寸法は、回転子の横軸磁界を補償するものになっている。

整流巻線と補償巻線の効果

図11に示された一連のイメージは2つの巻線の影響を表している。ここではエアギャップの磁界分布を示している。極の配置と巻線、中立帯は図11aに示されている。磁極片の下の励磁磁界 $B_E(x)$ の分布と極ピッチ τ_P を図11bに示す。図11cは回転子の横軸磁界の分布 $B_R(x)$ を示す。これらの磁界分布を重畳したものが図11dである。補償誘導 $B_K(x)$（図11e）と図11dで発生した重畳を図11fに示す。図11gの補償誘導 $B_W(x)$ が図11fの磁界分布で重畳されると、図11hに示すように所望の磁界分布が得られる。

トルクと出力

端子のモーターによる電源入力（+）または出力（−）は

$$P_{el} = P_{th} \pm P_{em} = I_A^2 R_A \pm U_L I_A \qquad (式7)$$

ここで、P_{em} は内部出力、P_{th} は熱出力に対応し、R_A は電機子抵抗、そして I_A は電機子電流である。内部機械的モータートルク M は次式に対応する

$$M = \frac{P_{em}}{\omega} = \frac{c_1 \Psi n I_A}{2\pi f} = \frac{c_1}{2\pi 60} \Psi I_A \qquad (式8)$$

一定の回転速度と機械的負荷トルク M_{mech} で動作する場合、次式が適用される。

$$M = M_{mech}$$

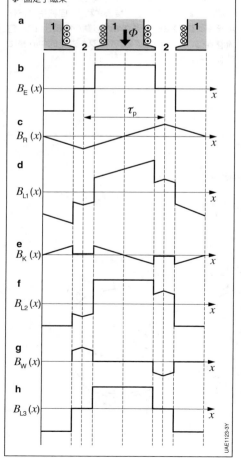

図11：整流巻線と補償巻線の効果
a 極配置
b 励磁磁界の分布 $B_E(x)$
c 回転子の横軸磁界の分布 $B_R(x)$
d $B_E(x)$ と $B_R(x)$ の重畳
e 補償誘導 $B_K(x)$
f $B_E(x)$, $B_R(x)$ と $B_K(x)$ の重畳
g 整流誘導 $B_W(x)$
h すべての磁界の重畳
1 磁極片   2 中立帯
Φ 固定子磁束

分巻電動機

分巻電動機の特長は、回転子巻線が励磁器巻線に並列接続されていることにある。分巻電動機には、DIN EN 60034-8規格[5]に記載されている以下の端子表記（図12）が適用される。
- Aは回転子巻線を示す。
- Bは整流巻線を示す。
- Cは補償巻線を示す。
- Eは励磁巻線を示す。

回転速度nに基づき式6を移項すると、速度／電流の式は次の線形方程式に従う

$$n(I_A) = -\frac{R_A}{c_1 \Psi} I_A + \frac{U_{KI}}{c_1 \Psi} \quad (式9)$$

負の傾きと軸切片は次式によって求められる。

$$n_0(I_A=0) = \frac{U_{KI}}{c_1 \Psi}; \quad I_{An}(n=0) = \frac{U_{KI}}{R_A} \quad (式10)$$

ここで、n_0は無負荷速度、I_{An}は始動電流である。電流に基づいた式8の変換と式9への代入により、速度／トルクの式は次の線形方程式に従い

$$n(M) = -\frac{R_A c_2}{c_1^2 \Psi^2} M + \frac{U_{KI}}{c_1 \Psi}, \quad c_2 = 2\pi \cdot 60 \quad (11)$$

軸切片は次式によって求められる。

$$M(n=n_0) = 0 、 M_{An}(n=0) = \frac{U_{KI}}{R_A} \frac{c_1}{c_2} \Psi \quad (式12)$$

図13は、4つの象限で電機子電流とモータートルクに対する速度を示したものである。ここでモーターの動作（回転方向とトルク方向）は、それぞれの象限において発電機の動作とは異なる。電動機の速度点は、式9に基づいて端子電圧U_{KI}を変えることによって求めることが可能で、図13の直線の平行移動をもたらす。電機子電流から分離された励磁電流が変わると、式9に基づいて磁束Ψが変化し、結果として速度も変化する。これは弱め界磁と呼ばれる。

式9の直線勾配は、電機子回路（図14a）における電機子抵抗R_Aと直列抵抗R_Vの直列接続によって変化する。直列抵抗をパラメーターにした速度曲線を図14bに示す。

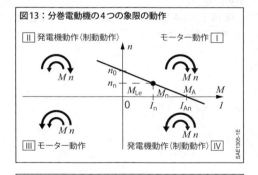

図13：分巻電動機の4つの象限の動作
Ⅱ 発電機動作（制動動作）　モーター動作 Ⅰ
Ⅲ モーター動作　発電機動作（制動動作）Ⅳ

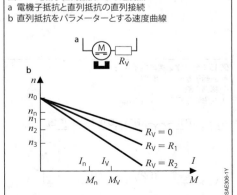

図14：電機子直列抵抗による速度点
a　電機子抵抗と直列抵抗の直列接続
b　直列抵抗をパラメーターとする速度曲線

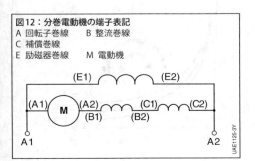

図12：分巻電動機の端子表記
A 回転子巻線　　B 整流巻線
C 補償巻線
E 励磁器巻線　　M 電動機

直巻電動機

直巻電動機の場合は、整流、補償、励磁器および回転子の各巻線は直列接続される（図15）。Dは直巻電動機の励磁器巻線を示している。動作特性を決定するためには、各巻線の抵抗を加算して、抵抗R_Aを得る。関係$\Psi = LI$と式8を式9に代入すると、直巻電動機の速度／トルク式は次のようになる。

$$n(M) = \frac{1}{c_1 L}\left(U_{KI}\sqrt{\frac{c_1 L}{c_2 M}} - R_A\right) \quad (\text{式13})$$

分母にトルクがあるためにモーターは低負荷時に高速に達し、基底負荷なしでは完全には動作しない可能性がある。外部励磁がないため、直巻整流子電動機はモーターとしてのみ機能する。速度／トルク特性によりモーターの使用は制限を受ける。したがって適用領域は、真空掃除機やポンプのように常に基底負荷（摩擦トルク）を予め考慮しておかねばならない。小さな負荷変化が常に大きな速度変化をもたらす。直巻電動機の速度設定の可能性は、端子電圧の変更に限られる。

図16は、端子電圧U_{K1}をパラメーターとする直巻電動機の速度／トルク図を示す。

非同期電動機

非同期電動機こそが産業界の主な駆動力である。自動車では、一例を挙げると、ハイブリッド自動車のアシスト付きステアリングに使われている。次節では、誘導機としての非同期電動機の動作概念を解説する。

一般的な設定

非同期電動機は、外部回転子電動機と内部回転子電動機に分かれる。外部回転子電動機の場合、固定子は回転子に囲まれる。内部回転子電動機では、回転子が固定子に囲まれる。

動作原理図（図17）に内部回転子非同期電動機の基本構造を示す。回転子は、最も簡単な場合には短絡コイル（短絡回転子）からなる。固定子は、各位相に割り当てられた鉄心を備えた3つのコイルからなる。鉄心は互いに絶縁された個々の鋼板からなり、渦電流損失を最小限に抑える。回転する固定子磁界は、短絡コイルに磁界を発生させる電流を誘導する。この磁界は回転する固定子磁界に結合し、トルク効果を生じる。

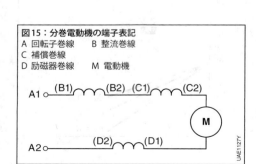

図15：分巻電動機の端子表記
A 回転子巻線　　B 整流巻線
C 補償巻線
D 励磁器巻線　　M 電動機

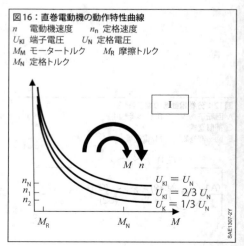

図16：直巻電動機の動作特性曲線
n　電動機速度　　n_N　定格速度
U_{KI}　端子電圧　　U_N　定格電圧
M_M　モータートルク　　M_R　摩擦トルク
M_N　定格トルク

動作特性

固定子巻線は、三相交流電流の回転磁界を発生させる。回転磁界速度と、回転子の磁気的に有効な電流の誘導を可能にする回転子速度との間には速度差があり、この速度差がトルクの発生に寄与している。物理的な動作概念は電磁誘導の法則に基づいている。図18は、回転取付け台上の回転子を単純な導体回路として示している。回転固定子磁界と回転子の相対的な動きは、滑り角周波数 ω_S で説明される。

滑り角周波数で回転する磁界 B_R は、かご形回転子内でファラデーの法則に基づいて次の電圧を誘導する。

$$\oint E ds = -\iint \frac{dB}{dt} dA_S \quad (式14)$$

E は、短絡棒とブリッジに沿った電界強度を示す。次による左項の展開が続く
- 材料 ($E = J/\kappa$)、
- 幾何学量 ($\oint E ds = E \cdot 2(l+2r)$)、および
- 電気量 ($J = i_{ind}/A_{nom}$)

$$\oint E ds = \frac{2(l+2r)}{\kappa A_{nom}} i_{ind} = R_S i_{ind} \quad (式15)$$

周波数範囲内の幾何学量 ($A_S = 2lr$) と磁気量を用いた右項の展開が続く

$$\iint \frac{dB}{dt} dA_S = 2lr\hat{B}_R \omega_S \sin(\omega_S t)$$

$$= \hat{u}_{ind} \sin(\omega_S t) \quad (式16)$$

ここで、κ は電気伝導率、J は電流密度、R_S は導体ループ抵抗（短絡棒とブリッジ）である。式15と16を合わせて、電流 i_{ind} に基づいて変換することにより、次式が得られる

$$i_{ind} = \frac{\hat{u}_{ind}}{R_S} \sin(\omega_S t) \quad (式17)$$

導体電流により、接線力 F_t （ローレンツ力）

$$F_t = i_{ind} l \hat{B}_R \sin(\omega_S t) \quad (式18)$$

が導体ループで得られる。2つの回転子棒とともに、材料、幾何学量および電気量を用いたトルク M は次式に従う。

$$M = 2F_t r$$

$$= \frac{2\kappa A_{nom} \omega_S}{l+2r} (lr\hat{B}_R \sin(\omega_S t))^2 \quad (式19)$$

三角関数

$$\sin^2(\omega_S t) = \frac{1}{2}(1 - \cos(2\omega_S t))$$

を用いると、再びトルク M を示す次式が得られる。

$$M = \frac{\kappa A_{nom} \omega_S}{l+2r} (lr\hat{B}_R)^2 (1 - \cos(2\omega_S t)) \quad (式20)$$

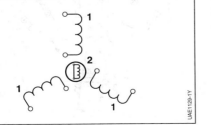

図17：3相非同期電動機の原理
1 固定されている固定子巻線
2 回転可能な短絡コイルとしての回転子
回転軸は投影面に垂直

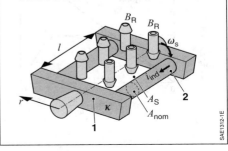

図18：短絡回転子としての2棒回転子
1 短絡ブリッジ　2 短絡棒
i_{ind} 誘導電流　l 短絡棒の長さ
r 回転子の半径　A_{nom} 棒の断面積
B_R 滑り角周波数で回転する磁界
A_S 導体ループの断面積
κ 導体ループの比導電率
ω_S 滑り角周波数
（固定子回転磁界と回転子速度間の相対的な動きより）

これは、滑り角周波数の2倍の振動トルクの一定かつ時間可変の成分からなる。振動トルクの振幅は、一定成分の量に対応する。導体ループ内の誘導電流の磁気効果は、以下のように考慮される。アンペアの法則によって、電流は誘導磁界H_{ind}と磁界を強度引き起こし、誘導磁束密度B_{ind}は次式のようになる。

$$H_{ind} = \frac{i_{ind}N}{l_H}、B_{ind} = \mu H_{ind} \quad (式21)$$

ここで、Nは導体数、l_Hは磁力線の長さである。回転子で生じる出力損失P_Vは次式で算出される。

$$P_V = R_S i_{ind}^2 = \frac{l_S}{\kappa A_{nom}} i_{ind}^2 \quad (式22)$$

図19は、滑り角周波数の関数としてトルク曲線を示す。

同期電動機

同期電動機は、クローポール型発電機として好んで使われる。電動機の動作では、例えば、ハイブリッド車両を運転するときの電動アシスト付きステアリングや、電動駆動のターボチャージャーに使われる。

一般的な設定

非同期電動機とは対照的に、同期電動機では回転子は角速度$\omega_{\Phi S}$で励起磁界に同期して回転する。回転子巻線で発生する磁束Φ_Rと固定子磁束Φ_Sは、合成磁束Φ_{RS}に対して重畳する(図20)。

$$\Phi_{RS} = \Phi_R + \Phi_S \quad (式23)$$

回転子と固定子の素材は磁気飽和($\mu_r \to \infty$)よりもはるかに低い状態で作動されるため、回転子と固定子間のエアギャップdと角度αによって磁気回路の抵抗R_mが決まる。

$$R_m = \frac{2\delta}{(\mu_0 A_R)} = \frac{2d}{(\mu_0 A_R \cos\alpha)} \quad (式24)$$

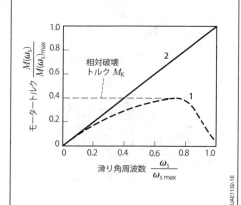

図19：非同期電動機のトルク曲線
1 誘導リアクタンスの影響下の分布
2 誘導リアクタンスの影響がない場合の分布
ω_S 滑り角周波数
ω_{Smax} 最大可能滑り角振動数
ω_K 破壊角振動数
M モータートルク
M_K 破壊トルク

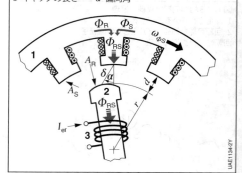

図20：同期電動機の基本構造
1 固定子　2 回転子
3 Nコイルの回転子巻線
Φ_S 固定子磁束　Φ_R 回転子磁束
Φ_{RS} 重畳された磁束
$\omega_{\Phi S}$ 励磁磁界の角速度
I_{er} 回転子の励起電流
A_S 磁気的に有効な固定子表面
A_R 磁気的に有効な回転子表面
r 回転子の半径
d 回転子と固定子間の距離
δ ギャップの長さ　α 偏向角

電動機 1341

係数2は、回転子と固定子の間には2つのエアギャップが存在するという事実による。電動機がトルクを発生させると、回転子は無負荷位置（図21）から角度αで回転する。

この結果、磁束Φ_{RS}は次のように算出される。

$$\Phi_{RS} = \frac{\Theta_{er}}{R_m} + \Phi_S \qquad \text{(式25)}$$

R_mを式24から代入すると、

$$\Phi_{RS} = \frac{\Theta_{er}\mu_0 A_R \cos\alpha + 2d\Phi_S}{2d} \qquad \text{(式26)}$$

となり、$\Theta_{er} = NI_{er}$であるので、

$$\Phi_{RS} = \frac{NI_{er}\mu_0 A_R \cos\alpha + 2d\Phi_S}{2d} \qquad \text{(式27)}$$

となる。ここで、Θ_{er}は回転子の磁気あふれであり、I_{er}はスリップリングを経由して回転子に供給される励起電流である。トルクに影響する接線力F_tは、マクスウェルの磁極力の公式を使って算出する。

$$F_t = \frac{\Phi_{RS}^2}{\mu_0 A_R} \sin\alpha \qquad \text{(式28)}$$

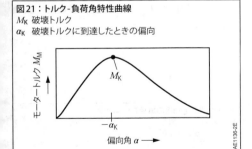

図21：トルク-負荷角特性曲線
M_K 破壊トルク
α_K 破壊トルクに到達したときの偏向

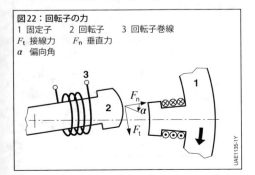

図22：回転子の力
1 固定子　2 回転子　3 回転子巻線
F_t 接線力　F_n 垂直力
α 偏向角

[4, 5, 8]。接線力は電動機のトルクM_Mを算出するために使われる。

$$M_M = 2F_t r \qquad \text{(式29)}$$

式27を式28に代入すると、式29が次の関係を表す。

$$M_M = \frac{r\sin\alpha}{2\mu_0 A_R d^2}$$
$$\cdot [(NI_{er}\mu_0 A_R \cos\alpha)^2$$
$$+ 4NI_{er}\mu_0 A_R d\Phi_S \cos\alpha + 4d^2\Phi_S^2] \qquad \text{(式30)}$$

第一項は励起電流I_{er}にのみ依存し、コギングトルクに相当する。第二項は、決定度合いまで電動機のトルクを発生させる。ここに、回転子あふれ$\Theta = I_{er}N$と固定子磁束Φ_Sの線型依存性が見られる。第三項もトルクを発生させるが、固定子磁束のみに依存する[8]。第三項のみによるモーターの動作は、リラクタンスモーターの動作に対応する。

外部負荷トルクが増加すると負荷角αが大きくなるため、電動機のトルクM_Mの変化が生じる（図22）。供給される最大電動機トルクは、位置α_Kにおける破壊トルクM_Kと呼ばれる。これがα_Kを超えた場合、電動機は滑る。

あるいは、トルクは、ローレンツ力F_Lを用いて近似的に計算することもできる[9]。これは磁界中を移動する電荷に作用する力であり、次のように定義される。

$$\vec{F}_L = I(\vec{l} \times \vec{B}) \qquad \text{(式31)}$$

ここで、Iは導体の電流、lは導体の長さ、Bは有効磁界の磁束密度である。ベクトル表記と外積は、力を形成するために、導体と磁界が互いに垂直でなければならないことを意味する。

周囲に沿う仮想線電流密度で電動機の個々の導体に電流を流す電気負荷Aの導入により、ローレンツ力は

$$\vec{F}_L = A(\vec{S} \times \vec{B}) \qquad \text{(式32)}$$

により回転子と固定子の間のエアギャップ面積Sを用いて記述することができる。

電気負荷の実効値については、

$$A = \frac{\hat{A}}{\sqrt{2}} \quad (式33)$$

が適用される（磁束分布が正弦波の場合）。電気負荷のピーク値は、中間エアギャップ半径 r_δ における固定子位相数 m、位相当たりの回転数 N、および磁極ピッチ τ_p を用いて次のように表される。

$$\hat{A} = \frac{m\sqrt{2}NI}{p\tau_p} = \frac{m\sqrt{2}NI}{\pi r_\delta} \quad (式34)$$

軸方向の回転子の長さ l によって、次式のエアギャップ面積 S が得られる。

$$S = 2\pi r_\delta l \quad (式35)$$

磁束密度 B には磁極ピッチの平均値を用いる。周辺に沿った磁束密度分布が振幅 $\hat{B}$ を備えた正弦波特性を有する場合、その平均値は次式によって得られる。

$$B = \frac{1}{\frac{\pi}{p}} \int_0^{\frac{\pi}{p}} \hat{B} \sin(p\alpha)\,d\alpha$$

$$= \frac{2}{\pi} \hat{B}$$

$$\approx 0.64 \hat{B} \quad (式36)$$

関係 $M = r_\delta F_L$ により、静止した動作状態の間、トルク

$$M_M = 2mNIBlr_\delta \quad (式37)$$

が発生する。

高調波の抑制

固定子の周辺部に沿った正弦波磁束分布は技術的に実現不可能であり、したがって、動作中に磁場の主波に加えて高調波が発生する。これらは、望ましくないトルクの変動、振動、および付加的な損失を招く。特定の磁界高調波の影響を特に抑制するために、電動機では回転子または固定子のスロットが傾斜していることが稀ではない。この傾斜は、中和される高調波のN極とS極の同一面をコイルの巻線によって囲むためである。このとき、これらの磁極の磁束は互いに相殺され、電動機の動作特性に悪影響を及ぼさない。

高調波を抑制するもう1つの方法は、コイルの空間分布とコーディングによる。空間分布とコーディングの効果は、巻線係数に反映される。これは巻線とそれぞれの磁束密度波の結合の手段となる。

動作特性

同期電動機の図は単相の等価回路図として描くことができる。というのも、固定子の回転子により誘導される電圧（極ホイール電圧 U_P）を電圧源としてみなし、残存するリアクタンス（誘導リアクタンス）は同期リアクタンス X_S（図23）を形成するものとして要約されるからである。同期リアクタンスを超える電圧は U_S と表され、熱電圧は U_0 と表される。電流の向きは、負

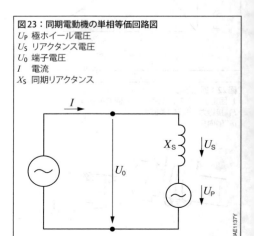

図23：同期電動機の単相等価回路図
U_P 極ホイール電圧
U_S リアクタンス電圧
U_0 端子電圧
I 電流
X_S 同期リアクタンス

荷係数矢印システムに従って指定される。電動機動作時、電流は負荷に流入するが、発電機動作時には発電機から流出する。網目方程式を設定すると、電流Iは次のように表される。

$$I = \frac{U_0 - U_P}{X_S} \qquad (式38)$$

極ホイール電圧の量は励起電流に影響される。したがって、下記の関係が導き出され、次式が成立する。

$$U_P = -\frac{d\Phi_R}{dt} \qquad (式39)$$

余弦磁束Φ_Rと次の関係

$$\Phi_R = B A_S \qquad (式40)$$

と時間偏差により、

$$
\begin{aligned}
u_P &= \Phi_R \omega_{\Phi S} \sin(\omega_{\Phi S} t) \\
&= B_R A_S \omega_{\Phi S} \sin(\omega_{\Phi S} t) \\
&= \mu H_R A_S \omega_{\Phi S} \sin(\omega_{\Phi S} t) \qquad (式41)
\end{aligned}
$$

回転子で生成される磁界強度は、アンペアの法則によって説明される。極ホイール電圧

$$
\begin{aligned}
u_P &= \mu \frac{\Theta_R}{2\delta} A_S \omega_{\Phi S} \sin(\omega_{\Phi S} t) \\
&= I_{er} \frac{\mu N}{2\delta} A_S \omega_{\Phi S} \sin(\omega_{\Phi S} t) \\
&= \hat{u}_P \sin(\omega_{\Phi S} t) \qquad (式42)
\end{aligned}
$$

は励起電流I_{er}に線形依存する。一時的に変更可能な極ホイール電圧は、次の式で実効値に変換される。

$$U_P = \frac{\hat{u}_P}{\sqrt{2}} \qquad (式43)$$

網目方程式（式38）に基づき、極ホイール電圧に応じて同期電動機の3つの動作状態（図24）を導き出すことができる。

ケース1：$U_P < U_0$、不足励磁、誘導性
ケース2：$U_P = U_0$、抵抗性
ケース3：$U_P > U_0$、過励磁、容量性

一番目のケースはU_Pが$< U_0$である場合に発生する。$I_{er} = 0$である場合、誘導電圧として自己誘導電圧のみが有効である。電流が回転子に印加されると、回転子が引き起こす相互誘導も発生する。この1番目のケースは不足励磁と呼ばれる。電流は電圧に対して90°遅れる（$\varphi(I,U) < 0$）。同期電動機は誘導特性を示す。

励起電流をさらに増加させると、$U_P = U_0$となる。これは、2番目の動作状態（図24b）である。電流I_1は、同期電動機を介して電圧が供給されなければゼロになる。

回転子電流をさらに増加させると$U_P > U_0$となり、3番目の動作状態（過励磁）が発生する。

図24：同期電動機アイドリング時の動作状態

a 不足励磁（誘導性）
b $I = 0$（抵抗性）
c 過励磁（容量性）
U_P 極ホイール電圧
U_S リアクタンス電圧
U_0 端子電圧　　I_1 固定子電流

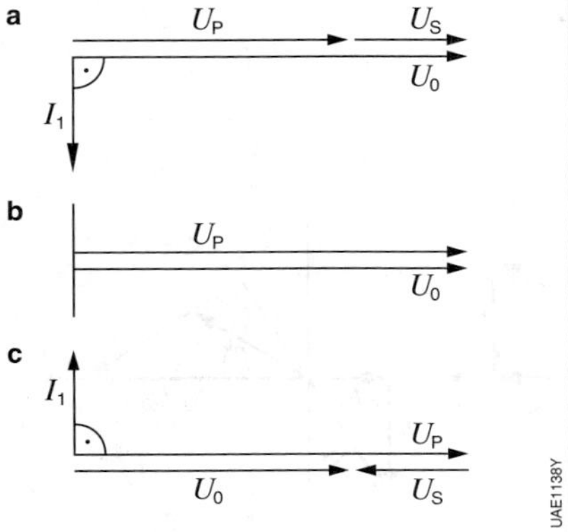

上記の3つのケースはすべて電動機および発電機の動作に適用される。単相等価回路図では、矢印を使って電圧と電流を表す。また、電圧 U_0 と U_S 間で設定される負荷角 β も定義される。電動機の動作では、負荷角 β は＜0である（図25a）。電圧の三角形は電圧 U_S で完成される。

同期リアクタンスとは、電流 I_1 が電圧 U_S に対して90°進んで流れることを意味している。この電流は、次の2つ成分に分けられる。すなわち、有効電流 I_W と無効電流 I_B である（図25a）。

極ホイール電圧が減少して、リアクタンス電圧を示す矢印が端子電圧 U_0 を示す矢印と垂直に交差する場合、電動機は有効電流のみを消費する（図25b）。

極ホイール電圧をさらに下げると、不足負荷状態となる。電流 I_1 は電圧 U_S に90°遅れるため、電動機の誘導特性と等価になる（図25c）。

電動機にトルクが与えられると、発電機の動作に切り替わる。発電動作は正の負荷角 β を特徴とする（図26）。電流の符号は負になり、発電機から流出する。過励磁の場合、発電機の挙動はコンデンサーのようになり、無効電力を供給する（図26a）。

極ホイール電圧が減少し、リアクタンス電圧 U_S を示す矢印が端子電圧を示す矢印と垂直に交わると、発電機は有効電流のみを供給する（図26b）。

極ホイール電圧がさらに下がると不足励磁の状態となる。この場合、発電機は誘導的な挙動を示し、無効電力を消費する（図26c）。

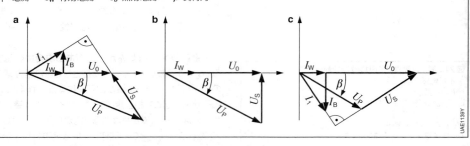

図25：モーター動作の場合の同期電動機の動作特性
a 過励磁
b 有効電流を消費するモーター動作
c 不足励磁
U_0 端子電圧　　U_S リアクタンス電圧　　U_P 極ホイール電圧
I_1 電流　　I_W 有効電流　　I_B 無効電流　　β 負荷角

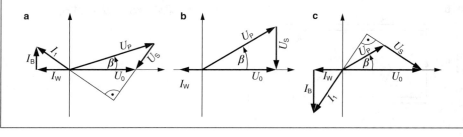

図26：発電機動作の場合の同期電動機の動作特性
a 過励磁（容量性）
b 有効電流供給時の動作
c 不足励磁（誘導性）
U_0 端子電圧　　U_S リアクタンス電圧　　U_P 極ホイール電圧
I_1 電流　　I_W 有効電流　　I_B 無効電流　　β 負荷角

電動機 **1345**

同期モーターの始動

同期モーターは、回転子と回転磁界の速度が一致したときにのみ正のトルクを常時発生する。一致しない場合は、回転子の磁極が引付けと反発を交互に繰り返す。電流消費が誘導極ホイール電圧によって制限されないので、回転子が振動を始めて強く加熱される。最悪の場合は、熱負荷によって巻線の絶縁が破損する。これを防止するには、電動機の回転子を最初に同期速度まで加速する必要がある。この目的に対しては、これまでに3つの手順が有効であることが実証されている。

手順1

動作させる前に直流モーターを用いて回転子を同期速度まで加速する。

手順2

突極型回転子では、ケージ巻線 (ダンパー巻線とも呼ばれる) を磁極片に組み込むことができる。このタイプの構造を図27に示す。この巻線は、非同期モードで同期速度まで加速するために必要なトルクを供給する。さらに、巻線は短絡されており、起動時にわずかなトルク寄与をもたらす。電動機がすでに回転速度になっている場合、回転子と固定子の速度の間に相対速度がないため、それ以上の電流は誘導されない。

手順3

回転磁界速度は周波数変換器によって回転子速度に適応され、同期速度までゆっくりと増加する。

スイッチトリラクタンスモーター

スイッチトリラクタンスモーターの特性

「スイッチトリラクタンスモーター」(SRM) は、同期モータークラスに属す。動作モードは、境界層への力の影響 (リラクタンス力) に基づく。構造は、連続周期的に励磁される多数の並列スイッチ磁気回路に類似する。固定子磁石歯の周期的な通電 (必要なECUによる切替え) は、回転子の歯が固定子の歯と同調する回転運動を可能にする。希土類材料を使用する必要がないので、永久磁石材料を備えたモーターを使用できない適用領域が開かれる。高温での適用領域を例としてここに記載する。

スイッチトリラクタンスモーターは、可変速駆動と位置決め作業に適している。その構造によって、長期間にわたり保持トルクを発生させることができる。また、高いトルク変動も生み出す。

図27：一体型ケージ巻線を備えた突極
1 突極
2 ケージ巻線

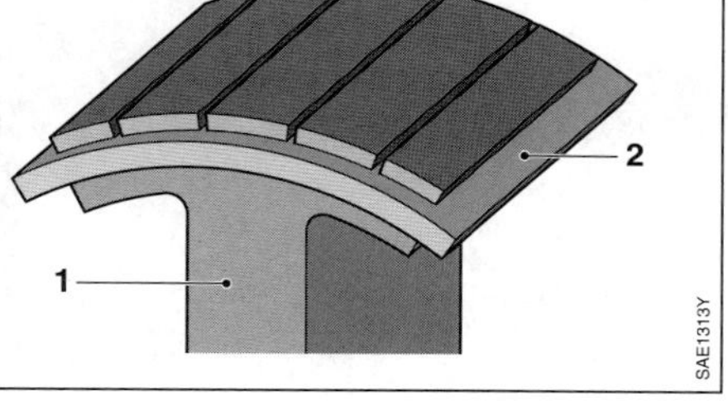

SAE1313Y

1346 車両の電気システム

スイッチトリラクタンスモーターの構造

図28は、4相（$m = 4$）のスイッチトリラクタンスモーターの断面図を示す。図28のスナップショットでは、固定子巻線が励磁されている（図中に濃い灰色で示す）。電流は、歯A1、A2、A3、およびA4の4極の配置に磁束を通す。回転子と固定子の歯は整列していないので、接線成分がトルク発生効果を備えた回転子歯面にリラクタンス力が発生し、回転子を時計回りに回すことができる。回転子と固定子の歯が整列すると直ちにトルクはゼロになる。遅くともこの状態の開始時に巻線に切り替える必要がある（[7]、[10]、[13]も参照）。

固定子と回転子の歯数の計算

相巻線を備えた磁気回路は、強磁性磁束集線装置（ヨークと電機子）とエネルギー変換のためのエアギャップを含む。電機子の回転を容易にするために、同じ磁気回路内に直列に接続された2つのエアギャップが必要である。磁束は、回転子から固定子にエアギャップを貫通した後、固定子から回転子に戻ることで回路が完成する。これは、リラクタンスモーターの極対に結合される $Z_p = 1$。この例では、$2Z_p$ が位相当たりの極対数に等しいことも意味する。固定子歯数 N_S は、位相当たり2つの回転子／固定子歯の対（回転子歯と固定子歯が対面する）が最小の磁気抵抗（最大のインダクタンス）を備えた磁気回路を形成することから推測される。位相当たりの極数に位相数 m を乗じると、固定子歯数 $N_S = 2mZ_p$ が算出される。固定子に対して回転子を相対運動させるには、固定子と回転子の歯数を非対称にする必要がある。実用的な次の公式によって回転子歯数 N_R が算出される。

$$
\begin{aligned}
N_R &= N_S \pm \Delta N \\
&= m \cdot 2 Z_p \pm 1 \cdot 2 Z_p \\
&= 2 Z_p (m \pm 1) \qquad \text{（式44）}
\end{aligned}
$$

ここで、単相の直列歯対（極対）によって回転子歯の数が異なる（差 ΔN）。回転子と固定子の歯の間の磁束のために、外部回転子には $N_R = 2Z_p(m+1)$ が好ましく、内部回転子には $N_R = 2Z_p(m-1)$ が好ましい。例えば、図28では
$N_S = 2Z_p m = 2 \cdot 2 \cdot 4 = 16$ の固定子歯と
$N_R = 2Z_p(m-1) = 2 \cdot 2 \cdot (4-1) = 12$ の回転子歯が存在する。

ステップ角の計算

ステップ角の計算は、制御ステッピングモーターに適用される。固定子角 α_S と回転子角 α_R

$$
\alpha_S = \frac{2\pi}{N_S} = \frac{2\pi}{m \cdot 2 Z_p} \text{ および}
$$

$$
\alpha_R = \frac{2\pi}{N_R} = \frac{2\pi}{2 Z_p (m \pm 1)} \qquad \text{（式45）}
$$

の間の差は、ステップ角 θ を表す。

図28：内部回転子としてのスイッチトリラクタンス
　　　　モーターの構造
 1　回転子軸　　　2　回転子歯
 3　固定子　　　4　固定子歯
 5　非励磁固定子巻線
 6、7、8、9　励磁固定子巻線
 10　磁束 Φ
 11　冷却チャンネル

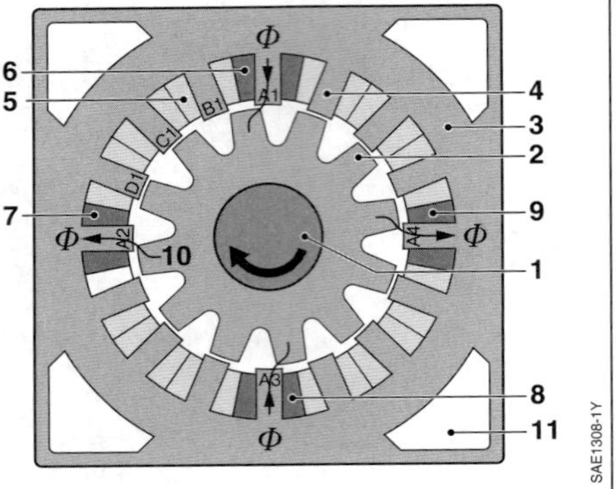

SAE1308-1Y

$\theta = \alpha_S - \alpha_R$

$= \dfrac{2\pi}{m \cdot 2Z_p} - \dfrac{2\pi}{2Z_p(m \pm 1)}$

$= \dfrac{\pm \pi}{Z_p m (m \pm 1)}$

$\theta = \dfrac{-\pi}{Z_p m (m-1)} = \dfrac{-\pi}{2 \cdot 4 (4-1)} = -\dfrac{\pi}{24}$ (式46)

時間 t 後にステップ角 θ を変化させると角速度 ω_m が発生し、回転数 f_r が算出される。例えば、図28 のステッピングモーターの場合、回転数 f_r のステップ角 $\theta = -\pi/24$（式46を参照）が得られる。

$f_r = \dfrac{1}{2\pi} \dfrac{d\theta}{dt}$ (式47)

回転子は、位相の切替え方向と逆に動く。

スイッチトリラクタンスモーターの単相等価回路図

図29に、位相aに還元されたスイッチトリラクタンスモーターの等価回路図を表示する。記号と表記は VDI/VDE 3680規格[10]に準拠する。

スイッチトリラクタンスモーターの動作特性
電圧関係

電圧微分とトルク方程式の例を使用して動作特性を示す。非線形磁気回路の電圧微分の方程式

$u_a(t) = u_R(t) + u_L(t)$

$= i_a(t) r_f + \dfrac{d\Psi_a(I_a, \theta)}{dt}$ (式48)

は、図29を用いて設定される。$\Psi_a(I_a, \theta)$ の総微分を形成し、電圧微分方程式に代入することにより、次式が成立する。

$u_a(t) = i_a(t) r_f + \dfrac{\partial \Psi_a}{\partial I} \dfrac{di_a}{dt} + \dfrac{\partial \Psi_a}{\partial \theta} \dfrac{d\theta}{dt}$ (式49)

インダクタンスの角度依存性を強調するために、$\Psi_a = L_r(\theta) I_a$ によって、次の一次非同次電圧微分方程式が算出される

$u_a(t) = L_r(\theta) \dfrac{di_a}{dt} + \left(r_f + \dfrac{\partial L_r(\theta)}{\partial \theta} \dfrac{d\theta}{dt} \right) i_a$ (式50)

誘導電圧は回転子の角速度に比例することが明らかである。角速度が増加するにつれて、以下に示すように、誘導電圧が上昇し、電流が降下してトルク減少効果が発生する。

トルク関係

線形（図30a）および非線形磁気回路（図30b）の角度依存相互エネルギー W_{mag} を用い、機械的エネルギー W_{mech} が次式で算出される。

$\Delta W_{mag}^{Co} = W_{mag}^{Co}(\theta_1) - W_{mag}^{Co}(\theta_2)$

$= W_{mech}$ (式51)

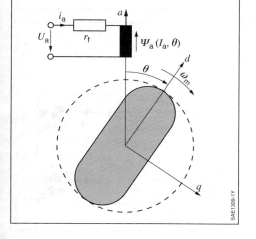

図29：スイッチトリラクタンスモーターの概略図
d　直軸　　q　横軸
a　より線（位相）
ω_m　回転子角速度
θ　ステップ角
Ψ_a　固定子巻線の磁束鎖交
U_a　相電圧　　I_a　相電流
r_f　励磁巻線の直流抵抗

磁気相互エネルギー W_{mag}^{Co} は、それぞれの特性以下の面積（エネルギー）に対応する。

磁気エネルギーとともに相互エネルギーは、図形において常に長方形または正方形を生成する。図30aの線形磁気回路の制限により、次式が成立する。

$$\Delta W_{mag}^{Co} = \frac{1}{2} I_a^2 \left(L(\theta_1) - L(\theta_2) \right)$$

$$= W_{mech}$$

2次電流関数が面積 W_{mech} に決定的な影響を与えることは明確である。この面積が大きいほど、定格トルク m_A が大きくなる。

$$m_A = \frac{\partial W_{mech}}{\partial \theta}$$

これは角度依存性相互エネルギーによって算出される。角度位置 θ_1 では、回転子歯と固定子歯が互いに一直線に向かい合っている。この角度位置において、最小リラクタンス、および最大相互連結磁束 Ψ_{max} が得られる。この位置でトルクはゼロになる。角度位置 θ_2 でトルクが得られる。固定子歯は回転子溝に対面する。リラクタンス値は最大、磁束 Ψ は最小と仮定する。

使用されている記号と略語は VDI/VDE 3680 [10] に準拠する。

電子モーター

電子的に整流されたモーター（電子モーター、ECモーター）では、電気的に接触するコレクターリングを含めて回転子励磁巻線は不要である。電子モーターはブラシのない同期モーターであり、回転子は永久磁石を備えている。永久磁石は、例えば回転子の表面や回転子内に配置される（図31）。電流の整流は、通常、固定された固定子巻線の中で電子回路を使って行なわれる（図33）。

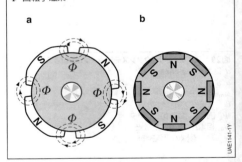

図31：さまざまな電子モーター用回転子
a 磁石を表面に配した回転子
b 磁石を組み込んだ回転子（埋め込み磁石）
Φ 回転子磁束

図30：トルク発生機械エネルギー
a 線形磁気回路
b 非線形磁気回路

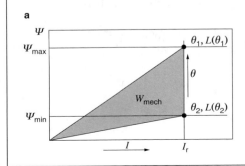
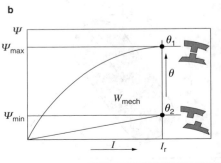

電子モーターの回転速度は、周囲を取り巻く固定子磁界の周波数によって設定される。回転子の位置を検出するにはセンサーが必要となる。作動エアギャップに取り付けられたホールセンサーが広く使用されており、起動電子回路を使って巻線相間で周期的中継を行なうようになっている。

エネルギー効率等級

国際電気標準会議（IEC）は、IEC 60034規格Part 30-1 [8] によって電動モーターの効率等級を国際的に一致させることを目指している。この規格は、電源システムで直接始動が評価されるすべてのタイプの電動モーターに適用される。効率等級は表3に示されている。図32では、50Hzの2極、4極、6極のモーターの定格電力に対するモーターの効率が示されている。

IE4規格の適用範囲を、以下に簡略表示する。
- 定格出力 P_N：0.12kW 〜 1000kW
- 定格電圧 U_N：50 V 〜 1 kV
- 2、4、6または8の極数

図32：モーターの効率
1 2極モーター
2 4極モーター
3 6極モーター

表3：効率等級

略号	名称
IE1	標準効率
IE2	高効率
IE3	プレミアム効率
IE4	スーパープレミアム効率

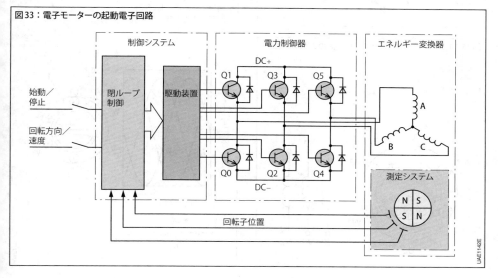

図33：電子モーターの起動電子回路

三相電流システム

三相交流システムの応用として技術的に関連するのは三相電流システムであるが、その主な特徴は電圧と電流の総和が常にゼロであるということである。

定義

電子回路は、位相mと呼ばれる。同じ周波数の電圧が影響を持ち、位相がずれている回路の総和は多相システムと呼ばれる。多相システムは巻線相で構成される。1つの三相システムでは、$n=3$の対称システムが可能となる（図34）。ゼロシステムは例外とし、すべての対称システムで矢印の総和はゼロになる。

m個の位相は、位相差αによってはn個の異なる対称システムとなる。

$$\alpha = \frac{2\pi n}{m} \qquad \text{(式52)}$$

巻線の目的は回転磁界を発生させることである。非同期電動機と同期電動機は同じ固定子構造をしている。ギャップでは一定の振幅を持った磁界が発生し、一定の角速度で回転する。この回転磁界を生成するためには、電流の時間移送位置が、対応するより線の空間位置と一致しなければならない。$m=3$である単純な対称システム（$n=1$）では、3つのより線（U、V、Wと表記）、つまり巻線が均等に円周上に分布していなければならない。図35は、1つ磁極対と1つのより線に対して1つのコイルを備える3線巻線の配置を示している。位相の端子表記はDIN EN 60034規格 Part 8 [8]に準拠する。

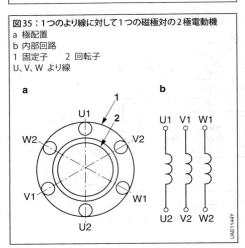

図34：対称システム
a 共システム、$n=1$、$\alpha = 2\pi/3$ (120°)
b 対システム、$n=2$、$\alpha = 4\pi/3$ (240°)
c ゼロシステム、$n=1$、$\alpha = 0$
n 対称システム
α 位相差

図35：1つのより線に対して1つの磁極対の2極電動機
a 極配置
b 内部回路
1 固定子　2 回転子
U、V、W より線

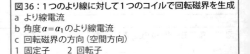

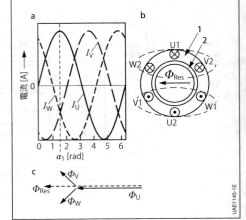

図36：1つのより線に対して1つのコイルで回転磁界を生成
a より線電流
b 角度$\alpha = \alpha_1$のより線電流
c 回転磁界の方向（空間方向）
1 固定子　2 回転子
U、V、W より線

回転磁界生成

より線数 $ml=3$ の単純な対称システム ($n=1$) の回転磁界を生成する場合、より線は電気的に有効な角度で幾何学的に相殺されなければならない。

$$\alpha_{el} = 360° \cdot \frac{1}{3} = 120°$$

1つの磁極対と1つのより線に対して1つのコイルがあるため、発生する磁界は反時計方向に回転する。図36aで右に移動している「インジケーターバー」($\alpha = 90°$) は、図36bの磁束方向の各より線の相電流を示している。この配置によって磁極対が形成される。関連する磁束はより線の巻線平面に対して垂直に出現する(図36b)。

3つのより線とその方向によって発生する磁束 Φ_{Res} (図36c) は、幾何学的に3つの磁束 Φ_U、Φ_V および Φ_W を加算することで達成される。

インジケーターバーが $\alpha = 180°$ まで進むと、より線Wの電流方向が逆転し、発生した磁束 Φ_{Res} (図37) がさらに右回転する。

1つのより線に2つのコイルを使った場合、導体の配置は「2倍」になる。巻線が2つの磁極対 ($p=2$) を形成する場合は、巻線をグループに分ける必要がある (図38)。これによって、機械的に有効な角度は

$$\alpha_m = 360° \cdot \frac{1}{mp} = 60°$$

となる。

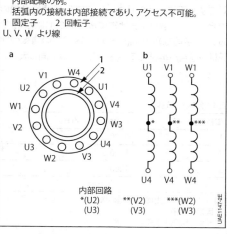

図38：1つのより線に2つの磁極対の巻線
a 極配置
b 極対とより線当たり2つの巻線を備えた4極モーターの内部配線の例。
括弧内の接続は内部接続であり、アクセス不可能。
1 固定子　　2 回転子
U、V、W より線

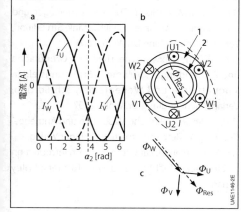

図37：1つのより線に対して1つのコイルで回転磁界を生成
a より線電流
b $\alpha = \alpha_2$ のより線電流
c 回転磁界の方向 (空間方向)
1 固定子　　2 回転子
U、V、W より線

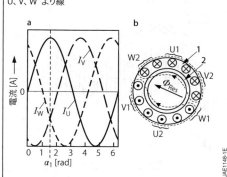

図39：1つのより線に2つのコイルを使った回転磁界の生成
a 角度 $\alpha = \alpha_1$ のより線電流
b $\alpha = \alpha_1$ の磁界
1 固定子　　2 回転子
U、V、W より線

電気的に有効な角度は変わらない。2極および4極配置の場合、磁界は反時計方向に回転する（図39）。回転磁界の速度

$$n_d = \frac{f_n}{p}$$

は、主周波数 f_n と磁極対の数 p から計算できる。$p = 1$ であれば、回転磁界の速度は主周波数に等しい（表4）。
磁極対の数とともに、極ピッチ

$$\tau_p = \pi d_{si}/2p$$

が、固定子円周比として計算できる。ここで、d_{si} は固定子の内径である。これは、回転磁界の誘導分布に対応する正弦半波の長さに対応する。2極電動機の場合 ($p=1$)、極ピッチは常に $a_{el} = 180°$（電気角）であり、数学的な角度 a_m に一致する。2つの角度の関係は、$a_{el} = p \cdot a_m$ として示される。巻線に同じ大きさの電圧が誘導されるようにするため、巻線相は互に $a_{el} = 120°$ または $2\tau_p/3$ として相殺され、コイルの構造と数は同じでなければならない。極ピッチの3分の1は各より線に割り当てられる。

表4：回転磁界速度

磁極対 p	n_0 [rpm]、$f = 50$ Hz
1	3000
2	1500
3	1000

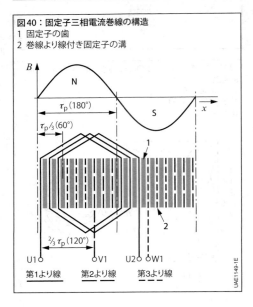

図40：固定子三相電流巻線の構造
1 固定子の歯
2 巻線より線付き固定子の溝

参考文献

[1] R. Fischer: Elektrische Maschinen, 13th Edition, Carl Hanser Verlag, 2006.

[2] K. Fuest, P. Döring: Elektrische Maschinen und Antriebe, 6th Edition, Vieweg-Verlag, 2008.

[3] DIN 42027: Servo motors; classification, survey.

[4] DIN EN 60027: Letter symbols to be used in electric technology – Part 4: Rotating electric machines.

[5] DIN EN 60034, Part 8: Rotating electrical machines; terminal markings and direction of rotation.

[6] DIN EN 60617: Graphical symbols for diagrams – Part 6: Production and conversion of electrical energy.

[7] DIN 1304, Part 7: Letter symbols for electrical machines.

[8] DIN EN 60034, Part 30-1: Rotating electrical machines; efficiency classes of line operated AC motors.

[9] Gieras, J. F.; Wang, R. J.; Kamper, M. J.: Axial Flux Permanent Magnet Brushless Machines; Springer Verlag.

[10] VDI/VDE 3680: Control of synchronous machines.

[11] I. Wolff: Maxwellsche Theorie – Grundlagen und Anwendungen; Volume 1, Elektrostatik, 5th Edition, Verlagsbuchhandlung Dr. Wolff, 2005.

[12] I. Wolff: Maxwellsche Theorie – Grundlagen und Anwendungen; Volume 2, Strömungsfelder, Magnetfelder und Wellenfelder, 5th Edition, Verlagsbuchhandlung Dr. Wolff, 2007.

[14] Binder, A.: Elektrische Maschinen und Antriebe – Grundlagen, Betriebsverhalten; Springer Verlag.

[16] McPherson, G. Laramore, R. D.: An Introduction to Electrical Machines and Transformers; Wiley Verlag.

1354 車両の電気システム

オルタネーター

電気エネルギーの生成

　自動車にはバッテリーを充電するためと、点火装置、燃料噴射装置、ECU、照明類などの電装機器に電力を供給するためにオルタネーターが必要になる。オルタネーターはバッテリーを充電するために、作動中の電装機器が必要とする電力より多くの電力を発生する必要がある。どんな作動条件の下でも必ず車両の電装機器に十分な電流が供給され、バッテリーが常に十分に充電されるには、オルタネーターの出力、バッテリーの容量、電装機器の消費電力を相互に調整する必要がある。こうして一定した充電バランスが保たれる。

　バッテリーと電装機器の多くには直流電流を供給する必要があるため、オルタネーターが出力する交流電流は整流される。バッテリーと電装機器に一定の電圧が供給されるように、オルタネーターにはボルテージレギュレーターが装着されている。乗用車に搭載されているオルタネーターは充電電圧が14 Vに、多くの商用車に搭載されているオルタネーターは充電電圧が28 V（28 V電気システム）に設計されている。

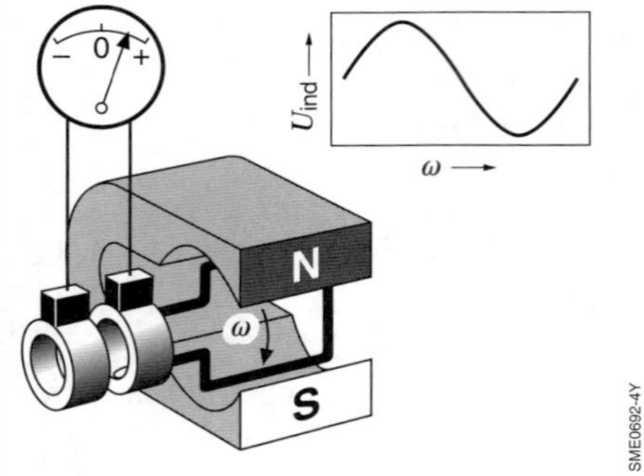

要件

　オルタネーターの必要条件としては、次のようなものがある。

- システム内のすべての電装機器に、常に直流を供給すること
- 作動し続けている電装機器から負荷を絶えず受けている状態でも、バッテリーを（再）充電できる余裕があること
- あらゆるエンジン速度および負荷条件下で、発電電圧を一定に保つこと
- 高効率であること
- 動作音が小さいこと
- 振動、高い外気温、温度変化、ほこり、湿気などの外部からのストレスに耐える設計であること
- 車両本体と同じくらい寿命が長いこと（乗用車用）
- 軽量であること
- コンパクトであること

電磁誘導の原理

　交流電流を発生させるために、永久磁石のN極とS極の間で導電回路が回転する（図1）。導電回路の回転の結果として、この導電回路内の磁界が変化すると、電圧がそのコイルに誘導される。ファラデーの電磁誘導の法則によると、磁力線に対して垂直方向の運動の速度 v が増し、導体の断面積を通り過ぎる磁束 Φ が増加するのに比例して、誘導電圧 U_{ind} が大きくなる。以下が成り立つ。

$$U_{ind} \sim \frac{d\Phi}{dt}$$

　導電回路が1回転だけでなく n 回転で構成される場合、これは n 倍の誘導電圧を生成する。

　導電回路が角速度 ω で一様に回転すると、誘導電圧の形状は正弦波となる。誘導電圧は、スリップリングとカーボンブラシを介して導電回路の端部で供給される。回路が完成すると交流電流が流れる。

　誘導電圧を発生させるための磁界（励起場）は、永久磁石によって発生させることができる。こうした長所は、構造が簡素であるため、高度技術が不要な点にある。このソリューションは小型のオルタネーター（自転車の発電機など）に使用される。永久磁石を

図1：磁界が貫流するコイル内における誘導電圧の発生
U_{ind}　誘導電圧
ω　　角速度

使用して励起させる方法の短所は、制御できない点である。

制御可能な励起場は電磁石によって発生させることができる。電磁石は鉄心とコイル（励磁コイル）で構成される。励磁電流はそのコイルを介して流れる。巻線の数が励磁電流の大きさとともに磁界強度を決定する。磁化可能な電磁石の鉄心は、コイルから発生した磁界を誘導する。励磁電流を変えることによって磁界を調整することができ、それにより誘導電圧の大きさを調整することができる。

励磁電流が外部電源（バッテリーなど）から供給される場合、これを外部励磁という。励磁電流がオルタネーター内で発生したオルタネーター電流から直接利用される場合、これを自己励磁という。

オルタネーターの構造

オルタネーターに欠かせないコンポーネントは、三相または多相アーマチュアと励磁システムである（図2）。アーマチュアの巻線構造が励磁システムの構造より複雑で、アーマチュアコイルに発生した電流が励磁電流よりはるかに大きいため、アーマチュアコイルは、フレーム（ステーターコイル）とも呼ばれる固定されたステーター内に収納される。励磁コイル（ローターコイル）付きの磁極は、回転部品であるローター（インダクター）側にある。励磁電流がこのコイルを流れると、すぐにローターの磁界が発生する。オルタネーターには、低回転時でも高い誘導電圧を発生させることができるように、多数の磁極ペアが装備されていなければならない。多数の磁極が一回転するたびに高い反応を引き起こすことにより、高い誘導電圧を発生させる。これが高出力オルタネーターの必須条件である。

クローポールの原理を応用することによって、1個の界磁コイルの磁界を必要に応じて12～16極、すなわち6～8極のペアとなるように分けることができる（図2、図3）。このとき実現可能な極数には制限がある。極数が少ないとオルタネーターの利用率が低くなり、極数が多いと磁気分散損失が大幅に増加する。したがって、これらのオルタネーターは、出力に応じて12極または16極のオルタネーターとして設計されている。

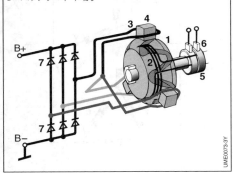

図2：スリップリング付きクローポール型オルタネーターの基本構造
1 ローター　　2 励磁コイル（ローターコイル）
3 アーマチュアコイル（ステーターコイル）
4 ステーター　　5 スリップリング　　6 ブラシ
7 整流ダイオード
B+ バッテリー（＋）端子
B− バッテリー（−）端子

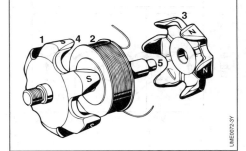

図3：12極式クローポール型ローターの構成部品
1 A側（ドライブエンド）クローポール
2 フィールドコイル
3 B側クローポール
4 クローポール型フィンガーエッジの面取り部
5 オルタネーターシャフト

オルタネーターのアーマチュアには3個あるいはそれ以上の同じコイル（相）があり、空間的に相互にずらして配置されている（図2）。コイルは空間的にずらして配置されているため、そこで生成される正弦波交流電圧も互いに位相がずれている（時間的なずれ、図4）。こうして生じた交流電流は三相電流と呼ばれる。

オルタネーター回路

三相オルタネーターでは、コイルが接続されていなかったなら電気エネルギーを伝えるのに6本の電流線が必要になる。この数は3つの回路を連結することで3個に減らすことができる。回路は星形結線（図5a）または三角結線（図5b）で接続される。コイルの始端は通常u、v、wで、コイルの終端はx、y、zで表記される。

星形結線の場合、3つの巻線相の終端は一点（スターポイント）で相互接続される。中立の導体がない場合は、スターポイントに流れる3つの電流の合計は常にゼロになる。

交流電圧の整流

バッテリーと車両電気システムの電子装置に直流電流を供給する必要があるため、オルタネーターによって発生した交流電圧は整流しなければならない。

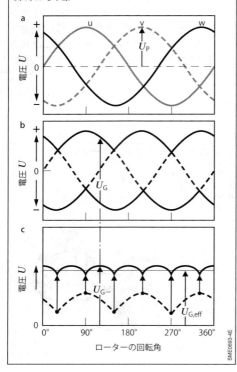

図4：三相電流の整流
a 三相交流電圧
b プラスおよびマイナスの半波長エンベロープによって生成されたオルタネーター電圧
c 整流されたオルタネーター電圧
U_P　相電圧
U_G　整流器の電圧（マイナス極はアースされていない）
U_{G-}　オルタネーター直流電圧（マイナス極はアース接続）
$U_{G,eff}$　直流電圧の有効値
U、V、W　より線

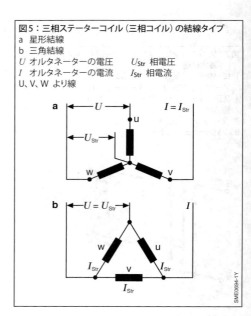

図5：三相ステーターコイル（三相コイル）の結線タイプ
a　星形結線
b　三角結線
U　オルタネーターの電圧　　U_{Str}　相電圧
I　オルタネーターの電流　　I_{Str}　相電流
U、V、W　より線

2個のパワーダイオードはそれぞれの相に接続される。つまり、プラス側のダイオードは基本的に整流器のプラス側ヒートシンクを介してB+端子に接続され、マイナス側のダイオードは整流器のマイナス側ヒートシンクを介してオルタネーターケーシング（B−端子）に接続される（図2）。また、オルタネーターケーシングもオルタネーター取付け位置を介して電気的に車両アース接続される。プラスの半波長電圧はプラス側のダイオード（B+端子）によって、マイナスの半波長電圧はマイナス側のダイオード（車両アース）によって誘導される。この原理は全波整流と呼ばれる（図4）。

いわゆるB6ブリッジ回路による三相の全波整流は、これらのプラスおよびマイナスの半波長エンベロープ曲線を整流されたわずかに脈動するオルタネーター電圧に加える。

電気負荷がかかっている状態でオルタネーターがバッテリーのプラス（B+）端子とマイナス（B−）端子を介して車両電気システムに供給する直流電流は、滑らかではなくわずかに脈動する。この脈動は、オルタネーターと並列のバッテリーによって、必要に応じて、車両電気システムのコンデンサーによってさらに滑らかになる。

ステーターのコイルが星形結線されているオルタネーターの場合（図5a）、2個の追加ダイオード（別名「補助ダイオード」）が星型のプラスおよびマイナス半波長電圧を整流する。相電圧の第三調波を整流することによって、これらの補助ダイオードはオルタネーター出力電流を6,000 rpmで最大10％まで増やすことができる。このため、高回転域でのオルタネーターの効率は大幅に改善される。低回転域では、第三調波の振幅が車両システム電圧より低いため、補助ダイオードは全く電流を供給できない。現代のオルタネーターでは、ほとんど補助ダイオードは使用されない。

優れた抑制能力を備えたパワーダイオードの代わりに、現代の自動車のオルタネーターはツェナーダイオードを使用して交流電圧を整流する。ツェナーダイオードは、高エネルギーのピーク電圧をオルタネーターとレギュレーターにとって無害なレベルまで抑制する（負荷遮断保護）。また、ツェナーダイオードを使用して、電圧の影響を受けやすい他の車両電気システムの機器を遠隔保護することもできる。14Vのオルタネーターを使用する場合、ツェナーダイオードが装着された整流器の応答電圧範囲は25〜30Vになる。

逆電流ブロック

オルタネーターに装着されている整流ダイオードには、オルタネーター電圧を整流するだけでなく、バッテリーがステーターを介して放電するのを防止する機能がある。エンジンが停止した場合、あるいはオルタネーターがまだ励磁しないほどエンジン回転数が低い場合（始動速度など）、もしダイオードがないと、バッテリー電流はステーターを流れてしまう。大きなバッテリー放電電流が流れるのを防止できるように、ダイオードにはバッテリー電圧に対して逆方向の極性が与えられる。したがって、電流はオルタネーターからバッテリーにしか流れない。

一般的に、オルタネーターには極性反転防止機能が備わっていない。バッテリーの極性反転が（外部バッテリーを使用して車両を始動させる場合にバッテリー極性を取り違えた場合など）、オルタネーターダイオードの破壊原因となることがあり、他の装置の半導体部品に脅威を及ぼす。

オルタネーター電気回路

標準仕様のオルタネーターは、次の3つの電気回路を備える。
– 予備励磁回路（バッテリー電流による外部励磁）
– 励磁回路（自己励磁）
– 主回路

予備励磁回路

オルタネーターの自己励磁が始まる前に、励磁電流を駆動することができるステーターに電圧を誘導しなければならない。ローターには非励磁状態でも低い残留磁気を備えるが、自己励磁動作には十分ではない。したがって、オルタネーターは、動作の開始時には外部から励磁されなければならない。バッテリーによって電源供給される予備励磁回路を介してこれが行われる。

以前は、バッテリーの予備励磁ダイオードを用いて予備励磁電流を生成していた。現在は多機能レギュレーターを使用して電圧を調整するため、予備励磁ダイオードは必要ない。多機能レギュレーター（「電圧制御」を参照）が接続L（図6）を介して「イグニッションオン」の情報を受信すると、常時設定のオン／オフ比率（約20％、「制御予備励磁」）によって、予備励磁電流をオンに切り替える。ローターが回転すると、直ちにレギュレーターは位相接続Vで電圧信号を検出し、

その周波数からオルタネーターの回転数を得ることができる。レギュレーターに設定されたスイッチオン回転数に達すると、レギュレーターは、出力段（オン/オフ比率100 %）を通して、オルタネーターが車両電気システムに電流を供給し始めるように切り替える。

励磁回路

励磁電流I_{err}の目的は、オルタネーターの動作中全体にわたってローターの励磁コイルに磁界を発生させて、ステーターコイルに必要なオルタネーター電圧を誘導することにある。オルタネーターは自己励磁発電機であるため、励磁電流はステーターコイルから分岐される。多機能レギュレーターを備えたオルタネーターは、端子B+から直接励磁電流を得る（図6）。励磁電流は、多機能レギュレーター、カーボンブラシ、スリップリング、およびローターコイルを介し、整流器のパワープラスダイオードを通ってアース（B-）に流れる。

主回路

オルタネーターの位相に誘導される交流電圧は、出力ダイオードを備えたブリッジ回路によって整流されて、バッテリーと電気負荷／電装機器に向けられなければならない。

オルタネーターの電流I_Gは、出力ダイオードを介して3つのコイルからバッテリーと車両電気システムの負荷／電装機器に流れる。オルタネーターの電流は、バッテリー充電電流と電装機器電流に分割される。

図6：オルタネーター
A オルタネーター　　B オルタネーターレギュレーター　　C 車両電気システム
1 アーマチュアコイル付きステーター　　2 励磁コイル付きローター　　3 整流ダイオード
4 フリーホイールダイオード　　5 レギュレーターロジック　　6 バッテリー　　7 イグニッションスイッチ
8 負荷／電装機器　　9 オルタネーター表示灯
10 リレー（オルタネーターが作動中にのみ接続することが求められるスイッチ装置）
DF ダイナモ磁場　　　DFM（DF 監視）　　　L ランプ接続
W 回転数評価用デジタル回転数信号（オルタネーター位相）
S サイズ（電源リード、バッテリー電源）
B+ バッテリー（＋）　　　B- バッテリー（ー）　　　D- シャシーアース
15 端子15

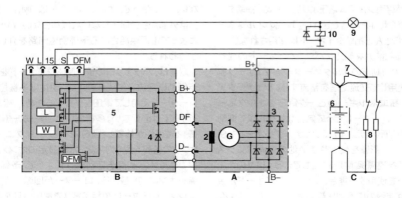

電圧制御

電圧制御の機能

　励磁電流が一定のとき、オルタネーター電圧はオルタネーターの回転数と負荷によって決まる。電圧制御機能とは、電気負荷に関係なく、車両エンジンの全回転域を通じて、オルタネーター電圧だけでなく、車両システム電圧も一定に維持することにある。そのため、電圧レギュレーターは、励磁電流の強度、つまりオルタネーターで生成される電圧に応じてローター内の磁界の大きさを調整する。このようにして、レギュレーターは車両システム電圧を一定に保ち、車両作動中にバッテリーが過充電されたり、放電されたりするのを防止する（「電圧制御」、「従来の自動車の電気システム」も参照）。

　バッテリー電圧12Vの車両電気システムは、14Vの公差域内で調整され、24Vのバッテリー電圧は28Vの公差域内で調整される。オルタネーターによって生成された電圧が制御電圧を下回る間、電圧レギュレーターは切り替わらず、レギュレーターの出力段がオンになる（オン／オフ比率100%）。

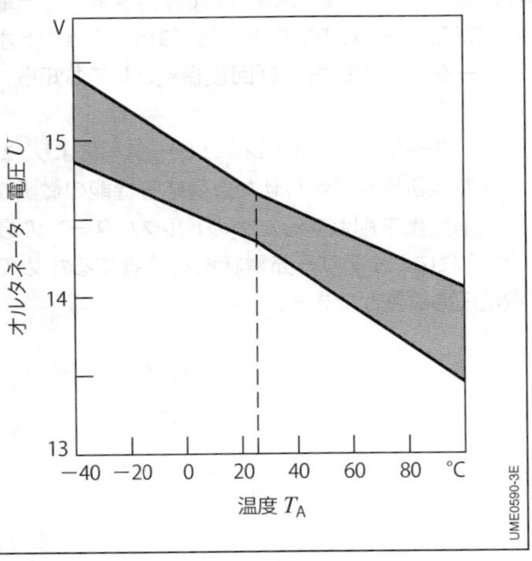

　レギュレーターの特性曲線（温度の関数として表されるオルタネーター電圧）は、バッテリーの化学的特性に適合する。冬季のバッテリー充電を改善するために、低温時にはオルタネーター電圧がわずかに高くなる。ここで、電子機器の入力電圧が考慮される。夏季のバッテリーの過充電とガス発生を回避するために、高温時にはオルタネーター電圧がわずかに低くなる。特性曲線の例を図7に示す。電圧レベルは−10mV/K（温度補償）の勾配で14.5Vである。

電圧制御の原理

　電圧が設定値の上限を超えると、レギュレーターはローターコイルを作動する出力段をオフに切り替える。界磁コイルのインダクタンスによって駆動される励磁電流は、最初にローターコイルに並列に接続されたフリーホイールダイオードを介して流れる。励磁が弱まり、オルタネーターの電圧が低下する。オルタネーターの電圧が設定値の下限を下回ると、レギュレーターは励磁電流を再びオンにする。励磁が高まりオルタネーターの電圧も上昇する。電圧が再び設定値の上限を超えると、新たに調整サイクルが開始される。調整サイクルはミリ秒の範囲内のため、オルタネーター平均電圧は指定の特性曲線に合わせて適切に調整される（図7）。

　オン時間とオフ時間の比率は、平均励磁電流の大きさが決定的要因となる。低回転時にはオン時間は比較的長くオフ時間は短い。励磁電流は短時間だけ中断され、その平均値は高くなる。反対に、高回転時にはオン時間は短くオフ時間は長い。低い励磁電流が流れる。

　「オフ」調整状態への切り替え中に、ローターコイルの自己誘導によって励磁電流の遮断時に電圧ピークが生成される。このような電圧ピークの発生を防止するために、フリーホイールダイオードはレギュレーター内でローターコイルと並列に接続されている。ダイオードは中断の瞬間に励磁電流を受け取り、電流の「漸減」や「消滅」をもたらす。

図7：レギュレーター特性曲線
オルタネーター吸気温度 T_A の関数として表される
オルタネーター電圧（14V）の許容差帯域

レギュレーター

ボルテージレギュレーターは、以前は個別部品を使用して製造されていた。現在では、ハイブリッド回路またはモノリシック回路が組み込まれている (図6)。モノリシック技術を応用することで、制御およびレギュレーター IC、パワートランジスター、フリーホイールダイオードを、すべて1つのチップに組み込むことができる。

多機能レギュレーター

多機能レギュレーターは、上述の電圧制御機能に加えて特殊な機能も実行する。現在、これらの多機能レギュレーターは、全ての新しい小型オルタネーターに搭載されている。多機能レギュレーターはB+から励磁電流を直接引き出すため、励磁ダイオードを必要としない。

従来のレギュレーターに対する多機能レギュレーターの追加機能として以下を挙げることができる。
– 制御された予備励磁回路
– 位相接続の監視による「オルタネーターの回転」の検出
– 接続Lでの回線遮断の場合の緊急制御
– 限界温度超過時に励磁電流の制限による過熱保護
– 負荷応答機能

「負荷応答機能」(LR) については、作動中LRと始動時LRに分類される。作動中LRは、エンジンアイドル時に、オルタネーターの増加する駆動トルクを補正するために十分な時間を設けて、電気システムの負荷が遮断された後、ゆっくりと励磁電流を補正する。始動時LRは、エンジン始動後にエンジンが安定したアイドリング状態に落ち着くように、始動後の一定期間オルタネーターが機能しなくなることを意味する。

インストルメントパネルのオルタネーター表示灯の出力損失は、しばしば過大で悪影響を及ぼす。これは、例えば、LEDディスプレイへの変更によって低減することができる。多機能レギュレーターは、電球とLEDの両方を表示装置として作動することができる。

インテリジェントオルタネーターの制御機能

デジタルインターフェース付きのボルテージレギュレーターは、エンジン制御システムとオルタネーター制御システムを相互に適合させる、という要求が増してきたことへの応えである。この場合、自動車メーカーによっては、さまざまなインターフェース (ビット同期インターフェース、またはLINインターフェース) が使用される。

制御電圧はレギュレーターのインターフェースを介して調整される。低い制御電圧が設定されている場合は、低いオルタネーター出力となるか、またはオルタネーター出力はない。オルタネーターシャフトの電源入力とトルク入力は低レベルまで下がる。他方、オルタネーターがインターフェースを介してバッテリーを充電し、車両電気システムの電装機器に電圧を供給できるように、オルタネーター電圧を上げることができる。

オルタネーターが機械エネルギーを電気エネルギーに変換するので、オルタネーターシャフト (回転子) の電源入力は電源出力が増すのに比例して大きくなる。内燃機関がオルタネーターの電力要求量を賄うには、より多くの燃料が必要になる。ただし、オルタネーター電圧がオーバーラン段階で上昇する場合、オーバーラン燃料カットオフ装置が燃料供給を停止させるので、オルタネーターによってクランクシャフト位置で取り出されるエネルギーは追加燃料費が全くかからない。運転者がアクセルペダルを踏むと、オルタネータートルクによってエンジン上に生じた応力を解除するため、エンジンECUはレギュレーターに対する通信インターフェースを介してオルタネーター電圧を再び下げる。このプロセスはインテリジェントオルタネーターの制御および回復機能としても知られている。

インターフェース付きレギュレーターにより、エンジンの作動状態に合わせた負荷応答機能の微調整と、燃料消費量を削減するためのトルクパターンの最適化、それにバッテリー充電状態を改善するための充電電圧の調整ができる。

オルタネーター 1361

オルタネーターの特性値

オルタネーターの性能

自動車のオルタネーターは、幅広い回転域においてエンジンに対する一定の伝達比で機能する。特性曲線はオルタネーターの性能特性を反映している。ここで、オルタネーターの全負荷特性は、一定のオルタネーター電圧と規定された周囲温度に関連する。

電流特性

オルタネーターの定義された回転数のポイントは、電流特性を表すと考えられる(図8)。

自己励磁回転

オルタネーターが車両電気システムに電流を供給することができるのは、ステーターコイルの誘導電圧 U_{ind} が2つのダイオード順方向電圧と、バッテリーのプラス(B+)端子とマイナス(B−)端子に印加される車両システム電圧との合計を超えた場合だけである。

誘導電圧

$$U_{ind} \sim \frac{d\Phi}{dt}$$

は磁束変化の周波数、つまりローター回転数によって異なるため、オルタネーターが全く電流を供給しないゼロ回転から自己励磁回転までの回転数範囲がある(図9)。

ゼロアンペア回転

ゼロアンペア回転(n_0)は、電流の供給なしで公称電圧に達するオルタネーターの回転数(約1,000 rpm)である。これより高い回転数でのみ、オルタネーターは電流を供給することができる。

エンジンアイドル時の回転数と電流

エンジンアイドル時のオルタネーター回転数は、エンジンに対するオルタネーターの伝達比に依存する。小型ダイオード付きオルタネーターの場合、これは n_L = 1,500 rpm で定義され、小型オルタネーターの場合、通常は n_L = 1,800 rpm のさらに高い伝達比になる。

エンジンのアイドル回転時にオルタネーターによって生成される電流(アイドル電流)は、少なくとも常時作動する負荷／電装機器に供給するために十分でなければならない。

定格回転数と定格電流

定格回転数 n_N = 6,000 rpm、オルタネーター電圧 U_G = 13.5 V、周囲温度 T_U = 23 ℃のときにオルタネーターが出力する全負荷電流を定格電流と呼ぶ。

最高回転数と最大電流

全負荷条件下では回転数が上がるにつれて、オルタネーター電流は急上昇する。最大電流 I_{max} は、オルタネーターによって生成可能な最大電流である。

図8：オルタネーターの典型的な特性曲線
n_L　アイドル回転数(伝達比に依存)
n_{max}　最高回転数　　n_0　ゼロアンペア回転数
n_N　定格回転数
I_L　エンジンアイドル時の電流　　I_{max}　最大電流
I_N　定格電流

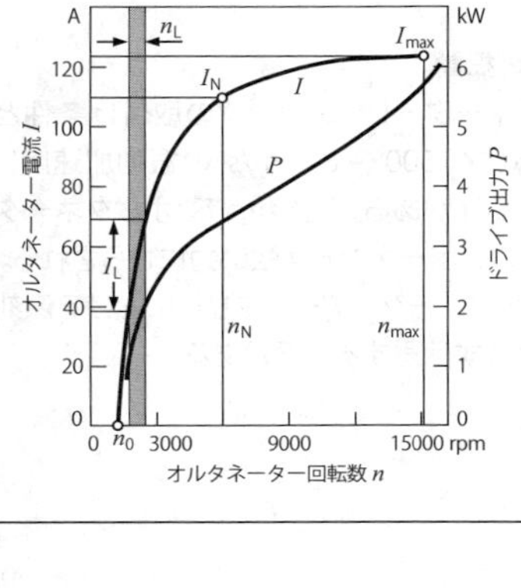

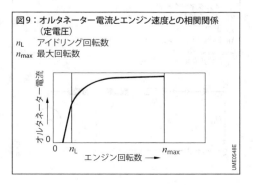

図9：オルタネーター電流とエンジン速度との相関関係（定電圧）
n_L　アイドリング回転数
n_{max}　最高回転数

1362 車両の電気システム

高速回転時には、励磁リアクタンスX_h（図10）と漏れリアクタンスX_σで電圧降下が非常に大きくなるため、その結果、誘導電圧が大きくなるにもかかわらず、電流はそれほど上昇しない。主リアクタンスは、コイルインダクタンスの、ローターとステーター内の想定経路を流れる有効誘導電圧を生成する成分より生じる。漏れリアクタンスは、ローターと連結されていない磁束のその部分、つまり、エンドコイルなどで短絡した漏れ磁場や、溝を介して直接短絡した漏れ磁場を形成する。

オルタネーターの回転数は、まずその設計によって制限される（「作動条件」を参照）。

動力の特性

動力の特性は、ドライブベルトを設計するために使用される。この特性は、エンジンによってオルタネーターに伝達されるエンジン回転域による出力（最大）を示している。その動力と出力からオルタネーターの効率を特定することも可能である。動力特性は、中回転域ではフラットな形状を示し、高回転域では急激に上昇する。

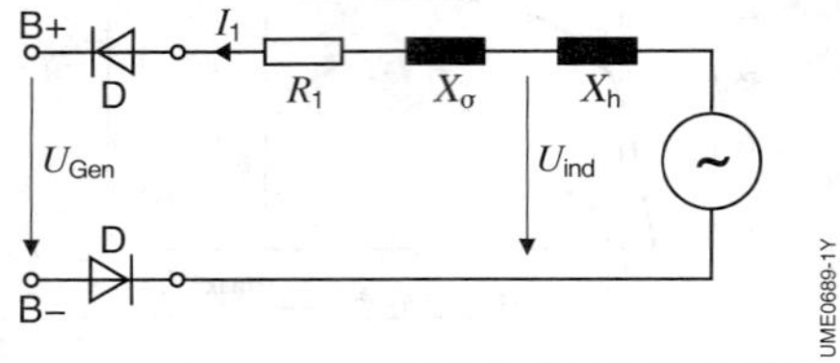

作動条件

回転数

オルタネーターの利用（質量1 kg当りの生成可能なエネルギー）は、回転数が高くなるにつれて多くなる。したがって、クランクシャフトとオルタネーター間でできるだけ高い伝達比を目指す必要がある。オルタネーターは、エンジンがアイドル回転数のときに、すでに定格出力の1/3以上を出力している。ただし、エンジン最大回転数でオルタネーター最大許容回転数を超えないようにすることが重要である。クローポール（磁極）の拡大化と、使用されているボールベアリングの寿命が、自動車用オルタネーターの最大許容回転数を決定する。

最大回転数の基準値は、小型オルタネーターが18,000~22,000 rpm、小型ダイオード付きオルタネーターが15,000~18,000 rpm、商用車用オルタネーターが8,000~15,000rpmの範囲である。乗用車の伝達比は1:2.2 ～ 1:3で、商用車の伝達比は1:5までである。伝達比によってオルタネーターの回転数をエンジンの回転数に適合させることが可能なため、悪条件（アイドルフェーズの割合が高い、低い外気温）でもバッテリーを良好な充電状態に保つことができる。

冷却

機械エネルギーから電気エネルギーへの変換中に生じる損失により、オルタネーターのコンポーネントは加熱される。現在使用されている大半の自動車用オルタネーターは、エンジンルーム内の周囲空気を使用して冷却される。周囲空気がオルタネーターの冷却に十分でない場合は、クーラー部分から外気を導入するか、あるいは液体冷却が適切にコンポーネントを冷却するのに適した冷却方式になる。

エンジンの振動

オルタネーターは、エンジンの取付け条件と振動特性に応じて、500 ～ 800 m/s^{2}の振動加速度にさらされる可能性がある。したがって、オルタネーターの取付部とコンポーネントは強い力にさらされる。このため、オルタネーターアセンブリーにおける深刻な固有振動は必ず回避する必要がある。

図10：整流器のある相の簡易配線図
B+ バッテリー（＋）端子
B− バッテリー（−）端子
D 整流ダイオード
I_1 オルタネーター電流
R_1 オーム抵抗
X_σ 漏れリアクタンス
X_h 励磁リアクタンス
U_{ind} 誘導電圧
U_{Gen} オルタネーター電圧

エンジンルームの環境

オルタネーターは水しぶきの水や泥、オイルミストや燃料ミスト、場合によっては道路用の塩（固い粒）にさらされる。オルタネーターは、帯電部品との間に沿面放電経路が形成されないように、腐食から保護されなければならない。

騒音

現代の自動車の騒音発生と現代の内燃機関の上質で滑らかな回転に対して課された厳しい要求事項から、静粛なオルタネーターが必要になる。自動車用オルタネーターが発生する電磁的なノイズの低減は、フィンガー先端部で磁束が遮断されるのを抑制するためのクローポール型フィンガーの面取り加工の他にも、自動車用オルタネーターによって磁気的に発生される騒音を低減する別の方法がある。これには次のようなものが考えられる。星型五角形結線の五相システム（図11）、あるいは電気的に30°ずつずらした2個の三相システム。

車両の干渉抑制対策

オルタネーターと自動車の他の電気負荷／電装機器は、電磁界を介して他の電気および電子装置と干渉する可能性がある。無線設備、自動車電話、カーラジオなどを車両のすぐ近くまたは車両自体で操作する場合、オルタネーターの干渉抑制を強化する必要がある。したがって、オルタネーターは、一般に抑制コンデンサーを備えている。旧式の小型ダイオード付きオルタネーターでは、抑制コンデンサーをスリップリングエンドシールドの外側に後で取り付けることができる。小型オルタネーターでは、抑制コンデンサーはすでに整流器に組み込まれている。

動力伝達効率

ユニットに供給される電力と実際の出力との比率は、効率として知られている。損失は、機械エネルギーまたは運動エネルギーが電気エネルギーに変換されるあらゆるプロセスで不可避の副産物である。クローポール型オルタネーターにおける損失は以下のように分類される（図12）。

クローポール型オルタネーターにおける損失

ステーターと励磁コイルにおける銅損
　ステーターコイルとローターコイルにおける抵抗損は、銅損と呼ばれる。抵抗損は電流の二乗に比例する。

ステーターの積層鉄心における鉄損
　鉄損は、ステーターの鉄部分で磁界を入れ替えることによって発生するヒステリシスと渦電流から生じる。

クローポール表面の渦電流損
　クローポール表面の渦電流損は、ステーターの溝によってもたらされる磁束の変化によって発生する。

整流器の損失
　整流器の損失は、ダイオードでの電圧降下によって生じる。整流器の損失は、電圧降下の小さい半導体、たとえば高効率ダイオード（HED）によって抑制することができ、その結果、効率を改善できる。

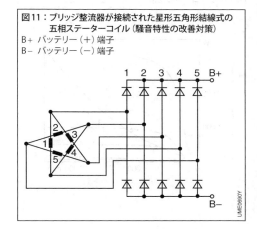

図11：ブリッジ整流器が接続された星形五角形結線式の五相ステーターコイル（騒音特性の改善対策）
B+ バッテリー（＋）端子
B− バッテリー（−）端子

機械損失

機械損失にはローラーベアリングとスライド接点の摩擦損失、ローターによって生じる空気抵抗、そしてとりわけ、回転数が上昇するにつれて劇的に増大するファン抵抗が含まれる（空力損失）。

効率の最適化

自動車が通常の運転状況であれば、オルタネーターは部分負荷領域で作動する。その場合、中速回転域の効率は70〜80％である。電気負荷が同じ場合は、大型の（重い）オルタネーターを使用する方が、より有利な部分負荷効率帯域でオルタネーターを作動させることができる。効率は大型オルタネーターを使用することによって向上するが、それは重量増加によって生じる燃費の低下分を十分以上に相殺する。ただし、ベルト駆動装置の質量慣性モーメントが大きいことを考慮しなければならない。

オルタネーターの仕様

クローポール型オルタネーターは、従来から自動車の標準として使用されてきた直流発電機に完全に取って代わった。両方のコンセプトが同等の出力だと考えた場合、クローポール型オルタネーターは半分の重さになり、生産コストも安くなる。コンパクトで、パワフルで、安価で、信頼性の高いシリコンダイオードが利用できるようになるとともに、大規模利用（1960年代前半に）が実現可能になった。

設計基準

各車両タイプとそれらの駆動エンジンの作動と性能範囲のさまざまな条件について、異なる基本設計が開発されている。オルタネーターの選択には、以下の基準が不可欠である。
- 車種
- 作動条件
- それぞれの内燃機関の回転域
- 車両電気システムのバッテリー電圧
- 負荷／電装機器の出力需要
- 環境影響（熱、ほこりなど）によるオルタネーターのストレス
- 取付け条件と寸法

これらの基準から導き出されるのは、オルタネーターに必要な電気的設計である。すなわち
- オルタネーター電圧（14Vまたは28V）
- 最高出力（電圧×電流強度）
- 最大電流

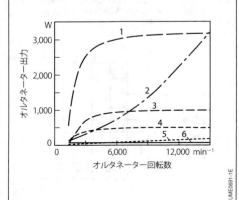

図12：220 Aのオルタネーターの損失分布
1 オルタネーター出力
2 鉄損
3 ステーターの銅損
4 整流器の損失
5 摩擦損失
6 ローターコイルの銅損

小型オルタネーター

オルタネーターケーシングは、ドライブエンドシールドとスリップリングエンドシールド（図13）で構成され、その間にステーターが取り付けられている。ローターシャフトは2つのベアリングハーフに取り付けられている。オルタネーターステーターは、固定積層鉄心に一緒に圧入される溝付きの積層からなる。この溝に三相ステーターコイルの巻線が埋め込まれている。

クローポール型オルタネーターの名はローターに由来するもので、このローターは、爪（クロー）状の磁極フィンガーが交互に噛み合う対向するS極とN極に分極された磁極ホイールハーフからなる（図2と図3）。

磁極ホイールハーフは、磁極鉄心にあるリングコイル状のローターコイルを覆う（図3）。ローターコイルは、カーボンブラシ（図2）を介して励磁電流を受け取る。スリップリングエンドシールドに取り付けられているカーボンブラシは、スプリングによってスリップリングに押し付けられている。

磁力作用磁束は、磁極鉄心、左側磁極ホイールハーフおよびそのフィンガーからエアギャップを横切って固定ステーターコイル付きステーター積層鉄心を通り、右側磁極ホイールハーフを通って磁極鉄心に戻り回路を完成させる。

小型オルタネーターは、ローターのドライブエンドとスリップリングエンドに取り付けられた2つのファンによって冷却される。ファンは、端面でその都度冷却風を引き込み、加熱した空気を放射状に排出する（複流換気）。2つの小型ファンは小型ダイオード付きオルタネーターの大型ファンよりも空力騒音が大幅に低減される。また、高回転数（最高回転数：18,000〜22,000 rpm）にも適している。これらの2つの特性は、クランクシャフトとオルタネーター間の高い伝達比をもたらし、小型オルタネーターは同じエンジン回転数と排気量に対して最大25％まで出力を追加することができる。

駆動用のベルトプーリーもローターシャフトに取り付けられている。オルタネーターローターは、両方の回転方向で動作させることができる。ファンの形状は、回転方向に基づいて、時計回りまたは反時計回りの回転に合わせて設計しなければならない。

電子制御ボルテージレギュレーターは、オルタネーターへの直接取付け用の場合、ブラシホルダーと共に単一ユニットを形成している。商用車では、場合に

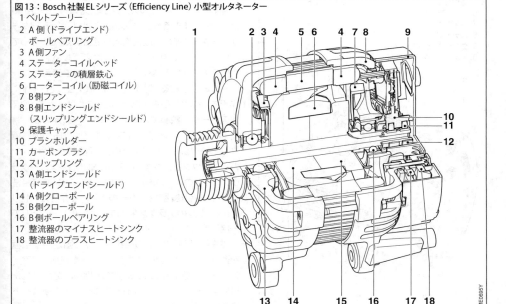

図13：Bosch社製ELシリーズ（Efficiency Line）小型オルタネーター
1 ベルトプーリー
2 A側（ドライブエンド）ボールベアリング
3 A側ファン
4 ステーターコイルヘッド
5 ステーターの積層鉄心
6 ローターコイル（励磁コイル）
7 B側ファン
8 B側エンドシールド（スリップリングエンドシールド）
9 保護キャップ
10 ブラシホルダー
11 カーボンブラシ
12 スリップリング
13 A側エンドシールド（ドライブエンドシールド）
14 A側クローポール
15 B側クローポール
16 B側ボールベアリング
17 整流器のマイナスヒートシンク
18 整流器のプラスヒートシンク

よっては、オルタネーターとは別に電子制御電圧レギュレーターが本体の保護された箇所に取り付けられており、電気プラグインコネクターを介してブラシホルダーに接続されている。

小型オルタネーターは、乗用車の標準装備として使用されるが、商用車にも使用される。要件に応じて、ELシリーズ (Efficiency Line)、NBLシリーズ (New Base Line)、またはPLシリーズ (Power Density Line)が使用される。

小型ダイオード付きオルタネーター

小型ダイオード付きクローポールオルタネーター (図14) は、まずベルトプーリーとポット型オルタネーターケーシングの間にある大型ファンの形状が小型オルタネーターとは異なる。最高回転数が12,000～18,000 rpmの外部ファンは、ケーシングを通して軸方向に冷却風を吸い込む (単流換気)。

図14：小型ダイオード付きオルタネーター
1 スリップリングエンドシールド
2 整流器のヒートシンク
3 パワーダイオード
4 励磁ダイオード
5 取付けフランジ付きドライブエンドシールド
6 ベルトプーリー
7 外部ファン
8 ステーター
9 クローポールローター
10 トランジスターレギュレーター

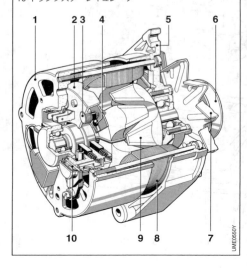

整流器、レギュレーター、およびブラシ／スリップリングシステムがエンドシールド内に配置されているため、スリップリング内のシャフトはベルト駆動力を外部ボールベアリングに伝達することができるように、比較的太いシャフトでなくてはならない。したがってスリップリングは大径になり、ブラシ寿命は限られたものになる。

小型ダイオード付きオルタネーターは、旧式車両や商用車に使用されている。

ダブルT1オルタネーター

ダブルT1オルタネーターは、共通ケーシング内の電気的および機械的に結合された2つのT1サイズのオルタネーターで構成されている。

オルタネーターの内部に電子制御電圧レギュレーターが設置されている。D＋とD－の間に100 Wの抵抗があり、これにより開回路フィールドの場合にオルタネーター表示灯が点灯する。

ダブルT1オルタネーターは、快適性の要求が高くオルタネーターに高い出力を要求するバスで使用される。

ブラシレスのオルタネーター

ブラシレスのオルタネーターは、クローポール型の変種で、クローポールのみが回転し、ローターコイルは静止したままである。この構造では、レギュレーターがローターコイルに直接電流を供給する。したがって、スリップリングとカーボンブラシは必要ない。

回転部分は、磁極ホイールと導体を備えたローターのみからなる。導体素子は、原則として、導体に作用する磁界の磁束を高めるか、またはそれを (例えばステーター鉄心に) 送る磁気的に透過性の高い材料 (軟鉄など) で構成される。同じ極性の6つの磁極フィンガーは、それぞれ、N極とS極として磁極フィンガークラウンを形成する。2つの磁極フィンガークラウンのうちの1つのみがローターシャフトに直接接続される。噛合磁極フィンガーの下にある非磁性保持リングが、2つのクラウンをクローポールハーフとして一緒に保持する。

磁束は、回転ファンの磁極鉄心から固定内部磁極を通って導体へ、次に磁極フィンガーを横切って固定ステーター鉄心に流れる。磁気回路は、分極された対向するクローハーフを介してローター磁極鉄心で完成される。

磁束は、スリップリングローターと比較するとき、回転磁極ホイールと固定内部磁極の間の2つの追加のエアギャップを乗り越えなければならない。

摩耗部品のスリップリング／カーボンシステムの削除によって、これらのオルタネーターは、建設機械やトラクションジェネレーター用など、オルタネーターの重負荷と長い耐用年数を必要とする用途に特に適している。小型オルタネーターの重量は、2つの追加エアギャップを介して磁束を誘導するために鉄と銅を追加する必要があるため、スリップリング付きのクローポール型オルタネーターより少し重くなる。

液体冷却式オルタネーター

特に液体冷却式オルタネーターの場合は、その他の用途としてブラシレスローターも使用される（図15）。このオルタネーターの場合、エンジンクーラントはジャケットアセンブリーの周囲とオルタネーターケーシングの裏側付近を流れる。これにより、オルタネーターが完全にカプセル化され、ファンが空力騒音を発生しないという点で、空冷式オルタネーターと比較して騒音が大幅に低減される。電子部品はドライブエンドシールドに取り付けられる。

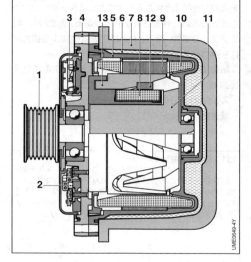

図15：ブラシレスローター付き液体冷却式オルタネーター
1 ベルトプーリー　2 整流器　3 レギュレーター
4 ドライブエンドシールド
5 オルタネーターハウジング
6 冷却水ジャケット
7 エンジン取付け用ジャケットケーシング
8 固定励磁コイル
9 ステーター鉄心　10 ステーターコイル
11 ブラシレスローター
12 非磁性材の中間リング
13 導体

始動装置

スターター

概要

自動車の内燃機関は、始動支援装置を使って始動させる必要がある。内燃機関は、持続的に作動して燃焼サイクルによって圧縮およびガス交換サイクルに必要なトルクをカバーするのに十分なエネルギーを供給できるようになるまでの間、スターターによって最低回転数で作動させる必要がある。始動時には、エンジンの慣性、摩擦、および圧縮抵抗による抗力に打ち勝つ必要がある。

始動装置は以下のアセンブリーで構成される(図1)。
- スターターモーター(直流モーター)
- 減速機構
- マグネットスイッチ
- オーバーランニングクラッチ(スターターピニオン、ローラー式オーバーランニングクラッチ)
- スイッチ類およびコントロールユニット
- バッテリー
- 配線

スターターのトルクは、スターターピニオンとエンジンフライホイールのリングギヤの噛合わせを介して、エンジンに伝達される。エンジンを始動させるため、スターターピニオンがリングギヤに噛み合う。リングギヤは一般的に歯数が130枚程度であり(乗用車の場合103～144、商用車の場合110～160)、マニュアルトランスミッション車の場合はフライホイールに、

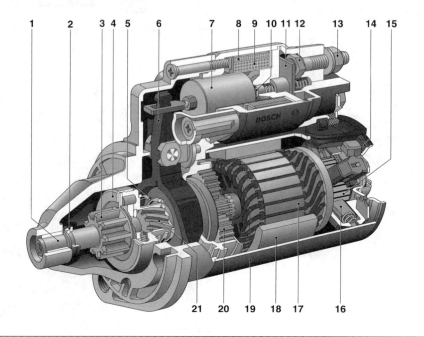

図1：R70減速ギヤスターター
1 ドライブシャフト　2 ストップリング　3 スターターピニオン(面取り付き)　4 ローラー式クラッチ
5 噛合いスプリング　6 噛合いレバー　7 マグネットスイッチ　8 保持コイル　9 プルインコイル
10 リターンスプリング　11 コンタクトブリッジ　12 主接点　13 ターミナル　14 コミューターエンドシールド
15 コミューター　16 カーボンブラシ　17 アーマチュア　18 磁石　19 ターミナルハウジング
20 減速装置(プラネタリーギヤ)　21 インボリュートヘリカルスプライン(ヘリカル歯付き)

オートマチックトランスミッション車の場合はトルクコンバーターハウジングに取り付けられている。スターターピニオンの歯数は10枚程度であり（乗用車の場合8〜10、商用車の場合9〜13）、スターターを使用しないときは、リングギヤから数mm離れた位置に保持されている。

要件

スターターピニオンとリングギヤの歯車比が大きいため、スターターを高速低トルク型に設計することができ、スターターの寸法および重量を小さくすることができる。エンジンの始動に必要な回転速度（ガソリンエンジンの場合60〜100 rpm、ディーゼルエンジンの場合80〜200 rpm）が得られるように、歯車比は1:10〜1:20の範囲に設定されている。

シリンダー内では圧縮と膨張が行われるため、エンジンを回転させるのに必要なトルクは1サイクル中に大幅に変動することになる。その結果、エンジン回転数も瞬間的に大きく上下する。図2に、冷間始動時の標準的なエンジン回転数とスターターモーター電流のグラフを示す。

スターター自体は、以下の技術的要件を満たす必要がある。
- いつでも作動できる状態にあること
- 幅広い温度条件下で十分な始動パワーを出力すること
- 長寿命であること
- 堅牢な構造であること
- 軽量で小型であること
- メンテナンスフリーで作動すること

影響を与える要因

ガソリンエンジンを作動させ続けるために必要な燃料と空気との混合比、およびディーゼルエンジンの自己着火温度を達成するには、スターターが内燃機関を最低回転数（クランキング回転数）で駆動する必要がある。クランキング回転数は、内燃機関の特性（エンジン型式、エンジン行程容積、気筒数、圧縮比、ベアリング摩擦、エンジンオイル、燃料制御システム、エンジンにより駆動されるその他の負荷）と周囲温度に大きく左右される。

一般的に、周囲温度が低下するにつれて始動トルクと始動回転速度を上昇させる、つまり始動パワーを大きくする必要がある。ただしスターターバッテリーによって供給される出力は、温度が下がるにつれて内部抵抗が増すため低下する。この電気負荷条件と使用可能な出力との相反する関係から、始動装置にとっての不利な作動条件は冷間始動であることが分かる。

スターターモーターは消費電流が大きいため、電源ケーブルにおける電圧降下の発生はスターターモーターの性能特性に著しい影響を与える。

分類

乗用車の始動装置は、定格電圧12 Vで最大定格出力3.0 kWを供給する能力を備えている。この始動装置で、最大排気量約7リットルのガソリンエンジンと約3リットルのディーゼルエンジンを始動させることができる。

商用車の始動装置には定格電圧12 Vのものと24 Vのものがあるが、欧州では定格出力3.0〜14.0 kWの24 Vシステムが一般的であり、排気量30リットルまでのディーゼルエンジンには単一駆動、60リッターまでは並列駆動により始動することが可能である。

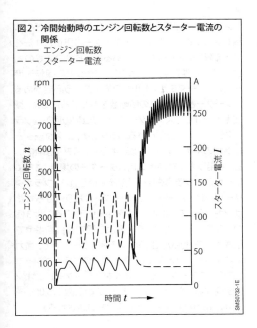

図2：冷間始動時のエンジン回転数とスターター電流の関係

1370 車両の電気システム

スターターは、技術的な観点から次のように分類される。
- 動力伝達方式：ダイレクト式スターターまたは減速ギヤスターター
- 電動モーターの磁界発生方式：永久磁石式スターターまたは電気励起式スターター
- 噛み合い方式：スライディングギヤ式スターター、ベンディックス式スターター、またはピニオンシフト式スターター

今日の自動車に使用されているスターターは、減速ギヤ付きの永久励起ピニオンシフト式が圧倒的に多い。この種類のスターターには、サイズがコンパクトながら大きな始動パワーを得ることができるメリットがある。

スターターの構造および作動

スターター（図1）は、基本的には電動モーターとマグネットスイッチによる噛合い機構、スターターピニオン、ローラー式オーバーランニングクラッチ、および噛合いスプリングで構成されている。噛合い機構により、スターターピニオンとリングギヤとの噛合わせが確実に行われる。出力が約1 kW以上のスターターには、直流モーターの回転速度を減速するための減速歯車機構が組み込まれている。ダイレクト式スターターでは、スターターピニオンは、スターターモーターのアーマチュアと同じ回転速度で駆動される。

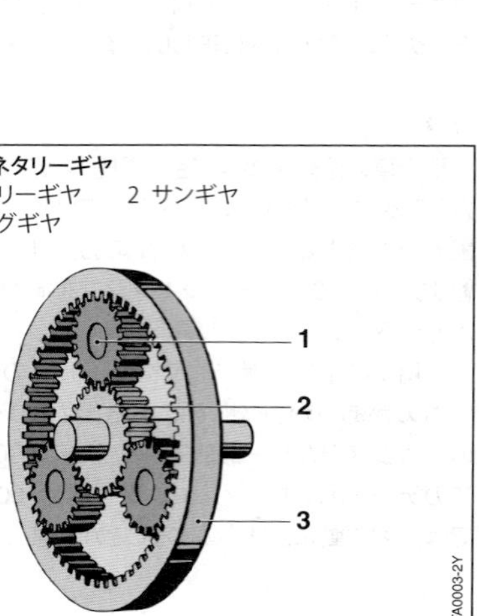

始動時に始動スイッチを操作すると、マグネットスイッチ（スターターリレー）によってスターターピニオンがリングギヤと噛み合う。スターターピニオンは、エンジンが持続的に作動できるようになるまで、リングギヤを介してエンジンを駆動する。始動後、エンジンはすぐに高回転速度まで加速できる。数回点火を繰り返すだけで、エンジンは非常に力強く加速する。その結果、スターターはその速度に対応できなくなる。エンジン回転数はスターターモーターのそれを上回り、スターターピニオンとモーターアーマチュア間に取り付けたオーバーランニングクラッチで力の伝達を解除しないと、電動モーターアーマチュアが極めて高い速度まで加速される。

スターターモーター

スターターモーターは従来型の直流モーターである。スターターモーターは、6極構造が一般的である。今日入手可能な磁性体によって、減磁しにくく、高効率の磁束を発生でき、大きな始動パワーを供給するスターターの開発が可能になった。磁界は永久磁石により形成される。アーマチュア磁界の反作用が非常に小さいため、励磁は実質的に作動範囲全体にわたって一定に保たれる。

減速ギヤ

スターターの開発目標は、電動モーターなどの体積を減らすことによって、スターターの重量と寸法をできる限り小さくすることにある。なおかつ同等の始動パワーを維持するには、アーマチュアの回転速度を上げ、アーマチュアトルクの低下を補う必要がある。スターターとエンジンの回転数を合わせるために、減速ギヤを介してスターターアーマチュアの回転をクランクシャフトに伝えている。このために、スターターに追加のギヤステージ（減速ギヤ）が組み込まれている。乗用車および商用車用スターターの場合、これには一般的にプラネタリーギヤが用いられる。プラネタリーギヤは、アーマチュアシャフトに取り付けられたサンギヤと、プラネタリーギヤキャリアー（通常は3個のプラネットギヤが付属）、および固定式内歯ギヤで構成される（図3）。直歯のプラネタリーギヤで、横力を発生させることなく、スターターのドライブシャフトを介してアーマチュアトルクをスターターピニオンに伝達する。その際、アーマチュアの回数（15,000〜25,000 rpm）は$i \approx 3 \sim 6$の比率で減速される。

図3：プラネタリーギヤ
1 プラネタリーギヤ　　2 サンギヤ
3 内歯リングギヤ

UTA0003-2Y

一般的には、繊維強化ポリアミド製のプラスチック内歯リングギヤが使用されている。要件によっては、減衰エレメント付きのステンレス鋼製内歯リングギヤが用いられることもある。

プラネタリーギヤ機構には、非常にコンパクトな構造で大きな歯車比が得られる利点がある。ギヤの噛合わせ形状を工夫することにより、大きなトルクを低騒音で伝達することが可能である。これらのギヤでは外側への横力が発生しないため、出力が大きな場合でも、アーマチュアシャフトとドライブシャフトのベアリングに作用する力は小さなものである。

マグネットスイッチ

スターター電流は、乗用車の場合で1,500 A、商用車の場合では2,500 Aにも達する。このような大電流を開閉する接点には大きな負荷がかかるため、パワーリレーを使用する必要がある。このリレーは、比較的小さな制御電流によって操作される（乗用車の場合約30 A、商用車の場合約80 A）。したがって、一般的な機械的スイッチ（始動スイッチ、始動ボタン）や、エンジンECUによって操作されるリレーを使用して操作することができる（「自動始動装置」のセクションを参照）。

スターターに使用されているマグネットスイッチ（図4）は、スイッチハウジング、スイッチアーマチュア、磁心、コンタクトキャリア（コンタクトブリッジ、コンタクトスプリング）、プルインコイルおよび保持コイル、リターンスプリング、接続部内蔵スイッチカバーで構成される。このマグネットスイッチは次の2つの機能を果たす必要がある。

- スターターピニオンを噛合わせレバーによりリングギヤ内に前進させる
- スターター主電流をコンタクトブリッジで開閉することにより制御する

スターターピニオンをアーマチュアによって移動し、確実に噛合わせるには、それに必要な磁力を発生させるために約30 Aのリレー電流が必要になる。リレーアーマチュアが完全に引き込まれている状態（エアギャップがゼロ）では、リレーアーマチュアを終端位置に維持するのに必要な励磁は大幅に低下し、それに伴い必要なリレー電流も低くなる（約8 A）。リレーコイルは、特にコイルの発熱を抑えるために、プルインコイルと保持コイルに分割される。2つのコイルは電気的に並列接続されている（図5）。つまり、2つの

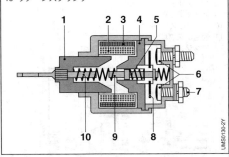

図4：マグネットスイッチ
1 リレーアーマチュア　2 プルインコイル
3 保持コイル　4 磁心
5 コンタクトスプリング　6 コンタクト
7 電気接続部　8 コンタクトブリッジ
9 アーマチュアシャフト（分割式）
10 リターンスプリング

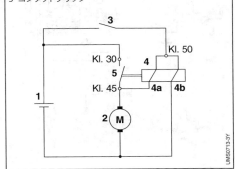

図5：マグネットスイッチ回路
1 バッテリー　2 スターター
3 イグニッションスイッチ　4 マグネットスイッチ
4a プルインコイル　4b 保持コイル
5 コンタクトブリッジ

コイルの励磁は合算されることになる。2つのコイルの始点は、ともにマグネットスイッチの端子50に接続されている。プルインコイルの終端はスターターアーマチュアを介して、また保持コイルの終端は直接に接地電位に接続される。

マグネットスイッチの端子50（イグニッションスイッチの始動ポジション）に電圧がかかると、プルインコイルと保持コイルで磁力が発生し、リレーアーマチュアが軸方向にハウジングの中に引き込まれる。この動きにより、スターターピニオンは噛合いレバーを介してリングギヤに向かって前方へ押し出される（図6）。リレーアーマチュアがほぼ完全に引き込まれた段階でコンタクトブリッジが閉じ、主スターター電流が流れる。これにより、スターターピニオンがリングギヤと噛み合う前にスターターが回転を始めるのを防止できる。この時、プルインコイルの2つの巻線終端はプラス側に接続されるため、電流は保持コイルだけに流れる。イグニッション／始動スイッチをオフにするまでプランジャーの位置を保持するには保持コイルの磁力のみで十分である。

スターターの電気接続部（端子50、端子30、および端子45）は、マグネットスイッチカバーに配置されている。このスイッチカバーは、通常は、高温（瞬間的には180℃に達する）でも必要な機械的強度が確保されるデュロプラスチック製である。

ピニオンシフト式スターターの噛合わせ

ピニオンシフト式スターターは乗用車用スターターの世界標準になっている。というのも、この方式では原理的に作動範囲全体にわたり確実な噛合いが保証されるからである。ピニオンシフト式スターターの場合、噛合い行程はレバー行程段階とヘリカル行程段階で構成される。リレーアーマチュアによって、リターンスプリングに逆らって、噛合いレバーが引き付けられ、このレバーの動作によってスターターピニオンと一体のオーバーランニングクラッチが、リングギヤに向かってヘリカルスプライン上を押し出される（レバー行程）。このとき、ヘリカルスプラインの働きによって、スターターピニオンおよびオーバーランニングクラッチは少し回転する。この段階では、まだ主接点が閉じておらず、スターターモーターの界磁コイルおよびアーマチュアコイルには電流が供給されていないため、スターターモーターのアーマチュアは回転しない。

スターターピニオンがリングギヤに接触したときにピニオンの歯とリングギヤの歯溝が直接相対した場合は（歯-溝位置）、リレーの動作が許す限りにおいて両者が噛み合う（図6）。ヘリカルスプラインの働きに

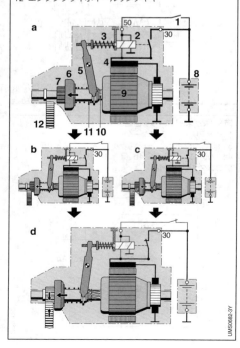

図6：ピニオンシフト式スターターの動作
a 休止位置
b 歯-溝位置
c 歯-歯位置
d エンジンがクランクされた状態
1 イグニッション／始動スイッチ（走行スイッチ）
2 マグネットスイッチ
3 リターンスプリング
4 界磁コイル（直巻）
5 噛合いレバー
6 ローラー式オーバーランニングクラッチ
7 スターターピニオン
8 バッテリー
9 アーマチュア
10 ヘリカルスプライン
11 噛合いスプリング
12 エンジンフライホイールリングギヤ

よって生成されたピニオンギヤの回転運動によって、噛合わせプロセスが円滑に行われる。

スターターピニオンがリングギヤに接触したときにスターターピニオンの歯がリングギヤの歯に当たった場合は（歯-歯位置、これは約80％の確率で発生する）、ピニオンはそれ以上軸方向に移動しないため、リレーアーマチュアが噛合いレバーを介して噛合いスプリングに張力をかける。スターターピニオンは、このスプリングの力によってリングギヤに押し付けられている。この噛合いスプリングによって軸方向の力が制限されるため、スターターピニオン／リングギヤの摩耗が大幅に抑えられ、このシステムのサービス寿命と信頼性の向上に寄与している。

マグネットスイッチの作動で始まったレバー行程が終了すると、リレーアーマチュアのコンタクトブリッジが閉じ、スターターアーマチュアが回転を始める。歯-溝位置の場合、回転している電動モーターはヘリカルスプラインを介してスターターピニオンを完全にリングギヤ内に押し込む（ヘリカル行程）。また、このヘリカルスプラインの働きで、スターターピニオンが停止位置（ヘリカル行程の終端位置）に達した時点で初めて、スターターモーターのすべてのトルクが伝達されるようになる。このため、スターターピニオンとリングギヤの歯に過大な機械的な負荷がかかることはない。

接触時位置が歯-歯位置の場合、ピニオンの歯がリングギヤの歯溝に達するまで、電動モーターがスターターピニオンを現在位置からリングギヤに向かって回転させる。続いて、張力を与えられた噛合いスプリングがスターターピニオンとオーバーランニングクラッチを前方に押す。電動モーターは、回転しながらヘリカルスプラインを介してスターターピニオンをリングギヤ内に完全に押し込む。スターターピニオンの歯の前方の部分の面取りによって円滑に噛合いが行われ、摩耗が抑制されている。

リレーコイルへの通電が停止すると、リターンスプリングがリレーアーマチュア、そして噛合いレバーを介してスターターピニオンとオーバーランニングクラッチを、休止位置まで押し戻す。オーバーランニングクラッチの摩擦によって生じたオーバーランニングトルクは、ヘリカルスプラインと連動して軸方向の力を発生させ、スターターピニオンの噛合い解除プロセスを支援する。

プルインコイルと保持コイルの巻数は同じでなければならない。そうでないと、スイッチオフの際に2つのコイルがターミナル45を通じて直列に逆接続されるため、リレーが閉じたままになることがある。巻数が同じであることにより、逆接続された2つのコイルで生成される磁界が互いに打ち消し合い、リレーが安全に開かれる。

スライディングギヤスターターの噛合わせ

スライディングギヤスターターは大型内燃機関の始動に使用される。商用車の場合、一般的に耐久性面の要求がかなり高いため、スターターピニオンとリングギヤを保護するため、通常、2段階のプロセスで噛合いが行われる。第1段階でスターターピニオンとリングギヤの噛み合い準備を行い、第2段階でスターターピニオンをゆっくりとリングギヤに噛み合わせる。歯-歯位置を解消するために、スターターピニオンを機械的または電気的方法によって回転させる。

オーバーランニングクラッチ

スターターの駆動トルクはオーバーランニングクラッチ（オーバーライドクラッチ）によって伝達される。オーバーランニングクラッチは、スターターとスターターピニオンの間に取り付けられている。その目的は、スターターがエンジンをクランキングしている間スターターピニオンを駆動し、エンジンの回転速度がスターターよりも高速になるとすぐにスターターピニオンとドライブシャフトとの接続を解除することにある。

スターターのオーバーランニングクラッチには、非噛合い型のもの（ローラー式クラッチおよび多板式クラッチ）と噛合い型のもの（ラジアルトゥースクラッチ）がある。

ローラー式オーバーランニングクラッチ

ここで考察しているピニオンシフト式スターターでは、一般にローラー式オーバーランニングクラッチが使用される。「ローラー式オーバーランニングクラッチ」アセンブリーは、クラッチシェル付きドライバー、ローラーレース、ローラー、スプリング、スターターピニオン、ヘリカルスプライン付きピニオンシャフト、エンドキャップで構成される。クラッチシェルと一体のドライバーは、ヘリカルスプラインを介してドライブシャフトと結合されている。ヘリカルスプラインが刻まれた内側の円筒形ピニオンシャフトと、外側のドラ

1374 車両の電気システム

イバーのクラッチシェルは、ローラーレース上を移動する円筒形ローラを介して結合されている。

静止状態では、スプリングの力によって、クラッチシェルレースとピニオンシャフトとの間隔の狭い部分にローラーが押し付けられている。ローラー間に形成されるクランプ角は、スターターモーターが回転すると直ちにスターターピニオンが回転するように小さいものとなっている。

オーバーランニング状態になると、ピニオンシャフトとの摩擦によってローラーがスプリング力に逆らってレースの間隔の広い部分に押し戻さる、その際ローラーは、スプリング力により常にピニオンシャフトとレースに遊びなく接触している。発生するオーバーランニングトルクは比較的小さいが、スターターアーマチュアのアイドル回転速度に大きな影響を与える。

ラジアルトゥースオーバーランニングクラッチ

ラジアルトゥースオーバーランニングクラッチは、機械的な2段式噛合い方式と併用して、商用車用のスライディングギヤ式スターターに使用されることがある。この方式のオーバーランニングクラッチは、円周上に設けられた歯の噛合いによって確実にトルクが伝達される。

多板式オーバーランニングクラッチ

多板式オーバーランニングクラッチは、商用車用の大型のスライディングギヤ式スターターに使用される。

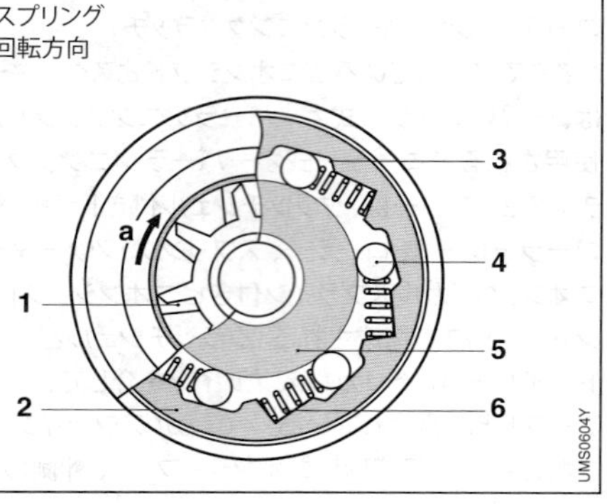

この方式では、モーターのアーマチュアとスターターピニオン間の連結は、リング状のプレートのセットを介して確立される。

噛合い解除

運転者が始動スイッチをオフにすると、マグネットスイッチは直ちにオフになる。リターンスプリングによってリレーアーマチュアが元の位置に戻り、その結果主接点が開いて、スターターへの電流の供給が遮断される。スターターピニオンは噛合い解除スプリングによっても引き込まれ、これによりリングギヤとの噛合いが解除される。また、スターターピニオンがヘリカルスプライン上を引き戻されることによって回転し、リングギヤとの噛合い解除が支援される。スターターが自由回転の後静止し、スターターのすべて機構が元の位置に戻る。

電源供給遮断機能

リレーアーマチュアと噛合いレバーの連結には、一定の「遊び」が設定されている。エンジンの始動に失敗した場合は（燃料の不足などで）、始動操作を中止しなければならない。このときスターターピニオンとリングギヤには大きな負荷がかかっていて、スターターピニオンは完全に噛み合っている。

リレー電流オフの際には、主電流接点を開くために十分なリレーアーマチュアの遊びがなければならない。そうでない場合には、噛合いレバーがリレーアーマチュアを固定させてしまう。主電流接点が閉じたままになり、始動操作を中止することができなくなる。

商用車用スターターでは、寸法上の制約により、上記の「遊び」による方法ではなく、遮断スプリングを使用して電源供給遮断機能を構成している。スターターピニオンが初期位置にあるとき、このスプリングの力がリレーアーマチュアのリターンスプリングの力に打ち勝って、アーマチュアをレバーのストップ位置に押し付けている。リレーアマチュアが元の位置に戻った状態では、アーマチュアのリターンスプリングの力は、再び遮断スプリングを圧縮してコンタクトブリッジを接点スタッドから離すのに十分なものとならなければならない。

図7：オーバーランニングクラッチ
1 スターターピニオン　　2 クラッチシェル
3 ローラーレース
4 ローラー　　5 ピニオンシャフト
6 スプリング
a 回転方向

UMS0604Y

始動装置 **1375**

スターターの構造

スターターの構造に関して、考慮すべき最重要境界条件を下記に示す。

- 最低始動温度、つまり、始動可能なスターターモーターの最低の温度
- エンジンの始動回転抵抗、つまり、補機類による負荷を含め、クランクシャフトを回転させるのに必要なトルク
- 最低始動温度でのエンジンの始動に必要な最低回転速度。
- スターターとクランクシャフトの伝達比
- 始動装置の定格電圧
- スターター用バッテリーの特性
- バッテリーとスターター間の配線の抵抗および端子とスイッチングエレメントの接触抵抗（絶縁スイッチなど）
- スターターの回転速度対トルク特性
- エンジンECUの正常な動作が保証される車両電気系統における最大許容電圧降下

上記の境界条件を考慮すると、スターターのみを分離して考慮することはできない。補機類、バッテリーおよび配線類による電気系統、およびスターター自体を含む全エンジンシステムの一部を構成するスターターは、他のコンポーネントとの整合性を備えていなくてはならない。

スターターの制御

従来の制御

従来の方式では、エンジンを始動するために、運転者がバッテリー電圧をマグネットスイッチに接続する（イグニッションキーをエンジン始動位置に回す）必要がある。リレー電流によりマグネットスイッチが作動し、スターターピニオンをエンジンのリングギヤに向かって押し出し、さらにスターターの主電流がオンになる。

イグニッションスイッチによりスターターをオフにすると、スターターリレー電圧が遮断される。

自動始動装置

操作の利便性、信頼性、品質、ノイズ引下げに関する要求レベルが高くなった結果、自動始動装置が使用されるケースが増えている。従来型装置と異なり、自動始動装置には始動手順を制御するための追加コンポーネント、たとえばバラストリレー（1つまたは複数）、ハードウェアおよびソフトウェアコンポーネント（エンジンECUなど）が存在する（図6）。

運転者はスターターリレー電流を直接制御するのではなく、イグニッションキーを使用してリクエスト信号をコントロールユニットへ送信する。コントロールユニットは一連のチェックを行ってから始動手順を開

図8：自動始動装置（回路図）
1 運転者からのエンジン始動信号
2 バラストリレー
3 ECU
4 パーキング／ニュートラル位置信号またはクラッチ信号
5 スターター

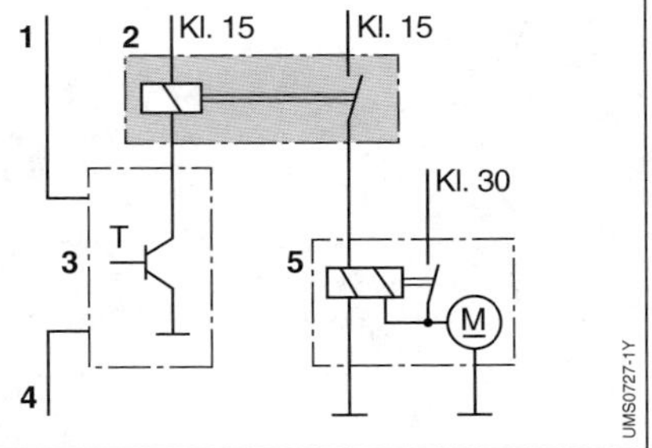

1376　車両の電気システム

始する。チェック対象は、下記の項目を含め、広範囲に及ぶ。

– 運転者には車両の始動を許可権限があるか（盗難防止機能）
– エンジンが静止しているか（ピニオンが可動リングギヤと噛み合っていないか）
– バッテリーが（エンジン温度に対して）エンジンを始動するに十分な充電状態であるか
– オートマチックトランスミッションの場合、セレクターレバーがニュートラル位置にシフトされているか、マニュアルトランスミッションの場合、クラッチが解除されているか

チェックが正常に完了すると、コントロールユニットが始動手順を開始する。始動中、始動装置はエンジン回転数とエンジンの自律回転数（エンジン温度に左右されることもある）を比較する。エンジンが自律回転数に達すると、ECUはスターターをオフにする。これによって始動時間が可能な限り短縮され、騒音レベルが抑えられ、スターターの摩耗が軽減される。

始動／停止システム

操作

自動始動装置は、「始動／停止」操作の基本としても利用される。その場合、所定の温度入力とバッテリーの充電状態を考慮して、交通信号などで車両が停止するとエンジンは停止し、必要に応じて自動的に再始動される。始動／停止スターター、始動／停止機能対応ECU、電子式バッテリーセンサー、深放電対応バッテリー、センサー付きペダル、およびオルタネーターで構成される始動／停止システムの操作は、停止および再始動ストラテジーを実行する上位の制御システムが前提条件となる。

始動／停止システムには、バッテリー充填状態検知機能を内蔵した電気エネルギー管理システムが必要になる。エンジン始動段階で許容限度を超える電圧降下を回避するために、車両電気システムを安定させる対策が必要になる場合もある。このため、制御機器と始動装置の相互調整が必要になる。コントロールユニットは供給電圧が大幅に下がった状態で機能を達成しなければならない。

始動／停止スターターの要件

各種の内燃エンジンの瞬時始動（反復瞬時始動）性能の最適化が技術的な問題の一つである。サービス寿命および騒音の少ない瞬時始動に関する要件を満たすことができるように、始動／停止スターターのディープサイクル耐性が、従来のスターターよりも大幅に向上している。また、スターターピニオンとリングギヤの寸法形状など、噛合い機構の構造も、摩耗および騒音に関する最適化が進んでいる。

現時点では、始動／停止操作用減速式スターターと高品質リングギヤとの組み合わせにより、200,000回以上の始動回数が達成されている。

ワイヤーハーネスおよびプラグインコネクター

ワイヤーハーネス

要求事項

ワイヤーハーネスの目的は、自動車内における電源と信号の分配である。現在のワイヤーハーネスには、標準装備の中級クラス乗用車の場合で、約750本の回線が使用されており、その長さの合計は約1,500メートルに達する (表1)。自動車の機能が増え続けているため、最近では接点の数は実質的に倍増している。エンジンルームワイヤーハーネスと、ボディ、フロントエンド、リアエンド、コックピット、ルーフ、ドア、および燃料タンクの各ワイヤーハーネスは区別されている (図1、表2)。エンジンルームワイヤーハーネスは、何より高い温度、振動および媒体負荷にさらされている。

ワイヤーハーネスは、車両の価格や品質に大きく影響する。ワイヤーハーネス開発の際は、以下の事項を考慮する必要がある。
- 埃および媒体に対する密閉性
- 電磁両立性 (EMC)
- 温度
- 損傷からのワイヤーの保護
- ワイヤーの取回し
- ワイヤーハーネスの通気

したがって、システム定義などの初期段階で、ワイヤーハーネスに詳しい技術者を参加させる必要がある。図2に示したワイヤーハーネスは、吸気モジュール専用に開発されたものである。エンジンおよびワイヤーハーネスの開発と連携して施された最適な取回しと安全対策によって、品質の向上だけでなく価格と重量の観点からもメリットのあるものとなっている。

寸法決定および材料の選択

ワイヤーハーネス開発者の最も重要な作業は、以下のとおりである。
- ライン断面積の寸法決定
- 材料の選択
- 適切なプラグインコネクターの選択
- 周囲温度、エンジンの振動、加速、およびEMCを考慮した取回し
- ワイヤーハーネスが取り回される環境の考慮 (トポロジー、自動車製造における組立て段階および組立ラインの設備)

ラインの断面積

ラインの断面積は、電圧降下の許容値に基づいて定義される。断面積の下限は、ライン強度で決定される。断面積が 0.5 mm^2 未満のラインは使用されない

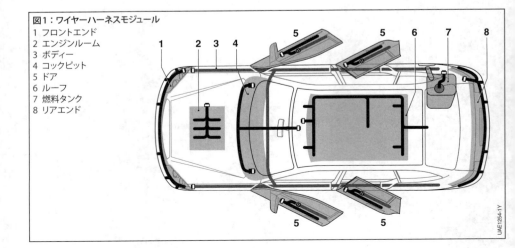

図1：ワイヤーハーネスモジュール
1 フロントエンド
2 エンジンルーム
3 ボディー
4 コックピット
5 ドア
6 ルーフ
7 燃料タンク
8 リアエンド

ワイヤーハーネスおよびプラグインコネクター

のが慣例である。追加の対策（支持材、保護チューブ、張力緩和材など）を施す場合は、断面積が 0.35 mm² のラインも使用可能である。

表1：ワイヤーハーネスの複雑性
（ワイヤーハーネス全体に一般的な値）

	小型車	中級車	高級車
プラグコネクター数	70	120	250
接点数	700	1,500	3,000
ワイヤー数	350	750	1,500
配線の総長 (m)	700	1,500	3,200

表2：ワイヤーハーネスのデータ
（平均的な装備の車両に関する一般的な値）

	ボディーワイヤーハーネス	コックピットワイヤーハーネス
− モジュールの種類	54	23
− ワイヤー	528	57
− より線ワイヤー	24	24
− 総長 (m)	1,370	226
− コンタクト部品の種類	72	17
− 種々のコンポーネント（プラグハウジング、ケーブルダクト、カバーなど）	227	63

材料

電気伝導率が高いため、導体としては銅が一般的に使用される。最近では、重量とコストにおける優位性から、特にライン断面積が 2.5 mm² より大きな場合にはアルミニウムが使用される場合が増えてきている。ラインの被覆材は、ラインがさらされる温度に応じて定義される。継続的な作動による高温に適した材料を使用する必要がある。ここでは、電流の流れにより発生する熱と同様に、周囲温度も考慮する必要がある。材料としては、熱可塑性プラスチック（PE、PA、PVCなど）、フッ素重合体（ETFE、FEPなど）、およびエラストマー（CSM、SIRなど）が用いられる。

エンジントポロジーで特に高温となる部分（エキゾーストパイプ、排気ガス循環装置など）には取り回されていない場合は、被覆材とケーブル断面積の基準の1つとして、コンタクト（接点）とその関連ラインとの軽減曲線が考えられる。軽減曲線は、電流、電流により発生する温度、およびプラグインコネクターの周囲温度の間の関係を表す。軽減曲線は、当該のコンタクトに関する顧客向け技術文書により確認することができる。通常は、コンタクトで発生する熱はラインに沿ってのみ伝達される。高い使用温度（> 100 °C）では、コンタクトの材料が作用する機械的な応力に負けてしまう可能性（金属の応力緩和）についても留意しなければならない。断面積がより広く、適切なタイ

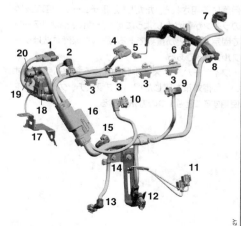

図2：吸気モジュールのワイヤーハーネス
（エンジンルームワイヤーハーネスの例）
以下の接続用
1 点火コイルモジュール
2 チャンネルオフ
3 フューエルインジェクター
4 スロットル装置
5 油圧スイッチ
6 エンジン温度センサー
7 吸気温度センサー
8 カムシャフトセンサー
9 キャニスターエア抜きバルブ
10 吸気マニホールド圧力センサー
11 充電電流インジケーター
12 触媒コンバーター下流側λセンサー
13 エンジン回転数センサー
14 端子50、スタータースイッチ
15 ノックセンサー
16 エンジンECU
17 エンジンアース
18 エンジンおよびトランスミッションワイヤーハーネス用分離可能コネクター
19 触媒コンバーター上流側λセンサー
20 排気ガス再循環バルブ

1380 自動車の電気システム

プのコンタクトと貴金属（金、銀など）を使用する場合は、それによって制限温度が上がり、ここで説明した関係に影響を及ぼす可能性がある。電流の強さが大幅に変動する場合は、アプリケーション固有のコンタクト温度計測が有益なことが多い。

取回しおよびEMC対策

配線は、損傷や断線が起きないように取り回す必要がある。このためには、ワイヤーハーネスブランチに留め具や支持材を使用するとよい。コンタクトとプラグインコネクターの振動負荷は、ワイヤーハーネスを可能な限りプラグに密着させて、可能な同じ振動レベルで固定すると減少する。取回しは、エンジンまたは車両の開発者と緊密に協力して決定する必要がある。

EMC問題を防止するには、利用可能なスペースを最大に活用して、注意の必要なラインと、電流が急激に変化するラインを分けて配線することが推奨される。シールド線は、製造方法が複雑であるため高価である。また、アースが必要である。信号ラインを対（ペア）でより合わせるのは、価格の面から好ましく、効果的な手段である。

ラインの保護

ラインは、摩擦や、鋭利な刃や高熱の面との接触から保護する必要がある。この目的には粘着テープを使用する。保護のレベルは、ラインの間隔と巻き線密度で決定される。多くの場合、必要な接続部品を備えた波形チューブ（波形により材料を節約）がラインの保護に使用される。ただし、波形チューブ内部で個々のラインが動かないようにするために、やはりテープで固定することが重要である。最適な保護方法はケーブルダクトである。

ワイヤーハーネスは小動物による食害も受けやすい。食害対策を講じた押出しプラスチックチューブを使用することも1つの方法である。

プラグインコネクター

機能と要求事項

電気系統のプラグインコネクターは、種々のシステム間の信頼のおける接続を確立し、それによりあらゆる使用条件におけるシステムの安全な作動を確実なものとしなければならない。プラグインコネクターは、自動車の全寿命にわたり種々の負荷に耐えられるように設計されていなければならない。プラグインコネクターにかかる負荷には、以下のようなものがある。
- 振動負荷
- 温度変動
- 高温および低温
- 湿気による負荷と水はね
- 腐食性液体や有害ガス
- コンタクトの微細な動きとその結果生じる擦過腐食

これらの負荷は、コンタクトの接触抵抗を完全な断線に至るまで高めることがある。

絶縁抵抗が低下して、付近のラインの短絡の原因となることも考えられる。このため電気系統のプラグインコネクターには、以下の性質が求められる。
- 通電部品の接触抵抗が低い
- ボルテージポテンシャルの異なる通電部品間の絶縁抵抗が高い
- 水、湿気、塩水噴霧に対する密閉性が高い

プラグインコネクターは物理的な性質の他にも、用途に応じて次のような要求事項も満たす必要がある。
- 自動車組立て時の取扱いが簡単で間違いが生じにくいこと
- 極性間違えに対する保護
- 確実にロックしてそのことを感知でき、しかもロック解除も容易なこと
- 堅牢でワイヤーハーネス製造および搬送に使用される機械に対応していること

自動車における電子部品の統合密度が高まったことにより、プラグインコネクターの需要も増大している。プラグインコネクターには高い電流（イグニッションコイルの起動など）だけでなく、低電圧かつ低電流のアナログ信号電流（エンジン温度センサーの信号電圧など）も流れる。車両の耐用年数の間、プラグインコネクターは、ECUと各種センサーおよびアクチュ

エーター間での信頼性の高い信号送信を保証する必要がある。

　排ガス規制法規と自動車事故防止装置の需要が高まっているため、プラグインコネクターのコンタクトを介して、これまで以上に正確な信号送信が求められている。プラグインコネクターの構想、設計、テストにおいては、数多くのパラメーター（例：環境への影響、密閉性、接触力、接触形式、表面仕上げ）を考慮する必要がある。

　プラグインコネクターの最も一般的な故障原因は、振動または温度変化による摩耗である。摩耗により酸化が促進される。これにより、オーム抵抗が増加し、コンタクトに熱的過負荷などが生じる可能性がある。接触部は、銅合金の融点を超えて加熱する可能性がある。信号コンタクトの抵抗が高い場合は、車両コントローラーが他の信号との比較により紛らわしいエラーを検出することがよくあり、コントローラーが故障モードになる。プラグインコネクターのこのような問題点は、排出ガス規制法規で要求される車載診断（OBD）により診断される。ただしこの不具合は部品の故障として表示されるため、整備工場がこのエラーを診断するのは困難である。故障したコンタクトを間接的に診断できるのみである。

表3：プラグインコネクターの用途

	ピン数	特徴	用途
ローピンカウント	1～10	接合力サポートなし	センサーとアクチュエーター（多数の異なる要求事項）
ハイピンカウント	10～300	スライド、レバー、モジュール構造による接合力サポート	ECU（複数の似通った要求事項）
特殊プラグ	任意	統合電子部品など	特別な用途（要求事項に個別に適合）

　プラグインコネクターの組立てのために、プラグハウジングは、ケーブルが圧着コンタクトとともにしっかりとプラグインコネクターに取り付けられて、不具合が生じないようにするためのさまざまな機能エレメントを備えている。組立て作業員が部品または制御ユニットのインターフェースにコネクターをしっかりと取り付けられるよう、最近のプラグインコネクターの接合力は100 N未満となっている。接合力が高いほど、プラグインコネクターがインターフェースに誤った方法で取り付けられる危険性が高くなる。誤った方法で取り付けられたプラグは、自動車の運転中に外れることがある。

構造と種類

　プラグインコネクターには、いくつかの分野の用途がある（表3）。それらは、ピン数と周囲条件により分類することができる。プラグインコネクターのクラスには、エンジン直接取付け、エンジン付近への取付け、トランスミッション取付け、およびボディ取付けの4つがある。もう1つの相違点は、取付け場所の温度クラスである。

ハイピンカウントプラグインコネクター

　ハイピンカウントプラグインコネクターは、車両のすべてのECUに使用される。これらはピンの数と形状によって異なる（表4）。図3は、ハイピンカウントプラグインコネクターの一般的な構造である。プラグと対になる（プラグの挿入先）コンポーネントの例を図4に示す。ハイピンカウントオスコネクターは一般に、ECU基板にはんだ付けあるいは縫合されている。

　プラグインコネクター全体は、プラグハウジングのサーカムファレンシャルラジアルシールにより当該のECUのプラグコネクターに対してシールされている。これと3個のシールリップにより、ECUのシールカラーに対して確実にシールされる。

　ケーブルに沿って湿気が浸入しないように、コンタクトはフラットシールで保護されており、これを通してコンタクトが挿入され、ラインがコンタクトに固定される。これには、シリカゲルマットまたはシリカマットが使用される。コンタクトとラインが大きい場合も、単心シールを使ってシールできる（「ローピンカウントプラグインコネクター」を参照）。

プラグを組み立てるときは、ラインが接合されたコンタクトが、すでにプラグ内にあるフラットシールを通して挿入される。コンタクトは、コンタクトキャリヤ内の所定の位置にはめ込まれる。コンタクトは自動的に、ロッキングスプリングによりプラグのプラスチックハウジングの刻み目にロックされる。すべてのコンタクトが所定の位置にはめ込まれると、スライドピンが二次的な安全装置、つまり、二次ロックとして挿入される。これは追加の安全策であり、プラグインコネクター内のコンタクトの保持力を強化する。またスライドさせることで、コンタクトが正しい位置にあるかどうかを確認できる。

レバーおよびスライダーメカニズムを用いて、プラグインコネクターの取扱いに必要となる力を低減することができる。このために、プラグがインターフェースに接続されると、図4のプラグシュラウドの側方にあるスタッドボルトがスライドリンク(図3)により結合される。プラグハウジングに取り付けられているレバーの位置が変化すると、スライドは噛み合い部により挿入方向と直交するようにプラグハウジング内へと押され、両側のリンクによりスタッドボルトを介してプラグをインターフェースへと引き込む。

ローピンカウントプラグインコネクター

ローピンカウントプラグインコネクター(図5)は、アクチュエーター(フューエルインジェクターなど)および各種センサーに使用される。その構造は、原則としてハイピンカウントプラグインコネクターと同様である。プラグインコネクターの取扱いに必要となる力は、通常は特にサポートを必要としない。

表4：フラットコネクター(例)

		ピン厚さ (mm)		
		0.4	0.6	0.8
ピン幅 (mm)	0.5	x		
	0.6		x	
	1.2		x	
	1.5		x	
	2.8			x
	4.8			x

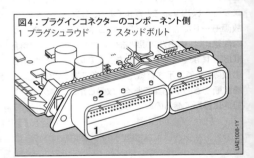

図4：プラグインコネクターのコンポーネント側
1 プラグシュラウド　2 スタッドボルト

図3：ハイピンカウントプラグインコネクター
a 外観　b 断面図
1 圧力プレート　2 フラットシール　3 ラジアルシール　4 スライドピン(二次ロック)
5 コンタクトキャリヤ　6 コンタクト　7 レバー　8 スライドメカニズム　9 スライドリンク

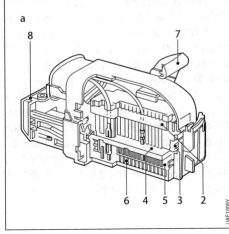
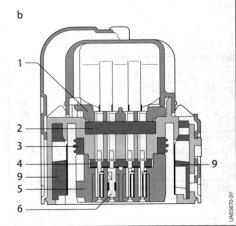

ロービンカウントプラグコンタクトシステムとインターフェースの間の接続は、ラジアルシールで密閉される。ただしプラスチックハウジングの内部では、コンタクトに接合された単心シールでラインがシールされる。

コンタクトシステム

プラグインコネクター内の電気コンタクトシステムは、一般にジャック（プラグ側）と、コンタクトピン、フラットブレードあるいはピン（コンポーネント側）で構成されている。

種々の使用領域に対応したさまざまなシリーズのBosch社製プラグインコネクターがある。Bosch社製プラグインコネクターには、使用条件に適合したコンタクトが使用されている。図6に示したのは、自動車の特に強い振動負荷のかかるコンポーネントで使用されている2部品から成るコンタクトである。

内側の部分（通電部分）は、高品質の銅合金で圧着される。スチールオーバースプリングで保護されており、これによって同時に、内側に作動するスプリングエレメントでコンタクトの接触力が増加する。スチールオーバースプリングからキャッチアームが押し出され、プラスチックハウジング内のコンタクトと結合する。

コンタクトは、要求事項に応じて錫、銀、または金でメッキされている。摩耗特性を向上させるために、コンタクトにはさまざまなメッキだけでなく、さまざまな構造形状が用いられる。ケーブルの振動が接点に伝わらないように、接触部分にはさまざまな分離メカニズムが内蔵されている（電源リード線の蛇行配線など）。

ケーブルはコンタクトに圧着されている。コンタクトの圧着形状は、接続されているケーブルに適合している必要がある。圧着処理には、プライヤー、またはコンタクト専用ツールを備えたプロセスモニター機能付きの全自動圧着プレスを使用できる。

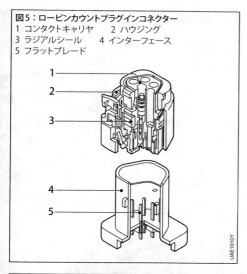

図5：ロービンカウントプラグインコネクター
1 コンタクトキャリヤ　2 ハウジング
3 ラジアルシール　4 インターフェース
5 フラットブレード

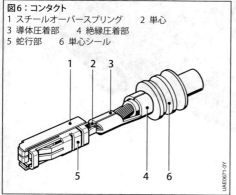

図6：コンタクト
1 スチールオーバースプリング　2 単心
3 導体圧着部　4 絶縁圧着部
5 蛇行部　6 単心シール

電磁両立性

要件

電磁両立性 (EMC) とは、電子装置および最新技術機器 (ワイヤレスシステムなど) が、電気的、磁気的、または電磁的効果によって相互に干渉しない状態であることを示す、一般的な用語である。

特に車両用電子装置においては、車両に使用されている電気装置の数が増え、一方では新しいエネルギー貯蔵装置 (高性能電池や燃料電池など) を使用する電気自動車やハイブリッド自動車などが、他方では移動通信システム (スマートフォン、ナビゲーション、インターネットなど) が使用されるようになっているため、電磁両立性の重要性が増している。こうした状況が今日の自動車のハイレベルな複雑さを生み出している (図1)。

車両に搭載されている電子制御式パワートレインシステム (エンジンおよびトランスミッションの制御や電気駆動システムなど)、安全システム (アンチロックブレーキシステム、走行ダイナミクス制御システム、エアバッグ)、快適性と利便性向上のための電子システム (空調、電気式調整装置など)、移動通信システム (ラジオ、ナビゲーション、インターネットなど) が、所狭しと並べられている。一方では、高密度および多数の高速スイッチングおよび高性能電子式コンポーネント、他方では今日の通信要件が、電磁両立性にさまざまな、また新しい課題を投げ掛けている (図2)。

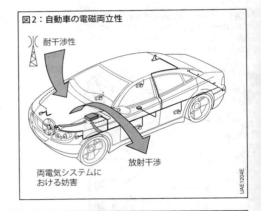

図2：自動車の電磁両立性

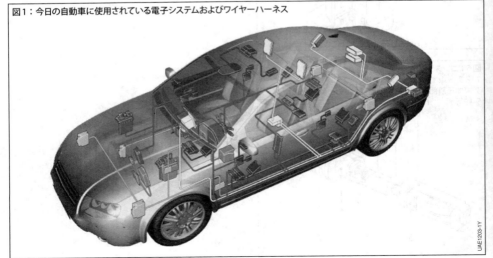

図1：今日の自動車に使用されている電子システムおよびワイヤーハーネス

干渉の放射と耐干渉性
直流式車両電気システムにおける干渉の発生源
車両電気システム内のリップル
　一般的な内燃エンジン式車両では、オルタネーターが車両電気システムに整流した三相交流電流を供給する。電流はバッテリーで平滑化されるものの、残留リップルが存在する。また、電気システムおよび電子システムのエネルギー要求が、直流供給電圧に影響を与える。

　車両電気システム内のリップルの振幅は、車両電気システムの負荷および回路に左右される。その周波数は、オルタネーターの回転数と電装品の動作によって変化する。基本周波数はkHzのレンジ内である。リップルは、車両の音響システム内に直接（導電）、あるいはインダクタンスによって侵入し、スピーカーからハム音となって聞こえてくる。

車両電気システム内のパルス
　車両内の電気機器のスイッチをオン／オフすると、電源ライン上で電圧パルスが生じる。これらのパルスは、電源を通して直接（導電性カップリングを通じて、図3a）、あるいは接続ラインを通じて間接的に（誘導性カップリングおよび容量性カップリング、図3bおよび図3c）、近接するシステムに到達する。この意図しない干渉パルスが、隣接するシステムの異常動作や故障まで、さまざまな障害を引き起こす可能性がある。妨害値として作用する信号形状と振幅は、接地方法、ワイヤーハーネスの配置、およびワイヤーハーネス内の個別の配線の位置など、車両電気システムの構成に依存する。

　車両で発生するさまざまなパルスは、典型的なパルス形状を示す。主要なパラメーターは、パルスの振幅、立上がり時間、立下り時間、およびパルス発生源の内部抵抗である。干渉の発生源からの干渉放射の許容値および必要な耐干渉性値を適切に選択することにより、干渉抑制のために不必要なほどに大がかりな対策をしなくても、電子システムの意図しない挙動が発生しないことを保証できる。これは、種々のコンセプトを用いて実行できる。たとえば、制御ユニットやセンサーなどの電子コンポーネントが対応する干渉排除性能を備えている場合は、電動式アクチュエーターおよびモーターによる干渉の放射は、一般的なパルス発生源より大きくても許容される。

干渉を受ける可能性のある装置類
　電子制御ユニットおよびセンサーは、外部から車両電気システムに侵入するノイズの影響を受ける可能性のある装置である（図2）。これらのノイズは、車両内の隣接するシステムから侵入する。ノイズと有効信号を区別できなくなった段階で、異常が発生する。有効な対策をとることができるかどうかは、有効信号とノイズの相性による。

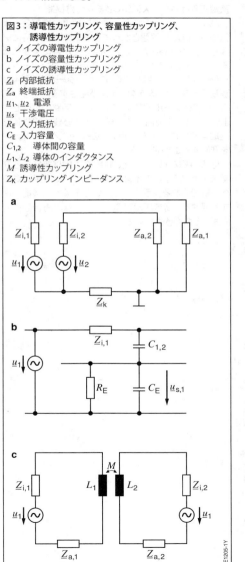

図3：導電性カップリング、容量性カップリング、誘導性カップリング
a ノイズの導電性カップリング
b ノイズの容量性カップリング
c ノイズの誘導性カップリング
Z_i 内部抵抗
Z_a 終端抵抗
u_1、u_2 電源
u_s 干渉電圧
R_E 入力抵抗
C_E 入力容量
$C_{1,2}$ 導体間の容量
L_1、L_2 導体のインダクタンス
M 誘導性カップリング
Z_K カップリングインピーダンス

1386 自動車の電気システム

有効信号とノイズの特性が似通っている場合、コントロールユニットは両者を区別することができない。たとえば、ホイールスピードセンサーからの信号線に、パルス波形のノイズが乗った場合がこれに当たる。問題となる周波数は、有効信号周波数範囲の周波数 $(f_S \approx f_N)$、およびその周波数の数倍の周波数である。

高電圧車両電気システムに必要な特殊機能

ハイブリッド車両および電気自動車の高電圧と大電流は、新たな課題となっている。高電圧回路に必要な接点の保護に加え、電磁両立性が特に重要になる。パワーエレクトロニクスを使用したコンポーネント（インバーターやDC/DCコンバーターなど）および駆動モーターで、大きなノイズが発生する可能性がある。適切なシールド方式とフィルター回路の組合せによってのみ、車両内での移動通信に必要な限界値を達成するのに十分な程度に、これらのノイズの発生を抑制することができる。

他の特殊な機能として、商用電源網に接続する充電装置がある。このインターフェースと、商用電源網への許容される干渉および必要な干渉抑制機能に関する要件を、高電圧車両電気システムの総合設計で考慮しておく必要がある。

車両電気システム内の高周波振動

車両電気システム内の低周波リップルおよびパルスに加え、さまざまな電気コンポーネントおよび電子コンポーネントのスイッチング動作による高周波振動が発生する可能性がある。これには、ブラシモーターまたは電気的に整流が行われる電気モーターの整流作用、出力ステージの動作、デジタル式電子デバイス（電子制御ユニットのCPUコアなど）などが該当する。これらによって発生した振動は、多少は減衰するが、接続配線、特に電源供給配線やワイヤーハーネスの容量性カップリングおよび誘導性カップリングを通じて車両電気システム内に伝播される。

無線干渉電圧測定スペクトルが多少とも連続したものであるか、不連続な線の集まりであるかによって、広帯域干渉または狭帯域干渉に分類される。広帯域干渉は、ワイパーモーター、制御システム、冷却ファン、フューエルポンプ、オルタネーター、およびある種の電子コンポーネントなどの動作によって発生する。狭帯域干渉は、マイクロプロセッサーが使用されている制御ユニットなどの動作によって発生する。この分類は、当該無線サービスの使用帯域幅、またはノイズの特性の比較時に使用した帯域幅に依存する。さまざまなノイズが、アナログおよびデジタルの無線システムにもさまざまな影響を与える。

妨害は、ワイヤーハーネス内の電気配線を通じて、電源および信号接続配線に伝播し、アンテナ接続ケーブルに侵入する。また、アンテナによって本来の有効信号と同じように直接受信され、移動通信デバイスの受信回路に侵入することがある。これらの高周波の妨害は、有効信号と周波数および振幅の範囲が同じであることが多く、車両の通信システムと干渉することがある。狭帯域干渉は、送信機のスペクトルと非常に似た信号特性を持つため、特に有害である（図4）。

図4：台形パルスの時間信号およびスペクトル
a　時間的関係
b　周波数的関係
T　繰返し周期
T_r　立上り時間（10％〜90％）
T_f　立下り時間（90％〜10％）
T_i　パルス幅
A_0　振幅
$\hat{u}$　パルスの振幅
f_0　時間信号の基本周波数
f_{n-1}　高調波
f_{min}　繰返し極小値
f_g　カットオフ周波数
k　パルスデューティ比
n　高調波の次数
m　極小点間の線数
H　包絡線
Dec Decade

$$f_0 = \frac{1}{T}, \qquad k = \frac{T}{T_i},$$

$$f_{n-1} = \frac{n}{T} = nf_0, \qquad f_{min} = \frac{n}{T_i},$$

$$f_{g1} = \frac{1}{\pi T_i}, \qquad f_{g2} = \frac{1}{\pi T_r},$$

$$m = \frac{T}{T_i}, \qquad A_0 = 2\hat{u}T_i$$

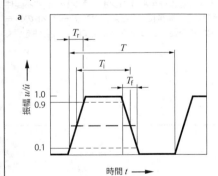

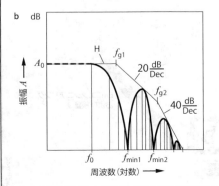

静電放電

静電放電（ESD）からのコンポーネントや電子回路の保護もEMCの課題の1つである。ここで必要なことは、操作、製造、およびメンテナンス時の、人体または機械装置（曝露されたコンポーネント）からの静電放電による干渉または損傷からコンポーネントおよび装置を保護することである。これには、適切な方法で装置を取り扱うことと、静電放電によって生成される電圧（数千ボルトに達することがある）を適切なレベルに抑えることができるように設計することの両方が含まれる。

電磁界からの干渉に対する耐性

干渉源と干渉を受ける可能性のある装置

車両の使用時に、車両とその電子装置は、固定された位置や、同じ車両内または隣接する車両内で使用されている、ラジオ、テレビ、無線送信機など、さまざまな装置から放射される電磁波の影響に曝される。電子回路は、送信装置の電磁界の干渉により、電圧および電流に意図しない影響を受けるようであってはならない。

ワイヤーハーネス内の多数の電気配線およびデバイスの内部構造（電子制御ユニット内のプリント基板や、アクチュエーターの構造および、その接続および結合部など）がアンテナとして機能する。形状寸法および電磁波の周波数によって程度に差があるが、送信信号が受信され、半導体コンポーネントに伝達される。高周波信号が、変調の有無にかかわらず、半導体コンポーネントの pn 接合部で復調されることがある。その際、直流成分が原因となって起きるレベルシフトや、復調後のノイズに含まれるLF成分のために発生する時間的変動を伴うノイズの重畳が発生する。搬送周波数 $f_{S,HF}$ は、通常は、有効信号周波数 f_N よりもはるかに高い周波数である。ノイズのLF成分は、その周波数 $f_{S,NF}$ が有効号周波数 f_N の範囲内にある場合は、特に問題となる。有効信号周波数よりもはるかに低い周波数のノイズも、混変調による妨害の原因となることがある。

電子コンポーネントは、その電子回路内において、外部で生成されたノイズによってその機能が阻害されないように設計されていなければならない。

EMC指向開発

自動車用電子装置のEMC指向開発の重要性が、すべてのレベルで増している(「Vモデル」を参照)。今日、車両におけるEMC要件が、半導体コンポーネントおよびモジュールの設計(コンポーネントおよびシステム用集積回路の適切な設計テクノロジーおよび接続および結合方式を含む)および車両全体の構成に影響を与えている。EMC指向の設計は、すべてのレベルでの最先端の開発に必須である。今日では、干渉の遡及的抑制はもはや不可能であり、できるとしても莫大な時間と費用を要する。

EMC要件分析

自動車用の新しい電子システムの開発を始めるとき、まず必要な要件を分析して、顧客仕様書に記述する(図5)。また車両メーカーは、法的要件および自動車ユーザーの期待事項を考慮に入れて、EMC要件書を作成する。これらのEMC仕様には、車両に関する要件と当該車両に組み込まれる電気システムおよびコンポーネントの要件が含まれる。システムまたはコンポーネントのメーカーは、これらの要件から、そのコンポーネントに関する独自の要件を導き、設計要素、電子配線、および半導体コンポーネントに関する要件を指定する。最後に、ICおよびコンポーネントのメーカーは、この要件から独自の製品に関する要件を導く。

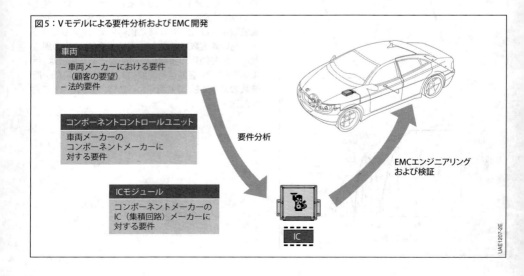

図5:Vモデルによる要件分析およびEMC開発

EMCの開発および検証

開発段階で、顧客仕様書（図5、「Vモデル」も参照）のすべてのレベルにおいて、ただちにこれらの要件を定義し、車両の設計段階の早期の時点で検討を行う（ワイヤリングハーネスの構成および車両内の配置、電源供給および接地方法、電子装置の取付け位置など）。システムおよびコンポーネントの設計（システムのトポロジー、回路の設計、ハウジングの設計、プリント基板のレイアウト、設計テクノロジーおよび接続および結合方式など）を考慮して、車両から導いた要件を十分に吟味する必要がある。同様に、コンポーネントのメーカーは、このEMC要件書を考慮に入れて、ICおよびフィルターの設計を行う。開発プロセスでは、さまざまなプロトタイプを計測学的に評価するか、数値シミュレーション法によりさまざまなバリエーションの考察を行い、個別の開発ステップの有効性を検証する。

EMCの検証

EMC開発の各段階の終わりに、機能仕様書に設定された要件と、それから導かれた顧客要件の検証を行って、その価値を証明する。この検証作業は、通常は、法的要件、標準規格、および、コンポーネントメーカーおよび車両メーカー用のEMC仕様書に適合した、標準化された試験方法を使用して実施される。実行する必要がある測定、使用する動作ステータス、および遵守する必要がある限界値を記載した試験計画書に基づいて試験が実施され、その結果を記載した報告書が作成される。

EMCの測定方法

EMCの測定は、EMC重視の開発のための重要なツールである。適切な試験方法を使用して、適切な半導体コンポーネントの選択、回路の設計、プリント基板のレイアウト、設計テクノロジー、ハウジングの設計など、設計基準の有効性を確認する。また評価に使用するEMCの試験方法は、コンポーネントおよび車両の許可に関するEMC要件および法的要件の遵守にも役立つ。

耐干渉性および干渉放射の試験には、さまざまな試験方法が使用される。これらは、その種類に応じて、時間に基づく方法（パルス発振器、オシログラフ）と、周波数に基づく方法（正弦波発生器、試験用受信機、スペクトルアナライザー）とに大別される。

測定テクノロジーでは、ノイズは干渉放射の相対量としてdB（デシベル）で指定される。干渉抑制値（パルスの振幅、送信機の電界強度）は、通常は直接指定される（表1）。

表1：測定値

物理変数	基準量	単位	計算
干渉放射			
電圧 L_U	1 µV	dB(µV)	$L_U =$ $20 \lg (U / 1\,µV)$
電流 L_I	1 µA	dB(µA)	$L_I =$ $20 \lg (I / 1\,µA)$
電界強度 L_E	1 µV/m	dB(µV/m)	$L_E =$ $20 \lg (E / 1\,µV/m)$
出力 L_P	1 mW	dB(mW)	$L_P =$ $10 \lg (P / 1\,mW)$
耐干渉性			
電圧 U	–	V	–
電流 I	–	A	–
電界強度 E 電界強度 H	– –	V/m A/m	–
出力 P		W	–

EMCの試験方法

　EMCの試験方法は関連規格に規定され、車両全体、コンポーネントおよびシステム（制御ユニット、センサー、およびアクチュエーター）、集積回路（IC）およびモジュールでの試験方法に分かれている。

ICの試験方法

　集積回路（IC）の測定による評価では、使用される方法は、コンポーネントと周辺回路の組合せによる大規模の導体構造ではなく、コンポーネント自体のみが評価されるように設計されている。その目的は、ICのEMC性能について、さまざまなアプリケーションとは独立して、より多くのことを見つけ出し、同じタイプのさまざまなIC間での比較を行うことにある。このための標準化された試験方法は、干渉放射に関する伝導および放射試験（IEC 61967、表3を参照）、電磁界に関する耐干渉性試験（IEC 62132、表3を参照）、パルスの送信と影響評価試験（IEC 62215、表3を参照）、およびESD（静電放電）の試験に分かれている。図6に、個別のICのピンにおける伝導妨害を測定するための試験回路の例を示す。

コンポーネントの測定方法

　実験室でのデバイスの評価では、放射を含む伝導試験が使用される。試験対象は常に標準化された条件の下で動作している必要がある。電源は、一様なワイヤーハーネスを模擬するために、車両の電源インピーダンス安定化回路網（LISN）を介して供給される。測定構成は、接地平面を備えた実験室のテーブル上に構築されるのが一般的である。試験対象は測定用周辺装置に接続され、その機能を現実に即して模擬する。外部からの影響の遮断を確実なものにするため、この試験構成での試験はシールドルーム（電磁遮蔽された部屋）内で実行される。

伝導妨害

　電源供給ラインの高周波の干渉電圧が電源インピーダンス安定化回路網内で容量デカップリングされ、干渉電流が適切な電流測定コイルを使用して測定される（CISPR 25、表2を参照）。

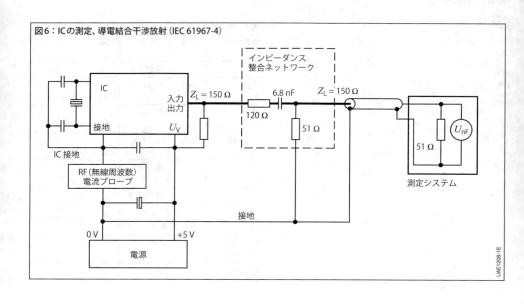

図6：ICの測定、導電結合干渉放射（IEC 61967-4）

パルス干渉排除性能の試験は、ISO 7637-2 (表2を参照) に準拠した標準化された試験パルスを生成する特殊なパルス発生器を使用して行われる。信号線や制御線へのパルス波形電磁ノイズのカップリングは、ISO 7637-3準拠の容量性カップリングクランプを使って再現される。高周波干渉放射の測定のため、パルスの干渉放射は、関連のスイッチおよびオシロスコープの使用により標準化された試験構成によって測定される。

高周波干渉のカップリングおよび干渉放射
耐干渉性試験

コンポーネント測定のための電磁波のカップリングは、TEM導波管 (ストリップラインに類似) とTEMセル (横方向の電磁界) または電力カップリング手順BCI (大容量電流注入) とアンテナによる放射を通じて達成する。

主測定構成は常に、シールドルームに配置された高周波用結合器、ワイヤーハーネス付きの試験対象、測定用周辺装置、高周波を生成する装置、測定値の記録および処理装置で構成される(図7)。

ストリップラインの場合は (ISO 11452-5、表2を参照)、電磁波の伝搬方向に従って、ワイヤーハーネスをストリップ状導体と基板の間に配置する。TEMセルを使用するときは (ISO11452-3)、試験対象とワイヤーハーネスの一部分とを、電磁波の伝搬方向と直交するように配置する。BCI法では (ISO 11452-4)、電流クリップを使い、ワイヤーハーネスにRF電流 (無線周波数) を流す。

試験構成に放射を行うときは、送信アンテナをさまざまな位置に配置する。このプロセスを通じて、ワイヤーハーネス内の電磁界のカップリングと試験対象内のカップリングの両方が再現される。

これらおよび、低周波電磁界の試験 (ISO 11452-8) や近隣の移動送信装置の干渉のカップリングの再現試験(ISO 11452-9)などの試験方法が、ISO 11452(表2)のそれぞれの部分に規定されている。

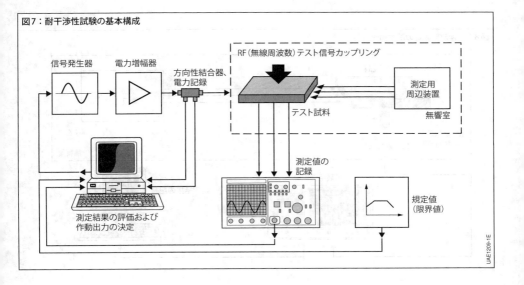

図7：耐干渉性試験の基本構成

干渉放射の測定

耐干渉性試験の測定原則は、基本的には干渉放射の測定にも使用することができる (CISPR 25)。TEM導波管、電流クリップ、およびアンテナは、試験対象によって放射される干渉の受信要素として機能する。干渉の測定を行うために、試験用受信装置は受信測定装置に直接接続する (図8)。

環境とのカップリングを解除するために、つまり、干渉放射の測定時にテスト試料によって生成された干渉のみが実際に測定されることを保証するため、また耐干渉性試験中の環境中の高周波信号の放射を最小化するために、高周波妨害値の測定は、電磁遮蔽されたシールドルーム内で行われる。放射信号を使用するときは、反射および共鳴を防止するために、高周波吸収材料を内張りしたシールドルームが使用される。

静電放電の試験方法

ESDの耐干渉性を評価するときは、特殊な高電圧パルス発生器が使用される。これらのパルス発生器では、平滑コンデンサーを充電し、さらにこれを放電抵抗器を介して所定の要領で放電することにより、ESDパルスが再現される。平滑コンデンサーの容量と放電抵抗器の抵抗値によって、出力エネルギーとパルスの形状が決定される。適切な放電プローブを使用し、所定のフラッシオーバーにより、あるいは接触後に発生器の放電スイッチを介して、ESDパルスをコントロールユニットのピンなどのカップリングポイントに作用させる。

車両での測定手順

耐干渉性の測定

高出力送信機が出す電磁界に対する車載電子システムの耐性試験は、特殊な無響室に置かれた車両で行われる (図9)。この試験では、高い強度を持った電界および磁界を生成し、試験車両全体をその電界、磁界にさらす (ISO 11451、表2)。

車両全体の干渉放射は、標準化されたオープンテストサイト内または無響室内で、外部アンテナを使用して行われる (IEC/CISPR 12、表2)。車両の電気システムおよび電子システムのノイズが車両内の電波受信性に与える影響は、高感度の試験用受信機またはスペクトルアナライザーを使用して測定される。測定は車両に元々付いていたアンテナをできる限り使って、

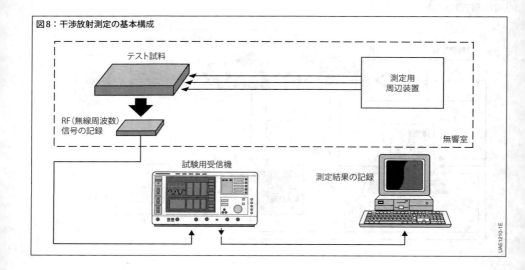

図8：干渉放射測定の基本構成

受信機の入力端子で行う。適切な試験回路を使用して、試験用受信機のインピーダンスを受信機ユニットの入力インピーダンスに合わせる。必要とされる限界値および帯域幅や高周波検出器などの測定パラメーターは、無線サービスの動作パラメーターから導かれる (IEC/CISPR 25)。

電磁両立性試験の選択

電気装置または電子装置の電磁両立性試験は、部品の応用分野と内部設計によって変わる。電子部品を内蔵しない単純な電磁装置は、電磁界に対する耐干渉性の試験を行う必要はない。電子部品が含まれるコンポーネントの場合は、さまざまな個別の試験を指定し、EMC試験計画を作成して実施する必要がある。

EMCシミュレーション

今日のEMC開発プロセスにおいては、EMC測定技術と同値のものとして数値計算法の適用が行われている。課題がどのようなものであるかに応じて、さまざまな計算法が使用される。どのような場合にも、干渉源、干渉を受ける可能性のある装置、およびカップリング経路の正確なモデル化が重要である。

導電性カップリングが主である場合または電気回路 (フィルターなど) の設計を試験する場合は、回路のシミュレーションプログラムを使用するのが一般的である。フィールドカップリングの影響が主である場合、または形状寸法 (電磁界の遮蔽用金属構造物やアンテナの形状寸法など) を試験する場合は、さまざまな方法を使用して電磁界の計算が行われる。

ユーザーは、解決を要する問題に合わせて、使用する方法を選択する必要がある。コンポーネントおよびシステムを設計するために個別のコンポーネントの開発および評価を行うときと、アンテナの最適な位置を決定するなど、車両全体の試験を行うときの両方に、EMCシミュレーションを使用することができる。

EMCシミュレーションの大きな利点は、さまざまなバリアント (異なるコンポーネントやさまざまな形状寸法構成を使用するなど) を、個別の設計モデルを構築および測定することなく、試験して比較できることである。

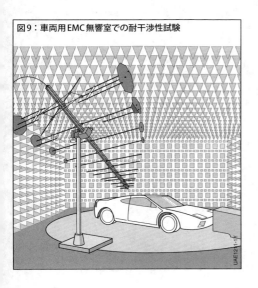

図9: 車両用EMC無響室での耐干渉性試験

1394 自動車の電気システム

法的要件および規格

EMC型式認定

自動車の電磁両立性については、車両の型式認定の際に他の要件（ブレーキ、灯火類、排気ガスなど）に加え、電磁界に対する耐干渉性に関する要件および最大許容干渉放射（干渉の抑止）に関する要件も満たす必要があることが、法律により定められている。現時点において適用されている2014年制定の指令UNECE R10, Revision 5 [1]は、1972年制定の指令をベースにして制定されたが、これには単に車両の干渉放射の抑制に関する要件のみが含まれていた。このとき以来、この指令は、技術の進歩に合わせて繰り返し何度も改訂されてきた。

現行の規定は、従来の自動車に関する要件だけでなく、充電機構を内蔵した電気自動車およびハイブリッド車両に関する要件も考慮した規定になっている。これらの車両は商用電源網に接続されるため、電源網から車両に侵入する干渉に対する適切な耐干渉性、および車両から電源網に侵入する干渉に関する限界値が保証されている必要がある。

車両の型式認定に必要な要件を満たす方法は2種類ある。通常は、車両メーカーが当該車両全体に関する型式認定試験を受けることになるが、当該電気モジュールおよび電子モジュールに対する型式認定を取得する方法もある。その場合、電磁界に対する耐干渉性および干渉放射に関する限界に加え、車両電気システムのパルスによる干渉に関する要件も満たす必要がある。

車両またはコンポーネントに関する型式認定手続きを規定している法規に加え、UNECE R10によっても試験方法および最大許容値が規定されている。この指令に規定されている試験方法は適用される国際標準規格（表2）に準拠していて、限界値および詳細な試験方法が明確に指定されている。

規定されている限界値が最低要件を表している。実際には単に指定された限界値を満たしているだけでは、車両における干渉のない受信および移動通信には不十分であることが多い。そのため車両メーカーは、当該車両のコンセプトに基づいて、耐干渉性の要件を厳しくし、干渉放射を抑制して干渉のない無線受信が行えるように、独自の顧客仕様を指定している。したがって、電気コンポーネントおよび電子コンポーネントの開発を行う際には、車両メーカーと車両電気システムの供給企業との間で打ち合わせを行うことによって、最初からこれらの要件を考慮に入れる必要がある。

規格

車両および電気／電子コンポーネントおよびシステムに関するさまざまな試験方法が、国際標準規格のISOおよびIEC/CISPRによって個別に指定されている（表2）。表3に示すIECの規格は、集積回路および半導体コンポーネントの測定方法に関するものである。通常は、これらの標準規格では、固定された限界値ではなく、限界値のクラスが指定されている。そのため、標準規格の使用者（車両メーカーおよびサプライヤー）は、個別の車両コンセプトに基づいて、耐干渉性および干渉放射に関する要件を技術的および経済的に最適に調整することができる。

電磁両立性 **1395**

表2：自動車およびコンポーネントに関する国際標準規格

耐干渉性

規格	表題

道路走行車両－伝導およびカップリングによる電気的妨害

規格	表題
ISO 7637-1	Part 1: Definitions and general considerations（定義および一般的事項）
ISO 7637-2	Part 2: Electrical transient conduction along supply lines only（電源供給配線のみに沿った電気的遷移の伝導）
ISO 7637-3	Part 3: Vehicles with nominal 12 V or 24 V supply voltage – Electrical transient transmission by capacitive and inductive coupling via lines other than supply lines（公称供給電圧 12 V または 24 V の車両－電源供給配線を除く配線の容量カップリングおよび誘導カップリングによる電気的遷移の伝播）
ISO/TR 7673-5	Part 5: Enhanced definitions and verification methods for harmonization of pulse generators according to ISO 7637（ISO 7637 に規定のパルス発生器の調和に関する定義の拡張および検証方法）

道路走行車両－狭帯域放射電磁エネルギーによる電気的妨害に関する車両試験法

規格	表題
ISO 11451-1	Part 1: General principles and terminology（概要および用語）
ISO 11451-2	Part 2: Off-vehicle radiation sources（車両外放射源）
ISO 11451-3	Part 3: Onboard transmitter simulation（車載送信装置のシミュレーション）
ISO 11451-4	Part 4: Bulk current injection (BCI)（バルク電流注入）

道路走行車両－狭帯域放射電磁エネルギーによる電気的妨害に関するコンポーネントの試験方法

規格	表題
ISO 11452-1	Part 1: General principles and terminology（一般原則および用語）
ISO 11452-2	Part 2: Absorber-lined shielded enclosure（高周波吸収材で覆われたシールドルーム）
ISO 11452-3	Part 3: Transverse electromagnetic mode (TEM) cell（横方向の電磁界セル）
ISO 11452-4	Part 4: Bulk current injection (BCI)（大容量電流注入）
ISO 11452-5	Part 5: Stripline（ストリップ線路）
ISO 11452-7	Part 7: Direct radio frequency (RF) power injection（無線周波数 (RF) 出力の直接注入）
ISO 11452-8	Part 8: Immunity to magnetic fields（磁界による干渉の除去性能）
ISO 11452-9	Part 9: Portable transmitters（移動式送信装置）
ISO 11452-10	Part 10: Immunity to conducted disturbances in the extended audio frequency range（拡大音響周波数における導電妨害に関する干渉除去性能）
ISO 11452-11	Part 11: Reverberation chamber（残響室）

ESD－静電放電

規格	表題
ISO 10605	Road vehicles – Test methods for electrical disturbances from electrostatic discharge（道路走行車両－静電放電による電気的妨害の試験方法）

干渉放射

規格	表題

車両、船舶、および内燃エンジン

規格	表題
IEC/CISPR 12	Radio disturbance characteristics –Limits and methods of measurement for the protection of off-board receivers（無線妨害特性－車外受信装置の保護に関する限界値および測定方法）
IEC/CISPR 25	Limits and methods of measurement for the protection of on-board receivers（車載受信装置の保護に関する限界値および測定方法）

1396 自動車の電気システム

表3：半導体コンポーネント（IC）に関する国際標準規格

パルス

規格	表題
集積回路－パルスによる干渉の除去性能の測定	
IEC/TS 62215-2	Part 2: Synchronous transient injection method（同期遷移注入法）
IEC 62215-3	Part 3: Non-synchronous transient injection method（非同期遷移注入法）

耐干渉性

規格	表題
集積回路－電磁干渉除去性能の測定	
IEC 62132-1	150 kHz to 1 GHz – Part 1:General conditions and definitions（150 kHz ～ 1 GHz －その1：一般的条件および定義）
IEC 62132-2	Part 2: Measurement of radiated immunity – TEM cell and wideband TEM cell method（放射干渉除去性能－TEMセルおよび広帯域TEMセルによる方法）
IEC 62132-3	150 kHz to 1 GHz – Part 3:Bulk current injection (BCI) method（150 kHz ～ 1 GHz －その3：バルク電流注入法）
IEC 62132-4	150 kHz to 1 GHz – Part 4: Direct RF power injection method（150 kHz ～ 1 GHz －その4：RF出力直接注入法）
IEC 62132-5	150 kHz to 1 GHz – Part 5: Workbench Faraday cage method（150 kHz ～ 1 GHz －その5：ワークベンチでのファラデー箱による方法）
IEC 62132-6	150 kHz to 1 GHz – Part 6: Local injection horn antenna (LIHA) method（150 kHz ～ 1 GHz －その6：局部注入ホーンアンテナ（LIHA）による方法）
IEC 62132-8	Part 8: Measurement of radiated immunity – IC stripline method（放射干渉除去性能の測定－ICストリップ線路による方法）
IEC/TS 62132-9	Part 9: Measurement of radiated immunity – Surface scan method（放射干渉除去性能の測定－表面スキャン法）

干渉放射

規格	表題
集積回路－電磁放射の測定	
IEC 61967-1	150 kHz to 1 GHz – Part 1: General conditions and definitions（150 kHz ～ 1 GHz －その1：一般的条件および定義）
IEC/TR 61967-1-1	Part 1: General conditions and definitions – Near-field scan data exchange format（一般的条件および定義－近接場スキャンデータ交換フォーマット）
IEC 61967-2	150 kHz to 1 GHz – Part 2: Measurement of radiated emissions – TEM cell and wideband TEM cell method（150 kHz ～ 1 GHz －その2：放射干渉の測定－TEMセルおよび広帯域TEMセルによる方法）
IEC/TS 61967-3	150 kHz to 1 GHz – Part 3: Measurement of radiated emissions – Surface scan method（150 kHz ～ 1 GHz －その3：放射干渉の測定－表面スキャン法）
IEC 61967-4	150 kHz to 1 GHz – Part 4: Measurement of conducted emissions; 1 Ohm /150 Ohm direct coupling method（150 kHz ～ 1 GHz －その4：導電放射の測定－1オーム／ 150オーム直接カップリング法）
IEC/TR 61967-4-1	150 kHz to 1 GHz – Part 4-1: Measurement of conducted emissions – 1 Ohm /150 Ohm direct coupling method – Application guidance to IEC 61967-4（150 kHz ～ 1 GHz －その4-1：導電放射の測定－1オーム／ 150オーム直接カップリング法－ IEC 61967-4の応用指針）
IEC 61967-5	150 kHz to 1 GHz – Part 5: Measurement of conducted emissions; Workbench Faraday cage method（150 kHz ～ 1 GHz －その5：導電放射の測定、ワークベンチでのファラデー箱による方法）
IEC 61967-6	150 kHz to 1 GHz – Part 6: Measurement of conducted emissions – Magnetic probe method（導電放射の測定－磁気プローブによる方法）
IEC 61967-8	Part 8: Measurement of radiated emissions – IC stripline method（放射干渉の測定－ICストリップ線路による方法）

追加参考文献：

[1] UNECE R10, Revision 5: Uniform provisions concerning the approval of vehicles with regard to electromagnetic compatibility

シンボル（記号）および回路図

自動車の電気システムには、安全性、快適性ならびに操作／利便性を制御・管理するための多数の電気／電子装置がある。複雑な車両電気システムの回路を概観するには、回路記号および回路図が欠かせない。回路図には配線図や端子図があり、これらを適宜使い分けることでトラブルシューティングや追加機器の取付けが容易になるほか、車両に電装機器を後付けまたは交換する際の誤接続防止に役立つ。

回路記号

規格

車両電気システムの回路図に頻出する、規格化された回路記号を表1に掲げる。多少の例外はあるが、これらの記号は国際電気標準会議（IEC）規格に定める回路記号に対応している。

欧州規格EN 60617（線図に使用する図記号[1]）は国際規格のIEC 60617に準拠している。EN 60617には、3言語の公式版があり（ドイツ語、英語、フランス語）、図記号要素、限定図記号のほか、とりわけ以下の分野の回路記号が規定されている。一般（Part 2）、導体および接続部（Part 3）、ベーシック受動素子（Part 4）、半導体および電子管（Part 5）、電気エネルギーの発生／変換部（Part 6）、開閉装置、制御機器および保護機器（Part 7）、計測装置、インジケーターおよび信号機器（Part 8）、通信：スイッチングおよび周辺機器（Part 9）、通信：伝送機器（Part 10）、建造物の構造に即した配線図と回路（Part 11）、バイナリロジック素子（Part 12）およびアナログ素子（Part 13）。

要件

回路記号は回路図を構成する最小要素であり、電装機器またはその部品を単純化した図形で表す。回路記号は機器の作動原理を示し、回路図中では技術シーケンスの機能的相関関係を表す。回路記号では機器の形状寸法や接続位置などを考慮することはしない。抽象化することで初めて、回路の概要を図式化できるからである。

回路記号には、覚えやすいこと、容易に理解できること、図が複雑化しないこと、所属グループがはっきり分かることが要求される。

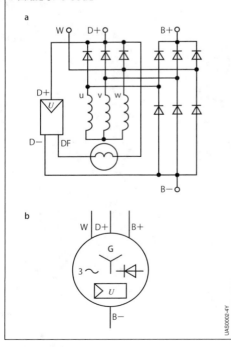

図1：回路図と回路記号、レギュレーター付きオルタネーターの例
回路記号（b）にはオルタネーターを示すGの文字のほか、3個の巻線（位相）、星形結線、ダイオード、およびレギュレーターが描かれている。

a 内部回路による表記
b 回路記号による表記

回路記号は回路図記号要素と限定図記号から成る。限定図記号の例としては、文字、数字、記号、数学上の記号とシンボル、単位記号、特性曲線などがある。

機器の内部回路を忠実に再現すると回路図があまりに複雑になる場合（図1a）、または回路の詳細を記すまでもなく機器の機能を特定できる場合は、回路図中で当該機器を（内部回路を省略した）単一回路記号で表すことができる（図1b）。

単一コンポーネントに多数の機能を統合したスペース効率の高い部品（集積回路（IC）など）の場合は、単純化した回路表記が好んで用いられる。

表記

回路記号は物理量の作用を受けていない状態、すなわち通電されず、機械的に休止している状態を表記する。作動時の状態がこの標準表記（基本状態）と異なる場合は、回路記号に二重矢印を付記してそのことを示す（図2）。

回路記号とその接続線（電気配線または機械的リンクを示す）は、同じ太さの線で表す。

接続線の不必要な曲折と交差を避けるため、回路記号を90°単位で回転できる。また、それによって意味が変化することがなければ、反転表記することができる。接続線は、回路記号から任意の方向に引き出してかまわない。例外は抵抗器類（接続線を必ず短辺につなぐ）と電気機械式ドライブ（接続線を必ず長辺につなぐ）である（図3）。

分岐部には、点付きまたは点なしの2通りの表記法がある。点なしの交差は、電気的接続が存在しないことを示す。機器の接続箇所を逐一図示することはまずない。着脱の必要がある場合にかぎり、接続箇所、プラグ、ジャックまたはネジ式接続部を回路記号を使って表記する。それ以外の接続箇所は一般に点で表わす。

共通の駆動部により操作される接点要素は実体配線図によって表し、機械的リンク記号（- - -）で操作時の動作方向が分かるようにする（図4）。

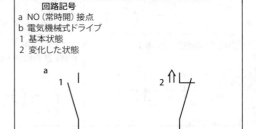

図2：基本状態と作動状態で様子が異なる電装機器の回路記号
a NO（常時開）接点
b 電気機械式ドライブ
1 基本状態
2 変化した状態

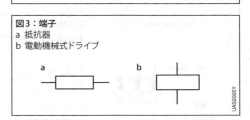

図3：端子
a 抵抗器
b 電動機械式ドライブ

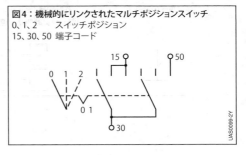

図4：機械的にリンクされたマルチポジションスイッチ
0、1、2　スイッチポジション
15、30、50　端子コード

1400 自動車の電気システム

表1：回路記号例（EN 60617規格からの抜粋）

接続部	機械的機能	
配線：接続部なし／あり	スイッチ位置：実線が初期位置 	可変式／可動式、非固定（外部要因）：一般記号
シールドされた配線 		可変式／可動式、固定、与えられた物理的変数によるもの：直線／非直線
機械的連結、電気配線（後から取り付け） 		可変式／可動式：一般記号
交差部：接続部なし／あり	マニュアル作動：センサー（カム）による作動／温度作動（バイメタル） 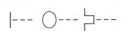	**スイッチ類**
接続部、端子：一般記号	ラッチ：矢印方向へのマニュアル／オート復帰（ボタン） 	押しボタンスイッチ：開接点／閉接点
プラグ接続部、ソケット、プラグ、三連プラグ接続部 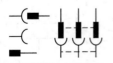	作動：一般記号（機械的、空気圧、液圧）／ピストン作動 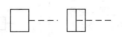	ラッチスイッチ：開接点／閉接点
アース（装置／車両のアース）	作動記号：回転速度 n／圧力 p／量 Q／時間 t／温度 $t°$ 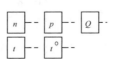	切換えスイッチ：遮断／接続

シンボル（記号）および回路図　**1401**

スイッチ類	コンポーネント類	
中間位置付き二方向開接点 （例：ターンシグナルスイッチ） 	単リレー 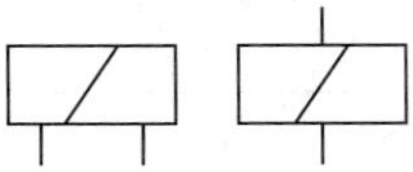	抵抗器 
開接点／閉接点 	並列リレー 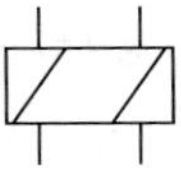	ポテンショメーター （ターミナル3箇所） 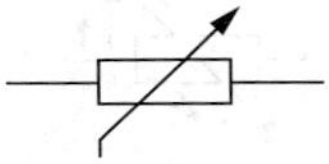
二連開接点 	対向リレー 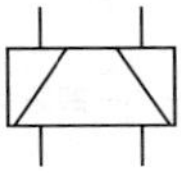	ヒーター抵抗器、グロープラグ、 発火プラグ、ウィンドウヒーター 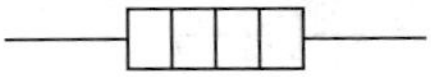
マルチポジションスイッチ 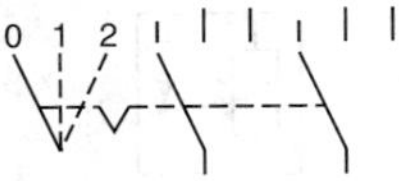	電熱アクチュエーター、サーマルリレー 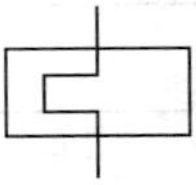	アンテナ 
カム式スイッチ （例：ブレーカー接点） 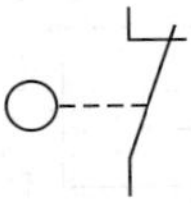	電熱アクチュエーター、ソレノイド 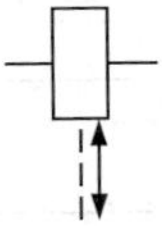	ヒューズ 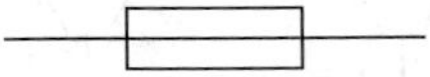
サーモスタットスイッチ 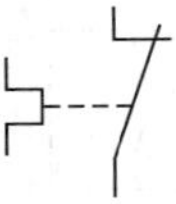	ソレノイドバルブ、閉 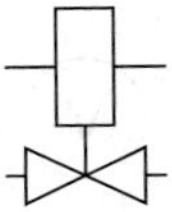	永久磁石 
リリース／トリップ装置 	リレー （アクチュエーターおよびスイッチ） 例：瞬時動作NO接点および限時復帰の NC接点 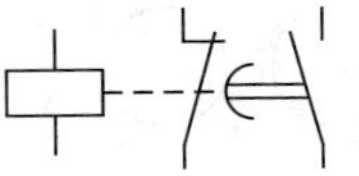	巻線、誘導 

UAS1246E

コンポーネント類	自動車に搭載されている装置類	
PTC 抵抗器 	一点鎖線は境界または回路部の輪郭を示す 	バッテリー
NTC 抵抗器 	シールド装置：破線はアース接続されている 	ソケット接続
ダイオード、三角矢印方向への流れ：一般記号 	レギュレーター：一般記号 	ランプ、ヘッドランプ
PNP トランジスター NPN トランジスター E = エミッター(矢印は流れの方向) C = コレクター、プラス B = ベース(水平)、マイナス 	エレクトロニックコントロールユニット 	ホーン、ファンファーレホーン
発光ダイオード(LED) 	汎用／電圧計／時計 	リアウィンドウヒーター (一般ヒーター抵抗器)
ホール発電機 	タコメーター(回転計)／温度計／速度計 	スイッチ：一般記号(表示灯なし) スイッチ：一般記号(表示灯あり)

自動車に搭載されている装置類

プレッシャー(圧力)スイッチ	スパークプラグ	電動ブロワー、ファン
リレー	イグニッションコイル	ソレノイドスイッチ付きスターターモーター(内部回路なし/あり)
ソレノイドバルブ、フューエルインジェクター、コールドスタートバルブ	イグニッションディストリビューター	ワイパーモーター(1/2ワイパースピード)
サーモスタットスイッチ	ボルテージレギュレーター 	
スロットルバルブスイッチ	レギュレーター付きオルタネーター(内部回路なし/あり)	間欠ワイパーリレー 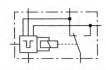
ロータリーアクチュエーター		
エアバルブ付き電熱アクチュエーター	電動フューエルポンプ/油圧ポンプ用モーター	カーラジオ

自動車に搭載されている装置類

スピーカー 	圧電センサー 	速度センサー
電圧安定器、スタビライザー 	抵抗センサー 	ABS回転数センサー
誘導型センサー（参照点で制御） 	エアフローセンサー 	ホールセンサー
ターンシグナルフラッシャー、 パルスジェネレーター、間欠リレー 	エアマスメーター 	変換機 （量、電圧）
ラムダセンサー （ヒーター付き／なし） 	流量センサー、フューエルレベル センサー 温度スイッチ、温度センサー 	誘導型センサー

インストルメントクラスター装置（ダッシュボード）

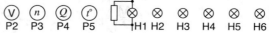

回路図

　回路図は電装機器をシンボルで図示したもので、必要に応じてイラスト（記号）や簡単なブロック図を含む。回路図は各々の装置間の関係を図解し、それらの装置が互いにどのように接続されているかを示すものである。回路図を補うものとして、表、グラフ、あるいは解説などが付けられることもある。実際に使用する回路図の種類は、その図を作成する特定の目的（あるシステムの作動を図解するなど）や、その回路を図示する方法によって決まる（図5）。

　「読み取り易さ」に配慮して、回路図は以下の要件を満たす必要がある。
– 回路図は、該当する規格の要求項目に適合していること。また、要求項目から逸脱する場合は、説明を加える。
– 電流または機械的操作経路が、回路図の左から右、上から下に向かうように、各回路を配置する。

　車両電気システムのブロック図では、通常、入力部と出力部のみを表示し、内部の回路は省略する。それにより、システムまたは装置の機能を素早く把握できるようにする。配線図は、回路構成を詳細に表し、機能の識別と修理を容易にする目的で作成する。作図には（回路記号レイアウトの異なる）複数の表記法が用いられる。（機器上の端子の位置を示す）端子図は、アフターセールスサービスにおいて機器を交換または後付けする際に使われる。

　作図法により、以下の区別がなされる。
– 単線図／複線図、および
– （回路記号のレイアウトによって区分される）実体配線図、準実体配線図、概略図、配置図。同一回路図内でこれらを組み合わせて用いることもできる。

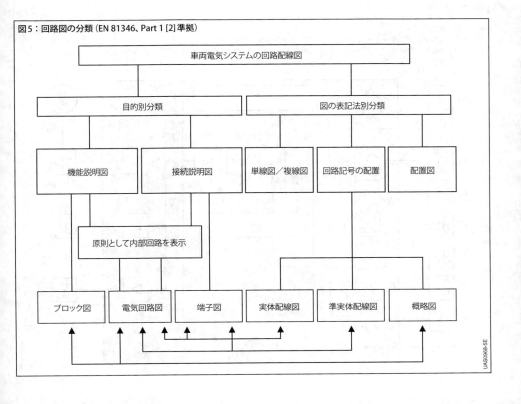

図5：回路図の分類（EN 81346、Part 1 [2] 準拠）

ブロック図

ブロック図は回路の概要を簡略表示するもので、図示されるのは基本構成部品のみである（図6）。電気システムまたはその一部の働き、デザイン、構成、機能を大まかに概観するために用いられ、これで概要を把握した後に、詳しい回路資料（配線図）で細部を確認するといった使い方をされる。

機器は正方形、長方形または円で表し、識別のためにEN 60617 Part 2に準じた限定図記号を添える。ケーブルは多くの場合、単線で表す（単線図）。

配線図

配線図は特定の回路を詳細に図示したものであり、個々の回路を明確に表示することで、1つの電気回路の作動を説明する。配線図で重要なことは、回路の作動を明確に図示し、図の判読が容易なことである。回路の個々のコンポーネントやそれらの空間的な位置関係を示そうとするあまりに、回路の作動の明確性を損なってはならない。図7に、スターターモーターの電気回路を表す実体配線図と概略図を掲げる。

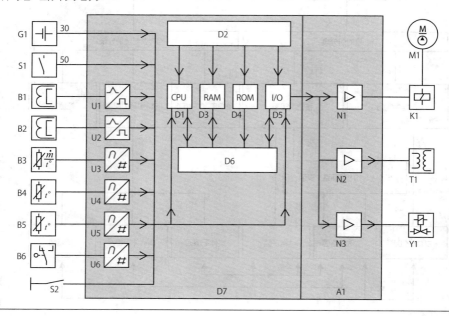

図6：ブロック図の例（モトロニックECU）
A1 ECU
B1 エンジン回転数センサー　　B2 基準マークセンサー
B3 エアマスセンサー　　B4 吸気温度センサー
B5 エンジン温度センサー　　B6 スロットルバルブスイッチ
D1 演算ユニット（CPU）　　D2 アドレスバス　　D3 メインメモリー（RAM）
D4 プログラムデータメモリー（ROM）　　D5 入出力部
D6 データバス　　D7 マイクロコンピューター
G1 バッテリー　　K1 ポンプリレー　　M1 電動フューエルポンプ
N1～N3 出力ステージ
S1 イグニッション／スタータースイッチ　　S2 マップ切換えスイッチ
T1 イグニッションコイル　　U1～U2 パルス整形器　　U3～U6 アナログ／デジタルコンバーター
Y1 フューエルインジェクター

シンボル（記号）および回路図 **1407**

配線図には以下が含まれている必要がある。
- 回路
- 装置名（EN 81346、Part 2、[2]）、および
- ピン名称と端子コード（DIN 72552、[3]）

配線図には以下を含めることができる。
- 内部回路を含む詳細図（テスト、トラブルシューティング、メンテナンス、交換（後付け）を容易にするため）
- 回路記号の位置および接続先を簡単に探すための参照コード（特に概略図の場合）

回路の表記

配線図では一般に、接続線を複数の線で表す（複線図）。回路記号のレイアウトには、EN 81346 Part 1に準拠した以下の方法があり、同一の回路図内で複数のレイアウト法を組み合わせることができる。

実体配線図：

機器を構成する部品をすべて互いに接するようにまとめて配置した状態で表示し、各部の接続は二重線、機械的なリンクの場合には破線で表す。この図法は単純な回路を表すのに適している。構成が複雑でなければ、見通しのよい回路図が得られる（図7a）。

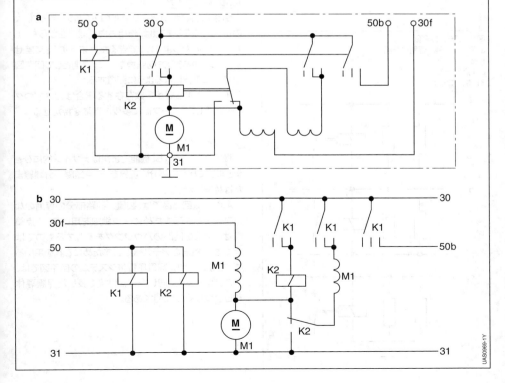

図7：並列動作するKB型スターターモーターの配線図、2通りの表記方法
a 実体配線図
b 概略図
K1 制御リレー　　K2 ソレノイドスイッチ、保持コイルおよびプルインコイル
M1 スターターモーター（直列巻線と分路巻線）
30、30f、31、50b　端子コード

1408 自動車の電気システム

概略図：

電装機器部品を示す回路記号を離して、個々の電流経路を容易にトレースできるようにレイアウトする（図7b）。個々の機器またはその部品の実際の空間的関係は考慮しない。電流経路をできるだけ直線で明瞭に、かつ交差のないように表すことに主眼が置かれる。この図法の主な目的は、回路の機能を明瞭に示すことにある。

個々の部品の関連性を明示するため、EN 81346 Part 2に規定された装置名を用いる。ばらばらに表示した個々の回路記号に、それがどの機器に属するかを示す識別コードを付ける。簡略表示した機器については、回路を理解する上でそれが必要な場合は、回路図のどこかに完全な組み立て図を別途記載する。

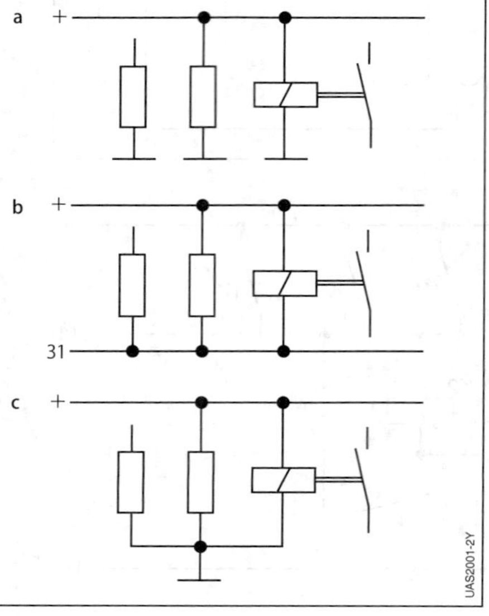

配置図：

配置図では、回路記号の配置を機器または部品内の空間的位置関係に完全に、または部分的に対応させる。

アース接続図

自動車では一般に、構成が単純という理由から、アース（車両の金属部品）をリターンラインとして用いる単一導体システムが好んで用いられる。個々のアース部品間の電気的接続を完全に保証できない場合、または電圧が42 Vを超える場合は、アースに対し絶縁したリターンラインを追加設置する。

回路図中、アース記号で示されたアース箇所は、機器または車両のアースを介して、すべて互いに電気的に接続される。

アース記号付きで図示された機器は必ず、車両のアースに、導通が確保されるように接続する必要がある。

図8にアース接続図の各種図法を示す。

電流経路とライン

回路は明瞭かつ分かりやすくレイアウトする。個々の電流経路を示す線は、作用方向が図の左から右、上から下に向かうように、できるだけまっすぐ、交差せず、かつ途中での方向転換なしに、原則として回路図の枠線に平行になるように配置する。

平行して走る線が多数存在する場合は、3本ずつグループ化し、グループ間に多少の間隔を持たせる。

境界線と枠線

機器／部品のうち、機能的またはデザイン的にひとまとまりになった部分の境界を、一点鎖線の分離線または枠線で示す。

車両電気回路図では、装置／回路部分の導通のないフレームを表すために一点鎖線を用いる。一点鎖線は必ずしも回路のハウジングを意味するものではなく、また機器のアース線を表すためにこれを用いることもない。他方、高電圧電気システムの回路図では、このフレームを、同じく一点鎖線で表した保護導体（PE）とつなぐことがよくある。

図8：アース接続図
a アース記号を個別に表記
b 多点アース
c 1点アース
31 端子コード

UAS2001-2Y

線の中間部分の省略、識別コード、接続先名

　配線図において、長い領域にまたがる接続線（導線と機械的リンク）は、分かりやすさのため中間部分を省略することができる。その場合、図示されるのは接続線の両端のみとなる。途中を省略した線の端点には、つながりを明示的に示す。そのために識別コードと接続先名を使用する（図9）。

　途中を省略した線の両方の端点に同じ識別コードを記す。識別コードして、DIN 72552準拠の端子コード（図9a）、作動原理仕様、および英数字テキストによる説明を用いる。

　接続先名は括弧（ ）で囲み、識別コードとの混同を防ぐ。接続先名は接続先セクション番号で表記する（図9b）。

セクション名

　セクション名は回路図上部に記載し、個々の回路部分の機能を表す（かつては、「電流経路」と呼ばれていた）。セクション名には3種類の表記法がある。
- 左から右に連続番号を等間隔で配置する（図10a）
- 回路セクションの内容の説明を表記する（図10b）、または
- 両者を組み合わせる（図10c）

コード

　回路図において、機器、部品、または回路記号はEN 81346 Part 2準拠の文字／数字コードで識別する。識別文字は回路記号の左または下に配置する。

　規格にある、装置の種類を示す限定図記号は、一意性が損なわれないことを条件に省略することができる。

　ある機器が別の機器の構成部品である場合、機器のネスティングという。たとえば、ソレノイドスイッチK6を内蔵したスターターM1がこれに当たる。この場合、機器名（装置名）は、– M1 – K6となる。

　概略図に関連する回路記号のコードを記載する場合は、1台の機器に含まれ、個別表記した回路記号のそれぞれに共通する装置名を付記する。

図9：中間省略箇所の表記
a 端子コード表記による（例：端子15）
b 接続先名表記による（例：セクション8と2）

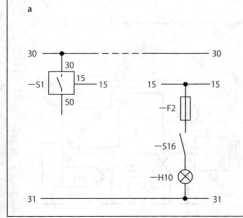
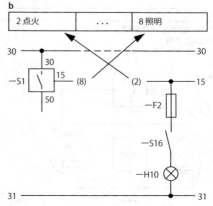

ピンコード (例：DIN 72552準拠) は、回路記号の外、枠線がある場合は、できれば枠線の外に記載する。

電流経路を横線で表す場合、個々の回路記号の説明を対応する回路記号の下に記す。端子コードは当該回路記号のすぐ外、接続線の上方に記載する。

電流経路を縦線で表す場合、個々の回路記号の説明を対応する回路記号の左隣に記す。端子コードは当該回路記号のすぐ外、図が横長の場合は接続線の右、縦長の場合は接続線の左隣に配置する。

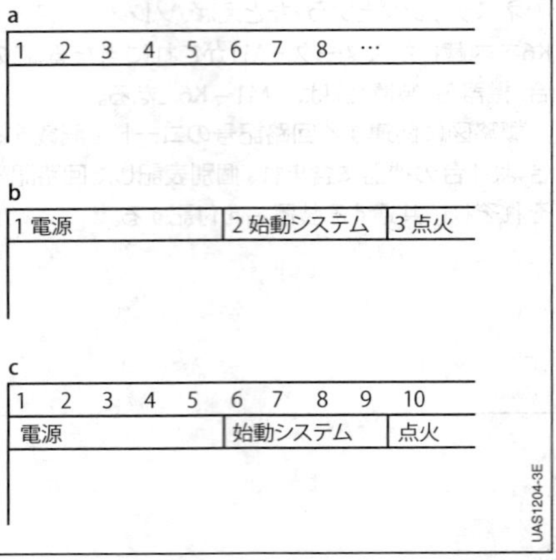

端子図

端子図には電装機器端子の配置と外部接続、必要に応じて内部の導体接続 (配線) を表記する。

表記

個々の機器は正方形、長方形、円または回路記号で表す。そのほか絵文字を用いることもある。回路記号は、個々の機器の位置関係を維持しつつ適宜配置することができる。端子の位置は円、点、プラグインコネクターで表すほか、外に向けて引き出したリード線で端子位置を表すこともある。

車両電気システムの回路図は一般に以下の方法で表記される。
- 実体配線図、EN 60617準拠の回路記号を使用 (図11a)
- 実体配線図、機器を絵文字で表記 (図11b)
- 概略図、機器を回路記号で、端子を接続先名で表記 (図12a)。線のカラーコーディングが可能
- 概略図、機器を絵文字で、端子を接続先名で表記 (図12b)。線のカラーコーディングが可能

図10：セクション名の表し方
a 一連番号
b セクション名
c aとbの組み合わせ

図11：端子図の例 (実体配線図)
a 回路記号を使用
b 装置の絵文字を使用

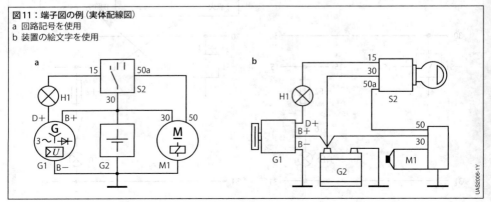

コード

機器は EN 81346 Part 2 の装置名で識別する。端子とプラグインコネクターは、機器の図に添えた端子コードで識別する (図11)。

簡略配線図の場合、個々の機器間の連続接続線を省略する。機器から外に向かう線にはすべて、接続先の機器名（装置名）と端子コードからなる接続先名 (EN 81346 Part 2) を記し、必要に応じてカラーコーディングすることもできる (図13)。

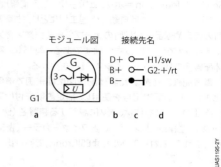

図13：装置名
(例：オルタネーター)
a 装置名 (コード文字＋識別番号)
b 装置の端子コード
c 装置のアース接続
d 接続先
　（コード文字＋識別番号、端子コード、ワイヤーカラー）

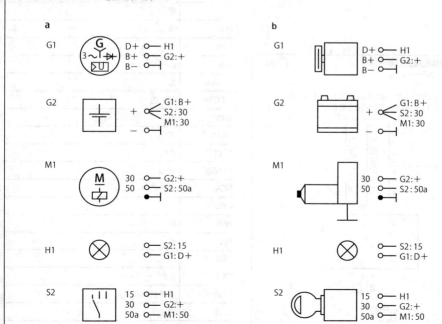

図12：端子図（概略図）
a 回路記号と接続先名による表記
b 装置の絵文字と接続先名による表記
G1 オルタネーター（レギュレーター付き） G2 バッテリー H1 オルタネーターインジケーターランプ
M1 スターターモーター S2 イグニッション／スタータースイッチ
15、30、50、50a ラインの電位（例、端子15）

1412 自動車の電気システム

実体配線図

　自己診断機能を備えた複雑に入り組んだネットワークシステムのトラブルシューティング用に、Bosch社はシステム固有の電気配線図を作成した。さらに、多くの自動車に使用されている一連のシステムについて実体配線図を作成、ESI[tronic]（Bosch Electronic Service Information＝ボッシュ電子サービス情報）として提供する。これは自動車修理工場にとり、故障箇所の特定や部品後付け時のケーブル接続作業を容易にするうえで大いに役立つはずである。図15に、実体配線図の例（ドアロックシステム）を掲げる。

　電気配線図と異なり、実体配線図には米国で慣例化されている配線記号を使用し、補足説明を付けている（図14）。これには、表2に説明する装置名（例：「A28」＝盗難防止システム）とワイヤーカラー（表3）が含まれる。これら2つの表はESI[tronic]で呼び出すことができる。

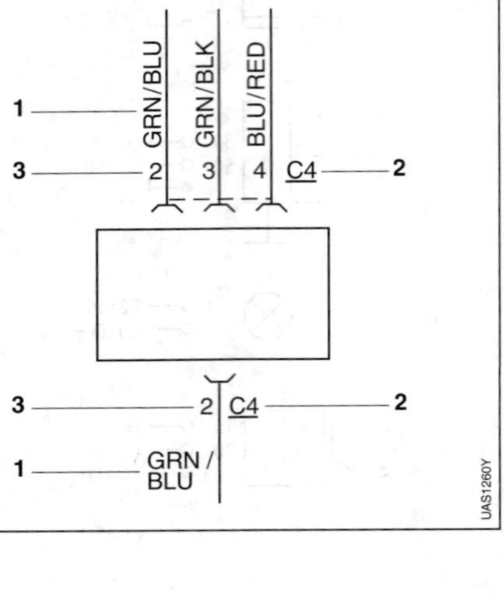

表2：装置コードの説明

コード	名称
A1865	電動調整式シートシステム
A28	盗難防止システム
A750	ヒューズボックス、リレーボックス
F53	ヒューズC
F70	ヒューズA
M334	供給ポンプ
S1178	警報ブザースイッチ
Y157	真空アクチュエーター
Y360	アクチュエーター、FRドア
Y361	アクチュエーター、FLドア
Y364	アクチュエーター、RRドア
Y365	アクチュエーター、RLドア
Y366	アクチュエーター、フューエルタンクキャップ
Y367	アクチュエーター、ロック、トランクルーム、トランクリッド、テールゲート

表3：ワイヤーカラーコードの説明

コード	名称
BLK	黒
BLU	青
BRN	茶
CLR	透明
DK BLU	藍
DK GRN	暗緑色
GRN	緑
GRY	灰
LT BLU	水色
LT GRN	黄緑
NCA	未定義色
ORG	橙
PNK	桃
PPL	紫
RED	赤
TAN	肌色
VIO	すみれ
WHT	白
YEL	黄

図14：実体配線図の補足説明
1　ワイヤーカラー
2　コネクター番号
3　ピン番号（ピンを結ぶ破線は、当該ピンすべてが同一コネクターに属していることを示す）

シンボル（記号）および回路図

図15：ドアロックシステムの実体配線図（例）

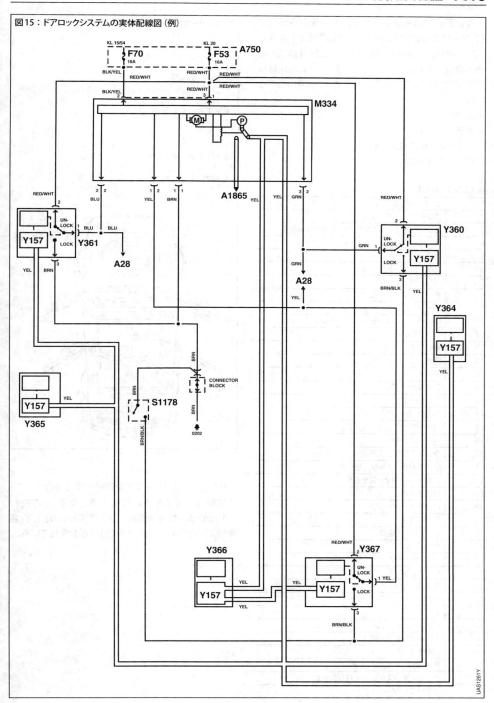

実体配線図は多数のシステム回路図から構成され、場合によってはサブシステム回路図まで存在する（表4を参照）。ESI[tronic]のシステム回路分類はその他の類似システムに準じており、各システム回路は以下の4つのアセンブリーグループの1つに割り当てられる。
- エンジン
- ボディ
- シャーシ／サスペンション
- ドライブトレイン

表4：システム回路

1	エンジン制御
2	スターター／充電回路
3	エアコンディショニング／ヒーター (HVAC)
4	ラジエターファン
5	ABS
6	クルーズコントロール
7	パワーウィンドウ
8	集中ロックシステム
9	メーターパネル
10	ワイパー／ウォッシャーシステム
11	ヘッドライト
12	車外照明
13	電源
14	アース
15	データケーブル
16	シフトロック
17	盗難防止
18	パッシブセーフティシステム
19	パワーアンテナ
20	ウォーニングシステム
21	熱線入りウィンドウ／ミラー
22	補助セーフティシステム
23	車内照明
24	パワーステアリング
25	ミラー調整
26	ソフトトップ開閉
27	ホーン
28	トランクルーム、テールゲート
29	シート調整
30	電子式ダンパー
31	シガレットライターソケット
32	ナビゲーション
33	トランスミッション
34	アクティブボディ部品
35	振動ダンパー
36	携帯電話
37	オーディオシステム、Hi-Fiシステム
38	イモビライザー

図16：アース箇所
1 フェンダー FL
2 車両フロントエンド
3 エンジン
4 ファイアウォール
5 フェンダー FR
6 フットウェルウォール／メーターパネル
7 ドア FL
8 ドア FR
9 ドア RL
10 ドア RR
11 A ピラー
12 パッセンジャーセル
13 ルーフ
14 車両リアエンド
15 C ピラー
16 B ピラー

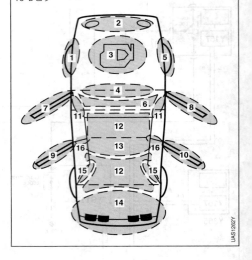

特に、アクセサリーなどを後付けする場合に、アース位置を知ることが非常に重要となる。このためESI[tronic]には、実体配線図を補完するものとして、各車両に固有のアース位置図（図16）が含まれている。

電装機器の装置名

回路図において回路記号で表したシステムや部品などを、誰が見ても一意的に理解できるようにするために、EN 81346 Part 2 準拠の装置名（表5）を付記する。装置名は定義された限定図記号、文字、および番号で構成され、回路記号の横に表記する（図17）。

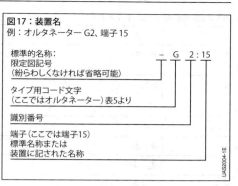

表5：電装機器を表すコード文字（EN 81346-2 準拠）

コード文字	タイプ	例
A	システム、アセンブリー、コンポーネントグループ	ABSのコントロールユニット、車載サウンドシステム、自動車用無線電話、自動車電話、盗難防止システム、装置アセンブリー、制御装置、電子制御装置（ECU）、クルーズコントロール
B	非電気量を電気量に、または電気量を非電気量に変換するコンバーター	基準位置信号トランスミッター、プレッシャースイッチ、ファンファーレホーン、ホーン、λセンサー（O_2センサー）、スピーカー、エアフローセンサー、マイクロホン、オイルプレッシャースイッチ、各種センサー、イグニッショントリガー
C	コンデンサー	各種コンデンサー
D	バイナリー素子、メモリー	オンボードコンピューター、デジタル機器、集積回路（IC）、パルスカウンター、磁気テープレコーダー
E	各種の装置／機器	ヒーター、エアコンディショニングシステム、ランプ、ヘッドライト、スパークプラグ、イグニッションディストリビューター
F	保護装置	トリガー（バイメタル）、極性保護装置、ヒューズ、電流保護回路
G	電源、オルタネーター	バッテリー、オルタネーター、チャージャー
H	確認／警告装置、シグナル装置、信号装置	音響信号装置、表示ランプ、ターンシグナルインジケーター、ターンシグナルランプ、ブレーキパッド磨耗警告灯、ストップランプ、ハイビームインジケーターランプ、オルタネーター充電インジケーター、インジケーターランプ、シグナル装置、オイルプレッシャーインジケーター、光学シグナル装置、信号ランプ、警告ブザー
K	リレー、コンタクター	バッテリーリレー、ターンシグナルフラッシャー、ターンシグナルリレー、ソレノイドスイッチ、始動リレー、ハザードフラッシャー
L	インダクタンス	インダクタンスコイル、コイル、巻線
M	モータータイプ	ブロワーモーター、ファンモーター、ABS/TCS/ESP油圧モジュレーター用ポンプモーター、ウインドシールドウォッシャー／ワイパーモーター、スターターモーター、サーボモーター
N	レギュレーター、アンプ	レギュレーター（電子制御式または電気機械式）、ボルテージスタビライザー

1416 自動車の電気システム

表5：電装機器を表すコード文字（続き）

コード文字	タイプ	例
P	テスター	電流計、診断ソケット、回転数計、圧力計、タコグラフ、測定箇所、点検箇所、速度計
R	抵抗	シース形グロープラグ、フレームグロープラグ、ヒーター抵抗器、NTC抵抗器、PTC抵抗器、ポテンショメーター、制御レジスター、直列レジスター
S	スイッチ	各種スイッチと操作ボタン、点火用コンタクトブレーカー
T	変圧器	イグニッションコイル、点火変圧器
U	変調装置、コンバーター	DCコンバーター
V	半導体、真空管	ダーリントン素子、ダイオード、電子管、整流器、半導体各種、可変容量ダイオード、トランジスター、サイリスター、ツェナーダイオード
W	伝送路、ライン、アンテナ	車両アンテナ、シールド部品、シールド線、各種ライン、ラインの束、アース（コレクター）ライン
X	端子、プラグ、プラグインコネクター	ネジ端子、各種電気端子、スパークプラグコネクター、端子、端子板、電気ケーブルカプラー、ラインコネクター、プラグ、ソケット、プラグコネクター、（マルチ）プラグインコネクター、ディストリビューターコネクター
Y	電動機器	永久磁石、（電磁式）フューエルインジェクター、電磁クラッチ、電磁ブレーキ、電動エアスライダー、電動フューエルポンプ、電磁石、電動スタートバルブ、トランスミッションコントロール、リニアソレノイド、キックダウンソレノイドバルブ、ヘッドライト光軸コントロール、レベルコントロールバルブ、切換えバルブ、スタートバルブ、ドアロック、集中ロックシステム、補助エアスライダー
Z	電気（信号）フィルター	フィルター装置、サプレッションフィルター、フィルターチェーン、タイマー

シンボル（記号）および回路図 **1417**

端子コード

　特に修理時およびスペアパーツの取付け時にあらゆる装置へケーブルを正確に接続できるようにするため、DIN 72552規格に車両電気システム用端子コード体系が規定されている。端子コード（表6）はケーブルコードと同じではない。ケーブル両端の接続先の装置の端子コードが異なる可能性があるためである。したがって、ケーブルに端子コードが表記されることはない。

　電動機の場合、表に掲げた端子コードだけでなく、DIN VDE規格準拠のコードも使用される。DIN 72552準拠の端子コードではもはや対応しきれないマルチコネクターには、規格で機能が割り当てられた文字／番号以外の文字または連続番号をコードとして付す。

表6：DIN 72552準拠の端子コード

端子	定義
	イグニッションコイル
1	低圧
4	高圧
4a	イグニッションコイルⅠから、端子4
4b	イグニッションコイルⅡから、端子4
15	バッテリー後のスイッチ付きプラス（イグニッションスイッチ出力）
15a	イグニッションコイル／スターターの前置抵抗への出力
	予熱システム
17	始動
19	プリグロー
	バッテリー
30	バッテリープラス端子からのライン（直接）
30a	バッテリー切換え12/24 V バッテリーⅡプラス端子からのライン
31	バッテリーからの戻りライン マイナスまたはアース（直接）
	バッテリーへの戻りライン スイッチまたはリレー経由のマイナスまたはアース
31 b	（スイッチ付きマイナス） バッテリー切換えリレー 12/24 V
31a	バッテリーⅡマイナス端子への戻りライン
31c	バッテリーⅠマイナス端子への戻りライン
	電動モーター
32	戻りライン[1]
33	主端子[1]
33a	セルフパーキング
33b	分巻磁界
33f	低速動作2用
33g	低速動作3用
33h	低速動作4用
33L	左回転（反時計方向）
33R	右回転（時計方向）

端子	定義
	スターター
45	独立スターターモーターリレー、出力 スターター、入力（一次電流）
	デュアルスターター、並列動作 ピニオン噛合い電流始動リレー
45a	スターターⅠ出力、 スターターⅠ、Ⅱ入力
45b	スターターⅡ出力
48	スターター端子／始動用 レピーターリレー （始動プロセスモニタリング）
	ハザードフラッシャーとターンシグナルフラッシャー
49	入力、ターンシグナルフラッシャー
49a	出力、ターンシグナルフラッシャー
49b	出力、セカンドターンシグナルフラッシャー
49c	出力、サードターンシグナルフラッシャー
	スターター
50	スターターコントロール（直接）
	バッテリー切換えリレー
50a	スターター制御出力
50b	スターター制御 スターター2台の並列運転 シーケンス制御付きモーター
	スターター2台を並列運転する場合に電流をシーケンス制御するための始動リレー
50c	スターターⅠ始動リレー入力
50d	スターターⅡ始動リレー入力 始動ロックリレー
50e	入力
50f	出力 始動レピーターリレー
50g	入力
50h	出力

[1] 端子 32/33 は極性を反転可能

1418 自動車の電気システム

表6：DIN 72552 準拠の端子コード（続き）

端子	定義
	ワイパーモーター
53	ワイパーモーター、入力（+）
53a	ワイパー（+）、セルフパーキング
53b	ワイパー（分路巻線）
53c	ウインドシールドウォッシャー用電動ポンプ
53e	ワイパー（ブレーキ巻線）
53i	ワイパーモーター、永久磁石および 第3のブラシ付き （高速動作用）
	照明
55	フォグランプ
56	ヘッドランプ
56a	ハイビームとインジケーターランプ
56b	ロービーム
56d	ヘッドランプフラッシャー接点
57a	パーキングランプ
57L	パーキングランプ、左
57R	パーキングランプ、右
58	サイドマーカーランプ、テールランプ、 ライセンスプレートランプ、 インストルメントランプ
58L	左
58R	右
	オルタネーターと定電圧レギュレーター
61	オルタネーター充電インジケーター
B+	バッテリーのプラス端子
B–	バッテリーのマイナス端子
D+	オルタネーターのプラス端子
D–	オルタネーターのマイナス端子
DF	オルタネーター磁界巻線
DF1	オルタネーター磁界巻線1
DF2	オルタネーター磁界巻線2
U、V、W	3相交流端子
	オーディオシステム
75	ラジオ、シガレットライター
76	スピーカー
	スイッチ
	NC接点／切換え接点
81	入力
81a	出力1、NC側
81b	出力2、NC側
	NO接点
82	入力
82a	出力1
82b	出力2
82z	入力1
82y	入力2
	マルチステージスイッチ
83	入力
83a	出力、位置1
83b	出力、位置2
83L	出力、左位置
83R	出力、右位置

端子	定義
	電流リレー
84	入力、出力、リレー接点
84a	出力、ドライブ
84b	出力、リレー接点
	切換えリレー
85	出力、ドライブ （巻線の終端をマイナスまたはアースに接続）
86	入力、ドライブ（巻線の先頭）
86a	巻線の先頭／巻線1
86b	巻線のタップ／巻線2
	NC接点と切換え接点の リレー接点：
87	入力
87a	入力1（NC側）
87b	出力2
87c	出力3
87z	入力1
87y	入力2
87x	入力3
	NO接点のリレー接点：
88	入力
	NO接点と切換え接点の リレー接点（NO接点側）：
88a	出力1
88b	出力2
88c	出力3
	NO（常時開）接点のリレー接点：
88z	入力1
88y	入力2
88x	入力3
	ターンシグナルランプ （ターンシグナルフラッシャー）
C	インジケーターランプ1
C0	ターンシグナル回路から独立した インジケーター回路のメイン端子
C2	インジケーターランプ2
C3	インジケーターランプ3 （デュアルトレーラー運転）
L	左側ターンシグナルランプ
R	右側ターンシグナルランプ

参考文献

[1] EN 60617: Graphical symbols for diagrams.

Part 2: Symbol elements, qualifying symbols and other symbols having general application.

Part 3: Conductors and connecting devices.

Part 4: Basic passive components.

Part 5: Semiconductors and electron tubes.

Part 6: Production and conversion of electrical energy.

Part 7: Switchgear, controlgear and protective devices.

Part 8: Measuring instruments, lamps and signalling devices.

Part 9: Telecommunications: Switching and peripheral equipment.

Part 10: Telecommunications: Transmission.

Part 11: Architectural and topographical installation plans and diagrams.

Part 12: Binary logic elements.

Part 13: Analogue elements.

[2] EN 81346: Industrial systems, installations and equipment and industrial products – Structuring principles and reference designations.

Part 1: Basic rules.

Part 2: Classification of objects and codes for classes.

[3] DIN 72552: Terminal markings for motor vehicles;

Part 1: Scope, principles, requirements.

Part 2: Codes.

Part 3: Examples for application on circuit diagrams.

Part 4: Summary.

コントロールユニット（ECU）

機能

　プログラマブルコントローラーによるデジタルテクノロジーは、自動車工学に革命的な変化をもたらした。この技術により、広範な機能が実現可能なものになる。車両に装備されたシステムの制御のために、数多くの影響要因が考慮される。たとえばエンジン制御は、エンジン（イグニッション、フューエルインジェクションなど）およびその周辺の多数のアセンブリー（排気ガスによるターボ過給、排気ガス再循環など）のすべてのオープンループおよびクローズドループ制御を担当する。このようなことが可能でなければ、現行の排気ガス規制値への適合や高エンジン出力での低燃費の達成は考えられない。

　システムの電子的なオープンループ制御には、高い計算能力要求に対応したマイクロコントローラーが必要になる。電子コンポーネントは、コントロールユニット（ECU）に収納されている。ここ数年でECUの数は急増しており、ますます多くのシステムが電子制御されるようになっている。さらなる例として、走行ダイナミクス制御用のECU、車両電気システムECU、エアコンディショニングECU、ドアECUを挙げることができる。

　たとえばパワーウインドウドライブの制御を受け持つドアコントロールユニットでは、その機能範囲と能力はエンジンコントロールユニットに比較して低いものになっている。

　すべてのECUは、同じ原理に基づいて作動する。ECUはセンサーおよび制御装置からの信号を検知し、それを評価し、そしてアクチュエーターを作動させる（図1）。

要件

作動条件

　ECUには、厳しい要件が求められる。ECUはその取付け位置により異なる負荷にさらされることになる。そのためエンジンルーム内に配置されているエンジンコントロールユニットに影響を与える負荷は、車内に取り付けられているドアコントロールユニットのそれとはまったく異なる。ECUは次のような負荷にさらされることが考えられる。

- − 40℃ 〜 +125℃の周囲温度
- 温度変化
- 最大20 gの振動加速度
- 湿気の影響
- オイル、燃料、ブレーキフルードなどの作動液

　ECUには、さらに次のような要件も求められる。

- 車両電気システムの電圧変動時（コールドスタート時の電圧降下など）の作動信頼性
- 最大70 Wの出力損失
- 電磁両立性（電磁放射に対する耐性および高周波妨害信号放射が低いこと）

機能範囲とデータ処理速度

　ECUに使用されている電子コンポーネントの性能は一貫して向上しており、ますます複雑な制御アルゴリズムの処理を可能にしている。これは特に、常に厳しさを増す排気ガス規制値への対応が求められるエンジン制御システムにおいて顕著である。新しい要求事項に応じて機能範囲と必要となるメモリー容量も常に増加している一方で、装置の外寸は小さくなる傾向がある。そのため開発は、より高度な機能統合と、電子コンポーネントとプラグ接続などの機械コンポーネントの双方の小型化を目指すものとなっている。

機能範囲の増大に伴い、データ処理速度も向上している。すべての機能は所定の時間枠内に処理される必要がある。これに加えて多くのプログラムセクションがリアルタイムで処理される必要があるという事実により、ECUにおけるプロセスは物理的なプロセスにより処理ペースを維持している（リアルタイム対応能力）。

これらすべての要因により、近年では常により強力でより計算速度が速く、よりメモリー容量の多いマイクロコントローラーが使用されるようになっている。1990年代初頭では、エンジン制御システム用のプログラムメモリーは32 kバイト、データメモリーは8 kバイト、クロック周波数は12 MHzで充分であった。今日のエンジンコントロールユニットには、4 Mバイトのプログラムメモリー、128 kバイトのデータメモリー、270 MHzのクロック周波数が必要とされる。開発も絶え間なく続けられていて、将来はECUにおびただしい数のマイクロコントローラーが使用されることになるであろう（マルチコアコンピューター）。

ECUコンポーネント

ECUは電子システムの制御装置である。ECUはセンサーを介して作動条件を検知し、それを処理してアクチュエーターを作動させる。信号処理は、ECUのコンピューター中核部で行われる。

コンピューター中核部

マイクロプロセッサー

マイクロプロセッサーは、コンピューターの中央処理装置を1つのチップ上に組み込んだものである。マイクロプロセッサーは、プログラムすることで実際に使用する際のさまざまな要求に対応できる。マイクロプロセッサーは、基本的に以下の2つのグループに分類できる。初期のPC（パーソナルコンピューター）では、CISCプロセッサー（CISC：シスク、複合命令セットコンピューター）を使用していた。CISCプロセッサーは特定のクロック周波数で作動し、非常に多くの各種の命令（コマンド）を処理する。

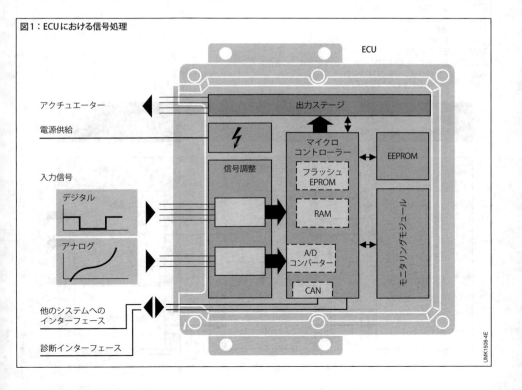

図1：ECUにおける信号処理

RISCプロセッサー (RISC：リスク、縮小命令セットコンピューター) は、車載ECUも含めECUにおいて一般的に使用されている。RISCプロセッサーの強みは、命令のほとんどを1クロック周波数で実行するため、単純かつ高速にコマンドを処理することができ、高性能なシステムを実現できる点である。

現在のRISCプロセッサーには300を超す命令が統合されており、従来のCISCプロセッサーよりも多くの命令がある。そのため実際のCISCとRISCの相違点はもはや命令の数ではなく、1つの命令に必要な平均クロック数となっている。

マイクロプロセッサーは単独で機能することはなく、常にマイクロコンピューターの一部として機能する。

マイクロコンピューター

マイクロコンピューターは、中央処理装置 (CPU) として機能するマイクロプロセッサーで構成されている。マイクロプロセッサーには、制御ユニットおよび演算ユニットが含まれる (図2)。演算ユニットは算術処理、論理演算、デジタル信号の処理を行い、制御ユニットは命令やデータをメモリーから読み出す。高いクロック周波数を実現するためのパイプライン処理が組み込まれていて、これによって命令の準備 (命令およびデータの読出し、書込み) を行う。演算ユニットもパイプラインに統合されている。

プログラムメモリー (ROM (読出し専用メモリー)、PROM (プログラム可能な読出し専用メモリー)、EPROM (消去およびプログラム可能な読出し専用メモリー) あるいはフラッシュ EPROM) には、不揮発性のオペレーティングプログラム (ユーザープログラム) がある。電源が供給されていなくても、スイッチを切ってから再びオンにしたときにデータは保存されている。現在は、ほとんどの場合、プログラムメモリーとしてフラッシュ EPROMを使用している。

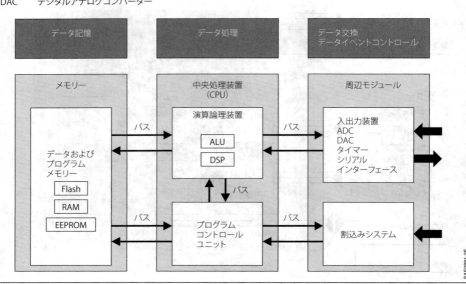

図2：マイクロコントローラーの構造
CPU　　中央処理装置
ALU　　演算ユニット
DSP　　デジタル信号プロセッサー
RAM　　ランダムアクセスメモリー
EEPROM　電気的に消去およびプログラム可能な読出し専用メモリー
ADC　　アナログデジタルコンバーター
DAC　　デジタルアナログコンバーター

コントロールユニット (ECU) **1423**

処理中のデータは、データメモリーに保存される。データメモリーの情報は更新されるため、RAM (ランダムアクセスメモリー) に保存される。

プログラムメモリーおよびデータメモリー用のバッファメモリーとして、キャッシュ (2006年以降Bosch社のエンジンマネジメントシステムにおいて量産) をマイクロコンピューターに組み込むこともできる。必要な命令やデータが常にバスを経由して供給され、しかもキャッシュが存在しない場合には、(プロセッサーが処理に必要な) 高いデータレートとメモリーへの比較的遅いアクセスのため、演算速度が著しく低下し、高速のプロセッサーを組み込む意味がなくなってしまう。

バスシステムにより、マイクロコンピューター内の各装置が接続されている。クロックジェネレーターにより、マイクロコンピューター内のすべてのオペレーションが定められた時間帯の中で行われる。

処理の中断 (割込み) やマイクロプロサッサーをリセットするための論理リセットなどの特定の目的を持ったモジュールを、ロジック回路と呼ぶ。周辺装置との接続には、入出力 (I/O) 装置が必要になる。周辺装置には、例えばクランク軸信号やカム軸信号の入力、操作スイッチ、アナログ入力、さらにHブリッジまたはスイッチといったパワードライバーなどがある。

マイクロコントローラー

自動車に関する用途では、ECU (コントロールユニット) のプログラムのフローを物理的な動きに同調させる必要がある。例えば、入力信号の変化に対して、システムは可能な限り迅速に反応することが求められる。つまり、「リアルタイム対応」ができなければならない。タイマーユニットの目的は、リアルタイムの実現にある。そのために、キャプチャー (読取り) とコンペア (比較) という2つの基本原理がある。

入力信号に対するキャプチャー機能は、入力のイベントに対して時間または角度のスタンプを割り当て (クランク軸に対するリファレンスとしての角度など)、レジスターにキャプチャー値を保存する。このため、プロセッサーはその信号を即座に処理する必要はなく、まず実行中のソフトウェアルーチンを閉じ、それからキャプチャー値を処理することができる。

出力信号に対するコンペア (比較) 機能は、ある特定の時期または角度で出力端子にイベントを発生させる (点火のタイミングでイグニッションコイルを作動させる、など)。これらの値はあらかじめレジスターに保存されている。

リアルタイム対応のできるマイクロコンピューターは、マイクロコントローラーと呼ばれる。今日の典型的なマイクロコンピューターは1個のチップ上に統合されており、過去にあったような複数の部品を回路基板上で組み立てたものではない。これは、最近の技術によって非常に複雑なシステムを1個のチップ上に統合できるようになったためである。

クロック周波数は任意に上昇させることができず、このこともまた電力消費を大きくしてしまうため、将来的にはCPUが1個だけでは不足になるであろう。このため、PCシステムにおける傾向にも見られるように、マイクロコントローラーにもCPUを2個以上搭載したバリエーションが出現するであろう (1つのチップに6個以上のCPUを搭載したBosch製エンジンマネジメントシステム用チップが2015年より量産されている)。

自動車産業で使用されるマイクロコントローラーは、さまざまな点において標準的なマイクロコントローラーとは異なっている。

– 作動温度：接続部温度 − 40 〜 165 ℃
– 故障率：1 ppm (100万個中に1個の故障) 未満 (PC用は100 〜 200 ppmである)
– 寿命：現在の仕様では、稼働時間が4万時間 (これは、PCにおいては1日のスイッチオン時間を8時間として約14年間の操作期間に対応する)
– はるかに長い調達可能期間：携帯電話やPCでは1 〜 3年の製造サイクルの後は新しいマイクロコントローラーを追加納入する必要がないのに対し、自動車分野の複雑なプロジェクトにおいては、3 〜 5年の開発期間の後にようやく量産が開始され、次いで15年間量産が続き、さらに15年間は追加納入が行われる。

1424 車両の電子システム

半導体メモリー

記憶の原理

　データ記憶装置には、情報の記録（書込み）、恒久的保存（狭義のデータ記憶）、検索、出力（読出し）の機能がある。図3にさまざまなメモリータイプの一覧を示す。メモリーは、2種類の状態（バイナリー情報）のいずれか一方をとり、容易に変化し、外部から簡単に認識できるという物理的特性を利用して機能する。半導体メモリーで発生する状態は「通電」および「非通電」、または「帯電」および「非帯電」である。今日よく利用される技術に、フラッシュメモリーがある。フラッシュメモリーでは、電気的にプログラミングと消去が可能である。

　将来は、強誘電体記憶原理を応用したFRAM（強誘電ランダムアクセスメモリー）、磁界効果を記憶原理に応用するMRAM（磁気抵抗ランダムアクセスメモリー）、物質の結晶状態から非結晶状態への変化とそれに付随する抵抗値の変化を記憶原理に利用するPCM（相変化メモリー）など、新しいタイプのメモリーも使用されるであろう。電源を切った後でもデータを保持でき、アクセス時間も非常に短いため、MRAMとPCMは今日使用されているフラッシュメモリー（不揮発性だが遅い）やRAM（速いが揮発性）に取って代わる可能性がある（エンジンマネージメントシステムでの使用は2020年以降の見込み）。

プログラムとデータメモリー

　マイクロコントローラーには演算用のプログラムつまりソフトウェアが必要である。プログラムは不揮発性プログラムメモリーに格納されている。CPUは読み出した値を命令として解釈して複数の命令を順に実行する。

　さらにさまざまな特定データ（個別データ、特性曲線、プログラムマップ）がこのメモリーに格納されている。これらのデータを利用して、ソフトウェアをさまざまな車両タイプに適用できる（さまざまな点火マップなど）。

　ソフトウェアには計算値など種々のデータ（変数）を格納するための読出し／書込みメモリーが必要である。

フラッシュメモリー

　プログラムメモリーとして、フラッシュEPROMがUV光で消去可能な従来のEPROM（消去およびプログラム可能な読出し専用メモリー）に取って代わった。フラッシュEPROMはその記憶内容を電気的に消去可能で、ECUを開けること無く修理工場で再プログラムすることができる。ECUはシリアルインターフェースを介して再プログラミングステーションに接続されている。

RAM

　ソフトウェア内で計算されるすべての可変データは、RAM（ランダムアクセスメモリー（読出し／書込みメモリー））に格納される。マイクロコントローラーに内蔵されているRAMのメモリー容量は、追加RAMチップが必要となるような複雑な用途には十分ではない。このため、追加RAMチップはアドレスバスとデータバスを介してマイクロコントローラーに接続されている。

　ECUの電源が切れると、RAMは全格納データ（揮発性メモリー）を消失する。イグニッションスイッチがオフの間、車両運転中に学習した適応値の消失を防ぐために、RAMには常時電源電圧が供給されている。しかしながらこれらの値はバッテリーを外すと消失する。

EEPROM

　車両運転中に変化するデータで、しかもバッテリーが外されても消失してはならないデータ（重要な適応値、イモビライザーのコードなど）は、不揮発性メモリー（EEPROMなど）に格納されていなければならない。

　この種のデータ用に、フラッシュEPROMの消去可能な領域を不揮発性データメモリーとして分割して使用することもできる。こうした使用ができるように、EEPROMはフラッシュ領域（メモリーの別の領域 – プログラムおよびデータメモリー以外）でエミュレートされている。それぞれの現行のデータは表の最後に書き込まれていき、フラッシュ領域のブロックを徐々に満たして行く。古いデータはブロックごとに完全に消去することができる。こうすることで、たとえ電源が切れたときも、正しいデータがメモリーに格納される。

モニタリングモジュール

　モニタリングモジュールは安全関連システムに必要である。このモジュールは、電圧調整器（エンジン制御システム用など）または別の集積回路（トランスミッション制御用など）内のロジック回路により実現される。モニタリングモジュールは、別のコンピューターを使用して実現することもできる。

　マイクロコントローラーとモニタリングモジュールは、「Q&Aゲーム」を使用してお互いをモニター（監視）する。エラーが検出されると、両方のECUは相互に独立して安全な状態にされる。これは、エンジン制御の場合にはトルク関連出力ステージをオフにすることにより行われる。

ボルテージレギュレーター

　ECU内の電子コンポーネントには5Vの安定した電圧が必要である。用途によっては、3.3Vなど別の電圧も必要になる。電圧調整器がバッテリーの状態および負荷に応じてバッテリー電圧を6〜16Vに維持し、それぞれの電圧を一定に保つ。抑制回路が車両電気システムからの高い干渉電圧を抑制する。

　電圧調整器にはイネーブルロジックが含まれており、電圧が規定条件下で上昇し、その後リセットがリリースされるのを確実なものにしている。このロジックにより、マイクロコントローラーは電源が入ると規定条件下で確実に作動する。

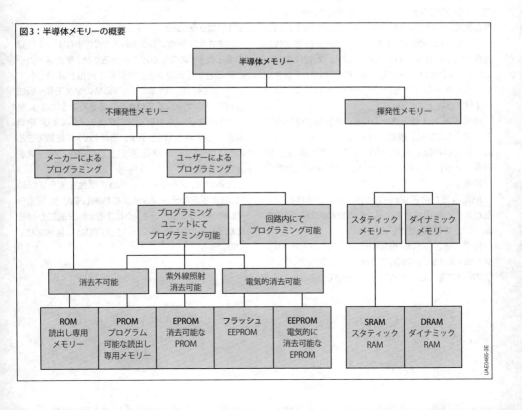

図3：半導体メモリーの概要

1426 車両の電子システム

ASICチップ

ASICチップは特定用途向けの集積回路（IC）である。このチップはECUの開発仕様に従って設計・製造されている。ICに数多くの機能を統合することでスペース要件および製造コストを低減し、作動信頼性を向上させる。

こうして、たとえばECU用電源、関連診断回路を備えた複数の出力ステージを1つのチップに統合することができる。この例として、電源、モニタリングモジュール、シリアルインターフェースドライバーと出力ステージおよび診断機能を備えたHブリッジを1つのICに統合した「Uチップ」がある。

ASICモジュールのもう1つの機能は、たとえば、マイクロコントローラーの負荷を解除したり、追加のハードウェア（静的信号およびPWM信号用の追加入／出力チャンネルなど）を利用できるようにすることである。

ASICは、火花点火機関（SIエンジン）制御システムにおいてノック制御用に使用することができる。ノックセンサーから供給された信号を増幅し、バンドパスフィルターでフィルタリングし、調整して、規定クランク角範囲にわたり積分する。これによりマイクロコントローラーは、範囲の終端において積分処理された電圧値を読み出すだけになる。しかし、新世代のECUでは、ノックセンサー信号は高速アナログ-デジタルコンバーター（ADC）を介してマイクロコントローラーにより直接検出される。

特殊ASICはλセンサーの作動、評価および診断にも使用されている。規定信号でセンサーを作動させ、非常に高い精度で電流、電圧および温度を評価し、信号をマイクロコントローラー用にデジタル入力信号に変換する。

ASICはまた高圧燃料噴射用噴射装置を作動させるためにも使用されている。そのために規定電流曲線を設定することができる。

特定用途としては、複数の出力ステージとHブリッジを備えたASICがある。診断機能も含まれていて、シリアルバスを介して作動させることができる。

通信

周辺機器はアドレスバスとデータバスを介して、マイクロコントローラーとの通信を行う。マイクロコントローラーはアドレスバスを介して、メモリー内容が読み出されるRAMアドレスなどを出力する。そしてRAMチップがデータをデータバスにセットすると、マイクロコントローラーはこのデータを読み取ることができる。

コンポーネントのピンの数を減らすために、アドレスとデータは重畳処理して出力される。アドレスバスとデータバスは同じラインを使用する。まずバスにアドレスが与えられ、続いてデータが転送される。

ASICとの通信はSPI（シリアルペリフェラルインターフェース）またはMSC（マイクロセカンドチャンネル）を介して行われる。このようにして出力ステージの場合には、マイクロコントローラーのポートを節約することができる。

高ビットレートを必要としないデータ（EEPROMに格納される故障メモリーデータなど）も1本のデータライン上で順番に転送される。

EOLプログラミング

さまざまな制御プログラムとさまざまなデータ記録のある数多くの車両タイプがあるため、車両メーカーが必要とするECUタイプを減らす対策が求められている。この結果、フラッシュEPROMの全メモリー領域がECUプログラムでプログラムできるようになり、タイプ固有のデータをEOLプログラミングにより、車両製造の最終時点（製造ラインの終わり）に記録できるようになった。データ転送は通信インターフェースを介して行う。

あるいは、メモリータイプの多様性を減らすために、さまざまなデータタイプを格納しておき、製造ラインの終わりにコーディングによるデータ選択が可能になった。このコーディングはEEPROMに格納されている。

コントロールユニット (ECU) **1427**

データ処理

入力信号

制御エレメントとセンサーが車両とECU間のインターフェースを形成している。電気信号はさまざまなインターフェースのワイヤーハーネスやコネクターを介してECUに供給される。

アナログインターフェース

エンジン温度または吸気マニフォールド圧力などの物理量は、センサーによってアナログ測定値としてECUに送られる。これらの入力信号は特定範囲の電圧値として見なすことができる。信号は、マイクロコントローラー内のアナログ-デジタルコンバーター (ADC) によりデジタル値に変換される。内蔵コンバーターの一般的な分解能は10ビットである。基準電圧が5 Vの場合、1,024ステージで一般的に分解能は約5 mVとなる。

アナログ値を検出する将来のセンサーでは、ますます数多くの電子機器を内蔵するようになる。アナログ値をセンサー内でデジタル化し、測定値をデジタルインターフェースを介して出力するようになる。このようなインターフェースの1つが、データを双方向に転送できるPSI5である (PSI5を参照)。

デジタルインターフェース

デジタル入力信号には2つの状態、「ハイ」(ロジック1) と「ロー」(ロジック0) がある。これらはECUにより直接評価される。デジタル信号の例としては、制御エレメントの開閉信号、ホール効果センサーからの速度信号 (ホイール速度またはエンジン回転数測定用) またはホール効果センサーからの静的信号 (トランスミッションのポジションセンサーなど) がある。

信号調整

入力信号は抑制回路により許容電圧レベルに制限される。フィルターが有効信号からほとんどの混合ノイズを除去する。その後有効信号は必要に応じてマイクロコントローラー許容入力電圧 (0 ～ 5 V) に増幅される。

λなどいくつかのセンサーにおいては、信号調整用の特殊ACICが使用されている (「ASICチップ」を参照)。

信号処理

ECUは電子システムの機能シーケンス用コントロールセンターである。制御アルゴリズムがマイクロコントローラー内で実行される。センサーによって供給された入力信号と、他のシステムへのインターフェース (例えば、CANバスを介して) が入力変数として機能する。これらは再度マイクロコントローラーで妥当性がチェックされる。アルゴリズムはECUプログラム (ソフトウェア) の助けを借りて処理される。ECUプログラムは読出し専用メモリー (フラッシュ EPROMなど) に格納されている。算出された中間値はデータメモリー (RAM) に格納される。ソフトウェアは出力信号を計算してアクチュエーターを作動する。

出力信号

マイクロコントローラーは出力信号を使用して、アクチュエーターを直接接続するために十分な電力を供給する出力ステージを作動させる。複数の出力ステージを1つのASICに統合することができる。高電流を切り替える電気負荷 (エンジンファンなど) は、リレーを介してまたはアセンブリー上の出力ステージで直接切り替わる。

信号タイプ
開閉信号

開閉信号は、現在の作動ポイントに応じて、アクチュエーターをオン／オフするのに使用される (燃料噴射装置、エンジンファンなど)。

PWM信号

デジタル出力信号を、周波数が一定でオン時間が可変のPWM信号 (パルス幅変調) として出力することができる。排気ガス再循環バルブ、スロットルバルブのようなアクチュエーターまたはチャージ圧力アクチュエーターは、クロック比に応じて任意の作動位置にすることができる。

1428 車両の電子システム

特定用途向け出力ステージ

アクチュエーターには作動に特別な電流・電圧曲線が必要なものがある。そのような例としては、ガソリン直接噴射用の高圧燃料噴射装置（「高圧燃料噴射装置」を参照）やコモンレール噴射装置（「噴射装置」を参照）の作動がある。アクチュエーターは、内蔵制御ロジックとアナログ信号調整のある複雑な出力ステージモジュールにより作動する。これらのモジュールは、スイッチオン時に高電圧を発生し、高い投入電流とあいまって開放動作が素早くなる。その後システムは調整されて、低い保持電流に戻る。

さまざまなスイッチングタイプ

アクチュエーターを作動させるためのスイッチングにはさまざまなタイプがある。ローサイド出力ステージは、バッテリー電圧に接続されている誘導負荷と抵抗負荷を制御する（バルブ、リレー、点火コイルなど）。ハイサイド出力ステージは、アースに接続されている電気負荷を切り替える。直流モーターはブリッジタイプ出力ステージを介して作動する。その際、モーターの両方の接続をECUが切り替える。これにより、回転方向を反転することが可能になる（パワーウィンドウの駆動、スロットルバルブの作動など）。

自己保護機能

出力ステージは、アースへの短絡、バッテリー電圧への短絡および電気的または熱的過負荷による破壊に対して保護されている。不具合や断線は出力ステージICによりエラーとして検出され、シリアルインターフェースを介してマイクロコントローラーへ信号が送られる。

通信インターフェース

ECUは、他の電子システムと通信するために、1つまたは複数の通信インターフェースを備えている。このようにして、たとえば走行速度は走行ダイナミクス制御により、この信号を必要とするすべてのシステムに送ることができる（走行速度を表示するためのインストルメントクラスターへの伝送など）。そのため、この信号はECUネットワーク内で1回計算する必要があるだけである。データ転送はバスシステムを介して行われる（「自動車のネットワーク」、「車両内のバス」を参照）。

1430 車両の電子システム

自動車におけるソフトウェアエンジニアリング

ソフトウェアの開発動機

開発目的

あらゆる開発は、自動車の新しい機能の創出、あるいは既存の機能の改良を目的としている。このような機能は、自動車のユーザー（乗員、ワークショップのメカニック、輸送業者など）に対する付加価値、法的要件への適合、保守作業の単純化、開発や製造効率の改善をもたらす。ソフトウェアの機能は、機械技術、油圧技術、電気技術あるいは電子技術により実現される。またこれらのテクノロジーの組み合わせであることも多く、自動車の多数の革新的な機能の実現におけるエレクトロニクスの重要性がますます高まっている。電気装置、電子装置、およびソフトウェアを使用することにより、自動車のドライブ、シャーシ、その他のシステムの論理的中核である「インテリジェントな」機能が、低コストで実現する。

現在では、事実上すべてのクラスの自動車の、すべての機能が電子的に制御または管理されている。電子装置のハードウェアテクノロジーおよび性能が絶え間なく向上し、ソフトウェアを使用することによって、多くの新しい、さらに強力な機能が実現できるようになってきている。車両内のさまざまな電子システムのネットワーク化がますます強化されている。車両相互間、および車両と通信環境とのネットワーク化（インターネットなど）の取組みが続いている。

ソフトウェアの要件

自動車に使用されるソフトウェアに求められる要件は、実にさまざまである。エンジンのためのシステムおよび走行安全性のためのシステムは、「リアルタイム対応」で動作する必要がある。つまり、制御操作の応答性が、物理的な処理と一致していなければならない。エンジン制御やドライビングダイナミクス制御などの非常に高速な物理処理を制御する場合、計算速度が極めて速くなければならない。さまざまな分野での信頼性に関する要件も高い。特に安全関連機能の場合がそうである。ソフトウェアと電子装置が、複雑な診断機能によって監視されている。

また同一のソフトウェアが、さまざまな派生車種やモデルシリーズに広く使用されている。したがって、ターゲットシステムに合わせて適合させることが可能でなければならない。そのために、ソフトウェアは適合パラメーターおよびプログラムマップを持つものとなっている。その数は車両あたり数万にも及ぶ。これらの操作変数には、さまざまな相関関係がある。これに加えて、機能が複数のシステムやコントロールユニットに分散される傾向がますます顕著になってきている。

ソフトウェアは、その大部分が対応するアプリケーション向けに専用に開発され、システム全体に組み込まれ、「組込みソフトウェア」と呼ばれている。世界中の多くの場所で、長期間にわたって、多数の機能が開発および改良されている。自動車の製造が終了した後も補修部品が入手可能でなければならないため、自動車に搭載されている電子装置のライフサイクルは30年以上の相対的に長い期間に及ぶ。

コストの点から、ECUには計算能力およびメモリースペースに制約があるマイクロコントローラーが使用されることが多い。したがって、必要なハードウェアリソースを削減するために、ソフトウェア開発において最適化の手段が必要になることが多い。

ソフトウェアの特性は、そのソフトウェアの使用分野によって異なる。ドライブトレイン用のソフトウェアは大規模なものであるのに対して、シャーシアプリケーション用のものではリアルタイム性能が重視される。安全性や快適性、および利便性に関するアプリケーションでは、リソースの消費量などの効率が重視され、マルチメディアアプリケーションでは、大量のデータを短時間で処理する必要がある。

これらの要件および特性に起因する複雑性を、自動車メーカーとサプライヤーの共同開発により経済的に克服する必要がある。

自動車搭載ソフトウェアの構造

自動車に搭載されているソフトウェアは、多数のコンポーネントで構成されている。パーソナルコンピューターの場合と同じように、ソフトウェアの「知覚可能な機能」、アプリケーションソフトウェア、およびハードウェアに一部依存するプラットフォームソフトウェア、という基本的な区別がある（図1）。すべての機能間の相互作用が、アーキテクチャー内に定義されている。ここで、さまざまな視点を考えることができる。静的な視点では、機能グループ、信号、リソースの配分が階層的に記述される。また機能的な視点では、さまざまな機能を通過する信号の流れが記述される。動的な、つまり時間依存の視点では、さまざまなタスクの実行における時間応答が考慮される。それぞれのコンポーネント間の相互作用および高度の開発を保証するために、早期の段階から標準規格が導入されている。最も重要な標準規格の説明を以下に示す。

重要な自動車搭載ソフトウェアの規格

団体／委員会

「Association for Standardization of Automation and Measuring Systems（自動化および計測システム標準化協会）」（ASAM）は、自動車業界における、データモデル、インターフェース、構文仕様の標準化団体である[5]。このASAMによって、ECUをコンピューターまたはデータ入力端末に接続するためのさまざまな規格が制定されている。ASAM-MCD1規格は、このためのデータ転送プロトコルをサポートしている（MCDはMeasurement（測定）、Calibration（適合）、Diagnosis（診断）を表す）。ASAM-MCD2仕様を使用することによって、ECU内のバイナリデータをアドレス指定し、同時に関連量を物理的な値として、接続したツールに表示し処理することができる。ASAM-MCD3規格では、データレコードの自動適合など、このような処理の自動化もできる。またASAM規格には、機能の記述およびデータの交換なども含まれている。

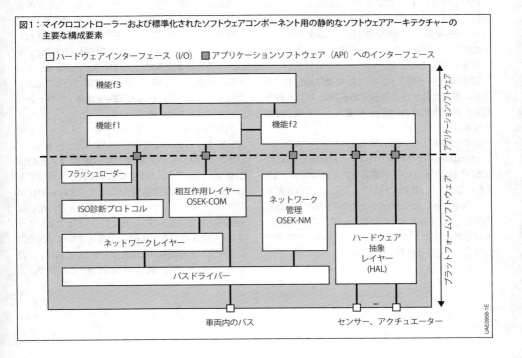

図1：マイクロコントローラーおよび標準化されたソフトウェアコンポーネント用の静的なソフトウェアアーキテクチャーの主要な構成要素

「FlexRay Consortium（FlexRay コンソーシアム）」は、自動車分野における開ループおよび閉ループ制御用のFlexRayフィールドバスの仕様を開発し、公開している。転送速度が高く、定義済みバス調停および耐故障構造を備えているため、特にアクティブセーフティシステムおよびドライブトレインでの使用に適している（FlexRayを参照）。

「国際電気標準会議」(IEC) は、電気工学および電子工学分野における標準化団体である[6]。IEC は、国際規格に準拠しているかどうかを検証するための3種類の評価システムを提案している。IEC は、国際標準化機構 (ISO) [7]、国際電気通信連合 (ITU)、およびさまざまな標準化団体（米国電気電子学会 (IEEE) など）と密接に連携している[8]。

「Motor Industry Software Reliability Association（自動車産業ソフトウェア信頼性協会）」(MISRA) は、自動車システムのソフトウェアの信頼性の高い開発および適用のためのルールを提案している、自動車業界の団体である[9]。最も広く知られているのは、MISRA が開発したプログラミング規格 MISRA-C である。プログラミング言語C での、信頼性の高いプログラミング用のプログラミングルールが規定されている。この規格の目的は、プログラマーの誤解に起因する信頼性に欠けるC構造体および脆弱な構造による実行時エラーの防止と、表現式の妥当性の保護である。多数のルールが自動的にチェックされ、コード生成時に考慮することができる。

「自動車技術者協会」(SAE) は、移動技術分野における国際的な科学技術団体である[10]。特に自動車産業用の標準規格の制定と、知識および考案の交換を推進している。

標準化団体「Offene Systeme und deren Schnittstellen für die Elektronik im Kraftfahrzeug」(OSEK) は、ドイツの自動車業界におけるプロジェクトから誕生した。これに続いて、フランスの自動車業界の「Vehicle Distributed Executive」(VDX) 提案が誕生した。OSEK/VDX 仕様に基づいて、以下の分野における基本的なソフトウェアコンポーネントの標準化が確立されている[11]。

– 通信（ECU内およびECU間でのデータ交換）
– オペレーティングシステム（ECUソフトウェアおよび他のOSEK/VDXモジュール用基本サービスのリアルタイム実行）
– ネットワーク管理（構成および監視）

「Japan Automotive Software Platform and Architecture」(JasPar) は、自動車用電子装置のコスト削減と技術開発のための提案である。ネットワークソリューション、サービス機能、基本ソフトウェアなど、競争に関係のない技術の、日本の企業による共同開発を支援するものである。JasPar は、AUTOSAR および FlexRay と密接に連携している。

AUTOSAR

AUTOSAR（Automotive Open System Architecture = 自動車用オープンシスエムアーキテクチャ) [12]は、自動車メーカーやECUメーカー、および開発ツール、ECU基本ソフトウェア、マイクロコントローラーのメーカーによる開発の連携である。AUTOSARの目的は、さまざまなECUのソフトウェアの交換を単純化することにある。この目的を達成するために、自動車用組込みソフトウェア用として標準化された記述および構成フォーマットを使用する、標準化されたソフトウェアアーキテクチャーが用意されている。AUTOSARによって、自動車搭載ソフトウェアを記述する方法が定義され、ソフトウェアコンポーネントの再利用、交換、調整、統合を確実に行うことができるようになっている。AUTOSARは多くのカーメーカーで受け入れられ始めている。

AUTOSARには、ECU固有の基本ソフトウェア（BSW）およびECUに依存しないアプリケーションソフトウェア（ASW）への論理的な分散と、それらの仮想機能バスシステム（VFB）による接続が不可欠である（図2）。この仮想機能バスは、さまざまなECUに実装されているソフトウェアコンポーネント間の接続にも使用されている。このように、ソフトウェアコンポーネント自体に変更を加えずに、さまざまなECU間でコンポーネントを置換することができる。これは、計算能力、メモリー要件、通信負荷の最適化に役立つ。

各機能ソフトウェアコンポーネント（SWC）は、相互に、また基本ソフトウェアからも厳格に分離される。通常このコンポーネントには、実行時に実行される制御アルゴリズムである「実行可能な実体」が含まれている。これらの実体は、他の機能およびECUインターフェースと、AUTOSARインターフェースを通じて通信する。これらのインターフェース（API）は、SWC XML記述内に定義される。

　実行時環境（RTE）は、機能ソフトウェアコンポーネントと、対応するECU上の基本ソフトウェア間の通信サービスを提供する。RTEは、特定のECUおよびアプリケーションに合わせて構成される。RTEは、その大部分がインターフェース要件から自動的に生成される。

　基本ソフトウェアには、通信インターフェース、診断機能、メモリ管理など、ECU固有のプログラム部分が含まれている。基本ソフトウェアにも、サービス層が含まれている。このソフトウェアは、総合サービス機能（SRV）、通信（COM）、および使用するECUに一部依存するオペレーティングシステム（OS）用の、それぞれのソフトウェアコンポーネントを結合している[4, 11]。後者はOSEK/VDX OSがベースになっている。この分野では、ネットワークサポート、メモリ管理、診断などの最適化のために、ECUのリソースが分割・管理されている。

　使用されるハードウェアは、連続する2つの層にカプセル化されている。ECUのインターフェースモジュールへの直接アクセスを備えたマイクロプロセッサーの抽象化（マイクロコントローラー抽象化層、MCAL）が、別の層（ECU抽象化層）に引き継がれている。「Complex Device Drivers（複合デバイスドライバー）」（CCD）により、特殊な機能およびタイミング要件のアプリケーション用のマイクロコントローラーリソースに直接アクセスできる。これは、複合デバイスドライバーのサービスが必要なときでも、アプリケーションソフトウェアをハードウェアから独立して開発できるようにするために、基本ソフトウェアに不可欠な部分でもある。

　ECUアーキテクチャーに加えて、開発手法の一部もAUTOSARによって標準化されている。これは、特に、さまざまな作業生産物（ファイルなど）の構造および依存関係に関するものである。これらの作業生産物は、さまざまなソフトウェアコンポーネント記述からそれぞれのECU用の実行可能プログラムを生成するために必要である。

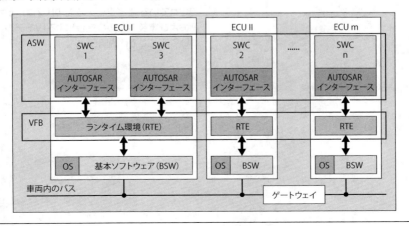

図2：AUTOSARアーキテクチャー
ECU　コントロールユニット　　ASW　アプリケーションソフトウェア　　SWC　ソフトウェアコンポーネント
VFB　仮想機能バス　　RTE　実行時環境　　BSW　基本ソフトウェア
OS　オペレーティングシステム

1434 車両の電子システム

診断規格

車両の開発や製造において使用される診断システム、およびワークショップ用の診断システムを車両専用のものにすることは、手間がかかり、高コストで、柔軟性に欠けることが判明している。メーカーがサプライヤーに拘束され、企業横断的な協力関係におけるスムーズなデータ通信が妨げられている。そのために、診断規格が制定されている（[13]および[14]など）。

自動車用電子装置作業グループ（ASAM-AE）[5]はデータベースの（すなわちソフトウェアベースの）自動車診断のための以下の3種類の仕様を策定し、規格グループISO 22900 [15]において国際的な規格として公開されている。

– 実行時環境と通信ハードウェア間のインターフェース（MCD-1DおよびPDU-API、ISO 22900）
– 診断データ交換用ODX規格、ワークショップテスターへのデータの供給用など（MCD-2D、ISO 22901、[16]）
– 案内付きトラブルシューティングなどの診断アプリケーション用オブジェクト指向プログラミングインターフェース（MCD-3D、ISO 22900）

MCD-1D規格では、ECUフラッシング用デバイスなどの既存の標準ツールが考慮されている。

診断手順を作成、使用、交換するために、交換フォーマットの「Open Test Sequence Exchange Format（公開テスト手順交換フォーマット）」（OTX）に関する要件が、現在ISO暫定規格の一環として定義されているところである。

開発プロセス

ソフトウェア開発の中心は、すべてのプログラムおよびデータを使用して、具体的なソフトウェアシステム内に論理的なシステムアーキテクチャーを記述することである。その際は、車両のプロセッサーにより制御されるシステム全体が考慮される。仕様、設計、実装を明確に分離することが特に重要である。ソフトウェア機能の仕様は物理レベルで作成され、プログラムおよびデータの設計と実装は、特定のマイクロコントローラーに合わせて行われる。

自動車搭載ソフトウェアの開発において上記の要件を満たすためには、テクノロジーとツールに加えて定義された手順（プロセス）が不可欠である。

プロセス記述モデル

ソフトウェア開発のワークフローを記述するために、複雑な多数のモデルを用いるのが一般的である。これは、シーケンスの透明化、比較、問題領域の識別、定義された規格に対する適合性の検証に役立つ。ただし、当初は、ソフトウェア自体の品質を直接向上させること、効率を上げること、シーケンス内の組織的な欠陥を除去することは考えられていなかった。したがって、プロセス記述モデルを完全に適用できるわけではない。ここでは、一般的なVモデルを取り上げ、例を使用して説明する。

Vモデルの原理

ここで説明する開発シーケンスのV形表現は、さまざまに修正されて、さまざまな詳細レベルのものが使用されている。ドイツ中央政府のITプロジェクトの計画および実装のための連合による「Vモデル」[17]については、ここでは説明しない。

Vモデルでは、開発に直接関係のあるプロセスステップは、x軸が開発の進捗段階、y軸が開発の深度、すなわち詳細さのレベルを示すV字に沿って分割される（図3）。プロセスステップは、必要な入力変数、手順、方法、役割、ツール、品質基準、および出力変数を用いて記述できる。左側で定義したプロセスステップを右側で検証する。またこれらのステップを数回実行したり、分割することもできる。

拡張Vモデルでは、要求、変更、プロジェクトおよび品質管理などの付随プロセスを考慮することができる。

プロセス評価モデル

プロセス評価モデルは、タスクおよびシーケンスの純粋な記述に加えて、プロセスの成熟度および品質に関する情報を提供する。このようにして、作業ステップの比較、評価、認証を行うことができる。製品の品質やコストなどに影響を与えるプロセスギャップを識別することも可能である。ただしこの場合にも、プロセスの品質に関する情報から、製品そのものの品質の全体像が提供されるわけではない。ここでは、3種類の最も重要なプロセス評価モデルについて説明する。

ISO 9000 および ISO/TS 16949

プロセス指向EN ISO 9000規格シリーズ[18]などには、品質管理システムに関する要件が規定されている。その焦点は相互作用およびインターフェースである。元来は、製造およびカスタマーインターフェースが焦点であった。

ISO/TS 16949技術仕様[19]は、北米および欧州の自動車産業において策定され、これには品質管理システムに関する要件が標準化されている。この規格の目的は、顧客満足度を高め、製造プロセスおよびサプライチェーンにおける不具合やリスクを識別し、その原因を除去し、修正および防止作業の効率性をチェックするために、効率的にシステムならびにプロセスの品質を向上させることである。この仕様の主眼点は不具合を発見することではなく、それを防止することにある。

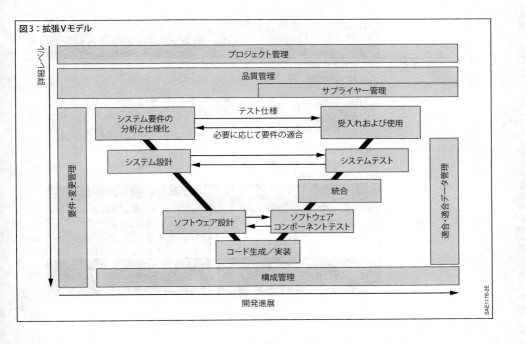

図3：拡張Vモデル

1436 車両の電子システム

ISO 9000およびISO/TS 16949への適合性は認証によって検証できる。

CMMI

「Capability Maturity Model Integration（能力成熟度モデル統合）」（CMMI）は、開発組織とそのプロセスを評価および体系的に改善するためのモデルであり[20]、その前身はSoftware Engineering Institute（ソフトウェア工学研究所、SEI）で開発されたものである。これには、プロセスとその依存関係に関する要件がまとめて記述されている（図4）。CMMIは枠組を提供し、その実装には業務指向の解釈と内容の具体化が必要である。CMMIは、なすべきことについて

記述している。組織は、「方法」について適切に具体化する必要がある。CMMIの内容は、業界の基本的な「最優良事例」に基づいている。CMMIは、学習組織に至るまでの組織展開の過程において長期間をかけて作成されたプロセス改善の手法を提供する。

CMMIは、内容的にはISO 9000およびISO TS 16949と共通の部分が多い。共通部分に関しては、CMMIは詳細度が高く、ISO 9000およびISO TS 16949は対応するアプリケーションの範囲が広い。

CMMIでは、組織単位に対して5段階の成熟度レベル（ML）が定義されている（図4、図5）。この成熟度レベルに基づいて、さまざまなプロセス領域が考慮される。対応するすべてのプロセス領域が達成され、

図4：CMMIプロセスの概要
ML　成熟度レベル

区分	プロセス領域
プロセス管理	ML3 組織プロセス重視（OPF）
	ML3 組織プロセス定義（OPD）
	ML3 組織トレーニング（OT）
	ML4 組織プロセス実績（OPP）
	ML5 組織改革と展開（OID）
プロジェクト管理	ML2 プロジェクト計画策定（PP）
	ML2 プロジェクトの監視と制御（PMC）
	ML2 サプライヤーアグリーメント管理（SAM）
	ML3（IPPDのための）統合プロジェクト管理（IPM）
	ML3 リスク管理（RSKM）
	ML3 定量的プロジェクト管理（QPM）
エンジニアリング	ML2 要件管理（REQM）
	ML3 要件開発（RD）
	ML3 技術的ソリューション（TS）
	ML3 成果物統合（PI）
	ML3 検証（VER）
	ML3 妥当性確認（VAL）
支援プロセス	ML2 構成管理（CM）
	ML2 プロセスと成果物の品質保証（PPQA）
	ML2 測定と分析（MA）
	ML5 原因分析と解決（CAR）
	ML3 決定分析と解決（DAR）

プロセス領域	基本的な管理および 支援プロセス （ML2）	エンジニアリングプロセス （ML3）
	組織プロセスおよび 高度の管理プロセス （ML3）	「高成熟度」プロセス （ML4およびML5）

SAE1177-2E

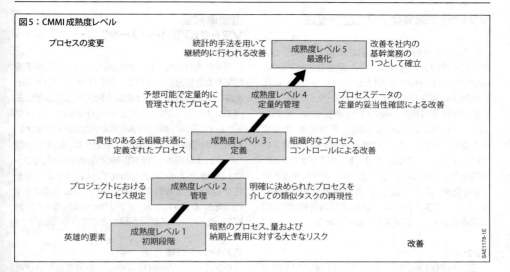

図5：CMMI 成熟度レベル

それが評価によって検証されると、1つの成熟度レベルに到達する。より高い成熟度レベルに到達するには、その下位の成熟度レベルのプロセス領域も再び検証される必要がある。

CMMIは、開発組織の改善および評価モデルとして使用され、組織全体のプロセスの最適化およびサプライヤーの監査に役立つ。

Automotive SPICE

SPICEとは「Software Process Improvement and Capability Determination（ソフトウェアプロセスの改善と能力の決定）」の略称である。Automotive SPICE [21]は、国際標準規格ISO/IEC 15504（ソフトウェアのライフサイクルにおけるプロセス）[22]の自動車用バージョンである。ソフトウェア開発プロセスのプロジェクト固有の評価用モデルで、CMMI同様に体系的開発のための要件に焦点を当てている。そのためAutomotive SPICEとCMMIのモデルの内容は、非常に類似している。Automotive SPICEは、さらに要件レベルが重視され、要件の業務指向解釈の範囲が狭くなっている。Automotive SPICEは、（現時点では）ソフトウェアおよび個別のプロジェクトのみを取り上げている。CMMIの場合は、アプリケーションの範囲が広く、開発作業と全種類のサービスおよび組織を通じての方向付けが含まれている。Automotive SPICEは、自動車メーカーにおいて、サプライヤーのソフトウェアプロジェクトの評価用モデルとして使用されている。

プロセスの評価は、2次元の参照および評価モデルを使用して行われる。「プロセス次元」は、評価によって分析するプロセスの識別および選択に使用され、「成熟度レベル次元」は、それぞれの能力決定および評価に使用される。成熟度レベル次元は、「不完全な」、「実施された」、「管理された」、「確立された」、「予測可能な」、「最適化している」の6段階の成熟度レベルで構成される。

ソフトウェア開発における品質保証

どのような技術製品でも同じであるが、ソフトウェアにも多数の品質保証用ツールが使用されている。機械製品および電気製品に比べてソフトウェアは比較的簡単に再生産できるため、ソフトウェアメーカーにおいては品質保証の役割は比較的小さい。重要なのは、システムの全体的な機能性、品質基準、複雑性の克服、アプリケーションである。自動車に搭載されているソフトウェアには、ドライビングダイナミクスや運転支援システムなどの安全関連システムが含まれているため、品質の検証可能性が重要な役割を果たす。目標とするソフトウェア品質の経済的表現も、特に複雑なシステムでは非常に重要である。

ISO 26262

IEC 61508規格[23]をベースに、自動車の安全関連電気・電子システムを設計するために、ISO 26262規格[24]が自動車業界で導入された。この規格は、製品とその開発プロセスの両方に関する要件で構成されている。したがって、安全関連システムそのものと、安全に関係のある（リスク軽減）システムの両方の、概念、計画、開発、実装、開始、保守、修正、シャットダウン、アンインストールが含まれている。この規格では、これらのフェーズの全体が「全安全性ライフサイクル」として指定されている。製品は、ISO 61508によりSIL 1 ～ SIL 4の「Safety Integrity Level（安全完全性レベル）」、およびISO 26262によりASIL A ～ ASIL Dの「Automotive SIL（自動車用SIL）」に区分される。SIL 1およびASIL Aが最低で、SIL 4およびASIL Dが最高の安全完全性レベルである。

自動車搭載
ソフトウェア開発のワークフロー

開発における分野横断的な協力（ドライブと電子装置開発など異分野における）、分散開発（サプライヤーと自動車メーカーまたは異なる開発拠点間などにおける）、およびソフトウェアエレメントの長いライフサイクルのために、関連のあるタスクについての全体的な共通の理解が必要である。たとえば、自動車の開ループおよび閉ループ制御機能の設計時には、ソフトウェアを実現することと合わせて、信頼性および安全性をも含めた全般的な考察が必要となる。このような問題を解決するために、アプリケーションの多くの分野で、モデルベース開発が確立されている（図6）。

モデルベース開発

モデルベース開発は、次の2つの領域に区分される。論理システムアーキテクチャーにはモデルの仮想領域が包含および記述され、物理システムアーキテクチャーには実際のECUおよび車両が含まれる。図では「論理システムアーキテクチャー」を灰色で、「物理システムアーキテクチャー」を白色で示す。この手順は、開ループおよび閉ループ制御機能の観点から記述されているが、監視機能や診断機能など、機能の一般的な実現にも適している。

すべてのシステムコンポーネントを考慮したグラフィックベースの機能モデルを、一般的な理解の基本として使用することができる。ソフトウェア開発は、ソフトウェア仕様の記述から、ブロック図や有限状態機械などの表記法を使用するモデルベース開発へと大きく変化している。ソフトウェア機能をモデル化するこの手法には、更なる利点がある。仕様モデルが1つの数学関数として正式に記述されている、つまり、記述が明白で解釈の余地がない場合、その仕様をコンピューター上のシミュレーションで実行することができ、「ラピッドコントロールプロトタイピング」を使用して、短時間で実際の車両上でテストすることができる。また、一貫性の欠如の発見も容易になる。

自動コード生成の手法を使用して、特定の機能モデルをECU用のソフトウェアコンポーネントとして実装することができる。そのため機能モデルには、付加的なソフトウェア設計情報が含まれている必要がある。電子システムに必要な製品の特性に基づいて、この情報に最適化の方法が含まれていることがある。また自動コード生成により、生成されたコードの品質特性が一貫性のあるものであることが保証される。

次のステップでは、仮想環境モデルが、必要に応じてインジェクターなどの実際のコンポーネントによって補完され、ECUの環境を模擬することにより、実験室で簡単に「In-the-Loopテスト」を行うことができる。テストベンチおよび路上テストに比べて柔軟性が高く、テストの詳細度が高まり、テストケースを簡単に再現することができる。

電子システムのソフトウェア機能の適合には、これらの機能の特性値、特性曲線、特性マップの形式で保存されているパラメーターなど、その車両特有の設定を考慮する必要がある。多くの場合、この適合は開発プロセスのもっと後の段階になってから、直接車両において実際にシステムを走らせながら行われる。ただし、早期に(仮に)データを供給する、つまり早期の開発段階で、モデルまたは経験値を使用して、最も現実的な適合データを決定することが趨勢となりつつある。適合変数の数が膨大でありかつ相互に依存しているため、また適合エンジニアリングの品質、つまり、車両へのソフトウェアの正確な適合によって、ソフトウェアの利用可能な能力の範囲が決定されるため、適合作業には適切な手順とツールが必要である。

開発ステップを早い段階、すなわちシミュレーション(仮想)環境の段階にシフトして早期にエラーを検出して(フロントローディング方式)、高価なテストハードウェアおよび試験車両を節約する努力がより多くなされている。高性能シミュレーションツールと仮想ECU環境がこれを可能にしている。

図6：ソフトウェア機能のモデルベース開発における開発ステップ
ステップ1：コンピューター上での、ECU用ソフトウェア機能および車両、運転者、環境のモデリングおよびシミュレーション
　　　　　(ソフトウェア機能はソフトウェアのすべての機能的プログラム部分)
ステップ2：実際の車両でのソフトウェア機能のラピッドコントロールプロトタイピング
ステップ3：実際の車両へのソフトウェア機能の実装
ステップ4：In-the-Loopテストシステム、実験施設、テストベンチでのECUの統合およびテスト
ステップ5：車上でのソフトウェア機能およびECUのテストおよび適合

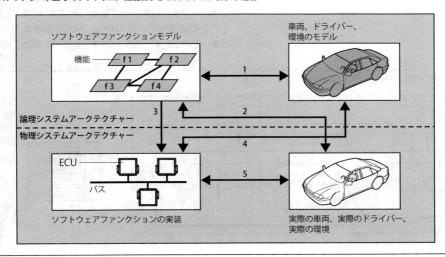

機能およびECUネットワーク

上記の手順は、機能ネットワークおよびECUネットワークの開発にも適用できる。ただしその場合は、次のような点を考慮する必要がある。
- モデル化された機能、仮想機能、ECUコードにおいてすでに実現されている機能の組合せ、ならびに
- モデル化されたコンポーネント、仮想化コンポーネント、実現されている機械的コンポーネントおよびハードウェアの組合せ

したがって、抽象レベルの機能とそれよりも具体的なレベルでの技術的な実現を区別すると有益である。抽象的なアプローチと具体的なアプローチを分離するコンセプトは、すべての自動車用コンポーネント、運転者、環境に適用することができる。

ソフトウェア機能のモデリングとシミュレーション

モデリング

開ループおよび閉ループ制御システムのモデル化には、可能な限りブロック図を使用すべきである。ブロック図では、コンポーネントを表すブロックと、ブロック間の信号の流れを表す矢印を使用する(図7)。ほぼすべてのシステムは多変数システムであるため、すべての信号は通常はベクトルの形式をとる。これらは、次のように分けられる。
- 測定またはフィードバック変数 y
- 開ループまたは閉ループ制御出力変数 u^*
- 基準またはセットポイント変数 w
- 運転者セットポイント変数 w^*
- 開ループまたは閉ループ制御変数 y^*
- 操作変数 u
- 外乱値 z

ブロックは次のように分けられる。
- 開ループまたは閉ループ制御
- アクチュエーターのモデル
- システムモデル
- セットポイントジェネレーターおよびセンサーのモデル
- 運転者および環境のモデル

運転者は、セットポイント値を定義することにより、開ループまたは閉ループ制御に影響を与えることができる。運転者のためのセットポイント値を入力するすべてのコンポーネント(スイッチやペダルなど)が、

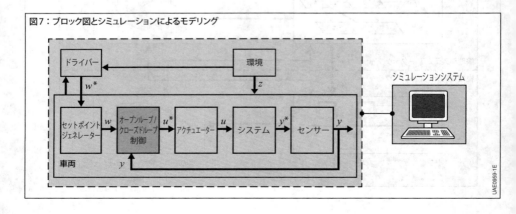

図7:ブロック図とシミュレーションによるモデリング

セットポイントジェネレーターである。これに対して、センサーは機械装置からの信号を記録する。このタイプのモデルはシミュレーションシステム上（パーソナルコンピューターなど）で実行でき、したがって、詳細に分析することができる。

ソフトウェア機能のラピッドコントロールプロトタイピング

この文脈での「ラピッドコントロールプロトタイピング」には、実際の車両に開ループおよび閉ループ制御機能の仕様を早期に実装するための、すべての手法が含まれている。このためには、モデル化された開ループまたは閉ループ制御機能をテストに実装する必要がある。開ループおよび閉ループ制御機能のソフトウェア部分を実装するためのプラットフォームとして、実験システムを使用することができる（図8）。

この実験システムは、セットポイントジェネレーター、アクチュエーター、およびシステム全体に属している他の車両ECUに接続されている。この実際の車両へのインターフェースは、実験システムとECUに実装されたソフトウェア機能であり、リアルタイム要件が考慮されていることを意味している。

実験システムのECUとして、通常は非常に高い計算能力を備えたリアルタイムコンピューターシステムが使用される。この作業のプロセッサーコアとして、パーソナルコンピューターの使用が増加している。これにより、ソフトウェア機能のモデルを、標準化されたルールに準拠したラピッドコントロールプロトタイピングツールを使用して、仕様から実装可能なモデルに自動的に変換することができる。指定した動作をできるだけ正確にモデル化できる。

モジュール構造の実験システムを、信号の入出力に必要なインターフェースなどのアプリケーション用として特別に構成できる。車両内に配置するシステム全体の設計を行い、コンピューター（パーソナルコンピューターなど）を使用して実行する。これにより、ソフトウェア機能の仕様を、早期の段階で直接車両内でテストすることができる。また、必要に応じて仕様を変更することもできる。

実験システムを使用するときに、バイパスまたはフルパスのアプリケーションが選択できる。

バイパスまたはフルパスアプリケーション

バイパスアプリケーションは主に、いくつかのソフトウェア機能が開発中で、実証済みの基本的な機能を備えたECU（以前のプロジェクトで使用したものなど）が使用できる場合にのみ使用される。

バイパスアプリケーションは、ECUのセンサーおよびアクチュエーターが非常に複雑で、これらをサポートするには、実験システム上で多大の労力を必要とする場合にも適切である（たとえば、エンジンECUの場合など）。

フルパスアプリケーションは、このようなECUが使用できない場合、関連するセットポイントジェネレーター、センサー、アクチュエーターもテストする必要がある場合、およびハードウェアインターフェースの範

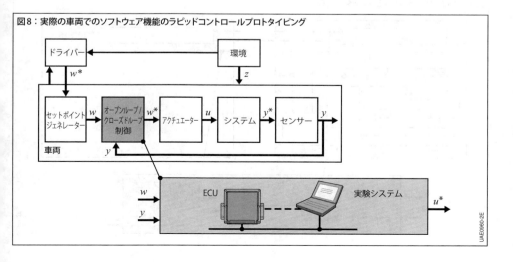

図8：実際の車両でのソフトウェア機能のラピッドコントロールプロトタイピング

囲（数量、規模）がそれほど広範なものではない場合に適している。

ソフトウェアの個別の部分のバイパスと、ソフトウェア全体のフルパスを組み合わせることもできる。この手法は、柔軟性が高くなる利点がある。

バイパスアプリケーション

バイパス開発は、車両内のECUに対して追加した、または修正したソフトウェア機能の早期のテストに適している。モデルを使用して、新しいまたは修正したソフトウェア機能を定義し、実験システム上で実行する。これには、ソフトウェアシステムの基本的な機能を実行でき、必要なすべての期待値発生器、センサー、アクチュエーターをサポートし、実験システムとのバイパスインターフェースを備えたECUが必要である。新しい、または修正したソフトウェア機能を、ラピッドコントロールプロトタイピングを使用して開発し、実験システム上で実行する（図9）。

このアプローチは、既存のECUの機能の改良にも適している。この場合、ECU内の既存の機能は使用され続けるが、入力値がバイパスインターフェースを通じて送信され、新たに開発したバイパス機能からの出力値が使用されるように修正される。ECUに対する必要なソフトウェア修正は、バイパスフックと呼ばれる。最新の開発ツールを使用して以前にコンパイルしたソフトウェアも使用することができる。ECUと実験システムの間で機能計算を同期させる必要があるが、このために通常は、ECUが制御フローインターフェースを介して実験システム状のバイパス機能の計算をトリガーする手法が用いられる。ECUは、バイパス機能の出力値の妥当性を監視する。

車両のバス（CANなど）によってバイパスに影響を与えることもできる。エミュレータープローブを使用し、マイクロコントローラーインターフェースを介してECUのCPUに直接アクセスすることもできる。

フルパスアプリケーション

まったく新しい機能を車両上でテストする必要がある場合、およびバイパスインターフェースを備えたECUが使用できない場合は、「フルパス」開発を使用してテストを実行することができる。この場合、実験システムはその機能用のすべてのセットポイントジェネレーター、センサー、およびアクチュエーターのインターフェースをサポートしている必要がある。機能のリアルタイム動作も、実験システムによって定義および保証されている必要がある（図10）。一般にこれは、フルパスコンピューター上のリアルタイムオペレーティングシステムによって実行される。

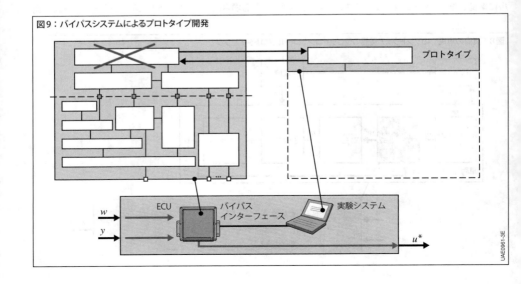

図9：バイパスシステムによるプロトタイプ開発

仮想プロトタイピング

複雑なシステムの場合、できるだけ早期に機能をテストできると都合が良い。仮想プロトタイピングがその1つの可能性である。この場合、プロトタイプのテストを仮想環境モデル上で行う。新しいECU (RTAなど) のオペレーティングシステムを実験システム上で実行する。これにより、新しいソフトウェアの時間応答も考慮に入れることができる。

ソフトウェア機能の設計と実装

データの仕様、機能の動作、およびソフトウェア機能のリアルタイム動作に基づいて、ECUネットワークの技術的なすべての詳細、実装されているマイクロコントローラー、およびソフトウェア機能アーキテクチャーを設計段階で考慮しておく必要がある。ソフトウェア機能の最終的な実装を、ソフトウェアコンポーネントに基づいて定義および実行できる (図11)。

実装には、ソフトウェア機能の設計および動作に関するマイクロコントローラーの時間および個別装置関連の機能を考慮した決定に加え、リアルタイム動作、マイクロコントローラーとECUの分散および統合、電子装置の信頼性および安全性の要件に関する設計決定が含まれる。製造および保守の観点に基づいた電子装置および車両に関するすべての要件を考慮しなければならない (たとえば、監視および診断コンセプト、ソフトウェア機能のパラメーター化、現場でのECU用ソフトウェアの更新など)。

コードとそれに関連したデータ (文書化用データ、派生車種管理、適合の基準データ供給など) の生成は、確立されている規格に基づいて自動的に行われることが多い。

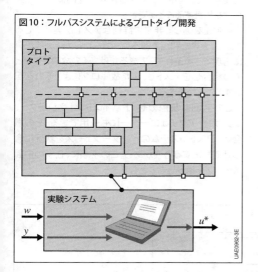

図10：フルパスシステムによるプロトタイプ開発

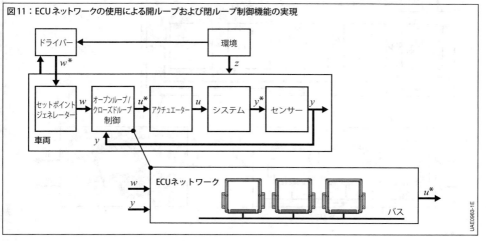

図11：ECUネットワークの使用による開ループおよび閉ループ制御機能の実現

ソフトウェアとコントロールユニットの統合とテスト

要件

使用可能なプロトタイプ車両の数は限られている。これは、コンポーネントのサプライヤーが、供給するコンポーネント用の完全な、または最新の統合およびテスト環境を備えていないことが多いことを意味する。テスト環境におけるこのような制限により、可能なテストステップが制限されることがある。そのため統合およびテストフェーズでは、環境モデルがテストシステムおよびテストベンチの基礎として使用されることが多い。

コンポーネント統合は、関連する個別のすべてのコンポーネント開発にとっての同期ポイントである。統合テスト、システムテスト、受入れテストは、すべてのコンポーネントが使用できるようになるまで、実行することができない。このことはECUの場合、車両システムのすべてのコンポーネント（ECU、セットポイントジェネレーター、センサー、アクチュエーター、システム）が使用できるようになって、初めてソフトウェア機能のテストが行えることを意味する。実験室でのIn-the-Loopテストシステムを使用することにより、実際の周辺コンポーネントが存在しなくても、仮想テスト環境内でECUの早期検証を行うことができる（図12）。

これにより、再現可能な実験室条件に基づいて、非常に柔軟にテストを実行および自動化できる。テストベンチまたは実際の車両でのテストに比べ、完全な、範囲に制限のない作動状態をテストすることができる（たとえば、エンジンECUをすべての負荷条件およびrpm条件でテストできる）。車両の摩耗および故障状態を簡単に模擬でき、ECUの監視、診断、安全機能をテストできる。コンポーネント（セットポイントジェネレーター、センサー、アクチュエーターなど）の公差を模擬して、開ループおよび閉ループ制御機能の堅牢性を検証することができる。

自動化を通じて非常に詳細なテストが実行できることも、大きな利点である。これにより、たとえば正確に再現できる条件で、できるだけ多くの故障タイプとその組合せをテストし、また故障ログによりそれを記録することができる。

この手順は、実際のセットポイントジェネレーター、センサー、アクチュエーターにも適用できる。その場合は、テストシステムのインターフェースを状況に合わせて修正する必要がある。この手順に、任意の中間ステップを組み込むこともできる。

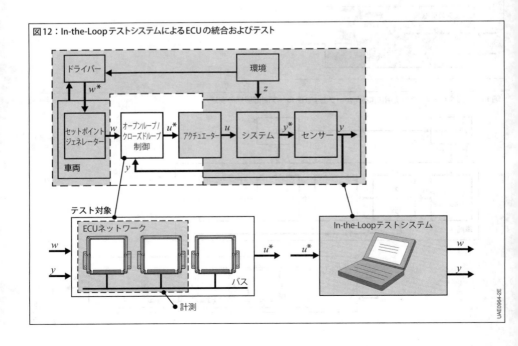

図12：In-the-LoopテストシステムによるECUの統合およびテスト

図12に示す構造では、ECUはブラックボックスの形式で表現されている。ECU機能の動作は、入力および出力信号 w, y, u^* に基づいてのみ評価できる。単純なソフトウェア機能の場合は、この「ブラックボックスビュー」で十分である。ただし、さらに複雑な機能の場合は、内部ECUの中間変数の測定手法を統合する必要がある。この種の測定技術は計測と呼ばれる。診断機能のテストには、ECU診断インターフェースを介した故障メモリーへのアクセスも必要であり、そのために、測定と診断システムの統合が必要である。

In-the-Loopテストシステム

In-the-Loopは、組込み電子システムを、インターフェースを介して実際の環境(センサーやアクチュエーターなど)または仮想環境(数学モデル)に接続して行うテスト手順である。システムの反応を分析して、システムへのフィードバックを行う。供試標本(テストする内容)に基づいて、次のテストシステムに区分される。

- Model-in-the-Loop (MiL) は、ソフトウェアの機能モデルのテストである。開発コンピューター上でモデルを実行する。
- Software-in-the-Loop (SiL) は、ソフトウェアコードのテストである。開発コンピューター上で実行する。
- Function-in-the-Loop (FiL) は、ソフトウェアコードのテストであるが、SiLとは異なりターゲットハードウェア上で実行する。フックおよびエミュレータープローブを使用して、ソフトウェアと環境モデルを結合する。
- Hardware-in-the-Loop (HiL) は、完成されたECUのテストであり、入力インターフェースおよび出力インターフェース (I/O) を使用して行う。FiLとHiLの組合せも使用される。シミュレーションコンピューターとして、パーソナルコンピューターの使用が増加している。

In-the-Loopテストシステムを使用して、ソフトウェアおよびハードウェアの妥当性検査やさらなる開発を行うことができる。

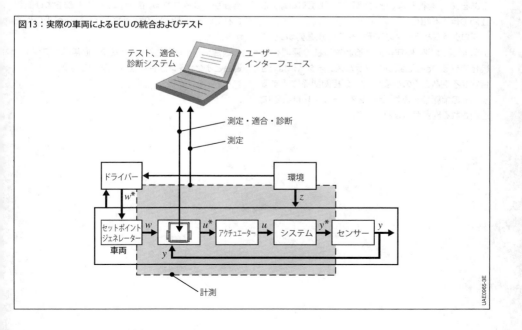

図13:実際の車両によるECUの統合およびテスト

1446 車両の電子システム

ソフトウェア機能の適合

手順

電気的に制御される車両システムは、それぞれの車両タイプに最適に適合されたときにのみ、その機能を十分に発揮することができる。できるだけ多くの派生車種で使用するために、ソフトウェア機能には可変量パラメーターが含まれている。これらのパラメーターを対応する派生車種およびすべての運転条件（冷間走行、気温、高度など）に合わせて調整することを適合と呼んでいる。車両全体の機能性を望ましいレベルにするには、多数の特性値、特性曲線、およびプログラムマップなどの適合データを適用する必要がある。

車両に対する変更により、たいていの場合適合の変更も必要となる。たとえば、排気系統に配置されたλO_2センサーは、排気ガス中の残存酸素を測定している。実際に噴射される燃料の量を、この信号に基づいて決定することができる。このようにして、エンジンECU内の制御パラメーターを連続的に正確に適合させることができる。λセンサーが配置されている位置における排気ガスの背圧が変化するような変更を排気系統に加えた場合（エキゾーストマニホールドや微粒子フィルターの変更など）、そのための適合が必要である。これを行わないと、燃費や排出ガスに関する性能の低下を招く。

プログラムとデータのステータスを分離することにより、開発、製造、保守における派生車種の管理を単純化できる。たとえば、プログラムステータスには、適合させる変数とその限度値および相関関係に関するすべての情報が含まれ、データステータスには実際に適用される変量が含まれている。

適合は、テスト時に、実験室のエンジンおよび車両のテストベンチ上、およびテストトラック上の実際の環境条件の下で行う。測定および診断システムに加えて、内部ECUパラメーター（特性曲線やプログラムマップなど）の適合のための適合システムが必要になることが多い。適合が完了すると、決定したデータの総合的なチェックを行う。これらの値は、量産ECUの読取り専用メモリー（EPROMまたはフラッシュメモリー）に格納される。

パラメーター値は、適合時に変更することができなければならない。したがって適合システムは、測定および適合ツールとの適切なインターフェースを備えた1つ以上のECUで構成される（図14）。測定、適合、診断システムは、車両内だけでなく、In-the-Loopテストシステムおよびテストベンチ上で使用することもできる。このシステムは仮想環境での使用がますます頻繁になっている。その場合には、高性能ツールが妥協点を見つけるアシストをする（適応データの最適な妥協）。

適合ツールは、特性曲線の値など、エディターによるパラメーター値の変更をサポートしている。また、実装レベル（適用した値を使用するなど）または物理仕様レベルでも使用される。その場合、記録されているデータが測定ツールによって物理的表現または実装表現に変換される。図14に、特性曲線および記録されている測定信号の物理および実装レベルの例を示す。

適合システムで作業を行うとき、通常はオフライン適合とオンライン適合を任意に選択できる。

オフライン適合

オフライン適合の場合、開ループ制御、閉ループ制御、および（ドライブプログラムなどの）監視機能の実行を中断して、パラメーター値を修正または調整する。したがって、オフライン適合には制約が多い。特にテストベンチおよび車上テストの場合、常にテストベンチまたは路上テストの中断が必要になる。

オンライン適合

オンライン適合の場合、マイクロコントローラーでソフトウェア機能を実行しながらパラメーター値を調整することができる。そのため、開ループ制御、閉ループ制御、および監視機能を実行しながら同時にパラメーター値を調整することができ、テストベンチまたは路上テストにおける通常の使用中に調整することができる。

オンライン適合では、たとえば特性曲線の補間点の分散が短時間一様に上昇しないなどの例外事態が発生しても、そのための調整手続きの全行程において走行スケジュールが影響を受けることがあってはならない。このためオンライン適合においては、開ループ制御、閉ループ制御、および監視機能には高い安定性が必要とされる。オンライン適合は、ダイナミックなパラメーターの少ない長時間に及ぶ修正に適している（エンジンテストベンチ上でのエンジン制御機能の微調整など）。

動的な度合いの大きな機能または安全関連の機能に適用する場合（テスト走行におけるブレーキ操作のためのABSシステムのソフトウェア機能の設定など）、実際のブレーキ操作時には設定は調整されない。このような場合でも、プログラムの実行中断を避けることによってテスト走行再開までの時間が短縮されるため、オンライン適合によって時間を節約することができる。

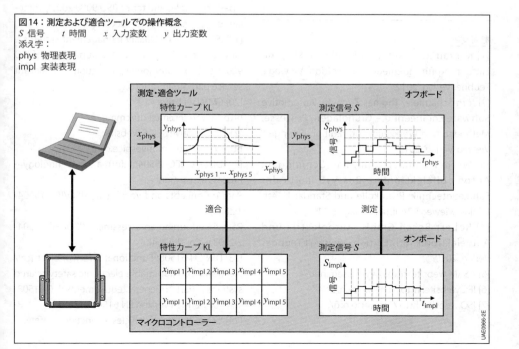

図14：測定および適合ツールでの操作概念
S 信号　t 時間　x 入力変数　y 出力変数
添え字：
phys 物理表現
impl 実装表現

展望

新しい車両機能およびテクノロジーは、自動車に搭載されるソフトウェア機能の範囲を拡大し続け、低価格帯のものにも普及するものと思われる。ただし、ECUの数は多くの車両でほとんど変化しない。したがって、ECUの機能範囲は拡大し続けることになる。さまざまなECU間のシステム境界は、たとえば、ハイブリッドドライブの管理などのように、次第に消失していく。自動車に搭載される電子装置は、個々の車両の範囲を超えて、これまで以上に複雑になっていく。そのような傾向を経済的に克服していくことが、これからの自動車ソフトウェアエンジニアリングと関連の開発環境の主要課題であることは間違いない。

別の趨勢として、開発の仮想化の増加を指摘することができる。仮想化により、テストや適合などの後期開発ステップの部分が早期の開発フェーズに統合され、機能モデルのIn-the-Loopテストを最適に行い、早期に暫定ベースのデータを供給することができる。このようにして、欠陥を早期に発見して、分散型開発をサポートし、量産開始直前のボトルネックを防ぐことができる。

参考文献

[1] Konrad Reif: Automobilelektronik – Eine Einführung für Ingenieure, 4th Edition, Vieweg+Teubner Verlag, 2012.

[2] Jörg Schäuffele, Thomas Zurawka: Automotive Software Engineering – Grundlagen, Prozesse, Methoden und Werkzeuge, 5th Edition, Springer-Vieweg-Verlag, 2013.

[3] Werner Zimmermann, Ralf Schmidgall: Automobilelektronik – Bussysteme in der Fahrzeugtechnik: Protokolle und Standards, 4th Edition, Vieweg+ Teubner Verlag, 2011.

[4] Robert Bosch GmbH: Autoelektrik und Autoelektronik, 6th Edition, Vieweg+Teubner Verlag, 2010.

[5] ASAM website: http://www.asam.net/.

[6] IEC website: http://www.iec.ch/.

[7] ISO website: http://www.iso.org/.

[8] IEEE website: http://www.ieee.org/portal/site.

[9] MISRA website: http://www.misra.org.uk/.

[10] SAE website: http://www.sae.org/.

[11] OSEK VDX Portal website: http://www.osek-vdx.org/.

[12] AUTOSAR website: http://www.autosar.org/.

[13] ISO 14230: Road Vehicles – Diagnostic Systems – Keyword Protocol 2000, 1999.

[14] ISO 15765: Road Vehicles – Diagnostic Systems – Diagnostics on CAN, 2000.

[15] ISO 22900-1: Road vehicles – Modular vehicle communication interface (MVCI) – Part 1: Hardware design requirements.

[16] ISO 22901-1: Road vehicles – Open diagnostic data exchange (ODX) – Part 1: Data model specification.

[17] V model of IABG website: http://www.v-modell.iabg.de/.

[18] DIN EN ISO 9000: Quality management systems – basic principles and terms (ISO 9000:2005); Three-language version EN ISO 9000:2005.

[19] ISO/TS 16949: Quality management systems – Particular requirements for the application of ISO 9001:2008 for automotive production and relevant service part organizations.

[20] CMMI website: http://www.sei.cmu.edu/cmmi/.

[21] Automotive SPICE website: http://www.automotivespice.com/.

[22] DIN ISO/IEC 15504: Information technology – Process assessment –

Part 1: Concepts and vocabulary (ISO/IEC 15504-1:2004).

Part 2: Performing an assessment (ISO/IEC 15504-2:2003 + Cor. 1:2004).

[23] DIN EN 61508: Functional safety of electrical/electronic/programmable electronic safety-related systems – Part 1: General requirements (IEC 61508-1:2010); German version EN 61508-1:2010.

[24] ISO 26262: Road vehicles – Functional safety.

自動車内のネットワークシステム

バスシステム

現在の自動車には、バスシステムまたはプロトコルとも呼ばれるデータ通信用ネットワークが広く使用されている。センサー、アクチュエーター、ECUなどのコンポーネント類（「ノード」）が、相互にシングルチャンネルで接続され（図1）、メッセージ、電信、パケットまたはフレームなどの大量のデータがこのチャンネルを介して交換される。たとえば、エレクトロニックスタビリティープログラム（ESC）で検出された走行速度は、バスシステムのノードとしてネットワーク化されている他のすべてのECUに伝達される。

バスシステムのメリット

データの送信側と受信側を個別のラインで接続する従来のケーブル配線と比べて、バスシステムには大きな利点がある。
- ケーブルの材料コストの削減（電装機器のコスト増を相殺）
- ケーブル配線に必要なスペースと重量の削減
- 故障の影響を受けやすいプラグの個数削減による全体のエラー発生数の減少
- 複数の受信側にデータを送信可能、たとえば、センサー信号を複数のシステムで使用可能。
- 1つのアクセスポイントから、バス接続されている車両内のすべてのシステムにアクセス可能。そのため、ライン末端にあるすべてのECUの診断と設定が容易
- 計算能力を各種ECUに分配可能。
- アナログセンサー信号をデータ処理用にデジタル化する必要がある。センサー信号は直接センサー内で調整可能。調整後、データはバスを介して配信される

バスの必要条件

一般要件

車載用のバスは、特有の要件を満たす必要がある。最長40 mのケーブル（一般的にこれで車両内のあらゆる部品を接続可能）に流れる信号の伝搬時間、減衰、反射を制御する送信プロセスの使用が不可欠である。その際、ネットワークは数十におよぶユーザーを接続可能でなければならない。

バスには、温度、振動、電磁干渉などの車両内の厳しい周囲条件に対する耐性が求められる。

自動車は大量生産されるため、各車両のバスハードウェアに関してコスト削減の可能性がわずかでもあれば、これをバス設計に採用しなければならない。同時に、複数のバスコンポーネントのメーカーが競合することも重要である。

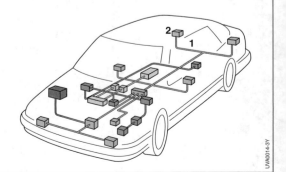

図1：自動車内のネットワークシステム
ノードおよびデータラインの略図
1 データライン
2 ノード（ネットワークユーザー）

各種車両タイプ用の機器バリエーションが多数あり、バスの基本構成でこれをカバーしなければならない。オプションの追加装備が車両システムに影響を及ぼすことがあってはならない。

コンポーネントの検証基準を得るために、バス性能を公的基準で明確に規定する必要がある。これにより、多様なサプライヤーの検証済みコンポーネントが、同一ネットワークで相互に機能し合うことが保証される。

特殊な要件

自動車に搭載されたそれぞれのシステムには異なる要件があり、そのため多様なバスを使用する必要がある。必要なデータ転送速度は、ライト切り替え (bit/s) からエンジン制御 (数百kbit/s)、ビデオアプリケーション (Mbit/s) まで、アプリケーションによって大きく左右される。

故障や機能の遅延実行が安全上重大な意味を持つシステムの場合 (たとえば、エアバッグ、電動パワーステアリング)、あらゆるケースにおいてデータ転送の最長持続時間 (レイテンシー) が保証されなければならない。バスの時間応答が常に確定しており再現可能である場合、これは決定論的処理 (determinism) と言われるものである。この場合は、特にメッセージの転送時間はすでに設計段階で判明している。

電動パワーステアリングなどの安全システムに対しては、設計上の欠陥／不具合を防止し、どのような許容境界条件下でも確実に正しく機能するよう、最先端技術を駆使してあらゆる対策を講じたことを実証する必要がある。

作動中に必然的に生じる転送エラーは、当該アプリケーションのために検出・処理できなければならない。

技術的原理

バスのコンポーネント

計画通りにネットワークが機能するには、各ネットワークユーザーが常に計算を行う必要がある。計算の大部分を担っているのが、「通信コントローラー」という特殊なハードウェア部品 (図2) である。この通信コントローラーは、多少効率が劣るものの同様に計算を実行できる実際のコンピューター (ホスト) の負荷軽減に寄与している。通信コントローラーは個別の半導体コンポーネントとして組み込むことができる。しかしながら多くのマイクロコントローラーでは、一部のバス用の通信コントローラーがすでに内蔵されている。

その他のコンポーネントとしては、バスドライバーまたはトランシーバーがある。これは、通信コントローラーから受信した信号をバスラインの物理信号に変換したり (たとえば、電圧レベル)、バスラインで受信したデータを変換し、通信コントローラーに送信したりするものである。

OSI参照モデル

ISO (国際標準化機構) が開発したOSI参照モデル (Open Systems Interconnection、開放型システム間相互接続) は、通信プロトコルの記述と比較を行うための基準として広く普及しているものである。このモデルでは、データ通信システムの機能が階層に区

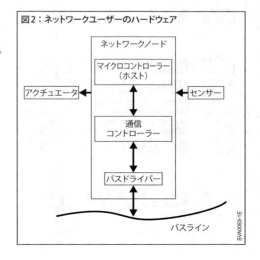

図2：ネットワークユーザーのハードウェア

分され、各層は別の層が用意した機能を利用している。OSI参照モデルは、通信システムの機能のコンセプト構成をサポートするものである。ただし、このモデルに準拠することで必ずしも効率的なソリューションが得られるとは限らない。

7つの階層（図3）があるが、多くのプロトコルは一部の階層でしか規定されていない。OSI参照モデルの上位層（アプリケーションレイヤー、プレゼンテーションレイヤー、セッションレイヤー）は、車載バスではほとんど利用されない。

物理レイヤー

物理レイヤーでは、伝送媒体（たとえば、電圧レベルやプラグ形状）の物理的特性が規定されている。自動車の場合は大抵、特殊ケーブルや光ファイバーでkHz〜MHz範囲の電磁信号が使用されている。各周波数の無線や電力供給用にすでに用意されたケーブルの共用といった技術は、今後まだ多数の試験が必要とされている。

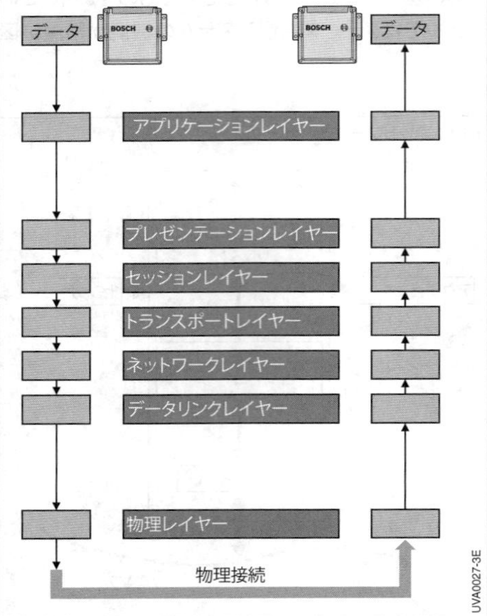

特に、放射シールド付きまたはなしの2線式ツイストケーブルの差動電圧、あるいは接地に対する基準電圧付き単線式ケーブルの差動電圧を利用してケーブルで伝送する方式が、コストが低いため最も広く使用されている。

とりわけ高速のデータ転送速度が要求される場所では、プラスチックまたはグラスファイバー製の光ファイバー（赤外スペクトル領域用）が用いられる。光ファイバーは電磁放射（たとえば、イグニッションシステムによる）の影響を受けにくいが、取付けのコストが高く、その耐老化性もまだ十分に確認されていない。

媒体の物理的な可能性もまた、ビットの符号化方法を制限するものである。光媒体の場合には「光」と「光なし」の2つの状態があり、振幅（輝度）を利用した符号化が可能である。

ケーブルに伝送される高周波の電圧信号により、さまざまなビットの表示方法がある。最もシンプルかつ車載バスで広く使用されているのは、各ビットに電圧値を割り当てて（振幅変調）符号化する方法であり、この電圧値はビット幅全体にわたって印加される（NRZ、非ゼロ復帰）。この周波数帯域では、信号形状の障害につながる反射を防ぐため、必要に応じてオープンなケーブル終端に終端抵抗器を付ける必要がある。

データリンクレイヤー

データリンクレイヤーでは、隣接するノード間でデータの正確な受け渡しが行われる。データビットはフレームにまとめられ、チェックサムやナンバリングなどのビットの追加により、転送中に発生したエラーの検知や修正までもが可能である。また、新たな転送を要求してエラー修正を行うこともできる。

図3：OSI参照モデル

ネットワークレイヤー

すべてのネットワークユーザーが他のあらゆるユーザーと直接接続されていない場合、中継ステーションを通過するデータのためのルートを見出す必要がある。ルートの検索はルーティング（経路指定）とも呼ばれ、通信パスのさまざまな特性（特に帯域幅）および中間ステーション（ルーターとも呼ばれる）が含まれる。

トランスポートレイヤー

トランスポートレイヤーの機能には、大きなデータパケットの分解、さまざまなルートやタイミングで受信側に到達したこれらのパケットの再構築、転送エラーが発生した場合のパケットの再送確認などが含まれる。トランスポートレイヤーには、アプリケーションに対して通信パスのプロパティを隠し、アプリケーションから独立してサービスを提供する機能もある。

アクセス方法

データは通常、固定構造のパケット（フレーム）で転送され、これには実際の内容だけでなく、ソース、宛先、優先度などの制御・テストデータおよびデータ破損を防止するためのチェックビットが含まれる。

複数のユーザーが同時にアクセスするネットワークの中心的機能は、コンフリクト（衝突）を回避するためにトークン（優先権信号）を管理することである。これは、バスのアービトレーションと呼ばれるものである。その際には、転送するメッセージの優先度を考慮する必要があり、多様な方法が普及している。

時間制御

時間制御されているバスの場合、各ノードが送信用に固定的に割り当てられた時間（ロット、カラム）を受け取ることにより、コンフリクトのないアクセスが可能である。これらの反復時間がサイクルに組み合わされ、そしてサイクルが通信マトリクスに組み合わされる（図4）。

メッセージ（参照メッセージ、同期フレーム）自体は、ノードでのクロックの同期に使用される。ネットワーク内にたくさんのタイミングノード（タイムマスター）があると、クロックは測定した受取り時間と予想受取り時間をベースに同期する。厳密な周期性（決定論

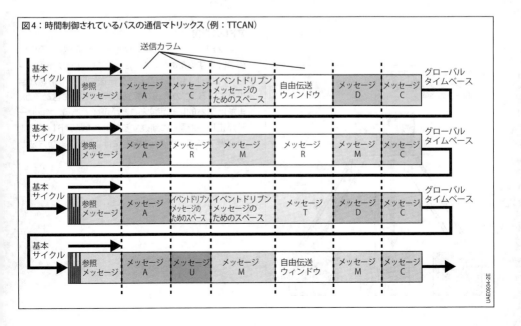

図4：時間制御されているバスの通信マトリクス（例：TTCAN）

1454 車両の電子システム

的処理）により、メッセージが実現しなかった場合にそれを素早く検知することができる。これは、電動モーター作動ステアリングのような安全システムで特に必要になる。

さらに時間制御アプローチは、複数のサブシステムを相互に依存させずに開発する可能性を推進する。これは、システム全体の予測可能な挙動へのサブシステムの可結合性がサポートされるためである。各サブシステムのタイムスライスが独立している場合、2つのノードがバスを同時に占有して相互に妨害されることはない。

マスタースレーブ

割り当てノード（マスター）は、他のノードの1つ（スレーブ）に制限付きアクセスを許可する（図5）。マスターは下位ノードへの問い合わせにより通信頻度を決定している。スレーブはマスターから呼びかけられた場合にのみ応答する。しかしマスタースレーブプロトコルの一部には、メッセージ送信のためにスレーブからマスターに通知することを認めるものもある。

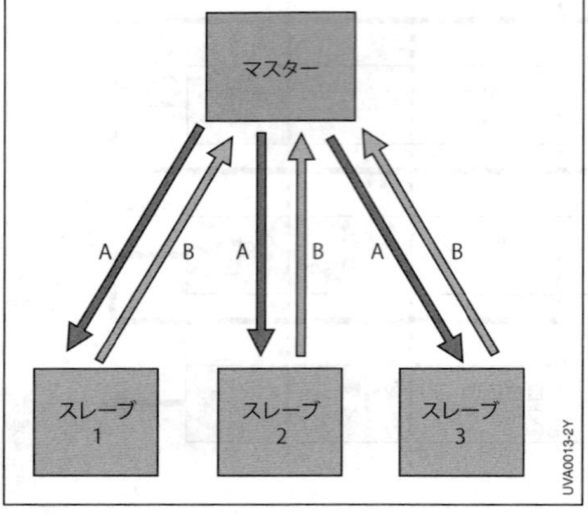

マルチマスター

マルチマスターネットワークでは、各種ノードが自動的にバスにアクセスし、バスが空き次第メッセージを送信できる。つまり、各ノードがマスターの役割を果たし、すべてのノードが平等にメッセージ送信を開始できるのである。しかしこれはまた、アクセスコンフリクトの識別と処理を行うための手順が求められることを意味する。この手順は、たとえば優先順位または遅延再送信の決定により実行される。優先制御を用いることにより、複数のノードが同時にバス占有を試みる際のバスコンフリクトを防止できる。優先度の高いネットワークノードや優先度の高いメッセージを転送しようとするノードは、そのことを主張（アサート）することで、最初にメッセージを送信できる。再びラインが空くと、メッセージを送信したいすべてのノード、特に待機中のノードが送信の再試行を開始する。

個々のノードが通信を制御するのではなく、不具合が発生した場合は総合的な通信エラーになるため、マルチマスターアーキテクチャーはシステムの可用性にプラス効果をもたらすものである。

トークンパッシング

あるノードに一時的にアクセス権が与えられ、このアクセス件は次には別のノードに一定の時間だけ与えられる。

アドレス指定

ネットワークを介してメッセージを転送し、その情報を評価するために、メッセージにはユーザーデータ（ペイロード）に加えてデータ転送に関する情報が含まれている。この情報を転送の際に明確に含めるか、または暗黙的に規定することが可能である。メッセージが正しく受信側に到達するためには、アドレス指定が必要である。アドレス指定には、さまざまな方法がある。

図5：マスタースレーブ方式
A マスターからの問い合わせ
B スレーブの応答

UVA0013-2Y

ユーザー指向方式

この方式では、ノードアドレスをベースにしてデータ交換が行われる（図6a）。送信側が送信するメッセージには、転送されるデータに加えて宛先ノードのアドレスが含まれている。すべての受信側は、転送された受信者アドレスと自身のアドレスとを比較し、アドレスが正しかった受信者だけがメッセージを評価する。メッセージは個別のアドレス、グループ（マルチキャスト）、またはネットワーク内の全ノード（ブロードキャスト）に宛てることができる。

標準的な通信システム（たとえばイーサネット）の多くは、ユーザーアドレス指定方式で機能している。

メッセージ指向方式

これは、受信側ノードではなくメッセージ自体がアドレス指定される方式である（図6b）。メッセージは、情報タイプごとに事前設定されたメッセージ識別子により、その内容に応じて識別される。この方式では、各受信側ノードが自身でメッセージの処理をどうするか決定するため、送信側はメッセージ宛先に関する情報を必要としない。複数のノードがメッセージを受信し、評価することが可能である。

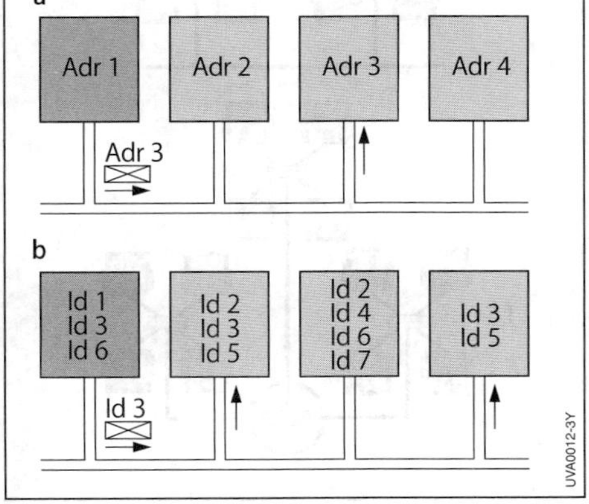

自動車業界のほとんどのバスシステム（CAN、FlexRayなど）はメッセージ志向方式で作動している。

転送指向方式

メッセージの識別に転送特性を利用することも可能である。メッセージが常に定義されたタイムスロットで送信される場合は、これを使用して識別できる。この方式は、安全対策のためにメッセージまたはユーザー指向のアドレス指定方式と組み合わされることもよくある。

ネットワークトポロジー

ネットワークトポロジーは、ネットワークノードを結ぶ接続形態である。各ノードがどのように相互に接続しているかは示されるが、接続の長さなどの詳細は示されない。通信ネットワークの各種アプリケーションに対応するため、採用されるトポロジーにはさまざまな要件がある。

バス型トポロジー

このネットワークトポロジーは、リニアバス型とも呼ばれる。1本のケーブルが中核要素となり、これにすべてのノードが短い接続ケーブルを介して接続される（図7a）。このトポロジーは、ユーザーを追加するだけで簡単にネットワークを拡張できる。メッセージは個別のバスユーザーから送信され、バス全体に配信される。

ノードが故障した場合、ネットワーク内の他のノードはこのノードが送信すべきデータを利用できないが、残りのノードはメッセージ交換を継続できる。ただし、バス型トポロジーのネットワークでは中核となるケーブルに不具合が生じた場合（ケーブル断線など）、ネットワーク全体に障害が発生する。

スター型トポロジー

スター型トポロジーには中核ノード（リピーター、ハブ、スター）があり、これにその他すべてのノードが個別に接続されている（図7b）。そのためスター型トポロジーのネットワークでは、中核要素に接続の空きがあれば簡単に拡張することが可能である。

データ交換は各ノード接続と中核スターを介して行われ、アクティブスター型とパッシブスター型に分けることができる。アクティブスター型には、データの処理と転送を行うコンピューターが含まれている。

図6：アドレス指定タイプ
a ユーザー指向方式,
b メッセージ指向方式
Adr i, i = 1…n、ノードのアドレス
Id i, i = 1…n、メッセージ識別子

ネットワークの性能は、このコンピューターの性能によりほぼ決定される。ただし、中核ノードには特別な制御インテリジェンスが必要とされない。パッシブスター型は、ネットワークユーザーのバスラインを単に接続したものである。

ネットワークユーザーの1つが故障した場合、あるいは中核ノードとの接続ケーブルに障害が発生した場合でも、残りのネットワークは動作を継続できる。一方、中核ノードが故障した場合は、ネットワーク全体が動作不能になる。

リング型トポロジー

リング型トポロジーの場合は、各ノードが隣接するノードと接続され、閉鎖したリングが形成される（図7c）。リング内では、データは1つのステーションから次のステーションへと一方向にのみ転送される。受信するたびに必ずデータの確認が行われる。データが自ステーション宛てのものではなかった場合は、データを更新し（リピーター機能）、増幅して次のステーションに送信される。転送データは、意図した宛先に到達するかまたはスタート地点に戻るまで、1つのステーションから次のステーションへとリング内で順送りされる。メッセージがリング全体を転送された場合は、全ノードがその受信確認を行ったことになる。シングルリングのステーションの1つが故障すると、データ転送が中断し、ネットワーク全体に障害が発生する。

リング構成を、双方向のデータ転送が可能なダブルリング型にすることもできる。ダブルリング型トポロジーでは、ステーションの1つまたは2つのステーション間の接続に不具合が生じてもこれに対応できる。これは、リング内の作動可能なすべてのステーションで全データの転送が継続されるためである。

デイジーチェーン型トポロジー

デイジーチェーン型トポロジーは、接続を取り除いた状態のリング型トポロジーに似ている。ここでは、最初のコンポーネントが直接データ処理装置（コンピューターなど）に接続される。次のコンポーネントはその前のコンポーネントに接続され（シリーズ接続方式）、これによりチェーンが形成される。メッセージは複数のノードを通過して目的地に到達する。

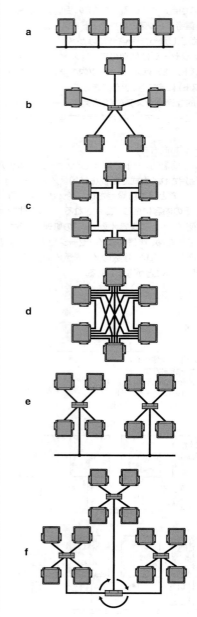

図7：ネットワークトポロジー
a バス型トポロジー　　b スター型トポロジー
c リング型トポロジー　　d メッシュ型トポロジー
e スターバストポロジー
f スターリングトポロジー

メッシュ型トポロジー

メッシュ型トポロジーでは、各ノードが1つまたはそれ以上のノードに接続される（図7d）。ノードまたは接続に不具合が発生した場合は、データを迂回して送信できる。そのため、このネットワークは高い故障耐性が特徴となっている。ただし、ネットワーク構築とメッセージ転送のコストは高くなる。

ハイブリッドトポロジー

異なるネットワークトポロジーを組み合わせたものがハイブリッドトポロジーである。例として、以下の組み合わせが挙げられる。
- スターバストポロジー：さまざまなスター型ネットワークのハブを、リニアバスのように相互に接続（図7e）。
- スターリングトポロジー：さまざまなスター型ネットワークのハブをメインハブに接続（図7f）。このメインハブに接続されるスター型ネットワークのハブはリング状になる。

転送信頼性

バスの重要な特性とは、特に安全にかかわるシステムで用いられるバスに関しては、エラーを特定する能力と、必要に応じて限定的な作動を可能にすることである。これには、データ破損の検出能力も含まれる。ケーブルに対する周囲からの電磁放射により（点火コイルからなど）、ビットの一部が受信側で不正確な値になって受け取られる可能性がある。転送するデータに確認情報を追加することで、このような問題を特定できる。最もシンプルな方法はパリティービットの追加であり、これは正しい1の数が偶数または奇数であるかでエラーを検出するものである。汎用的な方法である「巡回冗長検査」（CRC）では、選択可能なチェックビット数を使用して、各種の保護レベルを得ることができる。

限定的な作動を保証する1つの方法は、障害のあるラインをバイパスして、故障ノードによるバスの閉鎖を回避することである。

ノードから発信された1つのデータ（車両速度など）がネットワーク内のすべてのアドレスに到達したか、あるいはどのノードにも到達していないか確認が行われる（一貫性）。このため、2つのノードにおける速度値に関する情報がそれぞれ異なるという状況が生じることがない。そこで、ノードは受信が失敗したことを伝達するか、または正しく受信したことを示す肯定応答を中止する。これに応じてその他のノードでは、すでに正しく受信されているデータが破棄される。

1458 車両の電子システム

自動車内のバスシステム

外部バスは、ECU、センサー、およびアクチュエーターを相互に接続する。外部バスは、ワイヤーハーネスおよびプラグインコネクターにより配線されている。相互運用性を確実なものにするため、レベル、ビットレート、インピーダンスが厳密に定められている。CAN、FlexRay、LINなどはその一例である。概要を迅速に把握するために、多くの場合バスシステムは表1の体系に従って分類される。

内部バスは、基板上の集積回路を接続している。内部バスはECU内でのみ使用されている。

表1：バスシステムの分類

クラスA	
データ転送速度	低いデータ速度 （10 kbit/s 以下）
用途	アクチュエーターおよびセンサーの ネットワーク
代表的な例	LIN、PSI5
クラスB	
データ転送速度	中程度のデータ速度 （125 kbit/s 以下）
用途	エラー処理用の複雑なメカニズム 快適性関連コントロールユニットの ネットワーク
代表的な例	低速CAN（CAN-B）
クラスC	
データ転送速度	高いデータ速度 （最大1 Mbit/s）
用途	リアルタイムが要求される場合 駆動およびシャーシ領域のコントロール ユニットのネットワーク
代表的な例	高速CAN（CAN-C）
クラスC+	
データ転送速度	非常に高いデータ速度 （最大10 Mbit/s）
用途	リアルタイムが要求される場合 駆動およびシャーシ領域のコントロール ユニットのネットワーク
代表的な例	FlexRay
クラスD	
データ転送速度	非常に高いデータ速度 （10 Mbit/sを超える）
用途	テレマチックおよびマルチメディア領域の コントロールユニットのネットワーク
代表的な例	MOST、イーサネット

CAN

概要

CANバス（コントロールエリアネットワーク）は、その最初のシリーズが1991年に自動車に導入されて以来、標準バスシステムとしての地位を確立しているが、オートメーションテクノロジーでもよく使用されている。その主な特長は次のとおりである。

– 非破壊アービトレーションによる優先度制御のメッセージ送信
– 低コストのより線2線ケーブル、および高い計算能力を必要としない単純なプロトコルの使用による低いコスト
– 高速CAN（CAN-C）では1 Mbits/s 以下、低速CANで（CAN-B）は125 kbit/s 以下のデータ転送速度（低いハードウェアコスト）
– 間欠エラーおよび継続エラーの認識とその信号生成、および肯定応答によるネットワーク全体の一貫性による信頼性の高いデータ転送
– マルチマスター方式
– 故障したステーションの位置特定ができることによる高い可用性
– ISO 11898 [1] 準拠の標準化

転送システム

バスの論理状態および符号化

CANバスは、通信のために「Dominant」と「Recessive」という2つの状態を使用し、これらにより情報ビットが転送される。Dominant状態は「0」、Recessive状態は「1」で表される。NRZプロセス（Non Return to Zero ／非ゼロ復帰）は、送信の符号として使用され、この場合は、2つの同じ転送状態の間でゼロ状態が必ずしも返されないため、同期に必要な2つのエッジ間の時間間隔が長くなりすぎる場合がある。

たいていの場合2線ケーブルが使用されるが、周囲の状況に応じて同心線あるいはより線が使用されることもある。この2本のバスラインは、CAN_HおよびCAN_Lと呼ばれる（図1）。

2線ケーブルを使用すると、均整の取れたデータ転送が容易となり、ビットが両方のバスライン経由で異なる電圧を使用して転送される。これにより、干渉が両方の回線に作用しその差を利用して除去できるようになるため、コモンモード干渉を受けにくくなる(図2)。

単線ケーブルは、2本目のケーブルのコストを節約できるため、製造コストを削減する方法の1つである。ただしこのためには、すべてのバス接続機器が、2本目のケーブルとして機能する共通のアース接続を使用できなければならない。したがって単線仕様のCANバスは、スペース的に限られた規模の(スペース的にあまり大きくない)通信システムにのみ用いることができる。単線ケーブルによるデータ転送は、2線ケーブルの場合のようには干渉パルスを除去できないため、干渉放射を受けやすい。このためバスラインでは、より高レベルの信号が必要である。これは、干渉放射に関してはマイナスの効果となる。そのため、2線ケーブルと比較してバス信号のエッジの傾斜を緩やかにする必要がある。このことは、データ転送速度の低下をもたらす。この理由により、単線ケーブルは、ボディ、および快適性と利便性のための電気システムの低速CANにのみ使用される。単線を使用するこの方法は、CANの仕様には記載されていない。

また2線ケーブルを介して通信を行う耐障害性トランシーバーと呼ばれるものがあり、1本のケーブルが断線しても、単線システムとして作動し続ける。

電圧レベル

高速および低速CANは、異なる電圧レベルを使用してDominant状態およびRecessive状態を転送する。低速CANの電圧レベルを図1のaに、高速CANの電圧レベルを図1のbに示す。

高速CANは、両方の回線がRecessive状態のときに2.5 Vの公称電圧がかかっている。Dominant状態では、CAN_Hには3.5 V、CAN_Lには1.5 Vの公称電圧がかかっている。Recessive状態の低速CANでは、CAN_Hには0 V(最大0.3 V)、CAN_Lには5 V(最小4.7 V)の電圧がかかっている。Dominant状態では、CAN_Hの電圧は最大3.6 Vで、CAN_Lの電圧は最大1.4 Vである。

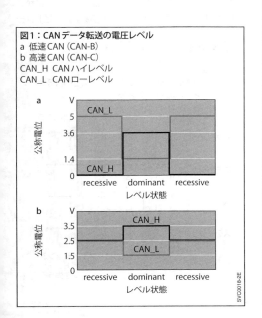

図1：CANデータ転送の電圧レベル
a 低速CAN (CAN-B)
b 高速CAN (CAN-C)
CAN_H CANハイレベル
CAN_L CANローレベル

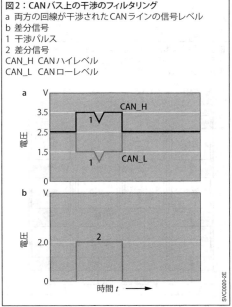

図2：CANバス上の干渉のフィルタリング
a 両方の回線が干渉されたCANラインの信号レベル
b 差分信号
1 干渉パルス
2 差分信号
CAN_H CANハイレベル
CAN_L CANローレベル

制限値

CANにおけるアービトレーション方式では、ネットワークのすべてのノードがメッセージID（フレームID）のビットを同時に認識し、したがって、あるノードがビットの送信中に別のノードも送信中であるかどうかを認識することが重要である。データバス上の信号伝送時間およびトランシーバーでの処理時間により遅延が生じるため、最大許容転送速度は、バス全体の長さにより異なる。ISOでは、40 mに対して1 Mbit/sと規定している。回線がこれより長い場合、可能なデータ転送速度は、回線の長さにほぼ反比例する。延長1 kmのネットワークは 40 kbit/sで作動可能である。

CANプロトコル

バスの構成

CANはマルチマスター方式で作動する。この方式では優先度の等しい複数のノードが1つの線形バストポロジーにより接続される。

内容に基づくアドレス指定

CANは、メッセージベースのアドレス指定を使用する。この場合、各メッセージに固定識別子が与えられ、識別子（ID）は、メッセージ内容の種類（例：エンジン回転数）を表す。各ステーションでは、そのステーションの受入れリストに記憶されている識別子（ID）を持つメッセージのみが処理される。これを受入れチェックと呼ぶ（図3）。したがって、CANのデータ伝送はステーションアドレスを必要とせず、ノードはシステム構成の管理の対象とはならない。これにより、ノードの追加や削減に柔軟に対応することができる。

バスの論理状態

CANプロトコルは、2つの論理状態に基づく。ビットは、「Recessive」（論理1）または「Dominant」（論理0）のいずれかである。少なくとも1つのステーションからDominantビットが送出されると、他のステーションから同時に送られたRecessiveビットは上書きされる。

バスアービトレーションと優先度の割当て

各ステーションは、バスが空き次第、メッセージの送信を開始することができる。複数のステーションが同時に伝送を行おうとした場合は、システムは「ワイヤードAND方式」のバスアービトレーションがアクティブになりバス利用者を決定する。アービトレー

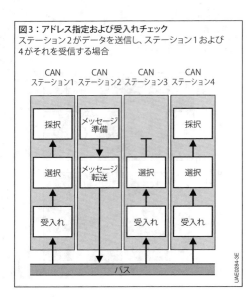

図3：アドレス指定および受入れチェック
ステーション2がデータを送信し、ステーション1および4がそれを受信する場合

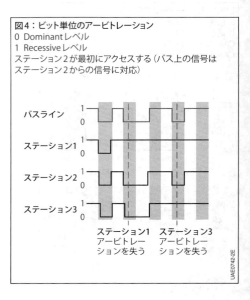

図4：ビット単位のアービトレーション
0　Dominantレベル
1　Recessiveレベル
ステーション2が最初にアクセスする（バス上の信号はステーション2からの信号に対応）

ションスキームにより、ステーションから送出された Dominant ビットが他のステーションの Recessive ビットに確実に上書きされる（図4）。各ステーションはビットごとに – 最重要ビットを最初に – バス上にそのメッセージの ID を送出する。このアービトレーションフェーズ（選択フェーズ）の間に、各送出ステーションは適用されたバスレベルを実際のレベルと比較する。Recessive ビットを送出し、Dominant ビットをチェックする各ステーションは、アービトレーションを失う。ID が最も低い – つまり優先度が最も高い – ステーションは、メッセージを繰り返す必要無く、バス上で最初のアクセスが割り当てられる（非破壊アクセスコントロール）。バスへのアクセス権を得られなかったステーションは自動的に受信モードに切り換わり、バスが空き次第、再び送信を試みる。

データフレームおよびメッセージフォーマット

CAN は2つの異なるメッセージフォーマットをサポートしているが、これらの主な違いは識別子（ID）の長さである。標準フォーマットの ID は11ビットであるのに対し、拡張フォーマットでは29ビットで、送信されるデータフレームの長さは、標準フォーマットで最大130ビット、拡張フォーマットで150ビットとなる。これにより、次の送信（緊急の場合もある）までの待ち時間を、最小限にすることができる。

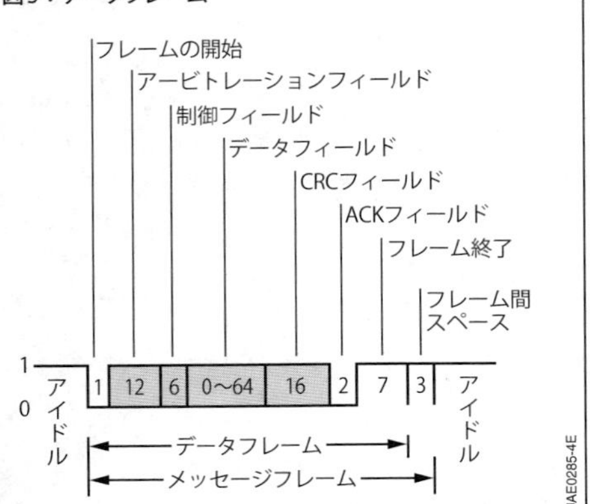

標準フォーマットのデータフレームは、連続した7つのビットフィールドで構成される（図5）。「フレーム開始」フィールドはメッセージの始まりを表し、すべてのステーションの同期をとる働きもする。

「アービトレーションフィールド」は、メッセージの識別子と制御ビットから成る。このフィールドの送信中、送信ステーションは自分よりも高い優先度を持つメッセージが他に存在しないことを確認しながら（存在していると、アクセス権限がキャンセルされるため）、各ビットを伝送する。制御ビットは、メッセージが「データフレーム」と「リモートフレーム」のどちらに属するかを決定する。

「コントロールフィールド」には、「データフィールド」のバイト数を示すコードがある。

「データフィールド」の情報内容は、0 ～ 8バイトで構成される。データ長が0のメッセージは、分散処理の同期をとるために使われる。

「CRC フィールド」（巡回冗長検査）には、データの伝送障害を検出する検査信号がある。

「Ack フィールド」には、届いたデータメッセージを正しく受信したことを受信側が示す認識信号がある。

「フレーム終了」フィールドは、メッセージの終了を表す。

その後に「フレーム間スペース」フィールドが続き、次のデータフレームとの区切りとなる。

イニシエーター

通常は、送信側がデータフレームを送出することでデータの伝送が開始される。しかし、受信側が送信側にデータ伝送の開始を要求することもできる。この「リモートフレーム」は、対応する「データフレーム」と同じ識別子を持ち、区別は識別子に続くビットで行われる。

図5：データフレーム

フレームの開始
アービトレーションフィールド
制御フィールド
データフィールド
CRC フィールド
ACK フィールド
フレーム終了
フレーム間スペース

	1	12	6	0～64	16	2	7	3	
アイドル 1 0									アイドル

データフレーム
メッセージフレーム

UAE0285-4E

1462 車両の電子システム

エラー検出

CANにはエラー検出のためのモニター機能が数多く織り込まれている。以下にそれらを列挙する。

– 15ビットCRC：各受信側で、受け取ったCRCコードを、計算値と比較する。

– モニタリング：各送信側は、自身が送信したメッセージをバスから読み取り、送信したビットとスキャンされたビットとを比較する。

– ビット挿入：「フレーム開始」の先頭からCRCフィールドの終わりまで、各「データフレーム」または「リモートフレーム」中の同一極性のビットの最大連続個数は、5個に制限される。ビットストリームの中で、同じ極性のビットが5つ以上続くときは、送信側で5ビットごとに逆極性の1ビットを挿入する。受信側ではメッセージを受け取ったときに、これらのビットを取り除く。

– フレームチェック：CANプロトコルには、決まったフォーマットのビットフィールドが数個埋め込まれており、すべてのステーションでこれが検証に使用される。

エラー処理

CANコントローラーは、エラーを検出すると、エラーフラグを送出して、実行中の送信を打ち切る。エラーフラグは6個のDominantビットから成る。これは、ビット挿入やフォーマットの規則性を故意に破ることで機能する。

障害対策

故障したステーションは、バストラフィックを著しく損なうことがある。そこで、CANコントローラーには、間欠エラーと継続エラーを識別し、ステーションの故障部分を特定するメカニズムが織り込まれている。このプロセスは、エラー状態の統計的評価に基づいている。

CANコントローラーの実装

半導体メーカーから、主に格納および管理が可能なメッセージ量が異なるさまざまなCANコントローラーが提供されている。これらを使用すると、ホストコンピューターをプロトコル固有の動作から解放することができる。標準的には、いくつかのメッセージメモリーを備えているベーシックCANコントローラーと、ECU用に必要な全メモリー用のメモリースペースを備えているフルCANコントローラーに分類できる。

標準化

CANは、自動車のデータ交換の規格として標準化されている。125 kbit/s以下の低転送速度の規格はISO 11898-3 [1]に、125 kbit/sを超える高転送速度の規格はISO 11898-2 [1]およびSAEJ 1939（トラックおよびバス、[2]）に定義されている。

タイムトリガー CAN

タイムトリガーモードでの作動を可能にするために拡張されたCANプロトコルは、「タイムトリガーCAN」（TTCAN）と呼ばれている。タイムトリガー方式とイベント駆動方式の通信コンポーネントの割合を完全に自由に設定でき、このためCANネットワークと完全な互換性がある。TTCANはISO 11898-4 [1]として標準化されている。

フレキシブルデータレートのCAN

CAN-FDはCANの拡張版で、第2ビットレートを拡張し、より広いデータフィールドを確保している。これまでCANに適用されていた通常のビットレートとは異なり、データビットレートは1 Mbit/sに制限されていない。通常のビットレートがコントロールデータのみに機能する一方、データビットレートはデータフレーム内のデータフィールドに機能する。

さらに、CAN-FDは、データフィールドを8バイトから最大64バイトに拡張する。これにはまた、通信の信頼性を損ねないためにチェックサムへの適応が必要になる。CAN-FDはISO 11898-7 [1]として標準化されている。

FlexRay

概要

FlexRayは、自動車産業の制御工学向けに設計されたバスである。決定性とフォールトトレランスが要求される機械的なフォールバックレベルのない（バイワイヤー）アクティブセーフティシステムでの使用に対する適合性に特に留意して開発された。基本的に非冗長送信用の最高20 Mbit/sの高い転送速度であるため、オーディオ送信または圧縮率の高いビデオ送信の分野での使用も考えられる。その主な特長は次のとおりである。

- 待ち時間が保証されたタイムトリガー方式の送信
- 優先度を使用した情報のイベント駆動方式の送信も可能
- 1チャンネルまたは2チャンネルでの情報の送信
- 最高10 Mbit/sの高速送信、2チャンネルによる並行転送では最高20 Mbit/s
- スター型、混合型またはリニアバス構成

FlexRayは、車両メーカー、サプライヤおよび半導体メーカーから成る協会により初めて作成された自動車用通信規格である。この規格には、TTCAN、Byteflightおよびその他の技術要素が含まれている。FlexRayコンソーシアムが発行した仕様は、現在ISO規格17458 [3] としてのみ提供されている。

送信媒体

FlexRayシステムで使用される送信媒体は、より対線2線ケーブルで、シールド付きとシールドなしの両方を使用できる。各FlexRayチャンネルは、Bus-Plus（BP）およびBus-Minus（BM）という2本の回線から成る。FlexRayは、NRZ（Non Return to Zero／非ゼロ復帰）を使用して符号化を行う。

バスの状態は、Bus-PlusとBus-Minusとの電圧差を測定して特定される。したがって、両方の回線で電磁気が同程度に作用し、その差で影響が相殺されるため、データ転送が外部の電磁気の影響を受けにくくなる。

同じチャンネルの2本の回線に異なる電圧がかけられると、4つのバス状態のいずれかとなる。これらのバス状態は、Idle_LP（LP、Low Power）、Idle、Data_0、およびData_1と呼ばれる（図6）。Idle_LPは、－200 mV～200 mV（アースへ接続）の低電圧がBus-PlusおよびBus-Minusにかかっている状態である。Idle状態では、差が30 mV以内の2.5 Vの電圧がBPおよびBMにかかっている。中間レベルの2.5 mVに基づきチャンネルをData_0状態にするには、Data_1,600 2.5 mVの場合、少なくとも1つの送信ノードが－600 mVという負の電圧をチャンネルにかける必要がある。

トポロジー

FlexRayネットワークは、バス型およびスター型のトポロジーとして構築できる。スターでの信号遅延について考慮すべき場合には、2つのスターをカスケードすることができる。複数のバスを1つのスターに接続するトポロジーも可能である。

FlexRayシステムの両方のチャンネルは相互に独立して構築できるため、異なるトポロジーを両方のチャンネルに使用することができる。たとえば、一方のチャンネルをアクティブスター型トポロジーとして、他方のチャンネルをバス型トポロジーとして構築することができる。

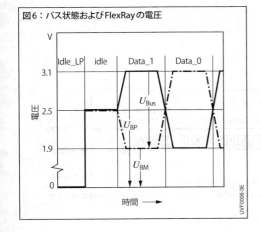

図6：バス状態およびFlexRayの電圧

周波数がCANの10倍になることもあるため、FlexRayネットワークの設計時には、すべてのトポロジーで、特に回線の長さなどのパラメーターおよび終端となる抵抗器類を、信号歪みが許容範囲内にとどまるように選択する必要がある。

バスへのアクセス、時間制御

決定性を達成する、つまりメッセージの送信にかかる最大時間を保証するために、FlexRayバスでは、通信は一定周期で時間制御されて行われる。各サイクルは、同じ長さのタイムスロットに分けられるスタティックセグメントで開始される（図7）。各タイムスロットには、その時点で通信が許可されている1ノードのみが固定的に割り当てられる。

この後にダイナミックセグメントが続き、バスへのアクセスがメッセージの優先度により規制される。スタティックセグメントとダイナミックセグメントの分割は自由に構成できるが、作動中は変更できない。このことはタイムスロットの長さにも該当する。タイムスロットの長さも構成可能であるが、作動中は一定でなければならない。

状況に応じて、「シンボルウィンドウ」をサイクル内の第3の要素として定義することができる。これを使用して、1つのシンボルを送信できる。シンボルは、ネットワークを作動させ、機能をテストするために用意されている。

同期

各ネットワークノードには専用のタイムジェネレーターが必要であり、これにより送信時間とビットの持続時間が決定される。複数のノードの内部タイムジェネレーターは、温度および電圧の変動や製造公差のために一致していないことがある。したがって、バスへのアクセスをタイムスロットで制御するFlexRayなどのバスシステムでは、定期的な修正により、これらのタイムジェネレーターの偏差を許容範囲内にとどめておく必要がある。このために、一部のノードがタイムジェネレーターとして機能し、それ以外のノードは定期的に内部タイムジェネレーターを同期させる。この処理では、クロックのゼロ点（オフセット）とその速度の両方を調整する。これは、個々のノードで障害が発生した場合でも続行可能である。修正できるように、各サイクルは短いフェーズ（NIT、ネットワークアイドルタイム）で終了し、この間にサイクルのゼロ点を移動することができる。

この処理により、すべてのノードに「グローバルタイム」が与えられ、その単位は「マクロティック」である。同期メカニズムにより、1マクロティックの長さは平均してすべてのノードで同じとなる。

ネットワークの電源が入れられると、まず最初にすべてのノードにおいて共通の時間概念を確立する必要がある。起動プロセスに時間がかかるのは、この作業を行うためである。同様に、作動中のネットワークに同期しようとするノードが考慮されるには、一定の時間を必要とする。

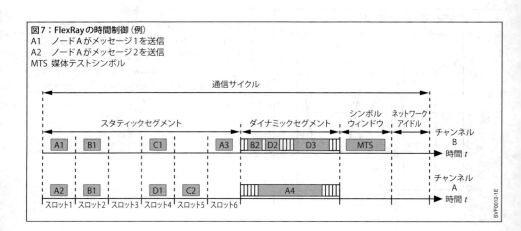

図7：FlexRayの時間制御（例）
A1　ノードAがメッセージ1を送信
A2　ノードAがメッセージ2を送信
MTS　媒体テストシンボル

自動車内のバスシステム **1465**

ダイナミックセグメントでのアービトレーション

メッセージは、ダイナミックセグメントにおいてさまざまな優先度を与えられる。メッセージが送信されるまでの時間は、優先度では保証されない。優先度は、ネットワーク内で1度だけ割り当てられるフレームIDによって確立される。メッセージは、そのフレームIDの順に送信される。このために、各ノードはカウンター（スロットID）を作動させ、メッセージを受信するとカウンターの値が増加する。スロットIDがこのノードで送信可能なメッセージのフレームIDの値になると、メッセージが送信される。ダイナミックセグメントの長さがすべてのメッセージに対して十分でない場合は、送信プロセスを後のサイクルに移動する必要がある。

ダイナミックセグメント内のデータフレームの長さは、さまざまである。2つのチャンネルのダイナミックスロットの制限は、互いに影響されることはない。このため、スロットIDの異なる複数のメッセージが両方のチャンネルに同時に存在する可能性がある。

データフレーム

FlexRayは、スタティックセグメントとダイナミックセグメントの両方で同じデータフレーム形式を使用しており、この形式では、データフレームがヘッダー、ペイロード、トレーラーの3つのセクションに分割される（図8）。

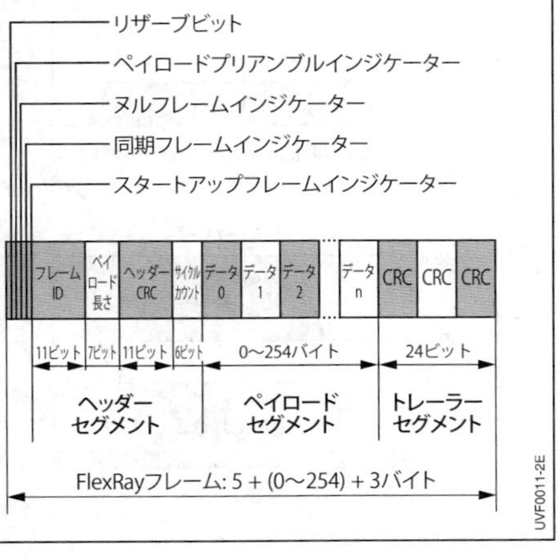

ヘッダー

ヘッダーは以下の要素から成る。

– 将来のプロトコルの変更に備えてのリザーブビット

– ペイロードにネットワーク管理ベクトルが含まれるかどうかを示すペイロードプリアンブルインジケーター

– 最後のサイクル以降にデータが変更されていないことを示すヌルフレームインジケーター

– そのデータフレームがシステムの同期に使用されることを示す同期フレームインジケーター

– そのフレームがネットワークの起動フェーズで使用されることを示すスタートアップフレームインジケーター

– フレームの送信に使用されるスロットの数に対応するフレームID

– ユーザーデータのサイズを含むペイロード長。スタティックセグメントのすべてのスロットについて、このフィールドには常に同じ値が含まれる。ダイナミックセグメントのデータフレームには、異なる長さが含まれる場合がある。

– データフレームの時間応答に重要な部分の保護を強化するヘッダー CRC

– サイクルカウント、送信側ネットワークノードが存在するサイクル番号が、このフィールドで送信される

ペイロード

ホストによりさらなる処理が行われるユーザーデータはペイロードセグメントで送信される。スタティックセグメント内のデータフレーム用に、最初のペイロードバイトをオプションでネットワーク管理ベクトルに宣言することができる。コントローラーはサイクル内で受信したすべてのベクトルをOR（論理和）処理し、それらがホストにアクセスできるようにする。ダイナミックセグメント内のデータフレーム用に、最初のペイロードバイトをオプションで16ビットメッセージIDに宣言することができる。いずれの場合も、以降の処理はソフトウェアに委ねられる。

ユーザーデータの最大長は254バイトで、これが2バイトワードで送信される。

図8：データフレーム

トレーラー

トレーラーには24ビットチェックサム（フレームCRC）が含まれており、これがデータフレーム全体に作用する。

フレームビットストリームの生成

ホストのデータと共にノードから送信される前に、データフレームは「ビットストリーム」に変換される。このために、データフレームはまず個々のバイトに分解される。構成可能なビット長の送信開始シーケンス（TSS）がデータフレームの先頭に挿入され、次にフレーム開始シーケンス（FSS）が挿入される。その後、拡張バイトシーケンスがフレームのバイトから生成される。このデータフレームには、バイト開始シーケンス（BSS）が各フレームバイトより先に挿入されている。

ビットストリームを完了するために、2ビットのフレーム終了シーケンス（FES）がビットストリームに付加される。

データフレームがダイナミックセグメント内にある場合は、ビットストリームにさらにダイナミックトレーリングシーケンス（DTS）を付加できる。これを行った場合、別のノードは先にチャンネルを使用して送信を開始することができない。

作動モード

FlexRayは、ノードが最小の電力のみを必要とし、すべての符号化および復号化プロセスの動作がすべて停止するが、バスラインの信号によりウェイクアップできる、というモードに移行させることができる。このとき、バスドライバーでは、バス上の特別な信号を検出する能力だけでなく、対応する信号を使用してホストを作動させる能力も保持される。ウェイクアップ信号は、各ノードが送信できる。

LIN

概要

LINバス（Local Interconnect Network／ローカル相互接続ネットワーク）は、ノード内で最もコスト効率に優れたハードウェアによりクラスAシステム（表1を参照）の通信要件を満たすために設計されたものである。典型的な用途としては、ドアロック付きドアモジュール、パワーウィンドウユニット、ドアミラー調整およびエアコンディショナーシステム（操作エレメントからの信号送信、外気ファンの起動）などがある。

現行のLIN仕様は、LINコンソーシアムのWebサイト[4]で入手できる。

LINバスの重要な特長は、次のとおりである。
- 単一マスター／複数スレーブのコンセプト
- シールドなしの単線ケーブルを用いてのデータ転送による低いハードウェアコスト
- 水晶発振器なしでも実行されるスレーブの自動同期
- 非常に短いメッセージによる通信
- 最大20 kbit/sの転送速度
- 最大バス延長40 m、最大ノード数16個

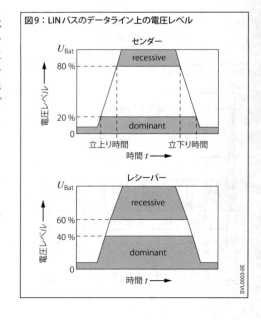

図9：LINバスのデータライン上の電圧レベル

自動車内のバスシステム **1467**

転送システム

LINバスは、シールドなしの単線ケーブルとして設計されている。バスレベルは、2つの論理状態をとる。Dominantレベルは約0Vの電圧（アース）に対応し、論理0を表す。Recessiveレベルはバッテリー電圧U_{batt}に対応し、論理1状態を表す。

回路の設計バリエーションは多様であるため、これらのレベルは異なる場合がある。Recessiveおよび Dominantレベルのフィールドでの送信および受信の公差を定義すると、安定したデータ転送が確保される。干渉放射の中でも有効な信号が受信できるよう、公差帯域は受信側の方が広くなっている（図9）。

LINバスの転送速度は、20 kbit/sに制限されている。これは、スレーブの同期を容易にするために必要な傾斜の急なエッジと、EMC性能を向上させるために必要な傾斜の緩やかなエッジとの妥協点である。推奨される転送速度は2,400 bit/s、9,600 bit/s、および 19,200 bit/sである。転送速度の最小許容値は1 kbit/s である。

LIN仕様では、ノードの最大数を規定していない。最大数は、理論的には、使用可能な内容関連のメッセージ識別子の数に制限される。LINネットワークの長さおよびノード数の組み合わせは、回線とノードの容量、およびエッジの傾斜により制限される。推奨されるノードの最大数は16個である。

バスユーザーは、リニアバストポロジーで配置されるのが普通であるが、トポロジーは明確には規定されていない。

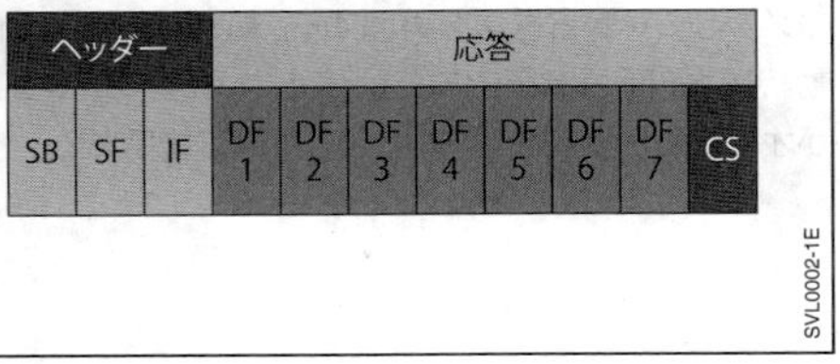

バスへのアクセス

LINバスでは、マスタースレーブアクセス方式に基づいてアクセスを行う。ネットワークにはマスターが存在し、これが各メッセージを作成する。スレーブは、応答が可能である。メッセージは、マスターと、1つの、複数の、またはすべてのスレーブとの間で交換される。

マスターとスレーブとの通信中には、以下のような関係が存在する可能性がある。
- スレーブの応答を含むメッセージ：
  1つまたは複数のスレーブにマスターがメッセージを送信し、データ（測定値の切替え状態など）を要求する
- マスターの指示を含むメッセージ：
  マスターがスレーブに制御の指示（サーボモーターのスイッチオンなど）を発行する
- 開始メッセージ：
  マスターが、2つのスレーブ間の通信を開始する

LINプロトコル

データフレーム

LINバス上の情報は、定義されたデータフレーム（LINフレーム）に組み込まれる（図10）。マスターが作成したメッセージは、ヘッダーで始まる。メッセージフィールド（応答）には、メッセージの種類に応じて異なる情報が含まれる。マスターがスレーブに制御指示を送信した場合は、スレーブが使用するデータでメッセージフィールドが記述される。データが要求されると、要求されたスレーブは、マスターが要求したデータでメッセージフィールドを記述する。

ヘッダー

ヘッダーは、同期ブレーク（Synch Break）、同期フィールド（Synch Field）、およびIDフィールド（Ident Field）から成る。

図10：LINフレーム
SB 同期ブレーク
SF 同期フィールド
IF IDフィールド
DF データフィールド
CS チェックサム

ヘッダー			応答							
SB	SF	IF	DF 1	DF 2	DF 3	DF 4	DF 5	DF 6	DF 7	CS

SVL0002-1E

1468 車両の電子システム

同期

　同期は、マスターとスレーブの間で一貫したデータ転送が行われるように、各データフレームの開始で実行される。最初に、データフレームの開始が同期ブレークによって明確に識別される。同期ブレークは、連続する13のDominantレベルと1つのRecessiveレベルから成る。

　マスターは同期ブレークの後に、ビットシーケンス01010101から成る同期フィールドを送信する。これにより、スレーブは自身をマスターのタイムベースに合わせることができる。マスターのクロックパルスの公称値からの偏差は、±0.5％を超過してはならない。スレーブのクロックパルスでは、同期が行われる前の段階では±15％以内の偏差が許容される。ただし、同期によりメッセージの終わりまでの公差が±2％以下になる場合に限る。このため、スレーブは高価な水晶発振器を使用せずに、コスト効率の良いRC回路などを使用して設計することができる。

識別子

　ヘッダーの3番目のバイトは、LIN識別子として使用される。CANバスと同様に、内容に基づくアドレス指定が使用されるため、識別子からメッセージの内容に関する情報が得られる。バスに接続されたノードはすべて、この情報に基づいて、メッセージを受信するか無視するかを決定する（受入れフィルタリング）。

　識別子フィールドの8ビットのうちの6ビットにより、識別子自体が決定される。この方法で得られる識別子（ID）は、64種類である。これらのIDには、以下の意味がある。
- ID = 0 ～ 59：信号の送信
- ID = 60：マスターからのコマンドおよび診断の要求
- ID = 61：ID60へのスレーブの応答
- ID = 62：メーカー固有の通信用に予約されたID
- ID = 63：将来のプロトコル拡張用に予約されたID。

　考えられる64種類のメッセージのうち、32種類は2個のデータバイトのみを含むことができ、16種類は4個のデータバイトを、残りの16種類は8個のデータバイトを含むことができる。

　IDフィールドの最後の2ビットには2個のチェックサムが含まれ、識別子はこのチェックサムにより、送信エラーおよび不正なメッセージ割当てから保護される。

データフィールド

　実際のデータ送信は、マスターノードがヘッダーを送信した後に始まる。スレーブは、送信された識別子により自分が送信先かどうかを識別し、必要な場合は、データフィールドで応答を返信する。

　データフレームには、いくつかの信号を含めることができる。この場合、各信号のジェネレーターは1つだけである。つまり、常に同じネットワークノードによって記述される。作動中は、他の時間制御ネットワークで可能な、もう1つのジェネレーターへの信号割り当ての変更は不可能である。

　スレーブ応答内のデータは、チェックサム（CS）で保護される。

LIN記述ファイル

　LINバスの構成、つまり、ネットワークユーザー、信号、およびデータフレームの仕様は、LIN記述ファイルで実行される。LIN仕様では、この目的に適した構成言語が規定されている。

　LIN記述ファイルから、プログラムセクションがツールによって自動的に生成される。これらのプログラムセクションを使用して、バス上に存在するECUのマスターおよびスレーブ機能が実装される。したがって、LIN記述ファイルはLINネットワーク全体を構成する役目を担う。このファイルは、自動車メーカーとマスターおよびスレーブモジュールの供給者間の共通のインターフェースである。

メッセージのスケジュール

　メッセージが送信される順番と時間枠は、LIN記述ファイルのスケジュールテーブルで決定される。頻繁に必要となる情報は、その都度送信される。テーブルどおりに最後まで送信されると、マスターは再び最初のメッセージから送信を再開する。処理の順番は、作動状態（診断が実行中または停止中、イグニッションがオンまたはオフなど）に応じて変更可能である。

このため、各メッセージの送信フレームは既知のものである。マスタースレーブアクセス制御の場合の決定性の性能は、すべての送信がマスターによって開始されるという事実によって保証される。

ネットワーク管理

LINネットワークのノードをスリープモードにして、閉回路電流を最小にすることができる。スリープモードは、2つの方法で開始できる。マスターが予約識別子60で「Go to Sleep」コマンドを送信すると、スリープモードが開始される。または、バス上で長時間（4秒）データが転送されないと、スレーブが自動的にスリープモードになる。マスターとスレーブのどちらも、ネットワークをウェイクアップできる。このためには、ウェイクアップ信号を送信する必要がある。この信号の内容は、128という番号のデータバイトから成る。4 ～ 64ビットタイム（ウェイクアップ区切り）の休止後に、すべてのノードは、マスターに応答できるように初期化する必要がある。

イーサネット

概要

イーサネットという用語は、同じアドレス指定、同じメッセージのフォーマット、同じアクセス制御を使用する（IEEE 802、[5]で規定）バスの種類を表す。イーサネットおよびインターネットプロトコル（IP）は、物理的に異なる場所に存在していて、作動中に新規ユーザーの追加またはユーザーの欠落によりネットワークの再構成が実行される可能性のある、各種コンピューターおよびその周辺装置間のデータ通信用に開発されたものである。イーサネットバスには、以下の重要な特長がある。

– 転送速度は 10 Mbit/s ～ 10 Gbit/sの範囲内である
– 同軸ケーブル、より線2線ケーブル、無線、グラスファイバーなどの混合媒体によるデータ転送が可能である
– ここで使用するテクノロジーは標準化され、広く使用されている
– ノードを簡単に挿入および取外しできる
– リアルタイムアプリケーションの場合は時間応答は保証されない

イーサネットは、BMW 7シリーズなどのシリーズ生産の自動車で、製造工程の最後で車両データの入力に使用される。

転送システム

イーサネットの各バージョンは、転送速度、チャンネルの物理的設計、および符号化が異なっている。同軸ケーブル、対になった芯が1つ以上あるより線2線ケーブル、光ファイバー、無線パス、または電源ケーブルでさえもチャンネルとして指定されている。符号化も、チャンネルに応じて異なる。

元来同軸ケーブルは、バストポロジーにおいて媒体として使用されていた。この場合は、ノードのトランシーバーは直接、またはTピースでケーブルに接続されていた。今日では、より線2線ケーブルが広く使われている。転送速度は、初期の10 Mbit/sからファストイーサネットの使用による100 Mbit/s、そしてギガビットイーサネットの使用による1,000 Mbit/sを経て、10 Gbit/sまでに増加した。

1470　車両の電子システム

トポロジー

ネットワークのサイズは、2つのノード間の信号の往復時間がアービトレーションプロセスに影響を与えるという事実により制限される。この制限は、特別なコンポーネント（ハブおよびスイッチ）で接続したセグメントに分割することで回避できる。ハブは、送信媒体上での干渉または分散により波形が乱れた場合に、ビットの理想的な信号波形を再現する増幅器として機能する。スイッチは、チェックサムが正しいかどうかを確認してパケット全体をチェックし、それによりターゲットアドレスに到達可能な場合には、パケットを衝突を生じさせることなく別の出力へと送る。このためスイッチには、メッセージを一時的に格納しておく機能が必要である。このような要素を使用することには、ハードウェアにかかるコストだけでなく、データストリームが遅くなるというデメリットもある。ただし、遅延を防ぐためにさまざまなデータ転送速度を持つノードを接続できる。

現在ではネットワークは通常、各ノードがスイッチの出力に接続されるよう設計されている。つまり、ノード間の直接接続は行われない。さらに各スイッチは、より高位のスイッチにより接続されてツリー構造を形成する。

イーサネットプロトコル

バスへのアクセス

送信するために、ノードはバス上に信号が存在するかどうかをチェックする。ノードは、回線が空いていると見なした場合に送信を開始する。信号が2つのノード間を往復する時間がかかるため、2つのノードがバスが空いていると見なし、同時に送信が開始される場合があり得る。このプロセスで送信されたデータフレームは破損する。各ノードはこれを検出し、それぞれの送信を中止して一定の時間（各ノードで異なる）待機し、その後新たに送信を開始する。バスの使用率がそれほど高くない場合は、このデータフレーム破損による実効転送速度の低下は許容される範囲内である。

このアービトレーションプロセスにより、メッセージの長さと往復時間（到達範囲）が制限される。メッセージには、優先度は設定されない。したがって、送信にかかる最大時間は保証されない。

各ノードは、すべてのメッセージから自身のアドレスが送信先アドレスとなっているものを採択して、さらに処理を行う。

データフレーム

図11は、やや簡略化したデータフレームの構造を示す。プリアンブルは周期的なビットシーケンス（101010 ～ 1011）であり、したがって、受信側を同期するための信号を生成する。メッセージには、その送信元と送信先のアドレスが含まれる。各ネットワークカードには、一意のアドレスがある。受信するノードは、送信先アドレスを自身のカードアドレスと比較し、一致した場合はデータフレームを受け入れる。マルチキャストアドレスおよびブロードキャストアドレスの場合は、受信側を複数指定することもできる。

図11：イーサネットプロトコルのフレームフォーマット

プリアンブル	ターゲットアドレス	ソースアドレス	長さ、タイプ	データ、充てん文字タイプ	CRC
8 バイト	6 バイト	6 バイト	2 バイト	46～1,500 バイト	4 バイト

SVF0051-1E

PSI5

概要

Peripheral Sensor Interface 5（PSI5）は、自動車のセンサーアプリケーション用にPSIコンソーシアム（[6]）が発行したデジタルインターフェースで、アプリケーションの観点からクラスAに割り当てることができる（表1を参照）。PSI5はペリフェラルエアバッグセンサー用の既存のインターフェースに基づいているが、追加料金なしで使用および実装可能なオープン標準として開発されている。以下に述べる技術特性、低い実装コスト、およびアナログセンサー接続に比べて低い追加コストにより、PSI5は自動車のセンサーアプリケーションとして人気を集めている。

転送システム

PSI5は2線電流インターフェースで、同じ回線を使用して、センサーへの電力供給とマンチェスター符号化によるデータ転送を行う。この目的のために、ECU内のバスマスターがセンサーへの電圧を調整する。センサーからECUへのデータ転送は、電源ラインの電流変調により実行される。この方法によりEMCが強化され、電磁放射が削減される。センサーへの供給電流を広範囲にサポートできる。

さまざまなPSI5作動モードにより、トポロジーおよびECUと各種センサー間の通信パラメーターが定義される（図12）。

- 通信モード：非同期モードを使用して、単一方向のポイントツーポイント接続が可能である。3つの同期バスモード（パラレル、ユニバーサル、およびデージーチェーン配線）では、複数のセンサーが時間制御に基づいて、バスマスターと双方向でTDMAプロセスを使用して通信できる。
- データワード幅：PSI5は、8、10、16、20、または24ビットの可変データワード幅をサポートする。
- エラー検出：これには、偶数パリティーのパリティービットまたは3桁のCRCチェックサムビットを使用する。
- サイクルタイム：μ秒単位で指定される。
- サイクルごとのタイムスロット数。
- データ転送速度：標準の125 kbit/sまたはオプションの189 kbit/s。

たとえば作動モード「PSI5-P10P-500/3L」とは、データワード幅が10ビットの、パリティービットによるエラー検出のある、パラレル同期モードを表す。データは500 μ秒ごとに、サイクルごとに3個のタイムスロットで、低いビットレートで送信される。

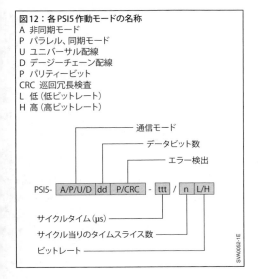

図12：各PSI5作動モードの名称
A 非同期モード
P パラレル、同期モード
U ユニバーサル配線
D デージーチェーン配線
P パリティービット
CRC 巡回冗長検査
L 低（低ビットレート）
H 高（高ビットレート）

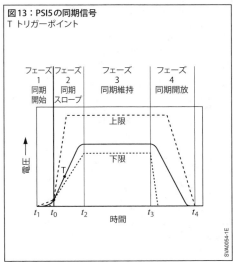

図13：PSI5の同期信号
T トリガーポイント

1472 車両の電子システム

センサーからECUへの通信中に、「ローレベル」は
センサーの通常の (非振動) 電流入力で示される。セ
ンサーの電流シンクが増加 (通常は 26 mA) すると、
「ハイレベル」となる。この電流変調は、ECU内の受
信側で検出される。

各PSI5データパケットはNビットから成り、その中
には、2ビットの開始ビットと1ビットのパリティービッ
ト (または3ビットのCRCビット)、および$N-3$ (また
は$N-5$) ビットのデータビットがある。データビット
は、最も重要度の低いビット (LSB) から先に送信され
る。パリティービットによるエラー検出は、8ビットま
たは10ビットのデータワードの場合に推奨され、そ
れより長いデータワードの場合は、3ビットのCRCビッ
トの使用が推奨される。

PSI5メッセージでは、データおよび値の範囲が異
なる意味を持つ。1つの範囲がセンサー出力信号
(≈94 %) の、別の範囲が状態とエラーメッセージ
(≈3 %) の、さらに別の範囲が初期化データ (≈3 %)
の送信に使われる。

起動、または電圧不足によるリセットのたびに、セ
ンサーは内部初期化を実行し、その後に作動可能
モードになる。

センサーがECUとの通信を電流信号で行うのに対
し、ECUは、各種センサーとの通信中に供給ラインの
電圧変調を使用する。論理的な1は同期信号で表さ
れ、論理的な0は、指定されたタイムスロットに予期
された同期信号がないことで表される。同期信号は、
以下の4つの電圧フェーズから成る (図13)。
– 同期開始 (公称値3 μs、< 0.5 V)
– 同期スロープ (公称値7 μs、> 0.5 V)
– 同期維持 (公称値9 μs、> 3.5 V)
– 同期解放 (公称値19 μs、< 3.5 V)

MOST

概要

用途

MOST (Media Oriented Systems Transport：メディア指向システムトランスポート) バスは、自動車のマルチメディアアプリケーションのネットワーク化のために、特別に開発されたバスシステムである (インフォテインメントバス)。インフォテインメントシステムは、ラジオ受信機やCDプレーヤーといった従来のエンターテイメント機能に加えて、ビデオ機能 (DVDやTV)、ナビゲーション機能、さらにモバイル通信と情報へのアクセスを提供するものである。MOSTバスは最大64個のデバイスで構成された論理ネットワークに対応し、固定予約送信帯域を提供する。MOSTはプロトコルとハードウエア、ソフトウエアおよびシステムレイヤーを定義している。MOSTは、車内LAN標準化団体MOST Cooperation [7]に参加する自動車メーカーやサプライヤーによって共同開発、標準化された。MOSTバスはクラスDのバスシステムで、データレートは10 Mbit/s以上である (表1を参照)。

データ伝送のために、MOSTバスは下記の送信チャンネルをサポートしている。

– 制御コマンドを伝送する制御チャンネル
– 音声データと動画データ伝送用のマルチメディアチャンネル (同期チャンネル)
– パッケージデータチャンネル (非同期チャンネル)、たとえば、ナビゲーションシステムの構成データの伝送や、コントロールユニットのソフトウエアの更新に使用

要件

音声データと動画データの両方を含むマルチメディアデータを伝送するためには、高いデータレートとソースとシンク間のデータ伝送の同期化が必要になる。また、シンク間の同期も必要となる。

伝送システム

物理レイヤー

MOST規格は、物理レイヤー (伝送レイヤー) の光学技術と電気技術の双方を詳細に規定している。光伝送レイヤーは広く普及しており、現在では伝送媒体としてポリメタクリル酸メチル製の光ファイバーケーブル (ポリマー光ファイバー：POF) が使われている。

このケーブルは直径1mmのコアを持ち、発光素子のLEDおよび受光素子としてのフォトダイオードと組み合わされて使用される (「光ファイバーと導波管」を参照)。

MOST 50の際立った特長は、データの電気的な伝送に適していることである。データ伝送には、シールドされていないツイスト銅線 (非シールドより対線：UTP) を使用する。これに対してMOST 25技術は何年にも渡って欧州で開発され続け、韓国市場では定評がある。日本の市場では、第2世代マルチメディア標準規格であるMOST 50が特に好まれている。

識別番号、たとえばMOST 25の「25」は伝送レートがおよそ25 Mbit/sであることを意味する。正確なデータレートは、システムが使用するサンプリングレートによって異なる。サンプリングレートが44.1kHzであれば、1秒間にMOSTフレーム (データフレーム) が44,100回伝送される。そしてフレーム長が512ビットであれば、データレートは22.58 Mbit/sになる。MOST 50ではフレームは1,024ビット長なので、同じサンプリングレートでデータレートが2倍になる。現在では、さらに高速の150 MBit/sのデータレートも使用できる (MOST 150)。

MOST 150の特徴

150 Mbit/sの高速データ伝送率に加えて、MOST 150はHD動画の圧縮データを効率的に伝送するアイソクロナス伝送機構を備えている。MOST 150では、MPEG (Moving Picture Experts Group) ストリームを直接伝送でき、対応するMPEG4ベースのビデオコーデックを使えば、例えばBluRayプレーヤーがサポートする最大1,080 p (走査線1,080本) の解像度で画像を伝送できる。これに加えてMOST 150は、IP (インターネットプロトコル) パッケージデータを効率よく伝送するためのイーサネットチャンネルをサポートしている。

MOST 25ではMAMACプロトコル (MOST Asynchronous Medium Access Control：MOST非同期媒体アクセス制御) が使われているのに対して、イーサネットチャンネルはイーサネットフレームを伝送することができる。イーサネットチャンネルはイーサネットデータブロックを無修正で伝送するため、コンシューマエレクトロニクスやIT分野のソフトウエアスタックおよびアプリケーションを、大幅に短いイノベーションサイクルでシームレスに車両に統合するこ

とができる。このためTCP/IP（Transmission Control Protocol：伝送制御プロトコル）スタックまたはTCP/IPを使用したプロトコルは、変更することなく、MOST 150上で通信することができる。

MOSTネットワークインターフェースコントローラー（NIC）はハードウエアコントローラーで、物理レイヤーを制御し、重要な伝送機構を実現するためのものである。

プロトコル

データ伝送

MOSTバスではデータ伝送にデータフレームを使用する。データフレームは、タイミングマスターが固定データレートで生成し、リング状に接続されたデバイス間で受け渡される。

データフレーム

タイミングマスターは通常44.1kHzのクロックレートでデータフレームを生成する（まれに48kHzのクロックレートが使われることもある）。したがって、データフレームの長さがMOSTシステムのバス速度を決定する。MOST 25の場合、データフレームサイズは512ビットである（図14）。データフレームのうち、60バイトは同期領域および非同期領域として兼用される。同期チャンネルと非同期チャンネル間のフレーム配分は、4バイトの分解能を持つ境界記述子の値で指定する。同期領域は最低24バイト（6ステレオチャンネル）が必要である。つまり同期領域として24～60バイトが、非同期領域として0～36バイトが許される。プリアンブルは同期に使われ、パリティービットはビットエラー検出に使われる。

制御メッセージ伝送

制御メッセージは、デバイスの状態の通知や、システム管理に必要な情報の伝送に使われる。制御チャンネルは、フレームあたり過大な帯域幅を占有しないように、ブロックを構成する16個のフレームに分配される。各フレームには2バイトの制御チャンネル信号が含まれる（図14）。ブロックの始まりが確実に認識されるように、各ブロックの先頭フレームには特殊なビットパターンのプリアンブルが埋め込まれる。MOST 25の場合、制御チャンネルの総帯域幅は705.6 kbit/sである。

マルチメディアデータの伝送

同期チャンネルは音声データと動画データのリアルタイム伝送に使われ、データ伝送は制御チャンネルの対応する制御コマンドで制御される。1つの同期チャンネルには特定の帯域幅を割り当てることができる。その際のデータフレームの分解能は1バイトである。たとえば、分解能が16ビットのステレオ音声チャンネルは4バイトを必要とする。MOST 25の場合は、境界記述子の値の設定次第で最大60バイトを同期チャンネルに使用でき、これはステレオ音声にして15チャンネルに相当する。

パケットデータの伝送

非同期チャンネルではデータをパケット単位で伝送する。したがって、固定データレートを持たない一方、短時間に高いデータレートを必要とする情報の伝送に適している。例として、MP3プレーヤーのトラック情報伝送やソフトウエアの更新が挙げられる。

MOST 25の場合、非同期チャンネルは12.7 MBit/sの総帯域幅を持っていて、現在2つのモードに対応している。そのうちの1つは低速の48バイトモード

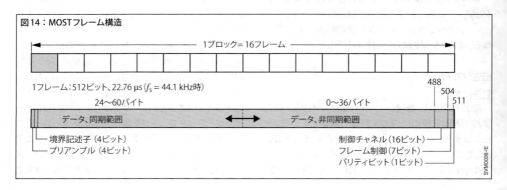

図14：MOSTフレーム構造

で、正味データの送信用に各パッケージに48バイトを使用できる。もう1つは1,014バイトモードで、その実装はより複雑になる。非同期データチャンネルにとって一般的なデータ量の信頼できる伝送とフロー制御を確実なものにするため、通常は追加伝送プロトコル（データリンクプロトコル）が使用される。このプロトコルは、上位のドライバーレイヤーで実装される。このプロトコルとして、MOST用に特別に開発されたMOST HighプロトコルMHP）か、または一般的なTCP/IPプロトコルが使われる。後者は、MOST Asynchronous Medium Access Control（MOST非同期媒体アクセス制御、MAMAC）と呼ばれる対応するアダプテーションレイヤーに配置される。

トポロジー

MOSTは図15に示すように、リング状の構造を持つポイントトゥーマルチポイント（PT2MPT）データフローシステムである（つまり、このシステムを流れるデータには1つのソースと複数のシンクがある）。このためすべてのデバイスは、データフローから得たシステムクロックを共有する。各デバイスは同期して動作し、すべてのデータを同期伝送することができる。このため、信号をバッファーに格納し処理する機構が不要になる。特定のデバイスが「タイミングマスター」となり、データフレームを生成する。このデータフレームはデータ伝送に使用され、他のデバイスはこのデータフレームに合わせて同期される。

アドレス指定

MOSTバス上のデバイスは、16ビットのアドレスでアドレス指定される。アドレス指定にはさまざまな種類がある。たとえば、論理アドレス指定や物理アドレス指定、定義されたコントロールユニットのグループを同時にアドレス指定するためのグループアドレス指定などがある。

管理機能

MOST規格では、MOSTシステムの動作に必要な管理機構（ネットワークマスターや接続マスター）を定義している。以下、この管理機構について解説する。

ネットワークマスター

ネットワークマスターはMOSTシステム中の特定のデバイスにより実現され、これがシステムの構成を行なう。現行システムの場合、ネットワークマスターは一般的にインフォテインメントシステムのヘッドユニット（制御パネル）を使って実現される。またしばしばこのデバイスは、タイミングマスターとしても機能する。このような事情から、MOSTシステムのその他のデバイスはネットワークスレーブと呼ばれる。

接続マスター

接続マスターは、ある時点においてMOSTシステムに存在する同期接続を管理するものである。

MOSTアプリケーションレイヤー

MOSTアプリケーションレイヤー制御コマンドやステータス情報、イベントの伝送を行うために、MOST規格ではアプリケーションレベルで対応するプロトコルを定義している。このプロトコルにより、MOSTシステムの任意のデバイスが提供するアプリケーションインターフェースの特定の機能（FBlock＝ファンクションブロック）を起動することが可能になる。

MOST制御メッセージのプロトコルには、次のような制御メッセージの要素が含まれている。
- MOSTシステムにおけるデバイスのアドレス（デバイスID）
- そのデバイスで実装されたFBlockの識別子（FBlockID）とMOSTシステムにおけるデバイスのインスタンス（InstID）
- FBlock内で呼び出されるファンクションの識別子（機能ID）
- 動作の種類（Opタイプ）

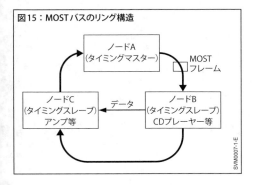

図15：MOSTバスのリング構造

ファンクションブロック

1つのファンクションブロック (FBlock) は、特定の
アプリケーションまたはシステムサービスのインター
フェースを定義している。マルチメディアデータ用
のシンクとソースはそれぞれFBlockに割り当てられ、
FBlockはシンクとソースを管理するための対応機能
を提供する。したがって1つのFBlockは複数のソース
とシンクを持つことができ、これらにはソース番号ま
たはシンク番号が与えられる。

FBlockには、自身が提供するソースやシンクの数と
種類に関わる情報 (SyncDataInfo、SourceInfo および
SinkInfo) を供給する機能がある。さらに、ソースを持
つ各FBlockは、同期チャンネルを要求し、ソースをそ
のチャンネルに接続するために使われる「割当て」機
能を備えている。同様に、シンクを持つFBlockは、シ
ンクを特定の同期チャンネルに接続する「接続」機能
と、その接続を遮断する「遮断」機能を備えている。

FBlockのアドレス指定は、FBlockの種類を指定す
る8ビットのFBlockIDと、追加的な8ビットのInstID
を使って行なわれる。

機能クラス

機能の定義方法を標準化するために、MOST規格
では一連のプロパティに対応する機能クラスを定め
ている。この機能クラスによって、各機能がどのような
プロパティを持つか、またどのような動作が許される
のかが決定まる。

アプリケーション

データ伝送に必要な低レベルのレイヤーを定義す
るとともに、MOST規格では、CDチェンジャーやアン
プ、ラジオチューナーといった車載インフォテインメ
ントシステムの代表的アプリケーション用のインター
フェースも定義している。

MOST Cooperation が定義するファンクションブ
ロックは機能カタログに要約されている。

標準化

MOST標準規格は、対応する仕様を公開している
MOST Cooperationによって維持されている。仕様に
関してはMOST Cooperation [7]のホームページを参
照されたい。

MOST Cooperationは、MOST技術の標準化を目指
して1998年にBMW、Daimler、Becker RadioとOASIS
Silicon Systemsによって設立された。

シリアルワイヤーリング

内部バスはECU内部でのみ使用される。これは基板上の集積回路（IC）を互いに接続するバスである。これらのバスは、入力回路（アナログデジタルコンバーターなど）からデータをコントローラーに転送したり、出力ステージを操作するためのデータをコントローラーから出力ステージに転送するために使用される。これらのバスはECU内でのみ使用されるため、要件に合わせて、電圧レベル、信号のタイプ（同期または非同期）、インピーダンス、およびビットレートをさまざまに構成できる。

特徴

シリアルワイヤーリング（Serial Wire Ring、SWR）バスは、シリアルペリフェラルインターフェース（SPI）の新しい後継であり、ビットレートが向上し、SPIの場合は4本のピン（CLK、MOSI、MISO、CS）を使用するのに対し、1ユーザーあたりの使用ピン数が2本のみであるという利点がある。このような利点と引き換えにSWRは、送受信のロジック、特にデータストリームからクロック信号を分離するためのロジックが複雑になる。

1ユーザーあたりの使用ピン数が2本のみであるため、ハウジングを小さく、基板上の配線数を少なくすることができる。これは、図1に示すリング型トポロジーによって可能になっている。これには、マスターがすべてのデータをリードバックして、転送エラーを発見することができるという利点もある。このことは、安全関連システムにとって重要な特性である。

トポロジー

リングは、ポイントツーポイント接続のみで構成され、高いデータ転送速度が達成されている。各接続は、正確に1つの送信先から正確に1つの受信先に、一方向にデータを転送する（図1）。

マスター → スレーブ 0 → スレーブ 1 → ⋯ → スレーブ $N-1$ → マスター

リングは1個のマスターと1～16個のスレーブで構成される。リング内ではすべてが相互に同じように接続されているため、リング内の任意のモジュールにマスターの役割を割り当てることができる。

リング内のユーザーは、受信したデータを2クロックの遅延で次のユーザーへ転送する。このとき、信号レベルの調整が行われる。信号エッジのわずかな変動（ジッター）もクロックデータリカバリー（CDR）機能によって抑制される。これにより、リング内でさまざまな信号レベルを実現できる。

データの4b/5b符号化

クロックとデータは、リングを介して重畳して送信される。レシーバーは、クロックデータリカバリー（CDR）によりこの信号からデータとクロックを抽出する。「0」または「1」が多数連続している場合でもクロックを抽出することができるように、表1に示す特殊な4b/5b符号化が使用されており、ビットは4ビットごとに反転され、続いて再送信される。この符号化を行った場合、少なくとも5クロック目には必ず「0」から「1」への変換またはその逆が存在する。ただし、このバスでは4ビットのデータを送信するのに5ビットの送信を必要とすることが欠点である。

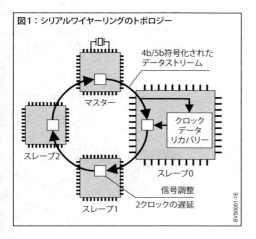

図1：シリアルワイヤーリングのトポロジー

表1：4b/5bコード
最下位ビットが最初に転送される。

0000 → 00001	0001 → 00010
1000 → 10001	1001 → 10010
0100 → 01001	0101 → 01010
1100 → 11001	1101 → 11010
0010 → 00101	0011 → 00110
1010 → 10101	1011 → 10110
0110 → 01101	0111 → 01110
1110 → 11101	1111 → 11110

転送は、常に下位ビットから上位ビットへの順に行われる。

クロックレート

クロックレートは特定の値でなければならないことはなく、必要なデータレートおよび遅延に合わせて選択できる。下限値は1 MHzで、上限値は、最も転送速度の遅いユーザーおよびデータラインによって決定される。

正確に1つの送信元から正確に1つの送信先に信号が転送されるため、分岐のあるデータラインよりも高いデータレートを使用することができる。シリアルワイヤーリングは、シリアルペリフェラルインターフェースよりも10〜100倍高速なクロック周波数で作動させることができる。最初に述べた高速化に対する要求は、このようにして満たされている。

データ転送

フレーム区切り記号とデータフレームまたは割込みフレームが、交互にデータライン上のマスターによって送信される(図2)。

アドレス指定

スレーブのアドレス指定は、データフレーム内のアドレスフィールドを介して行われる。各スレーブは、そのアドレスをリングの初期化中にリング内におけるその位置により自動的に取得する。最初のスレーブが取得するアドレスは「0」、N個のスレーブのうちの最後のスレーブが取得するアドレスは「N-1」である。

データフレーム

マスターとスレーブ間のユーザーデータの転送にはデータフレームが使用される。マスターは同じデータフレームを使用して、複数のスレーブにデータを送信することも、複数のスレーブからデータを受信することもできる。また、スレーブからスレーブへのデータの転送も可能であるが、転送はリングの循環方向のみに限定される。

マスターはリングを介して継続的にフレームを送信する。転送するデータが存在しない場合は、「ゼロフレーム」を送信する。

割込みフレーム

割込みフレームが、一定の周期でマスターによって定期的に送信される。割込みフレーム内に1ビット以上のビットを保存した各スレーブは、そのビットを使用して、マスター内の指定した応答をトリガーすることができる。この応答は、通常はデータの配布または収集で構成されている。

フレーム区切り記号

リング内の各ユーザーがフレームの開始位置を検出できるように、フレームとフレームの間にフレーム区切り記号(図2のIFS)が挿入される。IFSの長さは14ビットで、4b/5b符号化信号の14ビットシーケンスとは少なくとも2ビットが異なっている。これにより、1ビットのエラーが、正規の4b/5bデータストリーム内にフレーム区切り記号を出現させることはない。リング内の各ユーザーは、受信した最後の14ビットとフレーム区切り記号を比較する。一致した場合は、ユーザーはそれ以降のフレームの評価を開始する。エラーが発生した場合は、ユーザーはその評価を破棄し、次のフレーム区切り記号が受信されるのを待つ。

図2:データ通信の構造
IFS フレーム区切り記号

データフレーム

識別子
図3にデータフレームの詳細を示す。先頭の「1」は、このフレームがデータフレームであることを示す。「01」ならゼロフレームであることを、「0010」なら割込みフレームであることを示す。

データフレームカウンター
データフレームカウンター（DFC）は2ビットのカウンターで、マスターは、新しいデータフレームを送信する前に、この値をインクリメントする。これは、マスターがリードバック時に転送エラーを検知した場合に重要な役割りを果たす。その場合、マスターは同じDFCでデータフレームを再送信する。このエラーがマスターからスレーブまでの途中で発生した場合は、スレーブはそのデータフレームを初めて受信することになり、その評価を行う。このエラーがスレーブからマスターまでの途中で発生した場合は、スレーブがそのデータフレームを受信するのは2回目となり、スレーブは、DFCが変更されていないことによってこれを検出し、その場合は評価を行わない。

スレーブアドレス
スレーブアドレスSLADRは、スレーブをアドレス指定する。最初のアドレス「0」から「$N-1$」までのアドレスは、リング内の対応する位置に存在する1つのスレーブを正確に指定する。最大31の大きな値はグループアドレスとして使用される。リングの初期化中に特定のグループアドレスが出現した場合、マスターは1つ以上のスレーブに特別な操作を自動的に実行するように命令することができる（5個の出力ステージに対してビット12〜16を出力するなど）。このように、マスターは特定のグループアドレスを使用することによって、特に命令を使用することなく、簡単迅速に複雑なデータ転送を実行することができ、グループに参加しているスレーブは、何を実行しなければならないかを「知る」ことができる。

パリティービット
PARは、最初の8ビットに対するパリティービットである。これによって、すべてのシングルビットエラーを100％検出することができる。ダブルビットエラーは、リードバック検査時にマスターによって検出され、バスのリセットが行われる。したがって、PARによって検出する必要はない。ダブルビットエラーおよびマルチビットエラーは非常に稀であるため、この方式で十分である。

データフィールド
PARの後に続くフィールドが実際のデータフィールドである。データフィールドには1〜256の任意の数のビットを含めることができる。

プライマリーアドレス
プライマリーアドレスの場合、つまり、マスターがこのスレーブのみをアドレス指定した場合は、このスレーブは、全データフィールドの処理を行って、必要なら、このデータフィールドの終わりに応答を追加する。このプロセスでスレーブはデータフィールドの一部を上書きするため、マスターはこのスレーブ宛のメッセージをリードバックすることができなくなる。セキュリティー上の理由からこれが許されない場合、ま

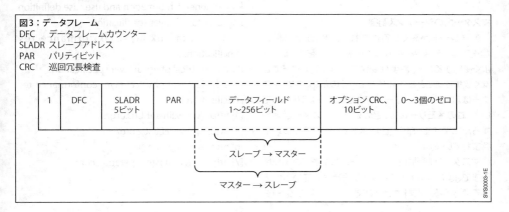

図3：データフレーム
DFC　データフレームカウンター
SLADR　スレーブアドレス
PAR　パリティビット
CRC　巡回冗長検査

1480 車両の電子システム

たはスレーブの応答がマスターのメッセージよりも長くなる場合、マスターは、ゼロを付加するなどしてデータフィールドをより長く構成する必要がある。そのようにすれば、スレーブはこの領域のみを上書きし、前のデータは失われない。ただし、これによりデータフィールドが長くなる。つまり転送に時間がかかる。

グループアドレス

グループアドレスの場合、各スレーブは、前に学習した命令に基づいて、データフィールドに存在するビットの評価および変更を行うことができる

巡回冗長検査

末尾の10ビットのCRC（巡回冗長検査）が、これが適用されるスレーブによってサポートされている。コストを削減するために、CRCをサポートしていない単純なスレーブも存在する。スレーブからマスターへの送信途上での重要なデータのバックアップにはCRCが必要である。マスターはリードバック時に他のすべての転送エラーを検出することができるが、スレーブからの応答データに関してはこれが不可能だからである。グループアドレスに属しているスレーブは、そのすべてがCRCを使用するか、使用しないかのどちらかでなければならない。

フィルタービット

データフレームの長さは、4b/5b符号化が使用されているために、常に4ビットの整数倍でなければならない。したがって、4ビットの整数倍であるためには、末尾に最大3個のゼロを追加しなければならないことがある。

マスター内のシーケンス制御

転送レートが高くなるにつれて、CPUがその単純な送受信レジスターを介して転送データをタイミングよく使用すること、および受信データを遅延することなく収集することが困難になる。そのため、SWRマスターは自動的にメモリーにアクセスするようになっていて、このメモリーには、どの処理をマスターが実行するかに関する、命令連鎖リスト（キュー）も1つ以上含まれている。

マスターは起動すると、キューの命令を1つずつ最後まで、またはストップビットが設定されている命令まで実行する。ソフトウェアコマンド、外部トリガー（タ

イマーによるものなど）、またはスレーブによって割込みフレームを使用して既に記述されているプロンプトは、キューの実行を再開することができる。

キューの最後からキューの先頭に戻ることができる。つまり、閉ループが構成されている。したがって、同じ命令を何回も反復して実行することができる。転送エラーによって命令が破壊された場合、マスターはその命令を自動的に反復する。

どの命令にも優先度が含まれている。使用されているキューが1つしか存在しない場合には優先度は無効であるが、複数のキューが有効になり、複数の命令が同時に実行されることになった場合、マスターは優先度が最高の命令を選択する。

参考文献

[1] ISO 11898: Road vehicles – Controller area network (CAN).

Part 1: Data link layer and physical signalling.

Part 2: High-speed medium access unit.

Part 3: Low-speed, fault-tolerant, medium-dependent interface.

Part 4: Time-triggered communication.

Part 5: High-speed medium access unit with low-power mode.

Part 6: High-speed medium access unit with selective wake-up functionality.

[2] SAE J 1939: Serial Control and Communications Heavy Duty Vehicle Network.

[3] ISO 17458: Road vehicles – FlexRay communications system.

Part 1: General information and use case definition.

Part 2: Data link layer specification.

Part 3: Data link layer conformance test specification.

Part 4: Electrical physical layer specification.

Part 5: Electrical physical layer conformance test specification.

[4] http://www.lin-subbus.org/.

[5] http://www. IEEE802.org/.

[6] http://www.psi5.org/.

[7] http://www.mostcooperation.com.

電子システムのアーキテクチャー

概要

安全性、快適性、エンターテイメント、環境保護などに対する要求の高度化を背景に、車載電子システムが受け持つ機能は多様化し、ネットワーク化が進み、複雑の度合が増している。この複雑な構造を将来においても統御し使いこなしていくためには、システムアーキテクチャーに関する最適なプロセス、メソッドおよびツールが必要になる。

歴史

自動車の歴史が始まってから何十年もの間、電装品の数はさほど多いものではなかった。代表的なものは、点火装置、照明、フロントウィンドウワイパー、ホーン、フューエルゲージ、各種インジケーターランプ、カーラジオくらいであった。半導体は初期の頃、カーラジオを別にすれば整流のためにのみ使用された(1963年頃の、直流発電機に代わるオルタネーターの登場)。次に加わったのが電子制御である(1965年以降のトランジスター式イグニッションシステム)。

車両機能のなかには電気機械的手法またはディスクリート電子部品を使って実現できるものもあるが、それがまったく不可能なもの、可能であったとしても非常に複雑化し実用に適さないものもある。たとえば最初の電子制御式アンチロックブレーキシステム(ABS)は1970年に開発されたが、サイズ、重量、コストがネックとなり、量産化には至らなかった。その後集積回路(IC)が開発されて急速に普及し、それが自動車分野に波及して一大革新が引き起こされたのは1970年代半ばのことである。

車載電子システムのネットワーク化の最初の例の一つが、トラクションコントロールシステム(TCS)開発の過程で生まれた。このネットワークは純粋に機械的な仕組みで構成されていた。これは、内燃エンジンの吸気システムのスロットルバルブにトラクションコントロールシステムから直接操作できる装置を取り付けたものであった。エンジンマネージメントは、スロットルバルブを操作しているのが運転者なのかそれともTCSなのかを識別することはできなかった。

次に実現されたのは、パルス幅変調(PWM)方式のインターフェースによるエンジン制御装置との電子的接続である。動的応答性改善を目的としたこの改良により、駆動トルク引下げ要求をエンジンコントロールユニットに伝えられるようになった。これは、供給空気量を減らす、燃料噴射量を減らす、または点火タイミングを調整する方式により実装された。

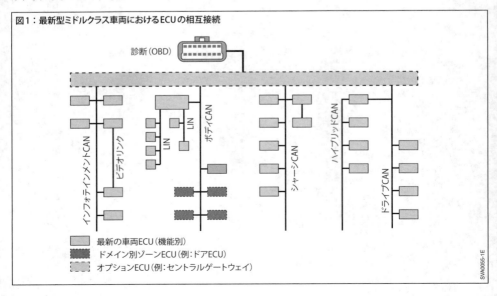

図1：最新型ミドルクラス車両におけるECUの相互接続

しかしその後、排出ガス規制が次第に厳しさを増してくると、トラクションコントロールシステムとエンジンマネージメントを単純につないだだけでは要求に応えられなくなった。求められたのは、吸気、燃料および点火をどのように制御してトラクションコントロールシステムによる駆動トルク引下げ要求を実現するかをエンジンマネージメントに伝えることであった。そのためには、トラクションコントロールシステムからエンジンマネージメントへと希望トルクとダイナミックな応答要求を伝えることのできる、より高性能のインターフェースが必要とされた。これに対してトラクションコントロールシステム (TCS) コントロールユニットへは、トルクの現在値、エンジン回転数、その時点における設定余裕を送信する必要があった。データの種類、ひいては信号線が増える結果、PWMインターフェースのようなディスクリート素子を使ったのでは、複雑なばかりか高価なシステムとなってしまう。ディスクリート配線に代わるものとして、1991年にCANバスシステム (コントロールエリアネットワーク) が登場する。このようにして、車載システムのための近代的なネットワーク技術の基礎が築かれた。

今日の技術

今日の車両では、ほぼすべてのECUが直接または間接的に相互にネットワークで接続され (図1)、ゲートウェイを通じて、車両の限界を超えて、さまざまな通信システム間でデータ交換が行われている (無線システムおよびインターネットとの接続)。通信バスもCANまたはCAN FD (CAN with Flexible Data-Rate、データレート可変式CAN) 以外にFlexRay、MOST (メディアオリエンテッドシステムトランスポート)、LIN (ローカルインターコネクトネットワーク) などが登場、なかには60個またはそれ以上のECUを複数のネットワークで接続し、通信を行わせているケースもある。従来の通信システムに加えて、Ethernet (イーサネット) も、広い帯域幅を必要とする、さまざまな車両機能に使用されている。たとえば、自動駐車支援システムを構成する360°カメラも、その例に含まれる。このシステムは、車両を真上から見た鳥瞰図などをインフォテインメントディスプレイに表示して、運転者を支援することができる。

ECUを相互に結ぶ強力なネットワークのおかげで、追加のハードウェアを用いることなく、データ通信とソフトウェアだけでいくつかの新しい機能を実現できるようになった。タイヤ空気圧監視システム (TPMS) は、その一例である。2014年の終わりから、すべての車両にタイヤ空気圧監視システムの装備が義務付けられている。このようなシステムを実現する方法として、間接的ソリューションと直接的ソリューションの2種類がある。間接的ソリューションによる方法では、走行ダイナミクス制御 (ESC) システムのホイールスピードセンサーを使用するため、新たにハードウェアを追加する必要がない。あるタイヤの空気圧が低下すると、ホイールの直径が小さくなり、その結果、そのホイールの回転速度が上昇するため、所定のアルゴリズムを通じて、そのタイヤ空気圧の低下を検出することができる。

先進運転者支援システム (ADAS) も最先端の機能として挙げることができる。たとえば、自動車メーカーは、アダプティブクルーズコントロール (適応走行制御、ACC) や車線維持支援などのシステム、または、これらを組み合わせたインテグレーテッドクルーズアシスト (ICA) システムと呼ばれシステムや、その他のさまざまな機能を提供している。これらはすべて、E/Eアーキテクチャーと、立体ビデオカメラ、レーダーセンサー、および超音波センサーなど、さまざまなセンサーとの組合せによって実現している。

開発動向

今日では車両に搭載されている電機および電子コンポーネントの数が増え、ますます複雑になっているため、常に開発を進めること、およびE/Eアーキテクチャーの技術的進歩が必要である。したがって、車両のE/Eアーキテクチャーは、通信テクノロジーに関してだけでなくその全体体系においても、これまでとは明らかに変化している。将来においても常に開発を続ける必要があることに変わりはない。以下は、E/Eアーキテクチャーの進化を吟味することにより将来の開発および動向を示すものである (図2)。

分散型E/Eアーキテクチャー – モジュール化と機能の統合

最初のE/Eアーキテクチャーの概念と、その比較的低いレベルの複雑さは、その強力なモジュール化によって特徴付けられていた（図2の3つのうちの一番下のアーキテクチャー）。論理機能は車両内の多数のECU（機能専用ECU）に分散され、事実上すべての機能に、その機能を果たす専用のECUが使用されていた。その後、機能の数が急激に増加したため、新しい機能が、車両の既存のECUに統合されることが多くなった。その主な理由は、必要なECUの数が急激に増加し、関連のコストが上昇するためである。機能の統合の例として、「ボディ制御モジュール」内への駐車支援機能の統合を挙げることができる。これは、基本的には、ボディエレクトロニクス（灯火類操作テクノロジーやドア操作テクノロジーなど）の機能および監視を受け持つモジュールである。

前述の理由により、この開発段階のE/Eアーキテクチャーは、機能的に分散されたE/Eアーキテクチャーと呼ばれる（図2）。

ドメインに集中化されたE/Eアーキテクチャー

次の段階のドメインに集中化されたE/Eアーキテクチャーおよびドメイン横断的E/Eアーキテクチャーでは、電子および電気コンポーネントの数と機能の数が大幅に増加するだけでなく、個別のドメイン内での機能間の相互依存関係が大幅に増加（複雑化）する（図2の3つのうちの中央のアーキテクチャー）。「ドメイン」とは、類似の機能のグループを指す。一般的なドメインを図3に示す。

また、ドメイン間のインターフェースおよび依存関係が急激に増加する。この展開はすでに今日の車両アーキテクチャーにおいて明白であり、今後もさらに重要な役割りを担っていくと考えられる。ドメイン横

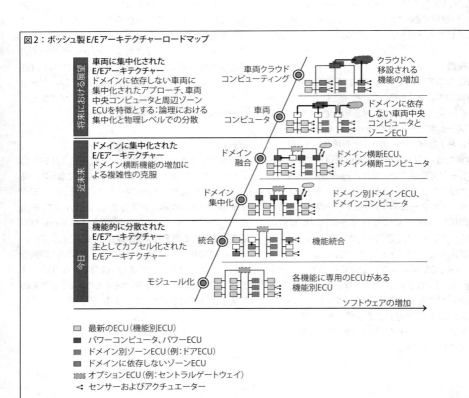

図2：ボッシュ製E/Eアーキテクチャーロードマップ

断機能の「車両運動制御」がその例であり、これについては後で詳述するが、「パワートレイン」ドメインと「シャーシおよび安全」ドメインのセンサー、アクチュエーター、および機能を相互に直接連携させる。

つまり、多数のドメインを超えて車両全体に広がる機能が次第に増加している。これに関連しての密接な論理的相互作用およびネットワーク化と、その結果の依存関係が、単一の機能から集中化された機能への流れを加速させている。つまり、最初からモジュール化することによって分散された配置ではなく、複数の機能がドメインCPU、ドメインコンピューターに、またはイベントがドメイン横断CPUまたはドメイン横断コンピューターに統合されつつある。

したがって、近い将来のE/Eアーキテクチャーに使用される用語は、「機能的にドメインに集中化されたE/Eアーキテクチャー」である（図3）。

車両に集中化されたE/Eアーキテクチャー

さらに将来の車両について考えるなら、高度の自動化、車両内部および外部とネットワーク接続されているシステム、またマルチメディアおよびインフォテインメントアプリケーションが大きな特徴になっていると思われる。これらの車両特性は、E/Eアーキテクチャーおよび通信ネットワークに大きな負荷を与える。したがって、最大許容遅延またはホップ（次のネットワークノードへの経路）の数に関する要件が、これまでにないほど重要になる。これは、これまでのE/Eアーキテクチャーに対する大きな課題を構成する。そのため、開発の流れは機能の集中化に向かう（図2の3つのうちの一番上のアーキテクチャー）。

すべてのロジックを高性能の車両中央コンピューターに集約できれば、たとえば、前述の遅延およびホップ数の要件に関して、理想的な状態が達成され

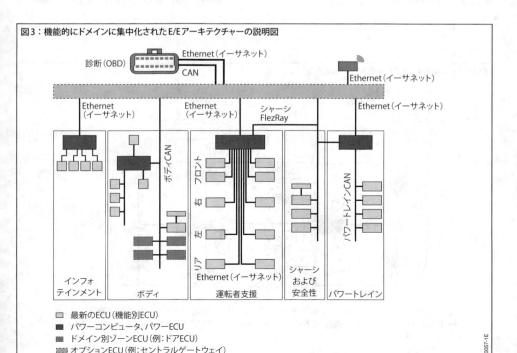

図3：機能的にドメインに集中化されたE/Eアーキテクチャーの説明図

る。すべての機能的インターフェースが、この車両中央コンピューターに配置されることになる。これが、極めて高度の計算能力を備え、車両全体の機能制御システムおよび多数のゾーンECUを構成する、車両中央コンピューターで構成される集中化されたE/Eアーキテクチャーの背景にある基本的な考えである。将来の高度に自動化された快適な車両の複雑なロジックの大部分が車両中央コンピューター内に実装され、周辺ゾーンECUが、通信の観点からはゲートウェイとして、エネルギーの観点からは車両センサーテクノロジーおよびアクチュエーターテクノロジーへの供給および駆動要素として機能する。大きな通信需要および広い帯域幅を保証するために、今後はEthernet（イーサネット）などのテクノロジーが通信ネットワークのシェアを拡大し、新しいコンセプトが必要になると思われる（図4）。

また、車両横断的な情報およびアルゴリズムの計算を可能にするために（多数の車両または車両群を使用するために、局部的にではなく中央で交通予測の計算を行うなど）、論理要素のバックエンド（いわゆる「クラウド」）への移動すら考えられる。

以降のセクションでは、高度に自動化された運転機能を例に引いて、今日の車両のE/Eアーキテクチャーに、どのような課題が課されているかを説明する。

高度に自動化された運転機能の E/Eアーキテクチャーに対する効果

近年、自動車メーカーは、運転者が安全におよび快適に路上の交通と容易に協調できるようにする運転支援システムの広告をさかんに行っている。エンドユーザーが今日購入することのできるすべての運転支援機能は、どんなに優れていても運転者を支援するものであり、運転者の代わりを務める機能ではない。この概念は、近い将来、間違いなく変化する。自動車メーカーおよび部品供給企業は、さらに運転者の負荷を減らすために、細心の注意を払って高度に自動化された運転機能の開発を進めている。運転支援（運転者が監視する必要がある）と自動運転（運転者が監視する必要がない）には明確な違いがある。ドイツの自動車メーカーは、専門家の会議において、自動化のステージ（段階）について統一された理解を得ている[1]。運転者のみが車両の前後および左右の制御を担

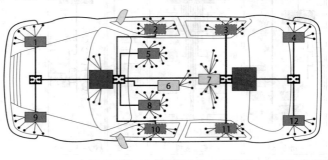

図4：ゾーン指向のE/Eアーキテクチャーの説明図

ゾーン1、フロント右
ゾーン2、ドア、フロント右
ゾーン3、ドア、リヤ右
ゾーン4、リヤ右
ゾーン5、助手席乗員
ゾーン6、ルーフ、右
ゾーン7、リヤシート
ゾーン8、運転者
ゾーン9、フロント左
ゾーン10、ドア、フロント左
ゾーン11、ドア、リヤ左
ゾーン12、リヤ左

スイッチ
Ethernet（イーサネット）
センサーまたはアクチュエーター
最新のECU（機能別ECU）
車両中央コンピュータ
ドメイン別ゾーンECU（例：ドアECU）
ドメインに依存しないゾーンECU

当するステージ0から始まり、走行中のすべての状態をシステムが自動的に管理するために運転者は不要のステージ5までが定義されている（表1）。高度に自動化された運転機能の開発を行う理由は、路上での安全性の大幅な向上に加え、とりわけ、快適性および利便性が大幅に向上し、他の活動に使用できる時間が増えるためである。たとえば電子メールの作成やインターネットサーフィンなど、さまざまな活動を車両の走行中に行うことができる。

高度に自動化された運転を可能にするには、強力で信頼性の高いE/Eアーキテクチャーが必要である。以降のセクションでは、そのためには、どのようなE/Eアーキテクチャーブロックと、どのような適合が必要かについて説明する。

E/Eアーキテクチャーブロック

強力で信頼性の高いE/Eアーキテクチャーを実現するには、特定のE/Eアーキテクチャーブロックが必要になる。これにはとりわけ、通信、車両電気システム、センサーとアクチュエーターのセット、および高性能ECUが含まれる。高度に自動化された運転機能にとっては、これらのE/Eアーキテクチャーブロックの各部が常に使用可能であることが重要である。そのために必要な高度な安全要件は、故障発生時のフォールバックレベル（冗長性）によってのみ満たすことができる。このような概念は、フォルトトレラント（耐障害性）とも呼ばれる。これには、通信、車両電気システム、およびソフトウェアとハードウェアについての冗長性が問題となる。

以降のセクションでは、E/Eアーキテクチャーブロックと関連のフォールバックレベルについて説明する。

耐障害性を備えた通信ネットワーク

車両の高度に自動化された運転機能は、重複構成のコンポーネント間で、必要な情報が常に使用可能であることを保証できるものでなければならない。たとえば、ブレーキシステムおよびステアリングシステムは、車両の制動や操舵を行う必要があるかどうかについて、常に必要な情報を受け取ることができなければならない。耐障害性を備えた通信システムを使用することにより、この安全要件を満たすことができる。さまざまなトポロジーが存在し、リング型、スター型、バス型、完全メッシュ型に区分されている（図5、「自動車内のネットワーク化」も参照）。

表1：VDAによる自動化度（出典：VDA）

ステージ	自動化度	説明	
		運転者	自動化
0	運転者のみ	運転者が前後および左右の制御を継続して行う	積極的に介入する車両システムは非作動
1	支援	運転者が前後または左右の制御を継続して行う	運転者がどちらの（前後または左右）制御を行う場合にもシステムが他の機能を担当する
2	部分的自動化	運転者はシステムを常に監視する必要がある	特定の用途ではシステムが前後および左右の制御を担当する
3	高度の自動化	運転者はシステムを常に監視する必要がある 運転者はいつでも代われるポジションにいる必要がある	特定の用途ではシステムが前後および左右の制御を担当する システムは、システム限界を認識し、十分な時間を与えて運転者に制御の交代を促す
4	完全自動化	特定の用途において運転者を必要としない	特定の用途において、システムがすべての状況を自動的に管理できる
5	運転者が存在しない		全行程を通じて、システムがすべての状況を自動的に管理できる 運転者不要

耐障害性を備えた車両電気システム

通信ネットワークと同じように、車両電気システムも耐障害性を備えている必要がある。車両電気システムは、貯蔵エレメント（バッテリーなど）、結合エレメント（DC/DCコンバーターなど）、および電源エレメント（オルタネーターなど）の3要素に分けることができる（図6）。

故障が発生した場合でも車両の制御を可能にするために、ブレーキシステムやステアリングシステムなどの安全関連のコンポーネントには、完全に独立した2系統の貯蔵デバイスから電源を供給する。故障が発生した場合は、この2系統の貯蔵デバイスは結合エレメントによって分離され、つまり故障が封入されて、他の供給チャンネルに広がるのが防止される。冗長性を備えたアクチュエーターテクノロジーによって、供給チャンネルが故障した場合でも、安全な状態への移行の間の少なくとも一定の時間、この場合は、ブレーキシステムやステアリングシステムなどの安全関連機能の使用可能な状態が継続される。

センサーの冗長性コンセプト

車両の周囲状況は、高度に自動化された運転にとって重要な影響を与える。これは、レーダー、ライダー、カメラ、超音波センサーなど、さまざまなセンサーによって検出される。車両の位置の正確な特定のためにGPSと慣性センサーも使用される。組み合わせることによって、車両の周囲に存在するものと、車両が存在する位置の両方を決定することができる。

冗長通信ネットワークおよび冗長車両電気システムをベースとして、冗長性を備えたセンサーセットも実現することができる。どのような状態でも周囲状況の検知を信頼できるものとするために、さまざまな方式のセンサーシステムによって、視野（FoV）が常にカバーされていることが重要である。たとえば、センサー

図5：耐障害性を備えた通信：リング型、スター型、バス型、完全メッシュ型トポロジー
a　リング型トポロジー
b　完全メッシュ型トポロジー
c　バス型トポロジー
d　スター型トポロジー

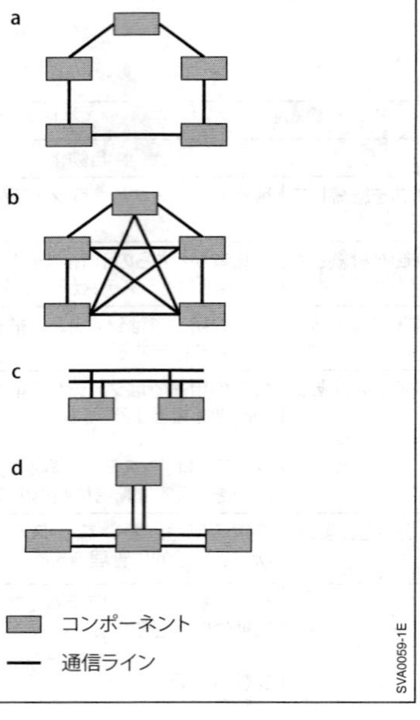

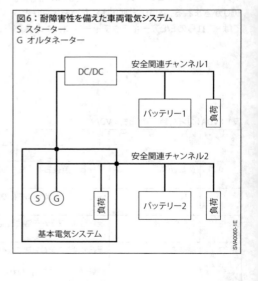

図6：耐障害性を備えた車両電気システム
S　スターター
G　オルタネーター

を2系統の供給チャンネルに分離して、通常の運転時にはセンサーA、B、C、およびDによって、故障シナリオⅠ（供給チャンネル1の故障）ではセンサーBおよびCによって、および故障シナリオⅡ（供給チャンネル2の故障）ではセンサーAおよびDによって視野がカバーされるようにする。どのようなセンサー方式、センサーの組合せ、およびセンサー配置が周囲状況の検知に最適であるかが、現時点での開発の目標である。

高性能ECU

車両の周囲状況および車両の位置は、高度に自動化された運転のための基本的な情報である。取得されたセンサーデータを使用して、高性能ECUにより周囲状況モデルが生成される。この計算処理には高度の計算能力が必要である。故障が発生した場合でもセンサーデータの融合を計算にするため、ここでも耐障害性を備えていることが重要である。たとえば、耐障害性を備えたECU（1ハウジング内に2枚の基板など）または2個のECUを組み合わせて1主系統と1代替系統を使用できるようにするなどである。

この計算能力を確保するために、今後の自動車の電子システムは、一般個人向け電装品などの他の方式に変わっていくと考えられる。また、自動車用マイクロコントローラーに加え、マイクロプロセッサーの使用も必要になる。

車両運動制御

運転支援システムを使用する場合でも、高度に自動化された運転システムを使用する場合でも、運転者がA地点からB地点に移動するとき、「車両運動制御」(VMC) [2]（図7）が必ず必要になる。このVMCは、アクチュエーター（ブレーキ、ステアリング、および駆動システム）へのアクセスを調整および監視すること

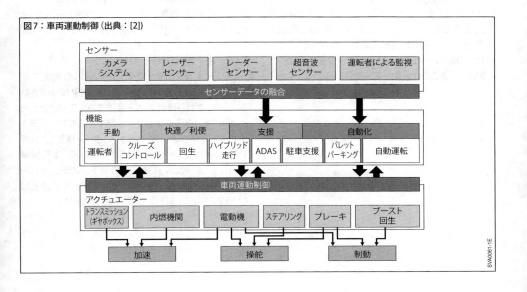

図7：車両運動制御（出典：[2]）

1490 車両の電子システム

により、車両の前後および左右方向の制御を担当する。運転者による常時監視は不要である。センサーデータの融合から得られた周囲状況モデルは、適切な運転操作決定を導くための入力として機能する。

アクチュエーターの冗長コンセプト

　ハイウエイパイロット (Highway Pilot) などの高度に自動化された運転機能には、VMCによって調整されるアクチュエーターのネットワークによる冗長性を備えたブレーキおよびステアリングシステムが必要である。冗長性を備えたブレーキ機能は、たとえば、iBooster (真空式でない、Bosch製の電子機械式ブレーキブースター、「iBooster」を参照) と走行ダイナミクス制御 (ESC) (出典 [2]) の組合せによって実現される。また、耐障害性を備えた操舵機能は、すべてのコンポーネント (特に電源供給、通信、コイル、ロジックなど) が、冗長性を備えるように設計された電動式ステアリングなどによって実現される。

高度に自動化された運転のための
E/Eアーキテクチャー

　交通渋滞パイロット (Traffic-jam Pilot) やハイウエイパイロット (Highway Pilot) など、さまざまな高度に自動化された運転機能用の強力で信頼性の高いE/Eアーキテクチャーを実現するために、前述のE/Eアーキテクチャーブロックが必要である。自動化の程度に関する前述のステージを用いて運転機能を分割し、E/Eアーキテクチャーに関しての適切な要件を導くことができる。ここでもう一度、運転者による監視を必要としない、高度に自動化された運転機能のための個々のE/Eアーキテクチャーブロックを冗長性のある設計とすることの重要性を指摘しておく。

E/Eアーキテクチャーの開発

「E/Eアーキテクチャー」の定義

　車載電子システムとネットワーク数の増加に伴い、電気／電子システムアーキテクチャーを開発するための強力な手順と記述法への要望も高まってきている。

　「アーキテクチャー」という用語は、一般に建築物の構造の種類の意味で用いられる。建築業界では、設計技師が施主の希望と境界条件を考慮して建築物をデザインし、さまざまな視点から見た図面を描き、骨組みを考える。現実を特定の観点から抽出したものが図面である (幾何学的配置や電気の配線など)。必要な観点から描いた図面がすべて揃って、初めて建物を建設することができる。

　このことを自動車にあてはめるとき、「E/Eアーキテクチャー」という言葉が使われる。「E/E」は、車両の電気／電子的観点を意味する。以下では、E/Eアーキテクチャーにおける「図面」を「モデル」という一般的な用語で表すことにする。

　車両の電気／電子システムを完全に記述するためにモデルがいくつ必要か、どんなモデルが必要かは、自動車メーカーにより、また部品サプライヤーによって見解の分かれるところである。以下、E/Eスコープの記述に必要なフレームワークとして、使用実績豊かなモデルを紹介する。

　文献や書籍で、モデルそのものを表すのに「アーキテクチャー」の用語を用いるケースをしばしば見受けるが、ここでは、作業工程 (アーキテクチャー開発) と成果物 (モデル) を明示的に区別して扱うことにする。

E/Eアーキテクチャーのモデル

　E/Eアーキテクチャーで扱うモデルには、車載電子システムのさまざまな総合的観点の結果が反映される (図8)。これら諸観点は一般に同時に取り扱われる。というのも、車両コンセプト段階でのE/Eアーキテクチャーの開発では、ジオメトリー (ボディ構造) と新規システムの両方が考慮されるからである。車両開発の過程で、選択した技術方式の電子システムが利用可能なスペース内に統合できないといった事態も起こりうる。その場合は妥協案を探る必要がある。

フィーチャーモデルおよび要件モデル

フィーチャーモデル

フィーチャーモデルは、その車両にどのような性能特性（フィーチャー、E/Eアーキテクチャーにおける固定概念）を持たせるかを定義する。これらの性能特性は、ACCの先行車両追従機能（Stop and Go）など、運転者および乗員が経験できる車両の機能である（「アダプティブクルーズコントロール」を参照）。車両のスコープは、このフィーチャーモデルによって定義される。このフィーチャーを基盤として、他のすべてのモデルを導き発展させることができる。

要件モデル

必要なすべての車両要件は、要件モデルにおいて定義される。これにより、フィーチャーが具体的な条件に変換され、機能モデルの入力として使用される。たとえば、ACCフィーチャーを走行速度に関する具体的な条件に変換できる。ACCのStop-and-Goバリアントが関与しているため、速度範囲の下限は0 km/hでなければならない。上限は自動車メーカーによって異なる（130 km/hなど）。たとえば、フィーチャーがACCのStop-and-Goバリアントでない場合は、速度範囲は30～200 km/hなどになる。

機能モデル

機能モデルは、具体的な技術システムの準備段階である。具体的なテクノロジーに踏み込まずに、求められる性能特性を実現するのに必要な論理的機能を記述している。このように、機能アーキテクチャーは技術アーキテクチャーから独立している。したがって、技術的な制約から離れて最適にフィーチャーを開発することができる。たとえばACCのStop-and-Go（図9）は、下記の論理的機能に分解して考察される。
- センサーテクノロジー
- 進行方向の減速制御
- 進行方向の加速制御
- アクチュエーターテクノロジー

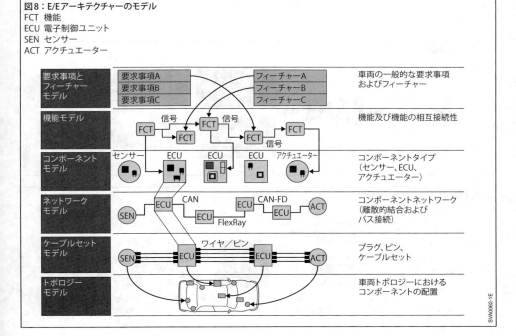

図8：E/Eアーキテクチャーのモデル
FCT 機能
ECU 電子制御ユニット
SEN センサー
ACT アクチュエーター

コンポーネントモデル
テクノロジーモデル

テクノロジーモデルでは、特定の伝達要素をどの技術的方法で実現するかを定義する。この段階では、それを結合してモジュール化(たとえば、ECUに)することはしない。生成されるのは「テクノロジーブロック」である。

たとえば信号フィルターであれば、ディスクリート素子を使って、デジタル回路またはマイクロコントローラーのフィルターソフトウェアとして実現できる。コントローラー機能に関しても、ディスクリート電子回路で実現する方法とマイクロコントローラーを使う方法が考えられる。電圧安定化は、平滑キャパシターあるいはDC/DCコンバーターにより達成することができる。

技術的実装に関する決定は、機能だけでなく、コスト、重量、スケーラビリティーなどによっても影響を受ける。テクノロジーブロックを、ECUの形式でモジュールに結合する前に、まず、統合する他のテクノロジーブロックとの相乗効果を探す必要がある。そのために技術的作用チェーンを作成する(図10)。たとえば、作用チェーンの特定のリンクに対応したセンサーが存在し、その信号が別の作用チェーンでも必要とされる場合は、センサーを共用する。その場合、要求の低い側(信号のレンジや精度をさほど要求されない側)のクライアントにとってセンサーがオーバースペックになる可能性もありうるが、それはそれでかまわない。

ただしその場合でも、データベースには本来要求される仕様を正確に入力しておくことが重要である。この共用の可能性は、別の車両では存在しないことも考えられるためである。なおドイツの自動車業界では、ハードウェアを記述するために一般的にDIN EN 60617 ([3]) で定義された用語が使用される。

ノードモデル

技術的作用チェーンを構成するリンクはさまざまな場所(=ノード)で連結され、グループ化される。テクノロジーブロックの統合に関しては、コスト最適化およびその他の条件(遅延など)が特に重視される。そのために、複数の技術的作用チェーンのソフトウェアパーツを共用のマイクロコントローラー上にまとめる。可能な場合は同じセンサーの情報が共用され、同じアクチュエーターが異なる機能によって操作される。たとえば、ACC機能とESC機能のどちらによってもブレーキアクチュエーターの操作が行われる。

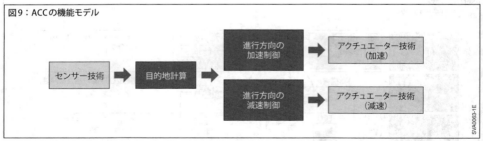

図9:ACCの機能モデル

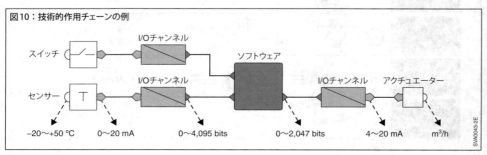

図10:技術的作用チェーンの例

電子システムのアーキテクチャー **1493**

電子コンポーネントのハードウェアモデル

このモデルは、個々のECUの電子ハードウェアの構成を表す。技術的作用チェーンを構成する特定の電子素子をノード内の電子モジュールに割り当ててモデルを生成する。ECUは大まかな言い方をするなら、各種システムの電子素子の集合点であり、「統合プラットフォーム」であると見なすことができる。

さまざまなソース（自動車メーカーや部品サプライヤー）から提供される各種システムを制御するソフトウェアは、ECU上のマイクロコントローラーに組み込まれる。そうしたECUをネットワーク化することで、車両のさまざまな場所に取り付けられた各種センサー／アクチュエーターを使用する複雑に分散された機能の実装が可能になる。

開発過程ではまず、ECUの電気／電子部品のために標準的な回路図を使用する。続いてECUのメカニズムと構造、接続技術を決定する。コンセプトの初期段階では、E/Eアーキテクチャーの開発は極めて大まかなものに限られてしまう。

電子コンポーネントのソフトウェアモデル

AUTOSAR規格は、ハードウェア寄りソフトウェアの構造およびそのアプリケーション機能を定義し、ならびにアプリケーション機能間のインターフェースを定めている。AUTOSARはさらに標準のデータ交換形式を定義しており、これは広く使われているモデリングツールによってサポートされている（「AUTOSAR」を参照）。

ソフトウェアは一般に、基本ソフトウェアとアプリケーションソフトウェアに分類される。基本ソフトウェアには、たとえばデバイスドライバーや通信ソフトウェア、オペレーティングソフトウェア、ハードウェアアブストラクションなどが含まれる。

ネットワークモデル
通信のネットワークモデル

以上説明したステップで車両テクノロジーブロックをECUに割り当てる作業は終わった。次は、通信関係に応じてECUをネットワーク化する作業である。通信ネットワークモデルでは、バス通信機能を持ち、他のECUと直接または間接にネットワーク接続されるすべての車載ECUを考慮する（図1などを参照）。

2つあるいはそれ以上のECU間で交換される各信号を、適切なバスシステムに割り当てる。AUTOSARではこの目的のため、バス通信の記述に必要な標準のデータ交換形式を定義している。

電源のネットワークモデル

テクノロジーブロックのECUおよびセンサー／アクチュエーターモジュールへの割当により電気負荷のネットワークが形成されるが、これには適切な電源が必要になる。個々の電気回路にヒューズを組み込み、短絡が発生した場合にその影響がネットワーク全体に及ばないようにすることが重要である。しかしながら、あらゆる作動状態においてすべての回路に電気を供給する必要はない。そこで「端子」の考え方が導入された。たとえば端子15は、イグニッションオンのときだけ電気エネルギーが供給される。ECUへの個別のターミナルの割当ては「ターミナルコンセプト」に従う。特に、車両のさまざまな状態（走行、駐車、積載など）が、ターミナルコンセプトへの入力として必要である。たとえば、エネルギー管理の部分およびECUのウェイクアップおよびゴーツースリープシーケンスは、ネットワーク内でハードウェアによって実現される。

電気回路図（図11）には電気的ネットワークとヒューズが示される。ヒューズの取付け位置は考慮されない。電気回路図でケーブルの色（図11では省略）と、ケーブルの接続先（端子／ヒューズ）を確認できる。端子コードはDIN 72552 [4]の表記規定に従う。

電源電圧のプラス極を図の上方に、マイナス極（アース）を下方に配置するのが一般的である。

ケーブルセットモデルおよびトポロジーモデル

このモデルでは、車両の特定の位置にある電気／電子モジュールをグループ化する（図12）。グループ化によりECU間の接続ケーブルと電気負荷の電源ラインをハーネスにまとめ、これによってケーブルセットが作成される。その際、注意を要する境界条件がいくつかある。以下はその例である。

- 製造コンセプト（単一部品によるケーブルセット／複数部品によるケーブルセット）
- ハーネス断面（柔軟性）
- 電磁両立性（EMC）
- 放熱
- 重量
- コスト（例：銅線）
- 車両内のケーブルセットの構造

トポロジーでは、ボディ内に取り回すケーブルセットの考えられる経路を定義する。たとえばH型構造では、車両のフロントエンドとリアエンドを2本のメインハーネスでつなぎ、その途中に適宜クロスケーブルを配して車両の左右両側を接続する。

コンセプト段階では一般に2次元モデルで十分だが、開発後期には詳細な3次元モデルを使用する。

E/Eアーキテクチャー開発プロセス

E/Eアーキテクチャー開発プロセスでは、個々のドラフトステージをロジックと時間に従って互いにリンクし、各ドラフトステージの先頭と末尾について品質基準を定める。個別の設計段階を下記に示す。

要求事項管理

E/Eアーキテクチャーの骨格を決める最大の要因は要求事項である。機能要求事項と非機能要求事項を分けて考えるのが望ましく、また一般的である。機能要求事項とは求められる性能特性、つまり車両内で使用するこのできるフィーチャーのことである。非機能要求事項とは技術的な問題解決策を指し、そのためにドラフト制約と呼ばれることもある。

たとえば、センターコンソールにECUを取り付ける場合のスペースの制約がこれに当たる。またある位

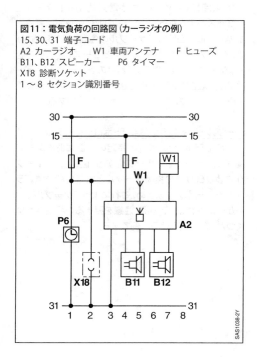

図11：電気負荷の回路図（カーラジオの例）
15、30、31 端子コード
A2 カーラジオ　W1 車両アンテナ　F ヒューズ
B11、B12 スピーカー　P6 タイマー
X18 診断ソケット
1〜8 セクション識別番号

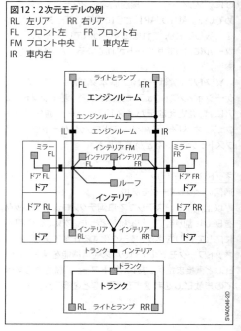

図12：2次元モデルの例
RL 左リア　　RR 右リア
FL フロント左　FR フロント右
FM フロント中央　IL 車内左
IR 車内右

置の最大放熱能力も、そこに取り付けうるパワーエレクトロニクスに関係してくるという意味で、制約となる可能性がある。オーディオアンプをトランクルームに取り付けるケースが多いのも、客室内では十分な放熱効果が得られないからである。

機能要求事項と非機能要求事項を書き出した文書が完成した段階で、本来のE/Eアーキテクチャー開発が始まる。

E/Eアーキテクチャーの開発

E/Eアーキテクチャー開発には2通りの方法がある。既存のコンポーネントから始まるボトムアップアプローチと、機能要求事項／非機能要求事項をもとに事前に定義したモデリングステップをすべて実装するトップダウンアプローチである。

ボトムアップアプローチでは、E/Eアーキテクチャーの作成は既存のコンポーネントの機能性から開始され、機能および通信の要素を加えて補完される。このアプローチは、通常は、既存の車両プラットフォームの後継世代のE/Eアーキテクチャーの作成時、またはコストの制約から市場に既存のコスト効率の優れたコンポーネントを使用する必要がある場合に選択される。

トップダウンアプローチでの主眼点は複雑精緻な機能の統合であり、一般に新しい車両プラットフォームのE/Eアーキテクチャー開発に用いられる。また、今後は、特にドメイン横断機能を実現することができるように、機能モデルが非常に重要な役割りを果たす。機能モデルは、E/Eアーキテクチャーの技術的実装とは独立して開発される。

E/Eコンセプトツールを使用すると、電子コンポーネントやケーブルセットの開発を担当するパートナーとの間でデータを交換できるようになる。

モデルの評価

どのアプローチを選択したかに関係なく、必ず守らなければならないルールがある。それはあるモデルヒエラルキーから別のモデルヒエラルキーに移動するときに（例：機能モデルからテクノロジーモデル）、評価基準リスト（例：共用あるいはテスト可能性）をサンプルソリューション（例：バス技術）のポートフォリオと照合する、ということである。基準を使いサンプルソリューションを評価することで、純粋な機能要

求事項と必須境界条件（必須基準）からソリューションが形をなしてくる。

これに代えて、基準ソリューション（例：既存のネットワークモデル）を別のソリューションを持つ評価基準を使って比較することもできる。この方法では、短時間で結果が得られる反面、包括的な最適解が得られない可能性がある。

評価基準の重み付けは、一般に自動車メーカーごとに異なっており、そのため車両電子システムにも時に著しい差異が見られることがある。

E/Eアーキテクチャー開発ツール

アーキテクチャーモデリングには、異なるモデルおよびE/Eアーキテクチャー作業のモデルレベルを表示し、ネットワーク化できるツールを使用するのが望ましい。それにより、一貫性のある完全な文書が生成される。開発プロセスに関係する各部門が、該当するポイントでモデリングに関わることができる。さらに、モデリング特性を数値化して評価することも可能となるであろう。

市販のE/Eアーキテクチャー開発ツールの数が増えた今では、ツール支援ベースのアーキテクチャーモデリングを行うことも可能になった。重要なのはモデルとデータ形式の標準化である。この課題をクリアして初めて、ツールメーカー間の真の競争が実現し、また開発プロセスに関係する各部門が該当するポイントでモデリングに参加できるようになる。

まとめと展望

　電子システムの適用範囲が常に広がり、ネットワーク化が進む中、適切なプロセス、メソッド、ツールは今やE/Eアーキテクチャー開発に欠かせないものとなっている。E/Eアーキテクチャー開発は自動車業界における独立した業務分野となり、新車開発に重要な役割を果たすようになった。自動車の新しいフィーチャーを生み出すことも可能である。これには、ハイウエイパイロット（Highway Pilot）などの高度に自動化された運転機能や、無線インターフェースを通じての無線通信によるソフトウェアやファームウェアの更新（Over The Air）が含まれる。E/Eアーキテクチャー開発における新しいアプローチを通じて、今後も強力で信頼性の高いE/Eアーキテクチャーを実現することが可能である。ここで説明した手順を一貫して適用し、さらに発展させていくなら、車両エレクトロニクスが将来もっと複雑化しても、迷路に迷い込むことなく、E/Eシステムを交通状況、交通安全、走行快適性、燃料の経済的利用の向上に大いに役立てることができよう。

参考文献

[1] VDA - https://www.vda.de/de/themen/innovation-und-technik/automatisiertes-fahren/automatisiertes-fahren.html.

[2] Automated driving, electrification and connectivity – the evolution of vehicle motion control. Alexander Häussler, Robert Bosch GmbH (DOI 10.1007/978-3-658-09711-0_3).

[3] DIN EN 60617: Graphical symbols for diagrams.

[4] DIN 72552: Terminal markings for motor vehicles.

自動車のセンサー

基本事項

機能

センサーとは、物理量または化学量Φ(通常、非電気的)を電気量Eに変換するためのものである。これには、非電気的中間段階が介在することも稀ではない。

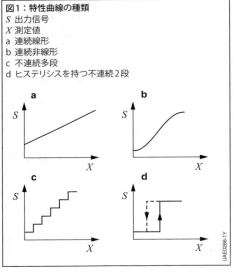

図1：特性曲線の種類
S 出力信号
X 測定値
a 連続線形
b 連続非線形
c 不連続多段
d ヒステリシスを持つ不連続2段

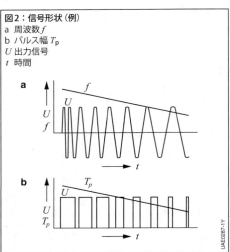

図2：信号形状(例)
a 周波数 f
b パルス幅 T_p
U 出力信号
t 時間

センサーの分類

センサーは、さまざまな観点により分類できる。自動車における使用に関しては、以下のように分類できる。

目的および用途
- 機能センサー(圧力センサー、温度センサー、エアマスセンサーなど)、主に開ループおよび閉ループの制御機能用
- 安全用センサー(乗員保護：エアバッグおよび走行ダイナミクス制御)および保護用センサー(盗難防止)
- 車両監視用センサー(オンボード診断、各種消費量および摩耗量)および運転者と乗員への情報提供

特性曲線の種類
- 連続線形特性曲線(図1a)は特に広い測定範囲での制御機能用に使用されている。線形特性曲線にはさらに、チェックや調整が容易であるという利点がある。
- 連続非線形特性曲線(図1b)は非常に狭い測定範囲での測定値の開ループ制御用($\lambda = 1$での空燃費の制御、圧縮レベルの制御など)に使用されることが多い。
- 不連続2段特性曲線(ヒステリシスを持つ場合あり)(図1d)は、到達した場合の対策が容易な限界値を監視するために使用されている。対策が難しい場合は、特性曲線を多段とすることにより(図1c)早期の警告が可能である。

出力信号の種類
アナログ出力信号(図2a)：
- 電流、電圧、あるいはこれらに対応した振幅
- 周波数、周期
- パルス幅、パルス占有率

非連続出力信号 (図2b)：
– 2段 (バイナリコード化)
– 多段 – 不規則間隔 (アナログコード化)
– 多段 – 等間隔
　 (アナログまたはデジタルコード化)

連続信号はセンサー出力部で常時利用可能。非連続信号は連続しないタイミングでのみ利用可能。ビットシリアル出力信号は必然的に非連続である。

自動車用センサー

自動車に用いられるセンサーおよびアクチュエーターは、駆動、制動、シャーシおよびボディなど、複雑な制御を必要とする部分 (ガイダンスおよびナビゲーションを含む) と、信号処理をするデジタル式のECU (コントロールユニット) との間を結ぶ周辺通信リンクである (図3)。センサーの信号は、ECUが必要とする標準的な形式 (測定チェーン、測定データ収集システム) に合わせて変換されるため、一般的には信号処理回路が使用される。さらに、例えばバスシステムなどのその他の処理装置からのセンサー情報や、運転者が操作するスイッチ類からの情報も、システムの作動状態に影響を与える。

図3：自動車用センサー
Φ　物理量
E　電気量
Z　干渉要因
AC　アクチュエーター
AD　アダプター回路
DPL　ディスプレイ
MS　測定検出器
SA　スイッチ
SE　センサー
ECU　コントロールユニット
FCE　最終制御要素
D　運転者

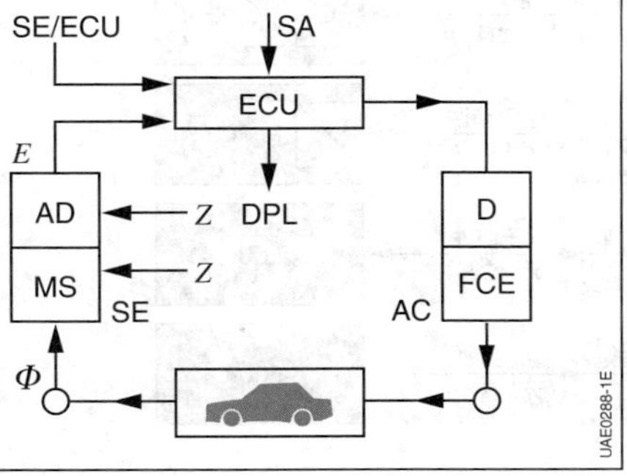

主な要件

作動条件

自動車用センサーは取付け場所によっては非常に厳しい条件にさらされることがある。機械的応力 (振動や衝撃など)、天候の影響 (低い温度、非常に高い温度、湿気など)、化学的影響 (飛散水、塩水噴霧、燃料、エンジンオイル、バッテリー液など) および電磁波の影響 (高周波干渉、電源線干渉パルス、過電圧) が挙げられる。センサーがさらされる応力のレベルは取付け位置での作動条件によって決まる。

信頼性

用途および必要条件に応じて、自動車用センサーは、次の3つの信頼性レベルに分類される。
– ステアリング、ブレーキ、乗員保護
– エンジン、駆動装置、サスペンション、タイヤ
– 快適性、情報および診断、盗難防止

サイズ

車両における電子システムの数が常に増え続けている一方で、車の形状はますますコンパクトになり、技術者にさらなるダウンサイジングを強いている。さらに、燃費向上の要求が増すなかで車両重量の軽量化が常に求められている。センサーの寸法をさらにコンパクトにするために、さまざまな小型化コンセプトが採用されている。
– 薄膜とハイブリッド技術 (ひずみ依存抵抗器、サーミスタおよびマグネト抵抗器用など)
– 半導体技術 (ホール効果クランクシャフトセンサーなど)
– サーフェスおよびバルクマイクロメカニクス (シリコン圧力センサー、加速度センサーおよびヨーセンサーなど)
– マイクロシステム技術 (マイクロメカニカルコンポーネントまたはマイクロオプティカルコンポーネントとマイクロエレクトロニクス回路とを複合システムとして統合)

製造コスト

車両の電子システムには最大150個のセンサーが含まれている。センサーの数がこのように多数なため、他の領域での使用に比べて技術者はより徹底したコスト削減を求められている。高効率で作動する大規模に自動化された製造プロセスが採用されている。

つまり、各プロセスステップが大量のセンサーに対して常に同時に行われる。半導体センサーの製造では一般的に1つのシリコンウェファー上で100～1,000個のセンサーが同時に集積される。ここへ来て、自動車産業でのセンサーに対する膨大な需要により、新しい規格が設定された。

精度要件

自動車用センサーに対する精度要件は、例えば、プロセス産業に対するものより低い。許容偏差は一般に測定範囲の上限値の1％より大きい。さらに経年劣化という避けられない影響も考慮されなければならない。

しかしながら、これまで以上に洗練された複雑なシステムにより、より高い精度が求められている。製造公差をより厳しくしたり、調整および補正技術を改善することで、ある程度こういった要求を達成することができる。この点に関して「統合型センサー」は、大幅な改善を可能にする。

統合型センサー

この種のデバイスは、ハイブリッド／モノリシック統合型センサーおよび局部電子信号処理回路から、A/Dコンバーターおよびマイクロコンピューターといった複雑なデジタル回路までを統合しており、センサー本来の精度が充分に活用される（「インテリジェント」センサー、図4）。これらのデバイスが提供する利点は以下のとおりである。
- コントロールユニットの負荷の軽減
- 規格化された柔軟性のあるバス互換性のあるインターフェース
- センサーの複合機能化
- マルチセンサー設計が可能
- 微弱信号と高周波信号（局部増幅および復調）の使用
- センサー誤差の局部補正の向上、センサーと信号処理回路のキャリブレーションと補正の同時実施、個々の補正情報をPROM等の半導体メモリーに記憶して補正を簡便化

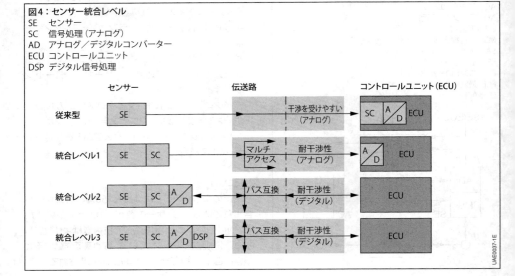

マイクロメカニクス
用途

マイクロメカニクスとは、半導体材料（通常はシリコン）製の機械部品の製造に半導体技術を応用することをいう。この製品は、シリコンの半導体特性と機械的性質の両方を利用する。1980年代初頭に、初めてマイクロメカニカルシリコン圧力センサーが自動車に搭載された。マイクロメカニクス技術により、代表的な機械部品の寸法をミクロン単位まで小さくすることができる。

シリコンの機械的特性（強度、硬度、弾性係数など。表1を参照）は、鋼のそれに匹敵する。シリコンは鋼に比べて軽く、熱伝導率が高い。単結晶シリコンウエハーは、ほぼ完全な機械的特性を持ち、ヒステリシスやクリープがほとんどない。単結晶材料特有の脆性のため、応力-歪み曲線に塑性変形領域は見られず、弾性領域を超えると一気に破断を起こす。

シリコンマイクロメカニクスには代表的な製造法が2つある。ボリュームマイクロメカニック法（VMM）とサーフェスマイクロメカニック法（SMM）である。いずれの場合も、マイクロエレクトロニクスの標準的技術（エピタキシー成長、酸化、拡散、フォトリトグラフィ）と特殊な工程が組み合わされる[1]。

ボリュームマイクロメカニック法

シリコンウエハーは、異方性（アルカリ）エッチングにより所定の深さに加工される、電気化学的エッチング停止を用いる場合も用いない場合もある。シリコン層内部の裏面から、表面にエッチングマスクの存在しない部分の材料が除去される（図5を参照）。この方法により、厚さ5〜50 µm程度の極めて小さい膜、あるいは圧力センサーや加速度センサーなどに必要とされる開口部、ビーム、ウェブを製造することができる。

アルカリ性媒質によるエッチングには、壁面が内側に傾いた形状になるという問題がある。壁面が垂直な正確なエッチングを行うために、新しいプロセスの開発が必要とされた。このためBosch社は、革新的なDRIEプロセス（Deep Reactive Ion Etching）を開発した。この手法は、現在では一般に「ボッシュプロセス」と呼ばれている。この方法では、特殊な気相反応器の中で、エッチング工程とそれに続く不働態化工程のためにそれぞれ異なった雰囲気と処理条件が交

表1：シリコンの機械的性質

項目	単位	シリコン	鋼（最大）	ステンレス鋼
引張強度	10^5 N/cm^2	7.0	4.2	2.1
ヌープ硬度	kg/mm^2	850	1,500	660
弾性係数	10^7 N/cm^2	1.9	2.1	2.0
密度	g/cm^3	2.3	7.9	7.9
熱伝導率	W/cm·K	1.57	0.97	0.33
熱膨張係数	10^{-6}/K	2.3	12.0	17.3

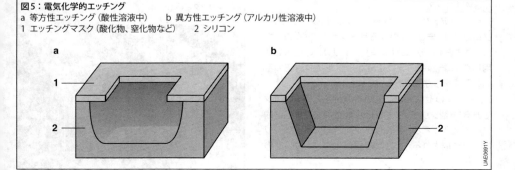

図5：電気化学的エッチング
a 等方性エッチング（酸性溶液中）　　b 異方性エッチング（アルカリ性溶液中）
1 エッチングマスク（酸化物、窒化物など）　　2 シリコン

互に生成される。このエッチングおよびそれに続く不働態化によって、極めて正確に垂直な壁面を得ることができる。この方法は、ボリュームマイクロメカニック法にもサーフェスマイクロメカニック法にも適用可能である。

サーフェスマイクロメカニック法 (SMM)

ボリュームマイクロメカニック法と異なり、SMM法でのシリコンウエハーは、単に基板としての役割のみを果たす。可動部を含む構造は、集積回路 (IC) の場合と同じように、シリコン表面にエピタキシャル成長させた多結晶シリコン層から形成される。

サーフェスマイクロメカニック素子を製造する場合、まずウエハー上に酸化シリコンの犠牲層を蒸着し、標準的半導体プロセスにより（すなわち特定個所を再除去することにより）構造を形成する（図6a）。次に高温のエピタキシャル炉で厚さ約10μmのシリコン多結晶層（エピポリ層）を被せ（図6b）、ラッカーマスクと異方性（垂直）エッチングを用いて希望する構造に加工する（ディープエッチング、トレンチング、図6c）。縦方向の側面は、ボッシュプロセスにより、エッチングサイクルと不働態化サイクルの切換えによって実現する。エッチングサイクルの次に、エッチングされた側面にポリマー保護膜を被せて不働態化し、その後のエッチングの作用を受けないようにする。こうして、精度の高い輪郭を持つまっすぐな側面が形成される。プロセスの最後に（図6d）、多結晶シリコン層底部の犠牲層をフッ化水素ガスで除去すると構造が現れる（図7）。

サーフェスマイクロメカニック法は主に、エアバッグシステムの容量型加速度センサー、走行ダイナミクス制御および横転検出に用いられるヨーセンサーの製造に用いられる。

APSMプロセス

APSM（アドバンストポーラスシリコンメンブラン）プロセスは、まったく異なるサーフェスマイクロメカニック法を用いる。これは多孔質シリコンの性質を利用して、単結晶膜の下に正確な形状を持つ真空の空洞を形成する方法である。

APSMプロセスの核心となるのが多孔質シリコンである。p型シリコンをフッ化水素酸中で電気化学的に陽極酸化すると、選択的かつ局所的に多孔質シリコンが形成される。これは陽極酸化中にシリコンの

図6：サーフェスマイクロメカニック法の工程
a 犠牲層の蒸着とパターン形成
b 多結晶シリコン層の蒸着
c 多結晶シリコンのディープエッチングによるパターン形成
d 犠牲層の除去。これにより表面に自由可動パターンが形成される
1 シリコン
2 酸化層（犠牲層）
3 ポリシリコン層（「エピポリ」）

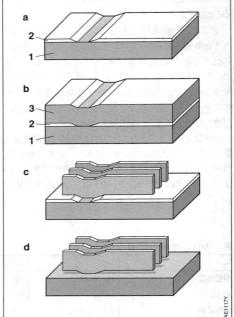

図7：サーフェスマイクロメカニックセンサーの構造
走査型電子顕微鏡により撮影
1 固定電極
2 ギャップ
3 スプリング電極

一部が結晶から溶け出し、多孔質の海綿状のシリコン骨格、すなわち「多孔質シリコン」を残すためである。

多孔質シリコンは高温で再配列することができる。シリコン骨格は溶けて、適当な条件下では表面上に薄膜を形成する。この膜の下に空洞が作られる（図8）。この薄膜は、エピタキシャル成長により目標の厚さで成長させることができる。

単結晶エピタキシャル層は、圧力センサーのダイヤフラムなどに用いられる。ダイヤフラム外側のエピタキシャル層に評価回路要素を設けることで、低コストで高精度の小型圧力センサーが実現できる。

エンジンマネージメントシステムの気圧センサーなどの最新の圧力センサーは、APSMプロセスで製造されている。

ウエハーボンディング

シリコン構造の作成と並んで、2枚のウエハーの結合（ウエハーボンディング）もマイクロメカニック製造に欠かせない重要な技術である。ボンディング技術は、たとえば標準圧力チャンバー（圧力センサーなどの）の気密シール、デリケートな構造物の保護キャップ（加速度およびヨーセンサーなど、図9）、熱応力や機械応力を最小にするための中間層（圧力センサーのガラス基板など）とシリコンウエハーの結合などに用いられる。

陽極ボンディングでは、パイレックスガラスのウエハーとシリコンウエハーが数百Vの電圧と400℃の温度条件で結合される（図10）。強力な電磁的吸引力と電気化学反応（陽極酸化）により、ガラスとシリコンの間に強固で気密な結合が形成される。

シールガラスボンディングでは、2枚のシリコンウエハーをスクリーン印刷の手法で塗布したガラスソルダー層を挟んで重ね、約400℃の温度で圧着する。熱でガラスソルダーが融け、シリコンとの間に気密な結合が出来上がる。

センサーの基本原理に関する参考文献

[1] U. Hilleringmann: Mikrosystemtechnik – Prozessschritte, Technologien, Anwendungen. B.G. Teubner-Verlag, Wiesbaden 2006.

図8：APSMプロセスによるシリコン中の真空空洞の正確な形成
1 シリコン
2 多孔質シリコンからAPSMプロセスで形成した空洞
3 膜
4 評価回路

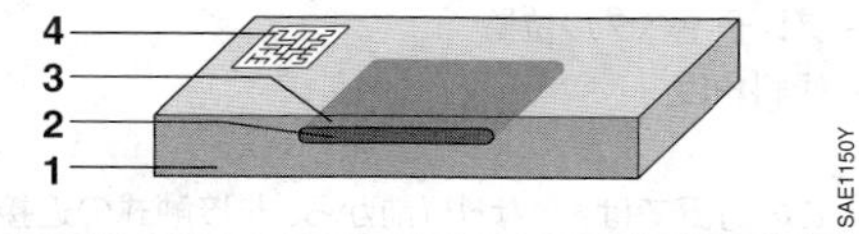

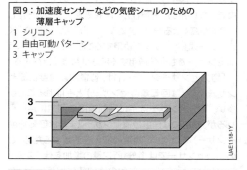

図9：加速度センサーなどの気密シールのための薄層キャップ
1 シリコン
2 自由可動パターン
3 キャップ

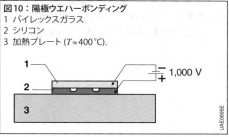

図10：陽極ウエハーボンディング
1 パイレックスガラス
2 シリコン
3 加熱プレート ($T \approx 400$ ℃).

位置センサーおよび角度位置センサー

測定変量

これらのセンサーは、さまざまな種類／範囲の一次元または多次元の移動および角度位置（並進および回転変量）を記録する。測定変量には以下のようなものがある。

- エンジン制御システムのトルク要求（運転者の指示）確認のためのアクセルペダル位置（踏込み量）
- スロットルバルブ制御のためのスロットルバルブ位置
- 燃料タンクレベル
- 操舵角
- 電子式トランスミッション制御のためのトランスミッションセレクターレバー位置
- シート位置
- ミラー位置
- ディーゼルエンジンの機械式直列型噴射ポンプの制御ラック位置
- クラッチサーボユニットの移動距離
- ブレーキペダル位置
- 傾斜角度

この分野では、かなり以前から、非接触式の近接センサーへの移行が進んでいる。この種のセンサーは摩耗しないため、信頼性が高く長寿命である。ただし、コストが高くなるため、自動車メーカーは、従来の「スライダー式」センサーを使用することも多く、このようなセンサーでも十分通用する用途は数多く存在する。

「増分センサーシステム」は、習慣的に角度位置センサー（または回転角度センサー）と呼ばれることが多い。増分センサーは主に回転速度の測定に用いられるが、厳密には角度位置センサー（または回転角度センサー）ではない。角度の変化を測定するため、この種のセンサーでは増分（所定量の増加を伴うステップの数）をカウントし、前回の測定値に加算して現在値を求める。その関係で、初期値に誤差が含まれていた場合、いつまでもそれを引きずる可能性がある。

スライダー式ポテンショメーター

測定原理

スライダー式ポテンショメーターは通常は角度位置センサーとして設計されていて、導線またはフィルム抵抗器（サーメットあるいは「導電性プラスチック」でできている導体トラック）の長さと、その電気的抵抗が比例することを利用して、変位を測定する（図1）。現時点では、最も安価な移動量・角度センサーである。

過負荷を避けるために、一般に電圧は直列接続した抵抗器 R_V を介して測定経路に供給される。これらの抵抗器は零点および特性曲線の傾きの較正にも使用できる。測定トラックの幅全体の輪郭形状および断面形状が特性曲線のパターンに影響する。

スライダーと導体トラックの接続を実現するため、多くの場合、導体トラックと同一平面上に抵抗率の小さな基板材料を乗せ、その上に接触トラックを配置する。ピックアップ電流を抑え（$I_A < 1\ mA$）、装置を密封してほこりや液体を遮断することで摩耗および測定値の歪みを避けることができる。また、摩耗を最小化するには、スライダーとポテンショメーター間の摩擦の

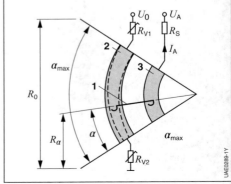

図1：スライダー式ポテンショメーター
1 スライダー
2 抵抗トラック（測定トラック）
3 導体トラック
U_0 供給電圧
U_A 測定電圧
I_A スライダー電流
R_0 測定トラックの抵抗
R_a 測定トラックの抵抗の一部
R_V 直列抵抗　R_S 保護抵抗器
α 測定角度

自動車のセンサー

最適化が必須であり、スライダーの形状をスプーン形やスクレーパー形にしたり、複式の構造や、ほうき形にすることもある。

スライダー式ポテンショメーターは他の抵抗器とともに分圧器を形成する（図2）。ピックオフ電圧は、スライダー位置の測定値である。

ポテンショメーターのメリットとしては、低コスト、シンプルで分かりやすい構造、大きな測定効果（測定ストロークが供給電圧に対応する）、最高250 °Cの幅広い作動温度範囲および高レベルの精度（測定範囲の上限値の1 %より良好）などが挙げられる。

ポテンショメーターのデメリットとしては、すり減りによる機械的摩耗、すり減った残部による測定エラー、振動発生時のスライダーの離昇および小型化の限界などが挙げられる。

スライダー式ポテンショメーターの用途
スロットルバルブ角度センサー

スロットルバルブセンサーは、ガソリンエンジンのスロットルバルブに配置され（図3）、スロットルバルブの位置をエンジン制御システムに送信する。スロットルバルブ角度センサーは、診断のために冗長設計になっている（図2）。これにより2つの独立した信号が利用でき、相互の妥当性をチェックすることができる。冗長測定により、故障を検出できる。

アクセルペダルセンサー

アクセルペダル（ペダルの移動量）センサーは踏み込まれたアクセルペダルの移動量または角度を検出する。エンジン制御システムは、この値を運転者からのトルク要求として解釈する。アクセルペダルセンサーは、アクセルペダルモジュール内にアクセルペダルとともに組み込まれている。すぐに取り付け可能なこれらのユニットは、車両での調整は必要ない。

ポテンショメーターを利用した構造であり、測定信号はポテンショメーターによって生成される。エンジンECUは、センサーの特性曲線に基づいて、測定信号をペダルの踏込み量またはアクセルペダルの踏込み傾斜角度に変換する。

スロットルバルブセンサー同様、アクセルペダルセンサーは冗長設計である。すべての動作ポイントにおいて、主ポテンショメーターの1/2の電圧信号を、副ポテンショメーターによって常に生成しているセンサーもある。このため、2つの独立した信号が故障検出用に利用できる。ローアイドルスイッチが付いたタイプのセンサーも過去にはよく使われていた。これら

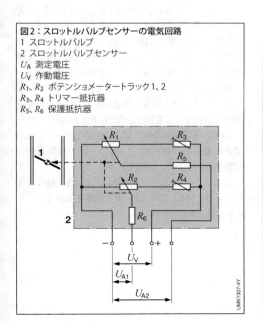

図2：スロットルバルブセンサーの電気回路
1 スロットルバルブ
2 スロットルバルブセンサー
U_A 測定電圧
U_V 作動電圧
R_1, R_2 ポテンショメータートラック1、2
R_3, R_4 トリマー抵抗器
R_5, R_6 保護抵抗器

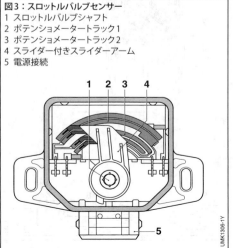

図3：スロットルバルブセンサー
1 スロットルバルブシャフト
2 ポテンショメータートラック1
3 ポテンショメータートラック2
4 スライダー付きスライダーアーム
5 電源接続

のセンサーの状態は、ポテンショメーターの測定信号と一致している必要があった。

また、キックダウン検出用のスイッチをオートマチックトランスミッション車のアクセルペダルモジュールに組み込むこともできる。あるいは、この信号をポテンショメーター電圧の変化率によって出力したり、しきい値を超過したときに発生させることもできる。

燃料レベルセンサー

燃料タンクのレベルはフロートレバーを介してフロートからポテンショメーターに送信される（図4）。まず、準備された測定値がインストルメントクラスターに送信されて表示され、次に、燃料残量を使用して燃料消費量の計算が行われる（車載コンピューターによって計算した範囲を表示するなど）。

磁気誘導センサー

非接触式位置測定センサーのうち、特に干渉に強く堅牢なのが磁気センサーである。これは特に交流原理、つまり磁気誘導方式を用いることによる。ただしコイルを必要とするため、マイクロメカニカルセンサーに比べてずっと大きなスペースが必要になる。このため、冗長構成（並列測定方式）には適していない。

測定原理、
短絡リングセンサー

磁気誘導センサーにはさまざまなタイプのものがあるが、ボッシュでは、自動車用としては、主として短絡リングセンサーを今日まで使用してきた。これらのセンサーは、ディーゼルエンジンの機械式直列型噴射ポンプの制御ラックの位置検出などに使用されている[1]。ただし、このタイプのセンサーは、新規開発向けのマクロメカニカル式で使用されることはない。

測定原理、
渦電流センサー

電気導体の円盤（アルミニウム製または銅製）が高周波電流の供給されているコイル（通常は空芯）に近づくと、高周波磁界によって、円盤内に、検出コイルとの距離（測定距離s）に応じた渦電流が誘起される。これが等価抵抗とコイルのインダクタンスの両方に影響する。ディスクはダンパーディスクとして機能する。

減衰効果（等価抵抗による）と磁界転位効果（インダクタンスによる）の両方を使用して、測定結果を電気的な出力電圧に変換することができる。最初のケースでは振幅可変式の発信器、二番目のケースでは周波数可変式の発信器または出力一定の誘導電圧分圧器を選択するのが適切である。

コイルのインダクタンスが低いため、高い動作周波数が必要となる。このため、電子回路を直接センサーに割り当てる必要がある。

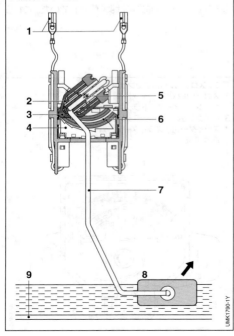

図4：電位差測定燃料レベルセンサー
1 電源接続
2 スライダースプリング
3 接触リベット
4 抵抗器ボード
5 ベアリングピン
6 ツインコンタクト
7 フロートレバー
8 フロート
9 燃料タンクの底

用途：トランスミッション制御用位置センサー

オートマチックトランスミッションでは、位置センサーによる最終制御要素（セレクターレバーシャフト、セレクターバルブ、パーキングロックシリンダーなど）の位置検出が行われている。さまざまなトランスミッショントポロジーおよびスペースや機能要件からくる複合的な要件のため、さまざまな物理的測定原理（ホール、AMR、GMRおよび渦電流原理）やタイプ（線形および回転検出）が使用されている。

渦電流センサーにおいては、ローターがセレクターレバーシャフトと一緒に回転する（図5）。リターンコイルはローターに取り付けられている。固定されたセンサー基板には、冗長構成の送信コイルおよび受信コイルと関連の評価用電子システムが実装されている。送信コイルによりリターンコイルに渦電流が誘起され、その磁界によって、受信コイルに電圧が誘起される。リターンコイルおよび受信コイルの形状寸法は、連続的に変化するローターの位置が検出できるように決定されている。こうして回転位置センサーはセレクターレバーの位置P、R、N、D、4、3、2を決定する。

安全上の理由により、このセンサーは、相互にその確実性をチェックし合うことができるように、2系統の独立した正反対の信号を生成する。

回転交番磁界を使用するセンサー

コイルまたはコイルに類似した構成（ミアンダ導体トラックなど）を、角振動数Ωの交流電流で励磁し、2極または多極の交番磁界構造を環状または直線状に配置する（図6）。固定極ピッチを持つこの極構造は、同じ極ピッチを持つ通常の固定式受信コイルセットと異なり、回転運動か並進運動かに関係なく、測定対象システムの動きに伴って位置を変える。それに伴い、受信信号（U_1、U_2、U_3など）の振幅が正弦曲線を描いて変化する。受信コイル相互に極ピッチTの一定割合（$T/4$、$T/3$など）のオフセットを与えると、正弦波形の位相が対応する角度（90°、120°など）だけずれる。整流した電圧から、求める回転角φを非常に高い精度で計算することができる。古典的な測定学において、同期法、リゾルバ法、インダクトシン法などと呼ばれる

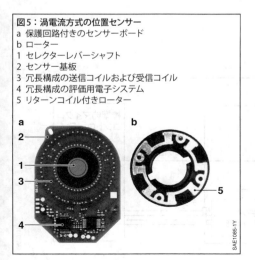

図5：渦電流方式の位置センサー
a 保護回路付きのセンサーボード
b ローター
1 セレクターレバーシャフト
2 センサー基板
3 冗長構成の送信コイルおよび受信コイル
4 冗長構成の評価用電子システム
5 リターンコイル付きローター

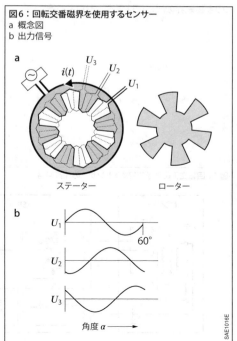

図6：回転交番磁界を使用するセンサー
a 概念図
b 出力信号

タイプのセンサーは、以上説明した原理で作動し、角度位置エンコーダーに好んで用いられる。

図6に示す角度位置センサーはインダクトシンプロセスによく似ている。これは6極構造（$n = 6$）のセンサーで、$\varphi = 60°$の回転角度を信号振幅の位相のずれ$\alpha = 360°$に電気的に変換するものである。必要な導体トラック構造のすべて、少なくとも固定部品（ステーター）は多層基板上に配置される。ローター部は、必要に応じて、自立型かプラスチック製キャリア付きかに関係なく、プレス加工することができる（ホットスタンピングによる）。

ステーター上に環状の導体トラックループがあり、これに20 MHzの動作周波数を作用すると、回転角に関係なく、ローターの外径とほぼ同じ大きさの自己完結型ミアンダループに渦電流が誘起される。この渦電流は、励磁ループと同様、励磁場と重なり合ってこれを減衰させるような、もうひとつの磁場を生成する。ローター上にあるのがミアンダでなく、ステーターループと同一サイズ／形状の環状導体トラックだったとすると、最初の磁場は最大限に打ち消される。しかしながら実際には、ミアンダ構造のために残留多極磁界が形成され、これはローターに連動して回転する。この多極磁界の総磁束は事実上ゼロである。

この多極交番磁界を、ステーター上に同心配置した、ほぼ同じ形状の複数の受信コイル（ミアンダ）で検出する。磁界は、極ピッチ（たとえば60°）ごとに1/3回転する。つまり、電気的には信号の位相が120°ずつずれる（図6b）。ただし、受信コイル／ミアンダはn対の極のすべてを覆い（直列接続）、すべての極磁場の合計を利用するように設計されている。

図7に、受信コイルのスター結線を示す。電気的な位相角α（つまり機械的回転角）を決定するために、コイル信号はASICに送られ、必要な整流、選択、比率計算などの処理が行われる。ASICは近くのマイクロコントローラーから必要なデジタル制御信号を受け取る。他方、別バージョンのASICでは、完全に独立してセンサーを制御できる（スタンドアローンタイプ）。これらのASICは、製造時にその最終工程で、機械的および電気的誤差の調整を行うことができる。

高度の信頼性が要求される場合、信号経路とASICを二重化した冗長システムとすることも可能である。このセンサー原理の利点は、形状選択の自由度が高いことで、そのため、このセンサーは移動量測定の目的で自動車のさまざまな部分に使用される（DVEスロットルデバイスのスロットルバルブ角度、オートマチックトランスミッションのレバー位置、ヘッドライト到達距離制御のための光軸調整など）。

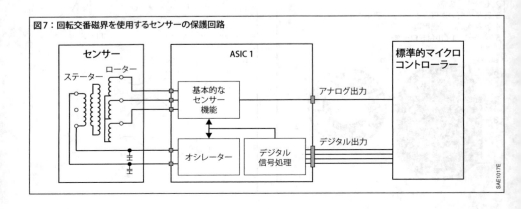

図7：回転交番磁界を使用するセンサーの保護回路

静磁気センサー：概要

静磁気センサーはDC磁界の測定に使用される。コイル付き磁気誘導センサーよりもはるかに小型化に適し、マイクロシステム技術を使用して合理的なコストで製造できる。DC磁界はプラスチック製および非強磁性金属製のハウジング壁を簡単に通過するため、静磁気センサーでは、通常は固定されている敏感な部分をカプセルに入れて、回転部（通常は永久磁石または軟磁性導体素子）および外部環境から保護することができる。特に、電流磁気効果（ホールおよびガウス効果）と磁気抵抗効果（AMRとGMR）が使用されている。

ホール効果

ホール効果は薄い半導体チップで発生する。このような導電チップに直交磁場Bが作用すると、電荷担体はローレンツ力により磁場および電流Iに対して垂直方向に、元の経路から角度αだけ偏向する。したがって、チップの両端から電流の向きに直交し、磁場Bおよび電流Iに比例する電圧U_Hを取り出すことができる（ホール効果、図8を参照）。

$$U_H = \frac{R_H I B}{d}$$

ここで、
R_H ホール係数
d チップ厚さ

チップの測定感度を決定する係数R_Hは、シリコンの場合には比較的小さいが、拡散技術を使用してチップの厚さdを極めて薄くすれば、技術的に十分なレベルのホール電圧U_Hが得られる。

また、基材としてシリコンを使用すると、信号処理回路もチップ上に統合できる。したがって、この原理を使用したセンサーは非常に安価に製造できる。

ただし、測定感度、温度係数、温度範囲の観点からは、シリコンは決して最良のホールセンサー用半導体材料ではない。たとえば、ガリウム砒素やアンチモン化インジウムなどの「III-V族半導体」の方が優れた特性を示す。

ガウス効果

横方向のホール効果に加えて、半導体チップは縦方向の抵抗効果も示す。これはガウス効果と呼ばれているものである。磁界の方向に関係なく、直列抵抗が放物線に近い特性曲線を描いて増加する。この効果を利用した素子は、磁気抵抗器と呼ばれ、III-V族半導体の結晶性アンチモン化インジウム（InSb）を使用して製造される。

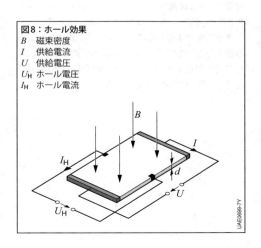

図8：ホール効果
B 磁束密度
I 供給電流
U 供給電圧
U_H ホール電圧
I_H ホール電流

ホールセンサー

ホールスイッチ

最も単純な例では、ホール電圧をセンサーに統合されている電子しきい値（シュミットトリガー）回路に印加すると、デジタル信号が出力される。センサーに作用する磁場Bの強さが下限のしきい値より小さい場合、シュミットトリガーの出力は論理値0となり（解放状態）、上限のしきい値を超えると、出力値は論理値1となる（作動状態）。この動作は、実用温度範囲全体にわたって保証され、この種のすべてのセンサーに対して、2つのしきい値は比較的離れている（約50 mT）。つまり、ホールスイッチをトリガーするには大きな誘導差ΔBが必要である。

一般にバイポーラー技術を使用して製造されるこのようなホールセンサーは非常に安価であるが、スイッチとしての機能しか果たすことができない（初期の点火システムの点火をトリガーするホールベーンスイッチや、デジタル式ステアリングアングルセンサーなど）。ホールベーンスイッチは、アナログ変量の記録用としては精度が低すぎる。

スピン電流原理を使用したホールセンサー

単純なホールセンサーの欠点は、実装の際に避けられない機械的応力（圧電効果）に対して敏感なことである。これは、温度係数の不都合なばらつきの原因となる。今日では、CMOS技術への移行と、スピン電流を使用することにより、この欠点は克服されている（図9）。この場合も圧電効果は避けられないが、それが発生するのが電子的に制御される極性の異なる電極の、非常に高速なスイッチング（回転）動作中であるため、信号の時間平均によって補正される。

電極を開閉するための複雑な電子回路に伴う高額の費用を避けたい場合は、電流経路が異なる複数（2、4、または8）のホールセンサーを統合し、その信号を合計して平均化することもできる。

このような方法によって、初めてホールICをアナログセンサーに適した素子として使用することができるようになった。しかし、この方法をもってしても、時として相当に深刻なものになる測定感度に対する温度の影響を低減することはできなかった。

このようなホールICは、永久磁石の接近に伴う磁界の強さの変化を検出でき、特にわずかな位置の変位の測定に適している（助手席乗員の体重を測定するフォースセンサーなどの使用例がある）。それまでは、同様の良好な結果を得るには、たとえばIII-V族半導体（GaAsなど）製の単体ホール素子を使用し、その信号を後続のハイブリッド増幅器で処理する必要があった。

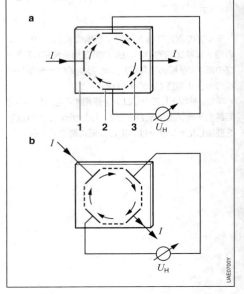

図9：スピン電流原理を採用したホールセンサー
a 回転相φ_1
b 回転相$\varphi_2 = \varphi_1 + 45°$
1 半導体チップ
2 有効な電極
3 無効な電極
I 供給電流
U_H ホール電圧

ホールセンサーの用途
トランスミッション制御用位置センサー

このタイプの線形位置検出のためのトランスミッション制御用位置センサーには、プリント基板上に4組のホールスイッチが配置されていて、線形に動くことのできる多極永久磁石の磁気エンコーディングを検出できるようになっている（図10）。マグネットキャリッジが、直線的に操作されるセレクターバルブ（トランスミッション制御プレート内の油圧バルブ）またはパーキングロックシリンダーに連結されている。

位置センサーによって、セレクターバルブ（P、R、N、D、4、3、2、1）の位置と中間範囲が検出され、これらの情報が4ビットコード形式でトランスミッション制御システムに対して出力される。安全上の理由から、位置のエンコーデイングは、単一のステップで構成される。つまり、新しい位置が検出されるまでに、常に2ビットの変化が必要である。これらのビット変化のシーケンスはグレイコードに準拠している。

アクスルセンサー

アクスルセンサーは、積載、減速、または加速の結果として変化するボディの傾斜角を検出する。この情報を使用して、状況に合わせてヘッドライトのレンジ調整を行うことができる（自動ヘッドライトレンジ調整）。

車両の傾斜角は回転角度センサー（アクスルセンサー）によって測定される。回転角度センサーは、ボディのフロント側とリヤ側に配置される。プッシュロッドによってアクスルに連結されている回転式レバーによって、サスペンションの圧縮が測定される。フロントアクスルとリヤアクスルのセンサー信号の差から、車両の傾斜角が得られる。

アクスルセンサーステーター（図11）のリングマグネットによる均一磁界中にホール素子が組み込まれている。この磁界により、ホール素子に磁界の強さに比例したホール電圧が誘起される。サスペンションが圧縮されると、アクスルセンサーのシャフトの回転運動によってリングマグネットが回転し、ホール素子によって検出される磁界が変化する。ホール素子は、シャフトの回転角度、つまりサスペンションの圧縮量に対応する信号を出力する。

アクセルペダルセンサー

回転するマグネットリング（「可動磁石」）と固定した多数の軟磁性導体素子を使用して、より広い角度

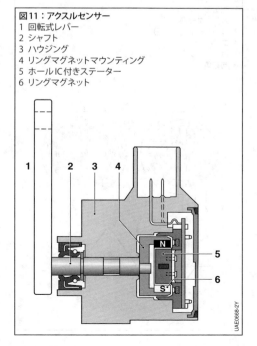

図11：アクスルセンサー
1 回転式レバー
2 シャフト
3 ハウジング
4 リングマグネットマウンティング
5 ホールIC付きステーター
6 リングマグネット

図10：トランスミッション制御用位置センサーのエンコーデイング
a 磁気エンコーデイング
b 位置範囲
1 移動するキャリッジ
2 ホール素子の固定位置

範囲に対して、変換を必要とせずに線形の信号出力を生成できる（図12）。可動磁石の双極性磁場は、2つの半円形の導体素子間に配置されたホールセンサーを貫通する。ホール効果センサーを通る有効磁束は、回転角 φ に依存する。この場合の検出可能な角度範囲は180°である。

図13aに示した測定角度範囲約90°のホール角度位置センサーは、基本的な「可動磁石」の原理に基づくものである。ほぼ半円形をした永久磁石ディスクの磁束は、磁極片、それぞれの磁路にホールセンサーが来るように配置された2つの導体素子、およびこれも強磁性体であるシャフトを通って磁石に戻る。角度の設定によって、2つの導体素子に導かれる磁束が増減するが、その磁路にはホールセンサーが配置されている。この方式を使用して、ほぼ直線的な特性曲線を得ることができる（図13b）。

軟磁性導体素子を使用しない単純化されたものを図14に示す。このバージョンでは、磁石が円弧を描いてホールセンサーの周囲を移動する（図14a）。得られるのは正弦波状の特性曲線であり、良好な直線性を示すのは比較的狭い範囲に限られる。ホールセンサーを円弧の中心から少しずらして配置すると、特性曲線の正弦波形がいびつになり、ほぼ90°の狭い範囲と、180°を超える広い範囲の2つの、直線性に優れた測定範囲が得られる。ただし、外部磁界の遮蔽が貧弱となるため、磁気回路の形状誤差や温度変動劣化による永久磁石内部の磁束強度のばらつきの影響を受けやすくなるという大きな欠点がある。

図15に示すホール角度位置センサーは、磁界の強度ではなく、磁界の方向を検出して評価を行う。磁力線は、同一平面上の x および y 方向に放射状に配置された4個のホール素子によって検出される。センサー

図12：可動磁石方式の角度位置センサー
a 初期位置のセンサー
b 回転角 φ による移動
c 出力信号
1 磁気ヨーク
2 ステーター（軟鉄）
3 ローター（永久磁石）
4 エアギャップ
5 ホールセンサー
φ 回転角

図13：可動磁石方式による最大90°まで直線性の特性曲線を示すホール角度位置センサー
a 構造
b 特性曲線および動作範囲A
1 ローターディスク（永久磁石）
2 磁極片
3 導体素子
4 エアギャップ
5 ホールセンサー　　6 シャフト
φ 回転角

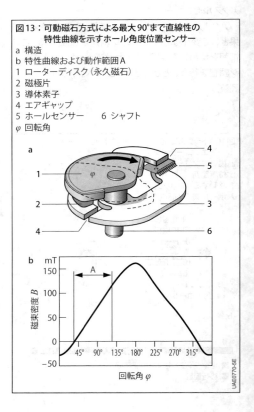

は、均一な磁界を生成する2個のマグネットの間に配置されている。センサー信号は、評価回路内で逆正接関数を使用して、ホール素子の測定信号（正弦信号および余弦信号）から生成される。

電位差式アクセルペダルセンサーと同じように、診断に必要な2種類の冗長電圧信号を生成するために、これらのシステムには測定素子が2個使用されている。

磁気抵抗センサー

ホールセンサーに比べ、磁気抵抗器用として最適化された形状は短く低く、非常に小さな抵抗値を示す。したがって、技術的に利用価値のあるkΩレンジの抵抗値を得るには、このチップを多数直列接続する必要がある。この問題に対しては、高電導性のニッケルアンチモン化合物の微細な針を半導体結晶に埋め込むという洗練された解決法がある。針は電流の流れる方向に対して斜めに配置し、それに加えて半導体抵抗器にミアンダ技法を適用する。

抵抗値の磁束密度Bへの依存は、インダクタンスが約0.3 Tに達するまでは2乗則に従い、その後は次第に直線的になる。制御範囲の上限はなく、技術的用途における動的応答性に関しては、ホールセンサーの場合と同じように慣性による時間遅れがないと見なすことができる。

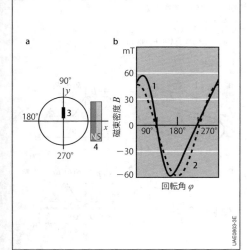

図14：可動磁石方式による最大180°まで直線性の
　　　特性曲線を示すホール角度位置センサー
a 原理（この図ではホールICが中心から外れている）
b 特性曲線
1 中心にホールICを配置したときの特性曲線
2 中心からずらしてホールICを配置したときの特性曲線
3 ホールIC
4 磁石

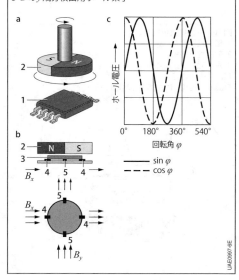

図15：4素子ホールセンサーと磁場の方向の評価機能を
　　　備えた、測定範囲が360°以上のホール角度位置
　　　センサー
a 構造
b 測定原理
c 測定信号
1 ホール素子IC
2 マグネット（反対側のマグネットは表示されていない）
3 導体素子
4 Bのx成分検出用ホール素子
5 Bのy成分検出用ホール素子

温度に敏感で、磁気抵抗器の抵抗値が大きく変化するため (100 Kで約50 %低下)、一般的に複式構成の電圧分圧回路の型式でのみ供給される (差動磁気抵抗器)。使用するに当たり、2つの抵抗器部分のそれぞれにできれば逆向きの磁気が作用するようにアレンジする。個々の抵抗器の温度係数が高いにもかかわらず、電圧分圧回路により、動作点 (両方の抵抗器部分が同じ値を持つ点) では良好な安定性が保証される。

良好な測定感度を得るには、磁気抵抗器を0.1 〜 0.3 Tの磁気作用点で使用するのが最も良い。一般に、必要な磁気バイアスは小さな永久磁石で供給する (図16)。さらに、その効果を高めるため、小さな磁気ヨークプレートを使用することもできる。磁気抵抗器は温度に敏感なため、ほぼもっぱら増分式の回転角／回転速度センサーとして、または2値限界値センサー (切り換え特性付き) として用いられる。ディーゼル分配型噴射ポンプには、噴射開始タイミングの測定に磁気抵抗式増分センサーが使われている。

磁気抵抗器の主な利点は信号レベルが高いことであり、通常は増幅するまでもなくV単位の信号が得られる。増幅が不要で、したがって局部電子回路とこれに付随する保護措置も不要になる。さらに受動抵抗素子として用いる場合は、電磁干渉に対する安定性 (不感性) が非常に大きく、またバイアス磁界が大きい関係で、外部磁界の影響をほとんど受けない。

AMRセンサー
異方性磁気抵抗効果

厚さ30 〜 50 nmのNiFe薄膜の積層構造は、電磁的異方性を示す。つまり、電気抵抗が磁界の影響を受けて変化する。そのためこのタイプの抵抗器は、AMR (異方性磁気抵抗) センサーと呼ばれている。AMR素子製造のために一般的に使用される金属合金はパーマロイとも呼ばれるものである。

種類

図17aに示すように、外部制御磁界を加えなくても、細長い抵抗体には、小さな磁化M_Sが導体トラックの長手方向に自然に発生する (形状異方性)。この磁化

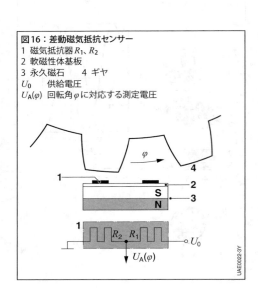

図16：差動磁気抵抗センサー
1 磁気抵抗器 R_1、R_2
2 軟磁性体基板
3 永久磁石　4 ギヤ
U_0 　供給電圧
$U_A(\varphi)$ 回転角φに対応する測定電圧

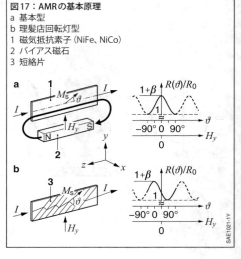

図17：AMRの基本原理
a 基本型
b 理髪店回転灯型
1 磁気抵抗素子 (NiFe、NiCo)
2 バイアス磁石
3 短絡片

に決まった方向を持たせるために（理論的には反対方向にもできる）、AMRセンサーは図に示すように弱いバイアス磁石を備えていることが多い。この状態で、長手方向の抵抗は最大値$R_{||}$になる。磁化ベクトルが、追加の外部磁界H_yの影響下で角度ϑだけ回転すると、長手方向の抵抗は次第に減少し、$\vartheta = 90°$で最小値$R_\perp$になる。この場合、抵抗値は角度ϑにのみ依存し、この抵抗値は、結果としての磁化M_Sと電流Iによって決まる。抵抗値は、ϑを変数とする余弦関数で近似される。

$$R = R_0(1 + \beta \cos^2 \vartheta)$$

この最大値と最小値について、次の関係を得ることができる。

$$R_{||} = R_0(1 + \beta) \text{ および } R_\perp = R_0$$

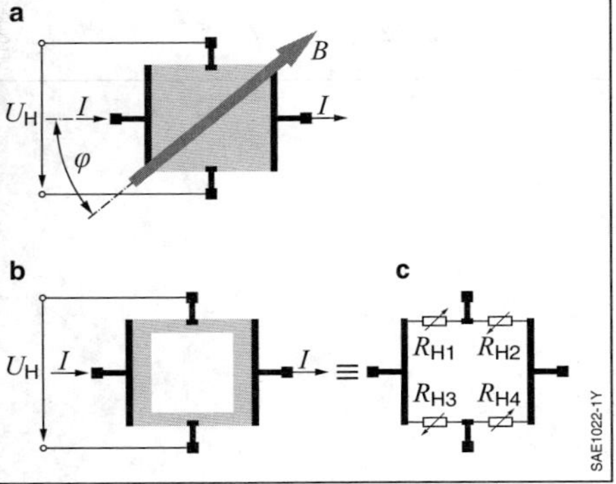

係数βは抵抗値の最大偏差を示し、約3％である。外部磁界が自然に発生した磁界よりもずっと強い場合（制御磁石を使用したときは通常そうなる）、有効な角度は、ほぼ完全に外部磁界の方向の関数になる。つまり、この場合は磁界の強さは関係なく、センサーは「飽和状態」で機能している。

AMRフィルム上の導電性の高い短絡リング片（金など）により、外部磁界を加えなくても、自然に発生した磁界（長手方向）に対して45°以下の角度で電流が流れる。このタイプは、「理髪店回転灯」センサーとも呼ばれ、センサーの曲線は単純な抵抗器の曲線と比べて45°シフトする（図17b）。これは、外部磁界の強さ$H_y = 0$のときでも、センサーが最大測定感度点（反転点）にあることを意味している。「2つの抵抗器の、互いに反対方向を向いている縞」は、同じ磁界の影響を受けて2つの抵抗器の抵抗値が反対方向に変化することを意味している。つまり、一方の抵抗値が増加すると他方は減少する。

単純な2極AMR素子のほかに、NiFe矩形薄膜構造のものなど、疑似ホールセンサーが存在する。既に説明した通常のホールセンサー同様、これも4端子タイプで、電流経路とホール電圧の検出に、各2つの端子を使用する（図18a）。ただし、擬似ホールセンサーは通常のホールセンサーと異なり、薄膜に平行な磁界に対してのみ敏感であり、垂直な磁界に対してはそうではない。また擬似ホールセンサーは、特性曲線が直線的でなく、非常に正確な正弦波形を描き、これはまた制御磁界の強さおよび温度からまったく影響を受けない。磁界が電流経路に平行な場合、磁界が$\varphi = 90°$回転すると正弦波は半期間が経過し、出力電圧はゼロになる。したがって、正弦波形の電圧は、振幅を$\hat{u}_H$とすると次式で与えられる。

$$U_H = \hat{u}_H \sin 2\varphi$$

図18：擬似ホールセンサー
a 完全基本形
b 面の中央部を切り抜いた「中空」バリエーション
c bの等価回路図
B　磁束密度
U_H　ホール電圧
I　供給電流
φ　回転角
R_H　AMR素子の抵抗器

外部制御磁界が$\varphi = 360°$回転すると、その間に出力電圧は2周期分の正弦波形を描く。ただし振幅$\hat{u}_H$は、温度およびセンサーと制御磁石間のエアギャップに大きく依存し、温度とエアギャップが増加するにつれて減少する。

擬似ホール素子の測定感度は、フレームだけを残して、素子の内側を「切り抜く」ことで、大幅に増加する（そのために、正弦波形を過度に損ることもない）（図18b）。この場合、擬似ホールセンサーは、4つのAMR抵抗器から成る完全なブリッジと見なすことができる（図18c）。ブリッジ抵抗器にミアンダ形状を持たせた場合でも、ミアンダの幅を一定の最小値以上に維持するかぎり、信号の正弦波形が過度にいびつになることはない。

用途

ステアリングアングルセンサー

走行ダイナミクス制御システムの機能は、制動に適切に介入することにより、車両に運転者が指定したコースを維持させることである。この目的を達成するには、ステアリングホイールの回転角度を知る必要がある。その測定に、ポテンショメーター、光学的符号読取り、および磁気測定方式が使用されている。

ステアリングホイールの位置は、ステアリングシャフトに取り付けられたステアリングホイール角度センサーによって検出される。擬似ホールセンサー式の回転角度センサーのデュアル構成によって（それぞれが180°を担当）、ステアリングシャフトの複数回の回転を測定することができる。それぞれのセンサーに属する、2個1対の永久磁石を増速ギヤトレインで回転させる（図19）。制御磁石が取り付けられている、駆動される小歯車の歯数が1だけ異なるため、相互の位相角（回転角度の差：$\Psi - \Theta$）から、ステアリングシャフトの絶対回転位置を決定することができる。システムは、ステアリングシャフトが4回転する間に、この位相差が360°を超えることがないように設計されており、これによって測定の一意性が保証される。加えて各センサーは、回転角に対する非一意の高分解能を提供する。このような構成とすることで、全ステアリングアングル範囲にわたり、たとえば1°未満の精度の分解能を実現できる。

図19：AMRステアリングアングルセンサー
a 構造
b 角度関係
1 ステアリングシャフト
2 AMR測定セル
3 歯数mのギヤ
4 評価電子機器
5 磁石
6 歯数$n > m$のギヤ
7 歯数$m + 1$のギヤ

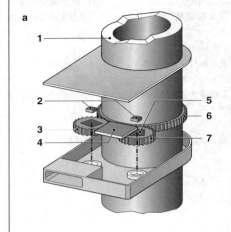
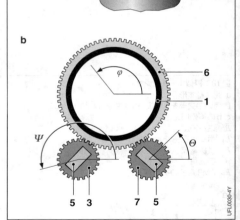

GMRセンサー
巨大磁気抵抗効果

GMRセンサー(巨大磁気抵抗センサー)テクノロジーが、自動車用の回転角度および回転速度の検出用途に使用されている。AMRセンサーに対するGMRセンサーの利点は、自然な360°以内の角度位置の検出と、回転速度検出時の磁界感度が高いことである。

GMRセンサーは、反強磁性体、強磁性体、および非磁性体で構成される層構造である(図20)。各層の厚さは1～5 nmの範囲であり、これは原子数個分の厚さにすぎない。角度位置の検出に必要な基準磁化を生成するため、1つの強磁性層(PL)の磁化の方向を隣接する反強磁性層(AF)との相互作用で固定する。そうした事情から、これは「固定層」とも呼ばれる。一方、2つ目の強磁性層(FL)の磁化は、非磁性中間層(NML)によって磁気的にほぼ分離されていて、外部磁界によって自由に回転させることができる。そのために「自由層」と呼ばれている。

抵抗は、外部磁界の方向と基準磁化の方向がなす角度の余弦関数として変化する。外部磁界の作用に対する基準磁化の安定性が、角度位置の測定精度に重大な影響を与える。人工的な反強磁性体(SAF)を追加することにより、この安定性が大幅に向上する。

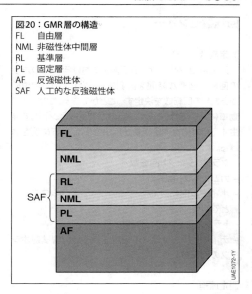

図20:GMR層の構造
FL 自由層
NML 非磁性体中間層
RL 基準層
PL 固定層
AF 反強磁性体
SAF 人工的な反強磁性体

GMRセンサーの用途
ステアリングホイール回転角度センサー

GMRセンサーの機械的構造および動作原理は、AMR素子によるステアリングホイール回転角度センサーのものと同等である。GMRセンサーはAMRセンサーよりも感度が高いので、AMRセンサーよりも弱い磁石および大きなエアギャップで使用することができるため、材料および設計に関するコスト削減の利点がある。単一のGMR素子で360°の角度位置を測定することができるため(AMR素子の場合は通常は180°)、歯車装置を小型化できる。これは、必要な取付けスペースが少なくて済むことを意味する。

位置センサーに関する参考文献

[1] K. Reif (Editor): Klassische Diesel-Einspritzsysteme – Bosch Fachinformation Automobil. 1st Ed., Vieweg+Teubner, 2012.
[2] K. Reif (Editor): Sensoren im Kraftfahrzeug – Bosch Fachinformation Automobil. 3rd Ed., Verlag Springer Vieweg, 2016.

回転数センサー

測定変量

回転数センサーは、回転運動における一定の角度の回転に必要な時間を計測する。これにより、単位時間あたりの回転数を決定することができる。このため自動車においては、一般に2個のコンポーネント間で発生する相対的な測定変量が用いられる。以下に例を挙げる。

- クランクシャフト回転数
- カムシャフト回転数
- ホイール回転数（アンチロックブレーキシステムなどで使用）
- トランスミッション回転数
- ディーゼルエンジンに使用される分配型噴射ポンプの回転数

測定原理

回転数の検出は、ローター（ギヤや多極ホイールなど）と回転数センサーで構成されるインクリメントセンサーシステムを使用して行われる（図1）。

受動型回転数センサー

かつて使用されていた従来型の誘導センサーは、誘導測定効果に基づくものであった。このタイプのセンサーは、永久磁石と誘導コイルを巻きつけた軟磁性磁極で構成されている。磁極は強磁性のギヤと向き合っている。ギヤと磁極間の距離はギヤの回転によって変化する。これが原因で発生する磁束の時間的変化により、誘導コイルに誘起される電圧が変化する。

誘導式センサーは測定効果が相対的に高く、測定位置に電子装置を必要としない。そのため受動型センサーと呼ばれているが、信号の振幅は回転数に依存する。したがって、このタイプのセンサーは低い回転数の検出には適さない。磁極とギヤとの間のエアギャップに許される誤差が比較的小さく、たいていの場合回転数パルスとエアギャップの増減（チャター）を識別することができないためである。

受動型回転数センサーは、今日でも商用車に使用されている。

能動型回転数センサー

能動型回転数センサーは、静磁気原理に基づいて動作する。出力信号の振幅が回転数に依存しないため、非常に低い回転数でも回転数の検出が可能である（準静的回転数検出）。

ホールセンサー

導電ウエハー上の電流の方向と直交し、磁気誘導 B によって縦方向に誘起される、磁界の強さに比例する電圧 U_H（ホール電圧）を検出することができる（「ホール効果」を参照）。強磁性体ギヤ（パルスホイール）を使用する構造のセンサーでは、磁界は永久磁石によって生成される（図1a）。磁石とパルスホイールの間にホールセンサー素子が配置されている。この素子を通過する磁束は、センサーが歯の山と向き合っているか谷と向き合っているかに依存する。これによって、ホール電圧は歯の移動と等価のものとなる。この回転数情報は調整および増幅され、方形波信号の注入電流として送信される。一般的な値は低レベルが 7 mA で、高レベルが 14 mA である。この電流は、ECU内の測定用シャントによって電圧信号に変換される。

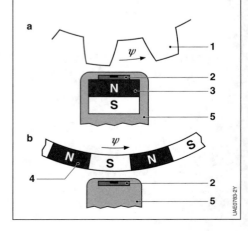

図1：ホールセンサー
a 受動型ローター（強磁性体歯車）の場合のセンサーの配置
b 能動型ローター（多極リング）の場合のセンサーの配置
1 インクリメントローター
2 ホールIC
3 永久磁石
4 多極ホイール
5 ハウジング
ψ 回転数

差動ホールセンサーは、マグネットとパルスホイールの間にホールセンサー素子を2個配置したセンサーで、2個のセンサー素子の信号の差を調べることにより、磁気干渉信号の影響が排除され、信号対雑音比 (S/N比) が改善される。

強磁性体のパルスホイールに代えて、多極ホイールが使用されることもある。その場合、非磁性金属担体に磁化可能な樹脂が塗布され、交互にN極およびS極に磁化される。これらのNおよびS極が、パルスホイールの歯 (山) の機能を果たす (図1b)。

AMRセンサー

磁気抵抗材料の電気抵抗 (AMR、異方向性磁気抵抗効果) は異方性である。つまり、外部磁場の方向には無関係である。この特性を利用したセンサーがAMRセンサーである。このセンサーは、磁石とパルスホイールの間に配置され、パルスホイールが回転すると、磁力線の方向が変化する。これによって正弦波電圧が誘起され、センサー内の評価回路で増幅されて方形波信号に変換される。

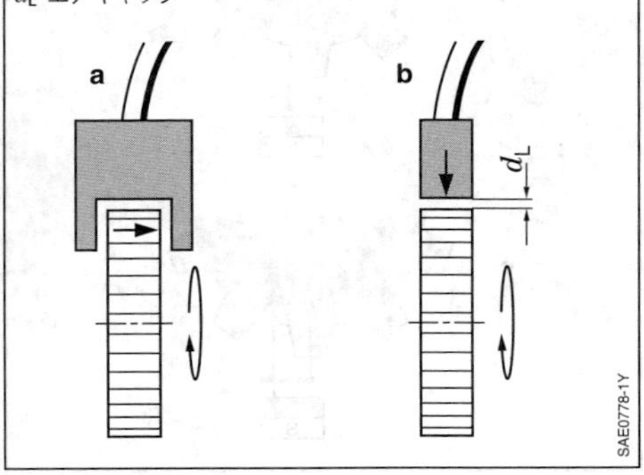

GMRセンサー

GMR (巨大磁気抵抗効果) テクノロジーの使用により、能動型センサーの開発がさらに進むと思われる。AMRセンサーよりも大幅に感度が高いため、エアギャップを大きくすることができ、取付けが困難な場所にも使用できる可能性が開かれる。感度が高いことは、信号のエッジ部での雑音が小さくなることも意味する。

センサーの形状

さまざまな形状のセンサーが使用されている (図2)。棒形、フォーク形、および内／外リング形などがある。棒形センサーは、取付けの簡単さと単純さのために、最もよく使用されている。棒形センサーはローターの近くに配置されるため、ローターの歯がセンサーのすぐ近くを通過する。ただし、測定感度は最も低い。フォーク形センサーは、軸方向および半径方向の遊びの影響が少なく、場合によっては高い信頼性が得られるため、自動車用としても使用されている。このセンサーは、取付け時にローターとの間である程度精密な位置合わせを必要とする。リング形をし、ローターシャフトを囲むタイプのセンサーは、現在では事実上使用されなくなっている。

ローター形

相対的なヨーレートを検出するインクリメントセンサーは、ローター周囲に付けられたマークの数とサイズに応じて、次のタイプに区分される (図3)。
- 単純センサー：1回転で検出されるマークは1個のみのため、測定可能なのは平均回転数のみである。

図2：差動センサーの形状
a　フォーク形 (ベーン方式)
b　棒形 (近接方式)
d_L　エアギャップ

図3：相対回転速度の測定
a　増分センサー
b　セグメントセンサー
c　回転数センサー

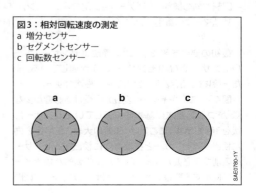

- セグメントセンサー：周囲が少数（たとえば、エンジン気筒数）の部分に分割されていて、現在の状態がどの部分に相当するかを検出する。
- 増分センサー：周囲が多数のマークで細かく分割されている。この型式のセンサーは、一定の限度内で、円周上の各点における瞬間速度を測定することができ、非常に精密な角度分解能が得られる。

ローターは、回転数の測定において極めて重要な役割を受け持っている。ただし、自動車メーカーはローターの仕様を決定するだけで、実際のセンサーは部品メーカーから供給を受けているのが普通である。今日までほぼもっぱら使用されてきたローターは磁気的に受動的なタイプであり、軟磁性体（通常は鉄）で構成されている。強磁性体を使った能動型磁極ホイールよりも安価で、磁化されておらず、保管中の相互減磁のリスクもないため取扱いが簡単である。一般に、磁極ホイール（磁気的に能動的なローター）は、それ自体に磁力があるため、増分幅と出力信号が同じ場合、（受動型ローター比べ）エアギャップを大きく取ることができる。

回転数センサーの要件

回転数センサーに求められる要件を下記に示す。
- 静止またはそれに準じた状態の検出（回転数が0に近づく、非常に低いエンジン始動回転数およびホイール回転数など）
- 大きなエアギャップ（取付け時にエアギャップの存在を確認するだけで調整は不要）
- 小型化
- エアギャップの変動の影響を受けない
- 最大200 ℃の耐熱性
- 回転方向の識別（ナビゲーション用のオプション）
- 基準マークの識別（イグニッション）

最初の要件を満たすには、静磁気センサー（ホールセンサーやAMRセンサーなど）が適している。また一般に、2番目と3番目の条件にも適合する。

図4に、エアギャップの変動から受ける影響が少なく、かつ上記要求に基本的に適しているセンサー形状を3種類示す。ここでは、磁気の大きさを半径方向に検出するセンサーと接線方向に検出するセンサーを区別する必要がある。磁気的に能動的な極ホイールを使用する静磁気センサーでは、エアギャップに関係なく常に、ホイールのN極とS極を識別できる。それ自体に磁性素子を持たない受動型ローターを使い、接線方向の磁界の強さを検出する際、出力信号の符号はエアギャップの大小に依存しない（ただし、センサー側の事情でしばしばエアギャップが大きくなるという難点がある）。センサーが存在するために、ローターと永久磁石のエアギャップが大きくなることが多いという事実が不利な点である。他方、半径方向の磁界を測定する差動磁界センサーまたは勾配センサーも同じように頻繁に使用される。こちらは基本的に磁界の半径方向成分の勾配のみを検出する。勾配の符号はエアギャップではなく回転角度によってのみ変化する。

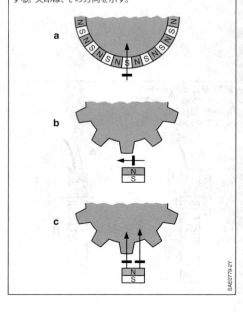

図4：エアギャップの変動による影響の少ないセンサー配置
a 半径方向磁界センサーと磁極ホイール
b 接線方向磁界センサー
c 差動センサーとギヤ
センサーは、空間中の特定方向へと向かう磁界成分を測定する。矢印は、その方向を示す。

ホイール回転数センサーの場合、取付け位置がブレーキに近い関係で、センサーチップにある程度の耐熱性が要求される。

センサーの配置

グラディエントセンサー、回転数センサー

グラディエントセンサー（基本は差動ホールセンサー）には、ギヤと向かい合う側の極表面を薄い鉄磁ウエーハで均質化した永久磁石を使用する。2個のセンサー素子が、歯のピッチの約0.5倍の間隔を空けてセンサー先端に配置されている。したがって、一方の素子が1つの歯に相対している場合、他方の素子は常に歯間ギャップに向かい合っている。センサーは、円周上の近接した2点の磁界強度の差を測定する。出力信号は磁界強度を円周角度で微分して得られる関数にほぼ比例する。したがって、極性はエアギャップに依存しない。

接線方向磁界センサー

接線方向磁界センサーはグラディエントセンサーとは異なり、ローターの外周に対して接線方向に作用する磁界成分の極性と強度の変化に反応する。設計仕様としては、全／半ブリッジ回路を備える単純なパーマロイ抵抗器、またはAMR薄膜技術（理髪店回転灯

型）がある[1]。グラディエントセンサーと異なり、ローターの歯のピッチを考慮する必要がなく、ポイントセンサーとして実装できる。測定効率はシリコンホールセンサーの1〜2倍であるが、局部での増幅が必要である。

ベアリングと一体化したクランクシャフト回転数センサー（Simmerシャフトシールモジュール）の場合、AMR薄膜センサーが評価用ICとともにコモンリードフレームに取り付けられている。省スペースと温度保護のため、評価ICは90°傾けて、センサーチップから離れた位置に配置されている。

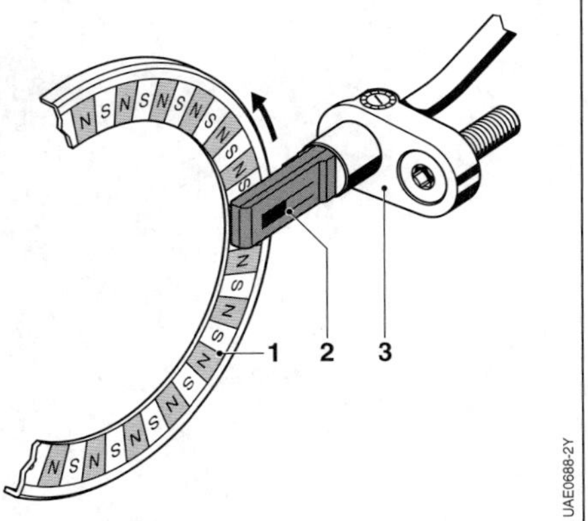

用途

クランクシャフト回転数センサー

クランクシャフト回転数センサーは、エンジン回転数（クランクシャフトの回転数）を計測するために使用される。また、エンジン制御システムは、イグニッションコイルによる点火や正しいクランク角度での燃料噴射を可能とするために、クランクシャフトの位置（ピストンの位置）情報を必要とする。クランクシャフトに取り付けられたパルスホイールには、このために歯が切り取られている部分（ギャップ）が存在する。パルスホイールの歯のピッチは6°で、歯数は2枚の歯が欠けている58枚である。回転数センサーは、パルスホイール上の歯の数に一致する方形波信号（パルス信号）を生成する。

エンジンECU内のマイクロコントローラーが、この信号の立下りエッジにおけるタイマーの値を測定、2個のエッジ間の差から歯の時間的距離を得る。ギャップの後の最初の歯の位置で計測される時間が、前の時間よりも大幅に大きな値になり、その次の歯の位置では、再び時間の値が非常に小さくなる。この最初の歯を基準マークとして定義する。パルスホイールは、この基準マークの位置が所定の角度でシリンダー1の上死点と向かい合うように取り付けられている。

回転数が一定のとき、2枚の歯が欠けている部分の前後のパルスのエッジ間の時間は通常の位置の2個のエッジ間の時間の3倍になる。エンジン始動時の回転数が大幅に変動しているときでも、基準マークの位置は、測定された歯間隔の違いから確実に知ることができる。

図5：接線方向磁界センサーとしてのAMR回転数センサー
1 多極リング
2 測定セル
3 センサーハウジング

1522 車両の電子システム

カムシャフト回転数センサー

カムシャフトの回転数はクランクシャフトの1/2である。カムシャフトによって、上死点に向かって移動しているピストンが、圧縮行程なのか排気行程なのかを識別することができる。クランクシャフト回転数センサーに加えて、カムシャフト回転数センサーも必要になるのは、そのためである。

単純なパルスホイールでは、センサー信号のレベルが変化するのは、基準マークの部分だけである。長さの異なるセグメントを備えた複雑なパルスホイールを使用することより、エンジン始動時のクランクシャフトの位置検出時間を短縮することができ、クイック始動が可能になる。

ホイール回転数センサー

ホイール回転数センサーは、ホイールの回転数を検出する。走行ダイナミクス制御は、走行速度およびスリップの計算にこの情報を必要とする。ナビゲーションシステムは、GPSの受信ができないとき（トンネル内など）の走行距離の計算に、ホイールの回転数情報を必要とする。

パルスホイールは、ホイールハブに固定されている。鋼製のパルスホイールと多磁極リングの両方を使用することができる。このセンサーのパルスホイールは、エンジン回転数センサーのパルスホイールよりも直径が小さいため、歯数も少ない。

信号増幅および信号調整機能付きのセンサー素子が、プラスチックで密封された1個のIC内に統合されていて、センサーヘッドに配置されている。

デジタル信号調整により、符号化された付加情報をパルス幅変調出力信号として送信することができる。上り坂での発進時に車両が後退しないように保持するヒルホールドコントロールに必要な、回転方向検出がその一例である。回転方向情報は、車両用ナビゲーションシステムでの、後進（後退）の検出にも使用されている。

トランスミッション制御用回転数センサー

トランスミッション回転数センサーは、オートマチックトランスミッションのシャフト回転数を検出する。トランスミッションはコンパクトに設計されているため、一般に標準的な寸法を挙げることはできない。したがって、トランスミッションごとに専用仕様のセンサーが必要になる。機能用件の全範囲をカバーするために、評価アルゴリズムの複雑さの程度がさまざまに異なる評価回路が使用されている。

回転数センサーに関する参考文献

[1] K. Reif (Editor): Sensoren im Kraftfahrzeug. 2nd Ed., Springer-Vieweg, 2012.

振動ジャイロメーター

測定変量

振動ジャイロメーターは、車両の垂直軸、車両の横軸（ピッチ軸）、および車両の縦軸（ロールレート）に沿っての絶対ヨーレートを測定する。これにより生成された信号は、走行ダイナミクス制御、ロールオーバー保護システム、車両ナビゲーション、ダンピングの制御などの数多くのシステムで使用される。

測定原理

振動ジャイロメーターの基本原理は機械式ジャイロスコープと同じで、測定には回転運動時に振動運動とともに発生するコリオリ加速度a_cを用いる（図1）。加速度は、速度とヨーレートのクロス積から計算される。

(1) $\vec{a}_c = \vec{a}_x = 2\vec{v}_y \times \vec{\Omega}_z$

速度vは、センサーの慣性質量のセンサーのy軸に沿っての周波数ωでの正弦波状の動きにより生じる。よって以下のようになる。

(2) $v_y = \hat{v}_y \sin(\omega t)$

z軸周りのヨーレートΩが一定の場合、x軸に沿ってコリオリ加速度が生成される。このコリオリ加速度の周波数と位相は動作速度vのそれと同じで、その振幅は次式で与えられる。

(3) $\hat{a}_c = 2\hat{v}_y \Omega_z$

コリオリ力はいわゆる見かけの力の一つで、ここで考察している乗用車のような回転している基準系においてのみ測定することができる。

センサーの信号評価がマイクロメカニカルセンサーの正弦波コリオリ信号を復調し（$a_c \propto \sin(\omega t)$）、これによりヨーレート$\Omega$を測定する。この処理では、外部からの望ましくない加速度（車体構造による加速度など）が除去される。

有効な測定効果はきわめて小さいだけでなく、複雑な信号調整も必要になる。そのため、センサーでの直接の信号調整が必要である。

用途

マイクロメカニカル式ヨーレートセンサー

ヨーレート測定のためのコリオリの力を生成するためには、センサー内の振動質量を励振させる必要がある。マイクロメカニカル式ヨーレートセンサー（図2）は、永久磁界においてローレンツ力を利用することによりこれを実現する（電動ドライブ）。

このセンサーは、バルクマイクロメカニカル技術をベースとしている。バルクマイクロメカニカル技術によりウエハーから切り出した2個の厚い振動子は、自身の質量と支持スプリングの剛性によって決まる固有振動（< 2 kHz）で、プッシュ／プル方式で振動する。各振動子には表面マイクロメカニカル（SMM）技術により作り込まれた容量型加速度センサーがあり、コリオリ加速度を測定する。

振動子を動かすために、当該の振動子上の単純なプリント回路に正弦波変調した電流を流す。この電流が、チップ表面に対して垂直に作用する永久磁界内にローレンツ力を発生させ、このローレンツ力が振動子を動かす。

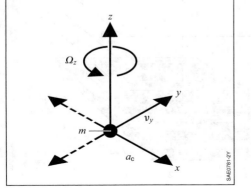

図1：コリオリ加速度の生成
質点mがy軸方向に速度v_yで移動するとともに、この系が垂直軸z周りをヨーレートΩ_zで回転するとき、この質点にx軸方向の加速度a_cが作用する。

このセンサーがヨーレート Ω で垂直軸周りを回転すると、振動方向の動作はコリオリ加速度を発生させ、これが加速度センサーによりにより検出される。

物理的性質が異なるため、センサーの回転運動ドライブとセンサーの間で不都合な干渉が生じることはない。符号の異なる2つのセンサー信号間で減算を行うことにより、外乱加速度（コモンモード信号）の影響を打ち消すことができる。加算により外乱加速度の大きさを求めることもできる。

高精度マイクロメカニカル構造は、低レベルのコリオリ加速度よりも10の数乗倍も大きな振動加速度の影響を抑制するのに役立つ（横感度は40 dBをはるかに下回る）。この方式の場合、ドライブと測定システムの相互を機械的および電気的に厳密に絶縁する必要がある。

表面マイクロメカニカルヨーレートセンサー

マイクロメカニカル式ヨーレートセンサーは、SMM（表面マイクロメカニカル）技術だけを用いて製造することも可能である。この場合振動子は、コンデンサーにより静電的に駆動される。この場合には駆動システムと検知システムとの絶縁は十分なものではなくなる。これは両システムとも容量に基づき設計されているためである。

中央に配置された回転振動子は、櫛形構造により静電的に励起されて振動する（図3）。センサーが回転 Ω すると、コリオリ力によって「平面外」の傾斜運動が発生する。この傾斜運動の振幅はヨーレートに比例し、回転振動子の下に配置された電極により容量的に検出される。振動子の傾き動作の減衰を防ぐため、センサーを真空中で作動させることが不可欠となる。

チップサイズが小さく製造工程が単純なことはコスト的に有利な反面、小型化は、もともとあまり大きくはない測定効果をさらに低下させ、達成可能な精度をも低下させる。その結果、電子回路が高価になる。

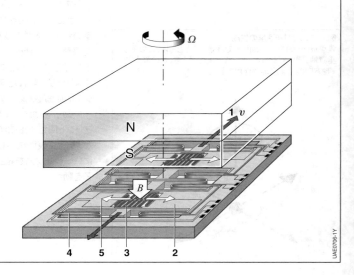

図2：マイクロメカニカル式ヨーレートセンサーと電動ドライブ
1 振動方向
2 振動子
3 コリオリ加速度センサー
4 支持および案内スプリング
5 コリオリ加速度の方向
Ω ヨーレート
v 振動速度
B 磁束密度

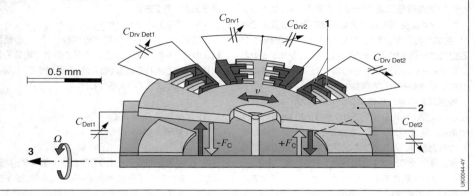

図3：表面マイクロメカニカルヨーレートセンサーと静電ドライブ
1 櫛形構造　　2 回転振動子　　3 測定軸
C_{Drv} 駆動電極の静電容量（正弦波電圧の印加により駆動）
C_{Det} 容量性回転振動ピックアップ（コリオリ力の測定）
C_{DrvDet} 容量性駆動ピックアップ（駆動振動の測定）
F_C コリオリ力
v 振動速度
Ω ヨーレート（測定変量）（$\Omega =$ 定数 $\cdot \Delta C_{Det}$）

外乱加速度の影響は、SMMヨーレートセンサーでは特殊なマイクロメカニカル設計により抑制されている。この設計では、MEMSエレメント（マイクロエレクトロメカニカルシステム）による2個の振動質量がある。これらの振動質量は、コリオリ力によっては互いに逆向きに、しかしながら外部加速度によっては同じ方向にたわむ。2つの振動子の差分評価により、好ましくない干渉値の信号が送信される。

ヨーレートセンサーの最近の開発動向

アクティブおよびパッシブセーフティー関連システムの開発の進展に伴い、ヨーレートセンサーの信号品質とロバスト性に対する要件も厳しくなっている。システムには、ヨーレートを測定するだけではなくピッチングとローリングの検出機能も求められる。

たとえば走行ダイナミクス制御システムにとっては、ヨーレートΩ_zの測定と横方向加速度a_yの測定が不可欠である。ACC（アダプティブクルーズコントロール）システムは、ヨーレートΩ_z、横方向加速度a_y、および前後方向加速度a_xのセンサー信号を利用している。またロールオーバー保護システムは、ロール軸Ω_x、垂直方向加速度a_z、横方向加速度a_yに関するセンサー情報を使用している。

これらの用途では、新世代マイクロメカニカル式センサーエレメントのセンサーが使用されている。これらのセンサーはx軸周りあるいはz軸周りのヨーレートを測定し、また多くの場合これらのセンサーには、x、y、またはz方向の加速度を検知するための検出エレメントも組み込まれている。

この場合には、ヨーレートは表面マイクロメカニカルヨーレートセンサーの原理に基づき測定され、加速度は容量型マイクロメカニカル加速度センサーにより検知される。

1526 車両の電子システム

流量計

測定変量

燃焼プロセスを制御するために、エンジンに供給されるエア量を測定しなければならない。燃焼の化学反応では質量比が重要であり、このため吸気および過給気の質量流量の計測が必要となる。ガソリンエンジンでは空気の質量流量が最も重要な変量であり、空燃比の正確な制御には、シリンダーに充填される空気の質量を知る必要がある。ガソリンエンジンおよびディーゼルエンジンでの排気ガス再循環率は空気の質量流量を介して調整されている。

吸気流量の最大値はエンジンの出力によって異なるが、（時間）平均値にして400 ～ 1,200 kg/hの範囲である。最近のエンジンではアイドリング要件が緩和された結果、ガソリンエンジンでは空気流量の最小値と最大値の比は1：90 ～ 1：100程度であるが、アイドリング要件の厳しいディーゼルエンジンでは1:20 ～ 1:40程度になる。排出ガスおよび燃料消費に関する要件が厳しくなっているため、測定誤差を1 ～ 2％の範囲に収める必要がある。測定範囲を考慮すると、これは、自動車にとって異常なほどに高い、10^{-4}の測定精度を意味する。

空気はエンジンによって連続的に吸入されるのではなく、吸気バルブが開いている間だけ吸入される。そのため空気流は、特にスロットルバルブの全開時に、測定点において大きく脈動する（図1）。測定点は、常に吸気系のエアフィルターとスロットルバルブとの間に配置される。インテークマニホールドの共鳴効果もあって、インテークマニホールド内の脈動は、特に吸入または過給行程のオーバーラップがない4気筒エンジンでは非常に大きく、瞬間的な逆流が発生するほどである。精密な流量計を使用して、流れの向きを含め、流量を正確に測定する必要がある。

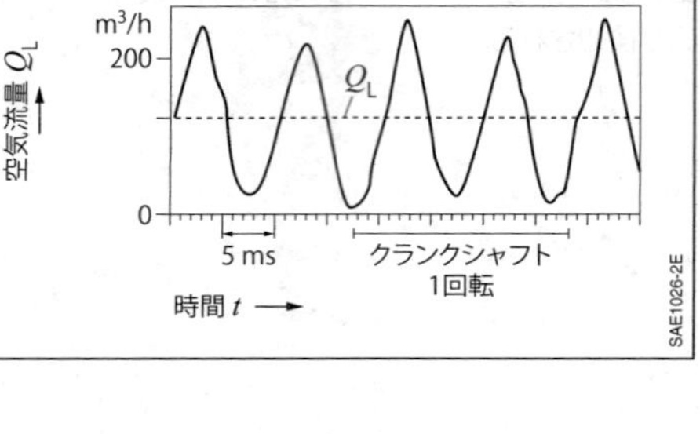

用途および測定方式

フラップ式空気流量センサー

どのポイントでも均一密度の媒質が、一定の断面積Aのダクトを、ダクト断面のすべての点で実質的に同じ速度vで流れている（吸入流）と仮定する。このときの流量は、次式で与えられる。

(1) 体積流量 $Q_V = v A$

(2) 質量流量 $Q_M = \rho v A$

オリフィスを形成するようなプレートをダクトに取り付け、流れを妨げると、ベルヌーイの法則に従って、オリフィスプレートの前後に圧力差（動圧）Δpが生じる。次式が成立する。

(3) $\Delta p = \text{const} \cdot \rho v^2 = \text{const} \cdot Q_V Q_M$

このconst（定数）は、ダクトおよびオリフィスプレートの断面積に依存する。この圧力差を、差圧センサーを使用して直接、またはセンサープレートに働く力として測定することができる。軸を中心にして回転する位置センサーフラップ（図2）が、媒質の流量に応じた流路断面積になるように向きを変える。流量が増すにつれて、センサープレートは、ほぼ一定の反力に対抗して押されるようになる。その時々の流量に応じて変化したフラップの位置をポテンショメーターで検出する。

空気流の脈動の周期が短くなると（全負荷条件でのエンジン高速回転時）、機械的慣性のためにセンサープレートが脈動に追従できなくなり測定誤差が発生する。

気温または高度の変動により密度ρが変化した場合、測定信号は$\sqrt{\rho}$で変化する。空気温度センサーおよび気圧センサーを使用して、これを補正する必要がある。

図1：4気筒ガソリンエンジンの吸気の脈動の量的特性
動作点：$n = 3,000$ rpm、全負荷
Q_L 平均空気流量

初期のLジェトロニックガソリンインジェクションシステムなどに使用されている空気流量センサーでは、その機械的および電気的設計によって、小さな空気質量において広い測定範囲を実現するために必要な高感度の出力信号を得ている。KEジェトロニック用の空気流量センサーは、線形の特性が得られるように設計されている。

この流量測定方式は、かなり以前から、新しい空気流量センサーの開発には使用されていない。

<u>ホットワイヤー式エアマスセンサー</u>

ホットワイヤー式エアマスセンサーには、機械的に可動する部分が存在しない。ホットワイヤーには、温度の上昇に合わせて電気抵抗Rが増加する白金などが使用されている。このワイヤーに電流I_Hを流すと温度が上昇し、空気流の中に置かれると冷却される。空気流による冷却によってワイヤーの抵抗が減少し、入力電力P_{el}と流れによって奪われる出力電力P_Vが均衡するまで、ワイヤーを流れる電流が増える。

(4) $P_{el} = I_H^2 R = P_V = c_1 \lambda \Delta T$

c_1は、ホットワイヤーの寸法と空気の流量によって決まる定数である。熱伝導λは、質量流量の根($\sqrt{Q_M}$)にほぼ比例する。また、媒体静止時(空気流のないとき)の係数をc_2として、熱対流を考慮すると、加熱電流I_Hに関して次式が得られる。

(5) $I_H = c_1 \cdot \sqrt{(\sqrt{Q_M} + c_2)} \cdot \sqrt{\dfrac{\Delta T}{R}}$

センサーハウジング内の閉ループ制御回路(図3、コントローラーはボックスとして表示)によって、ヒーター素子(白金製ホットワイヤー)が空気の温度よりも一定の値だけ高い温度に保持される。空気の温度による影響を除去するために、抵抗値が温度の影響を受けない補正抵抗R_Kが使用されている。加熱に必要な電流は、非線形ながら、極めて正確な空気質量データとして利用できる。この信号は通常、関連ECUにより線形の信号に変換され、他の信号評価処理が実行される。空気質量流量の検出はミリ秒間隔で反復して行われる。このタイプの流量計は閉ループ構造のため、ミリ秒単位の高速の流量変動も監視することができる。ヒーター素子の温度が空気の温度よりも常に一定の値だけ高く維持されているため、その熱容量を時間のかかる熱伝導によって変更する必要がない。

ただし、この方式のセンサーでは流れの方向を認識できないため、インテークマニホールドで強い脈

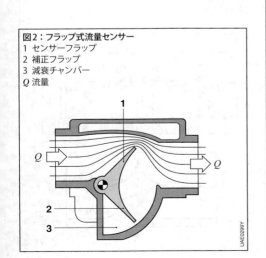

図2：フラップ式流量センサー
1 センサーフラップ
2 補正フラップ
3 減衰チャンバー
Q 流量

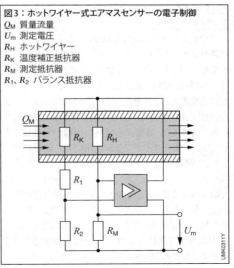

図3：ホットワイヤー式エアマスセンサーの電子制御
Q_M 質量流量
U_m 測定電圧
R_H ホットワイヤー
R_K 温度補正抵抗器
R_M 測定抵抗器
R_1、R_2 バランス抵抗器

動が発生したときは、無視できない大きな偏差を生じることがある。

　長寿命、安定性と信頼性を確保するために、システムは作動の終了（イグニッションオフ）ごとに、熱線表面のすべての堆積物を約1,000℃で加熱蒸発させなければならない。

　ホットワイヤー式エアマスセンサーは、初期のエンジン制御システム（モトロニック）に使用されたことがあるが、それ以降は専らホットフィルム式エアマスセンサー（HFM）が使用されている。

厚膜テクノロジーを使用したホットフィルム式エアマスセンサー

　厚膜技術（HFM2）を使用し、現在でも製造されている初期型ホットフィルム式エアマスセンサー（ボッシュ製HFM2）は、ホットワイヤー式エアマスセンサーと同じ原理で作動するが、すべての測定素子と制御回路が1つの基板に組み込まれている。扁平構造の加熱抵抗器は基板の裏側に、これに対応する温度センサーは表側に配置される。セラミックウエハーの大きな熱慣性により、ホットワイヤー式エアマスセンサーよりも応答に若干の遅れが生じる。補正抵抗器とヒーター素子は、セラミック基板に設けたレーザーカットで熱的に遮断されている。また、流動条件に恵まれた場合、ホットワイヤーで必要な赤熱後の汚れ除去過程を省くことができる。

マイクロメカニカルホットフィルム式エアマスセンサー

　超小型のマイクロメカニカルホットフィルム式エアマスセンサー（ボッシュ製HFM5、HFM6、HFM7、図4）もまた、熱原理に従って作動する。このエアマスセンサーの場合、加熱／測定抵抗器は、シリコンチップ表面に白金層として蒸着されている。マイクロメカニカル技術を用いて薄く加工した基板部分にこのチップを取り付けると、基板からの熱の絶縁が可能になる（圧力センサーダイヤフラムに用いる方法に類似）。また、加熱抵抗器Hをヒーター温度センサー S_H と気温センサー S_L（シリコンチップの厚肉端部）に近接して取り付けることで、気温と加熱抵抗器の温度差が一定に保たれる。この方法は、出力信号として加熱電流を用いない点が、従来の技術と異なっている。代わりに、2個の温度センサー S_1 と S_2 で検出されるダイヤフラム内の温度差が出力信号となる。温度センサーは、加熱抵抗器Hの上流側および下流側の流路に設置される。空気の流れが存在しないときは、加熱ゾーンの両側の温度は同一になる。したがって、測定点における温度は $T_1 = T_2$ となる（図4）。

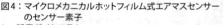

図4：マイクロメカニカルホットフィルム式エアマスセンサーのセンサー素子
1　誘電ダイヤフラム
H　加熱抵抗器
S_H　ヒーター温度センサー
S_L　気温センサー
S_1, S_2　温度センサー
　　（上流側および下流側）
Q_M　空気の流れ
s　測定点
T　温度

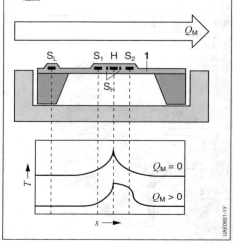

空気が流れてセンサーの測定セルを通過すると、加熱素子の上流側は空気流で冷却され、S_1で計測される温度が低下する。一方、加熱素子の下流側を流れる空気流は加熱素子で加熱されているため、S_2では高い温度が計測される。この温度の差から、空気流の絶対温度とは無関係に空気流量を測定することができる。温度差信号方式は、応答パターンが非線形である点は従来と同じながら、流れの方向を検知できる点で、加熱電流信号方式よりも改善されている（図6）。

HFM5では、センサーと統合されている評価用電子回路により、S_1とS_2で計測された温度差が、アナログ回路を使用して、0～5Vのアナログ信号に変換される。HFM6およびHFM7では、デジタル回路により信号が処理されて周波数信号が生成され、精度の向上が図られている。HFM7は、HFM6の電子回路を変更して、周波数信号に代えてアナログ信号を出力できるようにした改良型である。この電圧信号または周波数信号は、エンジンECU内で、プログラム内に格納されているセンサー曲線に基づいて実際の空気流量に変換される。

ホットフィルム式エアマスセンサーは、そのハウジングとともに測定ダクト管に突き出して配置される（図5）。測定管内の流れが均一になるように、測定ダクト内には整流機構（ワイヤーグリルなど）が組み込まれている。測定管は、エアフィルターの下流のインテークダクト内に組み込まれている。

測定素子のサイズが小さいため、この流量計は分流式流量計として、総流量の一部分のみを測定する。この分流比の安定度と再現性が、このセンサーの精度に直接影響する。較正を行うことにより、測定管内を通過する空気流量Q_Mと、分流によって生成される測定信号の相関関係を確立する。

マイクロメカニカル測定素子の入口と出口は、塵埃粒子や液滴などの重い粒子が直接測定素子に近づくのを防ぐため、上流側でこれらを迂回させるための工夫が取り入れられている。HFM6およびHFM7では、信号処理形式が変更されただけでなく、センサー素子のすぐ上流における汚れ防止を改善するため、測定通路の改善も行われている。

HFM7は、ガソリンエンジンおよびディーゼルエンジン用エンジン制御システムで使用されている、現行のボッシュ製エアマスセンサーである。

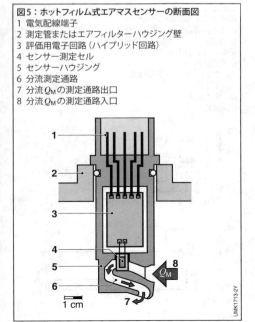

図5：ホットフィルム式エアマスセンサーの断面図
1 電気配線端子
2 測定管またはエアフィルターハウジング壁
3 評価用電子回路（ハイブリッド回路）
4 センサー測定セル
5 センサーハウジング
6 分流測定通路
7 分流Q_Mの測定通路出口
8 分流Q_Mの測定通路入口

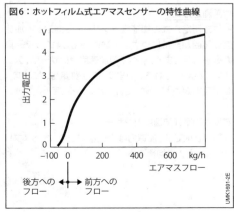

図6：ホットフィルム式エアマスセンサーの特性曲線

加速度センサーと振動センサー

測定変量

自動車において測定の必要な加速度の値 a は、重力加速度 g（$1\,g \approx 9.81\,\mathrm{m/s^2}$）の倍数として表現されることが多い。加速度センサーおよび振動センサーは下記の用途に使用されている：

- エアバッグやシートベルトプリテンショナーなどのレストレイント（拘束）システムのトリガー（35～100 g）
- 側面衝突および前面衝突の検知（100～500 g）
- 転覆（横転）の検出（3～7 g）
- アンチロックブレーキシステム（ABS）および走行ダイナミクス制御のための、車両による加速度の検出（0.8～1.8 g）
- シャーシ制御システムのためのボディの加速度の評価：ボディの加速度（1～2 g）、アクスルおよびダンパー（10～20 g）
- 盗難防止警報システムのための車両の傾斜度変化の検出（約1 g）
- ガソリンエンジンのノック制御（測定範囲最大40 g）

測定原理

加速度センサーは、加速度 a によって慣性質量 m に作用する力を測定する：

(1) $F = ma$

位置の変化を測定する方式と（機械的な）応力を測定する方式の両方が存在する。

位置測定方式

位置測定方式の加速度センサーは、測定する加速度の範囲が非常に小さい用途に使用されている。重力振子に至るまで、すべての加速度センサーは、スプリングが用いられる。つまり、慣性質量は、加速度 a を測定する物体に弾性結合されている（図1a）。

変位量測定式加速度センサー

静的状態では、加速力は変位量 x に対応するスプリングの復元力と均衡する。

(2) $F = ma = cx$
ここで c = ばね定数

この変位量を、適切な測定方法（圧電効果、容量変化、ピエゾ抵抗効果、熱など）を用いて、電気信号に変換することができる。

したがって、このシステムの測定感度 S は次式で与えられる。

(3) $S = \dfrac{x}{a} = \dfrac{m}{c}$

つまり、大きな慣性質量と剛性（ばね定数）に小さなスプリングを組み合わせると測定感度が高くなる。

動的な状態では、ばねの力だけでなく減衰力と慣性力も考慮する必要がある。減衰力は速度 $\dot{x}$ に比例し、減衰係数 p を使用して表す。慣性力は加速度 $\ddot{x}$ に比例する。この振動（共振）系は次式で表される。

(4) $F = ma = cx + p\dot{x} + m\ddot{x}$

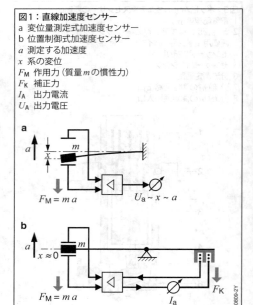

図1：直線加速度センサー
a 変位量測定式加速度センサー
b 位置制御式加速度センサー
a 測定する加速度
x 系の変位
F_M 作用力（質量 m の慣性力）
F_K 補正力
I_A 出力電流
U_A 出力電圧

摩擦を無視することができるとすると $(p \approx 0)$、この系は固有周波数 ω_0 で共振する。

(5) $\omega_0 = \sqrt{\dfrac{c}{m}}$

式(3)から、測定感度 S と共振周波数 ω_0 の関係が次式で与えられる。

(6) $S\omega_0^2 = 1$

つまり、共振周波数が2倍になると、感度は¼に低下する。このようなばね・質量系で測定変量と変位が適度の比例関係を示すのは、共振周波数以下のときのみである。

位置制御式センサー

位置測定系に、等価の復元力を加えることによって、加速度による系の変位を補償する機能を組み込むことができる(図1b)。そうすれば、この系を、事実上、理想的に、常に、その零点の近傍で動作させることができる(高い直線性、最小の交差感度、高い温度安定性)。このような位置制御付きシステムは、その制御のために、類似の変位測定システムよりも大きな剛性と遮断周波数を持つ。また、機械的減衰の不足を電子的に生成することができる。

系の挙動

位置の制御が行われない系では、系の減衰および共振が、その系の挙動に重要な役割りを果たす。Lehr減衰係数 D を適用すると、この挙動をうまく説明できることが知られている。

(7) $D = \dfrac{p}{m} \cdot \dfrac{1}{2\omega_0}$

これにより式(4)を次式に変換することができる:

(8) $\dfrac{F}{m} = \ddot{x} + 2\omega_0 D \dot{x} + \omega_0^2 x$

この無次元の変数 D を使用することにより、さまざまな共振系の比較を簡単に行うことができる。この減衰係数によって、過渡応答および共振応答がほぼ決まる。

減衰係数が非常に小さい場合 $(D \to 0)$、その系は鋭い共振を ω_0 で示す。これは好ましくない現象であることが多い。系が破壊される可能性があり、また、伝達関数が不均一になる $(G \gg 1)$。

減衰係数が大きくなるにつれて、その系の共振の鋭さが小さくなる。減衰係数 $D = \sqrt{2}/2$ の場合、周期的励振を加えても鋭い共振が発生することはなく(図2)、係数 $D > 1$ の条件では、ステップ励振の場合の共振過渡条件は消失する。

広い周波数範囲において $G \approx 1$ の領域での系の応答をできるだけ均一化するには、系の設計時に、その減衰を正確に定義することが重要である。これが、たとえば、温度の変動による影響がわずかであれば理想的である。実際には、$D = 0.5 \sim 1.0$ になるように設計されることが多い。

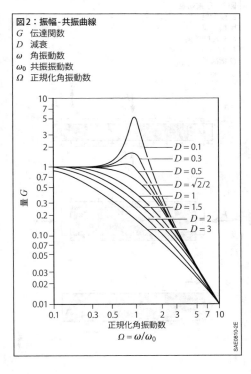

図2:振幅-共振曲線
G 伝達関数
D 減衰
ω 角振動数
ω_0 共振振動数
Ω 正規化角振動数

機械的応力測定システム

加速度の測定に圧電効果を利用することができる。外部から加えられた加速度による力により、圧電素子に機械的な応力が働く。圧電素子の電極が取り付けられている表面に力Fが作用すると、電荷Qが生成される(図3)。この電荷は、力によって生成される機械的応力に比例する。

センサーとして使用するために、生成された電荷は、測定回路の外部抵抗器またはセンサー内に組み込まれている抵抗器を介して放電される。このセンサーは、静的にではなく動的に測定することができる。一般的な遮断周波数は1 Hz以上である。

圧電効果は、圧電セラミックバイモルフスプリング素子や圧電式ノックセンサーなどに使用されている。

熱式加速度センサー

この方式のセンサーは、狭い加熱された気体領域を生成する(図4)。この領域の気体は周囲の加熱されない冷たい気体よりも密度が小さい。加速度が働くと、この低密度気体の領域が周囲の冷たい気体中を移動する。その結果の非対称性を、ブリッジ回路に相互接続されている温度センサーを使用して検出することができ、ブリッジ電圧から加速度信号を取り出すことができる。

この方式は、転覆(横転)の検出や走行ダイナミクス制御などさまざまな用途に使用され、さらにはスマートフォンにも使用されている。

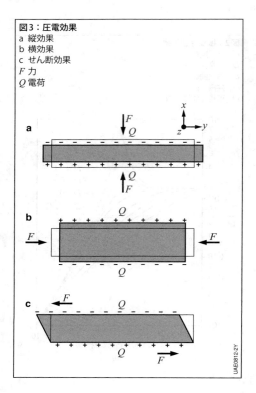

図3:圧電効果
a 縦効果
b 横効果
c せん断効果
F 力
Q 電荷

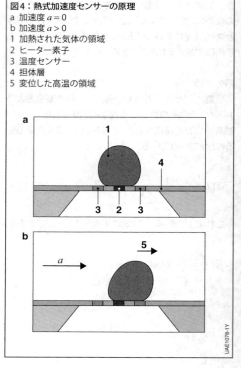

図4:熱式加速度センサーの原理
a 加速度$a = 0$
b 加速度$a > 0$
1 加熱された気体の領域
2 ヒーター素子
3 温度センサー
4 担体層
5 変位した高温の領域

自動車のセンサー **1533**

用途

圧電型加速度センサー

圧電バイモルフスプリング素子、あるいは2層圧電セラミック（図5）は、シートベルトテンショナー、エアバッグ、ロールオーバーバーなどのレストレイントシステムを起動するために使用される。これらの圧電センサーは、その固有の慣性質量のために、加速度を受けると変形して、優れた処理特性を持つ動的信号（DC信号ではない）を発生する（一般的に振動数限界は10 Hzである）。センサー素子は、一次信号処理回路とともに密閉ハウジングに収納される。物理的な損傷から保護するため、ゲルで包む場合もある。逆極性の圧電セラミックを貼り合わせた2層の構造（バイモルフ）である。これに加速度が働くと、一方には機械的引張り応力（$\varepsilon > 0$）が、他方には圧縮応力（$\varepsilon < 0$）が生成される。スプリング素子の上下の金属層が電極として使用され、発生した電圧が取り出される。

この構造が評価用電子回路とともに、密閉式ハウジング内に封入されている。評価用電子回路は、インピーダンス変換器と所定のフィルタ特性を備えた調整可能な増幅器で構成されている。

センサーの作動原理は可逆的なので、アクチュエーター電極を1個追加することにより、センサーの点検を行うことができる（オンボード診断）。

マイクロメカニカルバルクシリコン型加速度センサー

第1世代のマイクロメカニカルセンサーでは、シリコンウエハーから、異方性技術と選択的な食刻技術により、ばね質量系を切り出し、がね支点アームの薄肉化処理を行ってきた（バルクシリコンマイクロメカニクス）（図6）。

容量性ピックアップは、特に振動質量の位置変化を高い精度で測定するのに有効なことが証明されている。設計する際は、スプリングで支持した振動質量をはさんで、上下にシリコン製またはガラス製の対極付きウエハーを配置する。この3層構造において、上下の対極付きウエハーは、同時に過負荷保護の機能も果たす。この配置は、2個のキャパシター（C_{1-M}およびC_{2-M}）の直列接続と等価である。交流電圧をC_1とC_2に印加し、これらの電圧の重ね合せをC_M、つまり振動質量から取り出す。静止状態では、2個のキャパシターの容量C_{1-M}とC_{2-M}は等しい。測定方向に加速度aが働くと、中央のシリコンウエハーが振動質量として変位する。上下のウエハーとの距離が変化するため、キャパシターC_{1-M}およびC_{2-M}の容量が変化する。その差ΔCは、作用した加速度に比例する。これ

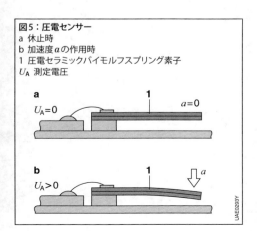

図5：圧電センサー
a 休止時
b 加速度aの作用時
1 圧電セラミックバイモルフスプリング素子
U_A 測定電圧

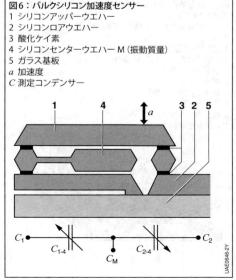

図6：バルクシリコン加速度センサー
1 シリコンアッパーウエハー
2 シリコンロアウエハー
3 酸化ケイ素
4 シリコンセンターウエハー M（振動質量）
5 ガラス基板
a 加速度
C 測定コンデンサー

により、C_Mにおける電気信号が変化し、それが評価用電子回路で増幅およびフィルタリングされる。

振動系を密閉して、正確に計量した空気を充填することにより、温度の影響をほとんど受けない、超小型で安価な減衰機能を実現できる。

この種のセンサーは、一般的に低レベル加速度の検出（< 2g）に使用され、2チップ構成になっている（センサーチップ ＋ CMOS処理チップ）。

表面マイクロメカニカル加速度センサー

表面マイクロメカニカル加速度センサー（SMM）は、バルクシリコンセンサーよりもさらに小型化されている。SMMテクノロジーでは、シリコンウエハー上で、ばね質点系を実現するための処理が追加されている（図7）。センサーのコア部では、櫛形の電極を備えた振動質量が、ばねエレメントによって酸化シリコンの固定点に連結されている。このチップは、これらの可動電極の両側に固定されている櫛形の電極が特徴である。この固定された可動電極フィンガーによって、それぞれのキャパシターが構成され、それが並列に接続されている。これにより、300 fF～1 pFの総有効静電容量が生成される。並列に接続された2列の電極フィンガーによって、2個のキャパシター（C_1-C_MおよびC_2-C_M）が形成され、振動質量が変位したときに、逆極性に帯電する。このばね質点系の加速度による変位は、ばねによる復元力によって、加えられた加速度に対して線形に振る舞う。この差動キャパシターの評価を行うことによって、加速度に対して線形に変化する電気出力信号を取り出すことができる。

容量が1 pFと小さいため、評価用電子回路は、同一のチップ上に実装されるか、同一の基板またはリードフレーム上のセンサーのごく近くに配置される。生成された未処理信号は、出力インターフェースに合わせて、増幅、フィルタリング、およびコンディショニングが行われる。このために一般的に、アナログ電圧、パルス幅変調信号、SPIプロトコル（シリアルパラレルインターフェース）、またはPSI5プロトコル（電流インターフェース、「PSI5」を参照）が使用される。

このセンサーの機械的および電気的な信号経路を、自己診断機能を使用してチェックすることができる。それには、このセンサー構造を静電気力によって変位させ（加速度を模擬する）、生成されたセンサー信号を設定点の値と比較する。

用途に基づいて、1 g ～ 500 gの、さまざまな測定範囲に合わせてセンサー構造の設計が行われている。これらのセンサーは、当初は、大きな加速度用として使用されたが（50 ～ 00 g、乗員保護システム用）、現在では、小さな加速度用としても使用されている（ドライビングダイナミクス制御用など）。

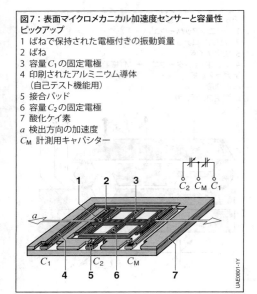

図7：表面マイクロメカニカル加速度センサーと容量性ピックアップ
1 ばねで保持された電極付きの振動質量
2 ばね
3 容量 C_1 の固定電極
4 印刷されたアルミニウム導体
　（自己テスト機能用）
5 接合パッド
6 容量 C_2 の固定電極
7 酸化ケイ素
a 検出方向の加速度
C_M 計測用キャパシター

ピエゾノックセンサー

ノックセンサーは原理的には振動センサーである。ノックセンサーは、ガソリンエンジンにおける不整燃焼時に「ノッキング」として発生する固体伝播音振動を検知する（図7）。固体伝播音振動は、エンジンブロックにおける測定位置から、減衰されることなくまた共振を受けることもなくノックセンサーへと伝えられなければならない。このため、適切な測定ポイントと確実なネジ接続が必要になる。

ノックセンサーはエンジンブロックにネジ止めされている（図8）。振動質量はその慣性により、励起される振動の周期でリング状のピエゾセラミックエレメントに圧力をかける。この力によりセラミック内で電荷移動が生じる。これによりセラミックエレメントの上側と下側の間に電圧が発生し、それがコンタクトディスクにより測定される。センサー内で生成されたノック信号はエンジンECUへと伝送され、そこで調整され評価される。

ノッキング音が検知されると、エンジンECUはイグニッションタイミングを遅角調整し、さらなるノッキングの発生を抑える（「ノック制御」を参照）。振動周波数は一般に 5～25 kHz である。

図8：ノックセンサー
（構造と取付け）
1 リング状のピエゾセラミックエレメント
2 圧力 F を作用させる振動質量
3 ハウジング
4 ネジ
5 接点
6 電気接続部
7 エンジンブロック
V 振動

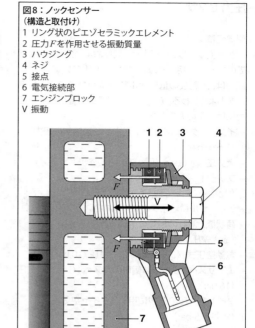

図9：燃焼室における圧力変化とそれに対応したノックセンサー信号
a 一般的な燃焼室圧力変化（テストエンジンで計測）
b バンドパスフィルター処理された燃焼室圧力信号
c ノックセンサーにより検知された固体伝播音信号

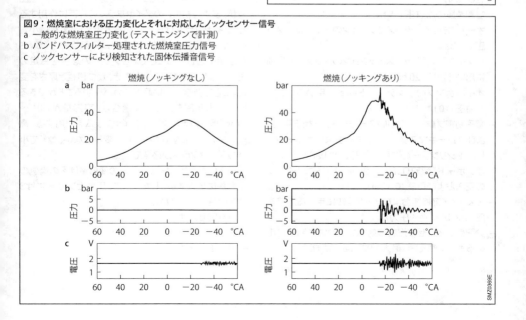

1536 車両の電子システム

圧力センサー

測定変量

測定変量としての圧力は、気体および液体の、すべての方向に作用する無方向性の力として定義される。圧力は、流動性の低いゲル状物質や軟質のシール剤中をもよく伝わる。自動車における最も重要な測定圧力には以下のものがある。
- インテークマニホールド圧および過給気の圧力（1 〜 6 bar）
- 大気圧（約1 bar）（例：過給圧制御）
- ブレーキブースター内の負圧（大気圧に対して約1 bar）
- ディーゼル微粒子フィルターにおいてフィルター負荷状態と漏れの検知に用いる差圧（最大差圧1 bar）
- 電動空圧式ブレーキのブレーキ圧（10 bar）
- エアサスペンション装備車のサスペンション空気圧（16 bar）
- タイヤ空気圧の監視に用いるタイヤ空気圧（絶対圧5 bar）
- ABSとパワーステアリングの油圧リザーバー圧（約200 bar）
- シャーシ制御装置のショックアブソーバー圧（200 bar）
- 空調装置の冷媒圧（35 bar）
- オートマチックトランスミッションのモジュレーター圧（35 bar）
- ダブルクラッチトランスミッションのクラッチの作動に用いる液圧（20 bar）
- オイルポンプのオンデマンド制御に用いるエンジン油圧（10 bar）
- 電子制御ブレーキの自動ヨーモーメント補正用、およびブレーキマスターシリンダーおよびホイールブレーキシリンダーのブレーキ圧（200 bar）
- オンボード診断（OBD）に用いるフューエルタンクの正圧および負圧（0.5 bar）
- ミスファイア検知およびノック検知に用いる燃焼室圧（100 bar、動的圧力）
- 分配型ディーゼル燃料噴射ポンプの電子制御に用いるポンプ側圧力（最大1,000 bar、動的圧力）
- オンデマンド制御式フューエルポンプ用の低圧回路の燃圧（ディーゼルおよびガソリン、10 bar）
- LPGおよびCNGシステムのレール圧（4 〜 16 bar）
- ディーゼルコモンレールのレール圧（最大2,700 bar）
- ガソリン直接噴射のレール圧（最大280 bar）
- サービスディスプレイにおいてエンジン負荷を考慮するための油圧

測定原理

圧力測定には、動的および静的に機能するピックアップまたはセンサーが使用される。動的に機能する圧力センサーとしては、たとえば、ガス状または液状媒質中の圧力脈動を測定するためだけに使用される静圧に反応しないマイクロホンを挙げることができる。今日まで、自動車に使用されてきたのは静的圧力センサーがほとんどであるため、ここでは、このタイプのセンサーについて詳しく説明する。静圧は、ダイヤフラムの振れによって直接測定される。

ダイヤフラム式センサー
構造

圧力の測定に最も広く使用されているのは（自動車用を含めて）、機械的中間ステージとして薄いダイヤフラムを使用したセンサーである。測定すべき圧力が、まず最初にこのダイヤフラムの片面に作用すると、ダイヤフラムは圧力に応じて大きく、または小さく変形する（図1a）。ダイヤフラムの直径および厚さを適切に選択することで、センサーの感度を特定の圧力範囲に合わせることができ、かつ直径と厚さを変えることで非常に広い範囲をカバーすることができる。低い圧力範囲を測定する場合は、変形量が0.01 〜 1 mm程度の大きな径のダイヤフラムを使用する。高圧の場合は、わずか数μmしか変形しない、厚くて小径のダイヤフラムが必要である。

厳密に言うと、ダイヤフラムの変形量はその両側の圧力差に依存する。したがって、圧力センサーには3種類の基本タイプが存在する。
- 絶対圧センサー
- 差圧センサー
- 相対圧センサー

相対圧センサーは、大気圧との差圧を測定する。

すべての圧力範囲において電圧測定法が主流であり、この方法に用いられているのは実際上歪みゲージ技術のみである。

歪みゲージ技術

ダイヤフラム式センサーが変形を受けると、ダイヤフラムに取り付けられた（例：拡散処理または蒸着処理による）歪みゲージ（歪みゲージ抵抗器）によってダイヤフラムの歪みが感知される（図1a）。機械応力を受けると、圧抵抗効果によって歪みゲージの電気抵抗が変化する。係数 K（ゲージ率）は、歪みゲージ抵抗器の長さの相対的変化と抵抗値の相対的変化との関係を表すものである。マイクロメカニカル圧力センサーの単結晶シリコン内に拡散させた抵抗器の場合、この係数は特に高く、一般に $K \approx 100$ となる。

抵抗器は、相互に接続されてホイートストンブリッジを形成する（図1b）。ダイヤフラムは、有効圧力に応じてさまざまな程度に変形する。その際に、2つの抵抗器が引き伸ばされ、他の2つの抵抗器が圧縮される。これによって電気抵抗が変化し、測定電圧（ブリッジ電圧）も変化する。測定電圧は、圧力の指標となる。この回路は、1つの抵抗器を評価する場合よりも高い測定電圧を生み出す。したがってホイートストンブリッジは、高感度なセンサーを提供する。

用途

マイクロメカニカル圧力センサー

マイクロメカニカル圧力センサーは、6 bar 未満の圧力範囲（低圧センサー）および 70 bar 未満の圧力範囲（中圧センサー）において使用される。

マイクロメカニカル圧力センサーの測定セルは、マイクロメカニカル技術を用いて薄いダイヤフラムをエッチングしたシリコンチップで構成される。ホイートストンブリッジ回路に配置された4つの抵抗器は、ダイヤフラム上に拡散されている（上記を参照）。ブリッジ電圧は、ダイヤフラムに作用する圧力の指標となる。

ブリッジ信号は、なお線形化および増幅の必要がある。温度の影響も補整されなくてはならない。これは、測定チップに組み込まれた回路または別の ASIC（特定用途向け集積回路）において行われる。出力信号は、アナログ電圧（0〜5 V）形式またはデジタル形式のいずれかで、SENT インターフェースなどを介して転送される。

アナログ信号に対するデジタル転送プロトコルの利点は、インターフェースの公差（接点およびケーブルの抵抗）の影響を受けないこと、および、一般に追加情報（故障コード、温度信号など）も転送できることである。

非常に腐食性の強い被測定媒体または液状の被測定媒体に使用するセンサー（フューエルプレッシャーセンサー、給気圧センサーなど）の場合は、「倒立型」がよく使われる。このセンサーで測定された圧力は、センサーチップの一面に設けた電子的に受動のキャビティに送られる（図2a）。最大の保護効果を得るため、チップの圧力感応面は、測定抵抗器、評価回路、および接点とともに、ハウジング底面とはんだ付けした金属キャップの間に位置する基準負圧セルに収められる。

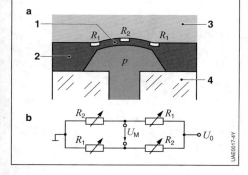

図1：半導体絶対圧センサー
a 断面図
b ホイートストンブリッジ回路
1 ダイヤフラム
2 シリコンチップ
3 基準負圧
4 ガラス（パイレックス）
p 測定圧力
U_0 供給電圧
U_M 測定電圧
R_1 歪みゲージ抵抗器（圧縮）
R_2 歪みゲージ抵抗器（伸長）

図2：絶対圧センサー
a 倒立型（基準負圧が構造側）
b 保護ゲルを使用した簡易型
c 気温センサーを統合したインテークマニホールド外装型
1、3 ガラス封止リード付き接続端子
 2 基準負圧セル
 4 評価回路付き測定セル（チップ）
 5 ガラスベース
 6 キャップ
 7 測定圧力p接続口
 8 保護ゲル
 9 ゲルフレーム
 10 セラミックハイブリッド
 11 基準負圧セルを備えたキャビティ
 12 内部結線
 13 マニホールド壁
 14 ハウジング
 15 シーリングリング
 16 温度センサー
 17 電気接続
 18 ハウジングカバー
 19 測定セル
 p 測定圧力

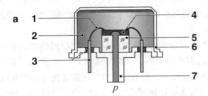

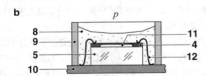

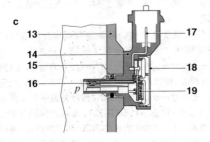

しかし、より安価な構成は、ガラスベース上の測定セルとして、エッチングされたダイヤフラムと4つの歪みゲージ抵抗器を備えるシリコンチップを固定することである。基準負圧セルは、ダイヤフラムとガラスベースの間のキャビティに位置する（図2b）。あるいは、内部に基準負圧セルを収めた多孔質シリコン製の測定チップを、絶対圧センサーとして使用することもできる。シリコンチップは、測定抵抗器と評価回路が配置された側から圧力を受ける。チップのこの高感度な側は、適切なゲルで圧力媒体から保護される。単一チップセンサーが組み込まれたコンパクトな構造は、インテークマニホールドに直接取り付けるのに適している（図2c）。

低圧センサー

この構造は、たとえば過給圧センサーや気圧センサーといったほぼすべての低圧センサー（最大圧力6 bar未満）に使用されている。差圧センサー（ディーゼル微粒子フィルター用やブレーキブースター用など）の場合、ダイヤフラムの両面が圧力媒体にさらされる。

これらのセンサーは、タイヤ空気圧検出システムにも使用することができる。測定は継続的かつ非接触である。

中圧センサー

中圧センサーとは、基本的に最大圧力測定範囲が約6〜70 barのものをいう。こうしたセンサーは、エンジン油圧、高圧ポンプ上流のフューエルプレッシャー、およびオートマチックトランスミッション（トルクコンバーター、ダブルクラッチ、CVTトランスミッション）の油圧の測定、LPGおよびCNGシステム内の圧力の測定、ならびに空調装置内の圧力の測定に使用される。

幅広い用途ゆえに、多種多様な機械式および電気式インターフェースが存在する。センサーは、ラインに、またはクランクケースおよびトランスミッションケースにねじ込まれている。金属製のテーパーシールが効果的であることが分かっているが、Oリングやシーリングリングも使われている。中圧センサーの構造は、高圧センサーの構造をほぼそのまま踏襲しており、金属ダイヤフラムは、シリコンとマイクロメカニクスの技術を用いたセンサー素子に置き換えられている。この場合、より高い圧力と増大した破裂圧強度にあわせて最適化されたエッチング方法によって、低圧センサーに使用されるセンサー素子を適合させている。ここでも、ホイートストンブリッジ回路の測定信号が評価される。センサー信号は、調整されて、アナログまたはデジタル出力信号として作成される。これは、シリコンチップへの組み込み（1チップ技術）または測定素子と評価用ASIC（2チップ技術）によって行われる。

用途によっては（エンジンオイルレベルセンサーなど）、圧力／温度複合センサーが使用される。このために、NTCがねじ継手に組み込まれ、NTCのサーミスターが適切な回路によってECU内で評価される。SENTプロトコルは、圧力信号および温度信号をひとつの統合出力信号で出力する機会を提供する。これにより、温度信号用の別のラインを設ける必要がなくなる。

<u>金属ダイヤフラム式高圧センサー</u>

高品質スプリングスチール製ダイヤフラムは、非常に高い圧力で使用される。なぜなら、コモンレールシステムやガソリン直接噴射などでは、閉ループ制御のためにレール内部で測定しなくてはならないからである（図3）。それ以外の用途として、アンチロックブレーキシステム（ABS）やドライビングダイナミクス制御などのブレーキシステム、さらに産業用油圧装置もある。

4つの薄膜歪みゲージがダイヤフラムに取り付けられている。測定原理は、マイクロメカニカル圧力センサーの場合と同じである。金属ダイヤフラムは、被測定媒体からの隔離を行い、より高い耐バースト性のために降伏範囲を保持する点でシリコンとは異なり、金属ハウジングへの取付けが簡単である。

絶縁スパッタリング（蒸着）金属薄膜歪みゲージ（$K ≈ 2$）およびポリシリコン歪みゲージ（$K ≈ 40$）は、常に高いセンサー精度を示す。増幅、較正、および補正のための素子は、単一ASICに統合され、必要なEMC対策とともに小さなキャリアに乗せて、センサーハウジングに組み込まれる。

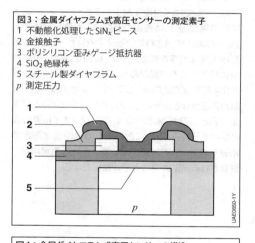

図3：金属ダイヤフラム式高圧センサーの測定素子
1 不動態化処理したSiN_xピース
2 金接触子
3 ポリシリコン歪みゲージ抵抗器
4 SiO_2絶縁体
5 スチール製ダイヤフラム
p 測定圧力

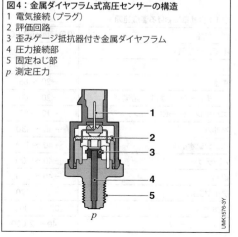

図4：金属ダイヤフラム式高圧センサーの構造
1 電気接続（プラグ）
2 評価回路
3 歪みゲージ抵抗器付き金属ダイヤフラム
4 圧力接続部
5 固定ねじ部
p 測定圧力

温度センサー

測定変量

温度は、所与の媒体のエネルギー状態を表す無方向性の量として定義され、時間と位置の関数として表すことができる。

(1) $T = T(x, y, z, t)$
   x, y, z 空間座標
   t 時間
   T °C(摂氏)またはK(絶対温度)で
       測定した温度

気体および液体の被測定媒体の場合、通常はすべての点で問題なく温度を測定することができる。固体物質の場合、通常は表面の温度のみが測定可能である。一般的に使用されている温度センサーは、できるだけ正確な温度を知るために、被測定媒体に直接密接に接触させる必要がある(接触式温度計)。気体媒体による温度測定の例として、外気温度、吸気温度、排気ガス温度などが挙げられる。液体媒体による温度測定の例としては、冷却水温度、エンジンオイル温度などが考えられる。車両におけるその他の温度測定の用途を表1に示す。それらは、要求される測定精度と許容される測定時間の点で非常に異なる。

ただし特殊なケースでは、物体または媒体が放射する熱(赤外線)に基づいて、その温度を決定する非接触式温度センサーが使用されることがある(放射温度計、パイロメーター、熱画像カメラ)。これらの温度センサーは、ナイトビジョンシステム(「遠赤外線システム」を参照)および赤外線カメラによる歩行者検知に使用されている。

また多くの位置において、たとえばその測定値が可能な限り温度の影響を受けないことが必要とされる他の物理量を測定するセンサーの場合のように、温度はそれをエラー原因あるいは好ましくない影響変量として補整するために補助的な変量としても測定される。

測定原理

車両の温度測定には、ほとんどの場合、正の温度係数(PTC、NTCサーミスター)または負の温度係数(NTC、PTCサーミスター)を持つ電気抵抗器を組み込んだ接触式温度計を使用する。センサーは、温度に応じて特定の抵抗値を示す(図1)。抵抗の変動のアナログ電圧への変換は、ほとんどの場合、温度変化の影響を受けない抵抗器、または逆特性の抵抗器を分圧器(図2a)に加えるか、あるいは注入電流の供給

表1：自動車における温度範囲

測定位置	温度範囲(単位℃)
吸気/過給気	−40 〜 170
外気温度	−40 〜 60
車室	−20 〜 85
ベンチレーションおよび温風	−20 〜 60
エバポレーター(エアコンディショナー)	−10 〜 50
冷却水	−40 〜 130
エンジンオイル	−40 〜 170
バッテリー	−40 〜 100
燃料	−40 〜 120
タイヤ空気	−40 〜 120
排気ガス	100 〜 1,000
ブレーキキャリパー	−40 〜 2,000

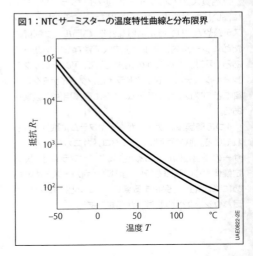

図1：NTCサーミスターの温度特性曲線と分布限界

(図2b)により行われる。分圧器回路に対しては以下の式が得られる。

$$U_A(T) = U_0 \frac{R(T)}{R(T)+R_V}$$

注入電流I_0による場合、測定電圧は以下の式により求めることができる。

$$U_A(T) = I_0 R(T)$$

このため、測定抵抗において測定される電圧は温度の影響を受ける。このアナログ電圧はECUにおいてアナログ-デジタル変換器によりデジタル化され、特性曲線を介して温度値に割り当てられる。

これに代えて、信号処理をセンサーに組み込まれた評価回路により行うこともできる。この場合温度値は、デジタルインターフェースを介して転送される(「PSI5」を参照)。

センサーの種類
焼結セラミック抵抗器 (NTC)

重金属化合物と酸化物混合結晶(パール状または板状に焼結)を原料とする半電導性焼結セラミック抵抗器の温度特性曲線は、急激に低下する(図1)。この特性曲線は、以下の指数方程式により近似的に説明することができる。

$$R(T) = R_0 \, e^{B\left(\frac{1}{T} - \frac{1}{T_0}\right)}$$

ここで、
$R_0 = R(T_0)$
$B = 2{,}000 \sim 5{,}000\,K$
T 絶対温度 (K)

抵抗値の変化は最大で10の5乗となり、たとえば数百キロΩ〜数Ωの範囲での変化は一般的なものである。NTCは熱の影響を受けやすく、上下約200Kの範囲での使用に限られる。ただし、適切なNTCを選定することで測定範囲を−40℃〜850℃の範囲で選択できる。選択可能な基準ポイントにおいて許容誤差を±0.5Kという厳しいものにすることは、たとえば読出しにより可能ではあるが、価格が上昇する。

薄膜金属抵抗器 (PTC)

薄膜金属抵抗器は、温度変化の影響を受けない2個の補助トリミング抵抗器とともに、1つの基板(気相蒸着あるいはスパッタリングなどによる)に組み込まれる(図3a)。このPTCは製造後のレーザートリミングにより、精密な応答曲線を実現、かつそれを長期にわたって維持させることができ、その極めて高い精度が特徴となっている。その際、測定抵抗に直列に接続されたトリミング抵抗器と並列に接続されたトリミング抵抗器の値が変更される。

積層技術を用いて、基板(セラミック、ガラス、プラスチックフィルム)と上層(プラスチック封入または塗装、密封フィルム、ガラス被膜、セラミック被膜)をそれぞれの用途に適合させることができ、それにより媒質からセンサーを保護する。

金属膜温度センサーは、セラミック酸化物半導体センサーと比べると、温度変化への感度が鈍いが、線形性および再現性はともに優れている。計算には以下の公式を使用する。

$$R(T) = R_0 \, (1 + \alpha \Delta T + \beta \Delta T^2 + \cdots)$$

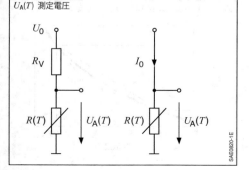

図2：抵抗測定方法
a 分圧器回路
b 注入電流による測定
U_0 供給電圧
I_0 注入電流
R_V 分圧抵抗器
$R(T)$ 測定抵抗器
$U_A(T)$ 測定電圧

ここで、
$\Delta T = T - T_0$
$T_0 = 20\,°C$ (基準温度)
α　リニア温度係数
β　二次温度係数

係数βは金属では小さいものであるが、完全に無視することはできない。そのためこのタイプのセンサーでは、平均温度係数「TC100」が測定感度の特徴となっている。これは0℃〜100℃の範囲の特性曲線の勾配に相当するもので(図4)、以下の関係より求められる。

$$TC\,100 = \frac{R(100\,°C) - R(0\,°C)}{R(0\,°C)\cdot 100\,K} = \alpha_{100}$$

いくつかの金属に対する平均温度係数を表2に示す。

金属膜抵抗器は一般に、基本値が100 Ωまたは1,000 Ω (Pt 100またはPt 1000などと表示) のものが、種々の公差等級で製造および販売されている (基本値は20 ℃における抵抗値)。白金抵抗器 (Pt) の温度係数は最も小さいが、精度と経年劣化に対する耐性に非常に優れている。

一般に、補正素子のほかに、薄膜センサー用の能動/受動回路素子を担体チップ上に統合することができる。それにより、測定点での一次的な信号処理および変換を簡単に実現できる。

厚膜抵抗器 (PTC/NTC)

厚膜抵抗器は、薄膜技術を使用して抵抗材料がペースト (金属酸化物など) として塗布され、800℃で基板に焼結処理されたキャリアチップ (薄いセラミックウエハーなど) で構成されている。

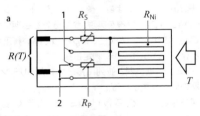

図3：金属膜温度抵抗器
a　構造
b　特性曲線の補正
1　補助接点　　2　ブリッジ
R_{Ni}　ニッケル薄膜抵抗器
$R(T)$　測定温度Tに合わせて調整した抵抗器
R_P, R_S　トリミング抵抗器 (並列、直列)

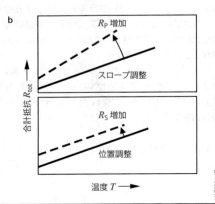

表2：材料の平均温度係数

センサー素材	TC100	測定範囲
ニッケル (Ni)	$6.18\cdot 10^{-3}$/K	$-60 \sim 250\,°C$
銅 (Cu) 値は組成により異なる	$3.8\cdot 10^{-3}$/K $\sim$ $4.3\cdot 10^{-3}$/K	$-50 \sim 200\,°C$
白金 (Pt) (DIN EN 60751, [1])	$3.85\cdot 10^{-3}$/K	$-200 \sim 850\,°C$

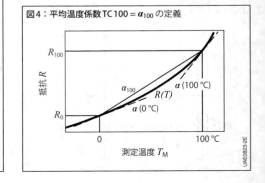

図4：平均温度係数 $TC\,100 = \alpha_{100}$ の定義

補正を目的とした温度センサーには、通常、比抵抗が大きく（所用面積を小さくできる）て、正または負の温度係数を持つ厚膜抵抗器が使用される。厚膜抵抗器は応答特性が非線形で（ただし、大型のNTC抵抗器ほど極端ではない）、レーザートリムなどを施すことができる。また、NTC材とPTC材を使用して分圧回路を形成することにより、測定効果を向上させることができる。

単結晶シリコン半導体抵抗器（PTC）

シリコンなどの単結晶半導体材料を使用して温度センサーを製造する場合、追加の能動／受動回路をセンサーチップに組み込むことができる。それにより、測定点での一次信号処理が可能になる。公差が厳しいため、測定エレメントは拡散抵抗原理に従って製造される。電流は測定抵抗器および表面接点を通過して、シリコンバルク材に到達する。この後、幅広く分散しながらセンサーチップ基板の裏側の対極まで進む（図5）。

センサーの抵抗値は、写真平版法で精密加工された接点直後の電流密度と、極めて再現性の高い材質定数によって、ほぼ完全に決定される。極性の影響を受けることのないよう、たいていの場合センサーはペアで相対するように直列接続されている（ダブルホール仕様、図5）。こうすることで、底面側電極を金属温度接点（電気的な機能はない）として設計することができる。

測定感度は白金抵抗器のほぼ2倍（TC 100 = 7.73·10^{-3}/K）だが、温度応答曲線の線形性は金属センサーよりも劣る。測定範囲の上限は、素材固有の伝導性によって約150℃に制限される。

自動車における用途

これらの温度センサーの自動車における用途は多岐にわたる。以下にいくつかの例を挙げる。
– 冷却水温度センサー
– 燃料温度センサー
– エンジンオイル温度センサー
– 吸気温度センサー
– 過給気温度センサー
– 外気温度センサー
– 車内温度センサー
– 排気ガス温度センサー、など

温度センサーに関する参考文献

[1] DIN EN 60751: Industrial platinum resistance thermometers and platinum temperature sensors.

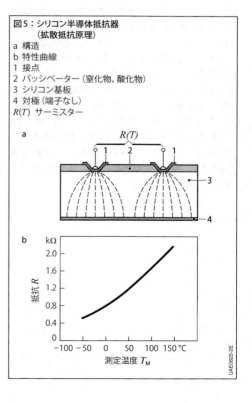

図5：シリコン半導体抵抗器
　　　（拡散抵抗原理）
a 構造
b 特性曲線
1 接点
2 パッシベーター（窒化物、酸化物）
3 シリコン基板
4 対極（端子なし）
$R(T)$ サーミスター

トルクセンサー

測定変量および用途

　自動車におけるトルク測定には、さまざまな用途が考えられる。トルクセンサーはたとえば、運転者によるステアリングトルクの検出に使用されている。

　車両では電気機械式ステアリングシステムの使用が増加している。基本的な利点として、車両への取付けと始動が容易なこと、省エネルギー性、そしてこのシステムが車両の快適性および安全性向上支援システムのECUネットワークに適していることが挙げられる。

測定原理

　トルク測定には、角度測定と応力測定の2種類の方法が存在する。角度測定方式は、応力測定方式（歪みゲージ）と異なり、ねじれ角を測定するために使用されているトーションバーに、特定の長さが必要となる。

　電気機械式パワーステアリングシステムにおいては、運転者の要求を知るためには、運転者の操作により生じたトルクを測定する必要がある。そのために現在量産されているセンサーでは、ステアリングシャフトにトーションバーが取り付けられており、このトーションバーは運転者の操作によるステアリングトルクが作用すると、規定の、発生したトルクに対して直線的なねじれを受ける（図1）。ねじれは適切な方法で測定され、電気信号に変換される。電気機械式パワーステアリングシステムでの使用のために求められるトルクセンサーの測定範囲は、通常約±8～±10 Nmである。トーションバーを過負荷あるいは破損から保護するため、最大ねじれ角はキャリアエレメントにより機械的に制限される。

　ねじれを測定しそれにより作用しているトルクを測定するために、トーションバーの片側に磁気抵抗センサーが取り付けられており、このセンサーがトーションバーのもう一方の側に固定されている磁気多極ホイールの磁界をサンプリングする。このホイールの極数は、センサーがその最大測定範囲内で明瞭な信号を出力し、それにより常に作用しているトルクを明確に示すように選択されている。使用されている磁気抵抗センサーは、測定範囲全体にわたって、トーションバーのねじれ角により正弦信号と余弦信号を描く2つの信号を供給する。ねじれ角とそれによるトルクの計算は、ECUにおいてアークタンジェント（逆正接）関数により行われる。

　2つの信号は常に規定の測定範囲にわたって割り当てられているので、これらの信号からの偏差があればセンサーのエラーを検知し、必要な代替措置を行うことができる。

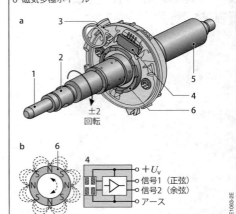

図1：トルクセンサー
a　センサーモジュール
b　測定原理
1　トーションバー（ねじれ範囲内側）
2　入力軸（ステアリングホイールより）
3　電気接触のためのボリュートスプリング（竹の子ばね）
4　磁気抵抗センサーチップと信号増幅機能のあるセンサーモジュール
5　ステアリングシャフト
6　磁気多極ホイール

約±2のステアリングホイール回転のねじれ範囲にわたってセンサーの電気接触を確保するために、必要な数の接点があるボリュートスプリング（竹の子ばね）が使用されている。このスプリングにより、電源電圧の供給と測定値の伝送が行われる。

フォースセンサー

測定変量および用途

自動車における力の測定の用途の一つとして、助手席乗員の体重の検出を挙げることができる。体重の測定により助手席乗員を分類することで、小さな子供が助手席にいる場合にエアバッグを非作動にすることができる。

測定原理

iBoltセンサーの作動原理は、助手席乗員体重による曲げビームのたわみの測定に基づいている。このたわみの程度は、ホールセンサーによる磁界強度の測定により検知される（図2a）。

センサーは、助手席乗員体重の垂直成分が優先的に曲げビームのたわみを発生させるように設計されている。センサー内の磁石とホールICは、ホールICを貫通するように作用する静磁界が曲げビームのたわみに対して直線的な電気信号を生成するように配置されている。センサーの特殊な設計がホールICの磁石に対する水平方向のたわみを防止し、横力およびトルクの影響を最小に抑えている。加えて、機械的な過負荷ストップが曲げビームの最大応力を制限している（図2b）。この機械的ストップは、特に衝突時の過負荷からセンサーを保護する。

助手席乗員体重により生成される力は、上部シート構造からスリーブを介して曲げビームへと伝わる（図2a）。続いて力は曲げビームから下部シート構造へと伝わる。曲げビームは、S字型の変形線を持つ二重曲げビームとして設計されている。二重曲げビームの2つの垂直接続ポイントは、たわみ範囲全体にわたって垂直の状態を維持する。これにより、リニアな出力信号を生成するホールICの磁石に対する直線的かつ平行な動きが保証される。

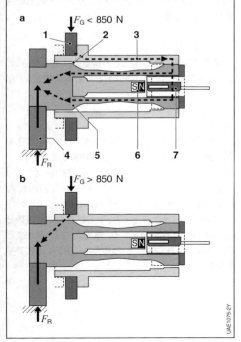

図2：iBoltフォースセンサーの測定原理
a F_G < 850 Nの場合（測定範囲内），
b F_G > 850 Nの場合（測定範囲外）
1 スイングアーム　2 エアギャップ　3 スリーブ
4 シートレール
5 二重曲げビーム
6 磁石
7 ホールIC
F_G 重量
F_R 支持力
点線はフォースセンサー内の力の流れを示す

1546 車両の電子システム

気体センサー、濃度センサー

λセンサー

測定原理

λセンサーは、排気ガス中の酸素含有量を測定する。自動車においては、空燃比を調整するために使用される。その名前は、過剰空気係数λに由来する。この係数は、燃料の完全燃焼に必要な理論空気量に対する現在の空気量の比率を示す。λは排気ガス中で直接決定することはできず、排気ガスに含まれる酸素量、または燃焼成分を完全に変換するのに必要な酸素量から間接的に決定するしかない。λセンサーは、酸素イオンを伝導するセラミック固体電解質(ZrO_2など)に取り付けられた白金電極で構成される。

すべてのλセンサーからの信号は、酸素が関与する電気化学的プロセスに基づいている（「電気化学」を参照）。使用される白金電極は、排気ガス中の酸化可能な残留成分（CO、H_2、および炭化水素$C_xH_yO_z$）と排気ガス中の酸素との反応に触媒作用を及ぼす。したがってλセンサーは、排気ガス中の実際の酸素含有量ではなく、排気ガスの化学平衡に相当する含有量を測定する。

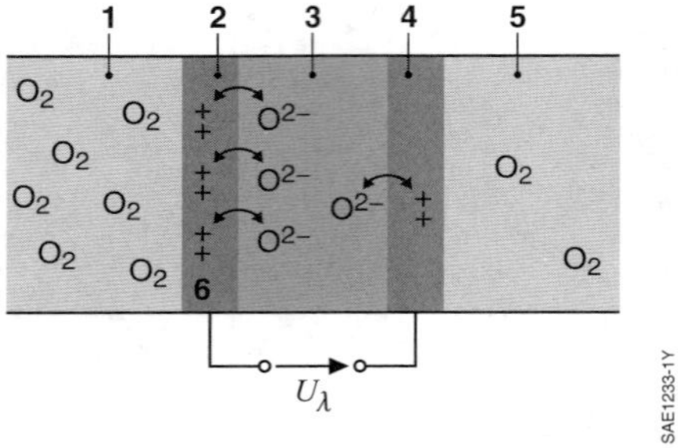

用途

ガソリンエンジンでは、汚染物質の排出量をできるだけ低く抑えるために、理論空燃比（λ= 1）の調整においてλセンサーが使用される。この範囲では、3元触媒コンバーターの最適な作動が保証される。

2段階λセンサー（ステップチェンジまたはスイッチングタイプセンサー）は、混合気がリッチ（λ < 1、燃料が過剰）またはリーン（λ > 1、空気が過剰）のいずれであるのかを示す。このセンサーを使うと、理論空燃比において特性曲線が急激に変化するため、理論空燃比の酸素分圧を非常に正確に測定することができる。しかし、この環境以外では、特性曲線は非常に平坦である（図2）。

ワイドバンドλセンサーの広い測定範囲（λ = 0.6〜清浄な空気まで）のみが、層状充填作動およびディーゼルエンジンにおいて直接噴射を行うシステムでの使用を可能にする。ワイドバンドλセンサーで実現可能なλ制御は、ステップチェンジセンサーを用いる2段階制御に対してシステムと排出物質の面で大きな優位性をもたらすとともに、たとえば触媒コンバーターのより正確な監視や制御されたコンポーネントの保護といったさらなる用途をもたらす。応答時間が100 ms未満というワイドバンドλセンサーの高い信号動的応答性は、λ制御を改善する。

作動原理

以下で説明されるすべての排気ガスセンサーは、2つのモジュール、ネルンストセルとポンプセルで構成される。

ネルンストセル

固体電解質の結晶格子中での酸素イオンの取込みと除去は、電極表面の酸素分圧に依存する（図1）。すなわち、分圧が低い場合、入って来る酸素イオンよりも多くの酸素イオンが出て行く。格子中の空隙は、前進する酸素イオンによって再び占有される。2つの電極間で酸素分圧が異なると、その結果生じる電荷分離のために電界が発生する。電界の力は、前進する酸素イオンを押し戻し、いわゆるネルンスト電圧で平衡状態になる。

図1：ネルンストセル
1 基準ガス　　2 アノード
3 YドープZrO_2の固体電解質
4 カソード
5 排気ガス
6 アノードの残留電荷
O^{2-} 酸素イオン
U_λ 　センサー電圧（ネルンスト電圧）

ポンプセル

生じるネルンスト電圧よりも低い、または高い電圧が印加されると、この平衡状態が変化し、酸素イオンが活発にセラミックを通じて運ばれることがある。この酸素イオンの動きが、電極間に電流を発生させる。その向きと強さにとって非常に重要なのが、印加電圧（ポンプ電圧 U_P）と生じるネルンスト電圧との差である。このプロセスは、電気化学的ポンピングと呼ばれる。

2段階λセンサー
構造

2段階λセンサーは、混合気がリッチ（λ < 1、燃料が過剰）またはリーン（λ > 1、空気が過剰）のいずれであるのかを示す。このセンサーを使うと、理論空燃比において特性曲線が急激に変化するため、理論空燃比付近の酸素分圧を非常に正確に測定することができる。そして、燃料の量を調整することで、汚染物質の排出量をできるだけ低く抑えることができる。

作動原理

作動原理は、ネルンストセルの原理に基づく（図1）。排気ガスにさらされる電極と基準ガスにさらされる電極との間に生じるネルンスト電圧 $U_λ$ は、信号として利用できる。特性曲線は、λ = 1で非常に急勾配になる（図2）。リーン混合気では、ネルンスト電圧は温度とともに直線的に増加する。これに対してリッチ混合気では、酸素分圧への温度の影響は、平衡状態において支配的となる。温度が高くなるほど、この酸素分圧が高くなる。

排気ガス電極での平衡の成立は、λの急激な変化が正確な値からごくわずかずれることの原因でもある。排気ガス電極を汚染から保護し、流入する気体粒子の数を制限することで平衡の成立を促すために、排気ガス電極は多孔質セラミック保護層で覆われる。水素と酸素は、多孔質保護層を通じて拡散し、電極で変換される。より速く拡散する水素を電極で完全に変換するためには、より多くの酸素が保護層に用意されなくてはならない。全体として、排気ガス中の混合気は、わずかにリーンでなくてはならない。それゆえ特性曲線は、リーン側へシフトする。この「λシフト」は、制御中に電子的に補正される。

信号を送るためには、ZrO_2 セラミックによって排気ガスから分離される（ガス密）基準ガスが必要である。図3は、基準エアチャンネルを持つ平面型センサー素子の構造を示す。このタイプでは、基準ガスとして大気が使用される。図4は、センサーハウジング内の素子を示す。排気ガス側と基準ガス側は、パッキンシールによってお互いに分離されている（ガス密）。ハウジング内の基準ガス側には、電源リード線によって常に電力が供給されている。

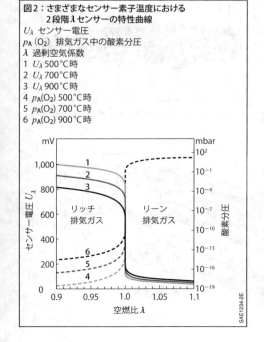

図2：さまざまなセンサー素子温度における
2段階λセンサーの特性曲線
$U_λ$ センサー電圧
$p_A(O_2)$ 排気ガス中の酸素分圧
λ 過剰空気係数
1 $U_λ$ 500℃時
2 $U_λ$ 700℃時
3 $U_λ$ 900℃時
4 $p_A(O_2)$ 500℃時
5 $p_A(O_2)$ 700℃時
6 $p_A(O_2)$ 900℃時

1548 車両の電子システム

基準空気の代わりに「ポンピングされた」基準を用いるシステムが、ますます使用されるようになっている。ここでポンピングとは、ZrO_2セラミック中の酸素を電流の注入によって活発に輸送することを指す。このとき電流は非常に低く設定されているため、現在の測定とは干渉しない。基準電極自体は、素子中のより気密な出口を通じて基準ガス室に接続されている。これにより、基準電極での酸素圧が過剰に高まる。このシステムは、基準ガス室へ侵入する不必要なガス成分に対するさらなる保護を提供する。

ロバスト性

セラミックセンサー素子は、排気ガス流に直接さらされることのないよう保護チューブによって保護されている(図4)。保護チューブは、少量の排気ガスのみをセンサー素子に導く開口部を備える。これは、排気ガス流からの大きな熱的ストレスを防ぐと同時に、セラミック素子を機械的にも保護する。

ハウジングは、厳格な温度要件を満たさなくてはならない。すなわち、高品質な材料を使用しなくてはならない。排気ガス中では1,000℃を越える温度が記録されることがあり、六角頭部で700℃、ケーブル取出し口で280℃に達することもある。このために、センサーの高温になる部分には、セラミックと金属材料のみが使用される。

ほとんどの2段階λセンサーは、ヒーター素子も備えている(図3)。これは、センサー素子を作動温度まで素早く加熱し(FLO、早期活性化)、短時間に制御可能な状態を整える。

実際には、λセンサーは、エンジン始動後にわずかに遅れて作動する。燃焼生成物として発生し、低温の排気装置の中で再び凝縮した水は、排気ガスによって運ばれ、センサー素子に達することがある。この水の小滴が高温のセンサー素子に触れると、瞬時に蒸発し、局所的に大量の熱をセンサー素子から奪う。熱

図4：2段階λセンサー、ハウジング内のセンサー素子
1 保護チューブ
2 センサー素子
3 六角頭部
4 基準ガス
5 電源リード線
6 排気ガス側
7 パッキンシール
8 支持セラミック
9 接点

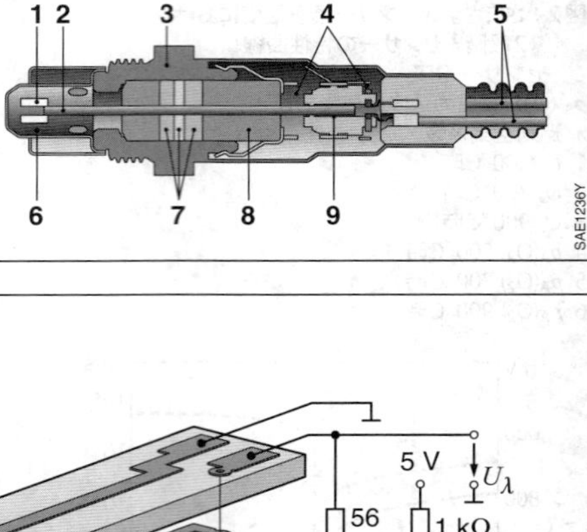

図3：保護回路付き平面型2段階λセンサーの構造(分解立体図)
縦線は導電接続を表す
1 排気ガス
2 多孔質保護層
3 外部電極
  (白金電極)
4 ZrO_2セラミックと
  ネルンストセル
5 基準電極
  (白金電極)
6 Al_2O_3絶縁層
7 加熱素子
8 基準空気
U_λ センサー電圧
U_H 加熱電圧

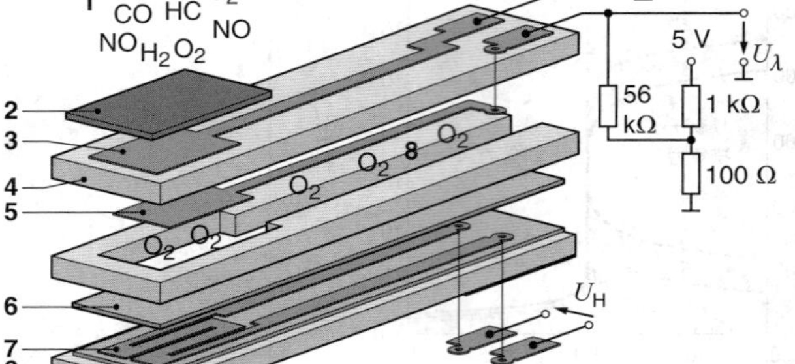

衝撃の結果生じる大きな機械的応力は、セラミックセンサー素子の破壊を引き起こすことがある。このために、センサーは多くの場合、排気装置が十分に加熱された後でのみ作動する。より最近の開発では、セラミック素子をさらに多孔質セラミック層で覆い、熱衝撃に対するロバスト性を大幅に高めている。水滴が素子に触れると、多孔質層の中に広がる。局所冷却がより広い範囲に広がり、機械的応力が減少する。

保護回路

図3は、2段階λセンサーの保護回路を示す。センサーは、低温ではZrO$_2$セラミックの伝導性がないために信号を生成できないので、抵抗を介して分圧器に接続されている。そのため低温状態では、センサー信号は、理論空燃比（λ = 1）で燃焼したガスの値である450 mVとなる。温度が上昇すると、センサーはネルンスト電圧を発生させることができる。およそ10秒後、センサーは、外部から指定されたリーン／リッチ変化を示すのに十分な温度に達する。その後で、車両の閉ループ制御に切り替えることが可能になる。

タイプ

2段階λセンサーには、異なるタイプが存在する。センサー素子には、分離したヒーター素子を備えるフィンガータイプや、フィルム技術を用いて製造されるヒーター素子を組み込んだ平面型素子もある（図3）。

ワイドバンドλセンサー

構造と機能

2段階λセンサーを用いると、特性曲線が急変化する部分において理論空燃比の酸素分圧を非常に正確に測定することができる。しかし、空気が過剰（λ > 1）または燃料が過剰（λ < 1）な部分では、特性曲線は非常に平坦となる（図2）。

ワイドバンドλセンサーは、その広い測定範囲（0.6 < λ < ∞）により、直接噴射と層状充填作動を行うシステムやディーゼルエンジンで使用することができる。ワイドバンドλセンサーで実現可能な連続制御コンセプトは、たとえば制御されたコンポーネントの保護など、システムの面で大きな優位性をもたらす。ワイドバンドλセンサーの高い信号動的応答性（t_{63} < 100 ms）は、排出物質を低排出ガス車のレベルにまで改善する。これには、個々の気筒の閉ループ制御などの対策を必ず必要とする。

構造および作動原理

ネルンスト原理は、測定範囲を広げることに限られる。ネルンスト電圧よりも高い電圧が測定セルに印加されると、酸素は酸素イオンとしてポンプセルセラミックを通って内部ポンプへ運ばれ、そこで自由分子酸素として基準空気室の中へ放出される。その結果、ポンプ電圧（U_p）と生じたネルンスト電圧との差からポンプ電圧が得られる。

外部から加えられる酸素濃度との直線関係を成立させるために、酸素分子の流入が制限される。これを達成するために、排気ガスの流入は、特別に設定された細孔半径を持つ多孔質セラミック構造、いわゆる拡散障壁によって制限される。

図5:リーン排気ガス中の1セルλセンサー
a 断面図
b 特性曲線
l 拡散障壁の長さ
1 リーン排気ガス
2 拡散障壁
3 キャビティ
4 ポンプセル
5 基準空気
ポンプセルの矢印はポンピング方向を示す

十分なポンプ電圧において流れるポンプ電流 I_P は、拡散の法則により排気ガス中の分圧に直接比例する。

$$\frac{I_P}{4F} = I_M = \frac{AD(T)}{RTl}(p_A(O_2) - p_H(O_2))$$

ここで $p(O_2)$ は、排気ガス中 $(p_A(O_2))$ またはキャビティ中 $(p_H(O_2))$ の酸素分圧、T は温度、$D(T)$ は拡散障壁の温度依存拡散係数、A はその断面積、l はその長さである(図5)。F は、ファラデー定数 $(F = 96485.3365\ C/mol)$、R は一般気体定数 $(R = 8.3144621\ J/mol \cdot K)$ である。

リッチな排気ガスが存在する場合、生み出されるネルンスト電圧(約1,000 mV)が印加されたポンプ電圧を相殺し、それによって生じる負の電圧が酸素を逆方向にキャビティ内へ押し込み、特性曲線の直線形状がリッチ領域に拡張される。このために、外部電極において水と CO_2 の還元から酸素を得る。

この単純な形式のワイドバンドλセンサーの難点は、リッチな排気ガスでは酸素をキャビティ内に押し込めるために、そしてリーンな排気ガスでは酸素をキャビティから取り出すために十分な一定のポンプ電圧を必要とすることである。それゆえ、ポンプセルの内部抵抗は、非常に低くなくてはならない。加えて、リッチ領域での測定範囲は、基準通路への分子流入によって制限される。基準ガス内の酸素不足は、基準

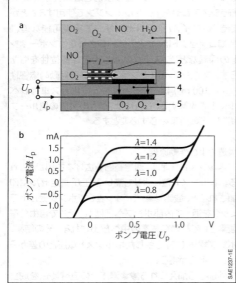

図6:リッチおよびリーン排気ガス中の2セルλセンサー
a および b 断面図 c センサー特性曲線
ポンプ電流 I_P の極性に応じて、主な還元排気ガス成分(図a)または酸素(図b)が拡散障壁を通って拡散する。
$\lambda < 1$ の場合、特性曲線(図c)は、排気ガスの成分に依存する。ここでは個々の排気ガス成分の特性曲線がプロットされている。
1 リッチ排気ガス 2 リーン排気ガス 3 ポンプセル 4 ネルンストセル 5 拡散障壁
6 O_2 の曲線 7 H_2 の曲線 8 CH_4 の曲線 9 CO の曲線 10 C_3H_6 の曲線

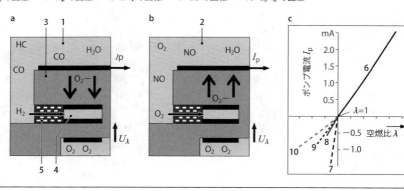

空気の汚染によるものか、それともオーバーレンジによるものかを明確に区別することができない。排気ガス交換の場合、ポンプ電圧が変化する際の1セルセンサーの動的応答性は、電極容量の再充電によって制限される。

こうした欠点をなくすために、ステップチェンジセンサーと同様に、ネルンストセルが上記の酸素ポンプセルと組み合わされる。リッチな排気ガスの場合（図6a）、酸素は、外部ポンプの電圧の逆数に応じてH_2OとCO_2から生成され、セラミックを通じて内側に運ばれ、キャビティ内で再び放出される。そしてそこで、酸素は、拡散／還元する排気ガス成分と反応する。生じた不活性反応は、H_2OとCO_2を生成し、これらは拡散障壁を通じて外側へ拡散される。

キャビティ内の酸素分圧は、同じくキャビティに接続されたネルンストセルによって測定される。ポンプ電圧は、コントローラー（図7）によって規定の基準電圧（450 mVなど）に訂正される。このときのキャビティ内の酸素分圧は、10^{-2} Paである。

拡散制限電流は、センサー温度とともに増加するので、温度をできるだけ一定に維持しなくてはならない。このために、温度に大きく依存するネルンストセルの抵抗値が測定される。作動用電子回路は、パルス幅変調電圧で作動する加熱素子を用いてそれを調整する。

排気ガスがリッチの場合、気体分子の質量の関数であるさまざまな拡散係数が、さまざまな感度で目立つようになる（図6）。それゆえその信号は、ECU内において、関連するガス成分に適用される特性曲線に使用される。

センサーの拡散制限電流、すなわち感度は、拡散障壁の形状に非常に大きく依存する。製造公差における高い精度要件を達成するためには、ポンプ電流を調整する必要がある。いくつかのタイプのセンサーでは、測定抵抗器と一緒に電流分割器として機能するセンサープラグ内のハイブリッド抵抗器によってこれを行っている。あるいは、すでにセンサー素子の製造工程において、専用の開口部から拡散制限電流を調整できる場合は、プラグで調整を行う必要がなくなる。後から車両においてセンサーのキャリブレーションを行う場合は、オーバーラン条件での空気の酸素濃度を測定し、それによってECU内で特性曲線を訂正することができる。

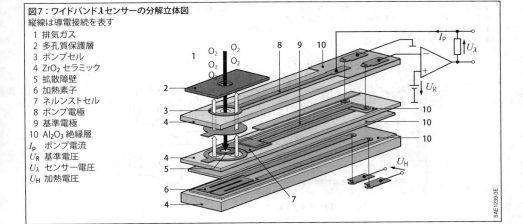

図7：ワイドバンドλセンサーの分解立体図
縦線は導電接続を表す
1 排気ガス
2 多孔質保護層
3 ポンプセル
4 ZrO_2 セラミック
5 拡散障壁
6 加熱素子
7 ネルンストセル
8 ポンプ電極
9 基準電極
10 Al_2O_3 絶縁層
I_P ポンプ電流
U_R 基準電圧
$U_λ$ センサー電圧
U_H 加熱電圧

NO$_x$センサー

用途

NO$_x$センサーは、ディーゼルエンジンおよびガソリンエンジンの脱窒システムにおいて使用される。ディーゼルエンジンのシステムでは、このセンサーは、SCR（選択触媒還元）触媒コンバーターの上流および下流、ならびにNO$_x$吸着触媒コンバーター（NSC、NO$_x$吸着触媒）の下流に設置される。ガソリンエンジンのシステムでは、NO$_x$吸着触媒コンバーターの下流で使用される。

これらの位置において、NO$_x$センサーは、排気ガス中の窒素酸化物および酸素の濃度を決定し、さらにSCR触媒コンバーターの下流では、累積信号としてアンモニア濃度も決定する。このようにして、エンジンマネジメントシステムは、窒素酸化物の現在の残留濃度を受け取り、正確な計量を提供し、排気システムに故障があれば検知する。

窒素酸化物は、NO$_x$吸着触媒コンバーター内に硝酸塩として貯蔵される。触媒コンバーターは、短いリッチフェーズにおいて再生され、それによって一酸化炭素と水素の助けを借りて硝酸塩が窒素に還元される。

構造および作動原理

図8のNO$_x$センサーは、平面型3セル限界電流センサーである。1個のネルンスト濃度セルおよび2個の改良型酸素ポンプセル（酸素ポンプセルおよびNO$_x$セル）は、広帯域λセンサーと同様に、総合センサーシステムを形成している。

センサー素子は、お互いに絶縁された数個の酸素伝導セラミック固体電解質層で構成され、その上に6個の電極が取り付けられている。センサーには加熱素子が内蔵され、セラミックを600℃～800℃の作動温度まで加熱する。

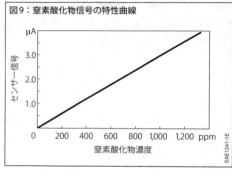

図9：窒素酸化物信号の特性曲線

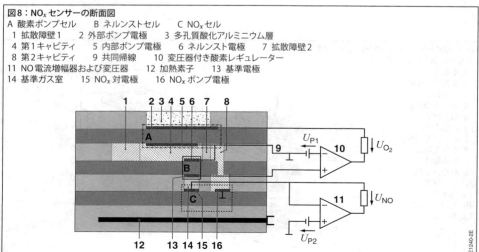

図8：NO$_x$センサーの断面図
A 酸素ポンプセル　　B ネルンストセル　　C NO$_x$セル
1 拡散障壁1　2 外部ポンプ電極　3 多孔質酸化アルミニウム層
4 第1キャビティ　5 内部ポンプ電極　6 ネルンスト電極　7 拡散障壁2
8 第2キャビティ　9 共同帰線　10 変圧器付き酸素レギュレーター
11 NO電流増幅器および変圧器　12 加熱素子　13 基準電極
14 基準ガス室　15 NO$_x$対電極　16 NO$_x$ポンプ電極

排気ガスにさらされる外部ポンプ電極、および拡散障壁によって排気ガスから分離される第1キャビティ内の内部ポンプ電極は、酸素ポンプセルを形成する。

第1キャビティはネルンスト電極を含み、一方、基準ガス室は基準電極を含む。これらが一体となってネルンストセルを形成している。これらは、広帯域λセンサーの場合と同じ機能コンポーネントである。

さらに、3番目のセルとしてNO_xポンプ電極とその対電極がある。前者は、第2キャビティの中に位置し、もうひとつの拡散障壁によって第1キャビティから分離されている。後者は、基準ガス室内に配置されている。第1および第2キャビティ内のすべての電極は、共同帰線を持つ。

内部ポンプ電極は、広帯域λセンサーにおける内部ポンプ電極とは異なり、白金と金の合金化によってその触媒活性が大きく制限される。印加されるポンプ電圧U_{P1}は、酸素分子を分割（解離）する程度でしかない。NOは、調整されたポンプ電圧で最小限だけ解離され、低損失で第1キャビティを通過する。強酸化剤であるNO_2は、内部ポンプ電極において直接NOに変換される。酸素が存在し、温度が650℃であれば、アンモニアがこれに反応してNOと水が生じる。

NOポンプ電極の電圧がより高く、ロジウムの混合により触媒的にさらに活性化されるため、NOはこの電極において完全に解離し、酸素は固体電解質を通って排出される。

電子回路

他のセラミック排気ガスセンサーとは異なり、NO_xセンサーは、評価用電子回路（SCU、センサーコントロールユニット）を備える。この電子回路は、CANバスを介して酸素信号とNO_x信号を送信し、さらにいずれの場合にもそれぞれの信号の状態を送信する。

評価用電子回路には、マイクロコントローラー、酸素ポンプセルを作動させるためのASIC（特定用途向け集積回路）、および微弱なNO信号電流のための高精度計装増幅器が含まれる。

特性曲線

空気の場合、酸素信号は3.7 mAである。酸素の特性曲線は、広帯域λセンサーの場合と同じである（図6c）。NO_xの特性曲線を図9に示す。

微粒子センサー

米国および欧州の排出ガス規制により、ディーゼル車にはディーゼルパティキュレートフィルター（DPF）を使用する必要がある。こうした微粒子フィルターの機能のモニタリングにさらに厳格な要求を課す将来の車載診断（OBD）関連法規に準拠するために、差圧センサーに加えて微粒子センサーが必要である。微粒子センサーは、パティキュレートフィルターの下流で煤煙（すす）の排出量を測定する。

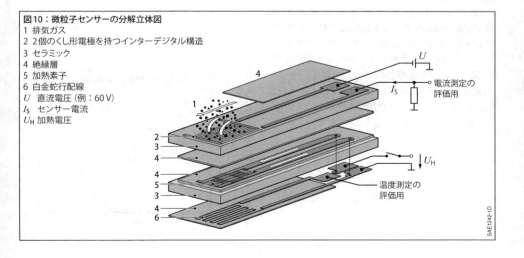

図10：微粒子センサーの分解立体図
1 排気ガス
2 2個のくし形電極を持つインターデジタル構造
3 セラミック
4 絶縁層
5 加熱素子
6 白金蛇行配線
U 直流電圧（例：60 V）
I_S センサー電流
U_H 加熱電圧

構造

センサー素子は、λセンサーと同様に、加熱素子を内蔵したセラミック基板上に2個のくし形白金電極を持つインターデジタル構造で構成される（図10）。白金の蛇行配線の役割は、センサー素子の温度を測定することである。

作動原理

微粒子センサーは、抵抗センサーである。たとえば、最初、非常に高い電気抵抗を示すインターデジタル構造に60 Vの直流電圧が印加されると、場の力によって、排気ガスのすす粒子がインターデジタル電極に集まり、次第に2つのくし形構造の間に導電性のあるすす通路を形成する。これが、電極間に単調に増加する電流を生み出す（図11）。一定の捕集時間が経過すると、あらかじめ定義された電流閾値に達する。これが再生を引き起こし、再生中にセンサー素子が加熱され、600℃以上の温度ですすが燃え尽きると、再び初期状態に戻る。

測定開始から再生開始までの時間は、トリガー時間として定義される。内蔵された温度測定蛇行配線は、センサー素子の制御された再生が行われるように温度を制御するために使用される。

微粒子センサー素子は、λセンサーの場合と同じく、センサーハウジング内に取り付けられている。ここでは、センサー素子への粒子状物質の堆積が必要であるため、保護チューブの構造が重視される。

電子回路

微粒子センサーは、NO_x センサーと同様に評価用電子回路を備える。この電子回路は、CANバスを介してセンサー電流と信号状態を供給する。マイクロコントローラーは、測定されたセンサー素子温度に応じて、測定および再生のタイミング、ならびにデータの補正を制御する。さらに電子回路は、電圧安定器、CANドライバー、および加熱素子用出力ステージも含む。

水素センサー

自動車において燃料電池を使用するには、水素センサーを組み込む必要がある。このセンサーシステムには、漏れ検知による安全性モニタリング（測定範囲は空気中の水素含有率0〜4％）および作動条件の調整によるプロセス制御（測定範囲は0〜100％）という2つの機能がある。

最も一般的な測定原理を、使用頻度の高い順に説明する。ほとんどの場合、他のガスに対する横感度を減少させるために、または感度を高めて測定範囲を拡大するために、さまざまな手法が組み合わされる[3]。

電気化学測定法

電流測定の場合、プロトンのみを伝導する電解質（スルホン化テトラフルオロエチレンポリマーなど）に一定電圧が印加される。電解質は、水素のみを選択的に通す拡散障壁によって覆われている。そのため、このようなセンサーは長期安定性を備える。電極では、水素がプロトンに分かれ、それらが電解質を通じてポンプ電流として流れる。電子は、電極を通じて流れ、印加電圧によって外部電気回路を経由して電解質の反対側へ動かされる。ここで、電子は電極上で酸素と結合し、水になる。電流の強さは、ファラデーの法則によってプロトンの数に比例するので、拡散障壁による拡散により決定される（「λセンサー」を参照）。

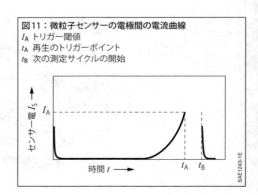

図11：微粒子センサーの電極間の電流曲線
I_A トリガー閾値
t_A 再生のトリガーポイント
t_B 次の測定サイクルの開始

電位差測定法は、2つの電極間の電位差を利用する。白金またはパラジウム触媒を持つ一方の電極を水素環境の中に置き、もう一方の電極をたとえば空気中に置く。ネルンストの式により、電位差が生じる（「燃料電池」を参照）。電位差測定センサーは、触媒を覆う一酸化炭素に対して横感度があり、寿命が短く、ドリフトが大きい。測定範囲は100 ppmと100％の間である。

抵抗測定法

パラジウムや半導体金属酸化物（SnO_2 など）は、水素の吸収後に抵抗の変化を示す。半導体金属酸化物センサー（図12）は、水素のみを通すガスろ過ダイヤフラムで構成される。感応層は水素を吸収して抵抗の変化を誘発し、それがホイートストンブリッジによって測定される。

バリエーションとして、パラジウムゲートを備えるMOSFET（「電界効果トランジスター」を参照）も使用することができる。これは、ゲートで吸収された水素に比例してソースとドレインの間の電流を変化させる。ショットキーダイオード構造（「ショットキーダイオード」を参照）では、水素が吸収されると降伏電圧が下がる。

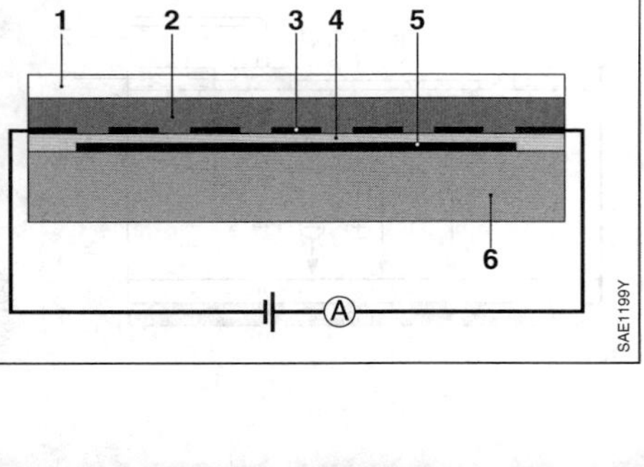

抵抗測定法の測定範囲は、10 ppmと2％の間である。

触媒測定法

吸収されたガスが触媒の表面で酸化するときに熱が生成される。ペリスターの内部では、水素にさらされる触媒材料（白金やパラジウムなど）からなるワイヤーが加熱されると、その結果、水素濃度に依存する抵抗値が変化する一方で、基準ワイヤーの温度と抵抗値は変化しない。抵抗器はホイートストンブリッジに不可欠な要素で、これにより抵抗値の変化が測定され、それを元に水素濃度が推測される。

熱電法では、温度差による電圧上昇（ゼーベック効果）が使用される。

触媒法は、他の酸化性ガスに対して横感度があり、酸化パートナーとして最小量の酸素（5 ～ 10％）を必要とする。それゆえ測定範囲は、酸素濃度1％から90 ～ 95％の間である。

気体および濃度センサーに関する参考文献

[1] Nernstgleichung: Zeitschrift für physikalische Chemie, IV. Volume Book 1, Verlag Wilhelm Engelmann, 1889, Published by W. Ostwald, J.H. Van't Hoff, W. Nernst: Die elektromotorische Wirksamkeit der Ionen.

[2] T. Baunach, K. Schänzlin, L. Diehl. Sauberes Abgas durch Keramiksensoren. Physik Journal 5 (2006) No. 5.

[3] T. Hübert et al.: Hydrogen sensors – A review, Sensors and Actuators B 157 (2011) 329 – 352.

図12：水素センサーの抵抗測定法
1 ガスろ過ダイヤフラム
2 感応層
3 半導体金属酸化物フィルム
4 絶縁層
5 ヒーター
6 基板（Al_2O_3）

光電センサー

内部光電効果

内部光電効果は、光電センサー素子の基本である。光は、光量子（光子）の流れの集まりとして考えることができる。光子のエネルギー E_{Ph} は、その周波数 f または波長 λ にのみ依存する。

(1) $E_{Ph} = hf = \dfrac{hc}{\lambda}$

ここで、
h はプランク定数
c 光速

光子が原子に衝突すると、そのエネルギーが十分である場合は、外側の電子殻から電子が放出される。放出に必要なエネルギーは、原子の価電子帯のエネルギーレベル E_V と伝導帯のエネルギーレベル E_L の差、つまりバンドギャップ E_g に等しい。

(2) $E_g = E_L - E_V$

したがって電子を放出するには、光子のエネルギー E_{Ph} がバンドギャップ E_g より大きくなくてはならない。純粋な半導体では、光子の吸収によって電荷担体対（電子と正孔）が生成される。バンドギャップの値は、たとえばシリコンの場合、室温において $E_g = 1.12$ eV である。特別な手段を講じなければ、生成された電荷担体対はすぐに再結合してしまう。その過程で生じる放射は、シリコンの場合は可視領域にはない。

多量の不純物が添加された半導体では、上記の内部光電効果が外部光電効果によって補完される。このような外因性センサーでは、超えなければならないエネルギーギャップが小さいため、長い波長（赤外領域）の放射にも適している。

エネルギーが $E_{Ph} < E_g$ の関係にある場合、電子が放出されることはない。等式 (1) によれば、シリコンの場合、限界波長は $\lambda_g = 1.1$ μm（近赤外線領域）となる。これより長い波長つまり低周波数の光は吸収されず、シリコンは透明な存在となる。

感光センサー素子

フォトレジスター

入射光によって、抵抗（LDR、光依存抵抗器）として構成されたセンサー内に電荷担体対が生成される。その結果、コンダクタンス G が大きくなる。電荷担体対は短時間（ミリ秒単位）で再結合するが、照度 E を上げると、静的平衡状態を保ちつつ、電荷担体密度が上昇する。その変化は、次式にほぼ従う。

(3) $G = \text{const} \cdot E^{\gamma}$

ここで $\gamma = 0.7 \sim 1$

一般に使用される感光素材は、硫化カドミウム CdS ($E_g = 1.8$ eV、$\lambda_g = 0.7$ μm) とセレン化カドミウム CdSe ($E_g = 1.5$ eV、$\lambda_g = 0.8$ μm) で、基板はセラミックである。

半導体の pn 接合

フォトセル、フォトダイオード、およびフォトトランジスターには本質的な違いはない。どれもすべて、測定効果として、半導体の pn 接合が光を受けたときに生じる光電流または無負荷電圧を利用している。ただし、素子としての機能は異なる。

半導体の pn 接合の空乏層で内部光電効果によって生じた電荷担体は（図1）、電荷担体の数の少ない空間電荷領域の電界によって直ちに加速され、その結果、電子と正孔は生成後直ちに分離される（ドリフト

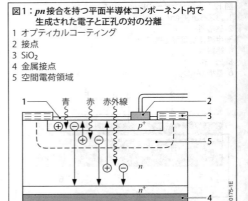

図1：pn 接合を持つ平面半導体コンポーネント内で生成された電子と正孔の対の分離
1 オプティカルコーティング
2 接点
3 SiO$_2$
4 金属接点
5 空間電荷領域

電流)。その再結合は事実上阻止され、光電感度が大幅に上昇する。

フォトセル

フォトセルの動作に外部バイアス電圧は不要で、無負荷（光起電力効果）と短絡のどちらでも使用することができる。したがって、暗雑音が小さく、検出能力が高い。

上記の動作モードに適用可能な特性曲線（図2）は、ダイオードに順方向電圧Uを印加したときの、熱的条件によって決まる逆方向飽和電流I_Sと、同じく逆方向に流れる光電流I_{ph}の関係における特殊な場合として、簡単に導くことができる。

(4) $I = I_S e^{\frac{eU}{kT}} - I_S - I_{ph}$

ここで、
eは電気素量
kはボルツマン定数
Tは絶対温度

特殊な場合：

(5) $U = 0$（短絡）
$\rightarrow I = I_K = -I_{ph}$、

(6) $I = 0$（無負荷）
$\rightarrow U = U_L = \frac{kT}{e} \cdot \ln\left(\frac{I_{ph}}{I_S} + 1\right)$

フォトセルは、通常は、光に対する感度の非常に高い表面を備え、光電流も比較的大きい（例：$E = 1,000$ lxにおいて$I_{ph} = 250$μA）。時定数も大きく通常は約20 msである。

フォトダイオードおよびフォトトランジスター

フォトダイオードの動作には逆方向の一定のバイアス電圧U_Sが必要で、逆方向に流れる光電流と照度Eには線形の関係が存在する（図3）。空間電荷領域の大きさは印加した逆方向電圧によって増加し、接合部の容量が減少する。このようなフォトダイオードのカットオフ周波数は一般に数MHzである。

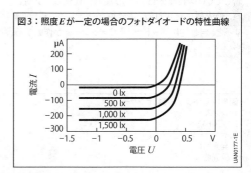

図3：照度Eが一定の場合のフォトダイオードの特性曲線

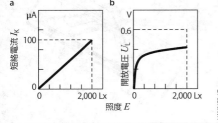

図2：照度Eの関数としてのフォトセルの特性曲線
a 短絡電流I_K
b 開放電圧U_L

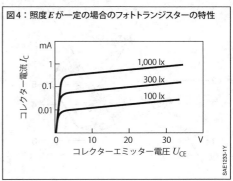

図4：照度Eが一定の場合のフォトトランジスターの特性

図4に示すフォトトランジスター (npn型) の場合、コレクターとベース間のダイオードの極性はフォトダイオードの場合と逆になる。このように、コレクターは、すべてのトランジスターがそうであるように、ベース電流に電流増幅率 B ($\approx 100 \sim 500$) を乗じた大きさの光電流を供給する。ただしこの高感度と引き換えに、周波数特性と温度特性はわずかながら低下する。

用途

汚れセンサー

このセンサーは、ヘッドライトレンズの汚れの度合いを測定し、必要に応じて自動レンズ洗浄装置に作動信号を送る。

このセンサーの光学系は、光源 (LED) と受光器 (フォトトランジスター) から構成されている。センサーはレンズ内側の清浄部に置かれ (図5)、ヘッドライトの直接の光路上に置かれることはない。レンズが清浄な場合、または雨粒が付着している場合、LEDから照射される近赤外線測定ビームの大半は、遮られることなくレンズを通過する。反射して受光器に戻る光は極めて少ない。しかし、レンズの外面に汚れが付着している場合、光は汚れの程度に比例して反射され、受光器に戻される。汚染度が規定レベルに到達すると、自動的にヘッドライトウォッシャーが作動する。

レインセンサー

レインセンサーはフロントガラスの雨粒を検知し、フロントワイパーを自動的に作動させる。しかしながら、手動操作も使用できる。

レインセンサーは、光の送信および受信経路で構成される (汚れセンサーと類似)。フロントガラスに当たる光の角度は、乾燥時にガラス外面で全反射が起こるような条件が選ばれ、その反射光を、同じくガラスに対し一定角度をなす受光器で受け取る (図6)。フロントガラス外面に雨粒が付着すると、かなりの量の光が外側へ屈折し、戻り信号が弱くなる。フロントガラスの汚れが一定の限界値を超えた場合にも、汚れに反応してワイパーが作動する。

図5：ヘッドライト汚れセンサー
1 レンズ
2 ダスト粒子
3 センサー素子
4 発光器
5 受光器

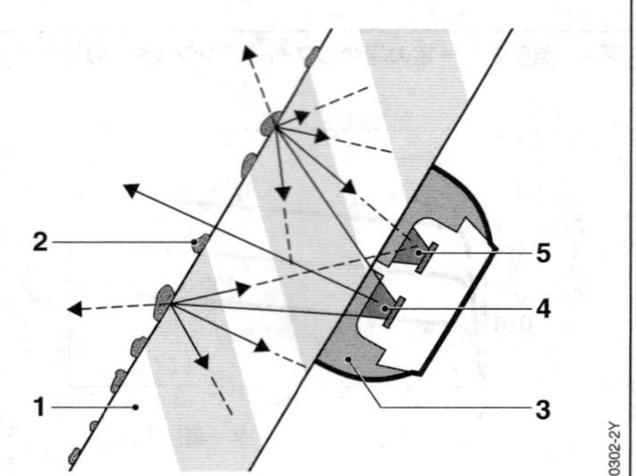

図6：フロントガラス用レインセンサー
1 雨滴
2 フロントガラス
3 周辺光センサー
4 フォトダイオード
5 遠方に合わせた光センサー
6 LED

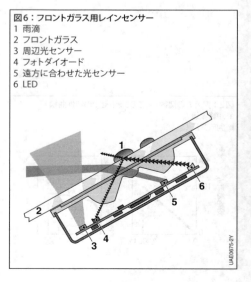

超音波センサー

用途

最近の駐車支援システムおよび操車システム(「駐車支援システム」を参照)には、超音波方式の超近距離センサー(感知範囲は最大で5.5m)が使われている。自動車のバンパーに組み込んだセンサーで、駐車および操車時に障害物までの距離を算出し、車両の周囲をモニターする。車両が障害物に近づくと、音響信号またはそれに加えて視覚信号で運転者に警告する。

これらのセンサーは、駐車支援システムにも使用できる。駐車支援システムは運転者に適切な駐車のための指示を出し、あるいは駐車スペースに収まるまで車両を舵取りする。後者の場合、運転者は車両の前進/後進のみに注意を集中できる。

超音波センサーの構造

例として図1に第4世代の超音波センサーを示す。この超音波センサーは、プラグインコネクター付きプラスチックケース、超音波変換器(圧電セラミック素子を内側に接着したダイヤフラムを持つアルミニウム製容器)、送信と評価機能を受け持つプリント基板で構成される。センサーは3本のケーブルでコントロールユニットと接続されている。うち2本は電源ケーブルであり、3本目の双方向線は、送信機能の制御や、受信信号の評価結果をECUに返すのに使われる。

Bosch社製のシステムには、これまでに第6世代のセンサーが導入されている。これらのセンサーには、異なる車両のシステムが相互に影響を及ぼすことを防止するデジタル化された信号処理、最大5.5mとなる測定距離の延長、視界不良検知機能(ウィンドウへの着氷あるいはウィンドウが汚れている場合)、近距離検知性能の向上といった特長がある。

超音波センサーの作動原理

超音波センサーがECUからデジタル発振パルスを受信すると、電子回路が約300 μsにわたって固有振動数(約48kHz)の方形波でアルミニウムダイヤフラムを励振し、その結果超音波パルスが発射される。約900 μsの減衰時間中は受信不可能となる。障害物により反射された超音波は、すでに静止状態に復帰したダイヤフラムを再び振動させる。この2回目の振動を圧電セラミック素子でアナログ電気信号として取り出し、センサーの電子回路で増幅後、デジタル信号に変換する。

駐車支援システム用の超音波センサーは一般に、選択的放射特性を備えている(「駐車および操縦システム」を参照)。すなわち、水平感知範囲が広い(できるだけ広い範囲の障害物を感知するため)一方で、垂直感知範囲は狭められている(路面からの反射波を避けるため)。

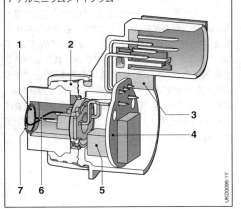

図1:超音波センサーの断面図
1 圧電セラミック素子
2 減結合リング
3 プラグコネクター付きプラスチックケース,
4 送信および評価用電子回路を載せた回路基板
5 変圧器
6 接続線
7 アルミニウムダイヤフラム

1560 車両の電子システム

レーダーセンサー

用途

レーダー技術は、1999年以来、自動車において加速度的な頻度で利用されるようになり、運転者の運転操作を支援している。レーダーセンサーは、自車の前方にある物体（他の車両、歩行者、路側構造物など）を検知し、自車との車間距離、速度差、および水平方向のオフセットを測定する。アダプティブクルーズコントロール（ACC）システムはこれらの測定を利用して、自車の走行速度を前方の交通に適応させ、それによって運転者の運転操作を軽減する（「アダプティブクルーズコントロール」を参照）。

レーダーセンサーは、車間距離、速度差、および水平方向のオフセットの素早く正確な測定に関するその優れた特性により、とりわけアクティブおよびパッシブセーフティ機能での使用に非常に適している。この他にレーダー技術が使用される例として、衝突予知緊急ブレーキシステム（PEBS）やプリクラッシュ検知がある。

レーダーの原理

レーダー装置から放射された電磁波は、金属その他の反射性物質表面で反射され、レーダーの受信部で再び捕捉される。その間の経過時間から、感知範囲内にある障害物までの距離を知ることができる。反射された電磁波のドップラー効果は、検知されたすべての物体の相対速度を直接測定することを可能にする。水平方向のオフセットは、放射された複数のレーダービームの評価に基づき角度を評価することで決定される。

測定方法

受信信号の経過時間または周波数を送信信号と比較する。用いられる方法は、特に信号をどのように比較するかによって大きく異なる。送信信号と対応する受信信号を一意的に関係付けるため、電磁波は変調後に送信される。最も一般的な変調方式はパルス変調であり、この方式では0.5 ～ 30ns（波長0.15 ～ 10m）のパルスが生成される。もうひとつの変調方式は周波数変調で、この場合、送信中に電磁波の瞬間周波数を時間の関数として変化させる。

レーダーによるすべての方法において、距離の測定は、レーダー信号が送信されたときから反射信号が受信されるまでの経過時間を直接または間接的に測定することに基づいている。

パルス変調

パルス変調信号の場合、パルスを送信してから受信するまでの経過時間τ（時間差）を計測する。受信した電磁波パケットは、必要な情報を取り出すために復調される。前方を走行する車両までの距離は光速と経過時間から計算で求めることができる。直接反射の場合、この経過時間は反射体までの距離 d の2倍を光の速度 c で除した値に等しい。

$$\tau = \frac{2d}{c}$$

たとえば距離 d = 150m であれば、$c \approx 300,000$km/s だから、経過時間は $\tau \approx 1.0$ μs となる。

図1にパルスレーダーのブロック図を示す。たとえば24 GHzの周波数で発振するオシレーターが、信号をパワースプリッターに送る。パワースプリッターの出力は、図に示すように2分され、各チャンネルの高速スイッチに送られる。上段の経路（送信経路）では、パルスジェネレーターにより生成された信号はまず変調される。その際、矩形波パルスは、搬送波信号を活性化させて送信するのに適した形に変換される。変調された信号は、その後高速スイッチ（高周波変調スイッチ）に出力される。そこから信号は送信アンテナへ進む。

下側の並列経路(受信経路)では、経過時間を決定するために可変遅延回路で基準信号を生成し、それを受信経路の高速スイッチに出力する。受信された反射信号は、その周波数の変化を識別するために、オシレーターの出力信号とコヒーレントにミキシングされる。この文脈での「コヒーレント」とは、送信パルスの位相が基準信号に保持されたままであることを意味する。この処理は、オシレーターの位相が安定していることが前提となる。周波数の変化はドップラーフィルターによって検知され、相対速度を決定する。

レーダーの電磁波のピーク値が 20 dBm EIRP(基準量 1 mW の電力レベル、等価等方向放射電力)の場合、測定距離は、当該物体の大きさや反射特性、受信経路の感度に応じて 20〜50m となる。最小測定距離は一般に 25 cm である。

FMCW 変調

図 2 は FMCW (Frequency Modulated Continuous Wave、周波数変調連続波方式)レーダーのブロック図である。77 GHz VCO(電圧制御オシレーター)が送信アンテナに信号を出力する。受信アンテナは、物体によって反射された信号を受信ミキサーに送る。受信ミキサーは、受信信号を VCO の現在の送信信号とミキシングし、低周波数(0〜500 kHz)に変換する。信号を増幅およびデジタル化し、ソフトウェア内で高速フーリエ解析を実施して周波数を特定する(「フーリエ変換」を参照)。

周波数発生の作動原理について、以下に説明する。77 GHz VCO の周波数は、安定したクオーツベースの基準オシレーターを用いた PLL 閉ループ制御(位相ロックループ)によって絶えず比較され、規定の設定値となるように調整される。送信周波数 f_S について、時間とともに直線的に上昇してから直線的に下降する周波数ランプが生成されるように、PLL が測定中に変更される(図3)。中心送信周波数を f_0 とする。先行車両から反射されて受信された信号 f_E は、経過時間のために遅れる。すなわち、周波数 f_E は、上りランプでは Δf_{FMCW} だけ低くなり、下りランプでは同じだけ高くなる。この周波数の差 Δf_{FMCW} は、車間距離 d の直接的な尺度であり、ランプの勾配 s に依存する。

$$\Delta f_{FMCW} = |f_S - f_E| = \frac{2s}{c} \cdot d$$

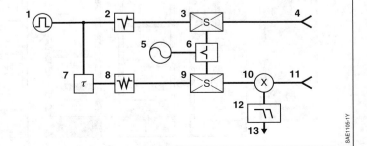

図1:パルスレーダーブロック図
1 パルスジェネレーター
2 パルス変調器
3 高速スイッチ
4 送信アンテナ
5 24 GHz オシレーター
6 パワースプリッター
7 可変時間遅延
8 パルス変調器
9 高速スイッチ
10 ミキサー
11 受信アンテナ
12 ドップラーフィルター
13 出力

さらに、先行車両との間に速度差Δvが存在する場合、ドップラー効果のために上りランプ、下りランプのいずれでも受信周波数f_Eは速度差に比例した一定幅Δf_Dだけ増加（接近時）、または減少（車間距離拡大時）する。

$$\Delta f_D = \frac{2 f_0}{c} \cdot \Delta v \ (v \ll c として近似)$$

つまり周波数差には、Δf_1とΔf_2の2つが存在する。周波数が上昇するとき（上りランプ）は、

$$|\Delta f_1| = |f_S - f_E| = \Delta f_{FMCW} - \Delta f_D$$
$$= \frac{2}{c} \cdot (sd - f_0 \Delta v)$$

周波数が下降するとき（下りランプ）は、

$$|\Delta f_2| = |f_S - f_E| = \Delta f_{FMCW} + \Delta f_D$$
$$= \frac{2}{c} \cdot (sd + f_0 \Delta v)$$

これらの差を加算すると車間距離dが、減算すると物体の相対速度Δvが求められる。

$$d = \frac{c}{4s} \cdot (\Delta f_2 + \Delta f_1)$$

$$\Delta v = \frac{c}{4 f_0} \cdot (\Delta f_2 - \Delta f_1)$$

アンテナシステムと角度の決定

アンテナシステムは、高周波信号の送受信だけではなく、物体の水平方向のオフセットも評価しなくてはならない。これは、物体をレーンに割り当てるために必要である。レーダーシステムは、受信アンテナが物体の位置を検知するときの角度を評価して相対位

図3：リニアFMCWレーダーによる距離と速度測定
1 送信周波数f_S
2 f_E 速度差がない場合の受信周波数
3 f_E 速度差がある場合の受信周波数
Δf_{FMCW} 送信レーダー信号と受信レーダー信号の周波数の差
Δf_1 速度差がある場合の上りランプでの周波数の差
Δf_2 速度差がある場合の下りランプでの周波数の差
Δf_D 速度差がある場合の受信周波数の変化

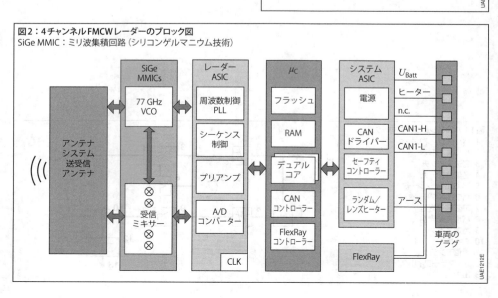

図2：4チャンネルFMCWレーダーのブロック図
SiGe MMIC：ミリ波集積回路（シリコンゲルマニウム技術）

置を決定する。そのためには、少なくとも2つの受信アンテナが必要で、それよりも多ければなお好ましい。これは、単一のレーダービームを振る（走査）か、または複数のレーダービームを並列に重なり合わせることで行うことができる。

　レーダービームごとに測定した反射信号の複素振幅（位相と量）の利得をもとに、レーダーセンサー軸に対する相対受信角度を導き出すことができる。実際には、多くの場合4つのレーダービームを使い、最大0.1°の角度精度と最大4°の角度差で角度を割り出している。

　アンテナシステムは、種々の方法により実現することができる。最も一般的な2つの種類が、レンズアンテナシステムとパッチアレイアンテナシステムである。

レンズアンテナシステム

　レンズアンテナシステムは、誘電性プラスチックレンズの焦点面内に配置された多数のシングルパッチ（一般にプリント基板に取り付けられた金属の長方形で、高周波に適合）で構成される。レンズが、シングルパッチのレーダービームを水平方向および垂直方向に集中させることで、レーダーセンサーの感知範囲が拡大する。シングルパッチの側方オフセットにより、レーダービームの角度がオフセットされて扇形の送受信特性が作られるので、それを用いて位置と角度を決定する。

　レンズアンテナシステムは、通常、モノスタティックシステムである。すなわち、送信パッチが受信パッチの役割も果たし、受信ミキサー内で受信信号を送信信号から分離するために方向性カプラーが使用される。

パッチアレイアンテナシステム

　パッチアレイアンテナシステムは、レンズアンテナシステムとは対照的に、一般にバイスタティック構造である。このシステムの送信アンテナは、行と列に配置された多数のシングルパッチで構成される。各パッチは、レンズによる集中と同様に、重ね合わせることで集中したレーダービームを生み出すように接続されている。

　受信アンテナは、一般に列方向に配置された多数のシングルパッチで構成される。各パッチは、お互い電気的に分離された状態で隣接している。個々の受信列をオフセットすることで、検知した物体の受信信号間に位相変位が生じ、それを用いて角度を決定する。場合によっては、1個の受信列が多数の接続された列で構成されることもある。

レーダーセンサーの種類

　以前は、近距離レーダー（SSR、通常24 GHz周波数帯）と遠距離レーダー（LRR、76 GHz 周波数帯）は区別されていた。ここ最近は、用途の統合が進み、センサーがますます両方の距離範囲に対応するようになっており、やがて中距離レーダー（MRR、76 ～ 81 GHz帯）が市場の主流を占め、それを遠距離レーダーが補完するようになるであろう。近距離レーダーは、一般に20 ～ 50 mの感知範囲と最大160°のビーム角を持つ。遠距離レーダーは、250 mの感知範囲と最大30°のビーム角を持つ。中距離レーダーは、これらの中間の感知範囲とビーム角を持つ。

　将来の自動車は、車体の外側を取り巻くように最大5つのレーダーセンサーを備えるようになるであろう。これによって車両の周囲をほぼ切れ目なく監視できるようになり、運転をより安全で快適なものにするための支援機能をいっそう充実させることができる。

ライダーセンサー

用途

日本およびアメリカの一部では2000年ごろから、アダプティブクルーズコントロール用にライダーセンサー(光検出と測距)が使われている。2008年以降、マルチビームライダーは、自動緊急ブレーキ機能の大きなセグメントを開拓してきた。2020年までには、考えられるさまざまな物理的測定原理を用いた冗長センサー構成のニーズにより、高度自動運転機能用のライダーセンサーの急速な増加が予想されている。

測定原理

今日のライダーセンサーは、概ね150〜250mの測定距離と5〜15cmの距離精度を達成している。角度分解能は、概ね0.25〜1°である。測定レートは、たいていの場合10〜25Hzの範囲である。1つまたは小数の固定ビームを用いるシンプルな非走査型のライダーセンサーは、周囲の個別の測定点を供給する(距離および強度)。複雑なライダーセンサーは多数のビームを備え、それらを個々に偏向させることで周囲を走査することができる。このような高解像度ライダーセンサーは、1測定サイクルあたり数千の測定点を達成する。測定データは、利用可能な強度情報を用いてビデオ画像と比較される。

多くのレーダーセンサーと違って、ライダーセンサーは対象物体の速度を直接測定するのではなく、距離信号の微分により速度を算出する。この結果、ある程度の遅延時間と信号品質の低下が発生する。他方、走査式ライダーセンサーで得られる水平分解能は、今日の標準的レーダーセンサーよりもはるかに優れている。

ライダーセンサーは、800〜1,000nmの近赤外線域、または目の安全を高めるために約1,550nmで使用される。ライダービームは、霧、特に噴霧のように視界不良の状態では大幅に減衰される場合がある。当然、測定範囲も減少する。ライダービームは、霧が発生し、光の激しい乱反射が起きる視界不良の状態では、受信信号が大幅に弱まる。当然、感知範囲も減少する。このため、安全関連の用途にはレーダーセンサーほど適してはいない。

図1:パルスライダーおよびCWライダーのライダーブロック図
a　パルスライダー
b　CWライダー(連続波)
1　送信ダイオード
2　受信ダイオード
DSP　デジタル信号プロセッサー
TDC　時間/デジタルコンバーター
A/D　アナログ/デジタルコンバーター
μC　マイクロコントローラー

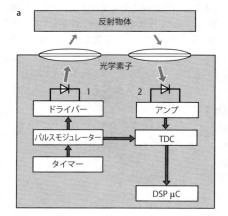
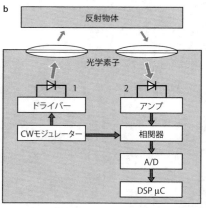

ライダーセンサーでは、赤外線を周波数変調ではなく強度変調する。そのブロック図を図1に示す。ライダーセンサーは変調された赤外線を放射する。対象物体で反射された赤外線を、センサーのフォトダイオード（1つまたは複数）で受信する。変調の形態は、方形波発振、正弦波発振またはパルスである。変調器は変調情報を受信機に送信する。それをもとに、受信信号と送信信号を比較し、信号の位相差または経過時間のいずれかを求め、それから目標物体までの距離を算出する。

信号雑音比（SN比）は変調の種類に大きく依存し、パルス変調のSN比が最も優れている。このため、長距離用ライダーセンサーで実際に使用されているのはパルス変調である。

現在、光伝搬時間を測定するために3つの基本原理がある。

直接パルス伝搬時間法

直接パルス伝搬時間法では、非常に強力な短いパルス光（一般にパルス高最大75 W、パルス持続時間2〜10 ns、パルス繰返し数最大150 kHz）が放射される。受信光の中で、物体によって反射されたパルスは、時系列位置および信号形状に関してさまざまな方法（走査／相関分析または閾値比較によるエッジ検出など）で検出される（時間／デジタルコンバーター、TDC）。距離は、光速で放射されたパルスに対する相対的な時系列位置から計算される。反射率は、信号形状から推定することができるが、反射が硬目標（物体）から来るのか、それとも軟目標（霧などの大気障害）から来るのかを分類することもできる。距離の推定を改善するために、信号形状が使用されることもある（ウォークエラー補正など）。必要とされる広いダイナミックレンジに適合するために、いくつかの受信機回路は主に飽和状態で作動し、その場合はエッジ検出のみが可能である。その他の方法では、ダイナミックゲイン調整（たとえば、立上がり経過時間に応じて増加）を実施する。より新しい方法では、統計的手法を用いる（連続イベント測定における周辺光ノイズの中での閾値比較など）。

水平および垂直分解能は、マルチビーム構成、機械的走査、または特別な受信アレイで達成される。

マルチビームライダーの分解能は、非常に限られている。このようなライダーの使用は、物体の存在について粗い体積要素をチェックする場合にのみ合理的といえる（前面衝突が避けられず、被害の軽減のみが可能であるような状況において、緊急ブレーキ機能を作動させる場合など）。

機械的走査は、送信／受信機が1台または数台だけの場合に非常に精密な角度分解能が得られるという利点がある。最近まで、ビーム偏向は、回転ミラー（プリズムミラー）を用いるか、送信機または受信機の光学素子を動かすことで行なわれていた。今日では、送信機、受信機、および光学素子を回転板の上に設置するというソリューションが、より頻繁に用いられている。回転板へのエネルギー伝達は、すべり接触または非接触手段で行われる。

小型化のために、MEMSマイクロミラー（微小電気機械システム）が偏向板として用いられる。この傾向は、少なくとも送信ビームの偏向用として受け入れられた。

より新しい形態では、最大256×256ピクセルの受信アレイ（焦点面アレイ、FPA）が使用される。この中で各ピクセルは、受信パルスを走査することで距離測定を行う。送信側では、単一の非常に強いパルスを放射（フラッシュライダー）、または走査装置を用いて光パルスを偏向する。こうした技術の成熟度は、今日でもまだ低い。

さらに特殊な形態であるレンジゲート表示またはレンジ走査では、受信機のゲートウィンドウが非常に短い（数ナノ秒間持続）時間ごとに徐々に移動し、一回移動するたびに、ゲートウィンドウの受信光の強度のみが測定されるにすぎない。長所は、受信機での変換が簡単なことである。短所は、距離が増加するごとに新しいレーザーパルスが必要とされることである。

1566 車両の電子システム

間接伝搬時間法

位相変位を用いる間接伝搬時間法では、振幅変調光信号（理論的に大部分が正弦波と考えられ、出力は最大数10 W CW）が放射され、検出器において反射光と関連付けられる。位相変位から光伝搬時間、すなわち距離を直接推定することができる。位相変位を決定するために、信号振幅、位相関係、および信号オフセットを受信信号から決定しなくてはならない。3つの未知数を決定するために、4つの測定値を記録し、優決定系から解を確認する。測定値は、0°、90°、180°、および270°の位相変化に対応する4つの測定位相において記録される。数ミリ秒間にわたり、光子から変換された電荷担体が、送信変調の振幅によって制御されながら、2つの電荷ゾーンに分配される（チャージキャリアスイング）。すべての部分測定が完了した後で、電荷の状態から物体までの距離を推定することができる。レーダーに相当するこのピクセルのミキサーのため、このように構成されたイメージャーは、フォトニックミキシングデバイス（PMD）とも呼ばれる。強い背景光などによる電荷ゾーンの飽和を避けるために、チャージキャリアスイング内で等しい成分を取り除くことができる（SBI、背景光除去）。

非常に多くのPMDピクセルを含む形態のライダーセンサーは、ライダー技術とカメラ技術の両方の特徴を兼ね備えるため、測距イメージャーとも呼ばれる。このセンサーは、間近の物体までの距離をカメラのピクセルで計測する追加機能を備えたビデオセンサーと見なすことができる。なお未解決の問題を克服できれば、PMD技術は近距離および中距離範囲のセンサーに取って代わる可能性がある。

高速露光制御を用いる間接伝搬時間法

高速露光制御を用いる間接伝搬時間法では、できれば矩形波の長い高振幅パルスが放射される（パルス持続時間は数100 ns、パルス高は最大100 W）。受信パルスは受信機内で2つの露光部において積分される。第1露光部は送信時間に相当し、物体までの距離が増加するにつれてゲートウィンドウに入り込む反射光の割合が減少し続け、その結果として、積分することができる。物体との距離が、送信時間に相当する距離（上限距離）を上回ると、それ以上の光を積分することはできない。この最初の部分測定では、物体の反射率と物体との距離は明確ではない。明確な値は第2露光部で得られる。ここは送信時間の2倍に相当し、反射したパルス全体が入射するために、物体によって反射した光の全体量が明確に示される（この距離における反射率の次元）。両方の部分測定は、背景光の結果としてさらなるオフセットを含む。それゆえ背景光は、パルス点灯のない第3の部分測定において決定される。この技術は、その積分性を考えると、現在は明るい背景光の中でのみ機能する。

現在、2種類の実装形態がある。その一つは、非常に高い分解能を持つ高速スイッチング標準カメライメージャーを使用して、3つの部分測定を行う。距離画像は、コンピューターの下流段において計算される。もう一つのものは、CMOSイメージャー上で測定原理を直接実施する。しかし、スペースファクター（測定原理を実施するための空間要件）が小さいために、低い解像度しか達成することができない。

ビデオセンサー

用途

画像には有用な情報が多量に含まれている。したがって、画像を撮影し、適切な詳細情報を抽出／処理して危険な状況を特定することは、運転者支援システムを開発する上で当然のアプローチとなる。

その第1段階として、たとえば暗視システムやレーン逸脱警報、道路標識認識といったビデオカメラベースの機能がすでに市場に導入されている。第2段階の目標は、(とりわけ数種類のセンサーを組み合わせて) ブレーキやステアリング、アクセルに働きかけ、車両の動きを制御することで、これを実現できれば交通事故の大幅減少と、事故の影響緩和に向けて新しい効果的な展望が開けてくる。

これらの機能に関連して、車両システムでは2通りの異なる処理が行われる。暗視システムのように、特にハイコントラストで鮮明な画像の生成を要求される場合は画像編集が行なわれる。編集された画像は直接ディスプレーに出力される。もう1つは、特殊なアルゴリズムによる特定の画像内容の抽出である(画像処理、たとえば、道路標識の認識)。このようにして取得した情報は、運転者に対する警告をディスプレー上に表示したり、アクチュエーターを作動させて車両の動作に介入するために役立てることができる。

光電センサーの基本原理

光電流の生成

半導体に光子を照射すると、電子 - 正孔対が生成される。これらの電子 - 正孔対は電界を生成し、再結合して光電流を生成する。ここで、パラメーター「量子効率 η」を使って、1つの光子からどれだけの電子 - 正孔対が生成されるかを表すことができる。

事実上、半導体に進入したすべての光子が電荷に変換される。ただし、この光電変換が起こる位置 (平均吸収深さ) には、強い波長依存性がある。短い波長の光は主に半導体の表面で吸収され、長い波長の光は半導体に深く進入する。したがって、赤色および赤外線波長成分が多い画像 (たとえばナイトビジョンシステム) は、短い波長の光で記録した画像よりもコントラストが著しく低くなる。このためナイトビジョンシステムでは、鮮明でコントラスト豊かな画像を得るために、画像信号を処理する必要がある。民生用途では、しばしば光学フィルターをカメラの前に組み込み、スペクトルの赤外成分をカットすることが行われる。

光電流の大きさは入射光束に10の冪乗単位で比例し、広いダイナミックレンジにわたって直線性を保つ。この理由から、半導体光センサーは多くの民生用途および計測用途にとって魅力的である。

特に重要な2つの感光半導体素子は、CCDセンサーに用いられているようなフォトダイオードと、金属酸化膜半導体 (MOS) コンデンサー (MOSコンデンサー) である。これらの半導体構造は標準的な半導体プロセスで製造される。

フォトダイオード

フォトダイオード (図1) は、異なる導電特性を持つ半導体素材の組み合わせで構成される。2つの半導体素材の接合部の空間電荷領域に電界が形成される。この空間電荷領域はまた、その厚さに反比例する一定の静電容量を示す。フォトダイオードは通常、特定の電位に充電 (復帰電圧) され、次に光にさらされることにより動作する。そして、光電的に生成された電荷は空間電荷領域全体に広がり、フォトダイオードコンデンサーに蓄積される。フォトダイオードが光にさらされると、残留電圧が計測される。この電圧と復帰電圧の差が、入射光量の大きさを表す。

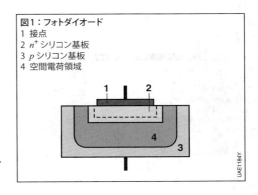

図1：フォトダイオード
1 接点
2 n^+ シリコン基板
3 p シリコン基板
4 空間電荷領域

金属酸化膜半導体コンデンサー

金属酸化膜半導体コンデンサー（MOSコンデンサー、図2）は、薄い酸化層で覆われた半導体素材で構成される。この酸化膜の上に金属導体層がある。MOS素子の金属電極に正電圧を印加すると、絶縁酸化膜の下に定常正電荷の空間電荷領域が形成される。光が透明な絶縁された電極を通して（前面露光）または基板を通して（背面露光）入射すると、光電的に生成された電子は、再結合も流出もできずにこの領域に集まる。

フォトダイオードとMOSコンデンサーの容量は、一般的に0.1 fF/μmである（[1]、[2]）。

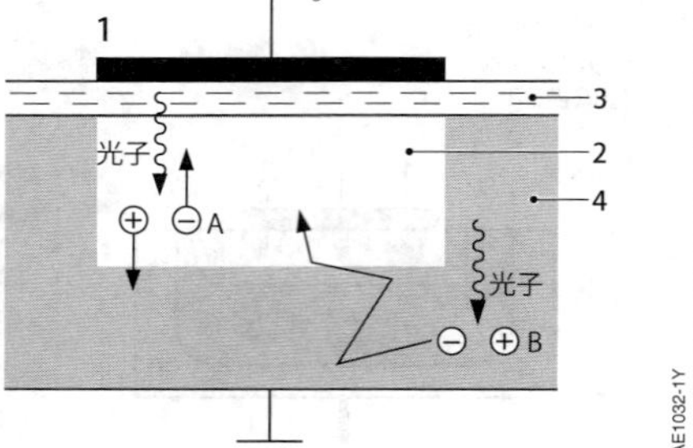

CCD画像センサー

画像センサー（またはイメージャー）は、フォトダイオードまたはMOSコンデンサーを相互に接続して作った、多数のピクセル（画素）からなる「配列（アレイ）」である。フォトダイオードの出力信号は、光束（照度）の瞬時値に対応する。この信号を、後続する2つの構造で集積する。こうして得られる信号は、露光時間中にセンサーに進入した光子の総数を表す。このようなセンサーは、主にCCD（電荷結合素子）原理に基づくラインまたはユニプレーナ型センサーアレイを製造するために必要となる。

これらpn接合型フォトダイオードの場合、蒸着膜のためpn接合部のほんの一部が光線に対して感受性を示すだけである。しかしながら、光電的に生成された電荷は全空間電荷領域に広がり、そこに蓄積される。MOSFETスイッチが閉じられると、電荷は共用の信号線（ビデオ出力）へと移動する。このスイッチは、シフトレジスターを介してクロック発生器によって制御される（図3）。ビデオ出力線をシリアルに流れる電荷は、各フォトダイオードが受け取った光量の尺度となる。

露光後に測定電荷を横方向に移動するために、図4に示すように、別の電極を露光可能域またはコレクター電極の隣に配置する。コレクターで電荷を集積している間、これらの電極は電位ゼロに保たれる。続いて横移動電極の電位を上げ、同時にコレクター電極の電位を下げる（ただし、0 V超を維持）と、電荷は入射光から膜で遮蔽されている近傍のMOS素子に移動できるようになる。

図2：電荷集積型光電センサーとして動作するMOSコンデンサー
1 電極
2 空間電荷領域
3 酸化シリコン
4 p シリコン
A 電子
B 穴

図3：直列出力ラインを持つフォトダイオードの配線図

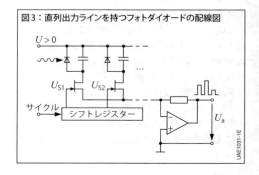

この電荷移動原理が電荷結合素子の基礎となっている。この原理により、アナログ電荷を、大きな損失を伴うことなく、多くの中継点を経由して移動または伝達できる。電荷は最終的に伝達経路の最後で電荷増幅器によって電圧信号に変換され、たとえば高速アナログ-デジタルコンバーターに供給される。

この電荷移動方法は、一種のアナログシフトレジスターと考えることもでき、長い線状の構造またはマトリックス構造を簡単に実現できる。これらの構造の各要素は、ピクセル（ピクチャーエレメント（画素）の短縮形）と呼ばれる。現在では、ラインセンサーの最大ピクセル数はおよそ6,000で、マトリックスセンサーのそれは約5,000×5,000、つまり2,500万ピクセルである。今日の車載画像センサーは、ピクセル数が100万以下である。しかし、より高度の車載アプリケーションでは、ピクセル数をもっと上げる必要がある。民生用カメラでは、1,000万ピクセル以上の画像センサーが使われている。

従来型結像レンズから光を受信するピクセルの大きさは、今日では一辺5〜20μmのものが一般的である。したがって、センサーチップの面積はcm^2のオーダーに収まる。各ピクセルを小さくして分解能を上げる、またはチップのコストを引き下げようとする場合、ピクセルあたりの入射光子数が減少することに注意しなければならない。したがって、実用性の面からピクセルの小型化は、不可避的に発生するノイズプロセスによって制限される。つまり、ピクセル数を増やして分解能を上げても、やがてはノイズレベルの上昇のために有効な情報量はそれ以上増えなくなるということである。

センサーを構成する個々の電荷集積型セルが保持できる電荷にも限界がある。この限界を超えると、電荷は近傍のセルに「あふれ出て」しまう。これは「ブルーミング効果」と呼ばれ、基本的にCCD技術のダイナミックレンジ（明暗比）を制限する要因となる。ブルーミング防止措置を講じたとしても、可変シャッターや可変露光時間といった追加的支援がなければ、ダイナミックレンジを約50 dB以上に広げることはまず不可能である。

今日、最も広く用いられている半導体ベースの画像センサー技術がCCD画像センサーである。しかし、ダイナミックレンジ（明暗比）の制約や、異なる3つの動作電圧が必要な上、他の技術に比べ相対的に電力消費量が大きいこと、作動温度範囲の制約などから、車載アプリケーションに広く用いるには限界がある。

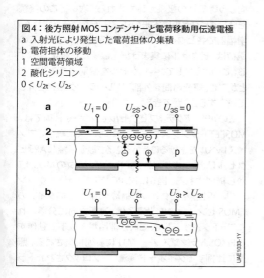

図4：後方照射MOSコンデンサーと電荷移動用伝達電極
a 入射光により発生した電荷担体の集積
b 電荷担体の移動
1 空間電荷領域
2 酸化シリコン
$0 < U_{2t} < U_{2s}$

CMOS画像センサー

今日、CMOS画像センサーはCCDセンサーよりも先端的なソリューションと見なされ、多くの用途に広く使われている。「CMOSセンサー」という言葉は混乱を招きやすいかも知れない。なぜなら、CMOS技術は特別な半導体技術のことを意味するからである。CCD技術ではそのような特殊技術は必要とされないが、MOS構造を使うことには変わりない。CMOSセンサーはCCDセンサーとは製造方法のみならず、その特徴も根本的に異なる。

- CMOSセンサーではピクセル信号をシリアルに読み出すことはできない。その代わり、RAMのメモリーセルあるいはLCDフラットスクリーンディスプレイのピクセル同様、ピクセルはマトリックス構造に配置され、個々にアクティベートされる。またこの目的のために、能動電子回路がピクセルごとに組み込まれている（APS＝アクティブピクセルセンサー）。
- 電荷集積型フォトダイオードは使われず、代わりに露光時間に大きく依存しないフォトダイオードを使用する。
- 輝度の値はそれに比例した電気信号に変換されるのではなく、値は対数化されてから読み出される。つまり、人間の眼と同じような信号処理をすることになる。このような方法でのみ、追加措置を講ずることなくダイナミックレンジ（明暗比）を100 dB以上に広げることができる。
- CMOS画像センサーは、標準的なCMOS技術を使って実現されるのではない。使われているのは光電素子用に最適化したCMOS技術であり、これはCCDセンサーに比べ消費電力がはるかに少ないため、画像センサーチップに追加のアクティベート回路と評価電子回路を統合できる。各ピクセルのアクセス時間は数十nsの範囲内であるため、特に、CCDセンサーでは不可能なサブ画像（サブフレーム）読み出しに使用する場合など、CMOSセンサーでは若干高い画像周波数を使うことができる。

図5にCMOS画像センサーの概略（部分）を示す。各ピクセルはフォトダイオードと、スイッチング素子としてのMOSFET（電界効果トランジスター）で構成される。各ピクセルはマトリックス構造を介してアクティベートし、読み出すことができる。

すべてのフォトダイオードは、約5Vのバイアス逆電圧に充電される。個々のピクセルは、入射光の影響下で特定電圧まで放電される。対応するライン／カラムドライバーをアクティベートして1つのピクセルを読み出すと、その結果、ピクセルから出力増幅器へと向かう導電性の接続が確立される。次いでこの接続を介してピクセルは本来の逆電圧まで再充電される。増幅器で各ピクセルに必要な電荷を計測する。この電荷は、ピクセルに集まった光電荷に正確に対応する。このようにして、各ピクセルを個別に読み出すことができ、露光時間を外部アドレッシング回路を介して決定することができる。

このAPS（アクティブピクセルセンサー）技術では、MOSFETトランジスターをマトリックスに統合してノイズレベルを下げることができる。最も単純なAPSピクセルは、1つのフォトダイオードと3つのMOSFETから構成される。図6にHDRC（高ダイナミックレンジCMOS技術）ピクセルの構造を示す。このタイプのCMOSセンサーの感光素子は、遮断方向に分極されたフォトダイオードで、これが開路電圧以下で動作するPMOSトランジスター（M1）に直列接続される。照度に比例するダイオード電流は、ブロックされたトラ

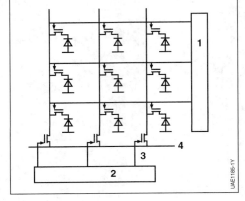

図5：CMOS画像センサー
ピクセルあたりフォトダイオードと駆動トランジスター各1個で構成されるフォトダイオードアレイ
1 ラインアドレス指定
2 カラムアドレス指定
3 カラム選択
4 カラム信号線

ンジスターをも流れる必要がある。トランジスターのゲート／ソース間電圧UGSは、広い範囲にわたり、ドレイン電流（光電流）に依存してほぼ理想的な対数曲線を描いて変化する。他の２つのトランジスターM2とM3は、マルチプレクサーから高速10ビットアナログ-デジタルコンバーターを介して供給される信号のデカップリングを受け持つ。

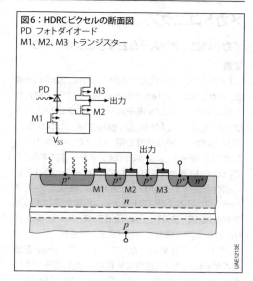

図6：HDRCピクセルの断面図
PD フォトダイオード
M1、M2、M3 トランジスター

ビデオセンサーに関する参考文献
[1] B. Jaehne, H. Haußecker, P. Geißler; (Ed.): Handbook of Computer Vision and Applications, Vol. 1. Academic Press, 1999.
[2] P.M. Knoll: Ch. 7.8 "Video Sensors" in: J. Marek, H.-P. Trah, Y. Suzuki, I. Yokomori: Sensors for Automotive Technology. Wiley-VCH, Weinheim, 2003.

メカトロニクス

メカトロニックシステムおよびコンポーネント

定義

「メカトロニクス」という用語は、「mechanism（機構、メカニズム）」と「electronics（電子）」から合成されたものである。ここで「電子」は「ハードウェアとソフトウェア」を意味し、「機構」は「機械工学」および「水力学」を含む一般的な意味で用いられている。メカトロニクスは「電子化」によって機械工学を不要にすることではなく、相乗効果を発揮するアプローチと設計手法の開発を意味する（図1）。その目的は、機械工学・電子ハードウェアおよびソフトウェアの相乗効果による最適化を通じて、コスト、重量、設置スペースを低減し、より優れた品質で機能を実現することである。

問題解決のためのメカトロニックアプローチを成功させるにあたり決定的に重要なことは、従来別々に考えられていたこの2つの分野を一体として扱うことである。

用途

今日の自動車は、ガソリンおよびディーゼルエンジンの制御や燃料噴射、トランスミッションのシフトコントロール、電気および熱エネルギーの管理、各種のブレーキや走行ダイナミクス関連システムなど、事実上すべての部分にメカトロニクスシステムおよびコンポーネントを利用している。応用範囲は通信や情報システムにも及んでいるが、その実現には種々の異なった要求条件が課せられる。システムやコンポーネントとは別に、マイクロメカニクスの分野でもメカトロニクスの重要性が高まっている。

システムレベルの実例

完全自動運転およびガイダンスシステムの開発の促進という一般的な傾向が明らかになりつつある。将来は、機械的システムに代わって「バイワイヤー」システムが次第に広く用いられるようになるであろう。「ドライブバイワイヤー」システムは、すでにかなり以前から存在している。すなわち電子式スロットル制御である。ブレーキペダルとホイールブレーキのリンクは、機械および油圧システムから「ブレーキバイワイ

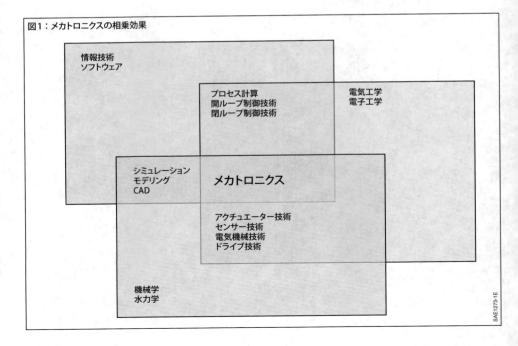

図1：メカトロニクスの相乗効果

ヤー」システムに置き換わりつつある。すなわち、運転者のブレーキ操作をセンサーが検出し、その情報を電子制御ユニットに伝える。ユニットはアクチュエータを操作して、必要な制動力をホイールに発生させる。

「ブレーキバイワイヤー」を実現する方法として、電気油圧式ブレーキシステム（Sensotronic Brake Control, SBC）を挙げることができる。ブレーキペダルを踏むか、または走行ダイナミクス制御による車両安定化のための介入が行われると、SBCのコントロールユニットが個々のホイールに求められるブレーキ圧目標値を計算する。ユニットは各ホイールごとに必要なブレーキ圧を計算し、現在値も個別に検知するので、ホイール圧力モジュレーターを介して各ホイールへのブレーキ圧を制御することができる。4つの圧力モジュレーターはそれぞれインレットバルブとアウトレットバルブを有し、いずれもECUのアウトプットステージで制御され、これによって正確な圧力制御を実現する。

コモンレールシステムでは、圧力生成と燃料噴射がそれぞれ分離されている。高圧アキュムレーター、すなわちコモンレールは、常にエンジンのその都度の作動状態に応じて必要とされる燃料圧力を蓄積している。ソレノイドバルブで制御されるノズルを内蔵したインジェクターが、各シリンダーの燃焼室へ直接燃料を噴射する。エンジンの電子系統はアクセルペダル位置、回転数、作動温度、取り入れた外気の流量、レール圧力に関するデータを常に要求し、これにより運転条件に応じて燃料計量を最適に制御する。

コンポーネントレベルの実例

フューエルインジェクターは、ディーゼルエンジン技術の将来の可能性を決定する重要なコンポーネントである。コモンレールインジェクターは、関連する物理的領域すべて（電気力学、機械工学、流体工学）にわたる制御によってのみ極めて高いレベルの機能性が実現され、最終的にユーザーにとっての利用価値が達成されることを示す好例である。

車載CDドライブは、特に厳しい条件にさらされる。温度範囲が広いばかりでなく、精密機器にとっての脅威である大きな振動に耐えなければならない。CDドライブは通常、車両走行中の振動の影響を遮断するために、減衰システムを備えている。CDドライブの重量や設置スペースを減少させようとすると、この減衰システムが直ちに問題となる。CDドライブの振動減衰装置を廃止するとなると、ゼロクリアランスの機械システムと高周波における焦点およびトラッキングコントローラーの追加強化対策が主要な課題となる。この2つの対策をメカトロニックな観点から考察してはじめて、自動車環境で使用できる最適な耐振設計の実現が可能になる。重量が約15％節減された上、取付け寸法も約20％低くなった。

クーラントモーターへの新しいメカトロニクス的アプローチは、電子整流式ブラシレスDCモーターを基礎としている。ブラシレスモーター（電子制御モーター）は、当初は従来のブラシ式モーターよりも高価であった。しかし全体的な最適化を目指すアプローチによって、その採用が有利であると判定された。すなわち、ブラシレスDCモーターは極めて単純な設計の「ウエットローター」として利用できるのである。これにより、部品数を約60％低減することができる。総合的に見ると、より堅牢な設計により寿命が2倍、重量がほぼ半分になり、全長も約40％短縮され、かつコストは同程度に抑えることができる。

マイクロメカニクス分野での実例

メカトロニクスの今ひとつの応用分野として、マイクロメカニクスによるセンサーが挙げられる。ホットフィルムエアマスメーターやヨーレートセンサーは、その顕著な例である。

マイクロシステムでは、機械工学、静電気学、流体力学（場合による）、電子工学など個別分野に関わる種々のサブシステムが密接に相互作用するため、分野横断的なアプローチが不可欠である。

開発の方法論

シミュレーション

メカトロニックシステムの設計に際して特に問題となるのは、開発期間がますます短くなる一方で、システムはますます複雑になっていくことである。同時に、開発は確実に有用な製品を実現するものでなければならない。

複雑なメカトロニックシステムは、物理学の広い範囲、すなわち水力学、機械工学、電子工学などに関連する多数のコンポーネントから成る。これら諸領域の相互作用は、システム全体の機能や性能を決定する重要な要因である。設計上の重要な決定事項の見直しには、特にプロトタイプがまだ存在しない初期段階においてはシミュレーションモデルが必須である。

コンポーネントの比較的簡単なモデルで基本的な問題が解明できることも少なくない。詳細な解析が必要ならば、より厳密なコンポーネントモデルを用意しなければならない。詳細モデルは、主として特定の物理的領域に関わるものである。

こうして、コモンレールインジェクターの各種の詳細な水力学的モデルが作られている。これらのシミュレーションは、液圧システムに正確に適合したアルゴリズムを用いたプログラムによって行われる。たとえば、キャビテーション現象を考慮することが要求条件の一つである。

インジェクターを駆動するパワーエレクトロニクスの設計にも詳細モデルが必要である。この場合も、電子回路設計のために特に開発されたシミュレーションツールが使用される。

センサーからの信号に基づいて高圧ポンプやパワーエレクトロニクスを制御するECUのソフトウェアの開発やシミュレーションにも、システム内の特定部品のために設計されたツールが必要とされる。

コンポーネントはシステム全体の中で相互作用するので、各コンポーネントに対する詳細なモデルを独立的に考えるだけでは不十分である。他のコンポーネントも考慮に入れて、はじめて最適解が得られる。たいていの場合、コンポーネントは遥かに簡単なモデルで記述できる。たとえば液圧系に注目したシミュレーションでは、パワーエレクトロニクスについては簡単なモデルで十分である。

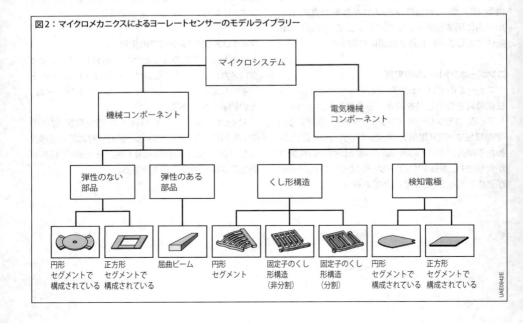

図2：マイクロメカニクスによるヨーレートセンサーのモデルライブラリー

メカトロニックシステムの設計においてさまざまな分野固有のシミュレーションツールを効果的に使用するには、シミュレーションツール間でモデルやパラメーターを交換できるような支援環境が不可欠である。各ツールではモデルの記述にそれぞれ固有の言語が用いられているため、モデルを直接交換することは難しい。

しかしメカトロニックシステムの典型的なコンポーネントの解析は、それらを各領域固有の少数の簡単な要素から構築可能であることを示している。そのような標準的要素の例として、次のようなものが挙げられる。
- 水力学においては：流量制限器、バルブ、配管
- 電子工学においては：抵抗、コンデンサー、トランジスター
- 機械工学においては：摩擦を伴う質量、トランスミッション、クラッチ（マイクロメカニクスにも該当）

これらの要素を中央の標準モデルライブラリー（図2）に蓄積し、製品開発に際して各所から参照できるようにしておくことが望ましい。標準モデルライブラリーの中核は、標準的要素すべての記述である。各要素ごとに下記から成る記述が必要である。
- 物理挙動を記述したテキスト
- 物理方程式、パラメーター（電気伝導度、透磁率など）、状態変数（電流、電圧、磁束、圧力など）
- 関連するインターフェースの記述

Vモデル

Vモデルは、製品の要求事項の定義から構想と開発、実装、試験を経てシステムでの使用に至る、製品開発の種々の段階の相互関係を図示したものである（図3）。プロジェクトは、開発段階で次の3段階を上から下の順で経過する。

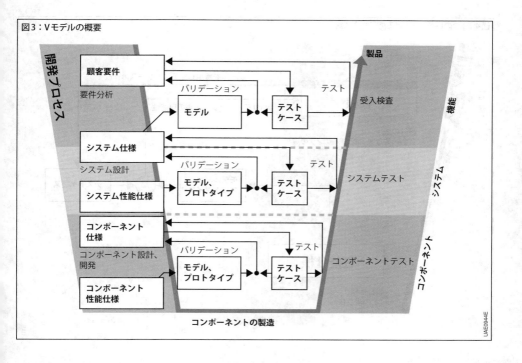

図3：Vモデルの概要

- ユーザー固有の機能
- システム、および
- コンポーネント

　各レベルにおいて、まず要求条件の指定（「何を」）を、仕様として定めなければならない（図4）。次にこれを用いて、設計上の諸決定を経て設計仕様（創造的なエンジニアリングの成果）を作成する。性能仕様は、要求条件が「どのようにして」満たされるかを記述する。性能仕様はモデル記述の基礎であり、各設計段階や既に定義されているテストケースの正しさのチェック（バリデーション）を可能にするものである。この手順は3段階を経過し、適用される技術に応じた関連領域（機械工学、水力学、流体力学、電気・電子工学、ソフトウェア）それぞれに対して行われる。

　設計の各レベルでの再帰性により開発期間を著しく短縮することができる。シミュレーション、迅速なプロトタイプ作成、併行エンジニアリングなどのツールは迅速な検証を可能にし、製品サイクル短縮のための前提条件が満たされる。

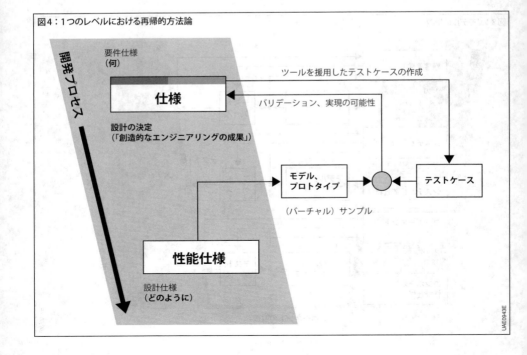

図4：1つのレベルにおける再帰的方法論

展望

　メカトロニクスの背後にある原動力は、マイクロエレクトロニクスの絶えざる進歩である。コンピューター技術の進歩により標準アプリケーションにおけるコンピューターがますます高性能で統合された機能を有するものとなっていることが、メカトロニクスの推進力となっている。このため、自動車の安全性や快適性の向上にはなお大きな可能性があり、汚染物質排出量や燃費も一層の低減が期待される。その一方で、このようなシステムのための新技術の習得が、技術者の大きな課題となっている。

　「バイワイヤー」システムは、故障が発生しても機械式または液圧式の非常システムレベルに戻ることなく所定の機能を発揮し続けなければならない。そのようなシステムを実現するには、安全性が「簡単に」確認できる、信頼性と可用性の高いメカトロニックなアーキテクチャが必須である。このことは個々のコンポーネントにも、エネルギーや信号の伝達のどちらにも影響する。

　「バイワイヤー」システムと並んで、運転者支援システムやそのマン／マシンインターフェースも、メーカーとユーザーの双方にとってメカトロニクスの系統的利用による更なる進歩が期待できる分野である。

　メカトロニックシステムの設計においては、下記のような複数の観点における連続性を目指さなければならない。

– 垂直方向：全体的最適化を目的とするシステムのシミュレーションから詳細解明のための有限要素法解析に至るトップダウンと、コンポーネント試験からシステム試験に至るボトムアップの設計エンジニアリング

– 水平方向：複数の分野にまたがる「併行エンジニアリング」による、製品に関連するすべての問題の同時処理

– 企業の壁を超えて：「バーチャルサンプル」の概念が段階的に実現されつつある

　その他の課題として、学際的発想力を育成する教育訓練、および適切な設計エンジニアリングの手順や組織形態・コミュニケーション形態の開発を挙げなければならない。

車内空調制御

車内空調制御の要求事項

乗用車および商用車の車内空調制御システムには多くの機能が求められる。ひとつは、車内の空気を乗員のすべてにとって快適なものに調えることである。このため、外気の温度をもとに冷却または暖められた空気を、乗員の心理的なニーズに応じるように車内へ供給しなければならない。もうひとつの機能は、車内を不快な臭気や汚染物質のない状態に保つことである。

空調制御システムは、フロントウィンドウやサイドウィンドウの曇りや凍結を除く安全性に関連する機能も備えている。各国のさまざまな法令基準も満たす必要がある。

快適性に対する要求事項とそれに応じるために空調制御システムに求められる機能は、通常は上級車になるにつれて増加する。地域特有の要求事項にも配慮が必要となる。例えばヨーロッパでは可能な限り弱い風で作動するシステムが好まれ、アメリカでは冷たい空気を強い風で送ることが求められる。

エアコンユニットの構造および作動原理

空気の吸入

エアコンディショナーユニットは、インストルメントパネル下の乗員の目につかない位置に取り付けられる。通常の場合、外気はフロントガラスの底部から取り入れられる(図1)。雨水や雪は、エアコンディショナーユニットへと向かう途中で取り除かれる。外気はラジアルファンによって取り入れられ、バルクヘッド(エンジンと車室の間の隔壁)の開口部を通って送られる。またもうひとつの吸入口を通じて、車内の空気を取り入れることもできる(再循環気)。外気と再循環気との割合はフラップによって制御される。

車内へ酸素を供給するには外気を導入する必要がある。内気循環モードでは、不快な臭気や汚染物質が車内に侵入することを予防できる。また内気循環モードでは、温度制御された空気を暖房モードで暖めたり冷房モードで冷やしたりする必要が少ないため、電力消費量も大幅に低くなる。しかし、車内の空気に含まれる水分の結露により生じるウィンドウの曇りを防ぐため、温度と湿度の低い外気を定期的に取り入れる必要がある。

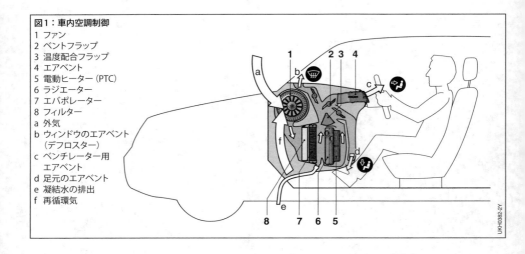

図1：車内空調制御
1 ファン
2 ベントフラップ
3 温度配合フラップ
4 エアベント
5 電動ヒーター(PTC)
6 ラジエーター
7 エバポレーター
8 フィルター
a 外気
b ウィンドウのエアベント
  (デフロスター)
c ベンチレーター用
  エアベント
d 足元のエアベント
e 凝結水の排出
f 再循環気

空気の浄化

空気を浄化するため、フィルターフリースのシートには、折り曲げるなどのプリーツ加工が施されている。このフィルターシートは、エアコンディショナーユニット内のファンの前後に設けられた長方形のフィルターエレメントに合わせた形で取り付けられている。フィルターエレメントは、外気だけでなく再循環気の汚れも除去できるように配置されている。フィルターエレメントのほこりなどを保持する能力には上限があるため、交換が必要となる。フィルターフリースには、微粒子や汚染物質を除くために活性炭層を加えることができる（ハイブリッドフィルター）。

空気の冷却

浄化された空気は、エバポレーターの表面で冷却される。現在のエバポレーターは、一般的にはその全体がアルミニウム製となっている。空気は、エバポレーターを流れる気化しつつある冷媒に比例してエネルギーを奪われる。

冷たい空気は暖かい空気ほど多くの水分を含むことができないため、水分は温度が低下するにつれ、エバポレーターに沿って下へ向かう。水分はエバポレーター下部のハウジング、凝結水用のパンに集められると、排水口を経由してエアコンディショナーユニットから車外に排出される。

温度制御と風の配分

エバポレーターの後方では、配合フラップシステムによって空気の理想的な温度が設定される。このため、空気はその全部もしくは一部がラジエーター（この中をクーラントが流れる）を通過するか、（純粋な冷却モードの場合）ラジエーターを通過して直接エアベントに向かう。空気は1つ以上の温度配合フラップにより、各種の割合で2つの経路へと連続的に分配される。冷気流と暖気流は、下流にある配合チャンバーにおいて設定温度に合わせて配合される。空気の流れは、快適さをもたらす「頭部を冷たく、足元を暖かく」という原則に従って配合される。この目的を達成するため、空気は、「足元」、「ベンチレーション」（インストルメントパネルのエアベント）、「ウインドウ」といった、3つの主要なベントレベルから異なる温度で吹き出され、15 Kを上限とした温度の層を形成する。

個々のベントから吹き出される空気の量は、手動操作、もしくはモーター駆動のベントフラップによって、さまざまな割合に連続調節することが可能である。

さらに機能を拡張したエアコンディショナーユニットでは、リアシート用のエアベントや、各シート個別に温度を設定できる機能が備えられる。最初の拡張段階では、2ゾーン式の温度制御機能が備えられる。この機能では、運転席側と助手席側の温度をそれぞれ個別に設定することができる。3ゾーン式の空調制御システムでは、リアシート部が空調ゾーンとして加えられる。4ゾーン式では運転席、助手席、左右リアシートに個別の空調機能が装備される。

この他にも、足元温度の個別制御機能や、温度層の可変調節機能が新しい機能として備えられている。この場合には、基本的な温度設定を変えず、足元の風の温度のみを上げることができる（足元で寒さを感じやすい乗員向けの機能である）。

ブースターヒーター

燃費を最適化した現代の内燃機関の場合、廃熱はエンジンクーラントで処理されることが少なくなり、ヒーター回路に供給される。この場合には、電動式のPTCブースターヒーターがラジエーター下流側の空気通路に取り付けられる。PTC（正温度係数）セラミックヒーターエレメントを用いるブースターヒーターは、PTCエレメントの抵抗を急激に増加させることで、自動的に所定の設定温度で熱出力を低下させる。このためPTCブースターヒーターは本質的に高い安全性を備える。

排気ガスからの熱回収など、その他の熱源を活用する手法が現在開発されている。

空気の経路

温度制御を受けた空気は、樹脂製のブローチャンネルを経由してそれぞれのベントに導かれる。ウィンドウと足元のアウトレットは調節ができない。吹き出し方向（ノズル）と空気の量は、エアベントで個別に調整することが可能である。

補助エアコンディショナーユニット

ラグジュアリークラスの車両には、リアシートの乗員向けに補助エアコンディショナーユニットが装備される場合がある。これらは主たるエアコンディショナーユニットと同様に冷暖房兼用または冷房専用として設計され、通常は再循環気を供給する。補助エアコンディショナーユニットはセンターコンソールやリアホイールアーチ上側、スペアホイール収納部、リアベンチシート背後などに取り付けられる。

代替的なエアコンディショナーユニットのコンセプト

上記のエアコンディショナーユニットは冷気と暖気を配合することで車内を設定温度に調整する仕組みで、現在使われているユニットの標準的な設計とされている。代替コンセプトによるエアコンディショナーユニットでは、エバポレーターを通過した空気をラジエーターに直接流す方式を用いている場合がある。この方式では、ラジエーター内の冷却水の流量をバルブで無段階調節することで、通過する空気を所定の温度まで暖める。冷気と暖気を合わせる配合フラップシステムを使用する必要はなくなる。

冷却水を充填したアルミニウム製ラジエーター内部で生じる熱慣性のため、車内に送る空気を所定の温度へ調節するには長い時間を要する。最大量の空気で車内を短時間で冷房するため、これらのコンセプトではラジエーターを迂回するエアサイドバイパスが用いられる。

このコンセプトのメリットは、エアコンディショナーユニットを少しだけコンパクトにできることと、ラジエーターの冷却水側を遮断できるようになることである。これにより、冷却モードでは、空気がエアコンディショナーユニット内の熱を帯びたコンポーネントで暖められるという望まない状況を回避することができる。欠点としては、ウォーターバルブを内蔵しなければならないことが挙げられる。

空調制御機能の制御

車内の空調制御は、エアコンディショナーの操作ユニットへの入力やエアベントの調節、ラグジュアリークラスの車両の場合には、各種のセンサーによって行われる。制御方法の種類は、ボーデンケーブルや柔軟性のあるシャフトによってエアコンディショナーユニットを直接機械作動させる方法から温度を設定するだけでプロセッサーが完全に自動制御する方式まで、広範にわたる。

調節可能な変数としては、風の温度、風量、湿度、各ベントへの風の配分が挙げられる。二次的な変数としては、温度層を含めた車内の温度状況、風の流れ、各シートにおける作動音、ウィンドウの曇り状況が考えられる。

通常、夏季ではインストルメントパネルのベントから吹き出す冷気、冬季では足元およびデフロストベント（ウインドウをクリアに保つため）から吹き出す暖気、そして季節が移り変わる時期では、デフロスト、足元、ベンチレーションの各ベントからさまざまな割合で吹き出す暖気が室内を快適な状態にする。オートマチックエアコンディショナーの場合には、その他にもさまざまな要素が制御に影響する。直射日光の状態や強度がソーラーセンサーによって測定され、制御操作の際に考慮される。エアクオリティーセンサーは外気の汚染物質や臭気を検知し、外気導入用の吸入口を閉じることでそれらの車内への侵入を防ぐ。フロントウィンドウ用の湿度センサーは、ウィンドウの曇りを未然に防ぐための動作に使われる。設定温度と実際の車内温度の比較は、各種の温度センサーが行う。

空調制御システム

暖房回路

エンジンの廃熱は、大量の燃料を消費せずに車内を暖めることのできる熱源となる。高温のクーラントは、エアコンディショナーユニットのラジエーターを貫流する。ラジエーターを通過する空気は暖められる。

走行が終わってエンジンを停止した後に車内の温度を維持する際には、電動ウォーターポンプを用いることができる。このポンプはクーラントを送り、冷却システムの蓄熱を利用できるようにする。

冷媒回路

冷媒回路の機能は、エバポレーターにおいて冷却すべき空気の熱エネルギーを回収し、車内とは別のもうひとつのポイントで外気に発散させることである。これは、閉鎖された冷媒回路におけるコールドロスプロセスを用いて行われる（図2）。この回路の主なコンポーネントには、エクスパンジョンバルブを内蔵したエアコンディショナーユニットのエバポレーター、通常は車両フロント側のクーラントラジエーター前に直接取り付けられるコンデンサー、エンジンブロックに取り付けられエンジンによって駆動するコンプレッサーが含まれる。

これらのコンポーネントは、連結解除のために柔軟性のあるセクションのある金属製のパイプで接続される。コンプレッサーは冷媒ガスをエバポレーターから引き込み、それを圧縮する。これによって圧力と温度が大幅に上昇する。コンデンサーでは、高温の冷媒がコンデンサーを経由して流入した空気に熱を伝える。この冷却により、ガス状の冷媒は凝結する。空気の流れによって冷媒を十分に冷やすことができない場合には、ラジエーターファンが作動し、コンデンサーを通過する空気の流量を増加させる。液状化した高圧の冷媒は、エクスパンジョンバルブによって霧状になり、エバポレーターへと流れる。冷媒の圧力レベルは急激に低下し、その結果冷媒は蒸散によって強力に冷却され、エアコンディショナーユニットで冷やされる空気から熱を奪う。

蒸散した冷媒はガス状になってエバポレーターからエクスパンジョンバルブを再び通過する。ここではエバポレーターを出た冷媒の温度と圧力に基づいて、吸入側の絞り断面が変動する。これにより、その時点の作動状況で蒸散できる量の冷媒がエバポレーターに噴射される。

冷やされたガス状の冷媒は再びコンプレッサーに流入し、回路では同じ動作が再び始まる。

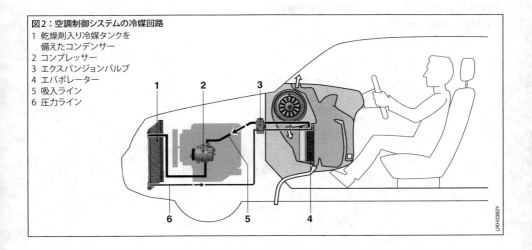

図2：空調制御システムの冷媒回路
1 乾燥剤入り冷媒タンクを備えたコンデンサー
2 コンプレッサー
3 エクスパンジョンバルブ
4 エバポレーター
5 吸入ライン
6 圧力ライン

1582 快適性と操作性向上のための装置

エバポレーターの空気側で氷結が発生して断面が狭まることを防ぐため、空気の温度は0℃を下回ってはならない。エバポレーター下流側で空気の温度を測定するために、空気温度センサーが使われる。このセンサーは、空気の温度や流入する際の圧力が所定の数値を下回ると、それに応じてコンプレッサーを制御する。これにより、エバポレーターの温度はコンプレッサーによって制限される。冷媒の出力は、0（冷媒がエバポレーターに流れない状態）〜約8 kW（最大量の冷媒と空気が流れる状態）の範囲で調整することができる。

冷媒

R134aの商品名で流通しているフッ化炭素「1,1,1,2-テトラフルオロエタン」は、2011年1月1日以前にホモロゲーションを取得した車両、もしくは既存の型式認定を延長させた車両の冷媒として使用されている（「冷媒」、「燃料・潤滑剤・作動液」を参照）。

この冷媒のGWP（Global Warming Potential：地球温暖化係数）が約1,400であること、および2011年にヨーロッパで施行された法規では、ニューモデルに使用する冷媒についてGWPを150以下に抑えるよう規定していることから、現在の冷媒に代わるものを使用することが不可欠である。代替品となる冷媒については、現在においても活発な議論が行われている。R-1234yfの商品名で流通している「2,3,3,3テトラフルオロプロペン」、およびR-744の商品名で流通している二酸化炭素が代替品として推奨されている。ヨーロッパでは2017年1月1日以降、新たに認証を取得したすべての車両において、ＧＷＰが150以下の冷媒を使用しなければならないとしている。

ハイブリッド車および電気自動車用空調制御システム

エンジンの自動始動／停止機能を備えた車両では、エンジンが停止しているときでも車内の空調を一定に保つ必要がある。こうした車両の暖房では、電動ウォーターポンプを用いてエンジン回路の余熱を活用することができる。冷房に関しては、蓄冷器を備えたエバポレーターが開発されている。これは相変化によって冷気を蓄えることのできる蓄冷材を用いたもので、交差点で停車し、エンジンが停止すると冷気を発散させる。これによって室温を2分まで快適に保つことができる。

ハイブリッド車または電気自動車では、電動コンプレッサーが使われる。暖房には2つの手法が用いられる。ひとつはラジエーターのクーラントを電気で加熱して電動ポンプで回路に供給する手法、もうひとつはラジエーターの機能を電気を用いたヒーターエレメント、高電圧PTCにより実現する手法である。電動ヒーターと電動コンプレッサーは、個別の空調制御機能に新たな可能性をもたらす。バッテリーの充電量が不足しているとき、または充電ステーションで充電を行っているときでも、車両をあらかじめ冷暖房することができる。

空調制御システムに必要な総電力は数kWにおよぶ。これによって電気自動車では航続距離が大幅に縮まるため、現在では空調制御システムの効率性に重点をおいた開発が進められている。

車室フィルター

機能

　自動車のヒーターおよびエアコンディショニングシステムは、車外から空気を取り入れる。この空気は調整され、微粒子およびガス状の汚染物質を含んだ状態で車室へと送られる。これらの空気汚染物質（図3）はアレルギー反応の原因となることがある。そのため、微粒子やガスのフィルタリングは有意義である。フィルターはまた、ファン、ヒーターシステム、インストルメントパネル、およびウインドシールド内側の汚れの堆積も低減する。

　要件に応じて、微粒子フィルター、活性炭フィルター、またはバイオ機能フィルターが使用される。活性炭フィルターには、微粒子のフィルタリングという機能に加えて、不快な臭いが車室に流れ込むのを防止するという利点もある。これは、臭いを発生する物質を除去する活性炭顆粒を微粒子フィルターメディアに適切に埋め込む（最大300 g/cm^2）ことにより実現される。活性炭はまた、オゾン、ベンゼン、トルエンなども吸着する。さらにバイオ機能フィルターは、バクテリアの増殖を防止し、アレルゲンタンパク質の放散を妨げるために使用される。

フィルターメディア

　かつてはフィルターメディアは主に紙ベースのものであったが、現在ではこれはフィルターシステムに対する要求事項の増大（0.001 mm未満の微粒子の除去）により変化している。今日のフィルターメディアは、一般にポリエステルあるいはポリプロピレンベースの不織布製である。微粒子フィルターは3段階の繊維層、すなわち、予備フィルター、マイクロファイバー不織層と静電紡糸法によるマイクロファイバー、およびベース（担体）不織布で構成されている。活性炭フィルターでは、これらの3層に活性炭の層が追加されている。バイオ機能フィルターでは、フィルターメディアの特殊コーティングがバイオ機能効果を実現している。

　フィルターエレメントからフィルターを作製するにあたっては、多数のパラメーターを考慮する必要がある。使用されるフィルター材料、フィルターエレメントの折り目の深さ、および折り目間の間隔には、複雑な相関関係がある。実際の使用におけるフィルター性能を決定する際には、これらのパラメーターの相互作用が重要になる。

構造

　車室フィルターは、ろ過効率、圧力損失、汚れ貯蔵能力の3点において最適なものとする必要がある。それぞれの用途における要件により、これら3点のうちのどれを最優先すべきかが決まる。最良のフィルターは、たとえば可能な限り高いろ過効率を有するがフィルターの寿命においてはある程度の妥協が必要となるものであることが考えられる。あるいは、汚れの貯蔵能力に優れていて寿命が長く、しかも規定のろ過能力を達成するような設計となることもあり得る。

　乗用車に使用されているフィルターの寿命は約20,000 kmであり、つまりフィルターは、今日一般的な定期点検間隔ごとに交換されるべきものである。

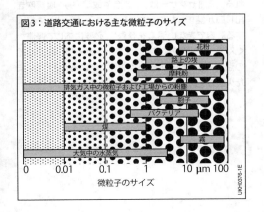

図3：道路交通における主な微粒子のサイズ

1584 快適性と操作性向上のための装置

補助ヒーターシステム

機能と構造

　補助ヒーターシステムは、車両のタンクにある燃料を使用して熱を発生させる。エアヒーター（図4）は直接車内を暖めるのに使用される。このヒーターにより、燃焼時に発生した熱が車内に送り込まれる。クーラントヒーター（図5、6、7）は冷却水に熱を取り込むため、ブロワー付き車載熱交換器を介してのエンジンの予熱および車室の暖房の両方に適している。

　エアヒーターは熱を空気に直接送るので非常に効率がよく、長時間の暖房に適している。クーラントヒーターは、冷却回路と車両の既存のエアダクトを使用する。このため低燃費運転での熱の不足をカバーし、乗用車の車内およびエンジンを予熱するのに特に適している。

　補助ヒーターシステムにはさらに以下の利点がある：
– 予熱によるウィンドウの結露防止
– 暖房快適性の最適化
– 冬でもトラックの仮眠スペースを使用可能
– 予熱されたエンジンによる始動時の摩耗と排出ガスの低減（クーラントヒーターの場合のみ）
– 触媒コンバーターの迅速な作動温度達成（クーラントヒーターの場合のみ）

　電動化によるドライブトレイン効率向上により廃熱から十分な熱出力が得られない乗用車において、補助ヒーター使用の重要性が高まっている。特にプラグインハイブリッド車両、またバッテリーのみを駆動力とする車両においても、燃料を熱源とするヒーターは、化学結合したエネルギーを熱に変換する際の効率に優れているので、トラクション用バッテリーが指定の蓄電容量にあれば電動走行モードにおける走行距離は制限を受けないことを確実なものにする。

エアヒーター
用途

　エアヒーターは主に、トラックおよび商用車に使用されている。エアヒーターの主な利点は、低価格、迅速な取付け、電力および燃費の消費量が低いことである。暖房のための停車時のエンジン作動を禁じる法律が導入された米国においては、明らかに低い燃料消費量で車内を暖房することができるエアヒーターの使用が劇的に増加した。

作動原理

　エアヒーター（図4）は、車両自体の熱収支を独立して制御する。燃焼エアブロワーは燃焼に必要な空気を周囲の外気から取り込んで、それをバーナーに送る。電動メータリングポンプは、ディーゼル燃料またはガソリンを燃料としてエバポレーター（図4には図示されていないコンポーネント）経由でバーナーに送り込む。ここで燃焼用空気と混合された燃料は、シース形グロープラグにより点火されて燃焼する。ヒーティングエアブロワーは加熱する新鮮な空気を取り込み、それを熱交換器を通して車内に吹き込む。

　寒冷地では約4 kWの熱出力が必要である。温暖な地域では、出力が約2 kWのユニットで十分である。

　安全面において重要なことは、燃焼用空気と車内からの排気ガスが完全に分離されていることである。これにより排気ガスが車内に入り込むのを防ぐ。

　熱出力は、燃料、燃焼用空気、新鮮な空気の量を変化させることによって制御される。車内温度センサーで測定された温度が操作エレメント（無線リモートコントロール）で設定された温度から外れると、求められる温度を再達成するまでヒーターの出力が調整される。過熱センサーは、不具合や故障（例：暖房吹き出し口が詰まったことによるオーバーヒート）に起因する許容できない温度を登録し、必要に応じて遅滞なくスイッチをオフにする。火炎センサーは、熱交換器の温度によりバーナーが点火されているかどうか、また火炎が消えた場合にこれを検知する。

取付け

商用車用エアヒーターは、車内に直接取り付けることができる。例えば、トラックでは助手席の足元、車内後部の壁、二段ベッドの下部、車外の壁または荷室内部が望ましい取り付け位置である。エキゾーストパイプは常に床下に取り回される（ホイールアーチの中へ、または車内後部壁の外側へ）。

乗用車およびトラックの燃料タンク内にあるセンサーユニットのほとんどに、燃料をエアヒーターに供給するための接続部が備わっている。必要に応じて、追加のタンクセンサーユニットが装備されている。走行のために残しておくべき燃料量は、燃料タンクのエアヒーター用燃料供給接続部の適切な取り付け位置、あるいは車両電子システムにより確保され、これによりタンクの燃料が最低レベルを下回るとヒーターはオフにされる。

クーラントヒーター

用途

乗用車および商用車では、最大5kWのヒーター容量のクーラントヒーターが使用されている。これらのヒーターは、冷却回路と既存の熱交換器を使用してエンジンと車室、さらにファン、エアダクト、フラップおよび通気口を暖めているので、後付けが容易である。トラックでは、エンジンを予熱するのに最大12kWのヒーターが使用される。ボディの表面積が広く車内体積の多い市内バスや観光バスの場合は、最大35kWのヒーター容量が必要になる。

乗用車用の主な種類は、補助ヒーターとブースターヒーターである。これらのヒーターは、車両のエンジンと熱交換器の間にある冷却回路の供給ラインに直接組み込まれる（図5）。このタイプのヒーターは、ブ

図4：エアヒーター
1 ヒーティングエアブロワー　2 ECU　3 燃焼エアブロワー　4 シース形グロープラグ
5 熱交換器　6 コンビネーションプローブ（オーバーヒート／フレームセンサー）
7 無線によるリモートコントロール（移動式端末）　8 無線によるリモートコントロール（固定式端末）
9 ボタン　10 室温センサー　11 ヒューズホルダー　12 電動モーター
13 バーナー　14 メータリングポンプ　15 排気マフラー
F 車室からの新鮮な空気
W 車室への暖かい空気
A 排気ガス
B 燃焼
V 燃焼エア

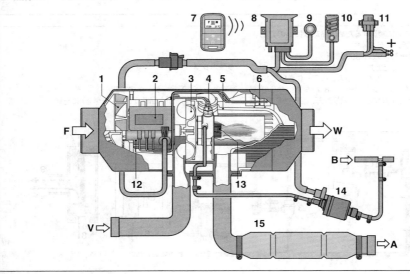

ロワー付き熱交換器、エアフラップおよび通気口という既存の装置を利用している。

車内を速やかに暖房したいとの要求に応えるために、クイックスタートヒーターが使用される。これにより約30秒後にはヒーターの全熱出力が達成される。このために必要となる燃料気化の迅速化は、スタートシーケンスにて気化装置を電気的に暖房することで達成できる。

運転開始前にエンジンと車室を予熱するための補助ヒーター

エアヒーターと同様のラインに沿っての燃料の燃焼により熱が発生する。発生した熱は、ウォータージャケットとヒーターの熱交換器（図7）の間を流れる冷却水に送られる。

ヒーターを車両の冷却システムに一体化させる最も簡単な方法は、エンジンと1次回路の熱交換器の

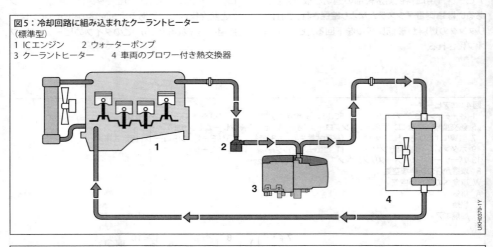

図5：冷却回路に組み込まれたクーラントヒーター
（標準型）
1 ICエンジン　　2 ウォーターポンプ
3 クーラントヒーター　　4 車両のブロワー付き熱交換器

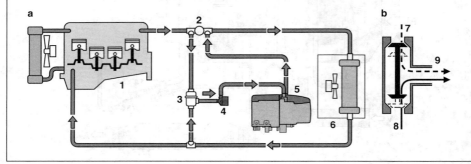

図6：車室を優先的に暖房するための冷却水回路の分割
（2次回路と1次回路に分割）
a 配置　　b サーモスタット接続箇所
1 ICエンジン　　2 逆止弁　　3 サーモスタット　　4 ウォーターポンプ
5 クーラントヒーター　　6 車両のブロワー付き熱交換器
7 エンジンからのリターンフロー　　8 熱交換器からのリターンフロー　　9 ヒーターへの接続
サーモスタットと逆止弁により小規模冷却水回路（車内暖房の優先）と大規模冷却水回路（モーター付き）に分離

間に直列で接続することである(図5)。2.5l以上のエンジンの場合、エンジンを暖機することで車室の暖房の効きがずっと遅くなるのが不利な点である。そのような場合は、追加の小規模回路により車室を優先的に暖房することができる(図6)。これには、どのような排気量のエンジンでも、短距離の走行時においても、始動時にグローエレメント、バーナーファン、ウォーターポンプおよび計量ポンプに電力を供給するスターターバッテリーを過度に放電させることなくヒーター機能を使えるという利点がある。水温が高くなりサーモスタットが開くまで、エンジンへの通電は行われない。逆止弁は、回路がサーモスタットを介してバイパスされるのを防止する。

冷却水は補助ヒーターのウォーターポンプ(図7)によりヒーターシステムの熱交換器に送り込まれ、バーナー排気ガスからの熱により加熱される。温水によりエンジンが予熱される一方で、車両自体の熱交換器(図5と6)により熱が放散される。熱せられた空気は既存の換気システムを通り車内へ取り込まれる。その量は調整することができる。

図7：クーラントヒーター
1 ウォーターポンプ　2 燃焼エアモーター　3 ファンホイール　4 グローエレメント　5 温度センサー
6 バーナー　7 温度センサー　8 熱交換器　9 ウェブベース操作機器(ラップトップ、スマートフォン、タブレット)
10 エキゾーストマフラー　11 火炎センサー　12 燃料接続部
13 プラグイン接続、ブロワフラップコントロールモジュール　14 ECU　15 ヒーターへの接続部
16 ポットストレーナー、計量ポンプに取付け　17 計量ポンプ　18 燃焼エアマフラー　19 ウォーターポンプ接続部
A 排気ガス
B 燃料
C 診断接続部
D ブロワフラップコントロールモジュール
V 燃焼エア
WA ウォーターアウトレット
WE ウォーターインレット

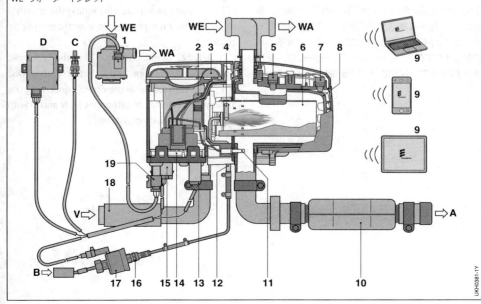

1588 快適性と操作性向上のための装置

手動による即時操作、事前プログラミングされたスイッチオン回数と加熱時間の制御は、リモートコントロールにより、スマートフォンアプリなどによりインターネントを介して、あるいは車両自体のA/C操作ユニットのメニューにより行われる。

運転中の熱の不足をカバーするブースターヒーター

小排気量でハイブリッドドライブの高過給なディーゼルおよびガソリンエンジンのような高効率ドライブトレインでは、その高効率のために車室を暖房するための廃熱が十分に生成されない。ブースターヒーターは、この熱の不足を補うために使用される。外気温度が+5℃未満でエンジン稼働時にのみ作動する。したがって、ブースターヒーター専用のウォーターポンプは必要ない。

ブースターヒーターは、ウオーターポンプとECUを備えた制御装置を後付けすることで補助ヒーターにアップグレードすることができる。

電気自動車またはプラグインハイブリッド自動車に使用する場合には、燃料を熱源とするヒーターにより全体の熱需要をカバーできる。

取付け

長い冷却水ホースを通過する際の熱の損失を避けるため、通常クーラントヒーターはエンジンルームに取り付けられる。取付け条件が限られているため、非常にコンパクトな構造が必要になる。取付けは、ヒーターユニットに熱を発生させてそれを供給するのに必要なすべてのコンポーネントをヒーターユニットに統合することで簡略化されている（図7）。

規則

すべての補助ヒーターと燃料を使用するブースターヒーターには、ECE規則No.10 [1] およびNo.122 [2] に基づいた型式認定がある。

この型式認定のあるヒーターをメーカーの取付説明書に従って後付けする場合は、専門家または検査機関による点検／承認は要求されない。危険物の国際輸送に使用される車両への補助ヒーターの取付けについては、ADR欧州協定 (Accord européen relatif au transport international des marchandises Dangereuses par Route) に規定されている。安全上の理由から、車両が危険区域（例：精油所または給油所）に進入する前にヒーターのスイッチを切らなければならない。暖房も、エンジンが停止また付属装置（例：吐出ポンプの補助ドライブ）がスイッチオンになると、直ちに自動的にスイッチオフとなる。

米国における規則

ヒーターを中型および大型商用車に取付けて使用するには、CARB認定（排気ガス認証）が必要になる。

参考文献

[1] ECE R 10: Regulation No. 10 of the Economic Commission for Europe of the United Nations (UN/ECE) – Uniform provisions concerning the approval of vehicles with regard to electromagnetic compatibility.

[2] ECE R 122: Regulation No. 122 of the Economic Commission for Europe of the United Nations (UN/ECE) – Uniform technical provisions concerning the approval of vehicles of categories M, N and O with regard to their heating systems.

ドアとルーフ部分の快適性と操作性向上のための装置

パワーウィンドウ

パワーウィンドウは電動モーターによって作動する仕組みになっている。次の2種類の方式がある（図1）。

- アームウィンドウリフト：パワーウィンドウ駆動装置はピニオンを介してギヤセグメントを駆動し、このギヤセグメントはジョイントギヤユニットと連結されている。このシステムは非常に効率が良いが、下側に広い取付けスペースを必要とし、重量もあるのが欠点である。
- フレキシブルケーブル式ウィンドウリフト：パワーウィンドウ駆動装置によりケーブルリールが回転して、フレキシブルドライブケーブルを作動させる。ガイドレール2本を備えたシステムは、大部分が前部ドアに使用される。後部ドアにはガイドレール1本のシステムが望ましい。この方式の決定的な利点は、卓越した窓ガラスのガイド能力にある。

パワーウィンドウ駆動装置

パワーウィンドウ駆動装置は、ダウンストリームの減速ギヤを備えたDCモーターで構成される（図2）。快適性と安全性のために、大部分のパワーウィンドウ駆動装置にはECUが装備されている。ヘリカルベベルギヤとして設計されたギヤ装置により必要なセルフロック作用が生じ、誤ってウィンドウがひとりでに開いたり、力づくで開けられてしまうのを防ぐ。特殊なトライボロジー（摩擦学）技術とDCモーターの磁気回路により、駆動装置のセルフロック特性がさらに強化される。ドア内部の空間が限られているため、幅の狭い（平らな）駆動装置が不可欠である。

ギヤ装置に内蔵されたダンパーは、窓ガラスが完全に上昇または下降した位置において良好なダンピング特性を発揮する。

ECU（コントロールユニット）

2つの異なる動作モードが使用される。マニュアルモードでは、パワーウィンドウ駆動装置によりスイッチを押している間窓ガラスが開かれる、あるいは、閉められる。オートモードでは、スイッチを軽く押すと窓ガラスが開く、あるいは、閉まる。

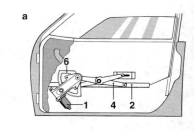

図1：パワーウィンドウ
a アームウィンドウリフト
b フレキシブルケーブル式ウィンドウリフト
1 パワーウィンドウ駆動装置　2 ガイドレール
3 駆動装置　4 ジョイントギヤユニット
5 駆動ケーブル（ボーデンケーブル）
6 クワドラントギヤ

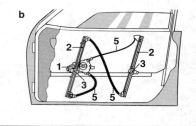

図2：ECU内蔵型パワーウィンドウ駆動装置
1 パワーウィンドウ駆動モーター　2 ウォーム
3 ヘリカルベベルギヤ　4 ECU

オートモードで窓ガラスを閉める際の負傷防止のため、作動力制限装置の装備が法律で定められている。ドイツでは、StVZO（道路交通許可規則）[1]の30項には、ウィンドウが窓開口部の上端から測定して200〜4mmの範囲内で上昇する際に作動力の制限装置が有効に作動しなければならないと規定されている。パワーウィンドウ駆動装置には一体型のホールセンサーが含まれ、作動中のモーター回転数を監視している（図3）。モーター回転数が下がったこと検出すると、ただちにDCモーターを反転させる。追従速度が10 N/mmのときの窓が閉まる力は、100 N未満でなければならない。窓が安全に閉まるよう、作動力の制限装置は窓ガラスがドアシールに挿入される直前に自動的に解除される。窓ガラスの位置は移動距離全体を通して監視される。

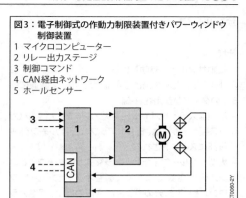

図3：電子制御式の作動力制限装置付きパワーウィンドウ制御装置
1 マイクロコンピューター
2 リレー出力ステージ
3 制御コマンド
4 CAN経由ネットワーク
5 ホールセンサー

　車両のトポロジーに応じて、電子制御装置は中央のECUに、または分散してドアに配置できるが、直接パワーウィンドウ駆動装置に配置するのが望ましい。分散化された電子機器は、LINバスインターフェースを介してネットワーク化することができる。こうしたソリューションの利点は、電子機器の故障診断ができることや配線数を削減できることにある。

サンルーフ

仕様

電動サンルーフ駆動装置は、サンルーフのチルトおよびスライド機能を統合できる。サンルーフ装置には3つのタイプが使用される。
- 単純なスライド／チルト式サンルーフ：パネル（ガラス製が多い）は、チルトアップまたはルーフ外側後部にスライドされる。
- 大型サンルーフまたはパノラマ式サンルーフ：このシステムでは、さまざまな調整オプション（図1、フロントとリア部分のガラスパネルの調整、固定ガラスパネルの装備、電動で調整可能なローラーサンブラインドなど）を搭載したスライド式サンルーフの駆動装置を3台まで使用する。
- スポイラーサンルーフ：ガラスパネルがチルトアップされ、ルーフ外側後部に移動する（このため「スポイラー」と称される）。

電動サンルーフ駆動装置

サンルーフとローラーサンブラインドは、主に、メカトロニクス駆動装置を備えたねじりと圧力抵抗コントロールケーブルまたはプラスチック爪付きストラップで調整する。これらは、ルーフのフロントガラスとスライド式サンルーフの間、あるいは車両後部に配置されている。

電動機能が故障した場合、サンルーフは駆動装置のハンドクランクにより閉めることができる。

駆動装置は、ヘリカルギヤドライブ付きの出力約30Wの永久励起DCモーターとECUで構成される。モーターは、ソフトウェアによる熱保護により過熱から保護されている。

電子制御

電子制御システムは、入力信号を評価してスライド式サンルーフの位置を監視するマイクロコンピューターにより作動する。

制御には、正確な位置を示すパルスが使われる。パルスは、モーター電気子に取り付けられたリングマグネット（最大12極）より送られて来る。パルスは2個のホール効果スイッチにより、検知および評価される。精確な位置決めだけでなく、開放および閉鎖の両方の自動動作時の負傷を防止するために、閉鎖力制限も実現することができる。

この駆動装置は、プッシュボタン、スイッチ、アナログまたはデジタルのプリセレクタスイッチを使用し外部信号入力を介して作動する（ポテンショメーター、グレイコードによるデジタル検知、など）。

制御は車両のバスシステム（CAN、LIN）に統合可能で、診断情報を出力することができる。電子制御により、広範な機能性と快適性、便利な機能（プリセレクト位置制御、リモコンによる閉動作、降雨時の自動閉鎖、集中ロックシステムとの組合せなど）を容易に実装できる。

参考文献

[1] German Motor Vehicle Safety Standards (StVZO) – § 30 Beschaffenheit der Fahrzeuge (State of vehicles).

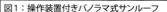

図1：操作装置付きパノラマ式サンルーフ
1 スライディングローラーサンブラインド
2 後部領域の固定式／スライド式ガラスパネル
3 前部領域のスライド式ガラスパネル
4 操作ユニット

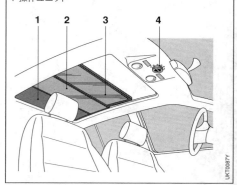

車室内の快適性と操作性に関する機能

電動調整式シート

電動調整式シートは、機械式に比べて格段に操作性に優れ、またスペース制約が少ないとの理由から、あるいは機械式では種々の調整項目の制御が困難であるという理由からも好んで使用される。

4つの主要な調整項目は、シート全体の前後方向調整、シートバックレストのチルト調整、シートクッションの高さ調整、シートクッションのチルト調整である。

ドライブ

電動調整のためのドライブとして、異なるギアバリエーションを備えた電動モーターが使用されている（リフティングおよび回転スピンドル、プラネタリーギア、2ステージ平歯車、など）。

乗車および降車を容易にするために、調整がきわめて迅速に行われるようにドライブを設計することができる（イージーエントリー）。この機能は、2ドア車両の2列目のシートへのアクセスにとって有用である。

位置検知

異なる運転者に対して個別にシート位置を保存し、その呼出しと調整（メモリー機能）を可能にするためにするために、位置検知機能を備えたドライブの使用が増加している。位置検知は、ホールセンサー、あるいはセンサーを用いない電動モーターからの信号の評価（SLC、センサーレスコントロールとも呼ばれている）により行われる。

メモリー機能は、運転者交代後の運転者個別のシート位置調整を容易かつ迅速なものにする。

その他の調整の可能性

運転席シートおよび助手席シートの4つの主要な調整項目の他に、シートクッションの深さ、ヘッドレストおよびランバーサポートなどの多くの調整を電動で行うことができる。

大型車両（オフロード車両など）においては、第2列および第3列シートに対する電動調整機能の提供も増えている。その主要な動機は、重量物の積載が大幅に迅速かつ快適に行えることにある。

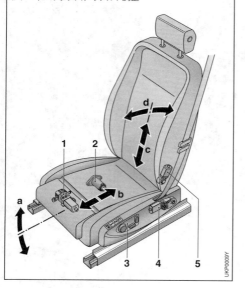

図1：電気機械式シート調整
1 シートの前後方向調整用電動モーター
　（ギヤセットはシート構造の一部）
2 高さ調整用電動ドライブ
3 操作ユニット（シートあるいはドアに取付け）
4 シートクッションのチルト調整用電動ドライブ
5 シートバックレストのチルト調整用電動ドライブ
a シートクッションのチルト調整
b シート全体の前後方向調整
c シートの高さ調整
d シートバックレストのチルト調整

電動ステアリングホイール調整

多くの場合に電動調整式シートと組み合わされて用いられる快適性と操作性を向上させるためのその他の装備として、電動ステアリングホイール調整を挙げることができる。この機能では、ステアリングホイールの前後方向の間隔と高さを、ドライブによって（シート調整用のスピンドルドライブ同様に）無段階調整することができる。

この機能は、メモリー機能と組み合わせた場合に特に有用である。メモリー機能と組み合わせることにより、たとえば乗車／降車前に運転席シートとステアリングホイール間の間隔を広げて乗車／降車を容易にすることができる。走行中に、シートおよびステアリングホイール調整の位置がその運転者用に個別に事前プログラミングされて設定される。

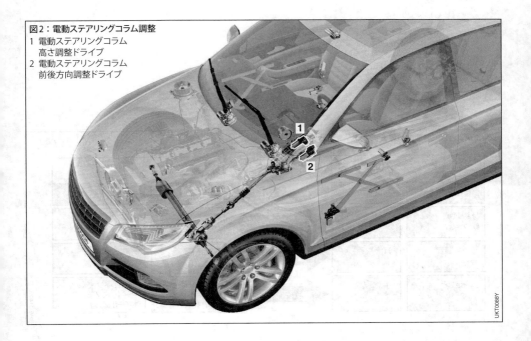

図2：電動ステアリングコラム調整
1 電動ステアリングコラム 高さ調整ドライブ
2 電動ステアリングコラム 前後方向調整ドライブ

表示と操作

双方向チャンネル

運転者が、自車や他の車両、路上および通信機器などから受け取る情報の量は増加する一方である。これらの情報はすべて、人間工学的要件を満たす適切なディスプレイや表示機器を介して、運転者に伝達する必要がある。

視覚チャンネル – 見る

人間はその周囲の状況を主に視覚で認識している（図1）。他の道路利用者、その位置、その予測される挙動、車線、道路エリア内の対象物は、人間の視覚器官、次に高度な画像処理／解析を経て認識され、状況のその後の展開や重要性に応じて脳機構が選択／評価を行っている。

交通法規や方向を示す交通標識、車線を相互に区切るマーク、走行方向の変更を示すターンシグナルランプ、車両の減速を警告するストップランプなど、道路交通のインフラにも視覚チャンネルは特に必要である。そのため、運転環境における視覚チャンネルの重要性は極めて高い。これは、運転者が特定の対象物に目を向け、注意を集中した場合の意識的視野だけでなく、走行路内に車両を保持するうえで重要な周辺視野にも当てはまる。こうした理由から、運転者情報システムや運転者支援システムとの相互作用、またはその監視を行いながらさらに視線を車両内のディスプレイに移すことによって交通安全に与える影響については、慎重に評価する必要がある。

音響チャンネル – 話す／聞く

人間と運転者支援システムは、他の道路利用者とのコミュニケーション、特に危険の表示や合図には音響チャンネルを使用している。また運転者は自車内において、音声入力システムによる入力コマンド、および運転者支援システムから運転者へ警告や情報を出力するための音響信号や音声出力として、音響チャンネルを使用している。

音声コマンド入力の場合、運転者は視線をそらす必要がなく、注意力も高まる。音声情報を聞く場合には運転者は視線をそらす必要がないが、空間的で複雑な情報（例：交差点の状況説明）は伝達が難しい。十分な聴力のない運転者であっても、運転者支援システムとコミュニケーションを図れることが重要である。

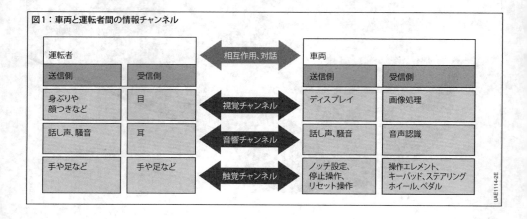

図1：車両と運転者間の情報チャンネル

触覚／運動感覚チャンネル – 操作／感覚

　触覚チャンネルは、スイッチの操作時、操舵や制動時のあらゆるモーター作動に関するフィードバックを運転者に提供するものである。シートベルトを一時的に締め付けたり、シートを振動させることにより、運転者に現在の走行路から逸脱する可能性があることを警告するシステムがすでに量産車に導入されている。運転者の注意を促す方法としては、この他にステアリングホイールの振動がある。アクセルペダルの抵抗を高めることで推奨の走行速度をサポートし、運転者の注意を高めることができる。また、運転者が感知できるトルクをステアリングホイールにかけて、回避行動を行うための適切なステアリング操作を推奨することが可能である。

　走行中に運転者に加速を体感させるのに役立つ運動感覚チャンネルに関しても、たとえば短い制動衝撃を与えて運転者に注意を喚起する方法などが、すでに量産車に採用されている。

　ただし、触覚チャンネルはステアリング操作やクルーズコントロールには常時必要なものなので、その他の手動操作（例：携帯電話のキー操作）がレーン誘導の妨げとなる場合がある。

情報通信装置

情報／コミュニケーションエリア

　車両には4つの情報／コミュニケーションエリアがあり、それぞれの表示機器は、さまざまな要件を満たしている必要がある。

- インストルメントクラスター
- フロントウィンドウ
- センターコンソール
- リアコンパートメント

　提供される情報の範囲と、それが乗員にとって必要な情報か、有用な情報か、あるいは提供されることが望ましい情報か、ということに応じて、どのコミュニケーションエリアを使用するかが決定される。車両の動きに関する情報（走行速度など）やモニター情報（燃料残量など）のように、運転者にそれに反応しての何らかの行動を促す情報は、インストルメントクラスター（運転者の主たる視界に近い好ましい読み取り領域）に表示される。

　特別な注意を喚起する必要のある情報（運転者補助システムの警告やルート案内など）は、ヘッドアップディスプレイ（HUD）を使用して、フロントウィンドウに情報を反射表示させる方法が適している。ヘッドアップディスプレイは、デジタル形式で速度を表示するのにも最適である。視覚に訴えるだけでなく、補完的に音響信号あるいは音声出力により注意を促すこともできる。

　状態を表す情報や複雑な操作ダイアログ（例：車両ナビゲーション用）は、センターコンソール上の中央ディスプレイに表示させることが一般的である。コンパクトな車両では、操作ユニットは中央ディスプレイの近くに配置する必要がある。ハイマウント中央ディスプレイを備えた十分なスペースのある車両では（図2c、2dを参照）、操作ユニットを配置する最適な場所は、ドライバーが容易に手が届く範囲のセンタートンネルである。回転式／プッシュ式の操作エレメントが適している。

　エンターテイメント性の強い情報は、運転者の主たる視界から隔たった場所、車両のリアコンパートメントに表示する。モバイルオフィスをしつらえる場合も、リアコンパートメントが格好の場所となる。その場合は、助手席バックレスト背面を、モニターとノートパソコンの操作部の設置に利用できる。

これに加えて2009年からは、センターコンソール用の「デュアルビュー」または「分割ビュー」ディスプレイが導入された。このディスプレイには運転者と助手席乗員に異なる情報を表示させることができ、たとえば、運転者がナビゲーションシステムの情報を見ている最中に、助手席乗員は運転者の注意をそらすことなくビデオを見ることができる。

インストルメントクラスター

視覚的な情報表示のために用いられたかつての単独型インストルメント（例：走行速度、エンジン回転数、燃料計、エンジン温度）に代わって、よりコスト効率がよく、明るく、反射を抑えたインストルメントクラスター（1つのハウジングに複数の情報ユニットを組み込んだもの）が主流となった。その後、増え続ける情報量に対応するため、既存のスペースに収まる、複数の指針式計器と多数のインジケーターランプを組み合わせた最新のインストルメントクラスターが登場した（図2a）。第1世代のインストルメントクラスターでは、スピードメーター用の渦電流式計器、タコメーター用の可動コイル式計器、燃料計用のホットワイヤー計器が一般的だった。

計器

今日でもなお、多くの計器には機械式指針と文字盤が使用されている（図2a～2c）。最初に、可動永久磁石形比率計エレメントに代えて、機械的に駆動される大型の渦電流式計器が使われるようになった。

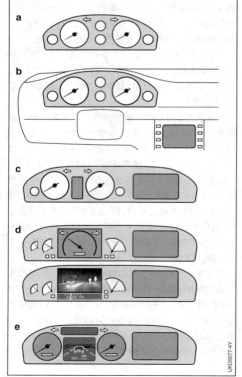

図2：インストルメントクラスターとセンターコンソール
　　エリアのモニターを用いた運転者情報領域
　　（発展段階）
a 指針式計器
b TN LCDおよびセンターコンソール分割された AMLCD
　のある指針式計器
c 一体型の (D)STN LCD または AMLCD、および AMLCD
　表示部がセンターコンソールにある指針式計器
d さまざまな表示が可能な2つの AMLCD コンポーネント
　を備えるプログラマブルインストルメントクラスター
e 自由にプログラミングされた2つの液晶ディスプレイ

略称については「ディスプレイの種類」を参照

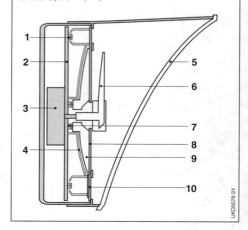

図3：インストルメントクラスター（構造）
1 インジケーターランプ (LED)
2 プリント基板
3 ステップモーター
4 反射板
5 フロントカバー
6 指針
7 バックライト技術LEDを用いたバックライト
8 文字盤
9 光導波材
10 LCD（オドメーター）

今日では、主に薄型で高トルクのステップモーターが採用されている。消費電力がわずか約100 mWというコンパクトな磁気回路と（大抵は）2段式ギアのおかげで、この種のモーターは迅速かつ高精度の指針が可能である（図3）。

デジタルディスプレイ

1990年代までのデジタル計器には（例：走行速度の表示用）、真空蛍光ディスプレイ技術（VFD）が採用されており、その後液晶ディスプレイ技術（LCD）が登場したが、今や欧州では、そのどちらもほとんど姿を消している。これは残念ながら、明らかに素早く正確な速度の読取りの利点が失われたことを意味する。今日のすべてのフォーミュラ1車両は、デジタルスピードメーターを備えている。

インストルメントクラスターのデジタルディスプレイは、現在、日本（例：Toyota Prius）およびアメリカのラグジュアリークラス車両に見られる。

照明

インストルメントクラスターの照明には、以前はフロントライト技術が用いられていたが、現在では見栄えのするバックライト技術の採用が主流となっている。さらに電球に代えて、耐用寿命の長い発光ダイオード（LED）が用いられるようになった。LEDは警告ランプとしても、またスケールやディスプレイ、指針のバックライト光源としても適している（必要に応じて、プラスチック製光導波材を使用）。

長い間、黄色、橙色、赤色の単色LEDのみが利用可能であったが、現在では青色や高効率の白色LEDが利用可能である。

カラー液晶ディスプレイは透過率が非常に低いため（通常約6％）、日中に良好なコントラストを得るには、当初はバックライト光源として冷陰極蛍光灯（CCFL）が必要だった。やがてこれらに代えて、高効率の白色LEDが使用されるようになった。

インストルメントエリア内のグラフィックモジュール

エアバッグとパワーステアリングの標準装備化に伴い、インストルメントパネル内のステアリングホイールの上半部越しに確認することのできる領域が狭められた。さらに利用できるスペースがこれまでと変わらない一方で、表示すべき情報量が増加した。任意の情報をフレキシブルに、優先順位に従って表示できるグラフィックディスプレイが利用可能になる前、エンジニアは最初、ダッシュボードに設置した追加ディスプレイ（例：トリップコンピューターやナビゲーション情報を表示する初期のモニター）を用いてこの搭載のジレンマを解決しようと試みた。時には、そうしたディスプレイがフレキシブルアームに取り付けられることもあった。グラフィックモニターが利用できるようになると、従来からの指針式計器とグラフィックモジュールを組み合わせたハイブリッド計器が生まれた（図2c）。

インストルメントクラスターに組み込んだグラフィックモジュールには、主に運転者情報および車両関連情報が表示される。たとえば、サービスインターバルや車両の作動状態に関するチェック機能情報などで、ワークショップで使用する車両診断情報もこれを使って表示される。当然ながらナビゲーションシステムのルート案内情報もここに表示させることができるが、モジュールの表面積が小さいために、デジタルマップから特定の範囲を抜粋して表示させることは見送らなくてはならず、交差点を示す記号や左折／右折などを指示するルート案内記号のみをディスプレイに表示させている。この制約は、より新しい車両においてもそのままである。当初はモノクロ方式であったモジュールは、高級仕様車両では、高いカラー解像度によってより素早く正確に読み取ることができるカラーディスプレイに取って代わられた。

2005年以降は、アクティブマトリックスディスプレイ（下記を参照）がアナログ計器の代替としても用いられるようになっている（図2d）。たとえば、Mercedes S-Classの計器では、速度はLCD画面に表示される。ナイトビュー機能（「ナイトビジョンシステム」を参照）に切り替えた場合、カメラで撮影した調整済みの映像が表示され、その映像の下にエンジン回転数がバー形式で表示される。

1600 ユーザーインターフェース、テレマチックおよびマルチメディア

2013年モデルのMercedes S-Classの市場導入では、インストルメントクラスターに代わって初めてフルスクリーン液晶ディスプレイが採用された。このような自由にプログラミング可能な計器は、多くのメリットをもたらす。ディスプレイ内の情報を顧客の好みに応じて（たとえば最後尾に）配置したり、またはデジタルメディアに精通した運転者であれば、インストルメントクラスターを自らプログラミングすることができる。このオプションは、Chevrolet Corvette C7において提供されている。

こうしたディスプレイの価格が下がっていることを見れば、インストルメントクラスターのデジタルディスプレイが、幅広く受け入れられるようになると推測できる。なぜなら車両モデルシリーズ全体のさまざまなバージョンを、このように柔軟にプログラミング可能な単一のユニットに集約できれば、その結果、物流コストが大幅に削減されるからである。

インストルメントクラスターとしてのグラフィックモニターの導入とともに、センターコンソールディスプレイも大型化された。

センターコンソールエリアの中央ディスプレイ／操作ユニット

運転者情報システム（当初は主にナビゲーションと電話）の導入を契機に、モニターとそれに付随する操作エレメントがセンターコンソールに追加された（図2）。当初モニターは、カーラジオと灰皿用の設置場所を使って十分な設置スペースを設けることができたという理由からここに配置された。操作エレメントは、ディスプレイの縁に沿って配置された（図2b）。自動車メーカーは現在、人間工学の観点からより適切な取付け位置を採用しており、ディスプレイをインストルメントクラスターと同じ高さのセンターコンソールエリアに設置している（図2c）。これに関連してほとんどのドイツの自動車メーカーは、モニター端部に配置されていた入力ボタン代えて、センターコンソール上の運転者の最も手の届き易い範囲に配置した回転式／プッシュ式の入力ボタンを採用するようになった。タッチスクリーンでは、ディスプレイから直接操作することが可能である。

ナビゲーション、通信（電話、SMS、インターネット）、オーディオ（ラジオ、デジタル記録メディア）、ビデオおよびテレビ（停車している場合）、エアコンディショナー、設定（日付、時刻）などのさまざまな情報が、この中央モニターに表示される。新しい運転者支援システム（パーキングエイドなど）からの情報も、ここに有効に表示させることができる。

あらゆる視覚表示に共通する重要な点は、路面から長時間視線を外す必要がないよう、運転者の主たる視野内またはそのすぐ近くに表示され、読み取りやすいことである。運転者と助手席乗員の双方が使用するこの端末をセンターコンソールの上部に配置するということは、人間工学的にも技術的観点からも有効かつ不可欠である。テレビやナビゲーションシステムのビデオおよびマップ表示の条件に応じて、モニターの解像度とカラー再現性に関する要求が決定される。

この中央ディスプレイモニターは、当初のアスペクト比4：3の小さな6インチモニターからアスペクト比16：9のよりワイドな形式に変更され、ロードマップのほかにルート案内記号を追加表示できるようになった。センターコンソールの上部に中央モニターを配置したより新しい車両では、利用可能なスペースが広くなったことで、はるかに大型のモニターを搭載している場合もある。さらにTesla Model Sでは、複合表示が可能な対角サイズ17インチの縦型モニターおよびセンターコンソールの操作ユニットを採用している。

ディスプレイの種類

液晶ディスプレイ

今日、自動車において最も普及しているディスプレイは、液晶ディスプレイ（LCD）である。自らは発光せずに入射光を変調するパッシブ型のディスプレイであるため、追加の照明を必要とする。

ツイステッドネマティックLCD

TN LCD（ツイステッドネマティック液晶ディスプレイ）は、LCDの中で最も普及しているものである。その名前は、0Vの状態において長方形の分子が90°ねじれた内部配置となることに由来する。このねじれによって、セルを通過する光の偏光面が90°回転する（図4）。このセルが、交差した偏光板の間に配置されていると、電圧が無印加（0V）の状態で透明となる。電圧を印加すると、分子は電界方向に回転する（図4、中央）。セルは不透明になる。すなわち、セルはライトバルブである。

使用温度範囲は−40 〜 125℃である。低温下では液晶材料の粘性が大きくなるため、スイッチング時間が若干長くなる。

外側に取り付けられた偏光フィルムの偏光方向の選択に応じて、TN LCDはポジ（明るい背景に暗い文字）、ネガ（暗い背景に明るい文字）のいずれの方式でも作動させられる。

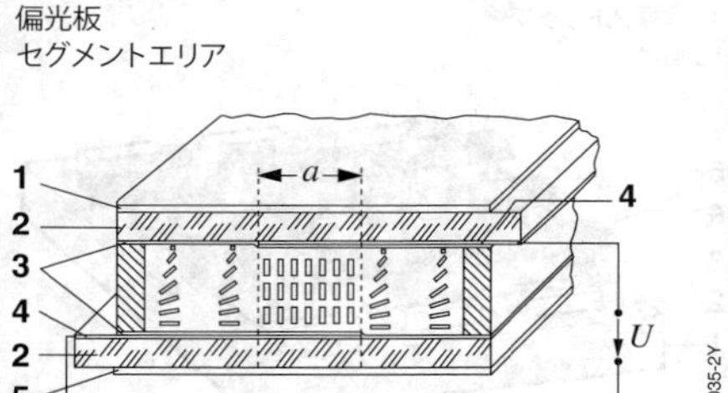

車両においては、TN LCDは通常ネガ方式で作動させる。これは印刷された文字盤の表示方式として馴染みがあるからである。ネガセル型は、常にバックライトを必要とした。

個別に制御されるセグメントエリアは、数字、文字、記号の表示に使用できる。TN LCDは小型、大型いずれのディスプレイにも適しており、Audi Quattroモデルイヤー 1984のインストルメントクラスターといったモジュール式のLCDインストルメントクラスターにも使われている。

アクティブマトリックスLCD

さまざまな情報を制約を受けることなく表示するには、グラフィック機能を持つドットマトリックスディスプレイが必要となる。見た目がきれいで、複雑な情報の高速表示切り換えに耐えられるインストルメントクラスターとセンターコンソールに適したものといえば、高解像度、ビデオ対応のAMLCD（アクティブマトリックス液晶ディスプレイ）しかない。画素配列には薄膜電界効果トランジスターが用いられている（TFT LCD、薄膜トランジスター液晶ディスプレイ）。自動車向けには、センターコンソール用に対角サイズが3.5 〜 10インチで、使用温度範囲を−25 〜 110℃に拡大したディスプレイモニターがあり、今日、最も広く使われているモニター技術である。10インチおよびそれ以上のサイズは、プログラマブルインストルメントクラスターに使用される。

AMLCD（図5）は、半導体構造のある「アクティブ」ガラス基板と、カラーフィルター構造のある対向プレートで構成される。アクティブガラス基板にはスズ／インジウム酸化物からなる画素電極、金属の走査信号線とデータ信号線、半導体構造が載せられている。走査信号線とデータ信号線の交わる部分に、薄膜電界効果トランジスターが配置されている。このトランジスターはあらかじめ被せた半導体材料層を複数回にわたるマスキングステップで食刻して作られる。同様の手法で画素ごとにキャパシターが作られる。

図4：液晶ディスプレイの作動原理
（ネマティックセル）

1 偏光板
2 ガラス
3 配向膜および絶縁膜
4 電極
5 偏光板
a セグメントエリア

反対面のガラス基板には、カラーフィルター層と、金属の走査信号線とデータ信号線を覆うための、表示コントラストの改善効果がある「ブラックマトリックス」構造が載っている。これらの構造は一連のフォトリトグラフプロセスにより、ガラス基板表面に作り出される。その上に、すべての画素を覆う形で連続したカウンター電極が被せられている。カラーフィルターには、連続ストリップ（グラフィック情報の再現性にすぐれる）とモザイクフィルター（ビデオ画像に好適）の2つのタイプがある。

有機LED（発光ダイオード）

有機電界発光ディスプレイユニット（OLED、有機発光ダイオード）の発光励起は、発光ダイオード（LED）に似ているが、ここでは有機素材層に注入された電荷担体により生じる。電界発光が生じるためには、コーティングシステムにおいて3つのプロセス、すなわち、注入、両タイプの電荷担体（電子、ホール）の層を通過しての輸送、および両者の再結合が行われる必要がある。

有機層は2つの電極間に埋め込まれている。OLED画素の基本構造を図6に示す。陽極には一般的に酸化インジウムスズ（ITO）コーティングガラス（またはプラスチック箔）が用いられる。これは、生成された光を透過させる（グラフィック内下方へ）。陰極は金属製である。有機素材はそれらの間に配置されている。電荷担体は、電子コンタクトポイントを使用して電圧を印加することで素材内へ注入される。これらはポリマー層により相互に近づけられる。異なる電荷の電荷担体（電子とホール）が出会うと、その結果上述のような放射再結合が生じる（「OLED」、「電子工学」も参照）。

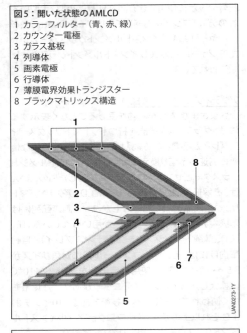

図5：開いた状態のAMLCD
1 カラーフィルター（青、赤、緑）
2 カウンター電極
3 ガラス基板
4 列導体
5 画素電極
6 行導体
7 薄膜電界効果トランジスター
8 ブラックマトリックス構造

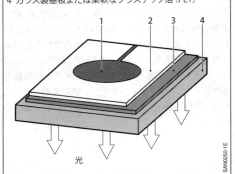

図6：OLED画素の構造
1 金属陰極（Al、In）
2 ポリマーあるいはモノマーレイヤーシステム
3 透明陽極
4 ガラス製基板または柔軟なプラスチック箔（PET）

光

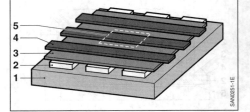

図7：OLEDマトリックスディスプレイ
1 ガラス製基板または柔軟なプラスチック箔（PET）
2 陽極ストリップ
3 有機レイヤーシステム
4 陰極ストリップ
5 画素

OLEDマトリックスディスプレイの構造を図7に示す。有機層は、互いに垂直に配置された行および列電極の間にある。マルチカラーは、異なる色を放出するドットマトリックスのOLED素材により再現される。

OLEDディスプレイは、すでに以前から一般消費財市場（携帯電話など）に定着している。耐候性に関する要件が厳しいため、今日までのところOLEDは、小型、モノクロ、英数字および簡単なグラフィックディスプレイにのみ使用されている。エアコンディショナー機能の表示はその一例である。プラスチック基板を使用しての曲面OLEDの作製は、車両における有効な反射抑制という観点から将来有望な開発事項である。

ヘッドアップディスプレイ

普通のインストルメントクラスターは、0.8～1.2 mの距離から眺めることを想定して設置されている。情報を読み取る際、運転者は目の焦点を遠距離（路上前方）から、この距離に切り換えなければならない。この順応プロセスには、運転者の年齢に応じて普通0.3～0.5秒の時間がかかる。

ヘッドアップディスプレイ（HUD）は、最初、軍事航空の分野で使用された。自動車にもシンプルなタイプのHUD（通常はデジタルスピードメーターの表示）が採用されている。日本や米国ではアナログスピードメーターと並行してオプション装備として導入されている。改良型が、最初はアメリカで使用され、後に欧州車にも採用された。

HUDの画像は、フロントウィンドウを介して運転者の主たる視界に投影される。光学システムが投影する像は、人が無限遠点を見つめたまま確認できる距離に、虚像として結像される。HUDにより運転者は道路から視線をそらす必要がなくなるため、注意をそらすことなく安全に関わる重大な走行状況を常に察知することができる。重要情報がヘッドアップディスプレイに表示されているとき、運転者は、インストルメントクラスターを見る必要がない。

<u>構造</u>

標準的なHUD（図8）は、画像生成用のディスプレイモジュール、照明、光学結像ユニット、生成した画像を運転者の視野へと投影するコンバイナーから構成される。自動車の場合は、通常フロントウィンドウがコンバイナーの役割を果たしている。外側と内側の境界面に反射することで生じる二重像を防止するため、フロントウィンドウはわずかにV字形の構造になっている。これにより、境界面に映る2つの像は運転者の視点では1つになる。

実像はディスプレイモジュール内で生成される。このモジュールは、たとえばレーザー走査方式を用いるなどして、拡散面への表示または逆投影が可能である。実像のサイズはわずか約20×40 mmであるが、日中の視認性を向上させるために必要な輝度は50,000 cd/m^2 と、従来の直視型ディスプレイの100倍である。この像は、フロントウィンドウに反射して運転者の視野に投影される。運転者は、走行状況に関する情報（虚像）を車両前方の状況に重ね合わされた状態で見ることになる。

像の仮想距離を伸ばすために、通常光学素子（レンズ、凹面ミラー）をビームパスに挿入する。

情報量の多くないモノクロHUDの表示には、特にコントラストの強いTN LCDが使用できる。より高機能のマルチカラーディスプレイには、多結晶シリコンAMLCDが用いられる。

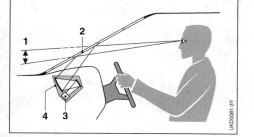

図8：ヘッドアップディスプレイ（原理）
1 虚像
2 フロントウィンドウでの反射
3 ディスプレイモジュール：バックライト付き液晶ディスプレイ（LCD）
4 光学システム

HUD情報の表示

虚像が前方の道路状況と重なってはならないため、情報量の少ない領域に、つまり「エンジンフードの上に浮いている」ように表示される（図9）。運転者の主たる視界に情報があふれるのを防ぐため、ヘッドアップディスプレイの表示は情報過多であってはならず、それ故、従来のインストルメントクラスターの実質的な代替ではない。しかしながら、ヘッドアップディスプレイは、ACCシステム（「アダプティブクルーズコントロール」、「アダプティブクルーズコントロールシステム」を参照）からの警告や情報など、ナビゲーション関連（矢印）や安全関連の情報の表示に実際適している。

ヘッドアップディスプレイは有益な情報表示であるため、その数は世界中で劇的に増加するであろう。

拡張現実ヘッドアップディスプレイ

「拡張現実」ヘッドアップディスプレイには、周囲環境に関する情報のないヘッドアップディスプレイ表示よりも多くのメリットがある。画像の生成にレーザーまたはDLPモジュールを用いる投影装置を実現するには、より高度な技術的洗練が必要である。DLPは「Digital Light Projection：デジタルライトプロジェクション」の略で、プロジェクターにも使われているように、マイクロメカニカル素子によって画像を生成する。

拡張現実ヘッドアップディスプレイは、より広い投影視野を特徴とする。これによりシステムは、障害物に対する警告を、運転者の視界内に障害物が存在する距離に応じた位置に表示することができる。しかし、視差なしで情報を読み取れるようにするには、運転者の頭部の位置に応じた位置補正が必要である。高級車での量産開始は2019年と発表されている。

このシステムを用いると、たとえばナビゲーションシステムが提案する交差点にさしかかったときに、ルート案内情報を表示することができる。高速道路の出口では、その出口を推奨する矢印を減速レーンに重ねることができる。

参考文献

[1] M. Wheeler: HUD Systems: Augmented Reality is coming to your windshield. Photonics Spectra 02/2016.

図9：ヘッドアップディスプレイに表示される情報
1 現在の速度
2 希望する速度
3 ACC（アダプティブクルーズコントロール）の作動状態

自動車でのラジオおよびテレビ放送の受信

無線通信

無線通信技術は、多くの人に情報を同時に提供することを可能にしている。またこの技術は、自動車での利用を含め、移動体無線受信において非常に重要となる。現在では、デジタル通信技術の重要性が増している。とはいえ、通信回路全体のうち無線リンクの部分は、デジタル、アナログ両方の信号通信を扱うことができ、これら2つの技術は基本的に同一のものとみなしうる。

ラジオ／テレビ放送

ラジオ放送とテレビ放送は、主に地上通信に使われる。アナログラジオ放送の場合、音声信号は高周波数信号に変調される。受信機側でそれをベースバンド周波数に変換し、復調する。こうして最終的に、送信前の有効信号と同じ信号が得られる。

無線通信においては、電磁波の伝播が情報の送信のために使われ、送信する情報によって電磁波の振幅、位相または周波数が変化する。通常使用される周波数範囲は、数kHz〜100GHzである。表1に一般的に使用されている周波数帯をいくつか掲げる。周波数帯の使用は法的規制の対象となる（たとえば、ドイツの場合、2004年無線通信法）。各国の周波数割当ては、国際電気通信連合（ITU、[1]）の第S5項で規定された国際条約に基づいて定められている。

高周波を使用した情報通信

有効信号を送信機から受信機に送信するため、高周波信号を変化させることを変調と呼ぶ。変調された高周波信号は、厳密に定義された、限られた周波数帯域内でアンテナから発射される。アンテナが受信した多数の周波数から、受信機は正確に目的の周波数帯域を選択する。このようにして、送信機から受信機への電波の伝播は、信号伝送チェーンを構成するリンクの1つを構成する。

たとえば音声信号の場合、その周波数は最高20kHzまでで、高周波の搬送信号に比べずっと低い。この低周波信号で高周波の搬送波信号を変調し、送信機のアンテナで搬送波を発射する。

表1：ラジオ／テレビ放送用周波数帯域の概要

電波帯	波長 λ (m)	周波数 f (MHz)	用途例
長波 (LW)	$\approx 2,000 \sim \approx 1,000$	0.148 – 0.283	アナログラジオ放送
中波 (MW)	$\approx 1,000 \sim \approx 100$	0.526 – 1.606	デジタルラジオモンディエール (DRM)
短波 (SW)	$\approx 100 \sim \approx 10$	3.950 – 26.10	
超短波 (VHF)	$\approx 10 \sim \approx 1$	30 – 300	
バンド1		47 – 68	TV
バンド2		87.5 – 108	デジタルラジオ放送 (DAB)
バンド3		174 – 223	
極超短波 (UHF)	$\approx 1 \sim \approx 0.1$	300 – 3,000	
バンド4		470 – 582	TV
バンド5		610 – 790	デジタルビデオ放送 (DVB-T2)、デジタルビデオ放送 (DVB-H)
Lバンド		1,453 – 1,491	デジタルラジオ放送 (DAB)
超高周波 (SHF)	$\approx 0.1 \sim \approx 0.01$	3,000 – 30,000	
		10,700 – 12,750	デジタルビデオ放送 (DVB-S)

信号が受信できる最大距離と受信品質は、とりわけ周波数に依存する。短波や長波の到達距離は非常に長く、大陸間通信に利用される場合もある。これに対してVHF通信の電波到達エリアは狭く、せいぜい見通し線の範囲内である。

受信機では受信した信号を復調し、得られた低周波の電気的振動をスピーカーで音響振動に変換する。

振幅変調（AM）

振幅変調（AM）では、周波数 f_H の高周波の振幅 A_H を、低周波信号（A_N, f_N）のリズムに合わせて変調する（図1）。

振幅変調は、たとえば、短波、中波、長波帯域で使われる。

周波数変調（FM）

周波数変調（FM）では、高周波の周波数 f_H を低周波信号のリズムに合わせて変調する（図2）。

周波数変調は、たとえば、FMラジオやアナログTV送信の音声チャンネルに使われる。周波数変調された信号は、振幅変調ノイズ（たとえば、火花点火機関のイグニッションシステムに起因する妨害電波など）の影響を受けるが、その程度は振幅変調信号の場合よりも軽微である。

デジタル変調プロセス

デジタル変調では、搬送波の振幅または周波数を離散的に変更する。その搬送波状態のそれぞれに1ビットまたは複数ビットを割り当て、デジタル情報の送信を実現する。

受信障害

VHF帯域の電波は、ほぼ直進する。このためカーラジオは、車両と送信アンテナの間に山などの障害物があると、わずか30kmほど先にあるVHF局からの電波を受信できないことがある。他方、車両と送信アンテナの間に障害物がなければ、もっと遠方からでも問題なく電波を受信できる。受信状態の悪い「電波の谷間」をカバーするため、しばしばギャップフィラー装置が用いられる。

電波は絶壁や高い建物にぶつかると反射される。反射した電波は、送信機から直接届いた電波よりも遅れて受信アンテナに到達する。これによって、いわゆる「ゴースト」、あるいはマルチパス干渉が発生し、ラジオの受信音質が低下する。

送信機が発する電磁界エリア内に導体（たとえば鉄塔や送電線）が存在する場合や、近くに森や高い建物がある場合、また深い谷底から電波を送信する場合、電波の伝播は阻害される。電波の伝播特性は、自動車における効果的な干渉抑制にとって重要である。受信

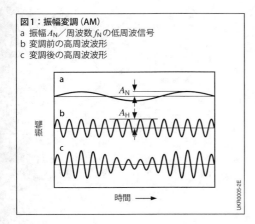

図1：振幅変調（AM）
a 振幅 A_N／周波数 f_N の低周波信号
b 変調前の高周波波形
c 変調後の高周波波形

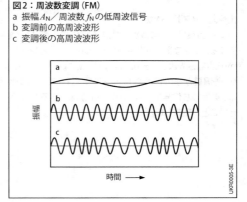

図2：周波数変調（FM）
a 振幅 A_N／周波数 f_N の低周波信号
b 変調前の高周波波形
c 変調後の高周波波形

機に届く信号が弱すぎると、ノイズを完全に取り除くことはできない。したがって、たとえば自動車がトンネルに進入したとき、それまでまったく問題なく受信できていた放送に突然雑音が混じることがある。このことは、鉄筋コンクリートのトンネル壁のシールド効果のためにラジオが受信中の信号の有効電界強度が低下する一方、干渉磁界強度は変化しないことから説明できる。特定の状況では、ラジオ局の信号を受信し続けることは完全に不可能になる。似たような現象は、山岳地を走行しているときにも生じることがある。

無線干渉

　無線干渉は、受信機が信号と一緒に、望ましくない高周波を受信することが原因で起きる。高周波干渉波が発生するのは、電流が突然遮断または投入された場合である。たとえば、火花点火機関の点火やスイッチの作動、または電気モーターの整流子のスイッチング動作によって、高周波干渉波が発生する。このような急激な電流の変化に伴い発生する高周波が、近くにある受信機のラジオ受信に干渉する。干渉の影響は、とりわけ、干渉パルスの峻度、すなわち先鋭さ、干渉波の振幅に依存して決まる。

　急峻な電流パルスにより生じる無線干渉は、EMC（電磁適合性）対策によって低減ないしは完全に除去することができる。

　干渉はさまざまなルートをたどって受信機に侵入する。たとえば、干渉源と受信機をつなぐワイヤーを通じて直接侵入することもあれば、電磁波の放射（無線）ないし容量結合または誘導結合によって侵入することもある。最後の3つは厳密に区別して扱うことはできない。

信号対ノイズ比（SN比）

　受信品質は、送信機が生成する電磁界の強さに依存する。良好な受信状態を実現するには、信号レベルが干渉電磁界より十分に高くなければならない。つまり、送信機からの信号強度と干渉電磁界の強度の比率、すなわち信号対ノイズ比（SN比）はできるだけ大きいことが望ましい。

　干渉源が近くにある場合、受信機は送信機からの有効信号のみならず、有効信号と同じ周波数帯の干渉信号も拾う。それでも、受信地点における送信信号の電磁界強度が干渉源の電磁界強度に比べ十分に大きければ、良質な受信が可能である。送信信号の有効電磁界強度は、送信機の出力、周波数、送信機と受信機間の距離、および電磁波の伝播特性により変化する。中波および長波の信号は地形の影響を受けやすく、送信機の出力が強力であっても受信場所によっては十分な有効電磁界強度が得られないことがある。VHF信号も、条件次第で有効電磁界強度に大幅なばらつきが生じる。自動車の受信機の場合、アンテナの有効高さが短いために、受信機入力部の有効信号電圧が相対的に低くならざるを得ない。このため、受信機でSN比を改善する余地は非常に限定される。

　アンテナの位置を最適化することで、受信機入力部の有効電圧レベルを上げ、受信品質の決定的要因であるSN比を改善できる。しかし、デザイン面への配慮と技術的要求の間で妥協が図られることが少なくない。SN比を改善する別の方法として、干渉電波の強度を下げるのも有効である。

　受信機の設計も受信品質に影響を与える。干渉電磁波が直接侵入するのを防ぐ金属製シールドや電源フィルターのほか、自動干渉抑制機能付き回路を備えた受信機もある（「受信改善」の項を参照）。

ラジオチューナー

自動車のラジオチューナーは、しばしばカーラジオあるいは車載サウンドシステムなどと呼ばれる。しかし、この用語はラジオチューナーだけではなく、情報およびエンターテイメント目的の多数の機能を統合した装置の呼称としても用いられる。それには、たとえば、追加情報（交通情報など）の分析や、媒体（CDやSDカード）に記録した音源を再生するプレーヤー、総合無線通信インターフェースや携帯電話といった装置が含まれる。しかし、この言葉はラジオチューナーだけではなく、多くの統合された情報およびエンターテイメント機能を備えた装置にも言及したものである。

近年、従来のアナログ方式から出発して、それを発展させた新しい伝送システムが開発された。その結果、最近は自動車用チューナーでの受信を前提に、世界中でさまざまなラジオ放送が提供されている。その中には従来のラジオ放送のほか、DAB（デジタルオーディオ放送）やDRM（デジタルラジオモンディエール）、SDARS（衛星デジタルオーディオ無線サービス）などが含まれる。

従来のラジオチューナーはアナログのFMやAM放送の受信用に作られており、アンテナで捉えた電波を音声信号に変換するアナログ信号経路を備えている。他方、非常に高度の受信能力を持つ最近の自動車用チューナーでは、信号をデジタル処理する。そのために、チューナーが出力するIF（中間周波数）信号を、A/Dコンバーターでデジタル信号に変換し、後続の処理に供する仕組みとなっている。デジタル変調との違いは基本的に、信号経路のデジタル部分の復調だけである。

従来のチューナー
信号処理

車両は送信機から送られる電波を車載アンテナ（基本的にロッドアンテナまたはウィンドウアンテナ）で受信する。信号は、決められた周波数間隔（混信保護周波帯）で区切られた複数のチャンネルで構成される。アンテナ基部から取り出した高周波の交流電圧信号が受信機に送られ、そこで処理される。

従来のアナログラジオ受信用チューナーは、基本的に2つの信号経路を備えている。AM信号を処理する信号経路と、FM信号を処理する経路である。通常これらの信号経路は、以下に説明するブロックに分かれている（図3）。

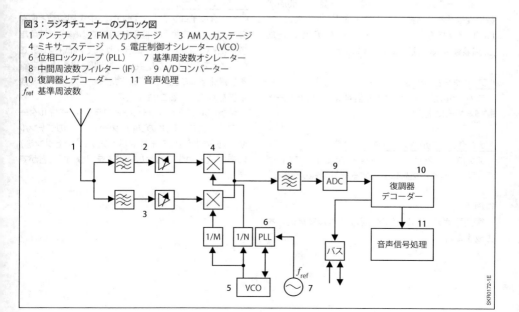

図3：ラジオチューナーのブロック図
1 アンテナ　2 FM 入力ステージ　3 AM 入力ステージ
4 ミキサーステージ　5 電圧制御オシレーター (VCO)
6 位相ロックループ (PLL)　7 基準周波数オシレーター
8 中間周波数フィルター (IF)　9 A/Dコンバーター
10 復調器とデコーダー　11 音声処理
f_{ref} 基準周波数

1610 ユーザーインターフェース、テレマチックおよびマルチメディア

AM入力ステージ

バンドパスフィルターで振幅変調（AM）信号を長波、中波、短波帯域の別に切り分け、その結果得られた信号を後続ステージでノイズを抑えながら増幅する。

FM入力ステージ

周波数変調されたVHF信号を、専用の入力ステージで受信する。入力フィルターは受信する特定の周波数に合わせてチューニングされたものと、受信帯域のすべての信号を受け入れるタイプがある。続いて受信信号は、自動制御アンプで、ノイズを抑えつつ、次のミキサーステージで要求される入力レベルにまで増幅される。

電圧制御オシレーター

その周波数を位相ロックループ（PLL）で制御されるオシレーター（VCO、電圧制御オシレーター）が高周波振動を生成する。この振動を細分化して得られる信号を使ってミキサーステージで入力信号を一定の中間周波数（IF）に変換する。その際、クオーツ発振器で生成した安定した信号が基準周波数として用いられる。

ミキサーステージ

ミキサーステージでは入力信号を一定の中間周波数に変換する。FMおよびAM信号を受信するために、しばしば異なるミキサーステージが用いられる。ただし、周波数変換の原理に違いはない。

IFフィルターと増幅器

このようにして生成されたIF信号は、IFフィルターと制御増幅器に送られる。

アナログデジタルコンバーター（ADC）

アナログデジタルコンバーター（ADC）は、アナログIF信号をデジタル信号に変換するためのものである。

復調器

復調器はデジタルIF信号からデジタル音声信号を生成する。

デコーダー

RDSデータ（ラジオデータシステム）のような追加情報は、デコーダーで復調され、後続のプロセッサーで処理される。

音声処理

復調後、音声信号は車両周囲の状態や運転者／乗員の好みなどに調節される。これは、操作エレメントによって音質や音量を調整したり、前後左右のレベルを変更したりすることで行なわれる。

デジタル受信機

デジタル受信機（ADR、高度デジタル受信機）は高度に集積された受信モジュールであり、その入力信号はアナログまたはデジタルIF信号である。アナログ信号はデジタル信号に変換され、デジタル信号はデジタルレベルで処理される。この技術によりて、アナログ技術では不可能な種類の信号処理を行えるようになる。たとえば、高調波ひずみレベルが極めて良好で、帯域幅が可変、かつ受信条件に合わせて調整可能なIFフィルターを実現できる。このほか、音声信号中のノイズを大幅に低減する受信信号処理方法が数多く存在する（SHARX、DDAおよびDDSを参照）。

デジタルイコライザー

デジタルイコライザー（DEQ）は、中央周波数と個々のフィルターの強弱を個別に調整する機能を備えた多帯域パラメトリックイコライザーで構成される。これによって望ましくない共鳴を抑制し、車両内の音質を最適化することができる。またスピーカーの周波数応答を直線化することもできる。

装置によっては、プリセットイコライザーフィルターが実装されている。このフィルターは、音楽のジャンルや車種（たとえば、ジャズやポップ、バンやセダン等）に応じて、それにふさわしい設定を呼び出すことができる。

デジタルサウンド調整

「デジタルサウンド調整」(DSA) は、車載サウンドシステムの周波数応答を自動的に分析、個々の車両の状況に合わせて補正するシステムである。スピーカーから出力したテスト信号音をマイクで拾って測定し、デジタル信号プロセッサー (DSP) で分析、車両に最適な音質曲線がイコライザーに設定される。

ダイナミックノイズカバーリング

「ダイナミックノイズカバーリング(DNC)」機能は、周波数的に音声信号と重なり、知覚音質を損なう車両雑音を、車両の走行中にマイクで常時検出、分析する。その上で、ノイズが重なる周波数に限って信号を増幅、または選択的に動的圧縮する(ダイナミックレンジを狭める)ことで、走行時のノイズに関わらず体感音質を最適に維持するものである。

受信品質

アナログラジオ放送は主に地上通信に使われる。送信経路は常に理想的なわけではなく、送信機と受信機の位置関係および環境条件によって受信品質が損なわれる場合がある。VHF受信の場合、以下に述べる送信経路上の問題により受信位置が重要になる場合がある。

フェード現象

トンネルや高層ビルまたは山などとの障害物が信号経路上に存在する場合、信号受信レベルの変動によってフェード現象が発生する。

マルチパス受信

マルチパス受信は、建物や木、水面などで信号が反射されることで発生する。これによって簡単に受信電磁界強度が低下し、完全に信号が失われてしまうことすらある。受信電磁界の強度の違いは、数センチメートルの差で発生することがある。この種の変動は、特に自動車用チューナーのような移動体受信機に有害な作用をする。

隣接チャンネルの干渉

隣接チャンネルの干渉は、目的のチャンネルの信号と、それに近接した強い電磁界を持った別のチャンネルの信号を一緒に受信した場合に発生する。

ハイレベル信号干渉

ハイレベル信号干渉は、強力な電波を発射する送信機の近くで発生する。受信機は、磁界強度を低減することでその入力部を保護する。その結果、他の送信機からの相対的に微弱な信号までもが減衰され、入力信号レベルが低下する。

過変調

送信機の中には、受信エリアを広げるため、またはより受信状態(音量)改善のため、変調レベルを上げるものもある。このプロセスの短所はひずみ率が高くなることと、マルチパス干渉の影響を受けやすいことである。

イグニッション干渉

高周波干渉源(たとえば、火花点火機関の点火や電気モーターの整流子のスイッチング動作等)は受信干渉発生の原因となる。

受信改善

最近の車載サウンドシステムでは、受信能力向上のため多くの機能が改善されている。以下、これらの機能の中で特に重要なものの概要を説明する。

ラジオデータシステム

ラジオデータシステム(RDS)はFM放送用のデジタルデータ送信システムで、そのフォーマットは欧州全域で規格化されている。このシステムは、同じ番組を複数の周波数を使って流し、代替周波数に関する情報を音声信号に重ねて放送する。受信機側は用意されたチャンネルの中から、干渉の最も少ない周波数を選んで番組を受信する。表2に送信される追加情報の概要を示す。

表2：RDSコード

コード	送信情報
PS	受信局名
AF	同じ放送が流されている周波数のリスト
PI	放送局の識別
TP、TA	交通情報放送局の識別、交通情報アナウンスの識別
PTY	局種の識別
EON	並列局の交通情報アナウンス信号
TMC	規格化された交通情報
CT	時刻（車両の時計の同期用）
RT	テキスト情報（ミュージックタイトルなど）

デジタル指向性アンテナ

Bosch社が開発した「デジタル指向性アンテナ」（DDA）システムは、2つのアンテナの信号を処理し、指向特性の異なる第3のアンテナで受信したかのような信号を合成する。これによって、図4に示すようにマルチパス受信に起因する干渉を抑制することができる。

デジタルダイバーシティシステム

FMラジオの受信特性は受信場所によって大きく変化する。デジタルダイバーシティシステム（DDS）は複数のアンテナを備え、これらのアンテナを適宜切り替えて受信特性を向上させることができる。デジタル受信機に内蔵されたデジタルダイバーシティシステムは、復調後の音声信号をそのまま利用して、どのアンテナを選択するかを決める。

ハイカット

フェード現象やマルチパス受信に起因する干渉は、高音域の周波数に大きな影響を及ぼす。このため最近の車載サウンドシステムは、このような干渉を検出すると、高音域の周波数の音声信号レベルを低くする機能を備えている。

SHARX

SHARXは、FM受信用の中間周波数の帯域幅を自動的に調整して、受信条件に適合させる機能である。複数の放送局が互いに非常に近い周波数で電波を出している場合、この機能は帯域幅を狭めて各局の信号を明瞭に区分し、実質上干渉のない受信を可能にする。隣接するチャンネルがない場合は、帯域幅を広げて高調波ひずみを低減することができる。

自動干渉抑制

ラジオの受信品質を改善するためのもう1つの方法に自動干渉抑制がある。これは、自車および他の車両の干渉源から発生する干渉信号を抑制するものである。このために、干渉発生の瞬間に復調信号を、干渉パルスのみならず有効信号も含めて消去し、その結果生じた空白を代替信号で埋める。

参考文献

[1] Radio Regulations. International Telecommunication Union (ITU).

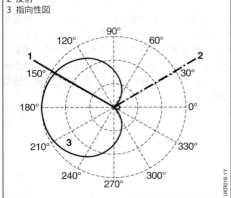

図4：最適化されたアンテナ信号
1 直接信号
2 反射
3 指向性図

交通テレマチック

伝送路

交通テレマチックとは、交通関連の情報を車両相互間で交換し、一般的に、その情報を自動的に分析するシステムのことを意味している。伝送路としては、単方向放送（ラジオ）も双方向移動体通信接続も使用されている。アナログおよびデジタル放送ラジオが提供するのは車両への伝送路のみで、すべての受信者が同じ情報を受け取ることになる。これに対して移動体通信接続では、個別のリクエストによりそれに応じたメッセージを受信することができ、車両と当該のサービスプロバイダー間で双方向の情報交換が行われる。

さらに伝送路には、それぞれの帯域幅の利用可能な情報量、および伝送コストによる違いもある。移動体通信における利用可能な帯域幅は近年、GPRS（General Packet Radio Service）、UMTS（Universal Mobile Telecommunication System）、そして最終的には LTE（Long Term Evolution）の開発により、各世代ごとに数桁単位で増加してきた。ラジオによるデータ伝送ではラジオ音声の受信により追加コストが発生することはないのに対して、移動体通信チャンネルの情報については、一般にそのデータ容量に応じたコストが発生する。

将来的には、WLAN 802.11p 規格（WLAN = Wireless Local Area Network、無線ローカルエリアネットワーク）に準拠した「ロードサイドユニット」により、高い帯域幅の追加通信コストが不要な伝送路提供されることになるであろう。

標準化

メッセージコンテンツの標準化は、異なるタイプの車両搭載端末によるさまざまなソースからの情報の評価を可能にするために重要な前提条件である。

RDS/TMC規格

一般に普及したFMラジオのRDS/TMC規格（Radio Data System=ラジオデータシステム／Traffic Message Channel=交通情報チャンネル）は、交通障害の種類（渋滞や通行止めなど）、原因（事故や路面凍結など）、予測継続時間、該当する道路区間の特定などに関する内容で構成されている。ジャンクション、高速道路区間、地理情報に関する数字符号化は、すでに多くの国で採用されている。しかしながら、それらの情報は主要な道路（高速道路や幹線道路）などに限られている。

TPEG規格

また現在では、TPEG規格（Transport Protocol Experts Group）を使用して、交通渋滞予想や別の推奨ルートを送信することも可能である。TMCで使用されている、道路ネットワーク内のあらかじめ定義され数値符号化されたジャンクションや道路区間といった制限は、AGORA-C規格を利用するならばもはや必要ではない。この規格では、送信装置および受信装置が同一バージョンの参照テーブルを使用せずとも、任意の道路に関する情報をコード化できる。しかしながら必要となる帯域幅の関係から、デジタルチャンネル経由での送信のみが可能である。

情報収集

交通テレマチックの有益性は、交通情報の質とそれらが最新情報であるかに左右される。交通の流れに関する情報収集用のさまざまなデータソースがある。加えて、現在のメッセージからは独立した最適なルートプランニングも提供するために、「過去」データも使用されている。

局所情報

交通状況の自動検知のための最初のデータソースは、道路上の個々のポイントにおける平均車速と車両数を収集し、そのデータを集中評価センターへ転送する、路面に設置された誘導ループであった。この方法による情報収集は、やはりこのような情報を収集する高速道路の橋に設置されたセンサーにより補足される。

エリア情報

局所的な測定結果ではなくエリア情報を得るために、「フローティングカーデータ」あるいは「フローティングフォンデータ」といった手法が用いられている。その基本原理は、多数の自動車あるいは携帯電話の移動データから交通状況を推論する、というものである。

フローティングカー原理

フローティングカー原理では、車両内のナビゲーション機器が車両の位置と速度を移動体通信を介して制御センターに送信し、そこでこれらのデータの統計的な分析により現在の交通状況が計算される。

フローティングフォン原理

フローティングフォン原理では、携帯電話の移動パターンが分析される。この原理は、各携帯電話は現在の受信状態を常に基地局に送信していることを利用したものである。携帯電話端末の位置が変化することに伴ってメッセージも変化することから特定のパターンを導出することができ、そのパターンを携帯電話端末の位置推定に使用する。統計的なプロセスを使用して、まず当該の移動している端末が車両内にあるものであるかどうかが評価され、続いて車両内にある端末から交通状況が推定される。

フローティングプロセスの利点

2つのフローティングプロセスは交通障害自体の検知だけでなく、その障害により発生する遅延の参考値を確定して転送することにも使用される。

車両の移動特性を収集し、時間に応じて割り当て、圧縮することもできる。これにより、個々の道路区間における曜日ごとおよび時間ごとの平均車速を再現する、いわゆるハイドログラフを得ることができる。このようにして、ノロノロ運転や定期的なラッシュアワー交通渋滞などの繰り返し発生する交通障害を予測する。車両のナビゲーションシステムは、予想される交通状況に応じてのルートおよび所要時間を特定するために、これらのハイドログラフを現在時刻に応じて「過去」データとして使用することができる。

ダイナミックルート案内

交通関連情報の符号化が標準化されたことにより、車両においてこれらの情報を運転者に理解可能なテキスト形式で表示することが可能である。ルート案内システムのコンピューターはさらに、標準化された符号化を基に交通障害発生時に有利な迂回路が存在するかどうかを確認することもできる。車両位置および必要であればそのルートに沿っての移動情報をもとに、利用可能な交通情報から関連のある情報だけが抽出される。現在発生している交通障害に起因する時間ロスについても伝送されている場合、この時間ロスもルート計算の際に考慮することができる。別の推奨ルート案内の際、運転者は受信した交通情報によってルートが再計算されたことを知らされる。その他の推奨ルートは、新ルートをもとに検索される(「車両ナビゲーション」を参照)。

有料契約者向けの交通情報サービスでは、激しい渋滞や障害についてだけでなく、すべての上位等級の道路に関して、フローティングデータより識別可能な走行速度の制限が発生しているかどうかを知らせる。これによりたとえば、ルート案内が無効にされている場合にも車両ナビゲーションのマップディスプレイにおいて、カラーコードされた詳細表示により交通の流れを確認できる。

車両間通信

車両間通信は現在のところ、次のステップの交通テレマチックとしてテスト段階にある。その最終的な目標は、交通安全性をさらに高め、交通障害による経済的損失を低減することである。車両相互間の直接情報交換により、たとえば、破損して動かなくなっている車両、緊急車両の接近、渋滞最後尾の位置、さらに激しい制動などの個々の操作に関する警告を転送することができる。これによりそのような警告を受信した車両の運転者は、発生しつつある状況に適切に反応するための時間を得る。

WLAN 802.11p規格（WLAN = Wireless Local Area Network、無線ローカルエリアネットワーク）は、車両間の直接通信のベースとして機能する。警告機能の基礎となるのは、送信側車両と受信側車両間の精密な位置情報の適時かつエラーのない伝送である。これには、移動に関するメッセージの常時転送に加え、交通障害およびその他のアクシデントが検知された場合の追加の警告メッセージの転送も含まれる。周期的な繰返しあるいは受信したメッセージの他の車両への転送により、関係するすべての車両にメッセージが届けられることを確実なものにする。

市場導入のための準備として、現在のところドイツや米国でのさまざまな実地試験において、日常の実際の条件下でシステムの機能性と有効性がテストされている。

運転者支援システム

はじめに – 運転者支援

現代の車両に搭載される運転者支援システムは、基本的に、快適性／利便性向上システムと安全システムというカテゴリーに分類することができる。快適性／利便性向上システムは、単調な反復運転操作における運転者の負担を軽減する。典型的な例として、方向転換後のターンシグナルの自動リセットやアダプティブクルーズコントロール（ACC）がある。一方、安全システムは、危機的な走行状況において運転者をサポートし、それによって事故を回避したり、事故の影響を軽減することを目的としている。典型的な例として、走行ダイナミクス制御（エレクトロニックスタビリティコントロール、ESC）やエアバッグがある。車両におけるシステムのネットワーク化レベルが高まるにつれて、上記のシステムカテゴリーはますます相互作用するようになり、しかも快適性／利便性向上システムによる運転者サポートが、安全性の向上（危機的な状況の事前回避）をもたらすことを意図していることから、快適性／利便性向上システムと安全システムの境界がますます流動的になっている。詳細については、「快適性／利便性向上システム」と「安全システム」を参照。

危険の存在する走行状況

運転者支援システムの目的は、車両の周辺状況の把握を可能にし、状況を判断して、危機的な状況を特定し、運転者の運転操作を支援することである。その目標は、危機的な状況を早期に、すなわち発生前に特定し、先回りしてこれに対処し、最も好ましい場合には危機的な状況において事故を回避し、最低でも事故の影響を極力最小限に抑えることである。

危機的な走行状況下においては、ほんの一瞬が事故発生の有無を左右することがよくある。調査報告[1]によると、追突の約60％と前面衝突の約30％は、運転者がわずかに0.5秒早く反応していれば回避できた事故である。交差点での事故の2回に1回は、運転者の迅速な正しい反応によって防止が可能であった。

1980年代の終わりに、輸送効率の高い、部分的に自動化された道路交通の可能性がEU「プロメテウス」プロジェクトの一環として提示されたとき、この役割を担う電子コンポーネントはまだ存在していなかった。高感度のセンサーと高性能なマイクロコンピューターが現在使用可能となり、高度自動運転車両の実現に向けて歩を進めている。

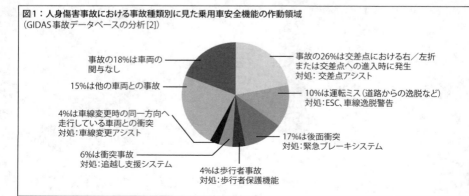

図1：人身傷害事故における事故種類別に見た乗用車安全機能の作動領域
（GIDAS事故データベースの分析[2]）

特定の走行状況下で半自動運転車両の誘導を容易にする最初の運転者支援システムは、2013年から市場に導入されている（例：渋滞アシスト）。ここでは、環境センサーが車両の周囲をスキャンして、関連する物体を検知する。運転者支援システムは、一連の介入に従い、警告を発したり、または必要な行動を直接行う（自動ステアリングまたはブレーキ介入）。これらすべてが、こうした決定的な一瞬の間に行われる。なぜなら、コンピューター制御システムは、本質的に人間よりも素早く反応できるからである。

事故状況と対処法

事故調査は、運転車支援機能の開発において大きな役割を果たす。Bosch社での事故調査は、現在の交通事故発生状況を考慮に入れながら、とりわけ新しい車両安全機能の設計と開発を支援する。これらのシステム、すなわち潜在的な事故回避能力の有効性と、それらが将来の事故発生に及ぼす影響に関して評価が行われる。

乗用車の運転者支援機能の有効性を評価するために、事故データベースGIDAS（ドイツ詳細事故調査[2]）に基づいてドイツでの人身傷害事故の分析が行われた（図1）。ドイツでは、2015年に305,659件の人身傷害事故が発生し、そのうち82％に乗用車が関与していた[3]。

乗用車が関与する人身傷害事故の約26％は、交差点での右左折または通過時に発生している。ここでは、さまざまな交差点支援機能が、将来、事故を減少させることができるであろう。

人身傷害事故の10件に1件（10％）は、運転者のミスが原因と考えられる。乗用車が関与するこのような多くの事例では、走行ダイナミクス制御（ESC）や車線逸脱警告機能があれば事故を事前に回避したり、または事故の影響を少なくすることが可能である。

さらに、乗用車が関与するすべての人身傷害事故の17％は、ある車両が同じ方向に走行している別の車両に衝突するときに発生している。衝突警告システムは、そうした事故に初期の段階で対処することができる（例：アダプティブクルーズコントロール）。それ以降の段階では、衝突回避システムが、たとえば緊急ブレーキシステム（自動緊急ブレーキ機能、AEB）によるブレーキ介入を通じて、走行ダイナミクスに能動的に介入することで事故を防ぐ。

歩行者やサイクリストなどの無防備な道路使用者が関与する事故は、高度な複雑さを示す。乗用車用の最初の緊急ブレーキ歩行者保護機能は、すでに市場に導入されている。これが作動するのは、歩行者が関与する事故全体の4％までである。現在、自動回避行動を用いてこうした事故の発生またはその影響をさらに減らすために、このような歩行者保護システムを拡張することに関する研究が行われている。

たいてい追い越し中に発生し、追い越し支援システムによって積極的に影響を与えることが可能な衝突事故は、6％にのぼる。車線変更時に支援システムによって運転者を支援することで、さらに事故を2％、または合計4％減らすことが期待できる。

すでに高い交通安全基準にもかかわらず、Bosch社が行った事故調査によると、乗用車が関与する人身傷害事故の最大40％は、いまだに車両安全システムの作動を伴っていない。この点に関して事故調査は、さらなる車両安全機能の開発や、市場での受入れの促進に寄与する。

用途

運転者支援システムには幅広い用途がある。それらは、走行ダイナミクスに介入するアクティブシステムと走行ダイナミクスに介入しないパッシブシステムに分けられる。

さらに、すでに述べたように、完全自動運転を長期的目標に掲げて運転者の負担軽減を目的とする快適性／利便性向上システム（運転者サポート）と、事故回避または事故の影響緩和を目的とする安全システムとに区別される。

快適性／利便性向上システムおよび安全システム

図2は、選ばれたシステムごとに運転者支援システムおよび機能の範囲を示している。

パッシブセーフティ機能

パッシブセーフティ機能（図2の左下部分）は、エアバッグの作動やパッシブ歩行者保護の機能（歩行者との衝突の影響を緩和するために車両のフロントを特別に設計）といった事故の影響を緩和するための措置から成る。

運転者サポート

能動的な車両介入を行わずに運転者の負担を軽減するためのシステム（運転者サポート、図2の右下部分）は、完全自動車両誘導への予備段階である。このようなシステムは、運転者に車両誘導に関する助言を与える。短距離センサー（超音波センサー）による駐車支援は、運転者が駐車スペースを探して実際に駐車することを支援する。一方、特別な赤外線ビデオセンサーを使うことで、夜間走行中に運転者の視界を効果的に向上させることができる。車線逸脱警告システムの場合、ビデオカメラが路面表示を用いて車両前方の車線の方向を検知し、運転者が方向指示器を操作せずに車線変更した場合に警告を発する。警告は、カーラジオのスピーカーから音響により、またはステアリングホイールの振動という形で機械的に発せられる。

自動車両誘導

自動車両誘導システム（図2の右上部分）は、横方向の誘導に特化した介入によって車両が車線を離れることを防ぐ車線維持支援を含む。すなわち車線維持支援は、車線逸脱警告システムをさらに発展させたものである。アダプティブクルーズコントロール（ACC）も、自動車両誘導システムの1つである。このシステムのさらなる発展型は、まずブレーキをかけて車両を完全に停止させ、その後低速で再び前進させることで、渋滞時の運転者の負担を軽減する（ACC＋ストップ＆ゴー）。さらに発展させた渋滞アシストは、低速での横方向の誘導も可能にする。高速道路での自動化された前後および横方向の誘導（高速道路アシスタント）を容易にすることを目的とした機能に

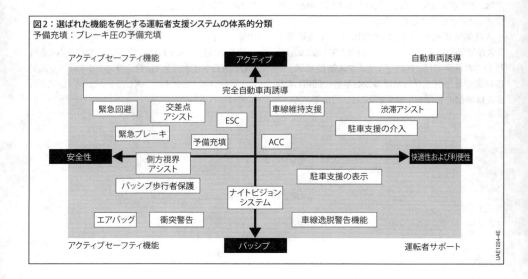

図2：選ばれた機能を例とする運転者支援システムの体系的分類
予備充填：ブレーキ圧の予備充填

は、極めて高い要件が課される。次の考えられる開発段階は、市街地、すなわち非整備環境での中速走行時の完全な前後および横方向の誘導である（City ACC）。このようなシステムは、高度自動車両誘導（「自動化の程度」を参照）の前の最終開発段階である。

アクティブセーフティ機能

アクティブセーフティ機能（図2の左上部分）は、事故を回避、または事故によって生じた損害を緩和するためのすべての能動的な緊急措置に関係する。もはや運転者が回避できない衝突の危険がある場合、これらのシステムは、その最大の構成においてコンピュータ支援による運動の実行を可能にする。衝突回避または影響の緩和は、自動ブレーキ（緊急ブレーキ、交差点支援）またはここでは自動ステアリング（緊急回避）によって達成される。中間段階は、危険が検知されたときのブレーキ圧の予備充填、短い集中的なブレーキング（運転者に対する運動感覚に訴える警告信号）、またはステアリングパルスから成る。ESCは、車両安定化レベルでのアクティブセーフティシステムの一例である。

運転者支援システムの標準アーキテクチャ

運転者支援システムは、分散型標準アーキテクチャ（図3）に従って、サブモジュールセンサー技術、センサーデータの融合（環境モデルの生成を目的とする）、状況分析（交通状況とその進展の理解を目的とする）、機能（対処計画を目的とする）、アクチュエーター技術、およびマン／マシンインタラクションに細分化することができる。

センサーレイヤーは、種類とパラメーター化の機能要件に応じて定義および設計されたさまざまなセンサーから成る。センサーデータ融合モジュールでは、センサー測定値に基づき機能仕様（非移動環境、機能関連移動体）に従って環境がモデル化される。

続いて行われる状況分析では、機能関連シナリオに関する重要度が、環境モデリングに基づいてチェックされる。これにより、たとえば緊急ブレーキ機能のために、何らの危険回避動作も行われなかった場合に考えられる物体と車両の位置が予測され、衝突のリスクが評価される。

このようにしてもたらされた重要度の測定は、以下の機能モジュールにおいて機能を展開すべきかどうかを判断するための基準の役割を果たす。機能モジュールは、たいてい有限状態機械を使用する。これは、重要度測定の閾値に加えて、機能固有のシステム制限が守られているかどうかもチェックする（例：他の車両が同じ方向に走行している状況において車両のヨーレートが高い場合は、緊急ブレーキ機能を作動させない）。危機的な状況の場合、機能モジュールは一連の介入を素早く実行する。その範囲は、状況と機能に応じて、初期の運転者への通知と警告（視覚、音響、触覚）から、自動ステアリングまたはブレーキ介入、さらには事故回避または事故の影響緩和にまで及ぶ。今や、該当するアクチュエーターとマン／マシンインターフェースは、機能固有の一連の警告に従って作動される。

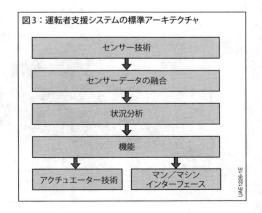

図3：運転者支援システムの標準アーキテクチャ

環境センサーシステム、センサーデータの融合、および機能に対する典型的なアプローチについては、導入された標準アーキテクチャに基づき以下で詳しく説明する。

電子的な全方位視界用環境センサーシステム

「電子的な全方位視界」を使用すると、受動的および能動的な介入用に数多くの運転者支援システムが実現できる。図4は、以下に述べる全方位視界センサーの検知範囲を示す。

長距離レンジ

長距離レンジの用途には、主に長距離レーダー（LRR）センサーが使用される。現在のセンサーの動作周波数は76.5 GHzであり、検出範囲は約250 mである。ライダーセンサーも、主に日本で使用されている（例：アダプティブクルーズコントロール用）。近赤外線領域で作動するこのセンサーの検出範囲は150～250 mである。

中距離レンジ

中距離レンジでは、動作周波数が24 GHzの中距離レーダー（MRR）センサーが、検出範囲と角度分解能に関する厳しい要求を満たすことができる。2005年以来、ビデオセンサーも中距離レンジで使用されてきた。ビデオセンサーは、画像データの大量の情報量（とりわけ、ステレオビデオ、オプティカルフロー、物体分類など。「コンピュータービジョン」を参照）および非常に優れた費用対効果のおかげで、多くの運転者支援機能の実行を可能にするため、運転者支援システムにおいてますます中心的役割を担うようになっている。たとえば、ナイトビジョンシステムにおける赤外線カメラは、暗闇の中で状況を検知することにより運転者をサポートする。

近距離レンジ

以前よりも検出範囲の拡大した超音波センサーは、一定の制限（20 m未満の範囲）内で車両の周囲に「仮想安全シールド」を形成することができる。このシールドを使用して数多くの機能を実行することができる。この安全シールド内の物体からの信号は、さまざまな安全性システムおよび快適性／利便性向上システムのデータベースとしての役割を担う。超音波

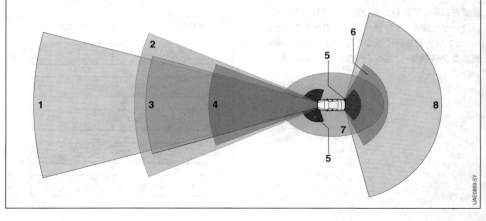

図4：車両の全方位視界のためのセンサーの検出範囲
円弧で表された検出範囲はビーム角を示すが、センサーの検出範囲は角度が大きくなるほど減少する。
1 長距離レーダー（< 250 m、水平ビーム角30°）
2 フロントエンド中距離レーダー（< 160 m、水平ビーム角45°）
3 ナイトビジョンカメラ（< 150 m、水平ビーム角32°）
4 ビデオ、ステレオビデオ（< 80 m、水平ビーム角41°）
5 超音波センサー（< 5 m、いずれの場合も水平ビーム角120°）
6 リアビューカメラ（< 15 m、水平ビーム角130°）
7 近距離カメラ（< 10 m、いずれの場合もビーム角130°）
8 リアエンド中距離レーダー（< 100 m、水平ビーム角150°）

センサーは運転者の「死角」さえもモニターすることができる。

マルチビームライダーセンサーは、2008年以来、自動緊急ブレーキ機能用に車両前方8mまでの範囲をモニターするために使用され、販売台数の多いセグメントにおいて急速に普及している。

超近距離レンジ

駐車支援は、超音波技術を利用して超近距離レンジをモニターする。現在のセンサーの検出範囲は最大5mである。それゆえ、こうしたセンサーは、さまざまな駐車機能に適している。リアエンドのビデオセンサー（最も簡易な仕様）は、車庫入れ時に超音波に基づくパークパイロットシステムを支援することができる。

センサーデータの融合

長距離レンジの機能要件の場合は、特に視野を拡大して物体検知の精度と信頼性を向上させるために、多数のセンサー（さまざまなセンサー原理に基づく）の視界を重ね合わせて使用することができる。この手順はセンサーデータの融合と言われている。たとえば、フロントエンドに搭載されているカメラも、その機能に応じて長距離レーダーの測定値を拡大するために使用できる。これにより、測定すべき物体までの距離だけではなく、その物体の分類も可能になる。物体クラスは、予測される物体運動の位置と性質についてシステムが結論を引き出し、それによって機能の信頼性向上に役立てることを可能にする。ビデオシステムを長距離レーダーに接続すると、相乗効果が生まれる。これによって、ACCシステムや車線維持支援のビーム角が大幅に広がり、物体検知がよりいっそう素早く信頼性の高いものになる。

将来の運転者支援システムには、多数の環境センサーが組み込まれるであろう。通常、センサーデータは、異なる頻度で同期せずに到達し、時間遅延もさまざまであるため、融合モジュールにおいてはまず最初に共通の時間配分を確立しなくてはならない。これは、通常、リングメモリー構造とタイムスタンプを使用することで達成される。車両の周辺状況は、センサーデータに基づいてモデル化される。格子法は、動かない（静的）周辺状況をモデル化するためにますます使用されるようになっている[4]。動いている（動的）物体は、たいていさまざまな機能関連属性（位置、拡張、速度など）を備える物体としてモデル化され、状態推定用のアルゴリズム（Kalman filter [5]）を用いて時間的に安定化される。物体モデルと静的グリッドを組み合わせたハイブリッドアプローチは、まだ研究段階にある[6]。

作動原理

ビデオセンサーを例にして、機能処理について以下で詳細に説明する。ビデオカメラは前方領域において、たとえば車線、道路標識、または物体クラスを使用する支援機能のために使用される。

「車線検知システム」は車線の境界や車線の前方方向を識別することができる。車両が意図せず車線を逸脱している場合は、システムが運転者に注意を促す（「車線逸脱警告システム」を参照）。さらなる拡張段階では、車両は車線検知に基づいて、能動的なステアリング介入によって車線に戻される（「車線維持支援」を参照）。これをACCと組み合わせることで、渋滞時の運転者の負担を減らす強力なシステムが生み出される。

ビデオセンサーからの情報を使用するもうひとつの機能は、「道路標識認識」である。このシステムは道路標識を認識し、解釈することができる（速度制限や追い越し禁止の標識など）。ビデオカメラは毎秒20枚以上の画像を撮影するとともに、それらをビデオ信号の形で映像解析用コンピューターに送信する。車両の走行中、システムは道路標識となりうる外形をした物体を探索する（物体検知）。条件に該当する物体が検出されると、ビデオカメラで撮影できる距離に近付くまで特定の物体として監視を続ける（物体分類）。道路標識認識機能は、映像解析用コンピューターが標識として認識すべき物体のデザインを予め学習していることが前提となる。

映像解析用コンピューターが標識を検知してそれを速度制限標識（図5）として識別すると、その情報はインストルメントクラスターに送られ、画像ディスプレイにマークとして表示される。運転者がこの速度制限に従わなかった場合、システムはさらに音や振動による警告機能を作動させる。今日では、走行速度が160km/h以下であれば、雨や水しぶきが上がる状態でも、高い信頼性で道路標識を認識できる。

認識された道路標識は、さまざまな支援機能においてますます使用されるようになっている。たとえば、認識された道路標識を用いてナビゲーションマップをアップデートしたり、さらなる拡張段階のアダプティブクルーズコントロールでは、車両の速度を識別された制限速度に維持することができる。

歩行者が物体クラスとして識別されると、衝突の危険が切迫している場合であれば、アクティブ歩行者保護機能を有効にすることができる（「アクティブ歩行者保護」の章を参照）。

リアエンドのカメラが単なる画像の表示（リアビューカメラ）よりも大きなメリットをもたらすのは、検出された物体が画像処理ソフトウェアによって解釈され、危機的な状況下で運転者に注意を促す場合である。これは、たとえば後退中に運転者が道路を横断する歩行者を見落とした場合である。

図5：道路標識認識機能
a 路面の映像
b インストルメントクラスターの画像ディスプレイ上の表示

表1：運転者支援機能の概要

機能名	警告（W） 前後方向誘導（Lng） 横方向誘導（Lat）	市街地（C） 一般道（O） 高速道路（E）	市場導入の年	代表的なセンサー技術
アダプティブクルーズコントロール（ACC）	Lng	C、O、E	1998	レーダー ライダー（一部）
車線逸脱警告機能	W	C、E	2001	モノラルビデオ
車線維持システム	W、Lat	C、E	2003	モノラルビデオ
道路工事アシスト	W、Lng、Lat	E	未定	モノラルビデオ ステレオビデオ レーダー 超音波（側面）
操車支援	W、Lat	C	未定	ステレオビデオ モノラルビデオ（側面）
狭隘区間支援	W、Lat	C、O	未定	ステレオビデオ
渋滞アシスト	W、Lng、Lat	C、E	2013	ステレオビデオ
交差点アシスト	W、Lng	C、O	2013	レーダー（側面） モノラルビデオ
緊急ブレーキシステム（同方向への走行時）	W、Lng	C、O、E	2006	レーダー ステレオビデオ
アクティブ歩行者保護	W、Lng	C	2008	ステレオビデオ モノラルビデオ レーダー

カメラベースのセンサー技術は、当初、情報を提供する運転者支援システムとして市場に導入された。画像処理方法のさらなる発達は、堅牢性と可用性を高め、このセンサー技術の潜在能力を実証している。このように、現在のビデオセンサーは、さまざまなアプローチを用いて周辺状況の三次元測定を提供し、新しい運転者支援機能の可能性を切り開いている。

扱った運転者支援機能の概要を表1に示す。

テストと危険回避

能動的介入システムの背景にある主な動機は、たとえば自動衝突回避用の緊急ブレーキシステム（AEB）の目的と同様に、走行安全性を高めることである。

こうしたシステムの重要な側面は、たとえば不正な緊急ブレーキの作動といった、誤った自動介入のリスクである。最悪の場合、これが事故につながり、それによってシステムの安全性の向上が損なわれるかもしれない。それゆえ、適切な対策を通じて絶対的な信頼性をもってこうした不正介入を排除することができなくてはならない。

達成可能なメリットを見極めて潜在的リスクを排除するために、総合テストは新しい運転者支援システムの開発の重要な部分である。現在、こうしたテストの実施方法とテストの複雑さは、その目的が危機的な走行状況における狙い通りの有効性をテストすることなのか、それとも不正介入に対する危険回避をテストすることなのかによって異なる。

たとえばAEBが対処する後面衝突などの危機的な走行状況は、幸運にも普段の道路交通の中ではごくまれにしか発生しないため、代わりに閉鎖されたテスト施設でダミー車両を用いることにより、人間を危険にさらすことなく有効性が分析されている。

こうした有益な事例では、おおむね事故分析からパラメーターを十分に記述できるが、対照的に、不正介入に対する危険回避は、本質的にすべての関連する周囲条件と走行状況について実施されなくてはならない。この理由から、自動車メーカーとシステムサプライヤーは、システムをリリースするために非常に広範囲な車両テストを実施している[7]。

広範囲な耐久テストを行う主な理由は、使用される環境センサーの複雑さ、多種多様な交通状況、および自律的な走行ダイナミクス介入の安全性に課される高い要件にある。なぜなら、人間の運転者にとって危機的ではない走行状況であっても、「幽霊」物体が検知されるかもしれないからである（例：カメラが排気ガスの煙を誤って障害物と解釈）。ブレーキやステアリングへの不正介入には、高い潜在的リスクがあるため、こうした不正作動の極めてまれな事例であっても、システムのリリース前に確実に発見することが不可欠である。これが、広範囲な走行テストの理由である。

参考文献

[1] K. Enke: Possibilities for Improving Safety within the Driver Vehicle Environment Loop; 7th International Technical Conference on Experimental Safety Vehicle, Paris (1979).

[2] GIDAS (German In-Depth Accident Study) 2014; http://www.gidas.org.

[3] DESTATIS, Fachserie 8, Reihe 7; Verkehr 2015. Statistisches Bundesamt Wiesbaden, 2016.

[4] C. Coue et al.: Bayesian Occupancy Filtering for Multitarget Tracking: an Automotive Application. The International Journal of Robotics Research, Vol. 25 No. 1, pp. 19–30. HAL archives-ouvertes, 2006.

[5] Y. Bar-Shalom et al.: Estimation with Applications to Tracking and Navigation: Theory Algorithms and Software. Wiley & Sons, New York 2001.

[6] J. Effertz: Autonome Fahrzeugführung in urbaner Umgebung durch Kombination objekt- und kartenbasierter Umfeldmodelle. Institut für Regelungstechnik, TU Braunschweig, Dissertation, 2009.

[7] A. Weitzel et al.: Absicherungsstrategien für Fahrerassistenzsysteme mit Umfeldwahrnehmung. Berichte der Bundesanstalt für Straßenwesen, Heft F98. Wirtschaftsverlag NW, 2014.

コンピュータービジョン

コンピュータービジョンの対象範囲は、1台または複数台のカメラでスキャンされた、静止した背景（道路、建物など）と運動する対象物（歩行者、車両など）から成る車両周辺領域から情報を抽出するコンセプトと方法にまたがっている。時間的に変化する3次元環境の画像を取得して一連の2次元画像信号に写像する。すなわち環境の再構築は複雑な逆問題である[1]。

人間は複雑な動的シナリオを困難なく扱えるが、マシンビジョン、特に画像列データの一貫した解釈は、50年以上にわたる研究を経た今でもなお、学際的アプローチを要する困難な課題である。画像信号の処理に関する基本原理の大部分は1970〜80年代に既に見出されていた。これには画像信号のフィルタリング、簡単な幾何学的構造の抽出、画像信号の照合などが含まれる。

環境再構築の分野での重要な変化は、1990年代に未校正カメラシステムによる投影再構成のためのロバストな方法が開発されたことである。2000年代には機械学習が大きく進歩し、例を用いたトレーニングに基づく対象物の検知と分類を含む、学習に基づく方法も進展した。

自動照明コントロール、車線逸脱警告システム、交通信号認識など、ビデオモニターによる運転者アシストシステムは既にさまざまな車両に利用されている。将来のこの種のシステムは安全に関連する複雑な機能や進歩したコンフォート機能を担い、自律運転の長期目標に向かって一歩を進めることになるであろう。

カメラモデル

数学モデル

3D環境を2Dの画像平面上の透視図に変換する無歪カメラの数学モデルを、図1 [2]に示すピンホールカメラを用いて詳細に説明する。ここで

$$m = c_x + f s_x \frac{X}{Z} = c_x + \alpha_x x$$

$$n = c_y + f s_y \frac{Y}{Z} = c_y + \alpha_y y$$

とする。幾何光学によれば、空間内の点Xから出た光は直進してカメラの中心Cを通り、距離f（焦点距離）にある画像センサーに達する。カメラの中心の前方に同じ距離fだけ離れた仮想画像センサーを考えると、すべての幾何学的比例（交点定理）は明らかに維持され、カメラ座標と画像センサー座標の間に点の反射によって生ずる符号の反転を避けることができる。仮想画像センサー面へのZ軸の貫通点をカメラの主点と呼び、その座標を(c_x, c_y)とする。スケール因子(s_x, s_y)は単位[pel/m]を持ち、無次元の擬似単位[pel]を通じて画素のx方向およびy方向のピッチ(p_x, p_y)の逆数に対応する。$M \times N$画素の画像において、画像座標(m, n)の整数部分は$0 \leq m \leq M-1$、$0 \leq n \leq N-1$の範囲にある。

投影中心Cはカメラ座標系(X, Y, Z)の原点である。Z軸はカメラの光軸で、光学的中心を通り画像平面に垂直である。(c_x, c_y)は画像センサーの主点、すなわち光軸と画像平面との交点である。カメラモデルのパラメータ(α_x, α_y)は、スケーリングされた焦点距離f（カメラ定数）を画素単位で示したものである。

一様な画像座標を導入することで、カメラモデルは次の線形変換として簡単に表現される。

$$\begin{pmatrix} m \\ n \\ 1 \end{pmatrix} = KX \cong \begin{pmatrix} a_x & 0 & c_x \\ 0 & a_x & c_y \\ 0 & 0 & 1 \end{pmatrix} \begin{pmatrix} X \\ Y \\ Z \end{pmatrix}$$

変換はキャリブレーション行列 K によって行われる。ここで記号 $\cong$ はスケール因子 $\lambda \neq 0$ を除いて等しいことを意味する。

逆変換 K^{-1} により標準化されたカメラ座標が得られる。

$$\begin{pmatrix} x \\ y \\ 1 \end{pmatrix} = K^{-1} \begin{pmatrix} m \\ n \\ 1 \end{pmatrix} = \begin{pmatrix} X/Z \\ Y/Z \\ 1 \end{pmatrix} \cong \begin{pmatrix} X \\ Y \\ Z \end{pmatrix}$$

これはカメラ座標 $X = (X、Y、Z)$ からの空間深度 Z によるスケーリングの結果である。

カメラ座標系 $(X、Y、Z)$ と世界座標系 $(X'、Y'、Z')$ との関係はユークリッド変換 $(R、t)$ で定まる。ここに R は (3×3) 回転行列、t は (3×1) 並進ベクトルである（図2）。

したがって世界座標系からカメラ座標系への変換は

$$X = R(X' - t') = RX' + t$$

となる。ここに t' は世界座標系におけるカメラ中心の位置ベクトルを示す。したがって $t = -Rt'$ は世界座標系の原点をカメラ座標系で表したものとなる。

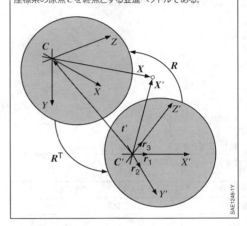

図2：カメラ座標系 $(X、Y、Z)$ と世界座標系 $(X'、Y'、Z')$
両座標系はユークリッド変換 $(R、t)$ で関係づけられる。ここに R は回転行列、t はカメラ座標系の原点 C を起点、世界座標系の原点 C' を終点とする並進ベクトルである。

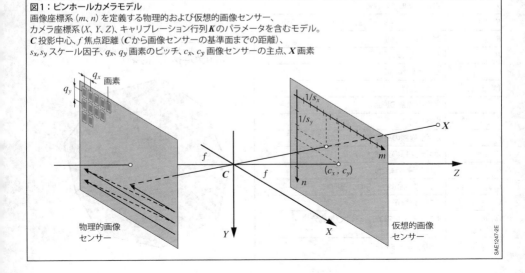

図1：ピンホールカメラモデル
画像座標系 $(m、n)$ を定義する物理的および仮想的画像センサー、カメラ座標系 $(X、Y、Z)$、キャリブレーション行列 K のパラメータを含むモデル。
C 投影中心、f 焦点距離（C から画像センサーの基準面までの距離）、$s_x、s_y$ スケール因子、$q_x、q_y$ 画素のピッチ、$c_x、c_y$ 画像センサーの主点、X 画素

以上の定義を用いれば、世界座標系内の点の画像座標系への投影は線形変換

$$\begin{pmatrix} m \\ n \\ 1 \end{pmatrix} = K(RX' + t) \cong K(R|t)\begin{pmatrix} X' \\ 1 \end{pmatrix}$$

として表される。ここで、

$$P = K(R|t)$$

はカメラ行列で、今の場合自由度10(固有パラメータ4、回転3、並進3)を持ち、歪のない理想的カメラによる変換の幾何学を完全に記述する。

カメラのキャリブレーション

カメラの幾何学的キャリブレーションは、カメラの固有パラメータの評価すなわちキャリブレーション行列 K の要素の決定、光学的歪のパラメータの評価、および必要に応じてカメラ座標系と世界座標系の相対的な向き R と平行移動 t の決定から成る。ステレオカメラまたはマルチカメラシステムの場合は、2つのカメラの相対的な向きの決定も必要になることがある[2]。

内部キャリブレーションでは、ターゲットパネルまたはキャリブレーションファントムと多数のマーカーを使用する。カメラ画像におけるマーカーの検出によって、画像座標系と世界座標系における点の対応が得られ、これが光学的歪およびカメラの内部／外部パラメータを評価する非線形最適化問題の入力変数となる。

図3に示すターゲットパネルは、多数のマーカーを持つ互いに垂直な3枚のプレートから成り、1枚の画像から歪パラメータとキャリブレーション行列の要素を決定することができる。カメラキャリブレーションの別の方法として、単純な水平キャリブレーションファントムを種々の向きと位置で撮影し、多数の点の対応を得ることで、キャリブレーションパラメータを決定することができる。

表1：記号と演算子

(m, n)	画素の座標 $0 < m < M-1,\ 0 < n < N-1$
$\Pi,\ \Pi'$	ステレオカメラシステムの焦点面
$e,\ e'$	ステレオカメラシステムのエピポール
$l,\ l'$	ステレオカメラシステムのエピポーラ線
d	対応する画素の視差
K	3×3キャリブレーション行列
R	3×3回転行列
P	3×4カメラ行列
C	カメラ座標系の原点
(X, Y, Z)	カメラ座標
C'	世界座標系の原点
(X', Y', Z')	世界座標
t	カメラ座標の並進ベクトル
t'	カメラ座標の並進ベクトル
I	画像信号の輝度成分
$I_x,\ I_y$	I の x 方向および y 方向の導関数
∇	ナブラ演算子
(u, v)	オプティカルフロー、x および y 成分
$\sum_{k=0}^{K-1} x_k$	総和 $x_0 + x_1 + \cdots + x_{K-1}$

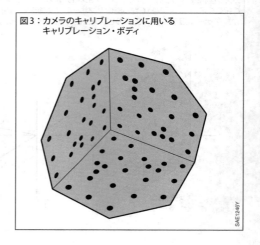

図3：カメラのキャリブレーションに用いるキャリブレーション・ボディ

画像前処理

画像処理

カメラで取得した一連の写真は、通常は次の画像処理段階の準備となる前処理を必要とする。ノイズ低減のためのフィルター操作やスムージング、画像データのダウンサンプリングなどがこれに含まれる。画像データ、特にHDR（ハイ・ダイナミック・レンジ）画像群の処理と保存のためのコンパクトな表現を得るために、動的圧縮法が用いられる。あまり複雑でない計算でスケールの影響の小さい後処理を行えるようにするため、種々のスケールレベルの画像データを解像度ピラミッドとして表示することが多くの場合有効である[3]。

特徴抽出

画像系列の表現と処理を効率的にするため、適当な特徴を画像信号から抽出することが頻繁に行われる。環境中の意味のある構造に対応することが多い簡単な構造として、たとえば角、線、円、楕円などがある。この方法でたとえばエッジを認識することで車線標識が認識できる。その基礎は画像信号の勾配

$$\nabla I = \begin{pmatrix} I_x \\ I_y \end{pmatrix}$$

を評価することである。ここでIは画像信号の輝度成分、I_x, I_yはIの画像平面上x方向およびy方向の導関数である。

円や楕円も、更には複雑な幾何学図形も十分簡潔なパラメータで記述できるものであれば、画像信号の勾配に基づく初歩的な方法で検知することができる。分かりやすい応用例の一つは、幾何学的形状が単純で眼で識別しやすい反射能を持つ交通標識の検知である。

角状の構造は画像のもうひとつの重要な特徴である。線状の構造と異なって角の位置は1点に定まるので、画像系列におけるオプティカルフローの追跡に必要な点対点の対応づけが可能である。

パターン認識とオブジェクトの分類

パターンまたはオブジェクトの認識に頻繁に用いられる方法の一つに、画像の領域と既定のテクスチャーパターンとの比較がある。たとえばテクスチャーパターンが図4に示すような2値パターンに限られていれば、全画像

$$S(n, m) = \sum_{n'=0}^{n} \sum_{m'=0}^{n} = I(n', m')$$

($I(n', m')$は位置(n', m')における輝度）は容易に計算でき、テクスチャーパターンの大きさ如何に関わらず計算の複雑さは一定である。画像内で矩形で囲んだ領域ごとに積算したグレー値の差をギャップ寸法とすれば、全画像を基準として必要な部分和を容易に求めることができる。

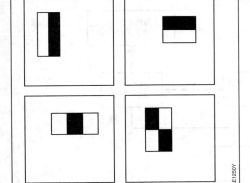

図4：効率的なオブジェクト分類法の設計のための基本的な画像テクスチャーパターン

図5はこの方法の例としてグレースケールの積算値を、コーナー点P_iの画像領域内で求める方法を示す。領域は次式で定義される。

$$S_R = S(P_1) + S(P_4) - (S(P_2) + S(P_3))$$

したがって図4に示すテクスチャーパターンの評価は、予め計算した全画像Sに6回（隣接する2つの矩形）、8回（3つの矩形）または9回（4つの矩形）アクセスするだけで実行できる。

オブジェクトの分類のためには、画像例の学習過程の一部としてクラシファイアを定義する。クラシファイアは、オブジェクトの記述のために提示された単純なテクスチャーパターンを組み合わせて次第に複雑なパターンを作成する（図6）。

この学習過程は、個々の分類レベルにおいてオブジェクトの検出確率が極めて高くなるように制御されるが、これに伴って誤検出の確率もある程度高くなることは避けられない。しかし個々の分類レベルが統計的に独立であれば、処理をカスケード構造とすることで、クラシファイアの全体としての性能は極めて高くすることが可能である。

パターン認識、分類、統計的学習法に関しては多岐にわたる理論が存在するが、オブジェクト分類を実世界に適用するための効率的でロバストなシステムの開発は今なお活発な研究の対象である。

ステレオビデオ

ステレオビデオカメラは2つの独立した光路と、同期された画像記録装置とを備えている。これにより、記録された環境の空間的3D再構成を単純な三角法によって行うことができる。測定原理を図7 [2]に示す。

図5：図のハイライトされた領域のグレースケール値の総和は全画像Sに位置P_iで4回アクセスすることで効率的に求められる

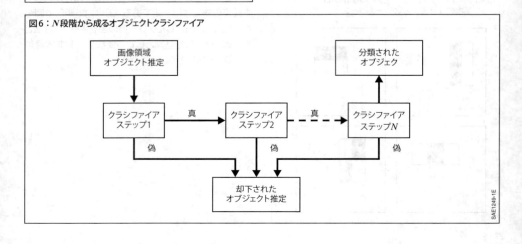

図6：N段階から成るオブジェクトクラシファイア

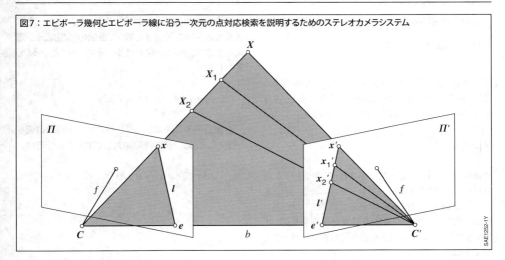

図7：エピポーラ幾何とエピポーラ線に沿う一次元の点対応検索を説明するためのステレオカメラシステム

ステレオカメラシステムの投影中心 (C、C') によって、長さbの基線が定まる。カメラ中心の他方の画像面への投影をエピポール (e、e') と呼ぶ。カメラ中心と基準点Xとによってエピポーラ面が定まり、これと画像面 (Π、Π') との交線をエピポーラ線 (l、l') と呼ぶ。このとき、画素x'に対応する画素xは明らかにエピポーラ線l'上にある。すなわち、ステレオカメラシステムにおいて対応する画素を決定することは、一次元の検索問題となり、適切な方法で効率的に処理することが可能である。

ステレオカメラシステムの光軸が互いに平行であり、基線に対して垂直方向に傾いているとすれば、幾何学的関係は特に簡単になる。この場合エピポーラ線と像線は一致し、1本の走査線上の画素を用いて対応関係を知ることができる。差

$$d = x - x'$$

は対応する画素の視差を意味し、図8によれば基準点xの奥行きを直接決定できる。

$$Z = \frac{bf}{d}$$

これは、三角形$\Delta(C, x, x')$と(C, X, X')とは相似であることによる。このようにして、観測される基準点xの3D座標 (X、Y、Z) を、視差dと、画素xの座標 ($x = fX/Z, y = fY/Z$) とから完全に決定することができる。

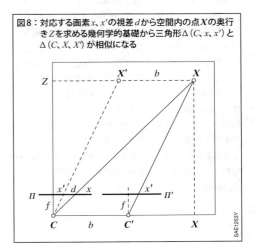

図8：対応する画素x、x'の視差dから空間内の点Xの奥行きZを求める幾何学的基礎から三角形$\Delta(C, x, x')$と$\Delta(C, X, X')$が相似になる

奥行きの相対精度は

$$\frac{|\Delta Z|}{Z} = \frac{|\Delta d|}{d}$$

で示され、奥行きの推定の相対誤差5％を達成するには、視差の推定値を$d = 0.5$ pelと仮定すると、視差$\Delta d = 10$ pelが必要である。奥行きの絶対誤差は

$$|\Delta Z| = \frac{|\Delta d|}{bf} Z^2$$

であり、上の例では$Z = 32$ mに対して、走査線1本あたり$M = 1,280$画素のカメラシステムによる1回の測定には基線長$b = 0.25$ m、水平開き角約50°が必要となる。独立した数回の測定の結果を平均すれば、オブジェクト面上の正確度と範囲を更に向上させることができる。

ステレオビデオシステムによれば、前後方向および横方向の車両制御との相互作用によって、ロバストな安全関連アシスタント、たとえば建物や隘路に関するアシスタントや自動緊急ブレーキなどが実現可能となる。このことは、ステレオビデオが特定モデルに依存することが少なく、3D測定を直接行う事実に負っている。

オプティカルフロー

与えられた観測時間において環境中の各参照点に、その位置の時間的変化に基づいて速度ベクトルを割り当てる。この運動ベクトル場は定義は明確であるが、環境の投影である画像系列を用いて直接観測することはできない。特定のベクトル場に対して、画像系列における時間的変化によって得られるベクトル場をオプティカルフローと呼ぶ。オプティカルフローは必ずしも運動ベクトル場の画像面への投影を表すものではない。その不一致の原因としては、観察されるオブジェクトに入射する光の方向とオブジェクトの反射特性、光の時間的変化、影の動き、透明なオブジェクトの場合はそれに重なる運動などが挙げられる。このような現象が重要でない場合には、オプティカルフローによって投影された運動ベクトル場の一貫性ある推定が可能であり、環境の時間的変化のシナリオの検出と解釈の重要な一部となる。

観測された画像系列からオプティカルフローを求める推定手順を設計する際に、画像の輝度成分が運動の軌道に沿って一定であると仮定することが多い。すなわち

$$I(x+\delta x, y+\delta y, t+\delta t) = I(x, y, t)$$

画像系列の輝度ないしグレースケール値の情報を一定として、短い時間間隔に対して線形性を仮定し、

$$u = dx = \dot{x}\, dt, v = dy = \dot{y}\, dt$$

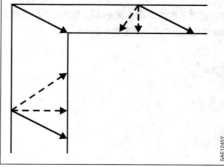

図9：オプティカルフローから運動ベクトル場（実線）を推定する窓問題

オプティカルフローはグレースケール勾配に垂直な方向には決定されない。2本の垂直または平行な線のみを考慮すると、線がその向きに垂直に移動しているか斜めに移動しているかを決定することはできない。図示したベクトルはすべてオプティカルフロー方程式を満たすので、局所的方法によって運動ベクトル場を完全に決定することは不可能である。
実線：オブジェクトの実際の運動方向。
破線：可能な運動方向。

とすれば、オプティカルフローの方程式

$$I_x u + I_y v + I_t = 0$$

が得られ、$u = (u, v)^\top$ を求めることができる。計算実行中に生ずる空間微分、時間微分はそれぞれ差分商に置き換えられる。上に導入した画像信号の勾配を用いて、条件の方程式は

$$\nabla I \, u^\top = -I_t$$

と書ける。これによればオプティカルフローの成分はグレースケール勾配の方向にのみ定義可能である。

この問題は窓問題として知られるもので、図9はこれについて説明したものである。

以上のように、推定問題は未決定的であり、更に条件を追加しなければ解くことができない。考える画素各々の近傍でオプティカルフローの成分が一定であると仮定すると、オプティカルフロー方程式は重複決定的な線形連立方程式となり、平方剰余の最小化などの初歩的な方法で解くことができる。

オプティカルフロー推定の現代的な方法では、オプティカルフロー方程式の線形化を避け、推定問題を適切に選択されたエネルギー汎関数の最小化に帰着させる。

この問題を解くためには効率的な数値解法が利用できる。しかし困難な付帯条件がある場合、たとえばビデオに基づく自動車用アシスタント機能などでは、運動ベクトル場のロバストな推定は依然として研究開発上の多大の努力を要求する問題である。

オプティカルフローの重要な応用の一つはカメラ自体の運動の推定で、これにより環境の3D再構成が可能になる。その他にもオプティカルフローは、たとえば道路を横断する歩行者や接近する車両を検出するための画像のセグメント化などに直接利用することができる。

画像系列からの3D再構成

カメラ画像の時系列からの環境の3D再構成の基本原理を、図7に示したカメラの配置で説明できる。ただしこの場合、図は同時に働くステレオカメラシステムのカメラペアではなく、移動する1台のカメラの2つの時点における位置と向きを示すことになる。この場合も、三角測量すなわち基準点 P の3D測定は、経過時間内の位置が固定されていてカメラ自体が移動するものとすれば同様に可能である。しかしこの方法で再構成できるのは静止した環境のみである。この方法は、カメラ自体の運動が3D再構成に必要な基線を定めるので、「Structure from Motion」(SfM)と呼ばれる。関連する概念である「モーションステレオ」も頻繁に用いられる[2]。

SfM法の中心的な課題はカメラ自体の運動を十分な精度で評価することである。

参考文献

[1] D. A. Forsyth, J. Ponce: Computer Vision: A Modern Approach. 2nd Edition, Englewood Cliffs, NJ, Prentice Hall, 2011.

[2] R. I. Hartley, A. Zisserman: Multiple View Geometry in Computer Vision. 2nd Edition, Cambridge University Press, 2004.

[3] B. Jähne: Digitale Bildverarbeitung und Bildgewinnung. 7th ed., Springer-Verlag, 2012.

自動車のナビゲーション

ナビゲーションシステム

車両の現在地の決定には、主にGPS衛星測位システムを使用している（全地球測位システム）。ナビゲーションシステムは特定された現在位置とデジタルマップを比較し、またこのマップを用いて特定の目的地までのルートを計算する。

工場出荷時に、車両に一体型のナビゲーション装置を搭載することがある（図1）。ポータブルタイプのナビゲーションシステムも広く使われている。ポータブルタイプと比べると、車両一体型のナビゲーション装置はより正確な測位が可能で、それゆえルート案内性能が向上する。なぜならこのタイプのナビゲーション装置では、距離や方向信号（ホイールスピードおよびヨーレートセンサー）のための追加センサーの評価と、衛星からの受信に望ましい位置へのアンテナの取付けが可能だからである。純正ナビゲーションでは他のコンポーネントとのネットワーク化も一般的に行われており、これにより車両の操作コンセプトへの統合も可能である。オーディオシステムを介しての音声出力が可能で、通話時には消音することができる。ルート案内情報はインストルメントクラスターまたはヘッドアップディスプレイ、すなわち運転者の視線が向いている中心的な視野の範囲内に表示させることができる。

ナビゲーションの機能

測位

衛星測位システム（GPS）

GPSは、全世界で測位に使用可能な24個の米国の軍事衛星ネットワークに基づくものである（図2）。それらは6つの異なる軌道で、高度約20,000キロメートルを12時間周期で地球を周回している。それらの衛星は、どの地点からも地平線上に最低4つ（最多は8つ）見えるように配置されている。

衛星は、測位、識別、および時間測定のための専用信号を、周波数1.557542GHzで毎秒50回発信している。各衛星は、通信時間の極めて厳密な決定のために誤差20～30ナノ秒未満の2個のセシウム原子時計と2個のルビジウム原子時計を搭載している。

位置決め

衛星からの信号は、伝搬時間の違いによって車両に到着する時間が異なる。受信側の位置は三辺測量法を用いて計算される。3つ以上の衛星から信号を受信すると、ナビゲーションシステムは地理上の自らの位置を2次元（緯度と経度）で計算することができる。距離条件（信号伝搬時間）を厳密に満たす1点が存在する。4つ以上の衛星から信号が届くと、3次元（2次元+高度）の位置計算ができる。図3は、2次元での簡易プロセスを示している。

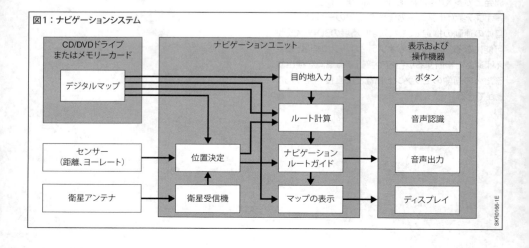

図1：ナビゲーションシステム

精度

達成可能な精度は、受信可能な衛星と車両との相対位置に左右される。車両に対しての立体角が大きいほど、位置決定の精度が高くなる。達成可能な精度は概ね水平面で3～5メートル、高さで10～20メートルである。

高層ビル群の谷間などでは、衛星の信号は衛星の配置が1つの直線上、すなわち街路や道路方向に配置されている場合にのみ受信可能である。しかし衛星との立体角が極めて小さくなり、位置決定の精度は低下する。

位置決定におけるエラーは、たとえば金属で表面をコーティングされてる建物が衛星からの信号を反射することにより生じる。

進行方向の決定

進行方向は、ドップラー効果による衛星の受信周波数の違いで迅速に割り出せる。車両が衛星に向かって進行している場合は、ナビゲーション装置のGPS受信機は衛星の送信周波数より高い周波数を受信することになる。衛星から離れる場合は、受信周波数は低くなる。車速がおよそ30 km/hであれば、進行方向の決定に十分なだけのドップラー効果が得られる。

推測航法

推測航法により、トンネル内などのGPS信号が届かない場合でも位置決定が可能になる。推測航法は、周期的に記録された距離要素を値と方向に応じてベクトル的に加算する。CANバス経由で伝達されるスピードメーター信号は、距離を測定するのに使用される。方向の変化はヨーレートセンサーによって記録される。このようにして、ドップラー効果を受けたGPS信号を受信して得られた直近の絶対的な方向を基に進行方向が決定される。

マップマッチング

マップマッチングと呼ばれる方法は、現在地とデジタルマップのルートとを継続的に比較する。この手法を用いることで、GPS信号の欠如や推測航法のエラーにより現在地が不正確な場合でも、車両の的確な位置情報がマップ上に表示される。これによりルート案内推奨は最良の候補となる。加えて、センサーのエラーや累積された推測航法のエラーを補正することができる。

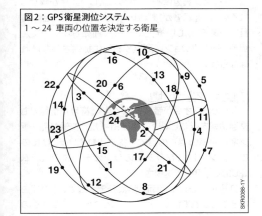

図2：GPS衛星測位システム
1～24 車両の位置を決定する衛星

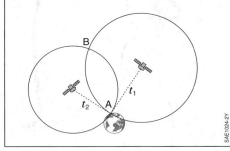

図3：GPSによる位置決め
(簡易2次元表示) 衛星の位置が既知の場合、測定された伝搬時間t_1およびt_2を受信可能な場所は衛星の周りの2つの円上に存在することになる。この2つの円が地球上で交差するポイントAが探し求めている場所である。

目標地点の入力

目的地はナビゲーション装置のパネルボタンや、タッチスクリーン、音声によって入力できる。ユーザーは、すべての必要な情報をメニューにより入力したり、あるいは音声ガイダンスに従って入力する。

デジタルマップには、目的地を住所で指定できるようにするため住所録が備わっている。この目的のため、既知の全ての地名リストが必要となる。同様に、すべての地名は登録されている通りの名前を含むリストに割り当てられている。目的地の決定精度を上げるために、交差点と建物の番号も選択できる。

目的地は以前に入力した目的地履歴から再び呼び出し、素早く入力することができる（最後に使用した目的地あるいはお気に入りとして保存した目的地など）。

空港、駅、ガソリンスタンド、多層駐車場などのために、テーマー別のディレクトリーが設定されていて、その中にこれらの目的地（POI：興味のある場所）が登録されている。これらのディレクトリーにより、近くのガソリンスタンドや多層駐車場などの位置を確認することができる（図4）。

多くのナビゲーションシステムでは、タッチスクリーンなどを使用し、目的地をマップディスプレイにマークすることも可能になっている。

ルート計算

標準的な計算方法

ナビゲーション装置は、入力された目的地までのルート計算を現在地から開始する。ルート計算方法は運転者の好みに合わせることができる。運転者は、以下のような条件に基づいた効率のよいルートを検索することができる。

- 運転時間
- 経済的な運転時間や走行距離
- 予測される最少燃料消費
- 高速道路／有料道路、フェリーを避ける

推奨ルートは目的地入力後数秒で検索される。ナビゲーション装置にとってさらに厳しい条件が課せられるのは、運転者が推奨ルートから外れた場合の再計算である。新しい推奨ルートは、運転者が次の交差点やジャンクションに到達する前に提供されなければならない。

ダイナミックルート計算

多くのラジオ局が音声だけでなく、符号化情報でも交通情報を発信している。ALERT-C規格交通情報チャンネル（TMC）はこの目的で提供されている。TMCのコンテンツは、FMラジオのラジオデータシステム（RDS）を使用して送信されている。

符号化情報には、渋滞地点、渋滞の長さ、その理由なども含まれている。ナビゲーションシステムはその

図4：POIでのマップの表示例

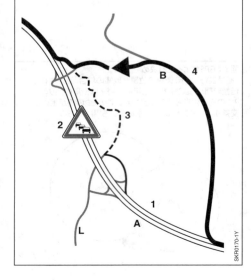

図5：ダイナミックルート計算
1 最初のメインルート　　2 渋滞
3 運転者によって予測された代替ルート
4 ダイナミックルート計算によって計算された最適な代替ルート
A 高速道路
B 国道
L 地方道

自動車のナビゲーション **1635**

ような符号化情報を受信し、予定ルート上に渋滞が発生しているかを判断する。もし予定ルート上で渋滞が発生している場合には、その区間に対してより長い運転時間を充当してルートが再計算される。渋滞を避ける新しいルートが計算されることもある。(図5)。その他の推奨ルートも新しいルートと共に表示される。

このTMC符号化交通情報は、高速道路や幹線道路に限定されている。

ルート案内

推奨ルート

ルート案内は、現在の車両位置情報と計算されたルートとの比較によって行われる。推奨ルートは、主に音声によって出力される。これにより、運転者は運転を妨げられることなく案内に従うことができる。運転者の視界にグラフィックを表示することで(例、インストルメントルクラスター)、運転者の方向認識をサポートすることができる。このグラフィックは、簡単な矢印記号(図6)からサイズを調整したマップの拡大図(図4)までさまざまな表示がある。

デジタルマップ

マップの表示

システムによって、マップは約1:2,000の2次元図、2次元遠近図(疑似3次元)あるいは3次元図として表示される。これにより、ルートに関しての近距離的なあるいは広域的な概要を確認できる。水域、線路や森などの追加情報により、運転者は方向の認識が容易にできるようになる。

デジタル化

デジタルマップの基礎となるのは、高精度の公的な地形図や、衛星写真および航空写真である。それらが不完全である場合や最新でない場合、現地での測定/調査が行われる。デジタル化は、地図あるいは衛星写真や航空写真から手作業で行われる。目標物(道路、水域、国境など)の名称や分類は、データベースに統合される。

特別な装置を搭載した車両が道路を走行し、追加の交通情報(一方通行、通行の制限、高架道路や地下道、交差点でのUターン禁止など)が記録され、その後初期デジタルデータが現場で確認される。記録車両により集められた結果はデータベースと統合され、デジタルマップの作成に使用される。

データメモリー

容量がCDの7倍以上あるため、現在ではCDに代わってDVDがデジタルマップのメモリー媒体の主流となっている。一方、新システムではハードディスクやSDカードが主に提供されており、携帯性では後者の方が主流である。これらの書き込み可能な記憶装置では、ナビゲーションシステムをユーザーの好みに適合させるという新たな可能性が開かれている。

図6：ルート案内の絵文字

ナイトビジョンシステム

用途

暗闇は車の運転者の視覚に2つの本質的な制限を与える。第一に、ハロゲンヘッドランプやキセノンヘッドランプなどの最新の照明技術であっても、視界のごく限られた照明範囲しか見ることができない。たとえば標準的なロービームヘッドランプの照射範囲は、50～60mに過ぎない。ハイビームヘッドランプにより視程を150m以上にすることはできるが、対向車が幻惑されてしまう傾向があるので、これは夜間走行中に稀に使用できるのみである。

第二に、昼間の場合とは違って、暗闇では色やコントラストによって物体を見分ける運転者の能力が大幅に下がることが多い。たとえば、暗い色の服を着ている歩行者は、たとえロービームヘッドランプの照射範囲にいても見分けにくいことがある。ナイトビジョンシステムおよび最新のヘッドランプ技術は、この点に関して道路の安全性向上に大きく寄与する。

カメラをベースにしたナイトビジョンシステムは、基本となるスペクトル領域により異なる2つのタイプ、遠赤外線および近赤外線システムに分類される。

遠赤外線システム

作動原理

遠赤外線（FIR）に基づくナイトビジョンシステムは、かなり前から軍事用に利用されてきた。このシステムは、可視スペクトル領域から比較的離れた7～12µmのスペクトル領域の熱放射を使用する（「遠赤外線」の名称はこれに由来する）。2000年に米国で初めて、このシステムが自動車に使用された。このシステムは、熱画像カメラを使用して物体から発せられる熱放射を検知する（図1a）ため、物体を照らすための追加の放射源を何ら必要としないパッシブシステムである。

焦電型熱画像カメラやマイクロボロメータカメラは、7～12µmの波長範囲でのみ物体を感知する。フロントガラスはこれらの波長を透過しないため、カメラは車外に配置する必要がある。

熱画像カメラには、ゲルマニウムレンズ、またはゲルマニウム含有量が高くそれに相当した透過帯域を有するTeXガラスが使用されている。現在利用できるカメラの解像度はVGAである（video graphics array、640×480画素）。カメラの信号はECUで処理される。生成されたビデオ信号は、たとえばセンターコンソール、インストルメントクラスター、またはフロントガラスのヘッドアップディスプレイなどの熱画像を表示できるディスプレイに出力される。

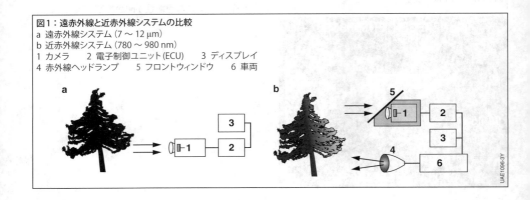

図1：遠赤外線と近赤外線システムの比較
a 遠赤外線システム（7～12µm）
b 近赤外線システム（780～980nm）
1 カメラ　　2 電子制御ユニット（ECU）　　3 ディスプレイ
4 赤外線ヘッドランプ　　5 フロントウィンドウ　　6 車両

画像表示

熱を持った物体は、暗い (寒色の) 周囲に対して明るい輪郭の画像として表示される (図2a)。画像内では、物体温度と気温の温度差が大きいほどコントラストが明確になる。しかしながら、暖かい物体 (人など) が観光バスの熱いテールパネルの前に存在していると、センサーが「幻惑」されるので、カメラによって捕らえられない。

ただし、この画像表示は通常の反射画像の表示とは異なるため、運転者や乗員にとってかなり見慣れないものである。

近赤外線システム

作動原理

近赤外線システム (NIR) は、可視スペクトル付近の 800 ～ 1000 nm の赤外線放射に基づいている (近赤外線)。物体はこの波長範囲では放射を行わない。そのため、車両から遠い範囲は赤外線ヘッドランプで照らされる必要がある (図1b)。したがってこれは、アクティブシステムである。赤外線感知カメラは状況、つまりは赤外線が物体に当たって反射する様子を撮影する。画像信号はコントロールユニットに転送され、コントロールユニットは処理した画像を (遠赤外線システムの場合と同様に) ディスプレイに送る。両方のシステムにおいて運転者は、動画を見るように現在の道路状況画像を確認できる (図2b)。

機能原理

近赤外線ナイトビジョンシステムは、人間の目とシリコンベースの電子画像装置の異なるスペクトル感度を利用する。人間の目のスペクトル感度は $V(\lambda)$ 曲線で表され (図3)、380 nm (紫) ～ 780 nm (赤) の波長範囲から成る。最大感度は 550 nm (緑) の範囲にある。これと比較して画像装置のスペクトル感度は、約 1,000 nm までのはるかに高い波長の範囲に及ぶ。

赤外線ヘッドランプ

自動車のヘッドランプとして一般的に使用されているハロゲンランプには、赤外線放射成分がある。これは、可視スペクトルの限界 (380～780 nm) から 2,000 nm を超える波長まで及び、900 nm～1,000 nm の範囲で最大となる。ビデオカメラ使用時の有効波長の上限は1,100 nmであり、これがシリコンの感度限界である。

このため、従来のハロゲンハイビームヘッドランプは赤外線ヘッドランプとしても使用されている。ハロゲンハイビームヘッドランプモデルにおいては、ビームの軌道に追加のフィルターがあり、有効な赤外線の比率を大幅に下げることなく可視光を遮断する (図3)。放射を人間の目で認識することはできない。

図2：遠赤外線および近赤外線システムの表示の比較
a 遠赤外線システム
b 近赤外線システム

利用される赤外線ヘッドランプは、従来のハイビームヘッドランプと同様の範囲および空間特性を持つ。つまり、確保される視界は同程度であるが、他の道路利用者を幻惑することがない（図4）。

フィルター特性曲線を適切に選択することによって、相反する要求を考慮している。画像装置のスペクトル感度は、波長が長くなるにつれて低下する。感知範囲を利用するためには、短い波長用のフィルターエッジを可視光の限界近くに配置する必要がある。その一方で、運転者の視野がヘッドランプに照射されることにより赤みがかって見えるようになってはいけないので、より長い波長のほうへフィルターエッジを移す必要がある。可視領域での透過、フィルターエッジの位置、エッジの鋭さを慎重に選ぶことによって、両方の要件を満たすことができる。

赤外線ヘッドランプはヘッドランプモジュールに組み込まれるか、または外部モジュールとして車両のフロントエプロンなどに取り付けられる。

画像装置

極端な照明状況（たとえば対向車のヘッドランプなどによる暗闇との非常に大きな輝度差）は、カメラのレンズの投影特性および画像装置に対する要求を非常に高いものにする。画像装置の暗闇に対する感度により、システムが実現できる視距離が決定される。その出力範囲は、幻惑をどの程度抑えるかによって決定される。

図4：ナイトビジョンシステムの視界の範囲
1 画像表示（ディスプレイ）
2 ロービーム
3 赤外線ハイビーム
4 ビデオカメラの視界の範囲

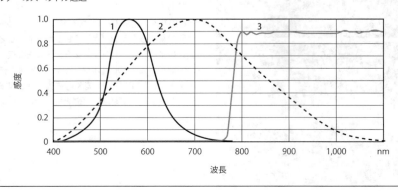

図3：スペクトル感度
1 人間の目のスペクトル感度曲線 $V(\lambda)$（明所視の曲線）
2 ビデオカメラのスペクトル感度
3 フィルターのスペクトル透過

CCDチップ (Charge Coupled Device) は暗闇に対する非常に高い感度を特徴とするが、一般に追加の措置がなければ必要な光度ダイナミクスを実現することはない。さらに、画像に大きな明るさの違いがある場合、個々の明るい画像領域が過度制御される傾向がある。CMOSチップ (Complementary Metal Oxide Semiconductor) の暗闇に対する感度は劣るが、100 dBを超える光度ダイナミクスを実現する。この技術に固有の固定パターンノイズは、すべての画素に対して補正が必要になる。調整できる非線形の特徴曲線は、これらの画像装置をごく簡単に制御することができ、変化する照明状況に対応できることを意味している。

700 nm ～ 1,000 nm (赤外線) の波長範囲の放射で道路を照射することで、カメラの画像装置に有益な信号を提供する。この信号は、照明強度と照射されるシーンのスペクトル反射力に応じて異なる。

作動方式

このシステムの重要な側面の1つは、赤外線ヘッドランプの自動作動である。赤外線ヘッドランプは、人間が認識できない、あるいはわずかしか認識できない高輝度の光を放つ。近距離で気付かずに赤外線にさらされて目を負傷するのを防ぐために (サービス工場で作業しているメカニックなど)、赤外線ヘッドランプは、ロービームがすでにオンになっていて、かつ一定の走行速度に達したときにのみ自動的に作動する。速度が閾値よりも下がると、赤外線ヘッドランプは自動的に作動解除される。これにより、放射源に近い場所で長時間赤外線にさらされるという危険な状況が回避される。加えて赤外線ヘッドランプは、隣接したロービームもオンになっている場合にのみ点灯する。それにより、ヘッドランプを見た場合には瞼が反射的に閉じて、目が赤外線放射にさらされる危険が大幅に軽減される。

第1世代ナイトビジョンシステム

最初のシステムは2000年に米国市場でCadillac (キャデラック) 車に導入され、ヘッドアップディスプレイ (HUD) に遠赤外線 (FIR) カメラの画像を表示した。これに続いてすぐに、日本市場に同じくヘッドアップディスプレイを使用した近赤外線 (NIR) システムが導入された。視界の主要部分に動きのある画像が表示されるので運転者の注意が道路からそれるリスクが高いため、これらのシステムは数年後には市場から撤退した。これらのシステムは、欧州市場でも普及することはなかった。

日本で最初に近赤外線 (NIR) ベースのシステムがシンプルなバージョンの画像表示と従来のCCDカメラ技術により導入されたのは2003年である。2005年には大幅に性能の改善されたNIRナイトビジョンシステムが、Mercedes-Benz Sクラス (ナイトビジョン) に導入された。

ドイツ車では、(処理された) カメラ画像 (遠赤外線および近赤外線システムの両方) をインストルメントクラスター (Mercedes-Benz)、またはセンターコンソールエリア (BMW) のグラフィック能力を備えたモニター上に表示したのが最初のシステムである。モニターの取付け位置を選定する際には、モニターができる限りフロントウィンドウの近くにあり、なおかつ運転者の通常の視線から離れすぎないようにして、運転者が道路や交通状況からあまり長い間注意をそらす必要がないようにすることが重要である。人間工学的テストの結果によれば、表示を読む時間と注意散漫になることに関しては、インストルメントクラスターにモニターを設置することが特に有益である。

第2世代ナイトビジョンシステム

新しい画像処理方法では、標準的な輪郭線 (頭部と肩の部分) によって歩行者を分類できるようにしている。そのようにして、運転者への音による警告だけでなく、モニターに歩行者を強調表示し、運転者が危険な状況を認識しやすいようにすることができる。遠赤外線システムでは、このことが特に重要である。特異な表示のために画像が近赤外線の画像よりも解釈しにくいからである。歩行者を巻き込む致命的な事故の多くが夜間に発生しているという事実に鑑みて、この機能は重要である。そのようにして、これらのシステムは歩行者を巻き込む夜間の事故を大幅に減少させるのに役立てられる。歩行者を認識するこれらのシ

1640 運転者支援システム

ステムは、現在ドイツの車両では、両方の技術（近赤外線および遠赤外線システム）を利用したものが標準装備となっている。

さらに改良の加えられたヘッドアップディスプレイでは、歩行者を検知した場合に視野の主要部分に追加の警告表示が現れるようになっている。フロントウィンドウに警告マークを表示することは、効果的な表示方式であり、運転者が道路から目をそらす時間を最小にする。

よりシンプルなシステム向けの代案として、検知した障害物の方向に関する視覚による警告をフロントウィンドウの底部に表示するというコスト的に有利な方法がある。これらの表示方式は低クラス車両用のコスト効率の良い選択肢である。

第3世代ナイトビジョンシステム

将来的には新たなヘッドランプ技術により画像表示が不要となり、その結果運転者が表示を見るために道路から目をそらすこともなくなると考えられる。画像処理システムにより検知された歩行者を小さい追加ヘッドランプによって照らしたり、あるいは「フラッシュ」させることができる。これが運転者の注意を自動的に既に検知されたことが分かっている歩行者に向ける。

多数の高出力LEDで構成され、光をマイクロミラーにより回折させる新しい画素光コンセプトは、ほとんどの形状のライトコーンを生成することができ、またハイビームでの連続走行を可能にする。歩行者や対向車が画像処理システムによって分類されると、幻惑が発生しない範囲まで明暗境界が自動的に下がる。

駐車および操縦システム

用途

今日の車両のほとんどは、低燃費化のため空気抵抗係数を可能な限り低いものにすることを目指したボディ設計が行われる。その結果、どの車両も一般に穏やかなウェッジシェイプとなり、運転者としては操車時の視界を著しく制限されることになり、障害物の認識は、困難なものになってしまう。このことは、車両側方の障害物や運転者の死角にある物体にも当てはまる。

超音波センサーを使った駐車支援装置は、当初は車両周辺の見通しを改善するために開発された。新しいアルゴリズムとビデオ技術の導入により、これらのシステムは操車支援から（半）自動パーキングシステムへと大幅な進歩を遂げている。

システム構成に基づいて、受動システムと能動システムを区別することができる。受動システムが運転者に危険な状況を警告または通知するのに対して、能動システムは個々の操作および状況に応じて車両に介入し、たとえば駐車スペースなどへ車両を操舵する。

超音波駐車支援装置

超音波センサーを使った駐車支援装置は、駐車時の操車をサポートするものである。このシステムは車両後方、必要に応じて前方約 20 cm ～ 250 cm の範囲をモニターする。障害物を発見すると、車両までの間隔を光または音を使って運転者に警告する。

自動車メーカーの多くは駐車支援装置をオプション装備として提供しているが、これが標準装備となっているプレミアム車両もある。後付け用に、旧型車両にも対応したシステムが提供されている。

システム

駐車支援装置は、基本的に超音波センサー（「超音波センサー」の項を参照）、電子制御ユニット（ECU）および警報エレメントから構成される。センサーの測定範囲や個数、および音波放射特性により監視範囲が決定される。

後方のみを監視するシステムの場合、リアバンパーに 4 個の超音波センサーを装備しているのが一般的である。オフロード車両（SUV）などの大型車両では、

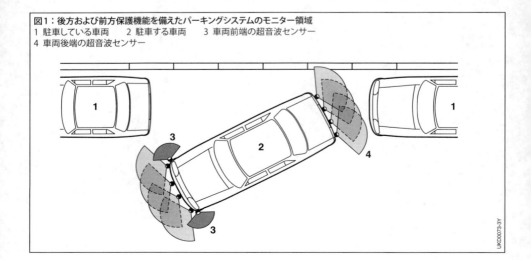

図1：後方および前方保護機能を備えたパーキングシステムのモニター領域
1 駐車している車両　2 駐車する車両　3 車両前端の超音波センサー
4 車両後端の超音波センサー

6個のセンサーを装備している場合もある。車両前端の監視は、後方監視用のそれに追加してフロントバンパーに装備された4～6個の超音波センサーにより行われる(図1)。車両への取付けにあたっては、センサーの取付け角度や各センサー間の間隔は車両ごとに決定される。このデータは、コントロールユニットの計算アルゴリズムで考慮される。各センサーは専用の取付けブラケットにより、バンパーの所定位置に固定されている(図2)。

ギヤをリバースにシフトすると、システムが自動的に作動する。前方監視機能付きシステムでは、車速が一定の閾値(約15 km/h、ただしメーカーにより異なる)以下になったとき、システムが自動的に作動する。作動中は自己診断機能が働き、すべてのシステムコンポーネントが常にモニターされる。

距離測定

超音波センサーは超音波パルスを送信し、障害物により反射された音波を受信する(図3)。ピエゾセラミック素子がアナログ電気信号を生成し、その信号がセンサーで評価される(「超音波センサー」を参照)。

エコー探深法

超音波センサーは、超音波パルスが送信されてからそれが障害物に反射されて戻ってくるまでの時間をエコー探深法(図4)により測定する。送受信機のプローブと、近くにある障害物間の距離 l は、反射して戻ってきた最初のパルスの往復時間 t_e と音速 c を次式に代入して求めることができる。

$$l = 0.5\, t_e\, c$$

ここで、
t_e 超音波信号の往復所要時間(秒)
c 空気中の音速($c \approx 340$ m/s)

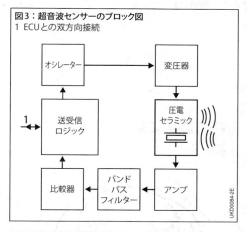

図3：超音波センサーのブロック図
1 ECUとの双方向接続

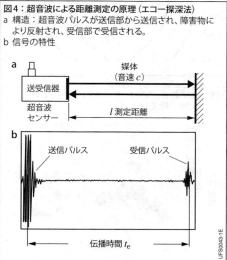

図4：超音波による距離測定の原理(エコー探深法)
a 構造：超音波パルスが送信部から送信され、障害物により反射され、受信部で受信される。
b 信号の特性

図2：超音波センサーのバンパーへの取付け原理
1 センサー　　2 デカップリングリング
3 取付けハウジング　　4 バンパー

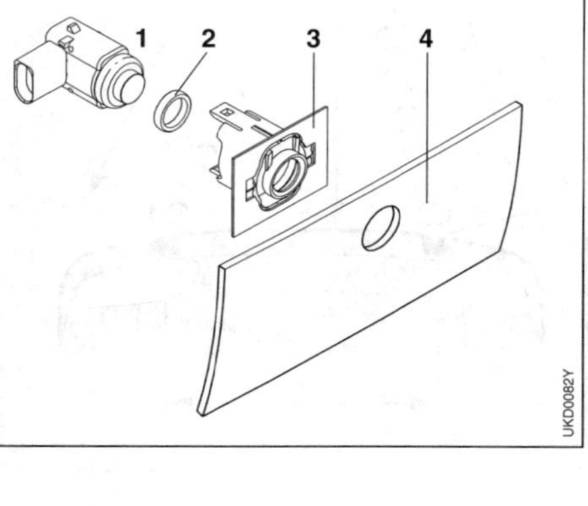

検知特性

できるかぎり広い範囲をモニターするために、特殊な検知特性条件が要求される。つまり、水平方向はモニター角度が大きいことが望ましく、これに対して垂直方向では、「地面からの反射ノイズを受け取らないようにするために、モニター角度を広くしすぎてはならない。しかしながら、存在する障害物は確実に検知されねばならない」という点を考慮して、適当な妥協点を見出す必要がある。図5は、水平および垂直方向の放射特性を示したものである。複数のセンサーの重複した検出範囲によってほとんどシームレスな検出範囲が作成される。図6に、4チャンネルシステムの検出範囲の例を掲げる。

また新世代のセンサーは、一定の限度内で垂直方向の検知角度を変化させ、路面の凹凸を誤って障害物と認識して警告を出力することなく、バンパーおよび車両形状に応じて最適化することが可能である。

距離の計算

d の間隔に取り付けた2個のそれぞれの超音波センサーから測定された結果（bとcの距離）を基に、三角測量法により障害物と車両前部間の距離aが決定される（図7）。距離aは次式で求められる。

$$a = \sqrt{c^2 - \frac{(d^2 + c^2 - b^2)^2}{4d^2}}$$

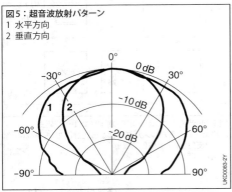

図5：超音波放射パターン
1 水平方向
2 垂直方向

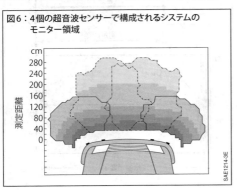

図6：4個の超音波センサーで構成されるシステムのモニター領域

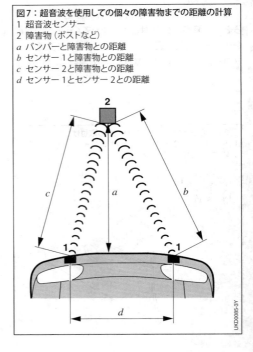

図7：超音波を使用しての個々の障害物までの距離の計算
1 超音波センサー
2 障害物（ポストなど）
a バンパーと障害物との距離
b センサー1と障害物との距離
c センサー2と障害物との距離
d センサー1とセンサー2との距離

コントロールユニット（ECU）

ECUには、センサー電圧安定器、マイクロコントローラーおよびさまざまな入出力信号に対応するインターフェース回路が含まれている。ソフトウェアは下記の機能を受け持っている。
- センサーの動作とエコー信号の受信
- エコー往復時間の評価と障害物までの距離の計算
- 警報エレメントの制御
- 車両からの入力信号の評価（ギヤをリバースに入れた時など）
- 故障メモリーを含むシステムコンポーネントのモニター
- 故障診断機能の提供

警報エレメント

警報エレメントは、障害物までの距離を運転者に知らせる働きをする。仕様は車両ごとに異なるが、音と光学表示の両方で警報するのが普通である。光学表示には今日、主としてLEDが使用され、LCDも使用されている。

センターコンソールあるいはインストルメントクラスターにディスプレーモニターを装備した車両の場合、システムにより検知された障害物と車両を一緒に、たとえば鳥瞰的に表示することができる。これにより運転者はより的確に状況を把握できるようになる。

超音波パーキングアシスタント

パーキングアシスタントは超音波を使用した駐車支援に基づき、これを段階的に進化させた設計となっている。各段階は独立した完結型の機能になっている。

以下に示すすべての超音波システムは、すでに量産段階に入っている。

縦列駐車

駐車支援情報提供

運転者がシステムを作動させると、車両が駐車スペースの脇を通過する際に、車両の両側に装備された超音波センサーが駐車スペースの長さと幅を測定する（図8）。駐車スペースの長さは、ESC速度信号（ESC、エレクトロニックスタビリティーコントロール、走行ダイナミクス制御）を評価することによって得られる。パーキングアシスタントは、運転者に駐車スペースとして長さが十分か、幅が狭いまたは長さが不足しているかどうかを信号で知らせる。駐車スペースに障害物が検出された場合は、その駐車スペースは却下される。このためには、約4.5〜5.5mの検出範囲をもつ上記のセンサーが必要となる。

駐車スペースが測定されれば、確認された周囲の状況を基にして駐車操作を行う上での最適な軌道を確定することができる。このために、パーキングアシスタントはステアリングアングルセンサー（走行ダイ

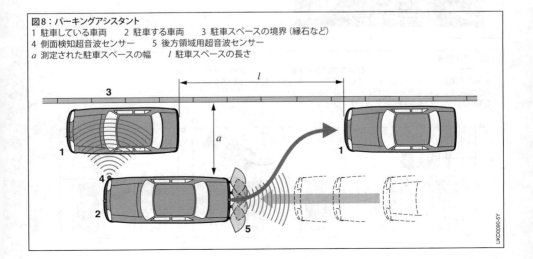

図8：パーキングアシスタント
1 駐車している車両　　2 駐車する車両　　3 駐車スペースの境界（縁石など）
4 側面検知超音波センサー　　5 後方領域用超音波センサー
a 測定された駐車スペースの幅　　l 駐車スペースの長さ

ナミクス制御、ESC) からの信号を必要とする。速やかにスペースに駐車できるように、駐車操作の間、システムは運転者に最適なハンドル操作を指示する。駐車操作の間、軌道の計算は継続的に見直されてディスプレイ上に表示される。図9aに、システムが推奨する運転の例を示す。

パーキングアシスタントによるステアリング操作

次の革新段階は、自動ステアリング操作機能を備えたシステムである。車両に電動パワーステアリングが装備されていることが前提条件となる。

これまでと同様、運転者はボタンを押すことによって駐車したいことをシステムに知らせる必要がある。システムが駐車スペースを測定した後、運転者は駐車スペースの長さが十分であるかどうか通知される。これは、たとえばインストルメントクラスターに表示されるグラフィックディスプレイによって行われる (図9b)。この時、運転者は車両のギアをリバースに入れ車両の縦方向の運動を (ブレーキとアクセルで) 制御するだけで、操舵操作はパーキングアシスタントが担当する。駐車操作が完了すると、そのことが運転者に通知される。

ワンステップおよびマルチステップ駐車

駐車支援情報提供およびパーキングアシスタントによるステアリング操作の両方の場合において、システムが駐車スペースの長さに基づいて、ワンステップまたはマルチステップのどちらで駐車するかを決定する。駐車スペースが十分に長い場合は、常にワンステップ駐車が選択される。駐車スペースの長さが足りない場合は、パーキングアシスタントは駐車スペースの長さと車両の最小回転半径に基づいてマルチステップ駐車を選択する。その場合、システムは運転者に適切なギアにシフトするように指示を出す。

図9：インストルメントクラスターの多機能ディスプレイでのパーキングアシスタントの表示
a 駐車支援情報提供の表示
b パーキングアシスタントによるステアリング操作の表示

図10：横列駐車
a コーナーポイントAの検出　　b 駐車軌道に入る準備　　c 駐車スペースへの駐車
1 駐車する車両　　2 左側に駐車している車両　　3 右側に駐車している車両
A 左側に駐車している車両の右側コーナーポイント
B 右側に駐車している車両の左側コーナーポイント

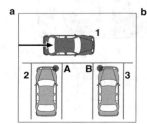
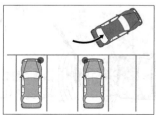
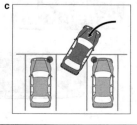

横列駐車

半自動駐車機能は、先に述べた縦列駐車機能だけでなく、進行方向に対して直角な方向への駐車にも対応する（クロスパーキングアシスト、図10）。

縦列駐車の場合と同様に、車両が駐車スペースの脇を通過する際に駐車スペースの長さが測定される。横列駐車を行うために、左側の車両の角（図10にコーナーポイントAとして表示）が駐車操作の最初の基準点とされる。駐車スペースの右側にも車両が駐車している場合は、その車両の角（コーナーポイントB）も考慮される。

駐車操作を開始する前に、車両は駐車軌道の計算ができるまで前方に移動する。次にリバースギアに入れた後に、車両は軌道に沿って駐車するが、駐車軌道は必要に応じて再計算され修正される。後方の超音波センサーからの信号が連続的に駐車操作に反映される。超音波センサーの検出範囲は限られているため、運転者は駐車スペース全体に障害物がないことを確認する必要がある。

すでに述べた縦列駐車パーキングアシスタント同様に、この機能の場合も情報提供とステアリングシステム（車両に電動パワーステアリングが装備されている場合）のバージョンがある。

駐車スペースからの発進時の支援

基本的に、駐車支援機能は、縦列駐車スペースから車両を発進させる場合にも使用できる。駐車スペースからの車両の発進手順をワンステップで実行できるように、システムは初めに車両を適切な発進位置に移動させる。運転者は、交通に注意し、適切な時にアクセルまたはブレーキを踏む必要がある。この機能は、ステアリングホイールに触れるだけで解除される。

操車支援

駐車ガレージの柱や壁をこすった塗料跡が車体に残ったり、場合によっては障害物に強く当てて高い修理費用が発生することがある。車両の近くにある障害物を警告するシステムは、このような事態を防止するために役立つ。

車両側面の前方に取り付けられた超音波センサーは、低速走行時（30 km/h以下）の車両周辺の恒久的障害物を検出する（図11）。操車支援機能は障害物の位置を保存し、障害物が検出範囲外になった場合でもその位置が分かるようにする。保存された障害物との側方距離は、ステアリングアングルセンサーの信号を使用して継続的に計算される。衝突の危険が検出された場合、運転者に警告音（側方距離警告）で知らせる。この状況の俯瞰図は、中央ディスプレイに表示することもできる。このシステムは、2013年に量産車に導入された。

図11：操車支援
1 駐車ガレージに進入する車両
2 駐車している車両　　3 障害物

死角検出

死角検出(サイドビューアシスト)では、車両前端に進行方向に対して90°の角度で取り付けられている既存の2個の超音波センサーに加え、さらに車両後端に水平に進行方向に対して約45°の角度で取り付けられた2個の超音波センサーが使用される。4個のすべてのセンサーの検出範囲は最大5.5mまで拡大されている。フロントセンサーは、接近する車両や動かない対象物の警告を抑制するために使用される。そのため2車線のみの道路上では、このシステムは接近中の交通や道路脇に駐車した車両については警告を発行しない。リアセンサーは、車両の死角にある対象物を検出する(図12)。検知した他車の位置とその動きと自車との関係から危険な状況を認識し、運転者に警告する。このシステムは、2010年に量産車に導入された。

ビデオシステム

リアビューカメラ

リアビューカメラはしばらく前から最初に日本で導入されていたが、超広角レンズの非常に歪んだ画像のため欧州では普及しなかった。欧州では、画像の歪みを補正するシステムが登場するまで市場への急速な普及はなかった。

今日のシステムには、車両後端(通常、トランクのハンドルのくぼみ)に取り付けられた広角カメラが装備されている。このカメラの画像は、リバースギアにシフトすると中央コンソールディスプレイに表示される。距離を推定し予測されたレーンを表示するために2本のラインが追加された新しいシステムでは、運転者の操車がさらに容易になる(図13)。

このカメラは情報提供のみを目的としたもので、運転者に警告を発することはない。

フロントエンドカメラ

車両前部の全方位視野は、180°広角レンズを搭載したビデオカメラによっても提供できる。このカメラは、たとえば私道から車両を本道に出す時などに側方からの交通も画像で表示できる(図14)。カメラより後方にある運転者の着座位置からは、車両前部に取り付けられたカメラほどに良好な側方視野を得ることはできない。

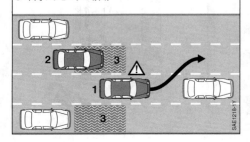

図12:死角検出
1 追い抜きを行う車両
2 車両1のモニター領域内の車両
3 車両1のモニター領域

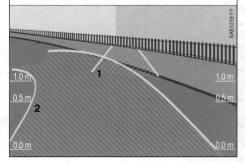

図13:リアビューカメラ付き運転者支援システム
追加情報が表示されたビデオディスプレイ。
シングルビデオカメラの光学パラメータから計算された距離情報。
1 操舵しない場合の軌道
2 現在の舵角から計算された軌道

360°全方位視界

車両周辺の全領域は、車両の周囲に取り付けられた4個の超広角カメラを使用してモニターできる（トップビューシステム、図15）。個々のカメラの視野は斜線部分でオーバーラップしている。4個の個々の画像は、スティッチング法を用いて1つの全体像に変換される。4つの画像を1つの仮想的なボウル構造に投影することにより、運転者に車両の俯瞰図やさまざまな方向からのビューを提供することが可能になる。

ビデオと超音波技術の融合

超音波システムの信号とビデオカメラの信号とのデータ融合を通じて、さらなる改良が実現される。たとえば、距離測定には使用できないモノラルリアビューカメラからの画像に、車線情報に加えて超音波システムからの距離情報を表示することもできる（図16）。これにより、運転者は車両後方領域に関するより詳細な情報を得ることができる。

図14：フロントカメラ付き運転者支援システム
私道から車両を本道に出すときの画像

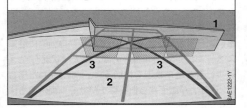

図16：超音波センサーの距離情報が表示された
　　　ビデオ画像
1　障害物（壁など）
2　超音波センサーの測定値から計算された
　　50 cmグリッドの距離補助線
3　最大操舵角での軌道

図15：4個のカメラで構成される360°全方位視界
a　カメラの検出範囲（斜線部分は重複した検出範囲を示す）
b　トップビューでの明確に区切られた画像境界
c　俯瞰図からの360°全方位視界（駐車ガレージの例）
車両前方、後方、および側方のK1～K4カメラ

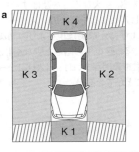
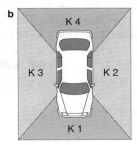
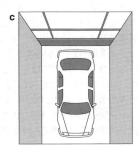

1650 運転者支援システム

最新の開発技術

インテリジェントな画像処理アルゴリズムを使用しての半自動パーキング機能のさらなる開発を通じて、各種の高度な機能やオプションが生み出された(「コンピュータビジョン」を参照)。インテリジェントカメラシステムと超音波センサーとの組み合わせが、以下に概説する自動駐車機能や操車支援システムの基礎を形成する。

駐車操作アシスト
(駐車操作コントロール)

パーキングアシスタントによるステアリング操作のさらなる開発により、車両の縦方向の運動も制御できるようになった。駐車操作を開始するために、運転者がギアをリバースに入れるだけで、システムがその他すべての操作を処理する。このシステムは、2014年に量産車に導入された。

リモートコントロールパーキングアシスタント
(リモートパークアシスト)

運転者が車両を駐車スペースの近くを通過させると、パーキングアシスタントからスペースが十分に長いことを示す信号を受け取る。運転者は車両から降り、スマートフォンの「パーキング」機能をタップする。運転者がスマートフォンの画面に指を乗せている限り、事前に計算された軌道に沿って車両が自動的に駐車スペースに入る。駐車操作の間に重大な状況(たとえば歩行者が駐車軌道を横切るなど)が発生した場合は、運転者が画面から指を離すだけで車両は直ちに停止する。

ホームゾーンパークアシスト

家庭環境にある駐車ガレージまたは専用の駐車スペースがある駐車場では、将来的に車両に特定の停車位置から運転者専用の駐車スペースまでの駐車手順を学習させて、車両がこの経路を自動走行して駐車スペースに駐車することが可能になる。運転者は停車位置で車両を降りて、上記のようにリモコンを操作して車両を始動できる。車両は学習した駐車スペースまでのコースを自動的に走行し、そこで駐車する。運転者が再び車両を使用したい場合は、同じリモコンでガレージから車両を再び呼び出すことができる。車両は元の停車位置まで来ると停止する。

高度自動リモートコントロールパーキング
(リモートパーキングパイロット)

この機能は、特に狭いガレージや駐車スペースへの車両の出し入れの操作に使用される。基本的に運転者がいなくても車両を駐車することが可能であるため、ユーザーはリモコンや高機能リモートキーを使用し、またはスマートフォンの操作エレメントをタッチしてガレージの前で駐車操作を開始できる。車両は自動的に走行してガレージに入る。運転者はこの操作のために車両のそばにいる必要はない。この機能には、きわめて確実な環境認識と高度な安全要件が求められる。

このシステムは、2016年に量産車に導入された。

自動駐車(自動無人パーキング)

自動駐車機能が搭載された車両は、市街地環境での自動運転車両の競技会である米国の「Urban Challenge」の一環として2007年に発表された。この競技会では、車両は駐車場の入口で停止した。車両は空いた駐車スペースを自ら探し出し、そこに駐車した[1]。

この新機能を搭載した車両も、駐車ガレージまたは地下駐車場の前の事前に決められた降車エリアで停止した。それに続く駐車操作では、運転者は車両から降り、スマートフォンの「Find parking space (駐車スペースを探す)」機能を選択する。車両は自動走行して駐車ガレージに進入し、自ら駐車スペースを発見し、そこに駐車する。同じ操作手順を使用して、車両をガレージから呼び出すことができる。運転と操作には、車両は車載センサー技術(超音波およびビデオベースシステム)や、場合により駐車ガレージのインフラストラクチャーからの信号を使用する。量産車の発売は、2020年頃に予定されている。

このようなシステムは、未来の駐車ガレージのインフラストラクチャーに多大な影響を及ぼす可能性がある。車両を出し入れするために広いスペースを確保する必要がないため、車両は現在より隙間なく駐車することができる。駐車場の階数を少なくすることができる。長期駐車車両があれば、出入り口から奥に移動させておくことができる。

駐車および操縦システム　1651

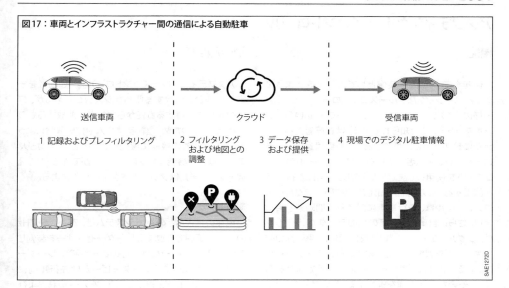

図17：車両とインフラストラクチャー間の通信による自動駐車

送信車両　　クラウド　　受信車両

1 記録およびプレフィルタリング　　2 フィルタリングおよび地図との調整　　3 データ保存および提供　　4 現場でのデジタル駐車情報

「クラウド」とのネットワーキング、接続型パーキング

駐車スペースを探すために、必要以上に長い距離を走行しなければならない場合がある。その結果、燃費や排気ガスの排出量が増え、環境に多大な悪影響を及ぼす。

こうした問題は、将来的には駐車スペースを探す運転者を積極的に支援するシステムによって是正することができる。このシステムは、車両とインフラストラクチャー間の相互作用に基づいている（V2I、車両とインフラストラクチャー間の通信、図17）。駐車スペースが存在するエリア（たとえば市街地エリアなど）に位置している車両は、車載センサー技術を使用して利用可能な駐車スペースの地理的位置やその長さを検出し、その情報を「クラウド」に送信する。クラウドでは、データはフィルタリングされ、駐車位置が地図に挿入される。すべての関連情報が保存され、どのユーザーからも利用可能になる。図17の例に示すように、運転者は駐車スペースの使用および空き状況や充電ステーションの利用ペースに関する情報を受信する。駐車スペースを探している車両は、クラウドから周辺の情報をダウンロードし、空いた駐車スペースまたはナビゲーションシステムに入力された目的地にできるだけ近い駐車スペースへの経路情報を受信することができる。

参考文献

[1] http://www.urbanchallenge.com/

アダプティブクルーズコントロール

機能

　何年も前から標準装備として入手できるようになったベーシックなクルーズコントロールシステムと同様に、アダプティブクルーズコントロール（ACC、テンポマットとしても知られている）は運転者支援システムに分類することができる。この車両速度コントローラーは、運転者がクルーズコントロールの操作ユニットを使用して設定した希望の速度に走行速度を調整する。この機能に加えてアダプティブクルーズコントロールは、先行車両に対する車間距離と相対速度、さらに自車についての他のデータ（ステアリングアングル、ヨーレートなど）を感知して、車両間の時間ギャップを調整するためにこれらのデータを利用する。そのようにして先行車両に合わせて速度を調整し、安全な車間距離を維持する。このアダプティブクルーズコントロールには、同じレーンの前方を走行している車両やセンサーの検知範囲において動いている障害物を検知するための長距離レーダーが装備されていて、強制的に車両にブレーキをかける（図1）。

構造と機能

　アダプティブクルーズコントロールは、運転者を一定の操作から開放する便利なシステムであるが、車両の制御を維持する責任から運転者を開放するものではない。そのため、運転者は介入や作動解除によって、いつでもこの機能に優先して車両を操作したり、あるいはこの機能をオフにすることができる（たとえばアクセルまたはブレーキペダルの操作による）。

測距センサー

　現在のほとんどのACCシステムは、76 ～ 77 GHzの周波数範囲で作動するレーダーセンサーを装備している（「レーダーセンサー」の章を参照）。レーダーセンサーが放射するレーダービームは先行車両によって反射され、伝達時間、「ドップラー」偏移および振幅比率について分析される。これらの値は、先行車両に対する距離、速度、角度位置の算出に利用される。評価および制御用の電子機器（レーダーセンサーチェックユニット）はセンサーハウジングに内蔵されている。これらはCANデータバスを介して、エン

図1：乗用車用アダプティブクルーズコントロール
1 エンジンコントロールユニット
2 レーダーセンサーコントロールユニット
3 走行ダイナミクスコントロール（エレクトロニックスタビリティープログラム）によるアクティブなブレーキの介入
4 制御および表示ユニット
5 エンジン介入（火花点火エンジン、電子制御スロットルバルブ付き）
6 センサー

ジントルクおよびブレーキに影響を与えるエレクトロニックコントロールユニットとの間でデータの送受信を行う (図2)。

赤外線領域のレーザービーム(「ライダーセンサー」、「光検出および測距センサー」を参照)を利用するACCシステムもある。その機能原理は同じであるが、光ビームを使用しているため、悪天候(霧、雨、雪)時にはレーダーシステムに比べてその機能が制限を受けることを甘受しなければならない([5]を参照)。

レーンの設定

ACCを確実に機能させるには、いかなる状況においても先行車両の走行レーンを、カーブ走行時を含め常に正しく把握する必要がある。そのために、走行ダイナミクス制御(エレクトロニックスタビリティープログラム)センサーシステムからの情報が、ACC装備車の実際のカーブ状況(ヨーレート、ステアリングアングル、ホイール回転数および横方向加速度)に関して評価される。

設定可能な項目

運転者は目標速度と目標時間ギャップを入力する。運転者が利用できる時間ギャップは1〜2秒の範囲である。先行車両に対する時間ギャップは、運転者が指定した目標時間ギャップと比較して、レーダー信号から算出される。時間ギャップが目標ギャップよりも短い場合、ACCシステムはまずエンジントルクを減少させ、必要な場合には自動的に車両にブレーキをかけることによって、交通状況に対して適切に反応する。目標時間ギャップを上回ると、先行車両の速度または運転者が設定した目標速度に達するまで車両が加速する。

エンジン介入

クルーズコントロールはエンジン出力制御システムを介して作動する(モトロニック、電子ディーゼルエンジン制御など)。このシステムは、車速を目標速度まで加速させたり、障害物出現時に駆動トルクを下げて減速が行えるようになる。

ブレーキ介入

エンジン制御介入による減速では不十分な場合は、車両にブレーキをかける必要がある。そのためには、乗用車の場合、走行ダイナミクス制御(エレクトロニックスタビリティープログラム)が必要である。このシステムは、ブレーキ介入が可能である。商用車の場合は、エレクトロニックブレーキングシステム(EBS)で十分である。通常このシステムは、ブレーキ部品を摩耗させることなく制動するためのリターダーやエンジンブレーキも制御の対象としている。

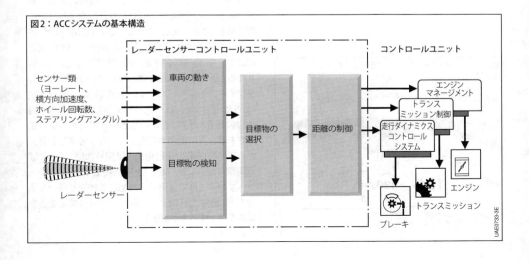

図2:ACCシステムの基本構造

1654 運転者支援システム

ACCはコンフォートシステムとして設計されているため、コントローラーが算出する減速度は現在、約2〜33m/s^{2}に制限されている。そのときの交通状況によってこれでは不十分な場合（たとえば先行車両が急ブレーキをかけている）、運転者自らによる制御を指示する視覚信号と音響信号が発せられる。この場合には、運転者は常用ブレーキによって適切な減速を行う必要がある。ACCには非常ブレーキなどの安全機能は含まれていない。

必要であれば、ACCを作動させた状態で、アンチロックブレーキシステムあるいは走行ダイナミクス制御の車両安定化システムが通常の方法で作動する。ACCのパラメータ設定に応じて、アンチロックブレーキシステムあるいは走行ダイナミクス制御による車両安定のための介入によりACCはオフにされる。

表示

運転者には少なくとも以下の情報が提供されなければならない。
– 目標速度の表示
– スイッチオン状態の表示
– 運転者が選択した目標時間ギャップの表示
– 追従モードの表示。このモードは、検知した目標物との間隔をシステムが制御しているかどうかを運転者に伝える

たとえば、メーターパネルまたはヘッドアップディスプレイに情報を表示させることができる（図3）。

図3：ヘッドアップディスプレイに表示される情報
1 現在の速度
2 希望速度
3 ACCステイタス（アダプティブクルーズコントロール）

104 km/h 130
1　　2　3

UAE1115-2Y

制御アルゴリズム

制御モジュール

一般原則として、乗用車とトラック用の制御システムは3つの制御モジュールで構成されている。

クルーズコントロール

レーダーセンサーが先行車両を検知しなかった場合、システムは運転者が設定したクルージング速度に車速を維持する。

トラッキングコントロール

レーダーセンサーが先行車両を検知した場合、基本的に、一番近い車両との時間ギャップを一定に維持するように制御する。

コーナリングコントロール

急なカーブを抜けるときは、レーダーセンサーの「視野」の幅が制限されるため、レーダーセンサーが先行車両を「見失う」場合がある。車両が再びレーダーの視野に入るまで、またはシステムが通常のクルーズコントロールに切り替わるまで、特別な措置が有効になる。車両メーカーに応じて、たとえば速度が一定に維持されたり、そのときの横方向加速度が調整されたり、ACCがオフにされたりする。

対象物の検知とレーンの割当て

レーダーセンサーとそれに内蔵された電子機器の主な役割は、対象物を検知し、それらの対象物を自車が走行しているのと同じレーンか異なるレーンに割り当てることである。このレーンの割当てには、先行車両を正確に検知する（高い角度分解と精度）ことだけでなく、自車の動きを正確に把握することも必要となる。検知された対象物のうちのどの対象物をアダプティブクルーズコントロールの基準として使用するかは、基本的に互いの位置の比較と検知された対象物の動き、および自車の動きの比較に基づいて決定される。特に商用車の場合、これは必ずしも選択されている直前の先行車両とは限らない。たとえば乗用車が進入レーンから割り込んできて、追越しレーンへすばやく車線変更するために急加速を続ける場合など、特定の状況では、直前の車両の前を走る車両を基準とする方が好ましい。

電子構造

センサーによって送られるデータ（図2）とは別に、ACCはエンジン、リターダー（商用車の場合）、トランスミッションおよび走行ダイナミクス制御ユニットからCANデータバス経由で送られる追加データを必要とする。反対にこれらのコントロールユニットは、ACCにより要求された加速を駆動トルクとブレーキトルクに変換する。アクチュエーターの調整（使用可能なブレーキへの必要なブレーキトルクの配分など）は、走行ダイナミクス制御ユニットとガイダンスコンピューター、またはACCコントロールユニット両方で行うことができる。

調整

レーダーセンサーは車両の前部に取り付けられる。そのレーダーローブスキャンは、車両の前後軸に合わせて揃えられる。これは、センサー取付け部の調整ボルトを使用して行われる。事故のダメージやその他の影響によって取付け部が変形するなど、物理的な力によって調整がずれた場合は、再調整が必要になる。わずかなずれは、ソフトウェアに実装されている永続的に有効な調整ルーチンによって自動的に修正される。手動で調整し直す必要がある場合は、そのことが運転者に伝えられる。

適用範囲と機能拡張

乗用車での使用

アダプティブクルーズコントロールの使用は、走行ダイナミクス制御が提供されていることを前提としている。これは、運転者の操作によらずにアクティブなブレーキ介入を行うための条件である。

商用車での使用

要求事項

商用車のACCに関する一般条件の一部は、乗用車のACCに関する一般条件と大きく異なる。
- 制動と加速の調整は、多様な最大積載量とエンジンサイズのパラメータを考慮しなければならない
- 追越し操作と割込み操作は、トラックの場合、乗用車よりも遅いダイナミックパターンに従うため、制御の条件と設定が異なる
- コントロールダイナミクスは、さまざまなACC装備車が連なって走行している状況に対処できなければならない（複数のトラックがほぼ同じ速度で1列で走行する場合など）
- トラックでは乗用車よりも速度範囲が限られていることによって、ある程度の単純化が行われる
- トラックは商業用途に使用されるため、設計段階での焦点はスポーツ性や快適性よりも経済性にある。ACCを装備したトラックの燃費と摩耗は、少なくとも平均的な運転者が運転した場合と同等なものでなければならない。

一般原則として、バス、トラック、トラクターに同種のACCシステムを使用することができる。バスとトラックにおける駆動システムとブレーキシステム、マニュアル、セミオートマチックまたはフルオートマチックトランスミッションに関する要件は、非常によく似ている。システムの構成に関してのみ、バスでは快適性に関して他の種類の商用車より高い要件が課せられる。

システム設計

商用車用ACCのシステム構成は、乗用車用ACCのものとほとんど変わらない。しかしながら、走行速度が低いためセンサーの検知距離を短くできる。センサーのコンポーネントに課される環境および耐用年数要件は、乗用車のそれよりもはるかに高い。

商用車におけるACC制御は、最適な燃費および摩耗耐性を目指して設計されている。従って、例えば常用ブレーキシステムの作動は、利用可能なリターダーがACCコントローラーの要求を満たすように車両を減速できない場合にのみ行われる。このため、ACCが原因のブレーキの摩耗は、大半が平均的な運転者のブレーキ操作に由来する摩耗と同じレベルである。同じことが燃費についても当てはまる。この場合、ACCは平均的な運転者と比較して燃費に関して良好な効果をもたらすことを確認できる。

このようなACCシステムの他に、商用車には予測ACCシステムがある。これは、学習された、あるいはマップに保存されているルートのトポロジー情報に基づいて、燃費を可能な限り低く抑えるように走行速度を最適化するものである。システムは、例えば勾配の最頂部では加速を行わない、あるいは後に上り坂が続く下り坂区間では速度を上げて運動エネルギーを上手に利用するなどしてこれを達成する。運転の巧みな運転者との比較においても5 ～ 10%の燃料消費量節減が実証されている。

さらに米国およびカナダなどのいくつかの国には、ブレーキ構成が簡単なためエンジンブレーキトルクおよび補助ブレーキトルクにのみ介入するACCシステムがある。このためより頻繁な運転者による介入が必要となる。

ACCplus

第一世代のACCシステムでは、センサーとアクチュエーターの機能性が制限されていたために、機能範囲に制限があった。制限された対象物検知範囲と制限された水平分解能により、30 km/h以上での作動のみが許可された。そのため初期のACCは、低速時や停車時には使用できなかった。ACCplusシステム（2009年以降量産）は、より広い角度（± 15°）に対応した高度なレーダーセンサーを備え、検出特性が改善されている。そのため、停止するまでの制動と運転者の介入による再発進が可能である。システムを再び作動するには、所定の制限時間内にアクセルペダルを踏むだけでよい。

目標車両選定における優れた信頼性と、さらに向上した近距離での対象物検知能力のおかげで、ACCは渋滞の中でも使用できるようになった。

低速追従機能の付いたACC

低速追随（ACC Stop & GO、ACC LSF、Low Speed Following、低速追随）においては、車両前方の対象物測定を精確なものとするため、検知距離の長いレーダーセンサーからのデータと、検知距離が中程度あるいは短いレーダーセンサー（短距離レーダーセンサーあるいは超音波センサー）からのデータが組み合わされる。

低速追随機能付きACCは0 ～ 200 km/hの速度範囲で作動し、車両を停止状態まで制御する。また、所定の制限時間内での自動再発進も可能である。

センサーデータのビデオカメラとの統合

センサーデータとビデオカメラの統合によって、対象物の計測および対象物の分類を行うことができる。これによって、動かない対象物に対して車両を確実に制御することができる。

ビデオセンサー技術との組み合わせによって、将来は低速追随において、あらゆる速度領域および都市型の交通環境においても、完全な長さ（前後）方向のガイドを行えるようになる予定である（FSR、全速度域）。ACCは、危機的な運転状況で事故を回避するためや事故の程度を軽くするために、自動的に介入するアシスタンスシステムの開発の基礎も提供している。今後の開発対象は、自動ステアリング介入による自動回避操作である。

現在進行中の開発

Electronic Horizon

ACC機能の品質は、デジタルマップによって向上している。ナビゲーションシステムが車両の位置を決め、車両が走行する経路を予測する（最も有望な経路、MPP）。デジタルナビゲーションマップにアクセスすることにより、さまざまな予測情報が提供される（Electronic Horizon）。この例には道路の等級、地形、高速道路の出口および入口、制限速度および道路の傾斜度が含まれる。メーカー固有のプロトコルまたはCANバスを使用したADASIS規格[4]を使用して、ECUにElectronic Horizonを供給している。

ACCは機能を向上するためにこの情報にアクセスできる。例えば道路の予測コースを使用して、前方にあるレーダー目標を確実に特定のレーンに割り当てることができる（隣接レーンの干渉を低減）。減速レーンへの車線変更時に前方にあるレーダー目標が失われた場合、高速道路の出口が近づいているときは、車両の加速を防止することができる。非常に急なカーブに進入する前に、設定速度を自動的に下げることができる。

データとデータ品質の向上によるデジタルマップのさらなる強化により、将来はACCシステムとの組み合わせにより、設定速度の完全自動指定を含む、革新的な支援機能が実現する。運転者が規定速度を手動で入力することはもはや必要ない。ACCシステムがナビゲーションシステムとの通信により、規定速度を決める。

これにより、ACCシステムはエンジンコントロールユニットと連携して、CO_2排出量を最少に抑えた先を見越した運転方法を実現できる。Electronic Horizonを介してACCが事前に速度制限またはカーブに「気が付く」と、最適な燃費で車両を低速走行させるまたは惰行運転させることができる。低速走行または惰行走行を開始させる際には、道路の傾斜度も考慮される。

クラウドとのネットワーキング

ACCの自動化機能レベルが高くなればなるほどElectronic Horizonにおけるデータの適時性、精度、および信頼性に関する要求事項も厳しくなる。デジタルマップのデータ品質を向上させるために、車両自体もそのセンサーを使用して道路周囲状況データを収集することで貢献している。その機能原理は次のようなものである。交通標識やコーナリング速度等の情報が車両のセンサーによって記録され、ナビゲーションシステムからのデータによって補足されて（位置など）、移動体通信を介してサーバー（クラウド）に送られる。中央サーバーでは多くの車両からの受信信号が処理、コンパイルされて、検索用に準備される。サーバー情報はナビゲーションシステムを装備した車両から要求することができる。これにより、最新情報を確実に常時入手できる。サーバーからの受信データは、「新しい知識」としてローカルナビゲーションマップに適用され、Electronic Horizonを介して直ちにACCシステムに提供される。

参考文献

[1] H. Winner; S. Hakuli; F. Lotz; C. Singer: Handbuch Fahrerassistenzsysteme. 3rd Ed., Verlag Springer Vieweg, 2015.

[2] H. Wallentowitz, K. Reif: Handbuch Kraftfahrzeugelektronik. 2nd Ed., Vieweg+Teubner Verlag, 2010.

[3] H.-H. Braess, U. Seiffert: Handbuch Kraftfahrzeugtechnik. 7th Ed., Verlag Springer Vieweg, 2013.

[4] C. Ress et al.: ADASIS PROTOCOL FOR ADVANCED IN-VEHICLE APPLICATIONS, ADASIS-Forum (http://durekovic.com/publications/documents/ADASISv2%20ITS%20NY%20Paper%20Final.pdf).

[5] K. Reif: Automobilelektronik. 5th Ed., Verlag Springer Vieweg, 2014.

車線アシスト

走行車線から逸れると、しばしば意図しない重大事故を引き起こすことがある。これは多くの場合、運転者が気を散らしたり疲労（マイクロスリープなど）したりすることで引き起こされる。車線逸脱警告（LDW）は、前方の車線境界線を検出していて、方向指示器を作動させずに車線境界線を越える危険がある場合、運転手に警告することでこうした事故を回避するよう設計されている。車線維持支援システム（LKS）は、車両コントロールにも積極的に介入する。

現在、運転手に高速道路／有料道路での道路工事（道路工事アシスト）や都市部（ボトルネック／狭窄アシスト）での横方向の誘導を補助する支援システムが開発中である。

車線逸脱警告

車線の検知

車線逸脱警告システムは、モノラル式またはステレオ式のいずれかのビデオカメラを使用して、車両前方の車線を検出する。ステレオビデオセンサーは、道路表面に顕著な勾配のある場面、例えば典型的な田舎道などで利点がある。この場合、ステレオビデオセンサーは道路の表面形状を判断するのに役立つ。表面形状の情報によって、次の段階となる車線境界線の検出および検出範囲の拡張がし易くなる。ただし、法令により路面形状にほとんど変化がない高速道路／有料道路での車線の検出には利点がない。気象条件が良好で車線境界線の状態が良ければ、最大100 mの範囲を検出できる。

図1はビデオシステムを使った車線検出の仕組みを示している。画像処理システムは、路面と車線境界線のコントラストの違いをもとに、車線境界線の位置を探索する。図1aはカメラ画像に探索用ラインを表示したもので、図1bはその拡大図である。図1aの横線は、画像処理コンピューターが算出した車線の進路を示している。車線境界線を検出するため、探索用ライン内の輝度信号（明るさ）を分析する（図1c）。車線マークの境界部は、ハイパスフィルターを適用して検出する（図1d）。検出した車線マークの境界両端部を基準にして、システムが車両に適用すべき走行車線を検出する。現在利用可能なシステムでは、車線マークの短い欠如を補うことができる。車線マークが広い範囲で欠如している場合、車線アシストを実行できない。

現在、車線マークがなくても路面の構造や色に基づいて道路の端を検出することができるシステムの研究が行われている。最後に走行した道路の属性も、モデルとして利用される。数年後にこうしたシステムが市場で使用可能になれば、車線のない道路でも車線アシストシステムが利用できるようになる。

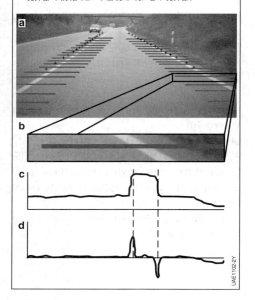

図1：車線検出の原理
a 探知ラインが表示されたカメラ画像
b 探知ライン部の拡大図
c 輝度信号（明るい色の車線が高レベル）
d 輝度信号をハイパスフィルター処理した後の車線マーク境界部の情報（ピーク部分が明/暗の境界部）

運転者への警告

検出された車線を基準にして車両が走行車線から逸れた場合、運転者に対する警告が発せられる。この警告機能にはさまざまな形式が考えられる。初期のシステムでは、音響警告として車両のスピーカーから警告音、または「断続的な振動音」を鳴らすなどしていた。ステレオ音響の場合、左右の別も伝達できた。しかしその後は、システムがステアリングホイールを振動させるか、またはステアリングにわずかな逆向き（車線内へ戻す方向）のトルクをかけ、運転者の触覚に訴える方法で警告を伝える機能が広く使用されている。ステアリングホイールを介して警告を発する方法は、ステアリングホイールの動きで直接、運転者が危険な状態であることを連想させられる点で利点がある。

法規と規格

欧州連合 (EU) では、大型商用車 (8 トン以上) の場合、自動緊急ブレーキシステムおよび車線逸脱警告システム (LDWS) の導入義務が規定されている (European Union LDWS Regulation (EU) 351/2012 [1])。この規定は、当初は 2013 年 11 月 1 日以降に新たに認可された車両について、その後 2015 年 11 月 1 日以降に道路上に持ち込まれるすべての新車について、段階的に導入される。

車線維持支援

支援のための介入

車線維持支援（レーンキープサポート）は、運転者が意図せず車線から逸れたときに警告を発するだけでなく、進路を維持するために積極的に支援するという点で、車線逸脱警告の機能を強化したものである。車両が大きく車線から逸れた場合、車線維持支援は能動的に操縦機能に介入するか、または非対称的に制動装置に介入するか、いずれかによって進路の修正を行う。このようにして車両は運転者をサポートしながら進路を維持し、同時に意図せずに車線を逸れたために引き起こされる事故を回避して、道路交通の安全性を高める。

ただし、車線維持支援システム自体は進路を維持するために運転者を支援することを意図したものであり、車両の左右方向への誘導を完全に引き継ぐことまではできない。このシステムは、車両を意識的かつ意図的に運転し、交通の状況に応じて慎重に追従、対応する責任から運転者を開放するものではない。システムによる介入は、いつでも運転者が解除することができる。

誤用を防止するため、車線維持支援システムには、運転者がハンドルに両手を置き、積極的に車両を操舵しているかどうかを監視するための装置が取り付けられている。運転手が運転中にハンドルから両手を放した場合、速やかに運転手に車両コントロールを再開するよう注意を促すとともに、車線維持支援システムは該当する視覚的または音響的な警告を発してアシストを終了する。

用途

車線維持支援は、主として高速道路や有料道路、および良く整備された幹線道路で使用するために設計されている。車線逸脱警告と同様、車線維持支援は車両前方の車線が検出できるかどうかに依存する。例えば車線マークが隠れている、または消えているなどにより短期的に車線が検出できないといった障害は、システムによって補完される。しかし、長期間にわたり車線情報が検出されなければ、車線維持支援は解除される。

道路工事アシスト

用途

道路工事アシストおよびボトルネック/狭窄アシストは車線維持支援をさらに進歩させたものである。これらのシステムは、車線マークに加えて車線内に突出した物体や障害物を検出し、横方向への誘導の際に考慮する。

道路工事アシストは、高速道路や有料道路上の道路工事個所においてドライバーを支援し、これを回避するための特別なシナリオを車線維持支援システムに追加する[2]。

支援の種類

提供される支援の種類や範囲は大きく異なる。システムは、視覚、音響、あるいは触覚に訴える警告から車両コントロールへの介入まで、介入のすべての段階を次々と実行することができる。車両コントロールに介入する際は、車両の左右方向の運動（操舵トルクあるいは非対称に制動へ介入することによる）と、前後方向の運動（減速）の両方に介入できる。自動減速は、例えば障害となる道路工事個所に高速で接近した場合、車両を車線内に維持するためのものである。

車線制限の検出

道路工事個所は高速道路/有料道路といった典型的な環境に比べて複雑な構造となるため、道路工事アシストによって、通常の車線マークに加えて道路工事特有の車線制限（交通標識、三角コーン、防護柵）を検出する。センサー機能は、通常、車両前部のステレオビデオカメラや側面に装着された超音波センサーによって行う。これらのセンサーにより、システムは対象の物体が静的（路側帯構造物など）か動的（車両など）かを区別できる。こうすることでシステムは、工事のために隣接車線の車両が部分的に自車の車線にはみ出して走行している車線制限区間において、必要な衝突回避行動をとることができる。これにより、高速道路/有料道路の工事個所を通過する際の次々と変化する状況に合わせた運転者支援が得られ、十分な安全距離を保って通過するための最善の支援が提供される。

ボトルネック/狭窄アシスト

用途

ボトルネック/狭窄アシストは、典型的な都市部の車速域（0－60km/h）で対応可能なカーブ半径であれば、道路工事アシストの機能を拡張して提供する。都市部でのボトルネックや狭窄部に応じて衝突回避ステアリングアシストが提供される。

機能的に適応可能な場合、同じ方向に移動する物体や対向して来る物体をボトルネック/狭窄部と見なす場合がある。狭いスペース（ボトルネックや狭窄部）を通過する際、ボトルネック/狭窄アシストは、側面の障害物から十分な安全距離を確保できるように自動で操舵に介入する。さらに運転者に早期警告を発し、車両が通過できる十分なスペースがない場合は自動でブレーキに介入する。

車線維持支援システムと同様に、ステアリングおよびブレーキへの介入の強度は制限される。全く危機的状況でなく、理由なき介入の可能性がある場合、その影響を受けないようにするため、システムの介入は運転手が容易に解除できる。

考案されたこの機能の実現可能性は、公的資金の一部を提供され、2016年に実施されたUR：BANプロジェクトの試作車載機によって実証された[3]。典型的な都市を想定したこの試作機のシステムの反応については、[4]のビデオを参照。ボトルネック/狭窄アシストは、現在、先行開発段階にある。量産導入開始日程はまだ未定である。

環境の検知

求められる機能の分析により、フロントに装着されたステレオビデオカメラか、その代替としてサイドに装着された超音波センサーまたは単眼ビデオセンサーを使用しなければならないことが判明している。静止した環境と移動する物体（同方向に移動する物体や対向する物体）は、環境モデリングの枠組みの中で表される。占有グリッド1個は、静止した環境の1地点を示している。1個の占有グリッドが、車両の周辺環境を示す基準グリッドとなる。その典型的なセルサイズは、10cm－20cmの範囲内である。システム上の車両周辺に物体がある場合、影響を受けるグ

リッドのセルが占有としてマークされる。移動する物体は、さまざまな機能に関連する属性 (位置、幅、長さ、速度、加速度) を持つオブジェクトモデルとして描かれる。

交通状況の評価

状況分析では、車両と移動する物体の計画上の軌道 (進路) に従って、これに静止した環境を組み込むことによって、衝突リスクを評価する。通常、これを目的として、機能モジュールの作動が必要となるような致命的状況を検出するのに使用する臨界度測定値が算出される。この種の臨界度測定値で典型的なものが、ブレーキング時の予備制動時間 (「反応時間」とも呼ぶ) であり、これは例えば通過できないボトルネック/狭窄部での衝突を回避するため、運転者が自発的にブレーキに介入するのに必要な時間である。運転者が反応できない (予備制動時間がゼロまたは負となる) 場合、衝撃緩和システムが応答する。

応答モデル

機能モジュールは、前述の臨界度測定値とは別に、システムの限界が観察されるかどうか (対応可能なカーブ半径に収まっているかどうかなど) をチェックし、必要な場合にはステアリングアシストおよびブレーキアシストを作動させるか、運転手に早期警告を発する。

図2は、典型的な試験装置 (縁石、三角コーン、車両型風船) を使用したボトルネック/狭窄試験でのボトルネック/狭窄アシストの演算処理結果を視覚化したものである。四角形の物体は、検出された衝突しそうな物体を示している。濃いグレー部分 (図中の車線マークの左側の領域) は、ボトルネック/狭窄部で利用可能な道路幅を示している。連続する横線は、車両の予測進路を示している。

参考文献

[1] Commission Regulation (EU) No. 351/2012 of 23 April 2012 implementing Regulation (EC) No. 661/2009 of the European Parliament and of the Council as regards type-approval requirements for the installation of lane departure warning systems in motor vehicles.
[2] http://videoportal.bosch-presse.de/clip/_/-/-/Baustellenassistent?category=Chassis-Systems-Control#
[3] www.urban-online.org
[4] UR:BAN research initiative (2015) https://youtu.be/eyvh43Jq5yA?t=37s

図2：ボトルネック/狭窄アシスト - 演算結果を視覚化したもの
1 空気入り障害物 (車両型風船)
2 ボトルネック/狭窄部
3 衝突に関連する物体 (三角コーン、縁石など)
4 通過可能な道幅
5 予測進路

車線変更アシスト

不適切な車線変更に起因する乗用車事故の数は、過去6年間は6%−8%の間で一定している[1]。この場合の事故発生率は、主に幹線道路や高速道路/有料道路が中心である。自車の隣の車線や後方の道路利用者に気付かないまま、運転者が車線変更を開始している。第1のケースは、他の道路利用者がサイドミラーの視野の外にいる場合である(図1、「死角」を参照)。高速道路/有料道路で衝突する車両は、通常は同じ速度で走行しており、並走しているか、徐々に追い越そうとしている。第2のケースは、後方から高速で接近して来る車両の前で車線変更を行う場合である。この典型的な結果が追突事故である。

これら2種類の事故に対処できる副次的機能は、以下の通りである。ここに記載する機能は、乗用車のほか、トラックやモーターサイクルにも利用できる。車両の種類にかかわらず、作動原理は同様である。

死角アシスト

死角アシストは、前述の第1のケースの事故を回避するために役立つ。

環境の検知

費用および性能の違いにより、さまざまなセンサーコンセプトがある。このような事故を回避するには、システム搭載車(自車)の隣または直後を対象エリアとするのが適切である。すべてのセンサーコンセプトで共通しているのは、検出範囲が車両後端部のすぐ先のわずかな範囲だということである。

これには、車両リアの左右端部に装着した超音波センサー(駐車支援システムにも用いる)を利用するシステムがある。超音波センサーの検出範囲外となるため、結果としてシステム搭載車の真横にいる小さな物体(スクーターなど)は測定できない。市販されている別の解決策として、サイドミラーに単眼カメラを装着する方法がある。3つ目の例として、側面に短距離レーダーを使用する方法がある。前述の最後の2つのケース(単眼カメラ、短距離レーダー)では、車両横にいる小さな物体をセンサーで検出できる。ここで言うセンサーは、車両製造業者が付加価値としてさまざまな機能(駐車支援、転回支援、統合安全)に有効利用できることにも留意すべきである。

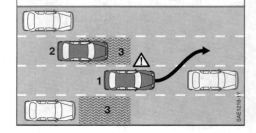

図1:死角の検知
1 車両が追い越しをする(右側通行の例)
2 車両1の検出範囲内にいる他車
3 車両1の検出範囲

センサーに関しては、高い横方向加速度を伴う運転操作（旋回運動）において課題が生じる。この場合、不正確な対象物検出やその結果誤った警告を発することがないよう、製造業者は通常、超過した場合にシステムを解除すべき限界値（横加速度、ヨーレート、カーブ半径など）を設定する。

応答モデル

センサーシステムが隣接する車線の車両を検出すると、次のような警告が次々と実行される。

手順の第1段階は、該当する側のサイドミラー内に記号または表示灯を出すなど、運転者がわずかに気付ける程度の視覚情報のみで注意を促す。運転者がさらに（ターンシグナルを作動させる、またはステアリングホイールに既定以上の操舵トルクを加えるなどにより）車線変更を要求している場合、視覚的な表示を点滅させ、続いて補助的な音響警告を発するか、わずかに横方向コントロールに介入する。後者の操舵への介入は、より積極的に車線変更を防止または阻止できる。この自動操舵介入機能は容易に解除することができ、介入の強さなどは車線維持支援システムの場合と同様である。

車線変更アシスト

前述のように、死角アシストは後方のセンサー検出範囲に限界があるため、後方から高速で接近している車両（追突事故を招く原因）に反応することができない。この場合、車線変更アシストの機能が死角アシストの機能範囲を補う、つまり車両の側方エリアも同時に監視する。

環境の検知

死角アシストとは対照的に、この場合は特に中距離レーダーまたは長距離レーダーを使用する。乗用車の場合、これらはリアバンパー両端の下部に装着される。トラックに車線変更アシストを装備している場合、これらは主にサイドミラー下部に装着される。

特に乗用車の場合、レーダーアンテナからの放射パターンは、一般にレーダローブの小さい低域のレーダーセンサーで車両に隣接する領域もカバーするよう、特有の設定がなされている。後方へのレーダーセンサーの到達範囲は、最大100mに達する。

応答モデル

死角アシストとは異なり、環境の検出によって作成されたオブジェクトリストに基づいて対象車両の予測が実行される。これによりシステムは、自車（システム搭載車）が現在の車速のまま車線を変更したら急ブレーキをかけることになるかどうかなど、後方から接近する物体（他車）が危険な状況に達する可能性を測定する。この目的のための臨界度測定値として、接近する物体の予備制動時間（「ブレーキ反応時間」、「ボトルネック/狭窄アシスト」を参照）を決定する。この予測値が閾値を下回る（一般には2−3秒未満）場合、車線変更は危険であると評価され、死角アシストと同様の段階別手順を飛ばし、第2段階に進む。現在、実際の応答モデルは死角アシストの応答モデルに対応している。

最新の開発動向

前述の車線変更アシストでは、特に高速道路/有料道路における車線変更操作の自動化が考えられる。そのようなシステムは、現在開発中である。

この場合、システム搭載車両が他のより低速で走行している車両に追い付いたときに、運転手に安全に車線変更操作のできる可能性を指示する。車線変更操作をする間、運転手はステアリングホイールに手を添えて置くことができる。システムは自動的に車線変更を実行する。アダプティブクルーズコントロール（ACC）と組み合わせると、システムは車両を加速させ、追い越し操作が完了すると追い越した車両の前方で元の車線内に戻る。

レーダーセンサーが車両後方の交通状況を監視しているため、こうした車線変更操作は側面衝突のリスクがない場合にのみ開始することができる。これにより、総合的安全性が大幅に向上する。さらに、車線変更時の運転者の誤操作によって発生している事故のほとんどが回避できる。

参考文献

[1] GIDAS (German In-Depth Accident Study) 2014, http://www.gidas.org

緊急ブレーキシステム

緊急ブレーキアシスト機能と
自動緊急ブレーキ機能

道路交通における事故の相当数が、同方向に走行する車両同士の追突事故、すなわち後面衝突である。このような事故を回避したり、少なくともその影響を緩和することができる運転者支援システムが、この数年で量産されてきている。単純な機能としては、ブレーキアシストがある(「ブレーキアシスト機能」を参照)。センサー技術を利用して車両周囲を観察し、読み取るシステムは、特に高い可能性を秘めている[1]。こうしたシステムは、例えば事故を回避するために緊急ブレーキを作動させるなど、必要に応じて車両コントロールに予測的に介入することが可能になる。

環境の検知

後面衝突(追突)を避けるためには、前方を走行している車両とその動きを観察する必要がある。システムが衝突が差し迫っていることを検出した場合、例えばドライバーに警告を発するか、または緊急ブレーキを作動させるなどの適切な行動を起こすことができる。

車両の周囲環境を観察するのに適した、さまざまなセンサーがある。それらセンサーの検出距離や検出範囲は、機能に関連する重要な構成要素となる。センサーに必要な前方検出距離は、当該機能を運用する速度域から導かれる。レーダーセンサーは、主に高速走行時に必要な遠距離の検出用に使用される。モノラルおよびステレオビデオセンサーは、通常、中距離検出用に利用される。ライダーセンサーは中距離にも近距離にも使用できる。

多くの場合、自動緊急ブレーキシステム用として複数のセンサーが組み合わされる。これには2つの利点がある。第一に、個々の計測コンセプトの強みが互いを補完し合うことで、前走車をより正確に測定することができる。第二に、個々のセンサーの故障が検出できるため、システムの信頼性が向上する。特に、システムの不当な応答を避けることができる。また、性能は低下するが、1つのセンサーからしかデータを得られない場合でも、緊急ブレーキシステムを実行することができる。

前方を移動する物体の位置、速度、加速度、物体のサイズやタイプなどの属性は、環境センサーのデータに基づき、運転する車両(自車)の動きを考慮に入れ評価される。これら物体の属性は、その交通状況の臨界度を評価するために使用される。

交通状況の評価

現在の交通状況の臨界度がどれくらいであるか、つまり前方を走行している車両と衝突する可能性がどの程度差し迫っているかを示すさまざまな評価基準(危険度測定値)が確立されている。この目的のために、前走車と自車の双方の間近に迫った動きを予測(仮定)する。緊急ブレーキシステムには極めて短い範囲の予測のみが必要であるため、これが可能である。例えば、実際の車両の運転者も衝突を回避するための回避操作を試みると仮定することができる。この回避操作のため最も大きく横方向へ移動する運動を仮定すると、運転者が回避行動をとって衝突を回避できる可能性のある時間(タイミング)を求めることができる。このタイミングまでの残り時間を、「操舵開始までの時間(タイムトゥステア、TTS)」と呼ぶ。同様に、「制動開始までの時間(タイムトゥブレーキ、TTB)」、すなわち差し迫った衝突を回避するために運転者がブレーキ操作を開始するまでの時間を求めることができる。この時間が短くなればなるほど、より深刻な交通状況となる。さらに、衝突する可能性を判断するための「衝突開始までの時間(タイムトゥコリジョン、TTC)」など、多くの危険度測定値がある。これらを算出するには、関係する車両の間近に迫った動きに対する確率分布についての仮定を立てる必要がある。

応答モデル

衝突が差し迫っている場合、別のシステムが応答を開始することができ、これは前述の危険度測定値が不足している（間に合わない）場合に検出される。典型的なシステム応答の時系列を図1に示す。標準的なシステムには、次のようなシステム応答の段階がある。

制動準備

差し迫った衝突の可能性が高まると、その後の制動（運転者またはシステムによるブレーキング）を迅速に行えるよう、走行ダイナミクス制御（エレクトロニックスタビリティコントロール、ESC）がブレーキシステムを準備状態にする（予圧形成）。

警告

衝突する恐れが高まった場合、運転手に警告することができる。警告は、特に運転者がまだ危険を認識していない場合には、反応するための準備を促すのに適している。そのため事前に警告するタイミングが早いほど、運転者自身の操作で事故を回避することができる。

しかしながら警告機能を設定する場合、事前に警告するタイミングを早くしすぎないことが重要である。運転者が容易に制御できる段階での早すぎる警告が頻繁に出された場合、危険な状況とは認識されず、不当な警告とみなされる場合がある。

瞬間制動（ブレーキングジャーク）

さらに警告の必要性が高くなった場合、瞬間的にブレーキを効かせる瞬間制動を行う。この場合、自動的にブレーキシステムが短時間だけ作動し、すぐに解放される。これには2つの利点がある。第一に、運転者は触感的に危険を警告される。第二に、これによって走行速度がわずかでも減速される。

部分制動（パーシャルブレーキング）

部分制動の役割も、瞬間制動の延長線上にある。この場合も自動的にわずかな減速が行われるが、瞬間制動のときと違ってブレーキがすぐには解放されない。

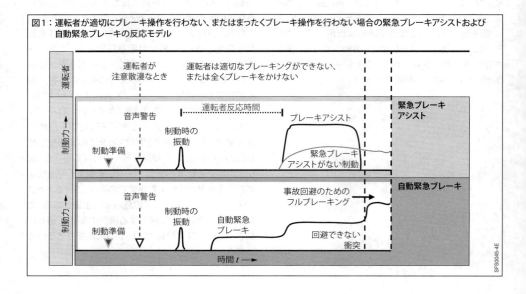

図1：運転者が適切にブレーキ操作を行わない、またはまったくブレーキ操作を行わない場合の緊急ブレーキアシストおよび自動緊急ブレーキの反応モデル

制動補助（ブレーキアシスト）

運転者が深刻な状況を回避しようとブレーキをかけるとき、ブレーキのかけ始めの操作が弱すぎることが多い。このような場合、システムは、事故を回避して障害物の手前で車両を停止させられるよう、運転者が要求した制動力を高めることができる。

フルブレーキング

前述のような、差し迫った衝突を回避するためのシステム応答では不十分な場合、あるいは運転者が適切に反応しない場合、先に記述した危険度測定値が十分に低下しないため、依然として深刻な状況のままである。この場合、最後の瞬間に、自動フルブレーキングが開始される。緊急ブレーキを作動させるための基準は、例えば「制動開始までの時間 TTB」が事実上ゼロまたは負の値となるときである。多くの場合、自動フルブレーキングは事故を未然に回避できるが、最悪でも衝突速度を大幅に低下させる。

規制と規格

乗用車用緊急ブレーキシステム

2014年以降、ユーロNCAP（欧州新車評価プログラム）の評価には、同一方向に走行する車両への自動緊急ブレーキング（AEB）が採用されている。緊急ブレーキシステムの評価は、テストコース上に標準化された衝突シナリオを再現して実施される。ここでは緊急ブレーキシステムによる衝突の回避と衝突速度の低下の両方が評価される。搭載されている緊急ブレーキシステムの有効性は、結果として車両が達成できるNCAPの星の数に影響する。

商用車用緊急ブレーキシステム

自動緊急ブレーキシステム（AEBS、先進緊急ブレーキシステム）は、EUでは車重8トン以上の大型商用車（欧州連合 AEBS規定（EU）562/2015、[2]）に対して規定されている。この規定は、当初は2013年11月1日以降に新たに認可された車両について、その後2015年11月1日以降に道路上に持ち込まれるすべての新車について、段階的に導入される。次の段階では、2016年以降、移動する対象物および静止している対象物に対する速度低減に関する要件が強化された。

利用可能なシステム

現在、危険な状況で速度を著しく低下させ、多くの場合に衝突を回避することができるさまざまなシステムが利用可能となっている。しかし、自動緊急ブレーキシステムには後面衝突のリスクが伴い、また不適切な作動があれば市場導入の妨げとなる。したがって、緊急ブレーキの不正な作動が発生しないことを保証するため、システム開発の枠組み内で適切な措置を講じる必要がある（「テストおよびヘッジ」を参照）。

参考文献

[1] A. Georgi, M. Zimmermann, T. Lich, L. Blank, N. Kickler, R. Marchthaler: New approach of accident benefit analysis for rear end collision avoidance and mitigation systems. In Proceedings of 21st International Technical Conference on the Enhanced Safety of Vehicles (2009).

[2] Commission Regulation (EU) 2015/562 of 8 April 2015 amending Regulation (EU) No. 347/2012 implementing Regulation (EC) No. 661/2009 of the European Parliament and of the Council with respect to type-approval requirements for certain categories of motor vehicles with regard to advance emergency braking systems.

交差点アシスト

ソフトウェアの開発動機

事故の原因

ドイツにおけるすべての怪我を伴うの事故のうち、約26%は交差点を横切っているとき、および右／左折中に発生している[1]。こうした一般的な事故を防止するために設計された運転者支援システムを、交差点アシストと呼ぶ。このシステムは、事故を回避したり事故の程度を軽減させたりする目的の安全関連機能を担う。この機能を達成するため、緊急事態が発生したことを早い段階で運転者に警告するか、車両が自動でブレーキをかける。

環境の検知

他の道路利用者をレーダーセンサー、ビデオカメラまたはライダーセンサーで検出し、それらの距離、速度、移動方向を決定する。これらの情報は、ECUのマイクロコンピューターで処理され、ソフトウェア内でオブジェクトリストとして評価される。

状況の評価

検出された他の道路利用者の位置や速度、また自車の走行状況を基に推定した直後の車両位置から、差し迫った事故の危険性が予測される。次のステップでシステムは、衝突が差し迫っていると予測された車両が一致するかどうかをチェックする。しかし、この時点で測定された位置および速度は、測定誤差によって無効となることを考慮する必要がある。さらに、他の車両がその後どのような動きをするか、例えばブレーキをかけるか方向を変えるかなどは正確にはわからない。したがって、状況の進展を予測する場合、事故を回避するための運転操作も考慮する必要がある。状況がますます厳しくなると、これらの回避策はさらに少なくなる。事故を回避することができない、または通常の操作方法では事故を回避できない状況を、緊急衝突リスクと呼ぶ。

車両がどの方向へと進むかについては多くの可能性が考えられ、関係する車両のステアリング操作について数秒前に予測しなければならないため、交差点における個々の状況を、危機的状況かそうでない状況かを判断することは極めて難しい。これはほとんど不可能である。関係する車両がスポーティなスタイルで運転されているときは特に難しい。このため、衝突の直前にならなければ、事故が差し迫っている状況を明白に検知することはできない。

不正なブレーキ介入は、第一に運転者が受け入れておらず、第二に後続の交通に潜在的な危険を及ぼすため、確実に避けなければならない。したがって、特定の状況では自動緊急ブレーキを作動させることができないか、または遅れて作動させざるを得ない。そのため、ある状況では、事故防止はもはや不可能となる。例えば運転者が自車を高速で走らせている場合、事故を回避するためのブレーキ操作は原則として極めて早期に開始されなければならないが、状況の不確実性や展開を誤認するリスクがあるため、それはできない。

しかし、たとえ個々のケースでシステムが事故を回避できないとしても、自動ブレーキの介入により衝突速度を低下させ、場合によっては衝突で当たる位置を有利な場所に変更できるため、事故の影響を軽減することができる。

交差点アシストシステムには、次のような区別がある。

交差点アシストシステム

左折アシスト（右側通行の場合）

事故の原因

左折アシストは、対向車線を横切る形（右側通行の場合）で左折する際に起こる事故を防止するように設計されている（図1）。一般に交通事故は、例えば事故を起こしたドライバーが（安全に左折を完了するための）十分な余裕を持たずに左折を始めてしまうなど、運転手が対向車の速度を見誤ったことによって引き起こされる。

運転者が（まさに今）左折しようとしている動きは、方向指示器、アクセルペダル、ステアリングアングルを評価することで検出できる。

システムの応答

対向車を横切る形の左折が安全に完了できないと判断されると、最初は運転手に対して警告を発する。緊急衝突リスクが生じた場合、最終的には自動ブレーキまたは発進阻止を作動させる。

車両が移動しないと危険な状況での誤った応答を回避するため、運転者はキックダウン操作で発進阻止を無効にすることができる。

クロストラフィック（交差交通）アシスト

事故の原因

交差交通アシストは、交差点をまっすぐ横切ろうとする車両に対し、横方向から交差点を横切ろうとする車両との事故を防ぐように設計されている（図2）。

特に側面衝突による影響を受ける乗員は、車両のクランプルゾーン（衝撃吸収帯）が十分にないため、正面衝突よりも怪我のリスクが高い。

多くの事故は、側方の見通しが悪い／見通せないという状況で発生し、運転者の不注意や脇見が原因となる。

環境の検知

左折アシストと同様、交差交通の車両は環境センサーで検出される。左折アシストと異なり、一般には車両前部の左右のコーナー部分に装着されたセンサーを使用することで、カバーする視野がはるかに広くなる（180°以上）。

システムの応答

車両が見通しの悪い交差点に進入する際、交差する道路上に接近する車両をシステムが検出すると、ヘッドアップディスプレイの表示などを利用して、潜在的に危険な交通状況であることを、予め視覚的にさほど大げさでない方法で運転者に警告する。交差する道路を走行する他車が間近に迫っているのに運転者が交差点に進入しようとし、もはや安全に交差点を通過できないと判断された場合、システムは、燃料供給を遮断したり、ブレーキを作動するなどして車両の動きを阻止する。左折アシストの場合と同様に、発進阻止の機能はキックダウン操作で無効にすることができる。より高速の場合など、交差点での衝突がひっ迫しているときは、最初からよりはっきりと認識できるような警告表示または音響警告が作動する。

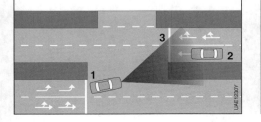

図1：対向車線を横切る形で左折する状況（右側通行の例）
1 左折する車両
2 対向車線の車両
3 センサーシステムの検出範囲（中距離レーダーなど）

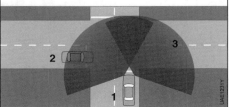

図2：交差点を直進する状況（右側通行の例）
1 直進する車両
2 横方向からの車両
3 センサーシステムの検出範囲（中距離レーダー、センサー利用によるビーム照射角度の拡大など）

運転手が反応をせず、緊急衝突のリスクが生じた場合、システムは自動ブレーキによる介入を開始する。

展望

交差点では、駐車中の車両によって見通しが悪い／見通せない状況が発生することも多いため、将来的には車間通信（C2C）も重要な役割を果たすことになるだろう。C2Cでは、車両同士が無線信号で互いの位置、速度、ステアリングアングルに関する情報を交換するため、早い段階で衝突の可能性を検出し、対策を講じることができる。各車両の位置は、予め衛星測位によって把握される。しかしながら、交差点アシストのような安全上重要な機能で情報を使用するためには、各車両の位置を極めて正確に把握する必要がある。一方、現在、市販のナビゲーションシステムに使用されているGPSの精度では、これは不可能である。大気の影響で干渉が起きるためである。ディファレンシャルGPS（DGPS）では、正確な位置がわかっている第二のGPS受信機を使用する。これにより、付近の別のGPS装置で干渉を補正するための補正信号が生成される。そのため、理論的にはセンチメートル単位の位置決めが可能である。しかしながら、このシステムは現在でも依然として非常に高価なため、量産車両には導入できない。さらに、GPS受信機はより多くの衛星と直接無線連絡ができなければならず、ビルの谷間のような場所では不可能なこともある。

交通信号および一時停止標識アシスト

事故の原因

左折アシストや交差点アシストとは異なり、交通信号および一時停止標識アシストは、他の道路利用者との差し迫った衝突を防止するためではなく、運転者が赤信号や一時停止標識を見落として進入することを防ぐために設計された。このシステムは、こうした交通違反の結果として起こる事故を防ぐためのものである。

環境の検知

画像認識アルゴリズムを装備したビデオカメラが車両周囲の交通信号や道路標識（「道路標識認識機能」を参照）をスキャンし、その状態やその意味するところを解釈する。誤検出のリスクを避けるため、道路標識の位置がマークされたデジタルマップを使用することができる。

またその代わりとして、路車間通信（C2I）が提供される。この場合、例えば信号機は、付近の専用受信機を備えた車両に信号の状態を無線送信する。

さらに、適切なタイミングでシステムが応答できるように、関連する車両停止線を検出しなければならない。

システムの応答

運転者が赤信号または一時停止標識で停止しない場合、最初に警告が発せられる。運転者が適切に反応しない場合、車両はシステム設計に応じて、自動的にブレーキをかけることができる。

黄色信号に対する分別ある対応は、快適に停止するための十分な距離がある場合、またはC2Iを通じて黄色信号の残り時間がわかっている場合にのみ実行される。

別種の交通信号アシストとして、不要なブレーキングや加速操作を避ける目的で、青信号の状態の最適利用を追求している。流れに乗る走行や快適な運転方法を追求するのと同様に、燃料消費量を削減することを目的としている。このシステムでは、前方の信号機は、車両がその信号に近づくまでの信号の状態や切り替わりまでの時間を送信する。インストルメントクラスターには、次の信号機で信号が青になっているようにするための車速が表示される。

参考文献

[1] GIDAS database 2014.

歩行者のアクティブ保護

開発動機

　交通弱者、特に歩行者の保護は近年ますます中心的な話題になっている。当初これは、歩行者保護のためのパッシブセーフティシステムの改善に集中していた（車両前部を特定な構造にして歩行者との衝突の結果を緩和するなど）。今ではますます、アクティブシステム – 例えば、潜在的な衝突に対して確実に作動するシステム – も量産されようとしている。

　アクティブ歩行者保護システムは、同一方向を走行している車両のための緊急ブレーキシステムと似たように反応する。しかしながら、状況を検知するための要件は同じではない。頻繁に発生する事故のタイプを分析することでその違いを識別できる。

事故の原因

　歩行者事故の大半は、車両が直進走行しているときに道路を横切る者に発生している。歩行者は側方から車両の前に踏み出る。隠れた位置から踏み出すこともしばしばである（つまり、歩行者は最初は他の物体の後ろに隠れている）。

　その他の発生件数の多い歩行者事故として、交差点での事故、特に車両の右折／左折時の事故を挙げることができる。

同一方向に走行している車両に対する緊急ブレーキシステムとの比較

システム応答

　既に述べた通り、歩行者のアクティブ保護のためのシステム応答は、同一方向に走行している車両に対する緊急ブレーキシステムと比較できる。システムは、運転者への警告と部分的なブレーキおよびフルブレーキとで、歩行者との差し迫った衝突に反応する。歩行者は隠れた位置から不意に道路に踏み出すため、しばしば一連の反応の一部のみが（例えば、部分ブレーキのみおよびフルブレーキのみ）起動する。

状況検知

　歩行者は通常側方から道路に出てくる。そのため、同一方向に走行している車両に対する緊急ブレーキシステムと比べて、車両前方のより広い領域をセンサーシステムによって監視する必要がある。システム起動の決定を適切に行うために、センサーシステムは特に歩行者の横方向の速度を精確に測定できる必要がある。歩行者はしばしば隠れた位置から道路に踏み出すため、センサーはさらにこれらの歩行者を非常に素早く検知できる必要がある（例、センサー測定の数サイクル以内）。これが、遅れのないシステム応答（フルブレーキなど）を確実なものとする唯一の方法である。

　歩行者のアクティブ保護のためのさまざまなセンサー構成が量産されている。これに関しては、単一のセンサーに基づくシステムと、多数のセンサーからの情報を統合するシステムの両方が使用されている。モノラルビデオカメラ、ステレオビデオカメラ、またはレーダーセンサー等のセンサーが使用される。

状況分析

　交通状況を評価するには、関連する道路使用者のこれからの動き、ここでは歩行者および運転者の車両の動きに関して仮説を立てる必要がある。このようにしてシステムは、差し迫った衝突状況をなお運転者によって回避できるかどうか、または自動緊急ブレーキの起動が必要かどうかを計算することができる。この予測はすべての緊急ブレーキシステム（例、同一方向に走行している車両の状況に対する緊急ブレーキシステム）において行われるが、歩行者のアクティブ保護の場合は特に課題が多い。歩行者は歩行中に突然停止したり、走り出したり、または方向を変えることがある。認可されないシステムの介入を回避するために、これらの動きの可能性をシステムにおいて考慮に入れておく必要がある。例えば後続車両の追突の危険が生じることのないよう、システムは道路に踏み出すがその後適切なタイミングで停止する歩行者に対して緊急ブレーキの作動を許可してはならない。

1672 運転者支援システム

評価基準

2016年以降歩行者保護のための自動緊急ブレーキ機能は、Euro NCAP評価（欧州自動車新評価プログラム）の一部である。緊急ブレーキシステムは、テストトラックにダミー歩行者を置いて再現した標準衝突状況に基づいて評価される。3種類の基本衝突状況がテストされる、テストは、すべての状況において異なる速度でテスト車両を直進走行させて行われる。

– 道路の反対側から横切る隠れていない歩行者（右側通行の場合は左側から）

– 道路の同じ側から横切る歩行者（右側通行の場合は右側から）

– 駐車車両の後ろから横切る歩行者

最後の場合、ダミー歩行者は子供の高さである。ダミー歩行者は脚を動かせるので、現実的に実際に歩いている歩行者を模倣する。脚の動きは、場合により検知した物体を歩行者として識別するための重要な基準となり、この識別なくしては緊急ブレーキは作動しないので、ダミー歩行者の脚は動かせるものである必要がある。例えばレーダーセンサーは、歩行者の脚の動きをマイクロドップラー効果を介して検知する。これは、測定された歩行者の速度信号の最小振動を特徴とする。

ハイビームアシスト

機能

ハイビームアシストはロービームとハイビームの切換えを自動で行なう。この機能は自車の前方を走行する車両と対向車両を検知し、交通状況に合わせて自動的にハイビームのオン／オフを切り換える。この機能は特に幹線道路および高速道路での夜間走行時の安全性と快適性を大幅に向上する。

開発動機

統計によれば、夜間走行時には重大事故に巻き込まれるリスクが大きくなる。さらにテストによると、平均的な運転者は通常、夜間5〜19％の割合でハイビームで走行し、残り時間はハイビームを選択できるときがあってもロービームで走行する。運転者によってはハイビームをまったく使用せず、常時ロービームで走行する。ハイビームアシストを装備したシステムは、夜間走行時30〜40％以上の走行距離においてハイビームをオンにする（通常の運転者が手動でハイビームをオンにする2倍以上の頻度）。それによりロービームに比べて路面照射状況を大幅に改善する。統計数値は交通量による変動が大きく、交通量が少なければ少ないほど、ハイビームの使用率が多くなる。疲労や集中力の欠如により運転者が手動で確実にハイビームをオフにせず、他の道路使用者を幻惑することも実証されている。

自動システムは、すべての道路使用者に対してこのような状況を劇的に改善する。ハイビームアシストを備えた車両の運転者は、ハイビーム自動オン／オフ機能により、切換え操作負担の大幅な軽減および路面照射状況の改善を頻繁に経験する。ハイビームの自動オフは、対向車両の運転者の幻惑を防止する。

システム構成と機能

システムは、光に反応するセンサーまたはカメラとヘッドランプを制御するECUを組み合わせた構成になっている。カメラはバックミラーに組み込まれているか、ウインドシールドのスタンドアロンセンサーアセンブリーに取り付けられている。カメラは車両のライトと固定された街灯を検知し、両者を識別する。システムは対向車両を最大600 mの距離で検知し、前方を走行する車両のテールランプを最大400 mの距離で検知する。検知した対象物の位置は、車両で使用されているCANバスを介して送信されるデータと一緒にヘッドランプECUに送信される。ヘッドランプECUは、位置データから対象物がヘッドランプのビーム範囲内にあるか、および幻惑される可能性があるかを計算する。センサーシステムが幻惑される可能性がある対象物を検知すると、ハイビームは自動的にオフになる。センサーシステムが対象物を検知しないと、ハイビームは自動的にオンになる。街灯があっても、例えば市街地でシステムが街灯を検知して他の対象物と区別できると、ハイビームはオフになる。

最近の開発動向

ハイビームアシスト機能の最近の開発動向として、カメラ制御による「グレアフリーハイビーム」が今後数年のうちにより多くの車両に装備されることになろう。対向交通または前方交通を捉えるカメラの画像解析に応じて、これらのシステムのハイビームでは、他の道路使用者がいる領域へと向かうビームのみが消灯、またはシェードにより覆われる。このために新しい工学システムがヘッドランプに使用されている。これにより、ハイビームをほとんどオンのままにすることができ、他の道路使用者を幻惑することなく、運転者の安全性と快適性に寄与する。

自動運転の未来

長期目標 – 自律走行

自動車の運転は楽しいが、疲れもするし、危険なときもある。運転者支援システムなどの自動化システムが、困難な走行条件での運転を支援したり、退屈で単調な運転操作から解放してくれる。

最近の傾向として、市場に出回っているシステムの自動化度が高まっていることを指摘できる。この傾向は今後も続いていくと思われる[1]、[2]。

自動化度

ドイツ連邦道路交通研究所（BASt）では、運転機能を自動化度に基づいて下記のカテゴリーに分類している[3]。

支援

運転者が、常に前後または左右方向の操作を行う。運転に必要な残りの操作は、一定の限度内において支援システムが実行する。運転者は、常にこのシステムの監視を行い、いつでも車両の操縦を完全に制御できる用意ができていなければならない。

部分的な自動化

一定の状況または一定の期間、システムが前後および左右方向の操作を行う。運転者は、常にこのシステムの監視を行い、いつでも車両の操縦を完全に制御できる用意ができていなければならない。

高度な自動化

自動化度は「部分的な自動化」と同等であるが、この場合は、運転者が常にこのシステムの監視を行う必要がない。システムが限界に達すると、運転者は一定の時間内に必要な処置を行うように促される。

完全自動化

特定の用途において、車両が自ら走行に必要な一切の操作を行い、運転者はシステムの監視を行う必要はない。システムが限界に達した場合でも、システムは安全な状態を維持し、運転者が介入する必要はない。

自律走行

この開発の論理的延長線上に、運転者の監視を必要とせずに、走行に必要な一切の操作を常時実行可能なシステムが存在する。運転者は単なる乗員に過ぎず、車内での時間を、読書、作業、さらには睡眠など、他の活動に使用することができる。

さらに、運転者が実際に車両に搭乗しなくても、車両が自ら、駐車スペースを探す（「駐車および操車システム」を参照）、車庫に入る、子供を学校に連れて行くことなどができるようになると思われる。そして最後に重要なことであるが、コンピューター制御によるシステムは、人間よりも迅速に反応し信頼性も高いため、交通事故による死亡者数の削減が期待できる。

これは、[3]に記載されているリストの延長に帰着する。自律走行の時代が来るかどうか、その時期はいつかについては、さまざまな意見がある。

自動運転に対する障壁

運転者不要の走行という考え方は、さまざまな研究プロジェクトで数十年も前から追求されてきている[4]。1986年には、Dickmanns博士（ドイツ連邦国防軍大学、ミュンヘン）が、高速道路および主要長距離道路を最高96 km/hで自律走行できる「ロボット自動車」を開発している。また1995年には、このDickmanns博士を中心とするチームが、別の車両を使用して、ミュンヘンからコペンハーゲンまで1,758 kmの距離を、前後左右の運転操作を自動的に行って走行した。全行程の95％を、このシステムを使用して走行することができた。

2004年には、米国国防総省が、DARPAグランドチャレンジを開催した（DARPA＝アメリカ国防高等研究計画局）。これが最初の長距離自律走行競争であった。

2007年に開催されたDARPAアーバンチャレンジでは、自立走行車両は空軍の基地跡地を利用した疑似市内交通において種々の課題を実行することが求められた。

さまざまな研究プロジェクトで示されてきたように、今日では自律走行、少なくとも完全自動化のプロトタイプ車両を製造することが完全に可能である。ただし、このような車両の大量生産が開始される前に、解決しなければならない技術的な障壁と、非技術的な障壁が残っている。

2013年の初頭に、Robert Bosch GmbHは、さまざまな車両メーカーおよび部品供給企業と連携して、自動運転に必要な技術に取り組むことを公表した。

技術的な障壁

技術的な面では、機能的な観点から、周囲環境の検出、状況の把握、およびそれらから導出される対応動作計画が必須である。

周囲環境の検出

周囲環境、つまり車両を取り巻く一切の条件の検出に関しては、人による運転であっても知覚および検出しなければならないことは当然である。これらの条件には、他の道路使用者の検出と、道路、乗り越えることのできない障害物、交通インフラ（路面のマーク、道路標識、信号機など）の検出が含まれる。

状況の把握

最終的な分析による、他の道路使用者および交通警察官の動作の解釈も必要になる。現状では、量産化に近い段階まで開発されたセンサー技術を用いてのすべての条件の信頼性の高い測定に関しても、また量産化に近い段階まで開発されたECUによるこれらの周囲環境センサーより提供されるデータの処理に関しても、いずれもなお克服すべき技術的な限界がある。

対応動作計画

さらなる機能的問題は、適切な動作をリアルタイムに導き出すこと（対応動作計画）である。交通の状況は、特に都市環境では、道路使用者数が莫大で、交通規制や特殊な状況を考慮に入れなければならないため、きわめて複雑である。初期のプロトタイプシステムにおいてもすでに、低速域などの都市交通圏への対処が行われているが、これらのシステムは、まだ一般市販車両には提供されていない。

展望

技術開発における留まることのない進歩（計算能力の向上や強力な学習アルゴリズムなど）によって、これらの機能的障壁は予測可能な将来において克服することができるものと思われる。

機能の信頼性の検証というさらなる技術的障壁に関しては、すぐに実現できるような解決策はまだ存在

しない。完全に自動化された車両というものは、当然のことながら、どのような状況でも、故障や不具合の発生によって、乗員や他の道路使用者を危険にさらすことがあってはならない。したがって故障率が、量産開始のための極めて厳格な要件を満たしている必要がある。これを保証するには、数百万キロメートルの試験走行が必要になるが、現在の状態では経済的に実行可能とはとても思われない。

法的障壁

また、法的な（非技術的）障壁も存在する。これも取り除く必要がある。たとえば、運転者が車両の運転に携わらない完全自動車両による損傷および傷害に対する責任の所在が明らかでない。

法的責任の問題を別にしても、公共交通における高度に完全自動化された運転システムは、目下のところ、多くの国々で合法ではない。2016年の初頭までに、1986年の道路交通に関するウイーン協定に基づいて、ドイツおよび世界中の多くの国々において、「すべての運転者は、常に自己の車両あるいは車両を動かすための動物を制御できなければならない」および「車両の運転者はすべて、あらゆる状況において、義務および適切な取扱いを実行できるように、また、必要な一切の操作を実行できる位置に常に存在していることができるように、自己の車両を制御下におかなければならない」という要件が必須となった。

これは、運転者は、車両の走行および操作に関して、その責任を免れることはできず、少なくとも、自動運転システムの監視を行う必要があることを意味した。以来これが適用されてきたため、現在のところ自動運転用システムは、いつでも運転者が走行を停止できる場合には認められている。

この協定が有効でない国々も存在する。たとえば、米国はこの協定を締結も批准もしていない。ただし、米国は1949年の道路交通に関するジュネーブ協定など、他の取決めや規定によってカバーされている。全体として、世界中の法的事情は非常に一貫性に欠けていると言える。

自律走行への道程

これまでに述べた障壁に関しては、一足飛びに（いつの日にか）自律運転を目指すのではなく、段階的に進める方が賢明である。すなわち、自動化度の低い初期システム、たとえば部分的に自動化されているシステムを大量生産に移していくか、システムに委ねる状況を限定するかである（図1のロードマップを参照）。より簡単に制御下に維持することができる有意義な制限または状況の例として、以下を挙げることができる。

- 高速道路および主要長距離道路での状況－より単純に構造化でき、複雑性が低い環境であるため
- 交通渋滞、駐車および複雑な操車が必要な状況－このような状況が発生するのは一般に低速領域であり、必要なセンサー検出範囲が狭くてよく、最小の停止距離で車両をすぐに停止できるため

もちろん次のセクションで説明する交通渋滞パイロットなどのように、これらの状況の組み合わせも考えられる。

運転支援システムの開発

アダプティブクルーズコントロール（ACC）、車線維持支援システム、駐車アシストなどの運転支援システムは数年前から市場に定着している。また、交通渋滞支援などの部分的に自動化されているシステムも市場で入手することができる。この場合、交通渋滞時の前後および左右方向の操作はシステムによって自動的に行われる。低速時には、運転者はステアリングホイールに手を触れている必要はないが、システムの監視を行って、いつでも介入できるようにしておく必要がある。より高速時にも使用できるシステムは比較的新しい。このシステムは、近い将来にさらなる高速にも対応できるように発展することが期待されている。

高速道路および主要長距離道路での支援には、一般的な高速道路および主要長距離道路における走行速度での前後および左右方向の操作や、自動的に走行車線を変更することが想定され、その例として、ACCと車線維持支援システムを組み合わせたTeslaオートパイロットなどがあるが、最終的な責任は運転者が負わなければならない。したがって、いつでも介入できるように、常にシステムを監視している必要がある。

期待される最初の完全自動システムは、交通渋滞時における車両の運転を完全に請け負う交通渋滞パイロットである。追尾型高速道路および主要長距離道路パイロットを実現するには、緊急時に車両を路肩(緊急停止レーン)に安全に停止させることが可能な、緊急停止機能を備えている必要がある。高速道路および主要長距離道路パイロットは、高速道路および主要長距離道路での支援とは異なり、車両の運転を完全に請け負う。運転者は別の活動を行うことができるが、必要なときは、最大10秒以内にシステムに代わって運転操作を行うことができなければならない。

高速道路および主要長距離道路向け機能に加えて、駐車および操車支援システムも常に自動化度が向上している。駐車スペースに、運転者の監視下で完全自動で車両を駐車させるシステムはすでに実用化されている。一方、まだ開発段階にあるのがバレットパーキングシステムで、これは空いている駐車スペースを探して、車庫や駐車場への格納操作を自動的に行うシステムである。運転者は入口で車両を離れ、出口で再び受け取ることができる(「駐車および操車システム」を参照)。

都市環境では交通の複雑さが最大となるため、自動システムには特に厳格な要件が課される。

長期的目標－完全自動運転

開発の論理的延長線上に、タクシーのように乗員を戸口から戸口へ運ぶことのできる完全自動の車両がある。

このような完全に自動化されたシステムは、すでに開発が進められている。運転者による監視がなく、したがって、人による緊急介入レベルが存在しないため、従来の運転者支援システムとは完全に異なるシステムアーキテクチャーが採用されている。

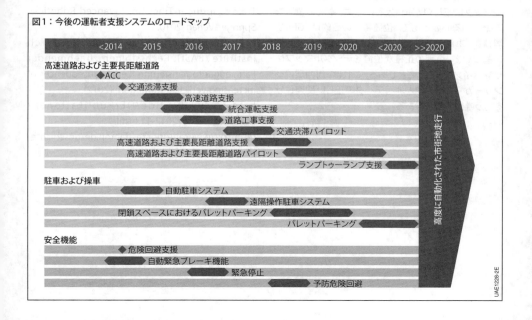

図1：今後の運転者支援システムのロードマップ

1678 運転者支援システム

そのため完全自動システムは、冗長性を備えている必要がある。安全関連システムコンポーネントおよび冗長性を備えたアクチュエーター用のフェイルセーフ電源（パワーステアリングによるステアリングへの介入や非対称ESC介入など）だけでなく、冗長センサーコンセプトが採用されていなければならない。その目的は、これにより個別のセンサーの既知の欠点を埋め合わせることである。たとえば、個別のセンサーとしてのビデオセンサーは、強烈な太陽光によって幻惑される可能性がある。冗長センサーコンセプトは、測定（検出）方式の異なるセンサー（レーダー、ビデオカメラ、ライダーなど）を組み合わせて使用することだけでなく、検出範囲に関しても重複させることをベースにしている。

また、高精度デジタルマップを備えた新しい集中システムコンポーネントが、完全自動システムに導入されている。これは、周囲環境センサーでは検出できない周辺環境（カーブ後方の道路状態など）に関する情報を提供するために必要である。

新しいコンポーネントとしては、対応動作計画システムもある。これは、それまでは人が行っていた戦術的な複雑な操縦計画を代行するシステムである。その一例として、車線変更、車線進入、あるいは追越しの必要性の認識を挙げることができる。

周囲環境センサーから供給されたデータをデジタルマップに正しく関連付けるために、車両の位置を正確に知る必要がある。位置特定の目的は、GPS位置情報、車両の運動データ、および重要な環境特性に基づいて、車両の正確な位置をデジタルマップにピンポイントで示すことである。これは、周囲環境センサーからのデータと地図データの正しい関連付けを行う唯一の方法である。

完全自動システムは、静止している物体と道路上を移動している物体の分別だけでなく、道路使用者間の意思疎通手段（横断歩道を渡っている歩行者の動作や視線の交換、自転車に乗っている人の手信号、警察官や工事関係者によって行われる交通信号など）のすべてを理解して利用することができなければならない。車両と通信インフラ間の通信のための技術的ソリューションはCar2Xとしてすでに存在しているが、道路交通におけるさまざまな身体動作認識のための強力なソリューションに関する研究が尚も続けられている。

このようなシステムの開発は常に進歩している。今後数年の間に、これらのシステムがプロトタイプの状態を抜け出して、日常の生活に広く取り入れられると思われる。

参考文献

[1] H. Winner, S. Hakuli, F. Lotz, C. Singer: Handbuch Fahrerassistenzsysteme – Grundlagen, Komponenten und Systeme für aktive Sicherheit und Komfort. 3rd Ed., Verlag Springer Vieweg, 2015.

[2] M. Buehler, K. Iagnemma, S. Singh: The DARPA Urban Challenge: Autonomous Vehicles in City Traffic (Springer Tracts in Advanced Robotics). Springer-Verlag, 2010.

[3] German Federal Highway Research Institute (BASt): Rechtsfolgen zunehmender Fahrzeugautomatisierung (Legal consequences of increasing vehicle automation) (2012). http://www.bast.de/DE/Publikationen/Foko/2013-2012/2012-11.html.

[4] http://www.autonomes-fahren.de/geschichte-des-autonomen-fahrens/.

技術用語索引

数字、記号

0.2 % 降伏強度、材料特性値　210
1/4 車両モデル、シャーシ　1000
10 進法、数学　164
12 V のスターター用バッテリー　1312
14 V 電気システム　1291
15°テーパービードシートリム、ホイール　1038
16 進法、数学　164
1 液接着剤、接着技術　454
1 次コイル、イグニッションコイル　678
1 バッテリー車両電気システム　1296
1 プランジャー式ラジアルピストンポンプ、
　コモンレール　749
1 枚ガラスの強化ガラス、自動車の窓ガラス　1259
1 リッター当たりの出力、往復動機関　521
2 液混合接着剤、接着技術　453
2 日間の全日テスト、蒸発物テスト　910
2 次空気バルブ、触媒コンバーターの加熱　694
2 次空気噴射、触媒コンバーターの加熱　693
(2 次) 空気ポンプ、触媒コンバーターの加熱　694
2 次コイル、イグニッションコイル　678
2 自由度振動系、シャーシ　1000
2 進法、数学　164
2 ストロークサイクル　484
2 ストロークサイクル、充填サイクル　484
2 線ケーブル、CAN　1459
2 ゾーン式の温度制御機能、空調制御　1579
2 層圧電セラミック、加速度センサー　1533
2 段階λ制御、排気ガス処理　695
2 段階λセンサー　1547
2 段式排気ガス冷却方式　563
2 段制御ターボ過給、複雑な過給システム　602
2 チャンネルシステム、アンチロックブレーキシステム
　1144
2 ディテント能力、ロックシステム　1274
2 灯式ヘッドランプシステム、照明装置　1221
2 バッテリー車両電気システム　1296
2 プランジャー式インラインピストンポンプ、
　コモンレール　752
2 プランジャー式ラジアルピストンポンプ、
　コモンレール　749
2 プレートモデル、潤滑剤　307
2 ポート /2 ポジションソレノイドバルブ、
　ホイールスリップ制御システム　1141
2 モーターワイパー装置、ウインドシールドおよび
　リアウィンドウのワイパー装置　1266
2 輪モデル、ESC　1153
360°全方位視界、駐車および操縦システム　1649
3D 再構成、コンピュータービジョン　1628
3 日間の全日テスト、蒸発物テスト　910
3 元触媒コンバーター、排出ガスの触媒処理　690
3 軸トランスミッション、トランスミッション　795
3 セル限界電流センサー、NOx センサー　1552
3 センサーシステム、アンチロックブレーキシステム
　1144
3 ゾーン式の空調制御システム　1579
3 チャンネルシステム、アンチロックブレーキシステム
　1144
3 つの部分から成る円形断面のキー、摩擦結合　434
3 点式シートベルト、乗員保護システム　1184
3 バレルラジアルピストンポンプ、ガソリン直接噴射
　648
3 プランジャー式ラジアルピストンポンプ、
　コモンレール　747
4b/5b 符号化、シリアルワイヤーリング　1477
4 系統の保護バルブ、ブレーキシステム、商用車
　1111
4 元触媒コンバーター、排出ガスの触媒処理、
　ガソリンエンジン　697
4 ストロークサイクル　482
4 ストロークサイクル、充填サイクル　482
4 ゾーン式空調制御　1579
4 チャンネルシステム、アンチロックブレーキシステム
　1143
4 灯式ヘッドランプシステム　1224
5°テーパービードシートリム、ホイール　1038
5 リンク独立懸架式サスペンション　1033

α 崩壊、元素　142
β 崩壊、元素　142
γ 線放射、元素　142
γ 崩壊、元素　142
λ/4 共振器、排気装置　613
λ 制御、3 元触媒コンバーター　695
λ 制御、排出ガスの触媒処理　695
λ 制御範囲、3 元触媒コンバーター　691
λ 制御ループ、3 元触媒コンバーター　695
λ センサー　1546
λ センサー、電気化学　163
λ の平均値、3 元触媒コンバーター　691
μ スプリット、ホイールスリップ制御システム　1138
Ω 形の窪み、往復動機関　494

A ～ Z

ABSコントローラー、ESC　1154
ABS制御、ホイールスリップ制御システム　1137
ABS制御方式、アンチロックブレーキシステム　1139
ABS制御ループ、アンチロックブレーキシステム　1137
ABSの種別、アンチロックブレーキシステム　1143
Ac1温度、熱処理　284
ACC Stop & Go、アダプティブクルーズコントロール　1656
ACCplus　1656
ACEA規格、潤滑剤　311
Ackフィールド、CAN　1461
ACMEネック、LPG駆動　708
AFS機能、照明装置　1237
AGMバッテリー　1316
AMR効果、電気工学　113
AMRセンサー　1514
AMRセンサー、回転数センサー　1519
AMRセンサー素子、電気工学　113
API分類、トランスミッションオイル　314
API分類等級、エンジンオイル　312
APSMプロセス、マイクロメカニクス　1502
ASICチップ、ECU　1426
Association for Standardization of Automation and Measuring Systems（自動化および計測システム標準化協会）　1431
AT PZEV、CARB規制　870
ATF、潤滑剤　304
Automotive Open System Architecture（自動車用オープンシスエムアーキテクチャ）　1432
AUTOSAR　1432
AUTOSAR規格、電子システムのアーキテクチャー　1493

B6ブリッジ回路、オルタネーター　1357
BCDハイブリッド技術、電子工学　129

CAFE値、CARB規制　869
CAN、自動車内のバスシステム　1458
CAN-FD、フレキシブルデータレートのCAN　1462
CANバス、電子システムのアーキテクチャー　1483
CANプロトコル　1460
Capability Maturity Model Integration（能力成熟度モデル統合）、自動車におけるソフトウェアエンジニアリング　1436
CARB規制、排出ガス規制　866

CCD画像センサー、ビデオセンサー　1568
CFV法、排出ガス測定方法　902
Chemical vapor deposition、被覆とコーティング　302
CISCプロセッサー、ECU　1421
CMOS画像センサー、ビデオセンサー　1570
CMOSトランジスター、電子工学　128
CO_2レーザー、レーザー溶接法　451
CO_2、冷媒　350
CO_2削減のための作動戦略、ハイブリッドドライブ　831
CO_2の排出、EU規制　877
CODプロセス、ディーゼル燃料　340
Controllo Stabilita e Trazione（スタビリティおよびトラクションコントロール）、走行ダイナミクス制御システム　1163
CRCフィールド、CAN　1461
CTSシステム、ホイール　1038, 1047
CVDコーティング、被覆とコーティング　302
CVOプロセス、高圧フューエルインジェクター　666
CVS希釈法、排出ガス測定方法　901

Data_0、FlexRay　1463
Data_1、FlexRay　1463
DC/DCコンバーター、燃料電池　863
DCリレー用材料　244
DCリンクコンデンサー、高電圧車両電気システム　1305
DCリンク電圧、高電圧車両電気システム　1305
diamond-like carbon、被覆とコーティング　302
DISHネック、LPG駆動　708
DIモトロニック　621
DIモトロニック、希薄燃焼コンセプト　624
DIモトロニック、均質作動　623
DLCコーティング、被覆とコーティング　302
Dominant状態、CAN　1458
DRIEプロセス、マイクロメカニクス　1501
Dynamic Stability and Traction Control（ダイナミックスタビリティ・トラクションコントロール）、走行ダイナミクス制御システム　1163
Dynamic Stability Control（ダイナミックスタビリティコントロール）、走行ダイナミクス制御システム　1163

E/Eアーキテクチャー、電子システムのアーキテクチャー　1483, 1490
E/Eアーキテクチャーのモデル、電子システムのアーキテクチャー　1490

1682 付録

E/Eアーキテクチャーブロック、電子システムの
　アーキテクチャー　1487
eCall、パッシブセーフティ　1179
ECU診断　928
ECUソフトウェア、電子ディーゼル制御（EDC）　724
ECUネットワーク、自動車におけるソフトウェア
　エンジニアリング　1440
EEPROM、半導体メモリー　1424
EFBバッテリー、スターター用バッテリー　1317
EGRクーラー、排気ガス再循環　492
EGRクーラー、排気ガスの冷却　562
Electronic horizon　1657
EMC指向開発、電磁両立性　1388
EMCシミュレーション、電磁両立性　1393
EMC仕様書、電磁両立性　1389
EMCの開発、電磁両立性　1388
EMCの検証、電磁両立性　1389
EMCの試験方法、電磁両立性　1390
EMCの測定方法、電磁両立性　1389
EMC要件書、電磁両立性　1388
EMC要件分析、電磁両立性　1388
Emission Information Report（排出ガス情報報告）、
　CARB規制　870
Emissions Warranty Information Report（排出ガス
　保証情報報告）、CARB規制　870
EOBD、車載診断システム　917
EOLプログラミング、ECU　1426
EPA OBD、車載診断システム　917
EPA規制、排出ガス規制　871
EPROM、半導体メモリー　1424
EP潤滑剤　304
ESI[tronic]　1412
ETN表記、スターター用バッテリー　1315
EU/ECE規制、モーターサイクルの排出ガス規制
　895
EU規制、排出ガス規制　873
EUタイヤラベル　1065
(EUの)排出物規制値、排出ガス規制、大型商用車
　887
E-modulus（弾性係数）、材料特性値　210
e-フューエル、燃料　343

FEMの例、有限要素法　197
FEMプログラムシステム、有限要素法　194
Field Information Report（実地情報報告）、
　CARB規制　870
FlexRay Consortium（FlexRayコンソーシアム）
　1432

FlexRay、自動車内のバスシステム　1463
FMCW変調、レーダーセンサー　1561
FMCWレーダー　1561
FTP 72テストサイクル、米国のテストサイクル　882
FTP 75テストサイクル、米国のテストサイクル　880

GC FID、排出ガス測定方法　905
GIDAS、運転者支援システム　1617
GMR効果、電気工学　116
GMRセンサー　1517
GMRセンサー、回転数センサー　1519
GMRセンサー、電気工学　116
GPS衛星測位システム　1632
Gスーパーチャージャー、機械式スーパーチャージャー
　592

HCCI燃焼プロセス、ディーゼルエンジン　480
HCIシステム、排気ガス処理、ディーゼルエンジン
　774
HCの吸着、吸気システム　576
HDDTC（サイクル）、排出ガス規制、大型商用車　886
HHブレーキ回路構成、アンチロックブレーキシステム
　1143
HIブレーキ回路構成、アンチロックブレーキシステム
　1143
HTHS粘度、潤滑剤　308
HV車両電気システム、ハイブリッドおよび電気自動車
　1305
HVバッテリー、ハイブリッドおよび電気自動車用の
　車両電気システム　1305
Hポイント、車両のボディ（乗用車）　1196

iBolt、乗員保護システム　1188
iBoltセンサー、フォースセンサー　1545
iBooster、乗用車ブレーキシステム　1098
ICの試験方法、電磁両立性　1390
Ident Field、LIN　1467
Idle、FlexRay　1463
Idle_LP、FlexRay　1463
IDフィールド、LIN　1467
IGBT、電子工学　126
IIブレーキ回路構成、アンチロックブレーキシステム
　1143
ILSAC、潤滑剤　313
In-the-Loopテスト　1439
In-the-Loopテストシステム、自動車における
　ソフトウェアエンジニアリング　1445
IRHD（国際ゴム硬さ）、エラストマー材料　418

技術用語索引 **1683**

IR分光法、化学結合　147
ISO公差系、許容差　353
ISO粘度等級、潤滑剤　309
ISOメートルねじ、ねじ締結部品　443

Japan Automotive Software Platform and
　Architecture（日本の自動車用オープンシスエム
　アーキテクチャ）　1432
JC08テストサイクル、日本のテストサイクル　885
JE05テストサイクル、排出ガス規制、大型商用車
　893

Kamm円、タイヤ　1056

LED、照明装置　1220
LEDストップランプ、照明装置　1249
LEDヘッドランプ、照明装置　1238
LEDロービーム ヘッドランプ　1239
Lehr減衰係数、加速度センサー　1531
LEV、CARB規制　867
LIN、自動車内のバスシステム　1466
LIN記述ファイル　1468
LINプロトコル　1467
LPG駆動、代替燃料火花点火機関　702
LPG直接噴射、LPG駆動　705
LPGの貯蔵　703
LPGフィラーネック、LPG駆動　708
LPG噴射、LPG駆動　702, 704
LSGガラス、自動車の窓ガラス　1259

（MAG）溶接法、溶接技術　450
MEモトロニック　621, 622
（MIG）溶接法、溶接技術　450
MNEDC、欧州のテストモード　882
MOST 150　1473
MOST 25　1473
MOST 50　1473
MOST、自動車内のバスシステム　1473
MOSTアプリケーションレイヤー　1475
MOSTフレーム構造　1474
MOSコンデンサー、ビデオセンサー　1568
MOS電界効果トランジスター、電子工学　126
Motor Industry Software Reliability Association
　（自動車産業ソフトウェア信頼性協会）　1432
M+S、タイヤの呼び　1064
Mモトロニック、火花点火機関（SIエンジン）の制御
　621

NCAPの評価、緊急ブレーキシステム　1667
NCAP評価、歩行者のアクティブ保護　1672
NDIR分析計、排出ガス測定方法　903
NDUV分析計、排出ガス測定方法　906
NdYAGレーザー、レーザー溶接法　451
NLGI等級、グリース　316
NMOSトランジスター、電子工学　128
NOx吸蔵、NOx吸蔵型触媒コンバーター　691
NOx吸蔵型触媒コンバーター、排出ガスの触媒処理
　691
NOx吸着触媒コンバーター、排気ガス処理、
　ディーゼルエンジン　776
NOx削減のための作動戦略、ハイブリッドドライブ
　830
NOxセンサー　1552
NRZプロセス、自動車内のバスシステム　1458
NSC再生、排気ガス処理、ディーゼルエンジン　776
NSC法、排気ガス処理、ディーゼルエンジン　776
NTC、温度センサー　1540
NTCサーミスター　1540

OATラジエーター保護剤、冷却液　321
OBD I、車載診断システム　914
OBD II、車載診断システム　914
OBDの機能、車載診断システム　920
OBD排出ガスしきい値、車載診断システム　916
OLED、電子工学　123
OLED、表示と操作　1602
OSI参照モデル、バスシステム　1451
Oリング、シール　384

PAXシステム、ホイール　1047
PDP法、排出ガス測定方法　902
Peripheral Sensor Interface 5、自動車内のバス
　システム　1471
PESヘッドランプ、照明装置　1232
physical vapor deposition、被覆とコーティング
　302
pH値、化学　155
pH値、強酸　157
pH値、弱酸　157
physical vapor deposition、被覆とコーティング
　302
PK形状、ベルト駆動装置　540
PMOSトランジスター、電子工学　128
PN PEMS、排出ガス測定方法　906
pn接合、半導体　119
PSI5、自動車内のバスシステム　1471

PTC、温度センサー　1540
PTC サーミスター　1540
PTFE、潤滑剤　307
PVD コーティング、被覆とコーティング　302
PWM インバーター、ハイブリッドおよび電気自動車用の車両電気システム　1305
PWM 信号、ECU　1427
PZEV、CARB 規制　870
p 分位値、技術統計　187

Q 値、振動　49

R12、冷媒　349
R1234yf、冷媒　350
R134a、空調制御　1582
R134a、冷媒　349
Radio Data System (ラジオデータシステム)、交通テレマチック　1613
RAM、半導体メモリー　1424
RDE 試験、欧州のテストモード　884
RDS/TMC 規格、交通テレマチック　1613
Recessive 状態、CAN　1458
RE ガス、天然ガス駆動のエンジン　710
RFID トランスポンダー、車両イモビライザー　1285
RISC プロセッサー、ECU　1422
R-1234yf、空調制御　1582
R-744、空調制御　1582

SAE 粘度等級、潤滑剤　313
SC03 サイクル、米国のテストサイクル　882
SCR 法、排気ガス処理、ディーゼルエンジン　776
SFTP サイクル、米国のテストサイクル　881
SHARX、受信機　1612
SHED、蒸発物テスト　909
SI 基本単位　24
SI 単位　24
SI 派生単位　26
SOC 範囲、高電圧バッテリー　1308
Software Process Improvement and Capability Determination (ソフトウェアプロセスの改善と能力の決定)、自動車におけるソフトウェアエンジニアリング　1437
Structure from motion (SfM)、コンピュータービジョン　1631
SULEV、CARB 規制　867
Synch Break、LIN　1467
Synch Field、LIN　1467

S カム付きリーディングトレーリング式ブレーキ、ドラムブレーキ　1134

TCS、乗用車のエンジン制御介入、トラクションコントロールシステム　1144
TCS、商用車のエンジン制御介入、トラクションコントロールシステム　1147
TCS 制御、ホイールスリップ制御システム　1140
TCS バルブ、トラクションコントロールシステム　1147
TDC からピストン上面までの距離、往復動機関　530
TEM セル、電磁両立性　1391
TEM 導波管、電磁両立性　1391
Tier 2、EPA 規制　872
Tier 3、EPA 規制　872
TPEG 規格、交通テレマチック　1613
Traffic Message Channel (交通情報チャンネル)、交通テレマチック　1613
Transport Protocol Experts Group、交通テレマチック　1613
TRX リム、ホイール　1046
TSG ガラス、自動車の窓ガラス　1259
Turcon PTFE ロータリーシール、タイヤ空気圧制御　1070
Turcon Roto L、タイヤ空気圧制御　1070

ULEV、CARB 規制　867
US06 サイクル、米国のテストサイクル　882
US シールドビーム、照明装置　1221
UV/VIS 分光法、化学結合　147

Vehicle Distributed Executive (VDX) (自動車における分散実行)　1432
Vehicle Stability Assist (ビークルスタビリティアシスト)、走行ダイナミクス制御システム　1163
Vehicle Stability Control (ビークルスタビリティコントロール)、走行ダイナミクス制御システム　1163
VGA (解像度)、ナイトビジョンシステム　1636
VR エンジン、往復動機関　508
V 型エンジン、往復動機関　508
V 字プーリー、トランスミッション　800
V 継手ろう付け　453
V ベルト、ベルト駆動装置　538
V モデル、自動車におけるソフトウェアエンジニアリング　1434
V モデル、メカトロニクス　1575

WLTC、欧州のテストモード　883

技術用語索引 **1685**

W型エンジン、往復動機関　508
W型の窪み、往復動機関　494

X線回折、元素　144
X線光電子分光法、元素　144
Xブレーキ回路構成、アンチロックブレーキシステム　1143

ZEV、CARB規制　869

あ

アーク（バルブの）、照明装置　1232
アービトレーション、CAN　1460, 1461
アービトレーション、FlexRay　1465
アービトレーション、バスシステム　1453
アービトレーションスキーム、CAN　1460
アービトレーションフィールド、CAN　1461
アービトレーションプロセス、イーサネット　1470
アーマチュアコイル、オルタネーター　1355
アームウィンドウリフト、パワーウィンドウ　1590
合図灯、照明装置　1243
アイデンティフィケーションランプ、照明装置　1247
アイドラープーリー、ベルト駆動装置　542
アイドリング回転数の上昇、触媒コンバーターの加熱　693
アウターケーシング、ラジアルシャフトシール　397
アウターロック、ロックシステム　1275
アウトレットバルブ、ESC　1162
アウトレットバルブ、アンチロックブレーキシステム　1142
アウトレットリストリクター（流出オリフィス）、ピエゾインラインインジェクター　744
亜鉛被膜、被覆とコーティング　298
亜鉛ラメラ被覆、被覆とコーティング　300
アキシャルプランジャー分配型ポンプ　758
アキュムレーターチャンバー、アンチロックブレーキシステム　1141
アクスル、アクスルおよびシャフト　357
アクスルスプリット式パラレルハイブリッド、ハイブリッドドライブ　826
アクスルセンサー　1511
アクスルハイブリッド、ハイブリッドドライブ　816
アクセス許可、ロックシステム　1273
アクセス方法、バスシステム　1453
アクセルペダルセンサー　1505, 1511
アクチュエーターの冗長コンセプト、電子システムのアーキテクチャー　1490

アクチュエーターモジュール、ピエゾインラインインジェクター　743
アクティブサウンド、自動車の音響学　994
アクティブ車両シャーシ　1015
アクティブスター型、バスシステム　1455
アクティブステアリング、ステアリング　1080
アクティブ制御、ESC　1161
アクティブセーフティ、車両のボディ、商用車　1216
アクティブセーフティ機能、運転者支援システム　1619
アクティブマトリックスLCD、表示と操作　1601
悪天候ライト、照明装置　1238
アクリレート接着剤、接着技術　455
アジャスタブルショックアブソーバー　1020
亜硝酸ガス、排気ガス　535
アダプティブクルーズコントロール　1652
アダプティブショックアブソーバー　1022
アダプティブテールランプ、照明装置　1250
アダプティブ配光パターン、コーナリングヘッドランプ　1237
アダプティブプレッシャーコントロール、電子式トランスミッション制御　806
アダプティブ油圧式アブソーバー　1020
アダプティブリアライティングシステム、照明装置　1251
新しい混合気、シリンダーへの充填　628
アッカーマン条件、ステアリング　1073
圧環強度、材料特性値　212
圧縮、プラスチック　272
圧縮圧開放式エンジンブレーキ、補助ブレーキ　1122
圧縮運動、ホイールサスペンション　1027
圧縮永久ひずみ、エラストマー材料　416
圧縮応力、力学　44
圧縮応力緩和、エラストマー材料　416
圧縮側、ショックアブソーバー　1022
圧縮降伏点、材料特性値　212
圧縮した状態で貯蔵、天然ガス駆動のエンジン　710
圧縮天然ガス、天然ガス　341
圧縮天然ガス、天然ガス駆動のエンジン　710
圧縮端圧力、往復動機関　533
圧縮端温度、往復動機関　533
圧縮ばね、ばね　365
圧縮比、往復動機関　524
圧縮比、熱力学　85
圧縮率、ブレーキフルード　322
圧送潤滑方式、エンジンの潤滑　568
圧送潤滑方式、往復動機関　506

1686 付録

圧着処理、プラグインコネクター　1383
圧電加速度センサー　1533
圧電効果、加速度センサー　1532
圧入圧力、摩擦結合　430
厚膜抵抗器、温度センサー　1542
圧力支援、ユニットインジェクター　755
圧力制御バルブ、ガソリン直接噴射　649
圧力制御バルブ、低圧ディーゼル燃料供給　730
圧力制御バルブ、トラクションコントロールシステム　1146
圧力制御バルブ、燃料供給と燃料配分、ガソリン直接噴射　638
圧力制御モジュール　714
圧力制御モジュール、電子制御式ブレーキシステム　1121
圧力制御モジュール、天然ガス駆動のエンジン　714
圧力センサー　1536
圧力増加比、熱力学　85
圧力立上り時間、ブレーキ　1089
圧力調整器、ブレーキシステム、商用車　1110
圧力で示されるサイクル出力、熱機関　462
圧力の上昇、ガソリンエンジン　469
圧力の制御、コモンレール　736
圧力の生成、コモンレール　736
圧力波スーパーチャージャー、ターボチャージャーとスーパーチャージャー　592
圧力ばめ、摩擦結合　428
圧力比、熱力学　87
圧力負荷ボールバルブ、ソレノイドバルブインジェクター　740
圧力補正バルブ、ソレノイドバルブインジェクター　740
圧力モジュレーター、電気油圧式ブレーキ　1105
圧力容器、流体力学　76
アドバンストロールオーバーセンシング、乗員保護システム　1183
アドレス指定、MOST　1475
アドレス指定、シリアルワイヤーリング　1478
アドレス指定、バスシステム　1454
アドレス指定タイプ、バスシステム　1455
穴端面での圧力、力学　43
穴はめあい方式、公差　353
アナログインターフェース、ECU　1427
アナログ-デジタルコンバーター、ECU　1427
アニオン、化学結合　144
アニオン、電気化学　158
アネルギー、熱力学　84
油ー水熱交換器、エンジンの潤滑　571

アプリケーションソフトウェア、自動車におけるソフトウェアエンジニアリング　1431, 1432
アボガドロ数、物質の濃度　150
（アルカリ）エッチング、マイクロメカニクス　1501
アルコール駆動のエンジン、代替燃料火花点火機関　716
アルゴリズムをモニタリング、診断　912
アルミニウム、車両のボディ（乗用車）　1200
アルミニウム板ホイール　1043
アルミニウム合金、非鉄金属　227
アルミニウム鍛造ホイール　1043
アルミニウム鋳造ホイール　1043
アルミニウムの標示法、金属材料関連のEN規格　239
アルミニウムホイール　1043
合せガラス、自動車の窓ガラス　1259
合せガラスのサンルーフ用ガラス　1261
アンギュラ玉軸受、転がり軸受　376
安全ガイド、吸気システム　588
安全機能、ESC、商用車　1167
安全機能、ロックシステム　1280
安全距離、自動車の力学　950
安全性、車両のボディ（乗用車）　1203
安全設計、電子式トランスミッション制御　806
安全要件、駆動用バッテリー　1326
安全ラビリンスカバー、スターター用バッテリー　1316
アンダーステア、シャーシ　1013
アンチフリクションコーティング、潤滑剤　305
アンチモン、スターター用バッテリー　1313
アンチロックブレーキシステム、ホイールスリップ制御システム　1137
アンテナ、電気工学　109
アンテナ係数、電気工学　110
アンテナ指向特性、電気工学　110
アンテナシステム、レーダーセンサー　1562
アンテナ利得（ゲイン）、電気工学　110
暗電流管理、電気エネルギー管理　1301
暗電流消費電装品　1293
アンバランス、ホイール　1048
アンペア、SI単位　25
アンペアの法則、電気工学　107
アンモニア、排気ガス処理、ディーゼルエンジン　777
アンモニアの放出、排気ガス処理、ディーゼルエンジン　779

い

イーサネット、自動車内のバスシステム　1469
イーサネットプロトコル　1470
イージーエントリー、電動調整式シート　1594
イージーチェンジオイルフィルター、エンジンの潤滑
　569
硫黄酸化物、排気ガス　535
硫黄分、燃料　327
イオン結合、化学結合　144
イオン性化合物、化学結合　145
イオン積、水中の酸　155
イオン電流測定手順、スパークプラグ　684
イグニッション、イグニッション　678
イグニッションコイル、イグニッション　678
イグニッションシステム、イグニッション　676
イグニッションシステム、モトロニック　619
移行時間、自動車の力学　949
異常、水　149
位相図、コンデンサー　99
位相ロックループ、レーダーセンサー　1561
イソブテンイソプレンゴム、エラストマー素材　413
板ガラス、自動車の窓ガラス　1258
板ばね、ばね　362
位置決め、GPS　1632
位置決め、自動車のナビゲーション　1632
位置検知、電動調整式シート　1594
位置公差、公差　354
一次反応、反応動力学　153
位置制御式センサー　1531
位置センサー　1504
位置測定、技術統計　187
位置測定方式、加速度センサー　1530
位置パラメーター、技術統計　187
位置ベクトル、コンピュータービジョン　1625
一括消費率、CARB規制　869
一括消費率、EPA規制　873
一括燃料消費率、日本の規制　879
一酸化炭素、排気ガス　535
一酸化窒素、排気ガス　535
一体型ボディ、車両のボディ、商用車　1215
一般公差、公差　354
一般道ビーム、照明装置　1238
移動法、二成分のシール　408
イニシエーター、CAN　1461
イベントデータレコーダー、パッシブセーフティ
　1179
異方性エッチング、マイクロメカニクス　1501

異方性磁気抵抗効果、位置センサー　1514
異方性磁気抵抗効果、電気工学　113
イメージャー、ビデオセンサー　1568
イモビライザー、車両のセキュリティーシステム
　1284
イモビライザー ECU、車両イモビライザー　1285
イモビライザーネットワーク、車両イモビライザー
　1285
引火点　304
引火点、ディーゼル燃料　334
陰極還元反応、腐食のプロセス　290
陰極格子、スターター用バッテリー　1313
陰極析出、被覆とコーティング　300
陰極板、スターター用バッテリー　1312
陰極防食、腐食防止　295
インジェクションオリフィスの位置、高圧フューエル
　インジェクター　666
インジェクションオリフィスプレート、マニホールド
　噴射用フューエルインジェクター　663
インジェクター、コモンレール　739
インジェクターの種類、ソレノイドバルブ
　インジェクター　740
インストルメントクラスター、表示と操作　1598
インターカレーション電極、電気化学　161
インタークーラー（過給気の冷却）、エンジン冷却
　システム　561
インタークーラーコア、インタークーラー（過給気の
　冷却）561
インターナルギヤ式ポンプ、電動フューエルポンプ
　644
インターミディエイトヒーティング、予熱システム765
インターロック効果、タイヤのグリップ　1057
インダクター、オルタネーター　1355
インダクタンス、電気工学　106
インテークマニホールド、吸気システム　581
インテリジェントオルタネーターの制御機能、
　オルタネーター　1360
「インテリジェント」センサー　1500
インテリジェントな熱管理、エンジン冷却システム
　567
インテリジェントベント、乗員保護システム　1186
インドの規制、モーターサイクルの排出ガス規制
　897
インナーライナー、ラジアルタイヤ　1051
インナーロック、ロックシステム　1275
インバーター、電動機　844
インピーダンス分光、腐食試験　292
インフォテインメントバス、MOST　1473

インペラー、流体トルクコンバーター 788
インボリュート歯、トランスミッション 791
インラインフィルター、ガソリンフィルター 641
インラインフィルター、ディーゼルフィルター 732
インレットバルブ、ESC 1161
インレットバルブ、アンチロックブレーキシステム 1141
インレットリストリクター、ソレノイドバルブインジェクター 739
インレットリストリクター（流入りオリフィス）、ピエゾインラインインジェクター 744

う

ウィーン協定、自動運転の未来 1676
ウイット管用ねじ、ねじ結合部品 444
ウイングレット、EGRクーラー 562
ウィンドウガラス、自動車の窓ガラス 1258
ウィンドウ駆動装置、パワーウィンドウ 1590
ウィンドウバッグ、乗員保護システム 1187
ウインドガス、天然ガス駆動のエンジン 710
ウインドシールド、リアウィンドウ、ヘッドランプのワイパー／ウォッシャー装置 1264
ウインドシールドおよびリアウィンドウのウォッシャー装置 1271
ウインドシールドとリアウィンドウのワイパー／ウォッシャー装置 1264
ウインドシールドのワイパー装置 1264
ウインドデフレクター 981
ウインドデフレクター、空力学 980
ウェイクアップ、FlexRay 1466
ウェイクアップ、LIN 1469
ウェイストゲート、排気ガスターボチャージャー 599
ウェーバ、SI派生単位 26
ヴェーラー（疲労）試験、材料特性値 211
ヴェーラー曲線、材料特性値 211
ウェッジ作動式ブレーキ、ドラムブレーキ 1134
ウエットグリップ、タイヤラベル 1066
ウエットサンプ潤滑方式、往復動機関 506
ウエット沸点、ブレーキフルード 323
ウエハーボンディング、マイクロメカニクス 1503
ウォークエラー補正、ライダーセンサー 1565
ウォータージャケット、往復動機関 507
ウォーターポンプ、往復動機関 496
ウォーターマネジメント、燃料電池 861
ウォームアップサイクル、車載診断システム 919
ウォッシュコート、触媒コンバーター 690
受入れチェック、CAN 1460
渦電流センサー 1506

渦電流損失、電気工学 103
渦電流損失、電動機 855
渦電流ブレーキ、補助ブレーキ 1124
うず巻きばね、ばね 363
薄膜金属抵抗器、温度センサー 1541
内側ディスク、トランスミッション 794
打ち抜きクリンチング、打ち抜きクリンチングプロセス 457
打ち抜きクリンチング工程、分離できない結合 457
打ち延ばし加工金属格子、スターター用バッテリー 1312
うなり（ビート）、振動 49
運転支援システムの開発、自動運転の未来 1676
運転時損失、蒸発ガステスト 910
運転者サポート、運転者支援システム 1618
運転者支援システム 1616
運転者の負担 1172
運転者への警告、車線アシスト 1659
運転性能への影響因子、電動機 849
運転操作、ESC装備／ESC非装備 1150
運動エネルギー、熱力学 79
運動エネルギー、力学 39
運動学、基本概念、自動車技術 930
運動学、ホイールサスペンション 1026
運動感覚チャンネル、表示と操作 1597
運動量保存、力学 41

え

エーテル、燃料 344
エアガイド燃焼プロセス、ガソリン直接噴射 661
エアコンディショナーユニット 1578
エアサスペンション、シャーシ 1017
エアサスペンションシステム、シャーシ 1016
エアシステム、モトロニック 619
エアスプリング、シャーシ 1008
エアダクト、吸気システム 573
エアドライヤー、ブレーキシステム、商用車 1110
エアバッグ、乗員保護システム 1185
エアヒーター、補助ヒーターシステム 1584
エアフィルター、吸気システム 587
エアフィルターエレメント、吸気システム 573
エアベルト、乗員保護システム 1187
エアベント、空調制御 1579
エアリザーバー、ブレーキシステム、商用車 1106
エアロゾル、物質 148
エアロワイパーブレード、ウインドシールドおよびリアウィンドウのクリーニングシステム 1270
永久機関、熱力学 80

技術用語索引 **1689**

永久磁石材料　249
永久磁石材料、電気工学　102
永久透磁率、材料特性値　209
液圧式中空ジャケット付き弾性コレット、摩擦結合　432
液化LPGインジェクター、LPG駆動　707
液化LPG噴射、LPG駆動　705
液化LPGを直接噴射、LPG駆動　705
液化石油ガス　342
液化石油ガス、LPG駆動　702
液化石油ガス、代替燃料火花点火機関　702
液化石油ガス、燃料　342
液化天然ガス、天然ガス　341
液化天然ガス、天然ガス駆動のエンジン　710
液晶ディスプレイ、表示と操作　1601
エキゾーストフラップ、補助ブレーキ　1122
エキゾーストマニホールド、排気装置　608
液体燃料、特性　345
液体冷却式オルタネーター、オルタネーター　1367
液滴の気化、ガソリンエンジン　466
液滴の形成、ガソリンエンジン　466
エクスパンションバルブ、空調制御システム　1581
エクスパンションリザーバー、乗用車ブレーキ
　システム　1101
エクセルギー、熱力学　84
エコー探深法、駐車および操縦システム　1643
エタノール、アルコールでの作動　717
エタノール含有量、ガソリン　329
エチレンアクリルゴム、エラストマー素材　414
エチレンプロピレンジエンゴム、エラストマー素材
　414
エッフェル型、風洞　982
エネルギー、法定単位　29
エネルギー、力学　39
エネルギーアシステッドブレーキ　1087
エネルギー供給装置、ブレーキシステム　1086
エネルギー準位図、元素周期表　141
エネルギーセービングシステム、ブレーキシステム、
　商用車　1110
エネルギー帯、化学結合　146
エネルギー貯蔵装置、ブレーキシステム、商用車
　1112
エネルギー貯蔵量、ブレーキシステム、商用車　1109
エネルギーの形態、熱力学　79
エネルギー保存、力学　41
エネルギー保存の法則、力学　41
エバポレーター、LPG駆動　708
エバポレーター、空調制御システム　1581

エピクロロヒドリンゴム、エラストマー素材　414
エピタキシー、電子工学　137
エピポーラ面、コンピュータービジョン　1629
エピポール、コンピュータービジョン　1629
エピポリ層、マイクロメカニクス　1502
エポキシ樹脂、プラスチック　269
エポキシ接着剤、接着技術　454
エポキシド、プラスチック　275
エラーおよび故障の検知、診断　913
エラーおよび故障の取扱い、診断　913
エラーおよび故障の保存、診断　913
エラー検出、CAN　1462
エラー処理、CAN　1462
エラストマー、特性　268
エラストマー、プラスチック　266
エラストマー、名称　267
エラストマー・金属平面シール、シール　393
エラストマー素材、シール　413
エラストマーマウント、シャーシ　1006
エリア情報、交通テレマチック　1614
エレクトロクロミックガラス、自動車の窓ガラス
　1262
エレクトロニックスタビリティコントロール（ESC）、
　走行ダイナミクス制御システム　1148
エレクトロニックスタビリティプログラム　1148
エレクトロニックスタビリティプログラム、走行ダイナ
　ミクス制御システム　1148
遠隔溶接、溶接技術　451
塩基解離定数、水中の塩基　155
遠距離レーダー、レーダーセンサー　1563
円形キー継手、摩擦結合　434
演算ユニット、マイクロコンピューター　1422
エンジンオイル（エンジン潤滑油）、潤滑剤　310
エンジンオイル温度センサー　1543
エンジン音響学　991
エンジンからの排気ガスの成分、排気ガス　534
遠心式スーパーチャージャー、機械式スーパー
　チャージャー　590
エンジン出力、往復動機関　523
エンジン制御システム、火花点火機関（SIエンジン）
　616
エンジン調整、モトロニック　620
エンジンテストベンチ、排出ガス測定方法　900
エンジン内部での汚染物質を取り除く対策、
　ディーゼルエンジン　479
エンジンの円滑な回転のための制御、コモンレール
　738

エンジンの吸気ろ過装置 (エアフィルター)、
　吸気システム　573
エンジンの潤滑、内燃機関　568
エンジンの等燃料消費量曲線図、自動車の力学
　953
エンジンの配置、従来のドライブトレイン　783
エンジン部分作動、シリンダーシャットオフ　634
エンジンフライホイールのリングギヤ、始動装置
　1368
遠心振り子式アブソーバー、従来のドライブトレイン
　785
エンジンブレーキトルク制御　1149
エンジンブレーキトルク制御、ホイールスリップ制御
　システム　1140
エンジンブレーキのトルク、ハイブリッドドライブ
　823
遠心力、力学　38
エンジン冷却システム　554
円錐型スプレー、マニホールド噴射用フューエル
　インジェクター　663
円錐型のスプレー、マニホールド噴射用フューエル
　インジェクター　663
円錐形シールシート、スパークプラグ　683
円錐ころ軸受、転がり軸受　376
延性、材料特性値　211
遠赤外線システム、ナイトビジョンシステム　1636
エンタルピー、化学熱力学　151
エンタルピー、熱力学　80
延長ハンプ、ホイール　1036
円筒型フィルター、吸気システム　588
円筒形締まりばめ、摩擦結合　428
円筒ころ軸受、転がり軸受　376
円筒座標、数学　172
エンドカバー、電動フューエルポンプ　643
エントロピー、化学熱力学　152
エントロピー、熱力学　80
円の伸開線、トランスミッション　791
エンハンスメント型、電界効果トランジスター　127
エンベロープセパレーター、スターター用バッテリー
　1310
円偏光、波動光学　65
沿面火花放電 (サーフェスギャップ) コンセプト、
　スパークプラグ　686

お

オージェ過程、元素　143
オージェ電子分光分析、元素　143
オーステナイト、鋼　222

オーステナイト組織、鋼　222
オーステンパ、熱処理　284
オートマチックトランスミッションフルード、潤滑剤
　304
オートマチックプラネタリートランスミッション、
　トランスミッション　799
オーバーステア、シャーシ　1013
オーバードライブ比、従来のドライブトレイン　783
オーバーフロータイプ、燃料供給、火花点火 (SI)
　エンジン　651
オーバーフローバルブ、4系統の保護バルブ　1111
オーバーフローバルブ、高圧ポンプ、コモンレール
　750
オーバーフローバルブ、低圧ディーゼル燃料供給
　730
オーバーヘッドバケットタペット方式、往復動機関
　504
オーバーライドクラッチ、始動装置　1373
オーバーラップ上死点、充填サイクル　482
オーバーランニングクラッチ、始動装置　1373
オープンデッキ、往復動機関　500
オーム、SI派生単位　26
オーム抵抗、電気工学　97
オームの法則、電気工学　97
追越し (追抜き)、自動車の力学　950
追越し距離、自動車の力学　950
オイラーの公式、数学　171
オイラーのロープ摩擦の公式、力学　46
オイルクーラー、往復動機関　506
オイルクーラー機能　500
オイル交換間隔、エンジンの潤滑　588
オイルの供給、往復動機関　506
オイルの冷却、エンジン冷却システム　563
オイルパン、往復動機関　500
オイルフィルター、エンジンの潤滑　569
オイルフィルター、往復動機関　496
オイルフィルターハウジング、エンジンの潤滑　569
オイルポンプ、往復動機関　496, 506
オイルポンプハウジング、往復動機関　500
オイルリザーバー、往復動機関　506
オイル流動、潤滑剤　305
オイル流量、ショックアブソーバー　1018
欧州型式番号、スターター用バッテリー　1315
欧州過渡サイクル、排出ガス規制、大型商用車　892
欧州定常状態サイクル、排出ガス規制、大型商用車
　890
欧州のテストモード、排出ガス規制　882
横転軽減機能、ESC　1157

技術用語索引 **1691**

横転の危険、ESC　1157
横転の限界、ESC　1165
横転防止機能、ESC　1157
応答計算、モード解析　53
応答モデル、緊急ブレーキシステム　1666
応答モデル、死角アシスト　1663
応答モデル、車線変更アシスト　1663
応答モデル、モード解析　53
往復動機関　494
往復動機関の種類　508
応力緩和挙動、プラスチック　259
応力亀裂の形成、プラスチック　260
応力除去焼なまし、熱処理　285
応力値、エラストマー材料　419
応力ひずみ曲線、材料特性値　210
応力腐食割れ、腐食の種類　291
凹レンズ、幾何光学　64
大型サンルーフ、サンルーフ　1592
大型商用車に対する排出ガス規制　885
大型商用車向けOBD要件　923
大型フルトレーラー連結車、車両のボディ、商用車　1208
大型ロング車、車両のボディ、商用車　1213
オキシメチレンエーテル、燃料　344
オクターブ帯域スペクトル、音響学　56
オクタン価、ガソリン　329
奥行きの推定、コンピュータービジョン　1630
汚染剤噴霧装置、風洞　985
汚染物質、ガソリンエンジン　473
汚染物質、ディーゼルエンジン　479
汚染物質、排気ガス　534
汚染物質の形成、ガソリンエンジン　473
汚染物質の形成、ディーゼルエンジン　479
汚染物質の低減、ガソリンエンジン　473
汚染物質の低減、ディーゼルエンジン　479
汚染物質の排出、ガソリンエンジン　473
オゾン抵抗、エラストマー材料　420
オットーサイクル、熱力学　86
音、音響学　54
音の減衰、音響学　56
音の識別、タイヤの呼び　1065
音のスペクトル、音響学　56
音の広がり、音響学　55
オパシメーター、ディーゼル黒煙排出テスト　907
オブジェクトの分類、コンピュータービジョン　1627
オフセット、往復動機関　509
オフセットスプレー角、マニホールド噴射用
　フューエルインジェクター　664

オフセット電圧、オペアンプ　131, 134
オプティカルフロー、コンピュータービジョン　1630
オプティカルフローの方程式、コンピューター
　ビジョン　1631
オフライン適合、自動車におけるソフトウェア
　エンジニアリング　1447
オペアンプ、電子工学　129
折りたたまれて、蛇腹状に加工されたフィルター素材、
　吸気システム　574
オルタネーター、自動車の電気システム　1354
オルタネーター回路、オルタネーター　1356
オルタネーターの特性値、オルタネーター　1361
オルタネーターの容量利用率　1299
オルタネーターレギュレーター　1291
温間待機損失、蒸発排出物質テスト　910
音圧、音響学　54
音圧レベル、音響学　57
温間待機、蒸発物テスト　910
音響インテンシティー、音響学　55
音響インテンシティーレベル、音響学　57
音響インピーダンス、音響学　54
音響学　54
音響学で使用される量、法定単位　31
音響測定機器　990
音響チャンネル、表示と操作　1596
音響パワー、音響学　57
音響パワーレベル、音響学　57
音響風洞　986
音場、音響学　57
音場の大きさ、音響学　57
音速、音響学　55
オンデマンド制御、高圧ポンプ、コモンレール　749
オンデマンド制御式高圧ポンプ、ガソリン直接噴射
　646
オンデマンド調整式システム、燃料供給と燃料配分、
　ガソリン直接噴射　639
オンデマンド調整式システム、燃料供給と燃料配分、
　吸気マニホールド噴射　636
温度、SI単位　25
温度、法定単位　30
温度係数　1542
温度センサー　1540, 1543
温度特性曲線、温度センサー　1541
温度制御方式、吸気システム　577
温度配合フラップ、空調制御　1579
オンライン適合、自動車におけるソフトウェア
　エンジニアリング　1447

か

カーカス、ラジアルタイヤ　1051
カーブ走行時の車体のロール、横運動（曲線走行）の
　　力学　962
カーブ走行時の制動、走行力学のテスト手順　972
カーボングラファイト軸受、摩擦軸受　375
外気、空調制御　1578
外気温度センサー　1543
外気取入れダクト、吸気システム　573
外気のろ過、吸気システム　588
外形寸法、車両のボディ（乗用車）　1197
開口数、光ファイバーと導波管　72
快削鋼、金属材料　222
開時期、往復動機関　504
改質、燃料　326
解除角度、スナップ結合　446
解除力、スナップ結合　446
回生、ハイブリッドドライブ　812
回生、ブースト回生システム　835
回生機能、電気エネルギー管理　1302
回折、波動光学　66
回折パターン、波動光学　66
解像力、波動光学　67
ガイダンス付きトラブルシューティング、ECU診断
　　928
快適性、空力学　980
快適性と操作性向上のための装置、ドアとルーフ部分
　　1590
快適性評価方法、シャーシ　1004
回転運動、力学　38
回転角度センサー、アキシャルプランジャー分配型
　　ポンプ　760
回転荷重、転がり軸受　379
回転キャップ、往復動機関　505
回転駆動装置、ウインドシールドおよび
　　リアウィンドウのワイパー装置　1265
回転磁界生成、三相電流システム　1351
回転質量、力学　39
回転振動子、ヨーレートセンサー　1524
回転数センサー　1518
回転速度、力学　38
回転ツール、二成分のシール　407
回転テーブル、二成分のシール　407
回転の衝撃、力学　41
ガイド、ロッドおよびピストンシーリングシステム
　　411
ガイドバンド、空圧系のシール　404

ガイドバンド、ロッドおよびピストンシーリング
　　システム　411
ガイドピン、形状密着結合　427
ガイドリング、ロッドおよびピストンシーリング
　　システム　410
ガイドレール、チェーンドライブ　553
開発ツール、電子システムのアーキテクチャー　1495
開発の方法論、メカトロニクス　1574
開発プロセス、自動車におけるソフトウェア
　　エンジニアリング　1434
開発プロセス、電子システムのアーキテクチャー
　　1494
開発目的、タイヤ　1067
開フェーズ、ソレノイドバルブインジェクター　743
回復機能、オルタネーター　1360
回復機能、診断　913
外部光電効果、センサー　1556
外部混合気形成方式、ガソリンエンジン　464
外部シール、空圧系のシール　404
外部的な要因による汚れ　981
外部で混合気を形成、火花点火機関（SIエンジン）
　　657
外部の排気ガス再循環システム（EGR）、シリンダー
　　への充填　630
外部励磁　1294
外部励磁、オルタネーター　1355
開閉信号、ECU　1427
開弁圧力、圧力制御バルブ　730
開放サイクル、熱機関　461
開放チェーン、ロックシステム　1274
解放トルク、ねじ締結部品　439
開放容器、流体静力学　74
海綿状鉛、スターター用バッテリー　1313
外乱、制御工学　202
解離、質量作用の法則　154
概略図、回路図　1408
改良型独立制御、アンチロックブレーキシステム
　　1139
開ループ制御、制御工学　202
開ループ制御の適応、制御工学　206
開ループ利得、オペアンプ　131
回路記号　1398
回路図　1405
ガウス効果、位置センサー　1509
ガウス正規分布、技術統計　189
ガウスの釣鐘型曲線、技術統計　190
カウンターシャフト、トランスミッション　795

技術用語索引 **1693**

カウンターフローシリンダーヘッド、往復動機関 501
火炎、イグニッション 670
火炎グロープラグ、補助始動装置 769
火炎始動装置、補助始動装置 768
火炎速度、ガソリンエンジン 469
火炎伝播、ガソリンエンジン 468
化学 138
化学結合 144
化学合成油、潤滑剤 309
化学的被覆、被覆とコーティング 299
化学熱力学 151
化学発光検出器、排出ガス測定方法 904
化学反応、スターター用バッテリー 1314
化学反応式、3元触媒コンバーター 690
化学平衡 153
過給 482, 489
過給圧センサー 1538
過給圧の制御、排気ガスターボチャージャー 599
過給機、ターボチャージャーとスーパーチャージャー 590
過給気温度センサー 1543
過給比率 489
過給プロセス 489
架橋反応、接着技術 453
核異性体、元素 141
角運動量、力学 41
拡散障壁、λセンサー 1549
拡散浸透処理、被覆とコーティング 303
拡散抵抗原理 1543
拡散燃焼、ディーゼルエンジン 477
核子、元素 138
核種、元素 141
学習過程、コンピュータービジョン 1628
各種ブレーキシステム、定義 1086
角振動数（角周波数）、振動 48
角速度、力学 38
拡大関数、伝達関数 1002
拡張現実ヘッドアップディスプレイ、表示と操作 1604
角度、法定単位 27
角度位置センサー 1504
角度の決定、レーダーセンサー 1562
核の電荷数、元素 138
核物理学などに使用される量、法定単位 32
核分裂、元素 142
確率分布密度関数、技術統計 189
確率変数、技術統計 190

可結合性、バスシステム 1454
重ね合わせの原理、波動光学 66
かさ歯車ディファレンシャル、ディファレンシャル 808
かさ歯車ピニオン、ディファレンシャル 808
可視線、照明量 62
下死点、充填サイクル 482
荷重、転がり軸受 377
荷重応動型制動力自動調整器、ブレーキシステム、商用車 1115
荷重応動型制動力自動調整器、ホイールスリップ制御システム 1140
荷重支持エレメント、車両のボディ、商用車 1211
荷重指数、タイヤの呼び 1062
荷重適合制御、ESC 1157
加重平均、CARB規制 868
加重平均、EPA規制 873
荷重容量、転がり軸受 380
過剰空気係数、混合気の形成、火花点火機関 （SIエンジン） 654
数、数学 164
ガスPEMS、排出ガス測定方法 906
ガス液化油、ディーゼル燃料 339
カスケード制御、制御工学 203
ガス交換、充填サイクル 482
ガス交換サイクル、シリンダーへの充填 630
ガス交換騒音、自動車の音響学 991
ガススプリング、シャーシ 1010
ガスシールド金属アーク溶接法、溶接技術 450
ガスジェネレーター、乗員保護システム 1187
ガスシャットオフバルブ、天然ガス圧力制御モジュール 715
ガス浸炭焼入れ法、熱処理 287
ガスの導入、吸気システム 584
ガスの放出、スターター用バッテリー 1312
ガス放電ランプ、照明装置 1220, 1233
ガス力の成分、往復動機関 509
ガスレール、天然ガス駆動のエンジン 712
化成処理、被覆とコーティング 303
化石天然ガス 341
ガセットプレート、車両のボディ、商用車 1212
仮想安全シールド、運転者支援システム 1620
仮想機能バスシステム、自動車におけるソフトウェアエンジニアリング 1432
画像座標系、コンピュータービジョン 1626
画像処理、コンピュータービジョン 1627
画像処理、ビデオセンサー 1567
画像前処理、コンピュータービジョン 1627

1694 付録

画像センサー、ビデオセンサー 1568
画像装置、ナイトビジョンシステム 1638
過早着火、イグニッション 675
過早着火、スパークプラグ 684, 687
画像表示、ナイトビジョンシステム 1637
画像編集、ビデオセンサー 1567
加速、自動車の力学 945
加速度、力学 38
加速度センサー 1530
ガソリン、燃料 328
ガソリン、燃料・潤滑剤・作動液 328
ガソリンエンジン、混合気の形成 464
ガソリンエンジンでの燃焼、混合気の形成 467
ガソリンエンジンにおける圧縮点火、混合気の形成 480
ガソリン直接噴射 659
ガソリン直接噴射、ガソリンエンジン 466
ガソリンフィルター、燃料供給 641
カタール、SI派生単位 26
過大応力、ねじ締結部品 439
型式テスト、EU規制 876
型式認定、EU規制 876
型式認定、電磁両立性 1394
型式認定、排出ガス規制 865
可鍛鋳鉄、金属材料 227
カチオン、化学結合 144
カチオン、電気化学 158
褐色コーティング、被覆とコーティング 303
活性化エンタルピー、化学熱力学 151
活性炭フィルター、車室フィルター 1583
割線係数、スナップ結合 446
カッター FID、排出ガス測定方法 905
活動度、質量作用の法則 154
活動度係数、質量作用の法則 154
活物質、スターター用バッテリー 1313, 1314
カップリングシャフト、ホイールサスペンション 1028
カップリングシャフトリンク、ホイールサスペンション 1028
カップリングプロファイル、ホイールサスペンション 1029
価電子、元素周期表 138
可動式ガイドベーン、排気ガスターボチャージャー 600
可動磁石、位置センサー 1512
過渡応答、走行力学のテスト手順 969
過渡サイクル、排出ガス規制、大型商用車 890
過渡テスト、走行力学のテスト手順 971

過渡電圧、イグニッションコイル 679
加熱、触媒コンバーター 693
加熱フィラメント、予熱システム 766
加熱プレス、タイヤ 1052
過負荷作動、電動機 845
カプラー、電気工学 109
カプラー、ピエゾ高圧フューエルインジェクター 668
カプラー、油圧カプラー 745
可変圧縮比、往復動機関 500
可変式コンプレッサー、排気ガスターボチャージャー 597
可変振動ダンパーによるステアリング特性の制御 1175
可変タービンジオメトリー、過給 490
可変タービンジオメトリー (VTG)、排気ガスターボチャージャー 599
過変調、受信機 1611
可変長吸入方式、吸気システム 581
可変バルブタイミング 485
可変容量ダイオード、電子工学 122
噛合い、ベルト駆動装置 546
噛合い解除、始動装置 1374
噛合い機構、始動装置 1370
噛合い行程、始動装置 1372
噛合いスプリング、始動装置 1373
噛合いレバー、始動装置 1372
カム形状、可変バルブタイミング 488
カムシャフト、往復動機関 496
カムシャフト回転数センサー 1522
カムシャフト駆動機構、往復動機関 503, 505
カムシャフト調整、可変バルブタイミング 485
カム設計、往復動機関 505
カムフォロワー方式、往復動機関 503
カムリング、ラジアルプランジャー分配型ポンプ 761
カメラ行列、コンピュータービジョン 1626
カメラ座標、コンピュータービジョン 1625
カメラ座標系、コンピュータービジョン 1625
カメラのキャリブレーション、コンピュータービジョン 1626
カメラモデル、コンピュータービジョン 1624
カラーフィルター、幾何光学 65
ガラス、工業材料 253
ガラス、自動車の窓ガラス 1258
ガラス化温度、ガラス 253
ガラス挙動、タイヤのグリップ 1058
ガラス転移温度、プラスチック 266
カラム、バスシステム 1453
加硫、プラスチック 266

技術用語索引 **1695**

加硫促進剤、ラジアルタイヤ　1051
渦流ポット、燃料供給モジュール 645
カルノーサイクル、熱力学　84
カルバミド、AdBlue　348
過励磁、同期電動機　1343
換気口、スターター用バッテリー　1312
環境センサーシステム、運転者支援システム　1620
環境の検知、緊急ブレーキシステム　1665
環境の検知、死角アシスト　1662
環境の検知、車線アシスト　1660
環境の検知、車線変更アシスト　1663
還元、電気化学　158
感光センサー素子　1556
観光バス（長距離バス）、車両のボディ、商用車
　1214
含酸素物、燃料　327
乾式クラッチ、連結装置　788
干渉、振動　49
干渉、波動光学　66
環状オリフィス、ピエゾ高圧フューエルインジェクター
　668
干渉抗力、空力学　975
干渉最小値、波動光学　66
干渉最大値、波動光学　66
干渉に対する耐性、電磁両立性　1387
干渉の発生源、電磁両立性　1385
管状の発熱体、予熱システム　765
干渉の放射、電磁両立性　1385, 1391
干渉パターン、波動光学　66
干渉パルス、電磁両立性　1385
緩衝物質、冷却液　320
干渉放射の測定、電磁両立性　1392
干渉放射の抑制、電磁両立性　1394
干渉を受ける可能性のある装置類、電磁両立性
　1387
関数、数学　164
慣性式自動ブレーキシステム（慣性ブレーキ）　1087
慣性モーメント、力学　38, 40
慣性力、往復動機関　511
関節式コンロッド、往復動機関　500
間接測定検出システム　1069
間接伝搬時間法、レーダーセンサー　1566
完全エンジン、内燃機関（IC エンジン）　462
完全可変バルブギヤ　487
完全合成繊維フィルター材料、吸気システム　575
完全自動化、自動運転の未来　1674
完全な質量平衡、往復動機関　512

完全メンテナンスフリーバッテリー、スターター用
　バッテリー　1316
乾燥剤ケース、ブレーキシステム、商用車　1110
貫通ブレーキ　1088
カンデラ、SI 単位　25
ガンマ角、マニホールド噴射用フューエル
　インジェクター　664
管用ねじ、ねじ結合部品　444
管理機能、MOST　1475
関連領域、メカトロニクス　1576
緩和応力、力学　44

き

キー継手、摩擦結合　434
キーレスエントリー、ロックシステム　1273
ギアポンプ、コモンレール　735
擬一次反応、反応動力学　153
気液率、ガソリン　331
記憶の原理、半導体メモリー　1424
機械・技術的な材料特性値、材料特性値　210
機械効率、熱機関　462
機械コンセプト、ブースト回生システム　838
機械式完全可変バルブギヤ　487
機械性能、ブースト回生システム　841
機械的応力測定システム、加速度センサー　1532
機械的走査、ライダーセンサー　1565
規格、電磁両立性　1394
幾何光学　62
希ガス配置、化学結合　145
ギガビットイーサネット　1469
幾何平均、技術統計　187
幾何偏差、公差　352
効き遅れ時間、自動車の力学　949
貴金属、電気化学　159
危険度測定値、運転者支援システム　1665
危険認識時間、自動車の力学　948
危険の存在する走行状況、運転者支援システム
　1616
危険の低い展開方法、乗員保護システム　1186
擬似ホールセンサー　1515
希釈装置、排出ガス測定方法　901
技術的作用チェーン、電子システムの
　アーキテクチャー　1492
技術的な障壁、自動運転の未来　1675
技術統計、数学と方法　186
記述統計学、技術統計　186
基準（目標）スリップ値、ESC　1153
基準負圧セル、圧力センサー　1538

基準ベルト長さ、ベルト駆動装置 540
基準マーク、回転数センサー 1521
基準量、制御工学 202
気水分離、吸気システム 587
記数法、数学 164
犠牲層、マイクロメカニクス 1502
「犠牲」反応陽極、腐食防止 295
キセノン光、照明装置 1234
キセノンヘッドランプ、照明装置 1232
気体LPGインジェクター、LPG駆動 707
気体LPG噴射システム、LPG駆動 705
気体センサー 1546
期待値、技術統計 190
気体定数、熱力学 81
気体燃料、特性 346
輝度、照明量 69
軌道、元素周期表 141
軌道エネルギー、元素周期表 141
起動プロセス、FlexRay 1464
希土類、元素周期表 141
機能クラス、MOST 1476
機能ネットワーク、自動車におけるソフトウェア
　エンジニアリング 1440
機能能力、バッテリー 1298
機能の状態 1298
機能モデル、電子システムのアーキテクチャー 1491
揮発性、ガソリン 329
揮発性腐食抑制剤、腐食防止 296
気泡の発生、燃料供給と燃料配分 637
基本公理、幾何光学 63
基本速度領域、電動機 844
基本ソフトウェア、自動車におけるソフトウェア
　エンジニアリング 1432
基本的な横方向ダイナミクスコントローラー、ESC
　1153
基本点火時期、イグニッション 671
基本方程式、流体力学 76
ギヤ、トランスミッション 791
逆行列、数学 184
逆三角関数、数学 169
逆止バルブ、ESC 1161
逆電流ブロック、オルタネーター 1357
逆方向飽和電流、センサー 1557
ギヤシフト異音、トランスミッション 794
ギヤシフトエレメント、トランスミッション 793
ギヤシフトスリーブ、トランスミッション 793
キャスター角、基本概念、自動車技術 934
キャスタートレール、基本概念、自動車技術 934

キャッシュ、マイクロコンピューター 1423
キャップ、シール 394
ギャップ寸法、成形シール 392
ギヤ比、従来のドライブトレイン 782
キャビテーション、ショックアブソーバー 1019
キャブ、車両のボディ、商用車 1212
キャブオーバーエンジン（COE）車、車両のボディ、
　商用車 1212
キャプチャー機能、マイクロコントローラー 1423
キャプティブピストンスプリング付きブレーキ
　マスターシリンダー、乗用車ブレーキシステム
　1100
キャブビハインドエンジン、車両のボディ、商用車
　1212
ギヤポンプ、低圧ディーゼル燃料供給 727
キャリア、トランスミッション 792
キャリブレーション行列、コンピュータービジョン
　1625
キャリブレーションファントム、コンピューター
　ビジョン 1626
キャンバー角、基本概念、自動車技術 933
キャンバリング、ラジアルタイヤ 1052
キュー、シリアルワイヤーリング 1480
吸引側での燃料供給量制御、コモンレール 737
吸音型マフラー、排気装置 611
吸音材、マフラー 611
吸音率、音響学 56
吸気温度センサー 1543
吸気カムシャフト、可変バルブタイミング 485
吸気カムシャフト調整、可変バルブタイミング 485
吸気経路、充填サイクル 483
吸気行程、充填サイクル 482
吸気システム 572
吸気ストローク、ユニットインジェクター 755
吸気バルブ、往復動機関 503
吸気バルブ、充填サイクル 482
吸気バルブ開、充填サイクル 483
吸気バルブ閉、充填サイクル 483
吸気ポート 658
吸気ポート、2ストロークサイクル 484
吸気マニホールド噴射、ガソリンエンジン 465
吸湿能力、ブレーキフルード 322
吸収ガラスマット、スターター用バッテリー 1316
吸収式消音装置、吸気システム 576
吸収法、ディーゼル黒煙排出テスト 907
球状化焼なまし、熱処理 285
球状黒鉛ねずみ鋳鉄、金属材料 227
球状スナップ結合 445

技術用語索引 **1697**

吸振器、振動吸収体　52
吸着エレメント、吸気システム　576
吸入空気中に含まれる塵埃、吸気システム　574
吸入口、空調制御　1578
球面レンズ、幾何光学　64
急冷および延伸、熱処理　285
キュリー温度、材料特性値　209
キュリー温度、磁性体　240
キュリー点、材料特性値　209
境界記述子、MOST　1474
強化型アンダーステア制御、ESC　1156
強化型液式バッテリー、スターター用バッテリー
　1317
強化シートベルトリマインダー、パッシブセーフティ
　1178
供給電圧、イグニッションコイル　678
供給電流、電動機　849
供給モジュール、排気ガス処理、ディーゼルエンジン
　778
「供給」用カップリングヘッド、ブレーキシステム、
　商用車　1106
強磁性材料　240
強磁性体、電気工学　101
共射出成形、二成分のシール　406
共重合体、プラスチック　257
凝縮水、空調制御　1579
共振、振動　49
共振器、レーザー技術　71
共振周波数、加速度センサー　1531
共振振動数、振動　49
共振の鋭さ、振動　49
強制振動　49, 51
狭帯域アンテナ、電気工学　109
狭帯域干渉、電磁両立性　1386
狭帯域スペクトル、音響学　56
強電解質、物質の反応　154
強度、電動機　847
強度曲線、波動光学　67
強度区分、ねじ締結部品　436
強度の計算、力学　43
強度の検証、力学　43
強度部材、ラジアルタイヤ　1051
胸部バッグ、乗員保護システム　1187
興味のある場所、自動車のナビゲーション　1634
共鳴型マフラー、排気装置　610
共鳴式消音装置、吸気システム　576
共鳴室、吸気システム　582
共鳴フラップ、吸気システム　582

共役酸塩基対　155
共有結合、化学結合　145
行列、数学　182
行列解析、数学　182
行列式、数学　183
極座標、数学　171
局所情報、交通テレマチック　1614
極性物質、潤滑剤　307
極値、数学　176
極低温域での粘度、ブレーキフルード　323
極板ストラップ、スターター用バッテリー　1312
巨大磁気抵抗効果、位置センサー　1517
巨大磁気抵抗効果、電気工学　116
距離、力学　38
距離の計算、駐車および操縦システム　1644
距離測定、駐車および操縦システム　1643
切換えバルブ、ESC　1161
ギリシア語のアルファベット　37
気流、空力学　975
気流のパターン、空力学　975
キルヒホッフの法則、電気工学　97
キログラム、SI単位　24
均一な物質、化学　148
均一ひずみ、材料特性値　211
均一分配要件、吸気システム　584
緊急解除装置、ブレーキシステム、商用車　1116
緊急ブレーキアシスト、緊急ブレーキシステム　1665
緊急ブレーキシステム、運転者支援システム　1665
近距離レーダー、レーダーセンサー　1563
近距離レンジ、運転者支援システム　1620
キングピン傾斜角、基本概念、自動車技術　934
キングピン軸、基本概念、自動車技術　933
キングピンステアリング、ステアリング　1072
近似関数、有限要素法　195
均質 - 希薄モード、ガソリン直接噴射　661
均質混合気の燃焼、ガソリンエンジン　468
均質作動、ガソリン直接噴射　660
均質 - 層状モード、ガソリン直接噴射　661
均質な混合気の形成、ガソリンエンジン　464
均質 - 分割モード、ガソリン直接噴射　661
近赤外線システム、ナイトビジョンシステム　1637
金属活性ガス（MAG）溶接法、溶接技術　450
金属結合、化学結合　146
金属結合、金属材料　221
金属材料、工業材料　221
金属材料関連のEN規格　236
金属材料の熱処理　278

1698 付録

金属酸化膜半導体コンデンサー、ビデオセンサー
　1568
金属射出成形、焼結金属　230
金属水素化物、電気化学　161
金属製の自己潤滑式軸受　372
金属製ばね、ばね　362
金属製モリノス、触媒コンバーター　608
金属セラミック軸受、摩擦軸受　373
金属ダイヤフラム式高圧センサー　1539
金属炭化物を含む低摩擦炭素コーティング、
　被覆とコーティング　302
金属電極、電気化学　161
金属導体の電気効果、電気工学　111
金属のイオン化傾向列、腐食のプロセス　290
金属のイオン化列、電気化学　158
金属不活性ガス（MIG）溶接法、溶接技術　450
金属粉末焼結、焼結金属　230
金属膜温度抵抗器　1542
金属膜抵抗器、温度センサー　1542
金属を含まない炭素コーティング、
　被覆とコーティング　302
金被覆、被覆とコーティング　299
近傍条件、電気工学　109

く

クーラント、往復動機関　506
クーラント制御バルブ、燃料電池　861
クーラントの温度、往復動機関　507
クーラントヒーター、補助ヒーターシステム　1585
クーロン、SI派生単位　26
クーロンのすべり摩擦の法則、力学　45
クーロン摩擦、力学　45
クーロン力、電気工学　94
空圧系のシール、シール　404
空圧式アクチュエーター、吸気システム　584
空圧式ブレーキアシスト、自動ブレーキシステム機能
　1168
空間電荷領域、ダイオード　120
空気、冷媒　350
空気が希薄（希薄混合比）、混合気の形成、
　火花点火機関（SIエンジン）　655
空気過剰率、充填サイクル　482
空気が不足（濃厚混合比）、混合気の形成、
　火花点火機関（SIエンジン）　654
空気供給、ブレーキシステム、商用車　1109
空気充填の確認、シリンダーへの充填　631
空気処理装置、ブレーキシステム、商用車
　1109, 1112

空気抵抗、空力学　974
空気の質量流量、流量計　1526
空気の浄化、空調制御　1579
空気の状態、往復動機関　523
空気比、混合気の形成、火花点火機関（SIエンジン）
　654
空気流量、充填サイクル　482
空気流量センサー、流量計　1527
空走時間、自動車の力学　949
空調制御機能の制御　1580
空間風洞　986
空力音響　992
空力音響、空力学　980
空力係数、空力学　974
空力効率、空力学　978
空力中心、横運動（曲線走行）の力学　962
空力抵抗、自動車の力学　941
空気力およびモーメント、横運動（曲線走行）の力学
　962
空冷式、エンジン冷却システム　554
空冷式、駆動用バッテリー　1329
空冷式、電動機　856
空冷式、ブースト回生システム　840
空冷式インタークーラー　561
空冷式オイルクーラー、オイルの冷却　563
空冷方式、往復動機関　507
くさび、力学　42
くさび角度、力学　42
くさび状の油膜、往復動機関　517
くさびでの摩擦、力学　46
くさびの原理、力学　42
櫛形構造、ヨーレートセンサー　1524
櫛形の電極、加速度センサー　1534
下り坂で作用する力、自動車の力学　943
屈曲動作、転がり抵抗、タイヤ　1060
クッションシール、空圧系のシール　404
屈折角、幾何光学　64
屈折の法則、幾何光学　63
屈折率、幾何光学　63
駆動、ソレノイドバルブインジェクター　743
駆動、ウインドシールドおよびリアウィンドウの
　ワイパー装置　1264
駆動スリップ率、ホイールスリップ制御システム
　1136
駆動トルク　616
駆動用バッテリー　1322
駆動力、自動車の力学　944
組合せシステム、コモンレール　735

技術用語索引 **1699**

組込みソフトウェア　1430
組立て、プラグインコネクター　1381
組立射出成形、二成分のシール　406
組付け時の応力、ねじ締結部品　439
曇り点、潤滑剤　304
クラウジウス-ランキンサイクル、熱力学　87
クラウド、ACC進行中の開発　1657
クラウド、駐車および操縦システム　1651
グラスファイバー製フリース、スターター用バッテリー　1316
グラスホフ数、熱力学　91
クラッキング処理、往復動機関　497
クラッチディスク、連結装置　786
クラッチトルク　616
クラッチトルク、エンジン制御　722
クラッチペダル、連結装置　786
クラッチライニング、連結装置　786
グラディエントセンサー、回転数センサー　1521
グラファイト、潤滑剤　305
グラフィックモジュール、表示と操作　1599
クランクケース、往復運動機関　494, 499
クランクケース掃気、2ストロークサイクル　484
クランクケースのブローバイガス、吸気システム　584
クランクケースベンチレーション、吸気システム　578
クランクシャフトウェブ　511
クランクシャフト、往復動機関　495, 498
クランクシャフト回転数センサー　1521
クランクシャフト機構、往復動機関　494, 509
クランクシャフトの運動の力学的考察、往復動機関　509
クランクシャフトのクランク部、往復動機関　499
クランクシャフトの設計、往復動機関　509
クランクシャフトの動力学、往復動機関　510
クランクシャフトバイブレーションダンパー　507
クランクシャフトメインベアリング　498
クランクピン、往復動機関　498
グランドフック制御システム、ショックアブソーバー　1024
クランプ継手、摩擦結合　433
クリアランス、成形シール　391
クリアランス、ディスクブレーキ　1127
クリアランス調整、ディスクブレーキ　1127
クリアランスランプ、照明装置　1244
グリース　315
グリコールエーテル系フルード、ブレーキフルード　324
グリッドヒーター、補助始動装置　771

グリップ／スリップ曲線、ホイールスリップ制御システム　1136
グリップの生成、タイヤ　1057
クリンチボルト、リベット接合技術　456
クリンチング、打ち抜きクリンチング工程　457
クルーズコントロール、ACC　1653, 1654
車の安全性、パッシブセーフティ　1178
グレアフリーハイビーム、ハイビームアシスト　1673
グレアフリーハイビーム、照明装置　1240
グレイ、SI派生単位　26
グレースケール勾配、コンピュータービジョン　1631
グレースケールの積算値、コンピュータービジョン　1628
グレーデッドインデックス型光ファイバー、光ファイバーと導波管　71
クロージングカーブ、走行力学のテスト手順　972
グロー制御ユニット、予熱システム　767
グロープラグ、予熱システム　764
クローポールの原理、オルタネーター　1355
黒可鍛鋳鉄、金属材料　227
クロス積、コリオリ加速度　1523
クロス積、数学　174
クロストラフィック（交差交通）アシスト、交差点アシスト　1669
クロスプライタイヤ　1051
クロスフローシリンダーヘッド、往復動機関　501
クロスメンバー、車両のボディ、商用車　1212
クロックジェネレーター、マイクロコンピューター　1423
クロックデータリカバリー、シリアルワイヤーリング　1477
クロックレート、シリアルワイヤーリング　1478
クロム被膜、被覆とコーティング　299
クロロプレンゴム、エラストマー素材　413

け

ゲートウェイ、電子システムのアーキテクチャー　1483
ケーブルセットモデル、電子システムのアーキテクチャー　1493
計器、表示と操作　1598
軽減曲線、ワイヤーハーネス　1379
蛍光X線分析、元素　143
軽合金ホイール、ホイール　1040
蛍光灯、照明装置　1220
蛍光放射、元素　143
警告エレメント、駐車操縦システム　1645
警告灯、診断　919

ケイ酸塩を含む従来のラジエーター保護剤、冷却液　320
計算の精度、有限要素法　194
計算プログラム、スナップ結合　447
傾斜センサー、盗難警報システム　1289
傾斜度、自動車の力学　944
形状公差、公差　354
形状視認性の角度　1230
形状抵抗力、空力学　975
形状偏差、公差　352
形状密着結合、分離可能な結合　424
係数K、圧力センサー　1537
計測増幅器、オペアンプ　133
携帯型排出量測定装置、排出ガス測定方法　906
経年劣化、プラスチック　260
径方向の遊び、転がり軸受　377
警報サイレン、盗難警報システム　1288
警報システム　1288
警報信号、盗難警報システム　1288
計量モジュール、排気ガス処理、ディーゼルエンジン　778
計量ユニット、コモンレール　749
ケステルニッヒ、潤滑剤　304
結果の解釈、有限要素法　195
結合、振動　49
結合角、化学結合　145
結合角度、スナップ結合　446
結合技術、二成分のシール　407
結合部が重なって、接着技術　454
結合力、スナップ結合　446
結晶構造、電磁鋼帯　242
結晶粒界腐食、腐食の種類　291
結晶粒内腐食、腐食の種類　291
ゲッチンゲン型、風洞　982
決定性、FlexRay　1464
決定論的処理、バスシステム　1451
ゲル状グリース、潤滑剤　305
ケルビン、SI単位　25
減圧、天然ガス圧力制御モジュール　714
減圧の制御、アンチロックブレーキシステム　1137
牽引力、従来のドライブトレイン　781
牽引力が中断されない、トランスミッション　798
牽引力が中断される、トランスミッション　795
牽引力が中断されるトランスミッション、トランスミッション　795
牽引力双曲線、従来のドライブトレイン　781
限界速度、転がり軸受　377
限界速度、横運動（曲線走行）の力学　963

限界領域、横運動（曲線走行）の力学　958
検査と保守、EU規制　878
減算増幅器、オペアンプ　133
原子、化学　138
原子軌道、化学結合　146
原子吸光分光法、元素　144
減磁曲線、電気工学　102
原子結合、化学結合　145
原子番号、元素　138
原子量、元素　138
減衰、振動　49
減衰機能、アンチロックブレーキシステム　1141
減衰係数、加速度センサー　1530
減衰係数、シャーシ　1001
減衰係数、横運動（曲線走行）の力学　960
減衰比、振動　49
減衰力、加速度センサー　1530
建設的干渉、波動光学　66
元素、化学　138
減速ギヤ、始動装置　1370
減速ギヤ、ステアリング　1079
元素周期表、化学　138
元素の人工変換、元素　142
元素の分光学、元素　143
懸濁液、物質　148
検知特性、駐車および操縦システム　1644
減能グレア　1229

こ

コーティング、被覆とコーティング　298
コーティング、腐食防止　296
コード、ラジアルタイヤ　1051
コーナリング剛性、横運動（曲線走行）の力学　961
コーナリング時の挙動、横運動（曲線走行）の力学　962
コーナリング抵抗、自動車の力学　941
コーナリングヘッドランプ、照明装置　1236, 1237
コーナリングランプ、照明装置　1246
コールドスパークプラグ　684
コールドランニング支援、火炎始動装置　770
コーンプレート測定システム、潤滑剤　307
コアバック法、二成分のシール　408
コイル式イグニッション、イグニッション　676
コイルスプリング、シャーシ　1009
コイルばね、ばね　364
鋼、金属材料　221
高圧EGR、排気ガス再循環　492
高圧回路、高圧ポンプ、コモンレール　751

技術用語索引 **1701**

高圧側の制御、コモンレール 736
高圧システム、燃料供給と燃料配分、
　ガソリン直接噴射 638
高圧シャットオフバルブ、天然ガス駆動のエンジン
　712
高圧潤滑剤 305
高圧スイッチバルブ、ESC 1161
高圧ソレノイドバルブ、アキシャルプランジャー
　分配型ポンプ 760
高圧ソレノイドバルブ、ユニットインジェクター 754
高圧ソレノイドバルブ、ラジアルプランジャー分配型
　ポンプ 762
高圧フューエルインジェクター、混合気の形成 664
高圧ポート、高圧ポンプ、コモンレール 748
高圧ポンプ、ガソリン直接噴射 646
高圧ポンプ、コモンレール 747
高圧ポンプ、分配型噴射ポンプ 758
高圧ポンプ、ラジアルプランジャー分配型ポンプ
　761
高エネルギーコイル、イグニッションコイル 680
高温高せん断、潤滑剤 308
高温浸漬被覆、被覆とコーティング 300
高温鍛造レール、コモンレール 753
硬化、接着技術 453
光学技術 62
光学技術の定義と用語 1229
光学系、センサー 1558
光学リフレクター付きランプ 1248
硬化剤、接着技術 453
工業材料の分類、材料 220
合金、金属材料 221
合金高級鋼、金属材料関連のEN規格 236
合金ステンレス鋼、金属材料関連のEN規格 236
合金成分、スターター用バッテリー 1313
合金素材、スターター用バッテリー 1313
工具鋼、金属材料 222
鋼グループ番号、金属材料関連のEN規格 237
光源、照明装置 1220
公差、機械要素 352
公差原則、公差 352
交差点アシスト、運転者支援システム 1668
公差等級、公差 353
格子構造、スターター用バッテリー 1313
硬質クロム、被覆とコーティング 299
硬質材料のコーティング、被覆とコーティング 302
硬質重合体軸受、摩擦軸受 374
光子のエネルギー 1556
高周波干渉のカップリング、電磁両立性 1391

高周波振動、車両電気システム 1386
高周波変調スイッチ、レーダーセンサー 1560
高潤滑性オイル 306
公称（定格）出力、往復動機関 523
公称電流容量、スターター用バッテリー 1315
孔食、腐食の種類 291
高性能ECU、電子システムのアーキテクチャー 1489
構成部品の保護 654
構成要素、ラジアルタイヤ 1051
剛性率の最適化、有限要素法 200
降雪に対する対策、吸気システム 577
光線、幾何光学 63
光線モデル、光学技術 62
構造切替え、制御工学 205
構造設計、腐食防止 294
構造を変化させる、モード解析 53
構造用鋼、金属材料 222
光束、照明量 69
高速CAN 1459
航続距離延長装置、ハイブリッドドライブ 827
拘束システム、乗員保護システム 1184
高速スイッチ、レーダーセンサー 1560
高速度鋼、金属材料 222
光束の変動、照明装置 1234
光束発散度、照明量 69
広帯域アンテナ、電気工学 109
広帯域干渉、電磁両立性 1386
広帯域消音装置、吸気システム 576
光沢クロム、被覆とコーティング 299
交通関連情報、交通テレマチック 1614
交通状況の評価、緊急ブレーキシステム 1665
交通情報チャンネル（TMC）、自動車のナビゲーション
　1634
交通テレマチック 1613
肯定応答、バスシステム 1457
工程能力、技術統計 193
工程能力の特性値、技術統計 193
行程容積、往復動機関 524
高電圧ターミナル、スパークプラグ 682
光電効果、センサー 1556
光電センサー 1556
光電センサー、ビデオセンサー 1567
光度、SI単位 25
硬度、エラストマー材料 417
硬度、材料特性値 212
光度、照明装置 1248
光度、照明量 69
硬度、熱処理 278

硬度試験、エラストマー材料　417
硬度試験、熱処理　278
硬度試験法、熱処理　278
高度自動、遠隔制御駐車、駐車および操縦システム　1650
高度な自動化、自動運転の未来　1674
鋼の規格化、金属材料関連のEN規格　236
鋼の構造組成、金属材料　221
鋼のタイプ、金属材料　222
鋼の標示法、金属材料関連のEN規格　236
勾配密度構造、吸気システム　575
鋼板、車両のボディ（乗用車）　1200
降伏角振動数、シャーシ　999
降伏強度、材料特性値　210
降伏点、材料特性値　210
降伏点、潤滑剤　305
降伏点、力学　43
降伏電圧、電子工学　120
鉱物油系フルード、ブレーキフルード　325
後部反射器、照明装置　1244
高分子電解質膜燃料電池　858
後方乱気流、空力学　981
後面衝突、統合安全　1192
鉱油、潤滑剤　306
合理性の点検、車載診断システム　922
効率、往復動機関　524
効率、燃料電池　861
効率チェーン、熱機関　463
効率の最適化、オルタネーター　1364
効率マップ、電動機　846
交流機、電気工学　105
光量、照明量　69
抗力係数、流体力学　77
抗力面積、空力学　977
硬ろう付け、はんだ付け技術　452
超えてはならないゾーン、排出ガス規制、大型商用車　886
小型オルタネーター、オルタネーター　1365
小型ダイオード付きオルタネーター、オルタネーター　1366
小型バス、車両のボディ、商用車　1214
枯渇テスト、自動車の力学　955
顧客コードエリア、モータースポーツ　700
顧客固有の特別少量生産品、モータースポーツ　701
黒鉛、煤、コークス質炭素、電気化学　162
黒鉛、鋳鉄材料　227
黒煙テスター、ディーゼル黒煙排出テスト　908
国際電気標準会議（IEC）　1432

故障コード、診断　913
故障の種別、診断　913
故障発生確率、技術統計　189
故障表示灯、診断　919
故障メモリーの記録、ECU診断　928
故障率、技術統計　189
コスト、電動機　847
固相変態、物質　148
固体伝播音振動、ノッキング　1535
固体摩擦、潤滑剤　309
固着滑り現象、摩擦軸受　368
固着滑り作用、潤滑剤　305
固定側／自由側軸受配置、転がり軸受　378
固定式キャリパーブレーキ、ディスクブレーキ　1127
固定スリーブ、摩擦結合　432
こてはんだ付け法、はんだ付け技術　453
古典的な集合状態、物質　148
子供乗員保護、パッシブセーフティ　1179
固別データ、マイクロコンピューター　1424
コミュニケーションエリア、表示と操作　1597
ゴム、プラスチック　266
ゴム化合物、ベルト駆動装置　544
ゴムコンパウンド、プラスチック　266
ゴム製マウント、ホイールサスペンション　1027
ゴム弾性、プラスチック　266
ゴムの摩擦、タイヤ　1059
ゴム部品の膨潤性、ブレーキフルード　324
五面体、有限要素法　196
コモンレール　734
コモンレールシステム（CRS）　734
コモンレール噴射システム　734
固有振動　49
固有振動数、モード解析　52
固有振動特性、モード解析　52
固有振動の形、モード解析　52
固有値、モード解析　52
固有パラメーター、コンピュータービジョン　1626
固有ベクトル、モード解析　52
コリオリ加速度　1523
コリオリ力、ヨーレートセンサー　1524
孤立系、熱力学　78
コレクター電極、ビデオセンサー　1568
コロイド、物質　148
転がり軸受、機械要素　376
転がり接触圧力、往復動機関　519
転がり対偶、往復動機関　519
転がり抵抗、自動車の力学　941
転がり抵抗、タイヤ　1060

技術用語索引 **1703**

転がり抵抗係数、タイヤ　1060
転がり半径、基本概念、自動車技術　938
転がり摩擦、力学　46
転がり摩擦係数、力学　47
混合気、火花点火機関 (SIエンジン)　654
混合気形成システム、火花点火機関 (SIエンジン)　656
混合気の形成、LPG駆動　705
混合気の形成、ガソリンエンジン　464
混合気の形成、ディーゼルエンジン　475
混合気の形成、火花点火機関 (SIエンジン)　654
混合気の流れ、ガソリンエンジン　470
混合気の濃厚化　654
混合気の発熱量、燃料　327
混合成分、ガソリン　331
混合成分、ディーゼル燃料　337
混合摩擦、潤滑剤　309
今後の運転者支援システムのロードマップ、
　自動運転の未来　1677
コンスタントスロットル、補助ブレーキ　1122
コンタクター回路、駆動用バッテリー　1328
コンダクタンス、電気工学　97
コンタクトシステム、プラグインコネクター　1383
コンタクトブリッジ、始動装置　1371
コンデンサー、空調制御システム　1581
コンデンサー、電気工学　95
コンデンサーの放電過程　100
コントラスト、照明量　70
コントローラーの設計、制御工学　205
コントロールエリアネットワーク、自動車内の
　バスシステム　1458
コントロールスリーブ、アキシャルプランジャー
　分配型ポンプ　759
コントロールスリーブ、ラジアルプランジャー分配型
　ポンプ　762
コントロールバルブ、ステアリング　1076
コントロールフィールド、CAN　1461
コントロールプランジャー、ソレノイドバルブ
　インジェクター　740
コントロールブレード独立懸架式サスペンション
　1033
コントロールユニット (ECU) 1420
コントロールロッド、天然ガス圧力制御モジュール
　715
コンバーター増幅、流体トルクコンバーター　789
コンバーターロックアップ、電子式トランスミッション
　制御　806
コンバイナー、表示と操作　1603

コンパクトコイル、イグニッションコイル　679
コンパクトスペアホイール　1047
コンビネーションブレーキシリンダー、
　ブレーキシステム、商用車　1116
コンピューター支援光学系設計　1231
コンピューター支援設計　194
コンピューター中核部、ECU　1421
コンピュータービジョン　1624
コンフォートランプ、照明装置　1251
コンプレックススーパーチャージャー、
　圧力波スーパーチャージャー　593
コンプレッサー、空調制御システム　1581
コンプレッサー、排気ガスターボチャージャー
　593, 596
コンプレッサー、ブレーキシステム、商用車　1109
コンペア (比較) 機能、マイクロコントローラー　1423
コンポーネントの測定方法、電磁両立性　1390
コンポーネントを保護、触媒コンバーター　696
コンポーネントモデル、電子システムの
　アーキテクチャー　1492
コンロッド、往復動機関　495, 497
コンロッドアイ部、往復動機関　497
コンロッドの質量、往復動機関　511
コンロッドバイオリン、往復動機関　497
コンロッド力、往復動機関　510
混和稠度、潤滑剤　309

さ

サーキュラースプライン、ステアリング　1081
サージ限界、排気ガスターボチャージャー　597
サービスインフォメーションシステム、診断　928
サーフェスマイクロメカニック法 (SMM)　1502
サーボバルブ、ソレノイドバルブインジェクター　739
サーボバルブ、ピエゾインラインインジェクター　744
サーボモーター、ステアリング　1079
サーボユニット、ステアリング　1079
差圧センサー　1538
サイクル、熱力学　83
サイクル、バスシステム　1453
サイクル安定性、スターター用バッテリー　1315
サイクル安定性、バッテリー　1296
サイクルカウント、FlexRay　1465
サイクル効率、電動機　846
サイクル効率係数、熱機関　462
サイクルの方向、熱機関　461
サイクロン式、吸気システム　577
再結晶化焼なまし、熱処理　285
最高回転数、オルタネーター　1361

1704 付録

最小巻掛け角、ベルト駆動装置　542, 546
最終焼鈍が行われていない電磁鋼帯　242
最終焼鈍済み、電磁鋼帯　242
再循環回路、排気ガスターボチャージャー　597
最小降伏強度、ねじ締結部品　436
最小締付け力、ねじ締結部品　437
最小トレッド深さ、タイヤのトレッド　1054
サイズ、センサー　1499
再生、NOx吸着触媒コンバーター　691
再生、微粒子フィルター　609
再生エアリザーバー、ブレーキシステム、商用車
　1110
再生可能エネルギーガス、天然ガス駆動のエンジン
　710
最大限界特性曲線、電動機　846
最大減速度、ブレーキ　1090
最大実体実効寸法、公差　353
最大実体寸法、公差　352
最大電流、オルタネーター　1361
最大透磁率、材料特性値　209
最大バルブリフト、往復動機関　504
最大皮相電力、電動機　853
サイドウォール、ラジアルタイヤ　1051
サイドウォールマーク、ラジアルタイヤ　1052
サイドエアバッグ、乗員保護システム　1187
サイドマーカーランプ、照明装置　1244
サイドメンバー、車両のボディ、商用車　1212
サイプ、タイヤのトレッド　1054
ザイリガーサイクル、熱力学　85
材料　208
材料特性値、材料の特性値　208
材料の選択、腐食防止　294
サイレントチェーン、チェーンドライブ　549
サウンドエンジニアリング、自動車の音響学　993
サウンドクオリティー、自動車の音響学　993
サウンドクリーニング、自動車の音響学　993
サウンドデザイン、自動車の音響学　993
サクションジェットポンプ、燃料供給モジュール　645
差込みはめあい、形状密着結合　425
サスペンション、シャーシ　1006
サスペンションシステム、シャーシ　1006, 1014
サスペンションの種類と特性、シャーシ　1006
左折アシスト、交差点アシスト　1669
雑音、オペアンプ　135
作動、マニホールド噴射用フューエルインジェクター
　664
作動温度、触媒コンバーター　692
作動グラフ、ショックアブソーバー　1021

作動システム、ディーゼルエンジン　480
作動条件、ECU　1420
作動条件、オルタネーター　1362
作動条件、センサー　1499
作動戦略、スターター用バッテリー　1311
作動戦略、電気自動車　1308
作動戦略、ハイブリッド車　1308
作動戦略、プラグインハイブリッド　1309
作動戦略、レンジエクステンダー付き電気自動車
　1309
作動データ、モトロニック　620
差動入力抵抗、オペアンプ　131
作動方式、ガソリンエンジン　465
作動方式、ナイトビジョンシステム　1639
作動方式、ブースト回生システム　838
差動ホールセンサー、回転速度センサー　1519
作動力、ブレーキ　1089
作動力、力学　42
作動力制限装置、パワーウィンドウ　1590
座標系、数学　171
錆レベル、腐食試験　293
サブシステム、モトロニックシステムの概要　618
サブフレーム、ビデオセンサー　1570
さまざまな動的空気力、空力学　974
さまざまな動的空気力、横運動（曲線走行）の力学
　962
さまざまな風洞　985
作用力、ねじ締結部品　437
皿頭型リベット、リベット接合技術　456
皿形の窪み、往復動機関　494
皿ばね、ばね　363
酸塩基対　155
酸化、電気化学　158
酸化安定性、ディーゼル燃料　335
酸化還元反応、電気化学　159
三角関数、数学　167
三角結線、オルタネーター　1356
酸化ジルコニウムセラミック、電気化学　163
酸化セリウム、3元触媒コンバーター　691
酸化バリウム、NOx吸着触媒コンバーター　691
サンギヤ、トランスミッション　792
酸強度、pH値　156
酸強度、水中の酸　154
サンシールド被膜を施したフロントガラス、自動車の
　窓ガラス　1261
三次反応、反応動力学　153
三重結合、化学結合　145
三重点　25

技術用語索引 **1705**

三重点、水　149
算術平均、技術統計　187
算術平均粗さ、許容差　355
酸性度定数、水中の酸　154
酸層、スターター用バッテリー　1316
三相システム、三相電流システム　1350
三相電流システム　1350
三相電流の整流、オルタネーター　1356
酸素ゼロ転移点、λ制御　695
酸素濃度センサー、電気化学　163
酸素の供給、燃料電池　861
酸素の貯蔵、3元触媒コンバーター　691
残存確率、技術統計　189
サンドイッチ射出成形、二成分のシール　406
三分子反応、反応動力学　153
三辺測量、GPS　1632
残留ガス、充填サイクル　482
残留磁気、電気工学　101
残留磁気点、電気工学　101
残留速度、濡れた路面での制動　1055
残留排気ガス、シリンダーへの充填　628
残留率、充填サイクル　482
残留リップル、電磁両立性　1385
サンルーフ　1592

し

シーケンシャルターボ過給、複雑な過給システム　601
シート、車両のボディ（乗用車）　1203
シート着座マット、乗員保護システム　1188
シートベルト、乗員保護システム　1184
シートベルトリマインダー、パッシブセーフティ　1178
シートベルトリマインダーシステム、パッシブセーフティ　1178
シーベルト、SI派生単位　26
シーム溶接法、溶接技術　449
ジーメンス、SI派生単位　26
シーリングエッジリング、ロッドおよびピストンシーリングシステム　409
シーリングカップ、ラジアルシャフトシール　397
シーリングギャップ、Oリング　385
シーリングギャップ、成形シール　392
シーリングジオメトリー、天然ガスインジェクター　714
シール、機械要素　382
シールガラスボンディング、マイクロメカニクス　1503

シール技術、機械要素　382
シールキャップ、シール　394
シール剤、特性　274
シール剤、プラスチック　273
シールシート、スパークプラグ　683
シールドビーム構造、照明装置　1229
シールドビームヘッドランプ、照明装置　1227
シールリップ、プラグインコネクター　1381
シェーカー、自動車の音響学　990
シェル型マフラー、排気装置　611
シェル要素、有限要素法　195, 197
支援、自動運転の未来　1674
支援の種類、車線アシスト　1660
支援のための介入、車線アシスト　1659
塩、化学結合　145
磁界、電気工学　94, 100
磁界定数　25
視界レンジ、照明装置　1237
磁化曲線、電気工学　103
死角検出、駐車および操縦システム　1648
視覚チャンネル、表示と操作　1596
直火はんだ付け法、はんだ付け技術　453
磁化率、磁性体　240
弛緩（へたり）、ばね　362
時間、SI単位　24
時間、法定単位　28
時間制御、FlexRay　1464
時間制御、バスシステム　1453
時間制御式シングルシリンダーポンプシステム　754
閾値制御システム、ショックアブソーバー　1022
磁気エネルギー密度、電気工学　101
磁気回路、電気工学　107
磁気双極モーメント、電気工学　101
磁気損失、電気工学　103
磁気損失、電動機　855
磁気抵抗器、位置センサー　1509
磁気抵抗効果、電気工学　113
磁気抵抗センサー　1513
磁気分極、電気工学　101
磁気分極温度係数、材料特性値　209
識別コード、回路図　1409
識別子、CAN　1460
識別子、LIN　1468
磁気誘導、電気工学　100
磁気誘導センサー　1506
示強性状態変数、熱力学　79
磁極、オルタネーター　1355
磁気量、法定単位　31

軸受けの遊び、転がり軸受　377
軸受の材質、摩擦軸受　371
軸受のすきま、転がり軸受　377
軸はめあい方式、公差　353
軸方向の遊び、転がり軸受　377
シグマ（σ）レベル、技術統計　190
指向性図、電気工学　110
自己解離、水中の酸　155
自己浄化温度、スパークプラグ　683
事故状況、運転者支援システム　1617
事故タイプ、統合安全　1192
自己着火、イグニッション　675
自己着火、ガソリンエンジン　472
事故調査、運転者支援システム　1617
事故データベース、運転者支援システム　1617
仕事、熱力学　79
仕事、力学　39
仕事率、力学　41
自己倍力作用、ドラムブレーキ　1133
自己発火、スパークプラグ　684, 687
事故発生時のボディ応力、車両のボディ（乗用車）
　1200
自己放電、スターター用バッテリー　1316, 1319
自己保護機能、ECU　1428
自己誘導、電気工学　105
自己抑制作用、ドラムブレーキ　1133
自己励磁、オルタネーター　1355
自己励磁回転、オルタネーター　1361
視差、コンピュータービジョン　1629
ジシクロヘキシルアミンニトライト、腐食防止　296
自車による汚れ　981
指数関数、数学　166
指数方程式、NTC サーミスター　1541
システムアーキテクチャー、自動車における
　ソフトウェアエンジニアリング　1438
システム構成、走行ダイナミクス統合制御システム
　1175
システムコントロール、モトロニック　620
システムドキュメント、モトロニック　620
システムブロック、電子ディーゼル制御（EDC）724
システムロック、ロックシステム　1281
磁性流体ショックアブソーバー、ショックアブソーバー
　1021
事前圧縮、O リング　386
事前に警告するタイミング、緊急ブレーキシステム
　1666
自然放射能、元素　142
持続テスト、自動車の力学　955

磁束密度、電気工学　100
実給気量、過給　489
実験的モード解析　53
実行時環境、自動車におけるソフトウェア
　エンジニアリング　1433
実効出力、熱機関　462
実効値、周期変動する信号　50
実在気体、熱力学　82
湿式クラッチ、連結装置　788
湿式ライナー、往復動機関　500
実数、数学　164
実装、CAN　1462
実体配線図、回路図　1407, 1412
実舵角、基本概念、自動車技術　932
実地モニタリング、CARB 規制　870
実地モニタリング、EPA 規制　873
実地モニタリング、EU 規制　877
実地モニタリング、排出ガス規制　866
質的制御、ガソリンエンジン　474
室内安全性、車両のボディ（乗用車）　1204
室内寸法、車両のボディ、乗用車　1196
室内トリム、車両のボディ（乗用車）　1203
質量、SI 単位　24
質量、法定単位　28
質量、力学　38
質量作用の法則　153
質量数、元素　138
質量分析法、化学結合　147
質量流量、流体力学　76
質量流量、流量計　1526
始動／停止機能、ハイブリッドドライブ　812
始動／停止システム、始動装置　1376
始動／停止システム、ハイブリッドドライブ　814
自動運転に対する障壁、自動運転の未来　1675
自動運転の未来、運転者支援システム　1674
自動化度、自動運転の未来　1674
始動可能状態、補助始動装置　770
自動干渉抑制、受信機　1612
自動緊急ブレーキ機能、緊急ブレーキシステム
　1665
自動始動装置、始動装置　1375
自動車技術、基本概念　930
自動車技術者協会（SAE）　1432
自動車駆動用電動機、代替駆動装置　844
自動車搭載ソフトウェアの規格　1431
自動車内のネットワークシステム　1450
自動車内のバスシステム　1458
自動車における温度範囲　1540

技術用語索引 **1707**

自動車におけるソフトウェアエンジニアリング　1430
自動車の音響学　988
自動車の音響学における開発作業　990
自動車のステアリングシステム、シャーシ　1072
自動車のナビゲーション 1632
自動車の窓ガラス　1258
自動車の力学、自動車の物理学　940
自動車用アンテナガラス　1262
自動車用ウィンドウガラス、自動車の窓ガラス　1259
自動車用断熱ガラス、自動車の窓ガラス　1261
自動車用窒素酸化物液体還元剤（Agente Reductor Liquido de Oxido de Nitrogenio Automotivo）、AdBlue　348
自動車用バルブ、照明装置　1220
自動車用風洞　982
自動車両誘導、運転者支援システム　1618
始動装置、自動車の電気システム　1368
自動調心ころ軸受、転がり軸受　376
自動調整機構、ディスクブレーキ　1127
自動調整機構、ドラムブレーキ　1134
自動二輪車、アンチロックブレーキシステム　1144
自動ブレーキ、自動ブレーキシステム機能　1171
自動ブレーキ機能、自動ブレーキシステム機能　1171
自動ブレーキシステム　1086
自動ブレーキシステム機能　1168
自動プレフィル、自動ブレーキシステム機能　1170
自動マニュアルトランスミッション（AMT）、トランスミッション　797
市内バス、車両のボディ、商用車　1214
視認性、自動車の力学　952
シフト・バイ・ワイヤー方式、電子式トランスミッション制御　804
シフトアップ曲線、電子式トランスミッション制御　805
シフトダウン曲線、電子式トランスミッション制御　805
シフト品質の制御、電子式トランスミッション制御　806
シフトポイント制御、電子式トランスミッション制御　805
シフトレジスター、ビデオセンサー　1569
四分位値、技術統計　187
絞り弁、燃料電池　860
しまりばめ、転がり軸受　378
しみ音、ロックシステム　1276, 1279
シミュレーション、メカトロニクス　1574
ジメチルエーテル、燃料　344

締付け線図、ねじ締結部品　436
締付けトルク、ねじ締結部品　439
シャーシ　996
シャーシ、車両のボディ、商用車　1209
シャーシ構造、車両のボディ、商用車　1215
シャーシ設計　997
シャーシダイナモメーター、排出ガス測定方法　900
シャーシの音響学　992
シャーシフレーム、車両のボディ、商用車　1211
車外安全性、車両のボディ（乗用車）　1204
車外トリムパネル、車両のボディ（乗用車）　1202
車間通信、交差点アシスト　1670
ジャケット冷却、電動機　856
車高制御システム、シャーシ　1014
車載診断システム　914
車室フィルター、車内空調制御　1583
射出成形、プラスチック　272
車線アシスト、運転者支援システム　1658
車線維持支援、車線アシスト　1659
車線逸脱警告、車線アシスト　1658
車線制限、車線アシスト　1660
車線の検知、車線アシスト　1658
車線変更アシスト、運転者支援システム　1662
車線変更アシスト、車線変更アシスト　1663
ジャックナイフ現象、商用車の走行ダイナミクス　966
ジャックナイフ現象の危険、ESC、商用車　1164
シャットオフバルブ、LPG駆動　709
車内温度センサー　1543
車内空調制御　1578
車内の監視、盗難警報システム　1289
シャフト、アクスルおよびシャフト　357
シャフト、ラジアルシャフトシール　399
車両安定特定速度、ESC　1164
車両運動制御、電子システムのアーキテクチャー　1489
車両間通信、交通テレマチック　1615
車両クラス、CARB規制　866
車両クラス、EPA規制　871
車両クラス、EU規制　874
車両クラス、日本の規制　878
車両走行中のモニタリング、診断　912
車両速度コントローラー　1652
車両ダイナミクスマネージメント　1158
Vehicle Dynamics Management（VDM）　1172
車両中心面、基本概念、自動車技術　931
車両での測定手順、電磁両立性　1392
車両電気システム内のパルス、電磁両立性　1385
車両電気システム内のリップル、電磁両立性　1385

車両電源供給制御ユニット　1297
車両内部の照明　1218
車両に集中化されたE/Eアーキテクチャー、
　　電子システムのアーキテクチャー　1485
車両による最低騒音、自動車の音響学　989
車両による騒音発生、自動車の音響学　988
車両の運動の基準（目標）、ESC　1153
車両の応答特性、シャーシ　997
車両の干渉抑制対策、オルタネーター　1363
車両の振動特性、シャーシ　1002
車両の空力学　974
車両の電気システム　1290
車両の電気システム、ハイブリッドおよび電気自動車
　　1304
車両電気システム、プラグインハイブリッドおよび
　　電気自動車　1307
車両の電気システム、マイルドハイブリッドおよび
　　フルハイブリッド車　1304
車両のボディ、乗用車　1196
車両のボディ、商用車　1208
車両フロントエンドの照明　1218
車両ヘッドランプ調整装置（VHAD）　1229
車両への電力供給　1290
車両リアエンドの照明　1218
車両リコール、車載診断システム　920
車両を安定化させる介入動作、ESC　1153
ジュール、SI派生単位　26
ジュールサイクル、熱力学　87
周期　48
周期的噛合い、ベルト駆動装置　546
周期的変動、ガソリンエンジン　471
周期的変動、高電圧バッテリー　1308
自由形状リフレクター、照明装置　1230, 1249
集合状態、物質　148
重合操舵角、ステアリング　1082
重合体軸受、摩擦軸受　374
集合胴、風洞　983
収縮係数、流体力学　76
収縮プロセス、スパークプラグ　682
自由振動　51
集束装置、レーザー溶接法　451
収束レンズ、幾何光学　64
終端抵抗、電気工学　108
集中化されたE/Eアーキテクチャー、電子システムの
　　アーキテクチャー　1486
集中荷重、転がり軸受　379
集中ロック、ロックシステム　1275
充電、スターター用バッテリー　1319

充電、鉛蓄電池　159
充電、バッテリー　1295
充電過程、コンデンサー　99
充填剤、プラスチック　272
充填サイクル　482
充填サイクル、ガソリンエンジン　470
充填シミュレーション、二成分のシール　406
充電状態　1297
充電状態、バッテリー　1297
終点添加、ガソリン　331
充填動作、ガソリンエンジン　471
充電特性、スターター用バッテリー　1320
充電表示灯　1295
充電法、スターター用バッテリー　1319
充電方法、ハイブリッドおよび電気自動車　1308
充填ポート、吸気システム　583
充填量制限装置、LPG駆動　703
摺動面、往復動機関　519
周波数　55
周波数、振動　48
周波数変調（FM）、ラジオ／テレビ放送　1607
周波数変調連続波方式、レーダーセンサー　1561
「修復信号の認知」機能、診断　913
周辺装置、ECU　1423
充放電、スターター用バッテリー　1314
従来の車両の電気システム　1290
従来のチューナー　1609
従来のドライブトレイン　780
従来のリベット接合技術、分離できない結合　455
従来型のローメンテナンスバッテリー、
　　スターター用バッテリー　1316
重量測定法、排出ガス測定方法　905
重量の最適化、有限要素法　200
自由力、往復動機関　515
重力式自動ブレーキシステム　1087
縦列駐車、駐車および操縦システム　1645
主回路、オルタネーター　1358
主観的な音の評価、音響学　59
主極大、波動光学　67
主材質番号、金属材料関連のEN規格　237
受信アレイ、ライダーセンサー　1565
受信障害、ラジオ／テレビ放送　1607
受信パッチ、レーダーセンサー　1563
主成分、排気ガス　534
出現頻度、技術統計　186
出力、法定単位　29
出力曲線、過給　490
出力信号、ECU　1427

技術用語索引 **1709**

出力抵抗、オペアンプ　131
出力電流、オルタネーター　1293
出力の定義、往復動機関　523
出力の発生、ガソリンエンジン　474
シュテファン-ボルツマン定数、熱力学　92
シュテファン-ボルツマンの法則、熱力学　92
受動型回転数センサー　1518
受動的な振動の絶縁　52
主要諸元、車両のボディ、乗用車　1196
主要な調整項目、電動調整式シート　1594
主要なベントレベル、空調制御　1579
主量子数、元素周期表　141
準安定状態、物質　148
巡回冗長検査、シリアルワイヤーリング　1480
巡回冗長検査、バスシステム　1457
潤滑剤　304
潤滑性、ディーゼル燃料　335
潤滑性向上剤、ディーゼル燃料　336
潤滑添加剤、摩擦軸受　374
潤滑膜、往復動機関　517
潤滑膜、摩擦軸受　369
潤滑油　315
潤滑油飛沫、往復動機関　519
潤滑用ギャップ、往復動機関　517
瞬間中心、基本概念、自動車技術　935
瞬間ロールセンター、基本概念、自動車技術　935
純粋な電動走行、ハイブリッドドライブ　813
順応性、摩擦軸受　370
順応プロセス、表示と操作　1603
準備コード、車載診断システム　919
俊敏性、ドライビングダイナミクス　1172
ショアー硬度、エラストマー材料　417
仕様、メカトロニクス　1576
乗員保護システム、パッシブセーフティ　1182
消炎、スパークプラグ　685
使用温度範囲、エラストマー素材　413
昇華曲線、水　149
蒸気圧、ガソリン　330
蒸気相抑制剤、腐食防止　296
状況検知、歩行者のアクティブ保護　1671
状況の進展、交差点アシスト　1668
状況分析、歩行者のアクティブ保護　1671
衝撃、力学　41
焼結金属、金属材料　230
焼結軸受、摩擦軸受　372
焼結セラミック抵抗器 (NTC)、温度センサー　1541
焼結フィルター、天然ガス圧力制御モジュール　715
硝酸バリウム、NOx吸着触媒コンバーター　691

常磁性体、磁性体　240
常磁性体、電気工学　101
常磁性体検出器 (PMD)、排出ガス測定方法　905
上死点、充填サイクル　482
使用時モニター実行率、車載診断システム　915
照射量、照明量　68
上昇曲線、電気工学　101
小信号領域、横運動 (曲線走行) の力学　958
状態図、物質　148
状態変化、熱力学　83, 78
状態変数、熱力学　78
状態方程式、熱力学　81
焦点、幾何光学　64
焦点面アレイ、ライダーセンサー　1565
照度、照明量　69
衝突開始までの時間 (タイムトゥコリジョン)、
　緊急ブレーキシステム　1665
衝突電離、電子工学　120
衝突リスク、交差点アシスト　1668
蒸発エンタルピー、材料特性値　208
蒸発ガステスト、CARB規制　870
蒸発ガス排出、EU規制　870
蒸発曲線、水　149
蒸発熱、化学熱力学　152
蒸発熱、材料特性値　208
蒸発物テスト、排出ガス測定方法　909
消費潤滑方式、往復動機関　506
消費水量、スターター用バッテリー　1315
情報エリア、表示と操作　1597
消泡剤、ディーゼル燃料　337
情報収集、交通テレマチック　1614
情報通信、ラジオ／テレビ放送　1606
情報通信装置、表示と操作　1597
照明、表示と操作　1599
照明工学、照明量　67
照明工学で使用される量、法定単位　31
照明工学の特徴量、照明量　67
照明装置　1218
照明量、光学技術　67
正面衝突、統合安全　1192
小面積コントラスト、照明量　70
商用車、車両のボディ、商用車　1208
乗用車および小型商用車のテストサイクル、
　排出ガス規制　880
商用車用トランスミッション、トランスミッション　802
乗用車のインテークマニホールド　581
商用車のインテークマニホールド、吸気システム
　589

1710 付録

商用車のエアフィルター、吸気システム　589
乗用車の吸気システム　573
商用車の吸気システム、吸気システム　586
商用車の排気装置　614
商用車バッテリー　1318
商用車向けブレーキシステム　1106
乗用車用ABSシステム、ホイールスリップ制御
　システム　1141
商用車用ABSシステム、ホイールスリップ制御
　システム　1145
乗用車用TCSシステム、ホイールスリップ制御
　システム　1141
商用車用TCSシステム、ホイールスリップ制御
　システム　1145
商用車用タイヤ　1053
乗用車用タイヤ　1053
乗用車用ディスクブレーキ、ホイールブレーキ　1126
商用車用ディスクブレーキ、ホイールブレーキ　1131
乗用車用パワーアシスト付きステアリングシステム、
　ステアリング　1076
商用車用パワーアシスト付きステアリングシステム、
　ステアリング　1083
乗用車用ユニットインジェクターシステム　754
商用車用ユニットインジェクターシステム　756
商用電源系からの充電、ハイブリッドドライブ　814
常用ブレーキ　1086
常用ブレーキ、牽引車　1106
常用ブレーキ、商用車　1106
常用ブレーキシステム、乗用車および
　小型商用車向けブレーキシステム　1096
常用ブレーキバルブ、電子制御式ブレーキシステム
　1120
常用ブレーキバルブ、ブレーキシステム、商用車
　1113
蒸留、燃料　326
初期応答時間、ブレーキ　1089
初期開弁圧力、圧力制御バルブ　730
初期透磁率、材料特性値　209
触媒、化学熱力学　152
触媒、排気ガス　536
触媒コンバーター　608
触媒コンバーター、排出ガスの触媒処理　690
触媒コンバーター加熱、ガソリン直接噴射　661
触媒コンバーターの診断、車載診断システム　921
触媒コンバーターの配置、排出ガスの触媒処理　692
触媒酸化、排気ガス処理、ディーゼルエンジン　772
触媒測定法、水素センサー　1555
触媒プロセス、排気ガス　537

植物油、ディーゼル燃料　339
助手席エアバッグの作動解除、乗員保護システム
　1189
触覚チャンネル、表示と操作　1597
ショックアブソーバー　1018
ショックアブソーバーの特性曲線　1020
ショックアブソーバーピストン、ショックアブソーバー
　1019
ショットキーダイオード、電子工学　122
ショルダープリテンショナー、乗員保護システム
　1184
シリアルワイヤーリング、自動車内のバスシステム
　1477
シリーズ・パラレル式ハイブリッド、
　ハイブリッドドライブ　827
シリーズ式ハイブリッドドライブ、代替駆動装置　826
シリーズハイブリッド、ハイブリッドドライブ　816
シリカ、スターター用バッテリー　1312
シリカ、タイヤ　1061
シリコーン、プラスチック　275
シリコーン油系フルード、ブレーキフルード　325
シリコーンゴム、エラストマー素材　415
シリコン接着剤、接着技術　454
シリコン半導体抵抗器　1543
自律走行、自動運転の未来　1674
自律走行への道程、自動運転の未来　1676
自律駐車、駐車および操縦システム　1650
示量性状態変数　79
磁力線、電気工学　104
シリンダーシャットオフ、シリンダーへの充填　633
シリンダー充填動作、ディーゼルエンジン　477
シリンダー配置、往復動機関　508
シリンダーバンクシャットオフ、
　シリンダーシャットオフ　633
シリンダー番号、往復動機関　509
シリンダーヘッドガスケット、往復動機関　502
シリンダーヘッドガスケット、平面シール　393
シリンダーヘッドの形状、往復動機関　501
シリンダーへの充填、火花点火機関（SIエンジン）の
　制御　628
シリンダーヘッド、往復動機関　495, 501
自励式　1293
白可鍛鋳鉄、金属材料　227
新気、充填サイクル　482
真空式アクチュエーター、吸気システム　584
真空浸炭焼入れ法、熱処理　287
シングルECUコンセプト、LPG駆動　706

技術用語索引 **1711**

シングルECUコンセプト、天然ガス駆動のエンジン　712
シングルクラッチ、連結装置　786
シングルサーキット、ステアリング　1083
シングルサーキットブレーキ（一系統ブレーキ）　1087
シングルスパークイグニッションコイル、イグニッションコイル　679
シングルスプレー、マニホールド噴射用フューエルインジェクター　664
シングルチューブショックアブソーバー、ショックアブソーバー　1019
シングルディスククラッチ、連結装置　786
シングルパッチ、レーダーセンサー　1563
シングルバレル式ポンプ、ガソリン直接噴射　646
シングルボックス、吸気システム　585
シングルラインブレーキ（単列配管ブレーキ）　1088
シングルリング、バスシステム　1456
シングルローッカーアーム方式、往復動機関　503
シンクロナイザーリング、トランスミッション　793
シンクロメッシュ、トランスミッション　793
信号経路、診断　913
信号処理、ECU　1427
信号対ノイズ比（S/N比）、ラジオ／テレビ放送　1608
信号調整、ECU　1427
信号通信、ラジオ／テレビ放送　1606
信号範囲の点検、車載診断システム　922
進行方向の決定、自動車のナビゲーション　1633
真性伝導、半導体　119
人造石油、ディーゼル燃料　339
診断　912
診断規格、自動車におけるソフトウェアエンジニアリング　1434
診断機能スケジューラ、車載診断システム　920
診断検証機能、車載診断システム　920
診断故障経路マネジメント、車載診断システム　920
診断システム、モトロニック　620
診断システムのマネジメント、車載診断システム　920
浸炭窒化焼入れ法、熱処理　287
診断の頻度、車載診断システム　915
浸炭深さ、熱処理　287
浸炭焼入れ法、熱処理　287
真鍮、非鉄金属　227
振動　48
振動応力、ねじ締結部品　440
振動質量、加速度センサー　1533

振動質量、ノックセンサー　1535
振動ジャイロメーター　1523
振動数範囲、転がり抵抗、タイヤ　1061
振動センサー　1530
浸透度、潤滑剤　307
振動特性、シャーシ　1000
振動特性、車両のボディ（乗用車）　1199
振動の吸収　52
振動の減衰　51
振動を最小化する方法、シャーシ　1004
振動の絶縁　51
振動の絶縁、従来のドライブトレイン　784
振動の低減　51
振動腐食割れ、腐食の種類　291
振動面、波動光学　65
振動励起、電動機　846
侵入感知装置、盗難警報システム　1288
振幅、振動　48
振幅変調（AM）、ラジオ／テレビ放送　1607
シンプルロック、ロックシステム　1276
シンボルウィンドウ、FlexRay　1464
信頼区間、技術統計　191
信頼性、センサー　1499
信頼レベル、技術統計　191
心理音響学、自動車の音響学　993
人力ステアリングシステム、ステアリング　1073
人力ブレーキ　1087

す

スーパーインポーズステアリング、ステアリング　1080
スーパーガソリン、ガソリン　328
スーパーチャージャー（機械式過給機）、ターボチャージャーとスーパーチャージャー　590
水酸化物イオン、水中の酸　155
推奨ルート、自動車のナビゲーション　1634
水素、燃料　343
水素／酸素燃料電池　858
水素炎イオン化検出器、排出ガス測定方法　904
水素化ニトリルブタジエンゴム、エラストマー素材　414
水素化分解油、潤滑剤　305
推測航法、自動車のナビゲーション　1633
水素結合、化学結合　147
水素の供給、燃料電池　860
水中の塩基　155
水中の酸　154
スイッチ、イーサネット　1470

スイッチオン条件、車載診断システム　919
スイッチオン動作、コイル　107
スイッチングダイオード、電子工学　121
推定問題、コンピュータービジョン　1631
水平対向（ボクサー）エンジン　508
水平対向エンジン　508
水平方向のオフセット、レーダーセンサー　1562
水冷式、エンジン冷却システム　555
水冷式、電動機　856
水冷式インタークーラー　562
水冷式オイルクーラー、オイルの冷却　564
水冷式システム、往復動機関　507
水和熱、化学結合　145
スウェッティング、はんだ付け　452
数学　164
数値的モード解析　53
スカイフックショックアブソーバー、
　ショックアブソーバー　1023
スカイフック制御方式、ショックアブソーバー　1022
スカラー積、数学　174
スキッシュ流、ディーゼルエンジン　476
すきま風、空力学　981
すきまばめ、転がり軸受　378
隙間容積、往復動機関　524
スキャンツール、車載診断システム　919
スクイズ鋳造法　1044
すぐば歯、トランスミッション　791
スクラブ半径、基本概念、自動車技術　934
スクリュー式スーパーチャージャー、機械式スーパー
　チャージャー　591
スクロール式スーパーチャージャー、機械式スーパー
　チャージャー　592
スケーラビリティー、ブースト回生システム　838
スケルトンボディ、車両のボディ、商用車　1215
筋の深さ、往復動機関　519
スズ青銅、非鉄金属　227
スター、バスシステム　1455
スター型トポロジー、バスシステム　1455
スターター、始動装置　1368
スターター主電流、始動装置　1371
スターターの制御、始動装置　1375
スターターピニオン、始動装置　1370
スターターモーター、始動装置　1370
スターター用バッテリー　1296, 1310
スターダイヤグラム、往復動機関　514
スタートアップフレームインジケーター、
　FlexRay　1465
スタートヒーティング、火炎式始動装置　765

スターバストポロジー、バスシステム　1457
スターリングトポロジー、バスシステム　1457
スターワッシャー、摩擦結合　432
スタック、燃料電池　859
スタティックコーナリングヘッドランプ、照明装置
　1236
スタティックセグメント、FlexRay　1464
スタビライザー、シャーシ　1012
スタビライザースプリング、シャーシ　1012
スタンダードドライブ、従来のドライブトレイン　783
スタンバイヒーティング、予熱システム　765
スチールコード、ラジアルタイヤ　1052
スチールスプリング、シャーシ　1007
スチールベルトアセンブリー、ラジアルタイヤ　1052
スチールホイール　1042
スチールホイール、ホイール　1040
スチールリンクチェーン、チェーンドライブ　548
スチレンブタジエンゴム、エラストマー素材　414
ステアリング、シャーシ　1072
ステアリングアングルセンサー　1516
ステアリングギヤボックス、ステアリング　1075
ステアリングコラム、ステアリング　1075
ステアリングシリンダー、ステアリング　1077
ステアリング操作による入力、ESC　1151
ステアリング操舵角、基本概念、自動車技術　932
ステアリング操舵トルク、基本概念、自動車技術　932
ステアリング特性、商用車の走行ダイナミクス　964
ステアリングピニオン、ステアリング　1075
ステアリングホイールロック、車両のセキュリティー
　システム　1284
ステアリングロック、車両のセキュリティーシステム
　1284
ステーター、オルタネーター　1355
ステーター、流体トルクコンバーター　788
ステップインデックス型光ファイバー、光ファイバーと
　導波管　71
ステップチェンジセンサー、λセンサー　1546
ステップ入力、走行力学のテスト手順　969
ステラジアン、SI派生単位　26
ステラジアン、照明量　70
ステレオビデオ、コンピュータービジョン　1628
ステンレス鋼、金属材料関連のEN規格　236
ストップランプ、照明装置　1245
ストライベック曲線　517
ストライベック曲線、潤滑剤　309
ストライベック曲線、摩擦軸受　369
ストリップライン、電磁両立性　1391
ストレッチフィット駆動装置、ベルト駆動装置　543

技術用語索引 **1713**

ストローク／コンロッドの比、往復動機関　510
スナップ結合、分離可能な結合　445
スネルの屈折の法則、幾何光学　63
スパーク、イグニッション　670
スパーク持続時間、イグニッション　670
スパークプラグ、イグニッション　681
スパークプラグコンセプト、スパークプラグ　685
スパークプラグシェル、スパークプラグ　682
スパークプラグ電極、ガソリンエンジン　467
スパークプラグの作業、スパークプラグ　688
スパークプラグの選択、スパークプラグ　684
スパークプラグのタイプ、スパークプラグ　687
スパークプラグの取付け、スパークプラグ　688
スパークプラグフェイス、スパークプラグ　689
スパーク抑制ダイオード、イグニッションコイル　679
スパイラル巻きマフラー、排気装置　611
スパッタ軸受、摩擦軸受　371
スピン電流原理、位置センサー　1510
スプリッターボックス、トランスミッション　803
スプリット式ハイブリッド、ハイブリッドドライブ
　817
スプリット式ハイブリッドドライブ、代替駆動装置
　828
スプリング、シャーシ　1006
スプリング式ブレーキアクチュエーター、
　商用車用ディスクブレーキ　1131
スプリング式ブレーキシステム、ブレーキシステム、
　商用車　1108
スプリングストラット独立懸架式サスペンション
　1032
スプリング取付け位置調整、シャーシ　1016
スプリングの種類、シャーシ　1009
スプリングの初期張力、天然ガス圧力制御モジュール
　715
スプリング比、シャーシ　1001
スプレー、マニホールド噴射用フューエル
　インジェクター　663
スプレーガイド燃焼システム、ガソリン直接噴射
　661
スプレーの形成、高圧フューエルインジェクター
　666
スプレーの形成、ピエゾ高圧フューエル
　インジェクター　668
スプレーの形成、マニホールド噴射用フューエル
　インジェクター　663
スプレーの伝播、ディーゼルエンジン　476
スプロケット、チェーンドライブ　552
スペクトル感度、ナイトビジョンシステム　1637

すべり軸受　518
すべり摩擦、力学　45
スポイラーサンルーフ、サンルーフ　1592
スポット直径、溶接技術　448
スポット溶接電極　449
スポット溶接法、溶接技術　448
スモークナンバー、ディーゼル黒煙排出テスト　908
スライダー式ポテンショメーター、角度位置センサー
　1504
スライディングギヤスターター、始動装置　1373
スライディングスリーブターボチャージャー、
　排気ガスターボチャージャー　600
スライド／チルト式サンルーフ、サンルーフ　1592
スライドシュー、ドラムブレーキ　1133
スラロームテスト、走行力学のテスト手順　971
スリーブ／サイレントチェーン、チェーンドライブ
　549
スリーブタイプチェーン、チェーンドライブ　549
スリープモード、LIN　1469
スリップ、基本概念、自動車技術　938
スリップ、タイヤ　1056
スリップ、ホイールスリップ制御システム　1136
スリップ角、基本概念、自動車技術　938
スリップ角、タイヤ　1056
スリップ剛性、商用車の走行ダイナミクス　965
スリップサイン、タイヤのトレッド　1054
スリップ制御、ESC　1154
スリップ率切替しきい値、アンチロックブレーキ
　システム　1138
スリップリングエンドシールド、オルタネーター
　1365
スルーレート、オペアンプ　135
鋭い共振、加速度センサー　1531
鋭さ、音響学　59
スレーブ、バスシステム　1454
スレーブアドレス、シリアルワイヤーリング　1479
擦れ音、自動車の音響学　993
スローレスポンス、OBDの機能　922
スロット、FlexRay　1464
スロット、バスシステム　1453
スロットル装置、シリンダーへの充填　629
スロットル特性マップ、シリンダーへの充填　629
スロットルバルブ、シリンダーへの充填　629
スロットルバルブ角度センサー　1505
スワール、吸気システム　584
スワール、内燃機関（ICエンジン）　477
スワールポート、吸気システム　583
寸法公差、公差　353

1714 付録

寸法偏差、公差　352

せ

ゼーベック係数、電気工学　111
ゼーベック効果、電気工学　111
セーリング走行、ハイブリッドドライブ　824
静圧過給、排気ガスターボチャージャー　598
正帰還 (ポジティブフィードバック)、オペアンプ　130
制御アルゴリズム、ACC　1654
正極、電気工学　96
制御工学　202
正帰構成、ESC　1151
制御サイクル、アンチロックブレーキシステム　1137
制御装置、乗用車ブレーキシステム　1097
制御装置、ブレーキシステム　1086
制御対象系、制御工学　202, 205
制御タスク、制御工学　204
制御チャンネル、MOST　1473
制御ビット、CAN　1461
制御フィラメント、予熱システム　766
制御プロセス、アンチロックブレーキシステム　1137
制御メッセージ、MOST　1474
制御モジュール、ACC　1654
制御ユニット、マイクロコンピューター　1422
制御予熱システム、補助始動装置　767
制御量、制御工学　202
成形シール、シール　391
成形順序の解析、二成分のシール　406
成形断面を持つ軸とハブの結合、形状密着結合　425
正弦関数、数学　168
静磁気センサー　1509
静止時間、λ制御　695
成熟度レベル、自動車におけるソフトウェアエンジニアリング　1436
清浄空気ダクト、吸気システム　573, 588
清浄剤　304
清浄剤、ガソリン　331
清浄剤、ディーゼル燃料　337
静止流体の圧力、流体静力学　74
静水圧、流体力学　74
正接関数、数学　169
製造時適合、排出ガス規制　865
製造日、タイヤの呼び　1063
製造方法、プラスチック　272
静的応力、ねじ締結部品　440
静的シール、シール技術　382
静電放電、電磁両立性　1387, 1392

静電容量、電気工学　95
精度、GPS　1633
青銅、非鉄金属　227
制動開始時間 (タイムトゥブレーキ)、緊急ブレーキシステム　1665
制動距離　1090
制動減速度、ブレーキ　1090
制動減速度　1090
制動された固有振動数、シャーシ　1000
制動されない固有角振動数、シャーシ　1000
制動時間、自動車の力学　949
制動仕事 (吸収エネルギー)、ブレーキシステム　1090
制動準備、緊急ブレーキシステム　1666
制動スリップ率、ホイールスリップ制御システム　1136
制動トルク　1089
制動率、ブレーキシステム　1090
制動力　1089, 1090
制動力配分　1089, 1095
精度要件、センサー　1500
性能仕様、メカトロニクス　1576
性能能力、バッテリー　1298
製品の仕様、許容差　352
製品の幾何特性仕様、公差　352
静摩擦、力学　45
制約トルク、商用車の走行ダイナミクス　965
静力学、力学　41
整流、オルタネーター　1356
整流ダイオード、電子工学　121
整流値、振動　50
世界座標系、コンピュータービジョン　1625
世界統一サイクル、排出ガス規制、大型商用車　892
セカンダリーシュー、ドラムブレーキ　1133
セカンダリーリターダー、補助ブレーキ　1124
赤外線ヘッドランプ、ナイトビジョンシステム　1637
析出硬化、熱処理　286
積層技術、温度センサー　1541
積層材料、プラスチック　273
積層複合材　253
積分、数学　175, 176, 177
セキュリティー、車両イモビライザー　1286
セクション名、回路図　1409
セグメントセンサー、回転数センサー　1520
セタン価、ディーゼル燃料　333
セタン価向上剤、ディーゼル燃料　336
セタン指数、ディーゼル燃料　334

絶縁ゲート型バイポーラトランジスター、電子工学
126
絶縁材料、プラスチック　272
絶縁性、プラスチック　272
絶縁体、スパークプラグ　682
絶縁フォイル、プラスチック　273
設計ガイドライン、スナップ結合　446
設計基準、制御工学　205
接合型電界効果トランジスター、電子工学　126
接合クリアランス、摩擦結合　431
接合力、プラグインコネクター　1381
摂氏度、SI派生単位　26
接触圧、ねじ締結部品　440
接触式温度計　1540
接触電位差、電気工学　111
接触腐食、腐食の種類　291
接触腐食電流測定、腐食試験　293
接線方向磁界センサー、回転数センサー　1521
接続エレメント、排気装置　612
接続先名、回路図　1409
接続マスター、MOST　1475
絶対圧力センサー　1536
絶対出現頻度、技術統計　186
絶対値関数、数学　166
絶対圧センサー　1538
接地電極、スパークプラグ　683
接地面、タイヤ　1056
接着技術、分離できない結合　453
接着剤、接着技術　453
接頭記号、測定単位　25
セパレーター、スターター用バッテリー　1312
セミインディペンデントアクスル、
　ホイールサスペンション　1030
セミ沿面火花放電（セミサーフェスギャップ）
　コンセプト、スパークプラグ　686
セミプロセス、電磁鋼帯　242
セミリジッドアクスル、ホイールサスペンション
1029
セメンタイト、金属材料　221
セラミック　253
セラミック、工業材料　253
セラミック、特性　254
セラミックモリノス、触媒コンバーター　608
セル、スターター用バッテリー　1312
セル電圧、スターター用バッテリー　1314
セルフアライニングトルク、基本概念、自動車技術
938

セルフステアリング勾配、横運動（曲線走行）の力学
959
セルフテスト、診断　912
セルロースを使用したフィルター材料、吸気システム
575
セレクターレバー、電子式トランスミッション制御
804
セレクトロー制御、アンチロックブレーキシステム
1139
ゼロアンペア回転、オルタネーター　1361
零次反応、反応動力学　152
ゼロ蒸発ガス、蒸発ガステスト　910
零点、数学　165
ゼロフレーム、シリアルワイヤーリング　1478
遷移元素、元素周期表　138
繊維複合材　253
遷移領域、横運動（曲線走行）の力学　958
全荷重システム、サスペンションシステム　1015
線間電圧、電動機　849
線形運動量、力学　41
線形運動量の変化、力学　41
線形回帰、技術統計　192
線形弾性挙動、力学　43
線形微分方程式、数学　178
線形方程式系、数学　184
線形領域、横運動（曲線走行）の力学　958
前後方向のリーフスプリングサスペンション、
　ホイールサスペンション　1028
センサー　1498
センサーデータのビデオカメラとの統合、ACC　1656
センサーデータの融合、運転者支援システム　1621
センサーの形状、回転数センサー　1519
センサーの冗長性コンセプト、電子システムの
　アーキテクチャー　1488
センサーの分類　1498
センサーフラップ、流量計　1526
センサープレート、流量計　1526
前室、風洞　983
全シリンダー作動、シリンダーシャットオフ　634
漸進的制動　1088
全速度域、アダプティブクルーズコントロール　1656
センソトロニックブレーキコントロール、
　乗用車ブレーキシステム　1104
センターディファレンシャルでのダイナミック
　カップリングトルク、ESC　1159
センターバルブ、乗用車ブレーキシステム　1100
センターバルブ付きブレーキマスターシリンダー、
　乗用車ブレーキシステム　1099

1716 付録

選択的触媒還元、排気ガス処理、ディーゼルエンジン 776
せん断応力、材料特性値 212
せん断応力、潤滑剤 307
せん断応力、力学 44
せん断応力、流体力学 75
せん断層、空力学 980
せん断弾性係数曲線、プラスチック 259
せん断粘度、潤滑剤 307
せん断率、潤滑剤 307
全地球測位システム（GPS） 1632
選定基準、転がり軸受 377
線熱膨張係数、材料特性値 208
線の中間部分の省略、回路図 1409
全波整流、オルタネーター 1357
全反射、幾何光学 64
全反応、電気化学 158
全幅要求、商用車 965
前面電極、スパークプラグ 683
前面投影面積測定装置、風洞 984
前面露光、ビデオセンサー 1568
前輪駆動、従来のドライブトレイン 784

そ

ソーラーガス、天然ガス駆動のエンジン 710
ゾーンECU、電子システムのアーキテクチャー 1486
相、物質 148
総汚濁、ディーゼル燃料 336
騒音、音響学 58
騒音、吸気システム 575
騒音源、自動車の音響学 991
騒音侵入、音響学 58
騒音低減、音響学 56,58
騒音の吸収、音響学 56
騒音の吸収、排気装置 607
騒音曝露レベル、音響学 58
掃気、シリンダーへの充填 630
掃気、天然ガス駆動のエンジン 713
早期活性化、λセンサー 1548
掃気効率、充填サイクル 482
掃気ポート、2ストローク 484
掃気ポンプ、2ストロークサイクル 484
相境界上の反応、腐食のプロセス 290
双極子-双極子相互作用、化学結合 147
双極子モーメント、電気工学 94
走行安全性、シャーシ 997
走行安定性、ESC 1149
走行快適性、シャーシ 997, 1003

走行快適性セグメント、自動車の音響学 990
走行快適性のシミュレーション、自動車の音響学 990
走行可能距離、商用車用タイヤ 1053
走行挙動、商用車 966
総合効率、熱機関 463
走行状況の試算、ESC 1152
走行性、基本概念、自動車技術 930
層構造、被覆とコーティング 300
走行ダイナミクス統合制御システム 1172
走行ダイナミクスによるステアリング補助 1172
走行中の車両において発生する騒音の測定、自動車の音響学 988
走行抵抗、従来のドライブトレイン 781
走行抵抗特性、従来のドライブトレイン 782
走行抵抗の合計、自動車の力学 940
走行抵抗方程式、空力学 977
総合的な安全性、車両のボディ（乗用車） 1206
走行力学のテスト手順、自動車の力学 967
操作安全性、車両のボディ（乗用車） 1204
操作力、ブレーキ 1089
操作変数の特性曲線、λ制御 695
操作ユニット、表示と操作 1600
操車シエン、駐車および操縦システム 1647
送受信特性、レーダーセンサー 1563
層状充填混合気、ガソリン直接噴射 660
層状充填作動、ガソリン直接噴射 660
送信開始シーケンス、FlexRay 1466
送信媒体、FlexRay 1463
送信パッチ、レーダーセンサー 1563
総制動時間 1090
相対圧センサー 1536
相対出現頻度率、技術統計 187
操舵開始までの時間（タイムトゥステア）、緊急ブレーキシステム 1665
操舵角正弦波入力と周波数応答、走行力学のテスト手順 970
操舵軸、基本概念、自動車技術 933
操舵比、横運動（曲線走行）の力学 961
挿入法、二成分のシール 408
挿入力、力学 42
総発熱量、燃料 327
増分角度／時間制御装置、アキシャルプランジャー分配型ポンプ 760
増分センサー、回転数センサー 1520
双方向チャンネル、表示と操作 1596
層流、流体力学 75
族、元素周期表 138

技術用語索引 **1717**

測地圧力、流体静力学　74
測定感度、加速度センサー　1530
測定ツール、自動車におけるソフトウェア
　　エンジニアリング　1446
速度、力学　38
速度記号、タイヤの呼び　1062
速度係数、流動力学　76
速度測定、FMCWレーダー　1562
側方視界アシスト、運転者支援システム　1618
側方ピン継手、形状密着結合　427
側面電極、スパークプラグ　683
塑性流動特性、潤滑剤　308
測距イメージャー、ライダーセンサー　1566
測距センサー、ACC　1652
外側ディスク、トランスミッション　794
その他の合金鋼、金属材料関連のEN規格　236
その他の消音装置、排気装置　613
ソフトウェアアーキテクチャー　1431
ソフトウェア開発、自動車におけるソフトウェア
　　エンジニアリング　1434, 1438
ソフトウェア機能の実装、自動車におけるソフトウェア
　　エンジニアリング　1443
ソフトウェア機能の設計、自動車におけるソフトウェア
　　エンジニアリング　1443
ソフトウェアコンポーネント、自動車における
　　ソフトウェアエンジニアリング　1432
ソフトウェアとコントロールユニットのテスト、
　　自動車におけるソフトウェアエンジニアリング
　　1444
ソフトウェアの統合、自動車におけるソフトウェア
　　エンジニアリング　1444
ソフトウェアモデル、電子システムのアーキテクチャー
　　1493
ソフトストップ、電気油圧式ブレーキ　1104
ソリッドカラー塗装、被覆とコーティング　301
ソリッドメッシュ、有限要素法　197
ソリッド要素、有限要素法　196
ソレノイド式フューエルインジェクター、マニホールド
　　噴射用フューエルインジェクター　662
ソレノイドバルブインジェクター、コモンレール　739
損失、電動機　854
損失抵抗、電気工学　108
ゾンマーフェルト数、摩擦軸受　369

た

ターゲットパネル、コンピュータービジョン　1626
ダートワイパー、空圧系のシール　404
タービン、排気ガスターボチャージャー　593, 598

タービン、流体トルクコンバーター　788
タービン式ポンプ、電動フューエルポンプ　644
ターボチャージャー　490
ターボチャージャー、排気ガスターボチャージャー
　　490
ターミナルスタッド、スパークプラグ　682
ダーリントントランジスター、電子工学　125
ターンスタイル、二成分のシール　408
ダイアゴナルリンク独立懸架式サスペンション
　　1030
第3オクターブ帯域スペクトル、音響学　56
第一法則、熱力学　80
ダイオード、電子工学　121
耐横転性、商用車の走行ダイナミクス　965
耐干渉性試験、電磁両立性　1391
耐干渉性の測定、電磁両立性　1392
耐久性、CARB規制　868
耐久性、EPA規制　873
耐久性、排出ガス規制、大型商用車　886
耐久性テスト、CARB規制　868
第三法則、熱力学　81
耐障害性を備えた車両電気システム、電子システムの
　　アーキテクチャー　1488
耐障害性を備えた通信ネットワーク、電子システムの
　　アーキテクチャー　1487
対象車両の予測、車線変更アシスト　1663
対象物の検知、ACC　1654
耐振性、材料特性値　211
耐振性バッテリー、スターター用バッテリー　1318
対数関数、数学　167
対数減衰率、振動　49
体積、法定単位　27
体積効率、充填サイクル　482
体積熱膨張係数、材料特性値　208
体積変化、エラストマー素材　413
体積変化仕事、熱力学　79
体積膨張係数、材料特性値　208
体積流量の特性マップ、過給　491
第零法則、熱力学　80
代替作動システム、内燃機関（ICエンジン）　480
代替的なエアコンディショナーユニットのコンセプト
　　1580
耐長周期バッテリー、スターター用バッテリー　1318
ダイナミックコーナリングヘッドランプ、照明装置
　　1236
ダイナミックステアリング、ステアリング　1080
ダイナミックセグメント、FlexRay　1464
ダイナミックトレーリングシーケンス、FlexRay　1466

1718 付録

ダイナミックノイズカバーリング、受信機 1611
ダイナミックルート案内、交通テレマチック 1614
ダイナミックルート計算、自動車のナビゲーション 1634
ダイナモフィールド (DF)、オルタネーター
　レギュレーター 1295
第二法則、熱力学 80
耐熱性、エラストマー素材 413
耐腐食性、ブレーキフルード 324
タイプ名称、スパークプラグ 687
ダイプレート、パンチリベット 456
ダイポールアンテナ、電気工学 109
タイマー、アキシャルプランジャー分配型ポンプ 759
タイマー、ラジアルプランジャー分配型
　インジェクションポンプ 762
タイマーユニット、マイクロコントローラー 1423
耐摩耗性、往復動機関 517
耐摩耗性、摩擦軸受 370
タイミング、充填サイクル 483
タイミング、シリンダーへの充填 630
タイミングチェーン、チェーンドライブ 548
タイミングマスター、MOST 1474
タイムスロット、FlexRay 1464
タイムトリガー CAN 1462
タイムマスター、バスシステム 1453
タイヤ 1050
タイヤ、サスペンションの種類と特性 1006
耐焼付き性、摩擦軸受 370
タイヤキャスタートレール、基本概念、自動車技術 938
タイヤ空気圧 1053
タイヤ空気圧監視システム、電子システムの
　アーキテクチャー 1483
タイヤ空気圧検出システム 1068
タイヤ空気圧制御、タイヤ 1070
タイヤ空気圧制御用ロータリーシール、タイヤ 1070
タイヤ接地面、基本概念、自動車技術 937
タイヤ側面、ラジアルタイヤ 1051
タイヤテスト 1067
タイヤのグリップ 1057
タイヤの構造 1051
タイヤの騒音、タイヤ 1066
タイヤのトレッド、ラジアルタイヤ 1054
タイヤの呼び 1062
ダイヤフラム式センサー、圧力センサー 1536
ダイヤフラム式プレッシャーレギュレーター、
　圧力制御モジュール 715

タイヤラベル 1065
太陽電池セル、電子工学 122
大容量電流注入、電磁両立性 1391
ダイラタント流動特性、潤滑剤 308
対流、熱力学 88
対流伝熱、熱力学 88, 91
ダイレクト式スターター、始動装置 1370
タイロッド、ステアリング 1079
ダウンサイジング、ハイブリッドドライブ 822
ダウンスピーディング、ハイブリッドドライブ 822
楕円形の隙間、摩擦軸受 369
楕円偏光、波動光学 65
多角形運動、チェーンドライブ 550
舵角比、基本概念、自動車技術 933
多気筒エンジンの質量の平衡 512
多機能ガラス、自動車の窓ガラス 1260
多機能レギュレーター、オルタネーター 1360
妥協点、自動車ソフトウェアエンジニアリング 1446
多極ホイール、回転数センサー 1519
多項式、数学 165
多孔質シリコン、マイクロメカニクス 1503
多孔性、材料特性値 212
多孔性二酸化鉛、スターター用バッテリー 1313
多孔バルブ、高圧フューエルインジェクター 666
多種燃料エンジン、内燃機関 (IC エンジン) 480
多相システム、三相電流システム 1350
多色射出成形、二成分のシール 406
多成分射出成形、二成分のシール 406
多層軸受 370
多楕円面、照明装置 1232
たたき音、自動車の音響学 993
多段式浸炭焼入れ法、熱処理 287
脱亜鉛、腐食の種類 291
脱硫、NOx 吸着触媒コンバーター 692
縦運動 (直線走行) の力学、自動車の物理学 940
縦型圧力ばめ、摩擦結合 430
縦型キー継手、摩擦結合 434
縦型シャフト、往復動機関 505
縦方向の傾斜モーメント、往復動機関 513
縦膨張係数、材料特性値 208
縦力、基本概念、自動車技術 937
縦力、タイヤ 1056
妥当性の検証、診断 913
多板クラッチ、トランスミッション 794
多板クラッチ、連結装置 788
多板式オーバーランニングクラッチ、始動装置 1374
多板ブレーキ、トランスミッション 795
ダブルT1オルタネーター、オルタネーター 1366

技術用語索引 **1719**

ダブルウィッシュボーン独立懸架式サスペンション 1031
ダブルキャブ、車両のボディ、商用車 1208
ダブルコーンシンクロメッシュ、トランスミッション 794
ダブルスパークイグニッションコイル、イグニッションコイル 679
ダブルチューブ式オイルクーラー、オイルの冷却 564
ダブルディスククラッチ、連結装置 787
ダブルマスフライホイール、往復動機関 507
ダブルリング型、バスシステム 1456
ダブルロック、ロックシステム 1280
ダミーヘッド測定技術、自動車の音響学 990
ダミー歩行者、歩行者のアクティブ保護 1672
多面体リフレクター、照明装置 1231
多面体リフレクターヘッドランプ 1231
保磁界強度温度係数、材料特性値 209
多連装リアランプ、照明装置 1224
たわみ、スナップ結合 446
たわみ力、スナップ結合 446
単位 24
単位行列、数学 184
単位系 24
単一軌道モデル、横運動 (曲線走行) の力学 959
単一モード光ファイバー、光ファイバーと導波管 71
段階的導入、CARB規制 867
段階的導入、EPA規制 873
段階的廃止、CARB規制 868
炭化水素、排気ガス 535
炭化水素注入、排気ガス処理、ディーゼルエンジン 774
炭化鉄、金属材料 221
単気筒エンジンの質量の平衡 511
タンク呼吸損失、蒸発ガステスト 910
タングステン、照明装置 1220
タングステンイナートガス溶接法、溶接技術 450
タンク内蔵型フィルター、ガソリンフィルター 641
タンク内蔵ユニット、燃料供給モジュール 645
タンク漏れ診断、車載診断システム 921
単結晶シリコン半導体抵抗器 (PTC)、温度センサー 1543
短時間負荷 1293
端子コード 1417
端子図、回路図 1410
端子電圧、スターター用バッテリー 1315
単心シール、プラグインコネクター 1383
弾性運動学、基本概念、自動車技術 930

弾性運動学、ホイールサスペンション 1026
弾性運動特性、商用車の走行ダイナミクス 964
弾性クリップ、スナップ結合 445
弾性係数、材料 220
弾性係数、材料特性値 210
弾性係数、力学 43
弾性スナップフック、スナップ結合 445
弾性要素、スナップ結合 446
弾性流体力学 518
単線ケーブル、CAN 1459
鍛造合金、非鉄金属 227
単相、化学 148
鍛造ホイール、ホイール 1041
鍛造レール、コモンレール 753
炭素の状態図 148
担体コーティング、触媒コンバーター 691
炭窒化チタン、被覆とコーティング 302
段付きの窪み、往復動機関 494
タンデムアクスルアセンブリー、車両のボディ、商用車 1210
タンデムフューエルポンプ、低圧ディーゼル燃料供給 729
タンデムブレーキマスターシリンダー、乗用車ブレーキシステム 1100
断熱可逆的、熱力学 83
ダンパー、ショックアブソーバー 1018
ダンピング定数、ショックアブソーバー 1021
ダンピング特性曲線、ショックアブソーバー 1022
ダンピングの制御、ショックアブソーバー 1022
ダンピングの特性、ショックアブソーバー 1021
ダンピング力、ショックアブソーバー 1021
タンブル、ガソリンエンジン 471
タンブル、吸気システム 583
タンブルフラップ、吸気システム 582
単分子反応、元素 143
暖房回路、空調制御システム 1581
断面、Oリング 384
断面減少率、材料特性値 211
短絡掃気、2ストロークサイクル 484
短絡リングセンサー 1506
単流換気、オルタネーター 1366
単列式、ベルト駆動装置 541

ち

チェーンテンショナー、チェーンドライブ 552
チェーンドライブ、内燃機関 (ICエンジン) 548
チェーンピッチ、チェーンドライブ 549
遅延着火、スパークプラグ 684

1720 付録

知覚安全性、車両のボディ（乗用車） 1203
力、法定単位 29
力、力学 38
力の作用、ねじ締結部品 437
力の作用係数、ねじ締結部品 437
力の三角形、力学 41
力の衝撃、力学 41
力の測定、センサー 1545
力の伝達、タイヤ 1056
力の伝達、力学 42
力の平行四辺形、力学 41
力の平面系、力学 41
置換積分、数学 177
チキソトロピー、潤滑剤 308
地球温暖化係数、冷媒 349
チタン、非鉄金属 230
チタン合金、非鉄金属 230
窒化、熱処理 288
窒化硬化層深さ、熱処理 288
窒化処理済み鋼、金属材料 226
窒化チタン、被覆とコーティング 302
窒化チタンアルミニウム、被覆とコーティング 302
窒素含有フュームの触媒還元、排気ガス処理、
　ディーゼルエンジン 775
窒素酸化物、ガソリンエンジン 473
窒素酸化物、排気ガス 535
窒素浸炭、熱処理 288
チャイルドシート、パッシブセーフティ 1179
チャイルドロック機能、ロックシステム 1275
着座基準点、車両のボディ（乗用車） 1196
着色窓ガラス、自動車の窓ガラス 1260
着火遅れ、ディーゼルエンジン 476
チャレンジレスポンス方式、車両イモビライザー
　1285
中圧センサー 1538
中央エレメント、ESC 1159
中央換気、スターター用バッテリー 1318
中央処理装置、マイクロコンピューター 1422
中央操作ユニット、表示と操作 1600
中央ディスプレイユニット、表示と操作 1600
中央導入ポイント、吸気システム 584
中央モニター、表示と操作 1600
中型および大型トラック、車両のボディ、商用車
　1209
注型樹脂、プラスチック 273
中型バス、車両のボディ、商用車 1214
中間回路、ハイブリッドおよび電気自動車の
　車両電気システム 1305

中間節点、有限要素法 195
中間ばめ、転がり軸受 378
中間ピストン、乗用車ブレーキシステム 1100
中距離バス（都市間輸送バス）、車両のボディ、
　商用車 1214
中距離レーダー、レーダーセンサー 1563
中距離レンジ、運転者支援システム 1620
中空型リベット、リベット接合技術 456
鋳鋼、金属材料 227
中国の規制、排出ガス規制 879
中国の規制、モーターサイクルの排出ガス規制 897
中実リベット、リベット接合技術 456
駐車および操縦システム、運転者支援システム
　1642
駐車支援情報提供、駐車および操縦システム 1645
駐車支援装置、駐車および操縦システム 1642
駐車操車アシスト、駐車および操縦システム 1650
駐車ブレーキ 1086
駐車ブレーキ、自動ブレーキシステム機能 1170
駐車ブレーキ、乗用車ブレーキシステム 1102
駐車ブレーキ、ディスクブレーキ 1127
駐車ブレーキ、ドラムブレーキ 1135
駐車ブレーキシステム、乗用車および
　小型商用車向けブレーキシステム 1096
駐車ブレーキシステム、ブレーキシステム、商用車
　1108
駐車ブレーキバルブ、ブレーキシステム、商用車
　1114
中心穴直径、ホイール 1036
中心からの距離、力学 38
中心電極、スパークプラグ 683
中性子、元素 138
鋳造合金、非鉄金属 227
鋳鉄材料、金属材料 226
鋳鉄材料の規格化、金属材料関連のEN規格 237
鋳鉄製エンジンマウント、有限要素法 197
鋳鉄のタイプ、金属材料 227
鋳鉄の標示法、金属材料関連のEN規格 238
中点粘度、潤滑剤 308
チューブ／フィンシステム、水冷式 556
チューブラー型リベット、リベット接合技術 456
チューブラーボディフレーム、有限要素法 199
チューンドパイプ過給方式、吸気システム 582
チョーク限界、排気ガスターボチャージャー 597
乗員検知、乗員保護システム 1188
超音波、音響学 54
超音波センサー、センサー 1559

技術用語索引 **1721**

超音波駐車支援装置、駐車および操縦システム　1642

超音波パーキングアシスト、駐車および操縦システム　1645

聴覚ダイナミクス、音響学　55

超幾何分布、技術統計　188

長期的目標、自動運転の未来　1677

長期的目標－自律走行、自動運転の未来　1674

長期電流出力用バッテリー、スターター用バッテリー　1318

長距離レンジ、運転者支援システム　1620

超近距離センサー、超音波センサー　1559

超近距離レンジ、運転者支援システム　1621

長時間負荷　1293

長寿命スパークプラグ　683

重畳処理、ECU　1426

調整、レーダーセンサー　1655

調整式シート、電動調整式シート　1594

調整値、照明装置　1254

調整量、ソレノイドバルブインジェクター　739

調節可能なパワーアシスト付きステアリングシステム、ステアリング　1076

超低周波、音響学　54

稠度、潤滑剤　305

超臨界相、水　149

直進走行、横運動（曲線走行）の力学　958

直接制御、電子式トランスミッション制御　807

直接測定システム　1068

直接パルス伝搬時間法、ライダーセンサー　1565

直接火花放電コンセプト、スパークプラグ　686

直線、数学　165

直線運動、力学　38

直線偏光、波動光学　65

直流　96

直流回路　98

直流機　105

直流電圧、電気工学　96

直列エンジン、往復動機関　508

直列接続、抵抗　98

直列接続、インダクタンス　106

直列接続、コンデンサー　96

直列接続、ばね　361

貯蔵テクノロジー、駆動用バッテリー　1323

つ

ツーリーディングシュー式ブレーキ、ドラムブレーキ　1133

ツール技術、二成分のシール　407

ツイステッドネマティックLCD、表示と操作　1601

ツイストビームアクスル、ホイールサスペンション　1029

ツインアクチュエーターシステム、コモンレール　737

ツインターボ過給、複雑な過給システム　601

ツインチューブショックアブソーバー、ショックアブソーバー　1019

ツインロッカーアーム方式、往復動機関　503

ツインワイパー、ウインドシールドおよびリアウィンドウのクリーニングシステム　1269

通過特性、ショックアブソーバー　1019

通気、空力学　979

通信、ECU　1426

通信、モトロニック　620

通信インターフェース、ECU　1428

通信コントローラー、バスシステム　1451

通信モード、PSI5　1471

通電時間、イグニッションコイル　678

ツェナー降伏、ダイオード　120

ツェナーダイオード、電子工学　122

て

データ、バスシステム　1450

データ処理、ECU　1427

データ処理、電子ディーゼル制御（EDC）　724

データ伝送、MOST　1474

データ転送、シリアルワイヤーリング　1478

データ転送速度、PSI5　1471

データフィールド、CAN　1461

データフィールド、LIN　1468

データフィールド、シリアルワイヤーリング　1479

データフレーム、CAN　1461

データフレーム、FlexRay　1465

データフレーム、LIN　1467

データフレーム、MOST　1474

データフレーム、イーサネット　1470

データフレーム、シリアルワイヤーリング　1478

データフレームカウンター、シリアルワイヤーリング　1479

データマトリックスコード、ピエゾ高圧フューエルインジェクター　668

データメモリー、自動車のナビゲーション　1635

データメモリー、マイクロコンピューター　1423

データリンクレイヤー、OSI参照モデル　1452

テーパー結合、摩擦結合　431

テーパーロック継手、摩擦結合　433

テーパーロックリング、摩擦結合　432

テーラードブランク、ホイール　1040

1722 付録

テールランプ、照明装置 1244
ディーゼルエンジン、混合気の形成 475
ディーゼルエンジン制御 722
ディーゼルエンジンでの燃焼、混合気の形成 476
ディーゼルエンジンにおける予混合圧縮着火、
　混合気の形成 480
ディーゼルエンジンの制御 722
ディーゼルエンジンの燃焼プロセス、混合気の形成
　475
ディーゼル黒煙排出テスト、排出ガス測定方法 907
ディーゼルサイクル、熱力学 86
ディーゼル燃料、燃料・潤滑剤・作動液 333
ディーゼル排気液、AdBlue 348
ディーゼルフィルター 732
ディープエッチング、マイクロメカニクス 1502
ディープベッドフィルター、吸気システム 574
ディープベッドフィルターメディア、エンジンの潤滑
　570
低圧EGR、排気ガス再循環 493
低圧回路、高圧ポンプ、コモンレール 750
低圧コントロールバルブ、低圧ディーゼル燃料供給
　730
定圧サイクル、熱力学 86
低圧システム、燃料供給と燃料配分、
　ガソリン直接噴射 637
低圧センサー 1538
低圧チェンバー、天然ガス圧力制御モジュール 715
低圧燃料供給、ディーゼルエンジン制御システム
　726
低温回路、排気ガスの冷却 563
低温試験電流、スターター用バッテリー 1315
低温時の柔軟性、エラストマー材料 420
低温スラッジ、潤滑剤 305
低温粘度、ブレーキフルード 323
定格音レベル、音響学 58
定格回転数、オルタネーター 1361
定格電流、オルタネーター 1361
定格電流、三相オルタネーター 1294
抵抗、電気工学 97
抵抗係数、自動車の力学 943
抵抗係数、流体力学 77
抵抗測定 1541
抵抗測定法、水素センサー 1555
抵抗損、電動機 854
抵抗プロジェクション溶接法 448
抵抗溶接法、溶接技術 448
デイジーチェーン型トポロジー、バスシステム 1456

停止位置検出装置、ウインドシールドおよび
　リアウィンドウのワイパー装置 1266
停止時間、自動車の力学 950
停止中の車両による騒音発生、自動車の音響学
　989
定常円旋回、走行力学のテスト手順 969
定常円旋回、横運動（曲線走行）の力学 959
定常電圧、スターター用バッテリー 1320
定常熱貫流、熱力学 90
定常波、振動 50
定常波比、電気工学 108
ディスク式オイルクーラー、オイルの冷却 564
ディスク積層式オイルクーラー、オイルの冷却 564
ディスプレイの種類、表示と操作 1601
低騒音構造、音響学 56
低速CAN 1459
低速追従機能、ACC 1656
低速追随、アダプティブクルーズコントロール 1656
デイタイムランニングランプ、照明装置 1246
低電圧金属グロープラグ、予熱システム 765
低電圧セラミックグロープラグ、予熱システム 766
低電圧予熱システム、補助始動装置 765
定電位電解装置、腐食試験 292
ディファレンシャル、ドライブトレイン 808
ディファレンシャルかさ歯車、ディファレンシャル
　808
ディファレンシャルロック、ディファレンシャル 810
ディファレンシャルロック機能、トラクション
　コントロールシステム 1140
ディフューザー、排気ガスターボチャージャー 598
定容サイクル、熱力学 86
ディラックのデルタ関数、数学 181
ディレクショナルトレッド、タイヤ 1062
デカルト座標、数学 171
適応制御、制御工学 205
適合システム、自動車におけるソフトウェア
　エンジニアリング 1446
適合ツール、自動車におけるソフトウェア
　エンジニアリング 1446
適合データ、自動車におけるソフトウェア
　エンジニアリング 1446
滴点、潤滑剤 309
テクスチャーパターン、コンピュータービジョン
　1627
テクノロジーモデル、電子システムの
　アーキテクチャー 1492
てこ、力学 42
てこの原理、力学 42

技術用語索引 **1723**

デザインバリエーション、ホイール　1045
デジタルイコライザー、受信機　1610
デジタルインターフェース、ECU　1427
デジタルサウンド調整、受信機　1611
デジタル指向性アンテナ、受信機　1612
デジタル受信機　1610
デジタル制御、制御工学　205
デジタルダイバーシティシステム、受信機　1612
デジタルディスプレイ、表示と操作　1599
デジタル変調プロセス、ラジオ／テレビ放送　1607
デジタルマップ、自動車のナビゲーション　1635
デシベル　55
テスターベースの診断モジュール、ECU診断　928
テストサイクル、排出ガス規制、大型商用車　890
テスト手順、排出ガス規制　865
テストと危険回避、運転者支援システム　1623
テストベンチによる測定、排出ガス測定方法　903
デスモトロニック、往復動機関　505
テスラ、SI派生単位　26
鉄基合金、金属材料　221
鉄芯、イグニッションコイル　678
鉄損、電動機　855
鉄系材料、金属材料　221
鉄-炭素状態図、金属材料　221
デッドロック、ロックシステム　1280
デパワードエアバッグ（出力減少型）、
　乗員保護システム　1186
デフレクションフォースレバーアーム、基本概念、
　自動車技術　934
デプレッション型、電界効果トランジスター　128
デフロストベント、空調制御　1580
デュアルECUコンセプト、LPG駆動　706
デュアルECUコンセプト、天然ガス駆動のエンジン
　712
デュアルλセンサー制御、排気ガス処理　696
デュアルクラッチ、連結装置　787
デュアルクラッチトランスミッション、
　トランスミッション　798
デュアルクラッチトランスミッション、
　ハイブリッドドライブ　825
デュアルサーキット、ステアリング　1084
デュアルスプレー、マニホールド噴射用フューエル
　インジェクター　663
デュアルマスフライホイール、
　従来のドライブトレイン　785
テレスコピックショックアブソーバー、
　ショックアブソーバー　1018
電圧、電気工学　94

電圧制御、オルタネーター　1359
電圧制御オシレーター、レーダーセンサー　1561
電圧の測定、電気工学　97
電圧の調整、車両システムの電圧　1294
電圧則、電気工学　97
電圧レベル、CAN　1459
電位、電気工学　94
電位差測定法、水素センサー　1555
点火、ガソリンエンジン　467, 468
電荷、電気工学　94
電界、電気工学　94
電解液、スターター用バッテリー　1312
電解液の比重、スターター用バッテリー　1314
電界効果トランジスター、電子工学　126
電解質電導、電気化学　158
電荷移動、ビデオセンサー　1569
電界特性インピーダンス、電気工学　109
点火エネルギー、イグニッション　670
点火エネルギー、ガソリンエンジン　468
点火が遅れるステップ、ノック制御　674
点火角度の調整、触媒コンバーターの加熱　693
点火間隔、往復動機関　515
電荷結合素子、ビデオセンサー結合素子　1568
添加剤、ガソリン　331
添加剤、潤滑剤　304
添加剤、ディーゼル燃料　336
添加剤システム、排気ガス処理、ディーゼルエンジン
　774
点火時期、イグニッション　671
点火時期の決定、イグニッション　677
点火時期の補正、イグニッション　672
点火時期補正、イグニッション　675
点火時期マップ、イグニッション　672
点火順序、往復動機関　509
点火上死点、充填サイクル　482
点火進角ステップ、ノック制御　674
点火進角待ち時間、ノック制御　674
点火スパーク、イグニッション　670
点火電圧、イグニッション　670
点火電圧、スパークプラグ　685
点火の実行、イグニッション　677
点火火花、ガソリンエンジン　467
点火ペレット、乗員保護システム　1187
点火ポイント、充填サイクル　483
点火ポイントのプログラムマップ、ガソリンエンジン
　468
電気アシスト排気ガスターボチャージャー　491
電気陰性度、化学結合　147

1724 付録

電気エネルギー管理 1300
電気エネルギーの生成、オルタネーター 1354
電気エネルギー密度、電気工学 95
電気化学 158
電気化学測定法、水素センサー 1554
電気化学的インピーダンス分光 (EIS)、腐食試験 292
電気化学的試験、腐食試験 292
電気化学的腐食、腐食のプロセス 290
電気化学的プロセス、腐食防止 295
電気化学反応、電気化学 159
電気機械式制御、電子式トランスミッション制御 807
電気機械式駐車ブレーキ、自動ブレーキシステム機能 1170
電気機械式駐車ブレーキ、乗用車ブレーキシステム 1101
電気機械式バルブギヤ 487
電気機械式パワーアシスト付きステアリング、ステアリング 1078
電気機械式ブレーキブースター、乗用車ブレーキシステム 1098
電気工学 94
電気式パワーアシスト付きステアリング、ステアリング 1078
電気式ロック、ロックシステム 1282
電気システムの構成 1296
電気システムのトポロジー、燃料電池 862
電気システムのパラメーター 1297
電気双極子、化学結合 146
電気的作動、高圧フューエルインジェクター 666
電気的作動、ピエゾ高圧フューエルインジェクター 668
電気的作動、マニホールド噴射用フューエルインジェクター 664
電気伝導率、材料特性値 208
電気伝導率、電子工学 118
電気分解、電気化学 158
電気モーター、電動フューエルポンプ 643
電気油圧式アクチュエーター、電子式トランスミッション制御 807
電気油圧式バルブタイミング 488
電気油圧式ブレーキ、乗用車ブレーキシステム 1104
電極、スターター用バッテリー 1312
電極、スパークプラグ 683
電極ギャップ、ガソリンエンジン 467
電極ギャップ、スパークプラグ 685

電極の摩耗、スパークプラグ 686
電気量、法定単位 30
典型元素、元素周期表 138
典型的な特性曲線、電動機 847
電源供給遮断機能、始動装置 1374
電源供給ユニット、モータースポーツ 700
電源電圧変動除去比、オペアンプ 131
電子、元素 138
電子安定器、リトロニック、照明装置 1234
電磁界、電気工学 94
電子軌道、元素周期表 138, 141
電子工学 118
電磁鋼帯 242
電磁鋼板、磁性体 242
電磁式アクティブシャーシ 1016
電磁式荷重応動型制動力制御、ホイールスリップ制御システム 1140
電磁式高圧フューエルインジェクター、混合気の形成 664
電子式車両イモビライザー、車両のセキュリティーシステム 1284
電子式トランスミッション制御、トランスミッション 804
電子式バッテリーセンサー 1303
電磁式リターダー、補助ブレーキ 1124
電子システムのアーキテクチャー、車両の電子システム 1482
電磁出力密度、電気工学 109
電子制御ソレノイドバルブ式分配型噴射ポンプ 760
電子制御マップ式サーモスタット、水冷式 560
電子制御、ユニットインジェクター 757
電子制御ロータリーソレノイドアクチュエーター付き分配型噴射ポンプ 759
電子制御式ガバナー、アキシャルプランジャー分配型ポンプ 759
電子制御式スロットル (ETC) の構成部品、シリンダーへの充填 629
電子制御式ブレーキシステム、ブレーキシステム、商用車 1118
電子制御の空気処理装置、ブレーキシステム、商用車 1112
電子制御ブレーキシステム 1086
電子制御ブレーキ力配分、ESC 1154
電子ディーゼル制御 (EDC) 723
電子的な全方位視界、運転者支援システム 1620
電子なだれ、電子工学 120
電磁波の伝播、電気工学 109

技術用語索引 **1725**

電磁放射、光学技術　62
電磁誘導、オルタネーター　1354
電磁誘導の法則、電気工学　104
電食、グリース　317
テンションスプリング、ラジアルシャフトシール 397
テンションプーリー、ベルト駆動装置　542
テンションレール、チェーンドライブ　553
電磁両立性（EMC）　1384
電磁両立性試験、電磁両立性　1393
電信、バスシステム　1450
転送指向方式、バスシステム　1455
転送システム、LIN　1467
伝送システム、MOST　1473
転送システム、PSI5　1471
転送システム、イーサネット　1469
転送信頼性、バスシステム　1457
転送速度、LIN　1467
転送速度、イーサネット　1469
電装品の分類、車両の電気システム　1293
伝送路、交通テレマチック　1613
伝送レート、MOST　1473
電束変位密度、電気工学　94
伝達関数、振動　49
伝達関数、ボディの加速度　1002
伝達装置、乗用車ブレーキシステム　1101
伝達装置、ブレーキシステム　1087
伝達要素、制御工学　203
電着、被覆とコーティング　298
電動機　1330
電動機コンセプトの選択、ブースト回生システム
　838
電動機のタイプ　847
電動吸引バルブ、高圧ポンプ、コモンレール　751
電動コンプレッサー、複雑な過給システム　604
電動サンルーフ駆動装置、サンルーフ　1592
電動式アクチュエーター、吸気システム　584
転動体、転がり軸受　376
電動調整式シート、車室内の快適性と操作性に
　関する機能　1594
電動ドライブ、ドライブトレイン　820
電動ドライブ、燃料電池　862
電動ドライブ、ハイブリッドドライブ　822
電動フューエルポンプ、コモンレール　735
電動フューエルポンプ、低圧ディーゼル燃料供給
　726
電動フューエルポンプ、燃料供給、火花点火（SI）
　エンジン　643
伝導妨害、電磁両立性　1390

電動無段変速トランスミッション、
　ハイブリッドドライブ　828
伝熱、熱力学　88
天然ガス、燃料　341
天然ガスインジェクター　713
天然ガス駆動のエンジン　710
天然ガス自動車　710
天然ガス車のエンジンマネジメント　712
天然ガス充填ステーション網、天然ガス駆動の
　エンジン　710
天然ガス直接噴射　713
天然ガスの貯蔵、天然ガス駆動のエンジン　710
天然ガスマニホールド噴射　712
点滅頻度、照明装置　1243
電流、SI単位　25
電流磁気効果、電気工学　113
電流出力能力、スターター用バッテリー　1315
電流測定、水素センサー　1554
電流特性、オルタネーター　1361
電流の測定、電気工学　97
電流の方向、電気工学　96
電流則、電気工学　97
電流容量、スターター用バッテリー　1315
電力カップリング手順、電磁両立性　1391

と

トーアウト、基本概念、自動車技術　933
トーイン、基本概念、自動車技術　933
トー角、基本概念、自動車技術　932
トークンパッシング、バスシステム　1454
トーションダンパー、従来のドライブトレイン　785
トーションバースプリング、シャーシ　1009
トーションバースプリング、プリング　364
トーションリンクアクスル、ホイールサスペンション
　1029
ドーピング、電子工学　118
ドープ潤滑剤　305
トーン、音響学　58
ドアロック、車両のボディ（乗用車）　1202
動圧、空力学　974
動圧、流量計　1526
動圧過給　489
同位体、元素　141
同意判決、排出ガス規制、大型商用車　886
投影中心、コンピュータービジョン　1629
等エントロピー指数、熱力学　83
等音曲線、音響学　59
等価騒音レベル、音響学　58

1726 付録

灯火の色、自動車用ライトおよびランプ 1247
導関数、数学 175
同期、FlexRay 1464
同期、LIN 1467
同期、LIN 1468
同期ブレーク、LIN 1467
同期フレームインジケーター、FlexRay 1465
冬季用タイヤ 1066
冬季用タイヤ、タイヤのトレッド 1054
冬季用タイヤの呼び 1064
統計的プロセス制御、技術統計 192
統合安全、パッシブセーフティ 1190
統合型センサー 1500
銅合金、非鉄金属 227
投光システム、ヘッドランプ、照明装置 1230
統合正面衝突検知、統合安全 1193
動作特性、同期電動機 1342
透磁率、材料特性値 209
同心度、ホイール 1048
同心度の偏差、ラジアルシャフトシール 400
同相信号除去比、オペアンプ 131
同相入力抵抗、オペアンプ 131
導体ループ、電気工学 100
動的シール、シール技術 382
動的なホイール荷重変動、シャーシ 1001
動的粘性率、潤滑剤 307
動的粘性率、流体力学 75
導電格子、スターター用バッテリー 1313
導電性カップリング、電磁両立性 1385
導電性ガラスシール、スパークプラグ 682
盗難警報システム、車両のセキュリティーシステム 1288
盗難防止、ロックシステム 1280
盗難防止システム、車両のセキュリティーシステム 1284
銅ニッケル合金、非鉄金属 227
動粘度 517
動粘度、潤滑剤 308
動粘度、ショックアブソーバーシステム 1021
動粘度、流体力学 75
導波管、電気工学 108
動誘導、電気工学 105
倒立型、圧力センサー 1537
動力、オルタネーター 1362
動力学粘度 517
動力伝達効率、オルタネーター 1363
動力伝達効率、熱機関 461
道路工事アシスト、車線アシスト 1660

道路標識認識、運転者支援システム 1621
ドエル時間、イグニッション 677
ドエル時間の決定、イグニッション 677
トクスクリンチング、打ち抜きクリンチングプロセス 457
特性、燃料 327
特性、有限要素法 197
特性インピーダンス、電気工学 108
特性曲線の種類、センサー 1498
特徴抽出、コンピュータービジョン 1627
特定回転数、電動機 849
特定用途向け出力ステージ、ECU 1428
独立型、吸気システム 587
独立懸架式サスペンション、シャーシ 1030
独立制御、アンチロックブレーキシステム 1139
独立の原則、公差 353
閉じた系、熱力学 78
吐出開始時期の制御、アキシャルプランジャー分配型ポンプ 760
吐出係数、流体力学 76
吐出ストローク、ユニットインジェクター 755
吐出量、高圧ポンプ、コモンレール 749
塗装、車両のボディ（乗用車） 1201
塗装、被覆とコーティング 300
トップダウンアプローチ、電子システムのアーキテクチャー 1495
トップフィード原理、インジェクター 707
ドップラー効果、GPS 1633
ドップラー効果、音響学 55
ドップラー効果、レーダーセンサー 1560
凸レンズ、幾何光学 64
トポロジー、FlexRay 1463
トポロジー、MOST 1475
トポロジー、イーサネット 1470
トポロジー、シリアルワイヤーリング 1477
トポロジーモデル、電子システムのアーキテクチャー 1493
ドメイン、電子システムのアーキテクチャー 1484
ドメインに集中化されたE/Eアーキテクチャー、電子システムのアーキテクチャー 1484
ドライサンプ潤滑方式、往復動機関 506
「ドライ」貯蔵、スターター用バッテリー 1316
ドライバーのタイプを識別、電子式トランスミッション制御 805
ドライブエンドシールド、オルタネーター 1365
ドライブシャフトギヤ、ディファレンシャル 808
ドライ沸点、ブレーキフルード 323

技術用語索引 **1727**

ドライブトレイントポロジー、ブースト回生システム
　836
ドライブトレインの構成要素、
　従来のドライブトレイン　780
トライボロジー、往復動機関　517
トラクションコントロールシステム、ホイールスリップ
　制御システム　1137, 1140
トラクター、車両のボディ、商用車　1209
トラッキングコントロール、ACC　1654
トラックのシャーシ、車両のボディ、商用車　1209
ドラッグパワー、補助ブレーキ　1122
トラバース、風洞　985
トラフフラップ、吸気システム　583
トラペゾイダルリンク独立懸架式サスペンション
　1033
ドラムブレーキ、ホイールブレーキ　1132
トランシーバー、車両イモビライザー　1285
トランシーバー、バスシステム　1451
トランジスター、電子工学　124
トランスポートレイヤー、OSI参照モデル　1453
トランスポンダー、車両イモビライザー　1285
トランスミッション、ドライブトレイン　791
トランスミッションオイル、潤滑剤　314
トランスミッション音響学　991
トランスミッション制御用位置センサー　1511
トランスミッション制御用回転数センサー　1522
取付け位置、バッテリー　1291
取付けエレメント、排気装置　612
取付けスペース、電動機　846
取付けスリーブ、Oリング　389
取付けに関する注意事項、ラジアルシャフトシール
　401
取付けマット、触媒コンバーター　609
ドリフト電流、センサー　1556
トリプルλセンサー制御、排気ガス処理　696
トリプルコーンシンクロメッシュ、トランスミッション
　794
取回し、ワイヤーハーネス　1380
トリミング、温度センサー　1541
トリミング抵抗器、温度センサー　1541
トルク、力学　39
トルク位置、往復動機関　521
トルク曲線、過給　490
トルク構成、モトロニック　618
トルク上昇、往復動機関　523
トルクセンサー　1544
トルクセンサー、ステアリング　1080
トルク測定、センサー　1544

トルクベクタリングアクチュエーター　1174
トルク変換係数、流体トルクコンバーター　790
トルク要求、モトロニック　618
トレーラー、FlexRay　1466
トレーラー振動軽減機能、ESC　1157, 1158
トレーラー制御バルブ、ブレーキシステム、商用車
　1117
トレーラー制御モジュール、
　電子制御式ブレーキシステム　1121
トレーラー付き運行、車両のボディ、商用車　1215
トレーラーの常用ブレーキ　1107
トレーリングアクスル、車両のボディ、商用車　1210
トレーリンクリンク、ホイールサスペンション　1028
トレーリングリンク独立懸架式サスペンション
　1030
トレッドの再生、商用車用タイヤ　1053
トレッドパターン、ラジアルタイヤ　1052
トレッド摩耗インジケーター、タイヤのトレッド
　1054
トレッド溝、タイヤのトレッド　1054
トレランスリング、摩擦結合　432
トレンチング、マイクロメカニクス　1502
ドロップセンター、ホイール　1036
泥と雪、タイヤの呼び　1064
トンネル磁気抵抗効果、電気工学　117

な

内気循環モード、空調制御　1578
内径、Oリング　384
ナイトビジョンシステム　1636
内燃機関（ICエンジン）　460
内燃機関（ICエンジン）の冷却液　319
内部エネルギー、熱力学　79
内部空力抵抗、車両の空力学　975
内部光電効果、センサー　1556
内部混合気形成方式、ガソリンエンジン　464
内部シール、空圧系のシール　404
内部抵抗、スターター用バッテリー　1315
内部排気ガス再循環、シリンダーへの充填　630
内容に基づくアドレス指定、CAN　1460
長さ、SI単位　24
長さ、チェーンドライブ　551
長さ、法定単位　27
流れ、ガソリンエンジン　471
流れ、層流　75
流れ、乱流　75
流れ圧力、潤滑剤　304
流れの中の抵抗、流体力学　77

流れの方向、流量計　1527
鳴き、自動車の音響学　993
ナノファイバーを使用したフィルター素材、
　吸気システム　589
ナビゲーションシステム　1632
ナビゲーション装置　1632
鉛アンチモン合金、スターター用バッテリー　1313
鉛カルシウム合金、スターター用バッテリー　1313
鉛カルシウムすず合金、スターター用バッテリー
　1313
鉛格子、スターター用バッテリー　1312
鉛蓄電池、スターター用バッテリー　1312
鉛蓄電池、電気化学　159
波形管、排気装置　612
波形チューブ、ワイヤーハーネス　1380
ならし性能、摩擦軸受　370
軟化剤、ラジアルタイヤ　1051
軟化焼なまし、熱処理　285
軟磁性材料　244
軟磁性体　240
軟磁性体、電気工学　102
軟磁性フェライトコア　244
軟磁性部品用焼結金属　244
軟質材料シール、平面シール　393
ナンバープレートランプ、照明装置　1223, 1245
軟ろう付け、はんだ付け技術　452

に

ニーエアバッグ、乗員保護システム　1187
ニードル軸受、転がり軸受　376
二酸化鉛、スターター用バッテリー　1314
二次温度係数、PTC　1542
二次衝突緩和、乗員保護システム　1183
荷室寸法、車両のボディ（乗用車）　1197
二次反応、反応動力学　153
二次焼入れ、熱処理　284
二重結合、化学結合　145
二次ロック、プラグインコネクター　1382
二成分のシール、シール　406
ニッケル水素テクノロジー、駆動用バッテリー　1323
ニトリルブタジエンゴム、エラストマー素材　414
日本の規制、排出ガス規制　878
日本の規制、モーターサイクルに対する
　排出ガス規制　897
日本のテストサイクル、排出ガス規制　885
日本の排出物規制値、排出ガス規制、大型商用車
　888
二面幅　439

入射角、ベルト駆動装置　542
乳濁液、物質　148
ニュートン、SI派生単位　26
ニュートン流体、潤滑剤　308
ニューヨーク市サイクル、米国のテストサイクル　882
入力信号、ECU　1427
尿素水溶液、AdBlue　348
尿素水溶液、作動液　348
尿素水溶液、排気ガス処理、ディーゼルエンジン
　778
二硫化モリブデン、潤滑剤　306
人間の目　67
認証、車両イモビライザー　1285
認定記号、照明装置　1219

ぬ

ヌープ硬度、熱処理　280
ヌセルト数、熱力学　91
ヌルフレームインジケーター、FlexRay　1465
濡れた路面での制動、タイヤ　1055

ね

ネール点、磁性体　240
ねじ締結部品　435
ねじ締結部品の戻止め機構、ねじ締結部品　441
ねじの締付けトルク、ねじ締結部品　437
ねじの寸法、ねじ締結部品　443
ねじの力、ねじ締結部品　437
ねじ外れ、ねじ締結部品　441
ねじり応力、ばね　365
ねじり応力、力学　44
ねじり振動、往復動機関　507
ねじりスナップフック、スナップ結合　445
ねじりばね、ばね　363
ねじり力、往復動機関　513
ねじを緩めるのに必要なトルク、ねじ締結部品　439
ねずみ鋳鉄、金属材料　227
熱、熱力学　79
熱、法定単位　30
熱依存の挙動、タイヤのグリップ　1058
熱価、スパークプラグ　683
熱価の余裕、スパークプラグ　684
熱解析、ブースト回生システム　840
熱化学的処理、熱処理　287
熱価コード、スパークプラグ　683
熱可塑性エラストマー、プラスチック　265
熱可塑性プラスチック、化学名　258
熱可塑性プラスチック、機械的性質　262

技術用語索引 **1729**

熱可塑性プラスチック、プラスチック　257
熱間加工用鋼、金属材料　222
熱管理、エンジンの潤滑　571
熱管理、駆動用バッテリー　1329
熱貫流、熱力学　90
熱機関、内燃機関 (IC エンジン) 460
熱起電力、電気工学　112
熱限界、電動機　857
熱硬化性プラスチック、プラスチック　269
熱式加速度センサー　1532
熱磁気効果、電気工学　113
熱処理プロセス　281
熱水ユニット、風洞　985
熱線を組み込んだ合せガラス、自動車の窓ガラス
　1261
熱着火、スパークプラグ　684
熱的経年劣化プロセス、高電圧バッテリー　1308
熱的状況、ブースト回生システム　840
熱的状態方程式、熱力学　81
熱電気、電気工学　111
熱伝達率、熱力学　91
熱電対、電気工学　111
熱伝導、熱力学　88
熱伝導、流量計　1527
熱伝導抵抗、熱力学　89
熱伝導率、材料特性値　208
熱伝導率、熱力学　89
熱電法、水素センサー　1555
熱電列、電気工学　111
ネットワーク管理、LIN　1469
ネットワークトポロジー、バスシステム　1455
ネットワークマスター、MOST　1475
ネットワークモデル、電子システムの
　アーキテクチャー　1493
ネットワークレイヤー、OSI 参照モデル　1453
熱の管理、燃料電池　861
熱放射、熱力学　92
熱放射体、照明装置　1220
熱暴走、駆動用バッテリー　1326
熱膨張係数、材料特性値　208
熱力学　78
熱力学系　78
熱力学の法則　80
熱量、法定単位　29
熱量的状態方程式、熱力学　81
ネルンストセル、λセンサー　1546
ネルンストの式、電気化学　159
燃焼圧力、イグニッション　671

燃焼時間、イグニッション　670
燃焼速度、ガソリンエンジン　469
燃焼点　304
燃焼トルク、火花点火 (SI) エンジン　616
燃焼プロセス、ガソリンエンジン　467
燃焼容器、イグニッション　670
粘性、流動力学　75
粘性流動特性、潤滑剤　308
粘弾性、タイヤのグリップ　1057
粘度、潤滑剤　309
粘度、ディーゼル燃料　335
粘度、ブレーキフルード　323
粘度、法定単位　30
粘度指数、潤滑剤　309
粘度等級、潤滑剤　309
燃費、CARB 規制　869
燃費、往復動機関　521
燃費、自動車の力学　952
燃費、タイヤラベル　1066
燃料・潤滑剤・作動液　326
燃料液滴、ガソリンエンジン　466
燃料温度センサー　1543
燃料気化、ガソリンエンジン　465
燃料供給、LPG 駆動　703
燃料供給、コモンレール　735
燃料供給、低圧ディーゼル燃料供給　726
燃料供給、火花点火機関 (SI エンジン) の制御　636
燃料供給コントロールバルブ、ガソリン直接噴射
　648
燃料供給コントロールバルブ、燃料供給と燃料配分、
　ガソリン直接噴射　639
燃料供給システム、モトロニック　619
燃料供給制御、高圧ポンプ、コモンレール　749
燃料供給と燃料配分、ガソリン直接噴射　637
燃料供給と燃料配分、吸気マニホールド噴射　636
燃料供給ポンプ、アキシャルプランジャー分配型
　ポンプ　758
燃料供給モジュール、燃料供給、火花点火 (SI)
　エンジン　645
燃料クーラー、低圧ディーゼル燃料供給　730
燃料蒸発ガス、日本の規制　878
燃料蒸発ガス、モーターサイクルに対する
　排出ガス規制　895,896
燃料蒸発ガス処理装置、燃料供給　639
燃料タンクからの蒸発ガス、吸気システム　584
燃料電池、代替駆動装置　858
燃料電池システム　860
燃料電池スタック　859

1730 付録

燃料電池ハイブリッド自動車、燃料電池　862
燃料等級、ガソリン　328
燃料の規格、ガソリン　328
燃料の規格、ディーゼル燃料　333
燃料の揮発性、ガソリン　329
燃料の計量、アキシャルプランジャー分配型ポンプ　760
燃料バランス制御、コモンレール　738
燃料フィルター、コモンレール　736
燃料フィルター、ディーゼル　732
燃料噴射、コモンレール　737
燃料噴射装置、分配型噴射ポンプ　763
燃料変換係数、熱機関　463
燃料補給テスト、蒸発物テスト　911
燃料補給による排出、蒸発ガステスト　911
燃料リターン、燃料供給と燃料配分、吸気マニホールド噴射　636
燃料レベルセンサー　1506

の

ノードアドレス、バスシステム　1455
ノードモデル、電子システムのアーキテクチャー　1492
能動型回転数センサー　1518
能動的な振動の絶縁　51
濃度センサー　1546
ノズルスプリング、ソレノイドバルブインジェクター　739
ノズルニードル、ソレノイドバルブインジェクター　739
ノズルニードル、ピエゾインラインインジェクター　744
ノズルホルダーアセンブリー　763
ノッキング　1535
ノッキング、ガソリンエンジン　471
ノッキング、スパークプラグ　687
ノッキングの検出、イグニッション　674
ノッキング防止、ガソリン直接噴射　661
ノック制御、イグニッション　673
ノック制御システム、イグニッション　673
ノックセンサー　1535
ノックセンサー、イグニッション　674
伸び側、ショックアブソーバー　1022
ノブ、ロックシステム　1275
ノンロッキング軸受、転がり軸受　377

は

バー、有限要素法　199
パーキングランプ、照明装置　1245
バーチャルプロトタイプ製作、自動車の音響学　994
パーティションの開口部、スターター用バッテリー　1312
ハードウェアモデル、電子システムのアーキテクチャー　1493
ハードケースセル、駆動用バッテリー　1325
バーナーチャンバーを使用した火炎始動装置、補助始動装置　768
ハーフエンジン運転、シリンダーシャットオフ　633
バーミキュラ黒鉛ねずみ鋳鉄、金属材料　227
ハーモニックドライブ、ステアリング　1081
バー要素、有限要素法　195
パーライト、鋼　222
パーライト組織、鋼　222
ハイウェイテストサイクル、米国のテストサイクル　882
ハイエンドECU、モータースポーツ　700
煤煙の排出量、ディーゼルエンジン　479
バイオエタノール、ガソリン　331
バイオガス、天然ガス駆動のエンジン　710
バイオ機能フィルター、車室フィルター　1583
バイオディーゼル、ディーゼル燃料　337
バイオマス液化油、ディーゼル燃料　339
バイオメタン、天然ガス　341
バイオメタン、天然ガス駆動のエンジン　710
ハイカット、受信機　1612
排気ガス、内燃機関（ICエンジン）　534
排気ガス温度センサー　1543
排気ガス再循環（EGR）　492
排気ガス再循環、ガソリンエンジン　469
排気ガス再循環、シリンダーへの充填　630
排気ガス再循環、排気ガスの冷却　562
排気ガス再循環システムの診断、車載診断システム　922
排気ガス処理、ディーゼルエンジン　772
排気ガスターボチャージャー（排気タービン過給機）、ターボチャージャーとスーパーチャージャー　593
排気ガスの種類、CARB規制　867
排気ガスの種類、EPA規制　872
排気ガスの触媒処理、排気ガス　536
排気ガスの処理、排気装置　606
排気ガスの冷却、エンジン冷却システム　562
排気ガスフラップ、排気装置　613
排気ガス流量、ターボチャージャー　490

技術用語索引 **1731**

排気カムシャフト、可変バルブタイミング　485
排気カムシャフト調整、可変バルブタイミング　485
排気カムシャフトの調整、触媒コンバーターの加熱
　693
排気経路、充填サイクル　483
排気行程、充填サイクル　482
排気システム、モトロニック　619
排気上死点、充填サイクル　482
排気装置　606
排気による騒音　607
排気バルブ、往復動機関　503
排気バルブ、充填サイクル　482
排気バルブ開、充填サイクル　483
排気バルブ閉、充填サイクル　483
排気ブレーキ、補助ブレーキ　1122
排気ブレーキシステム、補助ブレーキ　1122
排気ポート、2ストロークサイクル　484
排気量、往復動機関　524
配合チャンバー、空調制御　1579
配光パターン、バイリトロニック　1235
配合フラップシステム、空調制御　1579
ハイサイド出力ステージ、ECU　1428
排出ガス、天然ガス駆動のエンジン　713
排出ガス規制　864
排出ガス試料採取袋、排出ガス測定方法　902
排出ガス測定装置、排出ガス測定方法　903
排出ガス測定方法、排出ガスと診断に関する法規定
　900
排出ガス定期テスト、EU規制　877
排出ガステスト、排出ガス測定方法　900
排出ガスの触媒処理、火花点火機関 (SIエンジン) の
　制御　690
排出ガス流量計、排出ガス測定方法　906
排出ガス量、モーターサイクルに対する
　排出ガス規制　894
排出物規制値、CARB規制　866
排出物規制値、EPA規制　871
排出物規制値、EU規制　874
排出物規制値、日本の規制　878
配線図　1406
媒体抵抗、エラストマー材料　419
バイト開始シーケンス、FlexRay　1466
ハイドログラフ、交通テレマチック　1614
ハイドロニューマチックサスペンションシステム、
　シャーシ　1016
ハイドロニューマチックスプリング、シャーシ
　1008, 1011, 1012
ハイドロパルサー、自動車の音響学　990

ハイドロプレーニング、自動車の力学　946
ハイドロプレーニング、タイヤ　1054
バイパスアプリケーション、自動車における
　ソフトウェアエンジニアリング　1441
バイパスオイルフィルター、エンジンの潤滑　571
バイパス制御、排気ガスターボチャージャー　599
バイパスバルブ、ターボチャージャー　490
ハイビーム、欧州　1221, 1226
ハイビーム、米国　1228
ハイビームアシスト　1673
ハイビーム配光、照明装置　1226
ハイピンカウントプラグインコネクター　1381
バイフューエル車両、天然ガス駆動のエンジン　710
バイフューエルモトロニック　621
パイプライン処理、マイクロコンピューター　1422
ハイブリッドサイクル、米国のテストサイクル　882
ハイブリッド車および電気自動車用空調制御
　システム　1582
ハイブリッド車両の作動戦略　830
ハイブリッド車両の制御、ハイブリッドドライブ　829
ハイブリッド制御、ハイブリッドドライブ　829
ハイブリッド走行、ハイブリッドドライブ　813
ハイブリッドトポロジー、バスシステム　1457
ハイブリッドドライブ、代替駆動装置　822
ハイブリッドドライブ、ドライブトレイン　812
ハイブリッドドライブの機能、ドライブトレイン　812
ハイブリッドフィルター、空調制御　1579
ハイブリッドラジエーター保護剤、冷却液　321
ハイブリッド冷却コンセプト、ブースト回生システム
　840
バイブレーションダンパー (ダイナミックダンパー)
　1025
バイブレーションダンパー、往復動機関　507
バイブレーションダンパー、排気装置　612
ハイプレックススーパーチャージャー、
　圧力波スーパーチャージャー　593
灰分、潤滑剤　304
ハイポイドドライブ、ディファレンシャル　808
バイポーラトランジスター、電子工学　124
背面の車両アンダーライドガード、車両のボディ、
　商用車　1217
背面露光、ビデオセンサー　1568
バイモルフスプリング素子、加速度センサー　1533
バイリトロニック、照明装置　1235
配列 (アレイ)、ビデオセンサー　1568
ハイレベル信号干渉、受信機　1611
パイロット制御、電子式トランスミッション制御　807

1732 付録

パイロット噴射、アキシャルプランジャー分配型
　ポンプ　760
パイロット噴射、ユニットインジェクター　755
パイロメーター　1540
バイワイヤー、メカトロニクス　1572
ハウジングボア、シャフトシール　400
破壊靭性、材料特性値　212
破壊的干渉、波動光学　66
爆発リベット、リベット接合技術　456
暴露試験、腐食試験　293
波形率、振動　50
パケット、バスシステム　1450
パケットタペット、ガソリン直接噴射　646
パケットデータ、MOSTでの伝送　1474
波高率、振動　50
ハザードウォーニング／ターンシグナルフラッシャー、
　照明装置　1244
ハザードフラッシャー、照明装置　1243
はしご形フレーム、車両のボディ、商用車　1211
バス、車両のボディ、商用車　1214
バス型トポロジー、バスシステム　1455
パスカル、SI派生単位　26
バスコンフリクト、バスシステム　1454
バスシステム、自動車内のネットワークシステム
　1450
バスシステム、マイクロコンピューター　1423
バスドライバー、バスシステム　1451
バスの構成、CAN　1460
バスの論理状態、CAN　1460
はすばかさ歯車駆動装置、ステアリング　1080
はすば歯、トランスミッション　791
バスへのアクセス、FlexRay　1464
バスへのアクセス、LIN　1467
バスへのアクセス、イーサネット　1470
パターン認識、コンピュータービジョン　1627
破断伸び、エラストマー材料　418
破断伸び率、材料特性値　211
破断分割法、往復動機関　497
八隅子則、化学結合　145
波長　55
発火、イグニッション　671
発火点、燃料　327
歯付きプーリー、ベルト駆動装置　545
歯付きベルト、ベルト駆動装置　544
歯付きベルト駆動装置、内燃機関（ICエンジン）　543
歯付きベルトによる駆動方式、往復動機関　505
歯付きベルトの形状、ベルト駆動装置　545
白金抵抗器、温度センサー　1542

バックアップスパーク、イグニッションコイル　679
バッグインベルト、乗員保護システム　1187
バッグミニダイリューター、排出ガス測定方法　902
バックルプリテンショナー、乗員保護システム　1185
パッケージデータチャンネル、MOST　1473
発光効率、照明量　69
発光ダイオード、照明装置　1220, 1238
発光ダイオード、電子工学　122
発光ダイオードを使用した灯火　1249
発光分光法、元素　143
発散レンズ、幾何光学　64
パッシブエントリー、ロックシステム　1273
パッシブスター型、バスシステム　1456
パッシブ制御、ESC　1161
パッシブセーフティ　1178
パッシブセーフティ、車両のボディ、乗用車　1204
パッシブセーフティ、車両のボディ、商用車　1216
パッシブセーフティ機能、運転者支援システム　1618
パッシブセーフティシステム、歩行者　1671
発進トルク補正、基本概念、自動車技術　935
撥水ガラス、自動車の窓ガラス　1262
パッチアレイアンテナシステム、レーダーセンサー
　1563
初張力、ベルト駆動装置　539
バッテリーケース、スターター用バッテリー　1312
バッテリー状態の認識　1303
バッテリーセンサー　1303
バッテリー端子、スターター用バッテリー　1312
バッテリーテスター　1320
バッテリーの異常、スターター用バッテリー　1320
バッテリーの管理　1303
バッテリーの交換、スターター用バッテリー　1321
バッテリーの構造、スターター用バッテリー　1312
バッテリーの使用、スターター用バッテリー　1319
バッテリーの特性、スターター用バッテリー　1315
バッテリーの取付け位置　1291
バッテリーのみの駆動による電動ドライブ、
　ドライブトレイン　820
バッテリーのメンテナンス、スターター用バッテリー
　1320
バッテリーパック、駆動用バッテリー　1326
バッテリーマネジメントシステム、駆動用バッテリー
　1326
バットシーム溶接法、溶接技術　450
発熱反応、化学熱力学　151
発熱量、燃料　327
波動、振動　49
波動光学　65

技術用語索引 **1733**

ばね、機械要素　360
ばね・質量系、加速度センサー　1531
はね返り硬度、熱処理　281
ばね鋼、金属材料　226
ばねの組み合わせ、ばね　361
ばねの減衰、ばね　360
ばねの仕事、ばね　360
ばねの特性曲線、ばね　360
パネルおよびローラープレスボード、プラスチック　273
パネルバン、車両のボディ、商用車　1208
パノラマ式サンルーフ、サンルーフ　1592
パノラマルーフ、自動車の窓ガラス　1262
歯 - 歯位置、始動装置　1373
ハブ、イーサネット　1470
ハブ、バスシステム　1455
ハブ、ホイール　1034
ハブ荷重、ベルト駆動装置　539
歯 - 溝位置、始動装置　1372
バヨネットネック、LPG駆動　708
パラジウム、触媒コンバーター　690
パラフィン、燃料　326
パラフィン系ディーゼル燃料　339
パラメーター、自動車におけるソフトウェアエンジニアリング　1447
パラレル式フルハイブリッド、ハイブリッドドライブ　824
パラレルハイブリッド、ハイブリッドドライブ　815
パラレルハイブリッドドライブ、代替駆動装置　823
バランシング、駆動用バッテリー　1328
バランスウェイト、ホイール　1049
張り側、ベルト駆動装置　539
張り側ベルト、力学46
パリティービット、シリアルワイヤーリング　1479
パリティービット、バスシステム　1457
バリデーション、メカトロニクス　1576
バルクスケール、音響学　59
バルクマイクロメカニカル技術、ヨーレートセンサー　1523
パルス、音響学　58
パルス過給、排気ガスターボチャージャー　598
パルス幅変調　1427
パルス変調、レーダーセンサー　1560
パルスホイール、回転数センサー　1518
バルブ、往復動機関　496
バルブオーバーラップ、可変バルブタイミング　485
バルブオーバーラップ、シリンダーへの充填　630
バルブオーバーラップ時、充填サイクル　483

バルブ回転システム、往復動機関　505
バルブガイド、往復動機関　504
バルブ加速度、往復動機関　504
バルブ駆動機構、往復動機関　503
バルブ駆動機構の構造、往復動機関　503
バルブシート、往復動機関　504
バルブスプリング、往復動機関　503
バルブ制御室、ソレノイドバルブインジェクター　739
バルブ速度、往復動機関　504
バルブタイミング、往復動機関　504
バルブタイミング、充填サイクル　483
バルブタイミング、シリンダーへの充填　630
バルブタイミング図、往復動機関　504
バルブの配置、往復動機関　504
バルブリフト曲線、往復動機関　504
ハロゲンダブルフィラメントバルブ、照明装置　1221
ハロゲンランプ、照明装置　1220
パワーアシスト付きステアリングシステム、ステアリング　1073
パワーウィンドウ　1590
パワーステアリングシステム、ステアリング　1073
パワーステアリングポンプ、ステアリング　1078
パワースペクトル密度　999
パワースペクトル密度、ボディの加速度　1002
パワースペクトル密度、路面の不整　999
パワーダイオード、電子工学　121
範囲超過外の点検、車載診断システム　922
反強磁性体、磁性体　240
反響室、自動車の音響学　990
パンク検出、タイヤ空気圧検出システム　1068
半径方向の振れ、ラジアルシャフトシール　399
半月キーによる結合、形状密着結合　424
半結晶性熱可塑性プラスチック、プラスチック　257
半減期、元素　143
半合成油、潤滑剤　310
半合成繊維フィルター材料、吸気システム　575
反磁性体、磁性体　240
反磁性体、電気工学　101
反射角、幾何光学　64
反射画像、ナイトビジョンシステム　1637
反射係数、幾何光学　64
反射光の測定、ディーゼル黒煙排出テスト　907
反射式ヘッドランプ、照明装置　1231
反射システム、ヘッドランプ　1230
反射の法則、幾何光学　63
反射率、幾何光学　64
反射率、電気工学　108
はんだ材、はんだ付け技術　452

1734 付録

はんだ付け技術、分離できない結合　452
半値幅、振動　49
半中空リベット　456
パンチリベット、リベット接合技術　456
反転機構、ウインドシールドおよびリアウィンドウの
　ワイパー装置　1266
反転駆動装置、ウインドシールドおよび
　リアウィンドウのワイパー装置　1266
反転装置用材料　244
反転増幅器、オペアンプ　132
半導体技術、電子工学　118
半導体技術、マイクロメカニクス　1501
半導体素子、電子工学　121
半導体メモリー、ECU　1424
ハンドブレーキ、乗用車ブレーキシステム　1096
反応エンタルピー、化学熱力学　151
反応開始温度、触媒コンバーター　606
反応時間、自動車の力学　949
反応時間、車線アシスト　1661
反応時間、ブレーキ　1089
反応進行、化学熱力学　151
反応動力学、物質の反応　152
反応熱、化学熱力学　151
バンパー、車両のボディ（乗用車）　1201
反発抵抗、エラストマー材料　420
ハンプ、ホイール　1036
汎用バッテリー　1296

ひ

ビード、ラジアルタイヤ　1051
ビードコア、ラジアルタイヤ　1051
ビーム、有限要素法　199
ビーム偏向、ライダーセンサー　1565
ピエゾアクチュエーター、ピエゾインライン
　インジェクター　743
ピエゾアクチュエーター、ピエゾ高圧フューエル
　インジェクター　667
ピエゾインラインインジェクター、コモンレール　743
ピエゾ高圧フューエルインジェクター、
　フューエルインジェクター　667
ピエゾセラミックエレメント、ノックセンサー　1535
ピエゾノックセンサー　1535
比較サイクル、熱力学　84
光依存抵抗器　1556
光起電力効果、センサー　1557
光電流、センサー　1557
光ファイバーテクノロジー、照明装置　1250
光ファイバーテクノロジーを使用した灯火　1250

光ファイバーと導波管、光学技術　71
引込み面取り、Oリング　389
引裂き強度、エラストマー材料　419
引き出すことができる電荷量、
　スターター用バッテリー　1314
卑金属、電気化学　159
非金属無機材料　253
ピクセル、ビデオセンサー　1569
ピクチャーエレメント（画素）、ビデオセンサー　1569
非合金鋼、金属材料関連のEN規格　236
非合金高級鋼、金属材料関連のEN規格　236
非合金ステンレス鋼、金属材料関連のEN規格　236
比視感度、照明量　68
非常制動効果、ブレーキシステム、商用車　1106
非晶性熱可塑性プラスチック、プラスチック　257
比状態変数、熱力学　79
非常ブレーキ（緊急ブレーキ）　1086
非常ブレーキ（緊急ブレーキ）システム、乗用車および
　小型商用車向けブレーキシステム　1097
非常ブレーキ（緊急ブレーキ）システム、
　ブレーキシステム、商用車　1108
非人力ブレーキ　1087
ビスカス式クラッチ、水冷式　558
ヒステリシス損失、電気工学　101
ヒステリシス損失、電動機　855
ヒステリシスループ、電気工学　101
ピストン、往復動機関　494, 502
ピストン移動距離関数、往復動機関　510
ピストンガイド、ロッドおよび
　ピストンシーリングシステム　411
ピストン行程、往復動機関　524
ピストンシール、Oリング　389
ピストンシール、空圧系のシール　404
ピストンシール、シール　411
ピストン速度、往復動機関　531
ピストン頭部の窪み、往復動機関　494
ピストンの形状、往復動機関　494
ピストンの摺動面、往復動機関　500
ピストンの表面の幾何学的形状、往復運動機関　494
ピストンピン力、往復動機関　510
ピストン法線力、往復動機関　510
ピストンリング、往復動機関　495, 519
ピストンリング形状、往復動機関　497
非制御燃焼、ガソリンエンジン　471
非ゼロ復帰、自動車内のバスシステム　1458
非ゼロ復帰、バスシステム　1452
非線形性、制御工学　205

技術用語索引 **1735**

微多孔性セパレーター、スターター用バッテリー 1312

ビッカース硬度、熱処理 280

ピックアップ電流、ソレノイドバルブインジェクター 740

ピックアップ電流フェーズ 743

ピックアップ電流フェーズ、ソレノイドバルブ インジェクター 740

ピッチ、音響学 59

ピッチ、基本概念、自動車技術 931

ピッチ、ねじ締結部品 435

ピッチ、ベルト駆動装置 545

ピッチ円直径、ホイール 1036

ピッチ軸、基本概念、自動車技術 935

ピッチ軸、ヨーレートセンサー 1523

ピッチポール、基本概念、自動車技術 935

ピッチモーメント、基本概念、自動車技術 932

ビットストリーム、FlexRay 1466

ビット挿入、CAN 1462

引張応力、力学 44

引張応力歪み特性、エラストマー材料 418

引張強度、エラストマー材料 418

引張強度、材料特性値 210

引張強度、力学 43

引張強度、ロックシステム 1276

引張り材、ベルト駆動装置 539

引張り材、ベルト駆動装置 545

引張値、ロックシステム 1276

引張りばね、ばね 366

必要とされる点火電圧、イグニッションコイル 678

必要とされる点火電圧、ガソリンエンジン 467

必要になる点火電圧 670

ビデオシステム、駐車および操縦システム 1648

ビデオセンサー 1567

非鉄金属、金属材料 227

非鉄金属合金、金属材料関連のEN規格 238

非電気化学的腐食の試験方法、腐食試験 293

比透磁率、電気工学 101

ヒドロキソニウムイオン、水中の酸 154

ピニオンシフト式スターター、始動装置 1372

比熱、材料特性値 208

比熱容量、材料特性値 208

非破壊アクセスコントロール、CAN 1461

火花点火機関（SIエンジン）の制御 616

非反転増幅器、オペアンプ 132

被覆、被覆とコーティング 298

微分、数学 175

微分方程式、振動系 50

微分方程式、数学 178

被膜窓ガラス、自動車の窓ガラス 1260

百分位値、技術統計 187

冷やしばめ、摩擦結合 431

秒、SI単位 24

評価基準、歩行者のアクティブ保護 1672

評価方法、自動車の音響学 993

表示出力、熱機関 462

表示と操作、ユーザーインターフェース、 テレマチックおよびマルチメディア 1596

標準アーキテクチャ、運転者支援システム 1619

標準化、CAN 1462

標準化、MOST 1476

標準水素電極、電気化学 158

標準電位、電気化学 158

標準電位、腐食のプロセス 290

標準濃度、電気化学 158

標準偏差、技術統計 187

標準モデルライブラリー、メカトロニクス 1575

標本、技術統計 188

標本サイズ、技術統計 187

表面粗さ 519

表面粗さ、ラジアルシャフトシール 399

表面粗さの値、往復動機関 519

表面硬化深さ、熱処理 287

表面硬化法、熱処理 287

表面処理、被覆とコーティング 298

表面絶縁体、プラスチック 273

表面パラメーター、公差 355

表面腐食、腐食の種類 292

表面偏差、公差 352

表面マイクロメカニカル加速度センサー 1534

表面マイクロメカニカルヨーレートセンサー 1524

表面摩擦抗力、空力学 974

表面焼入れ、熱処理 283

表面焼入れ鋼、金属材料 226

表面ろ過式フィルター、吸気システム 574

平頭型リベット、リベット接合技術 456

開いた系、熱力学 78

平軸受 369

平歯車セット、トランスミッション 792

平歯車ディファレンシャル、ディファレンシャル 809

平歯車ドライブ、トランスミッション 795

微粒子、ディーゼルエンジン 479

微粒子センサー 1553

微粒子フィルター 609

微粒子フィルター、車室フィルター 1583

微粒子フィルター、排気ガス処理、
　　ディーゼルエンジン　773
微粒子フィルター、排出ガスの触媒処理、
　　ガソリンエンジン　697
微粒子フィルターの再生、排気ガス処理、
　　ディーゼルエンジン　773
微粒子フィルターの再生、排出ガスの触媒処理、
　　ガソリンエンジン　697
微粒子フィルターの診断、車載診断システム　922
微粒子フィルター法、排出ガス測定方法　905
微量成分、排気ガス　534
ヒルホールドコントロール、
　　自動ブレーキシステム機能　1170
昼間視力、照明量　69
疲労強度、摩擦軸受　370
疲労限度図、ばね　365
ビンガム流体　304
ピン結合、形状密着結合　426
品質保証、自動車におけるソフトウェア
　　エンジニアリング　1438

ふ

ブースター、複雑な過給システム　604
ブースター電圧、高圧フューエルインジェクター　666
ブースターヒーター、空調制御　1579
ブースターヒーター、補助ヒーターシステム　1588
ブースト、ハイブリッドドライブ　813
ブースト圧、ターボチャージャー　490
ブースト圧比と体積流量の特性マップ、過給　491
ブースト回生システム、代替駆動装置　834
ブースト回生装置、代替駆動装置　838
ブースト電圧、ソレノイドバルブインジェクター　743
ブーツ、排気装置　612
プーリーにかかっていない部分の長さ、
　　チェーンドライブ　551
フーリエ級数、振動　49
フーリエ熱伝導方程式、熱力学　89
フーリエ変換、数学　180
ファイナルドライブディファレンシャル、
　　ディファレンシャル　808
ファストイーサネット　1469
負圧式ブースター、乗用車ブレーキシステム　1097
負圧式ブレーキブースター、乗用車ブレーキシステム
　　1097
負圧チェックバルブ、乗用車ブレーキシステム　1098
ファラド、SI派生単位　26
ファンデルワールス式、熱力学　82
ファンデルワールス力、化学結合　146

ファンの制御、冷却ファン　558
フィーチャーモデル、電子システムの
　　アーキテクチャー　1491
フィードバック制御、ノック制御　675
フィードバックを伴う適応、制御工学　207
フィッシャー・トロプシュ法、ディーゼル燃料　339
フィラー、ラジアルタイヤ　1051
フィラメントランプ、照明装置　1220
フィルターエレメント、吸気システム　574
フィルターエレメント、空調制御　1579
フィルタースモークナンバー、
　　ディーゼル黒煙排出テスト　909
フィルター素材、ガソリンフィルター　641
フィルターフリース、空調制御　1579
フィルター法、ディーゼル黒煙排出テスト　907
フィルターメディア、エンジンの潤滑　570
フィルターメディア、車室フィルター　1583
風洞天秤、風洞　983
風洞の種類　982
フェード現象、受信機　1611
フェノールホルムアルデヒド樹脂、プラスチック　272
フェライト、鋼　221
フェライト組織、鋼　221
フェリ磁性体、磁性体　240
フェルマーの原理、幾何光学　63
フェロ磁性体、磁性体　240
フォーク形、回転数センサー　1519
フォーク型チューブ式クーラー、オイルの冷却　564
フォースセンサー　1545
フォグランプ、照明装置　1241
フォトセル　1557
フォトダイオード　1557
フォトダイオード、電子工学　122
フォトダイオード、ビデオセンサー　1567
フォトトランジスター　1557
フォトニック結晶ファイバー、光ファイバーと導波管
　　71
フォトニックミキシングデバイス、ライダーセンサー
　　1566
フォトレジスター　1556
フォン、音響学　59
不快グレア　1229
負荷応答機能、オルタネーター　1360
負荷応答駆動　1295
負荷遮断保護、オルタネーター　1357
負荷振動数、タイヤのグリップ　1058
負荷制御、ガソリンエンジン　474
深底リム、ホイール　1037

技術用語索引 **1737**

深溶け込み溶接効果、溶接技術　451
負荷の管理、電気エネルギー管理　1301
深溝玉軸受、転がり軸受　376
負帰還、オペアンプ　130
吹きこぼれテスト、蒸発物テスト　911
拭取り角度、ウインドシールドおよびリアウィンドウの
　　ワイパー装置　1266
負極、電気工学　96
不均一な混合気の形成、ガソリンエンジン　464
不均一な物質、化学　148
不均一燃焼プロセス、ガソリンエンジン　466
副極大、波動光学　67
複合過給、複雑な過給システム　604
複合材軸受、摩擦軸受　374
複合材料　253
複合材料、吸気システム　575
複合射出成型、二成分のシール　406
複合絶縁材料、プラスチック　273
複合電極、スパークプラグ　683
複雑な過給システム、ターボチャージャーと
　　スーパーチャージャー　601
複数回の噴射、コモンレール　740
複素数、数学　170
複流換気、オルタネーター　1365
符号化、CAN　1458
符号関数、数学　166
腐食、電気化学　162
腐食、腐食および腐食防止　290
腐食作用、腐食のプロセス　290
腐食試験、腐食および腐食防止　292
腐食による損傷、電気化学　162
腐食の種類、腐食および腐食防止　291
腐食のプロセス、腐食および腐食防止　290
不織布、エンジンの潤滑　570
不織布、吸気システム　575
腐食防止、腐食および腐食防止　294
腐食防止剤、ガソリン　331
腐食防止剤、ディーゼル燃料　337
不整スペクトル、シャーシ　999
不整度、シャーシ　1000
不足励磁、同期電動機　1343
ブタン有効吸着量、吸気システム　576
付着、タイヤのグリップ　1058
フックの直線、力学　43
フックの法則、力学　43
物質、化学　148
物質関連用語、化学　148
物質の濃度、化学　150

物質の反応　151
物質量、SI単位　25
物質量、物質の濃度　150
プッシュ電圧、予熱システム　765
プッシュベルト、トランスミッション　800
プッシュロッドピストン、乗用車ブレーキシステム
　　1100
フッ素ゴム、エラストマー素材　415
物体クラス、運転者支援システム　1621
物体検知、運転者支援システム　1621
物体分類、運転者支援システム　1621
沸点範囲、ディーゼル燃料　334
沸点範囲、燃料　327
沸騰温度、材料特性値　208
沸騰曲線、ガソリン　330
フットプリント、タイヤ　1056
物理的特徴量、照明量　67
物理的な材料特性値　208
物理レイヤー、OSI参照モデル　1452
不定積分、技術統計　190
不定積分、数学　177
不適切なシートポジション検知、乗員保護システム
　　1189
不凍液、水冷式　555
不透過率の測定、ディーゼル黒煙排出テスト　907
浮動式キャリパーブレーキ、ディスクブレーキ　1127
不働態化、マイクロメカニクス　1502
部品の安全性、摩擦結合　433
部分荷重システム、サスペンションシステム　1014
部分充電状態　1302
部分積分、数学　177
部分的アクティブ制御、ESC　1161
部分的電荷、化学結合　146
部分的な自動化、自動運転の未来　1674
部分的不均一混合気の燃焼、ガソリンエンジン　470
部分リフト、ピエゾ高圧フューエルインジェクター
　　669
フューエルインジェクター、混合気の形成、
　　火花点火機関（SIエンジン）　662
フューエルセル・レンジエクステンダー、燃料電池
　　862
フューエルフィルター、ガソリン　641
フューエルプレッシャーアッテネーター（燃料圧力
　　減衰器）、ガソリン直接噴射　648
フューエルプレッシャーアッテネーター（燃料圧力
　　減衰器）、燃料供給、火花点火（SI）エンジン　652
フューエルプレッシャーレギュレーター、燃料供給、
　　火花点火（SI）エンジン　651

1738 付録

フューエルレール、燃料供給、
　火花点火（SI）エンジン　649
フライホイールマス、往復動機関　507
プライマリーアドレス、シリアルワイヤーリング
　1479
プライマリーシュー、ドラムブレーキ　1133
プライマリーリターダー、補助ブレーキ　1123
ブラインドリベット、リベット接合技術　456
プラグインコネクター　1380
プラグインハイブリッド、ハイブリッドドライブ　815
ブラシレスのオルタネーター、オルタネーター　1366
プラスチック、材料　256
プラスチック、車両のボディ（乗用車）　1201
プラスチック製の自己潤滑式軸受　374
プラスチックホイール、ホイール　1040
プラズマ、物質　148
プラズマ放電、照明装置　1232
プラチナ、触媒コンバーター　690
フラックス、はんだ付け技術　452
フラッシュEPROM、半導体メモリー　1424
フラッシュ溶接法、溶接技術　449
フラッシュライダー　1565
フラットシールシート、スパークプラグ　683
フラットチューブ式オイルクーラー、オイルの冷却
　564
フラットチューブとコルゲートフィンによるシステム、
　オイルの冷却　563
フラットチューブ／コルゲートフィンシステム、水冷式
　555
フラットハンプ、ホイール　1036
プラットフォームソフトウェア、自動車における
　ソフトウェアエンジニアリング　1431
フラットベースリム、ホイール　1038
フラットボディバン、車両のボディ、商用車　1208
フラップ、空調制御　1578
フラップ式空気流量センサー　1526
フラップバルブ、排気ガスターボチャージャー　599
プラネタリーギヤ、始動装置　1370
プラネタリーギヤセット、ステアリング　1081
プラネタリーギヤセット、トランスミッション　792
ブランク、ラジアルタイヤ　1052
プランク定数　71
フランジ間の幅、ホイール　1036
フランジ高さ、ホイール　1036
プランジャー／バレルアセンブリー、
　電動フューエルポンプ　643
プラントル数、熱力学　91
ブリーディング、潤滑剤　304

フリーホイールダイオード、オルタネーター　1359
フリーホイールダイオード、電子工学　122
プリアンブル、イーサネット　1470
プレクラッシュポジショニング、統合安全　1193
プリズム、幾何光学　64
プリズム式ハードケースセル、駆動用バッテリー
　1325
ブリッジタイプ出力ステージ、ECU　1428
フリット、スターター用バッテリー　1312
ブリネル硬度、熱処理　279
プリプロセッサー、有限要素法　194
浮力、流体静力学　75
フルCANコントローラー　1462
ブルーミング効果、ビデオセンサー　1569
プルインコイル、始動装置　1371
フルオロシリコーンゴム、エラストマー素材　415
フルトレーラー連結車、車両のボディ、商用車　1208
フルハイブリッド、ハイブリッドドライブ　814
フルパスアプリケーション、自動車における
　ソフトウェアエンジニアリング　1442
フルフローオイルフィルター、エンジンの潤滑　570
フルプロセス、電磁鋼帯　242
フルリフト、ピエゾ高圧フューエルインジェクター
　668
ブレーキアシスト機能、自動ブレーキシステム機能
　1168
ブレーキ圧発生までの過渡時間、自動車の力学　949
ブレーキ圧モジュール、電子制御式ブレーキシステム
　1119
ブレーキおよびエンジン制御の介入による
　ホイールトルク配分の代替　1174
ブレーキ介入によるディファレンシャルロック効果、
　ディファレンシャル　811
ブレーキ回路、ブレーキシステム　1094
ブレーキ回路の構成、ブレーキシステム　1094
ブレーキ機構　1087
ブレーキ系（ブレーキシステム）　1086
ブレーキシステム、構造と構成　1094
ブレーキシステム、定義と原理　1086
ブレーキシステム、要件　1091
ブレーキスリップコントローラー、ESC　1153
ブレーキディスク、乗用車用ディスクブレーキ　1128
ブレーキディスク、商用車用ディスクブレーキ　1132
ブレーキディスクワイパー、
　自動ブレーキシステム機能　1169
ブレーキトルク補正、基本概念、自動車技術　935
ブレーキバイワイヤー、電気油圧式ブレーキシステム
　1105

技術用語索引 **1739**

ブレーキバイワイヤー、メカトロニクス　1573
ブレーキパッド、ディスクブレーキ　1129
ブレーキファクター（ブレーキ効力係数）　1089
ブレーキブースター、乗用車ブレーキシステム　1097
ブレーキフルード、燃料・潤滑剤・作動液　322
ブレーキフルードリザーバー、
　乗用車ブレーキシステム　1101
ブレーキマスターシリンダー、
　乗用車ブレーキシステム　1099
ブレーキ用カップリングヘッド、ブレーキシステム、
　商用車　1108
ブレーキング制御、自動ブレーキシステム機能
　1170
プレート、有限要素法　197
プレートリンクチェーン、トランスミッション　800
プレーナー技術、電子工学　137
フレーム、オルタネーター　1355
フレーム、バスシステム　1450
フレームID、FlexRay　1465
フレーム間スペース、CAN　1461
フレーム開始、CAN　1461
フレーム開始シーケンス、FlexRay　1466
フレーム区切り記号、シリアルワイヤーリング　1478
フレーム終了、CAN　1461
フレーム終了シーケンス、FlexRay　1466
フレームチェック、CAN　1462
フレーム凍結、診断　913
フレームビットストリーム、FlexRay　1466
ブレイトンサイクル、熱力学　87
フレキシブルケーブル式ウィンドウリフト、
　パワーウィンドウ　1590
プレクラッシュ検出、パッシブセーフティ　1179
プレストレス、ねじ締結部品　436
プレストローク、ユニットインジェクター　755
フレックススプライン、ステアリング　1081
フレックスフューエル、アルコールでの作動　718
フレックスフューエルコンセプト、
　アルコールでの作動　719
フレックスフューエルでの作動、
　代替燃料火花点火機関　717
フレックスフューエル用コンポーネント、
　アルコールでの作動　720
フレックスポールアクチュエーター、ロックシステム
　1282
プレッシャーウェーブ過給　491
プレッシャーリリーフバルブ、
　天然ガス圧力制御モジュール　715

プレッシャーリリーフバルブ、燃料供給と燃料配分、
　ガソリン直接噴射　639
プレナムチャンバー、インタークーラー　561
プレナムチャンバー、吸気システム　581
フレネルレンズ付きランプ　1248
プレヒーティング、予熱システム　765
プレフィル、自動ブレーキシステム機能　1170
プレミアムロック、ロックシステム　1276
ブレンド型、プラスチック　265
フローインプルーバー（流動性向上剤）、
　ディーゼル燃料　336
ブローオフバルブ、排気ガスターボチャー
　ジャー　597
フローティングカー原理、交通テレマチック　1614
フローティングフォン原理、交通テレマチック　1614
フロート角、基本概念、自動車技術　931
フロート角度勾配、横運動（曲線走行）の力学　960
ブロードキャスト、バスシステム　1455
フロート法、自動車の窓ガラス　1258
フロア下触媒コンバーター、排出ガスの触媒処理
　693
プログラムセレクター、電子式トランスミッション制御
　804
プログラムメモリー、マイクロコンピューター
　1422, 1424
プロセス、熱力学　78
プロセス記述モデル、自動車における
　ソフトウェアエンジニアリング　1434
プロセスの評価、自動車におけるソフトウェア
　エンジニアリング　1437
プロセス評価モデル、自動車におけるソフトウェア
　エンジニアリング　1435
プロセス変数、熱力学　78
ブロック共重合体、プラスチック　265
ブロック図　1406
プロトコル、MOST　1474
プロトコル、バスシステム　1450
プロトリシス、水中の酸　154
プロペラシャフト、従来のドライブトレイン　780
プロメテウス、運転者支援システム　1616
フロントアクスルの能動的ステアリング安定化
　1173
フロントエアバッグ、乗員保護システム　1185
フロントエンドカメラ、駐車および操縦システム
　1648
分圧器、温度センサー　1540
分割噴射、触媒コンバーターの加熱　693
分極、電気工学　94

1740 付録

分極抵抗測定、腐食試験　292
分散、幾何光学　63
分散、技術統計　187
分散系、物質　148
分散剤　304
分散パラメーター、技術統計　187
分子間相互作用、化学結合　146
分子軌道、化学結合　146
分子付着、タイヤのグリップ　1058
分子分光学、化学結合　147
噴射圧力、ディーゼルエンジン　479
噴射期間の始まり、ユニットインジェクター　755
噴射ゼロ調整、コモンレール　738
噴射同期吐出、高圧ポンプ、コモンレール　749
噴射の開始、アキシャルプランジャー分配型ポンプ　760
噴射ノズル　763
噴射ノズル、ソレノイドバルブインジェクター　739
噴射比、熱力学　85
噴射率、ディーゼルエンジン　475
噴射量平均値の適応、コモンレール　738
噴射量補正、コモンレール　738
分配型噴射ポンプ　758
粉末複合材料、磁性体　244
分離エレメント、排気装置　612
分離可能な結合、結合技術　424
分離できない結合、結合技術　448
分離氷点、冷却液　320
分流式流量計、ホットフィルム式エアマスセンサー　1529
分力、空力学　981
分類、排出ガス規制　865

へ

ベークライト、プラスチック　269
ベーシックCANコントローラー　1462
ベーパーロック、ブレーキフルード 322
ベーパーロック指数、ガソリン　331
ベーンポンプ、低圧ディーゼル燃料供給　728
ベアリングハウジング、排気ガスターボチャージャー　595
平均温度係数　1542
平均表面粗さ、公差　355
平行板コンデンサー、電気工学　96
平行キー結合、形状密着結合　424
平衡定数、質量作用の法則　153
平衡定数、水中の酸　154
米国CARB規制、排出ガス規制　866

米国EPA規制、排出ガス規制　871
米国電気電子学会（IEEE）　1432
米国のテストサイクル、排出ガス規制　880
米国の排出物規制値、排出ガス規制、大型商用車　885
米国のヘッドランプシステム　1227
米国の法規、モーターサイクルに対する
　　排出ガス規制　894
閉時期、往復動機関　504
平方根関数、数学　165
平面外、ヨーレートセンサー　1524
平面三角形、数学　170
平面シール、シール　393
平面波、振動　50
閉ループ制御、制御工学　202
並列接続、インダクタンス　106
並列接続、コンデンサー　96
並列接続、抵抗　98
並列接続、ばね　361
ペイロード、FlexRay　1465
ペイロード、バスシステム　1454
ペイロード長、FlexRay　1465
ペイロードプリアンブルインジケーター、
　　FlexRay　1465
壁面液膜、吸気マニホールド噴射　658
壁面ガイド燃焼プロセス、ガソリン直接噴射　661
ベクトル、数学　173
ベクレル、SI派生単位　26
へたり、ねじ締結部品　441
ペダルストロークシミュレーター、
　　電気油圧式ブレーキ　1104
ペダルストロークセンサー、電気油圧式ブレーキ　1104
ペダルストロークセンサー、
　　電子制御式ブレーキシステム　1118
ペダル特性、電気油圧式ブレーキ　1104
ベッセル関数、波動光学　66
ヘッダー、FlexRay　1465
ヘッダー、LIN　1467
ヘッダー CRC、FlexRay　1465
ヘッドアップディスプレイ、表示と操作　1603
ヘッドランプ、照明装置　1230
ヘッドランプ技術　1230
ヘッドランプ効率　1230
ヘッドランプシステム　1224
ヘッドランプ調整　1251, 1252
ヘッドランプ調整装置　1253
ヘッドランプのウォッシャー装置　1271

技術用語索引 **1741**

ヘッドランプの幾何学的レンジ　1229
ヘッドランプの機能、欧州　1221
ヘッドランプの機能、照明装置　1238
ヘッドランプの仕様　1231
ヘッドランプの照度（欧州）　1225
ヘッドランプの照度、米国　1228
ヘッドランプレンジ　1229
ヘッドランプレンジ調整、照明装置　1251
ヘッドランプレンジの自動調整、照明装置　1252
ヘビーデューティバッテリー、スターター用バッテリー　1318
ベベルクラウンホイール、ディファレンシャル　808
ヘリカル行程、始動装置　1372
ヘリカルスプライン、始動装置　1372
ペルチエ係数、電気工学　112
ペルチエ効果、電気工学　112
ヘルツ、SI派生単位　26
ヘルツ応力　519
ヘルツ応力、力学　44
ベルト駆動装置、内燃機関（ICエンジン）　538
ベルト接続、ブースト回生システム　836
ベルト張力、ベルト駆動装置　539
ベルトテンショナーシステム、ベルト駆動装置　542, 547
ベルトのたるみ、乗員保護システム　1184
ベルトの長さ、ベルト駆動装置　546
ベルトの張り、ベルト駆動装置　539
ベルトプーリー、ベルト駆動装置　540
ベルトプーリー形状、ベルト駆動装置　540
ベルトフォースリミッター、乗員保護システム　1185
ベルトプリテンショナー、乗員保護システム　1184
ベルヌーイの法則、流量計　1526
ベルヌーイの方程式、流体力学　76
ヘルムホルツ共鳴器、排気装置　613
ベローズ付きエアスプリング、シャーシ　1011
変圧器、電気工学　105
変圧器用材料　244
変位密度、電気工学　94
変換、触媒コンバーター　690
変換効率、触媒コンバーター　695
変換レンジ、流体トルクコンバーター　790
変形エネルギーの仮説、力学　43
変形特性、車両のボディ（乗用車）　1205
変形を計算、有限要素法　194
ペンシルコイル、イグニッションコイル　679
偏心クランクシャフトベアリング、往復動機関　500
偏心コンロッドベアリング、往復動機関　500
偏心シャフト、高圧ポンプ、コモンレール　747

変成器、電気工学　109
変速ギアユニット　791
変速比、高圧ポンプ、コモンレール　748
変態、物質　148
変態点（溶固点）、ガラス　253
ベンチュリー混合ユニット（ガスミキサー）、LPG駆動　703
変調器、ライダーセンサー　1565
ベントフラップ、空調制御　1579
ヘンリー、SI派生単位　26

ほ

ポート遮蔽フラップ、吸気システム　583
ホーニング、往復動機関　519
ホーニングパターン　519
ホームゾーンパークアシスト、駐車および操縦システム　1650
ホール効果、位置センサー　1509
ホール効果、電気工学　113
ポール衝突早期検出、乗員保護システム　1183
ホールセンサー、位置センサー　1510
ホールセンサー、回転数センサー　1518
ホール定数、電気工学　113
ホール電圧、位置センサー　1509
ボア、ラジアルシャフトシール　399
ポアソン比、材料特性値　210
ポアソン分布、技術統計　188
ホイートストンブリッジ、圧力センサー　1537
ホイール　1034
ホイール圧力モジュレーター、電気油圧式ブレーキ　1105
ホイールアライメントの変化、ホイールサスペンション　1026
ホイール回転数センサー、ホイールスリップ制御システム　1146
ホイール荷重、基本概念、自動車技術　938
ホイール荷重変動、シャーシ　1003
ホイールコントローラー、ESC　1151
ホイールコントロール、ESC　1153
ホイールサスペンション　1026
ホイール実舵角、基本概念、自動車技術　932
ホイールスパイダー、ホイール　1045
ホイールスピードセンサー　1522
ホイールスリップ制御システム、シャーシ制御とアクティブセーフティ　1136
ホイール中心におけるキャスターオフセット、基本概念、自動車技術　934

ホイール中心におけるキングピンオフセット、
　基本概念、自動車技術　934
ホイールディスク、ホイール　1034
ホイールトリム、ホイール　1046
ホイールトルクの横方向配分　1174
ホイールの固有振動数の範囲、シャーシ　1003
ホイールの識別記号、ホイール　1039
ホイールの取付け、ホイール　1046
ホイールブレーキ、シャーシ　1126
ホイールポジションの運動学的変化、
　ホイールサスペンション　1026
ホイールポジションパラメーター、
　ホイールサスペンション　1026
ホイヘンスの原理、波動光学　66
防音、音響学　56
防音ガラス、自動車の窓ガラス　1262
棒形、回転数センサー　1519
包括的なコンポーネント、車載診断システム　922
方向安定性、ESC　1149
方向安定性、空力学　978
方向性電磁鋼帯　242
芳香族化合物、燃料　326
報告方法、CARB規制　870
防止剤、潤滑剤　305
防止剤、冷却液　320
放射エネルギー、照明量　67
放射温度計　1540
放射輝度、照明量　68
放射強度、照明量　68
放射照度、照明量　67
放射状のV字折り（フィルター）、ガソリンフィルター
　641
放射性核種、元素　141
放射性炭素年代測定法　141
放射性崩壊、元素　142
放射測定、照明量　67
放射測定の特徴量、照明量　67
放射束、照明量　67
放射特性、超音波センサー　1559
放射能、元素　142
放射の発光効率、照明量　68
放射発散度、照明量　68
放射率、熱力学　92
放射量、照明量　67
膨潤性、エラストマー素材　413
防食、被覆およびコーティング　298
防錆処理、車両のボディ（乗用車）　1201
法則、化学熱力学　151

ホウ素処理法、熱処理　288
膨張エレメント式サーモスタット、水冷式　559
膨張式カーテン、乗員保護システム　1187
膨張式チューブシステム、乗員保護システム　1187
膨張式チューブ胴体拘束具、乗員保護システム
　1187
膨張式ヘッドレスト、乗員保護システム　1187
法定単位　26
法的障壁、自動運転の未来　1676
法的要件、電磁両立性　1394
放電、スターター用バッテリー　1314, 1319
放電、鉛蓄電池　159
放電位置、スパークプラグ　685
放電出力、高電圧バッテリー　1308
放電スパーク電流、イグニッションコイル　678
放電電圧、イグニッションコイル　678
放電電流、スターター用バッテリー　1314
放熱、電動機　856
放熱効率、インタークーラー　562
放物線、数学　165
放物面、幾何光学　65
包絡条件、公差　352
飽和と検知、排気ガス処理、ディーゼルエンジン　774
飽和と検知、排出ガスの触媒処理、ガソリンエンジン
　697
飽和分極、電気工学　101
補機駆動、ベルト駆動装置　541
補機制御、モトロニック　620
補機用回路、ブレーキシステム、商用車　1111
補強添加材、摩擦軸受　374
歩行者のアクティブ保護　1671
歩行者保護、乗員保護システム　1188
保護モールディングレール、車両のボディ（乗用車）
　1202
埃の予備分離、吸気システム　587
星型エンジン、往復動機関　508
星形結線、オルタネーター　1356
星形五角形結線、オルタネーター　1363
保持コイル、始動装置　1371
ポジションランプ、照明装置　1244
ポジティブブロックグリップ、タイヤのグリップ　1058
保持電流、ソレノイドバルブインジェクター　740
保持電流フェーズ、ソレノイドバルブインジェクター
　743
補助エアコンディショナーユニット　1580
補助機能（自動ブレーキシステム機能）　1168
補助始動装置、ディーゼルエンジン　764
補助走行ランプ、照明装置　1227

技術用語索引 **1743**

補助ダイオード、オルタネーター　1357
補助的横方向ダイナミクス機能、ESC　1156
補助ヒーターシステム、車室空調制御　1584
補助ブレーキ　1086
補助ブレーキ、ブレーキシステム、商用車
　1109, 1122
ホスト、バスシステム　1451
ポストヒーティング段階、予熱システム　765
ポストプロセッサー、有限要素法　194
補正機能、コモンレール　738
補正寿命、転がり軸受　381
補正スプリング、シャーシ　1013
補正チャンバー、ショックアブソーバー　1019
補正量、制御工学　202
ボッシュプロセス、DRIEプロセス　1501
ホットエージング、熱処理　286
ホットスパークプラグ　684
ホットフィルム式エアマスセンサー　1528
ホットワイヤー式エアマスセンサー　1527
ボディ剛性、車両のボディ（乗用車）　1199
ボディ構造、車両のボディ（乗用車）　1199
ボディ構造、車両のボディ、商用車　1213
ボディテンプレート、車両のボディ（乗用車）　1196
ボディの音響学　992
ボディの固有振動数、シャーシ　1001
ボディの固有振動数の範囲、シャーシ　1003
ボディの材料、車両のボディ（乗用車）　1200
ボディの仕上げ装備、車両のボディ（乗用車）　1201
ボディの質量、シャーシ　1001
ボディの設計、車両のボディ（乗用車）　1198
ボディの表面、車両のボディ（乗用車）　1201
ポテンシャルエネルギー、熱力学　79
ポテンシャルエネルギー、力学　39
ボトムアップアプローチ、電子システムの
　アーキテクチャー　1495
ボトムフィード原理、LPGインジェクター　707
ポリαオレフィン、潤滑剤　309
ポリアクリルゴム、エラストマー素材　414
ポリウレタン、エラストマー素材　415
ポリウレタン、プラスチック　275
ポリウレタン接着剤、接着技術　454
ポリエステル系、プラスチック　275
ポリエステル樹脂、プラスチック　269
ポリゴンリング、高圧ポンプ、コモンレール　748
ポリテトラフルオロエチレン、潤滑剤　307
ボリュームマイクロメカニック法（VMM）　1501
ボリュームロック、ロックシステム　1276

ボルテージレギュレーター、ECU　1425
ボルト、SI派生単位　26
ボルト貫通方式、往復動機関　499
ボルト結合、形状密着結合　426
ボルト締付けトルク、ねじ締結部品　439
ポンピング限界温度、潤滑剤　305
ポンプセル、λセンサー　1547

ま

マイクロコントローラー、ECU　1423
マイクロコンピューター、ECU　1422
マイクロドップラー効果、
　歩行者のアクティブ保護　1672
マイクロバス、車両のボディ、商用車　1214
マイクロプロセッサー、ECU　1421
マイクロメカニカル式圧力センサー　1537
マイクロメカニカル式ヨーレートセンサー　1523
マイクロメカニカルバルクシリコン型
　加速度センサー　1533
マイクロメカニクス　1501
埋封性、摩擦軸受　370
マイルドハイブリッド、ハイブリッドドライブ　814
前置式ディフューザー、排気ガスターボチャージャー
　597
巻掛け角、ベルト駆動装置　539
マグネシウム、非鉄金属　230
マグネットスイッチ、始動装置　1371
マクロティック、FlexRay　1464
マクロの表面粗さ、タイヤのグリップ　1057
曲げ応力、材料特性値　212
曲げ応力、力学　44
摩擦、往復動機関　517
摩擦、力学　45
摩擦緩和剤、潤滑剤　305
摩擦系、往復動機関　517
摩擦係数、力学　45
摩擦結合、分離可能な結合　428
摩擦軸受、機械要素　368
摩擦ステアリングシステム、ステアリング　1073
摩擦損失、電動機　855
摩擦損失、ラジアルシャフトシール　403
摩擦ベルト駆動装置、内燃機関（ICエンジン）　538
摩擦力、力学　45
マシンビジョン、コンピュータービジョン　1624
マスター、バスシステム　1454
マスタースレーブ、バスシステム　1454
マスター内のシーケンス制御、
　シリアルワイヤーリング　1480

1744 付録

マスロック機構、ロックシステム　1280
マッシュルーム形リベット、リベット接合技術　456
マッチング、ホイール　1048
マップの表示、自動車のナビゲーション　1635
マップマッチング、自動車のナビゲーション　1633
窓ガラス　1259
窓ガラス、車両のボディ（乗用車）　1202
窓問題、コンピュータービジョン　1631
マトリックスセンサー、ビデオセンサー　1569
マトリックスヘッドランプ、照明装置　1241
マニホールド噴射　657
マニホールド噴射用フューエルインジェクター、
　混合気の形成　662
マニホールド壁面に生じる燃料の凝結、
　吸気マニホールド噴射　658
マニュアルトランスミッション、
　従来のドライブトレイン　782
マニュアルトランスミッション、トランスミッション
　795
マフラー、排気装置　610
摩耗の検出手段、タイヤのトレッド　1054
丸皿頭型リベット、リベット接合技術　456
マルチ回路式保護バルブ、ブレーキシステム、商用車
　1112
マルチキャスト、バスシステム　1455
マルチグレードオイル　306
マルチサーキットブレーキ（多系統ブレーキ）　1087
マルチステップ駐車、駐車および操縦システム
　1646
マルチスパークイグニッション、イグニッションコイル
　680
マルチパス受信、受信機　1611
マルチビームライダー　1565
マルチボディシステム　965
マルチマスター、バスシステム　1454
マルチメディアチャンネル、MOST　1473
マルチメディアデータ、MOSTによる伝送　1474
マルチモード光ファイバー、光ファイバーと導波管
　72
マルチリンク独立懸架式サスペンション、
　ホイールサスペンション　1032
マルテンサイト、鋼　222
マルテンサイト組織、鋼　222

み

ミキサー、排気装置　607
右手の法則、電気工学　104
ミクロの表面粗さ、タイヤのグリップ　1057
水、冷媒　350
水と空気との熱交換による循環方式の冷却装置、
　往復動機関　506
水とグリコールの混合液、冷却液　320
水の状態図　149
水の分離、ディーゼルフィルター　733
水分解、スターター用バッテリー　1316
溝付き摩擦（すべり）軸受、摩擦軸受　371
溝の再生が可能、タイヤのトレッド　1054
溝の充填率、Oリング　386
密度、エラストマー材料　416
密度、材料特性値　208
ミッドエンジン、従来のドライブトレイン　784
密閉継手はんだ付け、はんだ付け技術　453
密閉容器、流体静力学　74

む

無響室、電磁両立性　1392
無公害車、CARB規制　869
無公害車両、CARB規制　869
無線干渉、ラジオ／テレビ放送　1608
無線通信、ラジオ／テレビ放送　1606
無段変速トランスミッション、従来のドライブトレイン
　783
無段変速トランスミッション、トランスミッション　800
無電解スズ、被覆とコーティング　300
無電解銅、被覆とコーティング　300
無電解ニッケル、被覆とコーティング　300
無方向性電磁鋼帯　242

め

メートル、SI単位　24
メートル並目ねじ、ねじ締結部品　443
メートル細目ねじ、ねじ締結部品　443
明暗比、ビデオセンサー　1569
明暗分割、照明装置　1221, 1251
明瞭度指数、音響学　60
メインディテント、ロックシステム　1274
メイン噴射、ユニットインジェクター　755
メインボックス、トランスミッション　803
メカトロニクス　1572
メカトロニクスシステム　1572
メジアン、技術統計　187

技術用語索引 **1745**

メタノール、アルコールでの作動　717
メタノール、ガソリン　332
メタリックカラー塗装、被覆とコーティング　301
メタルソープ、潤滑剤　315
メタルビードガスケット、平面シール　393
メッシュ型トポロジー、バスシステム　1457
メッセージ、バスシステム　1450
メッセージ識別子、バスシステム　1455
メッセージ指向方式、バスシステム　1455
メッセージ認証コード、車両イモビライザー　1287
メッセージのスケジュール、LIN　1468
メッセージフォーマット、CAN　1461
メディア指向システムトランスポート、自動車内の
　バスシステム　1473
目の細かさ、ガソリンフィルター　642
メモリー機能、電動調整式シート　1594
メルトブロー繊維、吸気システム　575
面圧、摩擦結合　431
面圧、力学　43
面積、法定単位　27
メンテナンスフリーフィルター、ガソリンフィルター
　641

も

モーションステレオ、コンピュータービジョン　1631
モーターオクタン価、ガソリン　329
モーターサイクルに対する排出ガス規制、
　排出ガス規制　894
モーターサイクルの車載診断システム　927
モーターサイクル用モトロニックバージョン　625
モータースポーツ　698
モータースポーツ用コネクター、モータースポーツ
　699
モータースポーツ用スパークプラグ、
　モータースポーツ　701
モード解析　52
モーメント、力学　38
目標時間ギャップ、ACC　1653
目視調整用ヘッドランプ (VOL/VOR)　1229
目標地点の入力、自動車のナビゲーション　1634
目標ポイントへの噴射、マニホールド噴射用
　フューエルインジェクター　664
目標ポイントへの噴霧、吸気マニホールド噴射　658
目標ポイントへの噴霧、ピエゾ高圧フューエル
　インジェクター　668
模型風洞　985
モジュール、駆動用バッテリー　1326
モデル、メカトロニクス　1574

モデルベース開発、自動車におけるソフトウェア
　エンジニアリング　1438
モデルライブラリー、メカトロニクス　1575
戻止め機構、ねじ結合部品　441
モトロニック　617
モトロニックのバージョン　621
モニタリング、CAN　1462
モニタリング、モトロニック　620
モニタリング機能、ESC、商用車　1167
モニタリングシステム、ESC　1162
モニタリングモジュール、ECU　1425
モノコックボディ、車両のボディ（乗用車）　1199
モノバレント車両、天然ガス駆動のエンジン　710
「モノバレントプラス」車両、天然ガス駆動のエンジン
　712
モノリシック集積回路、電子工学　137
モル、SI単位　25
モル、物質の濃度　150
モル質量、物質の濃度　150
モル重量、物質の濃度　150
モル体積、物質の濃度　150
モル百分率、物質の濃度　150
漏れ、ソレノイドバルブインジェクター　739
漏れ、ピエゾインラインインジェクター　744
漏れ検出、タイヤ空気圧検出システム　1068
漏れ磁束、電気工学　107
漏れ磁束係数、電気工学　107
漏れ率、シール技術　382

や

夜間視力、照明量　69
焼入れ、熱処理　281
焼入れ深さ、熱処理　284
焼付き、往復動機関　517
焼なまし、熱処理　285
焼ならし、熱処理　286
焼ばめ、摩擦結合　431
焼戻し、熱処理　284
焼戻し鋼、金属材料　222

ゆ

ユークリッド変換、コンピュータービジョン　1625
ユーザーアドレス指定、バスシステム　1455
ユーザーおよびディーラー取付けのフォグランプ、
　照明装置　1241
ユーザー指向方式、バスシステム　1455
ユーザーデータ、バスシステム　1454
ユーロNCAP、パッシブセーフティ　1181

1746 付録

ユーロNCAP評価、緊急ブレーキシステム　1667
ユーロノズル、LPG駆動　708
油圧、往復動機関　518
油圧カプラー、ピエゾインラインインジェクター　744
油圧サーボバルブ、ソレノイドバルブインジェクター　739
油圧式パワーアシスト付きステアリング、ステアリング　1076
油圧式ブレーキアシスト、自動ブレーキシステム機能　1168
油圧式ブレーキブースター、乗用車ブレーキシステム　1097
油圧システム、電子式トランスミッション制御　804
油圧シリンダー、シャーシ　1015
油圧制御、電子式トランスミッション制御　807
油圧ダンパー、シャーシ　1012
油圧ピストンシール、シール　411
油圧フォールバックレベル、電気油圧式ブレーキ　1105
油圧モジュレーター、アンチロックブレーキシステム　1141
油圧モジュレーター、乗用車ブレーキシステム　1101
油圧モジュレーター、電気油圧式ブレーキ　1105
油圧ユニット、ESC　1161
油圧ユニット、アンチロックブレーキシステム　1141
油圧ユニット、トラクションコントロールシステム　1142
油圧ロッドシール、シール　409
融解エンタルピー、材料特性値　208
融解温度、材料特性値　208
融解曲線、水　149
融解熱、材料特性値　208
有機LED（発光ダイオード）、表示と操作　1602
有機発光ダイオード、電子工学　123
有限要素解析　194
有限要素法　194
有効回転数範囲、往復動機関　522
有効径、ねじ締結部品　435
有効磁束、電気工学　107
有効出力、往復動機関　523
有効制動時間　1089
有効な油量、往復動機関　517
有効な光束、照明装置　1230
融接法、溶接技術　450
優先制御、バスシステム　1454
誘電、電気工学　94
誘電率、電気工学　95
誘導加熱はんだ付け法、はんだ付け技術　452

誘導期、潤滑剤　305
誘導結合プラズマ発光分光法、元素　143
誘導抗力、空力学　975
誘導性カップリング、電磁両立性　1385
誘導電圧、イグニッションコイル　679
誘導放出、レーザー技術　71
誘導放電点火、イグニッション　676
有理数、数学　164
油温、往復動機関　517
歪みゲージ、圧力センサー　1537
歪みゲージ技術、圧力センサー　1537
歪みゲージ抵抗器、圧力センサー　1537
ユニットインジェクター、乗用車　754
ユニットインジェクター、商用車　756
ユニットインジェクターシステム　754
ユニットポンプ、商用車　757
ユニットポンプシステム　757
ユニットポンプシステム、商用車　757
ユニボールジョイント、シャーシ　1006
油膜、往復動機関　517
油膜理論、往復動機関　519
緩み、ねじ締結部品　441
緩み側、チェーンドライブ　552
ゆるみ側、ベルト駆動装置　539
油冷式、電動機　856

よ

ヨー、基本概念、自動車技術　931
ヨーゲイン、横運動（曲線走行）の力学　960
ヨー振動、商用車の走行ダイナミクス　966
ヨー速度周波数応答、商用車の走行ダイナミクス　966
ヨーモーメント、基本概念、自動車技術　932
ヨーモーメント、横運動（曲線走行）の力学　962
ヨーモーメント立上り遅延、アンチロックブレーキシステム　1138
ヨーレート　1523
予圧、ねじ締結部品　439
与圧ありの軸受配置、転がり軸受　378
溶解積、質量作用の法則　154
要求事項管理、電子システムのアーキテクチャー　1494
要求される駆動トルク、ESC　1151
要求される減速の入力、ESC　1151
陽極格子、スターター用バッテリー　1313
陽極酸化、マイクロメカニクス　1503
陽極酸化被覆、被覆とコーティング　303
陽極反応、腐食のプロセス　290

技術用語索引 **1747**

陽極防食、腐食防止 295
陽極ボンディング、マイクロメカニクス 1503
洋銀、非鉄金属 227
要件モデル、電子システムのアーキテクチャー 1491
陽子、元素 138
容積型スーパーチャージャー、
　機械式スーパーチャージャー 590
容積効率、高圧ポンプ、ガソリン直接噴射 647
容積式ポンプ、電動フューエルポンプ 643
溶接、分離できない結合 448
溶接レール、コモンレール 753
要素、有限要素法 195
要素の質、有限要素法 195
陽電子、元素 142
溶媒和熱、化学結合 145
容量性カップリング、電磁両立性 1385
容量利用率、オルタネーター 1299
揚力、空力学 976
揚力係数、空力学 976
揚力バランス、空力学 978
抑止条件、車載診断システム 919
抑制剤、結合技術 454
抑制剤、腐食防止 296
余弦関数、数学 168
横運動（曲線走行）の力学 958
横風による影響、横運動（曲線走行）の力学 958
横風による横方向の運動特性、
　横運動（曲線走行）の力学 961
横型圧力ばめ、摩擦結合 430
横波、波動光学 65
横方向加速度、横運動（曲線走行）の力学 958
横方向ダイナミクスコントローラー、
　ESC 1151, 1153
横方向の回転精度、ホイール 1048
横方向の傾斜モーメント、往復動機関 513
横力、空力学 976
横力、基本概念、自動車技術 937
横力、タイヤ 1056
横力、横運動（曲線走行）の力学 962
汚れ除去過程、ホットワイヤー式エアマスセンサー
　1528
汚れセンサー 1558
横列駐車、駐車および操縦システム 1647
予混合燃焼、ディーゼルエンジン 476
余接関数、数学 169
予熱時間、火炎始動装置 770
予熱システム、補助始動装置 764
予熱ソフトウェア、予熱システム 765

予熱プロセス、予熱システム 765
予備制動時間、車線アシスト 1661
予備ディテント、ロックシステム 1274
予備励磁回路、オルタネーター 1357
予備励磁電流、オルタネーター 1357
読出し専用メモリー、ECU 1427
より線、自動車内のバスシステム 1458
弱め界磁領域、電動機 844
四線測定法、電気工学 99
四面体、有限要素法 196
四輪駆動、従来のドライブトレイン 784
四輪駆動における前後方向のトルク配分 1173

ら

ライダーセンサー 1564
ライトオフ温度、触媒コンバーター 692
ライドダウンベネフィット、乗員保護システム 1187
ライトバン、車両のボディ、商用車 1209
ライナー、排気装置 612
ラインセンサー、ビデオセンサー 1569
ライン断面積、ワイヤーハーネス 1378
ラインの保護、ワイヤーハーネス 1380
ラウドネス、音響学 59
ラウドネスレベル、音響学 59
ラジアルシール、プラグインコネクター 1381
ラジアルシャフトシール、シール 396
ラジアルタイヤ 1051
ラジアルトゥースオーバーランニングクラッチ、
　始動装置 1374
ラジアルピストンポンプ、ガソリン直接噴射 648
ラジアルプランジャー分配型ポンプ 761
ラジアン、SI派生単位 26
ラジアン、数学 167
ラジエーターコア、水冷式 555
ラジエータータンク、水冷式 556
ラジエーターの構造、水冷式 555
ラジエーターの設計、水冷式 560
ラジエーター保護剤、冷却液 319
ラジオおよびテレビ放送の受信 1606
ラジオチューナー 1609
ラジオデータシステム、ラジオ／テレビ放送 1611
らせん状のV字折りフィルター、ガソリンフィルター
　641
ラック、ステアリング 1075
ラックアンドピニオンステアリング、ステアリング
　1075
ラップトリガーシステム、モータースポーツ 700
ラテラルタイロッド、ホイールサスペンション 1028

ラバーエレメント、サスペンションシステム　1006
ラバースプリング、シャーシ　1008
ラピッドコントロールプロトタイピング、自動車における ソフトウェアエンジニアリング　1441
ラビリンスシステム、スターター用バッテリー　1312
ラプラス変換、数学　179
ラマン分光法、化学結合　147
ラムダ、混合気の形成、火花点火機関（SIエンジン）　654
ラムパイプ過給方式、吸気システム　581
ラメラ黒鉛ねずみ鋳鉄、金属材料　227
ランダムアクセスメモリー、半導体メモリー　1424
ランチェスターシステム、往復動機関　513
ランフラットタイヤ　1051
ランベルトエミッター、電子工学　123
乱流、ガソリンエンジン　469
乱流、ディーゼルエンジン　475
乱流、流動力学　75
乱流運動エネルギー、ディーゼルエンジン　477
乱流制御フラップ、吸気システム　582
乱流の運動エネルギー、ガソリンエンジン　470
乱流の強さ、ガソリンエンジン　469

り

リーディングアクスル、車両のボディ、商用車　1210
リーディングトレーリング式ブレーキ、ドラムブレーキ　1133
リード角、ねじ締結部品　435
リーフスプリング、シャーシ　1009
リーンシフト、λ制御　695
リーンバーン限界、混合気の形成、火花点火機関（SIエンジン）　655
リアアクスルステアリング、ステアリング　1072
リアウィンドウのワイパー装置、ウインドシールドおよびリアウィンドウのワイパー装置　1270
リアウィンドウのワイパー装置、ウインドシールドおよびリアウィンドウのワイパーシステム　1270
リアビューカメラ、駐車および操縦システム　1648
リアフォグランプ、照明装置　1246
リアルタイム対応、ソフトウェア　1430
リアルタイム対応能力、ECU　1421, 1423
力学、基本原理　38
リグテスト、蒸発物テスト　911
リグノセルロース、ガソリン　331
リサーキュレーティングボールギヤ、ステアリング　1080
リサーキュレーティングボールステアリング、ステアリング　1076

リサーチオクタン価、ガソリン　329
リザーバータンク、水冷式　557
離散時間制御、制御工学　205
離散分布、技術統計　188
リジッドアクスル、ホイールサスペンション　1028
リセット機能、タイヤ空気圧検出システム　1069
理想気体、熱力学　81
理想的なノズル、天然ガスインジェクター　714
リターダー、補助ブレーキ　1123
リターンスプリング、始動装置　1374
リターンポンプ、ESC　1161
リターンポンプ、アンチロックブレーキシステム　1141
リターンレスシステム、燃料供給と燃料配分、吸気マニホールド噴射　636
リチウムイオン蓄電池　161
リチウムイオン蓄電池、駆動用バッテリー　1325
リチウムイオンテクノロジー、駆動用バッテリー　1323
立体角、照明量　70
立体角度、法定単位　27
リッチシフト、λ制御　695
リトロニックヘッドランプ、照明装置　1233
リニア温度係数、PTC　1542
リニアバス型、バスシステム　1455
リバースランプ、照明装置　1246
理髪店回転灯構造、電気工学　115
「理髪店」回転灯センサー、位置センサー　1515
リピーター、バスシステム　1455
リブ付きVベルト、ベルト駆動装置　539
リブ付きVベルトの形状、ベルト駆動装置　540
リフティング装置、車両のボディ、商用車　1210
リプレーアタック、車両イモビライザー　1286
リフレクター、幾何光学　65
リフレクターの焦点距離　1230
リフレクターの発光部範囲　1230
リベット接合技術、分離できない結合　455
リベットナット、リベット接合技術　456
リム、ホイール　1035
リム外周、ホイール　1036
リムサイズ、ホイール　1037
リム設計、ホイール　1037
リム直径、ホイール　1036
リムのオフセット、ホイール　1036
リムビードシート、ホイール　1035
リムフランジ、ホイール　1035
リムベース、ホイール　1036
リモートキー、ロックシステム　1273

技術用語索引 **1749**

リモートコントロールパーキングアシスト、
　駐車および操縦システム　1650
リモートフレーム、CAN　1461
リヤエンジン、従来のドライブトレイン　784
硫化バリウム、NOx吸着触媒コンバーター　692
硫酸化、スターター用バッテリー　1316
粒子状物質のカウント、排出ガス測定方法　905
粒子状物質のサイズ分布、排出ガス測定方法　906
粒子状物質排出量、排出ガス測定方法　905
粒子速度　48
粒子速度、音響学　54
粒子複合材　253
流出、スターター用バッテリー　1316
流出オリフィス、ソレノイドバルブインジェクター
　739
粒状排出物の濾過、排気ガス処理、
　ディーゼルエンジン　773
流速、流体力学　75
流体式クラッチ、水冷式　558
流体動圧摩擦軸受　369
流体式リターダー、補助ブレーキ　1123
流体静圧摩擦軸受　368
流体トルクコンバーター、連結装置　788
流体の流れの中にある物体、流体力学　77
流体力学、潤滑剤　309
流体力学、流体力学　74, 75
流動成形法　1044
流動点、潤滑剤　307
流量計、センサー　1526
流量最適化ジオメトリー、天然ガスインジェクター
　714
量　24
量産品テスト、排出ガス規制　865
量産品に基づくECU、モータースポーツ　700
量子効率、ビデオセンサー　1567
量子数、元素周期表　138
量的制御、ガソリンエンジン　474
両振り曲げ応力に対する疲労強度、材料特性値　211
リレーステーションアタック、ロックシステム　1273
理論混合比、混合気の形成、
　火花点火機関 (SIエンジン) 654
理論的スプリング長さ、ガススプリング　1010
臨界応力拡大係数、材料特性値　212
臨界点、水　149
リング型トポロジー、バスシステム　1456
リングギヤ、始動装置　1368
リングギヤ、トランスミッション　792
リング構造、MOST　1475

リングスナップ結合　445
リンケージ、ウインドシールドおよびリアウィンドウの
　ワイパー装置　1266
リン酸亜鉛被覆、被覆とコーティング　303
リン酸塩被覆、被覆とコーティング　303
リン酸マンガン被覆、被覆とコーティング　303
隣接チャンネルの干渉、受信機　1611
リンプホーム、診断　914
リンプホーム機能、診断　914

る

ルーズリンク接続、ウインドシールドおよび
　リアウィンドウのワイパー装置　1266
ルーツ式スーパーチャージャー、
　機械式スーパーチャージャー　591
ルーティング、バスシステム　1453
ルート案内、自動車のナビゲーション　1635
ルート案内システム、交通テレマチック　1614
ルート計算、交通テレマチック　1614
ルート計算、自動車のナビゲーション　1634
ルーメン、SI派生単位　26
累計故障率、技術統計　189
ルクス、SI派生単位　26

れ

レーザー LED、電子工学　123
レーザー技術、光学技術　70
レーザー光線溶接法、溶接技術　451
レーザー振動計、自動車の音響学　990
レーザー溶接法、溶接技術　451
レーザー溶接レール、コモンレール　753
レーザーライト、照明装置　1239
レーダーアンテナからの放射パターン、
　車線変更アシスト　1663
レーダーセンサー 1560
レール、コモンレール　753
レール、燃料供給、火花点火 (SI) エンジン　649
レーンの設定、ACC　1653
レーンの割当て、ACC　1654
レイアウト、スナップ結合　446
冷間加工用鋼、金属材料　222
冷間始動時の信頼性、潤滑剤　305
冷間始動段階、ディーゼルエンジン　478
冷間始動プロセス、ディーゼルエンジン　478
励起場、オルタネーター　1354
冷却、空力学　979
冷却、電動機　856
冷却液、水冷式　555

冷却液温度の制御、水冷式　559
冷却液による冷却、水冷式　555
冷却液リザーバータンク、水冷式　557
冷却回路、水冷式　555
冷却回路、排気ガスの冷却　563
冷却システム技術、エンジン冷却システム　566
冷却水温度センサー　1543
冷却タイプ、電動機　856
冷却段階、火炎始動装置　770
冷却ファン、水冷式　557
冷却方式、往復動機関　506
冷却モジュール、エンジン冷却システム　565
励磁回路、オルタネーター　1358
励磁コイル、オルタネーター　1355
励磁電流、オルタネーター　1294
レイテンシー、バスシステム　1451
レイノルズ数、熱力学　91
レイノルズ数、流体力学　75
冷媒、空調制御システム　1581, 1582
冷媒、燃料・潤滑剤・作動液　349
冷媒回路、空調制御システム　1581
冷媒冷却システム、駆動用バッテリー　1329
レインセンサー　1558
レインセンサー、ウインドシールドおよび
　　リアウィンドウのクリーニングシステム　1270
レオペクシー、潤滑剤　308
レオロジー（流動学）、潤滑剤　307
レジエクステンダーシステム、燃料電池　862
レシオカバレッジ、トランスミッション　795
レゾナンスプレナム、吸気システム　582
劣化、触媒コンバーター　692
劣化安定剤、ガソリン　331
劣化期間、ディーゼル燃料　335
劣化度、バッテリー　1299
劣化防止剤、ラジアルタイヤ　1051
レバー行程、始動装置　1372
レリーズフォーク、連結装置　786
連結装置、ドライブトレイン　786
連結レバー、往復動機関　500
レンジエクステンダー、電動ドライブ　821
レンジエクステンダーを装備した電動ドライブ、
　　ドライブトレイン　821
レンジゲート表示、ライダーセンサー　1565
レンジ走査、ライダーセンサー　1565
レンジチェンジボックス、トランスミッション　803
レンジ調整、照明装置　1251
レンズ、幾何光学　64
レンズ、ヘッドランプ　1230

レンズアンテナシステム、レーダーセンサー　1563
連節バス、車両のボディ、商用車　1214
連続λ制御、排気ガス処理　696
連続供給システム、燃料供給と燃料配分、
　　ガソリン直接噴射　638
連続限界特性曲線、電動機　846
連続作動、電動機　845
連続の法則、電気工学　107
連続の方程式、流体力学　76
連続配分高圧ポンプ、ガソリン直接噴射　648
連続負荷　1293
連続分布、技術統計　189
連邦煤煙サイクル、排出ガス規制、大型商用車　890

ろ

ローエアインテーク、吸気システム　586
ローカル相互接続ネットワーク、自動車内の
　　バスシステム　1466
ローサイド出力ステージ、ECU　1428
ローター、オルタネーター　1355
ローター形、回転数センサー　1519
ロータリーソレノイドアクチュエーター、
　　分配型噴射ポンプ　759
ロータリーラッチ、ロックシステム　1274
ロービーム、欧州　1226
ロービーム、照明装置　1221
ロービーム、米国　1228
ローピンカウントプラグインコネクター　1382
ロープ摩擦、力学　46
ローメンテナンスバッテリー、
　　スターター用バッテリー　1316
ローラー型電極、シーム溶接法　449
ローラーサンブラインド、サンルーフ　1592
ローラー式オーバーランニングクラッチ、始動装置
　　1373
ローラーセル式ポンプ、電動フューエルポンプ　643
ローラータイプチェーン、チェーンドライブ　548
ローラータペット、ガソリン直接噴射　646
ローリングモーメント、基本概念、自動車技術　932
ロール、基本概念、自動車技術　931
ロール安定化によるステアリング特性の制御　1174
ロールオーバー保護システム、乗員保護システム
　　1188
ロール軸、基本概念、自動車技術　935
ロール軸、横運動（曲線走行）の力学　962
ロールセンター、基本概念、自動車技術　935
ロールバック効果、ディスクブレーキ　1127
ろ過性、ディーゼル燃料　334

技術用語索引 **1751**

六面体、有限要素法　196
露光量、照明量　69
ロジウム、触媒コンバーター　690
ロジック回路、マイクロコンピューター　1423
路車間通信、交差点アシスト　1670
露出振動数、タイヤのグリップ　1058
ロストモーション、可変バルブタイミング　488
ロッカーアーム、往復動機関　503
ロッキング軸受、転がり軸受　377
ロッキングベーンポンプ、低圧ディーゼル燃料供給
　729
ロックアウト歯、トランスミッション　793
ロックウェル硬度、熱処理　278
ロック機構、ロックシステム　1274
ロックシステム、車両のセキュリティーシステム
　1272
ロック爪、ロックシステム　1274
ロックバレル、ロックシステム　1275
ロックホルダー、ロックシステム　1274
ロックレイアウト、ロックシステム　1276
ロッドガイド、ロッドおよび
　ピストンシーリングシステム　410
ロッドシール、O リング　390
ロッドシール、空圧系のシール　404
ロッドシール、シール　409
ロバスト性、制御工学　205
路面による励振、シャーシ　998
路面のグリップ、自動車の力学　946
路面の照射、照明装置　1238
路面の不整、シャーシ　998, 999
ロングライフエンジンオイル　306
論理リセット、マイクロコンピューター　1423

わ

ワークショップ診断モジュール、ECU 診断　928
ワークショップにおける診断、ECU 診断　928
ワイドバンドλセンサー　1549
ワイドバンドλセンサー、排気ガス処理　696
ワイパー、ロッドおよびピストンシーリングシステム
　409
ワイパーアーム、ウインドシールドおよび
　リアウィンドウのワイパー装置　1267
ワイパー装置、ウインドシールドおよび
　リアウィンドウ　1264
ワイパー直接駆動装置、ウインドシールドおよび
　リアウィンドウのワイパー装置　1266
ワイパーブレード、ウインドシールドおよび
　リアウィンドウのクリーニングシステム　1269

ワイパーブレードエレメント、ウインドシールドおよび
　リアウィンドウのクリーニングシステム　1269
ワイブル分布、技術統計　189
ワイヤード AND 方式、CAN　1460
ワイヤーメッシュ被覆、排気装置　612
ワイヤーハーネス　1378
ワット、SI 派生単位　26
ワットリンク、ホイールサスペンション　1028
割込み、マイクロコンピューター　1423
割込みフレーム、シリアルワイヤーリング　1478
割目腐食、腐食の種類　291
ワンステップ駐車、駐車および操縦システム　1646

1752 付録

略語

A：

AAS： Atomic Absorption Spectroscopy
（原子吸光分光法）

ABS： Antilock Braking System
（アンチロックブレーキシステム）

ABS： Acrylnitrile-Butadien-Styrene
（アクリロニトリル・ブタジエン・スチレン
樹脂）

ABV： Antilock braking system
（独：German：Antiblockiervorrichtung）
（アンチロックブレーキシステム）

AC： Accessory Control（補機制御）

AC： Alternating Current（交流）

ACC： Adaptive Cruise Control
（アダプティブクルーズコントロール）

ACEA： Association of European Automobile
Manufacturers
（仏：Association des Constructeurs
Européens de l' Automobile）
（ヨーロッパ自動車工業会）

ADAS： Advanced Driver Assistance Systems
（先進運転者支援システム）

ADASIS： Advanced Driver Assistance Systems
Interface Specifications
（先進運転者支援システムインターフェース
仕様）

ADB： Adaptive Driving Beam
（アダプティブドライビングビーム）

ADC： Analog-Digital Converter
（アナログ／デジタルコンバーター）

ADR： European Agreement concerning the
International Carriage of Dangerous Goods
by Road（仏：Accord européen relatif au
transport international des marchandises
Dangereuses par Route）
（陸路による危険物品の国際輸送に関する
欧州協定）

ADR： Advanced Digital Receiver
（高度デジタル受信機）

ADR： Australian Design Rule
（オーストラリアにおける道路運送車両の
保安基準）

AE： Automotive Electronics
（車両の電子システム）

AEB： Automatic Emergency Braking
（自動緊急ブレーキ機能）

AF： Antiferromagnetic（反強磁性体）

AFC： Anti-Friction-Coating
（アンチフリクションコーティング）

AFS： Adaptive Frontlighting System
（アダプティブフロントライティングシステム）

AGI： Air-Gap-Insulated（エアギャップ断熱）

AGM： Absorbent Glass Mat
（吸収性ガラスマット）

AHP： Accelerator Heel Point
（アクセルヒールポイント）

AI： Articulation Index（明瞭度指数）

AKF： Carbon canister（独：Aktivkohlefalle）
（カーボンキャニスター）

ALB： Automatic load-sensitive braking-
force metering（独：Automatische
lastabhängige Bremskraftregelung）
（荷重応動型制動力自動制御装置）

ALU： Arithmetic Logic Unit（演算ユニット）

AM： Amplitude Modulation（振幅変調）

AMLCD： Active Message Liquid Crystal Display
（アクティブメッセージ液晶ディスプレイ）

AMR： Anisotropic Magnetoresistive
（異方性磁気抵抗素子）

AMT： Automated Manual Transmission
（自動マニュアルトランスミッション）

ANC： Active Noise Control
（能動型騒音制御システム（アクティブノイズ
コントロール））

API： Application Programming Interface
（アプリケーションプログラミングインター
フェース）

API： American Petroleum Institute
（米国石油協会）

APS： Active Pixel Sensor
（アクティブピクセルセンサー）

APSM： Advanced Porous Silicon Membrane
（アドバンストポーラスシリコンメンブラン）

ARLA： Agente Reductor Liquido de Òxido de
Nitrógeno Automotivo）
（自動車用窒素酸化物液体還元剤）

AS： Air System（エアシステム）

ASAM： Association for Standardization of
Automation and Measuring Systems
（自動化および計測システム標準化協会）

ASF： Audi Space Frame (aluminum frame
structure of supporting integrated sheet
panels from Audi)
（アウディスペースフレーム：アウディ社
製統合型アルミスペースフレーム構造）

ASIC： Application Specific Integrated Circuit
（特定用途向け集積回路）

ASIL： Automotive Safety Integrity Level
（機能の安全性に関する規制要件）

ASM： Asynchronous machine（非同期電動機）

ASM： Trailer control module
（独：Anhängersteuermodul）
（トレーラー制御モジュール）

ASPICE： Automotive Software Process
Improvement and Capability
Determination
（自動車用ソフトウェアプロセスの改善と
能力の決定）

ASR： Traction control system
（独：Antriebsschlupfregelung）
（トラクションコントロールシステム）

略語 **1753**

ASS : Anti-snow system（降雪に対する対策）
ASTM : American Society of Testing and Materials
（米国材料試験協会）
ASU : Automatic interference suppression
（独：Automatische Störunterdrückung）
（自動干渉抑制）
ASVP : Air Saturated Vapour Pressure
（空気飽和蒸気圧）
ASW : Application software
（アプリケーションソフトウェア）
AT : Advanced Technology
（アドバンスドテクノロジー）
ATF : Automatic-Transmission Fluid
（オートマチックトランスミッションフルード）
ATL : Exhaust-gas turbochargers
（独：Abgasturbolader）
（排気ガスターボチャージャー）
AUS : Aqueous Urea Sulution（尿素水溶液）
AUTOSAR : Automotive Open Systems Architecture
（自動車用オープンシステムアーキテクチャー）

B :

BBA : Service-Brake System
（独：Betriebsbremsanlage）
（常用ブレーキ）
BCD : Bipolar, CMOS, DMOS
（バイポーラ、CMOS、DMOS）
BCI : Bulk Current Injection（大容量電流注入）
BCM : Body Computer Module
（ボディコンピューターモジュール）
BCU : Battery Control Unit
（バッテリーコントロールユニット）
BDC : Bottom Dead Center
（piston of internal-combustion engine）
（下死点、内燃機関のピストン）
BDE : Gasoline Direct Injection
（独：Benzin-Direkteinspritzung）
（ガソリン直接噴射）
BEM : Boundary-Element Method（境界要素法）
BETP : Bleed Emissions Test Procedure
（ブリード排出ガステスト手順）
BIP : Beginning of Injection Period
（噴射開始時期信号）
BIPM : International Bureau of Weights and
Measures
（仏：Bureau International des Poids
et Mesures）（国際度量衡局）
BLDC : Brushless Direct Current（ブラシレス直流）
BM : Bus-Minus（バスマイナス）
BMD : Bag Mini Diluter（バッグミニダイリューター）
BMS : Battery Management System
（バッテリーマネジメントシステム）
BP : Bus-Plus（バスプラス）
BRM : Boost Recuperation Machine
（ブースト回生装置）

BRS : Boost Recuperation System
（ブースト回生システム）
BSS : Byte Start Sequence
（バイト開始シーケンス）
BSW : Basic Software（基本ソフトウェア）
BtL : Biomass to Liquid（バイオマス液化油）
BWC : Butan Working Capacity
（ブタン有効吸着量）
BZ : Fuel Cell（独：Brennstoffzelle）（燃料電池）
BZE : Battery-Status Recognition
（独：Batteriezustandserkennung）
（バッテリー状態の認識）

C :

C2C : Car-to-Car Communication（車間通信）
C2I : Car-to-Infrastructure Communication
（路車間通信）
CAD : Computer-Aided Design
（コンピューター支援設計）
CAE : Computer-Aided Engineering
（コンピュータ支援エンジニアリング）
CAFC : Corporate Average Fuel Comsumption
（企業別平均燃費）
CAFE : Corporate Average Fuel Economy
（企業別平均燃費）
CAL : Computer-Aided Lighting
（コンピューター支援光学系設計）
CAN : Controller Area Network
（コントロールエリアネットワーク）
CAP : Compliance Assurance Program
（適合保証プログラム）
CARB : California Air Resource Board
（カリフォルニア大気資源委員会）
CBS : Combined Brake System
（コンバインドブレーキシステム）
CCD : Charge-Coupled Device（電荷結合素子）
CCD : Complex Device Drivers
（複合デバイスドライバー）
CCFL : Cold-Cathode Fluorescence Lamp
（冷陰極蛍光灯）
CCMC : manufacturers committee
（仏：Comité des Constructeurs d'
automobiles du Marché Commun）
（共同市場自動車製造者委員会）
CD : Compact Disc（コンパクトディスク）
CDPF : Catalyzed Diesel Particulate Filter
（触媒コーティングディーゼル微粒子フィ
ルター）
CDR : Clock Data Recovery
（クロックデータリカバリー）
CE : Coordination Engine（エンジン調整）
CEMEP : European Committee of Manufacturers of
Electrical Machines and Power Electronics
（欧州電動機および電子工学製業者委員）

CEN：	European Committee for Standardization （仏：Comité Européen de Normalisation） （欧州標準化委員会）
CF：	Carbon Fibers （カーボンファイバー、炭素繊維）
CF：	Conformity Factor（適合係数）
CFD：	Computational Fluid Dynamics （計算流体力学）
CFPP：	Cold Filter Plugging Point （filterability limit） （寒冷時の目詰まり点、ろ過性限界）
CFR：	Cooperative Fuel Research （コオペレティブ・フュエル・リサーチ）
CFR：	Code of Federal Regulations of the United States（米国連邦規則集）
CFV：	Critical Flow Venturi （臨界流量ベンチュリー）
CGPM：	General Conference on Weights and Measures （仏：Conférence Générale des Poids et Mésures）（国際度量衡総会）
CGI：	Compacted Graphite Iron （コンパクト黒鉛鋳鉄）
CGW：	Central Gateway（セントラルゲートウェイ）
CHD：	Case Hardening Depth（表面硬化深さ）
CI：	Cetane Index（セタン指数）
CIP-GMR：	Current-in-Plane GMR （電流を層平面内に流した場合のGMR）
CISC：	Complex Instruction Set Computing （複合命令セットコンピューター）
CISPR：	International Special Committee for Radio Interference （仏：Comité International Spécial des Perturbations Radioélectriques） （国際無線障害特別委員会）
CLD：	Chemiluminescence Detector （化学発光検出器）
CMMI：	Capability Maturity Model Integration （能力成熟度モデル統合）
CMRR：	Common Mode Rejection Ratio （同相信号除去比）
CMOS：	Complementary Metal Oxide Semiconductor（相補型金属酸化膜半導体）
CMVSS：	Canadian Motor Vehicle Safety Standard （カナダ自動車安全基準）
CNG：	Compressed Natural Gas（圧縮天然ガス）
CO：	Communication（通信）
COD：	Conversion of Olefins to Distillates （オレフィンから蒸留物への転換）
COM：	Communication（通信）
COP：	Conformity of Production（製造時適合）
CP：	Circular Pitch（円周ピッチ）
CPC：	Condensation Particulate Counter （凝縮式粒子計数器）
CPP-GMR：	Current Perpendicular-to-Plane GMR （電流を層平面に垂直に流した場合のGMR）
Cpsi：	Channels per Square Inch （1平方インチあたりの通路数）

CPU：	Central Processing Unit（中央処理装置）
CR：	Common Rail（コモンレール）
CR：	Chloroprene Rubber（クロロプレンゴム）
CRC：	Cyclic Redundancy Check（巡回冗長検査）
CRS：	Common Rail System （コモンレールシステム）
CRT：	Continuously Regenerating Trap （連続再生トラップ）
CS：	Checksum（チェックサム）
CSC：	Cell Supervisory Circuit（セル監視回路）
CSM：	Chlorosulfonated polyethylene （クロロスルホン化ポリエチレン）
CST：	Controllo Stabilità e Trazione （スタビリティおよびトラクションコント ロール）
CtL：	Coal to Liquid（石炭液化油）
CTS：	Conti Tire System （コンチネタル社タイヤ情報システム）
CVD：	Chemical Vapor Deposition（化学蒸着）
CVS：	Constant Volume Sampling（定容量採取）
CVT：	Continuously Variable Transmission （無段変速トランスミッション）
CWS：	Collision Warning System （衝突警告システム）
CN：	Cetane Number（セタン価）

D：

DAB：	Digital Audio Broadcasting （デジタルラジオ放送）
DAC：	Digital-Analog Converter （デジタルアナログコンバーター）
DAPRA：	Defense Advanced Research Projects Agency （アメリカ国防高等研究計画局）
DC：	Direct Current（直流）
DC：	Diffusion Charger（拡散荷電装置）
DCT：	Dynamic Coupling Torque （ダイナミックカップリングトルク）
DCT-C：	Dynamic Coupling Torque at Center （センターディファレンシャルでのダイナ ミックカップリングトルク）
DDA：	Digital Directional Antenna（デジタルダイ バーシティアンテナ）
DDS：	Digital Diversity System （デジタルダイバーシティシステム）
DEF：	Diesel Exhaust Fluid（ディーゼル排気液）
DEQ：	Digital Equalizer（デジタルイコライザー）
DF：	Dynamo Field（ダイナモフィールド）
DFC：	Data Frame Counter （データフレームカウンター）
DFM：	Dynamo-Field Monitor （ダイナモフィールドモニター）
DFV：	Vapor/Liquid Ratio （独：Dampf-Flüssigkeits-Verhältnis） （気液率）
DGL：	Differential Equation （独：Differentialgleichung）（微分方程式）

略語 **1755**

DGPS :	Differential GPS（ディファレンシャルGPS）
DI :	Direct Injection（直接噴射）
DIN :	German Institute for Standardization （ドイツ規格統一協会）
DIS :	Draft International Standard （国際規格案、ISOの）
DK :	Dielectric Constant （独：Dielektrizitätskonstante）（誘電率）
DLC :	Diamond Like Carbon （ダイヤモンド状炭素）
DLP :	Digital Light Projection （デジタルライトプロジェクション）
DME :	Dimethyl Ethers（ジメチルエーテル）
DMOS :	Double-Diffused Metal-Oxide Semiconductor （二重拡散金属酸化物半導体）
DMS :	Differential Mobility Spectrometer （微分移動度分光計）
DMS :	Strain Gages（Strain-gage resistor） （独：Dehnmessstreifen）（歪みゲージ）
DNC :	Dynamic Noise Covering （ダイナミックノイズカバーリング）
DOC :	Diesel Oxidation Catalyst （ディーゼルエンジン用酸化触媒）
DOHC :	Double Overhead Camshaft （ダブルオーバーヘッドカムシャフト）
DOT :	Department of Transportation（USA） （運輸省、米国）
DPF :	Diesel Particulate Filter （ディーゼル微粒子フィルター）
DPMO :	Defects per Million （100万機会当たりの欠陥数）
DRIE :	Deep Reactive Ion Etching （深層反応イオンエッチング）
DRM :	Digital Radio Mondial （デジタルラジオモンディエール）
DRO :	Dielectric Resonance Oscillator （誘電体共振器）
DS :	Diagnostic System（診断システム）
DSA :	Digital Sound Adjustment （デジタルサウンド調整）
DSC :	Dynamic Stability Control （ダイナミックスタビリティコントロール）
DSM :	Diagnostic System Management （診断システムのマネジメント）
DSP :	Digital Signal Processor （デジタル信号プロセッサー）
DSTC :	Dynamic Stability and Traction Control （ダイナミックスタビリティ・トラクション コントロール）
DSTN LCD :	Double layer Super Twisted Nematic Liquid Crystal Display （ダブルスーパーツイステッドネマティック 液晶ディスプレイ）
DTS :	Dynamic-Trailing-Sequence （ダイナミックトレーリングシーケンス）
DTM :	Deutsche Tourenwagen Masters （ドイツツーリングカー選手権）

DVB :	Digital Video Broadcasting （DVB規格：欧州の標準化団体が策定した 地上デジタルテレビ放送規格）
DVBE :	Dry Vapour Pressure Equivalent （乾燥蒸気圧当量）
DVB-C :	Digital Video Broadcasting Cable （DVB-C規格：ケーブル放送向けの地上デ ジタルテレビ放送規格）
DVB-H :	Digital Video Broadcasting Handhelds （DVB-H規格：携帯機器向けの地上デジタ ルテレビ放送規格）
DVB-S :	Digital Video Broadcasting Satellite （DVB-S規格：衛星放送向けの衛星デジタ ルテレビ放送規格）
DVB-T :	Digital Video Broadcasting Terrestrial （DVB-T規格：地上波向けの地上デジタル テレビ放送規格）
DWT :	Dynamic Wheel Torque Distribution （ダイナミックホイールトルク配分機能）
DVD :	Digital Versatile Disc （デジタル多用途ディスク）
DVR :	Compression set（圧縮永久ひずみ）

E :

E/E :	Electrics/Electronics（電気／電子）
EAB :	Electronic shutdown （独：Elektronische Abstellung） （diesel control） （電子シャットダウン、ディーゼル制御）
EAC :	Electronic Air Control （エレクトロニックエアコントロール）
EB :	Electrical steel sheet and strip （独：Elektroblech und band） （電磁鋼板、帯鋼）
EBA :	Emergency Brake Assist （緊急ブレーキアシスト機能）
EBD :	Electronic Brakeforce Distribution （電子制御ブレーキシステム）
EBS :	Electronic Braking System （電子式ブレーキシステム）
EBS :	Electronic Battery Sensor （電子式バッテリーセンサー）
EBV :	Electronic braking-force distribution （独：Elektronische Bremskraftverteilung） （電子制御ブレーキ力配分）
EC :	European Community（欧州共同体）
EC :	Electronic Commutated（電子整流）
EC :	Exhaust closes（排気バルブ閉）
ECE :	Economic Commission for Europe （欧州経済委員会）
ECU :	Electronic Control Unit （電子制御ユニット）
ECVT :	Electrical Continuously Variable Transmission （無段変速トランスミッション）
EDC :	Electronic Diesel Control （電子ディーゼル制御）

EDR : Event Data Recorder
（イベントデータレコーダー）

EEC : European Economic Community
（欧州経済共同体）

EEM : Electrical Energy Management
(vehicle electrical system)
（電気エネルギー管理、車両電気システム）

EEPROM : Electrically Erasable Programmable Read
Only Memory
（電気的に消去・プログラム可能なリード
オンリーメモリー）

EEV : Enhanced Environmentally
Friendly Vehicle （高度環境適合車両）

EFB : Enhanced Flooded Battery
（強化型液式バッテリー）

EFF : Designations of Efficiency classes for
electrical machines
（独：Bezeichnung von Effizienzklassen für
elektrische Maschinen）
（電動機用効率等級指定）

EFM : Exhaust Flow Meter （排出ガス流量計）

EFU : Activation Spark Suppression
（独：Einschaltfunkenunterdrückung）
（スパーク制御ダイオード）

EG : European Community
（独：Europäische Gemeinschaft）
（欧州共同体）

EG : Self-Steering Gradient
（独：Eigenlenkgradient）
（セルフステアリング勾配）

EGR : Exhaust-Gas Recirculation
（排気ガス再循環）

EGS : Electronic Transmission Control
（独：Elektronische Getriebesteuerung）
（電子式トランスミッション制御）

EH : Extended Hump （延長ハンプ）

EHB : Electrohydraulic Brake
（電気油圧式ブレーキ）

EHD : Elastohydrodynamics （弾性流体力学）

EHF : Extremely High Frequency （極高周波）

EIPR : Equivalent Isotropic Radiated Power
（等価等方向放射電力）

EIR : Emissions Information Report
（排出ガス情報報告）

EIS : Electrochemical Impedance
Spectroscopy
（電気化学的インピーダンス分光）

EIW : Equivalent Inertia Weight （等価慣性質量）

EKP : Electric Fuel Pump
（独：Elektrokraftstoffpumpe）
（電動フューエルポンプ）

ELPI : Electrical Low Pressure Impactor
（電子式低圧インパクター）

ELR : European Load Response （欧州負荷応答）

EM : Monomode Fiber （独：Einmodenfaser）
（単一モードファイバー）

EMD : Engine Manufacturer Diagnostics
（エンジン製造者診断）

EMP : Electro-Mechanical
Parking brake （電気機械式駐車ブレーキ）

EMC : Electromagnetic Compatibility
（電磁両立性）

EN : European Standard （欧州規格）

EO : Exhaust opens （排気バルブ開）

EOBD : European On-Board Diagnostics
（欧州車載診断システム）

EOL : End of Line （製造ラインの終わり）

EP : Extreme Pressure （高圧）

EP : Epoxy （エポキシ樹脂）

EPA : Environment Protection Agency
（米国環境保護庁）

EPB : Electronic Parking Brake
（電子駐車ブレーキ）

EPDM : Ethylene Propylene Diene Monomer
（エチレンプロピレン・ジエンモノマー・ゴム）

EPM : Engine & Powertrain Manager
（エンジン＆パワートレインマネジャー）

EPROM : Erasable Programmable Read Only
Memory
（消去・プログラム可能なリードオンリー
メモリー）

ERBP : Equilibrium Reflux Boiling Point
（平衡還流沸点）

ES : Exhaust System （排気システム）

ESC : Electronic Stability Control
（エレクトロニックスタビリティーコント
ロール）

ESC : European Steady-State Cycle
（欧州定常状態サイクル）

ESD : Electrostatic Discharge （静電放電）

ESI : Electronic Service Information
（エレクトロニックサービスインフォメー
ション）

ESM : Electrically Excited Synchronous Machine
（電気励起式同期電動機）

ESP : Electronic Stability Program
（エレクトロニックスタビリティープログ
ラム）

ESR : Enhanced Seat Belt Reminder
（強化シートベルトリマインダー）

ESS : Energy-Saving System
（エネルギーセービングシステム）

ET : Rim Offset （独：Einpresstiefe）
（リムのオフセット）

ETBE : Ethyl Tertiary Butyl Ether
（エチル第三ブチルエーテル）

ETC : Electronic Throttle Control
（電子制御式スロットル）

ETC : European Transient Cycle
（欧州過渡サイクル）

ETFE : Ethylene-Tetrafluoroethylene （エチレンテ
トラフルオロエチレン）

略語 1757

ETK： Emulator Probe（独：Emulator-Tastkopf）
（エミュレータープローブ）
ETN： European Type Number（欧州型式番号）
ETRTO： European Tyre and Rim Technical Organization（欧州タイヤリム技術協会）
EU： European Union（欧州連合）
euATL： Electrically Assisted Exhaust-Gas Turbocharger
（独：Elektrisch unterstützter Abgasturbolader）
（電気アシスト排気ガスターボチャージャー）
EUC： Enhanced Understeering Control
（強化型アンダーステア制御）
EUDC： Extra Urban Driving Cycle
（市外走行サイクル）
EUV： Electric Changeover Valve
（独：Elektroumschaltventil）
（電動式切換えバルブ）
EV： Fuel Injector（独：Einspritzventil）
（フューエルインジェクター）
EV： Electric Vehicle（電気自動車）
EVAP： Evaporation（蒸発）
EEC： European Economic Community
（欧州経済共同体）
EEA： European Economic Area（欧州経済地域）
EWIR： Emissions Warranty Information Report
（排出ガス保証情報報告）

F：

FAEE： Fatty acid ethyl ester
（脂肪酸エチルエステル）
FAME： Fatty Acid Methyl Ester
（脂肪酸メチルエステル）
FAS： Driver-Assistance System
（独：Fahrerassistenzsystem）
（運転者支援システム）
FBA： Parking-Brake System
（独：Feststellbremsanlage）
（駐車ブレーキシステム）
FCHV： Fuel Cell Hybrid Vehicle
（燃料電池ハイブリッド自動車）
FC-REX： Fuel Cell Range Extender
（燃料電池式レンジエクステンダー）
FEA： Finite-Element Analysis（有限要素解析）
FEP： Fluorinated Ethylene Propylene
（フッ素化エチレンプロピレン）
FEM： Finite-Element Method（有限要素法）
FES： Frame-End-Sequence
（フレーム終了シーケンス）
FET： Field-Effect Transistor
（電界効果トランジスター）
FFV： Flexible Fuel Vehicle（フレックス燃料車）
FGR： Vehicle-Speed Controller
（独：Fahrgeschwindigkeitsregler）
（車両速度コントローラー）
FH： Flat Hump（フラットハンプ）

FID： Flame Ionization Detector
（水素炎イオン化検出器　）
FiL： Function in the Loop
（ファンクション・イン・ザ・ループ）
FIR： Far Infrared（遠赤外線）
FIR： Field Information Report（実地情報報告）
FIS： Driver-Information System
（独：Fahrerinformationssystem）
（運転者情報システム）
FKM： Research Board of Trustees Mechanical Engineering
（独：Forschungskuratorium Maschinenbau）
（機械工学研究評議員会）
FKM： Fluorocarbon Rubber
（独：Fluorkarbon-Kautschuk）
（フッ化炭素ラバー）
FL： Free Layer（自由層）
FLO： Fast-Light-Off（早期活性化）
FM： Frequency Modulation（周波数変調）
FMCW： Frequency Modulated Continuous Wave
（周波数変調連続波方式）
FMEA： Failure Mode and Effects Analysis
（故障モードおよび影響解析）
FMVSS： Federal Motor Vehicle Safety Standard
（USA）（連邦自動車安全基準、米国）
FPA： Focal Plane Array（焦点面アレイ）
FPK： Freely Programmable Instrument Cluster
（独：Frei programmierbares Kombiinstrument）
（プログラマブルインストルメントクラスター）
FRAM： Ferroelectric RAM
（強誘電ランダムアクセスメモリー）
FS： Fuel System（燃料システム）
FSN： Filter Smoke Number
（フィルタースモークナンバー）
FSR： Full Speed Range（全速度域）
FSS： Frame-Start-Sequence
（フレーム開始シーケンス）
FST： Federal Smoke Test（連邦排気煙テスト）
FTA： Fault Tree Analysis（フォルトツリー解析）
FTIR： Fourier Transform Infrared spectroscopy
（フーリエ変換赤外分光）
FTP： Federal Test Procedure（連邦テスト法）
FW： Front Wheel（フロントホイール、前輪）

G：

GC： Gas-Chromatography Column
（ガスクロマトグラフィーカラム）
GCU： Glow Control Unit（グロー制御ユニット）
GCC： Global Chassis Control
（グローバルシャーシコントロール）
GEH： von Mises yield criterion
（独：Gestaltänderungshypothese）
（フォンミーゼス降伏基準）

1758 付録

GF： Glass Fibers（グラスファイバー）
GIDAS： German In-Depth Accident Study
（ドイツ詳細事故調査）
GJL： Gray Cast Iron with Lamellar Graphite
（ラメラ黒鉛ねずみ鋳鉄）
GJS： Gray Cast Iron with Spheroid Graphite
（球状黒鉛ねずみ鋳鉄）
GKZ： Spheroidizing
（独：Glühen auf körnigem Zementit）
（球状化焼きなまし）
GLP： Glow Plug（グロープラグ）
GMA： Yaw-Moment Build-Up Delay
（独：Giermomentaufbauverzögerung）
（ヨーモーメント立上り遅延）
GMR： Giant Magnetoresistive（巨大磁気抵抗）
GTDC： Gas-Exchange TDC
（top dead center in the exhaust cycle）
（排気上死点、排気サイクルでの上死点）
GPRS： General Packet Radio Service
（汎用パケット無線システム）
GPS： Global Positioning System
（全地球測位システム）
GSM： Global System for Mobile Communication
（移動通信用グローバルシステム）
GSY： Speed Symbol（tires）
（独：Geschwindigkeitssymbol）
（タイヤ速度記号）
GtL： Gas to Liquid（ガス液化油）
GTR： Global Technical Regulation
（（国連の）世界統一技術基準）
GVW： Gross Vehicle Weight（車両総重量）
GWP： Global Warming Potential
（地球温暖化係数）
GZS： Glow Control Unit
（独：Glühzeitsteuergerät）
（グロー制御ユニット）

H：

HBA： Secondary-Brake System
（独：Hilfsbremsanlage）
（非常ブレーキ（緊急ブレーキ）システム）
HC： Hydrocarbon（炭化水素）
HCI： Hydro Carbon Injection（炭化水素噴射）
HCCI： Homogeneous Charge Compression
Ignition（予混合圧縮着火）
HD： Heavy Duty（ヘビーデューティ）
HDDTC： Heavy-Duty Diesel Transient Cycle
（大型ディーゼル過渡サイクル）
HDEV： High-Pressure Fuel Injector
（独：Hochdruck-Einspritzventil）
（高圧燃料噴射装置）
HDG： Light/Dark Boundary
（独：Hell-Dunkel-Grenze）（明暗境界）
HDK： Half-Differential Short-Circuiting-Ring
Sensor
（独：Halbdifferential-Kurzschlussringsensor）
（半差動短絡リングセンサー）

HDP： High-Pressure Pump
（独：Hochdruckpumpe）（高圧ポンプ）
HDV： Heavy-Duty Vehicle（大型車両）
HDPE： High-Density Polyethylene
（高密度ポリエチレン）
HED： High-Efficiency Diodes
（高効率ダイオード）
HEV： Hybrid Electric Vehicle
（ハイブリッド電気自動車）
HF： High Frequency（高周波）
HFM： Hot-Film Air-Mass Meters
（ホットフィルム式エアマスセンサー）
HFRR： High-Frequency Reciprocating Rig
（高周波回転装置）
HiL： Hardware in the Loop
（ハードウェア・イン・ザ・ループ）
HLDT： Heavy Light-Duty Truck（中型トラック）
HLM： Hot-Wire Air-Mass Meters
（独：Hitzdraht-Luftmassenmesser）
（ホットワイヤー式エアマスセンサー）
HMM： Homogeneous Lean（均質希薄）
HNBR： Hydrogenated Nitrile Butadiene Rubber
（水素化ニトリルゴム）
HNS： Homogeneous Numerically Calculated
Surface（均一数値計算表面）
HSLA： High Strength Low Alloy（高強度低合金）
HSV： High-Pressure Switching Valve
（高圧スイッチバルブ）
HTD： High Torque Drive（高トルク駆動）
HTHS： High Temperature High Shear
（高温高せん断）
HUD： Head-Up Display
（ヘッドアップディスプレイ）
HV： High Voltage（高電圧）
HVA： Hydraulic Valve-Clearance Compensation
（油圧式バルブクリアランス補正）
HWL： Urea/Water Solution（尿素水溶液）

I：

IC： Intake Closes（吸気バルブ閉）
IC： Integrated Circuit（集積回路）
ICA： Integrated Cruise Assist
（インテグレーテッドクルーズアシスト）
ICP-OES： Inductively Coupled Plasma Optical
Emission Spectrometry
（誘導結合プラズマ発光分光法）
ICC： Integrated Chassis Control
（統合シャーシコントロール）
ICE： Intercity Express
（インターシティ・エクスプレス、ドイツの
高速列車）
ICM： Integrated Chassis Management
（統合シャーシマネージメント）
ID： Identifier（識別子）
IDF： Integrated Collision Detection Front
（統合正面衝突検知）

略語 **1759**

IDI :	Indirect Injection（間接噴射）
IEC :	International Electrotechnical Commission（国際電気標準会議）
IEEE :	Institute of Electrical and Electronics Engineers（米国電気電子学会）
IF :	Intermediate Frequency（中間周波数）
IGBT :	Insulated Gate Bipolar Transistor（絶縁ゲートバイポーラトランジスター）
IGES :	Initial Graphics Exchange Specification（初期グラフィックス変換仕様）
IHU :	Integrated Head Unit（統合ヘッドユニット）
IHU :	Internal High-Pressure Forming（独：Innenhochdruckumformung）（内部高圧成形品）
IIR :	Isobutene-Isoprene Rub（イソブテンイソプレンゴム）
ILSAC :	International Lubricants Standardization and Approval Committee（国際潤滑油標準化認証委員会）
I/M :	Inspection and Maintenance（検査と保守）
IMA :	Injection-Quantity Compensation（独：Injektormengenabgleich）（噴射量補正）
IMC :	Integrated Magnetic Concentrator（統合フラックスコンセントレーター）
IO :	Intake Opens（吸気バルブ開）
IP :	Internet Protocol（インターネットプロトコル）
IR :	Infrared（赤外線）
IR :	Individual Control（ABS）（独：Individualregelung）（独立制御、ABS）
IRHD :	International Rubber Hardness Degree（国際ゴム硬さ）
IRM :	Individual Control, Modified（ABS）（独：Individualregelung modifiziert）（改良型独立制御、ABS）
IS :	Ignition System（イグニッションシステム）
ISM :	Industrial, Scientific and Medical（産業、科学、医療）
ISO :	International Organization for Standardization（国際標準化機構）
IT :	Information Technology（情報技術）
ITDC :	Ignition TDC（top dead center in the power cycle）（点火上死点、出力サイクルでの上死点）
ITO :	Indium Tin Oxide（酸化インジウムスズ）
ITSEC :	Information Technology Security Evaluation Criteria（情報技術安全性評価基準）
ITU :	International Telecommunications Union（国際電気通信連合）
IUC :	In Use Compliance（使用時準拠）
IUMPR :	In-Use Monitor Performance Ratio（使用時モニター実行率）
IUPR :	In-Use Performance Ratio（使用時実行率）
IUPAC :	International Union of Pure and Applied Chemistry（国際純正応用化学連合）

J :

JAMA :	Japan Automobile Manufacturers Association（日本自動車工業会）
JASPAR :	Japan Automotive Software Platform Architecture（日本の自動車用オープンシスエムアーキテクチャ）
JFET :	Junction-gate Field-Effect Transistor（ジャンクションFET、接合型電界効果トランジスター）

K :

KAMA :	Korea Automobile Manufacturers Association（韓国自動車工業会）
KBA :	Federal Road Transport Office（独：Kraftfahrt-Bundesamt）（ドイツ連邦自動車登録局）
Kfz :	Motor Vehicle（独：Kraftfahrzeug）（自動車）
KOM :	Motor Bus（独：Kraftomnibus）（バス）
KP :	Critical Point（独：Kritischer Punkt）（臨界点）
KTL :	Cathodic Deposition（独：Kathodische Tauchlackierung）（陰極析出）
KTS :	Diagnostics Hardware Small Testers（独：Diagnostics Hardware Kleintester）（診断ハードウェア小型テスター）
KW :	Short Waves（独：Kurzewellen）（短波）
KW :	Crankshaft（独：Kurbelwelle）（クランクシャフト）

L :

LAC :	Load Adaptive Control（荷重適合制御）
LAN :	Local Area Network（ローカルエリアネットワーク）
lb :	pound（ポンド）
lbs :	pounds（ポンド）
LCD :	Liquid Crystal Display（液晶ディスプレイ）
LCV :	Light Commercial Vehicles（小型商用車）
LDR :	Light-Dependent Resistor（光依存抵抗器）
LDT :	Light-Duty Truck（小型トラック）
LDV :	Light-Duty Vehicle（小型車両）
LDW :	Lane Departure Warning（車線逸脱警告機能）
LDWS :	Lane Departure Warning System（車線逸脱警告システム）
LED :	Light-Emitting Diode（発光ダイオード）
LEV :	Low-Emission Vehicle（低排出ガス車両）
LF :	Low Frequency（低周波）
LGS :	Linear Equation System（独：Lineares Gleichungssystem）（線形方程式系）
LI :	Load Index（tires）（（タイヤの）荷重指数）
Lidar :	Light Detection and Ranging（光検出および測距）

1760 付録

LIF： Alternator Liquid Cooling
（独：Lichtmaschine Flüssigkeitskühlung）
（オルタネーター液体冷却）

LIN： Local Interconnect Network
（ローカルインターコネクトネットワーク）

Lkw： Truck（独：Lastkraftwagen）（トラック）

LKS： Lane Keeping Support（車線維持支援機能）

LL： Lower Limit（下限）

LLDT： Light Light-Duty Truck（小型トラック）

LLK： Intercooling（charge-air cooling）
（独：Ladeluftkühlung）
（インタークーラー（過給気の冷却））

LLR： Smooth-Running Control
（独：Laufruheregelung）
（エンジンの円滑な回転のための制御）

LMM： Air-flow Sensor（独：Luftmengenmesser）
（空気流量センサー）

LNG： Liquefied Natural Gas（Liquid Natural Gas）
（液化天然ガス）

LCV： Light Commercial Vehicles（小型商用車）

LP： Low Power（低出力）

LPG： Liquefied Petroleum Gas（液化石油ガス）

LPTC： Low Powered Vehicle Test Cycles
（低出力車両テストサイクル）

LR： Load Response（負荷応答）

LRF： Load Response Driving（独：Load
Response Fahrt）（負荷応答駆動）

LRR： Long-Range Radar（遠距離レーダー）

LRS： Load Response Start（負荷応答始動）

LSF： Low Speed Following（低速追従機能）

LSG： Laminated Safety Glass（合せガラス）

LSI： Large Scale Integration（大規模集積回路）

LSU： Lambda Oxygen Sensor
（universal or wideband sensor）
（O_2センサー、汎用またはワイドバンド
センサー）

LTE： Long Term Evolution
（ロング・ターム・エボリューション、携帯
電話のデータ通信仕様の一つ）

LVDS： Low Voltage Differential Signing
（低電圧差分信号）

LW： Long waves（独：Langwellen）（長波）

LVW： Loaded Vehicle Weight
（vehicle tare weight plus 300 lb）
（基準重量（自重＋300ポンド））

LWL： Optical Fibers（独：Lichtwellenleiter）
（光ファイバー）

LWS： Steering-Angle Sensor
（独：Lenkwinkelsensor）
（ステアリングアングルセンサー）

M：

M+S： "Mud and Snow"（「泥と雪」）

MAG： Active-Gas Metal-Arc
（独：Metall-Aktivgas）
（活性ガス金属アーク）

MAC： Message Authentification Code
（メッセージ確認コード）

MAMAC： MOST Asynchronous Medium Access
Control（MOST非同期媒体アクセス制御）

MB： Mercedes Benz（メルセデスベンツ）

MCAL： Micro-Controller Abstraction Layer
（マイクロコントローラー抽象化層）

MCD： Measurement, Calibration and Diagnosis
（測定、適合、診断）

MDPV： Medium-Duty Passenger Vehicle
（中型乗用車）

MDV： Medium-Duty Vehicle（中型車両）

MEMS： Micro-Electro-Mechanical Systems
（マイクロエレクトロメカニカルシステム）

MF： Medium Frequency（中波）

MH： Metal Hydride（金属水素化物）

MIG： Metal Inert Gas（金属不活性ガス）

MiL： Model in the Loop
（モデル・イン・ザ・ループ）

MIL： Malfunction indicator lamp（故障表示灯）

MIL： Military（軍用）

MIM： Metal Injection Molding（金属射出成形）

MISRA： Motor Industry Software Reliability
Association
（自動車産業ソフトウェア信頼性協会）

MKS： Multi-Body Simulation
（独：Mehrkörpersimulation）
（複数ボディシミュレーション）

ML： Maturity Level（成熟度レベル）

MM： Multi-Mode Fiber
（マルチモード光ファイバー）

MMA： Mean-Quantity Adaptation
（独：Mengenmittelwertadaption）
（平均数量適用）

MMT： Methylcyclopentadienyl Manganese
Tricarbonyl
（メチルシクロペンタジエニールマンガン
トリカルボニル）

MNEDC： Modified New European Driving Cycle
（修正新欧州走行サイクル）

MO： Monitoring（モニタリング）

MoI： Moment of Ignition（点火時期）

MOS： Metal-Oxide Semiconductor
（金属酸化膜半導体）

MOSFET： MOS Field-Effect Transistor
（MOS電界効果トランジスター）

MOST： Media-Oriented Systems Transport
（メディア指向システムトランスポート）

MOZ： Motor Octane Number
（独：Motor-Oktanzahl）
（モーターオクタン価）

MP： Momentary Pole（瞬間旋回中心）

MPEG： Moving Picture Experts Group
（エムペグ、動画の圧縮・伸張の国際標準
規格）

mpg： Miles Per Gallon
（燃料1ガロンあたりの走行マイル数）

MPP : Most Propable Path（最も有望な経路）
MPT : Multi-Purpose Tire（マルチパーパスタイヤ）
MRAM : Magnetoresistive RAM
（磁気効果を記憶原理に応用する RAM）
MRR : Mid-Range Radar（中距離レーダー）
MSE : Motronic Small Engines
（モトロニック小型エンジン）
MSG : Gas-Shielded Metal-Arc
（独：Metall-Schutzgas）
（ガスシールド金属アーク溶接法）
MSI : Medium-Scale Integration
（中規模集積回路）
MSI : Multi-Spark Ignition
（マルチスパークイグニッション）
MSR : Engine Drag-Torque Control
（独：Motorschleppmomentregelung）
（エンジンブレーキトルク制御）
MT : Manual Transmission
（マニュアルトランスミッション）
MTBE : Methyl Tertiary Butyl Ether
（エチル第三ブチルエーテル）
MTTF : Mean Time To Failure
（故障までの平均時間）
MW : Medium Waves（独：Mittelwellen）（中波）

N：

NAFTA : North American Free Trade Agreement
（北米自由貿易協定）
NAO : Non Asbestos Organics
（非アスベスト有機材料）
NBR : Nitrile Butadiene Rubber
（ニトリルブタジエンゴム）
NCAP : New Car Assessment Program
（新車評価プログラム）
NCS : Needle Closing Sensor
（ニードル閉センサー）
NDIR : Non-Dispersive Infrared（analyzer）
（非分散赤外（分析計））
NDUV : Non-Dispersive Ultraviolet（analyzer）
（非分散紫外、分析器）
NF : Non-Ferrous（非鉄）
NEDC : New European Driving Cycle
（新欧州走行サイクル）
NEV : New Energy Vehicle
（修正新欧州走行サイクル）
Nfz : Commercial Vehicle（独：Nutzfahrzeug）
（商用車）
NHD : Nitriding Hardness Depth（窒化硬化深さ）
NHTSA : National Highway Traffic Safety
Administration
（米国運輸省高速道路交通安全局）
NIC : Network Interface-Controller
（ネットワークインターフェースコントローラ）
NiMH : Nickel-Metal-Hydride
（ニッケル・金属水素化物）
NIR : Near-Infrared（近赤外線）

NIT : Network Idle Time
（ネットワークアイドルタイム）
Nkw : Commercial Vehicles（商用車）
（独：Nutzkraftwagen）
NLGI : National Lubricating Grease Institute
（米国グリース協会）
NMHC : Non-Methane Hydrocarbon
（非メタン炭化水素）
Nht : Nitriding Depth（独：Nitrierhärtetiefe）
（窒化硬化深さ）
NML : Nonmagnetic Layer（非磁性層）
NMOG : Non-Methane Organic Gases
（非メタン系有機ガス類）
NMOS : N-channel MOS Transistor
（N チャネル MOS トランジスター）
NR : Natural Rubber（天然ゴム）
NRZ : Non Return to Zero（非ゼロ復帰）
NSC : NO_x Storage Catalyst（NO_x 吸着触媒）
NSM : Shunt-Wound Machine
（独：Nebenschlussmaschine）
（分巻電動機）
NTC : Negative Temperature Coefficient
（負の温度係数）
NTE : Not To Exceed（上限）
NVH : Noise Vibration Harshness
（ノイズ、振動、ハーシュネス）
NYCC : New York City Cycle
（ニューヨーク市サイクル）

O：

OAT : Organic Acid Technology
（有機酸テクノロジー）
OBD : On-Board Diagnostics（車載診断システム）
OBD : On-Board Diagnostics（system）
（車載診断（システム））
OC : Occupant Classification（乗員分類）
OD : Operating Data（作動データ）
ODB : Offset Deformable Barrier Crash
（オフセット前面衝突試験時のデフォーマ
ブルバリア）
OEM : Original Equipment Manufacturer
（相手先商標製品の製造会社）
OHC : Overhead Camshaft
（オーバーヘッドカムシャフト）
OHV : Overhead Valves（オーバーヘッドバルブ）
OLED : Organic Light Emitting Diode
（有機発光ダイオード）
OME : Oxymethylene Ethers
（オキシメチレンエーテル）
OMM : Surface Micromechanics
（独：Oberflächenmikromechanik）
（サーフェスマイクロメカニック法）
OP : Operational Amplifier
（独：Operationsverstärker）（オペアンプ）
OPNV : Local Public Transport
（独：Öffentlicher Personennahverkehr）
（ローカル公共輸送機関）

OPV : Operational Amplifier
（独：Operationsverstärker）（オペアンプ）

OS : Operating System
（オペレーティングシステム）

OSEK : Open Systems and their Interfaces for
Electronics in Motor Vehicles
（車両の電子機器用オープンシステムおよび
インターフェース）

OSI : Open Systems Interconnection
（開放型システム間相互接続）

OTDC : Overlap TDC
（top dead center in the exhaust cycle）
（オーバーラップ上死点（排気サイクルに
おける上死点））

OTX : Open Test Sequence Exchange Format
（公開テスト手順交換フォーマット）

P :

PA : Polyamide（ポリアミド）
PAO : Poly-α-olefin（ポリαオレフィン）
PAR : Parity（パリティー）
PAS : Peripheral Acceleration Sensor
（周辺部加速度センサー）
PAX : Pneu Accrochage,
X = synonym for Michelin radial tire
technology
（PAXリム、X＝Michelinのラジアルタイヤ）
PBT : Polybutylene Terephthalate
（ポリブチレンテレフタレート）
PC : Passenger Car（乗用車）
PC : Personal Computer
（パーソナルコンピューター）
PC : Polycarbonate（ポリカーボネート）
PCB : Printed Circuit Board（プリント基板）
PCM : Phase Change Memory（相変化メモリー）
PCP : Pre-Crash Positioning
（プレクラッシュポジショニング）
PCV : Positive Crankcase Ventilation
（ポジティブクランクケースベンチレーション）
PCW : Predictive Collision Warning
（衝突予知警告機能）
PDE : Unit injector System
（独：Pumpe-Düse-Einheit）
（ユニットインジェクターシステム）
PDP : Positive Displacement Pump
（容積式ポンプ）
PDU : Protocol Data Unit
（プロトコルデータユニット、単位）
PE : Polyethylene（ポリエチレン）
PEBS : Predictive Emergency Braking System
（衝突予知緊急ブレーキシステム）
PEEK : Polyetheretherketone
（ポリエーテルエーテルケトン）
PEM : Polymer Electrolyte Membrane
（固体高分子膜形燃料電池）
PEMS : Portable Emission Measurement System
（携帯型排気ガス測定システム）

PES : Poly-Ellipsoid System（headlamp）
（多楕円面、ヘッドランプ）

PET : Polyethylene Terephthalate
（ポリエチレンテレフタレート）

PF : Phenol Formaldehyde
（フェノールホルムアルデヒド）

PFA : Perfluoroalkoxy（polymers）
（ペルフルオロアルコキル、ポリマー）

pH : Potentia Hydrogenii（ラテン語、pH）

PHEV : Plug-in Hybrid Electric Vehicle
（プラグインハイブリッド電気自動車）

PHV : Plug-in Hybrid Electric Vehicle
（プラグインハイブリッド電気自動車）

PK : Profile Code（独：Profilkurzzeichen）
（断面形状コード）

Pkw : Passenger Car（独：Personenkraftwagen）
（乗用車）

PL : Pinned Layer（固定相）

PLD : Unit Pump System
（独：Pumpe-Leitung-Düse）
（ユニットポンプシステム）

PLL : Phase-Locked Loop（位相ロックループ）
PM : Particulate Matter（粒子状物質）
PMD : Paramagnetic Detector（常磁性体検出器）
PMD : Photonic Mixing Device
（フォトニックミキシングデバイス）
PMM : Polymethylmethacrylate
（ポリメタクリル酸メチル）
PMMA : Polymethylmethacrylate
（ポリメタクリル酸メチル）
PMOS : P-channel MOS Transistor
（pチャネルMOSトランジスター）
PN : Particle Number（粒子数）
PNLT : Post New Long Term（ポスト新長期規制）
POF : Polymer Optical Fibers
（ポリマー光ファイバー）
POI : Points of Interest（興味のある場所）
POM : Polyoximethylene（ポリオキシメチレン）
PP : Polypropylene（ポリプロピレン）
PPA : Polyphthalamide（ポリフタルアミド）
PPNLT : Post Post New Long Term
（ポストポスト新長期規制）
PPS : Polyphenylene Sulfide
（ポリフェニレン硫化物）
PPS : Peripheral Pressure Sensor
（周辺部圧力センサー）
PROM : Programmable Read Only Memory
（プログラム可能なリードオンリーメモリー）
PS : Polystyrene（ポリスチレン）
PSD : Power Spectral Density
（パワースペクトル密度）
PSI : Peripheral Sensor Interface
（ペリフェラルセンサーインターフェース）
PSM : Passive Safety Manager
（パッシブセーフティマネジャー）
PSOC : Partial State of Charge（部分充電状態）
PSRR : Power-Supply Rejection Ratio
（電源電圧変動除去比）

略語 1763

PTB：	Federal Institute of Physics and Metrology（独：Physikalisch-Technische Bundesanstalt）(連邦物理工学研究所)
PTC：	Positive Temperature Coefficient（正の温度系数)
PTFE：	Polytetrafluoroethylene (Teflon)（ポリテトラフルオロエチレン (テフロン)）
PU：	Polyurethane (ポリウレタン)
PUR：	Polyurethane (ポリウレタン)
PVB：	Polyvinyl Butyral (ポリビニルブチラール)
PVC：	Polyvinyl Chloride (ポリ塩化ビニール)
PVD：	Physical Vapor Deposition (物理蒸着)
PVDF：	Polyvinylidene Fluoride（ポリフッ化ビニリデン)
PVE：	Production Vehicle Evaluation（生産車両評価)
PWM：	Pulse-Width Modulation (パルス幅変調)
PZEV：	Partial Zero-Emission Vehicle（ゼロ排出ガス車両として換算される車両)
PZT：	Plumbum Zirconate Titanate（プルンブム ジルコン酸チタン酸鉛)

Q：

QFD：	Quality Function Deployment（品質機能展開)
QM：	Quality Management (品質管理)
QVGA：	Quarter Video Graphics Array（クォータービデオグラフィックスアレイ)

R：

RA：	Rear Axle (リアアクスル)
Radar：	Radio Detection and Ranging（レーダー、無線検出および測距)
RAM：	Random Access Memory（ランダムアクセスメモリー)
RAMSIS：	Computer-aided anthropological-mathematical system for passenger simulation（独：Rechnerunterstütztes anthropologisch-mathematisches System zur Insassensimulation）（乗員シミュレーション用のコンピューター支援人体モデリングシステム)
RDE：	Real Driving Emissions (実路走行排気)
RDKS：	Tire-Pressure Monitoring System（独：Reifendruckkontrollsystem）（タイヤ空気圧検出システム)
RDS：	Radio Data System (ラジオデータシステム)
RF：	Radio Frequency (無線周波数)
RFA：	X-ray Fluorescence Analysis（独：Röntgenfluoreszenzanalyse）（蛍光X線分析)
RGM：	Reliability-Growth Management（信頼性成長管理)
RIM：	Reaction-Injection Moulding（反応射出成形)

RISC：	Reduced Instruction Set Computing（縮小命令セットコンピューター)
RME：	Rapeseed Methyl Ester (alternative fuel)（菜種油メチルエステル (代替燃料))
RMF：	Rollover Mitigation Functions（横転軽減機能)
RMQ：	Root Mean Quad (根四乗平均)
RMS：	Root Mean Square (根平均二乗)
RMV：	Rollover Mitigation Function（横転軽減機能)
ROM：	Read Only Memory（リードオンリーメモリー)
ROV：	Rotating High-Voltage Distribution（独：Rotierende Hochspannungsverteilung）（回転式高電圧ディストリビューター)
RON：	Research Octane Number（リサーチオクタン価)
RR：	Rolling Resistance (転がり抵抗)
RREG：	Council Directive of the European Community (today：European Union)（欧州共同体理事会指令、今では欧州連合EU)
RRIM：	Reinforced Reaction-Injection Moulding（強化型反応射出成形)
RSM：	Series-Wound Machine（独：Reihenschlussmaschine）（直巻電動機)
RTA：	Real Time Architect（リアルタイムアーキテクチャー、組込みソフト用OS)
RTE：	Run-Time Environment (実行時環境)
RUV：	Stationary Voltage Distribution（独：Ruhende Spannungsverteilung）（ダイレクト電圧ディストリビューター（ダイレクトイグニッションシステム))
RW：	Rear Wheel (リアホイール、後輪)
RWAL：	Rear Wheel Anti Lock Brake System（リアホイールアンチロックブレーキシステム)

S：

SAE：	Society of Automotive Engineers（米国自動車技術者協会)
SAF：	Synthetic Antiferromagnetic Free Layer（合成反強磁性自由層)
SBC：	Sensotronic Brake Control（センソトロニックブレーキコントロール)
SBI：	Suppression of Background Illumination（背景光除去)
SBR：	Styrene Butadiene Rubber（スチレンブタジエンゴム)
SC：	System Control (システムコントロール)
SCM：	Secondary Collision Mitigation（ブタジエンスチレンゴム)
SCR：	Selective Catalytic Reduction（窒素酸化物の選択接触還元)

1764 付録

SCU : Sensor Control Unit
(センサーコントロールユニット)
SD : Secure Digital (安全なデジタル、SDカード)
SD : System Document (システムドキュメント)
SDARS : Satellite Digital Audio Radio Service
(衛星デジタルオーディオ無線サービス)
SEI : Software Engineering Institute
(ソフトウェア工学研究所)
SEL : Sound Exposure Level (騒音曝露レベル)
SENT : Single Edge Nibble Transmission
(シングル・エッジ・ニブル伝送)
SEW : Steel and Iron Material Specification
Sheets (独：Stahl-Eisen-Werkstoffblätter)
(鉄鋼材料仕様シート)
SFTP : Supplemental Federal Test Procedure
(補助連邦テスト法)
SG : Float-Angle Gradient
(独：Schwimmwinkelgradient)
(フロート角度勾配)
SHD : Surface Hardness Depth (表面硬化深さ)
SHED : Sealed Housing for Evaporative
Determination
(蒸発量測定用密閉ハウジング)
SHF : Super High Frequency (超高周波)
SI : International System of Units
(仏：Système International)(国際単位系)
SI : Speed Index, speed symbol (tires)
(速度指数、速度記号(タイヤ))
SiL : Software in the Loop
(ソフトウェア・イン・ザ・ループ)
SIL : Safety Integrity Level (安全性統合レベル)
SIR : Styrene-Isoprene Rubber
(スチレンイソプレンゴム)
SIS : Service Information System
(サービスインフォメーションシステム)
SL : Select-Low (ABS) (セレクトロー(ABS))
SLADR : Slave Address (スレーブアドレス)
SLC : Sensor-Less Control
(センサーレスコントロール)
SLI : Starting, Lighting, Ignition
(始動、照明、点火)
SM : Synchronous Machine (同期電動機)
SMD : Surface-Mounted Device
(表面実装デバイス)
SMK : Inertia Weight Class
(独：Schwungmassenklasse)
(慣性重量クラス)
SMPS : Scanning Mobility Particle Sizer
(走査型移動度粒径測定器)
SMT : Surface-Mount Technology
(表面実装技術)
SOC : State of Charge (battery)
(充電状態、バッテリー)
SOF : State of Function (battery performance)
(機能の状態、バッテリー性能)
SOH : State of Health (battery)
(劣化度、バッテリー)

SPC : Statistical Process Control
(統計的プロセス制御)
SPI : Serial Peripheral Interface
(シリアルペリフェラルインターフェース)
SPICE : Software Process Improvement and
Capability Determination
(ソフトウェアプロセスの改善と能力の決定)
SR : Slew Rate (スルーレート)
SRET : Scanning Reference-Electrode Techniques
(スキャニング基準電極技術)
SRM : Switched Reluctance Machine
(スイッチドリラクタンス機)
SRR : Short-Range Radar (近距離レーダー)
SSI : Small-Scale Integration (小規模集積回路)
STEP : Standard for the Exchange of Product
Model Data
(製品モデルデータ交換用規格)
STN LCD : Super Twisted Nematic Liquid Crystal
Display
(スーパーツイステッドネマティック液晶
ディスプレイ)
StVZO : German road traffic licensing regulations
(独：Straßenverkehrs-Zulassungsordnung)
(ドイツ道路交通許可規則)
SULEV : Super Ultra-Low-Emission Vehicle
(極超低排出ガス車両)
SUV : Sport Utility Vehicle
(スポーツユーティリティービークル)
SV : Changeover Valve (切換えバルブ)
SVM : Space Vector Modulation
(空間ベクトル変調)
SVPWM : Space Vector Pulse Width Modulation
(空間ベクトルパルス幅変調)
SWC : Software Component
(ソフトウェアコンポーネント)
SWR : Serial Wire Ring (シリアルワイヤーリング)

T :

TA : Type Approval (型式認定)
TC : Transient Cycle (過渡サイクル)
TCM : Trailer Control Module
(トレーラー制御モジュール)
TCP : Transmission Control Protocol
(伝送制御プロトコル)
TD : Torque Demand (トルク要求)
TDC : Time to Digital Converter
(時間／デジタルコンバーター)
TDC : Top Dead Center
(piston of internal-combustion engine)
(下死点、内燃機関のピストン)
TDMA : Time Division Multiplex Access
(時分割多重アクセス)
TEM : Transversal Electromagnetic
(横方向の電磁界)
TFT : Thin-Film Transistor (薄膜トランジスター)
THC : Total Hydrocarbons (合計炭化水素)

略語 1765

TKU : Technical customer documents
（独：Technische Kundenunterlagen）
（顧客技術文書）
TLEV : Transitional Low-Emission Vehicle
（移行期低排出ガス車両）
TMC : Traffic Message Channel
（交通情報チャンネル）
TMR : Tunnel-Magnetoresistive Effect
（トンネル磁気抵抗効果）
TN : LCD : Twisted Nematic Liquid Crystal Display
（ツイステッドネマティック液晶ディスプ
レイ）
TOF : Time of Flight（飛行時間）
TP : Triple Point（三重点）
TPA : Thermoplastic Copolyamides
（熱可塑性コポリアミド）
TPC : Thermoplastic Copolyester Elastomers
（熱可塑性コポリエステルエラストマー）
TPE : Thermoplastic Elastomers
（熱可塑性エラストマー）
TPO : Thermoplastic Elastomers on
an Olefin basis
（オレフィン系の熱可塑性エラストマー）
TPU : Thermoplastic Elastomers on a Urethane
Basis
（ウレタン系の熱可塑性エラストマー）
TPV : Cross-linked thermoplastic elastomers on
an olefin basis
（オレフィン系の架橋熱可塑性エラストマー）
TPEG : Transport Protocol Experts GroupGroup
（トランスポートプロトコルエキスパート
グループ）
TPMS : Tire Pressure Monitoring System
（タイヤ空気圧検出システム）
TRX : distributed tension（仏：Tension Répartie）
（分散張力）
TS : Technical Specification（技術仕様）
TS : Torque Structure（トルク構成）
TSG : Single-Pane Toughened Safety Glass
（1枚ガラスの強化ガラス）
TSM : Trailer Sway Mitigation
（トレーラー振動軽減機能）
TSS : Transmission Start Sequence
（送信開始シーケンス）
TTB : Time To Brake
（制動開始までの時間、タイムトゥブレーキ）
TTC : Time To Collision
（衝突開始までの時間、タイムトゥコリジョン）
TTCAN : Time Triggered CAN（タイムトリガー CAN）
TTL : Transistor-Transistor Logic
（Bipolar integrated digitalcircuit）
（トランジスタ - トランジスタロジック
（バイポーラ統合デジタル回路））
TTS : Time To Steer
（操舵開始までの時間、タイムトゥステア）
TV : Television（テレビジョン）
TWC : Three-way Catalytic Converter
（3元触媒コンバーター）

U :

UDC : Urban Driving Cycle（市内走行サイクル）
UDDS : Urban Dynamometer Driving Schedule
（市街地ダイナモメーター走行スケジュール）
UFOME : Used Frying Oil Methyl Ester
（使用済みの食用油を原料とするメチル
エステル）
UHF : Ultra-High Frequency（極超短波）
UIS : Unit Injector System
（乗用車用ユニットインジェクター
システム）
UL : Upper Limit（上限）
ULEV : Ultra-Low-Emission Vehicle
（超低排出ガス車両）
ULSD : Ultra Low Sulfur Diesel
（超低硫黄ディーゼル燃料）
ULSI : Ultra Large Scale Integration
（極超大規模集積回路）
UMTS : Universal Mobile Telecommunication
System（ユニバーサル移動通信システム）
UN : United Nations（国際連合）
UNECE : United Nations Economic Commission for
Europe（国際連合欧州経済委員会）
UPS : Unit Pump System
（Pump-Line Nozzle）
（ユニットポンプシステム（ポンプライン
ノズル））
UPS : Ultraviolet Photo Spectroscopy
（紫外線光電子分光法）
USA : United States of America
（アメリカ合衆国）
UTP : Unshielded Twisted Pair
（非シールドより対線）
UV : Ultraviolet（紫外線）
UWB : Ultra Wide Band（超広帯域）

V :

V2V : Vehicle to Vehicle（車間）
V2X : Vehicle to Infrastructure（路車間）
VA : Front Axle（フロントアクスル）
VCI : Volatile Corrosion Inhibitor
（揮発性腐食抑制剤）
VCO : Voltage-Controlled Oscillator
（電圧制御オシレーター）
VCR : Variable Compression Ratio（可変圧縮比）
VDA : German Association of the Automotive
Industry
（独：Verband der Automobilindustrie）
（ドイツ自動車工業会）
VDA-FS : German Association of the Automotive
Industry – Surface Data Interface
（独：Verband der Automobilindustrie –
Flächenschnittstelle）
（ドイツ自動車工業会策定のサーフェイス
変換用標準フォーマット）

VDE : Association for Electrical, Electronic and Information Technologies
（独：Verband der Elektrotechnik Elektronik Informationstechnik e.V.）
（電気電子情報技術連合会）

VDI : Association of German Engineers
（独：Verein Deutscher Ingenieure）
（ドイツ技術者協会）

VDM : Vehicle Dynamics Management
（車両ダイナミクス制御）

VDU : Vehicle Dynamics Unit
（車両ダイナミクス装置）

VDX : Vehicle Distributed Executive
（PSAとルノーによる共同プロジェクト）

VE : Distributor Injection Pump
（独：Verteilereinspritzpumpe）
（分配型噴射ポンプ）

VFB : Virtual Function Bus（仮想機能バス）

VFD : Vacuum Fluorescence Design
（Vacuum-fluorescence display technology）
（真空蛍光表示技術）

VGA : Video Graphics Array
（ビデオグラフィックスアレイ）

VHAD : Vehicle Headlamp Aiming Device
（adjusters for front headlamps）
（車両ヘッドランプ調整装置（フロントヘッドランプ調整用））

VHD : Vertical Hall Device
（垂直ホール効果デバイス）

VHF : Very High Frequency（超短波）

VLF : Very Low Frequency（超長波）

VLI : Vapor Lock Index（ベーパーロック指数）

VI : Viscosity Index（粘度指数）

VIS : Visible（可視）

VLSI : Very Large Scale Integration
（超大規模集積回路）

VMM : Volume Micromechanics
（ボリュームマイクロメカニック法）

VOL : Visual Optical Aim Left（目視光学調整左）

VOR : Visual Optical Aim Right（目視光学調整右）

VPI : Vapor-Phase Inhibitor（蒸気相抑制剤）

VR : Distributor Injection Pump, Radial-Piston Pump
（独：Verteilereinspritzpumpe, Radialkolbenpumpe）
（分配型噴射ポンプ、ラジアルピストンポンプ）

VRLA : Valve-Regulated Lead-Acid
（制御弁式鉛蓄電池）

VSA : Vehicle Stability AssistAssist
（ビークルスタビリティアシスト）

VSC : Vehicle Stability Control
（ビークルスタビリティコントロール）

VTG : Variable Turbine Geometry
（exhaust-gas turbocharger）
（可変タービンジオメトリー（排気ガスターボチャージャー））

VVT : Variable Valve Timing
（可変バルブタイミング）

W :

WdK : Economic Association of the German Rubber Industry
（独：Wirtschaftsverband der deutschen Kautschukindustrie）
（ドイツゴム工業経済連合）

WEC : World Endurance Championship
（世界耐久選手権）

wERBP : wet Equilibrium Reflux Boiling Point
（湿潤平衡還流沸点）

WHSC : World Harmonized Stationary Cycle
（世界統一静止サイクル）

WHTC : World Harmonized Transient Cycle
（世界統一過渡サイクル）

WLAN : Wireless Local Area Network
（無線ローカルエリアネットワーク）

WLTC : Worldwide Harmonized Light Vehicle Test Cycle
（乗用車等の世界統一排出ガス・燃費試験法）

WLTP : Worldwide Harmonized Light Vehicle Test Procedure
（乗用車等の世界統一排出ガス・燃費試験手順）

WMTC : Worldwide Motorcycle Test Cycle
（世界統一二輪車排出ガス試験手順）

WNTE : Worldwide Harmonized Not To Exceed
（世界統一の超えてはならないゾーン）

WRC : World Rally Championship
（世界ラリー選手権）

WWH : Worldwide Harmonized（世界統一）

WWW : World Wide Web（ワールドワイドウェブ）

X :

XML : Extensible Markup Language
（拡張可能なマークアップ言語）

XPS : X-ray Photoelectron Spectroscopy
（X線光電子分光法）

Z :

ZEV : Zero-Emission Vehicle（ゼロ排出ガス車両）

ZME : Metering unit（独：Zumesseinheit）
（計量ユニット）

記号 :

3PMSF : Three Peak Mountain Snow Flake
（snow-flake symbol）
（3つの峰の山と雪の結晶）